U0249254

"十二五"普通高等教育本科国家级规划教材

高等代数

第二版 下册

大学高等代数课程创新教材

丘维声 ◎ 著

清华大学出版社
北京

内 容 简 介

本套书作为大学"高等代数"课程的创新教材,是国家级优秀教学团队(北京大学基础数学教学团队)课程建设的组成部分,是国家级教学名师多年来进行高等代数课程建设和教学改革的成果。

本套书以讲述线性空间及其线性映射为主线,遵循高等代数知识的内在规律和学生的认知规律安排内容体系,按照数学思维方式编写,着重培养数学思维能力。上册内容包括:线性方程组,行列式,n 维向量空间 K^n,矩阵的运算,矩阵的相抵与相似,以及矩阵的合同与二次型。下册内容包括:一元和 n 元多项式环,线性空间,线性映射,具有度量的线性空间,以及多重线性代数。

书中每一节均包括内容精华、典型例题、习题,章末有补充题(除第 11 章外),还特别设置了"应用小天地"板块。本书内容丰富、全面、深刻,阐述清晰、详尽、严谨,可以帮助读者在高等代数理论上和科学思维能力上都达到相当的高度。本书适合用作综合大学、高等师范院校和理工科大学的"高等代数"课程的教材,还可作为"高等代数"或"线性代数"课程的教学参考书,也是数学教师和科研工作者高质量的参考书。

图书在版编目(CIP)数据

高等代数. 下册/丘维声著. —2 版. —北京:清华大学出版社,2019(2025.1重印)
大学高等代数课程创新教材
ISBN 978-7-302-49513-0

Ⅰ. ①高… Ⅱ. ①丘… Ⅲ. ①高等代数-高等学校-教材 Ⅳ. ①O15

中国版本图书馆 CIP 数据核字 (2018) 第 020179 号

责任编辑:邓　婷
封面设计:刘　超
版式设计:文森时代
责任校对:马军令
责任印制:沈　露

出版发行:清华大学出版社
　　　网　　　址:https://www.tup.com.cn,https://www.wqxuetang.com
　　　地　　　址:北京清华大学学研大厦 A 座　　　邮　　编:100084
　　　社 总 机:010-83470000　　　邮　　购:010-62786544
　　　投稿与读者服务:010-62776969,c-service@tup.tsinghua.edu.cn
　　　质量反馈:010-62772015,zhiliang@tup.tsinghua.edu.cn
印 装 者:小森印刷霸州有限公司
经　　销:全国新华书店
开　　本:185mm×260mm　　印　　张:45　　字　　数:1004 千字
版　　次:2010 年 10 月第 1 版　　2019 年 12 月第 2 版　　印　　次:2025 年 1 月第 11 次印刷
印　　数:38001~41000
定　　价:129.80 元

产品编号:072925-03

第 二 版 序

本次修订保持和发扬了这套高等代数创新教材的特色,使之精益求精。

1. 更加突出了高等代数课程的主线:研究线性空间的结构及其线性映射。

从几何空间(由以定点 O 为起点的所有向量组成),数域 K 上所有 n 元有序数组组成的集合 K^n,数域 K 上所有 $s\times n$ 矩阵组成的集合 $M_{s\times n}(K)$,数域 K 上所有一元多项式组成的集合 $K[x]$,闭区间 $[a,b]$ 上所有连续函数组成的集合 $C[a,b]$ 的共同点:有加法和数量乘法两种运算并且满足 8 条运算法则(加法 4 条,数量乘法 4 条)受到启发,抽象出域 F 上的线性空间的概念,然后研究线性空间的结构,使线性空间为数学、自然科学和社会科学的研究提供了广阔天地。

平面上绕直角坐标系 Oxy 的原点 O 转角为 θ 的旋转 σ 是实数域上的线性空间 $\mathbf{R}^2$ 到自身的一个映射,并且 σ 保持加法和数量乘法运算。求导数 $\mathcal{D}$ 是区间 (a,b) 上所有一次可微函数组成的实数域上的线性空间 $C^{(1)}(a,b)$ 到 (a,b) 上所有实值函数组成的线性空间 $\mathbf{R}^{(a,b)}$ 的一个映射,$\mathcal{D}$ 保持加法和数量乘法运算。由这些例子受到启发,抽象出域 F 上线性空间 V 到 V' 的线性映射的概念,它是 V 到 V' 的保持加法和数量乘法运算的映射。线性映射好比是在线性空间的广阔天地上驰骋的一匹匹骏马,有着众多重要应用。

为了在线性空间中引进度量,需要研究线性空间上的双线性函数。实数域上的线性空间 V 上的一个正定的对称双线性函数称为 V 上的一个内积。定义了一个内积的实线性空间称为实内积空间,有限维的实内积空间称为欧几里得空间。在复数域上的线性空间 V 上引进内积的概念时,为了使 V 上的二元函数 f 具有正定性,就需要它有 Hermite 性,并且只能要求 f 对第二个变量具有共轭线性性;为了使 f 与向量的加法和数量乘法相容,要求 f 对第一个变量具有线性性。定义了一个内积的复线性空间称为复内积空间或酉空间。域 F 上的线性空间 V 如果指定了一个对称双线性函数 f,那么称 (V,f) 是正交空间,称 f 是 V 上的一个内积。特征不为 2 的域 F 上的线性空间 V 如果指定了一个斜对称双线性函数 f,那么称 (V,f) 是辛空间,称 f 是 V 上的辛内积。

实内积空间 V 上的正交变换和对称变换,复内积空间 V 上的酉变换和 Hermite 变换,正交空间 (V,f) 上的正交变换,辛空间 (V,f) 上的辛变换都是与内积有关的线性变换。

2. 继续写进了作者的一些独到的科学见解。

我们运用线性空间的子空间的基去研究满足递推关系
$$u(n)=au(n-1)+bu(n-2),n=2,3,\cdots$$
的函数 $u(n)$ 组成的集合的结构。

我们运用子空间的和是直和的充分必要条件简捷地证明了下述命题的充分性:数域 K 上 n 维线性空间 V 上的线性变换 $\mathcal{A}_1,\mathcal{A}_2,\cdots,\mathcal{A}_s$ 是两两正交的幂等变换当且仅当 $\mathcal{A}=\mathcal{A}_1+\mathcal{A}_2+\cdots+\mathcal{A}_s$ 是幂等变换,且

$$\text{rank}(\mathcal{A})=\text{rank}(\mathcal{A}_1)+\text{rank}(\mathcal{A}_2)+\cdots+\text{rank}(\mathcal{A}_s)。$$

我们利用最小多项式刻画了域 F 上线性空间 V 上的线性变换 $\mathcal{A}=k\mathcal{I}+\mathcal{B}$,其中 $\mathcal{B}$ 是幂零指数为 l 的幂零变换的充分必要条件是 $\mathcal{A}$ 的最小多项式为 $(\lambda-k)^l$。由此自然而然地引出了 Jordan 块的概念,得出了 Jordan 块 $\boldsymbol{J}_l(k)$ 的最小多项式是 $(\lambda-k)^l$,并且证明了域 F 上的 l 级矩阵 $\boldsymbol{A}$ 相似于 $\boldsymbol{J}_l(k)$ 当且仅当 $\boldsymbol{A}$ 的最小多项式为 $(\lambda-k)^l$。

在研究域 F 上 r 维线性空间 W 上的幂零变换 $\mathcal{B}$ 的最简单形式的矩阵表示时,任取 W 中一个非零向量 η,由于 $\mathcal{B}^l=\mathcal{O}$,因此 $\mathcal{B}^l\eta=0$。设 t 是使得 $\mathcal{B}^t\eta=0$ 成立的最小正整数,则 $\mathcal{B}^{t-1}\eta\neq0$,从而 $\mathcal{B}^{t-1}\eta,\cdots,\mathcal{B}\eta,\eta$ 线性无关,于是它是子空间 $\langle\mathcal{B}^{t-1}\eta,\cdots,\mathcal{B}\eta,\eta\rangle$ 的一个基,且这个子空间是 $\mathcal{B}$ 的非平凡不变子空间,称它为由 η 生成的 $\mathcal{B}$-强循环子空间。$\mathcal{B}$ 在 $\langle\mathcal{B}^{t-1}\eta,\cdots,\mathcal{B}\eta,\eta\rangle$ 上的限制在基 $\mathcal{B}^{t-1}\eta,\cdots,\mathcal{B}\eta,\eta$ 下的矩阵是一个 t 级 Jordan 块 $\boldsymbol{J}_t(0)$。根据 9.5 节的例 10,这个子空间不能分解成 $\mathcal{B}$ 的非平凡不变子空间的直和,因此 $\boldsymbol{J}_t(0)$ 就是 $\mathcal{B}$ 在这个子空间上的限制的最简单形式的矩阵表示。由于 $\mathcal{B}(\mathcal{B}^{t-1}\eta)=\mathcal{B}^t\eta=0=0(\mathcal{B}^{t-1}\eta)$,因此 $\mathcal{B}^{t-1}\eta$ 是 $\mathcal{B}$ 的属于特征值 0 的一个特征向量。又 $\mathcal{B}$ 的属于特征值 0 的一个特征向量生成的子空间是 $\mathcal{B}$-强循环子空间。于是我们猜测并且运用商空间的理论证明了:W 能分解成 $\dim W_0$ 个 $\mathcal{B}$-强循环子空间的直和,其中 W_0 是 $\mathcal{B}$ 的属于特征值 0 的特征子空间,从而得出,W 中存在一个基使得 $\mathcal{B}$ 在此基下的矩阵 $\boldsymbol{B}$ 是一些主对角元为 0 的 Jordan 块组成的分块对角矩阵,称它为 $\mathcal{B}$ 的 Jordan 标准形。我们求出了 $\mathcal{B}$ 中 Jordan 块的总数以及 t 级 Jordan 块的个数 $N(t)$,其中 $1\leqslant t\leqslant l$。

设域 F 上 n 维线性空间 V 上的线性变换 $\mathcal{A}$ 的最小多项式 $m(\lambda)$ 在 $F[x]$ 中的标准分解式为

$$m(\lambda)=(\lambda-\lambda_1)^{l_1}(\lambda-\lambda_2)^{l_2}\cdots(\lambda-\lambda_s)^{l_s},$$

由于 $(\lambda-\lambda_1)^{l_1},(\lambda-\lambda_2)^{l_2},\cdots,(\lambda-\lambda_s)^{l_s}$ 两两互素,因此运用一元多项式环 $F[x]$ 的通用性质和互素的多项式的充分必要条件可以证出

$$\text{Ker } m(\mathcal{A})=\text{Ker }(\mathcal{A}-\lambda_1\mathcal{I})^{l_1}\oplus\text{Ker }(\mathcal{A}-\lambda_2\mathcal{I})^{l_2}\oplus\cdots\oplus\text{Ker }(\mathcal{A}-\lambda_s\mathcal{I})^{l_s},$$

从而　$V=\text{Ker }(\mathcal{A}-\lambda_1\mathcal{I})^{l_1}\oplus\text{Ker }(\mathcal{A}-\lambda_2\mathcal{I})^{l_2}\oplus\cdots\oplus\text{Ker }(\mathcal{A}-\lambda_s\mathcal{I})^{l_s}。$

记 $W_j=\text{Ker }(\mathcal{A}-\lambda_j\mathcal{I})^{l_j}$,则上式可写成

$$V=W_1\oplus W_2\oplus\cdots\oplus W_s,$$

由于 $(\mathcal{A}-\lambda_j\mathcal{I})^l$ 与 $\mathcal{A}$ 可交换,因此 $\text{Ker }(\mathcal{A}-\lambda_j\mathcal{I})^{l_j}$ 是 $\mathcal{A}$ 的不变子空间。运用唯一因式分解定理可得,$\mathcal{A}|W_j$ 的最小多项式 $m_j(\lambda)=(\lambda-\lambda_j)^{l_j}$,$j=1,2,\cdots,s$,从而 $\mathcal{A}|W_j=\lambda_j\mathcal{I}+\mathcal{B}_j$,其中 $\mathcal{B}_j$ 是 W_j 上的幂零变换,其幂零指数为 l_j。根据上一段的结果,W_j 中存在一个基使得 $\mathcal{B}_j$ 在此基下的矩阵 $\boldsymbol{B}_j$ 是 Jordan 形矩阵,于是 $\mathcal{A}|W_j$ 在 W_j 的这个基下的矩阵 $\boldsymbol{A}_j=\lambda_j\boldsymbol{I}+\boldsymbol{B}_j$。把 W_j 的上述基($j=1,2,\cdots,s$)合起来是 V 的一个基,$\mathcal{A}$ 在此基下的矩阵 $\boldsymbol{A}=\text{diag}\{\boldsymbol{A}_1,\boldsymbol{A}_2,\cdots,\boldsymbol{A}_s\}$,这是 Jordan 形矩阵。$\boldsymbol{A}$ 的主对角元是 $\mathcal{A}$ 的全部特征值。我们求出了主对角元为 λ_j 的 Jordan 块的总数 N_j,求出了其中 t 级 Jordan 块的个数 $N_j(t)$,$1\leqslant t\leqslant l_j$。这个 Jordan 形矩阵 $\boldsymbol{A}$ 称为 $\mathcal{A}$ 的 Jordan 标准形,除去 Jordan 块的排列次序外,

$\mathcal{A}$ 的 Jordan 标准形是唯一的。由于 Jordan 块 $J_t(\lambda_j)$ 的最小多项式为 $(\lambda-\lambda_j)^t$，因此根据 9.6 节的推论 5 立即得到，若 $\mathcal{A}$ 有 Jordan 标准形，则 $\mathcal{A}$ 的最小多项式 $m(\lambda)$ 在 $F[\lambda]$ 中可以分解成一次因式的乘积。从而我们证明了：域 F 上 n 维线性空间 V 上的线性变换 $\mathcal{A}$ 有 Jordan 标准形当且仅当 $\mathcal{A}$ 的最小多项式 $m(\lambda)$ 在 $F[\lambda]$ 中能分解成一次因式的乘积。

设域 F 上 n 维线性空间 V 上的线性变换 $\mathcal{A}$ 的最小多项式 $m(\lambda)$ 在 $F[\lambda]$ 中的标准分解式为

$$m(\lambda)=p_1^{l_1}(\lambda)p_2^{l_2}(\lambda)\cdots p_s^{l_s}(\lambda),$$

其中至少有一个 $p_i(\lambda)$ 的次数大于 1，则

$$V=\operatorname{Ker}p_1^{l_1}(\mathcal{A})\oplus\operatorname{Ker}p_2^{l_2}(\mathcal{A})\oplus\cdots\oplus\operatorname{Ker}p_s^{l_s}(\mathcal{A})。$$

记 $W_j=\operatorname{Ker}p_j^{l_j}(\mathcal{A})$，则 $V=W_1\oplus W_2\oplus\cdots\oplus W_s$。根据 9.6 节的例 17 得，$\mathcal{A}|W_j$ 的最小多项式 $m_j(\lambda)=p_j^{l_j}(\lambda)$，$j=1,2,\cdots,s$。如果我们能在 W_j 中找到一个基使得 $\mathcal{A}|W_j$ 在此基下的矩阵 $\mathbf{A}_j$ 具有最简单的形式，那么 $\mathcal{A}$ 在 W_j 的这个基 $(j=1,2,\cdots,s)$ 合起来得到的 V 的一个基下的矩阵 $\mathbf{A}=\operatorname{diag}\{\mathbf{A}_1,\mathbf{A}_1,\cdots,\mathbf{A}_s\}$ 就具有最简单的形式。于是归结为要研究下述问题：

设 C 是域 F 上 m 维线性空间 W 上的线性变换，C 的最小多项式 $m(\lambda)=p^l(\lambda)$，其中 $p(\lambda)$ 是域 F 上次数大于 1 的不可约多项式。我们来研究 C 的最简单形式的矩阵表示。

由于 $m(C)=O$，因此对一切 $\alpha\in W$ 有 $m(C)\alpha=0$，即 $p^l(C)\alpha=0$。对于 $\alpha\in W$ 且 $\alpha\neq 0$，使得 $g(C)\alpha=0$ 成立的次数最低的首项系数为 1 的多项式 $g(\lambda)$ 称为 α 的最小多项式，记作 $m_\alpha(\lambda)$。利用 $F[\lambda]$ 中的带余除法容易证明：$m_\alpha(\lambda)\mid m(\lambda)$。设 $m_\alpha(\lambda)=\lambda^t+d_{t-1}\lambda^{t-1}+\cdots+d_1\lambda+d_0$，则由 $m_\alpha(\lambda)$ 的定义可证得，$\alpha,C\alpha,\cdots,C^{t-1}\alpha$ 线性无关，且 $C^t\alpha=-d_{t-1}C^{t-1}\alpha-\cdots-d_1C\alpha-d_0\alpha$。我们把子空间 $\langle\alpha,C\alpha,\cdots,C^{t-1}\alpha\rangle$ 称为由 α 生成的 $C-$循环子空间，它是 C 的不变子空间，且 $\alpha,C\alpha,\cdots,C^{t-1}\alpha$ 是这个子空间的一个基。C 在这个子空间上的限制在基 $\alpha,C\alpha,\cdots,C^{t-1}\alpha$ 下的矩阵为

$$\begin{pmatrix} 0 & 0 & \cdots & 0 & -d_0 \\ 1 & 0 & \cdots & 0 & -d_1 \\ 0 & 1 & \cdots & 0 & -d_2 \\ \vdots & \vdots & & \vdots & \vdots \\ 0 & 0 & \cdots & 0 & -d_{t-2} \\ 0 & 0 & \cdots & 1 & -d_{t-1} \end{pmatrix},$$

这种形式的矩阵称为 Frobenius 矩阵，这个矩阵的特征多项式和最小多项式都等于 $\lambda^t+d_{t-1}\lambda^{t-1}+\cdots+d_1\lambda+d_0$。把这个矩阵称为多项式 $\lambda^t+d_{t-1}\lambda^{t-1}+\cdots+d_1\lambda+d_0$ 的友矩阵。我们证明了 $\langle\alpha,C\alpha,\cdots,C^{t-1}\alpha\rangle$ 不能分解成 $C|\langle\alpha,C\alpha,\cdots,C^{t-1}\alpha\rangle$ 的非平凡不变子空间的直和，从而 $m_\alpha(\lambda)$ 的友矩阵不能表示成分块对角矩阵。于是 $m_\alpha(\lambda)$ 的友矩阵是 $C|\langle\alpha,C\alpha,\cdots,C^{t-1}\alpha\rangle$ 的最简单形式的矩阵表示。由此受到启发，我们猜测并且运用商空间的理论证明了：W 能分解成 $\dfrac{1}{r}\dim W_0$ 个 $C-$循环子空间的直和，其中 $r=\deg p(\lambda)$，W_0 是 $p(C)$ 的属于特征值 0 的

特征子空间,从而 W 中存在一个基,使得 C 在此基下的矩阵 $\boldsymbol{C}=\operatorname{diag}\{\boldsymbol{C}_1,\boldsymbol{C}_2,\cdots,\boldsymbol{C}_v\}$,$v=\dfrac{1}{r}$ $\dim W_0$,其中 $\boldsymbol{C}_i$ 是 $p^{h_i}(\lambda)$ 的友矩阵,称为一个有理块,$1\leqslant h_i\leqslant l,i=1,2,\cdots,v$。我们求出了 $\boldsymbol{C}$ 中有理块的总数,hr 级有理块的个数 $N(hr)$,其中 $1\leqslant h\leqslant l$,$\boldsymbol{C}$ 称为 C 的有理标准形,除了有理块的排列次序外,C 的有理标准形是唯一的,并且它是 C 的最简单形式的矩阵表示。利用这个结论,我们立即得到:如果域 F 上 n 维线性空间 V 上的线性变换 $\mathcal{A}$ 的最小多项式 $m(\lambda)$ 在 $F[\lambda]$ 中的标准分解式含有次数大于 1 的不可约多项式,那么 V 中存在一个基使得 $\mathcal{A}$ 在此基下的矩阵是由有理块组成的分块对角矩阵,称它为 $\mathcal{A}$ 的有理标准形,除去有理块的排列次序外,$\mathcal{A}$ 的有理标准形是唯一的。

从平面上关于一条直线的反射,向着一条直线的压缩(压缩系数不等于 1),错切,在一条直线上的投影的共同性质,我们抽象出域 F 上 n 维($n\geqslant2$)线性空间 V 上的线性变换 $\mathcal{B}$ 如果满足 $\operatorname{rank}(\mathcal{B}-\mathcal{I})=1$,那么称 $\mathcal{B}$ 是伪反射。我们利用线性变换的有理标准形证明了:域 F 上 n 维($n\geqslant2$)线性空间 V 上的任一线性变换 $\mathcal{A}$ 是至多 n 个伪反射的乘积。

我们证明了:设 f 是特征为 2 的域 F 上 n 维线性空间 V 上的对称双线性函数,则 V 中存在一个基使得 f 在此基下的度量矩阵 $\boldsymbol{A}$ 为下述形式的分块对角矩阵:

$$\operatorname{diag}\left\{d_1,\cdots,d_r,\begin{pmatrix}0&1\\1&0\end{pmatrix},\cdots,\begin{pmatrix}0&1\\1&0\end{pmatrix}\right\},$$

其中 $d_i\in F,i=1,\cdots,r;0\leqslant r\leqslant n$。若 V 中存在一个向量 α_1 使得 $f(\alpha_1,\alpha_1)\neq0$,则 V 中存在一个基使得 f 在此基下的度量矩阵 $\boldsymbol{A}$ 为对角矩阵:

$$\operatorname{diag}\{d_1,\cdots,d_r,0_{n-r}\},$$

其中 $d_i\in F$ 且 $d_i\neq0,i=1,\cdots,r;1\leqslant r\leqslant n$。

我们证明了:设 f 是域 F 上线性空间 V 上的对称双线性函数,W 是 V 的一个有限维非平凡子空间,则 $V=W\oplus W^{\perp}$ 的充分必要条件是 $f|W$ 是非退化的。这里 V 可以是无限维的,f 不需要是非退化的,F 是任意一个域,不要求 F 的特征不为 2。

我们证明了:设 V 和 V' 都是实内积空间,如果存在 V 到 V' 的一个映射 σ 保持向量的内积不变,即 $\forall\alpha,\beta\in V$ 有

$$(\sigma(\alpha),\sigma(\beta))=(\alpha,\beta),$$

那么 σ 保持向量的长度不变,σ 是 V 到 V' 的一个线性映射,σ 是单射。从而我们证明了:如果存在 V 到 V' 的一个满射 σ 保持向量的内积不变,那么 σ 是 V 到 V' 的一个保距同构,从而实内积空间 V 与 V' 同构。特别地,如果 V 和 V' 都是 n 维欧几里得空间,且有 V 到 V' 的一个映射 σ 保持向量的内积不变,那么 σ 是 V 到 V' 的一个保距同构,从而欧几里得空间 V 与 V' 同构。

我们利用 n 维欧几里得空间 V 上的正交变换的最简单形式的矩阵表示证明了:n 维($n\geqslant2$)欧几里得空间 V 上的任一正交变换都可以表示成至多 n 个关于超平面的反射的乘积。由此看出并且证明了:n 维($n\geqslant2$)欧几里得空间 V 上的任一正交变换 $\mathcal{A}$ 表示成关于超平面的反射的乘积时,反射个数的最小数目等于 $n-\dim[\operatorname{Ker}(\mathcal{A}-\mathcal{I})]$。

3. 保持和发扬了本套教材第一版的特色。

明确主线,内容全面,理论深刻,创新亮点,强调思维,例题丰富,展示应用,可读性强。

4. 增加了一些例题和习题。

对于增加的习题给出了详细解答。

感谢本套教材的责任编辑邓婷,她为本书的出版付出了辛勤的劳动。

真诚欢迎广大读者对本套教材提出宝贵意见。

丘维声

北京大学数学科学学院

第一版序

高等代数是大学数学科学学院(或数学系,应用数学系)最主要的基础课程之一。本套教材是作者在北京大学进行高等代数课程建设和教学改革的成果,它具有下述鲜明特色。

1. 主线明确。以研究线性空间和多项式环的结构及其态射(线性映射,多项式环的通用性质)为主线。自从 1832 年伽罗瓦(Galois)利用一元高次方程的根的置换群给出了方程有求根公式的充分必要条件之后,代数学的研究对象发生了根本性的转变。研究各种代数系统的结构及其态射(即保持运算的映射)成为现代代数学研究的中心问题。20 世纪,代数学研究结构及其态射的观点已经渗透到现代数学的各个分支中。因此,在高等代数课程的教学中贯穿研究线性空间和多项式环的结构及其态射这条主线,就是把握住了代数学的精髓。

本套教材上册的第 1,2,3 章研究线性方程组的解法、解的情况的判别和解集的结构时,贯穿了研究数域 K 上 n 维向量空间 K^n 及其子空间的结构这条主线。线性方程组是数学中最基础、最有用的知识,n 维向量空间 K^n 是 n 维线性空间的一个具体模型,n 元齐次线性方程组的解空间的维数公式本质上是线性映射的核与值域的维数公式。因此把线性方程组和 n 维向量空间 K^n 作为高等代数课程的开始部分的内容,既符合学生的认知规律,又是高等代数知识的内在规律的体现。上册的第 4,5,6 章研究矩阵的运算,矩阵的相抵、相似、合同关系及与它们有关的矩阵的特征值和特征向量、二次型。研究矩阵的运算为研究线性映射打下了基础。矩阵的相抵关系在解决有关矩阵的秩的问题中起着重要作用,而矩阵的秩本质上是相应的线性映射的值域的维数。研究矩阵的相似标准形本质上是研究线性变换在一个合适的基下的矩阵具有最简单的形式。研究对称矩阵的合同标准形与研究二次型的化简密切相关,而二次型与线性空间 V 上的双线性函数有密切联系。

本套教材下册的第 7 章研究一元和 n 元多项式环的结构及其态射(多项式环的通用性质),第 8 章研究线性空间的结构,第 9 章研究线性映射,第 10 章研究具有度量的线性空间的结构及与度量有关的线性变换。第 11 章研究多重线性代数时,基础概念是多重线性映射,主要工具是线性空间的张量积。

2. 内容全面。本套教材包括线性代数,多项式理论,环、域、群的概念及重要例子,多重线性代数,共四部分。在下册第 7 章,从数域 K 上所有一元多项式组成的集合、整数集、数域 K 上所有 n 级矩阵组成的集合都有加法和乘法运算,自然而然地引出了环的概念;从数域 K 上所有分式组成的集合、模 p 剩余类(p 是素数)组成的集合,水到渠成地引出了域的概念。于是我们在下册第 8 章讲的是任意域上的线性空间,而不只是数域上的线性空间。这是当今信息时代的需要,因为在信息的安全与可靠中大量使用二元域上的线性空间理论。我们不仅着重研究有限维的线性空间,也研究无限维的线性空间,因为许多函数空间都是无限维线性空间。我们在第 9 章不仅研究线性变换的 Jordan 标准形,而且研究线性变换的有理标准形。我们在第 10 章不仅研究欧几里得空间和酉空间,而且研究正交空间和辛空间;不仅研究欧几里得空间上的正交变换、对称变换,酉空间上的酉变换,而且研究酉空间上的 Hermite 变换、正规变换。在第 10 章讲了欧几里得空间上的正交变换,酉空间上的酉变换,正交空间上的正交变换,辛空间上的辛变换之后,水到渠成地引出群的概念,介绍了正交群,酉群,辛群。我们在第 11 章研究了线性空间的张量积,张量及张量代数,外代数(或格拉斯曼(Grassmann)代数),它们在微分几何、现代分析、群表示论和量子力学等领域中有重要应用。

本套教材的第一、二、三个组成部分,内容之间的内在联系可以用下述框图来表示。

3. 理论深刻. 本套教材阐述了深刻的理论, 证明了许多重要结论. 举例如下:

矩阵 A 的秩是 A 的行向量组的秩, 也是 A 的列向量组的秩. A 的秩等于 A 的不为零的子式的最高阶数, 等于 A 的行向量组生成的子空间 (简称为行空间) 的维数, 等于 A 的列向量组生成的子空间 (简称为列空间) 的维数. 设 V 是域 F 上的 n 维线性空间, V 上的线性变换 $\mathcal{A}$ 在 V 的一个基 $\alpha_1, \alpha_2, \cdots, \alpha_n$ 下的矩阵为 A, 则 A 的秩等于 $\mathcal{A}$ 的值域的维数. 设 V 中向量组 $\beta_1, \beta_2, \cdots, \beta_s$ 的坐标组成的矩阵为 B, 则 B 的秩等于 $\beta_1, \beta_2, \cdots, \beta_s$ 生成的子空间的维数. 由此可知, 矩阵的秩是一个非常深刻的概念, 它有许多重要应用. 例如, 线性方程组有解的充分必要条件是它的系数矩阵与增广矩阵有相等的秩. n 元齐次线性方程组 $Ax=0$ 的解空间的维数等于 $n-\mathrm{rank}(A)$. 矩阵方程 $AX=B$ 有解的充分必要条件是 $\mathrm{rank}(A)=\mathrm{rank}(A, B)$. 矩阵方程 $ABX=A$ 有解的充分必要条件是 $\mathrm{rank}(AB)=\mathrm{rank}(A)$. 矩阵方程 $AX-YB=C$ 有解的充分必要条件是

$$\mathrm{rank}\begin{pmatrix} A & 0 \\ 0 & B \end{pmatrix} = \mathrm{rank}\begin{pmatrix} A & C \\ 0 & B \end{pmatrix}.$$

域 F 上 n 级矩阵 A 是幂等矩阵 (即 $A^2=A$) 当且仅当

$$\mathrm{rank}(A) + \mathrm{rank}(I-A) = n.$$

特征不等于 2 的域 F 上 n 级矩阵 A 是对合矩阵 (即 $A^2=I$) 当且仅当

$$\mathrm{rank}(A+I) + \mathrm{rank}(A-I) = n.$$

设 $A_1, A_2, \cdots, A_s$ 都是数域 K 上的 n 级矩阵, 则 $A_1, A_2, \cdots, A_s$ 都是幂等矩阵且 $A_i A_j = 0$ (当 $i \neq j$) 的充分必要条件是

$$\sum_{i=1}^{s} A_i \text{ 是幂等矩阵, 且 } \mathrm{rank}\left(\sum_{i=1}^{s} A_i\right) = \sum_{i=1}^{s} \mathrm{rank}(A_i).$$

Sylvester 秩不等式: 设 A、B 分别是域 F 上 $s \times n, n \times m$ 矩阵, 则

$$\mathrm{rank}(AB) \geqslant \mathrm{rank}(A) + \mathrm{rank}(B) - n.$$

在 Sylvester 秩不等式中, 等号成立的充分必要条件是

$$\mathrm{rank}\begin{pmatrix} A & 0 \\ I_n & B \end{pmatrix} = \mathrm{rank}\begin{pmatrix} A & 0 \\ 0 & B \end{pmatrix}.$$

设 A, B 分别是域 F 上 $s \times n, n \times s$ 矩阵, 则

$$\mathrm{rank}(A - ABA) = \mathrm{rank}(A) + \mathrm{rank}(I_n - BA) - n,$$

从而 B 是 A 的一个广义逆当且仅当 $\mathrm{rank}(A) + \mathrm{rank}(I_n - BA) = n$.

设 A, B, C, D 都是数域 K 上的 n 级矩阵, 且 $AC = CA$, 则

$$\begin{vmatrix} A & B \\ C & D \end{vmatrix} = |AD - CB|.$$

设 A, B 分别是数域 K 上的 $s \times n, n \times s$ 矩阵, 则

$$|I_s - AB| = |I_n - BA|.$$

利用这个结论证得, AB 与 BA 有相同的非零特征值, 并且重数相同.

设 $A = \begin{pmatrix} A_1 & A_2 \\ A_3 & A_4 \end{pmatrix}$ 是数域 K 上 n 级对称矩阵, 且 A_1 是 r 级可逆矩阵, 则

$$A \simeq \begin{bmatrix} A_1 & 0 \\ 0 & A_4 - A_2' A_1^{-1} A_2 \end{bmatrix}, \quad |A| = |A_1| |A_4 - A_2' A_1^{-1} A_2|.$$

利用这个结论简洁地证得,实对称矩阵 A 是正定的充分必要条件是:A 的所有顺序主子式全大于 0。利用上述结论还证得,设 $M = \begin{pmatrix} A & B \\ B' & D \end{pmatrix}$ 是 n 级正定矩阵,则 $|M| \leqslant |A| |D|$,等号成立当且仅当 $B = 0$。进而证得,若 $A = (a_{ij})$ 是 n 级正定矩阵,则 $|A| \leqslant a_{11} a_{22} \cdots a_{nn}$,等号成立当且仅当 A 是对角矩阵。由此立即得到 Hadamard 不等式:

若 $C = (c_{ij})$ 是 n 级实矩阵,则 $|C|^2 \leqslant \prod\limits_{j=1}^{n} (c_{1j}^2 + c_{2j}^2 + \cdots + c_{nj}^2)$。

数域 K 上 n 级矩阵 A 能够分解成一个主对角元都为 1 的下三角矩阵 B 与可逆上三角矩阵 C 的乘积 $A = BC$(称为 LU-分解)当且仅当 A 的各阶顺序主子式全不为 0,并且 A 的这种分解是唯一的。

n 级实可逆矩阵 A 能够唯一地分解成正交矩阵 T 与主对角元都为正数的上三角矩阵 B 的乘积 $A = TB$。

设 A 是 $m \times n$ 列满秩实矩阵,则 A 能够唯一地分解成 $A = QR$,其中 Q 是列向量组为正交单位向量组的 $m \times n$ 矩阵,R 是主对角元都为正数的 n 级上三角矩阵,这称为 QR-分解。

设 A 是 n 级实可逆矩阵,则存在正交矩阵 T 和两个正定矩阵 S_1, S_2,使得 $A = TS_1 = S_2 T$,并且 A 的这两种分解的每一种都是唯一的。(这称为极分解定理)

设 A 是 n 级复可逆矩阵,则存在酉矩阵 P 和两个正定 Hermite 矩阵 H_1, H_2,使得 $A = PH_1 = H_2 P$,并且 A 的这两种分解的每一种都是唯一的。(这也称为极分解定理)

对于任一 n 级实可逆矩阵 A,存在两个正交矩阵 T_1, T_2,使得 $A = T_1 \text{diag}\{\lambda_1, \lambda_2, \cdots, \lambda_n\} T_2$,其中 $\lambda_1^2, \lambda_2^2, \cdots, \lambda_n^2$ 是 $A'A$ 的全部特征值。

设 A 是 $m \times n$ 实矩阵,则 A 可以分解成 $A = QDT'$,其中 Q 是列向量组为正交单位向量组的 $m \times n$ 矩阵;D 是主对角元 $\lambda_1, \lambda_2, \cdots, \lambda_n$ 全为非负数的 n 级对角矩阵,且 $\lambda_1^2, \lambda_2^2, \cdots, \lambda_n^2$ 是 $A'A$ 的全部特征值;T 是 n 级正交矩阵,它的第 j 列是 $A'A$ 的属于特征值 λ_j^2 的一个特征向量,$j = 1, 2, \cdots, n$。A 的这种分解称为奇异值分解,其中 D 的非零的主对角元称为 A 的奇异值。A 的奇异值分解在生物统计学等领域中有应用。

设 $f(x), g(x) \in F[x]$,域 $E \supseteq F$,则在 $F[x]$ 中 $g(x) \mid f(x)$ 当且仅当在 $E[x]$ 中 $g(x) \mid f(x)$,称之为整除性不随域的扩大而改变。$f(x)$ 与 $g(x)$ 的首项系数为 1 的最大公因式也不随域的扩大而改变,从而互素性也不随域的扩大而改变。若 F 是特征为 0 的域,则 $f(x)$ 有无重因式不随域的扩大而改变。我们证明了:设 A 是域 F 上的 n 级矩阵,域 $E \supseteq F$,则 A 的最小多项式 $m(\lambda)$ 不随域的扩大而改变。显然,A 的特征多项式不随域的扩大而改变。我们还证明了:A 的特征多项式 $f(\lambda)$ 与 A 的最小多项式 $m(\lambda)$ 在域 F 中有相同的根(重数可以不同),在域 E 中也有相同的根(重数可以不同)。

本套教材在研究线性空间的结构时,证明了有限维线性空间的许多结论对于无限维线性空间也成立。例如,域 F 上线性空间 V 的两个子空间 V_1, V_2(它们可以是无限维的)的和是直和当且仅当 V_1 的一个基与 V_2 的一个基合起来是 $V_1 + V_2$ 的一个基。域 F 上线

性空间 V 的任一子空间 W(可以是无限维的)都有补空间,即存在 V 的子空间 U,使得 $V=W \oplus U$。从而对于 V 的任一子空间 W,都存在平行于 W 的一个补空间 U 在 W 上的投影 $\mathcal{P}_W$,并且 $\operatorname{Im} \mathcal{P}_W=W$,$\operatorname{Ker} \mathcal{P}_W=U$。

若 $\mathcal{A}$ 是域 F 上线性空间 V 上的幂等线性变换,则 $\mathcal{A}$ 是平行于 $\operatorname{Ker} \mathcal{A}$ 在 $\operatorname{Im} \mathcal{A}$ 上的投影,且 $V=\operatorname{Im} \mathcal{A} \oplus \operatorname{Ker} \mathcal{A}$。反之,若 $V=W \oplus U$,则平行于 U 在 W 上的投影 $\mathcal{P}_W$ 是幂等变换,平行于 W 在 U 上的投影 $\mathcal{P}_U$ 也是幂等变换,且 $\mathcal{P}_U \mathcal{P}_W=\mathcal{P}_W \mathcal{P}_U=\mathcal{O}$(此时称 $\mathcal{P}_U$ 与 $\mathcal{P}_W$ 正交),$\mathcal{P}_U+\mathcal{P}_W=\mathcal{I}$。投影是最基本的线性变换。

设 V 是域 F 上的线性空间(可以是无限维的),$\mathcal{A}$ 是 V 上的一个线性变换。在 $F[x]$ 中,$f(x)=f_1(x) f_2(x) \cdots f_s(x)$,其中 $f_1(x)$,$f_2(x)$,$\cdots$,$f_s(x)$ 两两互素,则

$$\operatorname{Ker} f(\mathcal{A})=\operatorname{Ker} f_1(\mathcal{A}) \oplus \operatorname{Ker} f_2(\mathcal{A}) \oplus \cdots \oplus \operatorname{Ker} f_s(\mathcal{A})。 \tag{1}$$

设 $\mathcal{A}$ 是域 F 上 n 维线性空间 V 上的线性变换,如果 $\mathcal{A}$ 的特征多项式 $f(\lambda)$ 在 $F[\lambda]$ 中能分解成

$$f(\lambda)=(\lambda-\lambda_1)^{r_1}(\lambda-\lambda_2)^{r_2} \cdots(\lambda-\lambda_s)^{r_s}, \tag{2}$$

其中 $\lambda_1,\lambda_2,\cdots,\lambda_s$ 是 F 中两两不等的元素,$r_i>0$,$i=1,2,\cdots,s$,则

$$V=\operatorname{Ker}(\mathcal{A}-\lambda_1 \mathcal{I})^{r_1} \oplus \operatorname{Ker}(\mathcal{A}-\lambda_2 \mathcal{I})^{r_2} \oplus \cdots \oplus \operatorname{Ker}(\mathcal{A}-\lambda_s \mathcal{I})^{r_s},$$

其中 $\operatorname{Ker}(\mathcal{A}-\lambda_j \mathcal{I})^{r_j}$,$j=1,2,\cdots,s$,称为 $\mathcal{A}$ 的根子空间;并且 $\mathcal{A}$ 的根子空间 $\operatorname{Ker}(\mathcal{A}-\lambda_j \mathcal{I})^{r_j}$ 的维数等于 $\mathcal{A}$ 的特征值 λ_j 的代数重数 r_j,$j=1,2,\cdots,s$。

若 $\mathcal{A}$ 的最小多项式 $m(\lambda)$ 在 $F[\lambda]$ 中的标准分解式为

$$m(\lambda)=(\lambda-\lambda_1)^{l_1}(\lambda-\lambda_2)^{l_2} \cdots(\lambda-\lambda_s)^{l_s}, \tag{3}$$

则
$$V=\operatorname{Ker}(\mathcal{A}-\lambda_1 \mathcal{I})^{l_1} \oplus \operatorname{Ker}(\mathcal{A}-\lambda_2 \mathcal{I})^{l_2} \oplus \cdots \oplus \operatorname{Ker}(\mathcal{A}-\lambda_s \mathcal{I})^{l_s}, \tag{4}$$

并且 $\operatorname{Ker}(\mathcal{A}-\lambda_j \mathcal{I})^{l_j}$ 等于 $\mathcal{A}$ 的根子空间 $\operatorname{Ker}(\mathcal{A}-\lambda_j \mathcal{I})^{r_j}$,$j=1,2,\cdots,s$。

对于域 F 上 n 维线性空间 V 上的线性变换 $\mathcal{A}$,若它的最小多项式 $m(\lambda)$ 在 $F[\lambda]$ 中能分解成上述一次因式的方幂的乘积,我们通过把 V 分解成 $\mathcal{A}$ 的根子空间的直和,在 $\mathcal{A}$ 的每个根子空间 $W_j=\operatorname{Ker}(\mathcal{A}-\lambda_j \mathcal{I})^{l_j}$ 中取一个合适的基(通过 W_j 上的幂零变换 $\mathcal{B}_j=\mathcal{A}|W_j-\lambda_j \mathcal{I}$ 来找合适的基),使得 $\mathcal{A}|W_j$ 在此基下的矩阵 $\boldsymbol{A}_j$ 为一个 Jordan 形矩阵;把 $W_j(j=1,2,\cdots,s)$ 的基合起来成为 V 的一个基,则 $\mathcal{A}$ 在 V 的这个基下的矩阵 $A=\operatorname{diag}\{\boldsymbol{A}_1,\boldsymbol{A}_2,\cdots,\boldsymbol{A}_s\}$ 是一个 Jordan 形矩阵,称它为 $\mathcal{A}$ 的 Jordan 标准形。除去 Jordan 块的排列次序外,$\mathcal{A}$ 的 Jordan 标准形是唯一的。

Witt 消去定理的推广:设 F 是特征不等于 2 的域,$\boldsymbol{A}_1$,$\boldsymbol{A}_2$ 是域 F 上 n 级对称矩阵,$\boldsymbol{B}_1$,$\boldsymbol{B}_2$ 是域 F 上的 m 级对称矩阵。如果

$$\begin{bmatrix} \boldsymbol{A}_1 & \boldsymbol{0} \\ \boldsymbol{0} & \boldsymbol{B}_1 \end{bmatrix} \simeq \begin{bmatrix} \boldsymbol{A}_2 & \boldsymbol{0} \\ \boldsymbol{0} & \boldsymbol{B}_2 \end{bmatrix},$$

且 $\boldsymbol{A}_1 \simeq \boldsymbol{A}_2$,那么 $\boldsymbol{B}_1 \simeq \boldsymbol{B}_2$。

设 V 是特征不为 2 的域 F 上的 n 维线性空间,f 是 V 上的对称或斜对称双线性函数,W 是 V 的一个非平凡子空间,则 $V=W \oplus W^{\perp}$ 的充分必要条件为 f 在 W 上的限制是非退化的,其中 $W^{\perp}:=\{\alpha \in V \mid f(\alpha,\beta)=0, \forall \beta \in W\}$。

设 q 是欧几里得空间 $\mathbf{R}^n$ 上的一个二次函数,则 q 的零锥 S(即:使得 $q(\xi)=0$ 的所有 ξ 组成的集合)包含 $\mathbf{R}^n$ 的一个标准正交基的充分必要条件是:q 在 $\mathbf{R}^n$ 的一个标准正交基

(从而在 $\mathbf{R}^n$ 的任一标准正交基)下的矩阵的迹等于 0。由此立即得到解析几何中的一个结论:在直角坐标系中,顶点在原点的二次锥面 $a_{11}x^2+a_{22}y^2+a_{33}z^2+2a_{12}xy+2a_{13}xz+2a_{23}yz=0$ 有 3 条互相垂直的直母线的充分必要条件是 $a_{11}+a_{22}+a_{33}=0$。从上述结论及其充分性的证明可得到:n 级实对称矩阵 $\mathbf{A}$ 正交相似于主对角元全为 0 的矩阵当且仅当 $\mathbf{A}$ 的迹为 0。我们还证明了:对于域 F 上的 n 级矩阵 $\mathbf{A}$,若 $\mathbf{A}$ 的迹为 0,则 $\mathbf{A}$ 相似于一个主对角元全为 0 的矩阵。

我们建立了域 F 上 n 维线性空间 V 上的双线性函数空间 $T_2(V)$ 与 V 上的线性变换空间 $\mathrm{Hom}(V,V)$ 之间的一个同构映射(不用矩阵作为桥梁):设 f 是 V 上的一个非退化双线性函数,任给 V 上的一个双线性函数 g,存在 V 上唯一的一个线性变换 $\mathcal{G}$,使得

$$g(\alpha,\beta)=f(\mathcal{G}(\alpha),\beta),\quad \forall \alpha,\beta \in V;$$

令 $\sigma: g \longmapsto \mathcal{G}$,则 σ 是 $T_2(V)$ 到 $\mathrm{Hom}(V,V)$ 的一个同构映射。利用这个同构映射,我们给出了特征不为 2 的域 F 上两个 n 级对称矩阵 $\mathbf{A},\mathbf{B}$ 可一齐合同对角化(即存在同一个可逆矩阵 $\mathbf{P}$,使得 $\mathbf{P}'\mathbf{A}\mathbf{P}$ 和 $\mathbf{P}'\mathbf{B}\mathbf{P}$ 都为对角矩阵)的充分必要条件。当 $\mathbf{A}$ 可逆时,这个充分必要条件是 $\mathbf{A}^{-1}\mathbf{B}$ 可对角化(即 $\mathbf{A}^{-1}\mathbf{B}$ 可相似于一个对角矩阵)。当 $\mathbf{A}$ 不可逆时,若存在 $\lambda_0 \in F$,使得 $\mathbf{A}+\lambda_0 \mathbf{B}$ 可逆且 $(\mathbf{A}+\lambda_0 \mathbf{B})^{-1}\mathbf{B}$ 可对角化,则 $\mathbf{A}$ 与 $\mathbf{B}$ 可一齐合同对角化;若存在 $\lambda_0 \in F$,使得 $\mathbf{A}+\lambda_0 \mathbf{B}$ 可逆且 $(\mathbf{A}+\lambda_0 \mathbf{B})^{-1}\mathbf{B}$ 不可对角化,则 $\mathbf{A}$ 与 $\mathbf{B}$ 不能一齐合同对角化。

n 维欧几里得空间 V 上的任一正交变换都可以表示成最多 n 个关于超平面的反射的乘积,其中 $n \geqslant 2$。

设 $\mathcal{A}$ 是 n 维欧几里得空间 V 上的斜对称变换(即 $\forall \alpha,\beta \in V$,有 $(\mathcal{A}\alpha,\beta)=-(\alpha,\mathcal{A}\beta)$),则 $\mathcal{A}-\mathcal{I}$ 与 $\mathcal{A}+\mathcal{I}$ 都可逆,且 $\mathcal{B}=(\mathcal{A}+\mathcal{I})(\mathcal{A}-\mathcal{I})^{-1}$ 是 V 上的正交变换;反之,若 $\mathcal{B}$ 是 V 上的正交变换,且 -1 不是 $\mathcal{B}$ 的特征值,则 $\mathcal{A}=(\mathcal{B}-\mathcal{I})(\mathcal{B}+\mathcal{I})^{-1}$ 是 V 上的斜对称变换。

实内积空间 V 上的变换 $\mathcal{P}$ 是 V 在一个子空间上的正交投影当且仅当 $\mathcal{P}$ 是幂等的对称变换。

设 $\mathcal{P}_1$ 和 $\mathcal{P}_2$ 分别是实内积空间 V 在子空间 U_1 和 U_2 上的正交投影,则 $\mathcal{P}_1+\mathcal{P}_2$ 是正交投影当且仅当 U_1 和 U_2 是互相正交的(即 $U_1 \subseteq U_2^{\perp}$),且此时 $\mathcal{P}_1+\mathcal{P}_2$ 是 V 在 $U_1 \oplus U_2$ 上的正交投影;$\mathcal{P}_1\mathcal{P}_2$ 是正交投影当且仅当 $\mathcal{P}_1\mathcal{P}_2=\mathcal{P}_2\mathcal{P}_1$,且此时 $\mathcal{P}_1\mathcal{P}_2$ 是 V 在 $U_1 \cap U_2$ 上的正交投影。

设 $\mathcal{A}$ 是 n 维欧几里得空间 V 上的对称变换,$\lambda_1,\lambda_2,\cdots,\lambda_s$ 是 $\mathcal{A}$ 的所有不同的特征值,属于 λ_i 的特征子空间记作 V_i,用 $\mathcal{P}_i$ 表示 V 在 V_i 上的正交投影,$i=1,2,\cdots,s$,则 $\mathcal{A}=\sum_{i=1}^s \lambda_i \mathcal{P}_i$。这表明正交投影是对称变换的基本建筑块。又由于 n 维欧几里得空间 V 上的线性变换 $\mathcal{A}$ 是对称变换当且仅当 V 中存在一个标准正交基使得 $\mathcal{A}$ 在此基下的矩阵为对角矩阵,因此正交投影是 V 中能够找到标准正交基使得在此基下的矩阵为对角矩阵的线性变换的基本建筑块。

设 $\mathcal{A}$ 是 n 维欧几里得空间 V 上的对称变换,对于任意 $\alpha \in V$ 且 $\alpha \neq 0$,令 $F(\alpha)=\dfrac{(\alpha,\mathcal{A}\alpha)}{(\alpha,\alpha)}$,则 $F(\alpha)$ 在 $\mathcal{A}$ 的属于最小(大)特征值的一个单位特征向量处达到最小(大)值。

n 维欧几里得空间 V 上的任意一个关于超平面的反射都是 V 上的对称变换。

对于 n 维酉空间 V 上的线性变换 $\mathcal{A}$，V 中存在一个标准正交基使得 $\mathcal{A}$ 在此基下的矩阵为对角矩阵的充分必要条件是 $\mathcal{A}$ 为正规变换（即：$\mathcal{A}$ 满足 $\mathcal{A}\mathcal{A}^* = \mathcal{A}^* \mathcal{A}$，其中 $\mathcal{A}^*$ 是 $\mathcal{A}$ 的伴随变换）。

设 $\mathcal{H}$ 是 n 维酉空间 V 上的 Hermite 变换，则 $\mathcal{I}-\mathrm{i}\mathcal{H}$ 和 $\mathcal{I}+\mathrm{i}\mathcal{H}$ 都可逆，$\mathcal{A}=(\mathcal{I}-\mathrm{i}\mathcal{H})(\mathcal{I}+\mathrm{i}\mathcal{H})^{-1}$ 是酉变换，且 -1 不是 $\mathcal{A}$ 的特征值。反之，若 $\mathcal{A}$ 是酉变换，且 -1 不是 $\mathcal{A}$ 的特征值，则 $\mathcal{H}=-\mathrm{i}(\mathcal{I}-\mathcal{A})(\mathcal{I}+\mathcal{A})^{-1}$ 是 Hermite 变换。由这个结论得到：在 V 上的所有 Hermite 变换组成的集合与 V 上不以 -1 为特征值的所有酉变换组成的集合之间有一个一一对应 $\sigma: \mathcal{H}\longmapsto(\mathcal{I}-\mathrm{i}\mathcal{H})(\mathcal{I}+\mathrm{i}\mathcal{H})^{-1}$，称 σ 是 Cayley 变换。它类似于实数集与复平面上的单位圆（去掉 -1 对应的点）之间的一个一一对应：$a\longmapsto(1-a\mathrm{i})(1+a\mathrm{i})^{-1}$。

酉空间 V 上的变换 $\mathcal{P}$ 是 V 在一个子空间上的正交投影当且仅当 $\mathcal{P}$ 是幂等的 Hermite 变换。

设 $\mathcal{A}$ 是 n 维酉空间 V 上的正规变换，$\lambda_1, \lambda_2, \cdots, \lambda_s$ 是 $\mathcal{A}$ 的所有不同的特征值，属于 λ_i 的特征子空间记作 V_i，用 $\mathcal{P}_i$ 表示 V 在 V_i 上的正交投影，$i=1,2,\cdots,s$，则 $\mathcal{A}=\sum_{i=1}^{s}\lambda_i\mathcal{P}_i$。于是正交投影是 n 维酉空间 V 中能够找到标准正交基，使得在此基下的矩阵为对角矩阵的线性变换的基本建筑块。

酉空间 V 上的线性变换 $\mathcal{A}$ 如果有伴随变换，那么 $\mathcal{A}$ 是正规变换当且仅当 $\mathcal{A}=\mathcal{A}_1+\mathrm{i}\mathcal{A}_2$，其中 $\mathcal{A}_1, \mathcal{A}_2$ 都是 Hermite 变换，且 $\mathcal{A}_1\mathcal{A}_2=\mathcal{A}_2\mathcal{A}_1$。

设 $\mathcal{A}_1, \mathcal{A}_2, \cdots, \mathcal{A}_s$ 都是 n 维酉空间 V 上的正规变换，如果它们两两可交换，那么 V 中存在一个标准正交基，使得它们在此基下的矩阵都是对角矩阵。

设 $\mathcal{A}$ 是 n 维欧几里得空间 V 上的正规变换，则 V 中存在一个标准正交基，使得 $\mathcal{A}$ 在此基下的矩阵是形如下述的分块对角矩阵：

$$\mathrm{diag}\left\{\lambda_1,\lambda_2,\cdots,\lambda_m, \begin{bmatrix} a_1 & b_1 \\ -b_1 & a_1 \end{bmatrix}, \cdots, \begin{bmatrix} a_s & b_s \\ -b_s & a_s \end{bmatrix}\right\},$$

此矩阵称为 $\mathcal{A}$ 的标准形。由此看出，n 维欧几里得空间上的正规变换的标准形与 n 维酉空间上的正规变换的标准形不一样。

1 级酉矩阵组成的酉群 U(1) 与行列式为 1 的 2 级正交矩阵组成的特殊正交群 SO(2) 同构。

行列式为 1 的 2 级酉矩阵组成的特殊酉群 SU(2) 到行列式为 1 的 3 级正交矩阵组成的特殊正交群 SO(3) 有一个满同态（即保持乘法运算的满射），并且同态的核是 $\{\boldsymbol{I}, -\boldsymbol{I}\}$，其中 $\boldsymbol{I}$ 是 2 级单位矩阵。

任给一个 r 级酉矩阵 $\boldsymbol{P}$，可以得到一个 $2r$ 级正交矩阵 $\boldsymbol{Q}$，并且 $\boldsymbol{Q}$ 是 $2r$ 级辛矩阵；反之，任给一个 $2r$ 级正交矩阵 $\boldsymbol{Q}$，如果 $\boldsymbol{Q}$ 也是 $2r$ 级辛矩阵，那么可得到一个 r 级酉矩阵 $\boldsymbol{P}$。

4. 创新亮点。本套教材有许多创新之处，例如上述三个特色和下文将要讲的特色。此处特别指出创新的两个亮点。

亮点一：本套教材明确阐述了域 F 上一元多项式环 $F[x]$ 和 n 元多项式环 $F[x_1, x_2, \cdots, x_n]$ 的通用性质，并且把它们运用于全书各个相关课题中，起到了重要作用。

设 R 是一个有单位元 $1'$ 的交换环,它有一个子环 R_1 含有 $1'$,并且 F 到 R_1 有一个双射 τ,τ 保持加法和乘法运算。任意给定 $t \in R$,令

$$\sigma_t: \qquad\qquad F[x] \longrightarrow R$$

$$f(x) = \sum_{i=0}^{n} a_i x^i \longmapsto \sum_{i=0}^{n} \tau(a_i) t^i =: f(t),$$

则 σ_t 是 $F[x]$ 到 R 的一个映射,并且 σ_t 保持加法和乘法运算,还有 $\sigma_t(x) = t$,把映射 σ_t 称为 x 用 t 代入。这就是域 F 上一元多项式环 $F[x]$ 的通用性质。这个通用性质指出:只要环 R 满足上述条件,那么从 $F[x]$ 中有关加法和乘法的等式,通过不定元 x 用 R 中任一元素 t 代入,就可以得到环 R 中的有关加法和乘法的等式,产生一通百通的效果。例如,设 A 是域 F 上的一个 n 级矩阵,由矩阵 A 的所有多项式(即形如 $a_m A^m + a_{m-1} A^{m-1} + \cdots + a_1 A + a_0 I$ 的表达式,其中 $a_i \in F, i = 0, 1, \cdots, m, m \in \mathbf{N}$)组成的集合记作 $F[A]$。容易验证 $F[A]$ 是环 $M_n(F)$ 的一个子环,并且 $F[A]$ 是有单位元 I 的交换环。于是不定元 x 可以用矩阵 A 代入,也可以用 A 的任一多项式代入,从而由 $F[x]$ 中有关加法和乘法的等式可以得到 $F[A]$ 中有关加法和乘法的许多等式。又如,设 $\mathcal{A}$ 是域 F 上线性空间 V 上的一个线性变换,由 $\mathcal{A}$ 的所有多项式组成的集合 $F[\mathcal{A}]$ 是 V 上所有线性变换组成的环 $\mathrm{Hom}(V, V)$ 的一个子环,且 $F[\mathcal{A}]$ 是有单位元 $\mathcal{I}$ 的交换环。于是不定元 x 可以用线性变换 $\mathcal{A}$ 代入,也可以用 $\mathcal{A}$ 的任一多项式代入。正是利用了一元多项式环的通用性质,我们证明了第 3 个特色中的 (1) 式和 (4) 式,从而当 n 维线性空间 V 上的线性变换 $\mathcal{A}$ 的最小多项式 $m(\lambda)$ 在 $F[\lambda]$ 中能分解成一次因式的乘积时,通过把 V 分解成 $\mathcal{A}$ 的根子空间的直和,证明了 $\mathcal{A}$ 有 Jordan 标准形。设 $m(\lambda) = p_1^{l_1}(\lambda) p_2^{l_2}(\lambda) \cdots p_s^{l_s}(\lambda)$,其中 $p_1(\lambda), p_2(\lambda), \cdots, p_s(\lambda)$ 是域 F 上两两不等的首一不可约多项式,我们利用一元多项式环的通用性质,把 V 分解成 $V = \bigoplus_{j=1}^{s} \mathrm{Ker}\, p_j^{l_j}(\mathcal{A})$,证明了 $\mathcal{A}$ 有有理标准形。我们利用多元多项式环的通用性质,简洁地证明了对称多项式基本定理中的唯一性;证明了牛顿公式(关于初等对称多项式与幂和 s_k 的关系的公式);证明了辛矩阵的行列式等于 1。

亮点二:本套教材在研究线性变换的最简单形式的矩阵表示等问题时,充分发挥了最小多项式的作用。首先,我们证明了下述结论:

设 $\mathcal{A}$ 是域 F 上线性空间 V 上的线性变换,如果 V 能分解成 $\mathcal{A}$ 的一些非平凡不变子空间的直和:

$$V = W_1 \oplus W_2 \oplus \cdots \oplus W_s,$$

那么 $\mathcal{A}$ 的最小多项式 $m(\lambda) = [m_1(\lambda), m_2(\lambda), \cdots, m_s(\lambda)]$,其中 $m_j(\lambda)$ 是 W_j 上的线性变换 $\mathcal{A}|W_j$ 的最小多项式,$j = 1, 2, \cdots, s$。

然后我们利用最小多项式证明了下列重要结论:

设 $\mathcal{A}$ 是域 F 上 n 维线性空间 V 上的线性变换,则 $\mathcal{A}$ 可对角化当且仅当 $\mathcal{A}$ 的最小多项式 $m(\lambda)$ 在 $F[\lambda]$ 中能分解成不同的一次因式的乘积;$\mathcal{A}$ 有 Jordan 标准形当且仅当 $\mathcal{A}$ 的最小多项式 $m(\lambda)$ 在 $F[\lambda]$ 中可以分解成一次因式的乘积;若 $\mathcal{A}$ 的最小多项式 $m(\lambda)$ 在 $F[\lambda]$ 中的标准分解式为 $m(\lambda) = p_1^{l_1}(\lambda) p_2^{l_2}(\lambda) \cdots p_s^{l_s}(\lambda)$,则 $\mathcal{A}$ 有有理标准形。

设 $\mathcal{A}_1, \mathcal{A}_2, \cdots, \mathcal{A}_m$ 都是域 F 上 n 维线性空间 V 上的线性变换。如果 $\mathcal{A}_1, \mathcal{A}_2, \cdots, \mathcal{A}_m$

两两可交换且都可对角化,那么 V 中存在一个基,使得 $\mathcal{A}_1,\mathcal{A}_2,\cdots,\mathcal{A}_m$ 在此基下的矩阵都是对角矩阵。

设 $\mathcal{A}$ 是域 F 上 n 维线性空间 V 上的线性变换,$\mathcal{A}$ 的最小多项式 $m(\lambda)$ 在 $F[\lambda]$ 中的标准分解式为

$$m(\lambda)=p_1^{l_1}(\lambda)p_2^{l_2}(\lambda)\cdots p_s^{l_s}(\lambda),$$

则 $\mathrm{Ker}\, p_j^{l_j}(\mathcal{A})$ 的维数等于 $p_j(\lambda)$ 的次数乘以 $\mathcal{A}$ 的特征多项式 $f(\lambda)$ 的标准分解式中 $p_j(\lambda)$ 的幂指数,$j=1,2,\cdots,s$。

设 $\mathcal{A}$ 是域 F 上线性空间 V 上的线性变换,则 $F[\mathcal{A}]$ 是域 F 上的线性空间,并且$F[\mathcal{A}]$ 的维数等于 $\mathcal{A}$ 的最小多项式 $m(\lambda)$ 的次数。

设 $\mathcal{A}$ 是域 F 上 n 维线性空间 V 上的线性变换,把与 $\mathcal{A}$ 可交换的所有线性变换组成的集合记作 $\mathrm{C}(\mathcal{A})$,则 $\mathrm{C}(\mathcal{A})$ 是域 F 上的一个线性空间。设 $\mathcal{A}$ 在 V 的一个基下的矩阵是 $\boldsymbol{A}$,把与 $\boldsymbol{A}$ 可交换的所有 n 级矩阵组成的集合记作 $\mathrm{C}(\boldsymbol{A})$,则 $\mathrm{C}(\boldsymbol{A})$ 是域 F 上的一个线性空间。显然 $\mathrm{C}(\mathcal{A})$ 与 $\mathrm{C}(\boldsymbol{A})$ 同构。在 $M_n(F)$ 中,若 $\boldsymbol{A}$ 与 $\boldsymbol{B}$ 相似,则 $\mathrm{C}(\boldsymbol{A})=\mathrm{C}(\boldsymbol{B})$。

设 $\mathcal{A}$ 的最小多项式为 $m(\lambda)$,$\mathcal{A}$ 的特征多项式为 $f(\lambda)$。

设 $m(\lambda)$ 在 $F[\lambda]$ 中的标准分解式为 $m(\lambda)=(\lambda-\lambda_1)(\lambda-\lambda_2)\cdots(\lambda-\lambda_s)$,则当 $s=n$ 时,$\mathrm{C}(\mathcal{A})=F[\mathcal{A}]$,并且 $\dim \mathrm{C}(\mathcal{A})=n$。当 $s<n$ 且 $\mathcal{A}$ 可对角化时,若

$$f(\lambda)=(\lambda-\lambda_1)^{k_1}(\lambda-\lambda_2)^{k_2}\cdots(\lambda-\lambda_s)^{k_s},$$

则 $\dim \mathrm{C}(\mathcal{A})=\sum\limits_{i=1}^{s}k_i^2$,$\mathrm{C}(\mathcal{A})\cong M_{k_1}(F)\dotplus M_{k_2}(F)\dotplus\cdots\dotplus M_{k_s}(F)$,$\mathrm{C}(\mathcal{A})\supsetneqq F[\mathcal{A}]$。

设 $m(\lambda)$ 在 $F[\lambda]$ 中的标准分解式为 $m(\lambda)=(\lambda-\lambda_1)^{l_1}(\lambda-\lambda_2)^{l_2}\cdots(\lambda-\lambda_s)^{l_s}$。若 $\mathcal{A}$ 的 Jordan 的标准形为

$$\mathrm{diag}\{\boldsymbol{J}_{l_1}(\lambda_1),\boldsymbol{J}_{l_2}(\lambda_2),\cdots,\boldsymbol{J}_{l_s}(\lambda_s)\},$$

则 $\dim \mathrm{C}(\mathcal{A})=n$,$\mathrm{C}(\mathcal{A})=F[\mathcal{A}]$。

若 $\mathcal{A}$ 的 Jordan 标准形中有一个特征值 λ_j 至少有两个 Jordan 块,则 $\dim \mathrm{C}(\mathcal{A})>n$,$\mathrm{C}(\mathcal{A})\supsetneqq F[\mathcal{A}]$。此时,记 $W_j=\mathrm{Ker}(\mathcal{A}-\lambda_j\mathcal{I})^{l_j}$,$\mathcal{A}_j=\mathcal{A}|W_j$,$j=1,2,\cdots,s$,则

$$\mathrm{C}(\mathcal{A})\cong\mathrm{C}(\mathcal{A}_1)\dotplus\mathrm{C}(\mathcal{A}_2)\dotplus\cdots\dotplus\mathrm{C}(\mathcal{A}_s),\quad \dim \mathrm{C}(\mathcal{A})=\sum\limits_{i=1}^{s}\dim \mathrm{C}(\mathcal{A}_i)。$$

设 $m(\lambda)$ 在 $F(\lambda)$ 中的标准分解式为 $m(\lambda)=p_1^{l_1}(\lambda)p_2^{l_2}(\lambda)\cdots p_s^{l_s}(\lambda)$,其中至少有一个 $p_j(\lambda)$ 的次数大于 1。

若 $\mathcal{A}$ 的有理标准形是一个有理块,则 $\dim \mathrm{C}(\mathcal{A})=n$,$\mathrm{C}(\mathcal{A})=F[\mathcal{A}]$。

若 $\mathcal{A}$ 的有理标准形的各个有理块的最小多项式两两互素,则

$$\dim \mathrm{C}(\mathcal{A})=n,\mathrm{C}(\mathcal{A})=F[\mathcal{A}]。$$

若 $m(\lambda)=p_1(\lambda)$,$\deg p_1(\lambda)=r>1$,且 $\mathcal{A}$ 的有理标准形至少有两个有理块,则 $\dim \mathrm{C}(\mathcal{A})=\dfrac{1}{r}(\dim_F V)^2$,$\mathrm{C}(\mathcal{A})=\mathrm{Hom}_{F[\mathcal{A}]}(V,V)$。

若 $m(\lambda)=p_1(\lambda)p_2(\lambda)\cdots p_s(\lambda)$,$\deg p_i(\lambda)=r_i$,$i=1,2,\cdots,s$。设 $f(\lambda)=p_1^{k_1}(\lambda)p_2^{k_2}(\lambda)$ $\cdots p_s^{k_s}(\lambda)$,记 $W_i=\mathrm{Ker}\, p_i(\mathcal{A})$,$\mathcal{A}_i=\mathcal{A}|W_i$,$i=1,2,\cdots,s$,则

$$\dim \mathrm{C}(\mathcal{A}) = \sum_{i=1}^{s} r_i k_i^2,$$

$$\mathrm{C}(\mathcal{A}) \cong \mathrm{C}(\mathcal{A}_1) \dotplus \mathrm{C}(\mathcal{A}_2) \dotplus \cdots \dotplus \mathrm{C}(\mathcal{A}_s)$$

$$\cong \mathrm{Hom}_{F[\mathcal{A}_1]}(W_1,W_1) \dotplus \cdots \dotplus \mathrm{Hom}_{F[\mathcal{A}_s]}(W_s,W_s) 。$$

若 $m(\lambda)$ 的标准分解式中至少有一个 $l_j > 1$,且 $\mathcal{A}$ 的有理标准形中至少有两个有理块的最小多项式不互素,记 $W_i = \mathrm{Ker}\, p_i^{l_i}(\mathcal{A})$,$\mathcal{A}_i = \mathcal{A} | W_i$,$i = 1,2,\cdots,s$,则

$$\mathrm{C}(\mathcal{A}) \cong \mathrm{C}(\mathcal{A}_1) \dotplus \mathrm{C}(\mathcal{A}_2) \dotplus \cdots \dotplus \mathrm{C}(\mathcal{A}_s), \quad \dim \mathrm{C}(\mathcal{A}) = \sum_{i=1}^{s} \dim \mathrm{C}(\mathcal{A}_i) 。$$

求 $\mathrm{C}(\mathcal{A})$ 剩下来未解决的情形是:$\mathcal{A}$ 的最小多项式 $m(\lambda)$ 是一个不可约多项式的方幂 $m(\lambda) = p^l(\lambda)$,且 $\mathcal{A}$ 的 Jordan 标准形至少有两个 Jordan 块,或者 $\mathcal{A}$ 的有理标准形至少有两个有理块。这时我们解决了 $\mathrm{C}^2(\mathcal{A})$ 的结构问题:

$$\mathrm{C}^2(\mathcal{A}) = F[\mathcal{A}], \quad \dim \mathrm{C}^2(\mathcal{A}) = l \deg p(\lambda),$$

其中 $\mathrm{C}^2(\mathcal{A}) := \{\mathcal{H} \in \mathrm{Hom}(V,V) \mid \mathcal{H}\mathcal{B} = \mathcal{B}\mathcal{H}, \forall\, \mathcal{B} \in \mathrm{C}(\mathcal{A})\}$,显然 $\mathrm{C}^2(\mathcal{A})$ 是域 F 上的一个线性空间。

5. 强调思维。 本套教材按照数学的思维方式编写,着重培养数学思维能力。我们把数学的思维方式概括成:观察客观世界的现象,抓住其主要特征,抽象出概念或者建立模型;通过直觉判断、归纳推理、类比推理、联想推理和逻辑推理等进行探索,做出猜测;然后经过深入分析、逻辑推理和计算等进行论证,揭示出事物的内在规律,从而使纷繁复杂的现象变得井然有序。按照"观察—抽象—探索—猜测—论证"的思维方式编写教学内容,就使得数学比较容易学,而且同学们可以从中受到数学思维方式的熏陶,终身受益。

例如,一元多项式环的通用性质是很深刻的数学内容,而我们从简便计算 101^2 引出:在完全平方公式 $(x+a)^2 = x^2 + 2ax + a^2$ 中,x 也可以用 n 级矩阵 A 代入(根据矩阵乘法的分配律直接计算得出)。由此猜测:在数域 K 上的一元多项式环 $K[x]$ 中,有关加法和乘法的等式,在 x 用矩阵 A 代入后,左右两边保持相等。由此进一步抽象并且经过论证得出一元多项式环的通用性质。这样做就使得一元多项式环的通用性质比较容易理解了。又如,不可约多项式是数域 K 上一元多项式环 $K[x]$ 的结构中的基本建筑块,复系数不可约多项式只有一次多项式;实系数不可约多项式只有一次多项式和判别式小于零的二次多项式。有理系数不可约多项式有哪些? 如何判别? 思路是什么呢? 我们首先举了一个有理系数多项式的具体例子,把它的各项系数分母的最小公倍数作为分母,提出一个分数,使得括号内的多项式的各项系数都为整数,并且把这些整数的公因数也提出去,这时括号内的多项式的各项系数的最大公因数只有 1 和 -1。这种整系数多项式称为本原多项式。这就自然而然地引出了本原多项式的概念。任何一个有理系数多项式都可以表示成一个本原多项式与一个有理数的乘积,于是一个有理数系数多项式是否不可约与相应的本原多项式是否不可约是一致的。这样我们就找到了思路:去研究本原多项式的不可约的判定。为此需要探索本原多项式的性质。由于本原多项式的各项系数的最大公因数只有 1 和 -1,因此直觉判断两个本原多项式如果能够互相整除(此时称它们相伴),那么它们只相差一个正负号;然后证明这一猜测是正确的。由于因式分解涉及乘法,因此自

然要问:两个本原多项式的乘积是否还是本原多项式?这在直观上不容易看出,可以尝试假设两个本原多项式的乘积不是本原多项式,去进行逻辑推理,得出了矛盾,因此两个本原多项式的乘积仍是本原多项式。这就自然而然地得出了高斯引理。想寻找本原多项式不可约的充分条件,这犹如大海捞针,我们可以反过来思考:如果一个次数大于 0 的本原多项式可约,那么它可以分解成两个次数较低的有理系数多项式的乘积,从高斯引理我们可以进一步直觉判断它可以分解成两个次数较低的本原多项式的乘积。经过证明,这个猜测是正确的。由于任何一个素数都不可能整除本原多项式的各项系数,因此为了从一个本原多项式可约推出进一步的结论,我们考虑这样一种情形:对于一个次数大于 0 的本原多项式 $f(x)$,存在一个素数 p,p 能够整除 $f(x)$ 的首项系数以外的其他各项系数,但是 p 不能整除首项系数,如果 $f(x)$ 可约,那么它可以分解成两个次数较低的本原多项式的乘积。由此经过逻辑推理,得出:p 的平方能整除 $f(x)$ 的常数项。因此对于这种本原多项式 $f(x)$,如果 p 的平方不能整除常数项,那么 $f(x)$ 不可约。这就自然而然地得出了本原多项式不可约的充分条件:存在一个素数 p 满足上述三个条件。这就是著名的 Eisenstein 判别法。我们经过探索和论证得出 Eisenstein 判别法,不仅使同学们对于素数 p 满足的三个条件印象深刻,而且让他们知道了 Eisenstein 判别法是怎么来的,受到了数学思维方式的熏陶。

又如,在实数域上的线性空间 V 中引进度量概念的办法是:在 V 上定义一个正定的对称双线性函数,称为内积,这时 V 称为一个实内积空间。在复数域上的线性空间 V 中引进度量概念的方法与实数域不同,这是因为复线性空间 V 上的双线性函数不可能满足正定性。为了能定义向量的长度,需要有正定性。为此,复线性空间 V 上的内积的定义为:V 上的一个二元函数如果满足 Hermite 性、对第一个变量线性、正定性,那么这个二元函数称为 V 上的一个内积,此时称 V 是酉空间。对于任意一个域 F 上的线性空间 V,能不能引进度量概念?关键是要有内积的概念。由于在一般的域中,没有"正"元素的概念,因此不可能谈论正定性,于是长度、角度、距离的概念也就没有了。但是正交这个概念还是可以推广到任意域上线性空间中。内积应当是 V 上的一个二元函数 f,为了能充分利用线性空间有加法和纯量乘法的特性,f 应当是 V 上的双线性函数。由于两个向量 α 与 β 正交应当是相互的,因此 f 应当是对称或斜对称的,从而 V 上可以指定一个对称双线性函数 f 作为内积,此时 (V, f) 称为**正交空间**。V 上也可以指定一个斜对称双线性函数 g 作为内积,此时 (V, g) 称为**辛空间**。即使在实数域上的线性空间中,在某些问题里,也不用正定的对称双线性函数作为内积,而指定一个非退化的对称双线性函数作为内积。例如,在爱因斯坦的狭义相对论中,从光速不变原理导出了时间—空间的新的坐标变换公式,称它为**洛伦兹(Lorentz)变换**。爱因斯坦的**狭义相对性原理**指出:"所有的基本物理规律都应在任一惯性系中具有相同的形式。"一个点 P 在给定的惯性系 $Oxyz$ 中的时间—空间坐标 $(t, x, y, z)'$ 是 4 维实线性空间 $\mathbf{R}^4$ 的一个向量。类比欧几里得空间中,$(\alpha - \beta, \alpha - \beta)$ 是 α 与 β 的距离的平方,如果在 $\mathbf{R}^4$ 中指定一个非退化的对称双线性函数 f,那么把 $f(\alpha - \beta, \alpha - \beta)$ 称为 α 与 β 的**时—空间隔的平方**。根据狭义相对性原理,洛伦兹变换 σ 保持任意两个向量的时—空间隔的平方不变。若令

$$f(\alpha, \beta) = -c^2 t_1 t_2 + x_1 x_2 + y_1 y_2 + z_1 z_2$$

其中 c 是光速,$\alpha=(t_1,x_1,y_1,z_1)'$,$\beta=(t_2,x_2,y_2,z_2)$,则可以证明 $f(\sigma(\alpha),\sigma(\alpha))=f(\alpha,\alpha)$,从而

$$f(\sigma(\alpha)-\sigma(\beta),\sigma(\alpha)-\sigma(\beta))=f(\alpha-\beta,\alpha-\beta)$$

因此在 $\mathbf{R}^4$ 中把上述非退化的对称双线性函数 f 作为内积,此时称($\mathbf{R}^4,f$)是一个**闵柯夫斯基(Minkowski)空间**。假如在 $\mathbf{R}^4$ 中指定一个正定的对称双线性函数作为内积,那么洛伦兹变换不可能保持任意两个向量的距离的平方不变。因此在 $\mathbf{R}^4$ 中应当指定上述非退化的对称双线性函数 f 作为内积。闵柯夫斯基空间就是一个正交空间。这是需要讨论正交空间的物理背景。

再如,关于线性空间的张量积,我们不是一开始就给出线性空间的张量积的定义,而是先在 11.1 节例 5 的点评中指出,设 V,U 分别是域 F 上 n 维、m 维线性空间,用 $\mathscr{B}(V^*,U^*)$ 表示 $V^*\times U^*$ 上的所有双线性函数组成的线性空间,则存在 $V\times U$ 到 $\mathscr{B}(V^*,U^*)$ 的一个双线性映射 τ(可具体写出)。在 11.2 节中深入分析 $\mathscr{B}(V^*,U^*)$ 和 τ 的性质,发现从 $V\times U$ 到域 F 上任一线性空间 W 的任一双线性映射 $\mathscr{A}$,存在 $\mathscr{B}(V^*,U^*)$ 到 W 的唯一的线性映射 φ,使得 $\mathscr{A}=\varphi\tau$。由此引出了线性空间 V 和 U 的张量积的概念,这时水到渠成地得出了 V 与 U 的张量积的定义。这就使得张量积这一原本深奥难懂的概念变得清晰,成为同学们能够把握的一个概念,因为($\mathscr{B}(V^*,U^*),\tau$)就是 V 与 U 的一个张量积。

我们不仅在每一节的"内容精华"部分按照数学思维方式编写,而且在"典型例题"部分也着力于培养数学思维能力。我们在例题的解法或点评中,讲清楚关键的想法,以及这个想法是怎么想出来的,让学生从中学习怎样科学地思考。我们还编写了一些由内容精华拓展而来的例题,让学生从中学会提出问题。例如,实内积空间 V 上的正交变换一定保持向量的长度不变,保持向量间的距离不变,保持正交性不变等。那么反过来,V 到自身的满射 $\mathscr{A}$ 如果保持向量的长度不变,那么 $\mathscr{A}$ 是不是正交变换?保持向量间的距离不变呢?保持正交性不变呢?这些在第 10 章 10.4 节典型例题的例 3、例 23、例 22 中进行了讨论。

6. 例题丰富。每一节除了"内容精华"外,还专门设置了"典型例题"的栏目。这些例题有的是"内容精华"中理论的延伸,有的是给同学们呈现如何解题的范例,有的是为了培养同学们分析问题和解决问题的能力,旨在帮助同学们在高等代数理论上和科学思维能力上都达到相当的高度。

7. 展示应用。本套书开辟了"应用小天地"栏目。同学们常问:学习高等代数有什么具体应用?我们在每一章后面都写了一个方面的应用。例如,第 5 章写了矩阵的特征值在实际问题中的应用。第 6 章写了二次曲面的类型。第 7 章写了序列密码和 m 序列。第 8 章写了线性空间在编码中的应用。20 世纪物理学取得的两个划时代的进展是建立了相对论和量子力学。我们在第 10 章 10.6 节由爱因斯坦的狭义相对性原理引出了闵可夫斯基空间。在第 10 章的"应用小天地"栏目里写了"酉空间在量子力学中的应用"。详细介绍了历史上量子力学的建立过程,阐述了一个量子体系的所有量子态(可归一化)组成的集合 $\mathscr{H}$ 可形成一个酉空间,与这个量子体系的力学量 $\mathbf{A}$(例如,位置、动量、角动量、动能和势能等)相应的算符 $\hat{A}$ 都是酉空间 $\mathscr{H}$ 上的线性变换,而且一定是 Hermite 变换。当

量子体系处于一个量子态,人们去测量力学量 A 时,一般说来,可能出现不同的结果,各有一定的概率。如果量子体系处于一种特殊的状态下,那么测量力学量 A 所得的结果是唯一确定的,这种特殊的状态称为力学量 A 的本征态。可以证明:ψ 是力学量 A 的本征态当且仅当 ψ 是相应算符 $\hat{A}$ 的一个特征向量,其所属的特征值就是测量 A 所得的唯一结果。第 11 章的"应用小天地"栏目里写了"张量积在量子隐形传态中的应用"。发送者要把一个具有自旋的粒子 1 的自旋状态传送给接收者,而粒子 1 本身不传给接收者,这能办到吗? 1993 年 C. H. Bennett 等人提出了一个传递方案,关键是把粒子 2 和 3 制备成为EPR 对处于纠缠态,然后把粒子 2 传递给发送者,同时把粒子 3 传送给接收者,最终粒子 1 的自旋态传送给了粒子 3,实现了量子隐形传态,这在量子信息论中起着重要作用。之所以能把粒子 1 的自旋态隐形传送给粒子 3,关键是利用了张量积,本书详细阐述了其中的道理。

8. 可读性强。本套教材按照数学的思维方式编写,叙述清晰、详尽、严谨,对于后文要用到的结论,前面章节均做了铺垫,环环相扣,层层深入,可读性强。

本套教材适合用作综合大学、高等师范院校和理工科大学"高等代数"课程的教材,上册供第一学期使用,下册供第二学期使用。每一节的"内容精华"(除去打"*"的和用楷体字排印的以外)在大课中讲授;"典型例题"中的一部分在大课中讲授,一部分在习题课中进行,一部分作为课外作业,一部分供同学们自己思考和阅读;"习题"留给同学们课外作业。书末有习题解答或提示。想了解习题详细解答的同学,可以参阅《高等代数学习指导书(上册、下册)》(丘维声编著,北京:清华大学出版社,2005 年、2009 年)中相应章节的典型例题的解答或习题解答。本套教材还可作为"高等代数"或"线性代数"课程的教学参考书,也是数学教师和科研工作者高质量的参考书。

本套教材荣获 2009 年"北京市高等教育精品教材立项项目",被评为重大支持项目,特此向北京市教育委员会表示感谢!

感谢本套教材的责任编辑吴颖华,她为本书的编辑出版付出了辛勤劳动。

我们坦诚欢迎广大读者对本套教材提出宝贵意见。

丘维声
北京大学数学科学学院
2010 年 8 月

目　　录

第7章 一元和 n 元多项式环

同学们在初中学习了解一元一次方程和一元二次方程。如何解一元高次方程? 我们先看一个例子。

例 1 解方程 $x^4 + 1 = 0$。

解 $x^4 + 1 = x^4 + 2x^2 + 1 - 2x^2 = (x^2 + 1)^2 - (\sqrt{2}x)^2$

$$= (x^2 + \sqrt{2}x + 1)(x^2 - \sqrt{2}x + 1)$$

$$= \left(x - \frac{-\sqrt{2} + \sqrt{2}\mathrm{i}}{2}\right)\left(x - \frac{-\sqrt{2} - \sqrt{2}\mathrm{i}}{2}\right)\left(x - \frac{\sqrt{2} + \sqrt{2}\mathrm{i}}{2}\right)\left(x - \frac{\sqrt{2} - \sqrt{2}\mathrm{i}}{2}\right)$$

于是 $x^4 + 1 = 0$ 的根为

$$\frac{-\sqrt{2} \pm \sqrt{2}\mathrm{i}}{2}, \frac{\sqrt{2} \pm \sqrt{2}\mathrm{i}}{2}$$

从例 1 看到,解一元高次方程 $f(x) = 0$ 的基本思路是把方程左端的一元多项式 $f(x)$ 因式分解,这与所给的数域有关。$x^4 + 1$ 在实数域上能分解成两个判别式小于零的二次多项式的乘积;在复数域上能分解成四个一次多项式的乘积。从解一元高次方程提出了需要研究给定数域 K 上的一元多项式能分解成什么样的多项式的乘积,这种分解的方式是否唯一? 为此需要研究一元多项式组成的集合的结构,这就是本章要研究的中心问题。

一元多项式的理论在第 9 章研究线性变换的最简单形式的矩阵表示中起着重要作用。

一元多项式诱导的一元多项式函数常用来逼近较复杂的一元 n 阶可微函数。

通过研究一元多项式的运算性质,可以得到其他具有加法和乘法运算并且乘法满足交换律的数学对象的相应性质。

本章还要介绍 n 元多项式的理论。

7.1 一元多项式环

7.1.1 内容精华

一、一元多项式的概念和运算

我们在初中就学过多项式;在大学数学分析课程中学过一元多项式函数: $f(x) = a_n x^n + \cdots + a_1 x + a_0$,其中 x 是变量,可以取任意实数,$a_i (i = 0, 1, \cdots, n)$ 都是给定的实数

（即实常数）。现在我们要把多项式的概念加以推广，使其有更广泛的应用。除了用任意数域 K 代替实数域 $\mathbf{R}$ 外，最本质的推广是：x 不仅可以用数域 K 中任意数代入，还可以用 n 级矩阵或多项式等代入。

1. 数域 K 上一元多项式的定义：

定义 1 **数域 K 上的一元多项式**是指形如下述的表达式：
$$a_n x^n + a_{n-1} x^{n-1} + \cdots + a_1 x + a_0, \tag{1}$$
其中 x 是一个符号（它不属于 K）；n 是非负整数；$a_i \in K(i=0,1,\cdots,n)$，称为**系数**；$a_i x^i$ 称为 **i 次项**$(i=1,2,\cdots,n)$；规定 $x^0 = 1$，a_0 称为**零次项**或**常数项**。两个这种形式的表达式相等规定为它们含有完全相同的项（除去系数为 0 的项外，系数为 0 的项允许任意删去和添加）。此时，符号 x 称为**不定元**。

系数全为 0 的多项式称为**零多项式**，记作 0。

从定义立即得出：数域 K 上两个一元多项式相等当且仅当它们的同次项的系数都对应相等，即一元多项式的表示方式是唯一的。

我们常常用 $f(x), g(x), h(x), \cdots$ 或 $f, g, h, \cdots$ 表示一元多项式。

2. 一元多项式的重要特点是它有"次数"的概念。

设 $f(x) = a_n x^n + a_{n-1} x^{n-1} + \cdots + a_1 x + a_0$，如果 $a_n \neq 0$，那么称 $a_n x^n$ 是 $f(x)$ 的**首项**，称 n 是 $f(x)$ 的**次数**，记作 $\deg f(x)$ 或 $\deg f$。

零多项式的次数定义为 $-\infty$，并且规定：
$$(-\infty) + (-\infty) := -\infty,$$
$$(-\infty) + n := -\infty, \forall n \in \mathbf{N},$$
$$-\infty < n, \forall n \in \mathbf{N}.$$
其中 $\mathbf{N}$ 表示自然数集（注意：$0 \in \mathbf{N}$）。

注意：零多项式与零次多项式不要混淆，零次多项式形如 a，其中 $a \in K^*$。我们用 K^* 表示 K 中所有非零数组成的集合。

3. 数域 K 上所有一元多项式组成的集合记作 $K[x]$。从中学学过的多项式的加法和乘法运算受到启发，在 $K[x]$ 中可以定义加法和乘法运算：

设 $f(x) = \sum_{i=0}^{n} a_i x^i$，$g(x) = \sum_{i=0}^{m} b_i x^i$，不妨设 $m \leqslant n$，令
$$f(x) + g(x) := \sum_{i=0}^{n} (a_i + b_i) x^i, \tag{2}$$
$$f(x) g(x) := \sum_{s=0}^{n+m} \left(\sum_{i+j=s} a_i b_j \right) x^s. \tag{3}$$

称 $f(x) + g(x)$ 是 $f(x)$ 与 $g(x)$ 的**和**，称 $f(x) g(x)$ 是 $f(x)$ 与 $g(x)$ 的**积**。

从 $K[x]$ 中乘法的定义得出
$$x^i x^j = x^{i+j}.$$

容易验证：一元多项式的加法满足交换律、结合律，且
$$f(x) + 0 = 0 + f(x) = f(x), \qquad\qquad \forall f(x) \in K[x];$$
$$f(x) + [-f(x)] = [-f(x)] + f(x) = 0, \qquad\qquad \forall f(x) \in K[x],$$

其中 $-f(x) = \sum_{i=0}^{n}(-a_i)x^i$。

容易验证:一元多项式的乘法满足交换律、结合律,以及对于加法的分配律,且

$$1 \cdot f(x) = f(x) \cdot 1 = f(x), \qquad \forall f(x) \in K[x]。$$

$K[x]$ 中还可定义减法:

$$f(x) - g(x) := f(x) + [-g(x)]。 \tag{4}$$

4. 一元多项式的和与积的次数公式:

命题 1 设 $f(x), g(x) \in K[x]$,则

$$\deg(f(x) \pm g(x)) \leqslant \max\{\deg f(x), \deg g(x)\}, \tag{5}$$

$$\deg(f(x)g(x)) = \deg f(x) + \deg g(x)。 \tag{6}$$

证明 不妨设 $\deg f(x) \geqslant \deg g(x)$。

情形 1 $g(x) \neq 0$,则 $f(x) \neq 0$。

设 $f(x)$ 的首项为 $a_n x^n$,$g(x)$ 的首项为 $b_m x^m$,则 $f(x), g(x)$ 的次数分别为 n, m。

当 $n > m$ 时,$f(x) \pm g(x)$ 的首项为 $a_n x^n$,从而 $f(x) \pm g(x)$ 的次数为 n;当 $n = m$ 时,$f(x) \pm g(x)$ 的首项为 $(a_n \pm b_n)x^n$,从而 $\deg[f(x) \pm g(x)] \leqslant n$。因此

$$\deg[f(x) \pm g(x)] \leqslant \max\{\deg f(x), \deg g(x)\}。$$

$f(x)g(x)$ 的首项为 $a_n b_m x^{n+m}$,因此

$$\deg[f(x)g(x)] = n + m = \deg f(x) + \deg g(x)。$$

情形 2 $g(x) = 0$,则 $\deg g(x) = -\infty$,从而

$$\deg[f(x) \pm g(x)] = \deg f(x) = \max\{\deg f(x), \deg g(x)\},$$

$$\deg[f(x)g(x)] = \deg 0 = -\infty = (-\infty) + \deg f(x) = \deg g(x) + \deg f(x)。 \blacksquare$$

从命题 1 的证明过程立即得出下述推论 1:

推论 1 设 $f(x), g(x) \in K[x]$,则

$$(1) \qquad f(x) \neq 0 \text{ 且 } g(x) \neq 0 \Longrightarrow f(x)g(x) \neq 0; \tag{7}$$

从而

$$f(x)g(x) = 0 \Longrightarrow f(x) = 0 \text{ 或 } g(x) = 0。$$

(2) $K[x]$ 中两个非零多项式的乘积的首项系数等于这两个多项式的首项系数的乘积。 $\blacksquare$

推论 2 $K[x]$ 中的乘法适合**消去律**,即

$$f(x)g(x) = f(x)h(x), \text{ 且 } f(x) \neq 0 \Longrightarrow g(x) = h(x)。$$

证明 由已知条件得,$f(x)g(x) - f(x)h(x) = 0$,从而 $f(x)[g(x) - h(x)] = 0$。由于 $f(x) \neq 0$,因此根据推论 1 得,$g(x) - h(x) = 0$,于是 $g(x) = h(x)$。 $\blacksquare$

二、环的基本概念

从 $\mathbf{Z}$,偶数集 $2\mathbf{Z}$,$K[x]$,$M_n[K]$ 的共同性质——都有加法和乘法运算,并且加法满足交换律、结合律,有零元,每个元素有负元,乘法满足结合律和对于加法的左、右分配律,抽象出环的概念。集合 S 上的一个**代数运算**,是指 $S \times S$ 到 S 的一个映射。

1. 环的定义

定义 2 设 R 是一个非空集合,如果它有两个代数运算,一个叫作**加法**,记作 $a + b$,另

一个叫作**乘法**,记作 ab;并且这两个运算满足下列 6 条运算法则($\forall a,b,c\in R$):

　　1° 加法结合律,即$(a+b)+c=a+(b+c)$;

　　2° 加法交换律,即$a+b=b+a$;

　　3° 在 R 中有元素 0,使得 $a+0=a$,称 0 是 R 的**零元**;

　　4° 对于 a,在 R 中有元素 d,使得 $a+d=0$,称 d 是 a 的**负元**,记作$-a$;

　　5° 乘法结合律,即$(ab)c=a(bc)$;

　　6° 乘法对于加法的左、右分配律,即

$$a(b+c) = ab + ac,$$
$$(b+c)a = ba + ca,$$

那么称 R 是一个**环**。

　　容易证明,环 R 中的零元是唯一的;R 中元素 a 的负元是唯一的;$-(-a)=a$。

　　环 R 中可以定义减法:

$$a-b := a+(-b)。 \tag{8}$$

　　$\mathbf{Z}, 2\mathbf{Z}, K[x], M_n[K]$ 都是环,它们分别称为**整数环**,**偶数环**,**数域 K 上一元多项式环**,**数域 K 上 n 级全矩阵环**。任意一个数域 K 也是环。

　　2. 常见的特殊类型的环

　　若环 R 中的乘法还满足交换律,则称 R 为**交换环**。

　　若环 R 中有一个元素 e 具有性质:

$$ea = ae = a, \forall a \in R,$$

则称 e 是 R 的**单位元**,此时称 R 是**有单位元的环**。容易证明,在有单位元的环 R 中,单位元是唯一的,通常把单位元记成 1。

　　环 R 中的元素 a 称为一个**左零因子(右零因子)**,如果 R 中有元素 $b\neq 0$,使得 $ab=0$ $(ba=0)$。左零因子和右零因子都简称为**零因子**。根据本节例 7,$0a=a0=0$,$\forall a\in R$,因此 0 既是左零因子,又是右零因子,称 0 是**平凡的零因子**;其余的零因子称为**非平凡的零因子**。

　　如果环 R 没有非平凡的零因子,那么称 R 是**无零因子环**。有单位元 $1(\neq 0)$ 的无零因子的交换环称为**整环**。$\mathbf{Z}, K, K[x]$ 都是整环;$M_n(K)$ 不是整环,因为它不满足乘法交换律,且它有非平凡的零因子,$2\mathbf{Z}$ 不是整环,因为它没有单位元。

　　3. 子环

　　在整数环 $\mathbf{Z}$ 中,全体偶数组成的集合 $2\mathbf{Z}$,对于整数的加法和乘法也成为一个环。由此抽象出下述概念:

　　定义 3　如果环 R 的一个非空子集 R_1 对于 R 的加法和乘法也成为一个环,那么称 R_1 是 R 的一个**子环**。

　　从定义 3 得出,如果环 R 的一个非空子集 R_1 是子环,那么 R 的加法和乘法限制到 R_1 上是 R_1 的加法和乘法,从而有

$$a,b\in R_1 \Longrightarrow a+b\in R_1, ab\in R_1,$$

此时称 R_1 对于 R 的加法和乘法封闭。

　　反过来,如果环 R 的非空子集 R_1 对于 R 的加法和乘法都封闭,R_1 是不是 R 的子环呢? 让我们看一个例子:

非负实数集 $\boldsymbol{R}_+$ 对于实数的加法和乘法封闭,但是 2 在 $\boldsymbol{R}_+$ 中没有负元(因为 2 与任何非负实数的和都不等于 0),因此 $\boldsymbol{R}_+$ 不是实数环 $\boldsymbol{R}$ 的子环。我们看到 $3-7=-4\notin\boldsymbol{R}_+$,即 $\boldsymbol{R}_+$ 对于实数的减法不封闭。由此我们猜测并且可以证明有下述命题:

命题 2 环 R 的一个非空子集 R_1 为一个子环的充分必要条件是 R_1 对于 R 的减法与乘法都封闭,即

$$a,b\in R_1 \implies a-b\in R_1,ab\in R_1。$$

证明:必要性。由于 R_1 是环 R 的子环,因此 R_1 对于 R 的加法和乘法都封闭,且 R_1 有零元 0_1。于是 $0_1+0_1=0_1$。两边加上 0_1 在 R 中的负元 -0_1 得,$(0_1+0_1)+(-0_1)=0_1+(-0_1)$,从而 $0_1+0=0$。又有 $0+0=0_1$,因此 $0_1=0$,即环 R 的零元 0 是子环 R_1 的零元。任给 $a,b\in R_1$,设 b 在 R_1 中的负元为 b_1,则 $b+b_1=0$。又有 $b+(-b)=0$,因此 $b_1=-b$,即 b 在 R_1 中的负元是 b 在 R 中的负元 $-b$,从而 $-b\in R_1$。于是

$$a-b=a+(-b)\in R_1,$$

即 R_1 对于 R 的减法封闭。

充分性。由于 R_1 非空集,因此存在 $c\in R_1$。由已知条件得,$c-c\in R_1$,于是 $0\in R_1$。

任给 $b\in R_1$,由已知条件得,$0-b\in R_1$,于是 $-b\in R_1$。

任给 $a,b\in R_1$,则 $-b\in R_1$,由已知条件得

$$a+b=a-(-b)\in R_1,ab\in R_1。$$

因此 R 的加法和乘法限制到 R_1 上是 R_1 的加法和乘法,于是 R_1 的加法满足交换律、结合律,上面已证 $0\in R_1$;对于任意 $b\in R_1$,有 $-b\in R_1$,因此 b 在 R_1 中有负元 $-b$。显然 R_1 的乘法满足结合律,以及对于加法的左、右分配律,所以 R_1 成为一个环,从而 R_1 是 R 的一个子环。∎

$K[x]$ 中所有零次多项式添上零多项式组成的集合 S,对于一元多项式的减法与乘法封闭,因此 S 是 $K[x]$ 的一个子环。显然 $K[x]$ 中的单位元 $1\in S$。数域 K 到 S 有一个对应法则 τ:非零数 a 对应到零次多项式 a,数 0 对应到零多项式 0。显然 τ 是双射,且 τ 保持加法与乘法运算,即

$$\tau(a+b)=\tau(a)+\tau(b), \quad \forall a,b\in K;$$
$$\tau(ab)=\tau(a)\tau(b), \quad \forall a,b\in K。$$

给定 $\boldsymbol{A}\in M_n(K)$,形如下述的表达式称为数域 K 上矩阵 $\boldsymbol{A}$ 的多项式:

$$a_m\boldsymbol{A}^m+a_{m-1}\boldsymbol{A}^{m-1}+\cdots+a_1\boldsymbol{A}+a_0\boldsymbol{I},$$

其中 $m\in\mathbf{N},a_i\in K,i=0,1,\cdots,m$。把数域 K 上矩阵 $\boldsymbol{A}$ 的所有多项式组成的集合记作 $K[\boldsymbol{A}]$。易证 $K[\boldsymbol{A}]$ 对于矩阵的减法和乘法封闭,因此 $K[\boldsymbol{A}]$ 是 $M_n(K)$ 的一个子环,显然 $\boldsymbol{I}\in K[\boldsymbol{A}]$,易看出 $K[\boldsymbol{A}]$ 是交换环。

$K[\boldsymbol{A}]$ 中所有数量矩阵组成的集合 W,对于矩阵的减法和乘法封闭,因此 W 是 $K[\boldsymbol{A}]$ 的一个子环。显然 $\boldsymbol{I}\in W$。数域 K 到 W 有一个对应法则 $\tau:a\longmapsto a\boldsymbol{I}$,显然 τ 是双射,且 τ 保持加法与乘法运算。

由上面的例子抽象出下述概念:

设 R 是有单位元 $1'$ 的交换环,如果 R 有一个子环 R_1 满足下列条件:

1° $1'\in R_1$;

2° 数域 K 到 R_1 有一个双射 τ，且 τ 保持加法与乘法运算；

那么 R 可看成是 K 的一个扩环。

如果有单位元 $1'$ 的交换环 R 可看成是数域 K 的扩环，那么 K 到子环 R_1 的上述双射 τ 具有性质：$\tau(1)=1'$。理由如下：

任取 $b \in R_1$，由于 τ 是满射，因此存在 $k \in K$，使得 $\tau(k)=b$。于是

$$\tau(1)b = \tau(1)\tau(k) = \tau(1k) = \tau(k) = b,$$

从而 $\tau(1)$ 是交换环 R_1 的单位元。由于 R 的单位元 $1' \in R_1$，因此 $\tau(1)=1'$。

三、一元多项式环 $K[x]$ 的通用性质

在初中数学里讲了完全平方公式：

$$(x+a)^2 = x^2 + 2ax + a^2,$$

利用完全平方公式（当 $a=1$）可以简便地计算 101^2：

$$101^2 = (100+1)^2 = 100^2 + 2 \times 1 \times 100 + 1^2 = 10201,$$

这是在完全平方公式（当 $a=1$）中，x 用 100 代入，而左、右两边仍保持相等。

设 A 是数域 K 上的 n 级矩阵，利用矩阵乘法的分配律，得

$$\begin{aligned}
(A+aI)^2 &= (A+aI)(A+aI) \\
&= A^2 + A(aI) + (aI)A + (aI)(aI) \\
&= A^2 + 2aA + a^2 I.
\end{aligned}$$

从中可以发现，在完全平方公式中，x 可以用矩阵 A 代入（此时 a 换成 aI），左、右两边保持相等。由此猜测，$K[x]$ 中有关加法和乘法的等式，x 可以用矩阵 A 代入，左、右两边保持相等。由此抽象出一元多项式环 $K[x]$ 的通用性质：在数域 K 上一元多项式的有关加法和乘法的等式中，不定元 x 可以用环 R（它可以看成是 K 的一个扩环）中任一元素代入，从而得到环 R 中相应的等式。即下面的定理 1。

定理 1　设 K 是一个数域，R 是一个有单位元 $1'$ 的交换环，它可以看成是 K 的一个扩环，其中 K 到 R 的子环 R_1 的保持加法和乘法运算的双射记作 τ。任意给定 $t \in R$，令

$$\sigma_t : K[x] \longrightarrow R$$

$$f(x) = \sum_{i=0}^{n} a_i x^i \longmapsto \sum_{i=0}^{n} \tau(a_i) t^i =: f(t),$$

则 σ_t 是 $K[x]$ 到 R 的一个映射，且 σ_t 保持加法和乘法运算。即如果在 $K[x]$ 中，有

$$f(x) + g(x) = h(x), \qquad f(x)g(x) = p(x),$$

那么在 R 中，有

$$f(t) + g(t) = h(t), \qquad f(t)g(t) = p(t);$$

还有 $\sigma_t(x)=t$。映射 σ_t 称为 **x 用 t 代入**。

证明　由于 $K[x]$ 中每个元素 $f(x)$ 写成 $\sum_{i=0}^{n} a_i x^i$ 的表法唯一（除了系数为 0 的项以外），并且 τ 是 K 到 R_1 的双射，因此 σ_t 是 $K[x]$ 到 R 的一个映射。

根据 σ_t 的定义，得

$$\sigma_t(x) = \sigma_t(1x) = \tau(1)t = 1't = t.$$

设 $f(x)=\sum_{i=0}^{n}a_ix^i, g(x)=\sum_{i=0}^{m}b_ix^i$，不妨设 $n\geqslant m$，则

$$h(x)=f(x)+g(x)=\sum_{i=0}^{n}(a_i+b_i)x^i,$$

$$p(x)=f(x)g(x)=\sum_{s=0}^{n+m}(\sum_{i+j=s}a_ib_j)x^s。$$

根据 σ_t 的定义，得

$$h(t)=\sum_{i=0}^{n}\tau(a_i+b_i)t^i=\sum_{i=0}^{n}[\tau(a_i)+\tau(b_i)]t^i$$

$$=\sum_{i=0}^{n}\tau(a_i)t^i+\sum_{i=0}^{n}\tau(b_i)t^i=f(t)+g(t);$$

$$p(t)=\sum_{s=0}^{n+m}\tau(\sum_{i+j=s}a_ib_j)t^s=\sum_{s=0}^{n+m}[\sum_{i+j=s}\tau(a_i)\tau(b_j)]t^s;$$

$$f(t)g(t)=[\sum_{i=0}^{n}\tau(a_i)t^i][\sum_{j=0}^{m}\tau(b_j)t^j]=\sum_{i=0}^{n}\sum_{j=0}^{m}\tau(a_i)\tau(b_j)t^{i+j}$$

$$=\sum_{s=0}^{n+m}[\sum_{i+j=s}\tau(a_i)\tau(b_j)]t^s=p(t)。$$

因此 σ_t 保持加法与乘法运算。∎

定理 1 证明的关键是：一元多项式 $f(x)$ 的表法唯一，从而 σ_t 是 $K[x]$ 到 R 的一个映射。至于 σ_t 保持加法和乘法运算，这是自然的，因为 $K[x]$ 和 R 都是交换环，都遵从交换环的运算法则。

定理 1 表明：只要把一元多项式环 $K[x]$ 中有关加法与乘法的等式研究清楚了，那么对于可看成是 K 的扩环的任一交换环 R，通过把不定元 x 用 R 的任一元素代入，就可以得到 R 中有关加法和乘法的相应等式。

从前面的讨论知道，$K[x]$，$K[A]$（其中 A 是 K 上任意给定的一个 n 级矩阵）都可看成是 K 的扩环，因此不定元 x 既可以用 $K[x]$ 中任一多项式代入，又可以用矩阵 A 的任一多项式代入，还可以用可看成 K 的扩环的任一交换环 R 的任一元素代入。这就是为什么把符号 x 叫作不定元的缘由，并且由此看到 x 的确不属于 K。

注意：从定理 1 证明 $f(t)g(t)=p(t)$ 中看到，只要 t 与子环 R_1 的元素可交换就有此式成立。从而 R 不必是交换环，只要 R 的元素 t 与子环 R_1 的元素可交换，那么不定元 x 就可以用 t 代入。

综上所述，本章的主要任务是探讨一元多项式环 $K[x]$ 中有关加法与乘法的若干重要等式。这些等式在本章及后续几章中将发挥重要作用。探讨 $K[x]$ 中有关加法和乘法的等式本质上就是研究一元多项式环 $K[x]$ 的结构，这是本章的主线。

7.1.2 典型例题

例 1 证明：在 $K[x]$ 中，如果 $f(x)=cg(x), c\in K^*$，那么
$$\deg f(x)=\deg g(x)。$$

证明　若 $g(x)=0$，则 $f(x)=c\cdot 0=0$，从而
$$\deg f(x)=\deg g(x),$$
下设 $g(x)\neq 0$，由于 $f(x)=c\,g(x)$，$c\in K^*$，因此 $f(x)\neq 0$，并且
$$\deg f(x)=\deg c+\deg g(x)=\deg g(x)。$$

例 2　证明：在 $K[x]$ 中，如果 $f(x)=h(x)g(x)$，且 $f(x)\neq 0$，那么
$$\deg g(x)\leqslant\deg f(x)。$$

证明　由于 $f(x)=h(x)g(x)$，且 $f(x)\neq 0$，因此 $h(x)\neq 0$，$g(x)\neq 0$；并且
$$\deg f(x)=\deg h(x)+\deg g(x)\geqslant\deg g(x)。$$

例 3　证明：在 $K[x]$ 中，如果 $c\in K^*$ 且 $c=f(x)g(x)$，那么 $\deg f(x)=\deg g(x)=0$。

证明　由于 $c=f(x)g(x)$，且 $c\in K^*$，因此
$$0=\deg c=\deg f(x)+\deg g(x),$$
由此推出，$\deg f(x)=\deg g(x)=0$。

例 4　设 R 是一个有单位元 $1(\neq 0)$ 的环。对于 $a\in R$，如果存在 $b\in R$，使得
$$ab=ba=1,$$
那么称 a 是**可逆元**（或**单位**），称 b 是 a 的**逆元**，记作 a^{-1}。证明：如果 a 是可逆元，那么 a 的逆元唯一。

证明　假设 b_1,b_2 都是 a 的逆元，则
$$b_1ab_2=(b_1a)b_2=1b_2=b_2,$$
$$b_1ab_2=b_1(ab_2)=b_11=b_1,$$
因此 $b_1=b_2$。

例 5　证明：在整数环 $\mathbf{Z}$ 中，a 为可逆元当且仅当 $a=\pm 1$。

证明　必要性。设 a 是可逆元，则存在 $b\in\mathbf{Z}$，使得
$$ab=1,$$
从而 $a\neq 0$，假如 $a\neq\pm 1$，则 $|a|>1$，从而在整数环 $\mathbf{Z}$ 中有带余除法：
$$1=0a+1,\quad 0\leqslant 1<|a|,$$
又有
$$1=ba+0,$$
比较上面两个式子，根据带余除法中余数的唯一性，得
$$1=0,$$
矛盾，因此 $a=\pm 1$。

充分性。由于 $1\cdot 1=1$，$(-1)(-1)=1$，因此 1 和 -1 都是 $\mathbf{Z}$ 中的可逆元。

例 6　证明：在 $K[x]$ 中，$f(x)$ 是可逆元当且仅当 $f(x)$ 是零次多项式，即它是 K 中非零数。

证明　必要性。在 $K[x]$ 中，
　　　$f(x)$ 是可逆元
$\Longleftrightarrow$　存在 $g(x)\in K[x]$，使得 $f(x)g(x)=1$，
$\Longrightarrow$　$\deg f(x)=\deg g(x)=0$。
充分性。对于任意 $c\in K^*$，都有 $cc^{-1}=1$，因此 c 是可逆元。

例 7 设 R 是任意一个环,证明:

(1) $0a = a0 = 0$,　$\forall a \in R$;

(2) $\forall a, b \in R$,有 $a(-b) = -ab$,$(-a)b = -ab$,$(-a)(-b) = ab$。

分析:连接加法与乘法的桥梁是分配律,因此想到用分配律来证明。

证明　(1) 对任意 $a \in R$,有

$$0a = (0+0)a = 0a + 0a,$$

上式两边加上 $(-0a)$,得

$$0a + (-0a) = (0a + 0a) + (-0a),$$

从而

$$0 = 0a + 0,$$

于是

$$0 = 0a。$$

同理可证

$$a0 = 0。$$

(2) 任取 $a, b \in R$,由于

$$ab + a(-b) = a[b + (-b)] = a0 = 0,$$

因此

$$a(-b) = -ab。$$

同理可证

$$(-a)b = -ab。$$

从而

$$(-a)(-b) = -[a(-b)] = -(-ab) = ab。$$

例 8 设 R 是环,对于 $a \in R, n \in \mathbf{N}^*$,其中 $\mathbf{N}^*$ 表示正整数集。令

$$na := \underbrace{a + a + \cdots + a}_{n \uparrow},$$

对于 $0 \in \mathbf{N}$,令 $0a := 0$,其中等号右边的 $0 \in R$。证明:对任意 $a, b \in R$,任意 $m, n \in \mathbf{N}$,有

$$(m+n)a = ma + na,$$
$$(mn)a = m(na),$$
$$n(a+b) = na + nb,$$
$$n(ab) = (na)b = a(nb)。$$

证明　若 m, n 中有一个为 0,则第 1、2 式显然成立;若 $n = 0$,则第 3、4 式显然成立。

下设 $m \neq 0$ 且 $n \neq 0$。由定义立即得到第 1、2 式。由定义及环的加法的交换律、结合律立即得到第 3 式。

$$n(ab) = \underbrace{ab + ab + \cdots + ab}_{n \uparrow} = (\underbrace{a + a + \cdots + a}_{n \uparrow})b$$

$$= (na)b,$$

同理可证

$$n(ab) = a(nb)。$$

在环 R 中,对于 $a \in R, n \in \mathbf{N}^*$,令

$$(-n)a := n(-a),$$

可以证明例 8 中的 4 个等式对于任意 $m, n \in \mathbf{Z}$ 仍然成立。

例 9 设 R 是环,对于 $a \in R, n \in \mathbf{N}^*$,令

$$a^n := \underbrace{a\,a\cdots a}_{n \uparrow}。$$

证明:对于任意 $m, n \in \mathbf{N}^*$,有

$$a^m a^n = a^{m+n}, \qquad (a^m)^n = a^{mn}。$$

证明　由定义和环的乘法结合律立即得到。■

例 10　设数域 K 上的 n 级矩阵 $\boldsymbol{A}$ 为

$$\boldsymbol{A} = \begin{pmatrix} k & c & 0 & 0 & \cdots & 0 & 0 \\ 0 & k & c & 0 & \cdots & 0 & 0 \\ \vdots & \vdots & \vdots & \vdots & & \vdots & \vdots \\ 0 & 0 & 0 & 0 & \cdots & k & c \\ 0 & 0 & 0 & 0 & \cdots & 0 & k \end{pmatrix},$$

其中 $k, c \in K^*$,说明 $\boldsymbol{A}$ 可逆,并且求 $\boldsymbol{A}^{-1}$。

解　令

$$\boldsymbol{H} = \begin{pmatrix} 0 & 1 & 0 & \cdots & 0 & 0 & 0 \\ 0 & 0 & 1 & \cdots & 0 & 0 & 0 \\ \vdots & \vdots & \vdots & & \vdots & \vdots & \vdots \\ 0 & 0 & 0 & \cdots & 0 & 1 & 0 \\ 0 & 0 & 0 & \cdots & 0 & 0 & 1 \\ 0 & 0 & 0 & \cdots & 0 & 0 & 0 \end{pmatrix},$$

则 $\boldsymbol{A} = k\boldsymbol{I} + c\boldsymbol{H}$。我们知道 $\boldsymbol{H}^n = \boldsymbol{0}$。

在 $K[x]$ 中直接计算可得

$$(1-x)(1+x+\cdots+x^{n-1}) = 1 - x^n。 \tag{9}$$

$K[\boldsymbol{H}]$ 可看成是 K 的一个扩环。于是 x 用 $-\dfrac{c}{k}\boldsymbol{H}$ 代入,从(9)式得

$$\left[\boldsymbol{I} - \left(-\frac{c}{k}\boldsymbol{H}\right)\right]\left[\boldsymbol{I} + \left(-\frac{c}{k}\boldsymbol{H}\right) + \left(-\frac{c}{k}\boldsymbol{H}\right)^2 + \cdots + \left(-\frac{c}{k}\boldsymbol{H}\right)^{n-1}\right] = \boldsymbol{I} - \left(-\frac{c}{k}\boldsymbol{H}\right)^n。 \tag{10}$$

由于 $\boldsymbol{H}^n = \boldsymbol{0}$,因此(10)式成为

$$\left(\boldsymbol{I} + \frac{c}{k}\boldsymbol{H}\right)\left(\boldsymbol{I} - \frac{c}{k}\boldsymbol{H} + \frac{c^2}{k^2}\boldsymbol{H}^2 + \cdots + (-1)^{n-1}\frac{c^{n-1}}{k^{n-1}}\boldsymbol{H}^{n-1}\right) = \boldsymbol{I},$$

从而

$$(k\boldsymbol{I} + c\boldsymbol{H})\left(\frac{1}{k}\boldsymbol{I} - \frac{c}{k^2}\boldsymbol{H} + \frac{c^2}{k^3}\boldsymbol{H}^2 + \cdots + (-1)^{n-1}\frac{c^{n-1}}{k^n}\boldsymbol{H}^{n-1}\right) = \boldsymbol{I},$$

这表明 $\boldsymbol{A} = k\boldsymbol{I} + c\boldsymbol{H}$ 是可逆矩阵,并且

$$\boldsymbol{A}^{-1} = \frac{1}{k}\boldsymbol{I} - \frac{c}{k^2}\boldsymbol{H} + \frac{c^2}{k^3}\boldsymbol{H}^2 + \cdots + (-1)^{n-1}\frac{c^{n-1}}{k^n}\boldsymbol{H}^{n-1}。$$

点评:在例 10 中,利用一元多项式环 $K[x]$ 的通用性质,求出了 n 级矩阵 $\boldsymbol{A}$ 的逆矩阵,这比用初等变换法求逆矩阵更为简便。这是求逆矩阵的第 6 种方法;其他 5 种方法在本套书上册讲过,它们分别是伴随矩阵法、"凑"矩阵法、初等变换法、转化为解线性方程组的方法和分块求逆法。

例 11　设 $\boldsymbol{A} \in M_n(K)$,并且设 $\boldsymbol{A}$ 的特征多项式为

$$|\lambda \boldsymbol{I} - \boldsymbol{A}| = (\lambda - \lambda_1)^{l_1}(\lambda - \lambda_2)^{l_2}\cdots(\lambda - \lambda_s)^{l_s},$$

其中 $\lambda_1,\lambda_2,\cdots,\lambda_s$ 是两两不等的复数，$l_1+l_2+\cdots+l_s=n$。证明：对于 $k\in K^*$，矩阵 kA 的特征多项式为

$$|\lambda I - kA| = (\lambda-k\lambda_1)^{l_1}(\lambda-k\lambda_2)^{l_2}\cdots(\lambda-k\lambda_s)^{l_s},$$

由此得出，如果 λ_i 是 A 的 l_i 重特征值，那么 $k\lambda_i$ 是 kA 的 l_i 重特征值。

证明 设 $A=(a_{ij})$，则

$$|\lambda I - A| = \begin{vmatrix} \lambda-a_{11} & -a_{12} & \cdots & -a_{1n} \\ -a_{21} & \lambda-a_{22} & \cdots & -a_{2n} \\ \vdots & \vdots & & \vdots \\ -a_{n1} & -a_{n2} & \cdots & \lambda-a_{nn} \end{vmatrix}$$

$$= \sum_{j_1 j_2 \cdots j_n} (-1)^{\tau(j_1 j_2 \cdots j_n)} (\lambda\delta_{1j_1} - a_{1j_1})\cdots(\lambda\delta_{nj_n} - a_{nj_n})。$$

其中 δ_{ij} 是 Kronecker 记号。由已知条件得

$$\sum_{j_1 j_2 \cdots j_n} (-1)^{\tau(j_1 j_2 \cdots j_n)} (\lambda\delta_{1j_1} - a_{1j_1})\cdots(\lambda\delta_{nj_n} - a_{nj_n})$$

$$= (\lambda-\lambda_1)^{l_1}(\lambda-\lambda_2)^{l_2}\cdots(\lambda-\lambda_s)^{l_s}。 \tag{11}$$

由于 $K[\lambda]$ 可看成是 K 的一个扩环，因此不定元 λ 用 $\dfrac{\lambda}{k}$ 代入，从(11)式得

$$\sum_{j_1 j_2 \cdots j_n} (-1)^{\tau(j_1 j_2 \cdots j_n)} \left(\frac{\lambda}{k}\delta_{1j_1} - a_{1j_1}\right)\cdots\left(\frac{\lambda}{k}\delta_{nj_n} - a_{nj_n}\right)$$

$$= \left(\frac{\lambda}{k}-\lambda_1\right)^{l_1}\left(\frac{\lambda}{k}-\lambda_2\right)^{l_2}\cdots\left(\frac{\lambda}{k}-\lambda_s\right)^{l_s}。 \tag{12}$$

根据行列式的定义，(12)式左端是 $\dfrac{\lambda}{k}I-A$ 的行列式，于是该式可写成

$$\left|\frac{\lambda}{k}I - A\right| = \left(\frac{\lambda}{k}-\lambda_1\right)^{l_1}\left(\frac{\lambda}{k}-\lambda_2\right)^{l_2}\cdots\left(\frac{\lambda}{k}-\lambda_s\right)^{l_s}, \tag{13}$$

(13)式两边同时乘以 k^n，得

$$|\lambda I - kA| = (\lambda-k\lambda_1)^{l_1}(\lambda-k\lambda_2)^{l_2}\cdots(\lambda-k\lambda_s)^{l_s}, \tag{14}$$

若 λ_i 是 A 的 l_i 重特征值，则从(14)式可以看出，$k\lambda_i$ 是 kA 的 l_i 重特征值。 ■

例 12 设数域 K 上 n 级矩阵 A 的特征多项式为

$$|\lambda I - A| = (\lambda-\lambda_1)^{l_1}(\lambda-\lambda_2)^{l_2}\cdots(\lambda-\lambda_s)^{l_s}, \tag{15}$$

其中 $\lambda_1,\lambda_2,\cdots,\lambda_s$ 是两两不等的复数。证明：A^2 的特征多项式为

$$|\lambda I - A^2| = (\lambda-\lambda_1^2)^{l_1}(\lambda-\lambda_2^2)^{l_2}\cdots(\lambda-\lambda_s^2)^{l_s}。$$

由此得出，如果 λ_i 是 A 的 l_i 重特征值，那么 λ_i^2 是 A^2 的至少 l_i 重特征值。

证明 在例 11 中取 $k=-1$，得 $-A$ 的特征多项式为

$$|\lambda I - (-A)| = (\lambda-(-1)\lambda_1)^{l_1}(\lambda-(-1)\lambda_2)^{l_2}\cdots(\lambda-(-1)\lambda_s)^{l_s},$$

即

$$|\lambda I + A| = (\lambda+\lambda_1)^{l_1}(\lambda+\lambda_2)^{l_2}\cdots(\lambda+\lambda_s)^{l_s}。 \tag{16}$$

把(15)式与(16)式相乘，得

$$|\lambda^2 I - A^2| = (\lambda^2-\lambda_1^2)^{l_1}(\lambda^2-\lambda_2^2)^{l_2}\cdots(\lambda^2-\lambda_s^2)^{l_s}, \tag{17}$$

根据行列式的定义，(17)式左端完全展开后是 λ^2 的多项式，因此(17)式是 $K[\lambda^2]$ 中的一

个等式。由于 $K[\lambda]$ 可看成是 K 的一个扩环,因此 $K[\lambda^2]$ 的不定元 λ^2 可用 $K[\lambda]$ 中元素 λ 代入。把(17)式左端展开成 λ^2 的多项式后,从此式得到

$$|\lambda I - A^2| = (\lambda - \lambda_1^2)^{l_1}(\lambda - \lambda_2^2)^{l_2} \cdots (\lambda - \lambda_s^2)^{l_s}。 \tag{18}$$

若 λ_i 是 A 的 l_i 重特征值,则从(18)式可以看出,λ_i^2 是 A^2 的至少 l_i 重特征值(注意,当 $i \neq j$ 时,有可能 $\lambda_i^2 = \lambda_j^2$)。　■

点评: 在例 11 和例 12 中,分别要先把行列式 $|\lambda I - A|$ 或 $|\lambda^2 I - A^2|$ 完全展开成 λ 的多项式或 λ^2 的多项式后,才能运用一元多项式环 $K[\lambda]$ 或 $K[\lambda^2]$ 的通用性质。这一点要特别注意。

习题 7.1

1. 在 $K[x]$ 中,如果 $f(x)$ 与 $g(x)$ 的次数都是 3,试问: $f(x) + g(x)$ 的次数一定是 3 吗?

2. 设 R 是有单位元 $1(\neq 0)$ 的环,证明: R 中的可逆元不可能是零因子。

3. 设数域 K 上 n 级矩阵 A 为

$$A = \begin{pmatrix} 1 & b & b^2 & \cdots & b^{n-2} & b^{n-1} \\ 0 & 1 & b & \cdots & b^{n-3} & b^{n-2} \\ \vdots & \vdots & \vdots & & \vdots & \vdots \\ 0 & 0 & 0 & \cdots & 1 & b \\ 0 & 0 & 0 & \cdots & 0 & 1 \end{pmatrix},$$

说明 A 可逆,并且求 A^{-1}。

4. 设 B 是数域 K 上的 n 级幂零矩阵,其幂零指数为 l,令 $A = aI + kB$,$a, k \in K^*$。说明 A 可逆,并且求 A^{-1}。

5. 设 A 是数域 K 上 n 级矩阵。证明:对任意 $m \in \mathbf{N}^*$,有

$$(I + A)^m = I + C_m^1 A + C_m^2 A^2 + \cdots + C_m^m A^m。$$

6. 设数域 K 上 n 级矩阵 A 的特征多项式为

$$|\lambda I - A| = (\lambda - \lambda_1)^{l_1}(\lambda - \lambda_2)^{l_2} \cdots (\lambda - \lambda_s)^{l_s},$$

其中 $\lambda_1, \lambda_2, \cdots, \lambda_s$ 是两两不等的复数。证明: A^3 的特征多项式为

$$|\lambda I - A^3| = (\lambda - \lambda_1^3)^{l_1}(\lambda - \lambda_2^3)^{l_2} \cdots (\lambda - \lambda_s^3)^{l_s},$$

由此得出,如果 λ_i 是 A 的 l_i 重特征值,那么 λ_i^3 是 A^3 的至少 l_i 重特征值。

7. 设数域 K 上 n 级矩阵 A 的特征多项式同第 6 题所给出的,对于任一正整数 m,证明: A^m 的特征多项式为

$$|\lambda I - A^m| = (\lambda - \lambda_1^m)^{l_1}(\lambda - \lambda_2^m)^{l_2} \cdots (\lambda - \lambda_s^m)^{l_s},$$

由此得出,如果 λ_i 是 A 的 l_i 重特征值,那么 λ_i^m 是 A^m 的至少 l_i 重特征值。

7.2 整除关系,带余除法

7.2.1 内容精华

为了研究一元多项式环 $K[x]$ 的结构,我们从乘法运算入手,首先从乘法运算引出整除的概念,然后对于没有整除关系的两个多项式,探索带余除法。

一、整除关系

对于 x^2-1 与 $x+1$,有 $x^2-1=(x-1)(x+1)$。由此受到启发,引出下述概念:

定义 1 设 $f(x),g(x)\in K[x]$,如果存在 $h(x)\in K[x]$,使得 $f(x)=h(x)g(x)$,那么称 $g(x)$ **整除** $f(x)$,记作 $g(x)\,|\,f(x)$;否则,称 $g(x)$ 不能整除 $f(x)$,记作 $g(x)\nmid f(x)$。

在定义 1 中要注意 $h(x)\in K[x]$ 这个条件。

当 $g(x)$ 整除 $f(x)$ 时,称 $g(x)$ 是 $f(x)$ 的一个**因式**,称 $f(x)$ 是 $g(x)$ 的一个**倍式**。

从整除的定义容易推导出下列事实:

1° $0\,|\,f(x) \iff f(x)=0$;("$\Longrightarrow$":$f(x)=h(x)0=0$;"$\Longleftarrow$":$0=1\cdot 0$)

2° $f(x)\,|\,0,\forall f(x)\in K[x]$;(理由:$0=0f(x)$)

3° $b\,|\,f(x),\forall b\in K^*,\forall f(x)\in K[x]$。(理由:$f(x)=(b^{-1}f(x))b$)

整除是集合 $K[x]$ 上的一个二元关系,它具有:

1° 反身性,即 $f(x)\,|\,f(x),\forall f(x)\in K[x]$;(理由:$f(x)=1\cdot f(x)$)

2° 传递性,即若 $f(x)\,|\,g(x)$,且 $g(x)\,|\,h(x)$,则 $f(x)\,|\,h(x)$。(证明见例 1)

注意:整除关系不具有对称性,即从 $g(x)\,|\,f(x)$ 不能推出 $f(x)\,|\,g(x)$。

定义 2 在 $K[x]$ 中,如果 $g(x)\,|\,f(x)$ 且 $f(x)\,|\,g(x)$,那么称 $f(x)$ 与 $g(x)$ **相伴**,记作 $f(x)\sim g(x)$。

命题 1 在 $K[x]$ 中,$f(x)\sim g(x)$ 当且仅当存在 $c\in K^*$,使得
$$f(x)=c\,g(x)。$$

证明 充分性。设 $f(x)=c\,g(x)$,其中 $c\in K^*$,则 $g(x)\,|\,f(x)$。由于 $g(x)=\dfrac{1}{c}f(x)$,因此 $f(x)\,|\,g(x)$,从而 $f(x)\sim g(x)$。

必要性。设 $f(x)\sim g(x)$,则 $f(x)\,|\,g(x)$ 且 $g(x)\,|\,f(x)$,从而存在 $h_1(x),h_2(x)\in K[x]$,使得
$$g(x)=h_1(x)f(x),\quad f(x)=h_2(x)g(x),$$
于是
$$f(x)=h_2(x)h_1(x)f(x)。 \tag{1}$$
如果 $f(x)=0$,那么 $g(x)=0$,从而 $f(x)\sim g(x)$。下面设 $f(x)\neq 0$,运用消去律,从(1)式得
$$1=h_2(x)h_1(x), \tag{2}$$

根据 7.1 节例 3,从(2)式得,$\deg h_1(x) = \deg h_2(x) = 0$,从而 $h_2(x) = c, c \in K^*$,于是 $f(x) = c\,g(x)$。∎

命题 2　在 $K[x]$ 中,如果 $g(x) \mid f_i(x), i = 1, 2, \cdots, s$,那么对于任意 $u_1(x), \cdots, u_s(x) \in K[x]$,都有

$$g(x) \mid [u_1(x) f_1(x) + \cdots + u_s(x) f_s(x)]。$$

命题 2 的证明见本节例 2。

二、带余除法

$K[x]$ 中,如果 $g(x)$ 不能整除 $f(x)$,那么能有什么样的结论呢? 例如,设 $f(x) = x^2$,$g(x) = x - 1$,则

$$f(x) = x^2 - 1 + 1 = (x + 1)g(x) + 1,$$

由此受到启发,猜测有下述结论:

定理 1(带余除法)　设 $f(x), g(x) \in K[x]$,且 $g(x) \neq 0$,则在 $K[x]$ 中存在唯一的一对多项式 $h(x), r(x)$,使得

$$f(x) = h(x)g(x) + r(x), \qquad \deg r(x) < \deg g(x), \tag{3}$$

其中 $f(x), g(x)$ 分别叫作**被除式、除式**,$h(x), r(x)$ 分别叫作**商式、余式**。(3)式称为**除法算式**。

证明　*存在性*。设 $\deg g(x) = m \in \mathbf{N}$。

情形 1　$m = 0$。此时 $g(x) = b, b \in K^*$,于是

$$f(x) = \left[\frac{1}{b} f(x) \right] b + 0, \quad \deg 0 < \deg g(x)。$$

情形 2　$m > 0$,且 $\deg f(x) < m$,则

$$f(x) = 0\,g(x) + f(x), \qquad \deg f(x) < \deg g(x)。$$

情形 3　$m > 0$,且 $\deg f(x) \geq m$。对被除式的次数 n 作数学归纳法。假设对于次数小于 n 的被除式,命题的存在性部分成立。现在来看 n 次多项式 $f(x), n \geq m$。设 $f(x)$,$g(x)$ 的首项分别是 $a_n x^n, b_m x^m$,于是 $a_n b_m^{-1} x^{n-m} g(x)$ 的首项是 $a_n x^n$。令

$$f_1(x) = f(x) - a_n b_m^{-1} x^{n-m} g(x), \tag{4}$$

则 $\deg f_1(x) < n$。根据归纳假设,存在 $h_1(x), r_1(x) \in K[x]$,使得

$$f_1(x) = h_1(x)g(x) + r_1(x), \qquad \deg r_1(x) < \deg g(x)。 \tag{5}$$

把(5)式代入(4)式,得

$$
\begin{aligned}
f(x) &= f_1(x) + a_n b_m^{-1} x^{n-m} g(x) \\
&= [h_1(x) + a_n b_m^{-1} x^{n-m}] g(x) + r_1(x),
\end{aligned}
\tag{6}
$$

令　$h(x) = h_1(x) + a_n b_m^{-1} x^{n-m}$,则

$$f(x) = h(x)g(x) + r_1(x), \qquad \deg r_1(x) < \deg g(x)。 \tag{7}$$

根据数学归纳法原理,定理 1 的存在性部分得证。

唯一性。设 $h(x), r(x), h_0(x), r_0(x) \in K[x]$,使得

$$f(x) = h(x)g(x) + r(x), \qquad\ \deg r(x) < \deg g(x), \tag{8}$$

$$f(x) = h_0(x)g(x) + r_0(x), \qquad \deg r_0(x) < \deg g(x); \tag{9}$$

则从(8)、(9)两式得

$$[h(x)-h_0(x)]g(x)=r_0(x)-r(x)。 \tag{10}$$

假如 $r_0(x)-r(x)\neq0$,则根据 7.1 节的例 2 得

$$\deg g(x)\leqslant\deg[r_0(x)-r(x)]$$
$$\leqslant\max\{\deg r_0(x),\deg r(x)\}<\deg g(x), \tag{11}$$

矛盾,因此 $r(x)=r_0(x)$,从而 $h(x)=h_0(x)$。唯一性得证。　■

定理 1 表明,数域 K 上的一元多项式环 $K[x]$ 是具有除法算式的环。除法算式是 $K[x]$ 中有关加法和乘法的第一个重要等式,它非常有用。

利用整除的定义和带余除法立即得到:

推论 1 设 $f(x),g(x)\in K[x]$,且 $g(x)\neq0$,则 $g(x)|f(x)$ 当且仅当 $g(x)$ 除 $f(x)$ 的余式为 0。　■

命题 3 设 $f(x),g(x)\in K[x]$,数域 $F\supseteq K$,则

在 $K[x]$ 中,$g(x)|f(x)$ $\iff$ 在 $F(x)$ 中,$g(x)|f(x)$。

证明 必要性。设在 $K[x]$ 中,$g(x)|f(x)$,则存在 $h(x)\in K[x]$,使得 $f(x)=h(x)g(x)$。由于 $K\subseteq F$,因此 $f(x),g(x),h(x)\in F[x]$,从而在 $F[x]$ 中,$g(x)|f(x)$。

充分性。设在 $F[x]$ 中,$g(x)|f(x)$。

当 $g(x)\neq0$ 时,在 $K[x]$ 中作带余除法,有 $h(x),r(x)\in K[x]$,使得

$$f(x)=h(x)g(x)+r(x),\qquad \deg r(x)<\deg g(x); \tag{12}$$

由于 $f(x),g(x),h(x),r(x)\in F[x]$,因此(12)式也可以看成是在 $F[x]$ 中的带余除法。由于在 $F[x]$ 中,$g(x)|f(x)$,因此根据推论 1 得,$r(x)=0$,从而在 $K[x]$ 中,$g(x)|f(x)$。

当 $g(x)=0$ 时,从 $g(x)|f(x)$ 得,$f(x)=0$,从而在 $K[x]$ 中,有 $g(x)|f(x)$。　■

命题 3 表明,整除性不随数域的扩大而改变。

利用带余除法还可以得到用一次多项式 $x-c$ 去除一个多项式的**综合除法**:

设 $f(x)=\sum_{i=0}^{n}a_ix^i,a_n\neq0,n\geqslant1$,则由带余除法得

$$f(x)=h(x)(x-c)+r,\qquad r\in K。 \tag{13}$$

由于 $\deg f(x)\geqslant1$,因此

$$\deg f(x)=\deg[h(x)(x-c)]=\deg h(x)+1。$$

于是 $\deg h(x)=n-1$,从而可设 $h(x)=\sum_{i=0}^{n-1}b_ix^i$。

比较(13)式两边的首项系数,得

$$a_n=b_{n-1}, \tag{14}$$

比较(13)式两边的 s 次项的系数($s=1,2,\cdots,n-1$),得

$$a_s=-cb_s+b_{s-1},$$

从而

$$a_s+cb_s=b_{s-1},s=1,2,\cdots,n-1。 \tag{15}$$

比较(13)两边的常数项,得

$$a_0=-cb_0+r,$$

从而

$$a_0+cb_0=r。 \tag{16}$$

从(14)、(15)、(16)式得

a_n	a_{n-1}	$\cdots$	a_1	a_0	c
	$b_{n-1}c$	$\cdots$	b_1c	b_0c	
a_n	$a_{n-1}+b_{n-1}c$	$\cdots$	a_1+b_1c	a_0+b_0c	
$\parallel$	$\parallel$		$\parallel$	$\parallel$	
b_{n-1}	b_{n-2}	$\cdots$	b_0	r	

于是求出了商式 $h(x)=b_{n-1}x^{n-1}+b_{n-2}x^{n-2}+\cdots+b_0$，余式 r。

整数环 $\mathbf{Z}$ 中也有带余除法：

定理 2　任给 $a,b\in\mathbf{Z},b\neq0$，则存在唯一的一对整数 q,r，使得

$$a=qb+r,\qquad 0\leqslant r<|b|。\tag{17}$$

证明　我们瞄准余数 $r=a-qb$ 的形式和 $r\geqslant0$ 的条件，考虑集合

$$S=\{a-kb\mid k\in\mathbf{Z},a-kb\geqslant0\}。$$

首先要说明 S 非空集，从而商 q 才有可能存在。分两种情形：若 $b>0$，则 $a-(-a^2)b$ $=a+a^2b\geqslant0$；若 $b<0$，则 $a-a^2b\geqslant0$。因此 S 非空集。由于 S 是自然数集的子集，因此 S 必有最小的数。设 S 中最小的数为 $a-qb$，令 $r=a-qb$。根据集合 S 的定义得，$r\geqslant0$。下面还要证 $r<|b|$。用反证法，假如 $r\geqslant|b|$，若 $b>0$，则 $r-b\geqslant0$，从而

$$r-b=a-qb-b\geqslant0,$$

即 $a-(q+1)b\geqslant0$，于是 $a-(q+1)b\in S$，即 $r-b\in S$。但是 $r-b<r$，这与 r 是 S 中最小数矛盾。若 $b<0$，则 $r+b\geqslant0$，于是 $r+b=a-qb+b\geqslant0$，即 $a-(q-1)b\geqslant0$。于是 $a-(q-1)b\in S$，即 $r+b\in S$。但是 $r+b<r$，矛盾，所以 $r<|b|$。存在性得证。

唯一性。假如还有整数 q',r'，使得

$$a=q'b+r',\qquad 0\leqslant r'<|b|；$$

则 $qb+r=q'b+r'$。不妨设 $r\leqslant r'$，于是

$$(q-q')b=r'-r\geqslant0。$$

由于 $0\leqslant r<|b|,0\leqslant r'<|b|$，因此 $r'-r<|b|$，从而

$$|q-q'|=\frac{r'-r}{|b|}<1。$$

由此得出，$q-q'=0$，即 $q=q'$，从而 $r=r'$。

关于整数环 $\mathbf{Z}$ 中的整除关系及其性质，我们把它们放在本节习题的第 5 题中。

*三、带余除法的应用之一：λ-矩阵的相抵标准形

本套书上册中，我们讲了数域 K 上的矩阵，现在我们把它推广成整环 R 上的矩阵。

定义 3　设 R 是一个整环，由 R 中 sn 个元素排成的 s 行 n 列的一张表称为 R 上的一个 $s\times n$ **矩阵**。

可以像数域 K 上的矩阵那样，定义 R 上矩阵的加法、纯量乘法（用 R 中元素乘矩阵）、乘法这 3 种运算，这些运算满足与数域 K 上矩阵一样的运算法则；还可以定义 R 上

矩阵的 3 种初等行(列)变换(其中,3°型初等行(列)变换应当是用 R 中的可逆元乘某一行(列))。可以像数域 K 上 n 级矩阵的行列式那样,定义 R 上 n 级矩阵的行列式,而且同样有行列式的 7 条性质以及行列式按一行(列)展开定理。对于整环 R 上的 n 级矩阵 A,同样可以有可逆矩阵的概念。但是要注意:R 上 n 级矩阵 A 可逆的充分必要条件是 $|A|$ 为 R 中的可逆元。整环 R 上的矩阵的秩的概念通过子式来定义:

定义 4 设 A 是整环 R 上的一个非零矩阵,如果 A 有一个 r 阶子式不为 0,而所有 $r+1$ 阶子式(如果存在)全为 0,那么称 A 的**秩**为 r。零矩阵的秩规定为 0。

设 K 是数域,整环 $K[\lambda]$ 上的矩阵称为 **λ-矩阵**,记作 $A(\lambda),B(\lambda),\cdots$。注意 $K[\lambda]$ 中的可逆元都是 K 中非零数,因此 λ-矩阵的 3°型初等行(列)变换可叙述成:用 K 中一个非零数乘某一行(列)。

对于 λ-矩阵 $A(\lambda),B(\lambda)$,如果可以通过一系列的初等行(列)变换把 $A(\lambda)$ 变成 $B(\lambda)$,那么称 $A(\lambda)$ 与 $B(\lambda)$ **相抵**。

利用 $K[\lambda]$ 中的带余除法可以证明下述关于 λ-矩阵的相抵标准形的定理。

定理 3 任意一个非零的 n 级 λ-矩阵 $A(\lambda)$ 一定相抵于对角 λ-矩阵:
$$\mathrm{diag}\{d_1(\lambda),d_2(\lambda),\cdots,d_n(\lambda)\},\tag{18}$$
其中 $d_i(\lambda)\,|\,d_{i+1}(\lambda)$,$i=1,2,\cdots,n-1$,并且对于非零的 $d_i(\lambda)$,其首项系数为 1。满足这些要求的 λ-矩阵(18)称为 $A(\lambda)$ 的一个**相抵标准形**或 **Smith 标准形**。

*证明 对 λ-矩阵的级数 n 作数学归纳法。

$n=1$ 时,$A(\lambda)=(a(\lambda))$,设 $a(\lambda)$ 的首项系数为 b,用 b^{-1} 乘 $A(\lambda)$ 的第 1 行得,$A_1(\lambda)=(b^{-1}a(\lambda))$,于是 $A_1(\lambda)$ 就是 $A(\lambda)$ 的一个相抵标准形。

假设对于 $n-1$ 级 λ-矩阵命题成立,来看 n 级非零矩阵 $A(\lambda)=(a_{ij}(\lambda))$。不妨设 $a_{11}(\lambda)\neq0$(否则对 $A(\lambda)$ 作两行互换或两列互换,可以使所得矩阵的 $(1,1)$ 元不为 0)。令
$$S=\{G(\lambda)=(g_{ij}(\lambda))\mid G(\lambda)\text{ 与 }A(\lambda)\text{ 相抵},g_{11}(\lambda)\neq0\},$$
取 $B(\lambda)=(b_{ij}(\lambda))\in S$,使得 $\deg b_{11}(\lambda)\leqslant\deg g_{11}(\lambda)$,对于一切的 $G(\lambda)=(g_{ij}(\lambda))\in S$;并且 $b_{11}(\lambda)$ 的首项系数为 1。我们来证 $b_{11}(\lambda)$ 整除 $B(\lambda)$ 的第 1 行和第 1 列的所有元素。

假如 $b_{11}(\lambda)\nmid b_{i1}(\lambda)$,对于某个 $i\in\{2,3,\cdots,n\}$,作带余除法得
$$b_{i1}(\lambda)=h(\lambda)b_{11}(\lambda)+r(\lambda),\qquad \deg r(\lambda)<\deg b_{11}(\lambda),$$
其中 $r(\lambda)\neq0$。把 $B(\lambda)$ 的第 1 行的 $-h(\lambda)$ 倍加到第 i 行上得到 $B_1(\lambda)$,则 $B_1(\lambda)$ 的 $(i,1)$ 元为 $r(\lambda)$。再把 $B_1(\lambda)$ 的第 i 行与第 1 行互换得到 $B_2(\lambda)$,则 $B_2(\lambda)$ 的 $(1,1)$ 元为 $r(\lambda)$。此时 $B_2(\lambda)\in S$,且 $\deg r(\lambda)<\deg b_{11}(\lambda)$,这与 $B(\lambda)$ 的取法矛盾,所以 $b_{11}(\lambda)$ 能整除 $B(\lambda)$ 的第 1 列的所有元素。同理可证 $b_{11}(\lambda)$ 能整除 $B(\lambda)$ 的第 1 行的所有元素,于是对 $B(\lambda)$ 作一系列的 1°型初等行(列)变换,可将 $B(\lambda)$ 变成
$$C(\lambda)=\begin{pmatrix}b_{11}(\lambda)&\mathbf{0}\\\mathbf{0}&D(\lambda)\end{pmatrix}。\tag{19}$$

如果 $D(\lambda)=\mathbf{0}$,那么 $C(\lambda)$ 就是 $A(\lambda)$ 的一个相抵标准形。如果 $D(\lambda)\neq\mathbf{0}$,那么根据归纳假设,$D(\lambda)$ 相抵于下述 $n-1$ 级的对角 λ-矩阵:
$$\mathrm{diag}\{d_2(\lambda),\cdots,d_n(\lambda)\},\tag{20}$$

其中 $d_i(\lambda)|d_{i+1}(\lambda)$，$i=2,3,\cdots,n-1$，并且非零的 $d_i(\lambda)$ 的首项系数为 1。由于对 $\boldsymbol{D}(\lambda)$ 作初等行(列)变换变成 λ-矩阵(20)时，对 $\boldsymbol{C}(\lambda)$ 作相应的这些初等行(列)变换就变成

$$\mathrm{diag}\{b_{11}(\lambda),d_2(\lambda),\cdots,d_n(\lambda)\}, \tag{21}$$

于是 $\boldsymbol{A}(\lambda)$ 相抵于对角 λ-矩阵(21)。剩下只要证明 $b_{11}(\lambda)$ 整除 $d_2(\lambda)$。假如 $b_{11}(\lambda)\nmid d_2(\lambda)$，作带余除法得

$$d_2(\lambda)=h_1(\lambda)b_{11}(\lambda)+r_1(\lambda), \qquad \deg r_1(\lambda)<\deg b_{11}(\lambda),$$

其中 $r_1(\lambda)\neq 0$。对 λ-矩阵(21)作下述初等变换：

$$
\begin{bmatrix}
b_{11}(\lambda) & & & & \\
& d_2(\lambda) & & & \\
& & \ddots & & \\
& & & & d_n(\lambda)
\end{bmatrix}
\xrightarrow{\text{①}+\text{②}}
\begin{bmatrix}
b_{11}(\lambda) & d_2(\lambda) & 0 & \cdots & 0 \\
0 & d_2(\lambda) & 0 & \cdots & 0 \\
\vdots & & & & \vdots \\
0 & 0 & 0 & \cdots & d_n(\lambda)
\end{bmatrix}
$$

$$
\xrightarrow{\text{②}+\text{①}\cdot(-h_1(\lambda))}
\begin{bmatrix}
b_{11}(\lambda) & r_1(\lambda) & 0 & \cdots & 0 \\
0 & d_2(\lambda) & 0 & \cdots & 0 \\
\vdots & & & \ddots & \vdots \\
0 & 0 & 0 & \cdots & d_n(\lambda)
\end{bmatrix}
$$

$$
\xrightarrow{(\text{①},\text{②})}
\begin{bmatrix}
r_1(\lambda) & b_{11}(\lambda) & 0 & \cdots & 0 \\
d_2(\lambda) & 0 & 0 & \cdots & 0 \\
0 & & \ddots & & 0 \\
\vdots & & & \ddots & \vdots \\
0 & 0 & 0 & \cdots & d_n(\lambda)
\end{bmatrix}
$$

最后的 λ-矩阵记作 $\boldsymbol{L}(\lambda)$。它属于 S，但是 $\deg r_1(\lambda)<\deg b_{11}(\lambda)$，这与 $\boldsymbol{B}(\lambda)$ 的取法矛盾，因此 $b_{11}(\lambda)|d_2(\lambda)$。

根据数学归纳法原理，命题为真。

关于 λ-矩阵 $\boldsymbol{A}(\lambda)$ 的相抵标准形的唯一性问题，我们把它留在下一节讨论。

定理 3 是针对 λ-矩阵来叙述并且证明的。我们可以将其叙述略加修改，并且类似地证明整数环 $\mathbf{Z}$ 上的 n 级矩阵的相应定理。

定理 4　整数环 $\mathbf{Z}$ 上任一非零的 n 级矩阵 $\boldsymbol{A}$ 一定相抵于 $\mathbf{Z}$ 上的对角矩阵：

$$\mathrm{diag}\{d_1,d_2,\cdots,d_n\}, \tag{22}$$

其中 $d_j\in\mathbf{N}(j=1,2,\cdots,n)$，并且 $d_i|d_{i+1}$，$i=1,2,\cdots,n-1$，满足这些要求的矩阵(22)称为 $\boldsymbol{A}$ 的一个相抵标准形或 Smith 标准形。

定理 4 的证明与定理 3 类似，只要把"首项系数为 1"改成"正整数"，把"次数"改成"绝对值"即可。

7.2.2　典型例题

例 1　证明整除关系具有传递性，即在 $K[x]$ 中，如果 $f(x)|g(x)$ 且 $g(x)|h(x)$，那么 $f(x)|h(x)$。

证明 由已知条件得,存在 $u(x),v(x)\in K[x]$,使得
$$g(x)=u(x)f(x), \qquad h(x)=v(x)g(x),$$
从而
$$h(x)=v(x)u(x)f(x),$$
因此
$$f(x)\mid h(x)。 \qquad \blacksquare$$

例 2 证明:在 $K[x]$ 中,如果 $g(x)\mid f_i(x),i=1,2,\cdots,s$,那么对于任意 $u_1(x),\cdots,u_s(x)\in K[x]$,有
$$g(x)\mid[u_1(x)f_1(x)+\cdots+u_s(x)f_s(x)]。$$

证明 由已知条件得,存在 $h_i(x)\in K[x]$,使得
$$f_i(x)=h_i(x)g(x), \qquad i=1,2,\cdots,s,$$
从而
$$u_1(x)f_1(x)+\cdots+u_s(x)f_s(x)=u_1(x)h_1(x)g(x)+\cdots+u_s(x)h_s(x)g(x)$$
$$=[u_1(x)h_1(x)+\cdots+u_s(x)h_s(x)]g(x),$$
因此
$$g(x)\mid[u_1(x)f_1(x)+\cdots+u_s(x)f_s(x)]。 \qquad \blacksquare$$

例 3 设 $f(x)=x^4+2x^3-5x+7,g(x)=x^2-3x+1$。用 $g(x)$ 去除 $f(x)$,求商式和余式。

解

$$
\begin{array}{r|l|l}
x^2-3x+1 & x^4+2x^3-5x+7 & x^2+5x+14 \\
& x^4-3x^3+x^2 & \\
\hline
& 5x^3-x^2-5x+7 & \\
& 5x^3-15x^2+5x & \\
\hline
& 14x^2-10x+7 & \\
& 14x^2-42x+14 & \\
\hline
& 32x-7 &
\end{array}
$$

因此,商式为 $x^2+5x+14$,余式为 $32x-7$,即
$$f(x)=(x^2+5x+14)g(x)+(32x-7)。$$

例 4 设 $f(x)=x^4-x^3+4x^2+a_1x+a_0,g(x)=x^2+2x-3$。求 $g(x)$ 整除 $f(x)$ 的充分必要条件。

解

$$
\begin{array}{r|l|l}
x^2+2x-3 & x^4-x^3+4x^2+a_1x+a_0 & x^2-3x+13 \\
& x^4+2x^3-3x^2 & \\
\hline
& -3x^3+7x^2+a_1x+a_0 & \\
& -3x^3-6x^2+9x & \\
\hline
& 13x^2+(a_1-9)x+a_0 & \\
& 13x^2+26x-39 & \\
\hline
& (a_1-35)x+(a_0+39) &
\end{array}
$$

因此,$g(x)\mid f(x)$ $\iff$ $(a_1-35)x+(a_0+39)=0$
$$\iff a_1-35=0\ 且\ a_0+39=0$$
$$\iff a_1=35\ 且\ a_0=-39。$$

例 5　用综合除法求 $x+3$ 除 $f(x)=2x^4-x^3+5x-3$ 所得的商式与余式。

解

$$
\begin{array}{rrrrr|r}
2 & -1 & 0 & 5 & -3 & -3 \\
 & -6 & 21 & -63 & 174 & \\
\hline
2 & -7 & 21 & -58 & 171 &
\end{array}
$$

因此,商式为 $2x^3-7x^2+21x-58$,余式为 171。

例 6　在例 5 中,用 $x+3$ 除 $f(x)$ 所得的商式记作 $h_1(x)$,接着用 $x+3$ 除 $h_1(x)$ 所得的商式记作 $h_2(x)$,…,如此进行下去,得到 $f(x)$ 的一个表达式,称之为 $x+3$ 的幂和。把 $f(x)$ 表示成 $x+3$ 的幂和。

解　在例 5 中已求出 $h_1(x)=2x^3-7x^2+21x-58$,余式为 171。

$$
\begin{array}{rrrr|r}
2 & -7 & 21 & -58 & -3 \\
 & -6 & 39 & -180 & \\
\hline
2 & -13 & 60 & -238 &
\end{array}
$$

于是商式为 $h_2(x)=2x^2-13x+60$,余式为 -238。

$$
\begin{array}{rrr|r}
2 & -13 & 60 & -3 \\
 & -6 & 57 & \\
\hline
2 & -19 & 117 &
\end{array}
$$

于是商式为 $h_3(x)=2x-19$,余式为 117。

$$
\begin{array}{rr|r}
2 & -19 & -3 \\
 & -6 & \\
\hline
2 & -25 &
\end{array}
$$

于是商式为 $h_4(x)=2$,余式为 -25,从而

$$
\begin{aligned}
f(x) &= h_1(x)(x+3)+171 \\
&= [h_2(x)(x+3)-238](x+3)+171 \\
&= [(2x-19)(x+3)+117](x+3)^2-238(x+3)+171 \\
&= [2(x+3)-25](x+3)^3+117(x+3)^2-238(x+3)+171 \\
&= 2(x+3)^4-25(x+3)^3+117(x+3)^2-238(x+3)+171。
\end{aligned}
$$

点评：例 6 利用综合除法把 $f(x)$ 表示成了 $x+3$ 的幂和的形式,从而给出了多项式函数 $f(x)$ 在 $x=-3$ 处的展开式,这与数学分析课中用泰勒级数公式求出的 $f(x)$ 在 $x=-3$ 处的展开式一致。

例 7　证明:设 $d,n\in\mathbf{N}^*$,则在 $K[x]$ 中,$x^d-1\mid x^n-1\Longleftrightarrow d\mid n$。

证明　充分性。设 $d\mid n$,则 $n=sd,s\in\mathbf{N}^*$,显然有

$$x^s - 1 = (x-1)(x^{s-1} + x^{s-2} + \cdots + x + 1)。$$

由于 $K[x]$ 可看成是 K 的一个扩环,因此不定元 x 可用 x^d 代入,从上式得

$$(x^d)^s - 1 = (x^d - 1)(x^{d(s-1)} + x^{d(s-2)} + \cdots + x^d + 1),$$

由此得出

$$x^d - 1 | x^n - 1。$$

必要性。在整数环 **Z** 中,作带余除法:

$$n = sd + r, \qquad 0 \leqslant r < d,$$

假如 $r \neq 0$,则

$$\begin{aligned}
x^n - 1 &= x^{sd+r} - 1 \\
&= x^{sd} \cdot x^r - x^r + x^r - 1 \\
&= x^r(x^{sd} - 1) + (x^r - 1)。
\end{aligned} \qquad (23)$$

由充分性所证的结论得, $x^d - 1 | x^{sd} - 1$,又由已知条件得,$x^d - 1 | x^n - 1$。
因此从(23)式得,$x^d - 1 | x^r - 1$,由此推出,$d \leqslant r$。
这与 $r < d$ 矛盾,因此 $r = 0$,从而 $d | n$。 ■

例 8 证明:设 d, n 都是正整数,则对任一整数 $a(a \neq \pm 1)$,有 $a^d - 1 | a^n - 1 \Longleftrightarrow d | n$。

证明 充分性。设 $d | n$,则 $n = sd$,$s \in \mathbf{N}^*$。在 $K[x]$ 中显然有

$$x^s - 1 = (x-1)(x^{s-1} + s^{s-2} + \cdots + x + 1),$$

对任一整数 a,x 用 a^d 代入,从上式得

$$a^{ds} - 1 = (a^d - 1)(a^{d(s-1)} + a^{d(s-2)} + \cdots + a^d + 1),$$

由此得出

$$a^d - 1 | a^n - 1。$$

必要性的证明与例 7 的必要性证明类似。 ■

例 9 证明:在 $K[x]$ 中,$x - a | x^m - a^m$,并且求商式,其中 $m \in \mathbf{N}^*$,$a \neq 0$。

证明 在 $K[x]$ 中直接计算得

$$x^m - 1 = (x-1)(x^{m-1} + x^{m-2} + \cdots + x + 1)。 \qquad (24)$$

x 用 $\dfrac{x}{a}$ 代入,从(24)式得

$$\left(\frac{x}{a}\right)^m - 1 = \left(\frac{x}{a} - 1\right)\left[\left(\frac{x}{a}\right)^{m-1} + \left(\frac{x}{a}\right)^{m-2} + \cdots + \frac{x}{a} + 1\right], \qquad (25)$$

在(25)式两边乘 a^m 得

$$x^m - a^m = (x-a)(x^{m-1} + ax^{m-2} + \cdots + a^{m-2}x + a^{m-1}), \qquad (26)$$

因此 $x - a | x^m - a^m$,且商式为 $x^{m-1} + ax^{m-2} + \cdots + a^{m-2}x + a^{m-1}$。 ■

例 10 证明:在 $K[x]$ 中,$x + a | x^{2m+1} + a^{2m+1}$,并且求商式,其中 $m \in \mathbf{N}^*$,$a \neq 0$。

证明 在 $K[x]$ 中,从(24)式得

$$x^{2m+1} - 1 = (x-1)(x^{2m} + x^{2m-1} + \cdots + x + 1)。 \qquad (27)$$

x 用 $-\dfrac{x}{a}$ 代入,从(27)式得

$$\left(-\frac{x}{a}\right)^{2m+1} - 1 = \left(-\frac{x}{a} - 1\right)\left[\left(-\frac{x}{a}\right)^{2m} + \left(-\frac{x}{a}\right)^{2m-1} + \cdots + \left(-\frac{x}{a}\right) + 1\right], \qquad (28)$$

在(28)式两边乘 $-a^{2m+1}$ 得

$$x^{2m+1} + a^{2m+1} = (x+a)(x^{2m} - ax^{2m-1} + \cdots + a^{2m-2}x^2 - a^{2m-1}x + a^{2m}), \qquad (29)$$

因此 $x+a \mid x^{2m+1}+a^{2m+1}$，且商式为

$$x^{2m}-ax^{2m-1}+\cdots+a^{2m-2}x^2-a^{2m-1}x+a^{2m}。 \tag{30}$$

∎

＊例 11　求下述 λ-矩阵的一个相抵标准形。

$$\boldsymbol{A}(\lambda)=\begin{pmatrix} \lambda-1 & 3 & -4 \\ -4 & \lambda+7 & -8 \\ -6 & 7 & \lambda-7 \end{pmatrix}。$$

解　首先要使 λ-矩阵的 $(1,1)$ 元变成能整除该矩阵的所有元素，从而可把第 1 行和第 1 列的其他元素变成 0。然后把右下角矩阵的 $(1,1)$ 元也变成能整除该矩阵的所有元素，依次进行下去。

$$\boldsymbol{A}(\lambda)\xrightarrow[\text{③}+\text{②}]{}\begin{pmatrix} \lambda-1 & 3 & -1 \\ -4 & \lambda+7 & \lambda-1 \\ -6 & 7 & \lambda \end{pmatrix}\xrightarrow[(\text{①},\text{③})]{}\begin{pmatrix} -1 & 3 & \lambda-1 \\ \lambda-1 & \lambda+7 & -4 \\ \lambda & 7 & -6 \end{pmatrix}$$

$$\xrightarrow[\substack{\text{②}+\text{①}\cdot(\lambda-1)\\ \text{③}+\text{①}\lambda}]{}\begin{pmatrix} -1 & 3 & \lambda-1 \\ 0 & 4\lambda+4 & \lambda^2-2\lambda-3 \\ 0 & 3\lambda+7 & \lambda^2-\lambda-6 \end{pmatrix}\longrightarrow\begin{pmatrix} -1 & 0 & 0 \\ 0 & \lambda+1 & \frac{1}{4}(\lambda-3)(\lambda+1) \\ 0 & 3\lambda+7 & \lambda^2-\lambda-6 \end{pmatrix}$$

$$\xrightarrow[\text{③}+\text{②}\left[-\frac{1}{4}(\lambda-3)\right]]{}\begin{pmatrix} 1 & 0 & 0 \\ 0 & \lambda+1 & 0 \\ 0 & 3\lambda+7 & \frac{1}{4}(\lambda-3)(\lambda+1) \end{pmatrix}$$

$$\xrightarrow[\text{③}+\text{②}(-3)]{}\begin{pmatrix} 1 & 0 & 0 \\ 0 & \lambda+1 & 0 \\ 0 & 4 & \frac{1}{4}(\lambda-3)(\lambda+1) \end{pmatrix}\longrightarrow\begin{pmatrix} 1 & 0 & 0 \\ 0 & 1 & (\lambda-3)(\lambda+1) \\ 0 & \lambda+1 & 0 \end{pmatrix}$$

$$\longrightarrow\begin{pmatrix} 1 & 0 & 0 \\ 0 & 1 & (\lambda-3)(\lambda+1) \\ 0 & 0 & -(\lambda-3)(\lambda+1)^2 \end{pmatrix}\longrightarrow\begin{pmatrix} 1 & 0 & 0 \\ 0 & 1 & 0 \\ 0 & 0 & (\lambda-3)(\lambda+1)^2 \end{pmatrix}$$

最后一个 λ-矩阵就是 $\boldsymbol{A}(\lambda)$ 的一个相抵标准形，其中，

$$d_1(\lambda)=1,d_2(\lambda)=1,d_3(\lambda)=(\lambda-3)(\lambda+1)^2。$$

习题 7.2

1. 用 $g(x)$ 除 $f(x)$，求商式与余式：

(1) $f(x)=x^4-3x^2-2x-1,g(x)=x^2-2x+5$；

(2) $f(x)=x^4+x^3-2x+3,g(x)=3x^2-x+2$。

2. 设 $f(x)=x^4-3x^3+a_1x+a_0, g(x)=x^2-3x+1$，求 $g(x)$ 整除 $f(x)$ 的充分必要条件。

3. 用综合除法求一次多项式 $g(x)$ 除 $f(x)$ 所得的商式与余式。

(1) $f(x)=3x^4-5x^2+2x-1, g(x)=x-4$；

(2) $f(x)=5x^3-3x+4, g(x)=x+2$。

4. 把第 3 题的第 (2) 小题中的 $f(x)$ 表示成 $x+2$ 的幂和。

5. 设 $a,b\in\mathbf{Z}$，如果有 $h\in\mathbf{Z}$，使得 $a=hb$，那么称 b 整除 a，记作 $b\mid a$。此时称 b 是 a 的因数（或因子），称 a 是 b 的倍数。证明：

(1) 如果 $a\mid b$ 且 $b\mid a$（此时称 a 与 b 相伴），那么 $a=\pm b$，反之也成立；

(2) 如果 $a\mid b$ 且 $b\mid c$，那么 $a\mid c$；

(3) 如果 $b\mid a_i, i=1,2,\cdots,s$，那么对任意 $u_1,\cdots,u_s\in\mathbf{Z}$，有 $b\mid u_1a_1+u_2a_2+\cdots+u_sa_s$；

(4) 如果 $b\mid a$ 且 $a\neq0$，那么 $|b|\leqslant|a|$。

6. 设 $\boldsymbol{A}$ 是数域 K 上的 n 级矩阵，
$$f(\boldsymbol{A})=\boldsymbol{A}^3-4\boldsymbol{A}^2+7\boldsymbol{A}-\boldsymbol{I}, g(\boldsymbol{A})=\boldsymbol{A}-2\boldsymbol{I},$$
求 $h(\boldsymbol{A}),r(\boldsymbol{A})$，使得 $f(\boldsymbol{A})=h(\boldsymbol{A})g(\boldsymbol{A})+r(\boldsymbol{A})$。

*7. 求下列 λ-矩阵的相抵标准形：

(1) $\begin{bmatrix}\lambda&-1&0\\4&\lambda-4&0\\2&-1&\lambda-2\end{bmatrix}$；   (2) $\begin{bmatrix}\lambda-4&5&-2\\-5&\lambda+7&-3\\-6&9&\lambda-4\end{bmatrix}$。

7.3 最大公因式

7.3.1 内容精华

利用带余除法和整除的性质，本节要推导出一元多项式环 $K[x]$ 中有关加法和乘法的又一些重要等式。

一、最大公因式

在 $K[x]$ 中，若 $c(x)\mid f(x)$ 且 $c(x)\mid g(x)$，则称 $c(x)$ 是 $f(x)$ 与 $g(x)$ 的一个**公因式**。

定义 1 $K[x]$ 中多项式 $f(x)$ 与 $g(x)$ 的一个公因式 $d(x)$ 如果满足下述条件：对于 $f(x)$ 与 $g(x)$ 的任一公因式 $c(x)$，都有 $c(x)\mid d(x)$，那么称 $d(x)$ 是 $f(x)$ 与 $g(x)$ 的一个**最大公因式**。

定义 1 中的条件刻画了 $d(x)$ 是 $f(x)$ 与 $g(x)$ 的公因式中的"最大者"。另一种自然的想法是在 $f(x)$ 与 $g(x)$ 的公因式组成的集合中，将次数最高的多项式定义为 $f(x)$ 与 $g(x)$ 的最大公因式。但是这样定义最大公因式不容易求两个多项式的最大公因式，也无法确定 0 与 0 的最大公因式（因为任一多项式都是 0 与 0 的公因式）。而采用定义 1 所述

的条件就比较容易求出两个多项式的最大公因式。例如,用定义 1 立即得到:$f(x)$ 是 $f(x)$ 与 0 的一个最大公因式(理由:由于 $f(x)|f(x)$,$f(x)|0$,因此 $f(x)$ 是 $f(x)$ 与 0 的一个公因式。又有 $f(x)$ 与 0 的任一公因式 $c(x)|f(x)$,因此 $f(x)$ 是 $f(x)$ 与 0 的一个最大公因式)。特别地,0 是 0 与 0 的最大公因式。从定义 1 还可看出,对于不全为 0 的两个多项式 $f(x)$ 与 $g(x)$,它们的最大公因式是次数最高的公因式。

由最大公因式的定义容易看出:如果 $f(x)$ 与 $g(x)$ 的最大公因式存在,那么 $f(x)$ 与 $g(x)$ 的任意两个最大公因式 $d_1(x)$ 与 $d_2(x)$ 是相伴的,即它们相差一个非零数因子(理由:由于 $d_1(x)$ 是 $f(x)$ 与 $g(x)$ 的一个最大公因式,因此 $d_2(x)|d_1(x)$;同理 $d_1(x)|d_2(x)$,从而 $d_1(x)$ 与 $d_2(x)$ 相伴)。如果 $f(x)$ 与 $g(x)$ 不全为 0,那么它们的最大公因式不是 0,于是我们用 $(f(x),g(x))$ 或者 $g.c.d(f(x),g(x))$ 表示首项系数为 1 的最大公因式,简称为 $f(x)$ 与 $g(x)$ 的**首一最大公因式**。

$K[x]$ 中任给两个非零多项式 $f(x)$ 与 $g(x)$,它们的最大公因式是否存在?如果存在,如何求?我们用带余除法来探索这个问题。

引理　设 $f(x),g(x)\in K[x]$,如果在 $K[x]$ 中有下述等式成立:
$$f(x)=h(x)g(x)+r(x), \tag{1}$$
那么　$c(x)|f(x)$ 且 $c(x)|g(x)\Leftrightarrow c(x)|g(x)$ 且 $c(x)|r(x)$;
从而,$d(x)$ 是 $f(x)$ 与 $g(x)$ 的最大公因式当且仅当 $d(x)$ 是 $g(x)$ 与 $r(x)$ 的最大公因式。

证明　由(1)式得,$f(x)-h(x)g(x)=r(x)$。根据 7.2 节的命题 2 得,若 $c(x)|f(x)$ 且 $c(x)|g(x)$,则 $c(x)|r(x)$;反之,若 $c(x)|g(x)$ 且 $c(x)|r(x)$,则从(1)式得,$c(x)|f(x)$。

设 $d(x)$ 是 $f(x)$ 与 $g(x)$ 的最大公因式,则 $d(x)|f(x)$ 且 $d(x)|g(x)$。根据刚刚证得的结论得,$d(x)|g(x)$ 且 $d(x)|r(x)$。任取 $g(x)$ 与 $r(x)$ 的一个公因式 $c(x)$,则仍根据刚才证得的结论得,$c(x)|f(x)$ 且 $c(x)|g(x)$。由于 $d(x)$ 是 $f(x)$ 与 $g(x)$ 的最大公因式,因此 $c(x)|d(x)$。根据定义 1 得,$d(x)$ 是 $g(x)$ 与 $r(x)$ 的一个最大公因式。

同理,若 $d(x)$ 是 $g(x)$ 与 $r(x)$ 的最大公因式,则 $d(x)$ 是 $f(x)$ 与 $g(x)$ 的最大公因式。 ■

引理的重要性在于:它与带余除法结合起来,把求被除式与除式的最大公因式转化为求除式与余式的最大公因式,从而指出了探索 $f(x)$ 与 $g(x)$ 的最大公因式是否存在及其求法的途径。

定理 1　对于 $K[x]$ 中任意两个多项式 $f(x)$ 与 $g(x)$,存在它们的一个最大公因式 $d(x)$,并且存在 $u(x),v(x)\in K[x]$,使得
$$d(x)=u(x)f(x)+v(x)g(x)。 \tag{2}$$

证明　如果 $g(x)=0$,那么 $f(x)$ 就是 $f(x)$ 与 $g(x)$ 的一个最大公因式,并且 $f(x)=1\cdot f(x)+1\cdot 0$。下面设 $g(x)\neq 0$。根据带余除法得
$$f(x)=h_1(x)g(x)+r_1(x),\qquad \deg r_1(x)<\deg g(x);$$
若 $r_1(x)\neq 0$,则
$$g(x)=h_2(x)r_1(x)+r_2(x),\qquad \deg r_2(x)<\deg r_1(x);$$
若 $r_2(x)\neq 0$,则

$$r_1(x) = h_3(x)r_2(x) + r_3(x), \qquad \deg r_3(x) < \deg r_2(x);$$

如此辗转相除下去,所得余式的次数不断降低。由于非零多项式的次数都是自然数,因此在有限次辗转相除后,必然出现余式为 0,即

$$r_{s-3}(x) = h_{s-1}(x)r_{s-2}(x) + r_{s-1}(x), \qquad \deg r_{s-1}(x) < \deg r_{s-2}(x),$$
$$r_{s-2}(x) = h_s(x)r_{s-1}(x) + r_s(x), \qquad \deg r_s(x) < \deg r_{s-1}(x),$$
$$r_{s-1}(x) = h_{s+1}(x)r_s(x) + 0。$$

由于 $r_s(x)$ 是 $r_s(x)$ 与 0 的一个最大公因式,因此根据引理,从上述等式的最后一个式子得出,$r_s(x)$ 是 $r_{s-1}(x)$ 与 $r_s(x)$ 的一个最大公因式;从倒数第二个等式得,$r_s(x)$ 是 $r_{s-2}(x)$ 与 $r_{s-1}(x)$ 的一个最大公因式;依次往上推,最后得出,$r_s(x)$ 是 $f(x)$ 与 $g(x)$ 的一个最大公因式。这证明了:在对 $f(x)$ 与 $g(x)$ 作辗转相除法时,最后一个不等于零的余式是 $f(x)$ 与 $g(x)$ 的一个最大公因式。

从上述等式中倒数第二个式子往上推,得

$$\begin{aligned}r_s(x) &= r_{s-2}(x) - h_s(x)r_{s-1}(x)\\ &= r_{s-2}(x) - h_s(x)[r_{s-3}(x) - h_{s-1}(x)r_{s-2}(x)]\\ &= \cdots\cdots\\ &= u_1(x)f(x) + v_1(x)g(x),\end{aligned}$$

其中 $u_1(x), v_1(x) \in K[x]$。

任给 $f(x)$ 与 $g(x)$ 的一个最大公因式 $d(x)$,则 $d(x)$ 与 $r_s(x)$ 相伴,从而存在 $c \in K^*$ 使得 $d(x) = cr_s(x) = cu_1(x)f(x) + cv_1(x)g(x) = u(x)f(x) + v(x)g(x)$, 其中 $u(x) = cu_1(x), v(x) = cv_1(x)$。∎

定理 1 的证明中给出了求 $f(x)$ 与 $g(x)$ 的最大公因式的方法,称之为**辗转相除法**。它是求任意两个多项式的最大公因式的统一的、机械的方法,非常有用。

公式(2)是 $K[x]$ 中关于加法和乘法的第二个重要等式,很有用。

在求 $f(x)$ 与 $g(x)$ 的最大公因式时,利用下述命题 1 可以使计算量减小一些。

命题 1 设 $f(x), g(x) \in K[x]$, $a, b \in K^*$,则 $d(x)$ 是 $f(x)$ 与 $g(x)$ 的一个最大公因式当且仅当 $d(x)$ 是 $af(x)$ 与 $bg(x)$ 的一个最大公因式。

证明 必要性。设 $d(x)$ 是 $f(x)$ 与 $g(x)$ 的最大公因式,则 $d(x) \mid f(x)$ 且 $d(x) \mid g(x)$,从而 $d(x) \mid af(x)$ 且 $d(x) \mid bg(x)$。任取 $af(x)$ 与 $bg(x)$ 的一个公因式 $c(x)$,则 $c(x) \mid af(x)$,从而存在 $h(x) \in K[x]$ 使得 $af(x) = h(x)c(x)$,于是 $f(x) = a^{-1}h(x)c(x)$,因此 $c(x) \mid f(x)$。同理,$c(x) \mid g(x)$。由于 $d(x)$ 是 $f(x)$ 与 $g(x)$ 的最大公因式,因此 $c(x) \mid d(x)$。根据定义 1 得,$d(x)$ 是 $af(x)$ 与 $bg(x)$ 的一个最大公因式。

充分性。 设 $d(x)$ 是 $af(x)$ 与 $bg(x)$ 的最大公因式,则根据刚证明的结论得,$d(x)$ 是 $a^{-1}(af(x))$ 与 $b^{-1}(bg(x))$ 的最大公因式,即 $d(x)$ 是 $f(x)$ 与 $g(x)$ 的最大公因式。∎

命题 2 $K[x]$ 中,设 $d(x)$ 是 $f(x)$ 与 $g(x)$ 的一个最大公因式,则对于任意 $a \in K^*$ 都有 $ad(x)$ 是 $f(x)$ 与 $g(x)$ 的最大公因式。

证明 设 $d(x)$ 是 $f(x)$ 与 $g(x)$ 的最大公因式,则 $d(x) \mid f(x)$ 且 $d(x) \mid g(x)$。于是存在 $h(x) \in K[x]$ 使得 $f(x) = h(x)d(x)$,从而 $f(x) = [a^{-1}h(x)][ad(x)]$,因此 $ad(x) \mid f(x)$。同理 $ad(x) \mid g(x)$。任取 $f(x)$ 与 $g(x)$ 的一个公因式 $c(x)$,则 $c(x) \mid d(x)$,从而

$c(x)\mid ad(x)$，因此 $ad(x)$ 是 $f(x)$ 与 $g(x)$ 的最大公因式。 ■

命题 3　设 $f(x),g(x)\in K[x]$，数域 $F\supseteq K$，则 $f(x)$ 与 $g(x)$ 在 $K[x]$ 中的首一最大公因式等于它们在 $F(x)$ 中的首一最大公因式，即 $f(x)$ 与 $g(x)$ 的首一最大公因式不随数域的扩大而改变。

证明　设 $f(x)$ 与 $g(x)$ 不全为零。在 $K[x]$ 中对 $f(x)$ 与 $g(x)$ 作辗转相除法，设最后一个不等于 0 的余式是 $r_s(x)$，其首项系数为 c，则 $\frac{1}{c}r_s(x)$ 是 $f(x)$ 与 $g(x)$ 在 $K[x]$ 中的首一最大公因式。由于 $K\subseteq F$，因此 $f(x)$ 与 $g(x)$ 在 $K[x]$ 中作辗转相除法可看成是它们在 $F[x]$ 中作辗转相除法，从而 $\frac{1}{c}r_s(x)$ 也是 $f(x)$ 与 $g(x)$ 在 $F[x]$ 中的首一最大公因式。 ■

两个多项式的最大公因式的一个临界状态是：它是非零数（即零次多项式）。这个情形很重要，下面我们来专门讨论它。

二、互素的多项式

定义 2　设 $f(x),g(x)\in K[x]$，如果 $(f(x),g(x))=1$，那么称 $f(x)$ 与 $g(x)$ **互素**。

由定义 2 立即得出，$K[x]$ 中 $f(x)$ 与 $g(x)$ 互素当且仅当它们的公因式都是零次多项式，也就是 K 中非零数（理由：它们的任一公因式 $c(x)\mid 1$，从而 $\deg c(x)=0$）。

由定义 2 和定理 1 以及上述结论可以推导出：

定理 2　$K[x]$ 中两个多项式 $f(x)$ 与 $g(x)$ 互素的充分必要条件是：存在 $u(x)$，$v(x)\in K[x]$，使得

$$u(x)f(x)+v(x)g(x)=1。\tag{3}$$

证明　必要性。从定理 1 立即得出。

充分性。设（3）式成立，若 $c(x)\mid f(x)$ 且 $c(x)\mid g(x)$，则 $c(x)\mid 1$，从而 $c(x)$ 是零次多项式，因此 $f(x)$ 与 $g(x)$ 互素。 ■

定理 2 是十分重要的结论，公式（3）是 $K[x]$ 中关于加法与乘法的第 3 个重要等式。

由命题 3 立即得到：

推论 1　设 $f(x),g(x)\in K[x]$，数域 $F\supseteq K$，则 $f(x)$ 与 $g(x)$ 在 $K[x]$ 中互素当且仅当 $f(x)$ 与 $g(x)$ 在 $F[x]$ 中互素，即互素性不随数域的扩大而改变。

证明　$f(x)$ 与 $g(x)$ 在 $K[x]$ 中互素

$\Longleftrightarrow$ 在 $K[x]$ 中，$(f(x),g(x))=1$

$\Longleftrightarrow$ 在 $F[x]$ 中，$(f(x),g(x))=1$

$\Longleftrightarrow$ $f(x)$ 与 $g(x)$ 在 $F(x)$ 中互素。 ■

$K[x]$ 中，两个多项式互素当且仅当它们的公因式都是零次多项式（即 K 中非零数），由此直观地可以猜测有关互素的多项式的一些性质：

性质 1　在 $K[x]$ 中，如果

$$f(x)\mid g(x)h(x)，\qquad 且(f(x),g(x))=1，$$

那么

$$f(x)\mid h(x)。$$

证明　由于 $(f(x),g(x))=1$，因此存在 $u(x),v(x)\in K[x]$，使得

$$u(x)f(x) + v(x)g(x) = 1,$$

若 $h(x) \neq 0$，则从上式得

$$u(x)f(x)h(x) + v(x)g(x)h(x) = h(x)。 \tag{4}$$

由于 $f(x) \mid g(x)h(x)$，因此从 (3) 式得，$f(x) \mid h(x)$。

若 $h(x) = 0$，则 $f(x) \mid h(x)$。∎

性质 2 在 $K[x]$ 中，如果 $f(x) \mid h(x)$，$g(x) \mid h(x)$，且 $(f(x),g(x)) = 1$，那么 $f(x)g(x) \mid h(x)$。

证明 由于 $f(x) \mid h(x)$，因此存在 $p(x) \in K[x]$，使得

$$h(x) = p(x)f(x), \tag{5}$$

由于 $g(x) \mid h(x)$，因此 $g(x) \mid p(x)f(x)$。由于 $(g(x),f(x)) = 1$，因此 $g(x) \mid p(x)$，从而存在 $q(x) \in K[x]$，使得 $p(x) = q(x)g(x)$。代入 (5) 式得，$h(x) = q(x)g(x)f(x)$，因此 $f(x)g(x) \mid h(x)$。∎

性质 3 在 $K[x]$ 中，如果

$$(f(x),h(x)) = 1, \qquad (g(x),h(x)) = 1,$$

那么 $$(f(x)g(x),h(x)) = 1。$$

性质 3 可以用定理 2 证明，请同学们自己写出证明。

性质 3 可以推广为：若 $(f_i(x),h(x)) = 1$，$i = 1,2,\cdots,s$，则 $(f_1(x)f_2(x)\cdots f_s(x),h(x)) = 1$。

三、多个多项式的最大公因式和互素的多项式

$K[x]$ 中，多个多项式的最大公因式的概念与两个多项式的最大公因式类似。$K[x]$ 中，$f_1(x),f_2(x),\cdots,f_s(x)$ 的一个公因式 $d(x)$ 如果满足下述条件：$f_1(x),f_2(x),\cdots,f_s(x)$ 的任一公因式 $c(x)$ 都能整除 $d(x)$，那么 $d(x)$ 称为 $f_1(x),f_2(x),\cdots,f_s(x)$ 的**一个最大公因式**。

从多个多项式的最大公因式的定义立即得到：在 $K[x]$ 中，s 个多项式 $f_1(x),f_2(x),\cdots,f_s(x)$ 的最大公因式如果存在，那么它在相伴的意义下是唯一的。对于 s 个不全为 0 的多项式 $f_1(x),\cdots,f_s(x)$，它们的最大公因式不是 0，从而我们用 $(f_1(x),\cdots,f_s(x))$ 表示首项系数为 1 的最大公因式，简称为**首一最大公因式**。

用数学归纳法可以证明：在 $K[x]$ 中，任意 $s(s \geqslant 2)$ 个多项式 $f_1(x),f_2(x),\cdots,f_s(x)$ 的最大公因式存在。证明如下：

$s = 2$ 时，已证 $f_1(x)$ 与 $f_2(x)$ 的最大公因式存在。

假设 $s-1$ 个多项式的最大公因式存在，来看 s 个多项式 $f_1(x),f_2(x),\cdots,f_s(x)$。根据归纳假设，可以设 $d_1(x)$ 是 $f_1(x),\cdots,f_{s-1}(x)$ 的一个最大公因式，设 $d(x)$ 是 $d_1(x)$ 与 $f_s(x)$ 的一个最大公因式，则从 $d(x) \mid d_1(x)$，$d_1(x) \mid f_i(x)$，$i = 1,2,\cdots,s-1$，可得 $d(x) \mid f_i(x)$，$i = 1,2,\cdots,s-1$，从而 $d(x)$ 是 $f_1(x),\cdots,f_{s-1}(x),f_s(x)$ 的一个公因式。任取 $f_1(x),\cdots,f_{s-1}(x),f_s(x)$ 的一个公因式 $c(x)$，则 $c(x) \mid d_1(x)$，$c(x) \mid f_s(x)$，从而 $c(x) \mid d(x)$，因此 $d(x)$ 是 $f_1(x),\cdots,f_{s-1}(x),f_s(x)$ 的一个最大公因式。

根据数学归纳法原理，任意 $s(s \geqslant 2)$ 个多项式的最大公因式存在。∎

从上述证明立即得出: 对于 s 个不全为 0 的多项式 $f_1(x),f_2(x),\cdots,f_s(x)$, 有

$$(f_1(x),f_2(x),\cdots,f_s(x)) = ((f_1(x),\cdots,f_{s-1}(x)),f_s(x)), \tag{6}$$

从而有 $K[x]$ 中多项式 $u_i(x),i=1,2,\cdots,s$, 使得

$$u_1(x)f_1(x)+u_2(x)f_2(x)+\cdots+u_s(x)f_s(x)$$
$$=(f_1(x),f_2(x),\cdots,f_s(x)). \tag{7}$$

定义 3　$K[x]$ 中, s 个多项式 $f_1(x),f_2(x),\cdots,f_s(x)$ 如果满足 $(f_1(x),f_2(x),\cdots,f_s(x))=1$, 那么称 $f_1(x),f_2(x),\cdots,f_s(x)$ **互素**。

定理 3　在 $K[x]$ 中, $f_1(x),f_2(x),\cdots,f_s(x)$ 互素的充分必要条件是: 存在 $u_1(x),u_2(x),\cdots,u_s(x)\in K[x]$, 使得

$$u_1(x)f_1(x)+u_2(x)f_2(x)+\cdots+u_s(x)f_s(x)=1。 \tag{8}$$

注意: $s(s\geqslant 3)$ 个多项式互素时, 它们不一定两两互素。例如, 设

$$f_1(x)=x+1, f_2(x)=x^2+3x+2, f_3(x)=x-1,$$

则　　　　$(f_1(x),f_2(x))=x+1,\quad (f_1(x),f_2(x),f_3(x))=(x+1,x-1)=1,$
因此 $f_1(x),f_2(x),f_3(x)$ 互素, 但是 $f_1(x)$ 与 $f_2(x)$ 不互素。

在整数环 $\mathbf{Z}$ 中, 类似地可讨论最大公因数和互素的整数的概念, 以及它们的性质。下面把它们列举出来, 请同学们自己写出证明。

定义 4　整数 a 与 b 的一个公因数 d 如果满足下述条件: a 与 b 的任一公因数 c 都能整除 d, 那么称 d 是 a 与 b 的一个**最大公因数**。

定理 4　任给两个整数 a 与 b, 都存在它们的一个最大公因数 d, 并且存在整数 u,v, 使得

$$ua+vb=d。 \tag{9}$$

从定义 4 得出, 若 d_1,d_2 都是整数 a 与 b 的最大公因数, 则 $d_1=\pm d_2$。若 a 与 b 不全为 0, 则 a 与 b 的最大公因数恰有两个, 它们互为相反数。用 (a,b) 表示正的那个最大公因数, 或者记作 $g.c.d(a,b)$。

定义 5　设 $a,b\in\mathbf{Z}$, 如果 $(a,b)=1$, 那么称 a 与 b **互素**。

定理 5　两个整数 a 与 b 互素当且仅当存在 $u,v\in\mathbf{Z}$, 使得

$$ua+vb=1。 \tag{10}$$

互素的整数的性质: 在 $\mathbf{Z}$ 中,

1° 若 $a|bc$, 且 $(a,b)=1$, 则 $a|c$;

2° 若 $a|c,b|c$, 且 $(a,b)=1$, 则 $ab|c$;

3° 若 $(a,c)=1,(b,c)=1$, 则 $(ab,c)=1$。

性质 3 可以推广成: 若 $(a_i,c)=1,i=1,2,\cdots,s$, 则 $(a_1a_2\cdots a_s,c)=1$。

在 $\mathbf{Z}$ 中, $a_1,a_2,\cdots,a_s$ 的一个公因数 d 如果满足下述条件: $a_1,a_2,\cdots,a_s$ 的任一公因数 c 能整除 d, 那么称 d 是 $a_1,a_2,\cdots,a_s$ 的一个**最大公因数**。

从多个整数的最大公因数的定义得出, 不全为 0 的整数 $a_1,a_2,\cdots,a_s$ 的最大公因数恰有两个, 它们互为相反数。我们约定用 $(a_1,a_2,\cdots,a_s)$ 表示正的那个最大公因数, 或者记作 $g.c.d(a_1,a_2,\cdots,a_s)$。

用数学归纳法可以证明, 任意 $s(s\geqslant 2)$ 个整数都有最大公因数, 由此得出, 对于不全为

0 的整数 $a_1, a_2, \cdots, a_s$,有

$$(a_1, a_2, \cdots, a_s) = ((a_1, a_2, \cdots, a_{s-1}), a_s),$$

从而存在 $u_1, u_2, \cdots, u_s \in \mathbf{Z}$,使得

$$u_1 a_1 + u_2 a_2 + \cdots + u_s a_s = (a_1, a_2, \cdots, a_s)。$$

对于 s 个整数 $a_1, a_2, \cdots, a_s$,如果 $(a_1, a_2, \cdots, a_s) = 1$,那么称 $a_1, a_2, \cdots, a_s$ **互素**。

$a_1, a_2, \cdots, a_s$ 互素当且仅当存在 $u_1, u_2, \cdots, u_s \in \mathbf{Z}$,使得

$$u_1 a_1 + u_2 a_2 + \cdots + u_s a_s = 1。$$

整数 m 称为整数 a 与 b 的**最小公倍数**,如果

1° $a | m, b | m$;

2° 从 $a | l, b | l$ 可推出 $m | l$。

可以证明,任意两个整数都有最小公倍数,若 a 与 b 全不为 0,则 a 与 b 的最小公倍数恰有两个,且它们互为相反数。用 $[a, b]$ 表示正的那个最小公倍数,若 $a > 0, b > 0$,则

$$[a, b] = \frac{ab}{(a, b)}。$$

＊四、最大公因式的应用之一:λ-矩阵的行列式因子

定义 6 设 $A(\lambda)$ 是一个 $s \times n$ 的 λ-矩阵,对于正整数 k($1 \leqslant k \leqslant \min\{s, n\}$),$A(\lambda)$ 的所有 k 阶子式的首一最大公因式 $D_k(\lambda)$ 称为 $A(\lambda)$ 的 k 阶**行列式因子**。

定理 6 相抵的 λ-矩阵,它们的秩相等,并且各阶行列式因子也对应相等。

证明 只要证 λ-矩阵的初等行(列)变换不改变 λ-矩阵的秩,以及各阶行列式因子。

设

$$A(\lambda) \xrightarrow{\ ①+①h(\lambda)\ } B(\lambda),$$

$B(\lambda)$ 中包含第 j 行但不包含第 i 行的 k 阶子式是 $A(\lambda)$ 的一个 k 阶子式与另一个 k 阶子式的 $h(\lambda)$ 倍或者 $-h(\lambda)$ 倍的和,$B(\lambda)$ 的其余 k 阶子式等于 $A(\lambda)$ 中对应的 k 阶子式,因此 $A(\lambda)$ 的所有 k 阶子式的公因式能整除 $B(\lambda)$ 的所有 k 阶子式。由于

$$B(\lambda) \xrightarrow{\ ①+①(-h(\lambda))\ } A(\lambda),$$

因此根据刚证得的结论得,$B(\lambda)$ 的所有 k 阶子式的公因式能整除 $A(\lambda)$ 的所有 k 阶子式。由此推出,$A(\lambda)$ 的 k 阶行列式因子等于 $B(\lambda)$ 的 k 阶行列式因子。

设

$$A(\lambda) \xrightarrow{\ (①,①)\ } C(\lambda),$$

则 $C(\lambda)$ 的任一 k 阶子式或者等于 $A(\lambda)$ 的某个 k 阶子式,或者等于 $A(\lambda)$ 的某个 k 阶子式反号,因此 $A(\lambda)$ 与 $C(\lambda)$ 的 k 阶行列式因子相等。

设

$$A(\lambda) \xrightarrow{\ ① \cdot c\ } G(\lambda),$$

则 $G(\lambda)$ 的任一 k 阶子式或者等于 $A(\lambda)$ 的某个 k 阶子式,或者等于 $A(\lambda)$ 的某个 k 阶子式的 c 倍,因此 $G(\lambda)$ 的 k 阶行列式因子等于 $A(\lambda)$ 的 k 阶行列式因子。

同理可证,λ-矩阵经过初等列变换,不改变各阶行列式因子。

根据 λ-矩阵的秩的定义,初等行(列)变换不改变 λ-矩阵的秩。■

根据 7.2 节的"内容精华"中的定理 3 得,任一非零的 n 级 λ-矩阵 $A(\lambda)$ 相抵于下述对角 λ-矩阵:

$$\mathrm{diag}\{d_1(\lambda),d_2(\lambda),\cdots,d_n(\lambda)\}, \tag{11}$$

其中 $d_i(\lambda)\,|\,d_{i+1}(\lambda)$,$i=1,2,\cdots,n-1$,并且非零的 $d_i(\lambda)$ 的首项系数为 1。现在来计算 λ-矩阵(11)的各阶行列式因子。设

$$d_i(\lambda)\neq 0,i=1,2,\cdots,r;\qquad d_{r+1}(\lambda)=\cdots=d_n(\lambda)=0。$$

则
$$D_1(\lambda)=(d_1(\lambda),d_2(\lambda),\cdots,d_r(\lambda),0,\cdots,0)=d_1(\lambda),$$
$$D_2(\lambda)=(d_1(\lambda)d_2(\lambda),d_1(\lambda)d_3(\lambda),\cdots,d_{r-1}(\lambda)d_r(\lambda),0,\cdots,0)$$
$$=d_1(\lambda)d_2(\lambda),$$
$$\cdots$$
$$D_r(\lambda)=d_1(\lambda)d_2(\lambda)\cdots d_r(\lambda)。 \tag{12}$$
$$D_{r+1}(\lambda)=\cdots=D_n(\lambda)=0。$$

根据定理 6,$D_1(\lambda),D_2(\lambda),\cdots,D_n(\lambda)$ 也是 $A(\lambda)$ 的各阶行列式因子。由上述式子得到

$$d_1(\lambda)=D_1(\lambda),\qquad d_2(\lambda)=\frac{D_2(\lambda)}{D_1(\lambda)},\qquad\cdots,\qquad d_r(\lambda)=\frac{D_r(\lambda)}{D_{r-1}(\lambda)}。 \tag{13}$$

这表明 $A(\lambda)$ 的相抵标准形中主对角线上的非零元可以用 $A(\lambda)$ 的行列式因子计算出,因此 $A(\lambda)$ 的相抵标准形中主对角线上的非零元是唯一确定的,其个数等于 $A(\lambda)$ 的秩。这样我们证明了下面的定理:

定理 7　n 级 λ-矩阵 $A(\lambda)$ 的相抵标准形是唯一的。■

定义 7　n 级 λ-矩阵 $A(\lambda)$ 的相抵标准形中主对角线上的非零元 $d_1(\lambda),d_2(\lambda),\cdots,$ $d_r(\lambda)$ 称为 $A(\lambda)$ 的**不变因子**。

定理 8　两个 n 级 λ-矩阵相抵的充分必要条件是它们有相同的不变因子,或者有相同的各阶行列式因子。

证明是很容易的,请同学们自己写出。

从(12)式立即得出,$D_i(\lambda)\,|\,D_{i+1}(\lambda)$,$i=1,2,\cdots,n-1$,因此在求 $A(\lambda)$ 的各阶行列式因子时,往往先求出最高阶的行列式因子,较为简便。

设 A 是数域 K 上的 n 级矩阵,$\lambda I-A$ 称为 A 的**特征矩阵**,由于 $|\lambda I-A|$ 是 λ 的 n 次多项式,因此 $\lambda I-A$ 的 n 阶行列式因子 $D_n(\lambda)=|\lambda I-A|\neq 0$。由于 $D_n(\lambda)=d_1(\lambda)d_2(\lambda)\cdots d_n(\lambda)$,因此 $\lambda I-A$ 的不变因子有 n 个,并且

$$d_1(\lambda)d_2(\lambda)\cdots d_n(\lambda)=D_n(\lambda)=|\lambda I-A|,$$

即 $\lambda I-A$ 的 n 个不变因子的乘积等于 A 的特征多项式。

设 $A(\lambda)$ 是 n 级可逆的 λ-矩阵,则 $|A(\lambda)|$ 是 K 中非零数,于是 $D_n(\lambda)=1$,从而

$$D_i(\lambda)=1,i=1,2,\cdots,n,$$

因此
$$d_i(\lambda)=1,i=1,2,\cdots,n。$$

这证明了:n 级可逆的 λ-矩阵的相抵标准形为单位矩阵 I,于是 n 级可逆的 λ-矩阵经过一系列初等行(列)变换能变成单位矩阵 I。

由单位矩阵 $\boldsymbol{I}$ 经过一次 λ-矩阵的初等行(列)变换得到的矩阵称为初等 λ-矩阵。容易看出,初等 λ-矩阵都是可逆的。对 λ-矩阵 $\boldsymbol{A}(\lambda)$ 作一次初等行(列)变换就相当于用一个相应的初等 λ-矩阵左(右)乘 $\boldsymbol{A}(\lambda)$,于是容易推出下列结论:

$1°$ n 级 λ-矩阵可逆当且仅当它可以表示成一系列初等 λ-矩阵的乘积。

$2°$ 两个 n 级 λ-矩阵 $\boldsymbol{A}(\lambda)$ 与 $\boldsymbol{B}(\lambda)$ 相抵当且仅当存在可逆的 λ-矩阵 $\boldsymbol{P}(\lambda)$ 和 $\boldsymbol{Q}(\lambda)$,使得 $\boldsymbol{B}(\lambda)=\boldsymbol{P}(\lambda)\boldsymbol{A}(\lambda)\boldsymbol{Q}(\lambda)$。

7.3.2 典型例题

例 1 求 $f(x)$ 与 $g(x)$ 的首一最大公因式,并且把它表示成 $f(x)$ 与 $g(x)$ 的倍式和:
$$f(x)=x^4+3x-2, \qquad g(x)=3x^3-x^2-7x+4。$$

解

$3x-4$	$g(x)$	$3f(x)$	$x+\dfrac{1}{3}$
	$3x^3-x^2-7x+4$	$3x^4 \quad\quad +9x-6$	
	$3x^3+3x^2-3x$	$3x^4-x^3-7x^2+4x$	
	$-4x^2-4x+4$	x^3+7x^2+5x-6	
	$-4x^2-4x+4$	$x^3-\dfrac{1}{3}x^2-\dfrac{7}{3}x+\dfrac{4}{3}$	
	0	$r_1(x)=\dfrac{22}{3}x^2+\dfrac{22}{3}x-\dfrac{22}{3}$	
		$\dfrac{3}{22}r_1(x)=x^2+x-1$	

因此
$$(f(x),g(x))=(3f(x),g(x))=x^2+x-1$$
由于
$$3f(x)=\left(x+\frac{1}{3}\right)g(x)+r_1(x)$$
$$g(x)=(3x-4)\left[\frac{3}{22}r_1(x)\right]+0$$
因此
$$(f(x),g(x))=\frac{3}{22}r_1(x)=\frac{3}{22}\left[3f(x)-\left(x+\frac{1}{3}\right)g(x)\right]$$
$$=\frac{9}{22}f(x)-\left(\frac{3}{22}x+\frac{1}{22}\right)g(x)$$

例 2 证明:在 $K[x]$ 中,如果 $f(x)$ 与 $g(x)$ 不全为 0,设 $f(x)=f_1(x)(f(x),g(x))$,$g(x)=g_1(x)(f(x),g(x))$,那么
$$(f_1(x),g_1(x))=1。$$

证明 根据定理 1,存在 $u(x)、v(x)\in K[x]$,使得
$$u(x)f(x)+v(x)g(x)=(f(x),g(x)),$$

即　　　　$u(x)f_1(x)(f(x),g(x))+v(x)g_1(x)(f(x),g(x))=(f(x),g(x))$。

由消去律,得

$$u(x)f_1(x)+v(x)g_1(x)=1,$$

因此　　　　　　　　　　$(f_1(x),g_1(x))=1$。

例 3　设 $f(x),g(x)\in K[x]$,且 $f(x)$ 与 $g(x)$ 不全为 0;设 $a,b,c,d\in K$,使得 $ad-bc\neq 0$。证明:

$$(af(x)+bg(x),cf(x)+dg(x))=(f(x),g(x))。$$

证明　根据 7.2 节的命题 2 得

$$(f(x),g(x))\mid af(x)+bg(x),\qquad (f(x),g(x))\mid cf(x)+dg(x)。$$

设　　$p(x)=af(x)+bg(x),\qquad q(x)=cf(x)+dg(x),$

由于 $ad-bc\neq 0$,因此可解得

$$f(x)=\frac{d}{ad-bc}p(x)-\frac{b}{ad-bc}q(x),$$

$$g(x)=-\frac{c}{ad-bc}p(x)+\frac{a}{ad-bc}q(x),$$

从而 $p(x)$ 与 $q(x)$ 的任一公因式 $c(x)$ 是 $f(x)$ 与 $g(x)$ 的公因式,于是

$$c(x)\mid(f(x),g(x))。$$

由此得出,$(af(x)+bg(x),cf(x)+dg(x))=(f(x),g(x))$。

例 4　证明:在 $K[x]$ 中,如果 $(f,g)=1$,那么

(1) $(f,f+g)=1,(g,f+g)=1$;

(2) $(fg,f+g)=1$。

证明　(1) 根据例 3 的结论得

$$(f,f+g)=(1f+0g,1f+1g)=(f,g)=1,$$

$$(g,f+g)=(0f+1g,1f+1g)=(f,g)=1。$$

(2) 由第(1)小题结论和性质 3 立即得到

$$(fg,f+g)=1。$$

例 5　证明:在 $K[x]$ 中,如果 $(f(x),g(x))=1$,那么对任意正整数 m,有

$$(f(x^m),g(x^m))=1。$$

证明　由于 $(f(x),g(x))=1$,因此存在 $u(x),v(x)\in K[x]$,使得

$$u(x)f(x)+v(x)g(x)=1。\tag{14}$$

由于 $K[x]$ 可看成是 K 的一个扩环,因此不定元 x 可用 x^m 代入,从(14)式得

$$u(x^m)f(x^m)+v(x^m)g(x^m)=1,\tag{15}$$

由于 $u(x^m),v(x^m)\in K[x]$,因此由(15)式得

$$(f(x^m),g(x^m))=1。$$

点评: 在例 5 中,运用一元多项式环 $K[x]$ 的通用性质很容易地证明了 $(f(x^m),g(x^m))=1$,并且把道理讲清楚了。如果没有讲一元多项式环的通用性质,那么例 5 的证明或者比较烦琐,或者无法把(14)式中用 x^m 代替 x 的道理讲清楚。

例 6　设 $A\in M_n(K),f(x),g(x)\in K[x]$。证明:如果 $d(x)$ 是 $f(x)$ 与 $g(x)$ 的一个

最大公因式,那么齐次线性方程组 $d(\boldsymbol{A})\boldsymbol{x}=\boldsymbol{0}$ 的解空间 W_3 等于 $f(\boldsymbol{A})\boldsymbol{x}=\boldsymbol{0}$ 的解空间 W_1 与 $g(\boldsymbol{A})\boldsymbol{x}=\boldsymbol{0}$ 的解空间 W_2 的交。

证明 由定理 1,存在 $u(x),v(x)\in K[x]$,使得

$$d(x) = u(x)f(x)+v(x)g(x),\tag{16}$$

不定元 x 用 $\boldsymbol{A}$ 代入,从(16)式得

$$d(\boldsymbol{A}) = u(\boldsymbol{A})f(\boldsymbol{A})+v(\boldsymbol{A})g(\boldsymbol{A})。\tag{17}$$

任取 $\boldsymbol{\eta}\in W_1\bigcap W_2$,则 $f(\boldsymbol{A})\boldsymbol{\eta}=\boldsymbol{0}$ 且 $g(\boldsymbol{A})\boldsymbol{\eta}=\boldsymbol{0}$,于是

$$d(\boldsymbol{A})\boldsymbol{\eta} = u(\boldsymbol{A})f(\boldsymbol{A})\boldsymbol{\eta}+v(\boldsymbol{A})g(\boldsymbol{A})\boldsymbol{\eta} = \boldsymbol{0},$$

因此 $\boldsymbol{\eta}\in W_3$,从而 $W_1\bigcap W_2\subseteq W_3$。

设 $$f(x)=f_1(x)d(x),g(x)=g_1(x)d(x),$$

则 x 用 $\boldsymbol{A}$ 代入,从上面两式得,

$$f(\boldsymbol{A}) = f_1(\boldsymbol{A})d(\boldsymbol{A}),g(\boldsymbol{A}) = g_1(\boldsymbol{A})d(\boldsymbol{A})。$$

任取 $\boldsymbol{\delta}\in W_3$,则 $d(\boldsymbol{A})\boldsymbol{\delta}=\boldsymbol{0}$,从而

$$f(\boldsymbol{A})\boldsymbol{\delta} = f_1(\boldsymbol{A})d(\boldsymbol{A})\boldsymbol{\delta} = \boldsymbol{0}, \quad g(\boldsymbol{A})\boldsymbol{\delta} = g_1(\boldsymbol{A})d(\boldsymbol{A})\boldsymbol{\delta} = \boldsymbol{0},$$

因此 $\boldsymbol{\delta}\in W_1\bigcap W_2$,从而 $W_3\subseteq W_1\bigcap W_2$。

综上所述得, $$W_3=W_1\bigcap W_2。 \qquad\blacksquare$$

例 7 设 $\boldsymbol{A}\in M_n(K)$,$f_1(x),f_2(x)\in K[x]$,记 $f(x)=f_1(x)f_2(x)$。证明:如果 $(f_1(x),f_2(x))=1$,那么 $f(\boldsymbol{A})\boldsymbol{x}=\boldsymbol{0}$ 的任一个解可以唯一地表示成 $f_1(\boldsymbol{A})\boldsymbol{x}=\boldsymbol{0}$ 的一个解与 $f_2(\boldsymbol{A})\boldsymbol{x}=\boldsymbol{0}$ 的一个解的和。

证明 可表性。由于 $(f_1(x),f_2(x))=1$,因此存在 $u(x),v(x)\in K[x]$,使得

$$u(x)f_1(x)+v(x)f_2(x)=1,\tag{18}$$

不定元 x 用 $\boldsymbol{A}$ 代入,从(18)式得

$$u(\boldsymbol{A})f_1(\boldsymbol{A})+v(\boldsymbol{A})f_2(\boldsymbol{A})=\boldsymbol{I}。\tag{19}$$

任取 $f(\boldsymbol{A})\boldsymbol{x}=\boldsymbol{0}$ 的一个解 $\boldsymbol{\eta}$,则 $f(\boldsymbol{A})\boldsymbol{\eta}=\boldsymbol{0}$,从(19)式得

$$\boldsymbol{\eta} = \boldsymbol{I}\boldsymbol{\eta} = u(\boldsymbol{A})f_1(\boldsymbol{A})\boldsymbol{\eta}+v(\boldsymbol{A})f_2(\boldsymbol{A})\boldsymbol{\eta}。$$

记 $\boldsymbol{\eta}_1=v(\boldsymbol{A})f_2(\boldsymbol{A})\boldsymbol{\eta},\boldsymbol{\eta}_2=u(\boldsymbol{A})f_1(\boldsymbol{A})\boldsymbol{\eta}$,则 $\boldsymbol{\eta}=\boldsymbol{\eta}_2+\boldsymbol{\eta}_1$。

由于 $f(x)=f_1(x)f_2(x)$,因此 $f(\boldsymbol{A})=f_1(\boldsymbol{A})f_2(\boldsymbol{A})$,从而

$$f_1(\boldsymbol{A})\boldsymbol{\eta}_1 = f_1(\boldsymbol{A})v(\boldsymbol{A})f_2(\boldsymbol{A})\boldsymbol{\eta} = v(\boldsymbol{A})f_1(\boldsymbol{A})f_2(\boldsymbol{A})\boldsymbol{\eta}$$
$$= v(\boldsymbol{A})f(\boldsymbol{A})\boldsymbol{\eta} = v(\boldsymbol{A})\boldsymbol{0} = \boldsymbol{0},$$
$$f_2(\boldsymbol{A})\boldsymbol{\eta}_2 = f_2(\boldsymbol{A})u(\boldsymbol{A})f_1(\boldsymbol{A})\boldsymbol{\eta}$$
$$= u(\boldsymbol{A})f(\boldsymbol{A})\boldsymbol{\eta} = \boldsymbol{0}。$$

因此 $\boldsymbol{\eta}_1,\boldsymbol{\eta}_2$ 分别是 $f_1(\boldsymbol{A})\boldsymbol{x}=\boldsymbol{0},f_2(\boldsymbol{A})\boldsymbol{x}=\boldsymbol{0}$ 的一个解。

唯一性。任取 $f(\boldsymbol{A})\boldsymbol{x}=\boldsymbol{0}$ 的一个解 $\boldsymbol{\eta}$,设

$$\boldsymbol{\eta} = \boldsymbol{\eta}_1+\boldsymbol{\eta}_2, \qquad \boldsymbol{\eta} = \boldsymbol{\delta}_1+\boldsymbol{\delta}_2,$$

其中 $\boldsymbol{\eta}_i,\boldsymbol{\delta}_i$ 是 $f_i(\boldsymbol{A})\boldsymbol{x}=\boldsymbol{0}$ 的解,$i=1,2$,则

$$\boldsymbol{\eta}_1-\boldsymbol{\delta}_1 = \boldsymbol{\delta}_2-\boldsymbol{\eta}_2。$$

用 W_i 表示 $f_i(\boldsymbol{A})\boldsymbol{x}=\boldsymbol{0}$ 的解空间,$i=1,2$,则 $\boldsymbol{\eta}_1-\boldsymbol{\delta}_1\in W_1\bigcap W_2$。

由于 $(f_1(x),f_2(x))=1$,因此用例 6 的结论得,$\boldsymbol{I}\boldsymbol{x}=\boldsymbol{0}$ 的解空间 $W_3=W_1\bigcap W_2$。显

然 $W_3=\{\mathbf{0}\}$，因此 $W_1\bigcap W_2=\{\mathbf{0}\}$，从而 $\boldsymbol{\eta}_1-\boldsymbol{\delta}_1=\mathbf{0}$，即 $\boldsymbol{\eta}_1=\boldsymbol{\delta}_1$，于是 $\boldsymbol{\eta}_2=\boldsymbol{\delta}_2$。　■

　　点评：从例 6 和例 7 的证明中看到，运用一元多项式环 $K[x]$ 的通用性质，把 x 用矩阵 $\boldsymbol{A}$ 代入，从 $K[x]$ 中关于最大公因式的等式和关于互素的多项式的等式，便得到关于矩阵 $\boldsymbol{A}$ 的多项式的等式，而这些等式在证明中起了关键作用。例如，在例 7 中，把 $f(\boldsymbol{A})\boldsymbol{x}=\mathbf{0}$ 的一个解 $\boldsymbol{\eta}$ 表示成 $f_1(\boldsymbol{A})\boldsymbol{x}=\mathbf{0}$ 的一个解 $\boldsymbol{\eta}_1$ 与 $f_2(\boldsymbol{A})\boldsymbol{x}=\mathbf{0}$ 的一个解 $\boldsymbol{\eta}_2$ 的和，这是等式(19)起了关键作用。

　　例 8　证明：在 $K[x]$ 中，如果 $(f(x),g(x))=1$，并且 $\deg g(x)>0$，那么在 $K[x]$ 中存在唯一的一对多项式 $u(x),v(x)$，使得
$$u(x)f(x)+v(x)g(x)=1,$$
且 $\deg u(x)<\deg g(x)$，$\deg v(x)<\deg f(x)$。

　　证明　由于 $(f(x),g(x))=1$，因此存在 $p(x),q(x)\in K[x]$，使得
$$p(x)f(x)+q(x)g(x)=1。 \tag{20}$$
用 $g(x)$ 去除 $p(x)$，有 $h(x),r(x)\in K[x]$，使得
$$p(x)=h(x)g(x)+r(x),\quad \deg r(x)<\deg g(x)。 \tag{21}$$
把(21)式代入(20)式，得
$$r(x)f(x)+[h(x)f(x)+q(x)]g(x)=1。 \tag{22}$$
令 $u(x)=r(x),v(x)=h(x)f(x)+q(x)$，则(22)式成为
$$u(x)f(x)+v(x)g(x)=1, \tag{23}$$
其中 $\deg u(x)=\deg r(x)<\deg g(x)$。由于 $\deg g(x)>0$，因此从(23)式看出 $u(x)\neq 0$。

　　假如　$\deg v(x)\geqslant\deg f(x)$，则
$$\begin{aligned}\deg[v(x)g(x)]&=\deg v(x)+\deg g(x)\geqslant\deg f(x)+\deg g(x)\\&>\deg f(x)+\deg u(x)=\deg[u(x)f(x)],\end{aligned}$$
从而
$$\begin{aligned}\deg[u(x)f(x)+v(x)g(x)]&=\deg[v(x)g(x)]\\&\geqslant\deg f(x)+\deg g(x)>0。\end{aligned}$$
这与(23)式矛盾，因此 $\deg v(x)<\deg f(x)$。存在性得证。

　　唯一性。假设 $K[x]$ 中，还有一对多项式 $u_1(x),v_1(x)$，使得
$$u_1(x)f(x)+v_1(x)g(x)=1,$$
且 $\deg u_1(x)<\deg g(x)$，$\deg v_1(x)<\deg f(x)$，则
$$[u_1(x)-u(x)]f(x)=[v(x)-v_1(x)]g(x)。 \tag{24}$$
由于 $(f(x),g(x))=1$，因此从(24)式得
$$g(x)\mid[u_1(x)-u(x)]。$$
假如 $u_1(x)-u(x)\neq 0$，则 $\deg g(x)\leqslant\deg[u_1(x)-u(x)]<\deg g(x)$，矛盾，因此 $u_1(x)-u(x)=0$，从而 $v(x)-v_1(x)=0$，即
$$u(x)=u_1(x),\qquad v(x)=v_1(x)。 \tag{}$$　■

　　例 9　设 $m,n\in\mathbf{N}^*$，证明：在 $K[x]$ 中，
$$(x^m-1,x^n-1)=x^{(m,n)}-1。 \tag{25}$$

　　证明　当 $m=n$ 时，$(m,n)=m$，显然有

$$(x^m-1,x^m-1)=x^m-1。$$

下面设 $m>n$，对幂指数 m 和 n 的最大值作第二数学归纳法。

当 $\max\{m,n\}=2$ 时，$m=2,n=1,(m,n)=1$，

显然有 $$(x^2-1,x-1)=x-1。$$

假设幂指数的最大值小于 m 时，命题为真，现在来看 $\max\{m,n\}=m$ 的情形。

$$(x^m-1,x^n-1)=(x^m-x^{m-n}+x^{m-n}-1,x^n-1)$$
$$=(x^{m-n}(x^n-1)+x^{m-n}-1,x^n-1)。$$

根据 7.2 节的命题 2 得，$(x^n-1,x^{m-n}-1)|x^{m-n}(x^n-1)+x^{m-n}-1$，又有 $(x^n-1,x^{m-n}-1)|x^n-1$。任取 $x^{m-n}(x^n-1)+x^{m-n}-1$ 与 x^n-1 的一个公因式 $c(x)$，仍根据 7.2 节的命题 2 得，$c(x)|x^{m-n}-1$，从而 $c(x)|(x^n-1,x^{m-n}-1)$，

因此 $$(x^{m-n}(x^n-1)+x^{m-n}-1,x^n-1)=(x^n-1,x^{m-n}-1)。$$

由于 $\max\{n,m-n\}<m$，且 $(n,m-n)=(m,n)$，因此根据归纳假设得

$$(x^n-1,x^{m-n}-1)=x^{(n,m-n)}-1=x^{(m,n)}-1，$$

从而 $$(x^m-1,x^n-1)=x^{(m,n)}-1。$$

根据数学归纳法原理，对一切正整数 m,n，命题为真。∎

例 10 设 $f(x),g(x)\in K[x]$，$K[x]$ 中一个多项式 $m(x)$ 称为 $f(x)$ 与 $g(x)$ 的一个最小公倍式，如果

$1°$ $f(x)|m(x),g(x)|m(x)$；

$2°$ $f(x)|u(x),g(x)|u(x)\implies m(x)|u(x)$。

(1) 证明：$K[x]$ 中任意两个多项式都有最小公倍式，并且 $f(x)$ 与 $g(x)$ 的最小公倍式在相伴的意义下是唯一的；

(2) 用 $[f(x),g(x)]$ 表示首项系数是 1 的最小公倍式，证明：如果 $f(x),g(x)$ 的首项系数都是 1，那么

$$[f(x),g(x)]=\frac{f(x)g(x)}{(f(x),g(x))}。$$

证明 (1) 0 的倍式只有 0，从而 $f(x)$ 与 0 的最小公倍式是 0。

设 $f(x),g(x)$ 是 $K[x]$ 中全不为 0 的多项式，则

$$f(x)=f_1(x)(f(x),g(x)),g(x)=g_1(x)(f(x),g(x))。$$

令 $$m(x)=f_1(x)g_1(x)(f(x),g(x))，$$

则 $$f(x)|m(x),g(x)|m(x)。$$

假设 $f(x)|u(x),g(x)|u(x)$，则存在 $p(x),q(x)\in K[x]$，使得

$$u(x)=p(x)f(x),u(x)=q(x)g(x)，$$

从而 $$p(x)f(x)=q(x)g(x)。$$

于是 $$p(x)f_1(x)(f(x),g(x))=q(x)g_1(x)(f(x),g(x))，$$

因此 $$p(x)f_1(x)=q(x)g_1(x)。$$

由于 $(f_1(x),g_1(x))=1$，因此 $f_1(x)|q(x)$，从而存在 $h(x)\in K[x]$，使得

$$q(x)=h(x)f_1(x)，$$

于是 $$u(x)=h(x)f_1(x)g(x)=h(x)m(x)，$$

因此　　　$m(x)\,|\,u(x)$，从而 $m(x)$ 是 $f(x)$ 与 $g(x)$ 的最小公倍式。

设　$m_1(x),m_2(x)$ 都是 $f(x)$ 与 $g(x)$ 的最小公倍式，则
$$m_1(x)\,|\,m_2(x)，\qquad m_2(x)\,|\,m_1(x)。$$

·因此　　　　　　　　　　　$m_1(x)\sim m_2(x)。$

（2）设 $f(x)$ 与 $g(x)$ 都是首项系数为 1 的多项式，则从第（1）小题的证明可以看出
$$[f(x),g(x)]=f_1(x)g_1(x)(f(x)g(x))$$
$$=\frac{f(x)g(x)}{(f(x),g(x))}。$$

习题 7.3

1. 求 $f(x)$ 与 $g(x)$ 的首一最大公因式，并且把它表示成 $f(x)$ 与 $g(x)$ 的倍式和：

（1）$f(x)=x^4+3x^3-x^2-4x-3$；　　　$g(x)=3x^3+10x^2+2x-3$；

（2）$f(x)=x^4+6x^3-6x^2+6x-7$；　　　$g(x)=x^3+x^2-7x+5$。

2. 证明：在 $K[x]$ 中，如果 $d(x)$ 是 $f(x)$ 与 $g(x)$ 的倍式和，并且 $d(x)$ 是 $f(x)$ 与 $g(x)$ 的一个公因式，那么 $d(x)$ 是 $f(x)$ 与 $g(x)$ 的一个最大公因式。

3. 证明：在 $K[x]$ 中，$(f(x),g(x))h(x)$ 是 $f(x)h(x)$ 与 $g(x)h(x)$ 的一个最大公因式，其中 $f(x)$ 与 $g(x)$ 不全为 0，且 $h(x)\neq0$；特别地，若 $h(x)$ 的首项系数为 1，则
$$(f(x)h(x),g(x)h(x))=(f(x),g(x))h(x)。$$

4. 证明：在 $K[x]$ 中，如果 $f(x),g(x)$ 不全为零，并且
$$u(x)f(x)+v(x)g(x)=(f(x),g(x))，$$
那么　　　　　　　　　　$(u(x),v(x))=1。$

5. 设 $f_i(x),g_j(x)\in K[x]，i=1,2,\cdots,s;j=1,2,\cdots,m。$
证明：如果 $(f_i(x),g_j(x))=1，i=1,2,\cdots,s;j=1,2,\cdots,m，$
那么　　　　　$(f_1(x)f_2(x)\cdots f_s(x),g_1(x)g_2(x)\cdots g_m(x))=1。$

6. 证明：在 $K[x]$ 中两个非零多项式 $f(x)$ 与 $g(x)$ 不互素的充分必要条件是：存在两个非零多项式 $u(x),v(x)$，使得
$$u(x)f(x)=v(x)g(x)，\deg u(x)<\deg g(x),\deg v(x)<\deg f(x)。$$

7. 证明：在 $K[x]$ 中，设 $f(x)$ 与 $g(x)$ 不全为零。如果 $f(x)\,|\,h(x),g(x)\,|\,h(x)$，那么
$$f(x)g(x)\,|\,h(x)(f(x),g(x))。$$

8. 设 $f(x),g(x)\in K[x]，\deg g(x)>\deg d(x)，d(x)$ 是 $f(x)$ 与 $g(x)$ 的一个最大公因式。

证明：在 $K[x]$ 中存在唯一的一对多项式 $u(x),v(x)$ 使得 $u(x)f(x)+v(x)g(x)=d(x)$，其中 $\deg u(x)<\deg g(x)-\deg d(x),\deg v(x)<\deg f(x)-\deg d(x)。$

*9. 求下述 λ-矩阵的行列式因子和不变因子：

$$（1）\boldsymbol{A}(\lambda)=\begin{vmatrix}\lambda-2&0&0\\0&\lambda-2&-1\\0&0&\lambda-2\end{vmatrix}；\qquad（2）\boldsymbol{B}(\lambda)=\begin{vmatrix}\lambda-1&0&0\\0&\lambda-5&-1\\0&0&\lambda-5\end{vmatrix}。$$

7.4 不可约多项式,唯一因式分解定理

7.4.1 内容精华

本节要利用最大公因式和互素的多项式的知识揭示数域 K 上一元多项式环 $K[x]$ 的结构。

从直觉判断,如果一个多项式的因式最少,那么它便是最简单的多项式,从而它在研究 $K[x]$ 的结构中将起基本建筑块的作用。由于 K 中任一非零数是 $K[x]$ 中任一多项式的因式,又 $f(x)$ 的相伴元是 $f(x)$ 的因式,因此因式最少的多项式应当是因式只有 K 中非零数和相伴元这样的多项式,即下面要研究的不可约多项式。

一、不可约多项式

定义 1 设 $f(x)$ 是 $K[x]$ 中一个次数大于 0 的多项式,如果 $f(x)$ 在 $K[x]$ 中的因式只有零次多项式(即 K 中的非零数)和 $f(x)$ 的相伴元,那么称 $f(x)$ 是数域 K 上的一个**不可约多项式**;否则称 $f(x)$ 在 K 上是**可约的**。

不可约多项式在研究数域 K 上一元多项式环 $K[x]$ 的结构中起着基本建筑块的作用。

定理 1 设 $p(x)$ 是 $K[x]$ 中一个次数大于 0 的多项式,则下列命题等价:

(1) $p(x)$ 是不可约多项式;

(2) $\forall f(x) \in K[x]$,有 $p(x) \mid f(x)$ 或 $(p(x), f(x)) = 1$;

(3) 在 $K[x]$ 中,从 $p(x) \mid f(x)g(x)$ 可推出
$$p(x) \mid f(x) \text{ 或 } p(x) \mid g(x);$$

(4) 在 $K[x]$ 中,$p(x)$ 不能分解成两个次数较低的多项式的乘积。

上述是分别从因式的角度,从与任一多项式的关系的角度,从整除关系的角度,以及从因式分解的角度对不可约多项式的刻画。

证明 (1)$\Longrightarrow$(2):设 $p(x)$ 不可约。任取 $f(x) \in K[x]$,由不可约多项式的定义得
$$(p(x), f(x)) \sim p(x) \quad \text{或} \quad (p(x), f(x)) = 1.$$
从而 $p(x) \mid (p(x), f(x))$ 或 $p(x)$ 与 $f(x)$ 互素。对于前者,由整除关系的传递性得出,$p(x) \mid f(x)$。

(2)$\Longrightarrow$(3):若 $p(x) \nmid f(x)$,则根据已知条件得,$p(x)$ 与 $f(x)$ 互素,于是根据互素的多项式的性质 1,从 $p(x) \mid f(x)g(x)$ 可得出 $p(x) \mid g(x)$。

(3)$\Longrightarrow$(4):假如 $p(x) = p_1(x)p_2(x)$,其中 $\deg p_i(x) < \deg p(x)$,$i = 1, 2$,则 $p(x) \mid p_1(x)p_2(x)$。由已知条件得,$p(x) \mid p_1(x)$ 或 $p(x) \mid p_2(x)$,显然 $p_i(x) \neq 0$,于是 $\deg p(x) \leqslant \deg p_1(x)$ 或 $\deg p(x) \leqslant \deg p_2(x)$,这与所设矛盾,因此 $p(x)$ 不能分解成两

个次数较低的多项式的乘积。

(4)$\Longrightarrow$(1)：任取 $p(x)$ 的一个次数大于 0 的因式 $g(x)$，则存在 $h(x)\in K[x]$，使得 $p(x)=h(x)g(x)$，于是

$$\deg p(x) = \deg h(x) + \deg g(x)。$$

由已知条件得，$\deg g(x)=\deg p(x)$，从而 $\deg h(x)=0$，即 $h(x)=c\in K^*$，于是 $p(x)=c\,g(x)$，因此 $g(x)\sim p(x)$，这证明了 $p(x)$ 不可约。 ∎

从上述的命题(3)与不可约多项式的定义等价，运用数学归纳法可证得：在 $K[x]$ 中，如果 $p(x)$ 不可约，且

$$p(x) \mid f_1(x)f_2(x)\cdots f_s(x)，$$

那么 $p(x)\mid f_j(x)$，对于某个 $j\in\{1,2,\cdots,s\}$。

从上述的命题(4)与不可约多项式的定义等价，立即得出，$K[x]$ 中一次多项式都是不可约的。还可以得出：

$K[x]$ 中次数大于 0 的多项式 $f(x)$ 可约当且仅当 $f(x)$ 可以分解成两个次数较低的多项式的乘积。

二、唯一因式分解定理

从不可约多项式的等价条件(4)猜测有下述定理 2，它揭示了数域 K 上一元多项式环 $K[x]$ 的结构。

定理 2（唯一因式分解定理） $K[x]$ 中任一次数大于 0 的多项式 $f(x)$ 能够唯一地分解成数域 K 上有限多个不可约多项式的乘积。所谓唯一性是指，如果 $f(x)$ 有两个这样的分解式：

$$f(x) = p_1(x)p_2(x)\cdots p_s(x) = q_1(x)q_2(x)\cdots q_t(x)， \tag{1}$$

那么一定有 $s=t$，且适当排列因式的次序后有

$$p_i(x) \sim q_i(x)，\quad i = 1,2,\cdots,s。$$

证明   先证可分解性。对多项式的次数 n 作第二数学归纳法。

当 $n=1$ 时，由于一次多项式不可约，因此命题为真。

假设对于次数小于 n 的多项式命题为真，现在来看 n 次多项式 $f(x)$。若 $f(x)$ 不可约，则命题显然为真。若 $f(x)$ 可约，则存在 $f_i(x)\in K[x]$，$i=1,2$，使得

$$f(x) = f_1(x)f_2(x)，\qquad \deg f_i(x) < \deg f(x)，\qquad i=1,2。$$

根据归纳假设，$f_1(x)$ 和 $f_2(x)$ 都可以分解成数域 K 上有限多个不可约多项式的乘积，从而 $f(x)$ 可以分解成 K 上有限多个不可约多项式的乘积。根据归纳法原理，对一切正整数 n，可分解性命题为真。

现在证唯一性。假设 $f(x)$ 有两个这样的分解式：

$$f(x) = p_1(x)p_2(x)\cdots p_s(x) = q_1(x)q_2(x)\cdots q_t(x)， \tag{2}$$

其中 $p_i(x),q_j(x)$ 都是数域 K 上的不可约多项式，$i=1,2,\cdots,s;j=1,2,\cdots,t$。我们对第一个分解式中不可约因式的个数 s 作数学归纳法。

当 $s=1$ 时，$f(x)=p_1(x)$，则 $f(x)$ 不可约。由于不可约多项式的因式只有其相伴元和零次多项式，因此从 $q_1(x)\mid f(x)$ 得，$q_1(x)\sim f(x)$，从而 $f(x)=cq_1(x)$，$c\in K^*$，因此

$t=1$,且 $p_1(x)\sim q_1(x)$。

假设第一个分解式中不可约因式的个数为 $s-1$ 时唯一性成立。现在来看不可约因式的个数为 s 的情形。

由(2)式得,$p_1(x)\mid q_1(x)q_2(x)\cdots q_t(x)$。由于 $p_1(x)$ 不可约,因此 $p_1(x)$ 必能整除某个 $q_j(x)$。不妨设 $p_1(x)\mid q_1(x)$。由于 $q_1(x)$ 不可约,因此 $p_1(x)\sim q_1(x)$,从而 $q_1(x)=ap_1(x)$,其中 $a\in K^*$,于是从(2)式两边消去 $p_1(x)$,得

$$p_2(x)\cdots p_s(x) = a\, q_2(x)\cdots q_t(x)。 \tag{3}$$

根据归纳假设,有 $s-1=t-1$,即 $s=t$;且适当排列因式的次序之后,有

$$p_i(x) \sim q_i(x), \qquad i=2,\cdots,s,$$

从而有 $p_i(x)\sim q_i(x)$,$i=1,2,\cdots,s$,

根据数学归纳法原理,唯一性得证。 ∎

从唯一性的证明中可以看出,$f(x)$ 的任一不可约因式一定与 $f(x)$ 的分解式中某一个不可约因式相伴,因此 $f(x)$ 的分解式给出了其全部不可约因式(在相伴意义下)。

研究 $K[x]$ 的结构的途径如图 7-1 所示。

图 7-1

$K[x]$ 中次数大于 0 的多项式 $f(x)$ 的**标准分解式**为:

$$f(x) = ap_1^{l_1}(x) p_2^{l_2}(x)\cdots p_s^{l_s}(x), \tag{4}$$

其中 a 是 $f(x)$ 的首项系数;$p_1(x),p_2(x),\cdots,p_s(x)$ 是 K 上两两不等的首一不可约多项式;$l_i>0,i=1,2,\cdots,s$。$f(x)$ 的标准分解式是 $K[x]$ 中有关乘法的第四个重要等式,用处很多。

如果知道 $K[x]$ 中两个次数大于 0 的多项式 $f(x),g(x)$ 的标准分解式:

$$f(x) = ap_1^{l_1}(x) p_2^{l_2}(x)\cdots p_s^{l_s}(x),$$

$$g(x) = bp_1^{r_1}(x) p_2^{r_2}(x)\cdots p_m^{r_m}(x)q_1^{t_1}(x)\cdots q_n^{t_n}(x),(m\leqslant s),$$

那么

$$(f(x),g(x)) = p_1^{\min\{l_1,r_1\}}(x)\cdots p_m^{\min\{l_m,r_m\}}(x); \tag{5}$$

$$[f(x),g(x)] = p_1^{\max\{l_1,r_1\}}(x)\cdots p_m^{\max\{l_m,r_m\}}(x) p_{m+1}^{l_{m+1}}(x)\cdots p_s^{l_s}(x)q_1^{t_1}(x)\cdots q_n^{t_n}(x)。 \tag{6}$$

(5)式成立的理由:显然(5)式右端的多项式的乘积 $d(x)$ 是 $f(x)$ 与 $g(x)$ 的一个公因式。任取 $f(x)$ 与 $g(x)$ 的一个次数大于 0 的公因式 $c(x)$,在 $c(x)$ 的标准分解式中任取一个不可约因式 $u(x)$。由于 $u(x)\,|\,f(x)$ 且 $u(x)\,|\,g(x)$,因此 $u(x)$ 等于某个 $p_j(x)$,其中 $1\leqslant j\leqslant m$;并且 $u(x)$ 在 $c(x)$ 的标准分解式中的幂指数不超过 $\min\{l_j,r_j\}$,于是得出, $c(x)\,|\,d(x)$。这证明了 $d(x)$ 是 $f(x)$ 与 $g(x)$ 的最大公因式。

利用 7.3 节的例 10 的结论和(5)式可以得出(6)式。

在整数环 $\mathbf{Z}$ 中也有唯一因子分解定理,下面列举出有关概念和结论。

定义 2　一个大于 1 的整数 m,如果其正因数只有 1 和它自身,那么称 m 是一个**素数**;否则称 m 是**合数**。

素数在整数环 $\mathbf{Z}$ 的结构中起着基本建筑块的作用。

定理 3　设 p 是大于 1 的整数,则下列命题等价:

(1) p 是素数;

(2) 对任意整数 a,都有 $p\,|\,a$ 或 $(p,a)=1$;

(3) 在 $\mathbf{Z}$ 中,从 $p\,|\,ab$ 可推出 $p\,|\,a$ 或 $p\,|\,b$;

(4) p 不能分解成两个较小的正整数的乘积。

素数的等价条件(3)可推广为:若素数 p 能整除一些整数 $a_1,a_2,\cdots,a_s$ 的乘积,则 p 能整除其中的一个。

定理 4(算术基本定理)　任一大于 1 的整数 a 都能唯一地分解成有限多个素数的乘积。所谓唯一性是指,如果 a 有两个这样的分解式:
$$a = p_1 p_2 \cdots p_s = q_1 q_2 \cdots q_t,$$
那么 $s=t$,且适当排列因数的次序后,有
$$p_i = q_i, \qquad i = 1,2,\cdots,s。$$

算术基本定理揭示了整数环 $\mathbf{Z}$ 的结构。

任一大于 1 的整数 a 的标准分解式为:
$$a = p_1^{r_1} p_2^{r_2} \cdots p_m^{r_m},$$
其中 $p_1,p_2,\cdots,p_m$ 是两两不等的素数;r_i 是正整数,$i=1,2,\cdots,m$。

在 $\mathbf{Z}$ 中,设
$$a = p_1^{r_1} p_2^{r_2} \cdots p_t^{r_t} p_{t+1}^{r_{t+1}} \cdots p_m^{r_m},$$
$$b = p_1^{k_1} p_2^{k_2} \cdots p_t^{k_t} q_{t+1}^{k_{t+1}} \cdots q_s^{k_s},$$
则
$$(a,b) = p_1^{\min\{r_1,k_1\}} p_2^{\min\{r_2,k_2\}} \cdots p_t^{\min\{r_t,k_t\}},$$
$$[a,b] = p_1^{\max\{r_1,k_1\}} p_2^{\max\{r_2,k_2\}} \cdots p_t^{\max\{r_t,k_t\}} p_{t+1}^{r_{t+1}} \cdots p_m^{r_m} q_{t+1}^{k_{t+1}} \cdots q_s^{k_s}。$$

7.4.2　典型例题

例 1　设 $f(x)\in K[x]$,且 $\deg f(x)>0$。证明下列命题等价:

(1) $f(x)$ 与 $K[x]$ 中某一个不可约多项式的方幂相伴;

(2) $\forall g(x)\in K[x]$,有$(f(x),g(x))=1$,或者$f(x)\,|\,g^m(x)$对于某一个正整数m;

(3) $\forall g(x),h(x)\in K[x]$,从 $f(x)\,|\,g(x)h(x)$ 可以推出 $f(x)\,|\,g(x)$ 或者 $f(x)\,|\,h^m(x)$对于某一个正整数m。

证明 (1)$\Longrightarrow$(2):设 $f(x)\sim p^l(x)$,其中 $p(x)$ 不可约,$l\in \mathbf{N}^*$,则 $f(x)=ap^l(x)$对某个 $a\in K^*$。任取 $g(x)\in K[x]$,根据定理1,有$(p(x),g(x))=1$ 或 $p(x)\,|\,g(x)$,于是$(p^l(x),g(x))=1$ 或 $p^l(x)\,|\,g^l(x)$,从而$(f(x),g(x))=1$ 或 $f(x)\,|\,g^l(x)$。

(2)$\Longrightarrow$(3):设 $f(x)\,|\,g(x)h(x)$,如果 $\forall m\in \mathbf{N}^*$ 都有 $f(x)\nmid h^m(x)$,那么根据命题(2)得,$(f(x),h(x))=1$,从而 $f(x)\,|\,g(x)$。

(3)$\Longrightarrow$(1):假如 $f(x)$ 不与某一个不可约多项式的方幂相伴,则 $f(x)$ 的标准分解式为
$$f(x) = ap_1^{l_1}(x) p_2^{l_2}(x)\cdots p_s^{l_s}(x),$$
其中 $s\geq 2$。取 $g(x)=ap_1^{l_1}(x)$,$h(x)=p_2^{l_2}(x)\cdots p_s^{l_s}(x)$,则 $f(x)=g(x)h(x)$,从而 $f(x)\,|\,g(x)h(x)$。根据命题(3)得,$f(x)\,|\,g(x)$ 或者 $f(x)\,|\,h^m(x)$对于某一个正整数m,从而
$$\deg f(x) \leqslant \deg g(x) \text{ 或 } p_1(x)\,|\,p_2^{l_2 m}(x)\cdots p_s^{l_s m}(x).$$
前者是不可能的。后者推出 $p_1(x)\,|\,p_j(x)$ 对某个 $j\in\{2,\cdots,s\}$。由于 $p_j(x)$ 不可约,因此 $p_1(x)\sim p_j(x)$。由于它们的首项系数都为 1,因此 $p_1(x)=p_j(x)$,矛盾,所以 $f(x)$ 与某一个不可约多项式的方幂相伴。∎

例2 在 $K[x]$ 中,设$(f,g_2)=1$,证明:
$$(fg_1,g_2) = (g_1,g_2).$$

证法一 若 $g_1(x),g_2(x),f(x)$ 的次数大于 0,设 $g_1(x),g_2(x)$ 的标准分解式为
$$g_1(x) = b_1 q_1^{r_1}(x)\cdots q_m^{r_m}(x) q_{m+1}^{r_{m+1}}(x)\cdots q_t^{r_t}(x),$$
$$g_2(x) = b_2 q_1^{k_1}(x)\cdots q_m^{k_m}(x) u_1^{e_1}(x)\cdots u_n^{e_n}(x).$$
由于$(f,g_2)=1$,因此 $f(x)$ 的标准分解式为
$$f(x) = ap_1^{l_1}(x) p_2^{l_2}(x)\cdots p_s^{l_s}(x),$$
其中 $p_i(x)(i=1,2,\cdots,s)$ 在 $g_2(x)$ 的标准分解式中不出现。
于是
$$(fg_1,g_2) = q_1^{\min\{r_1,k_1\}}(x)\cdots q_m^{\min\{r_m,k_m\}} = (g_1,g_2).$$
若 $g_1(x),g_2(x),f(x)$ 有零次多项式,则直接计算得$(fg_1,g_2)=(g_1,g_2)$。

证法二 显然,(g_1,g_2) 是 fg_1 与 g_2 的一个公因式。

若 $c(x)\,|\,f(x)g_1(x)$ 且 $c(x)\,|\,g_2(x)$,由于$(f,g_2)=1$,因此存在 $u(x),v(x)\in K[x]$,使得 $u(x)f(x)+v(x)g_2(x)=1$,从而若 $g_1(x)\neq 0$,则
$$u(x)f(x)g_1(x) + v(x)g_1(x)g_2(x) = g_1(x),$$
因此 $c(x)\,|\,g_1(x)$,从而 $c(x)\,|\,(g_1,g_2)$,因此,$(fg_1,g_2)=(g_1,g_2)$。

若 $g_1(x)=0$,则$(fg_1,g_2)=(0,g_2)=(g_1,g_2)$。

例3 设 $f(x),g(x)\in K[x]$,其中 $g(x)=kx+b,k\neq 0$。证明:对任意给定的正整数 m,有
$$g(x)\,|\,f^m(x) \iff g(x)\,|\,f(x).$$

证明　充分性是显然的。下面证必要性。由于一次多项式 $g(x)=kx+b,(k\neq0)$ 是不可约的,因此从 $g(x)\,|\,f^m(x)$ 可推出 $g(x)\,|\,f(x)$。∎

点评：从证明过程可以看出,只要 $g(x)$ 是 K 上不可约多项式,就有

$$g(x)\,|\,f^m(x) \Longleftrightarrow g(x)\,|\,f(x)。$$

习题 7.4

1. 证明下列多项式在实数域上和有理数域上都不可约：

(1) x^2+1；　　　　　　(2) x^2+x+1。

2. 分别在复数域、实数域和有理数域上分解下列多项式为不可约因式的乘积：

(1) x^4+x^2+1；　　　　(2) x^4+4。

3. 证明：在 $K[x]$ 中,$g^2(x)\,|\,f^2(x)$ 当且仅当 $g(x)\,|\,f(x)$。

4. 证明：在 $K[x]$ 中,对于不全为 0 的多项式 $f(x)$ 与 $g(x)$,以及任意正整数 m 有

$$(f^m(x),g^m(x))=(f(x),g(x))^m。$$

5. 设 m 为正整数,

(1) 在 $\mathbf{R}[x]$ 中,x^4+m 是否可约？如果可约,试写出它的标准分解式；

(2) 在 $\mathbf{Q}[x]$ 中,求出 x^4+m 可约的充分必要条件；当 x^4+m 在 $\mathbf{Q}$ 上可约时,写出它的标准分解式。

7.5　重　因　式

7.5.1　内容精华

唯一因式分解定理揭示了数域 K 上一元多项式环的结构：每一个次数大于 0 的多项式 $f(x)$ 都可以唯一地分解成有限多个不可约多项式的乘积。在 $f(x)$ 的标准分解式中,如果一个不可约因式 $p_j(x)$ 的幂指数为 l_j,那么自然可以把 $p_j(x)$ 叫作 $f(x)$ 的 l_j 重因式。此时 $p_j^{l_j}(x)\,|\,f(x)$,但是 $p_j^{l_j+1}(x)\nmid f(x)$,由此引出下述定义：

定义 1　$K[x]$ 中,不可约多项式 $p(x)$ 称为 $f(x)$ 的 **k 重因式**,如果 $p^k(x)\,|\,f(x)$,而 $p^{k+1}(x)\nmid f(x)$。

在上述定义中,如果 $k=0$,那么 $p(x)$ 不是 $f(x)$ 的因式；如果 $k=1$,那么称 $p(x)$ 是 $f(x)$ 的**单因式**；如果 $k>1$,那么称 $p(x)$ 是 $f(x)$ 的**重因式**。

显然,如果 $f(x)$ 的标准分解式为

$$f(x)=ap_1^{l_1}(x)p_2^{l_2}(x)\cdots p_s^{l_s}(x),\tag{1}$$

那么 $p_i(x)$ 是 $f(x)$ 的 l_i 重因式,$i=1,2,\cdots,s$。在(1)式中如果 $l_1=l_2=\cdots=l_s=1$,那么称 $f(x)$ 没有重因式。

如何判别一个多项式有没有重因式呢？由于没有一般的方法求一个多项式的标准分解式,因此我们必须寻找别的方法来判断一个多项式有没有重因式。下面先看一个简单的例子。

设 $f(x)=(x+1)^3\in\mathbf{R}[x]$，显然 $f(x)$ 有重因式 $x+1$。如果把 $f(x)$ 看成多项式函数，那么对 $f(x)$ 可以求导数，得 $f'(x)=3(x+1)^2$，于是

$$(f(x),f'(x))=(x+1)^2。$$

由此受到启发，有可能运用导数概念以及求最大公因式的方法来讨论一个多项式有没有重因式的问题。我们模仿实变量多项式函数的求导公式，对于任意数域 K 上的一元多项式给出导数的定义：

定义 2 对于 $K[x]$ 中的多项式

$$f(x)=a_nx^n+a_{n-1}x^{n-1}+\cdots+a_1x+a_0，$$

我们把多项式

$$na_nx^{n-1}+(n-1)a_{n-1}x^{n-2}+\cdots+a_1$$

称为 $f(x)$ 的**导数**（或**一阶导数**），记作 $f'(x)$。

$f'(x)$ 的导数叫作 $f(x)$ 的二阶导数，记作 $f''(x)$；$f''(x)$ 的导数叫作 $f(x)$ 的三阶导数，记作 $f'''(x)$，等等。$f(x)$ 的 k 阶导数记作 $f^{(k)}(x)$。

从定义 2 立即得出，一个 n 次多项式的导数是一个 $n-1$ 次多项式；它的 n 阶导数是 K 中一个非零数；它的 $n+1$ 阶导数是零多项式。零多项式的导数是零多项式。

根据定义 2，通过直接验证，得

$$[f(x)+g(x)]'=f'(x)+g'(x)，$$
$$[cf(x)]'=cf'(x)，\qquad c\in K，$$
$$[f(x)g(x)]'=f'(x)g(x)+f(x)g'(x)，$$
$$[f^m(x)]'=mf^{m-1}(x)f'(x)，\qquad m\in\mathbf{N}^*。$$

从前面的例子（$f(x)=(x+1)^3$，$f'(x)=3(x+1)^2$）受到启发，猜测且可证明有下述结论：

定理 1 设 K 是数域，在 $K[x]$ 中，如果不可约多项式 $p(x)$ 是 $f(x)$ 的一个 $k(k\geqslant1)$ 重因式，那么 $p(x)$ 是 $f'(x)$ 的一个 $k-1$ 重因式。特别地，$f(x)$ 的单因式不是 $f'(x)$ 的因式。

证明 由于 $p(x)$ 是 $f(x)$ 的 k 重因式，因此存在 $g(x)\in K[x]$，使得

$$f(x)=p^k(x)g(x)，\qquad p(x)\nmid g(x)，$$

于是

$$\begin{aligned}f'(x)&=kp^{k-1}(x)p'(x)g(x)+p^k(x)g'(x)\\&=p^{k-1}(x)[kp'(x)g(x)+p(x)g'(x)]。\end{aligned}$$

由于 $k\neq0$，$p(x)\nmid p'(x)$ 因此 $p(x)\nmid kp'(x)$（理由：K 是数域且 $p(x)$ 的次数大于 0，因此 $kp'(x)\neq0$；又有 $\deg p'(x)<\deg p(x)$，因此用反证法可证得：$p(x)\nmid kp'(x)$）；又有 $p(x)\nmid g(x)$，且 $p(x)$ 不可约，因此

$$p(x)\nmid kp'(x)g(x)，$$

从而 $p(x)\nmid[kp'(x)g(x)+p(x)g'(x)]$。因此 $p(x)$ 是 $f'(x)$ 的 $k-1$ 重因式。∎

推论 1 设 K 是数域，在 $K[x]$ 中，不可约多项式 $p(x)$ 是 $f(x)$ 的一个重因式，当且仅当 $p(x)$ 是 $f(x)$ 与 $f'(x)$ 的一个公因式。

证明 必要性。设不可约多项式 $p(x)$ 是 $f(x)$ 的一个 k 重因式（$k\geqslant2$），则根据定理 1 得，$p(x)$ 是 $f'(x)$ 的 $k-1$ 重因式（$k-1\geqslant1$），因此 $p(x)$ 是 $f(x)$ 与 $f'(x)$ 的一个公因式。

充分性。设不可约多项式 $p(x)$ 是 $f(x)$ 与 $f'(x)$ 的一个公因式,则根据定理 1 得,$p(x)$ 不是 $f(x)$ 的单因式,从而 $p(x)$ 是 $f(x)$ 的重因式。 ∎

从推论 1 立即得到:

推论 2 设 K 是数域,在 $K[x]$ 中,次数大于 0 的多项式 $f(x)$ 有重因式当且仅当 $f(x)$ 与 $f'(x)$ 有次数大于 0 的公因式。 ∎

从推论 2 立即得到:

推论 3 设 K 是数域,在 $K[x]$ 中,次数大于 0 的多项式 $f(x)$ 没有重因式当且仅当 $f(x)$ 与 $f'(x)$ 互素。 ∎

推论 3 表明,判断数域 K 上一个次数大于 0 的多项式 $f(x)$ 有没有重因式,只需计算 $(f(x), f'(x))$。而求最大公因式有统一的方法:辗转相除法,因此,我们可以用统一的方法——辗转相除法来判断一个多项式有没有重因式。

由于在数域扩大时,两个多项式的互素性不改变,一个多项式的导数也不改变,因此从推论 3 立即得到:

推论 4 设数域 F 包含数域 K,对于 $K[x]$ 中次数大于 0 的多项式 $f(x)$,$f(x)$ 在 $K[x]$ 中没有重因式当且仅当 $f(x)$ 在 $F[x]$ 中没有重因式,即 $f(x)$ 有无重因式不会随数域的扩大而改变。 ∎

一个多项式如果没有重因式,那么它的结构比较简单,便于研究其性质。如果数域 K 上次数大于 0 的多项式 $f(x)$ 有重因式,我们可以想办法求出一个多项式 $g(x)$,它与 $f(x)$ 含有完全相同的不可约因式(不计重数),但是 $g(x)$ 没有重因式。如何求这个多项式 $g(x)$ 呢? 设

$$f(x) = a p_1^{l_1}(x) p_2^{l_2}(x) \cdots p_s^{l_s}(x),$$

其中 $p_1(x), p_2(x), \cdots, p_s(x)$ 是两两不等的首一不可约多项式。根据定理 1 得

$$f'(x) = p_1^{l_1-1}(x) p_2^{l_2-1}(x) \cdots p_s^{l_s-1}(x) h(x),$$

其中 $h(x)$ 不能被任何 $p_i(x)$ 整除,$i=1,2,\cdots,s$,于是

$$(f(x), f'(x)) = p_1^{l_1-1}(x) p_2^{l_2-1}(x) \cdots p_s^{l_s-1}(x),$$

因此用 $(f(x), f'(x))$ 去除 $f(x)$ 所得商式是

$$a p_1(x) p_2(x) \cdots p_s(x),$$

这就是我们要求的 $g(x)$,它没有重因式,且与 $f(x)$ 含有完全相同的不可约因式(不计重数)。这表明去掉 $f(x)$ 的不可约因式的重数的方法是:先用辗转相除法求出 $f(x)$ 与 $f'(x)$ 的首一最大公因式 $(f(x), f'(x))$,然后对 $f(x)$ 与 $(f(x), f'(x))$ 做带余除法,所得商式 $g(x)$ 即为所求的没有重因式的多项式。

7.5.2 典型例题

例 1 判断下述有理系数多项式有无重因式。如果有重因式,试求出一个多项式与它有完全相同的不可约因式(不计重数),且这个多项式没有重因式。

$$f(x) = x^3 + x^2 - 16x + 20.$$

解 $f'(x) = 3x^2 + 2x - 16.$

用辗转相除法求出 $(f(x), f'(x)) = x - 2$，因此 $f(x)$ 有重因式。

用 $(f(x), f'(x))$ 去除 $f(x)$，所得商式为 $x^2 + 3x - 10$，它没有重因式，且与 $f(x)$ 有完全相同的不可约因式（不计重数）。

例 2 求例 1 中的多项式 $f(x)$ 在 $\mathbf{Q}[x]$ 中的标准分解式。

解 例 1 中已求出用 $x - 2$ 去除 $f(x)$ 所得商式为 $x^2 + 3x - 10$，余式为 0，因此

$$f(x) = (x^2 + 3x - 10)(x - 2)$$
$$= (x + 5)(x - 2)^2 。$$

例 3 设 K 是数域，在 $K(x)$ 中，$f(x) = x^3 + ax + b$，求 $f(x)$ 有重因式的充分必要条件。

解 $f'(x) = 3x^2 + a$。

设 $a \neq 0$，用辗转相除法求 $f(x)$ 与 $f'(x)$ 的最大公因式：

	$f'(x)$		$3f(x)$		$h_1(x)$
$h_2(x) = 3x - \dfrac{9b}{2a}$	$3x^2 \qquad + a$		$3x^3 \qquad + 3ax + 3b$		x
	$3x^2 + \dfrac{9b}{2a}x$		$3x^3 \qquad + ax$		
			$r_1(x) = 2ax + 3b$		
	$-\dfrac{9b}{2a}x + a$		$\dfrac{1}{2a}r_1(x) = x + \dfrac{3b}{2a}$		
	$-\dfrac{9b}{2a}x - \dfrac{27b^2}{4a^2}$				
	$r_2(x) = \dfrac{4a^3 + 27b^2}{4a^2}$				

$f(x)$ 有重因式 $\Longleftrightarrow (f(x), f'(x)) \neq 1 \Longleftrightarrow 4a^3 + 27b^2 = 0$。

当 $a = 0$ 时，上述结论仍然成立。

例 4 $K[x]$ 中，$f(x)$ 的次数大于 0，令

$$g(x) := f(x + b), b \in K 。$$

证明：$f(x)$ 在 K 上不可约当且仅当 $g(x)$ 在 K 上不可约。

证明 充分性。易知 $\deg g(x) = \deg f(x)$。假如 $f(x)$ 在 K 上可约，则在 $K[x]$ 中，有

$$f(x) = f_1(x)f_2(x), \quad \deg f_i(x) < \deg f(x), i = 1, 2 。$$

x 用 $x + b$ 代入，从上式得

$$f(x + b) = f_1(x + b)f_2(x + b) 。$$

令 $g_i(x) := f_i(x + b)$，显然 $\deg g_i(x) = \deg f_i(x), i = 1, 2$. 于是在 $K[x]$ 中，有

$$g(x) = g_1(x)g_2(x), \deg g_i(x) < \deg g(x), i = 1, 2 ,$$

这与 $g(x)$ 在 K 上不可约矛盾，因此 $f(x)$ 在 K 上不可约。

必要性。x 用 $x - b$ 代入，则从 $g(x) = f(x + b)$ 得 $g(x - b) = f(x)$，从充分性证得的结论知，如果 $f(x)$ 在 K 上不可约，那么 $g(x)$ 在 K 上不可约。 ■

例 5 $K[x]$ 中，$f(x)$ 的次数大于 0，令

$$g(x) := f(x+b),$$

证明：$f(x)$ 有重因式当且仅当 $g(x)$ 有重因式。

证明　设 $f(x)$ 在 $K[x]$ 中的标准分解式为

$$f(x) = a p_1^{l_1}(x) p_2^{l_2}(x) \cdots p_s^{l_s}(x), \tag{2}$$

x 用 $x+b$ 代入，从上式得

$$f(x+b) = a p_1^{l_1}(x+b) p_2^{l_2}(x+b) \cdots p_s^{l_s}(x+b)。$$

令 $q_i(x) = p_i(x+b), i=1,2,\cdots,s$，由于 $p_i(x)$ 在 K 上不可约，因此根据例 4 得，$q_i(x)$ 在 K 上也不可约，$i=1,2,\cdots,s$，于是 $g(x)$ 在 $K[x]$ 中的标准分解式为

$$g(x) = a q_1^{l_1}(x) q_2^{l_2}(x) \cdots q_s^{l_s}(x)。 \tag{3}$$

$$f(x) \text{有重因式} \iff \text{(2) 式中有某个 } l_j > 1$$
$$\iff \text{(3) 式中有某个 } l_j > 1$$
$$\iff g(x) \text{有重因式}。$$

例 6　设 K 是数域，在 $K[x]$ 中，

$$f(x) = x^3 + a_2 x^2 + a_1 x + a_0,$$

求 $f(x)$ 有重因式的充分必要条件。

解　令 $g(x) := f\left(x - \dfrac{a_2}{3}\right)$

$$= \left(x - \frac{a_2}{3}\right)^3 + a_2 \left(x - \frac{a_2}{3}\right)^2 + a_1 \left(x - \frac{a_2}{3}\right) + a_0$$

$$= x^3 + \left(a_1 - \frac{1}{3} a_2^2\right) x + \frac{2}{27} a_2^3 - \frac{a_1 a_2}{3} + a_0。$$

运用例 5 和例 3 的结论得，$f(x)$ 有重因式当且仅当

$$0 = 4\left(a_1 - \frac{1}{3} a_2^2\right)^3 + 27\left(\frac{2}{27} a_2^3 - \frac{a_1 a_2}{3} + a_0\right)^2$$

$$= 4 a_2^3 a_0 - a_2^2 a_1^2 - 18 a_2 a_1 a_0 + 4 a_1^3 + 27 a_0^2。$$

点评：研究数域 K 上的 3 次多项式没有重因式的充分必要条件是有实际应用的。例如，在密码学中，可以利用平面上的下述曲线：

$$y^2 = x^3 + ax + b，\text{其中 } 4a^3 + 27b^2 \neq 0，$$

来建立公钥密码体系。根据例 3 的结论知道，这里关于 a, b 的条件正是 3 次多项式 $f(x) = x^3 + ax + b$ 没有重因式的充分必要条件。

例 7　证明：$\mathbf{Q}[x]$ 中的多项式

$$f(x) = 1 + x + \frac{x^2}{2!} + \cdots + \frac{x^n}{n!}$$

没有重因式。

证明　$f'(x) = 1 + x + \cdots + \dfrac{x^{n-1}}{(n-1)!}$，

于是 $f(x) = f'(x) + \dfrac{x^n}{n!}$。根据 7.3 节例 3 的结果得

$$(f(x), f'(x)) = \left(f'(x) + \frac{1}{n!} x^n, f'(x)\right) = \left(\frac{x^n}{n!}, f'(x)\right)。$$

由于 $\frac{x^n}{n!}$ 的不可约因式只有 x(不计重数),而 $x\nmid f'(x)$,所以

$$\left(\frac{x^n}{n!}, f'(x)\right) = 1,$$

从而 $(f(x), f'(x))=1$,因此 $f(x)$ 没有重因式。 ■

例 8 设 K 是数域,证明:$K[x]$ 中一个 $n(n\geqslant1)$ 次多项式 $f(x)$ 能被它的导数整除的充分必要条件是它与一个一次因式的 n 次幂相伴。

证明 充分性。设 $f(x)=a(cx+b)^n$,则
$$f'(x) = na(cx+b)^{n-1}c,$$
从而 $\qquad\qquad\qquad f'(x)\mid f(x)$。

必要性。设 $f'(x)\mid f(x)$,则 $(f(x), f'(x))=cf'(x)$,其中 c^{-1} 是 $f'(x)$ 的首项系数。由于用 $(f(x), f'(x))$ 去除 $f(x)$ 所得的商式 $g(x)$ 与 $f(x)$ 有完全相同的不可约因式(不计重数),且 $g(x)$ 没有重因式,因此

$$f(x) = cg(x)f'(x)。$$

由于 $\deg f(x)=n$,$\deg f'(x)=n-1$,因此 $g(x)=a(x+b)$,
从而 $\qquad\qquad\qquad f(x)=a(x+b)^n$。 ■

习题 7.5

1. 判别下列有理系数多项式有无重因式。如果有重因式,试求出一个多项式与它有完全相同的不可约因式(不计重数),且这个多项式没有重因式。

(1) $f(x)=x^3-3x^2+4$; (2) $f(x)=x^3+2x^2-11x-12$。

2. 对于第 1 题中有重因式的多项式 $f(x)$,求出它在 $\mathbf{Q}[x]$ 中的标准分解式。

3. 在 $\mathbf{Q}[x]$ 中,$f(x)=x^5-3x^4+2x^3+2x^2-3x+1$。

(1) 求一个没有重因式的多项式 $g(x)$,使它与 $f(x)$ 含有完全相同的不可约因式(不计重数);

(2) 求 $f(x)$ 的标准分解式。

4. 举例说明:在数域 K 上的一元多项式环 $K[x]$ 中,一个不可约多项式 $p(x)$ 是 $f(x)$ 的导数 $f'(x)$ 的 $k-1$ 重因式($k\geqslant2$),但是 $p(x)$ 不是 $f(x)$ 的 k 重因式。

5. 设 K 是数域,证明:在 $K[x]$ 中,若不可约多项式 $p(x)$ 是 $f(x)$ 的导数 $f'(x)$ 的 $k-1$ 重因式($k\geqslant1$),并且 $p(x)$ 是 $f(x)$ 的因式,则 $p(x)$ 是 $f(x)$ 的 k 重因式。

6. 设 K 是数域,证明:在 $K[x]$ 中,不可约多项式 $p(x)$ 是 $f(x)$ 的 k 重因式($k\geqslant1$)的充分必要条件为:$p(x)$ 是 $f(x),f'(x),\cdots,f^{(k-1)}(x)$ 的因式,但不是 $f^{(k)}(x)$ 的因式。

7. 设 K 是数域。在 $K[x]$ 中,$f(x)$ 如下所述,求 $f(x)$ 有重因式的充分必要条件。

(1) $f(x)=x^4+ax^2+b$; (2) $f(x)=x^4+cx+d$; (3) $f(x)=x^4+cx^3+d$。

7.6 一元多项式的根,复数域上的不可约多项式

7.6.1 内容精华

唯一因式分解定理揭示了数域 K 上一元多项式环 $K[x]$ 的结构:每一个次数大于 0 的多项式都可以唯一地分解成有限多个不可约多项式的乘积。下一步的任务就是要决定 $K[x]$ 中的所有不可约多项式。由于一次因式都是不可约的,因此我们要进一步在次数大于 1 的多项式中寻找不可约多项式。次数大于 1 的多项式如果有一次因式,那么它是可约的;如果没有一次因式,那么它可能是不可约的,也可能是可约的。于是次数大于 1 的多项式不可约的必要条件是它没有一次因式,但这不是充分条件。为此要研究 $K[x]$ 中的多项式 $f(x)$ 有一次因式的充分必要条件。首先研究用一次多项式 $x-a$ 去除 $f(x)$ 得到的余式是什么样子。

定理 1 (余数定理)   在 $K[x]$ 中,用 $x-a$ 去除 $f(x)$ 所得的余式是 $f(a)$。

证明   作带余除法,得
$$f(x)=h(x)(x-a)+r(x), \qquad \deg r(x)<\deg(x-a)。$$
若 $r(x)\neq 0$,则 $\deg r(x)=0$,记 $r(x)=r$,其中 $r\in K^*$;若 $r(x)=0$,则可以把 $r(x)$ 与 K 中的数 0 等同。总而言之,有
$$f(x)=h(x)(x-a)+r, \qquad r\in K。 \tag{1}$$
x 用 a 代入,从(1)式得,$f(a)=r$,因此用 $x-a$ 去除 $f(x)$ 所得的余式是 $f(a)$。 ■

由定理 1 立即得到:

推论 1   在 $K[x]$ 中,$x-a\,|\,f(x)\Longleftrightarrow f(a)=0$。 ■

从推论 1 看出,需要引进多项式的根的概念:

定义 1   设 K 是数域,R 是一个有单位元的交换环,且 R 可看成是 K 的一个扩环。对于 $f(x)\in K[x]$,如果有 $c\in R$,使得 $f(c)=0$,那么称 c 是 $f(x)$ 在 R 中的一个根。

$f(x)$ 在复数域和实数域中的根分别称为**复根**和**实根**。若 $f(x)\in \mathbf{Q}[x]$,则 $f(x)$ 在 $\mathbf{Q}$ 中的根(如果存在)称为**有理根**。

从定义 1 和推论 1 立即得出:

定理 2 (Bezout 定理)   在 $K[x]$ 中,$x-a$ 是 $f(x)$ 的一次因式当且仅当 a 是 $f(x)$ 在 K 中的一个根。 ■

于是,$K[x]$ 中的多项式 $f(x)$ 有一次因式的充分必要条件是它在 K 中有根。如果 $x-a$ 是 $f(x)$ 的 k 重因式($k\geq 0$),那么称 a 是 $f(x)$ 的 **k 重根**。当 $k\geq 2$ 时,a 称为重根;当 $k=1$ 时,a 称为单根;当 $k=0$ 时,a 不是根。

对于 $K[x]$ 中的 n 次($n>0$)多项式 $f(x)$,设
$$f(x)=a(x-c_1)^{r_1}(x-c_2)^{r_2}\cdots(x-c_m)^{r_m}p_{m+1}^{r_{m+1}}(x)\cdots p_s^{r_s}(x),$$

其中,$c_1,c_2,\cdots,c_m$ 是 K 中两两不等的数;$p_{m+1}(x),\cdots,p_s(x)$ 是次数大于 1 的首一不可约多项式,它们两两不等;$r_i \geqslant 0,i=1,2,\cdots,s$。由于 $r_1+r_2+\cdots+r_m \leqslant n$,因此有:

定理 3 $K[x]$ 中 $n(n>0)$ 次多项式 $f(x)$ 在 K 中至多有 n 个根(重根按重数计算)。■

显然,当 $n=0$ 时,定理 3 也成立。

从定理 3 得出:如果一个次数不超过 n 的多项式在 K 中有 $n+1$ 个根,那么它必为零多项式。由此立即得出:

定理 4 在 $K[x]$ 中,设 $f(x)$ 与 $g(x)$ 的次数都不超过 n,如果 K 中有 $n+1$ 个不同的数 $c_1,c_2,\cdots,c_{n+1}$,使得

$$f(c_i)=g(c_i), \qquad i=1,2,\cdots,n+1,$$

那么 $f(x)=g(x)$。

证明 设 $h(x)=f(x)-g(x)$,则 $\deg h \leqslant \max\{\deg f,\deg g\} \leqslant n$。由于

$$h(c_i)=f(c_i)-g(c_i)=0, \qquad i=1,2,\cdots,n+1,$$

因此 $h(x)$ 在 K 中至少有 $n+1$ 个不同的根,而 $\deg h(x) \leqslant n$,于是 $h(x)=0$,从而 $f(x)=g(x)$。■

定理 4 使我们可以把数域 K 上的一元多项式 $f(x)$ 与一元多项式函数 f 等同看待。理由如下:

任意给定 $f(x) \in K[x]$,可以得到 K 到自身的一个映射 $f: a \longmapsto f(a),\forall a \in K$。这个映射 f 称为由多项式 $f(x)$ 诱导的**多项式函数**,也称为 **K 上的一元多项式函数**。

把数域 K 上的所有一元多项式函数组成的集合记作 K_{pol},在此集合中规定

$$(f+g)(a):=f(a)+g(a), \qquad \forall a \in K, \tag{2}$$

$$(fg)(a):=f(a)g(a) \qquad \forall a \in K, \tag{3}$$

从(2)、(3)式可以看出,$f+g$,fg 分别是由多项式

$$h(x)=f(x)+g(x), \qquad p(x)=f(x)g(x)$$

诱导的多项式函数,因此(2)、(3)式定义了集合 K_{pol} 上的加法运算和乘法运算。易看出,零函数是 K_{pol} 中的零元,常值函数 1 是 K_{pol} 中的单位元;易验证 K_{pol} 是一个有单位元的交换环,称它为 K 上的**一元多项式函数环**。

定理 5 数域 K 上的两个多项式 $f(x)$ 与 $g(x)$ 如果不相等,那么它们诱导的多项式函数 f 与 g 也不相等。

证明 设 $f(x) \neq g(x)$。假如 $f=g$,则 $\forall a \in K$,有 $f(a)=g(a)$。由于 K 是数域,它有无穷多个元素,于是根据定理 4 得,$f(x)=g(x)$,矛盾,因此 $f \neq g$。■

注意:定理 5 证明中的关键是 K 中有无穷多个元素。

设 K 是数域,把多项式 $f(x)$ 对应到它诱导的多项式函数 f,这是 $K[x]$ 到 K_{pol} 的一个映射,显然它是满射。从定理 5 得出,这个映射是单射,从而它是双射。由于多项式 $f(x)+g(x)$ 对应的多项式函数是 $f+g$,多项式 $f(x)g(x)$ 对应的多项式函数是 fg,因此这个映射保持加法运算和乘法运算。

定义 2 设 R 和 R' 是两个环,如果存在从 R 到 R' 的一个双射 σ,它保持加法和乘法运算,即对 $\forall a,b \in R$,有

$$\sigma(a+b) = \sigma(a) + \sigma(b),$$
$$\sigma(ab) = \sigma(a)\sigma(b),$$

那么称 σ 是环 R 到 R' 的一个**同构映射**，此时称环 R 与 R' 是**同构**的，记作 $R \cong R'$。

从上面的讨论立即得到：设 K 是数域，则

$$K[x] \cong K_{\mathrm{pol}},$$

从而可以把数域 K 上的一元多项式 $f(x)$（这是一个表达式）与数域 K 上的一元多项式函数 f（这是一个映射）等同起来，于是有下述结论：

a 是 $K[x]$ 中的多项式 $f(x)$ 在 K 中的根当且仅当多项式函数 f 在 a 处的函数值 $f(a)=0$。这使得我们可以运用函数论的知识来研究数域 K 上的不可约多项式。

现在来研究复数域上的不可约多项式有哪些。设

$$f(x) = a_n x^n + \cdots + a_1 x + a_0 \in \mathbf{C}[x]$$

且 $\deg f(x) = n > 0$。假如 $f(x)$ 没有复根，则 $\forall z \in \mathbf{C}$，有 $f(z) \neq 0$，于是函数

$$\Phi(z) = \frac{1}{f(z)}$$

的定义域为 $\mathbf{C}$。类似于实变量函数，复变量的多项式函数有导数，且复变量函数的导数与四则运算的关系，以及复合函数的求导法则，都像实变量函数那样，因此，$\Phi(z)$ 在复平面 $\mathbf{C}$ 的每一个点处都有导数，此时称 $\Phi(z)$ 在复平面 $\mathbf{C}$ 上**解析**。

我们需要用到有关复数的一些知识。

设 $z = a + bi$，在复平面上的点 $Z(a,b)$ 表示复数 $z = a + bi$，如图 7-2 所示。设点 Z 到原点 O 的距离为 r，从 x 轴的正半轴到射线 OZ 的转角为 θ，则根据三角函数的定义得，$a = r\cos\theta, b = r\sin\theta$，于是复数 $z = a + bi$ 又可以表示成 $z = r(\cos\theta + i\sin\theta)$，其中 r 称为 z 的**模**，记作 $|z|$，容易算出 $|z| = \sqrt{a^2 + b^2}$；θ 称为 z 的一个**辐角**。利用两角和的正弦、余弦公式可以证得，两个复数乘积的模等于它们的模的乘积。运用数学归纳法可证得下述棣莫弗定理：

$$z^n = r^n(\cos n\theta + i\sin n\theta), n \in \mathbf{N}^*,$$

于是 $|z^n| = |z|^n$，从而对任意给定的正整数 n 有

$$\lim_{|z| \to +\infty} \left|\frac{1}{z^n}\right| = \lim_{|z| \to +\infty} \left|\frac{1}{z}\right|^n = \lim_{|z| \to +\infty} \frac{1}{|z|^n} = 0,$$

因此对于任意给定的正整数 n 有 $\lim\limits_{|z| \to +\infty} \dfrac{1}{z^n} = 0$，于是

$$\lim_{|z| \to +\infty} \Phi(z) = \lim_{|z| \to +\infty} \frac{1}{f(z)} = \lim_{|z| \to +\infty} \frac{1}{a_n z^n + a_{n-1} z^{n-1} + \cdots + a_1 z + a_0}$$

$$= \lim_{|z| \to +\infty} \frac{\dfrac{1}{z^n}}{a_n + a_{n-1}\dfrac{1}{z} + \cdots + a_1 \dfrac{1}{z^{n-1}} + a_0 \dfrac{1}{z^n}} = \frac{0}{a_n} = 0,$$

从而对于 $\varepsilon = 1$，存在 $r > 0$，使得对于满足 $|z| > r$ 的一切 z 有 $|\Phi(z)| < 1$。

图 7-2

显然 $\Phi(z)$ 在圆盘 $|z| \leqslant r$ 上连续。圆盘 $|z| \leqslant r$ 是有界闭集,根据"有界闭集上的连续函数必有界(指它的模)",因此 $\Phi(z)$ 在 $|z| \leqslant r$ 上有界,即存在 $M_2 > 0$,使得当 $|z| \leqslant r$ 时,有

$$|\Phi(z)| \leqslant M_2。$$

综上所述得,$\forall z \in \mathbf{C}$,有

$$|\Phi(z)| \leqslant \max\{1, M_2\},$$

这表明 $\Phi(z)$ 在复平面 $\mathbf{C}$ 上有界。

根据复变函数论的 Liouville 定理:在复平面 $\mathbf{C}$ 上解析且有界的函数必为常值函数,得

$$\Phi(z) = b, \qquad \forall z \in \mathbf{C},$$

其中 b 是某个非零复数,从而

$$f(z) = \frac{1}{b}, \qquad \forall z \in \mathbf{C}。$$

由此得出,$f(x) = \frac{1}{b}$,这与 $\deg f(x) = n > 0$ 矛盾,因此 $f(x)$ 必有复根,于是我们证明了:

定理 6 (代数基本定理) 每一个次数大于 0 的复系数多项式至少有一个复根。 ∎

定理 6 被称为"代数基本定理",是因为在 19 世纪以前求代数方程的根是代数学的最重要课题。这个定理的第一个严格证明是高斯(Gauss)于 1799 年给出的,后来他又给出了 4 个证明;Jordan、Weyl 等人也给过证明。

由定理 6 立即得到:每一个次数大于 0 的复系数多项式都有一次因式,从而次数大于 1 的复系数多项式都是可约的,于是得到:

推论 2 复数域上的不可约多项式只有一次多项式。 ∎

定理 7 (复系数多项式唯一因式分解定理) 每一个次数大于 0 的复系数多项式在复数域上都可以唯一地分解成一次因式的乘积。 ∎

根据定理 7,次数大于 0 的复系数多项式 $f(x)$ 的标准分解式为

$$f(x) = a(x - c_1)^{l_1}(x - c_2)^{l_2} \cdots (x - c_s)^{l_s}, \tag{4}$$

于是立即得出:

推论 3 每一个 n 次($n > 0$)复系数多项式恰有 n 个复根(重根按重数计算)。 ∎

显然,当 $n = 0$ 时,推论 3 也成立。

至此我们完全决定了复数域上的不可约多项式(见推论 2),从而细化了复系数多项式的唯一因式分解定理。

利用复系数多项式唯一因式分解定理,可以得出数域 K 上的 n 次($n > 0$)多项式 $f(x)$ 的复根与它的系数之间的关系:

设 $f(x) = x^n + a_{n-1}x^{n-1} + \cdots + a_1 x + a_0 \in K[x]$,$n > 0$,把 $f(x)$ 看成复系数多项式,设它的 n 个复根为 $c_1, c_2, \cdots, c_n$(它们可能有相同的),则 $f(x)$ 在复数域上有因式分解:

$$f(x) = (x - c_1)(x - c_2) \cdots (x - c_n), \tag{5}$$

把(5)式的右端展开,并且比较各项系数得

$$a_{n-1} = -(c_1 + c_2 + \cdots + c_n),$$

$$\cdots \qquad \cdots \tag{6}$$

$$a_{n-k} = (-1)^k \sum_{1 \leqslant i_1 < \cdots < i_k \leqslant n} c_{i_1} c_{i_2} \cdots c_{i_k},$$

$$\cdots$$

$$a_0 = (-1)^n c_1 c_2 \cdots c_n。$$

公式(6)称为 **Vieta 公式**。

* 复系数多项式唯一因式分解定理在 λ-矩阵的相抵的判定上也有应用。

定义 3　设 $A(\lambda)$ 是 $\mathbf{C}[\lambda]$ 上的 n 级非零矩阵,$A(\lambda)$ 的每个次数大于 0 的不变因子的标准分解式中出现的所有一次因式的方幂(相同的必须按出现的次数计算)称为 $A(\lambda)$ 的**初等因子**。

从定义 3 可以看出,如果知道了 $A(\lambda)$ 的不变因子,那么可以唯一确定出 $A(\lambda)$ 的初等因子;反之,如果知道了 $A(\lambda)$ 的初等因子,也可以唯一确定出 $A(\lambda)$ 的不变因子。考虑到以后的应用,假定 $A(\lambda)$ 的秩为 n,于是 $A(\lambda)$ 的不变因子有 n 个。我们把 $A(\lambda)$ 的初等因子中同一个一次因式的方幂按降幂排列,并且当同一个一次因式的方幂不到 n 个时,就在后面补上适当个数的 1,以便凑齐 n 个方幂,于是有

$$
\begin{array}{cccc}
(\lambda-\lambda_1)^{k_{11}}, & (\lambda-\lambda_1)^{k_{12}}, & \cdots, & (\lambda-\lambda_1)^{k_{1n}} \\
(\lambda-\lambda_2)^{k_{21}}, & (\lambda-\lambda_2)^{k_{22}}, & \cdots, & (\lambda-\lambda_2)^{k_{2n}} \\
\cdots & \cdots & \cdots & \cdots \\
(\lambda-\lambda_s)^{k_{s1}}, & (\lambda-\lambda_s)^{k_{s2}}, & \cdots, & (\lambda-\lambda_s)^{k_{sn}}。
\end{array}
\tag{7}
$$

由于(7)式中出现的一次因式的方幂(除去零次幂以外)就是 $A(\lambda)$ 的全部次数大于 0 的不变因子的标准分解式中的一次因式方幂,因此(7)式中的一次因式方幂应当分别属于 $A(\lambda)$ 的各个不变因子。注意到 $A(\lambda)$ 的不变因子具有性质:

$$d_i(\lambda) \mid d_{i+1}(\lambda), \quad i = 1,2,\cdots,n-1,$$

因此 $d_n(\lambda)$ 应当包含(7)式中每个一次因式的最高方幂;$d_{n-1}(\lambda)$ 应当包含(7)式中每个一次因式的次高方幂;如此下去。换句话说,(7)式中第 1 列的一次因式方幂的乘积就是 $d_n(\lambda)$,第 2 列的一次因式方幂的乘积就是 $d_{n-1}(\lambda)$,$\cdots$,第 n 列的一次因式方幂(可能是零次幂)的乘积就是 $d_1(\lambda)$。这样从 $A(\lambda)$ 的初等因子便唯一确定出了 $A(\lambda)$ 的不变因子,由此立即得出:

定理 8　$\mathbf{C}[\lambda]$ 上两个满秩 n 级矩阵相抵的充分必要条件是它们有相同的初等因子。　■

对于数域 K 上的 n 级矩阵 A,它的特征矩阵 $\lambda I - A$ 是满秩的 n 级 λ-矩阵(因为 $|\lambda I - A| \neq 0$)。由于 $\lambda I - A$ 的 n 个不变因子的乘积等于 $|\lambda I - A|$,因此如果 $|\lambda I - A|$ 在 $K[\lambda]$ 中的标准分解式是一次因式方幂的乘积,那么 $\lambda I - A$ 的每个不变因子在 $K[\lambda]$ 中的标准分解式也都是一次因式方幂的乘积。这时所有这些一次因式的方幂(相同的必须按出现的次数计算)都是 $\lambda I - A$ 的初等因子。按照上面一段的讨论,$\lambda I - A$ 的不变因子与初等因子互相唯一确定。因此与定理 8 一样,有下述结论:

定理 9　设 A、B 是数域 K 上的 n 级矩阵,如果它们的特征多项式在 $K[\lambda]$ 中都能分解成一次因式方幂的乘积,那么 $\lambda I - A$ 与 $\lambda I - B$ 相抵的充分必要条件是它们有相同的初等因子。　■

今后我们把数域 K 上 n 级矩阵 A 的特征矩阵 $\lambda I - A$ 的不变因子就叫作 A 的**不变因子**。如果 A 的特征多项式 $|\lambda I - A|$ 在 $K[\lambda]$ 中能分解成一次因式方幂的乘积,那么我们把 $\lambda I - A$ 的初等因子就叫作 A 的**初等因子**。

设 $A(\lambda)$ 是 $C[\lambda]$ 上的 n 级满秩矩阵,$A(\lambda)$ 的初等因子比起不变因子较容易求出。

定理 10 设 $A(\lambda)$ 是 $C[\lambda]$ 上的 n 级满秩矩阵,通过初等变换把 $A(\lambda)$ 化成对角矩阵,然后把主对角线上每个次数大于 0 的多项式分解成互不相同的一次因式方幂的乘积,那么所有这些一次因式的方幂(相同的按出现的次数计算)就是 $A(\lambda)$ 的初等因子。

证明 设 $A(\lambda)$ 经过初等变换化成了对角矩阵 $G(\lambda)$:
$$G(\lambda) = \mathrm{diag}\{h_1(\lambda), h_2(\lambda), \cdots, h_n(\lambda)\},$$
其中每个 $h_i(\lambda)$ 的首项系数为 1。设 $h_i(\lambda)$ 的标准分解式为
$$h_i(\lambda) = (\lambda - \lambda_1)^{k_{1i}}(\lambda - \lambda_2)^{k_{2i}} \cdots (\lambda - \lambda_m)^{k_{mi}}, i = 1, 2, \cdots, n,$$
若 $h_i(\lambda) = 1$,则各个一次因式方幂的指数为 0。现在把 $G(\lambda)$ 的主对角线上每个相同的一次因式方幂按递升幂次排列,使幂指数最高的方幂位于 (n, n) 元,次高的位于 $(n-1, n-1)$ 元……这样得到的 λ-矩阵记作 $L(\lambda)$。这时 $L(\lambda)$ 的主对角线上元素具有 (i, i) 元整除 $(i+1, i+1)$ 元的特点,$i = 1, 2, \cdots, n-1$。如果能证明 $G(\lambda)$ 与 $L(\lambda)$ 相抵,那么 $A(\lambda)$ 就和 $L(\lambda)$ 相抵,从而 $L(\lambda)$ 就是 $A(\lambda)$ 的相抵标准形,于是 $L(\lambda)$ 的主对角线上全部一次因式方幂就是 $A(\lambda)$ 的初等因子,而 $L(\lambda)$ 的这些一次因式方幂正是 $G(\lambda)$ 的所有一次因式方幂。

首先对 $\lambda - \lambda_1$ 的方幂进行讨论。考虑 $G(\lambda)$ 的相邻的两个主对角元 $h_i(\lambda), h_{i+1}(\lambda)$,其中 $k_{1i} > k_{1, i+1}$。设
$$h_i(\lambda) = (\lambda - \lambda_1)^{k_{1i}} g_1(\lambda), \quad h_{i+1}(\lambda) = (\lambda - \lambda_1)^{k_{1, i+1}} g_2(\lambda),$$
其中 $g_j(\lambda)$ 与 $\lambda - \lambda_1$ 互素,$j = 1, 2$。考虑两个二级对角 λ-矩阵:
$$Q_1(\lambda) = \begin{pmatrix} (\lambda - \lambda_1)^{k_{1i}} g_1(\lambda) & 0 \\ 0 & (\lambda - \lambda_1)^{k_{1, i+1}} g_2(\lambda) \end{pmatrix},$$
$$Q_2(\lambda) = \begin{pmatrix} (\lambda - \lambda_1)^{k_{1, i+1}} g_1(\lambda) & 0 \\ 0 & (\lambda - \lambda_1)^{k_{1i}} g_2(\lambda) \end{pmatrix}。$$
显然 $Q_1(\lambda)$ 与 $Q_2(\lambda)$ 的二阶行列式因子相同,$Q_1(\lambda)$ 的一阶行列式因子为
$$((\lambda - \lambda_1)^{k_{1i}} g_1(\lambda), (\lambda - \lambda_1)^{k_{1, i+1}} g_2(\lambda))$$
$$= (\lambda - \lambda_1)^{k_{1, i+1}} (g_1(\lambda), g_2(\lambda)),$$
同理可求出 $Q_2(\lambda)$ 的一阶行列式因子为
$$(\lambda - \lambda_1)^{k_{1, i+1}} (g_1(\lambda), g_2(\lambda))。$$
这表明 $Q_1(\lambda)$ 与 $Q_2(\lambda)$ 有相同的各阶行列式因子,因此它们相抵。通过每次调整主对角线上相邻两个多项式的 $(\lambda - \lambda_1)$ 的方幂的位置,可以得到一个对角 λ-矩阵 $G_1(\lambda)$,它的主对角线上元素是按照 $\lambda - \lambda_1$ 的升幂排列的。据上述可知,$G(\lambda)$ 与 $G_1(\lambda)$ 相抵。

现在对于 $G_1(\lambda)$,考虑 $\lambda - \lambda_2$ 的方幂,依次进行下去,最后便得到 $L(\lambda)$,从而 $G(\lambda)$ 与 $L(\lambda)$ 相抵。∎

设 A 是数域 K 上的 n 级矩阵,如果它的特征多项式 $|\lambda I - A|$ 在 $K[\lambda]$ 中能分解成一次因式的方幂的乘积,那么可以按照定理 10 所讲的方法求出 A 的特征矩阵 $\lambda I - A$ 的初等因子。

前面指出,可以把数域 K 上的一元多项式与一元多项式函数等同看待,从而我们利用函数论的知识证明了代数基本定理,进而决定了复数域上的所有不可约多项式。现在我们反过来运用多项式的理论来解决函数论中的一些问题。定理 4 表明:数域 K 上一个次数不超过 n 的多项式,被它在 K 中的 $n+1$ 个不同元素的值所唯一确定。于是在实际问题中,如果变量 y 与变量 x 之间有确定的依赖关系(即函数关系),并且通过观测得到当 x 取 $n+1$ 个不同的值 $c_0,c_1,\cdots,c_n$ 时,y 的对应值为 $d_0,d_1,\cdots,d_n$,那么我们可以找一个次数不超过 n 的多项式 $f(x)$,满足 $f(c_i)=d_i,i=0,1,\cdots,n$,用多项式函数 $y=f(x)$ 来近似地描述 y 与 x 的函数关系。此时把这个多项式函数 $y=f(x)$ 称为原来函数的**插值函数**,或**插值多项式**。求插值函数的问题称为插值问题。下面介绍求插值多项式的一些方法。

定理 11　设 $c_0,c_1,\cdots,c_n$ 是数域 K 中 $n+1$ 个不同的数,$d_0,d_1,\cdots,d_n\in K$,则 $K[x]$ 中存在唯一的一个次数不超过 n 的多项式 $f(x)$,使得

$$f(c_i)=d_i,\qquad i=0,1,2,\cdots,n。 \tag{8}$$

证明　根据定理 4 得,满足(8)式的次数不超过 n 的多项式 $f(x)$ 如果存在,那么它是唯一的。现在来证存在性。

先看一个特殊情形:任意取定 $i\in\{0,1,\cdots,n\}$,设

$$d_0=\cdots=d_{i-1}=d_{i+1}=\cdots=d_n=0,$$

如果存在一个次数不超过 n 的多项式 $f_i(x)$,使得

$$f_i(c_j)=d_j=0,\quad j\neq i;\quad f_i(c_i)=d_i, \tag{9}$$

那么 $f_i(x)$ 有 n 个不同的根 $c_0,\cdots,c_{i-1},c_{i+1},\cdots,c_n$。由于 $\deg f_i(x)\leqslant n$,因此

$$f_i(x)=a_i(x-c_0)\cdots(x-c_{i-1})(x-c_{i+1})\cdots(x-c_n)。 \tag{10}$$

由于 $f_i(c_i)=d_i$,因此由(10)式,得

$$a_i=\frac{d_i}{(c_i-c_0)\cdots(c_i-c_{i-1})(c_i-c_{i+1})\cdots(c_i-c_n)}, \tag{11}$$

把(11)式代入(10)式,得

$$f_i(x)=d_i\frac{(x-c_0)\cdots(x-c_{i-1})(x-c_{i+1})\cdots(x-c_n)}{(c_i-c_0)\cdots(c_i-c_{i+1})(c_i-c_{i+1})\cdots(c_i-c_n)}, \tag{12}$$

显然(12)式给出的 $f_i(x)$ 是次数不超过 n 的多项式,且满足(9)式。

现在来看一般情形。令

$$f(x)=\sum_{i=0}^{n}d_i\frac{(x-c_0)\cdots(x-c_{i-1})(x-c_{i+1})\cdots(x-c_n)}{(c_i-c_0)\cdots(c_i-c_{i-1})(c_i-c_{i+1})\cdots(c_i-c_n)}, \tag{13}$$

则 $\deg f(x)\leqslant n$,且满足

$$f(c_j)=\sum_{i=0}^{n}d_i\frac{(c_j-c_0)\cdots(c_j-c_{i-1})(c_j-c_{i+1})\cdots(c_j-c_n)}{(c_i-c_0)\cdots(c_i-c_{i-1})(c_i-c_{i+1})\cdots(c_i-c_n)}$$
$$=d_j。$$

公式(13)给出的多项式称为**拉格朗日(Lagrange)插值公式**。

定理 11 中求插值多项式 $f(x)$ 还可以用**牛顿(Newton)插值公式**:

$$f(x)=u_0+u_1(x-c_0)+u_2(x-c_0)(x-c_1)+\cdots+$$
$$u_n(x-c_0)(x-c_1)\cdots(x-c_{n-1}), \tag{14}$$

其中系数 $u_0, u_1, \cdots, u_n$ 可以通过把 x 逐次用 $c_0, c_1, \cdots, c_n$ 代入而从(14)式求出。

定理 11 中求插值多项式 $f(x)$ 还可以用**待定系数法**。设
$$f(x) = a_n x^n + a_{n-1} x^{n-1} + \cdots + a_1 x + a_0, \tag{15}$$
由于要求 $f(c_i) = d_i, i = 0, 1, \cdots, n$，因此可以得到一个含未知数 $a_n, a_{n-1}, \cdots, a_0$ 的 $n+1$ 个方程组成的线性方程组，它的系数行列式是范德蒙德行列式，这个行列式不等于 0，因此方程组有唯一解。

7.6.2　典型例题

例 1　在 $\mathbf{Q}[x]$ 中，$f(x) = x^3 - 3x^2 + ax + 4$。求 a 的值，使 $f(x)$ 在 $\mathbf{Q}$ 中有重根，并且求出相应的重根及其重数。

解法一　$c \in \mathbf{Q}$ 是 $f(x)$ 的重根　$\Longleftrightarrow$　$x - c$ 是 $f(x)$ 的重因式

$\Longleftrightarrow$　$x - c$ 是 $(f(x), f'(x))$ 的因式。

用辗转相除法求 $(f(x), f'(x))$，当 $a \neq 3$ 时，

$\quad\quad c$ 是 $f(x)$ 在 $\mathbf{Q}$ 中的重根

$\Longleftrightarrow$　$4a^3 - 9a^2 + 216a = 0 (a \in \mathbf{Q})$ 且 $x - c$ 是 $x + \dfrac{12+a}{2a-6}$ 的因式

$\Longleftrightarrow$　$a = 0$ 且 $c = 2$。

当 $a = 3$ 时，$(f(x), f'(x)) = 1$，从而 $f(x)$ 没有重因式，因此 $f(x)$ 在 $\mathbf{Q}$ 中没有重根。

综上所述，$f(x)$ 在 $\mathbf{Q}$ 中有重根当且仅当 $a = 0$，此时 2 是 $f(x)$ 的二重根。

解法二　$f(x)$ 在 $\mathbf{Q}$ 中有重根

$\Longrightarrow$　$f(x)$ 在 $\mathbf{Q}[x]$ 中有重因式

$\Longleftrightarrow$　$4 \cdot (-3)^3 \cdot 4 - (-3)^2 a^2 - 18 \cdot (-3) \cdot a \cdot 4 + 4a^3 + 27 \cdot 4^2 = 0$

$\Longleftrightarrow$　$4 \cdot a^3 - 9a^2 + 216a = 0$

$\Longleftrightarrow$　$a = 0$ 或 $4a^2 - 9a + 216 = 0$(舍去)。

因此，$f(x)$ 在 $\mathbf{Q}$ 中有重根的必要条件是 $a = 0$。再看它是否为充分条件。当 $a = 0$ 时，
$$f(x) = x^3 - 3x^2 + 4 = x^3 - 2x^2 - x^2 + 4 = (x-2)^2(x+1),$$
因此 $f(x)$ 在 $\mathbf{Q}$ 中有重根当且仅当 $a = 0$，此时 2 是 $f(x)$ 的二重根。

点评：解法一具有普遍性，解法二是针对 $f(x)$ 是三次多项式，利用了 7.5 节的例 6 中关于三次多项式有重因式的充分必要条件，从而变得比较简捷。

注意：$K[x]$ 中的多项式 $f(x)$ 在 K 中有重根的必要条件是 $f(x)$ 在 $K[x]$ 中有重因式，但这不是充分条件，即，可能 $f(x)$ 在 $K[x]$ 中有重因式，但是 $f(x)$ 在 K 中没有重根。例如，$\mathbf{Q}[x]$ 中，$f(x) = (x^2 - 2)^2$ 有二重因式 $x^2 - 2$，但是 $f(x)$ 在 $\mathbf{Q}$ 中没有根，当然也就没有重根了。当 K 是复数域时，$\mathbf{C}[x]$ 中的多项式 $f(x)$ 在 $\mathbf{C}$ 中有重根当且仅当 $f(x)$ 有重因式。

例 2　设 K 是数域，证明：$K[x]$ 中两个次数大于 0 的多项式没有公共复根的充分必要条件是它们互素。

证明　设 $f(x), g(x) \in K[x]$，则

$f(x)$ 与 $g(x)$ 有公共复根

$\Longleftrightarrow$ $f(x)$ 与 $g(x)$ 在 $\mathbf{C}[x]$ 中有公共的一次因式

$\Longleftrightarrow$ $f(x)$ 与 $g(x)$ 在 $\mathbf{C}[x]$ 中不互素

$\Longleftrightarrow$ $f(x)$ 与 $g(x)$ 在 $K[x]$ 中不互素。

从而 $f(x)$ 与 $g(x)$ 没有公共复根当且仅当 $f(x)$ 与 $g(x)$ 在 $K[x]$ 中互素。　■

点评：在例 2 证明过程中的第二步的充分性利用了复数域上每一个次数大于 0 的多项式都可以分解成一次因式的乘积。例 2 的结论使我们可以利用辗转相除法判断 $K[x]$ 中两个多项式有无公共复根，并且如果存在，把公共复根求出来：c 是 $f(x)$ 与 $g(x)$ 的公共复根当且仅当 $x-c$ 是 $(f(x),g(x))$ 的因式。

例 3　$\mathbf{Q}[x]$ 中，$f(x)=x^3-3x^2+x-3$，$g(x)=x^4-x^3+2x^2-x+1$。$f(x)$ 与 $g(x)$ 有无公共复根？如果有，试把它求出来。

解　用辗转相除法求出：
$$(f(x),g(x))=x^2+1=(x-\mathrm{i})(x+\mathrm{i}),$$
因此 i 和 $-\mathrm{i}$ 是 $f(x)$ 与 $g(x)$ 的公共复根。

例 4　证明：在 $K[x]$ 中，如果 $x-a\mid f(x^m)$，其中 m 是任一正整数，那么
$$x^m-a^m\mid f(x^m)。$$

证明　令 $g(x)=f(x^m)$，由于 $x-a\mid f(x^m)$，即 $x-a\mid g(x)$，因此 a 是 $g(x)$ 在 K 中的根，从而 $g(a)=0$，于是 $f(a^m)=g(a)=0$。这表明 a^m 是 $f(x)$ 在 K 中的根，因此 $x-a^m\mid f(x)$，从而有 $h(x)\in K[x]$，使得 $f(x)=h(x)(x-a^m)$。不定元 x 用 x^m 代入，从上式得，$f(x^m)=h(x^m)(x^m-a^m)$，于是 $x^m-a^m\mid f(x^m)$。　■

点评：例 4 的证明主要是利用了根与一次因式的关系，以及一元多项式环的通用性质。如果不用一元多项式环的通用性质，就很难把道理讲清楚。

例 5　证明：在 $\mathbf{Q}[x]$ 中，有
$$x^2+x+1\mid x^{3m}+x^{3n+1}+x^{3l+2},$$
其中 $m,n,l\in\mathbf{N}^*$。

证明　把上述多项式看成复数域上的多项式，记 $w=\dfrac{-1+\sqrt{3}\,\mathrm{i}}{2}$。由于 $w^3=1$，因此有
$$1+w+w^2=0,$$
$$w^{3m}+w^{3n+1}+w^{3l+2}=1+w+w^2=0,$$
从而 w 是 x^2+x+1 与 $x^{3m}+x^{3n+1}+x^{3l+2}$ 的公共复根。根据 Bezout 定理得，$x-w$ 是它们的公因式，从而它们不互素。由于互素性不随数域的扩大而改变，因此 x^2+x+1 与 $x^{3m}+x^{3n+1}+x^{3l+2}$ 在 $\mathbf{Q}[x]$ 中也不互素。又由于二次多项式 x^2+x+1 在 $\mathbf{Q}[x]$ 中没有一次因式，因此它在 $\mathbf{Q}$ 上不可约，于是在 $\mathbf{Q}[x]$ 中，有
$$x^2+x+1\mid x^{3m}+x^{3n+1}+x^{3l+2}。$$　■

点评：例 5 的证明充分显示了掌握理论的重要性。利用根与一次因式的关系，互素性不随数域的扩大而改变，$\mathbf{Q}[x]$ 中不可约多项式与任一多项式的关系要么互素，要么能整除它，就证明了结论。几乎不用什么计算，也不需要什么特殊技巧。

例 6 证明：在 $\mathbf{Q}[x]$ 中，如果
$$x^2 + x + 1 \mid f_1(x^3) + xf_2(x^3),$$
那么 1 是 $f_i(x)$ 的根，$i = 1, 2$。

证明 由已知条件得，存在 $h(x) \in \mathbf{Q}[x]$，使得
$$f_1(x^3) + xf_2(x^3) = h(x)(x^2 + x + 1)。 \tag{16}$$

记 $w = \dfrac{-1 + \sqrt{3}\mathrm{i}}{2}$，则 $w^2 + w + 1 = 0$，$(w^2)^2 + w^2 + 1 = w + w^2 + 1 = 0$。

x 分别用 w, w^2 代入，从(16)式得
$$f_1(1) + wf_2(1) = 0,$$
$$f_1(1) + w^2 f_2(1) = 0,$$
联立解得，$f_1(1) = 0, f_2(1) = 0$。因此 1 是 $f_i(x)$ 的根，$i = 1, 2$。 ■

点评：例 6 的证题思路是为了求 $f_1(1), f_2(1)$，需要列出两个方程，利用已知的整除关系写出关于整除的等式(16)。从(16)式的具体情形可以看出，应当把 x 用三次单位根 w, w^2 代入，才能得到关于 $f_1(1), f_2(1)$ 的两个方程。

例 7 设 K 是一个数域，$f(x) \in K[x]$ 且 $f(x)$ 的次数 n 大于 0。证明：如果在 $K[x]$ 中，$f(x) \mid f(x^m)$，m 是一个大于 1 的整数，那么 $f(x)$ 的复根只能是 0 或单位根。（注：$x^n - 1$ 的每一个复根都称为 $\mathbf{C}$ 中的 n 次单位根。）

证明 任取 $f(x)$ 的一个复根 c，则 $f(c) = 0$。

由于在 $K[x]$ 中，$f(x) \mid f(x^m)$，因此存在 $h(x) \in K[x]$，使得
$$f(x^m) = h(x)f(x), \tag{17}$$
x 用 c 代入，从(17)式得 $f(c^m) = h(c)f(c) = 0$，于是 c^m 是 $f(x)$ 的一个复根。

x 用 c^m 代入，从(17)式得 $f(c^{m^2}) = h(c^m)f(c^m) = 0$，于是 c^{m^2} 也是 $f(x)$ 的一个复根。依次下去可得，$c, c^m, c^{m^2}, c^{m^3}, \cdots$ 都是 $f(x)$ 的复根。把 $f(x)$ 看成 $\mathbf{C}[x]$ 中的多项式，由于 $\deg f(x) = n$，因此 $f(x)$ 恰有 n 个复根（重根按重数计算），于是必存在正整数 j，使得 $c^{m^j} = c^{m^i}$ 对于某个正整数 $i < j$，由此得出 $c^{m^i}(c^{m^j - m^i} - 1) = 0$。因此 $c^{m^i} = 0$ 或 $c^{m^j - m^i} = 1$，从而 $c = 0$ 或 c 是单位根。 ■

点评：从例 7 的证明过程可以看出，运用一元多项式环的通用性质才能把从 c 是 $f(x)$ 的复根推导出 $c^m, c^{m^2}, c^{m^3}, \cdots$ 都是 $f(x)$ 的复根的道理讲清楚。否则，不仅道理说不清楚，而且很容易产生差错。

例 8 设 K 是一个数域，$f(x) \in K[x]$ 且 $\deg f(x) = n > 0$。证明：c 是 $f(x)$ 的 k 重复根（$k \geqslant 1$）的充分必要条件是：
$$f(c) = f'(c) = \cdots = f^{(k-1)}(c) = 0, \qquad f^{(k)}(c) \neq 0。 \tag{18}$$

证明 必要性。设 c 是 $f(x)$ 的 k 重复根（$k \geqslant 1$），则在 $\mathbf{C}[x]$ 中，$x - c$ 是 $f(x)$ 的 k 重因式，从而 $x - c$ 是 $f'(x)$ 的 $k - 1$ 重因式，于是 $x - c$ 是 $f''(x)$ 的 $(k-1) - 1 = k - 2$ 重因式。依次下去可得，$x - c$ 是 $f'''(x)$ 的 $k - 3$ 重因式，$\cdots$，$x - c$ 是 $f^{(k-1)}(x)$ 的 1 重因式，$x - c$ 不是 $f^{(k)}(x)$ 的因式，因此
$$f(c) = f'(c) = \cdots = f^{(k-1)}(c) = 0, \qquad f^{(k)}(c) \neq 0。$$

充分性。设复数 c 使得(18)式成立，则 c 是 $f(x), f'(x), \cdots, f^{(k-1)}(x)$ 的复根，c 不是

$f^{(k)}(x)$ 的复根,从而在 $\mathbf{C}[x]$ 中,$x-c$ 是 $f^{(k-1)}(x)$ 的单因式,于是 $x-c$ 是 $f^{(k-2)}(x)$ 的 2 重因式。依次下去可得,$x-c$ 分别是 $f^{(k-3)}(x),\cdots,f'(x),f(x)$ 的 3 重,$\cdots$,$k-1$ 重,k 重因式,因此 c 是 $f(x)$ 的 k 重复根。 ■

例 9　设 $f(x)=x^4+5x^3+ax^2+bx+c\in\mathbf{Q}[x]$,如果 -2 是 $f(x)$ 的 3 重根,求 a,b,c。

解　根据例 8 的结论,-2 是 $f(x)$ 的 3 重根当且仅当

$$f(-2)=f'(-2)=f''(-2)=0,f'''(-2)\neq0$$

$$f'(x)=4x^3+15x^2+2ax+b,\quad f''(x)=12x^2+30x+2a,\quad f'''(x)=24x+30。$$

解关于 a,b,c 的方程组

$$\begin{cases} (-2)^4+5\times(-2)^3+a(-2)^2+b(-2)+c=0 \\ 4\times(-2)^3+15\times(-2)^2+2a(-2)+b=0 \\ 12\times(-2)^2+30\times(-2)+2a=0 \end{cases}$$

得　　　　　　　　　　　　　　$a=6,b=-4,c=-8$

例 10　证明:数域 K 上任意一个不可约多项式在复数域内没有重根。

证明　设 $p(x)$ 是 $K[x]$ 中的不可约多项式,它在 $K[x]$ 中的标准分解式为 $p(x)=a\cdot\dfrac{1}{a}p(x)$,其中 a 是 $p(x)$ 的首项系数,由此看出 $p(x)$ 在 $K[x]$ 中没有重因式,从而 $p(x)$ 在 $\mathbf{C}[x]$ 中没有重因式,于是 $p(x)$ 在复数域内没有重根。 ■

点评:例 10 证明的关键是利用了"有无重因式不随数域的扩大而改变"这个结论。

例 11　证明:在 $K[x]$ 中,如果 $f(x)$ 与一个不可约多项式 $p(x)$ 有公共复根,那么 $p(x)\,|\,f(x)$。

证明　由已知条件得,$f(x)$ 与 $p(x)$ 在 $\mathbf{C}[x]$ 中有公共的一次因式,因此在 $\mathbf{C}[x]$ 中,$(f(x),p(x))\neq1$,从而在 $K[x]$ 中,$(f(x),p(x))\neq1$。由于 $p(x)$ 是 K 上不可约多项式,因此 $p(x)\,|\,f(x)$。 ■

点评:例 11 证明的关键有两点:第一,互素性不随数域的扩大而改变;第二,$K[x]$ 中,不可约多项式 $p(x)$ 与任一多项式 $f(x)$ 的关系或者互素,或者 $p(x)\,|\,f(x)$。

从例 5、例 6、例 7、例 10、例 11 等题目可以看出,掌握一元多项式环的通用性质、"整除关系、首一最大公因式、互素性、有无重因式都不随数域的扩大而改变",以及 $K[x]$ 中不可约多项式与任一多项式的关系等理论,可以比较容易地找到解题思路,而且能把解题过程写得清楚、明白,不至于含糊不清。

例 12　在 $\mathbf{C}[x]$ 中,求 x^n-1 的标准分解式。

解　　　　　$c=r(\cos\theta+\mathrm{i}\sin\theta)$ 是 x^n-1 的复根

$$\Longleftrightarrow c^n-1=0$$

$$\Longleftrightarrow r^n(\cos n\theta+\mathrm{i}\sin n\theta)=\cos0+\mathrm{i}\sin0$$

$$\Longleftrightarrow r^n=1\text{ 且 }n\theta=0+2k\pi,k\in\mathbf{Z}$$

$$\Longleftrightarrow r=1\text{ 且 }\theta=\frac{2k\pi}{n},k\in\mathbf{Z}$$

$$\Longleftrightarrow c=\cos\frac{2k\pi}{n}+\mathrm{i}\sin\frac{2k\pi}{n}=\mathrm{e}^{\frac{2k\pi}{n}\mathrm{i}},k\in\mathbf{Z}$$

上面最后一个 $\Longleftrightarrow$ 的第二个 "$=$" 是根据欧拉公式:$\mathrm{e}^{\mathrm{i}\theta}=\cos\theta+\mathrm{i}\sin\theta$ 得到的。

记 $\xi = e^{i\frac{2\pi}{n}}$,则 $1,\xi,\xi^2,\cdots,\xi^{n-1}$ 都是 x^n-1 的复根,且两两不等,因此 x^n-1 在 $\mathbf{C}[x]$ 中的标准分解式为

$$x^n-1 = (x-1)(x-\xi)(x-\xi^2)\cdots(x-\xi^{n-1})。 \tag{19}$$

例 13 设 x^n-a^n 是数域 K 上的多项式($a\neq 0$),求 x^n-a^n 在 $\mathbf{C}[x]$ 中的标准分解式。

解 $x^n-a^n = a^n\left[\left(\dfrac{x}{a}\right)^n-1\right]$

x 用 $\dfrac{x}{a}$ 代入,从例 12 的 x^n-1 的标准分解式(19)得

$$\left(\frac{x}{a}\right)^n-1 = \left(\frac{x}{a}-1\right)\left(\frac{x}{a}-\xi\right)\left(\frac{x}{a}-\xi^2\right)\cdots\left(\frac{x}{a}-\xi^{n-1}\right)$$

从而 $$x^n-a^n = (x-a)(x-a\xi)(x-a\xi^2)\cdots(x-a\xi^{n-1}) \tag{20}$$

例 14 若复数 ξ 满足 $\xi^n=1$,而当 $1\leqslant l<n$ 时,$\xi^l\neq 1$,则称 ξ 是一个**本原 n 次单位根**。例如,$\xi=e^{i\frac{2\pi}{n}}$ 便是一个本原 n 次单位根。设 ξ 是一个本原 n 次单位根,m,k 都是正整数。证明:

(1) $\xi^m=1 \Longleftrightarrow n|m$;

(2) ξ^k 是一个本原 $\dfrac{n}{(n,k)}$ 次单位根;

(3) ξ^k 是一个本原 n 次单位根 $\Longleftrightarrow (n,k)=1$。

证明 (1) 充分性。设 $n|m$,则存在 $h\in\mathbf{Z}$,使得 $m=hn$,于是
$$\xi^m = \xi^{hn} = (\xi^n)^h = 1。$$

必要性。设 $\xi^m=1$。对 m 和 n 作带余除法:
$$m = hn+r, \qquad 0\leqslant r<n,$$
则 $$1=\xi^m=\xi^{hn+r}=\xi^{hn}\xi^r=\xi^r。$$
由于 ξ 是本原 n 次单位根,因此 $r=0$,从而 $n|m$。

(2) 设 $n=n_1(n,k)$, $k=k_1(n,k)$,则
$$(\xi^k)^{n_1} = \xi^{kn_1} = \xi^{k_1(n,k)n_1} = \xi^{k_1 n} = 1。$$

设 ξ^k 是本原 s 次单位根,则据第(1)小题,由上式得,$s|n_1$,又有
$$1=(\xi^k)^s = \xi^{ks},$$
因此据第(1)小题得,$n|ks$,即 $n_1(n,k)|k_1(n,k)s$,从而 $n_1|k_1 s$。由于 $(n_1,k_1)=1$,因此 $n_1|s$,从而 $s=n_1$,即 ξ^k 是本原 n_1 次单位根,其中 $n_1=\dfrac{n}{(n,k)}$。

(3) 根据第(2)小题,ξ^k 是本原 $\dfrac{n}{(n,k)}$ 次单位根,因此,

ξ^k 是本原 n 次单位根

$$\Longleftrightarrow n=\frac{n}{(n,k)}$$

$$\Longleftrightarrow (n,k)=1。 \qquad\blacksquare$$

例 15 设 K 是一个数域,R 是一个有单位元的交换环,且 R 可看成是 K 的一个扩环,设 $a\in R$,令

$$J_a = \{f(x) \in K[x] \mid f(a) = 0\}, \tag{21}$$

设 $J_a \neq \{0\}$,证明:

(1) J_a 中存在唯一的首一多项式 $m(x)$,使得

$$J_a = \{h(x)m(x) \mid h(x) \in K[x]\}; \tag{22}$$

(2) 如果 R 是无零因子环,那么第(1)小题中的 $m(x)$ 在 $K[x]$ 中不可约。

证明　(1) 在 J_a 中取一个次数最低的首一多项式,记作 $m(x)$,任取 $f(x) \in J_a$,在 $K[x]$ 中,用 $m(x)$ 去除 $f(x)$,作带余除法:

$$f(x) = h(x)m(x) + r(x), \qquad \deg r(x) < \deg m(x)。$$

假如 $r(x) \neq 0$,x 用 a 代入,从上式得

$$f(a) = h(a)m(a) + r(a),$$

由此得出,$r(a) = 0$,从而 $r(x) \in J_a$,这与 $m(x)$ 的取法矛盾,因此 $r(x) = 0$,即 $f(x) = h(x)m(x)$,从而(22)式成立。

设首一多项式 $m_1(x)$ 也使得

$$J_a = \{h(x)m_1(x) \mid h(x) \in K[x]\},$$

则 $m(x) \mid m_1(x)$ 且 $m_1(x) \mid m(x)$,从而 $m(x) \sim m_1(x)$。又由于它们的首项系数都是 1,因此 $m(x) = m_1(x)$。

(2) 假如 $m(x)$ 在 $K[x]$ 中可约,则在 $K[x]$ 中有

$$m(x) = m_1(x)m_2(x), \qquad \deg m_i(x) < \deg m(x), i = 1, 2,$$

x 用 a 代入,从上式得

$$m(a) = m_1(a)m_2(a)。$$

由于 $m(a) = 0$,且 R 是无零因子环,因此 $m_1(a) = 0$ 或者 $m_2(a) = 0$,从而 $m_1(x) \in J_a$ 或者 $m_2(x) \in J_a$,这与 $m(x)$ 是 J_a 中次数最低的多项式矛盾,所以 $m(x)$ 在 $K[x]$ 中不可约。■

例 16　在例 15 中,取 K 为复数域 $\mathbf{C}$,取 R 为 $\mathbf{C}[A]$,其中

$$A = \begin{pmatrix} 1 & -1 \\ 1 & 1 \end{pmatrix},$$

求 J_A 中的次数最低的首一多项式 $m(x)$。

解　$A^2 = \begin{pmatrix} 1 & -1 \\ 1 & 1 \end{pmatrix}\begin{pmatrix} 1 & -1 \\ 1 & 1 \end{pmatrix} = \begin{pmatrix} 0 & -2 \\ 2 & 0 \end{pmatrix} = 2\begin{pmatrix} 0 & -1 \\ 1 & 0 \end{pmatrix} = 2(A - I)$,

因此　　　　　　　　　　　　　$A^2 - 2A + 2I = 0。$

令　　　　　　　　　　　　　$f(x) = x^2 - 2x + 2,$

则　　　　　　　　　　　$f(A) = A^2 - 2A + 2I = 0,$

从而 $f(x) \in J_A$。由例 15 的第(1)小题知道,$m(x) \mid f(x)$。在 $\mathbf{C}[x]$ 中,

$$f(x) = [x - (1+i)][x - (1-i)],$$

显然,$x - (1 \pm i) \notin J_A$,因此 $m(x) = f(x)$,即 $m(x) = x^2 - 2x + 2$。

点评:例 16 的 J_A 中次数最低的首一多项式 $m(x)$ 在 $\mathbf{C}[x]$ 中可约,这是因为 $\mathbf{C}[A]$ 是有零因子的环。例如,$A - (1+i)I \neq 0$,$A - (1-i)I \neq 0$,但是

$$[A - (1+i)I][A - (1-i)I] = A^2 - 2A + 2I = 0,$$

因此 $\boldsymbol{A}-(1\pm\mathrm{i})\boldsymbol{I}$ 都是 $\mathbf{C}[\boldsymbol{A}]$ 中的非平凡的零因子。

例 17 设 A 是数域 K 上的 n 级矩阵,证明:A 的特征多项式的 n 个复根的和等于 $\mathrm{tr}(A)$,n 个复根的乘积等于 $|A|$。

证明 根据本套书上册 5.5 节的命题 1,A 的特征多项式 $f(\lambda)$ 为
$$f(\lambda) = |\lambda\boldsymbol{I} - \boldsymbol{A}| = \lambda^n - \mathrm{tr}(\boldsymbol{A})\lambda^{n-1} + \cdots + (-1)^n|\boldsymbol{A}|,$$
设 $f(\lambda)$ 的 n 个复根为 $c_1,c_2,\cdots,c_n$,据 Vieta 公式得
$$-\mathrm{tr}(\boldsymbol{A}) = -(c_1+c_2+\cdots+c_n),$$
$$(-1)^n|\boldsymbol{A}| = (-1)^n c_1 c_2 \cdots c_n,$$
因此 $\quad c_1+c_2+\cdots+c_n = \mathrm{tr}(\boldsymbol{A}), \quad c_1 c_2 \cdots c_n = |\boldsymbol{A}|$。∎

*例 18 设 A 是有理数域上的 3 级矩阵:
$$\boldsymbol{A} = \begin{bmatrix} 2 & 3 & 2 \\ 1 & 8 & 2 \\ -2 & -14 & -3 \end{bmatrix},$$
A 有无初等因子? 如果有,试求出 A 的初等因子,并且写出 A 的不变因子。

解
$$\lambda\boldsymbol{I}-\boldsymbol{A} = \begin{bmatrix} \lambda-2 & -3 & -2 \\ -1 & \lambda-8 & -2 \\ 2 & 14 & \lambda+3 \end{bmatrix} \longrightarrow \begin{bmatrix} -1 & \lambda-8 & -2 \\ 0 & \lambda^2-10\lambda+13 & -2\lambda+2 \\ 0 & 2\lambda-2 & \lambda-1 \end{bmatrix}$$
$$\longrightarrow \begin{bmatrix} 1 & 0 & 0 \\ 0 & \lambda^2-10\lambda+13 & -2(\lambda-1) \\ 0 & 2(\lambda-1) & \lambda-1 \end{bmatrix} \longrightarrow \begin{bmatrix} 1 & 0 & 0 \\ 0 & \lambda^2-6\lambda+9 & 0 \\ 0 & 2(\lambda-1) & \lambda-1 \end{bmatrix}$$
$$\longrightarrow \begin{bmatrix} 1 & 0 & 0 \\ 0 & (\lambda-3)^2 & 0 \\ 0 & 0 & \lambda-1 \end{bmatrix},$$
因此 A 的初等因子为 $\lambda-1,(\lambda-3)^2$。于是 A 的不变因子为
$$d_1(\lambda) = d_2(\lambda) = 1, d_3(\lambda) = (\lambda-1)(\lambda-3)^2。$$

例 19 求一个次数不超过 3 的多项式 $f(x)\in\mathbf{Q}[x]$,使得 $f(0)=5,f(1)=7,f(-1)=9$,$f(-2)=13$。

解 用拉格朗日插值公式,得
$$f(x) = 5\frac{(x-1)(x+1)(x+2)}{(0-1)(0+1)(0+2)} + 7\frac{(x-0)(x+1)(x+2)}{(1-0)(1+1)(1+2)} +$$
$$9\frac{(x-0)(x-1)(x+2)}{(-1-0)(-1-1)(-1+2)} + 13\frac{(x-0)(x-1)(x+1)}{(-2-0)(-2-1)(-2+1)}$$
$$= x^3 + 3x^2 - 2x + 5。$$

例 20 设 $f(x),g(x)\in\mathbf{C}[x]$,且 $f(x)$ 与 $g(x)$ 的次数都大于 0。证明:如果 $f^{-1}(0)=g^{-1}(0)$,且 $f^{-1}(1)=g^{-1}(1)$,那么 $f(x)=g(x)$。

证明 设 $\max\{\deg f(x),\deg g(x)\}=n$,不妨设 $f(x)$ 的次数为 n,显然 $f^{-1}(0)\bigcap f^{-1}(1)=\varnothing$,如果能证明

$$|f^{-1}(0) \bigcup f^{-1}(1)| \geqslant n+1,$$

那么由于 $f^{-1}(0)=g^{-1}(0)$ 且 $f^{-1}(1)=g^{-1}(1)$，因此 $f(x)=g(x)$。

设 $f(x),f(x)-1$ 的标准分解式分别为

$$f(x) = a \prod_{i=1}^{m} (x-c_i)^{r_i},$$

$$f(x)-1 = a \prod_{j=1}^{s} (x-d_j)^{t_j},$$

其中 $\sum_{i=1}^{m} r_i = n = \sum_{j=1}^{s} t_j$。显然

$$f^{-1}(0) = \{c_1, c_2, \cdots, c_m\}, \quad f^{-1}(1) = \{d_1, d_2, \cdots, d_s\},$$

因此 $$|f^{-1}(0) \bigcup f^{-1}(1)| = m+s。$$

根据 7.5 节的定理 1，我们有

$$f'(x) = (f(x)-1)'$$

$$= \prod_{i=1}^{m} (x-c_i)^{r_i-1} \cdot \prod_{j=1}^{s} (x-d_j)^{t_j-1} \cdot h(x),$$

其中 $h(x)$ 不能被 $x-c_i$ 整除，$i=1,2,\cdots,m$；也不能被 $x-d_j$ 整除，$j=1,2,\cdots,s$，于是

$$\sum_{i=1}^{m} (r_i-1) + \sum_{j=1}^{s} (t_j-1) \leqslant \deg f'(x) = n-1。$$

另一方面，我们有

$$\sum_{i=1}^{m} (r_i-1) + \sum_{j=1}^{s} (t_j-1) = \sum_{i=1}^{m} r_i - m + \sum_{j=1}^{s} t_j - s$$

$$= 2n-(m+s),$$

因此 $2n-(m+s) \leqslant n-1$，由此得出 $m+s \geqslant n+1$，即

$$|f^{-1}(0) \bigcup f^{-1}(1)| \geqslant n+1,$$

从而 $$f(x)=g(x)。 \quad \blacksquare$$

习题 7.6

1. 设 $f(x)=x^5+7x^4+19x^3+26x^2+20x+8 \in \mathbf{Q}[x]$，判断 -2 是不是 $f(x)$ 的根；如果是，它是几重根？

2. 在 $\mathbf{Q}[x]$ 中，$f(x)=2x^3-7x^2+4x+a$，求 a 的值，使 $f(x)$ 在 $\mathbf{Q}$ 中有重根，并且求出相应的重根及其重数。

3. $\mathbf{Q}[x]$ 中，$f(x)=x^3-x^2-x-2$，$g(x)=x^4-2x^3+2x^2-3x-2$。$f(x)$ 与 $g(x)$ 有无公共复根？如果有，试把它求出来。

4. 设 $f(x)=x^4-5x^3+ax^2+bx+9 \in \mathbf{Q}[x]$，如果 3 是 $f(x)$ 的二重根，求 a,b。

5. 证明：在 $K[x]$ 中，如果 $x+1 | f(x^{2k+1})$，那么 $x^{2k+1}+1 | f(x^{2k+1})$，其中 k 是任意自然数。

6. 证明：在 $\mathbf{Q}[x]$ 中，如果 $x^2+1 | f_1(x^4)+xf_2(x^4)$，那么 1 是 $f_i(x)$ 的根，$i=1,2$。

7. 证明:如果数域 K 上两个首一不可约多项式 $f(x)$ 与 $g(x)$ 有一个公共复根,那么 $f(x)=g(x)$。

8. 设 $K[x]$ 中 n 次多项式
$$f(x)=a_n x^n+a_{n-1}x^{n-1}+\cdots+a_1 x+a_0$$
的 n 个复根是 $c_1,c_2,\cdots,c_n$,对于 $b\in K$,求数域 K 上以 $bc_1,bc_2,\cdots,bc_n$ 为复根的多项式。

9. 设 $A\in M_n(K)$,A 的不等于零的主子式的最高阶数称为 A 的**主秩**,记作 $\mathrm{pr}(A)$。证明:A 的非零特征值的个数(重根按重数计算)不超过 $\mathrm{pr}(A)$,也不超过 $\mathrm{rank}(A)$。

10. 证明:如果 n 级实矩阵 A 的主对角元全为正数,那么 A 的特征多项式的复根中至少有一个其实部为正数。

*11. 下列有理数域上的矩阵 A 有无初等因子? 如果有,试求出 A 的初等因子。
$$(1)\ A=\begin{bmatrix}0&1&0\\-4&4&0\\-2&1&2\end{bmatrix};\quad(2)\ A=\begin{bmatrix}1&-3&3\\-2&-6&13\\-1&-4&8\end{bmatrix}。$$

12. 求有理数域上一个次数不超过 3 的多项式 $f(x)$,使得
$$f(1)=2,\quad f(2)=-3,\quad f(3)=1,\quad f(4)=3。$$

13. 求有理数域上一个次数尽可能低的多项式 $f(x)$,使得
$$f(0)=3,\quad f(1)=4,\quad f(2)=9,\quad f(3)=18。$$

7.7 实数域上的不可约多项式·实系数多项式的实根

7.7.1 内容精华

由于把实数域扩充成复数域比较容易实现,因此找出实数域上的所有不可约多项式,可以利用复数域上多项式的信息。

设复数 $z=a+bi$,令 $\bar z:=a-bi$,称它为 z 的**共轭复数**。容易计算出:$z+\bar z=2a,z\bar z=a^2+b^2=|z|^2$。设 $z_1,z_2\in\mathbf C$,容易证明:$\overline{z_1+z_2}=\overline{z_1}+\overline{z_2},\overline{z_1 z_2}=\overline{z_1}\,\overline{z_2}$。由共轭复数的定义立即得到:$a\in\mathbf R$ 当且仅当 $\bar a=a$。

定理 1 设 $f(x)$ 是实系数多项式,如果 c 是 $f(x)$ 的一个复根,那么 $\bar c$ 也是 $f(x)$ 的一个复根。

证明 设 $f(x)=a_n x^n+a_{n-1}x^{n-1}+\cdots+a_1 x+a_0,a_i\in\mathbf R,i=0,1,\cdots,n$。由于 c 是 $f(x)$ 的复根,因此
$$a_n c^n+a_{n-1}c^{n-1}+\cdots+a_1 c+a_0=0,$$
两边取共轭复数,得
$$a_n \bar c^n+a_{n-1}\bar c^{n-1}+\cdots+a_1 \bar c+a_0=0,$$
即 $f(\bar c)=0$,因此 $\bar c$ 是 $f(x)$ 的一个复根。 ■

定理 2　实数域上的不可约多项式有且只有一次多项式和判别式小于 0 的二次多项式。

证明　设 $f(x)\in \mathbf{R}[x]$ 是不可约的，把 $f(x)$ 看成复系数多项式，根据代数基本定理，$f(x)$ 有一个复根 c。

情形 1　c 是实数，则 $f(x)$ 在 $\mathbf{R}[x]$ 中有一次因式 $x-c$。由于 $f(x)$ 不可约，因此 $f(x)\sim(x-c)$，从而
$$f(x)=a(x-c),\qquad a\in \mathbf{R}^*.$$

情形 2　c 是虚数，则 $\bar{c}\neq c$。根据定理 1 得，$\bar{c}$ 也是 $f(x)$ 的一个复根，于是在 $\mathbf{C}[x]$ 中
$$(x-c)\mid f(x),\qquad (x-\bar{c})\mid f(x)。$$
由于 $x-c$ 与 $x-\bar{c}$ 互素，因此在 $\mathbf{C}[x]$ 中
$$(x-c)(x-\bar{c})\mid f(x),$$
即
$$x^2-(c+\bar{c})x+c\bar{c}\mid f(x)。$$
由于 $c+\bar{c}$ 与 $c\bar{c}$ 都是实数，且整除性不随数域的扩大而改变，因此在 $\mathbf{R}[x]$ 中
$$x^2-(c+\bar{c})x+c\bar{c}\mid f(x),$$
由于 $f(x)$ 在 $\mathbf{R}[x]$ 中不可约，因此 $f(x)\sim(x^2-(c+\bar{c})x+c\bar{c})$，从而
$$f(x)=a[x^2-(c+\bar{c})x+c\bar{c}],\qquad a\in \mathbf{R}^*。$$
由于 $f(x)$ 有虚根，因此 $f(x)$ 的判别式小于 0。

反之，$\mathbf{R}[x]$ 中任意一个一次多项式都是不可约的；判别式小于 0 的二次多项式由于没有实根，因此没有一次因式，从而也是不可约的。■

从定理 2 和唯一因式分解定理立即得出：

定理 3（实系数多项式唯一因式分解定理）　每一个次数大于 0 的实系数多项式 $f(x)$ 在实数域上都可以唯一地分解成一次因式与判别式小于 0 的二次因式的乘积，即
$$f(x)=a(x-c_1)^{r_1}\cdots(x-c_s)^{r_s}(x^2+p_1x+q_1)^{k_1}\cdots(x^2+p_tx+q_t)^{k_t}, \qquad (1)$$
其中 a 是 $f(x)$ 的首项系数；$c_1,\cdots,c_s$ 是两两不等的实数；$(p_1,q_1),(p_2,q_2),\cdots,(p_t,q_t)$ 是不同的实数对，且满足 $p_i^2-4q_i<0,i=1,2,\cdots,t$；$r_1,\cdots,r_s,k_1,\cdots,k_t$ 都是非负整数。■

从实系数多项式的分解式看出，如果虚数 z 是 $f(x)$ 的一个复根，那么 $\bar{z}$ 也是 $f(x)$ 的一个复根，且它们的重数相同。因此通常我们说：“实系数多项式的虚根共轭成对出现。”由此立即得到：

推论 1　实系数的奇次多项式至少有一个实根。■

下面我们来研究：一个实系数多项式 $f(x)$ 有没有实根？如果有实根，它有多少个不同的实根？$f(x)$ 的所有实根在哪个区间内（即实根的界的问题）？对每一个实根，能否找一个区间包含这个根而不包含其他根（即把实根分离开）？然后我们再去求每个实根的近似值。

先看实系数多项式 $f(x)$ 的实根的界的问题。我们可以更一般地讨论复系数多项式的复根的范围，再由此得出实系数多项式的实根的界。

定理 4　设 $f(x)=a_nx^n+a_{n-1}x^{n-1}+\cdots+a_1x+a_0$ 是一个复系数多项式，其次数 $n\geqslant 1$。令
$$M=\max\{|a_{n-1}|,|a_{n-2}|,\cdots,|a_0|\}, \qquad (2)$$

则当 $|z| \geqslant 1 + \dfrac{M}{|a_n|}$ 时,有

$$| f(z) | > 0。 \tag{3}$$

证明 $\quad | f(z) | = |a_n z^n + a_{n-1} z^{n-1} + \cdots + a_1 z + a_0|$

$$\geqslant |a_n z^n| - |a_{n-1} z^{n-1} + \cdots + a_1 z + a_0|$$

$$\geqslant |a_n| |z|^n - (|a_{n-1}| |z|^{n-1} + \cdots + |a_1| |z| + |a_0|)。$$

当 $|z| > 1$ 时,有

$$|a_{n-1}| |z|^{n-1} + \cdots + |a_1| |z| + |a_0| \leqslant M(|z|^{n-1} + \cdots + |z| + 1)$$

$$= M \frac{1 - |z|^n}{1 - |z|} = M \frac{|z|^n - 1}{|z| - 1} < M \frac{|z|^n}{|z| - 1},$$

$$\frac{M |z|^n}{|z| - 1} \leqslant |a_n| |z|^n \Longleftrightarrow |z| \geqslant 1 + \frac{M}{|a_n|},$$

因此,当 $|z| \geqslant 1 + \dfrac{M}{|a_n|}$ 时,有

$$| f(z) | > |a_n| |z|^n - M \frac{|z|^n}{|z| - 1} \geqslant 0。 \quad ■$$

从定理 4 得出,$f(x)$ 的复根全都在以原点为圆心,以 $1 + \dfrac{M}{|a_n|}$ 为半径的圆内。把这一结论用到实系数多项式上,便得到:

推论 2 设 $f(x) = a_n x^n + a_{n-1} x^{n-1} + \cdots + a_1 x + a_0$ 是一个实系数多项式,其次数 $n \geqslant 1$。令

$$M = \max\{|a_{n-1}|, |a_{n-2}|, \cdots, |a_1|, |a_0|\},$$

则 $f(x)$ 的实根全都在区间 $\left(-1 - \dfrac{M}{|a_n|}, 1 + \dfrac{M}{|a_n|}\right)$ 内。 $\quad ■$

从定理 4 还可以得到:

推论 3 设 $f(x) = a_n x^n + a_{n-1} x^{n-1} + \cdots + a_1 x + a_0$ 是一个次数大于 0 的实系数多项式,则对一切充分大的正数 r,$f(r)$ 的符号与 $a_n r^n$ 的符号一样。 $\quad ■$

例如,设 $f(x) = x^3 - x + 1$,我们有 $M = 1, 1 + \dfrac{M}{|a_n|} = 2$。因此 $f(x)$ 的实根全都在区间 $(-2, 2)$ 内。

注意:求出了一个实系数多项式 $f(x)$ 的实根的界只是表明:如果 $f(x)$ 有实根,那么它的所有实根都在这个区间内,但是不能肯定 $f(x)$ 一定有实根。

如何知道 $f(x)$ 有没有实根?如果存在,实根的个数(不计重数)是多少?如何把实根分离开?对这些问题的第一个令人满意的回答是在 1829 年由 Sturm 给出的。下面我们介绍 Sturm 的方法。先给出一个概念:

定义 1 设 $c_1, c_2, \cdots, c_m$ 是一个非零实数的有限序列。如果 $c_i c_{i+1} < 0$,那么我们说,在第 $i+1$ 项有一个**变号**。这个序列中变号的总数称为它的**变号数**。一个有限的实数序列的变号数定义为去掉这个序列中的 0 以后得到的序列的变号数。

例如,序列 $-2, 0, 1, 0, 0, 3, -4, 5$ 的变号数是 3。

定理 5（Sturm 定理）　设 $f(x)$ 是一个次数大于 0 的实系数多项式,对 $f(x)$ 与 $f'(x)$ 做下述略微修改的辗转相除法:

$$f(x) = q_1(x) f'(x) - f_2(x), \ \deg f_2(x) < \deg f'(x),$$
$$f'(x) = q_2(x) f_2(x) - f_3(x), \deg f_3(x) < \deg f_2(x),$$
$$\cdots \quad \cdots \qquad\qquad \cdots \tag{4}$$
$$f_{s-1}(x) = q_s(x) f_s(x)。$$

由此得到一个多项式序列:

$$f_0 = f, \qquad f_1 = f', \qquad f_2, \qquad \cdots, \qquad f_s。 \tag{5}$$

称序列 (5) 是 $f(x)$ 的**标准序列**。假设区间 $[a, b]$ 使得 $f(a) \neq 0, f(b) \neq 0$,则 $f(x)$ 在区间 (a, b) 内的不同实根的个数等于 $V_a - V_b$,其中 V_c 表示序列 $f_0(c), f_1(c), \cdots, f_s(c)$ 的变号数。

　***证明**　根据 7.3 节的引理得,$f_s(x)$ 是 $f(x)$ 与 $f'(x)$ 的一个最大公因式。令 $g_0(x)$ 是用 $f_s(x)$ 去除 $f(x)$ 所得的商式,则 $g_0(x)$ 没有重因式,且 $g_0(x)$ 与 $f(x)$ 含有完全相同的不可约因式(不计重数),于是 $g_0(x)$ 与 $f(x)$ 含有完全相同的根(不计重数),但 $g_0(x)$ 没有重根。由于 $f_s(x)$ 是 $f(x)$ 与 $f'(x)$ 的一个最大公因式,因此 $f_s(x)$ 也是 $f_i(x)$ 与 $f_{i+1}(x)$ 的一个最大公因式,$i = 0, 1, \cdots, s-1$。令 $g_i(x)$ 是用 $f_s(x)$ 去除 $f_i(x)$ 所得的商式,则从 (4) 式可得

$$g_0(x) = q_1(x) g_1(x) - g_2(x),$$
$$g_1(x) = q_2(x) g_2(x) - g_3(x),$$
$$\cdots \quad \cdots \qquad\qquad \cdots$$
$$g_{s-1}(x) = q_s(x) g_s(x), \tag{6}$$

其中 $g_s(x) = 1$。这样我们从 $f(x)$ 的标准序列 (5) 得到了一个序列:

$$g_0(x), g_1(x), g_2(x), \cdots, g_s(x), \tag{7}$$

称序列 (7) 为 $g_0(x)$ 对于区间 $[a, b]$ 的一个 Sturm 序列,其中 $g_0(a) \neq 0, g_0(b) \neq 0$。序列 (7) 的特点是:$g_0(x)$ 没有重根,且 $g_i(x)$ 与 $g_{i+1}(x)$ 没有公共根(这是因为 $g_s(x) = 1$,从而 $g_i(x)$ 与 $g_{i+1}(x)$ 的首一最大公因式为 1),$i = 0, 1, \cdots, s-1$。要求 $f(x)$ 在区间 (a, b) 内的不同实根的个数,只需求 $g_0(x)$ 在 (a, b) 内的实根的个数即可。我们用 $V_u(g)$ 表示序列

$$g_0(u), g_1(u), \cdots, g_s(u) \tag{8}$$

的变号数,显然 $V_u(g)$ 是 u 的函数,$u \in [a, b]$。如果我们能证明:当 u 从 a 变到 b 时,每经过 $g_0(x)$ 的一个实根,$V_u(g)$ 的值就减少 1,而在其他情况下,$V_u(g)$ 的值保持不变,那么 $g_0(x)$ 在区间 (a, b) 内的实根的个数就等于 $V_a(g) - V_b(g)$。由于 $f_i(x) = g_i(x) f_s(x)$,因此 $f_i(c) = g_i(c) f_s(c)$,$\forall c \in \mathbf{R}$。于是序列 $f_0(a), f_1(a), \cdots, f_s(a)$ 与序列 $g_0(a)$,$g_1(a), \cdots, g_s(a)$ 的变号数相等;序列 $f_0(b), f_1(b), \cdots, f_s(b)$ 与序列 $g_0(b), g_1(b), \cdots$,$g_s(b)$ 的变号数相等。从而 $V_a = V_a(g), V_b = V_b(g)$,因此 $V_a(g) - V_b(g) = V_a - V_b$。

　　由于序列 (8) 涉及多项式 $g_0(x), g_1(x), \cdots, g_s(x)$ 在 u 处的值,而计算实数序列的变号数需要事先把其中的 0 去掉,因此我们必须考虑多项式 $g_0(x), g_1(x), \cdots, g_s(x)$ 在 (a, b) 内的全部实根,把它们按由小到大的顺序排列成:$c_1 < c_2 < \cdots < c_m$,并且令 $c_0 = a, c_{m+1} = b$,于是区间 (a, b) 包含 $m+1$ 个小区间

$$(c_0,c_1),(c_1,c_2),\cdots,(c_m,c_{m+1})。$$

由于在小区间 (c_i,c_{i+1}) 内没有 $g_0(x),g_1(x),\cdots,g_s(x)$ 的实根,因此据 Weierstrass 关于连续函数的零点定理得,每一个多项式 $g_j(x)(j=0,1,\cdots,s)$ 在小区间 (c_i,c_{i+1}) 内的值保持相同的符号,$i=0,1,\cdots,m$。于是对于 (c_i,c_{i+1}) 内任意两点 u_1,u_2,有 $V_{u_1}(g)=V_{u_2}(g)$,即当 u 跑遍 (c_i,c_{i+1}) 内每一点时,$V_u(g)$ 的值保持不变,$i=0,1,\cdots,m$。也容易证明:当 u 跑遍 $[a,c_1)$ 的每一点时,$V_u(g)$ 的值保持不变。

证明如下:设 $u\in(a,c_1)$,我们来证 $V_u(g)=V_a(g)$。如果 a 不是序列 $g_0(x),g_1(x),\cdots,g_s(x)$ 中任何一个多项式的根,那么每个 $g_j(x)$ 在区间 $[a,u]$ 上没有根。同上面的道理得,$V_a(g)=V_u(g)$。现在假设 a 是某个多项式 $g_k(x)$ 的根,显然 $0<k<s$。因为

$$g_{k-1}(x)=q_k(x)g_k(x)-g_{k+1}(x), \tag{9}$$

并且 $g_{k-1}(x)$ 与 $g_k(x)$ 没有公共根,$g_k(x)$ 与 $g_{k+1}(x)$ 没有公共根,所以由(9)式得,$g_{k-1}(a)g_{k+1}(a)<0$。因为在区间 $[a,c_1)$ 上 $g_{k-1}(x)$ 与 $g_{k+1}(x)$ 都没有根,所以 $g_{k-1}(a)$ 与 $g_{k-1}(u)$ 同号,$g_{k+1}(a)$ 也与 $g_{k+1}(u)$ 同号,从而 $g_{k-1}(u)g_{k+1}(u)<0$。于是数列 $g_{k-1}(a),0,g_{k+1}(a)$ 的变号数是 1;数列 $g_{k-1}(u),g_k(u),g_{k+1}(u)$ 的变号数也是 1。由此推出 $V_a(g)=V_u(g)$。同理,u 跑遍 $(c_m,b]$ 的每一点时,$V_u(g)$ 的值保持不变,因此我们只需要考察 u 经过 $c_i(i=1,2,\cdots,m)$ 时,$V_u(g)$ 的值如何改变。

情形 1　c_i 不是 $g_0(x)$ 的根,则 c_i 是某个 $g_k(x)$ 的根,其中 $0<k<s$。在 (c_{i-1},c_i) 内任取一点 u_1,同上面的道理得出,$V_{u_1}(g)=V_{c_i}(g)$。在 (c_i,c_{i+1}) 内任取一点 u_2,同理有 $V_{c_i}(g)=V_{u_2}(g)$,因此当 u 经过 c_i 时,$V_u(g)$ 的值保持不变。

情形 2　c_i 是 $g_0(x)$ 的根,由于 $g_0(x)$ 与 $g_1(x)$ 没有公共根,因此 c_i 不是 $g_1(x)$ 的根,从而 $g_1(x)$ 在 (c_{i-1},c_{i+1}) 内没有根,于是 $g_1(x)$ 在 (c_{i-1},c_{i+1}) 内的值保持相同的符号。由于 c_i 是 $g_0(x)$ 的单根,因此

$$g_0(x)=(x-c_i)p(x),p(c_i)\neq 0。 \tag{10}$$

在 (c_{i-1},c_i) 内取一点 u_1,在 (c_i,c_{i+1}) 内取一点 u_2,使得 $p(x)$ 在 $[u_1,u_2]$ 上没有实根,于是 $p(x)$ 在 $[u_1,u_2]$ 上的值保持相同的符号,即与 $p(c_i)$ 同号。由于 $g_0(u_1)$ 与 $p(u_1)$ 反号,因此 $g_0(u_1)$ 与 $p(c_i)$ 反号;由于 $g_0(u_2)$ 与 $p(u_2)$ 同号,因此 $g_0(u_2)$ 与 $p(c_i)$ 同号。设 c_i 是 $f(x)$ 的 l 重根,由于

$$f(x)=g_0(x)f_s(x)=(x-c_i)p(x)f_s(x),$$

因此 $f_s(x)=(x-c_i)^{l-1}k(x)$,其中 $k(c_i)\neq 0$,从而 $f(x)=(x-c_i)^l p(x)k(x)$。于是有

$$f'(x)=l(x-c_i)^{l-1}p(x)k(x)+(x-c_i)^l(p(x)k(x))'$$
$$=lp(x)f_s(x)+(x-c_i)^l(p(x)k(x))'。$$

由于 $f_s(x)\mid f'(x)$,因此 $f_s(x)\mid(x-c_i)^l(p(x)k(x))'$,从而 $k(x)\mid(x-c_i)(p(x)k(x))'$。由于 $k(c_i)\neq 0$,因此 $k(x)\mid(p(x)k(x))'$,从而 $(p(x)k(x))'=m(x)k(x)$。由于 $f'(x)=g_1(x)f_s(x)$,因此

$$g_1(x)=lp(x)+(x-c_i)m(x),$$

于是 $g_1(c_i)$ 与 $p(c_i)$ 同号,从而 $g_1(u_1),g_1(u_2)$ 都与 $p(c_i)$ 同号。因此 $g_0(u_1)g_1(u_1)<0$,$g_0(u_2)g_1(u_2)>0$。于是数列 $g_0(u_1),g_1(u_1)$ 的变号数是 1;而数列 $g_0(u_2),g_1(u_2)$ 的变号数为 0。c_i 当然也有可能是序列 $g_0,g_1,\cdots,g_s$ 的中间某些多项式 $g_k(0<k<s)$ 的根。此

时根据与情形 1 前面一段的论述同样的理由得,数列 $g_{k-1}(u_1),g_k(u_1),g_{k+1}(u_1)$ 的变号数与数列 $g_{k-1}(u_2),g_k(u_2),g_{k+1}(u_2)$ 的变号数相同,因此 $V_{u_1}(g)-V_{u_2}(g)=1$,即当 u 经过 $g_0(x)$ 的一个根 c_i 时,$V_u(g)$ 的值减少 1。至此我们完成了 Sturm 定理的证明。■

　　Sturm 定理既能求出一个实系数多项式 $f(x)$ 的不同实根的个数,又能把实根分离开(见本节的典型例题的例 7、例 8 和例 9)。当把实根分离开后,如果想进一步求出实根的近似值,那么可以用计算机来计算。有关求实根近似值的算法在计算数学的书中可以找到,这里就不赘述了。

7.7.2　典型例题

　　例 1　求多项式 x^n-1 在实数域上的标准分解式。

　　解　记 $\xi=\mathrm{e}^{\mathrm{i}\frac{2\pi}{n}}$。根据 7.6 节的例 12,在 $\mathbf{C}[x]$ 中,有
$$x^n-1=(x-1)(x-\xi)\cdots(x-\xi^{n-1}),\tag{11}$$
当 $0<k<n$ 时,有 $\xi^k\xi^{n-k}=1$,由于 $\xi^k\overline{\xi^k}=|\xi^k|^2=1$,因此 $\overline{\xi^k}=\xi^{n-k}$,从而 $\xi^k+\xi^{n-k}=2\cos\dfrac{2k\pi}{n}$。

　　情形 1　$n=2m+1$。此时有
$$\begin{aligned}
x^{2m+1}-1&=(x-1)(x-\xi)(x-\xi^{2m})\cdots(x-\xi^m)(x-\xi^{m+1})\\
&=(x-1)\left(x^2-2x\cos\frac{2\pi}{2m+1}+1\right)\cdots\left(x^2-2x\cos\frac{2m\pi}{2m+1}+1\right)\\
&=(x-1)\prod_{k=1}^{m}\left(x^2-2x\cos\frac{2k\pi}{2m+1}+1\right)。
\end{aligned}\tag{12}$$

　　情形 2　$n=2m$。此时有 $\xi^m=\mathrm{e}^{\mathrm{i}\frac{2m\pi}{2m}}=\mathrm{e}^{\mathrm{i}\pi}=-1$,从而
$$\begin{aligned}
x^{2m}-1&=(x-1)(x-\xi)(x-\xi^{2m-1})\cdots(x-\xi^{m-1})(x-\xi^{m+1})(x-\xi^m)\\
&=(x-1)\left(x^2-2x\cos\frac{2\pi}{2m}+1\right)\cdots\left(x^2-2x\cos\frac{2(m-1)\pi}{2m}+1\right)(x+1)\\
&=(x-1)(x+1)\prod_{k=1}^{m-1}\left(x^2-2x\cos\frac{k\pi}{m}+1\right)。
\end{aligned}\tag{13}$$

　　例 2　求多项式 x^n+1 分别在复数域上和实数域上的标准分解式。

　　解　先求 x^n+1 的全部复根。
$$z=r(\cos\theta+\mathrm{i}\sin\theta)\text{ 是 }x^n+1\text{ 的复根}$$
$$\Longleftrightarrow\quad r^n(\cos n\theta+\mathrm{i}\sin n\theta)=\cos\pi+\mathrm{i}\sin\pi$$
$$\Longleftrightarrow\quad r^n=1\text{ 且 }n\theta=\pi+2k\pi,k\in\mathbf{Z}$$
$$\Longleftrightarrow\quad r=1\text{ 且 }\theta=\frac{(2k+1)\pi}{n},k\in\mathbf{Z}$$
$$\Longleftrightarrow\quad z=\cos\frac{(2k+1)\pi}{n}+\mathrm{i}\sin\frac{(2k+1)\pi}{n},k\in\mathbf{Z}。$$

　　令
$$w_k=\mathrm{e}^{\mathrm{i}\frac{(2k+1)\pi}{n}},\qquad k=0,1,2,\cdots,n-1,$$
易证 $w_0,w_1,\cdots,w_{n-1}$ 两两不等,从而它们是 x^n+1 的全部复根,因此 x^n+1 在 $\mathbf{C}[x]$ 中的标准分解式为

$$x^n + 1 = (x - w_0)(x - w_1)\cdots(x - w_{n-1})。 \tag{14}$$

当 $0 \leqslant k < n$ 时,有

$$w_k w_{n-k-1} = \mathrm{e}^{\mathrm{i}\frac{(2k+1)\pi + [2(n-k-1)+1]\pi}{n}} = 1,$$

从而 $\overline{w_k} = w_{n-k-1}$,于是

$$w_k + w_{n-k-1} = 2\cos\frac{(2k+1)\pi}{n}。$$

情形 1　$n = 2m+1$。此时有

$$w_m = \mathrm{e}^{\mathrm{i}\frac{(2m+1)\pi}{2m+1}} = -1,$$

从而在 $\mathbf{R}[x]$ 中 $x^{2m+1}+1$ 的标准分解式为

$$\begin{aligned}
x^{2m+1} + 1 &= (x-w_0)(x-w_{2m})\cdots(x-w_{m-1})(x-w_{m+1})(x-w_m) \\
&= \left(x^2 - 2x\cos\frac{\pi}{2m+1} + 1\right)\cdots\left(x^2 - 2x\cos\frac{(2m-1)\pi}{2m+1} + 1\right)(x+1) \\
&= (x+1)\prod_{k=1}^{m}\left(x^2 - 2x\cos\frac{(2k-1)\pi}{2m+1} + 1\right)。
\end{aligned} \tag{15}$$

情形 2　$n = 2m$。此时在 $\mathbf{R}[x]$ 中 $x^{2m}+1$ 的标准分解式为

$$\begin{aligned}
x^{2m} + 1 &= (x-w_0)(x-w_{2m-1})\cdots(x-w_{m-2})(x-w_{m+1})(x-w_{m-1})(x-w_m) \\
&= \left(x^2 - 2x\cos\frac{\pi}{2m} + 1\right)\cdots\left(x^2 - 2x\cos\frac{(2m-3)\pi}{2m} + 1\right)\cdot \\
&\quad \left(x^2 - 2x\cos\frac{(2m-1)\pi}{2m} + 1\right) \\
&= \prod_{k=1}^{m}\left(x^2 - 2x\cos\frac{(2k-1)\pi}{2m} + 1\right)。
\end{aligned} \tag{16}$$

例 3　证明:

$$\cos\frac{\pi}{2m+1}\cos\frac{2\pi}{2m+1}\cdots\cos\frac{m\pi}{2m+1} = \frac{1}{2^m}。 \tag{17}$$

证明　在例 1 的公式(12)中,x 用 -1 代入,得

$$-2 = -2\prod_{k=1}^{m}\left(2 + 2\cos\frac{2k\pi}{2m+1}\right),$$

从而

$$\frac{1}{2^m} = \prod_{k=1}^{m}\left(1 + \cos\frac{2k\pi}{2m+1}\right) = \prod_{k=1}^{m} 2\cos^2\frac{k\pi}{2m+1}。$$

由此得出

$$\frac{1}{2^m} = \prod_{k=1}^{m}\cos\frac{k\pi}{2m+1}。 \qquad\blacksquare$$

例 4　证明:

$$\sin\frac{\pi}{2m}\sin\frac{2\pi}{2m}\cdots\sin\frac{(m-1)\pi}{2m} = \frac{\sqrt{m}}{2^{m-1}}。 \tag{18}$$

证明　从例 1 的公式(13)以及下式

$$x^{2m} - 1 = (x^2 - 1)(x^{2(m-1)} + x^{2(m-2)} + \cdots + x^4 + x^2 + 1),$$

得

$$x^{2(m-1)} + x^{2(m-2)} + \cdots + x^4 + x^2 + 1 = \prod_{k=1}^{m-1}\left(x^2 - 2x\cos\frac{k\pi}{m} + 1\right)。$$

x 用 1 代入,从上式得

$$m = \prod_{k=1}^{m-1}\left(2-2\cos\frac{k\pi}{m}\right),$$

于是

$$\frac{m}{2^{m-1}} = \prod_{k=1}^{m-1}\left(1-\cos\frac{k\pi}{m}\right) = \prod_{k=1}^{m-1}2\sin^2\frac{k\pi}{2m},$$

由此得出

$$\frac{\sqrt{m}}{2^{m-1}} = \prod_{k=1}^{m-1}\sin\frac{k\pi}{2m}.$$　■

例 5　设 A 是实数域上的 n 级斜对称矩阵,证明:如果 A 可逆,那么 A 的特征多项式 $f(\lambda)$ 的不可约因式都是二次的。

证明　根据本套书上册 5.7 节的例 7,$f(\lambda)$ 的复根是 0 或纯虚数。如果 A 可逆,那么 $f(\lambda)$ 的复根都是纯虚数。因此 $f(\lambda)$ 的不可约因式都是二次的。　■

例 6　设实系数多项式 $f(x) = x^3 + a_2 x^2 + a_1 x + a_0$ 的 3 个复根都是实数,证明:$a_2^2 \geqslant 3a_1$。

证明　设 $f(x)$ 的 3 个复根为实数 c_1, c_2, c_3,则

$$\begin{aligned}
0 \leqslant\ & (c_1-c_2)^2 + (c_2-c_3)^2 + (c_3-c_1)^2 \\
=\ & 2(c_1^2+c_2^2+c_3^2) - 2(c_1 c_2 + c_2 c_3 + c_3 c_1) \\
=\ & 2[(c_1+c_2+c_3)^2 - 2c_1 c_2 - 2c_1 c_3 - 2c_2 c_3] - 2(c_1 c_2 + c_2 c_3 + c_3 c_1) \\
=\ & 2(c_1+c_2+c_3)^2 - 6(c_1 c_2 + c_1 c_3 + c_2 c_3) \\
=\ & 2(-a_2)^2 - 6a_1,
\end{aligned}$$

从而 $a_2^2 \geqslant 3a_1$。　■

例 7　求 $f(x) = x^3 - x + 1$ 的不同实根的个数。

解　在 7.7 节的推论 3 后面,我们已求出了 $f(x)$ 的实根都在区间 $(-2,2)$ 内,因此只需求 $f(x)$ 在 $(-2,2)$ 内有多少个不同的实根即可。

对 $f(x)$ 和 $f'(x) = 3x^2 - 1$ 做略微修改的辗转相除法,即把每次得到的余式反号以后去除除式

	$f'(x)$		$f(x)$		
$\dfrac{9}{2}x + \dfrac{27}{4}$	$3x^2$	-1	x^3	$-x+1$	$\dfrac{1}{3}x$
	$3x^2 - \dfrac{9}{2}x$		x^3	$-\dfrac{1}{3}x$	
	$\dfrac{9}{2}x - 1$			$-\dfrac{2}{3}x + 1$	
	$\dfrac{9}{2}x - \dfrac{27}{4}$		$f_2(x) = \dfrac{2}{3}x - 1$		
	$\dfrac{23}{4}$				
	$f_3(x) = -\dfrac{23}{4}$				

于是 $f(x)$ 的标准序列为

$$f_0 = x^3 - x + 1, \quad f_1 = 3x^2 - 1, \quad f_2 = \frac{2}{3}x - 1, \quad f_3 = -\frac{23}{4},$$

从 $f_3 = -\frac{23}{4}$ 知道,$(f(x), f'(x)) = 1$,因此 $f(x)$ 没有重根。现在来计算 $f(x)$ 的标准序列在 -2 与 2 处的变号数

	f_0	f_1	f_2	f_3
-2	$-$	$+$	$-$	$-$
2	$+$	$+$	$+$	$-$

于是 $V_{-2} = 2, V_2 = 1$,从而 $f(x)$ 在 $(-2, 2)$ 内的不同实根的个数等于 $V_{-2} - V_2 = 1$。由于 $f(x)$ 没有重根,因此 $f(x)$ 的实根的总数为 1。

例 8 对于例 7 的 $f(x)$,求出它的实根所在的区间,使区间的长度小于 $\frac{1}{2}$。

解 从例 7 知道,$f(x)$ 的唯一的实根在 $(-2, 2)$ 内。先求 $f(x)$ 的标准序列在此区间的中点处的变号数:$V_0 = 1$。于是 $f(x)$ 的实根在 $(-2, 0)$ 内,接着求 $f(x)$ 的标准序列在 $(-2, 0)$ 的中点处的变号数:$V_{-1} = 1$。于是 $f(x)$ 的实根在 $(-2, -1)$ 内,再求 $f(x)$ 的标准序列在区间 $(-2, -1)$ 的中点处的变号数:$V_{-\frac{3}{2}} = 2$,因此 $f(x)$ 的唯一实根在 $(-\frac{3}{2}, -1)$ 内。

例 9 求 $f(x) = x^3 - 7x - 7$ 的不同实根的个数,并且把这些实根分离开,使得每个实根所在区间的长度小于 $\frac{1}{2}$。

解 $M = \max\{0, 7, 7\} = 7, -1 - \frac{M}{|a_3|} = -8, 1 + \frac{M}{|a_3|} = 8$,于是 $f(x)$ 的实根都在区间 $(-8, 8)$ 内。

对 $f(x)$ 和 $f'(x) = 3x^2 - 7$ 作略加修改的辗转相除法,得到 $f(x)$ 的标准序列:

$$f_0 = x^3 - 7x - 7, \quad f_1 = 3x^2 - 7, \quad f_2 = \frac{14}{3}x + 7, \quad f_3 = \frac{1}{4},$$

从 $f_3 = \frac{1}{4}$ 知道,$(f(x), f'(x)) = 1$,因此 $f(x)$ 没有重根。

	f_0	f_1	f_2	f_3	变号数
-8	$-$	$+$	$-$	$+$	3
8	$+$	$+$	$+$	$+$	0

于是 $V_{-8} = 3, V_8 = 0$,从而 $f(x)$ 有 3 个不同的实根。

为了把 $f(x)$ 的 3 个实根分离开,我们相继求 $f(x)$ 的标准序列在区间中点处的变号数。每求一次,都要选择合适的小区间。

	f_0	f_1	f_2	f_3	变号数
0	−	−	+	+	1
4	+	+	+	+	0
2	−	+	+	+	1
3	−	+	+	+	1
$\dfrac{7}{2}$	+	+	+	+	0

于是在 $\left(3,\dfrac{7}{2}\right)$ 有 $f(x)$ 的一个实根。

	f_0	f_1	f_2	f_3	变号数
-4	−	+	−	+	3
-2	−	+	−	+	3
-1	−	−	+	+	1
$-\dfrac{3}{2}$	−	+	0	+	1
$-\dfrac{7}{4}$	−	−	−	+	3
$-\dfrac{13}{8}$	+	+	−	+	2

于是 $f(x)$ 的另外两个实根分别在 $\left(-\dfrac{7}{4},-\dfrac{13}{8}\right),\left(-\dfrac{13}{8},-\dfrac{3}{2}\right)$ 内。

例 10　设 $f(x)$ 是实系数多项式,其次数 $n\geqslant 2$,证明:如果对任意 $t\in\mathbf{R}$ 都有 $f(t)\geqslant 0$,那么存在两个实系数多项式 $g(x),h(x)$,使得

$$f(x)=g^2(x)+h^2(x).$$

证明　把 $f(x)$ 因式分解,得

$$f(x)=a(x-c_1)^{r_1}\cdots(x-c_s)^{r_s}(x^2+p_1x+q_1)^{k_1}\cdots(x^2+p_mx+q_m)^{k_m},\quad(19)$$

其中 $c_1,\cdots,c_s$ 是两两不等的实数;$(p_1,q_1),\cdots,(p_m,q_m)$ 是不同的实数对,且满足 $p_i^2-4q_i<0,i=1,2,\cdots,m;r_1,\cdots,r_s,k_1,\cdots,k_m$ 都是非负整数。由于 $f(t)\geqslant 0,\forall t\in\mathbf{R}$,因此 $a>0$,且 $r_1,\cdots,r_s$ 都是偶数(假如有 r_j 是奇数,则可以找到 t 使得 $f(t)<0$ 矛盾)。设 $r_i=2r_i'$,则

$$f(x)=a(x^2-2c_1x+c_1^2)^{r_1'}\cdots(x^2-2c_sx+c_s^2)^{r_s'}\cdot$$

$$(x^2+p_1x+q_1)^{k_1}\cdots(x^2+p_mx+q_m)^{k_m},\quad(20)$$

则(20)式中出现的二次多项式都形如 x^2+bx+c,其中 $b^2-4c\leqslant 0$。用待定系数法可以证明这种二次多项式可以表示成

$$x^2+bx+c=(d_1x+e_1)^2+(d_2x+e_2)^2,\quad(21)$$

分别比较二次项、一次项的系数以及常数项,得

$$1 = d_1^2 + d_2^2, \tag{22}$$
$$b = 2d_1e_1 + 2d_2e_2, \tag{23}$$
$$c = e_1^2 + e_2^2 。 \tag{24}$$

取 $d_1 = \dfrac{1}{2}, d_2 = \dfrac{\sqrt{3}}{2}$，则 $d_1^2 + d_2^2 = 1$，代入(23)式，得

$$b = e_1 + \sqrt{3}\,e_2, \tag{25}$$

从(25)式得，$e_1 = b - \sqrt{3}\,e_2$，代入(24)式得

$$c = b^2 - 2\sqrt{3}\,be_2 + 4e_2^2, \tag{26}$$

从(26)式可以看出，e_2 应当是二次方程

$$4y^2 - 2\sqrt{3}\,by + b^2 - c = 0 \tag{27}$$

的实根。由于二次方程(27)的判别式

$$\Delta = (-2\sqrt{3}\,b)^2 - 4 \cdot 4(b^2 - c) = 4(4c - b^2) \geqslant 0,$$

因此方程(27)有实根，从而可解得 e_2，进而可求出 e_1，所以(21)式的确成立。

设 $f_1(x) = g_1^2(x) + h_1^2(x), f_2(x) = g_2^2(x) + h_2^2(x)$，则

$$
\begin{aligned}
f_1(x)f_2(x) &= [g_1^2(x) + h_1^2(x)][g_2^2(x) + h_2^2(x)] \\
&= \begin{vmatrix} g_1(x) & -h_1(x) \\ h_1(x) & g_1(x) \end{vmatrix} \cdot \begin{vmatrix} g_2(x) & -h_2(x) \\ h_2(x) & g_2(x) \end{vmatrix} \\
&= \begin{vmatrix} g_1(x)g_2(x) - h_1(x)h_2(x) & -g_1(x)h_2(x) - h_1(x)g_2(x) \\ h_1(x)g_2(x) + g_1(x)h_2(x) & -h_1(x)h_2(x) + g_1(x)g_2(x) \end{vmatrix} \\
&= [g_1(x)g_2(x) - h_1(x)h_2(x)]^2 + [g_1(x)h_2(x) + h_1(x)g_2(x)]^2 。
\end{aligned}
$$

用数学归纳法可以证明：若 $f_i(x) = g_i^2(x) + h_i^2(x), i = 1, 2, \cdots, v$，则存在 $g(x), h(x) \in \mathbf{R}[x]$，使得

$$f_1(x)f_2(x)\cdots f_v(x) = g^2(x) + h^2(x),$$

于是由(20)式和(21)式得，存在 $g(x), h(x) \in \mathbf{R}[x]$，使得

$$f(x) = g^2(x) + h^2(x) 。$$

点评：证明例 10 的关键是把 $f(x)$ 分解成实系数不可约多项式的乘积，并且从已知条件推出 $f(x)$ 的一次因式的幂指数应当都是偶数，从而 $f(x)$ 可分解成二次多项式的方幂的乘积，其中每个二次因式都形如 $x^2 + bx + c$，且满足 $b^2 - 4c \leqslant 0$。然后对 $x^2 + bx + c$（其中 $b^2 - 4c \leqslant 0$）很容易用待定系数法证明它可以表示成两个一次多项式的平方和，最后可证得所要求的结论。

习题 7.7

1. 设 $a \in \mathbf{R}^*$，求多项式 $x^n - a^n$ 在实数域上的标准分解式。

2. 设 $a \in \mathbf{R}^*$，求多项式 $x^n + a^n$ 在实数域上的标准分解式。

3. 证明：$\displaystyle\prod_{k=1}^{m-1} \cos \frac{k\pi}{2m} = \frac{\sqrt{m}}{2^{m-1}}$。

4. 证明：$\displaystyle\prod_{k=1}^{m} \sin \frac{(2k-1)\pi}{2(2m+1)} = \frac{1}{2^m}$。

5. 证明：$\displaystyle\prod_{k=1}^{m}\sin\frac{k\pi}{2m+1}=\frac{\sqrt{2m+1}}{2^m}$。　6. 证明：$\displaystyle\prod_{k=1}^{m}\cos\frac{(2k-1)\pi}{2(2m+1)}=\frac{\sqrt{2m+1}}{2^m}$。

7. 证明：$\displaystyle\prod_{k=1}^{m}\sin\frac{(2k-1)\pi}{4m}=\frac{\sqrt{2}}{2^m}$。　8. 证明：$\displaystyle\prod_{k=1}^{m}\cos\frac{(2k-1)\pi}{4m}=\frac{\sqrt{2}}{2^m}$。

9. 求 $f(x)=x^4+12x^2+5x-9$ 的不同实根的个数，并且把这些实根分离开，使得每个实根所在区间的长度小于 1。

10. 求 $f(x)=x^3-5x^2+8x-8$ 的不同实根的个数，以及这些根在哪些相邻的整数之间。

7.8　有理数域上的不可约多项式

7.8.1　内容精华

有理数域上的不可约多项式有哪些？如何判别一个有理系数多项式是否不可约？本节就来讨论这些问题。

设 $f(x)\in\mathbf{Q}[x]$，由于 $f(x)$ 与它的相伴元只相差一个非零有理数因子，因此 $f(x)$ 与它的相伴元在有理数域上有相同的因式，从而 $f(x)$ 在 $\mathbf{Q}$ 上不可约当且仅当它的相伴元在 $\mathbf{Q}$ 上不可约。这样我们就可以从 $f(x)$ 的相伴元中选择一个最简单的多项式作为代表研究它的不可约性。这个代表很自然地可以如下选取：例如，$f(x)=\dfrac{1}{2}x^3+\dfrac{1}{3}x^2-2x+1=\dfrac{1}{6}(3x^3+2x^2-12x+6)$，显然，$3x^3+2x^2-12x+6$ 就是与 $f(x)$ 相伴的最简单的多项式。一般地，设 $f(x)$ 的各项系数的分母的最小公倍数为 m，则 $f(x)=\dfrac{1}{m}mf(x)$，其中 $mf(x)$ 的各项系数都为整数。设 $mf(x)$ 的各项系数的最大公因数为 d，则 $mf(x)=d\dfrac{m}{d}f(x)$，其中 $\dfrac{m}{d}f(x)$ 的各项系数的最大公因数为 ±1，于是 $\dfrac{m}{d}f(x)$ 就是与 $f(x)$ 相伴的最简单的多项式。由此抽象出本原多项式的概念。

一、本原多项式

定义 1　一个非零的整系数多项式 $g(x)$，如果它的各项系数的最大公因数只有 ±1，那么称 $g(x)$ 是一个**本原多项式**。

从前文知道，任何一个非零的有理系数多项式 $f(x)$ 都与一个本原多项式相伴 $\left(\dfrac{m}{d}f(x)\right.$ 就是一个本原多项式$\left.\right)$。进一步可以证明：与 $f(x)$ 相伴的本原多项式在相差一个正负号下是唯一的。证明如下：

设 $f(x)=rg(x)=sh(x)$，其中 $g(x),h(x)$ 都是本原多项式，$r,s\in\mathbf{Q}^*$，则 $g(x)=\dfrac{s}{r}h(x)$。设 $\dfrac{s}{r}=\dfrac{q}{p}$，其中 $p,q\in\mathbf{Z}$，且 $(p,q)=1$，

则
$$pg(x)=qh(x)。$$

设
$$g(x)=\sum_{i=0}^{n}b_ix^i,\qquad h(x)=\sum_{i=0}^{n}c_ix^i,$$

则
$$p\sum_{i=0}^{n}b_ix^i=q\sum_{i=0}^{n}c_ix^i,$$

从而
$$pb_i=qc_i,i=0,1,\cdots,n,$$

于是
$$q\,|\,pb_i,i=0,1,\cdots,n。$$

由于 $(q,p)=1$,因此
$$q\,|\,b_i,i=0,1,\cdots,n。$$

由于 $g(x)$ 本原,因此 $q=\pm1$。同理可证 $p=\pm1$,于是 $g(x)=\pm h(x)$。

从上述结论立即得到本原多项式的第一条性质:

性质 1 两个本原多项式 $g(x)$ 与 $h(x)$ 在 $\mathbf{Q}[x]$ 中相伴当且仅当 $g(x)=\pm h(x)$。 ■

由于任何一个次数大于 0 的有理系数多项式都与一个本原多项式相伴,因此我们只需要去研究本原多项式是否不可约。由于因式分解涉及乘法,因此自然要问:两个本原多项式的乘积是否还是本原多项式? 下面的性质 2 回答了这个问题。

性质 2 (高斯 (Gauss) 引理) 两个本原多项式的乘积还是本原多项式。

证明 设
$$f(x)=a_nx^n+\cdots+a_1x+a_0,$$
$$g(x)=b_mx^m+\cdots+b_1x+b_0$$

是两个本原多项式。设
$$h(x)=f(x)g(x)=c_{n+m}x^{n+m}+\cdots+c_1x+c_0,$$

其中 $c_s=\sum_{i+j=s}a_ib_j,s=0,1,\cdots,n+m$。

假如 $h(x)$ 不是本原多项式,则存在一个素数 p,使得
$$p\,|\,c_s,\qquad s=0,1,2,\cdots,n+m,$$

由于 $f(x)$ 是本原多项式,因此 p 不能同时整除 $f(x)$ 的每一项的系数。于是存在 $k(0\leqslant k\leqslant n)$ 满足
$$p\,|\,a_0,p\,|\,a_1,\cdots,p\,|\,a_{k-1},p\nmid a_k。\qquad(1)$$

由于 $g(x)$ 是本原的,因此存在 $l(0\leqslant l\leqslant m)$ 满足
$$p\,|\,b_0,p\,|\,b_1,\cdots,p\,|\,b_{l-1},p\nmid b_l。\qquad(2)$$

考虑 $h(x)$ 的 $k+l$ 次项的系数:
$$c_{k+l}=a_{k+l}b_0+\cdots+a_{k+1}b_{l-1}+a_kb_l+a_{k-1}b_{l+1}+\cdots+a_0b_{k+l}。$$

由(1)、(2)两式以及 $p\,|\,c_{k+l}$ 得,$p\,|\,a_kb_l$。由于 p 是素数,因此 $p\,|\,a_k$ 或 $p\,|\,b_l$,矛盾,于是 $h(x)$ 是本原多项式。 ■

要寻找本原多项式不可约的充分条件,不太容易直接找出。我们可以反过来思考:从一个本原多项式可约能够推出什么样的结论? 从不可约多项式的等价条件得出,如果一个次数大于 0 的本原多项式可约,那么它可以分解成两个次数较低的有理系数多项式的乘积。从高斯引理可以进一步直觉判断它可以分解成两个次数较低的本原多项式的乘积,于是我们猜测有下述性质 3:

性质 3 一个次数大于 0 的本原多项式 $g(x)$ 在 $\mathbf{Q}$ 上可约当且仅当 $g(x)$ 能分解成两

个次数较低的本原多项式的乘积。

证明 充分性是显然的,下面证必要性。设本原多项式 $g(x)$ 在 **Q** 上可约,则存在 $g_i(x)\in\mathbf{Q}[x],i=1,2,$ 使得

$$g(x) = g_1(x)g_2(x), \qquad \deg g_i(x) < \deg g(x), i=1,2。$$

设 $g_i(x)=r_ih_i(x)$,其中 $r_i\in\mathbf{Q}^*$,$h_i(x)$ 是本原多项式,$i=1,2,$ 则

$$g(x) = r_1r_2h_1(x)h_2(x),$$

由于 $h_1(x)h_2(x)$ 也是本原多项式,因此 $r_1r_2=\pm1$,从而 $g(x)=\pm h_1(x)h_2(x)$。显然 $\deg h_i(x)=\deg g_i(x)<\deg g(x),i=1,2$。必要性得证。∎

下述性质 4 给出了本原多项式组成的集合的结构。

性质 4 每一个次数大于 0 的本原多项式 $g(x)$ 可以唯一地分解成 **Q** 上不可约的本原多项式的乘积。唯一性是指,假如 $g(x)$ 有两个这样的分解式:

$$g(x) = p_1(x)p_2(x)\cdots p_s(x), g(x) = q_1(x)q_2(x)\cdots q_t(x),$$

则 $s=t$,且适当排列因式的次序后,有

$$p_i(x) = \pm q_i(x), \quad i=1,2,\cdots,s。$$

证明 可分解性由性质 3 得到。唯一性由 $\mathbf{Q}[x]$ 中的唯一因式分解定理的唯一性以及性质 1 立即得到。∎

利用性质 3 可以得到整系数多项式在 **Q** 上可约的充分必要条件:

推论 1 一个次数大于 0 的整系数多项式 $f(x)$ 在 **Q** 上可约当且仅当 $f(x)$ 能分解成两个次数较低的整系数多项式的乘积。

证明 充分性是显然的,下面证必要性。设 $f(x)=r\,g(x)$,其中 $g(x)$ 是本原多项式,$r\in\mathbf{Z}$。由于 $f(x)$ 在 **Q** 上可约,因此 $g(x)$ 在 **Q** 上可约。根据性质 3 得,$g(x)=h_1(x)h_2(x)$,其中 $h_i(x)$ 是本原多项式,且 $\deg h_i(x)<\deg g(x),i=1,2$,从而 $f(x)=[r\,h_1(x)]h_2(x)$。这表明 $f(x)$ 分解成了两个次数较低的整系数多项式的乘积。∎

二、整系数多项式的有理根

一个次数大于 1 的整系数多项式 $f(x)$ 如果有一次因式,那么 $f(x)$ 可约,因此次数大于 1 的整系数多项式 $f(x)$ 在 $\mathbf{Q}[x]$ 上不可约的必要条件是 $f(x)$ 没有一次因式,而 $f(x)$ 有一次因式当且仅当 $f(x)$ 在 **Q** 中有根。下面先来研究一下整系数多项式在 **Q** 中有根的必要条件。

定理 1 设 $f(x)=a_nx^n+a_{n-1}x^{n-1}+\cdots+a_1x+a_0$ 是一个次数 n 大于 0 的整系数多项式,如果 $\frac{q}{p}$ 是 $f(x)$ 的一个有理根,其中 p,q 是互素的整数,那么 $p|a_n,q|a_0$。

证明 设 $f(x)=r\,f_1(x)$,其中 $r\in\mathbf{Z}^*$,$f_1(x)$ 是本原多项式。设 $\frac{q}{p}$ 是 $f(x)$ 的一个根,则 $0=f\left(\frac{q}{p}\right)=r\,f_1\left(\frac{q}{p}\right)$,从而 $\frac{q}{p}$ 也是 $f_1(x)$ 的一个根,于是在 $\mathbf{Q}[x]$ 中,$\left(x-\frac{q}{p}\right)\big|f_1(x)$,因此 $(px-q)|f_1(x)$。由于 $(p,q)=1$,因此 $px-q$ 是本原多项式。据性质 4 和高斯引理得

$$f_1(x) = (px-q)g(x),$$

其中 $g(x) = b_{n-1}x^{n-1} + \cdots + b_1x + b_0$ 是本原多项式。于是

$$f(x) = r(px - q)g(x)。 \tag{3}$$

分别比较(3)式两边多项式的首项系数与常数项,得

$$a_n = rpb_{n-1}, \qquad a_0 = -rqb_0,$$

因此 $\qquad\qquad\qquad p \mid a_n, \qquad q \mid a_0。$ ■

从定理 1 的证明过程看到,如果 $\dfrac{q}{p}$ 是 $f(x)$ 的一个有理根,且 $(p,q) = 1$,那么存在一个整系数多项式 $g(x)$,使得 $f(x) = (px - q)g(x)$。当 ± 1 不是 $f(x)$ 的根时,可推出

$$\frac{f(1)}{p - q} \in \mathbf{Z}, \qquad \frac{f(-1)}{p + q} \in \mathbf{Z}。$$

因此如果计算出 $\dfrac{f(1)}{p-q} \notin \mathbf{Z}$ 或 $\dfrac{f(-1)}{p+q} \notin \mathbf{Z}$,那么 $\dfrac{q}{p}$ 便不是 $f(x)$ 的根。这种判断方法在求整系数多项式的有理根时很有用。

三、整系数多项式在 Q 上不可约的判别方法

利用定理 1 可以判断一个二次或三次整系数多项式是否在 **Q** 上不可约:二次或三次整系数多项式在 **Q** 上不可约当且仅当它没有有理根。

注意: 对于四次或四次以上的整系数多项式 $f(x)$,如果它没有有理根,那么只能说明 $f(x)$ 没有一次因式,并不能说明 $f(x)$ 在 **Q** 上不可约,因为 $f(x)$ 可能有二次因式或次数大于 2 的因式。这表明,对于四次或四次以上的整系数多项式 $f(x)$,没有有理根只是 $f(x)$ 在 **Q** 上不可约的必要条件,但不是充分条件。

下面来探索本原多项式 $f(x)$ 在 **Q** 上不可约的充分条件。

设 $f(x) = a_nx^n + a_{n-1}x^{n-1} + \cdots + a_1x + a_0$ 是一个次数 n 大于 0 的本原多项式,为了探索 $f(x)$ 在 **Q** 上不可约的充分条件,我们来分析如果 $f(x)$ 可约,那么能推导出什么结论。由于本原多项式的各项系数的最大公因数只有 ± 1,因此任何一个素数都不能整除它的各项系数。我们考虑这样一类本原多项式:存在一个素数 p 能整除首项系数以外的一切系数,但是 p 不能整除首项系数,即 $p \mid a_i, i = 0, 1, \cdots, n-1$;而 $p \nmid a_n$。假如 $f(x)$ 在 **Q** 上可约,根据性质 3 得

$$f(x) = (b_mx^m + \cdots + b_1x + b_0)(c_lx^l + \cdots + c_1x + c_0), \tag{4}$$

其中 $b_i(i = 0, 1, \cdots, m)$,$c_j(j = 0, 1, \cdots, l)$ 都是整数,且 $b_m \neq 0, c_l \neq 0, m < n, l < n, m + l = n$。由(4)式得

$$a_n = b_mc_l, \qquad a_0 = b_0c_0,$$

已知 $p \mid a_0$,因此 $p \mid b_0$ 或 $p \mid c_0$。不妨设 $p \mid b_0$。又已知 $p \nmid a_n$,因此 $p \nmid b_m$ 且 $p \nmid c_l$,于是存在 $k(0 < k \leqslant m)$ 使得

$$p \mid b_0, p \mid b_1, \cdots, p \mid b_{k-1}, p \nmid b_k。$$

由于 $a_k = b_0c_k + b_1c_{k-1} + \cdots + b_{k-1}c_1 + b_kc_0$,且 $p \mid a_k$,因此 $p \mid b_kc_0$。由于 $p \nmid b_k$,因此 $p \mid c_0$;又由于 $p \mid b_0$,从而 $p^2 \mid a_0$。于是只要 $p^2 \nmid a_0$,那么 $f(x)$ 在 **Q** 上不可约。这样我们探索出了 $f(x)$ 在 **Q** 上不可约的充分条件,这就是著名的 Eisenstein 判别法:

定理 2(Eisenstein 判别法) 设

$$f(x) = a_nx^n + a_{n-1}x^{n-1} + \cdots + a_1x + a_0$$

是一个次数 n 大于 0 的本原多项式。如果存在一个素数 p，使得

1° $p \mid a_i, i=0,1,\cdots,n-1$；

2° $p \nmid a_n$；

3° $p^2 \nmid a_0$，

那么 $f(x)$ 在 $\mathbf{Q}$ 上不可约。

注：定理 2 中的 $f(x)$ 是一个次数大于 0 的整系数多项式时，利用推论 1，从 $f(x)$ 可约得出(4)式，因此在定理 2 中，把"$f(x)$ 是本原多项式"换成"$f(x)$ 是整系数多项式"仍然成立。

利用定理 2 可以证明：

推论 2　在 $\mathbf{Q}[x]$ 中存在任意次数的不可约多项式。

证明　任取正整数 n，设 $f(x)=x^n+3$。素数 3 符合定理 2 的所有条件，因此 $f(x)$ 在 $\mathbf{Q}$ 上不可约。

有时直接用 Eisenstein 判别法无法判断 $f(x)$ 在 $\mathbf{Q}$ 上是否不可约，这时可尝试利用 7.5 节的例 4，选择一个有理数 b（通常取 $b=1$，或 -1），如果用 Eisenstein 判别法能判断 $g(x)=f(x+b)$ 在 $\mathbf{Q}$ 上不可约，那么 $f(x)$ 在 $\mathbf{Q}$ 上不可约。

对于 Eisenstein 判别法中的 3 个条件，很自然地会想：如果改成存在素数 p，使得

$$p \mid a_i, \quad i=1,2,\cdots,n, \quad p \nmid a_0, p^2 \nmid a_n,$$

那么 $f(x)$ 是否在 $\mathbf{Q}$ 上不可约？为了回答这个问题，我们考虑由数域 K 上的分式组成的集合 $K(x)$，它有加法和乘法运算，成为一个有单位元的交换环（我们将在 7.12 节详细讨论这个环）。显然，$K(x)$ 可以看成是 K 的一个扩环。利用数域 K 上一元多项式环的通用性质可以证明下述结论：

*定理 3　设 $f(x)=a_n x^n+a_{n-1}x^{n-1}+\cdots+a_1 x+a_0$ 是一个次数 n 大于 0 的整系数多项式，如果存在一个素数 p，使得

$$p \mid a_i, \quad i=1,2,\cdots,n, \quad p \nmid a_0, p^2 \nmid a_n,$$

那么 $f(x)$ 在 $\mathbf{Q}$ 上不可约。

证明　假如 $f(x)$ 在 $\mathbf{Q}$ 上可约，则存在两个次数分别为 $n_1,n_2(n_i<n,i=1,2)$ 的整系数多项式 $f_1(x),f_2(x)$，使得

$$f(x)=f_1(x)f_2(x), \tag{5}$$

不定元 x 用 $\mathbf{Q}(x)$ 中的元素 $\dfrac{1}{x}$ 代入，从(5)式得

$$f\left(\frac{1}{x}\right)=f_1\left(\frac{1}{x}\right)f_2\left(\frac{1}{x}\right), \tag{6}$$

在(6)式两边乘以 x^n，得

$$x^n f\left(\frac{1}{x}\right)=x^{n_1}f_1\left(\frac{1}{x}\right)x^{n_2}f_2\left(\frac{1}{x}\right)。 \tag{7}$$

显然，$x^{n_i}f_i\left(\dfrac{1}{x}\right)$ 是整系数多项式，且次数为 $n_i,i=1,2$，

$$x^n f\left(\frac{1}{x}\right)=a_n+a_{n-1}x+\cdots+a_1 x^{n-1}+a_0 x^n。$$

由已知条件，根据 Eisenstein 判别法得，$x^n f\left(\dfrac{1}{x}\right)$ 在 $\mathbf{Q}$ 上不可约，这与(7)式矛盾，因此 $f(x)$ 在 $\mathbf{Q}$ 上不可约。

定理 3 的证明很简洁,这得益于利用了数域 K 上一元多项式环的通用性质。

在 7.12 节的典型例题中,我们将介绍判断整系数多项式在 $\mathbf{Q}$ 上不可约的另一种方法。

7.8.2 典型例题

例 1 求 $f(x)=3x^4+8x^3+6x^2+3x-2$ 的全部有理根。

解 $a_4=3$ 的因子只有 $\pm 1,\pm 3$;$a_0=-2$ 因子只有 $\pm 1,\pm 2$。于是 $f(x)$ 的有理根只可能是:$\pm 1,\ \pm 2,\ \pm\dfrac{1}{3},\ \pm\dfrac{2}{3}$。

因为 $f(1)=18\neq 0,f(-1)=-4\neq 0$,所以 ± 1 不是 $f(x)$ 的根。

考虑 2,因为

$$\frac{f(-1)}{p+q}=\frac{-4}{1+2}=-\frac{4}{3}\notin \mathbf{Z},$$

所以 2 不是 $f(x)$ 的根。

考虑 -2,因为

$$\frac{f(1)}{p-q}=\frac{18}{3}=6,\quad \frac{f(-1)}{p+q}=\frac{-4}{-1}=4,$$

所以需要进一步用综合除法来判断 -2 是不是 $f(x)$ 的根。

3	8	6	3	-2	-2
	-6	-4	-4	2	
3	2	2	-1	0	
	-6	8	-20		
3	-4	10	-21		

这表明 -2 是 $f(x)$ 的单根,于是

$$f(x)=(x+2)(3x^3+2x^2+2x-1)。$$

考虑 $\dfrac{1}{3}$,因为

$$\frac{f(1)}{p-q}=\frac{18}{3-1}=9,\quad \frac{f(-1)}{p+q}=\frac{-4}{3+1}=-1$$

所以需要作综合除法。用 $x-\dfrac{1}{3}$ 去除 $3x^3+2x^2+2x-1$,可得出 $\dfrac{1}{3}$ 是 $f(x)$ 的单根,且得出

$$f(x)=(x+2)\left(x-\frac{1}{3}\right)(3x^2+3x+3)。$$

显然,x^2+x+1 没有有理根(因为 ± 1 都不是它的根),因此 $f(x)$ 的全部有理根是 -2 和 $\dfrac{1}{3}$,它们都是单根。

例 2 判断 $f(x)=x^3+2x^2-x+1$ 在 $\mathbf{Q}$ 上是否不可约。

解 $f(x)$ 的有理根只可能是 ± 1。由于

$$f(1) = 1+2-1+1 \neq 0, \qquad f(-1) = -1+2+1+1 \neq 0,$$

因此 $f(x)$ 没有有理根;又由于 $\deg f(x)=3$,因此 $f(x)$ 在 $\mathbf{Q}$ 上不可约。

例 3　判断 $f(x)=4x^5-27x^4+12x^3-15x+21$ 在 $\mathbf{Q}$ 上是否不可约。

解　素数 3 能整除首项系数以外的一切系数,但不能整除首项系数 4,且 $3^2 \nmid 21$,因此 $f(x)$ 在 $\mathbf{Q}$ 上不可约。

例 4　判断 $f(x)=x^4+2x-1$ 在 $\mathbf{Q}$ 上是否不可约。

解　x 用 $x+1$ 代入,得

$$\begin{aligned}
g(x) := f(x+1) &= (x+1)^4 + 2(x+1) - 1 \\
&= x^4 + 4x^3 + 6x^2 + 4x + 1 + 2x + 2 - 1 \\
&= x^4 + 4x^3 + 6x^2 + 6x + 2.
\end{aligned}$$

素数 2 能整除 $g(x)$ 的首项系数以外的一切系数,但不能整除首项系数 1,且 $2^2 \nmid 2$,因此 $g(x)$ 在 $\mathbf{Q}$ 上不可约,从而 $f(x)$ 在 $\mathbf{Q}$ 上不可约。

例 5　设 p 是一个素数,多项式

$$f_p(x) = x^{p-1} + x^{p-2} + \cdots + x + 1$$

称为 p **阶分圆多项式**。证明 $f_p(x)$ 在 $\mathbf{Q}$ 上不可约。

证明　我们有

$$(x-1)f_p(x) = x^p - 1,$$

x 用 $x+1$ 代入,从上式得

$$\begin{aligned}
x f_p(x+1) &= (x+1)^p - 1 \\
&= x^p + p x^{p-1} + \cdots + C_p^k x^{p-k} + \cdots + px,
\end{aligned}$$

于是　　　$g(x) := f_p(x+1) = x^{p-1} + p x^{p-2} + \cdots + C_p^k x^{p-k-1} + \cdots + p。$

我们知道

$$C_p^k = \frac{p(p-1)\cdots(p-k+1)}{k!}, \qquad 1 \leqslant k < p,$$

由于 $(p,k!)=1$,因此

$$k! \mid (p-1)\cdots(p-k+1),$$

从而　　　　　　　　　　　$p \mid C_p^k, 1 \leqslant k < p。$

又 $p \nmid 1, p^2 \nmid p$,因此 $g(x)$ 在 $\mathbf{Q}$ 上不可约,从而 $f_p(x)$ 在 $\mathbf{Q}$ 上不可约。　∎

点评:根据 7.6 节的例 12 以及 $x^p-1=(x-1)(x^{p-1}+\cdots+x+1)$,可得 $x^{p-1}+x^{p-2}+\cdots+x+1=(x-\xi)(x-\xi^2)\cdots(x-\xi^{p-1})$,其中 $\xi=\mathrm{e}^{\mathrm{i}\frac{2\pi}{p}}$。由于 p 是素数,因此对任意 $j(1\leqslant j<p)$,都有 $(p,j)=1$,从而根据 7.6 节的例 14 得,$\xi,\xi^2,\cdots,\xi^{p-1}$ 都是本原 p 次单位根。显然它们是全部本原 p 次单位根,因此 $x^{p-1}+x^{p-2}+\cdots+x+1$ 是 p 阶分圆多项式。

分圆多项式的定义如下:

设 n 是一个正整数,$\eta_1, \eta_2, \cdots, \eta_r$ 是全部两两不等的本原 n 次单位根,令

$$f_n(x) := (x-\eta_1)(x-\eta_2)\cdots(x-\eta_r),$$

则称 $f_n(x)$ 是 n **阶分圆多项式**。

例 6　判断 $f(x)=x^4+3x+1$ 在 $\mathbf{Q}$ 上是否不可约。

解　$f(x)$ 的有理根只可能是 ± 1,由于 $f(1)=5\neq 0, f(-1)=1-3+1\neq 0$,因此 $f(x)$

没有有理根，从而 $f(x)$ 没有一次因式。假如 $f(x)$ 在 $\mathbf{Q}$ 上可约，则
$$f(x) = (a_2 x^2 + a_1 x + a_0)(b_2 x^2 + b_1 x + b_0), \tag{8}$$
其中 $a_i(i=0,1,2), b_j(j=0,1,2)$ 都是整数，比较(8)式的首项系数得，$a_2 b_2 = 1$。于是 a_2 与 b_2 同为 1，或同为 -1。不妨设 $a_2 = b_2 = 1$。比较(8)式的其他系数得
$$\begin{cases} a_1 + b_1 = 0 \\ a_0 + a_1 b_1 + b_0 = 0 \\ a_0 b_1 + a_1 b_0 = 3 \\ a_0 b_0 = 1 \end{cases}$$
由第 1 式得，$b_1 = -a_1$；代入第 3 式得，$a_1(b_0 - a_0) = 3$；由第 4 式得，a_0 与 b_0 同为 1，或同为 -1，从而 $b_0 - a_0 = 0$，这与 $a_1(b_0 - a_0) = 3$ 矛盾，因此 $f(x)$ 在 $\mathbf{Q}$ 上不可约。

例 7 设 ξ 是复数域中的一个本原 n 次单位根，令
$$J_\xi = \{f(x) \in \mathbf{Q}[x] \mid f(\xi) = 0\},$$
把 J_ξ 中次数最低的首项系数为 1 的多项式称为 ξ 在 $\mathbf{Q}$ 上的**极小多项式**，记作 $m_\xi(x)$。证明：

(1) $m_\xi(x)$ 在 $\mathbf{Q}$ 上不可约；

(2) $m_\xi(x)$ 是整系数多项式。

证明 (1) 由于 $\xi \in \mathbf{C}$，因此根据 7.6 节的例 15 得，$m_\xi(x)$ 在 $\mathbf{Q}$ 上不可约，且
$$J_\xi = \{h(x)m_\xi(x) \mid h(x) \in \mathbf{Q}[x]\}.$$

(2) 由于 $\xi^n = 1$，因此 $x^n - 1 \in J_\xi$，从而存在 $h(x) \in \mathbf{Q}[x]$，使得 $x^n - 1 = h(x)m_\xi(x)$。由于 $x^n - 1$ 是本原多项式，因此根据本节的性质 4 得
$$x^n - 1 = p_1(x)p_2(x) \cdots p_s(x),$$
其中 $p_1(x), p_2(x), \cdots, p_s(x)$ 是在 $\mathbf{Q}$ 上不可约的首一本原多项式。根据 $\mathbf{Q}[x]$ 中的唯一因式分解定理，由于 $m_\xi(x)$ 在 $\mathbf{Q}$ 上不可约，且 $m_\xi(x)$ 是 $x^n - 1$ 的一个因式，因此在 $\mathbf{Q}[x]$ 中，$m_\xi(x) \sim p_j(x)$，对某个 $j \in \{1, 2, \cdots, s\}$。由于 $m_\xi(x)$ 与 $p_j(x)$ 的首项系数都是 1，因此 $m_\xi(x) = p_j(x)$，于是 $m_\xi(x)$ 是整系数多项式。 ■

例 8 证明：如果 $p_1, p_2, \cdots, p_t$ 是两两不等的素数 $(t \geqslant 1)$，那么对于任意大于 1 的整数 n，都有 $\sqrt[n]{p_1 p_2 \cdots p_t}$ 是无理数。

证明 由于 $(\sqrt[n]{p_1 p_2 \cdots p_t})^n = p_1 p_2 \cdots p_t$，因此 $\sqrt[n]{p_1 p_2 \cdots p_t}$ 是多项式 $x^n - p_1 p_2 \cdots p_t$ 的一个实根。假如 $\sqrt[n]{p_1 p_2 \cdots p_t}$ 是有理数，那么 $x^n - p_1 p_2 \cdots p_t$ 在 $\mathbf{Q}[x]$ 中有一次因式。由于 $n > 1$，因此 $x^n - p_1 p_2 \cdots p_t$ 在 $\mathbf{Q}$ 上可约。又由于素数 p_1 能整除 $x^n - p_1 p_2 \cdots p_t$ 的首项系数以外的所有系数，但是 p_1 不能整除首项系数 1，且 $p_1^2 \nmid p_1 p_2 \cdots p_t$，因此 $x^n - p_1 p_2 \cdots p_t$ 在 $\mathbf{Q}$ 上不可约，矛盾，所以 $\sqrt[n]{p_1 p_2 \cdots p_t}$ 是无理数。 ■

例 9 设 m, n 都是正整数，且 $m < n$，证明：如果 $f(x)$ 是 $\mathbf{Q}$ 上的 m 次多项式，那么对任意素数 p，都有 $\sqrt[n]{p}$ 不是 $f(x)$ 的实根。

证明 假如 $\sqrt[n]{p}$ 是 $f(x)$ 的实根，则 $f(x)$ 作为实数域上的多项式有一次因式 $x - \sqrt[n]{p}$。由于 $(\sqrt[n]{p})^n = p$，因此 $\sqrt[n]{p}$ 是多项式 $g(x) = x^n - p$ 的一个实根，从而 $g(x)$ 作为实数域上的多项式有一次因式 $x - \sqrt[n]{p}$，于是在 $\mathbf{R}[x]$ 中，$f(x)$ 与 $g(x)$ 不互素。由于互素性不随数域

的扩大而改变,因此在 $\mathbf{Q}[x]$ 中,$f(x)$ 与 $g(x)$ 也不互素。又由于素数 p 能整除 $g(x)$ 的首项系数以外的一切系数,但不能整除首项系数 1,且 $p^2 \nmid p$,因此 $g(x)$ 在 $\mathbf{Q}$ 上不可约,从而 $g(x)$ 能整除 $f(x)$。由此得出,$n \leqslant m$,这与 $m < n$ 矛盾,因此 $\sqrt[n]{p}$ 不是 $f(x)$ 的实根。 ∎

点评:在例 9 的证明中,关键是要考虑多项式 $g(x)$,以及利用互素性不随数域的扩大而改变,利用 $\mathbf{Q}[x]$ 中不可约多项式与任一多项式的关系的结论。由此体会到掌握理论的重要性,要善于运用理论去解决问题。

例 10   设 $p(x)$ 是首一整系数多项式,且 $p(x)$ 在 $\mathbf{Q}$ 上不可约。证明:如果首一整系数多项式 $f(x)$ 与 $p(x)$ 有公共复根,那么存在首一整系数多项式 $g(x)$,使得

$$f(x) = g(x)p(x)。$$

证明   由于 $f(x)$ 与 $p(x)$ 有公共复根,因此在 $\mathbf{C}[x]$ 中,$f(x)$ 与 $p(x)$ 有公共的一次因式,从而在 $\mathbf{C}[x]$ 中,$f(x)$ 与 $p(x)$ 不互素,于是在 $\mathbf{Q}[x]$ 中,$f(x)$ 与 $p(x)$ 也不互素。由于 $p(x)$ 在 $\mathbf{Q}$ 上不可约,因此 $p(x) \mid f(x)$,即 $p(x)$ 是 $f(x)$ 的一个不可约因式。又由于 $f(x)$ 与 $p(x)$ 的首项系数都为 1,因此 $f(x)$ 与 $p(x)$ 都是本原多项式。根据本节性质 4 得

$$f(x) = p(x)g(x),$$

由于 $f(x)$ 与 $p(x)$ 的首项系数为 1,因此 $g(x)$ 的首项系数为 1。 ∎

例 11   设 $f(x) = a_n x^n + \cdots + a_1 x + a_0$ 是一个次数大于 0 的整系数多项式,证明:如果 $a_n + a_{n-1} + \cdots + a_1 + a_0$ 是一个奇数,那么 1 和 -1 都不是 $f(x)$ 的根。

证明   由于 $f(1) = a_n + a_{n-1} + \cdots + a_1 + a_0$ 是奇数,因此 1 不是 $f(x)$ 的根。设 $f(x) = mg(x)$,其中 $g(x)$ 是本原多项式,$m \in \mathbf{Z}^*$。假如 -1 是 $f(x)$ 的根,则 $0 = f(-1) = mg(-1)$,从而 $g(-1) = 0$。于是 $g(x)$ 有一次因式 $x+1$。据本节性质 4 得,存在整系数多项式 $h(x)$,使得 $g(x) = (x+1)h(x)$,于是有

$$f(x) = m(x+1)h(x),$$

x 用 1 代入,从上式得,$f(1) = 2m \cdot h(1)$,这与 $f(1)$ 是奇数矛盾,因此 -1 不是 $f(x)$ 的根。 ∎

点评:例 11 的证明由于运用了本节的性质 4,因此不需要什么计算就证明了 -1 不是 $f(x)$ 的根。也可以采用下述方法证明这一结论:假如 -1 是 $f(x)$ 的根,则

$$0 = f(-1) = a_n(-1)^n + a_{n-1}(-1)^{n-1} + \cdots + a_1(-1) + a_0。$$

当 n 是奇数时,从上式得

$$a_n + a_{n-2} + \cdots + a_1 = a_{n-1} + a_{n-3} + \cdots + a_2 + a_0,$$

于是

$$a_n + a_{n-1} + \cdots + a_1 + a_0 = 2(a_n + a_{n-2} + \cdots + a_1),$$

这与已知条件矛盾。当 n 是偶数时,类似的计算可得出与已知条件矛盾,因此 -1 不是 $f(x)$ 的根。

例 12   设 $f(x)$ 是一个次数大于 0 的首一整系数多项式,证明:如果 $f(0)$ 与 $f(1)$ 都是奇数,那么 $f(x)$ 没有有理根。

证明   假如 $f(x)$ 有一个有理根 b,由于 $f(x)$ 的首项系数为 1,因此 b 必为整数。于是 $x - b$ 是本原多项式,且 $x - b$ 是 $f(x)$ 的一个因式。又由于 $f(x)$ 也是本原多项式,因此根据本节性质 4 得,存在整系数多项式 $h(x)$,使得

$$f(x) = (x-b)h(x),$$

x 分别用 0 和 1 代入,从上式得
$$f(0) = (-b)h(0), \quad f(1) = (1-b)h(1)。$$
由于 $-b$ 和 $-b+1$ 必有一个是偶数,因此 $f(0)$ 和 $f(1)$ 必有一个是偶数。这与已知条件矛盾,所以 $f(x)$ 没有有理根。 ■

例 13 设 $f(x)=(x-a_1)(x-a_2)\cdots(x-a_n)-1$,其中 $a_1,a_2,\cdots,a_n$ 是两两不等的整数。证明 $f(x)$ 在 $\mathbf{Q}$ 上不可约。

证明 假如 $f(x)$ 在 $\mathbf{Q}$ 上可约,则
$$f(x) = g_1(x)g_2(x), \quad \deg g_i(x) < n, \quad g_i(x) \in \mathbf{Z}[x], i=1,2,$$
x 用 a_j 代入,从上式得
$$-1 = f(a_j) = g_1(a_j)g_2(a_j), \quad j=1,2,\cdots,n,$$
从而 $g_1(a_j)$ 与 $g_2(a_j)$ 一个为 1,另一个为 -1,于是 $g_1(a_j)+g_2(a_j)=0,j=1,2,\cdots,n$。这表明多项式 $g_1(x)+g_2(x)$ 有 n 个不同的根 $a_1,a_2,\cdots,a_n$。但是 $g_1(x)+g_2(x)$ 的次数小于 n,因此,$g_1(x)+g_2(x)=0$,从而 $f(x)=-g_1^2(x)$。$f(x)$ 的首项系数为 1,这与 $-g_1^2(x)$ 的首项系数为负数矛盾,因此 $f(x)$ 在 $\mathbf{Q}$ 上不可约。 ■

例 14 设 $f(x)=(x-a_1)(x-a_2)\cdots(x-a_n)+1$,其中 $a_1,a_2,\cdots,a_n$ 是两两不等的整数。

(1) 证明:当 n 是奇数时,$f(x)$ 在 $\mathbf{Q}$ 上不可约;

(2) 证明:当 n 是偶数且 $n\geq 6$ 时,$f(x)$ 在 $\mathbf{Q}$ 上不可约;

(3) 当 $n=2$ 或 4 时,$f(x)$ 在 $\mathbf{Q}$ 上是否不可约?

(1) **证明** 假如 $f(x)$ 在 $\mathbf{Q}$ 上可约,则
$$f(x) = g_1(x)g_2(x), \deg g_i(x) < n, g_i(x) \in \mathbf{Z}[x], i=1,2。$$
x 用 a_j 代入,从上式得
$$1 = f(a_j) = g_1(a_j)g_2(a_j), \quad j=1,2,\cdots,n,$$
于是 $g_1(a_j)$ 与 $g_2(a_j)$ 同为 1,或同为 -1,从而
$$g_1(a_j) - g_2(a_j) = 0, \quad j=1,2,\cdots,n,$$
这表明多项式 $g_1(x)-g_2(x)$ 有 n 个不同的根 $a_1,a_2,\cdots,a_n$。但是 $g_1(x)-g_2(x)$ 的次数小于 n,因此 $g_1(x)-g_2(x)=0$,从而 $f(x)=g_1^2(x)$,于是 $\deg f(x)=2 \deg g_1(x)$。这与已知 n 是奇数矛盾,因此 $f(x)$ 在 $\mathbf{Q}$ 上不可约。 ■

(2) **证明** 假如 $f(x)$ 在 $\mathbf{Q}$ 上可约,由第(1)小题的证明过程得,$f(x)=g_1^2(x)$,从而对一切 $t \in \mathbf{R}$,有 $f(t)=g_1^2(t)\geq 0$。不妨设
$$a_1 < a_2 < a_3 < a_4 < a_5 < a_6 < \cdots < a_n,$$
x 用 $a_1+\dfrac{1}{2}$ 代入,由 $f(x)$ 的表达式得
$$f\left(a_1+\frac{1}{2}\right) = \frac{1}{2}\left(a_1+\frac{1}{2}-a_2\right)\cdots\left(a_1+\frac{1}{2}-a_n\right)+1$$
$$= (-1)^{n-1}\frac{1}{2}\left(a_2-a_1-\frac{1}{2}\right)\cdots\left(a_n-a_1-\frac{1}{2}\right)+1,$$
由于
$$a_2 - a_1 - \frac{1}{2} \geq 1 - \frac{1}{2} = \frac{1}{2},\cdots,$$

$$a_j - a_1 - \frac{1}{2} \geqslant (j-1) - \frac{1}{2} = \frac{2j-3}{2}, \cdots,$$

$$a_n - a_1 - \frac{1}{2} \geqslant (n-1) - \frac{1}{2} = \frac{2n-3}{2},$$

且 $n \geqslant 6$，因此

$$\frac{1}{2}\left(a_2 - a_1 - \frac{1}{2}\right) \cdots \left(a_n - a_1 - \frac{1}{2}\right) \geqslant \frac{1}{2} \cdot \frac{1}{2} \cdot \frac{3}{2} \cdot \frac{5}{2} \cdot \frac{7}{2} \cdot \frac{9}{2} \cdot \cdots \cdot \frac{2n-3}{2}$$

$$\geqslant \frac{1}{2} \cdot \frac{1}{2} \cdot \frac{3}{2} \cdot \frac{5}{2} \cdot \frac{7}{2} \cdot \frac{9}{2}$$

$$= \frac{15 \times 63}{64} > 1。$$

由于 n 是偶数，因此

$$f\left(a_1 + \frac{1}{2}\right) = -\frac{1}{2}\left(a_2 - a_1 - \frac{1}{2}\right) \cdots \left(a_n - a_1 - \frac{1}{2}\right) + 1 < -1 + 1 = 0,$$

矛盾，因此当 n 为偶数且 $n \geqslant 6$ 时，$f(x)$ 在 $\mathbf{Q}$ 上不可约。

(3) **解**　当 $n = 2$ 或 4 时，$f(x)$ 有可能在 $\mathbf{Q}$ 上可约。例如，$(x-1)(x+1) + 1 = x^2$，

$$x(x-1)(x+1)(x+2) + 1 = x^4 + 2x^3 - x^2 - 2x + 1$$

$$= (x^2 + x - 1)^2$$

例 15　设 $f(x) = (x-a_1)^2(x-a_2)^2 \cdots (x-a_n)^2 + 1$，其中 $a_1, a_2, \cdots, a_n$ 是两两不等的整数。证明 $f(x)$ 在 $\mathbf{Q}$ 上不可约。

证明　假如 $f(x)$ 在 $\mathbf{Q}$ 上可约，则

$$f(x) = g_1(x)g_2(x), \deg g_i(x) < 2n, g_i(x) \in \mathbf{Z}[x], i = 1, 2,$$

x 用 a_j 代入，从上式得

$$1 = f(a_j) = g_1(a_j)g_2(a_j), \qquad j = 1, 2, \cdots, n,$$

于是 $g_1(a_j)$ 与 $g_2(a_j)$ 同为 1，或同为 -1。

由于 $f(x)$ 没有实根，因此 $g_1(x)$ 和 $g_2(x)$ 都没有实根，从而 $g_i(a_1), g_i(a_2), \cdots,$ $g_i(a_n)$ 同号，$i = 1, 2$。于是不妨设 $g_i(a_1) = g_i(a_2) = \cdots = g_i(a_n) = 1, i = 1, 2$。

情形 1　$g_1(x)$ 与 $g_2(x)$ 中之一的次数小于 n。不妨设 $\deg g_1(x) < n$，由于 $g_1(a_j) - 1 = 0$，$j = 1, 2, \cdots, n$，因此多项式 $g_1(x) - 1$ 有 n 个不同的根，于是 $g_1(x) - 1 = 0$，从而 $f(x) = g_2(x)$，这与 $\deg g_2(x) < 2n$ 矛盾。

情形 2　$g_1(x)$ 与 $g_2(x)$ 的次数都等于 n。由于 $a_1, a_2, \cdots, a_n$ 都是 $g_i(x) - 1$ 的根，且 $g_i(x) - 1$ 的首项系数为 1，因此

$$g_i(x) - 1 = (x-a_1)(x-a_2) \cdots (x-a_n), \quad i = 1, 2。$$

从而

$$f(x) = \left[(x-a_1)(x-a_2) \cdots (x-a_n) + 1\right]^2$$

$$= (x-a_1)^2(x-a_2)^2 \cdots (x-a_n)^2 + 1 + 2(x-a_1)(x-a_2) \cdots (x-a_n),$$

由此推出，$2(x-a_1)(x-a_2) \cdots (x-a_n) = 0$，矛盾。

由于 $\deg g_1(x) + \deg g_2(x) = \deg f(x) = 2n$，因此只有上述两种可能的情形，从而 $f(x)$ 在 $\mathbf{Q}$ 上不可约。

例 16 有理系数多项式 $f(x)=x^4+ux^2+v$ 何时在 **Q** 上可约?

解 先寻找 $f(x)$ 在 **Q** 上可约的必要条件。设 $f(x)$ 在 **Q** 上可约,则 $f(x)$ 有一次因式或者有两个二次因式。

情形 1 $f(x)$ 有一次因式。此时 $f(x)$ 有一个有理根 t,从而 t^2 是二次多项式 x^2+ux+v 的有理根,于是判别式 u^2-4v 是一个有理数的平方。

情形 2 $f(x)$ 有两个二次因式,此时
$$f(x)=(a_2x^2+a_1x+a_0)(b_2x^2+b_1x+b_0),a_2\neq0,b_2\neq0,$$
比较系数,得
$$\begin{cases}1=a_2b_2\\0=a_2b_1+a_1b_2\\u=a_2b_0+a_1b_1+a_0b_2\\0=a_1b_0+a_0b_1\\v=a_0b_0\end{cases}$$
不妨取 $a_2=1,b_2=1$,于是 $b_1=-a_1,u=b_0-a_1^2+a_0,a_1(b_0-a_0)=0,v=a_0b_0$。

若 $a_1=0$,则 $b_1=0,u=b_0+a_0,v=a_0b_0$,于是
$$u^2-4v=(b_0+a_0)^2-4a_0b_0=(b_0-a_0)^2。$$

若 $a_1\neq0$,则 $b_0=a_0,u=2a_0-a_1^2,v=a_0^2$,于是
$$\pm2\sqrt{v}-u=a_1^2。$$

综上所述,$f(x)$ 在 **Q** 上可约的必要条件是:u^2-4v 是一个有理数的平方;或者 v 是一个有理数的平方,且 $\pm2\sqrt{v}-u$ 是有理数的平方。

下面来证上述条件是 $f(x)$ 在 **Q** 上可约的充分条件。

若 $u^2-4v=d^2$,则 $4v=u^2-d^2=(u+d)(u-d)$,从而
$$f(x)=x^4+ux^2+\frac{u+d}{2}\cdot\frac{u-d}{2}$$
$$=\left(x^2+\frac{u+d}{2}\right)\left(x^2+\frac{u-d}{2}\right),$$
因此 $f(x)$ 在 **Q** 上可约。

若 $v=a_0^2$,且 $\pm2\sqrt{v}-u=a_1^2$,则 $2a_0-a_1^2=u$,从而
$$(x^2+a_1x+a_0)(x^2-a_1x+a_0)=x^4+(2a_0-a_1^2)x^2+a_0^2$$
$$=x^4+ux^2+v,$$
因此 $f(x)$ 在 **Q** 上可约。

至此我们得到了 $f(x)$ 在 **Q** 上可约的充分必要条件是:u^2-4v 是一个有理数的平方;或者 v 是一个有理数的平方,且 $\pm2\sqrt{v}-u$ 是有理数的平方。

例 17 设 $p(x)$ 是 n 次有理系数多项式,n 为大于 1 的奇数,且 $p(x)$ 在 **Q** 上不可约。证明:如果 c_1 和 c_2 是 $p(x)$ 的两个不同的复根,那么 c_1+c_2 不是有理数。

证明 记 $c_1+c_2=c$。假设 c 是有理数,由于
$$0=p(c_2)=p(c-c_1),$$
因此 c_1 是多项式 $g(x):=p(c-x)$ 的一个复根。由于 c 是有理数,因此 $g(x)$ 是有理系数

多项式。由于 $g(x)$ 与 $p(x)$ 有公共复根 c_1，因此它们在 $\mathbf{C}[x]$ 中有公共的一次因式 $x-c_1$，从而不互素，于是它们在 $\mathbf{Q}[x]$ 中也不互素。由于 $p(x)$ 在 $\mathbf{Q}$ 上不可约，因此 $p(x)\,|\,g(x)$，从而存在有理系数多项式 $h(x)$，使得 $g(x)=p(x)h(x)$。由于 $g(x)$ 与 $p(x)$ 的次数相等，因此 $h(x)$ 是非零有理数。由于 n 是奇数，因此 $g(x)$ 的首项系数是 $p(x)$ 的首项系数的相反数，从而 $h(x)=-1$，于是 $g(x)=-p(x)$。x 用 $\frac{c}{2}$ 代入得，$g\left(\frac{c}{2}\right)=-p\left(\frac{c}{2}\right)$。又 $g\left(\frac{c}{2}\right)=p\left(c-\frac{c}{2}\right)=p\left(\frac{c}{2}\right)$，从而 $p\left(\frac{c}{2}\right)=0$，于是 $p(x)$ 在 $\mathbf{Q}[x]$ 中有一次因式 $x-\frac{c}{2}$。由于 $\deg p(x)=n>1$，因此 $p(x)$ 在 $\mathbf{Q}$ 上可约，矛盾，所以 c 不是有理数。∎

点评：例 17 证明的思路是利用 c_2 是 $p(x)$ 的复根，得出 $0=p(c_2)=p(c-c_1)$，由此受到启发去考虑多项式 $g(x):=p(c-x)$，使得 c_1 是 $g(x)$ 的一个复根，从而 c_1 是 $p(x)$ 与 $g(x)$ 的一个公共复根。

＊例 18　用 $\mathbf{Z}[x]$ 表示所有整系数多项式组成的集合，证明：对于多项式的加法和乘法，$\mathbf{Z}[x]$ 成为一个环，且它是整环。

证明　$\mathbf{Z}[x]$ 是 $\mathbf{Q}[x]$ 的非空子集。显然 $\mathbf{Z}[x]$ 对于多项式的减法和乘法都封闭，因此 $\mathbf{Z}[x]$ 是 $\mathbf{Q}[x]$ 的子环。显然 $\mathbf{Q}[x]$ 的单位元 1 也是 $\mathbf{Z}[x]$ 的单位元。由于 $\mathbf{Q}[x]$ 是交换环，且没有非平凡的零因子，因此 $\mathbf{Z}[x]$ 也是交换环，且没有非平凡的零因子，从而 $\mathbf{Z}[x]$ 是整环。∎

＊例 19　证明：$\mathbf{Z}[x]$ 的可逆元只有 ± 1。

证明　设 $g(x)$ 是 $\mathbf{Z}[x]$ 的可逆元，则存在 $h(x)\in\mathbf{Z}[x]$，使得 $g(x)h(x)=1$，从而 $g(x)$ 是非零整数 a，$h(x)$ 是非零整数 b。从 $ab=1$ 得出 $a=\pm 1$。∎

＊例 20　证明：在 $\mathbf{Z}[x]$ 中，$f(x)$ 与 $g(x)$ 相伴的充分必要条件是 $f(x)=\pm g(x)$。

证明　充分性是显然的，下面证必要性。由于 $f(x)$ 与 $g(x)$ 相伴，因此存在 $h_i(x)\in\mathbf{Z}[x]$，$i=1,2$，使得

$$f(x)=h_1(x)g(x),\quad g(x)=h_2(x)f(x),$$

从而有
$$f(x)=h_1(x)h_2(x)f(x).$$

若 $f(x)=0$，则 $g(x)=0$，于是结论成立。

若 $f(x)\neq 0$，则 $1=h_1(x)h_2(x)$，于是 $h_1(x)$ 是 $\mathbf{Z}[x]$ 的可逆元，从而 $h_1(x)=\pm 1$，因此 $f(x)=\pm g(x)$。∎

＊例 21　一个整系数多项式 $p(x)$（$p(x)\neq 0$，且 $p(x)\neq\pm 1$），如果在 $\mathbf{Z}[x]$ 中的因式只有 ± 1（即 $\mathbf{Z}[x]$ 的可逆元）和 $\pm p(x)$（即 $p(x)$ 的相伴元），那么称 $p(x)$ 是 $\mathbf{Z}$ 上的**不可约多项式**；否则称它在 $\mathbf{Z}$ 上**可约**。试问：$\mathbf{Z}[x]$ 中的一次多项式是否一定在 $\mathbf{Z}$ 上不可约？

解　不一定。例如，$x-3$ 在 $\mathbf{Z}$ 上是不可约的；而 $2x-6$ 的因式 2 和 $x-3$ 都既不等于 ± 1，也不等于 $\pm(2x-6)$，因此 $2x-6$ 在 $\mathbf{Z}$ 上可约。

点评：从例 21 看到，一次多项式 $2x-6$ 虽然不能分解成两个次数较低的多项式的乘积，但是它在 $\mathbf{Z}$ 上是可约的。这表明虽然在数域 K 上的一元多项式环 $K[x]$ 中，$p(x)$ 不可约的充分必要条件是它不能分解成两个次数较低的多项式的乘积，但是不宜把"不能分解成两个次数较低的多项式的乘积"作为不可约多项式的定义。否则，很容易误认为

$\mathbf{Z}[x]$ 中的不可约多项式的定义也是不能分解成两个次数较低的多项式的乘积。"因式只有可逆元和相伴元"才是不可约多项式的本质。一般地，在整环 R 中，如果一个元素 $a(a\neq0$，且 a 不是可逆元$)$ 的因子只有可逆元和 a 的相伴元，那么称 a 是**不可约**的；否则称 a 是**可约**的。这个定义可参看《近世代数》(丘维声著，北京大学出版社)第 144 页。

*例 22 证明：一个次数大于 0 的整系数多项式 $p(x)$ 如果在 $\mathbf{Z}$ 上不可约，那么它在 $\mathbf{Q}$ 上也不可约。

证明 假如 $p(x)$ 在 $\mathbf{Q}$ 上可约，则根据本节的推论 1 得，$p(x)=g_1(x)g_2(x)$，$\deg g_i(x)<\deg p(x)$，$g_i(x)\in\mathbf{Z}[x]$，$i=1,2$。$p(x)$ 的因式 $g_1(x)$ 既不等于 $\pm p(x)$，也不等于 ± 1(否则 $g_2(x)$ 等于 $\pm p(x)$，这不可能)，于是 $p(x)$ 在 $\mathbf{Z}$ 上可约，矛盾。因此 $p(x)$ 在 $\mathbf{Q}$ 上不可约。◀

点评：例 22 的逆命题不成立。例如，一次多项式 $2x-6$ 在 $\mathbf{Q}$ 上是不可约的，但它在 $\mathbf{Z}$ 上可约。对于本原多项式，逆命题才成立，见下面的例 23。

*例 23 证明：一个次数大于 0 的本原多项式 $p(x)$ 在 $\mathbf{Q}$ 上不可约当且仅当它在 $\mathbf{Z}$ 上不可约。

证明 充分性由例 22 立即得到，下面来证必要性。设 $p(x)$ 在 $\mathbf{Q}$ 上不可约。

假如 $p(x)$ 在 $\mathbf{Z}$ 上可约，则 $p(x)$ 在 $\mathbf{Z}[x]$ 中有因式 $g(x)$，它既不等于 ± 1，也不等于 $\pm p(x)$。设 $p(x)=g(x)h(x)$，其中 $h(x)\in\mathbf{Z}[x]$。由于 $p(x)$ 是本原多项式，因此 $\deg g(x)>0$，从而

$$\deg h(x) < \deg p(x)。$$

同理，$\deg h(x)>0$，从而 $\deg g(x)<\deg p(x)$，于是 $p(x)$ 在 $\mathbf{Q}$ 上可约，矛盾，因此 $p(x)$ 在 $\mathbf{Z}$ 上不可约。◀

*例 24 证明：一个次数大于 0 的整系数多项式 $p(x)$ 如果在 $\mathbf{Z}$ 上不可约，那么它一定是本原多项式。

证明 假如 $p(x)$ 不是本原多项式，则它的各项系数有异于 ± 1 的公因数 m，于是 $p(x)=mg(x)$，又由于 $\deg p(x)>0$，因此 $m\neq\pm p(x)$。于是 $p(x)$ 在 $\mathbf{Z}$ 上可约，矛盾，因此 $p(x)$ 是本原多项式。◀

习题 7.8

1. 求下列多项式的全部有理根：

(1) $2x^3+x^2-3x+1$；　　　　　　　(2) $2x^4-x^3-19x^2+9x+9$。

2. 判断下列整系数多项式在有理数域上是否不可约：

(1) $x^4-6x^3+2x^2+10$；　　　　　　(2) x^3-5x^2+4x+3；

(3) x^3+x^2-3x+2；　　　　　　　　(4) $2x^3-x^2+x+1$；

(5) $7x^5+18x^4+6x-6$；　　　　　　(6) x^4-2x^3+2x-3；

(7) x^5+5x^3+1；　　　　　　　　　(8) x^p+px^2+1，p 为奇素数；

(9) x^p+px^r+1，p 为奇素数，$0<r<p$；　(10) x^4-5x+1。

3. 设 $n>1$，证明：n 个两两不等的素数的几何平均数一定是无理数。

4. 设 m,n 都是正整数,且 $m<n$;$p_1,p_2,\cdots,p_t$ 是两两不等的素数,$t\geqslant 1$。证明:如果 $f(x)$ 是 $\mathbf{Q}$ 上的 m 次多项式,那么 $\sqrt[n]{p_1 p_2 \cdots p_t}$ 不是 $f(x)$ 的实根。

5. 设 $f(x)=x^3+ax^2+bx+c$ 是整系数多项式。证明:如果 $(a+b)c$ 是奇数,那么 $f(x)$ 在有理数域上不可约。

6. 设 $f(x)=a_n x^n+\cdots+a_1 x+a_0$ 是一个次数大于 0 的整系数多项式。证明:如果存在一个素数 p,使得

$$p\,|\,a_0,\quad p\,|\,a_1,\quad \cdots,\quad p\,|\,a_{r-1},\quad p\nmid a_r,\quad p\nmid a_n,$$

且 $p^2\nmid a_0$,那么 $f(x)$ 有一个次数大于或等于 r 的在 $\mathbf{Q}$ 上不可约的因式。

* 7. 设 $f(x)=a_{2n+1}x^{2n+1}+\cdots+a_1 x+a_0$ 是一个次数为 $2n+1$ 的整系数多项式。证明:如果存在一个素数 p,使得

$$p^2\,|\,a_0,\quad \cdots,\quad p^2\,|\,a_n,\quad p\,|\,a_{n+1},\quad \cdots,\quad p\,|\,a_{2n},\quad p\nmid a_{2n+1},$$

且 $p^3\nmid a_0$,那么 $f(x)$ 在 $\mathbf{Q}$ 上不可约。

8. 设 $f(x)=a_n x^n+\cdots+a_1 x+a_0$ 是一个次数为 n 的整系数多项式。证明:如果 a_0,$a_n+\cdots+a_1+a_0$,$(-1)^n a_n+\cdots-a_1+a_0$ 都不能被 3 整除,那么 $f(x)$ 没有整数根。

9. 在 $\mathbf{Q}[x]$ 中把 $g(x)=x^8+x^7+x^6+x^5+x^4+x^3+x^2+x+1$ 因式分解。

10. 设 n 是大于 1 的整数,$g(x)=\displaystyle\sum_{i=0}^{n-1}x^i$。证明:若 n 不是素数,则 $g(x)$ 在 $\mathbf{Q}$ 上可约。

11. 设 α 是某个首一整系数多项式的复根,令

$$J_\alpha=\{f(x)\in\mathbf{Q}[x]\mid f(\alpha)=0\},$$

把 J_α 中次数最低的首项系数为 1 的多项式称为 α 在 $\mathbf{Q}$ 上的**极小多项式**,记作 $m_\alpha(x)$。证明:
（1）$m_\alpha(x)$ 在 $\mathbf{Q}$ 上不可约；　　　　（2）$m_\alpha(x)$ 是整系数多项式。

7.9　n 元多项式环

7.9.1　内容精华

一、n 元多项式的概念

平面上以原点为圆心,半径为 r 的圆的方程为

$$x^2+y^2-r^2=0, \tag{1}$$

(1)式的左端是 x 和 y 的二次多项式。

空间中以原点为球心,半径为 r 的球面的方程为

$$x^2+y^2+z^2-r^2=0, \tag{2}$$

(2)式的左端是 x,y,z 的二次多项式。

上述例子以及其他例子表明,需要抽象出多元多项式的概念。

定义 1　设 K 是一个数域,用不属于 K 的 n 个符号 $x_1,x_2,\cdots,x_n$ 作表达式

$$\sum_{i_1,i_2,\cdots,i_n}a_{i_1 i_2\cdots i_n}x_1^{i_1}x_2^{i_2}\cdots x_n^{i_n}, \tag{3}$$

其中 $a_{i_1 i_2 \cdots i_n} \in K$，$i_1, i_2, \cdots, i_n$ 是非负整数，(3)式中的每一项称为一个**单项式**，$a_{i_1 i_2 \cdots i_n}$ 称为**系数**。如果只有有限多个单项式的系数不为 0，并且两个这种形式的表达式相等当且仅当它们除去系数为 0 的单项式外含有完全相同的单项式，那么称表达式(3)是**数域 K 上的 n 元多项式**，把符号 $x_1, x_2, \cdots, x_n$ 称为 **n 个无关不定元**。

关于 n 元多项式的定义应当把握两点：它是具有形式(3)的表达式；两个 n 元多项式相等当且仅当它们含有完全相同的单项式（除去系数为 0 的单项式外）。这第二点使得 n 元多项式成为最基本的概念。

在数域 K 上的 n 元多项式中，如果两个单项式的 $x_j (j=1,2,\cdots,n)$ 的幂指数都对应相等，那么这两个单项式称为**同类项**。在 n 元多项式中，我们把同类项合并成一项，从而各个单项式都是不同类的。

如果数域 K 上一个 n 元多项式的所有系数全为 0，那么称它为**零多项式**，记为 0。

n 元多项式的重要特点之一是它有次数的概念。对于单项式，把它的各个不定元的幂指数之和称为这个单项式的**次数**。对于一个 n 元多项式 $f(x_1, x_2, \cdots, x_n)$，把它的系数不为 0 单项式的次数的最大值称为这个 n 元多项式的**次数**，记作 $\deg f$，零多项式的次数规定为 $-\infty$。

一个 n 元多项式 $f(x_1, x_2, \cdots, x_n)$，设它的次数为 m，有可能有几个单项式的次数都为 m，因此无法利用单项式的次数来给单项式排序。从字典的排序方法受到启发，把每一个单项式的各个不定元的幂指数写成一个 n 元有序数组，对于 n 元有序非负整数组规定一个先后顺序：

$$(i_1, i_2, \cdots, i_n) \text{ 先于} (j_1, j_2, \cdots, j_n) \text{ 当且仅当}$$
$$i_1 = j_1, \cdots, i_{s-1} = j_{s-1}, i_s > j_s,$$

记作 $(i_1, i_2, \cdots, i_n) > (j_1, j_2, \cdots, j_n)$。

显然，n 元有序非负整数组的先于关系具有传递性。于是利用这个先于关系就可以给一个 n 元多项式的各个单项式排序：

单项式 $a_{i_1 \cdots i_n} x_1^{i_1} x_2^{i_2} \cdots x_n^{i_n}$ 排在单项式 $b_{j_1 \cdots j_n} x_1^{j_1} x_2^{j_2} \cdots x_n^{j_n}$ 的前面当且仅当 $(i_1, i_2, \cdots, i_n) > (j_1, j_2, \cdots, j_n)$。这种排序方法称为**字典排列法**。按字典排列法写出来的第一个系数不为 0 的单项式称为 n 元多项式的**首项**。要注意，首项不一定具有最大的次数。

二、n 元多项式的运算

数域 K 上所有 n 元多项式组成的集合记作 $K[x_1, x_2, \cdots, x_n]$。在这个集合中，规定加法运算为把同类项的系数相加；规定乘法运算为

$$\Big(\sum_{i_1, i_2, \cdots, i_n} a_{i_1 i_2 \cdots i_n} x_1^{i_1} x_2^{i_2} \cdots x_n^{i_n} \Big) \Big(\sum_{j_1, j_2, \cdots, j_n} b_{j_1 j_2 \cdots j_n} x_1^{j_1} x_2^{j_2} \cdots x_n^{j_n} \Big) := \sum_{s_1, s_2, \cdots, s_n} c_{s_1 s_2 \cdots s_n} x_1^{s_1} x_2^{s_2} \cdots x_n^{s_n},$$

$$(4)$$

其中 $\qquad c_{s_1 s_2 \cdots s_n} = \sum_{i_1 + j_1 = s_1} \sum_{i_2 + j_2 = s_2} \cdots \sum_{i_n + j_n = s_n} a_{i_1 i_2 \cdots i_n} b_{j_1 j_2 \cdots j_n},$

容易验证 $K[x_1, x_2, \cdots, x_n]$ 成为一个环，它有单位元 1，它是交换环，称它为数域 K 上 n 元多项式环。

n 元多项式的运算与次数有什么关系? 显然有

$$\deg(f+g) \leqslant \max\{\deg f, \deg g\}。 \tag{5}$$

乘法运算与次数的关系是什么? 在数域 K 上的一元多项式环 $K[x]$ 中, 有 $\deg(fg) = \deg f + \deg g$。证明此等式成立的关键是先证明 fg 的首项等于 f 的首项与 g 的首项的乘积。由此受到启发, 在 $K[x_1, x_2, \cdots, x_n]$ 中, 先证明下述结论:

定理 1　在 $K[x_1, x_2, \cdots, x_n]$ 中, 两个非零多项式的乘积的首项等于它们的首项的乘积, 从而两个非零多项式的乘积仍是非零多项式, 即 $K[x_1, x_2, \cdots, x_n]$ 是无零因子环。

证明　由于首项是用字典排列法确定的, 因此设 $f(x_1, x_2, \cdots, x_n)$ 的首项为 $ax_1^{p_1} x_2^{p_2} \cdots x_n^{p_n}(a \neq 0)$, $g(x_1, x_2, \cdots, x_n)$ 的首项为 $bx_1^{q_1} x_2^{q_2} \cdots x_n^{q_n}(b \neq 0)$, 去证 $abx_1^{p_1+q_1} x_2^{p_2+q_2} \cdots x_n^{p_n+q_n}$ 是 fg 的首项。为此只要证 $(p_1+q_1, p_2+q_2, \cdots, p_n+q_n)$ 先于 fg 中其他单项式的幂指数组即可。fg 的其他单项式的幂指数组只有 3 种可能情形:

$(p_1+j_1, p_2+j_2, \cdots, p_n+j_n), (i_1+q_1, i_2+q_2, \cdots, i_n+q_n), (i_1+j_1, i_2+j_2, \cdots, i_n+j_n)$,

其中 $(p_1, p_2, \cdots, p_n) > (i_1, i_2, \cdots, i_n), (q_1, q_2, \cdots, q_n) > (j_1, j_2, \cdots, j_n)$。
显然有

$$(p_1+q_1, \cdots, p_n+q_n) > (p_1+j_1, \cdots, p_n+j_n),$$
$$(p_1+q_1, \cdots, p_n+q_n) > (i_1+q_1, \cdots, i_n+q_n),$$
$$(i_1+q_1, \cdots, i_n+q_n) > (i_1+j_1, \cdots, i_n+j_n)。$$

由传递性得, $(p_1+q_1, \cdots, p_n+q_n) > (i_1+j_1, \cdots, i_n+j_n)$, 因此 $abx_1^{p_1+q_1} \cdots x_n^{p_n+q_n}$ 是 fg 的首项。　∎

其次我们要引进齐次多项式的概念:

定义 2　数域 K 上的 n 元多项式 $g(x_1, x_2, \cdots, x_n)$ 称为 **m 次齐次多项式**, 如果它的每个系数不为 0 的单项式都是 m 次的。

由定义 2 得, 零多项式可以看成是任意次数的齐次多项式。

第 6 章 6.1 节讲的数域 K 上的 n 元二次型就是数域 K 上的 n 元二次齐次多项式。

显然, $K[x_1, x_2, \cdots, x_n]$ 中两个齐次多项式的乘积仍是齐次多项式, 它的次数等于这两个多项式的次数的和。

对于任意一个 n 元多项式 $f(x_1, x_2, \cdots, x_n)$, 如果把 f 中次数相同的单项式写在一起, 那么 f 可以唯一地表示成

$$f(x_1, x_2, \cdots, x_n) = \sum_{i=0}^{m} f_i(x_1, x_2, \cdots, x_n), \tag{6}$$

其中 $m = \deg f; f_i(x_1, x_2, \cdots, x_n)$ 是 i 次齐次多项式, 称它为 $f(x_1, x_2, \cdots, x_n)$ 的 i 次齐次成分。

利用 (6) 式可以证明下述结论:

定理 2　在 $K[x_1, x_2, \cdots, x_n]$ 中,　　$\deg fg = \deg f + \deg g$。 $\tag{7}$

证明　若 f, g 中有一个是零多项式, 则 (7) 式成立。现在设 $f \neq 0, g \neq 0, \deg f = m$, $\deg g = s$, 则

$$f = f_0 + f_1 + \cdots + f_m, \quad g = g_0 + g_1 + \cdots + g_s,$$

于是

$$fg = f_0 g_0 + \cdots + f_0 g_s + \cdots + f_m g_0 + \cdots + f_m g_s, \tag{8}$$

其中 $f_i g_j$ 是 fg 的 $i+j$ 次齐次成分。因为 $f_m \neq 0$, $g_s \neq 0$, 所以 $f_m g_s \neq 0$, 于是 $f_m g_s$ 是 $m+s$ 次齐次多项式, 从而 $\deg fg = m+s = \deg f + \deg g$。 ■

三、数域 K 上 n 元多项式环 $K[x_1, x_2, \cdots, x_n]$ 的通用性质

n 元多项式之所以成为最基本的概念,是因为 n 元多项式环 $K[x_1, x_2, \cdots, x_n]$ 具有通用性质。

定理 3　设 K 是一个数域, R 是一个有单位元的交换环, 并且 R 可以看成是 K 的一个扩环(即 R 有一个子环 R_1 与 K 同构, 且 R 的单位元是 R_1 的单位元), K 到 R_1 的同构映射记作 τ, 设 $t_1, t_2, \cdots, t_n$ 是 R 的元素, 令

$$\sigma_{t_1, t_2, \cdots, t_n}: \qquad\qquad K[x_1, x_2, \cdots, x_n] \longrightarrow R$$

$$f(x_1, x_2, \cdots, x_n) = \sum_{i_1, \cdots, i_n} a_{i_1 \cdots i_n} x_1^{i_1} \cdots x_n^{i_n} \longmapsto \sum_{i_1, \cdots, i_n} \tau(a_{i_1 \cdots i_n}) t_1^{i_1} \cdots t_n^{i_n},$$

则 $\sigma_{t_1, t_2, \cdots, t_n}$ 是 $K[x_1, x_2, \cdots, x_n]$ 到 R 的一个映射, 它使得

$$\sigma_{t_1, t_2, \cdots, t_n}(x_i) = t_i, \quad i = 1, 2, \cdots, n;$$

把 $f(x_1, x_2, \cdots, x_n)$ 在此映射下的象记作 $f(t_1, t_2, \cdots, t_n)$, 如果

$$f(x_1, x_2, \cdots, x_n) + g(x_1, x_2, \cdots, x_n) = h(x_1, x_2, \cdots, x_n),$$
$$f(x_1, x_2, \cdots, x_n) g(x_1, x_2, \cdots, x_n) = p(x_1, x_2, \cdots, x_n),$$

那么

$$f(t_1, t_2, \cdots, t_n) + g(t_1, t_2, \cdots, t_n) = h(t_1, t_2, \cdots, t_n),$$
$$f(t_1, t_2, \cdots, t_n) g(t_1, t_2, \cdots, t_n) = p(t_1, t_2, \cdots, t_n),$$

即映射 $\sigma_{t_1, t_2, \cdots, t_n}$ 保持加法和乘法运算。映射 $\sigma_{t_1, t_2, \cdots, t_n}$ 称为 $x_1, x_2, \cdots, x_n$ 用 $t_1, t_2, \cdots, t_n$ 代入。

证明的关键是由于 $K[x_1, x_2, \cdots, x_n]$ 中一个 n 元多项式 $f(x_1, x_2, \cdots, x_n)$ 的表法唯一, 因此上述定义的由 $K[x_1, x_2, \cdots, x_n]$ 到 R 的对应法则 $\sigma_{t_1, t_2, \cdots, t_n}$ 是一个映射。定理 3 的其余结论的证明都是很容易的。

定理 3 的意义在于:只要把数域 K 上 n 元多项式环 $K[x_1, x_2, \cdots, x_n]$ 的结构研究清楚了, 那么对于任意一个可以看成 K 的扩环的有单位元的交换环 R, 从 $K[x_1, x_2, \cdots, x_n]$ 中有关加法与乘法的等式可以得到 R 中许多有关加法与乘法的等式, 达到事半功倍的效果。

特别地, $K[x_1, x_2, \cdots, x_n]$ 中所有零次多项式添上零多项式组成的子集 S 是 $K[x_1, x_2, \cdots, x_n]$ 的一个子环, 显然, $\tau: a \longmapsto a$ 是 K 到 S 的一个同构映射, 因此 $K[x_1, x_2, \cdots, x_n]$ 可看成是 K 的一个扩环, 从而 $x_1, x_2, \cdots, x_n$ 可以用环 $K[x_1, x_2, \cdots, x_n]$ 中任意 n 个元素代入, 且这种代入是保持加法与乘法运算的。

四、n 元多项式函数

设 $f(x_1, x_2, \cdots, x_n) \in K[x_1, x_2, \cdots, x_n]$, 对于数域 K 中任意 n 个元素 $c_1, c_2, \cdots, c_n$, 将 $x_1, x_2, \cdots, x_n$ 用 $c_1, c_2, \cdots, c_n$ 代入, 得到 $f(c_1, c_2, \cdots, c_n) \in K$。于是 n 元多项式 $f(x_1, x_2, \cdots, x_n)$ 诱导了集合 K^n 到 K 的一个映射:

$$f: \qquad\qquad K^n \longrightarrow K$$
$$(c_1, c_2, \cdots, c_n) \longmapsto f(c_1, c_2, \cdots, c_n), \qquad\qquad (9)$$

把这个映射 f 称为**数域 K 上的一个 n 元多项式函数**。

显然,零多项式确定的函数是零函数,自然要问:非零多项式诱导的函数是否一定不是零函数? 这对于数域 K 上的 n 元非零多项式,回答是肯定的。

定理 4 设 $h(x_1, x_2, \cdots, x_n)$ 是数域 K 上的 n 元非零多项式,则它诱导的 n 元多项式函数 h 不是零函数。

证明 对不定元的个数 n 作数学归纳法。$n=1$ 时,已证数域 K 上一元非零多项式诱导的函数不是零函数。假设命题对于 $K[x_1, x_2, \cdots, x_{n-1}]$ 中的非零多项式成立,现在来看 $K[x_1, x_2, \cdots, x_n]$ 中的非零多项式 $h(x_1, x_2, \cdots, x_n)$。为了利用归纳假设,关键的想法是把 $h(x_1, x_2, \cdots, x_n)$ 写成

$$h(x_1, x_2, \cdots, x_n) = u_0(x_1, x_2, \cdots, x_{n-1}) + u_1(x_1, x_2, \cdots, x_{n-1})x_n + \cdots \\ + u_s(x_1, x_2, \cdots, x_{n-1})x_n^s, \tag{10}$$

其中 $u_i(x_1, x_2, \cdots, x_{n-1}) \in K[x_1, x_2, \cdots, x_{n-1}], i=0,1,\cdots,s$,且 $u_s(x_1, x_2, \cdots, x_{n-1}) \neq 0$,根据归纳假设,$u_s(x_1, x_2, \cdots, x_{n-1})$ 诱导的函数 u_s 不是零函数,因此存在 $c_1, c_2, \cdots, c_{n-1} \in K$,使得 $u_s(c_1, c_2, \cdots, c_{n-1}) \neq 0$。不定元 $x_1, x_2, \cdots, x_{n-1}, x_n$ 用 $c_1, c_2, \cdots, c_{n-1}, x_n$ 代入,由 (10) 式得

$$h(c_1, c_2, \cdots, c_{n-1}, x_n) = u_0(c_1, c_2, \cdots, c_{n-1}) + u_1(c_1, c_2, \cdots, c_{n-1})x_n + \cdots \\ + u_s(c_1, c_2, \cdots, c_{n-1})x_n^s, \tag{11}$$

则 (11) 式表示的多项式 $h(c_1, c_2, \cdots, c_{n-1}, x_n)$ 是一元非零多项式,因此它诱导的函数不是零函数,从而存在 $c_n \in K$,使得

$$h(c_1, c_2, \cdots, c_{n-1}, c_n) \neq 0,$$

于是 n 元非零多项式 $h(x_1, x_2, \cdots, x_n)$ 诱导的函数 h 不是零函数。∎

利用定理 4 立即得到:

定理 5 设 K 是数域,在 $K[x_1, x_2, \cdots, x_n]$ 中,两个 n 元多项式 $f(x_1, x_2, \cdots, x_n)$ 与 $g(x_1, x_2, \cdots, x_n)$ 相等,当且仅当它们诱导的多项式函数 f 与 g 相等。

证明 必要性是显然的,充分性利用定理 4 立即得到。∎

我们把数域 K 上所有 n 元多项式函数组成的集合记作 K_{npol},在这个集合中规定加法运算是函数的加法,规定乘法运算是函数的乘法,即 $\forall (c_1, c_2, \cdots, c_n) \in K^n$,令

$$(f+g)(c_1, c_2, \cdots, c_n) := f(c_1, c_2, \cdots, c_n) + g(c_1, c_2, \cdots, c_n),$$
$$(fg)(c_1, c_2, \cdots, c_n) := f(c_1, c_2, \cdots, c_n)g(c_1, c_2, \cdots, c_n),$$

如果

$$f(x_1, x_2, \cdots, x_n) + g(x_1, x_2, \cdots, x_n) = h(x_1, x_2, \cdots, x_n),$$
$$f(x_1, x_2, \cdots, x_n)g(x_1, x_2, \cdots, x_n) = p(x_1, x_2, \cdots, x_n),$$

那么有

$$f(c_1, c_2, \cdots, c_n) + g(c_1, c_2, \cdots, c_n) = h(c_1, c_2, \cdots, c_n),$$
$$f(c_1, c_2, \cdots, c_n)g(c_1, c_2, \cdots, c_n) = p(c_1, c_2, \cdots, c_n),$$

因此上述定义的 $f+g$ 是由多项式 $h(x_1, x_2, \cdots, x_n)$ 诱导的 n 元多项式函数,fg 是由多项式 $p(x_1, x_2, \cdots, x_n)$ 诱导的 n 元多项式函数,从而上述定义的加法和乘法的确是 K_{npol} 的两种运算。容易验证,K_{npol} 成为一个有单位元的交换环,称它为**数域 K 上的 n 元多项式函数**

环。由 n 元多项式 $f(x_1,x_2,\cdots,x_n)$ 对应到它诱导的 n 元多项式函数 f,这个对应法则 σ 是 $K[x_1,x_2,\cdots,x_n]$ 到 K_{npol} 的一个映射,显然它是满射;由定理 5 得出,σ 也是单射,从而 σ 是双射。由上述讨论知道,σ 保持加法与乘法,因此 σ 是一个同构映射,从而环 $K[x_1,x_2,\cdots,x_n]$ 与环 K_{npol} 是同构的。于是我们可以把数域 K 上的 n 元多项式 $f(x_1,x_2,\cdots,x_n)$ 与 n 元多项式函数 f 等同看待。注意:n 元多项式是指表达式,n 元多项式函数是指映射,只有在证明了数域 K 上的 n 元多项式环 $K[x_1,x_2,\cdots,x_n]$ 与 K 上的 n 元多项式函数环 K_{npol} 同构之后,才能把 n 元多项式 $f(x_1,x_2,\cdots,x_n)$ 与由它诱导的 n 元多项式函数 f 等同看待。

设 $f(x_1,x_2,\cdots,x_n)\in K[x_1,x_2,\cdots,x_n]$,$K$ 是数域。如果有 $(c_1,c_2,\cdots,c_n)\in K^n$ 使得 $f(c_1,c_2,\cdots,c_n)=0$,那么称 $(c_1,c_2,\cdots,c_n)$ 是 n 元多项式 $f(x_1,x_2,\cdots,x_n)$ 的一个**零点**。当 K 取实数域,若 $n=2$,则二元多项式 $f(x,y)$ 的零点组成的集合就是平面上的一条**代数曲线**,也就是方程 $f(x,y)=0$ 表示的曲线;若 $n=3$,则三元多项式 $f(x,y,z)$ 的零点组成的集合是空间中的一个**代数曲面**,也就是方程 $f(x,y,z)=0$ 表示的曲面。一般地,数域 K 上一组 n 元多项式,它们的公共零点组成的集合称为**代数簇**(algebraic variety)。研究代数簇是代数几何的一项基本内容。

* 五、数域 K 上 n 元多项式环的结构

研究数域 K 上一元多项式环 $K[x]$ 的结构,我们是以带余除法为出发点的。利用带余除法证明了 $K[x]$ 中两个多项式的最大公因式存在(可以用辗转相除法求出),并且最大公因式可以表示成这两个多项式的倍式和,进而得到两个多项式互素的充分必要条件是 1 可以表示成这两个多项式的倍式和,利用这个结论证明了不可约多项式的几个等价条件,最后证明了 $K[x]$ 中每一个次数大于 0 的多项式都能唯一地分解成有限多个不可约多项式的乘积,即证明了 $K[x]$ 中有唯一因式分解定理。从而把 $K[x]$ 的结构搞清楚了。

研究 $K[x]$ 的结构的上述途径是否适用于研究数域 K 上 n 元多项式环 $K[x_1,x_2,\cdots,x_n]$(其中 $n>1$)的结构呢?

对于数域 K 上的一元多项式 $f(x)$,它的首项就是次数最高的项,因此把 $f(x)$ 的首项消去后,它的次数就降下来了,从而可以对作为被除式的多项式的次数作数学归纳法,证明出 $K[x]$ 中有带余除法。

对于数域 K 上的 n 元多项式 $f(x_1,x_2,\cdots,x_n)$,当 $n>1$ 时,它的首项不一定是次数最高的项,因此把 $f(x_1,x_2,\cdots,x_n)$ 的首项消去后,它的次数不一定能降下来,从而当 $n>1$ 时,$K[x_1,x_2,\cdots,x_n]$ 没有带余除法。1964 年,H. Hironaka 引进了 n 元多项式的除法算法。1965 年,B. Buchberger 使用除法算法对 $K[x_1,x_2,\cdots,x_n]$ 中由单项式组成的乘法封闭集中,引进了项序的概念,使得多项式相除后所得的余式唯一确定。

由于当 $n>1$ 时,$K[x_1,x_2,\cdots,x_n]$ 中没有带余除法,因此研究它的结构就不能从带余除法出发。在 $K[x_1,x_2,\cdots,x_n]$ 中,整除的概念、不可约多项式的概念仍然是有的。

定义 3 在 $K[x_1,x_2,\cdots,x_n]$ 中,对于 f,g,如果有 h 使得 $f=hg$,那么称 g **整除** f,记作 $g\mid f$;否则称 g **不能整除** f,记作 $g\nmid f$。当 g 整除 f 时,称 g 是 f 的一个**因式**,称 f 是 g 的一个**倍式**。

容易看出,在 $K[x_1,x_2,\cdots,x_n]$ 中,整除关系具有反身性、传递性,但是不具有对称性。

定义 4　在 $K[x_1,x_2,\cdots,x_n]$ 中,如果 $f|g$,且 $g|f$,那么称 f 与 g 是**相伴的**,记作 $f\sim g$。

利用 $K[x_1,x_2,\cdots,x_n]$ 中多项式乘积的次数公式容易证明:$f\sim g$ 当且仅当存在 $c\in K^*$ 使得 $f=cg$。

$K[x_1,x_2,\cdots,x_n]$ 中有了因式的概念,当然也就会有两个多项式 f 与 g 的**公因式**的概念。类似于 $K[x]$,我们可以在 $K[x_1,x_2,\cdots,x_n]$ 中定义两个多项式 f 与 g 的**最大公因式**的概念,但是由于 $K[x_1,x_2,\cdots,x_n]$ 中没有带余除法,因此不可能有辗转相除法,从而暂时还不知道任意两个多项式是否一定有最大公因式存在,到后面我们再来回答这个问题。$K[x_1,x_2,\cdots,x_n]$ 中两个多项式的最大公因式如果是 K 中的非零数,那么称这两个多项式**互素**。

定义 5　$K[x_1,x_2,\cdots,x_n]$ 中次数大于 0 的 n 元多项式 $p(x_1,x_2,\cdots,x_n)$,如果它的因式只有 K 中的非零数以及它的相伴元,那么称 $p(x_1,x_2,\cdots,x_n)$ 是 **K 上的不可约多项式**,否则称 $p(x_1,x_2,\cdots,x_n)$ 是**可约的**。

由定义 5 和乘积多项式的次数公式立即得到:一次多项式都是不可约的。

命题 1　在 $K[x_1,x_2,\cdots,x_n]$ 中,次数大于 0 的多项式 $p(x_1,x_2,\cdots,x_n)$ 不可约当且仅当它不能分解成两个次数较低的多项式的乘积。

证明　必要性。设 $p(x_1,x_2,\cdots,x_n)$ 不可约,则它的因式只有 K 中的非零数以及它的相伴元,因此它不能分解成两个次数较低的多项式的乘积。

充分性。任取 $p(x_1,x_2,\cdots,x_n)$ 的一个次数大于 0 的因式 $g(x_1,x_2,\cdots,x_n)$,则存在 $h(x_1,x_2,\cdots,x_n)\in K[x_1,x_2,\cdots,x_n]$,使得 $p(x_1,x_2,\cdots,x_n)=g(x_1,x_2,\cdots,x_n)h(x_1,x_2,\cdots,x_n)$。由已知条件可推出,$\deg h(x_1,x_2,\cdots,x_n)=0$,从而 $p(x_1,x_2,\cdots,x_n)=c\,g(x_1,x_2,\cdots,x_n)$,其中 $c\in K^*$,于是 $p(x_1,x_2,\cdots,x_n)\sim g(x_1,x_2,\cdots,x_n)$,因此 $p(x_1,x_2,\cdots,x_n)$ 在 K 上不可约。∎

由命题 1 的充分性立即得到,$K[x_1,x_2,\cdots,x_n]$ 中次数大于 0 的多项式 $f(x_1,x_2,\cdots,x_n)$ 如果可约,那么它能分解成两个次数较低的多项式的乘积。如此下去,可得出:$f(x_1,x_2,\cdots,x_n)$ 能分解成有限多个不可约多项式的乘积。进一步可证明这种分解是唯一的,即如果 $f(x_1,x_2,\cdots,x_n)$ 有两种方式分解成不可约多项式的乘积:

$$f(x_1,x_2,\cdots,x_n)=p_1(x_1,x_2,\cdots,x_n)\cdots p_s(x_1,x_2,\cdots,x_n),$$

$$f(x_1,x_2,\cdots,x_n)=q_1(x_1,x_2,\cdots,x_n)\cdots q_t(x_1,x_2,\cdots,x_n),$$

那么 $s=t$,且经过适当排列因式的次序可使得

$$p_i(x_1,x_2,\cdots,x_n)\sim q_i(x_1,x_2,\cdots,x_n),\quad i=1,2,\cdots,s,$$

于是在 $K[x_1,x_2,\cdots,x_n]$ 中也有唯一因式分解定理:

定理 6（唯一因式分解定理）　$K[x_1,x_2,\cdots,x_n]$ 中每一个次数大于 0 的多项式 $f(x_1,x_2,\cdots,x_n)$ 都能唯一地分解成数域 K 上有限多个不可约多项式的乘积,所谓唯一性如上所述。

由于 $K[x_1,x_2,\cdots,x_n]$ 中两个多项式是否有最大公因式尚未证明,因此还没有互素的 n 元多项式的概念及其性质,从而不能用 $K[x]$ 中唯一因式分解定理中唯一性的证明方法,需要另辟途径。详见《近世代数》(丘维声著,北京大学出版社)第三章 §3.2 的定理 6 的唯一性的证明。

从该书的定理 6 可得出推论 4。从该书的推论 4 立即得出本书这一节的定理 6。

在 n 元多项式 $f(x_1, x_2, \cdots, x_n)$ 的分解式中,可以把每一个不可约因式的首项系数提出来,使它们成为首项系数为 1 的多项式,再把相同的不可约因式的乘积写成乘幂的形式,于是 $f(x_1, x_2 \cdots, x_n)$ 的分解式成为

$$f(x_1, \cdots, x_n) = a p_1^{r_1}(x_1, \cdots, x_n) \cdots p_m^{r_m}(x_1, \cdots, x_n), \tag{12}$$

其中 a 是 $f(x_1, \cdots, x_n)$ 的首项系数;$p_1(x_1, \cdots, x_n), \cdots, p_m(x_1, \cdots, x_n)$ 是两两不等的首项系数为 1 的不可约多项式;$r_1, \cdots, r_m$ 是正整数。这种分解式(12)称为 $f(x_1, x_2 \cdots, x_n)$ 的**标准分解式**。

现在设 $f(x_1, \cdots, x_n), g(x_1, \cdots, x_n)$ 的标准分解式分别为

$$f(x_1, \cdots, x_n) = a p_1^{r_1}(x_1, \cdots, x_n) \cdots p_l^{r_l}(x_1, \cdots, x_n) p_{l+1}^{r_{l+1}}(x_1, \cdots, x_n) \cdots p_m^{r_m}(x_1, \cdots, x_n),$$

$$g(x_1, \cdots, x_n) = b p_1^{t_1}(x_1, \cdots, x_n) \cdots p_l^{t_l}(x_1, \cdots, x_n) q_{l+1}^{t_{l+1}}(x_1, \cdots, x_n) \cdots q_s^{t_s}(x_1, \cdots, x_n)。$$

令

$$d(x_1, \cdots, x_n) = p_1^{u_1}(x_1, \cdots, x_n) \cdots p_l^{u_l}(x_1, \cdots, x_n),$$

其中 $u_i = \min\{r_i, t_i\}, i = 1, 2, \cdots, l$。显然 $d(x_1, \cdots, x_n)$ 是 $f(x_1, \cdots, x_n)$ 与 $g(x_1, \cdots, x_n)$ 的一个公因式。任取 f 与 g 的一个次数大于 0 的公因式 $c(x_1, \cdots, x_n)$,在 $c(x_1, \cdots, x_n)$ 的标准分解式中任取一个不可约因式 $v(x_1, \cdots, x_n)$。由于 $v(x_1, \cdots, x_n)$ 是 f 与 g 的公共的不可约因式,因此根据 $K[x_1, x_2, \cdots, x_n]$ 中唯一因式分解定理的唯一性得,$v(x_1, \cdots, x_n)$ 必然等于某个 $p_j(x_1, \cdots, x_n)$,其中 $j \in \{1, 2, \cdots, l\}$;并且 $v(x_1, \cdots, x_n)$ 在 $c(x_1, \cdots, x_n)$ 的标准分解式中的幂指数不超过 u_j,于是 $c(x_1, \cdots, x_n) \mid d(x_1, \cdots, x_n)$。这证明了 $d(x_1, \cdots, x_n)$ 是 $f(x_1, \cdots, x_n)$ 与 $g(x_1, \cdots, x_n)$ 的一个最大公因式,其首项系数为 1,把它记作 $(f(x_1, \cdots, x_n), g(x_1, \cdots, x_n))$。这也肯定地回答了前面提出的 $K[x_1, \cdots, x_n]$ 中任意两个多项式都存在最大公因式的问题。

由于把 n 元多项式分解成不可约因式的乘积没有统一的方法,因此求两个 n 元多项式的最大公因式是不容易的。

7.9.2 典型例题

例 1 将下列三元多项式按字典排列法排列各单项式的顺序。

(1) $f(x_1, x_2, x_3) = 4x_1 x_2^5 x_3^2 + 5x_1^2 x_2 x_3 - x_1^3 x_3^4 + x_1^3 x_2 + x_1 x_2^4$;

(2) $g(x_1, x_2, x_3) = x_1^2 x_2^3 + x_2^2 x_3^3 + x_1^3 x_3^2 + x_1^4 + x_1^2 x_2^4 + x_3^4$。

解 (1) $f(x_1, x_2, x_3) = x_1^3 x_2 - x_1^3 x_3^4 + 5x_1^2 x_2 x_3 + 4x_1 x_2^5 x_3^2 + x_1 x_2^4$;

(2) $g(x_1, x_2, x_3) = x_1^4 + x_1^3 x_3^2 + x_1^2 x_2^4 + x_1^2 x_2^3 + x_2^2 x_3^3 + x_3^4$。

例 2 把下述三元齐次多项式分解成两个三元齐次多项式的乘积。

$$f(x_1, x_2, x_3) = x_1^3 + 3x_1^2 x_2 + 4x_1^2 x_3 + 3x_1 x_2^2 + 6x_1 x_2 x_3 + 4x_1 x_3^2 + 2x_2^3 + 5x_2^2 x_3 + 5x_2 x_3^2 + 3x_3^3。$$

解 $f(x_1, x_2, x_3)$ 是三次齐次多项式,把它分解成两个齐次多项式的乘积,必然一个是一次齐次多项式,另一个是二次齐次多项式。于是可设

$$f(x_1, x_2, x_3) = (x_1 + ax_2 + bx_3)(x_1^2 + cx_2^2 + dx_3^2 + ex_1 x_2 + ux_1 x_3 + wx_2 x_3),$$

比较系数得

$$3 = e + a, \qquad 4 = u + b, \qquad 3 = c + ae,$$
$$6 = v + au + be, \qquad 4 = d + bu, \qquad 2 = ac,$$
$$5 = av + bc, \qquad 5 = ad + bv, \qquad 3 = bd.$$

取 $c=1$，则 $a=2$；取 $d=1$，则 $b=3$；从而
$$e = 1, u = 1, v = 1,$$
因此
$$f(x_1,x_2,x_3) = (x_1 + 2x_2 + 3x_3)(x_1^2 + x_2^2 + x_3^2 + x_1x_2 + x_1x_3 + x_2x_3).$$

例 3　设 $f(x_1,x_2,\cdots,x_n)$ 是数域 K 上一个齐次多项式。证明：如果在 $K[x_1,x_2,\cdots,x_n]$ 中有
$$f(x_1,x_2,\cdots,x_n) = g(x_1,x_2,\cdots,x_n)h(x_1,x_2,\cdots,x_n),$$
那么 $g(x_1,x_2,\cdots,x_n)$ 和 $h(x_1,x_2,\cdots,x_n)$ 都是齐次多项式。

证明　假如 g 与 h 不全是齐次多项式，则不妨设 g 不是齐次多项式，于是有 $g=g_l+g_{l+1}+\cdots+g_r$，其中 $g_i(i=l,l+1,\cdots,r)$ 是 g 的 i 次齐次成分，且 $g_l\neq0,g_r\neq0,r>l$。设 $h=h_t+h_{t+1}+\cdots+h_s$，其中 $h_j(j=t,t+1,\cdots,s)$ 是 h 的 j 次齐次成分，且 $h_t\neq0,h_s\neq0$（有可能 $s=t$，此时 h 是 t 次齐次多项式）。由已知条件得
$$f = gh = \left(\sum_{i=l}^r g_i\right)\left(\sum_{j=t}^s h_j\right) = \sum_{i=l}^r\sum_{j=t}^s g_ih_j,$$
其中 $g_lh_t\neq0,g_rh_s\neq0$。由于 g_lh_t 是 gh 的次数最低的齐次成分，因此 g_lh_t 不会与其他 g_ih_j 相消。又由于 g_rh_s 是 gh 的次数最高的齐次成分，因此 g_rh_s 也不会与其他 g_ih_j 相消。由于 $l<r,t\leqslant s$，因此 $l+t<r+s$，于是 gh 至少有两个非零的齐次成分，这与 f 是齐次多项式矛盾。所以 g 与 h 都是齐次多项式。■

点评：例 3 表明，在 $K[x_1,x_2,\cdots,x_n]$ 中，一个齐次多项式如果能分解成两个多项式的乘积，那么这两个多项式也都是齐次多项式。

例 4　证明：在数域 K 上的 n 元多项式环 $K[x_1,x_2,\cdots,x_n]$ 中，一个非零多项式 $f(x_1,x_2,\cdots,x_n)$ 是 m 次齐次多项式的充分必要条件为对一切 $t\in K$，有
$$f(tx_1,tx_2,\cdots,tx_n) = t^m f(x_1,x_2,\cdots,x_n). \tag{13}$$

证明　必要性。设 $f(x_1,x_2,\cdots,x_n)$ 是 m 次齐次多项式，即
$$f(x_1,x_2,\cdots,x_n) = \sum_{i_1,i_2,\cdots,i_n} a_{i_1i_2\cdots i_n}x_1^{i_1}x_2^{i_2}\cdots x_n^{i_n},$$
其中 $i_1+i_2+\cdots+i_n=m$。任取 $t\in K$，不定元 $x_1,x_2,\cdots,x_n$ 用 $tx_1,tx_2,\cdots,tx_n$ 代入，从上式得
$$f(tx_1,tx_2,\cdots,tx_n) = \sum_{i_1,\cdots,i_n} a_{i_1i_2\cdots i_n}(tx_1)^{i_1}(tx_2)^{i_2}\cdots(tx_n)^{i_n} = t^m f(x_1,x_2,\cdots,x_n).$$

充分性。设对一切 $t\in K$，有(13)式成立。将 $f(x_1,\cdots,x_n)$ 写成 $f=f_0+f_1+\cdots+f_s$，其中 f_i 是 f 的 i 次齐次成分，$i=0,1,\cdots,s$。任取 $t\in K,x_1,x_2,\cdots,x_n$ 用 $tx_1,tx_2,\cdots,tx_n$ 代入，从上式得
$$f(tx_1,\cdots,tx_n) = f_0(tx_1,\cdots,tx_n) + f_1(tx_1,\cdots,tx_n) + \cdots + f_s(tx_1,\cdots,tx_n),$$
根据刚证的必要性以及充分性的假设得
$$t^m f(x_1,\cdots,x_n) = f_0(tx_1,\cdots,tx_n) + tf_1(x_1,\cdots,x_n) + \cdots + t^s f_s(x_1,\cdots,x_n). \tag{14}$$

将 $f=f_0+f_1+\cdots+f_s$ 代入(14)式的左端,并且根据两个 n 元多项式相等的定义,得到

$$t^m f_i(x_1,\cdots,x_n) = t^i f_i(x_1,\cdots,x_n), \quad i=0,1,\cdots,s。 \tag{15}$$

任取 $i\in\{0,1,\cdots,s\}$,且 $i\neq m$,如果 $f_i\neq 0$,那么从(15)式两边消去 f_i 得,$t^m=t^i,\forall t\in K$。由于 K 是数域,因此有 $x^m=x^i$,这与 $i\neq m$ 矛盾。因此 $f_i=0$,当 $i\neq m$,从而 $f=f_m$,于是 f 是 m 次齐次多项式。 ■

点评: 例 4 给出了数域 K 上 m 次齐次多项式(或 m 次齐次多项式函数)的一个刻画,它很有用。

例 5 设 $f(x,y,z),g(x,y,z)$ 都是实数域上的三元多项式,且 $g(x,y,z)$ 不是零多项式,证明:如果 $g(x,y,z)$ 的任一非零点都是 $f(x,y,z)$ 的零点,那么 $f(x,y,z)$ 是零多项式。

证法一 对于 $g(x,y,z)$ 的任一非零点 (b_1,b_2,b_3),有

$$fg(b_1,b_2,b_3) = f(b_1,b_2,b_3)g(b_1,b_2,b_3) = 0,$$

对于 $g(x,y,z)$ 的任一零点 (c_1,c_2,c_3),有

$$fg(c_1,c_2,c_3) = f(c_1,c_2,c_3)g(c_1,c_2,c_3) = 0,$$

从而对一切 $(a_1,a_2,a_3)\in \mathbf{R}^3$,有 $fg(a_1,a_2,a_3)=0$,于是 fg 是零函数,从而 $f(x,y,z)g(x,y,z)$ 是零多项式。由于 $g(x,y,z)$ 不是零多项式,因此 $f(x,y,z)$ 是零多项式。 ■

证法二 假如 $f(x,y,z)$ 不是零多项式,又由已知条件——$g(x,y,z)$ 不是零多项式,于是 $f(x,y,z)g(x,y,z)$ 不是零多项式,从而 fg 不是零函数。因此存在 $(c_1,c_2,c_3)\in \mathbf{R}^3$,使得 $fg(c_1,c_2,c_3)\neq 0$,即 $f(c_1,c_2,c_3)g(c_1,c_2,c_3)\neq 0$,由此得出,$f(c_1,c_2,c_3)\neq 0$ 且 $g(c_1,c_2,c_3)\neq 0$,这与已知条件矛盾。 ■

点评: 例 5 的证明主要用到两个结论:数域 K 上的 n 元多项式环是无零因子环;数域 K 上的 n 元多项式环 $K[x_1,x_2,\cdots,x_n]$ 与数域 K 上的 n 元多项式函数环 K_{npol} 是同构的。例 5 的结论从直观上容易猜测到,但是要想讲出道理证明它就需要用到上述两个结论。这又一次表明:只有掌握理论,才能把道理讲清楚。

例 6 证明:在复数域上的二元多项式环中,下述二次多项式是不可约的:

$$f(x,y) = x^2 - 2xy + y^2 + y。$$

证明 假如 $f(x,y)$ 在复数域上可约,则

$$f(x,y) = (x+ay+b)(x+cy+d),$$

其中 $a,b,c,d\in \mathbf{C}$。比较系数得

$$a+c=-2, \quad ac=1, \quad d+b=0, \quad ad+bc=1, \quad bd=0。$$

由 $d+b=0$ 且 $bd=0$ 推出 $b=d=0$,这与 $ad+bc=1$ 矛盾,因此 $f(x,y)=x^2-2xy+y^2+y$ 在 $\mathbf{C}$ 上是不可约的。 ■

点评: 我们已经知道,在复数域上的一元多项式环中,不可约多项式都是一次的。而例 6 表明,在复数域上的二元多项式环中,存在二次的不可约多项式。在数域 K 上的一元多项式环中,$f(x)$ 有一次因式 $x-a$ 当且仅当 $f(x)$ 在 K 中有根 a。而例 6 表明,在复数域上的二元多项式环中,$f(x,y)=x^2-2xy+y^2+y$ 虽然有许多零点,例如 $(0,0)$,$(0,-1)$,$(1,\dfrac{1\pm\sqrt{3}i}{2})$ 等,但是 $f(x,y)$ 没有一次因式。这些表明,当 $n>1$ 时,数域 K 上的 n 元多项式环有许多与一元多项式环不同的性质。

例 7　探索并且论证实数域上 n 元二次齐次多项式可约的充分必要条件。

解　实数域上 n 元二次齐次多项式 $f(x_1,x_2,\cdots,x_n)$ 可约当且仅当 $f(x_1,x_2,\cdots,x_n)$ 能分解成两个实系数一次多项式的乘积。根据例 3 的结论可知,这两个一次多项式都是齐次的。根据本套书上册 6.2 节的例 5,一个 n 元实二次型可以分解成两个实系数一次齐次多项式的乘积当且仅当它的秩等于 2 且符号差为 0,或者它的秩等于 1,于是这就是实系数 n 元二次齐次多项式可约的充分必要条件。 ■

＊例 8　当 $n>1$ 时,在 $K[x_1,x_2,\cdots,x_n]$ 中是否有下述结论:两个多项式互素的充分必要条件为它们有倍式和等于 1?

解　充分性。设数域 K 上的 n 元多项式 $f(x_1,x_2,\cdots,x_n)$ 与 $g(x_1,x_2,\cdots,x_n)$ 具有性质:存在 $u(x_1,\cdots,x_n),v(x_1,\cdots,x_n)\in K[x_1,\cdots,x_n]$ 使得

$$u(x_1,\cdots,x_n)f(x_1,\cdots,x_n)+v(x_1,\cdots,x_n)g(x_1,\cdots,x_n)=1。$$

设 $d(x_1,\cdots,x_n)$ 是 $f(x_1,\cdots,x_n)$ 与 $g(x_1,\cdots,x_n)$ 的一个最大公因式,则从上式得,$d(x_1,\cdots,x_n)\mid 1$。由乘积多项式的次数公式得,$d(x_1,\cdots,x_n)$ 的次数为 0,从而它是 K 中一个非零数,因此 $f(x_1,\cdots,x_n)$ 与 $g(x_1,\cdots,x_n)$ 互素,即充分性是成立的。

必要性。从例 6 中知道,复数域上的二元多项式 $f(x,y)=x^2-2xy+y^2+y$ 不可约,从而 $f(x,y)$ 与 $g(x,y)=x$ 的公因式只有 K 中的非零数,因此 $f(x,y)$ 与 $g(x,y)$ 互素。对于 $\mathbf{C}[x,y]$ 中的任意多项式 $u(x,y),v(x,y)$,都有:$u(x,y)f(x,y)$ 没有常数项,$v(x,y)g(x,y)$ 也没有常数项,从而

$$u(x,y)f(x,y)+v(x,y)g(x,y)\neq 1。$$

这个例子表明必要性是不成立的。

点评: 在数域 K 上的一元多项式环 $K[x]$ 中,两个多项式互素的充分必要条件是它们有倍式和等于 1。而当 $n>1$ 时,$K[x_1,\cdots,x_n]$ 中两个多项式互素的充分条件是它们有倍式和等于 1,但这不是必要条件。其根源在于 $K[x]$ 中有带余除法,从而求两个多项式的最大公因式有辗转相除法;而当 $n>1$ 时,在 $K[x_1,x_2,\cdots,x_n]$ 中没有带余除法,从而求两个多项式的最大公因式没有辗转相除法,因此两个多项式的最大公因式无法表示成它们的倍式和。

例 9　求实数域上二元二次多项式可约的充分必要条件。

解　设 $f(x,y)=a_{11}x^2+2a_{12}xy+a_{22}y^2+2a_1x+2a_2y+a_0$,则 $f(x,y)=0$ 是平面上的二次曲线,运用二次曲线的不变量理论(参看《解析几何(第 3 版)》第 5 章第 2 节),得

　　　　实数域上二元二次多项式 $f(x,y)$ 可约

$\Longleftrightarrow$　$f(x,y)=0$ 为两条相交直线或一对平行直线或两条重合直线

$\Longleftrightarrow$　$I_2<0$ 且 $I_3=0$,或 $I_2=I_3=0$ 且 $K_1\leqslant 0$。

习题 7.9

1. 将下列四元多项式按字典排列法排列各单项式的顺序:

(1) $f(x_1,x_2,x_3,x_4)=x_3^4x_4-x_1^3x_2+5x_2x_3x_4+2x_2^4x_3x_4$;

(2) $f(x_1,x_2,x_3,x_4)=x_1^3+x_3^3+3x_1x_2^2x_4-5x_1^2x_3x_4^2-2x_2^3x_3$。

2. 把三元齐次多项式 $f(x_1,x_2,x_3)=x_1^3+x_2^3+x_3^3-3x_1x_2x_3$ 写成两个三元齐次多项式的乘积。

3. 设 $f(x_1,\cdots,x_n), g(x_1,\cdots,x_n) \in K[x_1,\cdots,x_n]$，且 $g(x_1,\cdots,x_n) \neq 0$，其中 K 是数域。证明：如果对于使得 $g(c_1,\cdots,c_n) \neq 0$ 的任意一组元素 $c_1, c_2, \cdots, c_n \in K$，都有 $f(c_1,\cdots,c_n)=0$，那么 $f(x_1,\cdots,x_n)=0$。

4. 证明：在 $K[x_1,\cdots,x_n]$ 中，如果 $g \mid f_i, i=1,2,\cdots,s$，那么对任意 $u_i(x_1,\cdots,x_n) \in K[x_1,\cdots,x_n], i=1,2,\cdots,s$，都有
$$g \mid u_1 f_1 + u_2 f_2 + \cdots + u_s f_s。$$

5. 证明：在 $K[x_1,\cdots,x_n]$ 中，f 与 g 相伴当且仅当存在 $c \in K^*$ 使得 $f=cg$。

6. 证明：在 $K[x,y]$ 中，多项式 x^2-y 是不可约的。

7. 证明：在复数域上的二元多项式环中，x^3+y 是不可约的。

8. 下列实数域上的三元二次齐次多项式是否可约？如果可约，把它因式分解。

(1) $f(x,y,z)=3x^2-2y^2+5xy+3xz-yz$；

(2) $g(x,y,z)=x^2+2y^2+z^2+2xy+2xz$。

9. 下列实数域上的二元二次多项式是否可约？如果可约，把它因式分解。

(1) $f(x,y)=2x^2+5xy-3y^2+x+10y-3$；

(2) $g(x,y)=17x^2+22xy-23y^2+10x+14y-4$。

10. 设 $p(x_1,\cdots,x_n)$ 是 $K[x_1,\cdots,x_n]$ 中的不可约多项式，证明：$p(x_1,\cdots,x_n)$ 与 $K[x_1,\cdots,x_n]$ 中任一多项式 $f(x_1,\cdots,x_n)$ 的关系只有两种可能：$p(x_1,\cdots,x_n) \mid f(x_1,\cdots,x_n)$ 或者 $p(x_1,\cdots,x_n)$ 与 $f(x_1,\cdots,x_n)$ 互素。

11. 在 $\mathbf{R}[x,y]$ 中，$f(x,y)=x^2-4xy+4y^2-6x+10y-1$ 与 $g(x,y)=3x-y+5$ 是否互素？

7.10　n 元对称多项式

7.10.1　内容精华

观察下述三元多项式 $f(x_1,x_2,x_3)$ 有什么特点？
$$f(x_1,x_2,x_3) = x_1^3 + x_2^3 + x_3^3 + x_1^2 x_2 + x_1^2 x_3 + x_2^2 x_3 + x_1 x_2^2 + x_1 x_3^2 + x_2 x_3^2,$$
不定元 x_1, x_2, x_3 的下标分别是 1,2,3。对于自然数 1,2,3 的任意一个三元排列，如 231，把不定元 x_1, x_2, x_3 分别用 x_2, x_3, x_1 代入，则上式成为
$$f(x_2,x_3,x_1) = x_2^3 + x_3^3 + x_1^3 + x_2^2 x_3 + x_2^2 x_1 + x_3^2 x_1 + x_2 x_3^2 + x_2 x_1^2 + x_3 x_1^2,$$
发现 $f(x_2,x_3,x_1)$ 的表达式与 $f(x_1,x_2,x_3)$ 的表达式相等，因此 $f(x_2,x_3,x_1)=f(x_1,x_2,x_3)$。对于自然数 1,2,3 的其他 5 个三元排列，也有类似的结论，因此在直观上可以这么说，在三元多项式 $f(x_1,x_2,x_3)$ 中，不定元 x_1, x_2, x_3 的地位是对称的，于是我们可以把 $f(x_1,x_2,x_3)$ 称为对称多项式。

一、n 元对称多项式的定义和例子

定义 1　设 $f(x_1,x_2,\cdots,x_n) \in K[x_1,x_2,\cdots,x_n]$，$K$ 是数域，如果对于任意一个 n 元排列 $j_1 j_2 \cdots j_n$ 都有

$$f(x_{j_1}, x_{j_2}, \cdots, x_{j_n}) = f(x_1, x_2, \cdots, x_n),$$

那么称 $f(x_1, x_2, \cdots, x_n)$ 是数域 K 上的一个 **n 元对称多项式**。

从定义 1 得出，如果一个 n 元对称多项式 $f(x_1, x_2, \cdots, x_n)$ 含有一项 $ax_1^{i_1} x_2^{i_2} \cdots x_n^{i_n}$，那么它也含有项

$$ax_{j_1}^{i_1} x_{j_2}^{i_2} \cdots x_{j_n}^{i_n},$$

其中 $j_1 j_2 \cdots j_n$ 是任意一个 n 元排列。

注意：相等的项只写一次。

例如，若三元对称多项式 $f(x_1, x_2, x_3)$ 含有一项 $x_1^2 x_2$，即 $x_1^2 x_2 x_3^0$，则它也含有如下 5 项：

$$x_1^2 x_3 x_2^0, \quad x_2^2 x_1 x_3^0, \quad x_2^2 x_3 x_1^0, \quad x_3^2 x_1 x_2^0, \quad x_3^2 x_2 x_1^0,$$

即也含有如下 5 项：

$$x_1^2 x_3, \quad x_1 x_2^2, \quad x_2^2 x_3, \quad x_1 x_3^2, \quad x_2 x_3^2。$$

从定义 1 还得出，零多项式和零次多项式都是对称多项式。

一个 n 元对称多项式如果含有一项 x_1，那么它必含有项 $x_2, x_3, \cdots, x_n$，因此 $x_1 + x_2 + \cdots + x_n$ 是一个 n 元对称多项式，把它用 $\sigma_1(x_1, x_2, \cdots, x_n)$ 表示，即

$$\sigma_1(x_1, x_2, \cdots, x_n) = x_1 + x_2 + \cdots + x_n。$$

一个 n 元对称多项式如果含有一项 $x_1 x_2$，那么它必含有项 $x_i x_j$，其中 $1 \leqslant i < j \leqslant n$。因此下述多项式是一个 n 元对称多项式：

$$\begin{aligned}
\sigma_2(x_1, x_2, \cdots, x_n) = {} & x_1 x_2 + x_1 x_3 + \cdots + x_1 x_n \\
& + x_2 x_3 + \cdots + x_2 x_n \\
& + \cdots \\
& + x_{n-1} x_n \\
= {} & \sum_{1 \leqslant i < j \leqslant n} x_i x_j。
\end{aligned}$$

同理，对于任给 $k \in \{2, \cdots, n-1\}$，下述多项式是一个 n 元对称多项式：

$$\sigma_k(x_1, x_2, \cdots, x_n) = \sum_{1 \leqslant j_1 < j_2 < \cdots < j_k \leqslant n} x_{j_1} x_{j_2} \cdots x_{j_k}。$$

显然，下述多项式也是一个 n 元对称多项式：

$$\sigma_n(x_1, x_2, \cdots, x_n) = x_1 x_2 \cdots x_n。$$

上述 n 个 n 元对称多项式 $\sigma_i(x_1, x_2, \cdots, x_n)$，$i = 1, 2, \cdots, n$，统称为 **$n$ 元初等对称多项式**。

二、数域 K 上 n 元对称多项式组成的集合的结构

数域 K 上所有 n 元对称多项式组成的集合 W 的结构如何？

设 $f(x_1, x_2, \cdots, x_n), g(x_1, x_2, \cdots, x_n) \in W$。如果

$$f(x_1, x_2, \cdots, x_n) + g(x_1, x_2, \cdots, x_n) = h(x_1, x_2, \cdots, x_n),$$
$$f(x_1, x_2, \cdots, x_n) g(x_1, x_2, \cdots, x_n) = p(x_1, x_2, \cdots, x_n),$$

那么对任一 n 元排列 $j_1 j_2 \cdots j_n$，把不定元 $x_1, x_2, \cdots, x_n$ 分别用 $x_{j_1}, x_{j_2}, \cdots, x_{j_n}$ 代入，从上两式得

$$f(x_{j_1}, x_{j_2}, \cdots, x_{j_n}) + g(x_{j_1}, x_{j_2}, \cdots, x_{j_n}) = h(x_{j_1}, x_{j_2}, \cdots, x_{j_n}),$$
$$f(x_{j_1}, x_{j_2}, \cdots, x_{j_n}) g(x_{j_1}, x_{j_2}, \cdots, x_{j_n}) = p(x_{j_1}, x_{j_2}, \cdots, x_{j_n})。$$

由于 $f(x_1,x_2,\cdots,x_n),g(x_1,x_2,\cdots,x_n)$ 都是对称多项式,因此
$$f(x_{j_1},x_{j_2},\cdots,x_{j_n})=f(x_1,x_2,\cdots,x_n),$$
$$g(x_{j_1},x_{j_2},\cdots,x_{j_n})=g(x_1,x_2,\cdots,x_n),$$
由此推出
$$h(x_1,x_2,\cdots,x_n)=f(x_1,x_2,\cdots,x_n)+g(x_1,x_2,\cdots,x_n)$$
$$=f(x_{j_1},x_{j_2},\cdots,x_{j_n})+g(x_{j_1},x_{j_2},\cdots,x_{j_n})$$
$$=h(x_{j_1},x_{j_2},\cdots,x_{j_n}),$$
因此 $h(x_1,x_2,\cdots,x_n)\in W$。同理 $p(x_1,x_2,\cdots,x_n)\in W$。这表明 W 对加法和乘法封闭,又由于 $-g(x_{j_1},x_{j_2},\cdots,x_{j_n})=-g(x_1,x_2,\cdots,x_n)$,因此 W 对减法也封闭,于是我们证明了下述命题:

命题 1 W 是 $K[x_1,x_2,\cdots,x_n]$ 的一个子环。 ■

由命题 1 立即得到:

命题 2 设 $f_1,f_2,\cdots,f_n\in W$,则对于 $K[x_1,x_2,\cdots,x_n]$ 中任意一个多项式 $g(x_1,x_2,\cdots,x_n)=\sum\limits_{i_1,\cdots,i_n}b_{i_1\cdots i_n}x_1^{i_1}x_2^{i_2}\cdots x_n^{i_n}$,有
$$g(f_1,f_2,\cdots,f_n)=\sum\limits_{i_1,\cdots,i_n}b_{i_1\cdots i_n}f_1^{i_1}f_2^{i_2}\cdots f_n^{i_n}\in W,$$ ■

特别有
$$g(\sigma_1,\sigma_2,\cdots,\sigma_n)\in W,$$
即初等对称多项式 $\sigma_1,\sigma_2,\cdots,\sigma_n$ 的多项式仍是对称多项式。反之,数域 K 上任一 n 元对称多项式是否都可表示成初等对称多项式 $\sigma_1,\sigma_2,\cdots,\sigma_n$ 的多项式?回答是肯定的,即我们有下述重要定理:

定理 1(对称多项式基本定理) 对于数域 K 上任意一个 n 元对称多项式 $f(x_1,x_2,\cdots,x_n)$,都存在数域 K 上唯一的一个 n 元多项式 $g(x_1,x_2,\cdots,x_n)$,使得
$$f(x_1,x_2,\cdots,x_n)=g(\sigma_1,\sigma_2,\cdots,\sigma_n)。$$

证明 存在性。因为 n 元多项式按字典排列法排出各单项式的次序,所以我们从 $f(x_1,x_2,\cdots,x_n)$ 的首项开始转换成 $\sigma_1,\sigma_2,\cdots,\sigma_n$ 的多项式。设 $f(x_1,x_2,\cdots,x_n)$ 的首项是 $ax_1^{l_1}x_2^{l_2}\cdots x_n^{l_n}$。由于 f 是对称多项式,因此对任一 n 元排列 $j_1j_2\cdots j_n$,f 还含有项 $ax_{j_1}^{l_1}x_{j_2}^{l_2}\cdots x_{j_n}^{l_n}$,从而首项的幂指数组 $(l_1,l_2,\cdots,l_n)$ 必定满足 $l_1\geqslant l_2\geqslant\cdots\geqslant l_n$。理由如下:

假如 $l_i<l_{i+1}$,由于 $ax_1^{l_1}\cdots x_{i+1}^{l_i}x_i^{l_{i+1}}\cdots x_n^{l_n}$ 也是 f 的一项,而此项的幂指数组 $(l_1,\cdots,l_{i-1},l_{i+1},l_i,\cdots,l_n)$ 先于首项的幂指数组 $(l_1,\cdots,l_{i-1},l_i,l_{i+1},\cdots,l_n)$,因此矛盾,从而 $l_1\geqslant l_2\geqslant\cdots\geqslant l_n$。为了把 $f(x_1,x_2,\cdots,x_n)$ 的首项转换成 $\sigma_1,\sigma_2,\cdots,\sigma_n$ 的多项式,就需要从 $\sigma_1,\sigma_2,\cdots,\sigma_n$ 构造出 $ax_1^{l_1}x_2^{l_2}\cdots x_n^{l_n}$。由于 σ_1 的首项是 x_1,σ_2 的首项是 $x_1x_2,\cdots,\sigma_{n-1}$ 的首项是 $x_1x_2\cdots x_{n-1}$,σ_n 的首项是 $x_1x_2\cdots x_n$,因此应当构造一个 n 元多项式 $\Phi_1(x_1,x_2,\cdots,x_n)$ 如下:
$$\Phi_1(x_1,x_2,\cdots,x_n)=a\sigma_1^{l_1-l_2}\sigma_2^{l_2-l_3}\sigma_3^{l_3-l_4}\cdots\sigma_{n-1}^{l_{n-1}-l_n}\sigma_n^{l_n}。$$
容易看出,$\Phi_1(x_1,x_2,\cdots,x_n)$ 的首项是 $ax_1^{l_1}x_2^{l_2}\cdots x_n^{l_n}$。根据命题 2 得,$\Phi_1(x_1,x_2,\cdots,x_n)$ 仍是 n 元对称多项式。令
$$f_1(x_1,x_2,\cdots,x_n)=f(x_1,x_2,\cdots,x_n)-\Phi_1(x_1,x_2,\cdots,x_n),$$

则 f_1 的首项"小于"f 的首项(即 f 的首项的幂指数组先于 f_1 的首项的幂指数组),且 f_1 仍为 n 元对称多项式。对 f_1 重复上述对于 f 的做法,一直这样做下去,由于首项的幂指数组是非负整数组,因此必在有限步后终止,即

$$f_2 = f_1 - \Phi_2, \cdots, f_{s-1} = f_{s-2} - \Phi_{s-1}, f_s = f_{s-1} - \Phi_s = 0,$$

从而得到

$$f = f_1 + \Phi_1 = (f_2 + \Phi_2) + \Phi_1 = \cdots = \Phi_s + \cdots + \Phi_2 + \Phi_1。$$

设 $\Phi_i(x_1, x_2, \cdots, x_n) = a_i \sigma_1^{t_{i1}} \sigma_2^{t_{i2}} \cdots \sigma_n^{t_{in}}$,则

$$f(x_1, x_2, \cdots, x_n) = \sum_{i=1}^s a_i \sigma_1^{t_{i1}} \sigma_2^{t_{i2}} \cdots \sigma_n^{t_{in}}。$$

令

$$g(x_1, x_2, \cdots, x_n) = \sum_{i=1}^s a_i x_1^{t_{i1}} x_2^{t_{i2}} \cdots x_n^{t_{in}},$$

则

$$g(\sigma_1, \sigma_2, \cdots, \sigma_n) = f(x_1, x_2, \cdots, x_n)。$$

唯一性。如果 $K[x_1, x_2, \cdots, x_n]$ 中有两个不同的多项式 $g_1(x_1, x_2, \cdots, x_n), g_2(x_1, x_2, \cdots, x_n)$,使得

$$f(x_1, x_2, \cdots, x_n) = g_1(\sigma_1, \sigma_2, \cdots, \sigma_n),$$
$$f(x_1, x_2, \cdots, x_n) = g_2(\sigma_1, \sigma_2, \cdots, \sigma_n),$$

那么

$$g_1(\sigma_1, \sigma_2, \cdots, \sigma_n) - g_2(\sigma_1, \sigma_2, \cdots, \sigma_n) = 0。$$

令

$$g(x_1, x_2, \cdots, x_n) = g_1(x_1, x_2, \cdots, x_n) - g_2(x_1, x_2, \cdots, x_n),$$

则

$$g(\sigma_1, \sigma_2, \cdots, \sigma_n) = g_1(\sigma_1, \sigma_2, \cdots, \sigma_n) - g_2(\sigma_1, \sigma_2, \cdots, \sigma_n) = 0。 \quad (1)$$

从假设得,$g(x_1, x_2, \cdots, x_n) \neq 0$,于是根据 7.9 节的定理 4 得,存在 $b_1, b_2, \cdots, b_n \in K$,使得 $g(b_1, b_2, \cdots, b_n) \neq 0$。令

$$\Phi(x) = x^n - b_1 x^{n-1} + \cdots + (-1)^k b_k x^{n-k} + \cdots + (-1)^n b_n,$$

设 $\Phi(x)$ 的 n 个复根是 $c_1, c_2, \cdots, c_n$,则从 Vieta 公式得

$$b_1 = \sigma_1(c_1, c_2, \cdots, c_n), \cdots, b_k = \sigma_k(c_1, c_2, \cdots, c_n), \cdots, b_n = \sigma_n(c_1, c_2, \cdots, c_n)。$$

$x_1, x_2, \cdots, x_n$ 用 $c_1, c_2, \cdots, c_n$ 代入,从(1)式得

$$g(\sigma_1(c_1, c_2, \cdots, c_n), \sigma_2(c_1, c_2, \cdots, c_n), \cdots, \sigma_n(c_1, c_2, \cdots, c_n)) = 0,$$

即

$$g(b_1, b_2, \cdots, b_n) = 0。$$

矛盾。唯一性得证。∎

三、数域 K 上一元多项式的判别式

对称多项式基本定理的一个重要应用是,研究数域 K 上的一元多项式在复数域中有无重根。

设数域 K 上首项系数为 1 的一元多项式

$$f(x) = x^n + a_{n-1} x^{n-1} + \cdots + a_1 x + a_0$$

在复数域中的 n 个根为 $c_1, c_2, \cdots, c_n$,则

$$f(x) \text{ 在复数域中有重根} \iff \prod_{1 \leqslant j < i \leqslant n} (c_i - c_j)^2 = 0。$$

根据 Vieta 公式

$$-a_{n-1} = c_1 + c_2 + \cdots + c_n = \sigma_1(c_1, c_2, \cdots, c_n),$$
$$\cdots$$

$$(-1)^k a_{n-k} = \sum_{1 \le j_1 < \cdots < j_k \le n} c_{j_1} c_{j_2} \cdots c_{j_k} = \sigma_k(c_1, c_2, \cdots, c_n),$$

$$\cdots$$

$$(-1)^n a_0 = c_1 c_2 \cdots c_n = \sigma_n(c_1, c_2, \cdots, c_n),$$

考虑 K 上 n 元多项式：

$$D(x_1, x_2, \cdots, x_n) := \prod_{1 \le i < j \le n} (x_i - x_j)^2,$$

显然它是对称多项式，于是存在唯一的 n 元多项式 $g(x_1, x_2, \cdots, x_n)$ 使得

$$D(x_1, x_2, \cdots, x_n) = g(\sigma_1, \sigma_2, \cdots, \sigma_n)。$$

$x_1, x_2, \cdots, x_n$ 分别用 $c_1, c_2, \cdots, c_n$ 代入，由上式得

$$D(c_1, c_2, \cdots, c_n) = g(\sigma_1(c_1, \cdots, c_n), \sigma_2(c_1, \cdots, c_n), \cdots, \sigma_n(c_1, \cdots, c_n)),$$

于是
$$\prod_{1 \le i < j \le n} (c_i - c_j)^2 = g(-a_{n-1}, a_{n-2}, \cdots, (-1)^n a_0)。$$

这样我们证明了下述命题：

命题 3 数域 K 上首项系数为 1 的一元多项式

$$f(x) = x^n + a_{n-1} x^{n-1} + \cdots + a_1 x + a_0$$

在复数域中有重根的充分必要条件为 $g(-a_{n-1}, a_{n-2}, \cdots, (-1)^n a_0) = 0$。 ∎

我们把 $f(x)$ 的系数 $a_{n-1}, a_{n-2}, \cdots, a_0$ 的多项式 $g(-a_{n-1}, a_{n-2}, \cdots, (-1)^n a_0)$ 称为 $f(x)$ 的**判别式**，记作 $D(f)$。利用它可以判断 $f(x)$ 在复数域中有没有重根：$f(x)$ 有重根当且仅当 $D(f) = 0$。

如何求出 $f(x)$ 的判别式 $D(f)$ 呢？

$$D(f) = g(-a_{n-1}, a_{n-2}, \cdots, (-1)^n a_0)$$

$$= \prod_{1 \le j < i \le n} (c_i - c_j)^2$$

$$= \begin{vmatrix} 1 & 1 & \cdots & 1 \\ c_1 & c_2 & \cdots & c_n \\ c_1^2 & c_2^2 & \cdots & c_n^2 \\ \vdots & \vdots & & \vdots \\ c_1^{n-1} & c_2^{n-1} & \cdots & c_n^{n-1} \end{vmatrix} \begin{vmatrix} 1 & c_1 & c_1^2 & \cdots & c_1^{n-1} \\ 1 & c_2 & c_2^2 & \cdots & c_2^{n-1} \\ \vdots & \vdots & \vdots & & \vdots \\ 1 & c_n & c_n^2 & \cdots & c_n^{n-1} \end{vmatrix}$$

$$= \begin{vmatrix} n & \sum\limits_{i=1}^{n} c_i & \cdots & \sum\limits_{i=1}^{n} c_i^{n-1} \\ \sum\limits_{i=1}^{n} c_i & \sum\limits_{i=1}^{n} c_i^2 & \cdots & \sum\limits_{i=1}^{n} c_i^n \\ \vdots & \vdots & & \vdots \\ \sum\limits_{i=1}^{n} c_i^{n-1} & \sum\limits_{i=1}^{n} c_i^n & \cdots & \sum\limits_{i=1}^{n} c_i^{2n-2} \end{vmatrix}, \tag{2}$$

于是考虑下列 n 元对称多项式：

$$s_k(x_1, x_2, \cdots, x_n) = \sum_{i=1}^{n} x_i^k, \quad k = 0, 1, 2, \cdots, \tag{3}$$

称它们为**幂和**。

根据对称多项式基本定理，s_k 能表示成 $\sigma_1, \sigma_2, \cdots, \sigma_n$ 的多项式，从而通过把 $x_1, x_2, \cdots, x_n$ 用 $c_1, c_2, \cdots, c_n$ 代入，可以把(2)的行列式中出现的

$$\sum_{i=1}^{n} c_i^k = s_k(c_1, c_2, \cdots, c_n)$$

用 $\sigma_1(c_1, c_2, \cdots, c_n), \cdots, \sigma_n(c_1, c_2, \cdots, c_n)$ 表示出来，也就是可以通过 $f(x)$ 的系数 $a_{n-1}, \cdots, a_1, a_0$ 计算出来，从而可以求出判别式 $D(f)$。

下述牛顿公式解决了把幂和 s_k 表示成 $\sigma_1, \sigma_2, \cdots, \sigma_n$ 的多项式的问题。

牛顿 (Newton) 公式　在 $K[x_1, x_2, \cdots, x_n]$ 中，当 $1 \leqslant k \leqslant n$ 时，有

$$s_k - \sigma_1 s_{k-1} + \sigma_2 s_{k-2} + \cdots + (-1)^{k-1} \sigma_{k-1} s_1 + (-1)^k k \sigma_k = 0; \tag{4}$$

当 $k > n$ 时，有

$$s_k - \sigma_1 s_{k-1} + \sigma_2 s_{k-2} + \cdots + (-1)^{n-1} \sigma_{n-1} s_{k-n+1} + (-1)^n \sigma_n s_{k-n} = 0。 \tag{5}$$

证明　为了出现 $\sigma_1(x_1, x_2, \cdots, x_n), \cdots, \sigma_n(x_1, x_2, \cdots, x_n)$，我们从 Vieta 公式受到启发，考虑 K 上的 $n+1$ 元多项式

$$f(x_1, x_2, \cdots, x_n, x) = (x - x_1)(x - x_2) \cdots (x - x_n), \tag{6}$$

直接计算得

$$f(x_1, x_2, \cdots, x_n, x) = x^n - \sigma_1(x_1, \cdots, x_n) x^{n-1} + \cdots + (-1)^n \sigma_n(x_1, \cdots, x_n)。 \tag{7}$$

为了出现幂和，把 $x_1, \cdots, x_n, x$ 用 $x_1, \cdots, x_n, x_i$ 代入，从(6)式和(7)式得

$$x_i^n - \sigma_1(x_1, \cdots, x_n) x_i^{n-1} + \cdots + (-1)^n \sigma_n(x_1, \cdots, x_n) = 0, \tag{8}$$

让 $i = 1, 2, \cdots, n$，则(8)式给出了 n 个等式。当 $k \geqslant n$ 时，为了出现 s_k，用 x_i^{k-n} 乘(8)式两边，然后让 i 从 1 变到 n 求和，得

$$\sum_{i=1}^{n} [x_i^k - \sigma_1(x_1, \cdots, x_n) x_i^{k-1} + \cdots + (-1)^n \sigma_n(x_1, \cdots, x_n) x_i^{k-n}] = 0,$$

即

$$s_k(x_1, \cdots, x_n) - \sigma_1(x_1, \cdots, x_n) s_{k-1}(x_1, \cdots, x_n) + \cdots$$
$$+ (-1)^n \sigma_n(x_1, \cdots, x_n) s_{k-n}(x_1, \cdots, x_n) = 0。 \tag{9}$$

现在讨论 $1 \leqslant k \leqslant n$ 的情形。

当 $k = n$ 时，由(9)式得

$$s_n(x_1, \cdots, x_n) - \sigma_1(x_1, \cdots, x_n) s_{n-1}(x_1, \cdots, x_n) + \cdots$$
$$+ (-1)^n \sigma_n(x_1, \cdots, x_n) n = 0。 \tag{10}$$

由(10)式受到启发，猜想当 $k < n$ 时，有

$$s_k(x_1, \cdots, x_n) - \sigma_1(x_1, \cdots, x_n) s_{k-1}(x_1, \cdots, x_n) + \cdots$$
$$+ (-1)^k \sigma_k(x_1, \cdots, x_n) k = 0, \tag{11}$$

把(11)式左端的 n 元多项式记作 $f_{k,n}(x_1, \cdots, x_n)$，显然它是 n 元对称多项式，并且它是 k 次齐次多项式。我们对 $m = n - k$ 作数学归纳法来证明 $f_{k,n}(x_1, \cdots, x_n)$ 是零多项式。当 $m = 0$ 时，(10)式表明 $f_{k,n}(x_1, \cdots, x_n) = 0$。假设当不定元的个数与 k 的差小于 $m(m > 0)$ 时命题为真，现在看它等于 m 的情形。为了利用归纳假设，我们把不定元个数 n 减少为 $n-1$，于是把 $x_1, \cdots, x_{n-1}, x_n$ 用 $x_1, \cdots, x_{n-1}, 0$ 代入，从(11)式的左端得

$$s_k(x_1, \cdots, x_{n-1}, 0) - \sigma_1(x_1, \cdots, x_{n-1}, 0) s_{k-1}(x_1, \cdots, x_{n-1}, 0) + \cdots$$

$$+(-1)^k\sigma_k(x_1,\cdots,x_{n-1},0)k, \tag{12}$$

(12)式恰好是 $f_{k,n-1}(x_1,\cdots,x_{n-1})$，由于 $(n-1)-k=m-1<m$，因此用归纳假设得，$f_{k,n-1}(x_1,\cdots,x_{n-1})=0$，从而 $f_{k,n}(x_1,\cdots,x_{n-1},0)=0$。

我们把 $f_{k,n}(x_1,\cdots,x_{n-1},x_n)$ 写成下述形式：
$$f_{k,n}(x_1,\cdots,x_{n-1},x_n)=u_0(x_1,\cdots,x_{n-1})+u_1(x_1,\cdots,x_{n-1})x_n$$
$$+\cdots+u_s(x_1,\cdots,x_{n-1})x_n^s, \tag{13}$$
于是有
$$f_{k,n}(x_1,\cdots,x_{n-1},0)=u_0(x_1,\cdots,x_{n-1}), \tag{14}$$
由此得出 $u_0(x_1,\cdots,x_{n-1})=0$，从而由(13)式得
$$x_n\mid f_{k,n}(x_1,\cdots,x_{n-1},x_n)。$$
由整除的定义得，存在 $h(x_1,\cdots,x_{n-1},x_n)\in K[x_1,\cdots,x_{n-1},x_n]$，使得
$$f_{k,n}(x_1,\cdots,x_{n-1},x_n)=h(x_1,\cdots,x_{n-1},x_n)x_n。 \tag{15}$$
由于 $f_{k,n}(x_1,\cdots,x_{n-1},x_n)$ 是 n 元对称多项式，因此对于任一 n 元排列 $j_1j_2\cdots j_n$ 有
$$f_{k,n}(x_{j_1},\cdots,x_{j_{n-1}},x_{j_n})=f_{k,n}(x_1,\cdots,x_{n-1},x_n), \tag{16}$$
从(15)和(16)式得
$$h(x_{j_1},\cdots,x_{j_{n-1}},x_{j_n})x_{j_n}=f_{k,n}(x_1,\cdots,x_{n-1},x_n), \tag{17}$$
从(17)式得出，$x_1,x_2,\cdots,x_n$ 都是 $f_{k,n}(x_1,\cdots,x_{n-1},x_n)$ 的因式，且它们都是不可约的，于是由唯一因式分解定理得
$$f_{k,n}(x_1,\cdots,x_{n-1},x_n)=x_1x_2\cdots x_ng(x_1,\cdots,x_n)。 \tag{18}$$
假如 $f_{k,n}(x_1,\cdots,x_{n-1},x_n)\neq 0$，则由乘积多项式的次数公式得
$$k=n+\deg g(x_1,\cdots,x_n), \tag{19}$$
由此得出，$\deg g(x_1,\cdots,x_n)=k-n=-m<0$，矛盾，因此 $f_{k,n}(x_1,\cdots,x_{n-1},x_n)=0$。

据数学归纳法原理，对一切 $m\geqslant 0$ 有 $f_{k,n}(x_1,\cdots,x_n)=0$，因此当 $1\leqslant k\leqslant n$ 时，(11)式成立。■

注意：在上述讨论中，$f(x)$ 的首项系数为 1；如果 $f(x)$ 的首项系数为 a_n，那么可以先对 $a_n^{-1}f(x)$ 运用上述方法求出它的判别式 $D(a_n^{-1}f)$，然后规定 $f(x)$ 的判别式为
$$D(f):=a_n^{2n-2}D(a_n^{-1}f)。$$

7.10.2 典型例题

例1 写出下述三元对称多项式的首项和首项的幂指数组，求它的次数，它是不是齐次多项式？
$$f(x_1,x_2,x_3)=(x_1^2-x_2x_3)(x_2^2-x_3x_1)(x_3^2-x_1x_2)。$$

解 由于多项式的乘积的首项等于它们的首项的乘积，因此 $f(x_1,x_2,x_3)$ 的首项等于 $x_1^2(-x_3x_1)(-x_1x_2)=x_1^4x_2x_3$，从而首项的幂指数组为 $(4,1,1)$。

$f(x_1,x_2,x_3)$ 是六次齐次多项式。

例2 在 $K[x_1,x_2,x_3]$ 中，用初等对称多项式表出下述对称多项式：
$$f(x_1,x_2,x_3)=x_1^2x_2^2+x_1^2x_3^2+x_2^2x_3^2。$$

解法一 $f(x_1,x_2,x_3)$ 的首项为 $x_1^2x_2^2$，首项的幂指数组为 $(2,2,0)$，构造对称多项式

$\Phi_1(x_1,x_2,x_3)$ 如下：

$$\Phi_1(x_1,x_2,x_3)=\sigma_1^{2-2}\sigma_2^{2-0}\sigma_3^0=\sigma_2^2=(x_1x_2+x_1x_3+x_2x_3)^2。$$

令

$$f_1=f-\Phi_1=(x_1^2x_2^2+x_1^2x_3^2+x_2^2x_3^2)-(x_1x_2+x_1x_3+x_2x_3)^2$$

$$=-2(x_1^2x_2x_3+x_1x_2^2x_3+x_1x_2x_3^2)=-2x_1x_2x_3(x_1+x_2+x_3)=-2\sigma_3\sigma_1，$$

因此

$$f=\Phi_1+f_1=\sigma_2^2-2\sigma_1\sigma_3。$$

解法二 $f(x_1,x_2,x_3)$ 是四次齐次对称多项式，其首项为 $x_1^2x_2^2$，首项的幂指数组为 $(2,2,0)$。构造的 $\Phi_1(x_1,x_2,x_3)$ 与 $f(x_1,x_2,x_3)$ 有相同的首项，因此 $\Phi_1(x_1,x_2,x_3)$ 也是四次多项式。由于 $\Phi_1(x_1,x_2,x_3)=\sigma_1^{2-2}\sigma_2^{2-0}\sigma_3^0=\sigma_2^2$，因此 $\Phi_1(x_1,x_2,x_3)$ 也是齐次对称多项式，从而 $f_1=f-\Phi_1$ 也是四次齐次对称多项式。同理，$f_2,\cdots,f_s(s\geqslant2)$ 都是四次齐次对称多项式，于是 $f_i(i=1,2,\cdots,s)$ 如果不是零多项式，那么它的首项幂指数组 (p_1,p_2,p_3) 应当满足 $p_1+p_2+p_3=4$。又由于 f 的首项幂指数组先于 $f_i(i=1,2,\cdots,s)$ 的首项幂指数组，因此 $2\geqslant p_1\geqslant p_2\geqslant p_3$。满足这些条件的非负整数组只有 $(2,2,0),(2,1,1)$，于是 f_1 的首项为 $ax_1^2x_2x_3$，f_2 为零多项式，从而 $\Phi_2(x_1,x_2,x_3)=a\sigma_1^{2-1}\sigma_2^{1-1}\sigma_3^1=a\sigma_1\sigma_3$。因此

$$f(x_1,x_2,x_3)=\Phi_2+\Phi_1=a\sigma_1\sigma_3+\sigma_2^2。$$

为了确定 a 的值，x_1,x_2,x_3 分别用 $1,1,1$ 代入，由上式得

$$3=a\cdot3\cdot1+3^2，$$

解得 $a=-2$，因此 $f(x_1,x_2,x_3)=-2\sigma_1\sigma_3+\sigma_2^2$。

例 3 在 $K[x_1,x_2,\cdots,x_n]$ 中，用初等对称多项式表出对称多项式：

$$f(x_1,x_2,\cdots,x_n)=\sum x_1^2x_2^2。$$

这里 $\sum x_1^2x_2^2$ 表示含有项 $x_1^2x_2^2$ 的项数最少的对称多项式 $(n\geqslant4)$。

解 $f(x_1,x_2,\cdots,x_n)$ 的首项为 $x_1^2x_2^2$，首项的幂指数组为 $(2,2,0,\cdots,0)$。$f(x_1,x_2,\cdots,x_n)$ 是四次齐次对称多项式，$f_i(i=1,2,\cdots,s)$ 也是四次齐次对称多项式，它们的首项幂指数组 $(p_1,p_2,\cdots,p_n)$ 应当满足：

$$p_1+p_2+\cdots+p_n=4，\quad 2\geqslant p_1\geqslant p_2\geqslant\cdots\geqslant p_n，$$

满足这两个条件的非负整数 n 元组 $(p_1,p_2,\cdots,p_n)$ 只可能是：

$$(2,2,0,\cdots,0),(2,1,1,0,\cdots0),(1,1,1,1,0,\cdots,0)，$$

它们分别是 f,f_1,f_2 的首项幂指数组，于是 $f_3=0$，且

$$\Phi_1(x_1,\cdots,x_n)=\sigma_1^{2-2}\sigma_2^{2-0}\sigma_3^0\cdots\sigma_n^0=\sigma_2^2，$$

$$\Phi_2(x_1,\cdots,x_n)=a\sigma_1^{2-1}\sigma_2^{1-1}\sigma_3^1\sigma_4^{0-0}\cdots\sigma_n^0=a\sigma_1\sigma_3，$$

$$\Phi_3(x_1,\cdots,x_n)=b\sigma_1^{1-1}\sigma_2^{1-1}\sigma_3^{1-1}\sigma_4^1\sigma_5^{0-0}\cdots\sigma_n^0=b\sigma_4，$$

因此

$$f(x_1,\cdots,x_n)=\Phi_3+\Phi_2+\Phi_1=b\sigma_4+a\sigma_1\sigma_3+\sigma_2^2。$$

为了确定 a,b 的值，$x_1,x_2,\cdots,x_n$ 分别用 $1,1,1,0,\cdots,0$ 代入，以及用 $1,1,1,1,0,\cdots,0$ 代入，得

$$\begin{cases}3=a\cdot3\cdot1+3^2，\\6=b\cdot1+a\cdot4\cdot4+6^2，\end{cases}$$

解得 $a=-2,b=2$，因此

$$f(x_1,\cdots,x_n)=-2\sigma_1\sigma_3+\sigma_2^2+2\sigma_4。$$

例 4　在 $K[x_1,x_2,x_3]$ 中，用初等对称多项式表出下述对称多项式：
$$f(x_1,x_2,x_3) = (2x_1x_2 + x_3^2)(2x_2x_3 + x_1^2)(2x_3x_1 + x_2^2)。$$

解　$f(x_1,x_2,x_3)$ 的首项是 $2x_1x_2 \cdot x_1^2 \cdot 2x_3x_1 = 4x_1^4x_2x_3$；首项的幂指数组为 $(4,1,1)$。$f(x_1,x_2,x_3)$ 是六次齐次对称多项式，满足
$$p_1 + p_2 + p_3 = 6, \quad 4 \geqslant p_1 \geqslant p_2 \geqslant p_3$$
的非负整数组 (p_1,p_2,p_3) 只可能是：
$$(4,2,0),(4,1,1),(3,3,0),(3,2,1),(2,2,2),$$
除第一组外，后面 4 个分别是 f,f_1,f_2,f_3 的首项幂指数组，于是 $f_4=0$，且
$$\Phi_1 = 4\sigma_1^{4-1}\sigma_2^{1-1}\sigma_3^1 = 4\sigma_1^3\sigma_3, \qquad \Phi_2 = a\sigma_1^{3-3}\sigma_2^{3-0}\sigma_3^0 = a\sigma_2^3,$$
$$\Phi_3 = b\sigma_1^{3-2}\sigma_2^{2-1}\sigma_3^1 = b\sigma_1\sigma_2\sigma_3, \qquad \Phi_4 = c\sigma_1^{2-2}\sigma_2^{2-2}\sigma_3^2 = c\sigma_3^2,$$
因此　　$f(x_1,x_2,x_3)=\Phi_4+\Phi_3+\Phi_2+\Phi_1=c\sigma_3^2+b\sigma_1\sigma_2\sigma_3+a\sigma_2^3+4\sigma_1^3\sigma_3。$
为了确定 a,b,c 的值，x_1,x_2,x_3 分别用 $1,1,0;1,1,1;1,1,-1$ 代入，得
$$\begin{cases} 2 \cdot 1^2 \cdot 1^2 = a \cdot 1^3, \\ (2+1^2)^3 = c + b \cdot 3 \cdot 3 \cdot 1 + a \cdot 3^3 + 4 \cdot 3^3 \cdot 1, \\ [2+(-1)^2](-2+1^2)(-2+1^2) = c + b \cdot 1 \cdot (-1) \cdot (-1) + a \cdot (-1)^3 + 4 \cdot 1^3 \cdot (-1), \end{cases}$$
解得　$a=2,b=-18,c=27$，因此
$$f(x_1,x_2,x_3) = 4\sigma_1^3\sigma_3 - 18\sigma_1\sigma_2\sigma_3 + 2\sigma_2^3 + 27\sigma_3^2。$$

例 5　设 $1 \leqslant k \leqslant n$，把幂和 $s_k(x_1,x_2,\cdots,x_n)$ 用初等对称多项式 $\sigma_1(x_1,x_2,\cdots,x_n)$，$\sigma_2(x_1,x_2,\cdots,x_n),\cdots,\sigma_k(x_1,x_2,\cdots,x_n)$ 表示。

解　根据牛顿(Newton)公式，当 $1 \leqslant k \leqslant n$ 时，有
$$s_k - \sigma_1 s_{k-1} + \sigma_2 s_{k-2} + \cdots + (-1)^{k-1}\sigma_{k-1}s_1 + (-1)^k k\sigma_k = 0,$$
从而　　$s_1 = \sigma_1,$
$$s_2 = \sigma_1 s_1 - 2\sigma_2 = \sigma_1^2 - 2\sigma_2 = \begin{vmatrix} \sigma_1 & 1 \\ 2\sigma_2 & \sigma_1 \end{vmatrix},$$
$$s_3 = \sigma_1 s_2 - \sigma_2 s_1 + 3\sigma_3 = \begin{vmatrix} \sigma_1 & 1 & 0 \\ 2\sigma_2 & \sigma_1 & 1 \\ 3\sigma_3 & \sigma_2 & \sigma_1 \end{vmatrix},$$
由此受到启发，猜想
$$s_k = \begin{vmatrix} \sigma_1 & 1 & 0 & 0 & 0 & 0 & \cdots & 0 & 0 \\ 2\sigma_2 & \sigma_1 & 1 & 0 & 0 & 0 & \cdots & 0 & 0 \\ 3\sigma_3 & \sigma_2 & \sigma_1 & 1 & 0 & 0 & \cdots & 0 & 0 \\ 4\sigma_4 & \sigma_3 & \sigma_2 & \sigma_1 & 1 & 0 & \cdots & 0 & 0 \\ \vdots & \vdots & \vdots & \vdots & \vdots & \vdots & & \vdots & \vdots \\ (k-1)\sigma_{k-1} & \sigma_{k-2} & \sigma_{k-3} & \sigma_{k-4} & \sigma_{k-5} & \sigma_{k-6} & \cdots & \sigma_1 & 1 \\ k\sigma_k & \sigma_{k-1} & \sigma_{k-2} & \sigma_{k-3} & \sigma_{k-4} & \sigma_{k-5} & \cdots & \sigma_2 & \sigma_1 \end{vmatrix}。 \tag{20}$$
我们用第二数学归纳法证明上述猜想。

当 $k=1$ 时，$|\sigma_1| = \sigma_1 = s_1$，因此命题成立。

假设当小于 k 时命题成立 $(1 < k \leqslant n)$，现在来看 k 的情形。对于上述右端的 k 阶行列式按第 k 行展开，得

$$(-1)^{k+1}k\sigma_k + (-1)^{k+2}\sigma_{k-1}\sigma_1 + (-1)^{k+3}\sigma_{k-2}\begin{vmatrix} \sigma_1 & 1 & 0 & 0 & \cdots & 0 & 0 \\ 2\sigma_2 & \sigma_1 & 0 & 0 & \cdots & 0 & 0 \\ 3\sigma_3 & \sigma_2 & 1 & 0 & \cdots & 0 & 0 \\ \vdots & \vdots & \vdots & \vdots & & \vdots & \vdots \\ (k-1)\sigma_{k-1} & \sigma_{k-2} & \sigma_{k-4} & \sigma_{k-5} & \cdots & \sigma_1 & 1 \end{vmatrix} + \cdots +$$

$$(-1)^{k+(k-1)}\sigma_2 s_{k-2} + (-1)^{k+k}\sigma_1 s_{k-1}$$

$$= (-1)^{k+1}k\sigma_k + (-1)^k\sigma_{k-1}s_1 + (-1)^{k-1}\sigma_{k-2}s_2 + \cdots + (-1)\sigma_2 s_{k-2} + \sigma_1 s_{k-1} = s_k。$$

由第二数学归纳法原理得，当 $1 \leqslant k \leqslant n$ 时有 (20) 式成立。

例 6　设 $1 \leqslant k \leqslant n$，把初等对称多项式 $\sigma_k(x_1, x_2, \cdots, x_n)$ 用幂和 $s_1(x_1, x_2, \cdots, x_n)$，$s_2(x_1, x_2, \cdots, x_n), \cdots, s_k(x_1, x_2, \cdots, x_n)$ 表示。

解　根据牛顿 (Newton) 公式，当 $1 \leqslant k \leqslant n$ 时，可得

$$\sigma_1 = s_1,$$

$$\sigma_2 = \frac{1}{2}(\sigma_1 s_1 - s_2) = \frac{1}{2}(s_1^2 - s_2) = \frac{1}{2}\begin{vmatrix} s_1 & 1 \\ s_2 & s_1 \end{vmatrix},$$

$$\sigma_3 = \frac{1}{3}(s_3 - \sigma_1 s_2 + \sigma_2 s_1) = \frac{1}{3}\left[s_3 - s_1 s_2 + s_1 \frac{1}{2}\begin{vmatrix} s_1 & 1 \\ s_2 & s_1 \end{vmatrix}\right]$$

$$= \frac{1}{6}\begin{vmatrix} s_1 & 1 & 0 \\ s_2 & s_1 & 2 \\ s_3 & s_2 & s_1 \end{vmatrix},$$

由此受到启发，猜想

$$\sigma_k = \frac{1}{k!}\begin{vmatrix} s_1 & 1 & 0 & 0 & \cdots & 0 & 0 \\ s_2 & s_1 & 2 & 0 & \cdots & 0 & 0 \\ s_3 & s_2 & s_1 & 3 & \cdots & 0 & 0 \\ \vdots & \vdots & \vdots & \vdots & & \vdots & \vdots \\ s_{k-1} & s_{k-2} & s_{k-3} & s_{k-4} & \cdots & s_1 & k-1 \\ s_k & s_{k-1} & s_{k-2} & s_{k-3} & \cdots & s_2 & s_1 \end{vmatrix}。 \tag{21}$$

我们用第二数学归纳法证明这个猜想。

当 $k=1$ 时，$|s_1| = s_1 = \sigma_1$，命题为真。

假设当小于 k 时命题为真 $(1 < k \leqslant n)$，现在来看 k 的情形。把上述右端的行列式按最后一行展开，得

$$(-1)^{k+1}s_k(k-1)! + (-1)^{k+2}s_{k-1}\begin{vmatrix} s_1 & 0 & 0 & \cdots & 0 & 0 \\ s_2 & 2 & 0 & \cdots & 0 & 0 \\ s_3 & s_1 & 3 & \cdots & 0 & 0 \\ \vdots & \vdots & \vdots & & \vdots & \vdots \\ s_{k-1} & s_{k-3} & s_{k-4} & \cdots & s_1 & k-1 \end{vmatrix} +$$

$$(-1)^{k+3}s_{k-2}\begin{vmatrix} s_1 & 1 & 0 & \cdots & 0 & 0 \\ s_2 & s_1 & 0 & \cdots & 0 & 0 \\ s_3 & s_2 & 3 & \cdots & 0 & 0 \\ \vdots & \vdots & \vdots & & \vdots & \vdots \\ s_{k-1} & s_{k-2} & s_{k-4} & \cdots & s_1 & k-1 \end{vmatrix} + \cdots +$$

$$(-1)^{k+(k-1)}s_2(k-1)(k-2)!\sigma_{k-2} + (-1)^{k+k}s_1(k-1)!\sigma_{k-1}$$

$$= (-1)^{k+1}(k-1)!s_k + (-1)^k s_{k-1}(k-1)!s_1 + (-1)^{k-1}s_{k-2}(k-1)!\sigma_2 + \cdots +$$

$$(-1)(k-1)!s_2\sigma_{k-2} + (k-1)!s_1\sigma_{k-1}$$

$$= \frac{k!}{k}\left[(-1)^{k+1}s_k + (-1)^k s_{k-1}\sigma_1 + (-1)^{k-1}s_{k-2}\sigma_2 + \cdots + (-1)s_2\sigma_{k-2} + s_1\sigma_{k-1}\right]$$

$$= k!\sigma_k。$$

根据第二数学归纳法原理得,当 $1 \leqslant k \leqslant n$ 时,有(21)式成立。

点评: 例5和例6分别是把幂和 $s_k(1 \leqslant k \leqslant n)$ 用初等对称多项式 $\sigma_1, \sigma_2, \cdots, \sigma_k$ 表示,以及把初等对称多项式 $\sigma_k(1 \leqslant k \leqslant n)$ 用幂和 $s_1, s_2, \cdots, s_k$ 表示。所得到公式(20)和(21)都很有用,公式(20)可以用来求一元 n 次多项式的判别式;公式(21)在本节例10中有用。

例5和例6的解法体现了数学的思维方式,从观察 $k=1,2,3$ 的情形,猜想对一般的 k 有什么结论,然后给予证明。如果在题目中就把公式(20)和(21)写出来,也就不知道这两个公式是怎么想出来的。学习数学和搞数学科研一样,关键是想法(Idea)。

例7 求数域 K 上不完全三次方程 $x^3 + a_1x + a_0 = 0$ 的判别式。

解 记 $f(x) = x^3 + a_1x + a_0$。三次方程 $x^3 + a_1x + a_0 = 0$ 的判别式也就是 $f(x)$ 的判别式 $D(f)$,记 $f(x)$ 的3个复根为 c_1, c_2, c_3,则

$$D(f) = \begin{vmatrix} 3 & s_1(c_1,c_2,c_3) & s_2(c_1,c_2,c_3) \\ s_1(c_1,c_2,c_3) & s_2(c_1,c_2,c_3) & s_3(c_1,c_2,c_3) \\ s_2(c_1,c_2,c_3) & s_3(c_1,c_2,c_3) & s_4(c_1,c_2,c_3) \end{vmatrix}。$$

根据 Vieta 公式得　　　$\sigma_1(c_1,c_2,c_3)=0, \sigma_2(c_1,c_2,c_3)=a_1, \sigma_3(c_1,c_2,c_3)=-a_0$。

根据(20)式得　　　$s_1(c_1,c_2,c_3)=0,$　　　$s_2(c_1,c_2,c_3)=-2a_1,$　　　$s_3(c_1,c_2,c_3)=-3a_0,$

根据牛顿公式(5)得　　　$s_4(c_1,c_2,c_3)=-a_1(-2a_1)=2a_1^2$,

因此

$$D(f) = \begin{vmatrix} 3 & 0 & -2a_1 \\ 0 & -2a_1 & -3a_0 \\ -2a_1 & -3a_0 & 2a_1^2 \end{vmatrix} = -4a_1^3 - 27a_0^2。 \tag{22}$$

例8 设 $f(x)$ 是实系数三次多项式,讨论 $D(f)=0, D(f)>0, D(f)<0$ 时,$f(x)$ 的根的情况。

解 $D(f)=0$ 时,$f(x)$ 有重根;$D(f)>0$ 或 $D(f)<0$ 时,$f(x)$ 没有重根。由于 $\deg f(x)=3$,因此 $f(x)$ 至少有一个实根 c_1。设 $f(x)$ 的另两个复根为 c_2, c_3。

当 $D(f)=0$ 时,由于 $f(x)$ 有重根,因此 $c_1=c_2$(或 c_3),或 $c_2=c_3$。若 $c_1=c_2$(或 c_3),则 $f(x)$ 有两个实根。由于实系数多项式的虚根共轭成对出现,因此 c_3(或 c_2)也必为实根,从而 $f(x)$ 有3个实根。若 $c_2=c_3$,同理 c_2 与 c_3 都是实根,从而 $f(x)$ 有3个实根。总

之,当 $D(f)=0$ 时,$f(x)$ 有重根,且 3 个复根都是实数。

当 $D(f)>0$ 或 $D(f)<0$ 时,$f(x)$ 有 3 个不同的复根 c_1,c_2,c_3,其中 c_1 是实根。由于
$$D(f) = (c_1-c_2)^2(c_1-c_3)^2(c_2-c_3)^2,$$
因此当 c_2,c_3 都是实数时,有 $D(f)>0$;当 c_2,c_3 是一对共轭虚数时,设 $c_2=a+bi,c_3=a-bi$,则
$$\begin{aligned}D(f) &= [c_1^2-c_1(c_3+c_2)+c_2c_3]^2(2bi)^2\\&= (c_1^2-c_12a+a^2+b^2)^2(-4b^2)\\&=-4[(c_1-a)^2+b^2]^2b^2<0,\end{aligned}$$
因此当 $D(f)>0$ 时,$f(x)$ 有 3 个互不相同的实根;当 $D(f)<0$ 时,$f(x)$ 有一个实根和一对共轭虚根。

点评: 例 8 表明:实系数三次多项式 $f(x)$,当判别式 $D(f)\geqslant0$ 时,$f(x)$ 有 3 个实根(重根按重数计算),其中当 $D(f)=0$ 时有重根,当 $D(f)>0$ 时没有重根;当判别式 $D(f)<0$ 时,$f(x)$ 恰有一个实根和一对共轭虚根。这与实系数二次多项式的根与判别式的关系类似。

例 9　求数域 K 上 n 次多项式 $f(x)=x^n+a$ 的判别式。

解　设 $f(x)$ 的 n 个复根为 $c_1,c_2,\cdots,c_n$。由 Vieta 公式得
$$\sigma_1(c_1,c_2,\cdots,c_n)=\sigma_2(c_1,c_2,\cdots,c_n)=\cdots=\sigma_{n-1}(c_1,c_2,\cdots,c_n)=0,$$
$$\sigma_n(c_1,c_2,\cdots,c_n)=(-1)^na。$$
当 $1\leqslant k<n$ 时,根据例 5 的公式(20),$x_1,x_2,\cdots,x_n$ 分别用 $c_1,c_2,\cdots,c_n$ 代入,得
$$s_k(c_1,c_2,\cdots,c_n)=\begin{vmatrix}0&1&0&0&0&\cdots&0\\0&0&1&0&0&\cdots&0\\0&0&0&1&0&\cdots&0\\\vdots&\vdots&\vdots&\vdots&\vdots&&\vdots\\0&0&0&0&0&\cdots&0\end{vmatrix}=0,$$
当 $k=n$ 时,有
$$s_n(c_1,c_2,\cdots,c_n)=\begin{vmatrix}0&1&0&\cdots&0&0\\0&0&1&\cdots&0&0\\\vdots&\vdots&\vdots&&\vdots&\vdots\\0&0&0&\cdots&0&1\\n(-1)^na&0&0&\cdots&0&0\end{vmatrix}$$
$$=(-1)^{n-1}(-1)^nna=-na。$$
当 $n<k<2n$ 时,根据牛顿(Newton)公式,$x_1,x_2,\cdots,x_n$ 分别用 $c_1,c_2,\cdots,c_n$ 代入,得
$$s_k(c_1,c_2,\cdots,c_n)=0,$$
于是
$$D(f)=\begin{vmatrix}n&0&0&\cdots&0&0\\0&0&0&\cdots&0&-na\\0&0&0&\cdots&-na&0\\\vdots&\vdots&\vdots&&\vdots&\vdots\\0&-na&0&\cdots&0&0\end{vmatrix}$$

$$= (-1)^{\tau(1n(n-1)\cdots 2)} n(-na)^{n-1}$$
$$= (-1)^{\frac{n(n-1)}{2}} n^n a^{n-1}。$$

例 10   求数域 K 上的 n 次多项式 $f(x)=x^n+a_{n-1}x^{n-1}+\cdots+a_0$，使得它的 n 个复根的 k 次幂的和等于 0，其中 $1\leqslant k<n$。

解   设 $f(x)$ 的 n 个复根为 $c_1,c_2,\cdots,c_n$，则由已知条件得
$$s_1(c_1,\cdots,c_n)=s_2(c_1,\cdots,c_n)=\cdots=s_{n-1}(c_1,\cdots,c_n)=0。$$

为了求 $f(x)$ 的各项系数的值，先求 $\sigma_1(c_1,\cdots,c_n),\cdots,\sigma_{n-1}(c_1,\cdots,c_n),\sigma_n(c_1,\cdots,c_n)$。利用例 6 的公式 (21)，$x_1,x_2,\cdots,x_n$ 分别用 $c_1,c_2,\cdots,c_n$ 代入，当 $1\leqslant k\leqslant n-1$ 时，有

$$\sigma_k(c_1,\cdots,c_n)=\frac{1}{k!}\begin{vmatrix} 0 & 1 & 0 & 0 & \cdots & 0 \\ 0 & 0 & 2 & 0 & \cdots & 0 \\ 0 & 0 & 0 & 3 & \cdots & 0 \\ \vdots & \vdots & \vdots & \vdots & & \vdots \\ 0 & 0 & 0 & 0 & \cdots & 0 \end{vmatrix}=0,$$

而

$$\sigma_n(c_1,\cdots,c_n)=\frac{1}{n!}\begin{vmatrix} 0 & 1 & 0 & 0 & \cdots & 0 & 0 \\ 0 & 0 & 2 & 0 & \cdots & 0 & 0 \\ \vdots & \vdots & \vdots & \vdots & & \vdots & \vdots \\ 0 & 0 & 0 & 0 & \cdots & 0 & n-1 \\ b & 0 & 0 & 0 & \cdots & 0 & 0 \end{vmatrix}$$
$$=(-1)^{n+1}\frac{b}{n},$$

其中 $b=s_n(c_1,c_2,\cdots,c_n)$。根据 Vieta 公式得
$$a_{n-1}=a_{n-2}=\cdots=a_1=0, \quad a_0=(-1)^n(-1)^{n+1}\frac{b}{n}=-\frac{b}{n},$$

因此所求的多项式 $f(x)=x^n-\dfrac{b}{n}$。

点评：从例 9 的解题过程和例 10 的结论可以看出，数域 K 上首项系数为 1 的 n 次多项式 $f(x)$，它的 n 个复根的 k 次幂的和 $(1\leqslant k<n)$ 都等于 0 当且仅当 $f(x)=x^n-\dfrac{b}{n}$，其中 b 是 $f(x)$ 的 n 个复根的 n 次幂的和。这个命题的必要性在 9.7 节的例 4 中有用。

习题 7.10

1. 设 $f(x_1,x_2,x_3)$ 是数域 K 上的一个三元多项式：
$$f(x_1,x_2,x_3)=x_1^3x_2^2+x_1^3x_3^2+x_1^2x_2^3+x_1^2x_3^3+x_2^3x_3^2+x_2^2x_3^3,$$
证明 $f(x_1,x_2,x_3)$ 是对称多项式。

2. 在 $K[x_1,x_2,x_3]$ 含有项 $x_1^3x_2$ 的对称多项式中，写出项数最少的那个对称多项式。

3. 在 $K[x_1,x_2,x_3]$ 中，用初等对称多项式表出下列对称多项式：
(1) $x_1^3x_2+x_1^3x_3+x_1x_2^3+x_1x_3^3+x_2^3x_3+x_2x_3^3$;   (2) $x_1^4+x_2^4+x_3^4$;

(3) $(x_1x_2+x_3^2)(x_2x_3+x_1^2)(x_3x_1+x_2^2)$。

4. 在 $K[x_1,x_2,\cdots,x_n]$中,用初等对称多项式表出下列对称多项式($n\geqslant3$):

(1) $\sum x_1^3$;　　　　　　　　　　　　　　(2) $\sum x_1^2x_2^2x_3$。

5. 在 $K[x_1,x_2,x_3]$中,用初等对称多项式表出下述对称多项式:

$$f(x_1,x_2,x_3) = (2x_1-x_2-x_3)(2x_2-x_3-x_1)(2x_3-x_1-x_2)。$$

6. 证明:数域 K 上三次方程 $x^3+a_2x^2+a_1x+a_0=0$ 的 3 个复根成等差数列的充分必要条件为

$$2a_2^3 - 9a_1a_2 + 27a_0 = 0。$$

7. 证明:数域 K 上三次方程 $x^3+a_2x^2+a_1x+a_0=0$ 的 3 个复根成等比数列的充分必要条件为

$$a_2^3a_0 - a_1^3 = 0。$$

8. 设 c_1,c_2,c_3 是 $x^3+a_2x^2+a_1x+a_0$ 的 3 个复根,计算

$$(c_1^2+c_1c_2+c_2^2)(c_2^2+c_2c_3+c_3^2)(c_3^2+c_3c_1+c_1^2)。$$

9. 在 $K[x_1,x_2,x_3]$中,把幂和 s_2,s_3,s_4 表示成初等对称多项式 $\sigma_1,\sigma_2,\sigma_3$ 的多项式。

10. 求数域 K 上完全三次多项式 $f(x)=x^3+a_2x^2+a_1x+a_0$ 的判别式。

11. 求数域 K 上四次多项式 $f(x)=x^4+a_1x+a_0$ 的判别式。

12. 设 $f(x)$是实系数 n 次多项式,其中 $n\geqslant4$。证明:如果 $D(f)>0$,那么 $f(x)$无重根且有偶数对虚根;如果 $D(f)<0$,那么 $f(x)$无重根且有奇数对虚根。

13. 求数域 K 上的 n 次多项式 $f(x)=x^n+a_{n-1}x^{n-1}+\cdots+a_0$,使得它的 n 个复根的 k 次幂的和等于 0,其中 $2\leqslant k\leqslant n$。

14. 设 $f(x)$是数域 K 上首项系数为 1 的 n 次多项式,$a\in K$,$g(x)=(x-a)f(x)$。证明:$D(g)=D(f)f(a)^2$。

*7.11　结　　式

7.11.1　内容精华

7.10 节讨论的求数域 K 上一元 n 次多项式 $f(x)$的判别式 $D(f)$,首先要求出 $f(x)$的 n 个复根 $c_1,c_2,\cdots,c_n$ 的 k 次幂的和 $s_k(c_1,c_2,\cdots,c_n)$,其中 $1\leqslant k\leqslant2n-2$,然后再计算由这些幂和排成的 n 阶行列式。当 n 较大时,计算量是较大的。有没有其他方法求 $D(f)$呢? 其实引进一元多项式 $f(x)$的判别式 $D(f)$这个概念是为了判断 $f(x)$在复数域中有没有重根。我们知道,$f(x)$在复数域中有重根当且仅当 $f(x)$在 $\mathbf{C}[x]$中有重因式。由于 $f(x)$有无重因式不随数域的扩大而改变,因此 $f(x)$在 $\mathbf{C}[x]$中有重因式当且仅当 $f(x)$在 $K[x]$中有重因式,而 $f(x)$在 $K[x]$中有重因式当且仅当 $f(x)$与 $f'(x)$不互素。于是我们可以用辗转相除法求 $f(x)$与 $f'(x)$的最大公因式。$f(x)$在复数域中有重根当且仅当 $(f(x),f'(x))\neq1$。我们在 7.6 节的典型例题和习题中曾经用辗转相除法讨论过一些多

项式在复数域中有重根的充分必要条件。把判别 $f(x)$ 在复数域中有没有重根的这两种方法结合起来就会得出，$f(x)$ 的判别式 $D(f)=0$ 当且仅当 $(f(x),f'(x))\neq 1$，而 $f(x)$ 与 $f'(x)$ 不互素当且仅当 $f(x)$ 与 $f'(x)$ 在复数域中有公共根，由此受到启发，如果我们能研究出 $K[x]$ 中两个多项式 $f(x)$ 与 $g(x)$ 在复数域有没有公共根的新的判别方法，那么就能得到求 $f(x)$ 的判别式 $D(f)$ 的又一种方法，而且还可以用来求两个二元多项式的公共零点，进一步可以用来求 n 个 n 元多项式的公共零点，达到一箭三雕的效果。

设
$$f(x)=a_0x^n+a_1x^{n-1}+\cdots+a_{n-1}x+a_n,$$
$$g(x)=b_0x^m+b_1x^{m-1}+\cdots+b_{m-1}x+b_m$$
是 $K[x]$ 中两个非零多项式，其中 $n>0,m>0$，并且允许 $a_0=0$ 或 $b_0=0$（包括 $a_0=b_0=0$）这些可能性。

首先我们来求 $f(x)$ 与 $g(x)$ 有公共复根（即 $f(x)$ 与 $g(x)$ 不互素）的必要条件。设 $f(x)$ 与 $g(x)$ 有次数大于 0 的公因式 $d(x)$，则存在 $f_1(x),g_1(x)\in K[x]$，使得
$$f(x)=f_1(x)d(x),\quad g(x)=g_1(x)d(x),\tag{1}$$
由于 $\deg d(x)>0$，因此
$$\deg f_1(x)<\deg f(x)\leqslant n,\qquad \deg g_1(x)<\deg g(x)\leqslant m,$$
从（1）式得
$$g_1(x)f(x)=f_1(x)g(x)。\tag{2}$$
设
$$f_1(x)=u_0x^{n-1}+u_1x^{n-2}+\cdots+u_{n-1},\tag{3}$$
$$g_1(x)=v_0x^{m-1}+v_1x^{m-2}+\cdots+v_{m-1},\tag{4}$$
比较（2）式两边多项式的各次项的系数，得
$$\begin{cases}a_0v_0&=b_0u_0\\a_1v_0+a_0v_1&=b_1u_0+b_0u_1\\\cdots\cdots\cdots\cdots\cdots\cdots\cdots\cdots\cdots\\a_nv_{m-2}+a_{n-1}v_{m-1}=b_mu_{n-2}+b_{m-1}u_{n-1}\\a_nv_{m-1}=b_mu_{n-1}。\end{cases}\tag{5}$$
由于 $f(x)\neq0,g(x)\neq0$，因此 $f_1(x)\neq0,g_1(x)\neq0$，从而
$$(u_0,u_1,\cdots,u_{n-1})\neq\mathbf{0},\quad (v_0,v_1,\cdots,v_{m-1})\neq\mathbf{0}。$$
于是（5）式表明相应的 $m+n$ 元齐次线性方程组有非零解：
$$(v_0,v_1,\cdots,v_{m-1},-u_0,-u_1,\cdots,-u_{n-1})'。\tag{6}$$
因此它的系数矩阵 $\mathbf{A}$ 的行列式等于零，从而 $|\mathbf{A}'|=0$，即
$$\begin{array}{c}m\text{行}\left\{\begin{array}{|ccccccccc|}a_0&a_1&\cdots&\cdots&\cdots&\cdots&a_n&&\\&a_0&a_1&\cdots&\cdots&\cdots&\cdots&a_n&\\&&\cdots&\cdots&\cdots&\cdots&\cdots&&\\&&&a_0&a_1&\cdots&\cdots&\cdots&a_n\end{array}\right.\\n\text{行}\left\{\begin{array}{ccccccccc}b_0&b_1&\cdots&\cdots&\cdots&b_m&&&\\&b_0&b_1&\cdots&\cdots&\cdots&b_m&&\\&&\cdots&\cdots&\cdots&\cdots&\cdots&&\\&&&b_0&b_1&\cdots&\cdots&b_m&\end{array}\right.\end{array}=0。\tag{7}$$

由此受到启发,引进下述概念:

定义 1 设

$$f(x) = a_0 x^n + a_1 x^{n-1} + \cdots + a_n,$$
$$g(x) = b_0 x^m + b_1 x^{m-1} + \cdots + b_m$$

是数域 K 上两个多项式,其中 $n>0,m>0$,(7)式左端的行列式称为 $f(x)$ 与 $g(x)$ 的**结式**,记作 $\mathrm{Res}(f,g)$。

上面的讨论表明:$K[x]$ 中两个非零多项式 $f(x)$ 与 $g(x)$ 有公共复根的必要条件是它们的结式 $\mathrm{Res}(f,g)=0$。现在来看这是不是充分条件。

设 $\mathrm{Res}(f,g)=0$,则上述与(5)式相应的齐次线性方程组有非零解(6),从而(5)式成立。令 $f_1(x),g_1(x)$ 分别如(3)、(4)式,则(2)式成立,并且有 $\deg f_1 < n,\deg g_1 < m$。现在我们增加一个条件:$a_0$ 与 b_0 不全为零,不妨设 $a_0 \neq 0$,则 $\deg f = n$。从(2)式得 $f(x) \mid f_1(x)g(x)$。假如 $(f(x),g(x))=1$,则 $f(x) \mid f_1(x)$,从而 $\deg f \leqslant \deg f_1 < n$,矛盾。因此 $f(x)$ 与 $g(x)$ 不互素,从而 $f(x)$ 与 $g(x)$ 有公共复根。

综合上述讨论,我们可以得到下面的结论:

定理 1 设

$$f(x) = a_0 x^n + a_1 x^{n-1} + \cdots + a_n,$$
$$g(x) = b_0 x^m + b_1 x^{m-1} + \cdots + b_m$$

是 $K[x]$ 中两个多项式,其中 $n>0$ 且 $m>0$,则 $f(x)$ 与 $g(x)$ 的结式 $\mathrm{Res}(f,g)=0$ 的充分必要条件是 $a_0=b_0=0$,或者 $f(x)$ 与 $g(x)$ 有公共复根。

证明 如果 $f(x)$ 与 $g(x)$ 都是零多项式,那么命题显然成立。

如果 $f(x)$ 与 $g(x)$ 有且只有一个是零多项式,不妨设 $g(x)=0,f(x)\neq 0$,此时 $\mathrm{Res}(f,g)=0$。若 $a_0\neq 0$,则 $f(x)$ 的次数为 $n>0$。此时 $f(x)$ 的 n 个复根都是 $f(x)$ 与 $g(x)$ 的公共复根。

如果 $f(x)$ 与 $g(x)$ 都是非零多项式,设 $\mathrm{Res}(f,g)=0$,如果 a_0 与 b_0 不全为 0,那么上面已证 $f(x)$ 与 $g(x)$ 有公共复根,因此必要性得证。充分性有一半已证(即从 $f(x)$ 与 $g(x)$ 有公共复根已经推导出 $\mathrm{Res}(f,g)=0$),现在证另一半:若 $a_0=b_0=0$,则 $\mathrm{Res}(f,g)$ 的第 1 列全为 0,从而 $\mathrm{Res}(f,g)=0$。∎

定理 1 的第 1 个用处是给出了判别数域 K 上两个非零多项式有没有公共复根的新方法:n 次和 m 次多项式 $f(x)$ 与 $g(x)$ 有公共复根当且仅当 $\mathrm{Res}(f,g)=0$。

定理 1 的第 2 个用处是可以用来求数域 K 上两个二元多项式在 $\mathbf{C}^2$ 中的公共零点。设 $f(x,y),g(x,y)\in K[x,y]$,把它们都按 x 的降幂排列写出:

$$f(x,y) = a_0(y)x^n + a_1(y)x^{n-1} + \cdots + a_n(y), \tag{8}$$
$$g(x,y) = b_0(y)x^m + b_1(y)x^{m-1} + \cdots + b_m(y), \tag{9}$$

其中 $a_i(y),b_j(y),i=0,1,\cdots,n,j=0,1,\cdots,m$,都是 y 的多项式,且 $a_0(y)$ 与 $b_0(y)$ 不全为 0。

如果 (x_0,y_0) 是 $f(x,y)$ 与 $g(x,y)$ 在 $\mathbf{C}^2$ 中的一个公共零点,那么 $f(x_0,y_0)=0$,$g(x_0,y_0)=0$,从而 x_0 是 x 的复系数多项式 $f(x,y_0)$ 与 $g(x,y_0)$ 的一个公共根,根据定理 1 得,$f(x,y_0)$ 与 $g(x,y_0)$ 的结式 $\mathrm{Res}(f(x,y_0),g(x,y_0))=0$。由此受到启发,我们考虑

下述 $m+n$ 阶行列式,并且把它记作 $R_x(f,g)$,即

$$
R_x(f,g) = \begin{vmatrix}
a_0(y) & a_1(y) & \cdots & \cdots & \cdots & a_n(y) & & & \\
 & a_0(y) & a_1(y) & \cdots & \cdots & \cdots & \cdots & a_n(y) & \\
 & & \cdots & & & & & \cdots & \\
 & & & a_0(y) & a_1(y) & \cdots & \cdots & \cdots & a_n(y) \\
b_0(y) & b_1(y) & \cdots & \cdots & \cdots & b_m(y) & & & \\
 & b_0(y) & b_1(y) & \cdots & \cdots & \cdots & b_m(y) & & \\
 & & \cdots & & & & & \cdots & \\
 & & & b_0(y) & b_1(y) & \cdots & \cdots & b_m(y) &
\end{vmatrix}
\begin{array}{l} \left.\vphantom{\begin{matrix}a\\a\\a\\a\end{matrix}}\right\} m\text{行} \\[2ex] \left.\vphantom{\begin{matrix}a\\a\\a\\a\end{matrix}}\right\} n\text{行} \end{array}
$$

(10)

$R_x(f,g)$ 是 y 的一个多项式,不定元 y 用 y_0 代入,$R_x(f,g)$ 的象就是 $\mathrm{Res}(f(x,y_0),g(x,y_0))$。因此如果 (x_0,y_0) 是 $f(x,y)$ 与 $g(x,y)$ 在 $\mathbf{C}^2$ 中的一个公共零点,那么 y_0 就是多项式 $R_x(f,g)$ 的一个复根,而 x_0 是 $f(x,y_0)$ 与 $g(x,y_0)$ 的一个公共复根。

反之,如果 y_0 是多项式 $R_x(f,g)$ 的一个复根,那么

$$\mathrm{Res}(f(x,y_0),g(x,y_0)) = 0,$$

根据定理 1 得,$f(x,y_0)$ 与 $g(x,y_0)$ 有公共复根。任取 $f(x,y_0)$ 与 $g(x,y_0)$ 的一个公共复根 x_0,都有 (x_0,y_0) 是 $f(x,y)$ 与 $g(x,y)$ 在 $\mathbf{C}^2$ 中的公共零点。

上述讨论给出了求数域 K 上两个二元多项式 $f(x,y)$ 与 $g(x,y)$ 在 $\mathbf{C}^2$ 中的公共零点的方法:第一步,计算 $R_x(f,g)$;第二步,求 $R_x(f,g)$ 的所有复根;第三步,对于 $R_x(f,g)$ 的每一个复根 y_0,求 $f(x,y_0)$ 与 $g(x,y_0)$ 的所有公共复根;第四步,写出 $f(x,y)$ 与 $g(x,y)$ 在 $\mathbf{C}^2$ 中的所有公共零点。

由于 x 与 y 的地位是对称的,因此也可以类似地定义 $R_y(f,g)$,先求 $R_y(f,g)$ 的所有复根,然后对于 $R_y(f,g)$ 的每一个复根 x_0,去求 $f(x_0,y)$ 与 $g(x_0,y)$ 的所有公共复根,最后就可以写出 $f(x,y)$ 与 $g(x,y)$ 在 $\mathbf{C}^2$ 中的所有公共零点。

上述方法也适用于解二元高次方程组:

$$\begin{cases} f(x,y) = 0, \\ g(x,y) = 0。 \end{cases}$$

(11)

解方程组(11)就是求 $f(x,y)$ 与 $g(x,y)$ 的公共零点。

进一步可以用类似于上述方法求 n 个 n 元多项式在 $\mathbf{C}^n$ 中的所有公共零点。

定理 1 的第 3 个用处是可以通过计算 $f(x)$ 与 $f'(x)$ 的结式 $\mathrm{Res}(f,f')$ 来求 $f(x)$ 的判别式 $D(f)$。这个想法是自然的,因为 $\mathrm{Res}(f,f')=0$ 当且仅当 $f(x)$ 与 $f'(x)$ 有公共复根,而 $f(x)$ 与 $f'(x)$ 有公共复根当且仅当 $D(f)=0$,由此看出 $\mathrm{Res}(f,f')$ 与 $D(f)$ 必然有联系。为了找出它们之间的内在联系,我们注意到 $D(f)$ 是用 $f(x)$ 的 n 个复根的表达式来定义的,从而探索的思路是去寻找 $\mathrm{Res}(f,f')$ 与 $f(x)$ 的复根之间的关系。一般地,就是要去寻找 $\mathrm{Res}(f,g)$ 与 $f(x)$ 的复根(或 $g(x)$ 的复根)之间的关系。

设 $f(x),g(x)$ 是定义 1 中给出的数域 K 上的两个多项式,且 $a_0\neq 0,b_0\neq 0$,设 $f(x)$ 的 n 个复根为 $c_1,c_2,\cdots,c_n$;$g(x)$ 的 m 个复根为 $d_1,d_2,\cdots,d_m$,于是

$$f(x) = a_0(x-c_1)(x-c_2)\cdots(x-c_n),$$

(12)

$$g(x) = b_0(x-d_1)(x-d_2)\cdots(x-d_m)。 \tag{13}$$

根据 Vieta 公式得，$f(x)$ 的 $n-k$ 次项的系数 a_k 为

$$a_k = (-1)^k a_0 \sigma_k(c_1, c_2, \cdots, c_n), k=1,2,\cdots,n, \tag{14}$$

$g(x)$ 的 $m-k$ 次项的系数 b_k 为

$$b_k = (-1)^k b_0 \sigma_k(d_1, d_2, \cdots, d_m), k=1,2,\cdots,m, \tag{15}$$

$f(x)$ 与 $g(x)$ 的结式 $\mathrm{Res}(f,g)$ 是由它们的系数 $a_0, a_1, \cdots, a_n, b_0, b_1, \cdots, b_m$ 排列成的一个 $m+n$ 阶行列式，想研究 $\mathrm{Res}(f,g)$ 与 $f(x)$ 的复根（或 $g(x)$ 的复根）之间的关系，自然要利用(14)式和(15)式。为了能利用多项式的理论来研究这个问题，我们在数域 K 上的 $n+m+1$ 元多项式环

$$K[x, y_1, \cdots, y_n, z_1, \cdots, z_m]$$

中，令

$$\widetilde{f}(x, y_1, \cdots, y_n) = a_0(x-y_1)(x-y_2)\cdots(x-y_n), \tag{16}$$

$$\widetilde{g}(x, z_1, \cdots, z_m) = b_0(x-z_1)(x-z_2)\cdots(x-z_m), \tag{17}$$

把 $\widetilde{f}$ 按 x 的降幂排列，则 x^n 的系数为 a_0，x^{n-k} 的系数为

$$a_k(y_1, \cdots, y_n) = (-1)^k a_0 \sigma_k(y_1, \cdots, y_n), k=1,2,\cdots,n。 \tag{18}$$

同理，把 $\widetilde{g}$ 按 x 的降幂排列，则 x^m 的系数为 b_0，x^{m-k} 的系数为

$$b_k(z_1, \cdots, z_m) = (-1)^k b_0 \sigma_k(z_1, \cdots, z_m), k=1,2,\cdots,m。 \tag{19}$$

仿照定义 1，规定 $\widetilde{f}$ 与 $\widetilde{g}$ 对 x 的结式为

$$\mathrm{Res}_x(\widetilde{f}, \widetilde{g}) = \begin{vmatrix} a_0 & a_1(y_1,\cdots,y_n) & \cdots & \cdots & a_n(y_1,\cdots,y_n) & & \\ & a_0 & a_1(y_1,\cdots,y_n) & \cdots & \cdots & a_n(y_1,\cdots,y_n) & \\ & & \cdots & & & & \\ & & a_0 & a_1(y_1,\cdots,y_n) & \cdots & & a_n(y_1,\cdots,y_n) \\ b_0 & b_1(z_1,\cdots,z_m) & \cdots & b_m(z_1,\cdots,z_m) & & & \\ & b_0 & b_1(z_1,\cdots,z_m) & \cdots & b_m(z_1,\cdots,z_m) & \cdots & \\ & & \cdots & & & & \\ & & b_0 & b_1(z_1,\cdots,z_m) & \cdots & & b_m(z_1,\cdots,z_m) \end{vmatrix} \tag{20}$$

显然，$\mathrm{Res}_x(\widetilde{f}, \widetilde{g}) \in K[y_1, \cdots, y_n, z_1, \cdots, z_m]$。把不定元 $y_1, y_2, \cdots, y_n, z_1, \cdots, z_m$ 分别用 $c_1, c_2, \cdots, c_n, d_1, \cdots, d_m$ 代入，结合(14)、(15)、(18)和(19)式便知道，$\mathrm{Res}_x(\widetilde{f}, \widetilde{g})$ 的象就是 $\mathrm{Res}(f,g)$。于是如果我们能求出 $\mathrm{Res}_x(\widetilde{f}, \widetilde{g})$ 的一个明显的表达式，那么就能得到 $\mathrm{Res}(f,g)$ 的一个明显的表达式。

从(18)式看出，$a_k(y_1, \cdots, y_n)$ 是 k 次齐次多项式，其中 $k=1,2,\cdots,n$；从(19)式看出，$b_k(z_1, \cdots, z_m)$ 是 k 次齐次多项式，其中 $k=1,2,\cdots,m$。由此受到启发，把(20)式右端的行列式 D 的第 1 行乘 y_1，第 2 行乘 y_1^2，$\cdots$，第 m 行乘 y_1^m，第 $m+1$ 行乘 y_1，第 $m+2$ 行乘 y_1^2，$\cdots$，第 $m+n$ 行乘 y_1^n，得到一个行列式 $\widetilde{D}$，则 $\widetilde{D}$ 的第 1 列元素都是一次齐次多项式，第 2 列都是二次齐次多项式，$\cdots$，第 $m+n$ 列元素都是 $m+n$ 次齐次多项式。由于 $\widetilde{D}$ 的每一项是从 $\widetilde{D}$ 的第 $1,2,\cdots,m+n$ 列各取一个元素（它们位于不同行）相乘所得的乘积，因此 $\widetilde{D}$ 的每一个非零项的次数为

$$1+2+\cdots+(n+m)=\frac{1}{2}(n+m+1)(n+m),$$

从 $\widetilde{D}$ 的第 1 行提出 $y_1,\cdots$，第 m 行提出 y_1^m，第 $m+1$ 行提出 $y_1,\cdots$，第 $m+n$ 行提出 y_1^n，得

$$\widetilde{D}=y_1y_1^2\cdots y_1^m y_1 y_1^2\cdots y_1^n D=y_1^{\frac{m(m+1)+n(n+1)}{2}}D,$$

从而 D 的每一个非零项的次数是

$$\frac{1}{2}(n+m+1)(n+m)-\frac{1}{2}\big[m(m+1)+n(n+1)\big]=mn。$$

这证明了 $\operatorname{Res}_x(\widetilde{f},\widetilde{g})$ 是 $y_1,\cdots,y_n,z_1,\cdots,z_m$ 的 mn 次齐次多项式。

从 (17) 式和 (16) 式分别得出：

$$\widetilde{g}(x,z_1,\cdots,z_m)=b_0x^m+\cdots+b_k(z_1,\cdots,z_m)x^{m-k}+\cdots+b_m(z_1,\cdots,z_m),\quad(21)$$

$$\widetilde{f}(x,y_1,\cdots,y_n)=a_0x^n+\cdots+a_k(y_1,\cdots,y_n)x^{n-k}+\cdots+a_n(y_1,\cdots,y_n),\quad(22)$$

把 x 用 $y_i(i=1,2,\cdots,n)$ 代入，从 (21)、(16) 式分别得到

$$\widetilde{g}(y_i,z_1,\cdots,z_m)=b_0y_i^m+\cdots+b_k(z_1,\cdots,z_m)y_i^{m-k}+\cdots+b_m(z_1,\cdots,z_m),\quad(23)$$

$$\widetilde{f}(y_i,y_1,\cdots,y_n)=0。\quad(24)$$

从 (22) 式和 (24) 式，得

$$a_0y_i^n+\cdots+a_k(y_1,\cdots,y_n)y_i^{n-k}+\cdots+a_n(y_1,\cdots,y_n)=0,\quad(25)$$

由此受到启发，我们把 D 的第 1 列乘 y_i^{n+m-1}，第 2 列乘 y_i^{n+m-2}，$\cdots$，第 $n+m-1$ 列乘 y_i，然后把它们都加到第 $n+m$ 列上，得到一个行列式 D^*，则 $D=D^*$。利用 (23) 式和 (25) 式可得出 D^* 的第 $n+m$ 列为

$$\begin{pmatrix}y_i^{m-1}\,0\\y_i^{m-2}\,0\\\vdots\\0\\y_i^{n-1}\,\widetilde{g}(y_i,z_1,\cdots,z_m)\\y_i^{n-2}\,\widetilde{g}(y_i,z_1,\cdots,z_m)\\\vdots\\\widetilde{g}(y_i,z_1,\cdots,z_m)\end{pmatrix},$$

从 D^* 的第 $n+m$ 列提出公因子 $\widetilde{g}(y_i,z_1,\cdots,z_m)$，由此得出

$$\widetilde{g}(y_i,z_1,\cdots,z_m)\,\big|\,\operatorname{Res}_x(\widetilde{f},\widetilde{g}),\quad(26)$$

其中 $i=1,2,\cdots,n$。由于

$$\widetilde{g}(y_i,z_1,\cdots,z_m)=b_0(y_i-z_1)(y_i-z_2)\cdots(y_i-z_m),$$

$$\widetilde{g}(y_j,z_1,\cdots,z_m)=b_0(y_j-z_1)(y_j-z_2)\cdots(y_j-z_m),$$

因此当 $i\neq j$ 时，$\widetilde{g}(y_i,z_1,\cdots,z_m)$ 与 $\widetilde{g}(y_j,z_1,\cdots,z_m)$ 没有公共的一次因式。根据唯一因式分解定理得

$$\prod_{i=1}^{n}\widetilde{g}(y_i,z_1,\cdots,z_m)\,\Big|\,\operatorname{Res}_x(\widetilde{f},\widetilde{g})。\quad(27)$$

由于 $\prod\limits_{i=1}^{n}\widetilde{g}(y_i,z_1,\cdots,z_m)$ 的次数为 mn，与 $\operatorname{Res}_x(\widetilde{f},\widetilde{g})$ 的次数相等，因此从 (27) 式得

$$\mathrm{Res}_x(\widetilde{f},\widetilde{g}) = r\prod_{i=1}^{n}\widetilde{g}(y_i,z_1,\cdots,z_m)\text{。} \tag{28}$$

对于某个 $r\in K^{*}$，为了确定 r 的值，把 $y_1,\cdots,y_n,z_1,\cdots,z_m$ 分别用 $0,\cdots,0,1,\cdots,1$ 代入，从(18)和(19)式得到(20)式右端的行列式为下述下三角形行列式：

$$\begin{vmatrix} a_0 & & & & & \\ & a_0 & & & & \\ & & \cdots & \cdots & \cdots & \cdots & \cdots \\ & & & a_0 & & \\ b_0 & -b_0 m & \cdots & (-1)^{m-1}b_0 m & (-1)^m b_0 & \\ & b_0 & \cdots & \cdots & (-1)^{m-1}b_0 m & (-1)^m b_0 & \cdots \\ & & \cdots & \cdots & \cdots & \cdots & \cdots \\ & & & b_0 & -b_0 m & \cdots & (-1)^{m-1}b_0 m & (-1)^m b_0 \end{vmatrix}$$

$$= a_0^m(-1)^{mn}b_0^n\text{。} \tag{29}$$

由(23)和(19)式得

$$\widetilde{g}(0,1,\cdots,1) = b_m(1,\cdots,1) = (-1)^m b_0, \tag{30}$$

由(28)、(29)和(30)式得

$$(-1)^{mn}a_0^m b_0^n = r\prod_{i=1}^{n}(-1)^m b_0, \tag{31}$$

从(31)式得出，$r=a_0^m$，因此(28)式成为

$$\mathrm{Res}_x(\widetilde{f},\widetilde{g}) = a_0^m\prod_{i=1}^{n}\widetilde{g}(y_i,z_1,\cdots,z_m), \tag{32}$$

把 $y_1,\cdots,y_n,z_1,\cdots,z_m$ 分别用 $c_1,\cdots,c_n,d_1,\cdots,d_m$ 代入，从(17)式和(13)式得

$$\begin{aligned} \widetilde{g}(c_i,d_1,\cdots,d_m,) &= b_0(c_i-d_1)(c_i-d_2)\cdots(c_i-d_m) \\ &= g(c_i)\text{。} \end{aligned} \tag{33}$$

于是从(32)式得

$$\mathrm{Res}(f,g) = a_0^m\prod_{i=1}^{n}g(c_i)\text{。} \tag{34}$$

由定义 1 和行列式的性质容易推出（即把 $\mathrm{Res}(f,g)$ 的第 $m+1$ 行依次与第 $m,m-1,\cdots,1$ 行互换；接着把第 $m+2$ 行依次与第 $m+1,m,\cdots,2$ 行互换；继续做下去，最后把第 $m+n$ 行依次与第 $m+n-1,m+n-2,\cdots,n$ 行互换。总共做了 mn 次两行互换，变成 $\mathrm{Res}(g,f)$）

$$\mathrm{Res}(f,g) = (-1)^{mn}\mathrm{Res}(g,f), \tag{35}$$

因此根据刚才证得的(34)式以及(35)式，得

$$\mathrm{Res}(f,g) = (-1)^{mn}b_0^n\prod_{j=1}^{m}f(d_j)\text{。} \tag{36}$$

这样我们证明了下述定理 2：

定理 2　设 $f(x),g(x)$ 如定义 1 中所设，且 $a_0\neq0,b_0\neq0$。设 $f(x)$ 的 n 个复根为 c_1，

$c_2, \cdots, c_n, g(x)$ 的 m 个复根为 $d_1, d_2, \cdots, d_m$，则

$$\mathrm{Res}(f, g) = a_0^m \prod_{i=1}^{n} g(c_i)$$

$$= (-1)^{mn} b_0^n \prod_{j=1}^{m} f(d_j)。 \quad ■$$

定理 2 给出了求 $\mathrm{Res}(f, g)$ 的又一种方法：如果 $f(x)$ 的复根容易求出，那么用公式(34)可以很容易地求出 $\mathrm{Res}(f, g)$；如果 $g(x)$ 的复根容易求出，那么用公式(36)可很快地求出 $\mathrm{Res}(f, g)$。

根据定理 2，可以利用 $f(x)$ 与 $f'(x)$ 的结式 $\mathrm{Res}(f, f')$ 来求 $f(x)$ 的判别式 $D(f)$。$f(x)$ 的首项系数为 a_0，我们规定 $f(x)$ 的判别式 $D(f)$ 为

$$D(f) := a_0^{2n-2} \prod_{1 \leqslant j < i \leqslant n} (c_i - c_j)^2$$

$$= \left[a_0^{n-1} \prod_{1 \leqslant j < i \leqslant n} (c_i - c_j) \right]^2, \quad (37)$$

其中 $c_1, c_2, \cdots, c_n$ 是 $f(x)$ 的 n 个复根。由于

$$f(x) = a_0 (x - c_1)(x - c_2) \cdots (x - c_n),$$

因此

$$f'(x) = a_0 \sum_{j=1}^{n} (x - c_1) \cdots (x - c_{j-1})(x - c_{j+1}) \cdots (x - c_n),$$

从而

$$f'(c_i) = a_0 (c_i - c_1) \cdots (c_i - c_{i-1})(c_i - c_{i+1}) \cdots (c_i - c_n)$$

$$= a_0 \prod_{j \neq i} (c_i - c_j), \quad (38)$$

于是

$$\mathrm{Res}(f, f') = a_0^{n-1} \prod_{i=1}^{n} f'(c_i) = a_0^{n-1} \prod_{i=1}^{n} \left[a_0 \prod_{j \neq i} (c_i - c_j) \right]$$

$$= a_0^{2n-1} \prod_{i=1}^{n} \prod_{j \neq i} (c_i - c_j)。 \quad (39)$$

由于

$$\prod_{i=1}^{n} \prod_{j \neq i} (c_i - c_j) = (c_1 - c_2)(c_1 - c_3) \cdots (c_1 - c_n)$$

$$\cdot (c_2 - c_1)(c_2 - c_3) \cdots (c_2 - c_n)$$

$$\cdot (c_3 - c_1)(c_3 - c_2)(c_3 - c_4) \cdots (c_3 - c_n)$$

$$\cdots \quad \cdots \quad \cdots \quad \cdots$$

$$\cdot (c_n - c_1)(c_n - c_2) \cdots (c_n - c_{n-1})$$

$$= (-1)^{\frac{n(n-1)}{2}} (c_2 - c_1)^2 (c_3 - c_1)^2 \cdots (c_n - c_1)^2$$

$$\cdot (c_3 - c_2)^2 (c_4 - c_2)^2 \cdots (c_n - c_2)^2$$

$$\cdots \quad \cdots \quad \cdots$$

$$\cdot (c_n - c_{n-1})^2,$$

因此

$$\mathrm{Res}(f, f') = a_0^{2n-1} (-1)^{\frac{n(n-1)}{2}} \prod_{1 \leqslant j < i \leqslant n} (c_i - c_j)^2$$

$$= a_0 (-1)^{\frac{n(n-1)}{2}} D(f)。 \quad (40)$$

于是我们证明了下述结论：

定理 3　设 $f(x)$ 是数域 K 上 n 次多项式,首项系数为 a_0,则

$$D(f) = (-1)^{\frac{n(n-1)}{2}} a_0^{-1} \mathrm{Res}(f, f')。 \tag{41}$$

利用定理 3,通过求 $\mathrm{Res}(f, f')$ 来求 $D(f)$,比 7.10 节所讲的方法要简便一些。

如果 $f(x)$ 的首项系数为 1,那么 $D(f)$ 与 $\mathrm{Res}(f, f')$ 或者相等,或者相差一个负号(即它们互为相反数)。

定理 1 的第 4 个用处是化曲线的参数方程为直角坐标方程,详见本节典型例题的例 8。

7.11.2　典型例题

例 1　设 $f(x)=x^3-x+2$, $g(x)=x^4+x-1$,判断 $f(x)$ 与 $g(x)$ 有没有公共复根。

解

$$\mathrm{Res}(f,g) = \begin{vmatrix} 1 & 0 & -1 & 2 & 0 & 0 & 0 \\ 0 & 1 & 0 & -1 & 2 & 0 & 0 \\ 0 & 0 & 1 & 0 & -1 & 2 & 0 \\ 0 & 0 & 0 & 1 & 0 & -1 & 2 \\ 1 & 0 & 0 & 1 & -1 & 0 & 0 \\ 0 & 1 & 0 & 0 & 1 & -1 & 0 \\ 0 & 0 & 1 & 0 & 0 & 1 & -1 \end{vmatrix} = 11,$$

因此 $f(x)$ 与 $g(x)$ 没有公共复根。

例 2　解方程组

$$\begin{cases} x^2 - 7xy + 4y^2 + 6y - 4 = 0, \\ x^2 - 14xy + 9y^2 - 2x + 14y - 8 = 0. \end{cases} \tag{42}$$

解　把 (42) 式左端的两个多项式 $f(x,y)$, $g(x,y)$ 分别按 x 的降幂排列写出:

$$f(x,y) = x^2 - 7xy + (4y^2 + 6y - 4), \tag{43}$$
$$g(x,y) = x^2 - (14y+2)x + (9y^2 + 14y - 8), \tag{44}$$

$$R_x(f,g) = \begin{vmatrix} 1 & -7y & 4y^2+6y-4 & 0 \\ 0 & 1 & -7y & 4y^2+6y-4 \\ 1 & -14y-2 & 9y^2+14y-8 & 0 \\ 0 & 1 & -14y-2 & 9y^2+14y-8 \end{vmatrix}$$
$$= (5y^2+8y-4)^2 - (7y+2)(7y^3+6y^2-12y+8)$$
$$= -24y(y-1)(y-2)(y+2), \tag{45}$$

于是 $R_x(f,g)$ 的 4 个根是 $0,1,2,-2$。把方程组 (42) 中的 y 分别用 $0,1,2,-2$ 代入,分别解得 $x=-2,1,2,0$。

因此方程组 (42) 的全部解是:$(-2,0),(1,1),(2,2),(0,-2)$。

例 3　求数域 K 上 n 次多项式 $f(x)=x^n+a_1x+a_0$ 的判别式。

解　$f'(x)=nx^{n-1}+a_1$,

$$
\operatorname{Res}(f,f')=\begin{vmatrix}
1 & 0 & 0 & \cdots & 0 & a_1 & a_0 & 0 & 0 & \cdots & 0 & 0 & 0 \\
0 & 1 & 0 & \cdots & 0 & 0 & a_1 & a_0 & 0 & \cdots & 0 & 0 & 0 \\
\vdots & \vdots & \vdots & & \vdots & \vdots & \vdots & \vdots & \vdots & & \vdots & \vdots & \vdots \\
0 & 0 & 0 & \cdots & 1 & 0 & 0 & 0 & 0 & \cdots & 0 & a_1 & a_0 \\
n & 0 & 0 & \cdots & 0 & a_1 & 0 & 0 & 0 & \cdots & 0 & 0 & 0 \\
0 & n & 0 & \cdots & 0 & 0 & a_1 & 0 & 0 & \cdots & 0 & 0 & 0 \\
\vdots & \vdots & \vdots & & \vdots & \vdots & \vdots & \vdots & \vdots & & \vdots & \vdots & \vdots \\
0 & 0 & 0 & \cdots & 0 & n & 0 & 0 & 0 & \cdots & 0 & 0 & a_1
\end{vmatrix}。
$$

每一次都把第 1 行的 $(-n)$ 倍加到第 n 行上,接着按第 1 列展开,这样做 $n-1$ 次,便得到下述 n 阶行列式:

$$
\begin{vmatrix}
(1-n)a_1 & -na_0 & 0 & 0 & \cdots & 0 & 0 \\
0 & (1-n)a_1 & -na_0 & 0 & \cdots & 0 & 0 \\
0 & 0 & (1-n)a_1 & -na_0 & \cdots & 0 & 0 \\
\vdots & \vdots & \vdots & \vdots & & \vdots & \vdots \\
0 & 0 & 0 & 0 & \cdots & (1-n)a_1 & -na_0 \\
n & 0 & 0 & 0 & \cdots & 0 & a_1
\end{vmatrix}
$$

$$
=n(-1)^{n+1}(-na_0)^{n-1}+a_1(-1)^{n+n}\left[(1-n)a_1\right]^{n-1}
$$

$$
=n^n a_0^{n-1}+(-1)^{n-1}(n-1)^{n-1}a_1^n。
$$

于是
$$
D(f)=(-1)^{\frac{n(n-1)}{2}}\left[n^n a_0^{n-1}+(-1)^{n-1}(n-1)^{n-1}a_1^n\right]。\tag{46}
$$

点评:例 3 通过先计算 $\operatorname{Res}(f,f')$,然后求 $D(f)$,这比起 7.10 节所讲的求 $D(f)$ 的方法要简便得多。例 3 求得的 $D(f)$ 的公式(46)对一切 $n\geqslant 2$ 都成立。例如:

n	$f(x)$	$D(f)$
2	$x^2+a_1x+a_0$	$a_1^2-4a_0$
3	$x^3+a_1x+a_0$	$-4a_1^3-27a_0^2$
4	$x^4+a_1x+a_0$	$-27a_1^4+256a_0^3$
5	$x^5+a_1x+a_0$	$256a_1^5+3125a_0^4$

例 4　设 $f(x)=x^{n-1}+x^{n-2}+\cdots+x+1$,求 $D(f)$。

解　令
$$
g(x)=(x-1)f(x)=x^n-1。
$$
根据 7.10 节的例 9 的结论,得
$$
D(g)=(-1)^{\frac{n(n-1)}{2}}n^n(-1)^{n-1}=(-1)^{\frac{(n+2)(n-1)}{2}}n^n。
$$
根据 7.10 节习题第 14 题的结论,得
$$
D(g)=D(f)f(1)^2=n^2D(f),
$$
因此
$$
D(f)=(-1)^{\frac{(n+2)(n-1)}{2}}n^{n-2}。\tag{47}
$$

例 5　设 $f(x)=a_0 x^n+a_1 x^{n-1}+\cdots+a_n, g(x)=b_0 x^m+b_1 x^{m-1}+\cdots+b_m$，其中 $a_0\neq 0$，$b_0\neq 0$。设 $f(x)$ 的 n 个复根为 $c_1, c_2, \cdots, c_n, g(x)$ 的 m 个复根为 $d_1, d_2, \cdots, d_m$，证明：

$$\operatorname{Res}(f, g)=a_0^m b_0^n \prod_{i=1}^n \prod_{j=1}^m (c_i-d_j)。 \tag{48}$$

证明　由于 $g(c_i)=b_0(c_i-d_1)(c_i-d_2)\cdots(c_i-d_m)=b_0 \prod_{j=1}^m (c_i-d_j)$，因此

$$\operatorname{Res}(f, g)=a_0^m \prod_{i=1}^n b_0 \prod_{j=1}^m (c_i-d_j)=a_0^m b_0^n \prod_{i=1}^n \prod_{j=1}^m (c_i-d_j)。　∎$$

例 6　设 $f(x)$ 和 $g(x)$ 分别是数域 K 上 n 次、m 次多项式，且 $n>1, m>1$。证明：

$$D(fg)=D(f)D(g)[\operatorname{Res}(f, g)]^2。 \tag{49}$$

证明　设 $f(x), g(x)$ 的首项系数分别是 $a_0, b_0, f(x)$ 的 n 个复根为 $c_1, c_2, \cdots, c_n$，$g(x)$ 的 m 个复根为 $d_1, d_2, \cdots, d_m$，则

$$f(x)=a_0(x-c_1)(x-c_2)\cdots(x-c_n),$$
$$g(x)=b_0(x-d_1)(x-d_2)\cdots(x-d_m),$$

从而

$$f(x)g(x)=a_0 b_0(x-c_1)(x-c_2)\cdots(x-c_n)(x-d_1)\cdots(x-d_m),$$

于是

$$D(fg)=(a_0 b_0)^{2(n+m)-2} \prod_{1\leqslant j<i\leqslant n}(c_i-c_j)^2 \cdot \prod_{1\leqslant k<l\leqslant m}(d_l-d_k)^2 \cdot \prod_{i=1}^n \prod_{j=1}^m(d_j-c_i)^2$$
$$=D(f)D(g)[\operatorname{Res}(f, g)]^2。　∎$$

例 7　设 $f(x), g_1(x), g_2(x)\in K[x]$，证明：

$$\operatorname{Res}(f, g_1 g_2)=\operatorname{Res}(f, g_1)\operatorname{Res}(f, g_2)。$$

证明　设 $f(x)$ 的次数为 n，首项系数为 a_0, n 个复根为 $c_1, c_2, \cdots, c_n; g_1(x), g_2(x)$ 的次数分别为 m_1, m_2，则

$$\operatorname{Res}(f, g_1 g_2)=a_0^{m_1+m_2}\prod_{i=1}^n g_1 g_2(c_i)=\left[a_0^{m_1}\prod_{i=1}^m g_1(c_i)\right]\left[a_0^{m_2}\prod_{i=1}^n g_2(c_i)\right]$$
$$=\operatorname{Res}(f, g_1)\operatorname{Res}(f, g_2)。　∎$$

例 8　求下述曲线的直角坐标方程：

$$x=\frac{-t^2+2t}{t^2+1}, y=\frac{2t^2+2t}{t^2+1}。$$

解　在所给曲线 S 上任取一点 $P(x, y)$，则存在 $t_0\in \mathbf{R}$，使得

$$x=\frac{-t_0^2+2t_0}{t_0^2+1}, y=\frac{2t_0^2+2t_0}{t_0^2+1},$$

即

$$(t_0^2+1)x+t_0^2-2t_0=0,$$
$$(t_0^2+1)y-2t_0^2-2t_0=0。$$

令

$$f(t)=(t^2+1)x+t^2-2t, g(t)=(t^2+1)y-2t^2-2t,$$

则 $f(t)$ 与 $g(t)$ 有公共根 t_0，从而 $\operatorname{Res}(f, g)=0$。

反之，考虑坐标适合方程 $\operatorname{Res}(f, g)=0$ 的点 $Q(x, y)$，因为 $\operatorname{Res}(f, g)=0$，所以 $x+1=0=y-2$，或者 $f(t)$ 与 $g(t)$ 不互素。在前一情形，直接验证可知点 $M(-1, 2)$ 不是曲线 S

上的点。在后一情形,由于 $f(t)$ 与 $g(t)$ 的次数至多为 2,且它们不相伴,因此 $f(t)$ 与 $g(t)$ 有公共的一次因式,从而 $f(t)$ 与 $g(t)$ 有公共的实根 t_1。于是点 $Q(x,y)$ 在曲线 S 上。

综上所述,$\mathrm{Res}(f,g)=0$(排除点 $M(-1,2)$)就是所求的直角坐标方程。计算 $\mathrm{Res}(f,g)$。由于

$$f(t)=(x+1)t^2-2t+x, g(t)=(y-2)t^2-2t+y,$$

因此

$$\mathrm{Res}(f,g)=\begin{vmatrix} x+1 & -2 & x & 0 \\ 0 & x+1 & -2 & x \\ y-2 & -2 & y & 0 \\ 0 & y-2 & -2 & y \end{vmatrix}$$
$$=8x^2-4xy+5y^2+12x-12y。$$

于是所给曲线 S 的直角坐标方程为

$$8x^2-4xy+5y^2+12x-12y=0,$$

并且 $(x,y)\neq(-1,2)$。

点评:例 8 表明结式可以用于在解析几何中化平面曲线的参数方程为直角坐标方程,这是本节定理 1 的第 4 个用处。

习题 7.11

1. 判断 $f(x)=2x^3+3x^2-8x+3$ 与 $g(x)=4x^2+7x-15$ 有无公共复根。

2. 解下列方程组:

(1) $\begin{cases} 2x^2-xy+y^2-2x+y-4=0, \\ 5x^2-6xy+5y^2-6x+10y-11=0; \end{cases}$

(2) $\begin{cases} x^2+y^2+4x+2=0, \\ x^2+4xy-y^2+4x+8y=0。 \end{cases}$

3. 求多项式 $f(x)$ 与 $g(x)$ 的结式:

(1) $f(x)=x^4+x^3+x^2+1, g(x)=x^6+x^5+x^4+x^3+x^2+x+1$;

(2) $f(x)=x^n+2x+1, g(x)=x^2-x-6$;

(3) $f(x)=x^n+2, g(x)=(x-1)^n$;

(4) $f(x)=x^4+x^3+x^2+x+1, g(x)=x^6+x^5+x^4+x^3+x^2+x+1$。

4. 设 $f(x), x-a\in K[x]$,且 $\deg f(x)=n$,求 $\mathrm{Res}(f,x-a)$。

5. 讨论数域 K 上的多项式 $f(x)=x^2+1$ 与 $g(x)=x^{2m}+1$ 是否互素。

6. 求下列曲线的直角坐标方程:

(1) $x=t^2-t, y=2t^2+t-2$; (2) $x=\dfrac{2t+1}{t^2+1}, y=\dfrac{t^2+2t-1}{t^2+1}$。

7.12　域与域上的一元多项式环

7.12.1　内容精华

一、分式域

数域 K 上的一元多项式环 $K[x]$ 中有加法和乘法运算,进而有减法运算,但是没有除法运算。设 $g(x)\neq0$,当 $g(x)$ 不能整除 $f(x)$ 时,$f(x)$ 除以 $g(x)$ 不是多项式,此时可以引进分式的概念,把 $f(x)$ 除以 $g(x)$ 记作 $\dfrac{f(x)}{g(x)}$,称它为分式。规定分式的基本性质:分子与分母乘以同一个非零多项式,所得分式与原分式相等。为了说明分式的基本性质是怎么来的,我们用现代数学的观点来阐述分式的概念。从分式 $\dfrac{f(x)}{g(x)}$ 联想到有序多项式对:$(f(x),g(x))$,其中 $g(x)\neq0$,它是 $K[x]\times K[x]^*$ 中的元素(这里用 $K[x]^*$ 表示 $K[x]$ 中所有非零多项式组成的集合)。令 $T=K[x]\times K[x]^*$。在 T 中规定一个二元关系~如下:
$$(f_1,g_1)\sim(f_2,g_2)\quad\Longleftrightarrow\quad f_1g_2=g_1f_2,\tag{1}$$
显然,$(f,g)\sim(f,g)$,$\forall(f,g)\in T$,即~具有反身性。

若 $(f_1,g_1)\sim(f_2,g_2)$,则 $f_1g_2=g_1f_2$。由此推出 $(f_2,g_2)\sim(f_1,g_1)$,即~具有对称性。

若 $(f_1,g_1)\sim(f_2,g_2)$ 且 $(f_2,g_2)\sim(f_3,g_3)$,则
$$f_1g_2=g_1f_2,\quad f_2g_3=g_2f_3,$$
从而
$$f_1g_2g_3=g_1f_2g_3=g_1g_2f_3.$$
由于 $g_2\neq0$,因此 $f_1g_3=g_1f_3$,于是 $(f_1,g_1)\sim(f_3,g_3)$。这表明~具有传递性。

上述证明了~是 T 中的一个等价关系,我们把 (f,g) 确定的等价类记作 $\dfrac{f}{g}$。于是
$$\frac{f_1}{g_1}=\frac{f_2}{g_2}\quad\Longleftrightarrow\quad(f_1,g_1)\sim(f_2,g_2)\quad\Longleftrightarrow\quad f_1g_2=g_1f_2,\tag{2}$$
把所有等价类组成的集合记作 $K(x)$(注意这里是圆括号),$K(x)$ 称为 T 对于等价关系~的商集。

在 $K(x)$ 中,规定加法和乘法运算如下:
$$\frac{f_1}{g_1}+\frac{f_2}{g_2}:=\frac{f_1g_2+g_1f_2}{g_1g_2},\tag{3}$$
$$\frac{f_1}{g_1}\cdot\frac{f_2}{g_2}:=\frac{f_1f_2}{g_1g_2},\tag{4}$$
不难验证,(3)式和(4)式不依赖于等价类中代表的选择。以(3)式为例。设 $\dfrac{f_1}{g_1}=\dfrac{f_1'}{g_1'}$,$\dfrac{f_2}{g_2}=\dfrac{f_2'}{g_2'}$,则

$$f_1 g_1' = g_1 f_1', \quad f_2 g_2' = g_2 f_2', \tag{5}$$

于是有

$$f_1 g_1' (g_2 g_2') = g_1 f_1' (g_2 g_2'), \tag{6}$$

$$f_2 g_2' (g_1 g_1') = g_2 f_2' (g_1 g_1'), \tag{7}$$

(6)式与(7)式相加,得

$$f_1 g_1' g_2 g_2' + f_2 g_2' g_1 g_1' = g_1 f_1' g_2 g_2' + g_2 f_2' g_1 g_1',$$

由此得出

$$\frac{f_1 g_2 + g_1 f_2}{g_1 g_2} = \frac{f_1' g_2' + g_1' f_2'}{g_1' g_2'}, \tag{8}$$

即

$$\frac{f_1}{g_1} + \frac{f_2}{g_2} = \frac{f_1'}{g_1'} + \frac{f_2'}{g_2'}。 \tag{9}$$

(9)式表明:用(3)式规定 $K(x)$ 中的加法运算是合理的。

类似地可以证明:用(4)式规定 $K(x)$ 中的乘法运算是合理的。

容易验证,上述定义的加法和乘法都满足交换律、结合律,并且满足分配律。$\dfrac{0}{1}$ 是 $K(x)$ 中的零元,记作 0;$\dfrac{f}{g}$ 的负元是 $\dfrac{-f}{g}$,记作 $-\dfrac{f}{g}$;$\dfrac{1}{1}$ 是 $K(x)$ 的单位元,记作 1。因此 $K(x)$ 成为一个有单位元的交换环。

对于 $K(x)$ 中每一个非零元 $\dfrac{f}{g}$,都存在 $\dfrac{g}{f} \in K(x)$,使得

$$\frac{f}{g} \cdot \frac{g}{f} = \frac{fg}{gf} = \frac{1}{1} = 1, \qquad \frac{g}{f} \cdot \frac{f}{g} = \frac{gf}{fg} = \frac{1}{1} = 1,$$

这表明 $\dfrac{f}{g}$ 是可逆的,$\dfrac{g}{f}$ 是 $\dfrac{f}{g}$ 的逆元,记作 $\left(\dfrac{f}{g}\right)^{-1}$,即

$$\left(\frac{f}{g}\right)^{-1} = \frac{g}{f}。 \tag{10}$$

由于 $K(x)$ 的每个非零元都可逆,因此可以在 $K(x)$ 中定义除法如下:

设 $\dfrac{f_2}{g_2} \neq 0$,对于任意 $\dfrac{f_1}{g_1} \in K(x)$,规定

$$\frac{f_1}{g_1} \div \frac{f_2}{g_2} \stackrel{\text{def}}{=\!=} \frac{f_1}{g_1} \cdot \left(\frac{f_2}{g_2}\right)^{-1}。 \tag{11}$$

$K(x)$ 中的减法运算的定义与环中的减法定义一样。

综上所述,$K(x)$ 中有加、减、乘、除 4 种运算(除式不为 0),并且满足与实数域一样的运算规律。由此受到启发,引入下述重要概念:

定义 1 一个有单位元 $1(\neq 0)$ 的交换环 F,如果它的每个非零元都可逆,那么称 F 是一个**域**。

例如,$K(x)$ 是一个域,称它为数域 K 上的**一元分式域**(或**一元有理函数域**)。把 $K(x)$ 中的元素 $\dfrac{f}{g}$ 称为 K 上的**一元分式**(或者**一元有理函数**),其中 f 称为**分子**,g 称为**分母**。

分式的基本性质现在可以证明如下:

设 $\dfrac{f}{g}\in K(x)$。任取 $h(x)\in K[x]^*$,由于 $fgh=gfh$,因此

$$\frac{f}{g}=\frac{fh}{gh},\tag{12}$$

将(12)式从右到左看,即得到:分子与分母可以消去同一个非零公因式。

对于一个非零的分式 $\dfrac{f}{g}$,分子的次数减去分母的次数所得的差 $\deg f-\deg g$ 不依赖于等价类的代表的选取。

证明如下:设 $\dfrac{f}{g}=\dfrac{f_1}{g_1}$,则 $fg_1=gf_1$,从而 $\deg f+\deg g_1=\deg g+\deg f_1$,因此

$$\deg f-\deg g=\deg f_1-\deg g_1。\tag{13}$$

把 $\deg f-\deg g$ 称为分式 $\dfrac{f}{g}$ 的**次数**。分式 $\dfrac{0}{1}$ 的次数为 $-\infty$。

一个分式,如果它的分子与分母是互素的,那么称它为**既约分式**。

由于 $(0,1)=1$,因此 $\dfrac{0}{1}$ 是既约分式。

类似于一元分式域的构造方法,我们还可以构造出数域 K 上的 n 元分式域,记作 $K(x_1,x_2,\cdots,x_n)$。

一元分式域与 n 元分式域都是域,任一数域也是域。

注意:数域的元素是数;而一元或 n 元分式域的元素不是数,是分式。

命题 1　域 F 中没有非平凡的零因子,从而域一定是整环。

证明　假设 F 中有非平凡的零因子 a,则 $a\neq0$,且存在 $b\in F,b\neq0$,使得 $ab=0$。此式两边同乘 a^{-1},得 $a^{-1}(ab)=a^{-1}0$。由此得出 $b=0$,矛盾,因此域 F 中没有非平凡的零因子。∎

二、模 p(p 是素数)剩余类域与模 m 剩余类环

日常生活中每天都会遇到"星期几"这个词。例如,2010 年 2 月 1 日是星期一。我们可以把这一天对应到整数 1,把 2 月 2 日对应到整数 2,把 1 月 31 日对应到整数 0……这样在时间的长河中,每一天都对应于一个整数。于是时间的长河可以用整数集 **Z** 来刻画,星期日是被 7 除后余数为 0 的所有整数组成的子集,星期一是被 7 除后余数为 1 的所有整数组成的子集……星期六是被 7 除后余数为 6 的所有整数组成的子集。由此受到启发,在整数集 **Z** 中规定一个二元关系 $\sim$ 如下:

$$a\sim b\iff a\text{ 与 }b\text{ 被 7 除所得余数相同},$$

也就是

$$a\sim b\iff 7\mid a-b。\tag{14}$$

容易看出,$\sim$ 具有反身性、对称性和传递性,因此 $\sim$ 是 **Z** 上的一个等价关系,把它称为**模 7 同余关系**。把 $a\sim b$ 记作 $a\equiv b(\mathrm{mod}\ 7)$,读作"$a$ 模 7 同余 b"。于是

$$a\equiv b(\mathrm{mod}\ 7)\iff 7\mid a-b。\tag{15}$$

模 7 同余关系有下述性质:

命题 2 若 $a \equiv b \pmod 7$, $c \equiv d \pmod 7$, 则

$$a + c \equiv b + d \pmod 7, \quad ac \equiv bd \pmod 7. \tag{16}$$

证明 由已知条件得, $7 \mid a-b$, $7 \mid c-d$.

从而 $7 \mid (a-b) + (c-d)$, 即 $7 \mid (a+c) - (b+d)$, 因此

$$a + c \equiv b + d \pmod 7.$$

由于 $ac - bd = ac - bc + bc - bd = (a-b)c + b(c-d)$, 因此 $7 \mid ac - bd$,

从而 $ac \equiv bd \pmod 7$. ■

在模 7 同余关系下的等价类称为**模 7 剩余类**.

$$\bar{i} = \{a \in \mathbf{Z} \mid a \equiv i \pmod 7\} = \{7k + i \mid k \in \mathbf{Z}\}, \tag{17}$$

其中 $i = 0, 1, 2, 3, 4, 5, 6$. $\bar{i}$ 里的任一元素都可以作为代表,例如 $8, -6$ 都可以作为 $\bar{1}$ 的代表(注意 $-6 = (-1) \times 7 + 1$),因此 $\bar{8} = \bar{1}$, $\overline{-6} = \bar{1}$. 类似地, $\bar{9} = \bar{2}$, $\overline{-5} = \bar{2}$, $\cdots$; $\overline{10} = \bar{3}$, $\overline{-4} = \bar{3}$, $\cdots$; $\overline{11} = \bar{4}$, $\overline{-3} = \bar{4}$, $\cdots$; $\overline{12} = \bar{5}$, $\overline{-2} = \bar{5}$, $\cdots$; $\overline{13} = \bar{6}$, $\overline{-1} = \bar{6}$, $\cdots$.

由模 7 剩余类组成的集合称为 $\mathbf{Z}$ 对于模 7 同余关系的商集,记作 $\mathbf{Z}_7$ 或 $\mathbf{Z}/(7)$,即

$$\mathbf{Z}_7 = \{\bar{0}, \bar{1}, \bar{2}, \bar{3}, \bar{4}, \bar{5}, \bar{6}\}. \tag{18}$$

在 $\mathbf{Z}_7$ 中可以规定加法和乘法运算:

$$\bar{i} + \bar{j} := \overline{i+j}, \quad \bar{i} \cdot \bar{j} := \overline{ij}, \tag{19}$$

(19)式定义的加法和乘法运算是合理的,即与剩余类的代表的选取无关. 证明如下:

设 $\bar{i} = \bar{a}$, $\bar{j} = \bar{b}$, 则

$$i \equiv a \pmod 7, \quad j \equiv b \pmod 7,$$

根据性质 1 得

$$i + j \equiv a + b \pmod 7, \quad ij \equiv ab \pmod 7,$$

因此 $\overline{i+j} = \overline{a+b}$, $\overline{ij} = \overline{ab}$.

容易看出, $\bar{0}$ 是 $\mathbf{Z}_7$ 的零元, $\bar{i}$ 有负元 $\overline{-i}$. $\bar{1}$ 是 $\mathbf{Z}_7$ 的单位元,容易验证 $\mathbf{Z}_7$ 是一个有单位元的交换环. 由于

$$\bar{1} \cdot \bar{1} = \bar{1}, \quad \bar{2} \cdot \bar{4} = \bar{1}, \quad \bar{3} \cdot \bar{5} = \bar{1}, \quad \bar{6} \cdot \bar{6} = \bar{1},$$

因此 $\mathbf{Z}_7$ 的每个非零元都可逆,从而 $\mathbf{Z}_7$ 是一个域,称它为**模 7 剩余类域**,它只含有 7 个元素.

只含有限多个元素的域称为**有限域**,否则称为**无限域**.

数域 K、K 上的一元分式域、n 元分式域都是无限域; $\mathbf{Z}_7$ 是一个有限域.

一般地,设 m 是大于 1 的正整数,在 $\mathbf{Z}$ 中规定

$$a \equiv b \pmod m \iff m \mid a - b, \tag{20}$$

这给出了 $\mathbf{Z}$ 上的一个二元关系,它是一个等价关系,称为**模 m 同余关系**. 模 m 同余关系具有类似于命题 2 的性质:

若 $a \equiv b \pmod m$, $c \equiv d \pmod m$, 则

$$a + c \equiv b + d \pmod m, \quad ac \equiv bd \pmod m. \tag{21}$$

模 m 同余关系下的等价类称为**模 m 剩余类**.

$$\bar{i} = \{a \in \mathbf{Z} \mid a \equiv i \pmod m\} = \{km + i \mid k \in \mathbf{Z}\}, \tag{22}$$

其中 $i = 0, 1, 2, \cdots, m-1$.

由模 m 剩余类组成的集合称为 $\mathbf{Z}$ 对于模 m 同余关系的商集,记作 $\mathbf{Z}_m$ 或 $\mathbf{Z}/(m)$,即
$$\mathbf{Z}_m = \{\bar{0}, \bar{1}, \bar{2}, \cdots, \overline{m-1}\}。 \tag{23}$$
在 $\mathbf{Z}_m$ 中可以规定加法和乘法运算:
$$\bar{i}+\bar{j} := \overline{i+j}, \quad \bar{i}\bar{j} := \overline{ij}, \tag{24}$$
利用(21)式容易证明(24)式规定的加法和乘法运算是合理的,在 $\mathbf{Z}_m$ 中规定减法运算为
$$\bar{i}-\bar{j} := \bar{i}+(-\bar{j})。 \tag{25}$$
容易验证,$\mathbf{Z}_m$ 对于加法和乘法运算成为一个有单位元 $\bar{1}(\neq\bar{0})$ 的交换环,称它为**模 m 剩余类环**。

$\mathbf{Z}_m$ 是不是域? 例如 $\mathbf{Z}_4$,由于 $\bar{2}\cdot\bar{2}=\bar{0}$,因此 $\mathbf{Z}_4$ 有非平凡的零因子,从而 $\mathbf{Z}_4$ 不是域(根据命题 1)。由于 $\bar{1}\cdot\bar{1}=\bar{1}$,因此 $\mathbf{Z}_2=\{\bar{0},\bar{1}\}$ 是域。由于在 $\mathbf{Z}_3$ 中,
$$\bar{1}\cdot\bar{1}=\bar{1}, \quad \bar{2}\cdot\bar{2}=\bar{1},$$
因此 $\mathbf{Z}_3$ 的每个非零元都可逆,从而 $\mathbf{Z}_3$ 是一个域,猜想有下述结论:

定理 1　若 p 是素数,则 $\mathbf{Z}_p$ 是一个域。

证明　从上面已经知道 $\mathbf{Z}_p$ 是一个有单位元 $\bar{1}(\neq\bar{0})$ 的交换环,剩下只要证 $\mathbf{Z}_p$ 的每一个非零元 $\bar{a}$ 可逆,这里 $0<a<p$。

由于 p 是素数,且 $p\nmid a$,因此 $(p,a)=1$,从而存在 $u,v\in\mathbf{Z}$,使得
$$ua+vp=1, \tag{26}$$
由此得出,$\bar{1}=\overline{ua+vp}=\overline{ua}+\bar{v}\,\bar{p}=\overline{ua}$,因此 $\bar{a}$ 可逆,从而 $\mathbf{Z}_p$ 是一个域。∎

当 p 是素数时,$\mathbf{Z}_p$ 称为**模 p 剩余类域**。$\mathbf{Z}_p$ 含有 p 个元素,因此 $\mathbf{Z}_p$ 是一个有限域。

若 m 是合数,则 $\mathbf{Z}_m$ 不是一个域。理由如下:若 m 是合数,则 $m=m_1 m_2$,其中 $0<m_i<m, i=1,2$,于是有 $\overline{m_1}\,\overline{m_2}=\overline{m_1 m_2}=\bar{m}=\bar{0}$,从而 $\mathbf{Z}_m$ 有非平凡的零因子 $\overline{m_1}$。因此 $\mathbf{Z}_m$ 不是域。

三、域的特征

设 p 是素数,在模 p 剩余类域 $\mathbf{Z}_p$ 中,有
$$p\bar{1}=\underbrace{\bar{1}+\bar{1}+\cdots+\bar{1}}_{p\text{个}}=\bar{p}=\bar{0}, \tag{27}$$
当 $0<l<p$ 时,$l\bar{1}=\bar{l}\neq\bar{0}$。

在数域 K 中,对于任意正整数 n,都有
$$n1=\underbrace{1+1+\cdots+1}_{n\text{个}}=n\neq 0。 \tag{28}$$
在任一域 F 中,它的单位元 e 的正整数倍是否等于零元有几种情形?

情形 1　对任意正整数 n 都有 $ne\neq 0$。

情形 2　不是情形 1,则存在正整数 n 使得 $ne=0$。设 n 是使 $ne=0$ 成立的最小正整数。假如 n 是合数,则
$$n=n_1 n_2, \quad 0<n_i<n, \quad i=1,2,$$

于是

$$(n_1e)(n_2e)=n_1[e(n_2e)]=n_1[n_2(ee)]=n_1(n_2e)$$
$$=(n_1n_2)e=ne=0。$$

由于 $n_i<n$，根据 n 的选择得，$n_1e\neq0$ 且 $n_2e\neq0$，于是 n_1e 是零因子，从而 n_1e 不是可逆元，又 $n_1e\neq0$，这与域 F 中非零元都可逆矛盾，因此 n 是素数。这样我们证明了下述定理：

定理 2 设 F 是一个域，它的单位元为 e，则或者对任意正整数 n 都有 $ne\neq0$，或存在一个素数 p，使得 $pe=0$，而对于 $0<l<p$ 有 $le\neq0$。 ■

从定理 2 受到启发，引出下述概念：

定义 2 设 F 是一个域，它的单位元为 e，如果对任意正整数 n 都有 $ne\neq0$，那么称域 F 的**特征**为 0；如果存在一个素数 p，使得 $pe=0$，而对于 $0<l<p$ 有 $le\neq0$，那么称域 F 的**特征为** p。把域 F 的特征记作 char F。

根据定理 2 得，域 F 的特征或者为 0，或者为一个素数。

从上面所说的事实知道，模 p 剩余类域的特征为 p；任一数域的特征为 0；数域 K 上的一元分式域和 n 元分式域的特征都为 0。

有限域的特征一定是一个素数。理由如下：设域 F 是一个有限域。假如 F 的特征为 0，则对一切正整数 n 都有 $ne\neq0$，其中 e 是域 F 的单位元，于是 $e,2e,3e,\cdots,ne,\cdots$ 中任两个元素都不相等，从而域 F 会有无穷多个元素，这与 F 是有限域矛盾，因此有限域 F 的特征一定是一个素数。

无限域有没有特征为素数的呢？考虑模 p 剩余类域 $\mathbf{Z}_p$ 上的一元分式域 $\mathbf{Z}_p(x)$，它的一个子集是 $\mathbf{Z}_p[x]$。由于 $\mathbf{Z}_p[x]$ 中非零多项式的次数 n 可以是任意非负整数，因此 $\mathbf{Z}_p[x]$ 含有无穷多个元素，从而 $\mathbf{Z}_p(x)$ 含有无穷多个元素。由于 $p\bar1=\bar p=\bar0$，而当 $0<l<p$ 时，$l\bar1=\bar l\neq\bar0$，因此域 $\mathbf{Z}_p(x)$ 的特征为素数 p，从而 $\mathbf{Z}_p(x)$ 是特征为素数 p 的无限域。

命题 3 设域 F 的特征为素数 p，则

$$ne=0\iff p\mid n。$$

证明 充分性。设 $p\mid n$，则 $n=lp$，于是

$$ne=(lp)e=l(pe)=l0=0。$$

必要性。设 $ne=0$，又设 $n=hp+r,0\leqslant r<p$，则

$$0=ne=(hp+r)e=hpe+re=re。$$

假如 $r\neq0$，则上式与域 F 的特征为 p 矛盾，因此 $r=0$，即 $n=hp$，也就是 $p\mid n$。 ■

命题 4 设域 F 的特征为素数 p，任取 $a\in F^*$（我们用 F^* 表示 F 中所有非零元组成的集合），则

$$na=0\iff p\mid n。$$

证明 $na=0\iff n(ea)=0\iff (ne)a=0\iff ne=0\iff p\mid n。$ ■

命题 4 告诉我们，在特征为素数 p 的域 F 中，要注意识别零元素：若 $p\mid n$，则对于任一元素 a 有 $na=0$。

四、域 F 上的一元多项式环

类似于数域 K 上的一元多项式,我们可以定义任一域 F 上的一元多项式,并且得出域 F 上的一元多项式环 $F[x]$。不难看出,有关数域 K 上的一元多项式环 $K[x]$ 的结论,只要在它的证明中没有用到这个域含有无穷多个元素,并且注意识别零元素,那么这些结论在任一域 F 上的一元多项式环 $F[x]$ 仍然成立。

例如,在数域 K 上的一元多项式环 $K[x]$ 中,两个多项式如果不相等,那么它们诱导的多项式函数也不相等。这个结论的证明需要用到数域 K 含有无穷多个元素,因此这个结论对于有限域上的一元多项式环就不成立。例如,在 $\mathbf{Z}_3[x]$ 中,设

$$f(x) = x^3 + \bar{2}x^2 + \bar{2}, g(x) = \bar{2}x^2 + x + \bar{2},$$

显然,$f(x) \neq g(x)$。由于

$$f(\bar{0}) = \bar{2}, f(\bar{1}) = \bar{2}, f(\bar{2}) = \bar{0},$$
$$g(\bar{0}) = \bar{2}, g(\bar{1}) = \bar{2}, g(\bar{2}) = \bar{0},$$

因此 $f = g$,即多项式函数 f 与 g 相等。

在特征为素数 p 的域中,若 $p \mid n$,则任一元素的 n 倍为零元,例如,在 $\mathbf{Z}_p[x]$ 中,设 $f(x) = x^p + \bar{1}$,则 $f'(x) = px^{p-1} = p(\bar{1}x^{p-1}) = (p\bar{1})x^{p-1} = \bar{0}x^{p-1} = 0$。

在数域 K 上的一元多项式环 $K[x]$ 中,如果不可约多项式 $p(x)$ 是 $f(x)$ 的一个 $k(k \geqslant 1)$ 重因式,那么 $p(x)$ 是 $f'(x)$ 的 $k-1$ 重因式。此结论的证明中关键一步是 $p(x) \nmid kp'(x)$。现在设 F 是特征为素数 p 的域。在 $F[x]$ 中,若 $p \mid k$ 或 $p'(x) = 0$,则 $p(x) \mid kp'(x)$,从而 $p(x)$ 是 $f'(x)$ 的至少 k 重因式。若 $p \nmid k$ 且 $p'(x) \neq 0$,则 $p(x) \nmid kp'(x)$,从而 $p(x)$ 是 $f'(x)$ 的 $k-1$ 重因式。于是若 $f(x)$ 有重因式,则 $f(x)$ 与 $f'(x)$ 有次数大于 0 的公因式,从而 $(f(x), f'(x)) \neq 1$。也就是说,若 $(f(x), f'(x)) = 1$,则 $f(x)$ 没有重因式;反之不成立。可以证明:若 $f(x)$ 没有重因式,则 $(f(x), f'(x)) = 1$ 或者 $f(x)$ 有一个单因式 $p(x)$,使得 $p'(x) = 0$(详见本章补充题七的第 17 题)。

下面我们给出判断整系数多项式在有理数域 $\mathbf{Q}$ 上不可约的另一种方法。

命题 5　设 $f(x) = a_n x^n + a_{n-1} x^{n-1} + \cdots + a_1 x + a_0$ 是一个整系数多项式,p 是一个素数,$p \nmid a_n$。把 $f(x)$ 的各项系数模 p 变成 $\mathbf{Z}_p$ 的元素,得到 $\mathbf{Z}_p$ 上的一个多项式,记作 $\tilde{f}(x)$,即

$$\tilde{f}(x) = \overline{a_n} x^n + \overline{a_{n-1}} x^{n-1} + \cdots + \overline{a_1} x + \overline{a_0}, \tag{29}$$

如果 $\tilde{f}(x)$ 在 $\mathbf{Z}_p$ 上不可约,那么 $f(x)$ 在 $\mathbf{Q}$ 上不可约。

证明　假如 $f(x)$ 在 $\mathbf{Q}$ 上可约,那么存在次数较低的两个整系数多项式 $f_1(x)$,$f_2(x)$,使得

$$f(x) = f_1(x) f_2(x)。 \tag{30}$$

设　　　　$f_1(x) = b_m x^m + \cdots + b_1 x + b_0, f_2(x) = c_{n-m} x^{n-m} + \cdots + c_1 x + c_0,$

则　　　　$f_1(x) f_2(x) = \left(\sum_{i=0}^{m} b_i x^i \right) \left(\sum_{j=0}^{n-m} c_j x^j \right) = \sum_{s=0}^{n} \left(\sum_{i+j=s} b_i c_j \right) x^s,$

从而 $f_1(x) f_2(x)$ 的各项系数模 p 以后得到的 $\mathbf{Z}_p$ 上的多项式为

$$\sum_{s=0}^{n} \left(\sum_{i+j=s} \overline{b_i}\, \overline{c_j} \right) x^s,$$

又有
$$\widetilde{f}_1(x)\widetilde{f}_2(x) = \Big(\sum_{i=0}^{m}\overline{b_i}x^i\Big)\Big(\sum_{j=0}^{n-m}\overline{c_j}x^j\Big) = \sum_{s=0}^{n}\Big(\sum_{i+j=s}\overline{b_i}\,\overline{c^j}\Big)x^s,$$

因此 $f_1(x)f_2(x)$ 的各项系数模 p 后得到的多项式等于 $\widetilde{f}_1(x)\widetilde{f}_2(x)$，于是把（30）式两边的多项式的系数模 p 后，得

$$\widetilde{f}(x) = \widetilde{f}_1(x)\widetilde{f}_2(x)。 \tag{31}$$

由于 $p{\nmid}a_n, a_n = b_m c_{n-m}$，因此 $p{\nmid}b_m$ 且 $p{\nmid}c_{n-m}$，从而 $\deg \widetilde{f}_1(x) = \deg f_1(x), \deg \widetilde{f}_2(x) = \deg f_2(x)$。又 $\deg \widetilde{f}(x) = \deg f(x)$，因此 $\deg \widetilde{f}_i(x) = \deg f_i(x) < \deg f(x) = \deg \widetilde{f}(x), i = 1,2$。于是（31）式表明 $\widetilde{f}(x)$ 在 $\mathbf{Z}_p$ 上可约，矛盾，因此 $f(x)$ 在 $\mathbf{Q}$ 上不可约。∎

注意：如果 $\widetilde{f}(x)$ 在 $\mathbf{Z}_p$ 上可约，那么 $f(x)$ 在 $\mathbf{Q}$ 上可能不可约，也可能可约，需要具体问题具体分析。

为简便起见，对于首项系数为奇数的整系数多项式 $f(x)$，把它的各项系数模 2 得到 $\mathbf{Z}_2$ 上的多项式 $\widetilde{f}(x)$。若 $\widetilde{f}(x)$ 在 $\mathbf{Z}_2$ 上不可约，则 $f(x)$ 在 $\mathbf{Q}$ 上不可约。

若整系数多项式 $f(x)$ 的首项系数为偶数，但不是 3 的倍数，则把 $f(x)$ 的各项系数模 3 得到 $\mathbf{Z}_3$ 上的多项式。若 $\widetilde{f}(x)$ 在 $\mathbf{Z}_3$ 上不可约，则 $f(x)$ 在 $\mathbf{Q}$ 上不可约。

若整系数多项式 $f(x)$ 的首项系数是偶数，且是 3 的倍数，则把 $f(x)$ 的系数模 5 得到 $\mathbf{Z}_5$ 上的多项式。依次类推，去选择素数 p。

命题 5 给出了判断整系数多项式在 $\mathbf{Q}$ 上是否不可约的一种新方法。

类似于数域上的 n 元多项式，可以定义任一域 F 上的 n 元多项式，并且得出域 F 上的 n 元多项式环 $F[x_1,\cdots,x_n]$。$K[x_1,\cdots,x_n]$ 中的结论，只要在它的证明中没有用到数域 K 含有无穷多个元素，那么它在 $F[x_1,\cdots,x_n]$ 中仍成立（需注意识别 F 中的零元素）。

五、中国剩余定理

整数环 $\mathbf{Z}$ 与数域 K 上一元多项式环 $K[x]$ 的结构很相似。现在我们利用整数环的结构来证明著名的中国剩余定理（或孙子定理）。

中国剩余定理 设 $m_1, m_2, \cdots, m_s$ 是两两互素的正整数，$b_1, b_2, \cdots, b_s$ 是任意给定的 s 个整数，则同余方程组

$$\begin{cases} x \equiv b_1 & (\mathrm{mod}\ m_1) \\ x \equiv b_2 & (\mathrm{mod}\ m_2) \\ \cdots & \cdots \\ x \equiv b_s & (\mathrm{mod}\ m_s) \end{cases} \tag{32}$$

在 $\mathbf{Z}$ 中必有解，并且如果 c 和 d 是两个解，那么

$$c \equiv d \pmod{m_1 m_2 \cdots m_s}。 \tag{33}$$

证明 由于 $m_1, m_2, \cdots, m_s$ 两两互素，因此对于 $i \in \{1,2,\cdots,s\}$，有

$$\Big(m_i, \prod_{j \neq i} m_j\Big) = 1, \tag{34}$$

从而存在 $u_i, v_i \in \mathbf{Z}$，使得

$$u_i m_i + v_i \prod_{j \neq i} m_j = 1。 \tag{35}$$

从（35）式得

$$v_i \prod_{j \neq i} m_j \equiv 1 \quad (\bmod\ m_i), \tag{36}$$

$$v_i \prod_{j \neq i} m_j \equiv 0 \quad (\bmod\ m_k), k \neq i. \tag{37}$$

令

$$c = \sum_{k=1}^{s} b_k (v_k \prod_{j \neq k} m_j), \tag{38}$$

则对于 $i \in \{1, 2, \cdots, s\}$，有

$$c \equiv b_i \cdot 1 + \sum_{k \neq i} b_k \cdot 0 \quad (\bmod\ m_i),$$

即

$$c \equiv b_i \quad (\bmod\ m_i), \tag{39}$$

因此 c 是同余方程组(32)的一个解。

假设 d 也是同余方程组(32)的一个解，则

$$d \equiv c \quad (\bmod\ m_i), \quad i = 1, 2, \cdots, s,$$

于是 $m_i | d - c, i = 1, 2, \cdots, s$。由于 $m_1, m_2, \cdots, m_s$ 两两互素，因此 $m_1 m_2 \cdots m_s | d - c$，从而

$$d \equiv c \quad (\bmod\ m_1 m_2 \cdots m_s). \tag{40}$$

于是同余方程组(32)的全部解是

$$c + m_1 m_2 \cdots m_s l, \quad l \in \mathbf{Z}, \tag{41}$$

其中

$$c = \sum_{k=1}^{s} b_k (v_k \prod_{j \neq k} m_j). \quad ■$$

从(35)式知道，v_i 可以对 m_i 和 $\prod_{j \neq i} m_j$ 作辗转相除法求出。

7.12.2　典型例题

例 1　一个分式 $\dfrac{f}{g}$ 的次数如果小于 0，并且它是既约分式，那么称它为**真分式**。证明：$K(x)$ 中每一个分式都可以唯一地表示成一个多项式与一个真分式的和。

证明　把分式 $\dfrac{f}{g}$ 的分子与分母消去它们的最大公因式后，就变成既约分式，因此不妨设 $\dfrac{f}{g}$ 是一个既约分式，对 f 与 g 作带余除法得

$$f = hg + r, \quad \deg r < \deg g, \tag{42}$$

于是

$$\frac{f}{g} = \frac{hg + r}{g} = \frac{hg}{g} + \frac{r}{g} = \frac{h}{1} + \frac{r}{g} = h + \frac{r}{g}. \tag{43}$$

由于 $(f, g) = 1$，因此从(42)式得，$(g, r) = (f, g) = 1$，于是 $\dfrac{r}{g}$ 是一个既约分式，又由于 $\deg \dfrac{r}{g} = \deg r - \deg g < 0$，因此 $\dfrac{r}{g}$ 是一个真分式。可表性证毕。

唯一性。假设还有 $\dfrac{f}{g} = h_1 + \dfrac{r_1}{g_1}$，其中 $h_1, r_1, g_1 \in K[x]$，$\deg r_1 < \deg g_1$，且 $(r_1, g_1) = 1$，则

$$h - h_1 = \frac{r_1}{g_1} - \frac{r}{g} = \frac{r_1 g - r g_1}{g_1 g}。$$

假如 $h \neq h_1$，则 $\deg(h - h_1) \geqslant 0$。然而

$$\deg \frac{r_1 g - r g_1}{g_1 g} = \deg(r_1 g - r g_1) - \deg(g_1 g) < 0,$$

矛盾。因此 $h = h_1$，从而 $r_1 g - r g_1 = 0$。由此得出，$\dfrac{r}{g} = \dfrac{r_1}{g_1}$。唯一性证毕。 ■

例 2 设 $K(x)$ 中的非零既约分式 $\dfrac{f}{g}$ 满足方程

$$a_0(x) y^n + a_1(x) y^{n-1} + \cdots + a_{n-1}(x) y + a_n(x) = 0, \tag{44}$$

其中 $a_i(x) \in K[x], i = 0, 1, \cdots, n,$ 且 $a_0(x) \neq 0$。证明：

$$f(x) \mid a_n(x), \qquad g(x) \mid a_0(x)。$$

证明 由已知条件得

$$a_0(x) \frac{f^n}{g^n} + a_1(x) \frac{f^{n-1}}{g^{n-1}} + \cdots + a_{n-1}(x) \frac{f}{g} + a_n(x) = 0,$$

于是

$$a_0(x) f^n + a_1(x) f^{n-1} g + \cdots + a_{n-1}(x) f g^{n-1} + a_n(x) g^n = 0, \tag{45}$$

由此得出

$$a_0(x) f^n = -[a_1(x) f^{n-1} + \cdots + a_{n-1}(x) f g^{n-2} + a_n(x) g^{n-1}] g, \tag{46}$$

于是 $g \mid a_0(x) f^n$。由于 $(f, g) = 1$，因此 $(f^n, g) = 1$，从而 $g \mid a_0(x)$。

从 (45) 式又可得出

$$f[a_0(x) f^{n-1} + a_1(x) f^{n-2} g + \cdots + a_{n-1}(x) g^{n-1}] = -a_n(x) g^n, \tag{47}$$

于是 $f \mid a_n(x) g^n$。由于 $(f, g) = 1$，因此 $(f, g^n) = 1$，从而 $f \mid a_n(x)$。 ■

点评：例 2 的结论类似于"如果一个既约分数 $\dfrac{q}{p}$ 是整系数多项式的根，那么分子 q 整除常数项，分母 p 整除首项系数"。

例 3 你能猜测 $\mathbf{Z}_m$ 中，$\bar{a}$ 是可逆元的充分必要条件是什么吗？你能给予证明吗？

解 $\mathbf{Z}_6$ 中，$\bar{1}, \bar{5}$ 是可逆元（因为 $\bar{5}\bar{5} = \bar{1}$），$\bar{0}, \bar{2}, \bar{3}, \bar{4}$ 是零因子，从而它们不是可逆元，由此猜测 $\mathbf{Z}_m$ 中 $\bar{a}$ 是可逆元当且仅当 a 与 m 互素。

证明充分性。设 a 与 m 互素，则存在 $u, v \in \mathbf{Z}$，使得

$$ua + vm = 1,$$

从而 $\bar{1} = \overline{ua + vm} = \bar{u}\bar{a} + \bar{v}\bar{m} = \bar{u}\bar{a}$。因此 $\bar{a}$ 可逆。

必要性。设 $\bar{a}$ 是可逆元，其中 $0 < a < m$。假如 a 与 m 不互素，则 $(a, m) = d$，其中 $d > 1$。于是 $a = db, m = dl$，其中 $b, l \in \mathbf{Z}^+$。由于 $d > 1$，因此 $l < m$。由于 $la = ldb = mb$，因此

$$\bar{l}\bar{a} = \bar{m}\bar{b} = \bar{0}。$$

由于 $\bar{l} \neq \bar{0}$，因此 $\bar{a}$ 是零因子，这与 $\bar{a}$ 是可逆元矛盾。因此 a 与 m 互素。 ■

点评：从例 3 的必要性的证明可以看出：当 a 与 m 不互素时（其中 $0 < a < m$），$\bar{a}$ 是 $\mathbf{Z}_m$ 中的零因子。由此可见：$\mathbf{Z}_m$ 中的元素或者是可逆元，或者是零因子，二者必居其一且只居其一。

$\mathbf{Z}_m$ 中可逆元的个数记作 $\varphi(m)$，称 $\varphi(m)$ 是**欧拉函数**。从例 3 的结论得，$\varphi(m)$ 等于集合 $\{1,2,3,\cdots,m\}$ 中与 m 互素的整数的个数。

例 4　令

$$F = \left\{ \begin{pmatrix} a & b \\ -b & a \end{pmatrix} \middle| a,b \in \mathbf{Z}_3 \right\}, \tag{48}$$

证明：F 是一个有 9 个元素的域，并且 char $F=3$。

证明　由于

$$\begin{bmatrix} a_1 & b_1 \\ -b_1 & a_1 \end{bmatrix} + \begin{bmatrix} a_2 & b_2 \\ -b_2 & a_2 \end{bmatrix} = \begin{bmatrix} a_1+a_2 & b_1+b_2 \\ -(b_1+b_2) & a_1+a_2 \end{bmatrix}, \tag{49}$$

$$\begin{bmatrix} a_1 & b_1 \\ -b_1 & a_1 \end{bmatrix} \begin{bmatrix} a_2 & b_2 \\ -b_2 & a_2 \end{bmatrix} = \begin{bmatrix} a_1a_2-b_1b_2 & a_1b_2+b_1a_2 \\ -(a_1b_2+b_1a_2) & a_1a_2-b_1b_2 \end{bmatrix}, \tag{50}$$

因此 F 对于矩阵的加法和乘法封闭。显然，加法满足交换律、结合律，有零元 $\begin{pmatrix} 0 & 0 \\ 0 & 0 \end{pmatrix}$，每个元素有负元；乘法满足结合律，以及乘法对于加法的分配律。因此 F 是一个环，又 $\begin{bmatrix} \bar{1} & \bar{0} \\ \bar{0} & \bar{1} \end{bmatrix}$ 是 F 的单位元。由于

$$\begin{bmatrix} a_2 & b_2 \\ -b_2 & a_2 \end{bmatrix} \begin{bmatrix} a_1 & b_1 \\ -b_1 & a_1 \end{bmatrix} = \begin{bmatrix} a_2a_1-b_2b_1 & a_2b_1+b_2a_1 \\ -(a_2b_1+b_2a_1) & a_2a_1-b_2b_1 \end{bmatrix}, \tag{51}$$

由(50)、(51)式得出，F 的乘法满足交换律，因此 F 是一个有单位元的交换环。

$$\begin{vmatrix} a & b \\ -b & a \end{vmatrix} = a^2+b^2 。 \tag{52}$$

由于 $\bar{1}^2=\bar{1}$，$\bar{2}^2=\bar{1}$，因此 $\bar{1}^2+\bar{1}^2=\bar{2}$，$\bar{1}^2+\bar{2}^2=\bar{2}$，$\bar{0}^2+\bar{1}^2=\bar{1}$，$\bar{0}^2+\bar{2}^2=\bar{1}$。这证明了 $a^2+b^2=0 \iff a=b=0$，因此 F 中每个非零矩阵都可逆，从而 F 是一个域。

由于 a 可取 $\bar{0},\bar{1},\bar{2}$；b 也可取 $\bar{0},\bar{1},\bar{2}$，因此 F 有 9 个元素。由于

$$3\begin{bmatrix} \bar{1} & \bar{0} \\ \bar{0} & \bar{1} \end{bmatrix} = \begin{bmatrix} \bar{0} & \bar{0} \\ \bar{0} & \bar{0} \end{bmatrix}, 2\begin{bmatrix} \bar{1} & \bar{0} \\ \bar{0} & \bar{1} \end{bmatrix} = \begin{bmatrix} \bar{2} & \bar{0} \\ \bar{0} & \bar{2} \end{bmatrix},$$

因此域 F 的特征为 3。∎

例 5　证明：在特征为 p 的域 F 中，下式成立：

$$(a+b)^p = a^p+b^p 。 \tag{53}$$

证明　$(a+b)^p = a^p + pa^{p-1}b + C_p^2 a^{p-2}b^2 + \cdots + C_p^k a^{p-k}b^k + \cdots + b^p$。我们已经证明 $p \mid C_p^k$，$1 \leqslant k < p$，因此 $C_p^k a^{p-k}b^k = 0$，$1 \leqslant k < p$，从而 $(a+b)^p = a^p+b^p$。∎

例 6　证明：**费马小定理**：设 p 是素数，则对任意整数 a 都有

$$a^p \equiv a \pmod{p} 。 \tag{54}$$

证明　设 $a=hp+r$，$0<r<p$，则在 $\mathbf{Z}_p$ 中，$\bar{a}=\bar{r}$。由于 $\mathbf{Z}_p$ 的特征为 p，因此

$$\bar{a}^p = \overline{a^p} = \bar{r}^p = (\underbrace{\bar{1}+\cdots+\bar{1}}_{r\text{个}})^p = \underbrace{\bar{1}^p+\cdots+\bar{1}^p}_{r\text{个}} = \bar{r} = \bar{a},$$

于是

$$a^p \equiv a \pmod{p} 。$$

若 $p \mid a$，则 $a \equiv 0 \pmod{p}$，$a^p \equiv 0 \pmod{p}$，从而 $a^p \equiv a \pmod{p}$。∎

例 7 写出 $\mathbf{Z}_2[x]$ 中所有一次多项式和二次不可约多项式。

解 一次多项式有 $x, x+\bar{1}$。

二次多项式有 $x^2, x^2+x, x^2+\bar{1}, x^2+x+\bar{1}$。由于 $x^2+x=x(x+\bar{1})$，$x^2+\bar{1}=(x+\bar{1})^2$，因此 $x^2, x^2+x, x^2+\bar{1}$ 都可约。由于 $\bar{0}$ 和 $\bar{1}$ 都不是 $x^2+x+\bar{1}$ 的根，因此 $x^2+x+\bar{1}$ 没有一次因式，从而它不可约。

例 8 设 $f(x)=3x^5+11x^2+7 \in \mathbf{Z}[x]$，判断 $f(x)$ 在 $\mathbf{Q}$ 上是否不可约。

解 把 $f(x)$ 的各项系数模 2 以后得到 $\mathbf{Z}_2$ 上的多项式：
$$\tilde{f}(x)=x^5+x^2+\bar{1}=x^2(x^3+\bar{1})+\bar{1}$$
$$=x^2(x+\bar{1})(x^2+x+\bar{1})+\bar{1}。 \tag{55}$$

$\tilde{f}(x)$ 是 $\mathbf{Z}_2$ 上的 5 次多项式，如果它在 $\mathbf{Z}_2$ 上可约，那么它必有一次因式或二次不可约因式。但是 $\mathbf{Z}_2$ 上的一次多项式只有 $x, x+\bar{1}$；二次不可约多项式只有 $x^2+x+\bar{1}$。从 (55) 式看出，它们都不是 $\tilde{f}(x)$ 的因式。因此 $\tilde{f}(x)$ 在 $\mathbf{Z}_2$ 上不可约。根据本节命题 5 得，$f(x)$ 在 $\mathbf{Q}$ 上不可约。

例 9 设 $f(x)=8x^3-5x^2+22x+28 \in \mathbf{Z}[x]$，判断 $f(x)$ 在 $\mathbf{Q}$ 上是否不可约。

解 $f(x)$ 的首项系数 8 是偶数，但不能被 3 整除，因此把 $f(x)$ 的各项系数模 3 得到 $\mathbf{Z}_3$ 上的多项式：
$$\tilde{f}(x)=\bar{2}x^3+x^2+x+\bar{1}。$$
由于 $\tilde{f}(\bar{0})=\bar{1}\neq\bar{0}$，$\tilde{f}(\bar{1})=\bar{2}\neq\bar{0}$，$\tilde{f}(\bar{2})=\bar{2}\neq\bar{0}$，因此 $\bar{0}, \bar{1}, \bar{2}$ 都不是 $\tilde{f}(x)$ 的根，从而 $\tilde{f}(x)$ 在 $\mathbf{Z}_3[x]$ 中没有一次因式。由于 $\tilde{f}(x)$ 是三次多项式，因此 $\tilde{f}(x)$ 在 $\mathbf{Z}_3$ 上不可约，根据本节命题 5 得，$f(x)$ 在 $\mathbf{Q}$ 上不可约。

点评：$f(x)$ 是 3 次整系数多项式，也可以判断 $f(x)$ 没有有理根，从而证明 $f(x)$ 在 $\mathbf{Q}$ 上不可约。但是由于 $f(x)$ 的首项系数为 8，常数项为 28，因此 $f(x)$ 可能的有理根较多，一个一个地筛选，计算量较大。把 $f(x)$ 的各项系数模 3 得到 $\mathbf{Z}_3$ 上的多项式 $\tilde{f}(x)$，只需计算 $\tilde{f}(\bar{0}), \tilde{f}(\bar{1}), \tilde{f}(\bar{2})$ 就可判断 $\tilde{f}(x)$ 在 $\mathbf{Z}_3$ 中没有根，从而 $\tilde{f}(x)$ 在 $\mathbf{Z}_3$ 上不可约。计算量减少了许多。从例 8 和例 9 可以看出，把一个整系数多项式的各项系数模 2（或模 3，…）得到 $\mathbf{Z}_2$（或 $\mathbf{Z}_3$，…）上的多项式，起着简化问题的作用。

例 10 设 $f(x)=5x^4+17x^3-9x^2+3 \in \mathbf{Z}[x]$，判断 $f(x)$ 在 $\mathbf{Q}$ 上是否不可约。

解 把 $f(x)$ 的各项系数模 2 得到 $\mathbf{Z}_2$ 上的多项式：
$$\tilde{f}(x)=x^4+x^3+x^2+\bar{1}=x^3(x+\bar{1})+(x+\bar{1})^2$$
$$=(x+\bar{1})(x^3+x+\bar{1})。 \tag{56}$$
由于 $\bar{0}$ 和 $\bar{1}$ 都不是 $x^3+x+\bar{1}$ 的根，因此三次多项式 $x^3+x+\bar{1}$ 在 $\mathbf{Z}_2$ 上不可约，从而 (56) 式是 $\tilde{f}(x)$ 在 $\mathbf{Z}_2[x]$ 中的唯一因式分解式。

假如 $f(x)$ 在 $\mathbf{Q}$ 上可约，则
$$f(x)=f_1(x)f_2(x), \quad \deg f_i(x)<\deg f(x), i=1,2$$
把上式的每一个多项式的各项系数模 2 得到
$$\tilde{f}(x)=\tilde{f}_1(x)\tilde{f}_2(x)$$

由于 $f(x)$ 的首项系数 5 是奇数，因此 $f_i(x)$ 的首项系数必为奇数，$i=1,2$，从而 $\deg \tilde{f}_i(x)$ $= \deg f_i(x) < \deg f(x) = \deg \tilde{f}(x)$，$i=1,2$。从 (56) 式看出，$\tilde{f}_1(x)$ 与 $\tilde{f}_2(x)$ 中必有一个是一次因式，从而 $f_1(x)$ 与 $f_2(x)$ 中必有一个是一次因式。由此推出 $f(x)$ 有有理根。

$f(x)$ 的有理根只可能是 $\pm 1, \pm 3, \pm\dfrac{1}{5}, \pm\dfrac{3}{5}$。由于

$$f(1) = 16, f(-1) = -18,$$

$$\frac{f(-1)}{1+3} = \frac{-18}{4} \notin \mathbf{Z}, \quad \frac{f(1)}{5-(-1)} = \frac{16}{6} \notin \mathbf{Z}, \quad \frac{f(-1)}{5+3} = -\frac{18}{8} \notin \mathbf{Z},$$

因此 $1, -1, 3, -\dfrac{1}{5}, \dfrac{3}{5}$ 都不是 $f(x)$ 的根。

用综合除法可以知道 $-3, \dfrac{1}{5}, -\dfrac{3}{5}$ 不是 $f(x)$ 的根。

综上所述，$f(x)$ 没有有理根，矛盾。因此 $f(x)$ 在 $\mathbf{Q}$ 上不可约。

点评：例 10 中，$f(x)$ 的系数模 2 得到的多项式 $\tilde{f}(x)$ 在 $\mathbf{Z}_2$ 上可约。运用 $\mathbf{Z}_2[x]$ 中唯一因式分解定理，用反证法证明了 $f(x)$ 在 $\mathbf{Q}$ 上不可约。这表明当 $\tilde{f}(x)$ 在 $\mathbf{Z}_2$ 上可约时，$f(x)$ 是否在 $\mathbf{Q}$ 上可约必须具体问题具体分析。

例 11 设 p 是素数。

(1) $\mathbf{Z}_p$ 上的一元函数（即 $\mathbf{Z}_p$ 到 $\mathbf{Z}_p$ 的映射）有多少个？

(2) 证明：$\mathbf{Z}_p$ 上的一元函数都是 $\mathbf{Z}_p$ 上的一元多项式函数，并且 $\mathbf{Z}_p$ 上的每一个一元函数都可以唯一地表示成 $\mathbf{Z}_p$ 上的次数小于 p 的一元多项式诱导的函数。

(1) **解** 任取 $\mathbf{Z}_p$ 上的一个一元函数 f，f 完全被 p 元有序组 $(f(\bar{0}), f(\bar{1}), f(\bar{2}), \cdots, f(\overline{p-1}))$ 决定，即存在由 $\mathbf{Z}_p$ 上的一元函数组成的集合 S 到 $\mathbf{Z}_p$ 上的 p 元有序组形成的集合 $\mathbf{Z}_p{}^p$ 的一个映射 $\sigma : f \longmapsto (f(\bar{0}), f(\bar{1}), \cdots, f(\overline{p-1}))$，显然 σ 是单射。易知 σ 是满射，从而 σ 是双射。由于 $\mathbf{Z}_p{}^p$ 共有 $\underbrace{p p \cdots p}_{p 个} = p^p$ 个元素，因此 S 有 p^p 个元素，即 $\mathbf{Z}_p$ 上的一元函数共有 p^p 个。

(2) **证明** $\mathbf{Z}_p$ 上的一元多项式函数是由 $\mathbf{Z}_p$ 上的一元多项式诱导的函数，考虑 $\mathbf{Z}_p$ 上次数小于 p 的一元多项式组成的集合。

$$W = \{a_0 + a_1 x + \cdots + a_{p-1} x^{p-1} \mid a_i \in \mathbf{Z}_p, i = 0, 1, 2, \cdots, p-1\}。$$

由于 $a_0, a_1, \cdots, a_{p-1}$ 各有 p 种取法，因此 $|W| = p^p$。设

$$f(x) = a_0 + a_1 x + \cdots + a_{p-1} x^{p-1}, \quad g(x) = b_0 + b_1 x + \cdots + b_{p-1} x^{p-1},$$

假如 $f(x)$ 诱导的一元多项式函数 f 与 $g(x)$ 诱导的一元多项式函数 g 相等，则 $f(\bar{i}) = g(\bar{i})$，$i = 0, 1, 2, \cdots, p-1$。令 $h(x) = f(x) - g(x)$，则 $\deg h(x) \leqslant p-1$。如果 $h(x) \neq 0$，那么 $h(x)$ 在 $\mathbf{Z}_p$ 中的根至多有 $p-1$ 个。现在 $h(\bar{i}) = f(\bar{i}) - g(\bar{i}) = \bar{0}$，$i = 0, 1, \cdots, p-1$，这表明 $h(x)$ 在 $\mathbf{Z}_p$ 中的根有 p 个，因此 $h(x) = 0$，从而 $f(x) = g(x)$。这证明了 W 中不相等的多项式诱导的多项式函数也不相等，因此 $\mathbf{Z}_p$ 上次数小于 p 的一元多项式诱导的函数组成的集合 S_1 的元素个数等于 $|W| = p^p$。由于 S_1 是 S 的子集，且 $|S_1| = p^p = |S|$，因此 $S_1 = S$。这证明了 $\mathbf{Z}_p$ 上的一元函数可以唯一地表示成 $\mathbf{Z}_p$ 上次数小于 p 的一元多项式诱

导的函数,从而 $\mathbf{Z}_p$ 上的一元函数都是 $\mathbf{Z}_p$ 上的一元多项式函数。

点评:例 11 表明 $\mathbf{Z}_p$ 上的一元函数只有多项式函数,而实数域上的一元函数有多项式函数、指数函数、正弦函数、余弦函数等。这开拓了读者的视野。同时,$\mathbf{Z}_p$ 上的一元函数都是多项式函数这个结论在信息时代有着重要的应用。例 11 第(2)小题的证明体现了数学思维方式的严谨性:证明了 $\mathbf{Z}_p$ 上次数小于 p 的两个多项式 $f(x)$ 与 $g(x)$ 如果不相等,那么它们诱导的一元多项式函数 f 与 g 也不相等,从而 $\mathbf{Z}_p$ 上次数小于 p 的一元多项式组成的集合 W 与它们诱导的一元多项式函数组成的集合 S_1 的元素个数相等,于是 $|S_1| = |W| = p^p$。

例 12 有一个连的士兵,三三数余 2,五五数余 1,七七数余 4。问:这个连的士兵有多少人?

解 设这个连的士兵有 x 人,则由已知条件得

$$\begin{cases} x \equiv 2 & (\bmod\ 3), \\ x \equiv 1 & (\bmod\ 5), \\ x \equiv 4 & (\bmod\ 7)。 \end{cases} \tag{57}$$

对于 3 和 $5 \times 7 = 35$ 作辗转相除法:

$$35 = 11 \times 3 + 2, \qquad 3 = 1 \times 2 + 1,$$

于是 $\qquad 1 = 3 - 1 \times 2 = 3 - 1 \times (35 - 11 \times 3) = (-1) \times 35 + 12 \times 3。$

对于 5 和 $3 \times 7 = 21$ 作辗转相除法:

$$21 = 4 \times 5 + 1,$$

于是 $\qquad 1 = 21 - 4 \times 5 = 1 \times 21 + (-4) \times 5。$

对于 7 和 $3 \times 5 = 15$ 作辗转相除法:

$$15 = 2 \times 7 + 1,$$

于是 $\qquad 1 = 15 - 2 \times 7 = 1 \times 15 + (-2) \times 7。$

令

$$c = 2 \times (-1) \times 35 + 1 \times 1 \times 21 + 4 \times 1 \times 15 = 11,$$

因此同余方程组(57)的全部解是

$$11 + (3 \times 5 \times 7)k, \quad k \in \mathbf{Z}。$$

一个连的士兵大约是一百多人,因此取 $k=1$,得 116。即这个连的士兵有 116 人。

例 13 用 $f_n(x)$ 表示 n 阶分圆多项式(其定义见 7.8 节例 5 的点评),$n \geq 1$。

(1) 写出 1 阶、2 阶、3 阶、4 阶分圆多项式;

(2) 证明 $f_n(x)$ 的次数为 $\varphi(n)$,其中 $\varphi(n)$ 是欧拉函数;

(3) 证明 $f_n(x)$ 是首一整系数多项式;

(4) 证明 $f_n(x)$ 在 $\mathbf{Q}$ 上不可约。

(1) **解** $\qquad\qquad f_1(x) = x - 1;$

$$f_2(x) = x - (-1) = x + 1;$$

$$f_3(x) = (x - w)(x - w^2) = x^2 + x + 1, w = e^{\frac{i 2\pi}{3}};$$

$$f_4(x) = (x - i)(x - i^3) = x^2 + 1。$$

(2) **证明** 记 $\xi = e^{\frac{i 2\pi}{n}}$,则 ξ 是一个本原 n 次单位根,据 7.6 节例 14,对于 $1 \leq k \leq n$,ξ

是本原 n 次单位根当且仅当 $(n,k)=1$，于是本原 n 次单位根的个数等于 $\varphi(n)$，从而 $\deg f_n(x)=\varphi(n)$。

（3）**证明**　对分圆多项式的阶数 n 作数学归纳法。$n=1$ 时，$f_1(x)=x-1$，命题为真。假设分圆多项式的阶数 d 小于 n 时，命题为真。现在来看 n 阶分圆多项式 $f_n(x)$。

n 次单位根恰有 n 个：$1,\xi,\cdots,\xi^{n-1}$，其中 $\xi=\mathrm{e}^{\frac{2\pi}{n}}$。对于 $0\leqslant l\leqslant n-1$，根据 7.6 节例 14，$\xi^l$ 是一个本原 $\dfrac{n}{(n,l)}$ 次单位根，因此每一个 n 次单位根 ξ^l 一定是一个本原 d 次单位根，其中 d 是 n 的正因数 $\dfrac{n}{(n,l)}$。反之，对于 n 的任一正因数 d，本原 d 次单位根一定是 n 次单位根，因此

$$x^n-1=\prod_{d\mid n}f_d(x),\tag{58}$$

其中右边对 n 的所有正因数 d 求连乘积，于是

$$x^n-1=\Big[\prod_{\substack{d\mid n\\ d<n}}f_d(x)\Big]f_n(x)。\tag{59}$$

据归纳假设，$\prod\limits_{\substack{d\mid n\\ d<n}}f_d(x)$ 是首一整系数多项式，记作 $g(x)$。（59）式表明：在 $\mathbf{C}[x]$ 中，$g(x)\mid x^n-1$，从而在 $\mathbf{Q}[x]$ 中，$g(x)\mid x^n-1$，于是存在 $h(x)\in\mathbf{Q}[x]$，使得 $x^n-1=g(x)h(x)$。此式也可看成是 $\mathbf{C}[x]$ 中的除法算式。（59）式也是在 $\mathbf{C}[x]$ 中的除法算式。由带余除法的唯一性得，$h(x)=f_n(x)$，因此，$f_n(x)\in\mathbf{Q}[x]$。设 $f_n(x)=r\tilde{f}(x)$，其中 $\tilde{f}(x)$ 是本原多项式，于是（59）式可写成 $x^n-1=g(x)r\tilde{f}(x)$。由于 x^n-1，$g(x)$，$\tilde{f}(x)$ 都是本原多项式，因此根据 7.8 节的性质 2 和性质 1 得，$r=\pm1$，由此得出，$f_n(x)$ 是首一整系数多项式。

根据数学归纳法原理，对于一切正整数 n，命题为真。

（4）**证明**　记 $\xi=\mathrm{e}^{\frac{2\pi}{n}}$，用 $m_\xi(x)$ 表示 ξ 在 $\mathbf{Q}$ 上的极小多项式。根据 7.8 节例 7，$m_\xi(x)$ 是首一整系数多项式，且 $m_\xi(x)$ 在 $\mathbf{Q}$ 上不可约。由于 ξ 是 $f_n(x)$ 的一个复根，因此仍根据 7.8 节例 7 得

$$m_\xi(x)\mid f_n(x)。\tag{60}$$

我们想证 $f_n(x)\mid m_\xi(x)$，由此可得 $f_n(x)=m_\xi(x)$，从而 $f_n(x)$ 在 $\mathbf{Q}$ 上不可约。为此只要证每一个本原 n 次单位根都是 $m_\xi(x)$ 的复根。

任取一个本原 n 次单位根 ξ^k，其中 $1\leqslant k\leqslant n$，且 $(k,n)=1$。把 k 分解成素因数的乘积 $k=p_1p_2\cdots p_t$，显然，$(p_i,n)=1,i=1,2,\cdots,t$。令

$$\omega_0=\xi,\omega_1=\omega^{p_1},\omega_2=\omega_1^{p_2},\cdots,\omega_t=\omega_{t-1}^{p_t},$$

则 $\xi^k=\omega_t$。由于 ξ 是 $m_\xi(x)$ 的一个复根，因此 ω_0 是 $m_\xi(x)$ 的复根。下面我们来证明对于 $m_\xi(x)$ 的任一复根 ε 和任一与 n 互素的素数 p，都有 ε^p 也是 $m_\xi(x)$ 的一个复根。这个结论证明之后，就可依次得出 $\omega_1,\omega_2,\cdots,\omega_t$ 是 $m_\xi(x)$ 的复根，从而 ξ^k 是 $m_\xi(x)$ 的复根。

由于 ε 是 $m_\xi(x)$ 的复根，因此根据（60）式得 $\varepsilon=\xi^r$，其中 r 是某个正整数，且 $(r,n)=1$，于是 $\varepsilon^p=\xi^{rp}$。由于 $(p,n)=1$ 且 $(r,n)=1$，因此 $(rp,n)=1$，从而 ξ^{rp} 是本原 n 次单位根，即 ε^p 是本原 n 次单位根。把 ε^p 在 $\mathbf{Q}$ 上的极小多项式记作 $m_1(x)$。假设 ε^p 不是 $m_\xi(x)$ 的

根，则 $m_1(x) \nmid m_\xi(x)$，由于 $m_1(x)$ 在 $\mathbf{Q}$ 上不可约，因此 $(m_1(x), m_\xi(x)) = 1$。由于 ε^p 是 $x^n - 1$ 的根，因此 $m_1(x) | x^n - 1$。又有 $m_\xi(x) | x^n - 1$，因此 $m_1(x) m_\xi(x) | x^n - 1$。由于 $m_1(x), m_\xi(x)$ 都是在 $\mathbf{Q}$ 上不可约的首一整系数多项式（从而它们是本原多项式），因此根据7.8节的性质 4 得，存在首一本原多项式 $g(x)$，使得

$$x^n - 1 = m_1(x) m_\xi(x) g(x)。 \tag{61}$$

由于 ε^p 是 $m_1(x)$ 的复根，因此 ε 是 $m_1(x^p)$ 的复根。又 ε 是 $m_\xi(x)$ 的复根，于是 $m_1(x^p)$ 与 $m_\xi(x)$ 在 $\mathbf{C}[x]$ 中不互素，从而它们在 $\mathbf{Q}[x]$ 中也不互素。由于 $m_\xi(x)$ 在 $\mathbf{Q}$ 上不可约，因此 $m_\xi(x) | m_1(x^p)$。仍根据 7.8 节性质 4 得，存在首一本原多项式 $q(x)$，使得

$$m_1(x^p) = m_\xi(x) q(x)。 \tag{62}$$

把各个整系数多项式的系数模 p，从(61)和(62)式分别得到 $\mathbf{Z}_p[x]$ 中的等式：

$$x^n - \overline{1} = \widetilde{m}_1(x) \widetilde{m}_\xi(x) \widetilde{g}(x)， \tag{63}$$

$$\widetilde{m}_1(x^p) = \widetilde{m}_\xi(x) \widetilde{q}(x)。 \tag{64}$$

设 $m_1(x) = x^s + b_{s-1} x^{s-1} + \cdots + b_1 x + b_0, b_i \in \mathbf{Z}, i = 0, 1, \cdots, s-1$，

则 $\widetilde{m}_1(x^p) = x^{ps} + \overline{b}_{s-1} x^{p(s-1)} + \cdots + \overline{b}_1 x^p + \overline{b}_0$。由于域 $\mathbf{Z}_p$ 的特征为 p，且 $\overline{a}^p = \overline{a}$，因此

$$[\widetilde{m}_1(x)]^p = x^{ps} + \overline{b}_{s-1} x^{p(s-1)} + \cdots + \overline{b}_1 x^p + \overline{b}_0 = \widetilde{m}_1(x^p)。 \tag{65}$$

从(64)和(65)式得

$$[\widetilde{m}_1(x)]^p = \widetilde{m}_\xi(x) \widetilde{q}(x)。 \tag{66}$$

由于 $(p, n) = 1$，因此在 $\mathbf{Z}_p[x]$ 中，$(x^n - \overline{1}, nx^{n-1}) = 1$，从而根据 7.12 节命题 5 上面的一段话，$x^n - \overline{1}$ 在 $\mathbf{Z}_p[x]$ 中没有重因式。于是从(63)式得，$(\widetilde{m}_1(x), \widetilde{m}_\xi(x)) = 1$。由此推出，$([\widetilde{m}_1(x)]^p, \widetilde{m}_\xi(x)) = 1$。又由于 $\deg \widetilde{m}_\xi(x) = \deg m_\xi(x) > 0$，因此 $\widetilde{m}_\xi(x) \nmid [\widetilde{m}_1(x)]^p$。这与(66)式矛盾，从而 ε^p 是 $m_\xi(x)$ 的复根，于是 ξ^k 是 $m_\xi(x)$ 的复根，因此 $f_n(x) | m_\xi(x)$。由此得出，$f_n(x) = m_\xi(x)$，从而 $f_n(x)$ 在 $\mathbf{Q}$ 上不可约。 ∎

习题 7.12

1. 验证 $K(x)$ 中加法、乘法分别满足交换律和结合律，还满足乘法对于加法的分配律。

2. 设 $K(x)$ 中的非零既约分式 $\dfrac{f}{g}$ 满足方程

$$y^n + a_1(x) y^{n-1} + \cdots + a_{n-1}(x) y + a_n(x) = 0,$$

其中 $a_i(x) \in K[x], i = 1, 2, \cdots, n; n \geqslant 1$。证明：$\dfrac{f}{g} \in K[x]$。

3. 下列模 m 剩余类环中，哪些是域？哪些不是域？写出其中的可逆元，并且求出每个可逆元的逆元。

$$\mathbf{Z}_5, \mathbf{Z}_{10}, \mathbf{Z}_{12}, \mathbf{Z}_{17}$$

4. 令

$$F = \left\{ \begin{pmatrix} a & b \\ -b & a \end{pmatrix} \middle| a, b \in \mathbf{R} \right\},$$

证明：F 对于矩阵的加法与乘法成为一个域，并且域 F 与复数域同构。

5. 求小于 7 的自然数 x，使得 $x \equiv 2007^7 \pmod 7$。

6. 设 $f(x) = x^5 - x^2 + 1 \in \mathbf{Z}[x]$，判断 $f(x)$ 在 $\mathbf{Q}$ 上是否不可约。

7. 设 $f(x) = x^4 - 5x + 1 \in \mathbf{Z}[x]$，判断 $f(x)$ 在 $\mathbf{Q}$ 上是否不可约。

8. 设 $f(x) = 11x^3 + 4x^2 + 10x + 34 \in \mathbf{Z}[x]$，判断 $f(x)$ 在 $\mathbf{Q}$ 上是否不可约。

9. 设 $f(x) = x^4 + 3x^3 + 3x^2 - 5 \in \mathbf{Z}[x]$，判断 $f(x)$ 在 $\mathbf{Q}$ 上是否不可约。

10. $\mathbf{Z}_3[x]$ 中，$f(x) = \bar{2}x^5 - x^4 + \bar{2}x^2 + x - \bar{2}$，求一个次数小于 3 的多项式 $g(x)$，使得 $f = g$。

11. 有一个连的士兵，三三数余 1，五五数余 2，七七数余 1。问：这个连的士兵有多少人？

12. 在 $\mathbf{Z}_{143}$ 中，分别求 $\bar{1}$ 的平方根和 $\bar{3}$ 的平方根。

13. 在 $\mathbf{Z}_{143}$ 中，$\bar{2}$ 的平方根存在吗？

补 充 题 七

1. 设 F 是一个域，证明：在域 F 上的一元多项式环 $F[x]$ 中，有带余除法。

2. 设 F 是一个域，证明：在 $F[x]$ 中整除关系具有反身性和传递性。

3. 设 F 是一个域，证明：在 $F[x]$ 中，如果 $g(x) \mid f_i(x)$，$i = 1, 2, \cdots, s$，那么对于任意 $u_i(x) \in F[x]$，$i = 1, 2, \cdots, s$，都有
$$g(x) \mid u_1(x)f_1(x) + u_2(x)f_2(x) + \cdots + u_s(x)f_s(x).$$

4. 设 F 是一个域，证明：在 $F[x]$ 中，$f(x)$ 与 $g(x)$ 相伴的充分必要条件是存在 F 中的非零元 c 使得 $f(x) = c\,g(x)$。

5. 设 F 是一个域，证明：在 $F[x]$ 中，对于任意两个多项式 $f(x)$ 与 $g(x)$，存在它们的一个最大公因式 $d(x)$，并且 $d(x)$ 可以表示成 $f(x)$ 与 $g(x)$ 的倍式和，即 $F[x]$ 中有多项式 $u(x), v(x)$，使得
$$u(x)f(x) + v(x)g(x) = d(x).$$

6. 设 F 是一个域，证明：在 $F[x]$ 中，两个多项式 $f(x)$ 与 $g(x)$ 互素的充分必要条件是在 $F[x]$ 中存在多项式 $u(x), v(x)$，使得
$$u(x)f(x) + v(x)g(x) = 1.$$

7. 设 F 是一个域，证明：在 $F[x]$ 中，如果 $f(x) \mid g(x)h(x)$，且 $(f(x), g(x)) = 1$，那么 $f(x) \mid h(x)$。

8. 设 F 是一个域，证明：在 $F[x]$ 中，如果
$$f(x) \mid h(x), \quad g(x) \mid h(x), \quad (f(x), g(x)) = 1,$$
那么 $f(x)g(x) \mid h(x)$。

9. 设 F 是一个域，证明：在 $F[x]$ 中，如果
$$(f(x), h(x)) = 1, \quad (g(x), h(x)) = 1,$$
那么 $(f(x)g(x), h(x)) = 1$。

10. 设 F 是一个域，$F[x]$ 中一个次数大于 0 的多项式 $p(x)$ 如果在 $F[x]$ 中的因式只

有 F 中的非零元和 $p(x)$ 的相伴元,那么称 $p(x)$ 在 F 上是**不可约**的;否则称它为**可约**的。证明下列命题等价:

(1) $p(x)$ 在 F 上是不可约的;

(2) $p(x)$ 与 $F[x]$ 中任一多项式 $f(x)$ 的关系只有两种可能: $p(x)|f(x)$, 或 $(p(x), f(x))=1$;

(3) 在 $F[x]$ 中如果 $p(x)|f(x)g(x)$, 那么 $p(x)|f(x)$ 或者 $p(x)|g(x)$;

(4) $p(x)$ 在 $F[x]$ 中不能分解成两个次数较低的多项式的乘积。

11. 设 F 是一个域,证明:在 $F[x]$ 中有唯一因式分解定理。

12. 设 F 是一个域, L 也是一个域,且 $L \supseteq F$。证明:对于 $F[x]$ 中两个多项式 $f(x)$ 与 $g(x)$,有

(1) 在 $F[x]$ 中 $g(x)|f(x)$ 当且仅当在 $L[x]$ 中 $g(x)|f(x)$;

(2) $f(x)$ 和 $g(x)$ 在 $F[x]$ 中的首项系数为 1 的最大公因式与它们在 $L[x]$ 中的首项系数为 1 的最大公因式相等;

(3) $f(x)$ 与 $g(x)$ 在 $F[x]$ 中互素当且仅当 $f(x)$ 与 $g(x)$ 在 $L[x]$ 中互素;

即整除性、首一最大公因式和互素性不随域的扩大而改变。

13. 设 F 是一个域, $f(x)$ 是 $F[x]$ 中的 n 次多项式:
$$f(x) = a_n x^n + a_{n-1} x^{n-1} + \cdots + a_1 x + a_0,$$
证明:(1) 如果 char $F \nmid n$, 那么 $f'(x)$ 是 $n-1$ 次多项式;

(2) 如果 char $F | n$, 那么 $f'(x)$ 的次数小于 $n-1$。

14. 设 F 是一个域,不可约多项式 $p(x)$ 是 $f(x)$ 的一个 k 重因式 $(k \geqslant 1)$。证明:

(1) 如果 char $F = 0$, 那么 $p(x)$ 是 $f'(x)$ 的 $k-1$ 重因式;特别地, $f(x)$ 的单因式不是 $f'(x)$ 的因式;

(2) 如果 char $F \neq 0$, 那么 $p(x)$ 是 $f'(x)$ 的至少 $k-1$ 重因式。其中当 char $F \nmid k$ 且 $p'(x) \neq 0$ 时, $p(x)$ 是 $f'(x)$ 的 $k-1$ 重因式;当 char $F | k$ 或 $p'(x) = 0$ 时, $p(x)$ 是 $f'(x)$ 的至少 k 重因式。

15. 设 F 是一个域,证明:在 $F[x]$ 中,一个次数大于 0 的多项式 $f(x)$ 如果满足
$$(f(x), f'(x)) = 1,$$
那么 $f(x)$ 没有重因式。

16. 设 F 是特征为 0 的域,证明:在 $F[x]$ 中一个次数大于 0 的多项式 $f(x)$ 如果没有重因式,那么
$$(f(x), f'(x)) = 1。$$

17. 设 F 是特征不等于 0 的域,证明:在 $F[x]$ 中一个次数大于 0 的多项式 $f(x)$ 如果没有重因式,那么 $(f(x), f'(x))=1$ 或者 $f(x)$ 有一个单因式 $p(x)$ 使得 $p'(x)=0$。

提示:如果 $f(x)$ 的任一单因式 $p(x)$ 都使得 $p'(x) \neq 0$, 去证 $p(x)$ 不是 $f'(x)$ 的因式。

18. 设域 F 的特征为素数 p, 举一个例子说明:在 $F[x]$ 中次数大于 0 的多项式 $f(x)$ 没有重因式,但是 $f(x)$ 与 $f'(x)$ 不互素。

提示:设 F 是 $\mathbf{Z}_p$ 上的分式域 $\mathbf{Z}_p(y)$, 令 $f(x) = x^p + y$, 去证 $f(x)$ 在 F 上不可约。

19. 设 F 是一个域。证明:在 $F[x]$ 中,用一次多项式 $x-a$ 去除 $f(x)$, 所得的余式是

F 中一个元素 $f(a)$。

20. 设 F 是一个域，$f(x) \in F[x]$。证明：在 $F[x]$ 中 $x-a$ 整除 $f(x)$ 当且仅当 a 是 $f(x)$ 在 F 中的根。

21. 设 F 是一个域，证明：$F[x]$ 中的 $n(n \geqslant 0)$ 次多项式 $f(x)$ 在 F 中至多有 n 个根（重根按重数计算）。

22. 设 F 是一个域，证明：F 上的 n 元多项式环 $F[x_1, x_2, \cdots, x_n]$ 是无零因子环，从而消去律成立。

23. 设 F 是一个域，证明：在 $F[x_1, x_2, \cdots, x_n]$ 中，有
$$\deg fg = \deg f + \deg g.$$

24. 设 F 是一个域，证明：$F[x_1, x_2, \cdots, x_n]$ 也有通用性质，即设 R 是一个有单位元的交换环，且 R 可以看成 F 的一个扩环（即 F 与 R 的一个子环 R_1 同构，且 R 的单位元是 R_1 的单位元），则不定元 $x_1, x_2, \cdots, x_n$ 可以用 R 中的任意 n 个元素 $t_1, t_2, \cdots, t_n$ 代入，并且这种代入保持加法运算和乘法运算。

25. 设 F 是一个域，$F[x_1, x_2, \cdots, x_n]$ 中每一个 n 元多项式 $f(x_1, x_2, \cdots, x_n)$ 诱导了 F^n 到 F 的一个映射 f：
$$f: \qquad F^n \longrightarrow F$$
$$(c_1, c_2, \cdots, c_n) \longmapsto f(c_1, c_2, \cdots, c_n),$$
称 f 是域 F 上的 n 元多项式函数。举例说明，$\mathbf{Z}_p$ 上的两个 n 元多项式不相等，但是它们诱导的 n 元多项式函数相等。

26. 设 p 是素数，在 $\mathbf{Z}_p[x_1, x_2, \cdots, x_n]$ 中，用 S 表示由每个单项式中每个不定元的次数小于 p 的多项式组成的集合。证明：如果 $h(x_1, x_2, \cdots, x_n)$ 是 S 中的非零多项式，那么它诱导的 n 元多项式函数 h 不是零函数。

27. 证明：$\mathbf{Z}_2$ 上的每一个 n 元函数，（即 $\mathbf{Z}_2^n$ 到 $\mathbf{Z}_2$ 的一个映射）都是 $\mathbf{Z}_2$ 上的 n 元多项式函数，且 $\mathbf{Z}_2$ 上的每一个 n 元函数都可以唯一地表示成 $\mathbf{Z}_2$ 上每个变量的次数都小于 2 的 n 元多项式函数。

28. 设 F 是一个域，与数域 K 上的 n 元多项式环 $K[x_1, x_2, \cdots, x_n]$ 一样，在 $F[x_1, x_2, \cdots, x_n]$ 中也有整除、因式和倍式、相伴、最大公因式以及不可约多项式的概念。证明：在 $F[x_1, x_2, \cdots, x_n]$ 中，一个次数大于 0 的多项式 $p(x_1, x_2, \cdots, x_n)$ 不可约当且仅当它不能分解成两个次数较低的多项式的乘积。

29. 设 F 是一个域，证明：在 $F[x_1, x_2, \cdots, x_n]$ 中有唯一因式分解定理。

提示：从《近世代数》（丘维声著，北京大学出版社）第三章 §3.2 的推论 4 立即得到。

30. 设 F 是一个域，仿照 7.12 节数域 K 上一元分式域的构造方法，可以构造出域 F 上的一元分式域，记作 $F(x)$，它的元素记作 $\dfrac{f(x)}{g(x)}$，其中 $f(x), g(x) \in F[x]$，且 $g(x) \neq 0$。证明：如果 $\mathrm{char}\, F = p(p$ 是素数$)$，那么 $F(x)$ 是一个特征为 p 的无限域。

31. 设 F 是一个域，以类似于 F 上一元分式域的构造方法可构造出域 F 上的 n 元分式域，记作 $F(x_1, x_2, \cdots, x_n)$，它的元素记作 $\dfrac{f(x_1, x_2, \cdots, x_n)}{g(x_1, x_2, \cdots, x_n)}$，其中 $f(x_1, x_2, \cdots, x_n)$，

$g(x_1,x_2,\cdots,x_n)\in F[x_1,x_2,\cdots,x_n]$,且 $g(x_1,x_2,\cdots,x_n)\neq 0$。证明:如果 char $F=p(p$ 是素数),那么 $F(x_1,x_2,\cdots,x_n)$ 是一个特征为 p 的无限域。

应用小天地:序列密码·m序列

在当今信息时代,广泛采用数字通信。首先把 26 个字母 $a,b,c,\cdots,x,y,z$ 分别对应到前 26 个自然数 $0,1,2,\cdots,23,24,25$。为了通信的安全,需要做加法或乘法运算,因此应当让 26 个字母分别对应到模 26 剩余类环 $\mathbf{Z}_{26}$ 的元素 $\bar{0},\bar{1},\bar{2},\cdots,\overline{25}$。在工程上很容易识别两种状态,但很难识别 26 种状态。因此,把 $\mathbf{Z}_{26}$ 的每个元素的代表(小于 26 的自然数)用二进制表示。例如,由于 $22=1\times 2^4+1\times 2^2+1\times 2$,因此 22 的二进制表示是 10110。由于需要做加法运算,因此把 0 和 1 分别看成是 $\mathbf{Z}_2$ 的元素 $\bar{0},\bar{1}$。这样就可以把通信中要发送的消息(称为**明文**)转换成由 $\mathbf{Z}_2$ 的元素 $\bar{0},\bar{1}$ 组成的一个序列(称为**明文序列**)。例如,"word"转换成下述序列:

$$10110011101000100011 \tag{1}$$

我们约定把 $\mathbf{Z}_2$ 的元素 $\bar{0},\bar{1}$ 分别写成 0,1。序列(1)中每个元素称为一个"**位**"(bit)。在通信过程中,有可能出现窃听者,为了保密,就需要将明文序列做一些变化,这称为**加密**,加密后的序列称为**密文序列**。把密文序列发送出去,同时把加密规则通过秘密渠道告诉接收者,使接收者能把密文序列还原成明文序列,这称为**解密**。窃听者即使截获了密文序列,也看不懂它的意思。最容易在工程上实现的加密规则是:选取 $\mathbf{Z}_2$ 上的一个序列(称为**密钥序列**),把密钥序列与明文序列的对应位相加($\mathbf{Z}_2$ 中的加法),产生密文序列。解密时,把密文序列与密钥序列的对应位相加,便还原成明文序列(因为在 $\mathbf{Z}_2$ 中,$\bar{a}-\bar{b}=\bar{a}+\bar{b}$)。例如,选取一个密钥序列 $0110100\cdots$,它是周期为 7 的序列,把明文序列(1)与这个密钥序列的对应位相加,便产生密文序列:

明文序列 　　10110011101000100011
密钥序列 　　01101000110100011010
密文序列 　　11011011011100111001

把密文序列与密钥序列的对应位相加,便还原成明文序列。这种类型的密码称为**序列密码**。

在序列密码中,密钥序列起着关键作用。窃听者会千方百计地破译密钥序列,以便在截获了密文序列后,能还原成明文序列。如何构造密钥序列才能使它很难被破译呢?

设明文序列的长度为 v,我们用掷硬币来产生一个长度为 v 的序列。第 1 次掷一枚硬币,着地时若正面向上,则写 1;若反面向上,则写 0。这样依次下去,掷一枚硬币 v 次,便产生出一个长度为 v 的序列 α。把 α 作为密钥序列,就很难破译出它。因为掷一枚硬币,着地时出现正面向上的概率和出现反面向上的概率都等于 $\dfrac{1}{2}$,所以猜中这个序列 α 的概率为 $\left(\dfrac{1}{2}\right)^v=\dfrac{1}{2^v}$。当 v 很大时,这个概率很小。用掷硬币产生的序列作为密钥序列虽然很难被破译,但是每一次通信,发送者都要把掷硬币产生的与明文序列一样长的密钥序列通过秘密渠道传送给接收者,既费力又费钱。如果这个秘密渠道真的是安全的,那为何不直接把明文序列通过该渠道传递给接收者呢？由此可见,用掷硬币来产生密钥序列是不实用的。但是我们应当仔细分析这样的序列有什么性质,从中受到启迪,以便构造出既实用又不容易被破译的密钥序列。

设用掷硬币的方法产生的 $\mathbf{Z}_2$ 上周期为 v 的序列为

$$\alpha = a_0 a_1 a_2 \cdots a_{v-1} \cdots \tag{2}$$

由于每一次掷硬币,着地时出现正面向上的概率与出现反面向上的概率都等于 $\frac{1}{2}$,因此在序列 α 的一个周期中,1 的个数与 0 的个数接近相等。现在考虑 α 的一个周期中,每相隔 $s-1$ 位的两个元素之间的关系($0<s<v$)。为了便于看清楚每相隔 $s-1$ 位的两个元素,我们在序列 α 的下方写出把 α 左移 s 位后得到的序列 α_s(α_s 的元素的下标模 v 计算):

$$\alpha = a_0 a_1 a_2 \cdots a_{s-1} a_s a_{s+1} \cdots a_{v-1},$$
$$\alpha_s = a_s a_{s+1} a_{s+2} \cdots a_{2s-1} a_{2s} a_{2s+1} \cdots a_{s-1},$$

α 与 α_s 对应位的元素分别是

$$\binom{a_0}{a_s}, \binom{a_1}{a_{s+1}}, \cdots, \binom{a_{v-1}}{a_{s-1}}, \tag{3}$$

其中每一对元素都是掷一枚硬币两次产生的结果。由于掷一枚硬币两次,可能出现的结果有 4 个:

$$\binom{1}{1}, \binom{1}{0}, \binom{0}{1}, \binom{0}{0},$$

其中出现每一个结果的概率都是 $\frac{1}{4}$。因此在 α 与 α_s 的 v 对元素中,出现 $\binom{1}{1}$ 与 $\binom{0}{0}$ 的次数之和 h_s,出现 $\binom{1}{0}$ 与 $\binom{0}{1}$ 的次数之和 l_s,它们接近相等,也就是 $h_s - l_s$ 接近于 0。由此受到启发,引出下述概念:

定义 1　设 $\alpha = a_0 a_1 \cdots a_{v-1} \cdots$ 是 $\mathbf{Z}_2$ 上周期为 v 的序列,用 α_s 表示把 α 左移 s 位得到的序列($0 \leqslant s < v$),把 α 与 α_s 的对应位元素相同的位数记作 h_s,对应位元素不同的位数记作 l_s,令

$$C_\alpha(s) = h_s - l_s, \tag{4}$$

则称 $C_\alpha(s)$ 是 α 的**周期自相关函数**(简称为 α 的**自相关函数**)。

显然,$C_\alpha(0) = v$。当 $0 < s < v$ 时,$C_\alpha(s)$ 的值统称为**旁瓣值**。

从前面的讨论得出,用掷硬币产生的 $\mathbf{Z}_2$ 上周期为 v 的序列 α,其自相关函数的旁瓣值都接近于 0。由此受到启发,引出下述概念:

定义 2　设 $\alpha = a_0 a_1 \cdots a_{v-1} \cdots$ 是 $\mathbf{Z}_2$ 上周期为 v 的序列,如果 α 的自相关函数的旁瓣值都为 0,那么称 α 是**完美序列**;如果旁瓣值都为 -1,那么称 α 是**拟完美序列**(或**伪随机序列**)。

从掷硬币产生的序列特性的分析知道,用完美序列或拟完美序列作为密钥序列,只要

周期足够大,就很难被破译。

猜想不存在周期大于 4 的完美序列,于是我们的任务是去构造拟完美序列。

设 $\mathbf{Z}_2$ 上周期为 7 的一个序列为

$$\alpha = 1001011 \cdots \tag{5}$$

容易求出 $C_\alpha(s) = -1, 1 \leqslant s \leqslant 6$,因此 α 是一个拟完美序列。现在我们来仔细观察 α 的各位元素之间有什么关系。

$a_0 = 1, a_1 = 0, a_2 = 0, a_3 = 1 = a_1 + a_0, a_4 = 0 = a_2 + a_1, a_5 = 1 = a_3 + a_2, a_6 = 1 = a_4 + a_3$,
由此看出,序列 α 适合下述递推关系:

$$a_{k+3} = a_{k+1} + a_k, \quad k = 0, 1, 2, \cdots \tag{6}$$

于是只要给出初始值 a_0, a_1, a_2,就可通过递推关系
(6)产生出序列 α。这可以用计算机的硬件很容易
地实现,如图 7-3 所示。

图 7-3

图 7-3 中的 3 个小框分别存放 0 或 1(看成 $\mathbf{Z}_2$
的元素 $\bar{0}, \bar{1}$),称它们为**寄存器**。从左到右依次叫作
第 1 级寄存器、第 2 级寄存器、第 3 级寄存器,依次
存放 a_{k+2}, a_{k+1}, a_k。当加上一个移位脉冲时,就将每一级寄存器存放的元素移给下一级
寄存器,第 3 级寄存器存放的元素 a_k 被输出,同时将第 2 级和第 3 级寄存器存放的元素
相加($\mathbf{Z}_2$ 中的加法)得到 $a_{k+3} = a_{k+1} + a_k, a_{k+3}$ 被反馈到第 1 级寄存器内。图 7-3 中框图
表示的硬件称为 **3 级线性反馈移位寄存器**,简记作 **3 级 LFSR**。由 3 级 LFSR 产生的序
列称为 **3 级线性移位寄存器序列**。

一般地,设 $\mathbf{Z}_2$ 上的一个递推关系为

$$a_{k+n} = c_1 a_{k+n-1} + c_2 a_{k+n-2} + \cdots + c_{n-1} a_{k+1} + c_n a_k, k = 0, 1, 2, \cdots, \tag{7}$$

若 $c_n \neq 0$,则称递推关系(7)是 $\mathbf{Z}_2$ 上的一个 **n 阶常系数线性齐次递推关系**。

可以制作 **n 级线性反馈移位寄存器**,用它产生满足 n 阶常系数线性齐次递推关系(7)
的 $\mathbf{Z}_2$ 上的序列,称这样的序列为 **n 级线性移位寄存器序列**。

n 级线性移位寄存器序列有没有周期? 如果有,它的周期如何确定? 下面先给出序
列的周期的定义:

定义 3 设序列 $\alpha = a_0 a_1 a_2 \cdots$,如果存在正整数 l,使得

$$a_{i+l} = a_i, \quad i = 0, 1, 2, \cdots, \tag{8}$$

那么称 l 是 α 的一个**周期**,此时称 α 是一个**周期序列**;使得(8)式成立的最小正整数 l 称为
α 的**最小正周期**。

设 l 是序列 α 的最小正周期,显然 l 的任一正整数倍都是 α 的周期;反之,若 u 是 α 的
一个周期,作带余除法:

$$u = hl + r, \quad 0 \leqslant r < l_o$$

假如 $r \neq 0$,则对于 $i = 0, 1, 2, \cdots$,有

$$a_i = a_{i+u} = a_{i+hl+r} = a_{(i+r)+hl} = a_{i+r},$$

于是 r 也是 α 的一个周期,这与 l 是 α 的最小正周期矛盾,因此 $r = 0$,即 $u = hl$。于是我们
证明了下述命题:

命题 1 设 l 是序列 $\alpha=a_0a_1a_2\cdots$ 的最小正周期,则 u 是 α 的周期当且仅当 $u=hl$,其中 h 是某个正整数。∎

设 $\alpha=a_0a_1a_2\cdots$ 是满足 n 阶递推关系(7)的 $\mathbf{Z}_2$ 上的一个序列,我们来探索正整数 d 是 α 的一个周期的条件。

从递推关系(7)看出,只要知道了初始值 $a_0,a_1,\cdots,a_{n-1}$,就可以确定出序列 α 的所有项。为了把 α 的任一项都通过 $a_0,a_1,\cdots,a_{n-1}$ 表示出来,我们在递推关系(7)式下面添加 $n-1$ 个明显的等式,得

$$\begin{cases} a_{k+n}=c_1a_{k+n-1}+c_2a_{k+n-2}+\cdots+c_{n-1}a_{k+1}+c_na_k,\\ a_{k+n-1}=a_{k+n-1},\\ a_{k+n-2}=\qquad\qquad a_{k+2-2},\\ \cdots\quad\cdots\qquad\cdots\qquad\cdots\qquad\cdots\qquad\cdots\\ a_{k+1}=\qquad\qquad\qquad a_{k+1}, \end{cases}\tag{9}$$

利用矩阵的乘法,(9)式可以写成:

$$\begin{bmatrix} a_{k+n}\\ a_{k+n-1}\\ a_{k+n-2}\\ \vdots\\ a_{k+1} \end{bmatrix}=\begin{bmatrix} c_1 & c_2 & c_3 & \cdots & c_{n-1} & c_n\\ 1 & 0 & 0 & \cdots & 0 & 0\\ 0 & 1 & 0 & \cdots & 0 & 0\\ \vdots & \vdots & \vdots & & \vdots & \vdots\\ 0 & 0 & 0 & \cdots & 1 & 0 \end{bmatrix}\begin{bmatrix} a_{k+n-1}\\ a_{k+n-2}\\ a_{k+n-3}\\ \vdots\\ a_k \end{bmatrix},\tag{10}$$

其中 $k=0,1,2,\cdots$。(10)式右端的 n 级矩阵称为 n 阶递推关系(7)产生的序列的**生成矩阵**,把它记作 $\mathbf{A}$。由(10)式可得出:

$$\begin{bmatrix} a_{k+n-1}\\ a_{k+n-2}\\ \vdots\\ a_k \end{bmatrix}=\mathbf{A}^k\begin{bmatrix} a_{n-1}\\ a_{n-2}\\ \vdots\\ a_0 \end{bmatrix},k=0,1,2,\cdots,\tag{11}$$

利用(11)式可得出:

d 是 n 阶递推关系(7)产生的序列 $\alpha=a_0a_1a_2\cdots$ 的周期

$$\Longleftrightarrow \begin{bmatrix} a_{d+n-1}\\ a_{d+n-2}\\ \vdots\\ a_d \end{bmatrix}=\begin{bmatrix} a_{n-1}\\ a_{n-2}\\ \vdots\\ a_0 \end{bmatrix}$$

$$\Longleftrightarrow \mathbf{A}^d\begin{bmatrix} a_{n-1}\\ a_{n-2}\\ \vdots\\ a_0 \end{bmatrix}=\begin{bmatrix} a_{n-1}\\ a_{n-2}\\ \vdots\\ a_0 \end{bmatrix}$$

$\Longleftrightarrow (a_{n-1},a_{n-2},\cdots,a_0)'$ 是 $\mathbf{A}^d$ 的属于 $\bar{1}$ 的一个特征向量。

这样我们证明了下述命题:

命题 2 d 是 $\mathbf{Z}_2$ 上 n 阶递推关系(7)产生的序列 $\alpha = a_0 a_1 a_2 \cdots a_{n-1} \cdots$ 的一个周期的充分必要条件是:α 的初始值向量 $(a_{n-1}, a_{n-2}, \cdots, a_0)'$ 是 $\mathbf{A}^d$ 的属于特征值 $\overline{1}$ 的一个特征向量,其中 $\mathbf{A}$ 是生成矩阵。特别地,当 $\mathbf{A}^d = \mathbf{I}$ 时,d 是 $\mathbf{Z}_2$ 上 n 阶递推关系(7)产生的任一序列的周期。 ■

如何简便地判断 $\mathbf{A}^d$ 是否等于 $\mathbf{I}$ 呢?我们应当充分挖掘 n 阶递推关系(7)提供的信息。对于任给的初始值向量 $(a_{n-1}, a_{n-2}, \cdots, a_0)'$,有

$$
\begin{cases}
a_{n+n-1} = c_1 a_{n+n-2} + c_2 a_{n+n-3} + \cdots + c_n a_{n-1}, \\
a_{n+n-2} = c_1 a_{n+n-3} + c_2 a_{n+n-4} + \cdots + c_n a_{n-2}, \\
\cdots \quad\quad \cdots \quad\quad \cdots \quad\quad \cdots \quad\quad \cdots \\
a_n = c_1 a_{n-1} + c_2 a_{n-2} + \cdots + c_n a_0.
\end{cases}
\tag{12}
$$

利用(11)式可以把(12)式写成

$$
(\mathbf{A}^n - c_1 \mathbf{A}^{n-1} - c_2 \mathbf{A}^{n-2} - \cdots - c_n \mathbf{I})
\begin{pmatrix} a_{n-1} \\ a_{n-2} \\ \vdots \\ a_0 \end{pmatrix}
= \begin{pmatrix} 0 \\ 0 \\ \vdots \\ 0 \end{pmatrix},
\tag{13}
$$

由于(13)式对于任意列向量 $(a_{n-1}, a_{n-2}, \cdots, a_0)'$ 都成立,因此得出

$$
\mathbf{A}^n - c_1 \mathbf{A}^{n-1} - c_2 \mathbf{A}^{n-2} - \cdots - c_n \mathbf{I} = \mathbf{0}。
\tag{14}
$$

令

$$
f(x) = x^n - c_1 x^{n-1} - c_2 x^{n-2} - \cdots - c_{n-1} x - c_n,
\tag{15}
$$

称 $f(x)$ 是 n 阶递推关系(7)的**特征多项式**。

从(14)式得出,$f(\mathbf{A}) = \mathbf{0}$。

在 $\mathbf{Z}_2[x]$ 中,若 $f(x) \mid x^d - \overline{1}$,则存在 $h(x) \in \mathbf{Z}_2[x]$,使得

$$
x^d - \overline{1} = h(x) f(x),
\tag{16}
$$

x 用生成矩阵 $\mathbf{A}$ 代入,从(16)式得

$$
\mathbf{A}^d - \mathbf{I} = h(\mathbf{A}) f(\mathbf{A}) = \mathbf{0}。
\tag{17}
$$

根据命题2,从(17)式得出 d 是 n 阶递推关系(7)产生的任一序列的周期。这样我们证明了下述定理:

定理 1 设 $f(x)$ 是 $\mathbf{Z}_2$ 上 n 阶递推关系(7)的特征多项式,若 $f(x) \mid x^d - \overline{1}$,则 d 是 n 阶递推关系(7)产生的任一序列的周期。 ■

定理1的逆命题是否成立?让我们看一个例子。设 $\mathbf{Z}_2$ 上 3 阶递推关系为

$$
a_{k+3} = a_{k+2} + a_{k+1} + a_k, \quad k = 0, 1, 2, \cdots,
\tag{18}
$$

取初始值 $a_0 = 0, a_1 = 1, a_2 = 0$,产生一个序列 β:

$$
\beta = 01010101\cdots
$$

猜测 β 的最小正周期是 2。我们来证明它。生成矩阵为

$$
\mathbf{A} = \begin{pmatrix} 1 & 1 & 1 \\ 1 & 0 & 0 \\ 0 & 1 & 0 \end{pmatrix},
$$

直接计算可得,初始值向量 $(0, 1, 0)'$ 是 $\mathbf{A}^2$ 的属于特征值 $\overline{1}$ 的一个特征向量。根据命题2

得，2 是 β 的一个周期，显然 1 不是 β 的周期，因此 2 是 β 的最小正周期。3 阶递推关系 (18) 的特征多项式 $f(x)=x^3-x^2-x-\bar{1}$，显然 $f(x)\nmid x^2-\bar{1}$，这表明定理 1 的逆命题是不成立的。注意到

$$f(x) = x^3 + x^2 + x + \bar{1} = (x^2 + \bar{1})(x + \bar{1}),$$

因此 $f(x)$ 在 $\mathbf{Z}_2$ 上可约。由此猜测，如果 n 阶递推关系的特征多项式 $f(x)$ 在 $\mathbf{Z}_2$ 上不可约，那么很可能定理 1 的逆命题就成立了。

定理 2　设 $\mathbf{Z}_2$ 上 n 阶递推关系 (7) 的特征多项式 $f(x)$ 在 $\mathbf{Z}_2$ 上不可约，如果 d 是 n 阶递推关系 (7) 产生的非零序列 $\alpha=a_0a_1a_2\cdots a_{n-1}\cdots$ 的一个周期，那么 $f(x)\,|\,x^d-\bar{1}$。

证明　假如 $f(x)\nmid x^d-\bar{1}$。由于 $f(x)$ 在 $\mathbf{Z}_2$ 上不可约，因此 $(f(x),x^d-\bar{1})=\bar{1}$，从而在 $\mathbf{Z}_2[x]$ 中存在 $u(x),v(x)$，使得

$$u(x)f(x) + v(x)(x^d - \bar{1}) = \bar{1}。 \tag{19}$$

x 用 n 阶递推关系 (7) 的生成矩阵 $\mathbf{A}$ 代入，从 (19) 式得

$$u(\mathbf{A})f(\mathbf{A}) + v(\mathbf{A})(\mathbf{A}^d - \mathbf{I}) = \mathbf{I}, \tag{20}$$

由于 $f(\mathbf{A})=\mathbf{0}$，因此从 (20) 式得

$$v(\mathbf{A})(\mathbf{A}^d - \mathbf{I}) = \mathbf{I}。 \tag{21}$$

在 (21) 式两边右乘 $(a_{n-1},a_{n-2},\cdots,a_0)'$，得

$$v(\mathbf{A})(\mathbf{A}^d - \mathbf{I})\begin{pmatrix} a_{n-1} \\ a_{n-2} \\ \vdots \\ a_0 \end{pmatrix} = \begin{pmatrix} a_{n-1} \\ a_{n-2} \\ \vdots \\ a_0 \end{pmatrix}。 \tag{22}$$

由于 d 是 n 阶递推关系 (7) 产生的非零序列 α 的一个周期，因此根据命题 2 得，(22) 式左边是零向量，而右边是非零向量，矛盾，于是 $f(x)\,|\,x^d-\bar{1}$。　∎

定理 3　$\mathbf{Z}_2$ 上 n 阶递推关系 (7) 产生的任一序列都有周期，且它的最小正周期不超过 2^n-1。

证明　设 $\mathbf{A}$ 是 n 阶递推关系 (7) 的生成矩阵，从 (14) 式得

$$\mathbf{A}^n = c_1\mathbf{A}^{n-1} + \cdots + c_{n-1}\mathbf{A} + c_n\mathbf{I}, \tag{23}$$

于是 $\mathbf{A}$ 的所有方幂都属于下述集合：

$$\Omega = \{b_1\mathbf{A}^{n-1} + \cdots + b_{n-1}\mathbf{A} + b_n\mathbf{I} \mid b_i \in \mathbf{Z}_2, i = 1,2,\cdots,n\}。$$

显然，$|\Omega| \leqslant 2^n$，从而 Ω 中非零矩阵的个数小于 2^n。从 (10) 式看出，$|\mathbf{A}| \neq 0$，因此 $\mathbf{A}$ 是可逆矩阵，于是 $\mathbf{I},\mathbf{A},\mathbf{A}^2,\cdots,\mathbf{A}^{2^n-1}$ 都是非零矩阵，且它们都属于 Ω，从而必有一对 i,j，使得

$$\mathbf{A}^i = \mathbf{A}^j, \qquad 0 \leqslant i < j \leqslant 2^n-1, \tag{24}$$

在 (24) 式两边右乘 $(\mathbf{A}^{-1})^i$，得 $\mathbf{I}=\mathbf{A}^{j-i}$。根据命题 2 得，$j-i$ 是 n 阶递推关系 (7) 产生的任一序列 α 的一个周期。由于 α 的最小正周期 l 是 $j-i$ 的正因数，因此

$$l \leqslant j-i \leqslant 2^n-1。 \qquad ∎$$

由定理 3 受到启发，引出下述概念：

定义 4　$\mathbf{Z}_2$ 上 n 阶常系数线性齐次递推关系产生的序列 α，如果它的最小正周期等于 2^n-1，那么称 α 是 **m 序列**。

n阶递推关系(7)的特征多项式$f(x)$需要满足哪些条件才能使所产生的任一非零序列α是m序列呢？根据定理1，如果$f(x)\,|\,x^{2^n-1}-\bar{1}$，那么$2^n-1$是$\alpha$的一个周期，于是$\alpha$的最小正周期$l$是$2^n-1$的正因数。为了使$l=2^n-1$，根据定理2，若$f(x)$在$\mathbf{Z}_2$上不可约，且对于$2^n-1$的任一正因数$d<2^n-1$，都有$f(x)\nmid x^d-\bar{1}$，则$d$不是$\alpha$的周期，从而$\alpha$的最小正周期$l=2^n-1$。由此自然而然地引出了下述概念：

定义5 $\mathbf{Z}_2$上一个n次多项式$f(x)$，如果满足：

1° $f(x)$在$\mathbf{Z}_2$上不可约；

2° $f(x)\,|\,x^{2^n-1}-\bar{1}$；

3° 对于2^n-1的任一正因数$d<2^n-1$，都有$f(x)\nmid x^d-\bar{1}$，

那么称$f(x)$是$\mathbf{Z}_2$上的一个**本原多项式**。

根据上一段的讨论立即得到：

定理4 对于$\mathbf{Z}_2$上n阶常系数线性齐次递推关系(7)，如果它的特征多项式$f(x)$是$\mathbf{Z}_2$上的一个本原多项式，那么由它产生的任一非零序列都是m序列。 ■

m序列是不是拟完美序列？首先探讨m序列α在一个周期中1的个数与0的个数各为多少。

定理5 如果$\mathbf{Z}_2$上n阶常系数线性齐次递推关系(7)产生的序列α是m序列，那么在α的一个周期中，1的个数为2^{n-1}，0的个数为$2^{n-1}-1$。

证明 α的最小正周期为2^n-1，因此

$$\alpha=a_0a_1a_2\cdots a_{2^n-2}\cdots。 \tag{25}$$

给了初始值$(a_0,a_1,a_2,\cdots,a_{n-1})$后，$\alpha$就由递推关系(7)唯一确定。由此受到启发，考虑下述n维向量：

$$\boldsymbol{\gamma}_0=(a_0,a_1,a_2,\cdots,a_{n-1}),$$
$$\boldsymbol{\gamma}_1=(a_1,a_2,a_3,\cdots,a_n),$$
$$\cdots$$
$$\boldsymbol{\gamma}_{2^n-2}=(a_{2^n-2},a_0,a_1,\cdots,a_{n-2})。$$

对于$0\leqslant i<j\leqslant 2^n-2$，根据(11)式，有

$$\begin{bmatrix}a_{i+n-1}\\ \vdots\\ a_{i+1}\\ a_i\end{bmatrix}=\boldsymbol{A}^i\begin{bmatrix}a_{n-1}\\ \vdots\\ a_1\\ a_0\end{bmatrix}。 \tag{26}$$

假如$\boldsymbol{\gamma}_i=\boldsymbol{\gamma}_j$，则可得出

$$(\boldsymbol{A}^{j-i}-\boldsymbol{I})\begin{bmatrix}a_{n-1}\\ \vdots\\ a_1\\ a_0\end{bmatrix}=\begin{bmatrix}0\\ \vdots\\ 0\\ 0\end{bmatrix}, \tag{27}$$

根据命题2得，$j-i$是α的一个周期。但是$j-i\leqslant 2^n-2<2^n-1$，这与α的最小正周期为2^n-1矛盾，从而当$i\neq j$时，$\boldsymbol{\gamma}_i\neq\boldsymbol{\gamma}_j$，于是$\boldsymbol{\gamma}_0,\boldsymbol{\gamma}_1,\cdots,\boldsymbol{\gamma}_{2^n-2}$是$\mathbf{Z}_2^n$中全部非零向量（因为$\mathbf{Z}_2^n$中

非零向量的个数为 2^n-1）。$\mathbf{Z}_2^n$ 中非零向量分成两大类：第一大类形如 $(1,b_1,\cdots,b_{n-1})$，这一类共有 2^{n-1} 个非零向量；第二大类形如 $(0,d_1,\cdots,d_{n-1})$，这一类共有 $2^{n-1}-1$ 个非零向量。由于 $\boldsymbol{\gamma}_0,\boldsymbol{\gamma}_1,\cdots,\boldsymbol{\gamma}_{2^n-2}$ 的第 1 个分量依次为 $a_0,a_1,\cdots,a_{2^n-2}$，因此在 α 的一个周期中，1 的个数为 2^{n-1}，0 的个数为 $2^{n-1}-1$。　■

定理 6　m 序列都是拟完美序列（伪随机序列）。

证明　设 α 是由 n 阶常系数线性齐次递推关系（7）产生的 m 序列。把 α 左移 s 位得到的序列记作 $\alpha_s(1\leqslant s\leqslant 2^n-2)$，显然 α_s 仍是 m 序列。显然 $\alpha+\alpha_s$ 仍然适合递推关系（7）。由于 α,α_s 的前 n 位组成的有序组分别为定理 5 证明中所列的 $\boldsymbol{\gamma}_0,\boldsymbol{\gamma}_s$，在定理 5 中已证 $\boldsymbol{\gamma}_0\neq\boldsymbol{\gamma}_s$，因此 $\boldsymbol{\gamma}_0+\boldsymbol{\gamma}_s\neq\mathbf{0}$，从而 $\alpha+\alpha_s$ 的初始值 $a_0+a_s,a_1+a_{s+1},\cdots,a_{n-1}+a_{s+n-1}$ 不全为 0。于是根据命题 2 得 $\alpha+\alpha_s$ 是 m 序列。根据定理 5 得，在 $\alpha+\alpha_s$ 的一个周期中，1 的个数为 2^{n-1}，0 的个数为 $2^{n-1}-1$，即在下述 2^n-1 元组

$$(a_0+a_s,a_1+a_{s+1},\cdots,a_{2^n-2}+a_{s+2^n-2})$$

中，有 2^{n-1} 个元素是 $1,2^{n-1}-1$ 个元素是 0。由于

$$a_i+a_j=1 \iff (a_i,a_j)=(1,0) \text{ 或}(0,1);$$
$$a_i+a_j=0 \iff (a_i,a_j)=(1,1) \text{ 或}(0,0),$$

因此在

$$a_0a_1a_2\cdots a_{2^n-2},$$
$$a_sa_{s+1}a_{s+2}\cdots a_{s+2^n-2}$$

中，上下对应位元素相同的位数有 $2^{n-1}-1$ 位，对应位元素不同的位数有 2^{n-1} 位，从而 α 的自相关函数在 s 处的函数值为

$$C_a(s)=(2^{n-1}-1)-2^{n-1}=-1,1\leqslant s\leqslant 2^n-2,$$

因此 α 是拟完美序列。　■

当 $\mathbf{Z}_2$ 上的 n 阶常系数线性齐次递推关系（7）的特征多项式 $f(x)=x^n-c_1x^{n-1}-\cdots-c_{n-1}x-c_n$ 是 $\mathbf{Z}_2$ 上的本原多项式时，由 n 阶递推关系（7）产生的任一非零序列都是 m 序列，从而都是拟完美序列。当 n 很大时，这种序列的最小正周期 2^n-1 非常大，用它来作为密钥序列，对手很难破译它。大多数实际的序列密码都围绕线性反馈移位寄存器而设计，非常容易构造。挪威政府的首席密码学家 Ernst Selmer 于 1965 年研究出移位寄存器序列的理论。

下面列出 $\mathbf{Z}_2$ 上次数 $n\leqslant 7$ 的一些本原多项式，每个次数的本原多项式只写出一个（注意在 $\mathbf{Z}_2$ 中，$-1=1$）。

$$x+1,x^2+x+1,x^3+x+1,x^4+x+1,$$
$$x^5+x^2+1,x^6+x+1,x^7+x+1.$$

第8章 线性空间

几何空间可以看成是由以定点 O 为起点的所有向量组成的集合,有向量的加法运算和数量乘法运算;向量的加法满足交换律、结合律,有零向量,每个向量有负向量;向量的数量乘法满足: $1\vec{a}=\vec{a},(kl)\vec{a}=k(l\vec{a}),(k+l)\vec{a}=k\vec{a}+l\vec{a},k(\vec{a}+\vec{b})=k\vec{a}+k\vec{b}$,其中 $\vec{a},\vec{b}$ 是几何空间中的任意向量,k,l 是任意实数。

数域 K 上所有 n 元有序数组组成的集合 K^n 有数组的加法和数量乘法运算,并且满足类似于几何空间中的 8 条运算法则。

数域 K 上所有 $s\times n$ 级矩阵组成的集合 $M_{s\times n}(K)$ 有矩阵的加法和数量乘法运算,并且满足类似于上述的 8 条运算法则。

数域 K 上所有一元多项式组成的集合 $K[x]$ 有多项式的加法运算,从多项式的乘法运算可以诱导出数量乘法运算: $k\sum_{i=0}^{n}a_ix^i=\sum_{i=0}^{n}(ka_i)x^i$,并且加法和数量乘法满足类似于上述的 8 条运算法则。

闭区间 $[a,b]$ 上的所有连续函数组成的集合 $C[a,b]$,由于两个连续函数的和仍是连续函数,实数与连续函数的乘积仍是连续函数,因此 $C[a,b]$ 有函数的加法运算: $(f+g)(x)=f(x)+g(x),\forall x\in[a,b]$;有函数的数量乘法运算: $(cf)(x)=cf(x),\forall x\in[a,b]$,其中 $c\in \mathbf{R}$;并且加法和数量乘法满足类似于上述的 8 条运算法则。

上述例子促使我们抓住它们的共同特点抽象出一个数学模型:线性空间,它是高等代数课程研究的主要对象之一。为了使线性空间为数学、自然科学和社会科学的研究提供广阔天地,需要把线性空间的结构搞清楚。

我们在这一章中将要阐述研究线性空间结构的 4 条途径:

1° 从元素的角度。为了使线性空间 V 中的每个元素(借用几何语言称它为向量)能用 V 中有限多个向量唯一地线性表出,引进基和维数的概念;

2° 从子集的角度。为了易于找到 V 的一个基,引进子空间与子空间的直和的概念;

3° 从商集的角度。为了简化对整个线性空间 V 的结构的研究,给出 V 的一个划分,把一个等价类看成一个元素,引进商空间的概念;

4° 从线性空间之间关系的角度。为了研究域 F 上的众多线性空间哪些有相同的结构,引进线性空间同构的概念。

8.1 域 F 上线性空间的基与维数

8.1.1 内容精华

一、域 F 上线性空间的定义、例子和简单性质

从上面提到的几何空间，K^n，$M_{s\times n}(K)$，$K[x]$，$C[a,b]$ 的共同特点：一个非空集合，有加法和数量乘法运算，并且满足上述 8 条运算法则，我们要抽象出一个数学模型：线性空间。为此首先要抽象出什么是非空集合 S 上的一个运算。例如，在整数集 $\mathbf{Z}$ 中，$2+3=5$，这是一对有序整数 $(2,3)$ 对应到一个整数 5。由此受到启发，我们要考虑非空集合 S 的有序元素对组成的集合

$$\{(a,b)\,|\,a,b\in S\},$$

把这个集合记作 $S\times S$，称它为 S 与自身的**笛卡儿积**。更一般地，对于任意两个非空集合 S,M，令

$$S\times M:=\{(a,b)\,|\,a\in S,b\in M\},$$

称 $S\times M$ 是集合 S 与 M 的**笛卡儿积**。

整数集 $\mathbf{Z}$ 的加法运算是 $\mathbf{Z}\times\mathbf{Z}$ 到 $\mathbf{Z}$ 的一个映射。由此受到启发，我们规定：

设 S 是一个非空集合，则 $S\times S$ 到 S 的一个映射称为 S 上的一个**二元代数运算**，简称为 S 上的一个**运算**。

现在我们来抽象出线性空间这个数学模型：

定义 1 设 V 是一个非空集合，F 是一个域。如果 V 上有一个运算（即 $V\times V$ 到 V 的一个映射），称为**加法**，即 $(\alpha,\beta)\longmapsto\gamma$，把 γ 称为 α 与 β 的和，记作 $\alpha+\beta=\gamma$；F 与 V 有一个运算（即，$F\times V$ 到 V 的一个映射），称为**纯量乘法**，即 $(k,\alpha)\longmapsto\delta$，把 δ 称为 k 与 α 的**纯量乘积**，记作 $k\alpha=\delta$，并且满足下述 8 条运算法则：$\forall\alpha,\beta,\gamma\in V$，$\forall k,l\in F$，有：

1° $\alpha+\beta=\beta+\alpha$ （加法交换律）；

2° $(\alpha+\beta)+\gamma=\alpha+(\beta+\gamma)$ （加法结合律）；

3° V 中有一个元素，记作 0，它使得

$$\alpha+0=\alpha,\quad\forall\alpha\in V,$$

具有该性质的元素 0 称为 V 的**零元**；

4° 对于 $\alpha\in V$，存在 $\beta\in V$，使得

$$\alpha+\beta=0,$$

具有该性质的元素 β 称为 α 的**负元**；

5° $1\alpha=\alpha$，其中 1 是 F 的单位元；

6° $(kl)\alpha=k(l\alpha)$；

7° $(k+l)\alpha=k\alpha+l\alpha$；

8° $k(\alpha+\beta)=k\alpha+k\beta$，

那么称 V 是**域 F 上的一个线性空间。**

借助几何语言,把线性空间的元素称为向量,线性空间又可称为向量空间。习惯上把线性空间 V 的加法运算以及域 F 的元素与 V 的元素之间的纯量乘法运算说成是 V 的加法运算与纯量乘法运算,统称为 V 的线性运算。

线性空间的例子有很多。例如:

几何空间中以原点为起点的所有向量组成的集合,对于向量的加法与数量乘法,成为实数域 $\mathbf{R}$ 上的一个线性空间。

域 F 上所有 n 元有序组组成的集合 F^n,对于有序组的加法(把对应分量相加)与纯量乘法(把 F 的元素 k 乘每一个分量),成为域 F 上的一个线性空间,称它为域 F 上的 n 维向量空间。

数域 K 上所有 $s \times n$ 矩阵组成的集合,对于矩阵的加法与数量乘法,成为数域 K 上的一个线性空间,记作 $M_{s \times n}(K)$。

数域 K 上所有一元多项式组成的集合 $K[x]$,对于多项式的加法以及 K 中元素与多项式的数量乘法,成为数域 K 上的一个线性空间。

数域 K 上所有次数小于 n 的一元多项式组成的集合,对于多项式的加法(两个次数小于 n 的多项式之和仍然是次数小于 n 的多项式)以及数量乘法(任一数乘任一次数小于 n 的多项式所得结果仍是次数小于 n 的多项式),成为数域 K 上的一个线性空间,记作 $K[x]_n$。

复数域 $\mathbf{C}$ 可以看成是实数域 $\mathbf{R}$ 上的一个线性空间,其加法是复数的加法,其数量乘法是实数 a 与复数 z 相乘。

域 F 可以看成是自身上的线性空间,其加法就是域 F 中的加法,其纯量乘法就是域 F 中的乘法。

设 X 为任一非空集合,F 是一个域,定义域为 X 的所有 F 值函数(即 X 到 F 的映射)组成的集合记作 F^X,它对于函数的加法(即 $(f+g)(x)=f(x)+g(x)$)和纯量乘法(即 $(kf)(x)=kf(x)$),成为域 F 上的一个线性空间。它的零元是零函数,记作 0,即 $0(x)=0, \forall x \in X$。

上述例子表明,线性空间这一数学模型适用性很广。我们研究抽象的线性空间的结构,只能从线性空间的定义(有加法和纯量乘法两种运算,并且满足 8 条运算法则)出发,进行逻辑推理,深入揭示线性空间的性质和结构。在探索时,要善于从熟悉的具体模型(例如,几何空间或者数域 K 上的 n 维向量空间 K^n)的性质和结构受到启发,做出猜测,但这不能代替证明。如果 K^n 的性质和结构的证明只用到加法和数量乘法及其满足的 8 条运算法则,没有用到 n 元有序数组的具体性质,那么这些证明可以照搬到抽象的线性空间中来;否则,就要重新证明。

从域 F 上线性空间 V 满足的 8 条运算法则可以推导出线性空间 V 的一些简单性质:

性质 1 V 中零元是唯一的。

证明 假设 $0_1, 0_2$ 是 V 中两个零元,则
$$0_1 + 0_2 = 0_1, \quad 0_1 + 0_2 = 0_2 + 0_1 = 0_2,$$
因此 $0_1 = 0_2$。 ■

性质 2　V 中每个元素 α 的负元是唯一的。

证明　假设 β_1, β_2 都是 α 的负元,则

$$(\beta_1 + \alpha) + \beta_2 = (\alpha + \beta_1) + \beta_2 = 0 + \beta_2 = \beta_2 + 0 = \beta_2,$$
$$(\beta_1 + \alpha) + \beta_2 = \beta_1 + (\alpha + \beta_2) = \beta_1 + 0 = \beta_1,$$

因此 $\beta_2 = \beta_1$。　　■

今后把 V 中元素 α 的唯一的负元记作 $-\alpha$。利用负元,可以在 V 中定义**减法**如下:

$$\alpha - \beta := \alpha + (-\beta)。$$

性质 3　$0\alpha = 0, \forall \alpha \in V$。

证明　　　　　　　　　　$0\alpha + 0\alpha = (0 + 0)\alpha = 0\alpha,$

两边加上 (-0α),得

$$(0\alpha + 0\alpha) + (-0\alpha) = 0\alpha + (-0\alpha),$$

利用结合律和运算法则 $(4),(3)$,得

$$0\alpha = 0。$$　　■

性质 4　$k0 = 0, \forall k \in F$。

证明　　　　　　　　　　$k0 + k0 = k(0 + 0) = k0,$

上式两边加上 $(-k0)$,可得

$$k0 = 0。$$　　■

性质 5　如果 $k\alpha = 0$,那么 $k = 0$ 或 $\alpha = 0$。

证明　假设 $k \neq 0$,则

$$\alpha = 1\alpha = (k^{-1}k)\alpha = k^{-1}(k\alpha) = k^{-1}0 = 0。$$　　■

性质 6　$(-1)\alpha = -\alpha, \forall \alpha \in V$。

证明　$\alpha + (-1)\alpha = 1\alpha + (-1)\alpha = [1 + (-1)]\alpha = 0\alpha = 0,$　因此 $(-1)\alpha = -\alpha$。　■

二、向量集的线性相关与线性无关,极大线性无关组,向量组的秩

为了研究域 F 上线性空间 V 的结构,自然是从 V 有加法和纯量乘法两种运算出发。对于 V 中的一组向量 $\alpha_1, \alpha_2, \cdots, \alpha_s$,域 F 中的一组元素 $k_1, k_2, \cdots, k_s$,作纯量乘法和加法便得到:

$$k_1\alpha_1 + k_2\alpha_2 + \cdots + k_s\alpha_s,$$

根据 V 中加法和纯量乘法的定义知道,$k_1\alpha_1 + k_2\alpha_2 + \cdots + k_s\alpha_s$ 仍然是 V 中的一个向量,称这个向量是 $\alpha_1, \alpha_2, \cdots, \alpha_s$ 的一个**线性组合**。

像 $\alpha_1, \alpha_2, \cdots, \alpha_s$ 这样按照一定顺序写出的有限多个向量(其中允许有相同的向量)称为 V 的一个**向量组**。

V 中的一个向量 β 如果能够表示成向量组 $\alpha_1, \alpha_2, \cdots, \alpha_s$ 的一个线性组合,那么称 β 可以由向量组 $\alpha_1, \alpha_2, \cdots, \alpha_s$ **线性表出**。

在数域 K 上 n 维向量空间 K^n 中,设 $\alpha_1, \alpha_2, \cdots, \alpha_n$ 是 n 个线性无关的向量,则 K^n 中任一向量 β 都可以由向量组 $\alpha_1, \alpha_2, \cdots, \alpha_n$ 唯一地线性表出。由此受到启发,自然要问:在域 F 上的线性空间 V 中,能不能找到一组向量,使得 V 中任一向量都可以由这组向量唯一地线性表出? 从 K^n 中上述结论的推导过程受到启发,首先需要引出向量组线性相关

和向量组线性无关的概念。为了使线性相关和线性无关的概念有更广泛的适用范围,我们还给出 V 的子集(有限子集或无限子集)线性相关或线性无关的概念。

定义 2 设 V 是域 F 上的线性空间,则

研究的对象	线 性 相 关	线 性 无 关
向量组 $\alpha_1,\cdots,\alpha_s$ $(s\geq 1)$	F 中有不全为 0 的元素 $k_1,\cdots,k_s$,使得 $k_1\alpha_1+\cdots+k_s\alpha_s=0$	从 $k_1\alpha_1+\cdots+k_s\alpha_s=0$ 可以推出 $k_1=\cdots=k_s=0$
V 的非空有限子集	给这个子集的元素一种编号所得的向量组线性相关	给这个子集的元素一种编号所得的向量组线性无关
V 的无限子集 W	W 有一个有限子集线性相关	W 的任一有限子集都线性无关

空集(作为 V 的子集)定义成是线性无关的。

单个向量 α 组成的子集 $\{\alpha\}$ 何时线性相关? 何时线性无关?

$\{\alpha\}$ 线性相关 $\iff$ F 中有元素 $k\neq 0$ 使得 $k\alpha=0$。

$\qquad\qquad\qquad \iff \alpha=0$。

从而 $\{\alpha\}$ 线性无关 $\iff$ $\alpha\neq 0$。

第二个"$\iff$"的"$\Longrightarrow$"和"$\Longleftarrow$"分别是根据线性空间 V 的性质 5 和运算法则 5° 得出的。

从向量组线性相关的定义容易得出:

命题 1 在域 F 上的线性空间 V 中,如果向量组的一个部分组线性相关,那么这个向量组线性相关。 ∎

从 V 中向量集线性相关的定义和命题 1 立即得到:

命题 2 在域 F 上的线性空间 V 中,包含零向量的向量集是线性相关的。 ∎

从线性相关的定义立即得到:

命题 3 在域 F 上的线性空间 V 中,元素个数大于 1 的向量集 W 线性相关当且仅当 W 中至少有一个向量可以由其余向量中的有限多个线性表出,从而 W 线性无关当且仅当 W 中每一个向量都不能由其余向量中的有限多个线性表出。 ∎

从命题 3 看到,向量集线性相关的概念使我们能研究一个向量能不能由有限多个向量线性表出的问题。

如果向量 β 可以由向量集 W 中有限多个向量线性表出,那么称 **β 可以由向量集 W 线性表出**。

为什么要有向量集线性无关的概念? 这从下述命题可以看出:

命题 4 在域 F 上的线性空间 V 中,设向量 β 可以由向量集 W 线性表出,则表法唯一的充分必要条件是向量集 W 线性无关。

证明 充分性。设向量集 W 线性无关,由已知条件,β 可以由向量集 W 线性表出。假如有两种表出方式:

$$\beta = k_1\alpha_1 + \cdots + k_r\alpha_r + k_{r+1}u_1 + \cdots + k_{r+s}u_s, \tag{1}$$

$$\beta = l_1\alpha_1 + \cdots + l_r\alpha_r + l_{r+1}v_1 + \cdots + l_{r+t}v_t, \tag{2}$$

其中 $\alpha_1,\cdots,\alpha_r,u_1,\cdots,u_s,v_1,\cdots,v_t \in W, r\geq 0, s\geq 0, t\geq 0$。把(1)式减去(2)式,得

$$0 = (k_1-l_1)\alpha_1 + \cdots + (k_r-l_r)\alpha_r + k_{r+1}u_1 + \cdots + k_{r+s}u_s - l_{r+1}v_1 - \cdots - l_{r+t}v_t。$$

由于向量集 W 线性无关,因此向量组 $\alpha_1,\cdots,\alpha_r,u_1,\cdots,u_s,v_1,\cdots,v_t$ 线性无关,从而由上式得

$$k_1 - l_1 = 0, \cdots, \quad k_r - l_r = 0, \quad k_{r+1} = \cdots = k_{r+s} = l_{r+1} = \cdots = l_{r+t} = 0,$$

于是 $\beta = k_1\alpha_1 + \cdots + k_r\alpha_r$ 是 β 由向量集 W 线性表出的唯一方式。

必要性。设 β 由向量集 W 线性表出的方式唯一,假如向量集 W 线性相关,则 W 有一个有限子集 $\{\alpha_1,\cdots,\alpha_s\}$ 线性相关,于是在 F 中有不全为 0 的元素 $k_1,\cdots,k_s$ 使得

$$k_1\alpha_1 + \cdots + k_s\alpha_s = 0。 \tag{3}$$

由于 β 可以由 W 线性表出,因此

$$\beta = l_1\alpha_1 + \cdots + l_s\alpha_s + l_{s+1}v_1 + \cdots + l_{s+t}v_t, \tag{4}$$

其中 l_i 可能等于 $0(i=1,\cdots,s)$。把(3)式和(4)式相加,得

$$\beta = (k_1+l_1)\alpha_1 + \cdots + (k_s+l_s)\alpha_s + l_{s+1}v_1 + \cdots l_{s+t}v_t, \tag{5}$$

由于 $k_1,\cdots,k_s$ 不全为 0,因此有序元素组

$$(l_1,\cdots,l_s,l_{s+1},\cdots,l_{s+t}) \neq (k_1+l_1,\cdots,k_s+l_s,l_{s+1},\cdots,l_{s+t}),$$

于是 β 由向量集 W 线性表出的方式不唯一,与已知条件矛盾。故向量集 W 线性无关。∎

从命题 4 可以看出,引进向量集线性无关的概念是为了使由这样的向量集线性表出的向量其表法唯一。由于向量 β 由向量集 W 线性表出的定义是 β 可以由 W 中有限多个向量线性表出,因此后面我们将集中精力讨论一个向量由一个向量组线性表出的问题。

首先讨论一个向量可以由一个线性无关的向量组线性表出的条件。

命题 5　在域 F 上的线性空间 V 中,设向量组 $\alpha_1,\cdots,\alpha_s$ 线性无关,则向量 β 可以由向量组 $\alpha_1,\cdots,\alpha_s$ 线性表出的充分必要条件是 $\alpha_1,\cdots,\alpha_s,\beta$ 线性相关。

证明　必要性由命题 3 立即得到。

充分性。由于 $\alpha_1,\cdots,\alpha_s,\beta$ 线性相关,因此在 F 中有不全为 0 的元素 $k_1,\cdots,k_s,l$,使得

$$k_1\alpha_1 + \cdots + k_s\alpha_s + l\beta = 0。 \tag{6}$$

假如 $l=0$,则由(6)式得

$$k_1\alpha_1 + \cdots + k_s\alpha_s = 0。 \tag{7}$$

由于 $\alpha_1,\cdots,\alpha_s$ 线性无关,因此从(7)式得

$$k_1 = \cdots = k_s = 0,$$

这与 $k_1,\cdots,k_s,l$ 不全为 0 矛盾,因此 $l\neq 0$,从而

$$\beta = -\frac{k_1}{l}\alpha_1 - \cdots - \frac{k_s}{l}\alpha_s,$$

这表明 β 可以由 $\alpha_1,\cdots,\alpha_s$ 线性表出。∎

其次,设向量 β 可以由向量组 $\alpha_1,\cdots,\alpha_s$ 线性表出。若 $\alpha_1,\cdots,\alpha_s$ 线性无关,则 β 由 $\alpha_1,\cdots,\alpha_s$ 线性表出的方式唯一。若 $\alpha_1,\cdots,\alpha_s$ 线性相关,自然的想法是在 $\alpha_1,\cdots,\alpha_s$ 中取出一个部

分组是线性无关的,而从其余向量中任取一个添进去得到的新的部分组就线性相关了,这时 β 可以由这个线性无关的部分组线性表出且表出方式唯一。自然而然把这个部分组叫作向量组的极大线性无关组,即:

定义 3 在域 F 上的线性空间 V 中,向量组 $\alpha_1,\cdots,\alpha_s$ 的一个部分组称为一个**极大线性无关组**,如果这个部分组本身是线性无关的,但是从这个向量组的其余向量(如果还存在)中任取一个添加进去,得到的新的部分组都线性相关。

设向量组 $\alpha_1,\cdots,\alpha_s$ 的一个极大线性无关组是 $\alpha_{i_1},\cdots,\alpha_{i_r}$,由于 $\alpha_{i_1}=1\cdot\alpha_{i_1}+0\cdot\alpha_{i_2}+\cdots+0\cdot\alpha_{i_r}$,因此 α_{i_1} 可以由 $\alpha_{i_1},\cdots,\alpha_{i_r}$ 线性表出。同理,$\alpha_{i_2},\cdots,\alpha_{i_r}$ 中每一个向量都可以由 $\alpha_{i_1},\cdots,\alpha_{i_r}$ 线性表出。若 $\alpha_j\notin\{\alpha_{i_1},\cdots,\alpha_{i_r}\}$,则根据极大线性无关组的定义,$\alpha_{i_1},\cdots,\alpha_{i_r},\alpha_j$ 线性相关。从而由命题 5 得到,α_j 可以由 $\alpha_{i_1},\cdots,\alpha_{i_r}$ 线性表出。因此向量组 $\alpha_1,\cdots,\alpha_s$ 中每一个向量都可以由它的一个极大线性无关组 $\alpha_{i_1},\cdots,\alpha_{i_r}$ 线性表出。反之,显然有极大线性无关组 $\alpha_{i_1},\cdots,\alpha_{i_r}$ 中每一个向量都可以由向量组 $\alpha_1,\cdots,\alpha_s$ 线性表出。由此受到启发,引出两个向量组等价的概念:

定义 4 如果向量组 $\alpha_1,\cdots,\alpha_s$ 的每一个向量都可以由向量组 $\beta_1,\cdots,\beta_r$ 线性表出,那么称向量组 $\alpha_1,\cdots,\alpha_s$ 可以由向量组 $\beta_1,\cdots,\beta_r$ **线性表出**。如果向量组 $\alpha_1,\cdots,\alpha_s$ 与向量组 $\beta_1,\cdots,\beta_r$ 可以互相线性表出,那么称这两个向量组**等价**,记作

$$\{\alpha_1,\cdots,\alpha_s\}\cong\{\beta_1,\cdots,\beta_r\}。$$

上一段的讨论表明:一个向量组与它的任意一个极大线性无关组等价。

显然,每一个向量组与自身等价,即向量组的等价具有反身性。从向量组等价的定义立即看出,它具有对称性。容易证明:若向量组 $\alpha_1,\cdots,\alpha_s$ 可以由向量组 $\beta_1,\cdots,\beta_r$ 线性表出,且向量组 $\beta_1,\cdots,\beta_r$ 可以由向量组 $\gamma_1,\cdots,\gamma_t$ 线性表出,则向量组 $\alpha_1,\cdots,\alpha_s$ 可以由向量组 $\gamma_1,\cdots,\gamma_t$ 线性表出(理由:由已知条件得,任给 $i\in\{1,\cdots,s\}$ 有 $\alpha_i=\sum_{j=1}^{r}k_j\beta_j$,并且对于 $j\in\{1,\cdots,r\}$ 有 $\beta_j=\sum_{l=1}^{t}b_{jl}\gamma_l$。于是 $\alpha_i=\sum_{j=1}^{r}k_j(\sum_{l=1}^{t}b_{jl}\gamma_l)=\sum_{l=1}^{t}(\sum_{j=1}^{r}k_jb_{jl})\gamma_l$,因此向量组 $\alpha_1,\cdots,\alpha_s$ 可以由向量组 $\gamma_1,\cdots,\gamma_t$ 线性表出),即向量组的线性表出具有传递性,从而向量组的等价也有传递性。因此向量组的等价是 V 中向量组之间的一个等价关系。

从向量组等价的对称性和传递性可以得出:一个向量组的任意两个极大线性无组等价。

进一步想问:一个向量组的任意两个极大线性无关组所含向量的个数是否相等?为了解决这个问题,先放宽条件一般地考虑:如果一个向量组可以由另一个向量组线性表出,那么它们所含向量的个数之间有什么关系?从几何空间中的例子(参看本套教材上册 3.3 节)受到启发,猜想有下述结论:

引理 1 在域 F 上的线性空间 V 中,设向量组 $\beta_1,\cdots,\beta_r$ 可以由向量组 $\alpha_1,\cdots,\alpha_s$ 线性表出,如果 $r>s$,那么向量组 $\beta_1,\cdots,\beta_r$ 线性相关。

引理 1 的证明与本套教材上册 3.3 节的引理 1 的证明一样。关于数域 K 上线性方程组的理论(除了用到 K 含有无穷多个数的结论)在把数域 K 换成任意域 F 以后仍然成立。■

引理 1 的逆否命题自然也成立,即:

推论 1 在域 F 上的线性空间 V 中,设向量组 $\beta_1,\cdots,\beta_r$ 可以由向量组 $\alpha_1,\cdots,\alpha_s$ 线性

表出,如果 $\beta_1,\cdots,\beta_r$ 线性无关,那么 $r\leqslant s$。　■

从推论 1 立即得出:

推论 2　等价的线性无关的向量组所含向量的个数相等。　■

从推论 2 以及一个向量组的任意两个极大线性无关组等价立即得出:

推论 3　一个向量组的任意两个极大线性无关组所含向量的个数相等。　■

从推论 3 受到启发,引出下述重要概念:

定义 5　向量组的极大线性无关组所含向量的个数称为这个**向量组的秩**。把向量组 $\alpha_1,\cdots,\alpha_s$ 的秩记作 $\mathrm{rank}\{\alpha_1,\cdots,\alpha_s\}$。

全由零向量组成的向量组的秩规定为 0。

向量组的秩是一个非常深刻的重要概念。例如,用向量组的秩可以刻画向量组是否线性无关,即从向量组的秩的定义可以推出下述命题:

命题 6　在域 F 上的线性空间 V 中,向量组 $\alpha_1,\cdots,\alpha_s$ 线性无关的充分必要条件是它的秩等于它所含向量的个数。

证明　向量组 $\alpha_1,\cdots,\alpha_s$ 线性无关

$\Longleftrightarrow$ 向量组 $\alpha_1,\cdots,\alpha_s$ 的极大线性无关组是 $\alpha_1,\cdots,\alpha_s$

$\Longleftrightarrow \mathrm{rank}\{\alpha_1,\cdots,\alpha_s\}=s$。　■

比较两个向量组的秩的大小的常用方法有:

命题 7　如果向量组 $\alpha_1,\cdots,\alpha_s$ 可以由向量组 $\beta_1,\cdots,\beta_r$ 线性表出,那么

$$\mathrm{rank}\{\alpha_1,\cdots,\alpha_s\}\leqslant\mathrm{rank}\{\beta_1,\cdots,\beta_r\}。$$

命题 7 的证明只要分别取这两个向量组的一个极大线性无关组,然后运用线性表出的传递性以及推论 1 便可得出结论。　■

从命题 7 立即得出:

命题 8　等价的向量组有相等的秩。　■

三、基与维数

从几何空间的结构、数域 K 上 n 维向量空间 K^n 的结构等受到启发,研究域 F 上线性空间 V 的结构同样需要有基的概念。

定义 6　设 V 是域 F 上的线性空间,V 中的向量集 S 如果满足下述两个条件:

1° 向量集 S 是线性无关的;

2° V 中每一个向量可以由向量集 S 中有限多个向量线性表出,

那么称 S 是 V 的一个**基**。当 S 是有限集时,把 S 的元素排序得到一个向量组,此时称这个向量组是 V 的一个有序基,简称为基。

只含有零向量的线性空间的基规定为空集。

任一域上的任一线性空间都存在一个基吗? 回答是肯定的。证明需要用到偏序集的概念和 Zorn 引理。

设 W 是一个集合,S 是由 W 的一些子集组成的集合。在 S 中任取两个元素,它们可能有包含关系,也可能没有包含关系。W 的子集的包含关系 $\subseteq$ 称为 S 的一个**偏序**,并且把 S 称为**偏序集**。偏序集 S 的一个元素 A 称为 S 的一个**极大元素**,如果不存在 $B\in S$ 使

得 $A\subseteq B$ 且 $A\neq B$。偏序集 S 的一个子集 T 称为 S 的一条**链**,如果 T 中任意两个元素都有包含关系。设 U 是偏序集 S 的一个子集,如果 S 中有一个元素 B,使得对所有的 $X\in U$ 都有 $X\subseteq B$,那么称 B 是 U 的一个**上界**。

Zorn 引理 若一个偏序集 S 的每条链都有上界,则 S 有一个极大元素。

定理 1 任一域 F 上的任一线性空间 V 都有一个基。

* **证明** 按照基的定义,要找出 V 的一个子集满足两个条件,第一个条件是这个子集是线性无关的,第二个条件是 V 中每一个向量都可以由这个子集中有限多个向量线性表出。为此我们把 V 中所有线性无关的向量集组成一个集合,记作 S。显然 S 对于 V 的子集的包含关系成为一个偏序集。我们要在 S 中找一个元素,希望它满足上述第二个条件,直觉判断应找 S 的一个极大元素。那么 S 是否有极大元素呢?根据 Zorn 引理,应当任取 S 的一条链 T,设 $T=\{B_i\,|\,i\in I\}$,其中 I 为指标集,去证 T 必有上界。为此令

$$B=\bigcup_{i\in I}B_i:=\{\alpha\mid\alpha\in B_i,\text{其中 } i\in I\},$$

如果能证明 B 是线性无关的,那么 $B\in S$。又显然有 $B_i\subseteq B$,$\forall i\in I$,因此 B 就是 T 的一个上界。现在假设 B 线性相关,则 B 有一个有限子集 C 是线性相关的,设

$$C=\{\alpha_1,\alpha_2,\cdots,\alpha_r\},$$

设 $\alpha_1\in B_{i_1},\cdots,\alpha_r\in B_{i_r}$,由于 T 是一条链,因此在 $B_{i_1},\cdots,B_{i_r}$ 中必定有一个包含了其余 $r-1$ 个。不妨设它为 B_{i_r},于是 $C\subseteq B_{i_r}$。由于 B_{i_r} 是线性无关的,因此 C 是线性无关的,与假设相矛盾。这证明了 B 是线性无关的,从而 B 是 T 的一个上界,因此 S 有一个极大元素 A,从而 A 是线性无关的向量集。在 V 中任取一个向量 α,若 $\alpha\in A$,则 α 可由 A 线性表出(因为 $\alpha=1\cdot\alpha$)。若 $\alpha\notin A$,则 $A\subsetneq A\cup\{\alpha\}$。由于 A 是 S 的一个极大元素,因此 $A\cup\{\alpha\}\notin S$,从而向量集 $A\cup\{\alpha\}$ 线性相关。于是 $A\cup\{\alpha\}$ 有一个有限子集 A_1 是线性相关的,必有 $\alpha\in A_1$(否则,A_1 是 A 的子集,矛盾)。由于 $A_1\setminus\{\alpha\}\subseteq A$,因此 $A_1\setminus\{\alpha\}$ 线性无关,从而根据命题 5 得,α 可以由 $A_1\setminus\{\alpha\}$ 线性表出,因此 α 可以由 A 中有限多个向量线性表出。综上所述得,A 是 V 的一个基。 ■

既然任一域 F 上的任一线性空间都有一个基,因此我们引出下述概念:

定义 7 设 V 是域 F 上的线性空间,如果 V 有一个基是由有限多个向量组成,那么称 V 是**有限维的**;如果 V 有一个基含有无穷多个向量,那么称 V 是**无限维的**。

例如,数域 K 上的 n 维向量空间 K^n 是有限维的;$K[x]$ 是无限维的,因为容易看出它有一个基是

$$\{1,x,x^2,\cdots,x^n,\cdots\}。$$

定理 2 如果域 F 上的线性空间 V 是有限维的,那么 V 的任意两个基所含向量的个数相等。

证明 根据定义 7,V 有一个基为 $\alpha_1,\alpha_2,\cdots,\alpha_n$。设向量集 S 是 V 的另一个基,假如 S 所含的向量个数多于 n 个,则 S 中可取出 $n+1$ 个向量:$\beta_1,\beta_2,\cdots,\beta_{n+1}$,它们可以由 $\alpha_1,\cdots,\alpha_n$ 线性表出。根据引理 1 得,$\beta_1,\beta_2,\cdots,\beta_{n+1}$ 线性相关。这与 S 线性无关相矛盾,因此 $|S|\leqslant n$。设 $S=\{\beta_1,\beta_2,\cdots,\beta_m\}$,根据推论 2 得,$m=n$。 ■

推论 4 如果域 F 上的线性空间 V 是无限维的,那么 V 的任意一个基都含有无穷多个向量。

证明　假如 V 有一个基为 $\alpha_1,\cdots,\alpha_n$,那么从定理 2 的证明中看出,V 的任意一个基都含有 n 个向量,这与 V 是无限维的线性空间相矛盾。因此 V 的任意一个基都含有无穷多个向量。■

从定理 2 和推论 4,可以给出下述重要概念:

定义 8　设 V 是域 F 上的线性空间,如果 V 是有限维的,那么把 V 的一个基所含向量的个数称为 V 的**维数**,记作 $\dim_F V$,简记作 $\dim V$;如果 V 是无限维的,那么记 $\dim V = \infty$。

由定义 8 知道,只含零向量的线性空间的维数为 0。

从基的定义可以看出,对于线性空间 V,只要知道它的一个基,那么 V 的结构就完全清楚了。对于有限维的线性空间 V,其维数对于研究 V 的结构有着重要的作用。

命题 9　设 V 是域 F 上的 n 维线性空间,则 V 中任意 $n+1$ 个向量都线性相关。

证明　从定理 2 的证明过程可以看出。■

命题 10　设 V 是域 F 上的 n 维线性空间,则 V 中任意 n 个线性无关的向量都是 V 的一个基。

证明　在 V 中任取 n 个线性无关的向量 $\alpha_1,\alpha_2,\cdots,\alpha_n$,对于任意 $\beta \in V$,根据命题 9 得,$\alpha_1,\alpha_2,\cdots,\alpha_n,\beta$ 线性相关,从而根据命题 5 得,β 可以由 $\alpha_1,\alpha_2,\cdots,\alpha_n$ 线性表出。因此 $\alpha_1,\alpha_2,\cdots,\alpha_n$ 是 V 的一个基。■

命题 11　设 V 是域 F 上的 n 维线性空间,如果 V 中的每一个向量都可以由向量组 $\alpha_1,\alpha_2,\cdots,\alpha_n$ 线性表出,那么 $\alpha_1,\alpha_2,\cdots,\alpha_n$ 是 V 的一个基。

证明　从 V 中取一个基 $\delta_1,\delta_2,\cdots,\delta_n$,由已知条件得,向量组 $\delta_1,\delta_2,\cdots,\delta_n$ 可以由向量组 $\alpha_1,\alpha_2,\cdots,\alpha_n$ 线性表出,因此

$$n = \operatorname{rank}\{\delta_1,\delta_2,\cdots,\delta_n\} \leqslant \operatorname{rank}\{\alpha_1,\alpha_2,\cdots,\alpha_n\} \leqslant n。$$

由此得出,$\operatorname{rank}\{\alpha_1,\alpha_2,\cdots,\alpha_n\}=n$,于是向量组 $\alpha_1,\alpha_2,\cdots,\alpha_n$ 线性无关。因此 $\alpha_1,\alpha_2,\cdots,\alpha_n$ 是 V 的一个基。■

命题 12　设 V 是域 F 上的 n 维线性空间,则 V 中任意一个线性无关的向量组都可以扩充成 V 的一个基。

证明　任取 V 的一个线性无关的向量组 $\alpha_1,\cdots,\alpha_r$。若 $r=n$,则 $\alpha_1,\cdots,\alpha_n$ 是 V 的一个基。下设 $r<n$,此时 V 中必有一个向量 β_1 不能由 $\alpha_1,\cdots,\alpha_r$ 线性表出,从而向量组 $\alpha_1,\cdots,\alpha_r,\beta_1$ 线性无关(根据命题 5)。若 $r+1=n$,则向量组 $\alpha_1,\cdots,\alpha_r,\beta_1$ 是 V 的一个基。若 $r+1<n$,则 V 中有一个向量 β_2 不能由 $\alpha_1,\cdots,\alpha_r,\beta_1$ 线性表出,从而 $\alpha_1,\cdots,\alpha_r,\beta_1,\beta_2$ 线性无关。依次下去,可得到线性无关的向量组

$$\alpha_1,\cdots,\alpha_r,\beta_1,\beta_2,\cdots,\beta_s,$$

其中 $r+s=n$,从而把 $\alpha_1,\cdots,\alpha_r$ 扩充成了 V 的一个基。■

设 V 是域 F 上的 n 维线性空间,$\alpha_1,\alpha_2,\cdots,\alpha_n$ 是 V 的一个基。根据命题 4 得,V 中任一向量 α 由基 $\alpha_1,\alpha_2,\cdots,\alpha_n$ 线性表出的方式唯一:

$$\alpha = a_1\alpha_1 + a_2\alpha_2 + \cdots + a_n\alpha_n,$$

我们把系数组成的 n 元有序组(写成列向量的形式)$(a_1,a_2,\cdots,a_n)'$ 称为 α 在基 $\alpha_1,\alpha_2,\cdots,\alpha_n$ 下的**坐标**。

四、基变换和坐标变换

设 V 是域 F 上的 n 维线性空间,给定 V 的两个基:
$$\alpha_1,\alpha_2,\cdots,\alpha_n; \qquad \beta_1,\beta_2,\cdots,\beta_n。$$
设 V 中向量 α 分别在这两个基下的坐标为
$$\boldsymbol{x}=(x_1,x_2,\cdots,x_n)', \quad \boldsymbol{y}=(y_1,y_2,\cdots,y_n)', \tag{8}$$
试问:$\boldsymbol{x}$ 与 $\boldsymbol{y}$ 之间有什么关系?

首先需要把上述两个基之间的关系搞清楚。由于 $\alpha_1,\alpha_2,\cdots,\alpha_n$ 是 V 的一个基,因此有
$$\begin{cases} \beta_1=a_{11}\alpha_1+a_{21}\alpha_2+\cdots+a_{n1}\alpha_n, \\ \beta_2=a_{12}\alpha_1+a_{22}\alpha_2+\cdots+a_{n2}\alpha_n, \\ \cdots \\ \beta_n=a_{1n}\alpha_1+a_{2n}\alpha_2+\cdots+a_{nn}\alpha_n。 \end{cases} \tag{9}$$

V 中两个向量组 $(\alpha_1,\alpha_2,\cdots,\alpha_n)$ 与 $(\gamma_1,\gamma_2,\cdots,\gamma_n)$,如果满足 $\alpha_i=\gamma_i,i=1,2,\cdots,n$,那么称它们**相等**。

还可以定义 V 中向量组的加法和纯量乘法:
$$(\alpha_1,\alpha_2,\cdots,\alpha_n)+(\beta_1,\beta_2,\cdots,\beta_n):=(\alpha_1+\beta_1,\alpha_2+\beta_2,\cdots,\alpha_n+\beta_n), \tag{10}$$
$$k(\alpha_1,\alpha_2,\cdots,\alpha_n):=(k\alpha_1,k\alpha_2,\cdots,k\alpha_n), \tag{11}$$
它们分别类似于域 F 的 n 元有序组的加法和纯量乘法。

我们把 $\beta_1,\beta_2,\cdots,\beta_n$ 在基 $\alpha_1,\alpha_2,\cdots,\alpha_n$ 下的坐标分别作为第 $1,2,\cdots,n$ 列构造一个矩阵,模仿矩阵乘法的定义把(9)式写成
$$(\beta_1,\beta_2,\cdots,\beta_n)=(\alpha_1,\alpha_2,\cdots,\alpha_n)\begin{pmatrix} a_{11} & a_{12} & \cdots & a_{1n} \\ a_{21} & a_{22} & \cdots & a_{2n} \\ \vdots & \vdots & & \vdots \\ a_{n1} & a_{n2} & \cdots & a_{nn} \end{pmatrix}。 \tag{12}$$
我们把(12)式右端的矩阵记作 $\boldsymbol{A}$,称它是基 $\alpha_1,\alpha_2,\cdots,\alpha_n$ 到基 $\beta_1,\beta_2,\cdots,\beta_n$ 的**过渡矩阵**。于是(12)式可以写成
$$(\beta_1,\beta_2,\cdots,\beta_n)=(\alpha_1,\alpha_2,\cdots,\alpha_n)\boldsymbol{A}。 \tag{13}$$

由于这种写法是模仿矩阵乘法的定义,因此矩阵乘法所满足的运算法则对于这种写法可以类似地证明其成立:
$$[(\alpha_1,\alpha_2,\cdots,\alpha_n)\boldsymbol{A}]\boldsymbol{B}=(\alpha_1,\alpha_2,\cdots,\alpha_n)(\boldsymbol{AB}), \tag{14}$$
$$(\alpha_1,\alpha_2,\cdots,\alpha_n)\boldsymbol{A}+(\alpha_1,\alpha_2,\cdots,\alpha_n)\boldsymbol{B}=(\alpha_1,\alpha_2,\cdots,\alpha_n)(\boldsymbol{A}+\boldsymbol{B}), \tag{15}$$
$$(\alpha_1,\alpha_2,\cdots,\alpha_n)\boldsymbol{A}+(\beta_1,\beta_2,\cdots,\beta_n)\boldsymbol{A}=(\alpha_1+\beta_1,\alpha_2+\beta_2,\cdots,\alpha_n+\beta_n)\boldsymbol{A}, \tag{16}$$
$$[k(\alpha_1,\alpha_2,\cdots,\alpha_n)]\boldsymbol{A}=(\alpha_1,\alpha_2,\cdots,\alpha_n)(k\boldsymbol{A})=k[(\alpha_1,\alpha_2,\cdots,\alpha_n)\boldsymbol{A}]。 \tag{17}$$

利用上述写法满足的运算法则,可证明下述命题:

命题 13 设 $\alpha_1,\alpha_2,\cdots,\alpha_n$ 是 V 的一个基,且向量组 $\beta_1,\beta_2,\cdots,\beta_n$ 满足
$$(\beta_1,\beta_2,\cdots,\beta_n)=(\alpha_1,\alpha_2,\cdots,\alpha_n)\boldsymbol{A}, \tag{18}$$
则 $\beta_1,\beta_2,\cdots,\beta_n$ 是 V 的一个基当且仅当 $\boldsymbol{A}$ 是可逆矩阵。

证明　$\beta_1,\beta_2,\cdots,\beta_n$ 是 V 的一个基

$\Longleftrightarrow$　$\beta_1,\beta_2,\cdots,\beta_n$ 线性无关

$\Longleftrightarrow$　从 $k_1\beta_1+k_2\beta_2+\cdots+k_n\beta_n=0$ 可推出 $k_1=k_2=\cdots=k_n=0$

$\Longleftrightarrow$　从 $(\beta_1,\beta_2,\cdots,\beta_n)\begin{bmatrix}k_1\\k_2\\\vdots\\k_n\end{bmatrix}=0$ 可推出 $\begin{bmatrix}k_1\\k_2\\\vdots\\k_n\end{bmatrix}=\boldsymbol{0}$

$\Longleftrightarrow$　从 $(\alpha_1,\alpha_2,\cdots,\alpha_n)\boldsymbol{A}\begin{bmatrix}k_1\\k_2\\\vdots\\k_n\end{bmatrix}=0$ 可推出 $\begin{bmatrix}k_1\\k_2\\\vdots\\k_n\end{bmatrix}=\boldsymbol{0}$

$\Longleftrightarrow$　从 $\boldsymbol{A}\begin{bmatrix}k_1\\k_2\\\vdots\\k_n\end{bmatrix}=\boldsymbol{0}$ 可推出 $\begin{bmatrix}k_1\\k_2\\\vdots\\k_n\end{bmatrix}=\boldsymbol{0}$

$\Longleftrightarrow$　齐次线性方程组 $\boldsymbol{A}z=\boldsymbol{0}$ 只有零解

$\Longleftrightarrow$　$|\boldsymbol{A}|\neq0$

$\Longleftrightarrow$　$\boldsymbol{A}$ 是可逆矩阵。

在上述证明过程的第 5 个"$\Longleftrightarrow$"用到了 $\alpha_1,\alpha_2,\cdots,\alpha_n$ 线性无关的条件。

现在来回答 α 在不同基下的坐标之间的关系是什么的问题。由于

$$\alpha=(\alpha_1,\alpha_2,\cdots,\alpha_n)\boldsymbol{x},\quad \alpha=(\beta_1,\beta_2,\cdots,\beta_n)\boldsymbol{y},$$
$$(\beta_1,\beta_2,\cdots,\beta_n)=(\alpha_1,\alpha_2,\cdots,\alpha_n)\boldsymbol{A},$$

因此

$$(\alpha_1,\alpha_2,\cdots,\alpha_n)\boldsymbol{x}=(\beta_1,\beta_2,\cdots,\beta_n)\boldsymbol{y}=(\alpha_1,\alpha_2,\cdots,\alpha_n)\boldsymbol{A}\boldsymbol{y}。$$

由此得出

$$\boldsymbol{x}=\boldsymbol{A}\boldsymbol{y}, \tag{19}$$

从(19)式得出

$$\boldsymbol{y}=\boldsymbol{A}^{-1}\boldsymbol{x}。 \tag{20}$$

8.1.2　典型例题

例 1　检验下列集合对于所指的加法和数量乘法是否构成实数域 $\mathbf{R}$ 上的线性空间：

(1) 所有正实数组成的集合 $\mathbf{R}^+$,加法与数量乘法的定义为

$$a\oplus b=ab,\quad\forall a,b\in\mathbf{R}^+, \tag{21}$$
$$k\odot a=a^k,\quad\forall a\in\mathbf{R}^+,\ k\in\mathbf{R}; \tag{22}$$

(2) 区间 (a,b) 上的所有 n 次可微函数组成的集合,记作 $C^{(n)}(a,b)$,对于函数的加法与数量乘法。

解　(1) 由于对任意 $a,b\in\mathbf{R}^+,k\in\mathbf{R}$,有 $ab\in\mathbf{R}^+,a^k\in\mathbf{R}^+$,因此用(21)、(22)式定义

的加法和数量乘法的确是 $\mathbf{R}^+$ 的运算。对任意 $a,b,c \in \mathbf{R}^+$，有

$$a \oplus b = ab = ba = b \oplus a,$$
$$(a \oplus b) \oplus c = (ab)c = a(bc) = a \oplus (b \oplus c)。$$

由于对任意 $a \in \mathbf{R}^+$，有

$$a \oplus 1 = a1 = a,$$

因此 1 是 $\mathbf{R}^+$ 里对于用(21)式定义的加法的零元。又由于

$$a \oplus \frac{1}{a} = a\frac{1}{a} = 1,$$

因此 $\mathbf{R}^+$ 里每个元素 a 都有对于用(21)式定义的加法的负元 $\frac{1}{a}$。

对任意 $a,b \in \mathbf{R}^+, k,l \in \mathbf{R}$，有

$$1 \odot a = a^1 = a,$$
$$(kl) \odot a = a^{kl} = (a^l)^k = (l \odot a)^k = k \odot (l \odot a),$$
$$(k+l) \odot a = a^{k+l} = a^k a^l = (k \odot a) \oplus (l \odot a),$$
$$k \odot (a \oplus b) = k \odot (ab) = (ab)^k = a^k b^k = (k \odot a) \oplus (k \odot b)。$$

因此 $\mathbf{R}^+$ 对于用(21)、(22)式定义的加法与数量乘法成为 $\mathbf{R}$ 上的一个线性空间。

(2) 设 $f,g \in C^{(n)}(a,b)$，由数学分析课程的结论知道，$f+g, kf \in C^{(n)}(a,b)$，其中 $k \in \mathbf{R}$，因此函数的加法与数量乘法的确是 $C^{(n)}(a,b)$ 的运算。

容易验证 $C^{(n)}(a,b)$ 满足关于加法与数量乘法的 8 条运算法则，因此 $C^{(n)}(a,b)$ 对于函数的加法与数量乘法形成 $\mathbf{R}$ 上的一个线性空间。

点评：例 1 的第(1)小题中，1 是 $\mathbf{R}^+$ 对于用(21)式定义的加法的零元，$\frac{1}{a}$ 是 a 对于此加法的负元。由此看出，线性空间中的"零元"，一个元素的"负元"是由该空间中定义的加法来决定的。

例 1 的第(1)小题中，$\mathbf{R}^+$ 是实数域 $\mathbf{R}$ 上的线性空间，因此在作数量乘法 $k \odot a$ 时，k 是实数，而 a 是正实数。这一点需要加以注意，即若 V 是域 F 上的线性空间，则作纯量乘法时，是把域 F 中的元素与 V 中的元素相乘。因此对于线性空间，一定要明确它是哪个域上的线性空间。

例 2 设 V 是复数域 $\mathbf{C}$ 上的一个线性空间，如果加法保持不变，而数量乘法改成：

$$k \cdot \alpha = \bar{k}\alpha, \forall k \in \mathbf{C}, \alpha \in V, \tag{23}$$

其中 $\bar{k}$ 是 k 的共轭复数。试问：集合 V 对于原来的加法和用(23)式定义的数量乘法是否构成复数域 $\mathbf{C}$ 上的一个线性空间？

解 V 对于原来的加法当然满足 4 条运算法则。又由于

$$1 \cdot \alpha = \bar{1}\alpha = 1\alpha = \alpha,$$
$$(kl) \cdot \alpha = \overline{kl}\alpha = \bar{k}\bar{l}\alpha = \bar{k}(l \cdot \alpha) = k \cdot (l \cdot \alpha),$$
$$(k+l) \cdot \alpha = \overline{k+l}\alpha = (\bar{k}+\bar{l})\alpha = \bar{k}\alpha + \bar{l}\alpha = k \cdot \alpha + l \cdot \alpha,$$
$$k \cdot (\alpha + \beta) = \bar{k}(\alpha+\beta) = \bar{k}\alpha + \bar{k}\beta = k \cdot \alpha + k \cdot \beta,$$

其中 $\alpha, \beta \in V, k,l \in \mathbf{C}$，因此 V 对于原来的加法和用(23)式定义的数量乘法构成复数域上的一个线性空间。

点评：从例 2 的解法可以看出，关键是复数的共轭具有保持加法和保持乘法的性质：$\overline{k+l}=\bar{k}+\bar{l},\overline{kl}=\bar{k}\,\bar{l}$，因此复数域上的线性空间 V 对于原来的加法和用(23)式定义的数量乘法也成为复数域上的一个线性空间。虽然这两个线性空间作为集合是同一个集合，而且它们是对于同一个域而言的，但是其中的数量乘法却不一样，因此它们是复数域上不同的线性空间。由此受到启发，对于域 F 上的线性空间 V，如果加法保持不变，但是纯量乘法改为

$$k \cdot \alpha = \sigma(k)\alpha, \forall k \in F, \alpha \in V, \tag{24}$$

其中 σ 是域 F 到自身的一个非零映射，且 σ 保持域 F 的加法和乘法(此时称 σ 是域 F 的一个非零**自同态**)，那么 V 对于原来的加法和用(24)式定义的纯量乘法也成为域 F 上的一个线性空间，这是与原来的 V 不同的线性空间。

例 3　实数集 **R** 的下列子集对于实数的加法，以及有理数和实数的乘法是否形成有理数域 **Q** 上的一个线性空间？

(1) 全体正实数 $\mathbf{R}^+$；　　　　　　(2) $\mathbf{Q}(\sqrt{2})=\{a+b\sqrt{2}\,|\,a,b\in\mathbf{Q}\}$。

解　(1) 由于 $(-1)\sqrt{3}=-\sqrt{3}\notin\mathbf{R}^+$，因此有理数和实数的乘法不是 $\mathbf{R}^+$ 的数量乘法，从而 $\mathbf{R}^+$ 对于实数的加法以及有理数和实数的乘法不是 **Q** 上的线性空间。

(2) 在本套教材上册 1.3 节中已经证明 $\mathbf{Q}(\sqrt{2})$ 是一个数域，因此 $\mathbf{Q}(\sqrt{2})$ 对于实数的加法以及有理数和实数的乘法封闭，并且满足线性空间定义中的 8 条运算法则，从而 $\mathbf{Q}(\sqrt{2})$ 是 **Q** 上的一个线性空间。

点评：从例 3 的第(2)小题可以看出，一般地，若域 E 包含域 F，则 E 对于域 E 的加法以及 F 中元素与 E 中元素的乘法形成域 F 上的一个线性空间。

例 4　用 F^∞ 表示域 F 上所有无限序列组成的集合，即

$$F^\infty = \{(a_1,a_2,a_3,\cdots)\mid a_i\in F, i=1,2,3,\cdots\}。$$

在 F^∞ 中定义加法与纯量乘法如下：

$$(a_1,a_2,a_3,\cdots)+(b_1,b_2,b_3,\cdots):=(a_1+b_1,a_2+b_2,a_3+b_3,\cdots),\tag{25}$$

$$k(a_1,a_2,a_3,\cdots):=(ka_1,ka_2,ka_3,\cdots)。\tag{26}$$

试问：F^∞ 是否为域 F 上的一个线性空间？

解　容易验证 F^∞ 中由(25)式定义的加法满足交换律和结合律，$(0,0,0,\cdots)$ 是零元素，$(-a_1,-a_2,\cdots)$ 是 $(a_1,a_2,\cdots)$ 的负元素。也容易验证关于纯量乘法的 4 条运算法则。因此 F^∞ 成为域 F 上的一个线性空间。

*例 5　在 $\mathbf{R}^\infty$ 中，序列 $(a_1,a_2,a_3,\cdots)$ 称为满足 Cauchy 条件，如果任给 $\varepsilon>0$，都存在正整数 N，使得只要 $m,n>N$，就有 $|a_m-a_n|<\varepsilon$。试问：$\mathbf{R}^\infty$ 中所有满足 Cauchy 条件的序列组成的子集 W 对于用(25)、(26)式分别定义的加法和数量乘法，是否成为实数域 **R** 上的一个线性空间？

解　设 $(a_1,a_2,a_3,\cdots)$ 与 $(b_1,b_2,b_3,\cdots)$ 都满足 Cauchy 条件，则任给 $\varepsilon>0$，存在正整数 N_1,N_2，使得只要 $m,n>N_1,m,n>N_2$，就有

$$|a_m-a_n|<\frac{\varepsilon}{2},\qquad |b_m-b_n|<\frac{\varepsilon}{2}。$$

取 $N=\max\{N_1,N_2\}$,则只要 $m,n>N$,就有

$$|(a_m+b_m)-(a_n+b_n)|\leqslant|(a_m-a_n)|+|(b_m-b_n)|<\varepsilon,$$

因此 $(a_1+b_1,a_2+b_2,a_3+b_3,\cdots)$ 也满足 Cauchy 条件,即 W 对于加法封闭。

设 $(a_1,a_2,a_3,\cdots)$ 满足 Cauchy 条件,对于 $k\in\mathbf{R}^*$,任给 $\varepsilon>0$,存在正整数 N,使得只要 $m,n>N$,就有

$$|a_m-a_n|<\frac{\varepsilon}{|k|},$$

从而

$$|ka_m-ka_n|=|k||a_m-a_n|<\varepsilon。$$

于是 $(ka_1,ka_2,\cdots)$ 也满足 Cauchy 条件。又显然 $0(a_1,a_2,a_3,\cdots)=(0,0,0,\cdots)\in W$。因此 W 对于数量乘法封闭。

由于 $\mathbf{R}^\infty$ 是 $\mathbf{R}$ 上的一个线性空间,因此 $\mathbf{R}^\infty$ 的子集 W 也满足加法的交换律、结合律,以及有关数量乘法的 4 条运算法则。显然,$(0,0,0,\cdots)$ 是 W 中的零元素。若 $(a_1,a_2,a_3,\cdots)$ 满足 Cauchy 条件,则显然 $(-a_1,-a_2,\cdots)$ 也满足 Cauchy 条件,因此 W 满足线性空间定义的 8 条运算法则,从而 W 是 $\mathbf{R}$ 上的一个线性空间。

*例 6 证明:线性空间定义中的加法交换律可以由定义中的其他运算法则推出。

分析 设 V 是域 F 上的线性空间,任取 $\alpha,\beta\in V$,要证 $\alpha+\beta=\beta+\alpha$。两边加上 $-(\beta+\alpha)$,得

$$(\alpha+\beta)+[-(\beta+\alpha)]=(\beta+\alpha)+[-(\beta+\alpha)]=0。\qquad(27)$$

这启发我们去证 (27) 式成立。如果能证明 (27) 式成立,那么在 (27) 式两边加上 $(\beta+\alpha)$,得

$$(\alpha+\beta)+[-(\beta+\alpha)]+(\beta+\alpha)=0+(\beta+\alpha),\qquad(28)$$

为了从 (28) 式得出 $\alpha+\beta=\beta+\alpha$,需要证明下述两个式子:

$$-(\beta+\alpha)+(\beta+\alpha)=0,\qquad 0+(\beta+\alpha)=\beta+\alpha,$$

并且要证明 V 中零元唯一,每个元素的负元唯一。在证明 (27) 式成立时,拟采取的思路是

$$\begin{aligned}(\alpha+\beta)+[-(\beta+\alpha)]&=(\alpha+\beta)+[(-1)(\beta+\alpha)]\\&=\alpha+\beta+(-1)\beta+(-1)\alpha\\&=\alpha+\beta+(-\beta)+(-\alpha)\\&=\alpha+0+(-\alpha)=0,\end{aligned}$$

为此需要证明 $\forall\gamma\in V$,有 $(-1)\gamma=-\gamma$。而为了证明这一点,需要证明 $0\gamma=0$。这样,证明的思路就清楚了。

证明 设 V 是域 F 上的线性空间,任取 $\alpha,\beta\in V$。

第 1 步 设 δ 是 α 的一个负元,则 $\alpha+\delta=0$,从而 $\delta+(\alpha+\delta)=\delta+0$。根据加法结合律和零元的定义,得

$$(\delta+\alpha)+\delta=\delta。\qquad(29)$$

设 η 是 δ 的一个负元,则从 (29) 式得

$$(\delta+\alpha)+\delta+\eta=\delta+\eta。\qquad(30)$$

根据加法结合律和负元的定义,得

$$(\delta+\alpha)+0=0。$$

根据零元的定义得，$\delta+\alpha=0$。

　　第 2 步　根据负元和零元的定义、加法结合律以及第 1 步证得的结论，得
$$0+\alpha=(\alpha+\delta)+\alpha=\alpha+(\delta+\alpha)=\alpha+0=\alpha。$$

　　第 3 步　若 0_1 也是 V 的一个零元，则根据零元的定义以及第 2 步证得的结论，可得
$$0=0+0_1=0_1。$$

因此 V 中的零元唯一。

　　第 4 步　若 δ_1 也是 α 的负元，则
$$\delta_1=0+\delta_1=(\delta+\alpha)+\delta_1=\delta+(\alpha+\delta_1)=\delta+0=\delta,$$

因此 α 的负元唯一。由于 α 是 V 中任一元素，因此 V 中每个元素的负元都唯一。

　　第 5 步　线性空间的性质 3 的证明没有用到加法交换律，因此 $0\alpha=0$。

　　第 6 步　线性空间的性质 6 的证明没有用到加法交换律，因此 $(-1)\alpha=-\alpha$。

　　第 7 步　根据运算法则 (5)，(8)、第 6 步的结果、结合律以及零元和负元的定义，可得
$$\begin{aligned}
(\alpha+\beta)+[-(\beta+\alpha)]&=(\alpha+\beta)+[(-1)(\beta+\alpha)]\\
&=(\alpha+\beta)+[(-1)\beta+(-1)\alpha]\\
&=(\alpha+\beta)+[(-\beta)+(-\alpha)]\\
&=\alpha+[\beta+(-\beta)]+(-\alpha)\\
&=(\alpha+0)+(-\alpha)\\
&=\alpha+(-\alpha)=0。
\end{aligned}\tag{31}$$

根据第 2 步的结论、(31)式、结合律以及第一步的结论，得
$$\begin{aligned}
\beta+\alpha&=0+(\beta+\alpha)\\
&=\{(\alpha+\beta)+[-(\beta+\alpha)]\}+(\beta+\alpha)\\
&=(\alpha+\beta)+\{[-(\beta+\alpha)]+(\beta+\alpha)\}\\
&=(\alpha+\beta)+0=\alpha+\beta。
\end{aligned}$$

因此 V 中加法交换律成立。　　　　　　　　　　　　　　　　　　　　　■

　　例 7　在定义域为实数集 $\mathbf{R}$ 的所有实值函数形成的 $\mathbf{R}$ 上的线性空间 $\mathbf{R}^{\mathbf{R}}$ 中，$\sin x$，$\cos x$，$\mathrm{e}^x\sin x$ 是否线性无关？

　　解　设　　　　　　$k_1\sin x+k_2\cos x+k_3\mathrm{e}^x\sin x=0。$　　　　　　(32)

让 x 分别取值 $0,\dfrac{\pi}{2},-\dfrac{\pi}{2}$，从(32)式得
$$\begin{cases}
\quad\ k_2 \qquad\qquad\quad =0,\\
\ k_1 \qquad +k_3\mathrm{e}^{\frac{\pi}{2}}=0,\\
-k_1 \qquad -k_3\mathrm{e}^{-\frac{\pi}{2}}=0。
\end{cases}\tag{33}$$

解得　　　　　　　　　　$k_2=0,k_3=0,k_1=0。$

因此 $\sin x,\cos x,\mathrm{e}^x\sin x$ 线性无关。

　　点评：在线性空间 V 中，判断向量组 $\alpha_1,\cdots,\alpha_s$ 是否线性无关的基本方法是根据定义。即，设
$$k_1\alpha_1+\cdots+k_s\alpha_s=0,$$

如果能推出 $k_1=\cdots=k_s=0$，那么 $\alpha_1,\cdots,\alpha_s$ 线性无关。在例 7 中，(32)式右端的 0 是零函数，为了从(32)式解出 k_1,k_2,k_3，需要列出 3 个方程，因此需要让自变量 x 分别取 3 个值，代入(32)式。要注意如果让 x 分别取 $0,\dfrac{\pi}{2},\pi$，那么所得到的三元一次方程组有非零解，但不能由此推断 $\sin x,\cos x,\mathrm{e}^x\sin x$ 线性相关，这是因为所得到的非零解只是在 x 取值 $0,\dfrac{\pi}{2},\pi$ 时，能使 $k_1\sin x+k_2\cos x+k_3\mathrm{e}^x\sin x=0$，却无法在 x 取任意实数值时，都使 $k_1\sin x+k_2\cos x+k_3\mathrm{e}^x\sin x=0$。因此所得到的非零解不能使(32)式成立，从而推不出 $\sin x,\cos x,\mathrm{e}^x\sin x$ 线性相关的结论。

例 8 设 $f_1(x),f_2(x),\cdots,f_n(x)\in C^{(n-1)}[a,b]$，令

$$\boldsymbol{W}(x)=\begin{vmatrix} f_1(x) & f_2(x) & \cdots & f_n(x) \\ f_1'(x) & f_2'(x) & \cdots & f_n'(x) \\ \vdots & \vdots & & \vdots \\ f_1^{(n-1)}(x) & f_2^{(n-1)}(x) & \cdots & f_n^{(n-1)}(x) \end{vmatrix}, \tag{34}$$

称 $\boldsymbol{W}(x)$ 是 $f_1(x),f_2(x),\cdots,f_n(x)$ 的 **Wronsky（朗斯基）行列式**。

证明：如果存在 $x_0\in[a,b]$，使得 $\boldsymbol{W}(x_0)\neq 0$，那么 $f_1(x),f_2(x),\cdots,f_n(x)$ 线性无关。

证明 设 $\qquad\qquad k_1f_1(x)+k_2f_2(x)+\cdots+k_nf_n(x)=0$。 $\tag{35}$

在(35)式两边分别求 1 阶，2 阶，$\cdots$，$n-1$ 阶导数，得

$$\begin{cases} k_1f_1'(x)+k_2f_2'(x)+\cdots+k_nf_n'(x)=0, \\ k_1f_1''(x)+k_2f_2''(x)+\cdots+k_nf_n''(x)=0, \\ \cdots\quad\cdots\quad\cdots\quad\cdots\quad\cdots \\ k_1f_1^{(n-1)}(x)+k_2f_2^{(n-1)}(x)+\cdots+k_nf_n^{(n-1)}(x)=0。 \end{cases} \tag{36}$$

让 x 取值 x_0，从(35)和(36)式得到

$$\begin{cases} k_1f_1(x_0)+k_2f_2(x_0)+\cdots+k_nf_n(x_0)=0, \\ k_1f_1'(x_0)+k_2f_2'(x_0)+\cdots+k_nf_n'(x_0)=0, \\ k_1f_1''(x_0)+k_2f_2''(x_0)+\cdots+k_nf_n''(x_0)=0, \\ \cdots\quad\cdots\quad\cdots\quad\cdots\quad\cdots \\ k_1f_1^{(n-1)}(x_0)+k_2f_2^{(n-1)}(x_0)+\cdots+k_nf_n^{(n-1)}(x_0)=0。 \end{cases} \tag{37}$$

n 元齐次线性方程组(37)的系数行列式正好是 $\boldsymbol{W}(x_0)$。由已知条件，$\boldsymbol{W}(x_0)\neq 0$，从而方程组(37)只有零解，即

$$k_1=k_2=\cdots=k_n=0，$$

因此 $f_1(x),f_2(x),\cdots,f_n(x)$ 线性无关。∎

点评：例 8 给出了 $[a,b]$ 上 n 个 $n-1$ 次可微函数 $f_1(x),f_2(x),\cdots,f_n(x)$ 线性无关的一个充分条件：存在 $x_0\in[a,b]$，使得 $\boldsymbol{W}(x_0)\neq 0$。注意这个条件不是必要条件，即从 $f_1(x),f_2(x),\cdots,f_n(x)$ 线性无关推不出"存在 $x_0\in[a,b]$，使得 $\boldsymbol{W}(x_0)\neq 0$"。换句话说，从" $\forall x\in[a,b]$ 都有 $\boldsymbol{W}(x)=0$ "推不出 $f_1(x),f_2(x),\cdots,f_n(x)$ 线性相关的结论，更详细的可参看下面的例 9。其原因是，虽然 $\forall x\in[a,b]$ 都有 $\boldsymbol{W}(x)=0$，从而相应的齐次线性方程组有非零解，但是这个非零解是依赖于 x 的，即对于 $x_1,x_2\in[a,b]$ 且 $x_1\neq x_2$，相应的齐

次线性方程组的非零解可能不成比例。因此无法找到公共的一个非零解$(k_1,k_2,\cdots,k_n)'$，使得 $\forall x\in[a,b]$ 都有 $k_1f_1(x)+k_2f_2(x)+\cdots+k_nf_n(x)=0$，从而无法判断 $f_1(x)$，$f_2(x),\cdots,f_n(x)$ 线性相关。在"$\forall x\in[a,b]$ 都有 $W(x)=0$"的情形下，需要用定义去判断 $f_1(x),f_2(x),\cdots,f_n(x)$ 是线性相关还是线性无关。此外，如果 $f_1(x),f_2(x),\cdots,f_n(x)$ 的 Wronsky 行列式 $W(x)$ 不容易计算，那么可以用定义去判断。

例 9　在实数域上的线性空间 $\mathbf{R}^{\mathbf{R}}$ 中，$x^2,x|x|$ 是否线性无关？

解　设　　　　　　　　　　$k_1x^2+k_2x|x|=0。$　　　　　　　　　(38)

让 x 分别取值 $1,-1$，从(38)式得

$$\begin{cases} k_1+k_2=0, \\ k_1-k_2=0。 \end{cases}$$

解得 $k_1=0,k_2=0$，因此 $x^2,x|x|$ 线性无关。

点评：例 9 中的函数 $f_2(x)=x|x|$ 在 $(-\infty,+\infty)$ 有一阶导数，因此 $x^2,x|x|$ 有 Wronsky 行列式：

$$W(x)=\begin{vmatrix} x^2 & x|x| \\ 2x & 2|x| \end{vmatrix}=0,\qquad \forall x\in(-\infty,+\infty)。$$

由此看到，虽然 $x^2,x|x|$ 的 Wronsky 行列式 $W(x)=0$，$\forall x\in\mathbf{R}$，但是 $x^2,x|x|$ 线性无关。

例 10　在实数域上的线性空间 $\mathbf{R}^{\mathbf{R}}$ 中，$\sin x,\cos x,\sin^2 x,\cos^2 x$ 是否线性无关？

解　$\sin x,\cos x,\sin^2 x,\cos^2 x$ 的 Wronsky 行列式为

$$W(x)=\begin{vmatrix} \sin x & \cos x & \sin^2 x & \cos^2 x \\ \cos x & -\sin x & 2\sin x\cos x & -2\cos x\sin x \\ -\sin x & -\cos x & 2\cos 2x & -2\cos 2x \\ -\cos x & \sin x & -4\sin 2x & 4\sin 2x \end{vmatrix}。$$

让 x 取值 $\dfrac{\pi}{6}$，得

$$W\left(\frac{\pi}{6}\right)=\begin{vmatrix} \dfrac{1}{2} & \dfrac{\sqrt{3}}{2} & \dfrac{1}{4} & \dfrac{3}{4} \\[2mm] \dfrac{\sqrt{3}}{2} & -\dfrac{1}{2} & \dfrac{\sqrt{3}}{2} & -\dfrac{\sqrt{3}}{2} \\[2mm] -\dfrac{1}{2} & -\dfrac{\sqrt{3}}{2} & 1 & -1 \\[2mm] -\dfrac{\sqrt{3}}{2} & \dfrac{1}{2} & -2\sqrt{3} & 2\sqrt{3} \end{vmatrix}$$

$$=-\frac{3}{2}\sqrt{3}\neq 0。$$

因此 $\sin x,\cos x,\sin^2 x,\cos^2 x$ 线性无关。

例 11　证明：在实数域上的线性空间 $\mathbf{R}^{\mathbf{R}}$ 中，对任意自然数 n，有 $1,\cos x,\cos 2x,\cdots$，$\cos nx$ 线性无关。

证明　对 n 作数学归纳法。$n=0$ 时，1 线性无关。假设 $n-1$ 时命题为真，来看 n 的

情形。设

$$k_0 1 + k_1 \cos x + k_2 \cos 2x + \cdots + k_n \cos nx = 0。 \tag{39}$$

在(39)式两边求 1 阶导数和 2 阶导数,得

$$-k_1 \sin x - 2k_2 \sin 2x - \cdots - nk_n \sin nx = 0, \tag{40}$$

$$-k_1 \cos x - 4k_2 \cos 2x - \cdots - n^2 k_n \cos nx = 0。 \tag{41}$$

(39)式两边乘 n^2,与(41)式相加得

$$n^2 k_0 1 + (n^2-1)k_1 \cos x + (n^2-4)k_2 \cos 2x + \cdots + [n^2-(n-1)^2]k_{n-1} \cos(n-1)x = 0。$$

根据归纳假设得

$$n^2 k_0 = 0, (n^2-1)k_1 = 0, (n^2-4)k_2 = 0, \cdots, [n^2-(n-1)^2]k_{n-1} = 0,$$

从而 $k_0 = k_1 = k_2 = \cdots = k_{n-1} = 0$。代入(39)式得

$$k_n \cos nx = 0。 \tag{42}$$

由于 $\cos nx$ 不是零函数,因此 $k_n = 0$,从而 $1, \cos x, \cos 2x, \cdots, \cos(n-1)x, \cos nx$ 线性无关。

据数学归纳法原理,对一切自然数 n,命题为真。 ■

例 12 证明:在实数域上的线性空间 $\mathbf{R}^{\mathbf{R}}$ 中,对任意自然数 n,有 $1, \sin x, \sin^2 x, \cdots, \sin^n x$ 线性无关。

证明 设

$$k_0 1 + k_1 \sin x + k_2 \sin^2 x + \cdots + k_n \sin^n x = 0。 \tag{43}$$

让 x 分别取值 $\dfrac{1}{n+1} \dfrac{\pi}{2}, \dfrac{2}{n+1} \dfrac{\pi}{2}, \cdots, \dfrac{n+1}{n+1} \dfrac{\pi}{2}$,从(43)式得

$$\begin{cases} k_0 1 + k_1 \sin \dfrac{1}{n+1} \dfrac{\pi}{2} + k_2 \sin^2 \dfrac{1}{n+1} \dfrac{\pi}{2} + \cdots + k_n \sin^n \dfrac{1}{n+1} \dfrac{\pi}{2} = 0, \\[2mm] k_0 1 + k_1 \sin \dfrac{2}{n+1} \dfrac{\pi}{2} + k_2 \sin^2 \dfrac{2}{n+1} \dfrac{\pi}{2} + \cdots + k_n \sin^n \dfrac{2}{n+1} \dfrac{\pi}{2} = 0, \\[2mm] \quad\vdots \qquad\qquad \vdots \qquad\qquad \vdots \qquad\qquad\qquad \vdots \qquad\qquad\qquad \vdots \\[2mm] k_0 1 + k_1 \sin \dfrac{n+1}{n+1} \dfrac{\pi}{2} + k_2 \sin^2 \dfrac{n+1}{n+1} \dfrac{\pi}{2} + \cdots + k_n \sin^n \dfrac{n+1}{n+1} \dfrac{\pi}{2} = 0。 \end{cases} \tag{44}$$

$n+1$ 元齐次线性方程组(44)的系数行列式为

$$\begin{vmatrix} 1 & \sin \dfrac{1}{n+1} \dfrac{\pi}{2} & \sin^2 \dfrac{1}{n+1} \dfrac{\pi}{2} & \cdots & \sin^n \dfrac{1}{n+1} \dfrac{\pi}{2} \\[2mm] 1 & \sin \dfrac{2}{n+1} \dfrac{\pi}{2} & \sin^2 \dfrac{2}{n+1} \dfrac{\pi}{2} & \cdots & \sin^n \dfrac{2}{n+1} \dfrac{\pi}{2} \\[2mm] \vdots & \vdots & \vdots & & \vdots \\[2mm] 1 & \sin \dfrac{n+1}{n+1} \dfrac{\pi}{2} & \sin^2 \dfrac{n+1}{n+1} \dfrac{\pi}{2} & \cdots & \sin^n \dfrac{n+1}{n+1} \dfrac{\pi}{2} \end{vmatrix}。 \tag{45}$$

(45)式是 $n+1$ 阶范德蒙德行列式的转置。由于 $\sin x$ 在 $[0, \dfrac{\pi}{2}]$ 是增函数,因此 $\sin \dfrac{1}{n+1}$ $\dfrac{\pi}{2}, \sin \dfrac{2}{n+1} \dfrac{\pi}{2}, \cdots, \sin \dfrac{n+1}{n+1} \dfrac{\pi}{2}$ 两两不等,从而这个范德蒙德行列式的值不为 0,于是方程组 (44)只有零解,即 $k_0 = k_1 = k_2 = \cdots = k_n = 0$。因此 $1, \sin x, \sin^2 x, \cdots, \sin^n x$ 线性无关。 ■

例 13　把实数域 $\mathbf{R}$ 看成有理数域 $\mathbf{Q}$ 上的线性空间,证明:对于任意大于 1 的正整数 n,有 $1,\sqrt[n]{3},\sqrt[n]{3^2},\cdots,\sqrt[n]{3^{n-1}}$ 线性无关。

证明　假如 $1,\sqrt[n]{3},\sqrt[n]{3^2},\cdots,\sqrt[n]{3^{n-1}}$ 线性相关,则有不全为 0 的有理数 $a_0,a_1,\cdots,a_{n-1}$,使得

$$a_0+a_1\sqrt[n]{3}+a_2\sqrt[n]{3^2}+\cdots+a_{n-1}\sqrt[n]{3^{n-1}}=0, \tag{46}$$

从而 $\sqrt[n]{3}$ 是有理系数多项式 $f(x)=a_0+a_1x+a_2x^2+\cdots+a_{n-1}x^{n-1}$ 的一个实根,又显然 $\sqrt[n]{3}$ 是有理系数多项式 $g(x)=x^n-3$ 的一个实根,因此把 $f(x),g(x)$ 看成实系数多项式时,它们有公共的一次因式 $x-\sqrt[n]{3}$,从而它们不互素。由于互素性不随数域的扩大而改变,因此在 $\mathbf{Q}[x]$ 中,$f(x)$ 与 $g(x)$ 也不互素。根据 Eisenstein 判别法知道,$g(x)=x^n-3$ 是 $\mathbf{Q}$ 上的不可约多项式,于是在 $\mathbf{Q}[x]$ 中,$g(x)\,|\,f(x)$,从而 $\deg g(x)\leqslant\deg f(x)$。由此得出,$n\leqslant n-1$,矛盾。因此 $1,\sqrt[n]{3},\sqrt[n]{3^2},\cdots,\sqrt[n]{3^{n-1}}$ 线性无关。∎

点评：例 13 的证题关键是从 (46) 式联想到 $\sqrt[n]{3}$ 是多项式 $f(x)=a_0+a_1x+\cdots+a_{n-1}x^{n-1}$ 的一个实根,并且联想到 $\sqrt[n]{3}$ 是 $g(x)=x^n-3$ 的一个实根,从而在 $\mathbf{R}[x]$ 中,$f(x)$ 与 $g(x)$ 不互素。然后利用互素性不随数域的扩大而改变,以及不可约多项式与任一多项式的关系只有两种可能,推出矛盾,完成了反证法。由此体会到：掌握理论和善于联想是解题的关键所在。

例 14　证明:实数域 $\mathbf{R}$ 作为有理数域 $\mathbf{Q}$ 上的线性空间是无限维的。

证明　假如 $\mathbf{R}$ 作为 $\mathbf{Q}$ 上的线性空间是有限维的,维数为 n,则 $\mathbf{R}$ 中任意 $n+1$ 个数都线性相关。但是根据例 13 的结论得:$1,\sqrt[n+1]{3},\sqrt[n+1]{3^2},\cdots,\sqrt[n+1]{3^n}$ 线性无关,矛盾,因此 $\mathbf{R}$ 作为 $\mathbf{Q}$ 上的线性空间是无限维的。∎

例 15　设 C 是数域 K 上的 n 级循环移位矩阵,即 $C=(\boldsymbol{\varepsilon}_n,\boldsymbol{\varepsilon}_1,\boldsymbol{\varepsilon}_2,\cdots,\boldsymbol{\varepsilon}_{n-1})$。证明:在数域 K 上的线性空间 $M_n(K)$ 中,$I,C,C^2,\cdots,C^{n-1}$ 线性无关。

证明　根据本套教材上册 4.2 节例 11 的结论(或直接计算)得

$$a_1\boldsymbol{I}+a_2\boldsymbol{C}+a_3\boldsymbol{C}^2+\cdots+a_n\boldsymbol{C}^{n-1}=\begin{pmatrix} a_1 & a_2 & a_3 & \cdots & a_n \\ a_n & a_1 & a_2 & \cdots & a_{n-1} \\ \cdots & \cdots & \cdots & \cdots & \cdots \\ a_2 & a_3 & a_4 & \cdots & a_1 \end{pmatrix},$$

从而由 $a_1\boldsymbol{I}+a_2\boldsymbol{C}+a_3\boldsymbol{C}^2+\cdots+a_n\boldsymbol{C}^{n-1}=\boldsymbol{0}$ 可以推出

$$a_1=a_2=\cdots=a_n=0。$$

因此 $\boldsymbol{I},\boldsymbol{C},\boldsymbol{C}^2,\cdots,\boldsymbol{C}^{n-1}$ 线性无关。∎

例 16　求下列数域 K 上线性空间的一个基和维数:

(1) 数域 K 上所有 $s\times n$ 矩阵组成的线性空间 $M_{s\times n}(K)$;

(2) 数域 K 上所有 n 级对称矩阵组成的线性空间 V_1。

解　(1) 任取 $A=(a_{ij})\in M_{s\times n}(K)$,有

$$A=\sum_{i=1}^{s}\sum_{j=1}^{n}a_{ij}\boldsymbol{E}_{ij}, \tag{47}$$

其中 E_{ij} 是只有 (i,j) 元为 1,其余元素都为 0 的 $s \times n$ 矩阵(称为基本矩阵)。假设

$$\sum_{i=1}^{s}\sum_{j=1}^{n}k_{ij}E_{ij}=\mathbf{0}, \tag{48}$$

由于(48)式左端等于 (i,j) 元为 k_{ij} 的 $s \times n$ 矩阵,因此从(48)式得,$k_{ij}=0,1 \leqslant i \leqslant s,1 \leqslant j \leqslant n$,从而

$$E_{11},E_{12},\cdots,E_{1n},E_{21},\cdots,E_{2n},\cdots,E_{s1},\cdots,E_{sn} \tag{49}$$

线性无关,结合(47)式得,(49)式给出的 sn 个基本矩阵是线性空间 $M_{s \times n}(K)$ 的一个基,从而

$$\dim M_{s \times n}(K) = sn。 \tag{50}$$

(2) 根据本节习题第 3 题,V_1 是 K 上线性空间。K 上任一 n 级对称矩阵 A 具有形式

$$A = \begin{pmatrix} a_{11} & a_{12} & a_{13} & \cdots & a_{1n} \\ a_{12} & a_{22} & a_{23} & \cdots & a_{2n} \\ a_{13} & a_{23} & a_{33} & \cdots & a_{3n} \\ \vdots & \vdots & \vdots & & \vdots \\ a_{1n} & a_{2n} & a_{3n} & \cdots & a_{nn} \end{pmatrix}, \tag{51}$$

从而
$$\begin{aligned} A = & a_{11}E_{11}+a_{12}(E_{12}+E_{21})+a_{13}(E_{13}+E_{31})+\cdots+a_{1n}(E_{1n}+E_{n1})+ \\ & a_{22}E_{22}+a_{23}(E_{23}+E_{32})+\cdots+a_{2n}(E_{2n}+E_{n2})+\cdots+a_{nn}E_{nn}。 \end{aligned}$$

假设
$$\begin{aligned} & k_{11}E_{11}+k_{12}(E_{12}+E_{21})+k_{13}(E_{13}+E_{31})+\cdots+k_{1n}(E_{1n}+E_{n1})+ \\ & k_{22}E_{22}+k_{23}(E_{23}+E_{32})+\cdots+k_{2n}(E_{2n}+E_{n2})+\cdots+k_{nn}E_{nn}=\mathbf{0}, \end{aligned} \tag{52}$$

由于 $\{E_{ij} \mid i=1,2,\cdots,n;j=1,2,\cdots,n\}$ 是 $M_{s \times n}(K)$ 的一个基,因此从(52)式得

$$k_{11}=k_{12}=k_{13}=\cdots=k_{1n}=k_{22}=k_{23}=\cdots=k_{2n}=\cdots=k_{nn}=\mathbf{0},$$

从而
$$E_{11},E_{12}+E_{21},E_{13}+E_{31},\cdots,E_{1n}+E_{n1},E_{22},E_{23}+E_{32},\cdots,E_{2n}+E_{n2},\cdots,E_{nn} \tag{53}$$

线性无关。又它们都是 n 级对称矩阵,因此它们是 V_1 的一个基。于是

$$\dim V_1 = n+(n-1)+\cdots+2+1 = \frac{n(n+1)}{2}。 \tag{54}$$

例 17 求例 1 第(1)小题中的实数域上的线性空间 $\mathbf{R}^+$ 的一个基和维数。

解 任取一个正实数 a,有

$$a = e^{\ln a} = \ln a \odot e,$$

这表明 a 可以由 e 线性表出。

设 $k \odot e = 1$,则 $e^k = 1$,由此推出 $k = 0$,因此 e 线性无关,从而 e 是实线性空间 $\mathbf{R}^+$ 的一个基,于是

$$\dim \mathbf{R}^+ = 1。$$

点评:从例 16 和例 17 看到,在求线性空间 V 的一个基和维数时,通常是先把 V 中任一向量 α 表示成某个向量组 $\alpha_1,\alpha_2,\cdots,\alpha_n$ 的线性组合,然后去证明 $\alpha_1,\alpha_2,\cdots,\alpha_n$ 线性无关,于是 $\alpha_1,\alpha_2,\cdots,\alpha_n$ 是 V 的一个基,从而 $\dim V = n$。

例 18 求数域 K 上线性空间 $K[x]_n$ 的一个基和维数。

解 $K[x]_n$ 中任一多项式 $f(x)$ 可以表示成

$$f(x) = a_0 + a_1 x + a_2 x^2 + \cdots + a_{n-1} x^{n-1}。$$

假设 $k_0 1 + k_1 x + k_2 x^2 + \cdots + k_{n-1} x^{n-1} = 0$，则由一元多项式的定义得，$k_0 = k_1 = k_2 = \cdots = k_{n-1} = 0$，因此 $1, x, x^2, \cdots, x^{n-1}$ 线性无关，于是这就是 $K[x]_n$ 的一个基，从而

$$\dim K[x]_n = n。$$

例 19　求数域 K 上线性空间 $K[x]_n$ 的 3 个基。

解　例 18 已求出了 $K[x]_n$ 的一个基。

从数学分析中的泰勒公式受到启发，考虑

$$1, x-a, (x-a)^2, \cdots, (x-a)^{n-1},$$

其中 a 是 K 中任一非零数。假设

$$k_0 \cdot 1 + k_1(x-a) + k_2(x-a)^2 + \cdots + k_{n-1}(x-a)^{n-1} = 0,$$

不定元 x 用 $x+a$ 代入，从上式得

$$k_0 \cdot 1 + k_1 x + k_2 x^2 + \cdots + k_{n-1} x^{n-1} = 0,$$

由此得出

$$k_0 = k_1 = k_2 = \cdots = k_{n-1} = 0,$$

因此，$1, x-a, (x-a)^2, \cdots, (x-a)^{n-1}$ 线性无关。又由于 $\dim K[x]_n = n$，因此根据命题 10 得，这就是 $K[x]_n$ 的一个基。

根据 7.6 节中的拉格朗日(Lagrange)插值公式，任意给定 K 中 n 个不同的数 $c_1, c_2, \cdots, c_n$，对于 $K[x]_n$ 中任一多项式 $f(x)$，有

$$f(x) = \sum_{i=1}^{n} f(c_i) \frac{(x-c_1)\cdots(x-c_{i-1})(x-c_{i+1})\cdots(x-c_n)}{(c_i-c_1)\cdots(c_i-c_{i-1})(c_i-c_{i+1})\cdots(c_i-c_n)}。 \tag{55}$$

记　$g_i(x) = \prod_{j \neq i}(x-c_j)(c_i-c_j)^{-1}, i = 1, 2, \cdots, n$，则

$$f(x) = \sum_{i=1}^{n} f(c_i) g_i(x)。 \tag{56}$$

又由于 $\dim K[x]_n = n$，因此根据命题 11 得，$g_1(x), g_2(x), \cdots, g_n(x)$ 是 $K[x]_n$ 的一个基。

点评：从例 19 中可以看出，联想在解题思路中起着关键的作用。联想到泰勒公式，去探讨 $1, x-a, (x-a)^2, \cdots, (x-a)^{n-1}$ 是否为 $K[x]_n$ 的一个基。联想到拉格朗日插值公式，找出了 $g_1(x), g_2(x), \cdots, g_n(x)$，其中 $g_i(x) = \prod_{j \neq i}(x-c_j)(c_i-c_j)^{-1}$，$i = 1, 2, \cdots, n$；然后去说明这就是 $K[x]_n$ 的一个基。从例 19 中还可以看出，当知道了线性空间 V 的维数为 n 时，就可以运用命题 10 或命题 11 去求 V 的一个基，这简便得多。

例 20　分别求实线性空间 $\mathbf{R}[x]_n$ 的元素 $f(x) = a_0 + a_1 x + \cdots + a_{n-1} x^{n-1}$ 在例 19 中的 3 个基下的坐标。

解　显然，$f(x) = a_0 + a_1 x + \cdots + a_{n-1} x^{n-1}$ 在基 $1, x, \cdots, x^{n-1}$ 下的坐标为

$$(a_0, a_1, \cdots, a_{n-1})'。$$

根据泰勒公式(注意 $f^{(n)}(x) = 0$)，得

$$f(x) = f(a) + f'(a)(x-a) + \frac{1}{2!} f''(a)(x-a)^2 + \cdots + \frac{f^{(n-1)}(a)}{(n-1)!}(x-a)^{n-1},$$

因此 $f(x)$ 在基 $1, x-a, (x-a)^2, \cdots, (x-a)^{n-1}$ 下的坐标为

$$\left(f(a), f'(a), \frac{1}{2!} f''(a), \cdots, \frac{1}{(n-1)!} f^{n-1}(a) \right)'。$$

从例 19 的解题过程的(56)式知道，$f(x)$ 在基 $g_1(x),g_2(x),\cdots,g_n(x)$ 下的坐标为
$$(f(c_1),f(c_2),\cdots,f(c_n))'.$$

例 21 把域 F 看成自身上的线性空间，求它的一个基和维数。

解 设 e 是域 F 的单位元，任取 $a\in F$，都有
$$a=ae.$$
假设 $ke=0$，则 $k=0$，因此 e 线性无关，从而 e 是域 F 上线性空间 F 的一个基，于是
$$\dim_F F=1.$$

例 22 数域 K 上一个给定的 n 级矩阵 A 的所有多项式组成的集合记作 $K[A]$。

(1) 证明 $K[A]$ 是 K 上的一个线性空间；

(2) 取 3 级矩阵 A 为
$$A=\begin{pmatrix}1 & 0 & 0\\ 0 & \omega & 0\\ 0 & 0 & \omega^2\end{pmatrix},$$

其中 $\omega=\dfrac{-1+\sqrt{3}\,\mathrm{i}}{2}$。求 $K[A]$ 的一个基和维数。

(1) **证明** 7.1 节已经证明 $K[A]$ 是一个环，于是 $K[A]$ 有加法运算，且满足加法的 4 条运算法则。从 $K[A]$ 的乘法特别地可以得出 $K[A]$ 的数量乘法，且满足关于数量乘法的 4 条运算法则。因此 $K[A]$ 是 K 上的一个线性空间。

(2) **解** 由于 $\omega^3=1$，因此
$$A^3=\begin{pmatrix}1 & 0 & 0\\ 0 & \omega^3 & 0\\ 0 & 0 & (\omega^2)^3\end{pmatrix}=\begin{pmatrix}1 & 0 & 0\\ 0 & 1 & 0\\ 0 & 0 & 1\end{pmatrix}=I,$$
从而 $K[A]$ 中任一元素可表示成
$$b_0 I+b_1 A+b_2 A^2.$$
假设 $k_0 I+k_1 A+k_2 A^2=0$，比较主对角元得
$$\begin{cases}k_0+k_1+k_2=0,\\ k_0+k_1\omega+k_2\omega^2=0,\\ k_0+k_1\omega^2+k_2\omega^4=0.\end{cases}\tag{57}$$
齐次线性方程组(57)的系数矩阵的行列式是 3 阶范德蒙德行列式的转置，由于 $1,\omega,\omega^2$ 两两不等，因此这个行列式的值不等于 0，从而方程组(57)只有零解，于是
$$k_0=k_1=k_2=0,$$
从而 I,A,A^2 线性无关，因此它是 $K[A]$ 的一个基。于是
$$\dim K[A]=3.$$

例 23 数域 K 上的 n 级矩阵
$$A=\begin{pmatrix}a_1 & a_2 & a_3 & \cdots & a_n\\ a_n & a_1 & a_2 & \cdots & a_{n-1}\\ \vdots & \vdots & \vdots & & \vdots\\ a_2 & a_3 & a_4 & \cdots & a_1\end{pmatrix}$$

称为**循环矩阵**。把数域 K 上所有 n 级循环矩阵组成的集合记作 V。

（1）证明：V 对于矩阵的加法和数量乘法成为数域 K 上的一个线性空间；

（2）求 V 的一个基和维数，并且求循环矩阵 A 在这个基下的坐标。

（1）**证明**　设 A,B 分别是由 $a_1,a_2,\cdots,a_n$ 和 $b_1,b_2,\cdots,b_n$ 形成的 n 级循环矩阵，则 $A+B$ 是由 $a_1+b_1,a_2+b_2,\cdots,a_n+b_n$ 形成的循环矩阵，kA 是由 $ka_1,ka_2,\cdots,ka_n$ 形成的循环矩阵，因此矩阵的加法和数量乘法分别是 V 的加法和数量乘法。显然它们满足线性空间定义中的 8 条运算法则，从而 V 是数域 K 上的一个线性空间。

（2）**解**　用 C 表示 n 级循环移位矩阵（见例15），则根据例15的证明过程知道，
$$A = a_1 I + a_2 C + a_3 C^2 + \cdots + a_n C^{n-1}.$$
又例15已证 $I,C,C^2,\cdots,C^{n-1}$ 线性无关，因此这就是 V 的一个基，从而 $\dim V=n$，并且 A 在基 $I,C,C^2,\cdots,C^{n-1}$ 下的坐标为 $(a_1,a_2,a_3,\cdots,a_n)'$。

点评：根据本套教材上册习题4.2的第12题，两个 n 级循环矩阵的乘积仍是循环矩阵，因此 V 中还有乘法运算，且它满足结合律和左、右分配律，于是 V 对于矩阵的加法和乘法成为一个环。

例24　求 $K[x_1,x_2,\cdots,x_n]$ 中 m 次齐次多项式组成的线性空间 W 的一个基和维数。

解　$K[x_1,x_2,\cdots,x_n]$ 中任一 m 次齐次多项式形如
$$\sum_{i_1+i_2+\cdots+i_n=m} a_{i_1 i_2 \cdots i_n} x_1^{i_1} x_2^{i_2} \cdots x_n^{i_n}.$$
根据 n 元多项式的定义可得出，集合
$$\{x_1^{i_1} x_2^{i_2} \cdots x_n^{i_n} \mid i_1+i_2+\cdots+i_n=m\} \tag{58}$$
线性无关，因此这就是 W 的一个基。

为了计算(58)式给出的集合中元素的个数，把这个集合的每一个元素对应于由 m 个小球和 n 根小棍排成的一行：
$$\underbrace{\bigcirc \cdots \bigcirc}_{i_1} \mid \underbrace{\bigcirc \cdots \bigcirc}_{i_2} \mid \cdots \mid \underbrace{\bigcirc \cdots \bigcirc}_{i_n} \mid, \tag{59}$$

其中最后一根小棍的位置是固定的。显然，集合(58)中不同的元素对应于(59)中不同的排法；(59)中每一种排法对应于集合(58)中一个元素。因此集合(58)的元素的个数等于形如(59)的排法的总数。而后者等于 C_{m+n-1}^{n-1}（或 C_{m+n-1}^m），从而
$$\dim W = C_{m+n-1}^{n-1}.$$

例25　设
$$V = \left\{ \begin{bmatrix} x_1 & x_2+ix_3 \\ x_2-ix_3 & -x_1 \end{bmatrix} \middle| x_1,x_2,x_3 \in \mathbf{R} \right\}.$$

（1）证明：V 对于矩阵的加法和数量乘法成为实数域 $\mathbf{R}$ 上的一个线性空间；

（2）求 V 的一个基和维数；

（3）求 V 中元素
$$\begin{bmatrix} x_1 & x_2+ix_3 \\ x_2-ix_3 & -x_1 \end{bmatrix}$$
在第(2)小题求出的一个基下的坐标。

（1）**证明** 显然 V 中两个矩阵的和仍属于 V，任一实数与 V 中矩阵的乘积仍属于 V，且满足线性空间定义中的 8 条运算法则，因此 V 是实数域上的一个线性空间。 ■

（2）**解** V 中任一矩阵可表示成

$$\begin{pmatrix} x_1 & x_2+\mathrm{i}x_3 \\ x_2-\mathrm{i}x_3 & -x_1 \end{pmatrix} = x_1\begin{pmatrix} 1 & 0 \\ 0 & -1 \end{pmatrix} + x_2\begin{pmatrix} 0 & 1 \\ 1 & 0 \end{pmatrix} + x_3\begin{pmatrix} 0 & \mathrm{i} \\ -\mathrm{i} & 0 \end{pmatrix}, \qquad (60)$$

其中等号右端的 3 个矩阵都属于 V。假设

$$k_1\begin{pmatrix} 1 & 0 \\ 0 & -1 \end{pmatrix} + k_2\begin{pmatrix} 0 & 1 \\ 1 & 0 \end{pmatrix} + k_3\begin{pmatrix} 0 & \mathrm{i} \\ -\mathrm{i} & 0 \end{pmatrix} = \begin{pmatrix} 0 & 0 \\ 0 & 0 \end{pmatrix},$$

则

$$\begin{pmatrix} k_1 & k_2+\mathrm{i}k_3 \\ k_2-\mathrm{i}k_3 & -k_1 \end{pmatrix} = \begin{pmatrix} 0 & 0 \\ 0 & 0 \end{pmatrix},$$

由此推出，$k_1=0,k_2=0,k_3=0$。因此

$$\begin{pmatrix} 1 & 0 \\ 0 & -1 \end{pmatrix},\begin{pmatrix} 0 & 1 \\ 1 & 0 \end{pmatrix},\begin{pmatrix} 0 & \mathrm{i} \\ -\mathrm{i} & 0 \end{pmatrix}$$

线性无关，从而这就是 V 的一个基，于是

$$\dim V = 3。$$

（3）**解** 从（60）式得出，所给的矩阵在第（2）小题求出的 V 的一个基下的坐标为 $(x_1,x_2,x_3)'$。

例 26 设 V 是域 F 上的一个 n 维线性空间，域 F 包含域 E，F 可看作域 E 上的线性空间（其加法是域 F 的加法，纯量乘法是 E 中元素与 F 中元素在域 F 中作乘法），设

$$\dim_E F=m。$$

（1）证明：V 可成为域 E 上的一个线性空间；

（2）求 V 作为域 E 上线性空间的维数。

（1）**证明** 由于 $E\subseteq F$，因此 E 中元素与 V 中向量可以按照 F 与 V 的纯量乘法来作 E 与 V 的纯量乘法。V 对于原来的加法以及 E 与 V 的纯量乘法显然满足线性空间定义中的 8 条运算法则，因此 V 成为域 E 上的一个线性空间。 ■

（2）**解** V 作为域 F 上的 n 维线性空间取一个基：$\alpha_1,\alpha_2,\cdots,\alpha_n$。$F$ 作为域 E 上的 m 维线性空间取一个基：$f_1,f_2,\cdots,f_m$。对于 V 中任一向量 α，有

$$\alpha = k_1\alpha_1 + k_2\alpha_2 + \cdots + k_n\alpha_n, \qquad k_i\in F, i=1,2,\cdots,n。$$

对于 F 中元素 $k_i(i\in\{1,2,\cdots,n\})$，有

$$k_i = e_{i1}f_1 + e_{i2}f_2 + \cdots + e_{im}f_m, e_{ij}\in E, j=1,2,\cdots,m,$$

因此

$$\alpha = \sum_{i=1}^n k_i\alpha_i = \sum_{i=1}^n\left(\sum_{j=1}^m e_{ij}f_j\right)\alpha_i = \sum_{i=1}^n\sum_{j=1}^m e_{ij}(f_j\alpha_i)。$$

这表明 V 中任一向量 α 可以由 $f_1\alpha_1,f_2\alpha_1,\cdots,f_m\alpha_1,\cdots,f_1\alpha_n,f_2\alpha_n,\cdots,f_m\alpha_n$ E-线性表出。

假设

$$\sum_{i=1}^n\sum_{j=1}^m l_{ij}(f_j\alpha_i) = 0,$$

其中 $l_{ij}\in E, i=1,2,\cdots,n; j=1,2,\cdots,m$。则

$$\sum_{i=1}^n\left(\sum_{j=1}^m l_{ij}f_j\right)\alpha_i = 0,$$

由于 $\alpha_1, \alpha_2, \cdots, \alpha_n$ 在 F 上线性无关,因此从上式得

$$\sum_{j=1}^{m} l_{ij} f_j = 0, \qquad i = 1, 2, \cdots, n。$$

由于 $f_1, f_2, \cdots, f_m$ 在 E 上线性无关,因此从上式得

$$l_{ij} = 0, \quad i = 1, 2, \cdots, n; \quad j = 1, 2, \cdots, m,$$

从而 $\{f_j \alpha_i \mid i=1,2,\cdots,n; j=1,2,\cdots,m\}$ 在 E 上线性无关,于是它就是域 E 上线性空间 V 的一个基,因此

$$\dim_E V = nm = (\dim_F V)(\dim_E F)。$$

点评:利用例 26 的结论,复数域 $\mathbf{C}$ 上任一 n 维线性空间 V 都可看成是实数域 $\mathbf{R}$ 上的 $2n$ 维线性空间,这是因为从本节习题第 15 题知道 $\mathbf{C}$ 作为 $\mathbf{R}$ 上的线性空间是二维的。从例 26 的第(2)小题的解题过程看出,设 n 维复线性空间 V 的一个基是 $\alpha_1, \alpha_2, \cdots, \alpha_n$,则 $2n$ 维实线性空间 V 的一个基为

$$\alpha_1, \mathrm{i}\alpha_1, \alpha_2, \mathrm{i}\alpha_2, \cdots, \alpha_n, \mathrm{i}\alpha_n。$$

例如,取 $V = \mathbf{C}^n$,则复数域上线性空间 $\mathbf{C}^n$ 的一个基为 $\varepsilon_1, \varepsilon_2, \cdots, \varepsilon_n$(其中 ε_i 是第 i 个分量为 1,其余分量为 0 的 n 维列向量)。把 $\mathbf{C}^n$ 作为实数域上的线性空间,它的一个基为

$$\varepsilon_1, \mathrm{i}\varepsilon_1, \varepsilon_2, \mathrm{i}\varepsilon_2, \cdots, \varepsilon_n, \mathrm{i}\varepsilon_n。$$

又如,复数域上的线性空间 $M_n(\mathbf{C})$ 是 n^2 维的,它的一个基为 $E_{11}, \cdots, E_{1n}, \cdots, E_{n1}, \cdots, E_{nn}$;而把 $M_n(\mathbf{C})$ 作为实数域上的线性空间是 $2n^2$ 维的,它的一个基为

$$E_{11}, \mathrm{i}E_{11}, \cdots, E_{1n}, \mathrm{i}E_{1n}, \cdots, E_{n1}, \mathrm{i}E_{n1}, \cdots, E_{nn}, \mathrm{i}E_{nn}。$$

例 27　设 K 是一个数域,在 K^3 中,设

$$\alpha_1 = (1, 0, -1)', \alpha_2 = (2, 1, 1)', \alpha_3 = (1, 1, 1)',$$
$$\beta_1 = (0, 1, 1)', \beta_2 = (-1, 1, 0)', \beta_3 = (1, 2, 1)',$$
$$\alpha = (2, 5, 3)'。$$

求基 $\alpha_1, \alpha_2, \alpha_3$ 到基 $\beta_1, \beta_2, \beta_3$ 的过渡矩阵 T,并且求 α 分别在这两个基下的坐标。

解　设 $A = (\alpha_1, \alpha_2, \alpha_3), B = (\beta_1, \beta_2, \beta_3)$。由已知条件得

$$(\beta_1, \beta_2, \beta_3) = (\alpha_1, \alpha_2, \alpha_3)T,$$

即

$$B = AT \tag{61}$$

为了解矩阵方程(61),我们对 (A, B) 作初等行变换,当左半边为单位矩阵时,右半边就是 $A^{-1}B = T$。

$$\begin{bmatrix} 1 & 2 & 1 & 0 & -1 & 1 \\ 0 & 1 & 1 & 1 & 1 & 2 \\ -1 & 1 & 1 & 1 & 0 & 1 \end{bmatrix} \xrightarrow{\text{初等行变换}} \begin{bmatrix} 1 & 0 & 0 & 0 & 1 & 1 \\ 0 & 1 & 0 & -1 & -3 & -2 \\ 0 & 0 & 1 & 2 & 4 & 4 \end{bmatrix},$$

则

$$T = \begin{bmatrix} 0 & 1 & 1 \\ -1 & -3 & -2 \\ 2 & 4 & 4 \end{bmatrix}。$$

先求 α 在基 $\beta_1, \beta_2, \beta_3$ 下的坐标 $(y_1, y_2, y_3)'$。从

$$\alpha = (\beta_1, \beta_2, \beta_3) \begin{bmatrix} y_1 \\ y_2 \\ y_3 \end{bmatrix}$$

得
$$B\begin{bmatrix} y_1 \\ y_2 \\ y_3 \end{bmatrix} = \begin{bmatrix} 2 \\ 5 \\ 3 \end{bmatrix}。 \tag{62}$$

解线性方程组(62)：
$$\begin{bmatrix} 0 & -1 & 1 & 2 \\ 1 & 1 & 2 & 5 \\ 1 & 0 & 1 & 3 \end{bmatrix} \xrightarrow{\text{初等行变换}} \begin{bmatrix} 1 & 0 & 0 & 1 \\ 0 & 1 & 0 & 0 \\ 0 & 0 & 1 & 2 \end{bmatrix},$$

于是
$$\begin{bmatrix} y_1 \\ y_2 \\ y_3 \end{bmatrix} = \begin{bmatrix} 1 \\ 0 \\ 2 \end{bmatrix}。$$

$\boldsymbol{\alpha}$ 在基 $\boldsymbol{\alpha}_1, \boldsymbol{\alpha}_2, \boldsymbol{\alpha}_3$ 下的坐标 $(x_1, x_2, x_3)'$ 为
$$\begin{bmatrix} x_1 \\ x_2 \\ x_3 \end{bmatrix} = \boldsymbol{T}\begin{bmatrix} y_1 \\ y_2 \\ y_3 \end{bmatrix} = \begin{bmatrix} 0 & 1 & 1 \\ -1 & -3 & -2 \\ 2 & 4 & 4 \end{bmatrix}\begin{bmatrix} 1 \\ 0 \\ 2 \end{bmatrix} = \begin{bmatrix} 2 \\ -5 \\ 10 \end{bmatrix}。$$

习题 8.1

1. 回答下列问题,要写出理由:

(1) $K[x]$ 中所有 n 次多项式组成的集合 Ω,对于多项式的加法和数量乘法是否成为 K 上的一个线性空间?

(2) $K[x_1, x_2, \cdots, x_n](n \geqslant 2)$ 中所有对称多项式组成的集合 W,对于多项式的加法和数量乘法是否成为 K 上的一个线性空间?

(3) $[a, b]$ 上所有连续函数组成的集合 $C[a, b]$,对于函数的加法和数量乘法是否成为实数域上的一个线性空间?

(4) 所有负实数组成的集合 $\mathbf{R}^-$,对于实数的加法以及有理数和实数的乘法,是否成为有理数域上的一个线性空间?

(5) 集合 $\mathbf{Q}(\pi) := \{a + b\pi \mid a, b \in \mathbf{Q}\}$,对于实数的加法以及有理数和实数的乘法,是否成为有理数域上的一个线性空间?

2. 设 F 是一个域,m 是一个正整数,$F[x_1, x_2, \cdots, x_n]$ 中所有 m 次齐次多项式组成的集合记作 U,对于 n 元多项式的加法以及域 F 中元素与 n 元多项式的乘法,U 是否形成域 F 上的一个线性空间?

3. $M_n(K)$ 的下列子集对于矩阵的加法与数量乘法是否形成数域 K 上的线性空间?

(1) 数域 K 上所有 n 级对称矩阵组成的集合 V_1;

(2) 数域 K 上所有 n 级斜对称矩阵组成的集合 V_2;

(3) 数域 K 上所有 n 级上三角矩阵组成的集合 V_3。

4. F^∞ 的下列子集对于 F^∞ 的加法与纯量乘法是否构成域 F 上的线性空间?

(1) 只有有限多个分量不为 0 的无限序列组成的子集;

*(2) 只有有限多个分量为 0 的无限序列组成的子集;

*（3）没有分量等于 e 的无限序列组成的子集，e 是域 F 的单位元。

5. $\mathbf{R}\times\mathbf{R}$ 对于下面定义的加法和数量乘法，是否构成实数域上的线性空间？
$$(a_1,b_1)\oplus(a_2,b_2)=(a_1+a_2,b_1+b_2+a_1a_2),$$
$$k\circ(a,b)=\left(ka,kb+\frac{k(k-1)}{2}a^2\right).$$

6. 在定义域为正实数集 $\mathbf{R}^+$ 的所有实值函数形成的 $\mathbf{R}$ 上的线性空间 $\mathbf{R}^{\mathbf{R}^+}$ 中，$x^{t_1},x^{t_2},\cdots,x^{t_n}$ 是否线性无关？其中 $t_1,t_2,\cdots,t_n$ 是两两不等的实数。

7. 在实数域上的线性空间 $\mathbf{R}^{\mathbf{R}}$ 中，$e^{ax}\sin bx,e^{ax}\cos bx$（其中 $b\neq0$）是否线性无关？

8. 在实数域上的线性空间 $\mathbf{R}^{\mathbf{R}}$ 中，$e^{\lambda_1 x},e^{\lambda_2 x},\cdots,e^{\lambda_n x}$ 是否线性无关？其中 $\lambda_1,\lambda_2,\cdots,\lambda_n$ 是两两不等的实数。

9. 判断实数域上的线性空间 $\mathbf{R}^{\mathbf{R}}$ 中的下列函数组是否线性无关？

（1）$1,\cos^2 x,\cos 2x$；　（2）$1,\cos x,\cos 2x,\cos 3x$；　（3）$\sin x,\sin 2x,\cdots,\sin nx$；

（4）$1,\cos x,\sin x,\cos 2x,\sin 2x,\cdots,\cos nx,\sin nx$；　（5）$1,\cos x,\cos^2 x,\cdots,\cos^n x$；

（6）$1,\sin x,\cos x,\sin^2 x,\cos^2 x,\cdots,\sin^n x,\cos^n x$；

（7）$\sin x,\cos x,\sin^2 x,\cos^2 x,\cdots,\sin^n x,\cos^n x$。

10. 在数域 K 上的线性空间 $K[x]$ 中，$f_1(x),f_2(x),f_3(x)$ 互素，但是其中任意两个都不互素，判断 $f_1(x),f_2(x),f_3(x)$ 是否线性无关。

11. 在域 F 上的线性空间 V 中，设向量组 $\alpha_1,\cdots,\alpha_s$ 线性无关，且 $\beta=b_1\alpha_1+\cdots+b_s\alpha_s$。证明：如果对于某个 $i(1\leqslant i\leqslant s)$ 有 $b_i\neq0$，那么用 β 替换 α_i 以后得到的向量组 $\alpha_1,\cdots,\alpha_{i-1},\beta,\alpha_{i+1},\cdots,\alpha_s$ 也线性无关。

12. 在实数域上的线性空间 $\mathbf{R}^{\mathbf{R}}$ 中，函数组
$$e^x\cos x,e^x\sin x,xe^x\cos x,xe^x\sin x$$
是否线性无关？

13. 设 $b=pq^2$，其中 p,q 是不同的素数，n 是大于 1 的正整数。把实数域 $\mathbf{R}$ 看成有理数域 $\mathbf{Q}$ 上的线性空间。判断
$$1,\sqrt[n]{b},\sqrt[n]{b^2},\cdots,\sqrt[n]{b^{n-1}}$$
是否线性无关。

14. 求下列数域 K 上线性空间的一个基和维数：

（1）数域 K 上所有 n 级斜对称矩阵组成的线性空间 V_2；

（2）数域 K 上所有 n 级上三角矩阵组成的线性空间 V_3。

15. 把复数域 $\mathbf{C}$ 看成实数域 $\mathbf{R}$ 上的线性空间，求它的一个基和维数，并且求复数 $z=a+bi$ 在此基下的坐标。

16. 求有理数域 $\mathbf{Q}$ 上的线性空间 $\mathbf{Q}(\sqrt{2})$ 的一个基和维数，并且求 $a+b\sqrt{2}$ 在此基下的坐标。

17. 令 $\mathbf{Q}(\omega):=\{a+b\omega\,|\,a,b\in\mathbf{Q}\}$，其中 $\omega=\dfrac{-1+\sqrt{3}\mathrm{i}}{2}$。

（1）证明：$\mathbf{Q}(\omega)$ 对于复数的加法以及有理数和复数的乘法构成有理数域 $\mathbf{Q}$ 上的一个

线性空间；

(2) 求 $\mathbf{Q}(\omega)$ 的一个基和维数；

(3) $\bar{\omega}$，$-\sqrt{3}\mathrm{i}$ 是否属于 $\mathbf{Q}(\omega)$？如果是，$\omega,\bar{\omega},-\sqrt{3}\mathrm{i}$ 是否线性相关？并且求 $\omega,\bar{\omega},-\sqrt{3}\mathrm{i}$ 的秩。

18. $[a,b]$ 上所有连续函数组成的集合记作 $C[a,b]$，它是实数域上的一个线性空间。证明 $C[a,b]$ 是无限维的。

19. 求 $K[x,y]$ 中 m 次齐次多项式组成的线性空间 U 的一个基和维数。

20. 求 $K[x_1,x_2,\cdots,x_n]$ 中次数小于或等于 m 的多项式组成的线性空间 V 的一个基和维数。

21. 在 K^4 中，设 $\boldsymbol{\alpha}_1=(1,1,1,1)'$，$\boldsymbol{\alpha}_2=(1,1,1,0)'$，$\boldsymbol{\alpha}_3=(1,1,0,0)'$，$\boldsymbol{\alpha}_4=(1,0,0,0)'$，$\boldsymbol{\alpha}=(2,-1,3,4)'$，求 $\boldsymbol{\alpha}$ 在基 $\boldsymbol{\alpha}_1,\boldsymbol{\alpha}_2,\boldsymbol{\alpha}_3,\boldsymbol{\alpha}_4$ 下的坐标。

22. 令

$$V=\left\{\begin{pmatrix} a+b\mathrm{i} & c+d\mathrm{i} \\ -c+d\mathrm{i} & a-b\mathrm{i} \end{pmatrix}\middle| a,b,c,d\in\mathbf{R}\right\},$$

(1) 证明：V 对于矩阵的加法以及实数与矩阵的数量乘法构成实数域 $\mathbf{R}$ 上的一个线性空间；

(2) 求 V 的一个基和维数，并且求 V 中的矩阵在这个基下的坐标。

23. 在 K^4 中，求由基 $\boldsymbol{\alpha}_1,\boldsymbol{\alpha}_2,\boldsymbol{\alpha}_3,\boldsymbol{\alpha}_4$ 到基 $\boldsymbol{\beta}_1,\boldsymbol{\beta}_2,\boldsymbol{\beta}_3,\boldsymbol{\beta}_4$ 的过渡矩阵，并且求 $\boldsymbol{\alpha}$ 在所指定的基下的坐标：

(1) $\boldsymbol{\alpha}_1=(1,0,0,0)'$, $\boldsymbol{\beta}_1=(1,1,-1,1)'$,

     $\boldsymbol{\alpha}_2=(0,1,0,0)'$, $\boldsymbol{\beta}_2=(2,3,1,1)'$,

     $\boldsymbol{\alpha}_3=(0,0,1,0)'$, $\boldsymbol{\beta}_3=(3,1,-2,0)'$,

     $\boldsymbol{\alpha}_4=(0,0,0,1)'$, $\boldsymbol{\beta}_4=(0,1,-1,2)'$,

     $\boldsymbol{\alpha}=(x_1,x_2,x_3,x_4)'$ 在基 $\boldsymbol{\beta}_1,\boldsymbol{\beta}_2,\boldsymbol{\beta}_3,\boldsymbol{\beta}_4$ 下的坐标；

(2) $\boldsymbol{\alpha}_1=(1,0,0,0)'$, $\boldsymbol{\beta}_1=(1,1,8,3)'$,

     $\boldsymbol{\alpha}_2=(4,1,0,0)'$, $\boldsymbol{\beta}_2=(0,3,7,2)'$,

     $\boldsymbol{\alpha}_3=(-3,2,1,0)'$, $\boldsymbol{\beta}_3=(1,1,6,2)'$,

     $\boldsymbol{\alpha}_4=(2,-3,2,1)'$, $\boldsymbol{\beta}_4=(-1,4,-1,-1)'$,

     $\boldsymbol{\alpha}=(1,4,2,3)'$ 在基 $\boldsymbol{\alpha}_1,\boldsymbol{\alpha}_2,\boldsymbol{\alpha}_3,\boldsymbol{\alpha}_4$ 下的坐标；

(3) $\boldsymbol{\alpha}_1=(1,1,1,1)'$, $\boldsymbol{\beta}_1=(1,1,0,1)'$,

     $\boldsymbol{\alpha}_2=(1,1,-1,-1)'$, $\boldsymbol{\beta}_2=(2,1,3,1)'$,

     $\boldsymbol{\alpha}_3=(1,-1,1,-1)'$, $\boldsymbol{\beta}_3=(1,1,0,0)'$,

     $\boldsymbol{\alpha}_4=(1,-1,-1,1)'$, $\boldsymbol{\beta}_4=(0,1,-1,-1)'$,

     $\boldsymbol{\alpha}=(1,0,0,-1)'$ 在基 $\boldsymbol{\beta}_1,\boldsymbol{\beta}_2,\boldsymbol{\beta}_3,\boldsymbol{\beta}_4$ 下的坐标。

24. 在第 23 题的第(1)小题中，求一非零向量 $\boldsymbol{\alpha}$，它在基 $\boldsymbol{\alpha}_1,\boldsymbol{\alpha}_2,\boldsymbol{\alpha}_3,\boldsymbol{\alpha}_4$ 与基 $\boldsymbol{\beta}_1,\boldsymbol{\beta}_2,\boldsymbol{\beta}_3,\boldsymbol{\beta}_4$ 下有相同的坐标。

25. 在数域 K 上的线性空间 $K[x]_n$ 中，求基 $1,x,x^2,\cdots,x^{n-1}$ 到基 $1,x-a,(x-a)^2,\cdots,$

$(x-a)^{n-1}$ 的过渡矩阵,其中 a 是 K 中任一非零数.

26. (1)证明:在 $K[x]_n$ 中,多项式组
$$f_i(x) = (x-a_1)\cdots(x-a_{i-1})(x-a_{i+1})\cdots(x-a_n), \quad i=1,2,\cdots,n$$
是数域 K 上线性空间 $K[x]_n$ 的一个基,其中 $a_1,a_2,\cdots,a_n$ 是 K 中两两不等的数;

(2) 在第(1)小题中,取 K 为复数域 $\mathbf{C}$,且取 $a_1,a_2,\cdots,a_n$ 为全体 n 次单位根 $1,\xi,\xi^2,\cdots,$
ξ^{n-1},其中 $\xi = \mathrm{e}^{\frac{2\pi}{n}i}$,求 $\mathbf{C}[x]_n$ 的基 $1,x,\cdots,x^{n-1}$ 到基 $f_1,f_2,\cdots,f_n$ 的过渡矩阵.

8.2　子空间及其交与和,子空间的直和

8.2.1　内容精华

研究域 F 上线性空间 V 的结构的第 2 条途径是:研究 V 的非空子集 U,它对于 V 的加法与纯量乘法也构成域 F 上的一个线性空间,称 U 是 V 的一个**线性子空间**,简称为**子空间**. 通过引进 V 的子空间之间的运算,来研究 V 能不能通过它的若干个子空间来构筑.

一、线性子空间

设 V 是域 F 上的一个线性空间. 如果 U 是 V 的一个子空间,那么由于 V 的加法和纯量乘法限制到 U 上后,分别是 U 的加法与纯量乘法,因此有
$$\alpha,\beta \in U \implies \alpha+\beta \in U(\text{即 } U \text{ 对 } V \text{ 的加法封闭});$$
$$\alpha \in U, k \in F \implies k\alpha \in U(\text{即 } U \text{ 对 } V \text{ 的纯量乘法封闭}).$$
反之,若 V 的非空子集 U 对 V 的加法和纯量乘法都封闭,U 是不是 V 的一个子空间? 此时 V 的加法和纯量乘法限制到 U 上后,分别是 U 的加法和纯量乘法. 显然在 U 中加法交换律、结合律以及纯量乘法的 4 条运算法则都成立. 现在来看 U 中有没有零元? 对于 U 中每一个元素 α,在 U 中有没有 α 的负元? 凭直觉猜测 V 中的零元 $0 \in U$. 论证如下:由于 U 不是空集,因此有 $\gamma \in U$. 由于 U 对纯量乘法封闭,因此 $0\gamma \in U$,从而 $0 \in U$,于是 U 中有零元 0. 任给 $\alpha \in U$,则 $(-1)\alpha \in U$,于是 $-\alpha \in U$. 由于 $\alpha+(-\alpha)=0$,且 V 的加法限制到 U 上是 U 的加法,因此 $-\alpha$ 是 α 在 U 中的负元. 综上所述,U 是域 F 上的一个线性空间. 因此 U 是 V 的一个子空间. 这样我们证明了下述定理 1.

定理 1　设 U 是域 F 上线性空间 V 的一个非空子集,则 U 是 V 的一个子空间的充分必要条件是:U 对于 V 的加法和纯量乘法都封闭,即
$$\alpha,\beta \in U \implies \alpha+\beta \in U,$$
$$\alpha \in U, k \in F \implies k\alpha \in U. \qquad ■$$

根据定理 1,判断 V 的一个子集 U 是 V 的一个子空间,需要验证 3 条:U 非空集,U 对加法封闭,U 对纯量乘法封闭.

显然,$\{0\},V$ 都是 V 的子空间,称它们是 V 的平凡子空间,$\{0\}$ 称为**零子空间**,可记作 0.

设 V 是有限维的线性空间,试问: V 的子空间的基和维数与 V 的基和维数之间有什么关系?

设 U 是 V 的任一子空间。根据 8.1 节的命题 12 得, U 的一个基可以扩充成 V 的一个基,从而

$$\dim U \leqslant \dim V, \tag{1}$$

(1)式中等号成立当且仅当 $U=V$(充分性是显然的。必要性:当 $\dim U = \dim V$ 时, U 的一个基已经是 V 的一个基,因此 V 的任一向量可由 U 的这个基线性表出,从而 $V \subseteq U$。于是 $V=U$)。

设 V 是域 F 上的一个线性空间,给出 V 的一个向量组 $\alpha_1, \cdots, \alpha_s$,如何构造一个包含 $\alpha_1, \cdots, \alpha_s$ 的最小的子空间? 由于子空间对 V 的加法和纯量乘法封闭,因此包含 $\alpha_1, \cdots, \alpha_s$ 的子空间一定包含 $\alpha_1, \cdots, \alpha_s$ 的所有线性组合组成的集合:

$$\{k_1\alpha_1 + \cdots + k_s\alpha_s \mid k_i \in F, i = 1, \cdots, s\}, \tag{2}$$

把这个集合记作 W。显然 W 非空集,且 W 对于 V 的加法和纯量乘法都封闭,因此 W 是 V 的一个子空间。从上述论述知道, W 就是包含 $\alpha_1, \cdots, \alpha_s$ 的最小的子空间,把 W 称为由 $\alpha_1, \cdots, \alpha_s$ **生成(或张成)的线性子空间**,记作 $\langle \alpha_1, \cdots, \alpha_s \rangle$ 或者 $L(\alpha_1, \cdots, \alpha_s)$,即

$$\langle \alpha_1, \cdots, \alpha_s \rangle = \{k_1\alpha_1 + \cdots + k_s\alpha_s \mid k_i \in F, i = 1, \cdots, s\}。 \tag{3}$$

在有限维线性空间 V 中,任何一个线性子空间 U 都可以用上述方法得到,这是因为只要取 U 的一个基 $\alpha_1, \cdots, \alpha_m$,则 $U = \langle \alpha_1, \cdots, \alpha_m \rangle$。

对于 V 中向量组 $\alpha_1, \cdots, \alpha_s$ 生成的线性子空间 $\langle \alpha_1, \cdots, \alpha_s \rangle$,根据线性表出的传递性,从(3)式可以看出,子空间 $\langle \alpha_1, \cdots, \alpha_s \rangle$ 的每一个向量可以由向量组 $\alpha_1, \cdots, \alpha_s$ 的一个极大线性无关组线性表出,因此向量组 $\alpha_1, \cdots, \alpha_s$ 的一个极大线性无关组就是 $\langle \alpha_1, \cdots, \alpha_s \rangle$ 的一个基,从而

$$\dim \langle \alpha_1, \cdots, \alpha_s \rangle = \operatorname{rank}\{\alpha_1, \cdots, \alpha_s\}。 \tag{4}$$

从(3)式还可得出,对于 V 中两个向量组 $\alpha_1, \cdots, \alpha_s$ 和 $\beta_1, \cdots, \beta_t$,有

$$\langle \alpha_1, \cdots, \alpha_s \rangle = \langle \beta_1, \cdots, \beta_t \rangle$$
$$\Longleftrightarrow \{\alpha_1, \cdots, \alpha_s\} \cong \{\beta_1, \cdots, \beta_t\}。 \tag{5}$$

二、子空间的交与和

为了利用线性空间 V 的若干个子空间来构筑整个空间 V,需要引进子空间的运算。

设 V 是域 F 上的线性空间, V_1 和 V_2 都是 V 的子空间。 V_1 和 V_2 作为 V 的子集可以求交集 $V_1 \cap V_2$。自然会问:交集 $V_1 \cap V_2$ 是不是 V 的一个子空间?

由于 $0 \in V_1 \cap V_2$,因此 $V_1 \cap V_2$ 非空集。任取 $\alpha, \beta \in V_1 \cap V_2$,则 $\alpha, \beta \in V_1$,且 $\alpha, \beta \in V_2$。由于 V_1 和 V_2 都对 V 的加法封闭,因此 $\alpha + \beta \in V_1$ 且 $\alpha + \beta \in V_2$,从而 $\alpha + \beta \in V_1 \cap V_2$。任取 $k \in F$,由于 V_1 和 V_2 都对 V 的纯量乘法封闭,因此 $k\alpha \in V_1$ 且 $k\alpha \in V_2$,从而 $k\alpha \in V_1 \cap V_2$。据定理 1 得, $V_1 \cap V_2$ 是 V 的一个子空间。于是证明了下述的定理 2。

定理 2 设 V_1, V_2 都是域 F 上线性空间 V 的子空间,则 $V_1 \cap V_2$ 也是 V 的子空间。 ■

由集合的交的定义可得出,子空间的交适合下列运算法则。

1° 交换律：$V_1 \cap V_2 = V_2 \cap V_1$；

2° 结合律：$(V_1 \cap V_2) \cap V_3 = V_1 \cap (V_2 \cap V_3)$。

由结合律，可以定义多个子空间的交：

$$V_1 \cap V_2 \cap \cdots \cap V_s,$$

记作 $\bigcap\limits_{i=1}^{s} V_i$。用数学归纳法易证 $\bigcap\limits_{i=1}^{s}$ 也是 V 的一个子空间。

类似地可以证明：设 I 是一个指标集，若对于每个 $i \in I$，都有 V_i 是 V 的一个子空间，则 $\bigcap\limits_{i \in I} V_i$ 也是 V 的一个子空间，其中 $\bigcap\limits_{i \in I} V_i := \{\alpha \mid \alpha \in V_i, \forall i \in I\}$。

自然还会问：V_1 与 V_2 的并集 $V_1 \cup V_2$ 是不是 V 的一个子空间？不是。例如，设 V 是几何空间（即以原点为起点的所有向量组成的三维实线性空间），V_1, V_2 是过原点的两个不同的平面，从而它们都是 V 的子空间。在 $V_1 \cup V_2$ 中取两个向量 α_1, α_2，其中 $\alpha_1 \in V_1, \alpha_1 \notin V_2, \alpha_2 \in V_2, \alpha_2 \notin V_1$，则 $\alpha_1 + \alpha_2 \notin V_1 \cup V_2$，如图 8-1 所示。因此 $V_1 \cup V_2$ 不是 V 的一个子空间。

图 8-1

如果我们想构造包含 $V_1 \cup V_2$ 的一个子空间，那么这个子空间应当包含下述集合

$$\{\alpha_1 + \alpha_2 \mid \alpha_1 \in V_1, \alpha_2 \in V_2\},$$

把这个集合记作 $V_1 + V_2$。这个集合是不是 V 的一个子空间呢？显然 $0 = 0 + 0 \in V_1 + V_2$，因此 $V_1 + V_2$ 非空集。在 $V_1 + V_2$ 中任取两个向量 α, β，则

$$\alpha = \alpha_1 + \alpha_2, \quad \beta = \beta_1 + \beta_2, \quad \alpha_1, \beta_1 \in V_1, \quad \alpha_2, \beta_2 \in V_2,$$

于是

$$\alpha_1 + \beta_1 \in V_1, \alpha_2 + \beta_2 \in V_2,$$

从而

$$\alpha + \beta = (\alpha_1 + \beta_1) + (\alpha_2 + \beta_2) \in V_1 + V_2。$$

任取 $k \in F$，由于 $k\alpha_1 \in V_1, k\alpha_2 \in V_2$，因此

$$k\alpha = k\alpha_1 + k\alpha_2 \in V_1 + V_2,$$

所以 $V_1 + V_2$ 是 V 的一个子空间，称 $V_1 + V_2$ 是 V_1 与 V_2 的和，其中

$$V_1 + V_2 := \{\alpha_1 + \alpha_2 \mid \alpha_1 \in V_1, \alpha_2 \in V_2\}。 \tag{6}$$

这样，证明了下述的定理 3。

定理 3 设 V_1, V_2 都是域 F 上线性空间 V 的子空间，则 $V_1 + V_2$ 是 V 的子空间。 ■

从以上论述知道，$V_1 + V_2$ 是包含 $V_1 \cup V_2$ 的最小子空间。

从 (6) 式容易看出，子空间的和适合下列运算法则：

1° 交换律：$V_1 + V_2 = V_2 + V_1$；

2° 结合律：$(V_1 + V_2) + V_3 = V_1 + (V_2 + V_3)$。

由结合律，可以定义多个子空间的和：

$$V_1 + V_2 + \cdots + V_s,$$

记作 $\sum\limits_{i=1}^{s} V_i$。用数学归纳法易证 $\sum\limits_{i=1}^{s} V_i$ 仍是 V 的一个子空间，并且

$$\sum_{i=1}^{s} V_i = \{\alpha_1 + \cdots + \alpha_s \mid \alpha_i \in V_i, i = 1, \cdots, s\}。 \tag{7}$$

我们知道,集合的交与并适合分配律,即

$$A \bigcap (B \bigcup C) = (A \bigcap B) \bigcup (A \bigcap C), \tag{8}$$

$$A \bigcup (B \bigcap C) = (A \bigcup B) \bigcap (A \bigcup C)_{\circ} \tag{9}$$

我们自然要问:子空间的交与和是不是适合分配律呢?

设 V_1, V_2, V_3 都是域 F 上线性空间 V 的子空间。首先探讨 $V_1 \bigcap (V_2 + V_3)$ 与 $(V_1 \bigcap V_2) + (V_1 \bigcap V_3)$ 之间有什么关系? 从几何 空间 V 可以受到启发。如图 8-2 所示,V_1 是过原点 O 的一条直

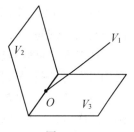

图 8-2

线,V_2 和 V_3 是过原点 O 的两个不重合的平面,V_1 不在 V_2 上,也不在 V_3 上。显然,有

$$V_1 \bigcap V_2 = 0, V_1 \bigcap V_3 = 0, V_2 + V_3 = V, V_1 \bigcap (V_2 + V_3) = V_{1}.$$

由此受到启发,猜想

$$V_1 \bigcap (V_2 + V_3) \supseteq (V_1 \bigcap V_2) + (V_1 \bigcap V_3)_{\circ} \tag{10}$$

可以证明(10)式的确成立:在 $(V_1 \bigcap V_2) + (V_1 \bigcap V_3)$ 中任取一个向量 $\alpha + \beta$,其中 $\alpha \in V_1 \bigcap V_2, \beta \in V_1 \bigcap V_3$,则 $\alpha \in V_2, \beta \in V_3$,因此 $\alpha + \beta \in V_2 + V_3$。又有 $\alpha \in V_1, \beta \in V_1$, $\alpha + \beta \in V_1$,从而 $\alpha + \beta \in V_1 \bigcap (V_2 + V_3)$,于是(10)式成立。

上述几何空间的例子表明,$(V_1 \bigcap V_2) + (V_1 \bigcap V_3)$ 可能是 $V_1 \bigcap (V_2 + V_3)$ 的真子集。在加上一定条件后,它们也有可能相等。例如,当 $V_1 \subseteq V_2$ 时,任取 $\alpha \in V_1 \bigcap (V_2 + V_3)$,则 $\alpha \in V_1$,从而 $\alpha \in V_1 \bigcap V_2$,于是 $\alpha = \alpha + 0 \in (V_1 \bigcap V_2) + (V_1 \bigcap V_3)$。所以,此时(10)式取等号。

现在来探讨 $V_1 + (V_2 \bigcap V_3)$ 与 $(V_1 + V_2) \bigcap (V_1 + V_3)$ 之间的关系。从图 8-2 可以看出,$V_2 \bigcap V_3$ 是过原点 O 的一条直线,记作 V_4,于是 $V_1 + (V_2 \bigcap V_3)$ 是由两条相交直线 V_1 和 V_4 决定的平面,而 $V_1 + V_2 = V, V_1 + V_3 = V$,于是 $(V_1 + V_2) \bigcap (V_1 + V_3) = V$。在这个 例子里,$V_1 + (V_2 \bigcap V_3) \subsetneqq (V_1 + V_2) \bigcap (V_1 + V_3)$。由此受到启发,猜测

$$V_1 + (V_2 \bigcap V_3) \subseteq (V_1 + V_2) \bigcap (V_1 + V_3)_{\circ} \tag{11}$$

可以证明(11)式的确成立:在 $V_1 + (V_2 \bigcap V_3)$ 中任取一个向量 $\alpha_1 + \beta$,其中 $\alpha_1 \in V_1, \beta \in V_2 \bigcap V_3$, 由此得出,$\alpha_1 + \beta \in V_1 + V_2$,且 $\alpha_1 + \beta \in V_1 + V_3$。于是 $\alpha_1 + \beta \in (V_1 + V_2) \bigcap (V_1 + V_3)$,从而(11)式 成立。

加上一定条件后,(11)式有可能取等号。例如 $V_1 \subseteq V_2$ 时,任取 $\alpha \in (V_1 + V_2) \bigcap (V_1 + V_3)$,则 $\alpha \in V_1 + V_2, \alpha \in V_1 + V_3$。于是 $\alpha \in V_2$,且 $\alpha = \beta_1 + \beta_3$,其中 $\beta_1 \in V_1, \beta_3 \in V_3$,由 此得出,$\beta_3 = \alpha - \beta_1 \in V_2$。因此 $\beta_3 \in V_2 \bigcap V_3$,从而 $\alpha = \beta_1 + \beta_3 \in V_1 + (V_2 \bigcap V_3)$,所以 $(V_1 + V_2) \bigcap (V_1 + V_3) \subseteq V_1 + (V_2 \bigcap V_3)$。即在 $V_1 \subseteq V_2$ 时,(11)式的等号成立。

我们把上面证得的结论写成一个命题:

命题 1 设 V_1, V_2 和 V_3 都是域 F 上线性空间 V 的子空间,则

$$V_1 \bigcap (V_2 + V_3) \supseteq (V_1 \bigcap V_2) + (V_1 \bigcap V_3),$$

$$V_1 + (V_2 \bigcap V_3) \subseteq (V_1 + V_2) \bigcap (V_1 + V_3)_{\circ}$$

根据向量组生成的子空间的定义以及子空间的和的定义,立即得到下述命题:

命题 2 设 $\alpha_1, \cdots, \alpha_s$ 和 $\beta_1, \cdots, \beta_t$ 是域 F 上线性空间 V 的两个向量组,则

$$\langle \alpha_1, \cdots, \alpha_s \rangle + \langle \beta_1, \cdots, \beta_t \rangle$$

$$= \langle \alpha_1, \cdots, \alpha_s, \beta_1, \cdots, \beta_t \rangle_{\circ}$$

设 V_1 和 V_2 都是域 F 上线性空间 V 的有限维子空间，则 $V_1 \cap V_2$，$V_1 + V_2$ 也都是 V 的子空间。试问：V_1，V_2，$V_1 \cap V_2$，$V_1 + V_2$ 的维数之间有什么联系？

从图 8-2 可以看出，$\dim V_2 = \dim V_3 = 2$，$\dim(V_2 \cap V_3) = 1$，$\dim(V_2 + V_3) = 3$。由此受到启发，猜想有下述定理。

定理 4（子空间的维数公式）　设 V_1，V_2 都是域 F 上线性空间 V 的有限维子空间，则 $V_1 \cap V_2$，$V_1 + V_2$ 也是有限维的，并且

$$\dim V_1 + \dim V_2 = \dim(V_1 + V_2) + \dim(V_1 \cap V_2)。 \tag{12}$$

证明　设 V_1，V_2，$V_1 \cap V_2$ 的维数分别是 n_1，n_2，m。取 $V_1 \cap V_2$ 的一个基 $\alpha_1, \cdots, \alpha_m$，把它分别扩充成 V_1 和 V_2 的一个基：$\alpha_1, \cdots, \alpha_m, \beta_1, \cdots, \beta_{n_1-m}$ 和 $\alpha_1, \cdots, \alpha_m, \gamma_1, \cdots, \gamma_{n_2-m}$，于是根据命题 2 得

$$V_1 + V_2 = \langle \alpha_1, \cdots, \alpha_m, \beta_1, \cdots, \beta_{n_1-m}, \gamma_1, \cdots, \gamma_{n_2-m} \rangle,$$

因此 $V_1 + V_2$ 是有限维的。如果能证明

$$\alpha_1, \cdots, \alpha_m, \beta_1, \cdots, \beta_{n_1-m}, \gamma_1, \cdots, \gamma_{n_2-m}$$

线性无关，那么它就是 $V_1 + V_2$ 的一个基，由此得出

$$\begin{aligned}
\dim(V_1 + V_2) &= m + (n_1 - m) + (n_2 - m) \\
&= n_1 + n_2 - m \\
&= \dim V_1 + \dim V_2 - \dim(V_1 \cap V_2)。
\end{aligned}$$

假设

$$k_1 \alpha_1 + \cdots + k_m \alpha_m + p_1 \beta_1 + \cdots + p_{n_1-m} \beta_{n_1-m} + q_1 \gamma_1 + \cdots + q_{n_2-m} \gamma_{n_2-m} = 0, \tag{13}$$

则

$$q_1 \gamma_1 + \cdots + q_{n_2-m} \gamma_{n_2-m} = -k_1 \alpha_1 - \cdots - k_m \alpha_m - p_1 \beta_1 - \cdots - p_{n_1-m} \beta_{n_1-m}。 \tag{14}$$

(14)式左边的向量属于 V_2，右边的向量属于 V_1，从而它属于 $V_1 \cap V_2$，因此有

$$q_1 \gamma_1 + \cdots + q_{n_2-m} \gamma_{n_2-m} = l_1 \alpha_1 + \cdots + l_m \alpha_m。 \tag{15}$$

由(15)式得出，$q_1 = \cdots = q_{n_2-m} = l_1 = \cdots = l_m = 0$。代入(13)式可得出

$$k_1 = \cdots = k_m = p_1 = \cdots = p_{n_1-m} = 0,$$

因此 $\alpha_1, \cdots, \alpha_m, \beta_1, \cdots, \beta_{n_1-m}, \gamma_1, \cdots, \gamma_{n_2-m}$ 线性无关。　■

推论 1　设 V_1，V_2 都是域 F 上线性空间 V 的有限维子空间，则

$$\dim(V_1 + V_2) = \dim V_1 + \dim V_2 \quad \Longleftrightarrow \quad V_1 \cap V_2 = 0。　■$$

例如，在图 8-2 中，$V_1 \cap V_2 = 0$。此时 $\dim(V_1 + V_2) = \dim V_1 + \dim V_2$。容易看出，几何空间 V 中任一向量 α 可以唯一地表示成 $\alpha = \alpha_1 + \alpha_2$，其中 $\alpha_1 \in V_1$，$\alpha_2 \in V_2$。由此受到启发，讨论子空间之间一种特殊的和，即子空间的直和。

三、子空间的直和

定义 1　设 V_1，V_2 都是域 F 上线性空间 V 的子空间，如果 $V_1 + V_2$ 中每个向量 α 都能唯一地表示成

$$\alpha = \alpha_1 + \alpha_2, \quad \alpha_1 \in V_1, \quad \alpha_2 \in V_2,$$

那么和 $V_1 + V_2$ 称为**直和**，记作 $V_1 \oplus V_2$。

从图 8-2 可以看到，$V_1 \cap V_2 = 0$，$V_1 + V_2$ 是直和。这两者间有必然联系吗？

定理5 设 V_1, V_2 都是域 F 上线性空间 V 的子空间，则下列命题相互等价：

(1) 和 V_1+V_2 是直和；

(2) 和 V_1+V_2 中零向量的表法唯一；

(3) $V_1 \cap V_2 = 0$。

证明 (1)$\Longrightarrow$(2)是显然的。

(2)$\Longrightarrow$(3)　任取 $\alpha \in V_1 \cap V_2$，于是零向量可表示成

$$0 = \alpha + (-\alpha), \quad \alpha \in V_1, \quad -\alpha \in V_2.$$

由于零向量又可以表示成：$0 = 0 + 0$，因此根据已知条件得，$\alpha = 0$，从而 $V_1 \cap V_2 = 0$。

(3)$\Longrightarrow$(1)　设 $V_1 \cap V_2 = 0$。任取 $\alpha \in V_1 + V_2$，假设

$$\alpha = \alpha_1 + \alpha_2, \quad \alpha_1 \in V_1, \quad \alpha_2 \in V_2,$$
$$\alpha = \beta_1 + \beta_2, \quad \beta_1 \in V_1, \quad \beta_2 \in V_2,$$

则 $\alpha_1 + \alpha_2 = \beta_1 + \beta_2$，从而 $\alpha_1 - \beta_1 = \beta_2 - \alpha_2 \in V_1 \cap V_2$。由已知条件得，$\alpha_1 - \beta_1 = 0, \beta_2 - \alpha_2 = 0$，即 $\alpha_1 = \beta_1, \alpha_2 = \beta_2$，因此 $V_1 + V_2$ 是直和。∎

对于 V 的有限维子空间 V_1, V_2 来说，$V_1 \cap V_2 = 0$ 当且仅当 $\dim(V_1 + V_2) = \dim V_1 + \dim V_2$。由此可得出下述定理：

定理6 设 V_1, V_2 都是域 F 上线性空间 V 的有限维子空间，则下列命题等价：

(1) 和 V_1+V_2 是直和；

(4) $\dim(V_1+V_2) = \dim V_1 + \dim V_2$；

(5) V_1 的一个基与 V_2 的一个基合起来是 V_1+V_2 的一个基。

证明 根据定理5，(1)$\Longleftrightarrow$(3)。根据推论1，(3)$\Longleftrightarrow$(4)。因此(1)$\Longleftrightarrow$(4)。

(4)$\Longrightarrow$(5)　设 $\dim(V_1+V_2) = \dim V_1 + \dim V_2$。在 V_1 和 V_2 中分别取一个基：$\alpha_1, \cdots, \alpha_s$ 和 $\beta_1, \cdots, \beta_t$，则

$$V_1 + V_2 = \langle \alpha_1, \cdots, \alpha_s \rangle + \langle \beta_1, \cdots, \beta_t \rangle$$
$$= \langle \alpha_1, \cdots, \alpha_s, \beta_1, \cdots, \beta_t \rangle.$$

由已知条件可得，$\dim(V_1+V_2) = s + t$。又由于 V_1+V_2 中每个向量都可以由 $\alpha_1, \cdots, \alpha_s$，$\beta_1, \cdots, \beta_t$ 线性表出，因此 $\alpha_1, \cdots, \alpha_s, \beta_1, \cdots, \beta_t$ 是 V_1+V_2 的一个基。

(5)$\Longrightarrow$(4)　是显然的。∎

设 V_1, V_2 都是域 F 上线性空间 V 的子空间，如果满足：

1° $V_1+V_2 = V$，

2° V_1+V_2 是直和，

那么称 V 是 V_1 与 V_2 的直和，记作 $V = V_1 \oplus V_2$。此时称 V_2 是 V_1 的一个**补空间**，也称 V_1 是 V_2 的一个**补空间**。

命题3 设 V 是域 F 上 n 维线性空间，则 V 的每一个子空间 U 都有补空间。

证明 U 中取一个基 $\alpha_1, \cdots, \alpha_m$，把它扩充成 V 的一个基 $\alpha_1, \cdots, \alpha_m, \beta_1, \cdots, \beta_{n-m}$，则

$$V = \langle \alpha_1, \cdots, \alpha_m, \beta_1, \cdots, \beta_{n-m} \rangle$$
$$= \langle \alpha_1, \cdots, \alpha_m \rangle + \langle \beta_1, \cdots, \beta_{n-m} \rangle$$
$$= U + W,$$

其中 $W = \langle \beta_1, \cdots, \beta_{n-m} \rangle$。由于 U 的一个基与 W 的一个基合起来是 V 的一个基，因此

$U+W$ 是直和,从而 $V=U\oplus W$。于是 W 是 U 的一个补空间。　　　　■

由于把 U 的一个基扩充成 V 的一个基可以有不同的方式,因此 U 的补空间不唯一。例如,在图 8-2 中,V_1 是 V_2 的一个补空间,过原点 O 且不在 V_2 上的任意一条直线都是 V_2 的补空间。

定理 6 的(1)与(5)等价可以推广到 V_1 和 V_2 是无限维子空间的情形。

***定理 7**　设 V_1,V_2 都是域 F 上线性空间 V 的子空间(可以是无限维的),则下列命题等价:

(1) 和 V_1+V_2 是直和;

(5) V_1 的一个基与 V_2 的一个基合起来是 V_1+V_2 的一个基。

证明　(1)$\Longrightarrow$(5)　设和 V_1+V_2 是直和,则 $V_1\bigcap V_2=0$。V_1 中取一个基 S_1,V_2 中取一个基 S_2,由于 $V_1\bigcap V_2=0$,因此 $S_1\bigcap S_2=\varnothing$,从而 S_1 与 S_2 合起来得到的子集是 $S_1\bigcup S_2$。在 $S_1\bigcup S_2$ 中任取一个有限子集 $\Omega=\{\alpha_{11},\cdots,\alpha_{1m},\alpha_{21},\cdots,\alpha_{2r}\}$,其中 $\alpha_{1i}\in S_1,\alpha_{2j}\in S_2$, $i=1,\cdots,m;j=1,\cdots,r$。设
$$k_{11}\alpha_{11}+\cdots+k_{1m}\alpha_{1m}+k_{21}\alpha_{21}+\cdots+k_{2r}\alpha_{2r}=0,$$
则　　　　　　　$k_{11}\alpha_{11}+\cdots+k_{1m}\alpha_{1m}=-k_{21}\alpha_{21}-\cdots-k_{2r}\alpha_{2r}\in V_1\bigcap V_2$。

由于 $V_1\bigcap V_2=0$,因此
$$k_{11}\alpha_{11}+\cdots+k_{1m}\alpha_{1m}=-k_{21}\alpha_{21}-\cdots-k_{2r}\alpha_{2r}=0。$$
由此推出　　　　　$k_{11}=\cdots=k_{1m}=0,k_{21}=\cdots=k_{2r}=0,$
从而 Ω 线性无关。由于 Ω 是 $S_1\bigcup S_2$ 的任一有限子集,因此 $S_1\bigcup S_2$ 线性无关。

在 V_1+V_2 中任取一个向量 $\alpha=\alpha_1+\alpha_2,\alpha_1\in V_1,\alpha_2\in V_2$。由于 S_1,S_2 分别是 V_1,V_2 的一个基,因此
$$\alpha=(a_{1i_1}\alpha_{1i_1}+\cdots+a_{1i_l}\alpha_{1i_l})+(a_{2j_1}\alpha_{2j_1}+\cdots+a_{2j_t}\alpha_{2j_t}),$$
从而 α 可以由 $S_1\bigcup S_2$ 中有限多个向量线性表出。

综上所述,$S_1\bigcup S_2$ 是 V_1+V_2 的一个基。

(5)$\Longrightarrow$(1)　V_1 中取一个基 S_1,V_2 中取一个基 S_2,由已知条件得,S_1 与 S_2 合起来是 V_1+V_2 的一个基。任取 $\alpha\in V_1\bigcap V_2$,则 $\alpha=k_{11}\alpha_{11}+\cdots+k_{1m}\alpha_{1m}$,且 $\alpha=k_{21}\alpha_{21}+\cdots+k_{2r}\alpha_{2r}$,其中 $\alpha_{1i}\in S_1,i=1,\cdots,m;\alpha_{2j}\in S_2,j=1,\cdots,r$。由此得出
$$k_{11}\alpha_{11}+\cdots+k_{1m}\alpha_{1m}-k_{21}\alpha_{21}-\cdots-k_{2r}\alpha_{2r}=0,$$
于是有 $k_{11}=\cdots=k_{1m}=k_{21}=\cdots=k_{2r}=0$,从而 $\alpha=0$,因此 $V_1\bigcap V_2=0$,所以 V_1+V_2 是直和。　　　　■

命题 3 也可以推广到无限维的情形,即有下述命题:

***命题 4**　域 F 上无限维线性空间 V 的任一子空间 U 都有补空间。

证明将在 8.4 节给出。

子空间的直和的概念可以推广到多个子空间的情形。

定义 2　设 $V_1,V_2,\cdots,V_s$ 都是域 F 上线性空间 V 的子空间。如果和 $V_1+V_2+\cdots+V_s$ 中每个向量 α 都能唯一地表示成
$$\alpha=\alpha_1+\alpha_2+\cdots+\alpha_s,\quad \alpha_i\in V_i,\quad i=1,2,\cdots,s,$$

那么和 $V_1+V_2+\cdots+V_s$ 称为**直和**,记作 $V_1\oplus V_2\oplus\cdots\oplus V_s$,或 $\overset{s}{\underset{i=1}{\oplus}}V_i$。

定理 8 设 $V_1,V_2,\cdots,V_s$ 都是域 F 上线性空间 V 的子空间,则下列命题等价:

(1) 和 $V_1+V_2+\cdots+V_s$ 是直和;

(2) 和 $\sum\limits_{i=1}^{s}V_i$ 中零向量的表法唯一;

(3) $V_i\bigcap\left(\sum\limits_{j\neq i}V_j\right)=0,i=1,2,\cdots,s$。

证明 (1)$\Longrightarrow$(2) 是显然的。

(2)$\Longrightarrow$(3) 任取 $\alpha\in V_i\bigcap\left(\sum\limits_{j\neq i}V_j\right)$,则 $-\alpha\in V_i$ 且 $\alpha\in\sum\limits_{j\neq i}V_j$,于是 $\alpha=\sum\limits_{j\neq i}\alpha_j$,

$\alpha_j\in V_j,j=1,\cdots,i-1,i+1,\cdots,s$。因此在和 $\sum\limits_{i=1}^{s}V_i$ 中零向量可以表示成

$$0=(-\alpha)+\alpha=(-\alpha)+\sum\limits_{j\neq i}\alpha_j。$$

又 $0=0+0+\cdots+0$,根据已知条件得,$-\alpha=0$,于是 $\alpha=0$,因此

$$V_i\bigcap\left(\sum\limits_{j\neq i}V_j\right)=0。$$

(3)$\Longrightarrow$(1) 任取 $\alpha\in\sum\limits_{i=1}^{s}V_i$,假设 α 有两种表法:

$$\alpha=\alpha_1+\alpha_2+\cdots+\alpha_s,\quad\alpha_i\in V_i,\quad i=1,2,\cdots,s;$$
$$\alpha=\beta_1+\beta_2+\cdots+\beta_s,\quad\beta_i\in V_i,\quad i=1,2,\cdots,s。$$

任取 $i\in\{1,2,\cdots,s\}$,从上两式可得出

$$\beta_i-\alpha_i=\sum\limits_{j\neq i}(\alpha_j-\beta_j)\in V_i\bigcap\left(\sum\limits_{j\neq i}V_j\right),$$

由已知条件得,$\beta_i-\alpha_i=0$,即 $\beta_i=\alpha_i,i=1,2,\cdots,s$。因此和 $V_1+V_2+\cdots+V_s$ 是直和。 ■

定理 9 设 $V_1,V_2,\cdots,V_s$ 都是域 F 上线性空间 V 的有限维子空间,则下列命题等价:

(1) 和 $V_1+V_2+\cdots+V_s$ 是直和;

(4) $\dim(V_1+V_2+\cdots+V_s)=\dim V_1+\dim V_2+\cdots+\dim V_s$;

(5) V_1 的一个基,V_2 的一个基,$\cdots$,V_s 的一个基,它们合起来是 $V_1+V_2+\cdots+V_s$ 的一个基。

证明 (1)$\Longrightarrow$(4) 由于 $V_1+V_2+\cdots+V_s$ 是直和,因此,$V_i\bigcap\left(\sum\limits_{j\neq i}V_j\right)=0$,$i=1,2,\cdots,s$,于是

$$\dim\left(\sum\limits_{i=1}^{s}V_i\right)=\dim\left(V_1+\sum\limits_{i=2}^{s}V_i\right)$$
$$=\dim V_1+\dim\left(\sum\limits_{i=2}^{s}V_i\right)。$$

注意 $V_2\bigcap(V_3+\cdots+V_s)\subseteq V_2\bigcap(V_1+V_3+\cdots+V_s)=0$,因此对 s 作数学归纳法,根据归纳假设可得

$$\dim\Big(\sum_{i=2}^{s}V_i\Big)=\sum_{i=2}^{s}\dim V_i,$$

从而得到

$$\dim\Big(\sum_{i=1}^{s}V_i\Big)=\dim V_1+\sum_{i=2}^{s}\dim V_i=\sum_{i=1}^{s}\dim V_i\,.$$

根据数学归纳法原理,对一切正整数 s,命题为真。

(4) $\Longrightarrow$ (5)　设 $\dim\Big(\sum\limits_{i=1}^{s}V_i\Big)=\sum\limits_{i=1}^{s}\dim V_i$, 在 V_i 中取一个基 $\alpha_{i1},\cdots,\alpha_{im_i}$,
$i=1,2,\cdots,s$,则

$$\sum_{i=1}^{s}V_i=\langle\alpha_{11},\cdots,\alpha_{1m_1}\rangle+\langle\alpha_{21},\cdots,\alpha_{2m_2}\rangle+\cdots+\langle\alpha_{s1},\cdots,\alpha_{sm_s}\rangle$$

$$=\langle\alpha_{11},\cdots,\alpha_{1m_1},\alpha_{21},\cdots,\alpha_{2m_2},\cdots,\alpha_{s1},\cdots,\alpha_{sm_s}\rangle\,.$$

由已知条件得, $\dim\Big(\sum\limits_{i=1}^{s}V_i\Big)=\sum\limits_{i=1}^{s}\dim V_i=m_1+m_2+\cdots+m_s$,因此 $\alpha_{11},\cdots,\alpha_{1m_1},\alpha_{21},\cdots,$
$\alpha_{2m_2},\cdots,\alpha_{s1},\cdots,\alpha_{sm_s}$ 是 $\sum\limits_{i=1}^{s}V_i$ 的一个基。

(5) $\Longrightarrow$ (1)　在 V_i 中取一个基 $\alpha_{i1},\cdots,\alpha_{im_i}$, $i=1,2,\cdots,s$,则由已知条件得, $\alpha_{11},\cdots,$
$\alpha_{1m_1},\cdots,\alpha_{s1},\cdots,\alpha_{sm_s}$ 是 $\sum\limits_{i=1}^{s}V_i$ 的一个基。在 $\sum\limits_{i=1}^{s}V_i$ 中,设 $0=\alpha_1+\alpha_2+\cdots+\alpha_s$, $\alpha_i\in V_i$,
$i=1,2,\cdots,s$,则 $\alpha_i=k_{i1}\alpha_{i1}+\cdots+k_{im_i}\alpha_{im_i}$,从而

$$0=k_{11}\alpha_{11}+\cdots+k_{1m_1}\alpha_{1m_1}+\cdots+k_{s1}\alpha_{s1}+\cdots+k_{sm_s}\alpha_{sm_s}\,.$$

由此推出　　　　　　　$k_{11}=\cdots=k_{1m_1}=\cdots=k_{s1}=\cdots=k_{sm_s}=0\,.$

因此有 $\alpha_i=0$, $i=1,2,\cdots,s$。这证明了在 $\sum\limits_{i=1}^{s}V_i$ 中零向量的表法唯一,从而和 $\sum\limits_{i=1}^{s}V_i$ 是
直和。　　　　　　　　　　　　　　　　　　　　　　　　　　　　　　　　　　　■

定理 9 揭示了可利用子空间的运算来研究线性空间 V 的结构:V 等于它的若干个子
空间的直和,即 $V=V_1\oplus V_2\oplus\cdots\oplus V_s$ 当且仅当 V_1 的一个基, V_2 的一个基,$\cdots$, V_s 的一
个基合起来是 V 的一个基(必要性从定理 9 立即得到。充分性,由已知条件得, $V=V_1+$
$V_2+\cdots+V_s$,结合定理 9 得, $V_1+V_2+\cdots+V_s$ 是直和,从而 $V=V_1\oplus V_2\oplus\cdots\oplus V_s$)。
这个结论非常重要,很有用。

8.2.2　典型例题

例 1　判断数域 K 上下列 n 元方程的解集是否为 K^n 的子空间:

(1) $\sum\limits_{i=1}^{n}a_ix_i=0$;　　　　　　(2) $\sum\limits_{i=1}^{n}a_ix_i=1$;

(3) $\sum\limits_{i=1}^{n}x_i^2=0$;　　　　　　(4) $x_1^2-\sum\limits_{i=2}^{n}x_i^2=0\,.$

解　(1) 若 $a_1,a_2,\cdots,a_n$ 不全为 0,则 $\sum\limits_{i=1}^{n}a_ix_i=0$ 是 n 元齐次线性方程组,其解集是

K^n 的一个子空间。

若 $a_1 = a_2 = \cdots = a_n = 0$,则 $\sum\limits_{i=0}^{n} a_i x_i = 0$ 的解集是 K^n,它也是 K^n 的一个子空间。

(2) 若 $a_1, a_2, \cdots, a_n$ 不全为 0,则 $\sum\limits_{i=1}^{n} a_i x_i = 1$ 是 n 元非齐次线性方程组,其解集不是 K^n 的子空间。

若 $a_1 = a_2 = \cdots = a_n = 0$,则 $\sum\limits_{i=1}^{n} a_i x_i = 1$ 的解集是空集,它不是 K^n 的子空间。

(3) 当 $K \subseteq \mathbf{R}$ 时,$\sum\limits_{i=1}^{n} x_i^2 = 0$ 的解集是 $\{(0, 0, \cdots, 0)'\}$,它是 K^n 的一个子空间,即零子空间。

当 $K \supsetneqq \mathbf{R}$ 时,K 中含有虚数 $a + bi (b \neq 0)$,从而 $\mathrm{i} = b^{-1}[(a + bi) - a] \in K$。当 $n \geqslant 2$ 时,$\boldsymbol{\alpha} = (1, \mathrm{i}, 0, \cdots, 0)'$ 和 $\boldsymbol{\beta} = (\mathrm{i}, 1, 0, \cdots, 0)'$ 都是 $\sum\limits_{i=1}^{n} x_i^2 = 0$ 的解,而 $\boldsymbol{\alpha} + \boldsymbol{\beta} = (1 + \mathrm{i}, 1 + \mathrm{i}, 0, \cdots, 0)'$,由于 $(1 + \mathrm{i})^2 + (1 + \mathrm{i})^2 = 4\mathrm{i} \neq 0$,因此 $\boldsymbol{\alpha} + \boldsymbol{\beta}$ 不是 $\sum\limits_{i=1}^{n} x_i^2 = 0$ 的解,从而 $\sum\limits_{i=1}^{n} x_i^2 = 0$ 的解集不是 K^n 的子空间。当 $n = 1$ 时,$x_1^2 = 0$ 的解集是 $\{0\}$,它是 K 的一个子空间,即零子空间。

(4) $\boldsymbol{\alpha} = (1, 1, 0, \cdots, 0)'$ 与 $\boldsymbol{\beta} = (1, -1, 0, \cdots, 0)'$ 都是方程 $x_1^2 - \sum\limits_{i=2}^{n} x_i^2 = 0$ 的解,而 $\boldsymbol{\alpha} + \boldsymbol{\beta} = (2, 0, 0, \cdots, 0)'$,由于 $2^2 - (0^2 + 0^2 + \cdots + 0^2) = 4 \neq 0$,因此 $\boldsymbol{\alpha} + \boldsymbol{\beta}$ 不是方程 $x_1^2 - \sum\limits_{i=2}^{n} x_i^2 = 0$ 的解,从而这个方程的解集不是 K^n 的子空间。

例 2 设 $\boldsymbol{A}$ 是数域 K 上的一个 n 级矩阵,证明:数域 K 上所有与 $\boldsymbol{A}$ 可交换的矩阵组成的集合是 $M_n(K)$ 的一个子空间,把它记作 $C(\boldsymbol{A})$。

证明 由于 $\boldsymbol{I}$ 与 $\boldsymbol{A}$ 可交换,因此 $C(\boldsymbol{A})$ 非空集。设 $\boldsymbol{B}_1, \boldsymbol{B}_2 \in C(\boldsymbol{A})$,则 $\boldsymbol{B}_1 \boldsymbol{A} = \boldsymbol{A} \boldsymbol{B}_1$,$\boldsymbol{B}_2 \boldsymbol{A} = \boldsymbol{A} \boldsymbol{B}_2$,从而

$$(\boldsymbol{B}_1 + \boldsymbol{B}_2)\boldsymbol{A} = \boldsymbol{B}_1 \boldsymbol{A} + \boldsymbol{B}_2 \boldsymbol{A} = \boldsymbol{A} \boldsymbol{B}_1 + \boldsymbol{A} \boldsymbol{B}_2 = \boldsymbol{A}(\boldsymbol{B}_1 + \boldsymbol{B}_2),$$
$$(k\boldsymbol{B}_1)\boldsymbol{A} = k(\boldsymbol{B}_1 \boldsymbol{A}) = k(\boldsymbol{A} \boldsymbol{B}_1) = \boldsymbol{A}(k\boldsymbol{B}_1), \quad \forall k \in K。$$

因此 $C(\boldsymbol{A})$ 对于矩阵的加法和数量乘法封闭,于是 $C(\boldsymbol{A})$ 是 $M_n(K)$ 的一个子空间。 ∎

例 3 设 $\boldsymbol{A} = \mathrm{diag}\{a_1, a_2, \cdots, a_n\}$,其中 $a_1, a_2, \cdots, a_n$ 是数域 K 中两两不等的数,求 $C(\boldsymbol{A})$ 的一个基和维数。

解 由于与主对角元两两不等的对角矩阵可交换的矩阵一定是对角矩阵(参看本套教材上册的 4.2 节例 1),且反之亦然,因此 $C(\boldsymbol{A})$ 是由数域 K 上所有 n 级对角矩阵组成的集合。由于 K 上任一 n 级对角矩阵 $\mathrm{diag}\{b_1, b_2, \cdots, b_n\}$ 可以表示成

$$b_1 \boldsymbol{E}_{11} + b_2 \boldsymbol{E}_{22} + \cdots + b_n \boldsymbol{E}_{nn},$$

且 $\boldsymbol{E}_{11}, \boldsymbol{E}_{22}, \cdots, \boldsymbol{E}_{nn}$ 线性无关,因此 $\boldsymbol{E}_{11}, \boldsymbol{E}_{22}, \cdots, \boldsymbol{E}_{nn}$ 是 $C(\boldsymbol{A})$ 的一个基,从而 $\dim C(\boldsymbol{A}) = n$。

例4 设数域 K 上 3 级矩阵 A 为

$$A = \begin{pmatrix} 0 & 0 & 1 \\ 1 & 0 & 0 \\ 4 & -2 & 1 \end{pmatrix},$$

求 $C(A)$ 的一个基和维数。

解 $X=(x_{ij})_{3\times3}$ 与 A 可交换当且仅当

$$\begin{pmatrix} 0 & 0 & 1 \\ 1 & 0 & 0 \\ 4 & -2 & 1 \end{pmatrix}\begin{pmatrix} x_{11} & x_{12} & x_{13} \\ x_{21} & x_{22} & x_{23} \\ x_{31} & x_{32} & x_{33} \end{pmatrix} = \begin{pmatrix} x_{11} & x_{12} & x_{13} \\ x_{21} & x_{22} & x_{23} \\ x_{31} & x_{32} & x_{33} \end{pmatrix}\begin{pmatrix} 0 & 0 & 1 \\ 1 & 0 & 0 \\ 4 & -2 & 1 \end{pmatrix},$$

即

$$\begin{pmatrix} x_{31} & x_{32} & x_{33} \\ x_{11} & x_{12} & x_{13} \\ 4x_{11}-2x_{21}+x_{31} & 4x_{12}-2x_{22}+x_{32} & 4x_{13}-2x_{23}+x_{33} \end{pmatrix}$$

$$= \begin{pmatrix} x_{12}+4x_{13} & -2x_{13} & x_{11}+x_{13} \\ x_{22}+4x_{23} & -2x_{23} & x_{21}+x_{23} \\ x_{32}+4x_{33} & -2x_{33} & x_{31}+x_{33} \end{pmatrix}。$$

由此得出

$$x_{31}=x_{12}+4x_{13}, \qquad x_{32}=-2x_{13}, \qquad x_{33}=x_{11}+x_{13},$$
$$x_{11}=x_{22}+4x_{23}, \qquad x_{12}=-2x_{23}, \qquad x_{13}=x_{21}+x_{23},$$
$$4x_{11}-2x_{21}+x_{31}=x_{32}+4x_{33}, \qquad 4x_{12}-2x_{22}+x_{32}=-2x_{33},$$
$$4x_{13}-2x_{23}+x_{33}=x_{31}+x_{33}。$$

把前 6 个式子代入到最后 3 个式子中,得

$$4(x_{22}+4x_{23})-2x_{21}+[-2x_{23}+4(x_{21}+x_{23})]$$
$$=-2(x_{21}+x_{23})+4[(x_{22}+4x_{23})+(x_{21}+x_{23})],$$
$$4(-2x_{23})-2x_{22}+[-2(x_{21}+x_{23})]$$
$$=-2[(x_{22}+4x_{23})+(x_{21}+x_{23})],$$
$$4(x_{21}+x_{23})-2x_{23}+[(x_{22}+4x_{23})+(x_{21}+x_{23})]$$
$$=[(-2x_{23})+4(x_{21}+x_{23})]+[(x_{22}+4x_{23})+(x_{21}+x_{23})]。$$

整理得 $\quad 0=0, 0=0, 0=0$

这说明 x_{21},x_{22},x_{23} 可以取数域 K 中任意数,即 x_{21},x_{22},x_{23} 是自由未知量。由前 6 个式子得

$$x_{11}=x_{22}+4x_{23}, \qquad x_{12}=-2x_{23}, \qquad x_{13}=x_{21}+x_{23},$$
$$x_{31}=4x_{21}+2x_{23}, \qquad x_{32}=-2x_{21}-2x_{23}, \qquad x_{33}=x_{21}+x_{22}+5x_{23}。$$

因此 $\quad X=(x_{ij})_{3\times3}$ 与 A 可交换当且仅当

$$X = \begin{pmatrix} x_{22}+4x_{23} & -2x_{23} & x_{21}+x_{23} \\ x_{21} & x_{22} & x_{23} \\ 4x_{21}+2x_{23} & -2x_{21}-2x_{23} & x_{21}+x_{22}+5x_{23} \end{pmatrix}$$

$$= x_{21}\begin{pmatrix} 0 & 0 & 1 \\ 1 & 0 & 0 \\ 4 & -2 & 1 \end{pmatrix} + x_{22}\begin{pmatrix} 1 & 0 & 0 \\ 0 & 1 & 0 \\ 0 & 0 & 1 \end{pmatrix} + x_{23}\begin{pmatrix} 4 & -2 & 1 \\ 0 & 0 & 1 \\ 2 & -2 & 5 \end{pmatrix}$$

$$= x_{21}\boldsymbol{A} + x_{22}\boldsymbol{I} + x_{23}\boldsymbol{B},$$

其中 $\boldsymbol{B}$ 是上面等式中第 3 个矩阵，于是 $C(\boldsymbol{A})$ 中每一个矩阵 $\boldsymbol{X}$ 可由 $\boldsymbol{A},\boldsymbol{I},\boldsymbol{B}$ 线性表出。由于 $\boldsymbol{A},\boldsymbol{I},\boldsymbol{B}$ 可看成是向量组 $(1,0,0),(0,1,0),(0,0,1)$ 的延伸组，因此 $\boldsymbol{A},\boldsymbol{I},\boldsymbol{B}$ 线性无关，从而 $\boldsymbol{A},\boldsymbol{I},\boldsymbol{B}$ 是 $C(\boldsymbol{A})$ 的一个基，于是 $\dim C(\boldsymbol{A})=3$。直接计算得，$\boldsymbol{B}=\boldsymbol{A}^2$。

点评：我们将在习题 9.9 第 4 题的解答中给出例 4 更简捷的解法。

例 5 用 $M_n^0(F)$ 表示域 F 上所有迹为 0 的 n 级矩阵组成的集合。

(1) 证明：$M_n^0(F)$ 是 $M_n(F)$ 的一个子空间；

(2) 求 $M_n^0(F)$ 的一个基和维数。

(1) **证明** 显然 $\boldsymbol{0} \in M_n^0(F)$，因此 $M_n^0(F)$ 非空集。任取 $\boldsymbol{A},\boldsymbol{B} \in M_n^0(F)$，则 $\mathrm{tr}(\boldsymbol{A})=0$，$\mathrm{tr}(\boldsymbol{B})=0$，从而

$$\mathrm{tr}(\boldsymbol{A}+\boldsymbol{B}) = \mathrm{tr}(\boldsymbol{A}) + \mathrm{tr}(\boldsymbol{B}) = 0,$$
$$\mathrm{tr}(k\boldsymbol{A}) = k\mathrm{tr}(\boldsymbol{A}) = 0, \qquad \forall k \in F。$$

因此 $M_n^0(F)$ 对于矩阵的加法和纯量乘法封闭，于是 $M_n^0(F)$ 是 $M_n(F)$ 的一个子空间。 ∎

(2) **解** $\boldsymbol{X}=(x_{ij}) \in M_n^0(F)$

$\Longleftrightarrow \quad x_{11} + x_{22} + \cdots + x_{nn} = 0$

$\Longleftrightarrow \quad \boldsymbol{X} = x_{11}\boldsymbol{E}_{11} + x_{12}\boldsymbol{E}_{12} + \cdots + x_{1n}\boldsymbol{E}_{1n}$
$\qquad\qquad + x_{21}\boldsymbol{E}_{21} + x_{22}\boldsymbol{E}_{22} + \cdots + x_{2n}\boldsymbol{E}_{2n}$
$\qquad\qquad + \cdots$
$\qquad\qquad + x_{n1}\boldsymbol{E}_{n1} + x_{n2}\boldsymbol{E}_{n2} + \cdots - (x_{11} + x_{22} + \cdots + x_{n-1,n-1})\boldsymbol{E}_{nn}$

$\Longleftrightarrow \quad \boldsymbol{X} = x_{11}(\boldsymbol{E}_{11} - \boldsymbol{E}_{nn}) + x_{12}\boldsymbol{E}_{12} + \cdots + x_{1n}\boldsymbol{E}_{1n}$
$\qquad\qquad + x_{21}\boldsymbol{E}_{21} + x_{22}(\boldsymbol{E}_{22} - \boldsymbol{E}_{nn}) + \cdots + x_{2n}\boldsymbol{E}_{2n}$
$\qquad\qquad + \cdots$
$\qquad\qquad + x_{n1}\boldsymbol{E}_{n1} + x_{n2}\boldsymbol{E}_{n2} + \cdots + x_{n,n-1}\boldsymbol{E}_{n,n-1}$

又容易验证 $\boldsymbol{E}_{11} - \boldsymbol{E}_{nn}, \boldsymbol{E}_{12}, \cdots, \boldsymbol{E}_{1n}, \boldsymbol{E}_{21}, \boldsymbol{E}_{22} - \boldsymbol{E}_{nn}, \boldsymbol{E}_{23}, \cdots, \boldsymbol{E}_{2n}, \cdots, \boldsymbol{E}_{n-1,1}, \cdots, \boldsymbol{E}_{n-1,n-1} - \boldsymbol{E}_{nn}$, $\boldsymbol{E}_{n-1,n}, \boldsymbol{E}_{n1}, \boldsymbol{E}_{n2}, \cdots, \boldsymbol{E}_{n,n-1}$ 线性无关，因此它们就是 $M_n^0(F)$ 的一个基，从而

$$\dim M_n^0(F) = n^2 - 1$$

例 6 证明：域 F 上 n 维线性空间 F^n 的任一子空间 U 是域 F 上某个齐次线性方程组的解空间。

证明 U 中取一个基：$\boldsymbol{\eta}_1, \boldsymbol{\eta}_2, \cdots, \boldsymbol{\eta}_m$。令

$$\boldsymbol{H} = (\boldsymbol{\eta}_1, \boldsymbol{\eta}_2, \cdots, \boldsymbol{\eta}_m),$$

考虑 n 元齐次线性方程组 $\boldsymbol{H}'\boldsymbol{y}=\boldsymbol{0}$。它的解空间 W 的维数等于 $n-\mathrm{rank}(\boldsymbol{H}')=n-m$，取 W 的一个基：$\boldsymbol{\alpha}_1, \boldsymbol{\alpha}_2, \cdots, \boldsymbol{\alpha}_{n-m}$。令 $\boldsymbol{A}=(\boldsymbol{\alpha}_1, \boldsymbol{\alpha}_2, \cdots, \boldsymbol{\alpha}_{n-m})$，则

$$\boldsymbol{H}'\boldsymbol{A} = \boldsymbol{H}'(\boldsymbol{\alpha}_1, \boldsymbol{\alpha}_2, \cdots, \boldsymbol{\alpha}_{n-m}) = (\boldsymbol{H}'\boldsymbol{\alpha}_1, \boldsymbol{H}'\boldsymbol{\alpha}_2, \cdots, \boldsymbol{H}'\boldsymbol{\alpha}_{n-m}) = \boldsymbol{0},$$

从而 $\boldsymbol{A}'\boldsymbol{H}=\boldsymbol{0}$，因此 $\boldsymbol{\eta}_1, \boldsymbol{\eta}_2, \cdots, \boldsymbol{\eta}_m$ 都是 n 元齐次线性方程组 $\boldsymbol{A}'\boldsymbol{x}=\boldsymbol{0}$ 的解。由于 $\boldsymbol{A}'\boldsymbol{x}=\boldsymbol{0}$ 的解空间的维数等于 $n-\mathrm{rank}(\boldsymbol{A}')=n-(n-m)=m$，因此 $\boldsymbol{\eta}_1, \boldsymbol{\eta}_2, \cdots, \boldsymbol{\eta}_m$ 是 $\boldsymbol{A}'\boldsymbol{x}=\boldsymbol{0}$ 的解空

间的一个基,从而 $U=\langle \boldsymbol{\eta}_1,\boldsymbol{\eta}_2,\cdots,\boldsymbol{\eta}_m\rangle$ 就是 $\boldsymbol{A}'\boldsymbol{x}=\boldsymbol{0}$ 的解空间。 ■

例 7　在实数域上的线性空间 $\mathbf{R}^{\mathbf{R}}$ 中,求由函数组 $1,\sin x,\cos x,\sin^2 x,\cos^2 x$ 生成的子空间的一个基和维数。

解　在习题 8.1 的第 9 题的第(6)小题中已证 $1,\sin x,\cos x,\sin^2 x,\cos^2 x$ 线性相关;$1,\sin x,\cos x$ 线性无关。现在考虑 $1,\sin x,\cos x,\sin^2 x$ 是否线性无关。

设 $$k_1+k_2\sin x+k_3\cos x+k_4\sin^2 x=0。 \tag{16}$$

让 x 分别取值 $0,\dfrac{\pi}{2},\pi,-\dfrac{\pi}{2}$,从(16)式得

$$\begin{cases} k_1 & +k_3 & =0, \\ k_1+k_2 & +k_4 & =0, \\ k_1 & -k_3 & =0, \\ k_1-k_2 & +k_4 & =0。 \end{cases}$$

解得 $$k_1=0,k_3=0,k_2=0,k_4=0,$$

因此 $1,\sin x,\cos x,\sin^2 x$ 线性无关,从而它是函数组 $1,\sin x,\cos x,\sin^2 x,\cos^2 x$ 的一个极大线性无关组。因此 $1,\sin x,\cos x,\sin^2 x$ 是 $\langle 1,\sin x,\cos x,\sin^2 x,\cos^2 x\rangle$ 的一个基,从而 $\dim\langle 1,\sin x,\cos x,\sin^2 x,\cos^2 x\rangle=4$。

例 8　用 U 表示数域 K 上所有 n 级上三角幂零矩阵组成的集合。

(1) 证明: U 是 $M_n(K)$ 的一个子空间;

(2) 求 U 的一个基和维数。

(1) **证明**　显然, $\boldsymbol{0}\in U$,任取 $\boldsymbol{A},\boldsymbol{B}\in U$,根据本套教材上册 4.2 节例 9 的结论,上三角矩阵是幂零矩阵当且仅当它的主对角元全为 0,于是 $\boldsymbol{A},\boldsymbol{B}$ 是主对角元全为 0 的上三角矩阵,从而 $\boldsymbol{A}+\boldsymbol{B}$ 也是主对角元全为 0 的上三角矩阵,因此 $\boldsymbol{A}+\boldsymbol{B}$ 是幂零矩阵。由此得出, $\boldsymbol{A}+\boldsymbol{B}\in U$。设 $\boldsymbol{A}$ 的幂零指数为 l,则对任意 $k\in K$ 有 $(k\boldsymbol{A})^l=k^l\boldsymbol{A}^l=\boldsymbol{0}$。因此 $k\boldsymbol{A}$ 也是幂零矩阵,且显然 $k\boldsymbol{A}$ 是上三角矩阵,由此得出, $k\boldsymbol{A}\in U$。所以 U 是 $M_n(K)$ 的一个子空间。 ■

(2) **解**　根据上面指出的结论知道, U 中任一矩阵 $\boldsymbol{A}$ 可以写成

$$\boldsymbol{A}=\begin{pmatrix} 0 & a_{12} & a_{13} & \cdots & a_{1,n-1} & a_{1n} \\ 0 & 0 & a_{23} & \cdots & a_{2,n-1} & a_{2n} \\ \vdots & \vdots & \vdots & & \vdots & \vdots \\ 0 & 0 & 0 & \cdots & 0 & a_{n-1,n} \\ 0 & 0 & 0 & \cdots & 0 & 0 \end{pmatrix}$$

$$=a_{12}\boldsymbol{E}_{12}+a_{13}\boldsymbol{E}_{13}+\cdots+a_{1n}\boldsymbol{E}_{1n}+a_{23}\boldsymbol{E}_{23}+\cdots+a_{2n}\boldsymbol{E}_{2n}+\cdots+a_{n-1,n}\boldsymbol{E}_{n-1,n}。$$

显然, $\boldsymbol{E}_{12},\boldsymbol{E}_{13},\cdots,\boldsymbol{E}_{1n},\boldsymbol{E}_{23},\cdots,\boldsymbol{E}_{2n},\cdots,\boldsymbol{E}_{n-1,n}$ 线性无关,因此它们就是 U 的一个基,从而

$$\dim U=(n-1)+(n-2)+\cdots+1=\frac{n(n-1)}{2}。$$

点评: 例 8 的解题关键是利用本套教材上册 4.2 节例 9 所揭示的上三角幂零矩阵的特性。

例 9　设 V_1,V_2 是域 F 上线性空间 V 的两个真子空间(即 $V_i\neq V,i=1,2$),证明: $V_1\bigcup V_2\neq V$。

证明 由于 $V_1 \neq V$,因此存在 $\alpha \notin V_1$。若 $\alpha \notin V_2$,则 $\alpha \notin V_1 \bigcup V_2$。接下来设 $\alpha \in V_2$。由于 $V_2 \neq V$,因此存在 $\beta \notin V_2$。若 $\beta \notin V_1$,则 $\beta \notin V_1 \bigcup V_2$。接下来设 $\beta \in V_1$,则我们断言 $\alpha + \beta \notin V_1 \bigcup V_2$。这是因为假如 $\alpha + \beta \in V_1 \bigcup V_2$,当 $\alpha + \beta \in V_1$ 时,有 $(\alpha + \beta) - \beta \in V_1$,即 $\alpha \in V_1$,矛盾;当 $\alpha + \beta \in V_2$ 时,有 $(\alpha + \beta) - \alpha \in V_2$,即 $\beta \in V_2$,矛盾。所以 $\alpha + \beta \notin V_1 \bigcup V_2$,于是 $V_1 \bigcup V_2 \neq V$。 ∎

例 10 设 $V_1, V_2, \cdots, V_s$ 都是域 F 上线性空间 V 的真子空间,证明:如果域 F 的特征为 0,那么

$$V_1 \bigcup V_2 \bigcup \cdots \bigcup V_s \neq V.$$

证明 对真子空间的个数 s 作数学归纳法。当 $s=1$ 时,由于 V_1 是 V 的真子空间,因此 $V_1 \neq V$。假设命题对于 $s-1$ 的情形为真,现在来看 s 的情形,根据归纳假设得

$$V_1 \bigcup V_2 \bigcup \cdots \bigcup V_{s-1} \neq V,$$

因此 V 中存在 $\alpha \notin V_1 \bigcup V_2 \bigcup \cdots \bigcup V_{s-1}$。若 $\alpha \notin V_s$,则 $\alpha \notin V_1 \bigcup V_2 \bigcup \cdots \bigcup V_{s-1} \bigcup V_s$。接下来设 $\alpha \in V_s$。由于 $V_s \neq V$,因此存在 $\beta \notin V_s$。若 $\beta \notin V_1 \bigcup V_2 \bigcup \cdots \bigcup V_{s-1}$,则

$$\beta \notin V_1 \bigcup V_2 \bigcup \cdots \bigcup V_{s-1} \bigcup V_s.$$

下面设 $\beta \in V_1 \bigcup V_2 \bigcup \cdots \bigcup V_{s-1}$。由于 $V_1 \bigcup V_2 \bigcup \cdots \bigcup V_{s-1}$ 不是 V 的子空间,因此不能像例 9 的证明那样推出 $\alpha + \beta$ 不属于 $V_1 \bigcup V_2 \bigcup \cdots \bigcup V_{s-1} \bigcup V_s$。放宽考虑 V 的下述子集 W:

$$W = \{k\alpha + \beta \mid k \in F\}.$$

我们断言 $\forall k \in F$,都有 $k\alpha + \beta \notin V_s$。这是因为假如有某个 $k \in F$ 使得 $k\alpha + \beta \in V_s$,则由于 $\alpha \in V_s$,且 V_s 是 V 的一个子空间,因此有 $(k\alpha + \beta) - k\alpha \in V_s$,即 $\beta \in V_s$,矛盾。下面我们想说明存在 $k_0 \in F$,使得 $k_0 \alpha + \beta \notin V_1 \bigcup V_2 \bigcup \cdots \bigcup V_{s-1}$。论证的途径是看每个 $V_i (i=1,2,\cdots, s-1)$ 中含有多少个形如 $k\alpha + \beta$ 的向量。假如 $k_1 \alpha + \beta, k_2 \alpha + \beta \in V_i (i \in \{1,2,\cdots, s-1\})$,且 $k_1 \neq k_2$,则 $(k_1 \alpha + \beta) - (k_2 \alpha + \beta) \in V_i$,即 $(k_1 - k_2)\alpha \in V_i$。由于 $k_1 - k_2 \neq 0$,因此 $\alpha = (k_1 - k_2)^{-1}(k_1 - k_2)\alpha \in V_i$,从而 $\alpha \in V_1 \bigcup V_2 \bigcup \cdots \bigcup V_{s-1}$,矛盾。所以 $V_i (i=1,2,\cdots, s-1)$ 中至多含有 W 中一个向量,从而 $V_1 \bigcup V_2 \bigcup \cdots \bigcup V_{s-1}$ 中至多含有 W 中 $s-1$ 个向量。但是由于域 F 的特征为 0,因此域 F 含有无穷多个元素。又由于 $k_1 \alpha + \beta = k_2 \alpha + \beta$ 当且仅当 $(k_1 - k_2)\alpha = 0$,又由于 $\alpha \neq 0$,因此 $(k_1 - k_2)\alpha = 0$ 当且仅当 $k_1 = k_2$。于是 W 中含有无穷多个向量,从而 W 中存在一个向量 $k_0 \alpha + \beta \notin V_1 \bigcup V_2 \bigcup \cdots \bigcup V_{s-1}$。又由于 $k_0 \alpha + \beta \notin V_s$,因此

$$k_0 \alpha + \beta \notin V_1 \bigcup V_2 \bigcup \cdots \bigcup V_{s-1} \bigcup V_s.$$

于是

$$V_1 \bigcup V_2 \bigcup \cdots \bigcup V_{s-1} \bigcup V_s \neq V.$$

根据数学归纳法原理,对一切正整数 s,命题为真。 ∎

点评:在例 10 的证明过程中,域 F 含有无穷多个元素起着关键作用。如果域 F 是特征为素数 p 的有限域,那么例 10 的结论不一定成立。例如,在域 $\mathbf{Z}_2$ 上的线性空间 $\mathbf{Z}_2^3$ 中,考虑下述真子空间:

$$V_1 = \langle (1,0,0)' \rangle, \quad V_2 = \langle (0,1,0)' \rangle, \quad V_3 = \langle (0,0,1)' \rangle, \quad V_4 = \langle (1,1,0)' \rangle,$$

$$V_5 = \langle (1,0,1)' \rangle, \quad V_6 = \langle (0,1,1)' \rangle, \quad V_7 = \langle (1,1,1)' \rangle,$$

显然有 $V_1 \bigcup V_2 \bigcup V_3 \bigcup V_4 \bigcup V_5 \bigcup V_6 \bigcup V_7 = \mathbf{Z}_2^3$。如果域 F 是特征为素数 p 的无限域,那

么例 10 的结论仍然成立。

例 11　在数域 K 上的线性空间 K^4 中，$V_1 = \langle \boldsymbol{\alpha}_1, \boldsymbol{\alpha}_2, \boldsymbol{\alpha}_3 \rangle$，$V_2 = \langle \boldsymbol{\beta}_1, \boldsymbol{\beta}_2 \rangle$，其中

$$\boldsymbol{\alpha}_1 = \begin{pmatrix} 1 \\ 2 \\ 1 \\ 0 \end{pmatrix}, \quad \boldsymbol{\alpha}_2 = \begin{pmatrix} -1 \\ 1 \\ 1 \\ 1 \end{pmatrix}, \quad \boldsymbol{\alpha}_3 = \begin{pmatrix} 0 \\ 3 \\ 2 \\ 1 \end{pmatrix}, \quad \boldsymbol{\beta}_1 = \begin{pmatrix} 2 \\ -1 \\ 0 \\ 1 \end{pmatrix}, \quad \boldsymbol{\beta}_2 = \begin{pmatrix} 1 \\ -1 \\ 3 \\ 7 \end{pmatrix},$$

分别求 $V_1 + V_2$，$V_1 \cap V_2$ 的一个基和维数。

解　因为
$$V_1 + V_2 = \langle \boldsymbol{\alpha}_1, \boldsymbol{\alpha}_2, \boldsymbol{\alpha}_3 \rangle + \langle \boldsymbol{\beta}_1, \boldsymbol{\beta}_2 \rangle = \langle \boldsymbol{\alpha}_1, \boldsymbol{\alpha}_2, \boldsymbol{\alpha}_3, \boldsymbol{\beta}_1, \boldsymbol{\beta}_2 \rangle,$$
所以向量组 $\boldsymbol{\alpha}_1, \boldsymbol{\alpha}_2, \boldsymbol{\alpha}_3, \boldsymbol{\beta}_1, \boldsymbol{\beta}_2$ 的一个极大线性无关组就是 $V_1 + V_2$ 的一个基，这个向量组的秩就是 $V_1 + V_2$ 的维数。为此令 $\boldsymbol{A} = (\boldsymbol{\alpha}_1, \boldsymbol{\alpha}_2, \boldsymbol{\alpha}_3, \boldsymbol{\beta}_1, \boldsymbol{\beta}_2)$，对 $\boldsymbol{A}$ 作一系列初等行变换，化成简化行阶梯形矩阵。

$$\boldsymbol{A} = \begin{pmatrix} 1 & -1 & 0 & 2 & 1 \\ 2 & 1 & 3 & -1 & -1 \\ 1 & 1 & 2 & 0 & 3 \\ 0 & 1 & 1 & 1 & 7 \end{pmatrix} \longrightarrow \begin{pmatrix} 1 & 0 & 1 & 0 & -1 \\ 0 & 1 & 1 & 0 & 4 \\ 0 & 0 & 0 & 1 & 3 \\ 0 & 0 & 0 & 0 & 0 \end{pmatrix} \tag{17}$$

由此得出，$\boldsymbol{\alpha}_1, \boldsymbol{\alpha}_2, \boldsymbol{\beta}_1$ 是 $\boldsymbol{\alpha}_1, \boldsymbol{\alpha}_2, \boldsymbol{\alpha}_3, \boldsymbol{\beta}_1, \boldsymbol{\beta}_2$ 的一个极大线性无关组，从而 $\boldsymbol{\alpha}_1, \boldsymbol{\alpha}_2, \boldsymbol{\beta}_1$ 是 $V_1 + V_2$ 的一个基，因此
$$\dim(V_1 + V_2) = 3。$$

从 (17) 式的简化行阶梯形矩阵的前 3 列可以看出：$\boldsymbol{\alpha}_1, \boldsymbol{\alpha}_2$ 是 $\boldsymbol{\alpha}_1, \boldsymbol{\alpha}_2, \boldsymbol{\alpha}_3$ 的一个极大线性无关组；从后 2 列看出，其第 2、3 行组成的 2 阶子式不为 0，从而 $\boldsymbol{\beta}_1, \boldsymbol{\beta}_2$ 线性无关，因此 $\dim V_1 = 2$，$\dim V_2 = 2$，从而
$$\dim(V_1 \cap V_2) = \dim V_1 + \dim V_2 - \dim(V_1 + V_2) = 2 + 2 - 3 = 1。$$

为了求 $V_1 \cap V_2$ 的一个基，只需要求出 $V_1 \cap V_2$ 的一个非零向量。由于 $\boldsymbol{\alpha}_1, \boldsymbol{\alpha}_2, \boldsymbol{\beta}_1$ 是 $V_1 + V_2$ 的一个基，因此 $\boldsymbol{\beta}_2$ 可以由 $\boldsymbol{\alpha}_1, \boldsymbol{\alpha}_2, \boldsymbol{\beta}_1$ 线性表出，其系数就是线性方程组
$$x_1 \boldsymbol{\alpha}_1 + x_2 \boldsymbol{\alpha}_2 + x_3 \boldsymbol{\beta}_1 = \boldsymbol{\beta}_2$$
的解。从 (17) 式的简化行阶梯形矩阵的第 1, 2, 4, 5 列看出，这个方程组的解是 $(-1, 4, 3)'$。
因此
$$-\boldsymbol{\alpha}_1 + 4\boldsymbol{\alpha}_2 + 3\boldsymbol{\beta}_1 = \boldsymbol{\beta}_2，$$
由此得出　　　　　　　　　$-\boldsymbol{\alpha}_1 + 4\boldsymbol{\alpha}_2 = -3\boldsymbol{\beta}_1 + \boldsymbol{\beta}_2 \in V_1 \cap V_2。$
计算　　　　　　　　　　　$-\boldsymbol{\alpha}_1 + 4\boldsymbol{\alpha}_2 = (-5, 2, 3, 4)'，$
因此 $V_1 \cap V_2$ 的一个基是 $(-5, 2, 3, 4)'$。

点评：从例 11 的解题过程看到，在 K^n 中，分别求子空间 $V_1 = \langle \boldsymbol{\alpha}_1, \boldsymbol{\alpha}_2, \cdots, \boldsymbol{\alpha}_s \rangle$ 与 $V_2 = \langle \boldsymbol{\beta}_1, \boldsymbol{\beta}_2, \cdots, \boldsymbol{\beta}_t \rangle$ 的和与交的一个基和维数时，先令 $\boldsymbol{A} = (\boldsymbol{\alpha}_1, \boldsymbol{\alpha}_2, \cdots, \boldsymbol{\alpha}_s, \boldsymbol{\beta}_1, \boldsymbol{\beta}_2, \cdots, \boldsymbol{\beta}_t)$，把 $\boldsymbol{A}$ 经过一系列的初等行变换，化成简化行阶梯形矩阵 $\boldsymbol{G}$，再从 $\boldsymbol{G}$ 的主元所在列的序号找出 $V_1 + V_2$ 的一个基，从而得出 $V_1 + V_2$ 的维数。从 $\boldsymbol{G}$ 的前 s 列还可找出 V_1 的一个基；从 $\boldsymbol{G}$ 的后 t 列（找出最高阶非 0 子式）可找出 V_2 的一个基。于是通过子空间的维数公式可求

出 $V_1 \cap V_2$ 的维数。利用已经求出的 $V_1 + V_2$ 的一个基,可以把 V_2 中不是 $V_1 + V_2$ 的这个基里的向量表示成 $V_1 + V_2$ 的这个基的线性组合,其系数从 G 里给出的相应的列可以找到,由线性组合的表达式可求出 $V_1 \cap V_2$ 的向量。当找到了 $\dim(V_1 \cap V_2)$ 个线性无关的向量时,便求出了 $V_1 \cap V_2$ 的一个基。

例 12 在 K^4 中,$V_1 = \langle \boldsymbol{\alpha}_1, \boldsymbol{\alpha}_2, \boldsymbol{\alpha}_3 \rangle$,$V_2 = \langle \boldsymbol{\beta}_1, \boldsymbol{\beta}_2, \boldsymbol{\beta}_3 \rangle$,其中

$$\boldsymbol{\alpha}_1 = \begin{pmatrix} 1 \\ 1 \\ 0 \\ 2 \end{pmatrix}, \quad \boldsymbol{\alpha}_2 = \begin{pmatrix} 1 \\ 1 \\ -1 \\ 3 \end{pmatrix}, \quad \boldsymbol{\alpha}_3 = \begin{pmatrix} 1 \\ 2 \\ 1 \\ -2 \end{pmatrix}, \quad \boldsymbol{\beta}_1 = \begin{pmatrix} 1 \\ 2 \\ 0 \\ -6 \end{pmatrix}, \quad \boldsymbol{\beta}_2 = \begin{pmatrix} 1 \\ -2 \\ 2 \\ 4 \end{pmatrix}, \quad \boldsymbol{\beta}_3 = \begin{pmatrix} 2 \\ 3 \\ 1 \\ -5 \end{pmatrix},$$

分别求 $V_1 + V_2$,$V_1 \cap V_2$ 的一个基和维数。

解 $V_1 + V_2 = \langle \boldsymbol{\alpha}_1, \boldsymbol{\alpha}_2, \boldsymbol{\alpha}_3, \boldsymbol{\beta}_1, \boldsymbol{\beta}_2, \boldsymbol{\beta}_3 \rangle$。

$$\boldsymbol{A} = \begin{pmatrix} 1 & 1 & 1 & 1 & 1 & 2 \\ 1 & 1 & 2 & 2 & -2 & 3 \\ 0 & -1 & 1 & 0 & 2 & 1 \\ 2 & 3 & -2 & -6 & 4 & -5 \end{pmatrix} \longrightarrow \begin{pmatrix} 1 & 0 & 0 & 0 & 10 & 2 \\ 0 & 1 & 0 & 0 & -6 & -1 \\ 0 & 0 & 1 & 0 & -4 & 0 \\ 0 & 0 & 0 & 1 & 1 & 1 \end{pmatrix}. \tag{18}$$

从(18)式的简化行阶梯形矩阵可以看出:$\boldsymbol{\alpha}_1, \boldsymbol{\alpha}_2, \boldsymbol{\alpha}_3, \boldsymbol{\beta}_1$ 是 $V_1 + V_2$ 的一个基,从而 $\dim(V_1 + V_2) = 4$。

从(18)式的简化行阶梯形矩阵的前 3 列看出,$\boldsymbol{\alpha}_1, \boldsymbol{\alpha}_2, \boldsymbol{\alpha}_3$ 是 V_1 的一个基,从而 $\dim V_1 = 3$。从后 3 列可以看出,其第 $2, 3, 4$ 行组成的 3 阶子式不为 0,因此 $\boldsymbol{\beta}_1, \boldsymbol{\beta}_2, \boldsymbol{\beta}_3$ 线性无关,于是 $\dim V_2 = 3$,从而

$$\dim(V_1 \cap V_2) = \dim V_1 + \dim V_2 - \dim(V_1 + V_2) = 3 + 3 - 4 = 2.$$

从(18)式的简化行阶梯形矩阵的第 $1,2,3,4,5$ 列与第 $1,2,3,4,6$ 列分别看出

$$\boldsymbol{\beta}_2 = 10\boldsymbol{\alpha}_1 - 6\boldsymbol{\alpha}_2 - 4\boldsymbol{\alpha}_3 + \boldsymbol{\beta}_1,$$

$$\boldsymbol{\beta}_3 = 2\boldsymbol{\alpha}_1 - \boldsymbol{\alpha}_2 + \boldsymbol{\beta}_1.$$

于是

$$10\boldsymbol{\alpha}_1 - 6\boldsymbol{\alpha}_2 - 4\boldsymbol{\alpha}_3 = -\boldsymbol{\beta}_1 + \boldsymbol{\beta}_2 \in V_1 \cap V_2,$$

$$2\boldsymbol{\alpha}_1 - \boldsymbol{\alpha}_2 = -\boldsymbol{\beta}_1 + \boldsymbol{\beta}_3 \in V_1 \cap V_2.$$

计算

$$-\boldsymbol{\beta}_1 + \boldsymbol{\beta}_2 = (0, -4, 2, 10)',$$

$$-\boldsymbol{\beta}_1 + \boldsymbol{\beta}_3 = (1, 1, 1, 1)'.$$

显然 $(0, -4, 2, 10)', (1, 1, 1, 1)'$ 线性无关,因此它就是 $V_1 \cap V_2$ 的一个基。

例 13 设 $V = M_n(K)$,其中 K 是数域,分别用 V_1, V_2 表示 K 上所有 n 级对称、斜对称矩阵组成的子空间,证明:$V = V_1 \oplus V_2$。

证明 第 1 步,证明 $V_1 + V_2 = V$。显然 $V_1 + V_2 \subseteq V$。关键要证 $V \subseteq V_1 + V_2$。任取 $\boldsymbol{A} \in V = M_n(K)$,有

$$(\boldsymbol{A} + \boldsymbol{A}')' = \boldsymbol{A}' + \boldsymbol{A}, \quad (\boldsymbol{A} - \boldsymbol{A}')' = \boldsymbol{A}' - \boldsymbol{A} = -(\boldsymbol{A} - \boldsymbol{A}'),$$

因此 $\boldsymbol{A} + \boldsymbol{A}' \in V_1$,$\boldsymbol{A} - \boldsymbol{A}' \in V_2$。由于

$$\boldsymbol{A} = \frac{\boldsymbol{A} + \boldsymbol{A}'}{2} + \frac{\boldsymbol{A} - \boldsymbol{A}'}{2},$$

因此 $\boldsymbol{A} \in V_1 + V_2$,从而 $V \subseteq V_1 + V_2$,因此 $V = V_1 + V_2$。

第二步,证明和 V_1+V_2 是直和,为此只要证 $V_1\bigcap V_2=0$。任取 $\boldsymbol{B}\in V_1\bigcap V_2$,则 $\boldsymbol{B}'=\boldsymbol{B}$,且 $\boldsymbol{B}'=-\boldsymbol{B}$,于是 $\boldsymbol{B}=-\boldsymbol{B}$,即 $2\boldsymbol{B}=0$,从而 $\boldsymbol{B}=0$。因此 $V_1\bigcap V_2=0$。

综上所述,$V=V_1\oplus V_2$。 ■

例 14　用 $M_n^0(F)$ 表示域 F 上所有迹为 0 的 n 级矩阵组成的集合,它是 $M_n(F)$ 的一个子空间。证明:如果域 F 的特征为 0,那么 $M_n(F)=\langle\boldsymbol{I}\rangle\oplus M_n^0(F)$。

证明　第 1 步,证明 $M_n(F)=\langle\boldsymbol{I}\rangle+M_n^0(F)$。任取 $\boldsymbol{A}=(a_{ij})\in M_n(F)$,想把 $\boldsymbol{A}$ 表示成 $\boldsymbol{A}_1+\boldsymbol{A}_2$,其中 $\boldsymbol{A}_1\in\langle\boldsymbol{I}\rangle$,$\boldsymbol{A}_2\in M_n^0(F)$。设 $\boldsymbol{A}_1=k\boldsymbol{I}$,令 $\boldsymbol{A}_2=\boldsymbol{A}-\boldsymbol{A}_1$,它应满足 $\mathrm{tr}(\boldsymbol{A}_2)=0$,即 $(a_{11}+a_{22}+\cdots+a_{nn})-nk=0$。

由于 $\mathrm{char}\,F=0$,因此 $ne\neq0$,其中 e 是域 F 的单位元,于是有 $k=(ne)^{-1}(a_{11}+a_{22}+\cdots+a_{nn})$。由此构造的 $\boldsymbol{A}_1$ 与 $\boldsymbol{A}_2$ 就满足 $\boldsymbol{A}=\boldsymbol{A}_1+\boldsymbol{A}_2$,于是 $\boldsymbol{A}\in\langle\boldsymbol{I}\rangle+M_n^0(F)$,从而得出
$$M_n(F)=\langle\boldsymbol{I}\rangle+M_n^0(F)。$$

第 2 步,证明和 $\langle\boldsymbol{I}\rangle\oplus M_n^0(F)$ 是直和。可以去证明 $\langle\boldsymbol{I}\rangle\bigcap M_n^0(F)=0$。也可以这么证:在例 5 中已求出 $\dim M_n^0(F)=n^2-1$,于是
$$\dim\langle\boldsymbol{I}\rangle+\dim M_n^0(F)=1+(n^2-1)=n^2=\dim M_n(F)$$
$$=\dim(\langle\boldsymbol{I}\rangle+M_n^0(F)),$$
从而和 $\langle\boldsymbol{I}\rangle+M_n^0(F)$ 是直和。

综上所述,$M_n(F)=\langle\boldsymbol{I}\rangle\oplus M_n^0(F)$。 ■

点评:例 14 的证明的第 2 步需要论证:
$$\dim\langle\boldsymbol{I}\rangle+\dim M_n^0(F)=\dim(\langle\boldsymbol{I}\rangle+M_n^0(F)),$$
才能得出和 $\langle\boldsymbol{I}\rangle+M_n^0(F)$ 是直和。在论证中用到了第 1 步证得的结论:$M_n(F)=\langle\boldsymbol{I}\rangle+M_n^0(F)$,从而
$$\dim M_n(F)=\dim(\langle\boldsymbol{I}\rangle+M_n^0(F))。$$

需要特别注意的是:仅从 $\dim V_1+\dim V_2=\dim V$,不能得出 $V=V_1\oplus V_2$ 这个结论,而应当首先证 $V=V_1+V_2$,然后才能从 $\dim V_1+\dim V_2=\dim V$ 得出 $\dim V_1+\dim V_2=\dim(V_1+V_2)$,于是和 V_1+V_2 是直和,再结合已证的 $V=V_1+V_2$,才得出 $V=V_1\oplus V_2$。举一个例子:几何空间 V 中,设 V_1 是过原点的一个平面,V_2 是在平面 V_1 上且过原点的一条直线。虽然有 $\dim V_1+\dim V_2=2+1=3=\dim V$,但是 $V_1+V_2\neq V$,而且和 V_1+V_2 也不是直和(因为 $V_1\bigcap V_2=V_2\neq0$),所以没有 $V=V_1\oplus V_2$ 这个结论。

例 15　设 $\boldsymbol{A}$ 是数域 K 上的一个 n 级矩阵,$\lambda_1,\lambda_2,\cdots,\lambda_s$ 是 $\boldsymbol{A}$ 的全部不同的特征值,用 W_{λ_i} 表示 $\boldsymbol{A}$ 的属于 λ_i 的特征子空间。证明:$\boldsymbol{A}$ 可对角化的充分必要条件是
$$K^n=W_{\lambda_1}\oplus W_{\lambda_2}\oplus\cdots\oplus W_{\lambda_s}。$$

证明　W_{λ_i} 是由 $\boldsymbol{A}$ 的属于特征值 λ_i 的全部特征向量加上零向量组成的子空间。根据本套教材上册 5.6 节的定理 3 和定理 4 得:

数域 K 上的 n 级矩阵 $\boldsymbol{A}$ 可对角化
$\Longleftrightarrow\quad \dim W_{\lambda_1}+\dim W_{\lambda_2}+\cdots+\dim W_{\lambda_s}=n$
$\Longleftrightarrow\quad W_{\lambda_1}$ 的一个基,W_{λ_2} 的一个基,$\cdots$,W_{λ_s} 的一个基,它们合起来是 n 个线性无关的向量

$\Longleftrightarrow$ W_{λ_1} 的一个基,W_{λ_2} 的一个基,$\cdots$,W_{λ_s} 的一个基,它们合起来是 K^n 的一个基

$\Longleftrightarrow$ $K^n = W_{\lambda_1} \oplus W_{\lambda_2} \oplus \cdots \oplus W_{\lambda_s}$。 ■

点评:在上述推导过程中,第二个"$\Longleftrightarrow$"的"$\Longrightarrow$"用到了本套教材上册 5.6 节的定理 3,这是矩阵 A 的属于不同特征值的特征向量特有的性质。一般情形下,对于 n 维线性空间 V 的子空间 $V_1, V_2, \cdots, V_s$,从 $\dim V_1 + \dim V_2 + \cdots + \dim V_s = n$,不能推出 V_1 的一个基,V_2 的一个基,$\cdots$,V_s 的一个基合起来的 n 个向量线性无关。

例 16 设 A 是域 F 上的一个 n 级矩阵,在 $F[x]$ 中,$f(x) = f_1(x)f_2(x)$,用 $W, W_1,$ W_2 分别表示齐次线性方程组

$$f(A)x = 0, \qquad f_1(A)x = 0, \qquad f_2(A)x = 0$$

的解空间。证明:如果 $(f_1(x), f_2(x)) = 1$,那么 $W = W_1 \oplus W_2$。 ■

证明 根据 7.3 节的例 7,W 中每个向量可以唯一地表示成 W_1 的一个向量与 W_2 的一个向量的和,因此 $W = W_1 + W_2$,且这个和是直和,于是 $W = W_1 \oplus W_2$。 ■

例 17 用 U, W 分别表示域 F 上所有上三角矩阵、下三角矩阵组成的集合,它们都是域 F 上线性空间 $M_n(F)$ 的子空间。试问:是否有 $M_n(F) = U + W$?是否有和 $U + W$ 是直和?是否有 $M_n(F) = U \oplus W$?

解 任给 $A = (a_{ij}) \in M_n(F)$,有

$$A = \begin{bmatrix} a_{11} & a_{12} & \cdots & a_{1n} \\ 0 & a_{22} & \cdots & a_{2n} \\ \vdots & \vdots & & \vdots \\ 0 & 0 & \cdots & a_{nn} \end{bmatrix} + \begin{bmatrix} 0 & 0 & \cdots & 0 \\ a_{21} & 0 & \cdots & 0 \\ \vdots & \vdots & & \vdots \\ a_{n1} & a_{n2} & \cdots & 0 \end{bmatrix} \tag{19}$$

(19)式右边第 1 个矩阵是上三角矩阵,第 2 个矩阵是下三角矩阵,因此 $A \in U + W$,从而 $M_n(F) \subseteq U + W$。于是有 $M_n(F) = U + W$。

由于 $I \in U \cap W$,因此 $U \cap W \neq 0$,从而和 $U + W$ 不是直和。

由于和 $U + W$ 不是直和,因此 $M_n(F) \neq U \oplus W$。

例 18 设 $V_1, V_2, \cdots, V_s$ 都是域 F 上线性空间 V 的子空间,证明:和 $\sum\limits_{i=1}^{s} V_i$ 是直和的充分必要条件是 V 中有一个向量 α 可以唯一地表示成

$$\alpha = \alpha_1 + \alpha_2 + \cdots + \alpha_s, \qquad \alpha_i \in V_i, i = 1, 2, \cdots, s。 \tag{20}$$

证明 必要性。设和 $\sum\limits_{i=1}^{s} V_i$ 是直和,则和 $\sum\limits_{i=1}^{s} V_i$ 中每个向量 α 都能唯一地表示成(20)式,因此必要性显然成立。

充分性。设 V 中有一个向量 α 可以唯一地表示成(20)式。假如零向量在和 $\sum\limits_{i=1}^{s} V_i$ 中的表法不唯一,则它还有一种表示方式

$$0 = \delta_1 + \delta_2 + \cdots + \delta_s, \quad \delta_i \in V_i, \quad i = 1, 2, \cdots, s,$$

其中至少有一个 $\delta_j \neq 0$。由于

$$\alpha = \alpha + 0 = (\alpha_1 + \delta_1) + (\alpha_2 + \delta_2) + \cdots + (\alpha_s + \delta_s),$$

且 $\alpha_j + \delta_j \neq \alpha_j$,因此 α 表示成 $\sum\limits_{i=1}^{s} V_i$ 中向量的方式不唯一,与已知条件矛盾,所以零向量在

和 $\sum\limits_{i=1}^{s} V_i$ 中的表法唯一,从而和 $\sum\limits_{i=1}^{s} V_i$ 是直和。　　　　　　　　　■

例 19　设 $V_1,V_2,\cdots,V_s$ 都是域 F 上线性空间 V 的子空间,证明:和 $\sum\limits_{i=1}^{s} V_i$ 是直和的充分必要条件是

$$V_i \cap \left(\sum_{j=i+1}^{s} V_j\right) = 0, \qquad i=1,2,\cdots,s-1。 \tag{21}$$

证明　必要性。设和 $\sum\limits_{i=1}^{s} V_i$ 是直和,则

$$V_i \cap \left(\sum_{j\neq i}^{s} V_j\right) = 0, \qquad i=1,2,\cdots,s。$$

由于

$$V_i \cap \left(\sum_{j=i+1}^{s} V_j\right) \subseteq V_i \cap \left(\sum_{j\neq i} V_j\right), \qquad i=1,2,\cdots,s-1,$$

因此

$$V_i \cap \left(\sum_{j=i+1}^{s} V_j\right) = 0, \qquad i=1,2,\cdots,s-1。$$

充分性。设(21)式成立,设在和 $\sum\limits_{i=1}^{s} V_i$ 中,

$$0 = \delta_1 + \delta_2 + \cdots + \delta_s, \quad \delta_i \in V_i, \quad i=1,2,\cdots,s,$$

则 $\delta_1 = -\sum\limits_{j=2}^{s}\delta_j \in V_1 \cap \left(\sum\limits_{j=2}^{s} V_j\right)$。由(21)式得 $\delta_1 = 0$,且 $\sum\limits_{j=2}^{s}\delta_j = 0$,于是 $\delta_2 = -\sum\limits_{j=3}^{s}\delta_j \in V_2 \cap \left(\sum\limits_{j=3}^{s} V_j\right)$;仍由(21)式得 $\delta_2 = 0$,且 $\sum\limits_{j=3}^{s}\delta_j = 0$;依次下去,利用(21)式可推出,$\delta_3 = 0,\cdots,\delta_{s-1} = 0,\delta_s = 0$,因此在和 $\sum\limits_{i=1}^{s} V_i$ 中,零向量的表法唯一,从而和 $\sum\limits_{i=1}^{s} V_i$ 是直和。　　■

点评:在例 19 中,把(21)式改成

$$V_i \cap \left(\sum_{j=1}^{i-1}\right) = 0, \quad i=2,3,\cdots,s, \tag{22}$$

则类似可证明:和 $\sum\limits_{i=1}^{s} V_i$ 是直和的充分必要条件为(22)式成立。

例 20　设 A 是域 F 上的 n 级可逆矩阵,把 A 分块:

$$A = \begin{pmatrix} A_1 \\ A_2 \end{pmatrix} \begin{matrix} \}r\,行 \\ \}n-r\,行 \end{matrix}$$

用 W_1,W_2 分别表示齐次线性方程组 $A_1x=0$,$A_2x=0$ 的解空间,探索是否有 $F^n = W_1 \oplus W_2$。

解　先看和 W_1+W_2 是否为直和。任取 $\eta \in W_1 \cap W_2$,则 $A_1\eta=0$,$A_2\eta=0$,从而

$$A\eta = \begin{pmatrix} A_1 \\ A_2 \end{pmatrix}\eta = \begin{pmatrix} A_1\eta \\ A_2\eta \end{pmatrix} = 0。 \tag{23}$$

由于 A 可逆,在(23)式两边左乘 A^{-1} 得,$\eta=0$。因此 $W_1 \cap W_2 = 0$,从而和 W_1+W_2 是直和。

再看 F^n 是否等于 W_1+W_2。由于 A 可逆,因此 A_1,A_2 的行向量组都线性无关,从而

$\mathrm{rank}(\boldsymbol{A}_1)=r,\mathrm{rank}(\boldsymbol{A}_2)=n-r$,于是

$$\dim W_1 = n - \mathrm{rank}(\boldsymbol{A}_1) = n-r, \dim W_2 = n - \mathrm{rank}(\boldsymbol{A}_2) = r_\circ$$

由此得出,$\dim W_1 + \dim W_2 = (n-r) + r = n$。又由于和 $W_1 + W_2$ 是直和,因此 $\dim(W_1+W_2)=\dim W_1+\dim W_2=n$,从而 $W_1+W_2=F^n$。

综上所述,$F^n=W_1\oplus W_2$。

例 21 设 V 是域 F 上的线性空间,V_1,V_2 都是 V 的子空间,V_{11},V_{12} 都是 V_1 的子空间(从而它们也都是 V 的子空间)。证明:如果 $V=V_1\oplus V_2$,且 $V_1=V_{11}\oplus V_{12}$,那么

$$V = V_{11} \oplus V_{12} \oplus V_2_\circ$$

证明 任取 $\alpha \in V$,由已知条件得,$\alpha=\alpha_1+\alpha_2$,其中 $\alpha_1\in V_1$,$\alpha_2\in V_2$。由于 $V_1=V_{11}\oplus V_{12}$,因此 $\alpha_1=\alpha_{11}+\alpha_{12}$,其中 $\alpha_{11}\in V_{11}$,$\alpha_{12}\in V_{12}$。于是 $\alpha=\alpha_{11}+\alpha_{12}+\alpha_2\in V_{11}+V_{12}+V_2$,从而 $V\subseteq V_{11}+V_{12}+V_2$,因此 $V=V_{11}+V_{12}+V_2$。

由于和 $V_{11}+V_{12}$ 是直和,因此 $V_{11}\cap V_{12}=0$。由于和 V_1+V_2 是直和,因此 $V_1\cap V_2=0$,从而有 $(V_{11}+V_{12})\cap V_2=0$。根据例 19 后面的点评中的结论得,和 $V_{11}+V_{12}+V_2$ 是直和。

综上所述,$V=V_{11}\oplus V_{12}\oplus V_2$。 ∎

例 22 设 V_1,V_2,W 都是域 F 上线性空间 V 的子空间,并且 $W\subseteq V_1+V_2$。试问:$W=(W\cap V_1)+(W\cap V_2)$ 是否总是成立? 如果 $V_1\subseteq W$,那么上式是否一定成立?

解 由于 $W\subseteq V_1+V_2$,因此 $W=W\cap(V_1+V_2)$。根据本节的命题 1 得,

$$W = W \cap (V_1+V_2) \supseteq (W\cap V_1)+(W\cap V_2),$$

并且的确有不相等的例子。例如,在几何空间 V 中,设 V_1,V_2,W 是过原点的 3 个平面,且它们相交于同一条直线 L,如图 8-3 所示。由于 $V_1+V_2=V$,因此 $W\subseteq V_1+V_2$。由于 W,V_1,V_2 相交于同一条直线 L,因此 $(W\cap V_1)+(W\cap V_2)=L$,而 $W\supsetneq L$。

图 8-3

如果 $V_1\subseteq W$,那么有 $W=(W\cap V_1)+(W\cap V_2)$。理由如下:任取 $\alpha\in W$,由于 $W\subseteq V_1+V_2$,因此 $\alpha\in V_1+V_2$,从而有

$$\alpha = \alpha_1 + \alpha_2, \quad \alpha_1 \in V_1, \quad \alpha_2 \in V_2_\circ$$

由于 $V_1\subseteq W$,因此 $\alpha_1\in W$,从而 $\alpha_2=\alpha-\alpha_1\in W$,于是 $\alpha_2\in W\cap V_2$。由此得出,$\alpha=\alpha_1+\alpha_2\in(W\cap V_1)+(W\cap V_2)$,因此 $W\subseteq(W\cap V_1)+(W\cap V_2)$。又由于 $W\supseteq(W\cap V_1)+(W\cap V_2)$,所以 $W=(W\cap V_1)+(W\cap V_2)$。

例 23 设 V_1,W 都是域 F 上线性空间 V 的子空间,且 $V_1\subseteq W$,设 V_2 是 V_1 在 V 中的一个补空间,证明:

$$W = V_1 \oplus (V_2 \cap W)_\circ$$

证明 由于 V_2 是 V_1 在 V 中的一个补空间,因此 $V=V_1\oplus V_2$,于是 $W\subseteq V_1+V_2$。又已知 $V_1\subseteq W$,根据例 22 的后半部分的结论得

$$W = (W\cap V_1) + (W\cap V_2) = V_1 + (V_2 \cap W)_\circ$$

由于和 V_1+V_2 是直和,因此 $V_1\cap V_2=0$,从而

$$V_1 \cap (V_2 \cap W) = (V_1 \cap V_2) \cap W = 0 \cap W = 0_\circ$$

综上所述，$W = V_1 \oplus (V_2 \bigcap W)$。 ∎

例 24　设 V_1, V_2, V_3 都是域 F 上线性空间 V 的有限维子空间，证明：
$$\dim V_1 + \dim V_2 + \dim V_3$$
$$\geq \dim(V_1 + V_2 + V_3) + \dim(V_1 \bigcap V_2) + \dim(V_1 \bigcap V_3) +$$
$$\dim(V_2 \bigcap V_3) - \dim(V_1 \bigcap V_2 \bigcap V_3)。 \tag{24}$$

证明
$$\dim(V_1 + V_2 + V_3) = \dim V_1 + \dim(V_2 + V_3) - \dim[V_1 \bigcap (V_2 + V_3)]$$
$$= \dim V_1 + \dim V_2 + \dim V_3 - \dim(V_2 \bigcap V_3) -$$
$$\dim[V_1 \bigcap (V_2 + V_3)]$$
$$\leq \dim V_1 + \dim V_2 + \dim V_3 -$$
$$\dim(V_2 \bigcap V_3) - \dim[(V_1 \bigcap V_2) + (V_1 \bigcap V_3)]$$
$$= \dim V_1 + \dim V_2 + \dim V_3 - \dim(V_2 \bigcap V_3) -$$
$$\dim(V_1 \bigcap V_2) - \dim(V_1 \bigcap V_3) +$$
$$\dim[(V_1 \bigcap V_2) \bigcap (V_1 \bigcap V_3)]。$$

由此得出（24）式成立。 ∎

点评：在例 24 的证明过程的第 3 步利用了本节命题 1 的结论：$V_1 \bigcap (V_2 + V_3) \supseteq (V_1 \bigcap V_2) + (V_1 \bigcap V_3)$。

有兴趣的读者可以思考对于（24）式取"＞"和"＝"的情形，分别举出具体例子。

例 25　设 $x'Ax$ 是 n 元满秩不定实二次型，探索实数域 $\mathbf{R}$ 上的 n 维向量空间 $\mathbf{R}^n$ 能否分解成两个子空间 V_1, V_2 的直和，使得对任意 $\boldsymbol{\alpha}_i \in V_i$ 且 $\boldsymbol{\alpha}_i \neq \mathbf{0}\,(i=1,2)$ 有
$$\boldsymbol{\alpha}_1'A\boldsymbol{\alpha}_1 > 0, \quad \boldsymbol{\alpha}_2'A\boldsymbol{\alpha}_2 < 0。 \tag{25}$$
如果 $\mathbf{R}^n$ 可以这样分解，试求出 V_1 的维数；这样的分解唯一吗？

解　遇到 n 元实二次型的问题，通常都要把它化成规范形，以便从中受到启迪。作非退化线性替换 $x = Cy$，把 $x'Ax$ 化成规范形（注意 $x'Ax$ 的秩为 n）：
$$x'Ax \xrightarrow{x = Cy} y_1^2 + \cdots + y_p^2 - y_{p+1}^2 - \cdots - y_n^2 = y'(C'AC)y。$$
由于 $x'Ax$ 是不定二次型，因此 $0 < p < n$。

任取 $\boldsymbol{\alpha} \in \mathbf{R}^n$，记 $\boldsymbol{\beta} = C^{-1}\boldsymbol{\alpha}$，且设 $\boldsymbol{\beta} = (b_1, b_2, \cdots, b_n)'$。令 $\boldsymbol{\beta}_1 = (b_1, \cdots, b_p, 0, \cdots, 0)'$，$\boldsymbol{\beta}_2 = (0, \cdots, 0, b_{p+1}, \cdots, b_n)'$，$\boldsymbol{\alpha}_1 = C\boldsymbol{\beta}_1$，$\boldsymbol{\alpha}_2 = C\boldsymbol{\beta}_2$，则 $\boldsymbol{\alpha} = C\boldsymbol{\beta} = C(\boldsymbol{\beta}_1 + \boldsymbol{\beta}_2) = C\boldsymbol{\beta}_1 + C\boldsymbol{\beta}_2 = \boldsymbol{\alpha}_1 + \boldsymbol{\alpha}_2$，且
$$\boldsymbol{\alpha}_1'A\boldsymbol{\alpha}_1 = (C\boldsymbol{\beta}_1)'A(C\boldsymbol{\beta}_1) = \boldsymbol{\beta}_1'(C'AC)\boldsymbol{\beta}_1 = b_1^2 + \cdots + b_p^2,$$
$$\boldsymbol{\alpha}_2'A\boldsymbol{\alpha}_2 = (C\boldsymbol{\beta}_2)'A(C\boldsymbol{\beta}_2) = \boldsymbol{\beta}_2'(C'AC)\boldsymbol{\beta}_2 = -b_{p+1}^2 - \cdots - b_n^2,$$
于是当 $\boldsymbol{\alpha}_1 \neq \mathbf{0}$ 时，有 $\boldsymbol{\beta}_1 \neq \mathbf{0}$，从而 $\boldsymbol{\alpha}_1'A\boldsymbol{\alpha}_1 > 0$；当 $\boldsymbol{\alpha}_2 \neq \mathbf{0}$ 时，有 $\boldsymbol{\beta}_2 \neq \mathbf{0}$，从而 $\boldsymbol{\alpha}_2'A\boldsymbol{\alpha}_2 < 0$。由此受到启发，令
$$V_1 = \{C\boldsymbol{\beta}_1 \mid \boldsymbol{\beta}_1 = (b_1, \cdots, b_p, 0, \cdots, 0)', b_i \in \mathbf{R}, i = 1, \cdots, p\},$$
$$V_2 = \{C\boldsymbol{\beta}_2 \mid \boldsymbol{\beta}_2 = (0, \cdots, 0, b_{p+1}, \cdots, b_n)', b_j \in \mathbf{R}, j = p+1, \cdots, n\},$$
容易看出，V_1 和 V_2 都对加法和数乘封闭，且都包含零向量，因此 V_1 和 V_2 都是 $\mathbf{R}^n$ 的子空间。从上面的讨论得，$\mathbf{R}^n = V_1 + V_2$，且满足（25）式。现在来证 $V_1 + V_2$ 是直和。任取 $\boldsymbol{\gamma} \in V_1 \bigcap V_2$，则 $\boldsymbol{\gamma}'A\boldsymbol{\gamma} \geq 0$ 且 $\boldsymbol{\gamma}'A\boldsymbol{\gamma} \leq 0$，于是 $\boldsymbol{\gamma}'A\boldsymbol{\gamma} = 0$。由于根据（25）式，$\forall \boldsymbol{\alpha}_1 \in V_1$ 且 $\boldsymbol{\alpha}_1 \neq \mathbf{0}$

有 $\pmb{\alpha}_1{}'\pmb{A}\pmb{\alpha}_1>0$,现在 $\pmb{\gamma}\in V_1$ 且 $\pmb{\gamma}'\pmb{A}\pmb{\gamma}=0$,因此 $\pmb{\gamma}=\pmb{0}$,从而 $V_1\bigcap V_2=0$。因此

$$\pmb{R}^n=V_1\bigoplus V_2。 \tag{26}$$

V_1 中任一向量 $\pmb{\alpha}_1$ 可以表示成

$$\pmb{\alpha}_1=\pmb{C}\pmb{\beta}_1=\pmb{C}(b_1\pmb{\varepsilon}_1+\cdots+b_p\pmb{\varepsilon}_p)=b_1(\pmb{C}\pmb{\varepsilon}_1)+\cdots+b_p(\pmb{C}\pmb{\varepsilon}_p),$$

由于 $\pmb{\varepsilon}_1,\cdots,\pmb{\varepsilon}_p$ 线性无关,因此易知 $\pmb{C}\pmb{\varepsilon}_1,\cdots,\pmb{C}\pmb{\varepsilon}_p$ 也线性无关,从而 $\pmb{C}\pmb{\varepsilon}_1,\cdots,\pmb{C}\pmb{\varepsilon}_p$ 是 V_1 的一个基。于是

$$\dim V_1=p,$$

其中 p 是二次型 $\pmb{x}'\pmb{A}\pmb{x}$ 的正惯性指数。

由于作非退化线性替换把 $\pmb{x}'\pmb{A}\pmb{x}$ 化成规范形时,可逆矩阵 $\pmb{C}$ 的取法不唯一,因此在 $\pmb{R}^n$ 的直和分解式(26)中,V_1 的取法不唯一。

注意: 在例 25 中如果令

$$U_1=\{\pmb{\alpha}_1\in\pmb{R}^n\mid\pmb{\alpha}_1{}'\pmb{A}\pmb{\alpha}_1>0\}\bigcup\{\pmb{0}\},$$

那么 U_1 对加法不封闭,从而 U_1 不是 $\pmb{R}^n$ 的子空间。

例如,考虑三元实二次型

$$\pmb{x}'\pmb{A}\pmb{x}=x_1^2-x_2^2-x_3^2,$$

取 $\pmb{\alpha}_1=(2,1,0)'$,$\pmb{\delta}_1=(-2,0,1)$,则 $\pmb{\alpha}_1+\pmb{\delta}_1=(0,1,1)'$;

$$\pmb{\alpha}_1{}'\pmb{A}\pmb{\alpha}_1=3>0,\qquad\pmb{\delta}_1{}'\pmb{A}\pmb{\delta}_1=3>0;$$

$$(\pmb{\alpha}_1+\pmb{\delta}_1)'\pmb{A}(\pmb{\alpha}_1+\pmb{\delta}_1)=-2<0。$$

这表明 $\pmb{\alpha}_1\in U_1$,$\pmb{\delta}_1\in U_1$ 但是 $\pmb{\alpha}_1+\pmb{\delta}_1\notin U_1$。

例 26 设 a,b 是非零复数。在定义域为自然数集 $\pmb{N}$ 的所有复值函数形成的复数域 $\pmb{C}$ 上的线性空间 $\pmb{C}^N$ 中,把满足下述递推关系

$$u(n)=au(n-1)+bu(n-2),n=2,3,\cdots \tag{27}$$

的函数 $u(n)$ 组成的子集记作 W。令 $f(x)=x^2-ax-b$,

(1) 证明 W 是 $\pmb{C}^N$ 的一个子空间;

(2) 如果多项式 $f(x)$ 有两个单根:t_1,t_2,求 W 的一个基;

(3) 如果 $f(x)$ 有一个二重根 ω,求 W 的一个基。

(1) **证明** 零函数 0 满足递推关系(27),因此 W 是非空子集。任取 $u(n),v(n)\in W$,任取 $k\in\pmb{C}$,有

$$\begin{aligned}(u+v)(n)&=u(n)+v(n)=[au(n-1)+bu(n-2)]+[av(n-1)+bv(n-2)]\\&=a[u(n-1)+v(n-1)]+b[u(n-2)+v(n-2)]\\&=a(u+v)(n-1)+b(u+v)(n-2),\end{aligned}$$

$$\begin{aligned}(ku)(n)&=ku(n)=k[au(n-1)+bu(n-2)]=aku(n-1)+bku(n-2)\\&=a(ku)(n-1)+b(ku)(n-2),\end{aligned}$$

因此 $(u+v)(n),(ku)(n)\in W$,从而 W 是 $\pmb{C}^N$ 的一个子空间。

(2) **解** 根据 Vieta 公式得,$t_1+t_2=a,t_1t_2=-b$。由于 $b\neq0$,因此 $t_1\neq0$ 且 $t_2\neq0$。任取 $u(n)\in W$,从(27)式得

$$u(n)=(t_1+t_2)u(n-1)-t_1t_2u(n-2),$$

于是有

$$u(n)-t_1u(n-1)=t_2[u(n-1)-t_1u(n-2)], \tag{28}$$

$$u(n)-t_2u(n-1)=t_1[u(n-1)-t_2u(n-2)]. \tag{29}$$

(28)式表明:数列 $\{u(n)-t_1u(n-1)\}$ 是首项为 $u(1)-t_1u(0)$,公比为 t_2 的等比数列,从而有

$$u(n)-t_1u(n-1)=[u(1)-t_1u(0)]t_2^{n-1}. \tag{30}$$

同理从(29)式得

$$u(n)-t_2u(n-1)=[u(1)-t_2u(0)]t_1^{n-1}. \tag{31}$$

联立(30)、(31)式解得

$$u(n)=\frac{u(1)-t_2u(0)}{t_1-t_2}t_1^n-\frac{u(1)-t_1u(0)}{t_1-t_2}t_2^n. \tag{32}$$

由于

$$t_i^n=t_i^{n-2}t_i^2=t_i^{n-2}(at_i+b)=at_i^{n-1}+bt_i^{n-2},$$

因此 $t_i^n\in W, i=1,2$。

设 $k_1t_1^n+k_2t_2^n=0$,则

$$\begin{cases} k_1+k_2=0, \\ k_1t_1+k_2t_2=0. \end{cases}$$

由于

$$\begin{vmatrix} 1 & 1 \\ t_1 & t_2 \end{vmatrix}=t_2-t_1\neq0,$$

因此 $k_1=k_2=0$,从而 t_1^n,t_2^n 线性无关。

综上所述得,t_1^n,t_2^n 是 W 的一个基。

(3)**解**　根据 Vieta 公式得,$2\omega=a,\omega^2=-b$。由于 $a\neq0$,因此 $\omega\neq0$。

任取 $u(n)\in W$,从(27)式得

$$u(n)=2\omega u(n-1)-\omega^2u(n-2), \tag{33}$$

于是

$$u(n)-\omega u(n-1)=\omega[u(n-1)-\omega u(n-2)], \tag{34}$$

从而

$$u(n)-\omega u(n-1)=[u(1)-\omega u(0)]\omega^{n-1}. \tag{35}$$

从(35)式得

$$u(n-1)-\omega u(n-2)=[u(1)-\omega u(0)]\omega^{n-2}, \tag{36}$$

$$u(n-2)-\omega u(n-3)=[u(1)-\omega u(0)]\omega^{n-3},$$

$$\cdots\cdots\quad\cdots\cdots\quad\cdots\cdots\quad\cdots$$

$$u(2)-\omega u(1)=[u(1)-\omega u(0)]\omega.$$

把(36)式所述的一组等式的第一个等式乘以 ω,第二个等式乘以 ω^2,$\cdots$,第 $n-2$ 个等式乘以 ω^{n-2},然后把它们与(35)式相加得

$$u(n)-\omega^{n-1}u(1)=[u(1)-\omega u(0)]\omega^{n-1}(n-1). \tag{37}$$

从而

$$u(n)=\omega^{n-1}u(1)+[u(1)\omega^{n-1}-u(0)w^n](n-1)$$
$$=u(1)n\omega^{n-1}-u(0)n\omega^n+u(0)\omega^n$$
$$=u(0)\omega^n+\frac{u(1)-u(0)\omega}{\omega}n\omega^n。 \tag{38}$$

从第(2)小题知道,$\omega^n\in W$。由于

$$n\omega^n=n\omega^{n-2}\omega^2=n\omega^{n-2}(a\omega+b)$$
$$=an\omega^{n-1}+bn\omega^{n-2}$$
$$=a(n-1)\omega^{n-1}+b(n-2)\omega^{n-2}+a\omega^{n-1}+2b\omega^{n-2}$$
$$=a(n-1)\omega^{n-1}+b(n-2)\omega^{n-2}+\omega^{n-2}(a\omega+2b)$$
$$=a(n-1)\omega^{n-1}+b(n-2)\omega^{n-2}+\omega^{n-2}(2\omega^2-2\omega^2)$$
$$=a(n-1)\omega^{n-1}+b(n-2)\omega^{n-2},$$

因此 $n\omega^n\in W$。

设 $k_1\omega^n+k_2n\omega^n=0$,则

$$\begin{cases}k_1+k_20=0\\k_1\omega+k_2\omega=0\end{cases}$$

解得,$k_1=0,k_2=0$,从而 $\omega^n,n\omega^n$ 线性无关。

综上所述得,$\omega^n,n\omega^n$ 是 W 的一个基。

习题 8.2

1. 判断数域 K 上下列 n 元方程的解集是否为 K^n 的子空间:

(1) $x_1^2+x_2^2+\cdots+x_{n-1}^2-x_n^2=0$; 　　　(2) $x_3=2x_4,(n\geqslant4)$。

2. 设 V_1,V_2 都是域 F 上线性空间 V 的有限维子空间,且 $V_1\subseteq V_2$。证明:

(1) $\dim V_1\leqslant\dim V_2$; 　　　(2) 如果 $\dim V_1=\dim V_2$,那么 $V_1=V_2$。

3. 在域 F 上的线性空间 V 中,设

$$k_1\alpha+k_2\beta+k_3\gamma=0,且 k_1k_2\neq0,$$

证明:$\langle\alpha,\gamma\rangle=\langle\beta,\gamma\rangle$。

4. 在 K^4 中(K 是数域),求向量组 $\boldsymbol{\alpha}_1,\boldsymbol{\alpha}_2,\boldsymbol{\alpha}_3,\boldsymbol{\alpha}_4$ 生成的子空间的维数和一个基。设

$$\boldsymbol{\alpha}_1=(1,-3,2,-1)',\qquad \boldsymbol{\alpha}_2=(-2,1,5,3)',$$
$$\boldsymbol{\alpha}_3=(4,-3,7,1)',\qquad \boldsymbol{\alpha}_4=(-1,-11,8,-3)'。$$

5. 求数域 K 上的 4 元齐次线性方程组,使得它的解空间为 $U=\langle\boldsymbol{\alpha}_1,\boldsymbol{\alpha}_2,\boldsymbol{\alpha}_3\rangle$,其中

$$\boldsymbol{\alpha}_1=(1,0,-1,1)',\boldsymbol{\alpha}_2=(1,1,-1,1)',\boldsymbol{\alpha}_3=(1,-2,-1,1)'。$$

6. 在实数域上的线性空间 $\mathbf{R}^R$ 中,求由函数组

$$\sin x,\cos x,\sin^2x,\cos^2x,\sin^3x,\cos^3x$$

生成的子空间的一个基和维数。

7. 设 n 元实二次型

$$f(x_1,x_2,\cdots,x_n)=x_1^2+\cdots+x_p^2-x_{p+1}^2-\cdots-x_r^2$$

的符号差 $s>0$。证明：在方程 $f(x_1,x_2,\cdots,x_n)=0$ 的解集 W 中有一个子集 W_1 是 $\mathbf{R}^n$ 的一个线性子空间，并且 $\dim W_1=n-p$。

8. 在 K^4 中，$V_1=\langle\boldsymbol{\alpha}_1,\boldsymbol{\alpha}_2\rangle$，$V_2=\langle\boldsymbol{\beta}_1,\boldsymbol{\beta}_2\rangle$，其中
$$\boldsymbol{\alpha}_1=(1,-1,0,1)',\qquad \boldsymbol{\alpha}_2=(-2,3,1,-3)',$$
$$\boldsymbol{\beta}_1=(1,2,0,-2)',\qquad \boldsymbol{\beta}_2=(1,3,1,-3)'.$$
分别求 V_1+V_2，$V_1\cap V_2$ 的一个基和维数。

9. 在 K^4 中，$V_1=\langle\boldsymbol{\alpha}_1,\boldsymbol{\alpha}_2,\boldsymbol{\alpha}_3\rangle$，$V_2=\langle\boldsymbol{\beta}_1,\boldsymbol{\beta}_2\rangle$，其中
$$\boldsymbol{\alpha}_1=(1,1,-1,2)',\qquad \boldsymbol{\alpha}_2=(2,-1,3,0)',\qquad \boldsymbol{\alpha}_3=(0,-3,5,-4)',$$
$$\boldsymbol{\beta}_1=(1,2,2,1)',\qquad \boldsymbol{\beta}_2=(4,-3,3,1)'.$$
分别求 V_1+V_2，$V_1\cap V_2$ 的一个基和维数。

10. 在 K^4 中，$V_1=\langle\boldsymbol{\alpha}_1,\boldsymbol{\alpha}_2,\boldsymbol{\alpha}_3\rangle$，$V_2=\langle\boldsymbol{\beta}_1,\boldsymbol{\beta}_2,\boldsymbol{\beta}_3\rangle$，其中
$$\boldsymbol{\alpha}_1=(1,0,-1,0)',\qquad \boldsymbol{\alpha}_2=(0,0,1,-1)',\qquad \boldsymbol{\alpha}_3=(1,-1,0,0)',$$
$$\boldsymbol{\beta}_1=(1,2,-1,2)',\qquad \boldsymbol{\beta}_2=(0,1,-1,0)',\qquad \boldsymbol{\beta}_3=(0,2,1,-1)'.$$
分别求 V_1+V_2，$V_1\cap V_2$ 的一个基和维数。

11. 在 K^n 中，V_1 与 V_2 分别是齐次线性方程组
$$x_1+x_2+\cdots+x_n=0,$$
$$x_1=x_2=\cdots=x_n$$
的解空间，证明：$K^n=V_1\oplus V_2$。

12. 证明：域 F 上任一 n 维线性空间 V 可以表示成 n 个一维子空间的直和。

13. 设 A 是数域 K 上的 n 级矩阵，证明：A 是幂等矩阵的充分必要条件是
$$\mathrm{rank}(A)+\mathrm{rank}(I-A)=n。$$

14. 证明：数域 K 上 n 级矩阵 A 是对合矩阵（即 $A^2=I$）的充分必要条件是
$$\mathrm{rank}(I+A)+\mathrm{rank}(I-A)=n。$$

15. 设 A 是数域 K 上的 n 级幂等矩阵，且 $\mathrm{rank}(A)=r$，其中 $0<r<n$。求 n 元齐次线性方程组 $(I-A)x=0$ 的解空间的维数。

16. 在实数域 $\mathbf{R}$ 上的线性空间 $\mathbf{R}^{\mathbf{R}}$ 中，用 V_1，V_2 分别表示偶函数和奇函数组成的集合，证明：

(1) V_1，V_2 都是 $\mathbf{R}^{\mathbf{R}}$ 的子空间；　　　(2) $\mathbf{R}^{\mathbf{R}}=V_1\oplus V_2$。

17. 设 A,B 分别是域 F 上 $s\times n,m\times n$ 矩阵。证明：n 元齐次线性方程组 $Ax=0$ 的解集 W_1 与 $Bx=0$ 的解集 W_2 相等当且仅当 A 的行向量组与 B 的行向量组等价。

18. 设 $V_1,V_2,\cdots,V_s$ 都是域 F 上 n 维线性空间 V 的真子空间，证明：如果域 F 的特征为 0，那么可以找到 V 的一个基，使得其中每个向量都不在 $V_1,V_2,\cdots,V_s$ 中。

19. 设 U,W_1,W_2 都是域 F 上线性空间 V 的子空间，证明：$(U+W_1)\cap(U+W_2)=U+(U+W_1)\cap W_2$。

20. 设 A,B 都是域 F 上的 n 级矩阵，用 W_1,W_2 分别表示 n 元齐次线性方程组 $Ax=0,Bx=0$ 的解空间，它们的维数分别为 n_1,n_2。证明：如果 $Ax=0$ 和 $Bx=0$ 没有公共的非零解向量，且 $n_1+n_2=n$，那么 F^n 中任一向量 $\boldsymbol{\alpha}$ 可唯一表示成 $\boldsymbol{\alpha}=\boldsymbol{\alpha}_1+\boldsymbol{\alpha}_2$，其中 $\boldsymbol{\alpha}_1\in W_1,\boldsymbol{\alpha}_2\in W_2$。

21. 在 K^3 中,$V_1 = \langle \boldsymbol{\alpha}_1, \boldsymbol{\alpha}_2 \rangle$,其中

$$\boldsymbol{\alpha}_1 = (1,2,3)', \qquad \boldsymbol{\alpha}_2 = (3,2,1)',$$

求 V_1 在 K^3 中的一个补空间。

22. 设 V 是数域 K 上的一个 n 维线性空间,$\alpha_1, \alpha_2, \cdots, \alpha_n$ 是 V 的一个基。令

$$V_1 = \langle \alpha_1 + \alpha_2 + \cdots + \alpha_n \rangle,$$

$$V_2 = \Big\{ \sum_{i=1}^n k_i \alpha_i \,\Big|\, \sum_{i=1}^n k_i = 0, k_i \in K, i = 1, 2, \cdots, n \Big\},$$

证明:(1) V_2 是 V 的一个子空间; (2) $V = V_1 \oplus V_2$。

23. 设 $\boldsymbol{x}'\boldsymbol{A}\boldsymbol{x}$ 是 n 元满秩不定实二次型,令

$$W = \{ \boldsymbol{\alpha} \in \mathbf{R}^n \mid \boldsymbol{\alpha}'\boldsymbol{A}\boldsymbol{\alpha} = 0 \},$$

试问:W 是否包含一个 $n-p+1$ 维子空间(其中 p 是二次型 $\boldsymbol{x}'\boldsymbol{A}\boldsymbol{x}$ 的正惯性指数)。

8.3 域 F 上线性空间的同构

8.3.1 内容精华

域 F 上的线性空间有很多。它们中哪些在本质上是一样的呢?所谓本质上一样,粗略地说就是:尽管这些线性空间的元素不同,加法与纯量乘法的定义也可能不同,但是它们的元素之间存在一一对应,使得对应的元素关于加法和纯量乘法的性质完全一样;也就是从代数运算的观点来看,它们的结构完全相同。我们用"同构"这一术语表达这些线性空间之间的关系。这样就可以在彼此同构的线性空间中,取一个最熟悉的具体的线性空间来研究。这是研究线性空间结构的第 3 条途径。

一、线性空间同构的定义、性质和判定

定义 1 设 V 与 V' 都是域 F 上的线性空间,如果存在 V 到 V' 的一个双射 σ,并且 σ 保持加法与纯量乘法两种运算,即使得对于任意 $\alpha, \beta \in V, k \in F$,有

$$\sigma(\alpha + \beta) = \sigma(\alpha) + \sigma(\beta),$$

$$\sigma(k\alpha) = k\sigma(\alpha),$$

那么称 σ 是 V 到 V' 的一个**同构映射**(简称为**同构**);此时称 V 与 V' 是**同构的**,记作 $V \cong V'$。

从定义可以看出,如果域 F 上的两个线性空间 V 与 V' 是同构的,那么 V 与 V' 的元素之间存在一一对应:$\alpha \longmapsto \sigma(\alpha)$;并且这个映射 σ 保持加法与纯量乘法两种运算。由此可推导出 σ 具有下列性质:

性质 1 $\sigma(0)$ 是 V' 的零元 $0'$。

证明 由于 $0\alpha = 0$,因此

$$\sigma(0) = \sigma(0\alpha) = 0\sigma(\alpha) = 0'.$$

性质 2 对于任意 $\alpha \in V$,有 $\sigma(-\alpha) = -\sigma(\alpha)$。

证明　$\sigma(-\alpha)=\sigma((-1)\alpha)=(-1)\sigma(\alpha)=-\sigma(\alpha)$。

性质 3　对于 V 中任一向量组 $\alpha_1,\alpha_2,\cdots,\alpha_s$，$F$ 中任意一组元素 $k_1,k_2,\cdots,k_s$，有

$$\sigma(k_1\alpha_1+k_2\alpha_2+\cdots+k_s\alpha_s)=k_1\sigma(\alpha_1)+k_2\sigma(\alpha_2)+\cdots+k_s\sigma(\alpha_s)。$$

证明　由定义 1 立即得到。

性质 4　V 中的向量组 $\alpha_1,\alpha_2,\cdots,\alpha_s$ 线性相关当且仅当 $\sigma(\alpha_1),\sigma(\alpha_2),\cdots,\sigma(\alpha_s)$ 是 V' 中线性相关的向量组。

证明　因为 σ 是 V 到 V' 的一个单射，所以若 $\sigma(\alpha)=\sigma(\beta)$，则 $\alpha=\beta$，于是有

$$k_1\alpha_1+k_2\alpha_2+\cdots+k_s\alpha_s=0$$
$$\Longleftrightarrow\quad \sigma(k_1\alpha_1+k_2\alpha_2+\cdots+k_s\alpha_s)=\sigma(0)$$
$$\Longleftrightarrow\quad k_1\sigma(\alpha_1)+k_2\sigma(\alpha_2)+\cdots+k_s\sigma(\alpha_s)=0',$$

从而 $\alpha_1,\alpha_2,\cdots,\alpha_s$ 线性相关当且仅当 $\sigma(\alpha_1),\sigma(\alpha_2),\cdots,\sigma(\alpha_s)$ 线性相关。

性质 5　如果 $\alpha_1,\alpha_2,\cdots,\alpha_n$ 是 V 的一个基，那么 $\sigma(\alpha_1),\sigma(\alpha_2),\cdots,\sigma(\alpha_n)$ 是 V' 的一个基。

证明　根据性质 4 得，$\sigma(\alpha_1),\sigma(\alpha_2),\cdots,\sigma(\alpha_n)$ 是 V' 的一个线性无关的向量组。任取 $\beta\in V'$，由于 σ 是 V 到 V' 的一个满射，因此存在 $\alpha\in V$，使得 $\sigma(\alpha)=\beta$。由于 $\alpha_1,\alpha_2,\cdots,\alpha_n$ 是 V 的一个基，因此 $\alpha=a_1\alpha_1+a_2\alpha_2+\cdots+a_n\alpha_n$，从而 $\beta=\sigma(\alpha)=a_1\sigma(\alpha_1)+a_2\sigma(\alpha_2)+\cdots+a_n\sigma(\alpha_n)$，所以 $\sigma(\alpha_1),\sigma(\alpha_2),\cdots,\sigma(\alpha_n)$ 是 V' 的一个基。

从性质 5 立即得到，若 $\dim V=n$，且 $V\cong V'$，则 $\dim V'=n=\dim V$。反之是否成立？回答是肯定的。

定理 1　域 F 上两个有限维线性空间同构的充分必要条件是它们的维数相等。

证明　上面已证必要性，现在来证充分性。

设 V 和 V' 都是域 F 上的 n 维线性空间。在 V 和 V' 中各取一个基：$\alpha_1,\alpha_2,\cdots,\alpha_n$；$\gamma_1,\gamma_2,\cdots,\gamma_n$，令

$$\sigma:\qquad V\longrightarrow V'$$
$$\alpha=\sum_{i=1}^{n}a_i\alpha_i\longmapsto\sum_{i=1}^{n}a_i\gamma_i，$$

由于 α 用基向量 $\alpha_1,\alpha_2,\cdots,\alpha_n$ 线性表出的方式唯一，因此 σ 是 V 到 V' 的一个映射。由于 $\gamma_1,\gamma_2,\cdots,\gamma_n$ 是 V' 的一个基，因此 σ 是单射且 σ 是满射，从而 σ 是双射。容易验证 σ 保持加法和纯量乘法，因此 σ 是 V 到 V' 的一个同构映射，从而 $V\cong V'$。

从定理 1 立即得出，域 F 上任一 n 维线性空间 V 都与 F^n 同构，并且可以如下建立 V 到 F^n 的一个同构映射。取 V 的一个基 $\alpha_1,\alpha_2,\cdots,\alpha_n$，取 F^n 的标准基 $\varepsilon_1,\varepsilon_2,\cdots,\varepsilon_n$，令

$$\sigma:\alpha=\sum_{i=1}^{n}a_i\alpha_i\longmapsto\sum_{i=1}^{n}a_i\varepsilon_i=(a_1,a_2,\cdots,a_n)',$$

即把 V 中每一个向量 α 对应到它在 V 的一个基下的坐标，这就是 V 到 F^n 的一个同构映射。由于域 F 上任一 n 维线性空间 V 都与 F^n 同构，因此可以利用 F^n 的性质来研究 V 的性质，这是研究域 F 上有限维线性空间的重要途径。

从定理 1 的证明过程可以看出，若 σ 是 V 到 V' 的一个同构映射，则 V 中向量 α 在基 $\alpha_1,\alpha_2,\cdots,\alpha_n$ 下的坐标 $(a_1,a_2,\cdots,a_n)'$ 也就是 V' 中向量 $\sigma(\alpha)$ 在基 $\sigma(\alpha_1),\sigma(\alpha_2),\cdots,\sigma(\alpha_n)$ 下

的坐标。这个结论今后可以使用。

域 F 上线性空间 V 的子空间 U 是 V 的非空子集,且 U 对于 V 的加法和纯量乘法也成为域 F 上的线性空间。如果 V 到域 F 上的线性空间 V' 有一个同构映射 σ,那么容易凭直觉猜测 U 在 σ 下的象(记作 $\sigma(U)$)是 V' 的一个子空间,并且 $\dim \sigma(U)=\dim U$。可以证明这个猜测是对的:

命题 1 设 σ 是域 F 上线性空间 V 到 V' 的一个同构映射,如果 U 是 V 的一个子空间,那么 $\sigma(U)$ 是 V' 的一个子空间;如果 U 是有限维的,那么 $\sigma(U)$ 也是有限维的,并且 $\dim \sigma(U)=\dim U$。

证明 由于 $\sigma(0)=0'$,因此 $0' \in \sigma(U)$。任取 $\gamma, \delta \in \sigma(U)$,则存在 $\alpha, \beta \in U$ 使得 $\sigma(\alpha)=\gamma, \sigma(\beta)=\delta$,从而

$$\gamma + \delta = \sigma(\alpha) + \sigma(\beta) = \sigma(\alpha + \beta) \in \sigma(U);$$
$$k\gamma = k\sigma(\alpha) = \sigma(k\alpha) \in \sigma(U), \qquad k \in F,$$

因此 $\sigma(U)$ 是 V' 的一个子空间。把 σ 限制到 U 上,则 σ 是 U 到 $\sigma(U)$ 的一个双射,且保持加法与纯量乘法运算,因此 σ 在 U 上的限制是 U 到 $\sigma(U)$ 的一个同构映射,从而根据性质 5 得,若 U 有限维,则 $\sigma(U)$ 也是有限维的,且 $\dim U=\dim \sigma(U)$。∎

上述结论很有用,特别是由于域 F 上 n 维线性空间 V 到 F^n 有一个同构映射 σ(把 V 中向量 α 映成它的坐标),因此 σ 把 V 的子空间 U 映成 F^n 的子空间 $\sigma(U)$,且 $\dim U=\dim \sigma(U)$。今后我们会经常用到这个结论。

同构是域 F 上线性空间之间的一个关系,它具有反身性(因为 V 上的恒等映射是 V 到 V 的一个同构映射)、对称性和传递性(因为容易证明:域 F 上线性空间 V 到 V' 的一个同构映射的逆映射是 V' 到 V 的同构映射,V 到 V' 的同构映射 σ 与 V' 到 V'' 的同构映射 τ 的乘积 $\tau\sigma$ 是 V 到 V'' 的同构映射),因此同构关系是域 F 上所有线性空间组成的集合的一个等价关系,等价类称为同构类。

定理 1 表明,对于域 F 上所有有限维线性空间组成的集合 S 来说,维数为 0 的线性空间(即 $\{0\}$)恰好组成一个同构类,所有一维线性空间恰好组成一个同构类,所有二维线性空间恰好组成一个同构类……即维数完全决定了同构类。于是域 F 上有限维线性空间的同构类与非负整数之间有一个一一对应关系。从这个意义上讲,有限维线性空间的结构是如此简单!

二、有限域的元素个数

利用线性空间同构的理论,可以解决有限域的元素个数究竟是多少的问题。

设 F 是一个有限域,其单位元为 e。假如域 F 的特征为 0,则 $e, 2e, 3e, \cdots$ 是 F 中两两不等的元素,从而 F 有无穷多个元素,矛盾。因此有限域 F 的特征一定是一个素数。设域 F 的特征为素数 p,令

$$F_p = \{0, e, 2e, 3e, \cdots, (p-1)e\},$$

容易证明 F_p 对于 F 的减法、乘法封闭,因此 F_p 是 F 的一个子环。显然 e 是 F_p 的单位元,且 F_p 为交换环。任取 F_p 的一个非零元 ie,由于 $p \nmid i$,因此 $(i, p)=1$,从而存在 $u, v \in \mathbf{Z}$,使得 $ui+vp=1$,于是

$$e = 1e = (ui + vp)e = uie + vpe = (ue)(ie)。$$

设 $u = lp + r, 0 \leqslant r < p$，则

$$ue = (lp + r)e = lpe + re = re \quad \in F_p，$$

因此 ie 在 F_p 中有逆元 re，从而 F_p 是一个域。于是 F 可以看成是域 F_p 上的线性空间，其中加法是域 F 的加法，纯量乘法是 F_p 中元素与 F 中元素作 F 的乘法。由于 F 只含有限多个元素，因此 F 作为域 F_p 上的线性空间一定是有限维的。设为 n 维，则 $F \cong F_p^n$。于是 F 到 F_p^n 有一个双射 σ，从而 $|F| = |F_p^n|$。由于

$$F_p^n = \{(a_1, a_2, \cdots, a_n) \mid a_i \in F_p, i = 1, 2, \cdots, n\}，$$

因此 $|F_p^n| = p \cdot p \cdot \cdots \cdot p = p^n$，从而 $|F| = p^n$。这样我们证明了：

定理 2　设 F 是任一有限域，则 F 的元素个数是一个素数 p 的方幂，其中 p 是域 F 的特征。　■

进一步可以证明：任给一个素数 p，任给一个正整数 n，记 $q = p^n$，则 q 元有限域一定存在，并且任意两个 q 元有限域都是同构的(证明可以参看丘维声的《抽象代数基础》，北京：高等教育出版社，2003，第 181 页定理 7)。于是我们可以用 F_q 表示 q 元有限域，或者记作 $GF(q)$。有限域也称为伽罗瓦域(Galois fields)，因为有限域是由伽罗瓦首先提出的。

*三、线性空间的外直和

设 U 和 W 是域 F 上任意两个线性空间，考虑集合 U 与 W 的笛卡儿积 $U \times W$，即

$$U \times W = \{(\alpha, \beta) \mid \alpha \in U, \beta \in W\}，$$

在 $U \times W$ 中规定加法运算和纯量乘法运算如下：

$$(\alpha_1, \beta_1) + (\alpha_2, \beta_2) := (\alpha_1 + \alpha_2, \beta_1 + \beta_2)，$$
$$k(\alpha, \beta) := (k\alpha, k\beta)，$$

其中 $\alpha_1, \alpha_2, \alpha \in U; \beta_1, \beta_2, \beta \in W$。容易看出，这样定义的加法满足交换律和结合律，$(0,0)$ 是零元素，(α, β) 有负元素 $(-\alpha, -\beta)$；这样定义的纯量乘法满足线性空间定义中关于纯量乘法的 4 条运算法则，因此 $U \times W$ 成为域 F 上的一个线性空间，称它是 U 与 W 的**外直和**，记作 $U \dotplus W$。

设 U 和 W 分别是域 F 上 n 维、m 维线性空间，U 中取一个基 $\alpha_1, \alpha_2, \cdots, \alpha_n$；$W$ 中取一个基 $\beta_1, \beta_2, \cdots, \beta_m$，则 $U \dotplus W$ 中任一向量 (α, β) 可以表示成

$$(\alpha, \beta) = \left(\sum_{i=1}^n a_i\alpha_i, \sum_{j=1}^m b_j\beta_j\right) = \left(\sum_{i=1}^n a_i\alpha_i, 0\right) + \left(0, \sum_{j=1}^m b_j\beta_j\right) = \sum_{i=1}^n a_i(\alpha_i, 0) + \sum_{j=1}^m b_j(0, \beta_j)。$$

容易证明：$(\alpha_1, 0), (\alpha_2, 0), \cdots, (\alpha_n, 0), (0, \beta_1), \cdots, (0, \beta_m)$ 线性无关，因此它们是 $U \dotplus W$ 的一个基，从而

$$\dim(U \dotplus W) = n + m = \dim U + \dim W。$$

由此看出，线性空间的外直和是由小的线性空间构造大的线性空间的一种方法。

在 $U \dotplus W$ 中分别考虑子集：

$$\{(\alpha, 0) \mid \alpha \in U, 0 \in W\}, \quad \{(0, \beta) \mid 0 \in U, \beta \in W\}，$$

显然这两个子集都非空，而且对加法和纯量乘法都封闭，因此它们都是 $U \dotplus W$ 的子空间，

分别记作 $U \dotplus 0, 0 \dotplus W$。

由于 $U \dotplus W$ 中任一向量 (α, β) 可以表示成

$$(\alpha, \beta) = (\alpha, 0) + (0, \beta),$$

因此 $U \dotplus W = (U \dotplus 0) + (0 \dotplus W)$。又显然有

$$(U \dotplus 0) \bigcap (0 \dotplus W) = 0,$$

因此 $$U \dotplus W = (U \dotplus 0) \oplus (0 \dotplus W)。$$

即, $U \dotplus W$ 是它的两个子空间 $U \dotplus 0$ 与 $0 \dotplus W$ 的直和。

考虑 $U \dotplus 0$ 到 U 的一个映射 $\sigma: (\alpha, 0) \longmapsto \alpha$。显然 σ 是单射和满射,因此 σ 是双射,又显然 σ 保持加法与纯量乘法运算,因此 σ 是 $U \dotplus 0$ 到 U 的一个同构映射,从而 $U \dotplus 0 \cong U$。同理可证 $0 \dotplus W \cong W$。于是我们证明了:

定理 3 设 U 和 W 是域 F 上的两个线性空间,则 U 与 W 的外直和 $U \dotplus W$ 是它的两个子空间 $U \dotplus 0$ 与 $0 \dotplus W$ 的直和,其中 $U \dotplus 0 \cong U, 0 \dotplus W \cong W$;如果 U 和 W 都是域 F 上有限维线性空间,那么

$$\dim(U \dotplus W) = \dim U + \dim W。 \qquad \blacksquare$$

类似地可以考虑域 F 上线性空间 $V_1, V_2, \cdots, V_s$ 的外直和:在集合 $V_1 \times V_2 \times \cdots \times V_s$ 上定义加法与纯量乘法运算如下:

$$(\alpha_1, \alpha_2, \cdots, \alpha_s) + (\beta_1, \beta_2, \cdots, \beta_s) := (\alpha_1 + \beta_1, \alpha_2 + \beta_2, \cdots, \alpha_s + \beta_s),$$
$$k(\alpha_1, \alpha_2, \cdots, \alpha_s) := (k\alpha_1, k\alpha_2, \cdots, k\alpha_s)。$$

容易验证此时 $V_1 \times V_2 \times \cdots \times V_s$ 成为域 F 上的一个线性空间,称它是 $V_1, V_2, \cdots, V_s$ 的外直和,记作 $V_1 \dotplus V_2 \dotplus \cdots \dotplus V_s$。如果 $V_1, V_2, \cdots, V_s$ 都是有限维的,那么

$$\dim(V_1 \dotplus V_2 \dotplus \cdots \dotplus V_s) = \dim V_1 + \dim V_2 + \cdots + \dim V_s。$$

域 F 上线性空间 $V_1, V_2, \cdots, V_s$ 的外直和 $V_1 \dotplus V_2 \dotplus \cdots \dotplus V_s$ 是它的子空间 $V_1 \dotplus 0 \dotplus \cdots \dotplus 0$, $0 \dotplus V_2 \dotplus \cdots \dotplus 0, \cdots, 0 \dotplus 0 \dotplus \cdots \dotplus V_s$ 的直和,其中

$$V_1 \dotplus 0 \dotplus \cdots \dotplus 0 = \{(\alpha_1, 0_2, \cdots, 0_s) \mid \alpha_1 \in V_1, 0_2 \in V_2, \cdots, 0_s \in V_s\}, \cdots,$$
$$0 \dotplus 0 \dotplus \cdots \dotplus V_s = \{(0_1, 0_2, \cdots, 0_{s-1}, \alpha_s) \mid 0_1 \in V_1, 0_2 \in V_2, \cdots, 0_{s-1} \in V_{s-1}, \alpha_s \in V_s\},$$

并且 $V_1 \dotplus 0 \dotplus \cdots \dotplus 0 \cong V_1, \cdots, 0 \dotplus 0 \dotplus \cdots \dotplus V_s \cong V_s$。

8.3.2 典型例题

例 1 证明:实数域 $\mathbf{R}$ 作为自身上的线性空间与 8.1 节例 1 第 (1) 小题中的线性空间 $\mathbf{R}^+$ 同构,并且写出 $\mathbf{R}$ 到 $\mathbf{R}^+$ 的一个同构映射。

证明 考虑 $\mathbf{R}$ 到 $\mathbf{R}^+$ 的一个映射 $\sigma: x \longmapsto \mathrm{e}^x$。由于指数函数 $y = \mathrm{e}^x$ 在 $(-\infty, +\infty)$ 上是增函数,因此 σ 是单射。由于 $y = \mathrm{e}^x$ 的值域是 $\mathbf{R}^+$,因此 σ 是满射,从而 σ 是双射。 $\forall a, b \in \mathbf{R}, k \in \mathbf{R}$,有

$$\sigma(a+b) = \mathrm{e}^{a+b} = \mathrm{e}^a \mathrm{e}^b = \sigma(a)\sigma(b) = \sigma(a) \oplus \sigma(b),$$
$$\sigma(ka) = \mathrm{e}^{ka} = (\mathrm{e}^a)^k = (\sigma(a))^k = k \odot \sigma(a),$$

因此 σ 是 $\mathbf{R}$ 到 $\mathbf{R}^+$ 的一个同构映射,从而 $\mathbf{R} \cong \mathbf{R}^+$。 $\qquad \blacksquare$

点评:例 1 还可以如下证明:

根据 8.1 节例 17 知道，$\dim \mathbf{R}^+ = 1$，e 是 $\mathbf{R}^+$ 的一个基，正实数 a 在基 e 下的坐标为 $\ln a$。于是 $\mathbf{R}^+ \cong \mathbf{R}$，且 $\tau : a \longmapsto \ln a$ 是 $\mathbf{R}^+$ 到 $\mathbf{R}$ 的一个同构映射，从而 $\tau^{-1} : b \longmapsto e^b$ 是 $\mathbf{R}$ 到 $\mathbf{R}^+$ 的一个同构映射。

例 2 令

$$H = \left\{ \begin{bmatrix} z_1 & z_2 \\ -\overline{z_2} & \overline{z_1} \end{bmatrix} \middle| z_1, z_2 \in \mathbf{C} \right\},$$

(1) 证明：H 对于矩阵的加法，以及实数与矩阵的数量乘法构成实数域上的一个线性空间；

(2) 求 H 的一个基和维数；

(3) 证明：H 与 $\mathbf{R}^4$ 同构，并且写出 H 到 $\mathbf{R}^4$ 的一个同构映射。

(1) **证明** 显然 $\mathbf{0} \in H$。根据共轭复数的性质，容易证明 H 对于矩阵的加法封闭，且对于实数与矩阵的数量乘法封闭。显然加法满足交换律、结合律，有零元素（即零矩阵），H 中每个元素在 H 中有负元素；实数与矩阵的数量乘法满足线性空间定义中关于数量乘法的 4 条运算法则，因此 H 是实数域上的一个线性空间。 ■

(2) **解** 设 $z_1 = a_1 + b_1 \mathrm{i}, z_2 = a_2 + b_2 \mathrm{i}$，则

$$\begin{bmatrix} z_1 & z_2 \\ -\overline{z_2} & \overline{z_1} \end{bmatrix} = \begin{bmatrix} a_1 + b_1 \mathrm{i} & a_2 + b_2 \mathrm{i} \\ -a_2 + b_2 \mathrm{i} & a_1 - b_1 \mathrm{i} \end{bmatrix}$$

$$= a_1 \begin{pmatrix} 1 & 0 \\ 0 & 1 \end{pmatrix} + b_1 \begin{pmatrix} \mathrm{i} & 0 \\ 0 & -\mathrm{i} \end{pmatrix} + a_2 \begin{pmatrix} 0 & 1 \\ -1 & 0 \end{pmatrix} + b_2 \begin{pmatrix} 0 & \mathrm{i} \\ \mathrm{i} & 0 \end{pmatrix}.$$

易证

$$\begin{pmatrix} 1 & 0 \\ 0 & 1 \end{pmatrix}, \begin{pmatrix} \mathrm{i} & 0 \\ 0 & -\mathrm{i} \end{pmatrix}, \begin{pmatrix} 0 & 1 \\ -1 & 0 \end{pmatrix}, \begin{pmatrix} 0 & \mathrm{i} \\ \mathrm{i} & 0 \end{pmatrix}$$

线性无关，从而它们是 H 的一个基。于是 $\dim H = 4$。

(3) **证明** 由于 $\dim H = 4$，因此 $H \cong \mathbf{R}^4$。

设 $z_1 = a_1 + b_1 \mathrm{i}, z_2 = a_2 + b_2 \mathrm{i}$，从第(2)小题看出，$H$ 中元素 $\begin{bmatrix} z_1 & z_2 \\ -\overline{z_2} & \overline{z_1} \end{bmatrix}$ 在第(2)小题所求出的一个基下的坐标为

$$(a_1, b_1, a_2, b_2)',$$

因此 $\sigma : \begin{bmatrix} z_1 & z_2 \\ -\overline{z_2} & \overline{z_1} \end{bmatrix} \longmapsto (a_1, b_1, a_2, b_2)'$ 是 H 到 $\mathbf{R}^4$ 的一个同构映射。 ■

***点评**：把例 2 第(2)小题求出的一个基的后 3 个矩阵依次记作 G, J, K，则 H 中的每一个元素可以唯一地表示成

$$a_1 I + b_1 G + a_2 J + b_2 K, \tag{1}$$

直接计算可得

$$G^2 = -I, J^2 = -I, K^2 = -I; \tag{2}$$

$$GJ = K = -JG, JK = G = -KJ, KG = J = -GK。 \tag{3}$$

由于 H 还有乘法运算（矩阵的乘法），且乘法满足结合律，以及对于加法的左、右分配律，

因此 H 对于加法和乘法成为一个环,它有单位元 $\boldsymbol{I}$。由于矩阵的乘法不满足交换律,因此 H 是非交换环(这从(3)式可明显看出)。由于

$$\begin{vmatrix} z_1 & z_2 \\ -\overline{z_2} & \overline{z_1} \end{vmatrix} = z_1\,\overline{z_1} + z_2\,\overline{z_2} = a_1^2 + b_1^2 + a_2^2 + b_2^2,$$

因此 H 中每个非零元都可逆。一个有单位元的非交换环如果每个非零元都可逆,那么称它为一个**体**。于是 H 成为一个体。

哈密顿(Hamilton)于 1843 年发现了新的数,它形如

$$a + b\mathbf{i} + c\mathbf{j} + d\mathbf{k}, \tag{4}$$

其中 a,b,c,d 都是实数,$\mathbf{i},\mathbf{j},\mathbf{k}$ 满足

$$\mathbf{i}^2 = \mathbf{j}^2 = \mathbf{k}^2 = -1, \tag{5}$$

$$\mathbf{ij} = -\mathbf{ji} = \mathbf{k}, \quad \mathbf{jk} = -\mathbf{kj} = \mathbf{i}, \quad \mathbf{ki} = -\mathbf{ik} = \mathbf{j}。 \tag{6}$$

哈密顿把形如(4)式的数命名为**四元数**(quaternion)。四元数有加法运算(类似于合并同类项)、乘法运算(类似于多项式的乘法,且利用(5)式和(6)式进行化简)。易证所有四元数组成的集合 $\mathbf{H}$ 成为一个有单位元的非交换环,可以证明 $\mathbf{H}$ 的每个非零元都可逆,从而 $\mathbf{H}$ 成为一个体,称 $\mathbf{H}$ 是**四元数体**。例 2 的 H 到四元数体 $\mathbf{H}$ 有一个双射:

$$\tau : a_1\boldsymbol{I} + b_1\boldsymbol{G} + a_2\boldsymbol{J} + b_2\boldsymbol{K} \longmapsto a_1 + b_1\mathbf{i} + a_2\mathbf{j} + b_2\mathbf{k}。$$

从(2)、(3)式与(5)、(6)式看出,τ 保持乘法运算。显然 τ 也保持加法运算,因此 τ 是 H 到四元数体 $\mathbf{H}$ 的一个环同构,于是体 H 与四元数体 $\mathbf{H}$ 同构。这表明:从代数运算的角度看,四元数 $a + b\mathbf{i} + c\mathbf{j} + d\mathbf{k}$ 与矩阵 $\begin{pmatrix} a+bi & c+di \\ -c+di & a-bi \end{pmatrix}$ 在本质上是一样的,只是书写的形式不同而已。

例 3　设 $c_1, c_2, \cdots, c_k$ 是给定的 k 个不同的实数,$k < n$。在 $\mathbf{R}[x]_n$ 中以 $c_1, c_2, \cdots, c_k$ 为根的多项式组成的集合记作 W,即

$$W = \{f(x) \in \mathbf{R}[x]_n \mid f(c_i) = 0, i = 1, 2, \cdots, k\}。$$

证明:W 是 $\mathbf{R}[x]_n$ 的一个子空间,并且求 $\dim W$。

证明　显然 $0 \in W$。易证 W 对于多项式的加法封闭,对于实数与多项式的数量乘法也封闭,因此 W 是 $\mathbf{R}[x]_n$ 的一个子空间。∎

解　已经知道 $\dim\mathbf{R}[x]_n = n$,因此 $\mathbf{R}[x]_n \cong \mathbf{R}^n$,易知映射

$$\sigma : f(x) = a_0 + a_1 x + \cdots + a_{n-1} x^{n-1} \longmapsto (a_0, a_1, \cdots, a_{n-1})'$$

是 $\mathbf{R}[x]_n$ 到 $\mathbf{R}^n$ 的一个同构映射。

$$f(x) = a_0 + a_1 x + \cdots + a_{n-1} x^{n-1} \in W$$

$$\Longleftrightarrow \begin{cases} a_0 + a_1 c_1 + \cdots + a_{n-1} c_1^{n-1} = 0 \\ a_0 + a_1 c_2 + \cdots + a_{n-1} c_2^{n-1} = 0 \\ \vdots \qquad \vdots \qquad \vdots \qquad \vdots \\ a_0 + a_1 c_k + \cdots + a_{n-1} c_k^{n-1} = 0 \end{cases} \tag{7}$$

$$\Longleftrightarrow (a_0, a_1, \cdots, a_{n-1})' \text{ 是 } n \text{ 元齐次线性方程组}$$

$$\begin{cases} x_0 + c_1 x_1 + \cdots + c_1^{n-1} x_{n-1} = 0 \\ x_0 + c_2 x_1 + \cdots + c_2^{n-1} x_{n-1} = 0 \\ \vdots \vdots \vdots \phantom{+ c_1^{n-1} x_{n-1}} \vdots \\ x_0 + c_k x_1 + \cdots + c_k^{n-1} x_{n-1} = 0 \end{cases} \tag{8}$$

的一个解。

因此 $f(x) \in W$ 当且仅当 $\sigma(f(x))$ 属于 n 元齐次线性方程组(8)的解空间,于是 $\sigma(W)$ 是方程组(8)的解空间,从而

$$\dim W = \dim \sigma(W) = n - \mathrm{rank}(\boldsymbol{A}),$$

其中 $\boldsymbol{A}$ 是方程组(8)的系数矩阵。由于 $c_1, c_2, \cdots, c_k$ 两两不等,因此 $\boldsymbol{A}$ 的前 k 列组成的子矩阵的行列式(它是 k 阶范德蒙德矩阵的转置的行列式)不等于 0,从而 $\mathrm{rank}(A) = k$。因此

$$\dim W = n - k。$$

点评:例 3 解题的关键想法是利用 $\mathbf{R}[x]_n$ 到 $\mathbf{R}^n$ 的一个同构映射 σ。容易推导出:$f(x) \in W$ 当且仅当 $\sigma(f(x))$ 属于 n 元齐次线性方程组(8)的解空间。于是 $\sigma(W)$ 是方程组(8)的解空间,从而根据本节命题 1 得,$\dim W = \dim \sigma(W)$。而齐次线性方程组(8)的解空间 $\sigma(W)$ 的维数容易计算:$\dim \sigma(W) = n - \mathrm{rank}(\boldsymbol{A})$。

例 4　设 $\alpha_1, \alpha_2, \cdots, \alpha_n$ 是域 F 上 n 维线性空间 V 的一个基,$\beta_1, \beta_2, \cdots, \beta_s$ 是 V 的一个向量组,并且

$$(\beta_1, \beta_2, \cdots, \beta_s) = (\alpha_1, \alpha_2, \cdots, \alpha_n)\boldsymbol{A}, \tag{9}$$

证明:　　　　　　　　　$\dim \langle \beta_1, \beta_2, \cdots, \beta_s \rangle = \mathrm{rank}(\boldsymbol{A})$。

证明　由于 $\dim V = n$,因此 $V \cong F^n$。映射

$$\sigma : \alpha = \sum_{i=1}^{n} a_i \alpha_i \longmapsto (a_1, a_2, \cdots, a_n)'$$

是 V 到 F^n 的一个同构映射。从(9)式得出,β_j 在基 $\alpha_1, \alpha_2, \cdots, \alpha_n$ 下的坐标是矩阵 $\boldsymbol{A}$ 的第 j 列 $\boldsymbol{A}_j$,因此 $\sigma(\beta_j) = \boldsymbol{A}_j$,$j = 1, 2, \cdots, s$,从而 $\sigma\langle \beta_1, \beta_2, \cdots, \beta_s \rangle = \langle \boldsymbol{A}_1, \boldsymbol{A}_2, \cdots, \boldsymbol{A}_s \rangle$。于是

$$\dim \langle \beta_1, \beta_2, \cdots, \beta_s \rangle = \dim \sigma \langle \beta_1, \beta_2, \cdots, \beta_s \rangle$$
$$= \dim \langle \boldsymbol{A}_1, \boldsymbol{A}_2, \cdots, \boldsymbol{A}_s \rangle$$
$$= \mathrm{rank}(\boldsymbol{A})。 \quad\blacksquare$$

点评:利用 V 到 F^n 的一个同构映射 σ 简捷地证出了例 4 的结论。这说明多掌握一些深刻的理论就能站得更高一些,看得更透彻一些,从而解题可以更简捷。

例 5　设集合 $X = \{x_1, x_2, \cdots, x_n\}$,$X$ 到域 F 所有映射组成的集合记作 F^X,它是域 F 上的一个线性空间,求 F^X 的一个基和维数;设 $f \in F^X$,求 f 在这个基下的坐标。

解　任取 $f \in F^X$,f 完全被 n 元有序组

$$(f(x_1), f(x_2), \cdots, f(x_n))$$

决定,于是 $\sigma : f \longmapsto (f(x_1), f(x_2), \cdots, f(x_n))'$ 是 F^X 到 F^n 的一个映射。显然 σ 是满射,且 σ 是单射,因此 σ 是双射。由于 $(f+g)(x_i) = f(x_i) + g(x_i)$,$(kf)(x_i) = kf(x_i)$,$i = 1, 2, \cdots, n$,因此容易看出,$\sigma$ 保持加法和纯量乘法运算,从而 σ 是 F^X 到 F^n 的一个同构映射,于是 $F^X \cong F^n$,因此 $\dim F^X = \dim F^n = n$。

由于 σ^{-1} 是 F^n 到 F^X 的一个同构映射,且 $\varepsilon_1, \varepsilon_2, \cdots, \varepsilon_n$ 是 F^n 的一个基,因此 $\sigma^{-1}(\varepsilon_1)$,

$\sigma^{-1}(\varepsilon_2),\cdots,\sigma^{-1}(\varepsilon_n)$ 是 F^X 的一个基。记 $\sigma^{-1}(\varepsilon_i)=f_i,i=1,2,\cdots,n$，则 $\sigma(f_i)=\varepsilon_i$，即

$$(f_i(x_1),f_i(x_2),\cdots,f_i(x_n))'=(0,\cdots,0,\underset{\text{第}i\text{个}}{1},0,\cdots,0)'.$$

也就是

$$f_i(x_j)=\delta_{ij},\quad j=1,2,\cdots,n \tag{10}$$

其中 $i=1,2,\cdots,n$。于是 $f_1,f_2,\cdots,f_n$ 是 F^X 的一个基。

由于 $(f(x_1),f(x_2),\cdots,f(x_n))'$ 在基 $\varepsilon_1,\varepsilon_2,\cdots,\varepsilon_n$ 下的坐标为它自身，因此 f 在基 $f_1,f_2,\cdots,f_n$ 下的坐标为

$$(f(x_1),f(x_2),\cdots,f(x_n))'.$$

点评：由于运用了线性空间同构的观点，因此自然而然地求出了 F^X 的一个基。

例 6 $\mathbf{Z}_2^n$ 到 $\mathbf{Z}_2$ 的所有映射组成的集合 $\mathbf{Z}_2^{\mathbf{Z}_2^n}$ 是域 $\mathbf{Z}_2$ 上的一个线性空间，求 $\mathbf{Z}_2^{\mathbf{Z}_2^n}$ 的维数，以及它的元素个数。

解 由于 $\mathbf{Z}_2^n=\{(a_1,a_2,\cdots,a_n)'\,|\,a_i\in\mathbf{Z}_2,i=1,2,\cdots,n\}$，因此 $|\mathbf{Z}_2^n|=2^n$。把 $\mathbf{Z}_2^n$ 的所有向量记成 $\boldsymbol{\alpha}_1,\boldsymbol{\alpha}_2,\cdots,\boldsymbol{\alpha}_{2^n}$。根据例 5（此时 $X=\mathbf{Z}_2^n=\{\boldsymbol{\alpha}_1,\boldsymbol{\alpha}_2,\cdots,\boldsymbol{\alpha}_{2^n}\}$）得，$\mathbf{Z}_2^{\mathbf{Z}_2^n}\cong\mathbf{Z}_2^{2^n}$，从而

$$\dim\mathbf{Z}_2^{\mathbf{Z}_2^n}=\dim\mathbf{Z}_2^{2^n}=2^n,$$

$$|\mathbf{Z}_2^{\mathbf{Z}_2^n}|=|\mathbf{Z}_2^{2^n}|=2^{2^n}.$$

点评：例 6 运用线性空间同构的观点，很容易地求出了 $\mathbf{Z}_2^n$ 到 $\mathbf{Z}_2$ 的所有映射组成的集合 $\mathbf{Z}_2^{\mathbf{Z}_2^n}$ 的元素个数。

例 7 设 A,B 都是域 F 上 n 级矩阵，若 $A\sim B$，则 $C(A)\cong C(B)$，从而 $\dim C(A)=\dim C(B)$。

证明 由于 $A\sim B$，因此存在域 F 上 n 级可逆矩阵 P，使得 $B=P^{-1}AP$，于是

$$\begin{aligned} X\in C(A) &\iff XA=AX\\ &\iff (P^{-1}XP)(P^{-1}AP)=(P^{-1}AP)(P^{-1}XP)\\ &\iff (P^{-1}XP)B=B(P^{-1}XP)\\ &\iff P^{-1}XP\in C(B). \end{aligned} \tag{11}$$

令
$$\sigma:\quad C(A)\longrightarrow C(B)$$
$$X\longmapsto P^{-1}XP,$$

由(11)式得，σ 是 $C(A)$ 到 $C(B)$ 的一个映射，且是单射、满射，从而 σ 是双射。显然 σ 保持加法和纯量乘法运算，因此 σ 是 $C(A)$ 到 $C(B)$ 的一个同构映射，从而 $C(A)\cong C(B)$，于是 $\dim C(A)=\dim C(B)$。

点评：例 7 给出了求与域 F 上 n 级矩阵 A 可交换的所有矩阵组成的子空间 $C(A)$ 的基本方法：先求出 A 的相似标准形 B，然后求 $C(B)$，最后便得出 $\dim C(A)=\dim C(B)$。知道了 $C(A)$ 的维数为 r 后，只要在 $C(A)$ 中找出 r 个矩阵线性无关，就可得 $C(A)$ 的一个基。可考虑 $I,A,A^2,\cdots,A^{r-1}$ 是否线性无关。参看下面的例 9。此外，若 $H_1,H_2,\cdots,H_t$ 是 $C(B)$ 的一个基，则 $PH_1P^{-1},PH_2P^{-1},\cdots,PH_tP^{-1}$ 是 $C(A)$ 的一个基，其中 P 使得 $P^{-1}AP=B$。上述这种求 $C(A)$ 的方法比直接去解矩阵方程 $XA=AX$ 要简捷得多。

例 8　设 A 是数域 K 上的 n 级矩阵,若 A 有 n 个不同的特征值,求 $C(A)$ 的维数和一个基。

解　由于 A 有 n 个不同的特征值 $\lambda_1,\lambda_2,\cdots,\lambda_n$,因此存在 K 上 n 级可逆矩阵 P,使得

$$P^{-1}AP = \mathrm{diag}\{\lambda_1,\lambda_2,\cdots,\lambda_n\} =: D$$

根据 8.2 节的例 3 得,$\dim C(D)=n$,$C(D)$ 的一个基是 $E_{11},E_{22},\cdots,E_{nn}$,从而根据本节例 7 得,$\dim C(A)=n$,$C(A)$ 的一个基为 $PE_{11}P^{-1},PE_{22}P^{-1},\cdots,PE_{nn}P^{-1}$。

例 9　设数域 K 上的 3 级矩阵

$$A = \begin{bmatrix} 1 & 0 & 4 \\ 0 & 1 & 2 \\ 0 & 1 & 2 \end{bmatrix},$$

求 $C(A)$ 的维数和一个基。

解

$$|\lambda I - A| = \begin{vmatrix} \lambda-1 & 0 & -4 \\ 0 & \lambda-1 & -2 \\ 0 & -1 & \lambda-2 \end{vmatrix} = (\lambda-1)(\lambda-3)\lambda,$$

于是 A 有 3 个不同的特征值:$0,1,3$,从而根据例 8 的结论得,$\dim C(A)=3$。直接计算得

$$A^2 = \begin{bmatrix} 1 & 4 & 12 \\ 0 & 3 & 6 \\ 0 & 3 & 6 \end{bmatrix}。$$

设 $k_1 I+k_2 A+k_3 A^2=0$。比较左右两边矩阵的 $(1,2)$ 元,$(1,3)$ 元,$(1,1)$ 元,依次可得:$k_3=0,k_2=0,k_1=0$。因此 I,A,A^2 线性无关,从而 I,A,A^2 是 $C(A)$ 的一个基。

例 10　用 J 表示元素全为 1 的矩阵,把 n 元实二次型 $x'(nI-J)x$ 的所有零点组成的集合记作 U。试问:U 是不是 $\mathbf{R}^n$ 的一个子空间? 如果是子空间,那么求 U 的一个基和维数。

解　根据本套教材上册 5.5 节的例 10,J 的全部特征值是 n(1 重),0($n-1$ 重),从而 $nI-J$ 的全部特征值为 0(1 重),n($n-1$ 重)。由于 $nI-J$ 是实对称矩阵,因此存在 n 级正交矩阵 T,使得

$$T^{-1}(nI-J)T = \mathrm{diag}\{n,\cdots,n,0\},$$

从而作正交替换 $x=Ty$,可得到 $x'(nI-J)x$ 的一个标准形为 $ny_1^2+\cdots+ny_{n-1}^2$。任给 $\alpha\in \mathbf{R}^n$,令 $\beta=T^{-1}\alpha$,设 $\beta=(b_1,b_2,\cdots,b_n)'$,于是

$$\begin{aligned} \alpha\in U &\iff nb_1^2+\cdots+nb_{n-1}^2=0 \\ &\iff b_1=b_2=\cdots=b_{n-1}=0 \\ &\iff \beta\in\{(0,\cdots,0,a)'\,|\,a\in\mathbf{R}\} =: W \end{aligned} \tag{12}$$

令

$$\begin{aligned} \sigma: \quad & \mathbf{R}^n \longrightarrow \mathbf{R}^n \\ & \beta \longmapsto T\beta, \end{aligned}$$

由于 T 可逆,因此 σ 是双射。显然 σ 保持加法和数量乘法,因此 σ 是 $\mathbf{R}^n$ 到自身的一个同构映射。显然 W 是 $\mathbf{R}^n$ 的一个一维子空间。从(12)式得,$\sigma(W)=U$。因此根据本节命题 1 得,U 是 $\mathbf{R}^n$ 的一个子空间,且 $\dim U=\dim W=1$。由于

$$1_n'(nI - J)1_n = n^2 - 1_n'(1_n1_n')1_n = n^2 - n^2 = 0,$$

因此 $1_n \in U$,从而 1_n 是 U 的一个基。

点评 例 10 通过建立 $\mathbf{R}^n$ 到自身的一个同构映射 $\sigma: \boldsymbol{\beta} \longmapsto T\boldsymbol{\beta}$,证明 $U = \sigma(W)$,从而用本节命题 1 立即得出 U 是 $\mathbf{R}^n$ 的子空间,且 $\dim U = 1$。知道了 U 的维数为 1 后,只要在 U 中找一个非零向量,它就是 U 的一个基。

例 3、例 4、例 5、例 7 与例 10 表明:建立线性空间之间的同构映射,然后利用本节命题 1 可以简捷地解决问题,而且更直观、透明。希望同学们善于运用线性空间的同构,把所研究的问题转化为比较具体的、直观的问题。

*例 11 设 A, B 都是数域 K 上的 n 级对称矩阵。证明:如果存在 K^n 到自身的一个同构映射 σ,使得

$$(\sigma(\boldsymbol{\alpha}))' B(\sigma(\boldsymbol{\alpha})) = \boldsymbol{\alpha}' A \boldsymbol{\alpha}, \forall \boldsymbol{\alpha} \in K^n,$$

那么 $A \simeq B$。

证明 在 K^n 中取标准基 $\boldsymbol{\varepsilon}_1, \boldsymbol{\varepsilon}_2, \cdots, \boldsymbol{\varepsilon}_n$。由于 σ 是 K^n 到自身的一个同构映射,因此 $\sigma(\boldsymbol{\varepsilon}_1), \sigma(\boldsymbol{\varepsilon}_2), \cdots, \sigma(\boldsymbol{\varepsilon}_n)$ 也是 K^n 的一个基。设 $(\sigma(\boldsymbol{\varepsilon}_1), \sigma(\boldsymbol{\varepsilon}_2), \cdots, \sigma(\boldsymbol{\varepsilon}_n)) = (\boldsymbol{\varepsilon}_1, \boldsymbol{\varepsilon}_2, \cdots, \boldsymbol{\varepsilon}_n)P$,则 P 是可逆矩阵。

任取 $\boldsymbol{\alpha} = (x_1, x_2, \cdots, x_n)' \in K^n$,则

$$\sigma(\boldsymbol{\alpha}) = \sigma(\sum_{i=1}^{n} x_i \boldsymbol{\varepsilon}_i) = \sum_{i=1}^{n} x_i \sigma(\boldsymbol{\varepsilon}_i) = (\sigma(\boldsymbol{\varepsilon}_1), \sigma(\boldsymbol{\varepsilon}_2), \cdots, \sigma(\boldsymbol{\varepsilon}_n))\boldsymbol{\alpha}$$

$$= (\boldsymbol{\varepsilon}_1, \boldsymbol{\varepsilon}_2, \cdots, \boldsymbol{\varepsilon}_n)P\boldsymbol{\alpha} = IP\boldsymbol{\alpha} = P\boldsymbol{\alpha},$$

于是 $\boldsymbol{\alpha}'(P'BP)\boldsymbol{\alpha} = (P\boldsymbol{\alpha})'B(P\boldsymbol{\alpha}) = (\sigma(\boldsymbol{\alpha}))'B(\sigma(\boldsymbol{\alpha})) = \boldsymbol{\alpha}'A\boldsymbol{\alpha}$。又由于 A, B 都是对称矩阵,因此 $P'BP = A$,从而 $A \simeq B$。 ■

例 12 设 A, B 都是域 F 上的 $s \times n$ 矩阵,且 $\mathrm{rank}(A) = \mathrm{rank}(B)$。用 U, W 分别表示 n 元齐次线性方程组 $Ax = 0, Bx = 0$ 的解空间,证明:

(1) $U \cong W$;

(2) 存在域 F 上的一个 n 级矩阵 H,使得 $\sigma(\boldsymbol{\eta}) = H\boldsymbol{\eta}(\forall \boldsymbol{\eta} \in U)$ 是 U 到 W 的一个同构映射。

证明 (1) 由于 $\dim U = n - \mathrm{rank}(A) = n - \mathrm{rank}\,B = \dim W$,因此 $U \cong W$。

(2) 由于 $\mathrm{rank}(A) = \mathrm{rank}(B)$,因此 A 与 B 相抵,从而存在 s 级可逆矩阵 P 与 n 级可逆矩阵 Q,使得 $B = PAQ$。于是

$$\boldsymbol{\eta} \in U \iff A\boldsymbol{\eta} = 0 \iff P^{-1}BQ^{-1}\boldsymbol{\eta} = 0 \iff BQ^{-1}\boldsymbol{\eta} = 0$$
$$\iff Q^{-1}\boldsymbol{\eta} \in W.$$

令 $\sigma: \boldsymbol{\eta} \longmapsto Q^{-1}\boldsymbol{\eta}$,则由上式得,$\sigma$ 是 U 到 W 的一个双射。显然 σ 保持加法和纯量乘法运算,因此 σ 是 U 到 W 的一个同构映射。 ■

例 13 设 V_1, V_2 都是域 F 上线性空间 V 的子空间,σ 是 V 到自身的一个同构映射,证明:如果 $V = V_1 \oplus V_2$,那么 $V = \sigma(V_1) \oplus \sigma(V_2)$。

证明 先证 $V = \sigma(V_1) + \sigma(V_2)$。任取 $\alpha \in V$,由于 σ 是满射,因此存在 $\beta \in V$ 使得 $\alpha = \sigma(\beta)$。由于 $V = V_1 + V_2$,因此存在 $\beta_1 \in V_1, \beta_2 \in V_2$,使得 $\beta = \beta_1 + \beta_2$,从而

$$\alpha = \sigma(\beta) = \sigma(\beta_1 + \beta_2) = \sigma(\beta_1) + \sigma(\beta_2) \in \sigma(V_1) + \sigma(V_2),$$

因此 $V\subseteq\sigma(V_1)+\sigma(V_2)$，于是 $V=\sigma(V_1)+\sigma(V_2)$。

再证 $\sigma(V_1)\bigcap\sigma(V_2)=0$。任取 $\gamma\in\sigma(V_1)\bigcap\sigma(V_2)$，则 $\gamma\in\sigma(V_1)$ 且 $\gamma\in\sigma(V_2)$。于是存在 $\delta_1\in V_1$，$\delta_2\in V_2$，使得 $\gamma=\sigma(\delta_1)$ 且 $\gamma=\sigma(\delta_2)$，从而 $\sigma(\delta_1)=\sigma(\delta_2)$。由于 σ 是 V 到自身的单射，因此 $\delta_1=\delta_2$，于是 $\delta_1\in V_1\bigcap V_2$。由于 V_1+V_2 是直和，因此 $V_1\bigcap V_2=0$，从而 $\delta_1=0$，于是 $\gamma=\sigma(\delta_1)=\sigma(0)=0$，所以 $\sigma(V_1)\bigcap\sigma(V_2)=0$。

综上所述，$V=\sigma(V_1)\bigoplus\sigma(V_2)$。 ■

例 14　设 P,Q 分别是域 F 上的 s 级，n 级可逆矩阵，令 $\sigma(A)=PAQ$，$\forall A\in M_{s\times n}(F)$，试问：$\sigma$ 是不是域 F 上线性空间 $M_{s\times n}(F)$ 到自身的一个同构映射？

解　显然 σ 是 $M_{s\times n}(F)$ 到自身的一个映射。任取 $B\in M_{s\times n}(F)$，令 $A=P^{-1}BQ^{-1}$，显然 $A\in M_{s\times n}(F)$，且

$$\sigma(A)=PAQ=P(P^{-1}BQ^{-1})Q=B$$

因此 σ 是满射。设 $A_1,A_2\in M_{s\times n}(F)$ 有 $\sigma(A_1)=\sigma(A_2)$，则 $PA_1Q=PA_2Q$，从而 $P^{-1}(PA_1Q)Q^{-1}=P^{-1}(PA_2Q)Q^{-1}$，即 $A_1=A_2$，因此 σ 是单射，从而 σ 是双射。显然 σ 保持加法和纯量乘法运算，因此 σ 是 $M_{s\times n}(F)$ 到自身的一个同构映射。

点评：在例 14 中，如果 P 或 Q 不是可逆矩阵，那么 $\sigma(A)=PAQ$ 不是 $M_{s\times n}(F)$ 到自身的一个同构映射。理由如下：若 P 不可逆，则根据本套教材上册习题 4.5 的第 1 题得，存在 $A\in M_{s\times n}(F)$ 且 $A\neq 0$，使得 $PA=0$。于是 $\sigma(A)=PAQ=0$，又有 $\sigma(0)=P0Q=0$，因此 σ 不是单射，从而 σ 不是同构映射。若 Q 不可逆，则同理存在 $C\in M_{n\times s}(F)$ 且 $C\neq 0$，使得 $Q'C=0$，于是 $C'Q=0$，从而 $\sigma(C')=PC'Q=0$。因此 σ 不是单射，从而 σ 不是同构映射。

习题 8.3

1. 证明：域 F 上的线性空间 $M_{s\times n}(F)$ 与 F^{sn} 同构，并且写出 $M_{s\times n}(F)$ 到 F^{sn} 的一个同构映射。

2. 令

$$L=\left\{\begin{pmatrix} a & b \\ -b & a \end{pmatrix}\middle|\, a,b\in\mathbf{R}\right\},$$

（1）证明：L 是实线性空间 $M_2(\mathbf{R})$ 的一个子空间，求 L 的一个基和维数；

（2）证明：复数域 $\mathbf{C}$ 作为实数域 $\mathbf{R}$ 上的线性空间与 L 同构，并且写出 $\mathbf{C}$ 到 L 的一个同构映射。

3. 证明：域 F 上次数小于 n 的一元多项式组成的线性空间 $F[x]_n$ 与 F^n 同构，并且写出 $F[x]_n$ 到 F^n 的一个同构映射。

4. 设 σ 是域 F 上线性空间 V 到 V' 的一个同构映射，证明：σ^{-1} 是 V' 到 V 的一个同构映射。

5. 设 σ 和 τ 分别是域 F 上线性空间 V 到 V' 与 V' 到 V'' 的一个同构映射，证明：$\tau\sigma$ 是 V 到 V'' 的一个同构映射。

6. 用 F_q 表示 q 个元素的有限域，设 V 是域 F_q 上的 n 维线性空间，V_1,V_2,V_3 都是 V

的 $n-1$ 维子空间,且 V_1,V_2,V_3 两两不等。

(1) 求 $\dim(V_1+V_2),\dim(V_1\bigcap V_2),|V_1\bigcap V_2|$;

(2) 求 $|V_1\bigcap V_2\bigcap V_3|$。

*7. 证明:有限域 F_q 上的一元函数(即 F_q 到自身的映射)都是一元多项式函数(即由 F_q 上的一元多项式诱导的函数),且 F_q 上每个一元函数都可以唯一地表示成 F_q 上次数小于 q 的一元多项式函数。

8. 对于正整数 n,令

$$\mathbf{Q}(\sqrt[n]{3}) = \{a_0+a_1\sqrt[n]{3}+\cdots+a_{n-1}\sqrt[n]{3^{n-1}} \mid a_i \in \mathbf{Q}, i = 0,1,\cdots,n-1\},$$

设 n 与 m 是不同的正整数,试问:$\mathbf{Q}$ 上的线性空间 $\mathbf{Q}(\sqrt[n]{3})$ 与 $\mathbf{Q}(\sqrt[m]{3})$ 是否同构?

9. 令 $\mathbf{Q}(\mathrm{i}) = \{a+b\mathrm{i}|a,b\in\mathbf{Q}\}$,它是 $\mathbf{Q}$ 上的一个线性空间,试问:$\mathbf{Q}(\mathrm{i})$ 与 $\mathbf{Q}(\sqrt{2})$ 是否同构? 如果同构,写出 $\mathbf{Q}(\mathrm{i})$ 到 $\mathbf{Q}(\sqrt{2})$ 的一个同构映射。

10. 对于复数域上 n 级循环移位矩阵 $A = \{\boldsymbol{\varepsilon}_n,\boldsymbol{\varepsilon}_1,\boldsymbol{\varepsilon}_2,\cdots,\boldsymbol{\varepsilon}_{n-1}\}$,求 $C(A)$ 的维数和一个基。

11. 设 A,B 都是 n 级实对称矩阵,证明:如果 A 与 B 有相同的特征多项式,那么存在 $\mathbf{R}^n$ 到自身的一个同构映射 σ,使得

$$(\sigma(\boldsymbol{\alpha}))'\boldsymbol{B}(\sigma(\boldsymbol{\alpha})) = \boldsymbol{\alpha}'\boldsymbol{A}\boldsymbol{\alpha}, \quad \forall\, \boldsymbol{\alpha} \in \mathbf{R}^n.$$

*12. 设 V 是域 F 上的线性空间,V_1,V_2 是 V 的子空间。证明:如果 $V=V_1\oplus V_2$,那么 $V\cong V_1\dotplus V_2$。

8.4 商 空 间

8.4.1 内容精华

北京大学数学科学学院的新生入校后,分别编进一班、二班、三班、四班,这样便于以班为单位安排各种活动。例如,排课表时一班、二班在一个教室上课,三班、四班在另一个教室上课。编班就是把新生组成的集合 S 作一个划分,把其中每一个子集看成新集合的一个元素。由此受到启发,在研究域 F 上线性空间 V 的结构时,可以把集合 V 作一个划分,为此可以在 V 中建立一个二元关系~,且使它是一个等价关系,这时所有等价类组成的集合就给出了集合 V 的一个划分。V 的所有等价类组成的集合称为 V 对于关系~的商集,记作 $V/\sim$。于是 V 的一个子集(等价类)是商集 $V/\sim$ 的一个元素。问题在于:如何建立 V 上的一个二元关系使它具有反身性、对称性和传递性,从而成为一个等价关系? 在商集 $V/\sim$ 中能否规定加法运算和纯量乘法运算,使它成为域 F 上的一个线性空间? 如果这些都能办到,那么这将是研究线性空间 V 的结构的第 4 条途径。

一、商空间

如何建立 V 上的一个二元关系使它是一个等价关系? 让我们先看几何空间(以原点

O 为起点的所有向量组成的实线性空间)V,设 W 是过原点 O 的一个平面,则与 W 平行的所有平面以及 W 给出了几何空间 V 的一个划分,如图 8-4 所示。设 π 是平行于 W 的一个平面,γ_1 与 γ_2 都属于 π 当且仅当 $\gamma_2 - \gamma_1 = \eta \in W$。由此受到启发,为了在域 F 上的线性空间 V 上建立一个二元关系且使它是一个等价关系,可以先取 V 的一个子空间 W,然后规定:

图 8-4

$$\alpha \sim \beta \iff \alpha - \beta \in W. \tag{1}$$

这样就在 V 上建立了一个二元关系 $\sim$。由于 $\alpha - \alpha = 0 \in W$,因此 $\alpha \sim \alpha$,$\forall \alpha \in W$,即 $\sim$ 具有反身性。若 $\alpha \sim \beta$,则 $\alpha - \beta \in W$,从而 $\beta - \alpha = -(\alpha - \beta) \in W$,于是 $\beta \sim \alpha$,即 $\sim$ 具有对称性。若 $\alpha \sim \beta$ 且 $\beta \sim \gamma$,则 $\alpha - \beta \in W$,且 $\beta - \gamma \in W$,从而 $\alpha - \gamma = (\alpha - \beta) + (\beta - \gamma) \in W$,即 $\sim$ 具有传递性。从而由(1)式定义的二元关系 $\sim$ 是 V 上的一个等价关系。对于 $\alpha \in V$,α 的等价类 $\bar{\alpha}$ 为

$$\begin{aligned}
\bar{\alpha} &= \{\beta \in V \mid \beta \sim \alpha\} \\
&= \{\beta \in V \mid \beta - \alpha \in W\} \\
&= \{\beta \in V \mid \beta = \alpha + \gamma, \gamma \in W\} \\
&= \{\alpha + \gamma \mid \gamma \in W\},
\end{aligned} \tag{2}$$

把(2)式最后一个集合记作 $\alpha + W$,称它为 W 的一个**陪集**,α 称为这个陪集的一个代表。于是 $\bar{\alpha} = \alpha + W$,从而

$$\beta \in \alpha + W \iff \beta \sim \alpha \iff \beta - \alpha \in W. \tag{3}$$

根据等价类的性质:$\bar{\alpha} = \bar{\beta} \iff \alpha \sim \beta$,得出

$$\alpha + W = \beta + W \iff \alpha \sim \beta \iff \alpha - \beta \in W. \tag{4}$$

由(4)式可以看出,一个陪集 $\alpha + W$ 的代表不唯一。如果 $\alpha - \beta \in W$,那么 β 也可以作为这个陪集的一个代表。

由于 $W = 0 + W$,因此子空间 W 本身也是 W 的一个陪集。从(4)式得

$$\gamma + W = W \iff \gamma + W = 0 + W \iff \gamma - 0 \in W \iff \gamma \in W.$$

对于上述等价关系 $\sim$,商集 $V/\sim$ 记成 V/W,称它是 **V 对于子空间 W 的商集**,即

$$V/W = \{\alpha + W \mid \alpha \in V\}. \tag{5}$$

如何在商集 V/W 中规定加法与纯量乘法运算? 容易想到尝试如下规定:

$$(\alpha + W) + (\beta + W) := (\alpha + \beta) + W, \tag{6}$$

$$k(\alpha + W) := k\alpha + W. \tag{7}$$

这样规定是否合理? 需要证明它们与陪集代表的选择无关。设 $\alpha_1 + W = \alpha + W$,$\beta_1 + W = \beta + W$,则 $\alpha_1 - \alpha \in W$,$\beta_1 - \beta \in W$,从而

$$(\alpha_1 + \beta_1) - (\alpha + \beta) = (\alpha_1 - \alpha) + (\beta_1 - \beta) \in W,$$

$$k\alpha_1 - k\alpha = k(\alpha_1 - \alpha) \in W,$$

因此 $(\alpha_1 + \beta_1) + W = (\alpha + \beta) + W$,$k\alpha_1 + W = k\alpha + W$。这证明了上述规定与陪集代表的选取无关,从而是合理的。容易验证上述加法满足交换律和结合律,$0 + W$(即 W)是 V/W 的零元素,$(-\alpha) + W$ 是 $\alpha + W$ 的负元素;上述纯量乘法满足线性空间定义中关于纯量乘法的 4 条运算法则,从而 V/W 成为域 F 上的一个线性空间,称它是 V 对于 W 的**商空间**。

注意：商空间 V/W 的元素是 V 的一个等价类,而不是 V 的一个向量。

例如上面举的几何空间 V 的例子,V 对于 W 的商空间 V/W 的一个元素是平行于 W 的一个平面或者 W 自身,而不是几何空间 V 中的向量。容易直观地猜测这个商空间 V/W 是一维的,即 $\dim V/W = \dim V - \dim W$。可以证明这个猜测是对的,而且这个结论可以推广到域 F 上任一有限维线性空间 V 对于子空间 W 的商空间 V/W 中。

定理 1 设 V 是域 F 上一个有限维线性空间,W 是 V 的一个子空间,则
$$\dim(V/W) = \dim V - \dim W。 \tag{8}$$

证明 在 W 中取一个基 $\alpha_1,\cdots,\alpha_s$,把它扩充成 V 的一个基 $\alpha_1,\cdots,\alpha_s,\alpha_{s+1},\cdots,\alpha_n$。于是 $\dim V - \dim W = n - s$。下面来找商空间 V/W 的一个基:任取 $\beta + W \in V/W$,设 $\beta = b_1\alpha_1 + \cdots + b_s\alpha_s + b_{s+1}\alpha_{s+1} + \cdots + b_n\alpha_n$,则

$$\begin{aligned}
\beta + W &= (b_1\alpha_1 + W) + \cdots + (b_s\alpha_s + W) + (b_{s+1}\alpha_{s+1} + W) + \cdots + (b_n\alpha_n + W) \\
&= W + \cdots + W + b_{s+1}(\alpha_{s+1} + W) + \cdots + b_n(\alpha_n + W) \\
&= b_{s+1}(\alpha_{s+1} + W) + \cdots + b_n(\alpha_n + W)。
\end{aligned}$$

假设 $k_1(\alpha_{s+1} + W) + \cdots + k_{n-s}(\alpha_n + W) = W$,则

$$(k_1\alpha_{s+1} + \cdots + k_{n-s}\alpha_n) + W = W,$$

从而 $k_1\alpha_{s+1} + \cdots + k_{n-s}\alpha_n \in W$。于是存在 $l_1,\cdots,l_s \in F$,使得

$$k_1\alpha_{s+1} + \cdots + k_{n-s}\alpha_n = l_1\alpha_1 + \cdots + l_s\alpha_s,$$

即

$$l_1\alpha_1 + \cdots + l_s\alpha_s - k_1\alpha_{s+1} - \cdots - k_{n-s}\alpha_n = 0。$$

因此 $l_1 = \cdots = l_s = k_1 = \cdots = k_{n-s} = 0$。这表明 $\alpha_{s+1} + W,\cdots,\alpha_n + W$ 是 V/W 中线性无关的向量组,从而它们是 V/W 的一个基,因此

$$\dim(V/W) = n - s = \dim V - \dim W。 \qquad ■$$

从定理 1 可以看出,当 W 是 V 的非零子空间时,商空间 V/W 的维数比原来的线性空间 V 的维数小。如果线性空间的某些性质是被商空间继承的,那么就可以对维数作数学归纳法证明有关这些性质的结论。这就是可以利用商空间的结构研究线性空间结构的道理之一。

二、余维数

数学中会遇到线性空间 V 和它的子空间 W 都是无限维,而商空间 V/W 却是有限维的情形。例如,给定正整数 n,考虑数域 K 上一元多项式环 $K[x]$ 的子集:

$$\begin{aligned}
W = \{&k_n x^n + k_{n+1}x^{n+1} + \cdots + k_{n+m}x^{n+m} \mid m \in \mathbf{N}, \quad k_i \in K, \\
&i = n, n+1, \cdots, n+m\},
\end{aligned}$$

由于 W 对于加法和数量乘法都封闭,因此 W 是 $K[x]$ 的一个子空间。容易看出,x^n, $x^{n+1},\cdots,x^{n+m},\cdots$ 是 W 的一个基,因此 W 是无限维的。商空间 $K[x]/W$ 的任一元素形如

$$\begin{aligned}
&(a_0 + a_1 x + \cdots + a_{n-1}x^{n-1} + a_n x^n + a_{n+1}x^{n+1} + \cdots + a_{n+s}x^{n+s}) + W \\
&= a_0(1 + W) + a_1(x + W) + \cdots + a_{n-1}(x^{n-1} + W) + (a_n x^n + \cdots + a_{n+s}x^{n+s}) + W \\
&= a_0(1 + W) + a_1(x + W) + \cdots + a_{n-1}(x^{n-1} + W) + W \\
&= a_0(1 + W) + a_1(x + W) + \cdots + a_{n-1}(x^{n-1} + W),
\end{aligned}$$

假如 $k_0(1 + W) + k_1(x + W) + \cdots + k_{n-1}(x^{n-1} + W) = W$,则

$$k_0 + k_1 x + \cdots + k_{n-1} x^{n-1} \in W。$$

从 W 中元素的形式可推出 $k_0 = k_1 = \cdots = k_{n-1} = 0$。因此

$$1 + W, x + W, \cdots, x^{n-1} + W$$

线性无关,从而它们是商空间 $K[x]/W$ 的一个基,于是

$$\dim K[x]/W = n。$$

定义 1　设 W 是域 F 上线性空间 V 的一个子空间,如果 V 对 W 的商空间 V/W 是有限维的,那么 $\dim(V/W)$ 称为子空间 W 在 V 中的**余维数**(codimension),记作 $\mathrm{codim}_V W$ 或 $\mathrm{codim}\, W$。

三、标准映射

设 W 是域 F 上线性空间 V 的一个子空间,则 V 到商空间 V/W 有一个很自然的映射:

$$\pi : \alpha \longmapsto \alpha + W,$$

称它为**标准映射**或**典范映射**(canonical mapping)。显然它是满射。当 W 不是零子空间时,π 不是单射,商空间 V/W 的一个元素 $\alpha + W$ 在 π 下的原象集是 W 的一个陪集 $\alpha + W$,这是因为

$$\beta \in \pi^{-1}(\alpha + W) \Longleftrightarrow \pi(\beta) = \alpha + W \Longleftrightarrow \beta + W = \alpha + W$$
$$\Longleftrightarrow \beta - \alpha \in W \Longleftrightarrow \beta \sim \alpha \Longleftrightarrow \beta \in \bar{\alpha} = \alpha + W。$$

这表明:在 V 到商空间 V/W 的标准映射下,V 的一个子集 $\alpha + W$ 映成商空间的一个元素 $\alpha + W$。进一步可证明标准映射 π 保持加法和纯量乘法运算。证明如下:

对于任意 $\alpha, \beta \in V, k \in F$,有

$$\pi(\alpha + \beta) = (\alpha + \beta) + W = (\alpha + W) + (\beta + W) = \pi(\alpha) + \pi(\beta),$$
$$\pi(k\alpha) = k\alpha + W = k(\alpha + W) = k\pi(\alpha),$$

因此 V 到商空间 V/W 的标准映射 π 保持加法和纯量乘法运算。这是我们可以利用商空间 V/W 的结构研究线性空间 V 的结构的道理之二。

例如,容易证明 V 到 V/W 的标准映射 π 把 V 中线性相关的向量集映成 V/W 中线性相关的向量集,从而如果 V/W 中向量集 $\widetilde{S} = \{\alpha_i + W \mid i \in I\}$(其中 I 是指标集)线性无关,那么 $S = \{\alpha_i \mid i \in I\}$ 是 V 中线性无关的向量集。利用这个结论,我们可以证明 8.2 节的命题 4,即下述命题 1。

命题 1　域 F 上线性空间 V 的任一子空间 W 都有补空间。

证明　考虑商空间 V/W,设它的一个基为

$$\widetilde{S} = \{\alpha_i + W \mid \alpha_i \in V, i \in I\},$$

其中 I 是指标集,则 $S = \{\alpha_i \mid i \in I\}$ 是 V 中线性无关的向量集。令 U 是由 S 生成的子空间,即

$$U = \Big\{ \sum_{j=1}^{r} k_j \alpha_{i_j} \,\Big|\, \alpha_{i_j} \in S, k_j \in F, j = 1, 2, \cdots, r; \quad r \in \mathbf{N}^* \Big\},$$

于是 S 是 U 的一个基。下面来证 U 是 W 在 V 中的补空间。

任取 $\alpha \in V$,由于 $\widetilde{S}$ 是 V/W 的一个基,因此有

$$\alpha + W = \sum_{j=1}^{t} l_j(\alpha_{i_j} + W) = \left(\sum_{j=1}^{t} l_j \alpha_{i_j}\right) + W,$$

从而 $\alpha - \sum_{j=1}^{t} l_j \alpha_{i_j} \in W$。记 $\gamma = \sum_{j=1}^{t} l_j \alpha_{i_j}$，则 $\gamma \in U$，且 $\alpha - \gamma \in W$，于是存在 $\delta \in W$，使得 $\alpha - \gamma = \delta$，即 $\alpha = \delta + \gamma$。由此推出，$V = W + U$。

任取 $\beta \in W \cap U$，由于 $\beta \in U$，因此 $\beta = \sum_{j=1}^{r} k_j \alpha_{i_j}$。又由于 $\beta \in W$，因此有

$$W = \beta + W = \sum_{j=1}^{r} k_j \alpha_{i_j} + W = \sum_{j=1}^{r} k_j(\alpha_{i_j} + W),$$

由于 $\tilde{S}$ 线性无关，因此 $k_1 = k_2 = \cdots = k_r = 0$，从而 $\beta = 0$。因此 $W \cap U = 0$。

综上所述，$V = W \oplus U$，即 U 是 W 的一个补空间。 ∎

命题 1 表明，如果知道了商空间 V/W 的一个基，那么 $V = W \oplus U$，这样 V 就有了一个直和分解式。这是可以利用商空间研究线性空间的结构的道理之三。

8.4.2 典型例题

例 1 设 V 是域 F 上的线性空间，U 和 W 都是 V 的子空间，证明：如果 $V = U \oplus W$，那么

$$U \cong V/W.$$

证明 令
$$\sigma: \quad U \longrightarrow V/W$$
$$\gamma \longmapsto \gamma + W,$$

设 $\eta \in U$，使得 $\gamma + W = \eta + W$，则 $\gamma - \eta \in W$。又有 $\gamma - \eta \in U$，从而 $\gamma - \eta \in W \cap U$。由于 $U + W$ 是直和，因此 $W \cap U = 0$。于是 $\gamma - \eta = 0$，即 $\gamma = \eta$，从而 σ 是单射。任给 $\alpha + W \in V/W$。由于 $V = U + W$，因此 $\alpha = \gamma + \delta$，其中 $\gamma \in U, \delta \in W$，于是

$$\begin{aligned} \sigma(\gamma) &= \gamma + W = (\alpha - \delta) + W \\ &= (\alpha + W) - (\delta + W) \\ &= (\alpha + W) - W = \alpha + W, \end{aligned}$$

这证明了 σ 是满射，从而 σ 是双射。

由于 σ 是 V 到 V/W 的标准映射 π 在 U 上的限制，因此 σ 保持加法和纯量乘法运算，从而 σ 是 U 到 V/W 的一个同构映射，所以 $U \cong V/W$。 ∎

例 2 设 V 是几何空间，U 是过原点的一条直线，那么商空间 V/U 由哪些元素组成？求 V/U 的一个基和维数。

解 商空间 V/U 的任一元素为

$$\alpha + U = \{\alpha + \gamma \mid \gamma \in U\},$$

当 $\alpha \notin U$ 时，由向量加法的平行四边形法则知道，$\alpha + \gamma$ 的终点在过 α 的终点 A 且与 U 平行的直线上；反之，终点在这条直线上的向量可以表示成 $\alpha + \gamma$ 的形式，其中 $\gamma \in U$。因此 $\alpha + U$ 是平行于 U 的一条直线，从而商空间由平行于 U 的所有直线以及 U 本身组成，如图 8-5 所示。

$$\dim(V/U) = \dim V - \dim U = 3 - 1 = 2。$$

在 U 中取一个基 γ_1，把它扩充成 V 的一个基：γ_1，α_1，α_2。根据定理 1 的证明得，α_1+U，α_2+U 是商空间 V/U 的一个基。

图 8-5

例 3　设 V 是几何空间，W 是过原点 O 的一个平面，求 V/W 的一个基和维数。

解　从本节内容精华知道，商空间 V/W 由平行于 W 的所有平面以及 W 本身组成，如图 8-4 所示。

$$\dim(V/W) = \dim V - \dim W = 3 - 2 = 1。$$

在 V 中取一个向量 $\gamma \notin W$，则 $\gamma+W \neq W$，从而 $\gamma+W$ 是商空间 V/W 中的一个非零向量，于是 $\gamma+W$ 线性无关。又由于 $\dim(V/W)=1$，因此 $\gamma+W$ 是商空间 V/W 的一个基。

例 4　设 V 是几何空间，W 是过原点 O 的一个平面，U 是过原点 O 的一条直线，且直线 U 不在平面 W 上。

（1）证明：$V = W \oplus U$；

（2）写出 U 到 V/W 的一个同构映射；

（3）写出 W 到 V/U 的一个同构映射。

（1）**证明**　显然 V 中任一向量 α 可以表示成 $\alpha = \delta + \gamma$，其中 $\delta \in W$，$\gamma \in U$，因此 $V = W + U$。又显然 $W \cap U = 0$，因此 $V = W \oplus U$。∎

（2）**解**　根据例 1 的证明过程知道，$\sigma: \gamma \longmapsto \gamma + W$ 是 U 到 V/W 的一个同构映射，参看图 8-6。

（3）**解**　仍据例 1 的证明过程可以看出，$\tau: \delta \longmapsto \delta + U$ 是 W 到 V/U 的一个同构映射，参看图 8-6。

例 5　设 A 是数域 K 上的一个 $s \times n$ 非零矩阵，W 是 n 元齐次线性方程组 $Ax = 0$ 的解空间，记 $V = K^n$。

（1）证明：商空间 V/W 的任一元素是以 A 为系数矩阵的某个 n 元线性方程组的解集；

（2）设 $\mathrm{rank}(A) = r$，求商空间 V/W 的维数。

图 8-6

（1）**证明**　任取 $\alpha + W \in V/W$。记 $\beta = A\alpha$，则 α 是 n 元线性方程组 $Ax = \beta$ 的一个解。根据本套教材上册 3.8 节的定理 1 得，线性方程组 $Ax = \beta$ 的解集为 $\alpha + W$。∎

（2）**解**　由于

$$\dim W = n - \mathrm{rank}(A) = n - r，$$

因此

$$\dim(V/W) = \dim V - \dim W = n - (n-r) = r。$$

例 6　设 V 是域 F 上的一个 n 维线性空间，$n \geqslant 3$。U 是 V 的一个 2 维子空间。用 Ω_1 表示 V 中包含 U 的所有 $n-1$ 维子空间组成的集合，用 Ω_2 表示商空间 V/U 的所有 $n-3$ 维子空间组成的集合，令

$$
\begin{aligned}
\sigma: \quad & \Omega_1 \longrightarrow \Omega_2 \\
& W \longmapsto W/U,
\end{aligned}
$$

证明：σ 是双射。

证明　任取 Ω_2 的一个元素 W/U，则

$$\dim W = \dim U + \dim(W/U) = 2 + n - 3 = n - 1，$$

从而 W 是 V 的 $n-1$ 维子空间,且 W 包含 U,于是 $W \in \Omega_1$,从而 σ 是满射。

假设 Ω_2 中,$W_1/U = W_2/U$。分别在 W_1/U,W_2/U 中取一个基:$\alpha_1 + U, \cdots, \alpha_{n-3} + U$;$\beta_1 + U, \cdots, \beta_{n-3} + U$。在 U 中取一个基 γ_1, γ_2。任取 $\delta_1 \in W_1$,则 $\delta_1 + U \in W_1/U$,从而

$$\delta_1 + U = a_1(\alpha_1 + U) + \cdots + a_{n-3}(\alpha_{n-3} + U)$$
$$= (a_1\alpha_1 + \cdots + a_{n-3}\alpha_{n-3}) + U,$$

于是 $$\delta_1 - (a_1\alpha_1 + \cdots + a_{n-3}\alpha_{n-3}) \in U。$$

因此 $$\delta_1 - (a_1\alpha_1 + \cdots + a_{n-3}\alpha_{n-3}) = k_1\gamma_1 + k_2\gamma_2,$$

从而 $$\delta_1 = a_1\alpha_1 + \cdots + a_{n-3}\alpha_{n-3} + k_1\gamma_1 + k_2\gamma_2,$$

因此 $W_1 = \langle \alpha_1, \cdots, \alpha_{n-3}, \gamma_1, \gamma_2 \rangle$。同理 $W_2 = \langle \beta_1, \cdots, \beta_{n-3}, \gamma_1, \gamma_2 \rangle$。

由于 $W_1/U = W_2/U$,因此 $\alpha_i + U \in W_2/U, i = 1, 2, \cdots, n-3$。

于是

$$\alpha_i + U = l_1(\beta_1 + U) + \cdots + l_{n-3}(\beta_{n-3} + U)$$
$$= (l_1\beta_1 + \cdots + l_{n-3}\beta_{n-3}) + U,$$

从而 $\alpha_i - (l_1\beta_1 + \cdots + l_{n-3}\beta_{n-3}) \in U$。由此推出

$$\alpha_i \in \langle \beta_1, \cdots, \beta_{n-3}, \gamma_1, \gamma_2 \rangle = W_2, i = 1, 2, \cdots, n-3,$$

从而 $W_1 \subseteq W_2$,又由于 $\dim W_1 = \dim W_2 = n-1$,因此 $W_1 = W_2$。这证明了 σ 是单射。∎

例 7 设 U, W 都是域 F 上线性空间 V 的子空间,证明:$(U+W)/W \cong U/U \cap W$。

证明 令
$$\sigma: \quad (U+W)/W \longrightarrow U/U \cap W$$
$$(\gamma + \delta) + W \longmapsto \gamma + U \cap W,$$

其中 $\gamma \in U, \delta \in W$。任取 $\gamma_1, \gamma_2 \in U, \delta_1, \delta_2 \in W$,则

$$(\gamma_1 + \delta_1) + W = (\gamma_2 + \delta_2) + W$$
$$\Longleftrightarrow (\gamma_1 + \delta_1) - (\gamma_2 + \delta_2) \in W$$
$$\Longleftrightarrow (\gamma_1 - \gamma_2) + (\delta_1 - \delta_2) \in W$$
$$\Longleftrightarrow \gamma_1 - \gamma_2 \in W$$
$$\Longleftrightarrow \gamma_1 - \gamma_2 \in U \cap W$$
$$\Longleftrightarrow \gamma_1 + U \cap W = \gamma_2 + U \cap W,$$

因此 σ 是 $(U+W)/W$ 到 $U/U \cap W$ 的一个映射,且 σ 是单射。显然 σ 是满射,从而 σ 是双射。

任取 $(\gamma_1 + \delta_1) + W, (\gamma_2 + \delta_2) + W \in (U+W)/W$,其中 $\gamma_1, \gamma_2 \in U, \delta_1, \delta_2 \in W$,则

$$\sigma[((\gamma_1 + \delta_1) + W) + ((\gamma_2 + \delta_2) + W)] = \sigma[(\gamma_1 + \gamma_2 + \delta_1 + \delta_2) + W]$$
$$= (\gamma_1 + \gamma_2) + U \cap W$$
$$= ((\gamma_1 + U \cap W) + (\gamma_2 + U \cap W)$$
$$= \sigma((\gamma_1 + \delta_1) + W) + \sigma((\gamma_2 + \delta_2) + W);$$

$$\sigma[k((\gamma_1 + \delta_1) + W)] = \sigma((k\gamma_1 + k\delta_1) + W)$$
$$= k\gamma_1 + U \cap W$$
$$= k(\gamma_1 + U \cap W)$$
$$= k\sigma((\gamma_1 + \delta_1) + W)。$$

因此 σ 保持加法和纯量乘法运算,从而 σ 是一个同构映射,因此 $(U+W)/W \cong U/U \cap W$。∎

*例 8　设 V 是 q 元有限域 F_q 上的 n 维线性空间，$n \geqslant 3$。V_1 和 V_2 都是 V 的 $n-1$ 维子空间，且 $V_1 \neq V_2$。

(1) 任给 $\alpha \in V$，求 $|V_1 \cap (\alpha + V_2)|$；

(2) 任给 $\alpha \in V$，能否把 α 分解成 $\alpha = \alpha_1 - \alpha_2$（其中 $\alpha_1 \in V_1, \alpha_2 \in V_2$）？如果 α 可以这样分解，那么把 α 这样分解的方式有多少种？

解　(1) 由于 $V_1 \neq V_2$，因此 $V_1 + V_2 \supsetneqq V_1$。又由于 $\dim V_1 = n-1$，因此 $\dim(V_1 + V_2) = n$，从而

$$\dim(V_1 \cap V_2) = \dim V_1 + \dim V_2 - \dim(V_1 + V_2) = n-2。$$

由于 $V_1 + V_2 = V$，因此对于 $\alpha \in V$，存在 $\alpha_1 \in V_1, \alpha_2 \in V_2$，使得 $\alpha = \alpha_1 + \alpha_2$。

任取 $\eta \in V_1 \cap V_2$，则 $\eta + \alpha_1 \in V_1$，$\eta + \alpha_1 = \eta + \alpha - \alpha_2 \in \alpha + V_2$，从而 $\eta + \alpha_1 \in V_1 \cap (\alpha + V_2)$，于是 $\sigma: \eta \longmapsto \eta + \alpha_1$ 是 $V_1 \cap V_2$ 到 $V_1 \cap (\alpha + V_2)$ 的一个映射。设 $\sigma(\eta_1) = \sigma(\eta_2)$，其中 $\eta_1, \eta_2 \in V_1 \cap V_2$，则 $\eta_1 + \alpha_1 = \eta_2 + \alpha_1$，从而 $\eta_1 = \eta_2$，因此 σ 是单射。任取 $\beta \in V_1 \cap (\alpha + V_2)$，令 $\delta = \beta - \alpha_1$，则 $\delta \in V_1$。由于 $\beta \in \alpha + V_2$，因此存在 $\gamma_2 \in V_2$，使得 $\beta = \alpha + \gamma_2$，从而 $\delta = \alpha + \gamma_2 - \alpha_1 = \alpha_2 + \gamma_2 \in V_2$，因此 $\delta \in V_1 \cap V_2$，且 $\sigma(\delta) = \delta + \alpha_1 = (\beta - \alpha_1) + \alpha_1 = \beta$。这证明了 σ 是满射，从而 σ 是双射，于是

$$|V_1 \cap (\alpha + V_2)| = |V_1 \cap V_2| = |F_q^{\,n-2}| = q^{n-2}。$$

(2)
$$\alpha = \alpha_1 - \alpha_2, \alpha_1 \in V_1, \alpha_2 \in V_2$$
$$\Longleftrightarrow \alpha_1 = \alpha + \alpha_2, \alpha_1 \in V_1, \alpha_2 \in V_2$$
$$\Longleftrightarrow \alpha_1 \in V_1 \cap (\alpha + V_2),$$

由于 $V_1 \cap (\alpha + V_2)$ 非空集，因此 α 可以分解成 $\alpha = \alpha_1 - \alpha_2$，其中 $\alpha_1 \in V_1, \alpha_2 \in V_2$。给定 V 中向量 α 后，α 作这样分解的方式数目等于分解式中 α_1 的取法数目。从上述推导过程知道，α_1 的取法数目等于 $|V_1 \cap (\alpha + V_2)|$，因此 α 作这样分解的方式数目等于 q^{n-2}。

习题 8.4

1. 设 $V = K[x]$，其中 K 是数域，令
$$W = \{a_1 x + a_2 x^2 + \cdots + a_m x^m \mid m \in \mathbf{N}^*, a_i \in K, i = 1, 2, \cdots, m\},$$
证明：W 是 V 的一个子空间；求 W 的一个基，并且求商空间 V/W 的一个基和维数。

2. 设 W 是域 F 上 n 维线性空间 V 的一个非平凡子空间，W 中取一个基：$\delta_1, \cdots, \delta_m$。用两种方式把它扩充成 V 的一个基：
$$\delta_1, \cdots, \delta_m, \alpha_{m+1}, \cdots, \alpha_n;$$
$$\delta_1, \cdots, \delta_m, \beta_{m+1}, \cdots, \beta_n。$$
设 V 的基 $\delta_1, \cdots, \delta_m, \alpha_{m+1}, \cdots, \alpha_n$ 到基 $\delta_1, \cdots, \delta_m, \beta_{m+1}, \cdots, \beta_n$ 的过渡矩阵为 $\boldsymbol{P}$，求商空间 V/W 的基 $\alpha_{m+1} + W, \cdots, \alpha_n + W$ 到基 $\beta_{m+1} + W, \cdots, \beta_n + W$ 的过渡矩阵。

3. 设 $\boldsymbol{A}$ 是数域 K 上的 2×3 矩阵：
$$\boldsymbol{A} = \begin{pmatrix} 1 & -1 & 2 \\ 1 & 0 & -1 \end{pmatrix}。$$

(1) 求三元齐次线性方程组 $\boldsymbol{A}x = \boldsymbol{0}$ 的解空间 W 的一个基；

(2) 求商空间 K^3/W 的维数和一个基。

4. 设 $V=\mathbf{R}[x]$，令
$$W = \{(x^2+1)h(x) \mid h(x) \in \mathbf{R}[x]\}。$$

(1) 证明：W 是 V 的一个子空间；

(2) 商空间 V/W 的元素是什么？求 V/W 的一个基和维数。

*5. 设 V 是域 F 上 n 维线性空间，$n \geqslant 3$，V_1 和 V_2 都是 V 的 $n-1$ 维子空间，且 $V_1 \neq V_2$，任给 $\alpha \in V$，能否把 α 分解成 $\alpha = \alpha_1 - \alpha_2$（其中 $\alpha_1 \in V_1$，$\alpha_2 \in V_2$）？如果 α 可以这样分解，求 α 的分解式组成的集合的基数。

补 充 题 八

1. 设 V 是域 F 上的线性空间，S 是 V 的任一子集。V 中包含 S 的所有子空间的交称为 **由 S 生成的子空间**，记作 $\langle S \rangle$，即
$$\langle S \rangle = \bigcap W, \tag{1}$$
其中 W 取遍 V 中包含 S 的所有子空间。

(1) 证明：$S \subseteq \langle S \rangle$；

(2) 用 T 表示由 S 中的任意有限多个向量的所有线性组合组成的集合，证明：$\langle S \rangle = T$；

(3) 当 S 为有限集时，说明用 (1) 式定义的 $\langle S \rangle$ 与本章 8.2 节中由 (3) 式定义的向量组生成的子空间一致。

2. 设 V 是域 F 上的线性空间，V_1 与 V_2 是 V 的两个子空间。证明：
$$\langle V_1 \bigcup V_2 \rangle = V_1 + V_2。$$

3. 由域 F 上所有 $m \times n$ 矩阵组成的集合 $M_{m \times n}(F)$ 是域 F 上的一个线性空间。令
$$V_i = \{\boldsymbol{A}\boldsymbol{E}_{ii} \mid \boldsymbol{A} \in M_{m \times n}(F)\}, \tag{2}$$
其中 $\boldsymbol{E}_{ii}$ 表示 (i,i) 元为 1，其余元为 0 的 n 级矩阵，$i=1,2,\cdots,n$。证明：

(1) V_i 是 $M_{m \times n}(F)$ 的子空间，$i=1,2,\cdots,n$；

(2) $M_{m \times n}(F) = V_1 \oplus V_2 \oplus \cdots \oplus V_n$。

4. $F[x]_n$ 在 $F[x]$ 中有没有补空间？如果有，请找出来。

5. 设 $\boldsymbol{A}$ 是 $m \times n$ 实矩阵，用 U 表示 $\boldsymbol{A}$ 的列空间，用 W 表示 $\boldsymbol{A}\boldsymbol{A}'$ 的列空间。证明：$U=W$。

6. 设 $\boldsymbol{A}$ 是域 F 上的 n 级可逆矩阵，把 $\boldsymbol{A}$ 和 $\boldsymbol{A}^{-1}$ 如下分块：
$$\boldsymbol{A} = \begin{matrix} k & n-k \\ \begin{bmatrix} \boldsymbol{A}_{11} & \boldsymbol{A}_{12} \\ \boldsymbol{A}_{21} & \boldsymbol{A}_{22} \end{bmatrix} \begin{matrix} l \\ n-l \end{matrix} \end{matrix}, \quad \boldsymbol{A}^{-1} = \begin{matrix} l & n-l \\ \begin{bmatrix} \boldsymbol{B}_{11} & \boldsymbol{B}_{12} \\ \boldsymbol{B}_{21} & \boldsymbol{B}_{22} \end{bmatrix} \begin{matrix} k \\ n-k \end{matrix} \end{matrix}, \tag{3}$$
其中 k 和 l 都是小于 n 的正整数，用 W 表示 $\boldsymbol{A}_{12}\boldsymbol{x}=\boldsymbol{0}$ 的解空间，用 U 表示 $\boldsymbol{B}_{12}\boldsymbol{y}=\boldsymbol{0}$ 的解空间，其中 $\boldsymbol{x}, \boldsymbol{y}$ 分别是 $(n-k) \times 1$，$(n-l) \times 1$ 未知列向量。证明：

(1) $W \cong U$；　　　(2) $\dim W = \dim U$。

7. 设 $\boldsymbol{A}$ 是域 F 上的 n 级可逆矩阵，把 $\boldsymbol{A}$ 如下分块：

$$A = \begin{bmatrix} k & n-k \\ A_{11} & A_{12} \\ A_{21} & A_{22} \end{bmatrix} \begin{matrix} n-k \\ k \end{matrix},$$

证明：如果 A_{21} 中每个元素在 A 中的余子式都等于零，那么 $k \leqslant \dfrac{n}{2}$；此时求 A_{12} 的秩。

应用小天地：线性码

在信息时代里，大量的信息要及时传递。例如，人造地球卫星拍摄的照片要及时发送回地面接收站，这需要利用无线电波。而工程上容易实现的是把无线电信号区分成两种状态，让一种状态对应于 0，另一种状态对应于 1。于是首先要把待发送的消息编成由 0 和 1 组成的字符串，然后利用无线电波发送。在传送过程中，受自然界的电磁源以及其他无线电系统发射的信号的干扰，有可能 0 错成 1，1 错成 0。这样接收到的字符串就不一定是原来发送的字符串。试问：能否检查出有无差错？如果发现有差错，能否纠正差错？运用线性空间的理论可以提供一种检错和纠错的方法。下面我们通过简单的例子来阐述这种方法。

把待发送的消息编成由 0 和 1 组成的 4 位字符串，并且把这种 4 位字符串看成是二元域 $\mathbf{Z}_2$ 上的 4 维向量空间 $\mathbf{Z}_2{}^4$ 里的一个向量 (a_1, a_2, a_3, a_4)。如何察觉在传送过程中有无发生差错？从日常生活的例子可受到启发。例如，写一封英文信，如果一个单词的字母较多，那么容易察觉出拼写差错，例如，communication（通信）如果写成 conmunication，那么容易察觉第 3 个字母 "n" 是错的。这表明一个单词如果有冗余度，那么就有可能察觉出拼写差错。由此受到启发，在每一个 4 维向量 (a_1, a_2, a_3, a_4) 的右边添上 3 个分量，成为 $\mathbf{Z}_2$ 上的 7 维向量 $(a_1, a_2, a_3, a_4, c_1, c_2, c_3)$，其中

$$\begin{aligned} c_1 &= a_1 + a_2 + a_3, \\ c_2 &= a_1 + a_2 + a_4, \\ c_3 &= a_1 + a_3 + a_4. \end{aligned} \tag{1}$$

这样就给出了二元域 $\mathbf{Z}_2$ 上的向量空间 $\mathbf{Z}_2{}^4$ 到 $\mathbf{Z}_2{}^7$ 的一个映射 σ：

$$\begin{aligned} \sigma: \quad & \mathbf{Z}_2{}^4 \longrightarrow \mathbf{Z}_2{}^7 \\ & (a_1, a_2, a_3, a_4) \longmapsto (a_1, a_2, a_3, a_4, c_1, c_2, c_3), \end{aligned} \tag{2}$$

其中 c_1, c_2, c_3 如 (1) 式所示，显然 σ 是单射。称 σ 是一个**编码**；σ 的象 $\operatorname{Im}\sigma$ 称为一个**码**，通常记作 C；码 C 里的每一个元素称为一个**码字**；而 σ 的陪域 $\mathbf{Z}_2{}^7$ 的每一个元素称为一个**字**；码字 $(a_1, a_2, a_3, a_4, c_1, c_2, c_3)$ 的前 4 个分量称为**信息位**，后 3 位分量称为**校验位**。现在我们来研究码 C 具有什么样的结构。用矩阵可以把 (1) 式写成

$$\begin{bmatrix} c_1 \\ c_2 \\ c_3 \end{bmatrix} = \begin{bmatrix} 1 & 1 & 1 & 0 \\ 1 & 1 & 0 & 1 \\ 1 & 0 & 1 & 1 \end{bmatrix} \begin{bmatrix} a_1 \\ a_2 \\ a_3 \\ a_4 \end{bmatrix}, \tag{3}$$

把(3)式右边的 3×4 矩阵记作 A，则(3)式可写成

$$A\begin{pmatrix}a_1\\a_2\\a_3\\a_4\end{pmatrix}-I_3\begin{pmatrix}c_1\\c_2\\c_3\end{pmatrix}=\mathbf{0}。\qquad(4)$$

(4)式等价于

$$(A\quad -I_3)\begin{pmatrix}a_1\\a_2\\a_3\\a_4\\c_1\\c_2\\c_3\end{pmatrix}=\mathbf{0},\qquad(5)$$

把(5)式左边的分块矩阵 $(A\quad -I_3)$ 记成 H，即

$$H=(A\quad -I_3),\qquad(6)$$

则从(5)、(6)式得，对于 $\alpha\in\mathbf{Z}_2^7$（元素写成行向量），有

$$\alpha\in C\iff H\alpha'=\mathbf{0},\qquad(7)$$

这表明 α 是码字当且仅当 α' 是齐次线性方程组 $Hx=\mathbf{0}$ 的一个解。由于 $Hx=\mathbf{0}$ 的解集 W 是 $\mathbf{Z}_2^7$（元素写成列向量）的一个线性子空间，因此码 C 是 $\mathbf{Z}_2^7$（元素写成行向量）的一个线性子空间。由于 $\mathrm{rank}(H)=3$，因此 $\dim W=7-3=4$，从而

$$\dim C=4。\qquad(8)$$

我们称码 C 是 $(7,4)$ **线性码**，其中 7 是编码 σ 的陪域 $\mathbf{Z}_2^7$ 的维数，4 是码 C 的维数。(6)式给出的 3×7 矩阵 H 称为码 C 的**校验矩阵**。

设发送一个码字 α，接收的是字 γ。计算 $H\gamma'$，如果 $H\gamma'\neq\mathbf{0}$，则 γ 不是码字，从而察觉出传送过程中发生了差错。这时能否纠正差错，从 γ 恢复成发送的码字 α？由于传送码字的途径（称为**信道**）总应该是：出错少的可能性较大，出错多的可能性较小，因此应当在码 C 中寻找一个码字，它与 γ 的对应分量不同位置最少。为此我们引出一个概念：

定义 1 设 $\alpha,\beta\in\mathbf{Z}_2^n$，$\alpha$ 与 β 对应分量不同位置的个数称为 α 与 β 的 Hamming **距离**，记作 $d(\alpha,\beta)$。

显然 $d(\alpha,\beta)$ 等于向量 $\alpha-\beta$ 的非零分量的个数，为此又引出一个概念：

定义 2 设 $\alpha\in\mathbf{Z}_2^n$，α 的非零分量的个数称为 α 的 Hamming **重量**，记作 $W(\alpha)$。

从上面所说的可以知道，

$$d(\alpha,\beta)=W(\alpha-\beta)。\qquad(9)$$

如果收到的字 γ 不是码字，那么我们去求 C 中每一个码字与 γ 的 Hamming 距离，从中找出与 γ 的 Hamming 距离最短的码字 β，把 γ 译成这个码字 β。在编码 σ 满足一定条件时，β 很可能就是原来发送的码字 α。这种译码想法称为**极大似然译码原理**。为了减少上述计算量，我们来仔细分析，收到的字 γ 与发送的码字 α 之间的关系。令

$$e = \gamma - \alpha, \tag{10}$$

称 e 是**差错向量**。我们有

$$He' = H(\gamma - \alpha)' = H\gamma' - H\alpha' = H\gamma', \tag{11}$$

称 $H\gamma'$ 是 γ 的校验子。从(11)式看出,差错向量 e 与收到的字 γ 有相同的校验子。

一般地,　　　　　　　α 与 β 有相同的校验子

$$\Longleftrightarrow H\alpha' = H\beta'$$
$$\Longleftrightarrow H(\alpha - \beta)' = 0$$
$$\Longleftrightarrow \alpha - \beta \in C$$
$$\Longleftrightarrow \alpha + C = \beta + C_\circ \tag{12}$$

这表明 α 与 β 有相同的校验子当且仅当 α 与 β 属于码 C 的同一个陪集。由此得出,差错向量 e 属于陪集 $\gamma + C$。由极大似然译码原理得,陪集 $\gamma + C$ 中重量最小的向量最有可能是差错向量 e。于是我们把 γ 就译成码字 $\gamma - e$。陪集中重量最小的向量称为**陪集头**。

在实际译码中,把码 C 的所有码字排在第一行,其余每个陪集的向量排成另一行。求出每一个陪集的陪集头,写在该行的最左边;求出该陪集头的校验子,写在该行的最右边,得到一张译码表。收到一个字 γ 后,计算它的校验子 $H\gamma'$,从译码表的最右边一列查出该校验子,从这个校验子所在的行查出字 γ,从 γ 所在的列找出第一行里的码字,则把 γ 就译成这个码字。

为简单起见,我们举一个线性码 C 作为例子。设码 C 的校验矩阵 H 为

$$H = \begin{pmatrix} 1 & 1 & 1 & 0 \\ 0 & 1 & 0 & 1 \end{pmatrix},$$

容易看出,$\mathrm{rank}(H) = 2$,因此齐次线性方程组 $Hx = 0$ 的解空间 W 的维数为 $4 - 2 = 2$,从而 $\dim C = 2$,于是 C 是 $(4,2)$ 线性码。由于商空间 Z_2^4/C 的维数为

$$\dim(Z_2^4/C) = \dim Z_2^4 - \dim C = 4 - 2 = 2,$$

因此商空间 Z_2^4/C 的元素个数为 $2^2 = 4$,即 C 的陪集共有 4 个。现在可以列出码 C 的译码表如下(把 (a_1, a_2, a_3, a_4) 简写成 $a_1 a_2 a_3 a_4$):

陪 集 头	陪集里的其他元素			校 验 子
0000	1010	0111	1101	$\begin{pmatrix}0\\0\end{pmatrix}$
1000	0010	1111	0101	$\begin{pmatrix}1\\0\end{pmatrix}$
0100	1110	0011	1001	$\begin{pmatrix}1\\1\end{pmatrix}$
0001	1011	0110	1100	$\begin{pmatrix}0\\1\end{pmatrix}$

例如,设收到的字 $\gamma = 1110$,计算校验子 $H\gamma' = \begin{pmatrix}1\\1\end{pmatrix}$。从译码表的最右边一列查出 $\begin{pmatrix}1\\1\end{pmatrix}$,在该行里找到 1110,它所在列的第一行中的码字为 1010,因此把 γ 就译成码字 1010。

第9章 线性映射

平面上绕直角坐标系 Oxy 的原点 O,转角为 θ 的旋转 σ 的公式为

$$\begin{cases} x' = x\cos\theta - y\sin\theta, \\ y' = x\sin\theta + y\cos\theta, \end{cases} \tag{1}$$

其中 $\begin{pmatrix} x \\ y \end{pmatrix}$ 是平面上点 P 的坐标,$\begin{pmatrix} x' \\ y' \end{pmatrix}$ 是点 P 在 σ 下的像 P' 的坐标。(1)式可以写成

$$\begin{pmatrix} x' \\ y' \end{pmatrix} = \begin{bmatrix} \cos\theta & -\sin\theta \\ \sin\theta & \cos\theta \end{bmatrix} = \begin{pmatrix} x \\ y \end{pmatrix}, \tag{2}$$

把(2)式右端的 2 级矩阵记作 $\boldsymbol{T}$,则

$$\sigma : \begin{pmatrix} x \\ y \end{pmatrix} \longmapsto \boldsymbol{T} \begin{pmatrix} x \\ y \end{pmatrix}, \tag{3}$$

于是 σ 是实数域上的线性空间 $\mathbf{R}^2$ 到自身的一个映射。

σ 具有下述性质:

$$\sigma \left[\begin{pmatrix} x_1 \\ y_1 \end{pmatrix} + \begin{pmatrix} x_2 \\ y_2 \end{pmatrix} \right] = \boldsymbol{T} \left[\begin{pmatrix} x_1 \\ y_1 \end{pmatrix} + \begin{pmatrix} x_2 \\ y_2 \end{pmatrix} \right] = \boldsymbol{T} \begin{pmatrix} x_1 \\ y_1 \end{pmatrix} + \boldsymbol{T} \begin{pmatrix} x_2 \\ y_2 \end{pmatrix} = \sigma \begin{pmatrix} x_1 \\ y_1 \end{pmatrix} + \sigma \begin{pmatrix} x_2 \\ y_2 \end{pmatrix},$$

$$\sigma \left[k \begin{pmatrix} x \\ y \end{pmatrix} \right] = \boldsymbol{T} \left[k \begin{pmatrix} x \\ y \end{pmatrix} \right] = k\boldsymbol{T} \begin{pmatrix} x \\ y \end{pmatrix} = k\sigma \begin{pmatrix} x \\ y \end{pmatrix},$$

即 σ 保持加法运算和数量乘法运算。

用 $C^{(1)}(a,b)$ 表示区间 (a,b) 上所有一次可微函数组成的集合,它对于函数的加法与数量乘法成为实数域 $\mathbf{R}$ 上的一个线性区间,求导数 $\mathcal{D}$ 是 $C^{(1)}(a,b)$ 到 $\mathbf{R}^{(a,b)}$ 的一个映射:$\mathcal{D}(f(x)) = f'(x)$。根据求导数的法则得

$$\mathcal{D}(f(x) + g(x)) = f'(x) + g'(x) = \mathcal{D}(f(x)) + \mathcal{D}(g(x)),$$

$$\mathcal{D}(kf(x)) = kf'(x) = k\mathcal{D}(f(x)),$$

即 $\mathcal{D}$ 保持加法和数量乘法运算。

由上述例子受到启发,抽象出线性映射的数学模型:它是一个线性空间到另一个线性空间的保持加法和数量乘法的映射。线性映射是高等代数课程研究的第二个主要对象。线性映射好比是在线性空间的广阔天地上驰骋的一匹匹骏马,有着众多的重要应用。

本章将从以下几个方面来研究线性映射:

(1) 研究线性映射的运算。线性映射作为映射,可以做乘法运算,且乘积仍是线性映射。由于线性空间有加法和纯量乘法运算,因此可以定义线性映射的加法和纯量乘法。

(2) 研究线性映射的整体结构。域 F 上线性空间 V 到 V' 的所有线性映射组成的集

合,记作 $\mathrm{Hom}(V,V')$,对于线性映射的加法和纯量乘法,成为域 F 上的一个线性空间。V 上所有线性变换组成的集合 $\mathrm{Hom}(V,V)$ 既是域 F 上的线性空间,又是一个有单位元的环。

(3) 研究线性映射的核和象。从 V 到 V' 的线性映射 $\mathcal{A}$ 的核 $\mathrm{Ker}\,\mathcal{A}$ 是 V 的一个子空间,$\mathcal{A}$ 的象 $\mathrm{Im}\,\mathcal{A}$ 是 V' 的一个子空间。线性映射 $\mathcal{A}$ 的核 $\mathrm{Ker}\,\mathcal{A}$ 可以用来研究线性空间 V 的结构。

(4) 研究线性映射和线性变换的矩阵表示。着重研究线性变换的最简单形式的矩阵表示。

(5) 研究 V 上的线性函数以及 n 维线性空间 V 的对偶空间 V^*(它是 V 上所有线性函数组成的线性空间)。

9.1　线性映射及其运算

9.1.1　内容精华

一、线性映射的定义、例子和性质

定义 1　设 V 与 V' 是域 F 上两个线性空间,V 到 V' 的一个映射 $\mathcal{A}$ 如果保持加法运算和纯量乘法运算,即

$$\mathcal{A}(\alpha+\beta)=\mathcal{A}(\alpha)+\mathcal{A}(\beta)\qquad \forall \alpha,\beta \in V; \tag{1}$$
$$\mathcal{A}(k\alpha)=k\mathcal{A}(\alpha)\qquad\qquad \forall \alpha \in V,k\in F, \tag{2}$$

那么称 $\mathcal{A}$ 是 V 到 V' 的一个**线性映射**。

线性空间 V 到自身的线性映射通常称为 V 上的**线性变换**。

域 F 上线性空间 V 到 F 的线性映射称为 V 上的**线性函数**。

$\mathcal{A}(\alpha)$ 也可写成 $\mathcal{A}\alpha$。

例 1　用 $C^{(1)}(a,b)$ 表示区间 (a,b) 上所有一次可微函数组成的集合,它对于函数的加法与数量乘法成为实数域 $\mathbf{R}$ 上的一个线性空间,求导数 $\mathcal{D}$ 是 $C^{(1)}(a,b)$ 到 $\mathbf{R}^{(a,b)}$ 的一个线性映射。

例 2　用 $C[a,b]$ 表示 $[a,b]$ 上所有连续函数组成的集合,它对于函数的加法与数量乘法成为 $\mathbf{R}$ 上的一个线性空间,函数的定积分(记作 $\mathcal{J}$)是 $C[a,b]$ 到 $\mathbf{R}$ 的一个映射: $\mathcal{J}(f(x))=\int_a^b f(x)\mathrm{d}x$。根据定积分的性质立即得出,$\mathcal{J}$ 是 $C[a,b]$ 到 $\mathbf{R}$ 的一个线性映射。

例 3　几何空间 V 在过原点 O 的平面 U 上的正投影 $\mathcal{P}_U$,它把任一向量 $\alpha=\overrightarrow{OA}$ 映成 $\alpha_1=\overrightarrow{OD}$,其中 D 是从点 A 向平面 U 作垂线的垂足,如图 9-1 所示。显然 $\mathcal{P}_U$ 是 V 上的一个变换,它是不是线性变换? 过点 O 作直线 W 与平面 U 垂直,则 W 是 V 的一个子空间,且有

$$\alpha=\alpha_1+\alpha_2,\alpha_1\in U,\alpha_2\in W,$$

于是 $V=U+W$。又由于 $U\cap W=0$，因此 $V=U\oplus W$。设
$$\beta=\beta_1+\beta_2,\beta_1\in U,\beta_2\in W,$$
则 $\alpha+\beta=(\alpha_1+\beta_1)+(\alpha_2+\beta_2)$。由于 U 和 W 都是 V 的子空间，因此 $\alpha_1+\beta_1\in U,\alpha_2+\beta_2\in W$，从而
$$\mathcal{P}_U(\alpha+\beta)=\alpha_1+\beta_1=\mathcal{P}_U(\alpha)+\mathcal{P}_U(\beta),$$
即 $\mathcal{P}_U$ 保持加法运算。又对于任意 $k\in\mathbf{R}$，有 $k\alpha=k\alpha_1+k\alpha_2$，其中 $k\alpha_1\in U,k\alpha_2\in W$，因此
$$\mathcal{P}_U(k\alpha)=k\alpha_1=k\mathcal{P}_U(\alpha)。$$
综上所述，V 在平面 U 上的正投影 $\mathcal{P}_U$ 是 V 上的一个线性变换。

图 9-1

例 4 设 $\mathcal{A}$ 是域 F 上的一个 $s\times n$ 矩阵，令
$$\mathcal{A}:F^n\longrightarrow F^s$$
$$\boldsymbol{\alpha}\longmapsto \mathcal{A}\boldsymbol{\alpha},$$
直接验证得，$\mathcal{A}$ 是 F^n 到 F^s 的一个线性映射。

例 5 线性空间 V 到 V' 的一个映射如果把 V 中任一向量 α 都映成 V' 的零向量，那么称它是 V 到 V' 的**零映射**，记作 $\mathcal{O}$。显然 $\mathcal{O}$ 是 V 到 V' 的一个线性映射。

例 6 线性空间 V 上的**恒等变换**（即把任一向量 α 映成自身）是 V 上的一个线性变换，记作 $\mathcal{I}$。

例 7 给定 $k\in F$，域 F 上线性空间 V 到自身的映射如果把任一向量 α 映成 $k\alpha$，那么称它是 V 上由 k 决定的**数乘变换**，记作 $\mathscr{k}$。易验证 $\mathscr{k}$ 是 V 上的一个线性变换。当 $k=0$ 时，就得到 V 上的零变换；当 $k=1$ 时，就得到 V 上的恒等变换。

例 8 设 W 是域 F 上线性空间 V 的一个子空间，V 到商空间 V/W 的标准映射 $\pi:\alpha\longmapsto\alpha+W$ 是一个线性映射，因为 π 保持加法和纯量乘法运算。

例 9 域 F 上线性空间 V 到 V' 的一个同构映射 σ 是线性映射，并且是双射，从而是可逆的线性映射。反之，V 到 V' 的一个可逆的线性映射一定是同构映射。

由于线性映射只比同构映射少了双射这一条件，因此同构映射的性质中，只要它的证明没有用到单射或满射的条件，那么对于线性映射也成立。

域 F 上线性空间 V 到 V' 的线性映射 $\mathcal{A}$ 具有下列性质：

1° $\mathcal{A}(0)=0'$，其中 $0'$ 是 V' 的零向量；

2° $\mathcal{A}(-\alpha)=-\mathcal{A}(\alpha),\forall\alpha\in V$；

3° $\mathcal{A}(k_1\alpha_1+k_2\alpha_2+\cdots+k_s\alpha_s)=k_1\mathcal{A}(\alpha_1)+k_2\mathcal{A}(\alpha_2)+\cdots+k_s\mathcal{A}(\alpha_s)$；　　　(3)

4° $\mathcal{A}$ 把 V 中线性相关的向量组 $\alpha_1,\cdots,\alpha_s$ 映成 V' 中线性相关的向量组 $\mathcal{A}(\alpha_1),\cdots,\mathcal{A}(\alpha_s)$（注意：$\mathcal{A}$ 有可能把 V 中线性无关的向量组映成 V' 中线性相关的向量组）；

5° 如果 V 是有限维的，且 $\alpha_1,\alpha_2,\cdots,\alpha_n$ 是 V 的一个基，那么对于 V 中任一向量 $\alpha=a_1\alpha_1+a_2\alpha_2+\cdots+a_n\alpha_n$，有
$$\mathcal{A}(\alpha)=a_1\mathcal{A}(\alpha_1)+a_2\mathcal{A}(\alpha_2)+\cdots+a_n\mathcal{A}(\alpha_n),\qquad(4)$$
这表明：只要知道了 V 的一个基 $\alpha_1,\alpha_2,\cdots,\alpha_n$ 在 $\mathcal{A}$ 下的象，那么 V 中任一向量在 $\mathcal{A}$ 下的象就都确定了，即，n 维线性空间 V 到线性空间 V' 的线性映射完全被它在 V 的一个基上

的作用所决定。换句话说，如果对于线性映射 $\mathcal{A}$ 和 $\mathcal{B}$ 有

$$\mathcal{A}(\alpha_i) = \mathcal{B}(\alpha_i), \qquad i = 1, 2, \cdots, n, \tag{5}$$

那么 $\mathcal{A} = \mathcal{B}$。

二、线性映射的存在性，投影

定理 1　设 V 和 V' 都是域 F 上的线性空间，且 V 是有限维的。V 中取一个基 $\alpha_1, \alpha_2, \cdots, \alpha_n$；$V'$ 中任意取定 n 个向量 $\gamma_1, \gamma_2, \cdots, \gamma_n$（它们中可以有相同的），令

$$\mathcal{A}: \qquad\qquad V \longrightarrow V'$$

$$\alpha = \sum_{i=1}^{n} a_i \alpha_i \longmapsto \sum_{i=1}^{n} a_i \gamma_i, \tag{6}$$

则 $\mathcal{A}$ 是 V 到 V' 的一个线性映射，且 $\mathcal{A}(\alpha_i) = \gamma_i, i = 1, 2, \cdots, n$；并且 V 到 V' 的满足 $\mathcal{A}(\alpha_i) = \gamma_i (i = 1, 2, \cdots, n)$ 的线性映射是唯一的。

证明　由于 α 表示成基向量 $\alpha_1, \alpha_2, \cdots, \alpha_n$ 的线性组合的方式唯一，因此由 (6) 式定义的对应法则 $\mathcal{A}$ 是 V 到 V' 的一个映射。容易验证 $\mathcal{A}$ 保持加法和纯量乘法，因此 $\mathcal{A}$ 是 V 到 V' 的一个线性映射，由 (6) 式立即得到：$\mathcal{A}(\alpha_i) = \gamma_i, i = 1, 2, \cdots, n$。

由于 V 到 V' 的线性映射完全被它在 V 的一个基上的作用所决定，因此 V 到 V' 的满足 $\mathcal{A}(\alpha_i) = \gamma_i (i = 1, 2, \cdots, n)$ 的线性映射是唯一的。　　　　■

定理 2　设 V 是域 F 上的一个线性空间，U 和 W 是 V 的两个子空间，且

$$V = U \oplus W。\tag{7}$$

任取 $\alpha \in V$，设 $\alpha = \alpha_1 + \alpha_2, \alpha_1 \in U, \alpha_2 \in W$，令

$$\mathcal{P}_U: \qquad\qquad V \longrightarrow V$$

$$\alpha \longmapsto \alpha_1, \tag{8}$$

则 $\mathcal{P}_U$ 是 V 上的一个线性变换。称 $\mathcal{P}_U$ 是平行于 W 在 U 上的**投影**，它满足

$$\mathcal{P}_U(\alpha) = \begin{cases} \alpha & \text{当 } \alpha \in U, \\ 0 & \text{当 } \alpha \in W, \end{cases} \tag{9}$$

满足 (9) 式的 V 上的线性变换是唯一的。

证明　由于 $V = U \oplus W$，因此 V 中任一向量 α 表示成 U 的一个向量与 W 的一个向量之和的方式唯一，从而 $\mathcal{P}_U$ 是 V 到 V 的一个映射。直接计算可知 $\mathcal{P}_U$ 保持加法和纯量乘法运算，因此 $\mathcal{P}_U$ 是 V 上的一个线性变换。

如果 $\alpha \in U$，那么 $\alpha = \alpha + 0$，从而 $\mathcal{P}_U(\alpha) = \alpha$。

如果 $\alpha \in W$，那么 $\alpha = 0 + \alpha$，从而 $\mathcal{P}_U(\alpha) = 0$。

设 V 上的线性变换 $\mathcal{A}$ 也满足 (9) 式，任取 $\alpha \in V$，设 $\alpha = \alpha_1 + \alpha_2, \alpha_1 \in U, \alpha_2 \in W$，则

$$\mathcal{A}(\alpha) = \mathcal{A}(\alpha_1 + \alpha_2) = \mathcal{A}(\alpha_1) + \mathcal{A}(\alpha_2) = \alpha_1 + 0 = \alpha_1 = \mathcal{P}_U(\alpha),$$

因此 $\mathcal{A} = \mathcal{P}_U$。　　　　■

类似地，定义 $\mathcal{P}_W(\alpha) = \alpha_2$，则 $\mathcal{P}_W$ 也是 V 上的一个线性变换，称它为平行于 U 在 W 上的投影。

任取 $\alpha \in V$，设 $\alpha = \alpha_1 + \alpha_2, \alpha_1 \in U, \alpha_2 \in W$，则

$$\mathcal{P}_U^2(\alpha) = \mathcal{P}_U(\mathcal{P}_U(\alpha)) = \mathcal{P}_U(\alpha_1) = \alpha_1 = \mathcal{P}_U(\alpha),$$

$$\mathcal{P}_U\mathcal{P}_W(\alpha) = \mathcal{P}_U(\mathcal{P}_W(\alpha)) = \mathcal{P}_U(\alpha_2) = 0,$$
$$\mathcal{P}_W\mathcal{P}_U(\alpha) = \mathcal{P}_W(\mathcal{P}_U(\alpha)) = \mathcal{P}_W(\alpha_1) = 0,$$
$$\mathcal{P}_W^2(\alpha) = \mathcal{P}_W(\mathcal{P}_W(\alpha)) = \mathcal{P}_W(\alpha_2) = \alpha_2 = \mathcal{P}_W(\alpha).$$

由此得出

$$\mathcal{P}_U^2 = \mathcal{P}_U, \qquad \mathcal{P}_W^2 = \mathcal{P}_W, \qquad \mathcal{P}_U\mathcal{P}_W = \mathcal{P}_W\mathcal{P}_U = \mathbf{0}. \tag{10}$$

定义 2 线性空间 V 上的线性变换 $\mathcal{A}$ 如果满足 $\mathcal{A}^2 = \mathcal{A}$,那么称 $\mathcal{A}$ 是**幂等变换**。

(10)式表明:投影 $\mathcal{P}_U$,$\mathcal{P}_W$ 都是幂等变换。

定义 3 线性空间 V 上的两个线性变换 $\mathcal{A}$,$\mathcal{B}$ 如果满足 $\mathcal{A}\mathcal{B} = \mathcal{B}\mathcal{A} = \mathcal{O}$,那么称 $\mathcal{A}$ 与 $\mathcal{B}$ 是**正交的**。

(10)式表明:投影 $\mathcal{P}_U$ 和 $\mathcal{P}_W$ 是正交的。

投影是非常重要的一类线性变换。

三、线性映射的运算和线性映射的整体结构

设 V 和 V' 都是域 F 上的线性空间,我们把 V 到 V' 的所有线性映射组成的集合记作 $\mathrm{Hom}(V, V')$;把 V 上的所有线性变换组成的集合记作 $\mathrm{Hom}(V, V)$。下面来讨论线性映射可以做哪些运算,进而讨论 $\mathrm{Hom}(V, V')$ 以及 $\mathrm{Hom}(V, V)$ 的结构。

设 V,U,W 都是域 F 上的线性空间,$\mathcal{A} \in \mathrm{Hom}(V, U)$,$\mathcal{B} \in \mathrm{Hom}(U, W)$。线性映射作为映射,有映射的乘法,因此有乘积映射 $\mathcal{B}\mathcal{A}$,由于 $\mathcal{A}$,$\mathcal{B}$ 都保持加法和纯量乘法运算,因此直接计算可知,$\mathcal{B}\mathcal{A}$ 也保持加法和纯量乘法运算,从而 $\mathcal{B}\mathcal{A}$ 是 V 到 W 的一个线性映射。

由于映射的乘法适合结合律,不适合交换律,因此线性映射的乘法适合结合律,不适合交换律。

设 $\mathcal{A} \in \mathrm{Hom}(V, V')$,若 $\mathcal{A}$ 可逆,则 $\mathcal{A}$ 是 V 到 V' 的一同构映射,从而 $\mathcal{A}^{-1}$ 是 V' 到 V 的同构映射,于是 $\mathcal{A}^{-1} \in \mathrm{Hom}(V', V)$。

设 $\mathcal{A}$,$\mathcal{B} \in \mathrm{Hom}(V, V')$。由于陪域 V' 是线性空间,因此可以定义加法和纯量乘法如下:

$$(\mathcal{A} + \mathcal{B})\alpha := \mathcal{A}\alpha + \mathcal{B}\alpha \qquad \forall \alpha \in V; \tag{11}$$
$$(k\mathcal{A})\alpha := k(\mathcal{A}\alpha) \qquad \forall \alpha \in V。 \tag{12}$$

直接计算可知,$\mathcal{A} + \mathcal{B}$,$k\mathcal{A}$ 都是 V 到 V' 的线性映射。称 $\mathcal{A} + \mathcal{B}$ 是 $\mathcal{A}$ 与 $\mathcal{B}$ 的和,$k\mathcal{A}$ 是 k 与 $\mathcal{A}$ 的纯量乘积。

容易验证,$\mathrm{Hom}(V, V')$ 中,由(11)、(12)式定义的加法与纯量乘法满足线性空间定义中的 8 条运算法则,从而 $\mathrm{Hom}(V, V')$ 成为域 F 上的一个线性空间。

不难验证,线性映射的乘法对于加法有左、右分配律,即设 $\mathcal{A}$,$\mathcal{B} \in \mathrm{Hom}(V, U)$,$\mathcal{C} \in \mathrm{Hom}(U, W)$,$\mathcal{D} \in \mathrm{Hom}(M, V)$,则

$$\mathcal{C}(\mathcal{A} + \mathcal{B}) = \mathcal{C}\mathcal{A} + \mathcal{C}\mathcal{B}, (\mathcal{A} + \mathcal{B})\mathcal{D} = \mathcal{A}\mathcal{D} + \mathcal{B}\mathcal{D}。$$

特别地,$\mathrm{Hom}(V, V)$ 成为域 F 上的线性空间,而且 $\mathrm{Hom}(V, V)$ 还有乘法运算,容易验证,$\mathrm{Hom}(V, V)$ 对于加法和乘法运算成为一个有单位元的环,还可证明线性变换的乘法与纯量乘法满足:

$$k(\mathcal{A}\mathcal{B}) = (k\mathcal{A})\mathcal{B} = \mathcal{A}(k\mathcal{B})。 \tag{13}$$

定义 4   一个非空集合 A 如果有加法、乘法运算,以及域 F 与 A 的纯量乘法运算,并且 A 对于加法和纯量乘法成为域 F 上的一个线性空间,A 对于加法和乘法成为一个有单位元的环,A 的乘法与纯量乘法满足:

$$k(\alpha\beta) = (k\alpha)\beta = \alpha(k\beta), \forall k \in F, \alpha, \beta \in A, \tag{14}$$

那么称 A 是域 F 上的一个**代数**,把线性空间 A 的维数称为代数 A 的**维数**。

从上面的讨论得出,$\mathrm{Hom}(V,V)$ 是域 F 上的一个代数。

容易看出,$M_n(F)$ 对于矩阵的加法、乘法与纯量乘法,成为域 F 上的一个代数。

在 $\mathrm{Hom}(V,V')$ 中定义减法如下:

$$\mathcal{A} - \mathcal{B} := \mathcal{A} + (-\mathcal{B})。$$

在 $\mathrm{Hom}(V,V)$ 中,可定义 $\mathcal{A}$ 的正整数指数幂:

$$\mathcal{A}^m := \underbrace{\mathcal{A} \cdot \mathcal{A} \cdots \cdot \mathcal{A}}_{m\text{个}}。 \tag{15}$$

还可以定义 $\mathcal{A}$ 的零次幂:

$$\mathcal{A}^0 := I。 \tag{16}$$

当 $\mathcal{A}$ 可逆时,还可以定义 $\mathcal{A}$ 的负整数指数幂:

$$\mathcal{A}^m := (\mathcal{A}^{-1})^m, \qquad m \in \mathbf{N}^*。 \tag{17}$$

容易验证:

$$\mathcal{A}^m \cdot \mathcal{A}^n = \mathcal{A}^{m+n}, \quad (\mathcal{A}^m)^n = \mathcal{A}^{mn}, \quad m, n \in \mathbf{N}。 \tag{18}$$

设 $f(x) = a_0 + a_1 x + \cdots + a_m x^m \in F[x]$,$x$ 用 $\mathcal{A}$ 代入,得

$$f(\mathcal{A}) = a_0 I + a_1 \mathcal{A} + \cdots + a_m \mathcal{A}^m, \tag{19}$$

显然 $f(\mathcal{A}) \in \mathrm{Hom}(V,V)$,称 $f(\mathcal{A})$ 是 $\mathcal{A}$ 的一个多项式。容易验证,

$$f(\mathcal{A})g(\mathcal{A}) = g(\mathcal{A})f(\mathcal{A})。$$

把 $\mathcal{A}$ 的所有多项式组成的集合记作 $F[\mathcal{A}]$,它是 $\mathrm{Hom}(V,V)$ 的一个非空子集。直接计算得,$F[\mathcal{A}]$ 对于线性变换的加法和纯量乘法封闭,从而 $F[\mathcal{A}]$ 是线性空间 $\mathrm{Hom}(V,V)$ 的一个子空间,于是 $F[\mathcal{A}]$ 对于线性变换的减法也封闭。直接计算得 $F[\mathcal{A}]$ 对于线性变换的乘法也封闭,从而 $F[\mathcal{A}]$ 是环 $\mathrm{Hom}(V,V)$ 的一个子环,且 $F[\mathcal{A}]$ 是交换环,$I \in F[\mathcal{A}]$。$F[\mathcal{A}]$ 中所有数乘变换组成的集合是 $F[\mathcal{A}]$ 的一个子环,并且域 F 与这个子环之间有一个双射 $\tau: k \longmapsto \tilde{k}$,$\tau$ 保持加法与乘法运算,因此 $F[\mathcal{A}]$ 可以看成是 F 的一个扩环。于是域 F 上一元多项式中的不定元 x 可以用 $F[\mathcal{A}]$ 中任一元素代入,并且这种代入保持加法和乘法运算,从而由 $F[x]$ 中的有关加法和乘法的等式可以得到 $F[\mathcal{A}]$ 中相应的有关加法和乘法的等式。这一点非常有用。

利用线性变换的运算,可以研究一些特殊类型的线性变换的性质,刻画一些线性变换之间的关系。下面举几个例子。

设 U 和 W 是域 F 上线性空间 V 的两个子空间,且 $V = U \oplus W$。前面已指出,平行于 W 在 U 上的投影 $\mathcal{P}_U$ 以及平行于 U 在 W 上的投影 $\mathcal{P}_W$ 具有下述性质:

$$\mathcal{P}_U^2 = \mathcal{P}_U, \mathcal{P}_W^2 = \mathcal{P}_W, \quad \mathcal{P}_U \mathcal{P}_W = \mathcal{P}_W \mathcal{P}_U = O, \tag{20}$$

即投影 $\mathcal{P}_U$ 和 $\mathcal{P}_W$ 是正交的幂等变换。下面进一步利用线性变换的加法运算研究投影 $\mathcal{P}_U$ 和 $\mathcal{P}_W$ 的性质。任取 $\alpha \in V$,设

$$\alpha = \alpha_1 + \alpha_2, \qquad \alpha_1 \in U, \alpha_2 \in W,$$

则

$$(\mathcal{P}_U + \mathcal{P}_W)\alpha = \mathcal{P}_U\alpha + \mathcal{P}_W\alpha = \alpha_1 + \alpha_2 = \alpha,$$

因此

$$\mathcal{P}_U + \mathcal{P}_W = \mathcal{I}_\circ \tag{21}$$

我们把有关投影的上述性质写成一个命题如下：

命题 1 设 U 和 W 是域 F 上线性空间 V 的两个子空间，且 $V = U \oplus W$，则平行于 W 在 U 上的投影 $\mathcal{P}_U$ 与平行 U 在 W 上的投影 $\mathcal{P}_W$ 是正交的幂等变换，且它们的和等于恒等变换。 ■

反之，如果 $\mathcal{A}$ 和 $\mathcal{B}$ 是域 F 上线性空间 V 上的正交的幂等变换，且 $\mathcal{A} + \mathcal{B} = \mathcal{I}$，那么 $\mathcal{A}$ 和 $\mathcal{B}$ 可不可以分别看成 V 在某两个子空间 U, W 上的投影？下面来探讨这个问题。

首先需要找出 V 的子空间 U 和 W，使得 $V = U \oplus W$。任给 $\alpha \in V$，由于 $\mathcal{A} + \mathcal{B} = \mathcal{I}$，因此

$$\alpha = \mathcal{I}\alpha = (\mathcal{A} + \mathcal{B})\alpha = \mathcal{A}\alpha + \mathcal{B}\alpha, \tag{22}$$

由 (22) 式受到启发，令 $U = \text{Im } \mathcal{A}, W = \text{Im } \mathcal{B}$。由于 $\mathcal{A}(0) = 0, \mathcal{B}(0) = 0$，因此 $\text{Im } \mathcal{A}$ 和 $\text{Im } \mathcal{B}$ 都非空集。由于 $\mathcal{A}\alpha + \mathcal{A}\gamma = \mathcal{A}(\alpha + \gamma) \in \text{Im } \mathcal{A}$，因此 $\text{Im } \mathcal{A}$ 对加法封闭。由于 $k\mathcal{A}\alpha = \mathcal{A}(k\alpha) \in \text{Im } \mathcal{A}$，因此 $\text{Im } \mathcal{A}$ 对纯量乘法封闭，从而 $\text{Im } \mathcal{A}$ 是 V 的一个子空间。同理 $\text{Im } \mathcal{B}$ 是 V 的一个子空间。由 (22) 式得

$$V = \text{Im } \mathcal{A} + \text{Im } \mathcal{B}_\circ \tag{23}$$

任取 $\delta \in (\text{Im } \mathcal{A}) \bigcap (\text{Im } \mathcal{B})$，则存在 $\alpha \in \text{Im } \mathcal{A}, \beta \in \text{Im } \mathcal{B}$，使得 $\delta = \mathcal{A}\alpha, \delta = \mathcal{B}\beta$。由于 $\mathcal{A}^2 = \mathcal{A}$，因此

$$\delta = \mathcal{A}\alpha = \mathcal{A}^2\alpha = \mathcal{A}(\mathcal{A}\alpha) = \mathcal{A}\delta_\circ \tag{24}$$

由于 $\mathcal{A}\mathcal{B} = \mathcal{O}$，因此

$$\mathcal{A}\delta = \mathcal{A}(\mathcal{B}\beta) = (\mathcal{A}\mathcal{B})\beta = \mathcal{O}\beta = 0_\circ \tag{25}$$

从 (24) 式和 (25) 式得，$\delta = 0$，因此 $(\text{Im } \mathcal{A}) \bigcap (\text{Im } \mathcal{B}) = 0$，从而

$$V = \text{Im } \mathcal{A} \oplus \text{Im } \mathcal{B}_\circ \tag{26}$$

当 $\delta \in \text{Im } \mathcal{A}$ 时，从上面的讨论知道，$\delta = \mathcal{A}\delta$；当 $\delta \in \text{Im } \mathcal{B}$ 时，从上面的讨论知道，$\mathcal{A}\delta = 0$，根据本节定理 2 得，$\mathcal{A} = \mathcal{P}_U$，其中 $U = \text{Im } \mathcal{A}$。同理，$\mathcal{B} = \mathcal{P}_W$，其中 $W = \text{Im } \mathcal{B}$。这证明了下述命题：

命题 2 设 V 是域 F 上的线性空间，$\mathcal{A}$ 和 $\mathcal{B}$ 是 V 上的正交的幂等变换，且 $\mathcal{A} + \mathcal{B} = \mathcal{I}$，则 $V = \text{Im } \mathcal{A} \oplus \text{Im } \mathcal{B}$，且 $\mathcal{A}$ 是平行于 $\text{Im } \mathcal{B}$ 在 $\text{Im } \mathcal{A}$ 上的投影，$\mathcal{B}$ 是平行于 $\text{Im } \mathcal{A}$ 在 $\text{Im } \mathcal{B}$ 上的投影。 ■

命题 1 和命题 2 结合在一起，利用线性变换的运算刻画了投影的特征性质。

利用线性变换的运算还可以刻画几何空间 V 中关于过原点 O 的平面 U 的反射（称为**镜面反射**）$\mathcal{R}_U$。

任给 $\alpha \in V$，从向量 α 的终点 A 向平面 U 作垂线，垂足为 D，延长 AD 至点 B，使得 $DB = DA$，则向量 $\overrightarrow{OB}$ 就是 α 在关于平面 U 的镜面反射下的象，记 $\beta = \overrightarrow{OB}$，于是

$$\mathcal{R}_U(\alpha) = \beta_\circ$$

如图 9-2 所示，向量 $\overrightarrow{OA}$ 可以分解成 $\overrightarrow{OA} = \overrightarrow{OD} + \overrightarrow{OC}$，其中 OC 与平面 U 垂直，把直线 OC 记作 W，它是 V 的一个子空间，且 $V = U \oplus W$。于是 $\overrightarrow{OC}$ 是 α 在投影 $\mathcal{P}_W$ 下的象，即

$\overrightarrow{OC} = \mathscr{P}_W(\alpha)$。由于

$\beta = \overrightarrow{OB} = \overrightarrow{OA} + 2\overrightarrow{AD} = \overrightarrow{OA} + 2(-\overrightarrow{OC}) = \alpha - 2\mathscr{P}_W(\alpha) = (I - 2\mathscr{P}_W)\alpha$,

因此　$\mathscr{R}_U(\alpha) = (I - 2\mathscr{P}_W)\alpha, \forall \alpha \in V$, 从而

$$\mathscr{R}_U = I - 2\mathscr{P}_W, \qquad (27)$$

即关于平面 U 的镜面反射 $\mathscr{R}_U$ 等于恒等变换 I 减去在与平面 U 垂直的直线 OC 上的投影 $\mathscr{P}_W$ 的 2 倍所得的差。由此也可看出,投影起着基础的作用。

图 9-2

对于几何空间 V 中任一向量 $\overrightarrow{OA}$ 都有

$$\mathscr{R}_U^2(\overrightarrow{OA}) = \mathscr{R}_U(\overrightarrow{OB}) = \overrightarrow{OA},$$

于是 $\mathscr{R}_U^2 = I$。由此受到启发,引出下述概念:

定义 5　域 F 上线性空间 V 上的线性变换 $\mathscr{A}$ 若满足 $\mathscr{A}^2 = I$,则称 $\mathscr{A}$ 是**对合变换**。

几何空间中的镜面反射 $\mathscr{R}_U$ 是一个对合变换。

在 $\mathbf{R}[x]_n$ 中,给定 $a \in \mathbf{R}$,令

$$\mathscr{T}_a: \quad \mathbf{R}[x]_n \longrightarrow \mathbf{R}[x]_n$$
$$f(x) \longmapsto f(x+a), \qquad (28)$$

由于 $\deg f(x+a) = \deg f(x)$,因此 $\mathscr{T}_a$ 是 $\mathbf{R}[x]_n$ 到自身的一个映射。由于 x 用 $x+a$ 代入是保持加法和乘法运算的,因此 $\mathscr{T}_a$ 保持加法和数量乘法运算,从而 $\mathscr{T}_a$ 是 $\mathbf{R}[x]_n$ 上的一个线性变换,称它是由 a 决定的**平移**。$\mathscr{T}_a$ 与求导数 $\mathscr{D}$ 有什么关系? 根据泰勒展开式,有

$$f(x+a) = f(x) + af'(x) + \frac{a^2}{2!}f''(x) + \cdots + \frac{a^{n-1}}{(n-1)!}f^{(n-1)}(x)$$

$$= I(f(x)) + a\mathscr{D}(f(x)) + \frac{a^2}{2!}\mathscr{D}^2(f(x)) + \cdots + \frac{a^{n-1}}{(n-1)!}\mathscr{D}^{n-1}(f(x))$$

$$= \left(I + a\mathscr{D} + \frac{a^2}{2!}\mathscr{D}^2 + \cdots + \frac{a^{n-1}}{(n-1)!}\mathscr{D}^{n-1}\right)f(x),$$

因此

$$\mathscr{T}_a = I + a\mathscr{D} + \frac{a^2}{2!}\mathscr{D}^2 + \cdots + \frac{a^{n-1}}{(n-1)!}\mathscr{D}^{n-1}。 \qquad (29)$$

(29)式表明:平移 $\mathscr{T}_a$ 是求导数 $\mathscr{D}$ 的一个多项式。

$\mathbf{R}[x]_n$ 上的求导数 $\mathscr{D}$ 具有下述性质:

$\forall f(x) \in \mathbf{R}[x]_n$ 有 $\mathscr{D}^n(f(x)) = 0$,从而 $\mathscr{D}^n = O$。

$$\mathscr{D}^{n-1}(x^{n-1}) = \mathscr{D}^{n-2}((n-1)x^{n-2}) = \cdots = (n-1)!,$$

从而 $\mathscr{D}^{n-1} \neq O$。于是当 $1 \leqslant k < n$ 时,$\mathscr{D}^k \neq O$。

由这个例子受到启发,引出下述概念:

定义 6　设 $\mathscr{B}$ 是域 F 上线性空间 V 上的一个线性变换,如果存在正整数 l 使得 $\mathscr{B}^l = O$,那么称 $\mathscr{B}$ 是**幂零变换**;使得 $\mathscr{B}^l = O$ 成立的最小正整数 l 称为 $\mathscr{B}$ 的**幂零指数**。

$\mathbf{R}[x]_n$ 上的求导数 $\mathscr{D}$ 是幂零指数为 n 的幂零变换。

9.1.2 典型例题

例 1 判断下面所定义的 $\mathbf{R}^3$ 上的变换,哪些是线性变换。

(1) $\mathcal{A}\begin{bmatrix} x_1 \\ x_2 \\ x_3 \end{bmatrix} = \begin{bmatrix} x_1 - x_2 + x_3 \\ 2x_1 + x_2 - 5x_3 \\ -x_1 + 3x_2 + 2x_3 \end{bmatrix}$;   (2) $\mathcal{A}\begin{bmatrix} x_1 \\ x_2 \\ x_3 \end{bmatrix} = \begin{bmatrix} x_1 + x_2 \\ x_1 - x_2 \\ x_3^2 \end{bmatrix}$。

解 (1)

$$\mathcal{A}\begin{bmatrix} x_1 \\ x_2 \\ x_3 \end{bmatrix} = \begin{bmatrix} 1 & -1 & 1 \\ 2 & 1 & -5 \\ -1 & 3 & 2 \end{bmatrix}\begin{bmatrix} x_1 \\ x_2 \\ x_3 \end{bmatrix},$$

等号右边的 3 级矩阵记作 A,令 $\boldsymbol{\alpha} = (x_1, x_2, x_3)'$,则

$$\mathcal{A}(\boldsymbol{\alpha}) = A\boldsymbol{\alpha}。$$

根据本节内容精华中例 4 的结论或者直接计算得,$\mathcal{A}$ 是 $\mathbf{R}^3$ 上的一个线性变换。

(2)

$$\mathcal{A}\begin{bmatrix} 0 \\ 0 \\ 1 \end{bmatrix} = \begin{bmatrix} 0 \\ 0 \\ 1 \end{bmatrix}, \quad \mathcal{A}\begin{bmatrix} 0 \\ 0 \\ 2 \end{bmatrix} = \begin{bmatrix} 0 \\ 0 \\ 4 \end{bmatrix},$$

$$\mathcal{A}\left[\begin{bmatrix} 0 \\ 0 \\ 1 \end{bmatrix} + \begin{bmatrix} 0 \\ 0 \\ 2 \end{bmatrix}\right] = \mathcal{A}\begin{bmatrix} 0 \\ 0 \\ 3 \end{bmatrix} = \begin{bmatrix} 0 \\ 0 \\ 9 \end{bmatrix} \neq \mathcal{A}\begin{bmatrix} 0 \\ 0 \\ 1 \end{bmatrix} + \mathcal{A}\begin{bmatrix} 0 \\ 0 \\ 2 \end{bmatrix},$$

因此 $\mathcal{A}$ 不是 $\mathbf{R}^3$ 上的线性变换。

例 2 设 $\mathbf{R}^+$ 是 8.1 节例 1 第(1)小题中的实线性空间,判别 $\mathbf{R}^+$ 到 $\mathbf{R}$ 的下述映射是不是线性映射。设 $a > 0$ 且 $a \neq 1$,令

$$\log_a : \mathbf{R}^+ \longrightarrow \mathbf{R}$$
$$x \longmapsto \log_a x。$$

解 任取 $x_1, x_2 \in \mathbf{R}^+, k \in \mathbf{R}$,

$$\log_a(x_1 \oplus x_2) = \log_a(x_1 x_2) = \log_a x_1 + \log_a x_2,$$
$$\log_a(k \odot x_1) = \log_a(x_1^k) = k \log_a x_1。$$

因此 $\log_a$ 是 $\mathbf{R}^+$ 到 $\mathbf{R}$ 的一个线性映射。

例 3 设 V 是 $\mathbf{F}[x, y]$ 中所有 m 次齐次多项式组成的集合,它是域 $\mathbf{F}$ 上的一个线性空间,给定域 $\mathbf{F}$ 上一个 2 级矩阵 $A = (a_{ij})$,定义 V 到 $F[x, y]$ 的一个映射 $\mathcal{A}$ 如下:

$$\mathcal{A}(f(x, y)) = f(a_{11}x + a_{21}y, a_{12}x + a_{22}y),$$

判断 $\mathcal{A}$ 是不是 V 上的一个线性变换。

解 任取 $f(x, y) \in V$,显然 $f(a_{11}x + a_{21}y, a_{12}x + a_{22}y)$ 仍是 m 次齐次多项式,因此 $\mathcal{A}$ 是 V 上的一个变换。由于不定元 x, y 分别用 $F[x, y]$ 中的元素 $a_{11}x + a_{21}y, a_{12}x + a_{22}y$ 代入是保持加法和乘法运算的,因此 $\mathcal{A}$ 保持加法和纯量乘法运算,从而 $\mathcal{A}$ 是 V 上的一个线性变换。

例 4 设 X 为任一集合,$x_0 \in X$,域 F 上的线性空间 F^X 到 F(F 看成自身上的线性空间)的下述映射

$$\mathcal{A}(f) = f(x_0), \qquad \forall f \in F^X$$

是不是线性映射?

解 任取 $f, g \in F^X, k \in F$,有

$$\mathcal{A}(f+g) = (f+g)(x_0) = f(x_0) + g(x_0) = \mathcal{A}(f) + \mathcal{A}(g),$$
$$\mathcal{A}(kf) = (kf)(x_0) = k f(x_0) = k \mathcal{A}(f)。$$

因此 $\mathcal{A}$ 是 F^X 到 F 的一个线性映射。

例 5 在 $\mathbf{R}^3$ 中取 3 个向量:

$$\boldsymbol{\gamma}_1 = (1,0,1)', \boldsymbol{\gamma}_2 = (2,0,2)', \boldsymbol{\gamma}_3 = (1,1,0)'。$$

设 $\mathcal{A}$ 是满足 $\mathcal{A}(\boldsymbol{\varepsilon}_i) = \boldsymbol{\gamma}_i (i=1,2,3)$ 的线性变换,求向量 $\boldsymbol{\alpha} = (1,-1,2)'$ 在 $\mathcal{A}$ 下的象。

解 $\boldsymbol{\alpha} = \boldsymbol{\varepsilon}_1 - \boldsymbol{\varepsilon}_2 + 2\boldsymbol{\varepsilon}_3$。于是

$$\mathcal{A}(\boldsymbol{\alpha}) = \mathbf{A}(\boldsymbol{\varepsilon}_1) - \mathbf{A}(\boldsymbol{\varepsilon}_2) + 2\mathbf{A}(\boldsymbol{\varepsilon}_3) = \boldsymbol{\gamma}_1 - \boldsymbol{\gamma}_2 + 2\boldsymbol{\gamma}_3$$
$$= (1,0,1)' - (2,0,2)' + 2(1,1,0)'$$
$$= (1,2,-1)'。$$

例 6 在 $K[x]$ 中,令

$$\mathcal{A}(f(x)) = x f(x), \qquad \forall f(x) \in K[x],$$

证明:(1) $\mathcal{A}$ 是 $K[x]$ 上的一个线性变换;

(2) $\mathcal{D}\mathcal{A} - \mathcal{A}\mathcal{D} = I$,其中 $\mathcal{D}$ 是求导数。

证明 (1) 任取 $f(x), g(x) \in K[x], k \in K$,有

$$\mathcal{A}(f(x) + g(x)) = x(f(x) + g(x)) = x f(x) + x g(x)$$
$$= \mathcal{A}(f(x)) + \mathcal{A}(g(x)),$$
$$\mathcal{A}(kf(x)) = x(kf(x)) = kxf(x) = k\mathcal{A}(f(x))。$$

因此 $\mathcal{A}$ 是 $K[x]$ 上的一个线性变换。

(2) 任取 $f(x) \in K[x]$,有

$$(\mathcal{D}\mathcal{A} - \mathcal{A}\mathcal{D})(f(x)) = \mathcal{D}\mathcal{A}(f(x)) - \mathcal{A}\mathcal{D}(f(x)) = \mathcal{D}(xf(x)) - \mathcal{A}(f'(x))$$
$$= f(x) + xf'(x) - xf'(x) = f(x),$$

因此 $$\mathcal{D}\mathcal{A} - \mathcal{A}\mathcal{D} = I。$$

例 7 设 V 是域 F 上的 n 维线性空间,$\alpha_1, \alpha_2, \cdots, \alpha_n$ 是 V 的一个基,$\mathcal{A}$ 是 V 上的一个线性变换,证明:$\mathcal{A}$ 可逆当且仅当 $\mathcal{A}\alpha_1, \mathcal{A}\alpha_2, \cdots, \mathcal{A}\alpha_n$ 是 V 的一个基。

证明 必要性。设 $\mathcal{A}$ 可逆,则 $\mathcal{A}$ 是 V 到自身的一个同构映射,于是从 $\alpha_1, \alpha_2, \cdots, \alpha_n$ 是 V 的一个基可得出,$\mathcal{A}\alpha_1, \mathcal{A}\alpha_2, \cdots, \mathcal{A}\alpha_n$ 是 V 的一个基。

充分性。设 $\mathcal{A}\alpha_1, \mathcal{A}\alpha_2, \cdots, \mathcal{A}\alpha_n$ 是 V 的一个基,令

$$\sigma\left(\sum_{i=1}^n a_i\alpha_i\right) = \sum_{i=1}^n a_i\mathcal{A}\alpha_i,$$

则 σ 是 V 到自身的一个同构映射(根据 8.3 节定理 1 的证明)。由于 $\sigma(\alpha_i) = \mathcal{A}\alpha_i, i=1,2,\cdots, n$,且 $\alpha_1, \alpha_2, \cdots, \alpha_n$ 是 V 的一个基,因此 $\sigma = \mathcal{A}$,从而 $\mathcal{A}$ 是 V 到自身的一个同构映射,于是 $\mathcal{A}$ 可逆。

点评:例 7 的充分性的证明也可以直接去证明 $\mathcal{A}$ 是单射,且 $\mathcal{A}$ 是满射:设 $\alpha =$

$\sum_{i=1}^{n} a_i\alpha_i, \beta = \sum_{i=1}^{n} b_i\alpha_i$。若 $\mathcal{A}\alpha = \mathcal{A}\beta$，则 $\sum_{i=1}^{n} a_i\mathcal{A}\alpha_i = \sum_{i=1}^{n} b_i\mathcal{A}\alpha_i$。由于 $\mathcal{A}\alpha_1, \mathcal{A}\alpha_2, \cdots, \mathcal{A}\alpha_n$ 是 V 的一个基，因此 $a_i = b_i, i = 1, 2, \cdots, n$，从而 $\alpha = \beta$。因此 $\mathcal{A}$ 是单射。任取 $\gamma \in V$，由于 $\mathcal{A}\alpha_1, \mathcal{A}\alpha_2, \cdots, \mathcal{A}\alpha_n$ 是 V 的一个基，因此

$$\gamma = \sum_{i=1}^{n} c_i\mathcal{A}\alpha_i = \mathcal{A}\left(\sum_{i=1}^{n} c_i\alpha_i\right),$$

从而 $\mathcal{A}$ 是满射，所以 $\mathcal{A}$ 是双射，于是 $\mathcal{A}$ 可逆。

例 8 设 $\mathcal{A}$ 是域 F 上线性空间 V 上的一个线性变换。证明：如果 $\mathcal{A}^{m-1}\alpha \neq 0, \mathcal{A}^m\alpha = 0 (m \in \mathbf{N}^*)$，那么 $\alpha, \mathcal{A}\alpha, \cdots, \mathcal{A}^{m-1}\alpha$ 线性无关。

证明 设 $\qquad k_0\alpha + k_1\mathcal{A}\alpha + \cdots + k_{m-1}\mathcal{A}^{m-1}\alpha = 0$。 (30)

考虑(30)式两边的向量在 $\mathcal{A}^{m-1}$ 下的象，由于 $\mathcal{A}^m\alpha = 0$，因此当 $s \geq m$ 时，有 $\mathcal{A}^s\alpha = 0$，从而

$$k_0\mathcal{A}^{m-1}\alpha = 0。 \tag{31}$$

由于 $\mathcal{A}^{m-1}\alpha \neq 0$，因此从(31)式得，$k_0 = 0$，于是从(30)式得

$$k_1\mathcal{A}\alpha + \cdots + k_{m-1}\mathcal{A}^{m-1}\alpha = 0。 \tag{32}$$

考虑(32)式两边的向量在 $\mathcal{A}^{m-2}$ 下的象，类似地可得出，$k_1 = 0$。依次下去，可证得 $k_2 = 0, \cdots, k_{m-1} = 0$。因此 $\alpha, \mathcal{A}\alpha, \cdots, \mathcal{A}^{m-1}\alpha$ 线性无关。∎

点评：例 8 的结论是很有用的。

例 9 设 $\mathcal{A}, \mathcal{B}$ 是域 F 上线性空间 V 上的线性变换。证明：如果 $\mathcal{A}\mathcal{B} - \mathcal{B}\mathcal{A} = \mathcal{I}$，那么

$$\mathcal{A}^k\mathcal{B} - \mathcal{B}\mathcal{A}^k = k\mathcal{A}^{k-1}, \qquad k \geq 1。 \tag{33}$$

证明 对 k 作数学归纳法，$k = 1$ 时，

左边 $= \mathcal{A}\mathcal{B} - \mathcal{B}\mathcal{A}$，右边 $= \mathcal{A}^0 = \mathcal{I}$，

由已知条件得，当 $k = 1$ 时命题成立。

假设 $k-1$ 时命题成立，来看 k 的情形。

$$\begin{aligned}\mathcal{A}^k\mathcal{B} - \mathcal{B}\mathcal{A}^k &= \mathcal{A}^k\mathcal{B} - \mathcal{A}^{k-1}\mathcal{B}\mathcal{A} + \mathcal{A}^{k-1}\mathcal{B}\mathcal{A} - \mathcal{B}\mathcal{A}^k \\ &= \mathcal{A}^{k-1}(\mathcal{A}\mathcal{B} - \mathcal{B}\mathcal{A}) + (\mathcal{A}^{k-1}\mathcal{B} - \mathcal{B}\mathcal{A}^{k-1})\mathcal{A} \\ &= \mathcal{A}^{k-1}\mathcal{I} + (k-1)\mathcal{A}^{k-2}\mathcal{A} = k\mathcal{A}^{k-1},\end{aligned}$$

由数学归纳法原理，对一切正整数 k 命题成立。

例 10 设 V 是域 F 上的线性空间，$\operatorname{char} F \neq 2$。设 $\mathcal{A}, \mathcal{B}$ 是 V 上的幂等变换，证明：

(1) $\mathcal{A} + \mathcal{B}$ 是幂等变换当且仅当 $\mathcal{A}\mathcal{B} = \mathcal{B}\mathcal{A} = \mathcal{O}$；

(2) 如果 $\mathcal{A}\mathcal{B} = \mathcal{B}\mathcal{A}$，那么 $\mathcal{A} + \mathcal{B} - \mathcal{A}\mathcal{B}$ 也是幂等变换。

证明 (1) 充分性。设 $\mathcal{A}\mathcal{B} = \mathcal{B}\mathcal{A} = \mathcal{O}$，由于 $\mathcal{A}^2 = \mathcal{A}, \mathcal{B}^2 = \mathcal{B}$，因此

$$(\mathcal{A} + \mathcal{B})^2 = (\mathcal{A} + \mathcal{B})(\mathcal{A} + \mathcal{B}) = \mathcal{A}^2 + \mathcal{A}\mathcal{B} + \mathcal{B}\mathcal{A} + \mathcal{B}^2 = \mathcal{A} + \mathcal{B},$$

于是 $\mathcal{A} + \mathcal{B}$ 是幂等变换。

必要性。设 $\mathcal{A} + \mathcal{B}$ 是幂等变换。由于 $\mathcal{A}^2 = \mathcal{A}, \mathcal{B}^2 = \mathcal{B}$，因此

$$\mathcal{A} + \mathcal{B} = (\mathcal{A} + \mathcal{B})^2 = \mathcal{A}^2 + \mathcal{A}\mathcal{B} + \mathcal{B}\mathcal{A} + \mathcal{B}^2 = \mathcal{A} + \mathcal{A}\mathcal{B} + \mathcal{B}\mathcal{A} + \mathcal{B}。$$

由此得出 $\qquad \mathcal{A}\mathcal{B} + \mathcal{B}\mathcal{A} = \mathcal{O}。$ (34)

(34)式两边左乘 $\mathcal{A}$ 得

$$\mathcal{A}\mathcal{B} + \mathcal{A}\mathcal{B}\mathcal{A} = \mathcal{O}, \tag{35}$$

(34)式两边右乘 $\mathcal{A}$ 得

$$\mathcal{A}\mathcal{B}\mathcal{A} + \mathcal{B}\mathcal{A} = O, \tag{36}$$

把(35)式和(36)式相加,且利用(34)式得,$2\mathcal{A}\mathcal{B}\mathcal{A}=O$。由于 char $F \neq 2$,因此 $\mathcal{A}\mathcal{B}\mathcal{A}=O$,从而由(35)式和(36)式得

$$\mathcal{A}\mathcal{B} = O, \mathcal{B}\mathcal{A} = O。$$

(2) 设 $\mathcal{A}\mathcal{B} = \mathcal{B}\mathcal{A}$,则

$$\begin{aligned}(\mathcal{A}+\mathcal{B}-\mathcal{A}\mathcal{B})^2 &= \mathcal{A}^2 + \mathcal{B}^2 + \mathcal{A}^2\mathcal{B}^2 + 2\mathcal{A}\mathcal{B} - 2\mathcal{A}^2\mathcal{B} - 2\mathcal{B}\mathcal{A}\mathcal{B}\\ &= \mathcal{A} + \mathcal{B} + \mathcal{A}\mathcal{B} + 2\mathcal{A}\mathcal{B} - 2\mathcal{A}\mathcal{B} - 2\mathcal{A}\mathcal{B}\\ &= \mathcal{A} + \mathcal{B} - \mathcal{A}\mathcal{B},\end{aligned}$$

因此 $\mathcal{A}+\mathcal{B}-\mathcal{A}\mathcal{B}$ 也是幂等变换。 ■

点评:例 10 的第(1)小题告诉我们:设域 F 的特征不等于 2,如果 $\mathcal{A},\mathcal{B}$ 是 V 上的正交的幂等变换,那么 $\mathcal{A}+\mathcal{B}$ 也是幂等变换;如果 $\mathcal{A},\mathcal{B},\mathcal{A}+\mathcal{B}$ 都是 V 上的幂等变换,那么 $\mathcal{A}$ 与 $\mathcal{B}$ 是正交的。

例 11　设 V 是域 F 上的线性空间,$V_1, V_2, \cdots, V_s$ 都是 V 的子空间,且 $V = V_1 \oplus V_2 \oplus \cdots \oplus V_s$,用 $\mathcal{P}_i$ 表示平行于 $\sum_{j \neq i} V_j$ 在 V_i 上的投影(即,设 $\alpha = \alpha_1 + \alpha_2 + \cdots + \alpha_s$,其中 $\alpha_1 \in V_1, \alpha_2 \in V_2, \cdots, \alpha_s \in V_s$,则 $\mathcal{P}_i(\alpha) = \alpha_i$)。证明:$\mathcal{P}_1, \mathcal{P}_2, \cdots, \mathcal{P}_s$ 是两两正交的幂等变换,且

$$\mathcal{P}_1 + \mathcal{P}_2 + \cdots + \mathcal{P}_s = I。$$

证明　任取 $\alpha \in V$,设

$$\alpha = \alpha_1 + \alpha_2 + \cdots + \alpha_s, \qquad \alpha_1 \in V_1, \alpha_2 \in V_2, \cdots, \alpha_s \in V_s,$$

则 $\mathcal{P}_i(\alpha) = \alpha_i$。由于 $\alpha_i = 0 + \cdots + 0 + \alpha_i + 0 + \cdots + 0$,因此 $\mathcal{P}_i(\alpha_i) = \alpha_i$,

从而　　　　　　　　$\mathcal{P}_i^2(\alpha) = \mathcal{P}_i(\mathcal{P}_i(\alpha)) = \mathcal{P}_i(\alpha_i) = \alpha_i = \mathcal{P}_i(\alpha)$,

因此 $\mathcal{P}_i^2 = \mathcal{P}_i$,即 $\mathcal{P}_i(i = 1, 2, \cdots, s)$ 是幂等变换。当 $j \neq i$ 时,$\mathcal{P}_j\mathcal{P}_i(\alpha) = \mathcal{P}_j(\alpha_i) = 0$,因此 $\mathcal{P}_j\mathcal{P}_i = O$。同理 $\mathcal{P}_i\mathcal{P}_j = O$,即 $\mathcal{P}_1, \mathcal{P}_2, \cdots, \mathcal{P}_s$ 两两正交。由于

$$\begin{aligned}(\mathcal{P}_1 + \mathcal{P}_2 + \cdots + \mathcal{P}_s)(\alpha) &= \mathcal{P}_1(\alpha) + \mathcal{P}_2(\alpha) + \cdots + \mathcal{P}_s(\alpha)\\ &= \alpha_1 + \alpha_2 + \cdots + \alpha_s = \alpha,\end{aligned}$$

因此　　　　　　　　$\mathcal{P}_1 + \mathcal{P}_2 + \cdots + \mathcal{P}_s = I。$ ■

例 12　设 V 是域 F 上的线性空间,$\mathcal{A}_1, \mathcal{A}_2, \cdots, \mathcal{A}_s$ 是 V 上的两两正交的幂等变换,且 $\mathcal{A}_1 + \mathcal{A}_2 + \cdots + \mathcal{A}_s = I$。证明:

$$V = \operatorname{Im}\mathcal{A}_1 \oplus \operatorname{Im}\mathcal{A}_2 \oplus \cdots \oplus \operatorname{Im}\mathcal{A}_s,$$

且 $\mathcal{A}_i$ 是平行于 $\sum_{j \neq i} \operatorname{Im}\mathcal{A}_j$ 在 $\operatorname{Im}\mathcal{A}_i$ 上的投影,$i = 1, 2, \cdots, s$。

证明　任取 $\alpha \in V$,由于 $\mathcal{A}_1 + \mathcal{A}_2 + \cdots + \mathcal{A}_s = I$,因此

$$\begin{aligned}\alpha = I(\alpha) &= (\mathcal{A}_1 + \mathcal{A}_2 + \cdots + \mathcal{A}_s)(\alpha)\\ &= \mathcal{A}_1\alpha + \mathcal{A}_2\alpha + \cdots + \mathcal{A}_s\alpha。\end{aligned}$$

由此推出,$V = \operatorname{Im}\mathcal{A}_1 + \operatorname{Im}\mathcal{A}_2 + \cdots + \operatorname{Im}\mathcal{A}_s$。

任取 $\beta \in (\sum_{j \neq i} \operatorname{Im}\mathcal{A}_j) \bigcap (\operatorname{Im}\mathcal{A}_i)$。由于 $\beta \in \operatorname{Im}\mathcal{A}_i$,因此存在 $\gamma \in V$ 使得 $\beta = \mathcal{A}_i(\gamma)$。

由于 $\beta \in \sum\limits_{j\neq i} \mathrm{Im}\ \mathcal{A}_j$，因此 $\beta = \sum\limits_{j\neq i}\beta_j$，其中 $\beta_j \in \mathrm{Im}\ \mathcal{A}_j\,(j\neq i)$，从而存在 $\delta_j \in V$，使得 $\beta_j = \mathcal{A}_j(\delta_j)\,(j\neq i)$。由于 $\mathcal{A}_i^2 = \mathcal{A}_i$，因此

$$\beta = \mathcal{A}_i(\gamma) = \mathcal{A}_i^2(\gamma) = \mathcal{A}_i(\mathcal{A}_i(\gamma)) = \mathcal{A}_i(\beta)。$$

由于 $\mathcal{A}_i\mathcal{A}_j = \mathcal{A}_j\mathcal{A}_i = \mathcal{O}, j\neq i$，因此

$$\mathcal{A}_i(\beta) = \mathcal{A}_i\Big(\sum_{j\neq i}\beta_j\Big) = \mathcal{A}_i\Big(\sum_{j\neq i}\mathcal{A}_j(\delta_j)\Big) = \sum_{j\neq i}\mathcal{A}_i\mathcal{A}_j(\delta_j) = 0,$$

从而 $\beta=0$。因此 $\Big(\sum\limits_{j\neq i}\mathrm{Im}\mathcal{A}_j\Big) \bigcap (\mathrm{Im}\ \mathcal{A}_i) = 0, i = 1,2,\cdots,s$。

综上所述得

$$V = \mathrm{Im}\ \mathcal{A}_1 \oplus \mathrm{Im}\ \mathcal{A}_2 \oplus \cdots \oplus \mathrm{Im}\ \mathcal{A}_s。$$

用 $\mathcal{P}_i$ 表示平行于 $\sum\limits_{j\neq i}\mathrm{Im}\mathcal{A}_j$ 在 $\mathrm{Im}\ \mathcal{A}_i$ 上的投影，则

$$\mathcal{P}_i(\beta) = \begin{cases} \beta & \text{当 } \beta \in \mathrm{Im}\mathcal{A}_i, \\ 0 & \text{当 } \beta \in \sum\limits_{j\neq i}\mathrm{Im}\mathcal{A}_j。\end{cases}$$

当 $\beta \in \mathrm{Im}\ \mathcal{A}_i$ 时，从上面的讨论知道，$\mathcal{A}_i(\beta)=\beta$。

当 $\beta \in \sum\limits_{j\neq i}\mathrm{Im}\mathcal{A}_j$ 时，从上面的讨论知道，$\mathcal{A}_i(\beta)=0$。

根据本节定理 2 得，$\mathcal{A}_i = \mathcal{P}_i, i = 1,2,\cdots,s$。 ∎

习题 9.1

1. 设 V 是域 F 上的线性空间，给定 $a\in F, \delta\in V$。令 $\mathcal{A}(\alpha)=a\alpha+\delta, \forall \alpha\in V$。试问：$\mathcal{A}$ 是不是 V 上的线性变换？

2. 把复数域 $\mathbf{C}$ 分别看作实数域 $\mathbf{R}$ 和复数域 $\mathbf{C}$ 上的线性空间。令 $\mathcal{A}(z)=\bar{z}, \forall z\in\mathbf{C}$。试问：$\mathcal{A}$ 是不是 $\mathbf{C}$ 上的线性变换？

3. 判断下面所定义的 $\mathbf{R}^3$ 上的变换，哪些是线性变换。

(1) $\mathcal{A}\begin{pmatrix} x_1 \\ x_2 \\ x_3 \end{pmatrix} = \begin{pmatrix} x_1-x_2 \\ x_2+x_3 \\ x_3^2 \end{pmatrix}$；   (2) $\mathcal{A}\begin{pmatrix} x_1 \\ x_2 \\ x_3 \end{pmatrix} = \begin{pmatrix} 2x_1-x_2 \\ x_2+x_3 \\ 3x_1-x_2+x_3 \end{pmatrix}$。

4. 在 $F[x]$ 中，令 $\mathcal{T}_a : f(x) \longmapsto f(x+a)$，其中 a 是 F 中一个给定的元素，试问：$\mathcal{T}_a$ 是不是 $F[x]$ 上的一个线性变换？

5. 判断下面所定义的 $M_n(F)$ 上的变换，哪些是线性变换。

(1) 设 $A\in M_n(F)$，令 $\mathcal{A}(X)=XA, \forall X\in M_n(F)$；

(2) 设 $B,C\in M_n(F)$，令

$$\mathcal{A}(X) = BXC, \forall X \in M_n(F)。$$

6. 实数域上的线性空间 $C[a,b]$ 到自身的一个映射 $\mathcal{A} : f(x) \longmapsto \int_a^x f(t)\mathrm{d}t$ 是不是 $C[a,b]$ 上的一个线性变换？

7. 在 $\boldsymbol{R}^3$ 中取 3 个向量：
$$\boldsymbol{\gamma}_1 = (1, -3, 2)', \qquad \boldsymbol{\gamma}_2 = (-2, 1, 4)', \qquad \boldsymbol{\gamma}_3 = (0, -5, 8)',$$
设 $\mathcal{A}$ 是满足 $\mathcal{A}(\varepsilon_i) = \boldsymbol{\gamma}_i (i = 1, 2, 3)$ 的线性变换。求向量 $\boldsymbol{\alpha} = (-2, 5, 6)'$ 在 $\mathcal{A}$ 下的象。

8. 在几何空间 V 中，取右手直角坐标系 $Oxyz$。用 $\mathcal{A}$ 表示绕 x 轴按右手螺旋方向旋转 $90°$ 的变换，用 $\mathcal{B}$ 表示绕 y 轴右旋 $90°$ 的变换，用 C 表示绕 z 轴右旋 $90°$ 的变换。证明：
$$\mathcal{A}^4 = \mathcal{B}^4 = C^4 = I, \mathcal{A}\mathcal{B} \neq \mathcal{B}\mathcal{A}, \mathcal{A}^2 \mathcal{B}^2 = \mathcal{B}^2 \mathcal{A}^2,$$
并且检验 $(\mathcal{A}\mathcal{B})^2 = \mathcal{A}^2 \mathcal{B}^2$ 是否成立。

9. 设 δ, γ 是几何空间 V 的两个向量，用 $\mathcal{P}_\delta$ 表示在过原点 O 且方向为 δ 的直线上的正投影，$\mathcal{P}_\gamma$ 的定义类似。证明：δ 与 γ 互相垂直的充分必要条件为 $\mathcal{P}_\delta \mathcal{P}_\gamma = O$。

10. 求域 F 上的代数 $M_n(F)$ 的维数。

11. 设 V 是域 F 上的线性空间，$\mathcal{A}_1, \mathcal{A}_2, \cdots, \mathcal{A}_s$ 都是 V 上的幂等变换，证明：如果 $\mathcal{A}_1, \mathcal{A}_2, \cdots, \mathcal{A}_s$ 两两正交，那么它们的和 $\mathcal{A}_1 + \mathcal{A}_2 + \cdots + \mathcal{A}_s$ 也是幂等变换。

9.2　线性映射的核与象

9.2.1　内容精华

设 $\mathcal{A}$ 是域 F 上线性空间 V 到 V' 的一个线性映射。$\mathcal{A}$ 的象和 V' 的零向量在映射 $\mathcal{A}$ 下的原象集（称为 $\mathcal{A}$ 的核）在研究线性映射的性质以及线性空间的结构中起着重要的作用。

定义 1　设 $\mathcal{A}$ 是域 F 上的线性空间 V 到 V' 的一个线性映射，V' 的零向量在 $\mathcal{A}$ 下的原象集称为 $\mathcal{A}$ 的**核**，记作 $\operatorname{Ker} \mathcal{A}$，即
$$\operatorname{Ker} \mathcal{A} := \{\alpha \in V \mid \mathcal{A}\alpha = 0'\}; \tag{1}$$
$\mathcal{A}$ 的**象**（也叫作 $\mathcal{A}$ 的**值域**）记作 $\operatorname{Im} \mathcal{A}$ 或 $\mathcal{A}V$。

命题 1　设 $\mathcal{A}$ 是域 F 上线性空间 V 到 V' 的一个线性映射，则 $\operatorname{Ker} \mathcal{A}$ 是 V 的一个子空间，$\operatorname{Im} \mathcal{A}$ 是 V' 的一个子空间。

证明　由于 $\mathcal{A}(0) = 0'$，因此 $0 \in \operatorname{Ker} \mathcal{A}$。任取 $\alpha, \beta \in \operatorname{Ker} \mathcal{A}, k \in F$，有
$$\mathcal{A}(\alpha + \beta) = \mathcal{A}\alpha + \mathcal{A}\beta = 0' + 0' = 0',$$
$$\mathcal{A}(k\alpha) = k\mathcal{A}\alpha = k0' = 0',$$
因此 $\alpha + \beta, k\alpha \in \operatorname{Ker} \mathcal{A}$，从而 $\operatorname{Ker} \mathcal{A}$ 是 V 的一个子空间。

显然 $\operatorname{Im} \mathcal{A}$ 是 V' 的一个非空子集，任取 $\mathcal{A}\alpha, \mathcal{A}\beta \in \operatorname{Im} \mathcal{A}, k \in F$，有
$$\mathcal{A}\alpha + \mathcal{A}\beta = \mathcal{A}(\alpha + \beta) \in \operatorname{Im} \mathcal{A},$$
$$k(\mathcal{A}\alpha) = \mathcal{A}(k\alpha) \in \operatorname{Im} \mathcal{A},$$
因此 $\operatorname{Im} \mathcal{A}$ 是 V' 的一个子空间。　■

利用线性映射的核和象可以简捷地判断 $\mathcal{A}$ 是不是单射，是不是满射。

命题 2　设 $\mathcal{A}$ 是域 F 上线性空间 V 到 V' 的一个线性映射，则
(1) $\mathcal{A}$ 是单射当且仅当 $\operatorname{Ker} \mathcal{A} = 0$；

(2) $\mathcal{A}$ 是满射当且仅当 Im $\mathcal{A}=V'$。

证明 (1) 必要性。设 $\mathcal{A}$ 是单射,任取 $\alpha \in$ Ker $\mathcal{A}$,则

$$\mathcal{A}(\alpha) = 0' = \mathcal{A}(0),$$

由此推出 $\alpha=0$,因此 Ker $\mathcal{A}=0$。

充分性。设 Ker $\mathcal{A}=0$,设 $\alpha_1, \alpha_2 \in V$,且 $\mathcal{A}\alpha_1 = \mathcal{A}\alpha_2$,则

$$0' = \mathcal{A}\alpha_2 - \mathcal{A}\alpha_1 = \mathcal{A}(\alpha_2 - \alpha_1),$$

从而 $\alpha_2 - \alpha_1 \in$ Ker $\mathcal{A}$。由于 Ker $\mathcal{A}=0$,因此 $\alpha_2 - \alpha_1 = 0$,即 $\alpha_1 = \alpha_2$。这表明 $\mathcal{A}$ 是单射。

(2) 由满射的定义立即得到。■

线性映射的核与象之间有什么联系?

先解剖一个麻雀。几何空间 V 中取一个过定点 O 的平面 π 和过点 O 的一条直线 l,且 l 不在平面 π 上,则 $V=\pi \oplus l$,从而有平行于 l 在 π 上的投影 $\mathcal{P}_\pi$,且 $l=\text{Ker}\mathcal{P}_\pi$,$\pi=\text{Im}\mathcal{P}_\pi$。任给 $\vec{a} \in V$,在沿 $\vec{a}$ 的平移下,l 的象 $l'=\vec{a}+l \in V/l$。对于 l' 上任一向量 $\vec{c}$ 有 $\vec{c}+l=\vec{a}+l$,且 $\mathcal{P}_\pi(\vec{c})=\mathcal{P}_\pi(\vec{a})$,于是有 $V/\text{Ker}\mathcal{P}_\pi$ 到 $\text{Im}\mathcal{P}_\pi$ 的一个映射 $\sigma: \vec{a}+l \longmapsto \mathcal{P}_\pi(\vec{a})$。由此受到启发,我们猜测并且可以证明下述定理 1:

定理 1 设 $\mathcal{A}$ 是域 F 上线性空间 V 到 V' 的一个线性映射,令

$$\sigma: \quad V/\text{Ker } \mathcal{A} \longrightarrow \text{Im } \mathcal{A}$$
$$\alpha + \text{Ker } \mathcal{A} \longrightarrow \mathcal{A}\alpha,$$

则 σ 是 $V/\text{Ker}\mathcal{A}$ 到 $\text{Im}\mathcal{A}$ 的一个同构映射,从而

$$V/\text{Ker } \mathcal{A} \cong \text{Im } \mathcal{A}。 \tag{2}$$

证明 由于

$$\alpha + \text{Ker } \mathcal{A} = \beta + \text{Ker}\mathcal{A}$$
$$\Longleftrightarrow \alpha - \beta \in \text{Ker } \mathcal{A} \quad \Longleftrightarrow \quad \mathcal{A}(\alpha-\beta) = 0 \quad \Longleftrightarrow \quad \mathcal{A}\alpha = \mathcal{A}\beta,$$

因此 σ 是映射,且 σ 是单射。由 σ 的定义得,σ 是满射,因此 σ 是双射。

$$\sigma[(\alpha + \text{Ker } \mathcal{A}) + (\beta + \text{Ker } \mathcal{A})] = \sigma[(\alpha+\beta) + \text{Ker } \mathcal{A}] = \mathcal{A}(\alpha+\beta) = \mathcal{A}\alpha + \mathcal{A}\beta$$
$$= \sigma(\alpha + \text{Ker } \mathcal{A}) + \sigma(\beta + \text{Ker } \mathcal{A}),$$
$$\sigma[k(\alpha + \text{Ker } \mathcal{A})] = \sigma[k\alpha + \text{Ker } \mathcal{A}] = \mathcal{A}(k\alpha) = k \mathcal{A}\alpha$$
$$= k\sigma(\alpha + \text{Ker } \mathcal{A})。$$

因此 σ 是同构映射,从而 $V/\text{Ker } \mathcal{A} \cong \text{Im } \mathcal{A}$。■

定理 2 设 V 和 V' 都是域 F 上的线性空间,且 V 是有限维的。设 $\mathcal{A}$ 是 V 到 V' 的一个线性映射,则 Ker $\mathcal{A}$ 和 Im $\mathcal{A}$ 都是有限维的,且

$$\dim(\text{Ker } \mathcal{A}) + \dim(\text{Im } \mathcal{A}) = \dim(V)。 \tag{3}$$

证明 由于 V 有限维,因此 Ker $\mathcal{A}$ 和 $V/\text{Ker } \mathcal{A}$ 也是有限维。从定理 1 得到 Im $\mathcal{A}$ 也是有限维,且

$$\dim(V/\text{Ker } \mathcal{A}) = \dim(\text{Im } \mathcal{A}),$$

于是 $\dim(V) - \dim(\text{Ker } \mathcal{A}) = \dim(\text{Im } \mathcal{A})$。由此得到 (3) 式。■

当 V 是有限维时,V 到 V' 的线性映射 $\mathcal{A}$ 的核的维数也称为 $\mathcal{A}$ 的**零度**;$\mathcal{A}$ 的象 Im $\mathcal{A}$ 的维数称为 $\mathcal{A}$ 的**秩**,记作 rank$(\mathcal{A})$。

定理 2 中的维数公式(3)是非常有用的一个结果,它刻画了线性映射 $\mathcal{A}$ 的核与象的维数与定义域的维数之间的关系。

设 $\mathcal{A}$ 是 V 到 V' 的线性映射,$\dim V=n$,V 中任取一个基 $\beta_1,\beta_2,\cdots,\beta_n$。任给 $\alpha\in V$,设 $\alpha=k_1\beta_1+k_2\beta_2+\cdots+k_n\beta_n$,则

$$\mathcal{A}\alpha=k_1(\mathcal{A}\beta_1)+k_2(\mathcal{A}\beta_2)+\cdots+k_n(\mathcal{A}\beta_n)\in\langle\mathcal{A}\beta_1,\mathcal{A}\beta_2,\cdots,\mathcal{A}\beta_n\rangle, \quad(4)$$

因此　　$\mathrm{Im}\,\mathcal{A}=\langle\mathcal{A}\beta_1,\mathcal{A}\beta_2,\cdots,\mathcal{A}\beta_n\rangle$。　　　　　　　　　　(5)

如果在 $\mathrm{Ker}\,\mathcal{A}$ 中取一个基 $\alpha_1,\cdots,\alpha_m$,把它扩充成 V 的一个基:

$$\alpha_1,\cdots,\alpha_m,\alpha_{m+1},\cdots,\alpha_n, \quad(6)$$

那么　$\mathrm{Im}\mathcal{A}=\langle\mathcal{A}\alpha_1,\cdots,\mathcal{A}\alpha_m,\mathcal{A}\alpha_{m+1},\cdots,\mathcal{A}\alpha_n\rangle=\langle\mathcal{A}\alpha_{m+1},\cdots,\mathcal{A}\alpha_n\rangle$。　(7)

由于 $\dim(\mathrm{Im}\mathcal{A})=\dim V-\dim(\mathrm{Ker}\mathcal{A})=n-m$,因此 $\mathcal{A}\alpha_{m+1},\cdots,\mathcal{A}\alpha_n$ 是 $\mathrm{Im}\mathcal{A}$ 的一个基。

如果 V 和 V' 都是有限维且维数相等,那么利用定理 2 中的维数公式可进一步研究线性映射的性质。

定理 3　设 V 和 V' 都是域 F 上 n 维线性空间,且 $\mathcal{A}$ 是 V 到 V' 的一个线性映射,则 $\mathcal{A}$ 是单射当且仅当 $\mathcal{A}$ 是满射。

证明　$\mathcal{A}$ 是单射 $\Longleftrightarrow$　$\mathrm{Ker}\,\mathcal{A}=0$
$\Longleftrightarrow$　$\dim(\mathrm{Im}\,\mathcal{A})=\dim(V)=\dim(V')$
$\Longleftrightarrow$　$\mathrm{Im}\,\mathcal{A}=V'$
$\Longleftrightarrow$　$\mathcal{A}$ 是满射。　■

推论 1　设 $\mathcal{A}$ 是域 F 上有限维线性空间 V 上的一个线性变换,则 $\mathcal{A}$ 是单射当且仅当 $\mathcal{A}$ 是满射。　■

我们知道,有限集合到自身的映射 σ 是单射当且仅当 σ 是满射。现在有限维线性空间 V 上的线性变换也具有这条性质。

利用定理 2 中线性映射的维数公式还可以对域 F 上 n 元齐次线性方程组 $Ax=0$ 的解空间 W 的维数公式给出另一种证法:

设 A 是域 F 上 $s\times n$ 矩阵,其列向量组是 $\alpha_1,\alpha_2,\cdots,\alpha_n$,令

$$\mathcal{A}:F^n\longrightarrow F^s$$
$$\alpha\longmapsto A\alpha, \quad(8)$$

则 $\mathcal{A}$ 是 F^n 到 F^s 的一个线性映射。设 $\alpha=(a_1,a_2,\cdots,a_n)'\in F^n$。

$$\mathrm{Ker}\,\mathcal{A}=\{\alpha\in F^n\mid\mathcal{A}\alpha=0\}=\{\alpha\in F^n\mid A\alpha=0\}=W, \quad(9)$$
$$\mathrm{Im}\,\mathcal{A}=\{\mathcal{A}\alpha\mid\alpha\in F^n\}=\{A\alpha\mid\alpha\in F^n\}$$
$$=\{a_1\alpha_1+a_2\alpha_2+\cdots+a_n\alpha_n\mid a_i\in F,i=1,2,\cdots,n\}$$
$$=\langle\alpha_1,\alpha_2,\cdots,\alpha_n\rangle, \quad(10)$$

这表明 $\mathrm{Ker}\,\mathcal{A}$ 等于 $Ax=0$ 的解空间,$\mathrm{Im}\,\mathcal{A}$ 等于矩阵 A 的列空间,根据定理 2 得

$$\dim(\mathrm{Ker}\,\mathcal{A})+\dim(\mathrm{Im}\,\mathcal{A})=\dim(F^n),$$

即　　　　　$\dim(W)+\mathrm{rank}(A)=n,$

从而　　　　$\dim(W)=n-\mathrm{rank}(A)$。　　　　　　　　　　(11)

注意：对于有限维线性空间 V 上的线性变换 $\mathcal{A}$，虽然 $\mathrm{Ker}\,\mathcal{A}$ 与 $\mathrm{Im}\,\mathcal{A}$ 的维数之和等于 $\dim V$，但是 $\mathrm{Ker}\,\mathcal{A} + \mathrm{Im}\,\mathcal{A}$ 不一定等于 V。例如，在数域 K 上的线性空间 $K[x]_n$ 中，求导数 $\mathcal{D}$ 的象 $\mathrm{Im}\,\mathcal{D} = K[x]_{n-1}$，$\mathcal{D}$ 的核 $\mathrm{Ker}\,\mathcal{D} = K$，显然 $K[x]_{n-1} + K \neq K[x]_n$，$K[x]_{n-1} \bigcap K = K \neq 0$。

若有限维线性空间 V 上的线性变换 $\mathcal{A}$ 满足 $\mathrm{Ker}\,\mathcal{A} \bigcap \mathrm{Im}\,\mathcal{A} = 0$，则 $V = \mathrm{Ker}\,\mathcal{A} \oplus \mathrm{Im}\,\mathcal{A}$。理由如下：由于 $\mathrm{Ker}\,\mathcal{A} \bigcap \mathrm{Im}\,\mathcal{A} = 0$，因此 $\mathrm{Ker}\,\mathcal{A} + \mathrm{Im}\,\mathcal{A}$ 是直和，从而

$$\dim(\mathrm{Ker}\,\mathcal{A} \oplus \mathrm{Im}\,\mathcal{A}) = \dim(\mathrm{Ker}\,\mathcal{A}) + \dim(\mathrm{Im}\,\mathcal{A}) = \dim V。$$

由于 $\mathrm{Ker}\,\mathcal{A} \oplus \mathrm{Im}\,\mathcal{A}$ 是 V 的子空间，因此

$$V = \mathrm{Ker}\,\mathcal{A} \oplus \mathrm{Im}\,\mathcal{A}。$$

可以利用线性空间 V 上的幂等变换来研究线性空间 V 的结构，即有下面的命题：

命题 3　设 $\mathcal{A}$ 是域 F 上线性空间 V 上的线性变换。如果 $\mathcal{A}$ 是 V 上的幂等变换，那么

$$V = \mathrm{Im}\,\mathcal{A} \oplus \mathrm{Ker}\,\mathcal{A}, \tag{12}$$

并且 $\mathcal{A}$ 是平行于 $\mathrm{Ker}\,\mathcal{A}$ 在 $\mathrm{Im}\,\mathcal{A}$ 上的投影。

证明　任取 $\alpha \in V$，则 $\mathcal{A}\alpha \in \mathrm{Im}\,V$。由于

$$\mathcal{A}(\alpha - \mathcal{A}\alpha) = \mathcal{A}\alpha - \mathcal{A}^2\alpha = \mathcal{A}\alpha - \mathcal{A}\alpha = 0,$$

因此 $\alpha - \mathcal{A}\alpha \in \mathrm{Ker}\,\mathcal{A}$。由于 $\alpha = \mathcal{A}\alpha + (\alpha - \mathcal{A}\alpha)$，因此

$$V = \mathrm{Im}\,\mathcal{A} + \mathrm{Ker}\,\mathcal{A}。$$

任取 $\beta \in \mathrm{Im}\,\mathcal{A} \bigcap \mathrm{Ker}\,\mathcal{A}$，由于 $\beta \in \mathrm{Im}\,\mathcal{A}$，因此存在 $\gamma \in V$，使得 $\beta = \mathcal{A}\gamma$。由于 $\beta \in \mathrm{Ker}\,\mathcal{A}$，因此 $\mathcal{A}\beta = 0$，从而

$$0 = \mathcal{A}\beta = \mathcal{A}(\mathcal{A}\gamma) = \mathcal{A}^2\gamma = \mathcal{A}\gamma = \beta,$$

于是 $$\mathrm{Im}\,\mathcal{A} \bigcap \mathrm{Ker}\,\mathcal{A} = 0。$$

综上所述，$$V = \mathrm{Im}\,\mathcal{A} \oplus \mathrm{Ker}\,\mathcal{A}。$$

记 $U = \mathrm{Im}\,\mathcal{A}$，$W = \mathrm{Ker}\,\mathcal{A}$。由于对任意 $\alpha \in V$，有 $\alpha = \mathcal{A}\alpha + (\alpha - \mathcal{A}\alpha)$，因此 $\mathcal{P}_U(\alpha) = \mathcal{A}\alpha$，从而 $\mathcal{P}_U = \mathcal{A}$。　∎

9.1 节已指出，投影是幂等变换。命题 3 表明：幂等变换是投影，由此体会数学是一个统一的整体。

推论 2　设 $V = U \oplus W$，用 $\mathcal{P}_U$ 表示平行于 W 在 U 上的投影，则

$$U = \mathrm{Im}\,\mathcal{P}_U, \qquad W = \mathrm{Ker}\,\mathcal{P}_U。$$

证明　任取 $\alpha \in V$，由于 $V = U \oplus W$，因此

$$\alpha = \alpha_1 + \alpha_2, \qquad \alpha_1 \in U, \qquad \alpha_2 \in W。$$

由于 $\mathcal{P}_U(\alpha) = \alpha_1$，因此 $\mathcal{P}_U(\alpha) \in U$，于是 $\mathrm{Im}\,\mathcal{P}_U \subseteq U$。

任取 $\gamma \in U$，有 $\mathcal{P}_U(\gamma) = \gamma$，即 $\gamma \in \mathrm{Im}\,\mathcal{P}_U$，因此 $U \subseteq \mathrm{Im}\,\mathcal{P}_U$，从而 $U = \mathrm{Im}\,\mathcal{P}_U$。

任取 $\delta \in W$，有 $\mathcal{P}_U(\delta) = 0$，因此 $\delta \in \mathrm{Ker}\,\mathcal{P}_U$，从而 $W \subseteq \mathrm{Ker}\,\mathcal{P}_U$，任取 $\beta \in \mathrm{Ker}\,\mathcal{P}_U$，有 $\mathcal{P}_U(\beta) = 0$。设

$$\beta = \beta_1 + \beta_2, \qquad \beta_1 \in U, \qquad \beta_2 \in W,$$

则 $\mathcal{P}_U(\beta) = \beta_1$，于是 $\beta_1 = 0$，从而 $\beta = \beta_2 \in W$，因此 $\mathrm{Ker}\,\mathcal{P}_U \subseteq W$，从而 $W = \mathrm{Ker}\,\mathcal{P}_U$。　∎

推论 2 在几何空间 V 中的情形从直观上看是很明显的，如图 9-3 所示。

推论 3　设 V 是域 F 上的线性空间，则 V 的任一子空间 U 是平行于 U 的一个补空间

在 U 上的投影 $\mathcal{P}_U$ 的象。

证明　根据 8.4 节命题 1,U 在 V 中有补空间,取 U 的一个补空间 W,则 $V=U \oplus W$。根据推论 2 得

$$U = \operatorname{Im} \mathcal{P}_U,$$

其中 $\mathcal{P}_U$ 是平行于 W 在 U 上的投影。　◼

推论 4　设 V 是域 F 上的线性空间,则 V 的任一子空间 W 是平行于 W 在 W 的一个补空间上的投影的核。

证明　取 W 的一个补空间 U,则 $V=U \oplus W$。根据推论 2 得,$W=\operatorname{Ker} \mathcal{P}_U$,其中 $\mathcal{P}_U$ 是平行于 W 在 U 上的投影。　◼

图 9-3

推论 3 和推论 4 表明:线性空间 V 的任一子空间既可看成某个投影下的象,又可看成某个投影下的核。由此看到,投影在研究线性空间的结构中起着重要的作用。

设 $\mathcal{A}$ 是域 F 上线性空间 V 到 V' 的一个线性映射。既然 $\operatorname{Im} \mathcal{A}$ 是 V' 的一个子空间,自然有商空间 $V'/\operatorname{Im} \mathcal{A}$,把它称为 $\mathcal{A}$ 的**余核**,记作 $\operatorname{Coker} \mathcal{A}$。直观地可以看出,$\operatorname{Im} \mathcal{A}$ 越大(含的元素越多),$V'/\operatorname{Im} \mathcal{A}$ 就越小;当 $\operatorname{Im} \mathcal{A}$ 等于 V' 时,$V'/\operatorname{Im} \mathcal{A}$ 就只含一个零元素了。于是有下述结论:

命题 4　设 $\mathcal{A}$ 是域 F 上线性空间 V 到 V' 的一个线性映射,则 $\mathcal{A}$ 是满射当且仅当 $\operatorname{Coker} \mathcal{A}=0$。

证明　$\mathcal{A}$ 是满射 $\Longleftrightarrow \operatorname{Im} \mathcal{A}=V' \Longleftrightarrow V'/\operatorname{Im} \mathcal{A}=0$。最后一步的充分性是由于 $V'/\operatorname{Im} \mathcal{A}=0$,因此对任意 $\beta \in V'$ 有 $\beta + \operatorname{Im} \mathcal{A} = 0 + \operatorname{Im} \mathcal{A}$,由此得出 $\beta \in \operatorname{Im} \mathcal{A}$,从而 $\operatorname{Im} \mathcal{A}=V'$。　◼

将本套教材上册 3.1 节命题 1 和 4.1 节关于线性方程组的矩阵表示结合在一起(并且把数域 K 推广成任一域 F)得出:设 $\boldsymbol{A}$ 是域 F 上的 $s \times n$ 矩阵,其列向量组为 $\boldsymbol{\alpha}_1, \boldsymbol{\alpha}_2, \cdots, \boldsymbol{\alpha}_n$,则 n 元线性方程组 $\boldsymbol{A}x=\boldsymbol{\beta}$ 有解的充分必要条件是 $\boldsymbol{\beta} \in \langle \boldsymbol{\alpha}_1, \boldsymbol{\alpha}_2, \cdots, \boldsymbol{\alpha}_n \rangle$。令 $\mathcal{A}(\boldsymbol{\alpha})=\boldsymbol{A}\boldsymbol{\alpha}$,$\forall \boldsymbol{\alpha} \in F^n$,则 $\mathcal{A}$ 是 F^n 到 F^s 的一个线性映射。我们在前面已指出,$\operatorname{Im} \mathcal{A}$ 等于矩阵 $\boldsymbol{A}$ 的列空间 $\langle \boldsymbol{\alpha}_1, \boldsymbol{\alpha}_2, \cdots, \boldsymbol{\alpha}_n \rangle$,因此 $\boldsymbol{A}x=\boldsymbol{\beta}$ 有解当且仅当 $\boldsymbol{\beta} \in \operatorname{Im} \mathcal{A}$。这表明 $\operatorname{Im} \mathcal{A}$ 越大,就有更多的以 $\boldsymbol{A}$ 为系数矩阵的线性方程组有解。换句话说,$\operatorname{Coker} \mathcal{A}$ 越小,就有更多的以 $\boldsymbol{A}$ 为系数矩阵的线性方程组有解。本套教材上册 4.7 节曾指出:$\operatorname{Im} \mathcal{A}$ 的维数越大,就有更多的以 $\boldsymbol{A}$ 为系数矩阵的线性方程组有解。现在用 $\mathcal{A}$ 的余核的语言再次指出了这一事实。

9.2.2　典型例题

例 1　设 $\mathcal{A}$ 是域 F 上线性空间 V 到 V' 的一个线性映射,W 是 V 的一个子空间,令

$$\mathcal{A}W := \{\mathcal{A}\beta \mid \beta \in W\},$$

证明:(1) $\mathcal{A}W$ 是 V' 的一个子空间;

(2) 若 V 是有限维的,则

$$\dim(\mathcal{A}W) + \dim((\operatorname{Ker} \mathcal{A}) \cap W) = \dim(W)。 \tag{13}$$

证明　(1) 由于 $0 \in W$,因此 $\mathcal{A}(0) \in \mathcal{A}W$。对于任意 $\alpha, \beta \in W, k \in F$,有

$$\mathcal{A}\alpha + \mathcal{A}\beta = \mathcal{A}(\alpha+\beta) \in \mathcal{A}W, k\,\mathcal{A}\alpha = \mathcal{A}(k\alpha) \in \mathcal{A}W,$$

因此 $\mathcal{A}W$ 是 V' 的一个子空间。

(2) 考虑 $\mathcal{A}$ 在子空间 W 上的限制：$\mathcal{A}|W$，它是 W 到 $\mathcal{A}W$ 的一个线性映射。由于

$$\alpha \in \mathrm{Ker}(\mathcal{A}\,|\,W) \iff (\mathcal{A}\,|\,W)\alpha = 0$$
$$\iff \mathcal{A}\alpha = 0 \text{ 且 } \alpha \in W$$
$$\iff \alpha \in (\mathrm{Ker}\,\mathcal{A}) \cap W,$$

因此 $\mathrm{Ker}(\mathcal{A}|W) = (\mathrm{Ker}\,\mathcal{A}) \cap W$。又显然有 $\mathrm{Im}(\mathcal{A}|W) = \mathcal{A}W$，因此

$$\dim(\mathcal{A}W) + \dim((\mathrm{Ker}\,\mathcal{A}) \cap W) = \dim W。 \qquad \blacksquare$$

例 2 设 V,U,W 都是域 F 上的线性空间，并且 V 是有限维的。设 $\mathcal{A} \in \mathrm{Hom}(V,U)$，$\mathcal{B} \in \mathrm{Hom}(U,W)$。证明：

$$\dim(\mathrm{Ker}\,\mathcal{B}\mathcal{A}) \leqslant \dim(\mathrm{Ker}\,\mathcal{A}) + \dim(\mathrm{Ker}\,\mathcal{B})。 \qquad (14)$$

证明 $\mathcal{B}\mathcal{A} \in \mathrm{Hom}(V,W)$，$(\mathcal{B}\mathcal{A})V = \mathcal{B}(\mathcal{A}V) = \mathrm{Im}(\mathcal{B}|\,\mathcal{A}V)$，$\mathrm{Ker}(\mathcal{B}\,|\,\mathcal{A}V) \subseteq \mathrm{Ker}\,\mathcal{B}$。根据线性映射的核与象的维数公式得

$$\dim(\mathrm{Ker}\,\mathcal{B}\mathcal{A}) = \dim V - \dim((\mathcal{B}\mathcal{A})V)$$
$$= \dim V - \dim(\mathrm{Im}(\mathcal{B}\,|\,\mathcal{A}V))$$
$$= \dim V - [\dim(\mathcal{A}V) - \dim(\mathrm{Ker}(\mathcal{B}\,|\,\mathcal{A}V))]$$
$$= \dim V - \dim(\mathcal{A}V) + \dim(\mathrm{Ker}(\mathcal{B}\,|\,\mathcal{A}V))$$
$$\leqslant \dim(\mathrm{Ker}\,\mathcal{A}) + \dim(\mathrm{Ker}\,\mathcal{B})。 \qquad \blacksquare$$

例 3 设 V,U,W 都是域 F 上的线性空间，并且 $\dim V = n, \dim U = m$。设 $\mathcal{A} \in \mathrm{Hom}(V,U)$，$\mathcal{B} \in \mathrm{Hom}(U,W)$。证明：

$$\mathrm{rank}(\mathcal{B}\mathcal{A}) \geqslant \mathrm{rank}(\mathcal{A}) + \mathrm{rank}(\mathcal{B}) - m。 \qquad (15)$$

证明 根据线性映射的核与象的维数公式以及例 2 的公式(14)得

$$\mathrm{rank}(\mathcal{B}\mathcal{A}) = \dim(\mathrm{Im}(\mathcal{B}\mathcal{A}))$$
$$= \dim V - \dim(\mathrm{Ker}(\mathcal{B}\mathcal{A}))$$
$$\geqslant n - [\dim(\mathrm{Ker}\,\mathcal{A}) + \dim(\mathrm{Ker}\,\mathcal{B})]$$
$$= n - \dim(\mathrm{Ker}\,\mathcal{A}) + m - \dim(\mathrm{Ker}\,\mathcal{B}) - m$$
$$= \dim(\mathrm{Im}\,\mathcal{A}) + \dim(\mathrm{Im}\,\mathcal{B}) - m$$
$$= \mathrm{rank}(\mathcal{A}) + \mathrm{rank}(\mathcal{B}) - m。 \qquad \blacksquare$$

点评：根据 9.3 节关于线性映射的矩阵表示可知，例 3 实际上是本套教材上册 4.5 节例 2 的 Sylvester 秩不等式。现在利用线性映射的核与象的维数公式给出了另一种证法，这一证法既直观又简洁。

例 4 设 V,U,W,M 都是域 F 上的线性空间，并且 V,U 都是有限维的。设 $\mathcal{A} \in \mathrm{Hom}(V,U)$，$\mathcal{B} \in \mathrm{Hom}(U,W)$，$\mathcal{C} \in \mathrm{Hom}(W,M)$。证明：

$$\mathrm{rank}(\mathcal{C}\mathcal{B}\mathcal{A}) \geqslant \mathrm{rank}(\mathcal{C}\mathcal{B}) + \mathrm{rank}(\mathcal{B}\mathcal{A}) - \mathrm{rank}(\mathcal{B})。 \qquad (16)$$

证明 $\mathrm{rank}(\mathcal{C}\mathcal{B}\mathcal{A}) = \dim((\mathcal{C}\mathcal{B}\mathcal{A})V)$，$(\mathcal{C}\mathcal{B}\mathcal{A})V = \mathcal{C}[(\mathcal{B}\mathcal{A})V] = \mathrm{Im}(\mathcal{C}\,|\,(\mathcal{B}\mathcal{A})V)$。由于 $\mathcal{A}V \subseteq U$，因此 $(\mathcal{B}\mathcal{A})V \subseteq \mathcal{B}U$，从而 $\mathrm{Ker}(\mathcal{C}\,|\,(\mathcal{B}\mathcal{A})V) \subseteq \mathrm{Ker}(\mathcal{C}\,|\,\mathcal{B}U)$，于是有

$$\mathrm{rank}(\mathcal{C}\mathcal{B}\mathcal{A}) = \dim((\mathcal{C}\mathcal{B}\mathcal{A})V)$$
$$= \dim[\mathrm{Im}(\mathcal{C}\,|\,(\mathcal{B}\mathcal{A})V)]$$

$$=\dim((\mathcal{BA})V)-\dim[\text{Ker}(\mathcal{C}|(\mathcal{BA})V)]$$
$$\geqslant\text{rank}(\mathcal{BA})-\dim[\text{Ker}(\mathcal{C}|\mathcal{B}U)]$$
$$=\text{rank}(\mathcal{BA})-[\dim(\mathcal{B}U)-\dim(\mathcal{C}(\mathcal{B}U))]$$
$$=\text{rank}(\mathcal{BA})-\text{rank}(\mathcal{B})+\text{rank}(\mathcal{C}\mathcal{B})。$$ ∎

点评：例 4 实际上就是本套教材上册习题 4.5 的第 3 题，在"习题答案与提示"中给出了该题的一种证法。现在利用线性映射的核与象的维数公式给出了第二种证法。这一证法较简捷。这个不等式是由 Frobenius 在 1961 年首先证明的。

例 5 设 $\mathcal{A},\mathcal{B}$ 都是域 F 上线性空间 V 上的幂等变换，证明：

(1) $\mathcal{A}$ 与 $\mathcal{B}$ 有相同的象当且仅当 $\mathcal{AB}=\mathcal{B},\mathcal{BA}=\mathcal{A}$；

(2) $\mathcal{A}$ 与 $\mathcal{B}$ 有相同的核当且仅当 $\mathcal{AB}=\mathcal{A},\mathcal{BA}=\mathcal{B}$。

证明 由于 $\mathcal{A},\mathcal{B}$ 都是 V 上的幂等变换，因此根据本节命题 3 得，$\mathcal{A}$ 是平行于 Ker $\mathcal{A}$ 在 Im $\mathcal{A}$ 上的投影，$\mathcal{B}$ 是平行于 Ker $\mathcal{B}$ 在 Im $\mathcal{B}$ 上的投影。

(1) 必要性。设 Im $\mathcal{A}$＝Im $\mathcal{B}$。任取 $\alpha\in V$，有 $\mathcal{B}\alpha\in$ Im$\mathcal{B}$，由已知条件得，$\mathcal{B}\alpha\in$ Im $\mathcal{A}$。根据投影的性质（9.1 节的定理 2）得

$$\mathcal{A}(\mathcal{B}\alpha)=\mathcal{B}\alpha,$$

由此得出，$\mathcal{AB}=\mathcal{B}$。由于 $\mathcal{A}$ 与 $\mathcal{B}$ 的地位对称，因此也有 $\mathcal{BA}=\mathcal{A}$。

充分性。设 $\mathcal{AB}=\mathcal{B},\mathcal{BA}=\mathcal{A}$。任取 $\gamma\in$ Im $\mathcal{A}$。由投影的性质得，$\mathcal{A}\gamma=\gamma$，由已知条件得，$(\mathcal{BA})\gamma=\mathcal{A}\gamma=\gamma$，从而 $\mathcal{B}(\mathcal{A}\gamma)=\gamma$，于是 $\gamma\in$ Im $\mathcal{B}$。因此 Im $\mathcal{A}\subseteq$ Im $\mathcal{B}$。同理可证，Im $\mathcal{B}\subseteq$ Im $\mathcal{A}$，于是 Im $\mathcal{A}$＝Im $\mathcal{B}$。

(2) 必要性。设 Ker $\mathcal{A}$＝Ker $\mathcal{B}$。根据命题 3 得，$V=$ Im $\mathcal{A}\oplus$Ker $\mathcal{A}$。任取 $\alpha\in V$，有

$$\alpha=\alpha_1+\alpha_2,\qquad \alpha_1\in \text{Im } \mathcal{A},\quad \alpha_2\in \text{Ker } \mathcal{A},$$

于是 $\alpha-\alpha_1\in$ Ker $\mathcal{A}$。由已知条件得，$\alpha-\alpha_1\in$ Ker $\mathcal{B}$，于是 $\mathcal{B}(\alpha-\alpha_1)=0$，即 $\mathcal{B}\alpha=\mathcal{B}\alpha_1$。由于 $\mathcal{A}$ 是平行于 Ker $\mathcal{A}$ 在 Im $\mathcal{A}$ 上的投影，因此 $\mathcal{A}\alpha=\alpha_1$，从而

$$(\mathcal{BA})\alpha=\mathcal{B}(\mathcal{A}\alpha)=\mathcal{B}\alpha_1=\mathcal{B}\alpha。$$

由此得出，$\mathcal{BA}=\mathcal{B}$。由于 $\mathcal{A}$ 与 $\mathcal{B}$ 的地位对称，因此也有 $\mathcal{AB}=\mathcal{A}$。

充分性。设 $\mathcal{AB}=\mathcal{A},\mathcal{BA}=\mathcal{B}$。任取 $\delta\in$ Ker $\mathcal{A}$，则 $\mathcal{A}\delta=0$，从而 $\mathcal{BA}\delta=0$。由于 $\mathcal{BA}=\mathcal{B}$，因此 $\mathcal{B}\delta=0$，从而 $\delta\in$ Ker $\mathcal{B}$，于是 Ker $\mathcal{A}\subseteq$ Ker $\mathcal{B}$。同理可证 Ker $\mathcal{B}\subseteq$ Ker $\mathcal{A}$。因此 Ker $\mathcal{A}$＝Ker $\mathcal{B}$。 ∎

点评：例 5 中由于把幂等变换看成投影，因此证明过程显得简洁、清晰。由此体会到：在研究代数问题时有意识地运用几何的语言（它有几何空间作为直观背景），将使思路比较清晰。

例 6 设 V 和 V' 都是域 F 上的线性空间，$\mathcal{A}$ 是 V 到 V' 的一个线性映射。证明：存在直和分解：

$$V=\text{Ker } \mathcal{A}\oplus W,\qquad V'=M\oplus N, \tag{17}$$

使得 $W\cong M$。

证明 由于 Ker $\mathcal{A}$ 是 V 的一个子空间，Im $\mathcal{A}$ 是 V' 的一个子空间，因此根据 8.4 节命题 1，存在 V 的一个子空间 W，V' 的一个子空间 N，使得

$$V=\text{Ker } \mathcal{A}\oplus W,\qquad V'=\text{Im } \mathcal{A}\oplus N。 \tag{18}$$

根据 8.4 节典型例题的例 1 得

$$W \cong V/\mathrm{Ker}\ \mathcal{A}。 \tag{19}$$

根据本节定理 1 得

$$V/\mathrm{Ker}\ \mathcal{A} \cong \mathrm{Im}\ \mathcal{A}。 \tag{20}$$

由于线性空间的同构有传递性,因此从(19)和(20)式得,$W \cong \mathrm{Im}\ \mathcal{A}$。在(17)式中取 $M=\mathrm{Im}\ \mathcal{A}$,即得所要证的结论。 ■

点评:由于我们在 8.4 节的命题 1 中证明了域 F 上线性空间 V(可以是无限维的)的任一子空间都有补空间,因此例 6 中不要求 V 和 V' 是有限维的。此外,在例 6 的证明中,本节定理 1 和 8.4 节的例 1 起了重要作用。由此体会到,尽量多掌握一些重要结论,在解决问题时可以站得更高一些,看得更清楚一些,从而解决问题更简便。

例 7 设 V 是域 F 上的一个线性空间,$\mathrm{char}\ F=0$。证明:如果 $\mathcal{A}_1,\mathcal{A}_2,\cdots,\mathcal{A}_s$ 是 V 上两两不等的线性变换,那么 V 中至少有一个向量 α,使得 $\mathcal{A}_1\alpha,\mathcal{A}_2\alpha,\cdots,\mathcal{A}_s\alpha$ 两两不等。

证明 $\mathcal{A}_1\alpha,\mathcal{A}_2\alpha,\cdots,\mathcal{A}_s\alpha$ 两两不等

$\Longleftrightarrow \quad (\mathcal{A}_1-\mathcal{A}_2)\alpha\neq 0,(\mathcal{A}_1-\mathcal{A}_3)\alpha\neq 0,\cdots,(\mathcal{A}_{s-1}-\mathcal{A}_s)\alpha\neq 0$

$\Longleftrightarrow \quad \alpha\notin\mathrm{Ker}(\mathcal{A}_1-\mathcal{A}_2),\alpha\notin\mathrm{Ker}(\mathcal{A}_1-\mathcal{A}_3),\cdots,\alpha\notin\mathrm{Ker}(\mathcal{A}_{s-1}-\mathcal{A}_s)。$

由于 $\mathcal{A}_1,\mathcal{A}_2,\cdots,\mathcal{A}_s$ 两两不等,因此

$$\mathcal{A}_1-\mathcal{A}_2\neq O,\mathcal{A}_1-\mathcal{A}_3\neq O,\cdots,\mathcal{A}_{s-1}-\mathcal{A}_s\neq O,$$

从而

$$\mathrm{Ker}(\mathcal{A}_1-\mathcal{A}_2)\neq V,\mathrm{Ker}(\mathcal{A}_1-\mathcal{A}_3)\neq V,\cdots,\mathrm{Ker}(\mathcal{A}_{s-1}-\mathcal{A}_s)\neq V。$$

由于域 F 的特征为 0,因此据 8.2 节典型例题的例 10 得

$$\mathrm{Ker}(\mathcal{A}_1-\mathcal{A}_2)\bigcup\mathrm{Ker}(\mathcal{A}_1-\mathcal{A}_3)\bigcup\cdots\bigcup\mathrm{Ker}(\mathcal{A}_{s-1}-\mathcal{A}_s)\neq V,$$

于是存在 $\alpha\in V$,使得

$$\alpha\notin\mathrm{Ker}(\mathcal{A}_1-\mathcal{A}_2)\bigcup\mathrm{Ker}(\mathcal{A}_1-\mathcal{A}_3)\bigcup\cdots\bigcup\mathrm{Ker}(\mathcal{A}_{s-1}-\mathcal{A}_s),$$

从而 $\mathcal{A}_1\alpha,\mathcal{A}_2\alpha,\cdots,\mathcal{A}_s\alpha$ 两两不等。 ■

例 8 设 A 是域 F 上一个 $s\times n$ 矩阵,令

$$\mathcal{A}(\boldsymbol{\alpha}):=\boldsymbol{A}\boldsymbol{\alpha},\qquad \forall\ \boldsymbol{\alpha}\in F^n,$$

证明:$\mathrm{rank}(\mathcal{A})=\mathrm{rank}(\boldsymbol{A})$。

证明 由于 $\mathcal{A}$ 是 F^n 到 F^s 的一个线性映射,因此 $\mathrm{Im}\ \mathcal{A}$ 等于矩阵 A 的列空间 $\langle\boldsymbol{\alpha}_1,\boldsymbol{\alpha}_2,\cdots,\boldsymbol{\alpha}_n\rangle$,从而

$$\mathrm{rank}(\mathcal{A})=\dim(\mathrm{Im}\ \mathcal{A})=\dim\langle\boldsymbol{\alpha}_1,\boldsymbol{\alpha}_2,\cdots,\boldsymbol{\alpha}_n\rangle=\mathrm{rank}(\boldsymbol{A})。 ■$$

例 9 把域 F 看成自身上的一个线性空间,证明:F 上的非零线性变换一定是线性空间 F 到自身的一个同构映射。

证明 把域 F 看成是自身上的线性空间,它是一维的。设 σ 是线性空间 F 上的一个非零线性变换,则 $\mathrm{Ker}\ \sigma$ 是 F 的一个子空间。由于 $\sigma\neq O$,因此 $\mathrm{Ker}\ \sigma\neq F$。由于 $\dim F=1$,因此 $\dim(\mathrm{Ker}\ \sigma)=0$,从而 $\mathrm{Ker}\ \sigma=0$,于是 σ 是单射。由于线性空间 F 是有限维的,因此 σ 也是满射,从而 σ 是双射,又 σ 保持加法和纯量乘法,因此 σ 是线性空间 F 到自身的一个同构映射。 ■

例 10 判断下面定义的 K^4 到 K^3 的映射 $\mathcal{A}$ 是不是线性映射。如果是,求 $\mathrm{Ker}\ \mathcal{A}$,

Im $\mathcal{A}$,Coker $\mathcal{A}$。

$$\mathcal{A}\begin{pmatrix} x_1 \\ x_2 \\ x_3 \\ x_4 \end{pmatrix} = \begin{pmatrix} x_1 - 3x_2 + x_3 - 2x_4 \\ -x_1 - 11x_2 + 2x_3 - 5x_4 \\ 3x_1 + 5x_2 \qquad + x_4 \end{pmatrix}。$$

解 由于

$$\mathcal{A}\begin{pmatrix} x_1 \\ x_2 \\ x_3 \\ x_4 \end{pmatrix} = \begin{pmatrix} 1 & -3 & 1 & -2 \\ -1 & -11 & 2 & -5 \\ 3 & 5 & 0 & 1 \end{pmatrix} \begin{pmatrix} x_1 \\ x_2 \\ x_3 \\ x_4 \end{pmatrix},$$

因此 $\mathcal{A}$ 是 K^4 到 K^3 的一个线性映射。用 A 表示上式右端的 3×4 矩阵,Ker $\mathcal{A}$ 等于 4 元齐次线性方程组 $Ax = 0$ 的解空间,Im $\mathcal{A}$ 等于矩阵 A 的列空间。把 A 经过初等行变换化成简化行阶梯形矩阵:

$$A \rightarrow \begin{pmatrix} 1 & -3 & 1 & -2 \\ 0 & -14 & 3 & -7 \\ 0 & 14 & -3 & 7 \end{pmatrix} \rightarrow \begin{pmatrix} 1 & 0 & \dfrac{5}{14} & -\dfrac{1}{2} \\ 0 & 1 & -\dfrac{3}{14} & \dfrac{1}{2} \\ 0 & 0 & 0 & 0 \end{pmatrix},$$

于是 $Ax = 0$ 的一个基础解系为

$$\boldsymbol{\eta}_1 = (5, -3, -14, 0)', \quad \boldsymbol{\eta}_2 = (1, -1, 0, 2)',$$

从而   Ker $\mathcal{A} = \langle \boldsymbol{\eta}_1, \boldsymbol{\eta}_2 \rangle = \langle (5, -3, -14, 0)', (1, -1, 0, 2)' \rangle$。

从 A 化成的简化行阶梯形矩阵看出,A 的列向量组的一个极大线性无关组是

$$\boldsymbol{\alpha}_1 = \begin{pmatrix} 1 \\ -1 \\ 3 \end{pmatrix}, \quad \boldsymbol{\alpha}_2 = \begin{pmatrix} -3 \\ -11 \\ 5 \end{pmatrix},$$

因此 A 的列空间是 $\langle \boldsymbol{\alpha}_1, \boldsymbol{\alpha}_2 \rangle$,从而

$$\text{Im } \mathcal{A} = \langle (1, -1, 3)', (-3, -11, 5)' \rangle。$$

Coker $\mathcal{A} = K^3 / \text{Im } \mathcal{A}$,把 Im $\mathcal{A}$ 的上述一个基扩充成 K^3 的一个基:

$$\boldsymbol{\alpha}_1 = \begin{pmatrix} 1 \\ -1 \\ 3 \end{pmatrix}, \quad \boldsymbol{\alpha}_2 = \begin{pmatrix} -3 \\ -11 \\ 5 \end{pmatrix}, \quad \boldsymbol{\beta} = \begin{pmatrix} 1 \\ 0 \\ 0 \end{pmatrix}。$$

由 8.4 节定理 1 的证明过程知道,$\boldsymbol{\beta} + \text{Im } \mathcal{A}$ 是 $K^3 / \text{Im } \mathcal{A}$ 的一个基,于是

$$\text{Coker } \mathcal{A} = \langle (1, 0, 0)' + \text{Im } \mathcal{A} \rangle。$$

点评:从例 10 的解题过程看到:若线性映射 $\mathcal{A}$ 是由 $\mathcal{A}(\alpha) = A\alpha, \forall \alpha \in F^n$ 给出,其中 A 是域 F 上一个 $s \times n$ 矩阵,则 Ker $\mathcal{A}$ 等于 n 元齐次线性方程组 $Ax = 0$ 的解空间,Im $\mathcal{A}$ 等于矩阵 A 的列空间。这个结论应熟练掌握。为了求 $Ax = 0$ 的基础解系和 A 的列向量组的一个极大线性无关组,只要先把矩阵 A 经过初等行变换化成简化行阶梯形,然后就容易写出 $Ax = 0$ 的一个基础解系,并且可直接看出 A 的列向量组的一个极大线性无关

组。在求 Coker $\mathcal{A}$ 时，只要先把 Im $\mathcal{A}$ 的一个基 $\boldsymbol{\alpha}_1,\boldsymbol{\alpha}_2,\cdots,\boldsymbol{\alpha}_r$（上面已求出）扩充成 F^s 的一个基 $\boldsymbol{\alpha}_1,\boldsymbol{\alpha}_2,\cdots,\boldsymbol{\alpha}_r,\boldsymbol{\alpha}_{r+1},\cdots,\boldsymbol{\alpha}_s$（以它们为列向量组的矩阵的行列式不等于 0 即可），就可以立即得到 $F^s/\mathrm{Im}\ \mathcal{A}$ 的一个基：$\boldsymbol{\alpha}_{r+1}+\mathrm{Im}\ \mathcal{A},\cdots,\boldsymbol{\alpha}_s+\mathrm{Im}\ \mathcal{A}$。于是立即写出 Coker $\mathcal{A}=\langle\boldsymbol{\alpha}_{r+1}+\mathrm{Im}\ \mathcal{A},\cdots,\boldsymbol{\alpha}_s+\mathrm{Im}\ \mathcal{A}\rangle$。

例 11　设 $\mathcal{A}$ 是域 F 上有限维线性空间 V 上的线性变换，证明：$\mathcal{A}$ 可逆当且仅当对于 V 中任意非零向量 α 有 $\mathcal{A}\alpha\neq 0$。

证明　由于 V 是有限维的，因此根据本节推论 1 和命题 2 得

$\mathcal{A}$ 可逆 $\Longleftrightarrow$　$\mathcal{A}$ 是单射

　　　　$\Longleftrightarrow$　Ker $\mathcal{A}=0$

　　　　$\Longleftrightarrow$　对任意 $\alpha\neq 0$ 有 $\mathcal{A}\alpha\neq 0$。 ■

例 12　设 $\mathcal{A}$ 是域 F 上 n 维线性空间 V 上的线性变换，证明下述两个命题等价：

(1) $\mathcal{A}$ 是可逆变换；

(2) 如果 V 能分解成它的子空间 V_1 与 V_2 的直和，那么 $V=\mathcal{A}(V_1)\oplus\mathcal{A}(V_2)$。

证明　(1)$\Longrightarrow$(2)　设 $\mathcal{A}$ 是可逆变换，则 $\mathcal{A}$ 是 V 到自身的同构映射，从而 $\mathcal{A}(V_1)$，$\mathcal{A}(V_2)$ 都是 V 的子空间。任取 $\alpha\in V$，由于 $V=V_1\oplus V_2$，因此有

$$\mathcal{A}^{-1}\alpha=\delta_1+\delta_2\qquad\delta_1\in V_1,\qquad\delta_2\in V_2,$$

于是有　　　$\alpha=\mathcal{A}(\delta_1)+\mathcal{A}(\delta_2)，\quad\mathcal{A}(\delta_1)\in\mathcal{A}(V_1)，\quad\mathcal{A}(\delta_2)\in\mathcal{A}(V_2)$。

因此　　　　　　　　　　　$V=\mathcal{A}(V_1)+\mathcal{A}(V_2)$。

任取 $\beta\in\mathcal{A}(V_1)\bigcap\mathcal{A}(V_2)$，于是存在 $\gamma_1\in V_1,\gamma_2\in V_2$，使得

$$\beta=\mathcal{A}(\gamma_1),\beta=\mathcal{A}(\gamma_2)。$$

于是 $\mathcal{A}^{-1}(\beta)=\gamma_1,\mathcal{A}^{-1}(\beta)=\gamma_2$，从而 $\gamma_1=\gamma_2$。由于 $V_1\bigcap V_2=0$，因此 $\gamma_1=\gamma_2=0$，从而 $\beta=\mathcal{A}(0)=0$，于是 $\mathcal{A}(V_1)\bigcap\mathcal{A}(V_2)=0$。

综上所述，$V=\mathcal{A}(V_1)\oplus\mathcal{A}(V_2)$。

(2)$\Longrightarrow$(1)　由于 $\mathcal{A}$ 是 V 上的线性变换，且 V_1 和 V_2 是 V 的子空间，因此容易看出 $\mathcal{A}(V_1)$ 和 $\mathcal{A}(V_2)$ 也是 V 的子空间。设 $V=V_1\oplus V_2$ 且 $V=\mathcal{A}(V_1)\oplus\mathcal{A}(V_2)$，

$\mathcal{A}(V)$ 中任取一个向量 $\mathcal{A}\alpha$，由于 $V=V_1\oplus V_2$，因此 $\alpha=\alpha_1+\alpha_2,\alpha_1\in V_1,\alpha_2\in V_2$，从而 $\mathcal{A}\alpha=\mathcal{A}\alpha_1+\mathcal{A}\alpha_2,\mathcal{A}\alpha_1\in\mathcal{A}(V_1),\mathcal{A}\alpha_2\in\mathcal{A}(V_2)$。于是 $\mathcal{A}(V)=\mathcal{A}(V_1)+\mathcal{A}(V_2)$。由于 $V=\mathcal{A}(V_1)\oplus\mathcal{A}(V_2)$，因此 $\mathcal{A}(V_1)\bigcap\mathcal{A}(V_2)=0$，从而

$$\mathcal{A}(V)=\mathcal{A}(V_1)\oplus\mathcal{A}(V_2)，$$

于是 $\mathcal{A}(V)=V$。这表明 $\mathcal{A}$ 是 V 到 V 的满射。由于 V 是有限维的，因此 $\mathcal{A}$ 也是单射，从而 $\mathcal{A}$ 是双射，因此 $\mathcal{A}$ 可逆。 ■

点评：例 11、例 12 以及 9.1 节的例 7 分别给出了有限维线性空间 V 上的线性变换 $\mathcal{A}$ 可逆的充分必要条件。

例 13　设 $\mathcal{A},\mathcal{B}$ 都是域 F 上 n 维线性空间 V 上的线性变换，证明：如果 $\mathrm{rank}(\mathcal{A}\mathcal{B})=\mathrm{rank}(\mathcal{B})$，那么对于 V 上的任意线性变换 C，都有 $\mathrm{rank}(\mathcal{A}\mathcal{B}C)=\mathrm{rank}(\mathcal{B}C)$。

证明　考虑 $\mathcal{A}|_{\mathcal{B}V}$，据定理 2 得

$$\dim(\mathrm{Im}(\mathcal{A}|\ \mathcal{B}V))+\dim\mathrm{Ker}(\mathcal{A}|\ \mathcal{B}V)=\dim\mathcal{B}V。$$

由于 $\mathrm{Im}(\mathcal{A}|\ \mathcal{B}V)=\mathcal{A}\mathcal{B}V$，$\mathrm{Ker}(\mathcal{A}|\ \mathcal{B}V)=(\mathrm{Ker}\ \mathcal{A})\bigcap\mathcal{B}V$，且由已知条件有 $\dim(\mathcal{A}\mathcal{B}V)=$

$\dim(\mathcal{B}V)$，因此 $\dim[(\mathrm{Ker}\,\mathcal{A})\bigcap \mathcal{B}V]=0$，从而 $(\mathrm{Ker}\,\mathcal{A})\bigcap \mathcal{B}V=0$。由于 $\mathcal{B}CV\subseteq \mathcal{B}V$，因此 $(\mathrm{Ker}\,\mathcal{A})\bigcap \mathcal{B}CV=0$。考虑 $\mathcal{A}|\,\mathcal{B}CV$，由于 $\mathrm{Ker}(\mathcal{A}|\,\mathcal{B}CV)=(\mathrm{Ker}\,\mathcal{A})\bigcap \mathcal{B}CV$，因此根据定理 2 得

$$\dim(\mathcal{B}CV)=\dim(\mathcal{A}\mathcal{B}CV)+\dim\mathrm{Ker}(\mathcal{A}\,|\,\mathcal{B}CV)=\dim(\mathcal{A}\mathcal{B}CV)，$$

即　　　　　　　　　　　　$\mathrm{rank}(\mathcal{B}C)=\mathrm{rank}(\mathcal{A}\mathcal{B}C)$。　　　　　■

点评：例 13 也可推广到 $\mathcal{A},\mathcal{B},C$ 是适当的线性空间之间的线性映射的情形。证明方法一样。本套教材上册习题 4.3 的第 15 题对矩阵 $\boldsymbol{A},\boldsymbol{B},\boldsymbol{C}$ 证明了相应的结论，现在用线性映射的核与象的维数公式给出了更简便的证明。

习题 9.2

1. 判断下面定义的 K^4 到 K^5 的映射 $\mathcal{A}$ 是不是线性映射。如果是，求 $\mathrm{Ker}\,\mathcal{A}$，$\mathrm{Im}\,\mathcal{A}$，$\mathrm{Coker}\,\mathcal{A}$。

$$\mathcal{A}\begin{pmatrix} x_1 \\ x_2 \\ x_3 \\ x_4 \end{pmatrix}=\begin{pmatrix} x_1-3x_2+x_3-2x_4 \\ 2x_1+x_2-x_3+3x_4 \\ -x_1+10x_2-4x_3+9x_4 \\ 3x_1-2x_2+x_4 \\ 4x_1+9x_2-5x_3+13x_4 \end{pmatrix}。$$

2. 任意取定 $a\in F$，在 $F[x]$ 中，令 $\mathcal{T}_a: f(x)\longmapsto f(x+a)$。求 $\mathrm{Ker}\,\mathcal{T}_a$，$\mathrm{Im}\,\mathcal{T}_a$，$\mathrm{Coker}\,\mathcal{T}_a$。

3. 求原函数，记作 $\mathcal{B}$（如下式所定义）是不是 $\boldsymbol{R}[x]_{n-1}$ 到 $\boldsymbol{R}[x]_n$ 的一个线性映射？如果是，求 $\mathrm{Ker}\,\mathcal{B}$，$\mathrm{Im}\,\mathcal{B}$，$\mathrm{Coker}\,\mathcal{B}$。

$$\mathcal{B}(a_0+a_1x+\cdots+a_{n-2}x^{n-2})=a_0x+\frac{a_1}{2}x^2+\cdots+\frac{a_{n-2}}{n-1}x^{n-1}。$$

4. 求第 1 题中商空间 $K^4/\mathrm{Ker}\,\mathcal{A}$ 的一个基。

5. $K[x]_{n-1}$ 可看成是 $K[x]_n$ 的一个子空间，求 $K[x]_{n-1}$ 在 $K[x]_n$ 中的一个补空间 W；并且求平行于 W 在 $K[x]_{n-1}$ 上的投影 $\mathcal{P}$ 的象与核，以及 $\mathcal{P}$ 的余核。

*6. 设 $q=p^n$，p 是素数。设 $f(x)\in F_q[x]$，如果 $f(x)$ 诱导的多项式函数 f 是 F_q 到自身的一个双射，那么称 $f(x)$ 是 F_q 上的**置换多项式**。设 $g(x)=\sum_{i=0}^{m}b_ix^{p^i}\in F_q[x]$。证明：$g(x)$ 是 F_q 上的置换多项式当且仅当 $g(x)$ 在 F_q 中有且只有一个根。

7. 设 V 是域 F 上的有限维线性空间，$\mathcal{A}$ 是 V 上的一个线性变换，W 是 V 的一个子空间，用 $\mathcal{A}^{-1}W$ 表示 W 在 $\mathcal{A}$ 下的原象集。证明：

(1) $\dim W-\dim(\mathrm{Ker}\,\mathcal{A})\leqslant\dim(\mathcal{A}W)\leqslant\dim W$；

(2) $\mathcal{A}^{-1}W$ 是 V 的一个子空间，且

$$\dim(\mathcal{A}^{-1}W)\leqslant\dim W+\dim(\mathrm{Ker}\,\mathcal{A})；$$

(3) 若 $W\subseteq\mathrm{Im}\,\mathcal{A}$，则

$$\dim(\mathcal{A}^{-1}W)\geqslant\dim W。$$

8. 设 $\mathcal{A}$ 是域 F 上 n 维线性空间 V 上的线性变换，证明：存在一个正整数 m 使得

$$\mathscr{A}^m V = \mathscr{A}^{m+k} V, \qquad k = 1, 2, 3, \cdots。$$

9.3 线性映射和线性变换的矩阵表示

9.3.1 内容精华

研究线性映射的方法有两种:一种是把它作为具有特殊性质(保持加法和纯量乘法运算)的映射直接进行研究,例如 9.2 节讨论线性映射的核与象、9.1 节讨论线性映射的运算;另一种方法是当线性空间 V 和 V' 都是有限维时,V 到 V' 的线性映射有矩阵表示,于是可以利用矩阵来研究线性映射。同时,也可以利用线性映射来研究矩阵。因此线性映射的矩阵表示既是研究线性映射的强有力的工具,又是研究矩阵的强有力的工具。

一、线性映射和线性变换的矩阵表示

设 V 和 V' 都是域 F 上有限维线性空间,$\dim V = n$,$\dim V' = s$。设 $\mathscr{A}$ 是 V 到 V' 的一个线性映射。我们知道,$\mathscr{A}$ 被它在 V 的一个基上的作用所决定,于是取 V 的一个基 $\alpha_1, \alpha_2, \cdots, \alpha_n$,$\mathscr{A}$ 完全被 $\mathscr{A}\alpha_1, \mathscr{A}\alpha_2, \cdots, \mathscr{A}\alpha_n$ 决定。由于 $\mathscr{A}\alpha_i \in V'$,因此在 V' 中取一个基 $\eta_1, \eta_2, \cdots, \eta_s$,$\mathscr{A}\alpha_i$ 被它在基 $\eta_1, \eta_2, \cdots, \eta_s$ 下的坐标所决定,于是有

$$(\mathscr{A}\alpha_1, \mathscr{A}\alpha_2, \cdots, \mathscr{A}\alpha_n) = (\eta_1, \eta_2, \cdots, \eta_s) \begin{pmatrix} a_{11} & a_{12} & \cdots & a_{1n} \\ a_{21} & a_{22} & \cdots & a_{2n} \\ \vdots & \vdots & & \vdots \\ a_{s1} & a_{s2} & \cdots & a_{sn} \end{pmatrix}。 \tag{1}$$

把(1)式右端的 $s \times n$ 矩阵记作 $\boldsymbol{A}$,它的第 j 列就是 $\mathscr{A}\alpha_j$ 在 V' 的基 $\eta_1, \eta_2, \cdots, \eta_s$ 下的坐标,因此矩阵 $\boldsymbol{A}$ 完全被线性映射 $\mathscr{A}$ 和 V 的基 $\alpha_1, \alpha_2, \cdots, \alpha_n$ 和 V' 的基 $\eta_1, \eta_2, \cdots, \eta_s$ 所决定,称 $\boldsymbol{A}$ 是**线性映射 $\mathscr{A}$ 在 V 的基 $\alpha_1, \alpha_2, \cdots, \alpha_n$ 和 V' 的基 $\eta_1, \eta_2, \cdots, \eta_s$ 下的矩阵**。于是线性映射 $\mathscr{A}$ 有了矩阵表示。

通常把 $(\mathscr{A}\alpha_1, \mathscr{A}\alpha_2, \cdots, \mathscr{A}\alpha_n)$ 记成 $\mathscr{A}(\alpha_1, \alpha_2, \cdots, \alpha_n)$,于是(1)式可以写成

$$\mathscr{A}(\alpha_1, \alpha_2, \cdots, \alpha_n) = (\eta_1, \eta_2, \cdots, \eta_s)\boldsymbol{A}, \tag{2}$$

(2)式中的 $\boldsymbol{A}$ 就是线性映射 $\mathscr{A}$ 在 V 的基 $\alpha_1, \alpha_2, \cdots, \alpha_n$ 和 V' 的基 $\eta_1, \eta_2, \cdots, \eta_s$ 下的矩阵。

对于 V 上的线性变换 $\mathscr{A}$,由于 $\mathscr{A}\alpha_i \in V$,因此 $\mathscr{A}\alpha_i$ 可以用 V 的基 $\alpha_1, \alpha_2, \cdots, \alpha_n$ 线性表出,于是有

$$(\mathscr{A}\alpha_1, \mathscr{A}\alpha_2, \cdots, \mathscr{A}\alpha_n) = (\alpha_1, \alpha_2, \cdots, \alpha_n) \begin{pmatrix} a_{11} & a_{12} & \cdots & a_{1n} \\ a_{21} & a_{22} & \cdots & a_{2n} \\ \vdots & \vdots & & \vdots \\ a_{n1} & a_{n2} & \cdots & a_{nn} \end{pmatrix}, \tag{3}$$

把(3)式右端的 n 级矩阵记作 $\boldsymbol{A}$,它的第 j 列就是 $\mathscr{A}\alpha_j$ 在基 $\alpha_1, \alpha_2, \cdots, \alpha_n$ 下的坐标,因此矩阵 $\boldsymbol{A}$ 完全被线性变换 $\mathscr{A}$ 和 V 的基 $\alpha_1, \alpha_2, \cdots, \alpha_n$ 所决定,称 $\boldsymbol{A}$ 是**线性变换 $\mathscr{A}$ 在基 $\alpha_1, \alpha_2, \cdots,$**

α_n 下的矩阵。于是线性变换 $\mathcal{A}$ 有了矩阵表示。（3）式可以写成

$$\mathcal{A}(\alpha_1,\alpha_2,\cdots,\alpha_n)=(\alpha_1,\alpha_2,\cdots,\alpha_n)\boldsymbol{A},\tag{4}$$

（4）式中的 $\boldsymbol{A}$ 就是线性变换 $\mathcal{A}$ 在基 $\alpha_1,\alpha_2,\cdots,\alpha_n$ 下的矩阵。

例如，设 $\mathcal{A}$ 是域 F 上 n 维线性空间 V 上的幂等变换，则根据 9.2 节的命题 3 得

$$V=\operatorname{Im}\mathcal{A}\oplus\operatorname{Ker}\mathcal{A},\tag{5}$$

且 $\mathcal{A}$ 是平行于 $\operatorname{Ker}\mathcal{A}$ 在 $\operatorname{Im}\mathcal{A}$ 上的投影。在 $\operatorname{Im}\mathcal{A}$ 中取一个基 $\alpha_1,\cdots,\alpha_r$；在 $\operatorname{Ker}\mathcal{A}$ 中取一个基 $\delta_1,\cdots,\delta_{n-r}$，则 $\alpha_1,\cdots,\alpha_r,\delta_1,\cdots,\delta_{n-r}$ 是 V 的一个基。由于 $\mathcal{A}$ 是平行于 $\operatorname{Ker}\mathcal{A}$ 在 $\operatorname{Im}\mathcal{A}$ 上的投影，因此

$$\mathcal{A}\alpha_i=\alpha_i,\qquad i=1,\cdots,r,\tag{6}$$

$$\mathcal{A}\delta_j=0,\qquad j=1,\cdots,n-r,\tag{7}$$

从而幂等变换 $\mathcal{A}$ 在基 $\alpha_1,\cdots,\alpha_r,\delta_1,\cdots,\delta_{n-r}$ 下的矩阵 $\boldsymbol{A}$ 为

$$\boldsymbol{A}=\begin{pmatrix}\boldsymbol{I}_r & \boldsymbol{0}\\ \boldsymbol{0} & \boldsymbol{0}\end{pmatrix},\tag{8}$$

其中 $r=\operatorname{rank}(\boldsymbol{A})=\dim(\operatorname{Im}\mathcal{A})=\operatorname{rank}(\mathcal{A})$。

一般地，我们有下述结论：

命题 1　设 $\mathcal{A}$ 是域 F 上 n 维线性空间 V 上的线性变换，它在 V 的一个基 $\alpha_1,\alpha_2,\cdots,\alpha_n$ 下的矩阵为 $\boldsymbol{A}$，则

$$\operatorname{rank}(\mathcal{A})=\operatorname{rank}(\boldsymbol{A})。\tag{9}$$

证明　由于 $\mathcal{A}\alpha$ 可由 $\mathcal{A}\alpha_1,\mathcal{A}\alpha_2,\cdots,\mathcal{A}\alpha_n$ 线性表出，因此

$$\operatorname{Im}\mathcal{A}=\langle\mathcal{A}\alpha_1,\mathcal{A}\alpha_2,\cdots,\mathcal{A}\alpha_n\rangle。$$

根据（4）式和 8.3 节的例 4 得

$$\dim(\operatorname{Im}\mathcal{A})=\dim\langle\mathcal{A}\alpha_1,\mathcal{A}\alpha_2,\cdots,\mathcal{A}\alpha_n\rangle=\operatorname{rank}(\boldsymbol{A}),$$

于是　　　　　　　　　　$\operatorname{rank}(\mathcal{A})=\operatorname{rank}(\boldsymbol{A})。$ ∎

二、$\mathrm{Hom}(V,V')$ 与 $M_{s\times n}(F)$ 的关系，$\mathrm{Hom}(V,V)$ 与 $M_n(F)$ 的关系

设 V 和 V' 都是域 F 上的有限维线性空间，$\dim V=n$，$\dim V'=s$。在 V 中取一个基 $\alpha_1,\alpha_2,\cdots,\alpha_n$，$V'$ 中取一个基 $\eta_1,\eta_2,\cdots,\eta_s$，则 V 到 V' 的每一个线性映射 $\mathcal{A}$ 都有唯一确定的 $s\times n$ 矩阵 $\boldsymbol{A}$ 与它对应，于是有 $\mathrm{Hom}(V,V')$ 到 $M_{s\times n}(F)$ 的一个映射 $\sigma\colon\mathcal{A}\longmapsto\boldsymbol{A}$，其中 $\boldsymbol{A}$ 满足（2）式。任给 $\boldsymbol{C}\in M_{s\times n}(F)$，设 V' 中的向量 γ_j 在基 $\eta_1,\eta_2,\cdots,\eta_s$ 下的坐标为 $\boldsymbol{C}$ 的第 j 列，$j=1,2,\cdots,n$。根据 9.1 节的定理 1，存在 V 到 V' 的唯一的线性映射 $\mathcal{C}$，使得 $\mathcal{C}(\alpha_j)=\gamma_j$，$j=1,2,\cdots,n$，于是

$$\mathcal{C}(\alpha_1,\alpha_2,\cdots,\alpha_n)=(\gamma_1,\gamma_2,\cdots,\gamma_n)=(\eta_1,\eta_2,\cdots,\eta_s)\boldsymbol{C},$$

从而 $\boldsymbol{C}$ 是线性映射 $\mathcal{C}$ 在 V 的基 $\alpha_1,\alpha_2,\cdots,\alpha_n$ 和 V' 的基 $\eta_1,\eta_2,\cdots,\eta_s$ 下的矩阵，因此 $\sigma(\mathcal{C})=\boldsymbol{C}$。这表明 σ 是满射且 σ 是单射，因此 σ 是双射。下面讨论 σ 是否保持加法和纯量乘法运算。设 $\sigma(\mathcal{A})=\boldsymbol{A}$，$\sigma(\mathcal{B})=\boldsymbol{B}$。由于

$$(\mathcal{A}+\mathcal{B})(\alpha_1,\alpha_2,\cdots,\alpha_n)=((\mathcal{A}+\mathcal{B})\alpha_1,(\mathcal{A}+\mathcal{B})\alpha_2,\cdots,(\mathcal{A}+\mathcal{B})\alpha_n)$$

$$=(\mathcal{A}\alpha_1+\mathcal{B}\alpha_1,\mathcal{A}\alpha_2+\mathcal{B}\alpha_2,\cdots,\mathcal{A}\alpha_n+\mathcal{B}\alpha_n)$$

$$\begin{aligned}
&= (\mathcal{A}\alpha_1, \mathcal{A}\alpha_2, \cdots, \mathcal{A}\alpha_n) + (\mathcal{B}\alpha_1, \mathcal{B}\alpha_2, \cdots, \mathcal{B}\alpha_n) \\
&= (\eta_1, \eta_2, \cdots, \eta_s)\boldsymbol{A} + (\eta_1, \eta_2, \cdots, \eta_s)\boldsymbol{B} \\
&= (\eta_1, \eta_2, \cdots, \eta_s)(\boldsymbol{A} + \boldsymbol{B}),
\end{aligned} \tag{10}$$

因此 $\mathcal{A} + \mathcal{B}$ 在 V 的基 $\alpha_1, \alpha_2, \cdots, \alpha_n$ 和 V' 的基 $\eta_1, \eta_2, \cdots, \eta_s$ 下的矩阵是 $\boldsymbol{A} + \boldsymbol{B}$,从而

$$\sigma(\mathcal{A} + \mathcal{B}) = \boldsymbol{A} + \boldsymbol{B} = \sigma(\mathcal{A}) + \sigma(\mathcal{B})\text{。}$$

对于 $k \in F$,有

$$\begin{aligned}
(k\mathcal{A})(\alpha_1, \alpha_2, \cdots, \alpha_n) &= (k\mathcal{A}\alpha_1, k\mathcal{A}\alpha_2, \cdots, k\mathcal{A}\alpha_n) = k(\mathcal{A}\alpha_1, \mathcal{A}\alpha_2, \cdots, \mathcal{A}\alpha_n) \\
&= k[(\eta_1, \eta_2, \cdots, \eta_s)\boldsymbol{A}] = (\eta_1, \eta_2, \cdots, \eta_s)(k\boldsymbol{A}),
\end{aligned} \tag{11}$$

因此 $k\mathcal{A}$ 在 V 的基 $\alpha_1, \alpha_2, \cdots, \alpha_n$ 和 V' 的基 $\eta_1, \eta_2, \cdots, \eta_s$ 下的矩阵是 $k\boldsymbol{A}$,从而

$$\sigma(k\mathcal{A}) = k\boldsymbol{A} = k\sigma(\mathcal{A})\text{。}$$

综上所述,σ 是域 F 上线性空间 $\mathrm{Hom}(V, V')$ 到 $M_{s\times n}(F)$ 的一个同构映射。于是我们证明了下述定理:

定理 1 设 V 和 V' 分别是域 F 上 n 维、s 维线性空间,则 V 到 V' 的线性映射 $\mathcal{A}$ 与它在 V 的一个基和 V' 的一个基下的矩阵 $\boldsymbol{A}$ 的对应是线性空间 $\mathrm{Hom}(V, V')$ 到 $M_{s\times n}(F)$ 的一个同构映射,从而

$$\mathrm{Hom}(V, V') \cong M_{s\times n}(F), \tag{12}$$

$$\dim(\mathrm{Hom}(V, V')) = sn = (\dim V)(\dim V')\text{。} \tag{13}$$

特别地,有

$$\mathrm{Hom}(V, V) \cong M_n(F), \tag{14}$$

$$\dim(\mathrm{Hom}(V, V)) = (\dim V)^2\text{。} \tag{15}$$

$\mathrm{Hom}(V, V)$ 与 $M_n(F)$ 都是域 F 上的代数,它们都有加法、纯量乘法、乘法运算。我们自然要问:V 上的线性变换 $\mathcal{A}$ 对应于它在 V 的一个基 $\alpha_1, \alpha_2, \cdots, \alpha_n$ 下的矩阵 $\boldsymbol{A}$,是否保持乘法运算? 设 $\boldsymbol{B} = (b_{ij})$,由于

$$\begin{aligned}
(\mathcal{A}\mathcal{B})(\alpha_1, \alpha_2, \cdots, \alpha_n) &= \mathcal{A}(\mathcal{B}\alpha_1, \mathcal{B}\alpha_2, \cdots, \mathcal{B}\alpha_n) \\
&= \mathcal{A}[(\alpha_1, \alpha_2, \cdots, \alpha_n)\boldsymbol{B}] \\
&= \mathcal{A}(b_{11}\alpha_1 + b_{21}\alpha_2 + \cdots + b_{n1}\alpha_n, \cdots, b_{1n}\alpha_1 + b_{2n}\alpha_2 + \cdots + b_{nn}\alpha_n) \\
&= (b_{11}\mathcal{A}\alpha_1 + b_{21}\mathcal{A}\alpha_2 + \cdots + b_{n1}\mathcal{A}\alpha_n, \cdots, b_{1n}\mathcal{A}\alpha_1 + b_{2n}\mathcal{A}\alpha_2 + \cdots + b_{nn}\mathcal{A}\alpha_n) \\
&= (\mathcal{A}\alpha_1, \mathcal{A}\alpha_2, \cdots, \mathcal{A}\alpha_n)\boldsymbol{B} \\
&= [(\alpha_1, \alpha_2, \cdots, \alpha_n)\boldsymbol{A}]\boldsymbol{B} \\
&= (\alpha_1, \alpha_2, \cdots, \alpha_n)(\boldsymbol{A}\boldsymbol{B}),
\end{aligned} \tag{16}$$

因此 $\mathcal{A}\mathcal{B}$ 在基 $\alpha_1, \alpha_2, \cdots, \alpha_n$ 下的矩阵是 $\boldsymbol{A}\boldsymbol{B}$,从而

$$\sigma(\mathcal{A}\mathcal{B}) = \boldsymbol{A}\boldsymbol{B} = \sigma(\mathcal{A})\sigma(\mathcal{B})\text{。}$$

因此 σ 是环 $\mathrm{Hom}(V, V)$ 到 $M_n(F)$ 的一个同构映射。

注:从上述推导过程看出

$$\begin{aligned}
\mathcal{A}[(\alpha_1, \alpha_2, \cdots, \alpha_n)\boldsymbol{B}] &= (\mathcal{A}\alpha_1, \mathcal{A}\alpha_2, \cdots, \mathcal{A}\alpha_n)\boldsymbol{B} \\
&= [\mathcal{A}(\alpha_1, \alpha_2, \cdots, \alpha_n)]\boldsymbol{B},
\end{aligned} \tag{17}$$

并且当 B 是 $n\times m$ 矩阵时,(17)式仍然成立。

定义 1　设 M 和 M' 都是域 F 上的代数,如果存在 M 到 M' 的一个双射 σ,使得 σ 既是线性空间 M 到 M' 的同构映射,又是环 M 到 M' 的同构映射,那么称代数 M 与 M' 是同构的,并且称 σ 是代数 M 到 M' 的一个同构映射。

上面的讨论证明了下述结论:

定理 2　设 V 是域 F 上 n 维线性空间,V 上线性变换 $\mathcal{A}$ 与它在 V 的一个基下的矩阵 A 的对应是代数 $\mathrm{Hom}(V,V)$ 到 $M_n(F)$ 的一个同构映射,从而代数 $\mathrm{Hom}(V,V)$ 与 $M_n(F)$ 是同构的。　　　　　　　　　　　　　　　　　　　　　　　　　　　　　　　　　■

由于线性变换 $\mathcal{A}$ 与它在 V 的一个基下的矩阵 A 的对应是代数同构映射,因此 $\mathrm{Hom}(V,V)$ 与 $M_n(F)$ 的对应元素之间有关加法、纯量乘法、乘法运算的性质是一样的。例如,恒等变换 $\mathcal{I}$ 对应于单位矩阵 I;线性变换 $\mathcal{A}$ 可逆当且仅当它在 V 的一个基下的矩阵 A 可逆,且 $\mathcal{A}^{-1}$ 在 V 的这个基下的矩阵是 A^{-1}。详细论证如下:

$\qquad V$ 上的线性变换 $\mathcal{A}$ 可逆

$\Longleftrightarrow\quad$ 存在 V 上的线性变换 $\mathcal{B}$,使得 $\mathcal{AB}=\mathcal{BA}=\mathcal{I}$

$\Longleftrightarrow\quad$ 存在域 F 上的 n 级矩阵 B,使得 $AB=BA=I$

$\Longleftrightarrow\quad$ 矩阵 A 可逆。

从这个推导过程还可看出,$\mathcal{A}^{-1}=\mathcal{B}$ 当且仅当 $A^{-1}=B$。于是 $\mathcal{A}^{-1}$ 在 V 的这个基下的矩阵是 A^{-1}。

又如,$\mathcal{A}$ 是幂等变换当且仅当它在 V 的一个基下的矩阵 A 是幂等矩阵。详细论证如下:

$\qquad V$ 上的线性变换 $\mathcal{A}$ 是幂等变换

$\Longleftrightarrow\quad \mathcal{A}^2=\mathcal{A}$

$\Longleftrightarrow\quad A^2=A$

$\Longleftrightarrow\quad A$ 是幂等矩阵。

类似地有,V 上的线性变换 $\mathcal{A}$ 是幂零指数为 l 的幂零变换当且仅当它在 V 的一个基下的矩阵 A 是幂零指数为 l 的幂零矩阵;$\mathcal{A}$ 是对合变换当且仅当 A 是对合矩阵。

三、向量在线性映射(或线性变换)下的象的坐标

线性空间 V 中取一个基 $\alpha_1,\alpha_2,\cdots,\alpha_n$,$V$ 上的线性变换 $\mathcal{A}$ 在此基下的矩阵为 A,V 中向量 α 在此基下的坐标记作 x。我们自然要问:向量 $\mathcal{A}\alpha$ 在此基下的坐标是什么? 由于 $\alpha=(\alpha_1,\alpha_2,\cdots,\alpha_n)x$,因此

$$\begin{aligned}\mathcal{A}\alpha&=\mathcal{A}[(\alpha_1,\alpha_2,\cdots,\alpha_n)x]=[\mathcal{A}(\alpha_1,\alpha_2,\cdots,\alpha_n)]x\\&=[(\alpha_1,\alpha_2,\cdots,\alpha_n)A]x=(\alpha_1,\alpha_2,\cdots,\alpha_n)Ax,\end{aligned}\tag{18}$$

从而 $\mathcal{A}\alpha$ 在基 $\alpha_1,\alpha_2,\cdots,\alpha_n$ 下的坐标为 Ax。

由于 V 中两个向量相等当且仅当它们在 V 的一个基下的坐标相等,因此如果向量 γ 在基 $\alpha_1,\alpha_2,\cdots,\alpha_n$ 下的坐标为 y,则

$$\mathcal{A}\alpha=\gamma \quad\Longleftrightarrow\quad Ax=y。\tag{19}$$

对于向量在线性映射下的象的坐标也有类似的结论:

设 $\mathcal{A}$ 是域 F 上 n 维线性空间 V 到 s 维线性空间 V' 的一个线性映射,它在 V 的一个基 $\alpha_1,\alpha_2,\cdots,\alpha_n$ 和 V' 的一个基 $\eta_1,\eta_2,\cdots,\eta_s$ 下的矩阵为 A,V 中向量 α 在基 $\alpha_1,\alpha_2,\cdots,\alpha_n$ 下的坐标为 x,则 $\mathcal{A}\alpha$ 在 V' 的基 $\eta_1,\eta_2,\cdots,\eta_s$ 下的坐标为 Ax。证明如下:由于

$$\mathcal{A}\alpha = \mathcal{A}[(\alpha_1,\alpha_2,\cdots,\alpha_n)x] = [\mathcal{A}(\alpha_1,\alpha_2,\cdots,\alpha_n)]x = [(\eta_1,\eta_2,\cdots,\eta_s)A]x$$
$$= (\eta_1,\eta_2,\cdots,\eta_s)(Ax), \tag{20}$$

因此 $\mathcal{A}\alpha$ 在 V' 的一个基 $\eta_1,\eta_2,\cdots,\eta_s$ 下的坐标为 Ax。

设 V' 中向量 γ 在基 $\eta_1,\eta_2,\cdots,\eta_s$ 下的坐标为 y,则

$$\mathcal{A}\alpha = \gamma \iff Ax = y。 \tag{21}$$

四、线性变换在不同基下的矩阵之间的关系

域 F 上 n 维线性空间 V 上的线性变换 $\mathcal{A}$ 在 V 的不同基下的矩阵有什么关系?

定理 3 设 V 是域 F 上的 n 维线性空间,V 上的一个线性变换 $\mathcal{A}$ 在基 $\alpha_1,\alpha_2,\cdots,\alpha_n$ 下的矩阵为 A,在基 $\eta_1,\eta_2,\cdots,\eta_s$ 下的矩阵为 B,从基 $\alpha_1,\alpha_2,\cdots,\alpha_n$ 到基 $\eta_1,\eta_2,\cdots,\eta_n$ 的过渡矩阵为 S,则

$$B = S^{-1}AS。 \tag{22}$$

证明 由已知条件,有

$$\mathcal{A}(\alpha_1,\alpha_2,\cdots,\alpha_n) = (\alpha_1,\alpha_2,\cdots,\alpha_n)A$$
$$\mathcal{A}(\eta_1,\eta_2,\cdots,\eta_n) = (\eta_1,\eta_2,\cdots,\eta_n)B$$
$$(\eta_1,\eta_2,\cdots,\eta_n) = (\alpha_1,\alpha_2,\cdots,\alpha_n)S,$$

于是

$$(\eta_1,\eta_2,\cdots,\eta_n)S^{-1} = [(\alpha_1,\alpha_2,\cdots,\alpha_n)S]S^{-1}$$
$$= (\alpha_1,\alpha_2,\cdots,\alpha_n),$$

从而

$$\mathcal{A}(\eta_1,\eta_2,\cdots,\eta_n) = \mathcal{A}[(\alpha_1,\alpha_2,\cdots,\alpha_n)S] = [\mathcal{A}(\alpha_1,\alpha_2,\cdots,\alpha_n)]S$$
$$= [(\alpha_1,\alpha_2,\cdots,\alpha_n)A]S = [(\eta_1,\eta_2,\cdots,\eta_n)S^{-1}](AS)$$
$$= (\eta_1,\eta_2,\cdots,\eta_n)(S^{-1}AS)。 \tag{23}$$

(23)式表明 $\mathcal{A}$ 在基 $\eta_1,\eta_2,\cdots,\eta_n$ 下的矩阵为 $S^{-1}AS$。因此

$$B = S^{-1}AS。 \blacksquare$$

定理 3 表明:同一个线性变换 $\mathcal{A}$ 在 V 的不同基下的矩阵是相似的,这就是我们在本套教材上册第 5 章相当多的篇幅讨论 n 级矩阵的相似关系的主要原因。

反之,设域 F 上的 n 级矩阵 A 与 B 相似,则存在域 F 上的 n 级可逆矩阵 P,使得 $B = P^{-1}AP$。设 V 是域 F 上的 n 维线性空间,V 中取一个基 $\alpha_1,\cdots,\alpha_n$。根据本节定理 1,存在 V 上唯一的线性变换 $\mathcal{A}$ 使得 $\mathcal{A}$ 在基 $\alpha_1,\cdots,\alpha_n$ 下的矩阵为 A。令 $(\eta_1,\cdots,\eta_n)=(\alpha_1,\cdots,\alpha_n)P$,由于 P 可逆,因此 $\eta_1,\cdots,\eta_n$ 是 V 的一个基。根据定理 3,$\mathcal{A}$ 在基 $\eta_1,\cdots,\eta_n$ 下的矩阵为 $P^{-1}AP$,它等于 B。因此相似的矩阵可以看成是线性空间 V 上同一个线性变换 $\mathcal{A}$ 在 V 的不同基下的矩阵。

由于 n 维线性空间 V 上的线性变换 $\mathcal{A}$ 在 V 的不同基下的矩阵是相似的,而 n 级矩阵的行列式、秩、迹都是相似关系下的不变量,因此我们把 $\mathcal{A}$ 在 V 的一个基下的矩阵 A 的行

列式、秩、迹分别叫作**线性变换** $\mathcal{A}$ **的行列式、秩、迹**,依次记作 $\det(\mathcal{A})$, $\mathrm{rank}(\mathcal{A})$, $\mathrm{tr}(\mathcal{A})$。这里要指出一点:在 9.2 节我们把 $\mathrm{Im}\mathcal{A}$ 的维数称为 $\mathcal{A}$ 的秩,现在又把 $\mathcal{A}$ 的矩阵 $\boldsymbol{A}$ 的秩叫作 $\mathcal{A}$ 的秩,这会不会产生矛盾? 不会,因为在本节命题 1 中已证明 $\dim(\mathrm{Im}\mathcal{A})=\mathrm{rank}(\boldsymbol{A})$。

对于 n 维线性空间 V 上的线性变换 $\mathcal{A}$,自然希望在 V 中找到一个适当的基,使 $\mathcal{A}$ 在这个基下的矩阵具有最简单的形式。由于 $\mathcal{A}$ 在 V 的不同基下的矩阵是相似的,因此我们可以先取 V 的一个基 $\alpha_1,\alpha_2,\cdots,\alpha_n$,设 $\mathcal{A}$ 在基 $\alpha_1,\alpha_2,\cdots,\alpha_n$ 下的矩阵为 $\boldsymbol{A}$,然后寻找与 $\boldsymbol{A}$ 相似的具有最简单形式的矩阵,称它为 $\boldsymbol{A}$ 的相似标准形。$\boldsymbol{A}$ 的相似标准形是线性变换 $\mathcal{A}$ 在 V 的另一个基下的矩阵。由此看到:在 V 中找一个适当的基使得线性变换 $\mathcal{A}$ 在此基下的矩阵具有最简单形式这个问题,与寻找 n 级矩阵 $\boldsymbol{A}$ 的相似标准形的问题是等价的。如果我们把前一个问题解决了,那么后一个问题就随之解决了。从下一节开始我们将围绕"在 V 中找一个适当的基使得线性变换 $\mathcal{A}$ 在此基下的矩阵具有最简单形式"这个问题展开讨论。

9.3.2　典型例题

例 1　设 $\mathcal{A}$ 是 K^3 上的一个线性变换:
$$\mathcal{A}\begin{pmatrix} x_1 \\ x_2 \\ x_3 \end{pmatrix} = \begin{pmatrix} x_1+2x_2 \\ x_3-x_2 \\ x_2-x_3 \end{pmatrix},$$
求 $\mathcal{A}$ 在 K^3 的标准基 $\varepsilon_1,\varepsilon_2,\varepsilon_3$ 下的矩阵。

解
$$\mathcal{A}\varepsilon_1 = \mathcal{A}\begin{pmatrix} 1 \\ 0 \\ 0 \end{pmatrix} = \begin{pmatrix} 1 \\ 0 \\ 0 \end{pmatrix}, \mathcal{A}\varepsilon_2 = \mathcal{A}\begin{pmatrix} 0 \\ 1 \\ 0 \end{pmatrix} = \begin{pmatrix} 2 \\ -1 \\ 1 \end{pmatrix}, \mathcal{A}\varepsilon_3 = \mathcal{A}\begin{pmatrix} 0 \\ 0 \\ 1 \end{pmatrix} = \begin{pmatrix} 0 \\ 1 \\ -1 \end{pmatrix},$$
因此 $\mathcal{A}$ 在基 $\varepsilon_1,\varepsilon_2,\varepsilon_3$ 下的矩阵 $\boldsymbol{A}$ 为
$$\boldsymbol{A} = \begin{pmatrix} 1 & 2 & 0 \\ 0 & -1 & 1 \\ 0 & 1 & -1 \end{pmatrix}。$$

例 2　在实数域 $\boldsymbol{R}$ 上的线性空间 $\boldsymbol{R}^{\boldsymbol{R}}$ 中,令
$$V = \langle 1, \sin x, \cos x \rangle,$$
那么 $1, \sin x, \cos x$ 是不是 V 的一个基? 求导数 $\mathcal{D}$ 是不是 V 上的一个线性变换? 如果是,求 $\mathcal{D}$ 在 V 的基 $1, \sin x, \cos x$ 下的矩阵 $\boldsymbol{D}$。

解　在 8.1 节的习题第 9 题的第(6)小题中已经证明了 $1, \sin x, \cos x$ 线性无关,因此 $1, \sin x, \cos x$ 是 V 的一个基。由于
$$\mathcal{D}(1) = 0,$$
$$\mathcal{D}(\sin x) = \cos x = 0 \cdot 1 + 0 \cdot \sin x + 1 \cdot \cos x,$$
$$\mathcal{D}(\cos x) = -\sin x = 0 \cdot 1 + (-1)\sin x + 0 \cdot \cos x,$$
因此 $\mathcal{D}$ 是 V 到自身的一个映射,从而 $\mathcal{D}$ 是 V 上的一个线性变换,且从上面的 3 个式子得

出,$\mathcal{D}$ 在 V 的基 $1,\sin x,\cos x$ 下的矩阵 $\boldsymbol{D}$ 为

$$\boldsymbol{D}=\begin{pmatrix} 0 & 0 & 0 \\ 0 & 0 & -1 \\ 0 & 1 & 0 \end{pmatrix}.$$

点评：例 2 中求 $\mathcal{D}$ 在 V 的一个基 $1,\sin x,\cos x$ 下的矩阵 $\boldsymbol{D}$ 时,要注意基向量的顺序是 $1,\sin x,\cos x$,把 $\mathcal{D}(\sin x)$ 按这个顺序表示成 $1,\sin x,\cos x$ 的线性组合,然后取其系数(按这个顺序)作为 $\boldsymbol{D}$ 的第 2 列。同理,把 $\mathcal{D}(\cos x)$ 表示成 $1,\sin x,\cos x$ 的线性组合,取其系数(按这个顺序)作为 $\boldsymbol{D}$ 的第 3 列。

例 3 在数域 K 上的线性空间 $K[x]_n$ 中,求 $\mathcal{D}$ 在基

$$1,x-a,\frac{1}{2!}(x-a)^2,\cdots,\frac{1}{(n-1)!}(x-a)^{n-1}$$

下的矩阵 $\boldsymbol{D}$,其中 a 是 K 中给定的数。

解 $\mathcal{D}(1)=0,\mathcal{D}(x-a)=1,\mathcal{D}\left[\frac{1}{2!}(x-a)^2\right]=x-a,$

$\mathcal{D}\left[\frac{1}{3!}(x-a)^3\right]=\frac{1}{2!}(x-a)^2,\mathcal{D}\left[\frac{1}{4!}(x-a)^4\right]=\frac{1}{3!}(x-a)^3,$

$\vdots$

$\mathcal{D}\left[\frac{1}{(n-1)!}(x-a)^{n-1}\right]=\frac{1}{(n-2)!}(x-a)^{n-2},$

因此 $\mathcal{D}$ 在基 $1,x-a,\frac{1}{2!}(x-a)^2,\cdots,\frac{1}{(n-1)!}(x-a)^{n-1}$ 下的矩阵 $\boldsymbol{D}$ 为

$$\boldsymbol{D}=\begin{pmatrix} 0 & 1 & 0 & 0 & \cdots & 0 \\ 0 & 0 & 1 & 0 & \cdots & 0 \\ 0 & 0 & 0 & 1 & \cdots & 0 \\ 0 & 0 & 0 & 0 & \cdots & 0 \\ \vdots & \vdots & \vdots & \vdots & & \vdots \\ 0 & 0 & 0 & 0 & \cdots & 0 \\ 0 & 0 & 0 & 0 & \cdots & 1 \\ 0 & 0 & 0 & 0 & \cdots & 0 \end{pmatrix}.$$

例 4 在 $M_2(F)$ 中定义下列变换：

$$\mathcal{A}_1(\boldsymbol{X})=\begin{pmatrix} a & b \\ c & d \end{pmatrix}\boldsymbol{X},\mathcal{A}_2(\boldsymbol{X})=\boldsymbol{X}\begin{pmatrix} a & b \\ c & d \end{pmatrix},$$

$$\mathcal{A}_3(\boldsymbol{X})=\begin{pmatrix} a & b \\ c & d \end{pmatrix}\boldsymbol{X}\begin{pmatrix} a & b \\ c & d \end{pmatrix},$$

其中 $\begin{pmatrix} a & b \\ c & d \end{pmatrix}$ 是给定的一个 2 级矩阵,$\mathcal{A}_1,\mathcal{A}_2,\mathcal{A}_3$ 都是域 F 上线性空间 $M_2(F)$ 上的线性变换,分别求它们在基 $\boldsymbol{E}_{11},\boldsymbol{E}_{12},\boldsymbol{E}_{21},\boldsymbol{E}_{22}$ 下的矩阵。

解

$$\mathcal{A}_1(\boldsymbol{E}_{11})=\begin{pmatrix} a & b \\ c & d \end{pmatrix}\begin{pmatrix} 1 & 0 \\ 0 & 0 \end{pmatrix}=\begin{pmatrix} a & 0 \\ c & 0 \end{pmatrix}=a\boldsymbol{E}_{11}+c\boldsymbol{E}_{21},$$

$$\mathcal{A}_1(\boldsymbol{E}_{12}) = \begin{pmatrix} a & b \\ c & d \end{pmatrix} \boldsymbol{E}_{12} = \begin{pmatrix} 0 & a \\ 0 & c \end{pmatrix} = a\boldsymbol{E}_{12} + c\boldsymbol{E}_{22},$$

$$\mathcal{A}_1(\boldsymbol{E}_{21}) = \begin{pmatrix} a & b \\ c & d \end{pmatrix} \boldsymbol{E}_{21} = \begin{pmatrix} b & 0 \\ d & 0 \end{pmatrix} = b\boldsymbol{E}_{11} + d\boldsymbol{E}_{21},$$

$$\mathcal{A}_1(\boldsymbol{E}_{22}) = \begin{pmatrix} a & b \\ c & d \end{pmatrix} \boldsymbol{E}_{22} = \begin{pmatrix} 0 & b \\ 0 & d \end{pmatrix} = b\boldsymbol{E}_{12} + d\boldsymbol{E}_{22},$$

于是 $\mathcal{A}_1$ 在基 $\boldsymbol{E}_{11}, \boldsymbol{E}_{12}, \boldsymbol{E}_{21}, \boldsymbol{E}_{22}$ 下的矩阵 $\boldsymbol{A}_1$ 为

$$\boldsymbol{A}_1 = \begin{pmatrix} a & 0 & b & 0 \\ 0 & a & 0 & b \\ c & 0 & d & 0 \\ 0 & c & 0 & d \end{pmatrix}.$$

类似地可求出 $\mathcal{A}_2$ 在基 $\boldsymbol{E}_{11}, \boldsymbol{E}_{12}, \boldsymbol{E}_{21}, \boldsymbol{E}_{22}$ 下的矩阵 $\boldsymbol{A}_2$ 为

$$\boldsymbol{A}_2 = \begin{pmatrix} a & c & 0 & 0 \\ b & d & 0 & 0 \\ 0 & 0 & a & c \\ 0 & 0 & b & d \end{pmatrix}.$$

由于　　　　　　$\mathcal{A}_3(\boldsymbol{X}) = \begin{pmatrix} a & b \\ c & d \end{pmatrix} \boldsymbol{X} \begin{pmatrix} a & b \\ c & d \end{pmatrix} = \mathcal{A}_1\mathcal{A}_2(\boldsymbol{X}), \forall \boldsymbol{X} \in M_2(F),$

因此 $\mathcal{A}_3 = \mathcal{A}_1\mathcal{A}_2$,从而 $\mathcal{A}_3$ 在基 $\boldsymbol{E}_{11}, \boldsymbol{E}_{12}, \boldsymbol{E}_{21}, \boldsymbol{E}_{22}$ 下的矩阵为

$$\boldsymbol{A}_1\boldsymbol{A}_2 = \begin{pmatrix} a & 0 & b & 0 \\ 0 & a & 0 & b \\ c & 0 & d & 0 \\ 0 & c & 0 & d \end{pmatrix} \begin{pmatrix} a & c & 0 & 0 \\ b & d & 0 & 0 \\ 0 & 0 & a & c \\ 0 & 0 & b & d \end{pmatrix} = \begin{pmatrix} a^2 & ac & ba & bc \\ ab & ad & b^2 & bd \\ ca & c^2 & da & dc \\ cb & cd & db & d^2 \end{pmatrix}.$$

例 5　设 V 是域 F 上的 n 维线性空间,$\mathcal{A}$ 是 V 上的一个线性变换。证明:如果存在 $\alpha \in V$ 使得 $\mathcal{A}^{n-1}\alpha \neq 0$,且 $\mathcal{A}^n\alpha = 0$,那么 V 中存在一个基,使得 $\mathcal{A}$ 在此基下的矩阵为

$$\begin{pmatrix} 0 & 1 & 0 & \cdots & 0 \\ 0 & 0 & 1 & \cdots & 0 \\ \vdots & \vdots & \vdots & & \vdots \\ 0 & 0 & 0 & \cdots & 1 \\ 0 & 0 & 0 & \cdots & 0 \end{pmatrix}.$$

证明　由于 $\mathcal{A}^{n-1}\alpha \neq 0$ 且 $\mathcal{A}^n\alpha = 0$,因此根据 9.1 节例 8 得,$\alpha, \mathcal{A}\alpha, \mathcal{A}^2\alpha, \cdots, \mathcal{A}^{n-1}\alpha$ 线性无关;又由于 V 的维数为 n,因此 $\alpha, \mathcal{A}\alpha, \mathcal{A}^2\alpha, \cdots, \mathcal{A}^{n-1}\alpha$ 是 V 的一个基。由于

$$\mathcal{A}(\mathcal{A}^{n-1}\alpha) = \mathcal{A}^n\alpha = 0, \quad \mathcal{A}(\mathcal{A}^{n-2}\alpha) = \mathcal{A}^{n-1}\alpha, \quad \cdots, \quad \mathcal{A}(\mathcal{A}\alpha) = \mathcal{A}^2\alpha, \quad \mathcal{A}(\alpha) = \mathcal{A}\alpha,$$

因此 $\mathcal{A}$ 在基 $\mathcal{A}^{n-1}\alpha, \cdots, \mathcal{A}\alpha, \alpha$ 下的矩阵为

$$\begin{pmatrix} 0 & 1 & 0 & \cdots & 0 \\ 0 & 0 & 1 & \cdots & 0 \\ \vdots & \vdots & \vdots & & \vdots \\ 0 & 0 & 0 & \cdots & 1 \\ 0 & 0 & 0 & \cdots & 0 \end{pmatrix}.$$

例 6 证明:求导数 $\mathcal{D}$ 在 $K[x]_n(n>1)$ 的任何一个基下的矩阵都不可能是对角矩阵。

证明 假如 $K[x]_n$ 中有一个基 $f_1(x),f_2(x),\cdots,f_n(x)$ 使得

$$\mathcal{D}(f_1(x),f_2(x),\cdots,f_n(x)) = (f_1(x),f_2(x),\cdots,f_n(x))\begin{bmatrix} a_1 & & & \\ & a_2 & & 0 \\ 0 & & \ddots & \\ & & & a_n \end{bmatrix},$$

则 $\mathcal{D}(f_i(x))=a_if_i(x),i=1,2,\cdots,n$。(注:矩阵中未标出元素的地方其元素都为 0,以后同此约定。)

若 $a_i=0$,则 $\mathcal{D}(f_i(x))=0$,从而 $f_i(x)=b_i\in K$,在 $f_1(x),f_2(x),\cdots,f_n(x)$ 中至多有一个 $f_i(x)=b_i$,否则它们线性相关。因此存在 $a_j\neq0$ 使得 $\mathcal{D}(f_j(x))=a_jf_j(x)$。由于 $\mathcal{D}(f_j(x))$ 的次数比 $f_j(x)$ 的次数少 1,因此得出矛盾,从而 $\mathcal{D}$ 在 $K[x]_n(n>1)$ 的任何一个基下的矩阵都不可能是对角矩阵。 ∎

例 7 设 $\mathcal{A}$ 是域 F 上 n 维线性空间 V 上的一个线性变换。证明:

(1) 在 $F[x]$ 中存在一个次数不超过 n^2 的非零多项式 $f(x)$,使得 $f(\mathcal{A})=\mathcal{O}$;

(2) 如果 $f(\mathcal{A})=\mathcal{O},g(\mathcal{A})=\mathcal{O}$,那么 $d(\mathcal{A})=\mathcal{O}$,这里 $d(x)$ 是 $f(x)$ 与 $g(x)$ 的一个最大公因式;

(3) $\mathcal{A}$ 可逆当且仅当有一个常数项不为 0 的多项式 $f(x)$,使得 $f(\mathcal{A})=\mathcal{O}$。

证明 (1) 由于 $\dim(\mathrm{Hom}(V,V))=(\dim V)^2=n^2$,因此下述 n^2+1 个线性变换
$$I,\mathcal{A},\mathcal{A}^2,\mathcal{A}^3,\cdots,\mathcal{A}^{n^2}$$
必定线性相关,从而在 F 中有不全为 0 的元素 $k_0,k_1,\cdots,k_{n^2}$,使得
$$k_0I+k_1\mathcal{A}+k_2\mathcal{A}^2+\cdots+k_{n^2}\mathcal{A}^{n^2}=\mathcal{O}。$$
令 $f(x)=k_0+k_1x+k_2x^2+\cdots+k_{n^2}x^{n^2}$,则 $f(x)\neq0$ 且 $f(\mathcal{A})=\mathcal{O}$。

(2) 设 $d(x)$ 是 $f(x)$ 与 $g(x)$ 的一个最大公因式,则存在 $u(x),v(x)\in F[x]$,使得
$$d(x)=u(x)f(x)+v(x)g(x)。$$
x 用 $\mathcal{A}$ 代入,从上式和已知条件得
$$d(\mathcal{A})=u(\mathcal{A})f(\mathcal{A})+v(\mathcal{A})g(\mathcal{A})=\mathcal{O}。$$

(3) 由第(1)小题得,在 $F[x]$ 中存在一个次数 $m\leqslant n^2$ 的非零多项式 $f(x)=a_0+a_1x+\cdots a_mx^m$,使得 $f(\mathcal{A})=\mathcal{O}$。

充分性。设 $a_0\neq0$,则从 $f(\mathcal{A})=\mathcal{O}$ 得
$$a_0^{-1}a_1\mathcal{A}+a_0^{-1}a_2\mathcal{A}^2+\cdots+a_0^{-1}a_m\mathcal{A}^m=-I。$$
由此得出 $\mathcal{A}(-a_0^{-1}a_1I-a_0^{-1}a_2\mathcal{A}-\cdots-a_0^{-1}a_m\mathcal{A}^{m-1})=I$,
因此 $\mathcal{A}$ 可逆。

必要性。设 $\mathcal{A}$ 可逆,在 $F[x]$ 中取一个次数最低的非零多项式 $m(x)=c_0+c_1x+\cdots+c_rx^r$ 使得 $m(\mathcal{A})=\mathcal{O}$,其中 $c_r\neq0$。假如 $c_0=0$,则
$$\mathcal{A}(c_1I+c_2\mathcal{A}+\cdots+c_r\mathcal{A}^{r-1})=\mathcal{O}。$$
两边左乘 $\mathcal{A}^{-1}$,得 $c_1I+c_2\mathcal{A}+\cdots+c_r\mathcal{A}^{r-1}=\mathcal{O}$。令
$$g(x)=c_1+c_2x+\cdots+c_rx^{r-1},$$

则 $g(\mathcal{A})=O$。但是 $\deg g(x) \leqslant r-1 < \deg m(x)$，这与 $m(x)$ 的取法矛盾，因此 $c_0 \neq 0$。∎

点评：例 7 第 (3) 小题必要性的证明，关键是取一个次数最低非零多项式 $m(x)$ 使得 $m(\mathcal{A})=O$。事物的临界状态往往是量变引起质变的关键点，在数学的研究中也需要抓住临界状态。

例 8 设 V 和 V' 分别是域 F 上 n 维、s 维线性空间，$\mathcal{A}$ 是 V 到 V' 的一个线性映射，它在 V 的一个基 $\alpha_1,\alpha_2,\cdots,\alpha_n$ 和 V' 的一个基 $\eta_1,\eta_2,\cdots,\eta_s$ 下的矩阵是 $\boldsymbol{A}$。证明：

$$\text{rank}(\mathcal{A}) = \text{rank}(\boldsymbol{A})。 \tag{24}$$

证明 把 V' 中的向量对应于它在 V' 的基 $\eta_1,\eta_2,\cdots,\eta_s$ 下的坐标，这是 V' 到 F^s 的一个同构映射。由于向量 $\mathcal{A}\alpha_j$ 在 V' 的基 $\eta_1,\eta_2,\cdots,\eta_s$ 下的坐标是矩阵 $\boldsymbol{A}$ 的第 j 列 $\boldsymbol{Y}_j$，$j=1,2,\cdots,n$，且 $\mathcal{A}\alpha$ 可由 $\mathcal{A}\alpha_1,\mathcal{A}\alpha_2,\cdots,\mathcal{A}\alpha_n$ 线性表出，因此

$$\text{Im } \mathcal{A} = \langle \mathcal{A}\alpha_1,\mathcal{A}\alpha_2,\cdots,\mathcal{A}\alpha_n \rangle \cong \langle \boldsymbol{Y}_1,\boldsymbol{Y}_2,\cdots,\boldsymbol{Y}_n \rangle,$$

从而 $\dim(\text{Im } \mathcal{A}) = \dim \langle \boldsymbol{Y}_1,\boldsymbol{Y}_2,\cdots,\boldsymbol{Y}_n \rangle$，于是

$$\text{rank}(\mathcal{A}) = \text{rank}(\boldsymbol{A})。 ∎$$

例 9 设 V 和 V' 分别是域 F 上 n 维、s 维线性空间，$\mathcal{A}$ 是 V 到 V' 的一个线性映射。证明：存在 V 的一个基和 V' 的一个基，使得 $\mathcal{A}$ 在这一对基下的矩阵为

$$\begin{pmatrix} \boldsymbol{I}_r & \boldsymbol{0} \\ \boldsymbol{0} & \boldsymbol{0} \end{pmatrix},$$

其中 $r=\text{rank}(\mathcal{A})$。

证明 由于 $\text{Ker } \mathcal{A}$ 是 V 的一个子空间，因此它在 V 中有补空间 W，即 $V=W \oplus \text{Ker } \mathcal{A}$。在 W 中取一个基 $\alpha_1,\cdots,\alpha_r$，在 $\text{Ker } \mathcal{A}$ 中取一个基 $\alpha_{r+1},\cdots,\alpha_n$，则 $\mathcal{A}\alpha_1,\cdots,\mathcal{A}\alpha_r$ 是 $\text{Im}\mathcal{A}$ 的一个基。由于 $\text{Im}\mathcal{A}$ 是 V' 的一个子空间，因此它在 V' 中有补空间 N。在 N 中取一个基 $\eta_1,\cdots,\eta_{s-r}$，则 $\mathcal{A}\alpha_1,\cdots,\mathcal{A}\alpha_r,\eta_1,\cdots,\eta_{s-r}$ 是 V' 的一个基，于是 $\mathcal{A}$ 在 V 的基 $\alpha_1,\cdots,\alpha_r$，$\alpha_{r+1},\cdots,\alpha_n$ 和 V' 的基 $\mathcal{A}\alpha_1,\cdots,\mathcal{A}\alpha_r,\eta_1,\cdots,\eta_{s-r}$ 下的矩阵为

$$\begin{pmatrix} 1 & 0 & \cdots & 0 & 0 & \cdots & 0 \\ 0 & 1 & \cdots & 0 & 0 & \cdots & 0 \\ \vdots & \vdots & & \vdots & \vdots & & \vdots \\ 0 & 0 & \cdots & 1 & 0 & \cdots & 0 \\ \vdots & \vdots & & \vdots & \vdots & & \vdots \\ 0 & 0 & \cdots & 0 & 0 & \cdots & 0 \end{pmatrix} = \begin{pmatrix} \boldsymbol{I}_r & \boldsymbol{0} \\ \boldsymbol{0} & \boldsymbol{0} \end{pmatrix},$$

其中 $r=\dim(\text{Im } \mathcal{A})=\text{rank } (\mathcal{A})$。∎

例 10 设 V 和 V' 分别是域 F 上 n 维、s 维线性空间，$\mathcal{A}$ 是 V 到 V' 的一个线性映射，它在 V 的一个基和 V' 的一个基下的矩阵为 $\boldsymbol{A}$。证明：$\mathcal{A}$ 是单射当且仅当 $\boldsymbol{A}$ 是列满秩矩阵；$\mathcal{A}$ 是满射当且仅当 $\boldsymbol{A}$ 是行满秩矩阵。

证明 $\mathcal{A}$ 是单射 $\Longleftrightarrow$ $\text{Ker } \mathcal{A}=0$

$\qquad\qquad\quad \Longleftrightarrow \dim(\text{Im } \mathcal{A})=\dim V-\dim(\text{Ker } \mathcal{A})=n$

$\qquad\qquad\quad \Longleftrightarrow \text{rank}(\mathcal{A})=n$

$\qquad\qquad\quad \Longleftrightarrow \text{rank}(\boldsymbol{A})=n。$

由于 $\boldsymbol{A}$ 是 $s \times n$ 矩阵，因此 $\mathcal{A}$ 是单射当且仅当 $\boldsymbol{A}$ 是列满秩矩阵。

$\mathscr{A}$ 是满射 $\Longleftrightarrow$ Im $\mathscr{A}=V' \Longleftrightarrow \dim(\text{Im } \mathscr{A})=\dim V'=s \Longleftrightarrow \text{rank}(\mathscr{A})=s \Longleftrightarrow \text{rank}(\boldsymbol{A})=s$，因此 $\mathscr{A}$ 是满射当且仅当 $\boldsymbol{A}$ 是行满秩矩阵。∎

例 11 设 V 是数域 K 上的 n 维线性空间，$\mathscr{A}_1, \mathscr{A}_2, \cdots, \mathscr{A}_s$ 都是 V 上的幂等变换。证明：如果 $\mathscr{A}_1+\mathscr{A}_2+\cdots+\mathscr{A}_s$ 也是幂等变换，那么

$$\text{rank}(\mathscr{A}_1+\mathscr{A}_2+\cdots+\mathscr{A}_s) = \text{rank}(\mathscr{A}_1)+\text{rank}(\mathscr{A}_2)+\cdots+\text{rank}(\mathscr{A}_s)。$$

证明 V 中取一个基 $\alpha_1, \alpha_2, \cdots, \alpha_n$。设 $\mathscr{A}_1, \mathscr{A}_2, \cdots, \mathscr{A}_s$ 在此基下的矩阵分别是 $\boldsymbol{A}_1, \boldsymbol{A}_2, \cdots, \boldsymbol{A}_s$，则 $\mathscr{A}_1+\mathscr{A}_2+\cdots+\mathscr{A}_s$ 在此基下的矩阵是 $\boldsymbol{A}_1+\boldsymbol{A}_2+\cdots+\boldsymbol{A}_s$。从 $\mathscr{A}_1, \mathscr{A}_2, \cdots, \mathscr{A}_s, \mathscr{A}_1+\mathscr{A}_2+\cdots+\mathscr{A}_s$ 都是幂等变换得出，$\boldsymbol{A}_1, \boldsymbol{A}_2, \cdots, \boldsymbol{A}_s, \boldsymbol{A}_1+\boldsymbol{A}_2+\cdots+\boldsymbol{A}_s$ 都是幂等矩阵。根据本套教材上册 5.6 节例 2 知道，数域 K 上幂等矩阵的秩等于它的迹。因此

$$\begin{aligned}
\text{rank}(\mathscr{A}_1+\mathscr{A}_2+\cdots+\mathscr{A}_s) &= \text{rank}(\boldsymbol{A}_1+\boldsymbol{A}_2+\cdots+\boldsymbol{A}_s) \\
&= \text{tr}(\boldsymbol{A}_1+\boldsymbol{A}_2+\cdots+\boldsymbol{A}_s) \\
&= \text{tr}(\boldsymbol{A}_1)+\text{tr}(\boldsymbol{A}_2)+\cdots+\text{tr}(\boldsymbol{A}_s) \\
&= \text{rank}(\boldsymbol{A}_1)+\text{rank}(\boldsymbol{A}_2)+\cdots+\text{rank}(\boldsymbol{A}_s) \\
&= \text{rank}(\mathscr{A}_1)+\text{rank}(\mathscr{A}_2)+\cdots+\text{rank}(\mathscr{A}_s)。
\end{aligned}$$
∎

例 12 设 $\mathscr{A}_1, \mathscr{A}_2, \cdots, \mathscr{A}_s$ 都是域 F 上 n 维线性空间 V 上的线性变换，令 $\mathscr{A}=\mathscr{A}_1+\mathscr{A}_2+\cdots+\mathscr{A}_s$，证明：如果

$$\text{rank}(\mathscr{A})=\text{rank}(\mathscr{A}_1)+\text{rank}(\mathscr{A}_2)+\cdots+\text{rank}(\mathscr{A}_s)，$$

那么 $\text{Im}(\mathscr{A})=\text{Im}(\mathscr{A}_1)\oplus\text{Im}(\mathscr{A}_2)\oplus\cdots\oplus\text{Im}(\mathscr{A}_s)$。

证明 任取 $\beta\in\text{Im}\mathscr{A}$，则存在 $\alpha\in V$ 使得

$$\beta=\mathscr{A}\alpha=(\mathscr{A}_1+\mathscr{A}_2+\cdots+\mathscr{A}_s)\alpha=\mathscr{A}_1\alpha+\mathscr{A}_2\alpha+\cdots+\mathscr{A}_s\alpha,$$

因此
$$\text{Im}\mathscr{A}\subseteq\text{Im}\mathscr{A}_1+\text{Im}\mathscr{A}_2+\cdots+\text{Im}\mathscr{A}_s。 \tag{25}$$

根据已知条件以及第 8 章 8.2 节的定理 4 得

$$\begin{aligned}
\dim(\text{Im}\mathscr{A}) &\leqslant \dim(\text{Im}\mathscr{A}_1+\text{Im}\mathscr{A}_2+\cdots+\text{Im}\mathscr{A}_s) \\
&\leqslant \dim(\text{Im}\mathscr{A}_1)+\dim(\text{Im}\mathscr{A}_2)+\cdots+\dim(\text{Im}\mathscr{A}_s) \\
&= \text{rank}(\mathscr{A}_1)+\text{rank}(\mathscr{A}_2)+\cdots+\text{rank}(\mathscr{A}_s) \\
&= \text{rank}(\mathscr{A})=\dim(\text{Im}\mathscr{A})。
\end{aligned}$$

结合 (25) 式并且运用第 8 章 8.2 节的定理 9 得

$$\text{Im}\mathscr{A}=\text{Im}\mathscr{A}_1\oplus\text{Im}\mathscr{A}_2\oplus\cdots\oplus\text{Im}\mathscr{A}_s。$$
∎

例 13 设 $\mathscr{A}_1, \mathscr{A}_2, \cdots, \mathscr{A}_s$ 都是数域 K 上 n 维线性空间 V 上的线性变换，令 $\mathscr{A}=\mathscr{A}_1+\mathscr{A}_2+\cdots+\mathscr{A}_s$，证明：

$\mathscr{A}_1, \mathscr{A}_2, \cdots, \mathscr{A}_s$ 是两两正交的幂等变换

$\Longleftrightarrow$ $\mathscr{A}$ 是幂等变换且 $\text{rank}(\mathscr{A})=\text{rank}(\mathscr{A}_1)+\text{rank}(\mathscr{A}_2)+\cdots+\text{rank}(\mathscr{A}_s)$。

证明 必要性。由于 $\mathscr{A}_1, \mathscr{A}_2, \cdots, \mathscr{A}_s$ 是两两正交的幂等变换，因此

$$\begin{aligned}
\mathscr{A}^2=(\mathscr{A}_1+\mathscr{A}_2+\cdots+\mathscr{A}_s)(\mathscr{A}_1+\mathscr{A}_2+\cdots+\mathscr{A}_s)=\mathscr{A}_1^2+\mathscr{A}_2^2+\cdots+\mathscr{A}_s^2 \\
=\mathscr{A}_1+\mathscr{A}_2+\cdots+\mathscr{A}_s=\mathscr{A},
\end{aligned}$$

从而 $\mathscr{A}$ 是幂等变换。根据例 11 得

$$\text{rank}(\mathscr{A})=\text{rank}(\mathscr{A}_1)+\text{rank}(\mathscr{A}_2)+\cdots+\text{rank}(\mathscr{A}_s)。$$

充分性。由于 $\mathrm{rank}(\mathcal{A})=\mathrm{rank}(\mathcal{A}_1)+\mathrm{rank}(\mathcal{A}_2)+\cdots+\mathrm{rank}(\mathcal{A}_s)$，因此根据例 12 得

$$\mathrm{Im}\,\mathcal{A}=\mathrm{Im}\,\mathcal{A}_1\oplus\mathrm{Im}\,\mathcal{A}_2\oplus\cdots\oplus\mathrm{Im}\,\mathcal{A}_s\text{。}$$

任取 $\alpha\in V$，对于 $i\in\{1,2,\cdots,s\}$，由于 $\mathcal{A}_i\alpha\in\mathrm{Im}\,\mathcal{A}_i\subseteq\mathrm{Im}\,\mathcal{A}$，因此存在 $\beta_i\in V$ 使得 $\mathcal{A}_i\alpha=\mathcal{A}\beta_i$。由于 $\mathcal{A}$ 是幂等变换，因此

$$\begin{aligned}\mathcal{A}_i\alpha=\mathcal{A}\beta_i=\mathcal{A}^2\beta_i&=\mathcal{A}(\mathcal{A}\beta_i)=\mathcal{A}(\mathcal{A}_i\alpha)=(\mathcal{A}_1+\mathcal{A}_2+\cdots+\mathcal{A}_s)(\mathcal{A}_i\alpha)\\&=\mathcal{A}_1\mathcal{A}_i\alpha+\mathcal{A}_2\mathcal{A}_i\alpha+\cdots+\mathcal{A}_{i-1}\mathcal{A}_i\alpha+\mathcal{A}_i^2\alpha+\mathcal{A}_{i+1}\mathcal{A}_i\alpha+\cdots+\mathcal{A}_s\mathcal{A}_i\alpha\text{。}\end{aligned}$$

又有　$\mathcal{A}_i\alpha=0+0+\cdots+0+\mathcal{A}_i\alpha+0+\cdots+0$。

由于　$\mathcal{A}_i\alpha\in\mathrm{Im}\,\mathcal{A}_i,\mathcal{A}_1\mathcal{A}_i\alpha\in\mathrm{Im}\,\mathcal{A}_1,\mathcal{A}_2\mathcal{A}_i\alpha\in\mathrm{Im}\,\mathcal{A}_2,\cdots,\mathcal{A}_s\mathcal{A}_i\alpha\in\mathrm{Im}\,\mathcal{A}_s,$

因此　从 $\mathrm{Im}\,\mathcal{A}$ 的直和分解式中每个向量的表法唯一得

$$\mathcal{A}_1\mathcal{A}_i\alpha=0,\mathcal{A}_2\mathcal{A}_i\alpha=0,\cdots,\mathcal{A}_{i-1}\mathcal{A}_i\alpha=0,\mathcal{A}_i^2\alpha=\mathcal{A}_i\alpha,\mathcal{A}_{i+1}\mathcal{A}_i\alpha=0,\cdots,\mathcal{A}_s\mathcal{A}_i\alpha=0\text{。}$$

由于 α 是 V 中任一向量，因此

$$\mathcal{A}_j\mathcal{A}_i=\mathcal{O}\text{，当 }j\neq i;\mathcal{A}_i^2=\mathcal{A}_i\text{。}$$

又由于 $i\in\{1,2,\cdots,s\}$，因此 $\mathcal{A}_1,\mathcal{A}_2,\cdots,\mathcal{A}_s$ 是两两正交的幂等变换。■

点评：例 13 的充分性用矩阵语言来叙述就是本套教材上册习题 5.3 的第 8 题，在"习题答案与提示"中写出了它的证明过程。现在给出了更巧妙的证明方法。

例 14　已知 K^3 上的线性变换 $\mathcal{A}$ 在基

$$\boldsymbol{\alpha}_1=(8,-6,7)',\boldsymbol{\alpha}_2=(-16,7,-13)',\boldsymbol{\alpha}_3=(9,-3,7)'$$

下的矩阵为

$$\boldsymbol{A}=\begin{pmatrix}1&-18&15\\-1&-22&20\\1&-25&22\end{pmatrix},$$

求 $\mathcal{A}$ 在基 $\boldsymbol{\eta}_1=(1,-2,1)',\boldsymbol{\eta}_2=(3,-1,2)',\boldsymbol{\eta}_3=(2,1,2)'$ 下的矩阵 $\boldsymbol{B}$。

解　设　　　　　$(\boldsymbol{\eta}_1,\boldsymbol{\eta}_2,\boldsymbol{\eta}_3)=(\boldsymbol{\alpha}_1,\boldsymbol{\alpha}_2,\boldsymbol{\alpha}_3)\boldsymbol{S}$，

记 $\boldsymbol{C}=(\boldsymbol{\alpha}_1,\boldsymbol{\alpha}_2,\boldsymbol{\alpha}_3),\boldsymbol{H}=(\boldsymbol{\eta}_1,\boldsymbol{\eta}_2,\boldsymbol{\eta}_3)$，则 $\boldsymbol{H}=\boldsymbol{CS}$，于是

$$\boldsymbol{B}=\boldsymbol{S}^{-1}\boldsymbol{AS}=(\boldsymbol{C}^{-1}\boldsymbol{H})^{-1}\boldsymbol{A}(\boldsymbol{C}^{-1}\boldsymbol{H})=\boldsymbol{H}^{-1}\boldsymbol{C}\boldsymbol{A}\boldsymbol{C}^{-1}\boldsymbol{H}\text{。}$$

计算得

$$\boldsymbol{H}^{-1}=\begin{pmatrix}-\dfrac{4}{5}&-\dfrac{2}{5}&1\\[2mm]1&0&-1\\[2mm]-\dfrac{3}{5}&\dfrac{1}{5}&1\end{pmatrix},$$

$$\boldsymbol{H}^{-1}\boldsymbol{C}=\begin{pmatrix}3&-3&1\\1&-3&2\\1&-2&1\end{pmatrix},\boldsymbol{C}^{-1}\boldsymbol{H}=(\boldsymbol{H}^{-1}\boldsymbol{C})^{-1}=\begin{pmatrix}1&1&-3\\1&2&-5\\1&3&-6\end{pmatrix},$$

$$\boldsymbol{B}=(\boldsymbol{H}^{-1}\boldsymbol{C})\boldsymbol{A}(\boldsymbol{C}^{-1}\boldsymbol{H})=\begin{pmatrix}1&2&2\\3&-1&-2\\2&-3&1\end{pmatrix}\text{。}$$

例 15 设 $\mathcal{A}$ 是域 F 上 n 维线性空间 V 上的一个线性变换。证明：如果 $\mathcal{A}$ 在 V 的各个基下的矩阵都相等，那么 $\mathcal{A}$ 是数乘变换。

证明 设 $\mathcal{A}$ 在 V 的一个基 $\alpha_1,\alpha_2,\cdots,\alpha_n$ 下的矩阵为 $\boldsymbol{A}$。对于域 F 上任一 n 级可逆矩阵 $\boldsymbol{P}$，令

$$(\beta_1,\beta_2,\cdots,\beta_n)=(\alpha_1,\alpha_2,\cdots,\alpha_n)\boldsymbol{P},$$

则 $\beta_1,\beta_2,\cdots,\beta_n$ 是 V 的一个基，且 $\mathcal{A}$ 在基 $\beta_1,\beta_2,\cdots,\beta_n$ 下的矩阵为 $\boldsymbol{P}^{-1}\boldsymbol{A}\boldsymbol{P}$。由已知条件得，$\boldsymbol{P}^{-1}\boldsymbol{A}\boldsymbol{P}=\boldsymbol{A}$，即 $\boldsymbol{A}\boldsymbol{P}=\boldsymbol{P}\boldsymbol{A}$。根据本套教材上册补充题四的第 3 题可得，域 F 上与所有 n 级可逆矩阵可交换的矩阵一定是 n 级数量矩阵，因此 $\boldsymbol{A}=k\boldsymbol{I}$，对某个 $k\in F$，从而 $\mathcal{A}=k\mathcal{I}=k$，即 $\mathcal{A}$ 是数乘变换。∎

例 16 设 $\alpha_1,\alpha_2,\alpha_3,\alpha_4$ 是数域 K 上 4 维线性空间 V 的一个基，V 上的线性变换 $\mathcal{A}$ 在此基下的矩阵为

$$\boldsymbol{A}=\begin{pmatrix} 1 & 0 & 2 & 1 \\ -1 & 2 & 1 & 3 \\ 1 & 2 & 5 & 5 \\ 2 & -2 & 1 & -2 \end{pmatrix}。$$

(1) 求 $\mathcal{A}$ 在基 $\eta_1=\alpha_1-2\alpha_2+\alpha_4,\eta_2=3\alpha_2-\alpha_3-\alpha_4,\eta_3=\alpha_3+\alpha_4,\eta_4=2\alpha_4$ 下的矩阵；

(2) 求 $\mathcal{A}$ 的核与值域；

(3) 在 $\operatorname{Ker}\mathcal{A}$ 中选一个基，把它扩充成 V 的一个基，并且求 $\mathcal{A}$ 在这个基下的矩阵；

(4) 在 $\operatorname{Im}\mathcal{A}$ 中选一个基，把它扩充成 V 的一个基，并且求 $\mathcal{A}$ 在这个基下的矩阵。

解 (1)

$$(\eta_1,\eta_2,\eta_3,\eta_4)=(\alpha_1,\alpha_2,\alpha_3,\alpha_4)\begin{pmatrix} 1 & 0 & 0 & 0 \\ -2 & 3 & 0 & 0 \\ 0 & -1 & 1 & 0 \\ 1 & -1 & 1 & 2 \end{pmatrix},$$

记上式右端的 4 级矩阵为 $\boldsymbol{S}$，计算得

$$\boldsymbol{S}^{-1}=\begin{pmatrix} 1 & 0 & 0 & 0 \\ \dfrac{2}{3} & \dfrac{1}{3} & 0 & 0 \\ \dfrac{2}{3} & \dfrac{1}{3} & 1 & 0 \\ -\dfrac{1}{2} & 0 & -\dfrac{1}{2} & \dfrac{1}{2} \end{pmatrix},$$

于是 $\mathcal{A}$ 在基 $\eta_1,\eta_2,\eta_3,\eta_4$ 下的矩阵 $\boldsymbol{B}$ 为

$$\boldsymbol{B}=\boldsymbol{S}^{-1}\boldsymbol{A}\boldsymbol{S}$$

$$=\begin{pmatrix} 2 & -3 & 3 & 2 \\ \dfrac{2}{3} & -\dfrac{4}{3} & \dfrac{10}{3} & \dfrac{10}{3} \\ \dfrac{8}{3} & -\dfrac{16}{3} & \dfrac{40}{3} & \dfrac{40}{3} \\ 0 & 1 & -7 & -8 \end{pmatrix}。$$

（2）设 α 在基 $\alpha_1, \alpha_2, \alpha_3, \alpha_4$ 下的坐标为 x，则 $\alpha \in \mathrm{Ker}\ \mathcal{A}$ 当且仅当 $Ax = 0$，即 x 属于齐次线性方程组 $Az = 0$ 的解空间 W；$\gamma \in \mathrm{Im}\ \mathcal{A}$ 当且仅当 γ 的坐标属于矩阵 A 的列空间。为此把 A 经过初等行变换化成简化行阶梯形矩阵：

$$A = \begin{pmatrix} 1 & 0 & 2 & 1 \\ -1 & 2 & 1 & 3 \\ 1 & 2 & 5 & 5 \\ 2 & -2 & 1 & -2 \end{pmatrix} \rightarrow \begin{pmatrix} 1 & 0 & 2 & 1 \\ 0 & 1 & \frac{3}{2} & 2 \\ 0 & 0 & 0 & 0 \\ 0 & 0 & 0 & 0 \end{pmatrix},$$

于是 $Az = 0$ 的一个基础解系是

$$X_1 = (4, 3, -2, 0)', \qquad X_2 = (1, 2, 0, -1)',$$

从而

$$\mathrm{Ker}\ \mathcal{A} = \langle 4\alpha_1 + 3\alpha_2 - 2\alpha_3, \quad \alpha_1 + 2\alpha_2 - \alpha_4 \rangle.$$

A 的列向量组的一个极大线性无关组是

$$Y_1 = (1, -1, 1, 2)', \qquad Y_2 = (0, 2, 2, -2)',$$

于是

$$\mathrm{Im}\ \mathcal{A} = \langle \alpha_1 - \alpha_2 + \alpha_3 + 2\alpha_4, \quad 2\alpha_2 + 2\alpha_3 - 2\alpha_4 \rangle.$$

（3）先把 X_1, X_2 扩充成 K^4 的一个基：

$$X_1 = (4, 3, -2, 0)', \qquad X_2 = (1, 2, 0, -1)', \qquad X_3 = \varepsilon_2, \qquad X_4 = \varepsilon_1,$$

于是第（2）小题中 $\mathrm{Ker}\ \mathcal{A}$ 的一个基扩充成 V 的一个基如下：

$$4\alpha_1 + 3\alpha_2 - 2\alpha_3, \quad \alpha_1 + 2\alpha_2 - \alpha_4, \quad \alpha_2, \quad \alpha_1.$$

V 的基 $\alpha_1, \alpha_2, \alpha_3, \alpha_4$ 到上述这个基的过渡矩阵 P 为

$$P = \begin{pmatrix} 4 & 1 & 0 & 1 \\ 3 & 2 & 1 & 0 \\ -2 & 0 & 0 & 0 \\ 0 & -1 & 0 & 0 \end{pmatrix},$$

从而 $\mathcal{A}$ 在基 $4\alpha_1 + 3\alpha_2 - 2\alpha_3, \alpha_1 + 2\alpha_2 - \alpha_4, \alpha_2, \alpha_1$ 下的矩阵 C 为

$$C = P^{-1}AP = \begin{pmatrix} 0 & 0 & -1 & -\dfrac{1}{2} \\ 0 & 0 & 2 & -2 \\ 0 & 0 & 1 & \dfrac{9}{2} \\ 0 & 0 & 2 & 5 \end{pmatrix}.$$

（4）先把 Y_1, Y_2 扩充成 K^4 的一个基：

$$Y_1 = (1, -1, 1, 2)', \qquad Y_2 = (0, 2, 2, -2)', \qquad Y_3 = \varepsilon_2, \qquad Y_4 = \varepsilon_1,$$

于是第（2）小题中 $\mathrm{Im}\ \mathcal{A}$ 的一个基扩充成 V 的一个基如下：

$$\alpha_1 - \alpha_2 + \alpha_3 + 2\alpha_4, \quad 2\alpha_2 + 2\alpha_3 - 2\alpha_4, \quad \alpha_2, \quad \alpha_1.$$

V 的基 $\alpha_1, \alpha_2, \alpha_3, \alpha_4$ 到上述这个基的过渡矩阵 Q 为

$$Q = \begin{pmatrix} 1 & 0 & 0 & 1 \\ -1 & 2 & 1 & 0 \\ 1 & 2 & 0 & 0 \\ 2 & -2 & 0 & 0 \end{pmatrix},$$

于是 $\mathscr{A}$ 在基 $\alpha_1 - \alpha_2 + \alpha_3 + 2\alpha_4, 2\alpha_2 + 2\alpha_3 - 2\alpha_4, \alpha_2, \alpha_1$ 下的矩阵 D 为

$$D = Q^{-1}AQ = \begin{pmatrix} 5 & 2 & 0 & 1 \\ \dfrac{9}{2} & 1 & 1 & 0 \\ 0 & 0 & 0 & 0 \\ 0 & 0 & 0 & 0 \end{pmatrix}。$$

例 17　给定 K^3 的两个基 $\boldsymbol{\alpha}_1, \boldsymbol{\alpha}_2, \boldsymbol{\alpha}_3$ 与 $\boldsymbol{\eta}_1, \boldsymbol{\eta}_2, \boldsymbol{\eta}_3$ 同例 14,定义 K^3 上的一个线性变换 $\mathscr{B}$ 使得

$$\mathscr{B}\alpha_i = \boldsymbol{\eta}_i, \qquad i = 1, 2, 3。$$

(1) 求 $\mathscr{B}$ 在基 $\boldsymbol{\alpha}_1, \boldsymbol{\alpha}_2, \boldsymbol{\alpha}_3$ 下的矩阵;　　(2) 求 $\mathscr{B}$ 在基 $\boldsymbol{\eta}_1, \boldsymbol{\eta}_2, \boldsymbol{\eta}_3$ 下的矩阵。

解　在例 14 中已求出基 $\boldsymbol{\alpha}_1, \boldsymbol{\alpha}_2, \boldsymbol{\alpha}_3$ 到基 $\boldsymbol{\eta}_1, \boldsymbol{\eta}_2, \boldsymbol{\eta}_3$ 的过渡矩阵 S 为

$$S = C^{-1}H = \begin{pmatrix} 1 & 1 & -3 \\ 1 & 2 & -5 \\ 1 & 3 & -6 \end{pmatrix},$$

即 $(\boldsymbol{\eta}_1, \boldsymbol{\eta}_2, \boldsymbol{\eta}_3) = (\boldsymbol{\alpha}_1, \boldsymbol{\alpha}_2, \boldsymbol{\alpha}_3)S$。

(1) $\qquad \mathscr{B}(\boldsymbol{\alpha}_1, \boldsymbol{\alpha}_2, \boldsymbol{\alpha}_3) = (\boldsymbol{\eta}_1, \boldsymbol{\eta}_2, \boldsymbol{\eta}_3) = (\boldsymbol{\alpha}_1, \boldsymbol{\alpha}_2, \boldsymbol{\alpha}_3)S,$

因此 $\mathscr{B}$ 在基 $\boldsymbol{\alpha}_1, \boldsymbol{\alpha}_2, \boldsymbol{\alpha}_3$ 下的矩阵为 S。

(2) $\qquad \mathscr{B}(\boldsymbol{\eta}_1, \boldsymbol{\eta}_2, \boldsymbol{\eta}_3) = \mathscr{B}[(\boldsymbol{\alpha}_1, \boldsymbol{\alpha}_2, \boldsymbol{\alpha}_3)S]$

$$= [\mathscr{B}(\boldsymbol{\alpha}_1, \boldsymbol{\alpha}_2, \boldsymbol{\alpha}_3)]S = (\boldsymbol{\eta}_1, \boldsymbol{\eta}_2, \boldsymbol{\eta}_3)S,$$

因此 $\mathscr{B}$ 在基 $\boldsymbol{\eta}_1, \boldsymbol{\eta}_2, \boldsymbol{\eta}_3$ 下的矩阵为 S。

例 18　$\mathscr{A}$ 是 9.2 节例 10 所定义的 K^4 到 K^3 的一个线性映射,在 K^4 中取一个基:

$$\boldsymbol{\alpha}_1 = \begin{pmatrix} 1 \\ 0 \\ 0 \\ 0 \end{pmatrix}, \qquad \boldsymbol{\alpha}_2 = \begin{pmatrix} 1 \\ 1 \\ 0 \\ 0 \end{pmatrix}, \qquad \boldsymbol{\alpha}_3 = \begin{pmatrix} 1 \\ 1 \\ 1 \\ 0 \end{pmatrix}, \qquad \boldsymbol{\alpha}_4 = \begin{pmatrix} 1 \\ 1 \\ 1 \\ 1 \end{pmatrix},$$

在 K^3 中取一个基:

$$\boldsymbol{\eta}_1 = \begin{pmatrix} 1 \\ 0 \\ -2 \end{pmatrix}, \qquad \boldsymbol{\eta}_2 = \begin{pmatrix} 1 \\ -1 \\ 0 \end{pmatrix}, \qquad \boldsymbol{\eta}_3 = \begin{pmatrix} 0 \\ 0 \\ 1 \end{pmatrix},$$

求 $\mathscr{A}$ 在 K^4 的基 $\boldsymbol{\alpha}_1, \boldsymbol{\alpha}_2, \boldsymbol{\alpha}_3, \boldsymbol{\alpha}_4$ 和 K^3 的基 $\boldsymbol{\eta}_1, \boldsymbol{\eta}_2, \boldsymbol{\eta}_3$ 下的矩阵 A。

解　从 9.2 节例 10 知道

$$\mathscr{A}\begin{pmatrix} x_1 \\ x_2 \\ x_3 \\ x_4 \end{pmatrix} = \begin{pmatrix} 1 & -3 & 1 & -2 \\ -1 & -11 & 2 & -5 \\ 3 & 5 & 0 & 1 \end{pmatrix}\begin{pmatrix} x_1 \\ x_2 \\ x_3 \\ x_4 \end{pmatrix},$$

于是

$$\mathcal{A}\pmb{\alpha}_1=\begin{pmatrix}1\\-1\\3\end{pmatrix},\quad \mathcal{A}\pmb{\alpha}_2=\begin{pmatrix}-2\\-12\\8\end{pmatrix},\quad \mathcal{A}\pmb{\alpha}_3=\begin{pmatrix}-1\\-10\\8\end{pmatrix},\quad \mathcal{A}\pmb{\alpha}_4=\begin{pmatrix}-3\\-15\\9\end{pmatrix}.$$

由于

$$\mathcal{A}(\pmb{\alpha}_1,\pmb{\alpha}_2,\pmb{\alpha}_3,\pmb{\alpha}_4)=(\pmb{\eta}_1,\pmb{\eta}_2,\pmb{\eta}_3)\pmb{A},$$

因此

$$\pmb{A}=\begin{pmatrix}1&1&0\\0&-1&0\\-2&0&1\end{pmatrix}^{-1}\begin{pmatrix}1&-2&-1&-3\\-1&-12&-10&-15\\3&8&8&9\end{pmatrix}$$

$$=\begin{pmatrix}0&-14&-11&-18\\1&12&10&15\\3&-20&-14&-27\end{pmatrix}.$$

例 19　在 K^2 中取一个基 $\pmb{\alpha}_1=(1,-1)'$，$\pmb{\alpha}_2=(0,1)'$；在 K^3 中取两个向量 $\pmb{\gamma}_1=(1,0,-3)'$，$\pmb{\gamma}_2=(-5,0,15)'$。定义 K^2 到 K^3 的一个线性映射 $\mathcal{A}$ 使得 $\mathcal{A}\pmb{\alpha}_i=\pmb{\gamma}_i,i=1,2$。在 K^3 中取一个基 $\pmb{\eta}_1=(1,1,1)'$，$\pmb{\eta}_2=(0,1,1)'$，$\pmb{\eta}_3=(0,0,1)'$。求 $\mathcal{A}$ 在 K^2 的基 $\pmb{\alpha}_1,\pmb{\alpha}_2$ 和 K^3 的基 $\pmb{\eta}_1,\pmb{\eta}_2,\pmb{\eta}_3$ 下的矩阵 $\pmb{A}$。

解　　　　$\mathcal{A}(\pmb{\alpha}_1,\pmb{\alpha}_2)=(\pmb{\gamma}_1,\pmb{\gamma}_2),$

设 $\pmb{\gamma}_1,\pmb{\gamma}_2$ 在 K^3 的基 $\pmb{\eta}_1,\pmb{\eta}_2,\pmb{\eta}_3$ 下的坐标列向量分别为 $\pmb{X}_1,\pmb{X}_2$，

则　　　　$(\pmb{\gamma}_1,\pmb{\gamma}_2)=(\pmb{\eta}_1,\pmb{\eta}_2,\pmb{\eta}_3)(\pmb{X}_1,\pmb{X}_2).$

于是　　　　$(\pmb{X}_1,\pmb{X}_2)=(\pmb{\eta}_1,\pmb{\eta}_2,\pmb{\eta}_3)^{-1}(\pmb{\gamma}_1,\pmb{\gamma}_2)$

$$=\begin{pmatrix}1&0&0\\1&1&0\\1&1&1\end{pmatrix}^{-1}\begin{pmatrix}1&-5\\0&0\\-3&15\end{pmatrix}$$

$$=\begin{pmatrix}1&-5\\-1&5\\-3&5\end{pmatrix}.$$

由于　　　　$\mathcal{A}(\pmb{\alpha}_1,\pmb{\alpha}_2)=(\pmb{\eta}_1,\pmb{\eta}_2,\pmb{\eta}_3)(\pmb{X}_1,\pmb{X}_2),$

因此 $\mathcal{A}$ 在 K^2 的基 $\pmb{\alpha}_1,\pmb{\alpha}_2$ 和 K^3 的基 $\pmb{\eta}_1,\pmb{\eta}_2,\pmb{\eta}_3$ 下的矩阵 $\pmb{A}$ 为

$$\pmb{A}=\begin{pmatrix}1&-5\\-1&5\\-3&5\end{pmatrix}.$$

例 20　设 V,V',V'' 分别是域 F 上 n 维、s 维、m 维的线性空间，$\mathcal{A}\in\mathrm{Hom}(V,V')$，$\mathcal{B}\in\mathrm{Hom}(V',V'')$。设 $\mathcal{A}$ 在 V 的基 $\alpha_1,\alpha_2,\cdots,\alpha_n$ 和 V' 的基 $\eta_1,\eta_2,\cdots,\eta_s$ 下的矩阵为 $\pmb{A}$，$\mathcal{B}$ 在 V' 的基 $\eta_1,\eta_2,\cdots,\eta_s$ 和 V'' 的基 $\delta_1,\delta_2,\cdots,\delta_m$ 下的矩阵为 $\pmb{B}$，证明：$\mathcal{B}\mathcal{A}$ 在 V 的基 $\alpha_1,\alpha_2,\cdots,\alpha_n$ 和 V'' 的基 $\delta_1,\delta_2,\cdots,\delta_m$ 下的矩阵为 $\pmb{BA}$。

证明　　　　$\mathcal{A}(\alpha_1,\alpha_2,\cdots,\alpha_n)=(\eta_1,\eta_2,\cdots,\eta_s)\pmb{A},$

$$\mathcal{B}(\eta_1,\eta_2,\cdots,\eta_s)=(\delta_1,\delta_2,\cdots,\delta_m)\pmb{B},$$

于是

$$(\mathcal{B}\mathcal{A})(\alpha_1, \alpha_2, \cdots, \alpha_n) = \mathcal{B}[(\eta_1, \eta_2, \cdots, \eta_s)\boldsymbol{A}] = [\mathcal{B}(\eta_1, \eta_2, \cdots, \eta_s)]\boldsymbol{A}$$
$$= [(\delta_1, \delta_2, \cdots, \delta_m)\boldsymbol{B}]\boldsymbol{A} = (\delta_1, \delta_2, \cdots, \delta_m)(\boldsymbol{BA}),$$

因此 $\mathcal{B}\mathcal{A}$ 在 V 的基 $\alpha_1, \alpha_2, \cdots, \alpha_n$ 和 V'' 的基 $\delta_1, \delta_2, \cdots, \delta_m$ 下的矩阵为 $\boldsymbol{BA}$。 ■

例 21 设 $\boldsymbol{A}, \boldsymbol{B}$ 都是域 F 上的 $s \times n$ 矩阵。证明:n 元齐次线性方程组 $\boldsymbol{Ax} = \boldsymbol{0}$ 和 $\boldsymbol{Bx} = \boldsymbol{0}$ 同解当且仅当存在域 F 上的 s 级可逆矩阵 $\boldsymbol{C}$,使得 $\boldsymbol{B} = \boldsymbol{CA}$。

证明 充分性是显然的,下面证明必要性。

定义 F^n 到 F^s 的映射 $\mathcal{A}, \mathcal{B}$ 分别如下:

$$\mathcal{A}(\boldsymbol{\alpha}) = \boldsymbol{A\alpha}, \quad \mathcal{B}(\boldsymbol{\alpha}) = \boldsymbol{B\alpha}, \quad \forall \boldsymbol{\alpha} \in F^n,$$

则 $\mathcal{A}, \mathcal{B}$ 都是 F^n 到 F^s 的线性映射,且 $\mathrm{Ker}\,\mathcal{A}$ 等于 $\boldsymbol{Ax} = \boldsymbol{0}$ 的解空间,$\mathrm{Ker}\,\mathcal{B}$ 等于 $\boldsymbol{Bx} = \boldsymbol{0}$ 的解空间。由于 $\mathrm{Ker}\,\mathcal{A}$ 是 F^n 的一个子空间,因此有 $F^n = \mathrm{Ker}\,\mathcal{A} \oplus W$。已知 $\boldsymbol{Ax} = \boldsymbol{0}$ 与 $\boldsymbol{Bx} = \boldsymbol{0}$ 同解,因此 $\mathrm{Ker}\,\mathcal{A} = \mathrm{Ker}\,\mathcal{B}$,从而 $F^n = \mathrm{Ker}\,\mathcal{B} \oplus W$。设 $\mathrm{rank}(\boldsymbol{A}) = r$,则 $\dim(\mathrm{Ker}\,\mathcal{A}) = n - r$,从而 $\dim W = n - (n - r) = r$。在 W 中取一个基 $\boldsymbol{\alpha}_1, \cdots, \boldsymbol{\alpha}_r$,在 $\mathrm{Ker}\,\mathcal{A}$ 中取一个基 $\boldsymbol{\alpha}_{r+1}, \cdots, \boldsymbol{\alpha}_n$,则 $\boldsymbol{\alpha}_1, \cdots, \boldsymbol{\alpha}_r, \boldsymbol{\alpha}_{r+1}, \cdots, \boldsymbol{\alpha}_n$ 是 F^n 的一个基,于是 $\mathcal{A}\boldsymbol{\alpha}_1, \cdots, \mathcal{A}\boldsymbol{\alpha}_r$ 是 $\mathrm{Im}\mathcal{A}$ 的一个基。由于 $\mathrm{Ker}\,\mathcal{B} = \mathrm{Ker}\,\mathcal{A}$,因此 $\mathcal{B}\boldsymbol{\alpha}_1, \cdots, \mathcal{B}\boldsymbol{\alpha}_r$ 是 $\mathrm{Im}\,\mathcal{B}$ 的一个基。把它们分别扩充成 F^s 的一个基:

$$\mathcal{A}\boldsymbol{\alpha}_1, \cdots, \mathcal{A}\boldsymbol{\alpha}_r, \boldsymbol{\gamma}_1, \cdots, \boldsymbol{\gamma}_{s-r};$$
$$\mathcal{B}\boldsymbol{\alpha}_1, \cdots, \mathcal{B}\boldsymbol{\alpha}_r, \boldsymbol{\delta}_1, \cdots, \boldsymbol{\delta}_{s-r}.$$

定义 F^s 上的一个线性变换 $\mathcal{C}$,使得

$$\mathcal{C}(\mathcal{A}\boldsymbol{\alpha}_i) = \mathcal{B}\boldsymbol{\alpha}_i, \quad i = 1, 2, \cdots, r;$$
$$\mathcal{C}(\boldsymbol{\gamma}_j) = \boldsymbol{\delta}_j, \quad j = 1, 2, \cdots, s - r.$$

由于 $\mathcal{C}$ 把基映成基,因此根据 9.1 节例 7 得,$\mathcal{C}$ 是可逆的,从而 $\mathcal{C}$ 在 F^s 的标准基 $\tilde{\boldsymbol{\varepsilon}}_1, \tilde{\boldsymbol{\varepsilon}}_2, \cdots, \tilde{\boldsymbol{\varepsilon}}_s$ 下的矩阵 $\boldsymbol{C}$ 是 s 级可逆矩阵。

从 $\mathcal{A}$ 和 $\mathcal{B}$ 的定义看出,$\mathcal{A}$ 和 $\mathcal{B}$ 在 F^n 的标准基 $\boldsymbol{\varepsilon}_1, \boldsymbol{\varepsilon}_2, \cdots, \boldsymbol{\varepsilon}_n$ 和 F^s 的标准基 $\tilde{\boldsymbol{\varepsilon}}_1, \tilde{\boldsymbol{\varepsilon}}_2, \cdots, \tilde{\boldsymbol{\varepsilon}}_s$ 下的矩阵分别为 $\boldsymbol{A}, \boldsymbol{B}$。于是根据例 20 得,$\mathcal{C}\mathcal{A}$ 在 F^n 的基 $\boldsymbol{\varepsilon}_1, \boldsymbol{\varepsilon}_2, \cdots, \boldsymbol{\varepsilon}_n$ 和 F^s 的基 $\tilde{\boldsymbol{\varepsilon}}_1, \tilde{\boldsymbol{\varepsilon}}_2, \cdots, \tilde{\boldsymbol{\varepsilon}}_s$ 下的矩阵为 $\boldsymbol{CA}$。由于

$$(\mathcal{C}\mathcal{A})\boldsymbol{\alpha}_i = \mathcal{C}(\mathcal{A}\boldsymbol{\alpha}_i) = \mathcal{B}\boldsymbol{\alpha}_i, \quad i = 1, 2, \cdots, r,$$
$$(\mathcal{C}\mathcal{A})\boldsymbol{\alpha}_j = \mathcal{C}(\mathcal{A}\boldsymbol{\alpha}_j) = \mathcal{C}(\boldsymbol{0}) = \boldsymbol{0} = \mathcal{B}\boldsymbol{\alpha}_j, \quad j = r + 1, \cdots, n,$$

因此 $\mathcal{C}\mathcal{A} = \mathcal{B}$。由此得出,$\boldsymbol{CA} = \boldsymbol{B}$。 ■

点评:从例 21 和习题 8.2 的第 17 题的结论得,设 $\boldsymbol{A}, \boldsymbol{B}$ 都是域 F 上的 $s \times n$ 矩阵,则 $\boldsymbol{A}$ 的行向量组与 $\boldsymbol{B}$ 的行向量组等价当且仅当存在域 F 上的 s 级可逆矩阵 $\boldsymbol{C}$,使得 $\boldsymbol{B} = \boldsymbol{CA}$;从而矩阵 $\boldsymbol{A}$ 可以经过一系列初等行变换变成矩阵 $\boldsymbol{B}$。

习题 9.3

1. 在 $\mathbf{R}^{\mathbf{R}}$ 中,由下述两个函数

$$f_1 = \mathrm{e}^{ax}\cos bx, \qquad f_2 = \mathrm{e}^{ax}\sin bx$$

生成的子空间记作 V,其中 $b\neq 0$。f_1,f_2 是不是 V 的一个基? 求导数 $\mathcal{D}$ 是不是 V 上的一个线性变换? 如果是,求 $\mathcal{D}$ 在 V 的一个基 f_1,f_2 下的矩阵。

2. 在 $\mathbf{R^R}$ 中,由下述 6 个函数

$$f_1 = e^{ax}\cos bx, \qquad f_2 = e^{ax}\sin bx,$$
$$f_3 = xe^{ax}\cos bx, \qquad f_4 = xe^{ax}\sin bx,$$
$$f_5 = \frac{1}{2}x^2 e^{ax}\cos bx, \qquad f_6 = \frac{1}{2}x^2 e^{ax}\sin bx$$

生成的子空间记作 V,其中 $b\neq 0$。f_1,f_2,f_3,f_4,f_5,f_6 是不是 V 的一个基? 求导数 $\mathcal{D}$ 是不是 V 上的一个线性变换? 如果是,求 $\mathcal{D}$ 在基 f_1,f_2,f_3,f_4,f_5,f_6 下的矩阵 $\mathbf{D}$。

3. 给定 $a\in\mathbf{R}$,定义 $\mathbf{R}[x]_n$ 到自身的一个映射 $\mathcal{A}$ 如下:

$$\mathcal{A}(f(x)) = f(x+a) - f(x),$$

$\mathcal{A}$ 是不是 $\mathbf{R}[x]_n$ 上的一个线性变换? 如果是,求 $\mathcal{A}$ 在 $\mathbf{R}[x]_n$ 的一个基 $1, x-a$, $\frac{1}{2!}(x-a)^2,\cdots,\frac{1}{(n-1)!}(x-a)^{n-1}$ 下的矩阵。

4. 在习题 9.2 的第 3 题中指出,求原函数记作 $\mathcal{B}$,它的定义如下:

$$\mathcal{B}(a_0 + a_1 x + \cdots + a_{n-2}x^{n-2}) = a_0 x + \frac{a_1}{2}x^2 + \cdots + \frac{a_{n-2}}{n-1}x^{n-1},$$

它是 $\mathbf{R}[x]_{n-1}$ 到 $\mathbf{R}[x]_n$ 的一个线性映射。求 $\mathcal{B}$ 在 $\mathbf{R}[x]_{n-1}$ 的一个基 $1, x, x^2,\cdots,x^{n-2}$ 和 $\mathbf{R}[x]_n$ 的一个基 $1, x, x^2,\cdots,x^{n-2},x^{n-1}$ 下的矩阵 $\mathbf{B}$。

5. 在几何空间 V 中取一个右手直角坐标系 $Oxyz$,x 轴、y 轴、z 轴上的单位向量分别为 $\vec{e}_1,\vec{e}_2,\vec{e}_3$,设 $\mathcal{A}$ 是在 xOz 面上的正投影,$\mathcal{B}$ 是在 z 轴上的正投影。分别求 $\mathcal{A},\mathcal{B},\mathcal{AB}$ 在基 $\vec{e}_1,\vec{e}_2,\vec{e}_3$ 下的矩阵。

6. 设 V 是域 F 上的 n 维线性空间,证明:V 上的线性变换 $\mathcal{A}$ 如果与 V 上的所有线性变换都可交换,那么 $\mathcal{A}$ 是数乘变换。

7. 设 V 和 V' 分别是域 F 上 n 维、s 维线性空间,证明:V 到 V' 的每一个秩为 r 的线性映射 $\mathcal{A}$ 都能表示成 r 个秩为 1 的线性映射的和。

8. 在 K^3 中取一个基 $\boldsymbol{\alpha}_1=(1,1,1)',\boldsymbol{\alpha}_2=(1,1,0)',\boldsymbol{\alpha}_3=(1,0,0)'$;在 K^2 中取 3 个向量 $\boldsymbol{\gamma}_1=(1,-1)',\boldsymbol{\gamma}_2=(0,1)',\boldsymbol{\gamma}_3=(2,-1)'$。定义 K^3 到 K^2 的一个线性映射 $\mathcal{A}$,使得

$$\mathcal{A}\boldsymbol{\alpha}_i = \boldsymbol{\gamma}_i, \qquad i=1,2,3,$$

在 K^2 中取一个基 $\boldsymbol{\eta}_1=(1,0)',\boldsymbol{\eta}_2=(1,1)'$。求 $\mathcal{A}$ 在 K^3 的基 $\boldsymbol{\alpha}_1,\boldsymbol{\alpha}_2,\boldsymbol{\alpha}_3$ 和 K^2 的基 $\boldsymbol{\eta}_1,\boldsymbol{\eta}_2$ 下的矩阵。

9. 已知 K^3 上的线性变换 $\mathcal{A}$ 在标准基 $\boldsymbol{\varepsilon}_1,\boldsymbol{\varepsilon}_2,\boldsymbol{\varepsilon}_3$ 下的矩阵是

$$\mathbf{A} = \begin{pmatrix} 15 & -11 & 5 \\ 20 & -15 & 8 \\ 8 & -7 & 6 \end{pmatrix},$$

求 $\mathcal{A}$ 在基 $\boldsymbol{\eta}_1=(2,3,1)',\boldsymbol{\eta}_2=(3,4,1)',\boldsymbol{\eta}_3=(1,2,2)'$ 下的矩阵 $\mathbf{B}$。

10. 设域 F 上三维线性空间 V 上的线性变换 $\mathcal{A}$ 在基 $\alpha_1,\alpha_2,\alpha_3$ 下的矩阵为

$$A = \begin{pmatrix} a_{11} & a_{12} & a_{13} \\ a_{21} & a_{22} & a_{23} \\ a_{31} & a_{32} & a_{33} \end{pmatrix},$$

(1) 求 $\mathcal{A}$ 在基 $\alpha_2,\alpha_3,\alpha_1$ 下的矩阵;

(2) 求 $\mathcal{A}$ 在基 $k\alpha_1,\alpha_2,\alpha_3$ 下的矩阵,其中 $k\in F$ 且 $k\neq0$;

(3) 求 $\mathcal{A}$ 在基 $\alpha_1,\alpha_1+\alpha_2,\alpha_3$ 下的矩阵。

11. 设 $\mathcal{A}$ 是域 F 上 n 维线性空间 V 到 s 维线性空间 V' 的一个线性映射。$\mathcal{A}$ 在 V 的基 $\alpha_1,\alpha_2,\cdots,\alpha_n$ 和 V' 的基 $\eta_1,\eta_2,\cdots,\eta_s$ 下的矩阵为 A,$\mathcal{A}$ 在 V 的基 $\beta_1,\beta_2,\cdots,\beta_n$ 和 V' 的基 $\delta_1,\delta_2,\cdots,\delta_s$ 下的矩阵为 B。证明:如果 V 的基 $\alpha_1,\alpha_2,\cdots,\alpha_n$ 到基 $\beta_1,\beta_2,\cdots,\beta_n$ 的过渡矩阵为 P,V' 的基 $\eta_1,\eta_2,\cdots,\eta_s$ 到基 $\delta_1,\delta_2,\cdots,\delta_s$ 的过渡矩阵为 Q,那么

$$B = Q^{-1}AP。$$

9.4 线性变换的特征值和特征向量,线性变换可对角化的条件

9.4.1 内容精华

从这一节开始,我们将针对域 F 上 n 维线性空间 V 上的线性变换 $\mathcal{A}$,研究如何找出 V 的一个适当的基,使得 $\mathcal{A}$ 在这个基下的矩阵具有最简单的形式。

首先研究对于线性变换 $\mathcal{A}$,能不能找到 V 的一个基,使得 $\mathcal{A}$ 在这个基下的矩阵为对角矩阵。

$\mathcal{A}$ 在 V 的基 $\xi_1,\xi_2,\cdots,\xi_n$ 下的矩阵为对角矩阵(空白处的元素为 0)

$$D = \begin{pmatrix} \lambda_1 & & & \\ & \lambda_2 & & \\ & & \ddots & \\ & & & \lambda_n \end{pmatrix}$$

$$\Longleftrightarrow \quad \mathcal{A}(\xi_1,\xi_2,\cdots,\xi_n)=(\xi_1,\xi_2,\cdots,\xi_n)D=(\lambda_1\xi_1,\lambda_2\xi_2,\cdots,\lambda_n\xi_n)$$

$$\Longleftrightarrow \quad \mathcal{A}\xi_i=\lambda_i\xi_i, \qquad i=1,2,\cdots,n。 \tag{1}$$

一、线性变换的特征值和特征向量

由(1)式受到启发,引出下述重要概念。

定义 1 设 $\mathcal{A}$ 是域 F 上线性空间 V 上的一个线性变换,如果 V 中存在一个非零向量 ξ,F 中存在一个元素 λ_0,使得

$$\mathcal{A}\xi = \lambda_0\xi, \tag{2}$$

那么称 λ_0 是线性变换 $\mathcal{A}$ 的一个**特征值**,称 ξ 是 $\mathcal{A}$ 的属于特征值 λ_0 的一个**特征向量**。

对于几何空间 V，如果 ξ 是线性变换 $\mathscr{A}$ 的属于特征值 λ_0 的一个特征向量，那么 $\mathscr{A}$ 对 ξ 的作用是把 ξ 拉伸（或压缩）λ_0 倍。

定义 1 对于域 F 上无限维线性空间 V 上的线性变换 $\mathscr{A}$ 也适用。

对于域 F 上 n 维线性空间 V 上的线性变换 $\mathscr{A}$，设它在 V 的一个基 $\alpha_1, \alpha_2, \cdots, \alpha_n$ 下的矩阵为 A，向量 ξ 在基 $\alpha_1, \alpha_2, \cdots, \alpha_n$ 下的坐标是 x，设 $\lambda_0 \in F$，则据 9.3 节(19)式得

$$\mathscr{A}\xi = \lambda_0 \xi \quad \Longleftrightarrow \quad Ax = \lambda_0 x, \tag{3}$$

由此得出下述结论：

(1) λ_0 是 $\mathscr{A}$ 的一个特征值 $\Longleftrightarrow$ λ_0 是 A 的一个特征值；

(2) ξ 是 $\mathscr{A}$ 的属于特征值 λ_0 的一个特征向量 $\Longleftrightarrow$ ξ 的坐标 x 是 A 的属于特征值 λ_0 的特征向量。

上述第 1 个结论表明：线性变换 $\mathscr{A}$ 在 V 的一个基下的矩阵 A 的全部特征值（它们是 $|\lambda I - A|$ 在 F 中的全部根）就是线性变换 $\mathscr{A}$ 的全部特征值。由于 $|\lambda I - A|$ 是 n 次多项式，它在 F 中至多有 n 个根（重根按重数计算），因此 $\mathscr{A}$ 的特征值至多有 n 个（重根按重数计算）。第 2 个结论表明：对于矩阵 A 的每一个特征值 λ_i，求出齐次线性方程组 $(\lambda_i I - A)x = 0$ 的一个基础解系 $X_1, X_2, \cdots, X_t$，则分别以 $X_1, X_2, \cdots, X_t$ 为坐标的向量 $\xi_1, \xi_2, \cdots, \xi_t$ 就是线性变换 $\mathscr{A}$ 的属于特征值 λ_i 的极大线性无关特征向量组。

对于数域 K 上 n 维线性空间 V 上的线性变换 $\mathscr{A}$，若它在 V 的一个基下的矩阵 A 的元素都是具体的数时，采用上述结论去求 $\mathscr{A}$ 的全部特征值和特征向量，参看例 1，例 3。

对于域 F 上线性空间 V 上的特殊类型的线性变换，采用定义 1 和有关命题去求它的全部特征值，参看例 6，习题 9.4 的第 6，8 题。

二、线性变换可对角化的充分必要条件

如果 V 中存在一个基，使得线性变换 $\mathscr{A}$ 在这个基下的矩阵是对角矩阵，那么称 $\mathscr{A}$ **可对角化**。

由于线性变换 $\mathscr{A}$ 在 V 的不同基下的矩阵是相似的，并且相似的矩阵可以看成是 V 上同一个线性变换 $\mathscr{A}$ 在 V 的不同基下的矩阵，因此线性变换 $\mathscr{A}$ 可对角化当且仅当 $\mathscr{A}$ 在 V 的基下的矩阵 A 可对角化。

(1)式的推导过程证明了下述结论：

定理 1 域 F 上 n 维线性空间 V 上的线性变换 $\mathscr{A}$ 可对角化当且仅当 $\mathscr{A}$ 有 n 个线性无关的特征向量 $\xi_1, \xi_2, \cdots, \xi_n$，此时 $\mathscr{A}$ 在基 $\xi_1, \xi_2, \cdots, \xi_n$ 下的矩阵为（空白处的元素为 0）

$$\begin{bmatrix} \lambda_1 & & & \\ & \lambda_2 & & \\ & & \ddots & \\ & & & \lambda_n \end{bmatrix}, \tag{4}$$

其中 λ_i 是 ξ_i 所属的特征值（即 $\mathscr{A}\xi_i = \lambda_i \xi_i$），$i = 1, 2, \cdots, n$。矩阵(4)称为 $\mathscr{A}$ 的**标准形**。除了主对角线上元素的排列次序外，$\mathscr{A}$ 的标准形是由 $\mathscr{A}$ 唯一决定的。 ■

从定理 1 立即得到：

推论 1 域 F 上 n 维线性空间 V 上的线性变换 $\mathscr{A}$ 可对角化当且仅当 V 中存在由 $\mathscr{A}$

的特征向量组成的一个基。

设 $\mathcal{A}$ 是域 F 上线性空间 V 上的一个线性变换,λ_0 是 $\mathcal{A}$ 的一个特征值,令

$$V_{\lambda_0} := \{\alpha \in V \mid \mathcal{A}\alpha = \lambda_0\alpha\}, \tag{5}$$

易验证 V_{λ_0} 是 V 的一个子空间,称 V_{λ_0} 是 $\mathcal{A}$ 的属于特征值 λ_0 的**特征子空间**。V_{λ_0} 中全部非零向量就是 $\mathcal{A}$ 的属于特征值 λ_0 的全部特征向量。由于

$$\alpha \in V_{\lambda_0} \iff \mathcal{A}\alpha = \lambda_0\alpha \iff (\lambda_0 I - \mathcal{A})\alpha = 0 \iff \alpha \in \mathrm{Ker}(\lambda_0 I - \mathcal{A}),$$

因此
$$V_{\lambda_0} = \mathrm{Ker}(\lambda_0 I - \mathcal{A}), \tag{6}$$

即线性变换 $\mathcal{A}$ 的属于特征值 λ_0 的特征子空间等于线性变换 $\lambda_0 I - \mathcal{A}$ 的核。

设 V 是域 F 上 n 维线性空间,V 上线性变换 $\mathcal{A}$ 在 V 的一个基 $\alpha_1, \alpha_2, \cdots, \alpha_n$ 下的矩阵为 A,λ_0 是 $\mathcal{A}$ 的一个特征值。设 σ 是 V 到 F^n 的一个同构映射,它把 V 中向量对应于它在基 $\alpha_1, \alpha_2, \cdots, \alpha_n$ 下的坐标,则 $\sigma(V_{\lambda_0})$ 等于 n 元齐次线性方程组 $(\lambda_0 I - A)x = 0$ 的解空间,即矩阵 A 的属于特征值 λ_0 的特征子空间 W_{λ_0},于是

$$\dim(V_{\lambda_0}) = \dim(W_{\lambda_0}) = n - \mathrm{rank}(\lambda_0 I - A)$$
$$= n - \mathrm{rank}(\lambda_0 I - A)。 \tag{7}$$

由于域 F 上 n 级矩阵 A 可对角化当且仅当 A 的属于不同特征值的特征子空间的维数之和等于 n,因此从上面一段话得出:

推论 2 域 F 上 n 维线性空间 V 上的线性变换 $\mathcal{A}$ 可对角化当且仅当 $\mathcal{A}$ 的属于不同特征值的特征子空间的维数之和等于 n。

根据 8.2 节例 15 可得,域 F 上 n 级矩阵 A 可对角化当且仅当 F^n 等于 A 的属于不同特征值的特征子空间的直和,因此有:

推论 3 域 F 上 n 维线性空间 V 上的线性变换 $\mathcal{A}$ 可对角化当且仅当下式成立:

$$V = V_{\lambda_1} \oplus V_{\lambda_2} \oplus \cdots \oplus V_{\lambda_s}, \tag{8}$$

其中 $\lambda_1, \lambda_2, \cdots, \lambda_s$ 是 $\mathcal{A}$ 的全部不同的特征值。

由于 n 维线性空间 V 上线性变换 $\mathcal{A}$ 在 V 的不同基下的矩阵是相似的,而相似的矩阵有相等的特征多项式,因此我们把 $\mathcal{A}$ 在 V 的一个基下的矩阵 A 的特征多项式称为线性变换 $\mathcal{A}$ 的**特征多项式**。设 λ_i 是 $\mathcal{A}$ 的一个特征值,把 λ_i 作为 $\mathcal{A}$ 的特征多项式的根的重数叫作 λ_i 的**代数重数**(简称为重数),把 $\mathcal{A}$ 的属于特征值 λ_i 的特征子空间 V_{λ_i} 的维数叫作 λ_i 的**几何重数**。根据本套教材上册 5.5 节命题 2 可得,域 F 上 n 级矩阵 A 的特征值 λ_i 的几何重数不超过它的代数重数。因此域 F 上 n 维线性空间 V 上的线性变换 $\mathcal{A}$ 的特征值 λ_i 的几何重数不超过它的代数重数。

根据推论 3 和定理 1 得:

域 F 上 n 维线性空间 V 上的线性变换 $\mathcal{A}$ 可对角化

$\iff V = V_{\lambda_1} \oplus V_{\lambda_2} \oplus \cdots \oplus V_{\lambda_s}$,其中 $\lambda_1, \lambda_2, \cdots, \lambda_s$ 是 $\mathcal{A}$ 的全部不同的特征值

$\iff V_{\lambda_1}$ 中取一个基 $\xi_{11}, \cdots, \xi_{1r_1}$,$V_{\lambda_2}$ 中取一个基 $\xi_{21}, \cdots, \xi_{2r_2}$,$\cdots$,$V_{\lambda_s}$ 中取一个基 $\xi_{s1}, \cdots, \xi_{sr_s}$,它们合起来是 V 的一个基,其中 $\lambda_1, \lambda_2, \cdots, \lambda_s$ 是 $\mathcal{A}$ 的全部不同的特征值,此时 $\mathcal{A}$ 在 V 的这个基下的矩阵为

$$\mathrm{diag}\{\underbrace{\lambda_1, \cdots, \lambda_1}_{r_1}, \underbrace{\lambda_2, \cdots, \lambda_2}_{r_2}, \cdots, \underbrace{\lambda_s, \cdots, \lambda_s}_{r_s}\}, \tag{9}$$

因此 $\mathcal{A}$ 可对角化当且仅当 $\mathcal{A}$ 的标准形为对角矩阵,其主对角线上的元素是 $\mathcal{A}$ 的全部特征值,且每个特征值 λ_i 出现的次数等于它的几何重数 r_i。于是当 $\mathcal{A}$ 可对角化时,$\mathcal{A}$ 的特征多项式为

$$(\lambda - \lambda_1)^{r_1}(\lambda - \lambda_2)^{r_2}\cdots(\lambda - \lambda_s)^{r_s}, \tag{10}$$

且 λ_i 的代数重数等于它的几何重数 $r_i, i = 1, 2, \cdots, s$。反之,如果 $\mathcal{A}$ 的特征多项式在 $F[\lambda]$ 中能分解成一次因式的方幂的乘积:

$$(\lambda - \lambda_1)^{l_1}(\lambda - \lambda_2)^{l_2}\cdots(\lambda - \lambda_s)^{l_s}, \tag{11}$$

其中 $\lambda_1, \lambda_2, \cdots, \lambda_s$ 两两不等,且 $\mathcal{A}$ 的每个特征值 λ_i 的代数重数 l_i 等于它的几何重数,那么根据推论 2 得,$\mathcal{A}$ 可对角化。于是我们证明了下述结论:

命题 1　域 F 上 n 维线性空间 V 上的线性变换 $\mathcal{A}$ 可对角化当且仅当 $\mathcal{A}$ 的特征多项式在 $F[\lambda]$ 中可分解成

$$(\lambda - \lambda_1)^{l_1}(\lambda - \lambda_2)^{l_2}\cdots(\lambda - \lambda_s)^{l_s}, \tag{12}$$

其中 $\lambda_1, \lambda_2, \cdots, \lambda_s$ 两两不等,且 $\mathcal{A}$ 的每个特征值 λ_i 的几何重数等于它的代数重数,$i = 1, 2, \cdots, s$。

定理 1、推论 1、推论 2、推论 3、命题 1 给出了域 F 上 n 维线性空间 V 上的线性变换 $\mathcal{A}$ 可对角化的 5 个充分必要条件,在 9.6 节我们将给出 $\mathcal{A}$ 可对角化的第 6 个充分必要条件。希望同学们熟练掌握这 6 个充分必要条件。

9.4.2　典型例题

例 1　设 V 是数域 K 上 3 维线性空间,$\mathcal{A}$ 是 V 上的一个线性变换,它在 V 的一个基 $\alpha_1, \alpha_2, \alpha_3$ 下的矩阵 $\boldsymbol{A}$ 为

$$\boldsymbol{A} = \begin{pmatrix} 2 & -2 & 2 \\ -2 & -1 & 4 \\ 2 & 4 & -1 \end{pmatrix},$$

求 $\mathcal{A}$ 的全部特征值和特征向量;$\mathcal{A}$ 是否可对角化? 如果 $\mathcal{A}$ 可对角化,求 $\mathcal{A}$ 的标准形。

解　$\mathcal{A}$ 的特征多项式为

$$|\lambda \boldsymbol{I} - \boldsymbol{A}| = \begin{vmatrix} \lambda - 2 & 2 & -2 \\ 2 & \lambda + 1 & -4 \\ -2 & -4 & \lambda + 1 \end{vmatrix} = (\lambda - 3)^2(\lambda + 6),$$

于是 $\mathcal{A}$ 的全部特征值是 $3(2 \text{ 重}), -6$。

对于特征值 3,解齐次线性方程组 $(3\boldsymbol{I} - \boldsymbol{A})\boldsymbol{x} = \boldsymbol{0}$,得到一个基础解系:

$$\begin{pmatrix} -2 \\ 1 \\ 0 \end{pmatrix}, \quad \begin{pmatrix} 2 \\ 0 \\ 1 \end{pmatrix},$$

于是 $\mathcal{A}$ 的属于特征值 3 的全部特征向量是

$$\{k_1(-2\alpha_1 + \alpha_2) + k_2(2\alpha_1 + \alpha_3) \mid k_1, k_2 \in K, \text{且 } k_1, k_2 \text{ 不全为 } 0\}。$$

对于特征值 -6,求出 $(-6\boldsymbol{I} - \boldsymbol{A})\boldsymbol{x} = \boldsymbol{0}$ 的一个基础解系:

$$\begin{bmatrix} 1 \\ 2 \\ -2 \end{bmatrix},$$

于是 $\mathscr{A}$ 的属于特征值 -6 的全部特征向量是

$$\{k(\alpha_1 + 2\alpha_2 - 2\alpha_3) \mid k \in K, 且 k \neq 0\}。$$

由于矩阵 A 的属于不同特征值的特征向量是线性无关的,因此线性变换 $\mathscr{A}$ 的属于不同特征值的特征向量是线性无关的,从而 $\mathscr{A}$ 有 3 个线性无关的特征向量,于是 $\mathscr{A}$ 可对角化。$\mathscr{A}$ 的标准形为

$$\begin{bmatrix} 3 & 0 & 0 \\ 0 & 3 & 0 \\ 0 & 0 & -6 \end{bmatrix}。$$

例 2 在 $K[x]_n (n > 1)$ 中,写出求导数 $\mathscr{D}$ 的特征多项式。

解 在 $K[x]_n$ 中取一个基 $1, x, x^2, \cdots, x^{n-1}$,求导数 $\mathscr{D}$ 在此基下的矩阵 D 为

$$D = \begin{bmatrix} 0 & 1 & 0 & \cdots & 0 \\ 0 & 0 & 2 & \cdots & 0 \\ 0 & 0 & 0 & \cdots & 0 \\ \vdots & \vdots & \vdots & & \vdots \\ 0 & 0 & 0 & \cdots & n-1 \\ 0 & 0 & 0 & \cdots & 0 \end{bmatrix},$$

于是 $|\lambda I - D| = \lambda^n$,从而 $\mathscr{D}$ 的特征多项式为 λ^n。

例 3 设 $\mathscr{A}$ 是数域 K 上 4 维线性空间 V 上的一个线性变换,它在 V 的一个基 $\alpha_1, \alpha_2, \alpha_3, \alpha_4$ 下的矩阵 A 为

$$A = \begin{bmatrix} 1 & 0 & 0 & 0 \\ 0 & 0 & 0 & 0 \\ 1 & 0 & 0 & 0 \\ 0 & 0 & 0 & 1 \end{bmatrix}。$$

(1) 求 $\mathscr{A}$ 的全部特征值与特征向量;

(2) 求 V 的一个基,使得 $\mathscr{A}$ 在这个基下的矩阵为对角矩阵,并且写出这个对角矩阵。

解 (1)

$$|\lambda I - A| = \begin{vmatrix} \lambda-1 & 0 & 0 & 0 \\ 0 & \lambda & 0 & 0 \\ -1 & 0 & \lambda & 0 \\ 0 & 0 & 0 & \lambda-1 \end{vmatrix} = \lambda^2(\lambda-1)^2,$$

于是 $\mathscr{A}$ 的全部特征值是 $0(2\,重),1(2\,重)$。

对于特征值 0,解齐次线性方程组 $(-A)x = 0$,求出一个基础解系:

$$(0,1,0,0)', \qquad (0,0,1,0)',$$

于是 $\mathscr{A}$ 的属于特征值 0 的全部特征向量是

$$\{k_1\alpha_2 + k_2\alpha_3 \mid k_1, k_2 \in K, 且 k_1, k_2 \text{ 不全为 } 0\}。$$

对于特征值 1，解齐次线性方程组 $(I-A)x=0$，求出一个基础解系：
$$(1,0,1,0)',\qquad (0,0,0,1)',$$
于是 $\mathcal{A}$ 的属于特征值 1 的全部特征向量是
$$\{l_1(\alpha_1+\alpha_3)+l_2\alpha_4\mid l_1,l_2\in K,且\ l_1,l_2\ 不全为0\}。$$

（2）$\mathcal{A}$ 在 V 的一个基 $\alpha_2,\alpha_3,\alpha_1+\alpha_3,\alpha_4$ 下的矩阵为
$$\begin{pmatrix} 0 & 0 & 0 & 0 \\ 0 & 0 & 0 & 0 \\ 0 & 0 & 1 & 0 \\ 0 & 0 & 0 & 1 \end{pmatrix}。$$

例4　设 V 是域 F 上的线性空间（可以是无限维的），$\mathcal{A}$ 是 V 上的一个线性变换。证明：$\mathcal{A}$ 的属于不同特征值的特征向量是线性无关的。

证明　设 λ_1,λ_2 是 $\mathcal{A}$ 的不同的特征值，ξ_i 是 $\mathcal{A}$ 的属于特征值 λ_i 的一个特征向量，$i=1,2$。假设
$$k_1\xi_1+k_2\xi_2=0, \tag{13}$$
(13)式两边用 $\mathcal{A}$ 作用，得 $k_1\mathcal{A}\xi_1+k_2\mathcal{A}\xi_2=0$，
即
$$k_1\lambda_1\xi_1+k_2\lambda_2\xi_2=0。 \tag{14}$$
又由于 $\lambda_1\neq\lambda_2$，因此不妨设 $\lambda_2\neq0$。(13)式两边乘 λ_2 得
$$k_1\lambda_2\xi_1+k_2\lambda_2\xi_2=0, \tag{15}$$
(14)式减去(15)式，得
$$k_1(\lambda_1-\lambda_2)\xi_1=0, \tag{16}$$
由于 $\xi_1\neq0,\lambda_1\neq\lambda_2$，因此 $k_1=0$。代入(13)式得，$k_2\xi_2=0$，从而 $k_2=0$。因此 ξ_1,ξ_2 线性无关。

用数学归纳法可以推广到：设 $\lambda_1,\lambda_2,\cdots,\lambda_s$ 是 $\mathcal{A}$ 的不同的特征值，ξ_i 是 $\mathcal{A}$ 的属于 λ_i 的一个特征向量，$i=1,2,\cdots,s$，则 $\xi_1,\xi_2,\cdots,\xi_s$ 线性无关。∎

例5　设 V 是域 F 上的线性空间（可以是无限维的），$\mathcal{A}$ 是 V 上的一个可逆的线性变换。证明：

（1）0 不是 $\mathcal{A}$ 的特征值；

（2）如果 λ_0 是 $\mathcal{A}$ 的一个特征值，那么 λ_0^{-1} 是 $\mathcal{A}^{-1}$ 的一个特征值。

证明　（1）假如 0 是 $\mathcal{A}$ 的一个特征值，则存在 $\xi\in V$，且 $\xi\neq0$，使得 $\mathcal{A}\xi=0\xi=0$。又有 $\mathcal{A}(0)=0$，于是 $\mathcal{A}$ 不是单射，这与 $\mathcal{A}$ 可逆矛盾，因此 0 不是 $\mathcal{A}$ 的特征值。

（2）设 λ_0 是 $\mathcal{A}$ 的一个特征值，则有 $\xi\in V$，且 $\xi\neq0$，使得 $\mathcal{A}\xi=\lambda_0\xi$。两边用 $\mathcal{A}^{-1}$ 作用，得
$$\mathcal{A}^{-1}(\mathcal{A}\xi)=\mathcal{A}^{-1}(\lambda_0\xi),$$
从而 $\xi=\lambda_0\mathcal{A}^{-1}\xi$。由于 $\lambda_0\neq0$，因此 $\mathcal{A}^{-1}\xi=\lambda_0^{-1}\xi$，即 λ_0^{-1} 是 $\mathcal{A}^{-1}$ 的一个特征值。∎

例6　设 $\mathcal{A}$ 是域 F 上线性空间 V（可以是无限维的)上的线性变换。证明：

（1）如果 $\mathcal{A}$ 是幂零变换，那么 $\mathcal{A}$ 一定有特征值，且 $\mathcal{A}$ 的特征值是 0；

（2）如果 $\mathcal{A}$ 是幂等变换，那么 $\mathcal{A}$ 一定有特征值，且 $\mathcal{A}$ 的特征值是 1 或者 0（1 是域 F 的单位元）。

证明　（1）设 $\mathcal{A}$ 是幂零变换，其幂零指数为 l。设 λ_1 是 $\mathcal{A}$ 的一个特征值，则有 $\xi\in V$ 且 $\xi\neq0$，使得

$$\mathcal{A}\xi = \lambda_1\xi,$$

两边用 $\mathcal{A}$ 作用得,$\mathcal{A}^2\xi = \mathcal{A}(\lambda_1\xi) = \lambda_1\mathcal{A}\xi = \lambda_1^2\xi$。依次下去,可得 $\mathcal{A}^l\xi = \lambda_1^l\xi$。由于 $\mathcal{A}^l = O$,因此 $\lambda_1^l\xi = 0$。由于 $\xi \neq 0$,因此 $\lambda_1^l = 0$,从而 $\lambda_1 = 0$。

由于 $\mathcal{A}$ 的幂零指数为 l,因此 $\mathcal{A}^{l-1} \neq O$,从而存在 $\alpha \in V$ 使得 $\mathcal{A}^{l-1}\alpha \neq 0$。又由于 $\mathcal{A}^l = O$,因此

$$\mathcal{A}(\mathcal{A}^{l-1}\alpha) = \mathcal{A}^l\alpha = 0 = 0(\mathcal{A}^{l-1}\alpha)。$$

这表明 0 是 $\mathcal{A}$ 的一个特征值。

(2) 设 $\mathcal{A}$ 是幂等变换,则根据 9.2 节命题 3 得

$$V = \mathrm{Im}\,\mathcal{A} \oplus \mathrm{Ker}\,\mathcal{A},$$

且 $\mathcal{A}$ 是平行于 $\mathrm{Ker}\,\mathcal{A}$ 在 $\mathrm{Im}\,\mathcal{A}$ 上的投影。于是当 $\xi \in \mathrm{Im}\,\mathcal{A}$ 时,

$$\mathcal{A}\xi = \xi = 1\xi,$$

从而当 $\mathrm{Im}\,\mathcal{A} \neq 0$ 时,1 是 $\mathcal{A}$ 的一个特征值。

当 $\xi \in \mathrm{Ker}\,\mathcal{A}$ 时,有 $\mathcal{A}\xi = 0 = 0\xi$,从而当 $\mathrm{Ker}\,\mathcal{A} \neq 0$ 时,0 是 $\mathcal{A}$ 的一个特征值。

由于 $\mathrm{Im}\,\mathcal{A}$ 和 $\mathrm{Ker}\,\mathcal{A}$ 不可能同时为零子空间,因此 $\mathcal{A}$ 有特征值 1 或 0。

设 λ_0 是 $\mathcal{A}$ 的一个特征值,则存在 $\xi \in V$ 且 $\xi \neq 0$,使得

$$\mathcal{A}\xi = \lambda_0\xi。$$

两边用 $\mathcal{A}$ 作用得,$\mathcal{A}^2\xi = \lambda_0\mathcal{A}\xi = \lambda_0^2\xi$,从而 $\mathcal{A}\xi = \lambda_0^2\xi$,于是 $\lambda_0\xi = \lambda_0^2\xi$。因此 $(\lambda_0^2 - \lambda_0)\xi = 0$。由此推出 $\lambda_0^2 - \lambda_0 = 0$,从而 $\lambda_0 = 1$ 或 $\lambda_0 = 0$。于是 $\mathcal{A}$ 的特征值只可能是 1 或 0。∎

例 7 设 V 和 V' 都是域 F 上的线性空间(都可以是无限维的),设 $\mathcal{A} \in \mathrm{Hom}(V, V')$,$\mathcal{B} \in \mathrm{Hom}(V', V)$。证明:

(1) $\mathcal{AB}$ 与 $\mathcal{BA}$ 有相同的非零特征值;

(2) 如果 ξ 是 $\mathcal{AB}$ 的属于非零特征值 λ_0 的一个特征向量,那么 $\mathcal{B}\xi$ 是 $\mathcal{BA}$ 的属于特征值 λ_0 的一个特征向量。

证明 (1) 设 λ_0 是 $\mathcal{AB}$ 的一个非零特征值,则在 V' 中存在 $\xi \neq 0$,使得 $(\mathcal{AB})\xi = \lambda_0\xi$。两边用 $\mathcal{B}$ 作用,得

$$\mathcal{B}(\mathcal{AB})\xi = \mathcal{B}(\lambda_0\xi),$$

由此得出

$$(\mathcal{BA})(\mathcal{B}\xi) = \lambda_0(\mathcal{B}\xi)。$$

假如 $\mathcal{B}\xi = 0$,则 $\lambda_0\xi = \mathcal{A}(\mathcal{B}\xi) = \mathcal{A}(0) = 0$。由于 $\xi \neq 0$,因此 $\lambda_0 = 0$,矛盾,所以 $\mathcal{B}\xi \neq 0$。于是 λ_0 是 $\mathcal{BA}$ 的一个特征值,$\mathcal{B}\xi$ 是 $\mathcal{BA}$ 的属于特征值 λ_0 的一个特征向量。由于 $\mathcal{A}$ 与 $\mathcal{B}$ 的地位对称,因此 $\mathcal{BA}$ 的每一个非零特征值也是 $\mathcal{AB}$ 的特征值。

(2) 第(1)小题的证明过程也同时证明了第(2)小题的结论。∎

例 8 设 V 是域 F 上 n 维线性空间,$\mathcal{A}$ 是 V 上的一个线性变换。证明:

(1) 如果 $\mathcal{A}$ 是幂零指数 $l > 1$ 的幂零变换,那么 $\mathcal{A}$ 不可对角化;

(2) 如果 $\mathcal{A}$ 是幂等变换,那么 $\mathcal{A}$ 可对角化,且写出它的标准形。

证明 (1) 由于 $\mathcal{A}$ 的幂零指数 $l > 1$,因此 $\mathcal{A} \neq O$,从而 $\mathrm{Ker}\,\mathcal{A} \subsetneqq V$。据例 6 的第(1)小题,幂零变换 $\mathcal{A}$ 有特征值,且特征值是 0,于是 $\mathcal{A}$ 有且只有一个特征子空间 V_0。由于 $V_0 = \mathrm{Ker}(0\mathcal{I} - \mathcal{A}) = \mathrm{Ker}\,\mathcal{A} \subsetneqq V$,因此 $\dim V_0 < n$。据推论 2 得,$\mathcal{A}$ 不可对角化。

(2) 设 $\mathcal{A}$ 是幂等变换,则 $V = \mathrm{Im}\,\mathcal{A} \oplus \mathrm{Ker}\,\mathcal{A}$。在 $\mathrm{Im}\,\mathcal{A}$ 和 $\mathrm{Ker}\,\mathcal{A}$ 中分别取一个基,

它们合起来是 V 的一个基，$\mathcal{A}$ 在此基下的矩阵为

$$\begin{pmatrix} \boldsymbol{I}_r & \boldsymbol{0} \\ \boldsymbol{0} & \boldsymbol{0} \end{pmatrix},$$

其中 $r=\mathrm{rank}\,(\mathcal{A})$。■

例 9　设 V 是域 F 上的 n 维线性空间$(n>1)$，$\mathcal{A}$ 是 V 上的一个线性变换，它在 V 的一个基 $\alpha_1,\alpha_2,\cdots,\alpha_n$ 下的矩阵 $\boldsymbol{A}$ 为

$$\boldsymbol{A}=\begin{pmatrix} a & 1 & 0 & \cdots & 0 & 0 \\ 0 & a & 1 & \cdots & 0 & 0 \\ \vdots & \vdots & \vdots & & \vdots & \vdots \\ 0 & 0 & 0 & \cdots & a & 1 \\ 0 & 0 & 0 & \cdots & 0 & a \end{pmatrix}$$

证明：$\mathcal{A}$ 不可对角化。

证明　由于$|\lambda\boldsymbol{I}-\boldsymbol{A}|=(\lambda-a)^n$，因此 $\mathcal{A}$ 的全部特征值是 $a(n$ 重$)$。由于 $\mathrm{rank}(a\boldsymbol{I}-\boldsymbol{A})=n-1$，因此齐次线性方程组 $(a\boldsymbol{I}-\boldsymbol{A})\boldsymbol{x}=\boldsymbol{0}$ 的解空间的维数等于 $n-(n-1)=1$。由于 $n>1$，因此 $\boldsymbol{A}$ 不可对角化，从而 $\mathcal{A}$ 不可对角化。■

例 10　设 $\mathcal{A}$ 是数域 K 上 n 维线性空间 V 上的线性变换，它在 V 的一个基 $\alpha_1,\alpha_2,\cdots,\alpha_n$ 下的矩阵 $\boldsymbol{A}$ 为(空白处的元素为 0，以后同此约定)

$$\boldsymbol{A}=\begin{pmatrix} & & & & 1 \\ & & & 1 & \\ & & \cdot^{\cdot^{\cdot}} & & \\ & 1 & & & \\ 1 & & & & \end{pmatrix}, \tag{17}$$

试问：$\mathcal{A}$ 是否可对角化？ 如果 $\mathcal{A}$ 可对角化，求 V 的一个基，使得 $\mathcal{A}$ 在此基下的矩阵为对角矩阵，且写出这个对角矩阵。

解　直接计算得，$\boldsymbol{A}^2=\boldsymbol{I}$，因此 $\mathcal{A}$ 是对合变换，从而根据本节习题第 7 题得，$\mathcal{A}$ 可对角化。

情形 1　$n=2m+1$。此时

$$\boldsymbol{I}+\boldsymbol{A}=\begin{pmatrix} 1 & & & & & & & 1 \\ & 1 & & & & & 1 & \\ & & \ddots & & & \cdot^{\cdot^{\cdot}} & & \\ & & & 1 & 1 & & & \\ & & & & 2 & & & \\ & & & 1 & 1 & & & \\ & & \cdot^{\cdot^{\cdot}} & & & \ddots & & \\ & 1 & & & & & 1 & \\ 1 & & & & & & & 1 \end{pmatrix}, \tag{18}$$

从而 $\mathrm{rank}(\boldsymbol{I}+\boldsymbol{A})=m+1$。根据本节习题第 7 题得，$\mathcal{A}$ 的标准形为

$$D_1 = \begin{pmatrix} I_{m+1} & 0 \\ 0 & -I_m \end{pmatrix}, \tag{19}$$

于是存在 $2m+1$ 级可逆矩阵 P_1,使得 $P_1^{-1}AP_1 = D_1$,从而 $AP_1 = P_1 D$。设 $P_1 = (x_{ij})$,则

$$\begin{pmatrix} x_{2m+1,1} & \cdots & x_{2m+1,m+1} & x_{2m+1,m+2} & \cdots & x_{2m+1,2m+1} \\ x_{2m,1} & \cdots & x_{2m,m+1} & x_{2m,m+2} & \cdots & x_{2m,2m+1} \\ \vdots & & \vdots & \vdots & & \vdots \\ x_{m+1,1} & \cdots & x_{m+1,m+1} & x_{m+1,m+2} & \cdots & x_{m+1,2m+1} \\ \vdots & & \vdots & \vdots & & \vdots \\ x_{21} & \cdots & x_{2,m+1} & x_{2,m+2} & \cdots & x_{2,2m+1} \\ x_{11} & \cdots & x_{1,m+1} & x_{1,m+2} & \cdots & x_{1,2m+1} \end{pmatrix}$$

$$= \begin{pmatrix} x_{11} & \cdots & x_{1,m+1} & -x_{1,m+2} & \cdots & -x_{1,2m+1} \\ x_{21} & \cdots & x_{2,m+1} & -x_{2,m+2} & \cdots & -x_{2,2m+1} \\ \vdots & & \vdots & \vdots & & \vdots \\ x_{m+1,1} & \cdots & x_{m+1,m+1} & -x_{m+1,m+2} & \cdots & -x_{m+1,2m+1} \\ \vdots & & \vdots & \vdots & & \vdots \\ x_{2m,1} & \cdots & x_{2m,m+1} & -x_{2m,m+2} & \cdots & -x_{2m,2m+1} \\ x_{2m+1,1} & \cdots & x_{2m+1,m+1} & -x_{2m+1,m+2} & \cdots & -x_{2m+1,2m+1} \end{pmatrix}。$$

由此得出

$$P_1 = \begin{pmatrix} x_{11} & \cdots & x_{1,m+1} & x_{1,m+2} & \cdots & x_{1,2m+1} \\ x_{21} & \cdots & x_{2,m+1} & x_{2,m+2} & \cdots & x_{2,2m+1} \\ \vdots & & \vdots & \vdots & & \vdots \\ x_{m+1,1} & \cdots & x_{m+1,m+1} & 0 & \cdots & 0 \\ \vdots & & \vdots & \vdots & & \vdots \\ x_{21} & \cdots & x_{2,m+1} & -x_{2,m+2} & \cdots & -x_{2,2m+1} \\ x_{11} & \cdots & x_{1,m+1} & -x_{1,m+2} & \cdots & -x_{1,2m+1} \end{pmatrix}。$$

由于 P_1 可逆,因此可取

$$P_1 = \begin{pmatrix} 1 & & & & & & & 1 \\ & 1 & & & & & 1 & \\ & & \ddots & & & \ddots & & \\ & & & 1 & 1 & & & \\ & & & & 1 & & & \\ & & & 1 & -1 & & & \\ & & \ddots & & & \ddots & & \\ & 1 & & & & & -1 & \\ 1 & & & & & & & -1 \end{pmatrix}。 \tag{20}$$

于是 $\mathscr{A}$ 在 V 的基

$$\alpha_1 + \alpha_{2m+1}, \alpha_2 + \alpha_{2m}, \cdots, \alpha_m + \alpha_{m+2}, \alpha_{m+1}, \alpha_m - \alpha_{m+2}, \cdots, \alpha_2 - \alpha_{2m}, \alpha_1 - \alpha_{2m+1}$$

下的矩阵为上述对角矩阵 $\boldsymbol{D}_1$。

情形 2　$n=2m$。此时

$$\boldsymbol{I}+\boldsymbol{A}=\begin{pmatrix} 1 & & & & & & & & 1 \\ & 1 & & & & & & 1 & \\ & & \ddots & & & & \iddots & & \\ & & & 1 & 1 & & & & \\ & & & 1 & 1 & & & & \\ & & \iddots & & & & \ddots & & \\ & 1 & & & & & & 1 & \\ 1 & & & & & & & & 1 \end{pmatrix}, \tag{21}$$

于是 $\operatorname{rank}(\boldsymbol{I}+\boldsymbol{A})=m$，从而 $\mathcal{A}$ 的标准形为

$$\boldsymbol{D}_2=\begin{pmatrix} \boldsymbol{I}_m & \boldsymbol{0} \\ \boldsymbol{0} & -\boldsymbol{I}_m \end{pmatrix}, \tag{22}$$

因此存在 $2m$ 级可逆矩阵 $\boldsymbol{P}_2$，使得 $\boldsymbol{P}_2^{-1}\boldsymbol{A}\boldsymbol{P}_2=\boldsymbol{D}_2$，即 $\boldsymbol{A}\boldsymbol{P}_2=\boldsymbol{P}_2\boldsymbol{D}_2$。类似于情形 1 的方法，经过计算，可取

$$\boldsymbol{P}_2=\begin{pmatrix} 1 & & & & & & & & 1 \\ & 1 & & & & & & 1 & \\ & & \ddots & & & & \iddots & & \\ & & & 1 & 1 & & & & \\ & & & 1 & -1 & & & & \\ & & \iddots & & & & \ddots & & \\ & 1 & & & & & & -1 & \\ 1 & & & & & & & & -1 \end{pmatrix}。 \tag{23}$$

于是 $\mathcal{A}$ 在 V 的基

$$\alpha_1+\alpha_{2m},\alpha_2+\alpha_{2m-1},\cdots,\alpha_m+\alpha_{m+1},\alpha_m-\alpha_{m+1},\cdots,\alpha_2-\alpha_{2m-1},\alpha_1-\alpha_{2m}$$

下的矩阵为上述对角矩阵 $\boldsymbol{D}_2$。

点评：例 10 由于先验证了 $\boldsymbol{A}^2=\boldsymbol{I}$，从而可利用本节习题第 7 题的结论，很容易地写出 $\mathcal{A}$ 的标准形；然后在已知 $\mathcal{A}$ 的标准形 $\boldsymbol{D}$ 的条件下，由 $\boldsymbol{P}^{-1}\boldsymbol{A}\boldsymbol{P}=\boldsymbol{D}$ 得出 $\boldsymbol{A}\boldsymbol{P}=\boldsymbol{P}\boldsymbol{D}$；由此求出 $\boldsymbol{P}$ 的形式；进而选取一个最简单的可逆矩阵 $\boldsymbol{P}$。这样求可逆矩阵 $\boldsymbol{P}$，思路很明确、自然，对于 $\boldsymbol{P}$ 是什么样的矩阵不会感到来得突然。

例 11　设 V 是域 F 上的线性空间，W,U_1,U_2 都是 V 的子空间，且 $V=U_1\oplus W$，$V=U_2\oplus W$。用 $\mathcal{P}_i$ 表示平行于 W 在 U_i 上的投影，$i=1,2$。令 $\mathcal{A}=\mathcal{P}_2\mathcal{P}_1$。证明：

（1）$\mathcal{A}=\mathcal{P}_2$；

（2）设 U_1 和 U_2 都是有限维的，则 $\mathcal{A}$ 把 U_1 的一个基映成 U_2 的一个基；

（3）设 $\dim V=n$，则 V 中存在一个基，使得 $\mathcal{A}$ 在此基下的矩阵是对角矩阵，并且写出这个对角矩阵。

证明　（1）任取 $\alpha\in V$，由于 $V=U_1\oplus W$，因此

$$\alpha=\alpha_1+\delta_1, \qquad \alpha_1\in U_1, \qquad \delta_1\in W, \tag{24}$$

由于 $\mathscr{P}_i$ 是平行于 W 在 U_i 上的投影,$i=1,2$,因此根据 9.1 节的定理 2 得

$$\mathscr{P}_2(\alpha) = \mathscr{P}_2(\alpha_1) = \mathscr{P}_2(\mathscr{P}_1(\alpha)) = (\mathscr{P}_2\mathscr{P}_1)(\alpha), \qquad \forall \alpha \in V,$$

由此得出　　　　　　　　　$\mathscr{P}_2 = \mathscr{P}_2\mathscr{P}_1 = \mathscr{A}$。

(2) 在 U_1 中取一个基 $\eta_1,\eta_2,\cdots,\eta_s$。设

$$k_1\mathscr{P}_2(\eta_1) + k_2\mathscr{P}_2(\eta_2) + \cdots + k_s\mathscr{P}_2(\eta_s) = 0, \tag{25}$$

则　　　　　　　$\mathscr{P}_2(k_1\eta_1 + k_2\eta_2 + \cdots + k_s\eta_s) = 0,$

从而　　　　　　　　$k_1\eta_1 + k_2\eta_2 + \cdots + k_s\eta_s \in \mathrm{Ker}\,\mathscr{P}_2,$

由于 $V=U_2\oplus W$,因此根据 9.2 节推论 2 得,$W=\mathrm{Ker}\,\mathscr{P}_2$,于是 $k_1\eta_1 + k_2\eta_2 + \cdots + k_s\eta_s \in W$。又 $k_1\eta_1 + k_2\eta_2 + \cdots + k_s\eta_s \in U_1$,由于 $V=U_1\oplus W$,因此

$$k_1\eta_1 + k_2\eta_2 + \cdots + k_s\eta_s = 0,$$

于是　　　　　　　　　$k_1 = k_2 = \cdots = k_s = 0,$

从而 $\mathscr{P}_2(\eta_1),\mathscr{P}_2(\eta_2),\cdots,\mathscr{P}_2(\eta_s)$ 线性无关。

由于 $V=U_1\oplus W$,$V=U_2\oplus W$,因此根据 8.4 节典型例题的例 1 得,$U_1\cong V/W$,$U_2\cong V/W$,从而 $U_1\cong U_2$,因此 $\dim U_2 = \dim U_1 = s$,于是 $\mathscr{P}_2(\eta_1),\mathscr{P}_2(\eta_2),\cdots,\mathscr{P}_2(\eta_s)$ 是 U_2 的一个基。由于 $\mathscr{P}_2=\mathscr{A}$,因此 $\mathscr{A}$ 把 U_1 的一个基 $\eta_1,\eta_2,\cdots,\eta_s$ 映成 U_2 的一个基 $\mathscr{A}(\eta_1)$,$\mathscr{A}(\eta_2),\cdots,\mathscr{A}(\eta_s)$。

(3) 在 U_2 中取一个基 $\beta_1,\beta_2,\cdots,\beta_s$,在 W 中取一个基 $\delta_1,\delta_2,\cdots,\delta_t$,由于投影 $\mathscr{P}_2$ 是 V 上的幂等变换,因此 $\mathscr{P}_2$ 在 V 的一个基 $\beta_1,\beta_2,\cdots,\beta_s,\delta_1,\delta_2,\cdots,\delta_t$ 下的矩阵为

$$D = \begin{pmatrix} I_s & 0 \\ 0 & 0 \end{pmatrix}, \tag{26}$$

其中 $s=\mathrm{rank}(\mathscr{P}_2)$。

由于 $\mathscr{A}=\mathscr{P}_2$,因此 $\mathscr{A}$ 在 V 的上述基下的矩阵为对角矩阵 D。　　■

点评:例 11 证明的关键是去证 $\mathscr{P}_2\mathscr{P}_1=\mathscr{P}_2$,这时 V,W,U_1,U_2 都可以是无限维的;第(2)小题才需要假设 U_1,U_2 是有限维的,此时 V 仍可以是无限维的;第(3)小题才需要假设 V 是有限维的。

例 12 设 $f(x)=x^n+a_{n-1}x^{n-1}+\cdots+a_1x+a_0$ 是有理数域 $\mathbf{Q}$ 上的一个不可约多项式,$n>1$,ω_0 是 $f(x)$ 的一个复根。把 $\mathbf{C}$ 看成 $\mathbf{Q}$ 上的线性空间,令

$$\mathscr{B}:\mathbf{Q}[x] \longrightarrow \mathbf{C}$$
$$g(x) \longmapsto g(\omega_0)。$$

(1) $\mathscr{B}$ 是不是 $\mathbf{Q}$ 上线性空间 $\mathbf{Q}[x]$ 到 $\mathbf{C}$ 的一个线性映射? 如果是,求 $\mathrm{Im}\,\mathscr{B}$ 的一个基和维数;

(2) 令 $\mathscr{A}(z)=\omega_0 z$,$\forall z\in \mathrm{Im}\,\mathscr{B}$,$\mathscr{A}$ 是不是 $\mathrm{Im}\,\mathscr{B}$ 上的一个线性变换? 如果是,求 $\mathscr{A}$ 在第(1)小题中求出的 $\mathrm{Im}\,\mathscr{B}$ 的一个基下的矩阵 A;

(3) $\mathscr{A}$ 是否可对角化?

(4) 把 A 看成复数域上的矩阵,A 是否可对角化?

解 (1) 任取 $g_1(x),g_2(x)\in\mathbf{Q}[x]$,$k\in\mathbf{Q}$,有

$$\mathscr{B}(g_1(x)+g_2(x)) = (g_1+g_2)(\omega_0)$$
$$= g_1(\omega_0) + g_2(\omega_0)$$

$$= \mathcal{B}(g_1(x)) + \mathcal{B}(g_2(x)),$$
$$\mathcal{B}(kg_1(x)) = kg_1(\omega_0) = k\mathcal{B}(g_1(x)),$$

因此 $\mathcal{B}$ 是 $\mathbf{Q}$ 上线性空间 $\mathbf{Q}[x]$ 到 $\mathbf{C}$ 的一个线性映射。

任取 $\mathrm{Im}\,\mathcal{B}$ 中一个元素 u，于是存在 $g(x) \in \mathbf{Q}[x]$，使得 $u = \mathcal{B}(g(x)) = g(\omega_0)$。对 $g(x), f(x)$ 作带余除法，得

$$g(x) = h(x)f(x) + r(x), \qquad \deg r(x) < \deg f(x) = n。 \tag{27}$$

设 $r(x) = c_0 + c_1 x + \cdots + c_{n-1} x^{n-1} \in \mathbf{Q}[x]$，$x$ 用 ω_0 代入，从(27)式得

$$u = g(\omega_0) = r(\omega_0) = c_0 + c_1\omega_0 + \cdots + c_{n-1}\omega_0^{n-1}, \tag{28}$$

因此 u 可以由 $1, \omega_0, \omega_0^2, \cdots, \omega_0^{n-1}$ 线性表出。设

$$k_0 + k_1\omega_0 + \cdots + k_{n-1}\omega_0^{n-1} = 0, \tag{29}$$

假如有理数 $k_0, k_1, \cdots, k_{n-1}$ 不全为 0，令 $q(x) = k_0 + k_1 x + \cdots + k_{n-1} x^{n-1}$，则 $q(x) \in \mathbf{Q}[x]$，且 $q(x) \neq 0$。由(29)式得，$q(\omega_0) = 0$。于是 $q(x)$ 与 $f(x)$ 有公共复根 ω_0，从而在 $\mathbf{C}[x]$ 中，$q(x)$ 与 $f(x)$ 有公因式 $x - \omega_0$，因此 $q(x)$ 与 $f(x)$ 在 $\mathbf{C}[x]$ 中不互素。由于互素性不随数域的扩大而改变，因此 $q(x)$ 与 $f(x)$ 在 $\mathbf{Q}[x]$ 中也不互素。又由于 $f(x)$ 不可约，因此 $f(x) \mid q(x)$。由此推出 $\deg f(x) \leqslant \deg q(x) \leqslant n-1$，矛盾。所以 $k_0, k_1, \cdots, k_{n-1}$ 全为 0。从而 $1, \omega_0, \omega_0^2, \cdots, \omega_0^{n-1}$ 线性无关。

综上所述，$1, \omega_0, \omega_0^2, \cdots, \omega_0^{n-1}$ 是 $\mathrm{Im}\,\mathcal{B}$ 的一个基，从而 $\dim(\mathrm{Im}\,\mathcal{B}) = n$。

(2) 直接验证知道，$\mathcal{A}$ 是 $\mathbf{Q}$ 上线性空间 $\mathrm{Im}\,\mathcal{B}$ 上的一个线性变换。由于

$$\mathcal{A}(1) = \omega_0 \cdot 1 = \omega_0,$$
$$\mathcal{A}(\omega_0) = \omega_0\omega_0 = \omega_0^2, \cdots,$$
$$\mathcal{A}(\omega_0^{n-2}) = \omega_0\omega_0^{n-2} = \omega_0^{n-1},$$
$$\mathcal{A}(\omega_0^{n-1}) = \omega_0\omega_0^{n-1} = \omega_0^n, = -a_0 - a_1\omega_0 - \cdots - a_{n-1}\omega_0^{n-1},$$

因此 $\mathcal{A}$ 在 $\mathrm{Im}\,\mathcal{B}$ 的基 $1, \omega_0, \omega_0^2, \cdots, \omega_0^{n-1}$ 下的矩阵 $\boldsymbol{A}$ 为

$$\boldsymbol{A} = \begin{pmatrix} 0 & 0 & \cdots & 0 & -a_0 \\ 1 & 0 & \cdots & 0 & -a_1 \\ 0 & 1 & \cdots & 0 & -a_2 \\ 0 & 0 & \cdots & 0 & -a_3 \\ \vdots & \vdots & & \vdots & \vdots \\ 0 & 0 & \cdots & 1 & -a_{n-1} \end{pmatrix}。$$

(3) 根据本套教材上册 2.4 节例 4 得

$$|\lambda \boldsymbol{I} - \boldsymbol{A}| = |\lambda \boldsymbol{I} - \boldsymbol{A}'| = \lambda^n + a_{n-1}\lambda^{n-1} + \cdots + a_1\lambda + a_0 = f(\lambda)。$$

由于 $f(\lambda)$ 在 $\mathbf{Q}$ 上不可约，且 $n > 1$，因此 $f(\lambda)$ 在 $\mathbf{Q}$ 中没有根，从而 $\mathcal{A}$ 没有特征值，于是 $\mathcal{A}$ 不可对角化。

(4) 把 $\boldsymbol{A}$ 看成复矩阵，$|\lambda \boldsymbol{I} - \boldsymbol{A}| = f(\lambda)$。由于 $f(\lambda)$ 在 $\mathbf{Q}[\lambda]$ 中没有重因式，因此 $f(\lambda)$ 在 $\mathbf{C}[\lambda]$ 中也没有重因式，从而 $f(\lambda)$ 的 n 个复根 $\lambda_1, \lambda_2, \cdots, \lambda_n$ 两两不等。根据本套教材上册 5.6 节例 9 得，复矩阵 $\boldsymbol{A}$ 可对角化。

点评：例 12 给出了线性变换 $\mathcal{A}$ 的一个具体例子，它的矩阵表示为 Frobenius 矩阵。

例 12 还表明:**Q** 上线性空间 Im$\mathcal{B}$ 上的线性变换 $\mathcal{A}$ 不可对角化,$\mathcal{A}$ 的矩阵表示 **A** 作为 **Q** 上的矩阵也不可对角化,但是把 **A** 看成复矩阵却可对角化。这说明:一个矩阵是否可对角化,与把它看成哪个数域上的矩阵有关。

例 13 设 **A** 和 **B** 分别是数域 K 上 n 级、m 级矩阵。证明:如果 **A** 与 **B** 有 r 个两两不等的公共特征值,$0 < r \leqslant \min\{n,m\}$,那么矩阵方程 $AX - XB = 0$ 有秩为 r 的矩阵解。

证明 设 $\lambda_1, \lambda_2, \cdots, \lambda_r$ 两两不等,它们是 **A** 和 **B** 的公共特征值,则它们也是 B' 的特征值,从而在 K^n 中有非零向量 $\boldsymbol{\alpha}_1, \boldsymbol{\alpha}_2, \cdots, \boldsymbol{\alpha}_r$ 使得 $A\boldsymbol{\alpha}_i = \lambda_i \boldsymbol{\alpha}_i, i=1,2,\cdots,r$;在 K^m 中有非零向量 $\boldsymbol{\beta}_1, \boldsymbol{\beta}_2, \cdots, \boldsymbol{\beta}_r$ 使得 $B'\boldsymbol{\beta}_i = \lambda_i \boldsymbol{\beta}_i$,于是 $\boldsymbol{\beta}_i'B = \lambda_i \boldsymbol{\beta}_i', i=1,2,\cdots,r$。令

$$C = (\boldsymbol{\alpha}_1, \boldsymbol{\alpha}_2, \cdots, \boldsymbol{\alpha}_r) \begin{pmatrix} \boldsymbol{\beta}_1' \\ \boldsymbol{\beta}_2' \\ \vdots \\ \boldsymbol{\beta}_r' \end{pmatrix},$$

则 **C** 是 $n \times m$ 矩阵。由于 $\lambda_1, \lambda_2, \cdots, \lambda_r$ 两两不等,因此 $\boldsymbol{\alpha}_1, \boldsymbol{\alpha}_2, \cdots, \boldsymbol{\alpha}_r$ 线性无关(**A** 的属于不同特征值的特征向量线性无关);同理,$\boldsymbol{\beta}_1, \boldsymbol{\beta}_2, \cdots, \boldsymbol{\beta}_r$ 线性无关,从而

$$\text{rank}(\boldsymbol{C}) \leqslant \text{rank}(\boldsymbol{\alpha}_1, \boldsymbol{\alpha}_2, \cdots, \boldsymbol{\alpha}_r) = r。$$

又根据本套教材上册 4.5 节例 2 的 Sylvester 秩不等式,得

$$\text{rank}(\boldsymbol{C}) \geqslant rank(\boldsymbol{\alpha}_1, \boldsymbol{\alpha}_2, \cdots, \boldsymbol{\alpha}_r) + \text{rank}\begin{pmatrix} \boldsymbol{\beta}_1' \\ \boldsymbol{\beta}_2' \\ \vdots \\ \boldsymbol{\beta}_r' \end{pmatrix} - r = r,$$

因此 $\text{rank}(\boldsymbol{C}) = r$,并且有

$$\begin{aligned} AC - CB &= A(\boldsymbol{\alpha}_1, \boldsymbol{\alpha}_2, \cdots, \boldsymbol{\alpha}_r)\begin{pmatrix} \boldsymbol{\beta}_1' \\ \boldsymbol{\beta}_2' \\ \vdots \\ \boldsymbol{\beta}_r' \end{pmatrix} - (\boldsymbol{\alpha}_1, \boldsymbol{\alpha}_2, \cdots, \boldsymbol{\alpha}_r)\begin{pmatrix} \boldsymbol{\beta}_1' \\ \boldsymbol{\beta}_2' \\ \vdots \\ \boldsymbol{\beta}_r' \end{pmatrix}B \\ &= (\lambda_1\boldsymbol{\alpha}_1, \lambda_2\boldsymbol{\alpha}_2, \cdots, \lambda_r\boldsymbol{\alpha}_r)\begin{pmatrix} \boldsymbol{\beta}_1' \\ \boldsymbol{\beta}_2' \\ \vdots \\ \boldsymbol{\beta}_r' \end{pmatrix} - (\boldsymbol{\alpha}_1, \boldsymbol{\alpha}_2, \cdots, \boldsymbol{\alpha}_r)\begin{pmatrix} \lambda_1\boldsymbol{\beta}_1' \\ \lambda_2\boldsymbol{\beta}_2' \\ \vdots \\ \lambda_r\boldsymbol{\beta}_r' \end{pmatrix} \\ &= (\lambda_1\boldsymbol{\alpha}_1\boldsymbol{\beta}_1' + \lambda_2\boldsymbol{\alpha}_2\boldsymbol{\beta}_2' + \cdots + \lambda_r\boldsymbol{\alpha}_r\boldsymbol{\beta}_r') - (\lambda_1\boldsymbol{\alpha}_1\boldsymbol{\beta}_1' + \lambda_2\boldsymbol{\alpha}_2\boldsymbol{\beta}_2' + \cdots + \lambda_r\boldsymbol{\alpha}_r\boldsymbol{\beta}_r') \\ &= 0, \end{aligned}$$

即秩为 r 的矩阵 **C** 是 $AX - XB = 0$ 的解。∎

例 14 设 **A** 和 **B** 分别是复数域上 n 级、m 级矩阵。证明:如果矩阵方程 $AX - XB = 0$ 有秩为 r 的矩阵解,$0 < r \leqslant \min\{n,m\}$,那么 **A** 和 **B** 至少有 r 个公共的特征值(重根按重数计算)。

证明 设 **C** 是 $AX - XB = 0$ 的解,且 $\text{rank}(\boldsymbol{C}) = r$。根据本套教材上册 5.2 节的推论 1 得,存在 n 级,m 级可逆的复矩阵 **P**,**Q** 使得

$$C = P\begin{pmatrix} I_r & 0 \\ 0 & 0 \end{pmatrix}Q。 \tag{30}$$

由于 $AC = CB$，因此

$$AP\begin{pmatrix} I_r & 0 \\ 0 & 0 \end{pmatrix}Q = P\begin{pmatrix} I_r & 0 \\ 0 & 0 \end{pmatrix}QB,$$

从而

$$P^{-1}AP\begin{pmatrix} I_r & 0 \\ 0 & 0 \end{pmatrix} = \begin{pmatrix} I_r & 0 \\ 0 & 0 \end{pmatrix}QBQ^{-1}。 \tag{31}$$

把 $P^{-1}AP, QBQ^{-1}$ 写成分块矩阵形式：

$$P^{-1}AP = \begin{matrix} \overbrace{}^{r} & \overbrace{}^{n-r} \\ \begin{pmatrix} A_{11} & A_{12} \\ A_{21} & A_{22} \end{pmatrix} \begin{matrix} \}r \\ \}n-r \end{matrix} \end{matrix}, QBQ^{-1} = \begin{matrix} \overbrace{}^{r} & \overbrace{}^{m-r} \\ \begin{pmatrix} B_{11} & B_{12} \\ B_{21} & B_{22} \end{pmatrix} \begin{matrix} \}r \\ \}m-r \end{matrix} \end{matrix},$$

从(31)式得

$$\begin{pmatrix} A_{11} & 0 \\ A_{21} & 0 \end{pmatrix} = \begin{pmatrix} B_{11} & B_{12} \\ 0 & 0 \end{pmatrix}。 \tag{32}$$

由此得出

$$A_{11} = B_{11}, \qquad A_{21} = 0, \qquad B_{12} = 0。 \tag{33}$$

因此

$$P^{-1}AP = \begin{pmatrix} A_{11} & A_{12} \\ 0 & A_{22} \end{pmatrix}, \qquad QBQ^{-1} = \begin{pmatrix} A_{11} & 0 \\ B_{21} & B_{22} \end{pmatrix}。$$

于是 $P^{-1}AP$ 的特征多项式 $f_1(\lambda) = |\lambda I_r - A_{11}||\lambda I_{n-r} - A_{22}|$，$QBQ^{-1}$ 的特征多项式 $f_2(\lambda) = |\lambda I_r - A_{11}||\lambda I_{m-r} - B_{22}|$。$f_1(\lambda)$ 与 $f_2(\lambda)$ 有公因式 $|\lambda I_r - A_{11}|$，其次数为 r。由于相似的矩阵有相同的特征多项式，因此 $f_1(\lambda), f_2(\lambda)$ 分别是 A, B 的特征多项式。由于 A 与 B 都是复数域上的矩阵，且 $|\lambda I_r - A_{11}|$ 有 r 个复根（重根按重数计算），因此 A 与 B 至少有 r 个公共的特征值（重根按重数计算）。 ■

点评：例 14 的证明中关键之一是要把秩为 r 的矩阵 C 表示成 $C = P\begin{pmatrix} I_r & 0 \\ 0 & 0 \end{pmatrix}Q$，这表明本套教材上册 5.2 节推论 1 是很有用的结论，我们在那时就强调了这一点。另一个关键是把 $P^{-1}AP$ 和 QBQ^{-1} 写成分块矩阵的形式，以便揭示出它们的特征多项式有公因式 $|\lambda I_r - A_{11}|$。这利用了分块上三角矩阵的行列式很容易计算这一优点。例 13 和例 14 是相互关联的两个命题。如果例 13 中把条件放宽成 A 与 B 有 r 个公共的特征值（重根按重数计算），那么结论要改成：$AX - XB = 0$ 有秩小于或等于 r 的非零解。

习题 9.4

1. 设 V 是数域 K 上的 3 维线性空间，$\mathcal{A}$ 是 V 上的一个线性变换，它在 V 的一个基 $\alpha_1, \alpha_2, \alpha_3$ 下的矩阵为 A，求 $\mathcal{A}$ 的全部特征值和特征向量；$\mathcal{A}$ 是否可对角化？如果 $\mathcal{A}$ 可对角化，写出 $\mathcal{A}$ 的标准形，并且指出 $\mathcal{A}$ 在 V 的哪个基下的矩阵是这个标准形。

$$(1) \ \boldsymbol{A} = \begin{pmatrix} 2 & 2 & -2 \\ 2 & 5 & -4 \\ -2 & -4 & 5 \end{pmatrix}; \qquad (2) \ \boldsymbol{A} = \begin{pmatrix} 2 & 3 & 2 \\ 1 & 8 & 2 \\ -2 & -14 & -3 \end{pmatrix}.$$

2. 设 V 是域 F 上的线性空间(可以是无限维的),$\mathscr{A}$ 是 V 上的一个线性变换,λ_1,λ_2,$\cdots$,λ_s 是 $\mathscr{A}$ 的不同的特征值,ξ_{i1},ξ_{i2},$\cdots$,ξ_{ir_i} 是 $\mathscr{A}$ 的属于特征值 λ_i 的线性无关的特征向量组。证明:特征向量组

$$\xi_{11}, \xi_{12}, \cdots, \xi_{1r_1}, \xi_{21}, \cdots, \xi_{2r_2}, \cdots, \xi_{s1}, \cdots, \xi_{sr_s}$$

仍然线性无关。

3. 设 V 是域 F 上的线性空间(可以是无限维的),$\mathscr{A}$ 是 V 上的一个线性变换,λ_1,λ_2 是 $\mathscr{A}$ 的两个不同的特征值,ξ_i 是 $\mathscr{A}$ 的属于 λ_i 的一个特征向量,$i=1,2$。证明:$\xi_1 + \xi_2$ 不是 $\mathscr{A}$ 的特征向量。

4. 设 V 是域 F 上的线性空间(可以是无限维的),$\mathscr{A}$ 是 V 上的一个线性变换。证明:如果 V 中每个非零向量都是 $\mathscr{A}$ 的特征向量,那么 $\mathscr{A}$ 是数乘变换。

5. 令
$$\mathscr{A}: K[x]_n \longrightarrow K[x]_{n+1}$$
$$f(x) \longmapsto x f(x),$$
把求导数 $\mathscr{D}$ 看成 $K[x]_{n+1}$ 到 $K[x]_n$ 的线性映射。试问:

(1) $\mathscr{D}\mathscr{A}$ 是不是 $K[x]_n$ 上的一个线性变换? 如果是,求 $\mathscr{D}\mathscr{A}$ 的全部特征值;

(2) $\mathscr{A}\mathscr{D}$ 是不是 $K[x]_{n+1}$ 上的一个线性变换? 如果是,求 $\mathscr{A}\mathscr{D}$ 的全部特征值。

6. 设 $\mathscr{A}$ 是数域 K 上 n 维线性空间 V 上的**对合变换**(即 $\mathscr{A}$ 满足 $\mathscr{A}^2 = \mathscr{I}$),证明:$\mathscr{A}$ 有特征值,且 $\mathscr{A}$ 的特征值是 1 或 -1。

7. 证明:数域 K 上 n 维线性空间 V 上的对合变换一定可对角化,且写出它的标准形。

8. 设 $\mathscr{A}$ 是域 F 上线性空间 V 上的线性变换,如果存在正整数 m,使得 $\mathscr{A}^m = \mathscr{I}$,那么称 $\mathscr{A}$ 是**周期变换**;使得 $\mathscr{A}^m = \mathscr{I}$ 成立的最小正整数 m 称为 $\mathscr{A}$ 的周期。证明:复数域上 n 维线性空间 V 上的周期为 m 的周期变换的特征值都是 m 次单位根。

9. 设 $\mathscr{A}$ 是数域 K 上 n 维线性空间 V 上的一个线性变换,任意给定 $g(x) \in K[x]$。证明:如果 λ_1,λ_2,$\cdots$,λ_n 是 $\mathscr{A}$ 的特征多项式的全部复根(它们中可能有相同的),那么 $g(\lambda_1)$,$g(\lambda_2)$,$\cdots$,$g(\lambda_n)$ 是线性变换 $g(\mathscr{A})$ 的特征多项式的全部复根,从而若 λ_i 是 $\mathscr{A}$ 的 l_i 重特征值,那么 $g(\lambda_i)$ 是 $g(\mathscr{A})$ 的至少 l_i 重特征值。

10. 设 $\mathscr{A}$ 是复数域上 n 维线性空间 V 上的一个线性变换 $(n > 1)$,它在 V 的一个基 α_1,α_2,$\cdots$,α_n 下的矩阵 $\boldsymbol{A}$ 是

$$\boldsymbol{A} = \begin{pmatrix} 0 & 1 & 0 & \cdots & 0 & 0 \\ 0 & 0 & 1 & \cdots & 0 & 0 \\ \vdots & \vdots & \vdots & & \vdots & \vdots \\ 0 & 0 & 0 & \cdots & 0 & 1 \\ -a_0 & -a_1 & -a_2 & \cdots & -a_{n-2} & -a_{n-1} \end{pmatrix},$$

称它是 Frobenins 矩阵。求 $\mathscr{A}$ 的特征多项式和属于特征值 λ_i 的全部特征向量 $(i=1,2,\cdots,n)$;$\mathscr{A}$ 是否可对角化?

11. 设 $\mathcal{A}$ 是数域 K 上 n 维线性空间 V 上的一个线性变换,证明:

(1) $\mathcal{A}$ 的特征多项式的所有复根的和等于 $\mathrm{tr}(\mathcal{A})$;

(2) $\mathcal{A}$ 的特征多项式的所有复根的乘积等于 $\det(\mathcal{A})$。

12. 设 $f(x)=x^3+a_1x+a_0$ 是 $\mathbf{Q}$ 上的不可约多项式,ω_0 是 $f(x)$ 的一个复根,$\mathcal{B}$ 的定义与例 12 中的 $\mathcal{B}$ 一样。令 $\mathcal{A}(z)=f'(\omega_0)z, \forall z\in\mathrm{Im}(\mathcal{B})$,求 $\mathrm{Im}(\mathcal{B})$ 上的线性变换 $\mathcal{A}$ 在 $\mathrm{Im}\,\mathcal{B}$ 的基 $1,\omega_0,\omega_0^2$ 下的矩阵 A;把 A 看成复矩阵,A 是否可对角化?

13. 设 $f(x)$ 是数域 K 上的一个 $n-1$ 次多项式,$f(x)=a_0+a_1x+\cdots+a_{n-1}x^{n-1}$。

(1) 求 $\langle f(x)\rangle$ 在 $K[x]_n$ 中的一个补空间 U;

(2) 用 $\mathcal{P}_U$ 表示平行于 $\langle f(x)\rangle$ 在 U 上的投影,在 $K[x]_n$ 中选取一个基,使得 $\mathcal{P}_U$ 在此基下的矩阵为对角矩阵。

14. n 级复矩阵

$$A=\begin{bmatrix} 0 & a & 0 & \cdots & 0 & 0 \\ 0 & 0 & a & \cdots & 0 & 0 \\ \vdots & \vdots & \vdots & & \vdots & \vdots \\ 0 & 0 & 0 & \cdots & 0 & a \\ a & 0 & 0 & \cdots & 0 & 0 \end{bmatrix}$$

是否可对角化? 如果 A 可对角化,写出它的标准形。

9.5 线性变换的不变子空间,Hamilton-Cayley 定理

9.5.1 内容精华

9.4 节我们讨论了线性变换可对角化的条件,那么对于不可对角化的线性变换,其最简单形式的矩阵表示是什么样呢? 解决这个问题的思路是什么? 从 9.4 节推论 3 看到:V 上的线性变换 $\mathcal{A}$ 可对角化当且仅当 V 可以分解成 $\mathcal{A}$ 的特征子空间的直和:

$$V=V_{\lambda_1}\oplus V_{\lambda_2}\oplus\cdots\oplus V_{\lambda_s},$$

其中 $\lambda_1,\lambda_2,\cdots,\lambda_s$ 是 $\mathcal{A}$ 的所有不同的特征值。注意到:若 $\alpha\in V_{\lambda_i}$,则 $\mathcal{A}\alpha=\lambda_i\alpha\in V_{\lambda_i}$。这启发我们:研究不可对角化的线性变换 $\mathcal{A}$ 的最简单形式的矩阵表示,可以从研究 V 分解成具有性质"若 $\alpha\in W$,则 $\mathcal{A}\alpha\in W$"的子空间的直和入手。

一、不变子空间的定义、例子和性质

定义 1 设 V 是域 F 上的线性空间,$\mathcal{A}$ 是 V 上的一个线性变换,V 的子空间 W 如果具有下述性质:"对于任意 $\alpha\in W$,都有 $\mathcal{A}\alpha\in W$",那么称 W 是 $\mathcal{A}$ 的**不变子空间**,简称为 $\mathcal{A}$-**子空间**。

显然,V 和零子空间 0 是 V 上任意一个线性变换 $\mathcal{A}$ 的不变子空间,称它们是 $\mathcal{A}$ 的平凡的不变子空间,$\mathcal{A}$ 的其余的不变子空间称为 $\mathcal{A}$ 的非平凡的不变子空间。

命题 1 V 上线性变换 $\mathcal{A}$ 的核与象、$\mathcal{A}$ 的特征子空间都是 $\mathcal{A}$-子空间。

证明 直接用定义 1 验证即得。 ∎

命题 2 设 $\mathcal{A}$ 与 $\mathcal{B}$ 都是 V 上的线性变换,如果 $\mathcal{A}$ 与 $\mathcal{B}$ 可交换,那么 Ker $\mathcal{B}$,Im $\mathcal{B}$,$\mathcal{B}$ 的特征子空间都是 $\mathcal{A}$-子空间。

证明 任取 $\beta \in$ Ker $\mathcal{B}$,有 $\mathcal{B}\beta = 0$,于是
$$\mathcal{B}(\mathcal{A}\beta) = (\mathcal{B}\mathcal{A})\beta = (\mathcal{A}\mathcal{B})\beta = \mathcal{A}(\mathcal{B}\beta) = \mathcal{A}(0) = 0,$$
因此 $\mathcal{A}\beta \in$ Ker $\mathcal{B}$,从而 Ker $\mathcal{B}$ 是 $\mathcal{A}$-子空间。

任取 $\gamma \in$ Im $\mathcal{B}$,则存在 $\alpha \in V$,使得 $\mathcal{B}\alpha = \gamma$,从而
$$\mathcal{A}\gamma = \mathcal{A}(\mathcal{B}\alpha) = \mathcal{B}(\mathcal{A}\alpha)。$$
因此 $\mathcal{A}\gamma \in$ Im $\mathcal{B}$,从而 Im $\mathcal{B}$ 是 $\mathcal{A}$-子空间。

在 $\mathcal{B}$ 的特征子空间 V_{λ_j} 中任取一向量 ξ,则 $\mathcal{B}\xi = \lambda_j \xi$,从而 $\mathcal{B}(\mathcal{A}\xi) = (\mathcal{B}\mathcal{A})\xi = (\mathcal{A}\mathcal{B})\xi = \mathcal{A}(\mathcal{B}\xi) = \mathcal{A}(\lambda_j \xi) = \lambda_j \mathcal{A}\xi$。因此 $\mathcal{A}\xi \in V_{\lambda_j}$,从而 V_{λ_j} 是 $\mathcal{A}$-子空间。 ∎

推论 1 设 $\mathcal{A}$ 是域 F 上线性空间 V 上的线性变换,$f(x) \in F[x]$,则 Ker $f(\mathcal{A})$,Im $f(\mathcal{A})$,$f(\mathcal{A})$ 的特征子空间都是 $\mathcal{A}$-子空间。

证明 由于 $f(\mathcal{A})$ 与 $\mathcal{A}$ 可交换,因此由命题 2 立即得到推论 1。 ∎

命题 3 V 上线性变换 $\mathcal{A}$ 的不变子空间的和与交仍是 $\mathcal{A}$ 的不变子空间。

证明 直接用定义 1 验证。 ∎

命题 4 设 $\mathcal{A}$ 是域 F 上线性空间 V 上的一个线性变换,$W = \langle \alpha_1, \alpha_2, \cdots, \alpha_s \rangle$ 是 V 的一个子空间,则 W 是 $\mathcal{A}$-子空间当且仅当 $\mathcal{A}\alpha_i \in W$,$i = 1, 2, \cdots, s$。

证明 必要性是显然的,充分性用定义 1 直接验证即得。 ∎

命题 5 设 $\mathcal{A}$ 是域 F 上线性空间 V 上的线性变换,$\xi \in V$,且 $\xi \neq 0$,则 $\langle \xi \rangle$ 是 $\mathcal{A}$-子空间当且仅当 ξ 是 $\mathcal{A}$ 的一个特征向量。

证明 由命题 4 得,$\langle \xi \rangle$ 是 $\mathcal{A}$-子空间 $\Longleftrightarrow \mathcal{A}\xi \in \langle \xi \rangle$
$$\Longleftrightarrow \mathcal{A}\xi = \lambda_0 \xi \text{ 对于某个 } \lambda_0 \in F$$
$$\Longleftrightarrow \xi \text{ 是 } \mathcal{A} \text{ 的属于特征值 } \lambda_0 \text{ 的一个特征向量。} ∎$$

设 $\mathcal{A}$ 是域 F 上线性空间 V 上的一个线性变换,W 是 V 的一个子空间。一般来说,$\mathcal{A}$ 在 W 上的限制 $\mathcal{A}|W$ 是 W 到 V 的一个线性映射,但是若 W 是 $\mathcal{A}$ 的不变子空间,则 $\mathcal{A}|W$ 是 W 上的一个线性变换。对于任意 $\delta \in W$,有
$$(\mathcal{A} \mid W)\delta = \mathcal{A}\delta。 \tag{1}$$

例如,设 V_{λ_i} 是 $\mathcal{A}$ 的一个特征子空间,则
$$\mathcal{A} \mid V_{\lambda_i} = \lambda_i \mathcal{I}。$$

如果 W 是 $\mathcal{A}$ 的不变子空间,那么 $\mathcal{A}$ 还可诱导出商空间 V/W 上的一个线性变换 $\widetilde{\mathcal{A}}$,即我们规定
$$\widetilde{\mathcal{A}}: \quad V/W \longrightarrow V/W$$
$$\alpha + W \longmapsto \mathcal{A}\alpha + W。 \tag{2}$$

首先要说明,(2)式给出了 V/W 到自身的一个映射。设 $\alpha + W = \beta + W$,则 $\alpha - \beta \in W$。由于 W 是 $\mathcal{A}$-子空间,因此 $\mathcal{A}(\alpha - \beta) \in W$。即 $\mathcal{A}\alpha - \mathcal{A}\beta \in W$,从而 $\mathcal{A}\alpha + W = \mathcal{A}\beta + W$。这表明(2)式的定义是合理的。其次我们来证明 $\widetilde{\mathcal{A}}$ 保持加法和纯量乘法运算:设 $\alpha + W$,

$\gamma+W\in V/W,k\in F$,有

$$\widetilde{\mathcal{A}}[(\alpha+W)+(\gamma+W)]=\widetilde{\mathcal{A}}[(\alpha+\gamma)+W]=\mathcal{A}(\alpha+\gamma)+W$$
$$=(\mathcal{A}\alpha+\mathcal{A}\gamma)+W=(\mathcal{A}\alpha+W)+(\mathcal{A}\gamma+W)$$
$$=\widetilde{\mathcal{A}}(\alpha+W)+\widetilde{\mathcal{A}}(\gamma+W),$$
$$\widetilde{\mathcal{A}}(k(\alpha+W))=\widetilde{\mathcal{A}}(k\alpha+W)=\mathcal{A}(k\alpha)+W$$
$$=k\mathcal{A}\alpha+W=k(\mathcal{A}\alpha+W)=k\widetilde{\mathcal{A}}(\alpha+W),$$

因此 $\widetilde{\mathcal{A}}$ 是 V/W 上的线性变换。

　　总而言之,如果 W 是 V 上线性变换 $\mathcal{A}$ 的不变子空间,那么 $\mathcal{A}$ 既可以诱导出子空间 W 上的线性变换 $\mathcal{A}|W$,又可以诱导出商空间 V/W 上的线性变换 $\widetilde{\mathcal{A}}$,它们分别由(1)式和(2)式定义。

二、用不变子空间研究线性变换的矩阵表示

　　从现在起,如果没有特别声明,我们假设 V 是域 F 上的有限维线性空间,$\dim V=n$。

　　定理 1　设 $\mathcal{A}$ 是域 F 上 n 维线性空间 V 上的一个线性变换,W 是 $\mathcal{A}$ 的一个非平凡的不变子空间,W 中取一个基 $\alpha_1,\cdots,\alpha_r$,把它扩充成 V 的一个基 $\alpha_1,\cdots,\alpha_r,\alpha_{r+1},\cdots,\alpha_n$,则 $\mathcal{A}$ 在此基下的矩阵 $\boldsymbol{A}$ 为一个分块上三角矩阵

$$\boldsymbol{A}=\begin{pmatrix}\boldsymbol{A}_1&\boldsymbol{A}_3\\0&\boldsymbol{A}_2\end{pmatrix},$$

其中 $\boldsymbol{A}_1$ 是 $\mathcal{A}|W$ 在 W 的一个基 $\alpha_1,\cdots,\alpha_r$ 下的矩阵,$\boldsymbol{A}_2$ 是 $\mathcal{A}$ 诱导的商空间 V/W 上的线性变换 $\widetilde{\mathcal{A}}$ 在 V/W 的一个基 $\alpha_{r+1}+W,\cdots,\alpha_n+W$ 下的矩阵;设 $\mathcal{A},\mathcal{A}|W,\widetilde{\mathcal{A}}$ 的特征多项式分别为 $f(\lambda),f_1(\lambda),f_2(\lambda)$,则 $f(\lambda)=f_1(\lambda)f_2(\lambda)$。

　　证明　由于 $\mathcal{A}\alpha_i\in W,i=1,\cdots,r$,因此

$$\mathcal{A}(\alpha_1,\cdots,\alpha_r,\alpha_{r+1},\cdots,\alpha_n)=(\alpha_1,\cdots,\alpha_r,\alpha_{r+1},\cdots,\alpha_n)\begin{pmatrix}a_{11}&\cdots&a_{1r}&a_{1,r+1}&\cdots&a_{1n}\\\vdots&&\vdots&\vdots&&\vdots\\a_{r1}&\cdots&a_{rr}&a_{r,r+1}&\cdots&a_{rn}\\0&\cdots&0&a_{r+1,r+1}&\cdots&a_{r+1,n}\\\vdots&&\vdots&\vdots&&\vdots\\0&\cdots&0&a_{n,r+1}&\cdots&a_{nn}\end{pmatrix}$$

$$=(\alpha_1,\cdots,\alpha_r,\alpha_{r+1}\cdots,\alpha_n)\begin{pmatrix}\boldsymbol{A}_1&\boldsymbol{A}_3\\\boldsymbol{0}&\boldsymbol{A}_2\end{pmatrix}。$$

由此看出

$$(\mathcal{A}|W)(\alpha_1,\cdots,\alpha_r)=(\alpha_1,\cdots,\alpha_r)\boldsymbol{A}_1。$$

商空间 V/W 的一个基为 $\alpha_{r+1}+W,\cdots,\alpha_n+W$。

$$\widetilde{\mathcal{A}}(\alpha_{r+1}+W)=\mathcal{A}\alpha_{r+1}+W$$
$$=(a_{1,r+1}\alpha_1+\cdots+a_{r,r+1}\alpha_r+a_{r+1,r+1}\alpha_{r+1}+\cdots+a_{n,r+1}\alpha_n)+W$$
$$=a_{r+1,r+1}(\alpha_{r+1}+W)+\cdots+a_{n,r+1}(\alpha_n+W),$$
$$\cdots\qquad\cdots\qquad\cdots$$

$$\widetilde{\mathcal{A}}(\alpha_n+W)=\mathcal{A}\alpha_n+W$$
$$=(a_{1n}\alpha_1+\cdots+a_m\alpha_r+a_{r+1,n}\alpha_{r+1}+\cdots+a_m\alpha_n)+W$$
$$=a_{r+1,n}(\alpha_{r+1}+W)+\cdots+a_m(\alpha_n+W)。$$

因此 $\widetilde{\mathcal{A}}$ 在 V/W 的一个基 $\alpha_{r+1}+W,\cdots,\alpha_n+W$ 下的矩阵为

$$\begin{pmatrix} a_{r+1,r+1} & \cdots & a_{r+1,n} \\ \vdots & & \vdots \\ a_{n,r+1} & \cdots & a_m \end{pmatrix}=\boldsymbol{A}_2。$$

$$f(\lambda)=|\lambda\boldsymbol{I}-\begin{pmatrix} \boldsymbol{A}_1 & \boldsymbol{A}_3 \\ \boldsymbol{0} & \boldsymbol{A}_2 \end{pmatrix}|=|\lambda\begin{pmatrix} \boldsymbol{I}_r & \boldsymbol{0} \\ \boldsymbol{0} & \boldsymbol{I}_{n-r} \end{pmatrix}-\begin{pmatrix} \boldsymbol{A}_1 & \boldsymbol{A}_3 \\ \boldsymbol{0} & \boldsymbol{A}_2 \end{pmatrix}|$$

$$=|\begin{pmatrix} \lambda\boldsymbol{I}_r-\boldsymbol{A}_1 & -\boldsymbol{A}_3 \\ \boldsymbol{0} & \lambda\boldsymbol{I}_{n-r}-\boldsymbol{A}_2 \end{pmatrix}|=|\lambda\boldsymbol{I}_r-\boldsymbol{A}_1|\cdot|\lambda\boldsymbol{I}_{n-r}-\boldsymbol{A}_2|$$

$$=f_1(\lambda)f_2(\lambda)。 \blacksquare$$

定理 2 设 $\mathcal{A}$ 是域 F 上 n 维线性空间 V 上的一个线性变换，如果 $\mathcal{A}$ 在 V 的一个基 $\alpha_1,\cdots,\alpha_r,\alpha_{r+1},\cdots,\alpha_n$ 下的矩阵 $\boldsymbol{A}$ 为分块上三角矩阵

$$\boldsymbol{A}=\begin{pmatrix} \boldsymbol{A}_1 & \boldsymbol{A}_3 \\ \boldsymbol{0} & \boldsymbol{A}_2 \end{pmatrix},$$

令 $W=\langle\alpha_1,\cdots,\alpha_r\rangle$，那么 W 是 $\mathcal{A}$ 的一个非平凡不变子空间，且 $\mathcal{A}|W$ 在 W 的一个基 $\alpha_1,\cdots,$ α_r 下的矩阵是 $\boldsymbol{A}_1$。

证明 从已知条件得，$\mathcal{A}\alpha_i\in W,i=1,\cdots,r$，因此 W 是 $\mathcal{A}$ 的一个非平凡不变子空间，且 $\mathcal{A}|W$ 在 W 的一个基 $\alpha_1,\cdots,\alpha_r$ 下的矩阵是 $\boldsymbol{A}_1$。 $\blacksquare$

设 $\mathcal{A}$ 是 V 上的一个线性变换，如果 $\mathcal{A}$ 不可对角化，那么我们在寻找 $\mathcal{A}$ 的最简单形式的矩阵表示时，第一步是探索 $\mathcal{A}$ 的矩阵表示为分块对角矩阵的充分必要条件是什么。

设 $\mathcal{A}$ 在 V 的一个基

$$\alpha_{11},\alpha_{12},\cdots,\alpha_{1r_1},\alpha_{21},\cdots,\alpha_{2r_2},\cdots,\alpha_{s1},\cdots,\alpha_{sr_s}$$

下的矩阵为下述分块对角矩阵 $\boldsymbol{A}$（空白处的子矩阵为零矩阵，以后同此约定）：

$$\boldsymbol{A}=\begin{pmatrix} \boldsymbol{A}_1 & & & \\ & \boldsymbol{A}_2 & & \\ & & \ddots & \\ & & & \boldsymbol{A}_s \end{pmatrix}, \tag{3}$$

其中 $\boldsymbol{A}_i$ 是 r_i 级矩阵，$r_i\geqslant 1,i=1,2,\cdots,s$。令

$$W_i=\langle\alpha_{i1},\alpha_{i2},\cdots,\alpha_{ir_i}\rangle,\quad i=1,2,\cdots,s,$$

则 $$V=W_1\oplus W_2\oplus\cdots\oplus W_s,$$

且 $$\mathcal{A}(\alpha_{11},\alpha_{12},\cdots,\alpha_{1r_1})=(\alpha_{11},\alpha_{12},\cdots,\alpha_{1r_1})\boldsymbol{A}_1,$$

$$\mathcal{A}(\alpha_{21},\alpha_{22},\cdots,\alpha_{2r_2})=(\alpha_{21},\alpha_{22},\cdots,\alpha_{2r_2})\boldsymbol{A}_2,$$

$$\cdots\cdots\quad\cdots\cdots\quad\cdots\cdots\quad\cdots\cdots\quad\cdots\cdots\quad\cdots\cdots$$

$$\mathcal{A}(\alpha_{s1},\alpha_{s2},\cdots,\alpha_{sr_s})=(\alpha_{s1},\alpha_{s2},\cdots,\alpha_{sr_s})\boldsymbol{A}_s。$$

因此 $W_1,W_2,\cdots,W_s$ 都是 $\mathcal{A}$ 的非平凡不变子空间，且 $\boldsymbol{A}_i$ 是 $\mathcal{A}|W_i$ 在 W_i 的一个基

$\alpha_{i1},\alpha_{i2},\cdots,\alpha_{ir_i}$ 下的矩阵，$i=1,2,\cdots,s$。

反之，如果 V 能分解成 $\mathcal{A}$ 的非平凡不变子空间的直和：$V=W_1\oplus W_2\oplus\cdots\oplus W_s$，那么在每个 W_i 中取一个基 $\alpha_{i1},\alpha_{i2},\cdots,\alpha_{ir_i}(i=1,2,\cdots,s)$，把它们合起来是 V 的一个基。由于 $\mathcal{A}(\alpha_{i1},\alpha_{i2},\cdots,\alpha_{ir_i})=(\alpha_{i1},\alpha_{i2},\cdots,\alpha_{ir_i})\mathbf{A}_i,i=1,2,\cdots,s$，因此 $\mathcal{A}$ 在 V 的上述基下的矩阵 $\mathbf{A}$ 为

$$\begin{bmatrix} \mathbf{A}_1 & & & \\ & \mathbf{A}_2 & & \\ & & \ddots & \\ & & & \mathbf{A}_s \end{bmatrix}。$$

这样我们证明了下述定理：

定理 3　设 $\mathcal{A}$ 是域 F 上 n 维线性空间 V 上的一个线性变换，则 $\mathcal{A}$ 在 V 的一个基下的矩阵为分块对角矩阵(3)当且仅当 V 能分解成 $\mathcal{A}$ 的非平凡不变子空间的直和：$V=W_1\oplus W_2\oplus\cdots\oplus W_s$，并且 $\mathbf{A}_i$ 是 $\mathcal{A}|W_i$ 在 W_i 的一个基下的矩阵。∎

如何寻找 $\mathcal{A}$ 的一些非平凡不变子空间呢？由于对任意 $f(x)\in F[x]$，都有 $\mathrm{Ker}\,f(\mathcal{A})$ 是 $\mathcal{A}$ 的不变子空间，因此我们想找一些多项式 $f_1(x),f_2(x),\cdots,f_s(x)\in F[x]$，使得

$$V=\mathrm{Ker}\,f_1(\mathcal{A})\oplus\mathrm{Ker}\,f_2(\mathcal{A})\oplus\cdots\oplus\mathrm{Ker}\,f_s(\mathcal{A})。 \tag{4}$$

这能办到吗？首先来看 $s=2$ 时的情形。从 8.2 节例 16 受到启发，猜测有下述结论：

引理 1　设 V 是域 F 上的线性空间(可以是无限维的)，$\mathcal{A}$ 是 V 上的一个线性变换，在 $F[x]$ 中，$f(x)=f_1(x)f_2(x)$，且 $(f_1(x),f_2(x))=1$，则

$$\mathrm{Ker}\,f(\mathcal{A})=\mathrm{Ker}\,f_1(\mathcal{A})\oplus\mathrm{Ker}\,f_2(\mathcal{A})。 \tag{5}$$

证明　第一步证 $\mathrm{Ker}\,f(\mathcal{A})=\mathrm{Ker}\,f_1(\mathcal{A})+\mathrm{Ker}\,f_2(\mathcal{A})$。易证 $\mathrm{Ker}\,f_i(\mathcal{A})\subseteq\mathrm{Ker}\,f(\mathcal{A}),i=1,2$。

任取 $\alpha\in\mathrm{Ker}\,f(\mathcal{A})$，由于 $(f_1(x),f_2(x))=1$，因此存在 $u_1(x),u_2(x)\in F[x]$，使得

$$u_1(x)f_1(x)+u_2(x)f_2(x)=1。 \tag{6}$$

x 用 $\mathcal{A}$ 代入，从(6)式得

$$u_1(\mathcal{A})f_1(\mathcal{A})+u_2(\mathcal{A})f_2(\mathcal{A})=\mathbf{I}, \tag{7}$$

于是

$$\alpha=\mathbf{I}\alpha=u_1(\mathcal{A})f_1(\mathcal{A})\alpha+u_2(\mathcal{A})f_2(\mathcal{A})\alpha。 \tag{8}$$

令 $\alpha_1=u_2(\mathcal{A})f_2(\mathcal{A})\alpha,\alpha_2=u_1(\mathcal{A})f_1(\mathcal{A})\alpha$。由于

$$f_1(\mathcal{A})\alpha_1=f_1(\mathcal{A})u_2(\mathcal{A})f_2(\mathcal{A})\alpha=u_2(\mathcal{A})f(\mathcal{A})\alpha=0,$$
$$f_2(\mathcal{A})\alpha_2=f_2(\mathcal{A})u_1(\mathcal{A})f_1(\mathcal{A})\alpha=u_1(\mathcal{A})f(\mathcal{A})\alpha=0,$$

因此 $\alpha_1\in\mathrm{Ker}\,f_1(\mathcal{A}),\alpha_2\in\mathrm{Ker}\,f_2(\mathcal{A})$，从而

$$\alpha=\alpha_1+\alpha_2\in\mathrm{Ker}\,f_1(\mathcal{A})+\mathrm{Ker}\,f_2(\mathcal{A})。$$

由此推出　　$\mathrm{Ker}\,f(\mathcal{A})=\mathrm{Ker}\,f_1(\mathcal{A})+\mathrm{Ker}\,f_2(\mathcal{A})$。

第二步证 $\mathrm{Ker}\,f_1(\mathcal{A})\cap\mathrm{Ker}\,f_2(\mathcal{A})=0$。任取 $\beta\in\mathrm{Ker}\,f_1(\mathcal{A})\cap\mathrm{Ker}\,f_2(\mathcal{A})$。由(7)式得

$$\beta=\mathbf{I}\beta=u_1(\mathcal{A})f_1(\mathcal{A})\beta+u_2(\mathcal{A})f_2(\mathcal{A})\beta=0+0=0,$$

因此　　　　$\mathrm{Ker}\,f_1(\mathcal{A})\cap\mathrm{Ker}\,f_2(\mathcal{A})=0$。

综上所述，$\mathrm{Ker}\,f(\mathcal{A})=\mathrm{Ker}\,f_1(\mathcal{A})\oplus\mathrm{Ker}\,f_2(\mathcal{A})$。∎

定理 4　设 V 是域 F 上的线性空间（可以是无限维的），$\mathcal{A}$ 是 V 上的一个线性变换，在 $F[x]$ 中，

$$f(x) = f_1(x)f_2(x)\cdots f_s(x), \tag{9}$$

其中 $f_1(x),f_2(x),\cdots,f_s(x)$ 两两互素，则

$$\operatorname{Ker} f(\mathcal{A}) = \operatorname{Ker} f_1(\mathcal{A}) \oplus \operatorname{Ker} f_2(\mathcal{A}) \oplus \cdots \oplus \operatorname{Ker} f_s(\mathcal{A})。 \tag{10}$$

证明　对 (9) 式右端的多项式的个数 s 作数学归纳法。

$s=2$ 时，引理 1 已证。

假设 $s-1$ 时命题成立，来看 s 的情形。

由于 $f_1(x),f_2(x),\cdots,f_s(x)$ 两两互素，因此

$$(f_1(x)f_2(x)\cdots f_{s-1}(x),f_s(x)) = 1。$$

记 $g(x)=f_1(x)f_2(x)\cdots f_{s-1}(x)$。根据引理 1 得

$$\operatorname{Ker} f(\mathcal{A}) = \operatorname{Ker} g(\mathcal{A}) \oplus \operatorname{Ker} f_s(\mathcal{A})。 \tag{11}$$

根据归纳假设得

$$\operatorname{Ker} g(\mathcal{A}) = \operatorname{Ker} f_1(\mathcal{A}) \oplus \cdots \oplus \operatorname{Ker} f_{s-1}(\mathcal{A}), \tag{12}$$

由 (11) 和 (12) 式得

$$\operatorname{Ker} f(\mathcal{A}) = \operatorname{Ker} f_1(\mathcal{A}) \oplus \cdots \oplus \operatorname{Ker} f_{s-1}(\mathcal{A}) \oplus \operatorname{Ker} f_s(\mathcal{A})。 ∎$$

由于 $\operatorname{Ker} \mathcal{O}=V$，因此从定理 4 受到启发，如果能找到一个多项式 $f(x)$，使得 $f(\mathcal{A})=\mathcal{O}$，那么只要把 $f(x)$ 分解成不同的不可约多项式方幂的乘积，就可以把 V 分解成 $\mathcal{A}$ 的非平凡不变子空间的直和。为此引出下述概念：

三、线性变换和矩阵的零化多项式，Hamilton-Cayley 定理

定义 2　设 V 是域 F 上的线性空间（可以是无限维的），$\mathcal{A}$ 是 V 上的一个线性变换。如果 F 上的一元多项式 $f(x)$ 使得 $f(\mathcal{A})=\mathcal{O}$，那么称 $f(x)$ 是 $\mathcal{A}$ 的一个**零化多项式**。

设 $\dim V=n$，则 $\dim(\operatorname{Hom}(V,V))=n^2$，从而

$$\mathcal{I},\mathcal{A},\mathcal{A}^2,\cdots,\mathcal{A}^{n^2}$$

一定线性相关。于是有 F 中不全为 0 的元素 $k_0,k_1,\cdots,k_{n^2}$ 使得 $k_0\mathcal{I}+k_1\mathcal{A}+k_2\mathcal{A}^2+\cdots+k_{n^2}\mathcal{A}^{n^2}=\mathcal{O}$。令 $f(x)=k_0+k_1x+k_2x^2+\cdots+k_{n^2}x^{n^2}$，则 $f(\mathcal{A})=\mathcal{O}$，从而 $f(x)$ 是 $\mathcal{A}$ 的一个非零的零化多项式。

定义 3　设 $\boldsymbol{A}$ 是域 F 上的 n 级矩阵，如果 $F[x]$ 中的一个多项式 $f(x)$ 使得 $f(\boldsymbol{A})=0$，那么称 $f(x)$ 是 $\boldsymbol{A}$ 的一个**零化多项式**。

设 V 是域 F 上 n 维线性空间，V 上的一个线性变换 $\mathcal{A}$ 在 V 的一个基 $\alpha_1,\alpha_2,\cdots,\alpha_n$ 下的矩阵是 $\boldsymbol{A}$，则

$$k_0\mathcal{I}+k_1\mathcal{A}+\cdots+k_m\mathcal{A}^m = \mathcal{O} \iff k_0\boldsymbol{I}+k_1\boldsymbol{A}+\cdots+k_m\boldsymbol{A}^m = \boldsymbol{0},$$

其中 $k_0,k_1,\cdots,k_m\in F$，m 是非负整数，从而

$$f(\mathcal{A}) = \mathcal{O} \iff f(\boldsymbol{A}) = \boldsymbol{0}。$$

因此　$f(x)$ 是 $\mathcal{A}$ 的零化多项式 $\iff f(x)$ 是 $\boldsymbol{A}$ 的零化多项式。这表明：线性变换 $\mathcal{A}$ 的零化多项式与它的矩阵表示的零化多项式是一致的。

设数域 K 上的 2 级矩阵 $A = \begin{pmatrix} 1 & 2 \\ 0 & -1 \end{pmatrix}$，则

$$A^2 = \begin{pmatrix} 1 & 2 \\ 0 & -1 \end{pmatrix} \begin{pmatrix} 1 & 2 \\ 0 & -1 \end{pmatrix} = \begin{pmatrix} 1 & 0 \\ 0 & 1 \end{pmatrix} = I,$$

从而 $A^2 - I = 0$。因此 $\lambda^2 - 1$ 是 A 的一个零化多项式。容易看出，$\lambda^2 - 1$ 是 A 的特征多项式。由此猜想：任一 n 级矩阵 A 的特征多项式是它的一个零化多项式。为了论证这一猜想成立，我们需要把域上的矩阵的概念推广到整环上的矩阵。

设 R 是一个整环(即有单位元的交换环，且没有非零的零因子)，R 中 n^2 个元素排成的 n 行 n 列的一张表称为 R 上的一个 n 级矩阵。类似于域 F 上矩阵的加法、纯量乘法、乘法的定义，我们可以定义整环 R 上的矩阵的加法、纯量乘法、乘法，而且这些运算满足与域 F 上矩阵一样的运算法则。与域 F 上 n 级矩阵的行列式的定义类似，可以定义整环 R 上 n 级矩阵的行列式，而且同样有行列式的 7 条性质，按一行(列)展开定理，以及有下述结论：

$$AA^* = A^*A = |A| I, \tag{13}$$

其中 A^* 是 A 的伴随矩阵。

我们现在要用的是域 F 上一元多项式环 $F[\lambda]$ 上的矩阵，简称为 λ-矩阵，记成 $A(\lambda)$，$B(\lambda)$，…，等。例如

$$A(\lambda) = \begin{pmatrix} 2\lambda^3 + \lambda^2 + 1 & \lambda^2 - 3 \\ \lambda^3 - 1 & 2\lambda + 5 \end{pmatrix}$$

是一个 λ-矩阵，可以把它展开写成

$$A(\lambda) = \begin{pmatrix} 2\lambda^3 & 0 \\ \lambda^3 & 0 \end{pmatrix} + \begin{pmatrix} \lambda^2 & \lambda^2 \\ 0 & 0 \end{pmatrix} + \begin{pmatrix} 0 & 0 \\ 0 & 2\lambda \end{pmatrix} + \begin{pmatrix} 1 & -3 \\ -1 & 5 \end{pmatrix}$$

$$= \lambda^3 \begin{pmatrix} 2 & 0 \\ 1 & 0 \end{pmatrix} + \lambda^2 \begin{pmatrix} 1 & 1 \\ 0 & 0 \end{pmatrix} + \lambda \begin{pmatrix} 0 & 0 \\ 0 & 2 \end{pmatrix} + \begin{pmatrix} 1 & -3 \\ -1 & 5 \end{pmatrix}。$$

这表明我们可以把一个 n 级 λ-矩阵 $A(\lambda)$ 唯一地表示成环 $M_n(F)$ 上的 λ 的多项式(即多项式的"系数"是域 F 上的 n 级矩阵)，从而 $A(\lambda)$ 与 $B(\lambda)$ 相等当且仅当它们的"系数矩阵"对应相等。

Hamilton-Cayley 定理　设 A 是域 F 上的 n 级矩阵，则 A 的特征多项式 $f(\lambda)$ 是 A 的一个零化多项式，从而域 F 上 n 维线性空间 V 上的线性变换 $\mathcal{A}$ 的特征多项式 $f(\lambda)$ 是 $\mathcal{A}$ 的一个零化多项式。

证法一　设 $B(\lambda)$ 是 λ-矩阵 $(\lambda I - A)$ 的伴随矩阵，则

$$B(\lambda)(\lambda I - A) = |\lambda I - A| I = f(\lambda)I。 \tag{14}$$

因为 $B(\lambda)$ 的元素是矩阵 $\lambda I - A$ 的元素(一次或零次多项式)的代数余子式，所以 $B(\lambda)$ 的元素都是次数不超过 $n-1$ 的一元多项式，从而 $B(\lambda)$ 可以写成

$$B(\lambda) = \lambda^{n-1}B_{n-1} + \lambda^{n-2}B_{n-2} + \cdots + \lambda B_1 + B_0, \tag{15}$$

其中 $B_{n-1}, B_{n-2}, \cdots, B_1, B_0$ 都是域 F 上的 n 级矩阵。直接计算得

$$B(\lambda)(\lambda I - A) = (\lambda^{n-1}B_{n-1} + \lambda^{n-2}B_{n-2} + \cdots + \lambda B_1 + B_0)(\lambda I - A)$$

$$= \lambda^n B_{n-1} + \lambda^{n-1}(B_{n-2} - B_{n-1}A) + \cdots + \lambda(B_0 - B_1 A) - B_0 A。 \tag{16}$$

设 $\boldsymbol{A}$ 的特征多项式 $f(\lambda)=\lambda^n+a_{n-1}\lambda^{n-1}+\cdots+a_1\lambda+a_0$，则

$$f(\lambda)\boldsymbol{I}=\lambda^n\boldsymbol{I}+a_{n-1}\lambda^{n-1}\boldsymbol{I}+\cdots+a_1\lambda\boldsymbol{I}+a_0\boldsymbol{I}。 \tag{17}$$

根据(14)、(16)、(17)式得

$$\begin{cases} \boldsymbol{B}_{n-1}=\boldsymbol{I}, \\ \boldsymbol{B}_{n-2}-\boldsymbol{B}_{n-1}\boldsymbol{A}=a_{n-1}\boldsymbol{I}, \\ \vdots \\ \boldsymbol{B}_0-\boldsymbol{B}_1\boldsymbol{A}=a_1\boldsymbol{I}, \\ -\boldsymbol{B}_0\boldsymbol{A}=a_0\boldsymbol{I}。 \end{cases} \tag{18}$$

用 $\boldsymbol{A}^n,\boldsymbol{A}^{n-1},\cdots,\boldsymbol{A},\boldsymbol{I}$ 依次从右边乘(18)式中的第 1 式,第 2 式,$\cdots$,第 n 式,第 $n+1$ 式,得

$$\begin{cases} \boldsymbol{B}_{n-1}\boldsymbol{A}^n=\boldsymbol{A}^n, \\ \boldsymbol{B}_{n-2}\boldsymbol{A}^{n-1}-\boldsymbol{B}_{n-1}\boldsymbol{A}^n=a_{n-1}\boldsymbol{A}^{n-1}, \\ \vdots \\ \boldsymbol{B}_0\boldsymbol{A}-\boldsymbol{B}_1\boldsymbol{A}^2=a_1\boldsymbol{A}, \\ -\boldsymbol{B}_0\boldsymbol{A}=a_0\boldsymbol{I}。 \end{cases} \tag{19}$$

把(19)式中的 $n+1$ 个式子一起加起来,左边为零矩阵,右边即为 $f(\boldsymbol{A})$,因此 $f(\boldsymbol{A})=\boldsymbol{0}$,从而 $\boldsymbol{A}$ 的特征多项式 $f(\lambda)$ 是 $\boldsymbol{A}$ 的一个零化多项式。　　　　■

证法二　设 $\mathcal{A}$ 是域 F 上 n 维线性空间 V 上的线性变换,$\mathcal{A}$ 在 V 的一个基下的矩阵是 $\boldsymbol{A}$。

先设 F 是一个代数封闭域(即域 F 上每一个次数大于 0 的一元多项式在 F 中有根)。对线性空间的维数 n 作数学归纳法。

$n=1$ 时,$V=\langle\alpha\rangle$,则 $\mathcal{A}\alpha=k\alpha$ 对某个 $k\in F$。于是 k 是 $\mathcal{A}$ 的一个特征值,从而 $\mathcal{A}$ 的特征多项式 $f(\lambda)=\lambda-k$。于是 $f(\mathcal{A})\alpha=(\mathcal{A}-k\mathcal{I})\alpha=\mathcal{A}\alpha-k\alpha=0$,因此 $f(\mathcal{A})=\mathcal{O}$。即 $f(\lambda)$ 是 $\mathcal{A}$ 的一个零化多项式。

假设命题对于 $n-1$ 维线性空间成立,现在来看 n 维线性空间 V 上的线性变换 $\mathcal{A}$。由于 F 是代数封闭域,因此 $\mathcal{A}$ 的特征多项式 $f(\lambda)$ 在 F 中有根,从而 $\mathcal{A}$ 有特征值。取 $\mathcal{A}$ 的一个特征值 λ_1,设 ξ_1 是 $\mathcal{A}$ 的属于特征值 λ_1 一个特征向量,则 $\langle\xi_1\rangle$ 是 $\mathcal{A}$ 的一个不变子空间,把 $\langle\xi_1\rangle$ 记作 W。把 $\mathcal{A}|W,\widetilde{\mathcal{A}}$ 的特征多项式分别记作 $f_1(\lambda),f_2(\lambda)$,则 $f(\lambda)=f_1(\lambda)f_2(\lambda)$。由于 W 是 1 维子空间,因此根据 $n=1$ 的情形,$f_1(\mathcal{A}|W)=\mathcal{O}$。由于 $\dim(V/W)=\dim V-\dim W=n-1<n$,因此根据归纳假设得,$f_2(\widetilde{\mathcal{A}})=\mathcal{O}$。

任取 $\alpha\in V$,有

$$W=f_2(\widetilde{\mathcal{A}})(\alpha+W)=f_2(\mathcal{A})\alpha+W,$$

因此　$f_2(\mathcal{A})\alpha\in W$,从而

$$f(\mathcal{A})\alpha=f_1(\mathcal{A})f_2(\mathcal{A})\alpha=f_1(\mathcal{A}|W)[f_2(\mathcal{A})\alpha]=\mathcal{O}[f_2(\mathcal{A})\alpha]=0。$$

于是　$f(\mathcal{A})=\mathcal{O}$,因此 $f(\lambda)$ 是 $\mathcal{A}$ 的一个零化多项式。

根据数学归纳法原理,对一切正整数 n,代数封闭域 F 上的 n 维线性空间 V 上的线性变换 $\mathcal{A}$ 的特征多项式 $f(\lambda)$ 是 $\mathcal{A}$ 的一个零化多项式,从而代数封闭域 F 上的 n 级矩阵 $\boldsymbol{A}$ 的特征多项式 $f(\lambda)$ 是 $\boldsymbol{A}$ 的一个零化多项式。

下面设 F 是任一域。设域 E 包含域 F，且 E 是代数封闭域。把 A 看成 E 上的矩阵，则 A 的特征多项式 $f(\lambda)$ 是 A 的一个零化多项式，从而 $\mathcal{A}$ 的特征多项式 $f(\lambda)$ 是 $\mathcal{A}$ 的一个零化多项式。

运用 Hamilton-Cayley 定理，可以把 V 分解成 $\mathcal{A}$ 的非平凡不变子空间的直和：

设 $\mathcal{A}$ 的特征多项式 $f(\lambda)$ 在 $F[\lambda]$ 中分解成

$$f(\lambda) = p_1^{r_1}(\lambda)p_2^{r_2}(\lambda)\cdots p_s^{r_s}(\lambda), \tag{20}$$

其中 $p_1(\lambda), p_2(\lambda), \cdots, p_s(\lambda)$ 是 F 上两两不等的首一不可约多项式，$r_i > 0$，$i = 1, 2, \cdots, s$，则

$$V = \mathrm{Ker}(p_1^{r_1}(\mathcal{A})) \oplus \mathrm{Ker}(p_2^{r_2}(\mathcal{A})) \oplus \cdots \oplus \mathrm{Ker}(p_s^{r_s}(\mathcal{A}))。 \tag{21}$$

如果 $f(\lambda)$ 在 $F[\lambda]$ 中能分解成

$$f(\lambda) = (\lambda - \lambda_1)^{r_1}(\lambda - \lambda_2)^{r_2}\cdots(\lambda - \lambda_s)^{r_s},$$

其中 $\lambda_1, \lambda_2, \cdots, \lambda_s$ 是 F 中两两不等的元素，$r_i > 0$，$i = 1, 2, \cdots, s$，则

$$V = \mathrm{Ker}((\mathcal{A} - \lambda_1\mathcal{I})^{r_1}) \oplus \mathrm{Ker}((\mathcal{A} - \lambda_2\mathcal{I})^{r_2}) \oplus \cdots \oplus \mathrm{Ker}((\mathcal{A} - \lambda_s\mathcal{I})^{r_s}), \tag{22}$$

其中 $\mathrm{Ker}((\mathcal{A} - \lambda_j\mathcal{I})^{r_j})$，$j = 1, 2, \cdots, s$，称为 $\mathcal{A}$ 的**根子空间**。

9.5.2　典型例题

例 1　在数域 K 上的 4 维向量空间 K^4 中，线性变换 $\mathcal{A}$ 在 K^4 的一个基 $\boldsymbol{\alpha}_1, \boldsymbol{\alpha}_2, \boldsymbol{\alpha}_3, \boldsymbol{\alpha}_4$ 下的矩阵是

$$\boldsymbol{A} = \begin{pmatrix} 1 & 0 & 2 & -1 \\ 0 & 1 & 4 & -2 \\ 2 & -1 & 0 & 1 \\ 2 & -1 & -1 & 2 \end{pmatrix}。$$

令 $W = \langle \boldsymbol{\alpha}_1 + 2\boldsymbol{\alpha}_2, \boldsymbol{\alpha}_2 + \boldsymbol{\alpha}_3 + 2\boldsymbol{\alpha}_4 \rangle$，证明：$W$ 是 $\mathcal{A}$-子空间。

证明　$\mathcal{A}\boldsymbol{\alpha}_1 = \boldsymbol{\alpha}_1 + 2\boldsymbol{\alpha}_3 + 2\boldsymbol{\alpha}_4$，　$\mathcal{A}\boldsymbol{\alpha}_2 = \boldsymbol{\alpha}_2 - \boldsymbol{\alpha}_3 - \boldsymbol{\alpha}_4$，

$\mathcal{A}\boldsymbol{\alpha}_3 = 2\boldsymbol{\alpha}_1 + 4\boldsymbol{\alpha}_2 - \boldsymbol{\alpha}_4$，　$\mathcal{A}\boldsymbol{\alpha}_4 = -\boldsymbol{\alpha}_1 - 2\boldsymbol{\alpha}_2 + \boldsymbol{\alpha}_3 + 2\boldsymbol{\alpha}_4$，

于是

$$\mathcal{A}(\boldsymbol{\alpha}_1 + 2\boldsymbol{\alpha}_2) = (\boldsymbol{\alpha}_1 + 2\boldsymbol{\alpha}_3 + 2\boldsymbol{\alpha}_4) + 2(\boldsymbol{\alpha}_2 - \boldsymbol{\alpha}_3 - \boldsymbol{\alpha}_4) = \boldsymbol{\alpha}_1 + 2\boldsymbol{\alpha}_2 \in W,$$

$$\mathcal{A}(\boldsymbol{\alpha}_2 + \boldsymbol{\alpha}_3 + 2\boldsymbol{\alpha}_4) = (\boldsymbol{\alpha}_2 - \boldsymbol{\alpha}_3 - \boldsymbol{\alpha}_4) + (2\boldsymbol{\alpha}_1 + 4\boldsymbol{\alpha}_2 - \boldsymbol{\alpha}_4) + 2(-\boldsymbol{\alpha}_1 - 2\boldsymbol{\alpha}_2 + \boldsymbol{\alpha}_3 + 2\boldsymbol{\alpha}_4)$$

$$= \boldsymbol{\alpha}_2 + \boldsymbol{\alpha}_3 + 2\boldsymbol{\alpha}_4 \in W。$$

因此 W 是 $\mathcal{A}$-子空间。

例 2　设 $\mathcal{A}$ 是域 F 上线性空间 V 上的可逆线性变换，W 是 $\mathcal{A}$ 的有限维不变子空间。证明：

(1) $\mathcal{A}|W$ 是 W 上的可逆线性变换；

(2) W 也是 $\mathcal{A}^{-1}$ 的不变子空间，且 $\mathcal{A}^{-1}|W = (\mathcal{A}|W)^{-1}$。

证明　(1) 由于 $\mathcal{A}$ 是 V 上的可逆变换，因此 $\mathcal{A}$ 是单射，从而 $\mathcal{A}|W$ 是单射。由于 W 是有限维的，且 $\mathcal{A}|W$ 是 W 上的线性变换，因此 $\mathcal{A}|W$ 也是满射，从而 $\mathcal{A}|W$ 是双射。因此 $\mathcal{A}|W$ 是 W 上的可逆线性变换。

（2）任取 $\delta \in W$，由于 $\mathcal{A}|W$ 是 W 到 W 的双射，因此 W 中存在唯一的向量 γ 使得 $(\mathcal{A}|W)\gamma = \delta$。于是 $(\mathcal{A}|W)^{-1}\delta = \gamma$，且 $\delta = (\mathcal{A}|W)\gamma = \mathcal{A}\gamma$，从而 $\mathcal{A}^{-1}\delta = \gamma$。由于 $\gamma \in W$，因此 W 是 $\mathcal{A}^{-1}$ 的不变子空间。由于 $(\mathcal{A}^{-1}|W)\delta = \mathcal{A}^{-1}\delta = \gamma = (\mathcal{A}|W)^{-1}\delta$，$\forall \delta \in W$，因此

$$\mathcal{A}^{-1}|W = (\mathcal{A}|W)^{-1}.$$ ■

例 3 设 V 是复数域上的 n 维线性空间，$\mathcal{A},\mathcal{B}$ 都是 V 上的线性变换。证明：如果 $\mathcal{A}$ 与 $\mathcal{B}$ 可交换，那么 $\mathcal{A}$ 与 $\mathcal{B}$ 至少有一个公共的特征向量。

证明 取 $\mathcal{A}$ 的一个特征值 λ_0。由于 $\mathcal{A}\mathcal{B} = \mathcal{B}\mathcal{A}$，因此 $\mathcal{A}$ 的特征子空间 V_{λ_0} 是 $\mathcal{B}$ 的不变子空间，于是 $\mathcal{B}|V_{\lambda_0}$ 是 V_{λ_0} 上的一个线性变换。由于 V_{λ_0} 是复数域上的线性空间，因此 $\mathcal{B}|V_{\lambda_0}$ 有特征值。取它的一个特征值 μ_0，则在 V_{λ_0} 中存在非零向量 ξ，使得 $(\mathcal{B}|V_{\lambda_0})\xi = \mu_0 \xi$，即 $\mathcal{B}\xi = \mu_0 \xi$。又有 $\mathcal{A}\xi = \lambda_0 \xi$，因此 ξ 是 $\mathcal{A}$ 与 $\mathcal{B}$ 的公共的特征向量。 ■

例 4 设 V 是复数域上的 n 维线性空间，$\mathcal{A},\mathcal{B}$ 都是 V 上的线性变换，且 $\mathcal{A}$ 有 s 个不同的特征值。证明：如果 $\mathcal{A}$ 与 $\mathcal{B}$ 可交换，那么 $\mathcal{A}$ 与 $\mathcal{B}$ 至少有 s 个公共的特征向量，并且它们线性无关。

证明 设 $\lambda_1,\lambda_2,\cdots,\lambda_s$ 是 $\mathcal{A}$ 的不同的特征值，从例 3 的证明过程看出，在 V_{λ_i} 中存在非零向量 ξ_i，它是 $\mathcal{A}$ 与 $\mathcal{B}$ 的公共的特征向量，$i = 1,2,\cdots,s$。由于属于不同特征值的特征向量是线性无关的，因此 $\xi_1,\xi_2,\cdots,\xi_s$ 线性无关。 ■

例 5 设 A,B 都是 n 级复矩阵。证明：如果 A 与 B 可交换，那么存在 n 级可逆复矩阵 P，使得 $P^{-1}AP$ 和 $P^{-1}BP$ 都是上三角矩阵。

证明 对复矩阵的级数 n 作数学归纳法。

$n = 1$ 时，显然命题为真。假设命题对于 $n-1$ 级复矩阵成立，现在来看 n 级复矩阵的情形。设 λ_1 是 n 级复矩阵 A 的一个特征值。由于 $AB = BA$，因此根据例 3 得，在 A 的特征子空间 V_{λ_1} 中存在一个非零向量 X_1，使得 $BX_1 = \mu_1 X_1$。把 X_1 扩充成 $\mathbf{C}^n$ 的一个基：$X_1,X_2,\cdots,X_n$，令 $P_1 = (X_1,X_2,\cdots,X_n)$，则 P_1 是 n 级可逆复矩阵，且

$$P_1^{-1}AP_1 = P_1^{-1}(AX_1,AX_2,\cdots,AX_n) = (P_1^{-1}\lambda_1 X_1, P_1^{-1}AX_2, \cdots, P_1^{-1}AX_n).$$

由于 $P_1^{-1}P_1 = I$，因此 $P_1^{-1}X_1 = \varepsilon_1$，从而

$$P_1^{-1}AP_1 = \begin{pmatrix} \lambda_1 & \boldsymbol{\alpha}' \\ 0 & A_1 \end{pmatrix}.$$

同理有

$$P_1^{-1}BP_1 = \begin{pmatrix} \mu_1 & \boldsymbol{\beta}' \\ 0 & B_1 \end{pmatrix},$$

由于 $AB = BA$，因此 $(P_1^{-1}AP_1)(P_1^{-1}BP_1) = P_1^{-1}BAP_1 = (P_1^{-1}BP_1)(P_1^{-1}AP_1)$，从而

$$\begin{pmatrix} \lambda_1 & \boldsymbol{\alpha}' \\ 0 & A_1 \end{pmatrix}\begin{pmatrix} \mu_1 & \boldsymbol{\beta}' \\ 0 & B_1 \end{pmatrix} = \begin{pmatrix} \mu_1 & \boldsymbol{\beta}' \\ 0 & B_1 \end{pmatrix}\begin{pmatrix} \lambda_1 & \boldsymbol{\alpha}' \\ 0 & A_1 \end{pmatrix}.$$

由此得出，$A_1 B_1 = B_1 A_1$。根据归纳假设，存在 $n-1$ 级可逆复矩阵 P_2，使得 $P_2^{-1}A_1P_2$ 与 $P_2^{-1}B_1P_2$ 都为上三角矩阵，令

$$P = P_1 \begin{pmatrix} 1 & \boldsymbol{0}' \\ 0 & P_2 \end{pmatrix},$$

则 $\boldsymbol{P}$ 是 n 级可逆复矩阵,且

$$\boldsymbol{P}^{-1}\boldsymbol{A}\boldsymbol{P} = \begin{pmatrix} 1 & \boldsymbol{0}' \\ \boldsymbol{0} & \boldsymbol{P}_2 \end{pmatrix}^{-1} \begin{pmatrix} \lambda_1 & \boldsymbol{\alpha}' \\ \boldsymbol{0} & \boldsymbol{A}_1 \end{pmatrix} \begin{pmatrix} 1 & \boldsymbol{0}' \\ \boldsymbol{0} & \boldsymbol{P}_2 \end{pmatrix} = \begin{pmatrix} \lambda_1 & \boldsymbol{\alpha}'\boldsymbol{P}_2 \\ \boldsymbol{0} & \boldsymbol{P}_2^{-1}\boldsymbol{A}_1\boldsymbol{P}_2 \end{pmatrix},$$

$$\boldsymbol{P}^{-1}\boldsymbol{B}\boldsymbol{P} = \begin{pmatrix} 1 & \boldsymbol{0}' \\ \boldsymbol{0} & \boldsymbol{P}_2 \end{pmatrix}^{-1} \begin{pmatrix} \mu_1 & \boldsymbol{\beta}' \\ \boldsymbol{0} & \boldsymbol{B}_1 \end{pmatrix} \begin{pmatrix} 1 & \boldsymbol{0}' \\ \boldsymbol{0} & \boldsymbol{P}_2 \end{pmatrix} = \begin{pmatrix} \mu_1 & \boldsymbol{\beta}'\boldsymbol{P}_2 \\ \boldsymbol{0} & \boldsymbol{P}_2^{-1}\boldsymbol{B}_1\boldsymbol{P}_2 \end{pmatrix}。$$

因此 $\boldsymbol{P}^{-1}\boldsymbol{A}\boldsymbol{P}$ 和 $\boldsymbol{P}^{-1}\boldsymbol{B}\boldsymbol{P}$ 都是上三角矩阵。

根据数学归纳法原理,对一切正整数 n,此命题为真。∎

例 6　设 V 是复数域上的 n 维线性空间,$\mathscr{A}_1,\mathscr{A}_2,\cdots,\mathscr{A}_s$ 都是 V 上的线性变换。证明:如果 $\mathscr{A}_1,\mathscr{A}_2,\cdots,\mathscr{A}_s$ 两两可交换,那么 $\mathscr{A}_1,\mathscr{A}_2,\cdots,\mathscr{A}_s$ 至少有一个公共的特征向量。

证明　取 $\mathscr{A}_1$ 的一个特征值 λ_{11},由于 $\mathscr{A}_1\mathscr{A}_2=\mathscr{A}_2\mathscr{A}_1$,因此 $\mathscr{A}_1$ 的特征子空间 $V_{\lambda_{11}}$ 是 $\mathscr{A}_2$ 的不变子空间,从而 $\mathscr{A}_2|V_{\lambda_{11}}$ 是 $V_{\lambda_{11}}$ 上的一个线性变换。由于 $V_{\lambda_{11}}$ 是复数域上的线性空间,因此 $\mathscr{A}_2|V_{\lambda_{11}}$ 有特征值。取它的一个特征值 λ_{21},$\mathscr{A}_2|V_{\lambda_{11}}$ 的属于特征值 λ_{21} 的特征子空间为

$$\{\alpha \in V_{\lambda_{11}} \mid (\mathscr{A}_2 \mid V_{\lambda_{11}})\alpha = \lambda_{21}\alpha\}$$
$$= \{\alpha \in V_{\lambda_{11}} \mid \mathscr{A}_2\alpha = \lambda_{21}\alpha\} = \{\alpha \in V_{\lambda_{11}} \mid \alpha \in V_{\lambda_{21}}\}$$
$$= V_{\lambda_{11}} \bigcap V_{\lambda_{21}},$$

其中 $V_{\lambda_{21}}$ 是 $\mathscr{A}_2$ 的属于特征值 λ_{21} 的特征子空间。由于 $\mathscr{A}_2|V_{\lambda_{11}}$ 有特征向量,因此 $V_{\lambda_{11}}\bigcap V_{\lambda_{21}}\neq 0$。由于 $\mathscr{A}_3\mathscr{A}_1=\mathscr{A}_1\mathscr{A}_3$,$\mathscr{A}_3\mathscr{A}_2=\mathscr{A}_2\mathscr{A}_3$,因此 $V_{\lambda_{11}}$ 与 $V_{\lambda_{21}}$ 都是 $\mathscr{A}_3$ 的不变子空间,从而 $V_{\lambda_{11}}\bigcap V_{\lambda_{21}}$ 也是 $\mathscr{A}_3$ 的不变子空间。于是 $\mathscr{A}_3|V_{\lambda_{11}}\bigcap V_{\lambda_{21}}$ 是 $V_{\lambda_{11}}\bigcap V_{\lambda_{21}}$ 上的一个线性变换,它有特征值。取它的一个特征值 λ_{31},$\mathscr{A}_3|V_{\lambda_{11}}\bigcap V_{\lambda_{21}}$ 的属于特征值 λ_{31} 的特征子空间为 $(V_{\lambda_{11}}\bigcap V_{\lambda_{21}})\bigcap V_{\lambda_{31}}$(推导方法与上述类似),于是 $V_{\lambda_{11}}\bigcap V_{\lambda_{21}}\bigcap V_{\lambda_{31}}\neq 0$。依次下去,最后可得 $V_{\lambda_{11}}\bigcap V_{\lambda_{21}}\bigcap V_{\lambda_{31}}\bigcap\cdots\bigcap V_{\lambda_{s1}}\neq 0$,其中 $V_{\lambda_{j1}}$ 是 $\mathscr{A}_j$ 的属于特征值 λ_{j1} 的特征子空间,$j=1,2,\cdots,s$。于是在这个交集中存在非零向量 ξ,从而 ξ 是 $\mathscr{A}_1,\mathscr{A}_2,\cdots,\mathscr{A}_s$ 的一个公共的特征向量。∎

点评：在例 6 的证明中,我们没有一开始就写出 $V_{\lambda_{11}}\bigcap V_{\lambda_{21}}\bigcap\cdots\bigcap V_{\lambda_{s1}}$,而是采取上述叙述过程,就是为了说明 $V_{\lambda_{11}}\bigcap V_{\lambda_{21}}\bigcap\cdots\bigcap V_{\lambda_{s1}}\neq 0$。这样才能在这个交集中找到非零向量 ξ。

例 7　设 $\boldsymbol{A}_1,\boldsymbol{A}_2,\cdots,\boldsymbol{A}_s$ 都是 n 级复矩阵,证明:如果 $\boldsymbol{A}_1,\boldsymbol{A}_2,\cdots,\boldsymbol{A}_s$ 两两可交换,那么存在 n 级可逆复矩阵 $\boldsymbol{P}$,使得 $\boldsymbol{P}^{-1}\boldsymbol{A}_1\boldsymbol{P},\boldsymbol{P}^{-1}\boldsymbol{A}_2\boldsymbol{P},\cdots,\boldsymbol{P}^{-1}\boldsymbol{A}_s\boldsymbol{P}$ 都是上三角矩阵。

证明　对复矩阵的级数 n 作数学归纳法。

$n=1$ 时,显然命题为真。假设命题对于 $n-1$ 级复矩阵成立,现在来看 n 级复矩阵的情形。由于 $\boldsymbol{A}_1,\boldsymbol{A}_2,\cdots,\boldsymbol{A}_s$ 两两可交换,因此根据例 6 得,$\boldsymbol{A}_1,\boldsymbol{A}_2,\cdots,\boldsymbol{A}_s$ 有一个公共的特征向量 $\boldsymbol{X}_1$。设 $\boldsymbol{A}_j\boldsymbol{X}_1=\lambda_{j1}\boldsymbol{X}_1$,$j=1,2,\cdots,s$,把 $\boldsymbol{X}_1$ 扩充成 $\mathbb{C}^n$ 的一个基:$\boldsymbol{X}_1,\boldsymbol{X}_2,\cdots,\boldsymbol{X}_n$。令 $\boldsymbol{P}_1=(\boldsymbol{X}_1,\boldsymbol{X}_2,\cdots,\boldsymbol{X}_n)$,则 $\boldsymbol{P}_1$ 是 n 级可逆复矩阵。与例 5 的证明类似,有

$$\boldsymbol{P}_1^{-1}\boldsymbol{A}_j\boldsymbol{P}_1 = \begin{pmatrix} \lambda_{j1} & \boldsymbol{\alpha}'_j \\ \boldsymbol{0} & \boldsymbol{B}_j \end{pmatrix}, \qquad j=1,2,\cdots,s。$$

由于 $\boldsymbol{A}_1,\boldsymbol{A}_2,\cdots,\boldsymbol{A}_s$ 两两可交换,因此 $\boldsymbol{P}_1^{-1}\boldsymbol{A}_1\boldsymbol{P}_1,\boldsymbol{P}_1^{-1}\boldsymbol{A}_2\boldsymbol{P}_1,\cdots,\boldsymbol{P}_1^{-1}\boldsymbol{A}_s\boldsymbol{P}_1$ 两两可交换,从而

$B_1,B_2,\cdots,B_s$ 两两可交换。根据归纳假设，存在 $n-1$ 级可逆复矩阵 P_2，使得 $P_2^{-1}B_1P_2$，$P_2^{-1}B_2P_2,\cdots,P_2^{-1}B_sP_2$ 都是上三角矩阵。令

$$P = P_1\begin{pmatrix} 1 & \mathbf{0}' \\ \mathbf{0} & P_2 \end{pmatrix},$$

则 P 是 n 级可逆矩阵，且 $P^{-1}A_jP$ 为上三角矩阵，$j=1,2,\cdots,s$。

根据数学归纳法原理，对一切正整数 n，此命题成立。∎

例 8 设 $\mathcal{A}$ 是特征不为 2 的域 F 上的线性空间 V 上的一个线性变换。证明：如果 $\mathcal{A}^2$ 有一个特征值 λ_0^2，那么 λ_0 或 $-\lambda_0$ 是 $\mathcal{A}$ 的一个特征值。

证明 在 $F[\lambda]$ 中，$\lambda^2-\lambda_0^2=(\lambda-\lambda_0)(\lambda+\lambda_0)$。由于域 F 的特征不为 2，因此 $\lambda-\lambda_0$ 与 $\lambda+\lambda_0$ 互素，从而根据本节引理 1 得

$$\mathrm{Ker}(\mathcal{A}^2-\lambda_0^2\mathcal{I})=\mathrm{Ker}(\mathcal{A}-\lambda_0\mathcal{I})\oplus\mathrm{Ker}(\mathcal{A}+\lambda_0\mathcal{I})。$$

由于 $\mathcal{A}^2$ 有一个特征值 λ_0^2，因此 $\mathcal{A}^2$ 的属于 λ_0^2 的特征子空间 $V_{\lambda_0^2}=\mathrm{Ker}(\lambda_0^2\mathcal{I}-\mathcal{A}^2)=\mathrm{Ker}(\mathcal{A}^2-\lambda_0^2\mathcal{I})\neq 0$，从而 $\mathrm{Ker}(\mathcal{A}-\lambda_0\mathcal{I})\neq 0$ 或 $\mathrm{Ker}(\mathcal{A}+\lambda_0\mathcal{I})\neq 0$，于是 λ_0 或 $-\lambda_0$ 是 $\mathcal{A}$ 的一个特征值。∎

例 9 设域 F 上 n 维线性空间 V 上的线性变换 $\mathcal{A}$ 在 V 的一个基下的矩阵 A 为

$$A=\begin{pmatrix} 0 & 0 & \cdots & 0 & -a_0 \\ 1 & 0 & \cdots & 0 & -a_1 \\ 0 & 1 & \cdots & 0 & -a_2 \\ \vdots & \vdots & & \vdots & \vdots \\ 0 & 0 & \cdots & 0 & -a_{n-2} \\ 0 & 0 & \cdots & 1 & -a_{n-1} \end{pmatrix},$$

其中多项式 $\lambda^n+a_{n-1}\lambda^{n-1}+\cdots+a_1\lambda+a_0$ 在域 F 上不可约，证明 $\mathcal{A}$ 没有非平凡的不变子空间。

证明 假如 $\mathcal{A}$ 有非平凡的不变子空间 W，则根据本节的定理 1 得，$\mathcal{A}$ 的特征多项式 $f(\lambda)=f_1(\lambda)f_2(\lambda)$，其中 $f_1(\lambda)$ 是 $\mathcal{A}|W$ 的特征多项式，$f_2(\lambda)$ 是 $\mathcal{A}$ 在 V/W 上的诱导的线性变换 $\widetilde{\mathcal{A}}$ 的特征多项式。由于 $W\neq V$，因此 $\dim W<n$，从而 $\deg f_1(\lambda)<n$。由于 $W\neq 0$，因此 $\dim(V/W)<n$，从而 $\deg f_2(\lambda)<n$，于是 $f(\lambda)$ 在域 F 上可约，而 $f(\lambda)=|\lambda I-A|=\lambda^n+a_{n-1}\lambda^{n-1}+\cdots+a_1\lambda+a_0$，与已知条件矛盾，因此 $\mathcal{A}$ 没有非平凡的不变子空间。∎

例 10 设 V 是域 F 上的 n 维线性空间，V 上线性变换 $\mathcal{A}$ 在 V 的一个基 $\alpha_1,\alpha_2,\cdots,\alpha_n$ 下的矩阵 A 为

$$A=\begin{pmatrix} a & 1 & 0 & \cdots & 0 & 0 \\ 0 & a & 1 & \cdots & 0 & 0 \\ \vdots & \vdots & \vdots & & \vdots & \vdots \\ 0 & 0 & 0 & \cdots & a & 1 \\ 0 & 0 & 0 & \cdots & 0 & a \end{pmatrix}。$$

(1) 证明：若 $\mathcal{A}$ 的一个不变子空间 W 有向量 α_n，则 $W=V$；

(2) 证明：α_1 属于 $\mathcal{A}$ 的任意一个非零不变子空间；

（3）证明：V 不能分解成 $\mathcal{A}$ 的非平凡不变子空间的直和；

（4）求 $\mathcal{A}$ 的所有不变子空间。

（1）**证明**　由于 $\alpha_n \in W$，因此 $\mathcal{A}\alpha_n = \alpha_{n-1} + a\alpha_n \in W$，从而 $\alpha_{n-1} \in W$，于是 $\mathcal{A}\alpha_{n-1} = \alpha_{n-2} + a\alpha_{n-1} \in W$，从而 $\alpha_{n-2} \in W$。依次下去可得，$\alpha_{n-3} \in W, \cdots, \alpha_1 \in W$。因此 $W = V$。■

（2）**证明**　设 W 是 $\mathcal{A}$ 的任一非零不变子空间。取 $\beta \in W$，且 $\beta \neq 0$，设 $\beta = k_1\alpha_1 + k_2\alpha_2 + \cdots + k_s\alpha_s$，其中 $k_s \neq 0$。由于 $\mathcal{A}\beta \in W$，因此
$$k_1 a\alpha_1 + k_2(\alpha_1 + a\alpha_2) + \cdots + k_s(\alpha_{s-1} + a\alpha_s) = a\beta + (k_2\alpha_1 + \cdots + k_s\alpha_{s-1}) \in W。$$
由此得出，$k_2\alpha_1 + \cdots + k_s\alpha_{s-1} \in W$。用 $\mathcal{A}$ 作用，得
$$k_2 a\alpha_1 + k_3(\alpha_1 + a\alpha_2) + \cdots + k_s(\alpha_{s-2} + a\alpha_{s-1}) \in W，$$
由此得出，$k_3\alpha_1 + \cdots + k_s\alpha_{s-2} \in W$。依次用 $\mathcal{A}$ 作用，最后可得 $k_s\alpha_1 \in W$。由于 $k_s \neq 0$，因此 $\alpha_1 \in W$。■

（3）**证明**　由第（2）小题得，$\mathcal{A}$ 的任意两个非零不变子空间含有公共向量 α_1，从而立即得到结论。■

（4）**解**　设 W 是 $\mathcal{A}$ 的非零不变子空间，$\dim W = m$。在 W 中取一个基 $\alpha_1, \beta_2, \cdots, \beta_m$，设
$$\beta_2 = k_{21}\alpha_1 + k_{22}\alpha_2 + \cdots + k_{2s}\alpha_s,$$
$$\vdots$$
$$\beta_m = k_{m1}\alpha_1 + k_{m2}\alpha_2 + \cdots + k_{ms}\alpha_s,$$
其中 $k_{2s}, \cdots, k_{ms}$ 不全为 0，不妨设 $k_{2s} \neq 0$。由于 $\alpha_1, \beta_2, \cdots, \beta_m$ 可以由 $\alpha_1, \alpha_2, \cdots, \alpha_s$ 线性表出，因此 $m \leqslant s$。由于 $\mathcal{A}\beta_2 \in W$，因此
$$k_{21} a\alpha_1 + k_{22}(\alpha_1 + a\alpha_2) + \cdots + k_{2s}(\alpha_{s-1} + a\alpha_s) = a\beta_2 + k_{22}\alpha_1 + \cdots + k_{2s}\alpha_{s-1} \in W，$$
由此推出，$k_{22}\alpha_1 + \cdots + k_{2s}\alpha_{s-1} \in W$。考虑它在 $\mathcal{A}$ 下的象，得
$$k_{22} a\alpha_1 + k_{23}(\alpha_1 + a\alpha_2) + \cdots + k_{2s}(\alpha_{s-2} + a\alpha_{s-1})$$
$$= a(k_{22}\alpha_1 + k_{23}\alpha_2 + \cdots + k_{2s}\alpha_{s-1}) + k_{23}\alpha_1 + \cdots + k_{2s}\alpha_{s-2} \in W，$$
由此推出，$k_{23}\alpha_1 + \cdots + k_{2s}\alpha_{s-2} \in W$。$\mathcal{A}$ 继续作用下去，可得 $k_{2,s-1}\alpha_1 + k_{2s}\alpha_2 \in W$。于是 $k_{2s}\alpha_2 \in W$。由于 $k_{2s} \neq 0$，因此 $\alpha_2 \in W$。在上面用 $\mathcal{A}$ 作用的倒数第二步可得，$k_{2,s-2}\alpha_1 + k_{2,s-1}\alpha_2 + k_{2s}\alpha_3 \in W$，由此得出 $k_{2s}\alpha_3 \in W$，从而 $\alpha_3 \in W$。依次返回上去，可得 $\alpha_4 \in W, \cdots, \alpha_{s-1} \in W$。再从 β_2 的表达式可得，$\alpha_s \in W$。于是 $\alpha_1, \alpha_2, \cdots, \alpha_{s-1}, \alpha_s$ 可由 $\alpha_1, \beta_2, \cdots, \beta_m$ 线性表出，从而 $s \leqslant m$。又由于 $m \leqslant s$，因此 $s = m$，于是
$$W = \langle \alpha_1, \alpha_2, \cdots, \alpha_m \rangle。$$
由于 $\mathcal{A}\alpha_1 = a\alpha_1 \in W$，$\mathcal{A}\alpha_2 = \alpha_1 + a\alpha_2 \in W$，$\cdots$，$\mathcal{A}\alpha_m = \alpha_{m-1} + a\alpha_m \in W$，因此 $\langle \alpha_1, \alpha_2, \cdots, \alpha_m \rangle$ 的确是 $\mathcal{A}$ 的一个不变子空间。这证明了：若 $\mathcal{A}$ 的非零不变子空间 W 的维数为 m，则 $W = \langle \alpha_1, \alpha_2, \cdots, \alpha_m \rangle$，从而 $\mathcal{A}$ 的所有不变子空间为：
$$0, \langle \alpha_1 \rangle, \langle \alpha_1, \alpha_2 \rangle, \cdots, \langle \alpha_1, \alpha_2, \cdots, \alpha_{n-1} \rangle, V，$$
一共有 $n+1$ 个。

点评：例 10 的第（4）小题，对于 $m \in \{1, 2, \cdots, n\}$，$A$ 可以写成分块上三角矩阵的形式：

$$\begin{pmatrix} A_1 & A_3 \\ 0 & A_2 \end{pmatrix},$$

其中

$$A_1 = \begin{pmatrix} a & 1 & 0 & \cdots & 0 \\ 0 & a & 1 & \cdots & 0 \\ \vdots & \vdots & \vdots & & \vdots \\ 0 & 0 & 0 & \cdots & a \end{pmatrix}$$

是 m 级矩阵。根据定理 2 得，$\mathcal{A}$ 有非平凡不变子空间 $W = \langle \alpha_1, \alpha_2, \cdots, \alpha_m \rangle$。用这种方法可以很快得出 $\mathcal{A}$ 有下列不变子空间：

$$0, \langle \alpha_1 \rangle, \langle \alpha_1, \alpha_2 \rangle, \cdots, \langle \alpha_1, \alpha_2, \cdots, \alpha_{n-1} \rangle, V。$$

但是用这种方法尚未证明 $\mathcal{A}$ 只有这 $n+1$ 个不变子空间，因此还需要上面写出的求解过程：设 W 是 $\mathcal{A}$ 的 m 维不变子空间，去证 $W = \langle \alpha_1, \alpha_2, \cdots, \alpha_m \rangle$，从而 $\mathcal{A}$ 只有上述 $n+1$ 个不变子空间。

例 11 在 $K[x]_n$ 中，求出求导数 $\mathcal{D}$ 的所有不变子空间。

解 $\mathcal{D}$ 在 $K[x]_n$ 的一个基 $1, x, \dfrac{1}{2!}x^2, \dfrac{1}{3!}x^3, \cdots, \dfrac{1}{(n-1)!}x^{n-1}$ 下的矩阵 $\boldsymbol{D}$ 为

$$\boldsymbol{D} = \begin{pmatrix} 0 & 1 & 0 & 0 & \cdots & 0 \\ 0 & 0 & 1 & 0 & \cdots & 0 \\ 0 & 0 & 0 & 1 & \cdots & 0 \\ \vdots & \vdots & \vdots & \vdots & & \vdots \\ 0 & 0 & 0 & 0 & \cdots & 1 \\ 0 & 0 & 0 & 0 & \cdots & 0 \end{pmatrix}。$$

根据例 10 的第 (4) 小题的结论得，$\mathcal{D}$ 的所有不变子空间为

$$0, \langle 1 \rangle, \langle 1, x \rangle, \langle 1, x, \frac{1}{2!}x^2 \rangle, \cdots, \langle 1, x, \frac{1}{2!}x^2, \cdots, \frac{1}{(n-2)!}x^{n-2} \rangle, K[x]_n,$$

一共 $n+1$ 个。

例 12 设 V 是复数域上的 n 维线性空间，V 上的线性变换 $\mathcal{A}$ 有 n 个不同的特征值 $\lambda_1, \lambda_2, \cdots, \lambda_n$，求 $\mathcal{A}$ 的所有不变子空间，并且求出 $\mathcal{A}$ 的不变子空间的个数。

解 由于 $\mathcal{A}$ 有 n 个不同的特征值，因此 $\mathcal{A}$ 有 n 个线性无关的特征向量，从而 $\mathcal{A}$ 可对角化，于是

$$\dim V_{\lambda_1} + \dim V_{\lambda_2} + \cdots + \dim V_{\lambda_n} = n。$$

由于 $\dim V_{\lambda_i} \geqslant 1 (i=1,2,\cdots,n)$，因此 $\dim V_{\lambda_i} = 1, i=1,2,\cdots,n$。$V_{\lambda_i}(i=1,2,\cdots,n)$ 都是 $\mathcal{A}$ 的不变子空间，由于 $\mathcal{A}$ 的不变子空间的和仍为 $\mathcal{A}$ 的不变子空间，因此

$$V_{\lambda_{j_1}} + V_{\lambda_{j_2}} + \cdots + V_{\lambda_{j_r}}$$

仍是 $\mathcal{A}$ 的不变子空间，其中 $1 \leqslant j_1 < j_2 < \cdots < j_r \leqslant n$，$r=1,2,\cdots,n$。由于 $\mathcal{A}$ 的属于不同特征值的特征向量线性无关，因此 $V_{\lambda_{j_1}} + V_{\lambda_{j_2}} + \cdots + V_{\lambda_{j_r}}$ 是直和，并且对于给定的 r，形如 $V_{\lambda_{j_1}} \oplus V_{\lambda_{j_2}} \oplus \cdots \oplus V_{\lambda_{j_r}} (1 \leqslant j_1 < j_2 < \cdots < j_r \leqslant n)$ 的 $\mathcal{A}$-子空间有 C_n^r 个。这样我们已经求出

的 $\mathcal{A}$-子空间的个数为

$$1 + C_n^1 + C_n^2 + \cdots + C_n^n = (1+1)^n = 2^n。$$

下面我们来论证 $\mathcal{A}$ 的不变子空间只有上述 2^n 个。

任取 $\mathcal{A}$ 的一个非零不变子空间 W，设 $\dim W = m$。由于 W 是复数域上的线性空间，因此 W 上的线性变换 $\mathcal{A}|W$ 有特征值。取 $\mathcal{A}|W$ 的一个特征值 μ，则存在 $\eta \in W$ 且 $\eta \neq 0$ 使得 $(\mathcal{A}|W)\eta = \mu\eta$，即 $\mathcal{A}\eta = \mu\eta$。因此 μ 是 $\mathcal{A}$ 的一个特征值，即 μ 等于某个 λ_l。由于 $\dim V_{\lambda_l} = 1$，因此 $V_{\lambda_l} \subseteq W$。由于 $\mathcal{A}$ 的 n 个特征值两两不等，因此 $\mathcal{A}|W$ 的特征值也两两不等。由于 $\dim W = m$，因此 $\mathcal{A}|W$ 的特征多项式是 m 次多项式，从而 $\mathcal{A}|W$ 有 m 个不同的特征值 $\lambda_{l_1}, \lambda_{l_2}, \cdots, \lambda_{l_m}$，于是 $\mathcal{A}|W$ 可对角化，因此 $W = V_{\lambda_{l_1}} \oplus V_{\lambda_{l_2}} \oplus \cdots \oplus V_{\lambda_{l_m}}$。这证明了 $\mathcal{A}$ 的任一非零不变子空间都是上面列出的 $2^n - 1$ 个非零不变子空间之一，所以 $\mathcal{A}$ 的不变子空间只有上述 2^n 个。

例 13　设 $\mathcal{A}$ 是域 F 上的线性空间 V 上的线性变换，证明：如果 W 是 $\mathcal{A}$ 的不变子空间，那么 $\mathcal{A}W$ 和 W 在 $\mathcal{A}$ 下的原象集 $\mathcal{A}^{-1}W$ 都是 $\mathcal{A}$ 的不变子空间。

证明　任取 $\gamma \in \mathcal{A}W$，则存在 $\beta \in W$ 使得 $\gamma = \mathcal{A}\beta$。由于 W 是 $\mathcal{A}$-子空间，因此 $\mathcal{A}\beta \in W$，即 $\gamma \in W$，从而 $\mathcal{A}\gamma \in \mathcal{A}W$。因此 $\mathcal{A}W$ 是 $\mathcal{A}$-子空间。

任取 $\alpha \in \mathcal{A}^{-1}W$，则 $\mathcal{A}\alpha \in W$。由于 W 是 $\mathcal{A}$-子空间，因此 $\mathcal{A}(\mathcal{A}\alpha) \in W$，从而 $\mathcal{A}\alpha \in \mathcal{A}^{-1}W$。这证明了 $\mathcal{A}^{-1}W$ 是 $\mathcal{A}$-子空间。∎

例 14　对于例 10 中的 V 上的线性变换 $\mathcal{A}$，求 $\mathcal{A}$ 的全部特征子空间；$\mathcal{A}$ 的任一非零不变子空间是否包含 $\mathcal{A}$ 的特征子空间？

解　$|\lambda I - A| = (\lambda - a)^n$，从而 $\mathcal{A}$ 的全部特征值是 $a(n$ 重$)$，于是 $\mathcal{A}$ 的特征子空间只有一个：V_a。

解齐次线性方程组 $(aI - A)x = 0$，求出一个基础解系为 $(1, 0, \cdots, 0)'$，因此 $\mathcal{A}$ 的属于特征值 a 的全部特征向量为 $\{k\alpha_1 | k \in F,$ 且 $k \neq 0\}$，于是 $V_a = \langle \alpha_1 \rangle$。

根据例 10 的第 (2) 小题得，$\mathcal{A}$ 的任一非零不变子空间都包含 V_a。

例 15　设 V 是实数域上的 n 维线性空间，证明：V 上的任一线性变换 $\mathcal{A}$ 必有一个 1 维不变子空间或者 2 维不变子空间。

证明　情形 1　$\mathcal{A}$ 有一个特征值 λ_1。设 ξ_1 是 $\mathcal{A}$ 的属于特征值 λ_1 的一个特征向量，则 $\langle \xi_1 \rangle$ 是 $\mathcal{A}$ 的 1 维不变子空间。

情形 2　$\mathcal{A}$ 没有特征值，则 $\mathcal{A}$ 的特征多项式 $f(\lambda)$ 没有实根。设 $\mathcal{A}$ 在 V 的一个基 $\alpha_1, \alpha_2, \cdots, \alpha_n$ 下的矩阵为 A。取 $f(\lambda)$ 的一对共轭虚根：$z_1, \bar{z}_1$，其中 $z_1 = a + bi, a, b \in \mathbf{R}$。把 A 看成复数域上的矩阵，则 $z_1, \bar{z}_1$ 都是 A 的特征值。设 $X_1 = X_{11} + iX_{12}$ 是 A 的属于特征值 z_1 的一个特征向量，其中 $X_{11}, X_{12} \in \mathbf{R}^n$。从 $AX_1 = z_1 X_1$ 得

$$AX_{11} + iAX_{12} = (a + bi)(X_{11} + iX_{12})$$
$$= (aX_{11} - bX_{12}) + i(bX_{11} + aX_{12}),$$

由此推出

$$AX_{11} = aX_{11} - bX_{12}, \quad AX_{12} = bX_{11} + aX_{12}。 \tag{23}$$

令　　　　　$\beta_1 = (\alpha_1, \alpha_2, \cdots, \alpha_n)X_{11}, \quad \beta_2 = (\alpha_1, \alpha_2, \cdots, \alpha_n)X_{12},$

则 V 中向量 β_1, β_2 在基 $\alpha_1, \alpha_2, \cdots, \alpha_n$ 下的坐标分别为 X_{11}, X_{12}。从 (23) 式得

$$\mathcal{A}\beta_1 = a\beta_1 - b\beta_2, \quad \mathcal{A}\beta_2 = b\beta_1 + a\beta_2。 \tag{24}$$

令 $W=\langle\beta_1,\beta_2\rangle$，从(24)式看出，$\mathcal{A}\beta_1\in W$，$\mathcal{A}\beta_2\in W$。因此 W 是 $\mathcal{A}$ 的一个不变子空间，假如 β_1,β_2 线性相关，则 $\boldsymbol{X}_{11},\boldsymbol{X}_{12}$ 线性相关。由于特征向量 $\boldsymbol{X}_1\neq\boldsymbol{0}$，因此 $\boldsymbol{X}_{11},\boldsymbol{X}_{12}$ 不全为 $\boldsymbol{0}$。不妨设 $\boldsymbol{X}_{11}\neq\boldsymbol{0}$，则 $\boldsymbol{X}_{12}=c\boldsymbol{X}_{11}$。由(23)式得

$$\boldsymbol{A}\boldsymbol{X}_{11} = a\boldsymbol{X}_{11} - bc\boldsymbol{X}_{11} = (a-bc)\boldsymbol{X}_{11}, \tag{25}$$

于是有 $\mathcal{A}\beta_1=(a-bc)\beta_1$。又由于 $\beta_1\neq 0$，因此 $\mathcal{A}$ 有特征值 $a-bc$，矛盾。因此 β_1,β_2 线性无关，从而 $\dim W=2$。 ■

例 16 设 U 是过原点 O 的一个平面上所有定位向量组成的线性空间，σ 是这个平面绕点 O 转角为 θ 的旋转，其中 $\theta\neq k\pi,k\in\mathbf{Z}$。证明：$\sigma$ 没有非平凡的不变子空间。

证明 U 是实数域上的 2 维线性空间，由于 $\theta\neq k\pi$，因此 U 中任一非零向量都不是旋转 σ 的特征向量。根据本节命题 5 得，σ 没有 1 维的不变子空间，因此 σ 没有非平凡的不变子空间。 ■

例 17 把实数域 $\mathbf{R}$ 看成有理数域 $\mathbf{Q}$ 上的线性空间，给定正整数 $n(n>1)$，令

$$\mathcal{A}(x) = \sqrt[n]{3}\,x, \forall\, x\in\mathbf{R},$$

求 $\mathbf{R}$ 上的线性变换 $\mathcal{A}$ 的一个非平凡有限维不变子空间 W，并且求 W 的一个基和维数。

解 由于

$$\mathcal{A}(1) = \sqrt[n]{3}, \mathcal{A}(\sqrt[n]{3}) = \sqrt[n]{3}\sqrt[n]{3} = \sqrt[n]{3^2}, \cdots, \mathcal{A}(\sqrt[n]{3^{n-2}}) = \sqrt[n]{3}\,\sqrt[n]{3^{n-2}} = \sqrt[n]{3^{n-1}}$$

$$\mathcal{A}(\sqrt[n]{3^{n-1}}) = \sqrt[n]{3}\,\sqrt[n]{3^{n-1}} = \sqrt[n]{3^n} = 3,$$

因此 $W=\langle 1,\sqrt[n]{3},\sqrt[n]{3^2},\cdots,\sqrt[n]{3^{n-2}},\sqrt[n]{3^{n-1}}\rangle$ 是 $\mathcal{A}$ 的一个非平凡有限维不变子空间。根据 8.1节的例 13 得，$1,\sqrt[n]{3},\sqrt[n]{3^2},\cdots,\sqrt[n]{3^{n-1}}$ 线性无关，因此它们是 W 的一个基，从而 $\dim W=n$。

例 18 设 $\mathcal{A}$ 是域 F 上 n 维线性空间 V 上的一个线性变换，$\mathcal{A}$ 在 V 的一个基 $\alpha_1,\alpha_2,\cdots,\alpha_n$ 下的矩阵 $\boldsymbol{A}$ 为(空白处元素为 0)

$$\boldsymbol{A} = \begin{pmatrix} & & & & a_1 \\ & & & a_2 & \\ & & \cdot^{\cdot^{\cdot}} & & \\ & a_{n-1} & & & \\ a_n & & & & \end{pmatrix},$$

试问：V 是否可以分解成 $\mathcal{A}$ 的 2 维或 1 维不变子空间的直和？

解 $\quad\mathcal{A}\alpha_1=a_n\alpha_n, \mathcal{A}\alpha_2=a_{n-1}\alpha_{n-1}, \cdots, \mathcal{A}\alpha_{n-1}=a_2\alpha_2, \mathcal{A}\alpha_n=a_1\alpha_1,$

于是

$$\langle\alpha_1,\alpha_n\rangle, \langle\alpha_2,\alpha_{n-1}\rangle, \cdots, \langle\alpha_i,\alpha_{n-i+1}\rangle, \cdots$$

都是 $\mathcal{A}$ 的 2 维不变子空间。

情形 1 $\quad n=2m$。由上述得

$$\langle\alpha_1,\alpha_{2m}\rangle, \langle\alpha_2,\alpha_{2m-1}\rangle, \cdots, \langle\alpha_m,\alpha_{m+1}\rangle$$

都是 $\mathcal{A}$ 的 2 维不变子空间。由于 $\alpha_1,\alpha_2,\cdots,\alpha_{2m}$ 是 V 的一个基，因此

$$V = \langle\alpha_1,\alpha_{2m}\rangle \oplus \langle\alpha_2,\alpha_{2m-1}\rangle \oplus \cdots \oplus \langle\alpha_m,\alpha_{m+1}\rangle。$$

情形 2　$n=2m+1$。由上述得
$$\langle \alpha_1, \alpha_{2m+1} \rangle, \langle \alpha_2, \alpha_{2m} \rangle, \cdots, \langle \alpha_m, \alpha_{m+2} \rangle, \langle \alpha_{m+1} \rangle$$
都是 $\mathcal{A}$ 的不变子空间,因此
$$V = \langle \alpha_1, \alpha_{2m+1} \rangle \oplus \langle \alpha_2, \alpha_m \rangle \oplus \cdots \oplus \langle \alpha_m, \alpha_{m+2} \rangle \oplus \langle \alpha_{m+1} \rangle。$$

例 19　设 V 是复数域上的 n 维线性空间,$\mathcal{A}$ 是 V 上的一个线性变换。证明:任给正整数 $r(1 \leqslant r \leqslant n)$,$\mathcal{A}$ 有 r 维不变子空间。

证明　根据本套教材上册 5.7 节例 6,任一 n 级复矩阵一定相似于一个上三角矩阵。因此存在 V 的一个基 $\alpha_1, \alpha_2, \cdots, \alpha_n$,使得 $\mathcal{A}$ 在此基下的矩阵 $\boldsymbol{A}$ 为上三角矩阵:

$$\boldsymbol{A} = \begin{bmatrix} \lambda_1 & a_{12} & a_{13} & \cdots & a_{1n} \\ 0 & \lambda_2 & a_{23} & \cdots & a_{2n} \\ \vdots & \vdots & \vdots & & \vdots \\ 0 & 0 & 0 & \cdots & \lambda_n \end{bmatrix},$$

其中 $\lambda_1, \lambda_2, \cdots, \lambda_n$ 是 $\mathcal{A}$ 的全部特征值。任给 $r(1 \leqslant r < n)$,$\boldsymbol{A}$ 可以写成分块矩阵形式:

$$\boldsymbol{A} = \begin{bmatrix} \boldsymbol{A}_1 & \boldsymbol{A}_3 \\ \boldsymbol{0} & \boldsymbol{A}_2 \end{bmatrix},$$

其中

$$\boldsymbol{A}_1 = \begin{bmatrix} \lambda_1 & a_{12} & \cdots & a_{1r} \\ 0 & \lambda_2 & \cdots & a_{2r} \\ \vdots & \vdots & & \vdots \\ 0 & 0 & \cdots & \lambda_r \end{bmatrix}。$$

根据本节定理 2 得,$\mathcal{A}$ 有一个 r 维不变子空间 $W = \langle \alpha_1, \alpha_2, \cdots, \alpha_r \rangle$。　∎

例 20　设 V 是域 F 上 n 维线性空间,$\mathcal{A}$ 是 V 上的一个线性变换。证明:$\mathcal{A}$ 是幂等变换的充分必要条件是
$$\mathrm{rank}\,(\mathcal{A}) + \mathrm{rank}\,(\mathcal{A} - \mathcal{I}) = n。$$

证明　V 上的线性变换 $\mathcal{A}$ 是幂等变换　$\Longleftrightarrow$　$\mathcal{A}(\mathcal{A} - \mathcal{I}) = \mathcal{O}$。
考虑域 F 上的一元多项式 $f(x) = x(x-1)$,由于 $(x, x-1) = 1$,因此根据本节引理 1 得,$\mathrm{Ker}\, f(\mathcal{A}) = \mathrm{Ker}\, \mathcal{A} \oplus \mathrm{Ker}(\mathcal{A} - \mathcal{I})$,从而

$\mathcal{A}$ 是幂等变换　$\Longleftrightarrow$　$\mathcal{A}(\mathcal{A} - \mathcal{I}) = \mathcal{O}$

$\qquad\qquad\qquad\Longleftrightarrow$　$f(\mathcal{A}) = \mathcal{O}$

$\qquad\qquad\qquad\Longleftrightarrow$　$V = \mathrm{Ker}\, \mathcal{A} \oplus \mathrm{Ker}(\mathcal{A} - \mathcal{I})$

$\qquad\qquad\qquad\Longleftrightarrow$　$\dim V = \dim(\mathrm{Ker}\, \mathcal{A}) + \dim(\mathrm{Ker}(\mathcal{A} - \mathcal{I}))$

$\qquad\qquad\qquad\Longleftrightarrow$　$\mathrm{rank}(\mathcal{A}) + \mathrm{rank}(\mathcal{A} - \mathcal{I}) = n,$

其中倒数第二个 $\Longleftrightarrow$ 的"$\Longleftarrow$"理由是:$\mathrm{Ker}\, \mathcal{A} + \mathrm{Ker}(\mathcal{A} - \mathcal{I})$ 是直和,因此 $\dim(\mathrm{Ker}\, \mathcal{A} \oplus \mathrm{Ker}(\mathcal{A} - \mathcal{I})) = \dim(\mathrm{Ker}\, \mathcal{A}) + \dim(\mathrm{Ker}(\mathcal{A} - \mathcal{I}))$。于是 $\dim V = \dim(\mathrm{Ker}\, \mathcal{A} \oplus \mathrm{Ker}(\mathcal{A} - \mathcal{I}))$,从而 $V = \mathrm{Ker}\, \mathcal{A} \oplus \mathrm{Ker}(\mathcal{A} - \mathcal{I})$。　∎

点评:例 20 用矩阵语言叙述就是:域 F 上的 n 级矩阵 $\boldsymbol{A}$ 是幂等矩阵当且仅当 $\mathrm{rank}(\boldsymbol{A}) + \mathrm{rank}(\boldsymbol{A} - \boldsymbol{I}) = n$。当 F 是数域时,在本套教材上册 4.5 节例 3 给出了一种证法。现在的例 20 给出了另一种证法。这种证法最简便,这是由于利用了本节的引理 1。

例 21 设 V 是域 F 上的 n 维线性空间，char $F \neq 2$，$\mathcal{A}$ 是 V 上的一个线性变换。证明：$\mathcal{A}$ 是对合变换的充分必要条件是

$$\mathrm{rank}(\mathcal{A}+\mathcal{I})+\mathrm{rank}(\mathcal{A}-\mathcal{I})=n。$$

证明 在 $F[x]$ 中，令 $f(x)=(x+1)(x-1)$。由于域 F 的特征不等于 2，因此 $(x+1,x-1)=1$。根据本节引理 1 得，$\mathrm{Ker}\,f(\mathcal{A})=\mathrm{Ker}(\mathcal{A}+\mathcal{I})\oplus\mathrm{Ker}(\mathcal{A}-\mathcal{I})$，于是

V 上线性变换 $\mathcal{A}$ 是对合变换

$\Longleftrightarrow$ $\mathcal{A}^2=\mathcal{I}$

$\Longleftrightarrow$ $(\mathcal{A}+\mathcal{I})(\mathcal{A}-\mathcal{I})=\mathcal{O}$

$\Longleftrightarrow$ $f(\mathcal{A})=\mathcal{O}$

$\Longleftrightarrow$ $V=\mathrm{Ker}(\mathcal{A}+\mathcal{I})\oplus\mathrm{Ker}(\mathcal{A}-\mathcal{I})$

$\Longleftrightarrow$ $\dim V=\dim(\mathrm{Ker}(\mathcal{A}+\mathcal{I}))+\dim(\mathrm{Ker}(\mathcal{A}-\mathcal{I}))$

$\Longleftrightarrow$ $\mathrm{rank}(\mathcal{A}+\mathcal{I})+\mathrm{rank}(\mathcal{A}-\mathcal{I})=n。$ ∎

例 22 设 $\boldsymbol{A}$ 是域 F 上的 n 级矩阵，$g(\lambda)$ 是 $\boldsymbol{A}$ 的一个零化多项式，且 $g(\lambda)$ 在域 F 上不可约。证明：如果正整数 d 使得 $\boldsymbol{A}^d$ 有特征值 1，其中 1 是域 F 的单位元，那么 $g(\lambda)\,|\,\lambda^d-1$。

证明 假如 $g(\lambda)\nmid\lambda^d-1$，由于 $g(\lambda)$ 在域 F 上不可约，因此 $(g(\lambda),\lambda^d-1)=1$。于是存在 $u(\lambda),v(\lambda)\in F[\lambda]$，使得

$$u(\lambda)g(\lambda)+v(\lambda)(\lambda^d-1)=1。$$

不定元 λ 用 $\boldsymbol{A}$ 代入，从上式得

$$u(\boldsymbol{A})g(\boldsymbol{A})+v(\boldsymbol{A})(\boldsymbol{A}^d-\boldsymbol{I})=\boldsymbol{I}。$$

由于 $g(\lambda)$ 是 $\boldsymbol{A}$ 的一个零化多项式，因此 $g(\boldsymbol{A})=\boldsymbol{0}$。于是从上式得，$v(\boldsymbol{A})(\boldsymbol{A}^d-\boldsymbol{I})=\boldsymbol{I}$，从而 $\boldsymbol{A}^d-\boldsymbol{I}$ 是可逆矩阵，因此 $|\boldsymbol{A}^d-\boldsymbol{I}|\neq0$。这与 $\boldsymbol{A}^d$ 有特征值 1 矛盾，所以 $g(\lambda)\,|\,\lambda^d-1$。 ∎

例 23 设 $\mathcal{A}$ 是域 F 上线性空间 V 上的线性变换。证明：

(1) $\mathcal{A}$ 是幂等变换当且仅当 x^2-x 是 $\mathcal{A}$ 的一个零化多项式；

(2) $\mathcal{A}$ 是幂零指数为 l 的幂零变换当且仅当 x^l 是 $\mathcal{A}$ 的一个零化多项式，而当 $r<l$ 时，x^r 不是 $\mathcal{A}$ 的零化多项式；

(3) $\mathcal{A}$ 是对合变换当且仅当 x^2-1 是 $\mathcal{A}$ 的一个零化多项式；

(4) $\mathcal{A}$ 是周期为 m 的周期变换当且仅当 x^m-1 是 $\mathcal{A}$ 的一个零化多项式，而当 $r<m$ 时，x^r-1 不是 $\mathcal{A}$ 的零化多项式。

证明 (1) $\mathcal{A}$ 是幂等变换 $\Longleftrightarrow$ $\mathcal{A}^2-\mathcal{A}=\mathcal{O}$ $\Longleftrightarrow$ x^2-x 是 $\mathcal{A}$ 的一个零化多项式。

(2) $\mathcal{A}$ 是幂零指数为 l 的幂零变换

$\Longleftrightarrow$ $\mathcal{A}^l=\mathcal{O}$，而 $\mathcal{A}^r\neq\mathcal{O},1\leqslant r<l$

$\Longleftrightarrow$ x^l 是 $\mathcal{A}$ 的一个零化多项式，而当 $1\leqslant r<l$ 时，x^r 不是 $\mathcal{A}$ 的零化多项式。

(3) $\mathcal{A}$ 是对合变换 $\Longleftrightarrow$ $\mathcal{A}^2-\mathcal{I}=\mathcal{O}$ $\Longleftrightarrow$ x^2-1 是 $\mathcal{A}$ 的一个零化多项式。

(4) $\mathcal{A}$ 是周期为 m 的周期变换

$\Longleftrightarrow$ $\mathcal{A}^m=\mathcal{I}$，而 $\mathcal{A}^r\neq\mathcal{I}$，当 $r<m$

$\Longleftrightarrow$ x^m-1 是 $\mathcal{A}$ 的一个零化多项式，而当 $1\leqslant r<m$ 时，x^r-1 不是 $\mathcal{A}$ 的零化多项式。 ∎

例 24　设 $\mathscr{A}$ 是域 F 上线性空间 V 上的一个线性变换。设 $f(x),g(x)\in F[x]$,且首项系数为 1,

$$(f(x),g(x))=d(x),[f(x),g(x)]=m(x)。$$

证明：　　　　　$\mathrm{Ker}\,d(\mathscr{A})=\mathrm{Ker}\,f(\mathscr{A})\bigcap\mathrm{Ker}\,g(\mathscr{A})；\qquad\qquad(26)$

$$\mathrm{Ker}\,m(\mathscr{A})=\mathrm{Ker}\,f(\mathscr{A})+\mathrm{Ker}\,g(\mathscr{A})。\qquad\qquad(27)$$

证明　设　　　　$f(x)=f_1(x)d(x),g(x)=g_1(x)d(x),$

则 $f(\mathscr{A})=f_1(\mathscr{A})d(\mathscr{A}),g(\mathscr{A})=g_1(\mathscr{A})d(\mathscr{A})$,由此得出

$$\mathrm{Ker}\,d(\mathscr{A})\subseteq\mathrm{Ker}\,f(\mathscr{A})\bigcap\mathrm{Ker}\,g(\mathscr{A})。\qquad\qquad(28)$$

反之,任取 $\alpha\in\mathrm{Ker}\,f(\mathscr{A})\bigcap\mathrm{Ker}\,g(\mathscr{A})$,由于 $(f(x),g(x))=d(x)$,因此存在 $u(x),v(x)\in F[x]$,使得

$$u(x)f(x)+v(x)g(x)=d(x)。\qquad\qquad(29)$$

x 用 $\mathscr{A}$ 代入,从(29)式得

$$u(\mathscr{A})f(\mathscr{A})+v(\mathscr{A})g(\mathscr{A})=d(\mathscr{A}),\qquad\qquad(30)$$

于是　　　　$d(\mathscr{A})\alpha=u(\mathscr{A})f(\mathscr{A})\alpha+v(\mathscr{A})g(\mathscr{A})\alpha=0,$

因此 $\alpha\in\mathrm{Ker}\,d(\mathscr{A})$,从而 $\mathrm{Ker}\,f(\mathscr{A})\bigcap\mathrm{Ker}\,g(\mathscr{A})\subseteq\mathrm{Ker}\,d(\mathscr{A})$,

所以　　　　　　　$\mathrm{Ker}\,d(\mathscr{A})=\mathrm{Ker}\,f(\mathscr{A})\bigcap\mathrm{Ker}\,g(\mathscr{A})。$

由于 $f(x)g(x)=d(x)m(x)$,因此 $m(x)=f(x)g_1(x)=f_1(x)g(x)$。

x 用 $\mathscr{A}$ 代入,从上式得

$$m(\mathscr{A})=f(\mathscr{A})g_1(\mathscr{A})=f_1(\mathscr{A})g(\mathscr{A}),\qquad\qquad(31)$$

从而 $\mathrm{Ker}\,f(\mathscr{A})\subseteq\mathrm{Ker}\,m(\mathscr{A}),\mathrm{Ker}\,g(\mathscr{A})\subseteq\mathrm{Ker}\,m(\mathscr{A})$,因此

$$\mathrm{Ker}\,f(\mathscr{A})+\mathrm{Ker}\,g(\mathscr{A})\subseteq\mathrm{Ker}\,m(\mathscr{A})。\qquad\qquad(32)$$

反之,任取 $\alpha\in\mathrm{Ker}\,m(\mathscr{A})$,由于 $(f_1(x),g_1(x))=1$,因此存在 $u_1(x),v_1(x)\in F[x]$,使得

$$u_1(x)f_1(x)+v_1(x)g_1(x)=1,\qquad\qquad(33)$$

x 用 $\mathscr{A}$ 代入,从(33)式得

$$u_1(\mathscr{A})f_1(\mathscr{A})+v_1(\mathscr{A})g_1(\mathscr{A})=I。\qquad\qquad(34)$$

于是　　　$\alpha=u_1(\mathscr{A})f_1(\mathscr{A})\alpha+v_1(\mathscr{A})g_1(\mathscr{A})\alpha。$

设　$\alpha_1=v_1(\mathscr{A})g_1(\mathscr{A})\alpha,\alpha_2=u_1(\mathscr{A})f_1(\mathscr{A})\alpha$,则

$$f(\mathscr{A})\alpha_1=f(\mathscr{A})v_1(\mathscr{A})g_1(\mathscr{A})\alpha=v_1(\mathscr{A})m(\mathscr{A})\alpha=0,$$

$$g(\mathscr{A})\alpha_2=g(\mathscr{A})u_1(\mathscr{A})f_1(\mathscr{A})\alpha=u_1(\mathscr{A})m(\mathscr{A})\alpha=0,$$

从而 $\alpha_1\in\mathrm{Ker}\,f(\mathscr{A}),\alpha_2\in\mathrm{Ker}\,g(\mathscr{A})$,因此

$$\alpha=\alpha_1+\alpha_2\in\mathrm{Ker}\,f(\mathscr{A})+\mathrm{Ker}\,g(\mathscr{A})。$$

于是 $\mathrm{Ker}\,m(\mathscr{A})\subseteq\mathrm{Ker}\,f(\mathscr{A})+\mathrm{Ker}\,g(\mathscr{A})$,所以

$$\mathrm{Ker}\,m(\mathscr{A})=\mathrm{Ker}\,f(\mathscr{A})+\mathrm{Ker}\,g(\mathscr{A})。$$

例 25　设 $\mathscr{A}$ 是域 F 上 n 维线性空间 V 上的一个线性变换,设 $f(x),g(x)\in F[x]$,且首项系数为 1,$(f(x),g(x))=d(x),[f(x),g(x)]=m(x)$。证明：

$$\mathrm{rank}(f(\mathscr{A}))+\mathrm{rank}(g(\mathscr{A}))=\mathrm{rank}(d(\mathscr{A}))+\mathrm{rank}(m(\mathscr{A}))。\qquad\qquad(35)$$

证明　根据例 24 得

$$\mathrm{Ker}\,d(\mathscr{A})=\mathrm{Ker}\,f(\mathscr{A})\bigcap\mathrm{Ker}\,g(\mathscr{A}),$$

$$\mathrm{Ker}\, m(\mathcal{A}) = \mathrm{Ker}\, f(\mathcal{A}) + \mathrm{Ker}\, g(\mathcal{A}),$$

因此

$$\dim[\mathrm{Ker}\, d(\mathcal{A})] + \dim[\mathrm{Ker}\, m(\mathcal{A})]$$
$$= \dim[\mathrm{Ker}\, f(\mathcal{A}) \cap \mathrm{Ker}\, g(\mathcal{A})] + \dim[\mathrm{Ker}\, f(\mathcal{A}) + \mathrm{Ker}\, g(\mathcal{A})]$$
$$= \dim[\mathrm{Ker}\, f(\mathcal{A})] + \dim[\mathrm{Ker}\, g(\mathcal{A})]。$$

由此得出

$$n - \mathrm{rank}(d(\mathcal{A})) + n - \mathrm{rank}(m(\mathcal{A}))$$
$$= n - \mathrm{rank}(f(\mathcal{A})) + n - \mathrm{rank}(g(\mathcal{A})),$$

从而 $$\mathrm{rank}(f(\mathcal{A})) + \mathrm{rank}(g(\mathcal{A})) = \mathrm{rank}(d(\mathcal{A})) + \mathrm{rank}(m(\mathcal{A}))。$$ ■

例 26 设 $\mathcal{A}$ 是域 F 上 n 维线性空间 V 上的一个线性变换，设 $f(x), g(x), h(x) \in F[x]$，且首项系数为 1，$(f(x), h(x)) = 1$。证明：

$$\mathrm{rank}[f(\mathcal{A})g(\mathcal{A})h(\mathcal{A})] = \mathrm{rank}[f(\mathcal{A})g(\mathcal{A})] + \mathrm{rank}[g(\mathcal{A})h(\mathcal{A})] - \mathrm{rank}(g(\mathcal{A}))。$$

证明 由于 $(f(x), h(x)) = 1$，因此 $(f(x)g(x), h(x)g(x)) = g(x)$，$[f(x)g(x), h(x)g(x)] = f(x)g(x)h(x)$。根据例 25 得

$$\mathrm{rank}[f(\mathcal{A})g(\mathcal{A})] + \mathrm{rank}[g(\mathcal{A})h(\mathcal{A})] = \mathrm{rank}[g(\mathcal{A})] + \mathrm{rank}[(f(\mathcal{A})g(\mathcal{A})h(\mathcal{A})],$$

由此即得所要证的等式。 ■

例 27 设 A, B 分别是 n 级、m 级复矩阵。证明：矩阵方程 $AX - XB = 0$ 只有零解的充分必要条件是：A 与 B 没有公共的特征值。

证明 必要性。假设 A 与 B 有公共的特征值 λ_0，则存在 $\alpha \in \mathbf{C}^n$ 且 $\alpha \neq 0$ 使得 $A\alpha = \lambda_0 \alpha$。由于

$$|\lambda_0 I - B'| = |(\lambda_0 I - B)'| = |\lambda_0 I - B| = 0,$$

因此 λ_0 也是 B' 的一个特征值，从而存在 $\beta \in \mathbf{C}^m$ 且 $\beta \neq 0$，使得 $B'\beta = \lambda_0 \beta$，于是 $\beta' B = \lambda_0 \beta'$，从而

$$A(\alpha \beta') - (\alpha \beta')B = \lambda_0 \alpha \beta' - \alpha \lambda_0 \beta' = 0。$$

因此 $\alpha\beta'$ 是矩阵方程 $AX - XB = 0$ 的一个解。

由于 $\alpha \neq 0, \beta \neq 0$，因此 α 的某个分量 $a_i \neq 0$，β 的某个分量 $b_j \neq 0$，从而 $\alpha\beta'$ 的 (i, j) 元 $a_i b_j \neq 0$，因此 $\alpha\beta' \neq 0$，于是 $\alpha\beta'$ 是 $AX - XB = 0$ 的一个非零解。

充分性。设 A 与 B 没有公共的特征值，则 A 的特征多项式 $f(\lambda)$ 与 B 的特征多项式 $g(\lambda)$ 没有公共的复根，从而 $f(\lambda)$ 与 $B(\lambda)$ 在 $\mathbf{C}[\lambda]$ 中互素。于是存在 $u(\lambda), v(\lambda) \in \mathbf{C}[\lambda]$，使得 $u(\lambda)f(\lambda) + v(\lambda)g(\lambda) = 1$。$x$ 用 A 代入，得

$$u(A)f(A) + v(A)g(A) = I。$$

由于 $f(A) = 0$，因此 $g(A)$ 可逆。设 $n \times m$ 级复矩阵 C 是矩阵方程 $AX - XB = 0$ 的一个解，则 $AC = CB$。设

$$g(\lambda) = \lambda^m + b_{m-1}\lambda^{m-1} + \cdots + b_1\lambda + b_0,$$

则

$$g(A)C = (A^m + b_{m-1}A^{m-1} + \cdots + b_1 A + b_0 I)C$$
$$= C(B^m + b_{m-1}B^{m-1} + \cdots + b_1 B + b_0 I)$$
$$= C \cdot g(B) = C \cdot 0 = 0。$$

两边左乘 $g(A)^{-1}$，即得 $C = 0$。因此 $AX - XB = 0$ 只有零解。 ■

习题 9.5

1. 对于复数域上 3 级矩阵 A，令 $\mathcal{A}(\alpha) = A\alpha$，$\forall \alpha \in \mathbf{C}^3$，求 $\mathbf{C}^3$ 上的线性变换 $\mathcal{A}$ 的所有不变子空间：

$$A = \begin{pmatrix} 4 & 7 & -3 \\ -2 & -4 & 2 \\ -4 & -10 & 4 \end{pmatrix}.$$

2. 下述矩阵 A 分别看成实数域、复数域上的矩阵，令 $\mathcal{A}(\alpha) = A\alpha$，$\forall \alpha \in \mathbf{R}^2$ 或 $\forall \alpha \in \mathbf{C}^2$，分别求 $\mathcal{A}$ 的所有不变子空间：

$$A = \begin{pmatrix} 0 & a \\ -a & 0 \end{pmatrix},$$

其中 a 是非零实数。

3. 令 $\mathcal{A}(\alpha) = A\alpha$，$\forall \alpha \in K^3$，其中

$$A = \begin{pmatrix} 2 & 1 & 0 \\ 0 & 2 & 1 \\ 0 & 0 & 2 \end{pmatrix},$$

求 K^3 上线性变换 $\mathcal{A}$ 的所有不变子空间。

4. 写出域 F 上线性空间 V 上的数乘变换 k 的一个非零的零化多项式。

5. 设 $\mathcal{A}$ 是域 F 上线性空间 V 上的线性变换，证明：如果 $\mathcal{A}$ 有一个 1 次的零化多项式，那么 $\mathcal{A}$ 是数乘变换。

6. 求下述数域 K 上 2 级矩阵 A 的一个非零的零化多项式：

$$A = \begin{pmatrix} 1 & 1 \\ 0 & 1 \end{pmatrix}.$$

7. 求下述数域 K 上 n 级矩阵 A 的一个非零的零化多项式。

$$A = \begin{pmatrix} 0 & 1 & 0 & \cdots & 0 & 0 \\ 0 & 0 & 1 & \cdots & 0 & 0 \\ \vdots & \vdots & \vdots & & \vdots & \vdots \\ 0 & 0 & 0 & \cdots & 0 & 1 \\ 0 & 0 & 0 & \cdots & 0 & 0 \end{pmatrix}.$$

8. 证明：对于域 F 上的 n 级可逆矩阵 A，存在 F 中元素 $k_0, k_1, \cdots, k_{n-1}$，使得

$$A^{-1} = k_{n-1}A^{n-1} + \cdots + k_1 A + k_0 I.$$

9. 设 V 是域 F 上的 n 维线性空间，char $F \neq 2$，$\mathcal{A}$ 是 V 上的一个线性变换。证明：

(1) $\mathrm{rank}(\mathcal{A} - \mathcal{I}) + \mathrm{rank}(\mathcal{A} + \mathcal{I}) = n + \mathrm{rank}(\mathcal{A}^2 - \mathcal{I})$；

(2) $\mathrm{rank}(\mathcal{A} - \mathcal{I}) + \mathrm{rank}(\mathcal{A} + \mathcal{I}) + \mathrm{rank}(\mathcal{A}^2 + \mathcal{I}) = 2n + \mathrm{rank}(\mathcal{A}^4 - \mathcal{I})$。

10. 设 A, B 分别是域 F 上的 n 级，m 级矩阵。证明：如果 A 的特征多项式 $f(\lambda)$ 与 B 的特征多项式 $g(\lambda)$ 互素，那么矩阵方程 $AX - XB = 0$ 只有零解。

11. 设 A,B 分别是域 F 上的 n 级、m 级矩阵。证明:如果矩阵方程 $AX-XB=0$ 只有零解,那么 A 与 B 没有公共的特征值。

9.6 线性变换和矩阵的最小多项式

9.6.1 内容精华

设 V 是域 F 上的 n 维线性空间,$\mathcal{A}$ 是 V 上的一个线性变换。为了在 V 中找一个合适的基使得 $\mathcal{A}$ 在此基下的矩阵具有最简单的形式,从 9.5 节知道,第一步是找 $\mathcal{A}$ 的一个非零的零化多项式。例如,$\mathcal{A}$ 的特征多项式 $f(\lambda)$ 就是 $\mathcal{A}$ 的一个零化多项式。把 $f(\lambda)$ 分解成两两不等的不可约多项式方幂的乘积,则 V 就能分解成 $\mathcal{A}$ 的不变子空间的直和。在每个不变子空间取一个基,合起来成为 V 的一个基,$\mathcal{A}$ 在这个基下的矩阵是分块对角矩阵。第二步的任务自然是在每个不变子空间中取一个合适的基,使得 $\mathcal{A}$ 在这个不变子空间上的限制在此基下的矩阵具有最简单的形式。为了使进一步的讨论能比较顺利进行,凭直觉似乎应当取 $\mathcal{A}$ 的临界状态的非零的零化多项式更好,不一定取 $\mathcal{A}$ 的特征多项式。$\mathcal{A}$ 的这种临界状态的零化多项式称为 $\mathcal{A}$ 的最小多项式。本节就来研究线性变换的最小多项式的性质和求法,以及探讨它在研究线性变换 $\mathcal{A}$ 最简单形式的矩阵表示中所起的重要作用。

一、最小多项式的定义和性质

定义 1 设 $\mathcal{A}$ 是域 F 上线性空间 V 的一个线性变换,在 $\mathcal{A}$ 的所有非零的零化多项式中,次数最低的首项系数为 1 的多项式称为 $\mathcal{A}$ 的**最小多项式**。

命题 1 线性空间 V 上的线性变换 $\mathcal{A}$ 的最小多项式是唯一的。

证明 设 $m_1(\lambda)$ 和 $m_2(\lambda)$ 都是 $\mathcal{A}$ 的最小多项式,则它们的次数相等且首项系数都为 1,从而 $h(\lambda)=m_1(\lambda)-m_2(\lambda)$ 的次数比 $m_1(\lambda)$ 的低。由于 $h(\mathcal{A})=m_1(\mathcal{A})-m_2(\mathcal{A})=\mathcal{O}$,因此 $h(\lambda)$ 也是 $\mathcal{A}$ 的一个零化多项式。根据最小多项式的定义得,$h(\lambda)=0$,即 $m_1(\lambda)=m_2(\lambda)$。∎

命题 2 设 $\mathcal{A}$ 是域 F 上线性空间 V 上的线性变换,$F[\lambda]$ 中的多项式 $g(\lambda)$ 是 $\mathcal{A}$ 的零化多项式当且仅当 $g(\lambda)$ 是 $\mathcal{A}$ 的最小多项式 $m(\lambda)$ 的倍式。

证明 必要性。设 $g(\lambda)$ 是 $\mathcal{A}$ 的一个零化多项式,作带余除法,得
$$g(\lambda) = h(\lambda)m(\lambda) + r(\lambda), \deg r(\lambda) < \deg m(\lambda),$$
不定元 λ 用 $\mathcal{A}$ 代入,从上式得
$$g(\mathcal{A}) = h(\mathcal{A})m(\mathcal{A}) + r(\mathcal{A})。$$
由于 $g(\mathcal{A})=\mathcal{O}, m(\mathcal{A})=\mathcal{O}$,因此 $r(\mathcal{A})=\mathcal{O}$。根据最小多项式的定义得,$r(\lambda)=0$,从而 $g(\lambda)$ 是 $m(\lambda)$ 的一个倍式。

充分性。设 $g(\lambda)=h(\lambda)m(\lambda)$,则 $g(\mathcal{A})=h(\mathcal{A})m(\mathcal{A})=\mathcal{O}$,因此 $g(\lambda)$ 是 $\mathcal{A}$ 的一个零化多项式。∎

命题 3 设 $\mathscr{A}$ 是域 F 上的有限维线性空间 V 上的线性变换,则 $\mathscr{A}$ 的最小多项式 $m(\lambda)$ 与特征多项式 $f(\lambda)$ 在 F 中有相同的根(重数可以不同)。

证明 由于 $\mathscr{A}$ 的特征多项式 $f(\lambda)$ 是 $\mathscr{A}$ 的一个零化多项式,因此 $m(\lambda)|f(\lambda)$,从而存在 $h(\lambda)\in F[\lambda]$ 使得

$$f(\lambda)=h(\lambda)m(\lambda),$$

于是 $m(\lambda)$ 的每一个根都是 $f(\lambda)$ 的根。

反之,设 λ_0 是 $f(\lambda)$ 在 F 中的一个根,则 λ_0 是 $\mathscr{A}$ 的一个特征值,于是存在 $\xi\in V$ 且 $\xi\neq 0$,使得 $\mathscr{A}\xi=\lambda_0\xi$。设 $m(\lambda)=c_0+c_1\lambda+\cdots+\lambda^s$,则

$$0=m(\mathscr{A})\xi=(c_0I+c_1\mathscr{A}+\cdots+\mathscr{A}^s)\xi$$
$$=c_0\xi+c_1\lambda_0\xi+\cdots+\lambda_0^s\xi=m(\lambda_0)\xi,$$

由此得出,$m(\lambda_0)=0$,因此 λ_0 是 $m(\lambda)$ 的一个根。 ■

类似地,可以定义域 F 上 n 级矩阵 A 的最小多项式,它是 A 的所有非零的零化多项式中次数最低且首项系数为 1 的那个零化多项式。

设 $\mathscr{A}$ 是域 F 上 n 维线性空间 V 上的一个线性变换,它在 V 的一个基下的矩阵是 A。由于 $g(\lambda)$ 是 $\mathscr{A}$ 的零化多项式当且仅当 $g(\lambda)$ 是 A 的零化多项式,因此 $m(\lambda)$ 是 $\mathscr{A}$ 的最小多项式当且仅当 $m(\lambda)$ 是 A 的最小多项式。

推论 1 域 F 上 n 级矩阵 A 的最小多项式 $m(\lambda)$ 与 A 的特征多项式 $f(\lambda)$ 在 F 中有相同的根(重数可以不同)。

证明 设 V 是域 F 上一个 n 维线性空间,定义 V 上的一个线性变换 $\mathscr{A}$,使它在 V 的一个基下的矩阵为 A,则 $\mathscr{A}$ 与 A 有相同的特征多项式和相同的最小多项式,于是由命题 3 立即得到结论。 ■

推论 2 相似的矩阵有相同的最小多项式。

证明 设 A 和 B 是域 F 上相似的 n 级矩阵,它们可以看成是域 F 上 n 维线性空间 V 上的线性变换 $\mathscr{A}$ 在 V 的不同基下的矩阵,因此 A 和 B 的最小多项式就是 $\mathscr{A}$ 的最小多项式。 ■

我们可以改进推论 1 和命题 3 的结果。

命题 4 设 A 是域 F 上的 n 级矩阵,域 E 包含 F,则 A 的最小多项式 $m(\lambda)$ 与 A 的特征多项式 $f(\lambda)$ 在 E 中有相同的根(重数可以不同)。

证明 由于 $m(\lambda)|f(\lambda)$,因此 $m(\lambda)$ 的根都是 $f(\lambda)$ 的根;反之,设 λ_0 是 $f(\lambda)$ 在 E 中的一个根,把 A 看成域 E 上的矩阵,则 λ_0 是 A 的一个特征值,从而存在 $\boldsymbol{\alpha}\in E^n$ 且 $\boldsymbol{\alpha}\neq\boldsymbol{0}$,使得 $A\boldsymbol{\alpha}=\lambda_0\boldsymbol{\alpha}$。设 $m(\lambda)=c_0+c_1\lambda+\cdots+\lambda^s$,则

$$\boldsymbol{0}=m(A)\boldsymbol{\alpha}=(c_0I+c_1A+\cdots+A^s)\boldsymbol{\alpha}$$
$$=c_0\boldsymbol{\alpha}+c_1\lambda_0\boldsymbol{\alpha}+\cdots+\lambda_0^s\boldsymbol{\alpha}=m(\lambda_0)\boldsymbol{\alpha}。$$

由此得出,$m(\lambda_0)=0$,即 λ_0 是 $m(\lambda)$ 在 E 中的一个根。 ■

推论 3 设 $\mathscr{A}$ 是域 F 上 n 维线性空间 V 上的一个线性变换,域 E 包含域 F,则 $\mathscr{A}$ 的最小多项式 $m(\lambda)$ 与 $\mathscr{A}$ 的特征多项式 $f(\lambda)$ 在 E 中有相同的根(重数可以不同)。

证明 设 $\mathscr{A}$ 在 V 的一个基下的矩阵是 A,则 $m(\lambda)$ 和 $f(\lambda)$ 分别是 A 的最小多项式和特征多项式。从命题 4 立即得到:$m(\lambda)$ 与 $f(\lambda)$ 在 E 中有相同的根(重数可不同)。 ■

域 F 上 n 级矩阵 A 的特征多项式 $f(\lambda)$ 是首项系数为 1 的 n 次多项式,其 $n-k$ 次项 $(1 \leqslant k \leqslant n)$ 的系数是 A 的所有 k 阶主子式的和与 $(-1)^k$ 的乘积(参看本套教材上册 5.5 节的命题 1),因此 $f(\lambda)$ 的系数是由 A 的元素经过加、减、乘法计算出,从而 $f(\lambda)$ 是域 F 上的多项式。设域 E 包含域 F,虽然我们可以把 A 看成是域 E 上的矩阵,但是作为 E 上矩阵 A 的特征多项式仍然是 $f(\lambda)$(根据上述讨论)。这可说成 A 的特征多项式不随域的扩大而改变。我们自然要问:A 的最小多项式是否也不随域的扩大而改变呢?下面的命题回答了这个问题。

命题 5 设 A 是域 F 上的矩阵,域 E 包含域 F,则如果 $m(\lambda)$ 是域 F 上矩阵 A 的最小多项式,那么把 A 看成域 E 上的矩阵,它的最小多项式仍然是 $m(\lambda)$。

证明 由于 $m(A)=0$,且 $m(\lambda)$ 可看成是域 E 上的多项式,因此 $m(\lambda)$ 是域 E 上矩阵 A 的一个零化多项式。把 A 看成域 E 上的矩阵,设其最小多项式为 $\widetilde{m}(\lambda)$,则在 $E[\lambda]$ 中,$\widetilde{m}(\lambda) \mid m(\lambda)$。设 $\widetilde{m}(\lambda)=b_0+b_1\lambda+b_2\lambda^2+\cdots+b_{r-1}\lambda^{r-1}+\lambda^r$,$b_i \in E$,$i=0,1,\cdots,r-1$。由于 $\widetilde{m}(A)=0$,因此

$$b_0 I+b_1 A+b_2 A^2+\cdots+b_{r-1}A^{r-1}+A^r=0。 \tag{1}$$

把矩阵 $A,A^2,\cdots,A^{r-1},A^r$ 的 (i,j) 元分别记作 $a_{ij},a_{ij}^{(2)},\cdots,a_{ij}^{(r-1)},a_{ij}^{(r)}$,则比较 (1) 式左右两边矩阵的 (i,j) 元得

$$b_0\delta_{ij}+b_1 a_{ij}+b_2 a_{ij}^{(2)}+\cdots+b_{r-1}a_{ij}^{(r-1)}+a_{ij}^{(r)}=0。 \tag{2}$$

令

$$H=\begin{pmatrix} \delta_{11} & a_{11} & a_{11}^{(2)} & \cdots & a_{11}^{(r-1)} & a_{11}^{(r)} \\ \delta_{12} & a_{12} & a_{12}^{(2)} & \cdots & a_{12}^{(r-1)} & a_{12}^{(r)} \\ \vdots & \vdots & \vdots & & \vdots & \vdots \\ \delta_{m} & a_{m} & a_{m}^{(2)} & \cdots & a_{m}^{(r-1)} & a_{m}^{(r)} \end{pmatrix}, \tag{3}$$

则 $(b_0,b_1,b_2,\cdots,b_{r-1},1)'$ 是域 E 上 $r+1$ 元齐次线性方程组 $Hx=0$ 的一个非零解。由于 H 是域 F 上的 $n^2 \times (r+1)$ 矩阵,因此域 F 上的齐次线性方程组 $Hx=0$ 有非零解 $(b_0^*,b_1^*,\cdots,b_{r-1}^*,1)'$ 属于 F^{r+1}。令 $m^*(\lambda)=b_0^*+b_1^*\lambda+\cdots+b_{r-1}^*\lambda^{r-1}+\lambda^r$,则 $m^*(A)=0$。于是在 $E[\lambda]$ 中,$\widetilde{m}(\lambda) \mid m^*(\lambda)$,从而 $m^*(\lambda)=\widetilde{m}(\lambda)$。因此 $b_i^*=b_i$,$i=0,1,\cdots,r-1$,于是

$$b_0,b_1,b_2,\cdots,b_{r-1} \in F, \tag{4}$$

从而 $\widetilde{m}(\lambda) \in F[\lambda]$,于是在 $F[\lambda]$ 中,$m(\lambda) \mid \widetilde{m}(\lambda)$。由于在 $E[\lambda]$ 中有 $\widetilde{m}(\lambda) \mid m(\lambda)$,因此在 $F[\lambda]$ 中有 $\widetilde{m}(\lambda) \mid m(\lambda)$,从而在 $F[\lambda]$ 中,$\widetilde{m}(\lambda) \sim m(\lambda)$。由于 $\widetilde{m}(\lambda)$ 和 $m(\lambda)$ 的首项系数都为 1,因此 $\widetilde{m}(\lambda)=m(\lambda)$。∎

二、几类特殊线性变换或矩阵的最小多项式

设 V 是域 F 上的线性空间,$\mathcal{A}$ 是 V 上的一个线性变换,根据 9.5 节例 23 和本节命题 2 得

(1) $\mathcal{A}$ 是幂零指数为 l 的幂零变换

$\Longleftrightarrow$ λ^l 是 $\mathcal{A}$ 的一个零化多项式,而当 $1 \leqslant r < l$ 时,λ^r 不是 $\mathcal{A}$ 的零化多项式

$\Longleftrightarrow$ $\mathcal{A}$ 的最小多项式是 λ^l。

(2) $\mathcal{A}$ 是幂等变换

$\Longleftrightarrow$ $\lambda^2-\lambda$ 是 $\mathcal{A}$ 的一个零化多项式

　　$\Longleftrightarrow$　$\mathcal{A}$ 的最小多项式 $m(\lambda)$ 等于 $\lambda^2-\lambda$ 或 λ 或 $\lambda-1$。

（3）　$\mathcal{A}$ 是对合变换

　　$\Longleftrightarrow$　λ^2-1 是 $\mathcal{A}$ 的一个零化多项式

　　$\Longleftrightarrow$　$\mathcal{A}$ 的最小多项式 $m(\lambda)$ 等于 λ^2-1 或 $\lambda+1$ 或 $\lambda-1$。

（4）　$\mathcal{A}$ 是周期为 m 的周期变换

　　$\Longleftrightarrow$　λ^m-1 是 $\mathcal{A}$ 的一个零化多项式，而当 $1\leqslant r<m$ 时，λ^r-1 不是 $\mathcal{A}$ 的零化多项式

　　$\Longleftrightarrow$　$\mathcal{A}$ 的最小多项式 $m(\lambda)$ 是 λ^m-1 的因式，但不是 λ^r-1 的因式，当 $1\leqslant r<m$。

（5）　$\mathcal{A}=k\mathcal{I}+\mathcal{B}$，其中 $\mathcal{B}$ 是幂零指数为 l 的幂零变换

　　$\Longleftrightarrow$　$\mathcal{A}-k\mathcal{I}=\mathcal{B}$，其中 $\mathcal{B}$ 是幂零指数为 l 的幂零变换

　　$\Longleftrightarrow$　$(\mathcal{A}-k\mathcal{I})^l=\mathcal{O}$，而当 $1\leqslant r<l$ 时，$(\mathcal{A}-k\mathcal{I})^r\neq\mathcal{O}$

　　$\Longleftrightarrow$　$(\lambda-k)^l$ 是 $\mathcal{A}$ 的一个零化多项式，而当 $1\leqslant r<l$ 时，$(\lambda-k)^r$ 不是 $\mathcal{A}$ 的零化多项式

　　$\Longleftrightarrow$　$\mathcal{A}$ 的最小多项式是 $(\lambda-k)^l$。

特别地，$\mathcal{A}=k\mathcal{I}\Longleftrightarrow\mathcal{A}$ 的最小多项式是 $\lambda-k$。

　　当 V 是域 F 上 n 维线性空间时，设 $\mathcal{A}$ 在 V 的一个基下的矩阵是 $\boldsymbol{A}$，则由上述结论可得到幂零矩阵、幂等矩阵、对合矩阵、周期矩阵的最小多项式的相应结论。例如，幂零指数为 l 的幂零矩阵 $\boldsymbol{A}$ 的最小多项式为 λ^l。

　　命题 6　设 $\mathcal{A}$ 是域 F 上 l 维线性空间 W 上的线性变换，如果 $\mathcal{A}=k\mathcal{I}+\mathcal{B}$，其中 $\mathcal{B}$ 是幂零指数为 l 的幂零变换，那么 W 中存在一个基使得 $\mathcal{A}$ 在此基下的矩阵 $\boldsymbol{A}$ 为

$$\boldsymbol{A}=\begin{pmatrix} k & 1 & 0 & \cdots & 0 & 0 & 0 \\ 0 & k & 1 & \cdots & 0 & 0 & 0 \\ 0 & 0 & k & \cdots & 0 & 0 & 0 \\ \vdots & \vdots & \vdots & & \vdots & \vdots & \vdots \\ 0 & 0 & 0 & \cdots & k & 1 & 0 \\ 0 & 0 & 0 & \cdots & 0 & k & 1 \\ 0 & 0 & 0 & \cdots & 0 & 0 & k \end{pmatrix},\qquad(5)$$

把（5）式的矩阵称为一个 l 级 **Jordan** 块，记作 $\boldsymbol{J}_l(k)$，其中 k 是主对角线上的元素；于是 $\boldsymbol{J}_l(k)$ 的最小多项式是 $(\lambda-k)^l$。

　　证明　由于 $\mathcal{B}^l=\mathcal{O}$ 且 $\mathcal{B}^{l-1}\neq\mathcal{O}$，因此存在 $\alpha\in W$ 使得 $\mathcal{B}^{l-1}\alpha\neq 0$，$\mathcal{B}^l\alpha=0$。根据本章 9.1 节的例 8 得，$\mathcal{B}^{l-1}\alpha\cdots,\mathcal{B}\alpha,\alpha$ 线性无关。又由于 $\dim W=l$，因此 $\mathcal{B}^{l-1}\alpha,\cdots,\mathcal{B}\alpha,\alpha$ 是 W 的一个基。$\mathcal{B}$ 在此基下的矩阵 $\boldsymbol{B}$ 为

$$\boldsymbol{B}=\begin{pmatrix} 0 & 1 & 0 & \cdots & 0 & 0 & 0 \\ 0 & 0 & 1 & \cdots & 0 & 0 & 0 \\ 0 & 0 & 0 & \cdots & 0 & 0 & 0 \\ \vdots & \vdots & \vdots & & \vdots & \vdots & \vdots \\ 0 & 0 & 0 & \cdots & 0 & 1 & 0 \\ 0 & 0 & 0 & \cdots & 0 & 0 & 1 \\ 0 & 0 & 0 & \cdots & 0 & 0 & 0 \end{pmatrix},$$

从而 $\mathscr{A}=k\mathscr{I}+\mathscr{B}$ 在此基下的矩阵 $\boldsymbol{A}=k\boldsymbol{I}+\boldsymbol{B}$,即(5)式中的矩阵 $\boldsymbol{J}_l(k)$。

由 $\mathscr{A}=k\mathscr{I}+\mathscr{B}$ 在上述基下的矩阵为 $\boldsymbol{J}_l(k)$,且 $\mathscr{A}=k\mathscr{I}+\mathscr{B}$ 的最小多项式是 $(\lambda-k)^l$,因此,$\boldsymbol{J}_l(k)$ 的最小多项式是 $(\lambda-k)^l$。 ∎

推论 4 域 F 上 l 级矩阵 $\boldsymbol{A}$ 相似于 $\boldsymbol{J}_l(k)$ 当且仅当 $\boldsymbol{A}$ 的最小多项式为 $(\lambda-k)^l$。

证明 必要性。由于相似的矩阵有相同的最小多项式,因此由命题 6 得,$\boldsymbol{A}$ 的最小多项式为 $(\lambda-k)^l$。

充分性。把 $\boldsymbol{A}$ 看成域 F 上 l 维线性空间 W 上的线性变换 $\mathscr{A}$ 在 W 的一个基下的矩阵。由于 $\boldsymbol{A}$ 的最小多项式是 $(\lambda-k)^l$,因此 $\mathscr{A}$ 的最小多项式是 $(\lambda-k)^l$。根据本节第二部分的第(5)个命题得,$\mathscr{A}=k\mathscr{I}+\mathscr{B}$,其中 $\mathscr{B}$ 是幂零指数为 l 的幂零变换。根据命题 6,$\mathscr{A}$ 在 W 的基 $\mathscr{B}^{l-1}\alpha,\cdots,\mathscr{B}\alpha,\alpha$ 下的矩阵为 $\boldsymbol{J}_l(k)$。由于 $\mathscr{A}$ 在 W 的不同基下的矩阵是相似的,因此 $\boldsymbol{A}$ 相似于 $\boldsymbol{J}_l(k)$。 ∎

定理 1 设 $\mathscr{A}$ 是域 F 上线性空间 V 上的线性变换,如果 V 能分解成 $\mathscr{A}$ 的一些非平凡不变子空间的直和:

$$V=W_1\oplus W_2\oplus\cdots\oplus W_s,\tag{6}$$

那么 $\mathscr{A}$ 的最小多项式 $m(\lambda)$ 为

$$m(\lambda)=[m_1(\lambda),m_2(\lambda),\cdots,m_s(\lambda)],\tag{7}$$

其中 $m_j(\lambda)$ 是 W_j 上的线性变换 $\mathscr{A}|W_j$ 的最小多项式,$j=1,2,\cdots,s$;$[m_1(\lambda),m_2(\lambda),\cdots,m_s(\lambda)]$ 是 $m_1(\lambda),m_2(\lambda),\cdots,m_s(\lambda)$ 的最小公倍式。

证明 设 $m_j(\lambda)$ 是 W_j 上的线性变换 $\mathscr{A}|W_j$ 的最小多项式,$j=1,2,\cdots,s$。对于任意 $\alpha_j\in W_j$,有

$$0=m(\mathscr{A})\alpha_j=m(\mathscr{A}|W_j)\alpha_j,$$

从而 $m(\mathscr{A}|W_j)=O$。因此 $m(\lambda)$ 是 $\mathscr{A}|W_j$ 的一个零化多项式,于是 $m_j(\lambda)\,|\,m(\lambda)$,$j=1$,$2,\cdots,s$。这表明 $m(\lambda)$ 是 $m_1(\lambda),m_2(\lambda),\cdots,m_s(\lambda)$ 的一个公倍式,从而 $m_1(\lambda),m_2(\lambda),\cdots$,$m_s(\lambda)$ 的首项系数为 1 的最小公倍式 $g(\lambda)\,|\,m(\lambda)$。

下面来证 $m(\lambda)\,|\,g(\lambda)$。为此只要证 $g(\lambda)$ 是 $\mathscr{A}$ 的一个零化多项式。任取 $\alpha\in V$,由于 $V=W_1\oplus W_2\oplus\cdots\oplus W_s$,因此

$$\alpha=\alpha_1+\alpha_2+\cdots+\alpha_s,\qquad \alpha_j\in W_j,j=1,2,\cdots,s。$$

设 $g(\lambda)=h_j(\lambda)m_j(\lambda)$,$j=1,2,\cdots,s$,则

$$g(\mathscr{A})\alpha=g(\mathscr{A})\sum_{j=1}^{s}\alpha_j=\sum_{j=1}^{s}g(\mathscr{A})\alpha_j=\sum_{j=1}^{s}g(\mathscr{A}|W_j)\alpha_j$$

$$=\sum_{j=1}^{s}h_j(\mathscr{A}|W_j)m_j(\mathscr{A}|W_j)\alpha_j=\sum_{j=1}^{s}h_j(\mathscr{A}|W_j)0=0,$$

因此 $g(\mathscr{A})=O$,从而 $g(\lambda)$ 是 $\mathscr{A}$ 的一个零化多项式,于是 $m(\lambda)\,|\,g(\lambda)$。综上所述,$g(\lambda)\sim m(\lambda)$。由于 $g(\lambda)$ 与 $m(\lambda)$ 的首项系数都为 1,因此 $m(\lambda)=g(\lambda)$。 ∎

推论 5 设 $\boldsymbol{A}$ 是域 F 上一个 n 级分块对角矩阵,即 $\boldsymbol{A}=\mathrm{diag}\{\boldsymbol{A}_1,\boldsymbol{A}_2,\cdots,\boldsymbol{A}_s\}$,设 $\boldsymbol{A}_j$ 的最小多项式是 $m_j(\lambda)$,$j=1,2,\cdots,s$,则 $\boldsymbol{A}$ 的最小多项式 $m(\lambda)$ 为

$$m(\lambda)=[m_1(\lambda),m_2(\lambda),\cdots,m_s(\lambda)]。$$

证明 设 V 是域 F 上的一个 n 维线性空间,V 中取一个基 $\alpha_1,\alpha_2,\cdots,\alpha_n$,则存在 V 上

唯一的一个线性变换 $\mathcal{A}$，使得 $\mathcal{A}$ 在基 $\alpha_1,\alpha_2,\cdots,\alpha_n$ 下的矩阵是 A。根据 9.5 节的定理 3 得，$V=W_1\oplus W_2\oplus\cdots\oplus W_s$，其中 $W_j(j=1,2,\cdots,s)$ 都是 $\mathcal{A}$ 的非平凡不变子空间，且 A_j 是 $\mathcal{A}|W_j$ 在 W_j 的一个基下的矩阵，从而 $\mathcal{A}|W_j$ 的最小多项式就是 $m_j(\lambda),j=1,2,\cdots,s$。因此根据定理 1 得，$\mathcal{A}$ 的最小多项式 $m(\lambda)$ 为

$$m(\lambda)=[m_1(\lambda),m_2(\lambda),\cdots,m_s(\lambda)],$$

而 A 的最小多项式就是 $\mathcal{A}$ 的最小多项式 $m(\lambda)$。■

定义 2　由若干个 Jordan 块组成的分块对角矩阵称为 **Jordan 形矩阵**。

由命题 6 和推论 5 立即得到：设 A 是 Jordan 形矩阵，有

$$A=\mathrm{diag}\{J_{r_1}(a),\cdots,J_{r_s}(a),J_{t_1}(b),\cdots,J_{t_m}(b)\},$$

其中 $r_1\leqslant r_2\leqslant\cdots\leqslant r_s,t_1\leqslant t_2\leqslant\cdots\leqslant t_m$，则 A 的最小多项式 $m(\lambda)$ 为

$$m(\lambda)=[(\lambda-a)^{r_1},\cdots,(\lambda-a)^{r_s},(\lambda-b)^{t_1},\cdots,(\lambda-b)^{t_m}]$$
$$=(\lambda-a)^{r_s}(\lambda-b)^{t_m}。$$

三、用最小多项式研究线性变换的矩阵表示

线性变换的最小多项式在研究线性变换的最简单形式的矩阵表示时起着十分重要的作用。

定理 2　设 $\mathcal{A}$ 是域 F 上 n 维线性空间 V 上的线性变换，则 $\mathcal{A}$ 可对角化当且仅当 $\mathcal{A}$ 的最小多项式 $m(\lambda)$ 在 $F[\lambda]$ 中能分解成不同的一次因式的乘积。

证明　必要性。设 $\mathcal{A}$ 可对角化，则

$$V=V_{\lambda_1}\oplus V_{\lambda_2}\oplus\cdots\oplus V_{\lambda_s},$$

其中 $\lambda_1,\lambda_2,\cdots,\lambda_s$ 是 $\mathcal{A}$ 的所有不同的特征值。

对任意 $\alpha_j\in V_{\lambda_j}$，有

$$(\mathcal{A}|V_{\lambda_j})\alpha_j=\mathcal{A}\alpha_j=\lambda_j\alpha_j,$$

从而 $\mathcal{A}|V_{\lambda_j}=\lambda_j I$，因此 $\mathcal{A}|V_{\lambda_j}$ 的最小多项式是 $\lambda-\lambda_j,j=1,2,\cdots,s$。根据定理 1 得，$\mathcal{A}$ 的最小多项式 $m(\lambda)$ 为

$$m(\lambda)=[\lambda-\lambda_1,\lambda-\lambda_2,\cdots,\lambda-\lambda_s]$$
$$=(\lambda-\lambda_1)(\lambda-\lambda_2)\cdots(\lambda-\lambda_s)。$$

充分性。设 $\mathcal{A}$ 的最小多项式 $m(\lambda)$ 为

$$m(\lambda)=(\lambda-a_1)(\lambda-a_2)\cdots(\lambda-a_s),$$

其中 $a_1,a_2,\cdots,a_s$ 是域 F 中两两不等的元素，则 $\lambda-a_1,\lambda-a_2,\cdots,\lambda-a_s$ 两两互素，于是根据 9.5 节定理 4 得

$$V=\mathrm{Ker}\,m(\mathcal{A})=\mathrm{Ker}(\mathcal{A}-a_1 I)\oplus\mathrm{Ker}(\mathcal{A}-a_2 I)\oplus\cdots\oplus\mathrm{Ker}(\mathcal{A}-a_s I)$$
$$=V_{a_1}\oplus V_{a_2}\oplus\cdots\oplus V_{a_s},$$

根据命题 3 和推论 3 得，$a_1,a_2,\cdots,a_s$ 是 $\mathcal{A}$ 的所有不同的特征值，因此 $\mathcal{A}$ 可对角化。■

推论 6　域 F 上 n 级矩阵 A 可对角化当且仅当 A 的最小多项式 $m(\lambda)$ 在 $F[\lambda]$ 中能分解成不同的一次因式的乘积。■

定理 2 是线性变换可对角化的第 6 个充分必要条件，相当有用。定理 2 和推论 6 使许多特殊类型的线性变换或矩阵是否可对角化的判定变得非常简捷。

命题 7　设 V 是域 F 上的线性空间,则

(1) V 上的幂等变换 $\mathcal{A}$ 一定可对角化;

(2) V 上的幂零指数 $l>1$ 的幂零变换 $\mathcal{A}$ 一定不可对角化;

(3) 当域 F 的特征不等于 2 时,V 上的对合变换 $\mathcal{A}$ 一定可对角化;当域 F 的特征等于 2 时,不等于 I 的对合变换 $\mathcal{A}$ 一定不可对角化;

(4) 当 F 是复数域时,V 上的周期变换一定可对角化。

证明　(1) 由于幂等变换 $\mathcal{A}$ 的最小多项式 $m(\lambda)$ 等于 $\lambda^2-\lambda=\lambda(\lambda-1)$ 或 λ 或 $\lambda-1$,因此 $\mathcal{A}$ 可对角化。

(2) 幂零指数为 l 的幂零变换 $\mathcal{A}$ 的最小多项式为 λ^l,因此当 $l>1$ 时,$\mathcal{A}$ 不可对角化。

(3) 当 char $F\neq 2$ 时,对合变换 $\mathcal{A}$ 的最小多项式 $m(\lambda)$ 等于 $\lambda^2-1=(\lambda+1)(\lambda-1)$ 或 $\lambda+1$ 或 $\lambda-1$,因此 $\mathcal{A}$ 可对角化。当 char $F=2$ 时,对合变换 $\mathcal{A}$ 的最小多项式 $m(\lambda)$ 等于 $\lambda^2-1=(\lambda+1)^2$ 或 $\lambda+1$,若 $m(\lambda)=\lambda+1$,则 $\mathcal{A}+I=O$,于是 $\mathcal{A}=-I=I$。因此,不等于 I 的对合变换一定不可对角化。

(4) 周期为 m 的周期变换 $\mathcal{A}$ 的最小多项式 $m(\lambda)$ 是 λ^m-1 的因式。由于在复数域上的一元多项式环中,λ^m-1 能分解成 m 个不同的一次因式的乘积,因此 $m(\lambda)$ 也能分解成不同的一次因式的乘积,从而 $\mathcal{A}$ 可对角化。 ∎

命题 8　域 F 上级数 $r>1$ 的 Jordan 块 $J_r(a)$ 一定不可对角化;包含级数大于 1 的 Jordan 块的 Jordan 形矩阵一定不可对角化。

证明　$J_r(a)$ 的最小多项式是 $(\lambda-a)^r$,因此当 $r>1$ 时,$J_r(a)$ 不可对角化。

设 $A=\text{diag}\{J_{r_1}(a),\cdots,J_{r_s}(a),J_{t_1}(b),\cdots,J_{t_m}(b)\}$,其中 $r_1\leqslant r_2\leqslant\cdots\leqslant r_s,t_1\leqslant t_2\leqslant\cdots\leqslant t_m$,则 A 的最小多项式 $m(\lambda)=(\lambda-a)^{r_s}(\lambda-b)^{t_m}$。若 $r_s>1$ 或 $t_m>1$,则 A 不可对角化。对于主对角元有两个以上不同元素的 Jordan 块组成的 Jordan 形矩阵,同理可证当它含有级数大于 1 的 Jordan 块时,一定不可对角化。 ∎

推论 7　设 $\mathcal{A}$ 是域 F 上 n 维线性空间 V 上的线性变换,如果 $\mathcal{A}$ 可对角化,那么对于 $\mathcal{A}$ 的任意一个非平凡不变子空间 W,都有 $\mathcal{A}|W$ 可对角化。

证明　设 $\mathcal{A}$ 的最小多项式为 $m(\lambda)$,$\mathcal{A}|W$ 的最小多项式为 $m_1(\lambda)$。对任意 $\gamma\in W$,有
$$m(\mathcal{A}|W)\gamma=m(\mathcal{A})\gamma=0,$$
因此 $m(\mathcal{A}|W)=0$,从而 $m(\lambda)$ 是 $\mathcal{A}|W$ 的一个零化多项式,于是 $m_1(\lambda)|m(\lambda)$。

如果 $\mathcal{A}$ 可对角化,那么根据定理 2 得,$m(\lambda)$ 在 $F[\lambda]$ 中可分解成不同的一次因式的乘积。由于 $m_1(\lambda)|m(\lambda)$,因此 $m_1(\lambda)$ 在 $F[\lambda]$ 中可分解成不同的一次因式的乘积。于是根据定理 2 得,$\mathcal{A}|W$ 可对角化。 ∎

从命题 7、命题 8 和推论 7 的证明看到,用最小多项式来判定线性变换是否可对角化是非常有力的,叙述很简捷。例如,推论 7 如果不用最小多项式,那么证明就很烦琐。

利用推论 7 可以确定可对角化的线性变换 $\mathcal{A}$ 的任一不变子空间 W 的结构:

命题 9　设 $\mathcal{A}$ 是域 F 上 n 维线性空间 V 上的线性变换,如果 $\mathcal{A}$ 可对角化,且 $\lambda_1,\lambda_2,\cdots,\lambda_s$ 是 $\mathcal{A}$ 的所有不同的特征值,那么 $\mathcal{A}$ 的任一非平凡不变子空间 W 为
$$W=(V_{\lambda_{j_1}}\cap W)\oplus(V_{\lambda_{j_2}}\cap W)\oplus\cdots\oplus(V_{\lambda_{j_r}}\cap W),$$
其中 $\lambda_{j_1},\lambda_{j_2},\cdots,\lambda_{j_r}$ 是 $\mathcal{A}$ 的 r 个不同的特征值,并且对于 $V_{\lambda_{j_i}}(i=1,2,\cdots,r)$,存在 $\mathcal{A}$ 的不

变子空间 U_{j_i}，使得 $V_{\lambda_{j_i}} = (V_{\lambda_{j_i}} \bigcap W) \oplus U_{j_i}$。

证明　由于 $\mathcal{A}$ 可对角化，因此根据推论 7 得，$\mathcal{A}|W$ 也可对角化，从而 $\mathcal{A}|W$ 有特征值。任取 $\mathcal{A}|W$ 的一个特征值 μ，则存在 $\eta_1 \in W$ 且 $\eta_1 \neq 0$，使得 $(\mathcal{A}|W)\eta_1 = \mu\eta_1$。从而 $\mathcal{A}\eta_1 = (\mathcal{A}|W)\eta_1 = \mu\eta_1$，于是 μ 是 $\mathcal{A}$ 的某一个特征值。这说明 $\mathcal{A}|W$ 的任一特征值是 $\mathcal{A}$ 的某一个特征值。设 $\mathcal{A}|W$ 的所有不同的特征值为 $\lambda_{j_1}, \lambda_{j_2}, \cdots, \lambda_{j_r}$，则 $\mathcal{A}|W$ 的属于特征值 λ_{j_i} 的特征子空间为

$$\{\gamma \in W \mid (\mathcal{A}|W)\gamma = \lambda_{j_i}\gamma\} = \{\gamma \in W \mid \mathcal{A}\gamma = \lambda_{j_i}\gamma\}$$
$$= V_{\lambda_{j_i}} \bigcap W。$$

由于 $\mathcal{A}|W$ 可对角化，因此

$$W = (V_{j_1} \bigcap W) \oplus (V_{j_2} \bigcap W) \oplus \cdots \oplus (V_{j_r} \bigcap W)。 \tag{8}$$

对于 $V_{\lambda_{j_i}}$ $(i=1,2,\cdots,r)$，由于 $V_{j_i} \bigcap W$ 是 $V_{\lambda_{j_i}}$ 的一个子空间，因此它在 $V_{\lambda_{j_i}}$ 中必有补空间。取一个补空间 U_{j_i}，则 $V_{\lambda_{j_i}} = (V_{\lambda_{j_i}} \bigcap W) \oplus U_{j_i}$。任取 $\delta \in U_{j_i}$，则 $\mathcal{A}\delta = \lambda_{j_i}\delta \in U_{j_i}$，因此 U_{j_i} 是 $\mathcal{A}$ 的不变子空间(注：由此看出，$\mathcal{A}$ 的特征子空间的任一子空间一定是 $\mathcal{A}$ 的不变子空间)。∎

从 9.5 节例 10 看到，如果域 F 上 n 维 $(n>1)$ 线性空间 V 上的线性变换 $\mathcal{A}$ 在 V 的一个基 $\alpha_1, \alpha_2, \cdots, \alpha_n$ 下的矩阵是 n 级 Jordan 块 $J_n(a)$，那么 $\mathcal{A}$ 的所有不变子空间为

$$0, \langle\alpha_1\rangle, \langle\alpha_1, \alpha_2\rangle, \cdots, \langle\alpha_1, \alpha_2, \cdots, \alpha_{n-1}\rangle, V,$$

由此看出，对于 $\mathcal{A}$ 的任一非平凡的不变子空间 $\langle\alpha_1, \alpha_2, \cdots, \alpha_s\rangle$，不存在 $\mathcal{A}$ 的不变子空间作为它的补空间。又从本节命题 8 知道，$\mathcal{A}$ 不可对角化。而从 9.5 节例 12 看到，如果复数域上的 n 维 $(n>1)$ 线性空间 V 上的线性变换 $\mathcal{A}$ 有 n 个不同的特征值 $\lambda_1, \lambda_2, \cdots, \lambda_n$，那么 $\mathcal{A}$ 的所有不变子空间为

$$0; \quad V_{\lambda_j}, j=1,2,\cdots,n; \quad V_{\lambda_{j_1}} \oplus V_{\lambda_{j_2}}, 1 \leqslant j_1 < j_2 \leqslant n; \quad \cdots;$$
$$V_{\lambda_{j_1}} \oplus V_{\lambda_{j_2}} \oplus \cdots \oplus V_{\lambda_{j_k}}, 1 \leqslant j_1 < j_2 < \cdots < j_k \leqslant n; \quad \cdots; \quad V。$$

由此看出，对于 $\mathcal{A}$ 的任一非平凡不变子空间 $V_{\lambda_{j_1}} \oplus V_{\lambda_{j_2}} \oplus \cdots \oplus V_{\lambda_{j_k}}$，存在 $\mathcal{A}$ 的不变子空间 $V_{\lambda_{l_1}} \oplus V_{\lambda_{l_2}} \oplus \cdots \oplus V_{\lambda_{l_{n-k}}}$（其中 $l_1 l_2 \cdots l_{n-k}$ 与 $j_1 j_2 \cdots j_k$ 合在一起是 $1,2,\cdots,n$ 的一个全排列）作为它在 V 中的补空间，即

$$V = (V_{\lambda_{j_1}} \oplus V_{\lambda_{j_2}} \oplus \cdots \oplus V_{\lambda_{j_k}}) \oplus (V_{\lambda_{l_1}} \oplus V_{\lambda_{l_2}} \oplus \cdots \oplus V_{\lambda_{l_{n-k}}})。$$

由于 $\mathcal{A}$ 有 n 个不同的特征值，因此 $\mathcal{A}$ 可对角化。从这两个例子受到启发，"线性变换 $\mathcal{A}$ 可对角化"与"$\mathcal{A}$ 的任一不变子空间都有 $\mathcal{A}$ 的不变子空间作为它在 V 中的补空间"这两件事情之间有着密切的关联。我们猜想有下述命题：

命题 10　设 $\mathcal{A}$ 是域 F 上 n 维线性空间 V 上的线性变换，则 $\mathcal{A}$ 可对角化当且仅当 $\mathcal{A}$ 的特征多项式在包含 F 的代数封闭域中的全部 n 个根（重根按重数计算）都在 F 中，且对于 $\mathcal{A}$ 的任一不变子空间 W，都存在 $\mathcal{A}$ 的不变子空间作为 W 在 V 中的补空间。

证明　必要性。设 $\mathcal{A}$ 可对角化。若 W 是 $\mathcal{A}$ 的平凡的不变子空间，则 $V = 0 \oplus V$，于是命题成立。下面设 W 是 $\mathcal{A}$ 的任一非平凡的不变子空间。由于 $\mathcal{A}$ 可对角化，因此

$$V = V_{\lambda_1} \oplus V_{\lambda_2} \oplus \cdots \oplus V_{\lambda_s}, \tag{9}$$

其中 $\lambda_1,\lambda_2,\cdots,\lambda_s$ 是 $\mathscr{A}$ 的所有不同的特征值。根据命题 9 得

$$W = (V_{\lambda_{j_1}} \bigcap W) \oplus (V_{\lambda_{j_2}} \bigcap W) \oplus \cdots \oplus (V_{\lambda_{j_r}} \bigcap W), \tag{10}$$

其中 $\lambda_{j_1},\lambda_{j_2},\cdots,\lambda_{j_r}$ 是 $\mathscr{A}$ 的 r 个不同的特征值；且存在 $\mathscr{A}$ 的不变子空间 U_{j_i}，使得 $V_{\lambda_{j_i}} = (V_{\lambda_{j_i}} \bigcap W) \oplus U_{j_i}, i=1,2,\cdots,r$。设 $j_1 j_2 \cdots j_r l_1 l_2 \cdots l_{s-r}$ 是 $1,2,\cdots,s$ 的一个全排列，则

$$
\begin{aligned}
V &= V_{\lambda_{j_1}} \oplus V_{\lambda_{j_2}} \oplus \cdots \oplus V_{\lambda_{j_r}} \oplus V_{\lambda_{l_1}} \oplus \cdots \oplus V_{\lambda_{l_{s-r}}} \\
&= [(V_{\lambda_{j_1}} \bigcap W) \oplus U_{j_1}] \oplus \cdots \oplus [(V_{\lambda_{j_r}} \bigcap W) \oplus U_{j_r}] \oplus V_{\lambda_{l_1}} \oplus \cdots \oplus V_{\lambda_{l_{s-r}}} \\
&= W \oplus U_{j_1} \oplus \cdots \oplus U_{j_r} \oplus V_{\lambda_{l_1}} \oplus \cdots \oplus V_{\lambda_{l_{s-r}}} 。
\end{aligned} \tag{11}
$$

令

$$U = U_{j_1} \oplus \cdots \oplus U_{j_r} \oplus V_{\lambda_{l_1}} \oplus \cdots \oplus V_{\lambda_{l_{s-r}}}, \tag{12}$$

则

$$V = W \oplus U 。 \tag{13}$$

由于 $U_{j_1},\cdots,U_{j_r},V_{\lambda_{l_1}},\cdots,V_{\lambda_{l_{s-r}}}$ 都是 $\mathscr{A}$ 的不变子空间，因此 U 是 $\mathscr{A}$ 的不变子空间。

充分性。对线性空间的维数 n 作数学归纳法。

$n=1$ 时，$V=\langle\alpha\rangle$。于是 $\mathscr{A}$ 的不变子空间只有平凡的：0 和 V。由于 $V=0\oplus V$，因此命题成立。

假设对于 $n-1$ 维线性空间命题成立，现在来看域 F 上 n 维线性空间 V 的情形。设 $\mathscr{A}$ 是 V 上的一个线性变换，其特征多项式在包含 F 的代数封闭域中的全部 n 个根（重根按重数计算）都在 F 中；并且对于 $\mathscr{A}$ 的任一不变子空间 W，都存在 $\mathscr{A}$ 的不变子空间作为 W 在 V 中的补空间。取 $\mathscr{A}$ 的一个特征值 λ_1，设 ξ_1 是 $\mathscr{A}$ 的属于 λ_1 的特征向量，则 $\langle\xi_1\rangle$ 是 $\mathscr{A}$ 的一个不变子空间。由已知条件得，存在 $\mathscr{A}$ 的不变子空间 U 作为 $\langle\xi_1\rangle$ 在 V 中的补空间，即

$$V = \langle\xi_1\rangle \oplus U 。 \tag{14}$$

考虑 U 上的线性变换 $\mathscr{A}|U$，任取 $\mathscr{A}|U$ 的一个不变子空间 U_1，由于对任意 $\gamma_1 \in U_1$，有

$$\mathscr{A}\gamma_1 = (\mathscr{A}|U)\gamma_1 \in U_1,$$

因此 U_1 是 $\mathscr{A}$ 的不变子空间。由已知条件得，V 中存在 $\mathscr{A}$ 的不变子空间 Ω 作为 U_1 在 V 中的补空间，即

$$V = U_1 \oplus \Omega 。 \tag{15}$$

由于 $U_1 \subseteq U$，因此根据 8.2 节例 23 得

$$U = U_1 \oplus (\Omega \bigcap U) 。 \tag{16}$$

由于 Ω,U 都是 $\mathscr{A}$ 的不变子空间，因此 $\Omega\bigcap U$ 是 $\mathscr{A}$ 的不变子空间。由于 $\Omega\bigcap U\subseteq U$，因此 $\Omega\bigcap U$ 是 $\mathscr{A}|U$ 的不变子空间。(16)式表明：对于 $\mathscr{A}|U$ 的任一不变子空间 U_1，都存在 $\mathscr{A}|U$ 的不变子空间 $\Omega\bigcap U$ 作为 U_1 在 U 中的补空间。由于 U 是 $\mathscr{A}$ 的非平凡不变子空间，因此据 9.5 节的定理 1 得，$\mathscr{A}|U$ 的特征多项式是 $\mathscr{A}$ 的特征多项式的一个因式。又由于 U 是 $n-1$ 维线性空间，因此据归纳假设得，$\mathscr{A}|U$ 可对角化。由于 $V=\langle\xi_1\rangle\oplus U$，因此 $\mathscr{A}$ 可对角化。

根据数学归纳法原理，对任意正整数 n，充分性成立。 ∎

命题 10 也给出了线性变换 $\mathscr{A}$ 可对角化的一个充分必要条件，其作用主要在于刻画

了可对角化的线性变换 $\mathcal{A}$ 具有下述的性质：$\mathcal{A}$ 的任一不变子空间 W 都有 $\mathcal{A}$ 不变补空间。对于代数封闭域上的线性空间 V 上的线性变换来说，这是可对角化线性变换的特征性质，通常不用这个充分必要条件来判定一个线性变换 $\mathcal{A}$ 是否可对角化。

上面我们利用最小多项式研究了可对角化的线性变换，接下来要利用最小多项式研究不可对角化的线性变换具有怎样的最简单形式的矩阵表示。

设 $\mathcal{A}$ 是域 F 上 n 维线性空间 V 上的线性变换，$\mathcal{A}$ 的最小多项式 $m(\lambda)$ 在 $F[\lambda]$ 中的标准分解式为

$$m(\lambda) = p_1^{l_1}(\lambda)p_2^{l_2}(\lambda)\cdots p_m^{l_m}(\lambda), \tag{17}$$

其中 $p_1(\lambda), p_2(\lambda), \cdots, p_m(\lambda)$ 是两两不等的首一不可约多项式。

我们首先讨论 $m(\lambda)$ 在 $F[\lambda]$ 中能分解成一次因式的乘积的情形，然后在 9.9 节再讨论 $m(\lambda)$ 的标准分解式为 (17) 式的一般情形。

设线性变换 $\mathcal{A}$ 的最小多项式 $m(\lambda)$ 在 $F[\lambda]$ 中能分解成

$$m(\lambda) = (\lambda-\lambda_1)^{l_1}(\lambda-\lambda_2)^{l_2}\cdots(\lambda-\lambda_s)^{l_s}, \tag{18}$$

其中 $\lambda_1, \lambda_2, \cdots, \lambda_s$ 是域 F 中两两不等的元素，则有

$$V = \mathrm{Ker}(\mathcal{A}-\lambda_1\mathcal{I})^{l_1} \oplus \mathrm{Ker}(\mathcal{A}-\lambda_2\mathcal{I})^{l_2} \oplus \cdots \oplus \mathrm{Ker}(\mathcal{A}-\lambda_s\mathcal{I})^{l_s}。 \tag{19}$$

记 $W_j = \mathrm{Ker}(\mathcal{A}-\lambda_j\mathcal{I})^{l_j}, j=1,2,\cdots,s$，则 (19) 式可写成

$$V = W_1 \oplus W_2 \oplus \cdots \oplus W_s。 \tag{20}$$

$W_j(j=1,2,\cdots,s)$ 都是 $\mathcal{A}$ 的不变子空间。在 $W_1, W_2, \cdots, W_s$ 中分别取一个基，把它们合起来就是 V 的一个基。$\mathcal{A}$ 在这个基下的矩阵是分块对角矩阵 $\boldsymbol{A}$：

$$\begin{bmatrix} \boldsymbol{A}_1 & & & \\ & \boldsymbol{A}_2 & & \\ & & \ddots & \\ & & & \boldsymbol{A}_s \end{bmatrix}, \tag{21}$$

其中 $\boldsymbol{A}_j$ 是 $\mathcal{A}|W_j$ 在 W_j 的上述基下的矩阵。为了使矩阵 $\boldsymbol{A}$ 的形式最简单，就应当使每个子矩阵 $\boldsymbol{A}_j$ 的形式最简单，$j=1,2,\cdots,s$。于是我们来研究 W_j 上的线性变换 $\mathcal{A}|W_j$。

任取 $\alpha_j \in W_j$，由于 $W_j = \mathrm{Ker}(\mathcal{A}-\lambda_j\mathcal{I})^{l_j}$，因此有

$$(\mathcal{A}|W_j - \lambda_j(\mathcal{I}|W_j))^{l_j}\alpha_j = (\mathcal{A}-\lambda_j\mathcal{I})^{l_j}\alpha_j = 0,$$

从而 $(\mathcal{A}|W_j - \lambda_j(\mathcal{I}|W_j))^{l_j} = \mathcal{O}$。于是 $(\lambda-\lambda_j)^{l_j}$ 是 $\mathcal{A}|W_j$ 的一个零化多项式。因此 $\mathcal{A}|W_j$ 的最小多项式 $m_j(\lambda) = (\lambda-\lambda_j)^{t_j}$，其中 $0 < t_j \leqslant l_j$。根据定理 1 得

$$m(\lambda) = (\lambda-\lambda_1)^{t_1}(\lambda-\lambda_2)^{t_2}\cdots(\lambda-\lambda_s)^{t_s}。 \tag{22}$$

又 $m(\lambda)$ 在 $F[\lambda]$ 中有分解式 (18)，根据唯一因式分解定理得

$$t_1 = l_1, t_2 = l_2, \cdots, t_s = l_s,$$

因此 $\mathcal{A}|W_j$ 的最小多项式 $m_j(\lambda) = (\lambda-\lambda_j)^{l_j}, j=1,2,\cdots,s$，从而根据本节第二部分的第 (5) 个命题得

$$\mathcal{A}|W_j = \lambda_j(\mathcal{I}|W_j) + \mathcal{B}_j, \tag{23}$$

其中，$\mathcal{B}_j$ 是 W_j 上的幂零变换，其幂零指数为 l_j。今后我们把 $\mathcal{A}|W_j - \lambda_j(\mathcal{I}|W_j)$ 简记成 $\mathcal{A}|W_j - \lambda_j\mathcal{I}$，因为容易辨认出这里的 $\mathcal{I}$ 是 W_j 上的恒等变换。

由于 $\mathcal{A}|W_j$ 在 W_j 的上述基下的矩阵为 $\pmb{A}_j$,因此 $\mathcal{B}_j$ 在 W_j 的上述基下的矩阵为

$$\pmb{B}_j = \pmb{A}_j - \lambda_j \pmb{I}, \tag{24}$$

于是为了使 $\pmb{A}_j$ 的形式最简单,就应当使 $\pmb{B}_j$ 的形式最简单。因此在 9.7 节我们将深入探究幂零变换的最简单形式的矩阵表示。

9.6.2 典型例题

例 1 求下述数域 K 上 3 级矩阵 $\pmb{A}$ 的最小多项式,并且判断 $\pmb{A}$ 是否可对角化。

$$\pmb{A} = \begin{pmatrix} 3 & 1 & -1 \\ 0 & 2 & 0 \\ 1 & 1 & 1 \end{pmatrix}.$$

解 先求 $\pmb{A}$ 的特征多项式 $f(\lambda)$:

$$f(\lambda) = |\lambda \pmb{I} - \pmb{A}| = \begin{vmatrix} \lambda-3 & -1 & 1 \\ 0 & \lambda-2 & 0 \\ -1 & -1 & \lambda-1 \end{vmatrix} = (\lambda-2)^3,$$

$$(\pmb{A}-2\pmb{I})^2 = \begin{pmatrix} 1 & 1 & -1 \\ 0 & 0 & 0 \\ 1 & 1 & -1 \end{pmatrix}^2 = \pmb{0}, \pmb{A}-2\pmb{I} \neq \pmb{0},$$

因此 $\pmb{A}$ 的最小多项式 $m(\lambda) = (\lambda-2)^2$,从而 $\pmb{A}$ 不可对角化。

例 2 求下列数域 K 上的矩阵的最小多项式,并且判断它们是否可对角化。

$$(1)\ \pmb{A} = \begin{pmatrix} 1 & 1 & 0 \\ 0 & 1 & 0 \\ 0 & 0 & 1 \end{pmatrix}; \qquad (2)\ \pmb{B} = \begin{pmatrix} 7 & -1 & -7 & 1 \\ -1 & 7 & 1 & -7 \\ 7 & -1 & -7 & 1 \\ -1 & 7 & 1 & -7 \end{pmatrix}.$$

解 (1) $\pmb{A}$ 是由 Jordan 块 $\pmb{J}_2(1)$ 和 $\pmb{J}_1(1)$ 组成的 Jordan 形矩阵,因此 $\pmb{A}$ 的最小多项式 $m(\lambda) = [(\lambda-1)^2, (\lambda-1)] = (\lambda-1)^2$,从而 $\pmb{A}$ 不可对角化。

(2) 直接计算得,$\pmb{B}^2 = \pmb{0}$。但 $\pmb{B} \neq \pmb{0}$,因此 $\pmb{B}$ 的最小多项式 $m(\lambda) = \lambda^2$,$\pmb{B}$ 不可对角化。

例 3 求下列数域 K 上的 4 级矩阵 $\pmb{A}$ 和 $\pmb{B}$ 的最小多项式;$\pmb{A}$ 与 $\pmb{B}$ 是否相似?

$$\pmb{A} = \begin{pmatrix} 3 & 1 & 0 & 0 \\ 0 & 3 & 0 & 0 \\ 0 & 0 & 5 & 0 \\ 0 & 0 & 0 & 5 \end{pmatrix}, \qquad \pmb{B} = \begin{pmatrix} 3 & 1 & 0 & 0 \\ 0 & 3 & 0 & 0 \\ 0 & 0 & 3 & 0 \\ 0 & 0 & 0 & 5 \end{pmatrix}.$$

解 $\pmb{A}$ 是由 Jordan 块 $\pmb{J}_2(3), \pmb{J}_1(5), \pmb{J}_1(5)$ 组成的 Jordan 形矩阵,因此 $\pmb{A}$ 的最小多项式 $m_1(\lambda)$ 为

$$m_1(\lambda) = [(\lambda-3)^2, (\lambda-5), (\lambda-5)] = (\lambda-3)^2(\lambda-5).$$

$\pmb{B}$ 是由 Jordan 块 $\pmb{J}_2(3), \pmb{J}_1(3), \pmb{J}_1(5)$ 组成的 Jordan 形矩阵,因此 $\pmb{B}$ 的最小多项式 $m_2(\lambda)$ 为

$$m_2(\lambda) = [(\lambda-3)^2, (\lambda-3), (\lambda-5)] = (\lambda-3)^2(\lambda-5).$$

由于 $\mathrm{tr}(\boldsymbol{A})=3+3+5+5=16$，$\mathrm{tr}(\boldsymbol{B})=3+3+3+5=14$，因此 $\boldsymbol{A}$ 与 $\boldsymbol{B}$ 不相似。

点评：例 3 中 4 级矩阵 $\boldsymbol{A}$ 与 $\boldsymbol{B}$ 的最小多项式相等，但是它们不相似。在判断 $\boldsymbol{A}$ 与 $\boldsymbol{B}$ 不相似时，也可计算 $|\boldsymbol{A}|\neq|\boldsymbol{B}|$，或 $|\lambda\boldsymbol{I}-\boldsymbol{A}|\neq|\lambda\boldsymbol{I}-\boldsymbol{B}|$，从而 $\boldsymbol{A}$ 与 $\boldsymbol{B}$ 不相似。

例 4 设数域 K 上的 n 级矩阵 $\boldsymbol{A}$ 满足
$$\boldsymbol{A}^3 = 3\boldsymbol{A}^2+\boldsymbol{A}-3\boldsymbol{I},$$
判断 $\boldsymbol{A}$ 是否可对角化。

解 由于 $\boldsymbol{A}^3-3\boldsymbol{A}^2-\boldsymbol{A}+3\boldsymbol{I}=\boldsymbol{0}$，因此 $g(\lambda)=\lambda^3-3\lambda^2-\lambda+3$ 是 $\boldsymbol{A}$ 的零化多项式。由于
$$g(\lambda)=\lambda^2(\lambda-3)-(\lambda-3)=(\lambda-3)(\lambda^2-1)=(\lambda-3)(\lambda+1)(\lambda-1),$$
且 $\boldsymbol{A}$ 的最小多项式 $m(\lambda)\,|\,g(\lambda)$，因此 $m(\lambda)$ 在 $K[\lambda]$ 中可分解成不同的一次因式的乘积，从而 $\boldsymbol{A}$ 可对角化。

例 5 设 $\boldsymbol{A}$ 是有理数域 $\mathbf{Q}$ 上的 n 级非零矩阵，且 $\boldsymbol{A}$ 有一个零化多项式 $g(\lambda)$ 是 $\mathbf{Q}$ 上 r 次不可约多项式，$r>1$，判断 $\boldsymbol{A}$ 是否可对角化。如果把 $\boldsymbol{A}$ 看成复数域上的矩阵，那么 $\boldsymbol{A}$ 是否可对角化?

解 由于 $\boldsymbol{A}$ 的最小多项式 $m(\lambda)\,|\,g(\lambda)$，而 $g(\lambda)$ 在 $\mathbf{Q}$ 上不可约，因此 $m(\lambda)$ 与 $g(\lambda)$ 相伴，从而 $m(\lambda)$ 在 $\mathbf{Q}$ 上不可约。由于 $\deg m(\lambda)=r>1$，因此 $\boldsymbol{A}$ 不可对角化。

把 $\boldsymbol{A}$ 看成复矩阵，$m(\lambda)$ 在 $\mathbf{C}[\lambda]$ 中可以分解成一次因式的乘积。由于 $m(\lambda)$ 在 $\mathbf{Q}$ 上不可约，因此 $m(\lambda)$ 在 $\mathbf{Q}[\lambda]$ 中没有重因式。由于有无重因式不随数域的扩大而改变，因此 $m(\lambda)$ 在 $\mathbf{C}[\lambda]$ 中也没有重因式，从而 $m(\lambda)$ 的分解式中一次因式两两不同，所以复矩阵 $\boldsymbol{A}$ 可对角化。

例 6 设 $\mathcal{A}$ 是实数域上 n 维线性空间 V 上的一个线性变换，它在 V 的一个基下的矩阵 $\boldsymbol{A}$ 是对称矩阵，$\boldsymbol{A}$ 的特征多项式 $f(\lambda)$ 的所有不同的复根是 $\lambda_1,\lambda_2,\cdots,\lambda_s$。

(1) 求线性变换 $\mathcal{A}$ 的最小多项式 $m(\lambda)$；

(2) 根据 $m(\lambda)$ 在 $\mathbf{R}[\lambda]$ 中的标准分解式，把 V 分解成 $\mathcal{A}$ 的非平凡不变子空间的直和。

解 (1) 由于 $\boldsymbol{A}$ 是实对称矩阵，因此 $\boldsymbol{A}$ 的特征多项式 $f(\lambda)$ 的复根都是实数，从而 λ_1，$\lambda_2,\cdots,\lambda_s$ 是 $f(\lambda)$ 所有不同的实根。由于 $\mathcal{A}$ 的最小多项式 $m(\lambda)$ 与 $\mathcal{A}$ 的特征多项式 $f(\lambda)$ 在 $\mathbf{R}$ 中有相同的根，因此 $\lambda_1,\lambda_2,\cdots,\lambda_s$ 是 $m(\lambda)$ 的所有不同的实根。由于实对称矩阵能够正交相似于一个对角矩阵，因此 $\boldsymbol{A}$ 可对角化，从而 $\mathcal{A}$ 可对角化。于是 $\mathcal{A}$ 的最小多项式 $m(\lambda)$ 为
$$m(\lambda) = (\lambda-\lambda_1)(\lambda-\lambda_2)\cdots(\lambda-\lambda_s).$$

(2) 由第 (1) 小题中 $m(\lambda)$ 在 $\mathbf{R}[\lambda]$ 中的标准分解式得到
$$V = \mathrm{Ker}(\mathcal{A}-\lambda_1\mathcal{I}) \oplus \mathrm{Ker}(\mathcal{A}-\lambda_2\mathcal{I}) \oplus \cdots \oplus \mathrm{Ker}(\mathcal{A}-\lambda_s\mathcal{I})$$
$$= V_{\lambda_1} \oplus V_{\lambda_2} \oplus \cdots \oplus V_{\lambda_s}.$$

点评：例 6 中综合了许多知识点，有利于培养融会贯通的能力。

例 7 设 $\mathcal{A}$ 是域 F 上 n 维线性空间 V 上的线性变换，$\mathcal{A}$ 在 V 的一个基 $\alpha_1,\alpha_2,\cdots,\alpha_n$ 下的矩阵 $\boldsymbol{A}$ 为
$$\boldsymbol{A} = \begin{pmatrix} 0 & 0 & \cdots & 0 & -a_0 \\ 1 & 0 & \cdots & 0 & -a_1 \\ 0 & 1 & \cdots & 0 & -a_2 \\ \vdots & \vdots & & \vdots & \vdots \\ 0 & 0 & \cdots & 1 & -a_{n-1} \end{pmatrix}. \tag{25}$$

(1) 求 $\mathscr{A}$ 的特征多项式 $f(\lambda)$ 和最小多项式 $m(\lambda)$。

(2) 把 F 取成复数域,$\mathscr{A}$ 是否可对角化?

解 (1) 利用本套教材上册 2.4 节例 4 的结论得,$\mathscr{A}$ 的特征多项式 $f(\lambda)$ 为

$$f(\lambda) = \lambda^n + a_{n-1}\lambda^{n-1} + \cdots + a_1\lambda + a_0。$$

假如 $\mathscr{A}$ 的最小多项式 $m(\lambda)$ 的次数小于 n,设

$$m(\lambda) = \lambda^r + b_{r-1}\lambda^{r-1} + \cdots + b_2\lambda^2 + b_1\lambda + b_0。$$

其中 $r < n$。由于 $\mathscr{A}$ 在基 $\alpha_1, \alpha_2, \cdots, \alpha_n$ 下的矩阵为 $\boldsymbol{A}$,因此

$$\mathscr{A}\alpha_1 = \alpha_2, \quad \mathscr{A}^2\alpha_1 = \mathscr{A}(\mathscr{A}\alpha_1) = \mathscr{A}\alpha_2 = \alpha_3, \quad \cdots$$

$$\mathscr{A}^{r-1}\alpha_1 = \mathscr{A}(\mathscr{A}^{r-2}\alpha_1) = \mathscr{A}\alpha_{r-1} = \alpha_r, \quad \mathscr{A}^r\alpha_1 = \mathscr{A}(\mathscr{A}^{r-1}\alpha_1) = \mathscr{A}\alpha_r = \alpha_{r+1}。$$

于是

$$0 = m(\mathscr{A})\alpha_1 = (\mathscr{A}^r + b_{r-1}\mathscr{A}^{r-1} + \cdots + b_2\mathscr{A}^2 + b_1\mathscr{A} + b_0\mathscr{I})\alpha_1$$

$$= \alpha_{r+1} + b_{r-1}\alpha_r + \cdots + b_2\alpha_3 + b_1\alpha_2 + b_0\alpha_1。$$

由此推出 $\alpha_{r+1}, \alpha_r, \cdots, \alpha_3, \alpha_2, \alpha_1$ 线性相关,矛盾,因此 $m(\lambda)$ 的次数等于 n,从而 $m(\lambda) = f(\lambda)$,即 $m(\lambda) = \lambda^n + a_{n-1}\lambda^{n-1} + \cdots + a_1\lambda + a_0$。

(2) 在 $\mathbf{C}[\lambda]$ 中,$m(\lambda)$ 能分解成一次因式的乘积。根据本节定理 2 得,$\mathscr{A}$ 可对角化当且仅当 $m(\lambda)$ 在复数域中没有重根,即 $\lambda^n + a_{n-1}\lambda^{n-1} + \cdots + a_1\lambda + a_0$ 在 $\mathbf{C}$ 中没有重根。

点评:在本套教材上册 5.6 节例 9 中,通过求 $\boldsymbol{A}$ 的特征值和特征向量,得出了 $\boldsymbol{A}$ 可对角化的充分必要条件。现在例 7 利用最小多项式很简明地给出了 $\mathscr{A}$ 可对角化的充分必要条件。在例 7 中,$\mathscr{A}$ 在基 $\alpha_1, \alpha_2, \cdots, \alpha_n$ 下的矩阵 $\boldsymbol{A}$ 是 Frobenius 矩阵。这样的线性变换 $\mathscr{A}$ 对基向量的作用有下述特点:

$$\mathscr{A}\alpha_1 = \alpha_2, \mathscr{A}\alpha_2 = \alpha_3, \cdots, \mathscr{A}\alpha_{n-1} = \alpha_n,$$

$$\mathscr{A}\alpha_n = -a_0\alpha_1 - a_1\alpha_2 - \cdots - a_{n-1}\alpha_n,$$

从而

$$\alpha_2 = \mathscr{A}\alpha_1, \alpha_3 = \mathscr{A}^2\alpha_1, \cdots, \alpha_n = \mathscr{A}^{n-1}\alpha_1,$$

即 $\alpha_1, \mathscr{A}\alpha_1, \mathscr{A}^2\alpha_1, \cdots, \mathscr{A}^{n-1}\alpha_1$ 组成 V 的一个基。由此抽象出一个概念:设 $\mathscr{A}$ 是域 F 上 n 维线性空间 V 上的一个线性变换,如果 V 中存在一个向量 ξ,使得 $\xi, \mathscr{A}\xi, \mathscr{A}^2\xi, \cdots, \mathscr{A}^{n-1}\xi$ 组成 V 的一个基,那么称 **V 关于线性变换 $\mathscr{A}$ 是循环的**,称 ξ 是 **V 关于 $\mathscr{A}$ 的一个循环向量**。从上面的讨论可以看出,如果 V 关于线性变换 $\mathscr{A}$ 是循环的,其中 ξ 是 V 关于 $\mathscr{A}$ 的一个循环向量,那么 $\mathscr{A}$ 在 V 的基 $\xi, \mathscr{A}\xi, \mathscr{A}^2\xi, \cdots, \mathscr{A}^{n-1}\xi$ 下的矩阵 $\boldsymbol{A}$ 是形如(25)式的 Frobenius 矩阵,其中 $a_0, a_1, a_2, \cdots, a_{n-1}$ 满足:

$$\mathscr{A}^n\xi = -a_0\xi - a_1\mathscr{A}\xi - a_2\mathscr{A}^2\xi - \cdots - a_{n-1}\mathscr{A}^{n-1}\xi。$$

于是根据例 7 得,$\mathscr{A}$ 的特征多项式 $f(\lambda)$ 与最小多项式 $m(\lambda)$ 相等,都等于 $\lambda^n + a_{n-1}\lambda^{n-1} + \cdots + a_1\lambda + a_0$;并且当 F 取复数域时,$\mathscr{A}$ 可对角化当且仅当 $\lambda^n + a_{n-1}\lambda^{n-1} + \cdots + a_1\lambda + a_0$ 在复数域中没有重根。

例 8 设 $\mathscr{A}$ 是域 F 上 n 维线性空间 V 上的一个线性变换,证明:如果 $\mathscr{A}$ 的最小多项式 $m(\lambda) = (\lambda - a)^n$,那么 V 中存在一个基使得 $\mathscr{A}$ 在此基下的矩阵是一个 n 级 Jordan 块 $J_n(a)$。

证明 由于 $\mathscr{A}$ 的最小多项式 $m(\lambda) = (\lambda - a)^n$,因此根据本节第二部分的第(5)个命题

得,$\mathcal{A}=a\mathcal{I}+\mathcal{B}$,其中 $\mathcal{B}$ 是幂零指数为 n 的幂零变换。根据本节命题 6 得,V 中存在一个基使得 $\mathcal{A}$ 在此基下的矩阵是 $J_n(a)$。■

点评：从 $\mathcal{A}$ 的最小多项式是 $(\lambda-a)^n$,其中 n 是线性空间 V 的维数,就决定了 $\mathcal{A}$ 在 V 的一个适当基下的矩阵是 n 级 Jordan 块 $J_n(a)$；又根据本节命题 6,n 级 Jordan 块 $J_n(a)$ 的最小多项式是 $(\lambda-a)^n$,两者结合起来就是：域 F 上 n 维线性空间 V 上的线性变换 $\mathcal{A}$ 在 V 的一个基下的矩阵是 n 级 Jordan 块 $J_n(a)$ 当且仅当 $\mathcal{A}$ 的最小多项式是 $(\lambda-a)^n$。

例 9　设 $\mathcal{B}$ 是域 F 上有限维线性空间 V 上的幂零变换,则 $\mathcal{B}$ 的幂零指数不超过 V 的维数。

证明　设 $\mathcal{B}$ 的幂零指数为 l,则 $\mathcal{B}^l=\mathcal{O},\mathcal{B}^{l-1}\neq\mathcal{O}$,从而存在 $\xi\in V$ 使得 $\mathcal{B}^{l-1}\xi\neq 0,\mathcal{B}^l\xi=0$。根据 9.1 节的例 8 得,$\xi,\mathcal{B}\xi,\mathcal{B}^2\xi,\cdots,\mathcal{B}^{l-1}\xi$ 线性无关,从而 $l\leqslant\dim V$。■

例 10　设 $\mathcal{A}$ 是域 F 上线性空间 V 上的线性变换,证明：域 F 上线性空间 $F[\mathcal{A}]$ 的维数等于 $\mathcal{A}$ 的最小多项式 $m(\lambda)$ 的次数。

证明　设 $\mathcal{A}$ 的最小多项式 $m(\lambda)=\lambda^r+b_{r-1}\lambda^{r-1}+\cdots+b_1\lambda+b_0$。由于 $m(\mathcal{A})=\mathcal{O}$,因此 $\mathcal{A}^r=-b_{r-1}\mathcal{A}^{r-1}-\cdots-b_1\mathcal{A}-b_0\mathcal{I}$,从而 $F[\mathcal{A}]$ 中任一元素可以由 $\mathcal{I},\mathcal{A},\cdots,\mathcal{A}^{r-1}$ 线性表出。

假如 $k_0\mathcal{I}+k_1\mathcal{A}+\cdots+k_{r-1}\mathcal{A}^{r-1}=\mathcal{O}$,令 $g(\lambda)=k_0+k_1\lambda+\cdots+k_{r-1}\lambda^{r-1}$,则 $g(\lambda)$ 是 $\mathcal{A}$ 的一个零化多项式,于是 $m(\lambda)|g(\lambda)$。由于 $\deg g(\lambda)\leqslant r-1<\deg m(\lambda)$,因此 $g(\lambda)=0$,从而 $k_0=k_1=\cdots=k_{r-1}=0$,于是 $\mathcal{I},\mathcal{A},\cdots,\mathcal{A}^{r-1}$ 线性无关。因此它是 $F[\mathcal{A}]$ 的一个基,从而 $\dim F[\mathcal{A}]=r=\deg m(\lambda)$。■

例 11　设 $\mathcal{A}$ 是域 F 上线性空间 V 上的线性变换,证明：如果 $\mathcal{A}$ 的最小多项式 $m(\lambda)$ 不可约,那么 $F[\mathcal{A}]$ 是一个域。

证明　从 9.1 节已经知道,$F[\mathcal{A}]$ 是一个有单位元的交换环。只要再证 $F[\mathcal{A}]$ 的每一个非零元 $g(\mathcal{A})$ 可逆,则 $F[\mathcal{A}]$ 便是一个域。由于 $g(\mathcal{A})\neq\mathcal{O}$,因此 $g(\lambda)$ 不是 $\mathcal{A}$ 的一个零化多项式,从而 $\mathcal{A}$ 的最小多项式 $m(\lambda)\nmid g(\lambda)$。由于 $m(\lambda)$ 在 F 上不可约,因此 $(m(\lambda),g(\lambda))=1$,从而存在 $u(\lambda),v(\lambda)\in F[\lambda]$,使得 $u(\lambda)m(\lambda)+v(\lambda)g(\lambda)=1$。$\lambda$ 用 $\mathcal{A}$ 代入,得 $v(\mathcal{A})g(\mathcal{A})=\mathcal{I}$。因此 $g(\mathcal{A})$ 可逆,从而 $F[\mathcal{A}]$ 是一个域。■

例 12　证明：如果域 F 上的 n 级矩阵 A 与 B 都是可对角化的,且 $AB=BA$,那么存在域 F 上一个 n 级可逆矩阵 S,使得 $S^{-1}AS$ 与 $S^{-1}BS$ 都为对角矩阵。

证明　已知 A 可对角化,设 A 的所有不同的特征值为 $\lambda_1,\lambda_2,\cdots,\lambda_s$,其中 λ_i 的重数为 $n_i,i=1,2,\cdots,s$。于是存在域 F 上的一个 n 级可逆矩阵 P,使得 $P^{-1}AP=\mathrm{diag}\{\lambda_1I_{n_1},\lambda_2I_{n_2},\cdots,\lambda_sI_{n_s}\}$。记 $D=P^{-1}AP$,令 $G=P^{-1}BP$,由于 $AB=BA$,因此

$$DG=(P^{-1}AP)(P^{-1}BP)=P^{-1}ABP=P^{-1}BAP=(P^{-1}BP)(P^{-1}AP)=GD。$$

由于 $D=\mathrm{diag}\{\lambda_1I_{n_1},\lambda_2I_{n_2},\cdots,\lambda_sI_{n_s}\}$,且 $\lambda_1,\lambda_2,\cdots,\lambda_s$ 两两不等,因此根据本套教材上册习题 4.5 第 13 题得,$G=\mathrm{diag}\{B_1,B_2,\cdots,B_s\}$,其中 B_i 是 n_i 级矩阵,$i=1,2,\cdots,s$。由于 B 可对角化,因此 $G=P^{-1}BP$ 也可对角化,从而 G 的最小多项式 $m_G(\lambda)$ 在 $F[\lambda]$ 中可以分解成不同的一次因式的乘积。设 B_i 的最小多项式为 $m_i(\lambda),i=1,2,\cdots,s$,则

$$m_G(\lambda)=[m_1(\lambda),m_2(\lambda),\cdots,m_s(\lambda)]。$$

于是 $m_i(\lambda)|m_G(\lambda)$,从而 $m_i(\lambda)$ 在 $F[\lambda]$ 中也可分解成不同的一次因式的乘积,因此 B_i 可对角化,于是存在域 F 上 n_i 级可逆矩阵 Q_i,使得 $Q_i^{-1}B_iQ_i$ 为对角矩阵,$i=1,2,\cdots,s$。令

$$\boldsymbol{Q} = \mathrm{diag}\{\boldsymbol{Q}_1, \boldsymbol{Q}_2, \cdots, \boldsymbol{Q}_s\},$$

则 $\boldsymbol{Q}^{-1}\boldsymbol{GQ} = \mathrm{diag}\{\boldsymbol{Q}_1^{-1}\boldsymbol{B}_1\boldsymbol{Q}_1, \boldsymbol{Q}_2^{-1}\boldsymbol{B}_2\boldsymbol{Q}_2, \cdots, \boldsymbol{Q}_s^{-1}\boldsymbol{B}_s\boldsymbol{Q}_s\}$ 为对角矩阵。令 $\boldsymbol{S} = \boldsymbol{PQ}$，则

$$\boldsymbol{S}^{-1}\boldsymbol{BS} = \boldsymbol{Q}^{-1}\boldsymbol{P}^{-1}\boldsymbol{BPQ} = \boldsymbol{Q}^{-1}\boldsymbol{GQ},$$
$$\boldsymbol{S}^{-1}\boldsymbol{AS} = \boldsymbol{Q}^{-1}\boldsymbol{P}^{-1}\boldsymbol{APQ} = \boldsymbol{Q}^{-1}\mathrm{diag}\{\lambda_1\boldsymbol{I}_{n_1}, \lambda_2\boldsymbol{I}_{n_2}, \cdots, \lambda_s\boldsymbol{I}_{n_s}\}\boldsymbol{Q}$$
$$= \mathrm{diag}\{\boldsymbol{Q}_1^{-1}(\lambda_1\boldsymbol{I}_{n_1})\boldsymbol{Q}_1, \boldsymbol{Q}_2^{-1}(\lambda_2\boldsymbol{I}_{n_2})\boldsymbol{Q}_2, \cdots, \boldsymbol{Q}_s^{-1}(\lambda_s\boldsymbol{I}_{n_s})\boldsymbol{Q}_s\}$$
$$= \mathrm{diag}\{\lambda_1\boldsymbol{I}_{n_1}, \lambda_2\boldsymbol{I}_{n_2}, \cdots, \lambda_s\boldsymbol{I}_{n_s}\}.$$

于是 $\boldsymbol{S}^{-1}\boldsymbol{BS}$ 和 $\boldsymbol{S}^{-1}\boldsymbol{AS}$ 都是对角矩阵。∎

例 13 设 $\mathscr{A}_1, \mathscr{A}_2, \cdots, \mathscr{A}_m$ 都是域 F 上 n 维线性空间 V 上的线性变换，证明：如果 $\mathscr{A}_1, \mathscr{A}_2, \cdots, \mathscr{A}_m$ 都可对角化，且它们两两可交换，那么 V 中存在一个基，使得 $\mathscr{A}_1, \mathscr{A}_2, \cdots, \mathscr{A}_m$ 在此基下的矩阵都是对角矩阵。

证明 对线性空间的维数 n 作第二数学归纳法。

$n=1$ 时，$V=\langle\alpha\rangle$，$\mathscr{A}_i(i=1,2,\cdots,m)$ 在 V 的基 α 下的矩阵为 1 级矩阵，从而是对角矩阵。因此命题为真。

假设对于维数小于 n 的线性空间命题为真，现在来看 n 维线性空间 V 的情形。由于 $\mathscr{A}_1$ 可对角化，因此

$$V = V_{\lambda_1} \oplus V_{\lambda_2} \oplus \cdots \oplus V_{\lambda_s}, \tag{26}$$

其中 $\lambda_1, \lambda_2, \cdots, \lambda_s$ 是 $\mathscr{A}_1$ 的所有不同的特征值。若 $s=1$，则 $V=V_{\lambda_1}$，从而 $\mathscr{A}_1$ 是 V 上的数乘变换 λ_1，它在 V 的任何一个基下的矩阵都是数量矩阵，从而可以不必考虑 $\mathscr{A}_1$，转而去考虑 $\mathscr{A}_2$。因此不妨设 $s\geqslant 2$，任给 $j\in\{1,2,\cdots,s\}$，由于 $\mathscr{A}_i$ 与 $\mathscr{A}_1$ 可交换，因此 V_{λ_j} 是 $\mathscr{A}_i$ 的不变子空间，从而 $\mathscr{A}_i|V_{\lambda_j}$ 是 V_{λ_j} 上的线性变换，$i=1,2,\cdots,m$。由于 $\mathscr{A}_1, \mathscr{A}_2, \cdots, \mathscr{A}_m$ 两两可交换，因此 $\mathscr{A}_1|V_{\lambda_j}, \mathscr{A}_2|V_{\lambda_j}, \cdots, \mathscr{A}_m|V_{\lambda_j}$ 两两可交换。设 $\mathscr{A}_i|V_{\lambda_j}$ 的最小多项式为 $m_{ij}(\lambda)$，由(26)式得，$\mathscr{A}_i$ 的最小多项式 $m_i(\lambda)$ 为

$$m_i(\lambda) = [m_{i1}(\lambda), m_{i2}(\lambda), \cdots, m_{is}(\lambda)],$$

由于 $\mathscr{A}_i$ 可对角化，因此 $\mathscr{A}_i$ 的最小多项式 $m_i(\lambda)$ 在 $F[\lambda]$ 中可分解成不同的一次因式的乘积，从而 $m_{ij}(\lambda)$ 在 $F[\lambda]$ 中可分解成不同的一次因式的乘积，于是 $\mathscr{A}_i|V_{\lambda_j}$ 可对角化，$i=1,2,\cdots,m$。由于 $\dim V_{\lambda_j} < \dim V = n$，因此对于 V_{λ_j} 上的线性变换 $\mathscr{A}_1|V_{\lambda_j}, \mathscr{A}_2|V_{\lambda_j}, \cdots, \mathscr{A}_m|V_{\lambda_j}$ 可以用归纳假设得，存在 V_{λ_j} 的一个基 $\alpha_{j1}, \alpha_{j2}, \cdots, \alpha_{jn_j}$，使得 $\mathscr{A}_1|V_{\lambda_j}, \mathscr{A}_2|V_{\lambda_j}, \cdots, \mathscr{A}_m|V_{\lambda_j}$ 在此基下的矩阵 $\boldsymbol{A}_{1j}, \boldsymbol{A}_{2j}, \cdots, \boldsymbol{A}_{mj}$ 都为对角矩阵，于是 $\mathscr{A}_1, \mathscr{A}_2, \cdots, \mathscr{A}_m$ 在 V 的基

$$\alpha_{11}, \alpha_{12}, \cdots, \alpha_{1n_1}, \alpha_{21}, \alpha_{22}, \cdots, \alpha_{2n_2}, \cdots, \alpha_{s1}, \alpha_{s2}, \cdots, \alpha_{sn_s}$$

下的矩阵 $\boldsymbol{A}_1, \boldsymbol{A}_2, \cdots, \boldsymbol{A}_m$ 分别为

$$\boldsymbol{A}_1 = \mathrm{diag}\{\boldsymbol{A}_{11}, \boldsymbol{A}_{12}, \cdots, \boldsymbol{A}_{1s}\}, \quad \boldsymbol{A}_2 = \mathrm{diag}\{\boldsymbol{A}_{21}, \boldsymbol{A}_{22}, \cdots, \boldsymbol{A}_{2s}\}, \cdots,$$
$$\boldsymbol{A}_m = \mathrm{diag}\{\boldsymbol{A}_{m1}, \boldsymbol{A}_{m2}, \cdots, \boldsymbol{A}_{ms}\}.$$

由此看出，$\boldsymbol{A}_1, \boldsymbol{A}_2, \cdots, \boldsymbol{A}_m$ 都是对角矩阵。

由第二数学归纳法原理，对一切正整数 n，命题成立。∎

点评：从例 13 的证明中看到，例 13 的条件"$\mathscr{A}_1, \mathscr{A}_2, \cdots, \mathscr{A}_s$ 两两可交换"保证了 $\mathscr{A}_1$ 的特征子空间 $V_{\lambda_j}(j=1,2,\cdots,s)$ 是 $\mathscr{A}_i$ 的不变子空间，从而 $\mathscr{A}_i|V_{\lambda_j}$ 是 V_{λ_j} 上的线性变换，$i=1,2,\cdots,s$。这是对 V_{λ_j} 用归纳假设的一个前提条件。从证明中还看到，最小多项式的

概念和性质在论证 $\mathscr{A}_i|V_{\lambda_j}$ 可对角化($i=1,2,\cdots,m$)时起着关键的作用,而论证 $\mathscr{A}_i|V_{\lambda_j}$ 可对角化是对于 V_{λ_j} 上的线性变换 $\mathscr{A}_1|V_{\lambda_j},\mathscr{A}_2|V_{\lambda_j},\cdots,\mathscr{A}_m|V_{\lambda_j}$ 能够用归纳假设的另一个前提条件。从例 13 还看到,当 $m=2$ 时,它用矩阵语言来叙述就是例 12,因此例 13 的证明方法是例 12 的第 2 种证法。

例 14　设 $\mathscr{A}$ 是域 F 上 n 维线性空间 V 上的线性变换,证明:如果 $\mathscr{A}$ 有 n 个不同的特征值,那么与 $\mathscr{A}$ 可交换的每一个线性变换 $\mathscr{B}$ 能唯一地表示成 $\mathscr{A}$ 的一个次数小于 n 的多项式。

证明　由于 $\mathscr{A}$ 有 n 个不同的特征值,因此由 8.3 节例 8 可得,$\dim C(\mathscr{A})=n$,其中 $C(\mathscr{A})$ 表示 V 上与 $\mathscr{A}$ 可交换的所有线性变换组成的集合,它是 V 的一个子空间。从 $\mathscr{A}$ 有 n 个不同的特征值 $\lambda_1,\lambda_2,\cdots,\lambda_n$,可知 $\mathscr{A}$ 的特征多项式 $f(\lambda)=(\lambda-\lambda_1)(\lambda-\lambda_2)\cdots(\lambda-\lambda_n)$。由于 $\mathscr{A}$ 的最小多项式 $m(\lambda)$ 与 $f(\lambda)$ 在 F 中有相同的根,因此

$$m(\lambda)=(\lambda-\lambda_1)(\lambda-\lambda_2)\cdots(\lambda-\lambda_n)。$$

根据例 10 得,$\dim F[\mathscr{A}]=n$。显然,$F[\mathscr{A}]\subseteq C(\mathscr{A})$,因此 $F[\mathscr{A}]=C(\mathscr{A})$。于是从例 10 的证明中看出,$I,A,A^2,\cdots,A^{n-1}$ 是 $C(\mathscr{A})$ 的一个基,从而若 $\mathscr{B}\in C(\mathscr{A})$,则 $\mathscr{B}$ 可以唯一地表示成

$$\mathscr{B}=b_0I+b_1\mathscr{A}+b_2\mathscr{A}^2+\cdots+b_{n-1}\mathscr{A}^{n-1},$$

即 $\mathscr{B}$ 能唯一地表示成 $\mathscr{A}$ 的一个次数小于 n 的多项式。■

点评:例 14 证明的关键有两点:首先,证明如果 $\mathscr{A}$ 有 n 个不同的特征值,那么与 $\mathscr{A}$ 可交换的所有线性变换组成的子空间 $C(\mathscr{A})$ 的维数等于 n,这可从 8.3 节例 8 直接得出;其次,去求 $\mathscr{A}$ 的最小多项式 $m(\lambda)$,然后利用例 10。

例 15　设 $\mathscr{A}$ 是域 F 上 n 维线性空间 V 上的线性变换,$\mathscr{A}$ 的最小多项式 $m(\lambda)=(\lambda-\lambda_1)(\lambda-\lambda_2)\cdots(\lambda-\lambda_s)$,其中 $\lambda_1,\lambda_2,\cdots,\lambda_s$ 两两不等;$\mathscr{A}$ 的特征多项式 $f(\lambda)=(\lambda-\lambda_1)^{n_1}(\lambda-\lambda_2)^{n_2}\cdots(\lambda-\lambda_s)^{n_s}$。

证明:(1) $\dim C(\mathscr{A})=\sum_{i=1}^{s}n_i^2$,$C(A)\cong M_{n_1}(F)\dotplus M_{n_2}(F)\dotplus\cdots\dotplus M_{n_s}(F)$;

(2) 若 $s<n$,则 $C(\mathscr{A})\supsetneqq F[\mathscr{A}]$。

证明　(1) 由已知条件得,V 中存在一个基 $\alpha_1,\alpha_2,\cdots,\alpha_n$,使得 $\mathscr{A}$ 在此基下的矩阵 A 为对角矩阵:

$$A=\mathrm{diag}\{\lambda_1I_{n_1},\lambda_2I_{n_2},\cdots,\lambda_sI_{n_s}\}。$$

设线性变换 $\mathscr{B}$ 在基 $\alpha_1,\alpha_2,\cdots,\alpha_n$ 下的矩阵为 B,则

$$\mathscr{A}\mathscr{B}=\mathscr{B}\mathscr{A}\Longleftrightarrow AB=BA$$

$$\Longleftrightarrow B=\mathrm{diag}\{B_1,B_2,\cdots,B_s\},\text{其中 } B_i \text{ 是 } n_i \text{ 级矩阵},i=1,2,\cdots,s,$$

因此　　　　$C(A)=\{B=\mathrm{diag}\{B_1,B_2,\cdots,B_s\}\mid B_i\in M_{n_i}(F),i=1,2,\cdots,s\}$。

在 8.3 节内容精华的第三部分讲述了线性空间的外直和。令

$$\sigma:\qquad\qquad C(A)\longrightarrow M_{n_1}(F)\dotplus M_{n_2}(F)\dotplus\cdots\dotplus M_{n_s}(F)$$

$$B=\mathrm{diag}\{B_1,B_2,\cdots,B_s\}\longmapsto(B_1,B_2,\cdots,B_s),$$

易证 σ 是双射,且保持加法和纯量乘法运算,因此 σ 是一个同构映射,从而

$$C(A)\cong M_{n_1}(F)\dotplus M_{n_2}(F)\dotplus\cdots\dotplus M_{n_s}(F),$$

$$\dim C(\boldsymbol{A}) = \sum_{i=1}^{s} \dim M_{n_i}(F) = \sum_{i=1}^{s} n_i^2。$$

（2）若 $s<n$，则

$$\dim F[\mathscr{A}] = \deg m(\lambda) = s < n < \sum_{i=1}^{s} n_i^2 = \dim C(\mathscr{A}),$$

又显然 $F[\mathscr{A}] \subseteq C(\mathscr{A})$，因此 $F[\mathscr{A}] \subsetneqq C(\mathscr{A})$。∎

点评：例 15 表明：当 $\mathscr{A}$ 可对角化，但是 $\mathscr{A}$ 的特征多项式有重根时，$C(\mathscr{A}) \supsetneqq F[\mathscr{A}]$，即存在与 $\mathscr{A}$ 可交换的线性变换，它不能表示成 $\mathscr{A}$ 的多项式。

例 16 设 $\mathscr{A}$ 是域 F 上 n 维线性空间 V 上的线性变换，$\mathscr{A}$ 在 V 的一个基 $\alpha_1,\alpha_2,\cdots,\alpha_n$ 下的矩阵 A 为

求 $\mathscr{A}$ 可对角化的充分必要条件。

解 在 9.5 节例 18 中已求出 V 能分解成 $\mathscr{A}$ 的 2 维或 1 维不变子空间的直和：
$$V=\langle\alpha_1,\alpha_{2k}\rangle\oplus\langle\alpha_2,\alpha_{2k-1}\rangle\oplus\cdots\oplus\langle\alpha_k,\alpha_{k+1}\rangle, \quad \text{当 } n=2k;$$
$$V=\langle\alpha_1,\alpha_{2k+1}\rangle\oplus\langle\alpha_2,\alpha_{2k}\rangle\oplus\cdots\oplus\langle\alpha_k,\alpha_{k+2}\rangle\oplus\langle\alpha_{k+1}\rangle, \quad \text{当 } n=2k+1。$$
设 $\mathscr{A}|\langle\alpha_i,\alpha_{n-i+1}\rangle$ 的最小多项式为 $m_i(\lambda)$，则 $\mathscr{A}$ 的最小多项式 $m(\lambda)$ 为
$$m(\lambda)=[m_1(\lambda),m_2(\lambda),\cdots,m_k(\lambda)],\text{当 } n=2k;$$
$$m(\lambda)=[m_1(\lambda),m_2(\lambda),\cdots,m_k(\lambda),m_{k+1}(\lambda)],\text{当 } n=2k+1。$$

当 $n=2k+1$ 时，$\mathscr{A}|\langle\alpha_{k+1}\rangle$ 是 $\langle\alpha_{k+1}\rangle$ 上的数乘变换 $a_{k+1}\boldsymbol{I}$，其最小多项式 $m_{k+1}(\lambda)=\lambda-a_{k+1}$。于是根据本节定理 2 得，$\mathscr{A}$ 可对角化当且仅当 $m_i(\lambda)(i=1,2,\cdots,k)$ 在 $F[\lambda]$ 中可分解成不同的一次因式的乘积。$\mathscr{A}|\langle\alpha_i,\alpha_{n-i+1}\rangle$ 在基 α_i,α_{n-i+1} 下的矩阵 $\boldsymbol{A}_i=\begin{bmatrix}0 & a_i \\ a_{n-i+1} & 0\end{bmatrix}$。当 $a_i=a_{n-i+1}=0$ 时，$\boldsymbol{A}_i=0$，于是 $m_i(\lambda)=\lambda$；当 a_i 与 a_{n-i+1} 不全为 0 时，$\boldsymbol{A}_i$ 不是数量矩阵，因此 $m_i(\lambda)$ 的次数大于 1，从而 $m_i(\lambda)$ 等于 $\boldsymbol{A}_i$ 的特征多项式 $f_i(\lambda)=\lambda^2-a_ia_{n-i+1}$。于是我们得出，$\mathscr{A}$ 可对角化的充分必要条件是：当 a_i 与 a_{n-i+1} 不全为 0 时，$\lambda^2-a_ia_{n-i+1}$ 在 $F[\lambda]$ 中能分解成不同的一次因式的乘积，其中 $i=1,2,\cdots,k$。这里 $k=\dfrac{n}{2}$ 或 $\dfrac{n-1}{2}$，视 n 为偶数还是奇数而定。∎

点评：例 16 由于利用了最小多项式，因此得到的 $\mathscr{A}$ 可对角化的充分必要条件较深入，而不是停留在每个 2 级矩阵 $\boldsymbol{A}_i$ 可对角化这一步上。

例 17 设 $\mathscr{A}$ 是域 F 上线性空间 V 上的线性变换，$\mathscr{A}$ 的最小多项式 $m(\lambda)$ 在 $F[\lambda]$ 中的标准分解式为

$$m(\lambda) = p_1^{l_1}(\lambda)p_2^{l_2}(\lambda)\cdots p_s^{l_s}(\lambda), \tag{27}$$

其中 $p_1(\lambda), p_2(\lambda), \cdots, p_s(\lambda)$ 是域 F 上两两不等的首一不可约多项式。

(1) 证明：$V = \mathrm{Ker}\, p_1^{l_1}(\mathcal{A}) \oplus \mathrm{Ker}\, p_2^{l_2}(\mathcal{A}) \oplus \cdots \oplus \mathrm{Ker}\, p_s^{l_s}(\mathcal{A})$；　　　　(28)

(2) 证明：$\mathcal{A}|W_j$ 的最小多项式 $m_j(\lambda) = p_j^{l_j}(\lambda)$，其中 $W_j = \mathrm{Ker}\, p_j^{l_j}(\mathcal{A}), j = 1, 2, \cdots, s$；

(3) 令 $\mathcal{B}_j = p_j(\mathcal{A}|W_j)$，证明：$\mathcal{B}_j$ 是 W_j 上的幂零变换，且其幂零指数为 $l_j, j = 1, 2, \cdots, s$。

证明 (1) 由于 $p_1(\lambda), p_2(\lambda), \cdots, p_s(\lambda)$ 是域 F 上两两不等的不可约多项式，因此 $p_1^{l_1}(\lambda), p_2^{l_2}(\lambda), \cdots, p_s^{l_s}(\lambda)$ 两两互素，于是由 9.5 节的定理 4 得到

$$V = \mathrm{Ker}\, p_1^{l_1}(\mathcal{A}) \oplus \mathrm{Ker}\, p_2^{l_2}(\mathcal{A}) \oplus \cdots \oplus \mathrm{Ker}\, p_s^{l_s}(\mathcal{A}).$$

(2) 记 $W_j = \mathrm{Ker}\, p_j^{l_j}(\mathcal{A})$，则 W_j 是 $\mathcal{A}$ 的一个不变子空间，从而 $\mathcal{A}|W_j$ 是 W_j 上的一个线性变换。设 $\mathcal{A}|W_j$ 的最小多项式是 $m_j(\lambda)$，任取 $\alpha_j \in W_j$，有

$$p_j^{l_j}(\mathcal{A}|W_j)\alpha_j = p_j^{l_j}(\mathcal{A})\alpha_j = 0,$$

从而 $p_j^{l_j}(\mathcal{A}|W_j) = \mathcal{O}$。于是 $p_j^{l_j}(\lambda)$ 是 $\mathcal{A}|W_j$ 的一个零化多项式，因此 $\mathcal{A}|W_j$ 的最小多项式 $m_j(\lambda) = p_j^{t_j}(\lambda)$，其中 $0 < t_j \leqslant l_j$。根据定理 1 得

$$m(\lambda) = [p_1^{t_1}(\lambda), p_2^{t_2}(\lambda), \cdots, p_s^{t_s}(\lambda)]$$
$$= p_1^{t_1}(\lambda) p_2^{t_2}(\lambda) \cdots p_s^{t_s}(\lambda). \tag{29}$$

把 (29) 式与 (27) 式比较，由唯一因式分解定理得

$$t_1 = l_1, t_2 = l_2, \cdots, t_s = l_s,$$

因此 $\mathcal{A}|W_j$ 的最小多项式 $m_j(\lambda) = p_j^{l_j}(\lambda), j = 1, 2, \cdots, s$。

(3) 由第 (2) 小题知，$\mathcal{A}|W_j$ 的最小多项式 $m_j(\lambda) = p_j^{l_j}(\lambda)$，因此 $p_j^{l_j}(\mathcal{A}|W_j) = \mathcal{O}$。而当 $k_j < l_j$ 时，$p_j^{k_j}(\mathcal{A}|W_j) \neq \mathcal{O}$，于是 $\mathcal{B}_j^{l_j} = \mathcal{O}$，而当 $k_j < l_j$ 时，$\mathcal{B}_j^{k_j} \neq \mathcal{O}$。因此 $\mathcal{B}_j$ 是 W_j 上的幂零变换，且其幂零指数为 l_j。　∎

例 18 设 $\mathcal{A}$ 是域 F 上 n 维线性空间 V 上的线性变换，$\mathcal{A}$ 的最小多项式 $m(\lambda)$ 在 $F[\lambda]$ 中的标准分解式为

$$m(\lambda) = p_1^{l_1}(\lambda) p_2^{l_2}(\lambda) \cdots p_s^{l_s}(\lambda), \tag{30}$$

其中 $p_1(\lambda), p_2(\lambda), \cdots, p_s(\lambda)$ 是域 F 上两两不等的首一不可约多项式，证明：

(1) 如果 $g(\lambda) = p_1^{k_1}(\lambda) p_2^{k_2}(\lambda) \cdots p_s^{k_s}(\lambda), k_i \geqslant l_i, i = 1, 2, \cdots, s$，那么 $\mathrm{Ker}\, p_j^{k_j}(\mathcal{A}) = \mathrm{Ker}\, p_j^{l_j}(\mathcal{A}), j = 1, 2, \cdots, s$；

(2) 记 $W_j = \mathrm{Ker}\, p_j^{l_j}(\mathcal{A}), j = 1, 2, \cdots, s$，则对任意正整数 t，有

$$\mathrm{Ker}\, p_j^t(\mathcal{A}|W_j) = \mathrm{Ker}\, p_j^t(\mathcal{A}), j = 1, 2, \cdots, s.$$

证明 (1) 由于 $g(\lambda) = p_1^{k_1}(\lambda) p_2^{k_2}(\lambda) \cdots p_s^{k_s}(\lambda), k_i \geqslant l_i, i = 1, 2, \cdots, s$，因此 $m(\lambda) \mid g(\lambda)$，从而 $g(\mathcal{A}) = \mathcal{O}$，于是

$$V = \mathrm{Ker}\, p_1^{k_1}(\mathcal{A}) \oplus \mathrm{Ker}\, p_2^{k_2}(\mathcal{A}) \oplus \cdots \oplus \mathrm{Ker}\, p_s^{k_s}(\mathcal{A}). \tag{31}$$

从 (30) 式得

$$V = \mathrm{Ker}\, p_1^{l_1}(\mathcal{A}) \oplus \mathrm{Ker}\, p_2^{l_2}(\mathcal{A}) \oplus \cdots \oplus \mathrm{Ker}\, p_s^{l_s}(\mathcal{A}). \tag{32}$$

任取 $\alpha_j \in \mathrm{Ker}\, p_j^{l_j}(\mathcal{A})$，则 $p_j^{l_j}(\mathcal{A})\alpha_j = 0$，从而

$$p_j^{k_j}(\mathcal{A})\alpha_j = p_j^{k_j - l_j}(\mathcal{A}) p_j^{l_j}(\mathcal{A})\alpha_j = 0,$$

于是 $\alpha_j \in \mathrm{Ker}\, p_j^{k_j}(\mathcal{A})$，因此 $\mathrm{Ker}\, p_j^{l_j}(\mathcal{A}) \subseteq \mathrm{Ker}\, p_j^{k_j}(\mathcal{A})$。

在 Ker $p_j^{l_j}(\mathcal{A})$ 中取一个基 $\alpha_{j1},\cdots,\alpha_{jm_j}$，$j=1,2,\cdots,s$，从(32)式得，把它们合起来是 V 的一个基。把 $\alpha_{j1},\cdots,\alpha_{jm_j}$ 扩充成 Ker $p_j^{k_j}(\mathcal{A})$ 的一个基，从(31)式得，把扩充后的基合起来也是 V 的一个基，因此不用扩充，即 $\alpha_{j1},\cdots,\alpha_{jm_j}$ 就是 Ker $p_j^{k_j}(\mathcal{A})$ 的一个基，从而 $\dim(\text{Ker }p_j^{k_j}(\mathcal{A}))=n_j=\dim(\text{Ker }p_j^{l_j}(\mathcal{A}))$。因此

$$\text{Ker }p_j^{k_j}(\mathcal{A}) = \text{Ker }p_j^{l_j}(\mathcal{A}),\, j=1,2,\cdots,s。 \tag{33}$$

(2) $\alpha\in\text{Ker }p_j^t(\mathcal{A}|W_j) \iff \alpha\in W_j$ 且 $p_j^t(\mathcal{A}|W_j)\alpha=0$

$$\iff \alpha\in W_j \text{ 且 } p_j^t(\mathcal{A})\alpha=0 \iff \alpha\in\text{Ker }p_j^t(\mathcal{A}),$$

其中最后一步的充分性"$\impliedby$"理由如下：若 $t\leqslant l_j$，则从 $p_j^t(\mathcal{A})\alpha=0$ 可推出 $p_j^{l_j}(\mathcal{A})\alpha = p_j^{l_j-t}(\mathcal{A})p_j^t(\mathcal{A})\alpha = 0$，于是 $\alpha\in W_j$。若 $t>l_j$，则根据第（1）小题的结论得，Ker $p_j^t(\mathcal{A})=$ Ker $p_j^{l_j}(\mathcal{A})$，于是从 $\alpha\in\text{Ker }p_j^t(\mathcal{A})$ 立即得出 $\alpha\in W_j$。由上述推导得

$$\text{Ker }p_j^t(\mathcal{A}\,|\,W_j) = \text{Ker }p_j^t(\mathcal{A}),\, j=1,2,\cdots,s。 \tag{34}$$

点评：从例 18 立即得出下列结论：

(1) 设 $\mathcal{A}$ 的特征多项式 $f(\lambda)$ 在 $F(\lambda)$ 中的标准分解式为

$$f(\lambda) = p_1^{r_1}(\lambda)p_2^{r_2}(\lambda)\cdots p_s^{r_s}(\lambda),$$

由于 $m(\lambda)|f(\lambda)$，因此 $r_i\geqslant l_i$，$i=1,2,\cdots,s$。于是有

$$\text{Ker }p_j^{r_j}(\mathcal{A}) = \text{Ker }p_j^{l_j}(\mathcal{A}),\, j=1,2,\cdots,s。 \tag{35}$$

(2) 设 $\mathcal{A}$ 的最小多项式 $m(\lambda)$ 在 $F[\lambda]$ 中的标准分解式为

$$m(\lambda) = (\lambda-\lambda_1)^{l_1}(\lambda-\lambda_2)^{l_2}\cdots(\lambda-\lambda_s)^{l_s}, \tag{36}$$

其中 $\lambda_1,\lambda_2,\cdots,\lambda_s$ 是域 F 中两两不等的元素；$\mathcal{A}$ 的特征多项式 $f(\lambda)$ 在 $F[\lambda]$ 中的标准分解式为

$$f(\lambda) = (\lambda-\lambda_1)^{r_1}(\lambda-\lambda_2)^{r_2}\cdots(\lambda-\lambda_s)^{r_s}, \tag{37}$$

则 $\text{Ker}(\mathcal{A}-\lambda_j I)^{r_j}=\text{Ker}(\mathcal{A}-\lambda_j I)^{l_j}$，$j=1,2,\cdots,s$，即 $\text{Ker}(\mathcal{A}-\lambda_j I)^{l_j}$ 等于 $\mathcal{A}$ 的根子空间 $\text{Ker}(\mathcal{A}-\lambda_j I)^{r_j}$，$j=1,2,\cdots,s$。这表明：从 $\mathcal{A}$ 的最小多项式 $m(\lambda)$ 的标准分解式(36)得到的 V 的直和分解式(19)与从 $\mathcal{A}$ 的特征多项式 $f(\lambda)$ 的标准分解式(37)得到的 V 的直和分解式是一致的。

(3) 设 $\mathcal{A}$ 的最小多项式 $m(\lambda)$ 在 $F[\lambda]$ 中的标准分解式为（36）式，记 $W_j=\text{Ker}(\mathcal{A}-\lambda_j I)^{l_j}$，$j=1,2,\cdots,s$，则对任意正整数 t，有

$$\text{Ker}(\mathcal{A}\,|\,W_j-\lambda_j I)^t = \text{Ker}(\mathcal{A}-\lambda_j I)^t,\, j=1,2,\cdots,s. \tag{38}$$

(4) 从例 18 的第（1），（2）小题可得

$$\text{Ker }p_j(\mathcal{A}\,|\,W_j)\subseteq\text{Ker }p_j^2(\mathcal{A}\,|\,W_j)\subseteq\cdots\subseteq\text{Ker }p_j^{l_j}(\mathcal{A}\,|\,W_j)=\text{Ker }p_j^{l_j+1}(\mathcal{A}\,|\,W_j)=\cdots,$$

显然有

$$p_j(\mathcal{A}|W_j)W_j\supseteq p_j^2(\mathcal{A}|W_j)W_j\supseteq\cdots\supseteq p_j^{l_j}(\mathcal{A}|W_j)W_j\supseteq p_j^{l_j+1}(\mathcal{A}|W_j)W_j\supseteq\cdots,$$

由于 $\dim W_j=\dim(\text{Ker }p_j^{l_j}(\mathcal{A}|W_j))+\dim(p_j^{l_j}(\mathcal{A}|W_j)W_j)$，且 Ker $p_j^{l_j}(\mathcal{A}|W_j)=W_j$，因此 $p_j^{l_j}(\mathcal{A}|W_j)W_j=0$，从而 $p_j^{l_j}(\mathcal{A}|W_j)W_j=p_j^{l_j+1}(\mathcal{A}|W_j)W_j=\cdots$。

例 19　设 $\mathcal{A}$ 是域 F 上 n 维线性空间 V 上的线性变换。证明：如果 $\mathcal{A}$ 的特征多项式 $f(\lambda)$ 在 $F[\lambda]$ 中可以分解成

$$f(\lambda) = (\lambda-\lambda_1)^{r_1}(\lambda-\lambda_2)^{r_2}\cdots(\lambda-\lambda_s)^{r_s}, \tag{39}$$

其中 $\lambda_1,\lambda_2,\cdots,\lambda_s$ 是 F 中两两不等的元素,那么 $\mathscr{A}$ 的根子空间 $\mathrm{Ker}(\mathscr{A}-\lambda_i\mathscr{D})^{r_j}$ 的维数等于特征值 λ_j 的代数重数 $r_j,j=1,2,\cdots,s$。

证明　由于 $\mathscr{A}$ 的最小多项式 $m(\lambda)\mid f(\lambda)$,且 $m(\lambda)$ 与 $f(\lambda)$ 在 F 中有相同的根,因此

$$m(\lambda) = (\lambda-\lambda_1)^{l_1}(\lambda-\lambda_2)^{l_2}\cdots(\lambda-\lambda_s)^{l_s}, l_i \leqslant r_i, i=1,2,\cdots,s。 \tag{40}$$

根据例 18 的点评中第(2)个结论得

$$\mathrm{Ker}(\mathscr{A}-\lambda_j\mathscr{D})^{r_j} = \mathrm{Ker}(\mathscr{A}-\lambda_j\mathscr{D})^{l_j}, j=1,2,\cdots,s, \tag{41}$$

记 $W_j=\mathrm{Ker}(\mathscr{A}-\lambda_j\mathscr{D})^{l_j},j=1,2,\cdots,s$。在 W_j 中取一个基 $(j=1,2,\cdots,s)$,合起来成为 V 的一个基,$\mathscr{A}$ 在此基下的矩阵 $\boldsymbol{A}$ 是分块对角矩阵:$\boldsymbol{A}=\mathrm{diag}\{\boldsymbol{A}_1,\boldsymbol{A}_2,\cdots,\boldsymbol{A}_s\}$,其中 $\boldsymbol{A}_j$ 是 $\mathscr{A}\mid W_j$ 在 W_j 的上述基下的矩阵,因此 $\boldsymbol{A}_j$ 的级数等于 $\dim W_j$,记作 n_j,且

$$f(\lambda) = |\lambda\boldsymbol{I}-\boldsymbol{A}| = |\lambda\boldsymbol{I}_{n_1}-\boldsymbol{A}_1|\cdot|\lambda\boldsymbol{I}_{n_2}-\boldsymbol{A}_2|\cdots|\lambda\boldsymbol{I}_{n_s}-\boldsymbol{A}_s|, \tag{42}$$

记 $f_j(\lambda)=|\lambda\boldsymbol{I}_{n_j}-\boldsymbol{A}_j|$,它是 $\mathscr{A}\mid W_j$ 的特征多项式。在本节内容精华的最后一部分已求出 $\mathscr{A}\mid W_j$ 的最小多项式 $m_j(\lambda)=(\lambda-\lambda_j)^{l_j}$,于是 $f_j(\lambda)=(\lambda-\lambda_j)^{k_j}$ 对某个 $k_j\geqslant l_j$。由于 $f_j(\lambda)$ 的次数等于矩阵 $\boldsymbol{A}_j$ 的级数,从而等于 n_j,因此 $f_j(\lambda)=(\lambda-\lambda_j)^{n_j}$。于是

$$f(\lambda) = (\lambda-\lambda_1)^{n_1}(\lambda-\lambda_2)^{n_2}\cdots(\lambda-\lambda_s)^{n_s}。 \tag{43}$$

比较(39)和(43)式,根据 $F[\lambda]$ 中的唯一因式分解定理得

$$n_1 = r_1, n_2 = r_2,\cdots,n_s = r_s, \tag{44}$$

即 $\mathscr{A}$ 的根子空间 $\mathrm{Ker}(\mathscr{A}-\lambda_j\mathscr{D})^{r_j}$ 的维数等于 λ_j 的代数重数 $r_j,j=1,2,\cdots,s$。　∎

点评：例 19 证明的关键是通过 $\mathscr{A}\mid W_j$ 的最小多项式 $m_j(\lambda)=(\lambda-\lambda_j)^{l_j}$ 来确定 $\mathscr{A}\mid W_j$ 的特征多项式 $f_j(\lambda)$ 必形如 $(\lambda-\lambda_j)^{k_j}$,然后通过 $f_j(\lambda)$ 的次数等于矩阵 $\boldsymbol{A}_j$ 的级数,从而等于 W_j 的维数 n_j,进一步定出 $f_j(\lambda)=(\lambda-\lambda_j)^{n_j}$。再利用 $f(\lambda)$ 的标准分解式唯一便定出了 $n_j=r_j$。这样就把 W_j 的维数 n_j 与 λ_j 的代数重数 r_j 联系起来了。这就是为什么本来只是涉及 $\mathscr{A}$ 的特征多项式 $f(\lambda)$ 的问题,却要引出 $\mathscr{A}$ 的最小多项式 $m(\lambda)$ 的原因所在。当然例 18 的结论" W_j 等于根子空间 $\mathrm{Ker}(\mathscr{A}-\lambda_j\mathscr{D})^{r_j}$ "也起了重要作用。例 19 也证明了:如果 $\mathscr{A}$ 的特征多项式 $f(\lambda)$ 在 $F[\lambda]$ 中的标准分解式为(39)式,那么 $\mathscr{A}\mid W_j$ 的特征多项式就是 $(\lambda-\lambda_j)^{r_j}$,其中 W_j 是 $\mathscr{A}$ 的根子空间 $\mathrm{Ker}(\mathscr{A}-\lambda_j\mathscr{D})^{r_j}$。例 19 还表明:$f(\lambda)$ 的标准分解式(39)中,$\lambda-\lambda_j$ 的幂指数 r_j 从代数的角度看,它是 λ_j 的代数重数;而从几何的角度看,它是根子空间 $\mathrm{Ker}(\mathscr{A}-\lambda_j\mathscr{D})^{r_j}$ 的维数。我们要善于从"数学是一个统一体"的观点来学习数学。

＊例 20　设 $\mathscr{A}$ 是域 F 上 n 维线性空间 V 上的线性变换,$\mathrm{Char}\ F=0$,$\mathscr{A}$ 的特征多项式 $f(\lambda)$ 在 $F[\lambda]$ 中的标准分解式为

$$f(\lambda) = p_1^{r_1}(\lambda)p_2^{r_2}(\lambda)\cdots p_s^{r_s}(\lambda), \tag{45}$$

其中 $p_1(\lambda),p_2(\lambda),\cdots,p_s(\lambda)$ 是域 F 上两两不等的首一不可约多项式。证明:

$$\dim(\mathrm{Ker}\ p_j^{r_j}(\mathscr{A})) = r_j\,\mathrm{deg}(p_j(\lambda)), j=1,2,\cdots,s。 \tag{46}$$

证明　由于在 $F[\lambda]$ 中,$\mathscr{A}$ 的最小多项式 $m(\lambda)\mid f(\lambda)$,且 $p_j(\lambda)(j=1,2,\cdots,s)$ 都在 F 上不可约,因此

$$m(\lambda) = p_1^{l_1}(\lambda)p_2^{l_2}(\lambda)\cdots p_s^{l_s}(\lambda), l_i \leqslant r_i, i=1,2,\cdots,s。 \tag{47}$$

根据例 18 得,$\mathrm{Ker}\ p_j^{r_j}(\mathscr{A})=\mathrm{Ker}\ p_j^{l_j}(\mathscr{A}),j=1,2,\cdots,s$。记 $W_j=\mathrm{Ker}\ p_j^{l_j}(\mathscr{A}),j=1,2,\cdots,s$。在 W_j 中取一个基,$j=1,2,\cdots,s$,合起来是 V 的一个基。$\mathscr{A}$ 在此基下的矩阵 $\boldsymbol{A}$ 是分块对角矩阵:$\boldsymbol{A}=\mathrm{diag}\{\boldsymbol{A}_1,\boldsymbol{A}_2,\cdots,\boldsymbol{A}_s\}$,其中 $\boldsymbol{A}_j$ 是 $\mathscr{A}\mid W_j$ 在 W_j 的上述基下的矩阵,于是 $\boldsymbol{A}_j$

的级数等于 $\dim W_j$，记作 $n_j,j=1,2,\cdots,s$，且

$$f(\lambda) = |\lambda I - A| = |\lambda I_{n_1} - A_1|\cdot|\lambda I_{n_2} - A_2|\cdots|\lambda I_{n_s} - A_s|。 \tag{48}$$

记 $f_j(\lambda)=|\lambda I_{n_j}-A_j|$，它是 $\mathcal{A}|W_j$ 的特征多项式。根据例 17 得，$\mathcal{A}|W_j$ 的最小多项式 $m_j(\lambda)=p_j^{l_j}(\lambda)$。设 E 是包含 F 的代数封闭域，则 $p_j(\lambda)$ 在 $E[\lambda]$ 中可以分解成一次因式的乘积。由于 $p_j(\lambda)$ 在 F 上不可约，因此 $p_j(\lambda)$ 在 $F[\lambda]$ 中没有重因式。由于域 F 的特征为 0，因此 $p_j(\lambda)$ 在 $E[\lambda]$ 中也没有重因式，从而 $p_j(\lambda)$ 在 $E(\lambda)$ 中的标准分解式为

$$p_j(\lambda) = (\lambda-\lambda_{j1})(\lambda-\lambda_{j2})\cdots(\lambda-\lambda_{ju_j})， \tag{49}$$

其中 $\lambda_{j1},\lambda_{j2},\cdots,\lambda_{ju_j}$ 是 E 中两两不等的元素。由于 $\mathcal{A}|W_j$ 的最小多项式 $m_j(\lambda)$ 与特征多项式 $f_j(\lambda)$ 在 E 中有相同的根，因此

$$f_j(\lambda) = (\lambda-\lambda_{j1})^{k_{j1}}(\lambda-\lambda_{j2})^{k_{j2}}\cdots(\lambda-\lambda_{ju_j})^{k_{ju_j}}， \tag{50}$$

其中 $k_{ji}\geqslant l_j, i=1,2,\cdots,u_j$。代入 (48) 式，得

$$f(\lambda) = (\lambda-\lambda_{11})^{k_{11}}\cdots(\lambda-\lambda_{1u_1})^{k_{1u_1}}(\lambda-\lambda_{21})^{k_{21}}\cdots(\lambda-\lambda_{2u_2})^{k_{2u_2}}$$
$$\cdots(\lambda-\lambda_{s1})^{k_{s1}}\cdots(\lambda-\lambda_{su_s})^{k_{su_s}}。 \tag{51}$$

从 (45) 和 (49) 式得

$$f(\lambda) = (\lambda-\lambda_{11})^{r_1}\cdots(\lambda-\lambda_{1u_1})^{r_1}(\lambda-\lambda_{21})^{r_2}\cdots(\lambda-\lambda_{2u_2})^{r_2}$$
$$\cdots(\lambda-\lambda_{s1})^{r_s}\cdots(\lambda-\lambda_{su_s})^{r_s}， \tag{52}$$

比较 (51) 和 (52) 式，根据 $E[\lambda]$ 中唯一因式分解定理得

$$k_{11} = \cdots = k_{1u_1} = r_1, k_{21} = \cdots = k_{2u_2} = r_2, \cdots, k_{s1} = \cdots = k_{su_s} = r_s，$$

从而 $f_j(\lambda)=(\lambda-\lambda_{j1})^{r_j}(\lambda-\lambda_{j2})^{r_j}\cdots(\lambda-\lambda_{ju_j})^{r_j}=p_j^{r_j}(\lambda)。$

由于 $f_j(\lambda)$ 的次数等于矩阵 A_j 的级数，从而等于 $\dim W_j$。因此

$$\dim W_j = \deg(f_j(\lambda)) = \deg(p_j^{r_j}(\lambda)) = r_j\deg(p_j(\lambda))， \tag{53}$$

即 $\dim(\mathrm{Ker}\, p_j^{r_j}(\mathcal{A}))=r_j\deg(p_j(\lambda)),j=1,2,\cdots,s。$　■

点评：例 20 证明的关键也是通过 $\mathcal{A}|W_j$ 的最小多项式 $m_j(\lambda)=p_j^{l_j}(\lambda)$ 去确定 $\mathcal{A}|W_j$ 的特征多项式 $f_j(\lambda)$ 的形式为 (50) 式，再利用 $E[\lambda]$ 中的唯一因式分解定理，确定其中每个一次因式的幂指数，进而证出 $\mathcal{A}|W_j$ 的特征多项式 $f_j(\lambda)=p_j^{r_j}(\lambda)$。最后利用特征多项式 $f_j(\lambda)$ 的次数等于 A_j 的级数，从而等于 W_j 的维数，得出 $\dim W_j=r_j\deg(p_j(\lambda))$。

例 21　设 $\mathcal{A},\mathcal{B}$ 是实数域上奇数维线性空间 V 上的线性变换，证明：如果 $\mathcal{AB}=\mathcal{BA}$，那么 $\mathcal{A}$ 与 $\mathcal{B}$ 必有公共特征向量。

证明　由于 $\mathcal{A}$ 的特征多项式 $f(\lambda)$ 的次数等于 V 的维数 n，而 n 是奇数，因此 $f(\lambda)$ 是奇数次实系数多项式，从而 $f(\lambda)$ 必有实根。由于 $f(\lambda)$ 的虚根共轭成对出现，因此 $f(\lambda)$ 必有一个实根 λ_1 的重数 r_1 是奇数。根据例 19 得，$\mathcal{A}$ 的根子空间 $W_1=\mathrm{Ker}(\mathcal{A}-\lambda_1\mathcal{I})^{r_1}$ 的维数等于 λ_1 的代数重数 r_1，从而 W_1 是奇数维的线性空间。由于 $\mathcal{AB}=\mathcal{BA}$，因此 $\mathcal{B}$ 与 $(\mathcal{A}-\lambda_1\mathcal{I})^{r_1}$ 可交换，从而 $\mathrm{Ker}(\mathcal{A}-\lambda_1\mathcal{I})^{r_1}$ 是 $\mathcal{B}$ 的不变子空间，于是 $\mathcal{B}|W_1$ 是 W_1 上的线性变换。由于 W_1 是奇数维的，因此 $\mathcal{B}|W_1$ 必有特征值。取 $\mathcal{B}|W_1$ 的一个特征值 μ_1，把 $\mathcal{B}|W_1$ 的属于特征值 μ_1 的特征子空间记作 $(W_1)_{\mu_1}$。根据例 19 的点评知道，$\mathcal{A}|W_1$ 的特征多项式 $f_1(\lambda)=(\lambda-\lambda_1)^{r_1}$。令 $\mathcal{A}_1=\mathcal{A}|W_1$。由于 $\mathcal{A}|W_1$ 与 $\mathcal{B}|W_1$ 可交换，因此 $(W_1)_{\mu_1}$ 是 $\mathcal{A}_1$ 的不变子空间，从而 $\mathcal{A}_2=\mathcal{A}_1|(W_1)_{\mu_1}$ 是 $(W_1)_{\mu_1}$ 上的线性变换。$(W_1)_{\mu_1}$ 是 $\mathcal{A}_1$ 的非平凡

不变子空间，在 $(W_1)_{\mu_1}$ 中取一个基，把它扩充成 W_1 的一个基，则 $\mathcal{A}_1$ 在此基下的矩阵 $\boldsymbol{A}_1$

是分块上三角矩阵 $\boldsymbol{A}_1 = \begin{bmatrix} \boldsymbol{A}_2 & \boldsymbol{A}_3 \\ \boldsymbol{0} & \boldsymbol{A}_4 \end{bmatrix}$，其中 $\boldsymbol{A}_2$ 是 $\mathcal{A}_2 = \mathcal{A}_1 | (W_1)_{\mu_1}$ 在 $(W_1)_{\mu_1}$ 的上述基下的

矩阵。于是 $|\lambda \boldsymbol{I}_{r_1} - \boldsymbol{A}_1| = |\lambda \boldsymbol{I}_{t_1} - \boldsymbol{A}_2| \, |\lambda \boldsymbol{I}_{r_1-t_1} - \boldsymbol{A}_4|$，其中 $t_1 = \dim(W_1)_{\mu_1}$。由于 $|\lambda \boldsymbol{I}_{r_1} - \boldsymbol{A}_1|$
$= f_1(\lambda) = (\lambda - \lambda_1)^{r_1}$，因此 $|\lambda \boldsymbol{I}_{t_1} - \boldsymbol{A}_2| = (\lambda - \lambda_1)^{k_1}$，$k_1 \leqslant r_1$，即 $\mathcal{A}_2$ 的特征多项式为 $(\lambda - \lambda_1)^{k_1}$。因此 $\mathcal{A}_2$ 有特征值，且特征值为 λ_1。于是存在 $\eta \in (W_1)_{\mu_1}$ 且 $\eta \neq 0$，使得 $\mathcal{A}_2 \eta = \lambda_1 \eta$。
又有 $(\mathcal{B}|W_1)\eta = \mu_1 \eta$，因此

$$\mathcal{A}\eta = \mathcal{A}_2 \eta = \lambda_1 \eta, \qquad \mathcal{B}\eta = (\mathcal{B} | W_1)\eta = \mu_1 \eta,$$

即 η 是 $\mathcal{A}$ 与 $\mathcal{B}$ 的公共特征向量。∎

点评：例 21 中 V 是奇数维线性空间保证了 $\mathcal{A}$ 有特征值 λ_1。为什么不把 $\mathcal{B}$ 限制到 V_{λ_1} 上？尽管由于 $AB = BA$，因此 V_{λ_1} 是 $\mathcal{B}$ 的不变子空间，但是 $\mathcal{B}|V_{\lambda_1}$ 是否有特征值无法肯定，而 $\mathcal{A}$ 的根子空间 $W_1 = \mathrm{Ker}(\mathcal{A} - \lambda_1 \mathcal{I})^{r_1}$ 的维数等于 λ_1 的代数重数 r_1，由于 r_1 是奇数，因此 $\mathcal{B}|W_1$ 必有特征值；又由于 $\mathcal{A}|W_1$ 的特征多项式是 $(\lambda - \lambda_1)^{r_1}$，因此 $\mathcal{A}|W_1$ 在 $\mathcal{B}|W_1$ 的一个特征子空间 $(W_1)_{\mu_1}$ 上的限制（记作 $\mathcal{A}_2$）的特征多项式形如 $(\lambda - \lambda_1)^{k_1}$，$k_1 \leqslant r_1$，从而 $\mathcal{A}_2$ 必有特征值，且特征值就是 λ_1，这导致在 $(W_1)_{\mu_1}$ 中存在一个非零向量 η 是 $\mathcal{A}$ 与 $\mathcal{B}$ 的公共的特征向量。

例 22　设 $\mathcal{A}$ 是域 F 上线性空间 V 上的线性变换，$\mathcal{A}$ 的最小多项式 $m(\lambda)$ 在 $F[\lambda]$ 中的标准分解式为

$$m(\lambda) = p_1^{l_1}(\lambda) p_2^{l_2}(\lambda) \cdots p_s^{l_s}(\lambda), \tag{54}$$

其中 $p_1(\lambda), p_2(\lambda), \cdots, p_s(\lambda)$ 是 F 上两两不等的首一不可约多项式。令 $W_j = \mathrm{Ker}\, p_j^{l_j}(\mathcal{A})$，$j = 1, 2, \cdots, s$。用 $\mathcal{P}_j$ 表示平行于 $\sum_{i \neq j} W_i$ 在 W_j 上的投影，$j = 1, 2, \cdots, s$。证明：

(1) $\mathcal{P}_j$ 是 $\mathcal{A}$ 的一个多项式，$j = 1, 2, \cdots, s$；

(2) 对于 $\mathcal{A}$ 的任一非平凡不变子空间 U，都有

$$U = (U \cap W_1) \oplus (U \cap W_2) \oplus \cdots \oplus (U \cap W_s)。 \tag{55}$$

证明　(1) 任意给定 $j \in \{1, 2, \cdots, s\}$。由于 $p_1(\lambda), p_2(\lambda), \cdots, p_s(\lambda)$ 两两互素，因此 $\left(p_j^{l_j}(\lambda), \prod_{i \neq j} p_i^{l_i}(\lambda) \right) = 1$，从而存在 $u_j(\lambda), v_j(\lambda) \in F[\lambda]$，使得

$$u_j(\lambda) p_j^{l_j}(\lambda) + v_j(\lambda) \prod_{i \neq j} p_i^{l_i}(\lambda) = 1。 \tag{56}$$

λ 用 $\mathcal{A}$ 代入，从 (56) 式得

$$u_j(\mathcal{A}) p_j^{l_j}(\mathcal{A}) + v_j(\mathcal{A}) \prod_{i \neq j} p_i^{l_i}(\mathcal{A}) = \mathcal{I}。 \tag{57}$$

由 (54) 式可得

$$V = \mathrm{Ker}\, p_1^{l_1}(\mathcal{A}) \oplus \mathrm{Ker}\, p_2^{l_2}(\mathcal{A}) \oplus \cdots \oplus \mathrm{Ker}\, p_s^{l_s}(\mathcal{A})$$
$$= W_1 \oplus W_2 \oplus \cdots \oplus W_s。$$

任取 $\alpha \in V$，有 $\alpha = \alpha_1 + \alpha_2 + \cdots + \alpha_s$，$\alpha_i \in W_i$，$i = 1, 2, \cdots, s$。根据 $\mathcal{P}_j$ 的定义得

$$\mathcal{P}_j \alpha = \alpha_j。 \tag{58}$$

由于 $\alpha_i \in \mathrm{Ker}\, p_i^{l_i}(\mathcal{A})$，因此 $p_i^{l_i}(\mathcal{A})\alpha_i = 0$，$i = 1, 2, \cdots, s$，从而由 (57) 式得

$$v_j(\mathcal{A}) \prod_{i \neq j} p_i^{l_i}(\mathcal{A}) \alpha_j = \mathcal{I}\alpha_j = \alpha_j。 \tag{59}$$

令 $g_j(\mathcal{A}) = v_j(\mathcal{A})\prod_{i\neq j}p_i^{l_i}(\mathcal{A})$，则

$$g_j(\mathcal{A})\alpha = v_j(\mathcal{A})\prod_{i\neq j}p_i^{l_i}(\mathcal{A})(\alpha_1 + \alpha_2 + \cdots + \alpha_s)$$

$$= v_j(\mathcal{A})\prod_{i\neq j}p_i^{l_i}(\mathcal{A})\alpha_j = \alpha_j。 \qquad (60)$$

从(58)和(60)式得，$\mathcal{P}_j = g_j(\mathcal{A})$。

(2) 由于 $U\cap W_i \subseteq U, i = 1,2,\cdots,s$，因此

$$(U\cap W_1) + (U\cap W_2) + \cdots + (U\cap W_s) \subseteq U。$$

任给 $\eta\in U$，由于 $\mathcal{P}_1 + \mathcal{P}_2 + \cdots + \mathcal{P}_s = I$(据 9.1 节例 11)，因此

$$\eta = \mathcal{P}_1(\eta) + \mathcal{P}_2(\eta) + \cdots + \mathcal{P}_s(\eta)。 \qquad (61)$$

由于 U 是 $\mathcal{A}$ 的不变子空间，且 $\mathcal{P}_i = g_i(\mathcal{A})$，因此 U 也是 $\mathcal{P}_i$ 的不变子空间，从而 $\mathcal{P}_i(\eta)\in U$，$i = 1,2,\cdots,s$。又由于 $\mathcal{P}_i(V) = W_i$，因此 $\mathcal{P}_i(\eta)\in W_i$，$i = 1,2,\cdots,s$。于是 $\mathcal{P}_i(\eta)\in U\cap W_i$，$i = 1,2,\cdots,s$。从(61)式得

$$U\subseteq(U\cap W_1) + (U\cap W_2) + \cdots + (U\cap W_s)，$$

因此

$$U = (U\cap W_1) + (U\cap W_2) + \cdots + (U\cap W_s)。$$

由于 $W_j\cap\sum_{i\neq j}W_i = 0$，因此 $(U\cap W_j)\cap\sum_{i\neq j}(U\cap W_i) = 0, j = 1,2,\cdots,s$，从而

$$U = (U\cap W_1)\oplus(U\cap W_2)\oplus\cdots\oplus(U\cap W_s)。 \qquad ■$$

点评：例 22 第(1)小题的证明思路是找一个 $g_j(\mathcal{A})$，使得 $g_j(\mathcal{A})\alpha = \alpha_j$。为此利用 $p_j^{l_j}(\lambda)$ 与 $\prod_{i\neq j}p_i^{l_i}(\lambda)$ 互素得到(56)式，然后 λ 用 $\mathcal{A}$ 代入得到(57)式。证明第(2)小题的关键是利用 $\mathcal{P}_i = g_i(\mathcal{A})$，从而 $\mathcal{A}$ 的不变子空间 U 也是 $\mathcal{P}_i$ 不变子空间。

例 23 设 V 是复数域上的 n 维线性空间，$\mathcal{A}, \mathcal{B}$ 都是 V 上的线性变换。证明：如果 $\mathcal{A}\mathcal{B} = \mathcal{B}\mathcal{A}$，那么

$$V = U_1\oplus U_2\oplus\cdots\oplus U_r，$$

其中每个 U_i 是 $\mathcal{A}$ 和 $\mathcal{B}$ 的公共的不变子空间，且 $\mathcal{A}$ 和 $\mathcal{B}$ 在每个 U_i 上的限制 $\mathcal{A}|U_i, \mathcal{B}|U_i$ 都只有一个特征值。

证明 设 $\mathcal{A}$ 的最小多项式 $m(\lambda)$ 在 $\mathbf{C}[\lambda]$ 中的标准分解式为

$$m(\lambda) = (\lambda - \lambda_1)^{l_1}(\lambda - \lambda_2)^{l_2}\cdots(\lambda - \lambda_s)^{l_s}， \qquad (62)$$

于是 $\lambda_1, \lambda_2, \cdots, \lambda_s$ 是 $\mathcal{A}$ 的所有不同的特征值。从(62)式得

$$V = \mathrm{Ker}(\mathcal{A} - \lambda_1 I)^{l_1}\oplus\mathrm{Ker}(\mathcal{A} - \lambda_2 I)^{l_2}\oplus\cdots\oplus\mathrm{Ker}(\mathcal{A} - \lambda_s I)^{l_s}，$$

记 $W_j = \mathrm{Ker}(\mathcal{A} - \lambda_j I)^{l_j}, j = 1,2,\cdots,s$，则

$$V = W_1\oplus W_2\oplus\cdots\oplus W_s。 \qquad (63)$$

由于 $\mathcal{A}$ 的属于特征值 λ_j 的特征子空间 $V_{\lambda_j} = \mathrm{Ker}(\mathcal{A} - \lambda_j I)$，因此 $V_{\lambda_j}\subseteq W_j$，从而 $\mathcal{A}|W_j$ 只有一个特征值 λ_j，其中 $j = 1,2,\cdots,s$。

由于 $\mathcal{A}\mathcal{B} = \mathcal{B}\mathcal{A}$，因此 $\mathcal{B}$ 与 $(\mathcal{A} - \lambda_j I)^{l_j}$ 可交换，从而 $W_j = \mathrm{Ker}(\mathcal{A} - \lambda_j I)^{l_j}$ 是 $\mathcal{B}$ 的不变子空间。设 $\mathcal{B}|W_j$ 的最小多项式 $m_j(\lambda)$ 在 $\mathbf{C}[\lambda]$ 中的标准分解式为

$$m_j(\lambda) = (\lambda - \mu_{j1})^{k_{j1}}(\lambda - \mu_{j2})^{k_{j2}}\cdots(\lambda - \mu_{jm_j})^{k_{jm_j}}， \qquad (64)$$

则 $\mu_{j1}, \mu_{j2}, \cdots, \mu_{jm_j}$ 是 $\mathcal{B}|W_j$ 的所有不同的特征值，且

$$W_j = \text{Ker}(\mathcal{B}\,|\,W_j - \mu_{j1}\mathcal{I})^{k_{j1}} \oplus \cdots \oplus \text{Ker}(\mathcal{B}\,|\,W_j - \mu_{jm_j}\mathcal{I})^{k_{jm_j}}\text{。}$$

记 $W_{jt} = \text{Ker}(\mathcal{B}\,|\,W_j - \mu_{jt}\mathcal{I})^{k_{jt}}, t=1,2,\cdots,m_j$，则

$$W_j = W_{j1} \oplus W_{j2} \oplus \cdots \oplus W_{jm_j}\text{。} \tag{65}$$

显然，W_{jt} 是 $\mathcal{B}\,|\,W_j$ 的不变子空间，从而是 $\mathcal{B}$ 的不变子空间，$t=1,2,\cdots,m_j$。由于 $\mathcal{B}\,|\,W_j$ 的属于特征值 μ_{jt} 的特征子空间为 $\text{Ker}(\mathcal{B}\,|\,W_j - \mu_{jt}\mathcal{I})$，因此 $\mathcal{B}\,|\,W_{jt}$ 只有一个特征值 μ_{jt}。

由于 $\mathcal{A}\,|\,W_j$ 与 $\mathcal{B}\,|\,W_j$ 可交换，因此 $\mathcal{A}\,|\,W_j$ 与 $(\mathcal{B}\,|\,W_j - \mu_{jt}\mathcal{I})^{k_{jt}}$ 可交换，从而 $W_{jt} = \text{Ker}(\mathcal{B}\,|\,W_j - \mu_{jt}\mathcal{I})^{k_{jt}}$ 是 $\mathcal{A}\,|\,W_j$ 的不变子空间，于是 W_{jt} 是 $\mathcal{A}$ 的不变子空间。由于 $\mathcal{A}\,|\,W_{jt}$ 与 $\mathcal{B}\,|\,W_{jt}$ 可交换，因此 $\mathcal{A}\,|\,W_{jt}$ 与 $\mathcal{B}\,|\,W_{jt}$ 有公共的特征向量 ξ。于是

$$(\mathcal{A}\,|\,W_{jt})\xi = \lambda_j\xi, \qquad (\mathcal{B}\,|\,W_{jt})\xi = \mu_{jt}\xi\text{。}$$

这表明 $\mathcal{A}\,|\,W_{jt}$ 和 $\mathcal{B}\,|\,W_{jt}$ 都只有一个特征值。从 (63) 式和 (65) 式得

$$V = W_{11} \oplus W_{12} \oplus \cdots \oplus W_{1m_1} \oplus \cdots \oplus W_{s1} \oplus W_{s2} \oplus \cdots \oplus W_{sm_s}\text{。} \blacksquare$$

习题 9.6

1. 求下列数域 K 上的矩阵的最小多项式，并且判断它是否可对角化。

(1) $A = \begin{bmatrix} 0 & 0 & 1 \\ 0 & 1 & 0 \\ 1 & 0 & 0 \end{bmatrix}$；　　(2) $B = \begin{bmatrix} 1 & 1 & 0 \\ 0 & 1 & 1 \\ 0 & 0 & 1 \end{bmatrix}$。

2. 设数域 K 上的 n 级矩阵 A 满足 $A^3 = A^2 + 4A - 4I$，判断 A 是否可对角化。

3. 设 $\mathcal{A}$ 是数域 K 上 3 维线性空间 V 上的线性变换，它在 V 的一个基 $\alpha_1, \alpha_2, \alpha_3$ 下的矩阵 A 为

$$A = \begin{bmatrix} 2 & 2 & -2 \\ 2 & 5 & -4 \\ -2 & -4 & 5 \end{bmatrix},$$

求 C($\mathcal{A}$) 的维数。

4. 设 $\mathcal{A}$ 是数域 K 上 5 维线性空间 V 上的线性变换，$\mathcal{A}$ 在 V 的一个基下的矩阵 A 为

$$A = \begin{bmatrix} 0 & & & & \\ & 1 & & & \\ & & 2 & & \\ & & & 3 & \\ & & & & 4 \end{bmatrix},$$

判断 $\mathcal{A}$ 是否可对角化。

5. 设

$$A = \begin{bmatrix} & & & & 1 \\ & & & 2 & \\ & & 3 & & \\ & 5 & & & \\ 4 & & & & \end{bmatrix},$$

把 A 看成有理数域 $\mathbf{Q}$ 上的矩阵,A 是否可对角化? 把 A 看成实数域 $\mathbf{R}$ 上的矩阵,A 是否可对角化?

6. 证明:对于域 F 上 n 维线性空间 V 上的任一幂零变换 $\mathcal{A}$,都有 $\mathcal{A}^n = \mathcal{O}$。

7. 定义 $\mathbf{R}^3$ 到自身的映射 $\mathcal{P}_1:(x,y,z)' \longmapsto (x,y,0)'$,$\mathcal{P}_1$ 是 $\mathbf{R}^3$ 上的一个线性变换,求 $\mathcal{P}_1$ 的最小多项式。

8. 设 V 是域 F 上的 n 维线性空间,Char $F \neq 2$,$\mathcal{A}, \mathcal{B}$ 都是 V 上的线性变换,且 $\mathcal{A}$ 是对合变换,$\mathcal{B} \neq \mathcal{O}$。证明:如果 $\mathcal{A}\mathcal{B} + \mathcal{B}\mathcal{A} = \mathcal{O}$,那么 V 中存在一个基,使得 $\mathcal{A}$ 在此基下的矩阵 A 为对角矩阵,而 $\mathcal{B}$ 在此基下的矩阵 B 是分块对角矩阵:

$$B = \begin{matrix} \overbrace{}^{r} & \overbrace{}^{n-r} \\ \begin{pmatrix} 0 & B_1 \\ B_2 & 0 \end{pmatrix} & \begin{matrix} \}r \\ \}n-r \end{matrix} \end{matrix}$$

其中 $r = \mathrm{rank}(I + A)$,$0 < r < n$。如果 $\mathcal{B}$ 也是对合变换,那么 B_1 与 B_2 有什么关系?

9. 设 A, B 分别是域 F 上 n 级、m 级矩阵。证明:如果 A 的最小多项式 $m_1(\lambda)$ 与 B 的最小多项式 $m_2(\lambda)$ 互素,那么矩阵方程 $XA = BX$ 只有零解。

10. 设 A, B 分别是域 F 上 n 级、m 级矩阵,其最小多项式分别为 $m_1(\lambda), m_2(\lambda)$。证明:如果 $m_1(\lambda)$ 与 $m_2(\lambda)$ 有公共的一次因式,那么矩阵方程 $XA = BX$ 有非零解。

11. 设 $A = \mathrm{diag}\{A_1, A_2, \cdots, A_s\}$ 是数域 K 上的 n 级矩阵,其中 A_i 是主对角元都为 a_i 的 n_i 级上三角矩阵,$i = 1, 2, \cdots, s$。证明:A 可对角化当且仅当每个 $A_i (i = 1, 2, \cdots, s)$ 都是数量矩阵。

12. 设 $\mathcal{A}$ 是域 F 上 n 维线性空间 V 上的线性变换,它在 V 的一个基 $\alpha_1, \alpha_2, \cdots, \alpha_n$ 下的矩阵 A 为

$$A = \begin{pmatrix} 0 & 0 & \cdots & 0 & -a_0 \\ 1 & 0 & \cdots & 0 & -a_1 \\ 0 & 1 & \cdots & 0 & -a_2 \\ \vdots & \vdots & & \vdots & \vdots \\ 0 & 0 & \cdots & 0 & -a_{n-2} \\ 0 & 0 & \cdots & 1 & -a_{n-1} \end{pmatrix},$$

证明:$C(\mathcal{A}) = F[\mathcal{A}]$,且 $\dim C(\mathcal{A}) = n$。

13. 设 $\mathcal{A}$ 是域 F 上 n 维线性空间 V 上的线性变换,且 $\mathcal{A}$ 的特征多项式 $f(\lambda)$ 在 $F[\lambda]$ 中可分解成一次因式的乘积。证明:如果 λ_1 是 $\mathcal{A}$ 的 r_1 重特征值,那么

$$\mathrm{rank}(\mathcal{A} - \lambda_1 \mathcal{I})^{r_1} = n - r_1。$$

14. 设 $\mathcal{A}$ 是域 F 上 n 维线性空间 V 上的线性变换。证明:若 $\mathcal{A}$ 的最小多项式 $m(\lambda)$ 在域 F 上不可约,则 $\mathcal{A}$ 的特征多项式 $f(\lambda) = m^u(\lambda)$(对某个正整数 u)。

15. 设 $\mathcal{A}$ 是域 F 上 n 维线性空间 V 上的线性变换。证明:若 $\mathcal{A}$ 的最小多项式 $m(\lambda) = p^l(\lambda)$,其中 $p(\lambda)$ 是 F 上的 r 次不可约多项式,则 $\mathcal{A}$ 的特征多项式 $f(\lambda) = p^u(\lambda)$,其中 $u \geq l$;从而 $n = ur \geq lr$。

9.7　幂零变换的 Jordan 标准形

9.7.1　内容精华

在 9.6 节内容精华的最后一部分我们指出：当域 F 上 n 维线性空间 V 上的线性变换 $\mathcal{A}$ 的最小多项式 $m(\lambda)$ 在 $F[\lambda]$ 中能分解成一次因式的乘积时，寻找 V 的一个基使得 $\mathcal{A}$ 在此基下的矩阵具有最简单形式，归结为研究幂零变换的最简单形式的矩阵表示。本节就来研究这个问题。

设 $\mathcal{B}$ 是域 F 上 r 维线性空间 W 上的幂零变换，其幂零指数为 l。根据 9.6 节例 9 得，$l \leqslant r$。

当 $l = r$ 时，根据 9.6 节的命题 6 得，W 中存在一个基 $\mathcal{B}^{l-1}\xi, \cdots, \mathcal{B}\xi, \xi$，使得 $\mathcal{B}$ 在此基下的矩阵是一个 l 级 Jordan 块 $\boldsymbol{J}_l(0)$。根据 9.5 节的例 10，W 不能分解成 $\mathcal{B}$ 的非平凡不变子空间的直和，因此 $\boldsymbol{J}_l(0)$ 就是 $\mathcal{B}$ 的最简单形式的矩阵表示。

当 $l < r$ 时，$\mathcal{B}^{l-1}\xi, \cdots, \mathcal{B}\xi, \xi$ 不是 W 的一个基。此时在 W 中如何寻找一个基，使得 $\mathcal{B}$ 在此基下的矩阵具有最简单的形式呢？

任取 W 中一个非零向量 η，由于 $\mathcal{B}^l = O$，因此 $\mathcal{B}^l \eta = 0$。设 t 是使得 $\mathcal{B}^t \eta = 0$ 成立的最小正整数，则 $\mathcal{B}^{t-1}\eta \neq 0$，从而 $\mathcal{B}^{t-1}\eta, \cdots, \mathcal{B}\eta, \eta$ 线性无关，于是它是子空间
$$\langle \mathcal{B}^{t-1}\eta, \cdots, \mathcal{B}\eta, \eta \rangle$$
的一个基，且这个子空间是 $\mathcal{B}$ 的非平凡不变子空间。由此引出下述概念：

定义 1　设 $\mathcal{B}$ 是域 F 上 r 维线性空间 W 上的幂零指数为 l 的幂零变换，对于 $\eta \in W$，存在一个正整数 $t (t \leqslant l)$ 使得 $\mathcal{B}^t \eta = 0$，$\mathcal{B}^{t-1}\eta \neq 0$，我们把子空间 $\langle \mathcal{B}^{t-1}\eta, \cdots, \mathcal{B}\eta, \eta \rangle$ 称为由 η 生成的 $\mathcal{B}$-**强循环子空间**。

根据 9.6 节的命题 6，$\mathcal{B}$ 在 $\langle \mathcal{B}^{t-1}\eta, \cdots, \mathcal{B}\eta, \eta \rangle$ 上的限制在基 $\mathcal{B}^{t-1}\eta, \cdots, \mathcal{B}\eta, \eta$ 下的矩阵是一个 t 级 Jordan 块 $\boldsymbol{J}_t(0)$。根据 9.5 节的例 10，这个子空间不能分解成 $\mathcal{B}$ 的非平凡不变子空间的直和，因此，$\boldsymbol{J}_t(0)$ 就是 $\mathcal{B}$ 在这个子空间上的限制的最简单形式的矩阵表示。由于 $\mathcal{B}(\mathcal{B}^{t-1}\eta) = \mathcal{B}^t \eta = 0 = 0(\mathcal{B}^{t-1}\eta)$，因此 $\mathcal{B}^{t-1}\eta$ 是 $\mathcal{B}$ 的属于特征值 0 的一个特征向量。这表明 $\mathcal{B}$-强循环子空间 $\langle \mathcal{B}^{t-1}\eta, \cdots, \mathcal{B}\eta, \eta \rangle$ 的第一个基向量 $\mathcal{B}^{t-1}\eta$ 是 $\mathcal{B}$ 的属于特征值 0 的一个特征向量。当 $t = 1$ 时，由 η 生成的 $\mathcal{B}$-强循环子空间为 $\langle \eta \rangle$。由于 $\mathcal{B}\eta = 0 = 0\eta$，因此 η 是 $\mathcal{B}$ 的属于特征值 0 的一个特征向量。这表明 $\mathcal{B}$ 的一个特征向量生成的子空间是 $\mathcal{B}$-强循环子空间。

能不能把 W 分解成 $\mathcal{B}$-强循环子空间的直和？如果可以，这些 $\mathcal{B}$-强循环子空间的一个基合起来就是 W 的一个基，于是 $\mathcal{B}$ 在 W 的这个基下的矩阵 $\boldsymbol{B}$ 是由一些主对角元为 0 的 Jordan 块组成的分块对角矩阵，即 Jordan 形矩阵。这个 Jordan 形矩阵就是 $\mathcal{B}$ 的最简单形式的矩阵表示。由于每个 $\mathcal{B}$-强循环子空间的第一个基向量是 $\mathcal{B}$ 的属于特征值 0 的特征向量，并且它们线性无关，因此如果 W 可以分解成 $\mathcal{B}$-强循环子空间的直和，那么分

解式中出现的 $\mathcal{B}$-强循环子空间的个数有可能等于 $\mathcal{B}$ 的属于特征值 0 的特征子空间 W_0 的维数。于是我们猜测并且来证明下述定理 1。

定理 1 设 $\mathcal{B}$ 是域 F 上 r 维线性空间 W 上的幂零变换,其幂零指数为 l,则 W 能分解成 $\dim W_0$ 个 $\mathcal{B}$-强循环子空间的直和,其中 W_0 是 $\mathcal{B}$ 的属于特征值 0 的特征子空间。

证明 对线性空间的维数 r 作第二数学归纳法。

若 $r=1$,则 $W=\langle\alpha\rangle$,此时 $l=1$,从而 $\mathcal{B}=O$。于是 α 是 $\mathcal{B}$ 的属于特征值 0 的一个特征向量,因此 $\langle\alpha\rangle$ 是 $\mathcal{B}$-强循环子空间。

假设对于维数小于 r 的线性空间命题为真,现在来看 r 维线性空间 W。由于 $\mathcal{B}$ 是 W 上的幂零变换,因此 $\mathcal{B}$ 有特征值 0,从而 $\mathcal{B}$ 的属于特征值 0 的特征子空间 $W_0\neq 0$。当 $l=1$ 时,$\mathcal{B}=O$。于是 $W_0=W$。在 W 中取一个基 $\alpha_1,\cdots,\alpha_r$,则 $W=\langle\alpha_1\rangle\oplus\cdots\oplus\langle\alpha_r\rangle$。于是 W 分解成了 $\dim W_0$ 个 $\mathcal{B}$-强循环子空间的直和。下面设 $l>1$,此时 $\mathcal{B}\neq O$,因此 $W_0\neq W$。于是成 $0<\dim W/W_0=\dim W-\dim W_0<r$。$\mathcal{B}$ 在商空间 W/W_0 诱导的线性变换记作 $\widetilde{\mathcal{B}}$。对任意 $\alpha+W_0\in W/W_0$,有
$$\widetilde{\mathcal{B}}^l(\alpha+W_0)=\mathcal{B}^l\alpha+W_0=0+W_0=W_0.$$
因此 $\widetilde{\mathcal{B}}^l=O$,即 $\widetilde{\mathcal{B}}$ 是 W/W_0 上的幂零变换。根据归纳假设得,W/W_0 可分解成 s 个 $\widetilde{\mathcal{B}}$-强循环子空间的直和:
$$W/W_0=\langle\widetilde{\mathcal{B}}^{t_1-1}(\xi_1+W_0),\cdots,\widetilde{\mathcal{B}}(\xi_1+W_0),\xi_1+W_0\rangle\oplus\cdots\oplus$$
$$\langle\widetilde{\mathcal{B}}^{t_s-1}(\xi_s+W_0),\cdots,\widetilde{\mathcal{B}}(\xi_s+W_0),\xi_s+W_0\rangle, \tag{1}$$
其中 $\widetilde{\mathcal{B}}^{t_j}(\xi_j+W_0)=W_0,j=1,2,\cdots,s;s$ 等于 $\widetilde{\mathcal{B}}$ 的属于特征值 0 的特征子空间 $(W/W_0)_0$ 的维数。于是
$$\mathcal{B}^{t_1-1}\xi_1+W_0,\ \cdots,\ \mathcal{B}\xi_1+W_0,\ \xi_1+W_0,\ \cdots,\ \mathcal{B}^{t_s-1}\xi_s+W_0,\ \cdots,\ \mathcal{B}\xi_s+W_0,\ \xi_s+W_0$$
是 W/W_0 的一个基。令
$$U=\langle\mathcal{B}^{t_1-1}\xi_1,\cdots,\mathcal{B}\xi_1,\xi_1,\cdots,\mathcal{B}^{t_s-1}\xi_s,\cdots,\mathcal{B}\xi_s,\xi_s\rangle, \tag{2}$$
根据 8.4 节命题 1 的证明过程得
$$W=U\oplus W_0, \tag{3}$$
且 $\mathcal{B}^{t_1-1}\xi_1,\cdots,\mathcal{B}\xi_1,\xi_1,\cdots,\mathcal{B}^{t_s-1}\xi_s,\cdots,\mathcal{B}\xi_s,\xi_s$ 是 U 的一个基。

由于 $\mathcal{B}^{t_j}\xi_j+W_0=\widetilde{\mathcal{B}}^{t_j}(\xi_j+W_0)=W_0$,因此
$$\mathcal{B}^{t_j}\xi_j\in W_0,\qquad j=1,2,\cdots,s. \tag{4}$$
设 $c_1\mathcal{B}^{t_1}\xi_1+c_2\mathcal{B}^{t_2}\xi_2+\cdots+c_s\mathcal{B}^{t_s}\xi_s=0$,则
$$\mathcal{B}(c_1\mathcal{B}^{t_1-1}\xi_1+c_2\mathcal{B}^{t_2-1}\xi_2+\cdots+c_s\mathcal{B}^{t_s-1}\xi_s)=0,$$
从而 $\quad c_1\mathcal{B}^{t_1-1}\xi_1+c_2\mathcal{B}^{t_2-1}\xi_2+\cdots+c_s\mathcal{B}^{t_s-1}\xi_s\in W_0$。
又有 $c_1\mathcal{B}^{t_1-1}\xi_1+c_2\mathcal{B}^{t_2-1}\xi_2+\cdots+c_s\mathcal{B}^{t_s-1}\xi_s\in U$,且 $W_0\cap U=0$,因此
$$c_1\mathcal{B}^{t_1-1}\xi_1+c_2\mathcal{B}^{t_2-1}\xi_2+\cdots+c_s\mathcal{B}^{t_s-1}\xi_s=0.$$
由于 $\quad\mathcal{B}^{t_1-1}\xi_1,\mathcal{B}^{t_2-1}\xi_2,\cdots,\mathcal{B}^{t_s-1}\xi_s$ 线性无关,因此
$$c_1=c_2=\cdots=c_s=0,$$
从而 $\quad\mathcal{B}^{t_1}\xi_1,\mathcal{B}^{t_2}\xi_2,\cdots,\mathcal{B}^{t_s}\xi_s$ 是 W_0 中线性无关的向量组。把它们扩充成 W_0 的一个基:
$$\mathcal{B}^{t_1}\xi_1,\mathcal{B}^{t_2}\xi_2,\cdots,\mathcal{B}^{t_s}\xi_s,\eta_1,\cdots,\eta_q, \tag{5}$$

则

$$W = \langle \mathcal{B}^{t_1}\xi_1, \mathcal{B}^{t_1-1}\xi_1, \cdots, \mathcal{B}\xi_1, \xi_1 \rangle \oplus \cdots \oplus \langle \mathcal{B}^{t_s}\xi_s, \mathcal{B}^{t_s-1}\xi_s, \cdots, \mathcal{B}\xi_s, \xi_s \rangle \oplus \langle \eta_1 \rangle \oplus \cdots \oplus \langle \eta_q \rangle.$$
$$(6)$$

由于 $\mathcal{B}^{t_j}\xi_j \neq 0$，$\mathcal{B}^{t_j+1}\xi_j = \mathcal{B}(\mathcal{B}^{t_j}\xi_j) = 0$，因此 $\langle \mathcal{B}^{t_j}\xi_j, \mathcal{B}^{t_j-1}\xi_j, \cdots, \mathcal{B}\xi_j, \xi_j \rangle$ 是 $\mathcal{B}$-强循环子空间。又有 $\langle \eta_i \rangle$ 是 $\mathcal{B}$-强循环子空间。由 (5) 式知道，$s+q = \dim W_0$。因此 W 分解成了 $\dim W_0$ 个 $\mathcal{B}$-强循环子空间的直和。

根据第二数学归纳法原理，对一切正整数 r，命题为真。 ■

定理 1 证明的想法是：若线性变换 $\mathcal{B}$ 是 W 上的幂零变换，则 $\mathcal{B}$ 诱导的商空间 W/W_0 上的线性变换 $\widetilde{\mathcal{B}}$ 也是幂零变换；且由于 $\mathcal{B}$ 的属于特征值 0 的特征子空间 $W_0 \neq 0$，因此商空间 W/W_0 的维数小于 W 的维数，从而可以对线性空间的维数作第二数学归纳法。在定理 1 的证明中起关键作用的是我们在 8.4 节内容精华中所讲的命题 1 的证明：在商空间 V/W 中取一个基，则这个基的陪集代表组成的集合 S 是 V 中线性无关的向量集；由 S 生成的子空间记作 U，则 $V = U \oplus W$，且 S 是 U 的一个基。正是利用了这个结论，我们从运用归纳假设得到的商空间 W/W_0 的一个基出发，构造了 U，使得 $W = U \oplus W_0$，且得到了 U 的一个基，然后设法找 W_0 的一个基，它们合起来就是 W 的一个基，从而把 W 分解成了 $\mathcal{B}$-强循环子空间的直和。

有了定理 1 就很容易求出幂零变换的最简单形式的矩阵表示，即下述的定理 2。

定理 2　设 $\mathcal{B}$ 是域 F 上 r 维线性空间 W 上的幂零变换，其幂零指数为 l，则 W 中存在一个基，使得 $\mathcal{B}$ 在此基下的矩阵 $\boldsymbol{B}$ 为一个 Jordan 形矩阵，其中每个 Jordan 块的主对角元都是 0，且级数不超过 l；Jordan 块的总数等于 $\dim(\operatorname{Ker} \mathcal{B}) = r - \operatorname{rank}(\mathcal{B})$；$t$ 级 Jordan 块的个数 $N(t)$ 为

$$N(t) = \operatorname{rank}(\mathcal{B}^{t+1}) + \operatorname{rank}(\mathcal{B}^{t-1}) - 2\operatorname{rank}(\mathcal{B}^t). \qquad (7)$$

把 $\boldsymbol{B}$ 称为 $\mathcal{B}$ 的 **Jordan 标准形**。除了 Jordan 块的排列次序外，$\mathcal{B}$ 的 Jordan 标准形是唯一的。

证明　根据定理 1 得，W 能分解成 $\dim W_0$ 个 $\mathcal{B}$-强循环子空间的直和，而 $\mathcal{B}$ 在每个 $\mathcal{B}$-强循环子空间上的限制在这个子空间的上述基下的矩阵是一个主对角元为 0 的 Jordan 块。各个 $\mathcal{B}$-强循环子空间的基合起来成为 W 的一个基，$\mathcal{B}$ 在此基下的矩阵 $\boldsymbol{B}$ 就是 Jordan 形矩阵，其主对角元都为 0，且每个 Jordan 块的级数不超过幂零指数 l；Jordan 块的总数等于 $\dim W_0 = \dim(\operatorname{Ker} \mathcal{B}) = r - \operatorname{rank}(\mathcal{B})$。下面来计算 t 级 Jordan 块的个数 $N(t)$，由于 $\boldsymbol{B}$ 中 Jordan 块的级数不超过 l，因此 $N(l+1) = 0, N(l+2) = 0$。于是只要对 $1 \leqslant t \leqslant l$ 计算 $N(t)$。

当 $m < t$ 时

$$\boldsymbol{J}_t(0)^m = \overset{\displaystyle \overbrace{\qquad\qquad}^{m\,列}}{\begin{pmatrix} 0 & \cdots & 0 & 1 & 0 & \cdots & 0 \\ 0 & \cdots & 0 & 0 & 1 & & 0 \\ \vdots & & \vdots & \vdots & \vdots & & \vdots \\ 0 & \cdots & 0 & 0 & 0 & \cdots & 1 \\ 0 & \cdots & 0 & 0 & 0 & \cdots & 0 \\ \vdots & & \vdots & \vdots & \vdots & & \vdots \\ 0 & \cdots & 0 & 0 & 0 & \cdots & 0 \end{pmatrix}} \left. \vphantom{\begin{pmatrix} 0 \\ 0 \\ \vdots \\ 0 \end{pmatrix}} \right\} m\,行.$$

当 $m \geq t$ 时,$J_t(0)^m = \mathbf{0}$,因此

$$\operatorname{rank} J_t(0)^m = \begin{cases} t-m, & \text{当 } m < t; \\ 0, & \text{当 } m \geq t. \end{cases}$$

对于给定的正整数 $t(2 \leq t \leq l+2)$,为了计算 $\mathbf{B}$ 中 t 级 Jordan 块的个数 $N(t)$,考虑 $\mathbf{B}^{t-1}$,则 $\mathbf{B}$ 中级数小于 t 的 Jordan 块的 $t-1$ 次幂都是零矩阵,从而

$$\begin{aligned} \operatorname{rank}(\mathbf{B}^{t-1}) &= N(t)[t-(t-1)] + N(t+1)[(t+1)-(t-1)] + \cdots + N(l)[l-(t-1)] \\ &\quad + N(l+1)[(l+1)-(t-1)] + N(l+2)[(l+2)-(t-1)] \\ &= N(t) + 2N(t+1) + \cdots + (l-t+1)N(l) + (l-t+2)N(l+1) + (l-t+3)N(l+2). \end{aligned} \tag{8}$$

当 $t=1$ 时,(8)式左端为 $\operatorname{rank}(\mathbf{B}^0) = \operatorname{rank}(\mathbf{I}) = r$,(8)式右端为

$$N(1) + 2N(2) + \cdots + lN(l) + (l+1)N(l+1) + (l+2)N(l+2),$$

这等于 B 的行数,从而等于 r。因此 $t=1$ 时,(8)式也成立。

对于 $1 \leq t \leq l$,把(8)式中的 t 用 $t+1$ 代入得

$$\operatorname{rank}(\mathbf{B}^t) = N(t+1) + 2N(t+2) + \cdots + (l-t)N(l) + (l-t+1)N(l+1) + (l-t+2)N(l+2). \tag{9}$$

(8)式减去(9)式,得

$$\operatorname{rank}(\mathbf{B}^{t-1}) - \operatorname{rank}(\mathbf{B}^t) = N(t) + N(t+1) + N(t+2) + \cdots + N(l). \tag{10}$$

在(10)中把 t 用 $t+1$ 代入得

$$\operatorname{rank}(\mathbf{B}^t) - \operatorname{rank}(\mathbf{B}^{t+1}) = N(t+1) + N(t+2) + \cdots + N(l). \tag{11}$$

把(10)式减去(11)式,得

$$\operatorname{rank}(\mathbf{B}^{t-1}) + \operatorname{rank}(\mathbf{B}^{t+1}) - 2\operatorname{rank}(\mathbf{B}^t) = N(t). \tag{12}$$

由于对任意正整数 m 有 $\operatorname{rank}(\mathscr{B}^m) = \operatorname{rank}(\mathbf{B}^m)$,因此从(12)式立即得到(7)式。

由于 $\mathbf{B}$ 中 Jordan 块的主对角元都为 0,Jordan 块的总数以及各级 Jordan 块的个数都由 $\mathbf{B}$ 及其方幂的秩决定,因此除去 Jordan 块的排列次序外,$\mathscr{B}$ 的 Jordan 标准形是唯一的。∎

从定理 2 立即得到下述结论:

推论 1 设 $\mathbf{B}$ 是域 F 上的 r 级幂零矩阵,其幂零指数为 l,则 $\mathbf{B}$ 相似于一个 Jordan 形矩阵,其中每个 Jordan 块的主对角元为 0,且级数不超过 l,Jordan 块的总数为

$$r - \operatorname{rank}(\mathbf{B}), \tag{13}$$

t 级 Jordan 块的个数 $N(t)$ 为

$$N(t) = \operatorname{rank}(\mathbf{B}^{t+1}) + \operatorname{rank}(\mathbf{B}^{t-1}) - 2\operatorname{rank}(\mathbf{B}^t). \tag{14}$$

这个 Jordan 形矩阵称为 $\mathbf{B}$ 的 **Jordan 标准形**;除去 Jordan 块的排列次序外,$\mathbf{B}$ 的 Jordan 标准形是唯一的。∎

9.7.2 典型例题

例 1 设数域 K 上的 4 级矩阵 $\mathbf{B}$ 为

$$\mathbf{B} = \begin{pmatrix} -1 & 0 & -1 & -1 \\ 0 & 0 & 0 & 0 \\ 0 & -1 & 0 & 0 \\ 1 & 1 & 1 & 1 \end{pmatrix}.$$

(1) 说明 B 是幂零矩阵,求 B 的幂零指数;

(2) 求 B 的 Jordan 标准形。

解　(1) 直接计算得,$B^2=0$。因此 B 的幂零指数是 2。

(2) 由于 rank$(B)=2$,因此 B 的 Jordan 标准形中 Jordan 块的总数为 $4-2=2$。又由于 B 的幂零指数为 2,因此每个 Jordan 块的级数不超过 2,从而 B 的 Jordan 标准形为

$$\mathrm{diag}\{J_2(0),J_2(0)\}。$$

例 2　证明:如果域 F 上的 n 级矩阵 B 是幂零矩阵,那么对一切正整数 k,有 tr(B^k) $=0$。

证法一　由于 B 是幂零矩阵,因此 B^k 也是幂零矩阵。设 B^k 的幂零指数为 l,则 B^k 的最小多项式是 λ^l。由于 B^k 的最小多项式与 B^k 的特征多项式 $f(\lambda)$ 在包含 F 的代数封闭域中有相同的根,因此 B^k 的特征多项式 $f(\lambda)=\lambda^n$。由于 $f(\lambda)$ 的 $n-1$ 次项系数等于 $-\mathrm{tr}(B^k)$,因此 tr$(B^k)=0$。

证法二　由于 B^k 也是幂零矩阵,因此根据推论 1 得,B^k 相似于一个 Jordan 形矩阵,其主对角元都为 0,从而迹为 0。由于相似的矩阵有相同的迹,因此 tr$(B^k)=0$。

例 3　证明:域 F 上的 n 级矩阵 B 是幂零矩阵当且仅当 B 有特征值 $0(n$ 重$)$。

证明　必要性。设 B 是域 F 上的 n 级幂零矩阵,其幂零指数为 l,则 B 的最小多项式为 λ^l。由于 B 的最小多项式与 B 的特征多项式 $f(\lambda)$ 在包含 F 的代数封闭域中有相同的根,因此 $f(\lambda)=\lambda^n$,从而 $f(\lambda)$ 的 n 个根都是 0,于是 B 的特征值是 $0(n$ 重$)$。

充分性。设域 F 上 n 级矩阵 B 有特征值 $0(n$ 重$)$,则 B 的特征多项式 $f(\lambda)$ 的 n 个根都是 0,于是 $f(\lambda)=\lambda^n$,从而 $B^n=f(B)=0$。因此 B 是幂零矩阵。

例 4　证明:如果 n 级复矩阵 A 满足 tr$(A^k)=0,k=1,2,\cdots,n$,那么 A 是幂零矩阵。

证明　设 n 级复矩阵 A 的特征多项式 $f(\lambda)$ 的 n 个复根为 $\lambda_1,\lambda_2,\cdots,\lambda_n$,它们是 A 的全部特征值。

由于 n 级复矩阵 A 一定相似于一个上三角矩阵 B(据本套教材上册 5.7 节例 6),且相似的矩阵有相同的特征值(包括重数相同),因此 B 的全部特征值是 $\lambda_1,\lambda_2,\cdots,\lambda_n$。由于上三角矩阵 B 的 n 个主对角元是 B 的全部特征值,因此 B 的 n 个主对角元为 $\lambda_1,\lambda_2,\cdots,\lambda_n$。由于 $A^k\sim B^k$,因此 tr$(A^k)=$tr(B^k)。由于 B^k 的 n 个主对角元为 $\lambda_1^k,\lambda_2^k,\cdots,$ λ_n^k,因此 tr$(B^k)=\lambda_1^k+\lambda_2^k+\cdots+\lambda_n^k$。由已知条件 tr$(A^k)=0,k=1,2,\cdots,n$,得

$$\lambda_1^k+\lambda_2^k+\cdots+\lambda_n^k=0,\qquad k=1,2,\cdots,n。$$

根据 7.10 节的例 10 得 $f(\lambda)=\lambda^n$,从而 A 有特征值 $0(n$ 重$)$。根据例 3 得,A 是幂零矩阵。

例 5　证明:如果 n 级复矩阵 A 可对角化,且满足 tr$(A^k)=0,k=1,2,\cdots,n$,那么 $A=0$。

证明　由于 tr$(A^k)=0,k=1,2,\cdots,n$,因此根据例 4 得,A 是幂零矩阵。又由于 A 可对角化,因此 A 的最小多项式 $m(\lambda)=\lambda$,于是 $A=0$。

例 6　设 A,B 都是域 F 上的 n 级矩阵。证明:如果 $AB+BA=A$,且 B 是幂零矩阵,那么 $A=0$。

证明　由于 $AB+BA=A$,因此 $BA=A(I-B)$,从而 A 是矩阵方程 $BX=X(I-B)$ 的一个解。

由于 B 是幂零矩阵,因此 B 的最小多项式 $m_1(\lambda)=\lambda^l$,其中 l 是 B 的幂零指数。

令 $H=I-B$,则 $B=I-H$,从而 $(I-H)^l=B^l=0$。于是 $(1-\lambda)^l$ 是 H 的一个零化多项式。因此 H 的最小多项式 $m_2(\lambda)=(\lambda-1)^k$,对某个 $k\leqslant l$。

由于在 $F[\lambda]$ 中,$(\lambda,\lambda-1)=1$,从而 $(\lambda^l,(\lambda-1)^k)=1$。因此根据习题 9.6 的第 9 题得,矩阵方程 $BX=XH$ 只有零解,从而 $A=0$。 ∎

点评:从例 2、例 3、例 5、例 6 的证明中再次看到:最小多项式是很有力的工具。

例 7 设 $\mathcal{A}$ 是域 F 上 n 维线性空间 V 上的线性变换,证明:如果 $\mathcal{A}$ 的最小多项式 $m(\lambda)$ 在 $F[\lambda]$ 中能分解成一次因式的乘积,那么 $\mathcal{A}=\mathcal{B}+\mathcal{D}$,其中 $\mathcal{B}$ 是幂零变换,$\mathcal{D}$ 是可对角化的线性变换;且 $\mathcal{B}\mathcal{D}=\mathcal{D}\mathcal{B}$。

证明 设 $\mathcal{A}$ 的最小多项式 $m(\lambda)$ 在 $F[\lambda]$ 中的标准分解式为

$$m(\lambda)=(\lambda-\lambda_1)^{l_1}(\lambda-\lambda_2)^{l_2}\cdots(\lambda-\lambda_s)^{l_s}, \tag{15}$$

则 $\quad V=\mathrm{Ker}(\mathcal{A}-\lambda_1\mathcal{I})^{l_1}\oplus\mathrm{Ker}(\mathcal{A}-\lambda_2\mathcal{I})^{l_2}\oplus\cdots\oplus\mathrm{Ker}(\mathcal{A}-\lambda_s\mathcal{I})^{l_s}$。

记 $W_j=\mathrm{Ker}(\mathcal{A}-\lambda_j\mathcal{I})^{l_j}$,$j=1,2,\cdots,s$。令

$$\mathcal{B}_j=\mathcal{A}|W_j-\lambda_j\mathcal{I}, \qquad j=1,2,\cdots,s, \tag{16}$$

则 $\mathcal{B}_j$ 是 W_j 上的幂零变换,其幂零指数为 l_j(根据 9.6 节内容精华的最后一部分)。

在 W_j 中取一个基,$j=1,2,\cdots,s$,把它们合起来成为 V 的一个基。$\mathcal{A}$ 在此基下的矩阵 $A=\mathrm{diag}\{A_1,A_2,\cdots,A_s\}$,其中 A_j 是 $\mathcal{A}|W_j$ 在 W_j 的上述基下的矩阵。设 $\mathcal{B}_j$ 在 W_j 的这个基下的矩阵为 B_j,则从 (16) 式得,$B_j=A_j-\lambda_j I$,从而 $A_j=B_j+\lambda_j I$,$j=1,2,\cdots,s$,于是

$$A=\begin{pmatrix} B_1+\lambda_1 I & & & 0 \\ & B_2+\lambda_2 I & & \\ & & \ddots & \\ 0 & & & B_s+\lambda_s I \end{pmatrix}=\begin{pmatrix} B_1 & & & 0 \\ & B_2 & & \\ & & \ddots & \\ 0 & & & B_s \end{pmatrix}+\begin{pmatrix} \lambda_1 I & & & 0 \\ & \lambda_2 I & & \\ & & \ddots & \\ 0 & & & \lambda_s I \end{pmatrix}.$$

记 $B=\mathrm{diag}\{B_1,B_2,\cdots,B_s\}$,$D=\mathrm{diag}\{\lambda_1 I,\lambda_2 I,\cdots,\lambda_s I\}$,则 $A=B+D$。取 $l=\max\{l_1,l_2,\cdots,l_s\}$,则 $B_j^l=0$,$j=1,2,\cdots,s$,从而 $B^l=0$。因此 B 是幂零矩阵。显然 D 是对角矩阵,且 $BD=DB$。定义 V 上的线性变换 $\mathcal{B},\mathcal{D}$ 使它们在 V 的上述基下的矩阵分别为 B,D,则 $\mathcal{B}$ 是幂零变换,$\mathcal{D}$ 是可对角化的线性变换,且

$$\mathcal{A}=\mathcal{B}+\mathcal{D},\mathcal{B}\mathcal{D}=\mathcal{D}\mathcal{B}. ∎$$

例 8 设 $\mathcal{A}$ 是域 F 上 n 维线性空间 V 上的线性变换,$n>1$。证明:如果 $\mathrm{rank}(\mathcal{A})=1$,那么 $\mathcal{A}$ 是幂零变换或者 $\mathcal{A}$ 为可对角化的线性变换;当 $\mathcal{A}$ 是幂零变换时,它不可对角化。

证明 由于 $\mathrm{rank}(\mathcal{A})=1<n$,因此根据本套书的上册习题 5.5 的第 15 题得,$\mathcal{A}$ 的特征多项式 $f(\lambda)=\lambda^n-\mathrm{tr}(\mathcal{A})\lambda^{n-1}$,从而 0 是 $\mathcal{A}$ 的一个特征值,且 $\mathcal{A}$ 的属于 0 的特征子空间 $V_0=\mathrm{Ker}\,\mathcal{A}$ 的维数等于 $n-\mathrm{rank}(\mathcal{A})=n-1$。

情形 1 $\mathrm{tr}(\mathcal{A})\neq 0$,于是 $f(\lambda)=\lambda^{n-1}(\lambda-\mathrm{tr}(\mathcal{A}))$,此时 $\mathcal{A}$ 有 n 个线性无关的特征向量,因此 $\mathcal{A}$ 可对角化。

情形 2 $\mathrm{tr}(\mathcal{A})=0$,则 $f(\lambda)=\lambda^n$,从而 $\mathcal{A}^n=\mathcal{O}$,因此 $\mathcal{A}$ 是幂零变换。由于 $\mathcal{A}\neq\mathcal{O}$,因此 $\mathcal{A}$ 的幂零指数 $l>1$,从而 $\mathcal{A}$ 不可对角化。 ∎

例9　设 $\mathcal{B}$ 是域 F 上 n 维线性空间 V 上的幂零变换($n>1$),其幂零指数为 l,证明:
$$l \leqslant 1 + \operatorname{rank}(\mathcal{B})。$$

证明　$\mathcal{B}$ 的 Jordan 标准形中 Jordan 块的总数 N 等于 $n - \operatorname{rank}(\mathcal{B})$,于是最大的 Jordan 块的级数至多是 $n-(N-1)$(此时其他 $N-1$ 个 Jordan 块都是 1 级的),根据习题 9.7 的第 9 题,$\mathcal{B}$ 的 Jordan 标准形中一定有 l 级 Jordan 块,从而最大 Jordan 块的级数为 l。于是
$$l \leqslant n-(N-1) = n+1-(n - \operatorname{rank}(\mathcal{B})) = 1 + \operatorname{rank}(\mathcal{B})。\qquad ■$$

例 10　设 $A \in M_n(F)$,定义 $M_n(F)$ 上的一个变换 $\mathcal{B}: \mathcal{B}(X) = AX - XA$,$\forall X \in M_n(F)$。证明:

(1) $\mathcal{B}$ 是 $M_n(F)$ 上的一个线性变换;

(2) 如果 A 是幂零矩阵,那么 $\mathcal{B}$ 是幂零变换。

证明　(1) 任取 $X_1, X_2 \in M_n(F)$,$k \in F$,有
$$\mathcal{B}(X_1 + X_2) = A(X_1 + X_2) - (X_1 + X_2)A = \mathcal{B}(X_1) + \mathcal{B}(X_2),$$
$$\mathcal{B}(kX_1) = A(kX_1) - (kX_1)A = k\mathcal{B}(X_1),$$
因此 $\mathcal{B}$ 是 $M_n(F)$ 上的一个线性变换。

(2) 通过观察 $\mathcal{B}^2$,$\mathcal{B}^3$,$\mathcal{B}^4$ 对 X 作用的结果,猜测
$$\mathcal{B}^m(X) = A^m X + (-1)C_m^1 A^{m-1}XA + (-1)^2 C_m^2 A^{m-2}XA^2 + \cdots +$$
$$(-1)^{m-1}C_m^{m-1}AXA^{m-1} + (-1)^m C_m^m XA^m, \qquad (17)$$
用数学归纳法给予证明如下:$m=1$ 时,右端=$AX - XA$,左端=$\mathcal{B}(X)$,因此 $m=1$ 时,(17) 式成立。假设当 $m-1$ 时,(17) 式成立,现在来看 m 的情形:
$$\mathcal{B}^m(X) = \mathcal{B}(\mathcal{B}^{m-1}(X))$$
$$= A(A^{m-1}X + (-1)C_{m-1}^1 A^{m-2}XA + \cdots + (-1)^{m-2}C_{m-1}^{m-2}AXA^{m-2} +$$
$$(-1)^{m-1}C_{m-1}^{m-1}XA^{m-1}) - (A^{m-1}X + (-1)C_{m-1}^1 A^{m-2}XA + \cdots +$$
$$(-1)^{m-1}C_{m-1}^{m-1}XA^{m-1})A$$
$$= A^m X + (-1)C_{m-1}^1 A^{m-1}XA + \cdots + (-1)^{m-2}C_{m-1}^{m-2}A^2 XA^{m-2} +$$
$$(-1)^{m-1}C_{m-1}^{m-1}AXA^{m-1} - (A^{m-1}XA + (-1)C_{m-1}^1 A^{m-2}XA^2 + \cdots +$$
$$(-1)^{m-2}C_{m-1}^{m-2}AXA^{m-1} + (-1)^{m-1}C_{m-1}^{m-1}XA^m)$$
$$= A^m X + (-1)C_m^1 A^{m-1}XA + (-1)^2 C_m^2 A^{m-2}XA^2 + \cdots +$$
$$(-1)^{m-1}C_m^{m-1}AXA^{m-1} + (-1)^m C_m^m XA^m。$$

根据数学归纳法原理,对一切正整数 m,(17) 式成立。

设 A 的幂零指数为 l,则对任意 $X \in M_n(F)$,有
$$\mathcal{B}^{2l}(X) = A^{2l}X + (-1)C_{2l}^1 A^{2l-1}XA + \cdots + (-1)^l C_{2l}^l A^{2l-l}XA^l + \cdots +$$
$$(-1)^{2l-1}C_{2l}^{2l-1}AXA^{2l-1} + (-1)^{2l}C_{2l}^{2l}XA^{2l}$$
$$= 0, \qquad (18)$$
因此 $\mathcal{B}^{2l} = O$,从而 $\mathcal{B}$ 是幂零变换。　■

点评:例 10 第(2)小题证明的关键是:通过观察 $\mathcal{B}^2(X)$,$\mathcal{B}^3(X)$,$\mathcal{B}^4(X)$,猜测有

$\mathscr{B}^m(\boldsymbol{X})$ 的公式(17)。至于用数学归纳法证明(17)式成立是一往直前的,其中用到组合数的公式:$C_{m-1}^k + C_{m-1}^{k-1} = C_m^k$。

例 11 设 $\boldsymbol{A}$ 是 n 级实矩阵,证明:如果 $\boldsymbol{A}$ 的 1 阶主子式的和与 2 阶主子式的和都等于 0,并且 $\boldsymbol{A}$ 的特征多项式的复根都是实数,那么 $\boldsymbol{A}$ 是幂零矩阵。

证明 $\boldsymbol{A}$ 的特征多项式 $f(\lambda)$ 的 $n-1$ 次项系数 b_{n-1} 等于 $\boldsymbol{A}$ 的 1 阶主子式的和与 -1 的乘积;$f(\lambda)$ 的 $n-2$ 次项系数 b_{n-2} 等于 $\boldsymbol{A}$ 的 2 阶主子式的和与 $(-1)^2$ 的乘积。设 $f(\lambda)$ 的 n 个复根为 $\lambda_1, \lambda_2, \cdots, \lambda_n$。根据 Vieta 公式得

$$b_{n-1} = -(\lambda_1 + \lambda_2 + \cdots + \lambda_n), \qquad b_{n-2} = (-1)^2 \sum_{1 \leqslant j_1 < j_2 \leqslant n} \lambda_{j_1} \lambda_{j_2}。$$

由已知条件得

$$\lambda_1 + \lambda_2 + \cdots + \lambda_n = 0, \qquad \sum_{1 \leqslant j_1 < j_2 \leqslant n} \lambda_{j_1} \lambda_{j_2} = 0。$$

由于

$$(\lambda_1 + \lambda_2 + \cdots + \lambda_n)^2 = \lambda_1^2 + \lambda_2^2 + \cdots + \lambda_n^2 + 2 \sum_{1 \leqslant j_1 < j_2 \leqslant n} \lambda_{j_1} \lambda_{j_2}, \tag{19}$$

因此

$$\lambda_1^2 + \lambda_2^2 + \cdots + \lambda_n^2 = 0。 \tag{20}$$

由已知条件,$\lambda_1, \lambda_2, \cdots, \lambda_n$ 都是实数,因此从(20)式得

$$\lambda_1 = \lambda_2 = \cdots = \lambda_n = 0。$$

于是 $\boldsymbol{A}$ 有特征值 0(n 重)。根据例 3 得,$\boldsymbol{A}$ 是幂零矩阵。 ■

例 12 证明:域 F 上两个 3 级幂零矩阵相似当且仅当它们的最小多项式相同。

证明 必要性。根据相似的矩阵有相同的最小多项式立即得出。

充分性。域 F 上 3 级幂零矩阵 $\boldsymbol{B}$ 的幂零指数 $l \leqslant 3$,于是它们的最小多项式 $m(\lambda) = \lambda^3$ 或 λ^2 或 λ。

当 $m(\lambda) = \lambda^3$ 时,$l = 3$。根据例 9 得,$3 \leqslant 1 + \mathrm{rank}(\boldsymbol{B})$,于是 $\mathrm{rank}(\boldsymbol{B}) \geqslant 2$。又由于 $\boldsymbol{B}$ 不可逆,因此 $\mathrm{rank}(\boldsymbol{B}) = 2$,从而 $\boldsymbol{B}$ 的 Jordan 标准形中,Jordan 块的总数为 $3 - 2 = 1$,于是 $\boldsymbol{B}$ 的 Jordan 标准形为 $\boldsymbol{J}_3(0)$。

当 $m(\lambda) = \lambda^2$ 时,$l = 2$,于是 $\mathrm{rank}(\boldsymbol{B}) \geqslant 1$。结合上一段的讨论得,$\mathrm{rank}(\boldsymbol{B}) = 1$,从而 $\boldsymbol{B}$ 的 Jordan 标准形中 Jordan 块的总数为 $3 - 1 = 2$,于是 $\boldsymbol{B}$ 的 Jordan 标准形为 $\mathrm{diag}\{\boldsymbol{J}_1(0), \boldsymbol{J}_2(0)\}$。

当 $m(\lambda) = \lambda$ 时,$\boldsymbol{B} = \boldsymbol{0}$。

由于 3 级幂零矩阵的最小多项式完全决定了其 Jordan 标准形,因此如果两个 3 级幂零矩阵有相同的最小多项式,那么它们相似(根据相似的对称性和传递性)。 ■

例 13 设 $\boldsymbol{B}$ 是域 F 上的 n 级幂零矩阵($n > 1$)。证明:如果 $\boldsymbol{B}$ 的幂零指数为 n,那么不存在域 F 上的 n 级矩阵 $\boldsymbol{H}$,使得 $\boldsymbol{H}^2 = \boldsymbol{B}$。

证明 由于 $\boldsymbol{B}$ 的幂零指数为 n,因此根据例 9 得,$n \leqslant 1 + \mathrm{rank}(\boldsymbol{B})$,从而 $\mathrm{rank}(\boldsymbol{B}) \geqslant n-1$。又由于 $\boldsymbol{B}$ 不可逆,因此 $\mathrm{rank}(\boldsymbol{B}) = n-1$。

假如存在 $\boldsymbol{H} \in M_n(F)$ 使得 $\boldsymbol{H}^2 = \boldsymbol{B}$,则 $\boldsymbol{H}^{2n} = \boldsymbol{B}^n = \boldsymbol{0}$,因此 $\boldsymbol{H}$ 也是幂零矩阵。$\boldsymbol{H}$ 的 Jordan 标准形的 Jordan 块总数 $N = n - \mathrm{rank}(\boldsymbol{H})$。因此 $\mathrm{rank}(\boldsymbol{H}) = n - N$。由于主对角元

为 0 的每个 Jordan 块平方后,会增加一个零行,且相似的矩阵有相同的秩,因此 rank $(H^2) < n - N$。由于 $N \geqslant 1$,因此

$$\mathrm{rank}(H^2) < n - N \leqslant n - 1 = \mathrm{rank}(B),$$

这与 $H^2 = B$ 矛盾,因此不存在 $H \in M_n(F)$ 使得 $H^2 = B$。 ■

例 14 在 $M_n(F)$ 中,与 $J_n(0)$ 可交换的所有矩阵组成的集合 $C(J_n(0))$ 是 $M_n(F)$ 的一个子空间。证明:

$$C(J_n(0)) = F[J_n(0)],\text{且 } \dim(C(J_n(0))) = n。$$

证明 由于

$$J_n(0) = (0, \varepsilon_1, \varepsilon_2, \cdots, \varepsilon_{n-1}),$$

因此 $\quad J_n(0)\varepsilon_1 = 0, J_n(0)\varepsilon_2 = \varepsilon_1, \cdots, J_n(0)\varepsilon_{n-1} = \varepsilon_{n-2}, J_n(0)\varepsilon_n = \varepsilon_{n-1}$,

从而 $\quad \varepsilon_{n-1} = J_n(0)\varepsilon_n, \varepsilon_{n-2} = J_n(0)^2\varepsilon_n, \cdots, \varepsilon_2 = J_n(0)^{n-2}\varepsilon_n, \varepsilon_1 = J_n(0)^{n-1}\varepsilon_n$,

于是 $\quad I = (\varepsilon_1, \varepsilon_2, \cdots, \varepsilon_{n-1}, \varepsilon_n) = (J_n(0)^{n-1}\varepsilon_n, J_n(0)^{n-2}\varepsilon_n, \cdots, J_n(0)\varepsilon_n, \varepsilon_n)$。

任取 $\quad B \in C(J_n(0))$,设 $B = (b_{ij})$,则

$$B = BI$$

$$= (BJ_n(0)^{n-1}\varepsilon_n, BJ_n(0)^{n-2}\varepsilon_n, \cdots, BJ_n(0)\varepsilon_n, B\varepsilon_n)$$

$$= (J_n(0)^{n-1}B\varepsilon_n, J_n(0)^{n-2}B\varepsilon_n, \cdots, J_n(0)B\varepsilon_n, \sum_{i=1}^{n} b_{in}J_n(0)^{n-i}\varepsilon_n)$$

$$= (J_n(0)^{n-1}\sum_{i=1}^{n} b_{in}J_n(0)^{n-i}\varepsilon_n, \cdots, J_n(0)\sum_{i=1}^{n} b_{in}J_n(0)^{n-i}\varepsilon_n, \sum_{i=1}^{n} b_{in}J_n(0)^{n-i}\varepsilon_n)$$

$$= \sum_{i=1}^{n} b_{in}J_n(0)^{n-i}(J_n(0)^{n-1}\varepsilon_n, \cdots, J_n(0)\varepsilon_n, \varepsilon_n)$$

$$= \sum_{i=1}^{n} b_{in}J_n(0)^{n-i}I$$

$$= \sum_{i=1}^{n} b_{in}J_n(0)^{n-i},$$

因此 $B \in F[J_n(0)]$,从而 $C(J_n(0)) \subseteq F[J_n(0)]$。显然 $F[J_n(0)] \subseteq C(J_n(0))$,因此 $C(J_n(0)) = F[J_n(0)]$。

由于 $J_n(0)$ 的最小多项式 $m(\lambda) = \lambda^n$;因此根据 9.6 节例 10 的结论得,$\dim F[J_n(0)] = \deg m(\lambda) = n$,从而

$$\dim C(J_n(0)) = \dim F[J_n(0)] = n。$$ ■

点评: 在例 14 中证明 $C(J_n(0)) = F[J_n(0)]$,关键是要证 $C(J_n(0)) \subseteq F[J_n(0)]$,为此任取 $B \in C(J_n(0))$,要证 B 能表示成 $I, J_n(0), J_n(0)^2, \cdots, J_n(0)^{n-1}$ 的线性组合。注意到 $J_n(0) = (0, \varepsilon_1, \varepsilon_2, \cdots, \varepsilon_{n-1})$,由此可得出

$$I = (J_n(0)^{n-1}\varepsilon_n, \cdots, J_n(0)\varepsilon_n, \varepsilon_n),$$

于是 $B = BI = B(J_n(0)^{n-1}\varepsilon_n, \cdots, J_n(0)\varepsilon_n, \varepsilon_n)$。通过计算可得 B 能表示成 $I, J_n(0), \cdots, J_n(0)^{n-1}$ 的线性组合。直接从 $BJ_n(0) = J_n(0)B$ 解出 B 的形式也可得出这个结论。

例 15 任意给定 $a \in F$,证明:在 $M_n(F)$ 中,

$$C(J_n(a)) = F[J_n(0)], \qquad \dim C(J_n(a)) = n。$$

证明 设 $B \in M_n(F)$。由于 $J_n(a) = aI + J_n(0)$，因此

$$B J_n(a) = J_n(a)B \iff B J_n(0) = J_n(0)B,$$

从而 $B \in C(J_n(a)) \iff B \in C(J_n(0))$。因此

$$C(J_n(a)) = C(J_n(0))。$$

由例 14 立即得出，$C(J_n(a)) = F[J_n(0)]$，$\dim C(J_n(a)) = n$。 ■

例 16 设域 F 上的 n 级矩阵 $A = \mathrm{diag}\{J_t(\lambda_1), J_s(\lambda_2)\}$，其中 $\lambda_1 \neq \lambda_2$，$t + s = n$。证明：

$$C(A) = \{B = \mathrm{diag}\{B_1, B_2\} \mid B_1 \in F[J_t(0)], B_2 \in F[J_s(0)]\},$$
$$\dim C(A) = n, C(A) = F[A]。$$

证明 设 $B \in C(A)$，把 B 写成分块矩阵的形式，有

$$\begin{pmatrix} B_{11} & B_{12} \\ B_{21} & B_{22} \end{pmatrix} \begin{pmatrix} J_t(\lambda_1) & 0 \\ 0 & J_s(\lambda_2) \end{pmatrix} = \begin{pmatrix} J_t(\lambda_1) & 0 \\ 0 & J_s(\lambda_2) \end{pmatrix} \begin{pmatrix} B_{11} & B_{12} \\ B_{21} & B_{22} \end{pmatrix},$$

由此得出

$$B_{11} J_t(\lambda_1) = J_t(\lambda_1) B_{11}, \qquad B_{12} J_s(\lambda_2) = J_t(\lambda_1) B_{12},$$
$$B_{21} J_t(\lambda_1) = J_s(\lambda_2) B_{21}, \qquad B_{22} J_s(\lambda_2) = J_s(\lambda_2) B_{22}。$$

于是 $B_{11} \in C(J_t(\lambda_1))$，$B_{22} \in C(J_s(\lambda_2))$。$B_{12}$ 是矩阵方程 $X J_s(\lambda_2) = J_t(\lambda_1) X$ 的解，$J_s(\lambda_2)$，$J_t(\lambda_1)$ 的最小多项式分别为 $(\lambda - \lambda_2)^s$，$(\lambda - \lambda_1)^t$。由于 $\lambda_2 \neq \lambda_1$，因此 $((\lambda - \lambda_2)^s, (\lambda - \lambda_1)^t) = 1$。据习题 9.6 的第 9 题的结论得，$B_{12} = 0$。同理，$B_{21} = 0$。因此 $B = \mathrm{diag}\{B_{11}, B_{22}\}$。据例 15 得，$C(J_t(\lambda_1)) = F[J_t(0)]$，$C(J_s(\lambda_2)) = F[J_s(0)]$。因此 $B_{11} \in F[J_t(0)]$，$B_{22} \in F[J_s(0)]$。

考虑 $C(A)$ 到 $F[J_t(0)]$ 与 $F[J_s(0)]$ 的外直和 $F[J_t(0)] \dotplus F[J_s(0)]$ 的一个映射 $\tau: B = \mathrm{diag}\{B_1, B_2\} \longmapsto (B_1, B_2)$。显然 τ 是单射，也是满射，从而 τ 是双射。又易验证 τ 保持加法与纯量乘法运算（关于线性空间的外直和在 8.3 节内容精华的第三部分作了阐述），因此 τ 是同构映射，从而

$$C(A) \cong F[J_t(0)] \dotplus F[J_s(0)]。$$

根据例 14 得，$\dim F[J_t(0)] = t$，$\dim F[J_s(0)] = s$，因此

$$\dim C(A) = \dim F[J_t(0)] + \dim F[J_s(0)] = t + s = n。$$

用 $m(\lambda), m_1(\lambda), m_2(\lambda)$ 分别表示 $A, J_t(\lambda_1), J_s(\lambda_2)$ 的最小多项式，则

$$m(\lambda) = [m_1(\lambda), m_2(\lambda)] = [(\lambda - \lambda_1)^t, (\lambda - \lambda_2)^s] = (\lambda - \lambda_1)^t (\lambda - \lambda_2)^s。$$

于是 $\dim F[A] = \deg m(\lambda) = t + s = n = \dim C(A)$，因此 $F[A] = C(A)$。 ■

例 17 设域 F 上的 3 级矩阵 $A = \mathrm{diag}\{J_2(0), J_1(0)\}$，求 $C(A)$ 和 $\dim C(A)$，以及 $\dim F[A]$。

解 $X \in C(A) \iff XA = AX$

$$\iff \begin{pmatrix} x_{11} & x_{12} & x_{13} \\ x_{21} & x_{22} & x_{23} \\ x_{31} & x_{32} & x_{33} \end{pmatrix} \begin{pmatrix} 0 & 1 & 0 \\ 0 & 0 & 0 \\ 0 & 0 & 0 \end{pmatrix} = \begin{pmatrix} 0 & 1 & 0 \\ 0 & 0 & 0 \\ 0 & 0 & 0 \end{pmatrix} \begin{pmatrix} x_{11} & x_{12} & x_{13} \\ x_{21} & x_{22} & x_{23} \\ x_{31} & x_{32} & x_{33} \end{pmatrix}$$

$$\iff \begin{pmatrix} 0 & x_{11} & 0 \\ 0 & x_{21} & 0 \\ 0 & x_{31} & 0 \end{pmatrix} = \begin{pmatrix} x_{21} & x_{22} & x_{23} \\ 0 & 0 & 0 \\ 0 & 0 & 0 \end{pmatrix}$$

$$\Longleftrightarrow\quad x_{11}=x_{22},x_{21}=0,x_{31}=0,x_{23}=0$$

$$\Longleftrightarrow\quad \boldsymbol{X}=\begin{bmatrix} x_{11} & x_{12} & x_{13} \\ 0 & x_{11} & 0 \\ 0 & x_{32} & x_{33} \end{bmatrix}$$

$$=x_{11}(\boldsymbol{E}_{11}+\boldsymbol{E}_{22})+x_{12}\boldsymbol{E}_{12}+x_{13}\boldsymbol{E}_{13}+x_{32}\boldsymbol{E}_{32}+x_{33}\boldsymbol{E}_{33}$$

$$\Longleftrightarrow\quad \boldsymbol{X}\in\langle\boldsymbol{E}_{11}+\boldsymbol{E}_{22},\boldsymbol{E}_{12},\boldsymbol{E}_{13},\boldsymbol{E}_{32},\boldsymbol{E}_{33}\rangle,$$

因此　　$C(\boldsymbol{A})=\langle\boldsymbol{E}_{11}+\boldsymbol{E}_{22},\boldsymbol{E}_{12},\boldsymbol{E}_{13},\boldsymbol{E}_{32},\boldsymbol{E}_{33}\rangle$。

由于 $\boldsymbol{E}_{11}+\boldsymbol{E}_{22},\boldsymbol{E}_{12},\boldsymbol{E}_{13},\boldsymbol{E}_{32},\boldsymbol{E}_{33}$ 线性无关,因此

$$\dim C(\boldsymbol{A})=5。$$

由于 $\boldsymbol{A}=\mathrm{diag}\{\boldsymbol{J}_2(0),\boldsymbol{J}_1(0)\}$ 的最小多项式 $m(\lambda)=[\lambda^2,\lambda]=\lambda^2$,因此 $\dim F[\boldsymbol{A}]=\deg m(\lambda)=2$。

点评：例 17 表明,当 Jordan 形矩阵 $\boldsymbol{A}$ 的两个 Jordan 块的主对角元相等时,$\dim C(\boldsymbol{A})$ 大于矩阵的级数。$\dim C(\boldsymbol{A})$ 也大于 $\dim F[\boldsymbol{A}]$,因此 $C(\boldsymbol{A})\supsetneqq F[\boldsymbol{A}]$,即与 $\boldsymbol{A}$ 可交换的矩阵有的不能表示成 $\boldsymbol{A}$ 的多项式。

例 18　设域 F 上的 n 级矩阵 $\boldsymbol{A}$ 是一个 Jordan 形矩阵：

$$\boldsymbol{A}=\mathrm{diag}\{\boldsymbol{J}_{n_1}(\lambda_1),\boldsymbol{J}_{n_2}(\lambda_2),\cdots,\boldsymbol{J}_{n_s}(\lambda_s)\},$$

其中 $\lambda_1,\lambda_2,\cdots,\lambda_s$ 是 F 中两两不等的元素,$n_1+n_2+\cdots+n_s=n$。

证明：$C(\boldsymbol{A})=\{\boldsymbol{B}=\mathrm{diag}\{\boldsymbol{B}_1,\boldsymbol{B}_2,\cdots,\boldsymbol{B}_s\}\,|\,\boldsymbol{B}_i\in F[\boldsymbol{J}_{n_i}(0)],i=1,2,\cdots,s\}$,

$$\dim C(\boldsymbol{A})=n,\qquad C(\boldsymbol{A})=F[\boldsymbol{A}]。$$

证明　设 $\boldsymbol{B}\in C(\boldsymbol{A})$,把 $\boldsymbol{B}$ 写成分块矩阵的形式,有

$$\begin{bmatrix} \boldsymbol{B}_{11} & \boldsymbol{B}_{12} & \cdots & \boldsymbol{B}_{1s} \\ \boldsymbol{B}_{21} & \boldsymbol{B}_{22} & \cdots & \boldsymbol{B}_{2s} \\ \vdots & \vdots & \vdots & \vdots \\ \boldsymbol{B}_{s1} & \boldsymbol{B}_{s2} & \cdots & \boldsymbol{B}_{ss} \end{bmatrix}\begin{bmatrix} \boldsymbol{J}_{n_1}(\lambda_1) & & & \\ & \boldsymbol{J}_{n_2}(\lambda_2) & & \boldsymbol{0} \\ \boldsymbol{0} & & \ddots & \\ & & & \boldsymbol{J}_{n_s}(\lambda_s) \end{bmatrix}$$

$$=\begin{bmatrix} \boldsymbol{J}_{n_1}(\lambda_1) & & & \\ & \boldsymbol{J}_{n_2}(\lambda_2) & & \boldsymbol{0} \\ \boldsymbol{0} & & \ddots & \\ & & & \boldsymbol{J}_{n_s}(\lambda_s) \end{bmatrix}\begin{bmatrix} \boldsymbol{B}_{11} & \boldsymbol{B}_{12} & \cdots & \boldsymbol{B}_{1s} \\ \boldsymbol{B}_{21} & \boldsymbol{B}_{22} & \cdots & \boldsymbol{B}_{2s} \\ \vdots & \vdots & \vdots & \vdots \\ \boldsymbol{B}_{s1} & \boldsymbol{B}_{s2} & \cdots & \boldsymbol{B}_{ss} \end{bmatrix}。$$

由此得出

$$\boldsymbol{B}_{ii}\boldsymbol{J}_{n_i}(\lambda_i)=\boldsymbol{J}_{n_i}(\lambda_i)\boldsymbol{B}_{ii},\quad i=1,2,\cdots,s;$$

$$\boldsymbol{B}_{ij}\boldsymbol{J}_{n_j}(\lambda_j)=\boldsymbol{J}_{n_i}(\lambda_i)\boldsymbol{B}_{ij},\quad j\neq i。$$

于是 $\boldsymbol{B}_{ii}\in C(\boldsymbol{J}_{n_i}(\lambda_i))=F[\boldsymbol{J}_{n_i}(0)],i=1,2,\cdots,s$。$\boldsymbol{J}_{n_j}(\lambda_j)$ 的最小多项式为 $(\lambda-\lambda_j)^{n_j}$,$\boldsymbol{J}_{n_i}(\lambda_i)$ 的最小多项式为 $(\lambda-\lambda_i)^{n_i}$。由于当 $i\neq j$ 时,$\lambda_i\neq\lambda_j$,因此 $((\lambda-\lambda_j)^{n_j},(\lambda-\lambda_i)^{n_i})=1$,从而当 $i\neq j$ 时,矩阵方程 $\boldsymbol{X}\boldsymbol{J}_{n_j}(\lambda_j)=\boldsymbol{J}_{n_i}(\lambda_i)\boldsymbol{X}$ 只有零解,因此

$$\boldsymbol{B}_{ij}=0,\qquad j\neq i。$$

于是 $\boldsymbol{B}=\mathrm{diag}\{\boldsymbol{B}_{11},\boldsymbol{B}_{22},\cdots,\boldsymbol{B}_{ss}\}$,其中 $\boldsymbol{B}_{ii}\in F[\boldsymbol{J}_{n_i}(0)],i=1,2,\cdots,s$。因此

$$C(\boldsymbol{A}) = \{\boldsymbol{B} = \mathrm{diag}\{\boldsymbol{B}_1, \boldsymbol{B}_2, \cdots, \boldsymbol{B}_s\} \mid \boldsymbol{B}_i \in F[\boldsymbol{J}_{n_i}(0)], i = 1, 2, \cdots, s\}。$$

与例 16 类似可证：

$$C(\boldsymbol{A}) \cong F[\boldsymbol{J}_{n_1}(0)] \dotplus F[\boldsymbol{J}_{n_2}(0)] \dotplus \cdots \dotplus F[\boldsymbol{J}_{n_s}(0)],$$

从而

$$\dim C(\boldsymbol{A}) = \dim F[\boldsymbol{J}_{n_1}(0)] + \dim F[\boldsymbol{J}_{n_2}(0)] + \cdots + \dim F[\boldsymbol{J}_{n_s}(0)]$$
$$= n_1 + n_2 + \cdots + n_s = n。$$

用 $m(\lambda)$ 表示 $\boldsymbol{A}$ 的最小多项式，则

$$m(\lambda) = [(\lambda - \lambda_1)^{n_1}, \cdots, (\lambda - \lambda_s)^{n_s}] = (\lambda - \lambda_1)^{n_1} \cdots (\lambda - \lambda_s)^{n_s},$$

从而 $\dim F[\boldsymbol{A}] = \deg m(\lambda) = n$。于是 $\dim F[\boldsymbol{A}] = \dim C(\boldsymbol{A})$，因此 $F[\boldsymbol{A}] = C(\boldsymbol{A})$。 ■

***例 19** 设 $\mathcal{A}$ 为域 F 上 n 维线性空间 V 上的线性变换，令

$$V_1 = \{\alpha \in V \mid \text{存在正整数 } r\text{（它依赖于 }\alpha\text{），使得 } \mathcal{A}^r\alpha = 0\},$$

$$V_2 = \bigcap_{i=1}^{\infty} \mathcal{A}^i V。$$

证明：(1) V_1 和 V_2 都是 $\mathcal{A}$ 的不变子空间；

(2) $\mathcal{A}|V_1$ 是 V_1 上的幂零变换，$\mathcal{A}|V_2$ 是 V_2 上的可逆变换；

(3) $V = V_1 \oplus V_2$。

证明 (1) 根据习题 9.2 的第 8 题，存在正整数 m 使得

$$\mathcal{A}^m V = \mathcal{A}^{m+k}V, \qquad k = 1, 2, 3, \cdots。$$

又由于 $\mathcal{A}V \supseteq \mathcal{A}^2 V \supseteq \mathcal{A}^3 V \supseteq \cdots$，因此 $V_2 = \mathcal{A}^m V$，即 $V_2 = \mathrm{Im}(\mathcal{A}^m)$。因此 V_2 是 $\mathcal{A}$ 的不变子空间。

显然 $0 \in V_1$，易验证 V_1 对加法和纯量乘法封闭，因此 V_1 是 V 的一个子空间。任取 $\alpha \in V_1$，则存在正整数 r 使得 $\mathcal{A}^r\alpha = 0$，于是 $\mathcal{A}^{r-1}(\mathcal{A}\alpha) = 0$，从而 $\mathcal{A}\alpha \in V_1$。因此 V_1 是 $\mathcal{A}$ 的不变子空间。

(2) 若 $V_1 = 0$，则由于 $\mathcal{A}0 = 0$，因此 $\mathcal{A}|V_1 = \mathcal{O}$。

若 $V_1 \neq 0$，则在 V_1 中取一个基 $\eta_1, \eta_2, \cdots, \eta_s$，于是存在正整数 r_i 使得 $\mathcal{A}^{r_i}\eta_i = 0, i = 1, 2, \cdots, s$。令 $r = \max\{r_1, r_2, \cdots, r_s\}$，则 $\mathcal{A}^r\eta_i = 0, i = 1, 2, \cdots, s$。任取 $\alpha \in V_1$，设 $\alpha = \sum_{i=1}^{s} k_i\eta_i$，则 $\mathcal{A}^r\alpha = \sum_{i=1}^{s} k_i\mathcal{A}^r\eta_i = 0$，即 $(\mathcal{A}|V_1)^r\alpha = 0$，因此 $(\mathcal{A}|V_1)^r = \mathcal{O}$，从而 $\mathcal{A}|V_1$ 是 V_1 上的幂零变换。

任取 $\delta \in V_2$，由于 $V_2 = \mathcal{A}^m V = \mathcal{A}^{m+1}V$，因此存在 $\alpha \in V$，使得 $\delta = \mathcal{A}^{m+1}\alpha = \mathcal{A}(\mathcal{A}^m\alpha)$。由于 $\mathcal{A}^m\alpha \in \mathcal{A}^m V = V_2$，因此 $\mathcal{A}|V_2$ 是 V_2 到自身的满射。由于 V_2 是有限维的，因此 $\mathcal{A}|V_2$ 也是 V_2 到自身的单射，从而 $\mathcal{A}|V_2$ 是 V_2 到自身的双射。于是 $\mathcal{A}|V_2$ 是 V_2 上的可逆变换。

(3) 先证 $V_1 \cap V_2 = 0$。任取 $\beta \in V_1 \cap V_2$。由于 $\beta \in V_1$，因此存在正整数 r，使得 $\mathcal{A}^r\beta = 0$。由于 $\mathcal{A}|V_2$ 是 V_2 上的可逆变换，因此 $(\mathcal{A}|V_2)^r$ 也可逆。由于 $\beta \in V_2$，因此 $(\mathcal{A}|V_2)^r\beta = \mathcal{A}^r\beta = 0$，从而 $\beta = 0$。所以 $V_1 \cap V_2 = 0$，于是和 $V_1 + V_2$ 是直和 $V_1 \oplus V_2$。

显然 $\mathrm{Ker}\, \mathcal{A}^m \subseteq V_1$。反之，任取 $\alpha \in V_1$，由于 V_1 是 $\mathcal{A}$ 的不变子空间，因此 $\mathcal{A}^m\alpha \in V_1$。又显然 $\mathcal{A}^m\alpha \in \mathcal{A}^m V_1$，即 $\mathcal{A}^m\alpha \in V_2$，从而 $\mathcal{A}^m\alpha \in V_1 \cap V_2$，于是 $\mathcal{A}^m\alpha = 0$。因此 $\alpha \in \mathrm{Ker}\, \mathcal{A}^m$，从而 $V_1 \subseteq \mathrm{Ker}\, \mathcal{A}^m$，所以 $V_1 = \mathrm{Ker}\, \mathcal{A}^m$。

由于　　　$\dim(V_1\oplus V_2)=\dim V_1+\dim V_2=\dim(\mathrm{Ker}\ \mathcal{A}^m)+\dim(\mathrm{Im}\ \mathcal{A}^m)=\dim V,$

因此　　　　　　　　　　$V=V_1\oplus V_2$。

习题 9.7

1. 设数域 K 上的 3 级矩阵 B 为

$$B=\begin{pmatrix}-2&1&0\\-4&2&0\\-2&1&0\end{pmatrix}.$$

(1) 说明 B 是幂零矩阵,求 B 的幂零指数;

(2) 求 B 的 Jordan 标准形。

2. 设 A,B,C 都是 n 级复矩阵,且 $AB-BA=C$。证明:如果 C 与 A 可交换,那么 C 是幂零矩阵。

3. 设 A,B 都是 n 级复矩阵,且 $AB-BA=A$。证明:A 是幂零矩阵。

4. 证明:对于 $K[x]_n$ 上的求导数变换 $\mathcal{D}(n>1)$,不存在 $K[x]_n$ 上的线性变换 $\mathcal{H}$,使得 $\mathcal{H}^2=\mathcal{D}$。

5. 对于 $K[x]_n$ 上的求导数变换 $\mathcal{D}$,$K[x]_n$ 上所有与 $\mathcal{D}$ 可交换的线性变换组成的子空间记作 $C(\mathcal{D})$,求 $C(\mathcal{D})$ 及其维数。

6. 对于第 1 题中的矩阵 B,求 $C(B)$ 的维数。

7. 设 $\mathcal{B}$ 是域 F 上 n 维线性空间 V 上的幂零变换$(n>1)$。证明:如果 $\mathcal{B}$ 有两个线性无关的特征向量,那么 $\mathcal{B}$ 的幂零指数 $l<n$。

8. 设 V 是域 F 上的线性空间。证明:V 上的一个幂零变换 $\mathcal{B}$ 与任一非零数乘变换 k 的和 $\mathcal{B}+k$ 是可逆变换,并且求 $(\mathcal{B}+k)^{-1}$。

9. 设 $\mathcal{B}$ 是域 F 上 n 维线性空间 V 上的幂零变换,其幂零指数为 l。证明:$\mathcal{B}$ 的 Jordan 标准形中一定有 l 级的 Jordan 块,并且求 l 级 Jordan 块的个数。

10. 设 $\mathcal{A},\mathcal{B}$ 是域 F 上 n 维线性空间 V 上的线性变换。证明:如果 $\mathcal{A}\mathcal{B}-\mathcal{B}\mathcal{A}=\mathcal{A}$,且 $\mathcal{B}$ 是幂零变换,那么 $\mathcal{A}=\mathcal{O}$。

11. 设 A,B 都是数域 K 上的 n 级矩阵,其中 B 是幂零矩阵,且 $AB=BA$,证明:

$$|A+B|=|A|。$$

9.8　线性变换的 Jordan 标准形

9.8.1　内容精华

按照 9.6 节内容精华的最后一部分中所讲的思路,在研究了幂零变换的最简单形式的矩阵表示后,我们就可以解决最小多项式能分解成一次因式乘积的线性变换的最简单形式的矩阵表示了。

定理 1 设 $\mathcal{A}$ 是域 F 上 n 维线性空间 V 上的线性变换,如果 $\mathcal{A}$ 的最小多项式 $m(\lambda)$ 在 $F[\lambda]$ 中的标准分解式为

$$m(\lambda) = (\lambda - \lambda_1)^{l_1} (\lambda - \lambda_2)^{l_2} \cdots (\lambda - \lambda_s)^{l_s}, \tag{1}$$

那么 V 中存在一个基,使得 $\mathcal{A}$ 在此基下的矩阵 $\boldsymbol{A}$ 为 Jordan 形矩阵,其全部主对角元是 $\mathcal{A}$ 的全部特征值;特征值 λ_j 在主对角线上出现的次数等于 λ_j 的代数重数,主对角元为 λ_j 的 Jordan 块的总数 N_j 为

$$N_j = n - \mathrm{rank}(\mathcal{A} - \lambda_j \mathcal{I}), \tag{2}$$

其中 t 级 Jordan 块 $\boldsymbol{J}_t(\lambda_j)$ 的个数 $N_j(t)$ 为

$$N_j(t) = \mathrm{rank}(\mathcal{A} - \lambda_j \mathcal{I})^{t+1} + \mathrm{rank}(\mathcal{A} - \lambda_j \mathcal{I})^{t-1} - 2\mathrm{rank}(\mathcal{A} - \lambda_j \mathcal{I})^t, \tag{3}$$

$1 \leqslant t \leqslant l_j; j = 1, 2, \cdots, s$。这个 Jordan 形矩阵 $\boldsymbol{A}$ 称为 $\mathcal{A}$ 的 **Jordan 标准形**;除去 Jordan 块的排列次序外,$\mathcal{A}$ 的 Jordan 标准形是唯一的。

证明 由(1)式看出,$\lambda_1, \lambda_2, \cdots, \lambda_s$ 是 $\mathcal{A}$ 的所有不同的特征值,由(1)式得出

$$V = \mathrm{Ker}(\mathcal{A} - \lambda_1 \mathcal{I})^{l_1} \oplus \mathrm{Ker}(\mathcal{A} - \lambda_2 \mathcal{I})^{l_2} \oplus \cdots \oplus \mathrm{Ker}(\mathcal{A} - \lambda_s \mathcal{I})^{l_s}, \tag{4}$$

记 $W_j = \mathrm{Ker}(\mathcal{A} - \lambda_j \mathcal{I})^{l_j}, j = 1, 2, \cdots, s$,则

$$\mathcal{A}|W_j = \lambda_j \mathcal{I} + \mathcal{B}_j, \quad j = 1, 2, \cdots, s, \tag{5}$$

其中 $\mathcal{B}_j$ 是 W_j 上的幂零变换,其幂零指数为 l_j。根据 9.7 节的定理 2 得,W_j 中存在一个基,使得 $\mathcal{B}_j$ 在此基下的矩阵 $\boldsymbol{B}_j$ 是 Jordan 形矩阵,从而 $\mathcal{A}|W_j$ 在 W_j 的这个基下的矩阵 $\boldsymbol{A}_j$ 为

$$\boldsymbol{A}_j = \lambda_j \boldsymbol{I} + \boldsymbol{B}_j。\tag{6}$$

由此看出,$\boldsymbol{A}_j$ 是主对角元都为 λ_j 的 Jordan 形矩阵,其 Jordan 块的总数 N_j 等于 $\boldsymbol{B}_j$ 的 Jordan 块的总数,因此

$$\begin{aligned} N_j &= \dim(\mathrm{Ker}\, \mathcal{B}_j) = \dim(\mathrm{Ker}(\mathcal{A}|W_j - \lambda_j \mathcal{I})) \\ &= \dim(\mathrm{Ker}(\mathcal{A} - \lambda_j \mathcal{I})) = n - \mathrm{rank}(\mathcal{A} - \lambda_j \mathcal{I})。 \end{aligned} \tag{7}$$

(7)式推导过程中第 3 个等号的理由是根据 9.6 节例 18 的点评的第(3)个结论:对任意正整数 r 有

$$\mathrm{Ker}(\mathcal{A}|W_j - \lambda_j \mathcal{I})^r = \mathrm{Ker}(\mathcal{A} - \lambda_j \mathcal{I})^r。\tag{8}$$

$\boldsymbol{A}_j$ 中 t 级 Jordan 块的个数 $N_j(t)$ 等于 $\boldsymbol{B}_j$ 中 t 级 Jordan 块的个数,因此

$$\begin{aligned} N_j(t) &= \mathrm{rank}\, \mathcal{B}_j^{t+1} + \mathrm{rank}\, \mathcal{B}_j^{t-1} - 2\mathrm{rank}\, \mathcal{B}_j^t \\ &= 2\dim(\mathrm{Ker}\, \mathcal{B}_j^t) - \dim(\mathrm{Ker}\, \mathcal{B}_j^{t+1}) - \dim(\mathrm{Ker}\, \mathcal{B}_j^{t-1}) \\ &= 2\dim(\mathrm{Ker}(\mathcal{A}|W_j - \lambda_j \mathcal{I})^t) - \dim(\mathrm{Ker}(\mathcal{A}|W_j - \lambda_j \mathcal{I})^{t+1}) - \\ &\quad \dim(\mathrm{Ker}(\mathcal{A}|W_j - \lambda_j \mathcal{I})^{t-1}) \\ &= 2\dim(\mathrm{Ker}(\mathcal{A} - \lambda_j \mathcal{I})^t) - \dim(\mathrm{Ker}(\mathcal{A} - \lambda_j \mathcal{I})^{t+1}) - \\ &\quad \dim(\mathrm{Ker}(\mathcal{A} - \lambda_j \mathcal{I})^{t-1}) \\ &= \mathrm{rank}(\mathcal{A} - \lambda_j \mathcal{I})^{t+1} + \mathrm{rank}(\mathcal{A} - \lambda_j \mathcal{I})^{t-1} - 2\mathrm{rank}(\mathcal{A} - \lambda_j \mathcal{I})^t, \end{aligned} \tag{9}$$

其中 $1 \leqslant t \leqslant l_j$。

把 $W_j (j = 1, 2, \cdots, s)$ 的上述基合起来就成为 V 的一个基,$\mathcal{A}$ 在此基下的矩阵 $\boldsymbol{A} = \mathrm{diag}\{\boldsymbol{A}_1, \boldsymbol{A}_2, \cdots, \boldsymbol{A}_s\}$。因此 $\boldsymbol{A}$ 是 Jordan 形矩阵。由于 Jordan 形矩阵是上三角矩阵,

因此 A 的全部主对角元是 $\mathcal{A}$ 的全部特征值,特征值 λ_j 在 A 的主对角线上出现的次数等于 λ_j 的代数重数。

由于 $\mathcal{A}$ 的 Jordan 标准形中,主对角线上元素是 $\mathcal{A}$ 的全部特征值,主对角元为 λ_j 的 Jordan 块总数 N_j 以及其中 t 级 Jordan 块的个数 $N_j(t)$ 都由 $\mathcal{A}-\lambda_j I$ 的方幂的秩所决定,因此除去 Jordan 块的排列次序外,$\mathcal{A}$ 的 Jordan 标准形是唯一的。　■

从定理 1 立即得到下述结论:

推论 1　设 A 是域 F 上的 n 级矩阵,如果 A 的最小多项式 $m(\lambda)$ 在 $F[\lambda]$ 中的标准分解式为

$$m(\lambda) = (\lambda-\lambda_1)^{l_1}(\lambda-\lambda_2)^{l_2}\cdots(\lambda-\lambda_s)^{l_s}, \tag{10}$$

那么 A 相似于一个 Jordan 形矩阵,其全部主对角元是 A 的全部特征值;特征值 λ_j 在主对角线上出现的次数等于 λ_j 的代数重数,主对角元为 λ_j 的 Jordan 块的总数 N_j 为

$$N_j = n - \mathrm{rank}(A-\lambda_j I), \tag{11}$$

其中 t 级 Jordan 块的个数 $N_j(t)$ 为

$$N_j(t) = \mathrm{rank}(A-\lambda_j I)^{t+1} + \mathrm{rank}(A-\lambda_j I)^{t-1} - 2\mathrm{rank}(A-\lambda_j I)^t, \tag{12}$$

$1\leqslant t\leqslant l_j$;$j=1,2,\cdots,s$。这个 Jordan 形矩阵称为 A 的 **Jordan 标准形**;除去 Jordan 块的排列次序外,A 的 Jordan 标准形是唯一的。　■

由于复数域上每个次数大于 0 的一元多项式都可以分解成一次因式的乘积,因此复数域上有限维线性空间上的每一个线性变换都有 Jordan 标准形,从而复数域上每个方阵都有 Jordan 标准形。

Jordan 块 $J_t(\lambda_j)$ 的最小多项式为 $(\lambda-\lambda_j)^t$,根据 9.6 节的推论 5,立即得到:

推论 2　域 F 上 n 维线性空间 V 上的线性变换 $\mathcal{A}$ 有 Jordan 标准形当且仅当 $\mathcal{A}$ 的最小多项式 $m(\lambda)$ 在 $F[\lambda]$ 中可以分解成一次因式的乘积。　■

由于 $\mathcal{A}$ 的最小多项式 $m(\lambda)$ 与 $\mathcal{A}$ 的特征多项式 $f(\lambda)$ 在 F 中以及包含 F 的域 E 中有相同的根,因此 $\mathcal{A}$ 的最小多项式 $m(\lambda)$ 在 $F[\lambda]$ 中可分解成一次因式的乘积当且仅当 $\mathcal{A}$ 的特征多项式 $f(\lambda)$ 在 $F[\lambda]$ 中可分解成一次因式的乘积。于是从推论 2 立即得到:

推论 3　域 F 上 n 维线性空间 V 上的线性变换 $\mathcal{A}$ 有 Jordan 标准形当且仅当 $\mathcal{A}$ 的特征多项式 $f(\lambda)$ 在 $F[\lambda]$ 中可分解成一次因式的乘积。　■

推论 4　域 F 上 n 级矩阵 A 相似于一个 Jordan 形矩阵当且仅当 A 的最小多项式 $m(\lambda)$(或者 A 的特征多项式 $f(\lambda)$)在 $F[\lambda]$ 中可以分解成一次因式的乘积。　■

定义 1　设 A 是域 F 上的 n 级矩阵,如果 A 有 Jordan 标准形 J,那么把 J 中所有 Jordan 块的最小多项式称为 A 的**初等因子**。

从定义 1 和上面一段话得出,A 如果有 Jordan 标准形,那么 A 的 Jordan 标准形完全由 A 的初等因子决定,从而得出:

推论 5　设 $A,B\in M_n(F)$,如果 A,B 都有 Jordan 标准形,那么 A 与 B 相似当且仅当 A 与 B 有相同的初等因子。　■

推论 6　两个 n 级复矩阵相似当且仅当它们有相同的初等因子。　■

从推论 6 得出,在复数域上所有 n 级矩阵组成的集合 $M_n(\mathbf{C})$ 中,初等因子是相似关

系下的一组完全不变量。

综上所述，我们对于最小多项式 $m(\lambda)$ 在 $F[\lambda]$ 中能分解成一次因式乘积的线性变换 $\mathcal{A}$，通过把线性空间 V 分解成 $\mathcal{A}$ 的根子空间的直和，在 $\mathcal{A}$ 的每个根子空间 $W_j = \text{Ker}(\mathcal{A} - \lambda_j I)^{l_j}$ 中取一个合适的基（通过 W_j 上的幂零变换 $\mathcal{B}_j = \mathcal{A}|W_j - \lambda_j I$ 来找合适的基），使得 $\mathcal{A}|W_j$ 在此基下的矩阵 A_j 为一个 Jordan 形矩阵；把 $W_j(j=1,2,\cdots,s)$ 的基合起来成为 V 的一个基，$\mathcal{A}$ 在 V 的这个基下的矩阵 $A = \text{diag}\{A_1, A_2, \cdots, A_s\}$ 就是一个 Jordan 形矩阵。这样求出 $\mathcal{A}$ 的最简单形式的矩阵表示的方法称为线性空间 V 分解成 $\mathcal{A}$ 的根子空间的直和的方法，简称为空间分解的方法。

求 $\mathcal{A}$ 的最简单形式的矩阵表示还有另一种方法，该方法通常称为 λ-矩阵的方法。设 $\mathcal{A}$ 在域 F 上 n 维线性空间 V 的一个基下的矩阵为 A，求 $\mathcal{A}$ 的最简单形式的矩阵表示，也就是要寻找 A 能相似于什么样的最简单形式的矩阵。我们已经知道，A 的特征多项式 $|\lambda I - A|$ 是相似关系下的一个不变量，但它不是完全不变量。这说明仅用 $\lambda I - A$ 的行列式这一个信息是不够的，而应当研究矩阵 $\lambda I - A$ 的各种信息。矩阵 $\lambda I - A$ 称为 A 的特征矩阵，其元素是 λ 的多项式，即 $F[\lambda]$ 中的多项式。我们把元素取自 $F[\lambda]$ 中的多项式的矩阵称为 λ-矩阵。在 7.2 节中我们利用 $K[\lambda]$ 中的带余除法证明了下述结论：

定理 2　任意一个非零的 n 级 λ-矩阵 $A(\lambda)$ 一定相抵于对角 λ-矩阵：

$$\text{diag}\{d_1(\lambda), d_2(\lambda), \cdots, d_n(\lambda)\}, \tag{13}$$

其中 $d_i(\lambda) | d_{i+1}(\lambda), i=1,2,\cdots,n-1$；且对于非零的 $d_i(\lambda)$，其首项系数为 1。满足这些要求的对角 λ-矩阵(13)称为 $A(\lambda)$ 的一个**相抵标准形**或 **Smith 标准形**。　∎

把数域 K 换成任一域 F，定理 2 照样成立。

定义 2　$A(\lambda)$ 的相抵标准形中主对角线上的非零元 $d_1(\lambda), d_2(\lambda), \cdots, d_r(\lambda)$ 称为 $A(\lambda)$ 的**不变因子**。

为了直接从 $A(\lambda)$ 本身来刻画其不变因子，我们在 7.3 节中引进了下述概念。

定义 3　$s \times n$　λ-矩阵 $A(\lambda)$ 的所有 k 阶子式的首一最大公因式称为 $A(\lambda)$ 的 **k 阶行列式因子**，记作 $D_k(\lambda)$，$1 \leqslant k \leqslant \min\{s,n\}$。

定义 4　如果非零 λ-矩阵 $A(\lambda)$ 有一个 r 阶子式不为 0，而所有 $r+1$ 阶子式都为 0，那么称 $A(\lambda)$ 的**秩**为 r，零矩阵的秩规定为 0。

在 7.3 节我们证明了下述结论（把数域 K 换成域 F 仍然有此结论）：

定理 3　相抵的 λ-矩阵有相同的秩和相同的各阶行列式因子。　∎

由于每个非零的 n 级 λ-矩阵 $A(\lambda)$ 有相抵标准形：$\text{diag}\{d_1(\lambda), d_2(\lambda), \cdots, d_r(\lambda), 0, \cdots, 0\}$，其中 $d_i(\lambda) | d_{i+1}(\lambda), i=1,2,\cdots,r-1$，且 $d_i(\lambda)$ 的首项系数为 $1(i=1,2,\cdots,r)$，因此从 $A(\lambda)$ 的相抵标准形容易计算出 $A(\lambda)$ 的各阶行列式因子：

$$
\begin{aligned}
D_1(\lambda) &= (d_1(\lambda), d_2(\lambda), \cdots, d_r(\lambda), 0) = d_1(\lambda), \\
D_2(\lambda) &= d_1(\lambda) d_2(\lambda), \\
&\cdots \qquad \cdots \\
D_r(\lambda) &= d_1(\lambda) d_2(\lambda) \cdots d_r(\lambda), \\
D_{r+1}(\lambda) &= \cdots = D_n(\lambda) = 0。
\end{aligned} \tag{14}
$$

由此得出,$A(\lambda)$ 的不变因子可以由其行列式因子决定:

$$d_1(\lambda) = D_1(\lambda), \quad d_2(\lambda) = \frac{D_2(\lambda)}{D_1(\lambda)}, \quad \cdots, \quad d_r(\lambda) = \frac{D_r(\lambda)}{D_{r-1}(\lambda)}。 \tag{15}$$

由于 $A(\lambda)$ 的各阶行列式因子是由 $A(\lambda)$ 完全决定的,因此从(15)式得出,$A(\lambda)$ 的不变因子也是由 $A(\lambda)$ 完全决定的,从而 $A(\lambda)$ 的相抵标准形是唯一的。

由于相抵的 n 级 λ-矩阵有相同的各阶行列式因子,因此有相同的不变因子。反之,如果两个 n 级 λ-矩阵有相同的各阶行列式因子,那么它们有相同的不变因子,从而它们有相同的相抵标准形,于是它们相抵。这证明了下述结论:

定理 4　两个 n 级 λ-矩阵相抵当且仅当它们有相同的不变因子,或者有相同的各阶行列式因子。　　　　　　　　　　　　　　　　　　　　■

数域 K 上的 n 级矩阵 A 的特征矩阵 $\lambda I - A$ 的 n 阶行列式因子 $D_n(\lambda)$ 就是 $\lambda I - A$ 的行列式 $|\lambda I - A|$,即 A 的特征多项式。

我们曾在 7.6 节利用复数域上的唯一因式分解定理,把非零的 n 级 λ-矩阵 $A(\lambda)$ 的次数大于 0 的不变因子分解成一次因式方幂的乘积,从而引出下述概念:

定义 5　设 $A(\lambda)$ 是 $\mathbb{C}[\lambda]$ 上的 n 级非零矩阵,把 $A(\lambda)$ 的每个次数大于 0 的不变因子分解成互不相同的一次因式方幂的乘积,所有这些一次因式的方幂(相同的必须按出现的次数计算)称为 $A(\lambda)$ 的**初等因子**。

后面我们将说明定义 1 中对于 n 级矩阵 A 定义的初等因子就是 A 的特征矩阵 $\lambda I - A$ 按定义 5 所定义的初等因子。

从定义 5 看出,如果知道了 $A(\lambda)$ 的不变因子,那么就唯一确定出了 $A(\lambda)$ 的初等因子。反过来,如果知道了 $A(\lambda)$ 的初等因子,能否唯一确定出 $A(\lambda)$ 的不变因子?由于数域 K 上 n 级矩阵 A 的特征矩阵 $\lambda I - A$ 的秩为 n,因此我们仅讨论 $A(\lambda)$ 的秩为 n 的情形。这时 $A(\lambda)$ 的不变因子有 n 个。我们把 $A(\lambda)$ 的初等因子中同一个一次因式的各个方幂按降幂排列,当这样的方幂不到 n 个时,就在后面补 1(即一次因式的零次幂),补齐到 n 个方幂,于是有

$$
\begin{aligned}
&(\lambda - \lambda_1)^{k_{11}}, (\lambda - \lambda_1)^{k_{12}}, \cdots, (\lambda - \lambda_1)^{k_{1n}}; \\
&(\lambda - \lambda_2)^{k_{21}}, (\lambda - \lambda_2)^{k_{22}}, \cdots, (\lambda - \lambda_2)^{k_{2n}}; \\
&\cdots \qquad\qquad \cdots \qquad\qquad \cdots \qquad\qquad \cdots \\
&(\lambda - \lambda_s)^{k_{s1}}, (\lambda - \lambda_s)^{k_{s2}}, \cdots, (\lambda - \lambda_s)^{k_{sn}}。
\end{aligned}
\tag{16}
$$

由于(16)式中出现的一次因式方幂(除去零次幂外)就是 $A(\lambda)$ 的全部次数大于 0 的不变因子的标准分解式中的一次因式方幂,且 $A(\lambda)$ 的 n 个不变因子具有性质:

$$d_i(\lambda) \mid d_{i+1}(\lambda), \quad i = 1, 2, \cdots, n-1,$$

因此(16)式的第 1 列中各个一次因式方幂的乘积就是 $d_n(\lambda)$,第 2 列的一次因式方幂的乘积就是 $d_{n-1}(\lambda)$,$\cdots$,第 n 列的一次因式方幂的乘积就是 $d_1(\lambda)$。这样从初等因子便唯一地确定出了 $A(\lambda)$ 的不变因子。于是我们证明了:

定理 5　$\mathbb{C}[\lambda]$ 上两个满秩的 n 级矩阵相抵当且仅当它们有相同的初等因子。　　■

对于 $\mathbb{C}[\lambda]$ 上满秩的 n 级矩阵 $A(\lambda)$,可以直接求它的初等因子,不需要先求不变因子。这是根据下面的定理 6:

定理 6 设 $A(\lambda)$ 是 $\mathbf{C}[\lambda]$ 上的 n 级满秩矩阵,通过初等变换把 $A(\lambda)$ 化成对角形,然后把主对角线上每个次数大于 0 的多项式分解成互不相同的一次因式的方幂的乘积,则所有这些一次因式的方幂(相同的按出现的次数计算)就是 $A(\lambda)$ 的初等因子。 ■

定理 6 的证明见 7.6 节定理 10 的证明。

由定理 4 和定理 5 立即得到:

定理 7 复数域上两个 n 级矩阵的特征矩阵相抵的充分必要条件是它们有相同的不变因子,或者它们有相同的初等因子。 ■

今后我们把数域 K 上 n 级矩阵 A 的特征矩阵 $\lambda I - A$ 的不变因子就叫作 A 的**不变因子**;把复矩阵 A 的特征矩阵 $\lambda I - A$ 的初等因子就叫作 A 的 **初等因子**。

现在我们利用复矩阵 A 的特征矩阵 $\lambda I - A$ 的不变因子和初等因子来研究 A 能够相似于什么样的最简单形式的矩阵。

定理 8 数域 K 上两个 n 级矩阵 A 与 B 相似的充分必要条件是它们的特征矩阵 $\lambda I - A$ 与 $\lambda I - B$ 相抵。 ■

定理 8 的证明见本节内容精华的最后。

由定理 4、定理 7 和定理 8 立即得到:

定理 9 数域 K 上两个 n 级矩阵相似的充分必要条件是它们有相同的不变因子;两个 n 级复矩阵相似的充分必要条件为它们有相同的不变因子,或者有相同的初等因子。 ■

这样我们得到了:不变因子是 $M_n(K)$ 在相似关系下的一组完全不变量,其中 K 是任意一个数域。

我们还得到了:初等因子是 $M_n(\mathbf{C})$ 在相似关系下的一组完全不变量。

现在就可以解决任一 n 级复矩阵的相似标准形的问题了。

首先我们来求 r 级 Jordan 块 $J_r(a)$ 的初等因子。由于

$$\lambda I - J_r(a) = \begin{bmatrix} \lambda-a & -1 & 0 & \cdots & 0 & 0 \\ 0 & \lambda-a & -1 & \cdots & 0 & 0 \\ \vdots & \vdots & \vdots & & \vdots & \vdots \\ 0 & 0 & 0 & \cdots & \lambda-a & -1 \\ 0 & 0 & 0 & \cdots & 0 & \lambda-a \end{bmatrix},$$

因此 $\lambda I - J_r(a)$ 的 r 阶行列式因子 $D_r(\lambda) = (\lambda-a)^r$。注意到 $\lambda I - J_r(a)$ 的右上角 $r-1$ 阶子式为 $(-1)^{r-1}$,因此 $D_{r-1}(\lambda) = 1$。于是从 (14) 式看出,$D_{r-2}(\lambda) = 1, D_{r-3}(\lambda) = 1, \cdots, D_1(\lambda) = 1$,进而有

$$d_r(\lambda) = \frac{D_r(\lambda)}{D_{r-1}(\lambda)} = (\lambda-a)^r, d_{r-1}(\lambda) = 1, d_{r-2}(\lambda) = 1, \cdots, d_1(\lambda) = 1.$$

因此 $\lambda I - J_r(a)$ 的初等因子只有一个:$(\lambda-a)^r$,即 Jordan 块 $J_r(a)$ 的初等因子 $(\lambda-a)^r$ 等于 $J_r(a)$ 的最小多项式。由于一个 Jordan 块完全由它的最小多项式决定,因此一个 Jordan 块完全由它的初等因子决定。

其次我们来求 n 级 Jordan 形矩阵 $J = \text{diag}\{J_{r_1}(\lambda_1), J_{r_2}(\lambda_2), \cdots, J_{r_m}(\lambda_m)\}$ 的初等因子,其中 $r_1+r_2+\cdots+r_m=n$,$\lambda_1, \lambda_2, \cdots, \lambda_m$ 中可能有相同的。由于 r_i 级 Jordan 块 $J_{r_i}(\lambda_i)$

的初等因子是 $(\lambda-\lambda_i)^{r_i}$，根据定理 6，$r_i$ 级对角 λ-矩阵

$$G_i(\lambda) = \mathrm{diag}\{1,\cdots,1,(\lambda-\lambda_i)^{r_i}\}$$

的初等因子也是 $(\lambda-\lambda_i)^{r_i}$，因此根据定理 5 得，$J_{r_i}(\lambda_i)$ 的特征矩阵 $\lambda I_{r_i}-J_{r_i}(\lambda_i)$ 与 $G_i(\lambda)$ 相抵。于是 J 的特征矩阵 $\lambda I-J=\mathrm{diag}\{\lambda I_{r_1}-J_{r_1}(\lambda_1),\lambda I_{r_2}-J_{r_2}(\lambda_2),\cdots,\lambda I_{r_m}-J_{r_m}(\lambda_m)\}$ 与 n 级对角 λ-矩阵

$$G(\lambda) = \mathrm{diag}(G_1(\lambda),G_2(\lambda),\cdots,G_m(\lambda))$$

相抵，从而根据定理 6 得，$\lambda I-J$ 的初等因子为

$$(\lambda-\lambda_1)^{r_1},(\lambda-\lambda_2)^{r_2},\cdots,(\lambda-\lambda_m)^{r_m}。$$

这表明：Jordan 形矩阵 J 的初等因子由它的全部 Jordan 块的初等因子组成，也就是由它的全部 Jordan 块的最小多项式组成。由于一个 Jordan 块完全由它的初等因子决定，因此一个 Jordan 形矩阵除去其中 Jordan 块的排列次序外由它的初等因子唯一决定。

现在我们就可以得出 n 级复矩阵 A 的相似标准形是什么样的矩阵了。

定理 10　任意一个 n 级复矩阵 A 都与一个 Jordan 形矩阵相似，这个 Jordan 形矩阵除去其中 Jordan 块的排列次序外被 A 唯一决定，称它为 A 的 Jordan 标准形。

证明　设 n 级复矩阵 A 的初等因子为

$$(\lambda-\lambda_1)^{r_1},(\lambda-\lambda_2)^{r_2},\cdots,(\lambda-\lambda_m)^{r_m}, \tag{17}$$

其中 $\lambda_1,\lambda_2,\cdots,\lambda_m$ 可能有相同的。由于 A 的所有初等因子的乘积等于 $\lambda I-A$ 的所有不变因子的乘积，而根据 (14) 式，$d_1(\lambda)d_2(\lambda)\cdots d_n(\lambda)=D_n(\lambda)$，因此 A 的所有初等因子的乘积等于 A 的特征多项式 $|\lambda I-A|$，从而 $r_1+r_2+\cdots+r_m=n$。每一个初等因子 $(\lambda-\lambda_i)^{r_i}$ 决定一个 Jordan 块 $J_{r_i}(\lambda_i)$，所有这些 Jordan 块组成一个 Jordan 形矩阵 J：

$$J = \mathrm{diag}\{J_{r_1}(\lambda_1),J_{r_2}(\lambda_2),\cdots,J_{r_m}(\lambda_m)\}。 \tag{18}$$

根据上面一段所述，J 的初等因子也是 (17) 式所示。于是根据定理 9 得，A 与 J 相似。

如果另一个 Jordan 形矩阵 J_1 也与 A 相似，那么 J_1 与 A 有相同的初等因子，从而 J_1 与 J 有相同的初等因子。于是 J_1 与 J 除了其中 Jordan 块的排列次序外是相同的，这证明了唯一性。　■

由于 A 的 Jordan 标准形 J 的初等因子就是 A 的初等因子，而 J 的初等因子由它的所有 Jordan 块的最小多项式组成，因此我们在定义 1 中把 J 中所有 Jordan 块的最小多项式称为 A 的初等因子是合理的。

在定理 10 的证明过程中，Jordan 形矩阵 J 的最小多项式 $m(\lambda)$ 为

$$m(\lambda) = [(\lambda-\lambda_1)^{r_1},(\lambda-\lambda_2)^{r_2},\cdots,(\lambda-\lambda_m)^{r_m}]。$$

由于 $\lambda_1,\lambda_2,\cdots,\lambda_m$ 中可能有相同的，因此在求 $(\lambda-\lambda_1)^{r_1},(\lambda-\lambda_2)^{r_2},\cdots,(\lambda-\lambda_m)^{r_m}$ 的最小公倍式时，对于相同的一次因式应当取幂指数最大的，这些一次因式方幂正好是 (16) 式第 1 列的那些，它们的乘积是 $d_n(x)$；又它们的乘积就是 $(\lambda-\lambda_1)^{r_1},(\lambda-\lambda_2)^{r_2},\cdots,(\lambda-\lambda_m)^{r_m}$ 的最小公倍式，即 $m(\lambda)$，这样我们证明了：

推论 7　n 级复矩阵 A 的最小多项式 $m(\lambda)$ 等于 A 的最后一个不变因子 $d_n(\lambda)$。　■

由于数域 K 上的 n 级矩阵 A 可以看成是复矩阵，并且 A 的最小多项式以及 A 的不变因子都不随数域的扩大而改变，因此从推论 7 立即得到：

推论 8 数域 K 上 n 级矩阵 A 的最小多项式 $m(\lambda)$ 等于 A 的最后一个不变因子 $d_n(\lambda)$。

据(14)式,数域 K 上 n 级矩阵 A 的特征多项式 $f(\lambda)=D_n(\lambda)=d_1(\lambda)d_2(\lambda)\cdots d_n(\lambda)$。

推论 9 数域 K 上 n 级矩阵 A 与 B 相似当且仅当把它们看成复矩阵后相似。

证明 设数域 K 上 n 级矩阵 A 的不变因子为 $d_1(\lambda),d_2(\lambda),\cdots,d_n(\lambda)$。把 A 看成复矩阵后,不变因子仍然是 $d_1(\lambda),d_2(\lambda),\cdots,d_n(\lambda)$,因此

数域 K 上的 n 级矩阵 A 与 B 相似

$\Longleftrightarrow$ A 与 B 有相同的不变因子

$\Longleftrightarrow$ 把 A 与 B 看成复矩阵后相似。

在上述讨论中,把数域 K 换成域 F,把复数域换成包含 F 的代数封闭域,所有结论照样成立。

定义 6 设 $\mathcal{A}$ 是域 F 上 n 维线性空间 V 上的线性变换,如果 $\mathcal{A}$ 在 V 的一个基下的矩阵是 Jordan 形矩阵,那么这个基称为 $\mathcal{A}$ 的一个 **Jordan 基**。

当我们已经求出了 $\mathcal{A}$ 的 Jordan 标准形 J 以后,为了求出 $\mathcal{A}$ 的一个 Jordan 基,只要把原来的基到 Jordan 基的过渡矩阵 P 求出即可。在典型例题中将介绍求过渡矩阵的方法。

下面我们来证明定理 8。我们把数域 K 换成任一域 F,探索域 F 上两个 n 级矩阵 A 与 B 相似与它们的特征矩阵 $\lambda I-A$ 与 $\lambda I-B$ 相抵之间有什么关系。

设域 F 上 n 级矩阵 A 与 B 相似,则存在域 F 上 n 级可逆矩阵 P,使得 $B=P^{-1}AP$,从而

$$\lambda I-B=\lambda I-P^{-1}AP=P^{-1}(\lambda I-A)P。$$

由此得出,$\lambda I-A$ 与 $\lambda I-B$ 相抵。

反之,若 $\lambda I-A$ 与 $\lambda I-B$ 相抵,则 $\lambda I-A$ 经过一系列 λ-矩阵的初等行变换和初等列变换可化成 $\lambda I-B$。类似于域 F 上的矩阵的情形。把对单位矩阵 I 经过一次 λ-矩阵的初等行(列)变换得到的矩阵称为初等 λ-矩阵。同样可以证明:对 $A(\lambda)$ 作一次初等行(列)变换就相当于在 $A(\lambda)$ 左(右)边乘一个初等 λ-矩阵。初等 λ-矩阵都是可逆的,于是一些初等 λ-矩阵的乘积是可逆的 λ-矩阵。反之,可逆的 λ-矩阵 $A(\lambda)$ 可以表示成一些初等 λ-矩阵的乘积。理由如下:若 $A(\lambda)$ 可逆,则 $|A(\lambda)|=d$,其中 d 是域 F 的可逆元。于是 $A(\lambda)$ 的 n 阶行列式因子 $D_n(\lambda)=1$,这里 1 是域 F 的单位元,从而 $A(\lambda)$ 的所有不变因子 $d_i(\lambda)=1$,$i=1,2,\cdots,n$,因此 $A(\lambda)$ 相抵于单位矩阵 I。于是 $A(\lambda)$ 可表示成一些初等 λ-矩阵的乘积。由上述讨论得出:若 $\lambda I-A$ 与 $\lambda I-B$ 相抵,则存在可逆的 λ-矩阵 $P(\lambda)$ 和 $Q(\lambda)$,使得

$$\lambda I-B=P(\lambda)(\lambda I-A)Q(\lambda)。 \tag{19}$$

由(19)式得出

$$P(\lambda)^{-1}(\lambda I-B)=(\lambda I-A)Q(\lambda)。 \tag{20}$$

为了推导出 A 与 B 相似,我们需要下述引理 1,它类似于 $F[\lambda]$ 中的带余除法。

引理 1 设 A 是域 F 上的任一非零矩阵,$G(\lambda)$ 是任意一个 n 级 λ-矩阵,则存在 n 级 λ-矩阵 $H_1(\lambda),H_2(\lambda)$ 和域 F 上 n 级矩阵 T_1,T_2,使得

$$G(\lambda) = H_1(\lambda)(\lambda I - A) + T_1, \tag{21}$$
$$G(\lambda) = (\lambda I - A)H_2(\lambda) + T_2. \tag{22}$$

证明　把 $G(\lambda)$ 写成

$$G(\lambda) = \lambda^m G_m + \lambda^{m-1}G_{m-1} + \cdots + \lambda G_1 + G_0, \tag{23}$$

其中 $G_m, G_{m-1}, \cdots, G_1, G_0$ 都是域 F 上的 n 级矩阵,并且 $G_m \neq 0$。若 $m = 0$,则 $G(\lambda) = G_0$。取 $H_i(\lambda) = 0, T_i = G_0, i = 1, 2$,则(21)式(22)式成立。下面设 $m \neq 0$,比较(21)式两边的次数,受到启发,令

$$H_1(\lambda) = \lambda^{m-1}B_{m-1} + \cdots + \lambda B_1 + B_0, \tag{24}$$

其中 $B_{m-1}, \cdots, B_1, B_0$ 是域 F 上的待定的 n 级矩阵,于是

$$H_1(\lambda)(\lambda I - A) = \lambda^m B_{m-1} + \lambda^{m-1}(B_{m-2} - B_{m-1}A) + \cdots + \lambda(B_0 - B_1 A) - B_0 A。 \tag{25}$$

为了使(21)式成立,只要取

$$B_{m-1} = G_m,$$
$$B_{m-2} = G_{m-1} + B_{m-1}A,$$
$$\vdots \qquad \vdots \qquad \vdots$$
$$B_1 = G_2 + B_2 A,$$
$$B_0 = G_1 + B_1 A,$$
$$T_1 = G_0 + B_0 A$$

即可,类似可证存在 $H_2(\lambda)$ 和 T_2,使(22)式成立。∎

定理 11　域 F 上两个 n 级矩阵 A 与 B 相似当且仅当 $\lambda I - A$ 与 $\lambda I - B$ 相抵。

证明　必要性在前面已证。

充分性。设 $\lambda I - A$ 与 $\lambda I - B$ 相抵,则有(19)和(20)式成立。运用引理 1,存在 n 级 λ-矩阵 $H_1(\lambda), H_2(\lambda)$ 和域 F 上 n 级矩阵 T_1, T_2,使得

$$Q(\lambda) = H_1(\lambda)(\lambda I - B) + T_1, \tag{26}$$
$$P(\lambda) = (\lambda I - B)H_2(\lambda) + T_2。 \tag{27}$$

把(26)式代入(20)式得

$$[P(\lambda)^{-1} - (\lambda I - A)H_1(\lambda)](\lambda I - B) = (\lambda I - A)T_1。 \tag{28}$$

(28)式右端的 λ-矩阵的次数等于 1 或 $T_1 = 0$,因此 $P(\lambda)^{-1} - (\lambda I - A)H_1(\lambda)$ 是域 F 上的矩阵,记作 S,于是

$$S = P(\lambda)^{-1} - (\lambda I - A)H_1(\lambda), \tag{29}$$
$$S(\lambda I - B) = (\lambda I - A)T_1。 \tag{30}$$

从(29)、(27)和(19)式得

$$\begin{aligned}
I &= P(\lambda)S + P(\lambda)(\lambda I - A)H_1(\lambda) \\
&= [(\lambda I - B)H_2(\lambda) + T_2]S + (\lambda I - B)Q(\lambda)^{-1}H_1(\lambda) \\
&= T_2 S + (\lambda I - B)[H_2(\lambda)S + Q(\lambda)^{-1}H_1(\lambda)]。
\end{aligned} \tag{31}$$

(31)式右端的第 2 项必须是零矩阵,否则其次数至少是 1,这与(31)式左端以及右端的第 1 项都是域 F 上的矩阵矛盾,于是

$$I = T_2 S, \tag{32}$$

从而 S 是可逆矩阵。从(30)式得

$$\lambda I - B = S^{-1}(\lambda I - A)T_1 = \lambda S^{-1}T_1 - S^{-1}AT_1 \text{。} \tag{33}$$

从(33)式得,$I = S^{-1}T_1$,$B = S^{-1}AT_1$。因此 $B = S^{-1}AS$,即 A 与 B 相似。∎

9.8.2 典型例题

例 1 求下列数域 K 上的矩阵 A 的 Jordan 标准形 J:

(1) $\begin{bmatrix} 2 & 3 & 2 \\ 1 & 8 & 2 \\ -2 & -14 & -3 \end{bmatrix}$;

(2) $\begin{bmatrix} 0 & 1 & 0 \\ -4 & 4 & 0 \\ -2 & 1 & 2 \end{bmatrix}$;

(3) $\begin{bmatrix} 1 & -3 & 3 \\ -2 & -6 & 13 \\ -1 & -4 & 8 \end{bmatrix}$;

(4) $\begin{bmatrix} 3 & -1 & 0 & 0 \\ 1 & 1 & 0 & 0 \\ 3 & 0 & 5 & -3 \\ 4 & -1 & 3 & -1 \end{bmatrix}$;

(5) $\begin{bmatrix} 1 & 1 & 1 & \cdots & 1 & 1 \\ 0 & 1 & 1 & \cdots & 1 & 1 \\ 0 & 0 & 1 & \cdots & 1 & 1 \\ \vdots & \vdots & \vdots & & \vdots & \vdots \\ 0 & 0 & 0 & \cdots & 1 & 1 \\ 0 & 0 & 0 & \cdots & 0 & 1 \end{bmatrix}_{n \times n}$。

解 (1) A 的特征多项式 $f(\lambda)$ 为

$$f(\lambda) = |\lambda I - A| = \begin{vmatrix} \lambda - 2 & -3 & -2 \\ -1 & \lambda - 8 & -2 \\ 2 & 14 & \lambda + 3 \end{vmatrix} = (\lambda - 1)(\lambda - 3)^2,$$

于是 A 的全部特征值是 $1,3(2\text{重})$。

特征值 1 的代数重数是 1,因此它在 A 的 Jordan 标准形 J 的主对角线上只出现一次。

对于特征值 3,先求 $\mathrm{rank}(A - 3I)$:

$$A - 3I = \begin{bmatrix} -1 & 3 & 2 \\ 1 & 5 & 2 \\ -1 & -14 & -6 \end{bmatrix} \to \begin{bmatrix} -1 & 3 & 2 \\ 0 & 8 & 4 \\ 0 & 0 & 0 \end{bmatrix},$$

因此 $\mathrm{rank}(A - 3I) = 2$,从而主对角元为 3 的 Jordan 块总数为 $3 - 2 = 1$。于是 A 的 Jordan 标准形 J 为

$$J = \begin{bmatrix} 1 & 0 & 0 \\ 0 & 3 & 1 \\ 0 & 0 & 3 \end{bmatrix}\text{。}$$

$$(2) \qquad |\lambda \boldsymbol{I} - \boldsymbol{A}| = \begin{vmatrix} \lambda & -1 & 0 \\ 4 & \lambda-4 & 0 \\ 2 & -1 & \lambda-2 \end{vmatrix} = (\lambda-2)^3,$$

于是 $\boldsymbol{A}$ 的全部特征值是 2(3 重)。下面求 $\mathrm{rank}(\boldsymbol{A}-2\boldsymbol{I})$：

$$\boldsymbol{A} - 2\boldsymbol{I} = \begin{pmatrix} -2 & 1 & 0 \\ -4 & 2 & 0 \\ -2 & 1 & 0 \end{pmatrix} \rightarrow \begin{pmatrix} -2 & 1 & 0 \\ 0 & 0 & 0 \\ 0 & 0 & 0 \end{pmatrix},$$

于是 $\mathrm{rank}(\boldsymbol{A}-2\boldsymbol{I})=1$,从而主对角元为 2 的 Jordan 块总数为 $3-1=2$。因此 $\boldsymbol{A}$ 的 Jordan 标准形 $\boldsymbol{J}$ 为

$$\boldsymbol{J} = \begin{pmatrix} 2 & 0 & 0 \\ 0 & 2 & 1 \\ 0 & 0 & 2 \end{pmatrix}。$$

$$(3) \qquad |\lambda \boldsymbol{I} - \boldsymbol{A}| = \begin{vmatrix} \lambda-1 & 3 & -3 \\ 2 & \lambda+6 & -13 \\ 1 & 4 & \lambda-8 \end{vmatrix} = (\lambda-1)^3,$$

于是 $\boldsymbol{A}$ 的全部特征值是 1(3 重)。

$$\boldsymbol{A} - \boldsymbol{I} = \begin{pmatrix} 0 & -3 & 3 \\ -2 & -7 & 13 \\ -1 & -4 & 7 \end{pmatrix} \rightarrow \begin{pmatrix} -1 & -4 & 7 \\ 0 & 1 & -1 \\ 0 & 0 & 0 \end{pmatrix},$$

因此主对角元为 1 的 Jordan 块总数为 $3-\mathrm{rank}(\boldsymbol{A}-\boldsymbol{I})=3-2=1$,从而 $\boldsymbol{A}$ 的 Jordan 标准形 $\boldsymbol{J}$ 为

$$\boldsymbol{J} = \begin{pmatrix} 1 & 1 & 0 \\ 0 & 1 & 1 \\ 0 & 0 & 1 \end{pmatrix}。$$

$$(4) \ |\lambda \boldsymbol{I} - \boldsymbol{A}| = \begin{vmatrix} \lambda-3 & 1 & 0 & 0 \\ -1 & \lambda-1 & 0 & 0 \\ -3 & 0 & \lambda-5 & 3 \\ -4 & 1 & -3 & \lambda+1 \end{vmatrix}$$

$$= \begin{vmatrix} \lambda-3 & 1 \\ -1 & \lambda-1 \end{vmatrix} \begin{vmatrix} \lambda-5 & 3 \\ -3 & \lambda+1 \end{vmatrix} = (\lambda-2)^4,$$

于是 $\boldsymbol{A}$ 的全部特征值是 2(4 重)。

$$\boldsymbol{A} - 2\boldsymbol{I} = \begin{pmatrix} 1 & -1 & 0 & 0 \\ 1 & -1 & 0 & 0 \\ 3 & 0 & 3 & -3 \\ 4 & -1 & 3 & -3 \end{pmatrix} \rightarrow \begin{pmatrix} 1 & -1 & 0 & 0 \\ 0 & 3 & 3 & -3 \\ 0 & 0 & 0 & 0 \\ 0 & 0 & 0 & 0 \end{pmatrix},$$

因此主对角元为 2 的 Jordan 块总数为 $4-\mathrm{rank}(\boldsymbol{A}-2\boldsymbol{I})=4-2=2$。由于 $(\boldsymbol{A}-2\boldsymbol{I})^2=\boldsymbol{0}$,因此主对角元为 2 的 1 级 Jordan 块的个数为

$$\mathrm{rank}(A-2I)^2+\mathrm{rank}(A-2I)^0-2\mathrm{rank}(A-2I)=4-4=0,$$

从而 A 的 Jordan 标准形 J 为

$$J=\begin{pmatrix}2&1&0&0\\0&2&0&0\\0&0&2&1\\0&0&0&2\end{pmatrix}.$$

(5) $|\lambda I-A|=(\lambda-1)^n$，因此 A 的全部特征值是 1（n 重）。

$\mathrm{rank}(A-I)=n-1$，因此主对角元为 1 的 Jordan 块总数为 $n-\mathrm{rank}(A-I)=n-(n-1)=1$，从而 A 的 Jordan 标准形为 $J_n(1)$。

例 2 对于例 1 第 (1)、(2)、(3)、(4) 小题中的矩阵 A 求可逆矩阵 P，使得 $P^{-1}AP=J$。

解 (1) 由于 $P^{-1}AP=J$，因此 $AP=PJ$。设 $P=(X_1,X_2,X_3)$，则从 $AP=PJ$ 以及 $J=\mathrm{diag}\{J_1(1),J_2(3)\}$ 得

$$A(X_1,X_2,X_3)=(X_1,3X_2,X_2+3X_3),$$

于是 $(A-I)X_1=0,(A-3I)X_2=0,(A-3I)X_3=X_2$。

解齐次线性方程组 $(A-I)y=0$，得

$$X_1=(2,0,-1)'.$$

解齐次线性方程组 $(A-3I)y=0$，得

$$X_2=(1,-1,2)'.$$

解线性方程组 $(A-3I)y=X_2$：

$$\begin{pmatrix}-1&3&2&1\\1&5&2&-1\\-2&-14&-6&2\end{pmatrix}\rightarrow\begin{pmatrix}1&0&-\dfrac{1}{2}&-1\\0&1&\dfrac{1}{2}&0\\0&0&0&0\end{pmatrix},$$

它的一个特解是 $y_0=(-1,0,0)'$。取 $X_3=(-1,0,0)'$，则

$$P=\begin{pmatrix}2&1&-1\\0&-1&0\\-1&2&0\end{pmatrix},$$

显然 P 是可逆矩阵。

(2) 设可逆矩阵 $P=(X_1,X_2,X_3)$ 使得 $P^{-1}AP=J$，则

$$(AX_1,AX_2,AX_3)=(2X_1,2X_2,X_2+2X_3),$$

从而　　　　　　$(A-2I)X_1=0,(A-2I)X_2=0,(A-2I)X_3=X_2$。

解齐次线性方程组 $(A-2I)y=0$，一般解为：$y_1=\dfrac{1}{2}y_2$，其中 y_2,y_3 为自由未知量，一个基础解系为

$$(0,0,1)',\qquad(1,2,0)'$$

取 $X_1=(0,0,1)'$。设 $X_2=(\dfrac{1}{2}y_2,y_2,y_3)$，$X_2$ 的取法应使 $(A-2I)y=X_2$ 有解。把增广矩阵经过初等行变换化成阶梯形矩阵：

$$\begin{pmatrix} -2 & 1 & 0 & \dfrac{1}{2}y_2 \\ -4 & 2 & 0 & y_2 \\ -2 & 1 & 0 & y_3 \end{pmatrix} \rightarrow \begin{pmatrix} 1 & -\dfrac{1}{2} & 0 & -\dfrac{1}{4}y_2 \\ 0 & 0 & 0 & 0 \\ 0 & 0 & 0 & -\dfrac{1}{2}y_2 + y_3 \end{pmatrix}。$$

为了使$(A-2I)y=X_2$ 有解，应取 $y_3 = \dfrac{1}{2}y_2$，于是取 $X_2=(1,2,1)'$。

解线性方程组$(A-2I)y=X_2$，得一个特解 $X_3=(-\dfrac{1}{2},0,0)'$，于是

$$P = \begin{pmatrix} 0 & 1 & -\dfrac{1}{2} \\ 0 & 2 & 0 \\ 1 & 1 & 0 \end{pmatrix},$$

显然 P 是可逆矩阵。

(3) 设 $P=(X_1,X_2,X_3)$，由 $AP=PJ$ 得
$$(AX_1,AX_2,AX_3)=(X_1,X_1+X_2,X_2+X_3),$$
从而　$(A-I)X_1=0,(A-I)X_2=X_1,(A-I)X_3=X_2$。

解齐次线性方程组$(A-I)y=0$，求得 $X_1=(3,1,1)'$。

解线性方程组$(A-I)y=X_1$，求得 $X_2=(3,-1,0)'$。

解线性方程组$(A-I)y=X_2$，求得 $X_3=(4,-1,0)'$。

于是　　　　　$$P=\begin{pmatrix} 3 & 3 & 4 \\ 1 & -1 & -1 \\ 1 & 0 & 0 \end{pmatrix},$$

显然 P 是可逆矩阵。

(4) 设 $P=(X_1,X_2,X_3,X_4)$，由 $AP=PJ$ 得
$$(AX_1,AX_2,AX_3,AX_4)=(2X_1,X_1+2X_2,2X_3,X_3+2X_4),$$
从而　　　　$(A-2I)X_1=0,(A-2I)X_2=X_1,(A-2I)X_3=0,(A-2I)X_4=X_3$。

解齐次线性方程组$(A-2I)y=0$，求得一个基础解系，从而得
$$X_1=(1,1,-1,0)',X_3=(1,1,0,1)'。$$

解线性方程组$(A-2I)y=X_1$，求得 $X_2=(-\dfrac{1}{3},-\dfrac{4}{3},0,0)'$。

解线性方程组$(A-2I)y=X_3$，求得 $X_4=(0,-1,0,0)'$。

于是　　　　　$$P=\begin{pmatrix} 1 & -\dfrac{1}{3} & 1 & 0 \\ 1 & -\dfrac{4}{3} & 1 & -1 \\ -1 & 0 & 0 & 0 \\ 0 & 0 & 1 & 0 \end{pmatrix}。$$

易计算出 $|P|\neq0$，因此 P 可逆。

点评：对例1的第(2)小题中的 A 求可逆矩阵 P 时，求出齐次线性方程组$(A-2I)y=0$

的一个基础解系为：$(1,2,0)',(0,0,1)'$，如果取 $\boldsymbol{X}_2=(1,2,0)'$ 或 $(0,0,1)'$，都会使线性方程组 $(\boldsymbol{A}-2\boldsymbol{I})\boldsymbol{y}=\boldsymbol{X}_2$ 无解，因此取 $\boldsymbol{X}_2=(1,2,1)'$。这个解是如何求出的，在解题过程中已详细讲了。

例 3 对于例 1 中各小题的矩阵 $\boldsymbol{A}$，写出其最小多项式。

解 （1）$\boldsymbol{A}$ 的 Jordan 标准形的最小多项式是 $(\lambda-1)(\lambda-3)^2$。由于相似的矩阵有相同的最小多项式，因此 $\boldsymbol{A}$ 的最小多项式是 $(\lambda-1)(\lambda-3)^2$。

（2）$\boldsymbol{A}$ 的最小多项式 $m(\lambda)=[\lambda-2,(\lambda-2)^2]=(\lambda-2)^2$。

（3）$\boldsymbol{A}$ 的最小多项式 $m(\lambda)=(\lambda-1)^3$。

（4）$\boldsymbol{A}$ 的最小多项式 $m(\lambda)=[(\lambda-2)^2,(\lambda-2)^2]=(\lambda-2)^2$。

（5）$\boldsymbol{A}$ 的最小多项式 $m(\lambda)=(\lambda-1)^n$。

例 4 证明：$\boldsymbol{J}_n(a)\sim\boldsymbol{J}_n(a)'$。

证明 由于

$\boldsymbol{J}_n(a)'$ 的特征多项式 $|\lambda\boldsymbol{I}-\boldsymbol{J}_n(a)'|=(\lambda-a)^n$，因此 $\boldsymbol{J}_n(a)'$ 有 Jordan 标准形 $\boldsymbol{J}$。由于 $\mathrm{rank}[\boldsymbol{J}_n(a)'-a\boldsymbol{I}]=\mathrm{rank}[\boldsymbol{J}_n(0)']=n-1$，因此 $\boldsymbol{J}$ 的主对角元为 a 的 Jordan 块的总数为 $n-(n-1)=1$，从而 $\boldsymbol{J}=\boldsymbol{J}_n(a)$，于是 $\boldsymbol{J}_n(a)'\sim\boldsymbol{J}_n(a)$。∎

例 5 证明任一 n 级复矩阵 $\boldsymbol{A}$ 与 $\boldsymbol{A}'$ 相似。

证明 由于 $\boldsymbol{A}$ 是复数域上的矩阵，因此 $\boldsymbol{A}$ 有 Jordan 标准形 $\boldsymbol{J}=\mathrm{diag}\{\boldsymbol{J}_{r_1}(\lambda_1),\boldsymbol{J}_{r_2}(\lambda_2),\cdots,\boldsymbol{J}_{r_m}(\lambda_m)\}$，其中 $\lambda_1,\lambda_2,\cdots,\lambda_m$ 可能有相同的，$r_1+r_2+\cdots+r_m=n$。根据例 4 得，$\boldsymbol{J}_{r_i}(\lambda_i)\sim\boldsymbol{J}_{r_i}(\lambda_i)'$，从而有可逆矩阵 $\boldsymbol{P}_i$ 使得 $\boldsymbol{P}_i^{-1}\boldsymbol{J}_{r_i}(\lambda_i)\boldsymbol{P}_i=\boldsymbol{J}_{r_i}(\lambda_i)'$。令 $\boldsymbol{P}=\mathrm{diag}\{\boldsymbol{P}_1,\boldsymbol{P}_2,\cdots,\boldsymbol{P}_m\}$，则 $\boldsymbol{P}^{-1}\boldsymbol{J}\boldsymbol{P}=\boldsymbol{J}'$，从而 $\boldsymbol{J}\sim\boldsymbol{J}'$。由于 $\boldsymbol{A}\sim\boldsymbol{J}$，因此 $\boldsymbol{A}'\sim\boldsymbol{J}'$，从而 $\boldsymbol{A}\sim\boldsymbol{A}'$。∎

例 6 证明：数域 K 上任一 n 级矩阵 $\boldsymbol{A}$ 与 $\boldsymbol{A}'$ 相似。

证明 根据推论 9 得，数域 K 上 n 级矩阵 $\boldsymbol{A}$ 与 $\boldsymbol{A}'$ 相似当且仅当把 $\boldsymbol{A}$ 与 $\boldsymbol{A}'$ 看成复矩阵后相似，于是根据例 5 立即得到结论。∎

点评：我们在本节内容精华的最后指出：在上述讨论中，把数域 K 换成域 F，把复数域换成包含 F 的代数封闭域，所有结论照样成立。因此在例 6 中，对于域 F 上任一 n 级矩阵 $\boldsymbol{A}$，有 $\boldsymbol{A}$ 和 $\boldsymbol{A}'$ 相似。

例 7 设 $\boldsymbol{A}$ 是域 F 上的 n 级矩阵，E 是包含 F 的代数封闭域。证明：如果 $\boldsymbol{A}$ 的特征多项式 $f(\lambda)$ 在 E 中的全部根是 $\lambda_1,\lambda_2,\cdots,\lambda_n$，那么对于任意 $g(\lambda)\in F[\lambda]$，$g(\boldsymbol{A})$ 的特征多项式 $|\lambda\boldsymbol{I}-g(\boldsymbol{A})|$ 在 E 中的全部根是 $g(\lambda_1),g(\lambda_2),\cdots,g(\lambda_n)$，从而若 λ_i 是 $\boldsymbol{A}$ 的 r_i 重特征值，那么 $g(\lambda_i)$ 是 $g(\boldsymbol{A})$ 的至少 r_i 重特征值。

证明 把 $\boldsymbol{A}$ 看成 E 上的矩阵，则 $\boldsymbol{A}$ 有 Jordan 标准形 $\boldsymbol{J}=\mathrm{diag}\{\boldsymbol{J}_{t_{11}}(\lambda_1),\cdots,\boldsymbol{J}_{t_{1u_1}}(\lambda_1),\cdots,\boldsymbol{J}_{t_{s1}}(\lambda_s),\cdots,\boldsymbol{J}_{t_{su_s}}(\lambda_s)\}$，其中 $\lambda_1,\lambda_2,\cdots,\lambda_s$ 是 $\boldsymbol{A}$ 的特征多项式 $f(\lambda)$ 在 E 中的所有不同的根，$t_{11}+t_{12}+\cdots+t_{1u_1}=r_1,\cdots,t_{s1}+\cdots+t_{su_s}=r_s,r_1+r_2+\cdots+r_s=n$。设 $g(\lambda)=b_m\lambda^m+\cdots+b_1\lambda+b_0$，则

$$g(\boldsymbol{A})=b_m\boldsymbol{A}^m+\cdots+b_1\boldsymbol{A}+b_0\boldsymbol{I}。$$

由于 $\boldsymbol{A}\sim\boldsymbol{J}$，因此存在域 E 上的 n 级可逆矩阵 $\boldsymbol{P}$，使得 $\boldsymbol{P}^{-1}\boldsymbol{A}\boldsymbol{P}=\boldsymbol{J}$，从而

$$\boldsymbol{P}^{-1}g(\boldsymbol{A})\boldsymbol{P}= b_m\boldsymbol{P}^{-1}\boldsymbol{A}^m\boldsymbol{P}+\cdots+b_1\boldsymbol{P}^{-1}\boldsymbol{A}\boldsymbol{P}+b_0\boldsymbol{I}$$

$$= b_m(\boldsymbol{P}^{-1}\boldsymbol{A}\boldsymbol{P})^m+\cdots+b_1(\boldsymbol{P}^{-1}\boldsymbol{A}\boldsymbol{P})+b_0\boldsymbol{I}$$

$$= b_m\boldsymbol{J}^m+\cdots+b_1\boldsymbol{J}+b_0\boldsymbol{I}=g(\boldsymbol{J})。$$

于是在 $M_n(E)$ 中，$g(\boldsymbol{A})\sim g(\boldsymbol{J})$。

$$g(\boldsymbol{J})= b_m\boldsymbol{J}^m+\cdots+b_1\boldsymbol{J}+b_0\boldsymbol{I}$$

$$= b_m\,\mathrm{diag}\{\boldsymbol{J}_{t_{11}}(\lambda_1)^m,\cdots,\boldsymbol{J}_{t_{su_s}}(\lambda_s)^m\}+\cdots+$$

$$b_1\,\mathrm{diag}\{\boldsymbol{J}_{t_{11}}(\lambda_1),\cdots,\boldsymbol{J}_{t_{su_s}}(\lambda_s)\}+b_0\boldsymbol{I}$$

$$= \mathrm{diag}\{g(\boldsymbol{J}_{t_{11}}(\lambda_1)),\cdots,g(\boldsymbol{J}_{t_{su_s}}(\lambda_s))\}。$$

$$g(\boldsymbol{J}_{t_{ij}}(\lambda_i))= b_m\boldsymbol{J}_{t_{ij}}(\lambda_i)^m+\cdots+b_1\boldsymbol{J}_{t_{ij}}(\lambda_i)+b_0\boldsymbol{I}_{t_{ij}}$$

$$= \begin{bmatrix} g(\lambda_i) & & & \\ & g(\lambda_i) & & * \\ & & \ddots & \\ & & & g(\lambda_i) \end{bmatrix}_{t_{ij}\times t_{ij}}。$$

因此 E 上的矩阵 $g(\boldsymbol{J})$ 的全部特征值是

$$\underbrace{g(\lambda_1),\cdots,g(\lambda_1)}_{r_1\ 个},\cdots,\underbrace{g(\lambda_s),\cdots,g(\lambda_s)}_{r_s\ 个}\ ;$$

而 $\underbrace{\lambda_1\cdots,\lambda_1}_{r_1\ 个},\cdots,\underbrace{\lambda_s,\cdots,\lambda_s}_{r_s\ 个}$ 是 E 上矩阵 $\boldsymbol{A}$ 的全部特征值，它们就是 $\lambda_1,\lambda_2,\cdots,\lambda_n$，因此 E 上矩阵 $g(\boldsymbol{J})$ 的全部特征值是 $g(\lambda_1),g(\lambda_2),\cdots,g(\lambda_n)$。由于 $g(\boldsymbol{A})\sim g(\boldsymbol{J})$，因此 E 上矩阵 $g(\boldsymbol{A})$ 的全部特征值是 $g(\lambda_1),g(\lambda_2),\cdots,g(\lambda_n)$。它们是域 F 上矩阵 $g(\boldsymbol{A})$ 的特征多项式在 E 中的全部根。■

点评：例 7 的证明表明：在研究域 F 上矩阵 $\boldsymbol{A}$ 的某些性质时，可以把 $\boldsymbol{A}$ 看成是包含 F 的代数封闭域 E 上的矩阵，研究 E 上的矩阵 $\boldsymbol{A}$ 有没有这些性质，然后返回到域 F 上的矩阵 $\boldsymbol{A}$。这样做的好处是可以利用代数封闭域上的 n 级矩阵有 Jordan 标准形这一结论。我们在本套教材上册习题 5.5 的第 13 题对数域 K 上的 n 级矩阵 $\boldsymbol{A}$ 证明了例 7 所叙述的结论，现在例 7 利用 Jordan 标准形来证更容易入手，且更简捷一些。例 7 也可以从习题 9.4 的第 9 题的结论得到。

例 8　证明：对于任一 n 级复矩阵 $\boldsymbol{A}$，存在一个可逆的复矩阵 $\boldsymbol{S}$，使得 $\boldsymbol{S}^{-1}\boldsymbol{A}\boldsymbol{S}=\boldsymbol{G}\boldsymbol{H}$，其中 $\boldsymbol{G},\boldsymbol{H}$ 都为对称矩阵，且 $\boldsymbol{G}$ 可逆。

证明　由于 $\boldsymbol{A}$ 是复矩阵，因此存在可逆的复矩阵 $\boldsymbol{S}$，使得 $\boldsymbol{S}^{-1}\boldsymbol{A}\boldsymbol{S}=\boldsymbol{J}$，其中 $\boldsymbol{J}=\mathrm{diag}\{\boldsymbol{J}_{n_1}(\lambda_1),\boldsymbol{J}_{n_2}(\lambda_2),\cdots,\boldsymbol{J}_{n_m}(\lambda_m)\}$，其中 $\lambda_1,\lambda_2,\cdots,\lambda_m$ 可能有相同的，$n_1+n_2+\cdots+n_m=n$。记 $\boldsymbol{T}_{n_i}=(\boldsymbol{\varepsilon}_{n_i},\boldsymbol{\varepsilon}_{n_i-1},\cdots,\boldsymbol{\varepsilon}_2,\boldsymbol{\varepsilon}_1)$，则 $\boldsymbol{T}_{n_i}^2=\boldsymbol{I}_{n_i}$，$\boldsymbol{T}_{n_i}'=\boldsymbol{T}_{n_i}$。直接计算得：$\boldsymbol{T}_{n_i}^{-1}\boldsymbol{J}_{n_i}(\lambda_i)\boldsymbol{T}_{n_i}=\boldsymbol{J}_{n_i}(\lambda_i)'$。于是 $\boldsymbol{T}_{n_i}\boldsymbol{J}_{n_i}(\lambda_i)=\boldsymbol{J}_{n_i}(\lambda_i)'\boldsymbol{T}_{n_i}$。由于 $(\boldsymbol{T}_{n_i}\boldsymbol{J}_{n_i}(\lambda_i))'=\boldsymbol{J}_{n_i}(\lambda_i)'\boldsymbol{T}_{n_i}'=\boldsymbol{T}_{n_i}\boldsymbol{J}_{n_i}(\lambda_i)$，因此 $\boldsymbol{T}_{n_i}\boldsymbol{J}_{n_i}(\lambda_i)$ 是对称矩阵。令 $\boldsymbol{G}=\mathrm{diag}\{\boldsymbol{T}_{n_1},\boldsymbol{T}_{n_2},\cdots,\boldsymbol{T}_{n_m}\}$，则 $\boldsymbol{G}$ 是可逆的对称矩阵，且 $\boldsymbol{G}^2=\boldsymbol{I}$。

$$\boldsymbol{G}\boldsymbol{J}= \mathrm{diag}\{\boldsymbol{T}_{n_1}\boldsymbol{J}_{n_1}(\lambda_1),\boldsymbol{T}_{n_2}\boldsymbol{J}_{n_2}(\lambda_2),\cdots,\boldsymbol{T}_{n_m}\boldsymbol{J}_{n_m}(\lambda_m)\}。$$

由于

$$(GJ)' = \mathrm{diag}\{(T_{n_1}J_{n_1}(\lambda_1))', (T_{n_2}J_{n_2}(\lambda_2))', \cdots, (T_{n_m}J_{n_m}(\lambda_m))'\}$$
$$= \mathrm{diag}\{T_{n_1}J_{n_1}(\lambda_1), T_{n_2}J_{n_2}(\lambda_2), \cdots, T_{n_m}J_{n_m}(\lambda_m)\}$$
$$= GJ,$$

因此 GJ 是对称矩阵。记 $H=GJ$，则

$$J = IJ = G^2 J = G(GJ) = GH,$$

从而 $S^{-1}AS = J = GH$。

例 9 设 V 是域 F 上 n 维线性空间，$\mathrm{char}\, F = 2$，$\mathcal{A}$ 是 V 上的对合变换，且 $\mathcal{A} \neq \mathcal{I}$。设 $\mathrm{rank}(\mathcal{A}+\mathcal{I}) = r$。试问：$\mathcal{A}$ 有没有 Jordan 标准形？如果有，求出 $\mathcal{A}$ 的 Jordan 标准形。

解 $\mathcal{A}^2 = \mathcal{I} \iff \mathcal{A}^2 - \mathcal{I} = \mathcal{O}$。
于是 $\lambda^2 - 1$ 是 $\mathcal{A}$ 的一个零化多项式。由于 $\mathrm{char}\, F = 2$，因此 $\lambda^2 - 1 = \lambda^2 + 1 = (\lambda+1)^2$，从而 $\mathcal{A}$ 的最小多项式 $m(\lambda) = (\lambda+1)^2$ 或 $m(\lambda) = \lambda+1$。由于 $\mathcal{A} \neq \mathcal{I}$，因此 $m(\lambda) = (\lambda+1)^2$，从而 $\mathcal{A}$ 有 Jordan 标准形，且 $\mathcal{A}$ 的特征多项式 $f(\lambda) = (\lambda+1)^n$，于是 $\mathcal{A}$ 的特征值是 $1(n$ 重$)$。在 $\mathcal{A}$ 的 Jordan 标准形 J 中，主对角元为 1 的 Jordan 块总数为

$$n - \mathrm{rank}(\mathcal{A}-\mathcal{I}) = n - \mathrm{rank}(\mathcal{A}+\mathcal{I}) = n - r;$$

其中 1 级 Jordan 块的个数为

$$\mathrm{rank}(\mathcal{A}-\mathcal{I})^2 + \mathrm{rank}(\mathcal{A}-\mathcal{I})^0 - 2\,\mathrm{rank}(\mathcal{A}-\mathcal{I}) = 0 + n - 2r = n - 2r。$$

由于 $m(\lambda) = (\lambda+1)^2$，因此 J 中每个 Jordan 块的级数不超过 2，从而 J 中 2 级 Jordan 块的个数为 $(n-r) - (n-2r) = r$。因此 $\mathcal{A}$ 的 Jordan 标准形 J 为

$$J = \mathrm{diag}\Big\{ \underbrace{1,\cdots,1}_{(n-2r)\text{个}}, \underbrace{\begin{pmatrix}1&1\\0&1\end{pmatrix},\cdots,\begin{pmatrix}1&1\\0&1\end{pmatrix}}_{r\text{个}} \Big\}。$$

例 10 设 A 是域 F 上的 n 级矩阵，$\mathrm{char}\, F = 2$。证明：A 是对合矩阵且满足 $\mathrm{rank}(A+I) + \mathrm{rank}(A-I) = n$ 的充分必要条件是：$A \sim \mathrm{diag}\Big\{\begin{pmatrix}1&1\\0&1\end{pmatrix}, \begin{pmatrix}1&1\\0&1\end{pmatrix}, \cdots, \begin{pmatrix}1&1\\0&1\end{pmatrix}\Big\}$。

证明 必要性。由于 $\mathrm{char}\, F = 2$，因此 $A - I = A + I$，从而由已知条件得，$2\,\mathrm{rank}(A+I) = n$，即 n 是偶数。若 $A = I$，则 $A + I = 2I = 0$，矛盾，因此 $A \neq I$。根据例 9 的结论，A 的 Jordan 标准形 J 中，1 级 Jordan 块的个数为 $n - 2\,\mathrm{rank}(A+I) = 0$，从而

$$A \sim \mathrm{diag}\Big\{\begin{pmatrix}1&1\\0&1\end{pmatrix}, \begin{pmatrix}1&1\\0&1\end{pmatrix}, \cdots, \begin{pmatrix}1&1\\0&1\end{pmatrix}\Big\}。$$

充分性。由于 $\mathrm{char}\, F = 2$，因此

$$\begin{pmatrix}1&1\\0&1\end{pmatrix}^2 = \begin{pmatrix}1&1\\0&1\end{pmatrix}\begin{pmatrix}1&1\\0&1\end{pmatrix} = \begin{pmatrix}1&0\\0&1\end{pmatrix} = I,$$

从而 $$\Big[\mathrm{diag}\Big\{\begin{pmatrix}1&1\\0&1\end{pmatrix}, \begin{pmatrix}1&1\\0&1\end{pmatrix}, \cdots, \begin{pmatrix}1&1\\0&1\end{pmatrix}\Big\}\Big]^2 = I。$$

由于 $A \sim \mathrm{diag}\Big\{\begin{pmatrix}1&1\\0&1\end{pmatrix}, \begin{pmatrix}1&1\\0&1\end{pmatrix}, \cdots, \begin{pmatrix}1&1\\0&1\end{pmatrix}\Big\}$，因此 $A^2 = I$。

$$A + I \sim \mathrm{diag}\Big\{\begin{pmatrix}0&1\\0&0\end{pmatrix}, \begin{pmatrix}0&1\\0&0\end{pmatrix}, \cdots, \begin{pmatrix}0&1\\0&0\end{pmatrix}\Big\},$$

因此 $\mathrm{rank}(A+I)=\dfrac{n}{2}$，从而 $\mathrm{rank}(A+I)+\mathrm{rank}(A-I)=n$。■

例 11　设 A 是域 F 上 n 级矩阵，证明：如果 A 有 Jordan 标准形 $J=\mathrm{diag}\{J_{n_1}(\lambda_1),$ $J_{n_2}(\lambda_2),\cdots,J_{n_s}(\lambda_s)\}$，且 $\lambda_1,\lambda_2,\cdots,\lambda_s$ 是 F 中两两不等的元素，那么 $\mathrm{C}(A)$ 的维数等于 n，且 $\mathrm{C}(A)=F[A]$。

证明　由于 $A\sim J$，因此根据 8.3 节例 7 得，$\mathrm{C}(A)=\mathrm{C}(J)$，从而根据 9.7 节例 18 得，$\dim \mathrm{C}(A)=\dim \mathrm{C}(J)=n$。$A$ 的最小多项式 $m(\lambda)$ 为

$$m(\lambda) = (\lambda-\lambda_1)^{n_1}(\lambda-\lambda_2)^{n_2}\cdots(\lambda-\lambda_s)^{n_s},$$

根据 9.6 节例 10 得，$\dim F[A]=\deg m(\lambda)=n$，从而 $\mathrm{C}(A)=F[A]$。■

例 12　设 A 是域 F 上 3 级矩阵，证明：如果 A 有 Jordan 标准形 $J=\mathrm{diag}\{J_1(a),$ $J_2(a)\}$，其中 $a\in F$，那么 $\dim \mathrm{C}(A)=5$。

证明　由于 $A\sim J$，因此根据 8.3 节例 7 得，$\mathrm{C}(A)=\mathrm{C}(J)$。由于 $J=aI+\mathrm{diag}\{J_1(0),$ $J_2(0)\}$，因此 $\mathrm{C}(J)=\mathrm{C}(\mathrm{diag}\{J_1(0),J_2(0)\})$，从而根据 9.7 节例 17 得，

$$\dim \mathrm{C}(A) = \dim \mathrm{C}(J) = \dim \mathrm{C}(\mathrm{diag}\{J_1(0),J_2(0)\}) = 5。$$

*例 13　设 $\mathcal{A}$ 为域 F 上 n 维线性空间 V 上的线性变换，且 $\mathcal{A}$ 的最小多项式 $m(\lambda)$ 在 $F[\lambda]$ 中的标准分解式为

$$m(\lambda) = (\lambda-\lambda_1)^{l_1}(\lambda-\lambda_2)^{l_2}\cdots(\lambda-\lambda_s)^{l_s}。 \tag{34}$$

令　$V_i=\{\alpha\in V\,|\,$存在正整数 r（它依赖于 α）使得 $(\mathcal{A}-\lambda_i\mathcal{I})^r\alpha=0\}$，$i=1,2,\cdots,s$。

(1) 证明：V_i 是 $\mathcal{A}$ 的不变子空间，$i=1,2,\cdots,s$；

(2) 证明：$V=V_1\oplus V_2\oplus\cdots\oplus V_s$；

(3) 设 $\mathcal{A}$ 在由 $V_i(i=1,2,\cdots,s)$ 的一个基合起来所成的 V 的一个基下的矩阵为 Jordan 形矩阵 J：

$$J = \mathrm{diag}\{J_1,J_2,\cdots,J_s\},$$

求 $\mathcal{A}|_{V_i}$ 的 Jordan 标准形，以及 $\mathcal{A}$ 在 V/V_i 上诱导的线性变换 $\overline{\mathcal{A}}$ 的 Jordan 标准形。

(1) **证明**　任取 $\alpha\in V_i$，则存在正整数 r，使得 $(\mathcal{A}-\lambda_i\mathcal{I})^r\alpha=0$。若 $r\leqslant l_i$，则

$$(\mathcal{A}-\lambda_i\mathcal{I})^{l_i}\alpha = (\mathcal{A}-\lambda_i\mathcal{I})^{l_i-r}(\mathcal{A}-\lambda_i\mathcal{I})^r\alpha = 0,$$

于是 $\alpha\in\mathrm{Ker}(\mathcal{A}-\lambda_i\mathcal{I})^{l_i}$。若 $r>l_i$，令

$$g(\lambda) = (\lambda-\lambda_1)^{l_1}\cdots(\lambda-\lambda_{i-1})^{l_{i-1}}(\lambda-\lambda_i)^r\cdots(\lambda-\lambda_s)^{l_s},$$

则根据 9.6 节例 18 的第 (1) 小题的结论得

$$\mathrm{Ker}(\mathcal{A}-\lambda_i\mathcal{I})^r = \mathrm{Ker}(\mathcal{A}-\lambda_i\mathcal{I})^{l_i}, \tag{35}$$

从而 $\alpha\in\mathrm{Ker}(\mathcal{A}-\lambda_i\mathcal{I})^{l_i}$，因此 $V_i\subseteq\mathrm{Ker}(\mathcal{A}-\lambda_i\mathcal{I})^{l_i}$。显然，$\mathrm{Ker}(\mathcal{A}-\lambda_i\mathcal{I})^{l_i}\subseteq V_i$，所以

$$V_i = \mathrm{Ker}(\mathcal{A}-\lambda_i\mathcal{I})^{l_i}, \qquad i=1,2,\cdots,s, \tag{36}$$

因此 V_i 是 $\mathcal{A}$ 的不变子空间，$i=1,2,\cdots,s$。■

(2) **证明**　由 $m(\lambda)$ 的标准分解式 (34) 得

$$V = \mathrm{Ker}(\mathcal{A}-\lambda_1\mathcal{I})^{l_1} \oplus \mathrm{Ker}(\mathcal{A}-\lambda_2\mathcal{I})^{l_2} \oplus \cdots \oplus \mathrm{Ker}(\mathcal{A}-\lambda_s\mathcal{I})^{l_s},$$

由于 $V_i=\mathrm{Ker}(\mathcal{A}-\lambda_i\mathcal{I})^{l_i}$，$i=1,2,\cdots,s$，因此

$$V = V_1 \oplus V_2 \oplus \cdots \oplus V_s。 \tag{37}$$

(3) **解**　由 (37) 式可得

$$V = V_i \oplus V_1 \oplus \cdots \oplus V_{i-1} \oplus V_{i+1} \oplus \cdots \oplus V_s, \tag{38}$$

于是 $\mathcal{A}$ 在 $V_i, V_1, \cdots, V_{i-1}, V_{i+1}, \cdots, V_s$ 的一个基合起来所成的 V 的一个基下的矩阵为

$$\text{diag}\{J_i, J_1, \cdots, J_{i-1}, J_{i+1}, \cdots, J_s\}。 \tag{39}$$

根据 9.5 节定理 2 得，J_i 是 $\mathcal{A}|V_i$ 在 V_i 的一个基下的矩阵，即 J_i 是 $\mathcal{A}|V_i$ 的 Jordan 标准形。根据 9.5 节定理 1 得，$\tilde{\mathcal{A}}$ 在 V/V_i 的一个基下的矩阵为

$$\text{diag}\{J_1, \cdots, J_{i-1}, J_{i+1}, \cdots, J_s\}, \tag{40}$$

即 (40) 式是 $\tilde{A}$ 的 Jordan 标准形。

点评：例 13 的第 (1)、(2) 小题由于利用了 9.6 节例 18 的结论，因此很容易地证明了 $V_i = \text{Ker}(\mathcal{A} - \lambda_i \mathcal{I})^{l_i}$，从而立即得到 $V = V_1 \oplus V_2 \oplus \cdots \oplus V_s$。这说明多掌握一些理论，并且能灵活运用理论，就能找出解题思路，不至于被一些表面现象所迷惑。例如在例 13 中，V_i 实际上就是由最小多项式的标准分解式得到的 V 的直和分解式中的 $W_i = \text{Ker}(\mathcal{A} - \lambda_i \mathcal{I})^{l_i}$。例 13 的第 (3) 小题表明：若 $\mathcal{A}$ 有 Jordan 标准形 (即 $\mathcal{A}$ 的最小多项式 $m(\lambda)$ 在 $F[\lambda]$ 中能分解成一次因式的乘积)，则 $\mathcal{A}$ 在 W_i 上的限制 $\mathcal{A}|W_i$ 有 Jordan 标准形；$\mathcal{A}$ 诱导的商空间 V/W_i 上的线性变换 $\tilde{\mathcal{A}}$ 也有 Jordan 标准形。这个结论可以推广到 $\mathcal{A}$ 的任一非平凡不变子空间 W 上，即有下述例 14 的结论。

例 14　设 $\mathcal{A}$ 为域 F 上 n 维线性空间 V 上的线性变换。证明：如果 $\mathcal{A}$ 有 Jordan 标准形，那么对于 $\mathcal{A}$ 的任意一个非平凡不变子空间 W，都有 $\mathcal{A}|W$ 有 Jordan 标准形，且 $\mathcal{A}$ 在商空间 $V|W$ 上的诱导变换 $\tilde{\mathcal{A}}$ 也有 Jordan 标准形。

证明　由于 $\mathcal{A}$ 有 Jordan 标准形，因此根据推论 2 得，$\mathcal{A}$ 的最小多项式 $m(\lambda)$ 在 $F[\lambda]$ 中可以分解成一次因式的乘积：

$$m(\lambda) = (\lambda - \lambda_1)^{l_1} (\lambda - \lambda_2)^{l_2} \cdots (\lambda - \lambda_s)^{l_s}。 \tag{41}$$

设 $\mathcal{A}|W$ 的最小多项式为 $m_1(\lambda)$，则对任意 $\gamma \in W$，有

$$m(\mathcal{A}|W)\gamma = m(\mathcal{A})\gamma = 0,$$

从而 $m(\mathcal{A}|W) = O$，因此 $m(\lambda)$ 是 $\mathcal{A}|W$ 的一个零化多项式。于是 $m_1(\lambda) | m(\lambda)$，从而 $m_1(\lambda)$ 在 $F[\lambda]$ 中也可以分解成一次因式的乘积，所以 $\mathcal{A}|W$ 有 Jordan 标准形。

从 (41) 式可得出，$\mathcal{A}$ 的特征多项式 $f(\lambda)$ 可分解成一次因式的乘积。从 $m_1(\lambda)$ 可分解成一次因式的乘积推出：$\mathcal{A}|W$ 的特征多项式 $f_1(\lambda)$ 可分解成一次因式的乘积。设 $\tilde{\mathcal{A}}$ 的特征多项式为 $f_2(\lambda)$。根据 9.5 节定理 1 得

$$f(\lambda) = f_1(\lambda) f_2(\lambda),$$

从而 $f_2(\lambda)$ 可以分解成一次因式的乘积。因此根据推论 3 得，$\tilde{\mathcal{A}}$ 有 Jordan 标准形。　■

例 15　设 $\mathcal{A}$ 为域 F 上 n 维线性空间 V 上的线性变换，W 是 $\mathcal{A}$ 的一个非平凡不变子空间。证明：如果 $\mathcal{A}|W$ 有 Jordan 标准形，且 $\mathcal{A}$ 在商空间 V/W 上的诱导变换 $\tilde{\mathcal{A}}$ 也有 Jordan 标准形，那么 $\mathcal{A}$ 有 Jordan 标准形。

证明　由于 $\mathcal{A}|W$ 有 Jordan 标准形，因此根据推论 3 得，$\mathcal{A}|W$ 的特征多项式 $f_1(\lambda)$ 在 $F[\lambda]$ 中可以分解成一次因式的乘积。同理，由于 $\tilde{\mathcal{A}}$ 有 Jordan 标准形。因此 $\tilde{\mathcal{A}}$ 的特征多项式 $f_2(\lambda)$ 在 $F[\lambda]$ 中可分解成一次因式的乘积。由于 $\mathcal{A}$ 的特征多项式 $f(\lambda) = f_1(\lambda) f_2(\lambda)$，因此 $f(\lambda)$ 在 $F[\lambda]$ 中可分解成一次因式的乘积，所以 $\mathcal{A}$ 有 Jordan 标准形。　■

点评：例 15 是例 14 的逆命题。

例 16　设 $\mathcal{A}$ 为域 F 上 n 维线性空间 V 上的线性变换,且 $\mathcal{A}$ 的最小多项式 $m(\lambda)$ 在 $F[\lambda]$ 中的标准分解式为

$$m(\lambda) = (\lambda-\lambda_1)^{l_1}(\lambda-\lambda_2)^{l_2}\cdots(\lambda-\lambda_s)^{l_s}, \tag{42}$$

记 $W_j=\mathrm{Ker}(\mathcal{A}-\lambda_j\mathcal{I})^{l_j}, j=1,2,\cdots,s$。设 W 是 $\mathcal{A}$ 的一个非平凡不变子空间,且 $W=W_{i_1}\oplus W_{i_2}\oplus\cdots\oplus W_{i_u}$,其中,$i_1,i_2,\cdots,i_u\in\{1,2,\cdots,s\}$,且两两不等。如果 $\mathcal{A}|W$ 在由 $W_{i_1},W_{i_2},\cdots,W_{i_u}$ 的一个基合起来所成的 W 的一个基下的矩阵 B 是 Jordan 形矩阵,$\mathcal{A}$ 在商空间 V/W 诱导的线性变换 $\bar{\mathcal{A}}$ 在 V/W 的一个基下的矩阵 C 是 Jordan 形矩阵,求 $\mathcal{A}$ 的 Jordan 标准形。

解　从 (42) 式得

$$V=\mathrm{Ker}(\mathcal{A}-\lambda_1\mathcal{I})^{l_1}\oplus\mathrm{Ker}(\mathcal{A}-\lambda_2\mathcal{I})^{l_2}\oplus\cdots\oplus\mathrm{Ker}(\mathcal{A}-\lambda_s\mathcal{I})^{l_s}$$
$$=W_1\oplus W_2\oplus\cdots\oplus W_s。$$

记 $\{t_1,t_2,\cdots,t_v\}=\{1,2,\cdots,s\}\setminus\{i_1,i_2,\cdots,i_u\}$,则

$$V=W_{i_1}\oplus\cdots\oplus W_{i_u}\oplus W_{t_1}\oplus\cdots\oplus W_{t_v}=W\oplus U$$

其中 $U=W_{t_1}\oplus W_{t_2}\oplus\cdots\oplus W_{t_v}$。显然 U 是 $\mathcal{A}$ 的不变子空间。根据例 14 得,$\mathcal{A}|U$ 有 Jordan 标准形。

设 $\mathcal{A}|U$ 在由 $W_{t_1},W_{t_2},\cdots,W_{t_v}$ 的一个基合起来所成的 U 的一个基下的矩阵 G 是 Jordan 形矩阵,则 $\mathcal{A}$ 在由 W 的上述基和 U 的这个基合起来所成的 V 的基下的矩阵 $A=\mathrm{diag}\{B,G\}$,于是 A 为 Jordan 形矩阵,从而 A 是 $\mathcal{A}$ 的 Jordan 标准形。根据 9.5 节定理 1 得,$\bar{\mathcal{A}}$ 在 V/W 的一个基下的矩阵为 G。由于 G 是 Jordan 形矩阵,因此 G 是 $\bar{\mathcal{A}}$ 的 Jordan 标准形。又已知 C 是 $\bar{\mathcal{A}}$ 的 Jordan 标准形,根据 Jordan 标准形的唯一性得,$G=C$,从而 $\mathcal{A}$ 的 Jordan 标准形 $A=\mathrm{diag}\{B,C\}$。∎

点评:在例 16 中,$\mathcal{A}$ 的不变子空间 $W=W_{i_1}\oplus\cdots\oplus W_{i_u}$ 保证了 W 在 V 中有 $\mathcal{A}$ 不变补空间 $U=W_{t_1}\oplus W_{t_2}\oplus\cdots\oplus W_{t_v}$,其中 $\{t_1,t_2,\cdots,t_v\}=\{1,2,\cdots,s\}\setminus\{i_1,i_2,\cdots,i_u\}$。一般地,对于有 Jordan 标准形的线性变换 $\mathcal{A}$,其任一非平凡不变子空间不一定有 $\mathcal{A}$ 不变补空间。我们已在 9.6 节的命题 10 中证明了:如果域 F 上 n 维线性空间 V 上的线性变换 $\mathcal{A}$,其特征多项式在包含 F 的代数封闭域中的全部根都在 F 中,那么对于 $\mathcal{A}$ 的任一不变子空间都存在 $\mathcal{A}$ 不变补空间当且仅当 $\mathcal{A}$ 可对角化。

例 17　设 $\mathcal{A}$ 为域 F 上 n 维线性空间 V 上的线性变换,且 $\mathcal{A}$ 的最小多项式 $m(\lambda)$ 在 $F[\lambda]$ 中的标准分解式为

$$m(\lambda) = (\lambda-\lambda_1)^{l_1}(\lambda-\lambda_2)^{l_2}\cdots(\lambda-\lambda_s)^{l_s}, \tag{43}$$

记 $W_j=\mathrm{Ker}(\mathcal{A}-\lambda_j\mathcal{I})^{l_j}, j=1,2,\cdots,s$。设 W 是 $\mathcal{A}$ 的一个非平凡不变子空间。证明:$W=W_{i_1}\oplus W_{i_2}\oplus\cdots\oplus W_{i_u}$ 当且仅当 $\mathcal{A}|W$ 的特征多项式 $f_W(\lambda)$ 与 $\mathcal{A}$ 在商空间 V/W 诱导的线性变换 $\bar{\mathcal{A}}$ 的特征多项式 $f_{V/W}(\lambda)$ 互素,其中 $\lambda_{i_1},\lambda_{i_2},\cdots,\lambda_{i_u}\in\{\lambda_1,\lambda_2,\cdots,\lambda_s\}$ 且两两不等。

证明　必要性。从例 16 的证明中知道,此时有

$$V=W\oplus U,$$

其中 $U=W_{t_1}\oplus W_{t_2}\oplus\cdots\oplus W_{t_v}$,$\{t_1,t_2,\cdots,t_v\}$ 是 $\{i_1,i_2,\cdots,i_u\}$ 在 $\{1,2,\cdots,s\}$ 中的补集。由于 $\mathcal{A}|W_j$ 的最小多项式 $m_j(\lambda)=(\lambda-\lambda_j)^{l_j}, j=1,2,\cdots,s$,因此 $\mathcal{A}|W$ 的最小多项式 $m_W(\lambda)$ 为

$$m_W(\lambda) = [m_{i_1}(\lambda), m_{i_2}(\lambda), \cdots, m_{i_u}(\lambda)]$$
$$= (\lambda - \lambda_{i_1})^{l_{i_1}}(\lambda - \lambda_{i_2})^{l_{i_2}} \cdots (\lambda - \lambda_{i_u})^{l_{i_u}}; \qquad (44)$$

$\mathcal{A}|U$ 的最小多项式 $m_U(\lambda)$ 为

$$m_U(\lambda) = [m_{t_1}(\lambda), m_{t_2}(\lambda), \cdots, m_{t_v}(\lambda)]$$
$$= (\lambda - \lambda_{t_1})^{l_{t_1}}(\lambda - \lambda_{t_2})^{l_{t_2}} \cdots (\lambda - \lambda_{t_v})^{l_{t_v}}. \qquad (45)$$

于是 $m_W(\lambda)$ 与 $m_U(\lambda)$ 互素，从而 $\mathcal{A}|U$ 的特征多项式 $f_W(\lambda)$ 与 $\mathcal{A}|U$ 的特征多项式 $f_U(\lambda)$ 互素。由于 $V = W \oplus U$，因此 $\mathcal{A}$ 的特征多项式 $f(\lambda) = f_W(\lambda) f_U(\lambda)$。又由于

$$f(\lambda) = f_W(\lambda) f_{V/W}(\lambda), \qquad (46)$$

因此 $f_U(\lambda) = f_{V/W}(\lambda)$，从而 $f_W(\lambda)$ 与 $f_{V/W}(\lambda)$ 互素。

充分性。根据例 14 的证明得，$m_W(\lambda) | m(\lambda)$，从而

$$m_W(\lambda) = (\lambda - \lambda_{i_1})^{q_{i_1}}(\lambda - \lambda_{i_2})^{q_{i_2}} \cdots (\lambda - \lambda_{i_u})^{q_{i_u}}. \qquad (47)$$

设 $\mathcal{A}$ 的特征多项式 $f(\lambda)$ 在 $F[\lambda]$ 中的标准分解式为

$$f(\lambda) = (\lambda - \lambda_1)^{r_1}(\lambda - \lambda_2)^{r_2} \cdots (\lambda - \lambda_s)^{r_s}, \qquad (48)$$

则 $\mathrm{Ker}(\mathcal{A} - \lambda_j \mathcal{I})^{r_j} = \mathrm{Ker}(\mathcal{A} - \lambda_j \mathcal{I})^{l_j} = W_j, j = 1, 2, \cdots, s$。由于 $f_W(\lambda)$ 与 $f_{V/W}(\lambda)$ 互素，因此从 (46)、(47)、(48) 式得

$$f_W(\lambda) = (\lambda - \lambda_{i_1})^{r_{i_1}}(\lambda - \lambda_{i_2})^{r_{i_2}} \cdots (\lambda - \lambda_{i_u})^{r_{i_u}}. \qquad (49)$$

从 (49) 式得

$$W = \mathrm{Ker}(\mathcal{A}|W - \lambda_{i_1} \mathcal{I})^{r_{i_1}} \oplus \cdots \oplus \mathrm{Ker}(\mathcal{A}|W - \lambda_{i_u} \mathcal{I})^{r_{i_u}}. \qquad (50)$$

由于

$$\alpha \in \mathrm{Ker}(\mathcal{A}|W - \lambda_{i_k} \mathcal{I})^{r_{i_k}} \iff (\mathcal{A}|W - \lambda_{i_k} \mathcal{I})^{r_{i_k}}\alpha = 0$$
$$\iff \alpha \in W \text{ 且} (\mathcal{A} - \lambda_{i_k} \mathcal{I})^{r_{i_k}}\alpha = 0$$
$$\iff \alpha \in W \text{ 且} \alpha \in \mathrm{Ker}(\mathcal{A} - \lambda_{i_k} \mathcal{I})^{r_{i_k}} = W_{i_k}$$
$$\iff \alpha \in W \cap W_{i_k},$$

因此 $\mathrm{Ker}(\mathcal{A}|W - \lambda_{i_k} \mathcal{I})^{r_{i_k}} = W \cap W_{i_k}, k = 1, 2, \cdots, u$，从而

$$W = (W \cap W_{i_1}) \oplus (W \cap W_{i_2}) \oplus \cdots \oplus (W \cap W_{i_u}). \qquad (51)$$

假如有某个 $W \cap W_{i_k} \subsetneqq W_{i_k}$，则存在 W_{i_k} 的非零子空间 U_k，使得

$$W_{i_k} = (W \cap W_{i_k}) \oplus U_k, \qquad (52)$$

于是 $\mathcal{A}|U_k$ 的最小多项式 $m_{U_k}(\lambda) = (\lambda - \lambda_{i_k})^{d_k}$，其中 $1 \leqslant d_k < l_{i_k}$，从而 $\mathcal{A}|U_k$ 的特征多项式 $f_{U_k}(\lambda) = (\lambda - \lambda_{i_k})^{e_k}$，其中 $e_k \geqslant d_k$。从 (51) 和 (52) 式得

$$W_{i_1} \oplus W_{i_2} \oplus \cdots \oplus W_{i_u} = W \oplus U_k. \qquad (53)$$

从必要性证明过程和 (48) 式可看出，$\mathcal{A}|(W_{i_1} \oplus W_{i_2} \oplus \cdots \oplus W_{i_u})$ 的特征多项式为 $(\lambda - \lambda_{i_1})^{r_{i_1}}(\lambda - \lambda_{i_2})^{r_{i_2}} \cdots (\lambda - \lambda_{i_n})^{r_{i_u}}$。又 $\mathcal{A}|(W \oplus U_k)$ 的特征多项式为 $f_W(\lambda) f_{U_k}(\lambda) = (\lambda - \lambda_{i_1})^{r_{i_1}}(\lambda - \lambda_{i_2})^{r_{i_2}} \cdots (\lambda - \lambda_{i_n})^{r_{i_u}}(\lambda - \lambda_{i_k})^{e_k}$，矛盾。因此 $W \cap W_{i_k} = W_{i_k}, k = 1, 2, \cdots, u$，从而

$$W = W_{i_1} \oplus W_{i_2} \oplus \cdots \oplus W_{i_u}. \qquad ■$$

点评：例 17 的充分性证明的关键是证明

$$W = (W \cap W_{i_1}) \oplus (W \cap W_{i_2}) \oplus \cdots \oplus (W \cap W_{i_u});$$

然后证明 $W \cap W_{i_k} = W_{i_k}, k = 1, 2, \cdots, u$。在证明后者时用反证法，并且利用了 $\mathcal{A}|(W_{i_1} \oplus$

$W_{i_2} \oplus \cdots \oplus W_{i_u}$)的特征多项式去推出矛盾。这一方法是很有趣的。

从例 15、例 16、例 17 立即得到下述结论：

设 $\mathcal{A}$ 为域 F 上 n 维线性空间 V 上的线性变换，W 是 $\mathcal{A}$ 的一个非平凡不变子空间，如果 $\mathcal{A}|W$ 有 Jordan 标准形 $\boldsymbol{B}$，$\mathcal{A}$ 在商空间 V/W 诱导的线性变换 $\bar{\mathcal{A}}$ 有 Jordan 标准形 $\boldsymbol{C}$，且 $\mathcal{A}|W$ 的特征多项式 $f_W(\lambda)$ 与 $\bar{\mathcal{A}}$ 的特征多项式 $f_{V/W}(\lambda)$ 互素，那么 $\mathcal{A}$ 有 Jordan 标准形 $\mathrm{diag}\{\boldsymbol{B},\boldsymbol{C}\}$。

例 18   设 $\boldsymbol{A}$ 是域 F 上的 n 级分块上三角矩阵：

$$\boldsymbol{A} = \begin{bmatrix} \boldsymbol{A}_1 & \boldsymbol{A}_3 \\ \boldsymbol{0} & \boldsymbol{A}_2 \end{bmatrix},$$

其中 $\boldsymbol{A}_1,\boldsymbol{A}_2$ 分别是 n_1 级、n_2 级矩阵。证明：如果 $\boldsymbol{A}_1,\boldsymbol{A}_2$ 分别有 Jordan 标准形 $\boldsymbol{J}_1,\boldsymbol{J}_2$，且 $\boldsymbol{A}_1$ 的特征多项式 $f_1(\lambda)$ 与 $\boldsymbol{A}_2$ 的特征多项式 $f_2(\lambda)$ 互素，那么 $\boldsymbol{A}$ 的 Jordan 标准形为 $\mathrm{diag}\{\boldsymbol{J}_1,\boldsymbol{J}_2\}$。

证明   设 V 是域 F 上的 n 维线性空间，则存在 V 上的一个线性变换 $\mathcal{A}$，使得它在 V 的一个基 $\alpha_1,\alpha_2,\cdots,\alpha_n$ 下的矩阵为 $\boldsymbol{A}$。令 $W = \langle \alpha_1,\alpha_2,\cdots,\alpha_{n_1} \rangle$，则 W 是 $\mathcal{A}$ 的不变子空间，且 $\mathcal{A}|W$ 在 W 的基 $\alpha_1,\alpha_2,\cdots,\alpha_{n_1}$ 下的矩阵为 $\boldsymbol{A}_1$；$\mathcal{A}$ 在商空间 V/W 上诱导的线性变换 $\bar{\mathcal{A}}$ 在 V/W 的一个基 $\alpha_{n_1+1}+W,\cdots,\alpha_n+W$ 下的矩阵为 $\boldsymbol{A}_2$。由于 $\boldsymbol{A}_1,\boldsymbol{A}_2$ 分别有 Jordan 标准形 $\boldsymbol{J}_1,\boldsymbol{J}_2$，因此 $\mathcal{A}|W$，$\bar{\mathcal{A}}$ 分别有 Jordan 标准形 $\boldsymbol{J}_1,\boldsymbol{J}_2$。$\mathcal{A}|W$ 的特征多项式就是 $\boldsymbol{A}_1$ 的特征多项式 $f_1(\lambda)$，$\bar{\mathcal{A}}$ 的特征多项式就是 $\boldsymbol{A}_2$ 的特征多项式 $f_2(\lambda)$。由于 $f_1(\lambda)$ 与 $f_2(\lambda)$ 互素，因此根据例 17 的点评后面的结论得，$\mathcal{A}$ 的 Jordan 标准形为 $\mathrm{diag}\{\boldsymbol{J}_1,\boldsymbol{J}_2\}$，这也就是 $\boldsymbol{A}$ 的 Jordan 标准形。∎

例 19   证明：数域 K 上的 r 级 Jordan 块 $\boldsymbol{J}_r(1)$ 与它的 k 次幂 $\boldsymbol{J}_r(1)^k$ 相似，其中 k 是正整数。

证明 $\boldsymbol{J}_r(1)^k$ 是主对角元都为 1 的上三角矩阵，因此 $\boldsymbol{J}_r(1)^k$ 的特征多项式 $f(\lambda) = (\lambda-1)^r$，从而 $\boldsymbol{J}_r(1)^k$ 有 Jordan 标准形 $\boldsymbol{J}$。$\boldsymbol{J}$ 的主对角元为 1 的 Jordan 块的总数为 $r-\mathrm{rank}(\boldsymbol{J}_r(1)^k-\boldsymbol{I})$。由于 $\boldsymbol{J}_r(1) = \boldsymbol{I}+\boldsymbol{J}_r(0)$，因此

$$\boldsymbol{J}_r(1)^k = [\boldsymbol{I}+\boldsymbol{J}_r(0)]^k = \boldsymbol{I}+\mathrm{C}_k^1 \boldsymbol{J}_r(0)+\mathrm{C}_k^2 \boldsymbol{J}_r(0)^2+\cdots+\mathrm{C}_k^k \boldsymbol{J}_r(0)^k,$$

于是 $\boldsymbol{J}_r(1)^k-\boldsymbol{I}$ 是阶梯形矩阵，它有 $r-1$ 个非零行，从而 $\mathrm{rank}(\boldsymbol{J}_r(1)^k-\boldsymbol{I})=r-1$。因此 $r-\mathrm{rank}(\boldsymbol{J}_r(1)^k-\boldsymbol{I})=r-(r-1)=1$。于是 $\boldsymbol{J}_r(1)^k$ 的 Jordan 标准形 $\boldsymbol{J}=\boldsymbol{J}_r(1)$，所以 $\boldsymbol{J}_r(1)^k \sim \boldsymbol{J}_r(1)$。∎

例 20   设 $\mathcal{A}$ 是域 F 上 n 维线性空间 V 上的线性变换。证明：如果 $\mathcal{A}$ 的最小多项式 $m(\lambda)$ 在 $F[\lambda]$ 中可分解成一次因式的乘积，且 $\deg m(\lambda)=n$，那么 $\mathcal{A}$ 的 Jordan 标准形 $\boldsymbol{J}$ 中各个 Jordan 块的主对角元互不相同。

证明   由于 $\deg m(\lambda)=n$，因此 $\mathcal{A}$ 的特征多项式 $f(\lambda)$ 等于 $m(\lambda)$。设 $f(\lambda)$ 在 $F[\lambda]$ 中的标准分解式为

$$f(\lambda) = (\lambda-\lambda_1)^{r_1}(\lambda-\lambda_2)^{r_2}\cdots(\lambda-\lambda_s)^{r_s}, \tag{54}$$

其中 $\lambda_1,\lambda_2,\cdots,\lambda_s$ 是 F 中两两不等的元素。从 (54) 式得

$$V = \mathrm{Ker}(\mathcal{A}-\lambda_1 \mathcal{I})^{r_1} \oplus \mathrm{Ker}(\mathcal{A}-\lambda_2 \mathcal{I})^{r_2} \oplus \cdots \oplus \mathrm{Ker}(\mathcal{A}-\lambda_s \mathcal{I})^{r_s}.$$

记 $W_j=\mathrm{Ker}(\mathcal{A}-\lambda_j \mathcal{I})^{r_j}$，令 $\mathcal{B}_j=\mathcal{A}|W_j-\lambda_j \boldsymbol{I}$，$j=1,2,\cdots,s$，则 $\mathcal{B}_j$ 是 W_j 上的幂零变换，其幂零指数为 r_j。又由于 $\mathcal{A}$ 的根子空间 W_j 的维数等于 λ_j 的代数重数 r_j，因此 $\mathcal{B}_j$ 的幂零指

数 r_j 等于 $\dim W_j$，从而 $\mathcal{B}_j$ 在 W_j 的一个适当基下的矩阵 $\boldsymbol{B}_j$ 是一个 Jordan 块 $\boldsymbol{J}_{r_j}(0)$，于是 $\mathcal{A}|W_j$ 在 W_j 的这个基下的矩阵 $\boldsymbol{A}_j = \lambda_j \boldsymbol{I} + \boldsymbol{B}_j = \boldsymbol{J}_{r_j}(\lambda_j)$。因此 $\mathcal{A}$ 在由 $W_1, W_2, \cdots, W_s$ 的一个基合起来所成的 V 的一个基下的矩阵 $\boldsymbol{J}$ 为

$$\boldsymbol{J} = \operatorname{diag}\{\boldsymbol{J}_{r_1}(\lambda_1), \boldsymbol{J}_{r_2}(\lambda_2), \cdots, \boldsymbol{J}_{r_s}(\lambda_s)\},$$

$\boldsymbol{J}$ 是 Jordan 形矩阵，其各个 Jordan 块的主对角元互不相同。 ∎

例 21 求 $\boldsymbol{J}_n(0)^2$ 的 Jordan 标准形 $(n>1)$。

解 由于 $\operatorname{rank}(\boldsymbol{J}_n(0)^2) = n-2$，因此 $\boldsymbol{J}_n(0)^2$ 的 Jordan 标准形 $\boldsymbol{J}$ 中，主对角元为 0 的 Jordan 块总数为 $n-(n-2)=2$。$\boldsymbol{J}_n(0)$ 的幂零指数为 n。

当 $n=2m$ 时，由于 $[\boldsymbol{J}_n(0)^2]^m = \boldsymbol{J}_n(0)^{2m} = \boldsymbol{0}$，而 $[\boldsymbol{J}_n(0)^2]^{m-1} = \boldsymbol{J}_n(0)^{2m-2} \neq \boldsymbol{0}$，因此 $\boldsymbol{J}_n(0)^2$ 的幂零指数为 m。于是根据习题 9.7 的第 9 题得，$\boldsymbol{J}_n(0)^2$ 的 Jordan 标准形 $\boldsymbol{J}$ 中有 m 级 Jordan 块 $\boldsymbol{J}_m(0)$，从而 $\boldsymbol{J} = \operatorname{diag}\{\boldsymbol{J}_m(0), \boldsymbol{J}_m(0)\}$。

当 $n=2m+1$ 时，由于 $[\boldsymbol{J}_n(0)^2]^{m+1} = \boldsymbol{J}_n(0)^{2m+2} = \boldsymbol{0}$，而 $[\boldsymbol{J}_n(0)^2]^m = \boldsymbol{J}_n(0)^{2m} \neq \boldsymbol{0}$，因此 $\boldsymbol{J}_n(0)^2$ 的幂零指数为 $m+1$，于是 $\boldsymbol{J}_n(0)^2$ 的 Jordan 的标准形 $\boldsymbol{J}$ 中有 $m+1$ 级 Jordan 块 $\boldsymbol{J}_{m+1}(0)$，从而 $\boldsymbol{J} = \operatorname{diag}\{\boldsymbol{J}_{m+1}(0), \boldsymbol{J}_m(0)\}$。

例 22 设 a 是域 F 中非零元，求 $\boldsymbol{J}_r(a)^2$ 的 Jordan 标准形。

解 $\boldsymbol{J}_r(a) = a\boldsymbol{I} + \boldsymbol{J}_r(0)$，于是 $[\boldsymbol{J}_r(a)]^2 = a^2\boldsymbol{I} + 2a\boldsymbol{J}_r(0) + \boldsymbol{J}_r(0)^2$，从而 $\boldsymbol{J}_r(a)^2$ 的特征多项式 $f(\lambda) = (\lambda - a^2)^r$，于是 $\boldsymbol{J}_r(a)^2$ 有 Jordan 标准形 $\boldsymbol{J}$。由于 $a \neq 0$，因此 $\operatorname{rank}(\boldsymbol{J}_r(a)^2 - a^2\boldsymbol{I}) = \operatorname{rank}(2a\boldsymbol{J}_r(0) + \boldsymbol{J}_r(0)^2) = r-1$，从而 $\boldsymbol{J}$ 中主对角元为 a^2 的 Jordan 块总数为 $r-(r-1)=1$，因此 $\boldsymbol{J} = \boldsymbol{J}_r(a^2)$，即 $\boldsymbol{J}_r(a)^2$ 的 Jordan 标准形为 $\boldsymbol{J}_r(a^2)$。

例 23 设 a 是非零复数。证明：$\boldsymbol{J}_r(a)$ 有平方根，即存在 r 级复矩阵 $\boldsymbol{B}$，使得 $\boldsymbol{B}^2 = \boldsymbol{J}_r(a)$。

证明 根据例 22 得，$\boldsymbol{J}_r(\sqrt{a})^2 \sim \boldsymbol{J}_r(a)$，因此存在 r 级可逆复矩阵 $\boldsymbol{P}$，使得 $\boldsymbol{P}^{-1}\boldsymbol{J}_r(\sqrt{a})^2 \boldsymbol{P} = \boldsymbol{J}_r(a)$，从而

$$\boldsymbol{J}_r(a) = \boldsymbol{P}^{-1}\boldsymbol{J}_r(\sqrt{a})\boldsymbol{P}\boldsymbol{P}^{-1}\boldsymbol{J}_r(\sqrt{a})\boldsymbol{P} = [\boldsymbol{P}^{-1}\boldsymbol{J}_r(\sqrt{a})\boldsymbol{P}]^2。$$

令 $\boldsymbol{B} = \boldsymbol{P}^{-1}\boldsymbol{J}_r(\sqrt{a})\boldsymbol{P}$，则 $\boldsymbol{B}^2 = \boldsymbol{J}_r(a)$。 ∎

例 24 证明：任一 n 级可逆复矩阵 $\boldsymbol{A}$ 都有平方根。

证明 设 $\boldsymbol{A}$ 的 Jordan 标准形为

$$\boldsymbol{J} = \operatorname{diag}\{\boldsymbol{J}_{r_1}(\lambda_1), \boldsymbol{J}_{r_2}(\lambda_2), \cdots, \boldsymbol{J}_{r_m}(\lambda_m)\},$$

其中 $\lambda_1, \lambda_2, \cdots, \lambda_m$ 是 $\boldsymbol{A}$ 的特征值（它们中可能有相同的）。由于 $\boldsymbol{A}$ 可逆，因此 $\lambda_i \neq 0, i = 1, 2, \cdots, m$。根据例 23 得，存在 r_i 级复矩阵 $\boldsymbol{B}_i$，使得 $\boldsymbol{B}_i^2 = \boldsymbol{J}_{r_i}(\lambda_i), i = 1, 2, \cdots, m$。令 $\boldsymbol{B} = \operatorname{diag}\{\boldsymbol{B}_1, \boldsymbol{B}_2, \cdots, \boldsymbol{B}_m\}$，则

$$\boldsymbol{B}^2 = \operatorname{diag}\{\boldsymbol{B}_1^2, \boldsymbol{B}_2^2, \cdots, \boldsymbol{B}_m^2\} = \operatorname{diag}\{\boldsymbol{J}_{r_1}(\lambda_1), \boldsymbol{J}_{r_2}(\lambda_2), \cdots, \boldsymbol{J}_{r_m}(\lambda_m)\} = \boldsymbol{J}。$$

由于 $\boldsymbol{A} \sim \boldsymbol{J}$，因此存在 n 级可逆复矩阵 $\boldsymbol{P}$，使得 $\boldsymbol{A} = \boldsymbol{P}^{-1}\boldsymbol{J}\boldsymbol{P}$，从而 $\boldsymbol{A} = \boldsymbol{P}^{-1}\boldsymbol{B}^2\boldsymbol{P} = (\boldsymbol{P}^{-1}\boldsymbol{B}\boldsymbol{P})^2$，即 $\boldsymbol{A}$ 有平方根。 ∎

点评： 例 24 中利用 n 级复矩阵都有 Jordan 标准形，水到渠成地证明了任一 n 级可逆复矩阵 $\boldsymbol{A}$ 都有平方根，其中关键是证明复数域上主对角元不为 0 的 Jordan 块有平方根（即例 23）。在 9.7 节例 13 中，我们证明了幂零指数等于级数的幂零矩阵没有平方根。

由此看出,不可逆的 n 级矩阵有可能没有平方根。不可逆的 n 级复矩阵 $\boldsymbol{A}$ 需要满足什么条件才能有平方根呢? 从例 21 看出,如果 $\boldsymbol{A}$ 的 Jordan 标准形 $\boldsymbol{J}$ 中主对角元为 0 的 Jordan 块按照 $\{\boldsymbol{J}_r(0),\boldsymbol{J}_r(0)\}$ 或 $\{\boldsymbol{J}_{r+1}(0),\boldsymbol{J}_r(0)\}$ 成对出现,那么由于 $\boldsymbol{J}_{2r}(0)^2 \sim$ diag$\{\boldsymbol{J}_r(0),\boldsymbol{J}_r(0)\},\boldsymbol{J}_{2r+1}(0)^2 \sim$ diag$\{\boldsymbol{J}_{r+1}(0),\boldsymbol{J}_r(0)\}$,因此 $\boldsymbol{A}$ 有平方根。先看下面的例 25。

例 25　设数域 K 上的 3 级矩阵 $\boldsymbol{A}$ 为

$$\boldsymbol{A}=\begin{pmatrix} -2 & 1 & 0 \\ -4 & 2 & 0 \\ -2 & 1 & 0 \end{pmatrix}。$$

试问:$\boldsymbol{A}$ 是否有平方根? 如果有,求出 $\boldsymbol{A}$ 的一个平方根。

解　把例 1 第(2)小题的矩阵记作 $\boldsymbol{B}$,则 $\boldsymbol{A}=\boldsymbol{B}-2\boldsymbol{I}$,从而 $\boldsymbol{A}$ 的 Jordan 标准形 $\boldsymbol{J}=$ diag$\{\boldsymbol{J}_1(0),\boldsymbol{J}_2(0)\}$。例 2 的第(2)小题已求出可逆矩阵 $\boldsymbol{P}$,它使得 $\boldsymbol{P}^{-1}\boldsymbol{AP}=\boldsymbol{J}$,其中

$$\boldsymbol{P}=\begin{pmatrix} 0 & 1 & -\frac{1}{2} \\ 0 & 2 & 0 \\ 1 & 1 & 0 \end{pmatrix}, \boldsymbol{P}^{-1}=\begin{pmatrix} 0 & -\frac{1}{2} & 1 \\ 0 & \frac{1}{2} & 0 \\ -2 & 1 & 0 \end{pmatrix}。$$

根据例 21 的结论得,$\boldsymbol{J}_3(0)^2 \sim \boldsymbol{J}$。设 $\boldsymbol{S}=(\boldsymbol{Y}_1,\boldsymbol{Y}_2,\boldsymbol{Y}_3)$ 使得 $\boldsymbol{S}^{-1}\boldsymbol{J}_3(0)^2\boldsymbol{S}=\boldsymbol{J}$,则

$$(\boldsymbol{J}_3(0)^2\boldsymbol{Y}_1,\boldsymbol{J}_3(0)^2\boldsymbol{Y}_2,\boldsymbol{J}_3(0)^2\boldsymbol{Y}_3)=(\boldsymbol{0},\boldsymbol{0},\boldsymbol{Y}_2),$$

从而 $\boldsymbol{J}_3(0)^2\boldsymbol{Y}_1=\boldsymbol{0},\boldsymbol{J}_3(0)^2\boldsymbol{Y}_2=\boldsymbol{0},\boldsymbol{J}_3(0)^2\boldsymbol{Y}_3=\boldsymbol{Y}_2$。

解齐次线性方程组 $\boldsymbol{J}_3(0)^2\boldsymbol{z}=\boldsymbol{0}$,得一个基础解系:

$$\boldsymbol{Y}_1=(0,1,0)',\boldsymbol{Y}_2=(1,0,0)'$$

解线性方程组 $\boldsymbol{J}_3(0)^2\boldsymbol{z}=\boldsymbol{Y}_2$,求出一个特解:

$$\boldsymbol{Y}_3=(0,0,1)'$$

于是

$$\boldsymbol{S}=\begin{pmatrix} 0 & 1 & 0 \\ 1 & 0 & 0 \\ 0 & 0 & 1 \end{pmatrix},\boldsymbol{S}^{-1}=\boldsymbol{S}。$$

综上所述得

$$\boldsymbol{A}=\boldsymbol{PJP}^{-1}=\boldsymbol{P}(\boldsymbol{S}^{-1}\boldsymbol{J}_3(0)^2\boldsymbol{S})\boldsymbol{P}^{-1}=(\boldsymbol{PS}^{-1}\boldsymbol{J}_3(0)\boldsymbol{SP}^{-1})^2。$$

计算

$$\boldsymbol{PS}^{-1}\boldsymbol{J}_3(0)\boldsymbol{SP}^{-1}=\boldsymbol{P}\begin{pmatrix} 0 & 0 & 1 \\ 1 & 0 & 0 \\ 0 & 0 & 0 \end{pmatrix}\boldsymbol{P}^{-1}=\begin{pmatrix} 0 & -\frac{1}{2} & 1 \\ 0 & -1 & 2 \\ -2 & \frac{1}{2} & 1 \end{pmatrix}。 \tag{55}$$

(55)式所示的矩阵就是 $\boldsymbol{A}$ 的一个平方根。

例 26　证明:不可逆的 n 级复矩阵 $\boldsymbol{A}$ 有平方根当且仅当 $\boldsymbol{A}$ 的 Jordan 标准形 $\boldsymbol{J}$ 中主对角元为 0 的 Jordan 块按照 $\{\boldsymbol{J}_r(0),\boldsymbol{J}_r(0)\}$ 或 $\{\boldsymbol{J}_r(0),\boldsymbol{J}_{r+1}(0)\}$ 成对出现,只有 1 级 Jordan 块 $\boldsymbol{J}_1(0)$ 可以单独出现。

证明 把 A 的 Jordan 标准形中主对角元为 0 的 Jordan 块调至前面, 组成一个 Jordan 形矩阵 B, 把主对角元不为 0 的 Jordan 块调至后面, 组成一个 Jordan 形矩阵 C, 则

$$J = \mathrm{diag}\{B, C\},$$

其中 B 是 n_1 级幂零矩阵, C 是 n_2 级可逆矩阵。

充分性。根据例 24 得, 存在 n_2 级可逆复矩阵 G 使得 $G^2 = C$。已知 B 中 Jordan 块按照 $\{J_r(0), J_r(0)\}$ 或 $\{J_r(0), J_{r+1}(0)\}$ 成对出现, 只有 $J_1(0)$ 可以单独出现。由于 $J_{2r}(0)^2 \sim \mathrm{diag}\{J_r(0), J_r(0)\}$, $J_{2r+1}(0)^2 \sim \mathrm{diag}\{J_r(0), J_{r+1}(0)\}$, $J_1(0)^2 = J_1(0)$, 因此存在 n_1 级复矩阵 H, 使得 $H^2 = B$, 从而

$$(\mathrm{diag}\{H, G\})^2 = \mathrm{diag}\{B, C\} = J。$$

由于 $A \sim J$, 因此存在 n 级复矩阵 P, 使得 $A = P^{-1}JP$, 从而

$$A = P^{-1}(\mathrm{diag}\{H, G\})^2 P = (P^{-1}\mathrm{diag}\{H, G\}P)^2。$$

必要性。设 A 有平方根 M, 即 $M^2 = A$。设 M 的 Jordan 标准形为 J_M, 把 J_M 中的主对角元为 0 的 Jordan 块调至前面组成 Jordan 形矩阵 N; 其余的 Jordan 块调到后面, 组成 Jordan 形矩阵 L, 则 $J_M = \mathrm{diag}\{N, L\}$, 其中 N 是幂零矩阵, L 是可逆矩阵。由于 $M \sim J_M$, 因此 $M^2 \sim J_M^2$, 从而 $A \sim J_M^2$。由于 $A \sim J$, 因此 $J_M^2 \sim J$, 即

$$\mathrm{diag}\{N^2, L^2\} \sim \mathrm{diag}\{B, C\}。$$

由于 N^2 是幂零矩阵, L^2 是可逆矩阵, 因此 $N^2 \sim B$, $L^2 \sim C$, 从而 N 是 n_1 级矩阵, L 是 n_2 级矩阵。假如 B 中有一个 u 级 $(u > 1)$ Jordan 块 $J_u(0)$, 没有另一个 Jordan 块 $J_u(0)$ 或 $J_{u+1}(0)$ 与它匹配, 那么 N 中需要有一个 u 级 Jordan 块 $\tilde{J}_u(0)$, 使得 $\tilde{J}_u(0)^2 \sim J_u(0)$。但是 $\mathrm{rank}(\tilde{J}_u(0)^2) = u-2$, $\mathrm{rank}(J_u(0)) = u-1$, 这与相似的矩阵有相同的秩矛盾, 因此 B 中的 Jordan 块一定是按照 $\{J_r(0), J_r(0)\}$ 或 $\{J_r(0), J_{r+1}(0)\}$ 成对出现, 只有 $J_1(0)$ 可以单独出现。 ∎

例 27 对于例 1 第 (1) 小题的 A, 计算 A^{10}。

解 从例 1 第 (1) 小题知道, A 的 Jordan 标准形是

$$J = \mathrm{diag}\left\{(1), \begin{pmatrix} 3 & 1 \\ 0 & 3 \end{pmatrix}\right\}。$$

从例 2 第 (1) 小题知道, 可逆矩阵

$$P = \begin{pmatrix} 2 & 1 & -1 \\ 0 & -1 & 0 \\ -1 & 2 & 0 \end{pmatrix},$$

使得 $P^{-1}AP = J$, 从而 $A = PJP^{-1}$, $A^{10} = PJ^{10}P^{-1}$, 计算出

$$P^{-1} = \begin{pmatrix} 0 & -2 & -1 \\ 0 & -1 & 0 \\ -1 & -5 & -2 \end{pmatrix},$$

$$\begin{pmatrix} 3 & 1 \\ 0 & 3 \end{pmatrix}^{10} = \left[3I + \begin{pmatrix} 0 & 1 \\ 0 & 0 \end{pmatrix}\right]^{10}$$

$$= 3^{10}I + 10 \cdot 3^9 \begin{pmatrix} 0 & 1 \\ 0 & 0 \end{pmatrix} = \begin{pmatrix} 3^{10} & 10 \cdot 3^9 \\ 0 & 3^{10} \end{pmatrix}。$$

因此

$$A^{10} = P \begin{bmatrix} 1 & 0 & 0 \\ 0 & 3^{10} & 10 \cdot 3^9 \\ 0 & 0 & 3^{10} \end{bmatrix} P^{-1}$$

$$= \begin{bmatrix} -7 \cdot 3^9 & -38 \cdot 3^9 - 4 & -14 \cdot 3^9 - 2 \\ 10 \cdot 3^9 & 53 \cdot 3^9 & 20 \cdot 3^9 \\ -20 \cdot 3^9 & -106 \cdot 3^9 + 2 & -40 \cdot 3^9 + 1 \end{bmatrix}.$$

例 28 设

$$A = \begin{bmatrix} 1 & 0 & 0 \\ 1 & 0 & 1 \\ 0 & 1 & 0 \end{bmatrix},$$

求 $A^{100} + 2A^{90} + 3A^{60}$。

解 令 $g(\lambda) = \lambda^{100} + 2\lambda^{90} + 3\lambda^{60}$。计算 A 的特征多项式

$$f(\lambda) = |\lambda I - A| = (\lambda - 1)^2 (\lambda + 1) = \lambda^3 - \lambda^2 - \lambda + 1. \tag{56}$$

用 $f(\lambda)$ 去除 $g(\lambda)$，作带余除法：

$$g(\lambda) = h(\lambda) f(\lambda) + r(\lambda), \deg r(\lambda) < \deg f(\lambda) = 3. \tag{57}$$

设 $r(\lambda) = c_2 \lambda^2 + c_1 \lambda + c_0$，其中 c_2, c_1, c_0 待定，

$$A^{100} + 2A^{90} + 3A^{60} = g(A) = r(A). \tag{58}$$

λ 分别用 A 的特征值 $1, -1$ 代入，从(57)式得

$$6 = c_2 + c_1 + c_0, \tag{59}$$

$$6 = c_2 - c_1 + c_0. \tag{60}$$

在(57)式两边求导数，得

$$g'(\lambda) = h'(\lambda) f(\lambda) + h(\lambda) f'(\lambda) + r'(\lambda),$$

即

$$100\lambda^{99} + 180\lambda^{89} + 180\lambda^{59} = h'(\lambda) f(\lambda) + h(\lambda) f'(\lambda) + 2c_2 \lambda + c_1. \tag{61}$$

λ 用 1 代入，注意 1 是 $f(\lambda)$ 的 2 重根，因此 $f'(1) = 0$。从(61)式得

$$460 = 2c_2 + c_1. \tag{62}$$

联立(59)、(60)、(62)式，解得

$$c_2 = 230, \qquad c_1 = 0, \qquad c_0 = -224.$$

因此

$$A^{100} + 2A^{90} + 3A^{60} = 230A^2 - 224I,$$

$$A^2 = \begin{bmatrix} 1 & 0 & 0 \\ 1 & 0 & 1 \\ 0 & 1 & 0 \end{bmatrix} \begin{bmatrix} 1 & 0 & 0 \\ 1 & 0 & 1 \\ 0 & 1 & 0 \end{bmatrix} = \begin{bmatrix} 1 & 0 & 0 \\ 1 & 1 & 0 \\ 0 & 0 & 1 \end{bmatrix},$$

于是

$$A^{100} + 2A^{90} + 3A^{60} = \begin{bmatrix} 6 & 0 & 0 \\ 230 & 6 & 0 \\ 230 & 0 & 6 \end{bmatrix}. \tag{63}$$

例 29 设 A 为例 28 中的 3 级矩阵。证明:当 $k \geqslant 3$ 时,有

$$A^k = A^{k-2} + A^2 - I, \tag{64}$$

然后利用这个公式计算 A^{100},A^{90},A^{60},以及 $A^{100} + 2A^{90} + 3A^{60}$。

证明 在例 28 中已计算出 $f(\lambda) = \lambda^3 - \lambda^2 - \lambda + 1$,因此

$$A^3 = A^2 + A - I, \tag{65}$$

于是当 $k = 3$ 时,公式(64)成立。

假设 $k \geqslant 3$ 时公式(64)成立,来看 $k+1$ 的情形。

$$A^{k+1} = A(A^{k-2} + A^2 - I) = A^{k-1} + A^3 - A$$
$$= A^{k-1} + (A^2 + A - I) - A = A^{k-1} + A^2 - I。$$

根据数学归纳法原理,公式(64)对一切大于 2 的整数 k 成立。

$$A^4 = A^2 + A^2 - I = 2A^2 - I,$$

猜测

$$A^{2r} = rA^2 - (r-1)I。 \tag{66}$$

当 $r = 2$ 时,公式(66)成立。假设 $r \geqslant 2$ 时公式(66)成立,来看 $r+1$ 的情形。

$$A^{2(r+1)} = A^{2r}A^2 = (rA^2 - (r-1)I)A^2 = rA^4 - (r-1)A^2$$
$$= r(2A^2 - I) - (r-1)A^2 = (r+1)A^2 - rI,$$

因此对一切大于 1 的正整数 r,公式(66)成立,从而

$$A^{100} = 50A^2 - 49I = \begin{pmatrix} 1 & 0 & 0 \\ 50 & 1 & 0 \\ 50 & 0 & 1 \end{pmatrix}, \quad A^{90} = 45A^2 - 44I = \begin{pmatrix} 1 & 0 & 0 \\ 45 & 1 & 0 \\ 45 & 0 & 1 \end{pmatrix},$$

$$A^{60} = 30A^2 - 29I = \begin{pmatrix} 1 & 0 & 0 \\ 30 & 1 & 0 \\ 30 & 0 & 1 \end{pmatrix}, \quad A^{100} + 2A^{90} + 3A^{60} = \begin{pmatrix} 6 & 0 & 0 \\ 230 & 6 & 0 \\ 230 & 0 & 6 \end{pmatrix}。$$

点评: 例 28 和例 29 给出了计算 $A^{100} + 2A^{90} + 3A^{60}$ 的两种方法,这两种方法都利用了 Hamilton-Cayley 定理;例 27 是利用 A 的 Jordan 标准形计算 A 的方幂。计算 A 的方幂的这 3 种方法究竟选用哪一种,应具体问题具体分析。用 Jordan 标准形计算 A 的方幂的难点在于过渡矩阵 P 有时不是很容易求出。

例 30 设 $\mathcal{A}$ 是域 F 上 n 维线性空间 V 上的线性变换,$\mathcal{A}$ 的特征多项式 $f(\lambda)$ 在 $F[\lambda]$ 中可以分解成一次因式的乘积,$\lambda_1, \lambda_2, \cdots, \lambda_s$ 是 $\mathcal{A}$ 的所有不同的特征值。证明:$\mathcal{A}$ 的 Jordan 标准形 J 恰好由 s 个 Jordan 块组成当且仅当对于 $\mathcal{A}$ 的每个特征值 λ_j 有 $\dim V_{\lambda_j} = 1$。

证明 $\mathcal{A}$ 的 Jordan 标准形 J 中,主对角元为 λ_j 的 Jordan 块的总数为

$$n - \text{rank}(\mathcal{A} - \lambda_j \mathcal{I}) = n - \dim(\text{Im}(\mathcal{A} - \lambda_j \mathcal{I}))$$
$$= \dim \text{Ker}(\mathcal{A} - \lambda_j \mathcal{I}) = \dim V_{\lambda_j},$$

因此

$\mathcal{A}$ 的 Jordan 标准形 J 恰好由 s 个 Jordan 块组成

$\Longleftrightarrow$ J 中主对角元为 λ_j 的 Jordan 块恰有 1 个,$j = 1, 2, \cdots, s$

$\Longleftrightarrow$ $\dim V_{\lambda_j} = 1, j = 1, 2, \cdots, s$。∎

例 31 设 $\mathcal{A}$ 是域 F 上 n 维线性空间 V 上的线性变换,且 $\mathcal{A}$ 有 Jordan 标准形 $J =$

$\mathrm{diag}\{\boldsymbol{J}_{n_1}(\lambda_1),\boldsymbol{J}_{n_2}(\lambda_2),\cdots,\boldsymbol{J}_{n_s}(\lambda_s)\}$。证明:$V$ 中恰有 s 个 1 维 $\mathscr{A}$ 不变子空间当且仅当 λ_1,$\lambda_2,\cdots,\lambda_s$ 两两不等。

证明 V 中 1 维 $\mathscr{A}$ 不变子空间是由 $\mathscr{A}$ 的一个特征向量生成的子空间,从而它是 $\mathscr{A}$ 的某个特征子空间的一个 1 维子空间。

充分性。设 $\lambda_1,\lambda_2,\cdots,\lambda_s$ 两两不等。由于 $\mathscr{A}$ 的 Jordan 标准形 $\boldsymbol{J}$ 恰由 s 个 Jordan 块 $\boldsymbol{J}_{n_1}(\lambda_1),\boldsymbol{J}_{n_2},\cdots,\boldsymbol{J}_{n_s}(\lambda_s)$ 组成,因此根据例 30 的必要性得,对于 $\mathscr{A}$ 的每个特征值 λ_j,有 $\dim V_{\lambda_j}=1$。由于每个 1 维 $\mathscr{A}$ 不变子空间是某个 V_{λ_j} 的 1 维子空间,因此 1 维 $\mathscr{A}$ 不变子空间恰有 s 个:$V_{\lambda_1},V_{\lambda_2},\cdots,V_{\lambda_s}$。

必要性。设 V 中恰有 s 个 1 维 $\mathscr{A}$ 不变子空间。设 $\mathscr{A}$ 在 V 的一个基 $\alpha_{11},\cdots,\alpha_{1n_1},\cdots,$ $\alpha_{s1}\cdots,\alpha_{sn_s}$ 下的矩阵为 Jordan 形矩阵 $\boldsymbol{J}=\mathrm{diag}\{\boldsymbol{J}_{n_1}(\lambda_1),\boldsymbol{J}_{n_2}(\lambda_2),\cdots,\boldsymbol{J}_{n_s}(\lambda_s)\}$。对于 Jordan 块 $\boldsymbol{J}_{n_i}(\lambda_i)$,有 $\mathscr{A}\alpha_{i1}=\lambda_i\alpha_{i1}$,于是 α_{i1} 是 $\mathscr{A}$ 的属于特征值 λ_i 的一个特征向量,从而 $\langle\alpha_{i1}\rangle$ 是 1 维 $\mathscr{A}$ 不变子空间。因此 V 中至少有 s 个 1 维 $\mathscr{A}$ 不变子空间:$\langle\alpha_{11}\rangle,\langle\alpha_{21}\rangle,\cdots,\langle\alpha_{s1}\rangle$。假如 $\lambda_1,\lambda_2,\cdots,\lambda_s$ 中有相同的,不妨设 $\lambda_1=\lambda_2$。由于 $\langle\alpha_{11}\rangle\subseteq V_{\lambda_1}$,$\langle\alpha_{21}\rangle\subseteq V_{\lambda_2}=V_{\lambda_1}$,因此 $\dim V_{\lambda_1}\geqslant2$。由于 $\alpha_{11}+\alpha_{21}\in V_{\lambda_1}$,且 $\alpha_{11}+\alpha_{21}\neq0$,因此 $\langle\alpha_{11}+\alpha_{21}\rangle$ 也是 1 维 $\mathscr{A}$ 不变子空间,于是 V 中 1 维 $\mathscr{A}$ 不变子空间至少有 $s+1$ 个,矛盾。因此 $\lambda_1,\lambda_2,\cdots,\lambda_s$ 两两不等。∎

点评:从例 31 的必要性的证明中看到:如果 $\mathscr{A}$ 在 V 的一个基 $\alpha_{11},\cdots,\alpha_{1n_1},\alpha_{21},\cdots,$ $\alpha_{2n_2},\cdots,\alpha_{s1},\cdots,\alpha_{sn_s}$ 下的矩阵是 Jordan 形矩阵 $\boldsymbol{J}=\mathrm{diag}\{\boldsymbol{J}_{n_1}(\lambda_1),\boldsymbol{J}_{n_2}(\lambda_2),\cdots,\boldsymbol{J}_{n_s}(\lambda_s)\}$,那么对于其中的每个 Jordan 块 $\boldsymbol{J}_{n_i}(\lambda_i)$,基向量 α_{i1} 是 $\mathscr{A}$ 的属于特征值 λ_i 的一个特征向量,$i=1,2,\cdots,s$,从而 V 中至少有 s 个 1 维 $\mathscr{A}$ 不变子空间:$\langle\alpha_{11}\rangle,\langle\alpha_{21}\rangle,\cdots,\langle\alpha_{s1}\rangle$。

习题 9.8

1. 求下列数域 K 上的矩阵 $\boldsymbol{A}$ 的 Jordan 标准形:

(1) $\begin{bmatrix} 4 & -5 & 2 \\ 5 & -7 & 3 \\ 6 & -9 & 4 \end{bmatrix}$;   (2) $\begin{bmatrix} 1 & -3 & 4 \\ 4 & -7 & 8 \\ 6 & -7 & 7 \end{bmatrix}$;   (3) $\begin{bmatrix} 13 & 16 & 16 \\ -5 & -7 & -6 \\ -6 & -8 & -7 \end{bmatrix}$;

(4) $\begin{bmatrix} 3 & 0 & 8 \\ 3 & -1 & 6 \\ -2 & 0 & -5 \end{bmatrix}$;   (5) $\begin{bmatrix} 3 & -4 & 0 & 2 \\ 4 & -5 & -2 & 4 \\ 0 & 0 & 3 & -2 \\ 0 & 0 & 2 & -1 \end{bmatrix}$。

2. 对于第 1 题的第(1)、(2)、(4)小题中的矩阵 $\boldsymbol{A}$,求可逆矩阵 $\boldsymbol{P}$,使得 $\boldsymbol{P}^{-1}\boldsymbol{A}\boldsymbol{P}=\boldsymbol{J}$。

3. 设域 F 上的 n 级矩阵 $\boldsymbol{A}$ 为上三角矩阵,其主对角元都为 a_1,且 $a_2\neq0$,求 $\boldsymbol{A}$ 的 Jordan 标准形:

$$\boldsymbol{A}=\begin{bmatrix} a_1 & a_2 & a_3 & \cdots & a_{n-1} & a_n \\ 0 & a_1 & a_2 & \cdots & a_{n-2} & a_{n-1} \\ \vdots & \vdots & \vdots & & \vdots & \vdots \\ 0 & 0 & 0 & \cdots & a_1 & a_2 \\ 0 & 0 & 0 & \cdots & 0 & a_1 \end{bmatrix}。$$

4. 设 A 是 n 级复矩阵, $n>1$。如果 rank$(A)=1$, 求 A 的 Jordan 标准形。

5. 设 A 是 n 级复矩阵, $n>1$。如果 tr$(A)=$rank$(A)=1$, 求 A 的 Jordan 标准形。

6. 设 A 是数域 K 上的 n 级矩阵, 证明: 如果 A 的特征多项式 $f(\lambda)=(\lambda-1)^n$, 那么 $A\sim A^k$, 其中 k 是正整数。

7. 设域 F 上的 n 级矩阵 A 有 Jordan 标准形。证明: A 可对角化当且仅当对于 A 的任一特征值 λ_i 有

$$\text{rank}(A-\lambda_i I)^2 = \text{rank}(A-\lambda_i I)。$$

8. 设 A 是域 F 上 n 级上三角矩阵 $(n\geqslant 3)$:

$$A=\begin{pmatrix} a & 0 & 1 & 0 & 0 & \cdots & 0 & 0 \\ 0 & a & 0 & 1 & 0 & \cdots & 0 & 0 \\ \vdots & \vdots & \vdots & \vdots & \vdots & & \vdots & \vdots \\ 0 & 0 & 0 & 0 & 0 & \cdots & a & 0 \\ 0 & 0 & 0 & 0 & 0 & \cdots & 0 & a \end{pmatrix},$$

求 A 的 Jordan 标准形。

9. 对第 1 题的第(1)、(3)小题中的 A, 求 A^{10}。

10. 设 $A=\begin{pmatrix} 0 & 1 \\ -1 & 2 \end{pmatrix}$, 求 $A^{100}+3A^{23}+A^{20}$。

11. 设 $A=\begin{pmatrix} 2 & 2 & 1 \\ 1 & 3 & 1 \\ 1 & 2 & 2 \end{pmatrix}$, 求 A^{1000}。

12. 设 $1<k<n$, 求 $J_n(0)^k$ 的 Jordan 标准形。

13. 证明: 如果 n_1 级复矩阵 A_1 与 n_2 级复矩阵 A_2 没有公共的特征值, 那么对任意 $n_1\times n_2$ 复矩阵 B,C, 有

$$\begin{pmatrix} A_1 & B \\ 0 & A_2 \end{pmatrix} \sim \begin{pmatrix} A_1 & C \\ 0 & A_2 \end{pmatrix}。$$

14. 下列复矩阵 A 有没有平方根? 如果有, 求出 A 的一个平方根。

(1) $\begin{pmatrix} 4 & -5 & 2 \\ 5 & -7 & 3 \\ 6 & -9 & 4 \end{pmatrix}$; (2) $\begin{pmatrix} 1 & -3 & 4 \\ 4 & -7 & 8 \\ 6 & -7 & 7 \end{pmatrix}$。

＊9.9 线性变换的有理标准形

9.9.1 内容精华

设 $\mathcal{A}$ 是域 F 上 n 维线性空间 V 上的线性变换, 如果 $\mathcal{A}$ 的最小多项式 $m(\lambda)$ 在 $F[\lambda]$ 中的标准分解式有次数大于 1 的不可约因式, 那么 $\mathcal{A}$ 的最简单形式的矩阵表示是什么样呢?

设 $\mathcal{A}$ 的最小多项式 $m(\lambda)$ 在 $F[\lambda]$ 中的标准分解式为

$$m(\lambda) = p_1^{l_1}(\lambda) p_2^{l_2}(\lambda) \cdots p_s^{l_s}(\lambda), \tag{1}$$

其中至少有一个 $p_i(\lambda)$ 的次数大于 1，则

$$V = \mathrm{Ker}\, p_1^{l_1}(\mathcal{A}) \oplus \mathrm{Ker}\, p_2^{l_2}(\mathcal{A}) \oplus \cdots \oplus \mathrm{Ker}\, p_s^{l_s}(\mathcal{A})。 \tag{2}$$

记　$W_j = \mathrm{Ker}\, p_j^{l_j}(\mathcal{A}), j = 1, 2, \cdots, s$，则 \tag{3}

$$V = W_1 \oplus W_2 \oplus \cdots \oplus W_s。 \tag{4}$$

根据 9.6 节的例 17 得，$\mathcal{A}|W_j$ 的最小多项式 $m_j(\lambda) = p_j^{l_j}(\lambda), j = 1, 2, \cdots, s$。如果我们能在每个 W_j 中找到一个基使得 $\mathcal{A}|W_j$ 在此基下的矩阵 $\boldsymbol{A}_j$ 具有最简单的形式，那么 $\mathcal{A}$ 在 W_j 的这个基 $(j = 1, 2, \cdots, \$)$ 合起来得到的 V 的一个基下的矩阵 $\boldsymbol{A} = \mathrm{diag}\{\boldsymbol{A}_1, \boldsymbol{A}_2, \cdots, \boldsymbol{A}_s\}$ 就具有最简单的形式。于是归结为要研究下述问题：

设 $\mathcal{C}$ 是域 F 上 m 维线性空间 W 上的线性变换，$\mathcal{C}$ 的最小多项式 $m(\lambda) = p^l(\lambda)$，其中 $p(\lambda)$ 是域 F 上次数大于 1 的不可约多项式，我们来研究 $\mathcal{C}$ 的最简单形式的矩阵表示。

由于 $m(\mathcal{C}) = \mathcal{O}$，因此对一切 $\alpha \in W$ 有 $m(\mathcal{C})\alpha = 0$，即 $p^l(\mathcal{C})\alpha = 0$。由此受到启发，引出下述概念：

定义 1　设 $\mathcal{C}$ 是域 F 上有限维线性空间 W 上的线性变换。对于 $\alpha \in W$ 且 $\alpha \neq 0$，如果存在 $g(\lambda) \in F[\lambda]$，使得 $g(\mathcal{C})\alpha = 0$，那么称 $g(\lambda)$ 是 **α 的一个零化多项式**；α 的所有非零的零化多项式中，次数最低的首项系数为 1 的多项式称为 **α 的最小多项式**，记作 $m_\alpha(\lambda)$。

由于 $\mathcal{C}$ 的最小多项式 $m(\lambda)$ 是 W 中任一非零向量的零化多项式，因此 W 中任一非零向量都有最小多项式。

命题 1　设 $\mathcal{C}$ 是域 F 上有限维线性空间 W 上的线性变换。对于 $\alpha \in W$ 且 $\alpha \neq 0$，$g(\lambda)$ 是 α 的零化多项式当且仅当 α 的最小多项式 $m_\alpha(\lambda) \mid g(\lambda)$。

证明。充分性。设 $m_\alpha(\lambda) \mid g(\lambda)$，则存在 $h(\lambda) \in F[\lambda]$ 使得 $g(\lambda) = h(\lambda) m_\alpha(\lambda)$。于是 $g(\mathcal{C})\alpha = h(\mathcal{C}) m_\alpha(\mathcal{C})\alpha = 0$，从而 $g(\lambda)$ 是 α 的零化多项式。

必要性。设 $g(\lambda)$ 是 α 的零化多项式。在 $F[\lambda]$ 中作带余除法：

$$g(\lambda) = h(\lambda) m_\alpha(\lambda) + r(\lambda), \deg r(\lambda) < \deg m_\alpha(\lambda)。$$

λ 用 $\mathcal{C}$ 代入，从上式得，$g(\mathcal{C})\alpha = h(\mathcal{C}) m_\alpha(\mathcal{C})\alpha + r(\mathcal{C})\alpha$。于是 $r(\mathcal{C})\alpha = 0$，从而 $r(\lambda)$ 是 α 的零化多项式。假如 $r(\lambda) \neq 0$，则与 $m_\alpha(\lambda)$ 是 α 的次数最低的非零的零化多项式矛盾，因此 $r(\lambda) = 0$，从而 $m_\alpha(\lambda) \mid g(\lambda)$。

从命题 1 立即得到，W 中任一非零向量 α 的最小多项式 $m_\alpha(\lambda)$ 能够整除 $\mathcal{C}$ 的最小多项式 $m(\lambda)$。

命题 2　设 $\mathcal{C}$ 是域 F 上有限维线性空间 W 上的线性变换。对于 $\alpha \in W$ 且 $\alpha \neq 0$，设 α 的最小多项式 $m_\alpha(\lambda)$ 为

$$m_\alpha(\lambda) = \lambda^t + d_{t-1}\lambda^{t-1} + \cdots + d_1\lambda + d_0, \tag{5}$$

则 $\alpha, \mathcal{C}\alpha, \cdots, \mathcal{C}^{t-1}\alpha$ 线性无关，且 $\mathcal{C}^t\alpha$ 可以由 $\alpha, \mathcal{C}\alpha, \cdots, \mathcal{C}^{t-1}\alpha$ 线性表出。

证明　由于 $m_\alpha(\mathcal{C})\alpha = 0$，因此

$$\mathcal{C}^t\alpha + d_{t-1}\mathcal{C}^{t-1}\alpha + \cdots + d_1\mathcal{C}\alpha + d_0\alpha = 0, \tag{6}$$

从而　$\mathcal{C}^t\alpha = -d_{t-1}\mathcal{C}^{t-1}\alpha - \cdots - d_1\mathcal{C}\alpha - d_0\alpha$。

假如 $\alpha, \mathcal{C}\alpha, \cdots, \mathcal{C}^{t-1}\alpha$ 线性相关，则有 F 中不全为 0 的元素 $k_0, k_1, \cdots, k_{t-1}$ 使得

$$k_0\alpha+k_1 C\alpha+\cdots+k_{t-1}C^{t-1}\alpha=0。 \tag{7}$$

令 $g(\lambda)=k_0+k_1\lambda+\cdots+k_{t-1}\lambda^{t-1}$，则由(7)式得，$g(C)\alpha=0$。于是 $g(\lambda)$ 是 α 的一个非零的零化多项式，且 $\deg g(\lambda)\leqslant t-1$，而 $\deg m_\alpha(\lambda)=t$，矛盾。因此 $\alpha,C\alpha,\cdots,C^{t-1}\alpha$ 线性无关。 ■

从命题 2 受到启发，我们引进下述概念：

定义 2 设 C 是域 F 上有限维线性空间 W 上的线性变换，对于 $\alpha\in W$ 且 $\alpha\neq 0$，如果 $\alpha,C\alpha,\cdots,C^{t-1}\alpha$ 线性无关，且 $C^t\alpha$ 可以由 $\alpha,C\alpha,\cdots,C^{t-1}\alpha$ 线性表出，那么称子空间 $\langle\alpha,C\alpha,\cdots,C^{t-1}\alpha\rangle$ 是由 α 生成的 C-**循环子空间**。

由定义 2 立即得到，α 生成的 C-循环子空间

$$\langle\alpha,C\alpha,\cdots,C^{t-1}\alpha\rangle$$

是 C 的不变子空间，且 $\alpha,C\alpha,\cdots,C^{t-1}\alpha$ 是这个子空间的一个基。设 $C^t\alpha=-a_0\alpha-a_1 C\alpha-\cdots-a_{t-1}C^{t-1}\alpha$，则 C 在这个子空间上的限制在这个基下的矩阵为

$$\begin{pmatrix} 0 & 0 & \cdots & 0 & -a_0 \\ 1 & 0 & \cdots & 0 & -a_1 \\ 0 & 1 & \cdots & 0 & -a_2 \\ \vdots & \vdots & & \vdots & \vdots \\ 0 & 0 & \cdots & 0 & -a_{t-2} \\ 0 & 0 & \cdots & 1 & -a_{t-1} \end{pmatrix}。 \tag{8}$$

形如(8)的矩阵称为 **Frobenius 矩阵**。根据 9.6 节的例 7 得，C 在这个子空间上的限制 $C|\langle\alpha,C\alpha,\cdots,C^{t-1}\alpha\rangle$ 的特征多项式和最小多项式都等于

$$\lambda^t+a_{t-1}\lambda^{t-1}+\cdots+a_1\lambda+a_0。 \tag{9}$$

定义 3 域 F 上的矩阵(8)称为多项式 $\lambda^t+a_{t-1}\lambda^{t-1}+\cdots+a_1\lambda+a_0$ 的**友矩阵**。

从上面一段的论述和命题 2 立即得到：

推论 1 设 C 是域 F 有限维线性空间 W 上的线性变换。对于 $\alpha\in W$ 且 $\alpha\neq 0$，设 α 的最小多项式 $m_\alpha(\lambda)$ 为

$$m_\alpha(\lambda)=\lambda^t+d_{t-1}\lambda^{t-1}+\cdots+d_1\lambda+d_0, \tag{10}$$

则 $\langle\alpha,C\alpha,\cdots,C^{t-1}\alpha\rangle$ 是 t 维 C-循环子空间，C 在这个子空间上的限制在基 $\alpha,C\alpha,\cdots,C^{t-1}\alpha$ 下的矩阵是 α 的最小多项式 $m_\alpha(\lambda)$ 的友矩阵，$C|\langle\alpha,C\alpha,\cdots,C^{t-1}\alpha\rangle$ 的特征多项式和最小多项式都等于 $m_\alpha(\lambda)$。 ■

引理 1 设 C 是域 F 上有限维线性空间 W 上的线性变换。对于 $\alpha\in W$ 且 $\alpha\neq 0$，如果 α 的最小多项式 $m_\alpha(\lambda)=p^h(\lambda)$，其中 $p(\lambda)$ 是域 F 上次数 $r>1$ 的不可约多项式，那么 $\langle\alpha,C\alpha,\cdots,C^{t-1}\alpha\rangle$ 不能分解成 $C|\langle\alpha,C\alpha,\cdots,C^{t-1}\alpha\rangle$ 的非平凡不变子空间的直和，其中

$$t=\deg m_\alpha(\lambda)=hr。$$

证明 假如 $\langle\alpha,C\alpha,\cdots,C^{t-1}\alpha\rangle$ 能分解成 $C|\langle\alpha,C\alpha,\cdots,C^{t-1}\alpha\rangle$ 的非平凡不变子空间的直和：

$$\langle\alpha,C\alpha,\cdots,C^{t-1}\alpha\rangle=U_1\oplus\cdots\oplus U_q,$$

其中 $q\geqslant 2$。把 $C|\langle\alpha,C\alpha,\cdots,C^{t-1}\alpha\rangle$ 在 U_j 上的限制的最小多项式记作 $m_j(\lambda)$，$j=1,\cdots,q$。

由于 $C|\langle\alpha,C\alpha,\cdots,C^{t-1}\alpha\rangle$ 的最小多项式等于 $m_\alpha(\lambda)$，因此 $m_\alpha(\lambda)=[m_1(\lambda),\cdots,m_q(\lambda)]$。由此得出，$m_j(\lambda)|m_\alpha(\lambda)$。又由于 $m_\alpha(\lambda)=p^h(\lambda)$，且 $p(\lambda)$ 不可约，因此 $m_j(\lambda)=p^{k_j}(\lambda)$，其中 $k_j\leqslant h,j=1,\cdots,q$。不妨设 $k_1\geqslant k_2\geqslant\cdots\geqslant k_q$，则 $m_\alpha(\lambda)=p^{k_1}(\lambda)$，从而 $k_1=h$，于是 $m_1(\lambda)=m_\alpha(\lambda)$。把 $C|\langle\alpha,C\alpha,\cdots,C^{t-1}\alpha\rangle$ 在 U_1 上的限制的特征多项式记作 $f_1(\lambda)$，则

$$t=\deg m_\alpha(\lambda)=\deg m_1(\lambda)\leqslant\deg f_1(\lambda)=\dim U_1<t,$$

矛盾。因此 $\langle\alpha,C\alpha,\cdots,C^{t-1}\alpha\rangle$ 不能分解成 $C|\langle\alpha,C\alpha,\cdots,C^{t-1}\alpha\rangle$ 的非平凡不变子空间的直和。∎

由引理 1 立即得到：

推论 2　设 C 是域 F 上有限维线性空间 W 上的线性变换。对于 $\alpha\in W$ 且 $\alpha\neq 0$，如果 α 的最小多项式 $m_\alpha(\lambda)=p^h(\lambda)$，其中 $p(\lambda)$ 是域 F 上次数 $r>1$ 的不可约多项式，那么 $m_\alpha(\lambda)$ 的友矩阵不能表示成分块对角矩阵。

证明　假如 $m_\alpha(\lambda)$ 的友矩阵能表示成分块对角矩阵，根据 9.5 节的定理 3 和本节的推论 1 得，$\langle\alpha,C\alpha,\cdots,C^{t-1}\alpha\rangle$ 能分解成 C 在 $\langle\alpha,C\alpha,\cdots,C^{t-1}\alpha\rangle$ 上的限制的非平凡不变子空间的直和，其中 $t=\deg m_\alpha(\lambda)=hr$。这与引理 1 矛盾。因此 $m_\alpha(\lambda)$ 的友矩阵不能表示成分块对角矩阵。∎

命题 3　设 C 是域 F 上有限维线性空间 W 上的线性变换。如果 C 的最小多项式 $m(\lambda)=p^l(\lambda)$，其中 $p(\lambda)$ 是域 F 上次数 $r>1$ 的不可约多项式，那么对于任意 $\alpha\in W$ 且 $\alpha\neq 0$，存在一个正整数 $h\leqslant l$，使得 α 的最小多项式 $m_\alpha(\lambda)=p^h(\lambda)$，且 $m_\alpha(\lambda)$ 的友矩阵是 $C|\langle\alpha,C\alpha,\cdots,C^{hr-1}\alpha\rangle$ 的最简单形式的矩阵表示。

证明　由于 W 中任一非零向量 α 的最小多项式 $m_\alpha(\lambda)$ 能够整除 C 的最小多项式 $m(\lambda)=p^l(\lambda)$，且 $p(\lambda)$ 在 F 上不可约，因此存在正整数 $h\leqslant l$ 使得 $m_\alpha(\lambda)=p^h(\lambda)$。根据推论 1，$C|\langle\alpha,C\alpha,\cdots,C^{hr-1}\alpha\rangle$ 在基 $\alpha,C\alpha,\cdots,C^{hr-1}\alpha$ 下的矩阵是 $m_\alpha(\lambda)$ 的友矩阵。根据推论 2，$m_\alpha(\lambda)$ 的友矩阵不能表示成分块对角矩阵。因此 $m_\alpha(\lambda)$ 的友矩阵是 $C|\langle\alpha,C\alpha,\cdots,C^{hr-1}\alpha\rangle$ 的最简单形式的矩阵表示。∎

从命题 3 受到启发，设 C 是域 F 上 m 维线性空间 W 上的线性变换，且设 C 的最小多项式 $m(\lambda)=p^l(\lambda)$，其中 $p(\lambda)$ 是域 F 上次数 $r>1$ 的不可约多项式。如果能在 W 中找到一些非零向量，使得它们分别生成的 C-循环子空间的直和等于 W，那么 C 在由这些 C-循环子空间的基合起来得到的 W 的一个基下的矩阵是这些非零向量的最小多项式的友矩阵组成的分块对角矩阵，它就是 C 的最简单形式的矩阵表示。下面先对 $l=1$ 的情形讨论，然后再讨论 $l\geqslant 2$ 的情形。

定理 1　设 C 是域 F 上 m 维线性空间 W 上的线性变换。如果 C 的最小多项式 $m(\lambda)=p(\lambda)$，其中 $p(\lambda)$ 是域 F 上次数 $r>1$ 的不可约多项式，那么 W 能分解成 $\dfrac{m}{r}$ 个 r 维 C-循环子空间的直和。

证明　对线性空间的维数作第二数学归纳法。

当 $m=r$ 时，任取 $\alpha\in W$ 且 $\alpha\neq 0$，由于 $m(\lambda)=p(\lambda)$，因此根据命题 3 得，α 的最小多项式 $m_\alpha(\lambda)=p(\lambda)$，从而 $\langle\alpha,C\alpha,\cdots,C^{r-1}\alpha\rangle$ 是 r 维 C-循环子空间，于是 $W=\langle\alpha,C\alpha,\cdots,C^{r-1}\alpha\rangle$。

假设对于维数小于 m 且大于或等于 r 的线性空间命题成立。现在来看 m 维线性空

间 W 上的线性变换 C 的情形,其中 $m>r$ 。

任取 $\alpha \in W$ 且 $\alpha \neq 0$,根据命题 3 得, α 的最小多项式 $m_\alpha(\lambda)=p(\lambda)$,从而 $\langle \alpha , C\alpha , \cdots , C^{r-1}\alpha \rangle$ 是 r 维 C-循环子空间,记作 W_1 ,于是 $0<\dim W/W_1=m-r<m$ 。 C 在 W/W_1 上诱导的线性变换记作 $\widetilde{C}$ 。对于任意 $\beta+W_1 \in W/W_1$,有

$$p(\widetilde{C})(\beta+W_1)=p(C)\beta+W_1=W_1,$$

因此 $p(\widetilde{C})=O$,从而 $p(\lambda)$ 是 $\widetilde{C}$ 的一个零化多项式。于是 $\widetilde{C}$ 的最小多项式 $\widetilde{m}(\lambda) \mid p(\lambda)$,从而 $\widetilde{m}(\lambda)=p(\lambda)$ 。根据命题 3 得, W/W_1 中任一非零元的最小多项式等于 $p(\lambda)$,从而 W/W_1 中任一非零元生成的 $\widetilde{C}$-循环子空间是 r 维的,于是 $\dim W/W_1 \geqslant r$ 。因此可以对 W/W_1 用归纳假设: W/W_1 能分解成 $\dfrac{m-r}{r}$ 个 r 维 $\widetilde{C}$-循环子空间的直和,记 $s=\dfrac{m-r}{r}$ 。 W/W_1 的直和分解式为

$$W/W_1=\bigoplus_{j=1}^{s}\langle \xi_j+W_1 , \widetilde{C}(\xi_j+W_1) , \cdots , \widetilde{C}^{r-1}(\xi_j+W_1)\rangle , \tag{11}$$

由此得出 W/W_1 的一个基为

$$\xi_1+W_1 , C\xi_1+W_1 , \cdots , C^{r-1}\xi_1+W_1 , \cdots , \xi_s+W_1 , C\xi_s+W_1 , \cdots , C^{r-1}\xi_s+W_1 。$$

令

$$U=\langle \xi_1 , C\xi_1 , \cdots , C^{r-1}\xi_1 , \cdots , \xi_s , C\xi_s , \cdots , C^{r-1}\xi_s \rangle , \tag{12}$$

根据 8.4 节的命题 1 得

$$W=W_1 \oplus U , \tag{13}$$

且 $\xi_1 , C\xi_1 , \cdots , C^{r-1}\xi_1 , \cdots , \xi_s , C\xi_s , \cdots , C^{r-1}\xi_s$ 是 U 的一个基。

于是由(12)、(13)式得

$$W=\langle \alpha , C\alpha , \cdots , C^{r-1}\alpha \rangle \oplus \langle \xi_1 , C\xi_1 , \cdots , C^{r-1}\xi_1 \rangle \oplus \cdots \oplus \langle \xi_s , C\xi_s , \cdots , C^{r-1}\xi_s \rangle 。$$
$$\tag{14}$$

由于 C 的最小多项式 $m(\lambda)=p(\lambda)$,因此根据命题 3 和推论 1 得, W 中任一非零向量可以生成 r 维 C-循环子空间,从而(14)式表明 W 分解成了 $s+1$ 个 r 维 C-循环子空间的直和,且 $s+1=\dfrac{m-r}{r}+1=\dfrac{m}{r}$ 。

根据数学归纳法原理,对一切大于或等于 r 的正整数 m (r 是大于 1 的正整数),命题成立。∎

推论 3　设 C 是域 F 上 m 维线性空间 W 上的线性变换。如果 C 的最小多项式 $m(\lambda)=p(\lambda)$,其中 $p(\lambda)$ 是域 F 上次数 $r>1$ 的不可约多项式,那么 W 中存在一个基使得 C 在此基下的矩阵 C 是由 $\dfrac{m}{r}$ 个 $p(\lambda)$ 的友矩阵组成的分块对角矩阵,称它为 C 的**有理标准形**; C 的有理标准形是唯一的,它是 C 的最简单形式的矩阵表示。

证明　根据定理 1, W 能分解成 $\dfrac{m}{r}$ 个 r 维 C-循环子空间的直和,这些 C-循环子空间的一个基合起来是 W 的一个基。 C 在这个基下的矩阵 C 是分块对角矩阵,其中主对角线上的每个子矩阵是 C 在相应的 C-循环子空间上的限制在该 C-循环子空间的基下的矩阵,根据推论 1 和命题 3 得,每个子矩阵是 $p(\lambda)$ 的友矩阵。

由于 C 的有理标准形是由 $\frac{m}{r}$ 个 $p(\lambda)$ 的友矩阵组成的分块对角矩阵,其中 $p(\lambda)$ 是 C 的最小多项式,因此 C 的有理标准形是唯一的。

根据命题 3,$p(\lambda)$ 的友矩阵是 C 在 r 维 C-循环子空间上的限制的最简单形式的矩阵表示,因此 C 的有理标准形是 C 的最简单形式的矩阵表示。 ∎

例 1　设 W 是有理数域 Q 上的 6 维线性空间,W 上的一个线性变换 C 的最小多项式 $m(\lambda)=\lambda^3+6\lambda^2+10\lambda+2$,求 C 的有理标准形。

解　$m(\lambda)=\lambda^3+6\lambda^2+10\lambda+2$,对于素数 2,由于
$$2|2,2|10,2|6,2\nmid 1,2^2\nmid 2,$$
因此根据 Eisenstein 判别法得,$m(\lambda)$ 在 Q 上不可约。于是根据推论 3 得,C 的有理标准形为
$$\mathrm{diag}\left\{\begin{pmatrix}0&0&-2\\1&0&-10\\0&1&-6\end{pmatrix},\begin{pmatrix}0&0&-2\\1&0&-10\\0&1&-6\end{pmatrix}\right\}.$$

命题 4　设 C 是域 F 上 m 维线性空间 W 上的线性变换。如果 C 的最小多项式 $m(\lambda)=p^l(\lambda)$,其中 $p(\lambda)$ 是域 F 上次数 r 大于 1 的不可约多项式,$l>1$,那么对于任给 $\alpha\in W$ 且 $\alpha\neq 0$,α 的最小多项式 $m_\alpha(\lambda)=p^h(\lambda)$,对于某个正整数 $h\leqslant l$;并且 $p(C)\alpha$ 的最小多项式 $m_{p(C)\alpha}(\lambda)=p^{h-1}(\lambda)$。把 α 生成的 hr 维 C-循环子空间记作 $W_{hr}(\alpha)$,则 $p(C)\alpha$ 生成的 $(h-1)r$ 维 C-循环子空间等于 $p(C)W_{hr}(\alpha)$。

证明　根据命题 3 得,$m_\alpha(\lambda)=p^h(\lambda)$,对于某个正整数 $h\leqslant l$。

由于 $0=p^h(C)\alpha=p^{h-1}(C)p(C)\alpha$,因此 $p^{h-1}(\lambda)$ 是 $p(C)\alpha$ 的一个零化多项式,从而 $m_{p(C)\alpha}(\lambda)\mid p^{h-1}(\lambda)$。由于 $p(\lambda)$ 在域 F 上不可约,因此 $m_{p(C)\alpha}(\lambda)=p^t(\lambda)$,其中 $t\leqslant h-1$。假如 $t<h-1$,则 $t+1<h$。由于 $p^{t+1}(C)\alpha=p^t(C)p(C)\alpha=0$,因此 $p^{t+1}(\lambda)$ 是 α 的一个零化多项式,这与 $p^h(\lambda)$ 是 α 的最小多项式矛盾。因此 $t=h-1$,即 $p(C)\alpha$ 的最小多项式为 $p^{h-1}(\lambda)$。

由于 $W_{hr}(\alpha)=\langle\alpha,C\alpha,\cdots,C^{hr-1}\alpha\rangle$,因此
$$p(C)W_{hr}(\alpha)=\langle p(C)\alpha,Cp(C)\alpha,\cdots,C^{hr-1}p(C)\alpha\rangle.$$
由于 $p(C)\alpha$ 生成的 $(h-1)r$ 维 C-循环子空间为
$$\langle p(C)\alpha,Cp(C)\alpha,\cdots,C^{(h-1)r-1}p(C)\alpha\rangle,$$
因此当 $t\geqslant(h-1)r$ 时,$C^t p(C)\alpha$ 可以由 $p(C)\alpha,Cp(C)\alpha,\cdots,C^{(h-1)r-1}p(C)\alpha$ 线性表出,从而 $p(C)W_{hr}(\alpha)$ 等于 $p(C)\alpha$ 生成的 C-循环子空间。 ∎

定理 2　设 C 是域 F 上 m 维线性空间 W 上的线性变换。如果 C 的最小多项式 $m(\lambda)=p^l(\lambda)$,其中 $p(\lambda)$ 是域 F 上次数 r 大于 1 的不可约多项式,$l>1$,那么 W 能分解成 $\frac{1}{r}\dim W_0$ 个 C-循环子空间的直和,其中 W_0 是 $p(C)$ 的属于特征值 0 的特征子空间,从而 W 中存在一个基,使得 C 在此基下的矩阵 $C=\mathrm{diag}\{C_1,C_2,\cdots,C_v\}$,$v=\frac{1}{r}\dim W_0$,其中 C_i

是 $p^{h_i}(\lambda)$ 的友矩阵,称为一个**有理块**,$1 \leqslant h_i \leqslant l$,$i = 1, 2, \cdots v$;$\boldsymbol{C}$ 中有理块的总数 $v = \dfrac{1}{r}[m - \mathrm{rank}(p(\boldsymbol{C}))]$;对于 $1 \leqslant h \leqslant l$,$\boldsymbol{C}$ 中 hr 级有理块的个数为

$$N(hr) = \frac{1}{r}[\mathrm{rank}(p^{h-1}(\boldsymbol{C})) + \mathrm{rank}(p^{h+1}(\boldsymbol{C})) - 2\mathrm{rank}(p^h(\boldsymbol{C})), \tag{14}$$

$\boldsymbol{C}$ 称为 $\boldsymbol{C}$ 的一个**有理标准形**,除了有理块的排列次序外,$\boldsymbol{C}$ 的有理标准形是唯一的,并且它是 $\boldsymbol{C}$ 的最简单形式的矩阵表示。

证明 由于 $m(\lambda) = p^l(\lambda)$,且 $p(\lambda)$ 是域 F 上 r 次不可约多项式,因此根据习题 9.6 的第 15 题得,$m \geqslant lr$。

由于 $m(\lambda) = p^l(\lambda)$,因此 $p^l(\boldsymbol{C}) = O$,从而 $p(\boldsymbol{C})$ 是 W 上的幂零变换。把 $p(\boldsymbol{C})$ 的属于特征值 0 的特征子空间记作 W_0。

对线性空间的维数作第二数学归纳法来证明定理 2 中的可分解性。

当 W 的维数为 lr 时,由于 W 上的线性变换 $\boldsymbol{C}$ 的最小多项式 $m(\lambda) = p^l(\lambda)$,因此 $p^l(\boldsymbol{C}) = O$,从而存在 $\eta \in W$ 使得 $p^l(\boldsymbol{C})\eta = 0$ 且 $p^{l-1}(\boldsymbol{C})\eta \neq 0$(否则,$\forall \alpha \in W$ 有 $p^{l-1}(\boldsymbol{C})\alpha = 0$,于是 $p^{l-1}(\boldsymbol{C}) = O$,从而 $p^{l-1}(\lambda)$ 是 $\boldsymbol{C}$ 的一个零化多项式,这与 $m(\lambda) = p^l(\lambda)$ 矛盾)。于是 $p^l(\lambda)$ 是 η 的最小多项式。根据推论 1 得,$\langle \eta, \boldsymbol{C}\eta, \cdots, \boldsymbol{C}^{lr-1}\eta \rangle$ 是 lr 维 $\boldsymbol{C}$-循环子空间。于是 $W = \langle \eta, \boldsymbol{C}\eta, \cdots, \boldsymbol{C}^{lr-1}\eta \rangle$。根据命题 4,$p(\boldsymbol{C})\eta$ 的最小多项式为 $p^{l-1}(\lambda)$,从而 $p(\boldsymbol{C})\eta$ 生成 $(l-1)r$ 维 $\boldsymbol{C}$-循环子空间。根据命题 4,$p(\boldsymbol{C})\eta$ 生成的 $\boldsymbol{C}$-循环子空间等于 $p(\boldsymbol{C})W$。于是 $\dim[p(\boldsymbol{C})W] = (l-1)r$,从而

$\dim W_0 = \dim[\mathrm{Ker}(p(\boldsymbol{C}))] = \dim W - \dim[p(\boldsymbol{C})W] = lr - (l-1)r = r$,于是 $\dfrac{1}{r}\dim W_0 = 1$。因此当 W 的维数为 lr 时可分解性为真。

假设对于维数小于 m 且大于或等于 kr 的线性空间上的线性变换(它的最小多项式为 $p^k(\lambda)$,$k \leqslant l$),可分解性成立。现在来看 m 维线性空间 W 上的线性变换 $\boldsymbol{C}$(它的最小多项式 $m(\lambda) = p^l(\lambda)$)的情形。

由于 $l > 1$,因此 $W_0 \neq W$,从而 $0 < \dim(W/W_0) < m$。

$\boldsymbol{C}$ 在 W/W_0 上诱导的线性变换记作 $\widetilde{C}$。对于任意 $\beta + W_0 \in W/W_0$,有

$$p^l(\widetilde{C})(\beta + W_0) = p^l(\boldsymbol{C})\beta + W_0 = 0 + W_0 = W_0,$$

因此 $p^l(\widetilde{C}) = O$,从而 $p^l(\lambda)$ 是 $\widetilde{C}$ 的一个零化多项式。于是 $\widetilde{C}$ 的最小多项式 $\widetilde{m}(\lambda) = p^k(\lambda)$,$k \leqslant l$。当 $k = 1$ 时,对 W/W_0 用定理 1,W/W_0 能分解成 $\widetilde{C}$-循环子空间的直和。当 $k > 1$ 时,根据习题 9.6 的第 15 题,$\dim(W/W_0) \geqslant kr$,于是可以对 W/W_0 用归纳假设,W/W_0 能分解成 $\widetilde{C}$-循环子空间的直和。结合命题 3 和推论 1 得

$$W/W_0 = \overset{s}{\underset{j=1}{\oplus}} \langle \xi_j + W_0, \widetilde{C}(\xi_j + W_0), \cdots, \widetilde{C}^{h_j r - 1}(\xi_j + W_0) \rangle, \tag{15}$$

其中 $h_j \leqslant k$,$j = 1, \cdots, s$。根据推论 1,$\widetilde{C}|\langle \xi_j + W_0, \cdots, \widetilde{C}^{h_j r - 1}(\xi_j + W_0) \rangle$ 的最小多项式 $\widetilde{m}_j(\lambda)$ 等于 $\xi_j + W_0$ 的最小多项式 $p^{h_j}(\lambda)$,$j = 1, \cdots, s$。从(15)式得,W/W_0 的一个基为

$\xi_1 + W_0, \boldsymbol{C}\xi_1 + W_0, \cdots, \boldsymbol{C}^{h_1 r - 1}\xi_1 + W_0, \cdots, \xi_s + W_0, \boldsymbol{C}\xi_s + W_0, \cdots, \boldsymbol{C}^{h_s r - 1}\xi_s + W_0$。

令
$$U=\langle \xi_1,C\xi_1,\cdots,C^{h_1r-1}\xi_1,\cdots,\xi_s,C\xi_s,\cdots,C^{h_sr-1}\xi_s\rangle, \tag{16}$$
根据 8.4 节的命题 1 得
$$W=U\oplus W_0, \tag{17}$$
且 $\xi_1,C\xi_1,\cdots,C^{h_1r-1}\xi_1,\cdots,\xi_s,C\xi_s,\cdots,C^{h_sr-1}\xi_s$ 是 U 的一个基。

由于 ξ_j+W_0 的最小多项式为 $p^{h_j}(\lambda)$，因此
$$W_0=p^{h_j}(\widetilde{C})(\xi_j+W_0)=p^{h_j}(C)\xi_j+W_0,$$
从而 $p^{h_j}(C)\xi_j\in W_0$，且 $p^{h_j}(C)\xi_j\neq0$（否则，$p^{h_j-1}(C)\xi_j\in W_0$，由此得出 $p^{h_j-1}(\widetilde{C})(\xi_j+W_0)=p^{h_j-1}(C)\xi_j+W_0=W_0$，进而得出 $p^{h_j-1}(\widetilde{C})$ 在子空间 $\langle\xi_j+W_0,\widetilde{C}(\xi_j+W_0),\cdots,\widetilde{C}^{h_jr-1}(\xi_j+W_0)\rangle$ 上是零变换，从而 $p^{h_j-1}(\lambda)$ 是 $\widetilde{C}$ 在这个子空间上的限制的一个零化多项式，这与 $\widetilde{m}_j(\lambda)=p^{h_j}(\lambda)$ 矛盾），$j=1,\cdots,s$。

由于 $p(C)$ 与 C 可交换，因此 $p(C)$ 的属于特征值 0 的特征子空间 W_0 是 C 的不变子空间。任给 $\delta\in W_0$ 有 $p(C|W_0)\delta=p(C)\delta=0\delta=0$。于是 $p(C|W_0)=O$，从而 $C|W_0$ 的最小多项式等于 $p(\lambda)$。对 W_0 上的线性变换 $C|W_0$ 用命题 3 和推论 1 得，
$$\langle p^{h_j}(C)\xi_j,Cp^{h_j}(C)\xi_j,\cdots,C^{r-1}p^{h_j}(C)\xi_j\rangle$$
是 $p^{h_j}(C)\xi_j$ 生成的 r 维 $C|W_0$-循环子空间，它也是 C-循环子空间，$j=1,\cdots,s$。设
$$p^{h_j}(\lambda)=\lambda^{h_jr}+a_{h_jr-1}\lambda^{h_jr-1}+\cdots+a_1\lambda+a_0,$$
则
$$p^{h_j}(C)\xi_j=C^{h_jr}\xi_j+a_{h_jr-1}C^{h_jr-1}\xi_j+\cdots+a_1C\xi_j+a_0\xi_j,$$
$$\cdots\qquad\cdots\qquad\cdots\qquad\cdots$$
$$C^{r-1}p^{h_j}(C)\xi_j=C^{(h_j+1)r-1}\xi_j+a_{h_jr-1}C^{(h_j+1)r-2}\xi_j+\cdots+a_1C^r\xi_j+a_0C^{r-1}\xi_j。$$
于是
$$\langle\xi_j,C\xi_j,\cdots,C^{h_jr-1}\xi_j,p^{h_j}(C)\xi_j,Cp^{h_j}(C)\xi_j,\cdots,C^{r-1}p^{h_j}(C)\xi_j\rangle$$
$$\subseteq\langle\xi_j,C\xi_j,\cdots,C^{h_jr-1}\xi_j,C^{h_jr}\xi_j,\cdots,C^{(h_j+1)r-1}\xi_j\rangle。 \tag{18}$$
由于 $\xi_j,C\xi_j,\cdots,C^{h_jr-1}\xi_j$ 是 U 中线性无关的向量组，而 $p^{h_j}(C)\xi_j,Cp^{h_j}(C)\xi_j,\cdots,C^{r-1}p^{h_j}(C)\xi_j$ 是 W_0 中线性无关的向量组，且 $W=W_0\oplus U$，因此
$\xi_j,C\xi_j,\cdots,C^{h_jr-1}\xi_j,p^{h_j}(C)\xi_j,Cp^{h_j}(C)\xi_j,\cdots,C^{r-1}p^{h_j}(C)\xi_j$ 线性无关，于是它们生成的子空间的维数为 $(h_j+1)r$。又有
$$\dim\langle\xi_j,C\xi_j,\cdots,C^{h_jr-1}\xi_j,C^{h_jr}\xi_j,\cdots,C^{(h_j+1)r-1}\xi_j\rangle\leqslant(h_j+1)r。$$
因此由(18)式得，
$$\dim\langle\xi_j,C\xi_j,\cdots,C^{h_jr-1}\xi_j,C^{h_jr}\xi_j,\cdots,C^{(h_j+1)r-1}\xi_j\rangle=(h_j+1)r。$$
于是(18)式左右两端的子空间相等。由于
$$C^rp^{h_j}(C)\xi_j=C^{(h_j+1)r}\xi_j+\cdots+a_1C^{r+1}\xi_j+a_0C^r\xi_j,$$
且 $C^rp^{h_j}(C)\xi_j$ 可以由 $p^{h_j}(C)\xi_j,Cp^{h_j}(C)\xi_j,\cdots,C^{r-1}p^{h_j}(C)\xi_j$ 线性表出，因此 $C^{(h_j+1)r}\xi_j$ 可以由 $\xi_j,C\xi_j,\cdots,C^{(h_j+1)r-1}\xi_j$ 线性表出，从而 $\langle\xi_j,C\xi_j,\cdots,C^{h_jr-1}\xi_j,C^{h_jr}\xi_j,\cdots,C^{(h_j+1)r-1}\xi_j\rangle$ 是由 ξ_j 生成的 $(h_j+1)r$ 维 C-循环子空间，$j=1,2,\cdots,s$。设

$$\sum_{j=1}^{s}\left[d_{j0}p^{h_j}(C)\xi_j+d_{j1}Cp^{h_j}(C)\xi_j+\cdots+d_{j,r-1}C^{r-1}p^{h_j}(C)\xi_j\right]=0, \tag{19}$$

则

$$p(C)\sum_{j=1}^{s}\left[d_{j0}p^{h_j-1}(C)\xi_j+d_{j1}Cp^{h_j-1}(C)\xi_j+\cdots+d_{j,r-1}C^{r-1}p^{h_j-1}(C)\xi_j\right]=0,$$

从而 $$\sum_{j=1}^{s}\left[d_{j0}p^{h_j-1}(C)\xi_j+d_{j1}Cp^{h_j-1}(C)\xi_j+\cdots+d_{j,r-1}C^{r-1}p^{h_j-1}(C)\xi_j\right]\in W_0。 \tag{20}$$

设

$$p^{h_j-1}(\lambda)=\lambda^{(h_j-1)r}+e_{(h_j-1)r-1}\lambda^{(h_j-1)r-1}+\cdots+e_1\lambda+e_0,$$

则 $$p^{h_j-1}(C)\xi_j=C^{(h_j-1)r}\xi_j+e_{(h_j-1)r-1}C^{(h_j-1)r-1}\xi_j+\cdots+e_1C\xi_j+e_0\xi_j,$$

$$\cdots\qquad\cdots\qquad\cdots$$

$$C^{r-1}p^{h_j-1}(C)\xi_j=C^{h_jr-1}\xi_j+e_{(h_j-1)r-1}C^{h_jr-2}\xi_j+\cdots+e_1C\xi_j+e_0C^{r-1}\xi_j,$$

从而 $p^{h_j-1}(C)\xi_j,\cdots,C^{r-1}p^{h_j-1}(C)\xi_j$ 可以由 $\xi_j,C\xi_j,\cdots,C^{h_jr-1}\xi_j$ 线性表出。于是 $p^{h_j-1}(C)\xi_j,\cdots,C^{r-1}p^{h_j-1}(C)\xi_j\in U$,因此

$$\sum_{j=1}^{s}\left[d_{j0}p^{h_j-1}(C)\xi_j+d_{j1}Cp^{h_j-1}(C)\xi_j+\cdots+d_{j,r-1}C^{r-1}p^{h_j-1}(C)\xi_j\right]\in U。 \tag{21}$$

由于 $W_0\cap U=0$,因此从(20)和(21)式得

$$\sum_{j=1}^{s}\left[d_{j0}p^{h_j-1}(C)\xi_j+d_{j1}Cp^{h_j-1}(C)\xi_j+\cdots+d_{j,r-1}C^{r-1}p^{h_j-1}(C)\xi_j\right]=0。 \tag{22}$$

同理,依次可得

$$\sum_{j=1}^{s}\left[d_{j0}p^{h_j-2}(C)\xi_j+d_{j1}Cp^{h_j-2}(C)\xi_j+\cdots+d_{j,r-1}C^{r-1}p^{h_j-2}(C)\xi_j\right]=0,$$

$$\cdots\qquad\cdots\qquad\cdots$$

$$\sum_{j=1}^{s}\left[d_{j0}\xi_j+d_{j1}C\xi_j+\cdots+d_{j,r-1}C^{r-1}\xi_j\right]=0。 \tag{23}$$

由于 $\xi_1,C\xi_1,\cdots,C^{r-1}\xi_1,\cdots,\xi_s,C\xi_s,\cdots,C^{r-1}\xi_s$ 是 U 的一个基的部分组,因此它们线性无关,从而由(23)式得

$$d_{j0}=d_{j1}=\cdots=d_{j,r-1}=0,j=1,2,\cdots,s。$$

于是结合(19)式得

$$p^{h_1}(C)\xi_1,Cp^{h_1}(C)\xi_1,\cdots,C^{r-1}p^{h_1}(C)\xi_1,\cdots,p^{h_s}(C)\xi_s,Cp^{h_s}(C)\xi_s,\cdots,C^{r-1}p^{h_s}(C)\xi_s \tag{24}$$

线性无关,且它们都属于 W_0,把它们生成的子空间记作 W_{01},则

$$W_{01}=\bigoplus_{j=1}^{s}\langle p^{h_j}(C)\xi_j,Cp^{h_j}(C)\xi_j,\cdots,C^{r-1}p^{h_j}(C)\xi_j\rangle, \tag{25}$$

W_{01} 是 $C|W_0$ 的不变子空间。若 $W_{01}\neq W_0$,则 $\dim W_0/W_{01}>0$。把 $C|W_0$ 在商空间 W_0/W_{01} 诱导的线性变换记作 $\widetilde{C}_0$。任给 $\gamma+W_{01}\in W_0/W_{01}$,有

$$p(\widetilde{C}_0)(\gamma+W_{01})=p(C|W_0)\gamma+W_{01}=p(C)\gamma+W_{01}=W_{01},$$

因此 $p(\widetilde{C}_0)=O$,从而 $p(\lambda)$ 是 $\widetilde{C}_0$ 的一个零化多项式,于是 $\widetilde{C}_0$ 的最小多项式 $\widetilde{m}_0(\lambda)=p(\lambda)$。对于 $\widetilde{C}_0$ 用定理 1 得,W_0/W_{01} 能分解成 r 维 $\widetilde{C}_0$-循环子空间的直和:

$$W_0/W_{01}=\bigoplus_{i=1}^{q}\langle\delta_i+W_{01},\widetilde{C}_0(\delta_i+W_{01}),\cdots,\widetilde{C}_0^{r-1}(\delta_i+W_{01})\rangle。\tag{26}$$

于是 W_0/W_{01} 的一个基为

$$\delta_1+W_{01},(C|W_0)\delta_1+W_{01},\cdots,(C|W_0)^{r-1}\delta_1+W_{01},\cdots,\delta_q+W_{01},\cdots,(C|W_0)^{r-1}\delta_q+W_{01},$$

也就是

$$\delta_1+W_{01},C\delta_1+W_{01},\cdots,C^{r-1}\delta_1+W_{01},\cdots,\delta_q+W_{01},C\delta_q+W_{01},\cdots,C^{r-1}\delta_q+W_{01}。$$

令　$W_{02}=\langle\delta_1,C\delta_1,\cdots,C^{r-1}\delta_1,\cdots,\delta_q,C\delta_q,\cdots,C^{r-1}\delta_q\rangle,\tag{27}$

根据 8.4 节命题 1 得

$$W_0=W_{01}\oplus W_{02}=W_{01}\oplus[\bigoplus_{i=1}^{q}\langle\delta_i,C\delta_i,\cdots,C^{r-1}\delta_i\rangle]。\tag{28}$$

由于 $C|W_0$ 的最小多项式 $m_0(\lambda)=p(\lambda)$,因此根据命题 3 和推论 1 得,$\langle\delta_i,C\delta_i,\cdots,C^{r-1}\delta_i\rangle=\langle\delta_i,(C|W_0)\delta_i,\cdots,(C|W_0)^{r-1}\delta_i\rangle$ 是 r 维 $C|W_0$-循环子空间,也是 C-循环子空间,$i=1,\cdots,q$。

从(16),(17),(18),(25),(27)和(28)式得

$$W=U\oplus W_0=U\oplus W_{01}\oplus W_{02}$$
$$=[\bigoplus_{j=1}^{s}\langle\xi_j,C\xi_j,\cdots,C^{h_jr-1}\xi_j\rangle]\oplus[\bigoplus_{j=1}^{s}\langle p^{h_j}(C)\xi_j,Cp^{h_j}(C)\xi_j,\cdots,C^{r-1}p^{h_j}(C)\xi_j\rangle]\oplus$$
$$[\bigoplus_{i=1}^{q}\langle\delta_i,C\delta_i,\cdots,C^{r-1}\delta_i\rangle]$$
$$=[\bigoplus_{j=1}^{s}\langle\xi_j,C\xi_j,\cdots,C^{h_jr-1}\xi_j,C^{h_jr}\xi_j,\cdots,C^{(h_j+1)r-1}\xi_j\rangle]\oplus$$
$$[\bigoplus_{i=1}^{q}\langle\delta_i,C\delta_i,\cdots,C^{r-1}\delta_i\rangle],\tag{29}$$

于是 W 分解成了 $s+q$ 个 C-循环子空间的直和。从(25)和(28)式得,$\dim W_0=\dim W_{01}+\dim W_{02}=sr+qr=(s+q)r$,因此,$s+q=\dfrac{1}{r}\dim W_0$。若 $W_{01}=W_0$,则(29)式中只有第一部分的 s 个 C-循环子空间,此时 $\dim W_0=\dim W_{01}=sr$,从而 $s=\dfrac{1}{r}\dim W_0$。

根据第二数学归纳法原理,定理 2 中的可分解性为真。

从上述结论得,W 能分解成 $\dfrac{1}{r}\dim W_0$ 个 C-循环子空间的直和,记 $v=\dfrac{1}{r}\dim W_0$,结合命题 3 和推论 1 得

$$W=\bigoplus_{i=1}^{v}\langle\xi_i,C\xi_i,\cdots,C^{k_ir-1}\xi_i\rangle,\tag{30}$$

其中 $1\leqslant k_i\leqslant l$。从(30)式得,$W$ 的一个基为

$$\xi_1,C\xi_1,\cdots,C^{k_1r-1}\xi_1,\cdots,\xi_v,C\xi_v,\cdots,C^{k_vr-1}\xi_v,\tag{31}$$

且 C 在 W 的这个基下的矩阵 $\boldsymbol{C}=\mathrm{diag}\{\boldsymbol{C}_1,\boldsymbol{C}_2,\cdots,\boldsymbol{C}_v\}$。根据命题 3 和推论 1 得,$\boldsymbol{C}_i$ 是 $p^{k_i}(\lambda)$ 的友矩阵,把 $\boldsymbol{C}_i$ 称为一个有理块,$i=1,2,\cdots,v$;把 $\boldsymbol{C}$ 称为 C 的一个有理标准形。对于 $1\leqslant k\leqslant l$,我们来计算 hr 级有理块的个数 $N(hr)$。

把 W 的直和分解式(30)中,维数为 k_jr 的 C-循环子空间的直和记作 W_{k_jr},其中 $1\leqslant k_j\leqslant l$。由于每一个 k_jr 维 C-循环子空间对应一个 k_jr 级有理块,因此 W_{k_jr} 中 C-循环子空间的个数为 $N(k_jr)$。设这些 C-循环子空间分别由向量 $\alpha_1,\alpha_2\cdots,\alpha_{N(k_jr)}$ 生成,则

$$W_{k_jr} = \bigoplus_{i=1}^{N(k_jr)} W_{k_jr}(\alpha_i) 。 \tag{32}$$

于是

$$p^h(\mathcal{C})W_{k_jr} = \bigoplus_{i=1}^{N(k_jr)} p^h(\mathcal{C})W_{k_jr}(\alpha_i) 。 \tag{33}$$

根据命题 4 得，

$$\dim p(\mathcal{C})W_{k_jr}(\alpha_i) = (k_j-1)r, \dim p^2(\mathcal{C})W_{k_jr}(\alpha_i) = (k_j-2)r, \cdots, \dim p^{k_j-1}(\mathcal{C})$$
$$W_{k_jr}(\alpha_i) = r, i = 1, \cdots, N(k_jr) 。 \tag{34}$$

根据命题 3 和推论 1 得，$\mathcal{C}|W_{k_jr}(\alpha_i)$ 的最小多项式为 $p^{k_j}(\lambda)$，因此 $p^{k_j}(\mathcal{C})W_{k_jr}(\alpha_i) = 0$，从而当 $h \geq k_j$ 时，$p^h(\mathcal{C})W_{k_jr} = 0$。 而当 $h < k_j$ 时，从 (33) 和 (34) 式得

$$\dim[p^h(\mathcal{C})W_{k_jr}] = \sum_{i=1}^{N(k_jr)} \dim[p^h(\mathcal{C})W_{k_jr}(\alpha_i)] = \sum_{i=1}^{N(k_jr)} (k_j-h)r$$
$$= (k_j-h)rN(k_jr) 。 \tag{35}$$

由于 $W = \bigoplus_{k_j=1}^{l} W_{k_jr}$，因此

$$p^h(\mathcal{C})W = \bigoplus_{k_j=1}^{l} p^h(\mathcal{C})W_{k_jr} = \bigoplus_{k_j=h+1}^{l} p^h(\mathcal{C})W_{k_jr} , \tag{36}$$

从而

$$\dim[p^h(\mathcal{C})W] = \sum_{k_j=h+1}^{l} (k_j-h)rN(k_jr) 。 \tag{37}$$

由于 $\dim[p^h(\mathcal{C})W] = \mathrm{rank}[p^h(\mathcal{C})]$，因此从 (37) 式得

$$\mathrm{rank}[p^h(\mathcal{C})] = rN((h+1)r) + 2rN((h+2)r) + \cdots + (l-h)rN(lr) 。 \tag{38}$$

在 (38) 式中，当 $h > 1$ 时，把 h 用 $h-1$ 代入，得

$$\mathrm{rank}[p^{h-1}(\mathcal{C})] = rN(hr) + 2rN((h+1)r) + \cdots + (l-(h-1))rN(lr) 。 \tag{39}$$

当 $h = 1$ 时，(39) 式的右端是 W 的直和分解式中所有 $\mathcal{C}$-循环子空间的维数之和，从而等于 $\dim W = m = \mathrm{rank}(\mathcal{I})$，即等于 (39) 式的左端。因此 (39) 式对于 $1 \leq h \leq l$ 都成立。

把 (39) 式减去 (38) 式，得

$$\mathrm{rank}[p^{h-1}(\mathcal{C})] - \mathrm{rank}[p^h(\mathcal{C})] = rN(hr) + rN((h+1)r) + \cdots + rN(lr)$$
$$= r[N(hr) + N((h+1)r) + \cdots + N(lr)] 。 \tag{40}$$

当 $h \leq l-1$ 时，在 (40) 式中把 h 用 $h+1$ 代入，得

$$\mathrm{rank}[p^h(\mathcal{C})] - \mathrm{rank}[p^{h+1}(\mathcal{C})] = r[N((h+1)r + N((h+2)r + \cdots + N(lr)] 。 \tag{41}$$

当 $h \leq l-1$ 时，把 (40) 式减去 (41) 式，得

$$\mathrm{rank}[p^{h-1}(\mathcal{C})] + \mathrm{rank}[p^{h+1}(\mathcal{C})] - 2\mathrm{rank}[p^h(\mathcal{C})] = rN(hr) 。 \tag{42}$$

当 $h = l$ 时，利用 (37) 式，(42) 式的左端为

$$\mathrm{rank}[p^{l-1}(\mathcal{C})] = \dim[p^{l-1}(\mathcal{C})W] = rN(lr) ,$$

这与 (42) 式右端相等。因此 (42) 式对于 $1 \leq h \leq l$ 都成立。

于是对于 $1 \leq h \leq l$，有

$$N(hr) = \frac{1}{r}[\mathrm{rank}(p^{h-1}(\mathcal{C})) + \mathrm{rank}(p^{h+1}(\mathcal{C})) - 2\mathrm{rank}(p^h(\mathcal{C}))] 。 \tag{43}$$

由于 C 的有理标准形 C 中,有理块的总数为

$$\frac{1}{r}\mathrm{dim}W_0=\frac{1}{r}\mathrm{dim}[\mathrm{Ker}(p(C))]=\frac{1}{r}[\mathrm{dim}W-\mathrm{dim}(\mathrm{Im}p(C))]$$

$$=\frac{1}{r}[m-\mathrm{rank}(p(C))],$$

C 中各级有理块的个数如(43)式所示,它们都被 W 的维数,C 的最小多项式 $m(\lambda)=p^l(\lambda)$,以及 $p(\lambda)$ 的次数 r,$p^h(C)$ 的秩($1\leqslant h\leqslant l$)所决定,因此 C 的有理标准形除了有理块的排列次序外是唯一的;并且根据命题 3 得,C 的有理标准形是 C 的最简单形式的矩阵表示。 ∎

定理 2 的证明的关键是利用 8.4 节命题 1 证明之后指出的可以利用商空间研究线性空间的结构的道理之三。首先把 W 分解成 $W=U\oplus W_0$。为了能把 W_0 分解成 W_{01} 与一个 C-不变子空间 W_{02} 的直和,利用了商空间 W_0/W_{01}。在利用商空间得到 W 的直和分解时,选择子空间 W_0 为 $p(C)$ 的属于特征值 0 的特征子空间就可以使 $C|W_0$ 的最小多项式等于 $p(\lambda)$,从而由命题 3 和推论 1 得,对于 W_0 中任一非零向量 α,都有 $\langle\alpha,C\alpha,\cdots,C^{r-1}\alpha\rangle$ 是 r 维 $C|W_0$-循环子空间,它也是 C-循环子空间。

从定理 2 的证明看出,当 $p(\lambda)$ 的次数为 1 时,定理 2 也成立。这时 C 有 Jordan 标准形,C 的 Jordan 标准形比 C 的有理标准形简单。因此当 $p(\lambda)$ 的次数 $r>1$ 时,C 的最简单形式的矩阵表示才是 C 的有理标准形。

推论 4　设 C 是域 F 上 m 维线性空间 W 上的线性变换。如果 C 的最小多项式 $m(\lambda)=p^l(\lambda)$,其中 $p(\lambda)$ 是域 F 上次数为 r 的不可约多项式,$l>1$,那么 C 的有理标准形 C 中一定有 lr 级有理块。

证明　根据定理 2,C 中 lr 级有理块的个数 $N(lr)=\frac{1}{r}\mathrm{rank}(p^{l-1}(C))$。假如 $\mathrm{rank}(p^{l-1}(C))=0$,则 $p^{l-1}(C)W=0$,从而 $p^{l-1}(C)=O$,于是 $p^{l-1}(\lambda)$ 是 C 的一个零化多项式,这与 C 的最小多项式为 $p^l(\lambda)$ 矛盾。因此 $\mathrm{rank}(p^{l-1}(C))>0$,从而 $N(lr)>0$,即 C 中一定有 lr 级有理块。

例 2　设 W 是有理数域 $\mathbf{Q}$ 上的 6 维线性空间,W 上的线性变换 $\mathcal{D}$ 的最小多项式 $m(\lambda)=p^2(\lambda)$,其中

$$p(\lambda)=\lambda^3+6\lambda^2+10\lambda+2,$$

求 $\mathcal{D}$ 的有理标准形。

解　在例 1 中已证 $p(\lambda)$ 在 $\mathbf{Q}$ 上不可约,根据推论 4 得,$\mathcal{D}$ 的有理标准形中有 $2\times3=6$ 级有理块。根据定理 2 得,这个 6 级有理块是 $p^2(\lambda)$ 的友矩阵。由于 $\mathrm{dim}W=6$,且

$$p^2(\lambda)=\lambda^6+12\lambda^5+56\lambda^4+124\lambda^3+124\lambda^2+40\lambda+4,$$

因此 $\mathcal{D}$ 的有理标准形是

$$\begin{pmatrix}0&0&0&0&0&-4\\1&0&0&0&0&-40\\0&1&0&0&0&-124\\0&0&1&0&0&-124\\0&0&0&1&0&-56\\0&0&0&0&1&-12\end{pmatrix}$$

定理3 设 $\mathcal{A}$ 是域 F 上 n 维线性空间 V 上的线性变换,如果 $\mathcal{A}$ 的最小多项式 $m(\lambda)$ 在 $F[\lambda]$ 中的标准分解式为

$$m(\lambda) = p_1^{l_1}(\lambda) \, p_2^{l_2}(\lambda) \cdots p_s^{l_s}(\lambda), \tag{44}$$

其中 $\deg p_j(\lambda)=r_j, j=1,2,\cdots,s$,那么 V 中存在一个基,使得 $\mathcal{A}$ 在此基下的矩阵 $\boldsymbol{C}$ 是由有理块组成的分块对角矩阵;$\boldsymbol{C}$ 中对应于 $p_j^{l_j}(\lambda)$ 的有理块的总数 N_j 为

$$N_j = \frac{1}{r_j}[n - \mathrm{rank}(p_j(\mathcal{A}))], \tag{45}$$

其中 hr_j 级有理块的个数 $N_j(hr_j)$ 为

$$N_j(hr_j) = \frac{1}{r_j}[\mathrm{rank}(p_j^{h-1}(\mathcal{A})) + \mathrm{rank}(p_j^{h+1}(\mathcal{A})) - 2\,\mathrm{rank}(p_j^h(\mathcal{A}))], \tag{46}$$

其中 $1 \leqslant h \leqslant l_j, j=1,2,\cdots,s$。这个分块对角矩阵 $\boldsymbol{C}$ 称为 $\mathcal{A}$ 的有理标准形,除去有理块的排列次序外,$\mathcal{A}$ 的有理标准形是唯一的。

证明 从 $\mathcal{A}$ 的最小多项式 $m(\lambda)$ 的标准分解式得

$$V = \bigoplus_{j=1}^{s} \mathrm{Ker}\ p_j^{l_j}(\mathcal{A})_\circ \tag{47}$$

记 $W_j = \mathrm{Ker}\ p_j^{l_j}(\mathcal{A})$,令 $C_j = \mathcal{A}|W_j$,则 C_j 的最小多项式为 $p_j^{l_j}(\lambda), j=1,2,\cdots,s$。根据定理 1 和定理 2 得,在 W_j 中存在一个基,使得 C_j 在此基下的矩阵 $\boldsymbol{C}_j$ 是由有理块组成的分块对角矩阵,其有理块的总数 N_j 为

$$N_j = \frac{1}{r_j}\dim(\mathrm{Ker}\ p_j(C_j)) = \frac{1}{r_j}\dim(\mathrm{Ker}\ p_j(\mathcal{A}\mid W_j))_\circ \tag{48}$$

根据 9.6 节例 18 的第(2)小题,对任意正整数 t,有

$$\mathrm{Ker}\ p_j^t(\mathcal{A}|W_j) = \mathrm{Ker}\ p_j^t(\mathcal{A}), \qquad j=1,2,\cdots,s, \tag{49}$$

于是

$$N_j = \frac{1}{r_j}\dim(\mathrm{Ker}\ p_j(\mathcal{A})) = \frac{1}{r_j}[n - \mathrm{rank}(p_j(\mathcal{A}))]_\circ \tag{50}$$

其中 hr_j 级有理块的个数 $N_j(hr_j)$ 为

$$
\begin{aligned}
N_j(hr_j) &= \frac{1}{r_j}[\mathrm{rank}(p_j^{h-1}(C_j)) + \mathrm{rank}(p_j^{h+1}(C_j)) - 2\,\mathrm{rank}(p_j^h(C_j))]\\
&= \frac{1}{r_j}[\dim W_j - \dim(\mathrm{Ker}\ p_j^{h-1}(C_j)) + \dim W_j - \dim(\mathrm{Ker}\ p_j^{h+1}(C_j)) -\\
&\quad 2(\dim W_j - \dim(\mathrm{Ker}\ p_j^h(C_j)))]\\
&= \frac{1}{r_j}[2\dim(\mathrm{Ker}\ p_j^h(\mathcal{A}|W_j)) - \dim(\mathrm{Ker}\ p_j^{h-1}(\mathcal{A}|W_j)) -\\
&\quad \dim(\mathrm{Ker}\ p_j^{h+1}(\mathcal{A}|W_j))]\\
&= \frac{1}{r_j}[2\dim(\mathrm{Ker}\ p_j^h(\mathcal{A})) - \dim(\mathrm{Ker}\ p_j^{h-1}(\mathcal{A})) - \dim(\mathrm{Ker}\ p_j^{h+1}(\mathcal{A}))]\\
&= \frac{1}{r_j}[\mathrm{rank}(p_j^{h-1}(\mathcal{A})) + \mathrm{rank}(p_j^{h+1}(\mathcal{A})) - 2\,\mathrm{rank}(p_j^h(\mathcal{A}))],
\end{aligned}
\tag{51}
$$

其中 $1 \leqslant h \leqslant l_j$。

把 $W_j(j=1,2,\cdots,s)$ 的上述基合起来就成为 V 的一个基,$\mathcal{A}$ 在此基下的矩阵 $\boldsymbol{C} =$

$\mathrm{diag}\{C_1, C_2, \cdots, C_s\}$，于是 C 是由有理块组成的分块对角矩阵。由于 C 中有理块的总数以及各种级数的有理块的个数都由 $\mathcal{A}$ 和它的最小多项式 $m(\lambda)$ 的标准分解式所决定，因此 $\mathcal{A}$ 的有理标准形除了有理块的排列次序外是唯一的。■

由定理 3 立即得到下述结论：

推论 5　设 A 是域 F 上的 n 级矩阵，如果 A 的最小多项式 $m(\lambda)$ 在 $F[\lambda]$ 中的标准分解式为

$$m(\lambda) = p_1^{l_1}(\lambda)\, p_2^{l_2}(\lambda) \cdots p_s^{l_s}(\lambda),\tag{52}$$

其中 $\deg p_j(\lambda) = r_j, j=1,\cdots,s$，那么 A 相似于一个由有理块组成的分块对角矩阵 C，C 中对应于 $p_j^{l_j}(\lambda)$ 的有理块的总数 N_j 为

$$N_j = \frac{1}{r_j}\big[n - \mathrm{rank}(p_j(A))\big],\tag{53}$$

其中 hr_j 级有理块的个数 $N_j(hr_j)$ 为

$$N_j(hr_j) = \frac{1}{r_j}\big[\mathrm{rank}(p_j^{h-1}(A)) + \mathrm{rank}(p_j^{h+1}(A)) - 2\,\mathrm{rank}(p_j^h(A))\big],\tag{54}$$

其中 $1 \leqslant h \leqslant l_j; j=1,2,\cdots,s$。$C$ 称为 A 的有理标准形。除去有理块的排列次序外，A 的有理标准形是唯一的。■

从定理 3 的证明过程看出，$\dim W_j$ 等于 C_j 的特征多项式 $f_j(\lambda)$ 的次数。由于 C_j 的最小多项式为 $p_j^{l_j}(\lambda)$，因此 $f_j(\lambda) = p_j^{k_j}(\lambda)$，其中 $k_j \geqslant l_j$。于是 $\mathcal{A}$ 的特征多项式 $f(\lambda)$ 为

$$f(\lambda) = f_1(\lambda) f_2(\lambda) \cdots f_s(\lambda) = p_1^{k_1}(\lambda) p_2^{k_2}(\lambda) \cdots p_s^{k_s}(\lambda),$$

从而 $\dim W_j = \deg f_j(\lambda) = k_j \deg p_j(\lambda)$。我们曾在 9.6 节例 20 证明了这个结论，当时采用的证明方法要求域 F 的特征为 0。现在用定理 3 来证明这个结论，去掉了"char $F=0$"这个条件。

定理 4　设 $\mathcal{A}$ 是域 F 上 n 维线性空间 V 上的线性变换。如果 $\mathcal{A}$ 的最小多项式 $m(\lambda)$ 在 $F[\lambda]$ 中的标准分解式为

$$m(\lambda) = (\lambda-\lambda_1)^{l_1} \cdots (\lambda-\lambda_s)^{l_s} p_1^{k_1}(\lambda) \cdots p_v^{k_v}(\lambda),\tag{55}$$

其中 $\deg p_j(\lambda) = r_j > 1, j=1,\cdots,v$，那么 V 中存在一个基，使得 $\mathcal{A}$ 在此基下的矩阵 C 是由 Jordan 块和有理块组成的分块对角矩阵。C 中主对角元为 λ_i 的 Jordan 块总数 $\tilde{N}_i = n - \mathrm{rank}(\mathcal{A}-\lambda_i \mathcal{I})$，其中 t 级 Jordan 块的个数 $\tilde{N}_i(t)$ 为

$$\tilde{N}_i(t) = \mathrm{rank}(\mathcal{A}-\lambda_i \mathcal{I})^{t-1} + \mathrm{rank}(\mathcal{A}-\lambda_i \mathcal{I})^{t+1} - 2\mathrm{rank}(\mathcal{A}-\lambda_i \mathcal{I})^t,\tag{56}$$

$1 \leqslant t \leqslant l_i, i=1,\cdots,s$；$C$ 中对应于 $p_j^{k_j}(\lambda)$ 的有理块的总数 $N_j = \dfrac{1}{r_j}\big[n - \mathrm{rank}(p_j(\mathcal{A}))\big]$，其中 hr_j 级有理块的个数 $N_j(hr_j)$ 为

$$N_j(hr_j) = \frac{1}{r_j}\big[\mathrm{rank}(p_j^{h-1}(\mathcal{A})) + \mathrm{rank}(p_j^{h+1}(\mathcal{A})) - 2\mathrm{rank}(p_j^h(\mathcal{A}))\big],\tag{57}$$

$1 \leqslant h \leqslant k_j, j=1,\cdots,v$。这个分块对角矩阵 C 称为 $\mathcal{A}$ 的**广义有理标准形**，除去 Jordan 块和有理块的排列次序外，$\mathcal{A}$ 的广义有理标准形是唯一的。

证明　从 (55) 式得

$$V=\bigoplus_{i=1}^{s}\mathrm{Ker}(\mathcal{A}-\lambda_{i}\mathcal{I})^{l_{i}}\oplus[\bigoplus_{j=1}^{v}\mathrm{Ker}p_{j}^{k_{j}}(\mathcal{A})]。 \tag{58}$$

记 $W_{i}=\mathrm{Ker}(\mathcal{A}-\lambda_{i}\mathcal{I})^{l_{i}}$，则 $\mathcal{A}|W_{i}=\lambda_{i}\mathcal{I}+\mathcal{B}_{i}$，其中 $\mathcal{B}_{i}$ 是 W_{i} 上的幂零变换，其幂零指数为 l_{i}。根据 9.7 节的定理 2 得，在 W_{i} 中存在一个基使得 $\mathcal{B}_{i}$ 在此基下的矩阵 $\boldsymbol{B}_{i}$ 是一个 Jordan 形矩阵，于是 $\mathcal{A}|W_{i}$ 在 W_{i} 的这个基下的矩阵 $\boldsymbol{A}_{i}=\lambda_{i}\boldsymbol{I}+\boldsymbol{B}_{i}$ 是一个 Jordan 形矩阵，其中每个 Jordan 块的主对角元为 λ_{i}。根据 9.8 节的定理 1 得，主对角元为 λ_{i} 的 Jordan 块的总数 $\widetilde{N}_{i}=n-\mathrm{rank}(\mathcal{A}-\lambda_{i}\mathcal{I})$，其中 t 级 Jordan 块的个数 $\widetilde{N}_{i}(t)$ 为

$$\widetilde{N}_{i}(t)=\mathrm{rank}(\mathcal{A}-\lambda_{i}\mathcal{I})^{t-1}+\mathrm{rank}(\mathcal{A}-\lambda_{i}\mathcal{I})^{t+1}-2\mathrm{rank}(\mathcal{A}-\lambda_{i}\mathcal{I})^{t},1\leqslant t\leqslant l_{i},i=1,\cdots,s。$$

设 $U_{j}=\mathrm{Ker}p_{j}^{k_{j}}(\mathcal{A})$，令 $\mathcal{D}_{j}=\mathcal{A}|U_{j}$，则 $\mathcal{D}_{j}$ 的最小多项式为 $p_{j}^{k_{j}}(\lambda)$。根据定理 1 和定理 2 得，在 U_{j} 中存在一个基，使得 $\mathcal{D}_{j}$ 在此基下的矩阵 $\boldsymbol{D}_{j}$ 是由有理块组成的分块对角矩阵。$\mathcal{D}_{j}$ 中有理块的总数 $N_{j}=\frac{1}{r_{j}}[n-\mathrm{rank}(p_{j}(\mathcal{A}))]$，其中 hr_{j} 级有理块的个数 $N_{j}(hr_{j})$ 为

$$N_{j}(hr_{j})=\frac{1}{r_{j}}[\mathrm{rank}(p_{j}^{h-1}(\mathcal{A}))+\mathrm{rank}(p_{j}^{h+1}(\mathcal{A}))-2\mathrm{rank}(p_{j}^{h}(\mathcal{A}))],1\leqslant h\leqslant k_{j},$$
$$j=1,\cdots,v。$$

把 $W_{i}(i=1,\cdots,s)$ 和 $U_{j}(j=1,\cdots,v)$ 的上述基合起来是 V 的一个基，$\mathcal{A}$ 在此基下的矩阵 $\boldsymbol{C}=\mathrm{drag}\{\boldsymbol{A}_{1},\cdots,\boldsymbol{A}_{s},\boldsymbol{D}_{1},\cdots,\boldsymbol{D}_{v}\}$，于是 $\boldsymbol{C}$ 是由 Jordan 块和有理块组成的分块对角矩阵，把 $\boldsymbol{C}$ 称为 $\mathcal{A}$ 的广义有理标准形。根据 9.8 节的定理 1 以及本节的定理 1 和定理 2，除了 Jordan 块和有理块的排列次序外，$\mathcal{A}$ 的广义有理标准形是唯一的。∎

推论 6 设 $\boldsymbol{A}$ 是域 F 上的 n 级矩阵，如果 $\boldsymbol{A}$ 的最小多项式 $m(\lambda)$ 在 $F[\lambda]$ 中的标准分解式为

$$m(\lambda)=(\lambda-\lambda_{1})^{l_{1}}\cdots(\lambda-\lambda_{s})^{l_{s}}p_{1}^{k_{1}}(\lambda)\cdots p_{v}^{k_{v}}(\lambda)， \tag{59}$$

其中 $\mathrm{deg}p_{j}(\lambda)=r_{j}>1,j=1,\cdots,v$，那么 $\boldsymbol{A}$ 相似于一个由 Jordan 块和有理块组成的分块对角矩阵 $\boldsymbol{C}$。$\boldsymbol{C}$ 中主对角元为 λ_{i} 的 Jordan 块的总数 $\widetilde{N}_{i}=n-\mathrm{rank}(\boldsymbol{A}-\lambda_{i}\boldsymbol{I})$，其中 t 级 Jordan 块的个数 $\widetilde{N}_{i}(t)$ 为

$$\widetilde{N}_{i}(t)=\mathrm{rank}(\boldsymbol{A}-\lambda_{i}\boldsymbol{I})^{t-1}+\mathrm{rank}(\boldsymbol{A}-\lambda_{i}\boldsymbol{I})^{t+1}-2\mathrm{rank}(\boldsymbol{A}-\lambda_{i}\boldsymbol{I})^{t}, \tag{60}$$

$1\leqslant t\leqslant l_{i},i=1,\cdots,s$；$\boldsymbol{C}$ 中对应于 $p_{j}^{k_{j}}(\lambda)$ 的有理块总数 $N_{j}=\frac{1}{r_{j}}[n-\mathrm{rank}(p_{j}(\boldsymbol{A}))]$，其中 hr_{j} 级有理块的个数 $N_{j}(hr_{j})$ 为

$$N_{j}(hr_{j})=\frac{1}{r_{j}}[\mathrm{rank}(p_{j}^{h-1}(\boldsymbol{A}))+\mathrm{rank}(p_{j}^{h+1}(\boldsymbol{A}))-2\mathrm{rank}(p_{j}^{h}(\boldsymbol{A}))], \tag{61}$$

$1\leqslant h\leqslant k_{j},j=1,\cdots,v$。这个分块对角矩阵 $\boldsymbol{C}$ 称为 $\boldsymbol{A}$ 的**广义有理标准形**，除去 Jordan 块和有理块的排列次序外，$\boldsymbol{A}$ 的广义有理标准形是唯一的。

证明 在域 F 上 n 维线性空间 V 上构造一个线性变换 $\mathcal{A}$ 使得 $\mathcal{A}$ 在 V 的一个基 α_{1}，$\alpha_{2},\cdots,\alpha_{n}$ 下的矩阵为 $\boldsymbol{A}$。利用定理 4 以及 $\mathcal{A}$ 在 V 的不同基下的矩阵是相似的，立即得到结论。∎

对于域 F 为实数域 $\mathbf{R}$ 的情形，从定理 4 立即得到下述推论 7；从推论 6 立即得到推论 8。

推论 7　设 $\mathcal{A}$ 是实数域 $\mathbf{R}$ 上 n 维线性空间 V 上的线性变换，如果 $\mathcal{A}$ 的最小多项式 $m(\lambda)$ 在 $\mathbf{R}[\lambda]$ 中的标准分解式为

$$m(\lambda) = (\lambda-\lambda_1)^{k_1}\cdots(\lambda-\lambda_m)^{k_m}(\lambda^2+p_1\lambda+q_1)^{l_1}\cdots(\lambda^2+p_s\lambda+q_s)^{l_s}, \tag{62}$$

那么 V 中存在一个基，使得 $\mathcal{A}$ 在此基下的矩阵 $\boldsymbol{C}$ 是由 Jordan 块和有理块组成的分块对角矩阵。主对角元为 λ_i 的 Jordan 块总数 $\tilde{N}_i$ 为

$$\tilde{N}_i = n - \operatorname{rank}(\mathcal{A}-\lambda_i\mathcal{I}), \tag{63}$$

其中 t 级 Jordan 块的个数 $\tilde{N}_i(t)$ 为

$$\tilde{N}_i(t) = \operatorname{rank}(\mathcal{A}-\lambda_i\mathcal{I})^{t+1} + \operatorname{rank}(\mathcal{A}-\lambda_i\mathcal{I})^{t-1} - 2\operatorname{rank}(\mathcal{A}-\lambda_i\mathcal{I})^t, \tag{64}$$

$1\leqslant t\leqslant k_i, i=1,\cdots,m$；对应于二次不可约多项式 $\lambda^2+p_j\lambda+q_j$ 的有理块的总数 N_j 为

$$N_j = \frac{1}{2}[n - \operatorname{rank}(\mathcal{A}^2+p_j\mathcal{A}+q_j\mathcal{I})], \tag{65}$$

其中 $2h$ 级有理块的个数 $N_j(2h)$ 为

$$N_j(2h) = \frac{1}{2}\big[\operatorname{rank}(\mathcal{A}^2+p_j\mathcal{A}+q_j\mathcal{I})^{h-1} + \operatorname{rank}((\mathcal{A}^2+p_j\mathcal{A}+q_j\mathcal{I})^{h+1}) - $$
$$2\operatorname{rank}((\mathcal{A}^2+p_j\mathcal{A}+q_j\mathcal{I})^h)\big], \tag{66}$$

$1\leqslant h\leqslant l_j, j=1,\cdots,s$；$\boldsymbol{C}$ 称为 $\mathcal{A}$ 的**广义有理标准形**。除去 Jordan 块和有理块的排列次序外，$\mathcal{A}$ 的广义有理标准形是唯一的。　　■

推论 8　设 $\boldsymbol{A}$ 是实数域 $\mathbf{R}$ 上的 n 级矩阵，如果 $\boldsymbol{A}$ 的最小多项式 $m(\lambda)$ 在 $\mathbf{R}[\lambda]$ 中的标准分解式为

$$m(\lambda) = (\lambda-\lambda_1)^{k_1}\cdots(\lambda-\lambda_m)^{k_m}(\lambda^2+p_1\lambda+q_1)^{l_1}\cdots(\lambda^2+p_s\lambda+q_s)^{l_s}, \tag{67}$$

那么 $\boldsymbol{A}$ 相似于一个由 Jordan 块和有理块组成的分块对角矩阵 $\boldsymbol{C}$。$\boldsymbol{C}$ 中主对角元为 λ_i 的 Jordan 块总数 $\tilde{N}_i$ 为

$$\tilde{N}_i = n - \operatorname{rank}(\boldsymbol{A}-\lambda_i\boldsymbol{I}). \tag{68}$$

其中 t 级 Jordan 块的个数 $\tilde{N}_i(t)$ 为

$$\tilde{N}_i(t) = \operatorname{rank}(\boldsymbol{A}-\lambda_i\boldsymbol{I})^{t+1} + \operatorname{rank}(\boldsymbol{A}-\lambda_i\boldsymbol{I})^{t-1} - 2\operatorname{rank}(\boldsymbol{A}-\lambda_i\boldsymbol{I})^t, \tag{69}$$

$1\leqslant t\leqslant k_i, i=1,\cdots,m$；$\boldsymbol{C}$ 中对应于 $\lambda^2+p_j\lambda+q_j$ 的有理块的总数 N_j 为

$$N_j = \frac{1}{2}[n - \operatorname{rank}(\boldsymbol{A}^2+p_j\boldsymbol{A}+q_j\boldsymbol{I})], \tag{70}$$

其中 $2h$ 级有理块的个数 $N_j(2h)$ 为

$$N_j(2h) = \frac{1}{2}\big[\operatorname{rank}(\boldsymbol{A}^2+p_j\boldsymbol{A}+q_j\boldsymbol{I})^{h-1} + \operatorname{rank}((\boldsymbol{A}^2+p_j\boldsymbol{A}+q_j\boldsymbol{I})^{h+1})$$
$$- 2\operatorname{rank}((\boldsymbol{A}^2+p_j\boldsymbol{A}+q_j\boldsymbol{I})^h)\big], \tag{71}$$

$1\leqslant h\leqslant l_j, j=1,\cdots,s$；$\boldsymbol{C}$ 称为 $\boldsymbol{A}$ 的**广义有理标准形**。除去 Jordan 块和有理块的排列次序外，$\boldsymbol{A}$ 的广义有理标准形是唯一的。　　■

我们也可以用 λ-矩阵的方法求 $\mathcal{A}$（或矩阵 $\boldsymbol{A}$）的有理标准形。这需要把 λ-矩阵 $\boldsymbol{A}(\lambda)$ 的初等因子的概念加以拓宽。

定义 3　设 $\boldsymbol{A}(\lambda)$ 是 $F[\lambda]$ 上的 n 级非零矩阵，$\boldsymbol{A}(\lambda)$ 的每个次数大于 0 的不变因子分解成两两不等的不可约多项式的方幂的乘积，所有这些不可约多项式的方幂（相同的必须按出现的次数计算）称为 $\boldsymbol{A}(\lambda)$ 的**初等因子**。

用与 9.8 节中类似的讨论可得出:满秩 λ-矩阵 $A(\lambda)$ 的不变因子与初等因子互相唯一确定,从而得出:

定理 5 $F[\lambda]$ 上两个满秩的 n 级矩阵相抵当且仅当它们有相同的初等因子。 ■

用与 9.8 节定理 6 类似的证明方法可证明下述结论:

定理 6 设 $A(\lambda)$ 是 $F[\lambda]$ 上的 n 级满秩矩阵,通过初等变换把 $A(\lambda)$ 化成对角形,然后把主对角线上的每个次数大于 0 的多项式分解成两两不等的不可约多项式的方幂的乘积,则所有这些不可约多项式的方幂(相同的按出现的次数计算)就是 $A(\lambda)$ 的初等因子。

由 9.8 节的定理 4 和本节的定理 5 立即得到:

定理 7 域 F 上两个 n 级矩阵的特征矩阵相抵的充分必要条件是,它们有相同的不变因子,或者它们有相同的初等因子。 ■

今后我们把域 F 上 n 级矩阵 A 的特征矩阵 $\lambda I - A$ 的不变因子和初等因子分别叫作 **A 的不变因子**和**初等因子**。

9.8 节定理 8 的证明对于域 F 上的 n 级矩阵也适用,因此有:

定理 8 域 F 上两个 n 级矩阵 A 与 B 相似的充分必要条件是它们的特征矩阵 $\lambda I - A$ 与 $\lambda I - B$ 相抵。 ■

由定理 7,定理 8 立即得到:

定理 9 域 F 上两个 n 级矩阵相似的充分必要条件是它们有相同的不变因子,或者有相同的初等因子。 ■

这样我们得到了:在 $M_n(F)$ 中,不变因子是相似关系下的一组完全不变量;初等因子也是相似关系下的一组完全不变量。

设 V 是域 F 上的 n 维线性空间,$\mathscr{A}$ 是 V 上的线性变换,$\mathscr{A}$ 的最小多项式 $m(\lambda)$ 在 $F[\lambda]$ 中的标准分解式为

$$m(\lambda) = p_1^{l_1}(\lambda) p_2^{l_2}(\lambda) \cdots p_s^{l_s}(\lambda), \tag{72}$$

其中 $\deg p_j(\lambda) = r_j, j = 1, 2, \cdots, s$。对应于 $p_j^{l_j}(\lambda)$ 的一个 t 级有理块 $C_t(\xi)$,其特征多项式和最小多项式都等于 ξ 的最小多项式 $m_\xi(\lambda) = p_j^{k_t}(\lambda)$,$k_t \leqslant l_j$,且 $k_t = \dfrac{t}{r_j}$。于是 $|\lambda I - C_t(\xi)| = p_j^{k_t}(\lambda)$,因此 $\lambda I - C_t(\xi)$ 的 t 阶行列式因子 $D_t(\lambda) = p_j^{k_t}(\lambda)$。注意到 $\lambda I - C_t(\xi)$ 的左下角的 $t-1$ 阶子式为 $(-1)^{t-1}$,因此 $D_{t-1}(\lambda) = 1$,从而 $D_{t-2}(\lambda) = 1, \cdots$,$D_1(\lambda) = 1$,进而有

$$d_t(\lambda) = \frac{D_t(\lambda)}{D_{t-1}(\lambda)} = p_j^{k_t}(\lambda), d_{t-1}(\lambda) = 1, \cdots, d_1(\lambda) = 1.$$

因此 $\lambda I - C_t(\xi)$ 的初等因子只有一个:$p_j^{k_t}(\lambda)$,即有理块 $C_t(\xi)$ 的初等因子等于它的最小多项式 $p_j^{k_t}(\lambda)$。由于一个有理块 $C_t(\xi)$ 完全由它的最小多项式决定,因此一个有理块完全由它的初等因子决定。

用与 9.8 节关于求 n 级 Jordan 形矩阵 J 的初等因子类似的方法可得:由有理块组成的 n 级分块对角矩阵 C 的初等因子是由它的全部有理块的初等因子组成。于是矩阵 C 完全由它的初等因子唯一决定,除其中有理块的排列次序外。

用与 9.8 节定理 10 类似的方法可证明下述结论：

定理 10　域 F 上任一 n 级矩阵 A 都相似于一个由有理块组成的分块对角矩阵 C，除去其中有理块的排列次序外，C 由 A 唯一决定，称 C 是 A 的有理标准形。 ∎

用与 9.8 节推论 7 类似的证明方法可证明下述结论：

推论 9　域 F 上 n 级矩阵 A 的最小多项式 $m(\lambda)$ 等于 A 的最后一个不变因子 $d_n(\lambda)$。

用与 9.8 节推论 9 类似的证明方法可证明下述结论：

推论 10　设域 E 包含域 F，则域 F 上两个 n 级矩阵 A 与 B 相似当且仅当把它们看成域 E 上的矩阵后相似。 ∎

推论 10 告诉我们，域 F 上 n 级矩阵之间的相似性不随域的扩大而改变。

9.9.2　典型例题

例 1　设 $\mathcal{A}$ 是实数域上 n 维线性空间 V 上的线性变换，$\mathcal{A}$ 的最小多项式 $m(\lambda)$ 在 $\mathbf{R}[\lambda]$ 中的标准分解式含有 $(\lambda^2+p x+q)^l$，设在 $\mathcal{A}$ 的有理标准形 C 中对应于这个不可约多项式方幂的一个有理块 $C_{2h}(\xi)$ 为

$$\begin{pmatrix} 0 & 0 & \cdots & 0 & -a_0 \\ 1 & 0 & \cdots & 0 & -a_1 \\ 0 & 1 & \cdots & 0 & -a_2 \\ \vdots & \vdots & & \vdots & \vdots \\ 0 & 0 & \cdots & 0 & -a_{2h-2} \\ 0 & 0 & \cdots & 1 & -a_{2h-1} \end{pmatrix}, \tag{73}$$

其中 $$\lambda^{2h}+a_{2h-1}\lambda^{2h-1}+\cdots+a_1\lambda+a_0=(\lambda^2+p\lambda+q)^h。\tag{74}$$

证明：

$$C_{2h}(\xi)\sim \begin{pmatrix} 0 & -q & & & & & \\ 1 & -p & & & & & \\ & & 1 & 0 & -q & & \\ & & & 1 & -p & & \\ & & & & 1 & \ddots & \\ & & & & & 1 & 0 & -q \\ & & & & & & 1 & -p \end{pmatrix}。 \tag{75}$$

证明　对应于有理块 $C_{2h}(\xi)$ 的 $\mathcal{A}$-循环子空间是 $\langle \xi, \mathcal{A}\xi, \mathcal{A}^2\xi, \cdots, \mathcal{A}^{2h-1}\xi \rangle$，把它记作 $W_{2h}(\xi)$。$\mathcal{A}|W_{2h}(\xi)$ 在基 $\xi, \mathcal{A}\xi, \cdots, \mathcal{A}^{2h-1}\xi$ 下的矩阵就是 $C_{2h}(\xi)$。把 (75) 式右端的矩阵记作 $G_{2h}(\lambda^2+p\lambda+q)$。令

$$\beta_1=\xi,\ \beta_2=\mathcal{A}\beta_1=\mathcal{A}\xi,$$
$$\beta_3=q\beta_1+p\beta_2+\mathcal{A}\beta_2=q\xi+p\mathcal{A}\xi+\mathcal{A}^2\xi=(\mathcal{A}^2+p\mathcal{A}+q I)\xi,$$
$$\beta_4=\mathcal{A}\beta_3=(\mathcal{A}^2+p\mathcal{A}+q I)\mathcal{A}\xi,$$
$$\beta_5=q\beta_3+p\beta_4+\mathcal{A}\beta_4=q\beta_3+p\mathcal{A}\beta_3+\mathcal{A}^2\beta_3$$

$$= (\mathcal{A}^2 + p\mathcal{A} + q\mathcal{I})\beta_3 = (\mathcal{A}^2 + p\mathcal{A} + q\mathcal{I})^2 \xi,$$

$$\beta_6 = \mathcal{A}\beta_5 = (\mathcal{A}^2 + p\mathcal{A} + q\mathcal{I})^2 \mathcal{A}\xi,$$

$$\cdots$$

$$\beta_{2h-2} = \mathcal{A}\beta_{2h-3} = (\mathcal{A}^2 + p\mathcal{A} + q\mathcal{I})^{h-2} \mathcal{A}\xi,$$

$$\beta_{2h-1} = q\beta_{2h-3} + p\beta_{2h-2} + \mathcal{A}\beta_{2h-2}$$

$$= q\beta_{2h-3} + p\mathcal{A}\beta_{2h-3} + \mathcal{A}^2\beta_{2h-3}$$

$$= (\mathcal{A}^2 + p\mathcal{A} + q\mathcal{I})\beta_{2h-3} = (\mathcal{A}^2 + p\mathcal{A} + q\mathcal{I})^{h-1} \xi,$$

$$\beta_{2h} = \mathcal{A}\beta_{2h-1} = (\mathcal{A}^2 + p\mathcal{A} + q\mathcal{I})^{h-1} \mathcal{A}\xi,$$

由此得出,$\beta_1, \beta_2, \beta_3, \cdots, \beta_{2h}$ 可以由 $\xi, \mathcal{A}\xi, \mathcal{A}^2\xi, \cdots, \mathcal{A}^{2h-1}\xi$ 线性表出,且 $\xi, \mathcal{A}\xi, \mathcal{A}^2\xi, \cdots,$ $\mathcal{A}^{2h-1}\xi$ 可由 $\beta_1, \beta_2, \cdots, \beta_{2h}$ 线性表出,因此

$$W_{2h}(\xi) = \langle \xi, \mathcal{A}\xi, \mathcal{A}^2\xi, \cdots, \mathcal{A}^{2h-1}\xi \rangle = \langle \beta_1, \beta_2, \cdots, \beta_{2h} \rangle,$$

从而 $\beta_1, \beta_2, \cdots, \beta_{2h}$ 是 $W_{2h}(\xi)$ 的一个基。由于 ξ 的最小多项式 $m_\xi(\lambda)$ 等于 $C_{2h}(\xi)$ 的特征多项式 $(\lambda^2 + p\lambda + q)^h$,因此 $(\mathcal{A}^2 + p\mathcal{A} + q\mathcal{I})^h\xi = 0$,从而 $(\mathcal{A}^2 + p\mathcal{A} + q\mathcal{I})\beta_{2h-1} = 0$,于是

$$\mathcal{A}\beta_{2h} = \mathcal{A}^2\beta_{2h-1} = -p\mathcal{A}\beta_{2h-1} - q\beta_{2h-1} = -p\beta_{2h} - q\beta_{2h-1}. \tag{76}$$

从 $\beta_1, \beta_2, \cdots, \beta_{2h}$ 的定义以及(76)式立即得到

$$\mathcal{A}(\beta_1, \beta_2, \cdots, \beta_{2h}) = (\beta_1, \beta_2, \cdots, \beta_{2h})G_{2h}(\lambda^2 + p\lambda + q). \tag{77}$$

因此 $\mathcal{A}|W_{2h}(\xi)$ 在基 $\beta_1, \beta_2, \cdots, \beta_{2h}$ 下的矩阵是 $G_{2h}(\lambda^2 + p\lambda + q)$。由于 $\mathcal{A}|W_{2h}(\xi)$ 在 $W_{2h}(\xi)$ 的不同基下的矩阵是相似的,因此

$$C_{2h}(\xi) \sim G_{2h}(\lambda^2 + p\lambda + q). \quad ■$$

点评: 利用例1的结论,可以把本节推论7(或推论8)的 $\mathcal{A}$(或 A)的有理标准形中每一个有理块用相应的矩阵 $G_{2h}(\lambda^2 + p\lambda + q)$ 代替。$G_{2h}(\lambda^2 + p\lambda + q)$ 称为**广义 Jordan 块**。代替后的分块对角矩阵称为 $\mathcal{A}$(或 A)的**广义 Jordan 标准形**。用广义 Jordan 块代替有理块的好处是可省去计算 $(\lambda^2 + p\lambda + q)^h$。

例2 设 $\mathcal{A}$ 是域 F 上 n 维线性空间 V 上的线性变换,$\mathcal{A}$ 的最小多项式 $m(\lambda)$ 在 $F[\lambda]$ 中的标准分解式含有 $p^l(\lambda)$,其中 $p(\lambda) = \lambda^r + b_{r-1}\lambda^{r-1} + \cdots + b_1\lambda + b_0$, $r > 1$。设在 $\mathcal{A}$ 的有理标准形 C 中,对应于 $p^l(\lambda)$ 的一个有理块 $C_{hr}(\xi)$ 为

$$\begin{pmatrix} 0 & 0 & \cdots & 0 & -a_0 \\ 1 & 0 & \cdots & 0 & -a_1 \\ 0 & 1 & \cdots & 0 & -a_2 \\ \vdots & \vdots & & \vdots & \vdots \\ 0 & 0 & \cdots & 0 & -a_{hr-2} \\ 0 & 0 & \cdots & 1 & -a_{hr-1} \end{pmatrix}, \tag{78}$$

其中
$$\lambda^{hr} + a_{hr-1}\lambda^{hr-1} + \cdots + a_1\lambda + a_0 = p^h(\lambda). \tag{79}$$

用 $C(p(\lambda))$ 表示 $p(\lambda)$ 的友矩阵,即

$$\boldsymbol{C}(p(\lambda)) = \begin{bmatrix} 0 & 0 & \cdots & 0 & -b_0 \\ 1 & 0 & \cdots & 0 & -b_1 \\ 0 & 1 & \cdots & 0 & -b_2 \\ \vdots & \vdots & & \vdots & \vdots \\ 0 & 0 & \cdots & 0 & -b_{r-2} \\ 0 & 0 & \cdots & 1 & -b_{r-1} \end{bmatrix} \text{。} \tag{80}$$

令
$$\boldsymbol{H}_r = \begin{bmatrix} & & 1 \\ & 0 & \\ & \ddots & \\ 0 & & \end{bmatrix}, \tag{81}$$

证明：

$$\boldsymbol{C}_{hr}(\xi) \sim \begin{bmatrix} \boldsymbol{C}(p(\lambda)) & & & \\ \boldsymbol{H}_r & \boldsymbol{C}(p(\lambda)) & & \\ & \ddots & & \ddots \\ & & \boldsymbol{H}_r & \boldsymbol{C}(p(\lambda)) \end{bmatrix} \text{。} \tag{82}$$

证明　对应于有理块 $\boldsymbol{C}_{hr}(\xi)$ 的 $\mathcal{A}$-循环子空间是
$$\langle \xi, \mathcal{A}\xi, \mathcal{A}^2\xi, \cdots, \mathcal{A}^{hr-1}\xi \rangle,$$
把它记作 $W_{hr}(\xi)$。$\mathcal{A}|W_{hr}(\xi)$ 在基 $\xi, \mathcal{A}\xi, \cdots, \mathcal{A}^{hr-1}\xi$ 下的矩阵就是 $\boldsymbol{C}_{hr}(\xi)$。把(82)式右端的 hr 级矩阵记作 $\boldsymbol{G}_{hr}(p(\lambda))$。令

$$\beta_1 = \xi, \ \beta_2 = \mathcal{A}\beta_1 = \mathcal{A}\xi, \ \beta_3 = \mathcal{A}\beta_2 = \mathcal{A}^2\xi, \cdots, \beta_r = \mathcal{A}\beta_{r-1} = \mathcal{A}^{r-1}\xi,$$

$$\begin{aligned} \beta_{r+1} &= \mathcal{A}\beta_r + b_0\beta_1 + b_1\beta_2 + \cdots + b_{r-1}\beta_r \\ &= \mathcal{A}^r\xi + b_{r-1}\mathcal{A}^{r-1}\xi + \cdots + b_1\mathcal{A}\xi + b_0\xi = p(\mathcal{A})\xi, \end{aligned}$$

$$\beta_{r+2} = \mathcal{A}\beta_{r+1} = p(\mathcal{A})\mathcal{A}\xi,$$

$$\beta_{r+3} = \mathcal{A}\beta_{r+2} = \mathcal{A}^2\beta_{r+1} = p(\mathcal{A})\mathcal{A}^2\xi,$$

$$\cdots$$

$$\beta_{2r} = \mathcal{A}\beta_{2r-1} = \mathcal{A}^{r-1}\beta_{r+1} = p(\mathcal{A})\mathcal{A}^{r-1}\xi,$$

$$\begin{aligned} \beta_{2r+1} &= \mathcal{A}\beta_{2r} + b_{r-1}\beta_{2r} + b_{r-2}\beta_{2r-1} + \cdots + b_1\beta_{r+2} + b_0\beta_{r+1} \\ &= \mathcal{A}^r\beta_{r+1} + b_{r-1}\mathcal{A}^{r-1}\beta_{r+1} + \cdots + b_1\mathcal{A}\beta_{r+1} + b_0\beta_{r+1} \\ &= (\mathcal{A}^r + b_{r-1}\mathcal{A}^{r-1} + \cdots + b_1\mathcal{A} + b_0\mathcal{I})\beta_{r+1} = p^2(\mathcal{A})\xi, \end{aligned}$$

$$\cdots$$

$$\begin{aligned} \beta_{(h-1)r+1} &= \mathcal{A}\beta_{(h-1)r} + b_{r-1}\beta_{(h-1)r} + \cdots + b_1\beta_{(h-2)r+2} + b_0\beta_{(h-2)r+1} \\ &= \mathcal{A}^r\beta_{(h-2)r+1} + b_{r-1}\mathcal{A}^{r-1}\beta_{(h-2)r+1} + \cdots + b_1\mathcal{A}\beta_{(h-2)r+1} + b_0\beta_{(h-2)r+1} \\ &= p(\mathcal{A})\beta_{(h-2)r+1} = p^{h-1}(\mathcal{A})\xi, \end{aligned}$$

$$\beta_{(h-1)r+2} = \mathcal{A}\beta_{(h-1)r+1} = p^{h-1}(\mathcal{A})\mathcal{A}\xi,$$

$$\beta_{(h-1)r+3} = \mathcal{A}\beta_{(h-1)r+2} = p^{h-1}(\mathcal{A})\mathcal{A}^2\xi,$$

$$\cdots$$

$$\beta_{hr} = \mathcal{A}\beta_{hr-1} = \mathcal{A}^{r-1}\beta_{(h-1)r+1} = p^{h-1}(\mathcal{A})\mathcal{A}^{r-1}\xi.$$

由此得出,$\beta_1,\beta_2,\cdots,\beta_{hr}$可以由$\xi,\mathscr{A}\xi,\cdots,\mathscr{A}^{hr-1}\xi$线性表出,反之亦然,因此
$$W_{hr}(\xi)=\langle\xi,\mathscr{A}\xi,\cdots,\mathscr{A}^{hr-1}\xi\rangle=\langle\beta_1,\beta_2,\cdots,\beta_{hr}\rangle,$$
从而$\beta_1,\beta_2,\cdots,\beta_{hr}$是$W_{hr}(\xi)$的一个基。由于$\xi$的最小多项式$m_\xi(\lambda)$等于$C_{hr}(\xi)$的特征多项式$\lambda^{hr}+a_{hr-1}\lambda^{hr-1}+\cdots+a_1\lambda+a_0$,即等于$p^h(\lambda)$,因此$p^h(\mathscr{A})\xi=0$,于是
$$p^{h-1}(\mathscr{A})(\mathscr{A}^r\xi+b_{r-1}\mathscr{A}^{r-1}\xi+\cdots+b_1\mathscr{A}\xi+b_0\xi)=0,$$
即 $\quad\quad\mathscr{A}\beta_{hr}+b_{r-1}\beta_{hr}+\cdots+b_1\beta_{(h-1)r+2}+b_0\beta_{(h-1)r+1}=0,$

从而 $\quad\quad\mathscr{A}\beta_{hr}=-b_{r-1}\beta_{hr}-\cdots-b_1\beta_{(h-1)r+2}-b_0\beta_{(h-1)r+1}。\quad\quad(83)$

从$\beta_1,\beta_2,\cdots,\beta_{hr}$的定义和(83)式立即得到
$$\mathscr{A}(\beta_1,\beta_2,\cdots,\beta_{hr})=(\beta_1,\beta_2,\cdots,\beta_{hr})G_{hr}(p(\lambda)),\quad\quad(84)$$
因此$\mathscr{A}|W_{hr}(\xi)$在基$\beta_1,\beta_2,\cdots,\beta_{hr}$下的矩阵是$G_{hr}(p(\lambda))$,所以
$$C_{hr}(\xi)\sim G_{hr}(p(\lambda))。\quad\quad\blacksquare$$

点评:$G_{hr}(p(\lambda))$称为**广义 Jordan 块**。利用例 2 的结论,可以把本节定理 4(或推论 6)的$\mathscr{A}$(或A)的广义有理标准形C中对应于$p_j^{l_j}(\lambda)$(其中 deg $p_j(\lambda)=r_j>1$)的每一个hr_j级有理块用相应的广义 Jordan 块$G_{hr_j}(p_j(\lambda))$代替。代替后的分块对角矩阵称为$\mathscr{A}$(或A)的**广义 Jordan 标准形**。用广义 Jordan 标准形的好处是可以省去计算$p_j^{l_j}(\lambda)$,当deg $p_j(\lambda)>1$。

例 3 求下述实矩阵A的广义有理标准形C。
$$A=\begin{pmatrix} 6 & -3 & -2 \\ 4 & -1 & -2 \\ 10 & -5 & -3 \end{pmatrix}。$$

解
$$|\lambda I-A|=\begin{vmatrix} \lambda-6 & 3 & 2 \\ -4 & \lambda+1 & 2 \\ -10 & 5 & \lambda+3 \end{vmatrix}=\begin{vmatrix} \lambda-6 & 3 & 2 \\ -\lambda+2 & \lambda-2 & 0 \\ -10 & 5 & \lambda+3 \end{vmatrix}$$
$$=(\lambda-2)(\lambda^2+1)。$$

于是实矩阵A恰有一个特征值 2,且A的最小多项式$m(\lambda)$等于A的特征多项式$(\lambda-2)(\lambda^2+1)$。对于λ^2+1,有理块的级数是 2,因此只有一个 2 级有理块。于是A的广义有理标准形C是
$$C=\begin{pmatrix} 2 & & \\ & 0 & -1 \\ & 1 & 0 \end{pmatrix},$$
其中空缺位置的元素都是 0,今后同此约定。

例 4 设n级实矩阵A满足$A^2+I=0$。
(1) 求A的有理标准形; (2) 证明:n是偶数,且
$$A\sim\begin{pmatrix} 0 & -I_m \\ I_m & 0 \end{pmatrix}。$$

(1) **解** 由于$A^2+I=0$,因此λ^2+1是A的一个零化多项式,从而A的最小多项式$m(\lambda)|\lambda^2+1$。由于λ^2+1在$\mathbf{R}$上不可约,因此$m(\lambda)=\lambda^2+1$。于是A的有理标准形C中,

每一个有理块都是 2 级的,从而

$$C = \begin{pmatrix} 0 & -1 & & & & & \\ 1 & 0 & & & & & \\ & & 0 & -1 & & & \\ & & 1 & 0 & & & \\ & & & & \ddots & & \\ & & & & & 0 & -1 \\ & & & & & 1 & 0 \end{pmatrix}.$$

(2) **证明**　从 A 的有理标准形 C 看出:n 是偶数,记 $n=2m$。

由于 $P(i,j)P(i,j)=I$,因此 $P(i,j)^{-1}=P(i,j)=P(i,j)'$。

先看 $n=4$ 的情形:

$$C = \begin{pmatrix} 0 & -1 & & \\ 1 & 0 & & \\ & & 0 & -1 \\ & & 1 & 0 \end{pmatrix} \xrightarrow{(①,③)} \begin{pmatrix} & & 0 & -1 \\ 1 & 0 & & \\ 0 & -1 & & \\ & & 1 & 0 \end{pmatrix} \xrightarrow{(①,③)} \begin{pmatrix} 0 & & & -1 \\ & & 0 & 1 \\ & -1 & 0 & \\ 1 & & & 0 \end{pmatrix}$$

$$\xrightarrow{(②,③)} \begin{pmatrix} 0 & & & -1 \\ & -1 & 0 & \\ & & 0 & 1 \\ 1 & & & 0 \end{pmatrix} \xrightarrow{(②,③)} \begin{pmatrix} 0 & & & -1 \\ & 0 & -1 & \\ & 1 & 0 & \\ 1 & & & 0 \end{pmatrix} = \begin{pmatrix} \mathbf{0} & -\mathbf{I}_2 \\ \mathbf{I}_2 & \mathbf{0} \end{pmatrix}.$$

因此当 $n=4$ 时,

$$C \sim \begin{pmatrix} \mathbf{0} & -\mathbf{I}_2 \\ \mathbf{I}_2 & \mathbf{0} \end{pmatrix}.$$

再看 $n=6$ 的情形:

$$C = \begin{pmatrix} 0 & -1 & & & & \\ 1 & 0 & & & & \\ & & 0 & -1 & & \\ & & 1 & 0 & & \\ & & & & 0 & -1 \\ & & & & 1 & 0 \end{pmatrix} \xrightarrow[(①,⑤)]{(①,⑤)} \begin{pmatrix} 0 & & & & & -1 \\ & 0 & & & 1 & \\ & & 0 & -1 & & \\ & & 1 & 0 & & \\ & -1 & & & 0 & \\ 1 & & & & & 0 \end{pmatrix}$$

$$\xrightarrow[(②,⑤)]{(②,⑤)} \begin{pmatrix} 0 & & & & & -1 \\ & 0 & & & -1 & \\ & & 0 & -1 & & \\ & & 1 & 0 & & \\ & 1 & & & 0 & \\ 1 & & & & & 0 \end{pmatrix} = \begin{pmatrix} \mathbf{0} & -\mathbf{I}_3 \\ \mathbf{I}_3 & \mathbf{0} \end{pmatrix}.$$

由此受到启发,用数学归纳法来证明。$n=2$ 时,命题显然成立。假设对于级数小于 $2m$ 的矩阵 $\mathrm{diag}\left\{ \begin{pmatrix} 0 & -1 \\ 1 & 0 \end{pmatrix}, \cdots, \begin{pmatrix} 0 & -1 \\ 1 & 0 \end{pmatrix} \right\}$ 经过一系列成对的两行、两列互换可以化成

$\begin{bmatrix} \mathbf{0} & -\mathbf{I}_k \\ \mathbf{I}_k & \mathbf{0} \end{bmatrix}$，现在来看 $2m$ 级矩阵 $\mathbf{C} = \mathrm{diag}\left\{ \begin{pmatrix} 0 & -1 \\ 1 & 0 \end{pmatrix}, \cdots, \begin{pmatrix} 0 & -1 \\ 1 & 0 \end{pmatrix} \right\}$：

$$\mathbf{C} \xrightarrow[(①,\;②m-1)]{(①,\;②m-1)} \begin{bmatrix} 0 & & & & & & & & -1 \\ & 0 & & & & & & 1 & \\ & & 0 & -1 & & & & & \\ & & 1 & 0 & & & & & \\ & & & & \ddots & & & & \\ & & & & & 0 & -1 & & \\ & & & & & 1 & 0 & & \\ & -1 & & & & & & 0 & \\ 1 & & & & & & & & 0 \end{bmatrix}$$

$$\xrightarrow[(②,\;②m-1)]{(②,\;②m-1)} \begin{bmatrix} 0 & & & & & & & -1 & \\ & 0 & & & & & -1 & & \\ & & 0 & -1 & & & & & \\ & & 1 & 0 & & & & & \\ & & & & \ddots & & & & \\ & & & & & 0 & -1 & & \\ & & & & & 1 & 0 & & \\ & 1 & & & & & & 0 & \\ 1 & & & & & & & & 0 \end{bmatrix}\circ$$

最后这个矩阵的第 $3,4,\cdots,2m-2$ 行与第 $3,4,\cdots,2m-2$ 列组成的 $2m-4$ 级矩阵为 $\mathrm{diag}\left\{ \begin{pmatrix} 0 & -1 \\ 1 & 0 \end{pmatrix}, \cdots, \begin{pmatrix} 0 & -1 \\ 1 & 0 \end{pmatrix} \right\}$。据归纳法假设,它可以经过一系列成对的两行、两列互换化成 $\begin{bmatrix} \mathbf{0} & -\mathbf{I}_{m-2} \\ \mathbf{I}_{m-2} & \mathbf{0} \end{bmatrix}$,从而 $\mathbf{C}$ 经过一系列成对的两行、两列互换化成了 $\begin{bmatrix} \mathbf{0} & -\mathbf{I}_m \\ \mathbf{I}_m & \mathbf{0} \end{bmatrix}$。于是

$$\mathbf{C} \sim \begin{bmatrix} \mathbf{0} & -\mathbf{I}_m \\ \mathbf{I}_m & \mathbf{0} \end{bmatrix}\circ$$

根据数学归纳法原理,对一切正整数 m,都有 $2m$ 级矩阵 $\mathbf{C}$ 相似于 $\begin{bmatrix} \mathbf{0} & -\mathbf{I}_m \\ \mathbf{I}_m & \mathbf{0} \end{bmatrix}$。

由于 $\mathbf{A} \sim \mathbf{C}$,因此

$$\mathbf{A} \sim \begin{bmatrix} \mathbf{0} & -\mathbf{I}_m \\ \mathbf{I}_m & \mathbf{0} \end{bmatrix}\circ \qquad ■$$

点评:在例 4 的第(2)小题中,我们详细证明了 $2m$ 级分块对角矩阵 $\mathbf{C} = \mathrm{diag}\left\{ \begin{pmatrix} 0 & -1 \\ 1 & 0 \end{pmatrix}, \cdots, \begin{pmatrix} 0 & -1 \\ 1 & 0 \end{pmatrix} \right\}$ 经过一系列成对的两行、两列互换可化成 $\begin{bmatrix} \mathbf{0} & -\mathbf{I}_m \\ \mathbf{I}_m & \mathbf{0} \end{bmatrix}$,又由于 $P(i,j)' = P(i,j)^{-1}$,因此 $\mathbf{C}$ 相似于 $\begin{bmatrix} \mathbf{0} & -\mathbf{I}_m \\ \mathbf{I}_m & \mathbf{0} \end{bmatrix}$。这个结论是有用的。注意 $\mathbf{C}' =$

—C,因此 C 是斜对称矩阵。

例 5　设域 F 上 n 级矩阵 G 是由有理块组成的分块对角矩阵:$G = \mathrm{diag}\{G_1, G_2, \cdots,$
$G_s\}$,其中 G_j 是 n_j 级有理块,G_j 的最小多项式为 $m_j(\lambda)$,$j = 1, 2, \cdots, s$。证明:如果 $m_1(\lambda)$,
$m_2(\lambda), \cdots, m_s(\lambda)$ 两两互素,那么

$$\mathrm{C}(G) = \{B = \mathrm{diag}\{B_1, B_2, \cdots, B_s\} \mid B_j \in F[G_j], j = 1, 2, \cdots, s\},$$

$$\dim \mathrm{C}(G) = n, \qquad \mathrm{C}(G) = F[G]。$$

证明　设 $B \in \mathrm{C}(G)$,把 B 写成分块矩阵的形式,有

$$\begin{pmatrix} B_{11} & B_{12} & \cdots & B_{1s} \\ B_{21} & B_{22} & \cdots & B_{2s} \\ \vdots & \vdots & & \vdots \\ B_{s1} & B_{s2} & \cdots & B_{ss} \end{pmatrix} \begin{pmatrix} G_1 & & & \\ & G_2 & & \\ & & \ddots & \\ & & & G_s \end{pmatrix}$$

$$= \begin{pmatrix} G_1 & & & \\ & G_2 & & \\ & & \ddots & \\ & & & G_s \end{pmatrix} \begin{pmatrix} B_{11} & B_{12} & \cdots & B_{1s} \\ B_{21} & B_{22} & \cdots & B_{2s} \\ \vdots & \vdots & & \vdots \\ B_{s1} & B_{s2} & \cdots & B_{ss} \end{pmatrix}。$$

由此得出

$$B_{jj}G_j = G_jB_{jj}, \qquad j = 1, 2, \cdots, s; \tag{85}$$

$$B_{ij}G_j = G_iB_{ij}, \qquad i \neq j。 \tag{86}$$

于是 $B_{jj} \in \mathrm{C}(G_j)$,$j = 1, 2, \cdots, s$。由于 G_j 是一个 n_j 级有理块,因此根据习题 9.6 的第 12
题得,$\mathrm{C}(G_j) = F[G_j]$,而且 $\dim \mathrm{C}(G_j) = n_j$,$j = 1, 2, \cdots, s$,从而

$$B_{jj} \in F[G_j], \qquad j = 1, 2, \cdots, s。 \tag{87}$$

当 $i \neq j$ 时,已知 $m_i(\lambda)$ 与 $m_j(\lambda)$ 互素,根据习题 9.6 的第 9 题得,矩阵方程 $XG_j = G_iX$
只有零解,因此由(86)式得

$$B_{ij} = 0, \qquad i \neq j, \tag{88}$$

从而　$B = \mathrm{diag}\{B_{11}, B_{22}, \cdots, B_{ss}\}$,其中 $B_{jj} \in F[G_j]$,$j = 1, 2, \cdots, s$。

因此　$\mathrm{C}(G) = \{B = \mathrm{diag}\{B_1, B_2, \cdots, B_s\} \mid B_j \in F[G_j], j = 1, 2, \cdots, s\}$。

与 9.7 节例 16 类似可证:

$$\mathrm{C}(G) \cong F[G_1] \dotplus F[G_2] \dotplus \cdots \dotplus F[G_s],$$

从而

$$\dim \mathrm{C}(G) = \dim F[G_1] + \dim F[G_2] + \cdots + \dim F[G_s]$$

$$= n_1 + n_2 + \cdots + n_s = n。$$

由于 $m_1(\lambda), m_2(\lambda), \cdots, m_s(\lambda)$ 两两互素,因此 G 的最小多项式 $m(\lambda)$ 为

$$m(\lambda) = [m_1(\lambda), m_2(\lambda), \cdots, m_s(\lambda)] = m_1(\lambda)m_2(\lambda)\cdots m_s(\lambda)$$

$$= f_1(\lambda)f_2(\lambda)\cdots f_s(\lambda) = f(\lambda),$$

其中 $f(\lambda), f_1(\lambda), \cdots, f_s(\lambda)$ 分别是 $G, G_1, \cdots, G_s$ 的特征多项式。由于 $\dim F[G] = \deg m(\lambda) =$
$\deg f(\lambda) = n$,因此 $\dim F[G] = \dim \mathrm{C}(G)$,从而 $F[G] = \mathrm{C}(G)$。　■

例 6　设 A 是域 F 上的 n 级矩阵,A 的有理标准形为 $G = \mathrm{diag}\{G_1, G_2, \cdots, G_s\}$,其中
G_j 是 n_j 级有理块,G_j 的最小多项式为 $m_j(\lambda)$。证明:如果 $m_1(\lambda), m_2(\lambda), \cdots, m_s(\lambda)$ 两两

互素,那么 C(A) 的维数等于 n,且 C(A)=$F[A]$。

　　证明　由于 $A\sim G$,因此根据 8.3 节例 7 得,C(A)=C(G)。从例 5 得,dim C(A)= dim C(G)=n。G 的最小多项式 $m(\lambda)$ 的次数为 n,从而 dim $F[A]$=deg $m(\lambda)$=n。因此 C(A)=$F[A]$。　　　　　　　　　　　　　　　　　　　　■

　　例 7　设实数域 **R** 上的 4 级矩阵 $G=\mathrm{diag}\left\{\begin{pmatrix}0 & -1\\ 1 & 0\end{pmatrix},\begin{pmatrix}0 & -1\\ 1 & 0\end{pmatrix}\right\}$,求 dim C($G$)。

　　解　记 $G_1=\begin{pmatrix}0 & -1\\ 1 & 0\end{pmatrix}$。任取 $B\in$ C(G),设

$$B=\begin{bmatrix}B_1 & B_2\\ B_3 & B_4\end{bmatrix},$$

则从 $BG=GB$ 得

$$\begin{bmatrix}B_1G_1 & B_2G_1\\ B_3G_1 & B_4G_1\end{bmatrix}=\begin{bmatrix}G_1B_1 & G_1B_2\\ G_1B_3 & G_1B_4\end{bmatrix},$$

由此得出,$B_iG_1=G_1B_i,i=1,2,3,4$。

　　设 $X=(x_{ij})\in M_2(\mathbf{R})$,则 $XG_1=G_1X$ 当且仅当

$$\begin{bmatrix}x_{11} & x_{12}\\ x_{21} & x_{22}\end{bmatrix}\begin{pmatrix}0 & -1\\ 1 & 0\end{pmatrix}=\begin{pmatrix}0 & -1\\ 1 & 0\end{pmatrix}\begin{bmatrix}x_{11} & x_{12}\\ x_{21} & x_{22}\end{bmatrix}$$

$$\Longleftrightarrow\quad\begin{bmatrix}x_{12} & -x_{11}\\ x_{22} & -x_{21}\end{bmatrix}=\begin{bmatrix}-x_{21} & -x_{22}\\ x_{11} & x_{12}\end{bmatrix}$$

$$\Longleftrightarrow\quad x_{12}=-x_{21},\qquad x_{11}=x_{22}$$

$$\Longleftrightarrow\quad X=\begin{bmatrix}x_{11} & x_{12}\\ -x_{12} & x_{11}\end{bmatrix}=x_{11}\begin{pmatrix}1 & 0\\ 0 & 1\end{pmatrix}+x_{12}\begin{pmatrix}0 & 1\\ -1 & 0\end{pmatrix}。$$

记 $H=\begin{pmatrix}0 & 1\\ -1 & 0\end{pmatrix}$。易看出,$H=G_1^{-1}$。从上述推导得

$$B_i=k_{i1}I+k_{i2}H,\quad i=1,2,3,4$$

于是

$$B=\begin{bmatrix}k_{11}I+k_{12}H & k_{21}I+k_{22}H\\ k_{31}I+k_{32}H & k_{41}I+k_{42}H\end{bmatrix}$$

$$=k_{11}\begin{pmatrix}I & 0\\ 0 & 0\end{pmatrix}+k_{12}\begin{pmatrix}H & 0\\ 0 & 0\end{pmatrix}+k_{21}\begin{pmatrix}0 & I\\ 0 & 0\end{pmatrix}+k_{22}\begin{pmatrix}0 & H\\ 0 & 0\end{pmatrix}+$$

$$k_{31}\begin{pmatrix}0 & 0\\ I & 0\end{pmatrix}+k_{32}\begin{pmatrix}0 & 0\\ H & 0\end{pmatrix}+k_{41}\begin{pmatrix}0 & 0\\ 0 & I\end{pmatrix}+k_{42}\begin{pmatrix}0 & 0\\ 0 & H\end{pmatrix}。$$

容易验证下述 8 个矩阵

$$\begin{pmatrix}I & 0\\ 0 & 0\end{pmatrix},\begin{pmatrix}H & 0\\ 0 & 0\end{pmatrix},\begin{pmatrix}0 & I\\ 0 & 0\end{pmatrix},\begin{pmatrix}0 & H\\ 0 & 0\end{pmatrix},$$

$$\begin{pmatrix}0 & 0\\ I & 0\end{pmatrix},\begin{pmatrix}0 & 0\\ H & 0\end{pmatrix},\begin{pmatrix}0 & 0\\ 0 & I\end{pmatrix},\begin{pmatrix}0 & 0\\ 0 & H\end{pmatrix}$$

线性无关,且它们都与 G 可交换,因此 $C(G)$ 是由这 8 个矩阵生成的子空间,从而
$$\dim C(G) = 8。$$

点评: 例 7 中的 4 级矩阵 G 是由两个相同的 2 级有理块组成的分块对角矩阵,我们证明了 $\dim C(G)=8$,它大于矩阵 G 的级数 4。由于有理块 $G_1 = \begin{pmatrix} 0 & -1 \\ 1 & 0 \end{pmatrix}$ 的最小多项式 $m_1(\lambda)$ 等于特征多项式 λ^2+1,因此 G 的最小多项式 $m(\lambda)=[m_1(\lambda),m_1(\lambda)]=\lambda^2+1$,从而 $\dim F[G]=\deg m(\lambda)=2$。由此看出,$C(G)\supsetneqq F[G]$。这表明与 G 可交换的矩阵有的不能表示成 G 的多项式。从例 7 看到,如果线性变换 $\mathcal{A}$ 的有理标准形 G 中,各个有理块的最小多项式是同一个不可约多项式的方幂,那么有可能 $C(\mathcal{A})\supsetneqq F[\mathcal{A}]$。我们在例 8,例 10 中将进一步研究这种情形。

例 8　设 $\mathcal{A}$ 是域 F 上 n 维线性空间 V 上的线性变换,$\mathcal{A}$ 的最小多项式 $m(\lambda)=p(\lambda)$,其中 $p(\lambda)$ 是域 F 上的不可约多项式,$\deg p(\lambda)=r>1$。证明:
$$C(\mathcal{A}) = \mathrm{Hom}_{F[\mathcal{A}]}(V,V), \qquad \dim_F C(\mathcal{A}) = \frac{1}{r}(\dim_F V)^2。$$

证明　由于 $\mathcal{A}$ 的最小多项式 $m(\lambda)=p(\lambda)$ 在 F 上不可约,因此 $F[\mathcal{A}]$ 是一个域。V 能成为域 $F[\mathcal{A}]$ 上的线性空间,其中 $g(\mathcal{A})$ 与 α 的纯量乘积规定为 $g(\mathcal{A})$ 把 α 映成的象 $g(\mathcal{A})\alpha$。用 $\mathrm{Hom}_{F[\mathcal{A}]}(V,V)$ 表示域 $F[\mathcal{A}]$ 上线性空间 V 上的所有线性变换组成的集合,它是域 $F[\mathcal{A}]$ 上的一个线性空间。

任取 $\mathcal{B}\in \mathrm{Hom}_{F[\mathcal{A}]}(V,V)$,则 $\mathcal{B}$ 保持 $F[\mathcal{A}]$ 与 V 之间的纯量乘法。于是对任意 $\alpha\in V$,任意 $g(\mathcal{A})\in F[\mathcal{A}]$,有
$$\mathcal{B}[g(\mathcal{A})\alpha] = g(\mathcal{A})[\mathcal{B}\alpha]。$$
特别地,有 $\mathcal{B}(\mathcal{A}\alpha)=\mathcal{A}(\mathcal{B}\alpha)$,$\forall \alpha\in V$。因此 $\mathcal{B}\mathcal{A}=\mathcal{A}\mathcal{B}$,从而 $\mathcal{B}\in C(\mathcal{A})$。于是
$$\mathrm{Hom}_{F[\mathcal{A}]}(V,V) \subseteq C(\mathcal{A})。$$

反之,任取 $\mathcal{B}\in C(\mathcal{A})$,则 $\mathcal{B}\mathcal{A}=\mathcal{A}\mathcal{B}$,从而对任意 $g(\mathcal{A})\in F[\mathcal{A}]$,有 $\mathcal{B}g(\mathcal{A})=g(\mathcal{A})\mathcal{B}$。于是对任意 $\alpha\in V$,有
$$\mathcal{B}[g(\mathcal{A})\alpha] = g(\mathcal{A})[\mathcal{B}\alpha]。$$
这表明 $\mathcal{B}$ 保持 $F[\mathcal{A}]$ 与 V 的纯量乘法。因此 $\mathcal{B}\in \mathrm{Hom}_{F[\mathcal{A}]}(V,V)$,从而
$$C(\mathcal{A}) \subseteq \mathrm{Hom}_{F[\mathcal{A}]}(V,V)。$$

综上所述,$C(\mathcal{A})=\mathrm{Hom}_{F[\mathcal{A}]}(V,V)$。

记 $\Omega=\mathrm{Hom}_{F[\mathcal{A}]}(V,V)$,$\Omega$ 是域 $F[\mathcal{A}]$ 上的线性空间,又由于 $F[\mathcal{A}]$ 可看成域 F 上的线性空间,根据 8.1 节的例 26 得,Ω 可成为域 F 上的线性空间,并且
$$\dim_F \Omega = (\dim_F F[\mathcal{A}])(\dim_{F[\mathcal{A}]}\Omega)。$$
由于 $\dim_F F[\mathcal{A}]=\deg p(\lambda)=r$,因此
$$\dim_F \Omega = r(\dim_{F[\mathcal{A}]}\Omega)。$$
由于 $\dim_{F[\mathcal{A}]}\Omega=\dim_{F[\mathcal{A}]}(\mathrm{Hom}_{F[\mathcal{A}]}(V,V))=(\dim_{F[\mathcal{A}]}V)^2$,因此
$$\dim_F \Omega = r(\dim_{F[\mathcal{A}]}V)^2。$$
同样根据 8.1 节例 26 得
$$\dim_F V = (\dim_F F[\mathcal{A}])(\dim_{F[\mathcal{A}]}V) = r(\dim_{F[\mathcal{A}]}V)。$$

由于 $C(\mathcal{A}) = \Omega$，因此

$$\dim_F C(\mathcal{A}) = \dim_F \Omega = \frac{1}{r} r^2 (\dim_{F[\mathcal{A}]} V)^2 = \frac{1}{r} (\dim_F V)^2 。$$

点评：例 8 解决了当 V 上的线性变换 $\mathcal{A}$ 的最小多项式 $m(\lambda) = p(\lambda)$（其中 $p(\lambda)$ 在域 F 上不可约）时，$C(\mathcal{A})$ 的构成以及 $C(\mathcal{A})$ 的维数问题。利用例 8 可以更简捷地解决例 7 的问题。设 V 是实数域 $\mathbf{R}$ 上 4 维线性空间，设 V 上的线性变换 $\mathcal{A}$ 在 V 的一个基下的矩阵是 $\boldsymbol{G} = \mathrm{diag}\left\{ \begin{pmatrix} 0 & -1 \\ 1 & 0 \end{pmatrix}, \begin{pmatrix} 0 & -1 \\ 1 & 0 \end{pmatrix} \right\}$。我们在例 7 的点评中已求出 $\boldsymbol{G}$ 的最小多项式 $m(\lambda) = \lambda^2 + 1$。由于 $\lambda^2 + 1$ 在 $\mathbf{R}$ 上不可约，因此根据例 8 立即得到

$$\dim_{\mathbf{R}} C(\boldsymbol{G}) = \dim_{\mathbf{R}} C(\mathcal{A}) = \frac{1}{2} (\dim_{\mathbf{R}} V)^2 = \frac{1}{2} \times 4^2 = 8 。$$

例 9 设 $\mathcal{A}$ 是域 F 上 n 维线性空间 V 上的线性变换，$\mathcal{A}$ 的最小多项式 $m(\lambda)$ 在 $F[\lambda]$ 中的标准分解式为

$$m(\lambda) = p_1^{l_1}(\lambda) p_2^{l_2}(\lambda) \cdots p_s^{l_s}(\lambda) 。 \tag{89}$$

记 $W_i = \mathrm{Ker}\, p_i^{l_i}(\mathcal{A})$，$\mathcal{A}_i = \mathcal{A}|W_i$，$i = 1, 2, \cdots, s$。证明：

$$C(\mathcal{A}) \cong C(\mathcal{A}_1) \dotplus C(\mathcal{A}_2) \dotplus \cdots \dotplus C(\mathcal{A}_s)，$$

$$\dim C(\mathcal{A}) = \sum_{i=1}^{s} \dim C(\mathcal{A}_i) 。$$

证明 从 (89) 式得

$$V = \mathrm{Ker}\, p_1^{l_1}(\mathcal{A}) \oplus \mathrm{Ker}\, p_2^{l_2}(\mathcal{A}) \oplus \cdots \oplus \mathrm{Ker}\, p_s^{l_s}(\mathcal{A}) 。$$

$\mathcal{A}_i = \mathcal{A}|W_i$ 的最小多项式 $m_i(\lambda) = p_i^{l_i}(\lambda)$，$i = 1, 2, \cdots, s$。在 $W_1, W_2, \cdots, W_s$ 中各取一个基，把它们合起来成为 V 的一个基，则 $\mathcal{A}$ 在 V 的这个基下的矩阵 $\boldsymbol{A}$ 为

$$\boldsymbol{A} = \mathrm{diag}\{\boldsymbol{A}_1, \boldsymbol{A}_2, \cdots, \boldsymbol{A}_s\}，$$

其中 $\boldsymbol{A}_i$ 是 $\mathcal{A}_i$ 在 W_i 的上述基下的矩阵，$i = 1, 2, \cdots, s$。

设线性变换 $\mathcal{B}$ 在 V 的上述基下的矩阵为 $\boldsymbol{B} = (\boldsymbol{B}_{ij})$，则

$$\boldsymbol{B} \in C(\boldsymbol{A}) \iff \boldsymbol{B}\boldsymbol{A} = \boldsymbol{A}\boldsymbol{B}$$

$$\iff \begin{cases} \boldsymbol{B}_{ii} \boldsymbol{A}_i = \boldsymbol{A}_i \boldsymbol{B}_{ii}, & i = 1, 2, \cdots, s; \\ \boldsymbol{B}_{ij} \boldsymbol{A}_j = \boldsymbol{A}_i \boldsymbol{B}_{ij}, & i \neq j \end{cases}$$

$$\iff \begin{cases} \boldsymbol{B}_{ii} \in C(\boldsymbol{A}_i), & i = 1, 2, \cdots, s; \\ \boldsymbol{B}_{ij} \boldsymbol{A}_j = \boldsymbol{A}_i \boldsymbol{B}_{ij}, & i \neq j \end{cases}$$

由于当 $i \neq j$ 时，$\boldsymbol{A}_i$ 的最小多项式 $m_i(\lambda) = p_i^{l_i}(\lambda)$ 与 $\boldsymbol{A}_j$ 的最小多项式 $m_j(\lambda) = p_j^{l_j}(\lambda)$ 互素，因此矩阵方程 $\boldsymbol{X}\boldsymbol{A}_j = \boldsymbol{A}_i\boldsymbol{X}$ 只有零解，从而当 $i \neq j$ 时，$\boldsymbol{B}_{ij} = \boldsymbol{0}$。因此

$$\boldsymbol{B} \in C(\boldsymbol{A}) \iff \boldsymbol{B} = \mathrm{diag}\{\boldsymbol{B}_{11}, \boldsymbol{B}_{22}, \cdots, \boldsymbol{B}_{ss}\}, \boldsymbol{B}_{ii} \in C(\boldsymbol{A}_i), i = 1, 2, \cdots, s,$$

从而 $C(\boldsymbol{A}) = \{\boldsymbol{B} = \mathrm{diag}\{\boldsymbol{B}_1, \boldsymbol{B}_2, \cdots, \boldsymbol{B}_s\} \mid \boldsymbol{B}_i \in C(\boldsymbol{A}_i), i = 1, 2, \cdots, s\}$。与 9.7 节例 16 类似可证

$$C(\boldsymbol{A}) \cong C(\boldsymbol{A}_1) \dotplus C(\boldsymbol{A}_2) \dotplus \cdots \dotplus C(\boldsymbol{A}_s) 。$$

由于 $C(\mathcal{A}) \cong C(\boldsymbol{A})$，$C(\mathcal{A}_i) \cong C(\boldsymbol{A}_i)$，$i = 1, 2, \cdots, s$，因此

$$C(\mathcal{A}) \cong C(\mathcal{A}_1) \dotplus C(\mathcal{A}_2) \dotplus \cdots \dotplus C(\mathcal{A}_s)，$$

从而 $\dim C(\mathcal{A}) = \sum_{i=1}^{s} \dim C(\mathcal{A}_i)$。

例 10　设 $\mathcal{A}$ 是域 F 上 n 维线性空间 V 上的线性变换,设 $\mathcal{A}$ 的最小多项式 $m(\lambda)$ 为

$$m(\lambda) = p_1(\lambda)p_2(\lambda)\cdots p_s(\lambda),$$

其中 $p_1(\lambda),p_2(\lambda),\cdots,p_s(\lambda)$ 是域 F 上两两不等的不可约多项式,$\deg p_i(\lambda)=r_i>1,i=1,2,\cdots,s$。设 $\mathcal{A}$ 的特征多项式 $f(\lambda)$ 为

$$f(\lambda) = p_1^{k_1}(\lambda)\ p_2^{k_2}(\lambda)\ \cdots p_s^{k_s}(\lambda)。$$

记 $W_i=\mathrm{Ker}\ p_i(\mathcal{A}),\mathcal{A}_i=\mathcal{A}|W_i,i=1,2,\cdots,s$。证明:

$$C(\mathcal{A}) \cong \mathrm{Hom}_{F[\mathcal{A}]}(W_1,W_1) \dotplus \cdots \dotplus \mathrm{Hom}_{F[\mathcal{A}]}(W_s,W_s),$$

$$\dim C(\mathcal{A}) = \sum_{i=1}^{s} \frac{1}{r_i}(\dim_F W_i)^2 = \sum_{i=1}^{s} r_i k_i^2。$$

证明　根据例 9 得

$$C(\mathcal{A}) \cong C(\mathcal{A}_1) \dotplus C(\mathcal{A}_2) \dotplus \cdots \dotplus C(\mathcal{A}_s)。$$

由于 $\mathcal{A}_i$ 的最小多项式 $m_i(\lambda)=p_i(\lambda)$ 在域 F 上不可约,因此根据例 8 得

$$C(\mathcal{A}_i) = \mathrm{Hom}_{F[\mathcal{A}_i]}(W_i,W_i),$$

$$\dim C(\mathcal{A}_i) = \frac{1}{r_i}(\dim_F W_i)^2,$$

从而

$$C(\mathcal{A}) \cong \mathrm{Hom}_{F[\mathcal{A}_1]}(W_1,W_1) \dotplus \cdots \dotplus \mathrm{Hom}_{F[\mathcal{A}_s]}(W_s,W_s),$$

$$\dim C(\mathcal{A}) = \sum_{i=1}^{s} \dim C(\mathcal{A}_i) = \sum_{i=1}^{s} \frac{1}{r_i}(\dim_F W_i)^2。$$

根据定理 3 和推论 5 后面所指出的结论得

$$\dim W_i = r_i k_i。$$

因此

$$\dim C(\mathcal{A}) = \sum_{i=1}^{s} \frac{1}{r_i}(r_i k_i)^2 = \sum_{i=1}^{s} r_i k_i^2。　\blacksquare$$

点评:例 10 对于 $\mathcal{A}$ 的最小多项式 $m(\lambda)$ 是两两不等的不可约多项式的乘积的情形,解决了 $C(\mathcal{A})$ 的结构以及 $C(\mathcal{A})$ 的维数问题,证明了:$\dim C(\mathcal{A}) = \sum_{i=1}^{s} r_i k_i^2$,其中 r_i 是不可约多项式 $p_i(\lambda)$ 的次数,k_i 是在 $\mathcal{A}$ 的特征多项式 $f(\lambda)$ 中 $p_i(\lambda)$ 的幂指数,它们都容易求出。对于一般情形,从例 9 知道,求 $C(\mathcal{A})$ 的问题归结为对于 $\mathcal{A}_i$ 的最小多项式 $m_i(\lambda)=p_i^{l_i}(\lambda)$ 时去求 $C(\mathcal{A}_i)$。因此剩下的问题是:当线性变换 $\mathcal{A}$ 的最小多项式 $m(\lambda)=p^l(\lambda)$(其中 $p(\lambda)$ 是域 F 上的不可约多项式)时,$C(\mathcal{A})$ 的结构如何?$C(\mathcal{A})$ 的维数等于多少?我们尚未完全解决这个问题。但是在下面的例 12 中我们解决了 $C^2(\mathcal{A})$ 的结构问题,证明了:$C^2(\mathcal{A}) = F[\mathcal{A}]$,从而 $\dim C^2[\mathcal{A}] = \dim F[\mathcal{A}] = \deg m(\lambda) = l \deg p(\lambda)$。

例 11　设 V 是域 F 上的线性空间,$\mathcal{A}$ 是 V 上的一个线性变换,设 $V=U_1\oplus U_2\oplus\cdots\oplus U_m$,用 $\mathcal{P}_j$ 表示平行于 $\underset{i\neq j}{\oplus}U_i$ 在 U_j 上的投影。证明:

　　U_j 是 $\mathcal{A}$-子空间,$j=1,2,\cdots,m$ $\iff$ $\mathcal{P}_j\in C(\mathcal{A}),j=1,2,\cdots,m$。

证明　必要性。设 U_j 是 $\mathcal{A}$ 不变子空间,$j=1,2,\cdots,m$。任取 $\alpha_j\in U_j$,则 $\mathcal{A}\alpha_j\in U_j$,从而 $\mathcal{P}_j(\mathcal{A}\alpha_j)=\mathcal{A}\alpha_j$。又有 $\mathcal{A}P_j\alpha_j=\mathcal{A}\alpha_j$,因此

$$\mathcal{P}_j\mathcal{A}\alpha_j = \mathcal{A}\mathcal{P}_j\alpha_j, \qquad \forall\, \alpha_j \in U_j。 \tag{90}$$

任取 $\alpha_i \in U_i$，其中 $i \ne j$。由 $\mathcal{P}_j$ 的定义知道，$\mathcal{P}_j\alpha_i = 0$，从而 $\mathcal{A}(\mathcal{P}_j\alpha_i)=0$。由于 U_i 是 $\mathcal{A}$ 不变子空间，因此 $\mathcal{A}\alpha_i \in U_i$，于是 $\mathcal{P}_j(\mathcal{A}\alpha_i)=0$，从而

$$\mathcal{A}\mathcal{P}_j\alpha_i = \mathcal{P}_j\mathcal{A}\alpha_i, \qquad \forall\, \alpha_i \in U_i, i \ne j。 \tag{91}$$

任取 $\alpha \in V$，设 $\alpha = \sum_{k=1}^{m}\alpha_k$, $\alpha_k \in U_k, k=1,2,\cdots,m$。从(90)式和(91)式得

$$\mathcal{A}\mathcal{P}_j\alpha = \sum_{k=1}^{m}\mathcal{A}\mathcal{P}_j\alpha_k = \sum_{k=1}^{m}\mathcal{P}_j\mathcal{A}\alpha_k = \mathcal{P}_j\mathcal{A}\alpha.$$

因此 $\mathcal{A}\mathcal{P}_j = \mathcal{P}_j\mathcal{A}$，即 $\mathcal{P}_j \in C(\mathcal{A})$。

充分性。设 $\mathcal{P}_j \in C(\mathcal{A})$，则 $\mathrm{Im}\mathcal{P}_j$ 是 $\mathcal{A}$ 的不变子空间。由于 $\mathrm{Im}\mathcal{P}_j = U_j$，因此 U_j 是 $\mathcal{A}$ 的不变子空间。■

点评：例 11 比 9.6 节的例 22 第（1）小题考虑了更一般的情形，指出：当 $V=U_1\oplus\cdots\oplus U_m$ 时，若投影 $\mathcal{P}_j$ 与 $\mathcal{A}$ 可交换，则 U_j 是 $\mathcal{A}$ 的不变子空间；反之，若 $U_1,\cdots,U_s$ 都是 $\mathcal{A}$ 的不变子空间，则投影 $\mathcal{P}_1,\cdots,\mathcal{P}_s$ 都与 $\mathcal{A}$ 可交换。

例 12 设 $\mathcal{A}$ 是域 F 上线性空间 V 上的线性变换，用 $C^2(\mathcal{A})$ 表示与 $C(\mathcal{A})$ 中每一个线性变换可交换的线性变换组成的集合，即

$$C^2(\mathcal{A}) = \{\mathcal{H}\in \mathrm{Hom}(V,V) \mid \mathcal{H}\mathcal{B} = \mathcal{B}\mathcal{H}, \forall\, \mathcal{B} \in C(\mathcal{A})\}。$$

容易看出 $C^2(\mathcal{A})$ 是 $\mathrm{Hom}(V,V)$ 的一个子空间。设 $\mathcal{A}$ 的最小多项式 $m(\lambda)=p^l(\lambda)$，其中 $p(\lambda)$ 在域 F 上不可约。证明：

$$C^2(\mathcal{A}) = F[\mathcal{A}]。$$

证明 任取 $f(\mathcal{A}) \in F[\mathcal{A}]$，$\forall\, \mathcal{B}\in C(\mathcal{A})$，由于 $\mathcal{B}\mathcal{A}=\mathcal{A}\mathcal{B}$，因此 $\mathcal{B}f(\mathcal{A})=f(\mathcal{A})\mathcal{B}$，从而 $f(\mathcal{A})\in C^2(\mathcal{A})$，于是 $F[\mathcal{A}]\subseteq C^2(\mathcal{A})$。

反之，任取 $\mathcal{H}\in C^2(\mathcal{A})$。想证 $\mathcal{H}\in F[\mathcal{A}]$，即要找一个多项式 $g(\lambda)$，使得 $\mathcal{H}=g(\mathcal{A})$。想法是先把 V 分解成 $\mathcal{A}$ 不变子空间的直和。根据本节定理 2 得，V 能分解成 $\mathcal{A}$-循环子空间的直和：

$$V = U_1 \oplus U_2 \oplus \cdots \oplus U_s, \tag{92}$$

其中 ξ_i 是 $\mathcal{A}$-循环子空间 U_i 的生成元，$i=1,2,\cdots,s$。记 $\mathcal{A}_i = \mathcal{A}|U_i$，用 $m_i(\lambda)$ 表示 $\mathcal{A}_i$ 的最小多项式。由于

$$m(\lambda) = [m_1(\lambda),\cdots,m_s(\lambda)],$$

因此至少有一个 $m_j(\lambda)=p^l(\lambda)=m(\lambda)$，不妨设 $m_1(\lambda)=m(\lambda)$，且设

$$m(\lambda) = h_i(\lambda)m_i(\lambda), \qquad i=1,2,\cdots,s。 \tag{93}$$

用 $\mathcal{P}_j$ 表示平行于 $\bigoplus_{i\ne j}U_i$ 在 U_j 上的投影，$j=1,2,\cdots,s$。由于 $U_j(j=1,2,\cdots,s)$ 是 $\mathcal{A}$ 的不变子空间，因此根据例 11 得，$\mathcal{P}_j\in C(\mathcal{A})$，$j=1,2,\cdots,s$。由于 $\mathcal{H}\mathcal{P}_j=\mathcal{P}_j\mathcal{H}$，因此 U_j 是 $\mathcal{H}$ 的不变子空间，$j=1,2,\cdots,s$。记 $\mathcal{H}_j=\mathcal{H}|U_j$，$j=1,2,\cdots,s$。由于 $\mathcal{H}\xi_i\in U_i$，因此存在 $g_i(\lambda)\in F[\lambda]$，使得

$$\mathcal{H}\xi_i = g_i(\mathcal{A})\xi_i, \qquad i=1,2,\cdots,s。 \tag{94}$$

由于 U_i 中任一向量可表示成 $q(\mathcal{A})\xi_i$ 的形式，其中 $q(\lambda)\in F[\lambda]$，因此

$$\mathcal{H}[q(\mathcal{A})\xi_i] = q(\mathcal{A})\mathcal{H}\xi_i = q(\mathcal{A})g_i(\mathcal{A})\xi_i = g_i(\mathcal{A})[q(\mathcal{A})\xi_i]。$$

由此得出

$$\mathcal{H}_i = \mathcal{H}|U_i = g_i(\mathcal{A})|U_i = g_i(\mathcal{A}|U_i) = g_i(\mathcal{A}_i)。 \tag{95}$$

这样我们对于 $\mathcal{H}_i$，找到了多项式 $g_i(\lambda)$，使得 $\mathcal{H}_i = g_i(\mathcal{A}_i)$。

注意到 $m_1(\lambda) = m(\lambda)$，因此我们猜测有

$$\mathcal{H} = g_1(\mathcal{A})。 \tag{96}$$

为了证明(96)式，我们进行探索：设 $\mathcal{H} = g_1(\mathcal{A})$，则对于任意 $\alpha \in V$，有 $\mathcal{H}\alpha = g_1(\mathcal{A})\alpha$。设 $\alpha = \sum_{i=1}^{s} \alpha_i$，$\alpha_i \in U_i$，则

$$\mathcal{H}\alpha = \sum_{i=1}^{s} \mathcal{H}\alpha_i = \sum_{i=1}^{s} g_i(\mathcal{A})\alpha_i。 \tag{97}$$

又有 $g_1(\mathcal{A})\alpha = \sum_{i=1}^{s} g_1(\mathcal{A})\alpha_i$，由此推出

$$\sum_{i=1}^{s} [g_1(\mathcal{A}) - g_i(\mathcal{A})]\alpha_i = 0。$$

由于 $U_1 + \cdots + U_s$ 是直和，因此

$$[g_1(\mathcal{A}) - g_i(\mathcal{A})]\alpha_i = 0, \qquad i = 1, 2, \cdots, s。 \tag{98}$$

从 α 在 V 中的任意性可推出 α_i 在 U_i 中的任意性，因此由(98)式得

$$g_1(\mathcal{A}_i) - g_i(\mathcal{A}_i) = O。 \tag{99}$$

由此得出，$g_1(\lambda) - g_i(\lambda)$ 是 $\mathcal{A}_i$ 的一个零化多项式，因此

$$m_i(\lambda) \mid g_1(\lambda) - g_i(\lambda)。 \tag{100}$$

从(100)式得

$$h_i(\lambda)m_i(\lambda) \mid h_i(\lambda)[g_1(\lambda) - g_i(\lambda)],$$

即 $m(\lambda) | h_i(\lambda)[g_1(\lambda) - g_i(\lambda)]$，从而

$$m_1(\lambda) \mid h_i(\lambda)[g_1(\lambda) - g_i(\lambda)]。 \tag{101}$$

由于 $m_1(\mathcal{A})\xi_1 = 0$，因此从(101)式得

$$h_i(\mathcal{A})[g_1(\mathcal{A}) - g_i(\mathcal{A})]\xi_1 = 0, \tag{102}$$

即

$$h_i(\mathcal{A})g_1(\mathcal{A})\xi_1 = h_i(\mathcal{A})g_i(\mathcal{A})\xi_1。 \tag{103}$$

由于 ξ_1 是 $\mathcal{A}$-循环子空间 U_1 的生成元，因此 $h_i(\mathcal{A})\xi_1 \in U_1$，从而

$$h_i(\mathcal{A})g_1(\mathcal{A})\xi_1 = g_1(\mathcal{A})h_i(\mathcal{A})\xi_1 = \mathcal{H}h_i(\mathcal{A})\xi_1。 \tag{104}$$

于是从(103)式和(104)式得

$$\mathcal{H}h_i(\mathcal{A})\xi_1 = g_i(\mathcal{A})h_i(\mathcal{A})\xi_1。 \tag{105}$$

如果(105)式成立，那么把它反推回去就可得出(96)式成立。下面来证(105)式成立。由于 $\mathcal{H}|U_i = g_i(\mathcal{A})|U_i$，而 $h_i(\mathcal{A})\xi_1 \in U_1$，因此需要把 $h_i(\mathcal{A})\xi_1$ 看成 ξ_1 在某个线性变换下的象，才有可能使(105)式成立。于是产生下述想法：

对于 $i \in \{1, 2, \cdots, s\}$，定义 V 上的一个变换 $\mathcal{G}_i$ 如下：

$$\mathcal{G}_i(\alpha_j) = \alpha_j, \qquad \alpha_j \in U_j, \qquad j \neq i; \tag{106}$$

$$\mathcal{G}_i(q(\mathcal{A})\xi_1) = q(\mathcal{A})h_i(\mathcal{A})\xi_1, \qquad \forall q(\lambda) \in F[\lambda]; \tag{107}$$

$$\mathcal{G}_i\left(\sum_{k=1}^{s} b_k\alpha_k\right) = \sum_{k=1}^{s} b_k\mathcal{G}_i(\alpha_k)。 \tag{108}$$

对于(107)式,需要说明它是合理的,即,设 $q_1(\mathcal{A})\xi_i = q_2(\mathcal{A})\xi_i$,要证 $q_1(\mathcal{A})h_i(\mathcal{A})\xi_1 = q_2(\mathcal{A})h_i(\mathcal{A})\xi_1$。为此只要证:若 $u(\mathcal{A})\xi_i = 0$,则 $u(\mathcal{A})h_i(\mathcal{A})\xi_1 = 0$。从 $u(\mathcal{A})\xi_i = 0$ 得,$m_i(\lambda)|u(\lambda)$,于是 $h_i(\lambda)m_i(\lambda)|h_i(\lambda)u(\lambda)$,从而 $m(\lambda)|h_i(\lambda)u(\lambda)$,因此 $m_1(\lambda)|h_i(\lambda)u(\lambda)$。由此得出 $h_i(\mathcal{A})u(\mathcal{A})\xi_1 = 0$。这证明了(107)式是合理的,于是(106)、(107)、(108)式定义了 V 上的一个线性变换 $\mathcal{G}_i$。

任取 U_i 中的向量 $q(\mathcal{A})\xi_i$,有 $\mathcal{A}q(\mathcal{A})\xi_i \in U_i$。于是根据(107)式得

$$\mathcal{G}_i[\mathcal{A}q(\mathcal{A})\xi_i] = \mathcal{A}q(\mathcal{A})h_i(\mathcal{A})\xi_1 = \mathcal{A}\mathcal{G}_i(q(\mathcal{A})\xi_i)。 \tag{109}$$

任取 $\alpha_j \in U_j (j \neq i)$,有 $\mathcal{A}\alpha_j \in U_j$,于是根据(106)式得

$$\mathcal{G}_i(\mathcal{A}\alpha_j) = \mathcal{A}\alpha_j = \mathcal{A}\mathcal{G}_i(\alpha_j)。 \tag{110}$$

从(109)式和(110)式可推出,$\mathcal{G}_i\mathcal{A} = \mathcal{A}\mathcal{G}_i$,即 $\mathcal{G}_i \in C(\mathcal{A})$,于是 $\mathcal{H}\mathcal{G}_i = \mathcal{G}_i\mathcal{H}$。由于

$$\mathcal{H}\mathcal{G}_i\xi_i = \mathcal{H}h_i(\mathcal{A})\xi_1,$$

$$\mathcal{G}_i\mathcal{H}\xi_i = \mathcal{G}_i g_i(\mathcal{A})\xi_i = g_i(\mathcal{A})h_i(\mathcal{A})\xi_1,$$

因此从 $\mathcal{H}\mathcal{G}_i = \mathcal{G}_i\mathcal{H}$ 得出

$$\mathcal{H}h_i(\mathcal{A})\xi_1 = g_i(\mathcal{A})h_i(\mathcal{A})\xi_1。$$

这证明了(105)式成立,从而

$$\mathcal{H} = g_1(\mathcal{A}),$$

于是 $C^2(\mathcal{A}) \subseteq F[\mathcal{A}]$,因此 $C^2(\mathcal{A}) = F[\mathcal{A}]$。∎

点评:例 12 的证明是相当难的。首先要把 V 分解成 $\mathcal{A}$-循环子空间的直和:$V = U_1 \oplus \cdots \oplus U_s$,利用投影 $\mathcal{P}_j(j = 1, 2, \cdots, s)$ 去证明 $\mathcal{H}\xi_i = g_i(\mathcal{A})\xi_i$,进而得出

$$\mathcal{H}_i = g_i(\mathcal{A}_i), \qquad i = 1, 2, \cdots, s。 \tag{111}$$

有了(111)式以后,如何证明 $\mathcal{H} \in F[\mathcal{A}]$ 呢?一个关键想法是:从 $m_1(\lambda) = m(\lambda)$ 大胆地猜测可能有

$$\mathcal{H} = g_1(\mathcal{A})。 \tag{112}$$

又如何证明 $\mathcal{H} = g_1(\mathcal{A})$ 呢?我们经过探索证明了:$\mathcal{H} = g_1(\mathcal{A})$ 当且仅当下式成立:

$$\mathcal{H}h_i(\mathcal{A})\xi_1 = g_i(\mathcal{A})h_i(\mathcal{A})\xi_1。 \tag{113}$$

而为了证明(113)式成立,最富有创意的想法是:对于 $i \in \{1, 2, \cdots s\}$,用(106)、(107)、(108)式定义 V 上的一个线性变换 $\mathcal{G}_i$,然后去证 $\mathcal{G}_i\mathcal{A} = \mathcal{A}\mathcal{G}_i$,从而得出 $\mathcal{H}\mathcal{G}_i = \mathcal{G}_i\mathcal{H}$。于是有 $\mathcal{H}\mathcal{G}_i\xi_i = \mathcal{G}_i\mathcal{H}\xi_i$,进而得出(113)式。由此体会到:在解决比较难的数学问题时,进行细致的观察和深入的分析,由此产生富有创意的想法是至关重要的。

例 13 设 V 是域 F 上的线性空间,V 上的线性变换 $\mathcal{A}$ 称为**半单的**(semisimple),如果每一个 $\mathcal{A}$ 不变子空间 U 都有 $\mathcal{A}$ 不变补空间。设 $\mathcal{A}$ 是半单的,$g(\lambda) \in F[\lambda]$。证明:$g(\mathcal{A})$ 是幂零变换当且仅当 $g(\mathcal{A}) = \mathcal{O}$。

证明 充分性是显然的,现在来证必要性。设 $g(\mathcal{A})$ 是幂零变换,其幂零指数为 l,则 $g^{l-1}(\mathcal{A}) \neq \mathcal{O}$,于是 $\mathrm{Ker}\, g^{l-1}(\mathcal{A})$ 是 $\mathcal{A}$ 不变子空间,且 $\mathrm{Ker}\, g^{l-1}(\mathcal{A}) \subsetneqq V$。由于 $\mathcal{A}$ 是半单的,因此存在 $\mathcal{A}$ 不变子空间 W,使得

$$V = \mathrm{Ker}\, g^{l-1}(\mathcal{A}) \oplus W。$$

显然 W 也是 $g(\mathcal{A})$ 的不变子空间。任取 $g(\mathcal{A})\beta \in g(\mathcal{A})W$,由于 $g^l(\mathcal{A})\beta = 0$,因此 $g^{l-1}(\mathcal{A})[g(\mathcal{A})\beta] = 0$,即 $g(\mathcal{A})\beta \in \mathrm{Ker}\, g^{l-1}(\mathcal{A})$,从而 $g(\mathcal{A})W \subseteq \mathrm{Ker}\, g^{l-1}(\mathcal{A})$,于是

$$g(\mathcal{A})W \subseteq \mathrm{Ker}\, g^{l-1}(\mathcal{A}) \bigcap W = 0,$$

即 $W \subseteq \mathrm{Ker}\, g(\mathcal{A})$。假如 $l > 1$，则 $\mathrm{Ker}\, g(\mathcal{A}) \subseteq \mathrm{Ker}\, g^{l-1}(\mathcal{A})$，于是 $W \subseteq \mathrm{Ker}\, g^{l-1}(\mathcal{A})$，从而 $W = 0$。由此得出 $g^{l-1}(\mathcal{A}) = O$，矛盾。因此 $l = 1$，即 $g(\mathcal{A}) = O$。　■

点评：从例 13 立即得出，若 $\mathcal{A}$ 既是半单的，又是幂零的，则 $\mathcal{A} = O$。在 9.6 节的命题 10 中，我们证明了：域 F 上 n 维线性空间 V 上的线性变换 $\mathcal{A}$ 可对角化当且仅当 $\mathcal{A}$ 的特征多项式在包含 F 的代数封闭域中的全部 n 个根都在 F 中，且对于 $\mathcal{A}$ 的任一不变子空间都有 $\mathcal{A}$ 不变补空间。又由于 $\mathcal{A}$ 可对角化当且仅当 $\mathcal{A}$ 的最小多项式 $m(\lambda)$ 在 $F[\lambda]$ 中能分解成不同的一次因式的乘积，因此我们猜测对于半单的线性变换有下述特征，即例 14 所叙述的命题。

例 14　域 F 上线性空间 V 上的线性变换 $\mathcal{A}$ 是半单的当且仅当 $\mathcal{A}$ 的最小多项式 $m(\lambda)$ 能分解成两两不等的不可约多项式的乘积，即

$$m(\lambda) = p_1(\lambda) p_2(\lambda) \cdots p_s(\lambda),$$

其中 $p_1(\lambda), p_2(\lambda), \cdots, p_s(\lambda)$ 是域 F 上两两不等的不可约多项式。

证明　必要性。设 $\mathcal{A}$ 是半单的，设

$$m(\lambda) = p_1^{l_1}(\lambda) p_2^{l_2}(\lambda) \cdots p_s^{l_s}(\lambda),$$

其中 $p_1(\lambda), p_2(\lambda), \cdots, p_s(\lambda)$ 是域 F 上两两不等的不可约多项式。令

$$g(\lambda) = p_1(\lambda) p_2(\lambda) \cdots p_s(\lambda),$$

容易看出 $g(\mathcal{A})$ 是幂零变换，根据例 13 得，$g(\mathcal{A}) = O$。于是 $g(\lambda)$ 是 $\mathcal{A}$ 的一个零化多项式，从而 $m(\lambda) \mid g(\lambda)$。又 $g(\lambda) \mid m(\lambda)$，因此 $m(\lambda) = g(\lambda)$。

充分性。设

$$m(\lambda) = p_1(\lambda) p_2(\lambda) \cdots p_s(\lambda), \tag{114}$$

其中 $p_1(\lambda), p_2(\lambda), \cdots, p_s(\lambda)$ 是域 F 上两两不等的不可约多项式，则

$$V = \mathrm{Ker}\, p_1(\mathcal{A}) \oplus \mathrm{Ker}\, p_2(\mathcal{A}) \oplus \cdots \oplus \mathrm{Ker}\, p_s(\mathcal{A})。 \tag{115}$$

记 $W_i = \mathrm{Ker}\, p_i(\mathcal{A})$，且 $\mathcal{A}_i = \mathcal{A} | W_i$，则 $\mathcal{A}_i$ 的最小多项式 $m_i(\lambda) = p_i(\lambda)$，$i = 1, 2, \cdots, s$。

任取 V 的一个非平凡 $\mathcal{A}$ 不变子空间 U，根据 9.6 节例 22 得

$$U = (W_1 \bigcap U) \oplus (W_2 \bigcap U) \oplus \cdots \oplus (W_s \bigcap U)。 \tag{116}$$

由于 $\mathcal{A}_i$ 的最小多项式 $p_i(\lambda)$ 在域 F 上不可约，因此根据 9.6 节例 11 得，$F[\mathcal{A}_i]$ 是一个域。显然 $F[\mathcal{A}_i] \supseteq F$。设

$$p_i(\lambda) = \lambda^{r_i} + b_{r_i-1} \lambda^{r_i-1} + \cdots + b_1 \lambda + b_0, \tag{117}$$

则 $\mathcal{I}, \mathcal{A}_i, \mathcal{A}_i^2, \cdots, \mathcal{A}_i^{r_i-1}$ 是域 F 上线性空间 $F[\mathcal{A}_i]$ 的一个基。任取 $g(\mathcal{A}_i) \in F[\mathcal{A}_i]$，则

$$g(\mathcal{A}_i) = c_0 \mathcal{I} + c_1 \mathcal{A}_i + \cdots + c_{r_i-1} \mathcal{A}_i^{r_i-1}。$$

对于任意 $\alpha_i \in W_i$，规定 $g(\mathcal{A}_i)$ 与 α_i 的纯量乘积为

$$g(\mathcal{A}_i)\alpha_i = c_0 \alpha_i + c_1 \mathcal{A}_i \alpha_i + \cdots + c_{r_i-1} \mathcal{A}_i^{r_i-1} \alpha_i,$$

则容易验证 W_i 成为域 $F[\mathcal{A}_i]$ 上的一个线性空间。由于 U 是 $\mathcal{A}$ 不变子空间，因此对于任意 $\beta \in W_i \bigcap U$，任意 $g(\mathcal{A}_i) \in F[\mathcal{A}_i]$，有 $g(\mathcal{A}_i)\beta \in W_i \bigcap U$，从而 $W_i \bigcap U$ 是域 $F[\mathcal{A}_i]$ 上线性空间 W_i 的一个子空间。于是它在 W_i 中有补空间。取它的一个补空间 U_i，则

$$W_i = (W_i \bigcap U) \oplus U_i。 \tag{118}$$

由于 U_i 是域 $F[\mathcal{A}_i]$ 上线性空间 W_i 的一个子空间，因此对于任意 $\beta_i \in U_i$，任意

$g(\mathcal{A}_i)\in F[\mathcal{A}_i]$,有 $g(\mathcal{A}_i)\beta_i\in U_i$。特别地,有 $\mathcal{A}_i\beta_i\in U_i$,这表明 U_i 是 $\mathcal{A}_i$ 不变子空间。由于$U_i\subseteq W_i$,因此 U_i 是 $\mathcal{A}$ 不变子空间。

从(115)、(116)和(118)式得

$$V = W_1 \oplus W_2 \oplus \cdots \oplus W_s$$
$$= [(W_1 \cap U) \oplus U_1] \oplus [(W_2 \cap U) \oplus U_2] \oplus \cdots \oplus [(W_s \cap U) \oplus U_s]$$
$$= U \oplus (U_1 \oplus U_2 \oplus \cdots \oplus U_s)。 \tag{119}$$

由于$U_i(i=1,2,\cdots,s)$是 $\mathcal{A}$ 不变子空间,因此$U_1\oplus U_2\oplus\cdots\oplus U_s$ 是 $\mathcal{A}$ 不变子空间。于是从(119)式得,$\mathcal{A}$ 是半单的。∎

点评：例 14 的充分性证明的关键是把 W_i 看成域$F[\mathcal{A}_i]$上的线性空间,对于它的子空间 $W_i\cap U$,存在补空间 U_i。由于 U_i 是 $F[\mathcal{A}_i]$上的线性空间 W_i 的子空间,因此对于任意$\beta_i\in U_i$,有 $\mathcal{A}_i\beta_i\in U_i$,从而可推出 U_i 是 $\mathcal{A}$ 不变子空间。

例 15　设 $\mathcal{A}$ 是域F 上线性空间V 上的线性变换,设V 能分解成 $\mathcal{A}$ 不变子空间的直和：

$$V = U_1 \oplus U_2 \oplus \cdots \oplus U_s。$$

证明:如果 $\mathcal{A}|U_i$ 是半单的,$i=1,2,\cdots,s$,那么 $\mathcal{A}$ 是半单的。

证明　设 $\mathcal{A},\mathcal{A}|U_i$ 的最小多项式分别为 $m(\lambda),m_i(\lambda)$。记 $\mathcal{A}_i=\mathcal{A}|U_i$。由于 $\mathcal{A}_i$ 是半单的,因此根据例 14 得

$$m_i(\lambda) = p_{i1}(\lambda)p_{i2}(\lambda)\cdots p_{ir_i}(\lambda),$$

其中 $p_{i1}(\lambda),p_{i2}(\lambda),\cdots,p_{ir_i}(\lambda)$是域 F 上两两不等的不可约多项式,$i=1,2,\cdots,s$。由于

$$m(\lambda) = [m_1(\lambda),m_2(\lambda),\cdots,m_s(\lambda)],$$

因此 $m(\lambda)$是两两不等的不可约多项式的乘积。于是由例 14 得,$\mathcal{A}$ 是半单的。∎

当域 F 上 n 维线性空间V 上线性变换 $\mathcal{A}$ 是半单时,把 $\mathcal{A}$ 在 V 的一个基下的矩阵 A 称为**半单矩阵**。于是 A 为半单矩阵当且仅当 A 的最小多项式 $m(\lambda)=p_1(\lambda)p_2(\lambda)\cdots p_s(\lambda)$,其中 $p_1(\lambda),p_2(\lambda),\cdots,p_s(\lambda)$是域 F 上两两不等的不可约多项式。

习题 9.9

1. 求下述实矩阵 A 的广义有理标准形：

$$A = \begin{pmatrix} 4 & 7 & -3 \\ -2 & -4 & 2 \\ -4 & -10 & 4 \end{pmatrix}。$$

2. 对于第 1 小题中实矩阵 A,求 $C(A)$ 以及它的维数。

3. 设数域 K 上的 3 级矩阵 A 为

$$A = \begin{pmatrix} 1 & 0 & 4 \\ 0 & 1 & 2 \\ 0 & 1 & 2 \end{pmatrix},$$

求 $C(A)$ 以及 $\dim C(A)$。

4. 求下述有理数域上的 3 级矩阵 A 的有理标准形,并且求 $C(A)$ 和 $\dim C(A)$：

$$A = \begin{pmatrix} 0 & 0 & 1 \\ 1 & 0 & 0 \\ 4 & -2 & 1 \end{pmatrix}.$$

5. 求下述 3 级实矩阵 A 的广义有理标准形,并且求 C(A) 和 dim C(A):

$$A = \begin{pmatrix} 4 & 7 & -5 \\ -4 & 5 & 0 \\ 1 & 9 & -4 \end{pmatrix}.$$

6. 设实数域 **R** 上的 4 级矩阵 $G = \mathrm{diag}\left\{ \begin{pmatrix} 0 & -13 \\ 1 & 4 \end{pmatrix}, \begin{pmatrix} 0 & -13 \\ 1 & 4 \end{pmatrix} \right\}$,求 C($G$) 的维数和 C($G$) 的一个基。

7. 设实数域 **R** 上的 6 级矩阵 A 为

$$\begin{pmatrix} 0 & -1 & & & & \\ 1 & 1 & & & & \\ & & 0 & -13 & & \\ & & 1 & 4 & & \\ & & & & 0 & -13 \\ & & & & 1 & 4 \end{pmatrix},$$

求 C(A) 的维数和 C(A) 的一个基。

8. 设 $\mathcal{B}$ 是域 F 上 n 维线性空间 V 上的线性变换,如果 $\mathrm{rank}(\mathcal{B} - \mathcal{I}) = 1$,那么称 $\mathcal{B}$ 是**伪反射**。

设 $\mathcal{B}$ 是伪反射,且 $n \geq 2$。证明:

(1) $\mathcal{B}$ 有属于特征值 1 的特征子空间,并且它的维数为 $n-1$;

(2) $\mathcal{B}$ 是可逆变换,或者 $\dim(\mathrm{Ker}\mathcal{B}) = 1$;

(3) 当 $\mathcal{B}$ 是可逆变换时,V 中存在一个基使得 $\mathcal{B}$ 在这个基下的矩阵为

$\begin{pmatrix} I_{n-1} & 0 \\ 0' & b \end{pmatrix},(b \neq 0,1)$ 或 $\begin{pmatrix} I_{n-1} & \beta \\ 0' & b \end{pmatrix},(b \neq 0$;并且 $b \neq 1$ 或 $\beta \neq 0)$;

(4) 当 $\mathcal{B}$ 不可逆时,$\mathcal{B}$ 是平行于 $\mathrm{Ker}\mathcal{B}$ 在 $\mathrm{Im}\mathcal{B}$ 上的投影,并且 $\dim(\mathrm{Ker}\mathcal{B}) = 1$。此时在 $\mathrm{Ker}\mathcal{B}$ 中取一个基 η,在 $\mathrm{Im}\mathcal{B}$ 中取一个基 $\delta_1, \cdots, \delta_{n-1}$,则 $\mathcal{B}$ 在 V 的基 $\delta_1, \cdots, \delta_{n-1}, \eta$ 下的矩阵为

$$\begin{pmatrix} I_{n-1} & 0 \\ 0' & 0 \end{pmatrix}.$$

9. 设 V 是平面上所有向量组成的实数域上的线性空间,证明 V 上的伪反射 $\mathcal{B}$ 必为下列情形之一:在一条直线上的投影;关于一条直线的斜反射(包括反射);向着一条直线的压缩,其压缩系数不等于 1;斜错切(包括错切);以及斜反射(包括反射),压缩,斜错切(包括错切)之间的乘积。

10. 证明:域 F 上 n 维 $(n \geq 2)$ 线性空间 V 上的任一线性变换 $\mathcal{A}$ 是至多 n 个伪反射的乘积。

9.10 线性函数与对偶空间

9.10.1 内容精华

设 V 是域 F 上的线性空间,由于域 F 可以看成自身上的线性空间,因此自然可以考虑线性空间 V 到 F 的线性映射,我们把这种线性映射称为 V 上的线性函数。详细地说有如下定义:

定义 1 设 V 是域 F 上的线性空间,V 到 F 的一个映射 f 如果满足

$$f(\alpha + \beta) = f(\alpha) + f(\beta), \qquad \forall \alpha, \beta \in V, \tag{1}$$

$$f(k\alpha) = kf(\alpha), \forall \alpha \in V, k \in F, \tag{2}$$

那么称 f 是 V 上的一个**线性函数**。

例如,令

$$\mathrm{tr}: \quad M_n(F) \longrightarrow F$$

$$\boldsymbol{A} = (a_{ij}) \longmapsto \sum_{i=1}^{n} a_{ii}. \tag{3}$$

我们已经知道,$\mathrm{tr}(\boldsymbol{A}+\boldsymbol{B}) = \mathrm{tr}(\boldsymbol{A}) + \mathrm{tr}(\boldsymbol{B})$,$\mathrm{tr}(k\boldsymbol{A}) = k\mathrm{tr}(\boldsymbol{A})$,$\forall \boldsymbol{A}, \boldsymbol{B} \in M_n(F), k \in F$,因此 tr 是 $M_n(F)$ 上的一个线性函数,称它为**迹函数**。

又如,设 F 是一个域,给定 $a_1, a_2, \cdots, a_n \in F$,令

$$f: \qquad\qquad F^n \longrightarrow F$$

$$\boldsymbol{\alpha} = (x_1, x_2, \cdots, x_n)' \longmapsto \sum_{i=1}^{n} a_i x_i, \tag{4}$$

容易验证:$f(\boldsymbol{\alpha} + \boldsymbol{\beta}) = f(\boldsymbol{\alpha}) + f(\boldsymbol{\beta})$,$f(k\boldsymbol{\alpha}) = kf(\boldsymbol{\alpha})$,$\forall k \in F, \boldsymbol{\alpha}, \boldsymbol{\beta} \in F^n$,因此 $f(\boldsymbol{\alpha}) = \sum_{i=1}^{n} a_i x_i$ 是 F^n 上的一个线性函数。

(4)式给出了 F^n 上的线性函数 f 的表达式为 $f(x_1, x_2, \cdots, x_n) = \sum_{i=1}^{n} a_i x_i$,它是 $x_1, x_2, \cdots, x_n$ 的一次齐次函数。

一般地,域 F 上 n 维线性空间 V 上的线性函数 f 的表达式是什么样子呢?在 V 中取一个基 $\alpha_1, \alpha_2, \cdots, \alpha_n$,由于 V 上的线性函数 f 就是线性空间 V 到 F 的一个线性映射,因此 f 完全被它在 V 的一个基 $\alpha_1, \alpha_2, \cdots, \alpha_n$ 上的作用所决定,即只要知道 $f(\alpha_1), f(\alpha_2), \cdots, f(\alpha_n)$,就可以求出 V 中任一向量 $\alpha = \sum_{i=1}^{n} x_i \alpha_i$ 在 f 的象 $f(\alpha)$ 为:

$$f(\alpha) = \sum_{i=1}^{n} f(\alpha_i) x_i. \tag{5}$$

(5)式就是 V 上的线性函数 f 在基 $\alpha_1, \alpha_2, \cdots, \alpha_n$ 下的表达式,它是 α 在此基下的坐标 $x_1, x_2, \cdots, x_n$ 的一次齐次函数。

反之，任意取定 $a_1, a_2, \cdots, a_n \in F$，对于 V 中任一向量 $\alpha = \sum_{i=1}^{n} x_i \alpha_i$，规定

$$f(\alpha) = \sum_{i=1}^{n} a_i x_i。 \tag{6}$$

直接验证得，f 是 V 上的一个线性函数，并且

$$f(\alpha_i) = a_i, \qquad i = 1, 2, \cdots, n。 \tag{7}$$

由于 V 上的线性函数完全被它在 V 的一个基上的作用所决定，因此满足(7)式的线性函数是唯一的。

综上所述，域 F 上 n 维线性空间 V 到 F 的一个映射 f 是 V 上的线性函数当且仅当 f 在 V 的一个基下的表达式是 α 在此基下的坐标 $x_1, x_2, \cdots, x_n$ 的一次齐次函数。

设 V 是域 F 上的线性空间，由于 V 上的线性函数可看成是线性空间 V 到 F 的线性映射，因此可以把 V 上所有线性函数组成的集合记作 $\mathrm{Hom}(V, F)$。它是域 F 上的一个线性空间，称它为 V 上的**线性函数空间**。

现在设 V 是域 F 上的 n 维线性空间，则

$$\dim \mathrm{Hom}(V, F) = (\dim V)(\dim F) = n \cdot 1 = n。 \tag{8}$$

因此

$$\mathrm{Hom}(V, F) \cong V。 \tag{9}$$

设 V 的一个基是 $\alpha_1, \alpha_2, \cdots, \alpha_n$，我们来求 $\mathrm{Hom}(V, F)$ 的一个基。任取 $f \in \mathrm{Hom}(V, F)$，由于 f 完全被它在 V 的一个基 $\alpha_1, \alpha_2, \cdots, \alpha_n$ 上的作用所决定，因此下述对应法则

$$\sigma: \mathrm{Hom}(V, F) \longrightarrow F^n$$
$$f \longmapsto (f(\alpha_1), f(\alpha_2), \cdots, f(\alpha_n)) \tag{10}$$

是一个映射，显然 σ 是满射、单射，且保持加法和纯量乘法运算，因此 σ 是 $\mathrm{Hom}(V, F)$ 到 F^n 的一个同构映射，从而 σ^{-1} 是 F^n 到 $\mathrm{Hom}(V, F)$ 的一个同构映射。在 F^n 中取标准基 $\varepsilon_1, \varepsilon_2, \cdots, \varepsilon_n$，则 $\sigma^{-1}(\varepsilon_1), \sigma^{-1}(\varepsilon_2), \cdots, \sigma^{-1}(\varepsilon_n)$ 是 $\mathrm{Hom}(V, F)$ 的一个基。记 $f_i = \sigma^{-1}(\varepsilon_i)$，$i = 1, 2, \cdots, n$，则 $\sigma(f_i) = \varepsilon_i$。由(10)式得

$$f_i(\alpha_j) = \begin{cases} 1, & \text{当 } j = i, \\ 0, & \text{当 } j \neq i, \end{cases} \tag{11}$$

即

$$f_i(\alpha_j) = \delta_{ij}, \qquad i = 1, 2, \cdots, n; \quad j = 1, 2, \cdots, n。 \tag{12}$$

$\mathrm{Hom}(V, F)$ 的这个基 $f_1, f_2, \cdots, f_n$ 称为 V 的基 $\alpha_1, \alpha_2, \cdots, \alpha_n$ 的**对偶基**，它满足(12)式。把 $\mathrm{Hom}(V, F)$ 称为 V 的**对偶空间**，记作 V^*。

注意：当 V 为域 F 上无限维线性空间时，我们不把 $\mathrm{Hom}(V, F)$ 记作 V^*。

对于 V 中任一向量 $\alpha = \sum_{j=1}^{n} x_j \alpha_j$，有

$$f_i(\alpha) = \sum_{j=1}^{n} x_j f_i(\alpha_j) = x_i, \qquad i = 1, 2, \cdots, n, \tag{13}$$

因此

$$\alpha = \sum_{i=1}^{n} f_i(\alpha) \alpha_i, \tag{14}$$

即 α 的坐标的第 i 个分量等于 f_i 在 α 处的函数值，$i=1,2,\cdots,n$。

对于 V^* 中任一向量 $f=\sum_{i=1}^n k_i f_i$，有

$$f(\alpha_j)=\sum_{i=1}^n k_i f_i(\alpha_j)=k_j,\qquad j=1,2,\cdots,n, \tag{15}$$

因此

$$f=\sum_{i=1}^n f(\alpha_i)f_i, \tag{16}$$

即 f 在对偶基下的坐标的第 i 个分量等于 f 在 α_i 处的函数值，$i=1,2,\cdots,n$。

定理 1 设 V 是域 F 上的 n 维线性空间，在 V 中取两个基：$\alpha_1,\alpha_2,\cdots,\alpha_n$ 与 $\beta_1,\beta_2,\cdots,\beta_n$；$V^*$ 中相应的对偶基分别为 $f_1,f_2,\cdots,f_n$ 与 $g_1,g_2,\cdots,g_n$。如果 V 中基 $\alpha_1,\alpha_2,\cdots,\alpha_n$ 到基 $\beta_1,\beta_2,\cdots,\beta_n$ 的过渡矩阵是 $\boldsymbol{A}$，那么 V^* 中基 $f_1,f_2,\cdots,f_n$ 到基 $g_1,g_2,\cdots,g_n$ 的过渡矩阵 $\boldsymbol{B}$ 为

$$\boldsymbol{B}=(\boldsymbol{A}^{-1})'. \tag{17}$$

证明 由于 $(\beta_1,\beta_2,\cdots,\beta_n)=(\alpha_1,\alpha_2,\cdots,\alpha_n)\boldsymbol{A}$，因此

$$(\alpha_1,\alpha_2,\cdots,\alpha_n)=(\beta_1,\beta_2,\cdots,\beta_n)\boldsymbol{A}^{-1}. \tag{18}$$

从(18)式看出，α_j 在基 $\beta_1,\beta_2,\cdots,\beta_n$ 下的坐标的第 i 个分量等于 $\boldsymbol{A}^{-1}(i;j)$。又从(14)式的结论得，α_j 在基 $\beta_1,\beta_2,\cdots,\beta_n$ 下的坐标的第 i 个分量等于 $g_i(\alpha_j)$，因此

$$\boldsymbol{A}^{-1}(i;j)=g_i(\alpha_j). \tag{19}$$

从(16)式的结论得，$g_i(\alpha_j)$ 等于 g_i 在基 $f_1,f_2,\cdots,f_n$ 下的坐标的第 j 个分量。由于

$$(g_1,g_2,\cdots,g_n)=(f_1,f_2,\cdots,f_n)\boldsymbol{B},$$

因此 g_i 在基 $f_1,f_2,\cdots,f_n$ 下的坐标的第 j 个分量等于 $\boldsymbol{B}(j;i)$，从而 $g_i(\alpha_j)=\boldsymbol{B}(j;i)$，于是

$$\boldsymbol{A}^{-1}(i;j)=\boldsymbol{B}(j;i)=\boldsymbol{B}'(i;j),\quad i,j=1,2,\cdots,n.$$

因此 $\boldsymbol{A}^{-1}=\boldsymbol{B}'$，即 $\boldsymbol{B}=(\boldsymbol{A}^{-1})'$。∎

设 V 是域 F 上的 n 维线性空间，V 中取一个基 $\alpha_1,\alpha_2,\cdots,\alpha_n$，$V^*$ 中相应的对偶基为 $f_1,f_2,\cdots,f_n$。从 8.3 节定理 1 的证明中知道，V 到 V^* 的下述映射：

$$\sigma:\qquad V\longrightarrow V^*$$

$$\alpha=\sum_{i=1}^n x_i\alpha_i\longmapsto\sum_{i=1}^n x_i f_i \tag{20}$$

是一个同构映射，把 α 在 σ 下的象记作 f_α（或 α^*）。对于 V 中任一向量 $\beta=\sum_{i=1}^n y_i\alpha_i$，由于 $f_i(\beta)=y_i$，因此有

$$f_\alpha(\beta)=\left(\sum_{i=1}^n x_i f_i\right)\beta=\sum_{i=1}^n x_i f_i(\beta)=\sum_{i=1}^n x_i y_i. \tag{21}$$

这表明 α 在 σ 下的象 f_α 在 β 处的函数值等于 α 与 β 的坐标的对应分量乘积之和。

上述讨论是对于域 F 上任一 n 维线性空间进行的，因此对域 F 上 n 维线性空间 V 的对偶空间 V^*，也可以考虑其对偶空间 $(V^*)^*$，简记成 V^{**}，称 V^{**} 是 V 的**双重对偶空间**。由于 $V\cong V^*$，$V^*\cong V^{**}$，因此

$$V \cong V^{**} 。 \tag{22}$$

设 $\alpha_1,\alpha_2,\cdots,\alpha_n$ 是 V 的一个基，V^* 中相应的对偶基为 $f_1,f_2,\cdots,f_n$。根据(20)式，V 到 V^* 有一个同构映射 $\sigma : \alpha \longmapsto f_\alpha$。同理，$V^*$ 到 V^{**} 有一个同构映射 τ，把 f_α 在 τ 下的象记作 α^{**}。任取 $f \in V^*$，根据(21)式表明的结论得，$\alpha^{**}(f)$ 等于 f_α 与 f 的坐标的对应分量乘积之和。分别根据(20)、(16)式得

$$f_\alpha = \sum_{i=1}^{n} x_i f_i, \tag{23}$$

$$f = \sum_{i=1}^{n} f(\alpha_i) f_i, \tag{24}$$

从而　　　　$$\alpha^{**}(f) = \sum_{i=1}^{n} x_i f(\alpha_i) = f(\sum_{i=1}^{n} x_i \alpha_i) = f(\alpha) 。 \tag{25}$$

由于 $(\tau\sigma)\alpha = \tau(\sigma\alpha) = \tau(f_\alpha) = \alpha^{**}$，因此(25)式表明 α 在 V 到 V^{**} 的同构映射 $\tau\sigma$ 下的象 α^{**} 在 f 处的函数值 $\alpha^{**}(f)$ 就等于 f 在 α 处的函数值 $f(\alpha)(\forall f \in V^*)$，它不依赖于 V 中基的选择。我们称这种不依赖于基的选择的同构映射为**自然同构**。于是 V 到 V^{**} 的上述同构映射 $\tau\sigma$ 是自然同构。

由于 V 到 V^{**} 存在自然同构，因此可以把 α 与它在自然同构下的象 α^{**} 等同起来，从而可以把 V 与 V^{**} 等同，于是可以把 V 看成 V^* 的对偶空间。这样 V 与 V^* 就互为对偶空间，这就是把 V^* 称为 V 的对偶空间的原因。

9.10.2　典型例题

例 1　设 $V = C[a,b]$，V 上的下列函数哪些是线性函数？

(1) $f(x) \longmapsto \int_a^b f(x) \mathrm{d}x$；　　　　(2) $f(x) \longmapsto \int_a^b f(x) g(x) \mathrm{d}x$。

其中 $g(x)$ 是一个固定的连续函数。

解　(1) 任取 $f_1(x), f_2(x) \in C[a,b]$，$f_1(x) + f_2(x)$ 的象是

$$\int_a^b [f_1(x) + f_2(x)] \mathrm{d}x = \int_a^b f_1(x) \mathrm{d}x + \int_a^b f_2(x) \mathrm{d}x。$$

任取 $f(x) \in C[a,b]$，$k \in \mathbf{R}$，$kf(x)$ 的象是

$$\int_a^b k f(x) \mathrm{d}x = k \int_a^b f(x) \mathrm{d}x。$$

因此所给的映射 $f(x) \longmapsto \int_a^b f(x) \mathrm{d}x$ 是 $C[a,b]$ 上的线性函数。

(2) 任取 $f_1(x), f_2(x) \in C[a,b]$，$f_1(x) + f_2(x)$ 的象是

$$\int_a^b [f_1(x) + f_2(x)] g(x) \mathrm{d}x = \int_a^b f_1(x) g(x) \mathrm{d}x + \int_a^b f_2(x) g(x) \mathrm{d}x。$$

任取 $f(x) \in C[a,b]$，$k \in \mathbf{R}$，$kf(x)$ 的象是

$$\int_a^b [k f(x)] g(x) \mathrm{d}x = k \int_a^b f(x) g(x) \mathrm{d}x。$$

因此所给的映射 $f(x) \longmapsto \int_a^b f(x) g(x) \mathrm{d}x$ 是 $C[a,b]$ 上的线性函数。

例2 设 V 是域 F 上的一个 3 维线性空间，$\alpha_1,\alpha_2,\alpha_3$ 是 V 的一个基，f 是 V 上的一个线性函数。已知
$$f(\alpha_1+2\alpha_3)=4,\qquad f(\alpha_2+3\alpha_3)=0,\qquad f(4\alpha_1+\alpha_2)=5,$$
求 f 在基 $\alpha_1,\alpha_2,\alpha_3$ 下的表达式。

解 由已知条件得
$$\begin{cases} f(\alpha_1)+2f(\alpha_3)=4,\\ f(\alpha_2)+3f(\alpha_3)=0,\\ 4f(\alpha_1)+f(\alpha_2)=5。\end{cases}$$
解这个三元一次方程组得
$$f(\alpha_1)=2,\qquad f(\alpha_2)=-3,\qquad f(\alpha_3)=1。$$
因此对任意 $\alpha=x_1\alpha_1+x_2\alpha_2+x_3\alpha_3$，有
$$f(\alpha)=2x_1-3x_2+x_3。$$

例3 设 V 是域 F 上一个 3 维线性空间，$\alpha_1,\alpha_2,\alpha_3$ 是 V 的一个基，试找出一个线性函数 f，使得
$$f(3\alpha_1+\alpha_2)=2,\qquad f(\alpha_2-\alpha_3)=1,\qquad f(2\alpha_1+\alpha_3)=2。$$

解 设 f 是满足已知条件的线性函数，则
$$\begin{cases} 3f(\alpha_1)+f(\alpha_2)=2,\\ f(\alpha_2)-f(\alpha_3)=1,\\ 2f(\alpha_1)+f(\alpha_3)=2。\end{cases}$$
解得
$$f(\alpha_1)=-1,\qquad f(\alpha_2)=5,\qquad f(\alpha_3)=4。$$
对于任意的 $\alpha=x_1\alpha_1+x_2\alpha_2+x_3\alpha_3$，令 $f(\alpha)=-x_1+5x_2+4x_3$，则 f 是所求的线性函数。

例4 设 V 是域 F 上的一个线性空间，$\mathrm{char}\,F=0$。设 $f_1,f_2,\cdots,f_s$ 都是 V 上的线性函数，并且它们都不是零函数。证明：存在 $\alpha\in V$，使得
$$f_i(\alpha)\neq 0,\qquad i=1,2,\cdots,s。$$

证明 由于 $f_i\neq 0$，因此 $\mathrm{Ker}\,f_i\subsetneqq V$，$i=1,2,\cdots,s$，于是 $\bigcup_{i=1}^{s}\mathrm{Ker}\,f_i\subsetneqq V$，从而存在 $\alpha\in V$，使得 $\alpha\notin\bigcup_{i=1}^{s}\mathrm{Ker}\,f_i$。由此得出，$f_i(\alpha)\neq 0$，$i=1,2,\cdots,s$。∎

例5 设 $V=\mathbf{R}[x]_3$，对于 $g(x)\in V$，定义
$$f_1(g(x))=\int_0^1 g(x)\mathrm{d}x,\qquad f_2(g(x))=\int_0^2 g(x)\mathrm{d}x,\qquad f_3(g(x))=\int_0^{-1} g(x)\mathrm{d}x。$$
证明：f_1,f_2,f_3 是 V^* 的一个基；并且求出 V 的一个基 $g_1(x),g_2(x),g_3(x)$，使得 f_1,f_2,f_3 是相应的对偶基。

解 $V=\mathbf{R}[x]_3$ 中取一个基 $1,x,x^2$，V^* 中相应的对偶基记作 $\tilde{f}_1,\tilde{f}_2,\tilde{f}_3$。由于
$$f_1(1)=\int_0^1 1\mathrm{d}x=1,\ f_1(x)=\int_0^1 x\mathrm{d}x=\frac{1}{2},\ f_1(x^2)=\int_0^1 x^2\mathrm{d}x=\frac{1}{3};$$
$$f_2(1)=\int_0^2 1\mathrm{d}x=2,\ f_2(x)=\int_0^2 x\mathrm{d}x=2,\ f_2(x^2)=\int_0^2 x^2\mathrm{d}x=\frac{8}{3};$$
$$f_3(1)=\int_0^{-1} 1\mathrm{d}x=-1,\ f_3(x)=\int_0^{-1} x\mathrm{d}x=\frac{1}{2},\ f_3(x^2)=\int_0^{-1} x^2\mathrm{d}x=-\frac{1}{3};$$

因此

$$f_1 = f_1(1)\widetilde{f}_1 + f_1(x)\widetilde{f}_2 + f_1(x^2)\widetilde{f}_3 = \widetilde{f}_1 + \frac{1}{2}\widetilde{f}_2 + \frac{1}{3}\widetilde{f}_3,$$

$$f_2 = f_2(1)\widetilde{f}_1 + f_2(x)\widetilde{f}_2 + f_2(x^2)\widetilde{f}_3 = 2\widetilde{f}_1 + 2\widetilde{f}_2 + \frac{8}{3}\widetilde{f}_3,$$

$$f_3 = f_3(1)\widetilde{f}_1 + f_3(x)\widetilde{f}_2 + f_3(x^2)\widetilde{f}_3 = -\widetilde{f}_1 + \frac{1}{2}\widetilde{f}_2 - \frac{1}{3}\widetilde{f}_3。$$

于是

$$(f_1,f_2,f_3) = (\widetilde{f}_1,\widetilde{f}_2,\widetilde{f}_3)\begin{pmatrix} 1 & 2 & -1 \\ \frac{1}{2} & 2 & \frac{1}{2} \\ \frac{1}{3} & \frac{8}{3} & -\frac{1}{3} \end{pmatrix}。$$

用 B 表示上式右边的矩阵,易证 B 可逆,因此 f_1,f_2,f_3 是 V^* 的一个基。求出 B 的逆矩阵为

$$B^{-1} = \begin{pmatrix} 1 & 1 & -\frac{3}{2} \\ -\frac{1}{6} & 0 & \frac{1}{2} \\ -\frac{1}{3} & 1 & -\frac{1}{2} \end{pmatrix}。$$

设 V 的一个基 $g_1(x),g_2(x),g_3(x)$ 在 V^* 中的对偶基为 f_1,f_2,f_3,则

$$(g_1(x),g_2(x),g_3(x)) = (1,x,x^2)(B^{-1})'$$

$$= (1,x,x^2)\begin{pmatrix} 1 & -\frac{1}{6} & -\frac{1}{3} \\ 1 & 0 & 1 \\ -\frac{3}{2} & \frac{1}{2} & -\frac{1}{2} \end{pmatrix}。$$

因此　　$g_1(x)=1+x-\frac{3}{2}x^2, g_2(x)=-\frac{1}{6}+\frac{1}{2}x^2, g_3(x)=-\frac{1}{3}+x-\frac{1}{2}x^2。$

例 6　设 V 是域 F 上的 1 维线性空间,V 中取两个基:α_1 和 β_1,其中 $\beta_1=a\alpha_1,a\in F$,V^* 中相应于 α_1 和 β_1 的对偶基分别为 f_1 和 g_1。V 到 V^* 的两个同构映射 σ,τ 使得

$$\sigma: \alpha_1 \longmapsto f_1, \qquad \tau: \beta_1 \longmapsto g_1。$$

证明:如果 $a^2\neq 1$,那么对于任给 $\alpha\in V$ 且 $\alpha\neq 0$ 有 $\sigma(\alpha)\neq\tau(\alpha)$。

证明　任给 $\alpha\in V$ 且 $\alpha\neq 0$,设 $\alpha=x\alpha_1$。由于 $\beta_1=a\alpha_1$,因此 $\alpha_1=a^{-1}\beta_1$,从而 $\alpha=xa^{-1}\beta_1$。根据(21)式得

$$\sigma(\alpha)(\alpha_1)=x\cdot 1=x, \tau(\alpha)(\alpha_1)=(xa^{-1})a^{-1}=xa^{-2}。$$

由于 $a^2\neq 1$,因此 $\sigma(\alpha)(\alpha_1)\neq\tau(\alpha)(\alpha_1)$,从而 $\sigma(\alpha)\neq\tau(\alpha)$。∎

点评:例 6 表明,在 V 中取不同的基,任一非零向量 α 在由 V 的一个基映成它在 V^* 中的对偶基的同构映射下的象依赖于基的选择,从而 V 到 V^* 的这种同构映射不是自然同构。

例 7　设 V 是域 F 上的 n 维线性空间，char $F=0$。在 V^* 中定义乘法运算如下：

$$(fg)\alpha = f(\alpha)g(\alpha), \qquad \forall\, \alpha \in V。 \tag{26}$$

证明：V^* 对于加法、纯量乘法和乘法成为域 F 上的一个代数，并且 V^* 没有非零的零因子，即如果 $fg=0$，那么 $f=0$ 或 $g=0$。

证明　(26)式定义的乘法是函数的乘法，显然它满足交换律、结合律和乘法对于加法的分配律，因此 V^* 对于加法和乘法成为一个交换环。又有

$$k(fg) = (kf)g = f(kg), \qquad \forall\, f,g \in V^*, \quad k \in F, \tag{27}$$

因此 V^* 对于加法、纯量乘法和乘法成为域 F 上的一个代数。

在 V^* 中，如果 $f\neq0,g\neq0$，那么根据例 4 得，存在 $\alpha\in V$，使得 $f(\alpha)\neq0,g(\alpha)\neq0$，从而 $(fg)\alpha\neq0$，因此 $fg\neq0$。这表明 V^* 没有非零的零因子。■

例 8　设 V 是域 F 上的线性空间，f 是 V 上非零的线性函数。

(1) 证明 Ker f 是 V 的极大子空间（即如果 V 的子空间 U 满足 Ker $f\subseteq U$，那么 $U=$ Ker f 或 $U=V$）；

(2) 任意给定 $\beta\notin$ Ker f，证明：V 中任一向量 α 可以唯一地表示成

$$\alpha = \eta + k\beta, \qquad \eta \in \text{Ker } f, \qquad k \in F。 \tag{28}$$

证明　(1) 设 U 是 V 的一个子空间且 $U\supsetneqq$ Ker f，则在 U 中存在 $\beta\notin$ Ker f。任取 $\alpha\in V$，令

$$\eta = \alpha - \frac{f(\alpha)}{f(\beta)}\beta,$$

则 $f(\eta)=f(\alpha)-\dfrac{f(\alpha)}{f(\beta)}f(\beta)=0$，从而 $\eta\in$ Ker f，于是

$$\alpha = \eta + \frac{f(\alpha)}{f(\beta)}\beta \in U,$$

因此 $U=V$。

(2) 存在性已在第(1)小题中证明，下面证唯一性。假如 $\alpha=\eta_1+k_1\beta=\eta_2+k_2\beta$，其中 $\eta_i\in$ Ker $f,k_i\in F,i=1,2$，则 $\eta_1-\eta_2=(k_2-k_1)\beta$。假如 $k_2\neq k_1$，则 $\beta\in$ Ker f，矛盾。因此 $k_2=k_1$，从而 $\eta_2=\eta_1$。■

例 9　设 V 是域 F 上的线性空间，证明：如果 V 上两个线性函数 f 与 g 有相同的核，那么 $f=ag$，其中 $a\in F$ 且 $a\neq0$。

证明　若 $f=0$，则 Ker $f=V$。由已知条件得，Ker $g=$ Ker $f=V$，因此 $g=0$，从而存在 $a\in F$ 且 $a\neq0$，使得 $f=ag$。下面设 $f\neq0$，则 $g\neq0$。任意取定 $\beta\notin$ Ker f，任取 $\alpha\in V$，根据例 8 得，α 可以唯一地表示成

$$\alpha = \eta_1 + \frac{f(\alpha)}{f(\beta)}\beta, \qquad \eta_1 \in \text{Ker } f;$$

$$\alpha = \eta_2 + \frac{g(\alpha)}{g(\beta)}\beta, \qquad \eta_2 \in \text{Ker } g。$$

由上述两个式子得

$$\eta_2 - \eta_1 = \left[\frac{f(\alpha)}{f(\beta)} - \frac{g(\alpha)}{g(\beta)}\right]\beta。$$

由于 $\eta_2 - \eta_1 \in \operatorname{Ker} f, \beta \notin \operatorname{Ker} f$，因此 $\dfrac{f(\alpha)}{f(\beta)} - \dfrac{g(\alpha)}{g(\beta)} = 0$。由此得出，$f(\alpha) = \dfrac{f(\beta)}{g(\beta)} g(\alpha)$，于是 $f = \dfrac{f(\beta)}{g(\beta)} g$。

图 9-4

点评：在例 8 和例 9 中，如果取 V 是几何空间，那么容易运用几何知识直观得出这些结论。把 V 看成 $\mathbf{R}^3$，则 V 上的线性函数 f 的表达式为
$$f(x_1, x_2, x_3) = a_1 x_1 + a_2 x_2 + a_3 x_3,$$
其中 $a_1, a_2, a_3 \in \mathbf{R}$，且它们不全为 0，于是 $\operatorname{Ker} f$ 是过原点的一个平面 π：
$$a_1 x_1 + a_2 x_2 + a_3 x_3 = 0。$$
由于 $\dim \pi = 2$，因此 $\operatorname{Ker} f$ 是 V 的极大子空间。任意给定 $\beta \notin \pi$，从图 9-4 看出，任给 $\alpha \in V$，存在平面 π 上的一个向量 η，使得 $\alpha = \eta + k\beta$。设线性函数 g 与 f 有相同的核，其中 g 的表达式为
$$g(x_1, x_2, x_3) = b_1 x_1 + b_2 x_2 + b_3 x_3,$$
则平面 π 与平面 π' 重合：
$$\pi': b_1 x_1 + b_2 x_2 + b_3 x_3 = 0。$$
于是 $(a_1, a_2, a_3) = k(b_1, b_2, b_3), k \in \mathbf{R}$ 且 $k \neq 0$。由此得出，$f = kg$。

上述点评表明：在学习高等代数时，注意运用几何知识，有助于我们对高等代数的结论的理解，而且有助于得到解题思路。

例 10　设 $V = \mathbf{R}^n$ 是 n 维欧几里得空间，其内积为
$$(\boldsymbol{\alpha}, \boldsymbol{\beta}) = a_1 b_1 + a_2 b_2 + \cdots + a_n b_n,$$
其中 $\boldsymbol{\alpha} = (a_1, a_2, \cdots, a_n)', \boldsymbol{\beta} = (b_1, b_2, \cdots, b_n)'$。任给 $\boldsymbol{\alpha} \in V$，定义 V 上的一个函数 $\boldsymbol{\alpha}^*$ 如下：
$$\boldsymbol{\alpha}^*(\boldsymbol{\beta}) = (\boldsymbol{\alpha}, \boldsymbol{\beta}), \qquad \forall \boldsymbol{\beta} \in V。 \tag{29}$$

(1) 证明：$\boldsymbol{\alpha}^*$ 是 V 上的一个线性函数；

(2) 证明：$\sigma: \boldsymbol{\alpha} \longmapsto \boldsymbol{\alpha}^*$ 是 V 到 V^* 的一个同构映射；

(3) 在 V 中任取一个标准正交基 $\boldsymbol{\eta}_1, \boldsymbol{\eta}_2, \cdots, \boldsymbol{\eta}_n$，$V^*$ 中相应的对偶基为 $f_1, f_2, \cdots, f_n$。令
$$\tau: \qquad V \longrightarrow V^*$$
$$\sum_{i=1}^{n} x_i \boldsymbol{\eta}_i \longmapsto \sum_{i=1}^{n} x_i f_i,$$
证明：$\tau = \sigma$。

证明　(1) 任取 $\boldsymbol{\beta}_1, \boldsymbol{\beta}_2 \in V, k \in \mathbf{R}$，有
$$\boldsymbol{\alpha}^*(\boldsymbol{\beta}_1 + \boldsymbol{\beta}_2) = (\boldsymbol{\alpha}, \boldsymbol{\beta}_1 + \boldsymbol{\beta}_2) = (\boldsymbol{\alpha}, \boldsymbol{\beta}_1) + (\boldsymbol{\alpha}, \boldsymbol{\beta}_2) = \boldsymbol{\alpha}^*(\boldsymbol{\beta}_1) + \boldsymbol{\alpha}^*(\boldsymbol{\beta}_2),$$
$$\boldsymbol{\alpha}^*(k\boldsymbol{\beta}_1) = (\boldsymbol{\alpha}, k\boldsymbol{\beta}_1) = k(\boldsymbol{\alpha}, \boldsymbol{\beta}_1) = k\boldsymbol{\alpha}^*(\boldsymbol{\beta}_1),$$
因此 $\boldsymbol{\alpha}^*$ 是 V 上的一个线性函数。

(2) 显然，σ 是 V 到 V^* 的一个映射。设 $\boldsymbol{\alpha}, \boldsymbol{\gamma} \in V$，如果 $\boldsymbol{\alpha}^* = \boldsymbol{\gamma}^*$，那么对任意 $\boldsymbol{\beta} \in V$，有

$\boldsymbol{\alpha}^*(\boldsymbol{\beta}) = \boldsymbol{\gamma}^*(\boldsymbol{\beta})$,即$(\boldsymbol{\alpha}, \boldsymbol{\beta}) = (\boldsymbol{\gamma}, \boldsymbol{\beta})$,从而$(\boldsymbol{\alpha} - \boldsymbol{\gamma}, \boldsymbol{\beta}) = 0$,于是$\boldsymbol{\alpha} - \boldsymbol{\gamma} = \mathbf{0}$,即$\boldsymbol{\alpha} = \boldsymbol{\gamma}$,因此$\sigma$是单射。由于对任意$\boldsymbol{\beta} \in V$,有

$$(\boldsymbol{\alpha} + \boldsymbol{\gamma})^*(\boldsymbol{\beta}) = (\boldsymbol{\alpha} + \boldsymbol{\gamma}, \boldsymbol{\beta}) = (\boldsymbol{\alpha}, \boldsymbol{\beta}) + (\boldsymbol{\gamma}, \boldsymbol{\beta}) = \boldsymbol{\alpha}^*(\boldsymbol{\beta}) + \boldsymbol{\gamma}^*(\boldsymbol{\beta}) = (\boldsymbol{\alpha}^* + \boldsymbol{\gamma}^*)\boldsymbol{\beta},$$
$$(k\boldsymbol{\alpha})^*(\boldsymbol{\beta}) = (k\boldsymbol{\alpha}, \boldsymbol{\beta}) = k(\boldsymbol{\alpha}, \boldsymbol{\beta}) = k\boldsymbol{\alpha}^*(\boldsymbol{\beta}),$$

因此$(\boldsymbol{\alpha} + \boldsymbol{\gamma})^* = \boldsymbol{\alpha}^* + \boldsymbol{\gamma}^*$,$(k\boldsymbol{\alpha})^* = k\boldsymbol{\alpha}^*$,于是$\sigma$是$V$到$V^*$的一个线性映射。由于$\dim V = \dim V^*$,且$\sigma$是单射,因此$\sigma$也是满射,从而$\sigma$是$V$到$V^*$的一个同构映射。

(3) 在V中任取$\boldsymbol{\alpha}, \boldsymbol{\beta}$,设$\boldsymbol{\alpha} = \sum_{i=1}^{n} x_i \boldsymbol{\eta}_i$,$\boldsymbol{\beta} = \sum_{i=1}^{n} y_i \boldsymbol{\eta}_i$。根据定理1后面的一段话得

$$[\tau(\boldsymbol{\alpha})]\boldsymbol{\beta} = \sum_{i=1}^{n} x_i y_i = \boldsymbol{x}' \boldsymbol{y},$$

其中$\boldsymbol{x} = (x_1, x_2, \cdots, x_n)'$,$\boldsymbol{y} = (y_1, y_2, \cdots, y_n)'$。设

$$(\boldsymbol{\eta}_1, \boldsymbol{\eta}_2, \cdots, \boldsymbol{\eta}_n) = (\boldsymbol{\varepsilon}_1, \boldsymbol{\varepsilon}_2, \cdots, \boldsymbol{\varepsilon}_n)\boldsymbol{T}, \tag{30}$$

则$\boldsymbol{\alpha}, \boldsymbol{\beta}$在标准基$\boldsymbol{\varepsilon}_1, \boldsymbol{\varepsilon}_2, \cdots, \boldsymbol{\varepsilon}_n$下的坐标分别为$\boldsymbol{Tx}, \boldsymbol{Ty}$。由于$\boldsymbol{\eta}_1, \boldsymbol{\eta}_2, \cdots, \boldsymbol{\eta}_n$是标准正交基,因此从(30)式得,$\boldsymbol{T}$的列向量组$\boldsymbol{\eta}_1, \boldsymbol{\eta}_2, \cdots, \boldsymbol{\eta}_n$是正交单位向量组,从而$\boldsymbol{T}$是正交矩阵,于是有

$$[\tau(\boldsymbol{\alpha})]\boldsymbol{\beta} = \boldsymbol{x}' \boldsymbol{y} = (\boldsymbol{Tx})'(\boldsymbol{Ty}) = (\boldsymbol{\alpha}, \boldsymbol{\beta})。 \tag{31}$$

比较(31)式和(29)式得,$\tau(\boldsymbol{\alpha}) = \boldsymbol{\alpha}^*$,从而$\tau(\boldsymbol{\alpha}) = \sigma(\boldsymbol{\alpha})$,因此$\tau = \sigma$。∎

点评：例10的第(3)小题表明：n维欧几里得空间$V = \mathbf{R}^n$到V^*的线性同构映射不依赖于V中标准正交基的选择。

例11 设$\mathcal{A}$是域F上n维线性空间V上的一个线性变换。

(1) 证明：对于$f \in V^*$,有$f\mathcal{A} \in V^*$；

(2) 定义V^*到自身的一个映射$\mathcal{A}^*$为$f \longmapsto f\mathcal{A}$,证明：$\mathcal{A}^*$是$V^*$上的一个线性变换；

(3) 设$\alpha_1, \alpha_2, \cdots, \alpha_n$是$V$的一个基,$V^*$中相应的对偶基为$f_1, f_2, \cdots, f_n$,$\mathcal{A}$在基$\alpha_1, \alpha_2, \cdots, \alpha_n$下的矩阵为$\boldsymbol{A}$。证明：$\mathcal{A}^*$在基$f_1, f_2, \cdots, f_n$下的矩阵为$\boldsymbol{A}'$(把$\mathcal{A}^*$称为$\mathcal{A}$的**转置映射**或者$\mathcal{A}$的**对偶映射**)。

证明 (1) 由于$\mathcal{A}$是V到V的线性映射,f是V到F的线性映射,因此$f\mathcal{A}$是V到F的线性映射,即$f\mathcal{A} \in V^*$。

(2) 任取$f, g \in V^*$,$k \in F$,有

$$\mathcal{A}^*(f + g) = (f + g)\mathcal{A} = f\mathcal{A} + g\mathcal{A} = \mathcal{A}^*(f) + \mathcal{A}^*(g),$$
$$\mathcal{A}^*(kf) = kf\mathcal{A} = k\mathcal{A}^*(f),$$

因此$\mathcal{A}^*$是V^*上的一个线性变换。

(3) 已知$\mathcal{A}(\alpha_1, \alpha_2, \cdots, \alpha_n) = (\alpha_1, \alpha_2, \cdots, \alpha_n)\boldsymbol{A}$,设$\boldsymbol{A} = (a_{ij})$,根据(16)式有

$$f_i\mathcal{A} = \sum_{j=1}^{n} f_i\mathcal{A}(\alpha_j)f_j = \sum_{j=1}^{n} f_i\left(\sum_{k=1}^{n} a_{kj}\alpha_k\right)f_j$$
$$= \sum_{j=1}^{n}\sum_{k=1}^{n} a_{kj}f_i(\alpha_k)f_j = \sum_{j=1}^{n} a_{ij}f_j,$$

于是

$$\mathcal{A}^*(f_1, f_2, \cdots, f_n) = (f_1 \mathcal{A}, f_2 \mathcal{A}, \cdots, f_n \mathcal{A}) = \left(\sum_{j=1}^n a_{1j} f_j, \sum_{j=1}^n a_{2j} f_j, \cdots, \sum_{j=1}^n a_{nj} f_j \right)$$

$$= (f_1, f_2, \cdots, f_n) \begin{bmatrix} a_{11} & a_{21} & \cdots & a_{n1} \\ a_{12} & a_{22} & \cdots & a_{n2} \\ \vdots & \vdots & & \vdots \\ a_{1n} & a_{2n} & \cdots & a_{nn} \end{bmatrix}$$

$$= (f_1, f_2, \cdots, f_n) \mathbf{A}',$$

即 $\mathcal{A}^*$ 在基 $f_1, f_2, \cdots, f_n$ 下的矩阵是 $\mathbf{A}'$。　　　　　　　　　　　■

点评：例 11 告诉我们，从 n 维线性空间 V 上的一个线性变换 $\mathcal{A}$，如何得到 V^* 上的一个线性变换 $\mathcal{A}^*$；并且证明了如果 $\mathcal{A}$ 在 V 的基 $\alpha_1, \alpha_2, \cdots, \alpha_n$ 下的矩阵为 $\mathbf{A}$，那么 $\mathcal{A}^*$ 在 V^* 的相应的对偶基 $f_1, f_2, \cdots, f_n$ 下的矩阵为 $\mathbf{A}'$，这体现了数学的内在规律的优美！

例 12　设 V 是域 F 上 n 维线性空间，$\mathcal{A}$ 是 V 上的一个线性变换，$\mathcal{A}^*$ 是 $\mathcal{A}$ 的对偶映射，$(\mathcal{A}^*)^*$ 是 $\mathcal{A}^*$ 的对偶映射。把 V 与 V^{**} 等同。证明：$(\mathcal{A}^*)^* = \mathcal{A}$。

证明　V 到 V^{**} 有一个同构映射 $\tau\sigma: \alpha \longmapsto \alpha^{**}$，使得 $\alpha^{**}(f) = f(\alpha)$，$\forall f \in V^*$，于是

$$[(\mathcal{A}^*)^*(\alpha^{**})](f) = (\alpha^{**} \mathcal{A}^*)(f) = \alpha^{**}(\mathcal{A}^*(f)) = [\mathcal{A}^*(f)](\alpha)$$
$$= [f\mathcal{A}](\alpha) = f(\mathcal{A}\alpha) = (\mathcal{A}\alpha)^{**}(f)。$$

由此得出，$(\mathcal{A}^*)^*(\alpha^{**}) = (\mathcal{A}\alpha)^{**}$。

把 V 与 V^{**} 等同，则 α 与 α^{**} 等同，$\mathcal{A}\alpha$ 与 $(\mathcal{A}\alpha)^{**}$ 等同，于是由上式得，$(\mathcal{A}^*)^*(\alpha) = \mathcal{A}\alpha$，$\forall \alpha \in V$，因此 $(\mathcal{A}^*)^* = \mathcal{A}$。　　　　　　　　　　　■

例 13　设 V_1, V_2 都是域 F 上的 n 维线性空间，证明：

$$(V_1 \dotplus V_2)^* \cong V_1^* \dotplus V_2^*。$$

证明　任取 $f \in (V_1 \dotplus V_2)^*$，令

$$f_1(\alpha_1) = f(\alpha_1, 0), \qquad \forall \alpha_1 \in V_1; \tag{32}$$
$$f_2(\alpha_2) = f(0, \alpha_2), \qquad \forall \alpha_2 \in V_2。 \tag{33}$$

易验证 $f_1 \in V_1^*$，$f_2 \in V_2^*$，且有

$$f(\alpha_1, \alpha_2) = f[(\alpha_1, 0) + (0, \alpha_2)] = f(\alpha_1, 0) + f(0, \alpha_2) = f_1(\alpha_1) + f_2(\alpha_2)。 \tag{34}$$

令

$$\sigma: (V_1 \dotplus V_2)^* \longrightarrow V_1^* \dotplus V_2^*$$
$$f \longmapsto (f_1, f_2), \tag{35}$$

其中 f_1, f_2 分别由 (32)、(33) 式定义，显然 σ 是映射。任给 $(f_1, f_2) \in V_1^* \dotplus V_2^*$，令

$$f(\alpha_1, \alpha_2) = f_1(\alpha_1) + f_2(\alpha_2), \tag{36}$$

易验证 $f \in (V_1 \dotplus V_2)^*$，且 $\sigma(f) = (f_1, f_2)$，因此 σ 是满射。设 $\sigma(f) = (f_1, f_2)$，$\sigma(g) = (g_1, g_2)$。若 $\sigma(f) = \sigma(g)$，则 $f_1 = g_1$，$f_2 = g_2$。从 (34) 式得，$\forall (\alpha_1, \alpha_2) \in V_1 \dotplus V_2$，有

$$f(\alpha_1, \alpha_2) = f_1(\alpha_1) + f_2(\alpha_2) = g_1(\alpha_1) + g_2(\alpha_2) = g(\alpha_1, \alpha_2),$$

因此 $f = g$，从而 σ 是单射。任取 $f, g \in (V_1 \dotplus V_2)^*$，设

$$\sigma(f) = (f_1, f_2), \qquad \sigma(g) = (g_1, g_2),$$

则　$f_1(\alpha_1)=f(\alpha_1,0),f_2(\alpha_2)=f(0,\alpha_2)$，$g_1(\alpha_1)=g(\alpha_1,0),g_2(\alpha_2)=g(0,\alpha_2)$。
于是

$$(f_1+g_1)(\alpha_1)=f_1(\alpha_1)+g_1(\alpha_1)=f(\alpha_1,0)+g(\alpha_1,0)=(f+g)(\alpha_1,0),$$

$$(f_2+g_2)(\alpha_2)=f_2(\alpha_2)+g_2(\alpha_2)=f(\alpha_2,0)+g(0,\alpha_2)=(f+g)(0,\alpha_2),$$

因此 $\sigma(f+g)=(f_1+g_1,f_2+g_2)=(f_1,f_2)+(g_1,g_2)=\sigma(f)+\sigma(g)$。类似可证：
$\sigma(kf)=h\sigma(f)$。因此 σ 保持加法和纯量乘法运算，从而 σ 是 $(V_1\dotplus V_2)^*$ 到 $V_1^*\dotplus V_2^*$ 的一个同构映射。于是 $(V_1\dotplus V_2)^*\cong V_1^*\dotplus V_2^*$。 ■

点评：例 13 证明中给出的 $(V_1\dotplus V_2)^*$ 到 $V_1^*\dotplus V_2^*$ 的同构映射 σ 不依赖于基的选择，因此 σ 是一个自然同构。

例 14　设 V 是域 F 上的 n 维线性空间，证明：

(1) 对于 $f_1,f_2,\cdots,f_s\in V^*$，下述集合

$$W=\{\alpha\in V\mid f_i(\alpha)=0,\quad i=1,2,\cdots,s\}$$

是 V 的一个子空间，W 称为线性函数 $f_1,f_2,\cdots,f_s$ 的**零化子空间**；

(2) V 的任一子空间都是某些线性函数的零化子空间。

证明　(1) 由于 $W=\bigcap\limits_{i=1}^{s}\operatorname{Ker}f_i$，因此 W 是 V 的一个子空间。

(2) 任取 V 的一个子空间 U，在 U 中取一个基 $\alpha_1,\alpha_2,\cdots,\alpha_m$，把它扩充成 V 的一个基 $\alpha_1,\cdots\alpha_m,\alpha_{m+1},\cdots,\alpha_n$，$V^*$ 中相应的对偶基为 $f_1,f_2,\cdots,f_n$。任取 $\alpha\in V$，根据(14) 式得，$\alpha=\sum\limits_{i=1}^{n}f_i(\alpha)\alpha_i$，因此

$$\alpha\in U\iff f_{m+1}(\alpha)=0,\cdots,f_n(\alpha)=0\iff\alpha\in\bigcap\limits_{i=m+1}^{n}\operatorname{Ker}f_i。$$

于是 $U=\bigcap\limits_{i=m+1}^{n}\operatorname{Ker}f_i$，即 U 是 $f_{m+1},\cdots,f_n$ 的零化子空间。 ■

例 15　设 V 是域 F 上的 n 维线性空间，$\operatorname{char}F=0$。设 $\alpha_1,\alpha_2,\cdots,\alpha_s$ 是 V 中非零向量。证明：存在 $f\in V^*$，使得 $f(\alpha_i)\neq 0,i=1,2,\cdots,s$。

证明　根据(25) 式，V 到 V^{**} 有一个同构映射 $\tau\sigma:\alpha\longmapsto\alpha^{**}$，使得 $\alpha^{**}(f)=f(\alpha),\forall f\in V^*$。由于 $\alpha_1,\alpha_2,\cdots,\alpha_s$ 是 V 中非零向量，因此 $\alpha_1^{**},\alpha_2^{**},\cdots,\alpha_s^{**}$ 是 V^{**} 中非零向量，即它们是 V^* 上的非零线性函数。根据例 4 得，存在 $f\in V^*$，使得 $\alpha_i^{**}(f)\neq 0$，$i=1,2,\cdots,s$，由于 $\alpha_i^{**}(f)=f(\alpha_i)$，因此

$$f(\alpha_i)\neq 0,\qquad i=1,2,\cdots,s。$$ ■

例 16　设 V 是域 F 上 n 维线性空间，W 是 V 的一个子空间，令

$$W'=\{f\in V^*\mid f(\beta)=0,\forall\beta\in W\}。$$

证明：(1) W' 是 V^* 的一个子空间；

(2) $\dim W+\dim W'=\dim V$；

(3) $(W')'=W$（在把 V 与 V^{**} 等同的意义下）。

证明　(1)显然，V^* 中的零向量（即 V 上的零函数）属于 W'。任取 $f,g\in W'$，$k\in F$，有

$$(f+g)\beta=f(\beta)+g(\beta)=0,\qquad\forall\beta\in W,$$

$$(kf)\beta = k f(\beta) = 0, \qquad \forall \beta \in W。$$

因此 $f+g \in W', kf \in W'$,从而 W' 是 V^* 的一个子空间。

(2) W 中取一个基 $\alpha_1, \alpha_2, \cdots, \alpha_m$,把它扩充成 V 的一个基 $\alpha_1, \cdots, \alpha_m, \alpha_{m+1}, \cdots, \alpha_n$,$V^*$ 中相应的对偶基为 $f_1, f_2, \cdots, f_n$。对于任意 $f \in V^*$,根据(16)式有 $f = \sum\limits_{i=1}^{n} f(\alpha_i)f_i$,于是

$$
\begin{aligned}
f \in W' &\iff f(\beta) = 0, \quad \forall \beta \in W \\
&\iff f(\alpha_i) = 0, \quad i = 1,2,\cdots,m \\
&\iff f = \sum_{i=m+1}^{n} f(\alpha_i)f_i \\
&\iff f \in \langle f_{m+1}, \cdots, f_n \rangle。
\end{aligned}
$$

因此 $W' = \langle f_{m+1}, \cdots, f_n \rangle$,从而

$$\dim W + \dim W' = m + (n-m) = n = \dim V。$$

(3) 同第(2)小题取 V 的基 $\alpha_1, \alpha_2, \cdots, \alpha_n$,$V^*$ 中相应的对偶基为 $f_1, f_2, \cdots, f_n$,V^{**} 中相应于 $f_1, f_2, \cdots, f_n$ 的对偶基为 $\alpha_1^{**}, \alpha_2^{**}, \cdots, \alpha_n^{**}$。根据第(2)小题,$W' = \langle f_{m+1}, \cdots, f_n \rangle$。运用第(2)小题这个结论到 $(W')'$ 上,得

$$(W')' = \langle \alpha_1^{**}, \alpha_2^{**}, \cdots, \alpha_m^{**} \rangle。$$

由于 V 到 V^{**} 有一个自然同构:$\alpha \longmapsto \alpha^{**}$,因此可以把 V 与 V^{**} 等同,此时把 α 与 α^{**} 等同,于是

$$(W')' = \langle \alpha_1, \alpha_2, \cdots, \alpha_m \rangle = W。\qquad \blacksquare$$

点评:从例 16 的证明中看到:在有关 V 和 V^* 的问题中,通常要取 V 的一个基 $\alpha_1, \alpha_2, \cdots, \alpha_n$ 与 V^* 中相应的对偶基 $f_1, f_2, \cdots, f_n$,并且利用(14)式和(16)式。

＊例 17　设 V 是域 F 上 n 维线性空间,W_1, W_2 是 V 的子空间,W_1', W_2' 的含义同例 16。证明:

$$(W_1 + W_2)' = W_1' \cap W_2', \qquad (W_1 \cap W_2)' = W_1' + W_2'。$$

证明　设 $\dim(W_1 \cap W_2) = m, \dim W_i = n_i, i = 1, 2$。在 $W_1 \cap W_2$ 中取一个基 $\alpha_1, \cdots, \alpha_m$,把它分别扩充成 W_1 的一个基 $\alpha_1, \cdots, \alpha_m, \beta_1, \cdots, \beta_{n_1-m}$ 和 W_2 的一个基 $\alpha_1, \cdots, \alpha_m, \delta_1, \cdots, \delta_{n_2-m}$,则 $W_1 + W_2$ 的一个基为

$$\alpha_1, \cdots, \alpha_m, \beta_1, \cdots, \beta_{n_1-m}, \delta_1, \cdots, \delta_{n_2-m},$$

把它扩充成 V 的一个基:

$$\alpha_1, \cdots, \alpha_m, \beta_1, \cdots, \beta_{n_1-m}, \delta_1, \cdots, \delta_{n_2-m}, \gamma_1, \cdots, \gamma_{n-(n_1+n_2-m)},$$

记 $s = n - (n_1 + n_2 - m)$。V^* 中相应的对偶基记作

$$\alpha_1^*, \cdots, \alpha_m^*, \beta_1^*, \cdots, \beta_{n_1-m}^*, \delta_1^*, \cdots, \delta_{n_2-m}^*, \gamma_1^*, \cdots, \gamma_s^*,$$

根据例 16 第(2)小题证明中所得的结论,有

$$(W_1 \cap W_2)' = \langle \beta_1^*, \cdots, \beta_{n_1-m}^*, \delta_1^*, \cdots, \delta_{n_2-m}^*, \gamma_1^*, \cdots, \gamma_s^* \rangle,$$

$$(W_1)' = \langle \delta_1^*, \cdots, \delta_{n_2-m}^*, \gamma_1^*, \cdots, \gamma_s^* \rangle,$$

$$(W_2)' = \langle \beta_1^*, \cdots, \beta_{n_1-m}^*, \gamma_1^*, \cdots, \gamma_s^* \rangle,$$

$$(W_1 + W_2)' = \langle \gamma_1^*, \cdots, \gamma_s^* \rangle,$$

从而有

$$W_1' \bigcap W_2' = \langle \gamma_1^*, \cdots, \gamma_s^* \rangle,$$
$$W_1' + W_2' = \langle \delta_1^*, \cdots, \delta_{n_2-m}^*, \beta_1^*, \cdots, \beta_{n_1-m}^*, \gamma_1^*, \cdots, \gamma_s^* \rangle。$$

因此 $\qquad (W_1 + W_2)' = W_1' \bigcap W_2', (W_1 \bigcap W_2)' = W_1' + W_2'。$ ∎

＊例18 设 V 是域 F 上的线性空间(不必是有限维的), W_1, W_2 是 V 的子空间, W_1', W_2' 的含义同例16。证明: 如果 $W_1 \subseteq W_2$, 那么 $W_1' \supseteq W_2'$。

证明 任取 $f \in W_2'$, 则 $f(\beta) = 0, \forall \beta \in W_2$。由于 $W_1 \subseteq W_2$, 因此 $f(\beta) = 0, \forall \beta \in W_1$, 从而 $f \in W_1'$, 于是 $W_2' \subseteq W_1'$。 ∎

点评: 利用例18的结论, 可以证明: 当 V 是域 F 上的线性空间(不必是有限维的)时, 若 W_1, W_2 是 V 的子空间, 则 $(W_1 + W_2)' = W_1' \bigcap W_2'$。证明如下: 由于 $W_i \subseteq W_1 + W_2$, $i = 1, 2$, 因此 $W_i' \supseteq (W_1 + W_2)'$, $i = 1, 2$, 从而 $W_1' \bigcap W_2' \supseteq (W_1 + W_2)'$。反之, 任取 $f \in W_1' \bigcap W_2'$, 则 $\forall \beta_i \in W_i$, 有 $f(\beta_i) = 0, i = 1, 2$, 从而对于 $W_1 + W_2$ 中任一向量 $\beta_1 + \beta_2$, 有

$$f(\beta_1 + \beta_2) = f(\beta_1) + f(\beta_2) = 0,$$

因此 $f \in (W_1 + W_2)'$, 于是 $W_1' \bigcap W_2' \subseteq (W_1 + W_2)'$, 所以

$$(W_1 + W_2)' = W_1' \bigcap W_2'。$$

＊例19 设 V 是域 F 上的 n 维线性空间, $\mathcal{A}$ 是 V 上的幂等变换, $\mathcal{A}^*$ 是 $\mathcal{A}$ 的对偶映射(见例11)。证明:

$$(\text{Ker } \mathcal{A})' = \text{Im } \mathcal{A}^*, \tag{37}$$

其中 $(\text{Ker } \mathcal{A})'$ 的含义见例16。

证明 由于 $\mathcal{A}$ 是 V 上的幂等变换, 因此根据 9.2 节的命题 3 得, $V = \text{Im } \mathcal{A} \oplus \text{Ker } \mathcal{A}$。

任取 $f \in (\text{Ker } \mathcal{A})'$, 则 $\forall \delta \in \text{Ker } \mathcal{A}$, 有 $f(\delta) = 0$。任取 $\alpha \in V$, 有 $\alpha = \gamma + \delta, \gamma \in \text{Im } \mathcal{A}$, $\delta \in \text{Ker } \mathcal{A}$, 于是

$$f(\alpha) = f(\gamma + \delta) = f(\gamma) + f(\delta) = f(\gamma),$$
$$[\mathcal{A}^*(f)]\alpha = (f\mathcal{A})\alpha = f(\mathcal{A}\alpha) = f(\gamma),$$

因此 $[\mathcal{A}^*(f)]\alpha = f(\alpha), \forall \alpha \in V$, 从而 $\mathcal{A}^*(f) = f$, 于是 $f \in \text{Im} \mathcal{A}^*$, 所以 $(\text{Ker } \mathcal{A})' \subseteq \text{Im } \mathcal{A}^*$。

任取 $f \in \text{Im } \mathcal{A}^*$, 则存在 $g \in V^*$, 使得 $f = \mathcal{A}^*(g)$。于是对任意 $\delta \in \text{Ker } \mathcal{A}$, 有

$$f(\delta) = \mathcal{A}^*(g)\delta = (g\mathcal{A})\delta = g(\mathcal{A}\delta) = g(0) = 0,$$

从而 $f \in (\text{Ker } \mathcal{A})'$, 因此 $\text{Im } \mathcal{A}^* \subseteq (\text{Ker } \mathcal{A})'$。

综上所述, $(\text{Ker } \mathcal{A})' = \text{Im } \mathcal{A}^*$。 ∎

例20 设 V 和 U 都是域 F 上的有限维线性空间, $\mathcal{A}$ 是 V 到 U 的一个线性映射。令

$$\mathcal{A}^*: U^* \longrightarrow V^*$$
$$f \longmapsto f\mathcal{A}, \tag{38}$$

证明: $\mathcal{A}^*$ 是 U^* 到 V^* 的一个线性映射(把 $\mathcal{A}^*$ 称为 $\mathcal{A}$ 的对偶映射)。

证明 由于 $\mathcal{A} \in \text{Hom}(V, U), f \in \text{Hom}(U, F)$, 因此 $f\mathcal{A} \in \text{Hom}(V, F)$, 即 $f\mathcal{A} \in V^*$, 因此 $\mathcal{A}^*$ 是 U^* 到 V^* 的一个映射。任取 $f, g \in U^*, k \in F$, 有

$$\mathcal{A}^*(f+g) = (f+g)\mathcal{A} = f\mathcal{A} + g\mathcal{A} = \mathcal{A}^*(f) + \mathcal{A}^*(g),$$

$$\mathcal{A}^*(kf) = (kf)\mathcal{A} = kf\mathcal{A} = k\mathcal{A}^*(f),$$

因此 $\mathcal{A}^*$ 是 U^* 到 V^* 的一个线性映射。 ∎

＊例 21 设 V 和 U 都是域 F 上的有限维线性空间，$\mathcal{A}$ 是 V 到 U 的一个线性映射，$f \in V^*$。证明：如果 $\mathrm{Ker}\,\mathcal{A} \subseteq \mathrm{Ker}\,f$，那么存在 $g \in U^*$，使得

$$g\mathcal{A} = f。 \tag{39}$$

证明 令
$$\tilde{f}：\quad V/\mathrm{Ker}\,\mathcal{A} \longrightarrow F$$
$$\alpha + \mathrm{Ker}\,\mathcal{A} \longmapsto f(\alpha), \tag{40}$$

设 $\alpha + \mathrm{Ker}\,\mathcal{A} = \beta + \mathrm{Ker}\,\mathcal{A}$，则 $\alpha - \beta \in \mathrm{Ker}\,\mathcal{A}$。由于 $\mathrm{Ker}\,\mathcal{A} \subseteq \mathrm{Ker}\,f$，因此 $f(\alpha - \beta) = 0$，从而 $f(\alpha) = f(\beta)$。于是用(40)式定义的 $\tilde{f}$ 是 $V/\mathrm{Ker}\,\mathcal{A}$ 到 F 的一个映射。易验证 $\tilde{f}$ 是线性映射。

根据 9.2 节的定理 1 得，$V/\mathrm{Ker}\,\mathcal{A} \cong \mathrm{Im}\,\mathcal{A}$，且 $V/\mathrm{Ker}\,\mathcal{A}$ 到 $\mathrm{Im}\,\mathcal{A}$ 的一个同构映射为 $\sigma：\alpha + \mathrm{Ker}\,\mathcal{A} \longmapsto \mathcal{A}\alpha$。令 $g_1 = \tilde{f}\sigma^{-1}$，则 g_1 是 $\mathrm{Im}\,\mathcal{A}$ 到 F 的一个线性映射。由于 $\mathrm{Im}\,\mathcal{A}$ 是 U 的一个子空间，因此 $\mathrm{Im}\,\mathcal{A}$ 在 U 中有补空间。取它的一个补空间 U_0，则 $U = \mathrm{Im}\,\mathcal{A} \oplus U_0$。对于任意 $\gamma \in U$，设 $\gamma = \gamma_1 + \gamma_2$，其中 $\gamma_1 \in \mathrm{Im}\,\mathcal{A}$，$\gamma_2 \in U_0$。令

$$g(\gamma) = g_1(\gamma_1), \tag{41}$$

则 g 是 U 到 F 的一个映射。容易直接验证 g 是线性映射，于是 $g \in U^*$。从 g 的定义立即得到：$\forall\,\gamma_1 \in \mathrm{Im}\,\mathcal{A}$，有 $g(\gamma_1) = g_1(\gamma_1)$。

任取 $\alpha \in V$，有
$$g\mathcal{A}(\alpha) = g(\mathcal{A}\alpha) = g_1(\mathcal{A}\alpha) = \tilde{f}\sigma^{-1}(\mathcal{A}\alpha)$$
$$= \tilde{f}(\alpha + \mathrm{Ker}\,\mathcal{A}) = f(\alpha),$$

因此
$$g\mathcal{A} = f。 ∎$$

＊例 22 设 V 和 U 都是域 F 上的有限维线性空间，$\mathcal{A}$ 是 V 到 U 的一个线性映射，$\mathcal{A}^*$ 是 $\mathcal{A}$ 的对偶映射。证明：

$$(\mathrm{Ker}\,\mathcal{A})' = \mathrm{Im}\,\mathcal{A}^*。 \tag{42}$$

证明 任取 $f \in \mathrm{Im}\,\mathcal{A}^*$，则存在 $g \in U^*$，使得 $f = \mathcal{A}^*(g)$。根据 $\mathcal{A}^*$ 的定义（见例 20），$\mathcal{A}^*(g) = g\mathcal{A}$，因此 $f = g\mathcal{A}$，从而对任意 $\delta \in \mathrm{Ker}\,\mathcal{A}$，有
$$f(\delta) = g\mathcal{A}(\delta) = g(0) = 0。$$
因此 $f \in (\mathrm{Ker}\,\mathcal{A})'$。于是 $\mathrm{Im}\,\mathcal{A}^* \subseteq (\mathrm{Ker}\,\mathcal{A})'$。

任取 $f \in (\mathrm{Ker}\,\mathcal{A})'$，则 $\forall\,\delta \in \mathrm{Ker}\,\mathcal{A}$，有 $f(\delta) = 0$，从而 $\delta \in \mathrm{Ker}\,f$。于是 $\mathrm{Ker}\,\mathcal{A} \subseteq \mathrm{Ker}\,f$。根据例 21 得，存在 $g \in U^*$，使得 $g\mathcal{A} = f$。由于 $\mathcal{A}^*(g) = g\mathcal{A}$，因此 $f = \mathcal{A}^*(g) \in \mathrm{Im}\,\mathcal{A}^*$。于是 $(\mathrm{Ker}\,\mathcal{A})' \subseteq \mathrm{Im}\,\mathcal{A}^*$。

综上所述，$(\mathrm{Ker}\,\mathcal{A})' = \mathrm{Im}\,\mathcal{A}^*$。 ∎

点评：例 22 把例 19 做了很大的推广：把 $\mathcal{A}$ 是 V 上的幂等变换推广成 $\mathcal{A}$ 是 V 到 U 的任意一个线性映射，结论照样成立：$(\mathrm{Ker}\,\mathcal{A})' = \mathrm{Im}\,\mathcal{A}^*$。在证明 $\mathrm{Im}\,\mathcal{A}^* \subseteq (\mathrm{Ker}\,\mathcal{A})'$ 时，例 19 的证明并未用到 $\mathcal{A}$ 是幂等变换，因此其证明照样适用于例 22。在证明 $(\mathrm{Ker}\,\mathcal{A})' \subseteq \mathrm{Im}\,\mathcal{A}^*$ 时，例 19 利用 $\mathcal{A}$ 是幂等变换很容易给出了证明；而在例 22 中，利用例 21 的结论证明了 $(\mathrm{Ker}\,\mathcal{A})' \subseteq \mathrm{Im}\,\mathcal{A}^*$。这表明可以把"$\mathcal{A}$ 是幂等变换"这个条件去掉，结论照样成立。在数学中经常遇到这样的情况，掌握了更深刻的数学理论，有可能把一些定

理中的某些限制条件去掉,从而使这些定理的结论的适用范围更广。学习数学、研究数学就是要不断地探索和发现数学王国的内在客观规律,其乐无穷!

*例 23　设 V 和 U 都是域 F 上的有限维线性空间,$\mathcal{A}$ 是 V 到 U 的一个线性映射,$\mathcal{A}^*$ 是 $\mathcal{A}$ 的对偶映射。证明:若 $\mathcal{A}$ 是单射,则 $\mathcal{A}^*$ 是满射。

证明　根据例 22 得,$(\mathrm{Ker}\ \mathcal{A})' = \mathrm{Im}\ \mathcal{A}^*$。

若 $\mathcal{A}$ 是单射,则 $\mathrm{Ker}\ \mathcal{A} = 0$。由于对任意 $f \in V^*$,都有 $f(0) = 0$,因此 $(0)' = V^*$。于是 $\mathrm{Im}\ \mathcal{A}^* = V^*$,从而 $\mathcal{A}^*$ 是满射。　∎

点评:从例 23 看到,若 $\mathcal{A}$ 是单射,则 $\mathcal{A}^*$ 是满射。在习题 9.10 的第 9 题将证明:若 $\mathcal{A}$ 是满射,则 $\mathcal{A}^*$ 是单射。这是很有意思的。

习题 9.10

1. 设 $V = C[a,b]$,令 σ: $f(x) \longmapsto f(0)$。试问:σ 是不是 V 上的线性函数?

2. 设 V 是域 F 上的线性空间(不必是有限维的),U 是 V 的一个子空间,f_1 是 U 上的一个线性函数。试把 f_1 扩充成 V 上的一个线性函数。

3. 设 V 是域 F 上的 n 维线性空间,$\alpha_1, \alpha_2, \cdots, \alpha_n$ 是 V 的一个基,V^* 中相应的对偶基为 $f_1, f_2, \cdots, f_n$。求 f_i 在基 $\alpha_1, \alpha_2, \cdots, \alpha_n$ 下的表达式,$i = 1, 2, \cdots, n$。

4. 设 $V = M_n(K)$,其中 K 是数域。V 中取一个基 $E_{11}, E_{12}, \cdots, E_{1n}, \cdots, E_{n1}, \cdots, E_{nn}$;$V^*$ 中相应的对偶基为 $f_{11}, f_{12}, \cdots, f_{1n}, \cdots, f_{n1}, \cdots, f_{nn}$。求 f_{ij} 在基 $E_{11}, E_{12}, \cdots, E_{nn}$ 下的表达式,$i = 1, 2, \cdots, n; j = 1, 2, \cdots, n$。

5. 设 V 是数域 K 上的一个 3 维线性空间,$\alpha_1, \alpha_2, \alpha_3$ 是 V 的一个基,V^* 中相应的对偶基是 f_1, f_2, f_3。设
$$\beta_1 = 2\alpha_1 + \alpha_2 + 2\alpha_3, \qquad \beta_2 = \alpha_1 + 2\alpha_2 - 2\alpha_3, \qquad \beta_3 = -2\alpha_1 + 2\alpha_2 + \alpha_3,$$
证明:$\beta_1, \beta_2, \beta_3$ 是 V 的一个基,并且求 V^* 中相应的对偶基 g_1, g_2, g_3(用 f_1, f_2, f_3 表出)。

6. 设 $V = \mathbf{R}^3$,在 V 中取一个基:
$$\boldsymbol{\alpha}_1 = (1, 1, -1)', \qquad \boldsymbol{\alpha}_2 = (1, -1, 0)', \qquad \boldsymbol{\alpha}_3 = (2, 0, 0)',$$
V^* 中相应的对偶基为 g_1, g_2, g_3。求 g_i 在标准基 $\boldsymbol{\varepsilon}_1, \boldsymbol{\varepsilon}_2, \boldsymbol{\varepsilon}_3$ 下的表达式,$i = 1, 2, 3$。

7. 设 V 是域 F 上的 n 维线性空间,V_1, V_2 都是 V 的子空间。证明:$(V_1 \oplus V_2)^* \cong V_1^* \dotplus V_2^*$。

8. 设 V 是域 F 上的 n 维线性空间,$\mathcal{A}$ 是 V 上的幂等变换。证明:$\mathcal{A}$ 的对偶映射 $\mathcal{A}^*$ 是 V^* 上的幂等变换。

*9. 设 V 和 U 都是域 F 上的有限维线性空间,$\mathcal{A}$ 是 V 到 U 的一个线性映射,$\mathcal{A}^*$ 是 $\mathcal{A}$ 的对偶映射。证明:

(1) $\mathrm{Ker}\ \mathcal{A}^* = (\mathrm{Im}\ \mathcal{A})'$;　　　　(2) 若 $\mathcal{A}$ 是满射,则 $\mathcal{A}^*$ 是单射。

*10. 设 V 和 U 都是域 F 上的有限维线性空间,$\mathcal{A}$ 是 V 到 U 的一个线性映射,$\mathcal{A}^*$ 是 $\mathcal{A}$ 的对偶映射。证明:$\mathrm{Ker}\ \mathcal{A} = (\mathrm{Im}\ \mathcal{A}^*)'$(在把 V 与 V^{**} 等同的意义下)。

*11. 设 V 和 U 都是域 F 上的有限维线性空间,$\mathcal{A}$ 是 V 到 U 的一个线性映射,$\mathcal{A}^*$ 是 $\mathcal{A}$ 的对偶映射。证明:$(\mathrm{Ker}\ \mathcal{A}^*)' = \mathrm{Im}\ \mathcal{A}$(在把 U 与 U^{**} 等同的意义下)。

补 充 题 九

1. 设 A, B 分别是域 F 上 $m \times n$ 矩阵和 $l \times n$ 矩阵，用 U 表示 A 的列空间，用 W 表示 $Bx = 0$ 的解空间。

(1) 令 $\mathscr{A}(\boldsymbol{\alpha}) = A\boldsymbol{\alpha}, \forall \boldsymbol{\alpha} \in W$，证明：$\mathscr{A}$ 是 W 到 U 的一个线性映射；

(2) 证明：$\dim(\mathscr{A}W) = \operatorname{rank} \begin{pmatrix} A \\ B \end{pmatrix} - \operatorname{rank} B$。

2. 设 A 是特征为 0 的域 F 上的 n 级矩阵，证明：如果 $\operatorname{tr}(A) = 0$，那么 A 相似于一个主对角元全为 0 的矩阵。

3. 在本套教材上册补充题五第 19 题中，从指数函数 e^x 的幂级数展开式受到启发，对于任一 n 级实矩阵 A，定义

$$e^A := \sum_{m=0}^{+\infty} \frac{A^m}{m!}, \tag{1}$$

如果 n^2 个数值级数

$$\sum_{m=0}^{+\infty} \left(\frac{A^m}{m!} \right)(i;j), \qquad i, j = 1, 2, \cdots, n \tag{2}$$

都收敛，那么称 (1) 式右端的矩阵级数收敛。我们证明了：对于任意 n 级实矩阵 A，(1) 式右端的矩阵级数都收敛，从而 e^A 是一个确定的 n 级实矩阵，e^A 的 (i, j) 元等于 (2) 式所给的级数，于是 $f : A \longmapsto e^A$ 是 $M_n(\mathbf{R})$ 到自身的一个映射。通常把 $M_n(K)$ 的一个子集到 $M_n(K)$ 的映射称为**矩阵函数**，其中 K 是任一数域。把上述定义的 e^A 称为**矩阵指数函数**。

类似地，从 $\sin x, \cos x$ 的幂级数展开式：

$$\sin x = x - \frac{1}{3!}x^3 + \frac{1}{5!}x^5 - \cdots + (-1)^m \frac{1}{(2m+1)!} x^{2m+1} + \cdots$$

$$= \sum_{m=0}^{+\infty} \frac{(-1)^m}{(2m+1)!} x^{2m+1}, \qquad x \in (-\infty, +\infty), \tag{3}$$

$$\cos x = 1 - \frac{1}{2!}x^2 + \frac{1}{4!}x^4 - \cdots + (-1)^m \frac{1}{(2m)!} x^{2m} + \cdots$$

$$= \sum_{m=0}^{+\infty} \frac{(-1)^m}{(2m)!} x^{2m}, \qquad x \in (-\infty, +\infty) \tag{4}$$

受到启发，定义

$$\sin A := \sum_{m=0}^{+\infty} \frac{(-1)^m}{(2m+1)!} A^{2m+1}, \tag{5}$$

$$\cos A := \sum_{m=0}^{+\infty} \frac{(-1)^m}{(2m)!} A^{2m}。 \tag{6}$$

类似于证明 (1) 式右端级数收敛的方法 (参看本套教材上册补充题五第 19 题) 可以证明：对任意 n 级实矩阵 A，(5)、(6) 式右端的级数都收敛，于是对于任意 n 级实矩阵 A，都有 $\sin A, \cos A$ 是确定的 n 级实矩阵，从而 $g : A \longmapsto \sin A, h : A \longmapsto \cos A$ 都是 $M_n(\mathbf{R})$ 到自身的映射，分别把 $\sin A, \cos A$ 称为**矩阵正弦函数**、**矩阵余弦函数**。

上述定义的 $e^A, \sin A, \cos A$ 的定义域都是 $M_n(\mathbf{R})$，下面将其定义域扩充到 $M_n(\mathbf{C})$。类似于把实数指数幂推广到复数指数幂的方法,对于任一 n 级复矩阵 A,把它写成 $A=A_1+\mathrm{i}A_2$,其中 $A_1, A_2 \in M_n(\mathbf{R})$。定义

$$e^A := e^{A_1}(\cos A_2 + \mathrm{i}\sin A_2), \tag{7}$$

显然(7)式右端是一个确定的 n 级复矩阵。于是我们把矩阵指数函数的定义域从 $M_n(\mathbf{R})$ 扩充到了 $M_n(\mathbf{C})$。由于

$$e^{\mathrm{i}\theta} = \cos\theta + \mathrm{i}\sin\theta, \qquad \theta \in \mathbf{R}, \tag{8}$$

因此

$$\frac{1}{2}(e^{\mathrm{i}\theta} + e^{-\mathrm{i}\theta}) = \cos\theta, \qquad \theta \in \mathbf{R}, \tag{9}$$

$$\frac{1}{2\mathrm{i}}(e^{\mathrm{i}\theta} - e^{-\mathrm{i}\theta}) = \sin\theta, \qquad \theta \in \mathbf{R}。 \tag{10}$$

从(9)、(10)式受到启发,对于任一 n 级复矩阵 A,定义

$$\cos A := \frac{1}{2}(e^{\mathrm{i}A} + e^{-\mathrm{i}A}), \tag{11}$$

$$\sin A := \frac{1}{2\mathrm{i}}(e^{\mathrm{i}A} - e^{-\mathrm{i}A}), \tag{12}$$

显然(11)、(12)式右端是一个确定的 n 级复矩阵。因此我们把矩阵余弦函数、矩阵正弦函数的定义域从 $M_n(\mathbf{R})$ 扩充到了 $M_n(\mathbf{C})$。证明:对任一 n 级复矩阵 A,有

$$\sin^2 A + \cos^2 A = I。 \tag{13}$$

4. 证明:对于任一复数 z,有

$$e^{zI} = e^z I, \tag{14}$$

$$\sin(e^{zI}) = (\sin e^z)I。 \tag{15}$$

5. 设 A, P 都是 n 级复矩阵,且 P 可逆,证明:

$$e^{P^{-1}AP} = P^{-1}e^A P。 \tag{16}$$

6. 设 a 是任一给定的复数,对于 l 级 Jordan 块 $J_l(a)$,求 $e^{J_l(a)}$ 的特征值。

7. 设 A 是 n 级复矩阵,其全部特征值是 $\lambda_1, \lambda_2, \cdots, \lambda_n$。证明:$e^A$ 的全部特征是 $e^{\lambda_1}, e^{\lambda_2}, \cdots, e^{\lambda_n}$。

8. 设 A 是 n 级复矩阵,求 e^A 的行列式。

应用小天地:可交换的线性变换

域 F 上线性空间 V 上的所有线性变换组成的集合 $\mathrm{Hom}(V,V)$ 是域 F 上的一个代数,其乘法不满足交换律。如果 V 上的线性变换 $\mathcal{A}$ 与 $\mathcal{B}$ 可交换,那么关于 $\mathcal{A}$ 和 $\mathcal{B}$ 有许多好的性质。

如果 $\mathcal{A}$ 与 $\mathcal{B}$ 可交换,那么 $\mathrm{Ker}\,\mathcal{B}, \mathrm{Im}\,\mathcal{B}, \mathcal{B}$ 的特征子空间都是 $\mathcal{A}$ 的不变子空间(根据 9.5 节命题 2)。

取 F 为复数域 $\mathbf{C}, \dim V = n$,设 $\mathcal{A}$ 有 s 个不同的特征值,如果 $\mathcal{A}$ 与 $\mathcal{B}$ 可交换,那么 $\mathcal{A}$

与 $\mathcal{B}$ 至少有 s 个公共的特征向量,并且它们线性无关(根据 9.5 节例 4)。

取 F 为实数域 **R**,设 V 是奇数维的,如果 $\mathcal{A}$ 与 $\mathcal{B}$ 可交换,那么 $\mathcal{A}$ 与 $\mathcal{B}$ 必有公共的特征向量(根据 9.6 节例 21)。

取 F 为复数域 **C**,$\dim V = n$,如果线性变换 $\mathcal{A}_1, \mathcal{A}_2, \cdots, \mathcal{A}_s$ 两两可交换,那么 $\mathcal{A}_1, \mathcal{A}_2, \cdots, \mathcal{A}_s$ 至少有一个公共的特征向量(根据 9.5 节例 6)。

设 $\dim V = n$。如果线性变换 $\mathcal{A}_1, \mathcal{A}_2, \cdots, \mathcal{A}_s$ 两两可交换,且它们都可对角化,那么 V 中存在一个基,使得 $\mathcal{A}_1, \mathcal{A}_2, \cdots, \mathcal{A}_s$ 在此基下的矩阵都是对角矩阵(根据 9.6 节例 13)。

取 F 为复数域,$\dim V = n$。如果 $\mathcal{A}$ 与 $\mathcal{B}$ 可交换,那么

$$V = U_1 \oplus U_2 \oplus \cdots \oplus U_s,$$

其中每个 U_i 是 $\mathcal{A}$ 与 $\mathcal{B}$ 的公共的不变子空间,且 $\mathcal{A}|U_i, \mathcal{B}|U_i$ 都只有一个特征值(根据 9.6 节例 23)。

域 F 上所有 n 级矩阵组成的集合 $M_n(F)$ 也是域 F 上的一个代数。设 V 是域 F 上的 n 维线性空间,在 V 中取一个基 $\alpha_1, \alpha_2, \cdots, \alpha_n$,设线性变换 $\mathcal{A}$ 在此基下的矩阵为 $\boldsymbol{A}$,则 $\mathrm{Hom}(V, V)$ 到 $M_n(F)$ 的一个映射 $\sigma: \mathcal{A} \longmapsto \boldsymbol{A}$ 是代数同构映射,从而代数 $\mathrm{Hom}(V, V)$ 与代数 $M_n(F)$ 同构。$M_n(F)$ 中乘法不满足交换律。如果域 F 上 n 级矩阵 $\boldsymbol{A}$ 与 $\boldsymbol{B}$ 可交换,那么关于 $\boldsymbol{A}$ 与 $\boldsymbol{B}$ 有许多好的性质。

如果 $\boldsymbol{A}$ 与 $\boldsymbol{B}$ 可交换,那么 $(\boldsymbol{A} + \boldsymbol{B})^m$ 可以按照二项式定理展开。

设 $\boldsymbol{A}$ 与 $\boldsymbol{B}$ 都是 n 级对称矩阵,则 $\boldsymbol{AB}$ 为对称矩阵的充分必要条件是 $\boldsymbol{A}$ 与 $\boldsymbol{B}$ 可交换(根据本套教材上册 4.2 节命题 5)。

两个 n 级斜对称矩阵 $\boldsymbol{A}$ 与 $\boldsymbol{B}$ 的乘积 $\boldsymbol{AB}$ 是对称矩阵当且仅当 $\boldsymbol{A}$ 与 $\boldsymbol{B}$ 可交换(根据本套教材上册习题 4.2 第 3 题)。

设 $\boldsymbol{A}, \boldsymbol{B}, \boldsymbol{C}, \boldsymbol{D}$ 都是数域 K 上的 n 级矩阵,如果 $\boldsymbol{A}$ 与 $\boldsymbol{C}$ 可交换,那么

$$\begin{vmatrix} \boldsymbol{A} & \boldsymbol{B} \\ \boldsymbol{C} & \boldsymbol{D} \end{vmatrix} = |\boldsymbol{AD} - \boldsymbol{CB}|$$

(根据本套教材上册 4.5 节例 17)。

设 $\boldsymbol{A}, \boldsymbol{B}$ 都是 n 级实对称矩阵,如果 $\boldsymbol{A}$ 与 $\boldsymbol{B}$ 可交换,那么存在一个 n 级正交矩阵 $\boldsymbol{T}$,使得 $\boldsymbol{T}'\boldsymbol{A}\boldsymbol{T}$ 与 $\boldsymbol{T}'\boldsymbol{B}\boldsymbol{T}$ 都为对角矩阵(根据本套教材上册 6.1 节例 14)。

如果 $\boldsymbol{A}$ 与 $\boldsymbol{B}$ 都是 n 级正定矩阵,那么 $\boldsymbol{AB}$ 是正定矩阵的充分必要条件是 $\boldsymbol{A}$ 与 $\boldsymbol{B}$ 可交换(根据本套教材上册 6.3 节例 10)。

设 $\boldsymbol{A}$ 与 $\boldsymbol{B}$ 都是 n 级复矩阵,如果 $\boldsymbol{A}$ 与 $\boldsymbol{B}$ 可交换,那么存在 n 级可逆复矩阵 $\boldsymbol{P}$,使得 $\boldsymbol{P}^{-1}\boldsymbol{A}\boldsymbol{P}$ 和 $\boldsymbol{P}^{-1}\boldsymbol{B}\boldsymbol{P}$ 都是上三角矩阵(根据 9.5 节例 5)。

设 $\boldsymbol{A}_1, \boldsymbol{A}_2, \cdots, \boldsymbol{A}_s$ 都是 n 级复矩阵,如果 $\boldsymbol{A}_1, \boldsymbol{A}_2, \cdots, \boldsymbol{A}_s$ 两两可交换,那么存在 n 级可逆复矩阵 $\boldsymbol{P}$,使得 $\boldsymbol{P}^{-1}\boldsymbol{A}_1\boldsymbol{P}, \boldsymbol{P}^{-1}\boldsymbol{A}_2\boldsymbol{P}, \cdots, \boldsymbol{P}^{-1}\boldsymbol{A}_s\boldsymbol{P}$ 都是上三角矩阵(根据 9.5 节例 7)。

如果域 F 上的 n 级矩阵 $\boldsymbol{A}$ 与 $\boldsymbol{B}$ 可交换,且它们都可对角化,那么存在域 F 上的一个 n 级可逆矩阵 $\boldsymbol{S}$,使得 $\boldsymbol{S}^{-1}\boldsymbol{A}\boldsymbol{S}, \boldsymbol{S}^{-1}\boldsymbol{B}\boldsymbol{S}$ 都为对角矩阵(根据 9.6 节例 12)。

上述讨论促使我们研究下述课题:

设 $\boldsymbol{A}$ 是域 F 上的一个 n 级矩阵,$M_n(F)$ 中与 $\boldsymbol{A}$ 可交换的所有矩阵组成的集合记作 $C(\boldsymbol{A})$,它是域 F 上线性空间 $M_n(F)$ 的一个子空间,也是环 $M_n(F)$ 的一个子环。如何求

$C(\boldsymbol{A})$? 等价地,设 $\mathcal{A}$ 是域 F 上 n 维线性空间 V 上的一个线性变换,$\mathrm{Hom}(V,V)$ 中与 $\mathcal{A}$ 可交换的线性变换组成的集合记作 $C(\mathcal{A})$,它是 $\mathrm{Hom}(V,V)$ 的一个子空间,也是 $\mathrm{Hom}(V,V)$ 的一个子环。设 $\mathcal{A}$ 在 V 的一个基下的矩阵是 $\boldsymbol{A}$,求 $C(\boldsymbol{A})$ 与求 $C(\mathcal{A})$ 是等价的。

在 $M_n(F)$ 中,若 $\boldsymbol{A} \sim \boldsymbol{B}$,则 $C(\boldsymbol{A}) \cong C(\boldsymbol{B})$(根据 8.3 节例 7)。于是只要对 $\boldsymbol{A}$ 的相似标准形 $\boldsymbol{B}$,求 $C(\boldsymbol{B})$。

将 $\boldsymbol{A}$ 的最小多项式记作 $m(\lambda)$。

情形 1　$\boldsymbol{A}$ 可对角化。此时在 $F[\lambda]$ 中

$$m(\lambda) = (\lambda - \lambda_1)(\lambda - \lambda_2)\cdots(\lambda - \lambda_s), \tag{1}$$

其中 $\lambda_1, \lambda_2, \cdots, \lambda_s$ 两两不等。

1.1) 若 $\boldsymbol{A}$ 有 n 个不同的特征值,即 $s=n$,则

$$\dim C(\boldsymbol{A}) = n, \qquad C(\boldsymbol{A}) = F[\boldsymbol{A}]$$

(根据 8.3 节例 8,9.6 节例 10)。

1.2) 若 $s < n$,设 $\boldsymbol{A}$ 的特征多项式 $f(\lambda)$ 为 $f(\lambda) = (\lambda - \lambda_1)^{n_1}(\lambda - \lambda_2)^{n_2}\cdots(\lambda - \lambda_s)^{n_s}$,则

$$\dim C(\boldsymbol{A}) = \sum_{i=1}^{s} n_i^2, \quad C(\boldsymbol{A}) \cong M_{n_1}(F) \dotplus M_{n_2}(F) \dotplus \cdots \dotplus M_{n_s}(F), \quad C(\boldsymbol{A}) \supsetneqq F[\boldsymbol{A}]$$

(根据 9.6 节例 15)。例子见习题 9.6 第 3 题。

情形 2　$\boldsymbol{A}$ 有 Jordan 标准形。此时在 $F[\lambda]$ 中,

$$m(\lambda) = (\lambda - \lambda_1)^{l_1}(\lambda - \lambda_2)^{l_2}\cdots(\lambda - \lambda_s)^{l_s}, \tag{2}$$

其中 $\lambda_1, \lambda_2, \cdots, \lambda_s$ 两两不等。

2.1) $\boldsymbol{A}$ 的 Jordan 标准形为

$$\mathrm{diag}\{J_{l_1}(\lambda_1), J_{l_2}(\lambda_2), \cdots, J_{l_s}(\lambda_s)\},$$

则

$$\dim C(\boldsymbol{A}) = n, \qquad C(\boldsymbol{A}) = F[\boldsymbol{A}]$$

(根据 9.7 节例 14、例 15、例 18,以及 9.8 节例 11)。

2.2) $\boldsymbol{A}$ 的 Jordan 标准形中有一个特征值 λ_j 至少有两个 Jordan 块,此时

$$\dim C(\boldsymbol{A}) > n, \qquad C(A) \supsetneqq F[\boldsymbol{A}],$$

例子见 9.7 节例 17、9.8 节例 12。

把 $\boldsymbol{A}$ 看成域 F 上 n 维线性空间 V 上线性变换 $\mathcal{A}$ 的矩阵,由(2)式得

$$V = \mathrm{Ker}(\mathcal{A} - \lambda_1 \mathcal{I})^{l_1} \oplus \mathrm{Ker}(\mathcal{A} - \lambda_2 \mathcal{I})^{l_2} \oplus \cdots \oplus \mathrm{Ker}(\mathcal{A} - \lambda_s \mathcal{I})^{l_s}$$
$$= W_1 \oplus W_2 \oplus \cdots \oplus W_s,$$

其中 $W_i = \mathrm{Ker}(\mathcal{A} - \lambda_i \mathcal{I})^{l_i}$。记 $\mathcal{A}_i = \mathcal{A}|W_i, i = 1, 2, \cdots, s$,则

$$C(\mathcal{A}) \cong C(\mathcal{A}_1) \dotplus C(\mathcal{A}_2) \dotplus \cdots \dotplus C(\mathcal{A}_s),$$

$$\dim C(\mathcal{A}) = \sum_{i=1}^{s} \dim C(\mathcal{A}_i)$$

(根据 9.9 节例 9)。注意到 $\mathcal{A}_i$ 的最小多项式 $m_i(\lambda) = (\lambda - \lambda_i)^{l_i}$(根据 9.6 节例 17),因此求 $C(\mathcal{A})$ 的难点在于当 $\mathcal{A}_i$ 的最小多项式为 $(\lambda - \lambda_i)^{l_i}$,且 $\mathcal{A}_i$ 的 Jordan 标准形至少有两个 Jordan 块时去求 $C(\mathcal{A}_i)$。这个问题尚未完全解决,但是在 9.9 节例 12 解决了 $C^2(\mathcal{A}_i)$ 的

结构问题：
$$C^2(\mathcal{A}_i) = F[\mathcal{A}_i], \qquad \dim C^2(\mathcal{A}_i) = l_i,$$
其中 $C^2(\mathcal{A}_i) = \{\mathcal{H} \in \operatorname{Hom}(V,V) \mid \mathcal{H}\mathcal{B} = \mathcal{B}\mathcal{H}, \forall \mathcal{B} \in C(\mathcal{A}_i)\}$。

情形 3　A 的相似标准形为有理标准形。此时在 $F[\lambda]$ 中
$$m(\lambda) = p_1^{l_1}(\lambda) p_2^{l_2}(\lambda) \cdots p_s^{l_s}(\lambda), \tag{3}$$
其中 $p_1(\lambda), p_2(\lambda), \cdots, p_s(\lambda)$ 是两两不等的首一不可约多项式，且至少有一个 $p_j(\lambda)$ 的次数大于 1。

3.1) A 的有理标准形是一个有理块，则
$$\dim C(A) = n, \qquad C(A) = F[A]$$
（根据 9.6 节习题第 12 题、8.3 节例 8）。

3.2) A 的有理标准形的各个有理块的最小多项式两两互素，则
$$\dim C(A) = n, \qquad C(A) = F[A]$$
（根据 9.9 节例 5、例 6）。

3.3) A 的最小多项式 $m(\lambda) = p(\lambda)$，其中 $p(\lambda)$ 不可约，$\deg p(\lambda) = r > 1$，且 A 的有理标准形至少有两个有理块，把 A 看成域 F 上 n 维线性空间 V 上线性变换 $\mathcal{A}$ 的矩阵，则
$$\dim C(\mathcal{A}) = \frac{1}{r}(\dim_F V)^2, \qquad C(\mathcal{A}) = \operatorname{Hom}_{F[\mathcal{A}]}(V,V)$$
（根据 9.9 节例 8）。

3.4) A 的最小多项式 $m(\lambda) = p_1(\lambda) p_2(\lambda) \cdots p_s(\lambda)$，$\deg p_i(\lambda) = r_i, i = 1, 2, \cdots, s$。设 A 的特征多项式 $f(\lambda)$ 为
$$f(\lambda) = p_1^{k_1}(\lambda) p_2^{k_2}(\lambda) \cdots p_s^{k_s}(\lambda),$$
把 A 看成域 F 上 n 维线性空间 V 上线性变换 $\mathcal{A}$ 的矩阵。记 $W_i = \operatorname{Ker} p_i(\mathcal{A})$，$\mathcal{A}_i = \mathcal{A}|W_i, i = 1, 2, \cdots, s$，则
$$\dim C(\mathcal{A}) = \sum_{i=1}^{s} r_i k_i^2,$$
$$C(\mathcal{A}) \cong C(\mathcal{A}_1) \dotplus C(\mathcal{A}_2) \dotplus \cdots \dotplus C(\mathcal{A}_s) \cong \operatorname{Hom}_{F[\mathcal{A}_1]}(W_1, W_1) \dotplus \cdots \dotplus \operatorname{Hom}_{F[\mathcal{A}_s]}(W_s, W_s)$$
（根据 9.9 节例 10）。

3.5) A 的最小多项式 $m(\lambda)$ 为 (3) 式，至少有一个 $l_j > 1$，且 A 的有理标准形中至少有两个有理块的最小多项式不互素。把 A 看成域 F 上 n 维线性空间 V 上的线性变换 $\mathcal{A}$ 的矩阵。记 $W_i = \operatorname{Ker} p_i^{l_i}(\mathcal{A})$，$\mathcal{A}_i = \mathcal{A}|W_i, i = 1, 2, \cdots, s$，则
$$C(\mathcal{A}) \cong C(\mathcal{A}_1) \dotplus C(\mathcal{A}_2) \dotplus \cdots \dotplus C(\mathcal{A}_s),$$
$$\dim C(\mathcal{A}) = \sum_{i=1}^{s} \dim C(\mathcal{A}_i)$$
（根据 9.9 节例 9）。于是求 $C(\mathcal{A})$ 的难点在于求 $C(\mathcal{A}_i)$，其中 $\mathcal{A}_i$ 的最小多项式为 $p_i^{l_i}(\lambda)$，且 $\mathcal{A}_i$ 的有理标准形至少有两个有理块。求 $C(\mathcal{A}_i)$ 的问题尚未完全解决，但是在 9.9 节例 12 解决了 $C^2(\mathcal{A}_i)$ 的结构问题：
$$C^2(\mathcal{A}_i) = F[\mathcal{A}_i], \qquad \dim C^2(\mathcal{A}_i) = l_i \deg p_i(\lambda)。$$

第 10 章 具有度量的线性空间

迄今为止,我们对于线性空间和线性映射的研究都是围绕线性空间的加法与纯量乘法两种运算来进行的。现在我们想在线性空间中引进向量的长度、两个非零向量的夹角、两个向量之间的距离、两个向量正交等度量概念。从解析几何中知道,所有这些度量概念都可以用向量的内积来表示。而向量的内积是二元实值函数,它具有对称性、线性性和正定性等基本性质。从向量的内积的对称性和线性性可以得出双线性性。于是,为了在线性空间中引进向量的内积的概念,我们在 10.1 节首先研究双线性函数;然后在后面几节分别讨论如何在实数域上、复数域上、任一域上的线性空间中引进向量的内积的概念;进而研究定义了内积的这些线性空间的结构,以及它们之间与内积有关的线性变换的性质。

10.1 双线性函数

10.1.1 内容精华

一、双线性函数的定义和例子

定义 1 设 V 是域 F 上的一个线性空间,$V \times V$ 到 F 的一个映射 f 如果满足对于任意 $\alpha_1, \alpha_2, \beta_1, \beta_2, \alpha, \beta \in V, k_1, k_2 \in F$,有

(1) $f(k_1\alpha_1 + k_2\alpha_2, \beta) = k_1 f(\alpha_1, \beta) + k_2 f(\alpha_2, \beta)$,

(2) $f(\alpha, k_1\beta_1 + k_2\beta_2) = k_1 f(\alpha, \beta_1) + k_2 f(\alpha, \beta_2)$,

那么称 f 是 V 上的一个**双线性函数**,f 也可写成 $f(\alpha, \beta)$。

条件(1)表明:当 β 固定时,映射 $\alpha \longmapsto f(\alpha, \beta)$ 是 V 上的一个线性函数,记作 β_R。

条件(2)表明:当 α 固定时,映射 $\beta \longmapsto f(\alpha, \beta)$ 是 V 上的一个线性函数,记作 α_L。

例 1 欧几里得空间 $\mathbf{R}^n$ 的标准内积 (α, β) 是 $\mathbf{R}^n$ 上的一个双线性函数。

例 2 设 V 是域 F 上的 n 维线性空间,V 中取一个基 $\alpha_1, \alpha_2, \cdots, \alpha_n$。设 $\alpha = \sum\limits_{i=1}^{n} a_i\alpha_i$,$\beta = \sum\limits_{i=1}^{n} b_i\alpha_i$,令

$$f(\alpha, \beta) = \sum_{i=1}^{n} a_i b_i,$$

则 $f(\alpha, \beta)$ 是 V 上的一个双线性函数。

特别地,对于 $V = F^n$,设 $\boldsymbol{\alpha} = (a_1, a_2, \cdots, a_n)'$,$\boldsymbol{\beta} = (b_1, b_2, \cdots, b_n)'$,令

$$f(\pmb{\alpha},\pmb{\beta}) = \sum_{i=1}^{n} a_i b_i,$$

则 $f(\pmb{\alpha},\pmb{\beta})$ 是 F^n 上的一个双线性函数,习惯上把这个双线性函数记作 $(\pmb{\alpha},\pmb{\beta})$ 或者 $\pmb{\alpha}\cdot\pmb{\beta}$。

例 3　设 $V=M_n(F)$,令

$$f(\pmb{A},\pmb{B}) = \mathrm{tr}(\pmb{AB}), \qquad \forall \pmb{A},\pmb{B} \in M_n(F),$$

则 $f(\pmb{A},\pmb{B})$ 是 V 上的一个双线性函数。

例 4　设 $V=C[a,b]$,令

$$f(g(x),h(x)) = \int_a^b g(x)h(x)\mathrm{d}x, \qquad \forall g(x),h(x) \in C[a,b],$$

则 $f(g(x),h(x))$ 是 $C[a,b]$ 上的一个双线性函数。

二、双线性函数的表达式

设 V 是域 F 上 n 维线性空间,V 中取一个基 $\alpha_1,\alpha_2,\cdots,\alpha_n$,设 V 中向量 α,β 在此基下的坐标分别为

$$\pmb{x} = (x_1,x_2,\cdots,x_n)', \qquad \pmb{y} = (y_1,y_2,\cdots,y_n)'。$$

设 f 是 V 上的一个双线性函数,则

$$f(\alpha,\beta) = f\left(\sum_{i=1}^{n} x_i\alpha_i, \sum_{j=1}^{n} y_j\alpha_j\right) = \sum_{i=1}^{n}\sum_{j=1}^{n} x_i y_j f(\alpha_i,\alpha_j)。 \tag{1}$$

令

$$\pmb{A} = \begin{pmatrix} f(\alpha_1,\alpha_1) & f(\alpha_1,\alpha_2) & \cdots & f(\alpha_1,\alpha_n) \\ f(\alpha_2,\alpha_1) & f(\alpha_2,\alpha_2) & \cdots & f(\alpha_2,\alpha_n) \\ \vdots & \vdots & & \vdots \\ f(\alpha_n,\alpha_1) & f(\alpha_n,\alpha_2) & \cdots & f(\alpha_n,\alpha_n) \end{pmatrix}, \tag{2}$$

称 $\pmb{A}$ 是双线性函数 f 在基 $\alpha_1,\alpha_2,\cdots,\alpha_n$ 下的**度量矩阵**,它是由 f 及基 $\alpha_1,\alpha_2,\cdots,\alpha_n$ 唯一决定的。

从(1)式得

$$f(\alpha,\beta) = \pmb{x}'\pmb{A}\pmb{y}, \tag{3}$$

(3)式和(1)式都是双线性函数 f 在基 $\alpha_1,\alpha_2,\cdots,\alpha_n$ 下的表达式。

反之,任给域 F 上一个 n 级矩阵 $\pmb{A}=(a_{ij})$,定义 $V\times V$ 到 F 的一个映射 f 如下:

$$f(\alpha,\beta) = \pmb{x}'\pmb{A}\pmb{y} = \sum_{i=1}^{n}\sum_{j=1}^{n} a_{ij} x_i y_j, \tag{4}$$

则 f 是 V 上的一个双线性函数,且 f 在基 $\alpha_1,\alpha_2,\cdots,\alpha_n$ 下的度量矩阵恰好是 $\pmb{A}$,这是因为

$$f(\alpha_i,\alpha_j) = \pmb{\varepsilon}_i' \pmb{A} \pmb{\varepsilon}_j = a_{ij}。 \tag{5}$$

由于用(4)式定义的双线性函数的度量矩阵恰好是 $\pmb{A}$,因此若 $\pmb{x}'\pmb{A}\pmb{y} = \pmb{x}'\pmb{B}\pmb{y}$,$\forall \pmb{x},\pmb{y}\in F^n$,则 $\pmb{A}=\pmb{B}$(理由:此时分别由 $\pmb{x}'\pmb{A}\pmb{y},\pmb{x}'\pmb{B}\pmb{y}$ 定义的双线性函数相等,从而它们的度量矩阵相等)。

(4)式右端的表达式 $\pmb{x}'\pmb{A}\pmb{y}$(即 $\sum_{i=1}^{n}\sum_{j=1}^{n} a_{ij}x_i y_j$)称为 $x_1,x_2,\cdots,x_n$ 与 $y_1,y_2,\cdots,y_n$ 的**双线性型**。上述表明:利用向量 α,β 的坐标 $x_1,x_2,\cdots,x_n$ 与 $y_1,y_2,\cdots,y_n$ 的双线性型可以诱导出 V 上的一个双线性函数。

三、双线性函数在不同基下的度量矩阵之间的关系

定理 1 设 f 是域 F 上 n 维线性空间 V 上的一个双线性函数,V 中取两个基:α_1,$\alpha_2,\cdots,\alpha_n$ 与 $\beta_1,\beta_2,\cdots,\beta_n$,设

$$(\beta_1,\beta_2,\cdots,\beta_n) = (\alpha_1,\alpha_2,\cdots,\alpha_n)P, \tag{6}$$

f 在基 $\alpha_1,\alpha_2,\cdots,\alpha_n$ 和基 $\beta_1,\beta_2,\cdots,\beta_n$ 下的度量矩阵分别为 A,B,则

$$B = P'AP。 \tag{7}$$

证明 任取 $\alpha,\beta \in V$,设

$$\alpha = (\alpha_1,\alpha_2,\cdots,\alpha_n)x = (\beta_1,\beta_2,\cdots,\beta_n)x_0,$$
$$\beta = (\alpha_1,\alpha_2,\cdots,\alpha_n)y = (\beta_1,\beta_2,\cdots,\beta_n)y_0,$$

由于基 $\alpha_1,\alpha_2,\cdots,\alpha_n$ 到基 $\beta_1,\beta_2,\cdots,\beta_n$ 的过渡矩阵是 P,因此 $x=Px_0$,$y=Py_0$。由于 f 在基 $\alpha_1,\alpha_2,\cdots,\alpha_n$ 下的度量矩阵是 A,因此

$$f(\alpha,\beta) = x'Ay = (Px_0)'A(Py_0) = x_0' P'APy_0。$$

于是 f 在基 $\beta_1,\beta_2,\cdots,\beta_n$ 下的度量矩阵是 $P'AP$,从而 $B=P'AP$。 ∎

定理 1 表明,V 上的双线性函数 f 在 V 的不同基下的度量矩阵是合同的。由于合同的矩阵有相同的秩,因此我们把双线性函数 f 在 V 的一个基下的度量矩阵的秩称为 f 的**矩阵秩**,记作 $\operatorname{rank}_m f$。

什么是双线性函数 f 的秩? 设 f 是域 F 上 n 维线性空间 V 上的一个双线性函数,V^* 的下述子空间

$$\langle \alpha_L,\beta_R \mid \alpha,\beta \in V \rangle \tag{8}$$

秩为 f 的**秩空间**,把 f 的秩空间的维数称为 f 的**秩**,记作 $\operatorname{rank} f$。

可以证明:域 F 上 n 维线性空间 V 上的双线性函数 f 的矩阵秩不超过 f 的秩。我们将在本节内容精华的最后一部分给出证明。

设 A 和 B 都是域 F 上的 n 级矩阵,V 是域 F 上的 n 维线性空间,取 V 的一个基 α_1,$\alpha_2,\cdots,\alpha_n$。任给 V 中两个向量:

$$\alpha = (\alpha_1,\alpha_2,\cdots,\alpha_n)x,$$
$$\beta = (\alpha_1,\alpha_2,\cdots,\alpha_n)y。$$

令 $f(\alpha,\beta)=x'Ay$,则 f 是 V 上的一个双线性函数,且 f 在基 $\alpha_1,\alpha_2,\cdots,\alpha_n$ 下的度量矩阵是 A。设 A 与 B 合同,则存在域 F 上 n 级可逆矩阵 P,使得 $B=P'AP$。令 $(\beta_1,\beta_2,\cdots,\beta_n) = (\alpha_1,\alpha_2,\cdots,\alpha_n)P$,则 $\beta_1,\beta_2,\cdots,\beta_n$ 也是 V 的一个基。根据定理 1,f 在基 $\beta_1,\beta_2,\cdots,\beta_n$ 下的度量矩阵为 $P'AP$,而 $P'AP=B$。这证明了:如果 $A \simeq B$,那么 A 与 B 可看成是 V 上同一个双线性函数 f 在 V 的不同基下的度量矩阵。

四、双线性函数的左根、右根,非退化双线性函数

定义 2 设 f 是域 F 上线性空间 V 上的一个双线性函数,V 的下述子集

$$\{\alpha \in V \mid f(\alpha,\beta) = 0, \quad \forall \beta \in V\} \tag{9}$$

称为 f 在 V 中的**左根**,记作 $\operatorname{rad}_L V$;V 的另一个子集

$$\{\beta \in V \mid f(\alpha,\beta) = 0, \quad \forall \alpha \in V\} \tag{10}$$

称为 f 在 V 中的**右根**，记作 $\mathrm{rad}_R V$。

容易验证，f 在 V 中的左根和右根都是 V 的子空间。

定义 3　如果 V 上双线性函数 f 的左根和右根都是零子空间，那么称 f 是**非退化的**。

定理 2　域 F 上 n 维线性空间 V 上的双线性函数 f 是非退化的，当且仅当 f 在 V 的一个基下的度量矩阵是满秩矩阵。

证明　设 f 在 V 的一个基 $\alpha_1,\alpha_2,\cdots,\alpha_n$ 下的度量矩阵为 $\boldsymbol{A}$，任取 $\alpha,\beta\in V$，设 $\alpha=(\alpha_1,\alpha_2,\cdots,\alpha_n)\boldsymbol{x}$，$\beta=(\alpha_1,\alpha_2,\cdots,\alpha_n)\boldsymbol{y}$，则

$$\alpha\in\mathrm{rad}_L V$$
$$\Longleftrightarrow f(\alpha,\beta)=0,\qquad \forall\beta\in V$$
$$\Longleftrightarrow \boldsymbol{x}'\boldsymbol{A}\boldsymbol{y}=0,\qquad \forall\boldsymbol{y}\in F^n$$
$$\Longleftrightarrow \boldsymbol{x}'\boldsymbol{A}\boldsymbol{\varepsilon}_i=0,\qquad i=1,2,\cdots,n$$
$$\Longleftrightarrow \boldsymbol{x}'\boldsymbol{A}(\boldsymbol{\varepsilon}_1,\boldsymbol{\varepsilon}_2,\cdots,\boldsymbol{\varepsilon}_n)=\boldsymbol{0}'$$
$$\Longleftrightarrow \boldsymbol{x}'\boldsymbol{A}\boldsymbol{I}=\boldsymbol{0}'$$
$$\Longleftrightarrow \boldsymbol{A}'\boldsymbol{x}=\boldsymbol{0}$$
$$\Longleftrightarrow \boldsymbol{x} \text{ 是齐次线性方程组 } \boldsymbol{A}'\boldsymbol{z}=\boldsymbol{0} \text{ 的解。}$$

于是

$$\mathrm{rad}_L(V)=0$$
$$\Longleftrightarrow \text{齐次线性方程组 } \boldsymbol{A}'\boldsymbol{z}=\boldsymbol{0} \text{ 只有零解}$$
$$\Longleftrightarrow \mathrm{rank}(\boldsymbol{A}')=n$$
$$\Longleftrightarrow \mathrm{rank}(\boldsymbol{A})=n$$
$$\Longleftrightarrow \boldsymbol{A} \text{ 是满秩矩阵。}$$

同理可证：f 在 V 中的右根为 0 当且仅当 $\boldsymbol{A}$ 是满秩矩阵，因此 f 非退化当且仅当它的度量矩阵 $\boldsymbol{A}$ 满秩。

从定理 2 的证明中还可得出：n 维线性空间 V 上的双线性函数 f 在 V 中的左根等于 0 当且仅当 f 在 V 中的右根等于 0。

五、对称双线性函数与斜对称双线性函数

定义 4　设 f 是域 F 上线性空间 V 上的一个双线性函数，如果

$$f(\alpha,\beta)=f(\beta,\alpha),\qquad \forall\alpha,\beta\in V,\tag{11}$$

那么称 f 是**对称的**；如果

$$f(\alpha,\beta)=-f(\beta,\alpha),\qquad \forall\alpha,\beta\in V,\tag{12}$$

那么称 f 是**斜对称的**（或**反对称的**）。

设 f 是域 F 上 n 维线性空间 V 上的一个双线性函数，f 在 V 的一个基 $\alpha_1,\alpha_2,\cdots,\alpha_n$ 下的度量矩阵为 $\boldsymbol{A}$，则

$$f \text{ 是对称的}$$
$$\Longleftrightarrow f(\alpha_i,\alpha_j)=f(\alpha_j,\alpha_i),\qquad i,j=1,2,\cdots,n$$
$$\Longleftrightarrow \boldsymbol{A}(i;j)=\boldsymbol{A}(j;i),\qquad i,j=1,2,\cdots,n$$
$$\Longleftrightarrow \boldsymbol{A} \text{ 是对称矩阵。}$$

类似地,有

  f 是斜对称的

  $\Longleftrightarrow$ $f(\alpha_i,\alpha_j)=-f(\alpha_j,\alpha_i)$, $i,j=1,2,\cdots,n$

  $\Longleftrightarrow$ $\boldsymbol{A}(i;j)=-\boldsymbol{A}(j;i)$, $i,j=1,2,\cdots,n$

  $\Longleftrightarrow$ $\boldsymbol{A}$ 是斜对称矩阵。

  设 f 是域 F 上 n 维线性空间 V 上的一个对称双线性函数,能否找到 V 的一个基,使得 f 在此基下的度量矩阵具有最简单的形式?

  定理 3 设 f 是特征不为 2 的域 F 上 n 维线性空间 V 上的对称双线性函数,则 V 中存在一个基,使得 f 在此基下的度量矩阵为对角矩阵。

  证明 对线性空间的维数 n 作数学归纳法。

  $n=1$ 时,f 在 V 的基 α_1 下的度量矩阵 $\boldsymbol{A}=(f(\alpha_1,\alpha_1))$,显然 $\boldsymbol{A}$ 是对角矩阵。

  假设当维数为 $n-1$ 时命题为真,现在来看 n 维线性空间 V 上的对称双线性函数 f。

  若 $f=0$,则度量矩阵 $\boldsymbol{A}=\boldsymbol{0}$。下面设 $f\neq 0$,此时一定存在 $\alpha_1\in V$,且 $\alpha_1\neq 0$,使得 $f(\alpha_1,\alpha_1)\neq 0$。这是因为假如 $\forall\alpha\in V$ 都有 $f(\alpha,\alpha)=0$,则 $\forall\alpha,\beta\in V$,有

$$0=f(\alpha+\beta,\alpha+\beta)=f(\alpha,\alpha+\beta)+f(\beta,\alpha+\beta)$$
$$=f(\alpha,\alpha)+f(\alpha,\beta)+f(\beta,\alpha)+f(\beta,\beta)=2f(\alpha,\beta)。$$

由于 char $F\neq 2$,因此从上式得,$f(\alpha,\beta)=0$,于是 $f=0$,矛盾。

  把 α_1 扩充成 V 的一个基 $\alpha_1,\alpha_2,\cdots,\alpha_n$,令

$$\tilde{\alpha}_i=\alpha_i-\frac{f(\alpha_i,\alpha_1)}{f(\alpha_1,\alpha_1)}\alpha_1,\qquad i=2,\cdots,n, \tag{13}$$

则对于 $i=2,\cdots,n$,有

$$f(\alpha_1,\tilde{\alpha}_i)=f\left(\alpha_1,\alpha_i-\frac{f(\alpha_i,\alpha_1)}{f(\alpha_1,\alpha_1)}\alpha_1\right)$$
$$=f(\alpha_1,\alpha_i)-\frac{f(\alpha_i,\alpha_1)}{f(\alpha_1,\alpha_1)}f(\alpha_1,\alpha_1)=0。$$

从(13)式看出,$\alpha_1,\tilde{\alpha}_2,\cdots,\tilde{\alpha}_n$ 与 $\alpha_1,\alpha_2,\cdots,\alpha_n$ 等价,因此 $\alpha_1,\tilde{\alpha}_2,\cdots,\tilde{\alpha}_n$ 也是 V 的一个基。令

$$W=\langle\tilde{\alpha}_2,\cdots,\tilde{\alpha}_n\rangle,$$

则 $V=\langle\alpha_1\rangle\oplus W$。把 f 限制到 W 上成为 W 上的对称双线性函数。对 $f|W$ 用归纳假设得,W 中存在一个基 $\eta_2,\eta_3,\cdots,\eta_n$,使得 $f|W$ 在此基下的度量矩阵为

$$\begin{pmatrix} f(\eta_2,\eta_2) & & & \\ & f(\eta_3,\eta_3) & & \\ & & \ddots & \\ & & & f(\eta_n,\eta_n) \end{pmatrix}。$$

由于 $V=\langle\alpha_1\rangle\oplus W$,因此 $\alpha_1,\eta_2,\cdots,\eta_n$ 是 V 的一个基。由于 $f(\alpha_1,\tilde{\alpha}_i)=0,i=2,\cdots,n$,因此

$$f(\alpha_1,\eta_i)=0,\qquad i=2,\cdots,n。 \tag{14}$$

于是 f 在 V 的一个基 $\alpha_1,\eta_2,\cdots,\eta_n$ 下的度量矩阵为

$$\begin{pmatrix} f(\alpha_1,\alpha_1) & & & \\ & f(\eta_2,\eta_2) & & \\ & & \ddots & \\ & & & f(\eta_n,\eta_n) \end{pmatrix}。$$

根据数学归纳法原理，对一切正整数 n，命题为真。

定理 3 的意义之一在于可简化计算对称双线性函数 f 在任意一对向量上的函数值。由于一定存在 V 的一个基 $\eta_1,\eta_2,\cdots,\eta_n$，使得 f 在此基下的度量矩阵为对角矩阵 $\boldsymbol{D}=\mathrm{diag}\{d_1,d_2,\cdots,d_n\}$，从而 $\forall\alpha,\beta\in V$。设

$$\alpha=(\eta_1,\eta_2,\cdots,\eta_n)\boldsymbol{x},\quad \beta=(\eta_1,\eta_2,\cdots,\eta_n)\boldsymbol{y},$$

其中 $\boldsymbol{x}=(x_1,x_2,\cdots,x_n)',\boldsymbol{y}=(y_1,y_2,\cdots,y_n)'$，则

$$f(\alpha,\beta)=\boldsymbol{x}'\boldsymbol{D}\boldsymbol{y}=d_1x_1y_1+d_2x_2y_2+\cdots+d_nx_ny_n。\tag{15}$$

现在来讨论斜对称双线性函数 f 的度量矩阵具有什么样的最简单形式。

设 f 是域 F 上线性空间 V 上的一个斜对称双线性函数，则 $\forall\alpha\in V$，有

$$f(\alpha,\alpha)=-f(\alpha,\alpha),$$

从而有 $2f(\alpha,\alpha)=0$。当 char $F\neq2$ 时，得出：$\forall\alpha\in V$，有 $f(\alpha,\alpha)=0$。

定理 4　设 f 是特征不为 2 的域 F 上的 n 维线性空间 V 上的斜对称双线性函数，则存在 V 的一个基，把它记成 $\delta_1,\delta_{-1},\cdots,\delta_r,\delta_{-r},\eta_1,\cdots,\eta_s$（其中 $0\leqslant r\leqslant\frac{n}{2},s=n-2r$），使得 f 在这个基下的度量矩阵具有形式

$$\mathrm{diag}\left\{\begin{pmatrix}0&1\\-1&0\end{pmatrix},\cdots,\begin{pmatrix}0&1\\-1&0\end{pmatrix},0,\cdots,0\right\}。\tag{16}$$

证明　对线性空间的维数 n 作数学归纳法。

$n=1$ 时，f 在 V 的一个基 α_1 下的度量矩阵为 $(f(\alpha_1,\alpha_1))=(0)$。

假设维数小于 n 时命题为真，现在来看 n 维情形。

若 $f=0$，则 f 的度量矩阵为 $\boldsymbol{0}$。下面设 $f\neq0$。这时 V 中一定存在线性无关的向量 δ_1,α_2，使得 $f(\delta_1,\alpha_2)\neq0$。理由是：假如对一切线性无关的向量 α,β，都有 $f(\alpha,\beta)=0$，又由于对一切线性相关的向量 $\alpha,k\alpha$，有

$$f(\alpha,k\alpha)=kf(\alpha,\alpha)=0,$$

于是 $f=0$，矛盾。令

$$\delta_{-1}=f(\delta_1,\alpha_2)^{-1}\alpha_2,\tag{17}$$

则　　$$f(\delta_1,\delta_{-1})=f(\delta_1,f(\delta_1,\alpha_2)^{-1}\alpha_2)=f(\delta_1,\alpha_2)^{-1}f(\delta_1,\alpha_2)=1,\tag{18}$$

显然，δ_1,δ_{-1} 仍然线性无关。把 δ_1,δ_{-1} 扩充成 V 的一个基 $\delta_1,\delta_{-1},\beta_3,\cdots,\beta_n$，令

$$\tilde{\beta}_i=\beta_i-f(\beta_i,\delta_{-1})\delta_1+f(\beta_i,\delta_1)\delta_{-1},\quad i=3,\cdots,n,\tag{19}$$

则对于 $i=3,\cdots,n$，有

$$\begin{aligned}f(\delta_1,\tilde{\beta}_i)&=f(\delta_1,\beta_i)-f(\beta_i,\delta_{-1})f(\delta_1,\delta_1)+f(\beta_i,\delta_1)f(\delta_1,\delta_{-1})\\&=f(\delta_1,\beta_i)-f(\delta_1,\beta_i)=0,\end{aligned}\tag{20}$$

$$\begin{aligned}f(\delta_{-1},\tilde{\beta}_i)&=f(\delta_{-1},\beta_i)-f(\beta_i,\delta_{-1})f(\delta_{-1},\delta_1)+f(\beta_i,\delta_1)f(\delta_{-1},\delta_{-1})\\&=f(\delta_{-1},\beta_i)-f(\delta_{-1},\beta_i)=0。\end{aligned}\tag{21}$$

从 (19) 式看出，$\delta_1,\delta_{-1},\tilde{\beta}_3,\cdots,\tilde{\beta}_n$ 与 $\delta_1,\delta_{-1},\beta_3,\cdots,\beta_n$ 等价，因此 $\delta_1,\delta_{-1},\tilde{\beta}_3,\cdots,\tilde{\beta}_n$ 仍是 V 的一个基。令

$$W=\langle\tilde{\beta}_3,\cdots,\tilde{\beta}_n\rangle,$$

则 $V=\langle\delta_1,\delta_{-1}\rangle\oplus W$，显然 $f|W$ 是 W 上的斜对称双线性函数。根据归纳假设得，W 中存

在一个基 $\delta_2,\delta_{-2},\cdots,\delta_r,\delta_{-r},\eta_1,\cdots,\eta_s$，使得 $f|W$ 在 W 的这个基下的度量矩阵 $\boldsymbol{H}$ 为

$$\boldsymbol{H} = \mathrm{diag}\left\{\begin{pmatrix} 0 & 1 \\ -1 & 0 \end{pmatrix},\cdots,\begin{pmatrix} 0 & 1 \\ -1 & 0 \end{pmatrix},0,\cdots,0\right\}。 \tag{22}$$

从(20)和(21)式得，$\forall \beta \in W$，有

$$f(\delta_1,\beta) = 0, \qquad f(\delta_{-1},\beta) = 0, \tag{23}$$

从而 f 在 V 的一个基 $\delta_1,\delta_{-1},\delta_2,\delta_{-2},\cdots,\delta_r,\delta_{-r},\eta_1,\cdots,\eta_s$ 下的度量矩阵为

$$\begin{bmatrix} 0 & 1 & & \\ -1 & 0 & & \\ & & \boldsymbol{H} & \end{bmatrix}, \tag{24}$$

即 $\mathrm{diag}\left\{\begin{pmatrix} 0 & 1 \\ -1 & 0 \end{pmatrix},\begin{pmatrix} 0 & 1 \\ -1 & 0 \end{pmatrix},\cdots,\begin{pmatrix} 0 & 1 \\ -1 & 0 \end{pmatrix},0,\cdots,0\right\}。$

由数学归纳法原理，对一切正整数 n，命题成立。

从定理 4 得出，如果 V 上的斜对称双线性函数 f 是非退化的，那么 V 中存在一个基，使得 f 在此基下的度量矩阵为

$$\mathrm{diag}\left\{\begin{pmatrix} 0 & 1 \\ -1 & 0 \end{pmatrix},\begin{pmatrix} 0 & 1 \\ -1 & 0 \end{pmatrix},\cdots,\begin{pmatrix} 0 & 1 \\ -1 & 0 \end{pmatrix}\right\}, \tag{25}$$

从而 $\dim V$ 一定是偶数。

六、对称双线性函数与二次型的关系

定义 5 设 V 是域 F 上的一个线性空间，V 到 F 的一个映射 q 称为 V 上的**二次函数**，如果存在 V 上的一个对称双线性函数 f，使得

$$q(\alpha) = f(\alpha,\alpha), \qquad \forall \alpha \in V。 \tag{26}$$

显然，给出 V 上的一个对称双线性函数 f，就有唯一的一个二次函数 q。若域 F 的特征不为 2，则反之也成立，即有下述定理：

定理 5 设 V 是特征不为 2 的域 F 上的一个线性空间，q 是 V 上的一个二次函数，则存在 V 上唯一的对称双线性函数 f，使得

$$f(\alpha,\alpha) = q(\alpha), \qquad \forall \alpha \in V。 \tag{27}$$

证明 由定义 5，存在 V 上的一个对称双线性函数 f，使得 $q(\alpha) = f(\alpha,\alpha)$，$\forall \alpha \in V$。由于 $\mathrm{char}\, F \neq 2$，因此 $2e \neq 0$，其中 e 是 F 的单位元。$\forall \alpha,\beta \in V$，有

$$\begin{aligned}
&(2e)^{-1}[q(\alpha+\beta) - q(\alpha) - q(\beta)] \\
&= (2e)^{-1}[f(\alpha+\beta,\alpha+\beta) - f(\alpha,\alpha) - f(\beta,\beta)] \\
&= (2e)^{-1}[f(\alpha,\alpha) + 2f(\alpha,\beta) + f(\beta,\beta) - f(\alpha,\alpha) - f(\beta,\beta)] \\
&= (2e)^{-1}[(2e)f(\alpha,\beta)] \\
&= f(\alpha,\beta)。
\end{aligned} \tag{28}$$

如果还有一个对称双线性函数 g 使得

$$g(\alpha,\alpha) = q(\alpha), \qquad \forall \alpha \in V, \tag{29}$$

那么同理 $\forall \alpha,\beta \in V$，有

$$(2e)^{-1}\left[q(\alpha+\beta)-q(\alpha)-q(\beta)\right]=g(\alpha,\beta)。\tag{30}$$

比较(28)和(30)式得,$f(\alpha,\beta)=g(\alpha,\beta)$,$\forall\alpha,\beta\in V$,因此 $f=g$。 ■

设 V 是域 F 上 n 维线性空间,f 是 V 上的一个对称双线性函数,q 是满足(26)式的二次函数。设 f 在 V 的一个基 $\alpha_1,\alpha_2,\cdots,\alpha_n$ 下的度量矩阵为 $\boldsymbol{A}=(a_{ij})$,则对于 $\alpha=(\alpha_1,\alpha_2,\cdots,\alpha_n)\boldsymbol{x},\beta=(\alpha_1,\alpha_2,\cdots,\alpha_n)\boldsymbol{y}$,有

$$f(\alpha,\beta)=\boldsymbol{x}'\boldsymbol{A}\boldsymbol{y},\tag{31}$$

从而有

$$q(\alpha)=f(\alpha,\alpha)=\boldsymbol{x}'\boldsymbol{A}\boldsymbol{x}。\tag{32}$$

由(32)式看到:二次函数 q 在 V 的基 $\alpha_1,\alpha_2,\cdots,\alpha_n$ 下的表达式是 n 元二次型 $\boldsymbol{x}'\boldsymbol{A}\boldsymbol{x}$,其中对称矩阵 $\boldsymbol{A}$ 称为**二次函数 q 在基 $\alpha_1,\alpha_2,\cdots,\alpha_n$ 下的矩阵**,于是可以用二次型的理论来研究对称双线性函数,也可以用对称双线性函数来研究二次型。设 V 是特征不等于 2 的域 F 上的 n 维线性空间,则图 10-1 揭示了对称双线性函数、二次函数、二次型和对称矩阵这几个概念之间的内在联系。

图 10-1

例如,我们可以用对称双线性函数的理论给出实二次型的惯性定理的第二个证明。

定理 6（惯性定理）　实数域上任意一个 n 元二次型都可以经过非退化线性替换化成规范形,并且规范形是唯一的。

证明　任给一个 n 元实二次型 $\boldsymbol{x}'\boldsymbol{A}\boldsymbol{x}$。取实数域上的一个 n 维线性空间 V,在 V 中取一个基 $\alpha_1,\alpha_2,\cdots,\alpha_n$。对于 V 中任一向量 $\alpha=(\alpha_1,\alpha_2,\cdots,\alpha_n)\boldsymbol{x}$,令

$$q(\alpha)=\boldsymbol{x}'\boldsymbol{A}\boldsymbol{x},\tag{33}$$

则 q 是 V 上的一个二次函数。根据定理 5,存在 V 上唯一的对称双线性函数 f,使得

$$f(\alpha,\alpha)=q(\alpha)=\boldsymbol{x}'\boldsymbol{A}\boldsymbol{x},\quad\forall\alpha\in V。\tag{34}$$

根据定理 3,V 中存在一个基 $\beta_1,\beta_2,\cdots,\beta_n$,使得 f 在此基下的度量矩阵 $\boldsymbol{B}$ 为对角矩阵。不妨设 $\boldsymbol{B}=\mathrm{diag}\{d_1,\cdots,d_p,-d_{p+1},\cdots,-d_r,0,\cdots,0\}$,其中 $d_i>0,i=1,2,\cdots,r$。令

$$\gamma_i=\frac{1}{\sqrt{d_i}}\beta_i,\quad i=1,2,\cdots,r,$$

$$\gamma_j=\beta_j,\quad j=r+1,\cdots,n,$$

则 $\gamma_1,\gamma_2,\cdots,\gamma_n$ 也是 V 的一个基,且有

$$f(\gamma_i,\gamma_i)=f\left(\frac{1}{\sqrt{d_i}}\beta_i,\frac{1}{\sqrt{d_i}}\beta_i\right)=\frac{1}{d_i}f(\beta_i,\beta_i)$$

$$= \begin{cases} 1, & 1 \leqslant i \leqslant p, \\ -1, & p < i \leqslant r; \end{cases}$$

$$f(\gamma_j, \gamma_j) = f(\beta_j, \beta_j) = 0, \qquad j = r+1, \cdots, n;$$

$$f(\gamma_i, \gamma_j) = 0, \qquad i \neq j。$$

因此 f 在 V 的基 $\gamma_1, \gamma_2, \cdots, \gamma_n$ 下的度量矩阵为

$$\boldsymbol{D} = \mathrm{diag}\{\underbrace{1, \cdots, 1}_{p个}, \underbrace{-1, \cdots, -1}_{(r-p)个}, \underbrace{0, \cdots, 0}_{(n-r)个}, \}。 \tag{35}$$

由于 f 在 V 的基 $\alpha_1, \alpha_2, \cdots, \alpha_n$ 下的度量矩阵为 $\boldsymbol{A}$，因此 $\boldsymbol{A} \simeq \boldsymbol{D}$，从而实二次型 $\boldsymbol{x}'\boldsymbol{A}\boldsymbol{x}$ 经过非退化线性替换可以化成规范形 $y_1^2 + \cdots + y_p^2 - y_{p+1}^2 - \cdots - y_r^2$。

下面来证实二次型 $\boldsymbol{x}'\boldsymbol{A}\boldsymbol{x}$ 的规范形是唯一的。假如 $\boldsymbol{x}'\boldsymbol{A}\boldsymbol{x}$ 还有一个规范形 $z_1^2 + \cdots + z_q^2 - z_{q+1}^2 - \cdots - z_r^2$（注意：由于合同的矩阵有相同的秩，因此 $\boldsymbol{x}'\boldsymbol{A}\boldsymbol{x}$ 的第二个规范形中系数不为 0 的平方项个数也等于 r），则

$$\boldsymbol{D} \simeq \mathrm{diag}\{\underbrace{1, \cdots, 1}_{q个}, \underbrace{-1, \cdots, -1}_{(r-q)个}, \underbrace{0, \cdots, 0}_{(n-r)个} \}。 \tag{36}$$

把 (36) 式右端的对角矩阵记作 $\boldsymbol{H}$。由于 $\boldsymbol{D} \simeq \boldsymbol{H}$，因此可以把 $\boldsymbol{H}$ 看成对称双线性函数 f 在 V 的另一个基 $\delta_1, \delta_2, \cdots, \delta_n$ 下的度量矩阵。令

$$V_1 = \langle \gamma_1, \gamma_2, \cdots, \gamma_p \rangle, \qquad V_2 = \langle \delta_{q+1}, \delta_{q+2}, \cdots, \delta_n \rangle。$$

设 $\alpha \in V_1 \bigcap V_2$，则 $\alpha = \sum_{i=1}^{p} a_i \gamma_i, \alpha = \sum_{j=q+1}^{n} b_j \delta_j$，于是

$$f(\alpha, \alpha) = (a_1, \cdots, a_p, 0, \cdots, 0)\boldsymbol{D}(a_1, \cdots, a_p, 0, \cdots, 0)'$$
$$= a_1^2 + \cdots + a_p^2,$$

$$f(\alpha, \alpha) = (0, \cdots, 0, b_{q+1}, \cdots, b_n)\boldsymbol{H}(0, \cdots, 0, b_{q+1}, \cdots, b_n)'$$
$$= -b_{q+1}^2 - \cdots - b_r^2。$$

由此得出

$$a_1^2 + \cdots + a_p^2 = -b_{q+1}^2 - \cdots - b_r^2,$$

从而 $a_1 = \cdots = a_p = b_{q+1} = \cdots = b_r = 0$。

因此 $\alpha = 0$，这表明 $V_1 \bigcap V_2 = 0$，于是

$$\dim V_1 + \dim V_2 = \dim(V_1 + V_2) \leqslant \dim V,$$

从而 $p + (n-q) \leqslant n$，因此 $p \leqslant q$。由对称性得，$q \leqslant p$，所以 $p = q$。这证明了 $\boldsymbol{x}'\boldsymbol{A}\boldsymbol{x}$ 的规范形是唯一的。∎

定理 7（Witt 消去定理的推广） 设 F 是特征不等于 2 的域，$\boldsymbol{A}_1$ 和 $\boldsymbol{A}_2$ 是域 F 上的 n 级对称矩阵，$\boldsymbol{B}_1$ 和 $\boldsymbol{B}_2$ 是域 F 上的 m 级对称矩阵。如果

$$\begin{bmatrix} \boldsymbol{A}_1 & \boldsymbol{0} \\ \boldsymbol{0} & \boldsymbol{B}_1 \end{bmatrix} \simeq \begin{bmatrix} \boldsymbol{A}_2 & \boldsymbol{0} \\ \boldsymbol{0} & \boldsymbol{B}_2 \end{bmatrix}, \tag{37}$$

且 $\boldsymbol{A}_1 \simeq \boldsymbol{A}_2$，那么 $\boldsymbol{B}_1 \simeq \boldsymbol{B}_2$。

证明 设 U 是域 F 上的 n 维线性空间，由于 $\boldsymbol{A}_1 \simeq \boldsymbol{A}_2$，因此 $\boldsymbol{A}_1$ 和 $\boldsymbol{A}_2$ 可看成是 U 上同一个双线性函数 f 在 U 的不同基下的度量矩阵。由于 $\boldsymbol{A}_1$ 是对称矩阵，因此 f 是对称双线性函数。由于域 F 的特征不等于 2，因此根据定理 3 得，U 中存在一个基 $\eta_1, \eta_2, \cdots,$

η_n，使得 f 在此基下的度量矩阵为对角矩阵 $\boldsymbol{D}$。根据定理 1 得，$A_1 \simeq D$，$A_2 \simeq D$，从而可推出

$$\begin{bmatrix} \boldsymbol{A}_1 & \boldsymbol{0} \\ \boldsymbol{0} & \boldsymbol{B}_1 \end{bmatrix} \simeq \begin{pmatrix} \boldsymbol{D} & \boldsymbol{0} \\ \boldsymbol{0} & \boldsymbol{B}_1 \end{pmatrix}, \quad \begin{bmatrix} \boldsymbol{A}_2 & \boldsymbol{0} \\ \boldsymbol{0} & \boldsymbol{B}_2 \end{bmatrix} \simeq \begin{pmatrix} \boldsymbol{D} & \boldsymbol{0} \\ \boldsymbol{0} & \boldsymbol{B}_2 \end{pmatrix},$$

于是从(37)式以及合同关系的对称性和传递性得出

$$\begin{pmatrix} \boldsymbol{D} & \boldsymbol{0} \\ \boldsymbol{0} & \boldsymbol{B}_1 \end{pmatrix} \simeq \begin{pmatrix} \boldsymbol{D} & \boldsymbol{0} \\ \boldsymbol{0} & \boldsymbol{B}_2 \end{pmatrix}。 \tag{38}$$

下面我们要从(38)式推导出 $\boldsymbol{B}_1 \simeq \boldsymbol{B}_2$。由于 $\boldsymbol{D}$ 是对角矩阵，因此只要证：当 $\boldsymbol{D}$ 是 1 级矩阵时，从(38)式可推导出 $\boldsymbol{B}_1 \simeq \boldsymbol{B}_2$，那么逐次用这个结论，就可对于 $\boldsymbol{D}$ 是 n 级对角矩阵时，从(38)式推导出 $\boldsymbol{B}_1 \simeq \boldsymbol{B}_2$。

设 $\boldsymbol{D} = (d)$，其中 $d \in F$。从(38)式得，存在形如

$$\begin{pmatrix} c & \boldsymbol{\alpha}' \\ \boldsymbol{\beta} & \boldsymbol{H} \end{pmatrix}$$

的可逆矩阵，其中 $c \in F$，$\boldsymbol{\alpha}, \boldsymbol{\beta} \in F^m$，$\boldsymbol{H} \in M_m(F)$，使得

$$\begin{pmatrix} c & \boldsymbol{\alpha}' \\ \boldsymbol{\beta} & \boldsymbol{H} \end{pmatrix}' \begin{pmatrix} d & \boldsymbol{0}' \\ \boldsymbol{0} & \boldsymbol{B}_1 \end{pmatrix} \begin{pmatrix} c & \boldsymbol{\alpha}' \\ \boldsymbol{\beta} & \boldsymbol{H} \end{pmatrix} = \begin{pmatrix} d & \boldsymbol{0}' \\ \boldsymbol{0} & \boldsymbol{B}_2 \end{pmatrix}。 \tag{39}$$

从(39)式得

$$\begin{cases} dc^2 + \boldsymbol{\beta}' \boldsymbol{B}_1 \boldsymbol{\beta} = d, \\ cd\boldsymbol{\alpha}' + \boldsymbol{\beta}' \boldsymbol{B}_1 \boldsymbol{H} = \boldsymbol{0}', \\ \boldsymbol{\alpha} d\boldsymbol{\alpha}' + \boldsymbol{H}' \boldsymbol{B}_1 \boldsymbol{H} = \boldsymbol{B}_2。 \end{cases} \tag{40}$$

观察(40)中的 3 个等式，猜测存在 $\lambda \in F$，使得

$$(\lambda \boldsymbol{\beta} \boldsymbol{\alpha}' + \boldsymbol{H})' \boldsymbol{B}_1 (\lambda \boldsymbol{\beta} \boldsymbol{\alpha}' + \boldsymbol{H}) = \boldsymbol{B}_2。 \tag{41}$$

我们来求 λ 的值，把(41)式的左端展开并且用(40)式得

$$\begin{aligned} &(\lambda \boldsymbol{\beta} \boldsymbol{\alpha}' + \boldsymbol{H})' \boldsymbol{B}_1 (\lambda \boldsymbol{\beta} \boldsymbol{\alpha}' + \boldsymbol{H}) \\ &= \lambda^2 \boldsymbol{\alpha} \boldsymbol{\beta}' \boldsymbol{B}_1 \boldsymbol{\beta} \boldsymbol{\alpha}' + \lambda \boldsymbol{\alpha} \boldsymbol{\beta}' \boldsymbol{B}_1 \boldsymbol{H} + \lambda \boldsymbol{H}' \boldsymbol{B}_1 \boldsymbol{\beta} \boldsymbol{\alpha}' + \boldsymbol{H}' \boldsymbol{B}_1 \boldsymbol{H} \\ &= \lambda^2 \boldsymbol{\alpha} (d - dc^2) \boldsymbol{\alpha}' + \lambda \boldsymbol{\alpha} (-cd\boldsymbol{\alpha}') + \lambda (-\boldsymbol{\alpha} cd) \boldsymbol{\alpha}' - \boldsymbol{\alpha} d\boldsymbol{\alpha}' + \boldsymbol{B}_2 \\ &= \boldsymbol{\alpha} (\lambda^2 d - \lambda^2 dc^2 - \lambda cd - \lambda cd - d) \boldsymbol{\alpha}' + \boldsymbol{B}_2。 \end{aligned} \tag{42}$$

为了使(41)式成立，只要在(42)式中让 λ 取的值满足

$$\lambda^2 d - \lambda^2 dc^2 - 2\lambda cd - d = 0。 \tag{43}$$

当 $d = 0$ 时，对于 F 中的任一元素 λ，都满足(43)式，从而(41)式成立。下面设 $d \neq 0$，从(43)式得

$$(1 - c^2)\lambda^2 - 2c\lambda - 1 = 0。 \tag{44}$$

把(44)式左边分解因式得

$$[(1 + c)\lambda + 1][(1 - c)\lambda - 1] = 0, \tag{45}$$

于是当 $c \neq 1$ 时，取 $\lambda = (1 - c)^{-1}$，就有(41)式成立，即

$$((1 - c)^{-1} \boldsymbol{\beta} \boldsymbol{\alpha}' + \boldsymbol{H})' \boldsymbol{B}_1 ((1 - c)^{-1} \boldsymbol{\beta} \boldsymbol{\alpha}' + \boldsymbol{H}) = \boldsymbol{B}_2。 \tag{46}$$

当 $c = 1$ 时，取 $\lambda = -(2e)^{-1}$，就有(44)式成立，其中 e 是域 F 的单位元（在其他地方我们把

e 记成 1,这里为清晰起见,不把 e 记成 1),从而有(41)式成立,即

$$(-(2e)^{-1}\boldsymbol{\beta\alpha}'+\boldsymbol{H})'\boldsymbol{B}_1(-(2e)^{-1}\boldsymbol{\beta\alpha}'+\boldsymbol{H})=\boldsymbol{B}_2。 \tag{47}$$

情形 1 B_2 可逆,则在(46)式和(47)式两边取行列式可得,$(1-c)^{-1}\boldsymbol{\beta\alpha}'+\boldsymbol{H}$,$-(2e)^{-1}\boldsymbol{\beta\alpha}'+\boldsymbol{H}$ 都是可逆矩阵,从而

$$\boldsymbol{B}_1 \simeq \boldsymbol{B}_2。$$

情形 2 B_2 不可逆。设 $\mathrm{rank}(\boldsymbol{B}_2)=r$,则根据(38)式(其中 $\boldsymbol{D}=(d)$)得,$\mathrm{rank}(\boldsymbol{B}_1)=r$。

设 W 是域 F 上的 m 维线性空间,取 W 上的双线性函数 g_i,使得 g_i 在 W 的一个基下的度量矩阵为 $\boldsymbol{B}_i$。由于 $\boldsymbol{B}_i$ 是对称矩阵,因此 g_i 是对称双线性函数,$i=1,2$,于是 W 中存在一个基,使得 g_1 在此基下的度量矩阵为对角矩阵 $\mathrm{diag}\{\boldsymbol{D}_1,\boldsymbol{0}_{m-r}\}$,其中 $\boldsymbol{D}_1$ 是 r 级对角矩阵,其主对角元全不为 0。同理 W 中存在一个基,使得 g_2 在此基下的度量矩阵为对角矩阵 $\mathrm{diag}\{\boldsymbol{D}_2,\boldsymbol{0}_{m-r}\}$,其中 $\boldsymbol{D}_2$ 是 r 级对角矩阵,其主对角元全不为 0,因此

$$\boldsymbol{B}_1 \simeq \mathrm{diag}\{\boldsymbol{D}_1,\boldsymbol{0}_{m-r}\}, \qquad \boldsymbol{B}_2 \simeq \mathrm{diag}\{\boldsymbol{D}_2,\boldsymbol{0}_{m-r}\}。 \tag{48}$$

于是

$$\begin{pmatrix} d & \boldsymbol{0}' \\ \boldsymbol{0} & \boldsymbol{B}_1 \end{pmatrix} \simeq \begin{bmatrix} d & \boldsymbol{0}' & \boldsymbol{0}' \\ \boldsymbol{0} & \boldsymbol{D}_1 & \boldsymbol{0} \\ \boldsymbol{0} & \boldsymbol{0} & \boldsymbol{0}_{m-r} \end{bmatrix}, \quad \begin{pmatrix} d & \boldsymbol{0}' \\ \boldsymbol{0} & \boldsymbol{B}_2 \end{pmatrix} \simeq \begin{bmatrix} d & \boldsymbol{0}' & \boldsymbol{0}' \\ \boldsymbol{0} & \boldsymbol{D}_2 & \boldsymbol{0} \\ \boldsymbol{0} & \boldsymbol{0} & \boldsymbol{0}_{m-r} \end{bmatrix}。$$

结合(38)式,得

$$\begin{bmatrix} d & \boldsymbol{0}' & \boldsymbol{0}' \\ \boldsymbol{0} & \boldsymbol{D}_1 & \boldsymbol{0} \\ \boldsymbol{0} & \boldsymbol{0} & \boldsymbol{0}_{m-r} \end{bmatrix} \simeq \begin{bmatrix} d & \boldsymbol{0}' & \boldsymbol{0}' \\ \boldsymbol{0} & \boldsymbol{D}_2 & \boldsymbol{0} \\ \boldsymbol{0} & \boldsymbol{0} & \boldsymbol{0}_{m-r} \end{bmatrix}。 \tag{49}$$

情形 2.1 $d\neq0$。记

$$\boldsymbol{G}_1 = \begin{pmatrix} d & \boldsymbol{0}' \\ \boldsymbol{0} & \boldsymbol{D}_1 \end{pmatrix}, \boldsymbol{G}_2 = \begin{pmatrix} d & \boldsymbol{0}' \\ \boldsymbol{0} & \boldsymbol{D}_2 \end{pmatrix},$$

则(49)式成为

$$\begin{bmatrix} \boldsymbol{G}_1 & \boldsymbol{0} \\ \boldsymbol{0} & \boldsymbol{0}_{m-r} \end{bmatrix} \simeq \begin{bmatrix} \boldsymbol{G}_2 & \boldsymbol{0} \\ \boldsymbol{0} & \boldsymbol{0}_{m-r} \end{bmatrix}, \tag{50}$$

于是存在域 F 上的 $1+m$ 级可逆矩阵 $\boldsymbol{P}=\begin{pmatrix} \boldsymbol{P}_{11} & \boldsymbol{P}_{12} \\ \boldsymbol{P}_{21} & \boldsymbol{P}_{22} \end{pmatrix}$,使得

$$\begin{pmatrix} \boldsymbol{P}_{11}' & \boldsymbol{P}_{21}' \\ \boldsymbol{P}_{12}' & \boldsymbol{P}_{22}' \end{pmatrix} \begin{pmatrix} \boldsymbol{G}_1 & \boldsymbol{0} \\ \boldsymbol{0} & \boldsymbol{0}_{m-r} \end{pmatrix} \begin{pmatrix} \boldsymbol{P}_{11} & \boldsymbol{P}_{12} \\ \boldsymbol{P}_{21} & \boldsymbol{P}_{22} \end{pmatrix} = \begin{pmatrix} \boldsymbol{G}_2 & \boldsymbol{0} \\ \boldsymbol{0} & \boldsymbol{0}_{m-r} \end{pmatrix}。 \tag{51}$$

从(51)式得出

$$\boldsymbol{P}_{11}' \boldsymbol{G}_1 \boldsymbol{P}_{11} = \boldsymbol{G}_2。 \tag{52}$$

由于 $|\boldsymbol{G}_2|\neq0$,因此 $\boldsymbol{P}_{11}$ 可逆,于是 $\boldsymbol{G}_1\simeq\boldsymbol{G}_2$,即

$$\begin{pmatrix} d & \boldsymbol{0}' \\ \boldsymbol{0} & \boldsymbol{D}_1 \end{pmatrix} \simeq \begin{pmatrix} d & \boldsymbol{0}' \\ \boldsymbol{0} & \boldsymbol{D}_2 \end{pmatrix}。$$

由于 $\boldsymbol{D}_2$ 可逆,因此根据情形 1 得,$\boldsymbol{D}_1\simeq\boldsymbol{D}_2$。结合(48)式得

$$\boldsymbol{B}_1 \simeq \boldsymbol{B}_2。$$

情形 2.2　$d=0$。易证 $\mathrm{diag}\{0,\boldsymbol{D}_i,\boldsymbol{0}_{m-r}\}\simeq\mathrm{diag}\{\boldsymbol{D}_i,\boldsymbol{0}_{m-r+1}\}$，$i=1,2$。于是从（49）式得

$$\mathrm{diag}\{\boldsymbol{D}_1,\boldsymbol{0}_{m-r+1}\}\simeq\mathrm{diag}\{\boldsymbol{D}_2,\boldsymbol{0}_{m-r+1}\}。$$由于 $|\boldsymbol{D}_2|\neq0$，因此与从（50）式推出 $\boldsymbol{G}_1\simeq\boldsymbol{G}_2$ 一样可得出，$\boldsymbol{D}_1\simeq\boldsymbol{D}_2$。结合（48）式得，$\boldsymbol{B}_1\simeq\boldsymbol{B}_2$。　■

在定理 7 中，当 $\boldsymbol{A}_1,\boldsymbol{A}_2,\boldsymbol{B}_1,\boldsymbol{B}_2$ 都可逆时，就是 Witt 消去定理。在定理 7 的证明中，从（38）式推导出（46）和（47）式采用了华罗庚先生证明 Witt 消去定理的思路。

由于易证 $\begin{pmatrix}\boldsymbol{A}_i & \boldsymbol{0}\\ \boldsymbol{0} & \boldsymbol{B}_i\end{pmatrix}\simeq\begin{pmatrix}\boldsymbol{B}_i & \boldsymbol{0}\\ \boldsymbol{0} & \boldsymbol{A}_i\end{pmatrix}$，因此由定理 7 立即得出：

推论 1　设 F 是特征不为 2 的域，$\boldsymbol{A}_1$ 和 $\boldsymbol{A}_2$ 是域 F 上 n 级对称矩阵，$\boldsymbol{B}_1$ 和 $\boldsymbol{B}_2$ 是域 F 上 m 级对称矩阵，如果 $\begin{pmatrix}\boldsymbol{A}_1 & \boldsymbol{0}\\ \boldsymbol{0} & \boldsymbol{B}_1\end{pmatrix}\simeq\begin{pmatrix}\boldsymbol{A}_2 & \boldsymbol{0}\\ \boldsymbol{0} & \boldsymbol{B}_2\end{pmatrix}$，且 $\boldsymbol{B}_1\simeq\boldsymbol{B}_2$，那么 $\boldsymbol{A}_1\simeq\boldsymbol{A}_2$。　■

利用 Witt 消去定理可以给出实二次型的惯性定理中唯一性的第 3 种证法。

惯性定理唯一性的证明　设 n 元实二次型 $\boldsymbol{x}'\boldsymbol{A}\boldsymbol{x}$ 有两个规范形：
$$y_1^2+\cdots+y_p^2-y_{p+1}^2-\cdots-y_r^2,$$
$$z_1^2+\cdots+z_q^2-z_{q+1}^2-\cdots-z_r^2,$$
其中 $0\leqslant p\leqslant r,0\leqslant q\leqslant r,r\leqslant n$。不妨设 $p\geqslant q$，则
$$\begin{bmatrix}\boldsymbol{I}_p & & \\ & -\boldsymbol{I}_{r-p} & \\ & & \boldsymbol{0}_{n-r}\end{bmatrix}\simeq\begin{bmatrix}\boldsymbol{I}_q & & \\ & -\boldsymbol{I}_{r-q} & \\ & & \boldsymbol{0}_{n-r}\end{bmatrix}。\tag{53}$$
假如 $p>q$，用 Witt 消去定理的推广和推论 1，得
$$\begin{bmatrix}\boldsymbol{I}_{p-q} & \\ & -\boldsymbol{I}_{r-p}\end{bmatrix}\simeq-\boldsymbol{I}_{r-q},\tag{54}$$
于是存在 $r-q$ 级实可逆矩阵 $\boldsymbol{C}$，使得
$$\begin{bmatrix}\boldsymbol{I}_{p-q} & \\ & -\boldsymbol{I}_{r-p}\end{bmatrix}=-\boldsymbol{C}'\boldsymbol{I}_{r-q}\boldsymbol{C}。$$
由于
$$\boldsymbol{\varepsilon}_1'\begin{bmatrix}\boldsymbol{I}_{p-q} & \\ & -\boldsymbol{I}_{r-p}\end{bmatrix}\boldsymbol{\varepsilon}_1=1,\tag{55}$$
$$\boldsymbol{\varepsilon}_1'(-\boldsymbol{C}'\boldsymbol{I}_{r-q}\boldsymbol{C})\boldsymbol{\varepsilon}_1=-(\boldsymbol{C}\boldsymbol{\varepsilon}_1)'(\boldsymbol{C}\boldsymbol{\varepsilon}_1)\leqslant0,\tag{56}$$
矛盾，因此 $p=q$。这证明了 $\boldsymbol{x}'\boldsymbol{A}\boldsymbol{x}$ 的规范形是唯一的。　■

七、双线性函数空间

设 V 是域 F 上的一个线性空间，我们把 V 上所有双线性函数组成的集合记作 $T_2(V)$，容易验证：$T_2(V)$ 对于函数的加法与纯量乘法成为域 F 上的一个线性空间。称 $T_2(V)$ 是 V 上的**双线性函数空间**。

现在设 V 是 n 维的。V 中取定一个基 $\alpha_1,\alpha_2,\cdots,\alpha_n$，则 V 上的双线性函数 f 到它在基 $\alpha_1,\alpha_2,\cdots,\alpha_n$ 下的度量矩阵 $\boldsymbol{A}$ 的对应是 $T_2(V)$ 到 $M_n(F)$ 的一个映射，且它是单射，也是

满射,从而是双射。由于

$$(f+g)(\alpha_i,\alpha_j) = f(\alpha_i,\alpha_j) + g(\alpha_i,\alpha_j), \tag{57}$$

$$(kf)(\alpha_i,\alpha_j) = k f(\alpha_i,\alpha_j), \tag{58}$$

因此上述双射保持加法和纯量乘法,从而这是一个同构映射,于是

$$T_2(V) \cong M_n(F), \qquad \dim T_2(V) = n^2 \, 。 \tag{59}$$

又由于

$$M_n(F) \cong \mathrm{Hom}(V,V),$$

因此 $T_2(V) \cong \mathrm{Hom}(V,V)$。这表明 V 上的双线性函数与 V 上的线性变换之间存在一一对应,且此对应保持加法和纯量乘法运算。$T_2(V)$ 与 $\mathrm{Hom}(V,V)$ 之间的一一对应可以通过域 F 上的 n 级矩阵作为纽带建立起来。在 V 中取定一个基 $\alpha_1,\alpha_2,\cdots,\alpha_n$,每一个双线性函数 f 在此基下有唯一的度量矩阵;每一个线性变换 $\boldsymbol{A}$ 在此基下有唯一的矩阵,从而在双线性函数与线性变换之间建立了一一对应。

注意: 同一个双线性函数 f 在 V 的不同基下的度量矩阵是合同的;而同一个线性变换在 V 的不同基下的矩阵是相似的。在例 18 中我们将给出 $T_2(V)$ 到 $\mathrm{Hom}(V,V)$ 的另一个同构映射(不用矩阵作为纽带)。

我们把 V 上所有对称双线性函数组成的集合记作 $S_2(V)$,把 V 上所有斜对称双线性函数组成的集合记作 $\Lambda_2(V)$。容易验证:$S_2(V)$ 和 $\Lambda_2(V)$ 都是 $T_2(V)$ 的子空间。

定理 8 设 V 是特征不为 2 的域 F 上的线性空间,则

$$T_2(V) = S_2(V) \oplus \Lambda_2(V) \, 。$$

证明 先证 $T_2(V) = S_2(V) + \Lambda_2(V)$。任取 $f \in T_2(V)$,令

$$g(\alpha,\beta) = \frac{1}{2}\big[f(\alpha,\beta) + f(\beta,\alpha)\big],$$

$$h(\alpha,\beta) = \frac{1}{2}\big[f(\alpha,\beta) - f(\beta,\alpha)\big],$$

这里 $\frac{1}{2}$ 指的是 $(2e)^{-1}$,其中 e 是域 F 的单位元。显然,$g \in S_2(V)$,$h \in \Lambda_2(V)$,并且

$$f(\alpha,\beta) = g(\alpha,\beta) + h(\alpha,\beta), \qquad \forall \alpha,\beta \in V,$$

因此 $T_2(V) = S_2(V) + \Lambda_2(V)$。

再证 $S_2(V) \bigcap \Lambda_2(V) = 0$。设 $f \in S_2(V) \bigcap \Lambda_2(V)$,则

$$f(\alpha,\beta) = f(\beta,\alpha), \qquad f(\alpha,\beta) = - f(\beta,\alpha),$$

由此得出,$2f(\alpha,\beta) = 0$,由于 $\mathrm{char}\, F \neq 2$,因此

$$f(\alpha,\beta) = 0, \qquad \forall \alpha,\beta \in V,$$

从而 $f = 0$,于是 $S_2(V) \bigcap \Lambda_2(V) = 0$。

综上所述,$T_2(V) = S_2(V) \oplus \Lambda_2(V)$。 ∎

*下面我们来寻找 n 维线性空间 V 上的双线性函数空间 $T_2(V)$ 的一个基。由于 $\dim T_2(V) = n^2$,因此我们只要在 $T_2(V)$ 中找出 n^2 个线性无关的向量(它们是 V 上的双线性函数)即可。为了构造 V 上的双线性函数,给出 V 上的两个线性函数 g,h,令

$$f(\alpha,\beta) = g(\alpha)h(\beta), \qquad \forall \alpha,\beta \in V, \tag{60}$$

容易验证 $f(\alpha,\beta)$ 是 V 上的双线性函数,把它记成 $g \otimes h$,即

$$(g \otimes h)(\alpha, \beta) := g(\alpha)h(\beta), \quad \forall \alpha, \beta \in V。 \tag{61}$$

把 $g \otimes h$ 称为**线性函数** g 与 h 的**张量积**(tensor product)。

有了线性函数的张量积的概念,很自然地会想到:在 V 中取一个基 $\alpha_1, \alpha_2, \cdots, \alpha_n$,它在 V^* 中的对偶基为 $f_1, f_2, \cdots, f_n$。考虑 n^2 个双线性函数

$$f_i \otimes f_j, \qquad i, j = 1, 2, \cdots, n,$$

我们来证明它们线性无关,从而它们就是 $T_2(V)$ 的一个基。设

$$\sum_{i=1}^{n} \sum_{j=1}^{n} k_{ij} f_i \otimes f_j = 0, \tag{62}$$

考虑(62)式两边的双线性函数在 (α_r, α_s) 上的值,得

$$\sum_{i=1}^{n} \sum_{j=1}^{n} k_{ij} f_i(\alpha_r) f_j(\alpha_s) = 0。 \tag{63}$$

由(63)式得

$$k_{rs} = 0, \qquad r, s = 1, 2, \cdots n。 \tag{64}$$

因此 $\{f_i \otimes f_j \,|\, i, j = 1, 2, \cdots, n\}$ 线性无关,从而它们是 $T_2(V)$ 的一个基。

任取 $f \in T_2(V)$,设 f 在 V 的基 $\alpha_1, \alpha_2, \cdots, \alpha_n$ 下的度量矩阵为 $\boldsymbol{A} = (a_{ij})$。我们来求 f 在 $T_2(V)$ 的上述基下的坐标。设

$$f = \sum_{i=1}^{n} \sum_{j=1}^{n} x_{ij} (f_i \otimes f_j), \tag{65}$$

则

$$a_{rs} = f(\alpha_r, \alpha_s) = \sum_{i=1}^{n} \sum_{j=1}^{n} x_{ij} f_i(\alpha_r) f_j(\alpha_s) = x_{rs}。 \tag{66}$$

因此

$$f = \sum_{i=1}^{n} \sum_{j=1}^{n} a_{ij} (f_i \otimes f_j)。 \tag{67}$$

上述我们证明了:

定理 9　设 V 是域 F 上 n 维线性空间,V 中取一个基 $\alpha_1, \alpha_2, \cdots, \alpha_n$,它在 V^* 中的对偶基为 $f_1, f_2, \cdots, f_n$,则 $\{f_i \otimes f_j \,|\, i, j = 1, 2, \cdots, n\}$ 是 $T_2(V)$ 的一个基。设 V 上的双线性函数 f 在 V 的基 $\alpha_1, \alpha_2, \cdots, \alpha_n$ 下的度量矩阵为 $\boldsymbol{A} = (a_{ij})$,则 f 在 $T_2(V)$ 的基 $f_1 \otimes f_1$, $f_1 \otimes f_2, \cdots, f_1 \otimes f_n, \cdots, f_n \otimes f_1, \cdots, f_n \otimes f_n$ 下的坐标为

$$(a_{11}, a_{12}, \cdots, a_{1n}, a_{21}, \cdots, a_{2n}, \cdots, a_{n1}, \cdots, a_{nn})', \tag{68}$$

即

$$f = \sum_{i=1}^{n} \sum_{j=1}^{n} a_{ij} (f_i \otimes f_j)。 \tag{69}$$

设 f 是域 F 上线性空间 V 上的一个双线性函数,V^* 的子空间 $\langle \alpha_L, \beta_R \,|\, \alpha, \beta \in V \rangle$ 称为 f 的**秩空间**,它的维数称为 f 的**秩**,记作 rank f。下面来求 f 的秩,并且讨论它与 f 的矩阵秩有什么关系。

设 $\xi_1, \xi_2, \cdots, \xi_r$ 是 V 上的一组线性函数,如果 V 上的双线性函数 f 能表示成

$$f = \sum_{i=1}^{r} \sum_{j=1}^{r} b_{ij} \xi_i \otimes \xi_j, \tag{70}$$

那么称 f 能用 $\xi_1, \xi_2, \cdots, \xi_r$ **张量形式表示**。

命题 1　如果 V 上的双线性函数 f 能用 V 上的线性函数 $\xi_1, \xi_2, \cdots, \xi_r$ 张量形式表示,那么 f 的秩空间 W 包含于 $\langle \xi_1, \xi_2, \cdots, \xi_r \rangle$,即 $W \subseteq \langle \xi_1, \xi_2, \cdots, \xi_r \rangle$。

证明 由已知条件得到(70)式成立。任取 $\alpha,\beta \in V$。

$$\alpha_L(\beta) = f(\alpha,\beta) = \sum_{i=1}^{r}\sum_{j=1}^{r} b_{ij}\xi_i(\alpha)\xi_j(\beta)$$

$$= \sum_{j=1}^{r}\Big(\sum_{i=1}^{r}b_{ij}\xi_i(\alpha)\Big)\xi_j(\beta) = \Big[\sum_{j=1}^{r}\Big(\sum_{i=1}^{r}b_{ij}\xi_i(\alpha)\Big)\xi_j\Big](\beta),$$

因此 $\alpha_L = \sum_{j=1}^{r}\Big(\sum_{i=1}^{r}b_{ij}\xi_i(\alpha)\Big)\xi_j$，于是 $\alpha_L \in \langle\xi_1,\xi_2,\cdots,\xi_r\rangle$。同理可证 $\beta_R \in \langle\xi_1,\xi_2,\cdots,\xi_r\rangle$。因此

$$W \subseteq \langle\xi_1,\xi_2,\cdots,\xi_r\rangle. \qquad\blacksquare$$

由命题 1 立即得到：

推论 2 如果 V 上的双线性函数 f 能用 V 上的 r 个线性函数张量形式表示，那么 f 的秩不超过 r。 $\blacksquare$

n 维线性空间 V 上的任一双线性函数 f 是否能用 V 上的有限多个线性函数张量形式表示呢？回答是肯定的，即我们有下述命题：

命题 2 n 维线性空间 V 上的任一双线性函数 f 能够用它的秩空间 W 的任意一个基张量形式表示。

证明 在 f 的秩空间 W 中取一个基 $\xi_1,\xi_2,\cdots,\xi_r$，把它扩充成 V^* 的一个基 $\xi_1,\xi_2,\cdots,\xi_r,\xi_{r+1},\cdots,\xi_n$。设它在 V^{**} 中的对偶基为 $\alpha_1^{**},\alpha_2^{**},\cdots,\alpha_r^{**},\alpha_{r+1}^{**},\cdots,\alpha_n^{**}$。把 V^{**} 与 V 等同，则 $\alpha_1,\alpha_2,\cdots,\alpha_r,\alpha_{r+1},\cdots,\alpha_n$ 是 V 的一个基，当 $r<j\leqslant n$ 时，对于 $1\leqslant i\leqslant r$，有

$$\xi_i(\alpha_j) = \alpha_j^{**}(\xi_i) = 0. \qquad(71)$$

由于 $\alpha_L \in W$，因此 $\alpha_L = k_1\xi_1+k_2\xi_2+\cdots+k_r\xi_r$，于是从(71)式得，$\alpha_L(\alpha_j)=0$，即 $f(\alpha,\alpha_j)=0$。同理，由于 $\beta_R \in W$，因此 $\beta_R(\alpha_j)=0$，即 $f(\alpha_j,\beta)=0$，从而 f 在 V 的基 $\alpha_1,\alpha_2,\cdots,\alpha_r,\alpha_{r+1},\cdots,\alpha_n$ 下的度量矩阵 $A=(a_{ij})$ 形如

$$A = \begin{pmatrix} A_1 & 0 \\ 0 & 0 \end{pmatrix}, \qquad(72)$$

其中 A_1 是 r 级矩阵。于是根据定理 9 得

$$f = \sum_{i=1}^{r}\sum_{j=1}^{r} a_{ij}(\xi_i \otimes \xi_j), \qquad(73)$$

这表明 f 能用 W 的一个基 $\xi_1,\xi_2,\cdots,\xi_r$ 张量形式表示。 $\blacksquare$

从推论 2 和命题 2 立即得到：

推论 3 n 维线性空间 V 上的双线性函数 f 的秩等于能够用张量形式表示 f 的 V 上线性函数的最小数目。 $\blacksquare$

从命题 2 的证明过程中看到：

$$\text{rank}_m f = \text{rank}(A) = \text{rank}(A_1) \leqslant r = \dim W = \text{rank } f,$$

因此我们得到：

推论 4 n 维线性空间 V 上的双线性函数 f 的矩阵秩不超过 f 的秩。 $\blacksquare$

存在双线性函数 f，它的矩阵秩小于它的秩。例如，在 2 维线性空间 V 中取一个基 α_1,α_2，它在 V^* 中的对偶基为 f_1,f_2。考虑 $f=f_1\otimes f_2$。根据定理 9 可以立即写出 f 在 V

的基 α_1,α_2 下的度量矩阵 A 为

$$A = \begin{pmatrix} 0 & 1 \\ 0 & 0 \end{pmatrix},$$

因此 f 的矩阵秩是 1。由于 f 可以用 f_1,f_2 张量形式表示，因此 $\mathrm{rank}\,f\leqslant 2$。假如 $\mathrm{rank}\,f=1$，则 f 的秩空间 $W=\langle\xi_1\rangle$，根据命题 2 得，$f=b\xi_1\otimes\xi_1$。任取 $\alpha,\beta\in V$，有

$$f(\alpha,\beta) = b\xi_1(\alpha)\xi_1(\beta) = f(\beta,\alpha),$$

于是 f 是对称双线性函数，从而 f 在基 α_1,α_2 下的度量矩阵 A 应当是对称矩阵，但是 A 不是对称矩阵。这个矛盾表明 $\mathrm{rank}\,f\neq 1$，从而 $\mathrm{rank}\,f=2$。

定理 10　设 f 是域 F 上 n 维线性空间 V 上的对称双线性函数，则 f 的矩阵秩等于 f 的秩。

证明　由于 f 是对称的，因此 $\forall\alpha,\beta\in V$，有

$$\beta_R(\alpha) = f(\alpha,\beta) = f(\beta,\alpha) = \beta_L(\alpha),$$

从而 $\beta_R=\beta_L$，因此 f 的秩空间 $W=\langle\alpha_L\,|\,\alpha\in V\rangle$。

在 V 中取一个基 $\alpha_1,\alpha_2,\cdots,\alpha_n$，设 $\alpha=\sum\limits_{i=1}^{n}x_i\alpha_i$，则

$$\alpha_L(\beta) = f(\alpha,\beta) = f\Big(\sum_{i=1}^{n}x_i\alpha_i,\beta\Big) = \sum_{i=1}^{n}x_i f(\alpha_i,\beta) = \sum_{i=1}^{n}x_i(\alpha_i)_L(\beta),$$

因此 $\alpha_L=\sum\limits_{i=1}^{n}x_i(\alpha_i)_L$，从而

$$W = \langle(\alpha_1)_L,(\alpha_2)_L,\cdots,(\alpha_n)_L\rangle。 \tag{74}$$

设 $\alpha_1,\alpha_2,\cdots,\alpha_n$ 在 V^* 中的对偶基为 $f_1,f_2,\cdots,f_n$，则

$$(\alpha_i)_L = \sum_{j=1}^{n}(\alpha_i)_L(\alpha_j)f_j = \sum_{j=1}^{n}f(\alpha_i,\alpha_j)f_j。 \tag{75}$$

(75)式表明：$(\alpha_i)_L$ 在基 $f_1,f_2,\cdots,f_n$ 下的坐标是

$$(f(\alpha_i,\alpha_1),f(\alpha_i,\alpha_2),\cdots,f(\alpha_i,\alpha_n))'。$$

设 f 在基 $\alpha_1,\alpha_2,\cdots,\alpha_n$ 下的度量矩阵为 A，则

$$\mathrm{rank}_m f = \mathrm{rank}(A) = \dim\langle(\alpha_1)_L,(\alpha_2)_L,\cdots,(\alpha_n)_L\rangle$$
$$= \dim W = \mathrm{rank}\,f。$$

定理 10 对于 n 维线性空间 V 上的斜对称双线性函数也成立。证明方法几乎一样，仅有的改动之处为

$$\beta_R = (-\beta)_L。$$

八、特征为 2 的域 F 上 n 维线性空间 V 上的对称双线性函数的度量矩阵的最简单形式

设域 F 的特征为 2，则 $\forall\alpha\in F$ 有 $2\alpha=0$，即 $\alpha+\alpha=0$，从而 $-\alpha=\alpha$。于是在特征 2 的域 F 上的线性空间 V 上的斜对称双线性函数也是对称双线性函数。由此我们猜测并且来证明下述定理 11。

定理 11　设 f 是特征为 2 的域 F 上 n 维线性空间 V 上的对称双线性函数，则 V 中

存在一个基,使得 f 在此基下的度量矩阵 A 为下述形式的分块对角矩阵:

$$\mathrm{diag}\left\{d_1,\cdots,d_r,\begin{pmatrix}0&1\\1&0\end{pmatrix},\cdots,\begin{pmatrix}0&1\\1&0\end{pmatrix}\right\},\tag{76}$$

其中 $d_i\in F,i=1,\cdots,r,\quad 0\leqslant r\leqslant n$。

证明 对线性空间的维数 n 作第二数学归纳法。

$n=1$ 时,f 在 V 的任意一个基下的度量矩阵是 1 级矩阵,于是命题为真。下面考虑 $n>1$ 的情形。

若 $f=0$,则 f 在 V 的任一个基下的度量矩阵是 **0**,从而命题为真。下面设 $f\neq0$。我们断言:或者 V 中存在一个向量 α_1 使得 $f(\alpha_1,\alpha_1)\neq0$,或者 V 中存在线性无关的向量 δ_1,α_2 使得 $f(\delta_1,\alpha_2)\neq0$。理由如下:假如 $\forall\gamma\in V$ 有 $f(\gamma,\gamma)=0$,且对一切线性无关的向量 α,β 都有 $f(\alpha,\beta)=0$,则对一切线性相关的向量 $\alpha,k\alpha$ 有 $f(\alpha,k\alpha)=kf(\alpha,\alpha)=0$,从而 $\forall\alpha,\beta\in V$ 都有 $f(\alpha,\beta)=0$,于是 $f=0$,矛盾。因此上述断言成立。若 V 中存在线性无关的向量 δ_1,α_2 使得 $f(\delta_1,\alpha_2)\neq0$,令 $\delta_{-1}=f(\delta_1,\alpha_2)^{-1}\alpha_2$,则

$$f(\delta_1,\delta_{-1})=f(\delta_1,f(\delta_1,\alpha_2)^{-1}\alpha_2)=f(\delta_1,\alpha_2)^{-1}f(\delta_1,\alpha_2)=1。$$

综上所述,当 $f\neq0$ 时,或者 V 中存在向量 α_1 使得 $f(\alpha_1,\alpha_1)\neq0$,或者 V 中存在线性无关的向量 δ_1,δ_{-1} 使得 $f(\delta_1,\delta_{-1})=1$。

$n=2$ 时,若 V 中存在向量 α_1 使得 $f(\alpha_1,\alpha_1)=d_1\neq0$,则把 α_1 扩充成 V 的一个基 α_1,α_2。令

$$\beta_2=\alpha_2-\frac{f(\alpha_2,\alpha_1)}{d_1}\alpha_1,\tag{77}$$

则

$$f(\alpha_1,\beta_2)=f(\alpha_1,\alpha_2-\frac{f(\alpha_2,\alpha_1)}{d_1}\alpha_1)=f(\alpha_1,\alpha_2)-\frac{f(\alpha_2,\alpha_1)}{d_1}f(\alpha_1,\alpha_1)$$
$$=f(\alpha_1,\alpha_2)-f(\alpha_1,\alpha_2)=0。$$

从(77)式看出,α_1,β_2 与 α_1,α_2 等价,从而 α_1,β_2 也是 V 的一个基。记 $f(\beta_2,\beta_2)=d_2$,则 f 在基 α_1,β_2 下的度量矩阵为

$$\begin{pmatrix}d_1&0\\0&d_2\end{pmatrix}。$$

若 $\forall\alpha\in V$ 都有 $f(\alpha,\alpha)=0$,则 V 中存在线性无关的向量 δ_1,δ_{-1} 使得 $f(\delta_1,\delta_{-1})=1$。此时 f 在基 δ_1,δ_{-1} 下的度量矩阵为

$$\begin{pmatrix}0&1\\1&0\end{pmatrix}。$$

因此 $n=2$ 时命题为真。

假设线性空间的维数小于 n 时命题为真,现在来看 n 维线性空间 V 上的对称双线性函数 f,且 $f\neq0$。

情形 1 V 中存在向量 α_1 使得 $f(\alpha_1,\alpha_1)=d_1\neq0$,把 α_1 扩充成 V 的一个基 $\alpha_1,\alpha_2,\cdots$,α_n。令

$$\beta_i=\alpha_i-\frac{f(\alpha_i,\alpha_1)}{d_1}\alpha_1,i=2,\cdots,n,\tag{78}$$

则

$$f(\alpha_1,\beta_i)=f(\alpha_1,\alpha_i)-\frac{f(\alpha_i,\alpha_1)}{d_1}f(\alpha_1,\alpha_1)=f(\alpha_1,\alpha_i)-f(\alpha_1,\alpha_i)=0。 \tag{79}$$

从(78)式得出,$\alpha_1,\beta_2,\cdots,\beta_n$ 与 $\alpha_1,\alpha_2,\cdots,\alpha_n$ 等价,因此 $\alpha_1,\beta_2,\cdots,\beta_n$ 也是 V 的一个基。令 $W=\langle\beta_2,\cdots,\beta_n\rangle$,则 $V=\langle\alpha_1\rangle\oplus W$。$f|W$ 是 W 上的对称双线性函数,根据归纳假设,W 中存在一个基 $\eta_2,\cdots,\eta_n$ 使得 $f|W$ 在此基下的度量矩阵 $\boldsymbol{B}$ 为形如下述的分块对角矩阵:

$$\boldsymbol{B}=\mathrm{diag}\left\{d_2,\cdots,d_r,\begin{pmatrix}0&1\\1&0\end{pmatrix},\cdots,\begin{pmatrix}0&1\\1&0\end{pmatrix}\right\},$$

其中 $d_2,\cdots,d_r\in F,2\leqslant r\leqslant n$。从(79)式得出,对于任意 $\beta\in W$ 有 $f(\alpha_1,\beta)=0$,从而 $f(\alpha_1,\eta_i)=0,2\leqslant i\leqslant n$,于是 f 在 V 的一个基 $\alpha_1,\eta_2,\cdots,\eta_n$ 下的度量矩阵 $\boldsymbol{A}$ 为

$$\boldsymbol{A}=\mathrm{diag}\left\{d_1,d_2,\cdots,d_r,\begin{pmatrix}0&1\\1&0\end{pmatrix},\cdots,\begin{pmatrix}0&1\\1&0\end{pmatrix}\right\},$$

其中 $d_1,d_2,\cdots,d_r\in F,1\leqslant r\leqslant n$。

情形 2　$\forall\alpha\in V$ 都有 $f(\alpha,\alpha)=0$。此时 V 中存在线性无关的向量 δ_1,δ_{-1} 使得 $f(\delta_1,\delta_{-1})=1$。把 δ_1,δ_{-1} 扩充成 V 的一个基 $\delta_1,\delta_{-1},\beta_3,\cdots,\beta_n$。令

$$\widetilde{\beta}_i=\beta_i+f(\beta_i,\delta_{-1})\delta_1+f(\beta_i,\delta_1)\delta_{-1},i=3,\cdots,n, \tag{80}$$

则

$$\begin{aligned}f(\delta_1,\widetilde{\beta}_i)&=f(\delta_1,\beta_i)+f(\beta_i,\delta_{-1})f(\delta_1,\delta_1)+f(\beta_i,\delta_1)f(\delta_1,\delta_{-1})\\&=f(\delta_1,\beta_i)+f(\delta_1,\beta_i)=0,\end{aligned} \tag{81}$$

$$\begin{aligned}f(\delta_{-1},\widetilde{\beta}_i)&=f(\delta_{-1},\beta_i)+f(\beta_i,\delta_{-1})f(\delta_{-1},\delta_1)+f(\beta_i,\delta_1)f(\delta_{-1},\delta_{-1})\\&=f(\delta_{-1},\beta_i)+f(\delta_{-1},\beta_i)=0。\end{aligned} \tag{82}$$

从(80)式得出,$\delta_1,\delta_{-1},\widetilde{\beta}_3,\cdots,\widetilde{\beta}_n$ 与 $\delta_1,\delta_{-1},\beta_3,\cdots,\beta_n$ 等价,因此 $\delta_1,\delta_{-1},\widetilde{\beta}_3,\cdots,\widetilde{\beta}_n$ 也是 V 的一个基。令

$$W=\langle\widetilde{\beta}_3,\cdots,\widetilde{\beta}_n\rangle,$$

则 $V=\langle\delta_1,\delta_{-1}\rangle\oplus W$。$f|W$ 是 W 上的对称双线性函数,且 $\forall\gamma\in W$ 有 $(f|W)(\gamma,\gamma)=f(\gamma,\gamma)=0$。于是根据归纳假设得,$W$ 中存在一个基 $\delta_2,\delta_{-2},\cdots,\delta_s,\delta_{-s},\gamma_1,\cdots,\gamma_t$ 使得 $f|W$ 在此基下的度量矩阵 $\boldsymbol{C}$ 为

$$\boldsymbol{C}=\mathrm{diag}\left\{\begin{pmatrix}0&1\\1&0\end{pmatrix},\cdots,\begin{pmatrix}0&1\\1&0\end{pmatrix},0_t\right\}。$$

从(81)、(82)式得,$\forall\beta\in W$ 有 $f(\delta_1,\beta)=0,f(\delta_{-1},\beta)=0$,从而 f 在 V 的一个基 $\delta_1,\delta_{-1},\delta_2,\delta_{-2},\cdots,\delta_s,\cdots,\delta_{-s},\gamma_1,\cdots,\gamma_t$ 下的度量矩阵 $\boldsymbol{A}$ 为

$$\boldsymbol{A}=\mathrm{diag}\left\{\begin{pmatrix}0&1\\1&0\end{pmatrix},\begin{pmatrix}0&1\\1&0\end{pmatrix},\cdots,\begin{pmatrix}0&1\\1&0\end{pmatrix},0_t\right\}。$$

根据第二数学归纳法原理,对一切正整数 n 命题为真。∎

注 1　在定理 1 中,设 U 是 V 的一个 3 维子空间,且 $f|U$ 作为 U 上的对称双线性函数在 U 的一个基 $\alpha_1,\delta_1,\delta_{-1}$ 下的度量矩阵为 $\mathrm{diag}\left\{d,\begin{pmatrix}0&1\\1&0\end{pmatrix}\right\}$,其中 $d\neq0$。令

$$\xi_1 = \alpha_1 + d\delta_1, \xi_2 = \alpha_1 + \delta_{-1}, \xi_3 = \alpha_1 + d\delta_1 + \delta_{-1},$$

由于

$$\begin{vmatrix} 1 & 1 & 1 \\ d & 0 & d \\ 0 & 1 & 1 \end{vmatrix} = d \begin{vmatrix} 1 & 1 & 1 \\ 1 & 0 & 1 \\ 0 & 1 & 1 \end{vmatrix} = d \begin{vmatrix} 1 & 1 & 1 \\ 0 & 1 & 0 \\ 0 & 1 & 1 \end{vmatrix} = d \neq 0,$$

因此 ξ_1, ξ_2, ξ_3 线性无关,从而它们也是 U 的一个基。

$$f|U(\xi_1,\xi_1) = f(\xi_1,\xi_1) = f(\alpha_1,\alpha_1) + f(d\delta_1,d\delta_1) = d,$$
$$f|U(\xi_1,\xi_2) = f(\xi_1,\xi_2) = f(\alpha_1,\alpha_1) + f(d\delta_1,\delta_{-1}) = d+d = 0,$$
$$f|U(\xi_1,\xi_3) = f(\xi_1,\xi_3) = f(\alpha_1,\alpha_1) + f(d\delta_1,\delta_{-1}) = d+d = 0,$$
$$f|U(\xi_2,\xi_2) = f(\xi_2,\xi_2) = f(\alpha_1,\alpha_1) + f(\delta_{-1},\delta_{-1}) = d,$$
$$f|U(\xi_2,\xi_3) = f(\xi_2,\xi_3) = f(\alpha_1,\alpha_1) + f(\delta_{-1},d\delta_1) = d+d = 0,$$
$$f|U(\xi_3,\xi_3) = f(\xi_3,\xi_3) = f(\alpha_1,\alpha_1) + f(d\delta_1,\delta_{-1}) + f(\delta_{-1},d\delta_1) = d.$$

于是 $f|U$ 在 U 的基 ξ_1, ξ_2, ξ_3 下的度量矩阵为

$$\mathrm{diag}\{d,d,d\}.$$

利用注 1 并且结合定理 11 立即得到下述定理 12。

定理 12 设 f 是特征为 2 的域 F 上 n 维线性空间 V 上的对称双线性函数。若 V 中存在一个向量 α_1 使得 $f(\alpha_1,\alpha_1) \neq 0$,则 V 中存在一个基使得 f 在此基下的度量矩阵 $\boldsymbol{A}$ 为对角矩阵:

$$\boldsymbol{A} = \mathrm{diag}\{d_1,\cdots,d_r,\boldsymbol{0}_{n-r}\},$$

其中 $d_i \in F$ 且 $d_i \neq 0, i=1,\cdots,r; 1 \leqslant r \leqslant n$。

设 a 是域 F 中一个元素,如果存在 $b \in F$ 使得 $b^2 = a$,那么称 a 是 F 的一个**平方元**。

注 2 在定理 12 中,若 f 的度量矩阵 $\boldsymbol{A}$ 中某个主对角元 d_j 是非零平方元,则这个 d_j 可用 1 代替。理由是:由于存在 $b_j \in F$ 且 $b_j \neq 0$ 使得 $b_j^2 = d_j$,因此

$$\boldsymbol{A} \xrightarrow{b_j^{-1}\textcircled{1}} \mathrm{diag}\{d_1,\cdots,d_{j-1},b_j^{-1}d_j,d_{j+1},\cdots,d_r,\boldsymbol{0}_{n-r}\}$$
$$\xrightarrow{b_j^{-1}\textcircled{1}} \mathrm{diag}\{d_1,\cdots,d_{j-1},1,d_{j+1},\cdots,d_r,\boldsymbol{0}_{n-r}\},$$

从而 $\boldsymbol{A} \simeq \mathrm{diag}\{d_1,\cdots,d_{j-1},1,d_{j+1},\cdots,d_r,\boldsymbol{0}_{n-r}\}$。

从定理 12 和注 2 立即得到下述推论 5。

推论 5 设 f 是特征为 2 的域 F 上 n 维线性空间 V 上的对称双线性函数。若域 F 的每个非零元都是平方元,且 V 中存在一个向量 α_1 使得 $f(\alpha_1,\alpha_1) \neq 0$,则 V 中存在一个基使得 f 在此基下的度量矩阵为下述形式的对角矩阵:

$$\mathrm{diag}\{\boldsymbol{I}_r,\boldsymbol{0}_{n-r}\},$$

其中 $1 \leqslant r \leqslant n$。

根据本书第 8 章 8.3 节的定理 2,有限域 F 的元素个数是一个素数 p 的方幂,且 p 是域 F 的特征。根据参考文献[18]的第一章 §1.1 的定理 2,有限域 F 的所有非零元组成的集合 F^* 对于乘法成为一个群,且 F^* 是循环群。根据该书的第二章 §2.4 的定理 1 和第四章的习题 4.2 的第 6 题,设 $q = p^m, p$ 为素数,$m \in \mathbf{N}^*$,则 q 元有限域一定存在,且任意两个 q 元有限域是同构的,记作 F_q 或 $GF(q)$。于是 $F_{2^m}^*$ 是循环群,设它的一个生成元

为 ζ,则 $\zeta^{2^m-1}=1$,从而 $F_{2^m}^*$ 的任一元素 a 可以表示成 $a=\zeta^i$。由于 $\zeta^{2^m}=\zeta$,因此

$$a=\zeta^i=(\zeta^{2^m})^i=(\zeta^{2^{m-1}i})^2,$$

从而 F_{2^m} 的每一个非零元都是平方元。又域 F_{2^m} 的特征为 2,于是由推论 5 立即得到下述推论 6。

推论 6　设 f 是域 F_{2^m} 上 n 维线性空间 V 上的对称双线性函数。若 V 中存在一个向量 α_1 使得 $f(\alpha_1,\alpha_1)\neq0$,则 V 中存在一个基使得 f 在此基下的度量矩阵为下述形式的对角矩阵:

$$\mathrm{diag}\{\boldsymbol{I}_r,\boldsymbol{0}_{n-r}\},$$

其中 $1\leqslant r\leqslant n$。

10.1.2　典型例题

例 1　在 K^4 中,设 $\boldsymbol{\alpha}=(x_1,x_2,x_3,x_4)',\boldsymbol{\beta}=(y_1,y_2,y_3,y_4)'$,令

$$f(\boldsymbol{\alpha},\boldsymbol{\beta})=x_1y_1+x_2y_2+x_3y_3-x_4y_4。$$

(1) 说明 f 是 K^4 上的一个双线性函数;

(2) 求 f 在标准基 $\boldsymbol{\varepsilon}_1,\boldsymbol{\varepsilon}_2,\boldsymbol{\varepsilon}_3,\boldsymbol{\varepsilon}_4$ 下的度量矩阵;

(3) 说明 f 是非退化的;

(4) 说明 f 是对称的;

(5) 求一个向量 $\boldsymbol{\alpha}\neq0$,使得 $f(\boldsymbol{\alpha},\boldsymbol{\alpha})=0$。

解　(1) $f(\boldsymbol{\alpha},\boldsymbol{\beta})=x_1y_1+x_2y_2+x_3y_3-x_4y_4$

$$=(x_1,x_2,x_3,x_4)\begin{pmatrix}1&&&\\&1&&\\&&1&\\&&&-1\end{pmatrix}\begin{pmatrix}y_1\\y_2\\y_3\\y_4\end{pmatrix},$$

因此 f 是 K^4 上的一个双线性函数。

(2) f 在基 $\boldsymbol{\varepsilon}_1,\boldsymbol{\varepsilon}_2,\boldsymbol{\varepsilon}_3,\boldsymbol{\varepsilon}_4$ 下的度量矩阵 $\boldsymbol{A}$ 为

$$\boldsymbol{A}=\mathrm{diag}\{1,1,1,-1\}。$$

(3) 由于 $\mathrm{rank}(\boldsymbol{A})=4$,因此 f 是非退化的。

(4) 由于 $\boldsymbol{A}$ 是对称矩阵,因此 f 是对称的。

(5) 取 $\boldsymbol{\alpha}=(1,0,0,1)'$,则 $f(\boldsymbol{\alpha},\boldsymbol{\alpha})=0$。

例 2　定义 $M_n(F)\times M_n(F)$ 到 F 的一个映射 f 如下:

$$f(\boldsymbol{A},\boldsymbol{B})=\mathrm{tr}(\boldsymbol{A}\boldsymbol{B}')。$$

证明:f 是 $M_n(F)$ 上的一个非退化对称双线性函数。

证明　任取 $\boldsymbol{A}_1,\boldsymbol{A}_2,\boldsymbol{A},\boldsymbol{B}_1,\boldsymbol{B}_2,\boldsymbol{B}\in M_n(F),k_1,k_2\in F$,有

$$f(k_1\boldsymbol{A}_1+k_2\boldsymbol{A}_2,\boldsymbol{B})=\mathrm{tr}[(k_1\boldsymbol{A}_1+k_2\boldsymbol{A}_2)\boldsymbol{B}']=\mathrm{tr}[k_1\boldsymbol{A}_1\boldsymbol{B}'+k_2\boldsymbol{A}_2\boldsymbol{B}']$$
$$=k_1\mathrm{tr}(\boldsymbol{A}_1\boldsymbol{B}')+k_2\mathrm{tr}(\boldsymbol{A}_2\boldsymbol{B}')=k_1f(\boldsymbol{A}_1,\boldsymbol{B})+k_2f(\boldsymbol{A}_2,\boldsymbol{B})。$$

同理可证,$f(\boldsymbol{A},k_1\boldsymbol{B}_1+k_2\boldsymbol{B}_2)=k_1f(\boldsymbol{A},\boldsymbol{B}_1)+k_2f(\boldsymbol{A},\boldsymbol{B}_2)$,因此 f 是 $M_n(F)$ 上的一个双线

性函数。由于

$$f(\boldsymbol{A},\boldsymbol{B})=\mathrm{tr}(\boldsymbol{A}\boldsymbol{B}')=\mathrm{tr}((\boldsymbol{B}\boldsymbol{A}')')=\mathrm{tr}(\boldsymbol{B}\boldsymbol{A}')=f(\boldsymbol{B},\boldsymbol{A}),$$

因此 f 是对称的,有

$$f(\boldsymbol{E}_{ik},\boldsymbol{E}_{jl})=\mathrm{tr}(\boldsymbol{E}_{ik}\boldsymbol{E}_{jl}')=\mathrm{tr}(\boldsymbol{E}_{ik}\boldsymbol{E}_{lj})。$$

由于

$$\boldsymbol{E}_{ik}\boldsymbol{E}_{lj}=\begin{cases}\boldsymbol{E}_{ij}, & \text{当 }k=l;\\ \boldsymbol{0}, & \text{当 }k\neq l。\end{cases}$$

因此

$$f(\boldsymbol{E}_{ik},\boldsymbol{E}_{jl})=\begin{cases}1, & \text{当 }k=l,\text{且 }i=j;\\ 0, & \text{其他。}\end{cases}$$

于是 f 在基 $\boldsymbol{E}_{11},\boldsymbol{E}_{12},\cdots,\boldsymbol{E}_{1n},\cdots,\boldsymbol{E}_{n1},\cdots,\boldsymbol{E}_{nn}$ 下的度量矩阵为 n^2 级单位矩阵 $\boldsymbol{I}$,从而 f 是非退化的。 ∎

例3 证明:当 V 是域 F 上的有限维线性空间时,V 上的双线性函数 f 的左根与右根的维数相等,都等于

$$\dim V-\mathrm{rank}_m f。$$

证明 V 中取一个基 $\alpha_1,\alpha_2,\cdots,\alpha_n$,设 f 在此基下的度量矩阵为 $\boldsymbol{A}$。任取 $\alpha\in V$,设 $\alpha=(\alpha_1,\alpha_2,\cdots,\alpha_n)\boldsymbol{x}$。根据定理 2 的证明得,$\alpha\in\mathrm{rad}_L V$ 当且仅当 $\boldsymbol{x}$ 是齐次线性方程组 $\boldsymbol{A}'\boldsymbol{z}=\boldsymbol{0}$ 的解,即 $\boldsymbol{x}$ 属于 $\boldsymbol{A}'\boldsymbol{z}=\boldsymbol{0}$ 的解空间 W。由于 α 对应到它的坐标 $\boldsymbol{x}$ 是 V 到 F^n 的一个同构映射,且 $\mathrm{rad}_L V$ 在此映射下的象为 W,因此

$$\dim(\mathrm{rad}_L V)=\dim W=n-\mathrm{rank}(\boldsymbol{A}')=n-\mathrm{rank}(\boldsymbol{A})=\dim V-\mathrm{rank}_m f。$$

同理可证:$\dim\mathrm{rad}_R V=\dim V-\mathrm{rank}_m f$。 ∎

例4 设 f 是域 F 上 n 维线性空间 V 上的一个双线性函数。证明:

(1) 映射 $L_f:\alpha\longmapsto\alpha_L$ 是 V 到 V^* 的一个线性映射;映射 $R_f:\beta\longmapsto\beta_R$ 是 V 到 V^* 的一个线性映射;

(2) $\mathrm{Ker}\,L_f=\mathrm{rad}_L V,\mathrm{Ker}\,R_f=\mathrm{rad}_R V$;

(3) $\mathrm{rank}\,L_f=\mathrm{rank}_m f=\mathrm{rank}\,R_f$;

(4) f 是非退化的当且仅当 L_f(或 R_f)是线性空间 V 到 V^* 的一个同构映射。

证明 (1) 任取 $\alpha,\gamma\in V,k\in F,\forall\beta\in V$,有

$$L_f(\alpha+\gamma)\beta=(\alpha+\gamma)_L\beta=f(\alpha+\gamma,\beta)=f(\alpha,\beta)+f(\gamma,\beta)$$
$$=\alpha_L(\beta)+\gamma_L(\beta)=(\alpha_L+\gamma_L)\beta,$$

因此 $\qquad L_f(\alpha+\gamma)=\alpha_L+\gamma_L=L_f(\alpha)+L_f(\gamma)。$

$$L_f(k\alpha)\beta=(k\alpha)_L\beta=f(k\alpha,\beta)=kf(\alpha,\beta)=k\alpha_L(\beta),$$

因此 $L_f(k\alpha)=k\alpha_L=kL_f(\alpha)$,从而 L_f 是 V 到 V^* 的一个线性映射。

同理可证:R_f 是 V 到 V^* 的一个线性映射。

(2) $\alpha\in\mathrm{Ker}\,L_f\iff\alpha_L=0$
$$\iff\alpha_L(\beta)=0,\quad\forall\beta\in V$$
$$\iff f(\alpha,\beta)=0,\quad\forall\beta\in V$$

$$\Longleftrightarrow \quad \alpha \in \mathrm{rad}_L V,$$

因此　　$\mathrm{Ker}\, L_f = \mathrm{rad}_L V$。同理可证 $\mathrm{Ker}\, R_f = \mathrm{rad}_R V$。

（3）利用例 3 的结论可得

$$\mathrm{rank}\, L_f = \dim \mathrm{Im}(L_f) = \dim V - \dim \mathrm{Ker}(L_f)$$

$$= \dim V - \dim(\mathrm{rad}_L V) = \mathrm{rank}_m f。$$

同理可证：$\mathrm{rank}\, R_f = \mathrm{rank}_m f$。

（4）f 非退化　$\Longleftrightarrow$　$\mathrm{rad}_L V = 0$

$\Longleftrightarrow$　$\mathrm{Ker}\, L_f = 0$

$\Longleftrightarrow$　L_f 是 V 到 V^* 的单射

$\Longleftrightarrow$　L_f 是 V 到 V^* 的满射

$\Longleftrightarrow$　L_f 是 V 到 V^* 的双射

$\Longleftrightarrow$　L_f 是 V 到 V^* 的同构映射。

同理可证：f 非退化　$\Longleftrightarrow$　R_f 是 V 到 V^* 的同构映射。　■

点评：从例 4 的第（4）小题看到：若 n 维线性空间 V 上的一个双线性函数 f 是非退化的，则 $L_f: \alpha \longmapsto \alpha_L$ 是 V 到 V^* 的一个同构映射，从而当 α 跑遍 V 中所有向量时，α_L 就跑遍 V 上的所有线性函数。这表明从 V 上的一个非退化的双线性函数 f，可以得到 V 上的所有线性函数。特别地，对于 F^n 的点积 $\boldsymbol{\alpha} \cdot \boldsymbol{\beta} = \sum\limits_{i=1}^{n} a_i b_i$，它在标准基 $\boldsymbol{\varepsilon}_1, \boldsymbol{\varepsilon}_2, \cdots, \boldsymbol{\varepsilon}_n$ 下的度量矩阵是单位矩阵 $\boldsymbol{I}$，从而它是非退化的。根据上述讨论，当 $\boldsymbol{\alpha}$ 跑遍 F^n 的所有向量时，$\boldsymbol{\alpha}_L$ 就跑遍 F^n 上的所有线性函数。这说明从 F^n 的点积 $\boldsymbol{\alpha} \cdot \boldsymbol{\beta}$ 可以得到 F^n 上的所有线性函数。这个结论有实际应用。

例 5　设 f 是特征不为 2 的域 F 上线性空间 V 上的双线性函数，证明：f 是斜对称的充分必要条件为"对任意 $\alpha \in V$，有 $f(\alpha, \alpha) = 0$"。

证明　必要性。设 f 是斜对称的，则对任意 $\alpha \in V$，有 $f(\alpha, \alpha) = -f(\alpha, \alpha)$，从而 $2f(\alpha, \alpha) = 0$，由于 $\mathrm{char}\, F \neq 2$，因此 $f(\alpha, \alpha) = 0$。

充分性。设对任意 $\alpha \in V$，有 $f(\alpha, \alpha) = 0$，则对任意 $\alpha, \beta \in V$，有

$$0 = f(\alpha + \beta, \alpha + \beta) = f(\alpha, \alpha) + f(\alpha, \beta) + f(\beta, \alpha) + f(\beta, \beta) = f(\alpha, \beta) + f(\beta, \alpha),$$

由此得出，$f(\alpha, \beta) = -f(\beta, \alpha)$。因此 f 是斜对称的。　■

例 6　设 f 是域 F 上线性空间 V 上的对称或斜对称双线性函数，如果 V 中两个向量 α, β 满足 $f(\alpha, \beta) = 0$，那么称 α 与 β **正交**。设 f 是 V 上的双线性函数（不必是对称或斜对称的），W 是 V 的一个子空间，把 f 限制到 W 上，则 $f|W$ 是 W 上的双线性函数。W 的子集

$$\{\alpha \in W \mid f(\alpha, \beta) = 0, \qquad \forall \beta \in W\}$$

称为 $f|W$ 的**左根**，记作 $\mathrm{rad}_L W$。类似地，可定义 $f|W$ 的**右根**，记作 $\mathrm{rad}_R W$。显然 $\mathrm{rad}_L W$ 和 $\mathrm{rad}_R W$ 都是 W 的子空间。当 f 是对称或斜对称的双线性函数时，$\mathrm{rad}_L W = \mathrm{rad}_R W$，记作 $\mathrm{rad}\, W$，简称为 $f|W$ 的**根**。

设 $\mathrm{char}\, F \neq 2$，f 是 V 上的对称或斜对称的双线性函数，W 是 V 的一个有限维真子空间，设 $\xi \in V, \xi \notin W$，且 ξ 与 $\mathrm{rad}\, W$ 中的向量都正交。证明：在 W 的陪集 $\xi + W$ 中存在 $\eta \neq 0$，

使得 $f(\eta,\beta)=0,\forall\beta\in W$。

证明 设 f 是 V 上的对称双线性函数,则 f 在 W 上的限制 $f|W$ 是 W 上的对称双线性函数。若 $f|W=0$,则 $\mathrm{rad}\,W=W$,于是对任意 $\beta\in W$,有 $f(\xi,\beta)=0$,从而对于 $\xi+W$ 中任一向量 $\xi+\gamma(\gamma\in W)$ 有

$$f(\xi+\gamma,\beta)=f(\xi,\beta)+f(\gamma,\beta)=0。$$

下面设 $f|W\neq0$。根据定理 3 得,W 中存在一个基 $\alpha_1,\alpha_2,\cdots,\alpha_m$,使得 $f|W$ 在此基下的度量矩阵 $\boldsymbol{D}$ 为

$$\boldsymbol{D}=\mathrm{diag}\{d_1,d_2,\cdots,d_r,0,\cdots,0\},$$

其中 $d_i\neq0,i=1,2,\cdots,r,1\leqslant r\leqslant m$。令

$$\eta=\xi-\sum_{i=1}^{r}\frac{f(\xi,\alpha_i)}{f(\alpha_i,\alpha_i)}\alpha_i,$$

则当 $1\leqslant j\leqslant r$ 时,有

$$f(\eta,\alpha_j)=f(\xi,\alpha_j)-\sum_{i=1}^{r}\frac{f(\xi,\alpha_i)}{f(\alpha_i,\alpha_i)}f(\alpha_i,\alpha_j)$$

$$=f(\xi,\alpha_j)-f(\xi,\alpha_j)=0;$$

当 $r<j\leqslant m$ 时,由于 $f(\alpha_i,\alpha_j)=0,1\leqslant i\leqslant m$,因此 $\alpha_j\in\mathrm{rad}\,W$,从而有

$$f(\eta,\alpha_j)=f(\xi,\alpha_j)=0。$$

因此对于 W 中任一向量 $\beta=\sum_{i=1}^{m}b_i\alpha_i$,有

$$f(\eta,\beta)=f(\eta,\sum_{i=1}^{m}b_i\alpha_i)=\sum_{i=1}^{m}b_i\,f(\eta,\alpha_i)=0。$$

设 f 是 V 上的斜对称双线性函数,若 $f|W=0$,则与 f 是对称双线性函数情形的证明一样,命题成立。下面设 $f|W\neq0$。设 $\dim W=m$。根据定理 4 得,W 中存在一个基

$$\delta_1,\delta_{-1},\cdots,\delta_r,\delta_{-r},\eta_1,\cdots,\eta_{m-2r},$$

使得 f 在此基下的度量矩阵 $\boldsymbol{B}$ 为

$$\boldsymbol{B}=\mathrm{diag}\left\{\begin{pmatrix}0&1\\-1&0\end{pmatrix},\cdots,\begin{pmatrix}0&1\\-1&0\end{pmatrix},\underbrace{0,\cdots,0}_{m-2r}\right\},$$

其中 $2\leqslant 2r\leqslant m$。令

$$\eta=\xi+\sum_{i=1}^{r}[-f(\xi,\delta_{-i})\delta_i+f(\xi,\delta_i)\delta_{-i}],$$

则当 $1\leqslant j\leqslant r$ 时,有

$$f(\eta,\delta_j)=f(\xi,\delta_j)+\sum_{i=1}^{r}[-f(\xi,\delta_{-i})f(\delta_i,\delta_j)+f(\xi,\delta_i)f(\delta_{-i},\delta_j)]$$

$$=f(\xi,\delta_j)+f(\xi,\delta_j)(-1)=0,$$

$$f(\eta,\delta_{-j})=f(\xi,\delta_{-j})+\sum_{i=1}^{r}[-f(\xi,\delta_{-i})f(\delta_i,\delta_{-j})+f(\xi,\delta_i)f(\delta_{-i},\delta_{-j})]$$

$$=f(\xi,\delta_{-j})-f(\xi,\delta_{-j})=0。$$

当 $1\leqslant s\leqslant m-2r$ 时,由于 $f(\eta_s,\beta)=0,\forall\beta\in W$,因此 $\eta_s\in\mathrm{rad}\,W$,从而 $f(\xi,\eta_s)=0$,于是

$$f(\eta,\eta_s)=f(\xi,\eta_s)+\sum_{i=1}^{r}\left[-f(\xi,\delta_{-i})f(\delta_i,\eta_s)+f(\xi,\delta_i)f(\delta_{-i},\eta_s)\right]=0。$$

综上所述，$\forall\beta\in W$，有 $f(\eta,\beta)=0$。　　　　　　　　　　　　　■

点评：例 6 中 η 的选取分别是受到定理 3 的证明中 $\tilde{\alpha}_i$ 的选取、定理 4 的证明中 $\bar{\beta}_i$ 选取的启发。这是例 6 证明的关键。

例 7　设 f 是域 F 上线性空间 V 上的对称或斜对称双线性函数，设 W 是 V 的一个子空间，令

$$W^{\perp}:=\{\alpha\in V\mid f(\alpha,\beta)=0,\forall\beta\in W\},$$

称 $W^{\perp}$ 是 W 关于 f 的正交补。证明：

(1) $W^{\perp}$ 是 V 的一个子空间；

(2) rad $W\subseteq W^{\perp}$，rad $W=W\bigcap W^{\perp}$。

证明　(1) 由于 $f(0,\beta)=0f(0,\beta)=0$，$\forall\beta\in V$，因此 $0\in W^{\perp}$，从而 $W^{\perp}$ 非空集。显然 $W^{\perp}$ 对于 V 的加法和纯量乘法封闭，因此 $W^{\perp}$ 是 V 的一个子空间。

(2) 由 rad W 与 $W^{\perp}$ 的定义立即得到：

$$\text{rad } W\subseteq W^{\perp},\qquad\qquad\text{rad } W=W\bigcap W^{\perp}。$$
　　　　　　　　　　　　　　　　　　　　　　　　　　　　　　　■

例 8　设 V 是域 F 上 n 维线性空间，f 是 V 上非退化的对称或斜对称双线性函数，W 是 V 的一个子空间。证明：

(1) dim $W+$dim $W^{\perp}=$dim V；　　　　(2) $(W^{\perp})^{\perp}=W$。

证明　(1) 设 f 是 V 上的非退化对称或斜对称双线性函数。在 W 中取一个基 α_1，$\alpha_2,\cdots,\alpha_m$，把它扩充成 V 的一个基 $\alpha_1,\alpha_2,\cdots,\alpha_m,\alpha_{m+1},\cdots,\alpha_n$。设 f 在此基下的度量矩阵为 $\boldsymbol{A}$。由于 f 非退化，因此 $\boldsymbol{A}$ 满秩。对于 V 中向量 $\alpha=(a_1,a_2,\cdots,a_n)\boldsymbol{x}$，

$$\begin{aligned}
\alpha\in W^{\perp}&\Longleftrightarrow f(\alpha,\beta)=0,\quad\forall\beta\in W\\
&\Longleftrightarrow f(\alpha,\alpha_i)=0,\quad i=1,2,\cdots,m\\
&\Longleftrightarrow \boldsymbol{x}'\boldsymbol{A}\boldsymbol{\varepsilon}_i=0,\quad i=1,2,\cdots,m\\
&\Longleftrightarrow \boldsymbol{x}'\boldsymbol{A}(\boldsymbol{\varepsilon}_1,\boldsymbol{\varepsilon}_2,\cdots,\boldsymbol{\varepsilon}_m)=\boldsymbol{0}'\\
&\Longleftrightarrow (\boldsymbol{\varepsilon}_1,\boldsymbol{\varepsilon}_2,\cdots,\boldsymbol{\varepsilon}_m)'\boldsymbol{A}'\boldsymbol{x}=\boldsymbol{0}\\
&\Longleftrightarrow \boldsymbol{x}\text{ 是齐次线性方程组}(\boldsymbol{\varepsilon}_1,\boldsymbol{\varepsilon}_2,\cdots,\boldsymbol{\varepsilon}_m)'\boldsymbol{A}'\boldsymbol{z}=\boldsymbol{0}\text{ 的解。}
\end{aligned}$$

把上述齐次线性方程组的解空间记作 U，则 $\alpha\in W^{\perp}$ 当且仅当 α 在上述基下的坐标 $\boldsymbol{x}\in U$。由于 $\alpha\longmapsto\boldsymbol{x}$ 是 V 到 F^n 的一个同构映射，且 $W^{\perp}$ 在此同构映射下的象是 U，因此

$$\begin{aligned}
\text{dim } W^{\perp}&=\text{dim } U=n-\text{rank}((\boldsymbol{\varepsilon}_1,\boldsymbol{\varepsilon}_2,\cdots,\boldsymbol{\varepsilon}_m)'\boldsymbol{A}')\\
&=n-\text{rank}((\boldsymbol{\varepsilon}_1,\boldsymbol{\varepsilon}_2,\cdots,\boldsymbol{\varepsilon}_m)')=n-m=\text{dim } V-\text{dim } W,
\end{aligned}$$

从而　　　　　　　　　　　　dim $W+$dim $W^{\perp}=$dim V。

(2) 任取 $\gamma\in W$，对一切 $\delta\in W^{\perp}$，有 $f(\delta,\gamma)=0$。由于 f 是对称或斜对称的，因此 $f(\gamma,\delta)=0$，从而 $\gamma\in(W^{\perp})^{\perp}$，于是 $W\subseteq(W^{\perp})^{\perp}$。对 $W^{\perp}$ 用第(1)小题的结论，得

$$\text{dim } W^{\perp}+\text{dim}(W^{\perp})^{\perp}=\text{dim } V。$$

与第(1)小题的公式比较，得 dim $W=$dim$(W^{\perp})^{\perp}$。因此 $W=(W^{\perp})^{\perp}$。　　■

点评：例 8 的第(1)小题虽然有 dim $W+$dim $W^{\perp}=$dim V 成立，但是由此推不出

$W \oplus W^\perp = V$。例如,在 $\mathbf{R}^4$ 中,设 $\boldsymbol{\alpha} = (x_1, x_2, x_3, x_4)'$,$\boldsymbol{\beta} = (y_1, y_2, y_3, y_4)'$。令

$$f(\boldsymbol{\alpha}, \boldsymbol{\beta}) = x_1 y_1 - x_2 y_2 - x_3 y_3 - x_4 y_4,$$

由于

$$f(\boldsymbol{\alpha}, \boldsymbol{\beta}) = (x_1, x_2, x_3, x_4) \begin{pmatrix} 1 & & & \\ & -1 & & \\ & & -1 & \\ & & & -1 \end{pmatrix} \begin{pmatrix} y_1 \\ y_2 \\ y_3 \\ y_4 \end{pmatrix},$$

因此 f 是 $\mathbf{R}^4$ 上的一个双线性函数,且 f 在标准基 $\boldsymbol{\varepsilon}_1, \boldsymbol{\varepsilon}_2, \boldsymbol{\varepsilon}_3, \boldsymbol{\varepsilon}_4$ 下的度量矩阵 $\boldsymbol{A} = \mathrm{diag}\{1, -1, -1, -1\}$,于是 f 是非退化的对称双线性函数。取 $\boldsymbol{\gamma} = (1, 1, 0, 0)'$。令 $W = \langle \boldsymbol{\gamma} \rangle$。由于

$$f(\boldsymbol{\gamma}, \boldsymbol{\gamma}) = 1^2 - 1^2 - 0^2 - 0^2 = 0,$$

因此 $f(\boldsymbol{\gamma}, k\boldsymbol{\gamma}) = k f(\boldsymbol{\gamma}, \boldsymbol{\gamma}) = 0$,从而 $\boldsymbol{\gamma} \in W^\perp$。由此推出 $W \subseteq W^\perp$,于是 $W \cap W^\perp = W$。这表明 $W + W^\perp$ 不是直和,且 $W + W^\perp \neq \mathbf{R}^4$。

例9 设 V 是特征不为 2 的域 F 上的线性空间,f 是对称或斜对称的双线性函数。设 W 是 V 的一个有限维非平凡子空间。证明:$V = W \oplus W^\perp$ 的充分必要条件为 f 在 W 上的限制是非退化的。

证明 根据例 7 的第(2)小题得,$W \cap W^\perp = \mathrm{rad}\ W$,于是 $W \cap W^\perp = 0 \iff$ $\mathrm{rad}\ W = 0 \iff f|W$ 是非退化的。由此立即得出必要性。下面来证充分性。设 $f|W$ 是非退化的,由上述知 $W \cap W^\perp = 0$,于是只要证 $W + W^\perp = V$。

先考虑 f 是对称双线性函数的情形。由于 $\mathrm{char}\ F \neq 2$,且 $f|W$ 是非退化的,因此 W 中存在一个基 $\alpha_1, \alpha_2, \cdots, \alpha_m$,使得 $f|W$ 在此基下的度量矩阵 $\boldsymbol{D} = \mathrm{diag}\{d_1, d_2, \cdots, d_m\}$,其中 $d_i \neq 0, i = 1, 2, \cdots, m$。

任给 $\beta \in V$,想把 β 分解成 $\beta = \beta_1 + \beta_2, \beta_1 \in W, \beta_2 \in W^\perp$。为此设 $\beta_1 = \sum_{i=1}^m k_i \alpha_i$,其中 k_i $(i = 1, \cdots, m)$ 待定。为了使得 $\beta - \beta_1 = \beta_2 \in W^\perp$,应当使 $f(\beta - \beta_1, \alpha_j) = 0, j = 1, \cdots, m$。对于 $j \in \{1, \cdots, m\}$,有

$$\begin{aligned} f(\beta - \beta_1, \alpha_j) &= f(\beta, \alpha_j) - f(\beta_1, \alpha_j) = f(\beta, \alpha_j) - \sum_{i=1}^m k_i f(\alpha_i, \alpha_j) \\ &= f(\beta, \alpha_j) - k_j f(\alpha_j, \alpha_j) = f(\beta, \alpha_j) - k_j d_j, \end{aligned}$$

于是

$$f(\beta - \beta_1, \alpha_j) = 0 \iff k_j = \frac{1}{d_j} f(\beta, \alpha_j),$$

从而我们令

$$\beta_1 = \sum_{i=1}^m \frac{f(\beta, \alpha_i)}{d_i} \alpha_i, \quad \beta_2 = \beta - \beta_1,$$

则 $\beta_1 \in W$,且

$$f(\beta_2, \alpha_j) = f(\beta - \beta_1, \alpha_j) = 0, j = 1, \cdots, m。$$

因此 $\beta_2 \in W^\perp$,从而 $\beta = \beta_1 + \beta_2, \beta_1 \in W, \beta_2 \in W^\perp$。于是 $V = W + W^\perp$,因此 $V = W \oplus W^\perp$。

现在考虑 f 是斜对称双线性函数的情形。由于域 F 的特征不为 2,且 $f|W$ 是非退化

的,因此 W 中存在一个基 $\delta_1,\delta_{-1},\cdots,\delta_r,\delta_{-r}$ 使得 $f|W$ 在此基下的度量矩阵为

$$\text{diag}\left\{\begin{pmatrix} 0 & 1 \\ -1 & 0 \end{pmatrix},\cdots,\begin{pmatrix} 0 & 1 \\ -1 & 0 \end{pmatrix}\right\}.$$

任给 $\gamma\in V$,想把 γ 分解成 $\gamma=\gamma_1+\gamma_2,\gamma_1\in W,\gamma_2\in W^\perp$。为此设 $\gamma_1=\sum\limits_{i=1}^{r}(k_{1i}\delta_i+k_{2i}\delta_{-i})$。为了使 $\gamma-\gamma_1=\gamma_2\in W^\perp$,应当使 $f(\gamma-\gamma_1,\delta_j)=0$ 且 $f(\gamma-\gamma_1,\delta_{-j})=0,j=1,\cdots,r$。对于 $j\in\{1,\cdots,r\}$ 有

$$\begin{aligned}
f(\gamma-\gamma_1,\delta_j)&=f(\gamma,\delta_j)-\sum_{i=1}^{r}\big[k_{1i}f(\delta_i,\delta_j)+k_{2i}f(\delta_{-i},\delta_j)\big]\\
&=f(\gamma,\delta_j)-k_{2j}f(\delta_{-j},\delta_j)=f(\gamma,\delta_j)+k_{2j},\\
f(\gamma-\gamma_1,\delta_{-j})&=f(\gamma,\delta_{-j})-\sum_{i=1}^{r}\big[k_{1i}f(\delta_i,\delta_{-j})+k_{2i}f(\delta_{-i},\delta_{-j})\big]\\
&=f(\gamma,\delta_{-j})-k_{1j},
\end{aligned}$$

于是

$$\begin{aligned}
f(\gamma-\gamma_1,\delta_j)=0 &\Longleftrightarrow k_{2j}=-f(\gamma,\delta_j),\\
f(\gamma-\gamma_1,\delta_{-j})=0 &\Longleftrightarrow k_{1j}=f(\gamma,\delta_{-j}),
\end{aligned}$$

从而我们令

$$\gamma_1=\sum_{i=1}^{r}\big[f(\gamma,\delta_{-i})\delta_i-f(\gamma,\delta_i)\delta_{-i}\big],\quad \gamma_2=\gamma-\gamma_1,$$

则 $\gamma_1\in W$,且

$$\begin{aligned}
f(\gamma_2,\delta_j)=f(\gamma-\gamma_1,\delta_j)=0,\qquad j=1,\cdots,r,\\
f(\gamma_2,\delta_{-j})=f(\gamma-\gamma_1,\delta_{-j})=0,\qquad j=1,\cdots,r,
\end{aligned}$$

因此 $\gamma_2\in W^\perp$,从而 $\gamma=\gamma_1+\gamma_2,\gamma_1\in W,\gamma_2\in W^\perp$,于是 $V=W+W^\perp$。因此 $V=W\oplus W^\perp$。∎

点评:在例 9 中,线性空间 V 可以是无限维的,f 不需要是非退化的,但是要求子空间 W 是有限维的,且 $f|W$ 是非退化的。

例 9 中,当域 F 的特征为 2 时,根据定理 11 和定理 12,如果 V 上的对称双线性函数 f 在 W 上的限制是非退化的,那么 W 中存在一个基 $\alpha_1,\cdots,\alpha_m$ 使得 $f|W$ 在此基下的度量矩阵为 $\text{diag}\{d_1,\cdots,d_m\}$,其中,$d_i\neq0,i=1,\cdots,m$,或者 $\text{diag}\left\{\begin{pmatrix} 0 & 1 \\ 1 & 0 \end{pmatrix},\cdots,\begin{pmatrix} 0 & 1 \\ 1 & 0 \end{pmatrix}\right\}$,从而与例 9 的证法一样可证得,$V=W\oplus W^\perp$。于是我们有下述结论:

"设 f 是域 F 上的线性空间 V 上的对称双线性函数,W 是 V 的一个有限维非平凡子空间,则 $V=W\oplus W^\perp$ 当且仅当 $f|W$ 是非退化的。"

例 10　证明:特征不为 2 的域 F 上两个 n 级斜对称矩阵合同的充分必要条件是它们有相同的秩。

证明　必要性是显然的,下面来证充分性。

设 A 与 B 都是 n 级斜对称矩阵,且 $\text{rank}(A)=\text{rank}(B)$。根据定理 4,当 $\text{char } F\neq2$ 时,n 级斜对称矩阵一定合同于下述形式的分块对角矩阵:

$$\mathrm{diag}\left\{\begin{pmatrix} 0 & 1 \\ -1 & 0 \end{pmatrix}, \cdots, \begin{pmatrix} 0 & 1 \\ -1 & 0 \end{pmatrix}, 0, \cdots, 0\right\},$$

由于 $\mathrm{rank}(A)=\mathrm{rank}(B)$，因此 A 与 B 都合同于同一个上述形式的分块对角矩阵，从而 $A \simeq B$。

点评：从例 10 看到：特征不为 2 的域 F 上两个 n 级斜对称矩阵只要它们的秩相等，它们就合同。因此对 n 级斜对称矩阵组成的集合进行合同分类很容易，秩为 0 的（即零矩阵）组成一个合同类，秩为 2 的组成一个合同类，$\cdots$，秩为 $2m$ 的组成一个合同类，其中 $n-1 \leqslant 2m \leqslant n$。注意：从斜对称矩阵合同于上述形式的分块对角矩阵看到，斜对称矩阵的秩一定是偶数。

例 11 设 V 是域 F 上的线性空间，f 是 V 上的对称或斜对称双线性函数；W_1, W_2 是 V 的两个子空间。证明：

(1) 若 $W_1 \subseteq W_2$，则 $W_1^{\perp} \supseteq W_2^{\perp}$；

(2) 若 V 有限维，f 是非退化的，且 $W_1 \subsetneqq W_2$，则 $W_1^{\perp} \supsetneqq W_2^{\perp}$。

证明 (1) 任取 $\alpha \in W_2^{\perp}$，则对任意 $\beta \in W_2$，有 $f(\alpha, \beta)=0$。由于 $W_1 \subseteq W_2$，因此 $\alpha \in W_1^{\perp}$，从而 $W_2^{\perp} \subseteq W_1^{\perp}$。

(2) 由于 $W_1 \subsetneqq W_2$，因此 $W_1^{\perp} \supseteq W_2^{\perp}$。假如 $W_1^{\perp}=W_2^{\perp}$，由于 f 非退化，因此从例 8 得

$$W_1 = (W_1^{\perp})^{\perp} = (W_2^{\perp})^{\perp} = W_2,$$

矛盾。因此 $W_1^{\perp} \supsetneqq W_2^{\perp}$。

例 12 设 V 是域 F 上的线性空间，f 是 V 上的对称或斜对称双线性函数；W_1, W_2 是 V 的两个子空间。证明：如果 $W_1 \subseteq W_2^{\perp}$，那么 $W_2 \subseteq W_1^{\perp}$。

证明 由于 $W_1 \subseteq W_2^{\perp}$，因此根据例 11 得，$W_1^{\perp} \supseteq (W_2^{\perp})^{\perp}$。从例 8 第(2)小题的证明中看出，$W_2 \subseteq (W_2^{\perp})^{\perp}$，因此 $W_1^{\perp} \supseteq W_2$。

例 13 设 V 是实数域上的 n 维线性空间，q 是 V 上的二次函数。如果 $q(\xi)=0$，那么称 ξ 是 q 的**零向量**。证明：如果 $q(\alpha)$ 的表达式是不定的二次型，那么 V 中存在由 q 的零向量组成的一个基。

证明 由于 $q(\alpha)$ 的表达式是不定的二次型，因此 V 中存在一个基 $\alpha_1, \alpha_2, \cdots, \alpha_n$，使得对于 $\alpha = \sum\limits_{i=1}^{n} x_i \alpha_i$，有

$$q(\alpha) = x_1^2 + \cdots + x_p^2 - x_{p+1}^2 - \cdots - x_r^2,$$

其中 $p \geqslant 1, p < r \leqslant n$。令

$$\eta_i = \alpha_i + \alpha_{p+1}, \qquad i=1,2,\cdots,p;$$
$$\eta_j = -\alpha_1 + \alpha_j, \qquad j=p+1,\cdots,r;$$
$$\eta_k = \alpha_k, \qquad k=r+1,\cdots,n,$$

显然，$\eta_1, \eta_2, \cdots, \eta_n$ 可以由 $\alpha_1, \alpha_2, \cdots, \alpha_n$ 线性表出。由于

$$\eta_1 = \alpha_1 + \alpha_{p+1}, \qquad \eta_{p+1} = -\alpha_1 + \alpha_{p+1},$$

因此 $\qquad \alpha_1 = \dfrac{1}{2}(\eta_1 - \eta_{p+1}), \qquad \alpha_{p+1} = \dfrac{1}{2}(\eta_1 + \eta_{p+1})$。

于是从 $\eta_i, \eta_j, \cdots, \eta_k$ 的定义式得出,$\alpha_1, \alpha_2, \cdots, \alpha_n$ 可以由 $\eta_1, \eta_2, \cdots, \eta_n$ 线性表出,从而它们等价,因此 $\eta_1, \eta_2, \cdots, \eta_n$ 是 V 的一个基。当 $i=1,2,\cdots,p$ 时,有

$$q(\eta_i) = 1^2 - 1^2 = 0;$$

当 $j=p+1,\cdots,r$ 时,有 $q(\eta_j)=(-1)^2-1^2=0$;当 $k=r+1,\cdots,n$ 时,有 $q(\eta_k)=0$,因此 $\eta_1, \eta_2, \cdots, \eta_n$ 都是 q 的零向量。∎

例 14 设 V 是实数域上的 n 维线性空间,q 是 V 上的一个二次函数,q 的所有零向量组成的集合 S 称为 q 的**零锥**。证明:q 的零锥 S 是 V 的一个子空间的充分必要条件是,$q(\alpha)$ 的表达式是半正定的或者半负定的二次型。

证明 必要性。假如 $g(\alpha)$ 的表达式不是半正定的,也不是半负定的,则它是不定的二次型。根据例 13,V 中存在由 q 的零向量 $\eta_1, \eta_2, \cdots, \eta_n$ 组成的一个基。由于 $\eta_1, \eta_2, \cdots, \eta_n \in S$,且已知 S 是 V 的一个子空间,因此 $\langle \eta_1, \eta_2, \cdots, \eta_n \rangle \subseteq S$。由此得出,$V=S$。从例 13 的证明中得,$\eta_1=\alpha_1+\alpha_{p+1}, \eta_{p+1}=-\alpha_1+\alpha_{p+1}$,从而 $\eta_1+\eta_{p+1}=2\alpha_{p+1}$,于是

$$q(\eta_1+\eta_{p+1}) = -2^2 = -4 \neq 0。$$

因此 $\eta_1+\eta_{p+1} \notin S$,矛盾。因此 $q(\alpha)$ 的表达式是半正定的,或者半负定的。

充分性。设 $q(\alpha)$ 的表达式是半正定的或半负定的二次型,先考虑它是半正定的情形。

在 V 中存在一个基 $\alpha_1, \alpha_2, \cdots, \alpha_n$,使得对于 $\alpha = \sum_{i=1}^{n} x_i\alpha_i$,有

$$q(\alpha) = x_1^2 + x_2^2 + \cdots + x_r^2,$$

其中 $r \leq n$。当 $r < n$ 时,

$$\alpha \in S \iff x_1^2 + x_2^2 + \cdots + x_r^2 = 0$$
$$\iff x_1 = x_2 = \cdots = x_r = 0$$
$$\iff \alpha = x_{r+1}\alpha_{r+1} + \cdots + x_n\alpha_n$$
$$\iff \alpha \in \langle \alpha_{r+1}, \cdots, \alpha_n \rangle,$$

因此当 $r < n$ 时,$S = \langle \alpha_{r+1}, \cdots, \alpha_n \rangle$。

当 $r=n$ 时,由上述推导过程看出:$\alpha \in S \iff \alpha = 0$,从而 $S=0$。

对于 $q(\alpha)$ 的表达式是半负定二次型的情形,证明与上述类似。∎

例 15 设 q 是欧几里得空间 $\mathbf{R}^n$ 上的一个二次函数,证明:q 的零锥 S 包含 $\mathbf{R}^n$ 的一个标准正交基的充分必要条件是,q 在 $\mathbf{R}^n$ 的一个标准正交基(从而在 $\mathbf{R}^n$ 的任一标准正交基)下的矩阵的迹等于零。

证明 必要性。设 q 的零锥 S 包含 $\mathbf{R}^n$ 的一个标准正交基 $\boldsymbol{\eta}_1, \boldsymbol{\eta}_2, \cdots, \boldsymbol{\eta}_n$。根据定义 5,存在 $\mathbf{R}^n$ 上的一个对称双线性函数 f,使得

$$q(\boldsymbol{\alpha}) = f(\boldsymbol{\alpha}, \boldsymbol{\alpha}), \qquad \forall \boldsymbol{\alpha} \in \mathbf{R}^n,$$

f 在基 $\boldsymbol{\eta}_1, \boldsymbol{\eta}_2, \cdots, \boldsymbol{\eta}_n$ 下的度量矩阵 $\boldsymbol{A}=(f(\boldsymbol{\eta}_i, \boldsymbol{\eta}_j))$,$\boldsymbol{A}$ 就是 q 在基 $\boldsymbol{\eta}_1, \boldsymbol{\eta}_2, \cdots, \boldsymbol{\eta}_n$ 下的矩阵。由于 $\boldsymbol{\eta}_i \in S$,因此 $f(\boldsymbol{\eta}_i, \boldsymbol{\eta}_i)=q(\boldsymbol{\eta}_i)=0, i=1,2,\cdots,n$,从而

$$\mathrm{tr}(\boldsymbol{A}) = \sum_{i=1}^{n} f(\boldsymbol{\eta}_i, \boldsymbol{\eta}_i) = 0。$$

设 $\boldsymbol{\xi}_1, \boldsymbol{\xi}_2, \cdots, \boldsymbol{\xi}_n$ 是 $\mathbf{R}^n$ 的任一标准正交基,设 $\boldsymbol{\eta}_1, \boldsymbol{\eta}_2, \cdots, \boldsymbol{\eta}_n$ 到 $\boldsymbol{\xi}_1, \boldsymbol{\xi}_2, \cdots, \boldsymbol{\xi}_n$ 的过渡矩阵是 $\boldsymbol{P}=(\alpha_1, \alpha_2, \cdots, \alpha_n)$。由于 $\boldsymbol{\eta}_1, \boldsymbol{\eta}_2, \cdots, \boldsymbol{\eta}_n$ 是标准正交基,因此 $(\boldsymbol{\xi}_i, \boldsymbol{\xi}_j) = \alpha_i'\alpha_j$。由于 $\boldsymbol{\xi}_1$,

$\xi_2,\cdots,\xi_n$ 是标准正交基,因此

$$\boldsymbol{\alpha}_i'\boldsymbol{\alpha}_j = (\boldsymbol{\xi}_i,\boldsymbol{\xi}_j) = \delta_{ij}, \qquad i,j=1,2,\cdots,n,$$

从而 P 是正交矩阵。设 f 在基 $\xi_1,\xi_2,\cdots,\xi_n$ 下的度量矩阵为 B,则 $B=P'AP=P^{-1}AP$。因此 $\mathrm{tr}(B)=\mathrm{tr}(A)=0$。

充分性。对维数 n 作数学归纳法。$n=1$ 时,已知 q 在 $\mathbf{R}^1$ 的一个标准正交基 $\boldsymbol{\eta}_1$ 下的矩阵 $A=(a)$ 的迹等于 0,于是 $a=0$。由于 A 就是相应的对称双线性函数 f 在基 $\boldsymbol{\eta}_1$ 下的度量矩阵,因此 $f(\boldsymbol{\eta}_1,\boldsymbol{\eta}_1)=a=0$,从而 $q(\boldsymbol{\eta}_1)=0$,于是 $\boldsymbol{\eta}_1\in S$。

假设对于 $n-1$ 维时命题为真,现在来看 $\mathbf{R}^n$ 上的二次函数 q。已知 q 在 $\mathbf{R}^n$ 的一个标准正交基 $\boldsymbol{\eta}_1,\boldsymbol{\eta}_2,\cdots,\boldsymbol{\eta}_n$ 下的矩阵 A 的迹等于 0。设 q 相应的对称双线性函数为 f,则 A 是 f 在基 $\boldsymbol{\eta}_1,\boldsymbol{\eta}_2,\cdots,\boldsymbol{\eta}_n$ 下的度量矩阵,于是

$$0 = \mathrm{tr}\,A = \sum_{i=1}^{n} f(\boldsymbol{\eta}_i,\boldsymbol{\eta}_i).$$

如果 $\boldsymbol{\eta}_1,\boldsymbol{\eta}_2,\cdots,\boldsymbol{\eta}_n$ 不全属于 S,那么 $f(\boldsymbol{\eta}_1,\boldsymbol{\eta}_1),\cdots,f(\boldsymbol{\eta}_n,\boldsymbol{\eta}_n)$ 不全为 0,从而存在 $\boldsymbol{\eta}_i,\boldsymbol{\eta}_j$ 使得

$$f(\boldsymbol{\eta}_i,\boldsymbol{\eta}_i)>0, \qquad f(\boldsymbol{\eta}_j,\boldsymbol{\eta}_j)<0.$$

令 $\xi_1=\boldsymbol{\eta}_i+\lambda\boldsymbol{\eta}_j$,其中 λ 待定使得 ξ_1 为单位向量且 $\xi_1\in S$。

$$0 = q(\boldsymbol{\eta}_i+\lambda\boldsymbol{\eta}_j) = f(\boldsymbol{\eta}_i+\lambda\boldsymbol{\eta}_j,\boldsymbol{\eta}_i+\lambda\boldsymbol{\eta}_j)$$
$$= f(\boldsymbol{\eta}_i,\boldsymbol{\eta}_i) + 2\lambda f(\boldsymbol{\eta}_i,\boldsymbol{\eta}_j) + \lambda^2 f(\boldsymbol{\eta}_j,\boldsymbol{\eta}_j).$$

由于 $[2f(\boldsymbol{\eta}_i,\boldsymbol{\eta}_j)]^2-4f(\boldsymbol{\eta}_j,\boldsymbol{\eta}_j)f(\boldsymbol{\eta}_i,\boldsymbol{\eta}_i)>0$,因此存在实数 λ 使得 $q(\boldsymbol{\eta}_i+\lambda\boldsymbol{\eta}_j)=0$。把 $\boldsymbol{\eta}_i+\lambda\boldsymbol{\eta}_j$ 单位化后记作 ξ_1,则 $q(\xi_1)=0$,即 $\xi_1\in S$。把 ξ_1 扩充成 $\mathbf{R}^n$ 的一个标准正交基 $\xi_1,\xi_2,\cdots,\xi_n$。令 $W=\langle\xi_2,\cdots,\xi_n\rangle$,则

$$\mathbf{R}^n = \langle\xi_1\rangle \oplus W.$$

设 f 在基 $\xi_1,\xi_2,\cdots,\xi_n$ 下的度量矩阵为 B,设基 $\boldsymbol{\eta}_1,\boldsymbol{\eta}_2,\cdots,\boldsymbol{\eta}_n$ 到基 $\xi_1,\xi_2,\cdots,\xi_n$ 的过渡矩阵为 P。由于 $\boldsymbol{\eta}_1,\boldsymbol{\eta}_2,\cdots,\boldsymbol{\eta}_n$ 和 $\xi_1,\xi_2,\cdots,\xi_n$ 都是标准正交基,因此 P 是正交矩阵,于是

$$B = P'AP = P^{-1}AP,$$

因此 $\mathrm{tr}(B) = \mathrm{tr}(A) = 0$。由于 $f(\xi_1,\xi_1) = q(\xi_1)$,因此 $\sum_{i=2}^{n} f(\xi_i,\xi_i) = 0$,于是 $f|W$ 在 W 的一个标准正交基 $\xi_2,\cdots,\xi_n$ 下的度量矩阵 C 的迹等于 0。C 就是 $q|W$ 在 W 的标准正交基 $\xi_2,\cdots,\xi_n$ 下的矩阵。根据归纳假设,$q|W$ 的零锥包含 W 的一个标准正交基 $\boldsymbol{\delta}_2,\cdots,\boldsymbol{\delta}_n$。易知 $\xi_1,\boldsymbol{\delta}_2,\cdots,\boldsymbol{\delta}_n$ 是 V 的一个标准正交基,且它们都属于 S。

根据数学归纳法原理,对一切正整数 n,充分性的命题为真。∎

点评:从例 15 的必要性的证明中看到:若 $\mathbf{R}^n$ 上的一个二次函数 q 的零锥 S 包含 $\mathbf{R}^n$ 的一个基 $\boldsymbol{\eta}_1,\boldsymbol{\eta}_2,\cdots,\boldsymbol{\eta}_n$,那么 q 在这个基下的矩阵 A 的主对角元全为 0。例 15 是把解析几何中下述命题推广到 n 维的情形:"在直角坐标系 $Oxyz$ 中,顶点在原点的二次锥面

$$a_{11}x^2 + a_{22}y^2 + a_{33}z^2 + 2a_{12}xy + 2a_{13}xz + 2a_{23}yz = 0$$

有 3 条互相垂直的直母线的充分必要条件是 $a_{11}+a_{22}+a_{33}=0$。"(参看丘维声编《解析几何(第 3 版)》第 144 页的第 10 题)。

例 16 证明:n 级实对称矩阵 A 正交相似于主对角元全为 0 的矩阵当且仅当 $\mathrm{tr}(A)=0$。

证明　必要性是显然的,下面证充分性。

设 n 级实对称矩阵 $\boldsymbol{A}=(a_{ij})$ 的迹等于 0。对于 $\mathbf{R}^n$ 中 $\boldsymbol{\alpha}=(x_1,x_2,\cdots,x_n)'$,$\boldsymbol{\beta}=(y_1,y_2,\cdots,y_n)'$,令

$$f(\boldsymbol{\alpha},\boldsymbol{\beta}) = \sum_{i=1}^{n}\sum_{j=1}^{n}a_{ij}x_i x_j,$$

则 f 是 $\mathbf{R}^n$ 上的一个对称双线性函数。f 在基 $\boldsymbol{\varepsilon}_1,\boldsymbol{\varepsilon}_2,\cdots,\boldsymbol{\varepsilon}_n$ 下的度量矩阵为 $\boldsymbol{A}$。

$$q(\boldsymbol{\alpha}) = f(\boldsymbol{\alpha},\boldsymbol{\alpha}), \qquad \forall\,\boldsymbol{\alpha}\in\mathbf{R}^n,$$

则 q 是 $\mathbf{R}^n$ 上的一个二次函数,它在基 $\boldsymbol{\varepsilon}_1,\boldsymbol{\varepsilon}_2,\cdots,\boldsymbol{\varepsilon}_n$ 下的矩阵为 $\boldsymbol{A}$。由于 $\mathrm{tr}(\boldsymbol{A})=0$,根据例 15 的充分性得,$q$ 的零锥 S 包含 $\mathbf{R}^n$ 的一个标准正交基 $\boldsymbol{\eta}_1,\boldsymbol{\eta}_2,\cdots,\boldsymbol{\eta}_n$。设 f 在基 $\boldsymbol{\eta}_1,\boldsymbol{\eta}_2,\cdots,\boldsymbol{\eta}_n$ 下的度量矩阵为 $\boldsymbol{B}$,设基 $\boldsymbol{\varepsilon}_1,\boldsymbol{\varepsilon}_2,\cdots,\boldsymbol{\varepsilon}_n$ 到基 $\boldsymbol{\eta}_1,\boldsymbol{\eta}_2,\cdots,\boldsymbol{\eta}_n$ 的过渡矩阵为 $\boldsymbol{P}$,由于这两个基都是标准正交基,因此 $\boldsymbol{P}$ 是正交矩阵,从而

$$\boldsymbol{B} = \boldsymbol{P}'\boldsymbol{A}\boldsymbol{P} = \boldsymbol{P}^{-1}\boldsymbol{A}\boldsymbol{P},$$

即 $\boldsymbol{A}$ 正交相似于 $\boldsymbol{B}$。根据例 15 后面的点评,由于 $\boldsymbol{B}$ 是 q 在基 $\boldsymbol{\eta}_1,\boldsymbol{\eta}_2,\cdots,\boldsymbol{\eta}_n$ 下的矩阵,因此 $\boldsymbol{B}$ 的主对角元全为 0。∎

点评:例 16 的充分性是第 9 章补充题九第 2 题(设 A 是特征为 0 的域 F 上的 n 级矩阵,证明:如果 $\mathrm{tr}(A)=0$,那么 A 相似于一个主对角元全为 0 的矩阵)的特殊情形,但结论更强。例 16 的充分性是对于实对称矩阵 A 来说的,如果 $\mathrm{tr}(A)=0$,那么 A 正交相似于主对角元全为 0 的矩阵。

例 17　设 A,B 都是 n 级正定矩阵,证明:AB 的特征值都是正数。

证明　由于 A,B 都是 n 级正定矩阵,因此存在 n 级实可逆矩阵 P,Q,使得

$$A = P'IP = P'P, \qquad B = Q'IQ = Q'Q,$$

于是 $AB=P'PQ'Q$。由于 $P'(PQ'Q)$ 与 $(PQ'Q)P'$ 有相同的非零特征值,且 $(PQ'Q)P' = (QP')'(QP')$ 是正定矩阵,因此 $P'(PQ'Q)$ 的非零特征值都是正数。又由于 $P'(PQ'Q)$ 可逆,因此 0 不是它的特征值,从而 $P'(PQ'Q)$ 的特征值都是正数,即 AB 的特征值都是正数。∎

点评:例 17 指出,如果 A,B 都是 n 级正定矩阵,那么 AB 的特征值都是正数。虽然当 $AB\neq BA$ 时,AB 不是对称矩阵,从而 AB 不是正定矩阵,但是 AB 的特征值都是正数。这说明特征值都是正数的实矩阵不一定是正定矩阵,只有特征值都是正数的实对称矩阵才是正定矩阵。

例 18　设 V 是域 F 上的 n 维线性空间,f 是 V 上的一个非退化双线性函数。证明:

(1) 任给 V 上的一个双线性函数 g,存在 V 上唯一的一个线性变换 $\mathcal{G}$,使得
$$g(\alpha,\beta) = f(\mathcal{G}(\alpha),\beta), \qquad \forall\,\alpha,\beta\in V;$$

(2) 令 $\sigma: g\longmapsto\mathcal{G}$,则 σ 是 $T_2(V)$ 到 $\mathrm{Hom}(V,V)$ 的一个同构映射。

证明　(1) 对于 V 上的双线性函数 g,任意给定 $\alpha\in V$,可得到 V 上的一个线性函数 α_{L_g},使得 $\alpha_{L_g}(\beta)=g(\alpha,\beta)$,$\forall\,\beta\in V$。由于 f 是 V 上的非退化双线性函数,因此根据例 4 的第(4)小题得,对于 α_{L_g},存在唯一的 $\tilde{\alpha}\in V$,使得

$$\alpha_{L_g} = L_f(\tilde{\alpha}) = \tilde{\alpha}_{L_f},$$

从而　　　　　　　　$g(\alpha,\beta)=f(\tilde{\alpha},\beta), \qquad \forall\,\beta\in V。$

令
$$\mathcal{G}: V \longrightarrow V$$
$$\alpha \longmapsto \tilde{\alpha},$$
其中 $\tilde{\alpha}$ 满足 $\alpha_{L_g} = \tilde{\alpha}_{L_f}$。由上面的讨论知道，$\mathcal{G}$ 是 V 到 V 的一个映射。现在来证 $\mathcal{G}$ 保持加法运算。任取 $\alpha, \gamma \in V$，设 $\alpha + \gamma = \eta$，则 $\mathcal{G}(\alpha + \gamma) = \mathcal{G}(\eta) = \tilde{\eta}$，$\mathcal{G}(\alpha) = \tilde{\alpha}$，$\mathcal{G}(\gamma) = \tilde{\gamma}$。对于任意 $\beta \in V$，有

$$\begin{aligned}
\tilde{\eta}_{L_f}(\beta) &= \eta_{L_g}(\beta) = g(\eta, \beta) = g(\alpha + \gamma, \beta) \\
&= g(\alpha, \beta) + g(\gamma, \beta) = \alpha_{L_g}(\beta) + \gamma_{L_g}(\beta) \\
&= (\alpha_{L_g} + \gamma_{L_g})(\beta) = (\tilde{\alpha}_{L_f} + \tilde{\gamma}_{L_f})(\beta),
\end{aligned}$$

因此 $\tilde{\eta}_{L_f} = \tilde{\alpha}_{L_f} + \tilde{r}_{L_f}$。根据例 4 的第 (1) 小题得
$$L_f(\tilde{\eta}) = L_f(\tilde{\alpha}) + L_f(\tilde{r}) = L_f(\tilde{\alpha} + \tilde{r})。$$
根据例 4 的第 (4) 小题得，$\tilde{\eta} = \tilde{\alpha} + \tilde{r}$，于是
$$\mathcal{G}(\alpha + \gamma) = \mathcal{G}(\alpha) + \mathcal{G}(\gamma)。$$
类似地可证：$\mathcal{G}(k\alpha) = k\mathcal{G}(\alpha)$，$\forall \alpha \in V, k \in F$。因此 $\mathcal{G}$ 是 V 上的一个线性变换，且使得
$$g(\alpha, \beta) = f(\mathcal{G}(\alpha), \beta), \qquad \forall \alpha, \beta \in V。$$

假如还有 V 上的一个线性变换 $\mathcal{H}$，使得
$$g(\alpha, \beta) = f(\mathcal{H}(\alpha), \beta), \qquad \forall \alpha, \beta \in V,$$
则
$$0 = f(\mathcal{G}(\alpha) - \mathcal{H}(\alpha), \beta), \qquad \forall \alpha, \beta \in V。$$
由于 f 非退化，因此从上式得
$$\mathcal{G}(\alpha) - \mathcal{H}(\alpha) = 0, \qquad \forall \alpha \in V,$$
由此得出，$\mathcal{G} = \mathcal{H}$，因此唯一性成立。

(2) 取定 V 上的一个非退化双线性函数 f。令
$$\sigma: \quad T_2(V) \longrightarrow \operatorname{Hom}(V, V)$$
$$g \longmapsto \mathcal{G},$$
其中 $\mathcal{G}$ 是第 (1) 小题中定义的线性变换，它满足
$$g(\alpha, \beta) = f(\mathcal{G}(\alpha), \beta), \qquad \forall \alpha, \beta \in V,$$
由第 (1) 小题的结论知道，σ 是 $T_2(V)$ 到 $\operatorname{Hom}(V, V)$ 的一个映射。设 $\sigma(h) = \mathcal{H}$，若 $\mathcal{H} = \mathcal{G}$，则
$$h(\alpha, \beta) = f(\mathcal{H}(\alpha), \beta) = f(\mathcal{G}(\alpha), \beta) = g(\alpha, \beta), \qquad \forall \alpha, \beta \in V。$$
由此得出，$h = g$，因此 σ 是单射。由于对任意 $\alpha, \beta \in V$，有
$$\begin{aligned}
(g + h)(\alpha, \beta) &= g(\alpha, \beta) + h(\alpha, \beta) = f(\mathcal{G}(\alpha), \beta) + f(\mathcal{H}(\alpha), \beta) \\
&= f(\mathcal{G}(\alpha) + \mathcal{H}(\alpha), \beta) = f((\mathcal{G} + \mathcal{H})(\alpha), \beta),
\end{aligned}$$
因此根据 σ 的定义以及第 (1) 小题中的唯一性，得
$$\sigma(g + h) = \mathcal{G} + \mathcal{H} = \sigma(g) + \sigma(h)。$$
类似地可证：$\sigma(kg) = k\sigma(g)$，$\forall g \in T_2(V), k \in F$，因此 σ 是 $T_2(V)$ 到 $\operatorname{Hom}(V, V)$ 的一个线性映射。由于
$$\dim T_2(V) = n^2 = \dim \operatorname{Hom}(V, V),$$
因此，从 σ 是单射可得 σ 是满射，从而 σ 是双射。因此 σ 是 $T_2(V)$ 到 $\operatorname{Hom}(V, V)$ 的一个同

构映射。

点评：例 18 在 $T_2(V)$ 与 $\mathrm{Hom}(V,V)$ 之间直接建立了一个同构映射,不用矩阵作为纽带;关键是用例 4 的第(1)小题和第(4)小题的结论,证明了对于 V 上的双线性函数 g,存在 V 上唯一的一个线性变换 $\mathcal{G}$,使得

$$g(\alpha,\beta) = f(\mathcal{G}(\alpha),\beta), \qquad \forall \alpha,\beta \in V,$$

从而把 g 对应到 $\mathcal{G}$ 的映射 σ 是 $T_2(V)$ 到 $\mathrm{Hom}(V,V)$ 的一个同构映射。

例 19　设 V 是特征不为 2 的域 F 上的 n 维线性空间,f,g 是 V 上的对称双线性函数,其中 f 是非退化的。设 $\mathcal{G}$ 是 V 上唯一的一个线性变换,使得

$$g(\alpha,\beta) = f(\mathcal{G}(\alpha),\beta), \qquad \forall \alpha,\beta \in V,$$

证明:V 中存在一个基使得 f,g 在此基下的度量矩阵都是对角矩阵的充分必要条件是 $\mathcal{G}$ 可对角化。

证明　充分性。设 $\mathcal{G}$ 可对角化,则

$$V = V_{\lambda_1} \oplus V_{\lambda_2} \oplus \cdots \oplus V_{\lambda_s},$$

其中 $\lambda_1,\lambda_2,\cdots,\lambda_s$ 是 $\mathcal{G}$ 的全部不同的特征值。当 $i \neq j$ 时,对于 $\eta_i \in V_{\lambda_i}$,$\eta_j \in V_{\lambda_j}$,有

$$g(\eta_i,\eta_j) = f(\mathcal{G}(\eta_i),\eta_j) = f(\lambda_i\eta_i,\eta_j) = \lambda_i f(\eta_i,\eta_j),$$
$$g(\eta_i,\eta_j) = g(\eta_j,\eta_i) = f(\mathcal{G}(\eta_j),\eta_i) = f(\lambda_j\eta_j,\eta_i)$$
$$= \lambda_j f(\eta_j,\eta_i) = \lambda_j f(\eta_i,\eta_j)。$$

把上面两式相减得

$$0 = (\lambda_i - \lambda_j)f(\eta_i,\eta_j)。$$

由于 $\lambda_i \neq \lambda_j$,因此 $f(\eta_i,\eta_j)=0$,从而 $g(\eta_i,\eta_j)=0$。

由于 $f|V_{\lambda_i}$ 是 V_{λ_i} 上的一个对称双线性函数,且 $\mathrm{char}\, F \neq 2$,因此在 V_{λ_i} 中存在一个基 $\alpha_{i1},\alpha_{i2},\cdots,\alpha_{ir_i}$,使得 $f|V_{\lambda_i}$ 在此基下的度量矩阵 $\boldsymbol{A}_i = (f(\alpha_{ik},\alpha_{ij}))$ 为对角矩阵。于是当 $k \neq j$ 时,有 $f(\alpha_{ik},\alpha_{ij})=0$,此时也有

$$g(\alpha_{ik},\alpha_{ij}) = f(\mathcal{G}(\alpha_{ik}),\alpha_{ij}) = f(\lambda_i\alpha_{ik},\alpha_{ij}) = \lambda_i f(\alpha_{ik},\alpha_{ij}) = 0,$$

从而 $g|V_{\lambda_i}$ 在基 $\alpha_{i1},\alpha_{i2},\cdots,\alpha_{ir_i}$ 下的度量矩阵 $\boldsymbol{B}_i$ 也是对角矩阵。

把 $\alpha_{i1},\alpha_{i2},\cdots,\alpha_{ir_i}(i=1,2,\cdots,s)$ 合起来成为 V 的一个基,综上所述得,f 在此基下的度量矩阵 $\boldsymbol{A}=\mathrm{diag}\{\boldsymbol{A}_1,\boldsymbol{A}_2,\cdots,\boldsymbol{A}_s\}$,$g$ 在此基下的度量矩阵 $\boldsymbol{B}=\mathrm{diag}\{\boldsymbol{B}_1,\boldsymbol{B}_2,\cdots,\boldsymbol{B}_s\}$,$\boldsymbol{A}$ 和 $\boldsymbol{B}$ 都是对角矩阵。

必要性。设 f 和 g 在 V 的一个基 $\alpha_1,\alpha_2,\cdots,\alpha_n$ 下的度量矩阵都是对角矩阵,则当 $i \neq j$ 时,有

$$f(\alpha_i,\alpha_j) = 0, \qquad g(\alpha_i,\alpha_j) = 0。$$

从 $f(\alpha_i,\alpha_j)=0$ 得出,$\alpha_i \in \langle \alpha_1,\cdots,\alpha_{i-1},\alpha_{i+1},\cdots,\alpha_n \rangle^{\perp}$,由于

$$0 = g(\alpha_i,\alpha_j) = f(\mathcal{G}(\alpha_i),\alpha_j), \qquad i \neq j,$$

因此 $\mathcal{G}(\alpha_i) \in \langle \alpha_1,\cdots,\alpha_{i-1},\alpha_{i+1},\cdots,\alpha_n \rangle^{\perp}$。由于 f 是非退化的,因此根据例 8 的第(1)小题的结论得

$$\dim \langle \alpha_1,\cdots,\alpha_{i-1},\alpha_{i+1},\cdots,\alpha_n \rangle^{\perp} = \dim V - \dim\langle \alpha_1,\cdots,\alpha_{i-1},\alpha_{i+1},\cdots,\alpha_n \rangle$$
$$= n - (n-1) = 1,$$

从而　　　　$\langle \alpha_1,\cdots,\alpha_{i-1},\alpha_{i+1},\cdots,\alpha_n \rangle^{\perp} = \langle \alpha_i \rangle。$

于是存在 $\lambda_i \in F$，使得 $\mathcal{G}(\alpha_i) = \lambda_i \alpha_i$。这表明 λ_i 是 $\mathcal{G}$ 的一个特征值，α_i 是 $\mathcal{G}$ 的属于特征值 λ_i 的一个特征向量，从而 $\mathcal{G}$ 有 n 个线性无关的特征向量 $\alpha_1, \alpha_2, \cdots, \alpha_n$，因此 $\mathcal{G}$ 可对角化。∎

例 20　设 A, B 都是特征不为 2 的域 F 上的 n 级对称矩阵，且 A 是可逆的。证明：存在 n 级可逆矩阵 P 使得 $P'AP$ 和 $P'BP$ 都为对角矩阵的充分必要条件是 $A^{-1}B$ 可对角化。

证明　设 V 是域 F 上的一个 n 维线性空间，V 中取一个基 $\alpha_1, \alpha_2, \cdots, \alpha_n$，任给 V 中的向量 $\alpha = (\alpha_1, \alpha_2, \cdots, \alpha_n)x$，$\quad \beta = (\alpha_1, \alpha_2, \cdots, \alpha_n)y$。令
$$f(\alpha, \beta) = x'Ay, \quad g(\alpha, \beta) = x'By,$$
则 f 和 g 都是 V 上的对称双线性函数，它们在基 $\alpha_1, \alpha_2, \cdots, \alpha_n$ 下的度量矩阵分别为 A, B。由于 A 可逆，因此 f 是非退化的。根据例 18 的第（1）小题，存在 V 上唯一的一个线性变换 $\mathcal{G}$，使得
$$g(\alpha, \beta) = f(\mathcal{G}(\alpha), \beta), \quad \forall \alpha, \beta \in V。$$
设 $\mathcal{G}$ 在基 $\alpha_1, \alpha_2, \cdots, \alpha_n$ 下的矩阵为 G，则从上式得
$$x'By = (Gx)'Ay = x'(G'A)y, \quad \forall x, y \in F^n,$$
于是 $B = G'A$，从而 $B = AG$，因此 $G = A^{-1}B$。根据例 19 得

　　　　$A^{-1}B$ 可对角化
$\iff$ $\mathcal{G}$ 可对角化
$\iff$ V 中存在一个基 $\eta_1, \eta_2, \cdots, \eta_n$ 使得 f, g 在此基下的度量矩阵都是对角矩阵
$\iff$ 存在域 F 上的 n 级可逆矩阵 P（它是基 $\alpha_1, \alpha_2, \cdots, \alpha_n$ 到基 $\eta_1, \eta_2, \cdots, \eta_n$ 的过渡矩阵），使得 $P'AP$ 和 $P'BP$ 都是对角矩阵。∎

点评：例 20 给出了特征不为 2 的域 F 上两个 n 级对称矩阵 A 与 B（其中 A 可逆）能一齐合同对角化（指存在同一个可逆矩阵 P 使得 $P'AP, P'BP$ 都为对角矩阵）的充分必要条件是 $A^{-1}B$ 可对角化（指 $A^{-1}B$ 相似于一个对角矩阵）。在本套教材上册 6.1 节的例 14 和 6.3 节的例 9 分别给出了两个 n 级实对称矩阵能一齐合同对角化的充分条件，其中例 14 指出："如果两个 n 级实对称矩阵 A 与 B 可交换，那么存在一个 n 级正交矩阵 T，使得 $T'AT$ 与 $T'BT$ 都为对角矩阵"；例 9 指出："如果 A 与 B 都是 n 级实对称矩阵，且 A 正定，那么存在 n 级实可逆矩阵 C，使得 $C'AC$ 与 $C'BC$ 都是对角矩阵。"本节的例 20 是利用对称双线性函数的知识（本节例 18 和例 19 的结论）来解决的。由此体会到：对称双线性函数、对称矩阵，还有二次函数、二次型这几个概念有着密切的联系。

例 21　判断下列两个 2 级实对称矩阵 A 与 B 是否可一齐合同对角化。
$$A = \begin{pmatrix} 0 & 1 \\ 1 & 0 \end{pmatrix}, \quad B = \begin{pmatrix} 1 & 0 \\ 0 & -1 \end{pmatrix}。$$

解　$$G = A^{-1}B = \begin{pmatrix} 0 & 1 \\ 1 & 0 \end{pmatrix}\begin{pmatrix} 1 & 0 \\ 0 & -1 \end{pmatrix} = \begin{pmatrix} 0 & -1 \\ 1 & 0 \end{pmatrix}$$

由于　$$G^2 = \begin{pmatrix} 0 & -1 \\ 1 & 0 \end{pmatrix}\begin{pmatrix} 0 & -1 \\ 1 & 0 \end{pmatrix} = \begin{pmatrix} -1 & 0 \\ 0 & -1 \end{pmatrix} = -I$$

因此 $G^2 + I = 0$，从而 $\lambda^2 + 1$ 是 G 的一个零化多项式。由于 $\lambda^2 + 1$ 在 $\mathbf{R}$ 上不可约，因此 $\lambda^2 + 1$ 是 G 的最小多项式。由于 $\lambda^2 + 1$ 在 $\mathbf{R}[\lambda]$ 中不能分解成一次因式的乘积，因此 G 不可对角化，从而根据例 20 得，A 与 B 不能一齐合同对角化。

点评：例 21 中，由于

$$AB = \begin{pmatrix} 0 & -1 \\ 1 & 0 \end{pmatrix}, \qquad BA = \begin{pmatrix} 0 & 1 \\ -1 & 0 \end{pmatrix},$$

因此 $AB \neq BA$，从而用本套教材上册 6.1 节的例 14 无法判断 A 与 B 是否可一齐合同对角化。由于 A 和 B 都不是正定矩阵，因此用 6.3 节的例 9 也无法判断 A 与 B 是否可一齐合同对角化。而利用本节例 20 却可以判断 A 与 B 不能一齐合同对角化。由此看出例 20 的威力。例 20 要求 A 与 B 至少有一个是可逆矩阵。如果 A 与 B 都是不可逆的对称矩阵，那么如何判断它们是否可一齐合同对角化呢？下面的例 22 回答了这个问题。

例 22　设 A,B 都是特征不为 2 的域 F 上的 n 级对称矩阵，证明：若存在 $\lambda_0 \in F$，使得 $A + \lambda_0 B$ 可逆且 $(A + \lambda_0 B)^{-1} B$ 可对角化，则 A 与 B 可一齐合同对角化；若存在 $\lambda_0 \in F$，使得 $A + \lambda_0 B$ 可逆且 $(A + \lambda_0 B)^{-1} B$ 不可对角化，则 A 与 B 不能一齐合同对角化。

证明　设 $A + \lambda_0 B$ 可逆且 $(A + \lambda_0 B)^{-1} B$ 可对角化，则根据例 20 的充分性得，存在 n 级可逆矩阵 P，使得 $P'(A + \lambda_0 B)P$ 与 $P'BP$ 都是对角矩阵。由于

$$P'(A + \lambda_0 B)P = P'AP + \lambda_0 P'BP,$$

因此 $P'AP$ 也是对角矩阵。

设 $A + \lambda_0 B$ 可逆，且 $(A + \lambda_0 B)^{-1} B$ 不可对角化。假如 A 与 B 可一齐合同对角化，则存在 n 级可逆矩阵 P，使得 $P'AP$ 与 $P'BP$ 都是对角矩阵。由于

$$P'(A + \lambda_0 B)P = P'AP + \lambda_0 P'BP,$$

因此 $P'(A + \lambda_0 B)P$ 也是对角矩阵。于是根据例 20 的必要性得，$(A + \lambda_0 B)^{-1} B$ 可对角化，矛盾，因此 A 与 B 不能一齐合同对角化。　∎

例 23　判断下列两个实对称矩阵 A 与 B 是否可一齐合同对角化。若可以，则求出一个可逆矩阵 P，使 $P'AP$ 与 $P'BP$ 都为对角矩阵。

$$A = \begin{pmatrix} 1 & 1 \\ 1 & 1 \end{pmatrix}, \qquad B = \begin{pmatrix} 0 & 0 \\ 0 & -1 \end{pmatrix}.$$

解
$$A + B = \begin{pmatrix} 1 & 1 \\ 1 & 0 \end{pmatrix},$$

显然 $A + B$ 可逆，且

$$G = (A + B)^{-1} B = \begin{pmatrix} 0 & 1 \\ 1 & -1 \end{pmatrix} \begin{pmatrix} 0 & 0 \\ 0 & -1 \end{pmatrix} = \begin{pmatrix} 0 & -1 \\ 0 & 1 \end{pmatrix},$$

$$|\lambda I - G| = \begin{vmatrix} \lambda & 1 \\ 0 & \lambda - 1 \end{vmatrix} = \lambda(\lambda - 1).$$

由于 $G \neq 0, G \neq I$，因此由上式得，G 的最小多项式 $m(\lambda) = \lambda(\lambda - 1)$，从而 G 可对角化。于是根据例 22 得，A 与 B 可一齐合同对角化。

$$\begin{pmatrix} 1 & 1 \\ 1 & 1 \\ 1 & 0 \\ 0 & 1 \end{pmatrix} \xrightarrow{②+①\cdot(-1)} \begin{pmatrix} 1 & 1 \\ 0 & 0 \\ 1 & 0 \\ 0 & 1 \end{pmatrix} \xrightarrow{②+①\cdot(-1)} \begin{pmatrix} 1 & 0 \\ 0 & 0 \\ 1 & -1 \\ 0 & 1 \end{pmatrix}$$

于是

$$P = \begin{pmatrix} 1 & -1 \\ 0 & 1 \end{pmatrix}, \qquad P'AP = \begin{pmatrix} 1 & 0 \\ 0 & 0 \end{pmatrix}$$

从而

$$P'BP = \begin{pmatrix} 1 & 0 \\ -1 & 1 \end{pmatrix} \begin{pmatrix} 0 & 0 \\ 0 & -1 \end{pmatrix} \begin{pmatrix} 1 & -1 \\ 0 & 1 \end{pmatrix} = \begin{pmatrix} 0 & 0 \\ 0 & -1 \end{pmatrix}$$

点评：例 23 的 A 与 B 不可交换，且 A 与 B 都不是正定矩阵，因此用本套教材上册 6.1 节的例 14 和 6.3 节的例 9 都无法判断 A 与 B 是否可一齐合同对角化。但是用本节的例 22 却判断出 A 与 B 可一齐合同对角化。

习题 10.1

1. 在 K^4 中，设 $\boldsymbol{\alpha} = (x_1, x_2, x_3, x_4)'$，$\boldsymbol{\beta} = (y_1, y_2, y_3, y_4)'$，定义 K^4 上的一个双线性函数

$$f(\boldsymbol{\alpha}, \boldsymbol{\beta}) = x_1 y_2 - 2x_2 y_1 + x_3 y_4 - 3x_4 y_2。$$

求 f 在基

$$\boldsymbol{\alpha}_1 = (1, 2, 1, 1)', \boldsymbol{\alpha}_2 = (2, 3, 1, 0)',$$
$$\boldsymbol{\alpha}_3 = (3, 1, 1, -2)', \boldsymbol{\alpha}_4 = (4, 2, -1, -6)'$$

下的度量矩阵。

2. 证明：$M_n(F)$ 上的双线性函数 $f(\boldsymbol{A}, \boldsymbol{B}) = \mathrm{tr}(\boldsymbol{AB})$ 是非退化的。

3. 设 $\boldsymbol{A} = (a_{ij})$ 是域 F 上的一个 m 级矩阵。设 $V = M_{m \times n}(F)$。定义 $V \times V$ 到 F 的一个映射 f 为

$$f(\boldsymbol{G}, \boldsymbol{H}) = \mathrm{tr}(\boldsymbol{G}'\boldsymbol{A}\boldsymbol{H})。$$

(1) 证明：f 是 $M_{m \times n}(F)$ 上的一个双线性函数。

(2) 求 f 在基 $\boldsymbol{E}_{11}, \boldsymbol{E}_{12}, \cdots, \boldsymbol{E}_{1n}, \cdots, \boldsymbol{E}_{m1}, \cdots, \boldsymbol{E}_{mn}$ 下的度量矩阵。

4. 设 V 是复数域上的 n 维线性空间，$n \geqslant 2$，f 是 V 上的一个对称双线性函数。证明：

(1) V 中存在一个基 $\delta_1, \delta_2, \cdots, \delta_n$，使得 f 在此基下的度量矩阵 $\boldsymbol{A} = \mathrm{diag}\{1, 1, \cdots, 1, 0, \cdots, 0\}$；

(2) V 中存在非零向量 ξ，使得 $f(\xi, \xi) = 0$；

(3) 如果 f 是非退化的，那么存在线性无关的向量 ξ, η，使得

$$f(\xi, \eta) = 1, f(\xi, \xi) = f(\eta, \eta) = 0。$$

5. 设 V 是域 F 上的 n 维线性空间，f 是 V 上的一个对称或斜对称双线性函数，U, W 是 V 的两个子空间。证明：

(1) $(U+W)^{\perp} = U^{\perp} \bigcap W^{\perp}$；

(2) 若 f 非退化，则 $(U \bigcap W)^{\perp} = U^{\perp} + W^{\perp}$。

6. 设 V 是域 F 上的线性空间，f 是 V 上对称或斜对称双线性函数。证明：如果有 V 上的线性函数 g, h，使得 $f(\alpha, \beta) = g(\alpha)h(\beta)$，$\forall \alpha, \beta \in V$，那么存在 F 的非零元 a，使得

$$f(\alpha, \beta) = ah(\alpha)h(\beta), \qquad \forall \alpha, \beta \in V。$$

7. 设 q 是域 F 上线性空间 V 上的一个二次函数，证明：

$$q(k\alpha) = k^2 q(\alpha), \forall k \in F, \alpha \in V。$$

8. 设 U 和 W 是域 F 上的两个线性空间，g,h 分别是 U,W 上的双线性函数。令 $V = U \dotplus W$。定义 $V \times V$ 到 F 的一个映射 f 如下：

$$f((u_1,w_1),(u_2,w_2)) := g(u_1,u_2) + h(w_1,w_2)。$$

证明：(1) f 是 V 上的一个双线性函数；

(2) 设 char $F \neq 2$，若 g,h 非退化，则 f 非退化；

(3) 若 g,h 是对称的，则 f 也是对称的；若 g,h 是斜对称的，则 f 也是斜对称的；

(4) 设 $\dim U = n, \dim W = m$。若 g 在 U 的一个基 $\alpha_1,\alpha_2,\cdots,\alpha_n$ 下的度量矩阵为 $\boldsymbol{B}$，h 在 W 的一个基 $\beta_1,\beta_2,\cdots,\beta_m$ 下的度量矩阵为 $\boldsymbol{C}$，则 f 在 V 的一个基

$$(\alpha_1,0),(\alpha_2,0),\cdots,(\alpha_n,0),(0,\beta_1),\cdots,(0,\beta_m)$$

下的度量矩阵 $\boldsymbol{A} = \mathrm{diag}\{\boldsymbol{B},\boldsymbol{C}\}$。

9. 设 V 是 n 维实线性空间，q_1 和 q_2 是 V 上的两个二次函数。证明：如果 q_1 和 q_2 分别在 V 的一个基下的表达式的正惯性指数都小于 $\dfrac{n}{2}$，那么 $q_1 + q_2$ 在 V 的一个基下的表达式不是正定的（注：$(q_1+q_2)(\alpha) = q_1(\alpha) + q_2(\alpha)$）。

10. 判断数域 K 上下列两个斜对称矩阵是否合同。

$$\boldsymbol{A} = \begin{pmatrix} 0 & 2 & 1 & -3 \\ -2 & 0 & 4 & 5 \\ -1 & -4 & 0 & -1 \\ 3 & -5 & 1 & 0 \end{pmatrix}, \qquad \boldsymbol{B} = \begin{pmatrix} 0 & 1 & -4 & -1 \\ -1 & 0 & 3 & -2 \\ 4 & -3 & 0 & 11 \\ 1 & 2 & -11 & 0 \end{pmatrix}。$$

11. 判断下列 4 级实对称矩阵能否正交相似于主对角元全为 0 的矩阵。

$$\boldsymbol{A} = \begin{pmatrix} 1 & 0 & 4 & 5 \\ 0 & -2 & 6 & -3 \\ 4 & 6 & 3 & -7 \\ 5 & -3 & -7 & -1 \end{pmatrix}, \qquad \boldsymbol{B} = \begin{pmatrix} 3 & 1 & 0 & 2 \\ 1 & -5 & 3 & 6 \\ 0 & 3 & 4 & 8 \\ 2 & 6 & 8 & -2 \end{pmatrix}。$$

12. 下列两个实对称矩阵能否一齐合同对角化？

$$\boldsymbol{A} = \begin{pmatrix} 1 & 1 \\ 1 & 0 \end{pmatrix}, \qquad \boldsymbol{B} = \begin{pmatrix} 0 & 1 \\ 1 & 1 \end{pmatrix}。$$

13. 证明：秩为 1 的两个 2 级实对称矩阵一定可以一齐合同对角化。

10.2　欧几里得空间

10.2.1　内容精华

一、实线性空间中内积的概念

现在我们在实数域上的线性空间 V 中引进度量概念。从几何空间中向量的内积具有对称性、线性性、正定性等基本性质受到启发，我们在有了对称双线性函数的概念之后，

还需要有正定性的概念。

定义 1 设 f 是实线性空间 V 上的对称双线性函数,如果对任意 $\alpha \in V$,有 $f(\alpha,\alpha) \geqslant 0$,等号成立当且仅当 $\alpha = 0$,那么称 f 是**正定的**。

命题 1 设 f 是 n 维实线性空间 V 上的一个对称双线性函数,f 在 V 的一个基 α_1,$\alpha_2, \cdots, \alpha_n$ 下的度量矩阵是 A,则 f 是正定的当且仅当 A 是正定矩阵。

证明 V 上的对称双线性函数 f 是正定的

$\Longleftrightarrow$ 对于 V 中任意非零向量 $\alpha = (\alpha_1,\alpha_2,\cdots,\alpha_n)x$,有 $f(\alpha,\alpha) > 0$

$\Longleftrightarrow$ $x'Ax > 0$, $\forall x \in \mathbf{R}^n$ 且 $x \neq \mathbf{0}$

$\Longleftrightarrow$ A 是正定矩阵。 ■

命题 2 设 f 是 n 维实线性空间 V 上的一个正定的对称双线性函数,则 V 中存在一个基 $\eta_1, \eta_2, \cdots, \eta_n$,使得 f 在此基下的度量矩阵为 I,从而 f 在此基下的表达式为

$$f(\alpha,\beta) = x_1 y_1 + x_2 y_2 + \cdots + x_n y_n, \tag{1}$$

其中 $\alpha = \sum_{i=1}^{n} x_i \eta_i, \beta = \sum_{i=1}^{n} y_i \eta_i$。

证明 由于 f 是 V 上的对称双线性函数,因此根据 10.1 节的定理 3 得,V 中存在一个基 $\alpha_1,\alpha_2,\cdots,\alpha_n$,使得 f 在此基下的度量矩阵 A 为对角矩阵。又由于 f 是正定的,因此 A 是正定矩阵,于是 $A \simeq I$,从而 V 中存在一个基 $\eta_1, \eta_2, \cdots, \eta_n$ 使得 f 在此基下的度量矩阵为 I。 ■

从几何空间中向量的内积的基本性质受到启发,我们在实数域上的线性空间中也引进内积的概念。

定义 2 设 V 是实数域上的一个线性空间,V 上的一个正定的对称双线性函数 f 称为 V 上的一个**内积**。

习惯上把内积 f 在有序向量对 (α,β) 上的函数值 $f(\alpha,\beta)$ 简记成 (α,β),从而把内积 f 记成 $(\quad , \quad)$,或者记成 (α,β)。一般来说,V 上有许多内积,为了区别,可以添写下标,例如写成 $(\quad , \quad)_1,(\quad , \quad)_2$ 等。

定义 3 设 V 是实数域上的一个线性空间,如果给定了 V 上的一个内积,那么称 V 是一个**实内积空间**。有限维的实内积空间 V 称为**欧几里得空间**,并且把线性空间 V 的维数称为欧几里得空间 V 的**维数**。

例 1 在 $\mathbf{R}^n$ 中,对于 $\boldsymbol{\alpha}=(x_1,x_2,\cdots,x_n)',\boldsymbol{\beta}=(y_1,y_2,\cdots,y_n)'$,令

$$(\boldsymbol{\alpha},\boldsymbol{\beta}) = x_1 y_1 + x_2 y_2 + \cdots + x_n y_n, \tag{2}$$

则 $(\boldsymbol{\alpha},\boldsymbol{\beta})$ 是 $\mathbf{R}^n$ 上的一个内积。这个内积称为 $\mathbf{R}^n$ 上的**标准内积**。$\mathbf{R}^n$ 对于这个内积成为一个 n 维欧几里得空间(参看本套教材上册 4.6 节)。

例 2 在实数域 $\mathbf{R}$ 上的线性空间 $M_n(\mathbf{R})$ 中,令

$$f(\boldsymbol{A},\boldsymbol{B}) := \mathrm{tr}(\boldsymbol{A}\boldsymbol{B}'), \tag{3}$$

在 10.1 节典型例题的例 2 中已证 f 是对称双线性函数,且它在基 $E_{11}, E_{12}, \cdots, E_{1n}, \cdots$,$E_{n1}, E_{n2}, \cdots, E_{nn}$ 下的度量矩阵为 n^2 级单位矩阵 I,因此 f 是 $M_n(\mathbf{R})$ 上的一个内积。$M_n(\mathbf{R})$ 对于这个内积成为一个 n^2 维欧几里得空间。

例 3　在实数域上的线性空间 $C[a,b]$ 中,令

$$(f,g) := \int_a^b f(x)g(x)\mathrm{d}x, \tag{4}$$

根据 10.1 节内容精华的例 4,(f,g) 是 $C[a,b]$ 上的一个双线性函数,显然它是对称的。又由于对任意 $f(x) \in C[a,b]$,有

$$(f,f) = \int_a^b [f(x)]^2 \mathrm{d}x \geqslant 0,$$

等号成立当且仅当 $f=0$,因此 (f,g) 是正定的,从而它是 $C[a,b]$ 上的一个内积,$C[a,b]$ 对于这个内积成为一个实内积空间。

二、实内积空间中的度量概念

在实内积空间 V 中,由于指定了 V 上的一个内积(,),因此可以引进向量的长度、两个非零向量的夹角、向量的正交、向量之间的距离等度量概念。

定义 4　非负实数 $\sqrt{(\alpha,\alpha)}$ 称为向量 α 的**长度**,记作 $|\alpha|$(或者 $\|\alpha\|$)。

根据内积的正定性,零向量的长度为 0,非零向量的长度为正数。由定义 4 和定义 2 立即得到,$|k\alpha| = \sqrt{(k\alpha,k\alpha)} = \sqrt{k^2(\alpha,\alpha)} = |k|\sqrt{(\alpha,\alpha)} = |k||\alpha|$,因此

$$|k\alpha| = |k||\alpha|, \quad \forall \alpha \in V, \quad k \in \mathbf{R}。 \tag{5}$$

长度为 1 的向量称为**单位向量**。如果 $\alpha \neq 0$,那么根据(5)式得,$\dfrac{1}{|\alpha|}\alpha$ 是一个单位向量。把 α 变成 $\dfrac{1}{|\alpha|}\alpha$ 称为把 α **单位化**。

为了在实内积空间中引进两个非零向量的夹角的概念,可以从解析几何中用内积求夹角的余弦的公式受到启发,但是首先要证明下述结论。

定理 1　(**Cauchy-Буняковский-Schwarz 不等式**)　在实内积空间 V 中,对于任意向量 α,β,有

$$|(\alpha,\beta)| \leqslant |\alpha||\beta|, \tag{6}$$

等号成立当且仅当 α,β 线性相关。

证明　情形 1　α 与 β 线性相关。此时 $\alpha=0$ 或者 $\beta=k\alpha$,对某个实数 k。若 $\alpha=0$,则

$$|(0,\beta)| = |0(0,\beta)| = 0 = |0||\beta|。$$

若 $\beta=k\alpha$,则

$$|(\alpha,\beta)| = |(\alpha,k\alpha)| = |k(\alpha,\alpha)| = |k||\alpha|^2 = |\alpha||k\alpha| = |\alpha||\beta|。$$

情形 2　α 与 β 线性无关。此时对一切实数 t,有 $\beta \neq t\alpha$,从而有 $t\alpha-\beta \neq 0$。根据内积的正定性得,对一切实数 t,有

$$0 < (t\alpha-\beta, t\alpha-\beta) = t^2|\alpha|^2 - 2t(\alpha,\beta) + |\beta|^2, \tag{7}$$

从而 2 次多项式 $|\alpha|^2 x^2 - 2(\alpha,\beta)x + |\beta|^2$ 没有实根,于是它的判别式小于 0,即

$$4(\alpha,\beta)^2 - 4|\alpha|^2|\beta|^2 < 0,$$

由此得出,$|(\alpha,\beta)| < |\alpha||\beta|$。　■

推论 1　对于任意两组实数 $a_1,a_2,\cdots,a_n$ 与 $b_1,b_2,\cdots,b_n$,有

$$|a_1b_1 + a_2b_2 + \cdots + a_nb_n| \leqslant \sqrt{a_1^2+a_2^2+\cdots+a_n^2}\sqrt{b_1^2+b_2^2+\cdots+b_n^2}, \tag{8}$$

等号成立当且仅当 $(a_1,a_2,\cdots,a_n)$ 与 $(b_1,b_2,\cdots,b_n)$ 线性相关,(8)式是 Cauchy **不等式**。　■

推论 2 对于任意 $f,g \in C[a,b]$，有

$$\left| \int_a^b f(x)g(x)\mathrm{d}x \right| \leqslant \left(\int_a^b f^2(x)\mathrm{d}x \right)^{\frac{1}{2}} \left(\int_a^b g^2(x)\mathrm{d}x \right)^{\frac{1}{2}}, \tag{9}$$

等号成立当且仅当 f 与 g 线性相关。(9)式是 Schwarz **不等式**。 ■

定义 5 实内积空间 V 中，两个非零向量 α 与 β 的**夹角** $\langle \alpha, \beta \rangle$ 规定为

$$\langle \alpha, \beta \rangle := \arccos \frac{(\alpha, \beta)}{|\alpha||\beta|}。 \tag{10}$$

由定义 5 立即得到

$$0 \leqslant \langle \alpha, \beta \rangle \leqslant \pi, \tag{11}$$

$$(\alpha, \beta) = 0 \iff \langle \alpha, \beta \rangle = \frac{\pi}{2}。 \tag{12}$$

于是引出下述概念：

定义 6 在实内积空间 V 中，如果 $(\alpha, \beta) = 0$，那么称 α 与 β **正交**，记作 $\alpha \perp \beta$。

由定义 6 以及内积的正定性得出，只有零向量才与自己正交，从而若 α 与 V 中一切向量都正交，则 α 一定是零向量，即内积是非退化的对称双线性函数（这从内积在一个基下的度量矩阵是正定矩阵也可看出来）。

推论 3 在实内积空间 V 中，**三角形不等式**成立，即对于任意 $\alpha, \beta \in V$，有

$$|\alpha + \beta| \leqslant |\alpha| + |\beta|。 \tag{13}$$

证明 $|\alpha + \beta|^2 = (\alpha + \beta, \alpha + \beta) = |\alpha|^2 + 2(\alpha, \beta) + |\beta|^2$

$$\leqslant |\alpha|^2 + 2|\alpha||\beta| + |\beta|^2 = (|\alpha| + |\beta|)^2,$$

从而 $|\alpha + \beta| \leqslant |\alpha| + |\beta|$。 ■

推论 4 在实内积空间 V 中，**勾股定理**成立，即如果 α 与 β 正交，那么

$$|\alpha + \beta|^2 = |\alpha|^2 + |\beta|^2。 \tag{14}$$

证明 $|\alpha + \beta|^2 = (\alpha + \beta, \alpha + \beta) = |\alpha|^2 + |\beta|^2$ ■

利用数学归纳法可以把勾股定理推广到多个向量的情形，即如果 $\alpha_1, \alpha_2, \cdots, \alpha_n$ 两两正交，那么

$$|\alpha_1 + \alpha_2 + \cdots + \alpha_n|^2 = |\alpha_1|^2 + |\alpha_2|^2 + \cdots + |\alpha_n|^2 \tag{15}$$

推论 5 在实内积空间 V 中，**余弦定理**成立，即设 3 个非零向量 α, β, γ 满足 $\gamma = \beta - \alpha$，则

$$|\gamma|^2 = |\alpha|^2 + |\beta|^2 - 2|\alpha||\beta|\cos\langle\alpha,\beta\rangle \tag{16}$$

证明 $|\gamma|^2 = (\beta - \alpha, \beta - \alpha) = |\beta|^2 - 2(\alpha, \beta) + |\alpha|^2$

$$= |\alpha|^2 + |\beta|^2 - 2|\alpha||\beta|\cos\langle\alpha,\beta\rangle$$ ■

在数学分析课程中看到，在研究无限性的问题时，极限是重要的概念，而刻画极限要用到距离的概念。为了在实内积空间中给出距离的概念，我们首先给出距离的定义。

定义 7 设 E 是一个非空集合，d 是 $E \times E$ 到 $\mathbf{R}$ 的一个映射，如果对任意 $x, y, z \in E$，有

(1) $d(x,y) = d(y,x)$ （对称性）；

(2) $d(x,y) \geqslant 0$，等号成立当且仅当 $x = y$ （正定性）；

(3) $d(x,z) \leqslant d(x,y) + d(y,z)$ （三角形不等式），

那么称 d 是一个**距离**。如果集合 E 定义了一个距离 d，那么称 E 是一个**度量空间**。把 $d(x,y)$ 称为 x 与 y 之间的距离。

命题 3　在实内积空间 V 中，对于任意 $\alpha,\beta\in V$，令

$$d(\alpha,\beta) := |\alpha-\beta|, \tag{17}$$

则 d 是一个距离，从而实内积空间 V 对于这个距离 d 成为一个度量空间。

证明　$d(\alpha,\beta) = |\alpha-\beta| = |-(\beta-\alpha)| = |-1||\beta-\alpha| = |\beta-\alpha| = d(\beta,\alpha),$

$$d(\alpha,\beta) = |\alpha-\beta| \geqslant 0,$$

等号成立当且仅当 $\alpha-\beta=0$，即 $\alpha=\beta$。

$$d(\alpha,\gamma) = |\alpha-\gamma| = |\alpha-\beta+\beta-\gamma|$$
$$\leqslant |\alpha-\beta| + |\beta-\gamma| = d(\alpha,\beta) + d(\beta,\gamma)。$$

综上所述，由(17)式定义的 d 是一个距离。　　　　　　　　　　■

三、欧几里得空间中的标准正交基

实内积空间 V 中向量之间的关系，从加法和数量乘法运算的角度看，有线性相关与线性无关之分；从度量的角度看，有正交与不正交之分。这两者之间有什么联系呢？

命题 4　在实内积空间 V 中，由两两正交的非零向量组成的集合是线性无关的。

证明　设 S 是由 V 中两两正交的非零向量组成的集合，任取 S 的一个有限子集 $\{\alpha_1, \alpha_2,\cdots,\alpha_m\}$，设

$$k_1\alpha_1 + k_2\alpha_2 + \cdots + k_m\alpha_m = 0, \tag{18}$$

对于任意 $i\in\{1,2,\cdots m\}$，有

$$\left(\sum_{j=1}^{m} k_j\alpha_j, \alpha_i\right) = \sum_{j=1}^{m} k_j(\alpha_j, \alpha_i) = k_i(\alpha_i, \alpha_i)。$$

又由(18)式得

$$k_i(\alpha_i, \alpha_i) = (0, \alpha_i) = 0,$$

由于 $\alpha_i\neq 0$，因此 $(\alpha_i,\alpha_i)\neq 0$，从而 $k_i=0$，因此 $\alpha_1,\alpha_2,\cdots,\alpha_n$ 线性无关，从而 S 线性无关。　　　　　　　　　　■

推论 6　在 n 维欧几里得空间 V 中，彼此正交的非零向量的个数不超过 n。　■

定义 8　在 n 维欧几里得空间 V 中，由 n 个两两正交的非零向量组成的基称为 V 的一个**正交基**；由 n 个两两正交的单位向量组成的基称为 V 的一个**标准正交基**。

由于内积是正定的对称双线性函数，因此根据命题 2 得，V 中存在一个基 $\eta_1,\eta_2,\cdots,\eta_n$，使得内积在此基下的度量矩阵为单位矩阵 $\boldsymbol{I}$，从而

$$(\eta_i,\eta_j) = \delta_{ij}, \quad i,j=1,2,\cdots,n。 \tag{19}$$

因此 $\eta_1,\eta_2,\cdots,\eta_n$ 是 V 的一个标准正交基。

求标准正交基的算法：取 V 的一个基 $\alpha_1,\alpha_2,\cdots,\alpha_n$，令

$$\beta_1 = \alpha_1,$$

$$\beta_2 = \alpha_2 - \frac{(\alpha_2,\beta_1)}{(\beta_1,\beta_1)}\beta_1,$$

$$\cdots\quad\cdots\quad\cdots$$

$$\beta_n = \alpha_n - \sum_{j=1}^{n-1} \frac{(\alpha_n, \beta_j)}{(\beta_j, \beta_j)} \beta_j, \tag{20}$$

则 $\beta_1, \beta_2, \cdots, \beta_n$ 是 V 的一个正交基。令

$$\eta_i = \frac{1}{|\beta_i|} \beta_i, \qquad i = 1, 2, \cdots, n, \tag{21}$$

则 $\eta_1, \eta_2, \cdots, \eta_n$ 是 V 的一个标准正交基。

上述算法的第一步称为 Schmidt **正交化**,第二步称为**单位化**。

上述算法的证明与本套教材上册 4.6 节的定理 1 的证明一样。

由于在欧几里得空间 V 中指定了唯一的一个内积,因此把这个内积在 V 的一个基 $\alpha_1, \alpha_2, \cdots, \alpha_n$ 下的度量矩阵也称为 $\alpha_1, \alpha_2, \cdots, \alpha_n$ 的度量矩阵。采用"度量矩阵"这个术语的原因是:若知道了内积在 V 的一个基 $\alpha_1, \alpha_2, \cdots, \alpha_n$ 下的度量矩阵为 A,则可以计算 V 中任意两个向量 α 与 β 的内积 $(\alpha, \beta) = x'Ay$,其中 x, y 分别是 α, β 在基 $\alpha_1, \alpha_2, \cdots, \alpha_n$ 下的坐标;而利用内积可以计算向量的长度、两个非零向量的夹角、两个向量之间的距离,以及判断两个向量是否垂直等,即利用内积可以解决度量问题,因此把 A 称为"度量矩阵"。

在 n 维欧几里得空间 V 中采用标准正交基有下列优点:

命题 5 在 n 维欧几里得空间 V 中,

基 $\eta_1, \eta_2, \cdots, \eta_n$ 是 V 的一个标准正交基

$\Longleftrightarrow$ $(\eta_i, \eta_j) = \delta_{ij}, \qquad i, j = 1, 2, \cdots, n$

$\Longleftrightarrow$ 基 $\eta_1, \eta_2, \cdots, \eta_n$ 的度量矩阵是 I

$\Longleftrightarrow$ 内积在基 $\eta_1, \eta_2, \cdots, \eta_n$ 下的表达式为 $(\alpha, \beta) = x'y = x_1 y_1 + x_2 y_2 + \cdots + x_n y_n$,其中 $x = (x_1, x_2, \cdots, x_n)'$, $y = (y_1, y_2, \cdots, y_n)'$ 是 α, β 在基 $\eta_1, \eta_2, \cdots, \eta_n$ 下的坐标。 ■

从命题 5 看到,采用标准正交基可以使内积的计算比较简捷。

命题 6 设 $\eta_1, \eta_2, \cdots, \eta_n$ 是 n 维欧几里得空间 V 的一个标准正交基,则对于任意 $\alpha \in V$,有

$$\alpha = \sum_{i=1}^{n} (\alpha, \eta_i) \eta_i, \tag{22}$$

即 α 在标准正交基 $\eta_1, \eta_2, \cdots, \eta_n$ 下的坐标的第 i 个分量等于 (α, η_i), $i = 1, 2, \cdots, n$。

证明 设 $\alpha = \sum_{i=1}^{n} x_i \eta_i$,则

$$(\alpha, \eta_j) = \sum_{i=1}^{n} x_i (\eta_i, \eta_j) = x_j。$$ ■

从命题 6 看到,采用标准正交基可以用内积来求向量的坐标。(22)式称为 α 的 Fourier **展开**,其中每个系数 (α, η_i) 都称为 α 的 Fourier **系数**。

在 n 维欧几里得空间 V 中,标准正交基与标准正交基之间有什么关系呢?

命题 7 设 $\eta_1, \eta_2, \cdots, \eta_n$ 是 V 的一个标准正交基,

$$(\beta_1, \beta_2, \cdots, \beta_n) = (\eta_1, \eta_2, \cdots, \eta_n) P, \tag{23}$$

则 $\beta_1, \beta_2, \cdots, \beta_n$ 是 V 的标准正交基当且仅当 P 是正交矩阵。

证明 β_j 在 V 的标准正交基 $\eta_1, \eta_2, \cdots, \eta_n$ 下的坐标 y_j 是矩阵 P 的第 j 列。于是

$$(\beta_i,\beta_j) = \boldsymbol{y}_i'\boldsymbol{y}_j, \qquad i,j = 1,2,\cdots,n, \tag{24}$$

从而 $\beta_1,\beta_2,\cdots,\beta_n$ 是 V 的一个标准正交基

$\Longleftrightarrow$ $(\beta_i,\beta_j)=\delta_{ij}, \qquad i,j=1,2,\cdots,n$

$\Longleftrightarrow$ $\boldsymbol{y}_i'\boldsymbol{y}_j=\delta_{ij}, \qquad i,j=1,2,\cdots,n$

$\Longleftrightarrow$ $\boldsymbol{P}$ 的列向量组 $\boldsymbol{y}_1,\boldsymbol{y}_2,\cdots,\boldsymbol{y}_n$ 是正交单位向量组

$\Longleftrightarrow$ $\boldsymbol{P}$ 是正交矩阵。

四、实内积空间的同构

对于一个实线性空间 V,当指定不同的内积时,V 便成为不同的实内积空间。这样从同一个实线性空间 V,可以得到许多实内积空间。至于从不同的实线性空间,当然可以得到许多不同的实内积空间。对于众多的实内积空间,如何区分哪些在本质上是一样的? 两个实线性空间 V 和 V',本质上相同就是它们之间存在一一对应,并且这种一一对应保持加法运算和数量乘法运算。当 V 和 V' 分别指定了一个内积成为实内积空间之后,它们本质上相同自然应该增加一个条件:若 V 中的两个向量 α_1,α_2 分别与 V' 中两个向量 γ_1,γ_2 对应,则 $(\alpha_1,\alpha_2)=(\gamma_1,\gamma_2)$。这个条件可以简捷地说成:保持向量的内积不变。从以上分析我们给出两个实内积空间本质上相同的确切含义:

定义 9 设 V 和 V' 都是实内积空间,如果存在 V 到 V' 的一个双射 σ,使得对于任意 $\alpha,\beta\in V,k\in\mathbf{R}$,有

$$\sigma(\alpha+\beta) = \sigma(\alpha)+\sigma(\beta),$$
$$\sigma(k\alpha) = k\sigma(\alpha),$$
$$(\alpha,\beta) = (\sigma(\alpha),\sigma(\beta)),$$

那么称 σ 是实内积空间 V 到 V' 的一个**同构映射**,此时称 V 与 V' 是**同构的**,记作 $V\cong V'$。

从定义 9 看出,实内积空间 V 到 V' 的一个同构映射 σ 首先是实线性空间 V 到 V' 的一个同构映射;其次 σ 还保持向量的内积不变。因此 σ 既具有线性空间的同构映射的一切性质,还具有与内积有关的性质。例如,若 V 是有限维的,则 V' 也是有限维的,而且 V 与 V' 的维数相同。又如,若 V 是有限维的,则 σ 把 V 的一个基映成 V' 的一个基;又由于 σ 保持向量的内积不变,因此 σ 把 V 的一个标准正交基映成 V' 的一个标准正交基。

设 V 和 V' 是两个实内积空间,为了更清晰、简明,把 V 到 V' 的保持加法和数量乘法运算的双射 σ 称为一个**线性同构**;若线性同构 σ 还保持向量的内积不变,则称它为一个**保距同构**。

定理 2 两个欧几里得空间同构的充分必要条件是它们的维数相同。

证明 设 V 和 V' 都是欧几里得空间。

必要性。由于 V 和 V' 作为实线性空间也同构,因此它们的维数相同。

充分性。在 V 与 V' 中各取一个标准正交基:$\eta_1,\eta_2,\cdots,\eta_n$ 与 $\delta_1,\delta_2,\cdots,\delta_n$,令

$$\sigma: \qquad V\longrightarrow V'$$

$$\alpha = \sum_{i=1}^{n}x_i\eta_i\longmapsto \sum_{i=1}^{n}x_i\delta_i,$$

则 σ 是 V 到 V' 的一个线性同构。设 $\beta = \sum_{i=1}^{n}y_i\eta_i$,则据 σ 的定义得,$\sigma(\beta) = \sum_{i=1}^{n}y_i\delta_i$,于是根

据内积在标准正交基下的表达式,得

$$(\sigma(\alpha),\sigma(\beta)) = \sum_{i=1}^{n} x_i y_i = (\alpha,\beta),$$

因此 σ 是 V 到 V' 的一个保距同构,从而欧几里得空间 V 与 V' 是同构的。

从定理 2 得出,同一个 n 维实线性空间 V,虽然装备上不同的内积成为不同的欧几里得空间,但是这些欧几里得空间是同构的。而且不同的 n 维实线性空间装备上各自的内积得到的欧几里得空间也是同构的。特别地,任一 n 维欧几里得空间 V 都与装备了标准内积的欧几里得空间 $\mathbf{R}^n$ 同构,并且一个同构映射是

$$\sigma: \qquad V \longrightarrow \mathbf{R}^n$$

$$\alpha = \sum_{i=1}^{n} x_i \eta_i \longmapsto (x_1, x_2, \cdots, x_n)',$$

其中 $\eta_1, \eta_2, \cdots, \eta_n$ 是 V 的一个标准正交基,即让 V 中每一个向量 α 对应到它在 V 的一个标准正交基下的坐标,这个映射是 n 维欧几里得空间 V 到 $\mathbf{R}^n$ 的一个同构映射。由于 V 的标准正交基不唯一,因此 V 到 $\mathbf{R}^n$ 的同构映射也不唯一。

我们在第 8 章已经知道,线性空间的同构关系具有反身性、对称性和传递性。可以证明:实内积空间的同构关系也具有反身性、对称性和传递性。关于反身性是显然的,因为恒等映射是保距同构。关于对称性,设 σ 是实内积空间 V 到 V' 的一个同构映射,则 σ^{-1} 是 V' 到 V 的一个线性同构。又由于对于任意 $\gamma_1, \gamma_2 \in V'$,有

$$(\gamma_1, \gamma_2) = (\sigma(\sigma^{-1}(\gamma_1)), \sigma(\sigma^{-1}(\gamma_2))) = (\sigma^{-1}(\gamma_1), \sigma^{-1}(\gamma_2)),$$

因此 σ^{-1} 是 V' 到 V 的一个保距同构,从而实内积空间 V' 与 V 同构。关于传递性,类似于对称性的证明方法可证。

推论 7 设 V 是 n 维欧几里得空间,则 V 上的线性变换 σ 是保距同构当且仅当 σ 把 V 的标准正交基映成标准正交基。

证明 必要性。前面已论证过。

充分性。设 σ 把 V 的一个标准正交基 $\eta_1, \eta_2, \cdots, \eta_n$ 映成标准正交基 $\gamma_1, \gamma_2, \cdots, \gamma_n$,则对于任意 $\alpha = \sum_{i=1}^{n} x_i \eta_i$,有

$$\sigma(\alpha) = \sigma\left(\sum_{i=1}^{n} x_i \eta_i\right) = \sum_{i=1}^{n} x_i \sigma(\eta_i) = \sum_{i=1}^{n} x_i \gamma_i,$$

根据定理 2 的充分性的证明得,σ 是 V 到 V 的一个保距同构。

我们经过深入思考得到了下述定理 3,定理 4 和推论 8。

定理 3 设 V 和 V' 都是实内积空间,如果存在 V 到 V' 的一个映射 σ 保持向量的内积不变,即 $\forall \alpha, \beta \in V$ 有

$$(\sigma(\alpha), \sigma(\beta)) = (\alpha, \beta),$$

那么 (1) σ 保持向量的长度不变;

(2) σ 是 V 到 V' 的一个线性映射;

(3) σ 是单射。

证明 (1) 任取 $\alpha \in V$ 有

$$|\sigma(\alpha)| = \sqrt{(\sigma(\alpha),\sigma(\alpha))} = \sqrt{(\alpha,\alpha)} = |\alpha| \text{。}$$

(2) 根据内积的正定性得，$\forall \alpha' \in V'$ 有

$$|\alpha'|^2 = (\alpha',\alpha') = 0 \Longleftrightarrow \alpha' = 0' \text{。}$$

于是任取 $\alpha,\beta \in V$，要证 $\sigma(\alpha+\beta) = \sigma(\alpha)+\sigma(\beta)$，只要证

$$|\sigma(\alpha+\beta) - (\sigma(\alpha)+\sigma(\beta))|^2 = 0 \text{。}$$

计算

$$|\sigma(\alpha+\beta) - (\sigma(\alpha)+\sigma(\beta))|^2 = (\sigma(\alpha+\beta)-(\sigma(\alpha)+\sigma(\beta)),\sigma(\alpha+\beta)-(\sigma(\alpha)+\sigma(\beta)))$$

$$= |\sigma(\alpha+\beta)|^2 - 2(\sigma(\alpha+\beta),\sigma(\alpha)+\sigma(\beta)) + |\sigma(\alpha)+\sigma(\beta)|^2$$

$$= |\alpha+\beta|^2 - 2(\sigma(\alpha+\beta),\sigma(\alpha)) - 2(\sigma(\alpha+\beta),\sigma(\beta)) + |\sigma(\alpha)|^2 + 2(\sigma(\alpha),\sigma(\beta)) + |\sigma(\beta)|^2$$

$$= |\alpha+\beta|^2 - 2(\alpha+\beta,\alpha) - 2(\alpha+\beta,\beta) + |\alpha|^2 + 2(\alpha,\beta) + |\beta|^2$$

$$= |\alpha+\beta|^2 - 2(\alpha+\beta,\alpha+\beta) + |\alpha+\beta|^2 = 0,$$

因此　　　　　　　　　　　　　$\sigma(\alpha+\beta) = \sigma(\alpha)+\sigma(\beta)$。

同理可证　　　　　　　　　$\sigma(k\alpha) = k\sigma(\alpha)$，$\forall \alpha \in V$，$\forall k \in \mathbf{R}$。

因此 σ 是 V 到 V' 的一个线性映射。

(3)　　　　　　$\alpha \in \mathrm{Ker}\,\sigma \Longleftrightarrow \sigma(\alpha) = 0' \Longleftrightarrow |\sigma(\alpha)| = 0 \Longleftrightarrow |\alpha| = 0 \Longleftrightarrow \alpha = 0$。

因此　$\mathrm{Ker}\,\sigma = 0$，从而 σ 是单射。■

定理 4　设 V 和 V' 都是实内积空间，如果存在 V 到 V' 的一个满射 σ 且 σ 保持向量的内积不变，那么 σ 是 V 到 V' 的一个保距同构，从而实内积空间 V 与 V' 同构。

证明　根据定理 3，σ 是 V 到 V' 的一个单射，且 σ 是 V 到 V' 的一个线性映射。已知 σ 是满射，从而 σ 是双射。又已知 σ 保持向量的内积不变，因此根据定义 9 得，σ 是 V 到 V' 的一个保距同构，从而实内积空间 V 与 V' 同构。

推论 8　设 V 和 V' 都是 n 维欧几里得空间，如果 V 到 V' 的一个映射 σ 保持向量的内积不变，那么 σ 是 V 到 V' 的一个保距同构，从而欧几里得空间 V 与 V' 同构。

证明　根据定理 3，σ 是 V 到 V' 的一个线性映射，且 σ 是单射。于是根据第 9 章 9.2 节的定理 3 得，σ 也是满射。又已知 σ 保持向量的内积不变，因此根据定理 4 得，σ 是 V 到 V' 的一个保距同构，从而欧几里得空间 V 与 V' 同构。■

10.2.2　典型例题

例 1　判断下列实线性空间中分别规定的二元函数是不是该实线性空间上的一个内积。

(1) 在 $M_n(\mathbf{R})$ 中规定

$$f(\boldsymbol{A},\boldsymbol{B}) := \mathrm{tr}(\boldsymbol{AB});$$

(2) 在 $\mathbf{R}^2$ 中，对于任意 $\boldsymbol{\alpha} = (x_1,x_2)'$，$\boldsymbol{\beta} = (y_1,y_2)'$，令

$$f(\boldsymbol{\alpha},\boldsymbol{\beta}) = x_1 y_1 - x_1 y_2 - x_2 y_1 + 4x_2 y_2;$$

(3) 设 $\boldsymbol{C}$ 是一个 n 级实可逆矩阵，在 $\mathbf{R}^n$ 中规定

$$f(\boldsymbol{x},\boldsymbol{y}) = \boldsymbol{x}'\boldsymbol{C}'\boldsymbol{C}\boldsymbol{y}。$$

解　(1) 从 10.1 节内容精华的例 3 知道，f 是 $M_n(\mathbf{R})$ 上的一个双线性函数。由于 $\mathrm{tr}(\boldsymbol{AB}) = \mathrm{tr}(\boldsymbol{BA})$，因此 f 是对称的。

设 n 级矩阵 $\boldsymbol{A}=\mathrm{diag}\left\{\begin{pmatrix} 0 & 1 \\ 0 & 0 \end{pmatrix}, 0, \cdots, 0\right\}$，则 $\boldsymbol{A}^2=0$，于是 $f(\boldsymbol{A}, \boldsymbol{A})=\mathrm{tr}(\boldsymbol{A}^2)=0$。这表明 f 不是正定的，因此 f 不是 $M_n(\mathbf{R})$ 上的一个内积。

（2）从 f 的表达式立即得出，f 是 $\mathbf{R}^2$ 上的双线性函数。f 在 $\mathbf{R}^2$ 的标准基 $\boldsymbol{\varepsilon}_1, \boldsymbol{\varepsilon}_2$ 下的度量矩阵 $\boldsymbol{A}$ 为

$$\boldsymbol{A}=\begin{pmatrix} 1 & -1 \\ -1 & 4 \end{pmatrix}。$$

由于 $\boldsymbol{A}$ 是对称矩阵，因此 f 是对称的。由于 $\boldsymbol{A}$ 的各阶顺序主子式全大于 0，因此 $\boldsymbol{A}$ 是正定矩阵，从而 f 是正定的。于是 f 是 $\mathbf{R}^2$ 上的一个内积。

（3）从 f 的表达式立即得出，f 是 $\mathbf{R}^n$ 上的一个双线性函数，它在 $\mathbf{R}^n$ 的标准基 $\boldsymbol{\varepsilon}_1, \boldsymbol{\varepsilon}_2, \cdots, \boldsymbol{\varepsilon}_n$ 下的度量矩阵 $\boldsymbol{A}$ 为

$$\boldsymbol{A}=\boldsymbol{C}'\boldsymbol{C}。$$

显然，$\boldsymbol{A}$ 是对称矩阵。由于 $\boldsymbol{A}\simeq\boldsymbol{I}$，因此 $\boldsymbol{A}$ 是正定矩阵，从而 f 是正定的对称双线性函数。于是 f 是 $\mathbf{R}^n$ 上的一个内积。

例 2 设 V 和 U 都是实线性空间，U 上指定了一个内积 $(\ ,\ )_1$。设 σ 是 V 到 U 的一个线性映射，且 σ 是单射。对于 V 中任意两个向量 α, β，规定

$$(\alpha, \beta) := (\sigma(\alpha), \sigma(\beta))_1，$$

证明：$(\ ,\ )$ 是 V 上的一个内积。

证明 任取 $\alpha_1, \alpha_2, \beta\in V, k_1, k_2\in\mathbf{R}$，有

$$(k_1\alpha_1+k_2\alpha_2, \beta)=(\sigma(k_1\alpha_1+k_2\alpha_2), \sigma(\beta))_1=(k_1\sigma(\alpha_1)+k_2\sigma(\alpha_2), \sigma(\beta))_1$$
$$=k_1(\sigma(\alpha_1), \sigma(\beta))_1+k_2(\sigma(\alpha_2), \sigma(\beta))_1=k_1(\alpha_1, \beta)+k_2(\alpha_2, \beta)，$$

因此 $(\ ,\ )$ 对第一个变量是线性的。同理可证它对于第二个变量也是线性的，因此 $(\ ,\ )$ 是 V 上的一个双线性函数。由于对于任意 $\alpha, \beta\in V$，有

$$(\alpha, \beta)=(\sigma(\alpha), \sigma(\beta))_1=(\sigma(\beta), \sigma(\alpha))_1=(\beta, \alpha)，$$

因此 $(\ ,\ )$ 是对称的。对任意 $\alpha\in V$，且 $\alpha\neq 0$，由于 σ 是 V 到 U 的单射，因此 $\sigma(\alpha)\neq 0$，从而 $(\alpha, \alpha)=(\sigma(\alpha), \sigma(\alpha))_1>0$。又有 $(0, 0)=(\sigma(0), \sigma(0))_1=(0, 0)_1=0$，因此 $(\ ,\ )$ 是正定的，从而 $(\ ,\ )$ 是 V 上的一个内积。∎

例 3 设 V 是 n 维实线性空间，V 中取一个基 $\alpha_1, \alpha_2, \cdots, \alpha_n$。对于 V 中任意两个向量 $\alpha=\sum\limits_{i=1}^{n} x_i\alpha_i, \beta=\sum\limits_{i=1}^{n} y_i\alpha_i$，规定

$$(\alpha, \beta)=x_1 y_1+x_2 y_2+\cdots+x_n y_n，\tag{25}$$

证明：（1）$(\ ,\ )$ 是 V 上的一个内积；

（2）对于 V 中任意一个基 $\alpha_1, \alpha_2, \cdots, \alpha_n$，存在 V 上唯一的一个内积 $(\ ,\ )$，使得

$$(\alpha_i, \alpha_j)=\delta_{ij}，\qquad i, j=1, 2, \cdots, n。$$

证明（1）从 $(\ ,\ )$ 的定义可以看出，它是 V 上的一个双线性函数，它在 V 的基 $\alpha_1, \alpha_2, \cdots, \alpha_n$ 下的度量矩阵是 $\boldsymbol{I}$，因此它是 V 上正定的对称双线性函数，从而它是 V 上的一个内积。

（2）对于 V 中任意一个基 $\alpha_1, \alpha_2, \cdots, \alpha_n$，按照第（1）小题中（25）式定义 (α, β)，得到 V

上的一个内积(，)，它使得$(\alpha_i,\alpha_j)=\delta_{ij}$，$i,j=1,2,\cdots,n$。

假如还有 V 上的一个内积$(，)_1$，使得

$$(\alpha_i,\alpha_j)_1 = \delta_{ij}, \qquad i,j=1,2,\cdots,n,$$

则对于 V 中任意两个向量$\alpha=\sum_{i=1}^n x_i\alpha_i, \beta=\sum_{j=1}^n y_j\alpha_j$，有

$$(\alpha,\beta)_1 = \left(\sum_{i=1}^n x_i\alpha_i, \sum_{j=1}^n y_j\alpha_j\right)_1 = \sum_{i=1}^n\sum_{j=1}^n x_iy_j(\alpha_i,\alpha_j)_1 = \sum_{i=1}^n x_iy_i = (\alpha,\beta),$$

因此$(，)_1$与$(，)$是相等的双线性函数。 ■

例 4　设 $V=C[0,1]$，考虑 V 到自身的一个映射$\sigma: f\longmapsto \sigma f$，其中$\sigma f$的定义为

$$(\sigma f)(t) := t f(t), \qquad \forall t\in[0,1]。 \tag{26}$$

证明：(1) σ 是 V 上的一个线性变换，且 σ 是单射；

(2) 对于任意 $f,g\in V$，规定

$$(f,g) = \int_0^1 f(t)g(t)\,t^2\,\mathrm{d}t, \tag{27}$$

则(f,g)是 V 上的一个内积。

证明　(1) 任取 $f_1,f_2\in V$，对一切 $t\in[0,1]$，有

$$\begin{aligned}(\sigma(f_1+f_2))(t) &= t(f_1+f_2)(t) = t[f_1(t)+f_2(t)]\\ &= tf_1(t)+tf_2(t) = (\sigma f_1)(t)+(\sigma f_2)(t)\\ &= (\sigma f_1+\sigma f_2)(t),\end{aligned}$$

因此$\sigma(f_1+f_2)=\sigma f_1+\sigma f_2$。同理可证$\sigma(kf)=k\sigma(f)$，从而 σ 是 V 上的一个线性变换。

设 $f,g\in V$，且$\sigma(f)=\sigma(g)$，则$tf(t)=tg(t), \forall t\in[0,1]$。当 $t\in(0,1]$时，有$f(t)=g(t)$，于是

$$\lim_{t\to 0+0} f(t) = \lim_{t\to 0+0} g(t)。$$

由于 f,g 是$[0,1]$上的连续函数，因此从上式得，$f(0)=g(0)$，从而$\forall t\in[0,1]$，有$f(t)=g(t)$，于是$f=g$，即 σ 是单射。

(2) 从内容精华的例 3 知道，$(f,g)_1=\int_0^1 f(t)g(t)\mathrm{d}t$ 是 $C[0,1]$上的一个内积。由于

$$(f,g) = \int_0^1 f(t)g(t)t^2\mathrm{d}t = (\sigma(f),\sigma(g))_1,$$

因此根据例 2 得，(f,g)是 $C[0,1]$上的一个内积。 ■

例 5　设 $V=\mathbf{R}[x]$，对于$f(x)=\sum_{i=0}^n a_ix^i, g(x)=\sum_{j=0}^m b_jx^j$，规定

$$(f,g) = \sum_{i=0}^n\sum_{j=0}^m \frac{a_ib_j}{i+j+1}。 \tag{28}$$

(1) 证明$(，)$是 $\mathbf{R}[x]$上的一个内积；

(2) 求第(1)小题中的内积在 $\mathbf{R}[x]_n$ 上的限制在基 $1,x,x^2,\cdots,x^{n-1}$ 下的度量矩阵。

(1) **证明**　把 $C[0,1]$ 上的内积$(f,g)=\int_0^1 f(x)g(x)\mathrm{d}x$ 限制到 $\mathbf{R}[x]$中，得到 $\mathbf{R}[x]$
上的一个内积

$$(f(x),g(x)) = \int_0^1 f(x)g(x)\mathrm{d}x = \int_0^1 \left(\sum_{i=0}^n a_i x^i\right)\left(\sum_{j=0}^m b_j x^j\right)\mathrm{d}x$$

$$= \sum_{i=0}^n \sum_{j=0}^m a_i b_j \int_0^1 x^i x^j \mathrm{d}x = \sum_{i=0}^n \sum_{j=0}^m a_i b_j \frac{1}{i+j+1},$$

从而由(28)式定义的(f,g)是$\mathbf{R}[x]$上的一个内积。

(2) **解** $(x^i,x^j) = \dfrac{1}{i+j+1}, 0 \leqslant i,j < n$。于是上述内积在基$1,x,x^2,\cdots,x^{n-1}$下的度量矩阵$\boldsymbol{A}$为

$$\boldsymbol{A} = \begin{pmatrix} 1 & \frac{1}{2} & \frac{1}{3} & \cdots & \frac{1}{n} \\ \frac{1}{2} & \frac{1}{3} & \frac{1}{4} & \cdots & \frac{1}{n+1} \\ \vdots & \vdots & \vdots & & \vdots \\ \frac{1}{n} & \frac{1}{n+1} & \frac{1}{n+2} & \cdots & \frac{1}{2n-1} \end{pmatrix}。$$

例6 证明下述n级实矩阵$\boldsymbol{A}$是正定矩阵。

$$\boldsymbol{A} = \begin{pmatrix} 1 & \frac{1}{2} & \frac{1}{3} & \cdots & \frac{1}{n} \\ \frac{1}{2} & \frac{1}{3} & \frac{1}{4} & \cdots & \frac{1}{n+1} \\ \vdots & \vdots & \vdots & & \vdots \\ \frac{1}{n} & \frac{1}{n+1} & \frac{1}{n+2} & \cdots & \frac{1}{2n-1} \end{pmatrix},$$

这个矩阵称为 Hilbert 矩阵。

证明 从例5得，$\boldsymbol{A}$是$\mathbf{R}[x]_n$上用(28)式定义的内积在基$1,x,x^2,\cdots,x^{n-1}$下的度量矩阵，因此$\boldsymbol{A}$是正定矩阵。∎

点评：例6表明：判断n级实对称矩阵$\boldsymbol{A}$是正定矩阵的一个方法：若$\boldsymbol{A}$是实线性空间上一个内积在一个基下的度量矩阵，则$\boldsymbol{A}$是正定矩阵。

例7 设V是一个实内积空间。证明：

$$(\alpha,\beta) = \frac{1}{4}|\alpha+\beta|^2 - \frac{1}{4}|\alpha-\beta|^2, \qquad \forall \alpha,\beta \in V, \tag{29}$$

这个恒等式称为**极化恒等式**。

证明

$$|\alpha+\beta|^2 = (\alpha+\beta,\alpha+\beta) = |\alpha|^2 + 2(\alpha,\beta) + |\beta|^2, \tag{30}$$

$$|\alpha-\beta|^2 = (\alpha-\beta,\alpha-\beta) = |\alpha|^2 - 2(\alpha,\beta) + |\beta|^2, \tag{31}$$

因此 $(\alpha,\beta) = \dfrac{1}{4}[|\alpha+\beta|^2 - |\alpha-\beta|^2], \forall \alpha,\beta \in V$。∎

例8 设V是一个n维欧几里得空间，V中取一个基$\alpha_1,\alpha_2,\cdots,\alpha_n$。设$c_1,c_2,\cdots,c_n$是任意给定的一组实数。证明：$V$中存在唯一的一个向量$\alpha$，使得

$$(\alpha,\alpha_j) = c_j, \qquad j = 1,2,\cdots,n。$$

证明　设基 $\alpha_1,\alpha_2,\cdots,\alpha_n$ 的度量矩阵为 $\boldsymbol{A}$，设 $\alpha=(\alpha_1,\alpha_2,\cdots,\alpha_n)\boldsymbol{x}$，则

$$(\alpha,\alpha_j)=c_j,\qquad j=1,2,\cdots,n$$

$$\Longleftrightarrow\quad \boldsymbol{x}'\boldsymbol{A}\boldsymbol{\varepsilon}_j=c_j,\qquad j=1,2,\cdots,n$$

$$\Longleftrightarrow\quad \boldsymbol{x}'\boldsymbol{A}(\boldsymbol{\varepsilon}_1,\boldsymbol{\varepsilon}_2,\cdots,\boldsymbol{\varepsilon}_n)=(c_1,c_2,\cdots,c_n)$$

$$\Longleftrightarrow\quad \boldsymbol{A}\boldsymbol{x}=(c_1,c_2,\cdots,c_n)'.$$

由于 $\boldsymbol{A}$ 是正定矩阵，因此 $\boldsymbol{A}$ 可逆，从而上述线性方程组有唯一解。于是 V 中存在唯一的向量 α，使得

$$(\alpha,\alpha_j)=c_j,\qquad j=1,2,\cdots,n。\quad\blacksquare$$

例 9　设 V 是 3 维欧几里得空间，V 中指定的内积在基 $\alpha_1,\alpha_2,\alpha_3$ 下的度量矩阵 $\boldsymbol{A}$ 为

$$\boldsymbol{A}=\begin{pmatrix}1 & 0 & 1\\ 0 & 10 & -2\\ 1 & -2 & 2\end{pmatrix},$$

求 V 的一个标准正交基。

解　先作 Schmidt 正交化：令

$$\beta_1=\alpha_1,$$

$$\beta_2=\alpha_2-\frac{(\alpha_2,\beta_1)}{(\beta_1,\beta_1)}\beta_1=\alpha_2-\frac{0}{1}\alpha_1=\alpha_2,$$

$$\beta_3=\alpha_3-\frac{(\alpha_3,\beta_1)}{(\beta_1,\beta_1)}\beta_1-\frac{(\alpha_3,\beta_2)}{(\beta_2,\beta_2)}\beta_2$$

$$=\alpha_3-\frac{1}{1}\alpha_1-\frac{-2}{10}\alpha_2=-\alpha_1+\frac{1}{5}\alpha_2+\alpha_3。$$

再单位化：令

$$\eta_1=\frac{1}{|\beta_1|}\beta_1=\frac{1}{1}\alpha_1=\alpha_1,$$

$$\eta_2=\frac{1}{|\beta_2|}\beta_2=\frac{1}{\sqrt{10}}\alpha_2=\frac{\sqrt{10}}{10}\alpha_2,$$

$$\eta_3=\frac{1}{|\beta_3|}\beta_3,$$

由于

$$(\beta_3,\beta_3)=\left(-1,\frac{1}{5},1\right)\boldsymbol{A}\left(-1,\frac{1}{5},1\right)'=\frac{3}{5},$$

因此

$$\eta_3=\sqrt{\frac{5}{3}}\left(-\alpha_1+\frac{1}{5}\alpha_2+\alpha_3\right)=-\frac{\sqrt{15}}{3}\alpha_1+\frac{\sqrt{15}}{15}\alpha_2+\frac{\sqrt{15}}{3}\alpha_3。$$

于是 V 的一个标准正交基是

$$\alpha_1,\qquad \frac{\sqrt{10}}{10}\alpha_2,\qquad -\frac{\sqrt{15}}{3}\alpha_1+\frac{\sqrt{15}}{15}\alpha_2+\frac{\sqrt{15}}{3}\alpha_3。$$

例 10　设 $\alpha_1,\alpha_2,\cdots,\alpha_m$ 是 n 维欧几里得空间 V 的一组向量。令

$$\boldsymbol{A}=\begin{pmatrix}(\alpha_1,\alpha_1) & (\alpha_1,\alpha_2) & \cdots & (\alpha_1,\alpha_m)\\ (\alpha_2,\alpha_1) & (\alpha_2,\alpha_2) & \cdots & (\alpha_2,\alpha_m)\\ \vdots & \vdots & & \vdots\\ (\alpha_m,\alpha_1) & (\alpha_m,\alpha_2) & \cdots & (\alpha_m,\alpha_m)\end{pmatrix},\tag{32}$$

称 A 是向量组 $\alpha_1,\alpha_2,\cdots,\alpha_m$ 的 **Gram 矩阵**,记作 $G(\alpha_1,\alpha_2,\cdots,\alpha_m)$,把 $|A|$ 称为这个向量组的 **Gram 行列式**。证明:$|G(\alpha_1,\alpha_2,\cdots,\alpha_m)| \geqslant 0$,等号成立当且仅当 $\alpha_1,\alpha_2,\cdots,\alpha_m$ 线性相关。

证明 情形 1 $\alpha_1,\alpha_2,\cdots,\alpha_m$ 线性无关。令
$$V_1 = \langle \alpha_1,\alpha_2,\cdots,\alpha_m \rangle,$$
则 $\alpha_1,\alpha_2,\cdots,\alpha_m$ 是 V_1 的一个基。把 V 的内积限制到 V_1 上成为 V_1 的一个内积,它在 V_1 的基 $\alpha_1,\alpha_2,\cdots,\alpha_m$ 下的度量矩阵正好是 A,于是 A 为正定矩阵,从而 $|A|>0$。

情形 2 $\alpha_1,\alpha_2,\cdots,\alpha_m$ 线性相关,则有不全为 0 的实数 $k_1,k_2,\cdots,k_m$,使得 $k_1\alpha_1 + k_2\alpha_2 + \cdots + k_m\alpha_m = 0$,从而

$$A\begin{pmatrix} k_1 \\ k_2 \\ \vdots \\ k_m \end{pmatrix} = \begin{pmatrix} k_1(\alpha_1,\alpha_1) + k_2(\alpha_1,\alpha_2) + \cdots + k_m(\alpha_1,\alpha_m) \\ k_1(\alpha_2,\alpha_1) + k_2(\alpha_2,\alpha_2) + \cdots + k_m(\alpha_2,\alpha_m) \\ \vdots \\ k_1(\alpha_m,\alpha_1) + k_2(\alpha_m,\alpha_2) + \cdots + k_m(\alpha_m,\alpha_m) \end{pmatrix}$$

$$= \begin{pmatrix} (\alpha_1,k_1\alpha_1 + k_2\alpha_2 + \cdots + k_m\alpha_m) \\ (\alpha_2,k_1\alpha_1 + k_2\alpha_2 + \cdots + k_m\alpha_m) \\ \vdots \\ (\alpha_m,k_1\alpha_1 + k_2\alpha_2 + \cdots + k_m\alpha_m) \end{pmatrix} = \begin{pmatrix} (\alpha_1,0) \\ (\alpha_2,0) \\ \vdots \\ (\alpha_m,0) \end{pmatrix} = \begin{pmatrix} 0 \\ 0 \\ \vdots \\ 0 \end{pmatrix}。$$

于是齐次线性方程组 $Ax=0$ 有非零解,因此 $|A|=0$。∎

例 11 设 V 是 n 维欧几里得空间,V 中线性无关的向量组 $\alpha_1,\alpha_2,\cdots,\alpha_m$ 经过 Schmidt 正交化变成正交向量组 $\beta_1,\beta_2,\cdots,\beta_m$。证明:

$$|G(\alpha_1,\alpha_2,\cdots,\alpha_m)| = |G(\beta_1,\beta_2,\cdots,\beta_m)| = |\beta_1|^2 |\beta_2|^2 \cdots |\beta_m|^2。 \tag{33}$$

证明 在 V 中取一个标准正交基 $\eta_1,\eta_2,\cdots,\eta_n$,设

$$(\alpha_1,\alpha_2,\cdots,\alpha_m) = (\eta_1,\eta_2,\cdots,\eta_n)P, \tag{34}$$

其中 $P=(x_1,x_2,\cdots,x_m)$ 是 $n\times m$ 矩阵。由已知条件,得

$$(\beta_1,\beta_2,\cdots,\beta_m) = (\alpha_1,\alpha_2,\cdots,\alpha_m)A, \tag{35}$$

其中 A 是 m 级上三角矩阵,其主对角元全为 1,从而 $|A|=1$。从(34)和(35)式得

$$(\beta_1,\beta_2,\cdots,\beta_m) = (\eta_1,\eta_2,\cdots,\eta_n)PA,$$

于是 PA 的列向量分别是 $\beta_1,\beta_2,\cdots,\beta_m$ 在基 $\eta_1,\eta_2,\cdots,\eta_n$ 下的坐标 $y_1,y_2,\cdots,y_m$。

$$|G(\beta_1,\beta_2,\cdots,\beta_m)| = \begin{vmatrix} y_1'y_1 & y_1'y_2 & \cdots & y_1'y_m \\ y_2'y_1 & y_2'y_2 & \cdots & y_2'y_m \\ \vdots & \vdots & & \vdots \\ y_m'y_1 & y_m'y_2 & \cdots & y_m'y_m \end{vmatrix}$$

$$= \left| \begin{pmatrix} y_1' \\ y_2' \\ \vdots \\ y_m' \end{pmatrix} (y_1,y_2,\cdots,y_m) \right| = |(PA)'(PA)|$$

$$= |\, \boldsymbol{A}'\boldsymbol{P}'\boldsymbol{P}\boldsymbol{A} \,| = |\, \boldsymbol{A} \,|^2 \left|\begin{matrix} \boldsymbol{x}_1' \\ \boldsymbol{x}_2' \\ \vdots \\ \boldsymbol{x}_m' \end{matrix}\right| (\boldsymbol{x}_1, \boldsymbol{x}_2, \cdots, \boldsymbol{x}_m) \left.\right|$$

$$= |\, \boldsymbol{G}(\boldsymbol{\alpha}_1, \boldsymbol{\alpha}_2, \cdots, \boldsymbol{\alpha}_m) \,|\,。$$

由于 $\beta_1, \beta_2, \cdots, \beta_m$ 是正交向量组,因此

$$|\, \boldsymbol{G}(\beta_1, \beta_2, \cdots, \beta_m) \,| = |\, \mathrm{diag}\{(\beta_1, \beta_1), (\beta_2, \beta_2), \cdots, (\beta_m, \beta_m)\} \,|$$
$$= |\, \beta_1 \,|^2 |\, \beta_2 \,|^2 \cdots |\, \beta_m \,|^2。$$

例 12　设 V 是由 $M_3(\mathbf{R})$ 中所有斜对称矩阵组成的子空间,对于 $\boldsymbol{A}, \boldsymbol{B} \in V$,规定

$$(\boldsymbol{A}, \boldsymbol{B}) = \frac{1}{2}\mathrm{tr}(\boldsymbol{A}\boldsymbol{B}'), \tag{36}$$

证明:(1) (,)是 V 上的一个内积;

(2) 令　　　　　　　 $\sigma:\quad \mathbf{R}^3 \longrightarrow V$

$$\begin{bmatrix} x_1 \\ x_2 \\ x_3 \end{bmatrix} \longmapsto \begin{bmatrix} 0 & x_1 & x_2 \\ -x_1 & 0 & x_3 \\ -x_2 & -x_3 & 0 \end{bmatrix},$$

则 σ 是欧几里得空间 $\mathbf{R}^3$(指定标准内积)到 V 的一个同构映射,并且求 V 的一个标准正交基。

证明　(1) 从本节内容精华的例 2 中已经知道,$(\boldsymbol{A}, \boldsymbol{B}) = \mathrm{tr}(\boldsymbol{A}\boldsymbol{B}')$ 是 $M_3(\mathbf{R})$ 上的一个内积。把它限制到 V 上,就成为 V 上的一个内积,从而 $(\boldsymbol{A}, \boldsymbol{B}) = \frac{1}{2}\mathrm{tr}(\boldsymbol{A}\boldsymbol{B}')$ 是 V 上的一个内积。

(2) 任取 $\boldsymbol{\alpha} = (x_1, x_2, x_3)'$,$\boldsymbol{\beta} = (y_1, y_2, y_3)'$,则

$$(\boldsymbol{\alpha}, \boldsymbol{\beta}) = x_1 y_1 + x_2 y_2 + x_3 y_3。$$

由于

$$\sigma(\boldsymbol{\alpha})\sigma(\boldsymbol{\beta})' = \begin{bmatrix} 0 & x_1 & x_2 \\ -x_1 & 0 & x_3 \\ -x_2 & -x_3 & 0 \end{bmatrix} \begin{bmatrix} 0 & -y_1 & -y_2 \\ y_1 & 0 & -y_3 \\ y_2 & y_3 & 0 \end{bmatrix},$$

因此

$$(\sigma(\boldsymbol{\alpha}), \sigma(\boldsymbol{\beta})) = \frac{1}{2}\mathrm{tr}(\sigma(\boldsymbol{\alpha})\sigma(\boldsymbol{\beta})')$$
$$= \frac{1}{2}[(x_1 y_1 + x_2 y_2) + (x_1 y_1 + x_3 y_3) + (x_2 y_2 + x_3 y_3)]$$
$$= x_1 y_1 + x_2 y_2 + x_3 y_3 = (\boldsymbol{\alpha}, \boldsymbol{\beta}),$$

从而根据推论 8 得,σ 是欧几里得空间 $\mathbf{R}^3$ 到 V 的一个同构映射。

$\mathbf{R}^3$ 的一个标准正交基 $\boldsymbol{\varepsilon}_1, \boldsymbol{\varepsilon}_2, \boldsymbol{\varepsilon}_3$ 在 σ 下的象:

$$\begin{bmatrix} 0 & 1 & 0 \\ -1 & 0 & 0 \\ 0 & 0 & 0 \end{bmatrix}, \begin{bmatrix} 0 & 0 & 1 \\ 0 & 0 & 0 \\ -1 & 0 & 0 \end{bmatrix}, \begin{bmatrix} 0 & 0 & 0 \\ 0 & 0 & 1 \\ 0 & -1 & 0 \end{bmatrix}$$

就是 V 的一个标准正交基。

习题 10.2

1. 设 $A=(a_{ij})$ 是一个 n 级正定矩阵。在 $\mathbf{R}^n$ 中规定
$$(\boldsymbol{x},\boldsymbol{y}) = \boldsymbol{x}'A\boldsymbol{y}。 \tag{37}$$

(1) 说明(,)是 $\mathbf{R}^n$ 上的一个内积,并且指出这个内积在 $\mathbf{R}^n$ 的标准基 $\boldsymbol{\varepsilon}_1,\boldsymbol{\varepsilon}_2,\cdots,\boldsymbol{\varepsilon}_n$ 下的度量矩阵;

(2) 具体写出这个欧几里得空间 $\mathbf{R}^n$ 的 Cauchy-буняковский-Schwarz 不等式。

2. 设 V 是实内积空间,$\alpha,\beta\in V$。证明:α 与 β 正交当且仅当对任意实数 t,有
$$|\alpha + t\beta| \geqslant |\alpha|。$$

3. 在欧几里得空间 $\mathbf{R}^2$(指定标准内积)中,设 $\boldsymbol{\alpha}=(1,2)'$,$\boldsymbol{\beta}=(-1,1)'$,求 $\boldsymbol{\gamma}$,使得 $(\boldsymbol{\alpha},\boldsymbol{\gamma})=-1$,且 $(\boldsymbol{\beta},\boldsymbol{\gamma})=3$。

4. 在欧几里得空间 $\mathbf{R}^4$(指定标准内积)中,设
$$\boldsymbol{\alpha} = (1,-1,4,0)',\boldsymbol{\beta} = (3,1,-2,2)',$$
求 $\langle\boldsymbol{\alpha},\boldsymbol{\beta}\rangle$。

5. 设 $\alpha_1,\alpha_2,\cdots,\alpha_n$ 是 n 维欧几里得空间 V 的一个基。证明:

(1) 如果 $\eta\in V$,使得 $(\eta,\alpha_i)=0,i=1,2,\cdots,n$,那么 $\eta=0$;

(2) 如果 $\beta_1,\beta_2\in V$,使得对任意 $\alpha\in V$,有 $(\beta_1,\alpha)=(\beta_2,\alpha)$,那么 $\beta_1=\beta_2$。

6. 设 $\mathscr{A}$ 是 $\mathbf{R}^2$ 上的一个线性变换,使得
$$\mathscr{A}\begin{pmatrix}x_1\\x_2\end{pmatrix} = \begin{pmatrix}x_2\\-x_1\end{pmatrix},\forall\begin{pmatrix}x_1\\x_2\end{pmatrix}\in\mathbf{R}^2,$$
在 $\mathbf{R}^2$ 中指定标准内积。证明:$(\boldsymbol{\alpha},\mathscr{A}\boldsymbol{\alpha})=0,\forall\boldsymbol{\alpha}\in\mathbf{R}^2$;说出线性变换 $\mathscr{A}$ 的几何意义。

7. 设 V 是一个实内积空间,证明:
$$|\alpha+\beta|^2 + |\alpha-\beta|^2 = 2|\alpha|^2 + 2|\beta|^2, \qquad \forall\alpha,\beta\in V。$$
当 V 是几何空间时,说明这个恒等式的几何意义。

8. 设 $\boldsymbol{\alpha}=(x,y)'$,$\boldsymbol{\beta}=(-y,x)\in\mathbf{R}^2$。试问:

(1) 若 $\mathbf{R}^2$ 中指定标准内积,$\boldsymbol{\alpha}$ 与 $\boldsymbol{\beta}$ 是否正交?

(2) 若 $\mathbf{R}^2$ 中指定的内积是例 1 第(2)小题的内积,$\boldsymbol{\alpha}$ 与 $\boldsymbol{\beta}$ 是否正交? 写出 $\boldsymbol{\alpha}$ 与 $\boldsymbol{\beta}$ 正交的充分必要条件。

9. 求出 $\mathbf{R}^1$ 上的所有内积。

10. 在欧几里得空间 $\mathbf{R}[x]_3$ 中,其指定的内积为
$$(f,g) = \int_0^1 f(x)g(x)\mathrm{d}x,$$
求 $\mathbf{R}[x]_3$ 的一个正交基。

11. 在 $\mathbf{R}[x]_4$ 中给定一个内积为
$$(f,g) = \int_{-1}^1 f(x)g(x)\mathrm{d}x,$$
求 $\mathbf{R}[x]_4$ 的一个正交基和一个标准正交基。

12. 设 η_1, η_2, η_3 是 3 维欧几里得空间 V 的一个标准正交基,令

$$\beta_1 = \frac{1}{3}(2\eta_1 - \eta_2 + 2\eta_3), \quad \beta_2 = \frac{1}{3}(2\eta_1 + 2\eta_2 - \eta_3), \quad \beta_3 = \frac{1}{3}(\eta_1 - 2\eta_2 - 2\eta_3)。$$

证明:$\beta_1, \beta_2, \beta_3$ 也是 V 的一个标准正交基。

13. 设 $\eta_1, \eta_2, \eta_3, \eta_4, \eta_5$ 是 5 维欧几里得空间 V 的一个标准正交基,$V_1 = \langle \alpha_1, \alpha_2, \alpha_3 \rangle$,其中

$$\alpha_1 = \eta_1 + 2\eta_3 - \eta_5, \quad \alpha_2 = \eta_2 - \eta_3 + \eta_4, \quad \alpha_3 = -\eta_2 + \eta_3 + \eta_5。$$

(1) 求 $(\alpha_i, \alpha_j), 1 \leq i, j \leq 3$;　　　(2) 求 V_1 的一个正交基和一个标准正交基。

14. 已知一个 3×5 实矩阵

$$\boldsymbol{A} = \begin{bmatrix} 1 & -1 & 2 & 0 & 3 \\ 2 & 0 & -1 & 1 & 4 \\ -1 & 1 & 1 & 0 & -2 \end{bmatrix},$$

求一个 5×2 实矩阵 $\boldsymbol{B}$,使得 $\boldsymbol{AB} = \boldsymbol{0}$,且 $\boldsymbol{B}$ 的列向量组是正交单位向量组($\mathbf{R}^5$ 中指定标准内积)。

15. 在 n 维欧几里得空间 V 中,线性无关的向量组 $\alpha_1, \alpha_2, \cdots, \alpha_m$ 张成的"m 维平行 $2m$ 面体"的体积 $V(\alpha_1, \alpha_2, \cdots, \alpha_m)$ 规定为

$$[V(\alpha_1, \alpha_2, \cdots, \alpha_m)]^2 = |\boldsymbol{G}(\alpha_1, \alpha_2, \cdots, \alpha_m)|。$$

当 $m = 2, 3$ 时,分别计算 V^2 的表达式,说明其几何意义。

16. 设 V 是 n 维欧几里得空间。证明:对于 V 上的任一线性函数 f,存在 $\alpha \in V$,使得

$$f(\beta) = (\alpha, \beta), \qquad \forall \beta \in V。$$

17. 在实内积空间 $C[0, 2\pi]$ 中,指定的内积为

$$(f, g) = \int_0^{2\pi} f(x) g(x) \mathrm{d}x。$$

证明:$C[0, 2\pi]$ 的一个子集

$$S = \left\{ \frac{1}{\sqrt{2\pi}}, \quad \frac{1}{\sqrt{\pi}} \cos nx, \quad \frac{1}{\sqrt{\pi}} \sin nx \mid n \in \mathbf{Z}, n \geq 1 \right\}$$

是一个正交规范集(即 S 中每个向量都是单位向量,且任意两个不同的向量都正交)。

18. 设 $\alpha_1, \alpha_2, \cdots, \alpha_m$ 是 n 维欧几里得空间 V 的一个非零向量组。证明:

$$|\boldsymbol{G}(\alpha_1, \alpha_2, \cdots, \alpha_m)| \leq |\alpha_1|^2 |\alpha_2|^2 \cdots |\alpha_m|^2, \tag{38}$$

等号成立当且仅当 $\alpha_1, \alpha_2, \cdots, \alpha_m$ 是正交向量组。

10.3　正交补,正交投影

10.3.1　内容精华

本节通过实内积空间的子空间来研究整个空间的结构。在几何空间中,一条直线 l 如果与一个平面 π 内的所有直线都垂直,那么称直线 l 与平面 π 垂直。由此受到启发,在

实内积空间 V 中，引进下述概念：

定义 1 设 V 是一个实内积空间，S 是 V 的一个非空子集。我们把 V 中与 S 的每一个向量都正交的所有向量组成的集合叫作 S 的**正交补**，记作 $S^{\perp}$，即

$$S^{\perp} := \{\alpha \in V \mid (\alpha, \beta) = 0, \forall \beta \in S\}. \tag{1}$$

由于 $(0, \beta) = 0, \forall \beta \in S$，因此 $0 \in S^{\perp}$。容易看出，$S^{\perp}$ 对加法和数量乘法都封闭，因此 $S^{\perp}$ 是线性空间 V 的一个子空间。把 V 上的内积限制到 $S^{\perp}$ 中，则 $S^{\perp}$ 也成为一个实内积空间，此时称 $S^{\perp}$ 是实内积空间 V 的一个子空间。

设 U_1 和 U_2 是实内积空间 V 的两个子空间，如果 $U_1 \subseteq U_2^{\perp}$，那么根据 10.1 节的例 12 得，$U_2 \subseteq U_1^{\perp}$，此时称 U_1 与 U_2 是**互相正交的**。

在几何空间 V 中，如果 U 是过原点 O 的一个平面，W 是过原点 O 且与平面 U 垂直的直线，那么 $V = U \oplus W$。注意到 $W = U^{\perp}$，于是 $V = U \oplus U^{\perp}$。由此受到启发，我们猜测有下述结论，并且进行论证：

定理 1 设 U 是实内积空间 V 的一个有限维非零子空间，则

$$V = U \oplus U^{\perp}. \tag{2}$$

证明 V 上的内积在 U 上的限制是 U 上的一个正定对称双线性函数，从而它在 U 的一个基下的度量矩阵是正定矩阵，于是 V 上的内积在 U 上的限制是非退化的。又 U 是有限维非零子空间，因此根据 10.1 节的例 9 立即得到 $V = U \oplus U^{\perp}$。∎

设 U 是实内积空间 V 的一个子空间，如果 $V = U \oplus U^{\perp}$，那么有平行于 $U^{\perp}$ 在 U 上的投影 $\mathcal{P}_U$。我们把这个投影 $\mathcal{P}_U$ 称为 V 在 U 上的**正交投影**；把 α 在 $\mathcal{P}_U$ 下的象 α_1 称为 α **在 U 上的正交投影**。此时 $\alpha = \alpha_1 + \alpha_2, \alpha_1 \in U, \alpha_2 \in U^{\perp}$，由此得出：

α_1 是 α 在 U 上的正交投影 $\Longleftrightarrow \alpha - \alpha_1 \in U^{\perp}$。

如果 U 是实内积空间 V 的有限维非零子空间，那么从定理 1 得，$V = U \oplus U^{\perp}$。设 $\eta_1, \eta_2, \cdots, \eta_m$ 是 U 的一个标准正交基，则 α 在 U 上的正交投影 $\alpha_1 = \sum\limits_{i=1}^{m} (\alpha_1, \eta_i)\eta_i$。由于 $\alpha - \alpha_1 \in U^{\perp}$，因此

$$0 = (\alpha - \alpha_1, \eta_i) = (\alpha, \eta_i) - (\alpha_1, \eta_i), i = 1, 2, \cdots, m.$$

于是

$$(\alpha, \eta_i) = (\alpha_1, \eta_i), i = 1, 2, \cdots, m,$$

从而

$$\alpha_1 = \sum_{i=1}^{m} (\alpha, \eta_i)\eta_i. \tag{3}$$

在几何空间 V 中，设 U 是过原点 O 的一个平面，则 $U^{\perp}$ 是过原点 O 且与平面 U 垂直的直线，如图 10-2 所示。根据立体几何中的结论"从平面外一点向该平面引垂线段和斜线段，则垂线段比任何一条斜线段都短"，α 在 U 上的正交投影 α_1 具有这样的性质：α_1 与 α 的距离比 U 上任一其他向量 γ 与 α 的距离都短。由此受到启发，我们猜测在实内积空间 V 中也有类似的结论，并且进行论证：

图 10-2

定理 2　设 U 是实内积空间 V 的一个子空间,且 $V=U \oplus U^\perp$,则对于 $\alpha \in V$,$\alpha_1 \in U$ 是 α 在 U 上的正交投影的充分必要条件为

$$d(\alpha,\alpha_1) \leqslant d(\alpha,\gamma), \quad \forall \gamma \in U \, . \tag{4}$$

证明　必要性。设 $\alpha_1 \in U$ 是 α 在 U 上的正交投影,则 $\alpha-\alpha_1 \in U^\perp$,从而 $\forall \gamma \in U$,有

$$(\alpha-\alpha_1) \perp (\alpha_1-\gamma) \, .$$

由勾股定理得

$$\begin{aligned}
[d(\alpha,\gamma)]^2 &= |\alpha-\gamma|^2 = |(\alpha-\alpha_1)+(\alpha_1-\gamma)|^2 \\
&= |\alpha-\alpha_1|^2 + |\alpha_1-\gamma|^2 \geqslant |\alpha-\alpha_1|^2 \\
&= [d(\alpha,\alpha_1)]^2 \, .
\end{aligned}$$

因此　　　　　　　$d(\alpha,\gamma) \geqslant d(\alpha,\alpha_1)$。

充分性。设(4)式成立。设 δ 是 α 在 U 上的正交投影,根据必要性得,$d(\alpha,\delta) \leqslant d(\alpha,\alpha_1)$。结合(4)式得

$$d(\alpha,\delta) = d(\alpha,\alpha_1) \, . \tag{5}$$

由于 $\alpha-\delta \in U^\perp$,$\delta-\alpha_1 \in U$,因此

$$|\alpha-\alpha_1|^2 = |(\alpha-\delta)+(\delta-\alpha_1)|^2 = |\alpha-\delta|^2 + |\delta-\alpha_1|^2 \, . \tag{6}$$

从(5)式和(6)式得,$|\delta-\alpha_1|^2=0$,于是 $\delta=\alpha_1$,因此 α_1 是 α 在 U 上的正交投影。　■

从定理 2 受到启发,引出下述概念:

定义 2　设 U 是实内积空间 V 的一个子空间。对于 $\alpha \in V$,如果存在 $\delta \in U$,使得

$$d(\alpha,\delta) \leqslant d(\alpha,\gamma), \quad \forall \gamma \in U, \tag{7}$$

那么称 δ 是 α 在 U 上的**最佳逼近元**。

定理 1 和定理 2 的用处:

(1) 若 V 是欧几里得空间,U 是 V 的一个非平凡子空间,则从定理 1 得,$V=U \oplus U^\perp$。于是 U 的一个标准正交基与 $U^\perp$ 的一个标准正交基合起来是 V 的一个标准正交基。

(2)若 V 是实内积空间,U 是 V 的一个有限维非零子空间,则从定理 1 得,$V=U \oplus$ $U^\perp$。于是 V 中任一向量 α 在 U 上有正交投影 $\alpha_1 = \sum_{i=1}^{m} (\alpha,\eta_i)\eta_i$,其中 $\eta_1,\cdots,\eta_m$ 是 U 的一个标准正交基,从而根据定理 2 得,V 中任一向量 α 在 U 上的最佳逼近元存在且唯一,它就是 α 在 U 上的正交投影 α_1。当 V 是无限维实内积空间时,用 α 在有限维子空间 U 上

的正交投影 $\alpha_1 = \sum_{i=1}^{m} (\alpha, \eta_i) \eta_i$ 来在 U 中最佳逼近 α，这很有用。

设 U 是实内积空间 V 的一个无限维子空间，如果 $\alpha \in V$ 在 U 上的最佳逼近元 δ 存在（此时必唯一），那么把 δ 称为 α **在 U 上的正交投影**。如果 V 中每个向量 α 都有在 U 上的正交投影 δ，那么把 α 对应到 δ 的映射称为 V **在 U 上的正交投影**。

注：当 $V = U \oplus U^{\perp}$ 时，这里的正交投影的定义与前面所讲的正交投影的定义一致。

正交投影和最佳逼近元有许多应用，下面介绍一个应用。

在许多实际问题中需要研究一个变量 y 与其他一些变量 $x_1, x_2, \cdots, x_n$ 之间的依赖关系。经过实际观测和分析，假定 y 与 $x_1, x_2, \cdots, x_n$ 之间呈线性关系：

$$y = k_1 x_1 + k_2 x_2 + \cdots + k_n x_n, \tag{8}$$

其中系数 $k_1, k_2, \cdots, k_n$ 是未知的，为了确定它们，需要观测数据 m 次，即测得 m 组数：

y	x_1	x_2	$\cdots$	x_n
b_1	a_{11}	a_{12}	$\cdots$	a_{1n}
$\vdots$	$\vdots$	$\vdots$		$\vdots$
b_m	a_{m1}	a_{m2}	$\cdots$	a_{mn}

如果观测是绝对精确的，那么只要测量 $m = n$ 次，通过线性方程组就可解出 $k_1, k_2, \cdots, k_n$。但是任何观测都会有误差，这样就需要多观测些次数，即 $m > n$，于是得到的线性方程组

$$\begin{cases} a_{11} k_1 + a_{12} k_2 + \cdots + a_{1n} k_n = b_1, \\ a_{21} k_1 + a_{22} k_2 + \cdots + a_{2n} k_n = b_2, \\ \cdots \qquad \cdots \qquad \cdots \qquad \cdots \\ a_{m1} k_1 + a_{m2} k_2 + \cdots + a_{mn} k_n = b_m \end{cases} \tag{9}$$

中，方程个数 m 大于未知量个数 n。这时线性方程组 (9) 可能无解。这时我们想找一组数 $c_1, c_2, \cdots, c_n$，使得

$$\sum_{i=1}^{m} (a_{i1} c_1 + a_{i2} c_2 + \cdots + a_{in} c_n - b_i)^2$$

$$\leqslant \sum_{i=1}^{m} (a_{i1} k_1 + a_{i2} k_2 + \cdots + a_{in} k_n - b_i)^2, \quad \forall k_1, k_2, \cdots, k_n \in \mathbf{R}, \tag{10}$$

此时我们把 $(c_1, c_2, \cdots, c_n)'$ 称为线性方程组 (9) 的**最小二乘解**。

如何求线性方程组 (9) 的最小二乘解？(10) 式左端是平方和的形式，这使人联想到它是欧几里得空间 $\mathbf{R}^m$（指定的内积是标准内积）中某个向量的长度的平方。这个向量的第 i 个分量是

$$a_{i1} c_1 + a_{i2} c_2 + \cdots + a_{in} c_n - b_i, \quad i = 1, 2, \cdots, m, \tag{11}$$

线性方程组 (9) 的系数矩阵记作 $\mathbf{A}$，其列向量组记作 $\boldsymbol{\alpha}_1, \boldsymbol{\alpha}_2, \cdots, \boldsymbol{\alpha}_n$，行向量组记作 $\boldsymbol{\gamma}_1, \boldsymbol{\gamma}_2, \cdots, \boldsymbol{\gamma}_m$。令

$$\boldsymbol{x} = (k_1, k_2, \cdots, k_n)', \boldsymbol{\beta} = (b_1, b_2, \cdots, b_m)', \boldsymbol{\alpha} = (c_1, c_2, \cdots, c_n)',$$

则以 (11) 式为第 i 个分量的向量是

$$\begin{bmatrix} \boldsymbol{\gamma}_1\boldsymbol{\alpha}-b_1 \\ \boldsymbol{\gamma}_2\boldsymbol{\alpha}-b_2 \\ \vdots \\ \boldsymbol{\gamma}_m\boldsymbol{\alpha}-b_m \end{bmatrix} = \begin{bmatrix} \boldsymbol{\gamma}_1\boldsymbol{\alpha} \\ \boldsymbol{\gamma}_2\boldsymbol{\alpha} \\ \vdots \\ \boldsymbol{\gamma}_m\boldsymbol{\alpha} \end{bmatrix} - \begin{bmatrix} b_1 \\ b_2 \\ \vdots \\ b_m \end{bmatrix} = \boldsymbol{A\alpha}-\boldsymbol{\beta}, \tag{12}$$

于是(10)式的左端是向量 $\boldsymbol{A\alpha}-\boldsymbol{\beta}$ 的长度的平方,也就是 $\boldsymbol{\beta}$ 与 $\boldsymbol{A\alpha}$ 的距离的平方。令
$$U = \langle \boldsymbol{\alpha}_1, \boldsymbol{\alpha}_2, \cdots, \boldsymbol{\alpha}_n \rangle,$$
则
$$\boldsymbol{A\alpha} = c_1\boldsymbol{\alpha}_1 + c_2\boldsymbol{\alpha}_2 + \cdots + c_n\boldsymbol{\alpha}_n \in U,$$
$$\boldsymbol{Ax} = k_1\boldsymbol{\alpha}_1 + k_2\boldsymbol{\alpha}_2 + \cdots + k_n\boldsymbol{\alpha}_n \in U, \qquad \forall k_1, k_2, \cdots, k_n \in \mathbf{R},$$
于是　　　　　$\boldsymbol{\alpha}$ 是线性方程组 $\boldsymbol{Ax}=\boldsymbol{\beta}$ 的最小二乘解
$$\iff |\boldsymbol{A\alpha}-\boldsymbol{\beta}|^2 \leqslant |\boldsymbol{Ax}-\boldsymbol{\beta}|^2, \forall x \in \mathbf{R}^n$$
$$\iff d(\boldsymbol{A\alpha}, \boldsymbol{\beta}) \leqslant d(\boldsymbol{\gamma}, \boldsymbol{\beta}), \forall \boldsymbol{\gamma} \in U$$
$$\iff \boldsymbol{A\alpha} \text{ 是 } \boldsymbol{\beta} \text{ 在 } U \text{ 上的正交投影}$$
$$\iff \boldsymbol{\beta}-\boldsymbol{A\alpha} \in U^\perp$$
$$\iff (\boldsymbol{\beta}-\boldsymbol{A\alpha}, \boldsymbol{\alpha}_j)=0, \quad j=1,2,\cdots,n$$
$$\iff \boldsymbol{\alpha}_j'(\boldsymbol{\beta}-\boldsymbol{A\alpha})=0, \quad j=1,2,\cdots,n$$
$$\iff \boldsymbol{A}'(\boldsymbol{\beta}-\boldsymbol{A\alpha})=\boldsymbol{0}$$
$$\iff \boldsymbol{A}'\boldsymbol{A\alpha}=\boldsymbol{A}'\boldsymbol{\beta}$$
$$\iff \boldsymbol{\alpha} \text{ 是线性方程组 } \boldsymbol{A}'\boldsymbol{Ax}=\boldsymbol{A}'\boldsymbol{\beta} \text{ 的解。}$$
由于
$$\text{rank}(\boldsymbol{A}'\boldsymbol{A}, \boldsymbol{A}'\boldsymbol{\beta}) = \text{rank}[\boldsymbol{A}'(\boldsymbol{A}, \boldsymbol{\beta})] \leqslant \text{rank}(\boldsymbol{A}') = \text{rank}(\boldsymbol{A}'\boldsymbol{A}),$$
$$\text{rank}(\boldsymbol{A}'\boldsymbol{A}, \boldsymbol{A}'\boldsymbol{\beta}) \geqslant \text{rank}(\boldsymbol{A}'\boldsymbol{A}),$$
因此　$\text{rank}(\boldsymbol{A}'\boldsymbol{A}, \boldsymbol{A}'\boldsymbol{\beta}) = \text{rank}(\boldsymbol{A}'\boldsymbol{A})$,从而线性方程组
$$\boldsymbol{A}'\boldsymbol{Ax} = \boldsymbol{A}'\boldsymbol{\beta} \tag{13}$$
一定有解。这样我们就把求线性方程组 $\boldsymbol{Ax}=\boldsymbol{\beta}$ 最小二乘解的问题归结为求线性方程组 $(\boldsymbol{A}'\boldsymbol{A})x=\boldsymbol{A}'\boldsymbol{\beta}$ 的解。

10.3.2　典型例题

例1　设 U 是欧几里得空间 $\mathbf{R}^4$(指定标准内积)的一个子空间,$U=\langle \boldsymbol{\alpha}_1, \boldsymbol{\alpha}_2 \rangle$,其中
$$\boldsymbol{\alpha}_1 = (1,1,2,1)', \qquad \boldsymbol{\alpha}_2 = (1,0,0,-2)'.$$
(1) 求 $U^\perp$ 的维数和一个标准正交基;

(2) 求 $\boldsymbol{\alpha}=(1,-3,2,2)'$ 在 U 上的正交投影。

解　(1) 由于 $\boldsymbol{\alpha}_1, \boldsymbol{\alpha}_2$ 线性无关,因此 $\boldsymbol{\alpha}_1, \boldsymbol{\alpha}_2$ 是 U 的一个基,从而 $\dim U=2$。于是
$$\dim U^\perp = \dim \mathbf{R}^4 - \dim U = 4-2 = 2$$
$$\boldsymbol{\beta} \in U^\perp \iff (\boldsymbol{\beta}, \boldsymbol{\alpha}_i)=0, \quad i=1,2$$
$$\iff \boldsymbol{\alpha}_i'\boldsymbol{\beta}=0, \quad i=1,2$$

$$\Longleftrightarrow \quad \begin{pmatrix} \boldsymbol{\alpha}_1' \\ \boldsymbol{\alpha}_2' \end{pmatrix} \boldsymbol{\beta} = \boldsymbol{0}$$

$$\Longleftrightarrow \quad \boldsymbol{\beta} \text{ 是齐次线性方程组} \begin{pmatrix} \boldsymbol{\alpha}_1' \\ \boldsymbol{\alpha}_2' \end{pmatrix} \boldsymbol{x} = \boldsymbol{0} \text{ 的解。}$$

解齐次线性方程组 $\begin{pmatrix} \boldsymbol{\alpha}_1' \\ \boldsymbol{\alpha}_2' \end{pmatrix} \boldsymbol{x} = \boldsymbol{0}$,求出一个基础解系:

$$\boldsymbol{\beta}_1 = (0,2,-1,0)', \qquad \boldsymbol{\beta}_2 = (2,-3,0,1)',$$

则 $\boldsymbol{\beta}_1, \boldsymbol{\beta}_2$ 是 $U^\perp$ 的一个基。把它正交化和单位化:

$$\boldsymbol{\gamma}_1 = \boldsymbol{\beta}_1,$$

$$\boldsymbol{\gamma}_2 = \boldsymbol{\beta}_2 - \frac{(\boldsymbol{\beta}_2,\boldsymbol{\gamma}_1)}{(\boldsymbol{\gamma}_1,\boldsymbol{\gamma}_1)}\boldsymbol{\gamma}_1 = \left(2,-\frac{3}{5},-\frac{6}{5},1\right)',$$

$$\boldsymbol{\eta}_1 = \frac{1}{|\boldsymbol{\gamma}_1|}\boldsymbol{\gamma}_1 = \frac{1}{\sqrt{5}}\boldsymbol{\gamma}_1 = \left(0,\frac{2\sqrt{5}}{5},-\frac{\sqrt{5}}{5},0\right)',$$

$$\boldsymbol{\eta}_2 = \frac{1}{|\boldsymbol{\gamma}_2|}\boldsymbol{\gamma}_2 = \sqrt{\frac{5}{34}}\boldsymbol{\gamma}_2 = \left(\frac{\sqrt{170}}{17},-\frac{3\sqrt{170}}{170},-\frac{3\sqrt{170}}{85},\frac{\sqrt{170}}{34}\right)',$$

于是 $U^\perp$ 的一个标准正交基是

$$\boldsymbol{\eta}_1 = \left(0,\frac{2\sqrt{5}}{5},-\frac{\sqrt{5}}{5},0\right)',$$

$$\boldsymbol{\eta}_2 = \left(\frac{\sqrt{170}}{17},-\frac{3\sqrt{170}}{170},-\frac{3\sqrt{170}}{85},\frac{\sqrt{170}}{34}\right)'.$$

(2) 把 U 的一个基 $\boldsymbol{\alpha}_1, \boldsymbol{\alpha}_2$ 进行正交化和单位化,得

$$\boldsymbol{\delta}_1 = \left(\frac{\sqrt{7}}{7},\frac{\sqrt{7}}{7},\frac{2\sqrt{7}}{7},\frac{\sqrt{7}}{7}\right)',$$

$$\boldsymbol{\delta}_2 = \left(\frac{4\sqrt{238}}{119},\frac{\sqrt{238}}{238},\frac{\sqrt{238}}{119},-\frac{13\sqrt{238}}{238}\right)'.$$

根据本节公式(3)得,$\boldsymbol{\alpha}$ 在 U 上的正交投影为

$$(\boldsymbol{\alpha},\boldsymbol{\delta}_1)\boldsymbol{\delta}_1 + (\boldsymbol{\alpha},\boldsymbol{\delta}_2)\boldsymbol{\delta}_2 = \left(0,\frac{1}{2},1,\frac{3}{2}\right)'.$$

例2 设 U 是 n 维欧几里得空间 V 的一个子空间,证明:$(U^\perp)^\perp = U$。

证明 由于欧几里得空间 V 中指定的内积是正定的对称双线性函数,因此内积是非退化的对称双线性函数,从而根据 10.1 节的例 8 得,$(U^\perp)^\perp = U$。 ■

例3 设 V_1, V_2 是 n 维欧几里得空间 V 的两个子空间,证明:

$$(V_1 + V_2)^\perp = V_1^\perp \cap V_2^\perp, \quad (V_1 \cap V_2)^\perp = V_1^\perp + V_2^\perp. \tag{14}$$

证明 由于欧几里得空间 V 中指定的内积是正定的对称双线性函数,因此内积是非退化的对称双线性函数,从而根据习题 10.1 的第 5 题得,

$$(V_1 + V_2)^\perp = V_1^\perp \cap V_2^\perp, \quad (V_1 \cap V_2)^\perp = V_1^\perp + V_2^\perp. ■$$

例4 证明:欧几里得空间 $\mathbf{R}^n$(指定标准内积)的任一子空间 U 是一个齐次线性方程组的解空间。

证明　在 $U^\perp$ 中取一个标准正交基 $\boldsymbol{\eta}_1,\boldsymbol{\eta}_2,\cdots,\boldsymbol{\eta}_m$。由于 $U=(U^\perp)^\perp$,因此

$$\boldsymbol{\alpha}\in U \iff (\boldsymbol{\alpha},\boldsymbol{\eta}_i)=0, \quad i=1,2,\cdots,m$$

$$\iff \boldsymbol{\eta}_i'\boldsymbol{\alpha}=0, \quad i=1,2,\cdots,m$$

$$\iff \begin{bmatrix}\boldsymbol{\eta}_1' \\ \vdots \\ \boldsymbol{\eta}_m'\end{bmatrix}\boldsymbol{\alpha}=\boldsymbol{0}$$

$$\iff \boldsymbol{\alpha} \text{ 属于齐次线性方程组 } \begin{bmatrix}\boldsymbol{\eta}_1' \\ \vdots \\ \boldsymbol{\eta}_m'\end{bmatrix}\boldsymbol{x}=\boldsymbol{0} \text{ 的解空间。}$$

从而 U 是齐次线性方程组 $\begin{bmatrix}\boldsymbol{\eta}_1' \\ \vdots \\ \boldsymbol{\eta}_m'\end{bmatrix}\boldsymbol{x}=\boldsymbol{0}$ 的解空间。∎

例 5　设 U 是实内积空间 V 的一个有限维子空间。证明:V 在 U 上的正交投影 $\mathcal{P}$ 具有下述性质:

$$(\mathcal{P}\alpha,\beta)=(\alpha,\mathcal{P}\beta), \quad \forall\alpha,\beta\in V。$$

证明　由于 $\alpha-\mathcal{P}\alpha\in U^\perp,\beta-\mathcal{P}\beta\in U^\perp$,因此

$$0=(\alpha-\mathcal{P}\alpha,\mathcal{P}\beta)=(\alpha,\mathcal{P}\beta)-(\mathcal{P}\alpha,\mathcal{P}\beta),$$

$$0=(\beta-\mathcal{P}\beta,\mathcal{P}\alpha)=(\beta,\mathcal{P}\alpha)-(\mathcal{P}\beta,\mathcal{P}\alpha),$$

把上面两个式子相减,得　　　　$0=(\alpha,\mathcal{P}\beta)-(\beta,\mathcal{P}\alpha),$

于是　　　　　　　　　　$(\alpha,\mathcal{P}\beta)=(\mathcal{P}\alpha,\beta), \quad \forall\alpha,\beta\in V。$∎

例 6　设 V 是一个实内积空间,W 是 V 的一个子空间(可能无限维)。设 $\alpha\in V$,证明:

(1) $\beta\in W$ 是 α 在 W 上的最佳逼近元当且仅当 $\alpha-\beta\in W^\perp$;

(2) 如果 α 在 W 上的最佳逼近元存在,那么它是唯一的。

证明　(1) 充分性的证明与定理 2 必要性的证明一样。

必要性。设 $\beta\in W$ 是 α 在 W 上的最佳逼近元,则

$$d(\alpha,\beta)\leqslant d(\alpha,\gamma), \quad \forall\gamma\in W。$$

由于 $\forall\gamma\in W$,有

$$|\alpha-\gamma|^2=|(\alpha-\beta)+(\beta-\gamma)|^2=|\alpha-\beta|^2+2(\alpha-\beta,\beta-\gamma)+|\beta-\gamma|^2,$$

因此 $\forall\gamma\in W$,有

$$2(\alpha-\beta,\beta-\gamma)+|\beta-\gamma|^2\geqslant 0, \tag{15}$$

于是当 $k\neq 0$ 时,$\beta-\gamma$ 用 $k(\beta-\gamma)$ 代替,从(15)式得,$\forall\gamma\in W$,有

$$2k(\alpha-\beta,\beta-\gamma)+k^2|\beta-\gamma|^2\geqslant 0。 \tag{16}$$

显然当 $k=0$ 时,(16)式也成立。

当 $\gamma\neq\beta$ 时,取

$$k_0=-\frac{(\alpha-\beta,\beta-\gamma)}{|\beta-\gamma|^2},$$

代入(16)式得,$\forall\gamma\in W$,且 $\gamma\neq\beta$,有

$$-\frac{(\alpha-\beta,\beta-\gamma)^2}{|\beta-\gamma|^2}\geqslant 0。$$

由此得出

$$(\alpha-\beta,\beta-\gamma)=0,\qquad \forall\gamma\in W,且\gamma\neq\beta。$$

因此 $\forall\gamma\in W$,有 $(\alpha-\beta,\gamma)=0$,从而 $\alpha-\beta\in W^\perp$。

(2) 设 β,δ 都是 α 在 W 上的最佳逼近元,则

$$d(\alpha,\beta)=d(\alpha,\delta)。$$

与定理 2 的充分性的证明一样,可证得 $\beta=\delta$。 ■

例 7 设 W 是实内积空间 V 的一个子空间(可能无限维)。证明:如果 V 在 W 上的正交投影 $\mathcal{P}$ 存在,那么它是 V 上的一个线性变换,并且是幂等的,还有

$$\mathrm{Ker}\,\mathcal{P}=W^\perp,\qquad \mathrm{Im}\,\mathcal{P}=W。$$

证明 任取 $\alpha_1,\alpha_2\in V$,设 $\mathcal{P}(\alpha_i)=\beta_i,i=1,2$,则根据定义得,$\beta_i$ 是 α_i 在 W 上的最佳逼近元。根据例 6 得,$\alpha_i-\beta_i\in W^\perp,i=1,2$。由于 $W^\perp$ 是 V 的一个子空间,因此

$$(\alpha_1+\alpha_2)-(\beta_1+\beta_2)=(\alpha_1-\beta_1)+(\alpha_2-\beta_2)\in W^\perp。$$

根据例 6 得,$\beta_1+\beta_2$ 是 $\alpha_1+\alpha_2$ 在 W 上的最佳逼近元,于是

$$\mathcal{P}(\alpha_1+\alpha_2)=\beta_1+\beta_2=\mathcal{P}(\alpha_1)+\mathcal{P}(\alpha_2)。$$

类似地可证:$\mathcal{P}(k\alpha)=k\mathcal{P}(\alpha),\forall\alpha\in V,k\in\mathbf{R}$。因此 $\mathcal{P}$ 是 V 上的一个线性变换。

任取 $\alpha\in V$,设 $\mathcal{P}(\alpha)=\beta$,则 β 是 α 在 W 上的最佳逼近元。由于 $\beta-\beta=0\in W^\perp$,因此 β 是 β 在 W 上的最佳逼近元,从而 $\mathcal{P}(\beta)=\beta$,于是 $\mathcal{P}^2(\alpha)=\mathcal{P}(\beta)=\beta=\mathcal{P}(\alpha)$。由此得出,$\mathcal{P}^2=\mathcal{P}$,即 $\mathcal{P}$ 是幂等的。

显然,$\mathrm{Im}\,\mathcal{P}\subseteq W$。任取 $\gamma\in W$,由于 $\mathcal{P}(\gamma)=\gamma$,因此 $W\subseteq\mathrm{Im}\,\mathcal{P}$,从而 $\mathrm{Im}\,\mathcal{P}=W$。

$\alpha\in\mathrm{Ker}\,\mathcal{P}\Longleftrightarrow\mathcal{P}(\alpha)=0\Longleftrightarrow\alpha-0\in W^\perp\Longleftrightarrow\alpha\in W^\perp$。因此 $\mathrm{Ker}\,\mathcal{P}=W^\perp$。 ■

例 8 设 W 是实内积空间 V 的一个子空间(可能无限维)。证明:如果 V 在 W 上的正交投影 $\mathcal{P}$ 存在,那么 V 在 $W^\perp$ 上的正交投影也存在,它等于 $I-\mathcal{P}$。

证明 任取 $\alpha\in V$。已知 V 在 W 上的正交投影 $\mathcal{P}$ 存在,因此 $\mathcal{P}(\alpha)$ 是 α 在 W 上的最佳逼近元。据例 6 得,$\alpha-\mathcal{P}(\alpha)\in W^\perp$,即 $(I-\mathcal{P})\alpha\in W^\perp$。由于

$$\alpha-(I-\mathcal{P})\alpha=\mathcal{P}(\alpha)\in W\subseteq(W^\perp)^\perp,$$

因此根据例 6 得,$(I-\mathcal{P})\alpha$ 是 α 在 $W^\perp$ 上的最佳逼近元,于是把 α 对应到 $(I-\mathcal{P})\alpha$ 的映射 $I-\mathcal{P}$ 是 V 到 $W^\perp$ 的正交投影。 ■

例 9 设 W 是实内积空间 V 的一个子空间(可能无限维)。证明:V 在 W 上的正交投影存在的充分必要条件是 $V=W\oplus W^\perp$。

证明 充分性是显然的(根据定理 1 后面的一段话)。

必要性。设 V 在 W 上的正交投影 $\mathcal{P}$ 存在。任取 $\alpha\in V$,根据例 6 得,$\alpha-\mathcal{P}(\alpha)\in W^\perp$。记 $\alpha_2=\alpha-\mathcal{P}(\alpha)$,则

$$\alpha=\mathcal{P}(\alpha)+\alpha_2。$$

于是 $V=W+W^\perp$。根据内积的正定性得,$W\cap W^\perp=0$,因此 $V=W\oplus W^\perp$。 ■

点评:从例 9 看到:V 在子空间 W 上的正交投影存在(也就是 V 中任一向量 α 在 W 上都有最佳逼近元)当且仅当 $V=W\oplus W^\perp$。从例 9 的必要性的证明看出,例 5 中 U 是

"有限维"的条件可去掉。

例 10 设 U 是实内积空间 V 的一个有限维子空间，$\beta_1,\beta_2,\cdots,\beta_m$ 是 U 的一个正交基，用 $\mathcal{P}_U$ 表示 V 在 U 上的正交投影。证明：对于 $\alpha\in V$，有

$$\mathcal{P}_U(\alpha)=\sum_{i=1}^m\frac{(\alpha,\beta_i)}{|\beta_i|^2}\beta_i。\tag{17}$$

证明 令 $\eta_i=\frac{1}{|\beta_i|}\beta_i,i=1,2,\cdots,m$，则 $\eta_1,\eta_2,\cdots,\eta_m$ 是 U 的一个标准正交基。于是 α 在 U 上的正交投影 $\mathcal{P}_U(\alpha)$ 为

$$\mathcal{P}_U(\alpha)=\sum_{i=1}^m(\alpha,\eta_i)\eta_i=\sum_{i=1}^m\left(\alpha,\frac{1}{|\beta_i|}\beta_i\right)\frac{1}{|\beta_i|}\beta_i=\sum_{i=1}^m\frac{(\alpha,\beta_i)}{|\beta_i|^2}\beta_i。\blacksquare$$

例 11 可以用正交投影的术语几何地描述实内积空间 V 中对于线性无关的向量组 $\alpha_1,\alpha_2,\cdots,\alpha_m$ 施行 Schmidt 正交化的过程：令

$$W_1=0,W_i=\langle\alpha_1,\alpha_2,\cdots,\alpha_{i-1}\rangle,\qquad i=2,3,\cdots,m。$$

用 $\mathcal{P}_i$ 表示 V 在 W_i 上的正交投影，用 $\widetilde{\mathcal{P}_i}$ 表示 V 在 $W_i^\perp$ 上的正交投影。令

$$\beta_i=\widetilde{\mathcal{P}_i}(\alpha_i),\qquad i=1,2,\cdots,m,\tag{18}$$

证明：$\beta_1,\beta_2,\cdots,\beta_m$ 就是对 $\alpha_1,\alpha_2,\cdots,\alpha_m$ 施行 Schmidt 正交化得到的正交向量组。

证明 据例 8 得，$\widetilde{\mathcal{P}_i}=I-\mathcal{P}_i,i=1,2,\cdots,m$，于是

$$\beta_1=(I-\mathcal{P}_1)\alpha_1=\alpha_1-\mathcal{P}_1(\alpha_1)=\alpha_1-0=\alpha_1,$$
$$\beta_2=(I-\mathcal{P}_2)\alpha_2=\alpha_2-\mathcal{P}_2(\alpha_2)。$$

由于 $W_2=\langle\alpha_1\rangle$，因此根据例 10 得，$\mathcal{P}_2(\alpha_2)=\frac{(\alpha_2,\alpha_1)}{|\alpha_1|^2}\alpha_1$，于是

$$\beta_2=\alpha_2-\frac{(\alpha_2,\alpha_1)}{|\alpha_1|^2}\alpha_1=\alpha_2-\frac{(\alpha_2,\beta_1)}{(\beta_1,\beta_1)}\beta_1。$$

假设对于 $m-1$ 时，用(18)式得到的 $\beta_1,\beta_2,\cdots,\beta_{m-1}$ 是对 $\alpha_1,\alpha_2,\cdots,\alpha_{m-1}$ 施行 Schmidt 正交化得到的正交向量组，则 $\beta_1,\beta_2,\cdots,\beta_{m-1}$ 与 $\alpha_1,\alpha_2,\cdots,\alpha_{m-1}$ 等价，从而 $\beta_1,\beta_2,\cdots,\beta_{m-1}$ 是 W_m 的一个正交基。于是根据例 10 得

$$\beta_m=(I-\mathcal{P}_m)\alpha_m=\alpha_m-\mathcal{P}_m(\alpha_m)$$
$$=\alpha_m-\sum_{i=1}^{m-1}\frac{(\alpha_m,\beta_i)}{|\beta_i|^2}\beta_i,$$

因此 $\beta_1,\beta_2,\cdots,\beta_{m-1},\beta_m$ 就是对 $\alpha_1,\alpha_2,\cdots,\alpha_{m-1},\alpha_m$ 施行 Schmidt 正交化得到的正交向量组。$\blacksquare$

例 12 设 $\eta_1,\eta_2,\cdots,\eta_m$ 是实内积空间 V 的一个正交单位向量组。证明：$\forall\alpha\in V$，有

$$\sum_{i=1}^m(\alpha,\eta_i)^2\leqslant|\alpha|^2,\tag{19}$$

等号成立当且仅当 $\alpha=\sum_{i=1}^m(\alpha,\eta_i)\eta_i$。这个不等式称为 **Bessel 不等式**。

证明 令 $W=\langle\eta_1,\eta_2,\cdots,\eta_m\rangle$，则 $V=W\oplus W^\perp$。任取 $\alpha\in V$，有 $\alpha=\alpha_1+\alpha_2,\alpha_1\in W$，$\alpha_2\in W^\perp$，于是 α_1 是 α 在 W 上的正交投影。由于 $\eta_1,\eta_2,\cdots,\eta_m$ 是 W 的一个标准正交基，因此

$$\alpha_1=\sum_{i=1}^m(\alpha,\eta_i)\eta_i,$$

从而据勾股定理得

$$|\boldsymbol{\alpha}|^2 = |\boldsymbol{\alpha}_1 + \boldsymbol{\alpha}_2|^2 = |\boldsymbol{\alpha}_1|^2 + |\boldsymbol{\alpha}_2|^2 \geqslant |\boldsymbol{\alpha}_1|^2 = \sum_{i=1}^{m}(\boldsymbol{\alpha}, \boldsymbol{\eta}_i)^2,$$

等号成立当且仅当 $\boldsymbol{\alpha}_2 = 0$,即 $\boldsymbol{\alpha} = \boldsymbol{\alpha}_1 = \sum_{i=1}^{m}(\boldsymbol{\alpha}, \boldsymbol{\eta}_i)\boldsymbol{\eta}_i$。 ■

例 13 在欧几里得空间 $M_n(\mathbf{R})$ 中,其指定的内积为

$$(\boldsymbol{A}, \boldsymbol{B}) = \mathrm{tr}(\boldsymbol{AB}'),$$

设 U 是由所有 n 级实对称矩阵组成的子空间,求 $U^{\perp}$。

解 用 W 表示实数域上所有 n 级斜对称矩阵组成的子空间。根据 8.2 节例 13 得,$M_n(\mathbf{R}) = U \oplus W$。又有 $M_n(\mathbf{R}) = U \oplus U^{\perp}$,因此 $\dim U^{\perp} = \dim M_n(\mathbf{R}) - \dim U = \dim W$。

任取 $\boldsymbol{B} \in W$,对一切 $\boldsymbol{A} \in U$,有

$$(\boldsymbol{A}, \boldsymbol{B}) = \mathrm{tr}(\boldsymbol{AB}') = \mathrm{tr}(\boldsymbol{A}(-\boldsymbol{B})) = -\mathrm{tr}(\boldsymbol{AB}),$$

$$(\boldsymbol{A}, \boldsymbol{B}) = (\boldsymbol{B}, \boldsymbol{A}) = \mathrm{tr}(\boldsymbol{BA}') = \mathrm{tr}(\boldsymbol{BA}) = \mathrm{tr}(\boldsymbol{AB}),$$

于是 $\mathrm{tr}(\boldsymbol{AB}) = -\mathrm{tr}(\boldsymbol{AB})$,即 $2\mathrm{tr}(\boldsymbol{AB}) = 0$,从而 $\mathrm{tr}(\boldsymbol{AB}) = 0$,因此 $(\boldsymbol{A}, \boldsymbol{B}) = 0$。由此得出,$\boldsymbol{B} \in U^{\perp}$,于是 $W \subseteq U^{\perp}$。又由于 $\dim W = \dim U^{\perp}$,因此 $W = U^{\perp}$,即 $U^{\perp}$ 是由 $\mathbf{R}$ 上所有 n 级斜对称矩阵组成的子空间。

例 14 设 S_1, S_2 是实内积空间 V 的两个子集。证明:如果 $S_1 \subseteq S_2$,那么 $S_1^{\perp} \supseteq S_2^{\perp}$。

证明 任取 $\boldsymbol{\alpha} \in S_2^{\perp}$,则 $\forall \boldsymbol{\gamma} \in S_2$,有 $(\boldsymbol{\alpha}, \boldsymbol{\gamma}) = 0$。任取 $\boldsymbol{\eta} \in S_1$,由于 $S_1 \subseteq S_2$,因此 $\boldsymbol{\eta} \in S_2$,于是 $(\boldsymbol{\alpha}, \boldsymbol{\eta}) = 0$,从而 $\boldsymbol{\alpha} \in S_1^{\perp}$,因此 $S_2^{\perp} \subseteq S_1^{\perp}$。 ■

例 15 设 S 是实内积空间 V 的一个子集,用 $\langle S \rangle$ 表示 V 中所有包含 S 的子空间的交,称它是由 S 生成的子空间。证明:

(1) $\langle S \rangle^{\perp} \subseteq S^{\perp}$;

(2) $\langle S \rangle \subseteq (S^{\perp})^{\perp}$;

(3) 如果 V 是有限维的,那么 $\langle S \rangle = (S^{\perp})^{\perp}$。

证明 (1) 由于 $S \subseteq \langle S \rangle$,因此根据例 14 得,$S^{\perp} \supseteq \langle S \rangle^{\perp}$。

(2) 任取 $\boldsymbol{\beta} \in S$,对于任意 $\boldsymbol{\gamma} \in S^{\perp}$,有 $(\boldsymbol{\beta}, \boldsymbol{\gamma}) = 0$,从而 $\boldsymbol{\beta} \in (S^{\perp})^{\perp}$,于是 $S \subseteq (S^{\perp})^{\perp}$。根据 $\langle S \rangle$ 的定义得,$\langle S \rangle \subseteq (S^{\perp})^{\perp}$。

(3) 根据第(1)小题得,$\langle S \rangle^{\perp} \subseteq S^{\perp}$,于是根据例 14 得,$(\langle S \rangle^{\perp})^{\perp} \supseteq (S^{\perp})^{\perp}$。由于 V 是有限维的,因此根据例 2 得,$(\langle S \rangle^{\perp})^{\perp} = \langle S \rangle$,从而 $\langle S \rangle \supseteq (S^{\perp})^{\perp}$。又根据第(2)小题得,$\langle S \rangle \subseteq (S^{\perp})^{\perp}$,因此 $\langle S \rangle = (S^{\perp})^{\perp}$。 ■

例 16 设 $\mathcal{P}_1$ 和 $\mathcal{P}_2$ 分别是实内积空间 V 在子空间 U_1 和 U_2 上的正交投影,证明:$\mathcal{P}_2\mathcal{P}_1 = \boldsymbol{O}$ 当且仅当 U_1 与 U_2 是互相正交的。

证明 必要性。设 $\mathcal{P}_2\mathcal{P}_1 = \boldsymbol{O}$,则对任意 $\boldsymbol{\alpha} \in V$,有 $\mathcal{P}_2(\mathcal{P}_1\boldsymbol{\alpha}) = 0$,于是 $\mathcal{P}_1\boldsymbol{\alpha} \in \mathrm{Ker}\, \mathcal{P}_2$。根据例 7 得,$\mathrm{Ker}\, \mathcal{P}_2 = U_2^{\perp}$,因此 $\mathcal{P}_1\boldsymbol{\alpha} \in U_2^{\perp}$,从而 $\mathrm{Im}\, \mathcal{P}_1 \subseteq U_2^{\perp}$。仍根据例 7 得,$\mathrm{Im}\, \mathcal{P}_1 = U_1$,因此 $U_1 \subseteq U_2^{\perp}$,从而 U_1 与 U_2 互相正交。

充分性。设 U_1 与 U_2 互相正交,则 $U_1 \subseteq U_2^{\perp}$。根据例 7 得,$\mathrm{Im}\, \mathcal{P}_1 \subseteq \mathrm{Ker}\, \mathcal{P}_2$,于是对任意 $\boldsymbol{\alpha} \in V$,有 $\mathcal{P}_2(\mathcal{P}_1\boldsymbol{\alpha}) = 0$,因此 $\mathcal{P}_2\mathcal{P}_1 = \boldsymbol{O}$。 ■

点评:从例 16 可知,设 $\mathcal{P}_1$ 和 $\mathcal{P}_2$ 分别是实内积空间 V 在子空间 U_1 和 U_2 上的正交投

影,则 $\mathcal{P}_2\mathcal{P}_1=\mathcal{O}$ 当且仅当 $\mathcal{P}_1\mathcal{P}_2=\mathcal{O}$。

例 17　设 W 是实内积空间 V 的一个子空间,且 $V=W\oplus W^\perp$。对于 $\alpha\in V$ 和 W 的一个陪集 $\gamma+W$,令

$$d(\alpha,\gamma+W):=\min\{d(\alpha,\gamma+\eta)\mid \eta\in W\},\qquad(20)$$

称 $d(\alpha,\gamma+W)$ 是 **α 到陪集 $\gamma+W$ 的距离**。设

$$\alpha-\gamma=\delta_1+\delta_2,\qquad \delta_1\in W,\qquad \delta_2\in W^\perp,\qquad(21)$$

证明:$d(\alpha,\gamma+W)=|\delta_2|$。

证明　从(21)式得,$\alpha-\gamma$ 在 W 上的正交投影为 δ_1。于是根据定理 2,得

$$d(\alpha-\gamma,\delta_1)\leqslant d(\alpha-\gamma,\eta),\qquad \forall\eta\in W,$$

从而　　　　　$|\alpha-\gamma-\delta_1|\leqslant|\alpha-\gamma-\eta|,\qquad \forall\eta\in W,$

即　　　　　　$|\delta_2|\leqslant d(\alpha,\gamma+\eta),\qquad \forall\eta\in W。$

因此　　　　　$d(\alpha,\gamma+W)=|\delta_2|。$　　■

例 18　设 V 是 n 维欧几里得空间。证明:存在 V 上的一个非零线性变换 $\mathcal{A}$,使得 $\forall\alpha\in V$ 都有 $\mathcal{A}\alpha$ 与 α 正交。

证明　在 V 中取一个标准正交基 $\alpha_1,\alpha_2,\cdots,\alpha_n$,设线性变换 $\mathcal{A}$ 在此基下的矩阵为 A,α 在此基下的坐标为 x,则

$$\forall\alpha\in V \text{ 都有 } \mathcal{A}\alpha \text{ 与 } \alpha \text{ 正交}$$
$$\Longleftrightarrow (\mathcal{A}\alpha,\alpha)=0,\qquad \forall\alpha\in V$$
$$\Longleftrightarrow x'Ax=0,\qquad \forall x\in \mathbf{R}^n$$
$$\Longleftrightarrow A \text{ 是 } \mathbf{R} \text{ 上的 } n \text{ 级斜对称矩阵}。$$

其中最后一个"$\Longleftrightarrow$"是根据本套教材上册 6.1 节的例 7。于是任取一个 $\mathbf{R}$ 上的 n 级斜对称矩阵 $A(A\neq 0)$,建立 V 上的一个线性变换 $\mathcal{A}$,使得 $\mathcal{A}$ 在 V 的一个标准正交基下的矩阵为 A,则 $\forall\alpha\in V$ 都有 $\mathcal{A}\alpha$ 与 α 正交。　　■

习题 10.3

1. 设 V 是一个 n 维欧几里得空间,$\alpha\in V$ 且 $\alpha\neq 0$。求 $\langle\alpha\rangle^\perp$ 的维数。

2. 设 A 是一个 $s\times n$ 非零实矩阵,用 W 表示 n 元齐次线性方程组 $Ax=0$ 的解空间,$\mathbf{R}^n$ 中指定标准内积。

(1) 求 $W^\perp$;　　(2) 试问:$W^\perp$ 是哪个齐次线性方程组的解空间?

3. 设 A 是一个 n 级非零实矩阵,$\boldsymbol{\beta}\in\mathbf{R}^n$。在 $\mathbf{R}^n$ 中指定标准内积。证明:n 元线性方程组 $Ax=\boldsymbol{\beta}$ 有解的充分必要条件是:$\boldsymbol{\beta}$ 属于齐次线性方程组 $A'x=0$ 的解空间 W 的正交补 $W^\perp$。

4. 在欧几里得空间 $\mathbf{R}^3$(指定标准内积)中,设 $U=\langle\boldsymbol{\gamma}_1,\boldsymbol{\gamma}_2\rangle$,其中 $\boldsymbol{\gamma}_1=(1,2,1)'$,$\boldsymbol{\gamma}_2=(1,0,-2)'$。求 $\boldsymbol{\alpha}=(1,-3,0)'$ 在 U 上的正交投影 $\boldsymbol{\alpha}_1$。

5. 在实内积空间 $C[0,2\pi]$ 中,其指定内积为

$$(f,g)=\int_0^{2\pi}f(x)g(x)\mathrm{d}x,$$

证明：$\forall f \in C[0, 2\pi]$，有

$$\frac{1}{\pi} \sum_{k=1}^{m} \left[\left(\int_0^{2\pi} f(x) \cos kx \, \mathrm{d}x \right)^2 + \left(\int_0^{2\pi} f(x) \sin kx \, \mathrm{d}x \right)^2 \right] \leqslant \int_0^{2\pi} (f(x))^2 \, \mathrm{d}x - \frac{1}{2\pi} \left(\int_0^{2\pi} f(x) \, \mathrm{d}x \right)^2 .$$

6. 在欧几里得空间 $\mathbf{R}[x]_4$ 中，其指定的内积为

$$(f, g) = \int_0^1 f(x) g(x) \, \mathrm{d}x 。$$

设 W 是由零次多项式和零多项式组成的子空间。求 $W^{\perp}$ 以及它的一个基。

7. 在欧几里得空间 $M_n(\mathbf{R})$ 中，其指定的内积为

$$(\boldsymbol{A}, \boldsymbol{B}) = \mathrm{tr}(\boldsymbol{AB'}),$$

设 W 是由所有 n 级实对角矩阵组成的子空间。求 $W^{\perp}$ 以及 $W^{\perp}$ 的一个标准正交基。

8. 设 $V = C[-1, 1]$，指定内积为

$$(f, g) = \int_{-1}^1 f(x) g(x) \, \mathrm{d}x,$$

设 W 是 V 中所有奇函数组成的子空间，求 $W^{\perp}$。试问：V 在 W 上的正交投影存在吗？

9. 用 V 表示在区间 $[0, 2\pi]$ 上可积的函数组成的集合，显然 V 是 $\mathbf{R}^{[0,2\pi]}$ 的子空间，在 V 中指定内积为 $(f, g) = \int_0^{2\pi} f(x) g(x) \, \mathrm{d}x$，令

$$U = \langle \frac{1}{\sqrt{2\pi}}, \frac{1}{\sqrt{\pi}} \sin x, \frac{1}{\sqrt{\pi}} \cos x, \frac{1}{\sqrt{\pi}} \sin 2x, \frac{1}{\sqrt{\pi}} \cos 2x, \frac{1}{\sqrt{\pi}} \sin 3x, \frac{1}{\sqrt{\pi}} \cos 3x \rangle ,$$

设

$$f(x) = \begin{cases} 1, & 0 \leqslant x < \pi, \\ 0, & \pi \leqslant x \leqslant 2\pi, \end{cases}$$

求 $f(x)$ 在 U 上的正交投影 $f_1(x)$。

10. 设 W, U 是实内积空间 V 的两个有限维子空间，对于 W 的一个陪集 $\gamma + W$ 和 U 的一个陪集 $\beta + U$，令

$$d(\gamma + W, \beta + U) := \min\{d(\gamma + \eta, \beta + \delta) \mid \eta \in W, \delta \in U\},$$

称 $d(\gamma + W, \beta + U)$ 是 $\gamma + W$ 与 $\beta + U$ 之间的距离，求 $d(\gamma + W, \beta + U)$。

10.4 正交变换与对称变换

实内积空间是具有度量的线性空间，自然要研究与度量有关的线性变换。本节就来研究它们。

10.4.1 内容精华

一、正交变换

平面上，绕一个定点的旋转，以及关于一条直线的反射都保持向量的长度不变，保持

两个非零向量的夹角不变,从而保持向量的内积不变。由此受到启发,引出下述概念。

定义 1　实内积空间 V 到自身的满射 $\mathscr{A}$,如果保持向量的内积不变,即
$$(\mathscr{A}\alpha,\mathscr{A}\beta)=(\alpha,\beta),\qquad \forall\alpha,\beta\in V,\tag{1}$$
那么称 $\mathscr{A}$ 是 V 上的一个**正交变换**。

根据 10.2 节的定理 3 立即得到:

命题 1　若 $\mathscr{A}$ 是实内积空间 V 上的正交变换,则 $\mathscr{A}$ 保持向量的长度不变,$\mathscr{A}$ 是 V 上的线性变换,$\mathscr{A}$ 是单射。 ∎

根据 10.2 节的定理 4 和本节的定义 1 立即得到:

命题 2　实内积空间 V 上的一个变换 $\mathscr{A}$ 是正交变换当且仅当 $\mathscr{A}$ 是 V 到自身的一个保距同构。 ∎

从命题 2 立即得到:

推论 1　实内积空间 V 上的正交变换 $\mathscr{A}$ 是可逆变换,并且它的逆变换 $\mathscr{A}^{-1}$ 也是 V 上的正交变换。 ∎

根据 10.2 节的推论 8 和本节的命题 2 立即得到:

命题 3　n 维欧几里得空间 V 上的变换 $\mathscr{A}$ 如果保持向量的内积不变,那么 $\mathscr{A}$ 是正交变换。 ∎

从定义 1 和命题 1 得到实内积空间 V 上的正交变换 $\mathscr{A}$ 还具有下列性质:

性质 1　正交变换 $\mathscr{A}$ 保持两个非零向量的夹角不变。

证明　设 α,β 是 V 中两个非零向量,则 $\mathscr{A}\alpha\neq 0,\mathscr{A}\beta\neq 0$。由于
$$\cos\langle\mathscr{A}\alpha,\mathscr{A}\beta\rangle=\frac{(\mathscr{A}\alpha,\mathscr{A}\beta)}{|\mathscr{A}\alpha||\mathscr{A}\beta|}=\frac{(\alpha,\beta)}{|\alpha||\beta|}=\cos\langle\alpha,\beta\rangle,$$
因此 $\langle\mathscr{A}\alpha,\mathscr{A}\beta\rangle=\langle\alpha,\beta\rangle$。 ∎

性质 2　正交变换 $\mathscr{A}$ 保持向量的正交性不变,即 $\alpha\perp\beta$ 当且仅当 $\mathscr{A}\alpha\perp\mathscr{A}\beta$。

证明　$\alpha\perp\beta\iff(\alpha,\beta)=0\iff(\mathscr{A}\alpha,\mathscr{A}\beta)=0\iff\mathscr{A}\alpha\perp\mathscr{A}\beta$。 ∎

性质 3　正交变换 $\mathscr{A}$ 保持向量间的距离不变。

证明　任取 $\alpha,\beta\in V$,有
$$d(\mathscr{A}\alpha,\mathscr{A}\beta)=|\mathscr{A}\alpha-\mathscr{A}\beta|=|\mathscr{A}(\alpha-\beta)|=|\alpha-\beta|=d(\alpha,\beta).$$

命题 4　实内积空间 V 上两个正交变换的乘积还是正交变换。

证明　根据命题 2 以及同构关系的传递性立即得到结论。 ∎

命题 5　n 维欧几里得空间 V 上的线性变换 $\mathscr{A}$ 是正交变换
$$\iff \mathscr{A} \text{把 } V \text{ 的标准正交基映成标准正交基}$$
$$\iff \mathscr{A} \text{在 } V \text{ 的标准正交基下的矩阵 } \boldsymbol{A} \text{ 是正交矩阵}.$$

证明　设 $\mathscr{A}$ 是 V 上的正交变换,则根据命题 2 得,$\mathscr{A}$ 是实内积空间 V 到自身的一个同构映射,从而 $\mathscr{A}$ 把 V 的标准正交基映成标准正交基。

设线性变换 $\mathscr{A}$ 把 V 的一个标准正交基 $\eta_1,\eta_2,\cdots,\eta_n$ 映成标准正交基 $\mathscr{A}\eta_1,\mathscr{A}\eta_2,\cdots,\mathscr{A}\eta_n$。设 $\mathscr{A}$ 在 $\eta_1,\eta_2,\cdots,\eta_n$ 下的矩阵为 $\boldsymbol{A}$,则
$$(\mathscr{A}\eta_1,\mathscr{A}\eta_2,\cdots,\mathscr{A}\eta_n)=(\eta_1,\eta_2,\cdots,\eta_n)\boldsymbol{A}.$$
由于 V 的标准正交基 $\eta_1,\eta_2,\cdots,\eta_n$ 到标准正交基 $\mathscr{A}\eta_1,\mathscr{A}\eta_2,\cdots,\mathscr{A}\eta_n$ 的过渡矩阵是正交矩

阵,因此 A 是正交矩阵。

设 $\mathcal{A}$ 在 V 的标准正交基 $\eta_1,\eta_2,\cdots,\eta_n$ 下的矩阵 A 是正交矩阵。任取 V 中两个向量:
$$\alpha=(\eta_1,\eta_2,\cdots,\eta_n)x,\qquad \beta=(\eta_1,\eta_2,\cdots,\eta_n)y,$$
则
$$(\mathcal{A}\alpha,\mathcal{A}\beta)=(Ax)'(Ay)=x'(A'A)y=x'Iy=x'y=(\alpha,\beta)。$$
根据命题 3 得, $\mathcal{A}$ 是正交变换。 ∎

由于正交矩阵的行列式等于 1 或 -1,因此 n 维欧几里得空间 V 上的正交变换的行列式等于 1 或 -1。行列式等于 1 的正交变换称为**第一类的(或旋转)**;行列式等于 -1 的正交变换称为**第二类的**。

n 维线性空间的任意一个 $n-1$ 维子空间称为一个**超平面**。

从 9.1 节讲的几何空间 V 中关于过原点 O 的平面 U 的镜面反射 $\mathcal{R}_U=I-2\mathcal{P}_{U^\perp}$ 受到启发,我们引出下述概念:

定义 2 设 V 是 n 维欧几里得空间, η 是 V 中一个单位向量, $\mathcal{P}$ 是 V 在 $\langle\eta\rangle$ 上的正交投影,令
$$\mathcal{A}=I-2\mathcal{P},\tag{2}$$
则 $\mathcal{A}$ 称为关于超平面 $\langle\eta\rangle^\perp$ 的**反射**。

命题 6 n 维欧几里得空间 V 中,关于超平面 $\langle\eta\rangle^\perp$ 的反射是第二类的正交变换。

证明 设 $\mathcal{A}$ 是关于超平面 $\langle\eta\rangle^\perp$ 的反射,其中 η 是单位向量。根据定义 2 得, $\mathcal{A}=I-2\mathcal{P}$,其中 $\mathcal{P}$ 是 V 在 $\langle\eta\rangle$ 上的正交投影。由于 $\mathcal{P}$ 是 V 上的一个线性变换,因此 $\mathcal{A}$ 是 V 上的一个线性变换。由于 $V=\eta\oplus\langle\eta\rangle^\perp$,因此在 $\langle\eta\rangle^\perp$ 中取一个标准正交基 $\eta_2,\eta_3,\cdots,\eta_n$,便得到 V 的一个标准正交基 $\eta,\eta_2,\cdots,\eta_n$。
$$\mathcal{A}\eta=\eta-2\mathcal{P}\eta=\eta-2\eta=-\eta,$$
$$\mathcal{A}\eta_i=\eta_i-2\mathcal{P}\eta_i=\eta_i,\qquad i=2,\cdots,n,$$
于是 $\mathcal{A}$ 在 V 的标准正交基 $\eta,\eta_2,\cdots,\eta_n$ 下的矩阵 A 为
$$A=\mathrm{diag}\{-1,1,\cdots,1\}。$$
由于 $AA'=I$,因此 A 是正交矩阵。根据命题 5 得, $\mathcal{A}$ 是 V 上的一个正交变换。由于 $|A|=-1$,因此 $\mathcal{A}$ 是第二类的。 ∎

命题 7 设 $\mathcal{A}$ 是实内积空间 V 上的一个正交变换, W 是 $\mathcal{A}$ 的一个有限维不变子空间,则 $W^\perp$ 也是 $\mathcal{A}$ 的不变子空间。

证明 任取 $\alpha\in W^\perp$, $\mathcal{A}|W$ 是 W 上的一个线性变换。由于 $\mathcal{A}$ 是 V 上的正交变换,因此 $\mathcal{A}$ 是单射,从而 $\mathcal{A}|W$ 是单射。由于 W 是有限维的,因此 $\mathcal{A}|W$ 也是满射,从而对于任给 $\beta\in W$,存在 $\gamma\in W$,使得 $\mathcal{A}\gamma=\beta$,于是
$$(\mathcal{A}\alpha,\beta)=(\mathcal{A}\alpha,\mathcal{A}\gamma)=(\alpha,\gamma)=0。$$
因此 $\mathcal{A}\alpha\in W^\perp$,从而 $W^\perp$ 是 $\mathcal{A}$ 的不变子空间。 ∎

命题 8 设 $\mathcal{A}$ 是实内积空间 V 上的一个正交变换,如果 $\mathcal{A}$ 有特征值,那么 $\mathcal{A}$ 的特征值必为 1 或 -1。

证明 如果 $\mathcal{A}$ 有特征值 λ_1,那么 $\mathcal{A}$ 有属于 λ_1 的一个特征向量 ξ,于是 $\mathcal{A}\xi=\lambda_1\xi$,从而
$$(\xi,\xi)=(\mathcal{A}\xi,\mathcal{A}\xi)=(\lambda_1\xi,\lambda_1\xi)=\lambda_1^2(\xi,\xi)。$$
由于 $\xi\neq0$,因此 $(\xi,\xi)\neq0$,于是 $\lambda_1^2=1$。由此得出, $\lambda_1=\pm1$。 ∎

定理 1　设 $\mathcal{A}$ 是 n 维欧几里得空间 V 上的一个正交变换,则存在 V 的一个标准正交基,使得 $\mathcal{A}$ 在这个基下的矩阵具有形式:

$$\operatorname{diag}\left\{\lambda_1,\cdots,\lambda_r,\begin{pmatrix}\cos\theta_1 & -\sin\theta_1\\ \sin\theta_1 & \cos\theta_1\end{pmatrix},\cdots,\begin{pmatrix}\cos\theta_m & -\sin\theta_m\\ \sin\theta_m & \cos\theta_m\end{pmatrix}\right\}, \tag{3}$$

其中 $\lambda_i=1$ 或 $-1, i=1,2,\cdots,r, 0\leqslant r\leqslant n; 0<\theta_j<\pi, j=1,2,\cdots,m, 0\leqslant m\leqslant\dfrac{n}{2}$。

证明　对欧几里得空间的维数 n 作数学归纳法。

$n=1$ 时,取一个单位向量 $\eta, V=\langle\eta\rangle$。设 $\mathcal{A}\eta=k\eta$,则 k 是 $\mathcal{A}$ 的一个特征值,根据命题 8 得,$k=1$ 或 -1。因此,$\mathcal{A}$ 在标准正交基 η 下的矩阵为 (1) 或 (-1),于是 $n=1$ 时,命题为真。

$n=2$ 时,$\mathcal{A}$ 在标准正交基下的矩阵 A 为正交矩阵。根据本套教材上册补充题五的第 2 题得,当 $|A|=1$ 时,A 正交相似于

$$\begin{pmatrix}\cos\theta & -\sin\theta\\ \sin\theta & \cos\theta\end{pmatrix},$$

其中 $0\leqslant\theta\leqslant\pi$。当 $|A|=-1$ 时,A 正交相似于 $D=\operatorname{diag}\{-1,1\}$。于是 $n=2$ 时,命题为真。

假设维数小于 n 时,命题为真,现在来看 n 维欧几里得空间 V 上的正交变换 $\mathcal{A}$。

情形 1　若 $\mathcal{A}$ 有特征值 $\lambda_1(\lambda_1=1$ 或 $-1)$,则取 $\mathcal{A}$ 的属于 λ_1 的一个单位特征向量 η_1,于是 $V=\langle\eta_1\rangle\oplus\langle\eta_1\rangle^{\perp}$。由于 $\langle\eta_1\rangle$ 是 $\mathcal{A}$ 的不变子空间,因此 $\langle\eta_1\rangle^{\perp}$ 也是 $\mathcal{A}$ 的不变子空间。于是 $\mathcal{A}|\langle\eta_1\rangle^{\perp}$ 是 $\langle\eta_1\rangle^{\perp}$ 上的正交变换。根据归纳假设,$\langle\eta_1\rangle^{\perp}$ 中存在一个标准正交基 $\eta_2,\cdots,\eta_n$,使得 $\mathcal{A}|\langle\eta_1\rangle^{\perp}$ 在此基下的矩阵为形如 (3) 式的 $n-1$ 级分块对角矩阵,于是 $\mathcal{A}$ 在 V 的标准正交基 $\eta_1,\eta_2,\cdots,\eta_n$ 下的矩阵是形如 (3) 式的分块对角矩阵。

情形 2　$\mathcal{A}$ 没有特征值。根据 9.5 节例 15 得,$\mathcal{A}$ 有一个 2 维不变子空间 W。根据 $n=2$ 的情形证得的结论,$\mathcal{A}|W$ 在 W 的一个标准正交基 δ_1,δ_2 下的矩阵是

$$\begin{pmatrix}\cos\theta_1 & -\sin\theta_1\\ \sin\theta_1 & \cos\theta_1\end{pmatrix}, \qquad 0<\theta_1<\pi。$$

由于 $W^{\perp}$ 也是 $\mathcal{A}$ 的不变子空间,因此 $\mathcal{A}|W^{\perp}$ 是 $W^{\perp}$ 上的正交变换。根据归纳假设得,$W^{\perp}$ 中存在一个标准正交基 $\delta_3,\delta_4,\cdots,\delta_n$,使得 $\mathcal{A}|W^{\perp}$ 在此基下的矩阵是 $n-2$ 级分块对角矩阵:

$$\operatorname{diag}\left\{\begin{pmatrix}\cos\theta_2 & -\sin\theta_2\\ \sin\theta_2 & \cos\theta_2\end{pmatrix},\cdots,\begin{pmatrix}\cos\theta_m & -\sin\theta_m\\ \sin\theta_m & \cos\theta_m\end{pmatrix}\right\},$$

其中 $0<\theta_j<\pi, j=2,3,\cdots,m$。于是 $\mathcal{A}$ 在 V 的标准正交基 $\delta_1,\delta_2,\delta_3,\delta_4,\cdots,\delta_n$ 下的矩阵是

$$\operatorname{diag}\left\{\begin{pmatrix}\cos\theta_1 & -\sin\theta_1\\ \sin\theta_1 & \cos\theta_1\end{pmatrix},\begin{pmatrix}\cos\theta_2 & -\sin\theta_2\\ \sin\theta_2 & \cos\theta_2\end{pmatrix},\cdots,\begin{pmatrix}\cos\theta_m & -\sin\theta_m\\ \sin\theta_m & \cos\theta_m\end{pmatrix}\right\}。$$

根据数学归纳法原理,对一切正整数 n,命题为真。　■

从定理 1 得,n 级正交矩阵一定正交相似于形如 (3) 式的分块对角矩阵。

二、对称变换

从 10.3 节例 5 和例 9 的必要性的证明看到,设 U 是实内积空间 V 的一个子空间,则 V 到 U 上的正交投影 $\mathcal{P}$ 具有下述性质:

$$(\mathcal{P}\alpha,\beta)=(\alpha,\mathcal{P}\beta),\qquad \forall\,\alpha,\beta\in V_\circ$$

由此受到启发,我们引出下述概念:

定义 3 实内积空间 V 上的变换 $\mathcal{A}$ 如果满足

$$(\mathcal{A}\alpha,\beta)=(\alpha,\mathcal{A}\beta),\qquad \forall\,\alpha,\beta\in V, \tag{4}$$

那么称 $\mathcal{A}$ 是 V 上的**对称变换**。

命题 9 实内积空间 V 上的对称变换一定是线性变换。

证明 任取 $\alpha,\beta\in V$,对于任意 $\gamma\in V$,有

$$\begin{aligned}(\mathcal{A}(\alpha+\beta),\gamma)&=(\alpha+\beta,\mathcal{A}\gamma)=(\alpha,\mathcal{A}\gamma)+(\beta,\mathcal{A}\gamma)\\&=(\mathcal{A}\alpha,\gamma)+(\mathcal{A}\beta,\gamma)=(\mathcal{A}\alpha+\mathcal{A}\beta,\gamma),\end{aligned}$$

因此 $(\mathcal{A}(\alpha+\beta)-(\mathcal{A}\alpha+\mathcal{A}\beta),\gamma)=0$,从而

$$\mathcal{A}(\alpha+\beta)-(\mathcal{A}\alpha+\mathcal{A}\beta)=0,$$

即 $\mathcal{A}(\alpha+\beta)=\mathcal{A}\alpha+\mathcal{A}\beta$。

任取 $\alpha\in V,k\in\mathbf{R}$,对于任意 $\gamma\in V$,有

$$\begin{aligned}(\mathcal{A}(k\alpha),\gamma)&=(k\alpha,\mathcal{A}\gamma)=k(\alpha,\mathcal{A}\gamma)\\&=k(\mathcal{A}\alpha,\gamma)=(k\mathcal{A}\alpha,\gamma),\end{aligned}$$

因此 $\mathcal{A}(k\alpha)=k\mathcal{A}\alpha$。

综上所述,$\mathcal{A}$ 是 V 上的线性变换。 ■

命题 10 n 维欧几里得空间 V 上的线性变换 $\mathcal{A}$ 是对称变换当且仅当 $\mathcal{A}$ 在 V 的任意一个标准正交基下的矩阵是对称矩阵。

证明 任取 V 的一个标准正交基 $\eta_1,\eta_2,\cdots,\eta_n$。设

$$\mathcal{A}(\eta_1,\eta_2,\cdots,\eta_n)=(\eta_1,\eta_2,\cdots,\eta_n)\boldsymbol{A},$$

则 $\mathcal{A}\eta_j$ 在标准正交基 $\eta_1,\eta_2,\cdots,\eta_n$ 下的坐标的第 i 个分量为 $a_{ij}=(\mathcal{A}\eta_j,\eta_i)$,$i,j=1,2,\cdots,n$,因此

$$\mathcal{A} \text{ 是 } V \text{ 上的对称变换}$$

$$\Longleftrightarrow (\mathcal{A}\alpha,\beta)=(\alpha,\mathcal{A}\beta),\qquad \forall\,\alpha,\beta\in V$$

$$\Longleftrightarrow (\mathcal{A}\eta_j,\eta_i)=(\eta_j,\mathcal{A}\eta_i),\qquad 1\leqslant i,j\leqslant n$$

$$\Longleftrightarrow a_{ij}=a_{ji},\qquad 1\leqslant i,j\leqslant n$$

$$\Longleftrightarrow \boldsymbol{A} \text{ 是对称矩阵}_\circ$$ ■

命题 11 设 $\mathcal{A}$ 是实内积空间 V 上的一个对称变换,如果 W 是 $\mathcal{A}$ 的不变子空间,那么 $W^{\perp}$ 也是 $\mathcal{A}$ 的不变子空间。

证明 任取 $\beta\in W^{\perp}$。由于 W 是 $\mathcal{A}$ 的不变子空间,因此对于任意 $\alpha\in W$,有 $\mathcal{A}\alpha\in W$。从而

$$(\mathcal{A}\beta,\alpha)=(\beta,\mathcal{A}\alpha)=0_\circ$$

因此,$\mathcal{A}\beta\in W^{\perp}$,于是 $W^{\perp}$ 是 $\mathcal{A}$ 的不变子空间。 ■

定理 2 设 $\mathcal{A}$ 是 n 维欧几里得空间 V 上的一个对称变换,则 V 中存在一个标准正交

基,使得 $\mathscr{A}$ 在这个基下的矩阵为对角矩阵。

证法一　设 $\mathscr{A}$ 在 V 的一个标准正交基 $\eta_1,\eta_2,\cdots,\eta_n$ 下的矩阵为 A,则 A 是实对称矩阵,于是存在正交矩阵 T,使得 $T^{-1}AT$ 为对角矩阵。令

$$(\delta_1,\delta_2,\cdots,\delta_n)=(\eta_1,\eta_2,\cdots,\eta_n)T$$

则 $\delta_1,\delta_2,\cdots,\delta_n$ 是 V 的一个标准正交基,且 $\mathscr{A}$ 在基 $\delta_1,\delta_2,\cdots,\delta_n$ 下的矩阵为 $T^{-1}AT$。

证法二　对欧几里得空间的维数作数学归纳法。

$n=1$ 时,命题显然成立。

假设维数为 $n-1$ 时命题为真,现在来看 n 维欧几里得空间 V 上的对称变换 $\mathscr{A}$。

因为实对称矩阵的特征多项式的复根都是实数,所以对称变换 $\mathscr{A}$ 一定有特征值。取 $\mathscr{A}$ 的一个特征值 λ_1,设 η_1 是 $\mathscr{A}$ 的属于 λ_1 的一个单位特征向量,我们有 $V=\langle\eta_1\rangle\oplus\langle\eta_1\rangle^\perp$。由于 $\langle\eta_1\rangle$ 是 $\mathscr{A}$ 的不变子空间,因此 $\langle\eta_1\rangle^\perp$ 也是 $\mathscr{A}$ 的不变子空间,于是 $\mathscr{A}|\langle\eta_1\rangle^\perp$ 是 $\langle\eta_1\rangle^\perp$ 上的对称变换。根据归纳假设,$\langle\eta_1\rangle^\perp$ 中存在一个标准正交基 $\eta_2,\cdots,\eta_n$,使得 $\mathscr{A}|\langle\eta_1\rangle^\perp$ 在此基下的矩阵为对角矩阵 $\mathrm{diag}\langle\lambda_2,\cdots,\lambda_n\rangle$,于是 $\mathscr{A}$ 在 V 的标准正交基 $\eta_1,\eta_2,\cdots,\eta_n$ 下的矩阵为 $\mathrm{diag}\langle\lambda_1,\lambda_2,\cdots,\lambda_n\rangle$。

根据数学归纳法原理,对一切正整数 n,命题为真。　■

10.4.2　典型例题

例 1　设 $\mathscr{A}$ 是 n 维欧几里得空间 V 上的一个正交变换。证明:$\mathscr{A}$ 的特征多项式的复根为 ± 1,或 $\cos\theta\pm\mathrm{i}\sin\theta$,其中 $0<\theta<\pi$。

证明　设 $\mathscr{A}$ 在 V 的一个标准正交基下的矩阵为 A,则 A 是正交矩阵。根据本套教材上册习题 5.7 的第 5 题得,A 的特征多项式的复根 λ_i 的模等于 1,于是 $\lambda_i=\cos\theta+\mathrm{i}\sin\theta$,$0\leqslant\theta<2\pi$。当 $\theta=0$ 时,$\lambda_i=1$;当 $\theta=\pi$ 时,$\lambda_i=-1$;当 $\pi<\theta<2\pi$ 时,令 $\alpha=2\pi-\theta$,则 $0<\alpha<\pi$,且

$$\lambda_i=\cos\theta+\mathrm{i}\sin\theta=\cos(2\pi-\alpha)+\mathrm{i}\sin(2\pi-\alpha)=\cos\alpha-\mathrm{i}\sin\alpha.$$　■

例 2　设 V 是 2 维欧几里得空间,$\mathscr{A}$ 是 V 上的一个正交变换。证明:$\mathscr{A}$ 在 V 的任意一个标准正交基下的矩阵 A 是

$$\begin{pmatrix}\cos\theta & -\sin\theta\\ \sin\theta & \cos\theta\end{pmatrix}\text{或}\begin{pmatrix}\cos\theta & \sin\theta\\ \sin\theta & -\cos\theta\end{pmatrix},\tag{5}$$

其中 $0\leqslant\theta<2\pi$。

证明　根据命题 5,正交变换 $\mathscr{A}$ 在 V 的任意一个标准正交基下的矩阵 A 是正交矩阵,设 $A=(a_{ij})$。根据本套教材上册 4.6 节的例 7 得,A 是

$$\begin{pmatrix}\cos\theta & -\sin\theta\\ \sin\theta & \cos\theta\end{pmatrix}\text{或}\begin{pmatrix}\cos\theta & \sin\theta\\ \sin\theta & -\cos\theta\end{pmatrix},$$

其中 $0\leqslant\theta<2\pi$。　■

点评:在例 2 中,取 $V=\mathbf{R}^2$,其内积为标准内积,则正交变换 $\mathscr{A}$ 在基 $\varepsilon_1,\varepsilon_2$ 下的矩阵 A 是(5)式中的两个矩阵之一。当 A 为前者时,$\mathscr{A}$ 是绕原点转角为 θ 的旋转;当 A 为后者时,根据例 9 得,$\mathscr{A}$ 是一个轴反射。

由此可见，$\mathbf{R}^2$ 上的正交变换或者是一个旋转，或者是一个轴反射。

例 3　证明：实内积空间 V 到自身的满射 $\mathcal{A}$ 是正交变换当且仅当 $\mathcal{A}$ 是保持向量长度不变的线性变换。

证明　必要性。根据命题 1 立即得到。

充分性。设 $\mathcal{A}$ 是 V 上的满射线性变换，且保持向量的长度不变，则对于任意 α，$\beta \in V$，有

$$(\mathcal{A}(\alpha+\beta), \mathcal{A}(\alpha+\beta)) = (\alpha+\beta, \alpha+\beta)。 \tag{6}$$

(6)式的左边为

$$\begin{aligned}(\mathcal{A}(\alpha+\beta), \mathcal{A}(\alpha+\beta)) &= (\mathcal{A}\alpha + \mathcal{A}\beta, \mathcal{A}\alpha + \mathcal{A}\beta) \\ &= |\mathcal{A}\alpha|^2 + 2(\mathcal{A}\alpha, \mathcal{A}\beta) + |\mathcal{A}\beta|^2 \\ &= |\alpha|^2 + 2(\mathcal{A}\alpha, \mathcal{A}\beta) + |\beta|^2,\end{aligned}$$

(6)式的右边为

$$(\alpha+\beta, \alpha+\beta) = |\alpha|^2 + 2(\alpha, \beta) + |\beta|^2。$$

由此得出，$(\mathcal{A}\alpha, \mathcal{A}\beta) = (\alpha, \beta)$。因此 $\mathcal{A}$ 是 V 上的正交变换。∎

例 4　设 $\mathcal{A}$：　$\mathbf{R}[x] \longrightarrow \mathbf{R}[x]$
$$f(x) \longmapsto xf(x),$$

在 $\mathbf{R}[x]$ 中，对于 $f(x) = \sum_{i=0}^{n} a_i x^i, g(x) = \sum_{i=0}^{m} b_i x^i$，不妨设 $n \geqslant m$。规定

$$(f(x), g(x)) = \sum_{i=0}^{n} a_i b_i, \tag{7}$$

证明：(1) $(f(x), g(x))$ 是 $\mathbf{R}[x]$ 上的一个内积；

(2) $\mathcal{A}$ 保持 $\mathbf{R}[x]$ 的上述内积不变，但 $\mathcal{A}$ 不是满射。

证明　(1) 设 $h(x) = \sum_{i=0}^{l} c_i x^i$，不妨设 $n \geqslant l$，则

$$\begin{aligned}(f(x)+h(x), g(x)) &= \sum_{i=0}^{n}(a_i+c_i)b_i = \sum_{i=0}^{n} a_i b_i + \sum_{i=0}^{n} c_i b_i \\ &= (f(x), g(x)) + (h(x), g(x)),\end{aligned}$$

$$(kf(x), g(x)) = \sum_{i=0}^{n}(ka_i)b_i = k\sum_{i=0}^{n} a_i b_i = k(f(x), g(x)),$$

因此 $(f(x), g(x))$ 对第一个变量是线性的。同理可证，它对第二个变量也是线性的，从而它是 $\mathbf{R}[x]$ 上的一个双线性函数，显然它是对称的。由于

$$(f(x), f(x)) = \sum_{i=0}^{n} a_i^2 \geqslant 0,$$

且等号成立当且仅当 $a_1 = a_2 = \cdots = a_n = 0$，即 $f(x) = 0$，因此上述对称双线性函数是正定的，从而它是 $\mathbf{R}[x]$ 上的一个内积。

(2)　$\mathcal{A}f(x) = xf(x) = \sum_{i=0}^{n} a_i x^{i+1} = a_0 x + a_1 x^2 + \cdots + a_n x^{n+1},$

$$\mathcal{A}g(x) = xg(x) = \sum_{i=0}^{m} b_i x^{i+1} = b_0 x + b_1 x^2 + \cdots + b_m x^{m+1}。$$

不妨设 $n \geqslant m$，于是

$$(\mathcal{A}f(x), \mathcal{A}g(x)) = a_0 b_0 + a_1 b_1 + \cdots + a_m b_m + \cdots + a_n b_n = \sum_{i=0}^{n} a_i b_i$$

$$= (f(x), g(x))。$$

因此 $\mathcal{A}$ 保持 $\mathbf{R}[x]$ 的上述内积不变。

由于对任意 $f(x) \in \mathbf{R}[x]$ 且 $f(x) \neq 0$，有

$$\deg x f(x) = 1 + \deg f(x) \geqslant 1,$$

因此 $\mathbf{R}[x]$ 中的零次多项式没有原象，从而 $\mathcal{A}$ 不是满射。■

点评：例 4 表明：在无限维实内积空间中，存在不是满射的保持向量的内积不变的变换。由于我们希望所定义的实内积空间 V 上的正交变换是可逆的变换，因此在正交变换的定义中要加上"满射"这个条件，而对于有限维实内积空间 V，保持向量的内积不变的变换 $\mathcal{A}$ 一定是正交变换（根据命题 3）。

例 5　设 $\mathcal{A}$ 是 n 维欧几里得空间 V 上的一个正交变换，并且 1 是 $\mathcal{A}$ 的一个特征值，$\mathcal{A}$ 的属于 1 的特征子空间 V_1 的维数是 $n-1$。证明：$\mathcal{A}$ 是关于超平面 V_1 的反射。

证明　$V = V_1 \oplus V_1^{\perp}$。由于 $\dim V_1 = n-1$，因此 $\dim V_1^{\perp} = 1$，从而 $V_1^{\perp} = \langle \eta \rangle$。由于 $\mathcal{A}$ 的特征子空间 V_1 是 $\mathcal{A}$ 的不变子空间，因此 $V_1^{\perp}$ 也是 $\mathcal{A}$ 的不变子空间，从而 η 是 $\mathcal{A}$ 的一个特征向量。由于 $\mathcal{A}$ 的属于 1 的特征子空间 V_1 的维数等于 $n-1$，且正交变换 $\mathcal{A}$ 的特征值等于 1 或 -1，因此 $\mathcal{A}\eta = -\eta$。

用 $\mathcal{P}$ 表示 V 在 $\langle \eta \rangle$ 上的正交投影，则 $\mathcal{P}\eta = \eta$，从而

$$\mathcal{A}\eta = -\eta = (\mathcal{I} - 2\mathcal{P})\eta。$$

在 V_1 中取一个基 $\alpha_1, \alpha_2, \cdots, \alpha_{n-1}$，由于 $V_1 = (V_1^{\perp})^{\perp} = \langle \eta \rangle^{\perp}$，因此对于 $i = 1, 2, \cdots, n-1$，有 $\mathcal{P}\alpha_i = 0$，从而有

$$\mathcal{A}\alpha_i = \alpha_i = (\mathcal{I} - 2\mathcal{P})\alpha_i。$$

由于 $\alpha_1, \alpha_2, \cdots, \alpha_{n-1}, \eta$ 是 V 的一个基，因此 $\mathcal{A} = \mathcal{I} - 2\mathcal{P}$，从而 $\mathcal{A}$ 是关于超平面 V_1 的反射。■

例 6　设 α, β 是欧几里得空间 V 中两个不同的单位向量。证明：存在一个关于超平面的反射 $\mathcal{A}$，使得 $\mathcal{A}\alpha = \beta$。

证明　令

$$\eta = \frac{1}{|\alpha - \beta|}(\alpha - \beta), \tag{8}$$

则 η 是单位向量。用 $\mathcal{P}$ 表示在 $\langle \eta \rangle$ 上的正交投影，用 $\mathcal{A}$ 表示关于超平面 $\langle \eta \rangle^{\perp}$ 的反射，则 $\mathcal{A} = \mathcal{I} - 2\mathcal{P}$。

根据 10.3 节的 (3) 式，$\mathcal{P}\alpha = (\alpha, \eta)\eta$，于是

$$\mathcal{A}\alpha = (\mathcal{I} - 2\mathcal{P})\alpha = \alpha - 2\mathcal{P}\alpha = \alpha - 2(\alpha, \eta)\eta$$

$$= \alpha - 2\left(\alpha, \frac{1}{|\alpha - \beta|}(\alpha - \beta)\right)\frac{1}{|\alpha - \beta|}(\alpha - \beta)$$

$$= \alpha - 2\frac{1}{|\alpha - \beta|^2}(|\alpha|^2 - (\alpha, \beta))(\alpha - \beta)$$

$$= \alpha - 2\frac{|\alpha|^2 - (\alpha, \beta)}{|\alpha|^2 - 2(\alpha, \beta) + |\beta|^2}(\alpha - \beta)$$

$$= \alpha - \frac{2(1-(\alpha,\beta))}{2-2(\alpha,\beta)}(\alpha-\beta)$$

$$= \alpha - (\alpha - \beta) = \beta。$$

点评:例 6 的证明的关键之一:η 的取法(即(8)式)是从几何空间中受到启发的。例 6 的证明的另一个关键是利用 10.3 节的(3)式:α 在 $\langle \eta \rangle$ 上的正交投影等于 $(\alpha,\eta)\eta$。从例 6 的证明中 $\mathcal{A}\alpha$ 的计算过程看出,只要 α 和 β 满足 $|\alpha|=|\beta|$,就可证出 $\mathcal{A}\alpha=\beta$。由此受到启发,猜想有下述例 7 的结论。

例 7 设 $\alpha_1,\alpha_2,\cdots,\alpha_m$ 和 $\beta_1,\beta_2,\cdots,\beta_m$ 是 n 维欧几里得空间 V 的两个向量组。证明:存在 V 上的一个正交变换 $\mathcal{A}$ 使得 $\mathcal{A}\alpha_i=\beta_i(i=1,2,\cdots,m)$ 的充分必要条件是 $(\alpha_i,\alpha_j)=(\beta_i,\beta_j),i,j=1,2,\cdots,m$,即

$$\boldsymbol{G}(\alpha_1,\alpha_2,\cdots,\alpha_m) = \boldsymbol{G}(\beta_1,\beta_2,\cdots,\beta_m)。 \tag{9}$$

证明 必要性。设存在 V 上的一个正交变换 $\mathcal{A}$,使得 $\mathcal{A}\alpha_i=\beta_i(i=1,2,\cdots,m)$,则对于 $i,j=1,2,\cdots,m$,有

$$(\beta_i,\beta_j) = (\mathcal{A}\alpha_i,\mathcal{A}\alpha_j) = (\alpha_i,\alpha_j)。$$

充分性。设 $\boldsymbol{G}(\alpha_1,\alpha_2,\cdots,\alpha_m)=\boldsymbol{G}(\beta_1,\beta_2,\cdots,\beta_m)$。令

$$U = \langle \alpha_1,\alpha_2,\cdots,\alpha_m \rangle, \quad W = \langle \beta_1,\beta_2,\cdots,\beta_m \rangle。$$

设 $\alpha_{i_1},\alpha_{i_2},\cdots,\alpha_{i_r}$ 是向量组 $\alpha_1,\alpha_2,\cdots,\alpha_m$ 的一个极大线性无关组,则根据 10.2 节例 10 得,$|\boldsymbol{G}(\alpha_{i_1},\alpha_{i_2},\cdots,\alpha_{i_r})|>0$。由已知条件得

$$\boldsymbol{G}(\beta_{i_1},\beta_{i_2},\cdots,\beta_{i_r}) = \boldsymbol{G}(\alpha_{i_1},\alpha_{i_2},\cdots,\alpha_{i_r}), \tag{10}$$

由此推出,$\beta_{i_1},\beta_{i_2},\cdots,\beta_{i_r}$ 线性无关。类似的推理可得,$\beta_{i_1},\beta_{i_2},\cdots,\beta_{i_r}$ 是向量组 $\beta_1,\beta_2,\cdots,\beta_m$ 的极大线性无关组,于是 $\alpha_{i_1},\alpha_{i_2},\cdots,\alpha_{i_r}$ 和 $\beta_{i_1},\beta_{i_2},\cdots,\beta_{i_r}$ 分别是 U 和 W 的一个基。

把 $\alpha_{i_1},\alpha_{i_2},\cdots,\alpha_{i_r}$ 经过 Schmidt 正交化和单位化得 $\tilde{\alpha}_{i_1},\tilde{\alpha}_{i_2},\cdots,\tilde{\alpha}_{i_r}$,则 $\tilde{\alpha}_{i_1},\tilde{\alpha}_{i_2},\cdots,\tilde{\alpha}_{i_r}$ 是 U 的一个标准正交基,且

$$(\tilde{\alpha}_{i_1},\tilde{\alpha}_{i_2},\cdots,\tilde{\alpha}_{i_r}) = (\alpha_{i_1},\alpha_{i_2},\cdots,\alpha_{i_r})\boldsymbol{B}, \tag{11}$$

其中 $\boldsymbol{B}=(b_{ij})$ 是 r 级上三角矩阵,其主对角元都为正数。

把 $\beta_{i_1},\beta_{i_2},\cdots,\beta_{i_r}$ 经过 Schmidt 正交化和单位化,得到 W 的一个标准正交基 $\tilde{\beta}_{i_1},\tilde{\beta}_{i_2},\cdots,\tilde{\beta}_{i_r}$,且

$$(\tilde{\beta}_{i_1},\tilde{\beta}_{i_2},\cdots,\tilde{\beta}_{i_r}) = (\beta_{i_1},\beta_{i_2},\cdots,\beta_{i_r})\boldsymbol{C}, \tag{12}$$

其中 $\boldsymbol{C}$ 是 r 级上三角矩阵,其主对角元都为正数。从(10)式和 Schmidt 正交化的公式以及单位化的公式可得出,$\boldsymbol{C}=\boldsymbol{B}$。

把 $\tilde{\alpha}_{i_1},\tilde{\alpha}_{i_2},\cdots,\tilde{\alpha}_{i_r}$ 扩充成 V 的一个标准正交基

$$\tilde{\alpha}_{i_1},\tilde{\alpha}_{i_2},\cdots,\tilde{\alpha}_{i_r},\gamma_1,\cdots,\gamma_{n-r};$$

把 $\tilde{\beta}_{i_1},\tilde{\beta}_{i_2},\cdots,\tilde{\beta}_{i_r}$ 扩充成 V 的一个标准正交基

$$\tilde{\beta}_{i_1},\tilde{\beta}_{i_2},\cdots,\tilde{\beta}_{i_r},\delta_1,\cdots,\delta_{n-r}。$$

存在 V 上唯一的线性变换 $\mathcal{A}$ 把 V 的基 $\tilde{\alpha}_{i_1},\cdots,\tilde{\alpha}_{i_r},\gamma_1,\cdots,\gamma_{n-r}$ 映成 $\tilde{\beta}_{i_1},\tilde{\beta}_{i_2},\cdots,\tilde{\beta}_{i_r},\delta_1,\cdots,\delta_{n-r}$。由于它们都是 V 的标准正交基,因此 $\mathcal{A}$ 是 V 上的正交变换。由于 $\tilde{\alpha}_{i_1},\cdots,\tilde{\alpha}_{i_r}$ 是 U 的一个标准正交基,因此

$$\alpha_j = \sum_{k=1}^{r}(\alpha_j,\tilde{\alpha}_{i_k})\tilde{\alpha}_{i_k}, \qquad j=1,2,\cdots,m。$$

由于 $\tilde{\beta}_{i_1},\cdots,\tilde{\beta}_{i_r}$ 是 W 的一个标准正交基,因此

$$\beta_j = \sum_{k=1}^{r}(\beta_j,\tilde{\beta}_{i_k})\tilde{\beta}_{i_k}, \qquad j=1,2,\cdots,m。$$

从(9)、(11)、(12)式以及 $\boldsymbol{B}=\boldsymbol{C}$ 得出

$$(\alpha_j,\tilde{\alpha}_{i_k}) = \left(\alpha_j,\sum_{t=1}^{r}b_{tk}\alpha_{i_t}\right) = \sum_{t=1}^{r}b_{tk}(\alpha_j,\alpha_{i_t})$$
$$= \sum_{t=1}^{r}b_{tk}(\beta_j,\beta_{i_t}) = \left(\beta_j,\sum_{t=1}^{r}b_{tk}\beta_{i_t}\right)$$
$$= (\beta_j,\tilde{\beta}_{i_k}),$$

因此　　　$\mathcal{A}\alpha_j = \sum_{k=1}^{r}(\alpha_j,\tilde{\alpha}_{i_k})\mathcal{A}\tilde{\alpha}_{i_k} = \sum_{k=1}^{r}(\beta_j,\tilde{\beta}_{i_k})\tilde{\beta}_{i_k} = \beta_j, j=1,2,\cdots,m。$ ∎

点评：例 7 的充分性证明的想法是：去找 V 的两个标准正交基,从而得到 V 上的一个正交变换 $\mathcal{A}$。为了使得 $\mathcal{A}\alpha_i=\beta_i, i=1,2,\cdots,m$,要分别从 $\alpha_1,\alpha_2,\cdots,\alpha_m$ 和 $\beta_1,\beta_2,\cdots,\beta_m$ 出发去找 V 的两个标准正交基。例 7 的充分性证明中一个比较重要的地方是(11)式中的矩阵 $\boldsymbol{B}$ 与(12)式中的矩阵 $\boldsymbol{C}$ 相等。

例 8　证明：实内积空间 V 上的正交变换 $\mathcal{A}$ 的属于不同的特征值的特征向量一定正交。

证明　设 λ_1,λ_2 是正交变换 $\mathcal{A}$ 的不同的特征值,根据命题 8,$\lambda_i=\pm1, i=1,2$。不妨设 $\lambda_1=1,\lambda_2=-1$,设 ξ_i 是 $\mathcal{A}$ 的属于特征值 λ_i 的一个特征向量,$i=1,2$;则

$$(\xi_1,\xi_2)=\lambda_1(\xi_1,\xi_2)=(\lambda_1\xi_1,\xi_2)=(\mathcal{A}\xi_1,\xi_2)=(\mathcal{A}\xi_1,\mathcal{A}\mathcal{A}^{-1}\xi_2)$$
$$=(\xi_1,\mathcal{A}^{-1}\xi_2)=(\xi_1,\lambda_2^{-1}\xi_2)=\lambda_2^{-1}(\xi_1,\xi_2)=-(\xi_1,\xi_2)。$$

于是 $2(\xi_1,\xi_2)=0$,从而 $(\xi_1,\xi_2)=0$,因此 ξ_1 与 ξ_2 正交。 ∎

例 9　证明：2 维欧几里得空间 V 上的任一正交变换能表示成至多 2 个关于超平面的反射的乘积。

证明　2 维欧几里得空间 V 上的正交变换 $\mathcal{A}$ 在 V 的一个标准正交基 η_1,η_2 下的矩阵 A 是 2 级正交矩阵。根据本套书上册第 4 章 4.6 节的例 7,2 级正交矩阵有且只有两种类型：

$$\begin{pmatrix}\cos\theta & -\sin\theta\\ \sin\theta & \cos\theta\end{pmatrix},\begin{pmatrix}\cos\theta & \sin\theta\\ \sin\theta & -\cos\theta\end{pmatrix},0\leqslant\theta<2\pi。$$

情形 1　设 $\mathcal{A}$ 是第二类正交变换,则 $|A|=-1$,从而

$$A=\begin{pmatrix}\cos\theta & \sin\theta\\ \sin\theta & -\cos\theta\end{pmatrix}。$$

根据本套书上册补充题五的第 2 题,A 正交相似于对角矩阵

$$\begin{pmatrix}1 & 0\\ 0 & -1\end{pmatrix}。$$

因此 $\mathcal{A}$ 的全部特征值是 $1,-1$。分别取 $\mathcal{A}$ 的属于特征值 1 和 -1 的单位特征向量 δ_1,δ_2。根据例 8,δ_1 与 δ_2 正交,于是 δ_1,δ_2 是 V 的一个标准正交基,从而

$$V=\langle\delta_1\rangle\oplus\langle\delta_2\rangle,\langle\delta_1\rangle=\langle\delta_2\rangle^{\perp}。$$

根据例 5 得，$\mathcal{A}$ 是关于超平面 $\langle\delta_1\rangle$ 的反射。

情形 2　设 $\mathcal{A}$ 是第一类正交变换，则 $|\mathbf{A}|=1$，从而

$$\mathbf{A}=\begin{pmatrix}\cos\theta & -\sin\theta \\ \sin\theta & \cos\theta\end{pmatrix}=\begin{pmatrix}\cos\theta & \sin\theta \\ \sin\theta & -\cos\theta\end{pmatrix}\begin{pmatrix}1 & 0 \\ 0 & -1\end{pmatrix}。$$

把上式左端的第一、二个矩阵分别记作 $\mathbf{B},\mathbf{C}$。根据第 9 章 9.3 节的定理 1 的证明，存在 V 上的唯一的线性变换 $\mathcal{B}$ 使得 $\mathcal{B}$ 在 V 的标准正交基 η_1,η_2 下的矩阵为 $\mathbf{B}$；存在 V 上唯一的线性变换 $\mathcal{C}$ 使得 $\mathcal{C}$ 在标准正交基 η_1,η_2 下的矩阵为 $\mathbf{C}$。由于 $\mathbf{B},\mathbf{C}$ 都是正交矩阵，因此 $\mathcal{B},\mathcal{C}$ 都是正交变换。从上述矩阵的等式得出，$\mathcal{BC}=\mathcal{A}$。由于 $\mathcal{B},\mathcal{C}$ 是第二类正交变换，因此根据情形 1 得，存在 V 的一个标准正交基 γ_1,γ_2 使得 $\mathcal{B}$ 是关于超平面 $\langle\gamma_1\rangle$ 的反射；存在 V 的一个标准正交基 δ_1,δ_2 使得 $\mathcal{C}$ 是关于超平面 $\langle\delta_1\rangle$ 的反射，从而 $\mathcal{A}$ 表示成 2 个关于超平面的反射的乘积。

点评　在情形 1 中，对于 $\mathcal{A}$ 的特征值 1，解齐次线性方程组 $(1\mathbf{I}-\mathbf{A})\mathbf{x}=\mathbf{0}$ 得，一个基础解系为 $(\sin\theta,1-\cos\theta)'$。于是当 $\theta\neq 0$ 且 $\theta\neq\pi$ 时，超平面 $\langle\delta_1\rangle$ 是过原点 O 斜率为 $\dfrac{1-\cos\theta}{\sin\theta}$ 的直线 l。由于 $\dfrac{1-\cos\theta}{\sin\theta}=\dfrac{1-\left[1-2\sin^2\dfrac{\theta}{2}\right]}{2\sin\dfrac{\theta}{2}\cos\dfrac{\theta}{2}}=\dfrac{\sin\dfrac{\theta}{2}}{\cos\dfrac{\theta}{2}}=\tan\dfrac{\theta}{2}$，因此 $\langle\delta_1\rangle$ 是过原点 O 倾角为 $\dfrac{\theta}{2}$ 的直线 l。当 $\theta=0$ 时，$\mathbf{A}=\begin{pmatrix}1 & 0 \\ 0 & -1\end{pmatrix}$，$\mathcal{A}$ 是关于 x 轴的反射；当 $\theta=\pi$ 时，$\mathbf{A}=\begin{pmatrix}-1 & 0 \\ 0 & 1\end{pmatrix}$，$\mathcal{A}$ 是关于 y 轴的反射，因此对一切 $\theta(0\leqslant\theta<2\pi)$，都有第二类正交变换 $\mathcal{A}$ 是关于过原点 O 倾角为 $\dfrac{\theta}{2}$ 的直线 l 的反射，从而在情形 2 中，$\mathcal{B}$ 是关于过原点 O 倾角为 $\dfrac{\theta}{2}$ 的直线 l_1 的反射，$\mathcal{C}$ 是关于 x 轴的反射，第一类正交变换 $\mathcal{A}=\mathcal{BC}$。

例 10　证明：n 维欧几里得空间 V 上的任一正交变换 $\mathcal{A}$ 都可以表示成至多 n 个关于超平面的反射的乘积，其中 $n\geqslant 2$。

证明　根据本节定理 1，V 中存在一个标准正交基

$$\eta_1,\cdots,\eta_r,\gamma_1,\cdots,\gamma_t,\delta_{11},\delta_{12},\cdots,\delta_{m1},\delta_{m2}$$

使得 $\mathcal{A}$ 在此基下的矩阵 $\mathbf{A}$ 为

$$\mathbf{A}=\mathrm{diag}\left\{\mathbf{I}_r,-\mathbf{I}_t,\begin{pmatrix}\cos\theta_1 & -\sin\theta_1 \\ \sin\theta_1 & -\cos\theta_1\end{pmatrix},\cdots,\begin{pmatrix}\cos\theta_m & -\sin\theta_m \\ \sin\theta_m & \cos\theta_m\end{pmatrix}\right\},$$

其中　$0\leqslant r\leqslant n,0\leqslant t\leqslant n;0<\theta_j<\pi,j=1,\cdots,m,0\leqslant m\leqslant\dfrac{n}{2}$，于是

$$\mathbf{A}=\prod_{i=1}^{t}\mathrm{diag}\{\mathbf{I}_{r+(i-1)},-1,\mathbf{I}_{n-(r+i)}\}\cdot\prod_{j=1}^{m}\mathrm{diag}\left\{\mathbf{I}_{r+t+2(j-1)},\begin{pmatrix}\cos\theta_j & -\sin\theta_j \\ \sin\theta_j & \cos\theta_j\end{pmatrix},\mathbf{I}_{n-(r+t+2)}\right\}$$

$$=\mathbf{A}_1\cdots\mathbf{A}_t\mathbf{B}_1\cdots\mathbf{B}_m。$$

V 上分别存在唯一的线性变换 $\mathcal{A}_1,\cdots,\mathcal{A}_t,\mathcal{B}_1,\cdots,\mathcal{B}_m$ 使得它们在 V 的标准正交基 $\eta_1,\cdots,\eta_r,\gamma_1,\cdots,\gamma_t,\delta_{11},\delta_{12},\cdots,\delta_{m1},\delta_{m2}$ 下的矩阵为 $\mathbf{A}_1,\cdots,\mathbf{A}_t,\mathbf{B}_1,\cdots,\mathbf{B}_m$。由于这些矩阵都是正交矩阵，因此 $\mathcal{A}_1,\cdots,\mathcal{A}_t,\mathcal{B}_1,\cdots,\mathcal{B}_m$ 都是 V 上的正交变换。

由于 $\mathcal{A}_i$ 的属于特征值 1 的特征子空间的维数等于 $n-1$,因此根据例 5 得,$\mathcal{A}_i$ 是关于超平面的反射,$i=1,\cdots,t$。

在 V 的子空间 $\langle\delta_{j1},\delta_{j2}\rangle$ 中,对于矩阵 $\widetilde{\boldsymbol{B}}_j=\begin{pmatrix}\cos\theta_j & -\sin\theta_j\\ \sin\theta_j & \cos\theta_j\end{pmatrix}$,存在 $\langle\delta_{j1},\delta_{j2}\rangle$ 上的唯一的线性变换 $\widetilde{\mathcal{B}}_j$ 使得 $\widetilde{\mathcal{B}}_j$ 在标准正交基 δ_{j1},δ_{j2} 下的矩阵为 $\widetilde{\boldsymbol{B}}_j$。由于 $\widetilde{\boldsymbol{B}}_j$ 是正交矩阵,因此 $\widetilde{\mathcal{B}}_j$ 是正交变换。由于 $|\widetilde{\boldsymbol{B}}_j|=1$,因此 $\widetilde{\mathcal{B}}_j$ 是第一类的。根据例 9 得,$\widetilde{\mathcal{B}}_j$ 可以表示成 $\langle\delta_{j1},\delta_{j2}\rangle$ 上 2 个关于超平面的反射的乘积:$\widetilde{\mathcal{B}}_j=\widetilde{\mathcal{B}}_{j1}\widetilde{\mathcal{B}}_{j2}$。于是在 $\langle\delta_{j1},\delta_{j2}\rangle$ 中存在标准正交基 ζ_1,ζ_2,使得 $\widetilde{\mathcal{B}}_{j1}$ 在此基下的矩阵为 $\begin{pmatrix}1 & 0\\ 0 & -1\end{pmatrix}$。存在 V 上的唯一的线性变换 $\mathcal{B}_{j1}$,使得它在 V 的标准正交基 $\eta_1,\cdots,\eta_r,\gamma_1,\cdots,\gamma_t,\delta_{11},\delta_{12},\cdots,\zeta_1,\zeta_2,\cdots,\delta_{m1},\delta_{m2}$ 下的矩阵为 $\mathrm{diag}\{\boldsymbol{I}_{r+t+2j-1},-1,\boldsymbol{I}_{n-(r+t+2j)}\}$。根据例 5 得,$\mathcal{B}_{j1}$ 是 V 上关于超平面的反射。同理,在 $\langle\delta_{j1},\delta_{j2}\rangle$ 中存在标准正交基 ξ_{j1},ξ_{j2},使得 $\widetilde{\mathcal{B}}_{j2}$ 在此基下的矩阵为 $\begin{pmatrix}1 & 0\\ 0 & -1\end{pmatrix}$,从而存在 V 上唯一的线性变换 $\mathcal{B}_{j2}$ 使得它在 V 的标准正交基 $\eta_1,\cdots,\eta_r,\gamma_1,\cdots,\gamma_t,\delta_{11},\delta_{12},\cdots,\xi_{j1},\xi_{j2},\cdots,\delta_{m1},\delta_{m2}$ 下的矩阵为 $\mathrm{diag}\{\boldsymbol{I}_{r+t+2j-1},-1,\boldsymbol{I}_{n-(r+t+2j)}\}$。因此 $\mathcal{B}_{j2}$ 是 V 上关于超平面的反射,从而 $\mathcal{B}_j$ 可以表示成 V 上 2 个关于超平面的反射乘积:$\mathcal{B}_j=\mathcal{B}_{j1}\mathcal{B}_{j2}$,$j=1,\cdots,m$。

综上所述得
$$\mathcal{A}=\mathcal{A}_1\cdots\mathcal{A}_t\mathcal{B}_{11}\mathcal{B}_{12}\cdots\mathcal{B}_{m1}\mathcal{B}_{m2},$$
因此 $\mathcal{A}$ 可以表示成 $t+2m\leqslant n$ 个关于超平面的反射的乘积。∎

例 11　几何空间(作为点集)的一个变换,如果保持点之间的距离不变,那么称它是**正交点变换**或**保距变换**。如果正交点变换诱导的正交向量变换是第一类的,那么称它是第一类的;否则称它是第二类的。证明:

(1) 保持一个点不动的第一类正交点变换一定是绕过这个定点的一条直线的旋转;

(2) 保持一个点不动的第二类正交点变换是一个镜面反射,或者是一个镜面反射与一个绕过这个定点的一条直线的旋转的乘积。

证明　设正交点变换 σ 保持一个点不动,把这个点作为原点 O。设 σ 诱导的正交向量变换为 $\mathcal{A}$,它是几何空间(以原点 O 为起点的所有定位向量组成的空间)V 的一个正交变换。

(1) 设 σ 是第一类的,则 $\mathcal{A}$ 是第一类的,于是 $|\mathcal{A}|=1$。根据本套教材上册 5.5 节的例 8 得,1 是 $\mathcal{A}$ 的一个特征值。设 η_1 是 $\mathcal{A}$ 的属于特征值 1 的一个单位特征向量,则 $\langle\eta_1\rangle$ 是 $\mathcal{A}$ 的一个不变子空间,且
$$\mathcal{A}(k\eta_1)=k\mathcal{A}\eta_1=k\eta_1,$$
于是过原点 O 方向向量为 η_1 的直线 l_1 上的每一个点都被 σ 保持不动。$\langle\eta_1\rangle^\perp$ 是 $\mathcal{A}$ 的一个不变子空间,于是 $\mathcal{A}|\langle\eta_1\rangle^\perp$ 是 $\langle\eta_1\rangle^\perp$ 上的正交变换。在 $\langle\eta_1\rangle^\perp$ 中取一个标准正交基 η_2,η_3,则 η_1,η_2,η_3 是 V 的一个标准正交基,$\mathcal{A}$ 在此基下的矩阵 $\boldsymbol{A}$ 是正交矩阵,且 $\boldsymbol{A}=\mathrm{diag}\{1,\boldsymbol{A}_2\}$,其中 $\boldsymbol{A}_2$ 是 $\mathcal{A}|\langle\eta_1\rangle^\perp$ 在基 η_2,η_3 下的矩阵。由于 $|\boldsymbol{A}|=1$,因此 $|\boldsymbol{A}_2|=1$。根据例 2,得
$$\boldsymbol{A}_2=\begin{pmatrix}\cos\theta & -\sin\theta\\ \sin\theta & \cos\theta\end{pmatrix}$$

其中 θ 满足 $0\leqslant\theta<2\pi$，于是 $\mathcal{A}|\langle\eta_1\rangle^{\perp}$ 是绕原点 O 转角为 θ 的旋转，从而 $\mathcal{A}$ 是绕直线 l_1 转角为 θ 的旋转。因此，σ 是绕直线 l_1 转角为 θ 的旋转。

（2）设 σ 是第二类的，则 $|\mathcal{A}|=-1$，于是 -1 是 $\mathcal{A}$ 的一个特征值。设 δ_1 是 $\mathcal{A}$ 的属于特征值 -1 的一个单位特征向量，则 $\langle\delta_1\rangle$ 是 $\mathcal{A}$ 的一个不变子空间，从而 $\langle\delta_1\rangle^{\perp}$ 也是 $\mathcal{A}$ 的一个不变子空间，于是 $\mathcal{A}|\langle\delta_1\rangle^{\perp}$ 是 $\langle\delta_1\rangle^{\perp}$ 上的一个正交变换。在 $\langle\delta_1\rangle^{\perp}$ 中取一个标准正交基 δ_2,δ_3，则 $\delta_1,\delta_2,\delta_3$ 是 V 的一个标准正交基，$\mathcal{A}$ 在此基下的矩阵 $\boldsymbol{B}=\mathrm{diag}\{-1,\boldsymbol{B}_2\}$，于是 $|\boldsymbol{B}_2|=1$。根据例 2，得

$$\boldsymbol{B}_2=\begin{pmatrix}\cos\theta & -\sin\theta \\ \sin\theta & \cos\theta\end{pmatrix},$$

其中 θ 满足 $0\leqslant\theta<2\pi$。若 $\theta=0$，则 $\boldsymbol{B}_2=\mathrm{diag}\{1,1\}$，于是 $\mathcal{A}\delta_2=\delta_2,\mathcal{A}\delta_3=\delta_3$，从而 $\mathcal{A}|\langle\delta_1\rangle^{\perp}$ 是恒等变换。又由于 $\mathcal{A}\delta_1=-\delta_1$，因此

$$\mathcal{A}\delta_1=(\mathcal{I}-2\mathcal{P})\delta_1,$$
$$\mathcal{A}\delta_i=\delta_i=(\mathcal{I}-2\mathcal{P})\delta_i,\qquad i=2,3,$$

其中 $\mathcal{P}$ 是 V 在 $\langle\delta_1\rangle$ 上的正交投影，因此 $\mathcal{A}=\mathcal{I}-2\mathcal{P}$，即 $\mathcal{A}$ 是关于平面 $\langle\delta_1\rangle^{\perp}$ 的镜面反射，从而 σ 是关于平面 $\langle\delta_1\rangle^{\perp}$ 的镜面反射。

若 $\theta\neq0$，用 C 表示关于平面 $\langle\delta_1\rangle^{\perp}$ 的镜面反射，则 $\mathcal{C}\delta_1=(\mathcal{I}-2\mathcal{P})\delta_1=-\delta_1$；$\mathcal{C}\delta_i=(\mathcal{I}-2\mathcal{P})\delta_i=\delta_i,i=1,2$。于是 C 在基 $\delta_1,\delta_2,\delta_3$ 下的矩阵 $\boldsymbol{C}=\mathrm{diag}\{-1,1,1\}$。由于

$$\boldsymbol{B}=\begin{bmatrix}-1 & 0 & 0 \\ 0 & \cos\theta & -\sin\theta \\ 0 & \sin\theta & \cos\theta\end{bmatrix}=\begin{bmatrix}-1 & 0 & 0 \\ 0 & 1 & 0 \\ 0 & 0 & 1\end{bmatrix}\begin{bmatrix}1 & 0 & 0 \\ 0 & \cos\theta & -\sin\theta \\ 0 & \sin\theta & \cos\theta\end{bmatrix},$$

且绕过原点 O 方向向量为 δ_1 的直线 l_2 转角为 θ 的旋转 $\mathcal{H}$ 在基 $\delta_1,\delta_2,\delta_3$ 下的矩阵为 $\mathrm{diag}\{1,\boldsymbol{B}_2\}$，因此

$$\mathcal{A}=C\mathcal{H},$$

即 $\mathcal{A}$ 等于镜面反射 C 与旋转 $\mathcal{H}$ 的乘积，从而 σ 是关于平面 $\langle\delta_1\rangle^{\perp}$ 的镜面反射与绕直线 l_2 转角为 θ 的旋转的乘积。∎

点评：我们在本套教材上册补充题五的第 4 题证明了例 11 的结论，那时是利用正交矩阵的知识和坐标变换的方法来证的。现在用正交变换的理论和空间分解的方法来证明，直观性更强一些，特别是对于转轴的刻画和镜面反射中不动平面的刻画更加清晰。从例 11 的第（1）小题的证明中看到：几何空间中第一类正交变换一定是绕某条直线的旋转。由于这个原因，我们借用几何语言，把 n 维欧几里得空间 V 上的第一类正交变换称为 V 的一个**旋转**。从例 11 的第（2）小题的证明中看到：几何空间中第二类正交变换是一个镜面反射，或者是一个镜面反射与一个绕某条直线旋转的乘积。由此受到启发，我们猜想有下述例 12 的结论。

例 12　证明：n 维欧几里得空间 V 上的第二类正交变换是一个关于超平面的反射，或者是一个关于超平面的反射与一个第一类正交变换的乘积。

证明　设 $\mathcal{A}$ 是 n 维欧几里得空间 V 上的一个第二类正交变换，则 $|\mathcal{A}|=-1$。根据本套教材上册 5.5 节例 8 得，-1 是 $\mathcal{A}$ 的一个特征值。设 δ_1 是 $\mathcal{A}$ 的属于特征值 -1 的一个单位特征向量，则 $\langle\delta_1\rangle$ 是 $\mathcal{A}$ 的一个不变子空间，从而 $\langle\delta_1\rangle^{\perp}$ 也是 $\mathcal{A}$ 的一个不变子空间，

于是 $\mathcal{A}|\langle\delta_1\rangle^{\perp}$ 是 $\langle\delta_1\rangle^{\perp}$ 上的一个正交变换。在 $\langle\delta_1\rangle^{\perp}$ 中取一个标准正交基 $\delta_2,\cdots,\delta_n$，则 $\delta_1,\delta_2,\cdots,\delta_n$ 是 V 的一个标准正交基。$\mathcal{A}$ 在此基下的矩阵 $A=\mathrm{diag}\{-1,A_2\}$，其中 A_2 是 $\mathcal{A}|\langle\delta_1\rangle^{\perp}$ 在基 $\delta_2,\cdots,\delta_n$ 下的矩阵。由于 $|A|=-1$，因此，$|A_2|=1$。

若 $A_2=I_{n-1}$，则 $\mathcal{A}\delta_i=\delta_i$，$i=2,\cdots,n$。设 $\mathcal{P}$ 是 V 在 $\langle\delta_1\rangle$ 上的正交投影，则

$$\mathcal{A}\delta_1=-\delta_1=(I-2\mathcal{P})\delta_1,$$

$$\mathcal{A}\delta_i=\delta_i=(I-2\mathcal{P})\delta_i,\qquad i=2,\cdots,n,$$

从而 $\mathcal{A}=I-2\mathcal{P}$，因此 $\mathcal{A}$ 是关于超平面 $\langle\delta_1\rangle^{\perp}$ 的反射。

若 $A_2\neq I_{n-1}$，则

$$A=\begin{pmatrix}-1 & 0\\ 0 & A_2\end{pmatrix}=\begin{pmatrix}-1 & 0\\ 0 & I_{n-1}\end{pmatrix}\begin{pmatrix}1 & 0\\ 0 & A_2\end{pmatrix}. \tag{13}$$

用 $\mathcal{B}$ 表示关于超平面 $\langle\delta_1\rangle^{\perp}$ 的反射，则 $\mathcal{B}$ 在 V 的基 $\delta_1,\delta_2,\cdots,\delta_n$ 下的矩阵为 $\mathrm{diag}\{-1,I_{n-1}\}$。设 C 是 V 上的线性变换，它在基 $\delta_1,\delta_2,\cdots,\delta_n$ 下的矩阵为 $\mathrm{diag}\{1,A_2\}$，则 C 是正交变换且是第一类的。从(13)式得，$\mathcal{A}=\mathcal{B}C$，即 $\mathcal{A}$ 是关于超平面 $\langle\delta_1\rangle^{\perp}$ 的反射 $\mathcal{B}$ 与第一类正交变换 C 的乘积。　　　■

例 13　设 $\mathcal{A}$ 是 n 维欧几里得空间 V 上的一个线性变换，证明：$\mathcal{A}$ 是关于超平面的反射当且仅当 $\mathcal{A}$ 在 V 的任意一个标准正交基下的矩阵形如 $I-2\delta\delta'$，其中 δ 是 $\mathbf{R}^n$ (指定内积为标准内积) 中的单位向量。

证明　必要性。设 $\mathcal{A}$ 是关于超平面 $\langle\eta_1\rangle^{\perp}$ 的镜面反射，η_1 是单位向量，则 $\mathcal{A}=I-2\mathcal{P}$，其中 $\mathcal{P}$ 是 V 在 $\langle\eta_1\rangle$ 上的正交投影。在 $\langle\eta_1\rangle^{\perp}$ 中取一个标准正交基 $\eta_2,\cdots,\eta_n$，则 $\eta_1,\eta_2,\cdots,\eta_n$ 是 V 的一个标准正交基。由于 $\mathcal{P}$ 在此基下的矩阵为

$$\mathrm{diag}\{1,0,\cdots,0\}=(1,0,\cdots,0)'(1,0,\cdots,0)=\varepsilon_1\varepsilon_1',$$

因此 $\mathcal{A}$ 在基 $\eta_1,\eta_2,\cdots,\eta_n$ 下的矩阵 A 为

$$A=I-2\varepsilon_1\varepsilon_1'.$$

设 $\beta_1,\beta_2,\cdots,\beta_n$ 是 V 的任意一个标准正交基，基 $\eta_1,\eta_2,\cdots,\eta_n$ 到基 $\beta_1,\beta_2,\cdots,\beta_n$ 的过渡矩阵为 T，则 T 是正交矩阵，且 $\mathcal{A}$ 在基 $\beta_1,\beta_2,\cdots,\beta_n$ 下的矩阵 B 为

$$B=T^{-1}AT=T^{-1}(I-2\varepsilon_1\varepsilon_1')T=I-2(T'\varepsilon_1)(T'\varepsilon_1)'.$$

由于 T 是正交矩阵，因此 $|T'\varepsilon_1|=|\varepsilon_1|=1$，即 $T'\varepsilon_1$ 是单位向量。

充分性。设 $\mathcal{A}$ 在 V 的一个标准正交基 $\alpha_1,\alpha_2,\cdots,\alpha_n$ 下的矩阵 $A=I-2\delta\delta'$，其中 δ 是 $\mathbf{R}^n$ 中单位向量。令 $\gamma_1=(\alpha_1,\alpha_2,\cdots,\alpha_n)\delta$，由于把 V 中向量对应到它在标准正交基 $\alpha_1,\alpha_2,\cdots,\alpha_n$ 下的坐标的映射 σ 是欧几里得空间 V 到 $\mathbf{R}^n$ 的一个同构映射，因此 $|\gamma_1|=|\delta|=1$，把 γ_1 扩充成 V 的一个标准正交基 $\gamma_1,\gamma_2,\cdots,\gamma_n$。设基 $\alpha_1,\alpha_2,\cdots,\alpha_n$ 到基 $\gamma_1,\gamma_2,\cdots,\gamma_n$ 的过渡矩阵为 T，则 T 是正交矩阵，且 γ_i 在基 $\alpha_1,\alpha_2,\cdots,\alpha_n$ 下的坐标 $x_i=T\varepsilon_i$，$i=1,2,\cdots,n$，于是 $\delta=T\varepsilon_1$。由于 $\delta'\delta=|\delta|^2=1$，因此

$$\begin{aligned}\mathcal{A}\gamma_1&=\mathcal{A}(\alpha_1,\alpha_2,\cdots,\alpha_n)\delta=(\alpha_1,\alpha_2,\cdots,\alpha_n)A\delta\\ &=(\alpha_1,\alpha_2,\cdots,\alpha_n)(I-2\delta\delta')\delta=(\alpha_1,\alpha_2,\cdots,\alpha_n)(\delta-2\delta\delta'\delta)\\ &=(\alpha_1,\alpha_2,\cdots,\alpha_n)(-\delta)=-\gamma_1=(I-2\mathcal{P})\gamma_1,\end{aligned}$$

其中 $\mathcal{P}$ 是 V 在 $\langle\gamma_1\rangle$ 上的正交投影。由于当 $i=2,\cdots,n$ 时，$\varepsilon_1'\varepsilon_i=0$，因此当 $i=2,\cdots,n$ 时，有

$$\mathcal{A}\gamma_i = \mathcal{A}(\alpha_1,\alpha_2,\cdots,\alpha_n)\boldsymbol{x}_i = (\alpha_1,\alpha_2,\cdots,\alpha_n)\boldsymbol{AT\varepsilon}_i$$

$$= (\alpha_1,\alpha_2,\cdots,\alpha_n)(\boldsymbol{I}-2\boldsymbol{\delta\delta}')\boldsymbol{T\varepsilon}_i = (\alpha_1,\alpha_2,\cdots,\alpha_n)[\boldsymbol{T\varepsilon}_i-2\boldsymbol{\delta}(\boldsymbol{T\varepsilon}_1)'\boldsymbol{T\varepsilon}_i]$$

$$= (\alpha_1,\alpha_2,\cdots,\alpha_n)[\boldsymbol{T\varepsilon}_i-2\boldsymbol{\delta\varepsilon}_1'\boldsymbol{\varepsilon}_i] = (\alpha_1,\alpha_2,\cdots,\alpha_n)(\boldsymbol{T\varepsilon}_i) = \gamma_i = (\boldsymbol{I}-2\mathcal{P})\gamma_i,$$

从而 $\mathcal{A}=\boldsymbol{I}-2\mathcal{P}$，因此 $\mathcal{A}$ 是关于超平面 $\langle\gamma_1\rangle^{\perp}$ 的反射。 ∎

点评： 例 13 用矩阵的语言刻画了关于超平面的反射。

例 14 实内积空间 V 上的一个变换 $\mathcal{A}$ 称为**斜对称**的，如果对任意 $\alpha,\beta\in V$，有

$$(\mathcal{A}\alpha,\beta)=-(\alpha,\mathcal{A}\beta),\tag{14}$$

证明：V 上的斜对称变换 $\mathcal{A}$ 是线性变换。

证明 任取 $\alpha,\beta\in V$，对于任意 $\gamma\in V$，有

$$(\mathcal{A}(\alpha+\beta),\gamma)=-(\alpha+\beta,\mathcal{A}\gamma)=-(\alpha,\mathcal{A}\gamma)-(\beta,\mathcal{A}\gamma)$$

$$=(\mathcal{A}\alpha,\gamma)+(\mathcal{A}\beta,\gamma)=(\mathcal{A}\alpha+\mathcal{A}\beta,\gamma),$$

由此推出，$\mathcal{A}(\alpha+\beta)=\mathcal{A}\alpha+\mathcal{A}\beta$。

类似地可证 $\mathcal{A}(k\alpha)=k\mathcal{A}\alpha,\forall\alpha\in V,k\in\mathbf{R}$。因此 $\mathcal{A}$ 是线性变换。 ∎

例 15 证明：n 维欧几里得空间 V 上的线性变换 $\mathcal{A}$ 是斜对称变换当且仅当 $\mathcal{A}$ 在 V 的任意一个标准正交基下的矩阵是斜对称矩阵。

证明 任取 V 的一个标准正交基 $\eta_1,\eta_2,\cdots,\eta_n$。设

$$\mathcal{A}(\eta_1,\eta_2,\cdots,\eta_n)=(\eta_1,\eta_2,\cdots,\eta_n)\boldsymbol{A},\tag{15}$$

则 $\mathcal{A}\eta_j$ 在标准正交基 $\eta_1,\eta_2,\cdots,\eta_n$ 下的坐标的第 i 个分量为 $a_{ij}=(\mathcal{A}\eta_j,\eta_i),i,j=1,2,\cdots,n$。因此

$\qquad\mathcal{A}$ 是 V 上的斜对称变换

$\Longleftrightarrow\ (\mathcal{A}\alpha,\beta)=-(\alpha,\mathcal{A}\beta),\quad\forall\alpha,\beta\in V$

$\Longleftrightarrow\ (\mathcal{A}\eta_j,\eta_i)=-(\eta_j,\mathcal{A}\eta_i),\qquad 1\leqslant i,j\leqslant n$

$\Longleftrightarrow\ a_{ij}=-a_{ji},\qquad 1\leqslant i,j\leqslant n$

$\Longleftrightarrow\ \boldsymbol{A}$ 是斜对称矩阵。 ∎

例 16 设 $\mathcal{A}$ 是实内积空间 V 上的一个斜对称变换，证明：如果 W 是 $\mathcal{A}$ 的不变子空间，那么 $W^{\perp}$ 也是 $\mathcal{A}$ 的不变子空间。

证明 任取 $\beta\in W^{\perp}$。对任意 $\alpha\in W$，有 $\mathcal{A}\alpha\in W$，从而

$$(\mathcal{A}\beta,\alpha)=-(\beta,\mathcal{A}\alpha)=0。$$

因此，$\mathcal{A}\beta\in W^{\perp}$，于是 $W^{\perp}$ 是 $\mathcal{A}$ 的不变子空间。 ∎

例 17 证明：实内积空间 V 上的线性变换 $\mathcal{A}$ 是斜对称变换当且仅当对一切 $\alpha\in V$ 有 $(\mathcal{A}\alpha,\alpha)=0$。

证明 必要性。设 $\mathcal{A}$ 是斜对称变换，则 $\forall\alpha\in V$，有 $(\mathcal{A}\alpha,\alpha)=-(\alpha,\mathcal{A}\alpha)=-(\mathcal{A}\alpha,\alpha)$。由此推出，$(\mathcal{A}\alpha,\alpha)=0$。

充分性。设线性变换 $\mathcal{A}$ 满足 $(\mathcal{A}\alpha,\alpha)=0,\forall\alpha\in V$。任取 $\alpha,\beta\in V$，有

$$0=(\mathcal{A}(\alpha+\beta),\alpha+\beta)=(\mathcal{A}\alpha+\mathcal{A}\beta,\alpha+\beta)$$

$$=(\mathcal{A}\alpha,\alpha)+(\mathcal{A}\alpha,\beta)+(\mathcal{A}\beta,\alpha)+(\mathcal{A}\beta,\beta)$$

$$=(\mathcal{A}\alpha,\beta)+(\mathcal{A}\beta,\alpha)。$$

由此推出，$(\mathcal{A}\alpha,\beta)=-(\alpha,\mathcal{A}\beta)$。因此，$\mathcal{A}$ 是斜对称变换。 ∎

点评：例 17 推广了 10.3 节的例 18：把 n 维欧几里得空间推广到任意实内积空间。

例 18　设 $\mathscr{A}$ 是 n 维欧几里得空间 V 上的一个斜对称变换。证明：存在 V 的一个标准正交基，使得 $\mathscr{A}$ 在这个基下的矩阵具有如下形式：

$$\mathrm{diag}\left\{\begin{bmatrix} 0 & a_1 \\ -a_1 & 0 \end{bmatrix}, \cdots, \begin{bmatrix} 0 & a_s \\ -a_s & 0 \end{bmatrix}, 0, \cdots, 0\right\}, \tag{16}$$

其中 $a_i \neq 0, i = 1, 2, \cdots, s$。

证法一　对欧几里得空间的维数 n 作数学归纳法。

$n=1$ 时，V 中取一个单位向量 η，则 $V = \langle\eta\rangle$。$\mathscr{A}$ 在 V 的标准正交基 η 下的矩阵是 1 级斜对称矩阵 (0)。因此，$n=1$ 时命题为真。

假设维数小于 n 时，命题为真，现在来看 n 维欧几里得空间 V 上的斜对称变换 $\mathscr{A}$。根据本套教材上册 5.7 节的例 7 得，$\mathscr{A}$ 的特征多项式的复根都是 0 或纯虚数。

情形 1　$\mathscr{A}$ 有特征值。此时取 $\mathscr{A}$ 的属于特征值 0 的一个单位特征向量 η_1，则 $\langle\eta_1\rangle$ 是 $\mathscr{A}$ 的一个不变子空间，从而 $\langle\eta_1\rangle^\perp$ 也是 $\mathscr{A}$ 的一个不变子空间，于是 $\mathscr{A}|\langle\eta_1\rangle^\perp$ 是 $\langle\eta_1\rangle^\perp$ 上的斜对称变换。根据归纳假设，$\langle\eta_1\rangle^\perp$ 中存在一个标准正交基 $\eta_2, \cdots, \eta_n$，使得 $\mathscr{A}|\langle\eta_1\rangle^\perp$ 在此基下的矩阵为

$$\mathrm{diag}\left\{\begin{bmatrix} 0 & a_1 \\ -a_1 & 0 \end{bmatrix}, \cdots, \begin{bmatrix} 0 & a_s \\ -a_s & 0 \end{bmatrix}, 0, \cdots, 0\right\},$$

于是 $\mathscr{A}$ 在 V 的标准正交基 $\eta_2, \cdots, \eta_n, \eta_1$ 下的矩阵为

$$\mathrm{diag}\left\{\begin{bmatrix} 0 & a_1 \\ -a_1 & 0 \end{bmatrix}, \cdots, \begin{bmatrix} 0 & a_s \\ -a_s & 0 \end{bmatrix}, 0, \cdots, 0, 0\right\}.$$

情形 2　$\mathscr{A}$ 没有特征值。设 $\pm a_1 \mathrm{i}$ 是 $\mathscr{A}$ 的特征多项式的一对共轭虚根。V 中取一个标准正交基 $\alpha_1, \alpha_2, \cdots, \alpha_n$。设 $\mathscr{A}$ 在此基下的矩阵为 $\boldsymbol{A}$。把 $\boldsymbol{A}$ 看成复矩阵，则 $\pm a_1 \mathrm{i}$ 是 $\boldsymbol{A}$ 的特征值，设 $\boldsymbol{x}_1 + \mathrm{i}\boldsymbol{y}_1$ 是 $\boldsymbol{A}$ 的属于特征值 $a_1\mathrm{i}$ 的一个特征向量，其中 $\boldsymbol{x}_1, \boldsymbol{y}_1 \in \mathbf{R}^n$，且 $\boldsymbol{x}_1, \boldsymbol{y}_1$ 不全为 0，则

$$\boldsymbol{A}(\boldsymbol{x}_1 + \mathrm{i}\boldsymbol{y}_1) = a_1\mathrm{i}(\boldsymbol{x}_1 + \mathrm{i}\boldsymbol{y}_1).$$

由此得出，$\boldsymbol{A}\boldsymbol{x}_1 = -a_1\boldsymbol{y}_1, \boldsymbol{A}\boldsymbol{y}_1 = a_1\boldsymbol{x}_1$。

令　　　　　　　$\xi_1 = (\alpha_1, \alpha_2, \cdots, \alpha_n)\boldsymbol{x}_1, \xi_2 = (\alpha_1, \alpha_2, \cdots, \alpha_n)\boldsymbol{y}_1,$

则　　　　$\mathscr{A}\xi_1 = (\alpha_1, \alpha_2, \cdots, \alpha_n)\boldsymbol{A}\boldsymbol{x}_1 = (\alpha_1, \alpha_2, \cdots, \alpha_n)(-a_1\boldsymbol{y}_1) = -a_1\xi_2,$

　　　　　　$\mathscr{A}\xi_2 = (\alpha_1, \alpha_2, \cdots, \alpha_n)\boldsymbol{A}\boldsymbol{y}_1 = (\alpha_1, \alpha_2, \cdots, \alpha_n)(a_1\boldsymbol{x}_1) = a_1\xi_1,$

因此 $\langle\xi_1, \xi_2\rangle$ 是 $\mathscr{A}$ 的不变子空间。根据例 17，得

$$0 = (\mathscr{A}\xi_1, \xi_1) = (-a_1\xi_2, \xi_1) = -a_1(\xi_1, \xi_2).$$

由于 $a_1 \neq 0$，因此 $(\xi_1, \xi_2) = 0$，即 ξ_1 与 ξ_2 正交。由于 $(\mathscr{A}\xi_1, \xi_2) = -(\xi_1, \mathscr{A}\xi_2)$，因此

$$(-a_1\xi_2, \xi_2) = -(\xi_1, a_1\xi_1).$$

由此得出，$(\xi_2, \xi_2) = (\xi_1, \xi_1)$，从而 $|\xi_2| = |\xi_1|$。由于 $\boldsymbol{x}_1, \boldsymbol{y}_1$ 不全为 0，因此 ξ_1, ξ_2 不全为 0，从而 ξ_1, ξ_2 全不为 0，于是 ξ_1, ξ_2 线性无关，因此 $\langle\xi_1, \xi_2\rangle$ 的维数为 2。令 $\eta_i = \dfrac{1}{|\xi_i|}\xi_i, i = 1, 2$，则 η_1, η_2 是 $\langle\xi_1, \xi_2\rangle$ 的一个标准正交基。由于

$$\mathscr{A}\eta_1 = \frac{1}{|\xi_1|}\mathscr{A}\xi_1 = \frac{1}{|\xi_1|}(-a_1\xi_2) = -a_1\frac{1}{|\xi_1|}|\xi_2|\eta_2 = -a_1\eta_2,$$

$$\mathscr{A}\eta_2 = \frac{1}{|\xi_2|}\mathscr{A}\xi_2 = \frac{1}{|\xi_2|}a_1\xi_1 = a_1\frac{1}{|\xi_2|}|\xi_1|\eta_1 = a_1\eta_1,$$

因此 $\mathscr{A}|\langle\xi_1,\xi_2\rangle$ 在标准正交基 η_1,η_2 下的矩阵为

$$\begin{bmatrix} 0 & a_1 \\ -a_1 & 0 \end{bmatrix}。$$

由于 $\langle\xi_1,\xi_2\rangle^\perp$ 也是 $\mathscr{A}$ 的一个不变子空间,因此,$\mathscr{A}|\langle\xi_1,\xi_2\rangle^\perp$ 是 $\langle\xi_1,\xi_2\rangle^\perp$ 上的斜对称变换。根据归纳假设,$\langle\xi_1,\xi_2\rangle^\perp$ 中存在一个标准正交基 $\eta_3,\eta_4,\cdots,\eta_n$,使得 $\mathscr{A}|\langle\xi_1,\xi_2\rangle^\perp$ 在此基下的矩阵为

$$\mathrm{diag}\left\{\begin{bmatrix} 0 & a_2 \\ -a_2 & 0 \end{bmatrix}, \cdots, \begin{bmatrix} 0 & a_s \\ -a_s & 0 \end{bmatrix}, 0, \cdots, 0\right\},$$

从而 $\mathscr{A}$ 在 V 的标准正交基 $\eta_1,\eta_2,\eta_3,\eta_4,\cdots,\eta_n$ 下的矩阵为

$$\mathrm{diag}\left\{\begin{bmatrix} 0 & a_1 \\ -a_1 & 0 \end{bmatrix}, \begin{bmatrix} 0 & a_2 \\ -a_2 & 0 \end{bmatrix}, \cdots, \begin{bmatrix} 0 & a_s \\ -a_s & 0 \end{bmatrix}, 0, \cdots, 0\right\}。$$

根据数学归纳法原理,对一切正整数 n,命题为真。∎

证法二　对欧几里得空间的维数作数学归纳法。

$n=1$ 时,从证法一的第一段知道命题为真。

假设维数小于 n 的欧几里得空间命题为真,现在来看 n 维欧几里得空间 V 上的斜对称变换 $\mathscr{A}$。令 $\mathscr{B}=\mathscr{A}^2$,则

$$(\alpha,\mathscr{B}\beta) = (\alpha,\mathscr{A}^2\beta) = -(\mathscr{A}\alpha,\mathscr{A}\beta) = (\mathscr{A}^2\alpha,\beta) = (\mathscr{B}\alpha,\beta),$$

因此 $\mathscr{B}$ 是 V 上的对称变换。根据定理 2 得,V 中存在一个标准正交基 $\alpha_1,\alpha_2,\cdots,\alpha_n$,使得 $\mathscr{B}$ 在此基下的矩阵 $\boldsymbol{B}$ 为对角矩阵 $\mathrm{diag}\{\lambda_1,\lambda_2,\cdots,\lambda_n\}$。由于

$$\lambda_i = (\alpha_i,\lambda_i\alpha_i) = (\alpha_i,\mathscr{B}\alpha_i) = (\alpha_i,\mathscr{A}^2\alpha_i) = -(\mathscr{A}\alpha_i,\mathscr{A}\alpha_i) \leqslant 0, \quad i=1,2,\cdots,n,$$

因此不妨设 $\lambda_1,\cdots,\lambda_p$ 全小于 0,而 $\lambda_{p+1}=\cdots=\lambda_n=0$。

$\mathscr{A}$ 在 V 的标准正交基 $\alpha_1,\alpha_2,\cdots,\alpha_n$ 下的矩阵 $\boldsymbol{A}$ 是斜对称矩阵。根据本套教材上册 4.2 节的例 7 得,$\mathrm{rank}(\boldsymbol{A})$ 是偶数。由于 $\boldsymbol{A}$ 是实矩阵,因此根据本套教材上册 4.3 节的例 3,得

$$\mathrm{rank}(\boldsymbol{B}) = \mathrm{rank}(\boldsymbol{A}^2) = \mathrm{rank}(-\boldsymbol{A}\boldsymbol{A}') = \mathrm{rank}(\boldsymbol{A}\boldsymbol{A}') = \mathrm{rank}(\boldsymbol{A})。$$

于是 $\mathrm{rank}(\boldsymbol{B})$ 为偶数,从而 p 为偶数。记 $p=2m$,令

$$\eta_1 = \alpha_1, \qquad \eta_2 = \frac{1}{a_1}\mathscr{A}\alpha_1,$$

其中 $a_1=\sqrt{-\lambda_1}$,则

$$(\eta_1,\eta_2) = (\alpha_1,\frac{1}{a_1}\mathscr{A}\alpha_1) = \frac{1}{a_1}(\alpha_1,\mathscr{A}\alpha_1) = 0,$$

$$(\eta_2,\eta_2) = \frac{1}{a_1^2}(\mathscr{A}\alpha_1,\mathscr{A}\alpha_1) = -\frac{1}{a_1^2}(\alpha_1,\mathscr{A}^2\alpha_1) = \frac{1}{\lambda_1}(\alpha_1,\mathscr{B}\alpha_1) = (\alpha_1,\alpha_1) = 1,$$

$$\mathscr{A}\eta_1 = \mathscr{A}\alpha_1 = a_1\eta_2, \qquad \mathscr{A}\eta_2 = \frac{1}{a_1}\mathscr{A}^2\alpha_1 = \frac{1}{a_1}\mathscr{B}\alpha_1 = \frac{1}{a_1}\lambda_1\alpha_1 = -a_1\alpha_1 = -a_1\eta_1,$$

于是 $\langle \eta_1, \eta_2 \rangle$ 是 $\mathcal{A}$ 的不变子空间，从而 $\langle \eta_1, \eta_2 \rangle^{\perp}$ 也是 $\mathcal{A}$ 的不变子空间，$\mathcal{A}|_{\langle \eta_1, \eta_2 \rangle^{\perp}}$ 是 $\langle \eta_1, \eta_2 \rangle^{\perp}$ 上的斜对称变换。根据归纳假设得，$\langle \eta_1, \eta_2 \rangle^{\perp}$ 中存在一个标准正交基 $\eta_3, \eta_4, \cdots, \eta_n$，使得 $\mathcal{A}|_{\langle \eta_1, \eta_2 \rangle^{\perp}}$ 在此基下的矩阵为

$$\mathrm{diag}\left\{\begin{bmatrix} 0 & a_2 \\ -a_2 & 0 \end{bmatrix}, \cdots, \begin{bmatrix} 0 & a_m \\ -a_m & 0 \end{bmatrix}, 0, \cdots, 0\right\}.$$

由于 $V = \langle \eta_1, \eta_2 \rangle \oplus \langle \eta_1, \eta_2 \rangle^{\perp}$，因此 $\eta_1, \eta_2, \eta_3, \cdots, \eta_n$ 是 V 的一个标准正交基，$\mathcal{A}$ 在此基下的矩阵为

$$\mathrm{diag}\left\{\begin{bmatrix} 0 & -a_1 \\ a_1 & 0 \end{bmatrix}, \begin{bmatrix} 0 & a_2 \\ -a_2 & 0 \end{bmatrix}, \cdots, \begin{bmatrix} 0 & a_m \\ -a_m & 0 \end{bmatrix}, 0, \cdots, 0\right\}.$$

据数学归纳法原理，对一切正整数 n，命题为真。 ■

点评：从例 18 立即得到，n 维欧几里得空间 V 上的斜对称变换的迹等于 0。

例 19 设 $\mathcal{A}$ 是 n 维欧几里得空间 V 上的斜对称变换。证明：$\mathcal{A} - I$ 与 $\mathcal{A} + I$ 都可逆。

证明 据例 18 得，V 中存在一个标准正交基，使得斜对称变换 $\mathcal{A}$ 在此基下的矩阵 A 为

$$A = \mathrm{diag}\left\{\begin{bmatrix} 0 & a_1 \\ -a_1 & 0 \end{bmatrix}, \cdots, \begin{bmatrix} 0 & a_s \\ -a_s & 0 \end{bmatrix}, 0, \cdots, 0\right\},$$

其中，$a_i \neq 0$，$i = 1, 2, \cdots, s$，于是 $\mathcal{A} - I$ 在此基下的矩阵为

$$A - I = \mathrm{diag}\left\{\begin{bmatrix} -1 & a_1 \\ -a_1 & -1 \end{bmatrix}, \cdots, \begin{bmatrix} -1 & a_s \\ -a_s & -1 \end{bmatrix}, -1, \cdots, -1\right\},$$

从而

$$|A - I| = (1 + a_1^2) \cdots (1 + a_s^2) \cdot (-1)^{n-2s} \neq 0.$$

因此 $A - I$ 可逆，从而 $\mathcal{A} - I$ 可逆。

同理可证 $\mathcal{A} + I$ 可逆。 ■

例 20 设 $\mathcal{A}$ 是 n 维欧几里得空间 V 上的斜对称变换，令 $\mathcal{B} = (\mathcal{A} + I)(\mathcal{A} - I)^{-1}$。证明：$\mathcal{B}$ 是 V 上的正交变换。

证明 根据例 19 得，$\mathcal{B}$ 是可逆的线性变换。任取 $\alpha \in V$，记 $(\mathcal{A} - I)^{-1}\alpha = \beta$，则 $\alpha = (\mathcal{A} - I)\beta = \mathcal{A}\beta - \beta$，于是根据例 17，得

$$(\alpha, \alpha) = (\mathcal{A}\beta - \beta, \mathcal{A}\beta - \beta) = (\mathcal{A}\beta, \mathcal{A}\beta) + (\beta, \beta),$$

$$(\mathcal{B}\alpha, \mathcal{B}\alpha) = ((\mathcal{A} + I)\beta, (\mathcal{A} + I)\beta) = (\mathcal{A}\beta, \mathcal{A}\beta) + (\beta, \beta) = (\alpha, \alpha).$$

根据命题 3 得，$\mathcal{B}$ 是 V 上的正交变换。 ■

点评：例 20 中，若 $|\mathcal{A}| \neq 0$，则 -1 不是 $\mathcal{B}$ 的特征值；若 $|\mathcal{A}| = 0$，则 -1 是 $\mathcal{B}$ 的特征值。理由如下：设 $\mathcal{A}$ 在 V 的一个标准正交基下的矩阵为 A，则

$$
\begin{aligned}
|(-1)I - B| &= (-1)^n |I + (A + I)(A - I)^{-1}| \\
&= (-1)^n |(A - I)(A - I)^{-1} + (A + I)(A - I)^{-1}| \\
&= (-1)^n |(A - I + A + I)(A - I)^{-1}| \\
&= (-1)^n 2^n |A| |(A - I)^{-1}|.
\end{aligned}
$$

因此，若 $|A| \neq 0$，则 -1 不是 $\mathcal{B}$ 的特征值；若 $|A| = 0$，则 -1 是 $\mathcal{B}$ 的特征值。特别地，当 n

为奇数时，必有 $|\boldsymbol{A}|=0$，从而 -1 是 $\mathcal{B}$ 的特征值。

例 21 设 $\mathcal{B}$ 是 n 维欧几里得空间 V 上的正交变换，且 -1 不是 $\mathcal{B}$ 的特征值。证明：

(1) $\mathcal{B}+\mathcal{I}$ 可逆； (2) $\mathcal{A}=(\mathcal{B}-\mathcal{I})(\mathcal{B}+\mathcal{I})^{-1}$ 是 V 上的斜对称变换。

证明 (1) 设 $\mathcal{B}$ 在 V 的一个标准正交基下的矩阵为 $\boldsymbol{B}$，则 $|(-1)\boldsymbol{I}-\boldsymbol{B}|=(-1)^n|\boldsymbol{I}+\boldsymbol{B}|$。由于 -1 不是 $\mathcal{B}$ 的特征值，因此 $|\boldsymbol{I}+\boldsymbol{B}|\neq0$，从而 $\mathcal{B}+\mathcal{I}$ 可逆。

(2) 任取 $\alpha\in V$，记 $(\mathcal{B}+\mathcal{I})^{-1}\alpha=\beta$，则 $\alpha=\mathcal{B}\beta+\beta$。

$$(\mathcal{A}\alpha,\alpha)=((\mathcal{B}-\mathcal{I})\beta,\mathcal{B}\beta+\beta)=(\mathcal{B}\beta,\mathcal{B}\beta)+(\mathcal{B}\beta,\beta)-(\beta,\mathcal{B}\beta)-(\beta,\beta)$$
$$=(\beta,\beta)-(\beta,\beta)=0。$$

易知 $\mathcal{A}$ 是 V 上的线性变换，因此根据例 17 得，$\mathcal{A}$ 是 V 上的斜对称变换。 ■

点评：例 20 与例 21 揭示了斜对称变换与正交变换之间的联系。

例 22 设 $\mathcal{A}$ 是 n 维欧几里得空间 V 上的可逆线性变换，保持正交性不变（即，若 $(\alpha,\beta)=0$，则 $(\mathcal{A}\alpha,\mathcal{A}\beta)=0$）。证明：$\mathcal{A}=k\mathcal{B}$，其中 $\mathcal{B}$ 是 V 上的正交变换，$k\neq0$。

证明 V 中取一个标准正交基 $\eta_1,\eta_2,\cdots,\eta_n$。由于 $\mathcal{A}$ 是 V 上的可逆线性变换，因此 $\mathcal{A}$ 是线性空间 V 到 V 的一个同构映射，从而 $\mathcal{A}\eta_1,\mathcal{A}\eta_2,\cdots,\mathcal{A}\eta_n$ 是 V 的一个基。由于 $\mathcal{A}$ 保持正交性不变，因此 $\mathcal{A}\eta_1,\mathcal{A}\eta_2,\cdots,\mathcal{A}\eta_n$ 是 V 的正交基。设 $(\mathcal{A}\eta_i,\mathcal{A}\eta_i)=a_i$，显然 $a_i\neq0$，$i=1,2,\cdots,n$。取 $\alpha=\eta_1+\eta_i$，$\beta=\eta_1-\eta_i$，其中 $i\in\{2,3,\cdots,n\}$，则

$$(\alpha,\beta)=(\eta_1+\eta_i,\eta_1-\eta_i)=(\eta_1,\eta_1)-(\eta_i,\eta_i)=0。$$

由于 $\mathcal{A}$ 保持正交性不变，因此

$$0=(\mathcal{A}\alpha,\mathcal{A}\beta)=(\mathcal{A}\eta_1+\mathcal{A}\eta_i,\mathcal{A}\eta_1-\mathcal{A}\eta_i)$$
$$=(\mathcal{A}\eta_1,\mathcal{A}\eta_1)-(\mathcal{A}\eta_i,\mathcal{A}\eta_i)=a_1-a_i,$$

从而 $a_1=a_i$，$i=2,3,\cdots,n$，于是 $\dfrac{1}{\sqrt{a_1}}\mathcal{A}\eta_i$ 是单位向量。因此 $\dfrac{1}{\sqrt{a_1}}\mathcal{A}\eta_1,\dfrac{1}{\sqrt{a_1}}\mathcal{A}\eta_2,\cdots,\dfrac{1}{\sqrt{a_1}}\mathcal{A}\eta_n$ 是 V 上的一个标准正交基，从而 $\mathcal{B}=\dfrac{1}{\sqrt{a_1}}\mathcal{A}$ 是 V 上的正交变换（根据命题 5）。于是

$$\mathcal{A}=\sqrt{a_1}\,\mathcal{B}。$$ ■

点评：例 22 的证明思路是想找一个与 $\mathcal{A}$ 有关的线性变换，把标准正交基 $\eta_1,\eta_2,\cdots,\eta_n$ 映成标准正交基，从而该线性变换是正交变换。由已知条件易知，$\mathcal{A}\eta_1,\mathcal{A}\eta_2,\cdots,\mathcal{A}\eta_n$ 是正交基。把它们改造成标准正交基的难点在于证明 $|\mathcal{A}\eta_1|=|\mathcal{A}\eta_i|$，$i=2,3,\cdots,n$。我们通过构造 $\alpha=\eta_1+\eta_i$，$\beta=\eta_1-\eta_i$ 解决了这个难点。例 22 的结论表明：保持正交性不变的可逆线性变换一定是一个正交变换的数量倍。当 $\mathcal{B}$ 是旋转（即第一类正交变换）且 $k>0$ 时，$k\mathcal{B}$ 称为**相似扩大**（homothety）。

例 23 设 $\mathcal{A}$ 是实内积空间 V 到自身的满射。证明：如果 $\mathcal{A}0=0$ 且 $\mathcal{A}$ 保持向量间的距离不变，那么 $\mathcal{A}$ 是 V 上的正交变换。

证明 任取 $\alpha,\beta\in V$。由已知条件得

$$|\mathcal{A}\alpha|=|\mathcal{A}\alpha-0|=|\mathcal{A}\alpha-\mathcal{A}0|=|\alpha-0|=|\alpha|,$$
$$(\mathcal{A}\alpha-\mathcal{A}\beta,\mathcal{A}\alpha-\mathcal{A}\beta)=(\alpha-\beta,\alpha-\beta)。$$

由于

$$(\mathcal{A}\alpha - \mathcal{A}\beta, \mathcal{A}\alpha - \mathcal{A}\beta) = (\mathcal{A}\alpha, \mathcal{A}\alpha) - 2(\mathcal{A}\alpha, \mathcal{A}\beta) + (\mathcal{A}\beta, \mathcal{A}\beta)$$
$$= (\alpha, \alpha) - 2(\mathcal{A}\alpha, \mathcal{A}\beta) + (\beta, \beta),$$
$$(\alpha - \beta, \alpha - \beta) = (\alpha, \alpha) - 2(\alpha, \beta) + (\beta, \beta),$$

因此$(\mathcal{A}\alpha, \mathcal{A}\beta) = (\alpha, \beta)$，从而 $\mathcal{A}$ 是 V 上的正交变换。　　　　　　　■

例 24　设 $\mathcal{P}$ 是实内积空间 V 上的一个线性变换，证明：$\mathcal{P}$ 是 V 在一个子空间上的正交投影当且仅当 $\mathcal{P}$ 是幂等的对称变换。

证明　必要性。设 $\mathcal{P}$ 是 V 在子空间 U 上的正交投影，则 $\mathcal{P}$ 是平行于 $U^{\perp}$ 在 U 上的投影。根据 9.1 节的(10)式得，$\mathcal{P}$ 是幂等的；根据 10.3 节的例 5 和例 9 的点评得，$\mathcal{P}$ 是对称变换。

充分性。由于 $\mathcal{P}$ 是幂等的线性变换，因此根据 9.2 节的命题 3 得，$V = \mathrm{Ker}\ \mathcal{P} \oplus \mathrm{Im}\ \mathcal{P}$，且 $\mathcal{P}$ 是平行于 $\mathrm{Ker}\ \mathcal{P}$ 在 $\mathrm{Im}\ \mathcal{P}$ 上的投影。由于 $\mathcal{P}$ 是对称变换，因此有

$$
\begin{aligned}
\alpha \in \mathrm{Ker}\ \mathcal{P} &\iff \mathcal{P}\alpha = 0 \\
&\iff (\mathcal{P}\alpha, \beta) = 0, \quad \forall \beta \in V \\
&\iff (\alpha, \mathcal{P}\beta) = 0, \quad \forall \beta \in V \\
&\iff \alpha \in (\mathrm{Im}\ \mathcal{P})^{\perp}.
\end{aligned}
$$

由此得出，$\mathrm{Ker}\ \mathcal{P} = (\mathrm{Im}\ \mathcal{P})^{\perp}$，因此 $\mathcal{P}$ 是平行于 $(\mathrm{Im}\ \mathcal{P})^{\perp}$ 在 $\mathrm{Im}\ \mathcal{P}$ 上的投影，从而 $\mathcal{P}$ 是 V 在 $\mathrm{Im}\ \mathcal{P}$ 上的正交投影。　　　　　　　■

点评：例 24 用幂等的对称变换来刻画正交投影，这在理论上有用，例如下面例 25 的充分性的证明以及例 28 的证明。从例 24 的充分性的证明看到：若 $\mathcal{P}$ 是对称变换或斜对称变换，则 $\mathrm{Ker}\ \mathcal{P} = (\mathrm{Im}\ \mathcal{P})^{\perp}$。当 $\mathcal{P}$ 是斜对称变换时，习题第 13 题证明了此结论。

例 25　设 $\mathcal{P}_1$ 和 $\mathcal{P}_2$ 分别是实内积空间 V 在子空间 U_1 和 U_2 上的正交投影，证明：$\mathcal{P}_1 + \mathcal{P}_2$ 是正交投影当且仅当 U_1 和 U_2 是互相正交的；且此时 $\mathcal{P}_1 + \mathcal{P}_2$ 是 V 在 $U_1 \oplus U_2$ 上的正交投影。

证明　必要性。设 $\mathcal{P}_1 + \mathcal{P}_2$ 是正交投影，则根据 10.3 节的例 7 得，$\mathcal{P}_1 + \mathcal{P}_2$ 是幂等的。同理，由已知条件得，$\mathcal{P}_1$ 和 $\mathcal{P}_2$ 都是幂等的。根据 9.1 节例 10 得，$\mathcal{P}_1\mathcal{P}_2 = \mathcal{P}_2\mathcal{P}_1 = \mathcal{O}$。根据 10.3 节的例 16 得，$U_1$ 和 U_2 是互相正交的。

充分性。设 U_1 与 U_2 互相正交，则根据 10.3 节的例 16 得，$\mathcal{P}_2\mathcal{P}_1 = \mathcal{P}_1\mathcal{P}_2 = \mathcal{O}$。由于 $\mathcal{P}_1$ 和 $\mathcal{P}_2$ 是幂等的，因此根据 9.1 节例 10 得，$\mathcal{P}_1 + \mathcal{P}_2$ 也是幂等的。由于 $\mathcal{P}_1$ 和 $\mathcal{P}_2$ 是正交投影，因此 $\mathcal{P}_1$ 和 $\mathcal{P}_2$ 是对称变换，从而对于任意 $\alpha, \beta \in V$，有

$$((\mathcal{P}_1 + \mathcal{P}_2)\alpha, \beta) = (\mathcal{P}_1\alpha, \beta) + (\mathcal{P}_2\alpha, \beta) = (\alpha, \mathcal{P}_1\beta) + (\alpha, \mathcal{P}_2\beta)$$
$$= (\alpha, \mathcal{P}_1\beta + \mathcal{P}_2\beta) = (\alpha, (\mathcal{P}_1 + \mathcal{P}_2)\beta),$$

因此 $\mathcal{P}_1 + \mathcal{P}_2$ 是对称变换。于是根据例 24 得，$\mathcal{P}_1 + \mathcal{P}_2$ 是 V 在子空间 $\mathrm{Im}\ (\mathcal{P}_1 + \mathcal{P}_2)$ 上的正交投影。

根据 10.3 节的例 7 得，$\mathrm{Im}\ \mathcal{P}_i = U_i$，$\mathrm{Ker}\ \mathcal{P}_i = U_i^{\perp}$，$i = 1, 2$。由于 $U_1 \subseteq U_2^{\perp}$，$U_2 \subseteq U_1^{\perp}$，因此对任意 $\alpha_i \in U_i$，$i = 1, 2$，有

$$(\mathcal{P}_1 + \mathcal{P}_2)(\alpha_1 + \alpha_2) = \mathcal{P}_1(\alpha_1 + \alpha_2) + \mathcal{P}_2(\alpha_1 + \alpha_2) = \mathcal{P}_1\alpha_1 + \mathcal{P}_2\alpha_2 = \alpha_1 + \alpha_2,$$

从而 $U_1 + U_2 \subseteq \mathrm{Im}(\mathcal{P}_1 + \mathcal{P}_2)$。任取 $\gamma \in \mathrm{Im}(\mathcal{P}_1 + \mathcal{P}_2)$，则存在 $\alpha \in V$，使得 $\gamma = (\mathcal{P}_1 + \mathcal{P}_2)\alpha = \mathcal{P}_1\alpha + \mathcal{P}_2\alpha$，从而 $\gamma \in U_1 + U_2$。因此 $\mathrm{Im}(\mathcal{P}_1 + \mathcal{P}_2) \subseteq U_1 + U_2$，从而 $\mathrm{Im}(\mathcal{P}_1 + \mathcal{P}_2) = U_1 + U_2$。

由于 $U_1 \subseteq U_2^{\perp}$，因此 $U_1 \cap U_2 \subseteq U_2^{\perp} \cap U_2 = 0$，从而 $U_1 + U_2$ 是直和。因此 $\mathcal{P}_1 + \mathcal{P}_2$ 是 V 在 $U_1 \oplus U_2$ 上的正交投影。∎

例 26 设 $\mathcal{P}_1$ 和 $\mathcal{P}_2$ 分别是实内积空间 V 在子空间 U_1 和 U_2 上的正交投影，证明：$\mathcal{P}_1 - \mathcal{P}_2$ 是正交投影当且仅当 $U_1 \supseteq U_2$，且此时 $\mathcal{P}_1 - \mathcal{P}_2$ 是 V 在 $U_1 \cap U_2^{\perp}$ 上的正交投影。

证明 由于 $\mathcal{P}_1$ 是 V 在 U_1 上的正交投影，因此根据 10.3 节的例 8 得，$\mathcal{I} - \mathcal{P}_1$ 是 V 在 $U_1^{\perp}$ 上的正交投影，且结合本节的例 25 得

$\qquad \mathcal{P}_1 - \mathcal{P}_2$ 是正交投影

$\Longleftrightarrow \quad \mathcal{I} - (\mathcal{P}_1 - \mathcal{P}_2)$ 是正交投影

$\Longleftrightarrow \quad (\mathcal{I} - \mathcal{P}_1) + \mathcal{P}_2$ 是正交投影

$\Longleftrightarrow \quad U_1^{\perp} \subseteq U_2^{\perp}$，且 $(\mathcal{I} - \mathcal{P}_1) + \mathcal{P}_2$ 是 V 在 $U_1^{\perp} \oplus U_2$ 上的正交投影

$\Longleftrightarrow \quad (U_1^{\perp})^{\perp} \supseteq (U_2^{\perp})^{\perp}$，且 $\mathcal{P}_1 - \mathcal{P}_2$ 是 V 在 $(U_1^{\perp} \oplus U_2)^{\perp}$ 上的正交投影

$\Longleftrightarrow \quad U_1 \supseteq U_2$，且 $\mathcal{P}_1 - \mathcal{P}_2$ 是 V 在 $U_1 \cap U_2^{\perp}$ 上的正交投影。∎

点评：由于 $(-\mathcal{P}_2)^2 = \mathcal{P}_2^2 = \mathcal{P}_2 \neq -\mathcal{P}_2$，因此 $-\mathcal{P}_2$ 不是幂等变换，从而 $-\mathcal{P}_2$ 不是正交投影。因此不能通过 $\mathcal{P}_1 - \mathcal{P}_2 = \mathcal{P}_1 + (-\mathcal{P}_2)$ 的途径来探究例 26 的解法。

例 27 设 $\mathcal{A}$ 和 $\mathcal{B}$ 都是实内积空间 V 上的对称变换，证明：$\mathcal{AB}$ 是 V 上的对称变换当且仅当 $\mathcal{AB} = \mathcal{BA}$。

证明 $\mathcal{AB}$ 是 V 上的对称变换

$\Longleftrightarrow \quad (\mathcal{AB}\alpha, \beta) = (\alpha, \mathcal{AB}\beta), \qquad \forall \alpha, \beta \in V$

$\Longleftrightarrow \quad (\mathcal{B}\alpha, \mathcal{A}\beta) = (\alpha, \mathcal{AB}\beta), \qquad \forall \alpha, \beta \in V$

$\Longleftrightarrow \quad (\alpha, \mathcal{BA}\beta) = (\alpha, \mathcal{AB}\beta), \qquad \forall \alpha, \beta \in V$

$\Longleftrightarrow \quad \mathcal{BA}\beta = \mathcal{AB}\beta, \qquad \forall \beta \in V$

$\Longleftrightarrow \quad \mathcal{BA} = \mathcal{AB}$。∎

点评：由于 V 不一定是有限维的，因此我们没有采用矩阵的途径来证明例 27。

例 28 设 $\mathcal{P}_1, \mathcal{P}_2$ 分别是实内积空间 V 在子空间 U_1, U_2 上的正交投影。证明：$\mathcal{P}_1 \mathcal{P}_2$ 是正交投影当且仅当 $\mathcal{P}_1 \mathcal{P}_2 = \mathcal{P}_2 \mathcal{P}_1$，且此时 $\mathcal{P}_1 \mathcal{P}_2$ 是 V 在 $U_1 \cap U_2$ 上的正交投影。

证明 根据例 24 得，$\mathcal{P}_1, \mathcal{P}_2$ 都是幂等的对称变换。若 $\mathcal{P}_1 \mathcal{P}_2 = \mathcal{P}_2 \mathcal{P}_1$，则 $\mathcal{P}_1 \mathcal{P}_2$ 也是幂等的，于是根据例 24 和例 27 得

$\mathcal{P}_1 \mathcal{P}_2$ 是正交投影 $\Longleftrightarrow \quad \mathcal{P}_1 \mathcal{P}_2$ 是幂等的对称变换

$\qquad\qquad\qquad\qquad \Longleftrightarrow \quad \mathcal{P}_1 \mathcal{P}_2 = \mathcal{P}_2 \mathcal{P}_1$。

由于 $\mathcal{P}_i$ 是 V 在 U_i 上的正交投影，因此 $\operatorname{Im} \mathcal{P}_i = U_i, i = 1, 2$。任取 $\gamma \in \operatorname{Im} \mathcal{P}_1 \mathcal{P}_2$，则有 $\alpha \in V$，使得 $\gamma = \mathcal{P}_1 \mathcal{P}_2(\alpha)$，从而 $\gamma \in \operatorname{Im} \mathcal{P}_1$。由于 $\mathcal{P}_1 \mathcal{P}_2 = \mathcal{P}_2 \mathcal{P}_1$，因此 $\gamma \in \operatorname{Im} \mathcal{P}_2$，从而 $\gamma \in U_1 \cap U_2$，所以 $\operatorname{Im} \mathcal{P}_1 \mathcal{P}_2 \subseteq U_1 \cap U_2$。任取 $\beta \in U_1 \cap U_2$，则 $\mathcal{P}_1 \mathcal{P}_2 \beta = \mathcal{P}_1 \beta = \beta$，于是 $\beta \in \operatorname{Im} \mathcal{P}_1 \mathcal{P}_2$。因此 $U_1 \cap U_2 \subseteq \operatorname{Im} \mathcal{P}_1 \mathcal{P}_2$，从而 $\operatorname{Im} \mathcal{P}_1 \mathcal{P}_2 = U_1 \cap U_2$，所以当 $\mathcal{P}_1 \mathcal{P}_2 = \mathcal{P}_2 \mathcal{P}_1$ 时，$\mathcal{P}_1 \mathcal{P}_2$ 是 V 在 $U_1 \cap U_2$ 上的正交投影。∎

例 29 设 $\mathcal{A}$ 是 n 维欧几里得空间 V 上的对称变换，其所有不同的特征值为 $\lambda_1, \lambda_2, \cdots, \lambda_s$，对应的特征子空间为 $V_1, V_2, \cdots, V_s$。用 $\mathcal{P}_i$ 表示 V 在 V_i 上的正交投影，$i = 1, 2, \cdots, s$。证明：

(1) $V = V_1 \oplus V_2 \oplus \cdots \oplus V_s$, 其中当 $i \neq j$ 时, V_i 与 V_j 互相正交;

(2) $\mathcal{P}_i \mathcal{P}_j = \mathcal{O}$, 当 $i \neq j$;　　(3) $\sum\limits_{i=1}^{s} \mathcal{P}_i = \mathcal{I}$;　　(4) $\mathcal{A} = \sum\limits_{i=1}^{s} \lambda_i \mathcal{P}_i$。

证明　(1) 由于对称变换 $\mathcal{A}$ 可对角化, 因此

$$V = V_1 \oplus V_2 \oplus \cdots \oplus V_s。 \tag{17}$$

由于 $\mathcal{A}$ 的属于不同特征值的特征向量是正交的, 因此当 $i \neq j$ 时, $V_i \subseteq V_j^{\perp}$, 于是 V_i 与 V_j 互相正交。

(2) 当 $i \neq j$ 时, V_i 与 V_j 互相正交, 因此 $\mathcal{P}_i \mathcal{P}_j = \mathcal{O}$。

(3) 任取 $\alpha \in V$, 有

$$\alpha = \alpha_1 + \alpha_2 + \cdots + \alpha_s, \quad \alpha_i \in V_i, i = 1, 2, \cdots, s。 \tag{18}$$

由于 $\mathcal{P}_i$ 是 V 在 V_i 上的正交投影, 因此 $\operatorname{Im} \mathcal{P}_i = V_i$, 从而 $\mathcal{P}_i \alpha_i = \alpha_i, i = 1, 2, \cdots, s$。于是当 $j \neq i$ 时, $\mathcal{P}_i \alpha_j = \mathcal{P}_i \mathcal{P}_j \alpha_j = 0$, 从而 $\mathcal{P}_i \alpha = \mathcal{P}_i (\alpha_i + \sum\limits_{j \neq i} \alpha_j) = \alpha_i, i = 1, 2, \cdots, s$, 因此

$$\alpha = \mathcal{P}_1 \alpha + \mathcal{P}_2 \alpha + \cdots + \mathcal{P}_s \alpha = (\mathcal{P}_1 + \mathcal{P}_2 + \cdots + \mathcal{P}_s)\alpha。$$

由此得出, $\mathcal{P}_1 + \mathcal{P}_2 + \cdots + \mathcal{P}_s = \mathcal{I}$。

(4) 任取 $\alpha \in V$, 由第 (3) 小题中的有关结论得

$$\mathcal{A}\alpha = \mathcal{A}\alpha_1 + \mathcal{A}\alpha_2 + \cdots + \mathcal{A}\alpha_s = \lambda_1 \alpha_1 + \lambda_2 \alpha_2 + \cdots + \lambda_s \alpha_s$$
$$= \lambda_1 \mathcal{P}_1 \alpha + \lambda_2 \mathcal{P}_2 \alpha + \cdots + \lambda_s \mathcal{P}_s \alpha = (\lambda_1 \mathcal{P}_1 + \lambda_2 \mathcal{P}_2 + \cdots + \lambda_s \mathcal{P}_s)\alpha。$$

由此得出, $\mathcal{A} = \lambda_1 \mathcal{P}_1 + \lambda_2 \mathcal{P}_2 + \cdots + \lambda_s \mathcal{P}_s$。 ■

点评: 例 29 表明: 若 $\mathcal{A}$ 是 n 维欧几里得空间 V 上的对称变换, 则 V 能分解成 $\mathcal{A}$ 的特征子空间的**正交直和**(即, $\mathcal{A}$ 的特征子空间两两正交, 且它们的直和等于 V), 并且 $\mathcal{A}$ 能分解成 $\mathcal{A} = \sum\limits_{i=1}^{s} \lambda_i \mathcal{P}_i$, 其中 $\lambda_1, \lambda_2, \cdots, \lambda_s$ 是 $\mathcal{A}$ 的所有不同的特征值, $\mathcal{P}_i$ 是 V 在属于 λ_i 的特征子空间 V_i 上的正交投影, $i = 1, 2, \cdots, s$。

例 30　设 $\mathcal{A}$ 是 n 维欧几里得空间 V 上的一个对称变换, 对于任意 $\alpha \in V$ 且 $\alpha \neq 0$, 令

$$F(\alpha) = \frac{(\alpha, \mathcal{A}\alpha)}{(\alpha, \alpha)}。$$

证明: (1) $F(k\alpha) = F(\alpha), \forall k \in \mathbf{R}^*$;

(2) $F(\alpha)$ 在 ξ 处达到最小值, 其中 ξ 是 $\mathcal{A}$ 的属于最小特征值的一个单位特征向量。

证明　(1) 对任意非零实数 k, 有

$$F(k\alpha) = \frac{(k\alpha, \mathcal{A}(k\alpha))}{(k\alpha, k\alpha)} = \frac{k^2 (\alpha, \mathcal{A}\alpha)}{k^2 (\alpha, \alpha)} = F(\alpha)。$$

(2) 在 V 中取一个标准正交基 $\eta_1, \eta_2, \cdots, \eta_n$, 则 $\mathcal{A}$ 在此基下的矩阵 $\boldsymbol{A}$ 为实对称矩阵。设 α 在此基下的坐标为 $\boldsymbol{x}$, 则 $F(\alpha) = \dfrac{\boldsymbol{x}' \boldsymbol{A} \boldsymbol{x}}{|\boldsymbol{x}|^2}$。设 $\mathcal{A}$ 的 n 个特征值按照从小到大的顺序排成 $\lambda_1 \leqslant \lambda_2 \leqslant \cdots \leqslant \lambda_n$, 则根据本套教材上册 6.1 节的例 11 得, $\forall \alpha \in V$ 且 $\alpha \neq 0$, 有

$$\lambda_1 \leqslant F(\alpha) = \frac{\boldsymbol{x}' \boldsymbol{A} \boldsymbol{x}}{|\boldsymbol{x}|^2} \leqslant \lambda_n。$$

设 ξ 是 $\mathcal{A}$ 的属于最小特征值 λ_1 的一个单位特征向量, 则

$$F(\xi) = \frac{(\xi, \mathscr{A}\xi)}{(\xi, \xi)} = (\xi, \lambda_1\xi) = \lambda_1(\xi, \xi) = \lambda_1。$$

因此 $F(\alpha)$ 在 ξ 处达到最小值 λ_1。 ■

点评: 例 30 揭示了 $F(\alpha)$ 的最小值就是 $\mathscr{A}$ 的最小特征值 λ_1, 且 $F(\alpha)$ 在 $\mathscr{A}$ 的属于 λ_1 的一个单位特征向量 ξ 处达到最小值。同理可证, $F(\alpha)$ 在 $\mathscr{A}$ 的属于最大特征值 λ_n 的一个单位特征向量处达到最大值 λ_n。例 30 的证明之所以很简捷, 是因为引用了本套教材上册 6.1 节的例 11 的结论, 而例 11 证明的关键是利用了实对称矩阵 A 能正交相似于一个对角矩阵。例 30 是运用高等代数的理论简捷地解决函数论中最小值、最大值问题的一个例子。这表明要善于把分析与代数沟通起来。

例 31 设 V 是 n 维欧几里得空间, 根据 10.1 节例 18 知道, 在 V 上的双线性函数空间 $T_2(V)$ 与 V 上的线性变换空间 $\mathrm{Hom}(V, V)$ 之间有一个同构映射 $\sigma: g \longmapsto G$, 其中

$$g(\alpha, \beta) = (G\alpha, \beta), \qquad \forall \alpha, \beta \in V。$$

证明:若 g 是 V 上的对称(斜对称)双线性函数, 则 g 对应的线性变换 G 是 V 上的对称(斜对称)变换;反之亦然。

证明 设 g 是 V 上的对称双线性函数, 则 $\forall \alpha, \beta \in V$, 有

$$(G\alpha, \beta) = g(\alpha, \beta) = g(\beta, \alpha) = (G\beta, \alpha) = (\alpha, G\beta),$$

因此 G 是 V 上的对称变换。显然, 反之亦然。

设 g 是 V 上的斜对称双线性函数, 则 $\forall \alpha, \beta \in V$, 有

$$(G\alpha, \beta) = g(\alpha, \beta) = -g(\beta, \alpha) = -(G\beta, \alpha) = -(\alpha, G\beta),$$

因此 G 是 V 上的斜对称变换。显然, 反之亦然。 ■

习题 10.4

1. 证明:奇数维欧几里得空间中的第一类正交变换一定以 1 作为它的一个特征值。

2. 证明:欧几里得空间中的第二类正交变换一定以 -1 作为它的一个特征值。

3. 设 $\mathscr{A}$ 是 n 维欧几里得空间 V 上的一个正交变换, 它在 V 的一个标准正交基 α_1, $\alpha_2, \cdots, \alpha_n$ 下的矩阵为 A。设 $a \pm bi$ 是 A 的特征多项式的一对共轭虚根。把 A 看成复矩阵, $x + iy$ 是 A 的属于特征值 $a + bi$ 的一个特征向量, 其中 $x, y \in \mathbf{R}^n$, 且 x, y 不全为 0。令

$$\xi_1 = (\alpha_1, \alpha_2, \cdots, \alpha_n)x, \qquad \xi_2 = (\alpha_1, \alpha_2, \cdots, \alpha_n)y,$$

证明:ξ_1 与 ξ_2 正交, 且 $|\xi_1| = |\xi_2|$。

4. 设 $\mathscr{A}$ 是 3 维欧几里得空间 V 上的一个正交变换, $\mathscr{A}$ 在 V 的一个标准正交基 α_1, α_2, α_3 下的矩阵 A 为

$$A = \begin{pmatrix} \dfrac{2}{3} & \dfrac{2}{3} & \dfrac{1}{3} \\[2mm] \dfrac{1}{3} & -\dfrac{2}{3} & \dfrac{2}{3} \\[2mm] -\dfrac{2}{3} & \dfrac{1}{3} & \dfrac{2}{3} \end{pmatrix},$$

求 V 的一个标准正交基, 使得 $\mathscr{A}$ 在此基下的矩阵是形如(3)式的分块对角矩阵。

5. 设 $\mathscr{A}$ 是 2 维欧几里得空间 V 上的一个旋转，$\mathscr{A}$ 在 V 的一个标准正交基 α_1,α_2 下的矩阵 A 为

$$A = \begin{bmatrix} \dfrac{1}{\sqrt{10}} & -\dfrac{3}{\sqrt{10}} \\ \dfrac{3}{\sqrt{10}} & \dfrac{1}{\sqrt{10}} \end{bmatrix},$$

把 $\mathscr{A}$ 表示成 2 个轴反射的乘积。

6. 把第 4 题中的正交变换 $\mathscr{A}$ 表示成 3 个镜面反射的乘积。

7. 设 $\mathscr{A}$ 是第 5 题中 2 维欧几里得空间 V 上的一个正交变换，$\mathscr{B}$ 是关于 $\langle\eta_1\rangle^\perp$ 的轴反射，其中

$$\eta_1 = \frac{1}{\sqrt{5}}(2\alpha_1 - \alpha_2),$$

证明：$\mathscr{A}^{-1}\mathscr{B}\mathscr{A}$ 是一个轴反射，并且求出它是关于哪条直线的轴反射。

8. 设 $\mathscr{A}$ 是 n 维欧几里得空间 V 上的一个正交变换，$\mathscr{B}$ 是关于超平面 $\langle\eta_1\rangle^\perp$ 的反射，其中 η_1 是一个单位向量。证明：$\mathscr{A}^{-1}\mathscr{B}\mathscr{A}$ 是一个关于超平面的反射，并且指出它是关于哪个超平面的反射。

9. 证明：n 维欧几里得空间 V 上的任意一个关于超平面的反射都是 V 上的对称变换。

10. 设 $\mathscr{A}$ 是 n 维欧几里得空间 V 上的一个正交变换。证明：$|\operatorname{tr}(\mathscr{A})| \leqslant n$。

11. 设 $\mathscr{A}$ 是 n 维欧几里得空间 V 上的旋转（即第一类正交变换），$f(\lambda)$ 是 $\mathscr{A}$ 的特征多项式。证明：

$$f(\lambda) = (-\lambda)^n f(\lambda^{-1}).$$

12. 证明：实内积空间 V 上的斜对称变换 $\mathscr{A}$ 如果有特征值，那么特征值必为 0。

13. 设 $\mathscr{A}$ 是实内积空间 V 上的斜对称变换。证明：$\operatorname{Ker}\mathscr{A}=(\operatorname{Im}\mathscr{A})^\perp$。

14. 设 $\mathscr{A},\mathscr{B}$ 都是 3 维欧几里得空间 V 上的斜对称变换，且 $\mathscr{A}\neq\mathscr{O}$。证明：若 $\operatorname{Ker}\mathscr{A}=\operatorname{Ker}\mathscr{B}$，则 $\mathscr{B}=l\mathscr{A}$，$l\in\mathbf{R}$。

15. 设 $\mathscr{A},\mathscr{B}$ 分别是 n 维欧几里得空间 V 上的对称变换、斜对称变换。证明：$\operatorname{tr}(\mathscr{A}\mathscr{B})=0$。

16. 设 $f(\lambda)$ 是 n 维欧几里得空间 V 上的斜对称变换的特征多项式。证明：$f(-\lambda)=(-1)^n f(\lambda)$，从而当 k 是奇数时 $f(\lambda)$ 中 λ^{n-k} 的系数等于 0。

17. 设 $\mathscr{A},\mathscr{B}$ 都是实内积空间 V 上的斜对称变换，证明：$\mathscr{A}\mathscr{B}$ 是斜对称变换当且仅当 $\mathscr{A}\mathscr{B}=-\mathscr{B}\mathscr{A}$。

18. 证明：2 维欧几里得空间 V 上的斜对称变换 $\mathscr{A}$ 满足

$$(\mathscr{A}\alpha,\mathscr{A}\beta)=|\mathscr{A}|(\alpha,\beta), \qquad \forall\,\alpha,\beta\in V.$$

19. 设 V 是 n 维欧几里得空间。V 中取一个标准正交基 $\eta_{11},\cdots,\eta_{1r_1},\cdots,\eta_{s1},\cdots,\eta_{sr_s}$，令

$$W_j=\langle\eta_{j1},\cdots,\eta_{jr_j}\rangle, j=1,\cdots,s。$$

设 $\mathscr{B}_j$ 是 W_j 上关于超平面 $\langle\delta_j\rangle_\perp^\perp$ 的反射，其中 δ_j 是 W_j 中的单位向量。令

$$\tilde{\mathscr{B}}_j(\alpha) = \begin{cases} \alpha, & \text{当 } \alpha \in \bigoplus_{i \neq j} W_i, \\ \mathscr{B}_j\alpha, & \text{当 } \alpha \in W_j, \end{cases}$$

证明 $\tilde{\mathscr{B}}_j$ 是 V 上关于超平面 $\langle \delta_j \rangle^\perp$ 的反射,其中

$$\langle \delta_j \rangle^\perp = \langle \delta_j \rangle_j^\perp \oplus (\bigoplus_{i \neq j} W_i)。$$

20. 证明:n 维欧几里得空间 V 上的任一正交变换 $\mathscr{A}$ 表示成关于超平面的反射的乘积时,反射个数的最小数目等于 $n - \dim[\mathrm{Ker}(\mathscr{A} - \mathscr{I})]$。

10.5 酉空间,酉变换,Hermite 变换,正规变换

本节我们要在复数域上的线性空间中引进度量概念。根据实数域上的线性空间中引进度量概念的经验,关键是要引进复线性空间 V 上内积的概念。复线性空间 V 上的内积是 V 上的一个二元函数 f,为了能定义向量的长度,要求对任意 $\alpha \in V$ 有 $f(\alpha, \alpha)$ 是实数。如果 f 满足

$$f(\alpha, \beta) = \overline{f(\beta, \alpha)}, \quad \forall \alpha, \beta \in V, \tag{1}$$

那么就有 $f(\alpha, \alpha) = \overline{f(\alpha, \alpha)}$,从而 $f(\alpha, \alpha)$ 是实数。(1)式表达的性质称为 **Hermite 性**。为了使 f 能与向量加法和数量乘法运算相容,应当要求 f 对第一个变量保持加法和数量乘法运算;但是对于第二个变量只能要求 f 保持加法运算,不能要求 f 保持数量乘法运算。假如要求 f 对第二个变量也保持数量乘法运算,那么对于任意 $\alpha \in V$ 且 $\alpha \neq 0$ 有

$$f(\mathrm{i}\alpha, \mathrm{i}\alpha) = \mathrm{i}^2 f(\alpha, \alpha) = -f(\alpha, \alpha), \tag{2}$$

于是若 $f(\alpha, \alpha) > 0$,则 $f(\mathrm{i}\alpha, \mathrm{i}\alpha) < 0$,这样正定性不成立。为了能定义向量的长度,必须要求 $\forall \alpha \in V$ 且 $\alpha \neq 0$,有 $f(\alpha, \alpha) > 0$,因此不能要求 f 对第二个变量也保持数量乘法运算。事实上,从 f 满足 Hermite 性和 f 对第一个变量保持数量乘法运算可以得出:$\forall \alpha \in V, k \in \mathbf{C}$,有

$$f(\alpha, k\alpha) = \overline{f(k\alpha, \alpha)} = \overline{k f(\alpha, \alpha)} = \bar{k} f(\alpha, \alpha)。 \tag{3}$$

通过以上的分析,我们引出复线性空间 V 上的内积的概念如下。

10.5.1 内容精华

一、复线性空间上的内积,酉空间

定义 1 复数域上线性空间 V 上的一个二元函数记作 (α, β),如果它满足:$\forall \alpha, \beta, \gamma \in V, k \in \mathbf{C}$,有

$1°$ $(\alpha, \beta) = \overline{(\beta, \alpha)}$ (Hermite 性),

$2°$ $(\alpha + \gamma, \beta) = (\alpha, \beta) + (\gamma, \beta)$ (对第一个变量的线性性之一),

$3°$ $(k\alpha, \beta) = k(\alpha, \beta)$ (对第一个变量的线性性之二),

$4°$ $(\alpha, \alpha) \geqslant 0$,等号成立当且仅当 $\alpha = 0$(正定性),

那么这个二元函数 (α, β) 称为 V 上的一个**内积**。

根据内积的 Hermite 性和对第一个变量是线性的,得

$$(\alpha, k_1\beta_1 + k_2\beta_2) = \overline{(k_1\beta_1 + k_2\beta_2, \alpha)} = \overline{k_1(\beta_1, \alpha)} + \overline{k_2(\beta_2, \alpha)}$$
$$= \overline{k_1}(\alpha, \beta_1) + \overline{k_2}(\alpha, \beta_2)。 \tag{4}$$

内积的这条性质称为对第二个变量是**共轭线性的**。

定义 2　复线性空间 V 上如果指定了一个内积,那么称 V 是**复内积空间**或**酉空间**。

例如,$\mathbf{C}^n$ 中,对于任意 $\boldsymbol{x} = (x_1, x_2, \cdots, x_n)'$,$\boldsymbol{y} = (y_1, y_2, \cdots, y_n)'$,规定

$$(\boldsymbol{x}, \boldsymbol{y}) := x_1 \overline{y_1} + x_2 \overline{y_2} + \cdots + x_n \overline{y_n}, \tag{5}$$

显然,$(\boldsymbol{x}, \boldsymbol{y}) = \overline{(\boldsymbol{y}, \boldsymbol{x})}$,且对第一个变量是线性的,且 $(\boldsymbol{x}, \boldsymbol{x}) = |x_1|^2 + |x_2|^2 + \cdots + |x_n|^2 \geqslant 0$,等号成立当且仅当 $\boldsymbol{x} = \boldsymbol{0}$。因此 $(\boldsymbol{x}, \boldsymbol{y})$ 是 $\mathbf{C}^n$ 上的一个内积(称为**标准内积**),$\mathbf{C}^n$ 成为一个**酉空间**。用 $\boldsymbol{y}^*$ 表示 $\overline{\boldsymbol{y}'}$,则(5)式可以写成

$$(\boldsymbol{x}, \boldsymbol{y}) = \overline{\boldsymbol{y}'}\boldsymbol{x} = \boldsymbol{y}^* \boldsymbol{x}。 \tag{6}$$

定义 3　酉空间 V 中,$\sqrt{(\alpha, \alpha)}$ 称为 α 的**长度**,记作 $|\alpha|$ 或者 $\|\alpha\|$。

由内积的正定性得,$|0| = 0$,当 $\alpha \neq 0$ 时,$|\alpha| > 0$。由于

$$|k\alpha| = \sqrt{(k\alpha, k\alpha)} = \sqrt{k\overline{k}(\alpha, \alpha)} = \sqrt{|k|^2(\alpha, \alpha)} = |k||\alpha|,$$

因此

$$|k\alpha| = |k||\alpha|, \qquad \forall \alpha \in V, k \in \mathbf{C}。$$

为了在酉空间 V 中定义两个非零向量的夹角,需要首先证明下述不等式。

定理 1　(Cauchy-буняковский-Schwarz **不等式**)在酉空间 V 中,对于任意向量 α,β,有

$$|(\alpha, \beta)| \leqslant |\alpha||\beta|, \tag{7}$$

等号成立当且仅当 α, β 线性相关。

证明　当 α, β 线性相关时,与实内积空间的情形一样,可证出 $|(\alpha, \beta)| = |\alpha||\beta|$。

若 α, β 线性无关,则对任意复数 t,有 $\alpha + t\beta \neq 0$,从而

$$0 < |\alpha + t\beta|^2 = |\alpha|^2 + \overline{t}(\alpha, \beta) + t(\beta, \alpha) + t\overline{t}|\beta|^2。 \tag{8}$$

特别地,取 $t = -\dfrac{(\alpha, \beta)}{|\beta|^2}$,代入(8)式得

$$0 < |\alpha|^2 - \frac{|(\alpha, \beta)|^2}{|\beta|^2} - \frac{|(\alpha, \beta)|^2}{|\beta|^2} + \frac{|(\alpha, \beta)|^2}{|\beta|^2} = |\alpha|^2 - \frac{|(\alpha, \beta)|^2}{|\beta|^2}。$$

由此得出,$|(\alpha, \beta)| < |\alpha||\beta|$。　∎

定义 4　酉空间 V 中,两个非零向量 α, β 的**夹角** $\langle \alpha, \beta \rangle$ 规定为

$$\langle \alpha, \beta \rangle := \arccos \frac{|(\alpha, \beta)|}{|\alpha||\beta|}, \tag{9}$$

于是

$$0 \leqslant \langle \alpha, \beta \rangle \leqslant \frac{\pi}{2}。 \tag{10}$$

定义 5　酉空间 V 中,如果 $(\alpha, \beta) = 0$,那么称 α 与 β **正交**,记作 $\alpha \perp \beta$。

由内积的正定性得,α 与自己正交当且仅当 $\alpha = 0$。

我们把复数 z 的实部记作 $\operatorname{Re} z$,虚部记作 $\operatorname{Im} z$。

推论 1(三角形不等式)　在酉空间 V 中,有

$$|\alpha+\beta|\leqslant|\alpha|+|\beta|, \qquad \forall\alpha,\beta\in V。 \tag{11}$$

证明 $|\alpha+\beta|^2=|\alpha|^2+(\alpha,\beta)+\overline{(\alpha,\beta)}+|\beta|^2=|\alpha|^2+2\mathrm{Re}(\alpha,\beta)+|\beta|^2$

$$\leqslant|\alpha|^2+2|(\alpha,\beta)|+|\beta|^2\leqslant|\alpha|^2+2|\alpha||\beta|+|\beta|^2=(|\alpha|+|\beta|)^2,$$

由此得出,$|\alpha+\beta|\leqslant|\alpha|+|\beta|$。 ■

推论 2(勾股定理) 酉空间 V 中,若 $\alpha\perp\beta$,则

$$|\alpha+\beta|^2=|\alpha|^2+|\beta|^2。 \tag{12}$$

证明 $|\alpha+\beta|^2=|\alpha|^2+(\alpha,\beta)+(\beta,\alpha)+|\beta|^2=|\alpha|^2+|\beta|^2$。 ■

用数学归纳法可以把勾股定理推广为:如果 $\alpha_1,\alpha_2,\cdots,\alpha_s$ 两两正交,那么

$$|\alpha_1+\alpha_2+\cdots+\alpha_s|^2=|\alpha_1|^2+|\alpha_2|^2+\cdots+|\alpha_s|^2。 \tag{13}$$

推论 3 酉空间 V 中,对于 $\alpha,\beta\in V$,规定

$$d(\alpha,\beta):=|\alpha-\beta|, \tag{14}$$

则 d 是一个距离,从而酉空间 V 对于这个距离成为一个度量空间。

证明 与 10.2 节命题 3 的证法一样。 ■

二、有限维酉空间中的标准正交基

命题 1 酉空间 V 中,由两两正交的非零向量组成的集合是线性无关的。

证明 与 10.2 节命题 4 的证法一样。

酉空间 V 中,两两正交的单位向量组成的子集称为**正交规范集**。 ■

推论 4 在 n 维酉空间 V 中,两两正交的非零向量的个数不超过 n。

证明 由命题 1 立即得到。 ■

定义 6 在 n 维酉空间 V 中,由 n 个两两正交的非零向量组成的基称为 V 的一个**正交基**;由 n 个两两正交的单位向量组成的基称为 V 的一个**标准正交基**。

定理 2 n 维酉空间 V 一定有标准正交基。

证明 取 V 的一个基 $\alpha_1,\alpha_2,\cdots,\alpha_n$,对它施行 Schmidt 正交化,可得到一个与 α_1,$\alpha_2,\cdots,\alpha_n$ 等价的正交向量组 $\beta_1,\beta_2,\cdots,\beta_n$,于是 $\beta_1,\beta_2,\cdots,\beta_n$ 是 V 的一个正交基。把每个 β_i 单位化,即令

$$\eta_i=\frac{1}{|\beta_i|}\beta_i, \qquad i=1,2,\cdots,n, \tag{15}$$

则 $\eta_1,\eta_2,\cdots,\eta_n$ 就是 V 的一个标准正交基。 ■

类似于 10.2 节的例 10,可以在酉空间 V 中,定义向量组 $\alpha_1,\alpha_2,\cdots,\alpha_s$ 的 **Gram 矩阵**。一个基的 Gram 矩阵也称为这个基的**度量矩阵**。

n 维酉空间 V 中,向量组 $\eta_1,\eta_2,\cdots,\eta_n$ 是 V 的一个标准正交基当且仅当

$$(\eta_i,\eta_j)=\delta_{ij}, \qquad i,j=1,2,\cdots,n, \tag{16}$$

进而当且仅当 $\eta_1,\eta_2,\cdots,\eta_n$ 的 Gram 矩阵是单位矩阵。

利用标准正交基,可以很容易地计算向量的内积。设 α,β 在标准正交基 $\eta_1,\eta_2,\cdots,\eta_n$ 下的坐标分别为 $\boldsymbol{x}=(x_1,x_2,\cdots,x_n)'$,$\boldsymbol{y}=(y_1,y_2,\cdots,y_n)'$,则

$$(\alpha,\beta)=\left(\sum_{i=1}^{n}x_i\eta_i,\sum_{j=1}^{n}y_j\eta_j\right)=\sum_{i=1}^{n}\sum_{j=1}^{n}x_i\overline{y_j}(\eta_i,\eta_j)=\sum_{i=1}^{n}x_i\overline{y_i}=\boldsymbol{y}^*\boldsymbol{x}。 \tag{17}$$

利用标准正交基,向量的坐标的分量可以用内积表达。设 α 在标准正交基 $\eta_1,\eta_2,\cdots,$ η_n 下的坐标是 $(x_1,x_2,\cdots,x_n)'$,则 $\alpha=\sum\limits_{i=1}^{n}x_i\eta_i$,两边用 η_j 作内积,得

$$(\alpha,\eta_j)=\sum_{i=1}^{n}x_i(\eta_i,\eta_j)=x_j,$$

因此
$$\alpha=\sum_{i=1}^{n}(\alpha,\eta_i)\eta_i。 \tag{18}$$

(18)式称为 α 的**傅里叶(Fourier)展开**,其中每个系数 (α,η_i) 称为 α 的**傅里叶(Fourier)系数**。

n 维酉空间 V 中,设 $\eta_1,\eta_2,\cdots,\eta_n$ 是 V 的一个标准正交基,向量组 $\beta_1,\beta_2,\cdots,\beta_n$ 满足
$$(\beta_1,\beta_2,\cdots,\beta_n)=(\eta_1,\eta_2,\cdots,\eta_n)\boldsymbol{P}, \tag{19}$$
则 β_i 在标准正交基 $\eta_1,\eta_2,\cdots,\eta_n$ 下的坐标是 $\boldsymbol{P}$ 的第 i 列 $x_i,i=1,2,\cdots,n$,于是

$$\beta_1,\beta_2,\cdots,\beta_n \text{ 是 } V \text{ 的一个标准正交基}$$
$$\Longleftrightarrow \quad (\beta_i,\beta_j)=\delta_{ij}, \quad i,j=1,2,\cdots,n$$
$$\Longleftrightarrow \quad \boldsymbol{x}_j^*\boldsymbol{x}_i=\delta_{ij}, \quad i,j=1,2,\cdots,n$$
$$\Longleftrightarrow \quad \begin{pmatrix} \boldsymbol{x}_1^*\boldsymbol{x}_1 & \boldsymbol{x}_1^*\boldsymbol{x}_2 & \cdots & \boldsymbol{x}_1^*\boldsymbol{x}_n \\ \boldsymbol{x}_2^*\boldsymbol{x}_1 & \boldsymbol{x}_2^*\boldsymbol{x}_2 & \cdots & \boldsymbol{x}_2^*\boldsymbol{x}_n \\ \vdots & \vdots & & \vdots \\ \boldsymbol{x}_n^*\boldsymbol{x}_1 & \boldsymbol{x}_n^*\boldsymbol{x}_2 & \cdots & \boldsymbol{x}_n^*\boldsymbol{x}_n \end{pmatrix}=\begin{pmatrix} 1 & 0 & \cdots & 0 \\ 0 & 1 & \cdots & 0 \\ \vdots & \vdots & & \vdots \\ 0 & 0 & \cdots & 0 \end{pmatrix}$$
$$\Longleftrightarrow \quad \begin{pmatrix} \boldsymbol{x}_1^* \\ \boldsymbol{x}_2^* \\ \vdots \\ \boldsymbol{x}_n^* \end{pmatrix}(\boldsymbol{x}_1,\boldsymbol{x}_2,\cdots,\boldsymbol{x}_n)=\boldsymbol{I}$$
$$\Longleftrightarrow \quad \boldsymbol{P}^*\boldsymbol{P}=\boldsymbol{I}, \tag{20}$$

其中 $\boldsymbol{P}^*$ 表示 $\boldsymbol{P}$ 转置以后把其中每个元素取其共轭复数。

定义 7　复数域上的 n 级矩阵 $\boldsymbol{P}$ 如果满足 $\boldsymbol{P}^*\boldsymbol{P}=\boldsymbol{I}$,那么称 $\boldsymbol{P}$ 是**酉矩阵**。

从上面的讨论得出:

定理 3　设 $\eta_1,\eta_2,\cdots,\eta_n$ 是 n 维酉空间 V 的一个标准正交基,向量组 $\beta_1,\beta_2,\cdots,\beta_n$ 满足
$$(\beta_1,\beta_2,\cdots,\beta_n)=(\eta_1,\eta_2,\cdots,\eta_n)\boldsymbol{P}, \tag{21}$$
则 $\beta_1,\beta_2,\cdots,\beta_n$ 是 V 的一个标准正交基当且仅当 $\boldsymbol{P}$ 是酉矩阵。　■

从定义 7 得出

n 级复矩阵 $\boldsymbol{P}$ 是酉矩阵
$$\Longleftrightarrow \quad \boldsymbol{P}^*\boldsymbol{P}=\boldsymbol{I}$$
$$\Longleftrightarrow \quad \boldsymbol{P} \text{ 可逆,且 } \boldsymbol{P}^{-1}=\boldsymbol{P}^*$$
$$\Longleftrightarrow \quad \boldsymbol{P}\boldsymbol{P}^*=\boldsymbol{I}。$$

三、酉空间的同构

定义 8 设 V 和 V' 都是酉空间，如果存在 V 到 V' 的一个双射 σ，使得 σ 保持加法和数量乘法运算，且 σ 保持向量的内积不变（即 $(\sigma(\alpha), \sigma(\beta)) = (\alpha, \beta)$，$\forall \alpha, \beta \in V$），那么称 σ 是酉空间 V 到 V' 的一个 **同构映射（保距同构）**。此时称酉空间 V 与 V' 是 **同构的**，记作 $V \cong V'$。

定理 4 两个有限维酉空间同构的充分必要条件是它们的维数相同。

证明 与 10.2 节定理 2 的证明类似。 ■

特别地，任一 n 维酉空间 V 都与装备了标准内积的酉空间 $\mathbf{C}^n$ 同构，并且让 V 中每一个向量 α 对应到它在 V 中取定的一个标准正交基 $\eta_1, \eta_2, \cdots, \eta_n$ 下的坐标，这个映射是 V 到 $\mathbf{C}^n$ 的一个保距同构。

酉空间的同构关系也具有反身性、对称性和传递性。

推论 5 设 V 是 n 维酉空间，则 V 上的线性变换 σ 是保距同构当且仅当 σ 把 V 的标准正交基映成标准正交基。

证明 与 10.2 节推论 7 的证明一样。 ■

定理 5 设 V 和 V' 都是酉空间，如果存在 V 到 V' 的一个映射 σ 保持向量的内积不变，那么

(1) σ 保持向量的长度不变；

(2) σ 是 V 到 V' 的一个线性映射；

(3) σ 是单射。

证明 (1) $|\sigma(\alpha)| = \sqrt{(\sigma(\alpha), \sigma(\alpha))} = \sqrt{(\alpha, \alpha)} = |\alpha|$。

(2) 由于

$$|\sigma(\alpha+\beta) - (\sigma(\alpha) + \sigma(\beta))|^2 = (\sigma(\alpha+\beta) - (\sigma(\alpha) + \sigma(\beta)), \sigma(\alpha+\beta) - (\sigma(\alpha) + \sigma(\beta)))$$

$$= |\sigma(\alpha+\beta)|^2 - (\sigma(\alpha+\beta), \sigma(\alpha) + \sigma(\beta)) - (\sigma(\alpha) + \sigma(\beta), \sigma(\alpha+\beta)) + |\sigma(\alpha) + \sigma(\beta)|^2$$

$$= |\sigma(\alpha+\beta)|^2 - (\sigma(\alpha+\beta), \sigma(\alpha)) - (\sigma(\alpha+\beta), \sigma(\beta)) - (\sigma(\alpha), \sigma(\alpha+\beta)) - (\sigma(\beta), \sigma(\alpha+\beta)) + |\sigma(\alpha)|^2 + (\sigma(\alpha), \sigma(\beta)) + (\sigma(\beta), \sigma(\alpha)) + |\sigma(\beta)|^2$$

$$= |\alpha+\beta|^2 - (\alpha+\beta, \alpha) - (\alpha+\beta, \beta) - (\alpha, \alpha+\beta) - (\beta, \alpha+\beta) + |\alpha|^2 + (\alpha, \beta) + (\beta, \alpha) + |\beta|^2$$

$$= |\alpha+\beta|^2 - (\alpha+\beta, \alpha+\beta) - (\alpha+\beta, \alpha+\beta) + |\alpha+\beta|^2 = 0,$$

因此 $\sigma(\alpha+\beta) = \sigma(\alpha) + \sigma(\beta)$，$\forall \alpha, \beta \in V$。

由于

$$|\sigma(k\alpha) - k\sigma(\alpha)|^2 = (\sigma(k\alpha) - k\sigma(\alpha), \sigma(k\alpha) - k\sigma(\alpha))$$

$$= |\sigma(k\alpha)|^2 - (\sigma(k\alpha), k\sigma(\alpha)) - (k\sigma(\alpha), \sigma(k\alpha)) + |k\sigma(\alpha)|^2$$

$$= |k\alpha|^2 - \bar{k}(\sigma(k\alpha), \sigma(\alpha)) - k(\sigma(\alpha), \sigma(k\alpha)) + |k|^2 |\sigma(\alpha)|^2$$

$$= |k\alpha|^2 - \bar{k}(k\alpha, \alpha) - k(\alpha, k\alpha) + |k|^2 |\alpha|^2$$

$$= |k|^2 |\alpha|^2 - \bar{k}k(\alpha, \alpha) - k\bar{k}(\alpha, \alpha) + |k|^2 |\alpha|^2$$

$$= |k|^2 |\alpha|^2 - |k|^2 |\alpha|^2 - |k|^2 |\alpha|^2 + |k|^2 |\alpha|^2 = 0,$$

因此 $\sigma(k\alpha) = k\sigma(\alpha)$，$\forall \alpha \in V$，$\forall k \in \mathbf{C}$。

综上所述得，σ 是 V 到 V' 的一个线性映射。

(3)$\alpha \in \mathrm{Ker}\, \sigma \iff \sigma(\alpha)=0' \iff |\sigma(\alpha)|=0 \iff |\alpha|=0$
$$\iff \alpha=0 \text{。}$$

因此 $\mathrm{Ker}\, \sigma=0$,从而 σ 是单射。　　　　　　　　　　　　　　■

定理 6　设 V 和 V' 都是酉空间,如果存在 V 到 V' 的一个满射 σ 且 σ 保持向量的内积不变,那么 σ 是 V 到 V' 的一个保距同构,从而酉空间 V 与 V' 同构。

证明　根据定理 5,σ 是 V 到 V' 的线性映射,且 σ 是单射。已知 σ 是满射,从而 σ 是双射。又已知 σ 保持向量的内积不变,因此根据定义 8 得,σ 是 V 到 V' 的一个保距同构,从而酉空间 V 与 V' 同构。　　　　　　　　　　　　　　■

推论 6　设 V 和 V' 都是 n 维酉空间,如果 V 到 V' 的一个映射 σ 保持向量的内积不变,那么 σ 是 V 到 V' 的一个保距同构,从而酉空间 V 与 V' 同构。

证明　根据定理 5,σ 是 V 到 V' 的一个线性映射,且 σ 是单射。于是根据第 9 章 9.2 节的定理 3 得,σ 也是满射。又已知 σ 保持向量的内积不变,因此根据定理 6 得,σ 是 V 到 V' 的一个保距同构,从而酉空间 V 与 V' 同构。　　　　　　　　　　　　■

四、正交补,正交投影

与实内积空间的情形一样,酉空间中有正交补的概念。

定理 7　设 U 是酉空间 V 的一个有限维非零子空间,则

$$V=U \oplus U^{\perp} \text{。} \tag{22}$$

证明　先证 $V=U+U^{\perp}$。任取 $\alpha \in V$,想证存在 $\alpha_1 \in U$,$\alpha_2 \in U^{\perp}$,使得 $\alpha=\alpha_1+\alpha_2$。在 U 中取一个标准正交基 $\eta_1,\eta_2,\cdots,\eta_m$,设 $\alpha_1=\sum\limits_{i=1}^{m}k_i\eta_i$,$k_i(i=1,2,\cdots,m)$ 待定。令 $\alpha_2=\alpha-\alpha_1$,则

$$
\begin{aligned}
\alpha_2 \in U^{\perp} &\iff (\alpha_2,\eta_j)=0, \quad j=1,2,\cdots,m \\
&\iff (\alpha-\alpha_1,\eta_j)=0, \quad j=1,2,\cdots,m \\
&\iff (\alpha,\eta_j)=(\alpha_1,\eta_j), \quad j=1,2,\cdots,m \\
&\iff (\alpha,\eta_j)=(\sum_{i=1}^{m}k_i\eta_i,\eta_j), \quad j=1,2,\cdots,m \\
&\iff (\alpha,\eta_j)=\sum_{i=1}^{m}k_i(\eta_i,\eta_j), \quad j=1,2,\cdots,m \\
&\iff (\alpha,\eta_j)=k_j, \quad j=1,2,\cdots,m
\end{aligned}
$$

于是 $\alpha_1=\sum\limits_{i=1}^{m}(\alpha,\eta_i)\eta_i$,$\alpha_2=\alpha-\alpha_1$,则 $\alpha=\alpha_1+\alpha_2$,且 $\alpha_1 \in U$,$\alpha_2 \in U^{\perp}$。因此 $V=U+U^{\perp}$。

再证 $U \cap U^{\perp}=0$。任取 $\gamma \in U \cap U^{\perp}$,则 $(\gamma,\gamma)=0$。由内积的正定性得出,$\gamma=0$。因此 $U \cap U^{\perp}=0$。

综上所述,$V=U \oplus U^{\perp}$。　　　　　　　　　　　　　　　　　　■

从定理 7 得,若 V 是有限维酉空间,U 是 V 的一个非零子空间,则 $V=U \oplus U^{\perp}$,从而 U 的一个标准正交基与 $U^{\perp}$ 的一个标准正交基合起来是 V 的一个标准正交基。

设 U 是酉空间 V 的一个子空间,如果 $V=U \oplus U^{\perp}$,那么有平行于 $U^{\perp}$ 在 U 上的投影

$\mathcal{P}_U$,称它为 V 在 U 上的**正交投影**。V 中任一向量 α 在 $\mathcal{P}_U$ 下的象 α_1 称为 **α 在 U 上的正交投影**。于是

$$\alpha_1 \text{ 是 } \alpha \text{ 在 } U \text{ 上的正交投影} \iff \alpha - \alpha_1 \in U^\perp.$$

如果 U 是酉空间 V 的一个有限维子空间,那么存在 V 在 U 上的正交投影 $\mathcal{P}_U$。在 U 中取一个标准正交基 $\eta_1, \eta_2, \cdots, \eta_m$,从定理 7 的证明中看到,$\alpha$ 在 U 上的正交投影 α_1 为

$$\alpha_1 = \sum_{i=1}^{m} (\alpha, \eta_i) \eta_i. \tag{23}$$

定理 8 设 U 是酉空间 V 的一个子空间,且 $V = U \oplus U^\perp$,则对于 $\alpha \in V, \alpha_1 \in U$ 是 α 在 U 上的正交投影当且仅当

$$d(\alpha, \alpha_1) \leqslant d(\alpha, \gamma), \qquad \forall \gamma \in U. \tag{24}$$

证明 与 10.3 节定理 2 的证明一样。 ∎

五、酉变换

定义 9 酉空间 V 到自身的满射 $\mathcal{A}$ 如果保持向量的内积不变,即

$$(\mathcal{A}\alpha, \mathcal{A}\beta) = (\alpha, \beta), \qquad \forall \alpha, \beta \in V, \tag{25}$$

那么称 $\mathcal{A}$ 是 V 上的一个**酉变换**。

命题 2 酉空间 V 上的酉变换一定是线性变换,并且是单射,从而是可逆的。

证明 从定义 9 和定理 5 立即得到。 ∎

从定义 9 得出,酉变换保持向量的长度不变,保持两个非零向量的夹角不变,保持正交性不变;再由命题 2 得,酉变换保持向量间的距离不变。从定义 9 和定理 6 得:

命题 3 酉空间 V 上的一个变换 $\mathcal{A}$ 是酉变换当且仅当 $\mathcal{A}$ 是 V 到自身的一个保距同构。 ∎

由命题 3 和同构关系的传递性和对称性立即得到:

命题 4 酉空间 V 上两个酉变换的乘积还是酉变换,酉变换的逆变换仍是酉变换。 ∎

命题 5 n 维酉空间 V 到自身的一个映射 $\mathcal{A}$ 如果保持向量的内积不变,那么 $\mathcal{A}$ 是酉变换。

证明 从推论 6 和命题 3 立即得到。 ∎

命题 6 n 维酉空间 V 上的线性变换 $\mathcal{A}$ 是酉变换

  $\iff$ $\mathcal{A}$ 把 V 的标准正交基映成标准正交基

  $\iff$ $\mathcal{A}$ 在 V 的标准正交基下的矩阵是酉矩阵。

证明 与 10.4 节命题 5 的证明类似。 ∎

六、Hermite 变换 (埃尔米特变换)

定义 10 酉空间 V 上的一个变换 $\mathcal{A}$ 如果满足

$$(\mathcal{A}\alpha, \beta) = (\alpha, \mathcal{A}\beta), \qquad \forall \alpha, \beta \in V, \tag{26}$$

那么称 $\mathcal{A}$ 是 V 上的一个 **Hermite 变换**或者**自伴 (随) 变换**。

命题 7 酉空间 V 上的 Hermite 变换 $\mathcal{A}$ 一定是线性变换。

证明 与 10.4 节的命题 9 的证明一样。 ∎

命题 8　n 维酉空间 V 上的线性变换 $\mathscr{A}$ 是 Hermite 变换当且仅当 $\mathscr{A}$ 在 V 的任意一个标准正交基下的矩阵 A 满足

$$A^* = A, \tag{27}$$

满足 $A^* = A$ 的 n 级复矩阵 A 称为 **Hermite 矩阵**或**自伴矩阵**。

证明　任取 V 的一个标准正交基 $\eta_1, \eta_2, \cdots, \eta_n$。设

$$\mathscr{A}(\eta_1, \eta_2, \cdots, \eta_n) = (\eta_1, \eta_2, \cdots, \eta_n)A, \tag{28}$$

则 $\mathscr{A}\eta_j$ 在标准正交基 $\eta_1, \eta_2, \cdots, \eta_n$ 下的坐标的第 i 个分量为

$$a_{ij} = (\mathscr{A}\eta_j, \eta_i), \qquad i, j = 1, 2, \cdots, n, \tag{29}$$

因此　　　$\mathscr{A}$ 是 V 上的 Hermite 变换

$$\Longleftrightarrow \quad (\mathscr{A}\alpha, \beta) = (\alpha, \mathscr{A}\beta), \qquad \forall \alpha, \beta \in V$$

$$\Longleftrightarrow \quad (\mathscr{A}\eta_j, \eta_i) = (\eta_j, \mathscr{A}\eta_i), \qquad 1 \leqslant i, j \leqslant n$$

$$\Longleftrightarrow \quad a_{ij} = \overline{a_{ji}}, \qquad 1 \leqslant i, j \leqslant n$$

$$\Longleftrightarrow \quad A(i, j) = \overline{A'(i; j)}, \qquad 1 \leqslant i, j \leqslant n$$

$$\Longleftrightarrow \quad A = A^*。$$

命题 9　酉空间 V 上的 Hermite 变换 $\mathscr{A}$ 如果有特征值,那么它的特征值是实数。

证明　假设 $\mathscr{A}$ 有特征值 λ_1,设 ξ 是 $\mathscr{A}$ 的属于特征值 λ_1 的一个特征向量,则

$$(\mathscr{A}\xi, \xi) = (\lambda_1 \xi, \xi) = \lambda_1 |\xi|^2,$$

$$(\xi, \mathscr{A}\xi) = (\xi, \lambda_1 \xi) = \bar{\lambda} |\xi|^2,$$

由于 $\xi \neq 0$,因此 $\lambda_1 = \overline{\lambda_1}$,于是 λ_1 是实数。

七、线性变换的伴随变换

设 V 是实内积空间,如果 $\mathscr{A}$ 是对称变换,那么对任意 $\alpha, \beta \in V$,有

$$(\mathscr{A}\alpha, \beta) = (\alpha, \mathscr{A}\beta); \tag{30}$$

如果 $\mathscr{A}$ 是正交变换,那么对任意 $\alpha, \beta \in V$,有

$$(\mathscr{A}\alpha, \beta) = (\mathscr{A}\alpha, \mathscr{A}\mathscr{A}^{-1}\beta) = (\alpha, \mathscr{A}^{-1}\beta); \tag{31}$$

如果 $\mathscr{A}$ 是斜对称变换,那么对任意 $\alpha, \beta \in V$,有

$$(\mathscr{A}\alpha, \beta) = -(\alpha, \mathscr{A}\beta) = (\alpha, (-\mathscr{A})\beta)。 \tag{32}$$

设 V 是酉空间,如果 $\mathscr{A}$ 是酉变换,那么对任意 $\alpha, \beta \in V$,有

$$(\mathscr{A}\alpha, \beta) = (\mathscr{A}\alpha, \mathscr{A}\mathscr{A}^{-1}\beta) = (\alpha, \mathscr{A}^{-1}\beta); \tag{33}$$

如果 $\mathscr{A}$ 是 Hermite 变换,那么对任意 $\alpha, \beta \in V$,有

$$(\mathscr{A}\alpha, \beta) = (\alpha, \mathscr{A}\beta)。 \tag{34}$$

从上述事实受到启发,引出下述概念:

定义 11　设 $\mathscr{A}$ 是复(实)内积空间 V 上的一个线性变换,如果存在 V 上的一个线性变换,记作 $\mathscr{A}^*$,满足

$$(\mathscr{A}\alpha, \beta) = (\alpha, \mathscr{A}^*\beta), \qquad \forall \alpha, \beta \in V, \tag{35}$$

那么称 $\mathscr{A}^*$ 是 $\mathscr{A}$ 的一个**伴随变换**。

从上述事实得出,实内积空间 V 中,对称变换 $\mathscr{A}$ 的伴随变换是它自身;正交变换 $\mathscr{A}$ 的伴随变换是 $\mathscr{A}^{-1}$;斜对称变换 $\mathscr{A}$ 的伴随变换是 $-\mathscr{A}$。酉空间 V 中,酉变换 $\mathscr{A}$ 的伴随变换

是 $\mathcal{A}^{-1}$；Hermite 变换 $\mathcal{A}$ 的伴随变换是它自身。

对于复（实）内积空间 V 上的任意一个线性变换 $\mathcal{A}$，是否都有伴随变换？如果有，$\mathcal{A}$ 的伴随变换是否唯一？

定理 9　对于 n 维复（实）内积空间 V 上的任一线性变换 $\mathcal{A}$，都存在唯一的一个伴随变换 $\mathcal{A}^*$。

证明　任给 $\beta\in V$，令 $\beta_R(\alpha)=(\alpha,\beta)$，$\forall\alpha\in V$，易证 $\beta_R\in V^*$，于是有 V 到 V^* 的一个映射 $\sigma:\beta\longmapsto\beta_R$。对于 $\gamma\in V$，若 $\beta_R=\gamma_R$，则 $\forall\alpha\in V$ 有 $\beta_R(\alpha)=\gamma_R(\alpha)$，于是 $(\alpha,\beta)=(\alpha,\gamma)$，从而 $(\alpha,\beta-\gamma)=0$。因此 $\beta-\gamma=0$，即 $\beta=\gamma$。这证明了 σ 单射。任给 $g\in V^*$，在 V 中取一个标准正交基 $\eta_1,\cdots,\eta_n$，令 $\delta=\sum\limits_{i=1}^{n}\overline{g(\eta_i)}\eta_i$，则

$$\delta_R(\eta_j)=(\eta_j,\delta)=\left(\eta_j,\sum_{i=1}^{n}\overline{g(\eta_i)}\eta_i\right)=\sum_{i=1}^{n}g(\eta_i)(\eta_j,\eta_i)=g(\eta_j),\quad j=1,\cdots,n,$$

从而 $\delta_R=g$，因此 σ 是满射，从而 σ 是 V 到 V^* 的一个双射。由于 $\beta_R\mathcal{A}\in V^*$，因此存在唯一的向量 $\beta'\in V$，使得 $\beta_R\mathcal{A}=\beta'_R$，从而 $\beta_R(\mathcal{A}\alpha)=\beta'_R(\alpha)$，$\forall\alpha\in V$，于是有

$$(\mathcal{A}\alpha,\beta)=(\alpha,\beta'),\qquad\forall\alpha\in V。\tag{36}$$

于是我们得到 V 到自身的一个映射 $\mathcal{A}^*:\beta\longmapsto\beta'$。由(36)式得

$$(\mathcal{A}\alpha,\beta)=(\alpha,\mathcal{A}^*\beta),\qquad\forall\alpha,\beta\in V。\tag{37}$$

现在来验证 $\mathcal{A}^*$ 是 V 上的线性变换。任取 $\alpha,\beta,\gamma\in V,k\in\mathbf{C}$（或 $\mathbf{R}$），有

$$\begin{aligned}(\alpha,\mathcal{A}^*(k\beta+\gamma))&=(\mathcal{A}\alpha,k\beta+\gamma)=(\mathcal{A}\alpha,k\beta)+(\mathcal{A}\alpha,\gamma)\\&=\bar{k}(\mathcal{A}\alpha,\beta)+(\mathcal{A}\alpha,\gamma)=\bar{k}(\alpha,\mathcal{A}^*\beta)+(\alpha,\mathcal{A}^*\gamma)\\&=(\alpha,k\mathcal{A}^*\beta)+(\alpha,\mathcal{A}^*\gamma)=(\alpha,k\mathcal{A}^*\beta+\mathcal{A}^*\gamma),\end{aligned}$$

因此　　　　　　　　　$\mathcal{A}^*(k\beta+\gamma)=k\mathcal{A}^*\beta+\mathcal{A}^*\gamma。$

从而 $\mathcal{A}^*$ 是 V 上的一个线性变换。这证明了存在性。

唯一性。假设还有线性变换 $\mathcal{B}$ 使得

$$(\mathcal{A}\alpha,\beta)=(\alpha,\mathcal{B}\beta),\qquad\forall\alpha,\beta\in V,\tag{38}$$

则从(37)和(38)式得

$$(\alpha,\mathcal{A}^*\beta)=(\alpha,\mathcal{B}\beta),\qquad\forall\alpha,\beta\in V。$$

由此得出，$\mathcal{A}^*\beta=\mathcal{B}\beta$，$\forall\beta\in V$。因此 $\mathcal{A}^*=\mathcal{B}$。∎

对于无限维复（实）内积空间 V，V 上的线性变换 $\mathcal{A}$ 可能有伴随变换（也可能没有）。从定理 9 的唯一性的证明看到：如果 $\mathcal{A}$ 有伴随变换，那么 $\mathcal{A}$ 的伴随变换是唯一的。

定理 10　设 $\mathcal{A}$ 是 n 维复（实）内积空间 V 上的一个线性变换，如果 $\mathcal{A}$ 在 V 的一个标准正交基 $\eta_1,\eta_2,\cdots,\eta_n$ 下的矩阵为 $\boldsymbol{A}$，那么 $\mathcal{A}^*$ 在这个标准正交基下的矩阵是 $\boldsymbol{A}^*$。

证明　设 $\boldsymbol{A}=(a_{ij})$，且 $\mathcal{A}^*$ 在基 $\eta_1,\eta_2,\cdots,\eta_n$ 下的矩阵为 $\boldsymbol{B}=(b_{ij})$。由于对于 $1\leqslant i,j\leqslant n$，有

$$a_{ji}=(\mathcal{A}\eta_i,\eta_j)=(\eta_i,\mathcal{A}^*\eta_j)=\overline{(\mathcal{A}^*\eta_j,\eta_i)}=\bar{b}_{ij},$$

因此 $\boldsymbol{A}'=\overline{\boldsymbol{B}}$，从而 $\boldsymbol{A}^*=\boldsymbol{B}$。∎

定理 11　设 V 是复（实）内积空间，$\mathcal{A},\mathcal{B}$ 是 V 上的线性变换，$k\in\mathbf{C}$（或 $\mathbf{R}$）。如果 $\mathcal{A},\mathcal{B}$ 都有伴随变换，那么 $\mathcal{A}+\mathcal{B},k\mathcal{A},\mathcal{A}\mathcal{B},\mathcal{A}^*$ 都有伴随变换，且

$$(\mathcal{A}+\mathcal{B})^*=\mathcal{A}^*+\mathcal{B}^*,\qquad(k\mathcal{A})^*=\bar{k}\mathcal{A}^*,$$

$$(\mathcal{AB})^* = \mathcal{B}^* \mathcal{A}^*, \qquad (\mathcal{A}^*)^* = \mathcal{A};$$

进一步,如果 $\mathcal{A}$ 可逆,且 $\mathcal{A}^{-1}$ 也有伴随变换,那么 $\mathcal{A}^*$ 也可逆,且 $(\mathcal{A}^*)^{-1}=(\mathcal{A}^{-1})^*$。

证明　任取 $\alpha,\beta\in V$,有

$$((\mathcal{A}+\mathcal{B})\alpha,\beta)=(\mathcal{A}\alpha,\beta)+(\mathcal{B}\alpha,\beta)=(\alpha,\mathcal{A}^*\beta)+(\alpha,\mathcal{B}^*\beta)$$
$$=(\alpha,(\mathcal{A}^*+\mathcal{B}^*)\beta),$$
$$((k\mathcal{A})\alpha,\beta)=k(\mathcal{A}\alpha,\beta)=k(\alpha,\mathcal{A}^*\beta)=(\alpha,\bar{k}\mathcal{A}^*\beta)$$
$$((\mathcal{AB})\alpha,\beta)=(\mathcal{B}\alpha,\mathcal{A}^*\beta)=(\alpha,\mathcal{B}^*\mathcal{A}^*\beta),$$
$$(\mathcal{A}^*\alpha,\beta)=\overline{(\beta,\mathcal{A}^*\alpha)}=\overline{(\mathcal{A}\beta,\alpha)}=(\alpha,\mathcal{A}\beta),$$

因此　$(\mathcal{A}+\mathcal{B})^*=\mathcal{A}^*+\mathcal{B}^*,(k\mathcal{A})^*=\bar{k}\mathcal{A}^*,(\mathcal{AB})^*=\mathcal{B}^*\mathcal{A}^*,(\mathcal{A}^*)^*=\mathcal{A}$。

若 $\mathcal{A}$ 可逆,则 $\mathcal{AA}^{-1}=\mathcal{A}^{-1}\mathcal{A}=\mathcal{I}$。由于 $\mathcal{A}^{-1}$ 也有伴随变换,因此 $(\mathcal{AA}^{-1})^*=(\mathcal{A}^{-1}\mathcal{A})^*=\mathcal{I}^*$,从而 $(\mathcal{A}^{-1})^*\mathcal{A}^*=\mathcal{A}^*(\mathcal{A}^{-1})^*=\mathcal{I}$。因此 $\mathcal{A}^*$ 可逆,且 $(\mathcal{A}^*)^{-1}=(\mathcal{A}^{-1})^*$。

注 1　对于任一域 F 上的 n 维线性空间 F^n,设
$$\boldsymbol{\alpha}=(a_1,a_2,\cdots,a_n)', \qquad \boldsymbol{\beta}=(b_1,b_2,\cdots,b_n)'。$$
令
$$(\boldsymbol{\alpha},\boldsymbol{\beta})=a_1b_1+a_2b_2+\cdots+a_nb_n, \tag{39}$$
则 (α,β) 是 F 上的一个非退化对称双线性函数,依照定义 11 可以给出 F^n 上线性变换 $\mathcal{A}$ 的伴随变换 $\mathcal{A}^*$ 的定义。与定理 9 的存在性证明类似,利用 10.1 节的例 4,可以证明:F^n 上任一线性变换 $\mathcal{A}$ 都存在唯一的伴随变换 $\mathcal{A}^*$。

注 2　从定理 11 的公式看出,从 $\mathcal{A}$ 过渡到 $\mathcal{A}^*$ 有点像复数 z 取共轭复数 $\bar{z}$。我们知道,一个复数 z 可以写成 $z=a+bi$,其中 $a,b\in\mathbf{R}$,而实数 a 具有性质:$\bar{a}=a$。下面看看一个线性变换 $\mathcal{A}$ 如果有伴随变换 $\mathcal{A}^*$,那么 $\mathcal{A}$ 能否写成 $\mathcal{A}=\mathcal{A}_1+\mathrm{i}\mathcal{A}_2$,其中 $\mathcal{A}_j^*=\mathcal{A}_j$,$j=1,2$。事实上,只要令
$$\mathcal{A}_1=\frac{1}{2}(\mathcal{A}+\mathcal{A}^*),\quad \mathcal{A}_2=\frac{1}{2\mathrm{i}}(\mathcal{A}-\mathcal{A}^*),$$
则 $\mathcal{A}_1^*=\mathcal{A}_1,\mathcal{A}_2^*=\mathcal{A}_2$,且
$$\mathcal{A}=\mathcal{A}_1+\mathrm{i}\mathcal{A}_2, \tag{40}$$
即任一线性变换 $\mathcal{A}$ 都能表示成 (40) 式,其中 $\mathcal{A}_1,\mathcal{A}_2$ 都是 Hermite 变换;此外,还可以证明 $\mathcal{A}$ 的这种表法是唯一的,参看本节典型例题的例 32。

八、正规变换

对于有限维复(实)内积空间 V 上的线性变换 $\mathcal{A}$,在什么条件下存在 V 的一个标准正交基,使得 $\mathcal{A}$ 在此基下的矩阵是对角矩阵?

首先推导必要条件:假设存在 V 的一个标准正交基 $\eta_1,\eta_2,\cdots,\eta_n$,使得 $\mathcal{A}$ 在此基下的矩阵 $\boldsymbol{A}$ 为对角矩阵
$$\boldsymbol{A}=\mathrm{diag}\{\lambda_1,\lambda_2,\cdots,\lambda_n\}, \tag{41}$$
则 $\mathcal{A}$ 的伴随变换 $\mathcal{A}^*$ 在此基下的矩阵为
$$\boldsymbol{A}^*=\mathrm{diag}\{\bar{\lambda}_1,\bar{\lambda}_2,\cdots,\bar{\lambda}_n\}。 \tag{42}$$

从(42)式看出,若 V 是 n 维欧几里得空间,则 $\boldsymbol{A}^* = \boldsymbol{A}$,从而 $\mathcal{A}^* = \mathcal{A}$,即 $\mathcal{A}$ 是对称变换。在 10.4 节中已证明这个条件也是充分条件。若 V 是 n 维酉空间,则从(41)和(42)式得出,$\boldsymbol{A}\boldsymbol{A}^* = \boldsymbol{A}^*\boldsymbol{A}$。于是 $\mathcal{A}\mathcal{A}^* = \mathcal{A}^*\mathcal{A}$。由此受到启发,引出下述概念:

定义 12 设 V 是复(实)内积空间,$\mathcal{A}$ 是 V 上的线性变换,如果 $\mathcal{A}$ 有伴随变换 $\mathcal{A}^*$ 且

$$\mathcal{A}^*\mathcal{A} = \mathcal{A}\mathcal{A}^*, \tag{43}$$

那么称 $\mathcal{A}$ 是**正规变换**。

定义 13 一个 n 级复(实)矩阵 $\boldsymbol{A}$ 如果满足

$$\boldsymbol{A}^*\boldsymbol{A} = \boldsymbol{A}\boldsymbol{A}^*, \tag{44}$$

那么称 $\boldsymbol{A}$ 是**正规矩阵**。

从上面的讨论知道,对于 n 维酉空间 V 上的线性变换 $\mathcal{A}$,V 中存在一个标准正交基使得 $\mathcal{A}$ 在此基下的矩阵为对角矩阵的必要条件是 $\mathcal{A}$ 为正规变换。下面来证明这也是充分条件。先证明两个引理和两个定理。

引理 1 设 $\mathcal{A}$ 是复(实)内积空间 V 上的正规变换,则对于任意向量 $\alpha \in V$,有

$$|\mathcal{A}\alpha| = |\mathcal{A}^*\alpha|。 \tag{45}$$

证明 因为 $\mathcal{A}\mathcal{A}^* = \mathcal{A}^*\mathcal{A}$,所以

$$|\mathcal{A}\alpha|^2 = (\mathcal{A}\alpha, \mathcal{A}\alpha) = (\alpha, \mathcal{A}^*\mathcal{A}\alpha) = (\alpha, \mathcal{A}\mathcal{A}^*\alpha),$$
$$|\mathcal{A}^*\alpha|^2 = (\mathcal{A}^*\alpha, \mathcal{A}^*\alpha) = (\alpha, (\mathcal{A}^*)^*\mathcal{A}^*\alpha) = (\alpha, \mathcal{A}\mathcal{A}^*\alpha),$$

由此得出,$|\mathcal{A}\alpha| = |\mathcal{A}^*\alpha|$。 ∎

引理 2 设 $\mathcal{A}$ 是复(实)内积空间 V 上的正规变换,c 是任一复(实)数,则 $c\mathcal{I} - \mathcal{A}$ 也是 V 上的正规变换。

证明 由于 $(c\mathcal{I} - \mathcal{A})^* = \bar{c}\mathcal{I} - \mathcal{A}^*$,因此

$$(c\mathcal{I} - \mathcal{A})(c\mathcal{I} - \mathcal{A})^* = (c\mathcal{I} - \mathcal{A})(\bar{c}\mathcal{I} - \mathcal{A}^*) = c\bar{c}\mathcal{I} - c\mathcal{A}^* - \bar{c}\mathcal{A} + \mathcal{A}\mathcal{A}^*,$$
$$(c\mathcal{I} - \mathcal{A})^*(c\mathcal{I} - \mathcal{A}) = (\bar{c}\mathcal{I} - \mathcal{A}^*)(c\mathcal{I} - \mathcal{A}) = \bar{c}c\mathcal{I} - \bar{c}\mathcal{A} - c\mathcal{A}^* + \mathcal{A}^*\mathcal{A},$$

由此得出,$c\mathcal{I} - \mathcal{A}$ 是正规变换。 ∎

定理 12 设 $\mathcal{A}$ 是复(实)内积空间 V 上的正规变换,则 λ_1 是 $\mathcal{A}$ 的一个特征值当且仅当 $\overline{\lambda_1}$ 是 $\mathcal{A}^*$ 的一个特征值;ξ 是 $\mathcal{A}$ 的属于特征值 λ_1 的一个特征向量当且仅当 ξ 是 $\mathcal{A}^*$ 的属于特征值 $\overline{\lambda_1}$ 的一个特征向量。

证明 λ_1 是 $\mathcal{A}$ 的特征值且 $\xi(\neq 0)$ 是 $\mathcal{A}$ 的属于 λ_1 的一个特征向量当且仅当 $\mathcal{A}\xi = \lambda_1\xi$,即 $(\lambda_1\mathcal{I} - \mathcal{A})\xi = 0$。因此为了证明定理 12,就只要证

$$|(\lambda_1\mathcal{I} - \mathcal{A})\xi| = |(\overline{\lambda_1}\mathcal{I} - \mathcal{A}^*)\xi|。 \tag{46}$$

根据引理 2 得,$\lambda_1\mathcal{I} - \mathcal{A}$ 是 V 上的正规变换。由于 $(\lambda_1\mathcal{I} - \mathcal{A})^* = \overline{\lambda_1}\mathcal{I} - \mathcal{A}^*$,因此根据引理 1 立即得出(46)式成立。 ∎

定理 13 设 $\mathcal{A}$ 是复(实)内积空间 V 上的任一线性变换,且 $\mathcal{A}$ 有伴随变换 $\mathcal{A}^*$。如果 W 是 $\mathcal{A}$ 的不变子空间,那么 $W^\perp$ 是 $\mathcal{A}^*$ 的不变子空间。

证明 任取 $\beta \in W^\perp$,要证 $\mathcal{A}^*\beta \in W^\perp$。任取 $\alpha \in W$,由已知条件得,$\mathcal{A}\alpha \in W$。于是有

$$(\mathcal{A}^*\beta, \alpha) = (\beta, \mathcal{A}\alpha) = 0,$$

因此 $\mathcal{A}^*\beta\in W^\perp$，从而 $W^\perp$ 是 $\mathcal{A}^*$ 的不变子空间。∎

现在来证明本小节的主要定理：

定理 14　设 $\mathcal{A}$ 是有限维酉空间 V 上的正规变换，则 V 中存在一个标准正交基，使得 $\mathcal{A}$ 在此基下的矩阵是对角矩阵。

证明　对酉空间的维数 n 作数学归纳法。

$n=1$ 时，命题显然成立。

假设对于 $n-1$ 维酉空间 V 上的正规变换命题为真，现在来看 n 维酉空间 V 上的正规变换 $\mathcal{A}$。

由于 V 是复数域上的线性空间，因此 $\mathcal{A}$ 必有特征值。取 $\mathcal{A}$ 的一个特征值 λ_1，设 η_1 是 $\mathcal{A}$ 的属于 λ_1 的一个单位特征向量，则根据定理 12 得，η_1 是 $\mathcal{A}^*$ 的属于特征值 $\overline{\lambda_1}$ 的一个单位特征向量。于是 $\langle\eta_1\rangle$ 既是 $\mathcal{A}$ 的不变子空间，又是 $\mathcal{A}^*$ 的不变子空间。根据定理 13 得，$\langle\eta_1\rangle^\perp$ 既是 $\mathcal{A}^*$ 的不变子空间，又是 $(\mathcal{A}^*)^*$（即 $\mathcal{A}$）的不变子空间，于是有 $\langle\eta_1\rangle^\perp$ 上的线性变换 $\mathcal{A}|\langle\eta_1\rangle^\perp$ 和 $\mathcal{A}^*|\langle\eta_1\rangle^\perp$。从线性变换的伴随变换的定义可看出，$\mathcal{A}^*|\langle\eta_1\rangle^\perp$ 是 $\mathcal{A}|\langle\eta_1\rangle^\perp$ 的伴随变换。从正规变换的定义看出，$\mathcal{A}|\langle\eta_1\rangle^\perp$ 是 $\langle\eta_1\rangle^\perp$ 上的正规变换。由于 $V=\langle\eta_1\rangle\oplus\langle\eta_1\rangle^\perp$，因此 $\langle\eta_1\rangle^\perp$ 是 $n-1$ 维的。根据归纳假设，存在 $\langle\eta_1\rangle^\perp$ 的一个标准正交基 $\eta_2,\cdots,\eta_n$，使得 $\mathcal{A}|\langle\eta_1\rangle^\perp$ 在此基下的矩阵为对角矩阵 $\operatorname{diag}\{\lambda_2,\cdots,\lambda_n\}$，从而 $\mathcal{A}$ 在 V 的标准正交基 $\eta_1,\eta_2,\cdots,\eta_n$ 下的矩阵为对角矩阵 $\operatorname{diag}\{\lambda_1,\lambda_2,\cdots,\lambda_n\}$。

根据数学归纳法原理，对一切正整数 n，命题为真。∎

从定理 14 的证明过程看出，这个命题的成立强烈地依赖于复数域的特性：每个次数大于 0 的复系数多项式都有复根。

由于容易看出（利用定理 10），在有限维复（实）内积空间 V 中，线性变换 $\mathcal{A}$ 是正规的当且仅当 $\mathcal{A}$ 在 V 的任一标准正交基下的矩阵是正规的，因此从定理 14 立即得到：

定理 15　对于复数域上的任一 n 级正规矩阵 A，存在一个酉矩阵 P，使得 $P^{-1}AP$ 为对角矩阵。∎

显然，在酉空间中，酉变换、Hermite 变换都是正规变换，因此定理 14 对于酉变换、Hermite 变换都成立。显然酉矩阵、Hermite 矩阵都是正规矩阵，因此定理 15 对于酉矩阵、Hermite 矩阵都成立，于是 n 级酉矩阵 A 一定酉相似于一个对角矩阵 $D=\operatorname{diag}\{\lambda_1,\lambda_2,\cdots,\lambda_n\}$，即存在一个酉矩阵 P，使得 $P^{-1}AP=D$。由于

$$DD^*=(P^{-1}AP)(P^{-1}AP)^*=P^{-1}APP^*A^*(P^{-1})^*=P^{-1}AA^*P=I,$$

因此 $\lambda_j\overline{\lambda_j}=1$，从而 $|\lambda_j|=1$。于是

$$\lambda_j=\cos\theta_j+\mathrm{i}\sin\theta_j,\quad 0\leqslant\theta_j<2\pi,\quad j=1,2,\cdots,n.$$

利用欧拉公式可以把 λ_j 写成 $\mathrm{e}^{\mathrm{i}\theta_j}$，这样我们证明了：

定理 16　任一 n 级酉矩阵 A 一定酉相似于一个对角矩阵

$$\operatorname{diag}\{\mathrm{e}^{\mathrm{i}\theta_1},\mathrm{e}^{\mathrm{i}\theta_2},\cdots,\mathrm{e}^{\mathrm{i}\theta_n}\},\tag{47}$$

其中 $0\leqslant\theta_j<2\pi,j=1,2,\cdots,n$。∎

同理，n 级 Hermite 矩阵 A 一定酉相似于一个对角矩阵 $D=\operatorname{diag}\{\lambda_1,\lambda_2,\cdots,\lambda_n\}$。由于 Hermite 变换的特征值都是实数，因此 Hermite 矩阵的特征值都是实数，从而得到：

定理 17　任一 n 级 Hermite 矩阵都酉相似于一个实对角矩阵。∎

从上面看到,由于引进了正规变换和正规矩阵的概念,因此统一、简便地解决了酉矩阵和 Hermite 矩阵在酉相似下的标准形问题。

九、Hermite 型

我们知道,n 维欧几里得空间 V 中装备的内积是一个正定的对称双线性函数,V 中取一个基,设内积在此基下的度量矩阵是 $\boldsymbol{A}=(a_{ij})$,则内积在 (α,α) 上的函数值的表达式是 α 在此基下的坐标 $(x_1,x_2,\cdots,x_n)'$ 的一个二次型:

$$(\alpha,\alpha)=\sum_{i=1}^{n}\sum_{j=1}^{n}a_{ij}x_ix_j。 \tag{48}$$

现在我们来看 n 维酉空间 V 中装备的内积。V 中取一个基 $\alpha_1,\alpha_2,\cdots,\alpha_n$,其 Gram 矩阵记作 $\boldsymbol{A}$,称 $\boldsymbol{A}$ 是内积在基 $\alpha_1,\alpha_2,\cdots,\alpha_n$ 下的**度量矩阵**。根据内积的 Hermite 性得,$\overline{(\alpha_j,\alpha_i)}=(\alpha_i,\alpha_j)$,因此

$$\boldsymbol{A}^*=\boldsymbol{A}, \tag{49}$$

从而 $\boldsymbol{A}$ 是 Hermite 矩阵。设 $\boldsymbol{A}=(a_{ij}),\alpha=\sum_{i=1}^{n}x_i\alpha_i,\beta=\sum_{j=1}^{n}y_j\alpha_j$,则

$$(\alpha,\beta)=\sum_{i=1}^{n}\sum_{j=1}^{n}x_i\,\overline{y_j}(\alpha_i,\alpha_j)=\sum_{i=1}^{n}\sum_{j=1}^{n}a_{ij}x_i\,\overline{y_j}, \tag{50}$$

$$(\alpha,\alpha)=\sum_{i=1}^{n}\sum_{j=1}^{n}a_{ij}x_i\,\overline{x_j}。 \tag{51}$$

定义 14 n 个复变量 $x_1,x_2,\cdots,x_n$ 的表达式

$$\sum_{i=1}^{n}\sum_{j=1}^{n}a_{ij}x_i\,\overline{x_j}, \tag{52}$$

其中 $a_{ji}=\overline{a_{ij}}$,称为一个 **n 元 Hermite 型**,矩阵 $\boldsymbol{A}=(a_{ij})$ 称为这个 Hermite 型的矩阵,它是 Hermite 矩阵。

设 $\boldsymbol{x}=(x_1,x_2,\cdots,x_n)'$,则 (52) 式可以写成

$$\boldsymbol{x}^*\boldsymbol{A}\boldsymbol{x}。 \tag{53}$$

从上面的讨论知道,n 维酉空间 V 中给定一个基后,它装备的内积在 (α,α) 处的函数值的表达式 (51) 是 α 的坐标的 Hermite 型,这个 Hermite 型的矩阵就是内积在给定基下的度量矩阵。

由于 Hermite 型 (53) 的矩阵 $\boldsymbol{A}$ 是 Hermite 矩阵,因此

$$\overline{(\boldsymbol{x}^*\boldsymbol{A}\boldsymbol{x})}=\boldsymbol{x}'\,\overline{\boldsymbol{A}}\,\overline{\boldsymbol{x}}=(\boldsymbol{x}'\,\overline{\boldsymbol{A}}\,\overline{\boldsymbol{x}})'=\boldsymbol{x}^*\boldsymbol{A}^*\boldsymbol{x}=\boldsymbol{x}^*\boldsymbol{A}\boldsymbol{x},$$

从而 $\boldsymbol{x}^*\boldsymbol{A}\boldsymbol{x}$ 总是实数。

由于 Hermite 矩阵 $\boldsymbol{A}$ 酉相似于一个实对角矩阵,因此存在一个 n 级酉矩阵 $\boldsymbol{P}$,使得 $\boldsymbol{P}^{-1}\boldsymbol{A}\boldsymbol{P}=\mathrm{diag}\{\lambda_1,\lambda_2,\cdots,\lambda_n\}$。令 $\boldsymbol{x}=\boldsymbol{P}\boldsymbol{y}$,其中 $\boldsymbol{y}=(y_1,y_2,\cdots,y_n)'$,则

$$\begin{aligned}\boldsymbol{x}^*\boldsymbol{A}\boldsymbol{x}&=\boldsymbol{y}^*\boldsymbol{P}^*\boldsymbol{A}\boldsymbol{P}\boldsymbol{y}=\boldsymbol{y}^*(\boldsymbol{P}^{-1}\boldsymbol{A}\boldsymbol{P})\boldsymbol{y}\\&=\lambda_1y_1\,\overline{y_1}+\lambda_2y_2\,\overline{y_2}+\cdots+\lambda_ny_n\,\overline{y_n}。\end{aligned} \tag{54}$$

这证明了:

定理 18 对于 n 元 Hermite 型 $\boldsymbol{x}^*\boldsymbol{A}\boldsymbol{x}$,存在酉替换 $\boldsymbol{x}=\boldsymbol{P}\boldsymbol{y}$(即 $\boldsymbol{P}$ 是酉矩阵),使得

$$x^* Ax = \lambda_1 y_1 \overline{y_1} + \lambda_2 y_2 \overline{y_2} + \cdots + \lambda_n y_n \overline{y_n}, \tag{55}$$

其中 $\lambda_1, \lambda_2, \cdots, \lambda_n$ 是 A 的全部特征值,它们都是实数。　　■

定义 15　Hermite 型 $x^* Ax$ 如果满足

$$x^* Ax > 0, \quad \forall x \in \mathbf{C}^n \quad 且 x \neq \mathbf{0}, \tag{56}$$

那么称 $x^* Ax$ 是一个**正定 Hermite 型**。一个正定 Hermite 型 $x^* Ax$ 的矩阵 A 称为**正定 Hermite 矩阵**。

正定 Hermite 矩阵与本套教材上册第 6 章所讲的正定矩阵(正定对称矩阵)很相像,不过前者是复数域上的矩阵,后者是实数域上的矩阵。

定理 19　设 A 是 n 级 Hermite 矩阵,则下列命题等价:

(1) A 是正定 Hermite 矩阵;

(2) 对于任意 n 级可逆复矩阵 B,有 $B^* AB$ 是正定 Hermite 矩阵;

(3) A 的特征值全大于 0;

(4) 存在 n 级可逆复矩阵 C,使得 $C^* AC = I$;

(5) A 可以分解成 $Q^* Q$,其中 Q 是 n 级可逆复矩阵;

(6) A 的所有顺序主子式全大于 0;

(7) A 的所有主子式全大于 0。

证明　(1) $\Longrightarrow$ (2)　对于任意 $x \in \mathbf{C}^n$ 且 $x \neq \mathbf{0}$,由于 B 可逆,因此 $Bx \neq 0$。由于 A 是正定 Hermite 矩阵,因此

$$x^* (B^* AB) x = (Bx)^* A(Bx) > 0,$$

从而 $B^* AB$ 是正定 Hermite 矩阵。

(2) $\Longrightarrow$ (3)　由于 A 是 Hermite 矩阵,因此存在酉矩阵 P,使得 $P^{-1} AP = \mathrm{diag}\{\lambda_1, \lambda_2, \cdots, \lambda_n\}$,其中 $\lambda_1, \lambda_2, \cdots, \lambda_n$ 是 A 的全部特征值,且都是实数。由假设得,$P^{-1} AP$ 是正定 Hermite 矩阵,由此得出 $\boldsymbol{\varepsilon}_i^* (P^{-1} AP) \boldsymbol{\varepsilon}_i > 0$,即 $\lambda_i > 0$,$i = 1, 2, \cdots, n$。

(3) $\Longrightarrow$ (4)　由于 A 是 Hermite 矩阵,因此存在酉矩阵 P,使得 $P^{-1} AP = \mathrm{diag}\{\lambda_1, \lambda_2, \cdots, \lambda_n\}$,其中 λ_i 是实数,$i = 1, 2, \cdots, n$。由假设 $\lambda_i > 0$,$i = 1, 2, \cdots, n$,令

$$Q = \mathrm{diag}\{\sqrt{\lambda_1}, \sqrt{\lambda_2}, \cdots, \sqrt{\lambda_n}\},$$

则 $P^{-1} AP = QQ$,从而 $Q^{-1} P^{-1} APQ^{-1} = I$。令 $C = PQ^{-1}$,则

$$C^* = (PQ^{-1})^* = Q^{-1} P^* = Q^{-1} P^{-1},$$

于是 $C^* AC = I$。

(4) $\Longrightarrow$ (5)　由假设 $C^* AC = I$,于是 $A = (C^*)^{-1} C^{-1}$。令 $Q = C^{-1}$,则

$$Q^* = (C^{-1})^* = \overline{(C^{-1})'} = (\overline{C}^{-1})' = (C^*)^{-1},$$

因此 $A = Q^* Q$。

(5) $\Longrightarrow$ (1)　设 $A = Q^* Q$,其中 Q 可逆,则对于任意 $x \in \mathbf{C}^n$ 且 $x \neq \mathbf{0}$,有

$$x^* Ax = x^* Q^* Qx = (Qx)^* (Qx)。$$

设 $Qx = (a_1, a_2, \cdots, a_n)'$,则

$$x^* Ax = a_1 \overline{a_1} + a_2 \overline{a_2} + \cdots + a_n \overline{a_n}$$
$$= |a_1|^2 + |a_2|^2 + \cdots + |a_n|^2 > 0,$$

因此 A 是正定 Hermite 矩阵。

(1)⟺(6)　类似于本套教材上册 6.3 节定理 3 的证法。

(1)⟺(7)　类似于本套教材上册 6.3 节的例 8 的证法。　　　　■

10.5.2　典型例题

例 1　用 $\widetilde{C}[a,b]$ 表示区间 $[a,b]$ 上所有连续复值函数组成的线性空间,规定

$$(f(x),g(x)) := \int_a^b f(x)\,\overline{g(x)}\mathrm{d}(x), \tag{57}$$

证明:$(f(x,),g(x))$ 是 $\widetilde{C}[a,b]$ 上的一个内积。

证明　对于任意 $f(x),g(x),h(x)\in\widetilde{C}[a,b],k\in\mathbf{C}$,有

$$\overline{(g(x),f(x))} = \overline{\int_a^b g(x)\,\overline{f(x)}\mathrm{d}x} = \int_a^b \overline{g(x)}\,f(x)\mathrm{d}x = (f(x),g(x)),$$

$$(f(x)+h(x),g(x)) = \int_a^b (f(x)+h(x))\,\overline{g(x)}\mathrm{d}x = (f(x),g(x)) + (h(x),g(x)),$$

$$(kf(x),g(x)) = \int_a^b kf(x)\,\overline{g(x)}\mathrm{d}x = k(f(x),g(x)),$$

$$(f(x),f(x)) = \int_a^b f(x)\,\overline{f(x)}\mathrm{d}x = \int_a^b |f(x)|^2\,\mathrm{d}x \geqslant 0,$$

等号成立当且仅当 $|f(x)|^2=0(a\leqslant x\leqslant b)$,即 $f(x)=0,x\in[a,b]$。

综上所述,$(f(x),g(x))$ 是 $\widetilde{C}[a,b]$ 上的一个内积。　　　　■

例 2　在 $M_n(\mathbf{C})$ 中,规定

$$(A,B) := \operatorname{tr}(AB^*), \tag{58}$$

证明:(A,B) 是 $M_n(\mathbf{C})$ 上的一个内积。

证明　对于任意 $A,B,C\in M_n(\mathbf{C}),k\in\mathbf{C}$,有

$$\overline{(B,A)} = \overline{\operatorname{tr}(BA^*)} = \operatorname{tr}(\overline{BA^*}) = \operatorname{tr}(\overline{B}A') = \operatorname{tr}((\overline{B}A')') = (A,B);$$

$$(A+C,B) = \operatorname{tr}((A+C)B^*) = (A,B)+(C,B);$$

$$(kA,B) = \operatorname{tr}((kA)B^*) = k\operatorname{tr}(AB^*) = k(A,B);$$

$$(A,A) = \operatorname{tr}(AA^*) = \sum_{i=1}^n (AA^*)(i,i) = \sum_{i=1}^n \Big(\sum_{j=1}^n A(i;j)\,\overline{A(i;j)}\Big)$$

$$= \sum_{i=1}^n \sum_{j=1}^n |A(i;j)|^2 \geqslant 0,$$

等号成立当且仅当 $|A(i;j)|=0(i,j=1,2,\cdots,n)$,即 $A=\mathbf{0}$。

综上所述,(A,B) 是 $M_n(\mathbf{C})$ 上的一个内积。　　　　■

例 3　在酉空间 V 中,由内积可诱导出 V 上的一个函数 q:

$$q(\alpha) = (\alpha,\alpha), \qquad \forall\,\alpha\in V, \tag{59}$$

称 q 是 V 上的 **Hermite 二次函数**。证明:对任意 $\alpha,\beta\in V$,有

$$(\alpha,\beta) = \frac{1}{4}q(\alpha+\beta) - \frac{1}{4}q(\alpha-\beta) + \frac{\mathrm{i}}{4}q(\alpha+\mathrm{i}\beta) - \frac{\mathrm{i}}{4}q(\alpha-\mathrm{i}\beta). \tag{60}$$

(60)式称为**极化恒等式**,它也可以写成

$$(\alpha,\beta) = \frac{1}{4}\sum_{m=1}^{4} i^m \mid \alpha + i^m \beta \mid^2 。 \tag{61}$$

证明　对于复数 $z=a+bi$,有 $iz=-b+ai$。因此 $\mathrm{Im}(z)=b=\mathrm{Re}(-iz)$,从而对于任意 $\alpha,\beta\in V$,有

$$(\alpha,\beta) = \mathrm{Re}(\alpha,\beta) + i\,\mathrm{Re}(-i(\alpha,\beta)) = \mathrm{Re}(\alpha,\beta) + i\,\mathrm{Re}(\alpha,i\beta), \tag{62}$$

$$q(\alpha\pm\beta) = (\alpha\pm\beta,\alpha\pm\beta) = \mid\alpha\mid^2 \pm 2\mathrm{Re}(\alpha,\beta) + \mid\beta\mid^2, \tag{63}$$

$$q(\alpha\pm i\beta) = (\alpha\pm i\beta,\alpha\pm i\beta) = \mid\alpha\mid^2 \pm 2\mathrm{Re}(\alpha,i\beta) + \mid\beta\mid^2。 \tag{64}$$

从(63)和(64)式得

$$q(\alpha+\beta) - q(\alpha+i\beta) = 2\mathrm{Re}(\alpha,\beta) - 2\mathrm{Re}(\alpha,i\beta), \tag{65}$$

$$q(\alpha+\beta) - q(\alpha-i\beta) = 2\mathrm{Re}(\alpha,\beta) + 2\mathrm{Re}(\alpha,i\beta), \tag{66}$$

$$q(\alpha-\beta) - q(\alpha+i\beta) = -2\mathrm{Re}(\alpha,\beta) - 2\mathrm{Re}(\alpha,i\beta)。 \tag{67}$$

(65)式减去(67)式,(65)式减去(66)式,分别得

$$q(\alpha+\beta) - q(\alpha-\beta) = 4\mathrm{Re}(\alpha,\beta), \tag{68}$$

$$-q(\alpha+i\beta) + q(\alpha-i\beta) = -4\mathrm{Re}(\alpha,i\beta)。 \tag{69}$$

于是从(62)、(68)、(69)式得

$$(\alpha,\beta) = \frac{1}{4}q(\alpha+\beta) - \frac{1}{4}q(\alpha-\beta) + \frac{i}{4}q(\alpha+i\beta) - \frac{i}{4}q(\alpha-i\beta)$$

$$= \frac{1}{4}\sum_{m=1}^{4} i^m \mid \alpha + i^m \beta \mid^2 。 \quad ∎$$

点评：例 3 中极化恒等式表明,酉空间中的内积完全由 Hermite 二次函数 q 决定。

例 4　写出 1 级酉矩阵的形式。

解　设 $\boldsymbol{A}=(a)$ 是酉矩阵,则 $\boldsymbol{A}^*\boldsymbol{A}=\boldsymbol{I}$,即 $\bar{a}a=1$,于是 $\mid a\mid=1$。因此 $a=\mathrm{e}^{i\theta}$,从而 1 级酉矩阵形如 $(\mathrm{e}^{i\theta})$,其中 $0\leqslant\theta<2\pi$。

例 5　证明：酉空间 V 中,酉变换的特征值的模为 1。

证明　设 λ_1 是酉变换 $\mathcal{A}$ 的一个特征值,则 V 中存在非零向量 ξ,使得 $\mathcal{A}\xi=\lambda_1\xi$,于是

$$(\mathcal{A}\xi,\mathcal{A}\xi) = (\lambda_1\xi,\lambda_1\xi) = \lambda_1\overline{\lambda_1}(\xi,\xi) = \mid\lambda_1\mid^2(\xi,\xi),$$

由于 $\mathcal{A}$ 是酉变换,因此 $(\mathcal{A}\xi,\mathcal{A}\xi)=(\xi,\xi)$。由于 $(\xi,\xi)\neq 0$,因此 $\mid\lambda_1\mid^2=1$,于是 $\mid\lambda_1\mid=1$。 $\quad ∎$

例 6　证明：上三角的酉矩阵必为对角矩阵,且其主对角元的模都等于 1。

证明　设 $\boldsymbol{A}$ 是 n 级上三角的酉矩阵,则 $\boldsymbol{A}$ 可逆且 $\boldsymbol{A}^{-1}=\boldsymbol{A}^*$。由于 $\boldsymbol{A}^{-1}$ 是上三角矩阵,因此 $\boldsymbol{A}^*$ 是上三角矩阵,从而 $\overline{\boldsymbol{A}}=(\boldsymbol{A}^*)'$ 是下三角矩阵,于是 $\boldsymbol{A}$ 是下三角矩阵。因此 $\boldsymbol{A}$ 是对角矩阵。由于 $\boldsymbol{A}^*\boldsymbol{A}=\boldsymbol{I}$,因此 $\overline{\boldsymbol{A}(i;i)}\boldsymbol{A}(i;i)=1$。于是 $\boldsymbol{A}$ 的主对角元的模都等于 1。 $\quad ∎$

例 7　证明：任一 n 级可逆复矩阵 $\boldsymbol{A}$ 一定可以分解成 $\boldsymbol{A}=\boldsymbol{PB}$,其中 $\boldsymbol{P}$ 是 n 级酉矩阵,$\boldsymbol{B}$ 是主对角元都为正实数的 n 级上三角矩阵,并且这种分解法是唯一的。

证明　可分解性。利用 Schmidt 正交化和单位化的公式,详细过程与本套教材上册 4.6 节的例 3 的可分解性证明一样。

唯一性。用反证法,然后利用例 6 的结论。详细过程与本套教材上册 4.6 节的例 3

的唯一性证明类似。

点评：从例 6，例 7 看到，复数域上的酉矩阵与实数域上的正交矩阵有类似的性质。又如在本套教材上册习题 5.7 的第 6 题证明了"酉矩阵的特征值的模为 1"。而从本节定理 16 与 10.4 节定理 1 的矩阵语言叙述看出，酉矩阵与正交矩阵具有不同的性质。

例 8 证明：酉空间 V 中，Hermite 变换 $\mathscr{A}$ 的属于不同特征值的特征向量一定正交。

证明 设 λ_1, λ_2 是 Hermite 变换 $\mathscr{A}$ 的不同特征值，ξ_1, ξ_2 分别是 $\mathscr{A}$ 的属于 λ_1, λ_2 的特征向量，则

$$\lambda_1(\xi_1, \xi_2) = (\lambda_1\xi_1, \xi_2) = (\mathscr{A}\xi_1, \xi_2) = (\xi_1, \mathscr{A}\xi_2) = (\xi_1, \lambda_2\xi_2) = \overline{\lambda_2}(\xi_1, \xi_2).$$

根据命题 9，λ_2 是实数，因此由上述式子得出，$(\xi_1, \xi_2) = 0$。

点评：酉空间中的 Hermite 变换与实内积空间中的对称变换有类似的性质；复数域上的 Hermite 矩阵与实数域上的对称矩阵有类似的性质。

例 9 设 H 是 n 级 Hermite 矩阵，证明：

(1) $I - iH$ 与 $I + iH$ 都可逆；

(2) $A = (I - iH)(I + iH)^{-1}$ 是酉矩阵，且 -1 不是 A 的特征值。

证明 (1) 根据定理 17 得，存在 n 级酉矩阵 P，使得

$$P^{-1}HP = \operatorname{diag}\{\lambda_1, \lambda_2, \cdots, \lambda_n\},$$

其中 $\lambda_1, \lambda_2, \cdots, \lambda_n$ 是 H 的全部特征值，它们都是实数。于是

$$P^{-1}(I - iH)P = I - i\operatorname{diag}\{\lambda_1, \lambda_2, \cdots, \lambda_n\} = \operatorname{diag}\{1 - \lambda_1 i, \cdots, 1 - \lambda_n i\},$$

$$P^{-1}(I + iH)P = I + i\operatorname{diag}\{\lambda_1, \lambda_2, \cdots, \lambda_n\} = \operatorname{diag}\{1 + \lambda_1 i, \cdots, 1 + \lambda_n i\},$$

从而 $|I \mp iH| \neq 0$。因此 $I \mp iH$ 可逆。

(2) $P^{-1}(I + iH)^{-1}P = (P^{-1}(I + iH)P)^{-1} = \operatorname{diag}\left\{\dfrac{1}{1 + \lambda_1 i}, \dfrac{1}{1 + \lambda_2 i}, \cdots, \dfrac{1}{1 + \lambda_n i}\right\},$

$$P^{-1}AP = P^{-1}(I - iH)PP^{-1}(I + iH)^{-1}P = \operatorname{diag}\left\{\dfrac{1 - \lambda_1 i}{1 + \lambda_1 i}, \cdots, \dfrac{1 - \lambda_n i}{1 + \lambda_n i}\right\},$$

因此，$(P^{-1}AP)(P^{-1}AP)^* = I$，从而 $P^{-1}AP$ 是酉矩阵。由于 P 是酉矩阵，P^{-1} 也是酉矩阵，因此 A 是酉矩阵。

从 $P^{-1}AP$ 的表达式看出，A 的全部特征值是 $\dfrac{1 - \lambda_j i}{1 + \lambda_j i}, j = 1, 2, \cdots, n$。假如 $\dfrac{1 - \lambda_j i}{1 + \lambda_j i} = -1$，则得 $1 = -1$，矛盾。因此 -1 不是 A 的特征值。

点评：从例 9 的证明中看到，利用 Hermite 矩阵的酉相似标准形可以使证明过程很简捷。由此体会到我们为什么那么强调研究矩阵的相似标准形。从例 9 的证明过程中看到，$P^{-1}(I - iH)P$ 与 $P^{-1}(I + iH)^{-1}P$ 可交换，从而 $I - iH$ 与 $(I + iH)^{-1}$ 可交换。从例 9 的第 (2) 小题的证明过程看出，类似地可证 $B = (I + iH)(I - iH)^{-1}$ 也是酉矩阵，且 -1 不是 B 的特征值。

例 10 设 A 是 n 级酉矩阵，且 -1 不是 A 的特征值，证明：$I + A$ 可逆，且

$$H = -i(I - A)(I + A)^{-1}$$

是 Hermite 矩阵。

证明 根据定理 16 得，存在 n 级酉矩阵 P，使得

$$\boldsymbol{P}^{-1}\boldsymbol{A}\boldsymbol{P} = \mathrm{diag}\{\mathrm{e}^{\mathrm{i}\theta_1},\mathrm{e}^{\mathrm{i}\theta_2},\cdots,\mathrm{e}^{\mathrm{i}\theta_n}\},$$

其中 $0 \leqslant \theta_j < 2\pi, j = 1, 2, \cdots, n,$ 于是

$$\boldsymbol{P}^{-1}(\boldsymbol{I}+\boldsymbol{A})\boldsymbol{P} = \mathrm{diag}\{1+\mathrm{e}^{\mathrm{i}\theta_1},1+\mathrm{e}^{\mathrm{i}\theta_2},\cdots,1+\mathrm{e}^{\mathrm{i}\theta_n}\}.$$

由于 -1 不是 $\boldsymbol{A}$ 的特征值,因此 $1+\mathrm{e}^{\mathrm{i}\theta_j} \neq 0, j = 1, 2, \cdots, n,$ 从而 $|\boldsymbol{I}+\boldsymbol{A}| \neq 0,$ 于是 $\boldsymbol{I}+\boldsymbol{A}$ 可逆。

$$\boldsymbol{P}^{-1}(\boldsymbol{I}-\boldsymbol{A})\boldsymbol{P} = \mathrm{diag}\{1-\mathrm{e}^{\mathrm{i}\theta_1},1-\mathrm{e}^{\mathrm{i}\theta_2},\cdots,1-\mathrm{e}^{\mathrm{i}\theta_n}\},$$

$$\boldsymbol{P}^{-1}(\boldsymbol{I}+\boldsymbol{A})^{-1}\boldsymbol{P} = (\boldsymbol{P}^{-1}(\boldsymbol{I}+\boldsymbol{A})\boldsymbol{P})^{-1} = \mathrm{diag}\{(1+\mathrm{e}^{\mathrm{i}\theta_1})^{-1},\cdots,(1+\mathrm{e}^{\mathrm{i}\theta_n})^{-1}\},$$

$$\boldsymbol{P}^{-1}\boldsymbol{H}\boldsymbol{P} = \mathrm{diag}\left\{-\mathrm{i}\,\frac{1-\mathrm{e}^{\mathrm{i}\theta_1}}{1+\mathrm{e}^{\mathrm{i}\theta_1}},\cdots,-\mathrm{i}\,\frac{1-\mathrm{e}^{\mathrm{i}\theta_n}}{1+\mathrm{e}^{\mathrm{i}\theta_n}}\right\}.$$

由于

$$\overline{\left(-\mathrm{i}\,\frac{1-\mathrm{e}^{\mathrm{i}\theta_j}}{1+\mathrm{e}^{\mathrm{i}\theta_j}}\right)} = \mathrm{i}\,\frac{1-\mathrm{e}^{-\mathrm{i}\theta_j}}{1+\mathrm{e}^{-\mathrm{i}\theta_j}} = \mathrm{i}\,\frac{\mathrm{e}^{-\mathrm{i}\theta_j}(\mathrm{e}^{\mathrm{i}\theta_j}-1)}{\mathrm{e}^{-\mathrm{i}\theta_j}(\mathrm{e}^{\mathrm{i}\theta_j}+1)} = (-\mathrm{i})\,\frac{1-\mathrm{e}^{\mathrm{i}\theta_j}}{1+\mathrm{e}^{\mathrm{i}\theta_j}},$$

因此 $\boldsymbol{D} = \boldsymbol{P}^{-1}\boldsymbol{H}\boldsymbol{P}$ 满足 $\boldsymbol{D}^* = \boldsymbol{D},$ 从而 $\boldsymbol{D}$ 是 Hermite 矩阵。由于 $\boldsymbol{H} = \boldsymbol{P}\boldsymbol{D}\boldsymbol{P}^{-1},$ 且 $\boldsymbol{P}$ 是酉矩阵,因此

$$\boldsymbol{H}^* = (\boldsymbol{P}\boldsymbol{D}\boldsymbol{P}^{-1})^* = \boldsymbol{P}\boldsymbol{D}^*\boldsymbol{P}^* = \boldsymbol{P}\boldsymbol{D}\boldsymbol{P}^{-1} = \boldsymbol{H},$$

从而 $\boldsymbol{H}$ 是 Hermite 矩阵。 ■

点评：从例 10 的证明中看到, $\boldsymbol{P}^{-1}(\boldsymbol{I}-\boldsymbol{A})\boldsymbol{P}$ 与 $\boldsymbol{P}^{-1}(\boldsymbol{I}+\boldsymbol{A})^{-1}\boldsymbol{P}$ 可交换,因此 $\boldsymbol{I}-\boldsymbol{A}$ 与 $(\boldsymbol{I}+\boldsymbol{A})^{-1}$ 可交换。例 9 建立了 n 级 Hermite 矩阵组成的集合 Ω 到不以 -1 为特征值的 n 级酉矩阵组成的集合 U 的一个映射 $\sigma: \boldsymbol{H} \longmapsto (\boldsymbol{I}-\mathrm{i}\boldsymbol{H})(\boldsymbol{I}+\mathrm{i}\boldsymbol{H})^{-1}$。记 $\boldsymbol{A} = (\boldsymbol{I}-\mathrm{i}\boldsymbol{H})(\boldsymbol{I}+\mathrm{i}\boldsymbol{H})^{-1},$ 于是 $\boldsymbol{A}(\boldsymbol{I}+\mathrm{i}\boldsymbol{H}) = \boldsymbol{I}-\mathrm{i}\boldsymbol{H},$ 从而 $\mathrm{i}(\boldsymbol{A}+\boldsymbol{I})\boldsymbol{H} = \boldsymbol{I}-\boldsymbol{A}$。由于 -1 不是 $\boldsymbol{A}$ 的特征值,因此 $\boldsymbol{I}+\boldsymbol{A}$ 可逆,于是 $\boldsymbol{H} = -\mathrm{i}(\boldsymbol{I}+\boldsymbol{A})^{-1}(\boldsymbol{I}-\boldsymbol{A}) = -\mathrm{i}(\boldsymbol{I}-\boldsymbol{A})(\boldsymbol{I}+\boldsymbol{A})^{-1}$。由此看出,例 10 中把不以 -1 为特征值的酉矩阵 $\boldsymbol{A}$ 对应到 $-\mathrm{i}(\boldsymbol{I}-\boldsymbol{A})(\boldsymbol{I}+\boldsymbol{A})^{-1},$ 是 U 到 Ω 的一个映射,它是 σ 的逆映射,因此 σ 是 Ω 与 U 之间的一个一一对应,称 σ 是 **Cayley 变换**。它类似于实数集 $\mathbf{R}$ 到复平面的单位圆(去掉 -1 对应的点) C_1 的一个映射 Φ：

$$\Phi: \mathbf{R} \longrightarrow C_1$$

$$a \longmapsto \frac{1-a\mathrm{i}}{1+a\mathrm{i}}. \tag{70}$$

由于对任意 $a \in \mathbf{R},$ 都有

$$\left(\frac{1-a\mathrm{i}}{1+a\mathrm{i}}\right)\overline{\left(\frac{1-a\mathrm{i}}{1+a\mathrm{i}}\right)} = \frac{1-a\mathrm{i}}{1+a\mathrm{i}}\,\frac{1+a\mathrm{i}}{1-a\mathrm{i}} = 1,$$

因此 $\left|\dfrac{1-a\mathrm{i}}{1+a\mathrm{i}}\right| = 1$。显然 $\dfrac{1-a\mathrm{i}}{1+a\mathrm{i}} \neq -1,$ 因此 Φ 是 $\mathbf{R}$ 到 C_1 的一个映射。记 $z = \dfrac{1-a\mathrm{i}}{1+a\mathrm{i}},$ 则 $z(1+a\mathrm{i}) = 1-a\mathrm{i}$。移项得 $(z+1)a\mathrm{i} = 1-z$。由于 $z \neq -1,$ 因此 $a = \dfrac{1}{\mathrm{i}}\dfrac{1-z}{1+z},$ 从而把模为 1 的复数 $z(\neq -1)$ 对应到 $\dfrac{1}{\mathrm{i}}\dfrac{1-z}{1+z}$ 的映射是 Φ 的逆映射。因此 Φ 是实数集 $\mathbf{R}$ 与复平面的单位圆(去掉 -1 对应的点) C_1 之间的一个一一对应。

在 10.4 节的例 20 和例 21 中,我们讨论了欧几里得空间中斜对称变换与正交变换之间的联系,有点像现在讨论的 Hermite 矩阵与酉矩阵之间的联系。为什么不去讨论对称

变换与正交变换的联系,而是讨论斜对称变换与正交变换的联系呢? 这是因为对称变换的正交相似标准形是对角矩阵,而正交变换与斜对称变换的正交相似标准形都是可能含有 2 级子矩阵的分块对角矩阵。

例 11 求出所有 2 级酉矩阵。

解 设

$$A = \begin{bmatrix} a_{11} & a_{12} \\ a_{21} & a_{22} \end{bmatrix}$$

是酉矩阵,则 $A^{-1} = A^*$,于是有

$$\frac{1}{|A|}\begin{bmatrix} a_{22} & -a_{12} \\ -a_{21} & a_{11} \end{bmatrix} = \begin{bmatrix} \overline{a_{11}} & \overline{a_{21}} \\ \overline{a_{12}} & \overline{a_{22}} \end{bmatrix},$$

由此得出,$a_{22} = |A|\overline{a_{11}}$,$a_{12} = -|A|\overline{a_{21}}$。

由于 A 的列向量组是 $\mathbf{C}^2$ 的一个标准正交基,因此 $|a_{11}|^2 + |a_{21}|^2 = 1$,从而在平面直角坐标系中,坐标为 $(|a_{11}|, |a_{21}|)$ 的点在单位圆上且在第 1 象限或在 x 轴,y 轴的正半轴上,于是存在 $\theta(0 \leqslant \theta \leqslant \frac{\pi}{2})$,使得 $|a_{11}| = \cos\theta$,$|a_{21}| = \sin\theta$。因此 $a_{11} = \cos\theta\, \mathrm{e}^{\mathrm{i}\theta_1}$,$a_{21} = \sin\theta\, \mathrm{e}^{\mathrm{i}\theta_2}$,其中 $0 \leqslant \theta_j < 2\pi$,$j = 1,2$。

根据本套教材上册习题 4.6 第 18 题,酉矩阵 A 的行列式的模为 1,因此 $|A| = \mathrm{e}^{\mathrm{i}\theta_3}$,其中 $0 \leqslant \theta_3 < 2\pi$,于是 $a_{22} = \mathrm{e}^{\mathrm{i}\theta_3}\cos\theta\, \mathrm{e}^{-\mathrm{i}\theta_1}$,$a_{12} = -\mathrm{e}^{\mathrm{i}\theta_3}\sin\theta\, \mathrm{e}^{-\mathrm{i}\theta_2}$,从而

$$A = \begin{bmatrix} \cos\theta\, \mathrm{e}^{\mathrm{i}\theta_1} & -\sin\theta\, \mathrm{e}^{\mathrm{i}\theta_3}\mathrm{e}^{-\mathrm{i}\theta_2} \\ \sin\theta\, \mathrm{e}^{\mathrm{i}\theta_2} & \cos\theta\, \mathrm{e}^{\mathrm{i}\theta_3}\mathrm{e}^{-\mathrm{i}\theta_1} \end{bmatrix}. \tag{71}$$

直接验证知道,形如 (71) 的矩阵都是酉矩阵,于是 (71) 式给出了所有的 2 级酉矩阵,其中 $0 \leqslant \theta \leqslant \frac{\pi}{2}$,$0 \leqslant \theta_j < 2\pi$,$j = 1,2,3$。

可以把 (71) 式的 A 写成下述形式:

$$A = \begin{bmatrix} \mathrm{e}^{-\mathrm{i}\theta_2} & 0 \\ 0 & \mathrm{e}^{-\mathrm{i}\theta_1} \end{bmatrix}\begin{bmatrix} \cos\theta & -\sin\theta \\ \sin\theta & \cos\theta \end{bmatrix}\begin{bmatrix} \mathrm{e}^{\mathrm{i}(\theta_1+\theta_2)} & 0 \\ 0 & \mathrm{e}^{\mathrm{i}\theta_3} \end{bmatrix}. \tag{72}$$

例 12 令 $\omega = \mathrm{e}^{\mathrm{i}\frac{2\pi}{n}}$,对于任意整数 m,计算

$$1 + \omega^m + \omega^{2m} + \cdots + \omega^{(n-1)m},$$

由此受到启发,构造一个 n 级酉矩阵。

解 $$1 + \omega^m + \omega^{2m} + \cdots + \omega^{(n-1)m} = \frac{1 - (\omega^m)^n}{1 - \omega^m} = 0。$$

又由于 $|\omega^m| = 1$,$\overline{\omega^m} = \omega^{-m}$,因此在 $\mathbf{C}^n$ 中,下述向量组

$$\begin{bmatrix} 1 \\ 1 \\ 1 \\ \vdots \\ 1 \end{bmatrix},\ \begin{bmatrix} 1 \\ \omega \\ \omega^2 \\ \vdots \\ \omega^{n-1} \end{bmatrix},\ \begin{bmatrix} 1 \\ \omega^2 \\ \omega^4 \\ \vdots \\ \omega^{2(n-1)} \end{bmatrix},\ \cdots,\ \begin{bmatrix} 1 \\ \omega^{n-1} \\ \omega^{2(n-1)} \\ \vdots \\ \omega^{(n-1)^2} \end{bmatrix}$$

是正交向量组,且长度都等于 $\sqrt{n}$,从而下述矩阵

$$\frac{1}{\sqrt{n}}\begin{pmatrix} 1 & 1 & 1 & \cdots & 1 \\ 1 & \omega & \omega^2 & \cdots & \omega^{n-1} \\ 1 & \omega^2 & \omega^4 & \cdots & \omega^{2(n-1)} \\ \vdots & \vdots & \vdots & & \vdots \\ 1 & \omega^m & \omega^{2(n-1)} & \cdots & \omega^{(n-1)^2} \end{pmatrix} \tag{73}$$

是一个 n 级酉矩阵。

例 13　把迹为 0 的 2 级 Hermite 矩阵组成的集合记作 V,

(1) 写出 V 中元素的一般形式;

(2) 证明 V 是实数域上的一个线性空间;

(3) 求 V 的一个基和维数;

(4) 对于 $\boldsymbol{H}_1,\boldsymbol{H}_2\in V$,设 $\boldsymbol{H}_i$ 在第(3)小题的 V 的一个基下的坐标为 $\boldsymbol{x}_i,i=1,2$。令

$$(\boldsymbol{H}_1,\boldsymbol{H}_2) = \boldsymbol{x}_1'\boldsymbol{x}_2$$

这定义了 V 上的一个内积。设 $\boldsymbol{A}$ 是 2 级酉矩阵,令

$$\mathscr{A}(\boldsymbol{H}) = \boldsymbol{A}\boldsymbol{H}\boldsymbol{A}^{-1}, \qquad \forall \boldsymbol{H}\in V,$$

证明 $\mathscr{A}$ 是 V 上的一个正交变换。

(5) 证明:对于 V 中每个非零元 $\boldsymbol{H}$,存在行列式为 1 的酉矩阵 $\boldsymbol{A}$,使得

$$\boldsymbol{A}\boldsymbol{H}\boldsymbol{A}^{-1} = \begin{pmatrix} c & 0 \\ 0 & -c \end{pmatrix},$$

其中 $c>0$。

(1) **解**　设 $\boldsymbol{H}=(h_{ij})$ 是迹为 0 的 2 级 Hermite 矩阵,则 $h_{11}+h_{22}=0$,且 $\boldsymbol{H}^*=\boldsymbol{H}$,即

$$\begin{pmatrix} \overline{h_{11}} & \overline{h_{21}} \\ \overline{h_{12}} & \overline{h_{22}} \end{pmatrix} = \begin{pmatrix} h_{11} & h_{12} \\ h_{21} & h_{22} \end{pmatrix},$$

从而 $\overline{h_{11}}=h_{11},\overline{h_{21}}=h_{12},h_{22}=-h_{11}$。于是

$$h_{11} = x_1, \qquad h_{22} = -x_1, \qquad h_{12} = x_2 + \mathrm{i}x_3,$$

其中 $x_j\in\mathbf{R},j=1,2,3$,因此

$$\boldsymbol{H} = \begin{pmatrix} x_1 & x_2+\mathrm{i}x_3 \\ x_2-\mathrm{i}x_3 & -x_1 \end{pmatrix}。 \tag{74}$$

易验证,对任意实数 x_1,x_2,x_3,形如(74)的矩阵 $\boldsymbol{H}$ 都是迹为 0 的 2 级 Hermite 矩阵。

(2) **证明**　显然 V 对于矩阵的加法封闭,且满足加法的 4 条法则;对任意 $a\in\mathbf{R}$, $\boldsymbol{H}\in V$,有 $a\boldsymbol{H}\in V$,且满足有关数量乘法的 4 条法则,因此 V 成为实数域上的一个线性空间。

(3) **解**　V 中任一元素 $\boldsymbol{H}$ 可以表示成

$$\boldsymbol{H} = \begin{pmatrix} x_1 & x_2+\mathrm{i}x_3 \\ x_2-\mathrm{i}x_3 & -x_1 \end{pmatrix} = x_1\begin{pmatrix} 1 & 0 \\ 0 & -1 \end{pmatrix} + x_2\begin{pmatrix} 0 & 1 \\ 1 & 0 \end{pmatrix} + x_3\begin{pmatrix} 0 & \mathrm{i} \\ -\mathrm{i} & 0 \end{pmatrix},$$

且上式等于 0 当且仅当 $x_1=x_2=x_3=0$。因此 V 的一个基为

$$\begin{pmatrix} 1 & 0 \\ 0 & -1 \end{pmatrix}, \quad \begin{pmatrix} 0 & 1 \\ 1 & 0 \end{pmatrix}, \quad \begin{pmatrix} 0 & i \\ -i & 0 \end{pmatrix},$$

从而 $\dim V = 3$。上述 3 个矩阵称为 **Pauli 矩阵**。

(4) **证明** 设

$$\boldsymbol{H}_1 = \begin{bmatrix} x_1 & x_2 + ix_3 \\ x_2 - ix_3 & -x_1 \end{bmatrix}, \boldsymbol{H}_2 = \begin{bmatrix} y_1 & y_2 + iy_3 \\ y_2 - iy_3 & -y_2 \end{bmatrix},$$

则 $\boldsymbol{H}_1, \boldsymbol{H}_2$ 在第(3)小题的 V 的基下的坐标分别为

$$(x_1, x_2, x_3)', \qquad\qquad (y_1, y_2, y_3)',$$

从而 $\qquad\qquad (\boldsymbol{H}_1, \boldsymbol{H}_2) = x_1 y_1 + x_2 y_2 + x_3 y_3$。

特别地，$\boldsymbol{H}_1$ 的长度 $\|\boldsymbol{H}_1\|$ 的平方为

$$\|\boldsymbol{H}_1\|^2 = x_1^2 + x_2^2 + x_3^2,$$

而 $\boldsymbol{H}_1$ 的行列式 $|\boldsymbol{H}_1|$ 为

$$|\boldsymbol{H}_1| = -x_1^2 - (x_2 + ix_3)(x_2 - ix_3) = -x_1^2 - x_2^2 - x_3^2$$
$$= -\|\boldsymbol{H}_1\|^2。$$

设 $\boldsymbol{A}$ 是 2 级酉矩阵，则对于任意 $\boldsymbol{H} \in V$，有

$$(\boldsymbol{AHA}^{-1})^* = (\boldsymbol{A}^{-1})^* \boldsymbol{H}^* \boldsymbol{A}^* = \boldsymbol{AHA}^{-1},$$
$$\mathrm{tr}(\boldsymbol{AHA}^{-1}) = \mathrm{tr}(\boldsymbol{H}) = 0,$$

因此 $\boldsymbol{AHA}^{-1} \in V$，从而 $\mathscr{A}$ 是 V 上的一个变换。显然 $\mathscr{A}$ 保持加法和数量乘法，因此 $\mathscr{A}$ 是 V 上的一个线性变换。由于

$$\|\mathscr{A}(H)\|^2 = \|\boldsymbol{AHA}^{-1}\|^2 = -|\boldsymbol{AHA}^{-1}| = -|\boldsymbol{H}| = \|\boldsymbol{H}\|^2,$$

因此 $\mathscr{A}$ 保持 V 中向量的长度不变，从而 $\mathscr{A}$ 是 V 上的一个正交变换。∎

(5) **证明** 因为 Hermite 矩阵能酉相似于一个实对角矩阵，所以对于 $H \in V$，且 $\boldsymbol{H} \neq \boldsymbol{0}$，存在 2 级酉矩阵 $\boldsymbol{P}$ 使得

$$\boldsymbol{PHP}^{-1} = \begin{pmatrix} c & 0 \\ 0 & -c \end{pmatrix}, \qquad c > 0,$$

由于 $|\boldsymbol{P}|$ 的模等于 1，于是存在 $\theta(0 \leqslant \theta < 2\pi)$ 使得 $|\boldsymbol{P}| = e^{i\theta}$。令 $\boldsymbol{A} = e^{i(-\frac{\theta}{2})}\boldsymbol{P}$，则 $|\boldsymbol{A}| = (e^{i(-\frac{\theta}{2})})^2 |\boldsymbol{P}| = e^{i(-\theta)} e^{i\theta} = 1$，且

$$\boldsymbol{AA}^* = e^{i(-\frac{\theta}{2})} \boldsymbol{P} e^{i\frac{\theta}{2}} \boldsymbol{P}^* = \boldsymbol{PP}^* = \boldsymbol{I},$$

因此 $\boldsymbol{A}$ 是行列式为 1 的 2 级酉矩阵，且有

$$\boldsymbol{AHA}^{-1} = e^{i(-\frac{\theta}{2})} \boldsymbol{PHP}^{-1} e^{i\frac{\theta}{2}} = \boldsymbol{PHP}^{-1} = \begin{pmatrix} c & 0 \\ 0 & -c \end{pmatrix}。 ∎$$

点评：例 13 在研究由行列式为 1 的 2 级酉矩阵组成的群 SU(2) 的不可约复表示，得到由行列式为 1 的 3 级正交矩阵组成的群 SO(3) 的不可约复表示时有用。有兴趣的读者可以参看丘维声编著的《有限群和紧群的表示论》第 312~320 页。

例 14 酉空间 V 上的一个变换 $\mathscr{A}$ 如果满足

$$(\mathscr{A}\alpha, \beta) = -(\alpha, \mathscr{A}\beta), \qquad \forall \alpha, \beta \in V, \tag{75}$$

那么称 $\mathscr{A}$ 是 V 上的一个**斜 Hermite 变换**。证明：

(1) V 上的斜 Hermite 变换 $\mathcal{A}$ 是线性变换；

(2) n 维酉空间 V 上的线性变换 $\mathcal{A}$ 是斜 Hermite 变换当且仅当 $\mathcal{A}$ 在 V 的任意一个标准正交基下的矩阵 $\boldsymbol{A}$ 满足 $\boldsymbol{A}^*=-\boldsymbol{A}$，称此矩阵 $\boldsymbol{A}$ 是**斜 Hermite 矩阵**；

(3) 斜 Hermite 变换的特征值是 0 或纯虚数；

(4) n 维酉空间 V 中存在一个标准正交基，使得斜 Hermite 变换 $\mathcal{A}$ 在此基下的矩阵为对角矩阵，其主对角元为 0 或纯虚数。

证明　(1) 任取 $\alpha,\beta\in V$，对于任意 $\gamma\in V,k\in\mathbf{C}$，有
$$(\mathcal{A}(\alpha+\beta),\gamma)=-(\alpha+\beta,\mathcal{A}\gamma)=-(\alpha,\mathcal{A}\gamma)-(\beta,\mathcal{A}\gamma)$$
$$=(\mathcal{A}\alpha,\gamma)+(\mathcal{A}\beta,\gamma)=(\mathcal{A}\alpha+\mathcal{A}\beta,\gamma),$$
由此推出，$\mathcal{A}(\alpha+\beta)=\mathcal{A}\alpha+\mathcal{A}\beta$。
$$(\mathcal{A}(k\alpha),\beta)=-(k\alpha,\mathcal{A}\beta)=-k(\alpha,\mathcal{A}\beta)=k(\mathcal{A}\alpha,\beta)=(k\mathcal{A}\alpha,\beta),$$
由此推出，$\mathcal{A}(k\alpha)=k\mathcal{A}\alpha$。因此 $\mathcal{A}$ 是 V 上的线性变换。

(2) 任取 V 的一个标准正交基 $\eta_1,\eta_2,\cdots,\eta_n$，设
$$\mathcal{A}(\eta_1,\eta_2,\cdots,\eta_n)=(\eta_1,\eta_2,\cdots,\eta_n)\boldsymbol{A},$$
则 $\mathcal{A}\eta_j$ 在标准正交基 $\eta_1,\eta_2,\cdots,\eta_n$ 下的坐标的第 i 个分量为 $a_{ij}=(\mathcal{A}\eta_j,\eta_i)$，$i,j=1,2,\cdots,n$。因此

$\qquad\mathcal{A}$ 是 V 上的斜 Hermite 变换

$\Longleftrightarrow\ (\mathcal{A}\alpha,\beta)=-(\alpha,\mathcal{A}\beta),\qquad\forall\,\alpha,\beta\in V$

$\Longleftrightarrow\ (\mathcal{A}\eta_j,\eta_i)=-(\eta_j,\mathcal{A}\eta_i),\qquad 1\leqslant i,j\leqslant n$

$\Longleftrightarrow\ (\mathcal{A}\eta_j,\eta_i)=-\overline{(\mathcal{A}\eta_i,\eta_j)},\qquad 1\leqslant i,j\leqslant n$

$\Longleftrightarrow\ a_{ij}=-\overline{a_{ji}},\qquad 1\leqslant i,j\leqslant n$

$\Longleftrightarrow\ \boldsymbol{A}=-\boldsymbol{A}^*$。

于是 $\mathcal{A}$ 是 V 上的斜 Hermite 变换当且仅当 $\mathcal{A}$ 在 V 的任一标准正交基下的矩阵 $\boldsymbol{A}$ 满足 $\boldsymbol{A}^*=-\boldsymbol{A}$，称此矩阵 $\boldsymbol{A}$ 为斜 Hermite 矩阵。

(3) 设 λ_1 是斜 Hermite 变换 $\mathcal{A}$ 的任一特征值，ξ 是 $\mathcal{A}$ 的属于 λ_1 的一个特征向量，则
$$\lambda_1(\xi,\xi)=(\lambda_1\xi,\xi)=(\mathcal{A}\xi,\xi)=-(\xi,\mathcal{A}\xi)=-\overline{\lambda_1}(\xi,\xi),$$
由此得出，$(\lambda_1+\overline{\lambda_1})(\xi,\xi)=0$，从而 $\overline{\lambda_1}=-\lambda_1$。设 $\lambda_1=a+bi$，则 $\overline{\lambda_1}=a-bi$。由 $\overline{\lambda_1}=-\lambda_1$ 得 $a=0$，因此 λ_1 是 0 或纯虚数。

(4) 由于斜 Hermite 变换 $\mathcal{A}$ 的伴随变换 $\mathcal{A}^*=-\mathcal{A}$，因此 $\mathcal{A}$ 是正规变换。根据定理 14 得，V 中存在一个标准正交基，使得 $\mathcal{A}$ 在此基下的矩阵是对角矩阵，其主对角元为 $\mathcal{A}$ 的全部特征值，从而它们是 0 或纯虚数。∎

点评：例 14 的第(1)、(2)、(3)小题表明，酉空间中的斜 Hermite 变换与实内积空间中的斜对称变换有些性质相似；而第(4)小题表明，斜 Hermite 变换与斜对称变换有些性质是不同的。

例 15　设 $\mathcal{A}$ 是 n 维酉空间 V 上的斜 Hermite 变换，证明：如果对任意 $\alpha\in V$，都有 $(\mathcal{A}\alpha,\alpha)=0$，那么 $\mathcal{A}=\mathcal{O}$。

证明　据例 14 的第(4)小题得，V 中存在一个标准正交基 $\eta_1,\eta_2,\cdots,\eta_n$，使得 $\mathcal{A}$ 在此

基下的矩阵 $\boldsymbol{A}$ 为

$$\boldsymbol{A} = \mathrm{diag}\{\lambda_1, \lambda_2, \cdots, \lambda_n\}。$$

$\mathcal{A}\eta_i$ 在标准正交基 $\eta_1, \eta_2, \cdots, \eta_n$ 下的坐标的第 i 个分量为 $(\mathcal{A}\eta_i, \eta_i)$,它等于 $\boldsymbol{A}$ 的 (i,i) 元 λ_i。由已知条件得,$\lambda_i = (\mathcal{A}\eta_i, \eta_i) = 0, i = 1, 2, \cdots, n$,因此 $\boldsymbol{A} = \boldsymbol{0}$,从而 $\mathcal{A} = O$。 ■

点评:例 15 表明,对于 n 维酉空间 V 上的非零斜 Hermite 变换 $\mathcal{A}$,必有 $\alpha \in V$ 使得 $(\mathcal{A}\alpha, \alpha) \neq 0$。

例 16 证明:酉空间 V 上的线性变换 $\mathcal{A}$ 是 Hermite 变换(斜 Hermite 变换)当且仅当 $\mathcal{A}^* = \mathcal{A}(\mathcal{A}^* = -\mathcal{A})$。

证明 必要性已经证过,下面证充分性。

若 $\mathcal{A}^* = \mathcal{A}$,则对任意 $\alpha, \beta \in V$,有

$$(\mathcal{A}\alpha, \beta) = (\alpha, \mathcal{A}^*\beta) = (\alpha, \mathcal{A}\beta),$$

因此 $\mathcal{A}$ 是 Hermite 变换。

若 $\mathcal{A}^* = -\mathcal{A}$,则对任意 $\alpha, \beta \in V$,有

$$(\mathcal{A}\alpha, \beta) = (\alpha, \mathcal{A}^*\beta) = (\alpha, -\mathcal{A}\beta) = -(\alpha, \mathcal{A}\beta),$$

因此 $\mathcal{A}$ 是斜 Hermite 变换。 ■

例 17 证明:酉空间 V 上的线性变换 $\mathcal{A}$ 是酉变换当且仅当 $\mathcal{A}^* = \mathcal{A}^{-1}$。

证明 必要性已证,下面证充分性。设 V 上的线性变换 $\mathcal{A}$ 有伴随变换 $\mathcal{A}^*$,且 $\mathcal{A}^* = \mathcal{A}^{-1}$,则对任意 $\alpha, \beta \in V$,有

$$(\mathcal{A}\alpha, \mathcal{A}\beta) = (\alpha, \mathcal{A}^*(\mathcal{A}\beta)) = (\alpha, \mathcal{A}^{-1}\mathcal{A}\beta) = (\alpha, \beta),$$

因此 $\mathcal{A}$ 是酉变换。 ■

例 18 证明:在酉空间 V 中,若 $\mathcal{A}$ 是 Hermite 变换(斜 Hermite 变换),则 $\mathrm{i}\mathcal{A}$ 是斜 Hermite 变换(Hermite 变换)。

证明 设 $\mathcal{A}$ 是 Hermite 变换,则 $\mathcal{A}^* = \mathcal{A}$,从而

$$(\mathrm{i}\mathcal{A})^* = \bar{\mathrm{i}}\mathcal{A}^* = -\mathrm{i}\mathcal{A}。$$

据例 16 得,$\mathrm{i}\mathcal{A}$ 是斜 Hermite 变换。

设 $\mathcal{A}$ 是斜 Hermite 变换,则 $\mathcal{A}^* = -\mathcal{A}$,从而

$$(\mathrm{i}\mathcal{A})^* = \bar{\mathrm{i}}\mathcal{A}^* = -\mathrm{i}(-\mathcal{A}) = \mathrm{i}\mathcal{A},$$

因此 $\mathrm{i}\mathcal{A}$ 是 Hermite 变换。 ■

例 19 设 $\mathcal{A}$ 是酉空间 V 上的一个线性变换,证明:

(1) $\mathcal{A}$ 是 Hermite 变换当且仅当对任意 $\alpha \in V$,有 $(\mathcal{A}\alpha, \alpha)$ 是实数;

(2) $\mathcal{A}$ 是斜 Hermite 变换当且仅当对任意 $\alpha \in V$,有 $(\mathcal{A}\alpha, \alpha)$ 是 0 或纯虚数。

证明 (1) 必要性。设 $\mathcal{A}$ 是 Hermite 变换,则

$$(\mathcal{A}\alpha, \alpha) = (\alpha, \mathcal{A}\alpha) = \overline{(\mathcal{A}\alpha, \alpha)}, \qquad \forall \alpha \in V,$$

于是 $(\mathcal{A}\alpha, \alpha)$ 是实数,$\forall \alpha \in V$。

充分性。任取 $\alpha, \beta \in V$,由已知条件,对任意 $k \in \mathbf{C}$,有

$$(\mathcal{A}(\alpha + k\beta), \alpha + k\beta) = \overline{(\mathcal{A}(\alpha + k\beta), \alpha + k\beta)},$$

于是

$$(\mathcal{A}\alpha, \alpha) + (\mathcal{A}\alpha, k\beta) + (\mathcal{A}(k\beta), \alpha) + (\mathcal{A}(k\beta), k\beta)$$

$$= \overline{(\mathcal{A}\alpha,\alpha)} + \overline{(\mathcal{A}\alpha,k\beta)} + \overline{(\mathcal{A}(k\beta),\alpha)} + \overline{(\mathcal{A}(k\beta),k\beta)}.$$

由已知条件,从上式得

$$\overline{k}(\mathcal{A}\alpha,\beta) + k(\mathcal{A}\beta,\alpha) = k\,\overline{(\mathcal{A}\alpha,\beta)} + \overline{k}\,\overline{(\mathcal{A}\beta,\alpha)}.$$

分别取 $k=1,k=\mathrm{i}$,由上式得

$$(\mathcal{A}\alpha,\beta) + (\mathcal{A}\beta,\alpha) = \overline{(\mathcal{A}\alpha,\beta)} + \overline{(\mathcal{A}\beta,\alpha)},$$

$$-\mathrm{i}(\mathcal{A}\alpha,\beta) + \mathrm{i}(\mathcal{A}\beta,\alpha) = \mathrm{i}\,\overline{(\mathcal{A}\alpha,\beta)} - \mathrm{i}\,\overline{(\mathcal{A}\beta,\alpha)},$$

解得

$$(\mathcal{A}\alpha,\beta) = (\alpha,\mathcal{A}\beta).$$

因此 $\mathcal{A}$ 是 Hermite 变换。

（2）必要性。设 $\mathcal{A}$ 是斜 Hermite 变换,则

$$(\mathcal{A}\alpha,\alpha) = -(\alpha,\mathcal{A}\alpha) = -\overline{(\mathcal{A}\alpha,\alpha)}, \qquad \forall\alpha\in V.$$

因此 $(\mathcal{A}\alpha,\alpha)$ 是 0 或纯虚数, $\forall\alpha\in V$。

充分性。任取 $\alpha,\beta\in V,k\in\mathbf{C}$,由已知条件得

$$(\mathcal{A}(\alpha+k\beta),\alpha+k\beta) = -\overline{(\mathcal{A}(\alpha+k\beta),\alpha+k\beta)},$$

于是

$$(\mathcal{A}\alpha,\alpha) + (\mathcal{A}\alpha,k\beta) + (\mathcal{A}(k\beta),\alpha) + (\mathcal{A}(k\beta),k\beta)$$

$$= -\overline{(\mathcal{A}\alpha,\alpha)} - \overline{(\mathcal{A}\alpha,k\beta)} - \overline{(\mathcal{A}(k\beta),\alpha)} - \overline{(\mathcal{A}(k\beta),k\beta)},$$

由已知条件,从上式得

$$\overline{k}(\mathcal{A}\alpha,\beta) + k(\mathcal{A}\beta,\alpha) = -k\,\overline{(\mathcal{A}\alpha,\beta)} - \overline{k}\,\overline{(\mathcal{A}\beta,\alpha)}.$$

分别取 $k=1,k=\mathrm{i}$,由上式得

$$\begin{cases}(\mathcal{A}\alpha,\beta) + (\mathcal{A}\beta,\alpha) = -\overline{(\mathcal{A}\alpha,\beta)} - \overline{(\mathcal{A}\beta,\alpha)},\\[2mm] -\mathrm{i}(\mathcal{A}\alpha,\beta) + \mathrm{i}(\mathcal{A}\beta,\alpha) = -\mathrm{i}\,\overline{(\mathcal{A}\alpha,\beta)} + \mathrm{i}\,\overline{(\mathcal{A}\beta,\alpha)},\end{cases}$$

解得

$$(\mathcal{A}\alpha,\beta) = -(\alpha,\mathcal{A}\beta).$$

因此 $\mathcal{A}$ 是斜 Hermite 变换。∎

例 20　证明:酉空间 V 上的线性变换 $\mathcal{A}$ 如果有伴随变换 $\mathcal{A}^*$,那么 $\mathcal{A}$ 可以唯一地表示成

$$\mathcal{A} = \mathcal{A}_1 + \mathrm{i}\mathcal{A}_2, \tag{76}$$

其中 $\mathcal{A}_1,\mathcal{A}_2$ 都是 Hermite 变换。

证明　令

$$\mathcal{A}_1 = \frac{1}{2}(\mathcal{A} + \mathcal{A}^*),\mathcal{A}_2 = \frac{1}{2\mathrm{i}}(\mathcal{A} - \mathcal{A}^*), \tag{77}$$

则 $\mathcal{A}_1^* = \mathcal{A}_1,\mathcal{A}_2^* = \mathcal{A}_2$,且 $\mathcal{A} = \mathcal{A}_1 + \mathrm{i}\mathcal{A}_2$。

设 $\mathcal{A} = \mathcal{B}_1 + \mathrm{i}\mathcal{B}_2$,其中 $\mathcal{B}_1,\mathcal{B}_2$ 都是 Hermite 变换,则

$$\mathcal{A}^* = \mathcal{B}_1^* + \overline{\mathrm{i}}\,\mathcal{B}_2^* = \mathcal{B}_1 - \mathrm{i}\mathcal{B}_2。$$

联立上述两个等式,解得

$$\mathcal{B}_1 = \frac{1}{2}(\mathcal{A} + \mathcal{A}^*),\mathcal{B}_2 = \frac{1}{2\mathrm{i}}(\mathcal{A} - \mathcal{A}^*)。$$

唯一性得证。∎

例 21　证明:酉空间 V 上的线性变换 $\mathcal{A}$ 如果满足下列 3 个条件中的任意 2 个,那么

它满足第 3 个条件：

(1) $\mathcal{A}$ 是酉变换；(2) $\mathcal{A}$ 是 Hermite 变换；(3) $\mathcal{A}$ 是对合变换(即 $\mathcal{A}^2=\mathcal{I}$)。

证明 设 $\mathcal{A}$ 满足条件(1)和(2)，则 $\mathcal{A}^*=\mathcal{A}^{-1}$，$\mathcal{A}^*=\mathcal{A}$，从而 $\mathcal{A}^{-1}=\mathcal{A}$，因此 $\mathcal{A}^2=\mathcal{I}$。

设 $\mathcal{A}$ 满足条件(1)和(3)，则 $\mathcal{A}^*=\mathcal{A}^{-1}$，$\mathcal{A}^2=\mathcal{I}$，从而 $\mathcal{A}^*=\mathcal{A}^{-1}=\mathcal{A}$。因此 $\mathcal{A}$ 是 Hermite 变换。

设 $\mathcal{A}$ 满足条件(2)和(3)，则 $\mathcal{A}^*=\mathcal{A}$，$\mathcal{A}^2=\mathcal{I}$，从而 $\mathcal{A}^*=\mathcal{A}=\mathcal{A}^{-1}$。因此 $\mathcal{A}$ 是酉变换。∎

例 22 设 W 是酉空间 V 的一个子空间，对于 $\alpha\in V$，如果存在 $\delta\in W$，使得

$$d(\alpha,\delta)\leqslant d(\alpha,\gamma), \qquad \forall\,\gamma\in W, \tag{78}$$

那么称 δ 是 α 在 W 上的**最佳逼近元**。证明：

(1) $\delta\in W$ 是 α 在 W 上的最佳逼近元当且仅当 $\alpha-\delta\in W^\perp$；

(2) 如果 α 在 W 上的最佳逼近元存在，那么它是唯一的。

证明 (1)充分性。对于 $\alpha\in V$，设 $\delta\in W$ 使得 $\alpha-\delta\in W^\perp$，则对任意 $\gamma\in W$，有 $(\alpha-\delta)\perp(\delta-\gamma)$。根据勾股定理得

$$[d(\alpha,\gamma)]^2=|\alpha-\gamma|^2=|\alpha-\delta+\delta-\gamma|^2=|\alpha-\delta|^2+|\delta-\gamma|^2$$
$$\geqslant|\alpha-\delta|^2=(d(\alpha,\delta))^2.$$

因此 $d(\alpha,\gamma)\geqslant d(\alpha,\delta)$，$\forall\,\gamma\in W$，于是 δ 是 α 在 W 上的最佳逼近元。

必要性。设 δ 是 α 在 W 上的最佳逼近元，则

$$d(\alpha,\delta)\leqslant d(\alpha,\gamma), \quad \forall\,\gamma\in W.$$

由于 $\forall\,\gamma\in W$，有

$$|\alpha-\gamma|^2=|(\alpha-\delta)+(\delta-\gamma)|^2$$
$$=|\alpha-\delta|^2+(\alpha-\delta,\delta-\gamma)+(\delta-\gamma,\alpha-\delta)+|\delta-\gamma|^2$$
$$=|\alpha-\delta|^2+(\alpha-\delta,\delta-\gamma)+\overline{(\alpha-\delta,\delta-\gamma)}+|\delta-\gamma|^2.$$

因此 $\forall\,\gamma\in W$，有

$$(\alpha-\delta,\delta-\gamma)+\overline{(\alpha-\delta,\delta-\gamma)}+|\delta-\gamma|^2\geqslant0. \tag{79}$$

于是当 $k\neq0$ 时，$\delta-\gamma$ 用 $k(\delta-\gamma)$ 代替，从(79)式得，$\forall\,\gamma\in W$，有

$$\bar{k}(\alpha-\delta,\delta-\gamma)+k\overline{(\alpha-\delta,\delta-\gamma)}+k\bar{k}|\delta-\gamma|^2\geqslant0. \tag{80}$$

显然，当 $k=0$ 时，(80)式也成立。当 $\gamma\neq\delta$ 时，取

$$k_0=-\frac{(\alpha-\delta,\delta-\gamma)}{|\delta-\gamma|^2},$$

代入(80)式得，$\forall\,\gamma\in W$，且 $\gamma\neq\delta$，有

$$-\frac{|(\alpha-\delta,\delta-\gamma)|^2}{|\delta-\gamma|^2}\geqslant0. \tag{81}$$

由此得出，$(\alpha-\delta,\delta-\gamma)=0$，$\forall\,\gamma\in W$ 且 $\gamma\neq\delta$。因此 $(\alpha-\delta,\beta)=0$，$\forall\,\beta\in W$，从而 $\alpha-\delta\in W^\perp$。

(2) 设 δ,β 都是 α 在 W 上的最佳逼近元，则 $d(\alpha,\delta)=d(\alpha,\beta)$。由第(1)小题的结论，$\alpha-\delta\in W^\perp$。由于 $\delta-\beta\in W$，因此 $(\alpha-\delta)\perp(\delta-\beta)$，从而根据勾股定理得

$$|\alpha-\beta|^2=|\alpha-\delta+\delta-\beta|^2=|\alpha-\delta|^2+|\delta-\beta|^2.$$

由此得出, $|\delta-\beta|^2=0$, 从而 $\delta=\beta$ 。　　　　　　　　　　　　　　　■

点评: 设 W 是酉空间 V 的一个子空间, 对于 $\alpha\in V$, 如果 α 在 W 上的最佳逼近元 δ 存在, 那么把 δ 称为 **α 在 W 上的正交投影**。如果 V 中每个向量 α 都有在 W 上的正交投影 δ , 那么把 α 对应到 δ 的映射称为 **V 在 W 上的正交投影**。此时由于 $\alpha-\delta\in W^\perp$, 因此 α 可以表示成

$$\alpha=\delta+(\alpha-\delta), \qquad \delta\in W, \alpha-\delta\in W^\perp, \tag{82}$$

从而 $V=W+W^\perp$ 。由于 $W\cap W^\perp=0$, 因此 $V=W\oplus W^\perp$ 。这表明: 这里给出的 V 在 W 上的正交投影的定义与定理 7 后面一段话中给出的正交投影的定义一致; 并且这证明了下面例 23 的结论。

例 23 设 W 是酉空间 V 的一个子空间, 则 V 在 W 上的正交投影存在当且仅当

$$V=W\oplus W^\perp。$$

例 24 设 W 是酉空间 V 的一个子空间, 证明: 如果 V 在 W 上的正交投影 $\mathcal{P}$ 存在, 那么 $\mathcal{P}$ 是 V 上的幂等线性变换, 且

$$\text{Ker } \mathcal{P}=W^\perp, \qquad \text{Im } \mathcal{P}=W。$$

证明 设 V 在 W 上的正交投影 $\mathcal{P}$ 存在, 则根据例 23 得, $V=W\oplus W^\perp$, 且 $\mathcal{P}$ 是平行于 $W^\perp$ 在 W 上的投影, 因此 $\mathcal{P}$ 是 V 上的幂等线性变换, 且 $\text{Im } \mathcal{P}=W, \text{Ker } \mathcal{P}=W^\perp$ 。　■

例 25 设 $\mathcal{P}$ 是酉空间 V 在子空间 W 上的正交投影, 证明: $\mathcal{P}$ 是 V 上的 Hermite 变换。

证明 对于任意 $\alpha,\beta\in V$, 由于 $\alpha-\mathcal{P}(\alpha)\in W^\perp, \beta-\mathcal{P}(\beta)\in W^\perp$, 因此

$$0=(\alpha-\mathcal{P}\alpha, \mathcal{P}\beta)=(\alpha,\mathcal{P}\beta)-(\mathcal{P}\alpha,\mathcal{P}\beta),$$
$$0=(\beta-\mathcal{P}\beta, \mathcal{P}\alpha)=(\beta,\mathcal{P}\alpha)-(\mathcal{P}\beta,\mathcal{P}\alpha),$$

于是有

$$(\mathcal{P}\alpha,\beta)=\overline{(\beta,\mathcal{P}\alpha)}=\overline{(\mathcal{P}\beta,\mathcal{P}\alpha)}=(\mathcal{P}\alpha,\mathcal{P}\beta)=(\alpha,\mathcal{P}\beta),$$

因此 $\mathcal{P}$ 是 V 上的 Hermite 变换。　　　　　　　　　　　　　　　■

例 26 设 $\mathcal{P}$ 是酉空间 V 上的一个线性变换, 证明: $\mathcal{P}$ 是 V 在一个子空间上的正交投影当且仅当 $\mathcal{P}$ 是幂等的 Hermite 变换。

证明 必要性。从例 24 和例 25 立即得到。

充分性。设 $\mathcal{P}$ 是幂等的 Hermite 变换, 由于 $\mathcal{P}$ 是 V 上的幂等线性变换, 因此根据 9.2 节的命题 3 得

$$V=\text{Ker } \mathcal{P}\oplus\text{Im } \mathcal{P},$$

且 $\mathcal{P}$ 是平行于 $\text{Ker } \mathcal{P}$ 在 $\text{Im } \mathcal{P}$ 上的投影。由于 $\mathcal{P}$ 是 Hermite 变换, 因此

$$\alpha\in\text{Ker } \mathcal{P} \iff \mathcal{P}\alpha=0$$
$$\iff (\mathcal{P}\alpha,\beta)=0, \forall \beta\in V$$
$$\iff (\alpha,\mathcal{P}\beta)=0, \forall \beta\in V$$
$$\iff \alpha\in(\text{Im } \mathcal{P})^\perp。$$

由此得出, $\text{Ker } \mathcal{P}=(\text{Im } \mathcal{P})^\perp$, 从而 $V=\text{Im } \mathcal{P}\oplus(\text{Im } \mathcal{P})^\perp$ 。因此 $\mathcal{P}$ 是 V 在 $\text{Im } \mathcal{P}$ 上的正交投影。　　　　　　　　　　　　　　　■

点评: 在例 26 的充分性的证明中看到, 若 $\mathcal{P}$ 是 Hermite 变换, 则 $\text{Ker } \mathcal{P}=(\text{Im } \mathcal{P})^\perp$ 。

与例 26 的充分性证明类似可证：若 $\mathcal{P}$ 是斜 Hermite 变换，则 Ker $\mathcal{P}=(\mathrm{Im}\ \mathcal{P})^{\perp}$。例 26 用幂等的 Hermite 变换来刻画正交投影。

例 27　设 W_1,W_2 是酉空间 V 的两个子空间，证明：

(1) 若 $W_1\subseteq W_2$，则 $W_1^{\perp}\supseteq W_2^{\perp}$；　　　(2) $W_i\subseteq(W_i^{\perp})^{\perp}$，$i=1,2$；

(3) 若 $W_1\subseteq W_2^{\perp}$，则 $W_2\subseteq W_1^{\perp}$，此时称 W_1 与 W_2 是**互相正交的**。

证明　(1) 任取 $\alpha\in W_2^{\perp}$，则对任意 $\beta\in W_2$，有 $(\alpha,\beta)=0$。由于 $W_1\subseteq W_2$，因此 $\alpha\in W_1^{\perp}$，从而 $W_2^{\perp}\subseteq W_1^{\perp}$。

(2) 任取 $\alpha\in W_i$，则对于任意 $\beta\in W_i^{\perp}$，有 $(\beta,\alpha)=0$，从而 $(\alpha,\beta)=0$。于是 $\alpha\in(W_i^{\perp})^{\perp}$，因此 $W_i\subseteq(W_i^{\perp})^{\perp}$。

(3) 若 $W_1\subseteq W_2^{\perp}$，则根据第(1)小题得，$W_1^{\perp}\supseteq(W_2^{\perp})^{\perp}$。根据第(2)小题得，$(W_2^{\perp})^{\perp}\supseteq W_2$。因此 $W_1^{\perp}\supseteq W_2$。　■

例 28　设 $\mathcal{P}_1,\mathcal{P}_2$ 分别是酉空间 V 在子空间 W_1,W_2 上的正交投影。证明：$\mathcal{P}_2\mathcal{P}_1=O$ 当且仅当 W_1 与 W_2 互相正交。

证明　必要性。设 $\mathcal{P}_2\mathcal{P}_1=O$，则对任意 $\alpha\in V$，有 $\mathcal{P}_2(\mathcal{P}_1\alpha)=0$，于是 $\mathcal{P}_1\alpha\in\mathrm{Ker}\ \mathcal{P}_2$。根据例 24 得，$\mathrm{Ker}\ \mathcal{P}_2=W_2^{\perp}$，因此 $\mathcal{P}_1\alpha\in W_2^{\perp}$，从而 $\mathrm{Im}\ \mathcal{P}_1\subseteq W_2^{\perp}$。仍根据例 24 得，$\mathrm{Im}\ \mathcal{P}_1=W_1$。因此 $W_1\subseteq W_2^{\perp}$。根据例 27 得，W_1 与 W_2 互相正交。

充分性。设 W_1 与 W_2 互相正交，则 $W_1\subseteq W_2^{\perp}$。根据例 24 得，$\mathrm{Im}\ \mathcal{P}_1\subseteq\mathrm{Ker}\ \mathcal{P}_2$。于是对任意 $\alpha\in V$，有 $\mathcal{P}_2(\mathcal{P}_1\alpha)=0$，因此 $\mathcal{P}_2\mathcal{P}_1=O$。　■

例 29　设 W 是酉空间 V 的一个子空间，证明：若 $V=W\oplus W^{\perp}$，则 $(W^{\perp})^{\perp}=W$。

证明　例 27 第(2)小题已证，$W\subseteq(W^{\perp})^{\perp}$。

任取 $\beta\in(W^{\perp})^{\perp}$，取 $\gamma\in W^{\perp}$，记 $\alpha=\beta+\gamma$。由于 $V=W\oplus W^{\perp}$，因此 $\alpha=\alpha_1+\alpha_2,\alpha_1\in W$，$\alpha_2\in W^{\perp}$，于是 $\beta+\gamma=\alpha_1+\alpha_2$，从而 $\beta-\alpha_1=\alpha_2-\gamma$。由于 $W\subseteq(W^{\perp})^{\perp}$，因此 $\beta-\alpha_1\in(W^{\perp})^{\perp}$。又有 $\alpha_2-\gamma\in W^{\perp}$，由于 $W^{\perp}\bigcap(W^{\perp})^{\perp}=0$，因此 $\beta-\alpha_1=0$，即 $\beta=\alpha_1\in W$，从而 $(W^{\perp})^{\perp}\subseteq W$，所以 $(W^{\perp})^{\perp}=W$。　■

例 30　设 W_1,W_2 是酉空间 V 的两个子空间。证明：

(1) $(W_1+W_2)^{\perp}=W_1^{\perp}\bigcap W_2^{\perp}$；

(2) 若 $V=W_i\oplus W_i^{\perp}$，$i=1,2$，则 $(W_1\bigcap W_2)^{\perp}\supseteq W_1^{\perp}+W_2^{\perp}$；

(3) 若 V 是有限维的，则 $(W_1\bigcap W_2)^{\perp}=W_1^{\perp}+W_2^{\perp}$。

证明　(1) 由于 $W_i\subseteq W_1+W_2$，因此根据例 27 的第(1)小题得，$W_i^{\perp}\supseteq(W_1+W_2)^{\perp}$，$i=1,2$，从而

$$W_1^{\perp}\bigcap W_2^{\perp}\supseteq(W_1+W_2)^{\perp}。$$

任取 $\alpha\in W_1^{\perp}\bigcap W_2^{\perp}$，则对于 W_1+W_2 中任一向量 $\beta_1+\beta_2$（其中 $\beta_1\in W_1,\beta_2\in W_2$），有

$$(\alpha,\beta_1+\beta_2)=(\alpha,\beta_1)+(\alpha,\beta_2)=0，$$

因此 $\alpha\in(W_1+W_2)^{\perp}$，从而 $W_1^{\perp}\bigcap W_2^{\perp}\subseteq(W_1+W_2)^{\perp}$，所以

$$(W_1+W_2)^{\perp}=W_1^{\perp}\bigcap W_2^{\perp}。$$

(2) 若 $V=W_i\oplus W_i^{\perp}$，$i=1,2$，则 $(W_i^{\perp})^{\perp}=W_i$，$i=1,2$。在第(1)小题的等式中，把 W_i

用 $W_i^\perp$ 代替,得

$$(W_1^\perp + W_2^\perp)^\perp = (W_1^\perp)^\perp \bigcap (W_2^\perp)^\perp = W_1 \bigcap W_2,$$

于是

$$((W_1^\perp + W_2^\perp)^\perp)^\perp = (W_1 \bigcap W_2)^\perp. \tag{83}$$

根据例 27 的第(2)小题得,$W_1^\perp + W_2^\perp \subseteq (W_1 \bigcap W_2)^\perp$。

(3) 若 V 是有限维的,则 $V = (W_1^\perp + W_2^\perp) \oplus (W_1^\perp + W_2^\perp)^\perp$,$V = (W_1^\perp + W_2^\perp)^\perp \oplus [(W_1^\perp + W_2^\perp)^\perp]^\perp$,于是从第(2)小题的(83)式得到

$$W_1^\perp + W_2^\perp = (W_1 \bigcap W_2)^\perp。$$

例 31　设 $\mathcal{P}_1$ 和 $\mathcal{P}_2$ 分别是酉空间 V 在子空间 W_1 和 W_2 上的正交投影,证明:$\mathcal{P}_1 + \mathcal{P}_2$ 是正交投影当且仅当 W_1 与 W_2 互相正交,且此时 $\mathcal{P}_1 + \mathcal{P}_2$ 是 V 在 $W_1 \oplus W_2$ 上的正交投影。

证明　必要性。设 $\mathcal{P}_1 + \mathcal{P}_2$ 是正交投影,则 $\mathcal{P}_1 + \mathcal{P}_2$ 是幂等的;又 $\mathcal{P}_1$ 和 $\mathcal{P}_2$ 也是幂等的,于是根据 9.1 节例 10 得,$\mathcal{P}_1\mathcal{P}_2 = \mathcal{P}_2\mathcal{P}_1 = O$,从而根据例 28 得,$W_1$ 与 W_2 互相正交。

充分性。设 W_1 与 W_2 互相正交,则根据例 28 得,$\mathcal{P}_2\mathcal{P}_1 = \mathcal{P}_1\mathcal{P}_2 = O$。由于 $\mathcal{P}_1$ 和 $\mathcal{P}_2$ 是幂等的,因此根据 9.1 节例 10 得,$\mathcal{P}_1 + \mathcal{P}_2$ 也是幂等的。由于 $\mathcal{P}_1$ 和 $\mathcal{P}_2$ 是正交投影,因此它们都是 Hermite 变换,从而 $\mathcal{P}_1^* = \mathcal{P}_1$,$\mathcal{P}_2^* = \mathcal{P}_2$,于是

$$(\mathcal{P}_1 + \mathcal{P}_2)^* = \mathcal{P}_1^* + \mathcal{P}_2^* = \mathcal{P}_1 + \mathcal{P}_2,$$

因此 $\mathcal{P}_1 + \mathcal{P}_2$ 是 Hermite 变换。根据例 26 得,$\mathcal{P}_1 + \mathcal{P}_2$ 是 V 在子空间 $\text{Im}(\mathcal{P}_1 + \mathcal{P}_2)$ 上的正交投影。

根据例 24 得,$\text{Im}\,\mathcal{P}_i = W_i$,$\text{Ker}\,\mathcal{P}_i = W_i^\perp$,$i = 1, 2$。由于 $W_1 \subseteq W_2^\perp$,$W_2 \subseteq W_1^\perp$,因此对于任意 $\alpha_1 \in W_1$,$\alpha_2 \in W_2$,有

$$(\mathcal{P}_1 + \mathcal{P}_2)(\alpha_1 + \alpha_2) = \mathcal{P}_1(\alpha_1 + \alpha_2) + \mathcal{P}_2(\alpha_1 + \alpha_2) = \mathcal{P}_1\alpha_1 + \mathcal{P}_2\alpha_2 = \alpha_1 + \alpha_2,$$

从而 $W_1 + W_2 \subseteq \text{Im}(\mathcal{P}_1 + \mathcal{P}_2)$。任取 $\gamma \in \text{Im}(\mathcal{P}_1 + \mathcal{P}_2)$,则存在 $\alpha \in V$,使得 $\gamma = (\mathcal{P}_1 + \mathcal{P}_2)\alpha = \mathcal{P}_1\alpha + \mathcal{P}_2\alpha$,从而 $\gamma \in W_1 + W_2$,因此 $\text{Im}(\mathcal{P}_1 + \mathcal{P}_2) \subseteq W_1 + W_2$。综上所述,$\text{Im}(\mathcal{P}_1 + \mathcal{P}_2) = W_1 + W_2$。由于 $W_1 \subseteq W_2^\perp$,因此 $W_1 \bigcap W_2 \subseteq W_2^\perp \bigcap W_2 = 0$,从而 $W_1 + W_2$ 是直和。因此 $\mathcal{P}_1 + \mathcal{P}_2$ 是 V 在 $W_1 \oplus W_2$ 上的正交投影。

例 32　设 $\mathcal{P}$ 是酉空间 V 在子空间 W 上的正交投影,证明:$\mathcal{I} - \mathcal{P}$ 是 V 在 $W^\perp$ 上的正交投影。

证明　由于 $\mathcal{P}$ 是 V 在 W 上的正交投影,因此

$$V = W \oplus W^\perp,$$

且 $\text{Im}\,\mathcal{P} = W$。于是对于任意 $\alpha \in V$,有 $\alpha - \mathcal{P}\alpha \in W^\perp$,从而

$$\alpha = (\mathcal{I} - \mathcal{P})\alpha + \mathcal{P}\alpha, (\mathcal{I} - \mathcal{P})\alpha \in W^\perp, \mathcal{P}\alpha \in W = (W^\perp)^\perp。$$

因此 $\mathcal{I} - \mathcal{P}$ 是 V 在 $W^\perp$ 上的正交投影。

例 33　设 $\mathcal{P}_1$,$\mathcal{P}_2$ 分别是酉空间 V 在子空间 W_1,W_2 上的正交投影,证明:$\mathcal{P}_1 - \mathcal{P}_2$ 是正交投影当且仅当 $W_1 \supseteq W_2$,且此时 $\mathcal{P}_1 - \mathcal{P}_2$ 是 V 在 $W_1 \bigcap W_2^\perp$ 上的正交投影。

证明　根据例 32 和例 31 得,

$$\mathcal{P}_1 - \mathcal{P}_2 \text{ 是正交投影}$$

$\Longleftrightarrow \quad \mathcal{I}-(\mathcal{P}_1-\mathcal{P}_2)$ 是正交投影

$\Longleftrightarrow \quad (\mathcal{I}-\mathcal{P}_1)+\mathcal{P}_2$ 是正交投影

$\Longleftrightarrow \quad W_1^{\perp}\subseteq W_2^{\perp}$，且$(\mathcal{I}-\mathcal{P}_1)+\mathcal{P}_2$ 是 V 在 $W_1^{\perp}\oplus W_2$ 上的正交投影

$\Longleftrightarrow \quad W_1\supseteq W_2$，且 $\mathcal{P}_1-\mathcal{P}_2$ 是 V 在$(W_1^{\perp}\oplus W_2)^{\perp}$上的正交投影

$\Longleftrightarrow \quad W_1\supseteq W_2$，且 $\mathcal{P}_1-\mathcal{P}_2$ 是 V 在 $W_1\cap W_2^{\perp}$ 上的正交投影。∎

例 34　设 $\mathcal{P}_1,\mathcal{P}_2$ 分别是酉空间 V 在子空间 W_1,W_2 上的正交投影，证明：$\mathcal{P}_1\mathcal{P}_2$ 是正交投影当且仅当 $\mathcal{P}_1\mathcal{P}_2=\mathcal{P}_2\mathcal{P}_1$，且此时 $\mathcal{P}_1\mathcal{P}_2$ 是 V 在 $W_1\cap W_2$ 上的正交投影。

证明　根据例 26 得，$\mathcal{P}_1,\mathcal{P}_2$ 都是幂等的 Hermite 变换。于是根据本节习题第 11 题得

$\mathcal{P}_1\mathcal{P}_2$ 是正交投影　$\Longleftrightarrow$　$\mathcal{P}_1\mathcal{P}_2$ 是幂等的 Hermite 变换

$\Longleftrightarrow$　$\mathcal{P}_1\mathcal{P}_2=\mathcal{P}_2\mathcal{P}_1$。

由于 $\operatorname{Im}\mathcal{P}_i=W_i$，$i=1,2$，因此任取 $\beta\in W_1\cap W_2$，有 $\mathcal{P}_1\mathcal{P}_2\beta=\mathcal{P}_1\beta=\beta$，从而 $\beta\in\operatorname{Im}\mathcal{P}_1\mathcal{P}_2$，于是 $W_1\cap W_2\subseteq\operatorname{Im}\mathcal{P}_1\mathcal{P}_2$。任取 $\gamma\in\operatorname{Im}\mathcal{P}_1\mathcal{P}_2$，则有 $\alpha\in V$，使得 $\gamma=\mathcal{P}_1\mathcal{P}_2\alpha=\mathcal{P}_2\mathcal{P}_1\alpha$，于是 $\gamma\in W_1\cap W_2$，从而 $\operatorname{Im}\mathcal{P}_1\mathcal{P}_2\subseteq W_1\cap W_2$。因此 $\operatorname{Im}\mathcal{P}_1\mathcal{P}_2=W_1\cap W_2$，于是当 $\mathcal{P}_1\mathcal{P}_2=\mathcal{P}_2\mathcal{P}_1$ 时，$\mathcal{P}_1\mathcal{P}_2$ 是 V 在 $W_1\cap W_2$ 上的正交投影。∎

例 35　证明：酉空间 V 上正规变换 $\mathcal{A}$ 的属于不同特征值的特征向量一定正交。

证明　设 λ_1,λ_2 是正规变换 $\mathcal{A}$ 的不同特征值，ξ_1,ξ_2 是 $\mathcal{A}$ 的分别属于 λ_1,λ_2 的特征向量，则根据定理 12 得

$$\lambda_1(\xi_1,\xi_2)=(\lambda_1\xi_1,\xi_2)=(\mathcal{A}\xi_1,\xi_2)=(\xi_1,\mathcal{A}^*\xi_2)=(\xi_1,\overline{\overline{\lambda_2}}\xi_2)=\lambda_2(\xi_1,\xi_2)$$

由于 $\lambda_1\neq\lambda_2$，因此 $(\xi_1,\xi_2)=0$，即 ξ_1 与 ξ_2 正交。∎

例 36　设 $\mathcal{A}$ 是 n 维酉空间 V 上的正规变换，$\lambda_1,\lambda_2,\cdots,\lambda_s$ 是 $\mathcal{A}$ 的所有不同的特征值，V_i 表示属于 λ_i 的特征子空间，用 $\mathcal{P}_i$ 表示 V 在 V_i 上的正交投影，$i=1,2,\cdots,s$。证明：

(1) $V=V_1\oplus V_2\oplus\cdots\oplus V_s$，其中 V_i 与 V_j 互相正交，当 $i\neq j$；

(2) $\mathcal{P}_i\mathcal{P}_j=\mathcal{O}$，当 $i\neq j$；　　(3) $\displaystyle\sum_{i=1}^{s}\mathcal{P}_i=\mathcal{I}$；　　(4) $\mathcal{A}=\displaystyle\sum_{i=1}^{s}\lambda_i\mathcal{P}_i$。

证明　(1) 根据定理 14 得，n 维酉空间 V 上的正规变换 $\mathcal{A}$ 一定可对角化，因此

$$V=V_1\oplus V_2\oplus\cdots\oplus V_s。\tag{84}$$

根据例 35 得，当 $i\neq j$ 时，$V_i\subseteq V_j^{\perp}$，因此 V_i 与 V_j 互相正交。

(2) 由于当 $i\neq j$ 时，V_i 与 V_j 互相正交，因此根据例 28 得，$\mathcal{P}_i\mathcal{P}_j=\mathcal{O}$。

(3) 任取 $\alpha\in V$，根据(84)式得

$$\alpha=\alpha_1+\alpha_2+\cdots+\alpha_s,\quad\alpha_i\in V_i,\quad i=1,2\cdots,s\tag{85}$$

由于 $\mathcal{P}_i$ 是 V 在 V_i 上的正交投影，因此 $\operatorname{Im}\mathcal{P}_i=V_i$，从而 $\mathcal{P}_i\alpha_i=\alpha_i$，$i=1,2,\cdots,s$，于是当 $j\neq i$ 时，有 $\mathcal{P}_i\alpha_j=\mathcal{P}_i\mathcal{P}_j\alpha_j=0$。

$$\mathcal{P}_i\alpha=\mathcal{P}_i\Big(\alpha_i+\sum_{j\neq i}\alpha_j\Big)=\alpha_i,\quad i=1,2,\cdots,s,\tag{86}$$

因此 $\alpha=\mathcal{P}_1\alpha+\mathcal{P}_2\alpha+\cdots+\mathcal{P}_s\alpha=(\mathcal{P}_1+\mathcal{P}_2+\cdots+\mathcal{P}_s)\alpha,\forall\alpha\in V$，由此得出

$$\mathcal{P}_1+\mathcal{P}_2+\cdots+\mathcal{P}_s=\mathcal{I}。$$

(4) 任取 $\alpha\in V$，利用(85)式和第(3)小题中的(86)式得

$$\mathcal{A}\alpha=\mathcal{A}\alpha_1+\mathcal{A}\alpha_2+\cdots+\mathcal{A}\alpha_s=\lambda_1\alpha_1+\lambda_2\alpha_2+\cdots+\lambda_s\alpha_s$$

$$=\lambda_1\mathcal{P}_1\alpha+\lambda_2\mathcal{P}_2\alpha+\cdots+\lambda_s\mathcal{P}_s\alpha=(\lambda_1\mathcal{P}_1+\lambda_2\mathcal{P}_2+\cdots+\lambda_s\mathcal{P}_s)\alpha,$$

由此得出 $\qquad\qquad\qquad \mathcal{A}=\lambda_1\mathcal{P}_1+\lambda_2\mathcal{P}_2+\cdots+\lambda_s\mathcal{P}_s。$ ■

点评：例 36 表明：若 $\mathcal{A}$ 是 n 维酉空间 V 上的正规变换，则 V 能分解成 $\mathcal{A}$ 的特征子空间的**正交直和**（即，$\mathcal{A}$ 的特征子空间两两正交，且它们的直和等于 V）；并且 $\mathcal{A}$ 能分解成 $\mathcal{A}=\sum_{i=1}^{s}\lambda_i\mathcal{P}_i$，其中 $\lambda_1,\lambda_2,\cdots,\lambda_s$ 是 $\mathcal{A}$ 的所有不同的特征值，$\mathcal{P}_i$ 是 V 在属于 λ_i 的特征子空间 V_i 上的正交投影，$i=1,2,\cdots,s$。

例 37　设酉空间 $\widetilde{C}[0,1]$（参看例 1）上的一个变换 $\mathcal{A}:f\longmapsto\mathcal{A}f$，其中
$$(\mathcal{A}f)(x):=xf(x),\qquad\forall x\in[0,1]。$$
易看出 $\mathcal{A}$ 是 $\widetilde{C}[0,1]$ 上的一个线性变换，试问：

(1) $\mathcal{A}$ 有没有伴随变换？如果有，$\mathcal{A}^*$ 是什么？

(2) $\mathcal{A}$ 有没有特征值？

解　(1) 任取 $f,g\in\widetilde{C}[0,1]$，则
$$(\mathcal{A}f,g)=\int_0^1(\mathcal{A}f)(x)\,\overline{g(x)}\mathrm{d}x=\int_0^1xf(x)\,\overline{g(x)}\mathrm{d}x$$
$$=\int_0^1f(x)\,\overline{xg(x)}\mathrm{d}x=\int_0^1f(x)\,\overline{(\mathcal{A}g)(x)}\mathrm{d}x=(f,\mathcal{A}g),$$
因此 $\mathcal{A}$ 有伴随变换，且 $\mathcal{A}^*=\mathcal{A}$，即 $\mathcal{A}$ 是 Hermite 变换。

(2) 假如 $\mathcal{A}$ 有特征值 λ_1，则存在 $f\in\widetilde{C}[0,1]$ 且 $f\neq0$，使得 $\mathcal{A}f=\lambda_1f$，从而 $\forall x\in[0,1]$，有 $xf(x)=\lambda_1f(x)$，即 $(x-\lambda_1)f(x)=0$。根据命题 9 得，λ_1 是实数。若 $\lambda_1\notin[0,1]$，则 $\forall x\in[0,1]$，有 $f(x)=0$，从而 $f=0$，矛盾。若 $\lambda_1\in[0,1]$，则当 $[0,1]$ 中的 $x\neq\lambda_1$ 时，有 $f(x)=0$。由于 $f(x)$ 是 $[0,1]$ 上的连续函数，因此 $\lim\limits_{x\to\lambda_1}f(x)=0$，即 $f(\lambda_1)=0$，从而 $f=0$，矛盾。这证明了 $\mathcal{A}$ 没有特征值。

点评：例 37 给出了无限维酉空间上的线性变换可能有伴随变换的例子，给出了无限维酉空间 $\widetilde{C}[0,1]$ 上的一个 Hermite 变换，并且证明了这个 Hermite 变换没有特征值。这与有限维酉空间上的 Hermite 变换区别很大。

例 38　设 V 是有限维复（实）内积空间，$\mathcal{A}$ 是 V 上的一个线性变换，且 $\mathcal{A}$ 在 V 的一个标准正交基 $\eta_1,\eta_2,\cdots,\eta_n$ 下的矩阵 $\boldsymbol{A}$ 是上三角矩阵。证明：$\mathcal{A}$ 是正规变换当且仅当 $\boldsymbol{A}$ 是对角矩阵。

证明　充分性。设 $\boldsymbol{A}$ 是对角矩阵 $\mathrm{diag}\{\lambda_1,\lambda_2,\cdots,\lambda_n\}$，则根据定理 10 得，$\mathcal{A}^*$ 在基 $\eta_1,\eta_2,\cdots,\eta_n$ 下的矩阵为 $\boldsymbol{A}^*=\mathrm{diag}\{\overline{\lambda_1},\overline{\lambda_2},\cdots,\overline{\lambda_n}\}$。于是 $\boldsymbol{A}\boldsymbol{A}^*=\boldsymbol{A}^*\boldsymbol{A}$，从而 $\mathcal{A}\mathcal{A}^*=\mathcal{A}^*\mathcal{A}$，即 $\mathcal{A}$ 是正规变换。

必要性。设 $\mathcal{A}$ 是正规变换，则 $\boldsymbol{A}$ 是正规矩阵，于是 $\boldsymbol{A}\boldsymbol{A}^*=\boldsymbol{A}^*\boldsymbol{A}$。设 $\boldsymbol{A}=(a_{ij})$，由于 $\boldsymbol{A}$ 是上三角矩阵，因此 $a_{ki}=0$，当 $k>i$。比较 $\boldsymbol{A}\boldsymbol{A}^*$ 与 $\boldsymbol{A}^*\boldsymbol{A}$ 的 (i,i) 元，得
$$\sum_{k=1}^{n}|a_{ik}|^2=\sum_{k=1}^{n}|a_{ki}|^2,\qquad i=1,2,\cdots,n。 \tag{87}$$
当 $i=1$ 时，(87) 式成为
$$|a_{11}|^2+|a_{12}|^2+\cdots+|a_{1n}|^2=|a_{11}|^2。$$
由此得出，$a_{12}=a_{13}=\cdots=a_{1n}=0$。

当 $i=2$ 时，(87) 式成为
$$|a_{22}|^2+|a_{23}|^2+\cdots+|a_{2n}|^2=|a_{12}|^2+|a_{22}|^2。$$

由此得出,$a_{23}=a_{24}=\cdots=a_{2n}=0$。

陆续考虑 $i=3,4,\cdots,n-1$,从(87)式可得出,$a_{34}=a_{35}=\cdots=a_{3n}=0,\cdots,a_{n-1,n}=0$。因此 A 是对角矩阵。

点评:例 38 用矩阵语言叙述就是:"复(实)数域上的上三角矩阵 A 是正规矩阵当且仅当 A 是对角矩阵。"

例 39 设 V 是 n 维酉空间。证明:对于 V 上的任一线性变换 $\mathcal{A}$,V 中存在一个标准正交基,使得 $\mathcal{A}$ 在此基下的矩阵 A 是上三角矩阵。

证明 对酉空间的维数 n 作数学归纳法,$n=1$ 时命题显然成立。

假设对于 $n-1$ 维酉空间命题为真,现在来看 n 维酉空间 V 上的线性变换 $\mathcal{A}$。取 $\mathcal{A}^*$ 的一个特征值,记作 λ_n。设 η_n 是 $\mathcal{A}^*$ 的属于 λ_n 的一个单位特征向量,则 $\langle\eta_n\rangle$ 是 $\mathcal{A}^*$ 的不变子空间。根据定理 13 得,$\langle\eta_n\rangle^\perp$ 是 $(\mathcal{A}^*)^*=\mathcal{A}$ 的不变子空间,于是 $\mathcal{A}$ 在 $\langle\eta_n\rangle^\perp$ 上的限制是 $\langle\eta_n\rangle^\perp$ 上的线性变换。由于 $V=\langle\eta_n\rangle\oplus\langle\eta_n\rangle^\perp$,于是根据归纳假设,$\langle\eta_n\rangle^\perp$ 中存在一个标准正交基 $\eta_1,\cdots,\eta_{n-1}$,使得 $\mathcal{A}|\langle\eta_1\rangle^\perp$ 在此基下的矩阵 B 为上三角矩阵,显然 $\eta_1,\cdots,\eta_{n-1},\eta_n$ 是 V 的一个标准正交基。设

$$\mathcal{A}\eta_n=a_{1n}\eta_1+\cdots+a_{nn}\eta_n,$$

则 $\mathcal{A}$ 在 $\eta_1,\cdots,\eta_{n-1},\eta_n$ 下的矩阵 A 为

$$A=\begin{pmatrix} B & \boldsymbol{\alpha} \\ \mathbf{0}' & a_{nn} \end{pmatrix},$$

其中 $\boldsymbol{\alpha}=(a_{1n},\cdots,a_{n-1,n})'$。因此 A 是上三角矩阵。

根据数学归纳法原理,对一切正整数 n,命题为真。

点评:例 39 的证明中不是取 $\mathcal{A}$ 的一个特征值,而是取 $\mathcal{A}^*$ 的一个特征值,这是为了保证 $\langle\eta_n\rangle^\perp$ 是 $\mathcal{A}$ 的不变子空间,从而可以对 $\mathcal{A}|\langle\eta_n\rangle^\perp$ 用归纳假设。例 39 用矩阵的语言叙述就是:"任一 n 级复矩阵都酉相似于一个上三角矩阵。"本套教材上册 5.7 节的例 6 证明了:"任一 n 级复矩阵一定相似于一个上三角形矩阵。"这里的例 39 则进一步指出:任一 n 级复矩阵酉相似于一个上三角矩阵。

例 40 复数域上的对称矩阵是不是 Hermite 矩阵? 是不是正规矩阵?

解 设

$$A=\begin{pmatrix} 1 & i \\ i & 1 \end{pmatrix}, \qquad B=\begin{pmatrix} 1 & i \\ i & 0 \end{pmatrix},$$

则 A,B 都是复对称矩阵。由于

$$A^*=\begin{pmatrix} 1 & -i \\ -i & 1 \end{pmatrix}, \qquad B^*=\begin{pmatrix} 1 & -i \\ -i & 0 \end{pmatrix},$$

因此 A,B 都不是 Hermite 矩阵。由于

$$BB^*=\begin{pmatrix} 1 & i \\ i & 0 \end{pmatrix}\begin{pmatrix} 1 & -i \\ -i & 0 \end{pmatrix}=\begin{pmatrix} 2 & -i \\ i & 1 \end{pmatrix}, \qquad B^*B=\begin{pmatrix} 2 & i \\ -i & 1 \end{pmatrix},$$

因此 B 不是正规矩阵。计算得,$AA^*=A^*A$,因此 A 是正规矩阵。

复对称矩阵 A 是 Hermite 矩阵

$\iff A^*=A$ 且 $A'=A$

$\iff \bar{A}=A$ 且 $A'=A$

$\Longleftrightarrow$　A 是实对称矩阵。

　　复对称矩阵 A 是正规矩阵

$\Longleftrightarrow$　$AA^* = A^* A$ 且 $A' = A$

$\Longleftrightarrow$　$A\bar{A} = \bar{A}A$ 且 $A' = A$

$\Longleftrightarrow$　$A\bar{A} = \overline{\bar{A}A}$ 且 $A' = A$

$\Longleftrightarrow$　$A\bar{A}$ 是实矩阵且 $A' = A$。

例 41　设 $\mathcal{A}$ 是 n 维酉空间 V 上的正规变换，证明：若 W 是 $\mathcal{A}$ 的不变子空间，则 $W^\perp$ 也是 $\mathcal{A}$ 的不变子空间，且 $\mathcal{A}|W$ 是 W 上的正规变换。

证明　由于 $\mathcal{A}$ 是酉空间 V 上的正规变换，因此 $\mathcal{A}$ 可对角化。由于 W 是 $\mathcal{A}$ 的不变子空间，因此根据 9.6 节的命题 9 得

$$W = (V_{\lambda_{j_1}} \bigcap W) \oplus (V_{\lambda_{j_2}} \bigcap W) \oplus \cdots \oplus (V_{\lambda_{j_r}} \bigcap W),$$

其中 $V_{\lambda_{j_t}}$ 是 $\mathcal{A}$ 的属于特征值 λ_{j_t} 的特征子空间。任给 $\beta \in W$，则 $\beta = \beta_1 + \beta_2 + \cdots + \beta_r, \beta_t \in V_{\lambda_{j_t}} \bigcap W, t = 1, 2, \cdots, r$，于是 $\mathcal{A}\beta_t = \lambda_{j_t}\beta_t$。由于 $\mathcal{A}$ 是正规变换，因此根据定理 12 得，$\mathcal{A}^* \beta_t = \overline{\lambda_{j_t}}\beta_t \in W, t = 1, 2, \cdots, r$，从而

$$\mathcal{A}^* \beta = \mathcal{A}^* \beta_1 + \mathcal{A}^* \beta_2 + \cdots + \mathcal{A}^* \beta_r \in W.$$

于是 W 是 $\mathcal{A}^*$ 的不变子空间。根据定理 13 得，$W^\perp$ 是 $(\mathcal{A}^*)^*$ 的不变子空间，即 $W^\perp$ 是 $\mathcal{A}$ 的不变子空间。

　　任给 $\alpha, \beta \in W$，由于

$$(\alpha, \mathcal{A}^* \beta) = (\mathcal{A}\alpha, \beta) = ((\mathcal{A}|W)\alpha, \beta) = (\alpha, (\mathcal{A}|W)^* \beta),$$

因此 $(\alpha, \mathcal{A}^* \beta - (\mathcal{A}|W)^* \beta) = 0$，从而 $\mathcal{A}^* \beta - (\mathcal{A}|W)^* \beta \in W^\perp$。又由于 $\mathcal{A}^* \beta - (\mathcal{A}|W)^* \beta \in W$，因此 $\mathcal{A}^* \beta - (\mathcal{A}|W)^* \beta = 0$，从而 $\mathcal{A}^* |W = (\mathcal{A}|W)^*$。由于 $\mathcal{A}$ 是 V 上的正规变换，因此 $(\mathcal{A}|W)(\mathcal{A}|W)^* = (\mathcal{A}|W)(\mathcal{A}^* |W) = (\mathcal{A}^* |W)(\mathcal{A}|W) = (\mathcal{A}|W)^*(\mathcal{A}|W)$，从而 $\mathcal{A}|W$ 是 W 上的正规变换。　　　■

例 42　设 $\mathcal{A}, \mathcal{B}$ 是 n 维酉空间 V 上的正规变换，证明：若 $\mathcal{A}\mathcal{B} = \mathcal{B}\mathcal{A}$，则 V 中存在一个标准正交基，使得 $\mathcal{A}, \mathcal{B}$ 在此基下的矩阵都是对角矩阵。

证明　对酉空间的维数 n 作数学归纳法。

$n = 1$ 时，命题显然成立。

假设对于 $n - 1$ 维酉空间命题为真，现在来看 n 维酉空间上的正规变换 $\mathcal{A}, \mathcal{B}$，且它们满足 $\mathcal{A}\mathcal{B} = \mathcal{B}\mathcal{A}$ 的情形。

由于 $\mathcal{A}\mathcal{B} = \mathcal{B}\mathcal{A}$，因此 $\mathcal{A}, \mathcal{B}$ 至少有一个公共的特征向量 η_1。取 η_1 为单位向量，则 $V = \langle \eta_1 \rangle \oplus \langle \eta_1 \rangle^\perp$。由于 $\langle \eta_1 \rangle$ 是 $\mathcal{A}$ 不变子空间，也是 $\mathcal{B}$ 不变子空间，因此 $\langle \eta_1 \rangle^\perp$ 是 $\mathcal{A}$ 不变子空间，也是 $\mathcal{B}$ 不变子空间。于是 $\mathcal{A}|\langle \eta_1 \rangle^\perp, \mathcal{B}|\langle \eta_1 \rangle^\perp$ 都是 $\langle \eta_1 \rangle^\perp$ 上的正规变换，且它们仍可交换，因此根据归纳假设得，$\langle \eta_1 \rangle^\perp$ 中存在一个标准正交基 $\eta_2, \cdots, \eta_n$，使得 $\mathcal{A}|\langle \eta_1 \rangle^\perp$，$\mathcal{B}|\langle \eta_1 \rangle^\perp$ 在此基下的矩阵都是对角矩阵，从而 $\mathcal{A}, \mathcal{B}$ 在 V 的标准正交基 $\eta_1, \eta_2, \cdots, \eta_n$ 下的矩阵都是对角矩阵。

根据数学归纳法原理，对一切正整数 n，命题为真。　　　■

例 43　证明：有限维酉空间上的两个正规变换如果可交换，那么它们的乘积也是正规变换。

证明 设 $\mathscr{A},\mathscr{B}$ 是 n 维酉空间 V 上的两个正规变换,且 $\mathscr{A}\mathscr{B}=\mathscr{B}\mathscr{A}$。根据例 42 得,$V$ 中存在一个标准正交基 $\eta_1,\eta_2,\cdots,\eta_n$,使得 $\mathscr{A},\mathscr{B}$ 在此基下的矩阵 A,B 都为对角矩阵:$A=$ diag$\{\lambda_1,\lambda_2,\cdots,\lambda_n\}$,$B=$diag$\{\mu_1,\mu_2,\cdots,\mu_n\}$,于是 $\mathscr{A}\mathscr{B}$ 在此基下的矩阵为 $AB=$diag$\{\lambda_1\mu_1,\lambda_2\mu_2,\cdots,\lambda_n\mu_n\}$。显然,$AB$ 是正规矩阵,因此 $\mathscr{A}\mathscr{B}$ 是正规变换。∎

点评:例 43 指出,n 维酉空间 V 上两个正规变换的乘积仍是正规变换的一个充分条件是:它们可交换。注意这个条件不是必要条件,因为 n 维酉空间 V 上任意两个酉变换的乘积仍然是酉变换,无论它们是否可交换。例如,设

$$A = \begin{pmatrix} \dfrac{1}{2} & -\dfrac{\sqrt{3}}{2}\mathrm{i} \\ \dfrac{\sqrt{3}}{2} & \dfrac{1}{2}\mathrm{i} \end{pmatrix}, \qquad B = \begin{pmatrix} 1 & 0 \\ 0 & -1 \end{pmatrix}。$$

根据例 11 得,A 和 B 都是酉矩阵,容易看出

$$AB = \begin{pmatrix} \dfrac{1}{2} & \dfrac{\sqrt{3}}{2}\mathrm{i} \\ \dfrac{\sqrt{3}}{2} & -\dfrac{1}{2}\mathrm{i} \end{pmatrix}, \qquad BA = \begin{pmatrix} \dfrac{1}{2} & -\dfrac{\sqrt{3}}{2}\mathrm{i} \\ -\dfrac{\sqrt{3}}{2} & -\dfrac{1}{2}\mathrm{i} \end{pmatrix},$$

于是 $AB\neq BA$,但是根据例 11 得,AB 是酉矩阵。

例 44 设 $\mathscr{A}_1,\mathscr{A}_2,\cdots,\mathscr{A}_m$ 都是 n 维酉空间 V 上的正规变换,且它们两两可交换。证明:V 中存在一个标准正交基,使得它们在此基下的矩阵都是对角矩阵。

证明 对酉空间的维数 n 作第二数学归纳法。

$n=1$ 时,命题显然成立。

假设对于维数小于 n 的酉空间命题为真,现在来看 n 维酉空间的情形。

由于 $\mathscr{A}_1$ 是 V 上的正规变换,因此根据例 36 得

$$V = V_1 \oplus V_2 \oplus \cdots \oplus V_s, \tag{88}$$

其中 V_j 是 $\mathscr{A}_1$ 的属于特征值 λ_j 的特征子空间,$\lambda_1,\lambda_2,\cdots,\lambda_s$ 是 $\mathscr{A}_1$ 的所有不同的特征值,$V_1,V_2,\cdots,V_s$ 两两正交。若 $s=1$,则 $\mathscr{A}_1$ 是数乘变换,可以转而去考虑 $\mathscr{A}_2$,因此不妨设 $s\geqslant 2$。

由于 $\mathscr{A}_i$ 与 $\mathscr{A}_1$ 可交换,因此 $\mathscr{A}_1$ 的特征子空间 V_j 是 $\mathscr{A}_i$ 的不变子空间,$j=1,2,\cdots,s;i=1,2,\cdots,m$。于是 $\mathscr{A}_i|V_j$ 是 V_j 上的正规变换,且 $\mathscr{A}_1|V_j,\mathscr{A}_2|V_j,\cdots,\mathscr{A}_m|V_j$ 两两可交换。由于 $\dim V_j<\dim V$,因此根据归纳假设,V_j 中存在一个标准正交基 $\eta_{j1},\eta_{j2},\cdots,\eta_{jr_j}$,使得 $\mathscr{A}_1|V_j,\mathscr{A}_2|V_j,\cdots,\mathscr{A}_m|V_j$ 在此基下的矩阵 $A_{1j},A_{2j},\cdots,A_{mj}$ 都是对角矩阵。从 (88) 式得,

$$\eta_{11},\eta_{12},\cdots,\eta_{1r_1},\cdots,\eta_{s1},\eta_{s2},\cdots,\eta_{sr_s}$$

是 V 的一个标准正交基,$\mathscr{A}_i(i=1,2,\cdots,m)$ 在此基下的矩阵 $A_i=$diag$\{A_{i1},A_{i2},\cdots,A_{is}\}$,显然 A_i 是对角矩阵。

根据第二数学归纳法原理,对一切正整数 n,命题为真。∎

例 45 设 $\mathscr{A}$ 是 n 维酉空间 V 上的正规变换,证明:

(1) $\mathscr{A}$ 是酉变换当且仅当 $\mathscr{A}$ 的特征值的模为 1;

(2) $\mathscr{A}$ 是 Hermite 变换当且仅当 $\mathscr{A}$ 的特征值都是实数;

(3) $\mathscr{A}$ 是斜 Hermite 变换当且仅当 $\mathscr{A}$ 的特征值是 0 或纯虚数。

证明　由于 $\mathcal{A}$ 是 V 上的正规变换,因此 V 中存在一个标准正交基,使得 $\mathcal{A}$ 在此基下的矩阵 $\boldsymbol{A}$ 为对角矩阵:

$$\boldsymbol{A} = \text{diag}\{\lambda_1, \lambda_2, \cdots, \lambda_n\},$$

其中 $\lambda_1, \lambda_2, \cdots, \lambda_n$ 是 $\mathcal{A}$ 的全部特征值。

(1) $\mathcal{A}$ 是酉变换 $\iff$ $\boldsymbol{A}$ 是酉矩阵

$\iff$ $\boldsymbol{A}^* = \boldsymbol{A}^{-1}$

$\iff$ $\overline{\lambda_i} = \lambda_i^{-1}, i = 1, 2, \cdots, n$

$\iff$ $|\lambda_i| = 1, i = 1, 2, \cdots, n_\circ$

(2) $\mathcal{A}$ 是 Hermite 变换 $\iff$ $\boldsymbol{A}$ 是 Hermite 矩阵

$\iff$ $\boldsymbol{A}^* = \boldsymbol{A}$

$\iff$ $\overline{\lambda_i} = \lambda_i, i = 1, 2, \cdots, n$

$\iff$ λ_i 是实数,$i = 1, 2, \cdots, n_\circ$

(3) $\mathcal{A}$ 是斜 Hermite 变换 $\iff$ $\boldsymbol{A}$ 是斜 Hermite 矩阵

$\iff$ $\boldsymbol{A}^* = -\boldsymbol{A}$

$\iff$ $\overline{\lambda_i} = -\lambda_i, i = 1, 2, \cdots, n$

$\iff$ $\text{Re}\, \lambda_i = 0, i = 1, 2, \cdots, n$

$\iff$ λ_i 为 0 或纯虚数,$i = 1, 2, \cdots, n_\circ$　　■

例 46　证明:n 维酉空间 V 上的正规幂零变换一定是零变换。

证明　设 $\mathcal{A}$ 是正规变换,且 $\mathcal{A}^l = O$,则 V 中存在一个标准正交基,使得 $\mathcal{A}$ 在此基下的矩阵 $\boldsymbol{A}$ 为对角矩阵:

$$\boldsymbol{A} = \text{diag}\{\lambda_1, \lambda_2, \cdots, \lambda_n\}_\circ$$

由于 $\mathcal{A}^l = O$,因此 $\boldsymbol{A}^l = \boldsymbol{0}$,从而 $\lambda_i^l = 0, i = 1, 2, \cdots, n$,于是 $\lambda_i = 0, i = 1, 2, \cdots, n$,所以 $\boldsymbol{A} = \boldsymbol{0}$,于是 $\mathcal{A} = O_\circ$　　■

例 47　证明:n 维酉空间 V 上的正规幂等变换一定是 Hermite 变换,从而是正交投影。

证明　设 $\mathcal{A}$ 是 n 维酉空间 V 上的正规幂等变换。由于 $\mathcal{A}$ 是幂等的,因此 $\mathcal{A}$ 的特征值是 0 或 1。又由于 $\mathcal{A}$ 是正规变换,因此根据例 45 的第(2)小题得,$\mathcal{A}$ 是 Hermite 变换;再根据例 26 得,$\mathcal{A}$ 是正交投影。　　■

例 48　设 $\mathcal{A}$ 是酉空间 V 上的线性变换,且 $\mathcal{A}$ 有伴随变换 $\mathcal{A}^*$,证明:

(1) $\mathcal{A}$ 是正规变换当且仅当

$$(\mathcal{A}\alpha, \mathcal{A}\beta) = (\mathcal{A}^* \alpha, \mathcal{A}^* \beta), \quad \forall \alpha, \beta \in V;$$

(2) $\mathcal{A}$ 是正规变换当且仅当 $|\mathcal{A}\alpha| = |\mathcal{A}^* \alpha|, \quad \forall \alpha \in V_\circ$

证明　(1)　　　　$(\mathcal{A}\alpha, \mathcal{A}\beta) = (\alpha, \mathcal{A}^* \mathcal{A}\beta),$

$$(\mathcal{A}^* \alpha, \mathcal{A}^* \beta) = (\alpha, (\mathcal{A}^*)^* \mathcal{A}^* \beta) = (\alpha, \mathcal{A}\mathcal{A}^* \beta),$$

于是有

$\mathcal{A}$ 是正规变换 $\iff$ $\mathcal{A}^* \mathcal{A} = \mathcal{A}\mathcal{A}^*$

$\iff$ $(\alpha, \mathcal{A}^* \mathcal{A}\beta) = (\alpha, \mathcal{A}\mathcal{A}^* \beta), \quad \forall \alpha, \beta \in V$

$\iff$ $(\mathcal{A}\alpha, \mathcal{A}\beta) = (\mathcal{A}^* \alpha, \mathcal{A}^* \beta), \quad \forall \alpha, \beta \in V_\circ$

(2) 由 $(\mathcal{A}\alpha,\mathcal{A}\beta)=(\mathcal{A}^*\alpha,\mathcal{A}^*\beta)$，$\forall\alpha,\beta\in V$ 可推出 $|\mathcal{A}\alpha|=|\mathcal{A}^*\alpha|$，$\forall\alpha\in V$。

反之，设 $|\mathcal{A}\alpha|=|\mathcal{A}^*\alpha|$，$\forall\alpha\in V$，由于

$$(\mathcal{A}(\alpha+\beta),\mathcal{A}(\alpha+\beta))=|\mathcal{A}\alpha|^2+(\mathcal{A}\alpha,\mathcal{A}\beta)+(\mathcal{A}\beta,\mathcal{A}\alpha)+|\mathcal{A}\beta|^2$$
$$=|\mathcal{A}\alpha|^2+2\mathrm{Re}(\mathcal{A}\alpha,\mathcal{A}\beta)+|\mathcal{A}\beta|^2,$$
$$(\mathcal{A}^*(\alpha+\beta),\mathcal{A}^*(\alpha+\beta))=|\mathcal{A}^*\alpha|^2+2\mathrm{Re}(\mathcal{A}^*\alpha,\mathcal{A}^*\beta)+|\mathcal{A}^*\beta|^2$$
$$|\mathcal{A}(\alpha+\beta)|^2=|\mathcal{A}^*(\alpha+\beta)|^2,$$

因此　　　　　　　　　　$\mathrm{Re}(\mathcal{A}\alpha,\mathcal{A}\beta)=\mathrm{Re}(\mathcal{A}^*\alpha,\mathcal{A}^*\beta)$

类似地，由于 $|\mathcal{A}(\alpha+\mathrm{i}\beta)|^2=|\mathcal{A}^*(\alpha+\mathrm{i}\beta)|^2$，且

$$|\mathcal{A}(\alpha+\mathrm{i}\beta)|^2=|\mathcal{A}\alpha|^2+\bar{\mathrm{i}}(\mathcal{A}\alpha,\mathcal{A}\beta)+\mathrm{i}(\mathcal{A}\beta,\mathcal{A}\alpha)+\mathrm{i}\bar{\mathrm{i}}|\mathcal{A}\beta|^2$$
$$=|\mathcal{A}\alpha|^2+\bar{\mathrm{i}}(\mathcal{A}\alpha,\mathcal{A}\beta)+\mathrm{i}\overline{(\mathcal{A}\alpha,\mathcal{A}\beta)}+|\mathcal{A}\beta|^2,$$
$$|\mathcal{A}^*(\alpha+\mathrm{i}\beta)|^2=|\mathcal{A}^*\alpha|^2+\bar{\mathrm{i}}(\mathcal{A}^*\alpha,\mathcal{A}^*\beta)+\mathrm{i}\overline{(\mathcal{A}^*\alpha,\mathcal{A}^*\beta)}+|\mathcal{A}^*\beta|^2,$$

因此　　　　　　　　　　$\mathrm{Im}(\mathcal{A}\alpha,\mathcal{A}\beta)=\mathrm{Im}(\mathcal{A}^*\alpha,\mathcal{A}^*\beta)$。

综上所述，若 $|\mathcal{A}\alpha|=|\mathcal{A}^*\alpha|$，$\forall\alpha\in V$，则可推出

$$(\mathcal{A}\alpha,\mathcal{A}\beta)=(\mathcal{A}^*\alpha,\mathcal{A}^*\beta),\forall\alpha,\beta\in V.$$

因此　$\mathcal{A}$ 是正规变换 $\Longleftrightarrow$ $(\mathcal{A}\alpha,\mathcal{A}\beta)=(\mathcal{A}^*\alpha,\mathcal{A}^*\beta)$，$\forall\alpha,\beta\in V$

　　　　　　　　　$\Longleftrightarrow$ $|\mathcal{A}\alpha|=|\mathcal{A}^*\alpha|$，$\forall\alpha\in V$。　■

例 49　设 $\mathcal{A}$ 是酉空间 V 上的正规变换，证明：

(1) $\mathrm{Ker}\,\mathcal{A}=\mathrm{Ker}\,\mathcal{A}^*$；

(2) $\mathrm{Ker}\,\mathcal{A}=(\mathrm{Im}\,\mathcal{A})^\perp$。

证明　(1) 由于 $\mathcal{A}$ 是正规变换，因此 $|\mathcal{A}\alpha|=|\mathcal{A}^*\alpha|$，从而

$$\alpha\in\mathrm{Ker}\,\mathcal{A}\Longleftrightarrow\mathcal{A}\alpha=0\Longleftrightarrow\mathcal{A}^*\alpha=0\Longleftrightarrow\alpha\in\mathrm{Ker}\,\mathcal{A}^*,$$

因此 $\mathrm{Ker}\,\mathcal{A}=\mathrm{Ker}\,\mathcal{A}^*$。

(2) $\beta\in\mathrm{Ker}\,\mathcal{A}\Longleftrightarrow\beta\in\mathrm{Ker}\,\mathcal{A}^*\Longleftrightarrow\mathcal{A}^*\beta=0\Longleftrightarrow(\alpha,\mathcal{A}^*\beta)=0,\forall\alpha\in V\Longleftrightarrow(\mathcal{A}\alpha,\beta)=0,\forall\alpha\in V\Longleftrightarrow(\beta,\mathcal{A}\alpha)=0,\forall\alpha\Longleftrightarrow\beta\in(\mathrm{Im}\,\mathcal{A})^\perp,$

因此　　　　　　　　　　　$\mathrm{Ker}\,\mathcal{A}=(\mathrm{Im}\,\mathcal{A})^\perp$。　■

例 50　证明：酉空间 V 上的正规幂等变换一定是 Hermite 变换。

证明　设 $\mathcal{A}$ 是 V 上的正规幂等变换。由于 $\mathcal{A}$ 是幂等的，因此根据 9.2 节的命题 3 得，$V=\mathrm{Im}\,\mathcal{A}\oplus\mathrm{Ker}\,\mathcal{A}$。由于 $\mathcal{A}$ 是正规变换，因此根据例 49 得，$\mathrm{Ker}\,\mathcal{A}=(\mathrm{Im}\,\mathcal{A})^\perp$，从而 $V=\mathrm{Im}\,\mathcal{A}\oplus(\mathrm{Im}\,\mathcal{A})^\perp$，于是 $\mathcal{A}$ 是 V 在 $\mathrm{Im}\,\mathcal{A}$ 上的正交投影。根据例 25 得，$\mathcal{A}$ 是 Hermite 变换。　■

点评：例 47 证明了有限维酉空间上的正规幂等变换是 Hermite 变换。例 50 证明了任意酉空间(有限维或无限维)上的正规幂等变换是 Hermite 变换。例 50 的结论比例 47 的结论深刻。例 47 用的是矩阵的方法；例 50 用的是空间分解的方法。一般地，矩阵的方法适用于有限维线性空间，而空间分解的方法既适用于有限维又适用于无限维线性空间。

例 51　证明：酉空间 V 上的 Hermite 变换 $\mathcal{A}$ 如果可逆，且 $\mathcal{A}^{-1}$ 有伴随变换，那么 $\mathcal{A}^{-1}$ 也是 Hermite 变换。

证明　由于 $\mathcal{A}^*=\mathcal{A}$，因此 $(\mathcal{A}^{-1})^*=(\mathcal{A}^*)^{-1}=\mathcal{A}^{-1}$，从而 $\mathcal{A}^{-1}$ 是 Hermite 变换。　■

例 52　设 $\mathcal{A}$ 是酉空间 V 上的 Hermite 变换,如果对于任意 $\alpha \in V$ 且 $\alpha \neq 0$,都有 $(\mathcal{A}\alpha, \alpha) > 0$,那么称 $\mathcal{A}$ 是**正定 Hermite 变换**。证明:如果 V 是有限维的,那么下列命题等价。

(1) $\mathcal{A}$ 是正定 Hermite 变换;

(2) $\mathcal{A}$ 的特征值全大于 0;

(3) 对于 V 上的任意可逆线性变换 $\mathcal{B}$,有 $\mathcal{B}^* \mathcal{A} \mathcal{B}$ 是正定 Hermite 变换;

(4) 存在 V 上的可逆线性变换 $\mathcal{C}$,使得 $\mathcal{C}^* \mathcal{A} \mathcal{C} = \mathcal{I}$;

(5) $\mathcal{A} = \mathcal{Q}^* \mathcal{Q}$,其中 $\mathcal{Q}$ 是可逆线性变换。

证明　在 V 中取一个标准正交基 $\eta_1, \eta_2, \cdots, \eta_n$,设 $\mathcal{A}$ 在此基下的矩阵为 $\boldsymbol{A}$,设 α 在此基下的坐标为 $\boldsymbol{x}$,则 $(\mathcal{A}\alpha, \alpha) = \boldsymbol{x}^* \boldsymbol{A} \boldsymbol{x}$,从而 $\mathcal{A}$ 是正定 Hermite 变换当且仅当 $\boldsymbol{A}$ 是正定 Hermite 矩阵。利用定理 19 立即得到上述 5 个命题等价。 ■

例 53　设 $\mathcal{A}$ 是 n 维酉空间 V 上的正定 Hermite 变换,证明:

(1) $\mathcal{A}^2$ 也是正定 Hermite 变换;

(2) 存在唯一的正定 Hermite 变换 $\mathcal{B}$,使得 $\mathcal{A} = \mathcal{B}^2$。

证明　(1) 由于 $\mathcal{A}^2 = \mathcal{A}\mathcal{A} = \mathcal{A}^* \mathcal{A}$,且 $\mathcal{A}$ 是可逆的,因此根据例 52 的(5)与(1)等价得到,$\mathcal{A}^2$ 是正定 Hermite 变换。

(2) 由于 $\mathcal{A}$ 是 V 上的 Hermite 变换,因此 V 中存在一个标准正交基 $\eta_1, \eta_2, \cdots, \eta_n$,使得 $\mathcal{A}$ 在此基下的矩阵 $\boldsymbol{A}$ 为实对角矩阵 $\mathrm{diag}\{\lambda_1, \lambda_2, \cdots, \lambda_n\}$。由于 $\mathcal{A}$ 是正定的,因此 $\lambda_i > 0$,$i = 1, 2, \cdots, n$。令 $\boldsymbol{B} = \mathrm{diag}\{\sqrt{\lambda_1}, \sqrt{\lambda_2}, \cdots, \sqrt{\lambda_n}\}$,设 $\mathcal{B}$ 是 V 上的线性变换,使得

$$\mathcal{B}(\eta_1, \eta_2, \cdots, \eta_n) = (\eta_1, \eta_2, \cdots, \eta_n)\boldsymbol{B}.$$

由于 $\boldsymbol{B}^* = \boldsymbol{B}$,因此 $\boldsymbol{B}$ 是 Hermite 矩阵,从而 $\mathcal{B}$ 是 Hermite 变换。由于 $\mathcal{B}$ 的特征值 $\sqrt{\lambda_i}\,(i = 1, 2, \cdots, n)$ 全大于 0,因此 $\mathcal{B}$ 是正定的 Hermite 变换。由于 $\boldsymbol{A} = \boldsymbol{B}^2$,因此 $\mathcal{A} = \mathcal{B}^2$。

唯一性。假设还有一个正定 Hermite 变换 $\mathcal{C}$,使得 $\mathcal{A} = \mathcal{C}^2$。$V$ 中存在一个标准正交基 $\delta_1, \delta_2, \cdots, \delta_n$,使得 $\mathcal{C}$ 在此基下的矩阵 $\boldsymbol{C} = \mathrm{diag}\{\mu_1, \mu_2, \cdots, \mu_n\}$,其中 $\mu_1, \mu_2, \cdots, \mu_n$ 都是正实数。设标准正交基 $\eta_1, \eta_2, \cdots, \eta_n$ 到标准正交基 $\delta_1, \delta_2, \cdots, \delta_n$ 的过渡矩阵为 $\boldsymbol{P}$,则 $\boldsymbol{P}$ 是酉矩阵,且 $\mathcal{C}$ 在基 $\eta_1, \eta_2, \cdots, \eta_n$ 下的矩阵为 $\boldsymbol{P}\boldsymbol{C}\boldsymbol{P}^{-1}$。由于 $\mathcal{B}$ 在基 $\eta_1, \eta_2, \cdots, \eta_n$ 下的矩阵为 $\boldsymbol{B}$,且 $\mathcal{C}^2 = \mathcal{A} = \mathcal{B}^2$,因此 $(\boldsymbol{P}\boldsymbol{C}\boldsymbol{P}^{-1})^2 = \boldsymbol{B}^2$,于是 $\boldsymbol{P}\boldsymbol{C}^2\boldsymbol{P}^{-1} = \boldsymbol{B}^2$,从而

$$\boldsymbol{P}\,\mathrm{diag}\{\mu_1^2, \mu_2^2, \cdots, \mu_n^2\} = \mathrm{diag}\{\lambda_1, \lambda_2, \cdots, \lambda_n\}\boldsymbol{P}. \tag{89}$$

设 $\boldsymbol{P} = (t_{ij})$,比较(89)式两边的 (i, j) 元得

$$t_{ij}\mu_j^2 = \lambda_i t_{ij}. \tag{90}$$

若 $t_{ij} \neq 0$,则从(90)式得,$\mu_j^2 = \lambda_i$,从而 $\mu_j = \sqrt{\lambda_i}$,因此

$$t_{ij}\mu_j = \sqrt{\lambda_i}\, t_{ij}; \tag{91}$$

若 $t_{ij} = 0$,则(91)式显然成立,于是有

$$\boldsymbol{P}\,\mathrm{diag}\{\mu_1, \mu_2, \cdots, \mu_n\} = \mathrm{diag}\{\sqrt{\lambda_1}, \sqrt{\lambda_2}, \cdots, \sqrt{\lambda_n}\}\boldsymbol{P}, \tag{92}$$

从而 $\boldsymbol{P}\boldsymbol{C}\boldsymbol{P}^{-1} = \boldsymbol{B}$。由于 $\boldsymbol{P}\boldsymbol{C}\boldsymbol{P}^{-1}, \boldsymbol{B}$ 分别是 $\mathcal{C}, \mathcal{B}$ 在基 $\eta_1, \eta_2, \cdots, \eta_n$ 下的矩阵,因此 $\mathcal{C} = \mathcal{B}$。 ■

例 54　**证明极分解定理**:设 $\mathcal{A}$ 是 n 维酉空间 V 上的可逆线性变换,则存在一个酉变换 $\mathcal{P}$ 和两个正定 Hermite 变换 $\mathcal{H}_1, \mathcal{H}_2$,使得

$$\mathcal{A} = \mathcal{P}\mathcal{H}_1 = \mathcal{H}_2\mathcal{P}, \tag{93}$$

并且 $\mathcal{A}$ 的这两种分解的每一种都是唯一的。

证明 可分解性。根据例 52 得,$\mathcal{A}^* \mathcal{A}$ 是正定 Hermite 变换。根据例 53 得,存在正定 Hermite 变换 $\mathcal{H}_1$,使得

$$\mathcal{A}^* \mathcal{A} = \mathcal{H}_1^2, \tag{94}$$

于是 $\mathcal{A} = (\mathcal{A}^*)^{-1}\mathcal{H}_1^2 = (\mathcal{A}^{-1})^* \mathcal{H}_1 \mathcal{H}_1$。记 $\mathcal{P} = (\mathcal{A}^{-1})^* \mathcal{H}_1$,则

$$\begin{aligned}\mathcal{P}^* &= \mathcal{H}_1^* \mathcal{A}^{-1} = \mathcal{H}_1 \mathcal{A}^{-1} = \mathcal{H}_1((\mathcal{A}^*)^{-1}\mathcal{H}_1^2)^{-1}\\ &= \mathcal{H}_1 \mathcal{H}_1^{-2} \mathcal{A}^* = \mathcal{H}_1^{-1}\mathcal{A}^* = \mathcal{P}^{-1},\end{aligned}$$

因此 $\mathcal{P}$ 是酉变换,且 $\mathcal{A} = \mathcal{P}\mathcal{H}_1$。

令 $\mathcal{H}_2 = \mathcal{P}\mathcal{H}_1 \mathcal{P}^{-1}$。由于 $\mathcal{H}_2^* = \mathcal{P}\mathcal{H}_1 \mathcal{P}^{-1} = \mathcal{H}_2$,因此 $\mathcal{H}_2$ 是 Hermite 变换。由于 $\mathcal{H}_2 = (\mathcal{P}^*)^* \mathcal{H}_1 \mathcal{P}^*$,因此据例 52 得,$\mathcal{H}_2$ 是正定 Hermite 变换。我们有

$$\mathcal{A} = \mathcal{P}\mathcal{H}_1 = \mathcal{P}\mathcal{H}_1 \mathcal{P}^{-1} \mathcal{P} = \mathcal{H}_2\mathcal{P}。$$

唯一性。设还有一个酉变换 $\mathcal{Q}$ 和一个正定 Hermite 变换 $\mathcal{G}_1$,使得 $\mathcal{A} = \mathcal{Q}\mathcal{G}_1$,则

$$\mathcal{A}^* \mathcal{A} = \mathcal{G}_1^* \mathcal{Q}^* \mathcal{Q}\mathcal{G}_1 = \mathcal{G}_1^2。 \tag{95}$$

从(95)和(94)式,据例 53 第(2)小题的唯一性得,$\mathcal{G}_1 = \mathcal{H}_1$,从而 $\mathcal{Q} = \mathcal{P}$。

类似地,考虑 $\mathcal{A}\mathcal{A}^*$ 的分解式可证得 $\mathcal{A}$ 的第二种分解的方式也唯一。 ■

点评:例 54 的极分解定理中,$\mathcal{A} = \mathcal{H}_2\mathcal{P}$ 很像非 0 复数 z 的指数式:$z = re^{i\theta}$,其中 r 是正实数,$0 \leqslant \theta < 2\pi$。由此看到:$n$ 维酉空间上的 Hermite 变换可以和实数类比,正定 Hermite 变换可以和正实数类比,酉变换可以和模为 1 的复数 $e^{i\theta}$ 类比。可以这么类比的根源在于 Hermite 变换、正定 Hermite 变换、酉变换的酉相似标准形。当 $n = 1$ 时,正定 Hermite 变换、酉变换的酉相似标准形分别是正实数 r、模为 1 的复数 $e^{i\theta}$;而可逆线性变换的酉相似标准形为非 0 复数 z。此时例 54 的分解式成为 $z = re^{i\theta}$。这个指数式也可以看成非 0 复数在复平面的极坐标系中的表达式,这就是极分解式这个词的由来。

例 55 设 $\boldsymbol{A} = (a_{ij})$ 是 n 级正定 Hermite 矩阵,证明:

$$|\boldsymbol{A}| \leqslant a_{11}a_{22}\cdots a_{nn}, \tag{96}$$

等号成立当且仅当 $\boldsymbol{A}$ 是对角矩阵。

证明 取一个 n 维酉空间 V,n 级正定 Hermite 矩阵 $\boldsymbol{A}$ 可以看成 V 的一个基 $\alpha_1, \alpha_2, \cdots, \alpha_n$ 的度量矩阵(即 Gram 矩阵),于是 $a_{ij} = (\alpha_i, \alpha_j)$,$1 \leqslant i, j \leqslant n$。

在 V 中取一个标准正交基 $\eta_1, \eta_2, \cdots, \eta_n$。设

$$(\alpha_1, \alpha_2, \cdots, \alpha_n) = (\eta_1, \eta_2, \cdots, \eta_n)\boldsymbol{P},$$

则 α_i 在标准正交基 $\eta_1, \eta_2, \cdots, \eta_n$ 下的坐标为 $\boldsymbol{P}$ 的第 i 列 $\boldsymbol{x}_i$,$i = 1, 2, \cdots, n$。于是

$$a_{ij} = (\alpha_i, \alpha_j) = \boldsymbol{x}_j^* \boldsymbol{x}_i = \boldsymbol{x}_i' \bar{\boldsymbol{x}}_j, 1 \leqslant i, j \leqslant n,$$

从而 $\boldsymbol{A} = \boldsymbol{P}'\overline{\boldsymbol{P}}$。

对 $\alpha_1, \alpha_2, \cdots, \alpha_n$ 进行 Schmidt 正交化,令

$$\beta_1 = \alpha_1,$$

$$\beta_i = \alpha_i - \sum_{j=1}^{i-1} \frac{(\alpha_i, \beta_j)}{(\beta_j, \beta_j)}\beta_j, \qquad i = 2, 3, \cdots, n,$$

则 $(\beta_1,\beta_2,\cdots,\beta_n) = (\alpha_1,\alpha_2,\cdots,\alpha_n)\boldsymbol{B}$,其中 $\boldsymbol{B}$ 是主对角元为 1 的上三角矩阵。于是

$$(\beta_1,\beta_2,\cdots,\beta_n) = (\eta_1,\eta_2,\cdots,\eta_n)\boldsymbol{PB},$$

从而 β_i 在标准正交基 $\eta_1,\eta_2,\cdots,\eta_n$ 下的坐标为 $\boldsymbol{PB}$ 的第 i 列 $\boldsymbol{y}_i$, $i=1,2,\cdots,n$。因此

$$(\beta_i,\beta_j) = \boldsymbol{y}_j^* \boldsymbol{y}_i = \boldsymbol{y}_i' \overline{\boldsymbol{y}_j}, \qquad 1 \leqslant i,j \leqslant n,$$

从而

$$\begin{aligned} |\boldsymbol{G}(\beta_1,\beta_2,\cdots,\beta_n)| &= |(\boldsymbol{PB})' \overline{(\boldsymbol{PB})}| = |\boldsymbol{B}'\boldsymbol{P}' \overline{\boldsymbol{P}}\,\overline{\boldsymbol{B}}| \\ &= |\boldsymbol{B}'A\overline{\boldsymbol{B}}| = |\boldsymbol{B}||\boldsymbol{A}||\overline{\boldsymbol{B}}| = |\boldsymbol{A}|。\end{aligned}$$

由于 $(\beta_i,\beta_j)=0$,当 $i \neq j$,因此

$$|\boldsymbol{A}| = |\boldsymbol{G}(\beta_1,\beta_2,\cdots,\beta_n)| = |\beta_1|^2 |\beta_2|^2 \cdots |\beta_n|^2。$$

由于

$$\begin{aligned} |\beta_i|^2 &= |\alpha_i|^2 - \sum_{j=1}^{i-1} \frac{\overline{(\alpha_i,\beta_j)}}{(\beta_j,\beta_j)}(\alpha_i,\beta_j) - \sum_{j=1}^{i-1} \frac{(\alpha_i,\beta_j)}{(\beta_j,\beta_j)}(\beta_j,\alpha_i) \\ &\quad + \sum_{j=1}^{i-1} \frac{(\alpha_i,\beta_j)}{(\beta_j,\beta_j)} \frac{\overline{(\alpha_i,\beta_j)}}{(\beta_j,\beta_j)}(\beta_j,\beta_j) \\ &= |\alpha_i|^2 - \sum_{j=1}^{i-1} \frac{|(\alpha_i,\beta_j)|^2}{|\beta_j|^2} \leqslant |\alpha_i|^2, \end{aligned}$$

因此 $|\boldsymbol{A}| \leqslant |\alpha_1|^2 |\alpha_2|^2 \cdots |\alpha_n|^2 = a_{11}a_{22}\cdots a_{nn}$。

等号成立当且仅当 $(\alpha_i,\beta_j)=0$,其中 $i=1,2,\cdots,n; j=1,2,\cdots,i-1$,从而 $\beta_i=\alpha_i$, $i=1,2,\cdots,n$。于是 $\boldsymbol{A}$ 为对角矩阵。 ∎

点评:例 55 证明的关键之一是把 n 级正定 Hermite 矩阵 $\boldsymbol{A}$ 看成 n 维酉空间 V 的一个基 $\alpha_1,\alpha_2,\cdots,\alpha_n$ 的度量矩阵;关键之二是为了计算内积简便,在 V 中取一个标准正交基 $\eta_1,\eta_2,\cdots,\eta_n$;关键之三是把 $\alpha_1,\alpha_2,\cdots,\alpha_n$ 进行 Schmidt 正交化,得到正交向量组 $\beta_1,\beta_2,\cdots,\beta_n$,这是因为正交向量组 $\beta_1,\beta_2,\cdots,\beta_n$ 的 Gram 行列式就等于其主对角元的乘积,即 $|\beta_1|^2 |\beta_2|^2 \cdots |\beta_n|^2$。

例 56 设 $\boldsymbol{A}$ 是 n 级可逆复矩阵,证明 Hadamard 不等式:

$$\|\boldsymbol{A}\|^2 \leqslant \prod_{i=1}^{n} \sum_{j=1}^{n} |a_{ji}|^2, \tag{97}$$

其中 $\|\boldsymbol{A}\|$ 表示复数 $|\boldsymbol{A}|$ 的模。

证明 由于 $\boldsymbol{A}$ 是 n 级可逆复矩阵,因此 $\boldsymbol{A}^*\boldsymbol{A}$ 是正定 Hermite 矩阵。由于

$$\boldsymbol{A}^*\boldsymbol{A}(i;i) = \sum_{j=1}^{n} \boldsymbol{A}^*(i;j)\boldsymbol{A}(j;i) = \sum_{j=1}^{n} |a_{ji}|^2,$$

因此根据例 55 得

$$\|\boldsymbol{A}\|^2 = |\boldsymbol{A}^*\boldsymbol{A}| \leqslant \prod_{i=1}^{n} (\boldsymbol{A}^*\boldsymbol{A})(i;i) = \prod_{i=1}^{n} \sum_{j=1}^{n} |a_{ji}|^2。 \quad ∎$$

例 57 设 $\boldsymbol{A}$ 是 n 级可逆复矩阵,且 $\boldsymbol{A}$ 的每个元素的模不超过 1,证明:

$$\|\boldsymbol{A}\|^2 \leqslant n^n。 \tag{98}$$

证明 根据例 56 得

$$\|\boldsymbol{A}\|^2 \leqslant \prod_{i=1}^{n} \sum_{j=1}^{n} |a_{ji}|^2 \leqslant \prod_{i=1}^{n} \sum_{j=1}^{n} 1 = n^n。 \quad ∎$$

例 58 设 A,B 都是 n 级正定 Hermite 矩阵,证明:

(1) AB 的特征值都是正实数; (2) 若 $AB=BA$,则 AB 是正定的 Hermite 矩阵。

证明 (1) 由于 A,B 都是 n 级正定 Hermite 矩阵,因此 $A=P^*P,B=Q^*Q$,其中 P,Q 都是 n 级可逆复矩阵,于是 $AB=P^*PQ^*Q$。由于 $P^*(PQ^*Q)$ 与 $(PQ^*Q)P^*$ 有相同的非零特征值,且 $(PQ^*Q)P^*=(QP^*)^*(QP^*)$ 是正定 Hermite 矩阵,因此 $P^*(PQ^*Q)$ 的非零特征值都是正实数;又由于 $P^*(PQ^*Q)$ 是可逆矩阵,因此 0 不是它的特征值,从而 $AB=P^*PQ^*Q$ 的特征值都是正实数。

(2) 若 $AB=BA$,则根据本节习题第 11 题得,AB 是 Hermite 矩阵。又由于它的特征值全是正数,因此它是正定的。∎

例 59 设 $A=(a_{ij})$ 是 n 级复矩阵,$\lambda_1,\lambda_2,\cdots,\lambda_n$ 是 A 的全部特征值,证明:A 是正规矩阵当且仅当

$$\sum_{i=1}^n \sum_{j=1}^n |a_{ij}|^2 = \sum_{i=1}^n |\lambda_i|^2 。 \tag{99}$$

证明 必要性。设 A 是正规矩阵,则存在 n 级酉矩阵 P,使得 $P^{-1}AP=\mathrm{diag}\{\lambda_1,\lambda_2,\cdots,\lambda_n\}$,从而

$$A = P\,\mathrm{diag}\{\lambda_1,\lambda_2,\cdots,\lambda_n\}P^{-1},$$
$$AA^* = P\,\mathrm{diag}\{|\lambda_1|^2,|\lambda_2|^2,\cdots,|\lambda_n|^2\}P^{-1}。$$

由于 AA^* 的 (i,i) 元为

$$\sum_{j=1}^n A(i;j)A^*(j;i) = \sum_{j=1}^n a_{ij}\,\overline{a_{ij}} = \sum_{j=1}^n |a_{ij}|^2,$$

因此

$$\mathrm{tr}(AA^*) = \sum_{i=1}^n \sum_{j=1}^n |a_{ij}|^2,$$

$$\mathrm{tr}(AA^*) = \mathrm{tr}(P\,\mathrm{diag}\{|\lambda_1|^2,|\lambda_2|^2,\cdots,|\lambda_n|^2\}P^{-1}) = \sum_{i=1}^n |\lambda_i|^2,$$

从而

$$\sum_{i=1}^n \sum_{j=1}^n |a_{ij}|^2 = \sum_{i=1}^m |\lambda_i|^2。$$

充分性。设 $\sum_{i=1}^n \sum_{j=1}^n |a_{ij}|^2 = \sum_{i=1}^n |\lambda_i|^2$,即 $\mathrm{tr}(AA^*) = \sum_{i=1}^n |\lambda_i|^2$。由于 A 是 n 级复矩阵,因此根据例 39 的点评得,存在 n 级酉矩阵 P,使得

$$P^{-1}AP = \begin{bmatrix} \lambda_1 & d_{12} & \cdots & d_{1n} \\ 0 & \lambda_2 & \cdots & d_{2n} \\ \vdots & \vdots & & \vdots \\ 0 & 0 & \cdots & \lambda_n \end{bmatrix},$$

从而

$$\mathrm{tr}(AA^*) = \mathrm{tr}(P^{-1}AA^*P)$$

$$= \mathrm{tr}\left[\begin{bmatrix} \lambda_1 & d_{12} & \cdots & d_{1n} \\ 0 & \lambda_2 & \cdots & d_{2n} \\ \vdots & \vdots & & \vdots \\ 0 & 0 & \cdots & \lambda_n \end{bmatrix} \begin{bmatrix} \overline{\lambda_1} & 0 & \cdots & 0 \\ \overline{d_{12}} & \overline{\lambda_2} & \cdots & 0 \\ \vdots & \vdots & & \vdots \\ \overline{d_{1n}} & \overline{d_{2n}} & \cdots & \overline{\lambda_n} \end{bmatrix} \right]$$

$$= |\lambda_1|^2 + |d_{12}|^2 + \cdots + |d_{1n}|^2 + |\lambda_2|^2 + |d_{23}|^2 + \cdots +$$
$$|d_{2n}|^2 + \cdots + |\lambda_n|^2 。$$

由于 $\mathrm{tr}(\boldsymbol{A}\boldsymbol{A}^*) = \sum\limits_{i=1}^{n} |\lambda_i|^2$，因此 $d_{12} = \cdots = d_{1n} = d_{23} = \cdots = d_{2n} = \cdots = d_{n-1,n} = 0$，从而 $\boldsymbol{P}^{-1}\boldsymbol{A}\boldsymbol{P}$ 是对角矩阵。于是 $\boldsymbol{A}$ 是正规矩阵。■

例 60　设 $\Omega = \{1,2,\cdots,n\}$，用 $\mathbf{C}^\Omega$ 表示定义域为 Ω 的所有复值函数组成的集合，它是复数域上的一个线性空间，规定

$$(f(x),g(x)) := \sum_{j=1}^{n} f(j)\,\overline{g(j)}, \quad \forall\, f(x),g(x) \in \mathbf{C}^\Omega 。 \tag{100}$$

(1) 证明：上述二元函数是 $\mathbf{C}^\Omega$ 上一个内积，从而 $\mathbf{C}^\Omega$ 成为一个酉空间；

(2) 对于 $k \in \{1,2,\cdots,n\}$，令

$$g_k(j) = \frac{1}{\sqrt{n}}\omega^{kj}, \quad j \in \Omega, \tag{101}$$

其中 $\omega = \mathrm{e}^{\mathrm{i}\frac{2\pi}{n}}$。证明：$g_1(x),g_2(x),\cdots,g_n(x)$ 是酉空间 $\mathbf{C}^\Omega$ 的一个标准正交基；

(3) 对于 $f(x) \in \mathbf{C}^\Omega$，定义 Ω 上的一个函数 $\hat{f}(x)$，使得 $\hat{f}(k)$ 等于 $f(x)$ 在标准正交基 $g_1(x),g_2(x),\cdots,g_n(x)$ 下的坐标的第 k 个分量，令

$$\sigma: \quad \mathbf{C}^\Omega \longrightarrow \mathbf{C}^\Omega$$
$$f(x) \longmapsto \hat{f}(x)。$$

证明：σ 是 $\mathbf{C}^\Omega$ 上的一个酉变换，并且求 σ 在标准正交基 $g_1(x),g_2(x),\cdots,g_n(x)$ 下的矩阵。

证明　(1) 对于任意 $f(x),g(x),h(x) \in \mathbf{C}^\Omega, k \in \mathbf{C}$，有

$$(g(x),f(x)) = \sum_{j=1}^{n} g(j)\,\overline{f(j)} = \Big(\sum_{j=1}^{n} \overline{g(j)f(j)}\Big) = \overline{(f(x),g(x))},$$

$$(f(x)+h(x),g(x)) = \sum_{j=1}^{n} (f(j)+h(j))\,\overline{g(j)} = (f(x),g(x)) + (h(x),g(x)),$$

$$(kf(x),g(x)) = \sum_{j=1}^{n} kf(j)\,\overline{g(j)} = k(f(x),g(x)),$$

$$(f(x),f(x)) = \sum_{j=1}^{n} f(j)\,\overline{f(j)} = \sum_{j=1}^{n} |f(j)|^2 \geqslant 0,$$

等号成立当且仅当 $f(j) = 0, \forall\, j \in \Omega$，即 $f(x) = 0$。

综上所述，(100)式定义的二元函数是 $\mathbf{C}^\Omega$ 上的一个内积，从而 $\mathbf{C}^\Omega$ 成为一个酉空间。

(2) 先求 $\mathbf{C}^\Omega$ 的维数。令

$$\tau: \quad \mathbf{C}^\Omega \longrightarrow \mathbf{C}^n$$
$$f(x) \longmapsto (f(1),f(2),\cdots,f(n))',$$

显然 τ 是 $\mathbf{C}^\Omega$ 到 $\mathbf{C}^n$ 的单射、满射，且保持加法和数量乘法，因此 τ 是一个同构映射，从而

$$\dim \mathbf{C}^\Omega = \dim \mathbf{C}^n = n。$$

再证 $g_1(x),g_2(x),\cdots,g_n(x)$ 是正交单位向量组：

$$(g_k(x),g_l(x)) = \sum_{j=1}^{n} g_k(j)\,\overline{g_l(j)} = \sum_{j=1}^{n} \frac{1}{\sqrt{n}}\omega^{kj}\frac{1}{\sqrt{n}}\omega^{-lj} = \frac{1}{n}\sum_{j=1}^{n}\omega^{(k-l)j} = \delta_{kl},$$

因此 $g_1(x),g_2(x),\cdots,g_n(x)$ 是 $\mathbf{C}^n$ 的一个标准正交基。

(3) 由 $\hat{f}(x)$ 的定义得

$$\hat{f}(k) = (f(x),g_k(x)) = \sum_{j=1}^n f(j)\overline{g_k(j)} = \frac{1}{\sqrt{n}}\sum_{j=1}^n f(j)\omega^{-kj},$$

任取 $f(x),h(x)\in\mathbf{C}^\Omega$,则

$$(\hat{f}(x),\hat{h}(x)) = \sum_{k=1}^n \hat{f}(k)\overline{\hat{h}(k)} = \sum_{k=1}^n \left[\frac{1}{\sqrt{n}}\sum_{j=1}^n f(j)\omega^{-kj}\right]\left[\frac{1}{\sqrt{n}}\sum_{l=1}^n \overline{h(l)}\omega^{kl}\right]$$

$$= \frac{1}{n}\sum_{j=1}^n f(j)\sum_{l=1}^n \overline{h(l)}\sum_{k=1}^n \omega^{k(l-j)} = \frac{1}{n}\sum_{j=1}^n f(j)\overline{h(j)}n = (f(x),h(x)),$$

因此 σ 是酉空间 $\mathbf{C}^\Omega$ 上的一个酉变换。对于 $l=1,2,\cdots,n$,

$$\sigma(g_l(x)) = \hat{g}_l(x) = \sum_{k=1}^n (\hat{g}_l(x),g_k(x))g_k(x) = \sum_{k=1}^n \left(\sum_{j=1}^n \hat{g}_l(j)\overline{g_k(j)}\right)g_k(x)$$

$$= \sum_{k=1}^n\sum_{j=1}^n (g_l(x),g_j(x))\overline{g_k(j)}g_k(x) = \sum_{k=1}^n \overline{g_k(l)}g_k(x) = \sum_{k=1}^n\frac{1}{\sqrt{n}}\omega^{-kl}g_k(x),$$

因此 σ 在基 $g_1(x),g_2(x),\cdots,g_n(x)$ 下的矩阵为

$$\frac{1}{\sqrt{n}}\begin{pmatrix} \omega^{n-1} & \omega^{n-2} & \cdots & \omega & 1 \\ \omega^{n-2} & \omega^{n-4} & \cdots & \omega^2 & 1 \\ \vdots & \vdots & & \vdots & \vdots \\ \omega & \omega^2 & \cdots & \omega^{n-1} & 1 \\ 1 & 1 & \cdots & 1 & 1 \end{pmatrix}.$$

习题 10.5

1. 在酉空间 $\mathbf{C}^3$(指定标准内积)中,设
$$\boldsymbol{\alpha} = (1,-1,1)', \qquad \boldsymbol{\beta} = (1,0,i)',$$
求 $|\alpha|,|\beta|,\alpha$ 与 β 的夹角 $\langle\boldsymbol{\alpha},\boldsymbol{\beta}\rangle$。

2. 在酉空间 $\mathbf{C}^2$(指定标准内积)中,设
$$\boldsymbol{\alpha}_1 = (1,-1)', \qquad \boldsymbol{\alpha}_2 = (1,i)',$$
求与 $\boldsymbol{\alpha}_1,\boldsymbol{\alpha}_2$ 等价的一个标准正交基。

3. 在酉空间 $\mathbf{C}^3$(指定标准内积)中,设
$$\boldsymbol{\alpha}_1 = (1,-1,1)', \qquad \boldsymbol{\alpha}_2 = (1,0,i)',$$
求与 $\boldsymbol{\alpha}_1,\boldsymbol{\alpha}_2$ 等价的一个正交向量组 $\boldsymbol{\beta}_1,\boldsymbol{\beta}_2$。

4. 在酉空间 $\mathbf{C}^3$(指定标准内积)中,设
$$\boldsymbol{\alpha}_1 = (1,-1,i)', \quad \boldsymbol{\alpha}_2 = (1,0,i)', \quad \boldsymbol{\alpha}_3 = (1,1,1)',$$
求 $\mathbf{C}^3$ 的一个标准正交基。

5. 在酉空间 $\widetilde{C}[0,2\pi]$ 中,证明:它的一个子集

$$S = \left\{ \frac{1}{\sqrt{2\pi}} e^{inx} \,\middle|\, n = 0, \pm 1, \pm 2, \cdots \right\}$$

是正交规范集。

6. 在 $M_n(\mathbf{C})$ 中,指定内积为 $(A, B) = \mathrm{tr}(AB^*)$。设 W 是所有 n 级复对角矩阵组成的子空间,求 $W^\perp$ 以及 $W^\perp$ 的一个标准正交基。

7. 设 n 级复矩阵 $A = P + iQ$,其中 P, Q 都是实矩阵。证明:A 是酉矩阵当且仅当 $P'Q$ 是对称矩阵且 $P'P + Q'Q = I$。

8. 设 $\mathcal{A}$ 是酉空间 V 的一个酉变换,W 是 $\mathcal{A}$ 的有限维不变子空间,证明:$W^\perp$ 也是 $\mathcal{A}$ 的不变子空间。

9. 设

$$A = \begin{pmatrix} \cos\theta & -\sin\theta \\ \sin\theta & \cos\theta \end{pmatrix}.$$

其中 $0 \leqslant \theta < 2\pi$,把 A 看成复矩阵,求 A 的酉相似标准形。

10. 写出 2 级 Hermite 矩阵的形式。

11. 设 $\mathcal{A}, \mathcal{B}$ 是酉空间 V 上的两个 Hermite 变换,证明:$\mathcal{A}\mathcal{B}$ 是 Hermite 变换当且仅当 $\mathcal{A}\mathcal{B} = \mathcal{B}\mathcal{A}$。

12. 设 $\mathcal{A}, \mathcal{B}$ 是酉空间 V 上的两个斜 Hermite 变换,证明:$\mathcal{A}\mathcal{B}$ 是斜 Hermite 变换当且仅当 $\mathcal{A}\mathcal{B} = -\mathcal{B}\mathcal{A}$。

13. 设 $\mathcal{A}, \mathcal{B}$ 是酉空间 V 上的两个 Hermite 变换,证明:$\mathcal{A}\mathcal{B} + \mathcal{B}\mathcal{A}$ 与 $i(\mathcal{A}\mathcal{B} - \mathcal{B}\mathcal{A})$ 都是 Hermite 变换。

14. 设 W 是酉空间 V 的一个有限维子空间,$\alpha_1, \alpha_2, \cdots, \alpha_m$ 是 W 的一个正交基,用 $\mathcal{P}$ 表示 V 在 W 上的正交投影,证明:对于 $\alpha \in V$,有

$$\mathcal{P}(\alpha) = \sum_{i=1}^{m} \frac{(\alpha, \alpha_i)}{|\alpha_i|^2} \alpha_i.$$

15. 设 $\eta_1, \eta_2, \cdots, \eta_m$ 是酉空间 V 的一个正交单位向量组,证明:对任意 $\alpha \in V$,有

$$\sum_{i=1}^{m} |(\alpha, \eta_i)|^2 \leqslant |\alpha|^2,$$

等号成立当且仅当 $\alpha = \sum_{i=1}^{m} (\alpha, \eta_i) \eta_i$。这个不等式称为 **Bessel 不等式**。

16. 酉空间 $\mathbf{C}^2$ 中指定的是标准内积,设 $\mathbf{C}^2$ 上的线性变换 $\mathcal{A}$ 在基 $\varepsilon_1, \varepsilon_2$ 下的矩阵 A 为

$$A = \begin{pmatrix} 1 & i \\ i & 1 \end{pmatrix}.$$

说明 $\mathcal{A}$ 是正规变换,并且求 $\mathbf{C}^2$ 的一个标准正交基,使得 $\mathcal{A}$ 在这个基下的矩阵是对角矩阵。

17. 证明:酉空间中,正规变换与复数的乘积仍是正规变换。

18. 证明:酉空间上的线性变换 $\mathcal{A}$ 如果有伴随变换,那么 $\mathcal{A}$ 是正规变换当且仅当 $\mathcal{A} = \mathcal{A}_1 + i\mathcal{A}_2$,其中 $\mathcal{A}_1, \mathcal{A}_2$ 都是 Hermite 变换,且 $\mathcal{A}_1\mathcal{A}_2 = \mathcal{A}_2\mathcal{A}_1$。

19. 设 $\mathcal{A}$ 是 n 维酉空间 V 上的正规变换，证明：存在 $g(x)\in \mathbf{C}[x]$，使得 $\mathcal{A}^{*}=g(\mathcal{A})$。

20. 设 $\boldsymbol{A}$ 是 n 级实对称矩阵（Hermite 矩阵），证明：存在 n 级实对称矩阵（Hermite 矩阵）$\boldsymbol{B}$，使得
$$\boldsymbol{A}=\boldsymbol{B}^{3}。$$

21. 设 $\mathcal{A},\mathcal{B}$ 是 n 维酉空间 V 上的线性变换，且 $\mathcal{A}\mathcal{B}=\mathcal{B}\mathcal{A}$，证明：$V$ 中有一个标准正交基，使得 $\mathcal{A},\mathcal{B}$ 在此基下的矩阵都是上三角矩阵。

22. 设 $\boldsymbol{A},\boldsymbol{B}$ 都是 n 级复矩阵，其中 $\boldsymbol{B}$ 是幂零矩阵，且 $\boldsymbol{A}\boldsymbol{B}=\boldsymbol{B}\boldsymbol{A}$，证明：$|\boldsymbol{A}+\boldsymbol{B}|=|\boldsymbol{A}|$。

23. 设 $\mathcal{A}$ 是酉空间 V 上的线性变换，证明：如果 $\mathcal{A}^{*}=k\mathcal{A},k\in \mathbf{R}$，那么 $\mathcal{A}$ 是 Hermite 变换或斜 Hermite 变换。

＊24. 设 $\mathcal{A}$ 是 n 维欧几里得空间 V 上的正规变换，证明：$\mathcal{A}$ 必有 1 维或 2 维不变子空间，且它们也是 $\mathcal{A}^{*}$ 的不变子空间。

＊25. 设 $\mathcal{A}$ 是 n 维欧几里得空间 V 上的正规变换，证明：V 中存在一个标准正交基，使得 $\mathcal{A}$ 在此基下的矩阵 $\boldsymbol{A}$ 是形如下述的分块对角矩阵：
$$\operatorname{diag}\left\{\lambda_{1},\lambda_{2},\cdots,\lambda_{m},\begin{bmatrix} a_{1} & b_{1} \\ -b_{1} & a_{1} \end{bmatrix},\begin{bmatrix} a_{2} & b_{2} \\ -b_{2} & a_{2} \end{bmatrix},\cdots,\begin{bmatrix} a_{s} & b_{s} \\ -b_{s} & a_{s} \end{bmatrix}\right\},$$
此矩阵称为 $\mathcal{A}$ 的**标准形**。

＊26. 设 $\mathcal{A},\mathcal{B}$ 都是 n 维欧几里得空间 V 上的正规变换，证明：如果 $\mathcal{A}\mathcal{B}=\mathcal{B}\mathcal{A}$，那么 $\mathcal{A}$ 与 $\mathcal{B}$ 有公共的 1 维或 2 维不变子空间。

＊27. 设 $\mathcal{A},\mathcal{B}$ 都是 n 维欧几里得空间 V 的正规变换，证明：如果 $\mathcal{A}\mathcal{B}=\mathcal{B}\mathcal{A}$，那么 V 中存在一个标准正交基，使得 $\mathcal{A},\mathcal{B}$ 在此基下的矩阵都是标准形。

28. n 级 Hermite 矩阵 $\boldsymbol{A}$ 称为半正定的，如果对任意 $\boldsymbol{x}\in \mathbf{C}^{n}$ 且 $\boldsymbol{x}\neq \boldsymbol{0}$，有 $\boldsymbol{x}^{*}\boldsymbol{A}\boldsymbol{x}\geqslant 0$，证明：$n$ 级 Hermite 矩阵 $\boldsymbol{A}$ 是半正定的当且仅当 $\boldsymbol{A}$ 的特征值全非负。

29. 设 $\boldsymbol{A},\boldsymbol{B}$ 都是 n 级 Hermite 矩阵，证明：如果 $\boldsymbol{A}$ 是正定的，$\boldsymbol{B}$ 是半正定的，那么存在一个 n 级可逆矩阵 $\boldsymbol{C}$，使得 $\boldsymbol{C}^{*}\boldsymbol{A}\boldsymbol{C}$ 与 $\boldsymbol{C}^{*}\boldsymbol{B}\boldsymbol{C}$ 都是对角矩阵。

30. 设 $\boldsymbol{A},\boldsymbol{B}$ 都是 n 级 Hermite 矩阵，证明：如果 $\boldsymbol{A}$ 是正定的，$\boldsymbol{B}$ 是半正定的，那么
$$|\boldsymbol{A}+\boldsymbol{B}|\geqslant |\boldsymbol{A}|+|\boldsymbol{B}|,$$
等号成立当且仅当 $\boldsymbol{B}=\boldsymbol{0}$。

＊10.6　正交空间与辛空间

　　我们已经在实数域或复数域上的线性空间中，通过引进内积的概念，使得这些空间中有了长度、角度、正交、距离等度量概念。现在要问：对于任意一个域上的线性空间能不能引进度量概念？关键是要引进内积的概念。由于在一般的域中，没有"正"元素的概念，因此实（复）线性空间上内积的正定性很难保留到任一域上的内积概念中。然而放弃了正定性的要求，就不容易引进向量的长度、两个非零向量的夹角，以及两个向量的距离等概念。这时我们必须坚持保留两个向量正交的概念，于是对于任一域 F 上的线性空间 V，内积应当是一个二元函数 f；为了能充分利用线性空间有加法和纯量乘法这两种运算的特性，

这个二元函数 f 应当是双线性函数；由于两个向量 α 与 β 正交应当是相互的，因此 f 应当满足"$f(\alpha,\beta)=0$ 当且仅当 $f(\beta,\alpha)=0$"。可以证明：满足这个要求的双线性函数 f 或者是对称的，或者是斜对称的（证明可看《高等代数学习指导书（第二版：下册）》（丘维声编著）习题 10.1 第 13 题）。以上分析说明，任一域 F 上的线性空间 V 上的内积应当是一个对称或斜对称双线性函数。如果 V 上指定一个对称双线性函数作为内积，那么 V 称为**正交空间**；如果 V 上指定一个斜对称双线性函数作为内积，那么 V 称为**辛空间**（symplectic space）。这一节就来研究正交空间和辛空间，以及保持向量的内积不变的线性变换。

对于实数域上的线性空间 V，在某些实际问题中也不用正定对称双线性函数作为内积，而用非退化对称双线性函数作为内积。我们在下面的第一部分来详细地阐述这一点。

10.6.1　内容精华

一、洛伦兹（Lorentz）变换与闵可夫斯基（Minkowski）空间

任何物理量（例如距离、速度、力）都是用一组数来表示的，这组数的值一般与坐标系的选择有关。

如果一个坐标系是静止不动的或者作匀速直线运动，那么该坐标系称为**惯性系**，否则称为**非惯性系**。

设直角坐标系 $Oxyz$ 是一个惯性系，另一个直角坐标系 $O'x'y'z'$ 沿着 x 轴正向相对于 $Oxyz$ 作匀速直线运动，速度为 v，两个坐标系的原点 O 与 O' 在 $t=t'=0$ 时刻重合。一个点 P 对于时间有 1 个坐标，对于在空间中的位置有 3 个坐标，称为这个点的**时-空坐标**。设点 P 对于惯性系 $Oxyz$ 的时-空坐标是 $(t,x,y,z)'$，点 P 对于惯性系 $O'x'y'z'$ 的时-空坐标是 $(t',x',y',z')'$。当 v 远小于光速 c（记作 $v\ll c$）时坐标变换公式为

$$\begin{cases} t'=t, \\ x'=x-vt, \\ y'=y, \\ z'=z。 \end{cases} \tag{1}$$

（1）式称为**伽利略（Galileo）时-空变换**。

容易验证，如果牛顿力学规律对其中一个惯性系成立，那么对另一个惯性系也成立。这称为牛顿力学规律对伽利略时-空变换的**协变性**，也称为**力学的相对性原理**。它告诉我们，虽然惯性系有无穷多个，但是不同的惯性系对于力学问题是完全等价的。

19 世纪末确立了电磁学的基本规律，即麦克斯韦（Maxwell）方程。这个方程对伽利略时-空变换是不协变的，即对于不同的惯性系，所得的结果不一样。爱因斯坦的狭义相对论解决了这个问题，他从光速不变原理导出了一个新的时-空坐标变换公式：

$$\begin{cases} t' = \dfrac{t - \dfrac{v}{c^2}x}{\sqrt{1 - \dfrac{v^2}{c^2}}}, \\[4mm] x' = \dfrac{x - vt}{\sqrt{1 - \dfrac{v^2}{c^2}}}, \\[4mm] y' = y, \\ z' = z_\circ \end{cases} \tag{2}$$

(2)式称为**洛伦兹 (Lorentz) 变换**。

爱因斯坦证明了电磁规律对洛伦兹变换是协变的。此后他又修正了牛顿力学,使它对洛伦兹变换也协变。修正的结果后被实验所证实。这说明相对性原理对于力学和电磁学都是适用的。在此基础上,爱因斯坦把它推广为一条普遍原理:"所有的基本物理规律都应在任一惯性系中具有相同的形式。"

这个原理叫作**狭义相对性原理**。

一个点 P 在给定的惯性系 $Oxyz$ 中的时-空坐标 $(t,x,y,z)'$ 是实数域上四维线性空间 $\mathbf{R}^4$ 的一个向量,点 P 在另一个惯性系 $O'x'y'z'$ 中的时-空坐标 $(t',x',y'z')'$ 是 $\mathbf{R}^4$ 中另一个向量。同一个点 P 分别在这两个惯性系中的时-空坐标之间的关系由洛伦兹变换给出(见公式(2)),即

$$\begin{pmatrix} t' \\ x' \\ y' \\ z' \end{pmatrix} = \begin{pmatrix} \dfrac{1}{\sqrt{1-\dfrac{v^2}{c^2}}} & -\dfrac{\dfrac{v}{c^2}}{\sqrt{1-\dfrac{v^2}{c^2}}} & 0 & 0 \\[6mm] -\dfrac{v}{\sqrt{1-\dfrac{v^2}{c^2}}} & \dfrac{1}{\sqrt{1-\dfrac{v^2}{c^2}}} & 0 & 0 \\[6mm] 0 & 0 & 1 & 0 \\ 0 & 0 & 0 & 1 \end{pmatrix} \begin{pmatrix} t \\ x \\ y \\ z \end{pmatrix}_\circ \tag{3}$$

由此可见,洛伦兹变换 σ 是 $\mathbf{R}^4$ 上的一个线性变换。设两个点 P,Q 在惯性系 $Oxyz$ 中的时-空坐标分别为

$$\boldsymbol{\alpha} = (t_1, x_1, y_1, z_1)', \qquad \boldsymbol{\beta} = (t_2, x_2, y_2, z_2)'_\circ$$

现在想在实线性空间 $\mathbf{R}^4$ 中定义一个非退化对称双线性函数 f 作为内积。类比实内积空间中,两个向量 α 与 β 的距离 $d(\alpha,\beta)$ 定义为 $|\alpha-\beta|$,于是 $(\alpha-\beta,\alpha-\beta)$ 是距离 $d(\alpha,\beta)$ 的平方。由此受到启发,把 $f(\boldsymbol{\alpha}-\boldsymbol{\beta},\boldsymbol{\alpha}-\boldsymbol{\beta})$ 称为 $\boldsymbol{\alpha}$ 与 $\boldsymbol{\beta}$ 的**时-空间隔的平方**。根据狭义相对性原理,所有的基本物理规律在任一惯性系中具有相同的形式,因此两点 P,Q 在惯性系 $Oxyz$ 中的时-空坐标的时-空间隔平方与它们在惯性系 $O'x'y'z'$ 中的时-空坐标的时-空间隔平方应当相等,即应当有

$$f(\boldsymbol{\alpha},\boldsymbol{\beta}) = f(\sigma(\boldsymbol{\alpha}),\sigma(\boldsymbol{\beta}))_\circ \tag{4}$$

取 $\mathbf{R}^4$ 上的一个二元函数 f:

$$f(\boldsymbol{\alpha},\boldsymbol{\beta}) = -c^2 t_1 t_2 + x_1 x_2 + y_1 y_2 + z_1 z_2, \tag{5}$$

其中 c 是光速,显然 f 是一个非退化的对称双线性函数,把它作为 $\mathbf{R}^4$ 上的一个内积,此时称 $(\mathbf{R}^4, f)$ 是一个**闵可夫斯基空间**。现在我们来证明:在闵可夫斯基空间 $(\mathbf{R}^4, f)$ 中,洛伦兹变换 σ 保持任意两个向量的时-空间隔的平方不变。这只要证对任意 $\boldsymbol{\alpha} \in \mathbf{R}^4$,有 $f(\boldsymbol{\alpha}, \boldsymbol{\alpha}) = f(\sigma(\boldsymbol{\alpha}), \sigma(\boldsymbol{\alpha}))$ 即可。设 $\boldsymbol{\alpha} = (t, x, y, z)'$,则 $\sigma(\boldsymbol{\alpha}) = (t', x', y', z')'$,于是

$$f(\sigma(\boldsymbol{\alpha}), \sigma(\boldsymbol{\alpha})) = -c^2 t'^2 + x'^2 + y'^2 + z'^2$$

$$= -c^2 \frac{\left(t - \dfrac{v}{c^2} x\right)^2}{1 - \dfrac{v^2}{c^2}} + \frac{(x - vt)^2}{1 - \dfrac{v^2}{c^2}} + y^2 + z^2$$

$$= \frac{-c^2(c^2 - v^2) t^2 + (c^2 - v^2) x^2}{c^2 - v^2} + y^2 + z^2$$

$$= -c^2 t^2 + x^2 + y^2 + z^2 = f(\boldsymbol{\alpha}, \boldsymbol{\alpha}). \tag{6}$$

由(6)式得出,对于任意 $\boldsymbol{\alpha}, \boldsymbol{\beta} \in \mathbf{R}^4$,有

$$f(\boldsymbol{\alpha} - \boldsymbol{\beta}, \boldsymbol{\alpha} - \boldsymbol{\beta}) = f(\sigma(\boldsymbol{\alpha} - \boldsymbol{\beta}), \sigma(\boldsymbol{\alpha} - \boldsymbol{\beta})), \tag{7}$$

这证明了洛伦兹变换 σ 保持任意两个向量的时-空间隔的平方不变。进一步可证洛伦兹变换 σ 保持闵可夫斯基空间 $(\mathbf{R}^4, f)$ 上的内积不变。证明如下:任取 $\boldsymbol{\alpha}, \boldsymbol{\beta} \in \mathbf{R}^4$,有

$$f(\boldsymbol{\alpha} - \boldsymbol{\beta}, \boldsymbol{\alpha} - \boldsymbol{\beta}) = f(\boldsymbol{\alpha}, \boldsymbol{\alpha}) - 2 f(\boldsymbol{\alpha}, \boldsymbol{\beta}) + f(\boldsymbol{\beta}, \boldsymbol{\beta}),$$

$$f(\sigma(\boldsymbol{\alpha} - \boldsymbol{\beta}), \sigma(\boldsymbol{\alpha} - \boldsymbol{\beta})) = f(\sigma(\boldsymbol{\alpha}), \sigma(\boldsymbol{\alpha})) - 2 f(\sigma(\boldsymbol{\alpha}), \sigma(\boldsymbol{\beta})) + f(\sigma(\boldsymbol{\beta}), \sigma(\boldsymbol{\beta}))$$

$$= f(\boldsymbol{\alpha}, \boldsymbol{\alpha}) - 2 f(\sigma(\boldsymbol{\alpha}), \sigma(\boldsymbol{\beta})) + f(\boldsymbol{\beta}, \boldsymbol{\beta}),$$

于是由(7)式得,$-2 f(\boldsymbol{\alpha}, \boldsymbol{\beta}) = -2 f(\sigma(\boldsymbol{\alpha}), \sigma(\boldsymbol{\beta}))$,因此

$$f(\boldsymbol{\alpha}, \boldsymbol{\beta}) = f(\sigma(\boldsymbol{\alpha}), \sigma(\boldsymbol{\beta}))。 \tag{8}$$

如果在 $\mathbf{R}^4$ 中指定标准内积成为欧几里得空间,那么 $(\boldsymbol{\alpha}, \boldsymbol{\beta}) \neq (\sigma(\boldsymbol{\alpha}), \sigma(\boldsymbol{\beta}))$(这可以从(6)式的推导过程看出)。这表明洛伦兹变换 σ 不保持欧几里得空间 $\mathbf{R}^4$ 上的内积。但是洛伦兹变换 σ 却保持闵可夫斯基空间 $(\mathbf{R}^4, f)$ 上的内积,这就是我们要在实线性空间 V 中,指定一个非退化对称双线性函数作为内积的物理背景的原因。

二、正交空间

定义 1 域 F 上的线性空间 V 如果指定了一个对称双线性函数 f,那么称 f 是 V 上的一个**内积**(或**度量**),称 V 是一个**正交空间**。用 (V, f) 表示指定的内积为 f 的正交空间,如果 f 是非退化的,那么 (V, f) 称为**正则的**,否则称为**非正则的**。

例如,闵可夫斯基空间 $\mathbf{R}^4$ 是一个正交空间,指定的内积为(5)式所给的非退化对称双线性函数 f。

又如,在实线性空间 $\mathbf{R}^4$ 中,对于 $\boldsymbol{\alpha} = (x_1, x_2, x_3, x_4)'$,$\boldsymbol{\beta} = (y_1, y_2, y_3, y_4)'$,规定

$$f(\boldsymbol{\alpha}, \boldsymbol{\beta}) = x_1 y_1 - x_2 y_2 - x_3 y_3 - x_4 y_4, \tag{9}$$

易验证 f 是一个非退化的对称双线性函数,于是 f 可作为 $\mathbf{R}^4$ 上的一个内积,此时 $(\mathbf{R}^4, f)$ 成为一个正交空间,且它是正则的。在 $(\mathbf{R}^4, f)$ 中,对于任意 $\boldsymbol{\alpha} \in \mathbf{R}^4$,有

$$f(\boldsymbol{\alpha}, \boldsymbol{\alpha}) = x_1^2 - x_2^2 - x_3^2 - x_4^2。 \tag{10}$$

于是若 $\boldsymbol{\alpha} = (2, 1, 0, 0)'$,则 $f(\boldsymbol{\alpha}, \boldsymbol{\alpha}) = 3$;若 $\boldsymbol{\alpha} = (1, 1, 0, 0)'$,则 $f(\boldsymbol{\alpha}, \boldsymbol{\alpha}) = 0$;若 $\boldsymbol{\alpha} = (0, 1, 0,$

$0)'$,则 $f(\alpha,\alpha)=-1$。因此在 $(\mathbf{R}^4,f)$ 中没有正定性,即 $f(\alpha,\alpha)$ 可能是正数或 0,也可能是负数;而且当 $\alpha\neq\mathbf{0}$ 时,有可能 $f(\alpha,\alpha)=0$。由于没有正定性,因此无法引进长度、角度、距离等度量概念。

定义 2 在正交空间 (V,f) 中,如果 $f(\alpha,\beta)=0$,那么称 α 与 β **正交**,记作 $\alpha\perp\beta$。

由于 f 是对称双线性函数,因此 $f(\alpha,\beta)=0$ 当且仅当 $f(\beta,\alpha)=0$,从而 $\alpha\perp\beta$ 当且仅当 $\beta\perp\alpha$,即两个向量正交是相互的。

定义 3 在正交空间 (V,f) 中,一个非零向量 α 称为**迷向的**(isotropic),如果 $f(\alpha,\alpha)=0$;否则 α 称为**非迷向的**(anisotropic)。正交空间 (V,f) 称为**迷向的**,如果 V 包含了一个(非零的)迷向向量;否则称为**非迷向的**。如果 V 中所有非零向量都是迷向的,那么称 (V,f) 是**全迷向的**。

例如,用(10)式给出的非退化对称双线性函数 f 作为内积的正交空间 $(\mathbf{R}^4,f)$ 是迷向的,但不是全迷向的。

命题 1 如果正交空间 (V,f) 是非迷向的,那么它一定是正则的,即 f 一定是非退化的。

证明 假如 f 是退化的,则 $\operatorname{rad} V\neq 0$,于是存在 $\alpha\in\operatorname{rad} V$ 且 $\alpha\neq\mathbf{0}$,从而 $f(\alpha,\alpha)=0$。矛盾。∎

注意:命题 1 的逆命题不成立。例如,在上述的 $(\mathbf{R}^4,f)$ 中,f 是非退化的,但是 $(\mathbf{R}^4,f)$ 是迷向的。

命题 2 设 $\operatorname{char} F\neq 2$,若正交空间 (V,f) 是全迷向的,则 $f=0$。

证明 任取 $\alpha,\beta\in V$,由于 V 全迷向,因此

$$0=f(\alpha+\beta,\alpha+\beta)=f(\alpha,\alpha)+2f(\alpha,\beta)+f(\beta,\beta)=2f(\alpha,\beta)。$$

由于 $\operatorname{char} F\neq 2$,因此 $f(\alpha,\beta)=0$,从而 $f=0$。∎

设 (V,f) 是一个正交空间,W 是 V 的一个线性子空间,显然 $f|W$ 是 W 上的一个对称双线性函数,从而 $(W,f|W)$ 也是一个正交空间,称它是 (V,f) 的一个子空间。值得注意的是:即使 (V,f) 是正则的,其子空间 $(W,f|W)$ 也有可能是非正则的。例如,在上述 $(\mathbf{R}^4,f)$ 中,设 $\alpha=(1,1,0,0)'$,令 $W=\langle\alpha\rangle$,则对任意 $k\in\mathbf{R}$,有

$$f(\alpha,k\alpha)=kf(\alpha,\alpha)=0,$$

于是 $\alpha\in\operatorname{rad} W$,从而 $f|W$ 是退化的,因此 $(W,f|W)$ 是非正则的。进一步,对任意 $k\in\mathbf{R}$,有

$$f(k\alpha,k\alpha)=k^2 f(\alpha,\alpha)=0,$$

因此 $(W,f|W)$ 是全迷向的。

定义 4 设 S 是正交空间 (V,f) 的一个非空子集,集合 $\{\alpha\in V\,|\,f(\alpha,\beta)=0,\ \forall\beta\in S\}$ 称为 S 的**正交补**,记作 $S^{\perp}$。

容易看出 $S^{\perp}$ 是 V 的一个线性子空间。

定理 1 设 (V,f) 是域 F 上有限维正则的正交空间,W 是 V 的一个子空间,则

(1) $\dim W+\dim W^{\perp}=\dim V$; (11)

(2) $(W^{\perp})^{\perp}=W$。 (12)

证明 由于 f 是非退化的对称双线性函数,因此根据 10.1 节的例 8 立即得到结论。∎

定义 5　域 F 上有限维正交空间 (V,f) 的一个基 $\alpha_1,\alpha_2,\cdots,\alpha_n$ 称为**正交基**,如果 α_1, $\alpha_2,\cdots,\alpha_n$ 两两正交。

注意正交基的定义中,首先要求是基,然后要求基向量两两正交。这是因为在正交空间中两两正交的向量可能是线性相关的。例如,在 $(\mathbf{R}^4,f)$ 中,设 $\boldsymbol{\alpha}=(1,1,0,0)'$,则 $\boldsymbol{\alpha}$ 与 $2\boldsymbol{\alpha}$ 是正交的,然后它们是线性相关的。

定理 2　特征不为 2 的域 F 上的 n 维正交空间 (V,f) 一定存在正交基。

证明　由于 f 是对称双线性函数,因此根据 10.1 节的定理 3 得,V 中存在一个基 α_1, $\alpha_2,\cdots,\alpha_n$,使得 f 在此基下的度量矩阵为对角矩阵,于是 $f(\alpha_i,\alpha_j)=0$ 当 $i\neq j$,从而 α_1, $\alpha_2,\cdots,\alpha_n$ 是 V 的一个正交基。　■

注意当 (V,f) 是正则的时候,定理 2 证明中的对角矩阵是满秩矩阵(因为 f 非退化),从而主对角元 $f(\alpha_i,\alpha_i)$ 全不为 0,因此 α_i 是非迷向的,$i=1,2,\cdots,n$,即当 (V,f) 是正则时,存在由非迷向向量组成的正交基;而且它的任意一个正交基都是由非迷向向量组成的。

定义 6　域 F 上 n 维正交空间 (V,f) 的一个正交基 $\eta_1,\eta_2,\cdots,\eta_n$ 称为**标准正交基**(或**正交规范基**),如果

$$f(\eta_i,\eta_i)=0 \text{ 或 } \pm 1, \qquad i=1,2,\cdots,n。 \tag{13}$$

当域 F 取成实数域 $\mathbf{R}$ 或复数域 $\mathbf{C}$ 时,n 维正交空间 (V,f) 存在标准正交基。对于复数域 $\mathbf{C}$ 上的 n 维正交空间 (V,f),可以使标准正交基中的每个向量 η_i 满足

$$f(\eta_i,\eta_i)=0 \text{ 或 } 1。 \tag{14}$$

命题 3　设 (V,f) 是域 F 上的 n 维正则的正交空间,$\alpha_1,\alpha_2,\cdots,\alpha_n$ 是它的一个正交基,则对于 V 中任一向量 β,有

$$\beta=\sum_{i=1}^{n}\frac{f(\beta,\alpha_i)}{f(\alpha_i,\alpha_i)}\alpha_i。 \tag{15}$$

证明　设 $\beta=\sum_{i=1}^{n}b_i\alpha_i$,则对任意 $j\in\{1,2,\cdots,n\}$,有

$$f(\beta,\alpha_j)=f\left(\sum_{i=1}^{n}b_i\alpha_i,\alpha_j\right)=\sum_{i=1}^{n}b_i f(\alpha_i,\alpha_j)=b_j f(\alpha_j,\alpha_j),$$

因此

$$b_j=\frac{f(\beta,\alpha_j)}{f(\alpha_j,\alpha_j)}, \qquad j=1,2,\cdots,n。 ■$$

定理 3　设 (V,f) 是域 F 上的正交空间,W 是 V 的有限维非平凡子空间,则

$$V=W\oplus W^{\perp} \tag{16}$$

的充分必要条件为 W 是正则的子空间。

证明　根据 10.1 节的例 9 及其点评立即得到。　■

定义 7　设 W_1 和 W_2 是正交空间 (V,f) 的两个子空间,如果对任意 $\beta_1\in W_1$,任意 $\beta_2\in W_2$,都有 $f(\beta_1,\beta_2)=0$,那么称 W_1 与 W_2 是**正交的**。

显然,当 $W_1\subseteq W_2^{\perp}$(或 $W_2\subseteq W_1^{\perp}$)时,W_1 与 W_2 是正交的。

定理 2 的一个等价说法是:特征不为 2 的域 F 上的有限维正交空间 (V,f) 一定能分解成两两正交的 1 维子空间的直和(简称为 1 维子空间的**正交直和**)。

定义 8　设(V_1,f_1)和(V_2,f_2)是域 F 上的两个正交空间,如果存在线性空间V_1到V_2的一个同构映射σ,且σ保持向量的内积不变,即
$$f_1(\alpha,\beta) = f_2(\sigma(\alpha),\sigma(\beta)), \qquad \forall\,\alpha,\beta\in V。 \tag{17}$$
那么称σ是正交空间(V_1,f_1)到(V_2,f_2)的一个**同构映射**,称正交空间(V_1,f_1)和(V_2,f_2)是**同构的**(或保距同构的)(isometric)。

容易看出,恒等映射是同构映射,同构映射的乘积是同构映射,同构映射的逆映射还是同构映射,从而域 F 上正交空间之间的同构关系具有反身性、传递性和对称性。

若域 F 上两个有限维正交空间(V_1,f_1)和(V_2,f_2)是保距同构的,则V_1与V_2是线性同构的,从而V_1与V_2的维数相同。因此域 F 上两个有限维正交空间保距同构的必要条件是它们的维数相同。这是不是充分条件?下面我们来仔细探索这一点。我们来研究对于域 F 上两个 n 维正交空间(V_1,f_1)与(V_2,f_2),应当满足什么条件它们才保距同构。关键是对σ保持向量的内积不变,即对(17)式加以分析。

在 10.1 节的内容精华的第六部分中,我们指出特征不等于 2 的域 F 上 n 维线性空间 V 上的对称双线性函数与 V 上的二次函数之间有一个一一对应:给了 V 上的对称双线性函数 f,有 V 上的唯一的二次函数 q 与 f 对应:$q(\alpha)=f(\alpha,\alpha),\forall\alpha\in V$;反之,给了 V 上的一个二次函数 q,有 V 上的唯一的对称双线性函数 f 与 q 对应:$f(\alpha,\beta)=\dfrac{1}{2}[q(\alpha+\beta)-q(\alpha)-q(\beta)]$,其中$\dfrac{1}{2}$是指$(2e)^{-1}$,其中 e 是域 F 的单位元。我们又指出 V 上的二次函数与域 F 上的 n 元二次型之间有一个一一对应:给了 V 上的一个二次函数 q,在 V 中取定一个基$\alpha_1,\alpha_2,\cdots,\alpha_n$后,有唯一的 n 元二次型 $x'Ax$ 与 q 对应,其中 A 是 q 对应的对称双线性函数 f 在基$\alpha_1,\alpha_2,\cdots,\alpha_n$下的度量矩阵;反之,给了域 F 上的一个 n 元二次型 $x'Ax$,有 V 上唯一的二次函数 q 与它对应:$q(\alpha)=x'Ax$,其中 x 是α在 V 的一个基下的坐标。于是特征不等于 2 的域 F 上 n 维线性空间 V_1 上的对称双线性函数 f_1 对应于V_1上的一个二次函数q_1,进而对应于域 F 上的一个 n 元二次型 $x'Ax$;而V_2上的对称双线性函数f_2对应于V_2上的一个二次函数q_2,进而对应于域 F 上的另一个 n 元二次型 $y'By$。V_1到V_2的线性同构σ保持向量的内积不变当且仅当(17)式成立,这等价于
$$q_1(\alpha) = q_2(\sigma(\alpha)), \qquad \forall\,\alpha\in V_1 \tag{18}$$
$$\Longleftrightarrow \quad x'Ax = y'By \quad \forall\,x\in F^n。 \tag{19}$$
其中 x 是α在V_1的基$\alpha_1,\alpha_2,\cdots,\alpha_n$下的坐标,$y$ 是$\sigma(\alpha)$在V_2的基$\beta_1,\beta_2,\cdots,\beta_n$下的坐标。设$\sigma$关于$V_1$的基$\alpha_1,\alpha_2,\cdots,\alpha_n$与$V_2$的基$\beta_1,\beta_2,\cdots,\beta_n$的矩阵是 P,则$y=Px,x=P^{-1}y$。因此V_1到V_2的线性同构σ保持向量的内积不变当且仅当域 F 上的 n 元二次型 $x'Ax$ 与 $y'By$ 等价。这样我们证明了下述定理:

定理 4　设(V_1,f_1)和(V_2,f_2)是特征不等于 2 的域 F 上的两个 n 维正交空间,则V_1到V_2的线性同构σ是保距同构当且仅当域 F 上的 n 元二次型 $x'Ax$ 与 $y'By$ 等价,其中 A 是f_1在V_1的一个基$\alpha_1,\alpha_2,\cdots,\alpha_n$下的度量矩阵,$B$ 是f_2在V_2的一个基$\beta_1,\beta_2,\cdots,\beta_n$下的度量矩阵,$x=P^{-1}y,P$ 是σ关于V_1的基$\alpha_1,\alpha_2,\cdots,\alpha_n$和$V_2$的基$\beta_1,\beta_2,\cdots,\beta_n$的矩阵。 ■

推论 1　设(V_1,f_1)和(V_2,f_2)是特征不等于 2 的域 F 上的两个 n 维正交空间,则V_1

到 V_2 的线性同构 σ 是保距同构当且仅当 f_1 在 V_1 的一个基下的度量矩阵 A 与 f_2 在 V_2 的一个基下的度量矩阵 B 合同：$A=P'BP$，其中 P 是 σ 关于 V_1 的上述一个基与 V_2 的上述一个基下的矩阵。 ■

这样我们就可以利用推论 1 来研究特征不等于 2 的域 F 上维数相同的两个正交空间 (V_1,f_1) 和 (V_2,f_2) 保距同构的条件。

根据"两个 n 级实对称矩阵合同的充分必要条件是它们的秩相等，且正惯性指数相等"，我们立即得到：

定理 5 实数域上两个 n 维正交空间 (V_1,f_1) 和 (V_2,f_2) 同构（即保距同构）的充分必要条件是，f_1 在 V_1 的一个基下的度量矩阵 A 与 f_2 在 V_2 的一个基下的度量矩阵 B 有相同的秩和相等的正惯性指数。 ■

对于实数域上的正交空间 (V,f)，f 在 V 的一个基下的度量矩阵的秩和正惯性指数分别称为 f 的**秩**和**正惯性指数**。

根据两个 n 级复对称矩阵合同的充分必要条件立即得到：

定理 6 复数域上两个 n 维正交空间 (V_1,f_1) 和 (V_2,f_2) 同构的充分必要条件是，f_1 在 V_1 的一个基下的度量矩阵 A 与 f_2 在 V_2 的一个基下的度量矩阵 B 有相同的秩。 ■

三、正交空间上的正交变换

定义 9 设 (V,f) 是域 F 上 n 维正则的正交空间，V 上的一个线性变换 $\mathcal{T}$ 如果保持向量的内积不变，即

$$f(\alpha,\beta) = f(\mathcal{T}\alpha,\mathcal{T}\beta), \qquad \forall \alpha,\beta \in V, \tag{20}$$

那么称 $\mathcal{T}$ 是 V 上的一个**正交变换**。

定理 7 设 (V,f) 是域 F 上 n 维正则的正交空间，则 $\mathcal{T}$ 是 V 上的正交变换当且仅当 $\mathcal{T}$ 是正交空间 V 到自身的同构映射。

证明 充分性是显然的。关于必要性只要证 $\mathcal{T}$ 是双射即可。设 $\alpha \in \mathrm{Ker}\,\mathcal{T}$，则 $\mathcal{T}\alpha=0$，从而对一切 $\beta \in V$，有

$$f(\alpha,\beta) = f(\mathcal{T}\alpha,\mathcal{T}\beta) = f(0,\mathcal{T}\beta) = 0。 \tag{21}$$

由于 f 是非退化的，因此 $\alpha=0$，于是 $\mathrm{Ker}\,\mathcal{T}=0$，从而 $\mathcal{T}$ 是单射。由于 V 是有限维的，因此线性变换 $\mathcal{T}$ 也是满射，从而 $\mathcal{T}$ 是双射。 ■

从同构关系的性质得出，恒等变换是正交变换，正交变换的乘积是正交变换，正交变换的逆变换还是正交变换。

由前面讨论过程中的 (18) 式立即得到：

定理 8 设 (V,f) 是特征不为 2 的域 F 上的 n 维正则的正交空间，q 是 f 对应的二次函数，则 V 上的线性变换 $\mathcal{T}$ 是正交变换当且仅当下式成立：

$$q(\alpha) = q(\mathcal{T}\alpha), \qquad \forall \alpha \in V。 \tag{22}$$

定理 9 设 (V,f) 是特征不为 2 的域 F 上的 n 维正则的正交空间，f 在 V 的一个基 $\alpha_1,\alpha_2,\cdots,\alpha_n$ 下的度量矩阵为 A，V 上的一个线性变换 $\mathcal{T}$ 在基 $\alpha_1,\alpha_2,\cdots,\alpha_n$ 下的矩阵是 T，则 $\mathcal{T}$ 是正交变换当且仅当 $T'AT=A$。

证明 根据定理 7 和推论 1 得，$\mathcal{T}$ 是正交变换当且仅当下式成立：

$$T'AT = A。 \tag{23}$$

推论 2　条件同定理 9,正交变换 $\mathcal{T}$ 在 V 的任意一个基下的矩阵 T 的行列式等于 1 或 -1。

证明　由于 $T'AT=A$,因此 $|T|^2|A|=|A|$。由于 f 非退化,因此 A 是满秩矩阵,从而 $|A|\neq 0$,于是 $|T|^2=1$。由此得出,$|T|=1$ 或 -1。由于线性变换 $\mathcal{T}$ 在 V 的不同基下的矩阵是相似的,因此 $\mathcal{T}$ 在 V 的任意一个基下的矩阵的行列式等于 1 或 -1。■

行列式为 1 的正交变换称为**第一类的**(或**旋转**),行列式为 -1 的正交变换称为**第二类的**。

本节第一部分中讲的闵可夫斯基空间 $(\mathbf{R}^4, f)$ 上的洛伦兹变换 σ 是第一类正交变换。

一般地,在实线性空间 $\mathbf{R}^4$ 中,给定一个非退化的对称双线性函数 f,如果 f 的正惯性指数为 3(或 1),那么称正交空间 $(\mathbf{R}^4, f)$ 为一个**闵可夫斯基空间**,其上的第一类正交变换称为**广义洛伦兹变换**。例如,设 $\boldsymbol{\alpha}=(x_1,x_2,x_3,x_4)'$,$\boldsymbol{\beta}=(y_1,y_2,y_3,y_4)'$,令

$$f(\boldsymbol{\alpha},\boldsymbol{\beta}) = -x_1y_1 + x_2y_2 + x_3y_3 + x_4y_4, \tag{24}$$

易看出 f 是非退化的对称双线性函数,且 f 的正惯性指数为 3,因此 $(\mathbf{R}^4, f)$ 成为一个闵可夫斯基空间,根据定理 5,内积的正惯性指数为 3 的闵可夫斯基空间都是同构的;内积的正惯性指数为 1 的闵可夫斯基空间也都是同构的。

四、辛空间

由于特征为 2 的域 F 上的线性空间 V 上的斜对称双线性函数也是对称双线性函数,因此这一部分和第五部分中,域 F 的特征都不等于 2,不再每次声明。

定义 10　域 F 上的线性空间 V 如果指定了一个斜对称双线性函数 f,那么称 f 是 V 上的一个**内积**(或**辛内积**)。称 V 是一个**辛空间**,记作 (V, f)。如果 f 是非退化的,那么 (V, f) 称为**正则的**;否则称为**非正则的**。

例如,$\mathbf{R}^2$ 中,对于 $\boldsymbol{\alpha}=(x_1,x_2)'$,$\boldsymbol{\beta}=(y_1,y_2)'$,规定

$$f(\boldsymbol{\alpha},\boldsymbol{\beta}) := x_1y_2 - x_2y_1, \tag{25}$$

显然,f 是 $\mathbf{R}^2$ 上的一个非退化斜对称双线性函数,于是 $(\mathbf{R}^2, f)$ 成为一个辛空间,且是正则的。

与正交空间一样,辛空间中有向量的正交、子空间的正交、非空子集的正交补、迷向向量、迷向子空间等概念,且任一非空子集的正交补是子空间。由于 $\operatorname{char} F\neq 2$,因此由斜对称双线性函数的定义立即得出:$f(\alpha,\alpha)=0$, $\forall \alpha\in V$,从而辛空间 (V, f) 中每个非零向量都是迷向向量。因此辛空间是全迷向的。

设 W 是辛空间 (V, f) 的一个子空间。若 $W\subseteq W^\perp$,则 W 称为 (V, f) 的**迷向子空间**;若 $W=W^\perp$,则 W 称为 (V, f) 的**拉格朗日子空间**;若 $f|W$ 是非退化的(它等价于 $W\cap W^\perp=0$),则称 W 是 (V, f) 的**正则子空间**。

从 10.1 节的定理 4 立即得出:

定理 10　域 F 上 n 维辛空间 (V, f) 中存在一个基 $\delta_1,\delta_{-1},\cdots,\delta_r,\delta_{-r},\eta_1,\cdots,\eta_s$,使得

$$f(\delta_i,\delta_{-i})=1, \qquad f(\delta_{-i},\delta_i)=-1, \qquad i=1,2,\cdots,r,$$
$$f(\delta_i,\delta_j)=0, \qquad i+j\neq 0,$$
$$f(\delta_i,\eta_k)=0, \qquad i=\pm 1,\cdots,\pm r, k=1,2,\cdots,s,$$
$$f(\eta_j,\eta_k)=0, \qquad j,k=1,2,\cdots,s,$$

这个基称为(V,f)的**辛基**。

我们把定理 10 中的辛基重排一下次序：
$$\delta_1,\cdots,\delta_r,\delta_{-1},\cdots,\delta_{-r},\eta_1,\cdots,\eta_s, \tag{26}$$
这个基也称为辛基，容易看出，f 在这个基下的度量矩阵为
$$\begin{bmatrix} 0 & I_r & 0 \\ -I_r & 0 & 0 \\ 0 & 0 & 0 \end{bmatrix}. \tag{27}$$

从定理 10 立即得到：

推论 3　域 F 上有限维正则的辛空间一定是偶数维的。

命题 4　设(V,f)是 n 维正则的辛空间，$n=2r$，它的一个辛基是 $\delta_1,\delta_{-1},\delta_2,\delta_{-2},\cdots,$ δ_r,δ_{-r}，则对于任意 $\alpha\in V$，有
$$\alpha=\sum_{i=1}^{r}\left[f(\alpha,\delta_{-i})\delta_i-f(\alpha,\delta_i)\delta_{-i}\right]. \tag{28}$$

证明　设 $\alpha=\sum_{i=1}^{r}(x_i\delta_i+y_i\delta_{-i})$，对于 $j\in\{1,2,\cdots,r\}$，有
$$f(\alpha,\delta_j)=\sum_{i=1}^{r}\left[x_if(\delta_i,\delta_j)+y_if(\delta_{-i},\delta_j)\right]=y_jf(\delta_{-j},\delta_j)=-y_j,$$
$$f(\alpha,\delta_{-j})=\sum_{i=1}^{r}\left[x_if(\delta_i,\delta_{-j})+y_if(\delta_{-i},\delta_{-j})\right]=x_jf(\delta_j,\delta_{-j})=x_j,$$

因此
$$\alpha=\sum_{i=1}^{r}\left[f(\alpha,\delta_{-i})\delta_i-f(\alpha,\delta_i)\delta_{-i}\right].$$

由 10.1 节的例 8 立即得到：

定理 11　设(V,f)是域 F 上有限维正则的辛空间，W 是 V 的一个子空间，则

(1) $\dim W+\dim W^\perp=\dim V$；

(2) $(W^\perp)^\perp=W$。

下面的定理 12 给出了 $V=W\oplus W^\perp$ 的一个充分必要条件。

定理 12　设(V,f)是域 F 上的辛空间，W 是 V 的有限维非平凡子空间，则
$$V=W\oplus W^\perp \tag{29}$$
的充分必要条件为 W 是正则的子空间。

证明　根据 10.1 节的例 9 立即得到。

从定理 12 和定理 10 立即得到：

定理 13　域 F 上有限维辛空间(V,f)一定能分解成一些 2 维正则子空间与 1 维非正则子空间的正交直和。

与正交空间一样，辛空间也有同构的概念，且辛空间的同构关系具有反身性、对称性和传递性。

域 F 上两个有限维辛空间(V_1,f_1)和(V_2,f_2)如果同构，那么 V_1 与 V_2 必线性同构，从而 V_1 与 V_2 的维数相同。反之，如果 V_1 与 V_2 的维数相同，那么它们必线性同构，于是存在 V_1 与 V_2 的一个线性同构映射 σ。在 V_1 中取一个辛基：$\delta_1,\delta_{-1},\cdots,\delta_r,\delta_{-r},\eta_1,\cdots,\eta_s$；

在 V_2 中取一个辛基：$\beta_1,\beta_{-1},\cdots,\beta_m,\beta_{-m},\gamma_1,\cdots,\gamma_t$。设 σ 关于 V_1 的上述基和 V_2 的上述基的矩阵是 $\boldsymbol{B}$；f_1 在 V_1 的上述基下的度量矩阵为 $\boldsymbol{A}_1$，f_2 在 V_2 的上述基下的度量矩阵为 $\boldsymbol{A}_2$。任取 $\alpha,\beta\in V_1$，设 α,β 在 V_1 的上述基下的坐标分别为 $\boldsymbol{x},\boldsymbol{y}$，则 $\sigma(\alpha),\sigma(\beta)$ 在 V_2 的上述基下的坐标分别为 $\boldsymbol{Bx},\boldsymbol{By}$，于是

$$f_1(\alpha,\beta) = \boldsymbol{x}'\boldsymbol{A}_1\boldsymbol{y},$$
$$f_2(\sigma(\alpha),\sigma(\beta)) = (\boldsymbol{Bx})'\boldsymbol{A}_2(\boldsymbol{By}) = \boldsymbol{x}'(\boldsymbol{B}'\boldsymbol{A}_2\boldsymbol{B})\boldsymbol{y}.$$

根据 10.1 节例 10 的结论："特征不为 2 的域 F 上两个 n 级斜对称矩阵合同的充分必要条件是它们有相同的秩"，因此有

$\qquad V_1$ 到 V_2 的线性同构映射 σ 是保距同构

$\Longleftrightarrow \quad f_1(\alpha,\beta) = f_2(\sigma(\alpha),\sigma(\beta)), \qquad \forall\, \alpha,\beta\in V_1$

$\Longleftrightarrow \quad \boldsymbol{x}'\boldsymbol{A}_1\boldsymbol{y} = \boldsymbol{x}'(\boldsymbol{B}'\boldsymbol{A}_2\boldsymbol{B})\boldsymbol{y}, \qquad \forall\, \boldsymbol{x},\boldsymbol{y}\in F^n$

$\Longleftrightarrow \quad \boldsymbol{A}_1 = \boldsymbol{B}'\boldsymbol{A}_2\boldsymbol{B}$

$\Longleftrightarrow \quad \mathrm{rank}(\boldsymbol{A}_1) = \mathrm{rank}(\boldsymbol{A}_2).$ $\qquad\qquad$ (30)

于是我们证明了下述结论：

定理 14 域 F 上两个有限维辛空间 (V_1,f_1) 与 (V_2,f_2) 同构的充分必要条件是 V_1 与 V_2 有相同的维数，且 f_1 与 f_2 有相同的矩阵秩。 ■

推论 4 域 F 上两个有限维正则的辛空间同构的充分必要条件是它们有相同的维数。 ■

五、辛变换

定义 11 设 (V,f) 是域 F 上有限维正则的辛空间，V 上的一个线性变换 $\mathcal{B}$ 如果保持辛内积不变，那么称 $\mathcal{B}$ 为**辛变换**。

类似于定理 7 的证明可证得下述结论：

定理 15 设 (V,f) 是域 F 上有限维正则的辛空间，则 $\mathcal{B}$ 是 V 上的辛变换当且仅当 $\mathcal{B}$ 是辛空间 V 到自身的一个同构映射。 ■

从同构关系的性质得出，恒等变换是辛变换，辛变换的乘积是辛变换，辛变换的逆变换还是辛变换。

设 $\mathcal{B}$ 是 n 维正则辛空间 (V,f) 上的一个线性变换，在 V 中取一个辛基 $\delta_1,\delta_2,\cdots,\delta_r$，$\delta_{-1},\delta_{-2},\cdots,\delta_{-r}$，则 f 在这个基下的度量矩阵 $\boldsymbol{A}$ 为

$$\boldsymbol{A} = \begin{bmatrix} \boldsymbol{0} & \boldsymbol{I}_r \\ -\boldsymbol{I}_r & \boldsymbol{0} \end{bmatrix}. \qquad\qquad (31)$$

设 $\mathcal{B}$ 在这个基下的矩阵为 $\boldsymbol{B}$，由 (30) 式的推导过程立即得到：

定理 16 设 (V,f) 是 n 维正则辛空间，则 V 上的线性变换 $\mathcal{B}$ 是辛变换当且仅当

$$\boldsymbol{B}'\boldsymbol{A}\boldsymbol{B} = \boldsymbol{A}, \qquad\qquad (32)$$

其中 $\boldsymbol{B}$ 是 $\mathcal{B}$ 在 V 的辛基 $\delta_1,\cdots,\delta_r,\delta_{-1},\cdots,\delta_{-r}$ 下的矩阵，$\boldsymbol{A}$ 形如 (31) 式。 ■

定义 12 域 F 上的 n 级矩阵 $(n=2r)\boldsymbol{B}$ 如果满足

$$\boldsymbol{B}'\boldsymbol{A}\boldsymbol{B} = \boldsymbol{A}, \qquad\qquad (34)$$

其中 $\boldsymbol{A}$ 形如 (31) 式，那么称 $\boldsymbol{B}$ 为**辛矩阵**。

推论 5　域 F 上的 n 级矩阵($n=2r$)$\boldsymbol{B}$ 如果是辛矩阵,那么 $|\boldsymbol{B}|=1$ 或 -1。

证明　设 $\boldsymbol{B}$ 是辛矩阵,则 $|\boldsymbol{B}'\boldsymbol{A}\boldsymbol{B}|=|\boldsymbol{A}|$。由于 $|\boldsymbol{A}|=1$,因此 $|\boldsymbol{B}|^2=1$,从而 $|\boldsymbol{B}|=\pm 1$。　■

下面我们将进一步证明辛矩阵的行列式一定等于 1。

设 F_1 是 F 的最小子域,考虑域 F_1 上 n^2 元多项式环 $F_1[x_{11},x_{12},\cdots,x_{1n},\cdots,x_{n1},x_{n2},\cdots,x_{nn}]$ 上的斜对称矩阵 $\boldsymbol{G}$:

$$\boldsymbol{G}=\begin{pmatrix} 0 & x_{12} & x_{13} & \cdots & x_{1n} \\ -x_{12} & 0 & x_{23} & \cdots & x_{2n} \\ \vdots & \vdots & \vdots & & \vdots \\ -x_{1n} & -x_{2n} & -x_{3n} & \cdots & 0 \end{pmatrix}, \tag{34}$$

用 E 表示 n^2 元分式域,则 $\boldsymbol{G}$ 也可看成是域 E 上的矩阵。由于 char $F\neq 2$,因此 char $F_1\neq 2$,从而 char $E\neq 2$。于是存在 $f(x_{12},x_{13},\cdots,x_{1n},\cdots,x_{n-1,n})\in E$,使得

$$\det(\boldsymbol{G})=f^2(x_{12},x_{13},\cdots,x_{1n},\cdots,x_{n-1,n})。 \tag{35}$$

设

$$f(x_{12},\cdots,x_{1n},\cdots,x_{n-1,n})=\frac{g(x_{12},\cdots,x_{1n},\cdots,x_{n-1,n})}{h(x_{12},\cdots,x_{1n},\cdots,x_{n-1,n})} \tag{36}$$

其中 $g,h\in F_1[x_{11},\cdots,x_{nn}]$,且 $(g,h)=1$。从(36)式和(35)式得,$h^2\det(\boldsymbol{G})=g^2$,从而 $h|g^2$。由于 $(h,g)=1$,因此 $h|g$,从而

$$f(x_{12},\cdots,x_{1n},\cdots,x_{n-1,n})\in F_1[x_{11},\cdots,x_{nn}]。 \tag{37}$$

由于 $f(x_{12},\cdots,x_{1n},\cdots,x_{n-1,n})$ 是由 $\det(\boldsymbol{G})$ 确定的(在 f 和 $-f$ 中取定其中的一个),因此把 $f(x_{12},\cdots,x_{1n},\cdots,x_{n-1,n})$ 记成 $f(\boldsymbol{G})$,于是(35)式可写成

$$f^2(\boldsymbol{G})=\det(\boldsymbol{G})。 \tag{38}$$

现在设 $\boldsymbol{S}=(s_{ij}(x_{11},\cdots,x_{nn}))$ 是环 $F_1[x_{11},\cdots,x_{nn}]$ 上的任一 n 级矩阵,则 $\boldsymbol{S}'\boldsymbol{G}\boldsymbol{S}$ 仍是此环上的斜对称矩阵。设

$$\boldsymbol{S}'\boldsymbol{G}\boldsymbol{S}=\begin{pmatrix} 0 & h_{12}(x_{11},\cdots,x_{nn}) & \cdots & h_{1n}(x_{11},\cdots,x_{nn}) \\ -h_{12}(x_{11},\cdots,x_{nn}) & 0 & \cdots & h_{2n}(x_{11},\cdots,x_{nn}) \\ \vdots & \vdots & & \vdots \\ -h_{1n}(x_{11},\cdots,x_{nn}) & -h_{2n}(x_{11},\cdots,x_{nn}) & \cdots & 0 \end{pmatrix},$$

不定元 $x_{12},x_{13},\cdots,x_{n-1,n}$ 分别用 $h_{12}(x_{11},\cdots,x_{nn}),h_{13}(x_{11},\cdots,x_{nn}),\cdots,h_{n-1,n}(x_{11},\cdots,x_{nn})$ 代入,从(38)式得

$$f^2(\boldsymbol{S}'\boldsymbol{G}\boldsymbol{S})=\det(\boldsymbol{S}'\boldsymbol{G}\boldsymbol{S})=(\det\boldsymbol{S})^2(\det\boldsymbol{G})=(\det\boldsymbol{S})^2 f^2(\boldsymbol{G}), \tag{39}$$

于是

$$f(\boldsymbol{S}'\boldsymbol{G}\boldsymbol{S})=\pm(\det\boldsymbol{S})f(\boldsymbol{G})。 \tag{40}$$

设

$$\boldsymbol{A}=\begin{pmatrix} \boldsymbol{0} & \boldsymbol{I}_r \\ -\boldsymbol{I}_r & \boldsymbol{0} \end{pmatrix}, \qquad \boldsymbol{I}_n=\begin{pmatrix} \boldsymbol{I}_r & \boldsymbol{0} \\ \boldsymbol{0} & \boldsymbol{I}_r \end{pmatrix},$$

分别把 $\boldsymbol{A},\boldsymbol{I}_n$ 的 (i,j) 元记作 a_{ij},c_{ij}。取多项式 $s_{ij}(x_{11},\cdots,x_{nn})$,使得 $s_{ij}(a_{11},\cdots,a_{nn})=c_{ij}$,$1\leqslant i,j\leqslant n$。假如

$$f(\boldsymbol{S}'\boldsymbol{G}\boldsymbol{S})=-(\det\boldsymbol{S})f(\boldsymbol{G}), \tag{41}$$

不定元 $x_{11}, \cdots, x_{nn}$ 分别用 $a_{11}, \cdots, a_{nn}$ 代入,从(41)式得

$$f(\boldsymbol{I}_n'\boldsymbol{A}\,\boldsymbol{I}_n) = -(\det \boldsymbol{I}_n)f(\boldsymbol{A})\,。 \tag{42}$$

由此得出,$f(\boldsymbol{A}) = -f(\boldsymbol{A})$,于是 $2f(\boldsymbol{A}) = 0$。从(38)式得,$f^2(\boldsymbol{A}) = \det(\boldsymbol{A}) = 1$,因此 $f(\boldsymbol{A}) \neq 0$,从而 $2f(\boldsymbol{A}) = 0$ 与 char $F \neq 2$ 矛盾,所以

$$f(\boldsymbol{S}'\boldsymbol{G}\boldsymbol{S}) = (\det \boldsymbol{S})f(\boldsymbol{G})\,。 \tag{43}$$

设 $\boldsymbol{B} = (b_{ij})$ 是域 F 上 $n(n = 2r)$ 级辛矩阵,$\boldsymbol{A}$ 是形如(31)式的斜对称矩阵,记 $\boldsymbol{A}$ 的 (i, j) 元为 a_{ij}。取多项式 $s_{ij}(x_{11}, \cdots, x_{nn})$,使得 $s_{ij}(a_{11}, \cdots, a_{nn}) = b_{ij}$,$1 \leqslant i, j \leqslant n$。不定元 $x_{11}, \cdots, x_{nn}$ 分别用 $a_{11}, \cdots, a_{nn}$ 代入,从(43)式得

$$f(\boldsymbol{B}'\boldsymbol{A}\boldsymbol{B}) = (\det \boldsymbol{B})f(\boldsymbol{A})\,。 \tag{44}$$

由于 $\boldsymbol{B}'\boldsymbol{A}\boldsymbol{B} = \boldsymbol{A}$,因此从(44)式得,$f(\boldsymbol{A}) = (\det \boldsymbol{B})f(\boldsymbol{A})$。由于 $f(\boldsymbol{A}) \neq 0$,因此 $\det \boldsymbol{B} = 1$,于是我们证明了:

定理 17　辛矩阵的行列式等于 1。　　　　　　　　　　　　　　　　■

10.6.2　典型例题

例 1　$\mathbf{R}^2$ 中,对于 $\boldsymbol{\alpha} = (x_1, x_2)'$,$\boldsymbol{\beta} = (y_1, y_2)'$,定义

$$f(\boldsymbol{\alpha}, \boldsymbol{\beta}) = x_1 y_1 - x_2 y_2,$$

(1) 证明:$(\mathbf{R}^2, f)$ 是一个正则的正交空间,且 $\boldsymbol{\varepsilon}_1, \boldsymbol{\varepsilon}_2$ 是它的一个标准正交基;

(2) 设 $\mathcal{T}$ 是 $\mathbf{R}^2$ 上的一个线性变换,它在基 $\boldsymbol{\varepsilon}_1, \boldsymbol{\varepsilon}_2$ 下的矩阵为

$$\boldsymbol{T} = \begin{bmatrix} \sqrt{2} & 1 \\ 1 & \sqrt{2} \end{bmatrix},$$

证明:$\mathcal{T}$ 是 $(\mathbf{R}^2, f)$ 上的正交变换,并且求 $\mathcal{T}$ 的全部特征值和特征向量,说明 $\mathcal{T}$ 的特征向量都是迷向的。

证明　(1) 显然 f 是 $\mathbf{R}^2$ 上的一个双线性函数,它在基 $\boldsymbol{\varepsilon}_1, \boldsymbol{\varepsilon}_2$ 下的度量矩阵 $\boldsymbol{A}$ 为

$$\boldsymbol{A} = \begin{bmatrix} f(\boldsymbol{\varepsilon}_1, \boldsymbol{\varepsilon}_1) & f(\boldsymbol{\varepsilon}_1, \boldsymbol{\varepsilon}_2) \\ f(\boldsymbol{\varepsilon}_2, \boldsymbol{\varepsilon}_1) & f(\boldsymbol{\varepsilon}_2, \boldsymbol{\varepsilon}_2) \end{bmatrix} = \begin{pmatrix} 1 & 0 \\ 0 & -1 \end{pmatrix},$$

由于 $\boldsymbol{A}$ 是满秩对称矩阵,因此 f 是非退化的对称双线性函数,从而 $(\mathbf{R}^2, f)$ 是一个正则的正交空间。

从 f 的度量矩阵 $\boldsymbol{A}$ 看出,$\boldsymbol{\varepsilon}_1, \boldsymbol{\varepsilon}_2$ 是 $(\mathbf{R}^2, f)$ 的一个标准正交基。

(2) 由于

$$\boldsymbol{T}'\boldsymbol{A}\boldsymbol{T} = \begin{bmatrix} \sqrt{2} & 1 \\ 1 & \sqrt{2} \end{bmatrix} \begin{pmatrix} 1 & 0 \\ 0 & -1 \end{pmatrix} \begin{bmatrix} \sqrt{2} & 1 \\ 1 & \sqrt{2} \end{bmatrix} = \begin{pmatrix} 1 & 0 \\ 0 & -1 \end{pmatrix} = \boldsymbol{A},$$

因此根据定理 9 得,$\mathcal{T}$ 是 $(\mathbf{R}^2, f)$ 上的正交变换。

$$|\lambda \boldsymbol{I} - \boldsymbol{T}| = \begin{vmatrix} \lambda - \sqrt{2} & -1 \\ -1 & \lambda - \sqrt{2} \end{vmatrix} = [\lambda - (\sqrt{2} + 1)][\lambda - (\sqrt{2} - 1)],$$

因此 $\mathcal{T}$ 的全部特征值是 $\sqrt{2} + 1, \sqrt{2} - 1$。

解齐次线性方程组 $((\sqrt{2}+1)\boldsymbol{I}-\boldsymbol{T})\boldsymbol{x}=\boldsymbol{0}$，得一个基础解系：$(1,1)'$。因此 $\mathcal{T}$ 的属于 $\sqrt{2}+1$ 的全部特征向量为

$$k(1,1)', \qquad k\in\mathbf{R}\,\text{且}\,k\neq 0。$$

同理可求出 $\mathcal{T}$ 的属于 $\sqrt{2}-1$ 的全部特征向量为

$$k(1,-1)', \qquad k\in\mathbf{R}\,\text{且}\,k\neq 0。$$

记 $\boldsymbol{\alpha}=k(1,1)'=(k,k)',\boldsymbol{\beta}=k(1,-1)'=(k,-k)'$，有

$$f(\boldsymbol{\alpha},\boldsymbol{\alpha})=k^2-k^2=0, \qquad f(\boldsymbol{\beta},\boldsymbol{\beta})=k^2-(-k)^2=0,$$

因此 $\mathcal{T}$ 的所有特征向量都是迷向的。∎

点评　从例 1 的第(2)小题看到，正交空间$(\mathbf{R}^2,f)$上的正交变换$\mathcal{T}$的全部特征值为 $\sqrt{2}+1,\sqrt{2}-1$，而欧几里得空间 V 上的正交变换如果有特征值，那么它的特征值必为 1 或 -1。由此看出：正交空间上的正交变换与欧几里得空间上的正交变换是不一样的。

例 2　设(V,f)是特征不为 2 的域 F 上的 n 维正交空间，W 是它的一个正则子空间。证明：存在平行于 $W^\perp$ 在 W 上的投影 $\mathcal{P}$，且 $\mathrm{Im}\,\mathcal{P}=W,\mathrm{Ker}\,\mathcal{P}=W^\perp$。称 $\mathcal{P}$ 是 V 在 W 上的**正交投影**。

证明　由于 W 是(V,f)的一个正则子空间，因此根据定理 3 得 $V=W\oplus W^\perp$，从而存在平行于 $W^\perp$ 在 W 上的投影 $\mathcal{P}$。根据 9.2 节推论 2 得，$\mathrm{Im}\,\mathcal{P}=W,\mathrm{Ker}\,\mathcal{P}=W^\perp$。∎

例 3　设(V,f)是特征不为 2 的域 F 上的 n 维正则的正交空间，η 是一个非迷向向量，用 $\mathcal{P}$ 表示 V 在 $\langle\eta\rangle$ 上的正交投影，对于任意 $\alpha\in V$，求 $\mathcal{P}\alpha$。

解　由于 η 是非迷向向量，因此 $\langle\eta\rangle$ 是(V,f)的一个正则子空间，从而 $V=\langle\eta\rangle\oplus\langle\eta\rangle^\perp$。对于任意 $\alpha\in V$，有 $\alpha=\alpha_1+\alpha_2,\alpha_1\in\langle\eta\rangle,\alpha_2\in\langle\eta\rangle^\perp$。根据 10.1 节的例 9 的证明过程得

$$\mathcal{P}\alpha=\frac{f(\alpha,\eta)}{f(\eta,\eta)}\eta。 \tag{45}$$

例 4　条件同例 3，令

$$\mathcal{G}=\mathcal{I}-2\mathcal{P}, \tag{46}$$

证明：$\mathcal{G}$ 是(V,f)上的第二类正交变换，称 $\mathcal{G}$ 是关于超平面 $\langle\eta\rangle^\perp$ 的**反射**。

证明　显然 $\mathcal{G}$ 是 V 上的一个线性变换。由于$(\langle\eta\rangle^\perp,f|\langle\eta\rangle^\perp)$是正交空间，因此在 $\langle\eta\rangle^\perp$ 中存在一个正交基 $\eta_2,\cdots,\eta_n$，从而 $\eta,\eta_2,\cdots,\eta_n$ 是(V,f)的一个正交基。

$$\mathcal{G}\eta=\mathcal{I}\eta-2\mathcal{P}\eta=\eta-2\eta=-\eta,$$
$$\mathcal{G}\eta_i=\mathcal{I}\eta_i-2\mathcal{P}\eta_i=\eta_i, \qquad i=2,3,\cdots,n,$$

于是 $\mathcal{G}$ 在(V,f)的正交基 $\eta,\eta_2,\cdots,\eta_n$ 下的矩阵 $\boldsymbol{G}$ 为

$$\boldsymbol{G}=\mathrm{diag}\{-1,1,\cdots,1\}。$$

f 在正交基 $\eta,\eta_2,\cdots,\eta_n$ 下的度量矩阵 $\boldsymbol{A}$ 为

$$\boldsymbol{A}=\mathrm{diag}\{d_1,d_2,\cdots,d_n\},$$

其中 $d_1=f(\eta,\eta),d_i=f(\eta_i,\eta_i),i=2,3,\cdots,n$。由于

$$\boldsymbol{G}'\boldsymbol{A}\boldsymbol{G}=\boldsymbol{G}\boldsymbol{A}\boldsymbol{G}=\boldsymbol{A}\boldsymbol{G}^2=\boldsymbol{A}\boldsymbol{I}=\boldsymbol{A},$$

因此 $\mathcal{G}$ 是(V,f)上的正交变换。由于 $|\boldsymbol{G}|=-1$，因此 $\mathcal{G}$ 是第二类的。∎

例 5　设(V,f)是域 F 上 n 维正则的正交空间，$\mathcal{T}$ 是 V 上的一个正交变换，证明：如

果 V 的子空间 W 是 $\mathcal{T}$ 的不变子空间,那么 $W^\perp$ 也是 $\mathcal{T}$ 的不变子空间。

证明 任取 $\alpha \in W^\perp$,$\mathcal{T}|W$ 是 W 上的一个线性变换,由于 $\mathcal{T}$ 是 (V,f) 上的正交变换,因此 $\mathcal{T}$ 是单射,从而 $\mathcal{T}|W$ 是单射,于是 $\mathcal{T}|W$ 也是满射。任给 $\beta \in W$,存在 $\gamma \in W$,使得 $\mathcal{T}\gamma = \beta$,我们有

$$f(\mathcal{T}\alpha, \beta) = f(\mathcal{T}\alpha, \mathcal{T}\gamma) = f(\alpha, \gamma) = 0,$$

因此 $\mathcal{T}\alpha \in W^\perp$,从而 $W^\perp$ 是 $\mathcal{T}$ 的不变子空间。∎

例 6 设 (V,f) 是特征不为 2 的域 F 上的 2 维正交空间,如果 (V,f) 是正则的而且是迷向的,那么称它为一个**双曲平面**(hyperbolic plane)。证明:2 维正交空间 (V,f) 是双曲平面当且仅当 V 中存在一个基,使得 f 在此基下的度量矩阵 A 为

$$A = \begin{pmatrix} 0 & 1 \\ 1 & 0 \end{pmatrix}. \tag{47}$$

证明 充分性。设 V 中存在一个基 α_1, α_2,使得 f 在此基下的度量矩阵为 A(见(47)式)。由于 A 满秩,因此 f 是非退化的,从而 (V,f) 是正则的。由于

$$f(\alpha_1, \alpha_1) = 0,$$

因此 α_1 是迷向向量,从而 (V,f) 是迷向的。所以 (V,f) 是双曲平面。

必要性。设 2 维正交空间 (V,f) 是双曲平面。由于 (V,f) 迷向,因此存在 $\alpha \in V$ 且 $\alpha \neq 0$,使得 $f(\alpha, \alpha) = 0$。把 α 扩充成 V 的一个基 α, β,则 f 在基 α, β 下的度量矩阵 B 为

$$B = \begin{pmatrix} 0 & f(\alpha, \beta) \\ f(\beta, \alpha) & f(\beta, \beta) \end{pmatrix}.$$

由于 (V,f) 正则,因此 f 非退化,从而 $f(\alpha, \beta) \neq 0$。设 $f(\alpha, \beta) = a$,令 $\gamma = a^{-1}\beta$,则

$$f(\alpha, \gamma) = f(\alpha, a^{-1}\beta) = a^{-1}f(\alpha, \beta) = a^{-1}a = 1,$$

显然 α, γ 仍是 V 的一个基。若 $f(\gamma, \gamma) = 0$,则 f 在基 α, γ 下的度量矩阵 A 为

$$A = \begin{pmatrix} 0 & 1 \\ 1 & 0 \end{pmatrix}.$$

若 $f(\gamma, \gamma) = c \neq 0$,则令 $\delta = \gamma - \dfrac{c}{2}\alpha$,易知 α, δ 是 V 的一个基。由于

$$f(\alpha, \delta) = f(\alpha, \gamma) - \frac{c}{2}f(\alpha, \alpha) = 1,$$

$$f(\delta, \delta) = f(\gamma, \gamma) - \frac{c}{2}f(\gamma, \alpha) - \frac{c}{2}f(\alpha, \gamma) + \frac{c}{2} \cdot \frac{c}{2}f(\alpha, \alpha)$$

$$= c - \frac{c}{2} \cdot 1 - \frac{c}{2} \cdot 1 = 0,$$

因此 f 在基 α, δ 下的度量矩阵为 A。∎

例 7 设 (V,f) 是 n 维正则的辛空间($n = 2r$),$\mathcal{B}$ 是 V 上的一个线性变换,证明:$\mathcal{B}$ 是辛变换当且仅当 $\mathcal{B}$ 把一个辛基变成另一个辛基。

证明 设 $\delta_1, \cdots, \delta_r, \delta_{-1}, \cdots, \delta_{-r}$ 是 (V,f) 的一个辛基,则 f 在此基下的度量矩阵 A 为

$$A = \begin{bmatrix} 0 & I_r \\ -I_r & 0 \end{bmatrix},$$

设

$$\mathcal{B}(\delta_1,\cdots,\delta_r,\delta_{-1},\cdots,\delta_{-r}) = (\delta_1,\cdots,\delta_r,\delta_{-1},\cdots,\delta_{-r})\boldsymbol{B}\text{。} \tag{48}$$

必要性。设 $\mathcal{B}$ 是辛变换,则 $\boldsymbol{B'AB}=\boldsymbol{A}$,且 $\mathcal{B}$ 是辛空间 (V,f) 到自身的一个同构映射,从而 $\mathcal{B}\delta_1,\cdots,\mathcal{B}\delta_r,\mathcal{B}\delta_{-1},\cdots,\mathcal{B}\delta_{-r}$ 也是 V 的一个基。此时(48)式也表明基 $\delta_1,\cdots,\delta_r,\delta_{-1},\cdots,$ δ_{-r} 到基 $\mathcal{B}\delta_1,\cdots,\mathcal{B}\delta_r,\mathcal{B}\delta_{-1},\cdots,$ $\mathcal{B}\delta_{-r}$ 的过渡矩阵是 $\boldsymbol{B}$,于是 f 在基 $\mathcal{B}\delta_1,\cdots,\mathcal{B}\delta_r,\mathcal{B}\delta_{-1},\cdots,$ $\mathcal{B}\delta_{-r}$ 下的度量矩阵等于 $\boldsymbol{B'AB}=\boldsymbol{A}$,因此 $\mathcal{B}\delta_1,\cdots,\mathcal{B}\delta_r,\mathcal{B}\delta_{-1},\cdots,\mathcal{B}\delta_{-r}$ 是 (V,f) 的辛基。

充分性。设线性变换 $\mathcal{B}$ 把辛基 $\delta_1,\cdots,\delta_r,\delta_{-1},\cdots,\delta_{-r}$ 变成辛基 $\mathcal{B}\delta_1,\cdots,\mathcal{B}\delta_r,\mathcal{B}\delta_{-1},\cdots,$ $\mathcal{B}\delta_{-r}$,则(48)式表明从第 1 个基到第 2 个基的过渡矩阵是 $\boldsymbol{B}$,于是 f 在第二个基下的度量矩阵 $\boldsymbol{H}=\boldsymbol{B'AB}$。由于第 2 个基 $\mathcal{B}\delta_1,\cdots,\mathcal{B}\delta_r,\mathcal{B}\delta_{-1},\cdots,\mathcal{B}\delta_{-r}$ 也是 (V,f) 的辛基,因此 f 在第 2 个基下的度量矩阵也是 $\boldsymbol{A}$,从而 $\boldsymbol{B'AB}=\boldsymbol{A}$,所以 $\mathcal{B}$ 是辛变换。　■

例 8　设
$$\boldsymbol{A} = \begin{bmatrix} \boldsymbol{0} & \boldsymbol{I}_r \\ -\boldsymbol{I}_r & \boldsymbol{0} \end{bmatrix},$$
证明:$2r$ 级矩阵 $\boldsymbol{B}$ 是辛矩阵当且仅当 $\boldsymbol{B}=-\boldsymbol{A}(\boldsymbol{B}^{-1})'\boldsymbol{A}$。

证明　由于 $\boldsymbol{A}^2=-\boldsymbol{I}_{2n}$,因此 $\boldsymbol{A}^{-1}=-\boldsymbol{A}$,从而

$\boldsymbol{B}$ 是辛矩阵 $\Longleftrightarrow$　$\boldsymbol{B'AB}=\boldsymbol{A}$,

$\Longleftrightarrow$　$\boldsymbol{B}=(\boldsymbol{B'A})^{-1}\boldsymbol{A}=\boldsymbol{A}^{-1}(\boldsymbol{B'})^{-1}\boldsymbol{A}=-\boldsymbol{A}(\boldsymbol{B}^{-1})'\boldsymbol{A}\text{。}$　■

例 9　设 $\boldsymbol{B}$ 是 $2r$ 级矩阵,把 $\boldsymbol{B}$ 分块写成
$$\boldsymbol{B} = \begin{bmatrix} \boldsymbol{B}_{11} & \boldsymbol{B}_{12} \\ \boldsymbol{B}_{21} & \boldsymbol{B}_{22} \end{bmatrix}, \tag{49}$$
其中 $\boldsymbol{B}_{ij}$ 是 r 级矩阵,$i,j=1,2$。证明:$\boldsymbol{B}$ 是辛矩阵的充分必要条件是
$$\begin{cases} \boldsymbol{B}_{11}'\boldsymbol{B}_{21} = \boldsymbol{B}_{21}'\boldsymbol{B}_{11}, \\ \boldsymbol{B}_{12}'\boldsymbol{B}_{22} = \boldsymbol{B}_{22}'\boldsymbol{B}_{12}, \\ \boldsymbol{B}_{11}'\boldsymbol{B}_{22} - \boldsymbol{B}_{21}'\boldsymbol{B}_{12} = \boldsymbol{I}_r\text{。} \end{cases} \tag{50}$$

证明　$\boldsymbol{B}$ 是辛矩阵 $\Longleftrightarrow$　$\boldsymbol{B'AB}=\boldsymbol{A}$

$\Longleftrightarrow$　$\begin{bmatrix} \boldsymbol{B}_{11}' & \boldsymbol{B}_{21}' \\ \boldsymbol{B}_{12}' & \boldsymbol{B}_{22}' \end{bmatrix}\begin{bmatrix} \boldsymbol{0} & \boldsymbol{I}_r \\ -\boldsymbol{I}_r & \boldsymbol{0} \end{bmatrix}\begin{bmatrix} \boldsymbol{B}_{11} & \boldsymbol{B}_{12} \\ \boldsymbol{B}_{21} & \boldsymbol{B}_{22} \end{bmatrix}=\begin{bmatrix} \boldsymbol{0} & \boldsymbol{I}_r \\ -\boldsymbol{I}_r & \boldsymbol{0} \end{bmatrix}$

$\Longleftrightarrow$　$\begin{cases} \boldsymbol{B}_{11}'\boldsymbol{B}_{21}=\boldsymbol{B}_{21}'\boldsymbol{B}_{11}, \\ \boldsymbol{B}_{12}'\boldsymbol{B}_{22}=\boldsymbol{B}_{22}'\boldsymbol{B}_{12}, \\ \boldsymbol{B}_{11}'\boldsymbol{B}_{22}-\boldsymbol{B}_{21}'\boldsymbol{B}_{12}=\boldsymbol{I}_r\text{。} \end{cases}$　■

例 10　证明下列矩阵都是辛矩阵:

(1) $\boldsymbol{B}=\mathrm{diag}\left\{\begin{pmatrix} 0 & 1 \\ -1 & 0 \end{pmatrix},\cdots,\begin{pmatrix} 0 & 1 \\ -1 & 0 \end{pmatrix}\right\}$,其中含 $2m$ 个 2 级子矩阵;

(2) $\begin{bmatrix} \boldsymbol{0} & \boldsymbol{I}_r \\ -\boldsymbol{I}_r & \boldsymbol{0} \end{bmatrix}$;

(3) $\begin{bmatrix} \boldsymbol{0} & -\boldsymbol{I}_r \\ \boldsymbol{I}_r & \boldsymbol{0} \end{bmatrix}$;

$(4)\ \begin{pmatrix} 0 & 0 & 0 & 1 \\ 0 & 0 & -1 & 0 \\ 0 & -1 & 0 & 0 \\ 1 & 0 & 0 & 0 \end{pmatrix}$。

证明 (1) 令

$$B = \begin{bmatrix} B_{11} & B_{12} \\ B_{21} & B_{22} \end{bmatrix},$$

其中 B_{ij} 是 $2m$ 级矩阵，$i,j=1,2$，则 $B_{11}=\mathrm{diag}\left\{\begin{pmatrix} 0 & 1 \\ -1 & 0 \end{pmatrix},\cdots,\begin{pmatrix} 0 & 1 \\ -1 & 0 \end{pmatrix}\right\}$，其中含 m 个子矩阵，$B_{12}=B_{21}=0$，$B_{22}=B_{11}$，显然满足例 9 的(50)式中的第 1、2 个等式；关于第 3 个等式，由于

$$B_{11}'B_{22} = \mathrm{diag}\left\{\begin{pmatrix} 0 & -1 \\ 1 & 0 \end{pmatrix},\cdots,\begin{pmatrix} 0 & -1 \\ 1 & 0 \end{pmatrix}\right\} \cdot \mathrm{diag}\left\{\begin{pmatrix} 0 & 1 \\ -1 & 0 \end{pmatrix},\cdots,\begin{pmatrix} 0 & 1 \\ -1 & 0 \end{pmatrix}\right\}$$

$$= \mathrm{diag}\left\{\begin{pmatrix} 1 & 0 \\ 0 & 1 \end{pmatrix},\cdots,\begin{pmatrix} 1 & 0 \\ 0 & 1 \end{pmatrix}\right\} = I_{2m},$$

因此也满足第 3 个等式，从而 B 是辛矩阵。

(2) 用例 9 的记号，$B_{11}=0,B_{12}=I_r,B_{21}=-I_r,B_{22}=0$。显然满足例 9 的(50)式，因此 $\begin{bmatrix} 0 & I_r \\ -I_r & 0 \end{bmatrix}$ 是辛矩阵。

(3) 用例 9 的记号，$B_{11}=0,B_{12}=-I_r,B_{21}=I_r,B_{22}=0$。显然满足例 9 的(50)式，因此 $\begin{bmatrix} 0 & -I_r \\ I_r & 0 \end{bmatrix}$ 是辛矩阵。

(4) 用例 9 的记号，$B_{11}=0,B_{12}=\begin{pmatrix} 0 & 1 \\ -1 & 0 \end{pmatrix},B_{21}=\begin{pmatrix} 0 & -1 \\ 1 & 0 \end{pmatrix},B_{22}=0$。显然满足例 9 的(50)式，因此所给的 4 级矩阵是辛矩阵。∎

例 11 设 $g(\lambda)$ 是 $2r$ 级辛矩阵 B 的特征多项式，证明：
$$g(\lambda) = \lambda^{2r}g(\lambda^{-1})。$$

证明 根据例 8 得，$B=A^{-1}(B^{-1})'A$。由于 $|B|=1$，因此

$$g(\lambda) = |\lambda I - B| = |\lambda I - A^{-1}(B^{-1})'A| = |\lambda I - (B^{-1})'|$$
$$= |\lambda I - B^{-1}| = \lambda^{2r}|I - \lambda^{-1}B^{-1}| = \lambda^{2r}|B^{-1}||B - \lambda^{-1}I|$$
$$= \lambda^{2r}(-1)^{2r}|\lambda^{-1}I - B| = \lambda^{2r}g(\lambda^{-1})。$$ ∎

例 12 设 B 是实数域上的 $2r$ 级辛矩阵，λ_1 是 B 的特征多项式的一个复根，证明：$\lambda_1^{-1},\overline{\lambda_1},\overline{\lambda_1}^{-1}$ 都是 B 的特征多项式的复根。

证明 设 $g(\lambda)$ 是 B 的特征多项式，由于 B 是实矩阵，因此 $g(\lambda)\in \mathbf{R}[\lambda]$。根据例 11 得，$g(\lambda)=\lambda^{2r}g(\lambda^{-1})$。由于辛矩阵 B 可逆，因此 $\lambda_1\neq 0$，于是

$$g(\lambda_1^{-1}) = \lambda_1^{-2r}g(\lambda_1) = 0,$$

从而 λ_1^{-1} 是 $g(\lambda)$ 的一个复根，显然 $\overline{\lambda_1}$ 是 $g(\lambda)$ 的复根，于是 $\overline{\lambda_1}^{-1}$ 也是 $g(\lambda)$ 的一个复根。∎

习题 10.6

1. 设 $(\mathbf{R}^2, f)$ 是例 1 中的正则正交空间，$\mathcal{T}$ 是 $\mathbf{R}^2$ 上的一个线性变换，$\mathcal{T}$ 在 $(\mathbf{R}^2, f)$ 的标准正交基 $\pmb{\varepsilon}_1, \pmb{\varepsilon}_2$ 下的矩阵为 $\pmb{T}$。证明：$\mathcal{T}$ 是 $(\mathbf{R}^2, f)$ 上的正交变换当且仅当 $\pmb{T}$ 是下列 4 种形式的矩阵之一：

$$\begin{bmatrix} t & \sqrt{t^2-1} \\ \sqrt{t^2-1} & t \end{bmatrix}, \begin{bmatrix} t & -\sqrt{t^2-1} \\ -\sqrt{t^2-1} & t \end{bmatrix},$$

$$\begin{bmatrix} t & -\sqrt{t^2-1} \\ \sqrt{t^2-1} & -t \end{bmatrix}, \begin{bmatrix} t & \sqrt{t^2-1} \\ -\sqrt{t^2-1} & -t \end{bmatrix},$$

其中 $|t| \geqslant 1$；当 $\pmb{T}$ 为前两种矩阵时，$\mathcal{T}$ 是第一类的；当 $\pmb{T}$ 为后两种矩阵时，$\mathcal{T}$ 是第二类的。

2. 第 1 题中的线性变换 $\mathcal{T}$ 为正交变换时，求 $\mathcal{T}$ 的全部特征值。

3. 说明例 1 中的 $(\mathbf{R}^2, f)$ 是一个双曲平面，并且求它的一个基，使得 f 在此基下的度量矩阵 $\pmb{A}$ 为 $\begin{pmatrix} 0 & 1 \\ 1 & 0 \end{pmatrix}$。

4. 求第 3 题中双曲平面 $(\mathbf{R}^2, f)$ 的所有迷向向量。

5. 设 $(\mathbf{R}^4, f)$ 和 $(\mathbf{R}^4, g)$ 都是闵可夫斯基空间，且 f 和 g 的正惯性指数都为 3（或都为 1）。$(\mathbf{R}^4, f)$ 到 $(\mathbf{R}^4, g)$ 的一个同构映射为 τ。证明：若 $\mathcal{T}$ 是 $(\mathbf{R}^4, f)$ 上的一个正交变换，则 $\tau \mathcal{T} \tau^{-1}$ 是 $(\mathbf{R}^4, g)$ 上的一个正交变换。

6. 设 $(\mathbf{R}^4, g)$ 是一个闵可夫斯基空间，内积为
$$g(\pmb{\alpha}, \pmb{\beta}) = -x_1 y_1 + x_2 y_2 + x_3 y_3 + x_4 y_4,$$
其中 $\pmb{\alpha} = (x_1, x_2, x_3, x_4)'$，$\pmb{\beta} = (y_1, y_2, y_3, y_4)'$，求 $(\mathbf{R}^4, g)$ 上的一个广义洛伦兹变换。

7. 设 $(\mathbf{R}^2, f)$ 是一个实数域上的辛空间，辛内积为
$$f(\pmb{\alpha}, \pmb{\beta}) = x_1 y_2 - x_2 y_1,$$
其中 $\pmb{\alpha} = (x_1, x_2)'$，$\pmb{\beta} = (y_1, y_2)'$。设 $\mathcal{B}$ 是 $\mathbf{R}^2$ 上的一个线性变换，它在基 $\pmb{\varepsilon}_1, \pmb{\varepsilon}_2$ 下的矩阵为 $\pmb{B} = (b_{ij})$。证明：$\mathcal{B}$ 是 $(\mathbf{R}^2, f)$ 上的辛变换当且仅当 $|\pmb{B}| = 1$。

8. 第 7 题中实数域上的辛空间 $(\mathbf{R}^2, f)$，其上的辛变换一定有特征值吗？

9. 设 $\pmb{B} = \mathrm{diag}\left\{ \begin{pmatrix} 0 & 1 \\ -1 & 0 \end{pmatrix}, \begin{pmatrix} 0 & 1 \\ -1 & 0 \end{pmatrix}, \begin{pmatrix} 0 & 1 \\ -1 & 0 \end{pmatrix} \right\}$，试问：$\pmb{B}$ 是辛矩阵吗？

*10.7 正交群，酉群，辛群

10.7.1 内容精华

我们已经知道，n 维欧几里得空间 V 上所有正交变换组成的集合具有如下性质：正交变换的乘积还是正交变换，恒等变换是正交变换，正交变换是可逆的并且它的逆变换也是

正交变换；但是正交变换的和不一定是正交变换(例如$I+(-I)=O$不是正交变换)，实数与正交变换的乘积不一定是正交变换(例如$2I$不是正交变换)。这说明n维欧几里得空间V上所有正交变换组成的集合只有一种运算：乘法；它满足结合律；恒等变换属于这个集合；这个集合的任一元素可逆且逆元素也在这个集合。类似地，n维酉空间上所有酉变换组成的集合、域F上n维正则的正交空间上所有正交变换组成的集合，以及特征不为2的域F上$2r$维正则辛空间上所有辛变换组成的集合都具有这样的性质。由此受到启发，抽象出群的概念：

定义1　设G是一个非空集合，如果在G上定义了一种代数运算，叫作乘法，并且满足下列法则：

1°　$a(bc)=(ab)c,\qquad \forall a,b,c\in G$(结合律)，　　　　　　　　　　　(1)

2°　G中有一个元素e，使得
$$ea=ae=a,\qquad \forall a\in G,\tag{2}$$

3°　对于G中每一个元素a，都有G中一个元素b，使得
$$ab=ba=e,\tag{3}$$

那么G称为一个**群**。

容易证明，群G中满足(2)式的元素e是唯一的，称e是G的**单位元**；对于$a\in G,G$中满足(3)式的元素b是唯一的，称b是a的**逆元**，记作a^{-1}。

如果群G的运算还满足交换律，即
$$ab=ba,\qquad \forall a,b\in G,$$

那么称G是**交换群**，或**Abel群**。

对于交换群G，有时把运算叫作**加法**，此时(1)、(2)、(3)式的写法作相应的变化。例如，G中的单位元e记成0,(2)式成为
$$0+a=a+0=a,\qquad \forall a\in G。$$

由于群G的运算满足结合律，因此对于任意$a\in G$，可以定义a的**方幂**：设$m\in \mathbf{N}^*$，则
$$a^m:=\underbrace{aa\cdots a}_{m\uparrow},$$
$$a^0:=e,$$
$$a^{-m}:=(a^{-1})^m。$$

容易验证
$$a^na^m=a^{n+m},\qquad (a^n)^m=a^{nm},\quad n,m\in \mathbf{Z}。$$

注意：一般地，$(ab)^m\neq a^mb^m$。对于Abel群G才有$(ab)^m=a^mb^m,\forall a,b\in G,m\in \mathbf{Z}$。

若群G的元素只有有限多个，则称G是**有限群**。此时，G中元素的个数称为G的**阶**，记作$|G|$。

n维欧几里得空间V上所有正交变换组成的集合对于映射的乘法成为一个群，记作$O(V)$；行列式为1的正交变换组成的集合对于映射的乘法成为一个群，记作$SO(V)$。

n维酉空间V上所有酉变换组成的集合对于映射乘法成为一个群，记作$U(V)$；行列式为1的酉变换组成的集合对于映射的乘法成为一个群，记作$SU(V)$。

域F上n维正则的正交空间(V,f)上所有正交变换组成的集合对于映射乘法成为一

个群,记作 O(V,f)。

特征不为 2 的域 F 上 $2r$ 维正则辛空间(V,f)上所有辛变换组成的集合对于映射乘法成为一个群,记作 Sp(V,f)。

域 F 上 n 维线性空间 V 上所有可逆线性变换组成的集合对于映射乘法成为一个群,记作 GL(V);行列式为 1 的线性变换组成的集合对于映射乘法成为一个群,记作 SL(V)。

域 F 上所有 n 级可逆矩阵组成的集合对于矩阵乘法成为一个群,称之为域 F 上的 n 级**一般线性群**,记作 GL(n,F)。

域 F 上所有行列式为 1 的 n 级矩阵组成的集合对于矩阵乘法成为一个群,称之为域 F 上的 n 级**特殊线性群**,记作 SL(n,F)。

实数域上所有 n 级正交矩阵组成的集合对于矩阵乘法成为一个群,称之为实数域上的 n 级**正交群**,记作 O(n);行列式为 1 的 n 级正交矩阵组成的集合对于矩阵乘法成为一个群,称之为 n 级**特殊正交群**,记作 SO(n)。

所有 n 级酉矩阵组成的集合对于矩阵乘法成为一个群,称之为 n 级酉群,记作 U(n);行列式为 1 的 n 级酉矩阵组成的集合对于矩阵乘法成为一个群,称之为 n 级**特殊酉群**,记作 SU(n)。

设域 F 的特征不为 2,取定域 F 上一个 n 级可逆对称矩阵 $\boldsymbol{A}$,令
$$O(\boldsymbol{A},F) = \{\boldsymbol{T} \in \mathrm{GL}(n,F) \mid \boldsymbol{T}'\boldsymbol{A}\boldsymbol{T} = \boldsymbol{A}\},$$
则 O$(\boldsymbol{A},F)$对于矩阵乘法成为一个群,称之为域 F 上的一个 n 级**正交群**。

当 F 取为实数域,且取 $\boldsymbol{A}=\mathrm{diag}\{\underbrace{1,\cdots,1}_{p个},\underbrace{-1,\cdots,-1}_{q个}\}$,$p+q=n$,当 $q\neq0$ 时,O$(\boldsymbol{A},\mathbf{R})$ 称为 n 级**伪正交群**,记作 O(p,q);当 $q=0$ 时,O$(\boldsymbol{A},\mathbf{R})$就是实数域上的 n 级正交群O(n)。

特征不为 2 的域 F 上 $2r$ 级辛矩阵的全体,对于矩阵乘法成为一个群,称之为 $2r$ 级**辛群**,记作 Sp$(2r,F)$。

域 F 上的一般线性群 GL(n,F)、特殊线性群 SL(n,F);特征不为 2 的域 F 上的正交群 O$(\boldsymbol{A},F)$、辛群 Sp$(2r,F)$;实数域上的正交群 O(n)、特殊正交群 SO(n),以及复数域上的酉群 U(n)、特殊酉群 SU(n)都称为**典型群**。

定义 2　如果群 G 的非空子集 H 对于 G 的运算也成为一个群,那么 H 称为 G 的子群,记作 $H<G$。

定理 1　群 G 的非空子集 H 是一个子群的充分必要条件是:由 $a,b\in H$,可以推出 $ab^{-1}\in H$。

证明　必要性是显然的,现在证明充分性。由于 H 非空,因此 H 含有一个元素 a。由已知条件得,$aa^{-1}\in H$,即 $e\in H$,显然 e 也是 H 的单位元。

任取 $b\in H$,由 $e,b\in H$ 得到 $eb^{-1}\in H$,即 $b^{-1}\in H$。

任取 $c,b\in H$,由上述知 $b^{-1}\in H$,从而 $c(b^{-1})^{-1}\in H$,即 $cb\in H$,这说明群 G 的乘法限制到 H 上是 H 的运算,结合律是显然的。

综上所述,H 是一个群,从而 H 是 G 的一个子群。∎

显然,SL$(n,F)<$GL(n,F);O$(n)<$GL$(n,\mathbf{R})$;SO$(n)<$O(n);U$(n)<$GL$(n,\mathbf{C})$;SU$(n)<$U(n)。设 Char $F\neq2$,则

$$O(\boldsymbol{A},F) < \mathrm{GL}(n,F), \qquad \mathrm{Sp}(2r,F) < \mathrm{GL}(2r,F),$$

又有 $O(p,q) < \mathrm{GL}(p+q,\mathbf{R})$。

定义 3 设 G 和 G' 是两个群,如果存在 G 到 G' 的一个双射 σ,使得

$$\sigma(ab) = \sigma(a)\sigma(b), \qquad \forall a,b \in G, \tag{4}$$

那么称 σ 是 G 到 G' 的一个**同构映射**(简称为**同构**);此时称 G **同构**于 G',记作 $G \cong G'$。

命题 1 设 σ 是群 G 到群 G' 的一个同构映射,则

$$\sigma(e) = e'; \qquad \sigma(a^{-1}) = \sigma(a)^{-1}, \qquad \forall a \in G。$$

证明 任取 $a' \in G'$,由于 σ 是满射,因此存在 $a \in G$,使得 $\sigma(a) = a'$,从而

$$\sigma(e)a' = \sigma(e)\sigma(a) = \sigma(ea) = \sigma(a) = a'。$$

同理有 $a'\sigma(e) = a'$,因此 $\sigma(e)$ 是 G' 的单位元,即 $\sigma(e) = e'$。

由于 $\sigma(a)\sigma(a^{-1}) = \sigma(aa^{-1}) = \sigma(e) = e'$,且同理有 $\sigma(a^{-1})\sigma(a) = e'$,因此 $\sigma(a^{-1})$ 是 $\sigma(a)$ 的逆元,即 $\sigma(a^{-1}) = \sigma(a)^{-1}$。 ∎

不难证明,群的同构作为群之间的一种关系,具有反身性、对称性和传递性。

在域 F 上的 n 维线性空间 V 中取定一个基后,V 上可逆线性变换与它在给定基下的矩阵(n 级可逆矩阵)的对应 σ 是 $\mathrm{GL}(V)$ 到 $\mathrm{GL}(n,F)$ 的双射,且保持乘法运算,因此 σ 是 $\mathrm{GL}(V)$ 到 $\mathrm{GL}(n,F)$ 的一个同构映射,从而

$$\mathrm{GL}(V) \cong \mathrm{GL}(n,F), \qquad \mathrm{SL}(V) \cong \mathrm{SL}(n,F)。$$

n 维欧几里得空间 V 中取定一个标准正交基后,V 上正交变换与它在给定标准正交基下的矩阵(n 级正交矩阵)的对应是 $O(V)$ 到 $O(n)$ 的一个双射,且保持乘法运算,因此

$$O(V) \cong O(n), \qquad \mathrm{SO}(V) \cong \mathrm{SO}(n)。$$

n 维酉空间 V 中取定一个标准正交基后,V 上酉变换与它在给定标准正交基下的矩阵(n 级酉矩阵)的对应是 $\mathrm{U}(V)$ 到 $\mathrm{U}(n)$ 的一个同构映射,因此

$$\mathrm{U}(V) \cong \mathrm{U}(n), \qquad \mathrm{SU}(V) \cong \mathrm{SU}(n)。$$

在特征不为 2 的域 F 上的 n 维正则的正交空间 (V,f) 中取定一个基后,设 f 在此基下的度量矩阵为 $\boldsymbol{A}$,则 (V,f) 上的正交变换与它在此基下的矩阵的对应是 $O(V,f)$ 到 $O(\boldsymbol{A},F)$ 的一个同构映射,因此

$$O(V,f) \cong O(\boldsymbol{A},F)。$$

在特征不为 2 的域 F 上的 $2r$ 维正则辛空间 (V,f) 中取定一个辛基后,(V,f) 上的辛变换与它在给定辛基下的矩阵($2r$ 级辛矩阵)的对应是 $\mathrm{Sp}(V,f)$ 到 $\mathrm{Sp}(2r,F)$ 的一个同构映射,因此

$$\mathrm{Sp}(V,f) \cong \mathrm{Sp}(2r,F)。$$

设 Ω 是任一非空集合,Ω 到自身的所有双射组成的集合 $S(\Omega)$ 对于映射的乘法成为一个群,称之为 Ω 上的**全变换群**。$S(\Omega)$ 的任一子群称为 Ω 上的**变换群**。当 Ω 为 n 个元素的有限集合时,Ω 到自身的一个双射称为一个 **n 元置换**;Ω 上的全变换群称为 **n 元对称群**,记作 S_n;S_n 的子群称为**置换群**。

历史上对群的研究最早是从置换群和变换群开始的。1771 年拉格朗日(Lagrange)自发地采用置换群以解决用根式解代数方程问题。1799 年 Ruffin、1824 年 Abel 继续这一工作,直到 1830 年,Galois 自觉地应用群的思想(群的术语就是他首先引进的)彻底解

决了这个问题,证明了一般的五次和五次以上的方程不能用根式解;并且给出了五次和五次以上的方程能用根式解的充分必要条件。与此独立,19 世纪中叶出现了多种"几何",需要弄清楚到底什么叫作几何? 如何对各种几何分类? 1872 年 Klein 提出了著名的 Erlangen 纲领,用变换群来对几何学分类。他指出:几何就是研究空间中的图形在某个变换群作用下不变的性质。到 19 世纪末叶,人们意识到,在数学的不同领域中独立存在的群论思想在原则上是统一的。这种想法引起了研究抽象群的概念。Kelly、Frobenius、Dyck 等最早从事抽象群的研究,Schmidt 于 1916 年出版了《抽象群论》。于是群论成为代数学的一个重要分支。

下面的定理说明了抽象群与变换群的密切关系。

定理 2 (Cayley 定理)　任何一个群都同构于一个变换群。

证明　设 G 是一个群,对于 G 中每个元素 a,定义集合 G 上的一个变换 σ_a 如下:

$$\sigma_a(x) = ax, \qquad \forall\, x \in G, \tag{5}$$

令

$$G_L = \{\sigma_a \mid a \in G\},$$

首先证明 σ_a 是 G 到自身的双射,为此只要证 σ_a 是集合 G 的可逆变换。因为对一切 $x \in G$,有

$$(\sigma_{a^{-1}}\sigma_a)(x) = \sigma_{a^{-1}}(ax) = a^{-1}(ax) = x,$$
$$(\sigma_a\sigma_{a^{-1}})(x) = \sigma_a(a^{-1}x) = a(a^{-1}x) = x,$$

所以 $\sigma_{a^{-1}}\sigma_a$ 与 $\sigma_a\sigma_{a^{-1}}$ 都是 G 的恒等变换,从而 σ_a 是 G 的可逆变换,且 $\sigma_a^{-1} = \sigma_{a^{-1}}$。

其次证明 G_L 是集合 G 上的变换群,即要证 G_L 是 $S(G)$ 的一个子群。上面已证 G_L 是 $S(G)$ 的一个子集,显然 G_L 非空。任取 $\sigma_a, \sigma_b \in G_L$,因为

$$(\sigma_a\sigma_b)x = \sigma_a(bx) = (ab)x = \sigma_{ab}(x), \qquad \forall\, x \in G,$$

所以

$$\sigma_a\sigma_b = \sigma_{ab}, \forall\, a, b \in G, \tag{6}$$

于是

$$\sigma_a(\sigma_b)^{-1} = \sigma_a\sigma_{b^{-1}} = \sigma_{ab^{-1}} \in G_L,$$

这证明了 G_L 是 $S(G)$ 的一个子群。

最后证明 $G \cong G_L$　令

$$\psi : G \longrightarrow G_L$$
$$a \longmapsto \sigma_a, \tag{7}$$

显然 ψ 是 G 到 G_L 的满射。如果 $\sigma_a = \sigma_b$,那么

$$a = \sigma_a(e) = \sigma_b(e) = b,$$

因此 ψ 是单射。又从(6)式知,$\psi(ab) = \sigma_{ab} = \sigma_a\sigma_b = \psi(a)\psi(b)$,所以 ψ 是群 G 到 G_L 的一个同构映射,从而 $G \cong G_L$。∎

σ_a 就是把 G 中每个元素用 a 左乘,称 σ_a 是由元素 a 引起的**左平移**。抽象群 G 与变换群 G_L 同构,意味着抽象群 G 获得了一个具体实现。因此把变换群 G_L 称为群 G 的**左正则表示**。

如果定义

$$\tau_a(x) = xa^{-1}, \qquad \forall\, x \in G, \tag{8}$$

那么同理可证,$G_R = \{\tau_a \mid a \in G\}$ 是集合 G 的一个变换群,并且 $G \cong G_R$。τ_a 称为由元素 a 引起的**右平移**。变换群 G_R 称为群 G 的**右正则表示**。在(8)式中之所以用 a^{-1} 右乘 x,是为

了让 a 对应到 τ_a 的映射保持乘法运算：由于 $\forall x \in G$，有

$$(\tau_a \tau_b)(x) = \tau_a(xb^{-1}) = (xb^{-1})a^{-1} = x(ab)^{-1} = \tau_{ab}(x),$$

因此 $\quad \tau_a \tau_b = \tau_{ab}$。

推论 1 任何一个有限群都同构于一个置换群。

想了解更多关于群的知识，可以参看丘维声编著的《抽象代数基础（第二版）》（高等教育出版社 2015 年出版）第 1 章。

大家熟知，等腰三角形是轴对称图形，底边上中线所在的直线 l 是它的对称轴，即在关于直线 l 的轴反射下，等腰三角形的象仍是这个等腰三角形，也就是等腰三角形变成与它自己重合的图形。等边三角形除了是轴对称图形（它有 3 条对称轴）外，还是旋转对称图形，即在绕等边三角形的中心 O 旋转 120°（或 240°，或 360°）的情况下，等边三角形的象仍是这个等边三角形，也就是等边三角形变成与它自己重合的图形。从这些例子将抽象出度量图形的对称性的一个有力的工具：图形的对称群。

以等边三角形 ABC 为例，如图 10-3 所示。l_1, l_2, l_3 是 $\triangle ABC$ 的 3 条对称轴，O 是 $\triangle ABC$ 的中心。用 τ_i 表示平面关于直线 l_i 的轴反射，$i = 1, 2, 3$；用 σ 表示平面绕定点 O 转角为 120° 的旋转，则 $\tau_1, \tau_2, \tau_3, \sigma, \sigma^2, \sigma^3 = I$ 都使等边三角形 ABC 变成与它自己重合的图形，其中 I 表示平面上的恒等变换。令

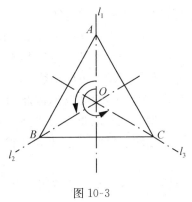

图 10-3

$$G = \{I, \sigma, \sigma^2, \tau_1, \tau_2, \tau_3\},$$

平面上的旋转和轴反射都是正交变换，正交变换的乘积仍是正交变换，把等边三角形 ABC 变成与它自己重合的图形的正交变换的乘积仍具有这个性质，这样的正交变换的逆变换仍具有这个性质。因此平面上把等边三角形 ABC 变成与它自己重合的图形的所有正交变换组成的集合是 $O(V)$ 的一个子群，其中 V 表示平面，我们把这个子群称为等边三角形 ABC 的对称群。从直观上看，把等边三角形 ABC 变成与它自己重合的图形的正交变换只有 $I, \sigma, \sigma^2, \tau_1, \tau_2, \tau_3$（可以证明这个结论，证明的思路如下：设 γ 是把等边三角形 ABC 变成与它自己重合的图形的正交变换，且 $\gamma \neq I$，则 γ 保持 $\triangle ABC$ 的中心 O 不变，而保持点 O 不变的正交变换或者是绕点 O 的旋转，或者是关于经过点 O 的直线的轴反射，或者是它们的乘积，然后去证 γ 等于 σ 或 σ^2，或 $\tau_i (i = 1, 2, 3)$），因此这 6 个正交变换组成的集合 G 就是等边三角形 ABC 的对称群。用类似的方法可以得出：

命题 2 设 Γ 是平面图形，把图形 Γ 变成与它自己重合的图形的所有平面正交变换组成的集合 G 是 $O(V)$ 的子群，称 G 是**图形 Γ 的对称群**，其中 V 是平面。

命题 2 表明，图形的对称群可以度量图形的对称性。例如，等边三角形的对称群 G 由 6 个正交变换组成，而等腰三角形的对称群只有两个正交变换：I, τ，其中 τ 是关于底边上中线所在直线的轴反射。直观上知道，等边三角形比等腰三角形更具对称性。现在用图形的对称群的概念，等边三角形的对称群比等腰三角形的对称群"大"，由此认识到：群是认识现实世界最深刻的规律性之一——对称性的有力武器。

如图 10-4 所示，正方形 $ABCD$ 有 4 条对称轴、1 个对称中心 O。用 τ_i 表示平面关于

直线 l_i 的轴反射，$i=1,2,3,4$；用 σ 表示平面绕定点 O 转角为 $90°$ 的旋转，则可以证明把正方形 $ABCD$ 变成与它自己重合的图形的所有平面正交变换组成的集合为

$$G = \{I, \sigma, \sigma^2, \sigma^3, \tau_1, \tau_2, \tau_3, \tau_4\},$$

于是 G 为正方形 $ABCD$ 的对称群，它含有 8 个正交变换。

注：关于把正方形 $ABCD$ 变成与它自己重合的图形的平面正交变换 γ 一定属于 G 的证明，可参看丘维声编著的《抽象代数基础(第二版)》第 10 页例 6。

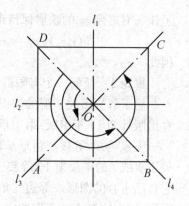

图 10-4

10.7.2　典型例题

例 1　设 A, B 是特征不为 2 的域 F 上两个合同的 n 级可逆对称矩阵，证明：$O(A, F) \cong O(B, F)$。

证明　由于 n 级矩阵 A 与 B 合同，因此它们可以看成是域 F 上 n 维线性空间 V 上的同一个双线性函数 f 在 V 的不同基下的度量矩阵。由于它们是可逆对称矩阵，因此 f 是非退化的对称双线性函数，从而 (V, f) 是 n 维正则的正交空间。由于 $O(V, f) \cong O(A, F)$，$O(V, f) \cong O(B, F)$，因此 $O(A, F) \cong O(B, F)$。 ■

例 2　证明：群 $U(1) \cong SO(2)$。

证明　根据 10.5 节例 4 得

$$U(1) = \{e^{i\theta} \mid 0 \leqslant \theta < 2\pi\},$$

从本套教材上册 4.6 节例 7 得

$$SO(2) = \left\{ \begin{pmatrix} \cos\theta & -\sin\theta \\ \sin\theta & \cos\theta \end{pmatrix} \middle| 0 \leqslant \theta < 2\pi \right\}.$$

令　　　　$\sigma:$　　$U(1) \longrightarrow SO(2)$

$$e^{i\theta} \longmapsto \begin{pmatrix} \cos\theta & -\sin\theta \\ \sin\theta & \cos\theta \end{pmatrix},$$

显然 σ 是映射，满射。假如 $\sigma(e^{i\theta_1}) = \sigma(e^{i\theta_2})$，$0 \leqslant \theta_1, \theta_2 < 2\pi$，则 $\cos\theta_1 = \cos\theta_2$，且 $\sin\theta_1 = \sin\theta_2$，由此得出 $\theta_1 = \theta_2$，因此 σ 是单射，从而 σ 是双射。由于

$$\sigma(e^{i\theta_1} e^{i\theta_2}) = \sigma(e^{i(\theta_1+\theta_2)})$$

$$= \begin{pmatrix} \cos(\theta_1+\theta_2) & -\sin(\theta_1+\theta_2) \\ \sin(\theta_1+\theta_2) & \cos(\theta_1+\theta_2) \end{pmatrix} = \begin{pmatrix} \cos\theta_1 & -\sin\theta_1 \\ \sin\theta_1 & \cos\theta_1 \end{pmatrix} \begin{pmatrix} \cos\theta_2 & -\sin\theta_2 \\ \sin\theta_2 & \cos\theta_2 \end{pmatrix}$$

$$= \sigma(e^{i\theta_1}) \sigma(e^{i\theta_2}),$$

因此　　　　　　　　　　$U(1) \cong SO(2)$。 ■

点评：在复平面上，$e^{i\theta}$ 对应的点在单位圆上，因此 $U(1)$ 是单位圆。$SO(2)$ 的元素可以看成是绕原点 O 转角为 θ 的旋转，当 θ 从 0 逐渐增大到 2π 时，与原点的距离为 1 的动点 P 在旋转下的轨迹正好是单位圆。由此可以直观地看出 $U(1)$ 与 $SO(2)$ 的密切联系。

例 3　求 SU(2)。

解　根据 10.5 节例 11 得，任一 2 级酉矩阵 A 形如

$$A = \begin{pmatrix} \cos\theta \cdot e^{i\theta_1} & -\sin\theta \cdot e^{i\theta_3}e^{-i\theta_2} \\ \sin\theta \cdot e^{i\theta_2} & \cos\theta \cdot e^{i\theta_3}e^{-i\theta_1} \end{pmatrix},$$

其中 $0 \leqslant \theta \leqslant \frac{\pi}{2}, 0 \leqslant \theta_j < 2\pi, j=1,2,3$。于是

$$|A| = 1 \iff \cos^2\theta \cdot e^{i\theta_3} + \sin^2\theta \cdot e^{i\theta_3} = 1$$
$$\iff e^{i\theta_3} = 1$$
$$\iff \theta_3 = 0,$$

因此 SU(2) 的任一元素 A 形如

$$A = \begin{pmatrix} \cos\theta \cdot e^{i\theta_1} & -\sin\theta \cdot e^{-i\theta_2} \\ \sin\theta \cdot e^{i\theta_2} & \cos\theta \cdot e^{-i\theta_1} \end{pmatrix}, \tag{9}$$

其中 $0 \leqslant \theta \leqslant \frac{\pi}{2}, 0 \leqslant \theta_j < 2\pi, j=1,2$。

令 $\alpha = 2\theta, \varphi = \theta_1 - \theta_2 + \frac{\pi}{2}, \psi = \theta_1 + \theta_2 - \frac{\pi}{2}$，则

$$A = \begin{pmatrix} \cos\frac{\alpha}{2} \cdot e^{i\frac{\varphi+\psi}{2}} & i\sin\frac{\alpha}{2} \cdot e^{i\frac{\psi-\varphi}{2}} \\ i\sin\frac{\alpha}{2} \cdot e^{i\frac{\psi-\varphi}{2}} & \cos\frac{\alpha}{2} \cdot e^{-i\frac{\varphi+\psi}{2}} \end{pmatrix}, \tag{10}$$

其中 $0 \leqslant \alpha \leqslant \pi, 0 \leqslant \varphi < 2\pi, 0 \leqslant \psi < 2\pi$（注：此时 $0 \leqslant \theta_1 < 2\pi, -\frac{\pi}{2} \leqslant \theta_2 < \frac{3\pi}{2}$，从 10.5 节例 11 的证明看出，$\theta_2$ 的取值范围也可为 $-\frac{\pi}{2} \leqslant \theta_2 < \frac{3\pi}{2}$）。容易验证：当 α, φ, ψ 在上述范围取值时，(10)式中的矩阵 A 的表法唯一，即给定了 SU(2) 中的一个元素 A，用(10)式表示时，参数 α, φ, ψ 是唯一确定的，习惯上把 α 记成 θ，于是 $0 \leqslant \theta \leqslant \pi$。

当 $\theta = 0$ 且 $\psi = 0$ 时，从(10)式得

$$\begin{pmatrix} e^{i\frac{\varphi}{2}} & 0 \\ 0 & e^{-i\frac{\varphi}{2}} \end{pmatrix}, \tag{11}$$

把(11)式的矩阵记作 b_φ。

当 $\varphi = \psi = 0$ 时，从(10)式得

$$\begin{pmatrix} \cos\frac{\theta}{2} & i\sin\frac{\theta}{2} \\ i\sin\frac{\theta}{2} & \cos\frac{\theta}{2} \end{pmatrix}, \tag{12}$$

把(12)式的矩阵记作 c_θ。

综上所述，SU(2) 的任一元素 A 可以唯一写成下述形式：

$$A = \begin{pmatrix} \mathrm{e}^{\mathrm{i}\frac{\varphi}{2}} & 0 \\ 0 & \mathrm{e}^{-\mathrm{i}\frac{\varphi}{2}} \end{pmatrix} \begin{pmatrix} \cos\dfrac{\theta}{2} & \mathrm{i}\sin\dfrac{\theta}{2} \\ \mathrm{i}\sin\dfrac{\theta}{2} & \cos\dfrac{\theta}{2} \end{pmatrix} \begin{pmatrix} \mathrm{e}^{\mathrm{i}\frac{\psi}{2}} & 0 \\ 0 & \mathrm{e}^{-\mathrm{i}\frac{\psi}{2}} \end{pmatrix}$$

$$= \boldsymbol{b}_\varphi \boldsymbol{c}_\theta \boldsymbol{b}_\psi, \tag{13}$$

其中 $0 \leqslant \theta \leqslant \pi, 0 \leqslant \varphi < 2\pi, 0 \leqslant \psi < 2\pi$。

例 4　求 SO(3)，并且指出 SO(3) 的元素的几何意义。

解　任取 $\boldsymbol{A} \in \mathrm{SO}(3)$，取一个 3 维欧几里得空间 V，把 $\boldsymbol{A}$ 看成 V 上一个正交变换 $\mathscr{A}$ 在标准正交基 $\alpha_1, \alpha_2, \alpha_3$ 下的矩阵。由于 $|\boldsymbol{A}| = 1$，因此 1 是 $\mathscr{A}$ 的一个特征值。设 η_1 是 $\mathscr{A}$ 的属于特征值 1 的一个特征向量，则 $\langle\eta_1\rangle$ 是 $\mathscr{A}$ 的一个不变子空间，且

$$\mathscr{A}(k\eta_1) = k\boldsymbol{A}\eta_1 = k\eta_1,$$

由于 $\langle\eta_1\rangle^\perp$ 也是 $\mathscr{A}$ 的不变子空间，因此 $\mathscr{A}|\langle\eta_1\rangle^\perp$ 是 $\langle\eta_1\rangle^\perp$ 上的一个正交变换。在 $\langle\eta_1\rangle^\perp$ 中取一个标准正交基 η_2, η_3，则 η_1, η_2, η_3 是 V 的一个标准正交基，$\mathscr{A}$ 在此标准正交基下的矩阵 $\boldsymbol{C}$ 是正交矩阵，且 $\boldsymbol{C} = \mathrm{diag}\{1, \boldsymbol{C}_1\}$，其中 $\boldsymbol{C}_1$ 是 $\mathscr{A}|\langle\eta_1\rangle^\perp$ 在基 η_2, η_3 下的矩阵。由于 $|\boldsymbol{C}| = 1$，因此 $|\boldsymbol{C}_1| = 1$，从而 $\boldsymbol{C}_1 \in \mathrm{SO}(2)$，于是

$$\boldsymbol{C}_1 = \begin{pmatrix} \cos\alpha & -\sin\alpha \\ \sin\alpha & \cos\alpha \end{pmatrix}, \tag{14}$$

其中 $0 \leqslant \alpha < 2\pi$，于是 $\mathscr{A}$ 是绕直线 $\langle\eta_1\rangle$ 转角为 α 的旋转。由于 $\mathrm{SO}(3) \cong \mathrm{SO}(V)$，因此 SO(3) 的任一元素 $\boldsymbol{A}$ 可以看成是绕某条直线的旋转。这是 SO(3) 的元素的几何意义。

由于 $\boldsymbol{A}$ 是正交变换 $\mathscr{A}$ 在标准正交基 $\alpha_1, \alpha_2, \alpha_3$ 下的矩阵，因此

$$\mathscr{A}(\alpha_1, \alpha_2, \alpha_3) = (\alpha_1, \alpha_2, \alpha_3)\boldsymbol{A}, \tag{15}$$

于是 $\boldsymbol{A}$ 可看成是标准正交基 $\alpha_1, \alpha_2, \alpha_3$ 到标准正交基 $\mathscr{A}\alpha_1, \mathscr{A}\alpha_2, \mathscr{A}\alpha_3$ 的过渡矩阵。不妨把 V 取成欧几里得空间 $\mathbf{R}^3$。在 $\mathbf{R}^3$ 中直角坐标系 I 到 II 的坐标变换可以分 3 个阶段来完成(参看丘维声编著的《解析几何》(第 3 版)的第 144 页第 12 题)，从而 I 到 II 的过渡矩阵 $\boldsymbol{A}$ 为

$$\boldsymbol{A} = \begin{pmatrix} \cos\varphi & -\sin\varphi & 0 \\ \sin\varphi & \cos\varphi & 0 \\ 0 & 0 & 1 \end{pmatrix} \begin{pmatrix} 1 & 0 & 0 \\ 0 & \cos\theta & -\sin\theta \\ 0 & \sin\theta & \cos\theta \end{pmatrix} \begin{pmatrix} \cos\psi & -\sin\psi & 0 \\ \sin\psi & \cos\psi & 0 \\ 0 & 0 & 1 \end{pmatrix}$$

$$= \boldsymbol{B}_\varphi \boldsymbol{C}_\theta \boldsymbol{B}_\psi, \tag{16}$$

其中

$$\boldsymbol{B}_\varphi = \begin{pmatrix} \cos\varphi & -\sin\varphi & 0 \\ \sin\varphi & \cos\varphi & 0 \\ 0 & 0 & 1 \end{pmatrix}, \boldsymbol{C}_\theta = \begin{pmatrix} 1 & 0 & 0 \\ 0 & \cos\theta & -\sin\theta \\ 0 & \sin\theta & \cos\theta \end{pmatrix}. \tag{17}$$

(16)式的角 φ, θ, ψ 称为欧拉角，$0 \leqslant \varphi < 2\pi, 0 \leqslant \theta < \pi, 0 \leqslant \psi < 2\pi$。这 3 个欧拉角完全确定了右手直角坐标系 I 到右手直角坐标系 II 的坐标变换，因此 SO(3) 的任一元素 $\boldsymbol{A}$ 可唯一地表示成

$$\boldsymbol{A} = \boldsymbol{B}_\varphi \boldsymbol{C}_\theta \boldsymbol{B}_\psi, \tag{18}$$

其中 $\boldsymbol{B}_\varphi, \boldsymbol{C}_\theta$ 如(17)式所示。

点评：在指出 SO(3) 的元素的几何意义时利用了 SO(3) 与 SO(V) 同构。关于SO(3) 的元素的表示形式,我们在本套教材上册补充题五的第 3 题证明了:行列式为 1 的 3 级正交矩阵 A 可以表示成

$$A = T \begin{bmatrix} 1 & 0 & 0 \\ 0 & \cos\theta & -\sin\theta \\ 0 & \sin\theta & \cos\theta \end{bmatrix} T^{-1}, \tag{19}$$

其中 T 是 3 级正交矩阵。现在我们进一步证明了行列式为 1 的 3 级正交矩阵 A 可以表示成 $A = B_\varphi C_\theta B_\psi$,其中 B_φ, C_θ 如(17)式所示。现在得到的结论更明晰,其原因在于把 A 看成正交变换 $\mathcal{A}$ 在一个标准正交基 $\alpha_1, \alpha_2, \alpha_3$ 下的矩阵,接着又把 A 看成是标准正交基 $\alpha_1, \alpha_2, \alpha_3$ 到标准正交基 $\mathcal{A}\alpha_1, \mathcal{A}\alpha_2, \mathcal{A}\alpha_3$ 的过渡矩阵,于是利用解析几何中直角坐标系 I 到直角坐标系 II 的坐标变换可分 3 步完成的结论,把过渡矩阵 A 表示成了 3 个正交矩阵的乘积。由此体会到,要善于把代数与几何结合起来。

例 5 群 G 到群 G' 的一个映射 σ,如果保持乘法运算,即对任意 $a, b \in G$,有 $\sigma(ab) = \sigma(a)\sigma(b)$,那么称 σ 是群 G 到 G' 的一个**同态**。若 σ 还是满射,则称 σ 是群 G 到 G' 的一个**满同态**。用 e' 表示群 G' 的单位元,G 的子集

$$\{a \in G \mid \sigma(a) = e'\} \tag{20}$$

称为同态 σ 的**核**,记作 Ker σ。证明:SU(2) 到 SO(3) 有一个满同态,且同态的核是 $\{\pm I\}$,其中 I 是 2 级单位矩阵。

分析：直接找 SU(2) 到 SO(3) 的一个映射,且要保持乘法运算,这不容易找到。可以先找 SU(2) 到 SO(V) 的一个映射且保持乘法运算,然后利用 SO(V)$\cong$SO(3),便找到了 SU(2) 到 SO(3) 的同态。V 应当是 3 维欧几里得空间,任意给定 $P \in$ SU(2),如何找到 V 上的一个正交变换与 P 对应呢? 这个 3 维欧几里得空间 V 应该是由什么元素组成的呢? 任给一个 2 级 Hermite 矩阵 H,有

$$(PHP^{-1})^* = (P^{-1})^* H^* P^* = PHP^{-1},$$

因此 PHP^{-1} 仍是 Hermite 矩阵,于是让 H 对应到 PHP^{-1} 的映射 $\mathcal{P}$ 是所有 2 级 Hermite 矩阵组成的集合到自身的一个映射。为了得到 3 维欧几里得空间 V,且使 $\mathcal{P}$ 成为 V 上的一个正交变换,经过探索发现,应当让 V 是由所有迹为 0 的 2 级 Hermite 矩阵组成的集合。这正是 10.5 节例 13 所做的事情。

证明 把迹为 0 的 2 级 Hermite 矩阵组成的集合记作 V。根据 10.5 节例 13 得,V 是一个实线性空间,V 中任一元素可表示成

$$H = \begin{bmatrix} x_1 & x_2 + \mathrm{i}x_3 \\ x_2 - \mathrm{i}x_3 & -x_1 \end{bmatrix} = x_1 \begin{pmatrix} 1 & 0 \\ 0 & -1 \end{pmatrix} + x_2 \begin{pmatrix} 0 & 1 \\ 1 & 0 \end{pmatrix} + x_3 \begin{pmatrix} 0 & \mathrm{i} \\ -\mathrm{i} & 0 \end{pmatrix}.$$

于是 $\dim V = 3$,V 的一个基是

$$\boldsymbol{\eta}_1 = \begin{pmatrix} 0 & 1 \\ 1 & 0 \end{pmatrix}, \quad \boldsymbol{\eta}_2 = \begin{pmatrix} 0 & \mathrm{i} \\ -\mathrm{i} & 0 \end{pmatrix}, \quad \boldsymbol{\eta}_3 = \begin{pmatrix} 1 & 0 \\ 0 & -1 \end{pmatrix}.$$

注意：为了后面的计算简便,我们把次序调换了一下。

设 H_1, H_2 在基 $\boldsymbol{\eta}_1, \boldsymbol{\eta}_2, \boldsymbol{\eta}_3$ 下的坐标分别为 $(x_1, x_2, x_3)', (y_1, y_2, y_3)'$,

令 $$(H_1, H_2) = x_1 y_1 + x_2 y_2 + x_3 y_3,$$

则 (H_1, H_2) 是 V 上的一个内积,于是 V 成为 3 维欧几里得空间,且 $\boldsymbol{\eta}_1, \boldsymbol{\eta}_2, \boldsymbol{\eta}_3$ 是 V 的一个标准正交基。

任取 $\boldsymbol{P} \in \mathrm{SU}(2)$,令

$$\mathscr{P}(\boldsymbol{H}) = \boldsymbol{P}\boldsymbol{H}\boldsymbol{P}^{-1}, \qquad \forall \boldsymbol{H} \in V, \tag{21}$$

在 10.5 节例 13 中已证明 $\mathscr{P}$ 是 V 上的一个正交变换。

令
$$\sigma: \mathrm{SU}(2) \longrightarrow \mathrm{O}(V)$$
$$\boldsymbol{P} \longmapsto \mathscr{P}, \tag{22}$$

其中 $\mathscr{P}$ 由 (21) 式定义。任取 $\boldsymbol{P}_1, \boldsymbol{P}_2 \in \mathrm{SU}(2)$,记 $\boldsymbol{P} = \boldsymbol{P}_1 \boldsymbol{P}_2$,

则　$\mathscr{P}(\boldsymbol{H}) = \boldsymbol{P}\boldsymbol{H}\boldsymbol{P}^{-1} = (\boldsymbol{P}_1 \boldsymbol{P}_2)\boldsymbol{H}(\boldsymbol{P}_1 \boldsymbol{P}_2)^{-1} = \boldsymbol{P}_1(\boldsymbol{P}_2 \boldsymbol{H} \boldsymbol{P}_2^{-1})\boldsymbol{P}_1^{-1} = \mathscr{P}_1 \mathscr{P}_2(\boldsymbol{H}), \forall \boldsymbol{H} \in V,$

因此 $\mathscr{P} = \mathscr{P}_1 \mathscr{P}_2$,从而 $\sigma(\boldsymbol{P}) = \sigma(\boldsymbol{P}_1)\sigma(\boldsymbol{P}_2)$,即 $\sigma(\boldsymbol{P}_1 \boldsymbol{P}_2) = \sigma(\boldsymbol{P}_1)\sigma(\boldsymbol{P}_2)$。因此 σ 是 $\mathrm{SU}(2)$ 到 $\mathrm{O}(V)$ 的一个同态。

下面分别求 $\mathscr{B}_\varphi, \mathscr{C}_\theta, \mathscr{B}_\psi$ 在 V 的标准正交基 $\boldsymbol{\eta}_1, \boldsymbol{\eta}_2, \boldsymbol{\eta}_3$ 下的矩阵:

$$\mathscr{B}_\varphi(\boldsymbol{\eta}_1) = \boldsymbol{b}_\varphi \boldsymbol{\eta}_1 \boldsymbol{b}_\varphi^{-1}$$

$$= \begin{bmatrix} \mathrm{e}^{\frac{\mathrm{i}\varphi}{2}} & 0 \\ 0 & \mathrm{e}^{-\mathrm{i}\frac{\varphi}{2}} \end{bmatrix} \begin{pmatrix} 0 & 1 \\ 1 & 0 \end{pmatrix} \begin{pmatrix} \mathrm{e}^{-\mathrm{i}\frac{\varphi}{2}} & 0 \\ 0 & \mathrm{e}^{\mathrm{i}\frac{\varphi}{2}} \end{pmatrix} = \begin{pmatrix} 0 & \cos\varphi + \mathrm{i}\sin\varphi \\ \cos\varphi - \mathrm{i}\sin\varphi & 0 \end{pmatrix}$$

$$= \cos\varphi\, \boldsymbol{\eta}_1 + \sin\varphi\, \boldsymbol{\eta}_2,$$

$$\mathscr{B}_\varphi(\boldsymbol{\eta}_2) = \boldsymbol{b}_\varphi \boldsymbol{\eta}_2 \boldsymbol{b}_\varphi^{-1} = -\sin\varphi\, \boldsymbol{\eta}_1 + \cos\varphi\, \boldsymbol{\eta}_2,$$

$$\mathscr{B}_\varphi(\boldsymbol{\eta}_3) = \boldsymbol{b}_\varphi \boldsymbol{\eta}_3 \boldsymbol{b}_\varphi^{-1} = \boldsymbol{\eta}_3,$$

$$\mathscr{C}_\theta(\boldsymbol{\eta}_1) = \boldsymbol{c}_\theta \boldsymbol{\eta}_1 \boldsymbol{c}_\theta^{-1}$$

$$= \begin{bmatrix} \cos\dfrac{\theta}{2} & \mathrm{i}\sin\dfrac{\theta}{2} \\ \mathrm{i}\sin\dfrac{\theta}{2} & \cos\dfrac{\theta}{2} \end{bmatrix} \begin{pmatrix} 0 & 1 \\ 1 & 0 \end{pmatrix} \begin{pmatrix} \cos\dfrac{\theta}{2} & -\mathrm{i}\sin\dfrac{\theta}{2} \\ -\mathrm{i}\sin\dfrac{\theta}{2} & \cos\dfrac{\theta}{2} \end{pmatrix}$$

$$= \boldsymbol{\eta}_1,$$

$$\mathscr{C}_\theta(\boldsymbol{\eta}_2) = \boldsymbol{c}_\theta \boldsymbol{\eta}_2 \boldsymbol{c}_\theta^{-1} = \cos\theta\, \boldsymbol{\eta}_2 + \sin\theta\, \boldsymbol{\eta}_3,$$

$$\mathscr{C}_\theta(\boldsymbol{\eta}_3) = \boldsymbol{c}_\theta \boldsymbol{\eta}_3 \boldsymbol{c}_\theta^{-1} = -\sin\theta\, \boldsymbol{\eta}_2 + \cos\theta\, \boldsymbol{\eta}_3,$$

因此 $\mathscr{B}_\varphi, \mathscr{C}_\theta$ 在基 $\boldsymbol{\eta}_1, \boldsymbol{\eta}_2, \boldsymbol{\eta}_3$ 下的矩阵分别是:

$$\begin{bmatrix} \cos\varphi & -\sin\varphi & 0 \\ \sin\varphi & \cos\varphi & 0 \\ 0 & 0 & 1 \end{bmatrix}, \begin{bmatrix} 1 & 0 & 0 \\ 0 & \cos\theta & -\sin\theta \\ 0 & \sin\theta & \cos\theta \end{bmatrix},$$

即例 4 中的 $\boldsymbol{B}_\varphi, \boldsymbol{C}_\theta$。

根据例 3,$\mathrm{SU}(2)$ 中任一元素 $\boldsymbol{P}$ 可表示成 $\boldsymbol{P} = \boldsymbol{b}_\varphi \boldsymbol{c}_\theta \boldsymbol{b}_\psi$,于是 $\sigma(\boldsymbol{P}) = \sigma(\boldsymbol{b}_\varphi)\sigma(\boldsymbol{c}_\theta)\sigma(\boldsymbol{b}_\psi)$ 在 V 的基 $\boldsymbol{\eta}_1, \boldsymbol{\eta}_2, \boldsymbol{\eta}_3$ 下的矩阵为 $\boldsymbol{B}_\varphi \boldsymbol{C}_\theta \boldsymbol{B}_\psi$,从而

$$|\boldsymbol{B}_\varphi \boldsymbol{C}_\theta \boldsymbol{B}_\psi| = |\boldsymbol{B}_\varphi||\boldsymbol{C}_\theta||\boldsymbol{B}_\psi| = 1,$$

因此 $\sigma(\boldsymbol{P}) \in \mathrm{SO}(V)$,从而 σ 是 $\mathrm{SU}(2)$ 到 $\mathrm{SO}(V)$ 的一个同态。

把 $\mathrm{SO}(V)$ 中的元素对应到它在 V 的标准正交基 $\boldsymbol{\eta}_1, \boldsymbol{\eta}_2, \boldsymbol{\eta}_3$ 下的矩阵的映射 τ 是 $\mathrm{SO}(V)$ 到 $\mathrm{SO}(3)$ 的同构映射。令

$$\Phi = \tau\sigma,$$

则 Φ 是 SU(2) 到 SO(3) 的一个同态，并且

$$\Phi(\boldsymbol{b}_\varphi) = \boldsymbol{B}_\varphi, \qquad \Phi(\boldsymbol{c}_\theta) = \boldsymbol{C}_\theta, \qquad \Phi(\boldsymbol{b}_\psi) = \boldsymbol{B}_\psi。$$

任给 $\boldsymbol{A} \in$ SO(3)，根据例 4 得

$$\boldsymbol{A} = \boldsymbol{B}_\varphi \boldsymbol{C}_\theta \boldsymbol{B}_\psi = \Phi(\boldsymbol{b}_\varphi)\Phi(\boldsymbol{c}_\theta)\Phi(\boldsymbol{b}_\psi) = \Phi(\boldsymbol{b}_\varphi \boldsymbol{c}_\theta \boldsymbol{b}_\psi),$$

因此 Φ 是 SU(2) 到 SO(3) 的一个满射，从而 Φ 是满同态。

利用例 3 中 SU(2) 的元素的表达式(9)式，可得

$$
\begin{aligned}
\boldsymbol{P} \in \operatorname{Ker} \Phi &\iff \boldsymbol{P} \in \operatorname{Ker} \sigma \\
&\iff \mathcal{P}(\boldsymbol{H}) = \boldsymbol{H}, \quad \forall\, \boldsymbol{H} \in V \\
&\iff \boldsymbol{P}\boldsymbol{H} = \boldsymbol{H}\boldsymbol{P}, \quad \forall\, \boldsymbol{H} \in V \\
&\iff \boldsymbol{P}\boldsymbol{\eta}_i = \boldsymbol{\eta}_i \boldsymbol{P}, \quad i = 1,2,3 \\
&\iff \begin{bmatrix} \cos\theta \cdot \mathrm{e}^{i\theta_1} & -\sin\theta \cdot \mathrm{e}^{-i\theta_2} \\ \sin\theta \cdot \mathrm{e}^{i\theta_2} & \cos\theta \cdot \mathrm{e}^{-i\theta_1} \end{bmatrix} \boldsymbol{\eta}_i = \boldsymbol{\eta}_i \begin{bmatrix} \cos\theta\, \mathrm{e}^{i\theta_1} & -\sin\theta\, \mathrm{e}^{-i\theta_2} \\ \sin\theta\, \mathrm{e}^{i\theta_2} & \cos\theta\, \mathrm{e}^{-i\theta_1} \end{bmatrix} \\
&\iff \begin{cases} \theta = 0 \text{ 或 } \pi \\ \theta_1 = 0 \end{cases} \\
&\iff \boldsymbol{P} = \pm \boldsymbol{I},
\end{aligned}
$$

因此 $\operatorname{Ker} \Phi = \{\pm \boldsymbol{I}\}$。 ∎

例 6 探索 U(r) 与 O($2r$) $\bigcap$ S$_p$($2r$, **R**) 的关系。

解 r 维复线性空间 $\mathbf{C}^r$ 中元素 $\boldsymbol{x} = (a_1 + b_1 \mathrm{i}, \cdots, a_r + b_r \mathrm{i})'$ 可以写成

$$
\begin{aligned}
\boldsymbol{x} &= (a_1 + b_1 \mathrm{i})\boldsymbol{\varepsilon}_1 + (a_2 + b_2 \mathrm{i})\boldsymbol{\varepsilon}_2 + \cdots + (a_r + b_r \mathrm{i})\boldsymbol{\varepsilon}_r \\
&= a_1\boldsymbol{\varepsilon}_1 + a_2\boldsymbol{\varepsilon}_2 + \cdots + a_r\boldsymbol{\varepsilon}_r + b_1 \mathrm{i}\boldsymbol{\varepsilon}_1 + b_2 \mathrm{i}\boldsymbol{\varepsilon}_2 + \cdots + b_r \mathrm{i}\boldsymbol{\varepsilon}_r,
\end{aligned}
\tag{23}
$$

于是 $\mathbf{C}^r$ 可以看成是 $2r$ 维实线性空间，记作 V，它的一个基为 $\boldsymbol{\varepsilon}_1, \boldsymbol{\varepsilon}_2, \cdots, \boldsymbol{\varepsilon}_r, \mathrm{i}\boldsymbol{\varepsilon}_1, \mathrm{i}\boldsymbol{\varepsilon}_2, \cdots, \mathrm{i}\boldsymbol{\varepsilon}_r$。于是同一个记号 $\boldsymbol{x}$ 既可表示 r 维复线性空间 $\mathbf{C}^r$ 的元素，又可表示 $2r$ 维实线性空间 V 的元素，要从上下文去判断。

任给一个 r 级复矩阵 $\boldsymbol{P}$，可定义复线性空间 $\mathbf{C}^r$ 上的一个线性变换 $\mathcal{P}$：$\mathcal{P}(\boldsymbol{x}) = \boldsymbol{P}\boldsymbol{x}$，$\forall\, \boldsymbol{x} \in \mathbf{C}^r$，又可定义 $2r$ 维实线性空间 V 上的一个线性变换 $\widetilde{\mathcal{P}}$：

$$\widetilde{\mathcal{P}}(\boldsymbol{x}) = \boldsymbol{P}\boldsymbol{x}, \quad \forall\, \boldsymbol{x} \in V。 \tag{24}$$

由于从形式上看，$\widetilde{\mathcal{P}}(\boldsymbol{x})$ 与 $\mathcal{P}(\boldsymbol{x})$ 都等于 $\boldsymbol{P}\boldsymbol{x}$，因此我们可以把 $\widetilde{\mathcal{P}}$ 也记成 $\mathcal{P}$，但要按照(24)式去理解，即把 $\boldsymbol{x}$ 看成 V 中元素，此时 $\boldsymbol{P}\boldsymbol{x}$ 计算出来后要写成(23)式的第二个式子的形式。

在复线性空间 $\mathbf{C}^r$ 中定义标准内积(即 $(\boldsymbol{x}, \boldsymbol{y})_\mathbf{C} = \boldsymbol{y}^* \boldsymbol{x}$)成为一个酉空间。

在 $2r$ 维实线性空间 V 中定义内积如下：设

$$\boldsymbol{x} = a_1\boldsymbol{\varepsilon}_1 + \cdots + a_r\boldsymbol{\varepsilon}_r + b_1 \mathrm{i}\boldsymbol{\varepsilon}_1 + \cdots + b_r \mathrm{i}\boldsymbol{\varepsilon}_r,$$
$$\boldsymbol{y} = c_1\boldsymbol{\varepsilon}_1 + \cdots + c_r\boldsymbol{\varepsilon}_r + d_1 \mathrm{i}\boldsymbol{\varepsilon}_1 + \cdots + d_r \mathrm{i}\boldsymbol{\varepsilon}_r,$$

规定

$$(\boldsymbol{x}, \boldsymbol{y})_\mathbf{R} = a_1 c_1 + \cdots + a_r c_r + b_1 d_1 + \cdots + b_r d_r, \tag{25}$$

则 V 成为一个 $2r$ 维欧几里得空间。

在 $2r$ 维实线性空间 V 中,定义一个双线性函数 f,它在 V 的基 $\boldsymbol{\varepsilon}_1,\cdots,\boldsymbol{\varepsilon}_r,\mathrm{i}\boldsymbol{\varepsilon}_1,\cdots,\mathrm{i}\boldsymbol{\varepsilon}_r$ 下的度量矩阵 $\boldsymbol{A}$ 为

$$\boldsymbol{A}=\begin{bmatrix} \boldsymbol{0} & \boldsymbol{I}_r \\ -\boldsymbol{I}_r & \boldsymbol{0} \end{bmatrix},$$

由于 $\boldsymbol{A}$ 是可逆斜对称矩阵,因此 f 是非退化的斜对称双线性函数,从而 (V,f) 成为一个 $2r$ 维正则辛空间,f 是 (V,f) 上的辛内积。对于上述 $\boldsymbol{x},\boldsymbol{y}$,有

$$f(\boldsymbol{x},\boldsymbol{y})=\boldsymbol{x}'\boldsymbol{A}\boldsymbol{y}=a_1d_1+\cdots+a_rd_r-b_1c_1-\cdots-b_rc_r$$
$$=\sum_{j=1}^r(a_jd_j-b_jc_j), \tag{26}$$

于是有

$$(\boldsymbol{x},\boldsymbol{y})_{\mathrm{C}}=\boldsymbol{y}^*\boldsymbol{x}=\sum_{j=1}^r(a_j+b_j\mathrm{i})(c_j-d_j\mathrm{i})$$
$$=\sum_{j=1}^r[(a_jc_j+b_jd_j)-\mathrm{i}(a_jd_j-b_jc_j)]$$
$$=(\boldsymbol{x},\boldsymbol{y})_{\mathrm{R}}-\mathrm{i}\,f(\boldsymbol{x},\boldsymbol{y})。 \tag{27}$$

设 $\mathscr{P}$ 是 $\mathbf{C}^r$ 上的线性变换,按前面所述,它也表示 V 上的一个线性变换,利用(27)式可以得出:

$$\begin{aligned}\mathscr{P}\in\mathrm{U}(\mathbf{C}^r)&\Longleftrightarrow\quad (\mathscr{P}(\boldsymbol{x}),\mathscr{P}(\boldsymbol{y}))_{\mathrm{C}}=(\boldsymbol{x},\boldsymbol{y})_{\mathrm{C}}\\ &\Longleftrightarrow\quad(\boldsymbol{Px},\boldsymbol{Py})_{\mathrm{C}}=(\boldsymbol{x},\boldsymbol{y})_{\mathrm{C}}\\ &\Longleftrightarrow\quad(\boldsymbol{Px},\boldsymbol{Py})_{\mathrm{R}}-\mathrm{i}\,f(\boldsymbol{Px},\boldsymbol{Py})\\ &\qquad=(\boldsymbol{x},\boldsymbol{y})_{\mathrm{R}}-\mathrm{i}\,f(\boldsymbol{x},\boldsymbol{y})\\ &\Longleftrightarrow\quad\begin{cases}(\boldsymbol{Px},\boldsymbol{Py})_{\mathrm{R}}=(\boldsymbol{x},\boldsymbol{y})_{\mathrm{R}}\\ f(\boldsymbol{Px},\boldsymbol{Py})=f(\boldsymbol{x},\boldsymbol{y})\end{cases}\\ &\Longleftrightarrow\quad\begin{cases}(\mathscr{P}(\boldsymbol{x}),\mathscr{P}(\boldsymbol{y}))_{\mathrm{R}}=(\boldsymbol{x},\boldsymbol{y})_{\mathrm{R}}\\ f(\mathscr{P}(\boldsymbol{x}),\mathscr{P}(\boldsymbol{y}))=f(\boldsymbol{x},\boldsymbol{y})\end{cases}\\ &\Longleftrightarrow\quad\mathscr{P}\in\mathrm{O}(V)\bigcap\mathrm{Sp}(V,f),\end{aligned}$$

因此在对于有两种理解的约定下,我们可以写

$$\mathrm{U}(\mathbf{C}^r)=\mathrm{O}(V)\bigcap\mathrm{Sp}(V,f)。$$

由于 $\mathrm{U}(\mathbf{C}^r)\cong\mathrm{U}(r),\mathrm{O}(V)\cong\mathrm{O}(2r),\mathrm{Sp}(V,f)\cong\mathrm{Sp}(2r,\mathbf{R})$,因此在上述约定下,可以写

$$\mathrm{U}(r)=\mathrm{O}(2r)\bigcap\mathrm{Sp}(2r,\mathbf{R})。 \tag{28}$$

对于(28)式的理解如下:任给一个 r 级酉矩阵 $\boldsymbol{P}$,可以按上述方法得到一个 $2r$ 级正交矩阵 $\boldsymbol{Q}$,并且 $\boldsymbol{Q}$ 是 $2r$ 级辛矩阵;反之,任给一个 $2r$ 级正交矩阵 $\boldsymbol{Q}$,如果 $\boldsymbol{Q}$ 也是 $2r$ 级辛矩阵,那么可得到一个 r 级酉矩阵 $\boldsymbol{P}$。■

　　点评:例 6 揭示了酉群 $\mathrm{U}(r)$、正交群 $\mathrm{O}(2r)$ 和辛群 $\mathrm{Sp}(2r,\mathbf{R})$ 之间的关系,这是很深刻的一个结果。证明的关键之一是把 r 维复线性空间 $\mathbf{C}^r$ 看成 $2r$ 维实线性空间,记作 V;关键之二是证明了(27)式,即酉空间 $\mathbf{C}^r$ 的标准内积 $(\boldsymbol{x},\boldsymbol{y})_{\mathrm{C}}$ 与 $2r$ 维欧几里得空间 V 的内积、$2r$ 维辛空间 (V,f) 的辛内积之间的关系。为了帮助读者理解例 6 的结论,我们来看一个例子。在 $\mathrm{U}(2)$ 中取一个元素 $\boldsymbol{b}_\varphi$,设 $\boldsymbol{x}=(a_1+b_1\mathrm{i},a_2+b_2\mathrm{i})'\in\mathbf{C}^2$。$\mathbf{C}^2$ 可看成 4 维实线性

空间，记作 V。x 可写成

$$x = a_1\varepsilon_1 + a_2\varepsilon_2 + b_1 i\varepsilon_1 + b_2 i\varepsilon_2 \in V,$$

$\mathbf{C}^2$ 上的线性变换 $\mathscr{B}_\varphi$ 的定义为 $\mathscr{B}_\varphi(x)=b_\varphi x$。

$$b_\varphi x = \begin{pmatrix} e^{i\frac{\varphi}{2}} & 0 \\ 0 & e^{-i\frac{\varphi}{2}} \end{pmatrix} \begin{pmatrix} a_1 + b_1 i \\ a_2 + b_2 i \end{pmatrix}$$

$$= \left(a_1\cos\frac{\varphi}{2} - b_1\sin\frac{\varphi}{2}\right)\varepsilon_1 + \left(a_2\cos\frac{\varphi}{2} + b_2\sin\frac{\varphi}{2}\right)\varepsilon_2 +$$

$$\left(a_1\sin\frac{\varphi}{2} + b_1\cos\frac{\varphi}{2}\right)i\varepsilon_1 + \left(-a_2\sin\frac{\varphi}{2} + b_2\cos\frac{\varphi}{2}\right)i\varepsilon_2$$

$$= (\varepsilon_1,\varepsilon_2,i\varepsilon_1,i\varepsilon_2)\begin{pmatrix} \cos\frac{\varphi}{2} & 0 & -\sin\frac{\varphi}{2} & 0 \\ 0 & \cos\frac{\varphi}{2} & 0 & \sin\frac{\varphi}{2} \\ \sin\frac{\varphi}{2} & 0 & \cos\frac{\varphi}{2} & 0 \\ 0 & -\sin\frac{\varphi}{2} & 0 & \cos\frac{\varphi}{2} \end{pmatrix}\begin{pmatrix} a_1 \\ a_2 \\ b_1 \\ b_2 \end{pmatrix},$$

于是 V 上的线性变换 $\mathscr{B}_\varphi$ 在基 $\varepsilon_1,\varepsilon_2,i\varepsilon_1,i\varepsilon_2$ 下的矩阵为

$$Q = \begin{pmatrix} \cos\frac{\varphi}{2} & 0 & -\sin\frac{\varphi}{2} & 0 \\ 0 & \cos\frac{\varphi}{2} & 0 & \sin\frac{\varphi}{2} \\ \sin\frac{\varphi}{2} & 0 & \cos\frac{\varphi}{2} & 0 \\ 0 & -\sin\frac{\varphi}{2} & 0 & \cos\frac{\varphi}{2} \end{pmatrix}。$$

直接计算得，$Q'Q=I$，$Q'AQ=A$，其中 $A=\begin{pmatrix} 0 & I_2 \\ -I_2 & 0 \end{pmatrix}$。因此 $Q\in O(4)$，且 $Q\in Sp(4,\mathbf{R})$。

这样我们从 2 级酉矩阵 b_φ 得到了 4 级正交矩阵 Q，且 Q 是 4 级辛矩阵。

习题 10.7

1. 证明：在群 G 中，任给元素 a,b，方程 $ax=b$ 有唯一解；方程 $ya=b$ 也有唯一解。

2. 证明：在群 G 中，消去律成立，即由 $ax=ay$ 可推出 $x=y$；由 $xa=ya$ 可推出 $x=y$。

3. 如图 10-4 所示，正方形 $ABCD$ 的 4 条对称轴记作 l_1,l_2,l_3,l_4。设 τ_i 表示平面关于直线 l_i 的轴反射，$i=1,2,3,4$；σ 表示平面绕正方形 $ABCD$ 的中心 O 转角为 $90°$ 的旋转。证明：在正方形 $ABCD$ 的对称群 G 中，4 个轴反射分别是 $\tau_1,\tau_1\sigma,\tau_1\sigma^2,\tau_1\sigma^3$。

4. 写出平面上正六边形的对称群的所有元素。

5. 证明：群 G 的任意多个子群的交还是 G 的子群。

6. 设 G 是一个非空集合，在其上定义了一种运算，叫作乘法，它满足结合律，并且具

有下列性质：

1° G 含有 1 个元素 e_R，它使得

$$ae_R = a, \qquad \forall a \in G,$$

此时称 e_R 是 G 的一个**右单位元**；

2° 对于 G 的每一个元素 a，有 G 中一个元素 b，使得 $ab = e_R$，称 b 是 a 的一个**右逆**。证明：G 是一个群。

7. 设 G 是一个非空集合，在其上定义了一种运算，称为乘法，它满足结合律，并且对任意 $a, b \in G$，方程 $ax = b$ 在 G 中有解，方程 $ya = b$ 在 G 中也有解。证明：G 是一个群。

8. 设 a 是群 G 任意给定的一个元素，证明：G 中所有与 a 可交换的元素组成的集合是 G 的一个子群，称它为 a **在 G 里的中心化子**，记作 $C_G(a)$。

9. 设 E 是空间图形，把 E 变成与它自身重合的图形的所有旋转（即几何空间 V 上的第一类正交变换）组成的集合对于映射的乘法成为一个群，称为**图形 E 的旋转对称群**。求正四面体的旋转对称群。

10. 在数域 K 上的 n 元多项式环 $K[x_1, x_2, \cdots, x_n]$ 中，取一个多项式

$$f(x_1, x_2, \cdots, x_n) = \prod_{1 \leqslant i < j \leqslant n} (x_i - x_j),$$

对于 $\sigma \in S_n$，用 $\tilde{\sigma}$ 表示置换 σ 诱导的代入，即

$$(\tilde{\sigma}f)(x_1, x_2, \cdots, x_n) = f(x_{\sigma^{-1}(1)}, x_{\sigma^{-1}(2)}, \cdots, x_{\sigma^{-1}(n)}),$$

显然有 $\tilde{\sigma}f = f$ 或者 $\tilde{\sigma}f = -f$。

如果 $\tilde{\sigma}f = f$，那么称 σ 是**偶置换**；如果 $\tilde{\sigma}f = -f$，那么称 σ 是**奇置换**。

(1) 证明：对于任意 $g(x_1, x_2, \cdots, x_n) \in K[x_1, x_2, \cdots, x_n]$，任意 $\sigma, \tau \in S_n$，有 $\sigma\tau$ 诱导的代入 $\widetilde{\sigma\tau}$ 使得 $\widetilde{\sigma\tau}\, g = \tilde{\sigma}(\tilde{\tau}g)$；

(2) 证明：S_n 中全体偶置换组成 S_n 的一个子群，这个子群称为 n 元**交错群**，记作 A_n；

(3) 证明：$|A_n| = \dfrac{n!}{2} (n \geqslant 2)$。

11. 证明：每个 n 元置换都可以表示成一些对换的乘积。设 n 元置换 σ 为

$$\sigma = \begin{pmatrix} 1 & 2 & \cdots & n \\ a_1 & a_2 & \cdots & a_n \end{pmatrix},$$

则 σ 表示成对换的乘积时，对换的个数与 n 元排列 $a_1 a_2 \cdots a_n$ 有相同的奇偶性，从而 σ 表示成对换的乘积时，对换个数的奇偶性由 σ 本身唯一决定。

12. 证明：n 元置换 σ 为偶置换当且仅当 σ 能表示成偶数个对换的乘积。

13. 如果一个 n 元置换 σ 将 $1, 2, \cdots, n$ 中某 m 个数 $a_1, a_2, \cdots, a_m$ 映成：

$$\sigma(a_1) = a_2, \quad \sigma(a_2) = a_3, \quad \cdots, \quad \sigma(a_m) = a_1,$$

而保持其余 $n - m$ 个数不变，那么 σ 称为一个**轮换**，记作 $\sigma = (a_1 a_2 a_3 \cdots a_m)$。把 m 称为轮换 σ 的长度，长度为 2 的轮换就是对换，长度为 m 的轮换称为 **m-轮换**。

两个轮换 $(a_1 a_2 \cdots a_m)$ 与 $(b_1 b_2 \cdots b_s)$ 称为**不相交**，如果 $a_k \neq b_l$，$k = 1, 2, \cdots, m$；$l = 1, 2, \cdots, s$，则容易看出，不相交的轮换对于乘法是可交换的。

证明：任一 n 元置换 σ 都可以分解成一些不相交的轮换的乘积，而且这种分解除了轮

换出现的次序外是唯一的。

14. 证明:长度为 r 的轮换 τ 是偶置换当且仅当 r 是奇数。

15. 写出 A_3,A_4 的所有元素(用轮换表法)。

16. 证明:正四面体的旋转对称群与 A_4 同构。

补 充 题 十

1. $M_n(F)$ 中,$AB-BA$ 称为矩阵 A,B 的**换位子**,记作 $[A,B]$。这样我们可以诱导出换位运算:

$$[A,B]=AB-BA, \qquad \forall A,B\in M_n(F)。$$

证明:换位运算 $[A,B]$ 满足下列法则:

1° 线性性(即与加法、数乘相容)

$$[A+C,B]=[A,B]+[C,B], \qquad [A,B+C]=[A,B]+[A,C],$$
$$[kA,B]=k[A,B]=[A,kB];$$

2° 反交换律

$$[A,B]=-[B,A];$$

3° Jacobi 恒等式

$$[A,[B,C]]+[B,[C,A]]+[C,[A,B]]=0。$$

2. 从第 1 题受到启发,联想到几何空间中,向量除了有加法和数乘运算外,还有外积运算。向量的外积与加法、数乘都相容(即满足分配律和与数乘相容),向量的外积满足反交换律和 Jacobi 恒等式。由此抽象出下述概念。

域 F 上的一个线性空间 L 如果定义了一种换位运算 $[\alpha,\beta]$ 且它满足下列法则:

1° 线性性(即与加法、数乘相容)

$$[\alpha+\gamma,\beta]=[\alpha,\beta]+[\gamma,\beta], \qquad [\alpha,\beta+\gamma]=[\alpha,\beta]+[\alpha,\gamma], \qquad \forall \alpha,\beta,\gamma\in L,$$
$$[k\alpha,\beta]=k[\alpha,\beta]=[\alpha,k\beta], \qquad \forall \alpha,\beta\in L,k\in F;$$

2° 反交换律

$$[\alpha,\beta]=-[\beta,\alpha], \qquad \forall \alpha,\beta\in L;$$

3° Jacobi 恒等式

$$[\alpha,[\beta,\gamma]]+[\beta,[\gamma,\alpha]]+[\gamma,[\alpha,\beta]]=0,$$

那么称 L 是域 F 上的一个**李代数**(Lie algebra)。线性空间 L 的维数称为李代数的**维数**。

第 1 题中,域 F 上的线性空间 $M_n(F)$ 连同换位运算成为域 F 上的一个李代数,这个李代数记作 $gl(n,F)$。

证明:$M_n(F)$ 中迹为 0 的矩阵组成的集合对于矩阵的加法、数乘和换位运算成为域 F 上的一个李代数,记作 $sl(n,F)$。

3. 证明:设域 F 的特征不等于 2,则 $M_n(F)$ 中所有斜对称矩阵组成的集合对于矩阵的加法、数乘和换位运算成为域 F 上的一个李代数,记作 $o(n,F)$。

4. 证明:所有 n 级斜 Hermite 矩阵组成的集合对于矩阵的加法、数乘和换位运算成为实数域 **R** 上的一个李代数,记作 $u(n)$。

5. 证明：迹为 0 的 n 级斜 Hermite 矩阵组成的集合对于矩阵的加法、数乘和换位运算成为实数域 $\mathbf{R}$ 上的一个李代数，记作 $su(n)$。

6. $gl(n,F),sl(n,F),o(n,F),u(n),su(n)$ 统称为 **典型李代数**（Classical Lie algebras）。求它们的维数。

7. 证明：复矩阵指数映射（即，把每个 n 级复矩阵 A 对应到 e^A 的映射）在 $u(n)$ 上的限制是 $u(n)$ 到 U(n) 的满射。

＊应用小天地：酉空间在量子力学中的应用

20 世纪物理学取得的两个划时代的进展是建立了相对论和量子力学。相对论的建立从根本上改变了人们原有的空间和时间的概念，并指明了牛顿力学的适用范围（适用于物体运动速度 $v\ll c$，其中 c 是真空中的光速）。量子力学的建立，则开辟了人们认识微观世界的道路。原子和分子之谜被揭开了，物质的属性以及在原子水平上的物质结构这个古老而又基本的问题才得以解决。在量子力学中，人们找到了化学与物理学的紧密联系。

1900 年，M. Planck 提出了一个黑体辐射公式，并且他发现，如果做如下假定，那么可以从理论上导出他的公式。这个假定是：对于一定频率 v 的辐射，物体只能以 hv 为单位吸收或发射它，h 是一个普适常数。换句话说，物体吸收或发射电磁辐射，只能以"量子"（quantum）的方式进行，每个"量子"的能量为 $\varepsilon=hv$。从经典力学来看，这种能量不连续的概念是完全不容许的，因此在相当长一段时间中这个假设并未引起人们的重视。

1905 年，A. Einstein 试图用量子假设去说明光电效应中碰到的疑难问题，提出了光量子（light quantum）概念。他认为辐射场就是由光量子组成，每一个光量子的能量 E 与辐射的频率 v 的关系是 $E=hv$。采用光量子概念之后，光电效应中出现的疑难问题立即迎刃而解。当光照射到金属表面时，一个光量子的能量可以立刻被金属中的自由电子吸收。但只有当入射光的频率足够大（即每个光量子的能量足够大）时，电子才可能克服脱出功 A 而逸出金属表面。逸出电子的动能为

$$\frac{1}{2}mv^2 = hv - A。$$

由此看出，当 $v<v_0=\dfrac{A}{h}$ 时，电子的能量不足以克服金属表面的吸引力而逸出，因而观测不到光电子，这个 v_0 即临界频率。

关于原子结构的模型，在 1904 年 J. J. Thomson 提出原子模型和 1911 年 E. Rutherford 提出原子的"有核模型"之后，1913 年 N. Bohr 提出了原子的量子论。该理论包含了下列两个极为重要的概念（假定），它们是对大量实验事实的深刻概括：

1°　原子能够而且只能够稳定地存在于与分立的能量（$E_1,E_2,\cdots$）相应的一系列状态中，这些状态称为定态（stationary state）。因此，原子能量的任何变化，包括吸收或发射电磁辐射，都只能在两个定态之间以跃迁（transition）的方式进行。

2°　原子在两个定态（分别属于能级 E_n 和 E_m，设 $E_n>E_m$）之间跃迁时，发射或吸收

的电磁辐射的频率 υ 由下式给出

$$h\upsilon = E_n - E_m \quad (频率条件)。 \tag{1}$$

Bohr 量子论的核心思想有两条：一是原子具有分立能量的定态的概念；二是两个定态之间的量子跃迁概念和频率条件。

Bohr 的量子论首次打开了认识原子结构的大门，取得了很大成功。但随着时间的推移，其局限性和存在的问题也逐渐为人们认识到。从理论体系来讲，能量量子化等概念与经典力学是不相容的，多少带有人为的性质，它们的物理本质还不清楚。这一切推动着早期量子论进一步发展。量子力学就是在克服早期量子论的困难和局限性中建立起来的。

量子力学理论本身是在 1923—1927 年这段时间中建立起来的，两个彼此等价的理论——矩阵力学与波动力学，几乎同时被提出。

在 W. Heisenberg、M. Born 和 P. Jordan 的矩阵力学中，赋予每一个物理量（例如粒子的坐标、动量、能量等）以一个矩阵，两个量的乘积一般不满足交换律。

在 Planck-Einstein 的光量子论和 Bohr 的原子论的启发下，L. de Broglie 仔细分析了光的微粒说与波动说的发展历史，并注意到几何光学与经典粒子力学的相似性。根据类比的方法，他设想实物（静质量 $m \neq 0$ 的）粒子也可能具有波动性，即和光一样，也具有波动-粒子两重性。这两方面必有类似的关系相联系，而 planck 常数 h 必定出现在其中。他假定：与一定能量 E 和动量 p 的物质粒子相联系的波的频率和波长分别为

$$\upsilon = E/h, \qquad \lambda = h/p, \tag{2}$$

从而把原子定态（stationary state）与驻波（stationary wave）联系起来，即把粒子能量量子化的问题与有限空间中驻波的波长（或频率）的分立性联系起来。虽然从之后建立起来的量子力学理论来看，这种联系还有不确切之处，能处理的问题也很有限，但其物理图像是很有启发性的。由于 h 是一个很小的量，从宏观的尺度来看，物质粒子的波长一般是非常短的，因而波动性未显示出来。但到了原子世界中，物质粒子的波动性就会表现出来。此时如果仍用经典粒子力学去处理就显得不太恰当，而必须取而代之以一种新的波动力学。这个任务最终由 Schrödinger 完成。物质粒子的波动性的直接实验证实是 1927 年才实现的。Davisson 和 Germer 用一束具有一定能量和动量的电子射向金属镍单晶表面，观测到了电子衍射的现象，并证实了 de Broglie 关系 $\lambda = h/p$ 是正确的。后来，无数事实都表明，不仅是电子，而且质子、中子、原子等都具有波动性，波动性是物质粒子普遍具有的。

量子力学提出后，许多悬而未决的问题很快得以解决。

仔细分析一下实验可以看出，电子所呈现出来的粒子性只是以具有一定的质量和电荷等属性的客体出现在实验中，但并不与"粒子有确切的轨道"的概念有什么联系。而电子呈现出的波动性，也只不过是波动最本质的东西——波的叠加性，但并不一定与某种实在的物理量在空间的波动联系在一起。把粒子性与波动性统一起来，更确切地说，把微观粒子的"原子性"与波的"叠加性"统一起来的是 M. Born（1926）提出的几率波。他认为 de Broglie 提出的"物质波"，或 Schrödinger 方程中的波函数所描述的，并不像经典波那样代表什么实在的物理量的波动，只不过是刻画粒子在空间的几率分布的几率波而已。电子的双缝衍射实验表明，底片上的感光点子的密度分布构成一个有规律的花样，与 X 光衍射中出现的衍射花样完全相似。就强度分布来讲，与经典波（例如声波）是相似的，而与机

枪子弹在靶上的密度分布完全不同。这种现象可以解释如下：

　　在底片上 r 点附近衍射花样的强度

$\propto$　　在 r 点附近感光点子的数目

$\propto$　　在 r 点附近出现的电子的数目

$\propto$　　电子出现在 r 点附近的几率。

这里的符号"$\propto$"表示"正比例于"。设衍射波波幅用 $\psi(r)$ 描述,与光学中相似,衍射花样的强度分布则用 $|\psi(r)|^2$ 描述。但这里衍射强度 $|\psi(r)|^2$ 的意义与经典波根本不同,它是刻画电子出现在 r 点附近的几率大小的一个量。更确切地说,$|\psi(r)|^2 \Delta x \Delta y \Delta z$ 表示在 r 点处的体积元 $\Delta x \Delta y \Delta z$ 中找到粒子的几率。这就是 Born 提出的波函数的几率诠释,它是量子力学的基本原理之一,其正确性已被无数次的实验观测(例如散射粒子的角分布)所证实。按照这种理解,电子呈现出来的波动性只是反映微观客体运动的一种统计规律性,因此称为**几率波**(probability wave)。波函数 $\psi(r)$ 也常常称为**几率波幅**或**几率幅**(probability amplitude)。应该说,在非相对论的情况下(没有粒子产生和湮没现象),几率波概念正确地把物质粒子的波动性与原子性统一了起来。

　　根据波函数的统计诠释,很自然地要求该粒子(不产生,不湮灭)在空间各点的概率之总和为 1,即要求波函数 $\psi(r)$ 满足下列条件:

$$\int_{(\text{全})} |\psi(r)|^2 \mathrm{d}^3 r = 1 \qquad (\mathrm{d}^3 r = \mathrm{d}x\mathrm{d}y\mathrm{d}z), \tag{3}$$

这称为波函数的归一化条件。但应该强调,对于几率分布来说,重要的是相对几率分布。不难看出,$\psi(r)$ 与 $C\psi(r)$(C 为常数)所描述的相对几率分布是完全相同的,因为在空间任意两点 r_1 和 r_2 处,$C\psi(r)$ 描述的粒子的相对几率为

$$\left|\frac{C\psi(r_1)}{C\psi(r_2)}\right|^2 = \left|\frac{\psi(r_1)}{\psi(r_2)}\right|^2, \tag{4}$$

与 $\psi(r)$ 描述的相对几率完全相同。换言之,$C\psi(r)$ 与 $\psi(r)$ 描述的是同一个几率波。因此,波函数有一个常数因子不定性。在这一点上,几率波与经典波有着本质的差别。一个经典波的波幅若增大 1 倍,则相应的波动的能量将为原来的 4 倍,因而代表完全不同的波动状态。

　　还应提到,即使加上归一化条件,波函数仍然有一个模为 1 的相因子的不定性(或者说,相位(phase)不定性)。这是因为假设 $\psi(r)$ 是归一化的波函数,则 $e^{i\theta}\psi(r)$(θ 为实常数)也是归一化的,而 $\psi(r)$,$e^{i\theta}\psi(r)$ 描述的是同一个几率波。

　　以上讨论的是一个粒子的波函数。对于一个由若干个粒子组成的体系,例如 N 个粒子组成的体系,其波函数表示成

$$\psi(r_1, r_2, \cdots, r_N), \tag{5}$$

其中 $r_1(x_1, y_1, z_1)$,$r_2(x_2, y_2, z_2)$,$\cdots$,$r_N(x_N, y_N, z_N)$ 分别表示各粒子的空间坐标。此时

$$|\psi(r_1, r_2, \cdots, r_N)|^2 \mathrm{d}^3 r_1 \mathrm{d}^3 r_2 \cdots \mathrm{d}^3 r_N$$

表示粒子 1 出现在 $(r_1, r_1 + \mathrm{d}r_1)$ 中,同时粒子 2 出现在 $(r_2, r_2 + \mathrm{d}r_2)$ 中,$\cdots$,同时粒子 N 出现在 $(r_N + \mathrm{d}r_N)$ 中的几率,归一化条件表示为

$$\int_{(\text{全})} |\psi(r_1, r_2, \cdots, r_N)|^2 \mathrm{d}^3 r_1 \mathrm{d}^3 r_2 \cdots \mathrm{d}^3 r_N = 1, \tag{6}$$

把式(6)简记成

$$\int_{(\text{全})} |\psi(\tau)|^2 d\tau = 1, \tag{7}$$

其中 $\int_{(\text{全})} d\tau$ 表示对体系的全部坐标空间进行积分。例如，对于一维粒子，

$$\int_{(\text{全})} d\tau = \int_{-\infty}^{+\infty} dx;$$

对于三维粒子，

$$\int_{(\text{全})} d\tau = \iiint_{-\infty}^{+\infty} dx\,dy\,dz;$$

对于 N 个粒子组成的体系

$$\int_{(\text{全})} d\tau = \int_{-\infty}^{+\infty} \cdots \int_{-\infty}^{+\infty} \cdots dx_1 dy_1 dz_1 \cdots dx_N dy_N dz_N。$$

对于一个粒子，当描述它的波函数 $\psi(r)$ 给定后，粒子所有力学量的测值几率分布就确定了。从这个意义上讲，$\psi(r)$ 完全描述了一个三维空间中粒子的量子态，所以波函数也称为**态函数**。粒子的量子态还有其他的描述方式，它们彼此之间有确定的变换关系，彼此完全等价，它们描述的是同一个量子态。

在经典力学中，一个波由若干个子波叠加而成是指这个合成的波是含有各种成分(具有不同波长、振幅和相位等)的子波。在量子力学中，波的叠加性有了更深刻的含义，即态的叠加性。态叠加原理是"波的叠加性"与"波函数完全描述一个体系的量子态"两个概念的概括。例如，考虑一个用波包 $\psi(r)$ 描述的量子态，它由许多平面波叠加而成，其中每一个平面波描述具有确定动量 p 的量子态(称为动量本征态)。对于用波包描述的粒子，如测量其动量，则可能出现各种可能的结果(凡是波包中包含的平面波所对应的 p 值均可出现，而且出现的相对几率是确定的)。我们应怎样来理解这样的测量结果呢？这只能认为原来那个波包所描述的量子态就是粒子的许多动量本征态的某种线性叠加，而粒子部分地处于 p_1 态，部分地处于 p_2 态，$\cdots$，因此测量动量时有时出现 p_1，有时又出现 p_2，$\cdots$。

一般地说，设体系处于 ψ_1 描述的态下，测量力学量 A 所得结果是一个确切值 a_1(此时，ψ_1 称为 A 的本征态，a_1 称为 A 的本征值)。又假设在 ψ_2 态下，测量 A 所得的结果是另一个确切值 a_2，则在

$$\psi = c_1 \psi_1 + c_2 \psi_2 \tag{8}$$

所描述的状态下，测量 A 所得结果既可能为 a_1，也可能为 a_2(但不会是另外的值)，而测得结果为 a_1 或 a_2 的相对几率是完全确定的。我们称 ψ 态是 ψ_1 态和 ψ_2 态的线性叠加态。在叠加态 ψ 中，ψ_1 与 ψ_2 有确切的相对权重和相对相位。量子力学中这种态的叠加，导致叠加态下观测结果的不确定性。态叠加原理是量子力学的另一个基本原理。态叠加原理是与测量密切联系在一起的，它与经典波的叠加概念的物理含义有着本质的不同，是由粒子-波动两重性决定的。

从态叠加原理(参看式(8))受到启发，任何一个量子态 ψ(可归一化)都可以看成抽象的 Hilbert 空间中的一个向量(或称为矢量)，即在一个量子体系的所有量子态(可归一化)组成的集合 $\mathcal{H}$ 中，规定加法运算为函数的加法，数乘运算为复数与函数的数量乘法，

则 $\mathscr{H}$ 成为一个复数域上的线性空间;对于 $f(\tau),g(\tau)\in\mathscr{H}$,令

$$(f,g) = \int_{(\text{全})} f^*(\tau)g(\tau)\mathrm{d}(\tau), \tag{9}$$

其中 $f^*(\tau)$ 表示 $f(\tau)$ 的共轭复数 $\overline{f(\tau)}$(今后不再每次说明)。容易看出(9)式定义的 (f,g) 是复线性空间 $\mathscr{H}$ 上的一个内积(注意:对第 2 个变量是线性的,对第 1 个变量是共轭线性的),于是 $\mathscr{H}$ 成为一个酉空间。由于 $\mathscr{H}$ 是由模平方可积函数(即 $\int_{(\text{全})} |f(\tau)|^2\mathrm{d}\tau$ 存在)组成的酉空间,因此 $\mathscr{H}$ 是一个 Hilbert 空间。这时归一化的条件可表示为

$$(\psi,\psi) = 1, \tag{10}$$

即归一化后的态函数 ψ 的长度为 1(前面已指出,对于任意复常数 $C,C\psi$ 与 ψ 表示同一个量子态)。

一个量子体系的力学量(例如位置、动量、角动量、动能、势能等)A 的平均值(即 A 的数学期望)可如下求出(已归一化):

$$\overline{A} = \int_{(\text{全})} \psi^*(\tau)\hat{A}\psi(\tau)\mathrm{d}\tau = (\psi,\hat{A}\psi), \tag{11}$$

其中 $\hat{A}$ 是与力学量 A 相应的算符。与位置、动量、角动量、动能、势能相应的算符都是酉空间 $\mathscr{H}$ 上的线性变换。关于这些算符的具体表达式可参看《高等代数学习指导书(第二版:下册)》(丘维声编著)第 765 页倒数第 2 行至第 769 页的倒数第 1 行。如果一个算符 $\hat{A}$ 是酉空间 $\mathscr{H}$ 上的 Hermite 变换,那么称 $\hat{A}$ 是 Hermite 算符。从 10.5 节例 19 知道,酉空间 V 上的线性变换 $\mathscr{A}$ 是 Hermite 变换当且仅当对任意 $\alpha\in V$,有 $(\alpha,\mathscr{A}\alpha)$ 是实数。由于力学量 A 的平均值 $\overline{A}=(\psi,\hat{A}\psi)$ 在任何量子态 ψ 下都是实数,因此相应的算符 $\hat{A}$ 一定是 Hermite 变换。

假设一体系处于量子态 ψ,当人们去测量力学量 A 时,一般说来,可能出现各种不同的结果,各有一定的几率,对于都用 ψ 来描述其状态的大量的完全相同的体系,如进行多次测量,所得结果的平均将趋于一个确定值(即数学期望)。而每一次测量的结果则围绕平均值有一个涨落,涨落(即方差)记作 $\overline{\Delta A^2}$,它的定义为

$$\overline{\Delta A^2} = \overline{(A-\overline{A})^2}, \tag{12}$$

其中 $\overline{(A-\overline{A})^2}$ 表示 $(A-\overline{A})^2$ 的平均值(即数学期望)。由于 $\overline{A}=(\psi,\hat{A}\psi)$ 是实数,从而有

$$(\hat{A}-\overline{A}I)^* = \hat{A}^* - (\overline{A}I)^* = \hat{A} - \overline{A}I,$$

因此 $\hat{A}-\overline{A}I$ 仍是 Hermite 变换。于是 $(\hat{A}-\overline{A}I)^2$ 也是 Hermite 变换,从而与力学量 $(A-\overline{A}I)^2$ 相应的算符是 $(\hat{A}-\overline{A}I)^2$。从(11)、(12)式得(设 ψ 已归一化)

$$\overline{\Delta A^2} = (\psi,(\hat{A}-\overline{A}I)^2\psi) = ((\hat{A}-\overline{A}I)\psi,(\hat{A}-\overline{A}I)\psi) \geqslant 0。 \tag{13}$$

然而如果体系处于一种特殊的状态下,则测量 A 所得结果是唯一确定的,即涨落 $\overline{\Delta A^2}=0$,称这种状态为力学量 A 的本征态。从(13)式得

$$\overline{\Delta A^2} = 0 \iff (\hat{A}-\overline{A}I)\psi = 0$$

$$\Longleftrightarrow \qquad \hat{A}\psi = \overline{A}\psi。 \tag{14}$$

于是 ψ(已归一化)是力学量 A 的本征态当且仅当 ψ 是相应的算符 $\hat{A}$ 的属于特征值 $\overline{A}$ 的一个特征向量。ψ 作为力学量的本征态,还要满足物理上的一些要求。量子力学中的一个基本假定是:测量力学量 A 时所有可能出现的值,都是相应的算符 $\hat{A}$(它是 Hermite 变换)的本征值(即特征值)。当体系处于 $\hat{A}$ 的本征态 ψ,则每次测量所得结果都是相应的本征值。通常把力学量 A 的本征态记作 ψ_n,相应的本征值记作 A_n。

设 $\mathcal{H}_1$ 是 Hilbert 空间 $\mathcal{H}$ 的一个 m 维子空间,$\hat{A}_1,\hat{A}_2,\cdots,\hat{A}_s$ 是 $\mathcal{H}_1$ 上的两两可交换的 Hermite 算符,则根据 10.5 节例 44 得,$\mathcal{H}_1$ 中存在一个标准正交基 $\psi_1,\psi_2,\cdots,\psi_m$,使得 $\hat{A}_1$,$\hat{A}_2,\cdots,\hat{A}_s$ 在这个基下的矩阵都是对角矩阵。于是 $\psi_1,\psi_2,\cdots,\psi_m$ 是 $\hat{A}_1,\hat{A}_2,\cdots,\hat{A}_s$ 的公共特征向量(即共同的本征态)。对于任意一个状态 $\psi\in\mathcal{H}_1$,且 ψ 已归一化,有

$$\psi = \sum_{k=1}^{m} a_k\psi_k, \tag{15}$$

其中 $a_k=(\psi_k,\psi)$。由于 ψ 已归一化,因此

$$1 = (\psi,\psi) = \sum_{k=1}^{m} |a_k|^2。 \tag{16}$$

给定 $j\in\{1,2,\cdots,s\}$,设 $\hat{A}_j$ 在基 $\psi_1,\psi_2,\cdots,\psi_m$ 下的矩阵 $\boldsymbol{D}_j=\mathrm{diag}\{\lambda_{j1},\lambda_{j2},\cdots,\lambda_{jm}\}$。由于 $\hat{A}_j$ 是 Hermite 变换,因此 $\lambda_{j1},\lambda_{j2},\cdots,\lambda_{jm}$ 都是实数,ψ_k 是 $\hat{A}_j$ 的属于特征值 λ_{jk} 的一个特征向量。于是在 $\hat{A}_j$ 的本征态 ψ_k 下测量力学量 A_j 所得结果是 λ_{jk},$k=1,2,\cdots,m$。由于

$$\overline{A_j} = (\psi,\hat{A}_j\psi) = \left(\sum_{k=1}^{m}a_k\psi_k,\hat{A}_j\left(\sum_{l=1}^{m}a_l\psi_l\right)\right) = \sum_{k=1}^{m}\sum_{l=1}^{m}\overline{a_k}a_l(\psi_k,\hat{A}_j\psi_l) = \sum_{k=1}^{m}\sum_{l=1}^{m}\overline{a_k}a_l(\psi_k,\lambda_{jl}\psi_l)$$

$$= \sum_{k=1}^{m}\sum_{l=1}^{m}\overline{a_k}a_l\lambda_{jl}(\psi_k,\psi_l) = \sum_{k=1}^{m}|a_k|^2\lambda_{jk}, \tag{17}$$

因此根据数学期望的定义得,在 ψ 态下测量 A_j 得到 λ_{jk} 的几率(即概率)为 $|a_k|^2$。由于

$$|a_k|^2 = |(\psi_k,\psi)|^2 = \left|\frac{(\psi_k,\psi)}{|\psi_k||\psi|}\right|^2 = \cos^2\langle\psi_k,\psi\rangle, \tag{18}$$

因此 $\cos^2\langle\psi_k,\psi\rangle$ 是在 ψ 态下测量 A_j 得到 λ_{jk} 的概率,这就是在酉空间 $\mathcal{H}_1$ 中 $\cos^2\langle\psi_k,\psi\rangle$ 的物理意义。

所谓**力学量完全集** $A(A_1,A_2,\cdots)$ 是指量子体系的一组力学量,它们相应的 Hermite 算符 $\hat{A}_1,\hat{A}_2,\cdots$ 两两可交换(也称彼此对易),并且它们的共同本征态(simultaneous eigenstate)又足以把体系的量子态完全确定下来,即这个体系的任何一个状态 ψ 都可以表示成

$$\psi = \sum_k a_k\psi_k, \tag{19}$$

其中 $\psi_1,\psi_2,\psi_3,\cdots$ 是 $\hat{A}_1,\hat{A}_2,\cdots$ 的共同本征态(这里假定 $\hat{A}_1,\hat{A}_2,\cdots$ 的本征值是分立的,即离散的),且 $\psi_1,\psi_2,\psi_3,\cdots$ 两两正交,且已归一化。利用 $\psi_1,\psi_2,\cdots$ 的正交归一性,可得 $a_k=(\psi_k,\psi)$。若 ψ 已归一化,则

$$1 = (\psi, \psi) = \sum_k |a_k|^2 \text{。} \tag{20}$$

任意给定 $j \in \{1, 2, \cdots\}$，设 $\hat{A}_j$ 的特征值为 $\lambda_{j1}, \lambda_{j2}, \cdots$。由于 $\hat{A}_j$ 是 Hermite 变换，因此 $\lambda_{j1}, \lambda_{j2}, \cdots$ 都是实数，设 ψ_k 是 $\hat{A}_j$ 的属于特征值 λ_{jk} 的一个特征向量，则类似于 (17) 式的推导得，$|a_k|^2$ 表示在 ψ 态下测量 A_j 得到 λ_{jk} 的几率。

在量子力学的理论表述中，常采用 Dirac 符号。量子体系的一切可能状态构成一个 Hilbert 空间 $\mathscr{H}$。空间中的一个向量（也称矢量，即一个量子态）用一个右矢 $|\ \rangle$ 表示，若要标记某个特殊的态，则在右矢内标上某种记号。例如 $|\psi\rangle$ 表示用波函数 ψ 描述的状态，对于本征态，常用本征值（或相应的量子数）标在右矢内。例如，$|x'\rangle$ 表示坐标的本征态（x' 是本征值）；$|p'\rangle$ 表示动量本征态（本征值 p'）；$|E_n\rangle$ 或 $|n\rangle$ 表示能量本征态（本征值为 E_n）；等等。与 $|\ \rangle$ 相应，左矢 $\langle\ |$ 表示共轭空间中的一个抽象态矢。例如 $\langle\psi|$ 是 $|\psi\rangle$ 的共轭态矢，态矢 $|\varphi\rangle$ 与 $|\psi\rangle$ 的标积（即酉空间 $\mathscr{H}$ 中，向量 φ 与 ψ 的内积 (φ, ψ)）记成 $\langle\varphi|\psi\rangle$，而

$$\langle\varphi|\psi\rangle^* = \langle\psi|\varphi\rangle \text{。} \tag{21}$$

设 A 是一组力学量完全集里的一个力学量，则体系的任何一个量子态 $|\psi\rangle$ 均可表示成这个力学量完全集的共同本征态 $\psi_1, \psi_2, \cdots$（假定本征值是分立的，即离散的）的线性叠加（即线性组合），即

$$|\psi\rangle = \sum_n c_n |n\rangle, \tag{22}$$

其中 $c_n = \langle n|\psi\rangle$。(22) 式就是 (19) 式的 Dirac 符号写法。$\psi_1, \psi_2, \cdots$ 两两正交且已归一化可记成

$$\langle k|j\rangle = \delta_{kj} \text{。} \tag{23}$$

ψ_n 是 $\hat{A}$ 的属于特征值 A_n 的一个特征向量（即 $\hat{A}\psi_n = A_n\psi_n$），记成

$$\hat{A}|n\rangle = A_n|n\rangle \text{。} \tag{24}$$

在 21 世纪，直接基于量子力学原则的技术影响到每个人的日常生活。在量子力学新的应用领域中，首当其冲的是信息科学。量子特性在信息领域中有着独特的功能，有可能突破现有的经典信息系统的极限。于是便诞生了一门新的学科分支——量子信息科学。现有的经典信息以比特（bit）作为信息单元。从物理角度讲，比特是个两态系统。在数字计算机中电容器平板之间的电压可表示信息比特，有电荷代表 1，无电荷代表 0。量子信息的单元称为量子比特（qubit），它是两个逻辑态的叠加态：

$$|\psi\rangle = c_0 |0\rangle + c_1 |1\rangle, \tag{25}$$

其中 $|c_0|^2 + |c_1|^2 = 1$。经典比特可以看成量子比特的特例（$c_0 = 0$ 或 $c_1 = 0$）。用量子态来表示信息是量子信息的出发点。在实验中任何两态的量子系统都可以用来制备成量子比特。常见的有：光子的正交偏振态、电子或原子核的自旋、原子或量子点的能级等。信息一旦量子化，量子力学的特性便成为量子信息的物理基础。

* 第 11 章　多重线性代数

这一章我们介绍多重线性代数,其主要工具是张量积的概念。线性空间的张量积是从小的线性空间构造大的线性空间的又一种方法(在 8.3 节我们曾介绍了线性空间的外直和,它也是从小的线性空间构造大的线性空间的一种方法)。多重线性代数在微分几何、群表示论和量子力学等领域有着重要的应用。

11.1　多重线性映射

11.1.1　内容精华

在第 9 章我们研究了一个线性空间 V 到另一个线性空间 V'(V' 可以等于 V)的线性映射。很自然地,可以把它推广到多个线性空间的笛卡儿积到一个线性空间的多重线性映射。

定义 1　设 $V_1, V_2, \cdots, V_r$ 与 W 都是域 F 上的线性空间,$\mathcal{A}$ 是 $V_1 \times V_2 \times \cdots \times V_r$ 到 W 的一个映射,如果对任意的 $\alpha_i, \beta_i \in V_i, i=1,2,\cdots,r$,任意的 $k \in F$,有

$1°$　$\mathcal{A}(\alpha_1, \cdots, \alpha_i + \beta_i, \cdots, \alpha_r) = \mathcal{A}(\alpha_1, \cdots, \alpha_i, \cdots, \alpha_r) + \mathcal{A}(\alpha_1, \cdots, \beta_i, \cdots, \alpha_r)$;

$2°$　$\mathcal{A}(\alpha_1, \cdots, k\alpha_i, \cdots, \alpha_r) = k\mathcal{A}(\alpha_1, \cdots, \alpha_i, \cdots, \alpha_r)$,

其中 $i=1,2,\cdots,r$,那么称 $\mathcal{A}$ 是从 $V_1 \times V_2 \times \cdots \times V_r$ 到 W 的一个**多重线性映射**。

在定义 1 中,若 W 取成 F(把 F 看成域 F 上的 1 维线性空间),则 $\mathcal{A}$ 称为 $V_1 \times V_2 \times \cdots \times V_r$ 上的一个**多重线性函数**。当 $r=2$ 时,$\mathcal{A}$ 称为 $V_1 \times V_2$ 上的一个**双线性函数**。

在定义 1 中,当 $r=2$ 时,$\mathcal{A}$ 称为从 $V_1 \times V_2$ 到 W 的一个**双线性映射**。

从定义 1 可以看到,从 $V_1 \times V_2 \times \cdots \times V_r$ 到 W 的一个多重线性映射 $\mathcal{A}$ 对每一个变元都是线性的,当其他变元固定时。

例如,n 阶行列式函数 det 是从 $\underbrace{F^n \times F^n \times \cdots \times F^n}_{n\text{个}}$ 到 F 的一个多重线性函数,这是由行列式的性质 3 和性质 2(对于列来说)得出的。

与线性映射类似,多重线性映射被它在 $V_1, V_2, \cdots, V_r$ 的取定基下的作用所唯一决定,即设 $V_1, V_2, \cdots, V_r$ 都是域 F 上的有限维线性空间,W 是域 F 上的一个线性空间,$\mathcal{A}$ 是 $V_1 \times V_2 \times \cdots \times V_r$ 到 W 的一个多重线性映射,在 V_i 中取一个基 $\alpha_{i1}, \alpha_{i2}, \cdots, \alpha_{in_i} (i=1,$

$2,\cdots,r)$，则 $\mathcal{A}$ 完全被它在取定的基向量的组合处的作用

$$\mathcal{A}(\alpha_{1j_1},\alpha_{2j_2},\cdots,\alpha_{rj_r}) = \beta_{j_1 j_2 \cdots j_r} \in W$$

所决定，其中 $1 \leqslant j_1 \leqslant n_1$，$1 \leqslant j_2 \leqslant n_2$，$\cdots$，$1 \leqslant j_r \leqslant n_r$。换句话说，如果 $\mathcal{A}$ 和 $\mathcal{B}$ 都是 $V_1 \times V_2 \times \cdots \times V_r$ 到 W 的多重线性映射，且满足

$$\mathcal{A}(\alpha_{1j_1},\alpha_{2j_2},\cdots,\alpha_{rj_r}) = \mathcal{B}(\alpha_{1j_1},\alpha_{2j_2},\cdots,\alpha_{rj_r}),$$

其中 $1 \leqslant j_1 \leqslant n_1$，$1 \leqslant j_2 \leqslant n_2$，$\cdots$，$1 \leqslant j_r \leqslant n_r$，那么 $\mathcal{A} = \mathcal{B}$。

多重线性映射是否存在？看下面的定理：

定理 1 设 $V_1, V_2, \cdots, V_r$ 都是域 F 上的有限维线性空间，在 V_i 中取一个基 $\alpha_{i1}, \alpha_{i2}, \cdots, \alpha_{in_i}(i=1,2,\cdots,r)$；$W$ 是域 F 上的一个线性空间，在 W 中任取 $n_1 n_2 \cdots n_r$ 个向量 $\beta_{j_1 j_2 \cdots j_r}$，$1 \leqslant j_k \leqslant n_k(k=1,2,\cdots,r)$，则存在 $V_1 \times V_2 \times \cdots \times V_r$ 到 W 的唯一的一个多重线性映射 $\mathcal{A}$，使得

$$\mathcal{A}(\alpha_{1j_1},\alpha_{2j_2},\cdots,\alpha_{rj_r}) = \beta_{j_1 j_2 \cdots j_r}, \tag{1}$$

其中 $1 \leqslant j_k \leqslant n_k(k=1,2,\cdots,r)$。

证明 令

$$\mathcal{A}: \qquad V_1 \times V_2 \times \cdots \times V_r \longrightarrow \qquad W$$

$$\left(\sum_{j_1=1}^{n_1} a_{1j_1}\alpha_{1j_1},\cdots,\sum_{j_r=1}^{n_r} a_{rj_r}\alpha_{rj_r}\right) \longmapsto \sum_{j_1=1}^{n_1}\cdots\sum_{j_r=1}^{n_r} a_{1j_1}\cdots a_{rj_r}\beta_{j_1 j_2 \cdots j_r},$$

显然 $\mathcal{A}$ 是映射。从 $\mathcal{A}$ 的定义立即得到，$\mathcal{A}$ 是从 $V_1 \times V_2 \times \cdots \times V_r$ 到 W 的一个多重线性映射，并且 $\mathcal{A}$ 满足(1)式。

如果 $\mathcal{B}$ 也是从 $V_1 \times V_2 \times \cdots \times V_r$ 到 W 的一个线性映射，且 $\mathcal{B}$ 使得

$$\mathcal{B}(\alpha_{1j_1},\alpha_{2j_2},\cdots,\alpha_{rj_r}) = \beta_{j_1 j_2 \cdots j_r},$$

其中 $1 \leqslant j_k \leqslant n_k(k=1,2,\cdots,r)$，则根据定理 1 前面指出的多重线性映射的性质得 $\mathcal{A} = \mathcal{B}$。 ■

推论 1 设 $V_1, V_2, \cdots, V_r$ 都是域 F 上的有限维线性空间，在 V_i 中取一个基 $\alpha_{i1}, \alpha_{i2}, \cdots, \alpha_{in_i}(i=1,2,\cdots,r)$，在 F 中任取 $n_1 n_2 \cdots n_r$ 个元素 $b_{j_1 j_2 \cdots j_r}$，$1 \leqslant j_k \leqslant n_k(k=1,2,\cdots,r)$，则存在 $V_1 \times V_2 \times \cdots \times V_r$ 上的唯一的一个多重线性函数 f，使得

$$f(\alpha_{1j_1},\alpha_{2j_2},\cdots,\alpha_{rj_r}) = b_{j_1 j_2 \cdots j_r}, \tag{2}$$

其中 $1 \leqslant j_k \leqslant n_k(k=1,2,\cdots,r)$。 ■

设 $V_1, V_2, \cdots, V_r, W$ 都是域 F 上的线性空间，我们用 $\mathscr{P}(V_1, V_2, \cdots, V_r; W)$ 表示从 $V_1 \times V_2 \times \cdots \times V_r$ 到 W 的所有多重线性映射组成的集合。在这个集合中可以定义加法如下：对于 $\mathcal{A}, \mathcal{B} \in \mathscr{P}(V_1, V_2, \cdots, V_r; W)$，规定

$$(\mathcal{A} + \mathcal{B})(\alpha_1, \alpha_2, \cdots, \alpha_r) = \mathcal{A}(\alpha_1, \alpha_2, \cdots, \alpha_r) + \mathcal{B}(\alpha_1, \alpha_2, \cdots, \alpha_r),$$

还可以定义域 F 与 $\mathscr{P}(V_1, V_2, \cdots, V_r; W)$ 的纯量乘法如下：

对于 $k \in F$，$\mathcal{A} \in \mathscr{P}(V_1, V_2, \cdots, V_r; W)$，规定

$$(k\mathcal{A})(\alpha_1, \alpha_2, \cdots, \alpha_r) = k\mathcal{A}(\alpha_1, \alpha_2, \cdots, \alpha_r),$$

容易验证，$\mathscr{P}(V_1, V_2, \cdots, V_r; W)$ 成为域 F 上的一个线性空间。当 $W=F$ 时，把这个线性空

间简记成 $\mathscr{F}(V_1,V_2,\cdots,V_r)$。它是 $V_1\times V_2\times\cdots\times V_r$ 上的所有多重线性函数组成的线性空间。

设 $V_1,V_2,\cdots,V_r$ 都是域 F 上的有限维线性空间，V_i 的维数为 $n_i(i=1,2,\cdots,r)$。试问：$\mathscr{F}(V_1,V_2,\cdots,V_r)$ 的维数是多少？为了回答这个问题，先找出一个基。

对于任意给定的一组下标 $k_1,k_2,\cdots,k_r$，在推论 1 中取

$$b_{j_1 j_2\cdots j_r}=\delta_{j_1 k_1}\delta_{j_2 k_2}\cdots\delta_{j_r k_r}, \tag{3}$$

其中 $1\leqslant j_i\leqslant n_i(i=1,2,\cdots,r)$。根据推论 1 的结论得，存在 $V_1\times V_2\times\cdots\times V_r$ 上的唯一的一个多重线性函数 $f_{k_1 k_2\cdots k_r}$，使得

$$f_{k_1 k_2\cdots k_r}(\alpha_{1 j_1},\alpha_{2 j_2},\cdots,\alpha_{r j_r})=\delta_{j_1 k_1}\delta_{j_2 k_2}\cdots\delta_{j_r k_r}, \tag{4}$$

其中 $1\leqslant j_i\leqslant n_i(i=1,2,\cdots,r)$。于是

$$f_{k_1 k_2\cdots k_r}(\alpha_{1 k_1},\alpha_{2 k_2},\cdots,\alpha_{r k_r})=1,$$

而 $f_{k_1 k_2\cdots k_r}$ 在基向量的其他组合处取值全为零。容易证明 $\mathscr{F}(V_1,V_2,\cdots,V_r)$ 的子集

$$\{f_{k_1 k_2\cdots k_r}\mid 1\leqslant k_i\leqslant n_i,\qquad i=1,2,\cdots,r\}$$

线性无关(设 $\sum\limits_{k_1=1}^{n_1}\cdots\sum\limits_{k_r=1}^{n_r}c_{k_1 k_2\cdots k_r}f_{k_1 k_2\cdots k_r}=0$，考虑左右两边的多重线性函数在基向量的各种组合处的函数值，去证所有系数 $c_{k_1 k_2\cdots k_r}$ 全为 0)。任取一个多重线性函数 g，设

$$g(\alpha_{1 j_1},\alpha_{2 j_2},\cdots,\alpha_{r j_r})=a_{j_1 j_2\cdots j_r},\ 1\leqslant j_i\leqslant n_i(i=1,2,\cdots,r),$$

由于

$$\sum_{k_1=1}^{n_1}\cdots\sum_{k_r=1}^{n_r}a_{k_1 k_2\cdots k_r}f_{k_1 k_2\cdots k_r}(\alpha_{1 j_1},\alpha_{2 j_2},\cdots,\alpha_{r j_r})=\sum_{k_1=1}^{n_1}\cdots\sum_{k_r=1}^{n_r}a_{k_1 k_2\cdots k_r}\delta_{j_1 k_1}\delta_{j_2 k_2}\cdots\delta_{j_r k_r}=a_{j_1 j_2\cdots j_r},$$

因此

$$g=\sum_{k_1=1}^{n_1}\cdots\sum_{k_r=1}^{n_r}a_{k_1 k_2\cdots k_r}f_{k_1 k_2\cdots k_r}。$$

综上所述，$\{f_{k_1 k_2\cdots k_r}\mid 1\leqslant k_i\leqslant n_i,i=1,2,\cdots,r\}$ 是线性空间 $\mathscr{F}(V_1,V_2,\cdots,V_r)$ 的一个基。于是我们证明了：

定理 2 设 $V_1,V_2,\cdots,V_r$ 都是域 F 上有限维线性空间，V_i 的维数为 n_i，在 V_i 中取一个基 $\alpha_{i1},\alpha_{i2},\cdots,\alpha_{i n_i}(i=1,2,\cdots,r)$。利用(4)式定义的多重线性函数 $f_{k_1 k_2\cdots k_r}$，当 $1\leqslant k_i\leqslant n_i(i=1,2,\cdots,r)$ 时，它们形成 $\mathscr{F}(V_1,V_2,\cdots,V_r)$ 的一个基，从而

$$\dim \mathscr{F}(V_1,V_2,\cdots,V_r)=n_1 n_2\cdots n_r。 \tag{5}$$

对于 $V\times U$ 上的所有双线性函数组成的线性空间 $\mathscr{F}(V,U)$，我们可以用另一种方法求出 $\mathscr{F}(V,U)$ 的一个基。这是从 10.1 节内容精华的第七部分受到启发的。在那里我们对于域 F 上的 n 维线性空间 V，找出了 V 上所有双线性函数组成的线性空间 $T_2(V)$ 的一个基。其关键想法是给出 V 上的两个线性函数 g,h，令

$$f(\alpha,\beta)=g(\alpha)h(\beta),\qquad \forall\alpha,\beta\in V,$$

容易验证 $f(\alpha,\beta)$ 是 V 上的一个双线性函数，把它记成 $g\otimes h$，即

$$g\otimes h(\alpha,\beta):=g(\alpha)h(\beta),\qquad \forall\alpha,\beta\in V。$$

类似地，设 V,U 分别是域 F 上 n 维、m 维线性空间，对于 $g\in V^*,h\in U^*$，我们定义

$$g \otimes h(\alpha,\beta) = g(\alpha)h(\beta), \qquad \alpha \in V, \beta \in U, \tag{6}$$

容易验证，$g \otimes h$ 是 $V \times U$ 上的一个双线性函数，于是存在一个映射 σ：

$$\sigma: V^* \times U^* \longrightarrow \mathscr{R}(V,U)$$
$$(g,h) \longmapsto g \otimes h。 \tag{7}$$

在 V 中取一个基 $\alpha_1,\alpha_2,\cdots,\alpha_n$，它在 V^* 中的对偶基为 $g_1,g_2,\cdots,g_n$；在 U 中取一个基 $\beta_1,\beta_2,\cdots,\beta_m$，它在 U^* 中的对偶基为 $h_1,h_2,\cdots,h_m$。考虑 nm 个双线性函数

$$g_i \otimes h_j, \qquad i=1,2,\cdots,n; \quad j=1,2,\cdots,m, \tag{8}$$

容易证明它们线性无关。由于从定理 2 得

$$\dim \mathscr{R}(V,U) = nm, \tag{9}$$

因此(8)式给出的 nm 个双线性函数是 $\mathscr{R}(V,U)$ 的一个基。于是我们证明了：

定理 3　设 V,U 分别是域 F 上 n 维，m 维线性空间，V 的一个基 $\alpha_1,\alpha_2,\cdots,\alpha_n$ 在 V^* 中的对偶基为 $g_1,g_2,\cdots,g_n$；U 的一个基 $\beta_1,\beta_2,\cdots,\beta_m$ 在 U^* 中的对偶基为 $h_1,h_2,\cdots,h_m$，则

$$g_i \otimes h_j, \qquad i=1,2,\cdots,n; \quad j=1,2,\cdots,m$$

是 $\mathscr{R}(V,U)$ 的一个基。■

现在我们对 V^*,U^* 运用上述结论。从 9.10 节知道，V^* 的对偶空间记作 V^{**}，V 到 V^* 有一个同构映射，V^* 到 V^{**} 也有一个同构映射。$\alpha \in V$ 在相继的这两个同构映射下的象记作 $\alpha^{**} \in V^{**}$。对于任意 $f \in V^*$，有

$$\alpha^{**}(f) = f(\alpha)。 \tag{10}$$

V 到 V^{**} 的这个同构映射 $\alpha: \longmapsto \alpha^{**}$ 不依赖于基的选择，因此可以把 α 与 α^{**} 等同起来，从而可以把 V 与 V^{**} 等同，于是对 V^* 和 U^* 运用(6)式得，对于 $\alpha \in V, \beta \in U$，有

$$\alpha \otimes \beta(g,h) = \alpha^{**}(g)\beta^{**}(h) = g(\alpha)h(\beta), \quad g \in V^*, h \in U^*。 \tag{11}$$

$\alpha \otimes \beta$ 是 $V^* \times U^*$ 上的一个双线性函数，于是存在一个映射 τ：

$$\tau: V \times U \longrightarrow \mathscr{R}(V^*,U^*)$$
$$(\alpha,\beta) \longmapsto \alpha \otimes \beta。 \tag{12}$$

设 $\alpha_1,\alpha_2,\cdots,\alpha_n$ 是 V 的一个基，它在 V^* 中的对偶基为 $g_1,g_2,\cdots,g_n$，而 $g_1,g_2,\cdots,g_n$ 在 V^{**} 中的对偶基为 $\alpha_1^{**},\alpha_2^{**},\cdots,\alpha_n^{**}$；设 $\beta_1,\beta_2,\cdots,\beta_m$ 是 U 的一个基，它在 U^* 中的对偶基为 $h_1,h_2,\cdots,h_m$，而 $h_1,h_2,\cdots,h_m$ 在 V^{**} 中的对偶基为 $\beta_1^{**},\beta_2^{**},\cdots,\beta_m^{**}$。对于 V^*，U^* 运用定理 3 得，

$$\alpha_i^{**} \otimes \beta_j^{**}, \qquad i=1,2,\cdots,n; \quad j=1,2,\cdots,m \tag{13}$$

是 $\mathscr{R}(V^*,U^*)$ 的一个基，把 α_i^{**} 与 α_i 等同，β_j^{**} 与 β_j 等同，则

$$\alpha_i \otimes \beta_j, \qquad i=1,2,\cdots,n; \quad j=1,2,\cdots,m \tag{14}$$

是 $\mathscr{R}(V^*,U^*)$ 的一个基，$\dim \mathscr{R}(V^*,U^*) = nm$。

与 V 上的双线性函数有表达式类似，$V \times U$ 上的双线性函数也有表达式。

设 V,U 分别是域 F 上的 n 维，m 维线性空间，f 是 $V \times U$ 上的一个双线性函数，在 V 中取一个基 $\alpha_1,\alpha_2,\cdots,\alpha_n$；在 U 中取一个基 $\beta_1,\beta_2,\cdots,\beta_m$。任取 $\alpha \in V, \beta \in U$，设 $\alpha =$

$(\alpha_1,\alpha_2,\cdots,\alpha_n)\boldsymbol{x}$，$\beta=(\beta_1,\beta_2,\cdots,\beta_m)\boldsymbol{y}$，其中 $\boldsymbol{x}=(x_1,x_2,\cdots,x_n)'$，$\boldsymbol{y}=(y_1,y_1,\cdots,y_m)'$，则

$$f(\alpha,\beta) = f\left(\sum_{i=1}^{n} x_i\alpha_i, \sum_{j=1}^{m} y_j\beta_j\right) = \sum_{i=1}^{n}\sum_{j=1}^{m} x_i y_j f(\alpha_i,\beta_j)。 \tag{15}$$

令

$$\boldsymbol{A} = \begin{pmatrix} f(\alpha_1,\beta_1) & f(\alpha_1,\beta_2) & \cdots & f(\alpha_1,\beta_m) \\ f(\alpha_2,\beta_1) & f(\alpha_2,\beta_2) & \cdots & f(\alpha_2,\beta_m) \\ \vdots & \vdots & & \vdots \\ f(\alpha_n,\beta_1) & f(\alpha_n,\beta_2) & \cdots & f(\alpha_n,\beta_m) \end{pmatrix}, \tag{16}$$

称 $\boldsymbol{A}$ 是 f 在 V 的基 $\alpha_1,\alpha_2,\cdots,\alpha_n$ 和 U 的基 $\beta_1,\beta_2,\cdots,\beta_m$ 下的度量矩阵，则(15)式可写成

$$f(\alpha,\beta) = \boldsymbol{x}'\boldsymbol{A}\boldsymbol{y}。 \tag{17}$$

(17)式就是 $V\times U$ 上的双线性函数 f 的表达式。

11.1.2 典型例题

例1 设 F 是一个域，令
$$f(\boldsymbol{A},\boldsymbol{B}) = \mathrm{tr}(\boldsymbol{A}\boldsymbol{B}), \qquad \forall \boldsymbol{A} \in M_{s\times n}(F), \boldsymbol{B} \in M_{n\times s}(F)。$$
证明：f 是 $M_{s\times n}(F)\times M_{n\times s}(F)$ 上的一个双线性函数。

证明 由于对任意 $\boldsymbol{A},\boldsymbol{C}\in M_{s\times n}(F)$，$\boldsymbol{B}\in M_{n\times s}(F)$，有
$$f(\boldsymbol{A}+\boldsymbol{C},\boldsymbol{B}) = \mathrm{tr}[(\boldsymbol{A}+\boldsymbol{C})\boldsymbol{B}] = \mathrm{tr}(\boldsymbol{A}\boldsymbol{B}+\boldsymbol{C}\boldsymbol{B}) = \mathrm{tr}(\boldsymbol{A}\boldsymbol{B}) + \mathrm{tr}(\boldsymbol{C}\boldsymbol{B})$$
$$= f(\boldsymbol{A},\boldsymbol{B}) + f(\boldsymbol{C},\boldsymbol{B}),$$
$$f(k\boldsymbol{A},\boldsymbol{B}) = \mathrm{tr}[(k\boldsymbol{A})\boldsymbol{B}] = k\,\mathrm{tr}(\boldsymbol{A}\boldsymbol{B}) = kf(\boldsymbol{A},\boldsymbol{B}),$$
因此 f 对第 1 个变元是线性的。同理可证，f 对第 2 个变元也是线性的。因此 f 是 $M_{s\times n}(F)\times M_{n\times s}(F)$ 上的双线性函数。∎

例2 设 F 是一个域，求 $\mathscr{R}(M_{m\times n}(F),M_{n\times m}(F))$ 的一个基。

解 根据定理 2 得
$$\dim \mathscr{R}(M_{m\times n}(F),M_{n\times m}(F)) = (mn)(nm) = n^2 m^2$$
在 $M_{m\times n}(F)$ 中取一个基 $\boldsymbol{E}_{11},\cdots,\boldsymbol{E}_{1n},\cdots,\boldsymbol{E}_{m1},\cdots,\boldsymbol{E}_{mn}$，把它们记成 $\alpha_1,\alpha_2,\cdots,\alpha_{mn}$；在 $M_{n\times m}(F)$ 中取一个基 $\widetilde{\boldsymbol{E}}_{11},\cdots,\widetilde{\boldsymbol{E}}_{1m},\cdots,\widetilde{\boldsymbol{E}}_{n1},\cdots,\widetilde{\boldsymbol{E}}_{nm}$，其中 $\widetilde{\boldsymbol{E}}_{ij}$ 是 (i,j) 元为 1，其余元全为 0 的 $n\times m$ 矩阵，把它们记成 $\beta_1,\beta_2,\cdots,\beta_{nm}$。任给 $k_1,k_2(1\leqslant k_1\leqslant mn,1\leqslant k_2\leqslant nm)$，令
$$f_{k_1 k_2}(\alpha_{j_1},\beta_{j_2}) = \delta_{j_1 k_1}\delta_{j_2 k_2}, \qquad 1\leqslant j_i \leqslant mn(i=1,2)$$
则 $f_{k_1 k_2}$，$1\leqslant k_i\leqslant mn(i=1,2)$ 成为 $\mathscr{R}(M_{m\times n}(F),M_{n\times m}(F))$ 的一个基。

例3 设 V,U 是域 F 上的两个有限维线性空间。对于 $f\in\mathscr{R}(V,U)$，令
$$V^{\circ} = \{\alpha \in V \mid f(\alpha,\beta) = 0, \forall\beta \in U\}, \tag{18}$$
$$U^{\circ} = \{\beta \in U \mid f(\alpha,\beta) = 0, \forall\alpha \in V\}。 \tag{19}$$
证明：(1) V°,U° 分别是 V,U 的一个子空间；

(2) 若 $V^{\circ}=0$，则 $\dim V\leqslant\dim U$；若 $U^{\circ}=0$，则 $\dim U\leqslant\dim V$；

（3）若对于商空间 $V/V°$ 与 $U/U°$ 的元素 $\alpha+V°$ 与 $\beta+U°$，定义

$$\overline{f}(\alpha+V°,\beta+U°) = f(\alpha,\beta),\qquad(20)$$

则这个定义是合理的,且 $\overline{f}\in\mathscr{R}(V/V°,U/U°)$；

（4）$\dim(V/V°)=\dim(U/U°)$。　　　　　　　　　　　　　　　　（21）

证明　（1）由于 $f(0,\beta)=0f(0,\beta)=0,\forall\beta\in U$,因此 $0\in V°$。显然 $V°$ 对于加法和纯量乘法封闭,因此 $V°$ 是 V 的一个子空间。同理,$U°$ 是 U 的一个子空间。

（2）在 V 中取一个基 $\alpha_1,\alpha_2,\cdots,\alpha_n$,在 U 中取一个基 $\beta_1,\beta_2,\cdots,\beta_m$,设 f 在这两个基下的度量矩阵为 $\boldsymbol{A}$,它是 $n\times m$ 矩阵。任取 $\alpha=(\alpha_1,\alpha_2,\cdots,\alpha_n)\boldsymbol{x}$, $\beta=(\beta_1,\beta_2,\cdots,\beta_m)\boldsymbol{y}$,则

$$\begin{aligned}\alpha\in V° &\Longleftrightarrow f(\alpha,\beta)=0,\qquad\forall\beta\in U\\&\Longleftrightarrow \boldsymbol{x}'\boldsymbol{A}\boldsymbol{y}=0,\quad\forall\boldsymbol{y}\in F^m\\&\Longleftrightarrow \boldsymbol{x}'\boldsymbol{A}\boldsymbol{\varepsilon}_i=0,\quad i=1,2,\cdots,m\\&\Longleftrightarrow \boldsymbol{x}'\boldsymbol{A}\boldsymbol{I}_m=\boldsymbol{0}'\\&\Longleftrightarrow \boldsymbol{A}'\boldsymbol{x}=\boldsymbol{0}\\&\Longleftrightarrow \boldsymbol{x} \text{ 是齐次线性方程组 } \boldsymbol{A}'\boldsymbol{z}=\boldsymbol{0} \text{ 的解。}\end{aligned}$$

于是
$$\begin{aligned}V°=0 &\Longleftrightarrow \boldsymbol{A}'\boldsymbol{z}=\boldsymbol{0} \text{ 只有零解}\\&\Longleftrightarrow \text{rank}(\boldsymbol{A}')=n, \text{于是 } n\leqslant m。\end{aligned}$$

因此若 $V°=0$,则 $\dim V\leqslant\dim U$。

同理可证,若 $U°=0$,则 $\dim U\leqslant\dim V$。

（3）设 $\alpha+V°=\gamma+V°,\beta+U°=\eta+U°$,则
$$\alpha-\gamma\in V°,\qquad\beta-\eta\in U°,$$
于是
$$\alpha=\gamma+\alpha_0,\qquad\beta=\eta+\beta_0,\qquad\alpha_0\in V°,\quad\beta_0\in U°,$$
从而
$$\begin{aligned}f(\alpha,\beta)&=f(\gamma+\alpha_0,\eta+\beta_0)=f(\gamma,\eta)+f(\gamma,\beta_0)+f(\alpha_0,\eta+\beta_0)\\&=f(\gamma,\eta),\end{aligned}$$
因此
$$\overline{f}(\alpha+V°,\beta+U°)=\overline{f}(\gamma+V°,\eta+U°)。$$
这证明了（20）式给出的定义是合理的。由于
$$\begin{aligned}\overline{f}((\alpha+V°)+(\gamma+V°),\beta+U°)&=f(\alpha+\gamma,\beta)=f(\alpha,\beta)+f(\gamma,\beta)\\&=\overline{f}(\alpha+V°,\beta+U°)+\overline{f}(\gamma+V°,\beta+U°),\end{aligned}$$
$$\overline{f}(k(\alpha+V°),\beta+U°)=f(k\alpha,\beta)=kf(\alpha,\beta)=k\overline{f}(\alpha+V°,\beta+U°),$$
因此 $\overline{f}$ 对第 1 个变元是线性的。同理可证,$\overline{f}$ 对第 2 个变元也是线性的,所以 $\overline{f}\in\mathscr{R}(V/V°,U/U°)$。

（4）从第（2）小题的证明过程看出,$\alpha\in V°\Longleftrightarrow\boldsymbol{x}$ 是 $\boldsymbol{A}'\boldsymbol{z}=\boldsymbol{0}$ 的解。

因此
$$\dim V°=n-\text{rank}(\boldsymbol{A}')=n-\text{rank}(\boldsymbol{A}),$$
从而
$$\dim(V/V°)=n-\dim V°=\text{rank}(\boldsymbol{A})。$$

类似地,$\beta\in U°$ 当且仅当 $\boldsymbol{y}$ 是 $\boldsymbol{A}\boldsymbol{z}=\boldsymbol{0}$ 的解。

因此
$$\dim U°=m-\text{rank}(\boldsymbol{A}),$$

从而 $$\dim(U/U^\circ)=m-\dim U^\circ=\operatorname{rank}(\boldsymbol{A}),$$

所以 $$\dim(V/V^\circ)=\dim(U/U^\circ)。$$ ■

点评：例 3 的第(2)、(4)小题的解题关键是利用了 f 的度量矩阵 $\boldsymbol{A}$ 和 f 的表达式,从而与齐次线性方程组产生了联系,于是可以运用齐次线性方程组的解空间的维数公式来解决有关的维数问题。

例 4 设 V,U 分别是域 F 上的 n 维、m 维线性空间,令
$$\sigma:\quad V^*\times U^*\longrightarrow \mathscr{R}(V,U)$$
$$(g,h)\longmapsto g\otimes h。$$

证明： σ 是 $V^*\times U^*$ 到 $\mathscr{R}(V,U)$ 的一个双线性映射。

证明 任取 $g_1,g_2\in V^*,h\in U^*$,由于对任意 $\alpha\in V,\beta\in U$,有
$$[(g_1+g_2)\otimes h](\alpha,\beta)=[(g_1+g_2)(\alpha)]h(\beta)=[g_1(\alpha)+g_2(\alpha)]h(\beta)$$
$$=g_1(\alpha)h(\beta)+g_2(\alpha)h(\beta)$$
$$=(g_1\otimes h)(\alpha,\beta)+(g_2\otimes h)(\alpha,\beta)$$
$$=(g_1\otimes h+g_2\otimes h)(\alpha,\beta),$$

因此
$$\sigma(g_1+g_2,h)=(g_1+g_2)\otimes h=g_1\otimes h+g_2\otimes h=\sigma(g_1,h)+\sigma(g_2,h)。$$

任取 $g\in V^*,h\in U^*,k\in F$,容易证明
$$\sigma(kg,h)=k\sigma(g,h),$$

因此 σ 对第 1 个变元是线性的。同理可证,σ 对第 2 个变元也是线性的,所以 σ 是 $V^*\times U^*$ 到 $\mathscr{P}(V,U)$ 的一个双线性映射。 ■

点评：在例 4 中,对 V^*,U^* 运用所得的结论,并且把 V^{**} 和 V 等同,把 U^{**} 和 U 等同,则得到映射
$$\tau:\quad V\times U\longrightarrow \mathscr{R}(V^*,U^*)$$
$$(\alpha,\beta)\longmapsto \alpha\otimes\beta$$

是 $V\times U$ 到 $\mathscr{R}(V^*,U^*)$ 的一个双线性映射。

11.2 线性空间的张量积

11.2.1 内容精华

一、线性空间的张量积的概念

从 11.1 节的例 4 的点评知道,设 V,U 分别是域 F 上的 n 维、m 维线性空间,则存在 $V\times U$ 到 $\mathscr{R}(V^*,U^*)$ 的双线性映射:
$$\tau:\quad V\times U\longrightarrow \mathscr{R}(V^*,U^*)$$
$$(\alpha,\beta)\longmapsto \alpha\otimes\beta。 \tag{1}$$

由于 $\dim \mathcal{R}(V^*,U^*)=nm$，因此从 V,U 得到了一个大的线性空间 $\mathcal{P}(V^*,U^*)$，其维数之间的关系为

$$\dim \mathcal{R}(V^*,U^*) = (\dim V)(\dim U)。 \tag{2}$$

任取 $\alpha\in V,\beta\in U$，可得到 $\mathcal{R}(V^*,U^*)$ 的唯一确定的元素 $\alpha\otimes\beta$，它是 $V^*\times U^*$ 上的一个双线性函数，满足

$$\alpha\otimes\beta(g,h)=g(\alpha)h(\beta)，\qquad g\in V^*,h\in U^*。 \tag{3}$$

由此看到，(α,β) 与 $\alpha\otimes\beta$ 之间的联系不太直观。因此我们的注意力应放在挖掘 $\alpha\otimes\beta$ 有关运算的信息，以及从 $V\times U$ 到 $\mathcal{R}(V^*,U^*)$ 的这个双线性映射 τ 的性质。由于

$$\tau(\alpha+\gamma,\beta)=\tau(\alpha,\beta)+\tau(\gamma,\beta)，\qquad \alpha,\gamma\in V，\quad \beta\in U，$$
$$\tau(\alpha,\beta+\eta)=\tau(\alpha,\beta)+\tau(\alpha,\eta)，\qquad \alpha\in V，\quad \beta,\eta\in U，$$
$$\tau(k\alpha,\beta)=k\,\tau(\alpha,\beta)，\qquad \alpha\in V，\quad \beta\in U，\quad k\in F，$$
$$\tau(\alpha,k\beta)=k\,\tau(\alpha,\beta)，\qquad \alpha\in V，\quad \beta\in U，\quad k\in F，$$

因此

$$(\alpha+\gamma)\otimes\beta=\alpha\otimes\beta+\gamma\otimes\beta，\qquad \alpha,\gamma\in V，\quad \beta\in U， \tag{4}$$
$$\alpha\otimes(\beta+\eta)=\alpha\otimes\beta+\alpha\otimes\eta，\qquad \alpha\in V，\quad \beta,\eta\in U， \tag{5}$$
$$(k\alpha)\otimes\beta=k(\alpha\otimes\beta)=\alpha\otimes k\beta，\qquad \alpha\in V，\quad \beta\in U，\quad k\in F。 \tag{6}$$

设 $\alpha_1,\alpha_2,\cdots,\alpha_n$ 是 V 的一个基，$\beta_1,\beta_2,\cdots,\beta_m$ 是 U 的一个基，从 11.1 节定理 3 下面的 (14) 式可知，

$$\alpha_i\otimes\beta_j，\qquad i=1,2,\cdots,n；\quad j=1,2,\cdots,m \tag{7}$$

是 $\mathcal{R}(V^*,U^*)$ 的一个基，于是

$$\mathcal{R}(V^*,U^*) = \langle \alpha_i\otimes\beta_j \mid i=1,2,\cdots,n；\quad j=1,2,\cdots,m\rangle。 \tag{8}$$

设 W 是域 F 上任意一个线性空间，$\mathcal{A}$ 是 $V\times U$ 到 W 的任意一个双线性映射。设

$$\mathcal{A}(\alpha_i,\beta_j)=\gamma_{ij}，\qquad i=1,2,\cdots,n；\quad j=1,2,\cdots,m， \tag{9}$$

由于 $\mathcal{R}(V^*,U^*)$ 和 W 都是域 F 上的线性空间，且 (7) 式中的 nm 个向量是 $\mathcal{R}(V^*,U^*)$ 的一个基，因此对于 W 中的 nm 个向量 $\gamma_{ij}(i=1,2,\cdots,n；j=1,2,\cdots,m)$，存在 $\mathcal{R}(V^*,U^*)$ 到 W 的唯一的线性映射 φ，使得

$$\varphi(\alpha_i\otimes\beta_j)=\gamma_{ij}，\qquad i=1,2,\cdots,n；\quad j=1,2,\cdots,m， \tag{10}$$

从而对于 $i=1,2,\cdots,n；j=1,2,\cdots,m$，有

$$\mathcal{A}(\alpha_i,\beta_j)=\gamma_{ij}=\varphi(\alpha_i\otimes\beta_j)=\varphi\tau(\alpha_i,\beta_j)。 \tag{11}$$

由于 $\mathcal{A}$ 和 $\varphi\tau$ 都是从 $V\times U$ 到 W 的双线性映射，因此从 (11) 式可进一步得到

$$\mathcal{A}(\alpha,\beta)=\varphi\tau(\alpha,\beta)，\qquad \forall \alpha\in V，\quad \beta\in U， \tag{12}$$

于是

$$\mathcal{A}=\varphi\tau。 \tag{13}$$

这表明从 $V\times U$ 到 $\mathcal{R}(V^*,U^*)$ 的双线性映射 τ 具有这样的性质：对于从 $V\times U$ 到域 F 上任一线性空间 W 的任一双线性映射 $\mathcal{A}$，存在 $\mathcal{R}(V^*,U^*)$ 到 W 的一个线性映射 φ，使得 $\mathcal{A}=\varphi\tau$，如图 11-1 所示。

如果还有一个从 $\mathscr{P}(V^*,U^*)$ 到 W 的线性映射 φ_1 也适合 $\mathscr{A}=\varphi_1\tau$，那么对于 $i=1,2,\cdots,n;j=1,2,\cdots,m$，有

$$\varphi\tau(\alpha_i,\beta_j)=\mathscr{A}(\alpha_i,\beta_j)=\varphi_1\tau(\alpha_i,\beta_j),\tag{14}$$

即

$$\varphi(\alpha_i\otimes\beta_j)=\varphi_1(\alpha_i\otimes\beta_j),\tag{15}$$

于是 φ 和 φ_1 在 $\mathscr{P}(V^*,U^*)$ 的一个基上的作用相同，从而 $\varphi=\varphi_1$，因此对于从 $V\times U$ 到 W 的任一双线性映射 $\mathscr{A}$，存在 $\mathscr{P}(V^*,U^*)$ 到 W 的唯一的线性映射 φ，使得 $\mathscr{A}=\varphi\tau$。于是我们证明了：

图 11-1

命题 1　设 V,U 分别是域 F 上的 n 维，m 维线性空间，则有 $V\times U$ 到 $\mathscr{P}(V^*,U^*)$ 的双线性映射 $\tau:(\alpha,\beta)\longmapsto\alpha\otimes\beta$，并且 $\mathscr{P}(V^*,U^*)$ 和 τ 具有下述性质：设 W 是域 F 上任一线性空间，对于 $V\times U$ 到 W 的任一双线性映射 $\mathscr{A}$，存在 $\mathscr{P}(V^*,U^*)$ 到 W 的唯一的线性映射 φ，使得 $\mathscr{A}=\varphi\tau$。∎

我们自然要问：具有上述性质的线性空间和从 $V\times U$ 到这个线性空间的双线性映射除了 $\mathscr{P}(V^*,U^*)$ 和 τ 外，还有没有其他的？如果有，它们之间的关系是什么？

设 M 是域 F 上的一个线性空间，τ_1 是 $V\times U$ 到 M 的一个双线性映射，它具有上述性质。我们来探讨 M 与 $\mathscr{P}(V^*,U^*)$ 之间有什么关系。

由于 $\mathscr{P}(V^*,U^*)$ 和 τ 具有上述性质，因此对于 $V\times U$ 到 M 的双线性映射 τ_1，存在 $\mathscr{P}(V^*,U^*)$ 到 M 的唯一的线性映射 ψ_1，使得 $\tau_1=\psi_1\tau$，如图 11-2 所示。

由于 M 和 τ_1 具有上述性质，因此对于 $V\times U$ 到 $\mathscr{P}(V^*,U^*)$ 的双线性映射 τ，存在 M 到 $\mathscr{P}(V^*,U^*)$ 的唯一的线性映射 ψ_2，使得 $\tau=\psi_2\tau_1$，如图 11-3 所示，从而

$$\tau=\psi_2\psi_1\tau。\tag{16}$$

显然，$\mathscr{P}(V^*,U^*)$ 上的恒等变换 I 使得

$$\tau=I\tau。\tag{17}$$

图 11-2

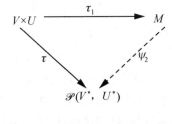

图 11-3

由于 $\mathscr{P}(V^*,U^*)$ 和 τ 具有上述性质，因此对于从 $V\times U$ 到 $\mathscr{P}(V^*,U^*)$ 的双线性映射 τ，存在 $\mathscr{P}(V^*,U^*)$ 到自身的唯一的线性映射，使得 τ 等于这个线性映射与 τ 的乘积，于是从 (16)式和(17)式得

$$\psi_2\psi_1=I。\tag{18}$$

同理可得

$$\psi_1 \psi_2 = I_M。 \tag{19}$$

从(18)式和(19)式得，ψ_1 是可逆映射，从而 ψ_1 是双射。又由于 ψ_1 是 $\mathscr{H}(V^*, U^*)$ 到 M 的线性映射，因此 ψ_1 是 $\mathscr{H}(V^*, U^*)$ 到 M 的一个同构映射，从而

$$\mathscr{H}(V^*, U^*) \cong M, \tag{20}$$

且

$$\tau_1 = \psi_1 \tau。 \tag{21}$$

这表明：如果还有域 F 上的线性空间 M 和从 $V \times U$ 到 M 的双线性映射 τ_1 具有上述性质，那么 M 与 $\mathscr{H}(V^*, U^*)$ 同构。由此受到启发，我们引进下述重要概念：

定义 1　设 V, U 是域 F 上的线性空间，如果存在域 F 上的线性空间 T 和从 $V \times U$ 到 T 的双线性映射 σ，并且 T 和 σ 具有下述性质：对于域 F 上任一线性空间 W，从 $V \times U$ 到 W 的任一双线性映射 $\mathscr{A}$，都存在 T 到 W 的唯一的线性映射 ψ，使得

$$\mathscr{A} = \psi \sigma, \tag{22}$$

即如图 11-4 所示可交换，那么称二元组 (T, σ) 是 V 与 U 的一个**张量积**。为简单起见，也说 T 是 V 与 U 的一个张量积。

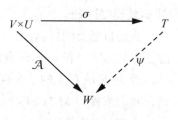

从定义 1 看到，V 与 U 的张量积是指域 F 上的线性空间 T 和从 $V \times U$ 到 T 的双线性映射 σ，且 T 和 σ 要满足定义 1 中所说的性质，该性质称为**张量积的特征性质**。

图 11-4

设 V, U 是域 F 上的有限维线性空间，从命题 1 得出，$\mathscr{H}(V^*, U^*)$ 就是 V 与 U 的一个张量积。从定义 1 前面的讨论知道，如果 M 也是 V 与 U 的一个张量积，那么 M 与 $\mathscr{H}(V^*, U^*)$ 同构。于是我们证明了下述定理：

定理 1　设 V, U 是域 F 上有限维线性空间，则 V 与 U 的张量积存在，且在同构的意义下是唯一的。　■

对于域 F 上有限维线性空间 V, U，由于它们的张量积在同构的意义下是唯一的，因此我们用 $V \otimes U$ 表示 V 与 U 的张量积。对于任意 $\alpha \in V, \beta \in U$，把 $\sigma(\alpha, \beta)$ 记作 $\alpha \otimes \beta$，由于 σ 是双线性映射，因此有

$$(\alpha + \gamma) \otimes \beta = \alpha \otimes \beta + \gamma \otimes \beta, \qquad \alpha, \gamma \in V, \quad \beta \in U; \tag{23}$$

$$\alpha \otimes (\beta + \eta) = \alpha \otimes \beta + \alpha \otimes \eta, \qquad \alpha \in V, \qquad \beta, \eta \in U; \tag{24}$$

$$(k\alpha) \otimes \beta = k(\alpha \otimes \beta) = \alpha \otimes k\beta, \qquad \alpha \in V, \qquad \beta \in U, \quad k \in F。 \tag{25}$$

在本节一开始，我们曾经对 $\mathscr{H}(V^*, U^*)$ 的元素证明了这 3 个恒等式。

定理 2　设 V, U 分别是域 F 上 n 维、m 维线性空间，V 中取一个基 $\alpha_1, \alpha_2, \cdots, \alpha_n$，$U$ 中取一个基 $\beta_1, \beta_2, \cdots, \beta_m$，则

$$\alpha_i \otimes \beta_j, \qquad i = 1, 2, \cdots, n; \quad j = 1, 2, \cdots, m \tag{26}$$

是 $V \otimes U$ 的一个基，且

$$\dim V \otimes U = nm = (\dim V)(\dim U)。 \tag{27}$$

证明　由于 V 的一个基是 $\alpha_1, \alpha_2, \cdots, \alpha_n$，$U$ 的一个基是 $\beta_1, \beta_2, \cdots, \beta_m$，因此 $\alpha_i \otimes$

$\beta_j(i=1,2,\cdots,n;j=1,2,\cdots,m)$ 是 $\mathscr{R}(V^*,U^*)$ 的一个基，且 $\dim\mathscr{R}(V^*,U^*)=nm$。由于 V 与 U 的任意一个张量积都与 $\mathscr{R}(V^*,U^*)$ 同构，设 $\mathscr{R}(V^*,U^*)$ 到 $V\otimes U$ 的一个同构映射为 φ，则 $\{\varphi(\alpha_i\otimes\beta_j)|i=1,2,\cdots,n;\ j=1,2,\cdots,m\}$ 是 $V\otimes U$ 的一个基。把 $\varphi(\alpha_i\otimes\beta_j)$ 仍记作 $\alpha_i\otimes\beta_j$，则 $V\otimes U$ 的一个基是 $\alpha_i\otimes\beta_j(i=1,2,\cdots,n;\ j=1,2,\cdots,m)$，且 $\dim V\otimes U=nm$。∎

从定理 2 和(23)式～(25)式得，$V\otimes U$ 的任一元素可表示成

$$\sum_{l=1}^{r}k_l(\gamma_l\otimes\eta_l) \tag{28}$$

的形式，其中 $\gamma_l\in V$, $\eta_l\in U$, $k_l\in F,l=1,2,\cdots,r$。

由于 σ 是 $V\times U$ 到 $V\otimes U$ 的双线性映射，因此

$$\sigma(0,\beta)=\sigma(0\bullet0,\beta)=0\,\sigma(0,\beta)=0,\quad\sigma(\alpha,0)=0,$$

从而 $0\otimes\beta=0,\alpha\otimes0=0,\forall\alpha\in V,\beta\in U$。这表明 $V\otimes U$ 中零元的表法不唯一，从而 $V\otimes U$ 的任一元素表示成(28)式的形式其表法不唯一。

当 $U=V$ 时，对于 $\alpha,\beta\in V$，一般地，$\alpha\otimes\beta\neq\beta\otimes\alpha$。这是因为 $V\times V$ 到 $V\otimes V$ 的双线性映射 σ 不具有对称性，即

$$\alpha\otimes\beta=\sigma(\alpha,\beta)\neq\sigma(\beta,\alpha)=\beta\otimes\alpha。$$

本节典型例题的例 2 将证明，对于域 F 上任意两个线性空间 V,U（不必都是有限维的），V 与 U 的张量积都存在，且在同构的意义下是唯一的。

域 F 上线性空间 V 与 U 的张量积的概念是比较抽象的，我们无须重视 $V\otimes U$ 的元素的具体含义是什么，而应当关注 $V\otimes U$ 的元素的有关运算的性质（即(23)～(25)式），$V\otimes U$ 的结构（它是域 F 上的一个线性空间，当 V 与 U 分别是 n 维、m 维时，$\dim V\otimes U=nm$。设 $\alpha_1,\alpha_2,\cdots,\alpha_n$ 是 V 的一个基，$\beta_1,\beta_2,\cdots,\beta_m$ 是 U 的一个基，则 $\alpha_i\otimes\beta_j(i=1,2,\cdots,n;j=1,2,\cdots,m)$ 是 $V\otimes U$ 的一个基，$V\otimes U$ 的元素可表成有限和(28)式的形式)，以及 $V\otimes U$ 和从 $V\times U$ 到 $V\otimes U$ 的双线性映射 σ 所具有的特征性质：对于从 $V\times U$ 到域 F 上任一线性空间 W 的任一双线性映射 $\mathscr{A}$，存在 $V\otimes U$ 到 W 的唯一的线性映射 ψ，使得 $\mathscr{A}=\psi\sigma$。

二、张量积满足的运算法则

设 V,U 是域 F 上的有限维线性空间，则有域 F 上的一个有限维线性空间 $V\otimes U$，因此张量积是域 F 上有限维线性空间组成的集合上的一种运算。它满足什么运算法则呢？

定理 3 设 V_1,V_2,V_3 是域 F 上有限维线性空间，则存在 $V_1\otimes V_2$ 到 $V_2\otimes V_1$ 的一个同构映射 ψ_1，使得

$$\psi_1(\alpha\otimes\beta)=\beta\otimes\alpha,\qquad\alpha\in V_1,\quad\beta\in V_2; \tag{29}$$

还存在 $(V_1\otimes V_2)\otimes V_3$ 到 $V_1\otimes(V_2\otimes V_3)$ 的一个同构映射 ψ_2，使得

$$\psi_2((\alpha\otimes\beta)\otimes\gamma)=\alpha\otimes(\beta\otimes\gamma),\quad\alpha\in V_1,\quad\beta\in V_2,\quad\gamma\in V_3。 \tag{30}$$

证明 在 V_1,V_2,V_3 中分别取一个基：

$$\alpha_1,\alpha_2,\cdots,\alpha_{n_1};\quad\beta_1,\beta_2,\cdots,\beta_{n_2};\quad\gamma_1,\gamma_2,\cdots,\gamma_{n_3},$$

则根据定理 2 得，$\alpha_i\otimes\beta_j(i=1,2,\cdots,n_1;j=1,2,\cdots,n_2)$ 是 $V_1\otimes V_2$ 的一个基；$\beta_j\otimes$

$\alpha_i (j=1,2,\cdots,n_2 ; i=1,2,\cdots,n_1)$ 是 $V_2 \otimes V_1$ 的一个基，$\dim V_1 \otimes V_2 = n_1 n_2 = \dim V_2$

$\otimes V_1$．于是 $V_1 \otimes V_2$ 中每个元素可以唯一地表示成 $\displaystyle\sum_{i=1}^{n_1} \sum_{j=1}^{n_2} d_{ij}(\alpha_i \otimes \beta_j)$．

令
$$\psi_1 : V_1 \otimes V_2 \longrightarrow V_2 \otimes V_1$$

$$\sum_{i=1}^{n_1} \sum_{j=1}^{n_2} d_{ij}(\alpha_i \otimes \beta_j) \longmapsto \sum_{i=1}^{n_1} \sum_{j=1}^{n_2} d_{ij}(\beta_j \otimes \alpha_i),$$

则根据 8.3 节定理 1 的充分性证明得，ψ_1 是 $V_1 \otimes V_2$ 到 $V_2 \otimes V_1$ 的一个同构映射．

任取 $\alpha = \displaystyle\sum_{i=1}^{n_1} a_i \alpha_i$，　$\beta = \displaystyle\sum_{j=1}^{n_2} b_j \beta_j$，则

$$\alpha \otimes \beta = \Big(\sum_{i=1}^{n_1} a_i \alpha_i\Big) \otimes \Big(\sum_{j=1}^{n_2} b_j \beta_j\Big) = \sum_{i=1}^{n_1} \sum_{j=1}^{n_2} a_i b_j (\alpha_i \otimes \beta_j),$$

又有　$\displaystyle\sum_{i=1}^{n_1} \sum_{j=1}^{n_2} a_i b_j (\beta_j \otimes \alpha_i) = \sum_{i=1}^{n_1} \sum_{j=1}^{n_2} (b_j \beta_j \otimes a_i \alpha_i) = \Big(\sum_{j=1}^{n_2} b_j \beta_j\Big) \otimes \Big(\sum_{i=1}^{n_1} a_i \alpha_i\Big) = \beta \otimes \alpha,$

因此　　　　　　　　　　　　　$\psi_1(\alpha \otimes \beta) = \beta \otimes \alpha.$

根据定理 2，$(\alpha_i \otimes \beta_j) \otimes \gamma_k (i=1,2,\cdots,n_1 ; j=1,2,\cdots,n_2 ; k=1,2,\cdots,n_3)$ 是 $(V_1 \otimes V_2) \otimes V_3$ 的一个基；$\alpha_i \otimes (\beta_j \otimes \gamma_k)(i=1,2,\cdots,n_1 ; j=1,2,\cdots,n_2 ; k=1,2,\cdots,n_3)$ 是 $V_1 \otimes (V_2 \otimes V_3)$ 的一个基，

$$\dim(V_1 \otimes V_2) \otimes V_3 = n_1 n_2 n_3 = \dim V_1 \otimes (V_2 \otimes V_3).$$

令　　　　　　　　$\psi_2 : (V_1 \otimes V_2) \otimes V_3 \longrightarrow V_1 \otimes (V_2 \otimes V_3)$

$$\sum_{i=1}^{n_1} \sum_{j=1}^{n_2} \sum_{k=1}^{n_3} d_{ijk}(\alpha_i \otimes \beta_j) \otimes \gamma_k \longmapsto \sum_{i=1}^{n_1} \sum_{j=1}^{n_2} \sum_{k=1}^{n_3} d_{ijk}\alpha_i \otimes (\beta_j \otimes \gamma_k),$$

则 ψ_2 是 $(V_1 \otimes V_2) \otimes V_3$ 到 $V_1 \otimes (V_2 \otimes V_3)$ 的一个同构映射．

任取 $\alpha = \displaystyle\sum_{i=1}^{n_1} a_i \alpha_i$，$\beta = \displaystyle\sum_{j=1}^{n_2} b_j \beta_j$，$\gamma = \displaystyle\sum_{k=1}^{n_3} c_k \gamma_k$，则

$$(\alpha \otimes \beta) \otimes \gamma = \Big(\Big(\sum_{i=1}^{n_1} a_i \alpha_i\Big) \otimes \Big(\sum_{j=1}^{n_2} b_j \beta_j\Big)\Big) \otimes \Big(\sum_{k=1}^{n_3} c_k \gamma_k\Big),$$

从而经过计算得

$$\psi_2((\alpha \otimes \beta) \otimes \gamma) = \alpha \otimes (\beta \otimes \gamma). \qquad\blacksquare$$

从定理 3 可知，$V_1 \otimes V_2$ 到 $V_2 \otimes V_1$ 有一个同构映射 ψ_1，使得 $\psi_1(\alpha \otimes \beta) = \beta \otimes \alpha$．在这样的理解下，我们可以记

$$V_1 \otimes V_2 = V_2 \otimes V_1, \tag{31}$$

这表明张量积满足交换律．同理，在类似的理解下，我们可记

$$(V_1 \otimes V_2) \otimes V_3 = V_1 \otimes (V_2 \otimes V_3), \tag{32}$$

这表明张量积满足结合律．

由于张量积满足结合律，因此对于多个有限维线性空间 $V_1, V_2, \cdots, V_s$，有张量积 $V_1 \otimes V_2 \otimes \cdots \otimes V_s$．其任意元素可以表示成形如

$$\gamma_1 \otimes \gamma_2 \otimes \cdots \otimes \gamma_s, \qquad \gamma_i \in V_i, \qquad i = 1, 2, \cdots, s$$

的有限多个元素的线性组合,但是其表法不唯一。

三、线性变换的张量积

设 V, U 是域 F 上线性空间,$\mathcal{A}, \mathcal{B}$ 分别是 V, U 上的线性变换。考虑 $V \times U$ 到 $V \otimes U$ 的映射 C:

$$C: (\alpha, \beta) \longmapsto \mathcal{A}\alpha \otimes \mathcal{B}\beta, \qquad \alpha \in V, \beta \in U,$$

容易验证 C 对每一个变元都是线性的,因此 C 是 $V \times U$ 到 $V \otimes U$ 的一个双线性映射。根据张量积的定义得,存在 $V \otimes U$ 到 $V \otimes U$ 的唯一的线性映射,记作 $\mathcal{A} \otimes \mathcal{B}$,使得

$$C = (\mathcal{A} \otimes \mathcal{B})\sigma, \tag{33}$$

从而对于任意 $\alpha \in V, \beta \in U$,有

$$C(\alpha, \beta) = (\mathcal{A} \otimes \mathcal{B})\sigma(\alpha, \beta),$$

即

$$(\mathcal{A} \otimes \mathcal{B})(\alpha \otimes \beta) = \mathcal{A}\alpha \otimes \mathcal{B}\beta. \tag{34}$$

于是我们证明了下述定理:

定理 4 设 V, U 是域 F 上线性空间,$\mathcal{A}, \mathcal{B}$ 分别是 V, U 上的线性变换,则存在 $V \otimes U$ 上的唯一的线性变换,记作 $\mathcal{A} \otimes \mathcal{B}$,使得

$$(\mathcal{A} \otimes \mathcal{B})(\alpha \otimes \beta) = \mathcal{A}\alpha \otimes \mathcal{B}\beta, \qquad \alpha \in V, \beta \in U, \tag{35}$$

把 $\mathcal{A} \otimes \mathcal{B}$ 称为 $\mathcal{A}$ 与 $\mathcal{B}$ 的**张量积**。 ■

与定理 4 完全一样的证法可证得下述命题 2:

命题 2 设 V, U, V', U' 都是域 F 上的线性空间,$\mathcal{A}$ 是 V 到 V' 的一个线性映射,$\mathcal{B}$ 是 U 到 U' 的一个线性映射,则存在 $V \otimes U$ 到 $V' \otimes U'$ 的唯一的线性映射,记作 $\mathcal{A} \otimes \mathcal{B}$,使得

$$(\mathcal{A} \otimes \mathcal{B})(\alpha \otimes \beta) = \mathcal{A}\alpha \otimes \mathcal{B}\beta, \qquad \alpha \in V, \beta \in U,$$

把 $\mathcal{A} \otimes \mathcal{B}$ 称为 $\mathcal{A}$ 与 $\mathcal{B}$ 的**张量积**。

下面讨论线性变换的张量积的基本性质。

定理 5 设 V, U 是域 F 上的线性空间,$\mathcal{A}, \mathcal{A}_1, \mathcal{A}_2$ 是 V 上的线性变换,$\mathcal{B}, \mathcal{B}_1, \mathcal{B}_2$ 是 U 上的线性变换,$\mathcal{I}_V, \mathcal{I}_U, \mathcal{I}_{V \otimes U}$ 分别表示 $V, U, V \otimes U$ 上的恒等变换,则

(1) $(\mathcal{A}_1 + \mathcal{A}_2) \otimes \mathcal{B} = \mathcal{A}_1 \otimes \mathcal{B} + \mathcal{A}_2 \otimes \mathcal{B}$;

(2) $\mathcal{A} \otimes (\mathcal{B}_1 + \mathcal{B}_2) = \mathcal{A} \otimes \mathcal{B}_1 + \mathcal{A} \otimes \mathcal{B}_2$;

(3) $(\mathcal{A}_1 \otimes \mathcal{B}_1)(\mathcal{A}_2 \otimes \mathcal{B}_2) = \mathcal{A}_1 \mathcal{A}_2 \otimes \mathcal{B}_1 \mathcal{B}_2$;

(4) $(k\mathcal{A}) \otimes \mathcal{B} = \mathcal{A} \otimes (k\mathcal{B}) = k(\mathcal{A} \otimes \mathcal{B}), k \in F$;

(5) $\mathcal{I}_V \otimes \mathcal{I}_U = \mathcal{I}_{V \otimes U}$;

(6) 从 $\mathcal{A}, \mathcal{B}$ 可逆可以推出 $\mathcal{A} \otimes \mathcal{B}$ 也可逆,且

$$(\mathcal{A} \otimes \mathcal{B})^{-1} = \mathcal{A}^{-1} \otimes \mathcal{B}^{-1}.$$

证明 由于 $V \otimes U$ 中任一向量都可以表示成形如 $\alpha \otimes \beta$ 的有限多个向量的线性组合,因此只要证明 $V \otimes U$ 上的两个线性变换在 $\alpha \otimes \beta$ 上的作用相同,就可以得出这两个线性变

换相等的结论。

（1）　　　$[(\mathcal{A}_1+\mathcal{A}_2)\otimes\mathcal{B}](\alpha\otimes\beta)=(\mathcal{A}_1+\mathcal{A}_2)\alpha\otimes\mathcal{B}\beta=\mathcal{A}_1\alpha\otimes\mathcal{B}\beta+\mathcal{A}_2\alpha\otimes\mathcal{B}\beta$

$$=\mathcal{A}_1\otimes\mathcal{B}(\alpha\otimes\beta)+\mathcal{A}_2\otimes\mathcal{B}(\alpha\otimes\beta)$$

$$=(\mathcal{A}_1\otimes\mathcal{B}+\mathcal{A}_2\otimes\mathcal{B})(\alpha\otimes\beta),$$

因此　　　　　　　　$(\mathcal{A}_1+\mathcal{A}_2)\otimes\mathcal{B}=\mathcal{A}_1\otimes\mathcal{B}+\mathcal{A}_2\otimes\mathcal{B}。$

（2）与第（1）个公式的证法类似。

（3）$[(\mathcal{A}_1\otimes\mathcal{B}_1)(\mathcal{A}_2\otimes\mathcal{B}_2)](\alpha\otimes\beta)=(\mathcal{A}_1\otimes\mathcal{B}_1)(\mathcal{A}_2\alpha\otimes\mathcal{B}_2\beta)$

$$=\mathcal{A}_1(\mathcal{A}_2\alpha)\otimes\mathcal{B}_1(\mathcal{B}_2\beta)=(\mathcal{A}_1\mathcal{A}_2)\alpha\otimes(\mathcal{B}_1\mathcal{B}_2)\beta$$

$$=(\mathcal{A}_1\mathcal{A}_2\otimes\mathcal{B}_1\mathcal{B}_2)(\alpha\otimes\beta),$$

因此　　　　　　　　$(\mathcal{A}_1\otimes\mathcal{B}_1)(\mathcal{A}_2\otimes\mathcal{B}_2)=\mathcal{A}_1\mathcal{A}_2\otimes\mathcal{B}_1\mathcal{B}_2。$

（4）$[(k\mathcal{A})\otimes\mathcal{B}](\alpha\otimes\beta)=(k\mathcal{A})\alpha\otimes\mathcal{B}\beta=k\ \mathcal{A}\alpha\otimes\mathcal{B}\beta=k(\mathcal{A}\otimes\mathcal{B})(\alpha\otimes\beta),$

因此　　　　　　　　$(k\mathcal{A})\otimes\mathcal{B}=k(\mathcal{A}\otimes\mathcal{B})。$

同理可证　　　　　　　　$\mathcal{A}\otimes k\mathcal{B}=k(\mathcal{A}\otimes\mathcal{B})。$

（5）$(\mathcal{I}_V\otimes\mathcal{I}_U)(\alpha\otimes\beta)=\mathcal{I}_V\alpha\otimes\mathcal{I}_U\beta=\alpha\otimes\beta=\mathcal{I}_{V\otimes U}(\alpha\otimes\beta)$，因此 $\mathcal{I}_V\otimes\mathcal{I}_U=\mathcal{I}_{V\otimes U}。$

（6）设 $\mathcal{A},\mathcal{B}$ 可逆，则存在 $\mathcal{A}^{-1},\mathcal{B}^{-1}$，于是有

$$(\mathcal{A}\otimes\mathcal{B})(\mathcal{A}^{-1}\otimes\mathcal{B}^{-1})=\mathcal{A}\mathcal{A}^{-1}\otimes\mathcal{B}\mathcal{B}^{-1}=\mathcal{I}_V\otimes\mathcal{I}_U=\mathcal{I}_{V\otimes U}。$$

类似可证，$(\mathcal{A}^{-1}\otimes\mathcal{B}^{-1})(\mathcal{A}\otimes\mathcal{B})=\mathcal{I}_{V\otimes U}$。因此 $\mathcal{A}\otimes\mathcal{B}$ 可逆，且

$$(\mathcal{A}\otimes\mathcal{B})^{-1}=\mathcal{A}^{-1}\otimes\mathcal{B}^{-1}。　　■$$

现在我们来讨论线性变换的张量积的矩阵表示。

设 V,U 分别是域 F 上 n 维、m 维线性空间，$\mathcal{A},\mathcal{B}$ 分别是 V,U 上的线性变换，在 V 中取一个基 $\alpha_1,\alpha_2,\cdots,\alpha_n$，在 U 中取一个基 $\beta_1,\beta_2,\cdots,\beta_m$，设

$$\mathcal{A}(\alpha_1,\alpha_2,\cdots,\alpha_n)=(\alpha_1,\alpha_2,\cdots,\alpha_n)\boldsymbol{A}, \tag{36}$$

$$\mathcal{B}(\beta_1,\beta_2,\cdots,\beta_m)=(\beta_1,\beta_2,\cdots,\beta_m)\boldsymbol{B}, \tag{37}$$

其中 $\boldsymbol{A}=(a_{ij}),\boldsymbol{B}=(b_{ij})$。我们知道，

$$\alpha_1\otimes\beta_1,\cdots,\alpha_1\otimes\beta_m,\cdots,\alpha_n\otimes\beta_1,\cdots,\alpha_n\otimes\beta_m$$

是 $V\otimes U$ 的一个基，考虑 $\mathcal{A}\otimes\mathcal{B}$ 在这个基下的矩阵 $\boldsymbol{C}$ 是什么样子。

$$(\mathcal{A}\otimes\mathcal{B})(\alpha_i\otimes\beta_j)=\mathcal{A}\alpha_i\otimes\mathcal{B}\beta_j=\left(\sum_{l=1}^n a_{li}\alpha_l\right)\otimes\left(\sum_{k=1}^m b_{kj}\beta_k\right)$$

$$=\sum_{l=1}^n\sum_{k=1}^m a_{li}b_{kj}\alpha_l\otimes\beta_k。 \tag{38}$$

把矩阵 $\boldsymbol{C}$ 分块：$\boldsymbol{C}$ 的行分成 n 组，每组有 m 行；$\boldsymbol{C}$ 的列分成 n 组，每组有 m 列。从（38）式得，$(\mathcal{A}\otimes\mathcal{B})(\alpha_q\otimes\beta_j)=\sum_{l=1}^n\sum_{k=1}^m a_{lq}b_{kj}\alpha_l\otimes\beta_k$，于是 $\boldsymbol{C}$ 的 (p,q) 块为下述 m 级矩阵：

$$\begin{bmatrix} a_{pq}b_{11} & a_{pq}b_{12} & \cdots & a_{pq}b_{1m} \\ a_{pq}b_{21} & a_{pq}b_{22} & \cdots & a_{pq}b_{2m} \\ \vdots & \vdots & & \vdots \\ a_{pq}b_{m1} & a_{pq}b_{m2} & \cdots & a_{pq}b_{mn} \end{bmatrix}=a_{pq}\boldsymbol{B}, \tag{39}$$

因此 $\mathscr{A}\otimes\mathscr{B}$ 在上述基下的矩阵 C 为下述分块矩阵:

$$C=\begin{pmatrix} a_{11}\boldsymbol{B} & a_{12}\boldsymbol{B} & \cdots & a_{1n}\boldsymbol{B} \\ a_{21}\boldsymbol{B} & a_{22}\boldsymbol{B} & \cdots & a_{2n}\boldsymbol{B} \\ \vdots & \vdots & & \vdots \\ a_{n1}\boldsymbol{B} & a_{n2}\boldsymbol{B} & \cdots & a_{nn}\boldsymbol{B} \end{pmatrix}。 \tag{40}$$

(40)式右端的矩阵称为 A 与 B 的 **Kronecker 积**,记作 $A\otimes B$。

我们在本套教材上册补充题四的第 22 题证明了矩阵 A 与 B 的 Kronecker 积 $A\otimes B$ 的一些性质,这些性质也可以从线性变换的张量积的性质(即定理 5)立即得出。

四、线性空间的张量积与直和的关系

定理 6 设 V,U 是域 F 上线性空间,U_1 和 U_2 是 U 的子空间,且 $U=U_1\oplus U_2$,则有线性空间的同构:

$$V\otimes U\cong V\otimes U_1\dot{+}V\otimes U_2。 \tag{41}$$

证明 由于 $U=U_1\oplus U_2$,因此有平行于 U_2 在 U_1 上的投影 $\mathscr{P}_1$ 和平行于 U_1 在 U_2 上的投影 $\mathscr{P}_2$。$\mathscr{P}_i$ 可看成 U 到 U_i 的线性映射,$i=1,2$。根据命题 2 得,存在 $V\otimes U$ 到 $V\otimes U_i$ 的唯一的线性映射 $I_V\otimes\mathscr{P}_i$,$i=1,2$。

记 $\boldsymbol{\theta}_i=I_V\otimes\mathscr{P}_i$,$i=1,2$。

设 i_k 是 U_k 到 U 的含入映射,即 $i_k(\beta_k)=\beta_k$,$\forall\,\beta_k\in U_k$,$k=1,2$。显然,i_k 是线性映射,$k=1,2$。根据命题 2 得,存在 $V\otimes U_k$ 到 $V\otimes U$ 的唯一的线性映射 $I_V\otimes i_k$,记作 j_k,$k=1,2$。

令

$$\sigma:\quad V\otimes U\longrightarrow V\otimes U_1\dot{+}V\otimes U_2$$
$$\gamma\longmapsto(\boldsymbol{\theta}_1(\gamma),\boldsymbol{\theta}_2(\gamma)),$$
$$\tau:\quad V\otimes U_1\dot{+}V\otimes U_2\longrightarrow V\otimes U$$
$$(\gamma_1,\gamma_2)\longmapsto j_1(\gamma_1)+j_2(\gamma_2)。$$

易验证 σ 和 τ 都保持加法和纯量乘法,从而它们都是线性映射。对于任意 $\alpha\otimes\beta\in V\otimes U$,设 $\mathscr{P}_i(\beta)=\beta_i$,$i=1,2$,则 $\beta_1+\beta_2=\beta$,从而有

$$\tau\sigma(\alpha\otimes\beta)=\tau(\boldsymbol{\theta}_1(\alpha\otimes\beta),\boldsymbol{\theta}_2(\alpha\otimes\beta))=\tau(\alpha\otimes\beta_1,\alpha\otimes\beta_2)$$
$$=j_1(\alpha\otimes\beta_1)+j_2(\alpha\otimes\beta_2)=\alpha\otimes\beta_1+\alpha\otimes\beta_2=\alpha\otimes\beta。 \tag{42}$$

由于 $V\otimes U$ 的每个元素可以表示成形如 $\alpha\otimes\beta$ 的有限多个元素的线性组合,因此

$$\tau\sigma=I_{V\otimes U}。$$
$$\sigma\tau(\alpha\otimes\beta_1,0)=\sigma[j_1(\alpha\otimes\beta_1)+j_2(0)]=\sigma(\alpha\otimes\beta_1)$$
$$=(\boldsymbol{\theta}_1(\alpha\otimes\beta_1),\boldsymbol{\theta}_2(\alpha\otimes\beta_1))=(\alpha\otimes\beta_1,0),\tag{43}$$
$$\sigma\tau(0,\alpha\otimes\beta_2)=\sigma[j_1(0)+j_2(\alpha\otimes\beta_2)]=\sigma(\alpha\otimes\beta_2)$$
$$=(\boldsymbol{\theta}_1(\alpha\otimes\beta_2),\boldsymbol{\theta}_2(\alpha\otimes\beta_2))=(0,\alpha\otimes\beta_2)。\tag{44}$$

由于 $V\otimes U_1\dot{+}V\otimes U_2$ 的每个元素可以表示成形如 $(\alpha\otimes\beta_1,0)$ 和 $(0,\alpha\otimes\beta_2)$ 的有限多个元素的线性组合,因此 $\sigma\tau=I$,其中 I 是 $V\otimes U_1\dot{+}V\otimes U_2$ 上的恒等变换,于是 σ 是可逆的,从而 σ 是 $V\otimes U$ 到 $V\otimes U_1\dot{+}V\otimes U_2$ 的一个同构映射。这证明了:

$$V \otimes U \cong V \otimes U_1 \dotplus V \otimes U_2 。$$

定理 6 中,若 $V = V_1 \oplus V_2$,则

$$V \otimes U \cong V_1 \otimes U \dotplus V_2 \otimes U 。 \tag{45}$$

定理 6 可推广到 U(或者 V)是有限多个子空间的直和的情形。

下面一个结论是经常要用的。

定理 7　设 V 是域 F 上的线性空间,则

$$V \otimes F \cong V 。 \tag{46}$$

证明　任取 $\alpha \in V, k \in F$,令

$$\mathscr{A}(\alpha, k) = k\alpha 。 \tag{47}$$

易验证 $\mathscr{A}$ 是 $V \times F$ 到 V 的一个双线性映射,于是根据张量积的定义得,存在 $V \otimes F$ 到 V 的唯一的线性映射 ψ,使得 $\mathscr{A} = \psi\sigma$,于是

$$\psi(\alpha \otimes k) = \psi\sigma(\alpha, k) = \mathscr{A}(\alpha, k) = k\alpha 。 \tag{48}$$

另一方面,令 $\varphi : \alpha \longmapsto \alpha \otimes 1$,易验证 φ 是 V 到 $V \otimes F$ 的一个线性映射。对于任意 $\alpha \in V$, $k \in F$,有

$$\varphi\psi(\alpha \otimes k) = \varphi(k\alpha) = k\alpha \otimes 1 = \alpha \otimes k,$$
$$\psi\varphi(\alpha) = \psi(\alpha \otimes 1) = 1\alpha = \alpha,$$

由此可推出, $\varphi\psi = I_{V \otimes F}$, $\psi\varphi = I_V$,因此 ψ 是可逆映射,从而 ψ 是双射,于是 ψ 是 $V \otimes F$ 到 V 的一个同构映射。因此 $V \otimes F \cong V$。 ■

五、线性空间的基域的扩张

定理 8　设 V 是域 K 上的线性空间,域 F 包含域 K,则 $F \otimes V$ 是域 F 上的线性空间。

证明　由于 F, V 都是域 K 上的线性空间,因此 $F \otimes V$ 是域 K 上的一个线性空间。于是 $F \otimes V$ 有加法运算,且满足线性空间的定义中关于加法运算的 4 条法则。下面给出域 F 与 $F \otimes V$ 的纯量乘法运算。对于 $a \in F$,令 $\mathscr{A} : (b, \alpha) \longmapsto ab \otimes \alpha$,容易验证 $\mathscr{A}$ 是 $F \times V$ 到 $F \otimes V$ 的一个双线性映射,于是根据张量积的定义得,存在 $F \otimes V$ 到 $F \otimes V$ 的唯一的线性映射 ψ_a,使得 $\mathscr{A} = \psi_a \sigma$,从而

$$\psi_a(b \otimes \alpha) = \psi_a \sigma(b, \alpha) = \mathscr{A}(b, \alpha) = ab \otimes \alpha 。 \tag{49}$$

现在规定

$$a\left(\sum_{i=1}^{r} b_i \otimes \alpha_i\right) := \psi_a\left(\sum_{i=1}^{r} b_i \otimes \alpha_i\right), \tag{50}$$

由于 ψ_a 是线性映射,因此从(50)式和(49)式得

$$a\left(\sum_{i=1}^{r} b_i \otimes \alpha_i\right) = \sum_{i=1}^{r} ab_i \otimes \alpha_i, \tag{51}$$

于是(51)式给出了域 F 与 $F \otimes V$ 的纯量乘法。容易验证,它满足线性空间的定义中关于纯量乘法的 4 条法则,因此 $F \otimes V$ 成为域 F 上的一个线性空间。 ■

注意:不能直接用(51)式定义 F 与 $F \otimes V$ 的纯量乘法,因为 $F \otimes V$ 的任一元素表示

成 $\sum\limits_{i=1}^{r} b_i \otimes \alpha_i$ 时表法不唯一。我们通过 ψ_a 来定义纯量乘法(即(50)式),这样虽然 $F \otimes V$ 的

同一个元素表示成 $\sum\limits_{i=1}^{r} b_i \otimes \alpha_i$ 时表法不唯一,但是既然它们表示同一个元素,因此它们在

ψ_a 下的象是相同的,这样用(50)式定义的纯量乘法就不依赖于元素的表法的选取。如果直接用(51)式定义纯量乘法,那么很难证明它不依赖于元素表法的选取。

定理9 设 V 是域 K 上的 n 维线性空间,域 F 包含域 K,在 V 中取一个基 $\alpha_1, \alpha_2, \cdots, \alpha_n$,则 $1 \otimes \alpha_1, 1 \otimes \alpha_2, \cdots, 1 \otimes \alpha_n$ 是域 F 上线性空间 $F \otimes V$ 的一个基,且

$$\dim_F(F \otimes V) = n = \dim_K V。 \tag{52}$$

证明 由于 $\alpha_1, \alpha_2, \cdots, \alpha_n$ 是 V 的一个基,因此

$$V = \langle \alpha_1 \rangle \oplus \langle \alpha_2 \rangle \oplus \cdots \oplus \langle \alpha_n \rangle,$$

根据定理6和定理7得,有域 K 上线性空间的同构:

$$\begin{aligned} F \otimes V &\cong F \otimes \langle \alpha_1 \rangle \dotplus F \otimes \langle \alpha_2 \rangle \dotplus \cdots \dotplus F \otimes \langle \alpha_n \rangle \\ &\cong F \otimes K \dotplus F \otimes K \dotplus \cdots \dotplus F \otimes K \\ &\cong F \dotplus F \dotplus \cdots \dotplus F, \end{aligned}$$

因此 $\qquad \dim_K(F \otimes V) = \dim_K F + \dim_K F + \cdots + \dim_K F = n \dim_K F。$

又由于 $\dim_K(F \otimes V) = [\dim_F(F \otimes V)][\dim_K F]$,因此 $\dim_F(F \otimes V) = n。$

任取 $b \in F, \alpha \in V$,设 $\alpha = \sum\limits_{i=1}^{n} k_i \alpha_i, k_i \in K, i = 1, 2 \cdots, n,$ 则

$$b \otimes \alpha = b \otimes \left(\sum_{i=1}^{n} k_i \alpha_i \right) = \sum_{i=1}^{n} (b \otimes k_i \alpha_i) = \sum_{i=1}^{n} b k_i \otimes \alpha_i = \sum_{i=1}^{n} b k_i (1 \otimes \alpha_i)。 \tag{53}$$

由于 $F \otimes V$ 中任一元素可表示成 $\sum\limits_{j=1}^{r} b_j \otimes \gamma_j$,因此从(53)式可得出,$F \otimes V$ 中任一元素可表示成 $1 \otimes \alpha_1, 1 \otimes \alpha_2, \cdots, 1 \otimes \alpha_n$ 的线性组合,又由于 $\dim_F(F \otimes V) = n$,因此

$$1 \otimes \alpha_1, 1 \otimes \alpha_2, \cdots, 1 \otimes \alpha_n$$

是域 F 上线性空间 $F \otimes V$ 的一个基。 ■

由定理9立即得到:

推论1 设 V 是实数域 $\mathbf{R}$ 上的 n 维线性空间,$\alpha_1, \alpha_2, \cdots, \alpha_n$ 是 V 的一个基,则 $1 \otimes \alpha_1, 1 \otimes \alpha_2, \cdots, 1 \otimes \alpha_n$ 是复数域 $\mathbf{C}$ 上的线性空间 $\mathbf{C} \otimes V$ 的一个基,且

$$\dim_{\mathbf{C}}(\mathbf{C} \otimes V) = n = \dim_{\mathbf{R}} V。 ■$$

在定理9中,考虑 $F \otimes V$ 的子集

$$S = \left\{ \sum_{i=1}^{n} k_i (1 \otimes \alpha_i) \,\middle|\, k_i \in K, i = 1, 2, \cdots, n \right\}, \tag{54}$$

易看出 S 是域 K 上向量空间 $F \otimes V$ 的一个子空间。令

$$\Phi: \qquad V \longrightarrow S$$

$$\alpha = \sum_{i=1}^{n} k_i \alpha_i \longmapsto \sum_{i=1}^{n} k_i (1 \otimes \alpha_i),$$

则 Φ 是 V 到 S 的一个映射。显然 Φ 是满射,易证 Φ 是单射,并且 Φ 保持加法和纯量乘法。因此 Φ 是 V 到 S 的一个同构映射,从而域 K 上的线性空间 V 与 S 同构。把 V 与 S 等同,即把 V 看成 $F \otimes V$ 的一个子集,此时可以把 α_i 与 $1 \otimes \alpha_i$ 等同,$i = 1, 2, \cdots, n$。由于 $F \otimes V$ 的任一元素可唯一地表示成 $\sum\limits_{i=1}^{n} f_i (1 \otimes \alpha_i)$,因此 $F \otimes V$ 的任一元素可唯一地表示成 $\sum\limits_{i=1}^{n} f_i \alpha_i$,其中 $f_i \in F$, $i = 1, 2, \cdots, n$。

在推论 1 中,$\mathbf{C} \otimes V$ 的任一元素可唯一地表示成 $\sum\limits_{i=1}^{n} c_i \alpha_i$,其中 $c_i \in \mathbf{C}, i = 1, 2, \cdots, n$。

V 可看成 $\mathbf{C} \otimes V$ 的一个子集,V 的任一元素可唯一地表示成 $\sum\limits_{i=1}^{n} k_i \alpha_i$ 其中 $k_i \in \mathbf{R}, i = 1, 2, \cdots, n$。$\mathbf{C} \otimes V$ 称为**复化**,即把实数域上的线性空间 V 扩充成一个复数域上的线性空间 $\mathbf{C} \otimes V$。

在定理 9 中,设 $\boldsymbol{A}$ 是域 K 上线性空间 V 上的一个线性变换,它在 V 的一个基 $\alpha_1, \alpha_2, \cdots,$ α_n 下的矩阵为 $\boldsymbol{A} = (a_{ij})$。对于域 F 上线性空间 $F \otimes V$ 的任一元素 $\sum\limits_{i=1}^{n} f_i \alpha_i$,规定

$$\mathscr{A}^F \left(\sum\limits_{i=1}^{n} f_i \alpha_i \right) = \sum\limits_{i=1}^{n} f_i \mathscr{A} \alpha_i。 \tag{55}$$

易验证 $\mathscr{A}^F$ 是 $F \otimes V$ 上的一个线性变换,并且易看出,$\mathscr{A}^F$ 在 $F \otimes V$ 的一个基 $\alpha_1, \alpha_2, \cdots, \alpha_n$ (已把 $1 \otimes \alpha_i$ 与 α_i 等同)下的矩阵是 $\boldsymbol{A}$,此时把 $\boldsymbol{A}$ 看成域 F 上的矩阵。

11.2.2　典型例题

例 1　设 V, U 是域 F 上的有限维线性空间,证明:在 $V \otimes U$ 中,若 $\alpha \otimes \beta = 0$,则 $\alpha = 0$ 或 $\beta = 0$。

证明　假如 $\alpha \neq 0$ 且 $\beta \neq 0$,则 α 可扩充成 V 的一个基 $\alpha, \alpha_2, \cdots, \alpha_n$;$\beta$ 可扩充成 U 的一个基 $\beta, \beta_2, \cdots, \beta_m$,从而 $\alpha \otimes \beta$ 是 $V \otimes U$ 的一个基向量,于是 $\alpha \otimes \beta \neq 0$。因此若 $\alpha \otimes \beta = 0$,则 $\alpha = 0$ 或 $\beta = 0$。 ∎

例 2　设 V, U 是域 F 上的线性空间(不必是有限维的),证明:V 与 U 的张量积存在。

证明　令 $M = \left\{ \sum\limits_{(\alpha, \beta) \in V \times U} k_{(\alpha, \beta)} (\alpha, \beta) \,\middle|\, k_{(\alpha, \beta)} \in F, \text{且只有有限多个 } k_{(\alpha, \beta)} \neq 0 \right\}$,规定 M 中两个元素相等当且仅当它们的对应系数相等,并且规定 M 中两个元素相加为对应的系数相加,且规定

$$s \left(\sum k_{(\alpha, \beta)} (\alpha, \beta) \right) := \sum s k_{(\alpha, \beta)} (\alpha, \beta), \quad s \in F,$$

易验证 M 满足线性空间定义中的 8 条法则,从而 M 成为域 F 上的线性空间。

设 M_0 是由下述形式的向量生成的子空间:

$$(\alpha_1 + \alpha_2, \beta) - (\alpha_1, \beta) - (\alpha_2, \beta), \tag{56}$$

$$(\alpha, \beta_1 + \beta_2) - (\alpha, \beta_1) - (\alpha, \beta_2), \tag{57}$$

$$(\alpha, k\beta) - k(\alpha, \beta), (k\alpha, \beta) - k(\alpha, \beta), \tag{58}$$

其中 $\alpha_1,\alpha_2,\alpha\in V,\beta_1,\beta_2,\beta\in U,k\in F$。

设 T 是商空间 M/M_0，定义从 $V\times U$ 到 T 的一个映射 σ：$(\alpha,\beta)\longmapsto(\alpha,\beta)+M_0$。因为 $(56)\sim(58)$ 式列出的和都在 M_0 里，所以在 T 中有

$$\sigma(\alpha_1+\alpha_2,\beta)-\sigma(\alpha_1,\beta)-\sigma(\alpha_2,\beta)=[(\alpha_1+\alpha_2,\beta)+M_0]-[(\alpha_1,\beta)+M_0]-[(\alpha_2,\beta)+M_0]$$
$$=[(\alpha_1+\alpha_2,\beta)-(\alpha_1,\beta)-(\alpha_2,\beta)]+M_0$$
$$=M_0,$$
$$\sigma(\alpha,\beta_1+\beta_2)-\sigma(\alpha,\beta_1)-\sigma(\alpha,\beta_2)=M_0,$$
$$\sigma(\alpha,k\beta)-k\sigma(\alpha,\beta)=[(\alpha,k\beta)+M_0]-k[(\alpha,\beta)+M_0]$$
$$=[(\alpha,k\beta)-k(\alpha,\beta)]+M_0=M_0,$$
$$\sigma(k\alpha,\beta)-k\sigma(\alpha,\beta)=M_0,$$

其中 M_0 是商空间 M/M_0 的零向量，因此

$$\sigma(\alpha_1+\alpha_2,\beta)=\sigma(\alpha_1,\beta)+\sigma(\alpha_2,\beta),$$
$$\sigma(\alpha,\beta_1+\beta_2)=\sigma(\alpha,\beta_1)+\sigma(\alpha,\beta_2),$$
$$\sigma(\alpha,k\beta)=k\sigma(\alpha,\beta)=\sigma(k\alpha,\beta),$$

从而 σ 是 $V\times U$ 到 T 的一个双线性映射。

设 W 是域 F 上任一线性空间，$\mathcal{A}$ 是 $V\times U$ 到 W 的任一双线性映射。令

$$\mathcal{B}:\qquad M\longrightarrow W$$
$$\sum_i k_i(\alpha_i,\beta_i)\longmapsto\sum_i k_i\mathcal{A}(\alpha_i,\beta_i),$$

容易验证 $\mathcal{B}$ 是 M 到 W 的一个线性映射。由于

$$\mathcal{B}[(\alpha_1+\alpha_2,\beta)-(\alpha_1,\beta)-(\alpha_2,\beta)]=\mathcal{B}(\alpha_1+\alpha_2,\beta)-\mathcal{B}(\alpha_1,\beta)-\mathcal{B}(\alpha_2,\beta)$$
$$=\mathcal{A}(\alpha_1+\alpha_2,\beta)-\mathcal{A}(\alpha_1,\beta)-\mathcal{A}(\alpha_2,\beta)$$
$$=\mathcal{A}(\alpha_1,\beta)+\mathcal{A}(\alpha_2,\beta)-\mathcal{A}(\alpha_1,\beta)-\mathcal{A}(\alpha_2,\beta)$$
$$=0,$$
$$\mathcal{B}[(\alpha,\beta_1+\beta_2)-(\alpha,\beta_1)-(\alpha,\beta_2)]=0,$$
$$\mathcal{B}[(\alpha,k\beta)-k(\alpha,\beta)]=\mathcal{B}(\alpha,k\beta)-\mathcal{B}[k(\alpha,\beta)]$$
$$=\mathcal{A}(\alpha,k\beta)-k\mathcal{B}(\alpha,\beta)=k\mathcal{A}(\alpha,\beta)-k\mathcal{A}(\alpha,\beta)$$
$$=0,$$
$$\mathcal{B}[(k\alpha,\beta)-k(\alpha,\beta)]=0,$$

因此对于 M_0 的任一向量 γ_0，有 $\mathcal{B}(\gamma_0)=0$，从而有

$$(\alpha,\beta)+M_0=(\gamma,\eta)+M_0\iff(\alpha,\beta)-(\gamma,\eta)\in M_0$$
$$\Longrightarrow\mathcal{B}[(\alpha,\beta)-(\gamma,\eta)]=0$$
$$\iff\mathcal{B}(\alpha,\beta)=\mathcal{B}(\gamma,\eta)。$$

令 $$\psi:\qquad M/M_0\longrightarrow W$$
$$\sum k_i(\alpha_i,\beta_i)+M_0\longmapsto\mathcal{B}(\sum k_i(\alpha_i,\beta_i)),$$

则 ψ 是 M/M_0 到 W 的一个映射，且容易验证 ψ 是线性映射。由于对任意 $(\alpha,\beta)\in V\times U$，有

$$\psi\sigma(\alpha,\beta) = \psi((\alpha,\beta)+M_0) = \mathcal{B}(\alpha,\beta) = \mathcal{A}(\alpha,\beta),$$

因此 $\psi\sigma = \mathcal{A}$。

假如还有一个从 $T=M/M_0$ 到 W 的线性映射 ψ_1，使得 $\psi_1\sigma = \mathcal{A}$，则 $\psi\sigma = \psi_1\sigma$，从而对任意 $(\alpha,\beta)\in V\times U$，有

$$\psi\sigma(\alpha,\beta) = \psi_1\sigma(\alpha,\beta),$$

于是　　　　　　　　　　$$\psi[(\alpha,\beta)+M_0] = \psi_1[(\alpha,\beta)+M_0],$$

由此得出　　　　　$$\psi\Big[\sum_i k_i(\alpha_i,\beta_i)+M_0\Big] = \psi_1\Big[\sum_i k_i(\alpha_i,\beta_i)+M_0\Big],$$

因此　　　　　　　　　　　　　　$$\psi = \psi_1。$$

据张量积的定义得，(T,σ) 是 V 与 U 的一个张量积。■

点评：例 2 证明的关键是要找一个域 F 上的线性空间 T，且 $V\times U$ 到 T 有一个双线性映射 σ 具有定义 1 中所说的特征性质。想法是先构造域 F 上的一个线性空间 M，然后根据双线性映射 σ 的性质，巧妙地构造一个子空间 M_0，最后商空间 M/M_0 就是我们要找的线性空间 T。在证明 (T,σ) 具有定义 1 中所说的特征性质时，先构造一个从 M 到 W 的线性映射 $\mathcal{B}$，证明对任意 $\gamma_0\in M_0$ 有 $\mathcal{B}(\gamma_0)=0$，从而由 $\mathcal{B}$ 可诱导出商空间 M/M_0 到 W 的线性映射 ψ，进而证明 $\mathcal{A}=\psi\sigma$。最后证明假如还有一个从 M/M_0 到 W 的线性映射 ψ_1，使得 $\mathcal{A}=\psi_1\sigma$，则 $\psi_1=\psi$。于是根据定义 1 得，(T,σ) 是 V 与 U 的一个张量积。$T=M/M_0$ 中任一元素可表示为

$$\sum_i k_i(\alpha_i,\beta_i)+M_0 = \sum_i k_i[(\alpha_i,\beta_i)+M_0] = \sum_i k_i\sigma(\alpha_i,\beta_i)。$$

把 $\sigma(\alpha_i,\beta_i)$ 简记成 $\alpha_i\otimes\beta_i$，则 T 中任一元素可表示为

$$\sum_i k_i(\alpha_i\otimes\beta_i), \tag{59}$$

(59)式中的和是有限和。由于 $\alpha_i\otimes\beta_i = (\alpha_i,\beta_i)+M_0$，因此 $\alpha_i\otimes\beta_i$ 的表法不唯一，从而 T 中任一元素表示成(59)式的形式时表法不唯一。

例 3　设 V,U 分别是域 F 上 n 维、m 维线性空间，$n\geqslant 2$，$m\geqslant 2$。V 中取一个基 α_1，$\alpha_2,\cdots,\alpha_n$；U 中取一个基 $\beta_1,\beta_2,\cdots,\beta_m$。证明：对于任意 $\alpha\in V$，$\beta\in U$，$\alpha\otimes\beta$ 不能表示成两个或两个以上的形如 $\alpha_i\otimes\beta_i$ 的基向量的和。

证明　假如有 $\alpha = \displaystyle\sum_{i=1}^n a_i\alpha_i \in V$，$\beta = \displaystyle\sum_{j=1}^m b_j\beta_j \in U$，使得

$$\alpha\otimes\beta = \sum_{l=1}^r \alpha_{i_l}\otimes\beta_{i_l}, \quad r\geqslant 2,$$

则

$$\sum_{i=1}^n\sum_{j=1}^m a_ib_j(\alpha_i\otimes\beta_j) = \sum_{l=1}^r \alpha_{i_l}\otimes\beta_{i_l},$$

由此得出

$$a_{i_1}b_{i_1} = 1, \quad a_{i_1}b_{i_2} = 0, \quad a_{i_2}b_{i_2} = 1,$$

从而 $a_{i_1}\neq 0$，$b_{i_2}=0$，于是 $a_{i_2}b_{i_2}=0$，矛盾。因此对于任意 $\alpha\in V$，$\beta\in U$，$\alpha\otimes\beta$ 不能表示成

两个或两个以上的形如 $\alpha_i \otimes \beta_i$ 的基向量的和。

点评：例 3 表明，对于任意 $i_1 \neq i_2$，$\alpha_{i_1} \otimes \beta_{i_1} + \alpha_{i_2} \otimes \beta_{i_2}$ 不能写成 $\alpha \otimes \beta$ 的形式。同样的方法可证明，$\alpha_{i_1} \otimes \beta_{i_1} - \alpha_{i_2} \otimes \beta_{i_2}$，$\alpha_{i_1} \otimes \beta_{i_1} \pm \alpha_{i_2} \otimes \beta_{i_1}$ 也不能表示成 $\alpha \otimes \beta$ 的形式。这个结论在量子力学中有用。

例 4 设 V 是域 F 上的 n 维线性空间，证明：存在 $V^* \otimes V$ 到 $\mathrm{Hom}(V,V)$ 的一个同构映射 ψ，满足

$$[\psi(f \otimes \alpha)]\beta = f(\beta)\alpha, \qquad \forall \alpha,\beta \in V, \qquad f \in V^*; \tag{60}$$

$$\mathrm{tr}[\psi(f \otimes \alpha)] = f(\alpha)。 \tag{61}$$

证明 在 V 中取一个基 $\alpha_1,\alpha_2,\cdots,\alpha_n$，对于任意给定的 $(f,\alpha) \in V^* \times V$，其中 $\alpha = \sum_{i=1}^{n} a_i\alpha_i$，定义 V 上的一个线性变换 $\mathcal{A}_{(f,\alpha)}$，使得

$$\mathcal{A}_{(f,\alpha)}(\alpha_1,\alpha_2,\cdots,\alpha_n) = (\alpha_1,\alpha_2,\cdots,\alpha_n)\begin{bmatrix} f(\alpha_1)a_1 & f(\alpha_2)a_1 & \cdots & f(\alpha_n)a_1 \\ f(\alpha_1)a_2 & f(\alpha_2)a_2 & \cdots & f(\alpha_n)a_2 \\ \vdots & \vdots & & \vdots \\ f(\alpha_1)a_n & f(\alpha_2)a_n & \cdots & f(\alpha_n)a_n \end{bmatrix},$$

把上式右端的 n 级矩阵记作 $\boldsymbol{A}$，令

$$\mathcal{A}: V^* \times V \longrightarrow \mathrm{Hom}(V,V)$$
$$(f,\alpha) \longmapsto \mathcal{A}_{(f,\alpha)},$$

容易直接验证 $\mathcal{A}$ 是 $V^* \times V$ 到 $\mathrm{Hom}(V,V)$ 的一个双线性映射。根据张量积的特征性质得，存在 $V^* \otimes V$ 到 $\mathrm{Hom}(V,V)$ 的唯一的线性映射 ψ，使得 $\mathcal{A} = \psi\sigma$，于是对任意 $f \in V^*$，$\alpha = \sum_{i=1}^{n} a_i\alpha_i \in V$，有

$$\psi(f \otimes \alpha) = \psi\sigma(f,\alpha) = \mathcal{A}(f,\alpha) = \mathcal{A}_{(f,\alpha)}, \tag{62}$$

$$[\psi(f \otimes \alpha)]\beta = \mathcal{A}_{(f,\alpha)}(\beta) = \mathcal{A}_{(f,\alpha)}\left(\sum_{j=1}^{n} b_j\alpha_j\right) = \sum_{j=1}^{n} b_j\mathcal{A}_{(f,\alpha)}(\alpha_j) = \sum_{j=1}^{n} b_j\left(\sum_{i=1}^{n} f(\alpha_j)a_i\alpha_i\right)$$

$$= \sum_{i=1}^{n}\left(\sum_{j=1}^{n} b_j f(\alpha_j)\right)a_i\alpha_i = \sum_{i=1}^{n} f\left(\sum_{j=1}^{n} b_j\alpha_j\right)a_i\alpha_i$$

$$= \sum_{i=1}^{n} f(\beta)a_i\alpha_i = f(\beta)\sum_{i=1}^{n} a_i\alpha_i = f(\beta)\alpha, \forall \beta \in V, \tag{63}$$

$$\mathrm{tr}[\psi(f \otimes \alpha)] = \mathrm{tr}(\mathcal{A}_{(f,\alpha)}) = \mathrm{tr}(\boldsymbol{A}) = \sum_{i=1}^{n} f(\alpha_i)a_i = f\left(\sum_{i=1}^{n} a_i\alpha_i\right) = f(\alpha)。 \tag{64}$$

下面来证 ψ 是满射。任取 $\mathcal{H} \in \mathrm{Hom}(V,V)$，设 $\mathcal{H}$ 在 V 的基 $\alpha_1,\alpha_2,\cdots,\alpha_n$ 下的矩阵为 $\boldsymbol{H}$，设 $\boldsymbol{H}$ 的秩为 r，则 $\boldsymbol{H} = \boldsymbol{H}_1 + \boldsymbol{H}_2 + \cdots + \boldsymbol{H}_r$，其中 $\boldsymbol{H}_i$ 的秩为 1，$i = 1,2,\cdots,r$。根据本套教材上册习题 4.3 的第 18 题得，$\boldsymbol{H}_i = \boldsymbol{x}_i\boldsymbol{y}_i'$，其中 $\boldsymbol{x}_i = (x_{i1},x_{i2},\cdots,x_{in})'$，$\boldsymbol{y}_i = (y_{i1},y_{i2},\cdots,y_{in})'$。令 $\eta_i = \sum_{j=1}^{n} x_{ij}\alpha_j$，定义 V 上的一个线性函数 g_i，使得 $g_i(\alpha_j) = y_{ij}$，$j = 1,2,\cdots,n$，则

$$H_i = \begin{bmatrix} x_{i1}g_i(\alpha_1) & x_{i1}g_i(\alpha_2) & \cdots & x_{i1}g_i(\alpha_n) \\ x_{i2}g_i(\alpha_1) & x_{i2}g_i(\alpha_2) & \cdots & x_{i2}g_i(\alpha_n) \\ \vdots & \vdots & & \vdots \\ x_{in}g_i(\alpha_1) & x_{in}g_i(\alpha_2) & \cdots & x_{in}g_i(\alpha_n) \end{bmatrix},$$

定义 V 上的线性变换 $\mathcal{H}_i$，使得 $\mathcal{H}_i$ 在基 $\alpha_1,\alpha_2,\cdots,\alpha_n$ 下的矩阵为 H_i，则

$$\mathcal{H}_i = \mathcal{A}_{(g_i,\eta_i)} = \psi(g_i \otimes \eta_i), \qquad i=1,2,\cdots,r,$$

于是

$$\mathcal{H} = \sum_{i=1}^r \mathcal{H}_i = \sum_{i=1}^r \psi(g_i \otimes \eta_i) = \psi\Big(\sum_{i=1}^r g_i \otimes \eta_i\Big),$$

因此 ψ 是满射。由于

$$\dim V^* \otimes V = (\dim V^*)(\dim V) = n^2 = \dim \mathrm{Hom}(V,V),$$

因此 $V^* \otimes V$ 到 $\mathrm{Hom}(V,V)$ 的线性映射 ψ 也是单射，从而 ψ 是双射，所以 ψ 是 $V^* \otimes V$ 到 $\mathrm{Hom}(V,V)$ 的一个同构映射。■

例 5　设 V_1,V_2,U_1,U_2 都是域 F 上的有限维线性空间，令

$$\mathcal{A}: \mathcal{K}(V_1,V_2) \times \mathcal{K}(U_1,U_2) \longrightarrow \mathcal{K}(V_1,V_2,U_1,U_2)$$
$$(f,g) \longmapsto \mathcal{A}(f,g),$$

其中，$\mathcal{A}(f,g)(\alpha_1,\alpha_2,\beta_1,\beta_2) = f(\alpha_1,\alpha_2)g(\beta_1,\beta_2), \alpha_i \in V_i, \beta_i \in U_i, i=1,2$。　　　(65)

证明：　　　　　　$\mathcal{K}(V_1,V_2) \otimes \mathcal{K}(U_1,U_2) \cong \mathcal{K}(V_1,V_2,U_1,U_2)$。　　　　　(66)

证明　容易验证 $\mathcal{A}$ 是 $\mathcal{K}(V_1,V_2) \times \mathcal{K}(U_1,U_2)$ 到 $\mathcal{K}(V_1,V_2,U_1,U_2)$ 的一个双线性映射。根据张量积的特征性质得，存在 $\mathcal{K}(V_1,V_2) \otimes \mathcal{K}(U_1,U_2)$ 到 $\mathcal{K}(V_1,V_2,U_1,U_2)$ 的唯一的线性映射 ψ，使得 $\mathcal{A} = \psi\sigma$。于是对任意 $f \in \mathcal{K}(V_1,V_2), g \in \mathcal{K}(U_1,U_2)$，有

$$\psi(f \otimes g) = \psi\sigma(f,g) = \mathcal{A}(f,g),$$
$$\psi(f \otimes g)(\alpha_1,\alpha_2,\beta_1,\beta_2) = f(\alpha_1,\alpha_2)g(\beta_1,\beta_2),$$

其中 $\alpha_i \in V_i, \beta_i \in U_i, i=1,2$。

在 V_i 中取一个基 $\alpha_{i1},\alpha_{i2},\cdots,\alpha_{im_i}(i=1,2)$；在 U_i 中取一个基 $\beta_{i1},\beta_{i2},\cdots,\beta_{im_i}(i=1,2)$。根据 11.1 节定理 2 得，$\mathcal{K}(V_1,V_2)$ 的一个基为 $f_{k_1k_2}(1 \leqslant k_i \leqslant n_i, i=1,2)$，其中

$$f_{k_1k_2}(\alpha_{1j_1},\alpha_{2j_2}) = \delta_{j_1k_1}\delta_{j_2k_2},$$

$\mathcal{K}(U_1,U_2)$ 的一个基为 $g_{k_3k_4}(1 \leqslant k_3 \leqslant m_1, 1 \leqslant k_4 \leqslant m_2)$，其中

$$g_{k_3k_4}(\beta_{1j_3},\beta_{2j_4}) = \delta_{j_3k_3}\delta_{j_4k_4},$$

$\mathcal{K}(V_1,V_2,U_1,U_2)$ 的一个基为 $h_{k_1k_2k_3k_4}(1 \leqslant k_1 \leqslant n_1, 1 \leqslant k_2 \leqslant n_2, 1 \leqslant k_3 \leqslant m_1, 1 \leqslant k_4 \leqslant m_2)$，其中

$$h_{k_1k_2k_3k_4}(\alpha_{1j_1},\alpha_{2j_2},\beta_{1j_3},\beta_{2j_4}) = \delta_{j_1k_1}\delta_{j_2k_2}\delta_{j_3k_3}\delta_{j_4k_4},$$

从而 $\mathcal{K}(V_1,V_2) \otimes \mathcal{K}(U_1,U_2)$ 的一个基为

$$f_{k_1k_2} \otimes g_{k_3k_4}(1 \leqslant k_1 \leqslant n_1, 1 \leqslant k_2 \leqslant n_2, 1 \leqslant k_3 \leqslant m_1, 1 \leqslant k_4 \leqslant m_2)。$$

由于对于 $1 \leqslant j_1 \leqslant n_1, 1 \leqslant j_2 \leqslant n_2, 1 \leqslant j_3 \leqslant m_1, 1 \leqslant j_4 \leqslant m_2$，有

$$[\psi(f_{k_1k_2} \otimes g_{k_3k_4})](\alpha_{1j_1},\alpha_{2j_2},\beta_{1j_3},\beta_{2j_4}) = f_{k_1k_2}(\alpha_{1j_1},\alpha_{2j_2})g_{k_3k_4}(\beta_{1j_3},\beta_{2j_4})$$

$$= \delta_{j_1 k_1} \delta_{j_2 k_2} \delta_{j_3 k_3} \delta_{j_4 k_4}$$
$$= h_{k_1 k_2 k_3 k_4}(\alpha_{1j_1}, \alpha_{2j_2}, \beta_{1j_3}, \beta_{2j_4}),$$

因此 $\qquad \psi(f_{k_1 k_2} \otimes g_{k_3 k_4}) = h_{k_1 k_2 k_3 k_4},$

其中 $1 \leqslant k_1 \leqslant n_1, 1 \leqslant k_2 \leqslant n_2, 1 \leqslant k_3 \leqslant m_1, 1 \leqslant k_4 \leqslant m_2$，从而 ψ 把 $\mathscr{K}(V_1, V_2) \otimes \mathscr{K}(U_1, U_2)$ 的一个基映成 $\mathscr{K}(V_1, V_2, U_1, U_2)$ 的一个基。因此线性映射 ψ 是一个同构映射，于是

$$\mathscr{K}(V_1, V_2) \otimes \mathscr{K}(U_1, U_2) \cong \mathscr{K}(V_1, V_2, U_1, U_2)。 \qquad ∎$$

例6 设 A, B 分别是域 F 上的 n 级、m 级矩阵，证明：$A \otimes B$ 与 $B \otimes A$ 相似。

证明 设 V, U 分别是域 F 上 n 维、m 维线性空间。V 中取一个基 $\alpha_1, \alpha_2, \cdots, \alpha_n$；$U$ 中取一个基 $\beta_1, \beta_2, \cdots, \beta_m$。设 $\mathscr{A}$ 是 V 上的一个线性变换，它在基 $\alpha_1, \alpha_2, \cdots, \alpha_n$ 下的矩阵为 A；$\mathscr{B}$ 是 U 上的一个线性变换，它在基 $\beta_1, \beta_2, \cdots, \beta_m$ 下的矩阵为 B，则 $\mathscr{A} \otimes \mathscr{B}$ 是 $V \otimes U$ 上的一个线性变换，它在 $V \otimes U$ 的一个基

$$\alpha_1 \otimes \beta_1, \cdots, \alpha_1 \otimes \beta_m, \cdots, \alpha_n \otimes \beta_1, \cdots, \alpha_n \otimes \beta_m$$

下的矩阵为 $A \otimes B$。设 $\mathscr{A} \otimes \mathscr{B}$ 在 $V \otimes U$ 的一个基

$$\alpha_1 \otimes \beta_1, \cdots, \alpha_n \otimes \beta_1, \cdots, \alpha_1 \otimes \beta_m, \cdots, \alpha_n \otimes \beta_m$$

下的矩阵为 H。把 H 分块：H 的行分成 m 组，每组有 n 行；H 的列分成 m 组，每组有 n 列。从 (38) 式得，H 的 (p, q) 块为下述 n 级矩阵：

$$\begin{pmatrix} b_{pq}a_{11} & b_{pq}a_{12} & \cdots & b_{pq}a_{1n} \\ b_{pq}a_{21} & b_{pq}a_{22} & \cdots & b_{pq}a_{2n} \\ \vdots & \vdots & & \vdots \\ b_{pq}a_{n1} & b_{pq}a_{n2} & \cdots & b_{pq}a_{nn} \end{pmatrix} = b_{pq}A,$$

于是

$$H = \begin{pmatrix} b_{11}A & b_{12}A & \cdots & b_{1m}A \\ b_{21}A & b_{22}A & \cdots & b_{2m}A \\ \vdots & \vdots & & \vdots \\ b_{m1}A & b_{m2}A & \cdots & b_{mm}A \end{pmatrix} = B \otimes A。 \qquad (67)$$

由于 $\mathscr{A} \otimes \mathscr{B}$ 在 $V \otimes U$ 的不同基下的矩阵是相似的，因此

$$A \otimes B \sim B \otimes A。 \qquad ∎$$

例7 设 V, U 分别是域 F 上 n 维、m 维线性空间，$\mathscr{A}, \mathscr{B}$ 分别是 V, U 上的线性变换。证明：如果 $\mathscr{A}, \mathscr{B}$ 分别可对角化，那么 $\mathscr{A} \otimes \mathscr{B}$ 也可对角化。

证明 V 中取一个基 $\alpha_1, \alpha_2, \cdots, \alpha_n$；$U$ 中取一个基 $\beta_1, \beta_2, \cdots, \beta_m$，则 $\mathscr{A} \otimes \mathscr{B}$ 在 $V \otimes U$ 的基

$$\alpha_1 \otimes \beta_1, \cdots, \alpha_1 \otimes \beta_m, \cdots, \alpha_n \otimes \beta_1, \cdots, \alpha_n \otimes \beta_m$$

下的矩阵为 $A \otimes B$。由于 $\mathscr{A}, \mathscr{B}$ 分别可对角化，因此 A, B 分别可对角化，从而存在域 F 上 n 级、m 级可逆矩阵 P, Q，使得

$$P^{-1}AP = D_1, \qquad Q^{-1}BQ = D_2,$$

其中 D_1, D_2 分别是 n 级、m 级对角矩阵，其主对角元分别是 $d_{11}, d_{12}, \cdots, d_{1n}; d_{21}, d_{22}, \cdots,$

d_{2m}，于是

$$(\boldsymbol{P} \otimes \boldsymbol{Q})^{-1}(\boldsymbol{A} \otimes \boldsymbol{B})(\boldsymbol{P} \otimes \boldsymbol{Q}) = (\boldsymbol{P}^{-1} \otimes \boldsymbol{Q}^{-1})(\boldsymbol{A}\boldsymbol{P} \otimes \boldsymbol{B}\boldsymbol{Q})$$
$$= \boldsymbol{P}^{-1}\boldsymbol{A}\boldsymbol{P} \otimes \boldsymbol{Q}^{-1}\boldsymbol{B}\boldsymbol{Q} = \boldsymbol{D}_1 \otimes \boldsymbol{D}_2 \,。$$

容易看出，$\boldsymbol{D}_1 \otimes \boldsymbol{D}_2$ 是 nm 级对角矩阵，其主对角元为

$$d_{11}d_{21},d_{11}d_{22},\cdots,d_{11}d_{2m},\cdots,d_{1n}d_{21},\cdots,d_{1n}d_{2m},$$

因此 $\boldsymbol{A} \otimes \boldsymbol{B}$ 可对角化，从而 $\mathcal{A} \otimes \mathcal{B}$ 可对角化。 ■

例 8　条件同例 7，设 $\mathcal{A}, \mathcal{B}$ 分别可对角化，且 $\mathcal{A}$ 的全部特征值为 $\lambda_1, \lambda_2, \cdots, \lambda_n$；$\mathcal{B}$ 的全部特征值为 $\mu_1, \mu_2, \cdots, \mu_m$。求 $\mathcal{A} \otimes \mathcal{B}$ 的全部特征值。

解　由例 7 知道，$\mathcal{A} \otimes \mathcal{B}$ 也可对角化。$\mathcal{A}$ 的相似标准形 $\boldsymbol{D}_1 = \mathrm{diag}\{\lambda_1, \lambda_2, \cdots, \lambda_n\}$；$\mathcal{B}$ 的相似标准形 $\boldsymbol{D}_2 = \mathrm{diag}\{\mu_1, \mu_2, \cdots, \mu_m\}$。从例 7 知道，$\mathcal{A} \otimes \mathcal{B}$ 的相似标准形为 $\boldsymbol{D}_1 \otimes \boldsymbol{D}_2 = \mathrm{diag}\{\lambda_1\mu_1, \cdots, \lambda_1\mu_m, \cdots, \lambda_n\mu_1, \cdots, \lambda_n\mu_m\}$。因此 $\mathcal{A} \otimes \mathcal{B}$ 的全部特征值为

$$\lambda_1\mu_1, \lambda_1\mu_2, \cdots, \lambda_1\mu_m, \cdots, \lambda_n\mu_1, \cdots, \lambda_n\mu_m$$

例 9　设 V 是域 F 上的线性空间，$\mathcal{A}, \mathcal{B}$ 都是 V 上的线性变换。证明：存在 $V \otimes V$ 上的唯一的线性变换，记作 $\mathcal{A} \circ \mathcal{B}$，使得

$$(\mathcal{A} \circ \mathcal{B})(\alpha \otimes \beta) = \mathcal{B}\alpha \otimes \mathcal{A}\beta, \qquad \forall \alpha, \beta \in V。 \tag{68}$$

证明　定义 $V \times V$ 到 $V \otimes V$ 的一个映射 G 如下：

$$G(\alpha, \beta) = \mathcal{B}\alpha \otimes \mathcal{A}\beta, \quad \forall \alpha, \beta \in V， \tag{69}$$

容易直接验证 G 是一个双线性映射，从而根据张量积的特征性质得，存在 $V \otimes V$ 到 $V \otimes V$ 的唯一的线性映射 ψ，使得 $G = \psi\sigma$。于是对任意 $\alpha, \beta \in V$，有

$$\psi(\alpha \otimes \beta) = \psi\sigma(\alpha, \beta) = G(\alpha, \beta) = \mathcal{B}\alpha \otimes \mathcal{A}\beta,$$

把 ψ 记作 $\mathcal{A} \circ \mathcal{B}$，便得到 (68) 式。 ■

点评：从例 9 的证明再一次看到张量积的特征性质是张量积这个概念的精髓。

例 10　设 V_r 是域 F 上的线性空间，$r = 1, 2, \cdots$。考虑下述形式的无穷序列：

$$(\alpha_1, \alpha_2, \cdots), \quad \alpha_i \in V_i, i = 1, 2, \cdots \tag{70}$$

在只有有限多个分量不为零的形如 (70) 式的无穷序列组成的集合中，规定

$$(\alpha_1, \alpha_2, \cdots) + (\beta_1, \beta_2, \cdots) = (\alpha_1 + \beta_1, \alpha_2 + \beta_2, \cdots\cdots),$$
$$k(\alpha_1, \alpha_2, \cdots) = (k\alpha_1, k\alpha_2, \cdots),$$

显然这是该集合的加法运算，以及域 F 中元素与该集合的元素的纯量乘法运算。容易看出，它们满足线性空间定义中 8 条运算法则，因此只有有限多个分量不为零的形如 (70) 式的无穷序列组成的集合成为域 F 上的一个线性空间，称它为 $V_1, V_2, \cdots$ 的**外直和**，记作

$$V_1 \dotplus V_2 \dotplus \cdots = \mathop{\dotplus}\limits_{i=1}^{\infty} V_i。 \tag{71}$$

在 $\mathop{\dotplus}\limits_{i=1}^{\infty} V_i$ 中，除去第 i 个分量外全为零的序列组成的子集显然是一个子空间，记作 V_i'。证明：

$$V_i' \cong V_i, \tag{72}$$

并且 $\mathop{\dotplus}\limits_{i=1}^{\infty} V_i$ 中的元素 α 可以唯一地表示成

$$\alpha = \alpha_{i_1} + \alpha_{i_2} + \cdots + \alpha_{i_t},$$

其中 $\alpha_{i_j} \in V'_{i_j}, j=1,2,\cdots,t$。

证明 令 τ_i：
$$V'_i \longrightarrow V_i$$
$$(0,\cdots,0,\alpha_i,0,\cdots,0) \longmapsto \alpha_i,$$

显然 τ_i 是 V'_i 到 V_i 的一个映射，且 τ_i 是单射、满射，从而 τ_i 是双射。容易看出 τ_i 保持加法和纯量乘法运算，因此 τ_i 是 V'_i 到 V_i 的一个同构映射，从而 $V'_i \cong V_i$。

显然 $\overset{\infty}{\underset{i=1}{\dotplus}} V_i$ 中任一元素 α 可以唯一地表示成
$$\alpha = \alpha_{i_1} + \alpha_{i_2} + \cdots + \alpha_{i_t},$$

其中 $\alpha_{i_j} \in V'_{i_j}, j=1,2,\cdots,t$。 ■

点评：在例 10 中，由于 $V'_i \cong V_i$，因此为简单起见，可以把 V'_i 与 V_i 等同，从而把 $(0,\cdots,0,\alpha_i,0,\cdots,0)$ 与 α_i 等同，于是 $\overset{\infty}{\underset{i=1}{\dotplus}} V_i$ 中任一元素 α 可以唯一表示成
$$\alpha = \alpha_{i_1} + \alpha_{i_2} + \cdots + \alpha_{i_t}, \quad \alpha_{i_j} \in V_{i_j}, \quad j=1,2,\cdots,t。$$

为了便于书写，把 $\overset{\infty}{\underset{i=1}{\dotplus}} V_i$ 写成 $\overset{\infty}{\underset{i=1}{\oplus}} V_i$。

例 11 设 V_r 是域 F 上 n_r 维线性空间，$\alpha_{r1}, \alpha_{r2}, \cdots, \alpha_{rn_r}$ 是 V_r 的一个基，$r=1,2,\cdots$。证明：
$$S = \{\alpha_{r1}, \alpha_{r2}, \cdots, \alpha_{rn_r} (r=1,2,\cdots)\}$$

是 $\overset{\infty}{\underset{r=1}{\oplus}} V_r$ 的一个基。

证明 由于 $\alpha_{r1}, \alpha_{r2}, \cdots, \alpha_{rn_r}$ 是 V_r 的一个基，且 α_{rj} 表示第 r 个分量为 α_{rj}，其余分量全为 0 的无穷序列，因此容易证明 S 中任意一个有限子集是线性无关的，从而 S 是线性无关的。$\overset{\infty}{\underset{r=1}{\oplus}} V_r$ 中任一元素 α 可表示成
$$\alpha = \alpha_{i_1} + \alpha_{i_2} + \cdots + \alpha_{i_t}, \quad \alpha_{i_j} \in V_{i_j}, j=1,2,\cdots,t,$$

而 α_{i_j} 可以表示成 V_{i_j} 中基向量的线性组合，因此 α 可以表示成 S 中有限多个向量的线性组合，于是 S 是 $\overset{\infty}{\underset{r=1}{\oplus}} V_r$ 的一个基。 ■

11.3 张 量 代 数

11.3.1 内容精华

一、张量的概念

设 V 是域 F 上的 n 维线性空间，q 个 V 的张量积
$$T^q(V) = V \otimes \cdots \otimes V \tag{1}$$
中任一元素称为 V 上的一个 **q 秩反变张量**（q-contravariant tensor）；p 个 V^* 的张量积
$$T_p(V) = V^* \otimes \cdots \otimes V^* \tag{2}$$
中任一元素称为 V 上的一个 **p 秩协变张量**（p-covariant tensor）；p 个 V^* 与 q 个 V 的

张量积

$$T_p^q(V) = V^* \otimes \cdots \otimes V^* \otimes V \otimes \cdots \otimes V \qquad (3)$$

中任一元素称为 V 上的一个 **(p,q)型张量**，也称为 V 上的一个 **p 秩协变且 q 秩反变的混合张量**(p-covariant and q-contravariant mixed tensor)。

V 中取定一个基 $\alpha_1, \alpha_2, \cdots, \alpha_n$，$V^*$ 中的对偶基记作 $\alpha^1, \alpha^2, \cdots, \alpha^n$(注意这里的上指标不是指数)。$T^q(V)$(或 $T_p(V)$，或 $T_p^q(V)$)中的张量如何简捷地表示成一个基的线性组合? 当基变换时，坐标变换如何简捷、紧凑地描述? 先看 $T^1(V) = V$，以及 $T_1(V) = V^*$ 的情形。

任给 $\alpha \in V$，设 $\alpha = \sum\limits_{i=1}^n a_i \alpha_i$。由于基向量 α_i 用的是下指标，因此系数 a_i 改用上指标 a^i(注意 i 不是指数)，于是写成 $\alpha = \sum\limits_{i=1}^n a^i \alpha_i$。为了紧凑起见，把连加号省略不写出，即写成 $\alpha = a^i \alpha_i$。α 在基 $\alpha_1, \alpha_2, \cdots, \alpha_n$ 下的坐标为 $(a^1, a^2, \cdots, a^n)'$，也可写成 $\{a^i \mid i = 1, 2, \cdots, n\}$。

在 V 中取另一个基 $\eta_1, \eta_2, \cdots, \eta_n$，采用上述写法，则

$$\eta_j = a_j^i \alpha_i, \qquad j = 1, 2, \cdots, n, \qquad (4)$$

于是基 $\alpha_1, \alpha_2, \cdots, \alpha_n$ 到基 $\eta_1, \eta_2, \cdots, \eta_n$ 的过渡矩阵 $\boldsymbol{A}$ 为

$$\boldsymbol{A} = \begin{pmatrix} a_1^1 & a_2^1 & \cdots & a_n^1 \\ a_1^2 & a_2^2 & \cdots & a_n^2 \\ \vdots & \vdots & & \vdots \\ a_1^n & a_2^n & \cdots & a_n^n \end{pmatrix}. \qquad (5)$$

任给 $f \in V^*$，设 $f = \sum\limits_{i=1}^n b_i \alpha^i$(由于基向量 α^i 用的是上指标，因此系数 b_i 用下指标)，把连加号省略不写出，记成 $f = b_i \alpha^i$。V 的基 $\eta_1, \eta_2, \cdots, \eta_n$ 在 V^* 中的对偶基记成 $\eta^1, \eta^2, \cdots, \eta^n$，$V^*$ 中基 $\alpha^1, \alpha^2, \cdots, \alpha^n$ 到基 $\eta^1, \eta^2, \cdots, \eta^n$ 的过渡矩阵记作 $\boldsymbol{B}$。设

$$\eta^j = b_i^j \alpha^i, \qquad j = 1, 2, \cdots, n, \qquad (6)$$

则

$$\boldsymbol{B} = \begin{pmatrix} b_1^1 & b_1^2 & \cdots & b_1^n \\ b_2^1 & b_2^2 & \cdots & b_2^n \\ \vdots & \vdots & & \vdots \\ b_n^1 & b_n^2 & \cdots & b_n^n \end{pmatrix}. \qquad (7)$$

根据 9.10 节定理 1，$\boldsymbol{B} = (\boldsymbol{A}^{-1})'$。由于

$$(\alpha_1, \alpha_2, \cdots, \alpha_n) = (\eta_1, \eta_2, \cdots, \eta_n)\boldsymbol{A}^{-1} = (\eta_1, \eta_2, \cdots, \eta_n)\boldsymbol{B}',$$
$$(\alpha^1, \alpha^2, \cdots, \alpha^n) = (\eta^1, \eta^2, \cdots, \eta^n)\boldsymbol{B}^{-1} = (\eta^1, \eta^2, \cdots, \eta^n)\boldsymbol{A}',$$

因此 V 中的基变换公式和 V^* 中的基变换公式分别为

$$\alpha_j = b_j^i \eta_i, \qquad j = 1, 2, \cdots, n; \qquad (8)$$
$$\alpha^j = a_i^j \eta^i, \qquad j = 1, 2, \cdots, n. \qquad (9)$$

现在来看 V 中的向量 α 在上述基变换(8)式下的坐标变换公式如何简捷、紧凑地描述。设

$$\alpha = x^i \alpha_i, \qquad \alpha = y^i \eta_i,$$

根据坐标变换公式 $\boldsymbol{x}=\boldsymbol{Ay}$,以及 $\boldsymbol{y}=\boldsymbol{A}^{-1}\boldsymbol{x}$,分别得

$$x^i = a_l^i y^l, \qquad i = 1,2,\cdots,n; \tag{10}$$

$$y^i = b_l^i x^l, \qquad i = 1,2,\cdots,n。 \tag{11}$$

(10)、(11)式右端都省略未写出连加号 $\sum\limits_{l=1}^{n}$,这样就简洁、紧凑地表示了 V 中向量 α 在不同基下的坐标之间的关系。

现在考虑一般情形。先看 $T^q(V)$,它的两个基分别为

$$\alpha_{i_1} \otimes \alpha_{i_2} \otimes \cdots \otimes \alpha_{i_q}, \ 1 \leqslant i_l \leqslant n, \ l = 1,2,\cdots,q;$$

$$\eta_{j_1} \otimes \eta_{j_2} \otimes \cdots \otimes \eta_{j_q}, \ 1 \leqslant j_t \leqslant n, \ t = 1,2,\cdots,q。$$

$T^q(V)$ 中任一张量 $\boldsymbol{\alpha}$ 分别由上述两个基线性表出,紧凑地写成

$$\boldsymbol{\alpha} = a^{i_1 i_2 \cdots i_q} \alpha_{i_1} \otimes \alpha_{i_2} \otimes \cdots \otimes \alpha_{i_q}, \tag{12}$$

$$\boldsymbol{\alpha} = \tilde{a}^{j_1 j_2 \cdots j_q} \eta_{j_1} \otimes \eta_{j_2} \otimes \cdots \otimes \eta_{j_q}, \tag{13}$$

把 V 中基变换的(8)式代入(12)式,得

$$\boldsymbol{\alpha} = a^{i_1 i_2 \cdots i_q} (b_{i_1}^{j_1} \eta_{j_1}) \otimes (b_{i_2}^{j_2} \eta_{j_2}) \otimes \cdots \otimes (b_{i_q}^{j_q} \eta_{j_q})$$

$$= b_{i_1}^{j_1} b_{i_2}^{j_2} \cdots b_{i_q}^{j_q} a^{i_1 i_2 \cdots i_q} \eta_{j_1} \otimes \eta_{j_2} \otimes \cdots \otimes \eta_{j_q}。 \tag{14}$$

从(13)、(14)式得

$$\tilde{a}^{j_1 j_2 \cdots j_q} = b_{i_1}^{j_1} b_{i_2}^{j_2} \cdots b_{i_q}^{j_q} a^{i_1 i_2 \cdots i_q}。 \tag{15}$$

(15)式刻画了 $T^q(V)$ 中任一张量 $\boldsymbol{\alpha}$ 在不同基下的坐标之间的关系(注意(15)式是一个简洁、紧凑的写法,实际上其右端有 q 个连加号:$\sum\limits_{i_1=1}^{n} \sum\limits_{i_2=1}^{n} \cdots \sum\limits_{i_q=1}^{n}$)。

$T^q(V)$ 中一个张量 $\boldsymbol{\alpha}$ 在取定的一个基 $\alpha_{i_1} \otimes \alpha_{i_2} \otimes \cdots \otimes \alpha_{i_q}$($1 \leqslant i_l \leqslant n, l = 1,2,\cdots, q$) 下的坐标

$$\{a^{i_1 i_2 \cdots i_q} \mid 1 \leqslant i_l \leqslant n, l = 1,2,\cdots,q\} \tag{16}$$

也称为 V 上的一个 q 秩反变张量,其分量随着 V 中的基变换 $\alpha_j = b_j^i \eta_i$($j=1,2,\cdots,n$),按照(15)式变换。

类似地,考虑 p 个 V^* 的张量积:

$$T_p(V) = V^* \otimes \cdots \otimes V^*, \tag{17}$$

它的两个基分别为

$$\alpha^{i_1} \otimes \alpha^{i_2} \otimes \cdots \otimes \alpha^{i_p}, \ 1 \leqslant i_l \leqslant n, l = 1,2,\cdots,p; \tag{18}$$

$$\eta^{j_1} \otimes \eta^{j_2} \otimes \cdots \otimes \eta^{j_p}, \ 1 \leqslant j_t \leqslant n, t = 1,2,\cdots,p。 \tag{19}$$

任取 $\boldsymbol{f} \in T_p(V)$,设

$$\boldsymbol{f} = b_{i_1 i_2 \cdots i_p} \alpha^{i_1} \otimes \alpha^{i_2} \otimes \cdots \otimes \alpha^{i_p}; \tag{20}$$

$$\boldsymbol{f} = \tilde{b}_{j_1 j_2 \cdots j_p} \eta^{j_1} \otimes \eta^{j_2} \otimes \cdots \otimes \eta^{j_p}。 \tag{21}$$

把 V^* 基变换的(9)式代入(20)式,得

$$\boldsymbol{f} = b_{i_1 i_2 \cdots i_p} (a_{j_1}^{i_1} \eta^{j_1}) \otimes (a_{j_2}^{i_2} \eta^{j_2}) \otimes \cdots \otimes (a_{j_p}^{i_p} \eta^{j_p})$$

$$= a_{j_1}^{i_1} a_{j_2}^{i_2} \cdots a_{j_p}^{i_p} b_{i_1 i_2 \cdots i_p} \eta^{j_1} \otimes \eta^{j_2} \otimes \cdots \otimes \eta^{j_p}。 \tag{22}$$

由(21)式和(22)式得

$$\tilde{b}_{j_1 j_2 \cdots j_p} = a_{j_1}^{i_1} a_{j_2}^{i_2} \cdots a_{j_p}^{i_p} b_{i_1 i_2 \cdots i_p}。 \tag{23}$$

(23)式刻画了 $T_p(V)$ 中任一张量 f 在不同基下的坐标之间的关系(注意(23)式右端省略了 p 个连加号未写出)。

$T_p(V)$ 中一个张量 f 在取定的一个基(由(18)式给出)下的坐标

$$\{b_{i_1 i_2 \cdots i_p} \mid 1 \leqslant i_l \leqslant n, l = 1, 2, \cdots, p\} \tag{24}$$

也称为 V 上的一个 **p 秩协变张量**,其分量随着 V^* 中由(9)式给出的基变换,按照(23)式变换。

最后,考虑 p 个 V^* 与 q 个 V 的张量积:

$$T_p^q(V) = V^* \otimes \cdots \otimes V^* \otimes V \otimes \cdots \otimes V, \tag{25}$$

它的两个基分别为

$$\alpha^{j_1} \otimes \alpha^{j_2} \otimes \cdots \otimes \alpha^{j_p} \otimes \alpha_{i_1} \otimes \alpha_{i_2} \otimes \cdots \otimes \alpha_{i_q}, \tag{26}$$

其中 $1 \leqslant j_t \leqslant n, t = 1, 2, \cdots, p; 1 \leqslant i_l \leqslant n, l = 1, 2, \cdots, q;$

$$\eta^{k_1} \otimes \eta^{k_2} \otimes \cdots \otimes \eta^{k_p} \otimes \eta_{r_1} \otimes \eta_{r_2} \otimes \cdots \otimes \eta_{r_q}, \tag{27}$$

其中 $1 \leqslant k_t \leqslant n, t = 1, 2, \cdots, p; 1 \leqslant r_l \leqslant n, l = 1, 2, \cdots, q;$ $T_p^q(V)$ 中任一张量表示成

$$c_{j_1 j_2 \cdots j_p}^{i_1 i_2 \cdots i_q} \alpha^{j_1} \otimes \alpha^{j_2} \otimes \cdots \otimes \alpha^{j_p} \otimes \alpha_{i_1} \otimes \alpha_{i_2} \otimes \cdots \otimes \alpha_{i_q}, \tag{28}$$

又可表示成

$$\tilde{c}_{k_1 k_2 \cdots k_p}^{r_1 r_2 \cdots r_q} \eta^{k_1} \otimes \eta^{k_2} \otimes \cdots \otimes \eta^{k_p} \otimes \eta_{r_1} \otimes \eta_{r_2} \otimes \cdots \otimes \eta_{r_q}。 \tag{29}$$

分别把 V 中基变换的公式(8)和 V^* 中基变换的(9)式代入(28)式,得

$$c_{j_1 j_2 \cdots j_p}^{i_1 i_2 \cdots i_q} (a_{k_1}^{j_1} \eta^{k_1}) \otimes \cdots \otimes (a_{k_p}^{j_p} \eta^{k_p}) \otimes (b_{i_1}^{r_1} \eta_{r_1}) \otimes \cdots \otimes (b_{i_q}^{r_q} \eta_{r_q})$$
$$= a_{k_1}^{j_1} \cdots a_{k_p}^{j_p} b_{i_1}^{r_1} \cdots b_{i_q}^{r_q} c_{j_1 j_2 \cdots j_p}^{i_1 i_2 \cdots i_q} \eta^{k_1} \otimes \cdots \otimes \eta^{k_p} \otimes \eta_{r_1} \otimes \cdots \otimes \eta_{r_q}。 \tag{30}$$

由(29)式和(30)式得

$$\tilde{c}_{k_1 k_2 \cdots k_p}^{r_1 r_2 \cdots r_q} = a_{k_1}^{j_1} \cdots a_{k_p}^{j_p} b_{i_1}^{r_1} \cdots b_{i_q}^{r_q} c_{j_1 j_2 \cdots j_p}^{i_1 i_2 \cdots i_q}。 \tag{31}$$

(31)式刻画了 $T_p^q(V)$ 中任一张量在不同基下的坐标之间的关系(注意在(31)式右端省略了 $p+q$ 个连加号)。

$T_p^q(V)$ 中一个张量在取定的一个基(由(26)式给出)下的坐标

$$\{c_{j_1 j_2 \cdots j_p}^{i_1 i_2 \cdots i_q} \mid 1 \leqslant j_t \leqslant n, t = 1, 2, \cdots, p; 1 \leqslant i_l \leqslant n, l = 1, 2, \cdots, q\} \tag{32}$$

也称为 V 上的一个 **p 秩协变、q 秩反变的混合张量**,或简称为 **(p, q) 型张量**,其分量随着 V^* 中由(9)式给出的基变换和 V 中由(8)式给出的基变换,按照(31)式变换。

二、张量代数

现在来研究张量有哪些运算。

为统一起见,$T^q(V)$ 可记成 $T_0^q(V)$;$T_p(V)$ 可记成 $T_p^0(V)$。此外,规定

$$T_0^0(V) = F。 \tag{33}$$

由于 $T_p^q(V)$ 是域 F 上的线性空间,因此它有加法和纯量乘法运算。在取定的一个基下,用坐标表示的张量的加法是把对应分量相加,因此可以用下式来表示 (p, q) 型张量的

加法:

$$(c+d)^{i_1 i_2 \cdots i_q}_{j_1 j_2 \cdots j_p} = c^{i_1 i_2 \cdots i_q}_{j_1 j_2 \cdots j_p} + d^{i_1 i_2 \cdots i_q}_{j_1 j_2 \cdots j_p} ; \tag{34}$$

类似地,可以用下式表示(p,q)型张量的纯量乘法:

$$(kc)^{i_1 i_2 \cdots i_q}_{j_1 j_2 \cdots j_p} = kc^{i_1 i_2 \cdots i_q}_{j_1 j_2 \cdots j_p} 。 \tag{35}$$

张量能不能做乘法? 由于线性空间的张量积满足交换律和结合律(在同构的意义下),因此

$$T^q_p(V) \bigotimes T^s_r(V) \cong T^{q+s}_{p+r}(V), \tag{36}$$

设同构映射为ψ,任给$f \in T^q_p(V)$,$g \in T^s_r(V)$,规定f与g的乘积为

$$\psi(f \bigotimes g) \in T^{q+s}_{p+r}(V), \tag{37}$$

把f与g的乘积仍记成$f \bigotimes g$,于是有了张量的乘积,即$T^q_p(V)$中的张量与$T^s_r(V)$中的张量的乘积为T^{q+s}_{p+r}中的张量。在V中取一个基,分别得到$T^q_p(V)$,$T^s_r(V)$,$T^{q+s}_{p+r}(V)$的一个基。在相应的这些基下,用坐标表示的张量的乘法,乘积的分量为

$$(c \bigotimes d)^{i_1 i_2 \cdots i_q l_1 l_2 \cdots l_s}_{j_1 j_2 \cdots j_p k_1 k_2 \cdots k_r} = c^{i_1 i_2 \cdots i_q}_{j_1 j_2 \cdots j_s} d^{l_1 l_2 \cdots l_s}_{k_1 k_2 \cdots k_r} 。 \tag{38}$$

张量的乘法显然满足结合律,即对于$f \in T^q_p(V)$,$g \in T^s_r(V)$,$h \in T^w_u(V)$,有

$$(f \bigotimes g) \bigotimes h = f \bigotimes (g \bigotimes h); \tag{39}$$

张量的乘法不满足交换律,这是因为一般说来,

$$\psi(f \bigotimes g) \neq \varphi(g \bigotimes f),$$

其中φ是$T^s_r(V) \bigotimes T^q_p(V)$到$T^{s+q}_{r+p}(V)$的一个同构映射。事实上,我们在 11.2 节中指出,在$V \bigotimes V$中,$\alpha \bigotimes \beta \neq \beta \bigotimes \alpha$。

张量的乘法显然满足分配律,即对于$f, f_1, f_2 \in T^q_p(V)$,$g, g_1, g_2 \in T^s_r(V)$,有

$$(f_1 + f_2) \bigotimes g = f_1 \bigotimes g + f_2 \bigotimes g, \tag{40}$$

$$f \bigotimes (g_1 + g_2) = f \bigotimes g_1 + f \bigotimes g_2 。 \tag{41}$$

由于(p,q)型张量与(r,s)型张量的乘积是$(p+r,q+s)$型张量,因此在考虑由张量组成的代数系统时,自然而然应当考虑所有形如$T^q_p(V)$的线性空间的外直和,即令

$$T(V) = \bigoplus_{p,q=0}^{\infty} T^q_p(V) 。 \tag{42}$$

根据 11.2 节例 10 得,$T(V)$是域F上的一个线性空间,$T(V)$中任一元素f可唯一表示成

$$f = f_{i_1} + f_{i_2} + \cdots + f_{i_t}, \tag{43}$$

其中f_{i_l}属于某一个$T^q_p(V)$,$l = 1, 2, \cdots, t$。由于张量的乘法满足分配律,因此可以在$T(V)$中定义乘法:对于$T(V)$中任意两个元素:

$$f = f_{i_1} + f_{i_2} + \cdots + f_{i_t}, \quad g = g_{j_1} + g_{j_2} + \cdots + g_{j_u},$$

规定

$$f \bigotimes g = f_{i_1} \bigotimes g_{j_1} + f_{i_1} \bigotimes g_{j_2} + \cdots + f_{i_1} \bigotimes g_{j_u} + \cdots + f_{i_t} \bigotimes g_{j_1} + \cdots + f_{i_t} \bigotimes g_{j_u} 。 \tag{44}$$

显然$T(V)$中的乘法满足结合律,但不满足交换律。$T(V)$还满足乘法对于加法的分配律。用 1 表示域F的单位元,从 11.2 节的定理 7 得,$1 \bigotimes g_j = g_j$,$f_i \bigotimes 1 = f_i$,其中g_j, f_i都是某个$T^q_p(V)$中的元素,于是从(44)式得,$(1, 0, 0, \cdots)$是$T(V)$的单位元,简记成 **1**。因此$T(V)$对于加法和乘法成为一个有单位元的环。显然,对于$f, g \in T(V)$,$k \in F$,有

$$(kf) \bigotimes g = k(f \bigotimes g) = f \bigotimes (kg), \tag{45}$$

因此 $T(V)$ 成为域 F 上的一个代数,称它为线性空间 V 的**张量代数**。

11.3.2　典型例题

例 1　设 V 是域 F 上的 n 维线性空间,$\alpha_1,\alpha_2,\cdots,\alpha_n$ 是 V 的一个基,说明 V 上的一个 2 秩协变张量

$$\{b_{ij} \mid i,j = 1,2,\cdots,n\}$$

是 V 上一个双线性函数 f 在基 $\alpha_1,\alpha_2,\cdots,\alpha_n$ 下的度量矩阵 $\boldsymbol{M}$ 的元素。于是把 V 上的 2 秩协变张量称为**度量张量**。

解　$T_2(V) = V^* \otimes V^*$,任给 $f \in T_2(V)$,根据 10.1 节的定理 9 得,f 是 V 上的一个双线性函数。设 f 在 $T_2(V)$ 的基 $\{\alpha^i \otimes \alpha^j \mid i,j = 1,2,\cdots,n\}$ 下的坐标为

$$\{b_{ij} \mid i,j = 1,2,\cdots,n\},$$

则 $f = \sum\limits_{i,j=1}^{n} b_{ij}\alpha^i \otimes \alpha^j$,从而 f 在 V 的基 $\alpha_1,\alpha_2,\cdots,\alpha_n$ 下的度量矩阵 $\boldsymbol{M}$ 的 (k,l) 元为

$$f(\alpha_k,\alpha_l) = \sum_{i,j=1}^{n} b_{ij}\alpha^i \otimes \alpha^j(\alpha_k,\alpha_l)$$

$$= \sum_{i,j=1}^{n} b_{ij}\alpha^i(\alpha_k)\alpha^j(\alpha_l) = b_{kl},$$

因此 f 在 V 的基 $\alpha_1,\alpha_2,\cdots,\alpha_n$ 下的度量矩阵 $\boldsymbol{M} = (b_{ij})$。

例 2　设 V 是域 F 上的 n 维线性空间,$\alpha_1,\alpha_2,\cdots,\alpha_n$ 是 V 的一个基。说明 V 上的一个 $(1,1)$ 型张量是 V 上的一个线性变换 $\mathscr{A}$ 在基 $\alpha_1,\alpha_2,\cdots,\alpha_n$ 下的矩阵的元素。于是把 $(1,1)$ 型张量称为**矩阵张量**。

解　$T_1^1(V) = V^* \otimes V$,任给 $f \in V^*$,$\alpha \in V$。设 $\alpha = \sum\limits_{i=1}^{n} a^i\alpha_i$,根据 9.10 节的 (16) 式得,$f = \sum\limits_{j=1}^{n} f(\alpha_j)\alpha^j$。于是

$$f \otimes \alpha = \left(\sum_{j=1}^{n} f(\alpha_j)\alpha^j\right) \otimes \left(\sum_{i=1}^{n} a^i\alpha_i\right)$$

$$= \sum_{j=1}^{n}\sum_{i=1}^{n} f(\alpha_j)a^i\alpha^j \otimes \alpha_i, \tag{46}$$

因此一个 $(1,1)$ 型张量是

$$\{f(\alpha_j)a^i \mid i,j = 1,2,\cdots,n\}。 \tag{47}$$

根据 11.2 节的例 4 得,存在 $V^* \otimes V$ 到 $\text{Hom}(V,V)$ 的一个同构映射 ψ,使得 $\psi(f \otimes \alpha) = \mathscr{A}_{(f,\alpha)}$,且 $\mathscr{A}_{(f,\alpha)}$ 在 V 的基 $\alpha_1,\alpha_2,\cdots,\alpha_n$ 下的矩阵 $\boldsymbol{A}$ 的 (i,j) 元为 $f(\alpha_j)a^i$。

例 3　与例 2 的条件相同,令

$$\delta_j^i = \begin{cases} 1 & \text{当 } j = i; \\ 0 & \text{当 } j \neq i。 \end{cases} \tag{48}$$

说明:$\{\delta_j^i \mid i,j = 1,2,\cdots,n\}$ 是 $(1,1)$ 型张量,称它是 **Kronecker 张量**。

解 V 上的恒等变换 I 在基 $\alpha_1,\alpha_2,\cdots,\alpha_n$ 下的矩阵是单位矩阵 I，其 (i,j) 元为 δ_j^i。根据 11.2 节的例 4 得，$\psi^{-1}(I)\in V^*\otimes V=T_1^1(V)$。根据例 2 得，$\psi^{-1}(I)$ 在 $T_1^1(V)$ 的基 $\{\alpha^j\otimes\alpha_i\mid i,j=1,2,\cdots,n\}$ 下的坐标为

$$\{\delta_j^i\mid i,j=1,2,\cdots,n\},\tag{49}$$

因此 (49) 式是 (1,1) 型张量(注:$\psi^{-1}(I)=\sum_{i=1}^n\alpha^i\otimes\alpha_i$)。

例 4 设 V 是域 F 上的有限维线性空间，证明:V 的张量代数 $T(V)$ 没有非零的零因子。

证明 由于 V 是域 F 上的有限维线性空间，因此 $T_p^q(V)$ 也是域 F 上的有限维线性空间，$p,q=0,1,2,\cdots$。任取 $\boldsymbol{f},\boldsymbol{g}\in T(V)$，若 $\boldsymbol{f}\neq\boldsymbol{0}$,$\boldsymbol{g}\neq\boldsymbol{0}$，则 $\boldsymbol{f}$ 至少有一个分量 $\boldsymbol{f}_{i_l}\neq\boldsymbol{0}$,$\boldsymbol{g}$ 至少有一个分量 $\boldsymbol{g}_{j_k}\neq\boldsymbol{0}$。由于 $\boldsymbol{f}_{i_l},\boldsymbol{g}_{j_k}$ 分别属于 $T_p^q(V),T_r^s(V)$，因此 $\boldsymbol{f}_{i_l}\otimes\boldsymbol{g}_{j_k}\in T_p^q(V)\otimes T_r^s(V)$。根据 11.2 节例 1 得，$\boldsymbol{f}_{i_l}\otimes\boldsymbol{g}_{j_k}\neq\boldsymbol{0}$，从而 $\boldsymbol{f}\otimes\boldsymbol{g}\neq\boldsymbol{0}$，因此 $T(V)$ 中没有非零的零因子。∎

11.4 外 代 数

11.4.1 内容精华

本节假定域 F 的特征为 0。

一、$T^q(V)$ 上的交错化变换及其象集

设 V 是域 F 上的 n 维线性空间，$T^q(V)=V\otimes\cdots\otimes V,q\geqslant 1$。

先看一般情形。设 $V_1,V_2,\cdots,V_q$ 都是域 F 上有限维线性空间(它们中可能有相同的)，用 S_q 表示 q 元对称群，任给 $\tau\in S_q$，令

$$\mathscr{A}_\tau: V_1\times\cdots\times V_q\longrightarrow V_{\tau(1)}\otimes\cdots\otimes V_{\tau(q)}$$
$$(\gamma_1,\cdots,\gamma_q)\longmapsto\gamma_{\tau(1)}\otimes\cdots\otimes\gamma_{\tau(q)},\tag{1}$$

容易验证 $\mathscr{A}_\tau$ 是一个 q 重线性映射，于是根据张量积的特征性质得，存在 $V_1\otimes\cdots\otimes V_q$ 到 $V_{\tau(1)}\otimes\cdots\otimes V_{\tau(q)}$ 的唯一的线性映射 ψ_τ，使得 $\mathscr{A}_\tau=\psi_\tau\sigma$，其中 σ 是 $V_1\times\cdots\times V_q$ 到 $V_1\otimes\cdots\otimes V_q$ 的 q 重线性映射，于是对任意 $\gamma_i\in V_i,i=1,\cdots,q$，有

$$\psi_\tau(\gamma_1\otimes\cdots\otimes\gamma_q)=\psi_\tau\sigma(\gamma_1,\cdots,\gamma_q)=\mathscr{A}_\tau(\gamma_1,\cdots,\gamma_q)$$
$$=\gamma_{\tau(1)}\otimes\cdots\otimes\gamma_{\tau(q)}。\tag{2}$$

显然 ψ_τ 把 $V_1\otimes\cdots\otimes V_q$ 的一个基映成另一个基，因此 ψ_τ 是一个同构映射。任给 $\tau_1,\tau_2\in S_q$，显然有

$$\psi_{\tau_2}\psi_{\tau_1}=\psi_{\tau_2\tau_1}。\tag{3}$$

现在考虑 $V_1=V_2=\cdots=V_q=V$ 的特殊情形。按照上一段的讨论知道，任给 $\tau\in S_q$，存在 $T^q(V)$ 上的一个线性变换 ψ_τ，使得对任意 $\gamma_i\in V,i=1,\cdots,q$，有

$$\psi_\tau(\gamma_1 \otimes \cdots \otimes \gamma_q) = \gamma_{\tau(1)} \otimes \cdots \otimes \gamma_{\tau(q)} 。 \tag{4}$$

用 $\mathrm{sgn}(\tau)$ 表示**置换** τ **的符号**，即

$$\mathrm{sgn}(\tau) = \begin{cases} 1, & \text{当 } \tau \text{ 为偶置换；} \\ -1 & \text{当 } \tau \text{ 为奇置换。} \end{cases}$$

定义 1　设 V 是域 F 上的有限维线性空间，$T^q(V)$ $(q \geqslant 1)$ 中的张量 f 如果满足对一切 $\tau \in S_q$，都有

$$\psi_\tau(f) = \mathrm{sgn}(\tau) f, \tag{5}$$

那么称 f 是**斜对称（或反对称）张量**。

显然，$T^q(V)$ 中所有斜对称张量组成的集合成为 $T^q(V)$ 的一个子空间，记作 $\wedge^q(V)$。

我们来构造 $T^q(V)$ 上的一个线性变换，使得其象集为 $\wedge^q(V)$。令

$$\mathrm{Alt}_q = \frac{1}{q!} \sum_{\tau \in S_q} \mathrm{sgn}(\tau) \psi_\tau, \tag{6}$$

由于 ψ_τ 是 $T^q(V)$ 上的线性变换，且线性变换有加法和纯量乘法运算，因此 Alt_q 也是 $T^q(V)$ 上的一个线性变换，称它为**交错化变换**。

定理 1　设 V 是域 F 上有限维线性空间，证明：

(1) 对任意 $\sigma \in S_q$，Alt_q 与 ψ_σ 可交换；

(2) Alt_q 是幂等变换；

(3) $\mathrm{Im}(\mathrm{Alt}_q) = \wedge^q(V)$。

证明　(1) 任取 $f \in T^q(V)$，对于任意 $\sigma \in S_q$，由 (3) 式得

$$\begin{aligned}
(\psi_\sigma \mathrm{Alt}_q)(f) &= \psi_\sigma \left[\frac{1}{q!} \sum_{\tau \in S_q} \mathrm{sgn}(\tau) \psi_\tau(f) \right] = \frac{1}{q!} \sum_{\tau \in S_q} \mathrm{sgn}(\tau) \psi_\sigma \psi_\tau(f) \\
&= \mathrm{sgn}(\sigma) \frac{1}{q!} \sum_{\tau \in S_q} \mathrm{sgn}(\sigma) \mathrm{sgn}(\tau) \psi_{\sigma\tau}(f) \\
&= \mathrm{sgn}(\sigma) \frac{1}{q!} \sum_{\tau \in S_q} \mathrm{sgn}(\sigma\tau) \psi_{\sigma\tau}(f) \\
&= \mathrm{sgn}(\sigma) \mathrm{Alt}_q(f),
\end{aligned}$$

因此　　　　　　　　　　$\psi_\sigma \mathrm{Alt}_q = \mathrm{sgn}(\sigma) \mathrm{Alt}_q 。 \tag{7}$

同理可证，　　　　　　　$\mathrm{Alt}_q \psi_\sigma = \mathrm{sgn}(\sigma) \mathrm{Alt}_q 。 \tag{8}$

因此 Alt_q 与 ψ_σ 可交换。

(2) $\displaystyle (\mathrm{Alt}_q)^2 = \frac{1}{(q!)^2} \left(\sum_{\tau \in S_q} \mathrm{sgn}(\tau) \psi_\tau \right) \left(\sum_{\sigma \in S_q} \mathrm{sgn}(\sigma) \psi_\sigma \right) = \frac{1}{(q!)^2} \sum_{\tau \in S_q} \sum_{\sigma \in S_q} \mathrm{sgn}(\varpi) \psi_\varpi$

$\displaystyle = \frac{1}{q!} \sum_{\tau \in S_q} \frac{1}{q!} \sum_{\rho \in S_q} \mathrm{sgn}(\rho) \psi_\rho = \frac{1}{q!} \sum_{\tau \in S_q} \mathrm{Alt}_q = \frac{1}{q!} \mathrm{Alt}_q \cdot q! = \mathrm{Alt}_q,$

因此 Alt_q 是幂等变换。

(3) 任取 $f \in T^q(V)$，对任意 $\sigma \in S_q$，根据 (7) 式得

$$\psi_\sigma[\mathrm{Alt}_q(f)] = \mathrm{sgn}(\sigma) \mathrm{Alt}_q(f),$$

因此 $\mathrm{Alt}_q(f) \in \wedge^q(V)$，于是 $\mathrm{Im}(\mathrm{Alt}_q) \subseteq \wedge^q(V)$。

任取 $g \in \wedge^q(V)$，由 (5)、(6) 式得

$$\mathrm{Alt}_q(g) = \frac{1}{q!} \sum_{\tau \in S_q} \mathrm{sgn}(\tau) \psi_\tau(g) = \frac{1}{q!} \sum_{\tau \in S_q} \mathrm{sgn}(\tau) \mathrm{sgn}(\tau) g$$

$$= \frac{1}{q!} \sum_{\tau \in S_q} \boldsymbol{g} = \frac{1}{q!} \boldsymbol{g} \cdot q! = \boldsymbol{g}, \tag{9}$$

因此 $\boldsymbol{g} \in \mathrm{Im}(\mathrm{Alt}_q)$，从而 $\wedge^q(V) \subseteq \mathrm{Im}(\mathrm{Alt}_q)$，所以

$$\mathrm{Im}(\mathrm{Alt}_q) = \wedge^q(V)。 \tag{10}$$

■

从定理 1 立即得到，Alt_q 是平行于 $\mathrm{Ker}(\mathrm{Alt}_q)$ 在 $\wedge^q(V)$ 上的投影；$f \in T^q(V)$ 是斜对称张量当且仅当 $\mathrm{Alt}_q(f) = f$。

设 $\alpha_1, \alpha_2, \cdots, \alpha_n$ 是 V 的一个基，则

$$\{\alpha_{i_1} \otimes \alpha_{i_2} \otimes \cdots \otimes \alpha_{i_q} \mid 1 \leqslant i_l \leqslant n, l = 1, 2, \cdots, q\} \tag{11}$$

是 $T^q(V)$ 的一个基。由于 Alt_q 是 $T^q(V)$ 上的一个线性变换，并且 $\mathrm{Im}(\mathrm{Alt}_q) = \wedge^q(V)$，因此 $\wedge^q(V)$ 由下述张量集生成：

$$\{\mathrm{Alt}_q(\alpha_{i_1} \otimes \alpha_{i_2} \otimes \cdots \otimes \alpha_{i_q}) \mid 1 \leqslant i_l \leqslant n, l = 1, 2, \cdots, q\}。 \tag{12}$$

我们引进一个记号：

$$\alpha_{i_1} \wedge \alpha_{i_2} \wedge \cdots \wedge \alpha_{i_q} := \mathrm{Alt}_q(\alpha_{i_1} \otimes \alpha_{i_2} \otimes \cdots \otimes \alpha_{i_q}), \tag{13}$$

符号 $\wedge$ 表示**"外乘"**（exterior multiplication）。把 (13) 式中任意两个向量 α_{i_a} 与 α_{i_b} 对换，由于对换 $(a\ b)$ 是奇置换，因此其符号为 -1。由于 Alt_q 与 $\psi_{(ab)}$ 可交换，因此从 (4)、(5)、(10) 式得

$$\begin{aligned}
\alpha_{i_1} \wedge \cdots \wedge \alpha_{i_b} \wedge \cdots \wedge \alpha_{i_a} \wedge \cdots \wedge \alpha_{i_q} &= \mathrm{Alt}_q(\alpha_{i_1} \otimes \cdots \otimes \alpha_{i_b} \otimes \cdots \otimes \alpha_{i_a} \otimes \cdots \otimes \alpha_{i_q}) \\
&= \mathrm{Alt}_q[\psi_{(ab)}(\alpha_{i_1} \otimes \cdots \otimes \alpha_{i_a} \otimes \cdots \otimes \alpha_{i_b} \otimes \cdots \otimes \alpha_{i_q})] \\
&= \psi_{(ab)}[\mathrm{Alt}_q(\alpha_{i_1} \otimes \cdots \otimes \alpha_{i_a} \otimes \cdots \otimes \alpha_{i_b} \otimes \cdots \otimes \alpha_{i_q})] \\
&= -\mathrm{Alt}_q(\alpha_{i_1} \otimes \cdots \otimes \alpha_{i_a} \otimes \cdots \otimes \alpha_{i_b} \otimes \cdots \otimes \alpha_{i_q}) \\
&= -\alpha_{i_1} \wedge \cdots \wedge \alpha_{i_a} \wedge \cdots \wedge \alpha_{i_b} \wedge \cdots \alpha_{i_q},
\end{aligned} \tag{14}$$

于是当 $\alpha_{i_a} = \alpha_{i_b}$ 时，由于 $\mathrm{char}\,F \neq 2$，因此有

$$\alpha_{i_1} \wedge \cdots \wedge \alpha_{i_a} \wedge \cdots \wedge \alpha_{i_a} \wedge \cdots \wedge \alpha_{i_q} = 0。 \tag{15}$$

又由于对任意 q 元置换 τ，从 (4)、(5) 式得

$$\begin{aligned}
\alpha_{i_{\tau(1)}} \wedge \alpha_{i_{\tau(2)}} \wedge \cdots \wedge \alpha_{i_{\tau(q)}} &= \mathrm{Alt}_q(\alpha_{i_{\tau(1)}} \otimes \alpha_{i_{\tau(2)}} \otimes \cdots \otimes \alpha_{i_{\tau(q)}}) \\
&= \mathrm{Alt}_q[\psi_\tau(\alpha_{i_1} \otimes \alpha_{i_2} \otimes \cdots \otimes \alpha_{i_q})] \\
&= \psi_\tau[\mathrm{Alt}_q(\alpha_{i_1} \otimes \alpha_{i_2} \otimes \cdots \otimes \alpha_{i_q})] \\
&= \mathrm{sgn}(\tau)\,\mathrm{Alt}_q(\alpha_{i_1} \otimes \alpha_{i_2} \otimes \cdots \otimes \alpha_{i_q}) \\
&= \mathrm{sgn}(\tau)(\alpha_{i_1} \wedge \alpha_{i_2} \wedge \cdots \wedge \alpha_{i_q}),
\end{aligned} \tag{16}$$

因此 $\wedge^q(V)$ 由下述张量集生成

$$\{\alpha_{i_1} \wedge \alpha_{i_2} \wedge \cdots \wedge \alpha_{i_q} \mid 1 \leqslant i_1 < i_2 < \cdots < i_q \leqslant n\}。 \tag{17}$$

于是当 $q > n$ 时，$\alpha_{i_1} \wedge \alpha_{i_2} \wedge \cdots \wedge \alpha_{i_q}$ 中无论下标怎样取，从 $\{\alpha_1, \alpha_2, \cdots, \alpha_n\}$ 中取出 $q(>n)$ 个向量，总有两个向量 α_{i_a} 与 α_{i_b} 是相同的，从而 $\alpha_{i_1} \wedge \alpha_{i_2} \wedge \cdots \wedge \alpha_{i_q} = 0$，因此

$$\wedge^q(V) = 0, \quad \text{当 } q > n。 \tag{18}$$

定理 2　设 $\alpha_1, \alpha_2, \cdots, \alpha_n$ 是域 F 上线性空间 V 的一个基，则当 $1 \leqslant q \leqslant n$ 时，

$$\{\alpha_{i_1} \wedge \alpha_{i_2} \wedge \cdots \wedge \alpha_{i_q} \mid 1 \leqslant i_1 < i_2 < \cdots < i_q \leqslant n\} \tag{19}$$

是 $\wedge^q(V)$ 的一个基,从而 $\dim \wedge^q(V) = C_n^q$。

证明　由于(19)式给出的集合生成 $\wedge^q(V)$,因此只要证明它是线性无关的即可。假设

$$\sum_{1 \leqslant i_1 < \cdots < i_q \leqslant n} a^{i_1 i_2 \cdots i_q} \alpha_{i_1} \wedge \alpha_{i_2} \wedge \cdots \wedge \alpha_{i_q} = 0, \tag{20}$$

则

$$\mathrm{Alt}_q \Big(\sum_{1 \leqslant i_1 < \cdots < i_q \leqslant n} a^{i_1 i_2 \cdots i_q} \alpha_{i_1} \otimes \alpha_{i_2} \otimes \cdots \otimes \alpha_{i_q} \Big) = 0, \tag{21}$$

即

$$\frac{1}{q!} \sum_{\tau \in S_q} \mathrm{sgn}(\tau) \psi_\tau \Big(\sum_{1 \leqslant i_1 < \cdots < i_q \leqslant n} a^{i_1 i_2 \cdots i_q} \alpha_{i_1} \otimes \alpha_{i_2} \otimes \cdots \otimes \alpha_{i_q} \Big) = 0。$$

于是

$$\sum_{\tau \in S_q} \mathrm{sgn}(\tau) \sum_{1 \leqslant i_1 < \cdots < i_q \leqslant n} a^{i_1 i_2 \cdots i_q} \alpha_{i_{\tau(1)}} \otimes \alpha_{i_{\tau(2)}} \otimes \cdots \otimes \alpha_{i_{\tau(q)}} = 0,$$

即

$$\sum_{1 \leqslant i_1 < \cdots < i_q \leqslant n} a^{i_1 i_2 \cdots i_q} \sum_{\tau \in S_q} \mathrm{sgn}(\tau) (\alpha_{i_{\tau(1)}} \otimes \alpha_{i_{\tau(2)}} \otimes \cdots \otimes \alpha_{i_{\tau(q)}}) = 0。 \tag{22}$$

由于 $1 \leqslant i_1 < \cdots < i_q \leqslant n$,因此 $i_{\tau(1)}, i_{\tau(2)}, \cdots, i_{\tau(q)}$ 两两不同,从而 $\sum_{\tau \in S_q} \mathrm{sgn}(\tau)(\alpha_{i_{\tau(1)}} \otimes \alpha_{i_{\tau(2)}} \otimes \cdots \otimes \alpha_{i_{\tau(q)}})$ 是 $T^q(V)$ 的一个基中两两不同的基向量的代数和,于是(22)式左端是 $T^q(V)$ 的两两不同的基向量的线性组合,其系数形如 $\pm a^{i_1 i_2 \cdots i_q}$。因此由(22)式得

$$\pm a^{i_1 i_2 \cdots i_q} = 0, 1 \leqslant i_1 < i_2 < \cdots < i_q \leqslant n。 \tag{23}$$

这证明了(19)式给出的集合是线性无关的,从而它是 $\wedge^q(V)$ 的一个基,于是

$$\dim \wedge^q(V) = C_n^q。 \blacksquare$$

$\wedge^q(V)$ 是域 F 上的线性空间,它有加法运算和纯量乘法运算。$\wedge^q(V)$ 中的元素称为 **q-向量**。由于 $\wedge^q(V)$ 是 $T^q(V)$ 的一个子空间,并且根据 11.3 节第二部分,$T^q(V)$ 的张量与 $T^s(V)$ 的张量可以做乘法运算,其乘积是 $T^{q+s}(V)$ 的张量,因此 $\wedge^q(V)$ 的张量与 $\wedge^s(V)$ 的张量的乘积是 $T^{q+s}(V)$ 中的张量。一般来说,$\wedge^q(V)$ 的张量与 $\wedge^s(V)$ 的张量的乘积不一定是 $T^{q+s}(V)$ 中的斜对称张量。这促使我们思考应该如何来定义 $\wedge^q(V)$ 的张量与 $\wedge^s(V)$ 的张量的乘法,使得其乘积是 $T^{q+s}(V)$ 中的斜对称张量,即使得乘积属于 $\wedge^{q+s}(V)$。在接下来的第二部分就来讨论这个问题,由此将引出一个重要的代数系统。

二、外代数

设 V 是域 F 上 n 维线性空间,$1 \leqslant q, s \leqslant n$。我们现在来定义 $\wedge^q(V)$ 的张量 $\boldsymbol{f}$ 与 $\wedge^s(V)$ 的张量 $\boldsymbol{g}$ 的乘法运算,使得其乘积是 $T^{q+s}(V)$ 中的斜对称张量。由于按照张量的乘法运算,有 $\boldsymbol{f} \otimes \boldsymbol{g} \in T^{q+s}(V)$,且 Alt_{q+s} 的象集是 $\wedge^{q+s}(V)$,因此自然而然地应当规定 $\boldsymbol{f}$ 与 $\boldsymbol{g}$ 的乘法(其乘积记作 $\boldsymbol{f} \wedge \boldsymbol{g}$)为

$$\boldsymbol{f} \wedge \boldsymbol{g} := \mathrm{Alt}_{q+s}(\boldsymbol{f} \otimes \boldsymbol{g}), \tag{24}$$

这个运算称为**外乘**。

定理 3 设 V 是域 F 上的 n 维线性空间，$1\leqslant q,s,r\leqslant n$，则对于任意 $f,f_1,f_2\in\wedge^q(V)$，$g,g_1,g_2\in\wedge^s(V),h\in\wedge^r(V)$，有

(1) $f\wedge g=(-1)^{qs}g\wedge f$ （斜交换律）；　　　　　　　　(25)

(2) $(f\wedge g)\wedge h=f\wedge(g\wedge h)$ （结合律）；　　　　　　(26)

(3) $(f_1+f_2)\wedge g=f_1\wedge g+f_2\wedge g$ （右分配律）；　　　(27)

$\quad f\wedge(g_1+g_2)=f\wedge g_1+f\wedge g_2$ （左分配律）。　　　(28)

证明 我们首先证明对于任意 $T_1\in T^q(V),T_2\in T^s(V)$，有

$$\mathrm{Alt}_{q+s}[\mathrm{Alt}_q(T_1)\otimes T_2]=\mathrm{Alt}_{q+s}(T_1\otimes T_2)=\mathrm{Alt}_{q+s}(T_1\otimes\mathrm{Alt}_s T_2)。\quad(29)$$

由于

$$\mathrm{Alt}_q(T_1)\otimes T_2=\left[\frac{1}{q!}\sum_{\tau\in S_q}\mathrm{sgn}(\tau)\psi_\tau(T_1)\right]\otimes T_2=\frac{1}{q!}\sum_{\tau\in S_q}\mathrm{sgn}(\tau)(\psi_\tau(T_1)\otimes T_2),\quad(30)$$

因此

$$\mathrm{Alt}_{q+s}[\mathrm{Alt}_q(T_1)\otimes T_2]=\frac{1}{q!}\sum_{\tau\in S_q}\mathrm{sgn}(\tau)\mathrm{Alt}_{q+s}(\psi_\tau(T_1)\otimes T_2)。\quad(31)$$

考虑 S_q 到 S_{q+s} 的嵌入映射：$\tau\longmapsto\tilde\tau$，其中

$$\tilde\tau(i)=\begin{cases}\tau(i),&\text{当 }1\leqslant i\leqslant q,\\ i,&\text{当 }q<i\leqslant q+s,\end{cases}\quad(32)$$

于是 $\psi_\tau(T_1)\otimes T_2=\psi_{\tilde\tau}(T_1\otimes T_2)$。由于 Alt_{q+s} 与 $\psi_{\tilde\tau}$ 可交换，因此

$$\begin{aligned}\mathrm{Alt}_{q+s}(\psi_\tau(T_1)\otimes T_2)&=\mathrm{Alt}_{q+s}[\psi_{\tilde\tau}(T_1\otimes T_2)]=\psi_{\tilde\tau}[\mathrm{Alt}_{q+s}(T_1\otimes T_2)]\\&=\mathrm{sgn}(\tilde\tau)\mathrm{Alt}_{q+s}(T_1\otimes T_2)。\end{aligned}\quad(33)$$

显然，$\mathrm{sgn}(\tilde\tau)=\mathrm{sgn}(\tau)$，因此从(31)式和(33)式得

$$\begin{aligned}\mathrm{Alt}_{q+s}[\mathrm{Alt}_q(T_1)\otimes T_2]&=\left[\frac{1}{q!}\sum_{\tau\in S_q}\mathrm{sgn}(\tau)\mathrm{sgn}(\tau)\mathrm{Alt}_{q+s}(T_1\otimes T_2)\right]\\&=\frac{1}{q!}\mathrm{Alt}_{q+s}(T_1\otimes T_2)\cdot q!=\mathrm{Alt}_{q+s}(T_1\otimes T_2)。\end{aligned}\quad(34)$$

同理可证 $\quad\mathrm{Alt}_{q+s}[T_1\otimes\mathrm{Alt}_s(T_2)]=\mathrm{Alt}_{q+s}(T_1\otimes T_2)。\quad(35)$

现在来分别证(1)、(2)、(3)的结论，设 $\alpha_1,\alpha_2,\cdots,\alpha_n$ 是 V 的一个基。

(1) 对于 $f\in\wedge^q(V),g\in\wedge^s(V)$，由于 f,g 分别可表示成 $\wedge^q(V),\wedge^s(V)$ 的基向量的线性组合，且 $\mathrm{Alt}_{q+s},\mathrm{Alt}_q,\mathrm{Alt}_s$ 分别是 $T^{q+s}(V),T^q(V),T^s(V)$ 上的线性变换，因此只要对于 $\wedge^q(V)$ 中任一基向量 $\alpha_{i_1}\wedge\alpha_{i_2}\wedge\cdots\wedge\alpha_{i_q}(1\leqslant i_1<i_2<\cdots<i_q\leqslant n)$，$\wedge^s(V)$ 中任一基向量 $\alpha_{j_1}\wedge\alpha_{j_2}\wedge\cdots\wedge\alpha_{j_s}$ 来证明斜交换律。

$$\begin{aligned}&(\alpha_{i_1}\wedge\alpha_{i_2}\wedge\cdots\wedge\alpha_{i_q})\wedge(\alpha_{j_1}\wedge\alpha_{j_2}\wedge\cdots\wedge\alpha_{j_s})\\&=\mathrm{Alt}_{q+s}[(\alpha_{i_1}\wedge\alpha_{i_2}\wedge\cdots\wedge\alpha_{i_q})\otimes(\alpha_{j_1}\wedge\alpha_{j_2}\wedge\cdots\wedge\alpha_{j_s})]\\&=\mathrm{Alt}_{q+s}[\mathrm{Alt}_q(\alpha_{i_1}\otimes\cdots\otimes\alpha_{i_q})\otimes(\alpha_{j_1}\wedge\cdots\wedge\alpha_{j_s})]\\&=\mathrm{Alt}_{q+s}[(\alpha_{i_1}\otimes\cdots\otimes\alpha_{i_q})\otimes\mathrm{Alt}_s(\alpha_{j_1}\otimes\cdots\otimes\alpha_{j_s})]\\&=\mathrm{Alt}_{q+s}[(\alpha_{i_1}\otimes\cdots\otimes\alpha_{i_q})\otimes(\alpha_{j_1}\otimes\cdots\otimes\alpha_{j_s})]。\end{aligned}\quad(36)$$

若 $q+s>n$，则 $\wedge^{q+s}(V)=0$，于是(36)式等于 0，从而斜交换律成立。下设 $q+s\leqslant n$。若 $\{\alpha_{i_1},\cdots,\alpha_{i_q}\}\cap\{\alpha_{j_1},\cdots,\alpha_{j_s}\}\neq\varnothing$，则

$\mathrm{Alt}_{q+s}[(\alpha_{i_1} \otimes \cdots \otimes \alpha_{i_q}) \otimes (\alpha_{j_1} \otimes \cdots \otimes \alpha_{j_s})] = \alpha_{i_1} \wedge \cdots \wedge \alpha_{i_q} \wedge \alpha_{j_1} \wedge \cdots \wedge \alpha_{j_s} = 0$,

从而斜交换律成立。下设 $\{\alpha_{i_1}, \cdots, \alpha_{i_q}\} \bigcap \{\alpha_{j_1}, \cdots, \alpha_{j_s}\} = \varnothing$，此时 $\alpha_{i_1} \otimes \cdots \otimes \alpha_{i_q} \otimes \alpha_{j_1} \otimes \cdots \otimes \alpha_{j_s}$ 经过一系列相邻两个向量的对换，可变成 $\alpha_{j_1} \otimes \cdots \otimes \alpha_{j_s} \otimes \alpha_{i_1} \otimes \cdots \otimes \alpha_{i_q}$。这一共需要作 qs 次对换，相应地，排列 $i_1 \cdots i_q j_1 \cdots j_s$ 变成 $j_1 \cdots j_s i_1 \cdots i_q$ 作了 qs 个对换，把这 qs 个对换的乘积记作 σ，则

$$\psi_\sigma(\alpha_{i_1} \otimes \cdots \otimes \alpha_{i_q} \otimes \alpha_{j_1} \otimes \cdots \otimes \alpha_{j_s}) = \alpha_{j_1} \otimes \cdots \otimes \alpha_{j_s} \otimes \alpha_{i_1} \otimes \cdots \otimes \alpha_{i_q}. \tag{37}$$

类似于 (36) 式，并且利用 (37)、(36) 式得

$$(\alpha_{j_1} \wedge \alpha_{j_2} \wedge \cdots \wedge \alpha_{j_s}) \wedge (\alpha_{i_1} \wedge \alpha_{i_2} \wedge \cdots \wedge \alpha_{i_q})$$
$$= \mathrm{Alt}_{q+s}(\alpha_{j_1} \otimes \cdots \otimes \alpha_{j_s} \otimes \alpha_{i_1} \otimes \cdots \otimes \alpha_{i_q})$$
$$= \mathrm{Alt}_{q+s}[\psi_\sigma(\alpha_{i_1} \otimes \cdots \otimes \alpha_{i_q} \otimes \alpha_{j_1} \otimes \cdots \otimes \alpha_{j_s})]$$
$$= \psi_\sigma[\mathrm{Alt}_{q+s}(\alpha_{i_1} \otimes \cdots \otimes \alpha_{i_q} \otimes \alpha_{j_1} \otimes \cdots \otimes \alpha_{j_s})]$$
$$= \mathrm{sgn}(\sigma)\mathrm{Alt}_{q+s}(\alpha_{i_1} \otimes \cdots \otimes \alpha_{i_q} \otimes \alpha_{j_1} \otimes \cdots \otimes \alpha_{j_s})$$
$$= (-1)^{qs}(\alpha_{i_1} \wedge \cdots \wedge \alpha_{i_q}) \wedge (\alpha_{j_1} \wedge \cdots \wedge \alpha_{j_s}). \tag{38}$$

上述推导过程的最后一步是由于 σ 是 qs 个对换的乘积（这是因为排列 $j_1 \cdots j_s i_1 \cdots i_q$ 变成 $i_1 \cdots i_q j_1 \cdots j_s$ 共作了 qs 个对换）。从 (38) 式可得出

$$g \wedge f = (-1)^{qs} f \wedge g. \tag{39}$$

(2) 对于 $f \in \wedge^q(V), g \in \wedge^s(V), h \in \wedge^r(V)$，由 (34)、(35) 式得

$$(f \wedge g) \wedge h = \mathrm{Alt}_{q+s+r}[\mathrm{Alt}_{q+s}(f \otimes g) \otimes h] = \mathrm{Alt}_{q+s+r}[(f \otimes g) \otimes h], \tag{40}$$

$$f \wedge (g \wedge h) = \mathrm{Alt}_{q+s+r}[f \otimes \mathrm{Alt}_{s+r}(g \otimes h)] = \mathrm{Alt}_{q+s+r}(f \otimes (g \otimes h)), \tag{41}$$

因此
$$(f \wedge g) \wedge h = f \wedge (g \wedge h). \tag{42}$$

(3) 对于 $f_1, f_2 \in \wedge^q(V), g \in \wedge^s(V)$，有

$$(f_1 + f_2) \wedge g = \mathrm{Alt}_{q+s}[(f_1 + f_2) \otimes g] = \mathrm{Alt}_{q+s}(f_1 \otimes g + f_2 \otimes g)$$
$$= \mathrm{Alt}_{q+s}(f_1 \otimes g) + \mathrm{Alt}_{q+s}(f_2 \otimes g) = f_1 \wedge g + f_2 \wedge g. \tag{43}$$

同理可证，对于 $f \in \wedge^q(V), g_1, g_2 \in \wedge^s(V)$，有

$$f \wedge (g_1 + g_2) = f \wedge g_1 + f \wedge g_2. \qquad\blacksquare \tag{44}$$

从外乘的定义知道，$\wedge^q(V)$ 的张量与 $\wedge^s(V)$ 的张量的外乘积是 $\wedge^{q+s}(V)$ 的张量。因此在考虑由斜对称张量组成的代数系统时，自然应当考虑 $\wedge^q(V)(q = 0, 1, \cdots, n)$ 的外直和，即令

$$\wedge(V) = \bigoplus_{q=0}^{n} \wedge^q(V), \tag{45}$$

其中 n 是 V 的维数。为方便起见，把域 F 中的元素都看成斜对称张量，于是 $\wedge^0(V) = T^0(V) = F$。

根据外直和的定义，$\wedge(V)$ 是域 F 上的一个线性空间。从定理 3 知道，斜对称张量的外乘满足分配律，于是根据外直和中元素的表法得出，$\wedge(V)$ 中有外乘运算。从定理 3 得出，$\wedge(V)$ 的外乘运算满足结合律，但不满足交换律；此外，外乘运算还满足分配律。从 $T(V)$ 的单位元是 $\mathbf{1}$（即 $(1, 0, \cdots)$）可知，$\wedge(V)$ 的单位元是 $\mathbf{1}$，即 $(1, 0, 0, \cdots, 0)$，因此 $\wedge(V)$ 对于加法和外乘运算成为一个有单位元的环。又由于对于 $k \in F, f \in \wedge^q(V), g \in \wedge^s(V)$，有

$$(k\boldsymbol{f}) \wedge \boldsymbol{g} = \mathrm{Alt}_{q+s}[(k\boldsymbol{f}) \otimes \boldsymbol{g}] = \mathrm{Alt}_{q+s}[k(\boldsymbol{f} \otimes \boldsymbol{g})]$$
$$= k\, \mathrm{Alt}_{q+s}(\boldsymbol{f} \otimes \boldsymbol{g}) = k(\boldsymbol{f} \wedge \boldsymbol{g})\, . \tag{46}$$

类似地可证,$\boldsymbol{f} \wedge (k\boldsymbol{g}) = k(\boldsymbol{f} \wedge \boldsymbol{g})$。由此得出,$\wedge(V)$ 的外乘运算与纯量乘法运算是相容的,因此 $\wedge(V)$ 成为域 F 上的一个代数,称它为线性空间 V 上的**外代数**(exterior algebra)或者**格拉斯曼代数**(Grassmann algebra)。

$$\dim \wedge(V) = \sum_{q=0}^{n} \dim \wedge^{q}(V) = \sum_{q=0}^{n} \mathrm{C}_n^q = 2^n\, . \tag{47}$$

外代数在现代分析、微分几何和量子力学中是必不可少的工具,同学们在学到相应的课程时将会遇到。

当 $q=1$ 时,$T^1(V)=V$。由交错化变换的定义得,Alt_1 就是 V 上的恒等变换,因此
$$\wedge^1(V) = \mathrm{Im}(\mathrm{Alt}_1) = V\, , \tag{48}$$
于是 $\wedge^1(V)$ 中的元素就是 V 中的向量。从定理 3 得,对于任意 $\alpha, \beta, \gamma, \alpha_1, \alpha_2, \beta_1, \beta_2 \in V$,有
$$\alpha \wedge \beta = -\beta \wedge \alpha\, ,$$
$$(\alpha \wedge \beta) \wedge \gamma = \alpha \wedge (\beta \wedge \gamma)\, ,$$
$$(\alpha_1 + \alpha_2) \wedge \beta = \alpha_1 \wedge \beta + \alpha_2 \wedge \beta\, ,$$
$$\alpha \wedge (\beta_1 + \beta_2) = \alpha \wedge \beta_1 + \alpha \wedge \beta_2\, ,$$
因此 V 中任意两个向量可以做外乘,它满足反交换律、结合律和分配律。但是要注意:$\alpha \wedge \beta$ 已经不是 V 中的向量,而是 $\wedge^2(V)$ 中的向量,即 2-向量。所以不能把外乘说成是 V 的一种运算。

在解析几何课程中知道,几何空间(可看成是实数域上的 3 维线性空间)V 中,向量有叉乘运算(即向量的外积):对于任意 $\alpha, \beta \in V$,有 $\alpha \times \beta \in V$。向量的外积满足反交换律、分配律,但是不满足结合律,而是满足 Jacobi 恒等式:
$$\alpha \times (\beta \times \gamma) + \beta \times (\gamma \times \alpha) + \gamma \times (\alpha \times \beta) = 0\, .$$
由此可见,几何空间 V 中向量的外积(叉乘运算)与向量的外乘是不同的概念:几何空间 V 中向量的外积是 V 的一种运算,而 V 中两个向量的外乘不是 V 的一种运算;几何空间 V 中向量的外积不满足结合律,满足 Jacobi 恒等式,而 V 中向量的外乘满足结合律。

11.4.2 典型例题

例 1 设 V 是域 F 上 n 维线性空间,证明:$T^2(V^*)$ 的张量 $\boldsymbol{f}$ 是斜对称的当且仅当 $\boldsymbol{f}$ 是 V 上的斜对称双线性函数。

证明 任取 $\boldsymbol{f} \in T^2(V^*)$,则 $\boldsymbol{f}$ 是 V 上的双线性函数,且 $\boldsymbol{f}$ 可以表示成
$$\boldsymbol{f} = \sum_{i_1, i_2 = 1}^{n} b_{i_1 i_2} f_{i_1} \otimes f_{i_2}\, , \tag{49}$$
其中 $f_{i_1}, f_{i_2} \in V^*$,$1 \leqslant i_1, i_2 \leqslant n$。2 元对称群 $S_2 = \{(1), (12)\}$,记 $\tau = (12)$。由于 ψ_τ 是 $T^2(V^*)$ 上的线性变换,因此
$$\psi_\tau(\boldsymbol{f}) = \sum_{i_1, i_2 = 1}^{n} b_{i_1 i_2} \psi_\tau(f_{i_1} \otimes f_{i_2}) = \sum_{i_1, i_2 = 1}^{n} b_{i_1 i_2}\, f_{i_2} \otimes f_{i_1}\, , \tag{50}$$

于是 f 是斜对称的

$\Longleftrightarrow \quad \psi_\tau(f) = \mathrm{sgn}(\tau) f$

$\Longleftrightarrow \quad \displaystyle\sum_{i_1,i_2=1}^{n} b_{i_1 i_2} f_{i_2} \otimes f_{i_1} = - \sum_{i_1,i_2=1}^{n} b_{i_1 i_2} f_{i_1} \otimes f_{i_2}$

$\Longleftrightarrow \quad \displaystyle\sum_{i_1,i_2=1}^{n} b_{i_1 i_2} f_{i_2} \otimes f_{i_1}(\alpha,\beta) = - \sum_{i_1,i_2=1}^{n} b_{i_1 i_2} f_{i_1} \otimes f_{i_2}(\alpha,\beta),\ \forall \alpha,\beta \in V$

$\Longleftrightarrow \quad \displaystyle\sum_{i_1,i_2=1}^{n} b_{i_1 i_2} f_{i_2}(\alpha) f_{i_1}(\beta) = - \sum_{i_1,i_2=1}^{n} b_{i_1 i_2} f_{i_1}(\alpha) f_{i_2}(\beta),\ \forall \alpha,\beta \in V$

$\Longleftrightarrow \quad \displaystyle\sum_{i_1,i_2=1}^{n} b_{i_1 i_2} f_{i_1} \otimes f_{i_2}(\beta,\alpha) = - \sum_{i_1,i_2=1}^{n} b_{i_1 i_2} f_{i_1} \otimes f_{i_2}(\alpha,\beta),\ \forall \alpha,\beta \in V$

$\Longleftrightarrow \quad f(\beta,\alpha) = -f(\alpha,\beta),\ \forall \alpha,\beta \in V$

$\Longleftrightarrow \quad f$ 是 V 上的斜对称双线性函数。 ∎

例 2 设 V 是域 F 上的 n 维线性空间,证明:对于 $\alpha_1,\alpha_2,\cdots,\alpha_q \in V$,$\alpha_1 \wedge \alpha_2 \wedge \cdots \wedge \alpha_q = 0$ 当且仅当 $\alpha_1,\alpha_2,\cdots,\alpha_q$ 线性相关。

证明 $q=1$ 时,显然有 $\alpha_1=0$ 当且仅当 α_1 线性相关。设 $q>n$,则 $\wedge^q(V)=0$,从而对任意 $\alpha_1,\alpha_2,\cdots,\alpha_q \in V$ 都有 $\alpha_1 \wedge \alpha_2 \wedge \cdots \wedge \alpha_q=0$;又由于 $\dim V=n$,因此 $\alpha_1,\alpha_2,\cdots,\alpha_q$ 线性相关。于是命题成立。下设 $1<q\leqslant n$。先证充分性,设 $\alpha_1,\alpha_2,\cdots,\alpha_q$ 线性相关,则不妨设 α_q 可以由 $\alpha_1,\cdots,\alpha_{q-1}$ 线性表出:

$$\alpha_q = a_1 \alpha_1 + \cdots + a_{q-1} \alpha_{q-1},$$

则

$$\alpha_1 \wedge \cdots \wedge \alpha_{q-1} \wedge \alpha_q = \alpha_1 \wedge \cdots \wedge \alpha_{q-1} \wedge (a_1 \alpha_1 + \cdots + a_{q-1} \alpha_{q-1})$$

$$= \alpha_1 \wedge \cdots \wedge \alpha_{q-1} \wedge (a_1 \alpha_1) + \cdots + \alpha_1 \wedge \cdots \wedge \alpha_{q-1} \wedge (a_{q-1} \alpha_{q-1})$$

$$= a_1(\alpha_1 \wedge \cdots \wedge \alpha_{q-1} \wedge \alpha_1) + \cdots + a_{q-1}(\alpha_1 \wedge \cdots \wedge \alpha_{q-1} \wedge \alpha_{q-1}) \, . \tag{51}$$

类似于本节(15)式的证明方法,可证得对于 V 中 q 个向量 $\gamma_1,\cdots,\gamma_q$,若 $\gamma_a = \gamma_b$,则

$$\gamma_1 \wedge \cdots \wedge \gamma_a \wedge \cdots \wedge \gamma_b \wedge \cdots \wedge \gamma_q = 0, \tag{52}$$

于是从(51)式得

$$\alpha_1 \wedge \cdots \wedge \alpha_{q-1} \wedge \alpha_q = 0 \, 。 \tag{53}$$

必要性。用反证法。假如 $\alpha_1,\alpha_2,\cdots,\alpha_q$ 线性无关,那么它可以扩充成 V 的一个基:α_1,$\alpha_2,\cdots,\alpha_q,\alpha_{q+1},\cdots,\alpha_n$。根据定理 2 得,$\alpha_1 \wedge \alpha_2 \wedge \cdots \wedge \alpha_q$ 是 $\wedge^q(V)$ 的一个基中的向量,因此 $\alpha_1 \wedge \alpha_2 \wedge \cdots \wedge \alpha_q \neq 0$。 ∎

例 3 设 V 是域 F 上的 n 维线性空间,W 是 V 的一个子空间,$\eta_1,\cdots,\eta_r$ 是 W 的一个基。证明:

(1) 若 $\gamma_1,\cdots,\gamma_r$ 是 W 的另一个基,则

$$\gamma_1 \wedge \cdots \wedge \gamma_r = c(\eta_1 \wedge \cdots \wedge \eta_r),$$

其中 c 是域 F 中一个非零元;

(2) $W=\{\alpha \in V \mid \alpha \wedge (\eta_1 \wedge \cdots \wedge \eta_r)=0\}$。

证明 (1) 任取 $\tau \in S_r$,设 r 元排列 $\tau(1)\tau(2)\cdots\tau(r)$ 可以经过 m 次对换变成 $12\cdots r$。由本节(14)式得

$$\eta_1 \wedge \cdots \wedge \eta_a \wedge \cdots \wedge \eta_b \wedge \cdots \wedge \eta_r = -\eta_1 \wedge \cdots \wedge \eta_b \wedge \cdots \wedge \eta_a \wedge \cdots \wedge \eta_r,$$

由此得出

$$\eta_{\tau(1)} \wedge \cdots \wedge \eta_{\tau(r)} = (-1)^m \eta_1 \wedge \cdots \wedge \eta_r \text{。} \tag{54}$$

设 $\gamma_1, \cdots, \gamma_r$ 是 W 的另一个基，则

$$\gamma_1 = a_{11}\eta_1 + \cdots + a_{1r}\eta_r,$$
$$\cdots$$
$$\gamma_r = a_{r1}\eta_1 + \cdots + a_{rr}\eta_r \text{。}$$

于是根据(52)、(54)式得

$$\begin{aligned}
\gamma_1 \wedge \cdots \wedge \gamma_r &= (a_{11}\eta_1 + \cdots + a_{1r}\eta_r) \wedge \cdots \wedge (a_{r1}\eta_1 + \cdots + a_{rr}\eta_r) \\
&= (a_{11}\eta_1) \wedge (a_{22}\eta_2) \wedge \cdots \wedge (a_{rr}\eta_r) + \\
&\quad (a_{11}\eta_1) \wedge (a_{23}\eta_3) \wedge (a_{32}\eta_2) \wedge \cdots \wedge (a_{rr}\eta_r) + \\
&\quad \cdots + \\
&\quad (a_{1r}\eta_r) \wedge (a_{2,r-1}\eta_{r-1}) \wedge \cdots \wedge (a_{r1}\eta_1) \\
&= c(\eta_1 \wedge \eta_2 \wedge \cdots \wedge \eta_r) \text{。}
\end{aligned} \tag{55}$$

由于 $\gamma_1, \cdots, \gamma_r$ 线性无关，因此根据例 2 得，$\gamma_1 \wedge \cdots \wedge \gamma_r \neq 0$，从而 $c \neq 0$。

(2) 根据例 2 得，$\alpha \in W \iff \alpha$ 可由 $\eta_1, \eta_2, \cdots, \eta_r$ 线性表出

$$\iff \alpha \wedge \eta_1 \wedge \cdots \wedge \eta_r = 0 \text{。} \qquad ■$$

点评：例 3 表明，设 $\eta_1, \cdots, \eta_r$ 是 W 的一个基，则 $\eta_1 \wedge \cdots \wedge \eta_r$ 完全决定了子空间 W（除去相差域 F 中一个非零元素倍）。设 $\alpha_1, \alpha_2, \cdots, \alpha_n$ 是 V 的一个基，则

$$\{\alpha_{i_1} \wedge \alpha_{i_2} \wedge \cdots \wedge \alpha_{i_r} \mid 1 \leqslant i_1 < i_2 < \cdots < i_r \leqslant n\}$$

是 $\wedge^r(V)$ 的一个基，于是

$$\eta_1 \wedge \cdots \wedge \eta_r = \sum_{1 \leqslant i_1 < \cdots < i_r \leqslant n} b^{i_1 i_2 \cdots i_r} \alpha_{i_1} \wedge \alpha_{i_2} \wedge \cdots \wedge \alpha_{i_r} \text{。} \tag{56}$$

把 $\wedge^r(V)$ 的上述基向量按一定顺序排好，数组

$$b^{i_1 i_2 \cdots i_r}, 1 \leqslant i_1 < i_2 < \cdots < i_r \leqslant n$$

称为子空间 W 的**普吕克(Plücker)坐标**。上述讨论表明，V 中取定一个基后，子空间完全被它的普吕克坐标决定，而普吕克坐标可以相差域 F 中一个非零元素倍。

例 4 设 V 是域 F 上的 n 维线性空间，$\mathscr{A}$ 是 V 上的一个线性变换。证明：$\wedge^q(V)$ 是 $T^q(V)$ 上的线性变换 $\mathscr{A} \otimes \cdots \otimes \mathscr{A}$ 的不变子空间。

证明 当 $q > n$ 时，$\wedge^q(V) = 0$，从而命题成立。下面设 $q \leqslant n$。由于 $\wedge^q(V) = \mathrm{Im}(\mathrm{Alt}_q)$，因此只要证 Alt_q 与 $\mathscr{A} \otimes \cdots \otimes \mathscr{A}$ 可交换，则 $\wedge^q(V)$ 就是 $\mathscr{A} \otimes \cdots \otimes \mathscr{A}$ 的不变子空间。设 $\alpha_1, \alpha_2, \cdots, \alpha_n$ 是 V 的一个基，则

$$\{\alpha_{i_1} \otimes \alpha_{i_2} \otimes \cdots \otimes \alpha_{i_q} \mid 1 \leqslant i_l \leqslant n, l = 1, 2, \cdots, n\}$$

是 $T^q(V)$ 的一个基。由于 $\mathscr{A} \otimes \cdots \otimes \mathscr{A}$ 和 Alt_q 都是 $T^q(V)$ 上的线性变换，因此只要考虑它们在 $T^q(V)$ 的任意一个基向量 $\alpha_{i_1} \otimes \cdots \otimes \alpha_{i_q}$ 上的作用。

$$\begin{aligned}
&[(\mathscr{A} \otimes \cdots \otimes \mathscr{A})\mathrm{Alt}_q](\alpha_{i_1} \otimes \cdots \otimes \alpha_{i_q}) \\
&= (\mathscr{A} \otimes \cdots \otimes \mathscr{A}) \frac{1}{q!} \sum_{\tau \in S_q} \mathrm{sgn}(\tau) \psi_\tau(\alpha_{i_1} \otimes \cdots \otimes \alpha_{i_q})
\end{aligned}$$

$$= \frac{1}{q!} \sum_{\tau \in S_q} \operatorname{sgn}(\tau)(\mathcal{A} \otimes \cdots \otimes \mathcal{A})(\alpha_{i_{\tau(1)}} \otimes \cdots \otimes \alpha_{i_{\tau(q)}})$$

$$= \frac{1}{q!} \sum_{\tau \in S_q} \operatorname{sgn}(\tau)(\mathcal{A}\alpha_{i_{\tau(1)}} \otimes \cdots \otimes \mathcal{A}\alpha_{i_{\tau(q)}})。 \tag{57}$$

由于 $\{\alpha_{i_1}, \cdots, \alpha_{i_q}\} = \{\alpha_{i_{\tau(1)}}, \cdots, \alpha_{i_{\tau(q)}}\}$，因此 $\{\mathcal{A}\alpha_{i_1}, \cdots, \mathcal{A}\alpha_{i_q}\}$ 与 $\{\mathcal{A}\alpha_{i_{\tau(1)}}, \cdots, \mathcal{A}\alpha_{i_{\tau(q)}}\}$ 是相等的集合，从而

$$\mathcal{A}\alpha_{i_{\tau(1)}} \otimes \cdots \otimes \mathcal{A}\alpha_{i_{\tau(q)}} = \psi_\tau(\mathcal{A}\alpha_{i_1} \otimes \cdots \otimes \mathcal{A}\alpha_{i_q}), \tag{58}$$

于是从(57)式得

$$[(\mathcal{A} \otimes \cdots \otimes \mathcal{A})\operatorname{Alt}_q](\alpha_{i_1} \otimes \cdots \otimes \alpha_{i_q})$$

$$= \frac{1}{q!} \sum_{\tau \in S_q} \operatorname{sgn}(\tau)\psi_\tau(\mathcal{A}\alpha_{i_1} \otimes \cdots \otimes \mathcal{A}\alpha_{i_q})$$

$$= \operatorname{Alt}_q[(\mathcal{A} \otimes \cdots \otimes \mathcal{A})(\alpha_{i_1} \otimes \cdots \otimes \alpha_{i_q})]。 \tag{59}$$

从(59)式得

$$(\mathcal{A} \otimes \cdots \otimes \mathcal{A})\operatorname{Alt}_q = \operatorname{Alt}_q[\mathcal{A} \otimes \cdots \otimes \mathcal{A}]。 \tag{60}$$

因此 $\wedge^q(V)$ 是 $\mathcal{A} \otimes \cdots \otimes \mathcal{A}$ 的不变子空间。 ∎

点评：从例4得，$\mathcal{A} \otimes \cdots \otimes \mathcal{A}$ 在 $\wedge^q(V)$ 上的限制是 $\wedge^q(V)$ 上的一个线性变换，把它记作

$$\mathcal{A} \wedge \mathcal{A} \wedge \cdots \wedge \mathcal{A}。 \tag{61}$$

例 5　设 V 是域 F 上的 n 维线性空间，$\mathcal{A}, \mathcal{B}$ 是 V 上的线性变换。证明：

(1) $(\mathcal{A} \wedge \cdots \wedge \mathcal{A})(\mathcal{B} \wedge \cdots \wedge \mathcal{B}) = \mathcal{A}\mathcal{B} \wedge \cdots \wedge \mathcal{A}\mathcal{B};$ $\tag{62}$

(2) $I \wedge \cdots \wedge I$ 是 $\wedge^q(V)$ 上的恒等变换；

(3) 若 $\mathcal{A}$ 可逆，则 $\mathcal{A} \wedge \cdots \wedge \mathcal{A}$ 也可逆，且

$$(\mathcal{A} \wedge \cdots \wedge \mathcal{A})^{-1} = \mathcal{A}^{-1} \wedge \cdots \wedge \mathcal{A}^{-1}。 \tag{63}$$

证明　由(61)式和线性变换的张量积的性质（即11.2节的定理5）得

$$(\mathcal{A} \wedge \cdots \wedge \mathcal{A})(\mathcal{B} \wedge \cdots \wedge \mathcal{B}) = (\mathcal{A} \otimes \cdots \otimes \mathcal{A})(\mathcal{B} \otimes \cdots \otimes \mathcal{B}) \,|\, \wedge^q(V)$$

$$= (\mathcal{A}\mathcal{B} \otimes \cdots \otimes \mathcal{A}\mathcal{B}) \,|\, \wedge^q(V) = \mathcal{A}\mathcal{B} \wedge \cdots \wedge \mathcal{A}\mathcal{B},$$

$$I \wedge \cdots \wedge I = (I \otimes \cdots \otimes I) \,|\, \wedge^q(V) = (I_{T^q(V)}) \,|\, \wedge^q(V),$$

因此 $I \wedge \cdots \wedge I$ 是 $\wedge^q(V)$ 上的恒等变换。

若 $\mathcal{A}$ 可逆，则 $\mathcal{A} \otimes \cdots \otimes \mathcal{A}$ 可逆，且

$$(\mathcal{A} \otimes \cdots \otimes \mathcal{A})^{-1} = \mathcal{A}^{-1} \otimes \cdots \otimes \mathcal{A}^{-1}。$$

由此即得第(3)小题的结论。 ∎

例 6　设 V 是域 F 上 n 维线性空间，证明：

$$\wedge^q(V^*) \cong [\wedge^q(V)]^*, \tag{64}$$

并且找出一个同构映射，其中 $1 \leqslant q \leqslant n$。

证明　$\dim V^* = \dim V = n$。由于

$$\dim[\wedge^q(V)]^* = \dim \wedge^q(V) = C_n^q = \dim \wedge^q(V^*)。$$

因此线性空间 $[\wedge^q(V)]^*$ 与 $\wedge^q(V^*)$ 同构。

在 V 中取一个基 $\alpha_1, \alpha_2, \cdots, \alpha_n$，它在 V^* 中的对偶基为 $\alpha^1, \alpha^2, \cdots, \alpha^n$，于是 $T^q(V)$ 的一个基为

$$\{\alpha_{i_1} \otimes \cdots \otimes \alpha_{i_q} \mid 1 \leqslant \alpha_l \leqslant n, l = 1, 2, \cdots, n\}, \tag{65}$$

$T^q(V^*)$的一个基为

$$\{\alpha^{i_1} \otimes \cdots \otimes \alpha^{i_q} \mid 1 \leqslant \alpha_l \leqslant n, l = 1, 2, \cdots, n\}, \tag{66}$$

$\wedge^q(V)$的一个基为

$$\{\alpha_{i_1} \wedge \cdots \wedge \alpha_{i_q} \mid 1 \leqslant i_1 < \cdots < i_q \leqslant n\}, \tag{67}$$

$\wedge^q(V^*)$的一个基为

$$\{\alpha^{i_1} \wedge \cdots \wedge \alpha^{i_q} \mid 1 \leqslant i_1 < \cdots < i_q \leqslant n\}。 \tag{68}$$

要找出$\wedge^q(V^*)$到$[\wedge^q(V)]^*$的一个同构映射,只需在$\wedge^q(V^*)$的一个基与$[\wedge^q(V)]^*$的一个基之间建立一个双射即可。现在$\wedge^q(V^*)$的一个基在(68)式已给出,需要找出$[\wedge^q(V)]^*$的一个基。自然想到应当取$\wedge^q(V)$的一个基(它由(67)式给出)在$[\wedge^q(V)]^*$中的对偶基,如何求出它?

首先我们需要找出$T^q(V)$上的线性函数。运用11.2节的命题2(加以推广)和定理7,对于$f_1, f_2, \cdots, f_q \in V^*$,可以得到$T^q(V)$上的唯一的线性函数,记作$f_1 \otimes f_2 \otimes \cdots \otimes f_q$,使得

$$(f_1 \otimes f_2 \otimes \cdots \otimes f_q)(\gamma_1 \otimes \gamma_2 \otimes \cdots \otimes \gamma_q) = f_1(\gamma_1) f_2(\gamma_2) \cdots f_q(\gamma_q), \tag{69}$$

其中$\gamma_1, \gamma_2, \cdots, \gamma_q \in V$。容易验证,这里得到的线性函数$f_1 \otimes f_2 \otimes \cdots \otimes f_q$具有张量积的有关运算的性质,以及张量积的特征性质,因此它是$T^q(V^*)$中的元素(在同构的意义下)。这就是我们把这个线性函数记作$f_1 \otimes \cdots \otimes f_q$的原因。由此自然猜想:

$$\{\alpha^{j_1} \wedge \cdots \wedge \alpha^{j_q} \mid 1 \leqslant j_1 < \cdots < j_q \leqslant n\}$$

有可能与$\wedge^q(V)$的基$\{\alpha_{i_1} \wedge \cdots \wedge \alpha_{i_q} \mid 1 \leqslant i_1 < \cdots < i_q \leqslant n\}$在$[\wedge^q(V)]^*$中的对偶基有关。我们来计算

$$(\alpha^{j_1} \wedge \cdots \wedge \alpha^{j_q})(\alpha_{i_1} \wedge \cdots \wedge \alpha_{i_q})$$

$$= (\alpha^{j_1} \wedge \cdots \wedge \alpha^{j_q}) \mathrm{Alt}_q(\alpha_{i_1} \otimes \cdots \otimes \alpha_{i_q})$$

$$= (\alpha^{j_1} \wedge \cdots \wedge \alpha^{j_q}) \left[\frac{1}{q!} \sum_{\tau \in S_q} \mathrm{sgn}(\tau) \psi_\tau(\alpha_{i_1} \otimes \cdots \otimes \alpha_{i_q}) \right]$$

$$= \frac{1}{q!} \sum_{\tau \in S_q} \mathrm{sgn}(\tau)(\alpha^{j_1} \wedge \cdots \wedge \alpha^{j_q})(\alpha_{i_{\tau(1)}} \otimes \cdots \otimes \alpha_{i_{\tau(q)}})$$

$$= \frac{1}{q!} \sum_{\tau \in S_q} \mathrm{sgn}(\tau) \left[\frac{1}{q!} \sum_{\sigma \in S_q} \mathrm{sgn}(\sigma) \psi_\sigma(\alpha^{j_1} \otimes \cdots \otimes \alpha^{j_q}) \right](\alpha_{i_{\tau(1)}} \otimes \cdots \otimes \alpha_{i_{\tau(q)}})$$

$$= \frac{1}{q!} \sum_{\tau \in S_q} \mathrm{sgn}(\tau) \left[\frac{1}{q!} \sum_{\sigma \in S_q} \mathrm{sgn}(\sigma)(\alpha^{j_{\sigma(1)}} \otimes \cdots \otimes \alpha^{j_{\sigma(q)}}) \right](\alpha_{i_{\tau(1)}} \otimes \cdots \otimes \alpha_{i_{\tau(q)}})$$

$$= \frac{1}{q!} \sum_{\tau \in S_q} \mathrm{sgn}(\tau) \left[\frac{1}{q!} \sum_{\sigma \in S_q} \mathrm{sgn}(\sigma) \alpha^{j_{\sigma(1)}}(\alpha_{i_{\tau(1)}}) \cdots \alpha^{j_{\sigma(q)}}(\alpha_{i_{\tau(q)}}) \right]。$$

当τ给定时

$$\sum_{\sigma \in S_q} \mathrm{sgn}(\sigma) \alpha^{j_{\sigma(1)}}(\alpha_{i_{\tau(1)}}) \cdots \alpha^{j_{\sigma(q)}}(\alpha_{i_{\tau(q)}})$$

$$= \begin{cases} \mathrm{sgn}(\tau), & \text{当}(j_{\sigma(1)}, \cdots, j_{\sigma(q)}) = (i_{\tau(1)}, \cdots, i_{\tau(q)}); \\ 0, & \text{当}(j_{\sigma(1)}, \cdots, j_{\sigma(q)}) \neq (i_{\tau(1)}, \cdots, i_{\tau(q)})。 \end{cases}$$

由于$\{i_{\tau(1)}, \cdots, i_{\tau(q)}\} = \{i_1, \cdots, i_q\}$;$\{j_{\sigma(1)}, \cdots, j_{\sigma(q)}\} = \{j_1, \cdots, j_q\}$,且$i_1 < \cdots < i_q, j_1 < \cdots < j_q$,

因此上式的条件也就是 $(j_1, \cdots, j_q)$ 与 $(i_1, \cdots, i_q)$ 相等或不相等，从而当 $(j_1, \cdots, j_q) = (i_1, \cdots, i_q)$ 时，有

$$(\alpha^{j_1} \wedge \cdots \wedge \alpha^{j_q})(\alpha_{i_1} \wedge \cdots \wedge \alpha_{i_q}) = \frac{1}{q!} \sum_{\tau \in S_q} \mathrm{sgn}(\tau) \frac{1}{q!} \mathrm{sgn}(\tau)$$

$$= \frac{1}{(q!)^2} \sum_{\tau \in S_q} [\mathrm{sgn}(\tau)]^2 = \frac{1}{(q!)^2} q! = \frac{1}{q!};$$

当 $(j_1, \cdots, j_q) \neq (i_1, \cdots, i_q)$ 时，有

$$(\alpha^{j_1} \wedge \cdots \wedge \alpha^{j_q})(\alpha_{i_1} \wedge \cdots \wedge \alpha_{i_q}) = 0,$$

于是

$$[(\sqrt[q]{q!}\,\alpha^{j_1}) \wedge \cdots \wedge (\sqrt[q]{q!}\,\alpha^{j_q})](\alpha_{i_1} \wedge \cdots \wedge \alpha_{i_q})$$

$$= \begin{cases} 1, & \text{当}(j_1, \cdots, j_q) = (i_1, \cdots, i_q); \\ 0, & \text{当}(j_1, \cdots, j_q) \neq (i_1, \cdots, i_q)。 \end{cases}$$

因此 $\wedge^q(V)$ 的基 $\{\alpha_{i_1} \wedge \cdots \wedge \alpha_{i_q} \mid 1 \leqslant i_1 < \cdots < i_q \leqslant n\}$ 在 $[\wedge^q(V)]^*$ 中的对偶基为

$$\{(\sqrt[q]{q!}\,\alpha^{i_1}) \wedge \cdots \wedge (\sqrt[q]{q!}\,\alpha^{i_q}) \mid 1 \leqslant i_1 < \cdots < i_q \leqslant n\},$$

于是把 $\wedge^q(V^*)$ 的基 $\{\alpha^{j_1} \wedge \cdots \wedge \alpha^{j_q} \mid 1 \leqslant j_1 < \cdots < j_q \leqslant n\}$ 映成 $[\wedge^q(V)]^*$ 的基 $\{(\sqrt[q]{q!}\,\alpha^{j_1}) \wedge \cdots \wedge (\sqrt[q]{q!}\,\alpha^{j_q}) \mid 1 \leqslant j_1 < \cdots < j_q \leqslant n\}$ 就给出了 $\wedge^q(V^*)$ 到 $[\wedge^q(V)]^*$ 的一个同构映射。∎

点评：例 6 建立了 $\wedge^q(V^*)$ 到 $[\wedge^q(V)]^*$ 的一个同构映射，以后我们常常按这个同构映射把 $\wedge^q(V^*)$ 与 $[\wedge^q(V)]^*$ 等同起来。$\wedge^q(V^*)$ 的元素称为线性空间 V 上的**外 q-形式**（exterior q-forms）。特别地，V 上的外 1-形式就是 V 上的线性函数。

例 7 设 V 是域 F 上的 n 维线性空间，$\alpha_1, \alpha_2, \cdots, \alpha_n$ 是 V 的一个基。$0 < q < n$。证明：

(1) 任意取定 $f \in \wedge^{n-q}(V)$，对于任意 $g \in \wedge^q(V)$，存在域 F 中唯一的元素，记作 $c_f(g)$，使得

$$f \wedge g = c_f(g)(\alpha_1 \wedge \alpha_2 \wedge \cdots \wedge \alpha_n); \tag{70}$$

(2) c_f 是 $\wedge^q(V)$ 上的一个线性函数；

(3) 映射 $\Phi: f \longmapsto c_f$ 是 $\wedge^{n-q}(V)$ 到 $\wedge^q(V^*)$ 的一个同构映射。

证明 (1) 由于 $\dim(\wedge^n(V)) = \mathrm{C}_n^n = 1$，因此 $\wedge^n(V)$ 的一个基是 $\alpha_1 \wedge \alpha_2 \wedge \cdots \wedge \alpha_n$。由于 $f \wedge g \in \wedge^n(V)$，因此域 F 中存在唯一的元素，记作 $c_f(g)$，使得

$$f \wedge g = c_f(g)(\alpha_1 \wedge \alpha_2 \wedge \cdots \wedge \alpha_n)。$$

(2) 任给 $g_1, g_2 \in \wedge^q(V)$，由于

$$f \wedge (g_1 + g_2) = c_f(g_1 + g_2)(\alpha_1 \wedge \alpha_2 \wedge \cdots \wedge \alpha_n),$$

$$f \wedge (g_1 + g_2) = f \wedge g_1 + f \wedge g_2$$

$$= c_f(g_1)(\alpha_1 \wedge \alpha_2 \wedge \cdots \wedge \alpha_n) + c_f(g_2)(\alpha_1 \wedge \alpha_2 \wedge \cdots \wedge \alpha_n)$$

$$= [c_f(g_1) + c_f(g_2)](\alpha_1 \wedge \alpha_2 \wedge \cdots \wedge \alpha_n),$$

因此 $\qquad\qquad c_f(g_1 + g_2) = c_f(g_1) + c_f(g_2)。$

同理可证，对于 $k \in F$，有

$$c_f(kg) = k\, c_f(g),$$

因此 c_f 是 $\wedge^q(V)$ 上的一个线性函数。

(3) $\wedge^{n-q}(V)$ 的一个基是 $\{\alpha_{i_1}\wedge\cdots\wedge\alpha_{i_{n-q}}\mid 1\leqslant i_1<\cdots<i_{n-q}\leqslant n\}$。可以把 $\wedge^q(V^*)$ 与 $[\wedge^q(V)]^*$ 等同,于是 c_f 可看成是 $\wedge^q(V^*)$ 的一个元素,因此 $\Phi\colon f\longmapsto c_f$ 是 $\wedge^{n-q}(V)$ 到 $\wedge^q(V^*)$ 的一个映射。考察 Φ 把 $\wedge^{n-q}(V)$ 的基向量 $\alpha_{i_1}\wedge\cdots\wedge\alpha_{i_{n-q}}$ 映成 $\wedge^q(V^*)$ 的哪个元素。记 $f_0=\alpha_{i_1}\wedge\cdots\wedge\alpha_{i_{n-q}}$,则 $\Phi(f_0)=c_{f_0}$。考虑 c_{f_0} 把 $\wedge^q(V)$ 的基向量 $\alpha_{j_1}\wedge\cdots\wedge\alpha_{j_q}$ 映成域 F 的哪个元素。由于当 $\{i_1,\cdots,i_{n-q},j_1,\cdots,j_q\}=\{1,2,\cdots,n\}$ 时,有

$$f_0\wedge(\alpha_{j_1}\wedge\cdots\wedge\alpha_{j_q})=(\alpha_{i_1}\wedge\cdots\wedge\alpha_{i_{n-q}})\wedge(\alpha_{j_1}\wedge\cdots\wedge\alpha_{j_q})$$
$$=(-1)^m(\alpha_1\wedge\alpha_2\wedge\cdots\wedge\alpha_n),\tag{71}$$

其中 m 是把 n 元排列 $i_1\cdots i_{n-q}j_1\cdots j_q$ 变成 $12\cdots n$ 所作对换的个数,因此

$$c_{f_0}(\alpha_{j_1}\wedge\cdots\wedge\alpha_{j_q})=(-1)^m\tag{72}$$

当 $\{i_1,\cdots,i_{n-q}\}\bigcap\{j_1,\cdots,j_q\}\neq\varnothing$ 时,有

$$f_0\wedge(\alpha_{j_1}\wedge\cdots\wedge\alpha_{j_q})=(\alpha_{i_1}\wedge\cdots\wedge\alpha_{i_{n-q}})\wedge(\alpha_{j_1}\wedge\cdots\wedge\alpha_{j_q})=0,$$

此时 $c_{f_0}(\alpha_{j_1}\wedge\cdots\wedge\alpha_{j_q})=0$。

根据例 6 得

$$[(\sqrt[q]{q!}\,\alpha^{i_1})\wedge\cdots\wedge(\sqrt[q]{q!}\,\alpha^{i_q})](\alpha_{j_1}\wedge\cdots\wedge\alpha_{j_q})$$
$$=\begin{cases}1,&\text{当}(i_1,\cdots,i_q)=(j_1,\cdots,j_q);\\0,&\text{当}(i_1,\cdots,i_q)\neq(j_1,\cdots,j_q)。\end{cases}\tag{73}$$

把 (72) 式和 (73) 式比较,得

$$c_{f_0}=(-1)^m q!(\alpha^{j_1}\wedge\cdots\wedge\alpha^{j_q}),\tag{74}$$

这表明 Φ 把 $\wedge^{n-q}(V)$ 的基向量 $\alpha_{i_1}\wedge\cdots\wedge\alpha_{i_{n-q}}$ 映成 $\wedge^q(V^*)$ 的基向量 $(-1)^m q!(\alpha^{j_1}\wedge\cdots\wedge\alpha^{j_q})$,其中

$$\{i_1,\cdots,i_{n-q},j_1,\cdots,j_q\}=\{1,2,\cdots,n\},$$

因此 $\Phi\colon f\longmapsto c_f$ 是 $\wedge^{n-q}(V)$ 到 $\wedge^q(V^*)$ 的一个同构映射。■

例 8 设 V 是域 F 上的有限维线性空间,$q\geqslant1$。$T^q(V)$ 的张量 f 如果满足对一切 $\tau\in S_q$,有

$$\psi_\tau(f)=f,\tag{75}$$

那么称 f 是**对称张量**。显然,$T^q(V)$ 中所有对称张量组成的集合成为 $T^q(V)$ 的一个子空间,记作 $S^q(V)$。令

$$\mathrm{Sym}_q=\frac{1}{q!}\sum_{\tau\in S_q}\psi_\tau,\tag{76}$$

显然,Sym_q 是 $T^q(V)$ 上的一个线性变换,称它为**对称化变换**。证明:

(1) 对任意 $\sigma\in S_q$,Sym_q 与 ψ_σ 可交换;

(2) Sym_q 是幂等变换;

(3) $\mathrm{Im}(\mathrm{Sym}_q)=S^q(V)$。

证明 (1) 任取 $f\in T^q(V)$,对于任意 $\sigma\in S_q$,

$$(\psi_\sigma\mathrm{Sym}_q)(f)=\psi_\sigma\left[\frac{1}{q!}\sum_{\tau\in S_q}\psi_\tau(f)\right]=\frac{1}{q!}\sum_{\tau\in S_q}\psi_\sigma\psi_\tau(f)=\frac{1}{q!}\sum_{\tau\in S_q}\psi_\pi(f)=\mathrm{Sym}_q(f),$$

因此 $\psi_\sigma\mathrm{Sym}_q=\mathrm{Sym}_q。\tag{77}$

同理可证，$\qquad\qquad \mathrm{Sym}_q\psi_\sigma = \mathrm{Sym}_q$。

因此 Sym_q 与 ψ_σ 可交换。

(2) $(\mathrm{Sym}_q)^2 = \dfrac{1}{(q!)^2}\Big(\sum_{\tau\in S_q}\psi_\tau\Big)\Big(\sum_{\sigma\in S_q}\psi_\sigma\Big) = \dfrac{1}{(q!)^2}\sum_{\tau\in S_q}\sum_{\sigma\in S_q}\psi_\tau\psi_\sigma$

$\qquad\qquad = \dfrac{1}{(q!)^2}\sum_{\tau\in S_q}\sum_{\sigma\in S_q}\psi_\varpi = \dfrac{1}{q!}\sum_{\tau\in S_q}\mathrm{Sym}_q = \mathrm{Sym}_q$，

因此 Sym_q 是幂等变换。

(3) 任取 $f\in T^q(V)$，对任意 $\sigma\in S_q$，根据(77)式得

$$\psi_\sigma[\mathrm{Sym}_q(f)] = \mathrm{Sym}_q(f)，$$

因此 $\mathrm{Sym}_q(f)\in S^q(V)$，从而 $\mathrm{Im}(\mathrm{Sym}_q)\subseteq S^q(V)$。

任取 $g\in S^q(V)$，由(75)、(76)式得

$$\mathrm{Sym}_q(g) = \frac{1}{q!}\sum_{\tau\in S_q}\psi_\tau(g) = \frac{1}{q!}\sum_{\tau\in S_q}g = \frac{1}{q!}g\cdot q! = g，$$

因此 $g\in\mathrm{Im}(\mathrm{Sym}_q)$，从而 $S^q(V)\subseteq\mathrm{Im}(\mathrm{Sym}_q)$，所以

$$\mathrm{Im}(\mathrm{Sym}_q) = S^q(V)。 \tag{78}$$

点评：从例 8 得，Sym_q 是平行于 $\mathrm{Ker}(\mathrm{Sym}_q)$ 在 $S^q(V)$ 上的投影；$f\in T^q(V)$ 是对称张量当且仅当 $\mathrm{Sym}_q(f)=f$。

* 应用小天地：张量积在量子隐形传态中的应用

一个量子体系的所有可能的量子态(可归一化)组成的集合 $\mathcal{H}$ 是一个 Hilbert 空间，其一组力学量相应的 Hermite 算符 $\hat{A}_1,\hat{A}_2,\cdots,\hat{A}_s$ 如果两两可交换，那么 $\mathcal{H}$(设它是有限维的)中存在一个标准正交基 $\psi_1,\psi_2,\cdots,\psi_n$，使得 $\hat{A}_1,\hat{A}_2,\cdots,\hat{A}_s$ 在这个基下的矩阵都是对角矩阵，于是 $\psi_1,\psi_2,\cdots,\psi_n$ 是 $\hat{A}_1,\hat{A}_2,\cdots,\hat{A}_s$ 的公共特征向量，称它们为 $\hat{A}_1,\hat{A}_2,\cdots,\hat{A}_s$ 的共同的本征态。

现在考虑两个量子体系 A 和 B，其所有可能的量子态分别形成的 Hilbert 空间记作 $\mathcal{H}_1,\mathcal{H}_2$。设 $\mathcal{H}_1$ 的一个标准正交基是 $\psi_1,\psi_2,\cdots,\psi_n$；$\mathcal{H}_2$ 的一个标准正交基是 $\varphi_1,\varphi_2,\cdots,\varphi_m$，则 $\mathcal{H}_1\otimes\mathcal{H}_2$ 的一个基是

$$\{\psi_i\otimes\varphi_j \mid 1\leqslant i\leqslant n, 1\leqslant j\leqslant m\}。$$

对于 $\mathcal{H}_1\otimes\mathcal{H}_2$ 中任意两个元素 $\sum_{i=1}^n\sum_{j=1}^m a_{ij}\psi_i\otimes\varphi_j$，$\sum_{i=1}^n\sum_{j=1}^m b_{ij}\psi_i\otimes\varphi_j$，规定

$$\Big(\sum_{i=1}^n\sum_{j=1}^m a_{ij}\psi_i\otimes\varphi_j, \sum_{i=1}^n\sum_{j=1}^m b_{ij}\psi_i\otimes\varphi_j\Big) = \sum_{i=1}^n\sum_{j=1}^m \bar{a}_{ij}b_{ij}，$$

容易验证这是复线性空间 $\mathcal{H}_1\otimes\mathcal{H}_2$ 上的一个内积。于是 $\mathcal{H}_1\otimes\mathcal{H}_2$ 成为一个酉空间，$\mathcal{H}_1\otimes\mathcal{H}_2$ 的上述基成为一个标准正交基。

$\mathcal{H}_1\otimes\mathcal{H}_2$ 中的元素如果能表示成 $f\otimes g$ 的形式，其中 $f\in\mathcal{H}_1$，$g\in\mathcal{H}_2$，那么称这个元素是**非纠缠态**；否则称为**纠缠态**(entangled state)。

1925 年荷兰莱顿大学学生 G. E. Uhlonbeck 和 S. A. Goudsmit 根据一系列实验事实提出了大胆的假设:电子不是点电荷,它除了轨道运动外还有自旋运动。所谓**电子自旋**(electron spin)**假设**,可以概括为:每个电子都具有**自旋角动量 S**,它在空间任一方向上的投影 s_z,只能取两个值,即

$$s_z = \pm \frac{1}{2}\hbar, \tag{1}$$

其中 $\hbar = \frac{h}{2\pi}$,h 是普适常数。实验结果表明,电子不是一个只具有 3 个自由度(在空间中的位置)的粒子,它还具有自旋这个自由度。为了对电子的状态做出完全的描述,还必须考虑其自旋态(spin state)。在描写它的波函数中还应该包含自旋投影这个变量,记作 $\boldsymbol{\psi}(\boldsymbol{r}, s_z)$。由于 s_z 只取 $\pm\hbar/2$ 两个值,因此可以把 $\boldsymbol{\psi}(\boldsymbol{r}, s_z)$ 表示成

$$\boldsymbol{\psi}(\boldsymbol{r}, s_z) = \begin{pmatrix} \boldsymbol{\psi}(\boldsymbol{r}, \hbar/2) \\ \boldsymbol{\psi}(\boldsymbol{r}, -\hbar/2) \end{pmatrix}, \tag{2}$$

称它为**旋量波函数**(spinor wave function)。其中,$|\boldsymbol{\psi}(\boldsymbol{r}, \hbar/2)|^2$ 表示电子自旋向上(即 $s_z = \hbar/2$)且位置在 $\boldsymbol{r}$ 处的概率密度,$|\boldsymbol{\psi}(\boldsymbol{r}, -\hbar/2)|^2$ 表示电子自旋向下(即 $s_z = -\hbar/2$)且位置在 $\boldsymbol{r}$ 处的概率密度。考虑下述情形:$\boldsymbol{\psi}(\boldsymbol{r}, s_z)$ 可以表示成

$$\boldsymbol{\psi}(\boldsymbol{r}, s_z) = \Phi(\boldsymbol{r})\chi(s_z), \tag{3}$$

其中 $\chi(s_z)$ 是描述自旋态的波函数,其一般形式为

$$\chi(s_z) = \begin{pmatrix} a \\ b \end{pmatrix}, \tag{4}$$

其中 $|a|^2$ 和 $|b|^2$ 分别代表电子的 s_z 等于 $\hbar/2$ 和 $-\hbar/2$ 的概率。此时归一化条件可以表示为

$$|a|^2 + |b|^2 = 1。 \tag{5}$$

通常把 s_z 的本征态 $\chi_{m_s}(s_z)$ 记为 α 和 β,它们所属的本征值(特征值)为 $m_s\hbar = \pm\hbar/2$,即

$$\alpha = \chi_{\frac{1}{2}}(s_z) = \begin{pmatrix} 1 \\ 0 \end{pmatrix}, \tag{6}$$

$$\beta = \chi_{-\frac{1}{2}}(s_z) = \begin{pmatrix} 0 \\ 1 \end{pmatrix}。 \tag{7}$$

α 和 β 构成了电子自旋态空间的一个标准正交基,(4)式表示的一般的电子自旋态可以表示成

$$\chi(s_z) = \begin{pmatrix} a \\ b \end{pmatrix} = a\alpha + b\beta, \tag{8}$$

于是(2)式所表示的电子旋量波函数可以表示为

$$\boldsymbol{\psi}(\boldsymbol{r}, s_z) = \boldsymbol{\psi}(\boldsymbol{r}, \hbar/2)\alpha + \boldsymbol{\psi}(\boldsymbol{r}, -\hbar/2)\beta。 \tag{9}$$

采用 Dirac 符号,电子的两个自旋本征态 α, β 可以用其本征值 $\pm\hbar/2$ 来标记,分别记为

$$|\hbar/2> = |\uparrow\rangle, \qquad |-\hbar/2> = |\downarrow\rangle, \tag{10}$$

于是电子的自旋态可以表示为

$$|\psi> = a|\uparrow\rangle + b|\downarrow\rangle = \begin{pmatrix} a \\ b \end{pmatrix}, \quad |a|^2 + |b|^2 = 1。 \tag{11}$$

现在考虑自旋为±h/2 的两个粒子组成的体系的自旋态。第 1 个粒子所有可能的自旋态形成的 Hilbert 空间记作 $\mathscr{H}_1$,第 2 个粒子所有可能的自旋态形成的 Hilbert 空间记作 $\mathscr{H}_2$,则这两个粒子组成的体系的所有自旋态形成的空间为 $\mathscr{H}_1 \otimes \mathscr{H}_2$。由于 $\mathscr{H}_i$ 的一个标准正交基为

$$|\uparrow\rangle_i, \qquad |\downarrow\rangle_i, \tag{12}$$

其中 $i=1,2$,因此 $\mathscr{H}_1 \otimes \mathscr{H}_2$ 的一个标准正交基为

$$|\uparrow\rangle_1 \otimes |\uparrow\rangle_2, |\uparrow\rangle_1 \otimes |\downarrow\rangle_2, |\downarrow\rangle_1 \otimes |\uparrow\rangle_2, |\downarrow\rangle_1 \otimes |\downarrow\rangle_2, \tag{13}$$

这 4 个基向量都不是纠缠态。

注意:在量子力学的文献中,把符号 $\otimes$ 省略不写出,为了清晰起见,我们仍写出 $\otimes$。

根据 11.2 节的例 3 的点评,有下述 4 个自旋纠缠态:

$$|\psi^{\pm}\rangle_{12} = \frac{1}{\sqrt{2}}[|\uparrow\rangle_1 \otimes |\downarrow\rangle_2 \pm |\downarrow\rangle_1 \otimes |\uparrow\rangle_2], \tag{14}$$

$$|\varphi^{\pm}\rangle_{12} = \frac{1}{\sqrt{2}}[|\uparrow\rangle_1 \otimes |\uparrow\rangle_2 \pm |\downarrow\rangle_1 \otimes |\downarrow\rangle_2], \tag{15}$$

容易验证,$|\psi^+\rangle_{12}$,$|\psi^-\rangle_{12}$,$|\varphi^+\rangle_{12}$,$|\varphi^-\rangle_{12}$ 两两正交,且长度都等于 1。因此它是 $\mathscr{H}_1 \otimes \mathscr{H}_2$ 的一个标准正交基,称它为 **Bell 基**。

纠缠态对于了解量子力学的基本概念具有很重要的意义。长期以来,对量子力学基本原理的激烈争论从未停止过。争论的焦点是:真实世界是否确实如同量子力学所预言的那样? 在对量子力学质疑的问题中最著名的是爱因斯坦(Einstein)等人 1935 年提出的 EPR 佯谬。它是爱因斯坦用来与玻尔(M. Born)所做的最重要的一次争论的假想实验,这个实验所预示的结果完全遵从量子力学原理,但是却令人难以接受。设想有一对总自旋为零的粒子(称为 **EPR 对**),两个粒子随后在空间中分开,假定粒子 A 在地球上,而粒子 B 在月球上。量子力学预言,若单独测量 A(或 B)的自旋,则自旋可能向上,也可能向下,各自概率为 $\frac{1}{2}$。但若地球上已测得粒子 A 的自旋向上(下),那么月球上的粒子 B 不管测量与否,必然会处在自旋向下(上)的本征态上。爱因斯坦认定真实世界绝非如此,月球上的粒子 B 绝不会受到地球上对 A 测量的任何影响。因此毛病出在量子力学理论不完备,其不足以正确地描述真实的世界。玻尔则持完全相反的看法,他认为粒子 A 和 B 之间存在着量子关联,不管它们在空间上分得多开,对其中一个粒子实行局域操作(如上述的测量),必然同时导致另一个粒子状态的改变,这是量子力学的非局域性。这场争论的本质在于:真实世界是遵从爱因斯坦的局域实在论,还是玻尔的非局域性理论。长期以来这个争论停留在哲学上,难以判断孰是孰非。直到 Bell 基于爱因斯坦的隐参数理论而推导出著名的 Bell 不等式,人们才有可能在实验上寻找判定这场争论的依据。法国学者首先在实验上证实 Bell 不等式可以被违背,支持了玻尔的看法。之后,随着量子光学的发展,有更多的实验支持了这个结论。1997 年瑞士学者更直截了当地在 10km 光纤中测量到作为 EPR 对的两个光子之间的量子关联。因此量子力学是正确的;非局域性是量子力学的基本性质。事实上,EPR 粒子对处在如下的纠缠态上:

$$|\psi^-\rangle_{AB} = \frac{1}{\sqrt{2}}[|\uparrow\rangle_A \otimes |\downarrow\rangle_B - |\downarrow\rangle_A \otimes |\uparrow\rangle_B]。 \tag{16}$$

这个量子态最大地违背 Bell 不等式,有着奇特的性质:我们无法单独地确定某个粒子处在什么量子态上,这个纠缠态给出的唯一信息是两个粒子之间的关联这类整体的特性。现在实验上已成功地制备这类纠缠态。

注:关于 Bell 不等式可参看《量子力学新进展(第一辑)》(曾谨言,裴寿镛主编,北京大学出版社 2000 年出版)第 20 页。

纠缠态近十几年来已在一些前沿领域中得到广泛的应用,特别是量子信息方面。1993 年 C. H. Bennett 等人提出了利用纠缠态来远程传送一个量子态信息的方案,即**量子隐形传态**(quantum teleportation)方案。下面作一介绍。

在科幻电影或神话小说中,常常有这样的场面:某人突然在某地消失,之后却在别的地方莫名其妙地显现出来。"teleportation"一词就来源于此,这是指一种无影无踪的传送过程。量子隐形传态的原理图如图 11-5 所示。

图 11-5

任务　Allice 有粒子 1(自旋为 ℏ/2)处于自旋态:

$$| \varphi \rangle_1 = a | \uparrow \rangle_1 + b | \downarrow \rangle_1 = \begin{pmatrix} a \\ b \end{pmatrix}_1, \qquad | a |^2 + | b |^2 = 1。 \tag{17}$$

她想将此量子态传送给 Bob,但粒子 1 本身不被传送,而且 Allice 本人对于要传送的这个量子态 $| \varphi \rangle_1$ 可能一无所知(即对于 a 和 b 等于多少不知道)。但是 Allice 与 Bob 之间有一个经典的通信道(例如电话),可交换测量过程中的技术上的信息。

传送方案:

(1) 制备粒子 1 处于 $| \varphi \rangle_1$ 态,放在 Allice 处。

(2) 把粒子 2 和 3(自旋都为 ℏ/2)制备成 EPR 对处于纠缠态:

$$| \psi^- \rangle_{23} = \frac{1}{\sqrt{2}} \big[| \uparrow \rangle_2 \otimes | \downarrow \rangle_3 - | \downarrow \rangle_2 \otimes | \uparrow \rangle_3 \big], \tag{18}$$

然后把粒子 2 传送给 Allice,同时把粒子 3 传送给 Bob。由于粒子 2 和 3 处于纠缠态,对粒子 2 的任何操作,必然导致粒子 3 发生相应的演变,因此这个 EPR 对构成 Allice 和 Bob 之间的量子通道。

(3) Allice 采用可以识别 Bell 基的装置对粒子 1 和 2 实施联合测量。由于粒子 1 和 2 的自旋态空间 $\mathcal{H}_1$ 和 $\mathcal{H}_2$ 的张量积 $\mathcal{H}_1 \otimes \mathcal{H}_2$ 中任一元素可由 Bell 基线性表出,因此测量结果可能是 Bell 基中的某一个,出现的概率都是 $\frac{1}{4}$(理由见下面)。**与此同时**,Bob 测量粒子 3 的自旋态。粒子 1 和 EPR 对构成三粒子体系,其量子态为

$$| \psi \rangle_{123} = | \varphi \rangle_1 \otimes | \psi^- \rangle_{23}。 \tag{19}$$

我们把(19)式具体计算出来。为了简便、清晰起见,我们把 $|\uparrow\rangle$ 记成 $|0\rangle$,把 $|\downarrow\rangle$ 记成 $|1\rangle$,把 $|0\rangle_2 \otimes |1\rangle_3$ 记成 $|01\rangle_{23}$,把 $|0\rangle_1 \otimes |0\rangle_2 \otimes |0\rangle_3$ 记成 $|000\rangle_{123}$,等等。于是

$$|\psi\rangle_{123} = (a\,|0\rangle_1 + b\,|1\rangle_1) \otimes \frac{1}{\sqrt{2}}(|01\rangle_{23} - |10\rangle_{23})$$

$$= \frac{1}{\sqrt{2}}[a\,|001\rangle_{123} - a\,|010\rangle_{123} + b\,|101\rangle_{123} - b\,|110\rangle_{123}]$$

$$= \frac{1}{2}[\,|\psi^-\rangle_{12} \otimes (-a\,|0\rangle_3 - b\,|1\rangle_3) +$$

$$|\psi^+\rangle_{12} \otimes (-a\,|0\rangle_3 + b\,|1\rangle_3) +$$

$$|\varphi^-\rangle_{12} \otimes (b\,|0\rangle_3 + a\,|1\rangle_3) +$$

$$|\varphi^+\rangle_{12} \otimes (-b\,|0\rangle_3 + a\,|1\rangle_3)]。 \tag{20}$$

由于在 $|\psi\rangle_{123}$ 的展开式中,$|\psi^-\rangle_{12}$,$|\psi^+\rangle_{12}$,$|\varphi^-\rangle_{12}$,$|\varphi^+\rangle_{12}$ 的系数都是 $\frac{1}{2}$,因此当 Allice 对粒子 1 和 2 实施联合测量时,测量结果可能为 $|\psi^-\rangle_{12}$,$|\psi^+\rangle_{12}$,$|\varphi^-\rangle_{12}$,$|\varphi^+\rangle_{12}$ 中的某一个,其概率都等于 $\left(\frac{1}{2}\right)^2 = \frac{1}{4}$。由于在 $|\psi\rangle_{123}$ 的展开式中,粒子 3 的可能状态只有下述 4 种:

$$-a\,|0\rangle_3 - b\,|1\rangle_3 = \begin{pmatrix} -a \\ -b \end{pmatrix}_3, \quad -a\,|0\rangle_3 + b\,|1\rangle_3 = \begin{pmatrix} -a \\ b \end{pmatrix}_3,$$

$$b\,|0\rangle_3 + a\,|1\rangle_3 = \begin{pmatrix} b \\ a \end{pmatrix}_3, \quad -b\,|0\rangle_3 + a\,|1\rangle_3 = \begin{pmatrix} -b \\ a \end{pmatrix}_3,$$

因此 Bob 测量粒子 3 所处的自旋态只有上述 4 种可能。

(4) Allice 立即通过经典通道,把测量结果告诉 Bob。例如,Allice 测得的结果为 $|\varphi^-\rangle_{12}$,由于在 $|\psi\rangle_{123}$ 的展开式中,与 $|\varphi^-\rangle_{12}$ 作张量积的粒子 3 的自旋态为 $b\,|0\rangle_3 + a\,|1\rangle_3 = \begin{pmatrix} b \\ a \end{pmatrix}_3$,因此 Bob 测量粒子 3 的自旋态的结果必然为 $b\,|0\rangle_3 + a\,|1\rangle_3 = \begin{pmatrix} b \\ a \end{pmatrix}_3$。由于粒子 3 的自旋态空间 $\mathcal{H}_3$ 上的酉变换(量子力学文献中称酉变换为幺正变换)不改变度量性质,因此 Bob 可以对所测得的粒子 3 的自旋态 $\begin{pmatrix} b \\ a \end{pmatrix}_3$ 作一个酉变换,即用酉矩阵 $\begin{pmatrix} 0 & 1 \\ 1 & 0 \end{pmatrix}$ 乘以 $\begin{pmatrix} b \\ a \end{pmatrix}_3$:

$$\begin{pmatrix} 0 & 1 \\ 1 & 0 \end{pmatrix}\begin{pmatrix} b \\ a \end{pmatrix}_3 = \begin{pmatrix} a \\ b \end{pmatrix}_3$$

这就将粒子 3 制备成与粒子 1 原先的自旋态一样的态 $a\,|0\rangle_3 + b\,|1\rangle_3 = \begin{pmatrix} a \\ b \end{pmatrix}_3$。粒子 1 原先的自旋态 $|\varphi\rangle_1 = a\,|0\rangle_1 + b\,|1\rangle_1 = \begin{pmatrix} a \\ b \end{pmatrix}_1$ 在 Allice 实施测量之后不再处于这个态了。这便实现了把粒子 1 的未知自旋态 $|\varphi\rangle_1$ 隐形传送给粒子 3。在这个传送过程中,传送的仅仅是粒子 1 的自旋态 $|\varphi\rangle_1$,而不是粒子 1 本身。在传送过程中,粒子 1 原来的自旋态 $|\varphi\rangle_1$ 已被破坏,粒子 1 与粒子 2 发生了纠缠。

习题答案与提示

第7章 多项式环

习题 7.1

1. 不一定,试举一个例子。

2. 设 a 是 R 中的可逆元,如果有 $b \in R$,使得 $ab=0$,那么两边左乘 a^{-1},得 $a^{-1}ab = a^{-1}0$,即 $b=0$。因此 a 不是左零因子。同理可证,a 不是右零因子。

3. 类似于例 10 的解法,可得 $\boldsymbol{A}^{-1} = \boldsymbol{I} - b\boldsymbol{H}$。

4. 类似于例 10 的解法,可得
$$\boldsymbol{A}^{-1} = \frac{1}{a}\boldsymbol{I} - \frac{k}{a^2}\boldsymbol{B} + \frac{k^2}{a^3}\boldsymbol{B}^2 + \cdots + (-1)^{l-1}\frac{k^{l-1}}{a^l}\boldsymbol{B}^{l-1}。$$

5. 在 $K[x]$ 中,有
$$(1+x)^m = 1 + C_m^1 x + C_m^2 x^2 + \cdots + C_m^m x^m, \tag{1}$$
x 用 $\boldsymbol{A}$ 代入,从(1)式得所要证的公式。

6. 设 $\omega = \dfrac{-1+\sqrt{3}\,\mathrm{i}}{2}$,则 $1, \omega, \omega^2$ 是所有的 3 次单位根。由于 $1+\omega+\omega^2=0$,因此直接计算可得 $\qquad (\lambda \boldsymbol{I} - \boldsymbol{A})(\lambda \boldsymbol{I} - \omega \boldsymbol{A})(\lambda \boldsymbol{I} - \omega^2 \boldsymbol{A}) = \lambda^3 \boldsymbol{I} - \boldsymbol{A}^3$。
利用例 11 的结论和类似于例 12 的解法可得结论。

7. 设 $\xi = \mathrm{e}^{\mathrm{i}\frac{2\pi}{m}}$,则 $1, \xi, \xi^2, \cdots, \xi^{m-1}$ 是所有的 m 次单位根。由于 $1+\xi+\xi^2+\cdots+\xi^{m-1} = \dfrac{1-\xi^m}{1-\xi} = 0$,因此直接计算可得
$$(\lambda \boldsymbol{I} - \boldsymbol{A})(\lambda \boldsymbol{I} - \xi \boldsymbol{A})(\lambda \boldsymbol{I} - \xi^2 \boldsymbol{A})\cdots(\lambda \boldsymbol{I} - \xi^{m-1}\boldsymbol{A}) = \lambda^m \boldsymbol{I} - \boldsymbol{A}^m, \tag{2}$$
$$(\lambda - \lambda_i)(\lambda - \xi\lambda_i)(\lambda - \xi^2\lambda_i)\cdots(\lambda - \xi^{m-1}\lambda_i) = \lambda^m - \lambda_i^m, \tag{3}$$
其中 $i=1,2,\cdots,s$。利用例 11 的结论和类似于例 12 的解法可得结论。

习题 7.2

1. (1) 商式是 x^2+2x-4,余式是 $-20x+19$;

   (2) 商式是 $\dfrac{1}{3}x^2 + \dfrac{4}{9}x - \dfrac{2}{27}$,余式是 $-\dfrac{80}{27}x + \dfrac{85}{27}$。

2. $g(x)|f(x)$ 当且仅当 $a_1=3$ 且 $a_0=-1$。

3. (1) 商式是 $3x^3+12x^2+43x+174$，余式是 695；

　　(2) 商式是 $5x^2-10x+17$，余式是 -30。

4. $f(x)=5(x+2)^3-30(x+2)^2+57(x+2)-30$。

5. 用整除的定义可推出 (1)~(4) 的结论。

6. 令 $f(x)=x^3-4x^2+7x-1$，$g(x)=x-2$。作综合除法，得
$$f(x)=(x^2-2x+3)(x-2)+5,$$
x 用 A 代入，从上式可得 $h(A)=A^2-2A+3I$，$r(A)=5I$。

*7. (1) $\begin{bmatrix} 1 & 0 & 0 \\ 0 & \lambda-2 & 0 \\ 0 & 0 & (\lambda-2)^2 \end{bmatrix}$；　(2) $\begin{bmatrix} 1 & 0 & 0 \\ 0 & 1 & 0 \\ 0 & 0 & \lambda^2(\lambda-1) \end{bmatrix}$。

习题 7.3

1. (1) $(f(x),g(x))=x+3$，$x+3=\left(\dfrac{3}{5}x-1\right)f(x)-\dfrac{1}{5}(x^2-2x)g(x)$。

　　(2) $(f(x),g(x))=x-1$，$x-1=\dfrac{1}{300}(x+10)f(x)-\dfrac{1}{300}(x^2+15x+46)g(x)$。

2. 去证 $f(x)$ 与 $g(x)$ 的任一公因式 $c(x)$ 能整除 $d(x)$。

3. 提示：存在 $u(x),v(x)\in K[x]$，使得 $u(x)f(x)+v(x)g(x)=(f(x),g(x))$，从而 $(f(x),g(x))h(x)=u(x)f(x)h(x)+v(x)g(x)h(x)$。

4. 提示：用互素的充要条件。

5. 提示：用互素的性质 3 的推广。

6. 提示：必要性。由于 $f(x)$ 与 $g(x)$ 不互素，因此 $(f(x),g(x))\neq1$。充分性用反证法。

7. 提示：设 $f(x)=f_1(x)(f(x),g(x))$，$g(x)=g_1(x)(f(x),g(x))$。类似于互素的性质 2 的证法。

8. 设 $f(x)=f_1(x)d(x)$，$g(x)=g_1(x)d(x)$，则 $(f_1(x),g_1(x))=1$，利用 7.3 节的例 8 立即得到结论。

*9. (1) $A(\lambda)$ 有一个 1 阶子式为 -1，因此 $D_1(\lambda)=1$；

$A(\lambda)$ 的非零的 2 阶子式有：$(\lambda-2)^2,-(\lambda-2)$，因此 $D_2(\lambda)=\lambda-2$；

$A(\lambda)$ 的 3 阶子式只有一个：$|A(\lambda)|=(\lambda-2)^3$，因此 $D_3(\lambda)=(\lambda-2)^3$；

$A(\lambda)$ 的不变因子有：$d_1(\lambda)=1,d_2(\lambda)=\lambda-2,d_3(\lambda)=(\lambda-2)^2$。

(2) $B(\lambda)$ 的行列式因子为 $D_1(\lambda)=1,D_2(\lambda)=1,D_3(\lambda)=(\lambda-1)(\lambda-5)^2$。$B(\lambda)$ 的不变因子有：$d_1(\lambda)=1,d_2(\lambda)=1,d_3(\lambda)=(\lambda-1)(\lambda-5)^2$。

习题 7.4

1.(1) 假如 x^2+1 在实数域上可约，则
$$x^2+1=(x+a)(x+b),a,b\in\mathbf{R}。$$

此式也可看成是 x^2+1 在复数域上的一个不可约因式分解。另一方面,在 $\mathbf{C}[x]$ 中有
$$x^2+1=(x+\mathrm{i})(x-\mathrm{i}),$$
根据唯一因式分解定理得,$a=\mathrm{i},b=-\mathrm{i}$,矛盾,因此 x^2+1 在 $\mathbf{R}$ 上不可约。

同理可证 x^2+1 在 $\mathbf{Q}$ 上不可约。

(2) 类似于第(1)小题的证法。

2. (1)
$$
\begin{aligned}
x^4+x^2+1 &= x^4+2x^2+1-x^2=(x^2+1)^2-x^2 \\
&= (x^2+1+x)(x^2+1-x) \qquad\qquad \cdots\cdots\quad \text{在}\mathbf{Q}\text{上,在}\mathbf{R}\text{上} \\
&= \left[x-\frac{-1+\sqrt{3}\,i}{2}\right]\left[x-\frac{-1-\sqrt{3}\,i}{2}\right]\cdot \\
&\quad \left[x-\frac{1+\sqrt{3}\,i}{2}\right]\left[x-\frac{1-\sqrt{3}\,i}{2}\right]. \qquad \cdots\cdots\quad \text{在}\mathbf{C}\text{上}
\end{aligned}
$$

(2) $x^4+4=(x^2)^2+4x^2-4x^2+4=(x^2+2+2x)(x^2+2-2x)$ $\cdots\cdots$在$\mathbf{Q}$上,在$\mathbf{R}$上
$$=[x-(-1+\mathrm{i})][x-(-1-\mathrm{i})][x-(1+\mathrm{i})](x-(1-\mathrm{i})]. \qquad \cdots\cdots\text{在}\mathbf{C}\text{上}$$

3. 充分性是显然的。必要性:去考虑 $f(x),g(x)$ 的标准分解式。

4. 提示:考虑有关多项式的标准分解式。

5. (1) $\qquad x^4+m=(x^2+\sqrt{m}+\sqrt{2}\sqrt[4]{m}\,x)(x^2+\sqrt{m}-\sqrt{2}\sqrt[4]{m}\,x)$。

由于 $(\pm\sqrt{2}\sqrt[4]{m})^2-4\sqrt{m}=2\sqrt{m}-4\sqrt{m}<0$,因此上式右端的每一个二次多项式在 $\mathbf{R}[x]$ 中不能分解成一次因式的乘积,从而 x^4+m 在 $\mathbf{R}[x]$ 中的标准分解式为上式右端。

(2) 由第(1)小题知,x^4+m 在 $\mathbf{R}[x]$ 中没有一次因式,从而 x^4+m 在 $\mathbf{Q}[x]$ 中也没有一次因式。于是 x^4+m 可约当且仅当下式成立:
$$x^4+m=(x^2+b_1 x+c_1)(x^2+b_2 x+c_2),$$
其中 $b_1,b_2,c_1,c_2\in\mathbf{Q}$。比较上式两边的多项式的系数可得出:$m=4k^4$,其中 $k\in\mathbf{Z}^*$。因此 x^4+m 在 $\mathbf{Q}$ 上可约当且仅当 $m=4k^4$,$k\in\mathbf{Z}^*$。此时,x^4+m 的标准分解式为
$$x^4+m=(x^2+2kx+2k^2)(x^2-2kx+2k^2)。$$

习题 7.5

1. (1) 用辗转相除法求出 $(f(x),f'(x))=x-2$。因此,$f(x)$ 有重因式 $x-2$。$g(x)=x^2-x-2$ 与 $f(x)$ 有完全相同的不可约因式(不计重数),且 $g(x)$ 没有重因式。

(2) 用辗转相除法求出 $(f(x),f'(x))=1$,因此 $f(x)$ 没有重因式。

2. $f(x)=x^3-3x^2+4=(x^2-x-2)(x-2)=(x+1)(x-2)^2$。

3. 解法一　(1) 用辗转相除法求出 $(f(x),f'(x))=(x-1)^3$。用 $(x-1)^3$ 去除 $f(x)$ 得商式 $g(x)=x^2-1=(x+1)(x-1)$。　(2) $f(x)=g(x)(x-1)^3=(x+1)(x-1)^4$。

解法二　采用综合除法,用 $x-1$ 去除 $f(x)$,接着用 $x-1$ 去除所得的商式,依次下去可得 $f(x)=(x+1)(x-1)^4$,从而 $g(x)=(x+1)(x-1)=x^2-1$。

4. 例如 $f(x)=x^k+1(k\geqslant 2)$,则 $f'(x)=kx^{k-1}$。

5. 已知 $p(x)$ 是 $f(x)$ 的因式,设 $p(x)$ 是 $f(x)$ 的 t 重因式 $(t\geqslant 1)$,则 $p(x)$ 是 $f'(x)$ 的 $t-1$ 重因式。由已知条件得,$t-1=k-1$,因此 $t=k$。

6. 必要性由定理 1 得到。充分性利用第 5 题的结论。

7. (1) $f(x)$ 有重因式的充分必要条件是 $a^2 - 4b = 0$ 或者 $b = 0$。

(2) 用类似于例 3 的方法可求出 $f(x)$ 有重因式的充分必要条件为 $27c^4 - 256d^3 = 0$。

(3) $f(x)$ 有重因式的充分必要条件为 $27c^4 - 256d = 0$ 或 $d = 0$。

习题 7.6

1. 用综合除法可知，$x + 2$ 能整除 $f(x)$，-2 是 $f(x)$ 的 3 重根。

2. $f(x)$ 在 **Q** 中有重根当且仅当 $a = 4$ 或 $a = -\dfrac{17}{27}$。当 $a = 4$ 时，2 是 $f(x)$ 的 2 重根；当 $a = -\dfrac{17}{27}$ 时，$\dfrac{1}{3}$ 是 $f(x)$ 的 2 重根。

3. $f(x)$ 与 $g(x)$ 恰有一个公共根：2。

4. 3 是 $f(x)$ 的 2 重根当且仅当 $a = 4$ 且 $b = 3$。

5. 类似于例 4 的方法。

6. 类似于例 6 的方法。

7. 利用例 11 的结论。

8. 对 $a_n^{-1} f(x)$ 用 Vieta 公式，可求出数域 K 上以 $bc_1, bc_2, \cdots, bc_n$ 为复根的多项式与下述多项式相伴：
$$g(x) = a_n x^n + b a_{n-1} x^{n-1} + \cdots + b^{n-1} a_1 x + b^n a_0 。$$

9. 提示：A 的特征多项式 $f(\lambda) = |\lambda I - A|$ 中，λ^{n-k} 的系数 b_{n-k} 为 A 的所有 k 阶主子式的和乘以 $(-1)^k$。设 $\mathrm{pr}(A) = s$，则 A 有 s 阶主子式不为 0，而所有阶数大于 s 的主子式全为 0。

10. 设 A 的特征多项式的 n 个复根为 $c_1, c_2, \cdots, c_n$，则 $c_1 + c_2 + \cdots + c_n = \mathrm{tr}(A)$。

*11. (1) A 的初等因子是 $\lambda - 2, (\lambda - 2)^2$；　　(2) A 的初等因子是 $(\lambda - 1)^3$。

12. $f(x) = -\dfrac{11}{6} x^3 + \dfrac{31}{2} x^2 - \dfrac{116}{3} x + 27$。

13. $f(x) = 2x^2 - x + 3$。

习题 7.7

1. 利用本节例 1 的结论，不定元 x 用 $\dfrac{x}{a}$ 代入，当 $n = 2m + 1$ 时，有
$$x^{2m+1} - a^{2m+1} = (x - a) \prod_{k=1}^{m} \left(x^2 - 2ax \cos \frac{2k\pi}{2m+1} + a^2 \right);$$
当 $n = 2m$ 时，有
$$x^{2m} - a^{2m} = (x - a)(x + a) \prod_{k=1}^{m-1} \left(x^2 - 2ax \cos \frac{k\pi}{m} + a^2 \right)。$$

2. 利用本节例 2 的结论, x 用 $\dfrac{x}{a}$ 代入, 当 $n=2m+1$ 时, 可得

$$x^{2m+1}+a^{2m+1}=(x+a)\prod_{k=1}^{m}\left(x^2-2ax\,\cos\,\dfrac{(2k-1)\pi}{2m+1}+a^2\right);$$

当 $n=2m$ 时, 可得

$$x^{2m}+a^{2m}=\prod_{k=1}^{m}\left(x^2-2ax\,\cos\,\dfrac{(2k-1)\pi}{2m}+a^2\right)_{\circ}$$

3. 利用 $\cos\left(\dfrac{\pi}{2}-\alpha\right)=\sin\alpha$, 从例 4 的结论可得。

4. 利用 $\sin\left(\dfrac{\pi}{2}-\alpha\right)=\cos\alpha$, 从例 3 的结论可得。

5. 从例 1 的公式 (12) 以及下式

$$x^{2m+1}-1=(x-1)(x^{2m}+x^{2m-1}+\cdots+x+1)$$

得出, $\prod\limits_{k=1}^{m}\left(x^2-2x\,\cos\,\dfrac{2k\pi}{2m+1}+1\right)=x^{2m}+x^{2m-1}+\cdots+x+1$。在此式中, x 用 1 代入可得本题的结论。

6. 从第 5 题的结论可得。

7. 例 2 的 (16) 式中, x 用 1 代入可得本题的结论。

8. 从第 7 题的结论可得。

9. $f(x)$ 没有重根, $f(x)$ 有两个不同的实根 (在 $(0,1),(-2,-1)$ 内分别有一个实根)。

10. $f(x)$ 没有重根, $f(x)$ 只有一个实根, 它在 $(3,4)$ 内。

习题 7.8

1. (1) $\dfrac{1}{2}$;　　　 (2) $1,-\dfrac{1}{2},3,-3$。

2. (1) 取素数 2, 判断为不可约;　　 (2) $\pm1,\pm3$ 都不是根, 判断为不可约;

(3) $\pm1,\pm2$ 都不是根, 判断为不可约; (4) $-\dfrac{1}{2}$ 是根, 因此可约;

(5) 用素数 3, 判断为不可约;　　 (6) x 用 $x+1$ 代入, 然后用素数 2, 判断为不可约;

(7) x 用 $x-1$ 代入, 判断为不可约;　　 (8) x 用 $x-1$ 代入, 判断为不可约;

(9) x 用 $x-1$ 代入, 用素数 p, 判断为不可约;

(10) 先证 x^4-5x+1 没有有理根, 从而它没有一次因式; 再用反证法证明 x^4-5x+1 不能分解成两个二次多项式的乘积, 从而它在 $\mathbf{Q}$ 上不可约。

3. 类似于例 8 的证法。此题是例 8 当 $t=n$ 时的特殊情形。为了训练分析问题的能力, 建议不要直接用例 8 的结论得出此题。

4. 类似于例 9 的证法。

5. 由已知得, $a+b$ 与 c 都是奇数, 然后用例 12 的结论。

6. 如果 $f(x)$ 是 $\mathbf{Q}$ 上不可约多项式, 那么结论显然成立。下面设 $f(x)$ 在 $\mathbf{Q}$ 上可约, 则 $f(x)$ 能分解成在 $\mathbf{Q}$ 上不可约的整系数多项式的乘积 (从性质 4 容易推导出这一结论)。由于这些不可约因式的常数项的乘积等于 a_0, 已知 $p\mid a_0,p^2\nmid a_0$, 因此恰好有一个不可约因式

的常数项能被 p 整除,把它记作 $g(x)$。设它的次数为 m,去证 $m \geqslant r$。

*7. 类似于本节定理 2 的证法。记 $r = 2n+1-k$。区分 $k \leqslant n$ 和 $k > n$ 两种情形。

8. 提示:设 $f(x) = m f_1(x)$,其中 $m \in \mathbf{Z}$,$f_1(x)$ 是本原多项式。类似于例 12 的证法。

9. 在 $\mathbf{Q}[x]$ 中
$$x^8 + x^7 + x^6 + x^5 + x^4 + x^3 + x^2 + x + 1 = (x^6 + x^3 + 1)(x^2 + x + 1)。$$
去证 $x^2 + x + 1$ 和 $x^6 + x^3 + 1$ 都在 $\mathbf{Q}$ 上不可约。

10. 提示:可从第 9 题受到启发。

11. 类似于例 7 的证法。

习题 7.9

1. (1) $-x_1^3 x_2 + 2x_2^4 x_3 x_4 + 5x_2 x_3 x_4 + x_3^4 x_4$;

(2) $x_1^3 - 5x_1^2 x_3 x_4^2 + 3x_1 x_2^2 x_4 - 2x_2^3 x_3 + x_3^3$。

2. $f(x_1, x_2, x_3) = (x_1 + x_2 + x_3)(x_1^2 + x_2^2 + x_3^2 - x_1 x_2 - x_1 x_3 - x_2 x_3)$。

3. 证明方法与例 5 的类似。

6. 类似于例 6 的证法。

7. 类似于例 6 的证法。

8. (1) 把 $f(x, y, z)$ 用配方法化成标准形,看出它的秩为 2,符号差为 0,因此 $f(x, y, z)$ 可约,且可得 $f(x, y, z) = (3x - y)(x + 2y + z)$。

(2) $g(x, y, z)$ 的矩阵的秩为 3,根据例 7 的结论得,$g(x, y, z)$ 不可约。

9. (1) $I_2 < 0$,$I_3 = 0$,因此 $f(x, y)$ 可约。$f(x, y) = (2x - y + 3)(x + 3y - 1)$。

(2) $I_2 < 0$,$I_3 \neq 0$,因此 $g(x, y)$ 不可约。

11. 对于 $f(x, y)$,$I_2 = 0$,$I_3 \neq 0$,因此 $f(x, y)$ 不可约。用第 10 题的结论。

习题 7.10

1. 提示:若 3 元对称多项式含有一项 $x_1^3 x_2^2$,则它还应含有哪些项?

2. $x_1^3 x_2 + x_1^3 x_3 + x_2^3 x_1 + x_2^3 x_3 + x_3^3 x_1 + x_3^3 x_2$。

3. (1) $\sigma_1^2 \sigma_2 - 2\sigma_2^2 - \sigma_1 \sigma_3$;　　(2) $\sigma_1^4 - 4\sigma_1^2 \sigma_2 + 2\sigma_2^2 + 4\sigma_1 \sigma_3$;　　(3) $\sigma_1^3 \sigma_3 + \sigma_2^3 - 6\sigma_1 \sigma_2 \sigma_3 + 8\sigma_3^2$。

4. (1) $\sigma_1^3 - 3\sigma_1 \sigma_2 + 3\sigma_3$;

(2) $n = 3$ 时,$\sigma_2 \sigma_3$;$n = 4$ 时,$\sigma_2 \sigma_3 - 3\sigma_1 \sigma_4$;$n \geqslant 5$ 时,$\sigma_2 \sigma_3 - 3\sigma_1 \sigma_4 + 5\sigma_5$。

5. $2\sigma_1^3 - 9\sigma_1 \sigma_2 + 27\sigma_3$。

6. 提示:3 个复根 c_1, c_2, c_3 成等差数列当且仅当下式成立:
$$(2c_1 - c_2 - c_3)(2c_2 - c_1 - c_3)(2c_3 - c_1 - c_2) = 0。$$

7. 3 个复根 c_1, c_2, c_3 成等比数列当且仅当下式成立:
$$(c_1^2 - c_2 c_3)(c_2^2 - c_1 c_3)(c_3^2 - c_1 c_2) = 0。$$

8. $a_2^2 a_1^2 - a_2^3 a_0 - a_1^3$。

9. $s_2 = \sigma_1^2 - 2\sigma_2$,　　　$s_3 = \sigma_1^3 - 3\sigma_1 \sigma_2 + 3\sigma_3$,　　　$s_4 = \sigma_1^4 - 4\sigma_1^2 \sigma_2 + 4\sigma_1 \sigma_3 + 2\sigma_2^2$。

10. $-4a_2^3 a_0 + a_2^2 a_1^2 + 18 a_2 a_1 a_0 - 4a_1^3 - 27a_0^2$。

11. $D(f) = -27a_1^4 + 256a_0^3$。

12. 由于 $D(f) \neq 0$,因此 $f(x)$ 无重根。设 $f(x)$ 的 n 个复根为 $c_1, \bar{c}_1, c_2, \bar{c}_2, \cdots, c_l, \bar{c}_l,$ $c_{2l+1}, \cdots, c_n$,其中 $c_1, \cdots, c_l$ 为虚数,$c_{2l+1}, \cdots, c_n$ 为实数。

分 3 种情形讨论:$i, j \geqslant 2l+1$;$i \leqslant l, j \geqslant 2l+1$;$i, j \leqslant l$。

13. $f(x) = x^n + bx^{n-1} + \dfrac{1}{2!}b^2 x^{n-2} + \cdots + \dfrac{1}{k!}b^k x^{n-k} + \cdots + \dfrac{1}{(n-1)!}b^{n-1}x + \dfrac{b^n}{n!}$,其中 $b = -(c_1 + c_2 + \cdots + c_n), c_1, c_2, \cdots, c_n$ 是 $f(x)$ 的 n 个复根。

14. 提示:设 $f(x)$ 的 n 个复根为 $c_1, c_2, \cdots, c_n$,则 $g(x)$ 的复根为 $a, c_1, c_2, \cdots, c_n$。

习题 7.11

1. 由于 $\mathrm{Res}(f, g) = 0$,因此 $f(x)$ 与 $g(x)$ 有公共复根。

2. (1) $(-1, 0), (2, 1), (1, -2), (1, -2)$。

(2) $(-1, 1), (-3, -1), \left(-2 + \dfrac{3}{5}\sqrt{5}, \dfrac{\sqrt{5}}{5}\right), \left(-2 - \dfrac{3}{5}\sqrt{5}, -\dfrac{\sqrt{5}}{5}\right)$。

3. (1) $\mathrm{Res}(f, g) = 8$。

(2) $g(x)$ 的两个根是 $3, -2$,从而 $\mathrm{Res}(f, g) = (-1)^n[6^n + 7 \cdot 2^n] - 3^{n+1} - 21$。

(3) $g(x)$ 的根是 $1(n \text{ 重})$,从而 $\mathrm{Res}(f, g) = (-1)^n 3^n$。

(4) $f(x)$ 的 4 个复根是:ξ, ξ^2, ξ^3, ξ^4,其中 $\xi = e^{\frac{2\pi}{5}i}$,从而
$$\mathrm{Res}(f, g) = (\xi + 1)(\xi^2 + 1)(\xi^3 + 1)(\xi^4 + 1) = 1。$$

4. $\mathrm{Res}(f, x-a) = (-1)^n f(a)$。

5. 提示:$f(x)$ 的 2 个复根是 $i, -i$。去求 $\mathrm{Res}(f, g)$。

6. (1) $4x^2 - 4xy + y^2 - 11x + y - 2 = 0$。

(2) $8x^2 - 4xy + 5y^2 - 8x + 2y - 7 = 0, (x, y) \neq (0, 1)$。

习题 7.12

2. 用本节例 2 的结论。

3. $\mathbf{Z}_5, \mathbf{Z}_{17}$ 是域;$\mathbf{Z}_{10}, \mathbf{Z}_{12}$ 不是域。

4. 提示:按照域的定义去验证。令

$$\sigma: \qquad F \longrightarrow \mathbf{C}$$
$$\begin{pmatrix} a & b \\ -b & a \end{pmatrix} \longmapsto a + bi,$$

去证 σ 是 F 到 $\mathbf{C}$ 的一个同构映射,从而 $F \cong \mathbf{C}$。

5. $2007^7 \equiv 5 (\mathrm{mod}\ 7)$。

6. 类似于例 8 的方法,可判断 $f(x)$ 在 $\mathbf{Q}$ 上不可约。

7. 类似于例 8 的方法,可判断 $f(x)$ 在 $\mathbf{Q}$ 上不可约。

8. 类似于例 9 的方法,可判断 $f(x)$ 在 $\mathbf{Q}$ 上不可约。

9. 类似于例 10 的方法,可判断 $f(x)$ 在 $\mathbf{Q}$ 上不可约。

10. $g(x) = x^2 + \bar{1}$。

11. 这个连的士兵有 127 人。

12. 在 $\mathbf{Z}_{143}$ 中,$\bar{1}$ 的平方根恰有四个:$\pm\bar{1}, \pm\overline{12}$;$\bar{3}$ 的平方根恰有四个:$\pm\overline{17}, \pm\overline{61}$。

13. 在 $\mathbf{Z}_{143}$ 中,$\bar{2}$ 的平方根不存在。

补 充 题 七

1. ～12. 与 $K[x]$ 中相应命题的证明一样。

13. $f'(x) = na_n x^{n-1} + (n-1)a_{n-1}x^{n-2} + \cdots + a_1$。

(1)若 $\operatorname{char}F \nmid n$,则 $na_n \neq 0$,从而 $\deg f'(x) = n-1$;

(2)若 $\operatorname{char}F | n$,则 $na_n = 0$,从而 $\deg f'(x) < n-1$。

14. (1)若 $\operatorname{char}F = 0$,则与 $K[x]$ 中相应命题的证明一样;

(2)若 $\operatorname{char}F \neq 0$,设 $\operatorname{char}F = p$(p 是素数)。如果 $p \nmid k$ 且 $p'(x) \neq 0$,那么 $p(x) \nmid kp'(x)$,此时 $p(x)$ 是 $f'(x)$ 的 $k-1$ 重因式。如果 $p | k$ 或 $p'(x) = 0$,那么 $kp'(x) = 0$,此时 $p(x)$ 是 $f'(x)$ 的至少 k 重因式(当 $p(x) \nmid g'(x)$ 时,$p(x)$ 是 $f'(x)$ 的 k 重因式)。

15. 假如 $f(x)$ 有 k 重因式 $p(x)$,其中 $k \geqslant 2$,根据第 14 题的结论得,$p(x)$ 是 $f'(x)$ 的至少 $k-1$ 重因式,从而 $p(x)$ 是 $f(x)$ 与 $f'(x)$ 的公因式,因此 $(f(x), f'(x)) \neq 1$。这与已知条件矛盾,因此 $f(x)$ 没有重因式。

16. 与 $K[x]$ 中相应命题的证明一样。

17. 设 $\operatorname{char}F \neq 0$,且 $f(x)$ 没有重因式。如果 $f(x)$ 的任意一个单因式 $p(x)$ 都使得 $p'(x) \neq 0$,那么由于 $\operatorname{char}F \nmid 1$,因此根据第 14 题的第(2)小题得,$p(x)$ 不是 $f'(x)$ 的因式,从而 $f(x)$ 与 $f'(x)$ 没有次数大于 0 的公因式,因此 $(f(x), f'(x)) = 1$。

18. 取 F 为 $\mathbf{Z}_p$ 上的一元分式域 $\mathbf{Z}_p(y)$,令 $f(x) = x^p + y$。y 是 $\mathbf{Z}_p(y)$ 中的不可约多项式,且它满足:$y | y, y \nmid 0, y \nmid 1, y^2 \nmid y$,从而类似于 7.8 节的 Eisenstein 判别法的证明方法可证得,$f(x)$ 在 $F[x]$ 中是不可约的,即 $f(x)$ 是 $f(x)$ 的单因式,于是 $f(x)$ 没有重因式。由于域 F 的特征为 p,因此 $f'(x) = px^{p-1} = 0$,从而 $(f(x), f'(x)) = f(x)$,于是 $f(x)$ 与 $f'(x)$ 不互素。

19. ～21. 与 $K[x]$ 中相应命题的证明一样。

22. ～24. 与 $K[x_1, x_2, \cdots, x_n]$ 中相应命题的证明一样。

25. 在 $\mathbf{Z}_2[x_1, x_2, \cdots, x_n]$ 中,设

$$f(x_1, x_2, \cdots, x_n) = x_1^2 + x_2^2 + \cdots + x_n^2,$$

$$g(x_1, x_2, \cdots, x_n) = x_1 + x_2 + \cdots + x_n,$$

则 $f(x_1, x_2, \cdots, x_n) \neq g(x_1, x_2, \cdots, x_n)$。由于对于任意 $(c_1, c_2, \cdots, c_n) \in \mathbf{Z}_2^n$,有

$$f(c_1, c_2, \cdots, c_n) = c_1^2 + c_2^2 + \cdots + c_n^2 = c_1 + c_2 + \cdots + c_n$$

$$= g(c_1, c_2, \cdots, c_n)$$

因此 n 元多项式函数 f 与 g 相等。

26. 对于不定元的个数 n 作数学归纳法。$n=1$ 时,从 7.12 节典型例题的例 11 的第(2)小题的证明过程看到 $\mathbf{Z}_p$ 上次数小于 p 的两个一元多项式如果不相等,那么它们诱导的多项式函数也不相等,从而若次数小于 p 的多项式 $h(x_1)$ 不是零多项式,那么它诱导的一元多项式函数 h 不是零函数。因此当 $n=1$ 时,命题为真。

假设不定元个数为 $n-1$ 时命题为真,现在来看 $\mathbf{Z}_p$ 上的 n 元多项式 $h(x_1,x_2,\cdots,x_n)$,它是 S 中的非零多项式。把 $h(x_1,x_2,\cdots,x_n)$ 按照 x_n 的降幂排列写出,类似于 7.9 节定理 4 的证明方法,可证得 $h(x_1,x_2,\cdots,x_n)$ 诱导的函数 h 不是零函数。

27. 与 7.12 节典型例题的例 11 第(2)小题的证明思路一样。

28. 与 $K[x_1,x_2,\cdots,x_n]$ 中相应命题的证明一样,参看 7.9 节命题 1 的证明。

29. 从《近世代数》(丘维声著,北京大学出版社)第三章 3.2 节的推论 4 立即得到。

30. $F(x)$ 的一个子集是 $F[x]$,由于 $F[x]$ 中非零多项式的次数 n 可以是任意非负整数,因此 $F[x]$ 含有无穷多个元素,从而 $F[x]$ 含有无穷多个元素,即 $F(x)$ 是无限域。由于域 F 的单位元 e 也是 $F(x)$ 的单位元,因此由域 F 的特征为 p 可推出 $F(x)$ 特征也为 p。

31. 与第 30 题的证明方法类似。

第 8 章　线　性　空　间

习题 8.1

1. (1) 不是。(2) 是。(3) 是。(4) 不是。(5) 是。

2. 是。

3. (1) 是。(2) 是。(3) 是。

4. (1) 是。(2) 不是。(3) 当 $|F|>2$ 时,不是;当 $|F|=2$ 时,是。

5. 是。6. 是。7. 是。8. 是。

9. (1) 线性相关。(2) 线性无关。

(3) 线性无关,类似于例 11 的证法。

(4) 线性无关,类似于例 11 的证法。

(5) 线性无关,类似于例 12 的证法。

(6) $n=1$ 时,线性无关;$n\geqslant 2$ 时,线性相关。

(7) $n\leqslant 3$ 时,线性无关;$n\geqslant 4$ 时,线性相关。

10. 线性无关,用反证法。

12. 线性无关。

13. 线性无关。类似于例 13 的证法。

14. (1) 一个基是 $E_{12}-E_{21},E_{13}-E_{31},\cdots,E_{1n}-E_{n1},E_{23}-E_{32},\cdots,E_{2n}-E_{n2},\cdots,E_{n-1,n}-E_{n,n-1}$,维数为 $\frac{1}{2}n(n-1)$。

(2) 一个基是 $E_{11}, E_{12}, \cdots, E_{1n}, E_{22}, \cdots, E_{2n}, \cdots, E_{m}$，维数为 $\frac{1}{2}n(n+1)$。

15. 一个基是 $1, \mathrm{i}$；维数为 2；坐标为 $(a, b)'$。

16. 一个基是 $1, \sqrt{2}$；维数为 2；坐标为 $(a, b)'$。

17. (2) $1, \omega$ 是 $\mathbf{Q}(\omega)$ 的一个基，从而 $\dim \mathbf{Q}(\omega) = 2$。

(3) $\bar{\omega}, -\sqrt{3}\mathrm{i} \in \mathbf{Q}(\omega), \omega, \bar{\omega}, -\sqrt{3}\mathrm{i}$ 线性相关，$\mathrm{rank}\{\omega, \bar{\omega}, -\sqrt{3}\mathrm{i}\} = 2$。

19. 一个基是 $x^m, x^{m-1}y, \cdots, xy^{m-1}, y^m$；维数为 $m+1$。

20. 一个基是 $\{x_1^{i_1} x_2^{i_2} \cdots x_n^{i_n} \mid i_1 + i_2 + \cdots + i_n \leqslant m\}$；维数为 C_{m+n}^n。

21. $\boldsymbol{\alpha}$ 在基 $\boldsymbol{\alpha}_1, \boldsymbol{\alpha}_2, \boldsymbol{\alpha}_3, \boldsymbol{\alpha}_4$ 下的坐标为 $(4, -1, -4, 3)'$。

22. (2) 一个基是

$$\begin{pmatrix} 1 & 0 \\ 0 & 1 \end{pmatrix}, \begin{pmatrix} \mathrm{i} & 0 \\ 0 & -\mathrm{i} \end{pmatrix}, \begin{pmatrix} 0 & 1 \\ -1 & 0 \end{pmatrix}, \begin{pmatrix} 0 & \mathrm{i} \\ \mathrm{i} & 0 \end{pmatrix},$$

$\dim V = 4$，坐标为 $(a, b, c, d)'$。

注：直接计算可得 V 的上述基中后 3 个矩阵有如下关系：

$$\begin{pmatrix} \mathrm{i} & 0 \\ 0 & -\mathrm{i} \end{pmatrix}^2 = -\boldsymbol{I}, \quad \begin{pmatrix} 0 & 1 \\ -1 & 0 \end{pmatrix}^2 = -\boldsymbol{I}, \quad \begin{pmatrix} 0 & \mathrm{i} \\ \mathrm{i} & 0 \end{pmatrix}^2 = -\boldsymbol{I},$$

$$\begin{pmatrix} \mathrm{i} & 0 \\ 0 & -\mathrm{i} \end{pmatrix}\begin{pmatrix} 0 & 1 \\ -1 & 0 \end{pmatrix} = \begin{pmatrix} 0 & \mathrm{i} \\ \mathrm{i} & 0 \end{pmatrix}, \quad \begin{pmatrix} 0 & 1 \\ -1 & 0 \end{pmatrix}\begin{pmatrix} 0 & \mathrm{i} \\ \mathrm{i} & 0 \end{pmatrix} = \begin{pmatrix} \mathrm{i} & 0 \\ 0 & -\mathrm{i} \end{pmatrix},$$

$$\begin{pmatrix} 0 & \mathrm{i} \\ \mathrm{i} & 0 \end{pmatrix}\begin{pmatrix} \mathrm{i} & 0 \\ 0 & -\mathrm{i} \end{pmatrix} = \begin{pmatrix} 0 & 1 \\ -1 & 0 \end{pmatrix}.$$

23. (1) 过渡矩阵为

$$\boldsymbol{T} = \begin{pmatrix} 1 & 2 & 3 & 0 \\ 1 & 3 & 1 & 1 \\ -1 & 1 & -2 & -1 \\ 1 & 1 & 0 & 2 \end{pmatrix},$$

$\boldsymbol{\alpha} = (x_1, x_2, x_3, x_4)'$ 在基 $\boldsymbol{\beta}_1, \boldsymbol{\beta}_2, \boldsymbol{\beta}_3, \boldsymbol{\beta}_4$ 下的坐标为

$$\begin{pmatrix} -13x_1 + 17x_2 - 11x_3 - 14x_4 \\ x_1 - x_2 + x_3 + x_4 \\ 4x_1 - 5x_2 + 3x_3 + 4x_4 \\ 6x_1 - 8x_2 + 5x_3 + 7x_4 \end{pmatrix}.$$

(2) 过渡矩阵为

$$\boldsymbol{T} = \begin{pmatrix} -23 & -7 & -9 & 8 \\ 6 & 3 & 3 & -1 \\ 2 & 3 & 2 & 1 \\ 3 & 2 & 2 & -1 \end{pmatrix},$$

$\boldsymbol{\alpha} = (1, 4, 2, 3)'$ 在基 $\boldsymbol{\alpha}_1, \boldsymbol{\alpha}_2, \boldsymbol{\alpha}_3, \boldsymbol{\alpha}_4$ 下的坐标为 $(-101, 21, -4, 3)'$。

(3) 过渡矩阵 $\boldsymbol{T}$ 为

$$T = \begin{pmatrix} \dfrac{3}{4} & \dfrac{7}{4} & \dfrac{1}{2} & -\dfrac{1}{4} \\[6pt] \dfrac{1}{4} & -\dfrac{1}{4} & \dfrac{1}{2} & \dfrac{3}{4} \\[6pt] -\dfrac{1}{4} & \dfrac{3}{4} & 0 & -\dfrac{1}{4} \\[6pt] \dfrac{1}{4} & -\dfrac{1}{4} & 0 & -\dfrac{1}{4} \end{pmatrix},$$

$\boldsymbol{\alpha} = (1,0,0,-1)'$ 在基 $\boldsymbol{\beta}_1, \boldsymbol{\beta}_2, \boldsymbol{\beta}_3, \boldsymbol{\beta}_4$ 下的坐标为 $\left(-2, -\dfrac{1}{2}, 4, -\dfrac{3}{2}\right)'$。

24. 所求向量为 $\boldsymbol{\alpha} = (1,0,0,-1)'$。

25. $\begin{pmatrix} 1 & -a & a^2 & \cdots & (-1)^{n-1} a^{n-1} \\ 0 & 1 & -2a & \cdots & (-1)^{n-2}(n-1)a^{n-2} \\ 0 & 0 & 1 & \cdots & (-1)^{n-3} C_{n-1}^2 a^{n-3} \\ \vdots & \vdots & \vdots & & \vdots \\ 0 & 0 & 0 & \cdots & C_{n-1}^2 a^2 \\ 0 & 0 & 0 & \cdots & -(n-1)a \\ 0 & 0 & 0 & \cdots & 1 \end{pmatrix}$。

26. (2) $T = \begin{pmatrix} 1 & \xi^{n-1} & \xi^{2(n-1)} & \cdots & \xi^{(n-1)^2} \\ 1 & \xi^{n-2} & \xi^{2(n-2)} & \cdots & \xi^{(n-1)(n-2)} \\ \vdots & \vdots & \vdots & & \vdots \\ 1 & \xi & \xi^2 & \cdots & \xi^{n-1} \\ 1 & 1 & 1 & \cdots & 1 \end{pmatrix}$。

习题 8.2

1. (1) 不是,因为解集对加法不封闭。(2) 是。

2. 提示:由已知条件得,V_1 可看成是 V_2 的子空间。

4. 维数为 3,一个基为 $\alpha_1, \alpha_2, \alpha_3$。

5. 用本节例 6 的方法,可求出 4 元齐次线性方程组 $\boldsymbol{Ax} = \boldsymbol{0}$,其中

$$\boldsymbol{A} = \begin{pmatrix} 1 & 0 & 1 & 0 \\ 1 & 0 & 0 & -1 \end{pmatrix}。$$

6. 用 8.1 节习题第 9 题的第 (7) 小题的结论。

7. 提示:由于 $s > 0$,因此 $p > r - p$。构造 $n - p$ 个向量属于解集 W。

8. $V_1 + V_2$ 的一个基是 $\boldsymbol{\alpha}_1, \boldsymbol{\alpha}_2, \boldsymbol{\beta}_1$,$\dim(V_1 + V_2) = 3$;$V_1 \bigcap V_2$ 的一个基是 $(0,1,1,-1)'$,$\dim(V_1 \bigcap V_2) = 1$。

9. $V_1 + V_2$ 的一个基是 $\boldsymbol{\alpha}_1, \boldsymbol{\alpha}_2, \boldsymbol{\beta}_1$,$\dim(V_1 + V_2) = 3$;$V_1 \bigcap V_2$ 的一个基是 $(5,-1,5,2)'$,$\dim(V_1 \bigcap V_2) = 1$。

10. $\boldsymbol{\alpha}_1, \boldsymbol{\alpha}_2, \boldsymbol{\alpha}_3, \boldsymbol{\beta}_1$ 是 $V_1 + V_2$ 的一个基,于是 $\dim(V_1 + V_2) = 4$。$\dim(V_1 \bigcap V_2) = 2$,(0,

$1,-1,0)',(-1,2,3,-4)'$ 是 $V_1 \bigcap V_2$ 的一个基。

13. 用 W_1, W_2, W 分别表示数域 K 上 n 元齐次线性方程组 $Ax=0$，$(I-A)x=0$，$A(I-A)x=0$ 的解空间，令
$$f_1(x)=x, f_2(x)=1-x, f(x)=x(1-x),$$
显然，$f(x)=f_1(x)f_2(x)$，且 $(f_1(x),f_2(x))=1$。于是根据本节例 16 的结论得，$W=W_1\bigoplus W_2$，因此有

$$
\begin{aligned}
n \text{ 级矩阵 } A \text{ 是幂等矩阵 } &\Longleftrightarrow A^2=A \Longleftrightarrow A-A^2=0 \\
&\Longleftrightarrow \text{rank}[A(I-A)]=0 \\
&\Longleftrightarrow \dim W=n \\
&\Longleftrightarrow \dim(W_1\bigoplus W_2)=n \\
&\Longleftrightarrow \dim W_1+\dim W_2=n \\
&\Longleftrightarrow (n-\text{rank}(A))+(n-\text{rank}(I-A))=n \\
&\Longleftrightarrow \text{rank}(A)+\text{rank}(I-A)=n。
\end{aligned}
$$

注：此证法利用例 16 的结论：$W=W_1\bigoplus W_2$，给出了本套教材上册 4.5 节例 3 的证法二。由此体会到研究线性空间的结构可以使我们把问题看得更透彻。

14. 用 W_1, W_2, W 分别表示 n 元齐次线性方程组 $(I+A)x=0$，$(I-A)x=0$，$(I-A^2)x=0$ 的解空间。令 $f_1(x)=1+x, f_2(x)=1-x, f(x)=1-x^2$，类似于第 13 题的证法。

15. 根据第 13 题结论得，解空间的维数为 r。

17. 设 A 的行向量组为 $\alpha_1, \alpha_2, \cdots, \alpha_s$；$B$ 的行向量组为 $\beta_1, \beta_2, \cdots, \beta_m$。用 W 表示 n 元齐次线性方程组 $\begin{pmatrix} A \\ B \end{pmatrix}x=0$ 的解空间。必要性去证 $W_1=W$。充分性去证 $W_1\subseteq W_2$。

18. 根据例 10 的结论，$V_1\bigcup V_2\bigcup \cdots \bigcup V_s \neq V$，因此 V 中存在 $\alpha_1 \notin V_1\bigcup V_2\bigcup \cdots \bigcup V_s$；同理，$V$ 中存在 $\alpha_2 \notin V_1\bigcup V_2\bigcup \cdots \bigcup V_s \bigcup \langle \alpha_1 \rangle$；依次类推。

20. 提示：去证 $F^n=W_1\bigoplus W_2$。

21. 提示：显然 α_1, α_2 线性无关，把它扩充成 K^3 的一个基。

23. 不包含。提示：利用例 25 的结果。

习题 8.3

1. 提示：用定理 1 的结论，以及定理 1 证明之后的一段话。

4. 显然 σ^{-1} 是 V' 到 V 的双射。去证 σ^{-1} 保持加法和纯量乘法运算。

6. (1) $\dim(V_1+V_2)=n, \dim(V_1\bigcap V_2)=n-2, |V_1\bigcap V_2|=q^{n-2}$。

(2) $|V_1\bigcap V_2\bigcap V_3|=q^{n-3}$ 或 q^{n-2}。

*7. 设 $F_q=\{x_1, x_2, \cdots, x_q\}$。$F_q$ 上的所有一元函数组成的集合 $F_q^{F_q}$ 是域 F_q 上的一个线性空间，根据本节典型例题例 5 的结论得，$F_q^{F_q} \cong F_q^{\,q}$，从而
$$\dim F_q^{F_q}=q, \qquad |F_q^{F_q}|=|F_q^{\,q}|=q^q。$$
由于 $F_q[x]_q \cong F_q^{\,q}$，因此 $|F_q[x]_q|=|F_q^{\,q}|=q^q$。对于 $F_q[x]_q$ 中两个多项式 $f(x), g(x)$，

假如它们分别诱导的多项式函数 f 与 g 相等,则

$$f(x_i) = g(x_i), \qquad i = 1, 2, \cdots, q,$$

从而 $f(x) - g(x)$ 在 F_q 中有 q 个不同的根。由于 $f(x) - g(x) \in F_q[x]_q$,因此 $\deg(f(x) - g(x)) < q$。由此推出,$f(x) - g(x) = 0$,即 $f(x) = g(x)$。这表明 $F_q[x]_q$ 中不相等的多项式,它们诱导的多项式函数也不相等,从而 F_q 上所有次数小于 q 的一元多项式函数组成的集合 S 有 q^q 个元素。由于 $S \subseteq F_q^{F_q}$,因此 $S = F_q^{F_q}$,即 F_q 上的一元函数都是多项式函数,且 F_q 上的每个一元函数可以唯一地表示成 F_q 上次数小于 q 的一元多项式函数。

8. 提示:求 $\mathbf{Q}(\sqrt[n]{3})$ 的一个基和维数。比较维数可知,当 $n \neq m$ 时,$\mathbf{Q}(\sqrt[n]{3})$ 与 $\mathbf{Q}(\sqrt[m]{3})$ 不同构。

9. 提示:$1, \mathrm{i}$ 是 $\mathbf{Q}(\mathrm{i})$ 的一个基,从而 $\dim \mathbf{Q}(\mathrm{i}) = 2$。又 $\dim \mathbf{Q}(\sqrt{2}) = 2$,因此 $\mathbf{Q}(\mathrm{i}) \cong \mathbf{Q}(\sqrt{2})$。

10. $\mathbf{A}$ 的特征多项式 $f(\lambda) = |\lambda \mathbf{I} - \mathbf{A}| = \lambda^n - 1$,从而 $\mathbf{A}$ 有 n 个不同的特征值。用本节例 8 的结论可求出 $\dim \mathrm{C}(\mathbf{A})$,用 8.1 节例 15 的结论可求出 $\mathrm{C}(\mathbf{A})$ 的一个基。

11. 设 $\mathbf{A}, \mathbf{B}$ 都是 n 级实对称矩阵且它们有相同的特征多项式,则 $\mathbf{A}$ 与 $\mathbf{B}$ 正交相似。

习题 8.4

1. 这是本节内容精华第二部分"余维数"中一个例子的特殊情形。直接用那个例子的结论得,W 是 V 的一个子空间,W 的一个基是 $x, x^2, \cdots, x^m, \cdots$;商空间 V/W 的一个基是 $1 + W$;$\dim(V/W) = 1$。

2. V 的基 $\delta_1, \cdots, \delta_m, \alpha_{m+1}, \cdots, \alpha_n$ 到基 $\delta_1, \cdots, \delta_m, \beta_{m+1}, \cdots, \beta_n$ 的过渡矩阵 $\mathbf{P}$ 具有下述形式:

$$\mathbf{P} = \begin{bmatrix} \mathbf{I}_m & \mathbf{B}_1 \\ 0 & \mathbf{B}_2 \end{bmatrix},$$

可求出商空间 V/W 的基 $\alpha_{m+1} + W, \cdots, \alpha_n + W$ 到基 $\beta_{m+1} + W, \cdots, \beta_n + W$ 的过渡矩阵是 $\mathbf{B}_2$。

3. (1) $\mathbf{A}x = \mathbf{0}$ 的解空间 W 的一个基为 $\boldsymbol{\eta}_1 = (1, 3, 1)'$。

(2) $\dim(K^3/W) = 2$。把 $\boldsymbol{\eta}_1$ 扩充成 K^3 的一个基:

$$\boldsymbol{\eta}_1 = (1, 3, 1)', \boldsymbol{\alpha}_2 = (0, 1, 0)', \boldsymbol{\alpha}_3 = (0, 0, 1)'.$$

从本节定理 1 的证明过程可知,$\boldsymbol{\alpha}_2 + W, \boldsymbol{\alpha}_3 + W$ 是商空间 K^3/W 的一个基。

4. (2) 商空间 V/W 的任一元素为 $f(x) + W$,作带余除法:

$$f(x) = h(x)(x^2 + 1) + r(x), \qquad \deg r(x) < 2。$$

设 $r(x) = a_0 + a_1 x$,其中 $a_0, a_1 \in \mathbf{R}$,则可求出

$$f(x) + W = a_0(1 + W) + a_1(x + W),$$

去证 $1 + W, x + W$ 线性无关。于是它们是商空间 V/W 的一个基,从而 $\dim(V/W) = 2$。

*5. 由已知条件得,$V_1 + V_2 = V$。于是任给 $\alpha \in V$ 有 $\alpha = \alpha_1 + \alpha_2, \alpha_1 \in V_1, \alpha_2 \in V_2$,从而 $\alpha = \alpha_1 - (-\alpha_2), \alpha_1 \in V_1, -\alpha_2 \in V_2$。因此 α 可以作这样的分解。用与例 8 第 (2) 小题类似的方法可求出 α 的分解式组成的集合的基数等于 $|V_1 \cap (\alpha + V_2)|$。

补 充 题 八

1. (2) 在 S 里任取 $\alpha_1, \alpha_2, \cdots, \alpha_m$。对于任意 $k_1, k_2, \cdots, k_m \in F$，易证 $k_1\alpha_1 + k_2\alpha_2 + \cdots + k_m\alpha_m \in \langle S \rangle$，从而 $T \subseteq \langle S \rangle$。

显然 T 非空集。容易看出，T 对于 V 的加法和纯量乘法封闭，因此 T 是 V 的一个子空间，由 T 的定义立即得到：$T \supseteq S$，由 $\langle S \rangle$ 的定义得，$T \supseteq \langle S \rangle$。

(3) 设 $S = \{\alpha_1, \alpha_2, \cdots, \alpha_r\}$。容易看出，$T$ 与 8.2 节中由 (3) 式定义的向量组 $\alpha_1, \alpha_2, \cdots, \alpha_r$ 生成的子空间一致。

2. 用第 1 题的第 (2) 小题的结论。

3. (2) 利用 $\boldsymbol{E}_{ii}$ 右乘 $\boldsymbol{A}$ 的规律。

4. 令 $W = \{a_n x^n + a_{n+1} x^{n+1} + \cdots + a_{n+s} x^{n+s} \mid s \in \mathbf{N}, a_i \in F, i = n, \cdots, n+s\}$，去证 W 就是 $F[x]_n$ 在 $F[x]$ 中的补空间。

5. 去证 $W \subseteq U$。又由于 $\boldsymbol{A}$ 是实矩阵，因此 $\mathrm{rank}(\boldsymbol{A}) = \mathrm{rank}(\boldsymbol{A}\boldsymbol{A}')$。

6. **证明** (1) 任取 $\boldsymbol{\alpha} \in W$，则 $\boldsymbol{A}_{12}\boldsymbol{\alpha} = \boldsymbol{0}$，从而

$$\begin{pmatrix} \boldsymbol{0}_{k\times 1} \\ \boldsymbol{\alpha} \end{pmatrix} = \boldsymbol{A}^{-1}\boldsymbol{A}\begin{pmatrix} \boldsymbol{0}_{k\times 1} \\ \boldsymbol{\alpha} \end{pmatrix} = \boldsymbol{A}^{-1}\begin{pmatrix} \boldsymbol{A}_{11} & \boldsymbol{A}_{12} \\ \boldsymbol{A}_{21} & \boldsymbol{A}_{22} \end{pmatrix}\begin{pmatrix} \boldsymbol{0}_{k\times 1} \\ \boldsymbol{\alpha} \end{pmatrix} = \boldsymbol{A}^{-1}\begin{pmatrix} \boldsymbol{0}_{l\times 1} \\ \boldsymbol{A}_{22}\boldsymbol{\alpha} \end{pmatrix}$$

$$= \begin{bmatrix} \boldsymbol{B}_{11} & \boldsymbol{B}_{12} \\ \boldsymbol{B}_{21} & \boldsymbol{B}_{22} \end{bmatrix}\begin{bmatrix} \boldsymbol{0}_{l\times 1} \\ \boldsymbol{A}_{22}\boldsymbol{\alpha} \end{bmatrix} = \begin{bmatrix} \boldsymbol{B}_{12}\boldsymbol{A}_{22}\boldsymbol{\alpha} \\ \boldsymbol{B}_{22}\boldsymbol{A}_{22}\boldsymbol{\alpha} \end{bmatrix}\begin{matrix} k \\ n-k \end{matrix} \,。$$

由此得出，$\boldsymbol{B}_{12}\boldsymbol{A}_{22}\boldsymbol{\alpha} = \boldsymbol{0}$，于是 $\boldsymbol{A}_{22}\boldsymbol{\alpha} \in U$。令

$$\sigma : W \longrightarrow U$$
$$\boldsymbol{\alpha} \longmapsto \boldsymbol{A}_{22}\boldsymbol{\alpha},$$

则 σ 是 W 到 U 的一个映射。设 $\boldsymbol{\beta} \in W$，如果 $\boldsymbol{A}_{22}\boldsymbol{\alpha} = \boldsymbol{A}_{22}\boldsymbol{\beta}$，那么 $\boldsymbol{A}_{22}(\boldsymbol{\alpha}-\boldsymbol{\beta}) = \boldsymbol{0}$。又由于 $\boldsymbol{A}_{12}\boldsymbol{\alpha} = \boldsymbol{0}, \boldsymbol{A}_{12}\boldsymbol{\beta} = \boldsymbol{0}$，因此 $\boldsymbol{A}_{12}(\boldsymbol{\alpha}-\boldsymbol{\beta}) = \boldsymbol{0}$，从而

$$\begin{bmatrix} \boldsymbol{A}_{12} \\ \boldsymbol{A}_{22} \end{bmatrix}(\boldsymbol{\alpha}-\boldsymbol{\beta}) = \begin{bmatrix} \boldsymbol{A}_{12}(\boldsymbol{\alpha}-\boldsymbol{\beta}) \\ \boldsymbol{A}_{22}(\boldsymbol{\alpha}-\boldsymbol{\beta}) \end{bmatrix} = \begin{bmatrix} \boldsymbol{0}_{l\times 1} \\ \boldsymbol{0}_{(n-l)\times 1} \end{bmatrix}\,。$$

由于 $\boldsymbol{A}$ 可逆，因此 $\begin{bmatrix} \boldsymbol{A}_{12} \\ \boldsymbol{A}_{22} \end{bmatrix}$ 的列向量组线性无关。于是由上式推出 $\boldsymbol{\alpha}-\boldsymbol{\beta} = \boldsymbol{0}$，即 $\boldsymbol{\alpha} = \boldsymbol{\beta}$。这证明了 σ 是单射。

任给 $\boldsymbol{\gamma} \in U$，则 $\boldsymbol{B}_{12}\boldsymbol{\gamma} = \boldsymbol{0}_{k\times 1}$，从而

$$\begin{pmatrix} \boldsymbol{0}_{l\times 1} \\ \boldsymbol{\gamma} \end{pmatrix} = \boldsymbol{A}\boldsymbol{A}^{-1}\begin{pmatrix} \boldsymbol{0}_{l\times 1} \\ \boldsymbol{\gamma} \end{pmatrix} = \boldsymbol{A}\begin{bmatrix} \boldsymbol{B}_{11} & \boldsymbol{B}_{12} \\ \boldsymbol{B}_{21} & \boldsymbol{B}_{22} \end{bmatrix}\begin{pmatrix} \boldsymbol{0}_{l\times 1} \\ \boldsymbol{\gamma} \end{pmatrix} = \boldsymbol{A}\begin{bmatrix} \boldsymbol{0}_{k\times 1} \\ \boldsymbol{B}_{22}\boldsymbol{\gamma} \end{bmatrix}$$

$$= \begin{bmatrix} \boldsymbol{A}_{11} & \boldsymbol{A}_{12} \\ \boldsymbol{A}_{21} & \boldsymbol{A}_{22} \end{bmatrix}\begin{bmatrix} \boldsymbol{0}_{k\times 1} \\ \boldsymbol{B}_{22}\boldsymbol{\gamma} \end{bmatrix} = \begin{bmatrix} \boldsymbol{A}_{12}\boldsymbol{B}_{22}\boldsymbol{\gamma} \\ \boldsymbol{A}_{22}\boldsymbol{B}_{22}\boldsymbol{\gamma} \end{bmatrix}\begin{matrix} l \\ n-l \end{matrix}\,。$$

由此推出，$\boldsymbol{A}_{12}\boldsymbol{B}_{22}\boldsymbol{\gamma} = \boldsymbol{0}, \boldsymbol{A}_{22}\boldsymbol{B}_{22}\boldsymbol{\gamma} = \boldsymbol{\gamma}$。于是 $\boldsymbol{B}_{22}\boldsymbol{\gamma} \in W$，且 $\sigma(\boldsymbol{B}_{22}\boldsymbol{\gamma}) = \boldsymbol{A}_{22}(\boldsymbol{B}_{22}\boldsymbol{\gamma}) = \boldsymbol{\gamma}$。因此 σ 是满射，从而 σ 是双射。

显然 σ 保持加法和纯量乘法运算,因此 σ 是 W 到 U 的一个同构映射。于是 $W \cong U$。∎

点评：第 6 题中的 W 是 F^{n-k} 的一个子空间,U 是 F^{n-l} 的一个子空间,我们证明了 $W \cong U$,$\dim W = \dim U$。证明的关键有两点：第一点是利用 $A^{-1}A = I$,通过用 $A^{-1}A$ 左乘分块矩阵 $\begin{pmatrix} \mathbf{0} \\ \boldsymbol{\alpha} \end{pmatrix}$ 推导出 $B_{12}A_{22}\boldsymbol{\alpha} = \mathbf{0}$,从而 $A_{22}\boldsymbol{\alpha} \in U$。这启发我们考虑映射 $\sigma : \boldsymbol{\alpha} \longmapsto A_{22}\boldsymbol{\alpha}$, $\forall \boldsymbol{\alpha} \in W$。第二点是利用 $AA^{-1} = I$,通过用 AA^{-1} 左乘 $\begin{pmatrix} \mathbf{0} \\ \boldsymbol{\gamma} \end{pmatrix}$ 推导出 $A_{12}B_{22}\boldsymbol{\gamma} = \mathbf{0}$ 且 $A_{22}B_{22}\boldsymbol{\gamma} = \boldsymbol{\gamma}$,由此证明 σ 是满射。进而证明 σ 是同构映射。由 $W \cong U$ 推导出 $\dim W = \dim U$。这个结论在直观上不容易猜出,需要经过探索和逻辑推理才能得出。这个结论是很有趣的：把 n 级可逆矩阵 A 和它的逆矩阵 A^{-1} 如题目中(3)式那样分块,使得 A 的列(行)的分法与 A^{-1} 的行(列)的分法一致,则 $A_{12}x = \mathbf{0}$ 的解空间 W 与 $B_{12}y = \mathbf{0}$ 的解空间 U 的维数相等。类似地可以证明：$A_{21}x = \mathbf{0}$ 的解空间与 $B_{21}y = \mathbf{0}$ 的解空间的维数相等。类似地还可以证明：$A'_{11}x = \mathbf{0}$ 的解空间与 $B'_{22}y = \mathbf{0}$ 的解空间的维数相等。对 A^{-1} 用这个结论(注意 $(A^{-1})^{-1} = A$)立即得到：$A'_{22}x = \mathbf{0}$ 的解空间与 $B'_{11}y = \mathbf{0}$ 的解空间的维数相等。

7. **证明** 把 A^{-1} 如下分块：

$$A^{-1} = \begin{matrix} & n-k & k & \\ & \begin{pmatrix} B_{11} & B_{12} \\ B_{21} & B_{22} \end{pmatrix} & \begin{matrix} k \\ n-k \end{matrix} \end{matrix} \circ$$

由于 $A^* = |A|A^{-1}$,因此 $|A|B_{12}$ 是由 A_{21} 中元素的代数余子式组成的。据已知条件得,$B_{12} = \mathbf{0}$。然后根据本套教材上册 2.2 节例 5 得,$k + k \leqslant n$。于是 $k \leqslant \dfrac{n}{2}$。

据第 6 题的结论可求得,$\dim W = \dim U = \dim F^k = k$,从而 $\mathrm{rank}(A_{12}) = n - 2k$。∎

第 9 章 线 性 映 射

习题 9.1

1. 当 $\delta = 0$ 时,$\mathcal{A}$ 是 V 上的线性变换；当 $\delta \neq 0$ 时,不是。

2. $\mathcal{A}$ 是 $\mathbf{R}$ 上线性空间 $\mathbf{C}$ 上的一个线性变换。$\mathcal{A}$ 不是 $\mathbf{C}$ 上线性空间 $\mathbf{C}$ 上的一个线性变换。

3. (1) 不是；   (2) 是。

4. 是。

5. (1) 是；   (2) 是。

6. $\mathcal{A}$ 是 $C[a, b]$ 上的一个线性变换。

7. $A(\boldsymbol{\alpha}) = (-12, -19, 64)'$。

8. 如右图所示,$\mathcal{A}^4$ 表示绕 x 轴右旋 $360°$ 的变换,因此 $\mathcal{A}^4 = \mathcal{I}$。同理,$\mathcal{B}^4 = \mathcal{C}^4 = \mathcal{I}$。用

$\vec{e}_1, \vec{e}_2, \vec{e}_3$ 分别表示 x 轴, y 轴, z 轴上的单位向量, 则

$$\mathcal{A}(\vec{e}_1) = \vec{e}_1, \mathcal{A}(\vec{e}_2) = \vec{e}_3, \mathcal{A}(\vec{e}_3) = -\vec{e}_2,$$

$$\mathcal{B}(\vec{e}_1) = -\vec{e}_3, \mathcal{B}(\vec{e}_2) = \vec{e}_2, \mathcal{B}(\vec{e}_3) = \vec{e}_1,$$

于是

$$(\mathcal{A}\mathcal{B})(\vec{e}_1) = \mathcal{A}(-\vec{e}_3) = \vec{e}_2,$$

$$(\mathcal{B}\mathcal{A})(\vec{e}_1) = \mathcal{B}(\vec{e}_1) = -\vec{e}_3。$$

由于 $(\mathcal{A}\mathcal{B})(\vec{e}_1) \neq (\mathcal{B}\mathcal{A})(\vec{e}_1)$, 因此 $\mathcal{A}\mathcal{B} \neq \mathcal{B}\mathcal{A}$。

直接计算可得

$$(\mathcal{A}^2 \mathcal{B}^2)(\vec{e}_i) = (\mathcal{B}^2 \mathcal{A}^2)(\vec{e}_i), i = 1, 2, 3。$$

由于绕一条直线的旋转是线性变换(参看丘维声编《解析几何(第 2 版)》第 6 章), 且 $\vec{e}_1, \vec{e}_2, \vec{e}_3$ 是 V 的一个基, 因此 $\mathcal{A}^2 \mathcal{B}^2 = \mathcal{B}^2 \mathcal{A}^2$。

由于　　$(\mathcal{A}\mathcal{B})^2(\vec{e}_1) = \mathcal{A}\mathcal{B}(\vec{e}_2) = \mathcal{A}(\vec{e}_2) = \vec{e}_3$,　$(\mathcal{A}^2 \mathcal{B}^2)(\vec{e}_1) = -\vec{e}_1$,

因此　　　　　　　　　　　　　$(\mathcal{A}\mathcal{B})^2 \neq \mathcal{A}^2 \mathcal{B}^2$。

9. 提示: 如右图所示, 不妨设 δ, γ 都是单位向量。任取 $\alpha \in V$, 有 $\mathcal{P}_\delta(\alpha) = (\alpha, \delta)\delta, \mathcal{P}_\gamma(\alpha) = (\alpha, \gamma)\gamma$, 于是

$$\mathcal{P}_\delta \mathcal{P}_\gamma(\alpha) = \mathcal{P}_\delta(\alpha, \gamma)\gamma = (\alpha, \gamma)\mathcal{P}_\delta(\gamma) = (\alpha, \gamma)(\delta, \gamma)\delta。$$

10. 域 F 上代数 $M_n(F)$ 的维数等于 n^2。

11. 直接计算可得结论。

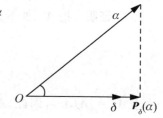

习题 9.2

1. $\mathcal{A}$ 是 K^4 到 K^5 的一个线性映射。

Ker $\mathcal{A} = \langle (2, 3, 7, 0)', (1, 1, 0, -1)' \rangle$, Im $\mathcal{A} = \langle (1, 2, -1, 3, 4)', (-3, 1, 10, -2, 9)' \rangle$,

Coker $\mathcal{A} = \langle (1, 0, 0, 0, 0)' + $ Im $\mathcal{A}, (0, 1, 0, 0, 0)' + $ Im $\mathcal{A}, (0, 0, 1, 0, 0)' + $ Im $\mathcal{A} \rangle$。

2. 根据 9.1 节例 2, $\mathcal{T}_a$ 是 $F[x]$ 上的一个线性变换。设 $f(x), g(x) \in F[x]$。若 $\mathcal{T}_a(f(x)) = \mathcal{T}_a(g(x))$, 则 $f(x+a) = g(x+a)$。x 用 $x-a$ 代入, 从上式得, $f(x) = g(x)$。因此 $\mathcal{T}_a$ 是单射, 从而 Ker $\mathcal{T}_a = 0$。任取 $h(x) \in F[x]$。令 $g(x) = h(x-a)$, 则

$$\mathcal{T}_a(g(x)) = g(x+a) = h((x+a) - a) = h(x),$$

因此 $\mathcal{T}_a$ 是满射, 从而 Im $\mathcal{T}_a = F[x]$, 于是 Coker $\mathcal{T}_a = 0$。

3. $\mathcal{B}$ 是 $\mathbf{R}[x]_{n-1}$ 到 $\mathbf{R}[x]_n$ 的一个线性映射。

$$\text{Ker } \mathcal{B} = 0, \text{Im } \mathcal{B} = \langle x, x^2, \cdots, x^{n-1} \rangle, \text{Coker } \mathcal{B} = \langle 1 + \text{Im } \mathcal{B} \rangle。$$

4. $K^4 / \text{Ker } \mathcal{A}$ 的一个基是:

$$(1, 0, 0, 0)' + \text{Ker } \mathcal{A},　　　(0, 1, 0, 0)' + \text{Ker } \mathcal{A}。$$

5. $K[x]_{n-1}$ 在 $K[x]_n$ 中的一个补空间是 $\langle x^{n-1} \rangle$。于是根据本节推论 2 得, 平行于 $\langle x^{n-1} \rangle$ 在 $K[x]_{n-1}$ 上的投影 $\mathcal{P}$ 的象为 $K[x]_{n-1}$, 核为 $\langle x^{n-1} \rangle$。Coker $\mathcal{P} = \langle x^{n-1} + K[x]_{n-1} \rangle$。

*6. 据《高等代数学习指导书(第二版:下册)》9.1 节典型例题的例 6,$g(x) = \sum\limits_{i=0}^{m} b_i x^{p^i}$ 诱导的多项式函数 g 是域 F_p 上线性空间 F_q 上的一个线性变换,从而 $g(0) = 0$,即 $g(x)$ 在 F_q 中至少有一个根 0。

            $g(x)$ 是 F_q 上的一个置换多项式

$\Longleftrightarrow$ 多项式函数 g 是 F_q 到自身的双射

$\Longleftrightarrow$ 线性变换 g 是单射

$\Longleftrightarrow$ $\mathrm{Ker}(g) = 0$

$\Longleftrightarrow$ $g(x)$ 在 F_q 中有且只有一个根 0。

7.(1) $\mathcal{A}|W$ 是 W 到 $\mathcal{A}W$ 的一个线性映射。根据本节典型例题的例 1 可得结论。

(2) 易证 $\mathcal{A}^{-1}W$ 是 V 的一个子空间。

$\mathcal{A}$ 在 $\mathcal{A}^{-1}W$ 上的限制 $\mathcal{A}|\mathcal{A}^{-1}W$ 是 $\mathcal{A}^{-1}W$ 到 W 的一个线性映射,由线性映射的核与象的维数公式可证得,$\dim(\mathcal{A}^{-1}W) \leqslant \dim W + \dim(\mathrm{Ker}\ \mathcal{A})$。

(3) 若 $\mathcal{A}V \supseteq W$,则 W 中每一个向量都是 V 中某个向量在 $\mathcal{A}$ 下的象,从而 $\mathrm{Im}(\mathcal{A}|\mathcal{A}^{-1}W) = W$,于是从维数公式得,$\dim W + \dim[\mathrm{ker}(\mathcal{A}|\mathcal{A}^{-1}W)] = \dim(\mathcal{A}^{-1}W)$。因此 $\dim W \leqslant \dim(\mathcal{A}^{-1}W)$。

8. 用本节例 13 的结论。

习题 9.3

1. 在习题 8.1 第 7 题中已证 f_1, f_2 线性无关,从而 f_1, f_2 是 V 的一个基。易验证 $\mathcal{D}$ 是 V 上的一个线性变换,且 $\mathcal{D}$ 在基 f_1, f_2 下的矩阵 $\boldsymbol{D}$ 为 $\begin{pmatrix} a & b \\ -b & a \end{pmatrix}$。

2. 去证 $f_1, f_2, f_3, f_4, f_5, f_6$ 线性无关。$\mathcal{D}$ 在 V 的一个基 $f_1, f_2, f_3, f_4, f_5, f_6$ 下的矩阵 $\boldsymbol{D}$ 为

$$\boldsymbol{D} = \begin{pmatrix} a & b & 1 & 0 & 0 & 0 \\ -b & a & 0 & 1 & 0 & 0 \\ 0 & 0 & a & b & 1 & 0 \\ 0 & 0 & -b & a & 0 & 1 \\ 0 & 0 & 0 & 0 & a & b \\ 0 & 0 & 0 & 0 & -b & a \end{pmatrix}。$$

3. 在 9.1 节内容精华的最后一段指出,平移 $\mathcal{T}_a : f(x) \longmapsto f(x+a)$ 是 $\mathbf{R}[x]_n$ 上的一个线性变换,且有

$$\mathcal{T}_a = I + a\mathcal{D} + \frac{a^2}{2!}\mathcal{D}^2 + \cdots + \frac{a^{n-1}}{(n-1)!}\mathcal{D}^{n-1}。$$

由此可推出 $\mathcal{A} = \mathcal{T}_a - I$,从而 $\mathcal{A}$ 是 $\mathbf{R}[x]_n$ 上的一个线性变换,且

$$\mathcal{A} = a\mathcal{D} + \frac{a^2}{2!}\mathcal{D}^2 + \cdots + \frac{a^{n-1}}{(n-1)!}\mathcal{D}^{n-1}。$$

利用本节典型例题的例 3 的结果得，$\mathscr{A}$ 在所给基下的矩阵 A 为

$$A = \begin{pmatrix} 0 & a & \dfrac{a^2}{2!} & \dfrac{a^3}{3!} & \cdots & \dfrac{a^{n-1}}{(n-1)!} \\ 0 & 0 & a & \dfrac{a^2}{2!} & \cdots & \dfrac{a^{n-2}}{(n-2)!} \\ \vdots & \vdots & \vdots & \vdots & & \vdots \\ 0 & 0 & 0 & 0 & \cdots & \dfrac{a^2}{2!} \\ 0 & 0 & 0 & 0 & \cdots & a \\ 0 & 0 & 0 & 0 & \cdots & 0 \end{pmatrix}。$$

4. $$B = \begin{pmatrix} 0 & 0 & 0 & \cdots & 0 \\ 1 & 0 & 0 & \cdots & 0 \\ 0 & \dfrac{1}{2} & 0 & \cdots & 0 \\ 0 & 0 & \dfrac{1}{3} & \cdots & 0 \\ \vdots & \vdots & \vdots & & \vdots \\ 0 & 0 & 0 & \cdots & \dfrac{1}{n-1} \end{pmatrix}_{n \times (n-1)}。$$

5. $\mathscr{A}, \mathscr{B}, \mathscr{A}\mathscr{B}$ 在基 $\vec{e}_1, \vec{e}_2, \vec{e}_3$ 下的矩阵分别为

$$\begin{pmatrix} 1 & 0 & 0 \\ 0 & 0 & 0 \\ 0 & 0 & 1 \end{pmatrix}, \begin{pmatrix} 0 & 0 & 0 \\ 0 & 0 & 0 \\ 0 & 0 & 1 \end{pmatrix}, \begin{pmatrix} 0 & 0 & 0 \\ 0 & 0 & 0 \\ 0 & 0 & 1 \end{pmatrix}。$$

7. 利用矩阵的相应结论，也可利用本节例 9 的结论去证明。

8. $\begin{pmatrix} 2 & -1 & 3 \\ -1 & 1 & -1 \end{pmatrix}$。

9. $B = \begin{pmatrix} 1 & 0 & 0 \\ 0 & 2 & 0 \\ 0 & 0 & 3 \end{pmatrix}$。

10. (1) $\mathscr{A}$ 在基 $\alpha_2, \alpha_3, \alpha_1$ 下的矩阵为

$$\begin{pmatrix} a_{22} & a_{23} & a_{21} \\ a_{32} & a_{33} & a_{31} \\ a_{12} & a_{13} & a_{11} \end{pmatrix}。$$

(2) $\mathscr{A}$ 在基 $k\alpha_1, \alpha_2, \alpha_3$ 下的矩阵为

$$\begin{pmatrix} a_{11} & k^{-1}a_{12} & k^{-1}a_{13} \\ ka_{21} & a_{22} & a_{23} \\ ka_{31} & a_{32} & a_{33} \end{pmatrix}。$$

(3) $\mathscr{A}$ 在基 $\alpha_1, \alpha_1 + \alpha_2, \alpha_3$ 下的矩阵为

$$\begin{bmatrix} a_{11}-a_{21} & a_{11}+a_{12}-a_{21}-a_{22} & a_{13}-a_{23} \\ a_{21} & a_{21}+a_{22} & a_{23} \\ a_{31} & a_{31}+a_{32} & a_{33} \end{bmatrix}。$$

11. 类似于本节定理 3 的证法。

习题 9.4

1. (1) $\mathcal{A}$ 的全部特征值是 1(二重)$,10$。$\mathcal{A}$ 的属于特征值 1 的全部特征向量是

$$\{k_1(-2\alpha_1+\alpha_2)+k_2(2\alpha_1+\alpha_3) \mid k_1,k_2 \in K,且\ k_1,k_2\ 不全为\ 0\};$$

$\mathcal{A}$ 的属于特征值 10 的全部特征向量是

$$\{k(\alpha_1+2\alpha_2-2\alpha_3) \mid k \in K,且\ k \neq 0\}。$$

$\mathcal{A}$ 可对角化,$\mathcal{A}$ 在 V 的基 $-2\alpha_1+\alpha_2,2\alpha_1+\alpha_3,\alpha_1+2\alpha_2-2\alpha_3$ 下的矩阵为

$$\begin{bmatrix} 1 & 0 & 0 \\ 0 & 1 & 0 \\ 0 & 0 & 10 \end{bmatrix}。$$

(2) $\mathcal{A}$ 的全部特征值是 $1,3$(二重)。$\mathcal{A}$ 的属于特征值 1 的全部特征向量是

$$\{k(-2\alpha_1+\alpha_3) \mid k \in K,且\ k \neq 0\};$$

$\mathcal{A}$ 的属于特征值 3 的全部特征向量是

$$\{k(\alpha_1-\alpha_2+2\alpha_3) \mid k \in K,且\ k \neq 0\}。$$

由于 $\mathcal{A}$ 只有两个线性无关的特征向量,因此 $\mathcal{A}$ 不可对角化。

2. 对 $\mathcal{A}$ 的不同特征值的个数 s 作数学归纳法。

3. 用反证法。

4. 利用第 3 题的结论。

5. 根据 9.1 节的例 6,$\mathcal{A}(f(x))=x\,f(x)$ 是 $\mathbf{R}[x]$ 上的一个线性变换,因此 $\mathcal{A}$ 是 $\mathbf{R}[x]_n$ 到 $\mathbf{R}[x]_{n+1}$ 的一个线性映射,从而 $\mathcal{D}\,\mathcal{A}$ 是 $\mathbf{R}[x]_n$ 上的一个线性变换,$\mathcal{A}\,\mathcal{D}$ 是 $\mathbf{R}[x]_{n+1}$ 上的一个线性变换。

(1) $\mathcal{D}\,\mathcal{A}$ 在 $\mathbf{R}[x]_n$ 的基 $1,x,\cdots,x^{n-1}$ 下的矩阵为(空白处的元素为 0)

$$\begin{bmatrix} 1 & & & \\ & 2 & & \\ & & \ddots & \\ & & & n \end{bmatrix},$$

从而 $\mathcal{D}\,\mathcal{A}$ 的全部特征值是 $1,2,\cdots,n$。

(2) 根据本节例 7 第(1)小题得,$\mathcal{A}\,\mathcal{D}$ 与 $\mathcal{D}\,\mathcal{A}$ 有相同的非零特征值,因此 $1,2,\cdots,n$ 是 $\mathcal{A}\,\mathcal{D}$ 的全部非零特征值。由于 $\mathcal{A}\,\mathcal{D}(1)=\mathcal{A}(0)=0$,因此 0 也是 $\mathcal{A}\,\mathcal{D}$ 的一个特征值。于是 $\mathcal{A}\,\mathcal{D}$ 的全部特征值是:$0,1,2,\cdots,n$。

6. 利用本套教材上册习题 5.5 第 3 题的结论。

7. 利用本套教材上册习题 5.6 第 3 题的结论。

8. 利用本套教材上册习题 5.5 第 4 题的结论。

9. 设 $\mathcal{A}$ 在 V 的一个基下的矩阵为 $\boldsymbol{A}$，把 $\boldsymbol{A}$ 看成复矩阵，则 $\lambda_1,\cdots,\lambda_n$ 是 $\boldsymbol{A}$ 的全部特征值。取 $\boldsymbol{A}$ 的属于 λ_j 的一个特征向量 $\boldsymbol{\alpha}_j$，则 $\boldsymbol{A}\boldsymbol{\alpha}_j=\lambda_j\boldsymbol{\alpha}_j$，$j=1,\cdots,n$。设 $g(x)=\sum\limits_{i=1}^{m}b_ix^i\in K[x]$，则 $g(\mathcal{A})=\sum\limits_{i=1}^{m}b_i\mathcal{A}^i$，从而 $g(\mathcal{A})$ 在 V 的上述基下的矩阵为 $g(\boldsymbol{A})=\sum\limits_{i=1}^{m}b_i\boldsymbol{A}^i$。于是 $g(\boldsymbol{A})\boldsymbol{\alpha}_j=\sum\limits_{i=1}^{m}b_i\boldsymbol{A}^i\boldsymbol{\alpha}_j=\sum\limits_{i=1}^{m}b_i\lambda_j^i\boldsymbol{\alpha}_j=g(\lambda_j)\boldsymbol{\alpha}_j$，因此 $g(\lambda_j)$ 是 $g(\boldsymbol{A})$ 的一个特征值，$j=1,\cdots,n$，从而 $g(\lambda_1),\cdots,g(\lambda_n)$ 是 $g(\mathcal{A})$ 的特征多项式的全部复根。

10. 利用本套教材上册 2.4 节例 4 以及 5.6 节例 9 的结论。

11. 由 7.6 节例 17 立即得到。

12. $\mathcal{A}$ 在 $\operatorname{Im}\mathcal{B}$ 的基 $1,\omega_0,\omega_0^2$ 下的矩阵 $\boldsymbol{A}$ 为

$$\boldsymbol{A}=\begin{pmatrix} a_1 & -3a_0 & 0 \\ 0 & -2a_1 & -3a_0 \\ 3 & 0 & -2a_1 \end{pmatrix},$$

$$|\lambda\boldsymbol{I}-\boldsymbol{A}|=\lambda^3+3a_1\lambda^2-4a_1^3-27a_0^2。$$

记 $g(\lambda)=|\lambda\boldsymbol{I}-\boldsymbol{A}|$，$\lambda$ 用 $\lambda-a_1$ 代入，得

$$\begin{aligned} g(\lambda-a_1) &=(\lambda-a_1)^3+3a_1(\lambda-a_1)^2-4a_1^3-27a_0^2 \\ &=\lambda^3-3a_1^2\lambda-2a_1^3-27a_0^2。 \end{aligned}$$

$g(\lambda-a_1)$ 的判别式为

$$-4(-3a_1^2)^3-27(-2a_1^3-27a_0^2)^2=729a_0^2(-4a_1^3-27a_0^2)。$$

由于 $f(x)=x^3+a_1x+a_0$ 在 $\mathbf{Q}$ 上不可约，因此 $a_0\neq0$，且 $f(x)$ 在 $\mathbf{Q}[x]$ 中没有重因式，从而 $f(x)$ 在 $\mathbf{C}[x]$ 中也没有重因式。因此 $f(x)$ 的判别式 $D(f)=-4a_1^3-27a_0^2\neq0$，从而 $g(\lambda-a_1)$ 的判别式不等于 0，于是 $g(\lambda-a_1)$ 在复数域中没有重根。因此 $g(\lambda)$ 在 $\mathbf{C}$ 中没有重根，即 $|\lambda\boldsymbol{I}-\boldsymbol{A}|$ 在 $\mathbf{C}$ 中没有重根，从而复矩阵 $\boldsymbol{A}$ 可对角化。

13. (1) 提示：去证 $1,x,\cdots,x^{n-2},f(x)$ 是 $K[x]_n$ 的一个基。由此得出，$\langle f(x)\rangle$ 在 $K[x]_n$ 中的一个补空间 $U=\langle 1,x,x^2,\cdots,x^{n-2}\rangle$。

(2) $\mathcal{P}_U$ 在 $K[x]_n$ 中的一个基 $1,x,x^2,\cdots,x^{n-2},f(x)$ 下的矩阵为

$$\begin{pmatrix} \boldsymbol{I}_{n-1} & \boldsymbol{0} \\ \boldsymbol{0} & 0 \end{pmatrix}。$$

14. $|\lambda\boldsymbol{I}-\boldsymbol{A}|=\lambda^n-a^n=(\lambda-a)(\lambda-a\xi)\cdots(\lambda-a\xi^{n-1})$，其中 $\xi=\mathrm{e}^{\frac{2\pi}{n}\mathrm{i}}$。由于 $\boldsymbol{A}$ 的特征多项式有 n 个不同的根，因此 $\boldsymbol{A}$ 可对角化。$\boldsymbol{A}$ 的标准形为（空白处的元素为 0）

$$\begin{pmatrix} a & & & \\ & a\xi & & \\ & & \ddots & \\ & & & a\xi^{n-1} \end{pmatrix}。$$

习题 9.5

1. $\boldsymbol{A}$ 的特征多项式为

$$|\lambda\boldsymbol{I}-\boldsymbol{A}|=(\lambda-2)[\lambda-(1+\mathrm{i})][\lambda-(1-\mathrm{i})],$$

因此 A 的全部特征值是 $2,1+i,1-i$。A 的全部特征子空间如下：

$V_2 = \langle(2,-1,-1)'\rangle, V_{1+i} = \langle(1-2i,-1+i,-2)'\rangle, V_{1-i} = \langle(1+2i,-1-i,-2)'\rangle$。

$\mathcal{A}$ 在 $\mathbf{C}^3$ 的标准基 $\boldsymbol{\varepsilon}_1, \boldsymbol{\varepsilon}_2, \boldsymbol{\varepsilon}_3$ 下的矩阵是 A，于是 $\mathcal{A}$ 的全部特征子空间是 V_2, V_{1+i}, V_{1-i}。根据本节例 12 的结论得，$\mathcal{A}$ 的所有不变子空间为

$$0,\quad V_2,\quad V_{1+i},\quad V_{1-i},\quad V_2 \oplus V_{1+i},\quad V_2 \oplus V_{1-i},\quad V_{1+i} \oplus V_{1-i},\quad \mathbf{C}^3。$$

2. $|\lambda I - A| = \lambda^2 + a^2$。

情形 1　把 A 看成实矩阵，由于 $\lambda^2 + a^2$ 没有实根，因此 A 没有特征值，从而 A 没有特征向量，于是 $\mathcal{A}$ 没有特征向量，因此 $\mathcal{A}$ 没有 1 维的不变子空间，所以 $\mathbf{R}^2$ 上的线性变换 $\mathcal{A}$ 只有平凡的不变子空间：0 和 $\mathbf{R}^2$。

情形 2　把 A 看成复矩阵，它的全部特征值是：$ai, -ai$。求 $((ai)I - A)x = \mathbf{0}$ 的一个基础解系，由此得出 A 的全部特征子空间为

$$V_{ai} = \langle(1,i)'\rangle,\quad V_{-ai} = \langle(1,-i)'\rangle。$$

$\mathcal{A}$ 在 $\mathbf{C}^2$ 的标准基 $\boldsymbol{\varepsilon}_1, \boldsymbol{\varepsilon}_2$ 下的矩阵是 A，于是 $\mathcal{A}$ 的全部特征子空间就是 V_{ai}, V_{-ai}。根据例 12 的结论得，$\mathcal{A}$ 的所有不变子空间为 $0, V_{ai}, V_{-ai}, \mathbf{C}^2$。

3. $\mathcal{A}$ 是 K^3 上的线性变换，它在 K^3 的标准基 $\boldsymbol{\varepsilon}_1, \boldsymbol{\varepsilon}_2, \boldsymbol{\varepsilon}_3$ 下的矩阵就是 A。根据本节例 10 第(4)小题的结论得，$\mathcal{A}$ 的所有不变子空间是 $0, \langle\boldsymbol{\varepsilon}_1\rangle, \langle\boldsymbol{\varepsilon}_1, \boldsymbol{\varepsilon}_2\rangle, K^3$。

4. $x - k$ 是 k 的一个零化多项式。

5. 设 $a_1 x + a_0$ 是 $\mathcal{A}$ 的一个零化多项式，其中 $a_1 \neq 0$，则 $a_1 \mathcal{A} + a_0 I = O$，从而 $\mathcal{A} = -\dfrac{a_0}{a_1} I$。

6. $|\lambda I - A| = (\lambda - 1)^2$，于是 $(\lambda - 1)^2$ 是 A 的一个零化多项式。

7. λ^n。

8. 提示：A 的特征多项式是 A 的一个零化多项式。

9. (1) 在 $F[x]$ 中，$x^2 - 1 = (x+1)(x-1)$。由于 char $F \neq 2$，因此 $(x+1, x-1) = 1$。利用本节引理 1 可证得结论。

(2) 在 $F[x]$ 中，$x^4 - 1 = (x-1)(x+1)(x^2+1)$。由于 char $F \neq 2$，因此 $x-1, x+1, x^2+1$ 两两互素。利用本节定理 4 可证得结论。

10. 与例 27 的充分性的证明一样。

11. 与例 27 的必要性的证明一样。

习题 9.6

1. (1) A 可对角化。(2) B 不可对角化。

2. A 可对角化。

3. $|\lambda I - A| = (\lambda - 1)^2(\lambda - 10)$。利用例 15 的结论得，$\dim C(A) = 2^2 + 1^2 = 5$。

4. 根据例 16 的结论，由于 $\lambda^2 - a_1 a_2 = \lambda^2$，因此 $\mathcal{A}$ 不可对角化。

5. 根据例 16 的结论可得，$\mathbf{Q}$ 上的矩阵 A 不可对角化，$\mathbf{R}$ 上的矩阵 A 可对角化。

6. 根据例 9 得，n 维线性空间 V 上的幂零变换 $\mathcal{A}$ 的幂零指数 $l \leqslant n$，由此可得结论。

7. $\mathcal{P}_1$ 是 $\mathbf{R}^3$ 上的幂等变换，由于 $\mathcal{P}_1 \neq O, \mathcal{P}_1 \neq I$，因此 $\mathcal{P}_1$ 的最小多项式是 $\lambda^2 - \lambda$。

8. 利用习题 9.4 第 7 题的结论。若 $\mathcal{B}$ 也是对合变换,则 $B_1 B_2 = I_r$,$B_2 B_1 = I_{n-r}$。

9. 与习题 9.5 第 10 题的证法一样。

10. 设 $m_1(\lambda)$ 与 $m_2(\lambda)$ 在 $F[\lambda]$ 中有公共的一次因式 $\lambda - \lambda_1$,则 λ_1 是 A 与 B 的公共的特征值。与 9.5 节例 27 的必要性证明一样。

11. 充分性是显然的,必要性用反证法。假如某个 A_j 不是数量矩阵,则根据本节命题 5 的(5)得),A_j 的最小多项式 $m_j(\lambda)$ 不是一个一次因式,由此推出,A 的最小多项式 $m(\lambda)$ 的标准分解式中有次数大于 1 的因式,从而 A 不可对角化。

12. 由于 $\mathcal{A}\alpha_1 = \alpha_2$,$\mathcal{A}\alpha_2 = \alpha_3$,$\cdots$,$\mathcal{A}\alpha_{n-1} = \alpha_n$,因此 V 的一个基是 α_1,$\mathcal{A}\alpha_1$,$\mathcal{A}^2\alpha_1$,$\cdots$,$\mathcal{A}^{n-1}\alpha_1$。

任取 $\mathcal{B} \in C(\mathcal{A})$,设 $\mathcal{B}\alpha_1 = \sum_{j=0}^{n-1} b_j \mathcal{A}^j \alpha_1$。任取 $\alpha \in V$,设 $\alpha = \sum_{i=0}^{n-1} d_i \mathcal{A}^i \alpha_1$,则

$$\mathcal{B}\alpha = \sum_{i=0}^{n-1} d_i \mathcal{B}\mathcal{A}^i \alpha_1 = \sum_{i=0}^{n-1} d_i \mathcal{A}^i \mathcal{B}\alpha_1 = \sum_{i=0}^{n-1} d_i \mathcal{A}^i \left(\sum_{j=0}^{n-1} b_j \mathcal{A}^j \alpha_1 \right)$$

$$= \sum_{j=0}^{n-1} b_j \mathcal{A}^j \left(\sum_{i=0}^{n-1} d_i \mathcal{A}^i \alpha_1 \right) = \sum_{j=0}^{n-1} b_j \mathcal{A}^j \alpha。$$

记 $g(\mathcal{A}) = \sum_{j=0}^{n-1} b_j \mathcal{A}^j$,则由上式得,$\mathcal{B}\alpha = g(\mathcal{A})\alpha$,因此 $\mathcal{B} = g(\mathcal{A})$,从而 $C(\mathcal{A}) \subseteq F[\mathcal{A}]$,显然 $F[\mathcal{A}] \subseteq C(\mathcal{A})$,因此 $C(\mathcal{A}) = F[\mathcal{A}]$。

根据本节例 7 的结论得,$\mathcal{A}$ 的最小多项式 $m(\lambda)$ 为

$$m(\lambda) = \lambda^n + a_{n-1}\lambda^{n-1} + \cdots + a_1\lambda + a_0。$$

根据本节例 10 的结论,$\dim(F[\mathcal{A}]) = \deg m(\lambda) = n$。因此

$$\dim(C(\mathcal{A})) = \dim(F[\mathcal{A}]) = n。$$

13. 利用例 19 的结论。

14. 由于 $m(\lambda) \mid f(\lambda)$,且 $m(\lambda)$ 在域 F 上不可约,因此根据唯一因式分解定理得,$f(\lambda) = m^u(\lambda)h(\lambda)$,其中 $m(\lambda) \nmid h(\lambda)$。假如 $\deg h(\lambda) > 0$,则在包含域 F 的某个域 E(譬如 $f(\lambda)$ 的分裂域)中,$h(\lambda)$ 有根 c。由于 $m(\lambda)$ 在 F 上不可约且 $m(\lambda) \nmid h(\lambda)$,因此在 $F[\lambda]$ 中 $(m(\lambda), h(\lambda)) = 1$。由于互素性不随域的扩大而改变,因此在 $E[\lambda]$ 中 $(m(\lambda), h(\lambda)) = 1$,从而在域 E 中 $m(\lambda)$ 与 $h(\lambda)$ 没有公共根。于是 c 不是 $m(\lambda)$ 在 E 中的根。由于 $f(\lambda)$ 与 $m(\lambda)$ 在域 E 中有相同的根,因此 c 不是 $f(\lambda)$ 在 E 中的根。这与 $f(c) = m^u(c)h(c) = 0$ 矛盾。因此 $\deg h(\lambda) = 0$。又由于 $f(\lambda)$ 与 $m(\lambda)$ 的首项系数都是 1,因此 $f(\lambda) = m^u(\lambda)$。

15. 由于 $m(\lambda) \mid f(\lambda)$,因此存在 $h(\lambda) \in F[\lambda]$ 使得 $f(\lambda) = m(\lambda)h(\lambda)$。由于 $m(\lambda) = p^l(\lambda)$,其中 $p(\lambda)$ 在 F 上不可约,因此根据唯一因式分解定理得,$f(\lambda) = p^u(\lambda)h_1(\lambda)$,其中,$u \geq l$,$p(\lambda) \nmid h_1(\lambda)$。假如 $\deg h_1(\lambda) > 0$,则在包含域 F 的某个域 E 中,$h_1(\lambda)$ 有根 c。由于在 $F[\lambda]$ 中,$p(\lambda) \nmid h_1(\lambda)$ 且 $p(\lambda)$ 在 F 上不可约,因此 $(p(\lambda), h_1(\lambda)) = 1$,从而 $(p^l(\lambda), h_1(\lambda)) = 1$,即 $(m(\lambda), h_1(\lambda)) = 1$。由于互素性不随域的扩大而改变,因此在 $E[\lambda]$ 中,$(m(\lambda), h_1(\lambda)) = 1$,从而在域 E 中 $m(\lambda)$ 与 $h_1(\lambda)$ 没有公共根,于是 c 不是 $m(\lambda)$ 在 E 中的

根。由于 $f(\lambda)$ 与 $m(\lambda)$ 在域 E 中有相同的根,因此 c 不是 $f(\lambda)$ 在 E 中的根。这与 $f(c)=p^u(c)h_1(c)=0$ 矛盾,从而 $\deg h_1(\lambda)=0$。又由于 $f(\lambda)$ 与 $p(\lambda)$ 的首项系数为 1,因此 $f(\lambda)=p^u(\lambda)$,$u\geqslant l$。从而

$$n=\dim V=\deg f(\lambda)=ur\geqslant lr。$$

习题 9.7

1. (1) 计算得,$\boldsymbol{B}^2=\boldsymbol{0}$,因此 $\boldsymbol{B}$ 是幂零矩阵,其幂零指数为 2。

(2) $\mathrm{rank}(\boldsymbol{B})=1$,$\boldsymbol{B}$ 的 Jordan 标准形为 $\boldsymbol{J}=\mathrm{diag}\{\boldsymbol{J}_2(0),\boldsymbol{J}_1(0)\}$。

2. 去求 $\mathrm{tr}(\boldsymbol{C}^k)$,然后用例 4 的结论。

3. 根据第 2 题立即得到结论。

4. 用例 13 的结论。

5. $\mathcal{D}$ 在 $K[x]_n$ 的一个基 $1,x,\dfrac{1}{2!}x^2,\cdots,\dfrac{1}{(n-1)!}x^{n-1}$ 下的矩阵是一个 n 级 Jordan 块 $\boldsymbol{J}_n(0)$。根据例 14 的结论得,$\mathrm{C}(\mathcal{D})=F[\mathcal{D}]$,$\dim \mathrm{C}(\mathcal{D})=n$。

6. 在第 1 题中已求出 $\boldsymbol{B}$ 的 Jordan 标准形为 $\boldsymbol{J}=\mathrm{diag}\{\boldsymbol{J}_2(0),\boldsymbol{J}_1(0)\}$,在例 17 中已求出 $\dim \mathrm{C}(\boldsymbol{J})=5$。根据 8.3 节例 7 得,$\dim \mathrm{C}(\boldsymbol{B})=\dim \mathrm{C}(\boldsymbol{J})=5$。

7. 假如 $l=n$,那么根据例 9 得,$\mathrm{rank}(\mathcal{B})\geqslant n-1$,于是 $\mathcal{B}$ 的属于特征值 0 的特征子空间 V_0 的维数等于 1。又由于 $\mathcal{B}$ 的特征值只有 0,因此 $\mathcal{B}$ 没有两个线性无关的特征向量。

8. 设 $\mathcal{B}$ 的幂零指数为 l,则 $\mathcal{B}^l=O$,在 $F[x]$ 中,有

$$(1-x)(1+x+x^2+\cdots+x^{l-1})=1-x^l。$$

x 用 $-k^{-1}\mathcal{B}$ 代入,从上式可证 $k\mathcal{I}+\mathcal{B}$ 可逆,且

$$(k\mathcal{I}+\mathcal{B})^{-1}=k^{-1}\mathcal{I}-k^{-2}\mathcal{B}+k^{-3}\mathcal{B}^2+\cdots+(-1)^{l-1}k^{-l}\mathcal{B}^{l-1}。$$

9. 根据定理 2 得,$\mathcal{B}$ 的 Jordan 标准形中,l 级 Jordan 块的个数 $N(l)=\mathrm{rank}\,\mathcal{B}^{l+1}+\mathrm{rank}\,\mathcal{B}^{l-1}-2\mathrm{rank}\,\mathcal{B}^l=\mathrm{rank}\,\mathcal{B}^{l-1}$。由于 $\mathcal{B}^{l-1}\neq O$,因此 $\mathrm{rank}\,\mathcal{B}^{l-1}>0$。

10. 类似于例 6 的证法。

11. 利用 9.5 节例 5 的结论。

习题 9.8

1. (1) $\begin{bmatrix} 0 & 1 & 0 \\ 0 & 0 & 0 \\ 0 & 0 & 1 \end{bmatrix}$;　(2) $\begin{bmatrix} -1 & 1 & 0 \\ 0 & -1 & 0 \\ 0 & 0 & 3 \end{bmatrix}$;　(3) $\begin{bmatrix} -3 & 0 & 0 \\ 0 & 1 & 1 \\ 0 & 0 & 1 \end{bmatrix}$;

(4) $\begin{bmatrix} -1 & 0 & 0 \\ 0 & -1 & 1 \\ 0 & 0 & -1 \end{bmatrix}$;　　(5) $\mathrm{diag}\left\{\begin{pmatrix} -1 & 1 \\ 0 & -1 \end{pmatrix},\begin{pmatrix} 1 & 1 \\ 0 & 1 \end{pmatrix}\right\}$。

2. (1) $\boldsymbol{P}=\begin{bmatrix} 1 & -1 & 1 \\ 2 & -1 & 1 \\ 3 & 0 & 1 \end{bmatrix}$;　(2) $\boldsymbol{P}=\begin{bmatrix} 1 & -1 & 1 \\ 2 & -1 & 2 \\ 1 & 0 & 2 \end{bmatrix}$;　(4) $\boldsymbol{P}=\begin{bmatrix} 0 & 4 & 1 \\ 1 & 3 & 0 \\ 0 & -2 & 0 \end{bmatrix}$。

3. $\boldsymbol{A}$ 的 Jordan 标准形 $\boldsymbol{J}=\boldsymbol{J}_n(a_1)$。

4. 由于 rank$(\boldsymbol{A})=1<n$，因此根据本套教材上册习题 5.5 的第 15 题得，$\boldsymbol{A}$ 的特征多项式 $f(\lambda)=\lambda^n-\text{tr}(\boldsymbol{A})\lambda^{n-1}$，从而 $\boldsymbol{A}$ 有特征值 0。由于 rank$(\boldsymbol{A}-0\boldsymbol{I})=1$，因此 $\boldsymbol{A}$ 的 Jordan 标准形 $\boldsymbol{J}$ 中主对角元为 0 的 Jordan 块总数为 $n-1$。

情形 1　tr$(\boldsymbol{A})=0$，则 $f(\lambda)=\lambda^n$，于是 $\boldsymbol{A}$ 的 Jordan 标准形 $\boldsymbol{J}$ 中 Jordan 块的主对角元均为 0。由于 $N_0(1)=\text{rank }\boldsymbol{A}^2+\text{rank }\boldsymbol{A}^0-2\text{rank }\boldsymbol{A}\geqslant n-2$，因此

$$\boldsymbol{J}=\text{diag}\left\{\begin{pmatrix}0&1\\0&0\end{pmatrix},\underbrace{(0),(0),\cdots,(0)}_{n-2\text{个}}\right\}。$$

情形 2　tr$(\boldsymbol{A})\neq0$，则 $f(\lambda)=\lambda^{n-1}(\lambda-\text{tr}(\boldsymbol{A}))$，从而 $\boldsymbol{A}$ 有一个非 0 的特征值 $\lambda_1=\text{tr}(\boldsymbol{A})$，且 λ_1 的代数重数为 1，于是

$$\boldsymbol{J}=\text{diag}\{(\lambda_1),\underbrace{(0),(0),\cdots,(0)}_{n-1\text{个}}\}。$$

5. 根据第 4 题的结果，且由于 tr$(\boldsymbol{A})=1$，因此 $\boldsymbol{A}$ 的 Jordan 标准形
$$\boldsymbol{J}=\text{diag}\{(1),(0),\cdots,(0)\}。$$

6. 利用例 19 的结果。

7. 提示：$\boldsymbol{A}$ 可对角化当且仅当对于 $\boldsymbol{A}$ 的任一特征值 λ_i，在 $\boldsymbol{A}$ 的 Jordan 标准形 $\boldsymbol{J}$ 中，主对角元为 λ_i 的 Jordan 块总数 N_i 等于其中的 1 级 Jordan 块的个数 $N_i(1)$。

8. 利用例 21 的结论。

9. (1) $\boldsymbol{A}$ 的特征多项式 $f(\lambda)=\lambda^3-\lambda^2$，从而 $\boldsymbol{A}^3=\boldsymbol{A}^2$。于是 $\boldsymbol{A}^{10}=\boldsymbol{A}^2$，因此
$$\boldsymbol{A}^{10}=\boldsymbol{A}^2=\begin{pmatrix}3&-3&1\\3&-3&1\\3&-3&1\end{pmatrix}。$$

(3) 类似于例 28 的解法可得
$$\boldsymbol{A}^{10}=\begin{pmatrix}-2\cdot3^{10}+46&-4\cdot3^{10}+8&-2\cdot3^{10}+84\\3^{10}-12&2\cdot3^{10}-2&3^{10}-22\\3^{10}-22&2\cdot3^{10}-4&3^{10}-40\end{pmatrix}。$$

10. 类似于例 28 的解法可得
$$\boldsymbol{A}^{100}+3\boldsymbol{A}^{23}+\boldsymbol{A}^{20}=\begin{pmatrix}-184&189\\-189&194\end{pmatrix}。$$

11. 类似于例 28 的解法可得
$$\boldsymbol{A}^{1000}=\begin{pmatrix}\frac{1}{4}\cdot5^{1000}+\frac{3}{4}&\frac{1}{2}\cdot5^{1000}-\frac{1}{2}&\frac{1}{4}\cdot5^{1000}-\frac{1}{4}\\\frac{1}{4}\cdot5^{1000}-\frac{1}{4}&\frac{1}{2}\cdot5^{1000}+\frac{1}{2}&\frac{1}{4}\cdot5^{1000}-\frac{1}{4}\\\frac{1}{4}\cdot5^{1000}-\frac{1}{4}&\frac{1}{2}\cdot5^{1000}-\frac{1}{2}&\frac{1}{4}\cdot5^{1000}+\frac{3}{4}\end{pmatrix}$$

12. 由于 rank$(\boldsymbol{J}_n(0)^k-0\boldsymbol{I})=n-k$，因此 $\boldsymbol{J}_n(0)^k$ 的 Jordan 标准形 $\boldsymbol{J}$ 中主对角元为 0 的 Jordan 块总数为 $n-(n-k)=k$。

记 $\boldsymbol{B}=\boldsymbol{J}_n(0)^k$。设 $n=km+i,0\leqslant i<k$。由于

$$\boldsymbol{B}^{m+1}=\boldsymbol{J}_n(0)^{km+k}=\boldsymbol{J}_n(0)^{n+(k-i)}=\boldsymbol{0},$$
$$\boldsymbol{B}^m=\boldsymbol{J}_n(0)^{km}=\boldsymbol{J}_n(0)^{n-i},$$
$$\boldsymbol{B}^{m-1}=\boldsymbol{J}_n(0)^{km-k}=\boldsymbol{J}_n(0)^{n-i-k}\neq\boldsymbol{0},$$

因此当 $i\neq0$ 时，$\boldsymbol{B}$ 的幂零指数为 $m+1$；当 $i=0$ 时，$\boldsymbol{B}$ 的幂零指数为 m。

情形 1　设 $n=km$。此时根据习题 9.7 第 9 题得，$\boldsymbol{J}$ 有 m 级 Jordan 块，且 m 级 Jordan 块的个数为

$$\mathrm{rank}\boldsymbol{B}^{m-1}=\mathrm{rank}\boldsymbol{J}_n(0)^{km-k}=\mathrm{rank}\boldsymbol{J}_n(0)^{n-k}=n-(n-k)=k,$$

于是
$$\boldsymbol{J}=\mathrm{diag}\{\underbrace{\boldsymbol{J}_m(0),\boldsymbol{J}_m(0),\cdots,\boldsymbol{J}_m(0)}_{k个}\}。$$

情形 2　设 $n=km+i$，其中 $0<i<k$，此时 $\boldsymbol{J}$ 中 $m+1$ 级 Jordan 块的个数为

$$\mathrm{rank}\boldsymbol{B}^{(m+1)-1}=\mathrm{rank}\boldsymbol{J}_n(0)^{km}=\mathrm{rank}\boldsymbol{J}_n(0)^{n-i}=n-(n-i)=i,$$

$\boldsymbol{J}$ 中 m 级 Jordan 块的个数为

$$\mathrm{rank}\boldsymbol{B}^{m+1}+\mathrm{rank}\boldsymbol{B}^{m-1}-2\mathrm{rank}\boldsymbol{B}^m=\mathrm{rank}\boldsymbol{J}_n(0)^{km-k}-2\mathrm{rank}\boldsymbol{J}_n(0)^{km}$$
$$=[n-(km-k)]-2(n-km)=k-i,$$

因此
$$\boldsymbol{J}=\mathrm{diag}\{\underbrace{\boldsymbol{J}_{m+1}(0),\cdots,\boldsymbol{J}_{m+1}(0)}_{i个},\underbrace{\boldsymbol{J}_m(0),\cdots,\boldsymbol{J}_m(0)}_{(k-i)个}\}。$$

13. 利用例 18 的结论。

14. (1) 根据第 1 题的第(1)小题可知，$\boldsymbol{A}$ 的 Jordan 标准形 $\boldsymbol{J}=\mathrm{diag}\{\boldsymbol{J}_2(0),\boldsymbol{J}_1(1)\}$。由于主对角元为 0 的 2 级 Jordan 块 $\boldsymbol{J}_2(0)$ 单独出现，因此根据例 26 得，$\boldsymbol{A}$ 没有平方根。

(2) 根据第 1 题的第(2)小题知道，$\boldsymbol{A}$ 的 Jordan 标准形 $\boldsymbol{J}=\mathrm{diag}\{\boldsymbol{J}_2(-1),\boldsymbol{J}_1(3)\}$，因此 $\boldsymbol{A}$ 有平方根。根据第 2 题得

$$\boldsymbol{P}=\begin{pmatrix}1&-1&1\\2&-1&2\\1&0&2\end{pmatrix},\boldsymbol{P}^{-1}=\begin{pmatrix}-2&2&-1\\-2&1&0\\1&-1&1\end{pmatrix},$$

使得 $\boldsymbol{P}^{-1}\boldsymbol{A}\boldsymbol{P}=\boldsymbol{J}$。根据例 22 得，$\boldsymbol{J}_2(\sqrt{-1})^2\sim\boldsymbol{J}_2(-1),\boldsymbol{J}_1(\sqrt{3})^2\sim\boldsymbol{J}_1(3)$。设 $\boldsymbol{S}=(\boldsymbol{Y}_1,\boldsymbol{Y}_2)$ 使得 $\boldsymbol{S}^{-1}\boldsymbol{J}_2(\sqrt{-1})^2\boldsymbol{S}=\boldsymbol{J}_2(-1)$。类似于例 25 的求 $\boldsymbol{S}$ 的方法可求出：

$$\boldsymbol{S}=\begin{pmatrix}1&1\\0&-\frac{1}{2}\mathrm{i}\end{pmatrix},\quad\boldsymbol{S}^{-1}=\begin{pmatrix}1&-2\mathrm{i}\\0&2\mathrm{i}\end{pmatrix}。$$

显然 $\boldsymbol{J}_1(\sqrt{3})^2=\boldsymbol{J}_1(3)$。令 $\boldsymbol{Q}=\begin{pmatrix}\boldsymbol{S}&\boldsymbol{0}\\\boldsymbol{0}&1\end{pmatrix}$，则

$$\boldsymbol{B}=\boldsymbol{P}\boldsymbol{Q}^{-1}\begin{pmatrix}\boldsymbol{J}_2(\sqrt{-1})&\boldsymbol{0}\\\boldsymbol{0}&\sqrt{3}\end{pmatrix}\boldsymbol{Q}\boldsymbol{P}^{-1}=\begin{pmatrix}\sqrt{3}+\mathrm{i}&-\sqrt{3}+\frac{1}{2}\mathrm{i}&\sqrt{3}-\mathrm{i}\\2\sqrt{3}&-2\sqrt{3}+2\mathrm{i}&2\sqrt{3}-2\mathrm{i}\\2\sqrt{3}-\mathrm{i}&-2\sqrt{3}+\frac{3}{2}\mathrm{i}&2\sqrt{3}-\mathrm{i}\end{pmatrix}$$

是 $\boldsymbol{A}$ 的一个平方根。

习题 9.9

1. $|\lambda \boldsymbol{I}-\boldsymbol{A}|=(\lambda-2)(\lambda^2-2\lambda+2)$。$\boldsymbol{A}$ 的广义有理标准形是

$$
\begin{bmatrix} 2 & & \\ & 0 & -2 \\ & 1 & 2 \end{bmatrix}。
$$

2. 根据例 6 得,$\mathrm{C}(\boldsymbol{A})=\mathbf{R}[\boldsymbol{A}]$,且 $\dim \mathrm{C}(\boldsymbol{A})=3$。

3. $|\lambda \boldsymbol{I}-\boldsymbol{A}|=(\lambda-1)(\lambda-3)\lambda$。于是根据 8.3 节例 8 得,$\mathrm{C}(\boldsymbol{A})=K[\boldsymbol{A}]$,$\dim \mathrm{C}(\boldsymbol{A})=3$。

4. $f(\lambda)=|\lambda \boldsymbol{I}-\boldsymbol{A}|=\lambda^3-\lambda^2-4\lambda+2$。由于 ± 1,± 2 都不是 $f(\lambda)$ 的根,因此 $f(\lambda)$ 在 $\mathbf{Q}$ 上不可约,于是 $m(\lambda)=f(\lambda)$。根据定理 1 得,$\boldsymbol{A}$ 的有理标准形 $\boldsymbol{G}$ 为

$$
\boldsymbol{G}=\begin{bmatrix} 0 & 0 & -2 \\ 1 & 0 & 4 \\ 0 & 1 & 1 \end{bmatrix}。
$$

根据习题 9.6 第 12 题和 8.3 节例 8 得,$\mathrm{C}(\boldsymbol{A})=\mathbf{Q}[\boldsymbol{A}]$,$\dim \mathrm{C}(\boldsymbol{A})=3$。

5. $$|\lambda \boldsymbol{I}-\boldsymbol{A}|=(\lambda-1)(\lambda^2-4\lambda+13),$$
$\lambda^2-4\lambda+13$ 在 $\mathbf{R}$ 上不可约,$\boldsymbol{A}$ 的广义有理标准形 $\boldsymbol{G}$ 为

$$
\boldsymbol{G}=\begin{bmatrix} 1 & & \\ & 0 & -13 \\ & 1 & 4 \end{bmatrix}。
$$

根据例 7 得,$\mathrm{C}(\boldsymbol{A})=\mathbf{R}[\boldsymbol{A}]$,$\dim \mathrm{C}(\boldsymbol{A})=3$。

6. $\boldsymbol{G}$ 的最小多项式 $m(\lambda)=\lambda^2-4\lambda+13$ 在 $\mathbf{R}$ 上不可约,根据例 8 得,$\dim \mathrm{C}(\boldsymbol{G})=\frac{1}{2}\times 4^2=8$。记 $\boldsymbol{G}_1=\begin{pmatrix} 0 & -13 \\ 1 & 4 \end{pmatrix}$,易知下述 8 个 4 级矩阵都与 $\boldsymbol{G}$ 可交换:

$$
\begin{pmatrix} \boldsymbol{I} & \boldsymbol{0} \\ \boldsymbol{0} & \boldsymbol{0} \end{pmatrix},\ \begin{pmatrix} \boldsymbol{G}_1^{-1} & \boldsymbol{0} \\ \boldsymbol{0} & \boldsymbol{0} \end{pmatrix},\ \begin{pmatrix} \boldsymbol{0} & \boldsymbol{I} \\ \boldsymbol{0} & \boldsymbol{0} \end{pmatrix},\ \begin{pmatrix} \boldsymbol{0} & \boldsymbol{G}_1^{-1} \\ \boldsymbol{0} & \boldsymbol{0} \end{pmatrix},
$$

$$
\begin{pmatrix} \boldsymbol{0} & \boldsymbol{0} \\ \boldsymbol{I} & \boldsymbol{0} \end{pmatrix},\ \begin{pmatrix} \boldsymbol{0} & \boldsymbol{0} \\ \boldsymbol{G}_1^{-1} & \boldsymbol{0} \end{pmatrix},\ \begin{pmatrix} \boldsymbol{0} & \boldsymbol{0} \\ \boldsymbol{0} & \boldsymbol{I} \end{pmatrix},\ \begin{pmatrix} \boldsymbol{0} & \boldsymbol{0} \\ \boldsymbol{0} & \boldsymbol{G}_1^{-1} \end{pmatrix},
$$

易验证它们线性无关,因此它们是 $\mathrm{C}(\boldsymbol{G})$ 的一个基。

7. $\boldsymbol{A}$ 的最小多项式 $m(\lambda)=(\lambda^2-\lambda+1)(\lambda^2-4\lambda+13)$,它们都在 $\mathbf{R}$ 上不可约。$\boldsymbol{A}$ 的特征多项式 $f(\lambda)=(\lambda^2-\lambda+1)(\lambda^2-4\lambda+13)^2$。根据例 10 得,$\dim \mathrm{C}(\boldsymbol{A})=2\times 1^2+2\times 2^2=10$。记

$$
\boldsymbol{G}_1=\begin{pmatrix} 0 & -1 \\ 1 & 1 \end{pmatrix},\qquad \boldsymbol{G}_2=\begin{pmatrix} 0 & -13 \\ 1 & 4 \end{pmatrix},
$$

根据例 9、习题 9.6 第 12 题和本节第 6 题得,$\mathrm{C}(\boldsymbol{A})$ 的一个基为

$$
\begin{bmatrix} \boldsymbol{I} & & \\ & \boldsymbol{0} & \boldsymbol{0} \\ & \boldsymbol{0} & \boldsymbol{0} \end{bmatrix},\ \begin{bmatrix} \boldsymbol{G}_1 & & \\ & \boldsymbol{0} & \boldsymbol{0} \\ & \boldsymbol{0} & \boldsymbol{0} \end{bmatrix},\ \begin{bmatrix} \boldsymbol{0} & & \\ & \boldsymbol{I} & \boldsymbol{0} \\ & \boldsymbol{0} & \boldsymbol{0} \end{bmatrix},\ \begin{bmatrix} \boldsymbol{0} & & \\ & \boldsymbol{G}_2^{-1} & \boldsymbol{0} \\ & \boldsymbol{0} & \boldsymbol{0} \end{bmatrix},
$$

$$\begin{bmatrix} \mathbf{0} & & \\ & \mathbf{0} & \mathbf{I} \\ & \mathbf{0} & \mathbf{0} \end{bmatrix}, \begin{bmatrix} \mathbf{0} & & \\ & \mathbf{0} & \mathbf{G}_2^{-1} \\ & \mathbf{0} & \mathbf{0} \end{bmatrix}, \begin{bmatrix} \mathbf{0} & & \\ & \mathbf{0} & \mathbf{0} \\ & \mathbf{I} & \mathbf{0} \end{bmatrix}, \begin{bmatrix} \mathbf{0} & & \\ & \mathbf{0} & \mathbf{0} \\ & \mathbf{G}_2^{-1} & \mathbf{0} \end{bmatrix},$$

$$\begin{bmatrix} \mathbf{0} & & \\ & \mathbf{0} & \mathbf{0} \\ & \mathbf{0} & \mathbf{I} \end{bmatrix}, \begin{bmatrix} \mathbf{0} & & \\ & \mathbf{0} & \mathbf{0} \\ & \mathbf{0} & \mathbf{G}_2^{-1} \end{bmatrix}。$$

8. 由于 $\mathcal{B}$ 是伪反射,因此由定义得,$\dim(\mathrm{Im}(\mathcal{B}-\mathcal{I}))=1$。

(1) 由于 $\dim(\mathrm{Ker}(\mathcal{B}-\mathcal{I}))+\dim(\mathrm{Im}(\mathcal{B}-\mathcal{I}))=\dim V=n$,因此 $\dim\mathrm{Ker}(\mathcal{B}-\mathcal{I})=n-1$,从而 1 是 $\mathcal{B}$ 的特征值,且 $\mathcal{B}$ 的属于特征值 1 的特征子空间的维数为 $n-1$。

(2) 任给 $\alpha\in\mathrm{Ker}\mathcal{B}$,有 $\mathcal{B}\alpha=0$,从而 $\alpha=\alpha-\mathcal{B}\alpha=(\mathcal{I}-\mathcal{B})\alpha$。于是 $\alpha\in\mathrm{Im}(\mathcal{I}-\mathcal{B})=\mathrm{Im}(\mathcal{B}-\mathcal{I})$。因此 $\mathrm{Ker}\mathcal{B}\subseteq\mathrm{Im}(\mathcal{B}-\mathcal{I})$,从而 $\mathrm{Ker}\mathcal{B}=0$ 或 $\dim(\mathrm{Ker}\mathcal{B})=1$。当 $\mathrm{Ker}\mathcal{B}=0$ 时,$\mathcal{B}$ 是单射,从而 $\mathcal{B}$ 也是满射,因此 $\mathcal{B}$ 是可逆变换。

(3) 当 $\mathcal{B}$ 是可逆变换时,设 $\mathrm{Im}(\mathcal{B}-\mathcal{I})=\langle\gamma\rangle$,则 $(\mathcal{B}-\mathcal{I})\gamma=a\gamma$ 对于某个 $a\in F$。于是 $\mathcal{B}\gamma=(a+1)\gamma$,从而 γ 是 $\mathcal{B}$ 的属于特征值 $a+1$ 的一个特征向量。在 $\mathrm{Ker}(\mathcal{B}-\mathcal{I})$ 中取一个基 $\delta_1,\cdots,\delta_{n-1}$。

情形 1　$a\neq 0$,则 $\delta_1,\cdots,\delta_{n-1},\gamma$ 线性无关,从而它们是 V 的一个基。$\mathcal{B}$ 在此基下的矩阵为

$$\begin{pmatrix} \mathbf{I}_{n-1} & \mathbf{0} \\ \mathbf{0}' & a+1 \end{pmatrix}。$$

记 $b=a+1$。由于 $a\neq 0$,因此 $b\neq 1$。由于 $\mathcal{B}$ 可逆,因此 $b\neq 0$。

情形 2　$a=0$,则 $\gamma\in\mathrm{Ker}(\mathcal{B}-\mathcal{I})$,把 $\delta_1,\cdots,\delta_{n-1}$ 扩充成 V 的一个基 $\delta_1,\cdots,\delta_{n-1},\beta$,则 $\mathcal{B}$ 在此基下的矩阵为

$$\begin{pmatrix} \mathbf{I}_{n-1} & \boldsymbol{\beta} \\ \mathbf{0}' & b \end{pmatrix}。$$

由于 $\mathcal{B}$ 可逆,因此 $b\neq 0$。若 $b=1$,则 $\boldsymbol{\beta}\neq\mathbf{0}$(否则,有 $\mathcal{B}-\mathcal{I}$ 在此基下的矩阵 0,矛盾)。若 $\boldsymbol{\beta}=\mathbf{0}$,则 $b\neq 1$(否则 $\mathcal{B}=\mathcal{I}$,矛盾)。因此 $b\neq 1$ 或 $\boldsymbol{\beta}\neq\mathbf{0}$。

(4) 当 $\mathcal{B}$ 不可逆时,根据第(2)题,有 $\dim(\mathrm{Ker}\mathcal{B})=1$。设 $\mathrm{Ker}\mathcal{B}=\langle\eta\rangle$,从而 $\mathcal{B}\eta=0$,于是 η 是 $\mathcal{B}$ 的属于特征值 0 的一个特征向量。在 $\mathrm{Ker}(\mathcal{B}-\mathcal{I})$ 中取一个基 $\delta_1,\cdots,\delta_{n-1}$,则 $\delta_1,\cdots,\delta_{n-1},\eta$ 线性无关,从而它们是 V 的一个基。于是 $V=\mathrm{Ker}(\mathcal{B}-\mathcal{I})\oplus\langle\eta\rangle$,即 $V=\mathrm{Ker}(\mathcal{B}-\mathcal{I})\oplus\mathrm{Ker}\mathcal{B}$。用 $\mathcal{P}$ 表示平行于 $\mathrm{Ker}\mathcal{B}$ 在 $\mathrm{Ker}(\mathcal{B}-\mathcal{I})$ 上的投影,则对于 V 中任一向量 $\alpha=\alpha_1+\alpha_2$,其中 $\alpha_1\in\mathrm{Ker}(\mathcal{B}-\mathcal{I})$,$\alpha_2\in\mathrm{Ker}\mathcal{B}$,有 $\mathcal{P}\alpha=\alpha_1$。由于 $\mathcal{B}\alpha=\mathcal{B}\alpha_1+\mathcal{B}\alpha_2=\alpha_1+0=\alpha_1$,因此 $\mathcal{B}=\mathcal{P}$,从而 $\mathcal{B}$ 是平行于 $\mathrm{Ker}\mathcal{B}$ 在 $\mathrm{Ker}(\mathcal{B}-\mathcal{I})$ 上的投影。

任给 $\gamma\in\mathrm{Ker}(\mathcal{B}-\mathcal{I})$,有 $\mathcal{B}\gamma=\gamma$,从而 $\gamma\in\mathrm{Im}\mathcal{B}$,因此 $\mathrm{Ker}(\mathcal{B}-\mathcal{I})\subseteq\mathrm{Im}\mathcal{B}$。又有

$$\dim\mathrm{Ker}(\mathcal{B}-\mathcal{I})=n-\dim\mathrm{Ker}\mathcal{B}=\dim\mathrm{Im}\mathcal{B},$$

因此 $\mathrm{Ker}(\mathcal{B}-\mathcal{I})=\mathrm{Im}\mathcal{B}$,从而 $\mathcal{B}$ 是平行于 $\mathrm{Ker}\mathcal{B}$ 在 $\mathrm{Im}\mathcal{B}$ 上的投影。$\mathcal{B}$ 在 V 的基 $\delta_1,\cdots,\delta_{n-1},\eta$ 下的矩阵为

$$\begin{pmatrix} \mathbf{I}_{n-1} & \mathbf{0} \\ \mathbf{0}' & 0 \end{pmatrix}。$$

9. 当 $\mathcal{B}$ 不可逆时,根据第 8 题的第(4)小题,$\mathcal{B}$ 是平行于 $\mathrm{Ker}\mathcal{B}$ 在 $\mathrm{Im}\mathcal{B}$ 上的投影。由于 $\dim(\mathrm{Ker}\mathcal{B})=1$,因此 $\dim(\mathrm{Im}\mathcal{B})=2-1=1$,从而 $\mathrm{Im}\mathcal{B}$ 是平面上的一条直线 l。于是 $\mathcal{B}$ 是平行于 $\mathrm{Ker}\mathcal{B}$ 在直线 l 上的投影。

当 $\mathcal{B}$ 可逆时,根据第 8 题的第(3)小题,V 中存在一个基 $\boldsymbol{\delta}_1,\boldsymbol{\delta}_2$,使得 $\mathcal{B}$ 在此基下的矩阵为下列矩阵之一:

$$\begin{pmatrix}1&0\\0&-1\end{pmatrix},\begin{pmatrix}1&0\\0&k\end{pmatrix},\begin{pmatrix}1&0\\0&-k\end{pmatrix},\begin{pmatrix}1&h\\0&1\end{pmatrix},\begin{pmatrix}1&h\\0&-1\end{pmatrix},\begin{pmatrix}1&h\\0&k\end{pmatrix},\begin{pmatrix}1&h\\0&-k\end{pmatrix},$$

其中 $k>0$ 且 $k\neq1$;$h\neq0$。在平面上取一个仿射坐标系 $[O;\boldsymbol{\delta}_1,\boldsymbol{\delta}_2]$,设与 $\mathcal{B}$ 相应的平面上的点变换(仍记作 $\mathcal{B}$)把点 O 映成自身,$\mathcal{B}$ 在基 $\boldsymbol{\delta}_1,\boldsymbol{\delta}_2$ 下的矩阵为 $\boldsymbol{B}$,$\boldsymbol{B}$ 有上述 7 种取法,相应的变换公式为

$$\begin{pmatrix}x'\\y'\end{pmatrix}=\begin{pmatrix}1&0\\0&-1\end{pmatrix}\begin{pmatrix}x\\y\end{pmatrix},$$

这是关于 x 轴的斜反射(包括反射);

$$\begin{pmatrix}x'\\y'\end{pmatrix}=\begin{pmatrix}1&0\\0&k\end{pmatrix}\begin{pmatrix}x\\y\end{pmatrix},$$

这是沿方向 $\boldsymbol{\delta}_2$ 或 $-\boldsymbol{\delta}_2$ 向着 x 轴的压缩,压缩系数为 $k\neq1$;

$$\begin{pmatrix}x'\\y'\end{pmatrix}=\begin{pmatrix}1&0\\0&-k\end{pmatrix}\begin{pmatrix}x\\y\end{pmatrix}=\begin{pmatrix}1&0\\0&k\end{pmatrix}\begin{pmatrix}1&0\\0&-1\end{pmatrix}\begin{pmatrix}x\\y\end{pmatrix},$$

这是关于 x 轴的斜反射与沿 $\boldsymbol{\delta}_2$ 或 $-\boldsymbol{\delta}_2$ 向着 x 轴的压缩的乘积,压缩系数为 $k\neq1$;

$$\begin{pmatrix}x'\\y'\end{pmatrix}=\begin{pmatrix}1&h\\0&1\end{pmatrix}\begin{pmatrix}x\\y\end{pmatrix},$$

这是以 x 轴为错切轴的斜错切(包括错切),错切系数为 $|h|$;

$$\begin{pmatrix}x'\\y'\end{pmatrix}=\begin{pmatrix}1&h\\0&-1\end{pmatrix}\begin{pmatrix}x\\y\end{pmatrix}=\begin{pmatrix}1&0\\0&-1\end{pmatrix}\begin{pmatrix}1&h\\0&1\end{pmatrix}\begin{pmatrix}x\\y\end{pmatrix},$$

这是以 x 轴为错切轴的斜错切(包括错切)与关于 x 轴的斜反射(包括反射)的乘积;

$$\begin{pmatrix}x'\\y'\end{pmatrix}=\begin{pmatrix}1&h\\0&k\end{pmatrix}\begin{pmatrix}x\\y\end{pmatrix}=\begin{pmatrix}1&0\\0&k\end{pmatrix}\begin{pmatrix}1&h\\0&1\end{pmatrix}\begin{pmatrix}x\\y\end{pmatrix},$$

这是以 x 轴为错切轴的斜错切(包括错切)与向着 x 轴的压缩的乘积;

$$\begin{pmatrix}x'\\y'\end{pmatrix}=\begin{pmatrix}1&h\\0&-k\end{pmatrix}\begin{pmatrix}x\\y\end{pmatrix}=\begin{pmatrix}1&0\\0&k\end{pmatrix}\begin{pmatrix}1&0\\0&-1\end{pmatrix}\begin{pmatrix}1&h\\0&1\end{pmatrix}\begin{pmatrix}x\\y\end{pmatrix},$$

这是以 x 轴为错切轴的斜错切(包括错切),关于 x 轴的斜反射(包括反射),向着 x 轴的压缩的乘积。

10. 设 $\mathcal{A}$ 是 V 上的线性变换,根据本节定理 3,V 中存在一个基使得 $\mathcal{A}$ 在此基下的矩阵 $\boldsymbol{A}$ 是有理标准形:

$$\boldsymbol{A}=\mathrm{diag}\{\boldsymbol{C}_1,\boldsymbol{C}_2,\cdots,\boldsymbol{C}_s\}$$

$$=\mathrm{diag}\{\boldsymbol{C}_1,\boldsymbol{I}_{n_2},\cdots,\boldsymbol{I}_{n_s}\}\cdot\mathrm{diag}\{\boldsymbol{I}_{n_1},\boldsymbol{C}_2,\boldsymbol{I}_{n_3},\cdots,\boldsymbol{I}_{n_s}\}\cdot\cdots\cdot\mathrm{diag}\{\boldsymbol{I}_{n_1},\cdots\boldsymbol{I}_{n_{s-1}},\boldsymbol{C}_s\},$$

其中 $\boldsymbol{C}_i$ 是 n_i 级有理块,$i=1,\cdots,s$。为此我们先考虑一个 t 级有理块 $\boldsymbol{C}(t\geqslant1)$;

$$C=\begin{pmatrix} 0 & 0 & \cdots & 0 & -a_0 \\ 1 & 0 & \cdots & 0 & -a_1 \\ 0 & 1 & \cdots & 0 & -a_2 \\ \vdots & \vdots & & \vdots & \vdots \\ 0 & 0 & \cdots & 0 & -a_{t-2} \\ 0 & 0 & \cdots & 1 & -a_{t-1} \end{pmatrix}。$$

当 $t\geqslant 2$ 时,把 C 依次作初等行变换:第 $1,2$ 行互换,第 $2,3$ 行互换,$\cdots$,第 $t-1,t$ 行互换得到的矩阵 D 为

$$D=\begin{pmatrix} I_{t-1} & \boldsymbol{\beta} \\ \mathbf{0}' & -a_0 \end{pmatrix},$$

其中　$\boldsymbol{\beta}=(-a_1,\cdots,-a_{t-1})'$。于是
$$P(t-1,t)\cdots P(2,3)P(1,2)C=D,$$
从而　　　　　$C=P(1,2)P(2,3)\cdots P(t-1,t)D。$
容易求出 $P(i,j)-I$ 的秩为 1,因此以 $P(i,j)$ 为矩阵的线性变换 $\mathcal{H}_{ij}$ 是伪反射。由于

$$D-I=\begin{pmatrix} \mathbf{0}_{t-1} & \boldsymbol{\beta} \\ \mathbf{0}' & -a_0-1 \end{pmatrix},$$

因此若 $a_0\neq -1$,则 $\mathrm{rank}(D-I)=1$;若 $a_0=-1$ 且 $\boldsymbol{\beta}\neq\mathbf{0}$,则 $\mathrm{rank}(D-I)=1$;若 $a_0=-1$ 且 $\boldsymbol{\beta}=0$,则 $D=I$。前两种情形,以 D 为矩阵的线性变换 $\mathcal{D}$ 是伪反射,第三种情形,在 C 的分解式中可以不写 D(此时 $D=I$)。因此以 C 为矩阵的线性变换 $\mathcal{C}$ 是至多 t 个伪反射的乘积。

当 $t=1$ 时,$C=(-a_0)$。设 C 是 $\mathcal{A}$ 的有理标准形 A 中的第 i 个有理块 C_i,这时 $n_i=1$。当 $a_0\neq -1$ 时,$\mathrm{diag}\{I_{n_1},\cdots,I_{n_{i-1}},\{-a_0\},I_{n_{i+1}},\cdots,I_{n_s}\}-I_n$ 的秩等于 1,因此以 $\mathrm{diag}\{I_{n_1},\cdots,I_{n_{i-1}},\{-a_0\},I_{n_{i+1}},\cdots,I_{n_s}\}$ 为矩阵的线性变换是伪反射。当 $a_0=-1$ 时,$\mathrm{diag}\{I_{n_1},\cdots,\{1\},\cdots,I_{n_s}\}=I_n$,此时在 A 的分解式中可以不写出 I_n。

设以 C_j 为矩阵的线性变换 $\mathcal{C}_j$ 分解成伪反射的乘积中的一个伪反射为 $\mathcal{C}_{jl}$,它的矩阵为 C_{jl},则 $\mathrm{rank}(C_{jl}-I_{n_j})=1$。由于
$$\mathrm{rank}[\mathrm{diag}\{I_{n_1},\cdots,I_{n_{j-1}},C_{jl},I_{n_{j+1}},\cdots,I_{n_s}\}-I]$$
$$=\mathrm{rank}[\mathrm{diag}\{\mathbf{0},\cdots,\mathbf{0},C_{jl}-I_{n_j},\mathbf{0},\cdots,\mathbf{0}\}]$$
$$=\mathrm{rank}(C_{jl}-I_{n_j})=1,$$
因此以 $\mathrm{diag}\{I_{n_1},\cdots,I_{n_{j-1}},C_{jl},I_{n_{j+1}},\cdots,I_{n_s}\}$ 为矩阵的线性变换是伪反射。由于 $\mathcal{C}_j$ 是至多 n_j 个伪反射的乘积,$j=1,2,\cdots,s$,因此 $\mathcal{A}$ 是至多 $n_1+n_2+\cdots+n_s=n$ 个伪反射的乘积。

习题 9.10

1. 是。

2. 取 U 在 V 中的一个补空间 W,则 $V=U\oplus W$。任取 $\alpha\in V$,设 $\alpha=\alpha_1+\alpha_2$,$\alpha_1\in U$,$\alpha_2\in W$。令 $f(\alpha)=f_1(\alpha_1)$,易验证 f 是 V 上的一个线性函数。

3. 任取 V 中一个向量 $\alpha=x_1\alpha_1+x_2\alpha_2+\cdots+x_n\alpha_n$。根据(13)式得
$$f_i(\alpha)=x_i,\qquad i=1,2,\cdots,n。$$

4. $M_n(K)$ 中任取一个矩阵 $\boldsymbol{A}=(x_{ij})$。由 (13) 式得
$$f_{ij}(\boldsymbol{A})=x_{ij},\quad i=1,2,\cdots,n;\quad j=1,2,\cdots,n。$$

5. $(g_1,g_2,g_3)=(f_1,f_2,f_3)\dfrac{1}{9}\begin{pmatrix}2&1&-2\\1&2&2\\2&-2&1\end{pmatrix}$。

6. 对于 V 中任一向量 $\quad\boldsymbol{\alpha}=(x_1,x_2,x_3)'=\sum_{i=1}^{3}x_i\boldsymbol{\varepsilon}_i。$

$g_1(\boldsymbol{\alpha})=-x_3,\quad g_2(\boldsymbol{\alpha})=-x_2-x_3,\quad g_3(\boldsymbol{\alpha})=\dfrac{1}{2}x_1+\dfrac{1}{2}x_2+x_3。$

7. 任取 $f\in(V_1\oplus V_2)^*$，令 $f_1=f|V_1,f_2=f|V_2$，则 $f_i\in V_i^*,i=1,2$。且对于 $\alpha_1+\alpha_2\in V_1\oplus V_2$，有
$$f(\alpha_1+\alpha_2)=f(\alpha_1)+f(\alpha_2)=f_1(\alpha_1)+f_2(\alpha_2)。$$
令
$$\sigma:(V_1\oplus V_2)^*\longrightarrow V_1^*\dot{+}V_2^*$$
$$f\longmapsto(f_1,f_2),$$
其中 $f_1=f|V_1,f_2=f|V_2$。类似于例 13 的证法，可证 σ 是一个同构映射，从而 $(V_1\oplus V_2)^*\cong V_1^*\dot{+}V_2^*$。

8. 任取 $f\in V^*$，有 $\mathcal{A}^*(f)=f\mathcal{A}$，去证 $(\mathcal{A}^*)^2(f)=\mathcal{A}^*(f)$。

9. (2) 若 $\mathcal{A}$ 是满射，则 $\operatorname{Im}\mathcal{A}=U$。显然 $U'=\{0\}$。于是由第 (1) 小题得，$\operatorname{Ker}\mathcal{A}^*=\{0\}$，从而 $\mathcal{A}^*$ 是单射。

10. 根据例 22 得，$(\operatorname{Ker}\mathcal{A})'=\operatorname{Im}\mathcal{A}^*$。由于 V 是有限维的，且 $\operatorname{Ker}\mathcal{A}$ 是 V 的一个子空间，因此据例 16 得，$((\operatorname{Ker}\mathcal{A}))'=\operatorname{Ker}\mathcal{A}$（在把 V 与 V^{**} 等同的意义下），从而由 $(\operatorname{Ker}\mathcal{A})'=\operatorname{Im}\mathcal{A}^*$ 得，$\operatorname{Ker}\mathcal{A}=(\operatorname{Im}\mathcal{A}^*)'$。

11. 据第 9 题的第 (1) 小题得，$\operatorname{Ker}\mathcal{A}^*=(\operatorname{Im}\mathcal{A})'$。由于 $\operatorname{Im}\mathcal{A}$ 是 U 的一个子空间，且 U 是有限维的，因此据例 16 得，$((\operatorname{Im}\mathcal{A})')'=\operatorname{Im}\mathcal{A}$（在把 U 与 U^{**} 等同的意义下），从而由 $\operatorname{Ker}\mathcal{A}^*=(\operatorname{Im}\mathcal{A})'$ 得，$(\operatorname{Ker}\mathcal{A}^*)'=\operatorname{Im}\mathcal{A}$。

补 充 题 九

1. (2) $\dim(\mathcal{A}W)=\dim W-\dim(\operatorname{Ker}\mathcal{A})=n-\operatorname{rank}\boldsymbol{B}-\dim(\operatorname{Ker}\mathcal{A})$。去证
$$\boldsymbol{\alpha}\in\operatorname{Ker}\mathcal{A}\iff\begin{pmatrix}\boldsymbol{A}\\\boldsymbol{B}\end{pmatrix}\boldsymbol{\alpha}=\boldsymbol{0}。$$

2. **证明** 对矩阵的级数 n 作数学归纳法。

$n=1$ 时，$\boldsymbol{A}=(a)$，已知 $\operatorname{tr}(\boldsymbol{A})=0$，于是 $a=0$，从而 $\boldsymbol{A}=(0)$。命题显然成立。

假设对于 $n-1$ 级矩阵命题为真，来看 n 级矩阵 $\boldsymbol{A}$ 的情形。设 $\operatorname{tr}(\boldsymbol{A})=0$，如果能证明 $\boldsymbol{A}$ 相似于下述形式的分块矩阵
$$\begin{pmatrix}0&\boldsymbol{\alpha}'\\\boldsymbol{\beta}&\boldsymbol{B}\end{pmatrix},\tag{1}$$

那么 $\text{tr}(\boldsymbol{A}) = \text{tr}(\boldsymbol{B})$，从而 $\text{tr}(\boldsymbol{B}) = 0$。由归纳假设，存在域 F 上的 $n-1$ 级可逆矩阵 $\boldsymbol{Q}$，使得 $\boldsymbol{Q}^{-1}\boldsymbol{B}\boldsymbol{Q}$ 是主对角元都为 0 的矩阵，于是

$$\begin{pmatrix} 1 & \boldsymbol{0}' \\ \boldsymbol{0} & \boldsymbol{Q} \end{pmatrix}^{-1} \begin{pmatrix} 0 & \boldsymbol{\alpha}' \\ \boldsymbol{\beta} & \boldsymbol{B} \end{pmatrix} \begin{pmatrix} 1 & \boldsymbol{0}' \\ \boldsymbol{0} & \boldsymbol{Q} \end{pmatrix} = \begin{pmatrix} 0 & \boldsymbol{\alpha}'\boldsymbol{Q} \\ \boldsymbol{Q}^{-1}\boldsymbol{\beta} & \boldsymbol{Q}^{-1}\boldsymbol{B}\boldsymbol{Q} \end{pmatrix}。 \tag{2}$$

(2)式右端的矩阵是主对角元全为 0 的矩阵，从而 $\boldsymbol{A}$ 相似于主对角元全为 0 的矩阵。下面来证明 $\boldsymbol{A}$ 一定能相似于形如(1)式的分块矩阵。设 $\boldsymbol{A}$ 的最小多项式 $m(\lambda)$ 在 $F[\lambda]$ 中的标准分解式为

$$m(\lambda) = p_1^{l_1}(\lambda)\ p_2^{l_2}(\lambda)\cdots\ p_s^{l_s}(\lambda)。 \tag{3}$$

情形 1　设 $p_1(\lambda), p_2(\lambda), \cdots, p_s(\lambda)$ 中至少有一个的次数大于 1。不妨设 $\deg p_1(\lambda) = r_1 > 1$，则 $\boldsymbol{A}$ 的有理标准形 $\boldsymbol{C}$ 中有一个 hr_1 级有理块($h \geqslant 1$)，从而 $\boldsymbol{C}$ 可以写成下述形式的分块矩阵：

$$\boldsymbol{C} = \begin{pmatrix} 0 & \boldsymbol{\alpha}' \\ \boldsymbol{\beta} & \boldsymbol{B} \end{pmatrix}。 \tag{4}$$

于是 $\boldsymbol{A}$ 相似于形如(1)式的分块矩阵。

情形 2　设 $p_1(\lambda), p_2(\lambda), \cdots, p_s(\lambda)$ 的次数都等于 1，则

$$m(\lambda) = (\lambda - \lambda_1)^{l_1}(\lambda - \lambda_2)^{l_2}\cdots(\lambda - \lambda_s)^{l_s}，$$

此时 $\boldsymbol{A}$ 有 Jordan 标准形 $\boldsymbol{J}$。

2.1) $s = 1$，即 $m(\lambda) = (\lambda - \lambda_1)^{l_1}$，于是 $\boldsymbol{A}$ 的特征值为 λ_1(n 重)，从而 $\boldsymbol{A}$ 的 Jordan 标准形 $\boldsymbol{J}$ 的主对角元全为 λ_1。于是 $0 = \text{tr}(\boldsymbol{A}) = \text{tr}(\boldsymbol{J}) = n\lambda_1$，因此 $\lambda_1 = 0$，从而得出 $\boldsymbol{A}$ 相似于主对角元全为 0 的矩阵 $\boldsymbol{J}$。当然有 $\boldsymbol{A}$ 相似于形如(1)式的分块矩阵 $\boldsymbol{J}$。

2.2) $s > 1$，且存在 $l_i > 1$，不妨设 $l_1 > 1$。于是 $\boldsymbol{A}$ 的 Jordan 标准形 $\boldsymbol{J}$ 有一个 l_1 级 Jordan 块 $\boldsymbol{J}_{l_1}(\lambda_1)$，从而 $\boldsymbol{J}$ 可以写成

$$\boldsymbol{J} = \begin{pmatrix} \lambda_1 & 1 & \\ 0 & \lambda_1 & \boldsymbol{H} \\ & \boldsymbol{0} & \boldsymbol{R} \end{pmatrix}。$$

对 $\boldsymbol{J}$ 作下述初等行变换和初等列变换：

$$\boldsymbol{J} \xrightarrow{②+①\cdot\lambda_1} \begin{pmatrix} \lambda_1 & 1 & \boldsymbol{H}_1 \\ \lambda_1^2 & 2\lambda_1 & \\ & \boldsymbol{0} & \boldsymbol{R} \end{pmatrix} \xrightarrow{①+②(-\lambda_1)} \begin{pmatrix} 0 & 1 & \boldsymbol{H}_1 \\ -\lambda_1^2 & 2\lambda_1 & \\ & \boldsymbol{0} & \boldsymbol{R} \end{pmatrix}，$$

于是

$$\begin{pmatrix} 1 & 0 & \boldsymbol{0} \\ \lambda_1 & 1 & \boldsymbol{0} \\ \boldsymbol{0} & & \boldsymbol{I}_{n-2} \end{pmatrix} \begin{pmatrix} \lambda_1 & 1 & \boldsymbol{H} \\ 0 & \lambda_1 & \\ & \boldsymbol{0} & \boldsymbol{R} \end{pmatrix} \begin{pmatrix} 1 & 0 & \boldsymbol{0} \\ -\lambda_1 & 1 & \boldsymbol{0} \\ \boldsymbol{0} & & \boldsymbol{I}_{n-2} \end{pmatrix} = \begin{pmatrix} 0 & 1 & \boldsymbol{H}_1 \\ -\lambda_1^2 & 2\lambda_1 & \\ & \boldsymbol{0} & \boldsymbol{R} \end{pmatrix}，$$

从而 $\boldsymbol{A}$ 相似于形如(1)式的分块矩阵。

2.3) $s > 1$，且 $l_i = 1, i = 1, 2, \cdots, s$，即

$$m(\lambda) = (\lambda - \lambda_1)(\lambda - \lambda_2)\cdots(\lambda - \lambda_s)。$$

此时 $\boldsymbol{A}$ 可对角化，从而 $\boldsymbol{A}$ 相似于下述形式的对角矩阵 $\boldsymbol{D}$：

$$D = \begin{pmatrix} \lambda_1 & 0 & \\ 0 & \lambda_2 & \mathbf{0} \\ & \mathbf{0} & D_1 \end{pmatrix}。$$

对 D 作初等行变换和初等列变换：

$$D \xrightarrow{②+①\lambda_1} \begin{pmatrix} \lambda_1 & 0 & \\ \lambda_1^2 & \lambda_2 & \mathbf{0} \\ & \mathbf{0} & D_1 \end{pmatrix} \xrightarrow{①+②(-\lambda_1)} \begin{pmatrix} \lambda_1 & 0 & \\ \lambda_1^2 - \lambda_1\lambda_2 & \lambda_2 & \mathbf{0} \\ & \mathbf{0} & D_1 \end{pmatrix}$$

$$\xrightarrow{①+②\left(-\frac{1}{\lambda_1-\lambda_2}\right)} \begin{pmatrix} 0 & -\dfrac{\lambda_2}{\lambda_1-\lambda_2} & \mathbf{0} \\ \lambda_1(\lambda_1-\lambda_2) & \lambda_2 & \\ & \mathbf{0} & D_1 \end{pmatrix}$$

$$\xrightarrow{②+①\left(\frac{1}{\lambda_1-\lambda_2}\right)} \begin{pmatrix} 0 & -\dfrac{\lambda_2}{\lambda_1-\lambda_2} & \mathbf{0} \\ \lambda_1(\lambda_1-\lambda_2) & \lambda_1+\lambda_2 & \\ & \mathbf{0} & D_1 \end{pmatrix},$$

于是

$$\begin{pmatrix} 1 & -\dfrac{1}{\lambda_1-\lambda_2} & \mathbf{0} \\ 0 & 1 & \\ & \mathbf{0} & I_{n-2} \end{pmatrix} \begin{pmatrix} 1 & 0 & \mathbf{0} \\ \lambda_1 & 1 & \\ & \mathbf{0} & I_{n-2} \end{pmatrix} \begin{pmatrix} \lambda_1 & 0 & \mathbf{0} \\ 0 & \lambda_2 & \\ & \mathbf{0} & D_1 \end{pmatrix} \begin{pmatrix} 1 & 0 & \mathbf{0} \\ -\lambda_1 & 1 & \\ & \mathbf{0} & I_{n-2} \end{pmatrix} \begin{pmatrix} 1 & \dfrac{1}{\lambda_1-\lambda_2} & \mathbf{0} \\ 0 & 1 & \\ & \mathbf{0} & I_{n-2} \end{pmatrix}$$

$$= \begin{pmatrix} 0 & -\dfrac{\lambda_2}{\lambda_1-\lambda_2} & \mathbf{0} \\ \lambda_1(\lambda_1-\lambda_2) & \lambda_1+\lambda_2 & \\ & \mathbf{0} & D_1 \end{pmatrix},$$

从而 A 相似于形如(1)式的分块矩阵。

综上所述，A 一定能相似于形如(1)式的分块矩阵，从而 A 能相似于主对角元全为 0 的矩阵。

根据数学归纳法原理，对一切正整数 n 命题成立。 ∎

3. **证明**　对于补充题九中用(7)式定义的 e^A，可以证明：

$$e^A = I + A + \frac{1}{2!}A^2 + \frac{1}{3!}A^3 + \cdots = \sum_{m=0}^{+\infty} \frac{A^m}{m!}, \tag{5}$$

其中 A 是任一复矩阵。与本套教材上册补充题五第 20 题的证法一样可得，若 n 级复矩阵 A 与 B 可交换，则 $e^A e^B = e^{A+B}$，从而有 $e^A e^B = e^B e^A$。于是

$$\sin^2 A = -\frac{1}{4}(e^{2iA} - 2e^{iA}e^{-iA} + e^{-2iA})$$

$$= -\frac{1}{4}(e^{2iA} - 2I + e^{-2iA})。$$

$$\cos^2 A = \frac{1}{4}(e^{2iA} + 2I + e^{-2iA})。$$

由此得出，$\sin^2 A + \cos^2 A = I$。

4. **证明**　从补充题九中的(12)式和本解答中的(5)式立即得到，对于任一复矩阵 A，有

$$\sin A = A - \frac{1}{3!}A^3 + \frac{1}{5!}A^5 - \cdots = \sum_{m=0}^{+\infty} \frac{(-1)^m}{(2m+1)!}A^{2m+1}; \tag{6}$$

又对于复数 z，有

$$e^z = 1 + z + \frac{1}{2!}z^2 + \frac{1}{3!}z^3 + \cdots = \sum_{m=0}^{+\infty} \frac{z^m}{m!}, \tag{7}$$

$$\sin z = z - \frac{1}{3!}z^3 + \frac{1}{5!}z^5 - \cdots = \sum_{m=0}^{+\infty} \frac{(-1)^m}{(2m+1)!}z^{2m+1}, \tag{8}$$

于是

$$e^{zI} = I + (zI) + \frac{1}{2!}(zI)^2 + \frac{1}{3!}(zI)^3 + \cdots$$
$$= \left(1 + z + \frac{1}{2!}z^2 + \frac{1}{3!}z^3 + \cdots\right)I = e^z I;$$

$$\sin(e^{zI}) = \sin(e^z I) = (e^z I) - \frac{1}{3!}(e^z I)^3 + \frac{1}{5!}(e^z I)^5 + \cdots$$
$$= \left(e^z - \frac{1}{3!}(e^z)^3 + \frac{1}{5!}(e^z)^5 - \cdots\right)I = (\sin e^z)I。$$

注：从补充题九中的(11)式和本解答中的(5)式立即得到，对于任一复矩阵 A，有

$$\cos A = \sum_{m=0}^{+\infty} \frac{(-1)^m}{(2m)!}A^{2m}。 \tag{9}$$

5. 与本套教材上册补充题五第 24 题的证法一样。

6. **解**　由于 $J_l(a)$ 是主对角元为 a 的上三角矩阵，因此 $J_l^m(a)$ 是主对角元为 a^m 的上三角矩阵。由于

$$e^{J_l(a)} = \sum_{m=0}^{+\infty} \frac{J_l^m(a)}{m!}$$

因此 $e^{J_l(a)}$ 是主对角元为 $1 + a + \frac{1}{2!}a^2 + \frac{1}{3!}a^3 + \cdots = e^a$ 的上三角矩阵，从而 $e^{J_l(a)}$ 的特征值为 e^a（l 重）。

7. **证明**　设 A 的 Jordan 标准形为 J，则存在 n 级可逆复矩阵 P，使得 $A = P^{-1}JP$，于是 J 的全部特征值是 $\lambda_1, \lambda_2, \cdots, \lambda_n$，从而 J 的主对角元是 $\lambda_1, \lambda_2, \cdots, \lambda_n$。由于 J 是由 Jordan 块组成的分块对角矩阵，因此根据第 6 题得，e^J 的全部特征值为 $e^{\lambda_1}, e^{\lambda_2}, \cdots, e^{\lambda_n}$。根据第 5 题得

$$e^A = e^{P^{-1}JP} = P^{-1}e^J P,$$

从而 $e^A \sim e^J$，因此 e^A 的全部特征值是 $e^{\lambda_1}, e^{\lambda_2}, \cdots, e^{\lambda_n}$。

8. **解**　设 A 的全部特征值是 $\lambda_1, \lambda_2, \cdots, \lambda_n$。由于 n 级复矩阵 e^A 的行列式等于 e^A 的 n 个特征值的乘积，因此根据第 7 题得

$$|e^A| = e^{\lambda_1} e^{\lambda_2} \cdots e^{\lambda_n} = e^{\lambda_1 + \lambda_2 + \cdots + \lambda_n} = e^{\text{tr}(A)}。$$

第 10 章　具有度量的线性空间

习题 10.1

1. f 在基 $\boldsymbol{\alpha}_1, \boldsymbol{\alpha}_2, \boldsymbol{\alpha}_3, \boldsymbol{\alpha}_4$ 下的度量矩阵 $\boldsymbol{B}$ 为

$$\boldsymbol{B} = \begin{pmatrix} -7 & -14 & -16 & -26 \\ -1 & -6 & -18 & -26 \\ 17 & 23 & 1 & 4 \\ 39 & 58 & 12 & 34 \end{pmatrix}。$$

2. f 在 $M_n(F)$ 的一个基 $\boldsymbol{E}_{11}, \boldsymbol{E}_{12}, \cdots, \boldsymbol{E}_{1n}, \boldsymbol{E}_{21}, \boldsymbol{E}_{22}, \cdots, \boldsymbol{E}_{2n}, \cdots, \boldsymbol{E}_{n1}, \boldsymbol{E}_{n2}, \cdots, \boldsymbol{E}_{nn}$ 下的度量矩阵 $\boldsymbol{A}$ 是一个 n^2 级置换矩阵, 于是 f 非退化。

3. 度量矩阵为 $\boldsymbol{A} \otimes \boldsymbol{I}_n$。

4. 参看《高等代数学习指导书(第二版:下册》》10.1 节例 6 的证明。

5. (1) 用例 11 的结论。

(2) 对 $U^\perp$ 和 $W^\perp$ 用第(1)小题的结论, 并且用例 8 的第(2)小题的结论。

6. 若 $f = 0$, 则结论显然成立。下面设 $f \neq 0$, 去证 $\mathrm{Ker}(g) = \mathrm{rad}_L V, \mathrm{Ker}(h) = \mathrm{rad}_R V$; 然后用 9.10 节例 9 的结论。

8. 参看《高等代数学习指导书(第二版:下册)》10.1 节例 26 的证明。

9. 在 V 中存在一个基 $\alpha_1, \alpha_2, \cdots, \alpha_n$, 使得 q_1 在此基下的表达式为

$$x_1^2 + x_2^2 + \cdots + x_p^2 - x_{p+1}^2 - \cdots - x_{p+q}^2。$$

在 V 中存在一个基 $\beta_1, \beta_2, \cdots, \beta_n$, 使得 q_2 在此基下的表达式为

$$y_1^2 + y_2^2 + \cdots + y_u^2 - y_{u+1}^2 - \cdots - y_{u+v}^2,$$

其中 $p < \dfrac{n}{2}, u < \dfrac{n}{2}$。令 $W_1 = \langle \alpha_{p+1}, \alpha_{p+2}, \cdots, \alpha_n \rangle, W_2 = \langle \beta_{u+1}, \beta_{u+2}, \cdots, \beta_n \rangle$, 去证 $W_1 \bigcap W_2 \neq 0$, 从而存在 $\gamma \in W_1 \bigcap W_2$, 且 $\gamma \neq 0$。去证

$$(q_1 + q_2)(\gamma) = q_1(\gamma) + q_2(\gamma) \leqslant 0。$$

10. 由于 $\mathrm{rank}(\boldsymbol{A}) = 4, \mathrm{rank}(\boldsymbol{B}) = 2$, 因此据例 10 得, $\boldsymbol{A}$ 与 $\boldsymbol{B}$ 不合同。

11. 由于 $\mathrm{tr}(\boldsymbol{A}) = 1, \mathrm{tr}(\boldsymbol{B}) = 0$, 因此根据例 16 得, $\boldsymbol{A}$ 不能正交相似于主对角元全为 0 的矩阵, 而 $\boldsymbol{B}$ 能正交相似于主对角元全为 0 的矩阵。

12. $\boldsymbol{A}^{-1} \boldsymbol{B}$ 没有特征值, 从而 $\boldsymbol{A}^{-1} \boldsymbol{B}$ 不能对角化。根据例 20 得, $\boldsymbol{A}$ 与 $\boldsymbol{B}$ 不能一齐合同对角化。

13. 设 $\boldsymbol{A}$ 与 $\boldsymbol{B}$ 都是秩为 1 的 2 级实对称矩阵。

$$\mathrm{rank}\left(\begin{pmatrix} a_1 & a_2 \\ a_2 & a_3 \end{pmatrix} \right) = 1$$

$\Longleftrightarrow$ $a_1 a_3 - a_2^2 = 0$, 且 a_1, a_2, a_3 不全为 0

$\Longleftrightarrow$ 当 $a_1 \neq 0$ 时,$a_3 = \dfrac{a_2^2}{a_1}$;当 $a_1 = 0$ 时,$a_2 = 0$,$a_3 \neq 0$。

情形 1 $a_1 \neq 0, b_1 \neq 0$,此时

$$\boldsymbol{A} = \begin{pmatrix} a_1 & a_2 \\ a_2 & \dfrac{a_2^2}{a_1} \end{pmatrix}, \boldsymbol{B} = \begin{pmatrix} b_1 & b_2 \\ b_2 & \dfrac{b_2^2}{b_1} \end{pmatrix},$$

$$|\boldsymbol{A} + \boldsymbol{B}| = \begin{vmatrix} a_1 + b_1 & a_2 + b_2 \\ a_2 + b_2 & \dfrac{a_2^2}{a_1} + \dfrac{b_2^2}{b_1} \end{vmatrix} = \frac{1}{a_1 b_1}(a_1 b_2 - a_2 b_1)^2。$$

当 $a_1 b_2 = a_2 b_1$ 时,$b_2 = \dfrac{a_2}{a_1} b_1$,从而

$$\boldsymbol{B} = \begin{pmatrix} b_1 & \dfrac{a_2}{a_1} b_1 \\ \dfrac{a_2}{a_1} b_1 & \dfrac{a_2^2}{a_1^2} b_1 \end{pmatrix} = \frac{b_1}{a_1} \begin{pmatrix} a_1 & a_2 \\ a_2 & \dfrac{a_2^2}{a_1} \end{pmatrix} = \frac{b_1}{a_1} \boldsymbol{A},$$

于是 $\boldsymbol{A}$ 与 $\boldsymbol{B}$ 可一齐合同对角化。

当 $a_1 b_2 \neq a_2 b_1$ 时,$\boldsymbol{A} + \boldsymbol{B}$ 可逆,且

$$(\boldsymbol{A} + \boldsymbol{B})^{-1} \boldsymbol{B} = \frac{a_1 b_1}{(a_1 b_2 - a_2 b_1)^2} \begin{pmatrix} \dfrac{a_2^2}{a_1} + \dfrac{b_2^2}{b_1} & -(a_2 + b_2) \\ -(a_2 + b_2) & a_1 + b_1 \end{pmatrix} \begin{pmatrix} b_1 & b_2 \\ b_2 & \dfrac{b_2^2}{b_1} \end{pmatrix}$$

$$= \frac{1}{a_1 b_2 - a_2 b_1} \begin{pmatrix} -a_2 b_1 & -a_2 b_2 \\ a_1 b_1 & a_1 b_2 \end{pmatrix},$$

于是

$$|\lambda \boldsymbol{I} - (\boldsymbol{A} + \boldsymbol{B})^{-1} \boldsymbol{B}| = \lambda^2 - \lambda = \lambda(\lambda - 1),$$

从而 $(\boldsymbol{A} + \boldsymbol{B})^{-1} \boldsymbol{B}$ 的最小多项式在 $\mathbf{R}[\lambda]$ 中能分解成不同的一次因式的乘积。因此 $(\boldsymbol{A} + \boldsymbol{B})^{-1} \boldsymbol{B}$ 可对角化。根据例 22 得,$\boldsymbol{A}$ 与 $\boldsymbol{B}$ 可一齐合同对角化。

情形 2 $a_1 \neq 0, b_1 = 0$。此时

$$\boldsymbol{A} = \begin{pmatrix} a_1 & a_2 \\ a_2 & \dfrac{a_2^2}{a_1} \end{pmatrix}, \qquad \boldsymbol{B} = \begin{pmatrix} 0 & 0 \\ 0 & b \end{pmatrix},$$

其中 $b \neq 0$。

$$|\boldsymbol{A} + \boldsymbol{B}| = \begin{vmatrix} a_1 & a_2 \\ a_2 & \dfrac{a_2^2}{a_1} + b \end{vmatrix} = a_1 b \neq 0,$$

$$(\boldsymbol{A} + \boldsymbol{B})^{-1} \boldsymbol{B} = \frac{1}{a_1 b} \begin{pmatrix} \dfrac{a_2^2}{a_1} + b & -a_2 \\ -a_2 & a_1 \end{pmatrix} \begin{pmatrix} 0 & 0 \\ 0 & b \end{pmatrix} = \begin{pmatrix} 0 & -\dfrac{a_2}{a_1} \\ 0 & 1 \end{pmatrix},$$

$$|\lambda \boldsymbol{I} - (\boldsymbol{A} + \boldsymbol{B})^{-1} \boldsymbol{B}| = \lambda^2 - \lambda = \lambda(\lambda - 1),$$

从而 $(\boldsymbol{A} + \boldsymbol{B})^{-1} \boldsymbol{B}$ 的最小多项式在 $\mathbf{R}[\lambda]$ 中能分解成不同的一次因式的乘积,因此

$(A+B)^{-1}B$可对角化，于是 A 与 B 可一齐合同对角化。

情形 3　$a_1=0, b_1\neq 0$。由情形 2 得，$(A+B)^{-1}A$ 可对角化，从而 A 与 B 可一齐合同对角化。

情形 4　$a_1=0, b_1=0$。此时

$$A=\begin{pmatrix}0&0\\0&a\end{pmatrix}, \qquad B=\begin{pmatrix}0&0\\0&b\end{pmatrix},$$

其中 $a\neq 0, b\neq 0$，从而 $B=\dfrac{b}{a}A$，于是 A 与 B 可一齐合同对角化。

习题 10.2

1. （1）度量矩阵就是 A。

（2）任取 $\boldsymbol{x}=(x_1,x_2,\cdots,x_n)', \boldsymbol{y}=(y_1,y_2,\cdots,y_n)'$，有

$$\Big|\sum_{i=1}^n\sum_{j=1}^n a_{ij}x_iy_j\Big|\leqslant\sqrt{\sum_{i=1}^n\sum_{j=1}^n a_{ij}x_ix_j}\sqrt{\sum_{i=1}^n\sum_{j=1}^n a_{ij}y_iy_j} \quad.$$

2. 去计算 $|\alpha+t\beta|^2$，然后去证对任意实数 t 有 $|\alpha+t\beta|\geqslant|\alpha|$ 当且仅当 $(\alpha,\beta)=0$。

3. $\boldsymbol{\gamma}=\left(-\dfrac{7}{3},\dfrac{2}{3}\right)'$。　　　　4. $\langle\boldsymbol{\alpha},\boldsymbol{\beta}\rangle=\arccos\left(-\dfrac{1}{3}\right)$。

6. $\mathscr{A}$ 是平面上绕原点 O 转角为 $-\dfrac{\pi}{2}$ 的旋转。

8. （1）是。　　　（2）α 与 β 正交的充分必要条件是 $-x^2+y^2+3xy=0$。

9. $\mathbf{R}^1$ 上任一双线性函数 f 在基 $\boldsymbol{\varepsilon}_1$ 下的表达式为 $f(x,y)=axy$。显然 f 是对称的。f 是正定的当且仅当 f 在基 $\boldsymbol{\varepsilon}_1$ 下的度量矩阵 (a) 是正定矩阵，即 $a>0$。因此 $\mathbf{R}^1$ 上的所有内积为 $f(x,y)=axy, a>0$。

10. $\mathbf{R}[x]_3$ 的一个正交基是 $1, x-\dfrac{1}{2}, x^2-x+\dfrac{1}{6}$。

11. $\mathbf{R}[x]_4$ 的一个正交基是 $1, x, x^2-\dfrac{1}{3}, x^3-\dfrac{3}{5}x$；一个标准正交基是 $\dfrac{\sqrt{2}}{2}, \dfrac{\sqrt{6}}{2}x$,

$\dfrac{3\sqrt{10}}{4}x^2-\dfrac{\sqrt{10}}{4}, \dfrac{5\sqrt{14}}{4}x^3-\dfrac{3\sqrt{14}}{4}x$。

12. 去证基 η_1,η_2,η_3 到基 β_1,β_2,β_3 的过渡矩阵是正交矩阵。

13.（1）$(\alpha_1,\alpha_1)=6,\quad(\alpha_1,\alpha_2)=(\alpha_2,\alpha_1)=-2,\quad(\alpha_1,\alpha_3)=(\alpha_3,\alpha_1)=1, (\alpha_2,\alpha_2)=3$, $(\alpha_2,\alpha_3)=(\alpha_3,\alpha_2)=-2,\quad(\alpha_3,\alpha_3)=3$。

（2）V_1 的一个正交基为

$$\alpha_1, \quad \frac{1}{3}\alpha_1+\alpha_2, \quad \frac{1}{14}\alpha_1+\frac{5}{7}\alpha_2+\alpha_3。$$

V_1 的一个标准正交基为

$$\frac{\sqrt{6}}{6}\alpha_1, \quad \frac{\sqrt{21}}{21}\alpha_1+\frac{\sqrt{21}}{7}\alpha_2, \quad \frac{\sqrt{322}}{322}\alpha_1+\frac{5\sqrt{322}}{161}\alpha_2+\frac{\sqrt{322}}{23}\alpha_3。$$

14. B 的列向量组为

$$\left(\frac{\sqrt{6}}{6},\ \frac{\sqrt{6}}{6},\ 0,\ -\frac{\sqrt{6}}{3},\ 0\right)',\ \left(\frac{11\sqrt{186}}{186},\ -\frac{\sqrt{186}}{62},\ \frac{\sqrt{186}}{93},\ \frac{2\sqrt{186}}{93},\ -\frac{\sqrt{186}}{31}\right)'.$$

15. $$[V(\alpha_1,\alpha_2)]^2 = (|\alpha_1||\alpha_2|\sin\langle\alpha_1,\alpha_2\rangle)^2.$$

$[V(\alpha_1,\alpha_2)]^2$ 是平面上以 α_1,α_2 为邻边的平行四边形面积的平方。

$$[V(\alpha_1,\alpha_2,\alpha_3)]^2 = (\alpha_1\times\alpha_2\cdot\alpha_3)^2.$$

$[V(\alpha_1,\alpha_2,\alpha_3)]^2$ 是以 $\alpha_1,\alpha_2,\alpha_3$ 为邻边的平行六面体的定向体积的平方。

16. 利用 10.1 节例 4 后面的点评。

18. 利用例 11 的结果。

习题 10.3

1. $\dim\langle\alpha\rangle^\perp = n-1$。

2. (1) 设 A 的行向量组为 $\boldsymbol{\gamma}_1,\boldsymbol{\gamma}_2,\cdots,\boldsymbol{\gamma}_s$，$W^\perp = \langle\boldsymbol{\gamma}_1',\boldsymbol{\gamma}_2',\cdots,\boldsymbol{\gamma}_s'\rangle$。

(2) 取 W 的一个基 $\boldsymbol{\eta}_1,\boldsymbol{\eta}_2,\cdots,\boldsymbol{\eta}_{n-r}$，其中 $r=\mathrm{rank}(A)$。令 $B = (\boldsymbol{\eta}_1,\boldsymbol{\eta}_2,\cdots,\boldsymbol{\eta}_{n-r})$，$W^\perp$ 是齐次线性方程组 $B'x = 0$ 的解空间。

3. 利用第 2 题的第 (1) 小题的结论。

4. $\boldsymbol{\alpha}_1 = \left(-\dfrac{23}{29}, -\dfrac{48}{29}, -\dfrac{26}{29}\right)'$。

5. 用习题 10.2 第 17 题和本节例 12 的结果。

6. $W^\perp = \left\{a_0+a_1x+a_2x^2+a_3x^3 \,\middle|\, a_0+\dfrac{a_1}{2}+\dfrac{a_2}{3}+\dfrac{a_3}{4}=0, a_i\in\mathbf{R}\right\}$；$x-\dfrac{1}{2}$，$x^2-\dfrac{1}{3}$，

$x^3-\dfrac{1}{4}$ 是 $W^\perp$ 的一个基。

7. $W^\perp = \{A=(a_{ij})\in M_n(\mathbf{R}) \mid a_{ii}=0, i=1,2,\cdots,n\}$；$\{E_{ij} \mid i\neq j, 1\leqslant i,j\leqslant n\}$ 是 $W^\perp$ 的一个标准正交基。

8. 利用习题 8.2 第 16 题的结论。

9. $f_1(x) = \dfrac{1}{2}+\dfrac{2}{\pi}\sin x+\dfrac{2}{3\pi}\sin 3x$。

10. 类似于例 17 的解法。

习题 10.4

1. 用本套教材上册 5.5 节的例 8 的结论。

2. 用本套教材上册 5.5 节的例 8 的结论。

3. 参看《高等代数学习指导书(第二版:下册)》习题 10.4 第 3 题的解答。

4. $\eta_1 = \dfrac{1}{\sqrt{11}}(\alpha_1-3\alpha_2+\alpha_3)$，$\quad\eta_2 = \dfrac{3}{\sqrt{22}}\alpha_1+\dfrac{2}{\sqrt{22}}\alpha_2+\dfrac{3}{\sqrt{22}}\alpha_3$，$\quad\eta_3 = \dfrac{1}{\sqrt{2}}\alpha_1-\dfrac{1}{\sqrt{2}}\alpha_3$，

$\mathscr{A}$ 在标准正交基 η_1,η_2,η_3 下的矩阵为

$$\begin{pmatrix} -1 & 0 & 0 \\ 0 & \dfrac{5}{6} & -\dfrac{\sqrt{11}}{6} \\ 0 & \dfrac{\sqrt{11}}{6} & \dfrac{5}{6} \end{pmatrix}。$$

5. 设 $\cos\theta=\dfrac{1}{\sqrt{10}}$，$\sin\theta=\dfrac{3}{\sqrt{10}}$，则

$$\tan\frac{\theta}{2}=\frac{1-\cos\theta}{\sin\theta}=\frac{\sqrt{10}-1}{3}。$$

根据例 9 的点评得，第一类正交变换 $\mathscr{A}=\mathscr{B}\mathscr{C}$，其中 $\mathscr{B}$ 是关于直线 $l_1：y=\dfrac{\sqrt{10}-1}{3}x$ 的反射，$\mathscr{C}$ 是关于 x 轴的反射。

6. 设 $\mathscr{B}_1$ 是关于平面 $\langle\eta_1\rangle^{\perp}=\langle\eta_2,\eta_3\rangle$ 的反射。$\mathscr{A}|\langle\eta_2,\eta_3\rangle$ 是平面 $\langle\eta_2,\eta_3\rangle$ 上的第一类正交变换。$[O；\eta_2,\eta_3]$ 是平面 $\langle\eta_2,\eta_3\rangle$ 上的一个直角坐标系。设 $\cos\theta=\dfrac{5}{6}$，$\sin\theta=\dfrac{\sqrt{11}}{6}$，则

$$\tan\frac{\theta}{2}=\frac{1-\cos\theta}{\sin\theta}=\frac{1}{\sqrt{11}}。$$

根据例 9 的点评得，

$\mathscr{A}|\langle\eta_2,\eta_3\rangle=\widetilde{\mathscr{B}}_3\widetilde{\mathscr{B}}_2$，其中 $\widetilde{\mathscr{B}}_3$ 是在平面 $\langle\eta_2,\eta_3\rangle$ 上关于过原点 O 且一个方向向量为 $(\sqrt{11},1)'$ 的直线 l_1 的反射，$\widetilde{\mathscr{B}}_2$ 是在平面 $\langle\eta_2,\eta_3\rangle$ 上关于过原点 O 且一个方向向量为 $(1,0)'$ 的直线 l_2 的反射。令 $\mathscr{B}_3$ 是关于平面 $\pi_1：\langle\eta_1,\sqrt{11}\eta_2+\eta_3\rangle$ 的反射，$\mathscr{B}_2$ 是关于平面 $\pi_2：\langle\eta_1,\eta_2\rangle$ 的反射。平面 π_1 的一个法向量是 $\eta_2-\sqrt{11}\eta_3$，平面 π_2 的一个法向量为 η_3，则 $\mathscr{A}=\mathscr{B}_3\mathscr{B}_2\mathscr{B}_1$。

7. 设 $\mathscr{B}$ 在基 α_1,α_2 下的矩阵为 $\boldsymbol{B}$，则 $\mathscr{A}^{-1}\mathscr{B}\mathscr{A}$ 在基 α_1,α_2 下的矩阵为 $\boldsymbol{A}^{-1}\boldsymbol{B}\boldsymbol{A}$。由于 $|\boldsymbol{B}|=-1$，于是 $|\boldsymbol{A}^{-1}\boldsymbol{B}\boldsymbol{A}|=-1$。由此可证 $\mathscr{A}^{-1}\mathscr{B}\mathscr{A}$ 的属于 1 的特征子空间的维数为 1。据例 5 得，$\mathscr{A}^{-1}\mathscr{B}\mathscr{A}$ 是一个轴反射。设 $\mathscr{A}^{-1}\mathscr{B}\mathscr{A}$ 属于 1 和 -1 的一个特征向量分别为 ξ_1，ξ_2，则 $\mathscr{A}^{-1}\mathscr{B}\mathscr{A}$ 在基 ξ_1,ξ_2 下的矩阵为 $\mathrm{diag}\{1,-1\}$。由此看出，$\mathscr{A}^{-1}\mathscr{B}\mathscr{A}$ 是关于 $\langle\xi_1\rangle$ 的轴反射。下面来求 ξ_1。先求出

$$\boldsymbol{B}=\begin{pmatrix} -\dfrac{3}{5} & \dfrac{4}{5} \\ \dfrac{4}{5} & \dfrac{3}{5} \end{pmatrix},$$

然后可求出 $\boldsymbol{A}^{-1}\boldsymbol{B}\boldsymbol{A}$ 的属于特征值 1 的一个特征向量 ξ_1 为

$$\xi_1=7\alpha_1-\alpha_2。$$

8. 用 $\mathscr{P}$ 表示 V 在 $\langle\eta_1\rangle$ 上的正交投影，则 $\mathscr{B}=\mathscr{I}-2\mathscr{P}$。在 $\langle\eta_1\rangle^{\perp}$ 中取一个标准正交基：$\eta_2,\cdots,\eta_n$，则 $\eta_1,\eta_2,\cdots,\eta_n$ 是 V 的一个标准正交基。由于 $\mathscr{P}$ 在基 $\eta_1,\eta_2,\cdots,\eta_n$ 下的矩阵 $\boldsymbol{P}=\mathrm{diag}\{1,0,\cdots,0\}=\varepsilon_1\varepsilon_1'$，因此 $\mathscr{B}$ 在基 $\eta_1,\eta_2,\cdots,\eta_n$ 下的矩阵 $\boldsymbol{B}=\boldsymbol{I}-2\varepsilon_1\varepsilon_1'$。设 $\mathscr{A}$ 在基 $\eta_1,\eta_2,\cdots,\eta_n$ 下的矩阵为 $\boldsymbol{A}$，则 $\mathscr{A}^{-1}\mathscr{B}\mathscr{A}$ 在此标准正交基下的矩阵为

$$A^{-1}BA = A'(I - 2\varepsilon_1\varepsilon_1')A = I - 2(A'\varepsilon_1)(A\varepsilon_1')'.$$

由于 $A'\varepsilon_1$ 是 $\mathbf{R}^n$ 中的单位向量,因此根据例 13 得,$\mathcal{A}^{-1}\mathcal{B}\mathcal{A}$ 是一个关于超平面的反射。令 $\gamma_1 = (\eta_1, \eta_2, \cdots, \eta_n)A'\varepsilon_1$,即 $\gamma_1 = \mathcal{A}^{-1}\eta_1$,则从例 13 的充分性的证明中看到,$\mathcal{A}^{-1}\mathcal{B}\mathcal{A}$ 是关于超平面 $\langle \mathcal{A}^{-1}\eta_1 \rangle^{\perp}$ 的反射。

9. 设 $\mathcal{B}$ 是 V 上关于超平面 $\langle\eta_1\rangle^{\perp}$ 的镜面反射,用 $\mathcal{P}$ 表示 V 在 $\langle\eta_1\rangle$ 上的正交投影,于是 $\mathcal{P}$ 是对称变换。由于 $\mathcal{B} = \mathcal{I} - 2\mathcal{P}$,因此 $\mathcal{B}$ 也是对称变换。

10. 用定理 1 的结论。

11. 由于 $\mathcal{A}$ 是第一类正交变换,因此 $|\mathcal{A}| = 1$,从而 $\lambda_1, \cdots, \lambda_r$ 中 -1 的个数为偶数 $2l$,于是

$$f(\lambda) = (\lambda - 1)^{r-2l}(\lambda + 1)^{2l} \prod_{j=1}^{m} (\lambda^2 - 2\lambda\cos\theta_j + 1),$$

$$\lambda^n f(\lambda^{-1}) = (1 - \lambda)^{r-2l}(1 + \lambda)^{2l} \prod_{j=1}^{m} (1 - 2\lambda\cos\theta_j + \lambda^2).$$

由此可证 $f(\lambda) = (-\lambda)^n f(\lambda^{-1})$。

12. 设 λ_0 是斜对称变换 $\mathcal{A}$ 的一个特征值。ξ 是 $\mathcal{A}$ 的属于 λ_0 的一个单位特征向量,则

$$\lambda_0 = (\lambda_0\xi, \xi) = (\mathcal{A}\xi, \xi) = -(\xi, \mathcal{A}\xi) = -(\xi, \lambda_0\xi) = -\lambda_0.$$

由此得出,$\lambda_0 = 0$。

14. 利用第 13 题和例 18 的结论。

15. 参看《高等代数学习指导书(第二版:下册)》10.4 节的例 22。

16. 参看《高等代数学习指导书(第二版:下册)》10.4 节的例 23。

17. 证明方法类似于例 27 的证法。

18. 提示:V 中存在一个标准正交基 η_1, η_2,使得 $\mathcal{A}$ 在此基下的矩阵 $A = \begin{pmatrix} 0 & a \\ -a & 0 \end{pmatrix}$。

19. $W_j = \langle\delta_j\rangle \oplus \langle\delta_j\rangle_1^{\perp}$,于是

$$V = W_j \oplus (\bigoplus_{i \neq j} W_i) = \langle\delta_j\rangle \oplus \langle\delta_j\rangle_1^{\perp} \oplus (\bigoplus_{i \neq j} W_i)$$
$$= \langle\delta_j\rangle \oplus [\langle\delta_j\rangle_1^{\perp} \oplus (\bigoplus_{i \neq j} W_i)]。$$

由于 $\langle\delta_j\rangle_1^{\perp} \oplus (\bigoplus_{i \neq j} W_i)$ 中任一向量 β 都与 δ_j 正交,且它的维数为 $(r_j - 1) + \sum_{i \neq j} r_i =$

$\sum_{i=1}^{s} r_i - 1 = n - 1$,因此它是 $\langle\delta_j\rangle^{\perp}$。

任给 $\alpha \in V$,设 $\alpha = \alpha_1 + \alpha_2 + \cdots + \alpha_s$,其中 $\alpha_i \in W_i, i = 1, \cdots, s$。用 $\mathcal{P}$ 表示 V 在 $\langle\delta_j\rangle$ 上的正交投影,则

$$(\mathcal{I} - 2\mathcal{P})\alpha = \alpha - 2\mathcal{P}\alpha = \alpha - 2\mathcal{P}(\alpha_1 + \alpha_2 + \cdots + \alpha_s) = \alpha - 2\mathcal{P}\alpha_j,$$
$$\widetilde{\mathcal{B}_j}\alpha = \widetilde{\mathcal{B}_j}(\alpha_1 + \alpha_2 + \cdots + \alpha_s) = (\sum_{i \neq j} \alpha_i) + \mathcal{B}_j\alpha_j = \alpha - \alpha_j + \mathcal{B}_j\alpha_j$$
$$= \alpha - \alpha_j + [\alpha_j - 2(\mathcal{P}|W_j)\alpha_j] = \alpha - 2\mathcal{P}\alpha_j。$$

因此　　　$\widetilde{\mathcal{B}_j} = \mathcal{I} - 2\mathcal{P}$,

从而 $\widetilde{\mathcal{B}_j}$ 是 V 上关于超平面 $\langle\delta_j\rangle^{\perp}$ 的反射。

20. 设 $\mathcal{A} = \mathcal{A}_1 \mathcal{A}_2 \cdots \mathcal{A}_s$,其中 $\mathcal{A}_i$ 是关于超平面 $\langle\delta_i\rangle^{\perp}$ 的反射,$i = 1, 2, \cdots, s$。

若 $\alpha \in \bigcap\limits_{i=1}^{s}\mathrm{Ker}(\mathcal{A}_i-\mathcal{I})$，则 $(\mathcal{A}_i-\mathcal{I})\alpha=0$，从而 $\mathcal{A}_i\alpha=\alpha,i=1,2,\cdots,s$。于是
$$\mathcal{A}\alpha=\mathcal{A}_1\mathcal{A}_2\cdots\mathcal{A}_s\alpha=\mathcal{A}_1\mathcal{A}_2\cdots\mathcal{A}_{s-1}\alpha=\cdots=\alpha。$$
因此 $\alpha\in\mathrm{Ker}(\mathcal{A}-\mathcal{I})$，从而 $\bigcap\limits_{i=1}^{s}\mathrm{Ker}(\mathcal{A}_i-\mathcal{I})\subseteq\mathrm{Ker}(\mathcal{A}-\mathcal{I})$。

由于 $\mathcal{A}_i$ 是关于超平面 $\langle\delta_i\rangle^{\perp}$ 的反射，因此 $\mathcal{A}_i=\mathcal{I}-2\mathcal{P}_i$，其中 $\mathcal{P}_i$ 是 V 在 $\langle\delta_i\rangle$ 上的正交投影。于是
$$\mathcal{A}_i-\mathcal{I}=(\mathcal{I}-2\mathcal{P}_i)-\mathcal{I}=-2\mathcal{P}_i,$$
从而 $\mathrm{Ker}(\mathcal{A}_i-\mathcal{I})=\mathrm{Ker}\mathcal{P}_i=\langle\delta_i\rangle^{\perp},i=1,2,\cdots,s$。根据 10.3 节的例 3 得，$\langle\delta_1\rangle^{\perp}\bigcap\langle\delta_2\rangle^{\perp}$ $=(\langle\delta_1\rangle+\langle\delta_2\rangle)^{\perp}=\langle\delta_1,\delta_2\rangle^{\perp}$。由此可推出，$\bigcap\limits_{i=1}^{s}\langle\delta_i\rangle^{\perp}=\langle\delta_1,\delta_2,\cdots,\delta_s\rangle^{\perp}$。因此
$$\dim\Big[\bigcap\limits_{i=1}^{s}\mathrm{Ker}(\mathcal{A}-\mathcal{I})\Big]=\dim\langle\delta_1,\delta_2,\cdots,\delta_s\rangle^{\perp}=n-\dim\langle\delta_1,\delta_2,\cdots,\delta_s\rangle$$
$$\geqslant n-s。$$
从而 $s\geqslant n-\dim\Big[\bigcap\limits_{i=1}^{s}\mathrm{Ker}(\mathcal{A}_i-\mathcal{I})\Big]\geqslant n-\dim\mathrm{Ker}(\mathcal{A}-\mathcal{I})$。

从例 10 的证明看到，$\mathcal{A}$ 可以分解成 $n-r$ 个关于超平面的反射的乘积，其中 $r=\mathrm{Ker}(\mathcal{A}-\mathcal{I})$，即上述不等式中可以取到等号。

习题 10.5

1. $|\alpha|=\sqrt{3}$，$|\beta|=\sqrt{2}$，$\langle\alpha,\beta\rangle=\arccos\dfrac{\sqrt{3}}{3}$。

2. $\eta_1=\left(\dfrac{\sqrt{2}}{2},-\dfrac{\sqrt{2}}{2}\right)'$，$\eta_2=\left(\dfrac{1+\mathrm{i}}{2},\dfrac{1+\mathrm{i}}{2}\right)'$。

3. $\beta_1=(1,-1,1)'$，$\beta_2=\left(\dfrac{2-\mathrm{i}}{3},\dfrac{1+\mathrm{i}}{3},\dfrac{-1+2\mathrm{i}}{3}\right)'$。

4. $\boldsymbol{\eta}_1=\left(\dfrac{\sqrt{3}}{3},-\dfrac{\sqrt{3}}{3},\dfrac{\sqrt{3}}{3}\mathrm{i}\right)'$，$\quad\boldsymbol{\eta}_2=\left(\dfrac{\sqrt{6}}{6},\dfrac{\sqrt{6}}{3},\dfrac{\sqrt{6}}{6}\mathrm{i}\right)'$，$\quad\boldsymbol{\eta}_3=\left(\dfrac{1+\mathrm{i}}{2},0,\dfrac{1-\mathrm{i}}{2}\right)'$。

6. $W^{\perp}=\langle\boldsymbol{E}_{ij}\mid i\neq j,1\leqslant i,j\leqslant n\rangle$；$W^{\perp}$ 的一个标准正交基是 $\{\boldsymbol{E}_{ij}\mid i\neq j,1\leqslant i,j\leqslant n\}$。

9. 由于 $\boldsymbol{A}^*=\boldsymbol{A}'=\boldsymbol{A}^{-1}$，因此把 $\boldsymbol{A}$ 看成复矩阵时，它是酉矩阵。$\boldsymbol{A}$ 的全部特征值是 $\cos\theta\pm\mathrm{i}\sin\theta$，即 $\mathrm{e}^{\mathrm{i}\theta},\mathrm{e}^{-\mathrm{i}\theta}$，从而 $\boldsymbol{A}$ 的酉相似标准形为 $\mathrm{diag}\{\mathrm{e}^{\mathrm{i}\theta},\mathrm{e}^{-\mathrm{i}\theta}\}$。

10. 2 级 Hermite 矩阵形如
$$\begin{pmatrix}a & b+c\mathrm{i}\\ b-c\mathrm{i} & d\end{pmatrix},\qquad a,b,c,d\in\mathbf{R}。$$

15. 利用第 14 题的结论和勾股定理。

16. $\mathcal{A}$ 在 $\mathbf{C}^2$ 的一个标准正交基 $\boldsymbol{\eta}_1=\left(\dfrac{1}{\sqrt{2}},\dfrac{1}{\sqrt{2}}\right)'$，$\boldsymbol{\eta}_2=\left(\dfrac{1}{\sqrt{2}},-\dfrac{1}{\sqrt{2}}\right)'$ 下的矩阵为
$$\begin{pmatrix}1+\mathrm{i} & 0\\ 0 & 1-\mathrm{i}\end{pmatrix}。$$

18. 利用例 20 的结论。

19. 由于 $\mathcal{A}$ 是 V 上的正规变换,因此 V 中存在一个标准正交基 $\eta_1,\eta_2,\cdots,\eta_n$,使得 $\mathcal{A}$ 在此基下的矩阵 $\mathbf{A}$ 为对角矩阵:$\mathbf{A}=\mathrm{diag}\{\lambda_1\mathbf{I}_{n_1},\lambda_2\mathbf{I}_{n_2},\cdots,\lambda_s\mathbf{I}_{n_s}\}$,其中 $\lambda_1,\lambda_2,\cdots,\lambda_s$ 是 $\mathcal{A}$ 的所有不同的特征值,n_i 是 $\mathcal{A}$ 的属于 λ_i 的特征子空间 V_i 的维数,$i=1,2,\cdots,s$。根据定理 10 得,$\mathcal{A}^*$ 在标准正交基 $\eta_1,\eta_2,\cdots,\eta_n$ 下的矩阵为 $\mathbf{A}^*=\mathrm{diag}\{\bar{\lambda}_1\mathbf{I}_{n_1},\bar{\lambda}_2\mathbf{I}_{n_2},\cdots,\bar{\lambda}_s\mathbf{I}_{n_s}\}$。

考虑 $g(x)=a_0+a_1x+\cdots+a_{s-1}x^{s-1}\in\mathbf{C}[x]$,以及 s 元线性方程组

$$a_0+a_1\lambda_i+\cdots+a_{s-1}\lambda_i^{s-1}=\bar{\lambda}_i,\quad i=1,2,\cdots,s。$$

由于这个方程组的系数行列式是由 $\lambda_1,\lambda_2,\cdots,\lambda_s$ 确定的范德蒙德行列式,它不等于 0,因此这个方程组有唯一解,从而得到唯一的一个次数小于 s 的多项式 $g(x)\in\mathbf{C}[x]$,使得 $g(\lambda_i)=\bar{\lambda}_i,i=1,2,\cdots,s$。于是

$$\mathbf{A}^*=\mathrm{diag}\{\bar{\lambda}_1\mathbf{I}_{n_1},\bar{\lambda}_2\mathbf{I}_{n_2},\cdots,\bar{\lambda}_s\mathbf{I}_{n_s}\}=\mathrm{diag}\{g(\lambda_1)\mathbf{I}_{n_1},g(\lambda_2)\mathbf{I}_{n_2},\cdots,g(\lambda_s)\mathbf{I}_{n_s}\}$$
$$=a_0\mathbf{I}+a_1\mathbf{A}+\cdots+a_{s-1}\mathbf{A}^{s-1}=g(\mathbf{A})。$$

20. 参看《高等代数学习指导书(第二版:下册)》习题 10.5 节第 9 题的解答。

21. 对维数 n 作数学归纳法。注意 $\mathcal{A}^*\mathcal{B}^*=\mathcal{B}^*\mathcal{A}^*$,因此 $\mathcal{A}^*$ 与 $\mathcal{B}^*$ 有公共特征向量。

22. 用第 21 题的结论。

23.～30. 题解答参看《高等代数学习指导书(第二版:下册)》10.5 节的例 82、例 84、例 85、例 87、例 88、例 90、例 91、例 92。

习题 10.6

1. $\mathcal{T}$ 是 $(\mathbf{R}^2,f)$ 上的正交变换 $\Longleftrightarrow$ $\mathbf{T}'\mathbf{A}\mathbf{T}=\mathbf{A}$,

$$\Longleftrightarrow\begin{cases}t_{11}^2-t_{21}^2=1,\\t_{11}t_{12}=t_{21}t_{22},\\t_{12}^2-t_{22}^2=-1。\end{cases}$$

假如 $t_{22}=0$,则 $t_{12}^2=-1$,从而 $t_{11}=0$。由此得出,$-t_{21}^2=1$,矛盾。因此 $t_{22}\neq0$,于是 $t_{21}=\dfrac{t_{11}t_{12}}{t_{22}}$,从而

$$1=t_{11}^2-\frac{t_{11}^2t_{12}^2}{t_{22}^2}=t_{11}^2\frac{t_{22}^2-t_{12}^2}{t_{22}^2}=\frac{t_{11}^2}{t_{22}^2},$$

因此 $t_{22}=\pm t_{11}$,从而 $t_{12}=\pm t_{21}$。显然 $t_{11}^2\geqslant1$,且有 $t_{21}^2=t_{11}^2-1$,于是 $t_{21}=\pm\sqrt{t_{11}^2-1}$。记 $t=t_{11}$,则 $\mathbf{T}$ 为题目中所给出的 4 种形式的矩阵之一,逐一验证它们都满足 $\mathbf{T}'\mathbf{A}\mathbf{T}=\mathbf{A}$。

当 $\mathbf{T}$ 为前两种形式时,$|\mathbf{T}|=1$,因此 $\mathcal{T}$ 是第一类的。当 $\mathbf{T}$ 为后两种形式时,$|\mathbf{T}|=-1$,因此 $\mathcal{T}$ 是第二类的。

2. 当 $\mathcal{T}$ 为第一类正交变换时,$\mathcal{T}$ 的全部特征值是 $t\pm\sqrt{t^2-1}$。

当 $\mathcal{T}$ 为第二类正交变换时,$\mathcal{T}$ 的全部特征值是 ±1。

3. 设 $\boldsymbol{\alpha}=(1,1)'$,则 $f(\boldsymbol{\alpha},\boldsymbol{\alpha})=1^2-1^2=0$,因此 $\boldsymbol{\alpha}$ 是一个迷向向量,从而 $(\mathbf{R}^2,f)$ 是迷向的。又它是正则的,因此根据例 6 得,$(\mathbf{R}^2,f)$ 是一个双曲平面。按照例 6 的方法,取

$\boldsymbol{\beta}=(1,0)'$，则 $f(\boldsymbol{\beta},\boldsymbol{\beta})=1$，$f(\boldsymbol{\alpha},\boldsymbol{\beta})=1$。令 $\boldsymbol{\delta}=\boldsymbol{\beta}-\dfrac{1}{2}\boldsymbol{\alpha}=(\dfrac{1}{2},-\dfrac{1}{2})'$，易知 $\boldsymbol{\alpha},\boldsymbol{\delta}$ 是 $\mathbf{R}^2$ 的一个基，且

$$f(\boldsymbol{\alpha},\boldsymbol{\delta})=\frac{1}{2}-\left(-\frac{1}{2}\right)=1,\quad f(\boldsymbol{\delta},\boldsymbol{\delta})=\frac{1}{4}-\left(-\frac{1}{2}\right)^2=0,$$

因此 f 在基 $\boldsymbol{\alpha}=(1,1)'$，$\boldsymbol{\delta}=(\dfrac{1}{2},-\dfrac{1}{2})'$ 下的度量矩阵 $\boldsymbol{A}$ 为 $\begin{pmatrix}0&1\\1&0\end{pmatrix}$。

4. $\boldsymbol{\alpha}=(x_1,x_2)'$ 是 $(\mathbf{R}^2,f)$ 的迷向向量 $\iff$ $\boldsymbol{\alpha}=(x_1,x_1)'$ 或 $\boldsymbol{\alpha}=(x_1,-x_1)'$，$x_1\in\mathbf{R}$。

5. 由于 τ 是 $(\mathbf{R}^4,f)$ 到 $(\mathbf{R}^4,g)$ 的一个同构映射，因此 τ^{-1} 是 $(\mathbf{R}^4,g)$ 到 $(\mathbf{R}^4,f)$ 的一个同构映射。由于 $\mathcal{T}$ 是 $(\mathbf{R}^4,f)$ 上的一个正交变换，因此 $\mathcal{T}$ 是 $(\mathbf{R}^4,f)$ 到自身的一个同构映射，从而 $\tau\mathcal{T}\tau^{-1}$ 是 $(\mathbf{R}^4,g)$ 到自身的一个同构映射。于是 $\tau\mathcal{T}\tau^{-1}$ 是 $(\mathbf{R}^4,g)$ 上的一个正交变换。

6. 本节第一部分指出的闵可夫斯基空间 $(\mathbf{R}^4,f)$ 上的洛伦兹变换 σ 在基 $\boldsymbol{\varepsilon}_1,\boldsymbol{\varepsilon}_2,\boldsymbol{\varepsilon}_3,\boldsymbol{\varepsilon}_4$ 下的矩阵 $\boldsymbol{H}$ 为本节"内容精华"中(3)式右端的 4 级矩阵。令

$$\tau:\qquad\qquad (\mathbf{R}^4,f)\longrightarrow (\mathbf{R}^4,g)$$
$$(t,x_2,x_3,x_4)'\longmapsto(ct,x_2,x_3,x_4)',$$

则 τ 是 $(\mathbf{R}^4,f)$ 到 $(\mathbf{R}^4,g)$ 的一个线性映射，且 $\tau(\boldsymbol{\varepsilon}_1)=c\boldsymbol{\varepsilon}_1$，$\tau(\boldsymbol{\varepsilon}_i)=\boldsymbol{\varepsilon}_i$，$i=2,3,4$，从而 $\tau^{-1}(\boldsymbol{\varepsilon}_1)=\dfrac{1}{c}\boldsymbol{\varepsilon}_1$，$\tau^{-1}(\boldsymbol{\varepsilon}_i)=\boldsymbol{\varepsilon}_i$，$i=2,3,4$。于是根据本节的公式(3)，得 $\tau\sigma\tau^{-1}$ 在基 $\boldsymbol{\varepsilon}_1,\boldsymbol{\varepsilon}_2,\boldsymbol{\varepsilon}_3$，$\boldsymbol{\varepsilon}_4$ 下的矩阵 $\boldsymbol{T}$ 为

$$\boldsymbol{T}=\begin{pmatrix}\dfrac{1}{\sqrt{1-\dfrac{v^2}{c^2}}}&-\dfrac{\dfrac{v}{c}}{\sqrt{1-\dfrac{v^2}{c^2}}}&0&0\\[4mm]-\dfrac{\dfrac{v}{c}}{\sqrt{1-\dfrac{v^2}{c^2}}}&\dfrac{1}{\sqrt{1-\dfrac{v^2}{c^2}}}&0&0\\[4mm]0&0&1&0\\0&0&0&1\end{pmatrix}。$$

根据第 5 题得，$\tau\sigma\tau^{-1}$ 是 $(\mathbf{R}^4,g)$ 上的一个正交变换。由于 $|\boldsymbol{T}|=1$，因此 $\tau\sigma\tau^{-1}$ 是第一类的正交变换，从而 $\tau\sigma\tau^{-1}$ 是 $(\mathbf{R}^4,g)$ 上的一个广义洛伦兹变换。

7. f 在基 $\boldsymbol{\varepsilon}_1,\boldsymbol{\varepsilon}_2$ 下的度量矩阵 $\boldsymbol{A}=\begin{pmatrix}0&1\\-1&0\end{pmatrix}$，于是

$\mathcal{B}$ 是 $(\mathbf{R}^2,f)$ 上的辛变换 $\iff$ $\boldsymbol{B}'\boldsymbol{A}\boldsymbol{B}=\boldsymbol{A}$ $\iff$ $b_{11}b_{22}-b_{12}b_{21}=1$ $\iff$ $|\boldsymbol{B}|=1$。

8. 不一定。例如，设 $\mathbf{R}^2$ 上的线性变换 $\mathcal{B}$ 在基 $\boldsymbol{\varepsilon}_1,\boldsymbol{\varepsilon}_2$ 下的矩阵 $\boldsymbol{B}$ 为

$$\boldsymbol{B}=\begin{pmatrix}\cos\theta&-\sin\theta\\\sin\theta&\cos\theta\end{pmatrix},$$

其中 $0<\theta<2\pi$，且 $\theta\neq\pi$。由于 $|\boldsymbol{B}|=1$，因此 $\mathcal{B}$ 是 $(\mathbf{R}^2,f)$ 上的一个辛变换，但是 $\mathcal{B}$ 没有特征值。

9. 把 $\boldsymbol{B}$ 分块写成例 9 中的(49)式,计算得

$$\boldsymbol{B}_{11}'\boldsymbol{B}_{21} = \begin{pmatrix} 0 & 0 & 0 \\ 0 & 0 & -1 \\ 0 & 0 & 0 \end{pmatrix}, \qquad \boldsymbol{B}_{21}'\boldsymbol{B}_{11} = \begin{pmatrix} 0 & 0 & 0 \\ 0 & 0 & 0 \\ 0 & -1 & 0 \end{pmatrix},$$

于是 $\boldsymbol{B}_1'\boldsymbol{B}_{21} \neq \boldsymbol{B}_2'\boldsymbol{B}_{11}$。根据例 9 得,$\boldsymbol{B}$ 不是辛矩阵。

习题 10.7

3. σ 把正方形的边 AB 变成边 BC,于是 $\tau_1\sigma$ 把边 AB 变成 AD,τ_3 也把边 AB 变成边 AD。类似地,$\tau_1\sigma$ 和 τ_3 都把边 BC 变成边 DC,把边 CD 变成边 CB,把边 DA 变成边 BA,因此 $\tau_1\sigma = \tau_3$。同理可证,$\tau_1\sigma^2 = \tau_2$,$\tau_1\sigma^3 = \tau_4$。

4. 正六边形有 6 条对称轴:3 条对角线所在的直线,3 组对边中点的连线,把它们分别记作 $l_1, l_2, l_3, l_4, l_5, l_6$。用 τ_i 表示平面关于直线 l_i 的轴反射,$i = 1, 2, 3, 4, 5, 6$;用 σ 表示平面绕正六边形的中心 O 转角为 $60°$ 的旋转,则正六边形的对称群 G 含有 $\boldsymbol{I}, \sigma, \sigma^2, \sigma^3, \sigma^4, \sigma^5, \tau_1, \tau_2, \tau_3, \tau_4, \tau_5, \tau_6$。类似于正方形的对称群的讨论,可以证明正六边形的对称群 G 恰好含有上述 12 个元素,即

$$G = \{\boldsymbol{I}, \sigma, \sigma^2, \sigma^3, \sigma^4, \sigma^5, \tau_1, \tau_2, \tau_3, \tau_4, \tau_5, \tau_6\}.$$

5. 设 $H_i, i \in I$(I 是指标集) 都是 G 的子群。由于 G 的单位元 $e \in H_i (i \in I)$,因此 $\bigcap\limits_{i \in I} H_i$ 非空集。任取 $a, b \in \bigcap\limits_{i \in I} H_i$,则 $a, b \in H_i (i \in I)$,从而 $ab^{-1} \in H_i (i \in I)$。因此 $ab^{-1} \in \bigcap\limits_{i \in I} H_i$,于是 $\bigcap\limits_{i \in I} H_i$ 是 G 的子群。

6. 任取 $a \in G$,由性质(2)得,存在 $b \in G$,使得 $ab = e_R$;仍由性质(2)得,存在 $c \in G$,使得 $bc = e_R$,于是由性质(1)和结合律得

$$(ba)b = b(ab) = be_R = b.$$

上式两边右乘 c,得 $(ba)bc = bc$,即 $(ba)e_R = e_R$。于是由性质(1)得,$ba = e_R$,从而

$$e_R a = (ab)a = a(ba) = ae_R = a,$$

因此 e_R 是 G 的单位元,记作 e。上面已证,$ab = e$,$ba = e$,因此 a 有逆元 b,从而 G 是一个群。

7. 在 G 中取一个元素 a,由于方程 $ax = a$ 在 G 中有解,因此存在 $e \in G$ 使得 $ae = a$。

任取 $b \in G$。由于方程 $ya = b$ 有解,因此存在 $c \in G$ 使得 $ca = b$。于是

$$be = (ca)e = c(ae) = ca = b,$$

这表明 e 是 G 的右单位元。由于 $bx = e$ 在 G 中有解,因此存在 $d \in G$ 使得 $bd = e$,从而 G 中每个元素都有右逆。根据第 6 题的结论得,G 是一个群。

9. 正四面体 $A_1 A_2 A_3 A_4$,用 σ_i 表示绕经过顶点 A_i 与对面中心的直线 l_i 转角为 $120°$ 的旋转,显然 σ_i, σ_i^2 都使正面体 $A_1 A_2 A_3 A_4$ 变成与它自身重合的图形,因此 σ_i, σ_i^2 属于正四面体 $A_1 A_2 A_3 A_4$ 的旋转对称群 G,$i = 1, 2, 3, 4$。用 γ_j 表示绕对棱中点连线转角为 $180°$ 的旋转,容易证明 $\gamma_j \in G$,$j = 1, 2, 3$。于是

$$G \supseteq \{\boldsymbol{I}, \sigma_i, \sigma_i^2, \gamma_j \mid i = 1, 2, 3, 4; j = 1, 2, 3\}.$$

不妨设 $A_1A_2A_3A_4$ 成右手螺旋方向，则 G 中任一元素 γ 使 $A_1A_2A_3A_4$ 或者仍成右手螺旋方向，或者成左手螺旋方向，由此去证 γ 或者为某个 σ_i 或 σ_i^2，或者为某个 γ_j，从而 G 恰好由上述 12 个元素组成。

10. (1) $(\widetilde{\sigma\tau}g)(x_1,\cdots,x_n)=g(x_{(\sigma\tau)^{-1}(1)},\cdots,x_{(\sigma\tau)^{-1}(n)})=g(x_{\tau^{-1}(\sigma^{-1}(1))},\cdots,x_{\tau^{-1}(\sigma^{-1}(n))})$
$$=(\tilde\tau g)(x_{\sigma^{-1}(1)},\cdots,x_{\sigma^{-1}(n)})=[\tilde\sigma(\tilde\tau g)](x_1,\cdots,x_n),$$

因此
$$\widetilde{\sigma\tau}g=\tilde\sigma(\tilde\tau g)。$$

(2) 显然恒等置换是偶置换，设 σ_1 和 σ_2 都是偶置换，则 $\tilde\sigma_1 f=f,\tilde\sigma_2 f=f$。根据第(1)小题的结论得，$\widetilde{\sigma_1\sigma_2}f=\tilde\sigma_1(\tilde\sigma_2 f)=\tilde\sigma_1 f=f$。因此 $\sigma_1\sigma_2$ 是偶置换。设 σ 是偶置换，τ 是奇置换，则

$$\widetilde{\sigma\tau}f=\tilde\sigma(\tilde\tau f)=\tilde\sigma(-f)=-\tilde\sigma f=-f,$$

于是 $\sigma\tau$ 是奇置换，由此推出，σ^{-1} 必为偶置换（否则，$\sigma\sigma^{-1}$ 为奇置换，矛盾）。综上所述得，S_n 中全体偶置换组成 S_n 的一个子群。

(3) 用 B_n 表示 S_n 中全体奇置换组成的集合，显然

$$\tau=\begin{pmatrix}1 & 2 & 3 & \cdots & n\\ 2 & 1 & 3 & \cdots & n\end{pmatrix}\in B_n。$$

令
$$\Phi:\quad A_n\longrightarrow B_n$$
$$\sigma\longmapsto\sigma\tau,$$

则 Φ 是 A_n 到 B_n 的一个映射，显然 Φ 是单射。任取 $\gamma\in B_n$，易证奇置换与奇置换的乘积是偶置换，于是 $\gamma\tau^{-1}=\gamma\tau$ 是偶置换。由于 $\Phi(\gamma\tau)=(\gamma\tau)\tau=\gamma\tau^2=\gamma$，因此 Φ 是满射，从而 Φ 是 A_n 到 B_n 的一个双射，于是 $|A_n|=|B_n|$。由于 $A_n\bigcup B_n=S_n$，且 $A_n\bigcap B_n=\varnothing$，因此 $|A_n|+|B_n|=|S_n|$。由此得出，$|A_n|=\frac{1}{2}|S_n|=\frac{1}{2}n!$。

11. 对 n 元排列 $a_1,a_2,\cdots,a_n$ 作的一次对换 (a_i,a_j)，相当于 S_n 中一个对换 τ：

$$\tau=\begin{bmatrix}1 & 2 & \cdots & a_i & \cdots & a_j & \cdots & n\\ 1 & 2 & \cdots & a_j & \cdots & a_i & \cdots & n\end{bmatrix}。$$

由于 n 元自然序排到 $12\cdots n$ 可以经过一系列对换变成 n 元排列 $a_1a_2\cdots a_n$，因此 S_n 中的恒等置换 e 乘以一系列对换可以变成 σ，即 $e\tau_1\tau_2\cdots\tau_k=\sigma$，其中 τ_i 是对换，$i=1,2,\cdots,k$。对换的个数 k 与 n 元排列 $a_1a_2\cdots a_n$ 有相同的奇偶性，因此 k 由 σ 本身唯一决定。

12. 设 $\sigma=\tau_1\tau_2\cdots\tau_k$，其中 τ_i 是对换，$i=1,2,\cdots,k$。由于 $\tilde\tau_i f=-f$，因此

σ 是偶置换 $\iff\tilde\sigma f=f$

$\qquad\qquad\iff(\widetilde{\tau_1\tau_2\cdots\tau_k})f=f$

$\qquad\qquad\iff\tilde\tau_1(\tilde\tau_2(\cdots(\tilde\tau_k f)))=f$

$\qquad\qquad\iff(-1)^k f=f$

$\qquad\qquad\iff k$ 是偶数。

13. 设 $\sigma\in S_n$ 且 $\sigma\neq e$，于是在 $\Omega=\{1,2,\cdots,n\}$ 中至少有一个 i_1 使得 $\sigma(i_1)\neq i_1$。设 $\sigma(i_1)=i_2,\sigma(i_2)=i_3,\cdots$。由于 $|\Omega|=n$，因此在有限步后所得的象必与前面的重复。设 i_r 是第一个与前面出现的象有重复的元素，设 $i_r=i_j,j<r$。我们断言 $j=1$。假如 $j>1$，我们有

$$\sigma^{r-1}(i_1) = i_r = i_j = \sigma^{j-1}(i_1)。$$

在上式两边用 σ^{-1} 作用,得

$$\sigma^{r-2}(i_1) = \sigma^{j-2}(i_1),$$

即 $i_{r-1}=i_{j-1}$。这与 i_r 的选择矛盾。因此 $j=1$,从而 $i_r=i_1$,于是得到一个轮换 $\sigma_1=(i_1 i_2 \cdots i_r)$。

在 $\Omega \backslash \{i_1, i_2, \cdots, i_r\}$ 中重复上述步骤,便可得到 σ 的轮换分解式:$\sigma=\sigma_1 \sigma_2 \cdots \sigma_s$。从上述做法可知,$\sigma_1, \sigma_2, \cdots, \sigma_s$ 两两不相交。

唯一性。假如还有 $\sigma=\tau_1 \tau_2 \cdots \tau_m$,其中 $\tau_1, \tau_2, \cdots, \tau_m$ 是两两不相交的轮换。任取在 σ 下变动的元素 a,则在 $\sigma_1, \sigma_2, \cdots, \sigma_s$ 中存在唯一的 σ_i,使得 $\sigma_i(a) \neq a$。同理,在 $\tau_1, \tau_2, \cdots, \tau_m$ 中存在唯一的 τ_j,使得 $\tau_j(a) \neq a$。我们有

$$\sigma_i^t(a) = \sigma^t(a) = \tau_j^t(a), \qquad t = 0, 1, 2, \cdots$$

由于 $\sigma_i=(a \ \sigma_i(a), \sigma_i^2(a) \ \cdots)$,$\tau_j=(a \ \tau_j(a) \ \tau_j^2(a) \cdots)$,因此 $\sigma_i=\tau_j$。继续这样的讨论,可得 $s=m$,并且在适当排列 $\tau_1, \tau_2, \cdots, \tau_m$ 的次序后,有 $\sigma_i=\tau_i, i=1,2,\cdots,s$,从而唯一性成立。

14. 设 $\tau=(i_1 i_2 \cdots i_r)$。直接计算可得

$$(i_1 i_r)(i_1 i_{r-1}) \cdots (i_1 i_2) = (i_1 i_2 \cdots i_r)。$$

根据第 12 题的结论得,τ 是偶置换当且仅当 $r-1$ 是偶数,即 r 是奇数。

15. $|A_3| = \frac{3!}{2} = 3$。根据第 14 题的结论,2-轮换(即对换)是奇置换,3-轮换是偶置换,因此 $A_3=\{(1),(123),(132)\}$,其中 (1) 表示恒等置换。

$|A_4| = \frac{4!}{2} = 12$。根据第 12 题和第 14 题的结论,得

$$A_4 = \{(1),(123),(132),(124),(142),(134),(143),$$
$$(234),(243),(12)(34),(13)(24),(14)(23)\}。$$

16. 正四面体 $B_1 B_2 B_3 B_4$ 的旋转对称群 G 为

$$G = \{I, \sigma_i, \sigma_i^2, \gamma_j \mid = 1,2,3,4; j = 1,2,3\},$$

其中 σ_i 是绕顶点 B_i 与对面中心连线转角为 $120°$ 的旋转,$i=1,2,3,4$;γ_j 是绕对棱中点连线转角为 $180°$ 的旋转,$j=1,2,3$。G 中每个元素引起了正四面体的顶点集合 $\Omega = \{B_1, B_2, B_3, B_4\}$ 上的一个置换,其对应关系如下表所示。

G	S_4
I	(1)
σ_1	(234)
σ_1^2	(243)
σ_2	(143)
σ_2^2	(134)
σ_3	(142)

σ_3^2	(124)
σ_4	(132)
σ_4^2	(123)
γ_1	(23)(14)
γ_2	(12)(34)
γ_3	(13)(24)

由上表看出：G 与 A_4 之间有一个双射 ψ，对于任意 $g_1,g_2\in G$。显然 $g_1g_2(B_i)=g_1(g_2(B_i)),i=1,2,3,4$。因此 ψ 保持乘法运算（也可具体列出 G 的乘法运算表和 A_4 的乘法运算表，与上表结合起来，从中看出 ψ 保持乘法运算）。因此 ψ 是 G 到 A_4 的一个同构映射，从而 $G\cong A_4$。

补 充 题 十

6. 解　　　　　　　　$\dim gl(n,F)=\dim M_n(F)=n^2$。

由于 $M_n(F)=\langle I\rangle\oplus sl(n,F)$，因此 $\dim sl(n,F)=n^2-1$。

$$\dim o(n,F)=\frac{n(n-1)}{2}$$

设 A 是 n 级斜 Hermite 矩阵，则 A 形如

$$A=\begin{pmatrix} ia_{11} & a_{12}+ib_{12} & \cdots & a_{1n}+ib_{1n} \\ -(a_{12}-ib_{12}) & ia_{22} & \cdots & a_{2n}+ib_{2n} \\ \vdots & \vdots & & \vdots \\ -(a_{1n}-ib_{1n}) & -(a_{2n}-ib_{2n}) & \cdots & ia_{nn} \end{pmatrix},$$

其中 $a_{ij}\in\mathbf{R},i\leqslant j,j=1,2,\cdots,n$。于是 $u(n)$ 的一个基为

$$i\boldsymbol{E}_{11},\boldsymbol{E}_{12}-\boldsymbol{E}_{21},i(\boldsymbol{E}_{12}+\boldsymbol{E}_{21}),\cdots,\boldsymbol{E}_{1n}-\boldsymbol{E}_{n1},i(\boldsymbol{E}_{1n}+\boldsymbol{E}_{n1}),\cdots,i\boldsymbol{E}_{nn},$$

因此 $\dim u(n)=n^2$。

由于 A 是迹为 0 的斜 Hermite 矩阵当且仅当

$$ia_{11}+ia_{22}+\cdots+ia_{nn}=0,$$

由此得出，$a_{nn}=-a_{11}-a_{22}-\cdots-a_{n-1,n-1}$。

因此 $su(n)$ 的一个基为

$$i(\boldsymbol{E}_{11}-\boldsymbol{E}_{nn}),\boldsymbol{E}_{12}-\boldsymbol{E}_{21},i(\boldsymbol{E}_{12}+\boldsymbol{E}_{21}),\cdots,\boldsymbol{E}_{1n}-\boldsymbol{E}_{n1},i(\boldsymbol{E}_{1n}+\boldsymbol{E}_{n1})$$

$$i(\boldsymbol{E}_{22}-\boldsymbol{E}_{nn}),\boldsymbol{E}_{23}-\boldsymbol{E}_{32},i(\boldsymbol{E}_{23}-\boldsymbol{E}_{32}),\cdots,\boldsymbol{E}_{2n}-\boldsymbol{E}_{n2},i(\boldsymbol{E}_{2n}+\boldsymbol{E}_{n2})$$

$$\cdots,i(\boldsymbol{E}_{n-1,n-1}-\boldsymbol{E}_{nn}),\boldsymbol{E}_{n-1,n}-\boldsymbol{E}_{n,n-1},i(\boldsymbol{E}_{n-1,n}+\boldsymbol{E}_{n,n-1})$$

从而 $\dim su(n)=n^2-1$。

7. **证明**　$u(n)$ 中任一元素是 n 级斜 Hermite 矩阵，它可以写成形式 $\mathrm{i}A$，其中 A 是 Hermite 矩阵。在补充题九的第 3 题中，我们定义了复矩阵的指数函数（参看补充题九的公式(7)）。把任一 n 级复矩阵 Q 对应到 e^Q 的映射称为**复矩阵指数映射**，对于任意 $\mathrm{i}A \in u(n)$，根据补充题九的第 3 题解答中(5)式得

$$\mathrm{e}^{\mathrm{i}A} = \sum_{m=0}^{+\infty} \frac{(\mathrm{i}A)^m}{m!},$$

从而

$$(\mathrm{e}^{\mathrm{i}A})^* = \sum_{m=0}^{+\infty} \frac{\left[(\mathrm{i}A)^m\right]^*}{m!} = \sum_{m=0}^{+\infty} \frac{\left[(\mathrm{i}A)^*\right]^m}{m!} = \mathrm{e}^{(\mathrm{i}A)^*}。$$

根据补充题九第 3 题证明中第一段得到的公式，得

$$\mathrm{e}^{\mathrm{i}A}(\mathrm{e}^{\mathrm{i}A})^* = \mathrm{e}^{\mathrm{i}A}\mathrm{e}^{(\mathrm{i}A)^*} = \mathrm{e}^{\mathrm{i}A}\mathrm{e}^{\mathrm{i}A^*} = \mathrm{e}^{\mathrm{i}A}\mathrm{e}^{-\mathrm{i}A} = \mathrm{e}^{\mathrm{i}A+\overline{\mathrm{i}A}} = \mathrm{e}^0 = I,$$

因此 $\mathrm{e}^{\mathrm{i}A} \in \mathrm{U}(n)$，从而复矩阵的指数映射在 $u(n)$ 上的限制是 $u(n)$ 到 $\mathrm{U}(n)$ 的一个映射，下面来证它是满射。

任给 $B \in \mathrm{U}(n)$，在酉空间 $\mathbf{C}^n$ 中存在一个酉变换 $\mathcal{B}$，使得
$$\mathcal{B}(\boldsymbol{\varepsilon}_1, \boldsymbol{\varepsilon}_2, \cdots, \boldsymbol{\varepsilon}_n) = (\boldsymbol{\varepsilon}_1, \boldsymbol{\varepsilon}_2, \cdots, \boldsymbol{\varepsilon}_n)B。$$
由于 $\mathcal{B}$ 是 $\mathbf{C}^n$ 的一个酉变换，因此 $\mathbf{C}^n$ 中存在一个标准正交基 $\boldsymbol{\eta}_1, \boldsymbol{\eta}_2, \cdots, \boldsymbol{\eta}_n$，使得 $\mathcal{B}$ 在基 $\boldsymbol{\eta}_1, \boldsymbol{\eta}_2, \cdots, \boldsymbol{\eta}_n$ 下的矩阵为
$$D = \mathrm{diag}\{\mathrm{e}^{\mathrm{i}\theta_1}, \mathrm{e}^{\mathrm{i}\theta_2}, \cdots, \mathrm{e}^{\mathrm{i}\theta_n}\}, \theta_i \in \mathbf{R}, 1 \leqslant i \leqslant n。$$
设 $\mathbf{C}^n$ 上的线性变换 $\mathcal{H}$ 在标准正交基 $\boldsymbol{\eta}_1, \boldsymbol{\eta}_2, \cdots, \boldsymbol{\eta}_n$ 下的矩阵为 $H_1 = \mathrm{diag}\{\theta_1, \theta_2, \cdots, \theta_n\}$。由于 $H_1^* = H_1$，因此 $\mathcal{H}$ 是 $\mathbf{C}^n$ 上的 Hermite 变换，从而 $\mathrm{i}\mathcal{H}$ 是斜 Hermite 变换。$\mathrm{i}\mathcal{H}$ 在标准正交基 $\boldsymbol{\eta}_1, \boldsymbol{\eta}_2, \cdots, \boldsymbol{\eta}_n$ 下的矩阵是 $\mathrm{i}H_1 = \mathrm{diag}\{\mathrm{i}\theta_1, \mathrm{i}\theta_2, \cdots, \mathrm{i}\theta_n\}$，于是
$$\mathrm{e}^{\mathrm{i}H_1} = \sum_{m=0}^{+\infty} \frac{(\mathrm{i}H_1)^m}{m!} = \mathrm{diag}\{\mathrm{e}^{\mathrm{i}\theta_1}, \mathrm{e}^{\mathrm{i}\theta_2}, \cdots, \mathrm{e}^{\mathrm{i}\theta_n}\} = D。$$
类似于复矩阵指数函数的定义，我们可以定义复线性空间上线性变换的指数函数，并且可以证明：若 $\mathrm{i}\mathcal{H}$ 在 $\mathbf{C}^n$ 的标准正交基 $\boldsymbol{\eta}_1, \boldsymbol{\eta}_2, \cdots, \boldsymbol{\eta}_n$ 下的矩阵为 $\mathrm{i}H_1$，则 $\mathrm{e}^{\mathrm{i}\mathcal{H}}$ 在此基下的矩阵为 $\mathrm{e}^{\mathrm{i}H_1}$，由于 $\mathrm{e}^{\mathrm{i}H_1} = D$，因此 $\mathrm{e}^{\mathrm{i}\mathcal{H}} = \mathcal{B}$。设 $\mathrm{i}\mathcal{H}$ 在 $\mathbf{C}^n$ 的标准正交基 $\boldsymbol{\varepsilon}_1, \boldsymbol{\varepsilon}_2, \cdots, \boldsymbol{\varepsilon}_n$ 下的矩阵为 H_2，则 $\mathrm{e}^{\mathrm{i}\mathcal{H}}$ 在基 $\boldsymbol{\varepsilon}_1, \boldsymbol{\varepsilon}_2, \cdots, \boldsymbol{\varepsilon}_n$ 下的矩阵为 $\mathrm{e}^{\mathrm{i}H_2}$，从而 $\mathrm{e}^{\mathrm{i}H_2} = B$。由于 $\mathrm{i}\mathcal{H}$ 是斜 Hermite 变换，因此 $\mathrm{i}H_2$ 是斜 Hermite 矩阵。这证明了酉矩阵 B 在复矩阵的指数映射下有原象 $\mathrm{i}H_2$。因此复矩阵指数映射在 $u(n)$ 上的限制是 $u(n)$ 到 $\mathrm{U}(n)$ 的一个满射。■

点评：第 7 题在证明满射时，关键是把酉矩阵 B 看成一个酉变换 $\mathcal{B}$ 在 $\mathbf{C}^n$ 的标准正交基 $\boldsymbol{\varepsilon}_1, \boldsymbol{\varepsilon}_2, \cdots, \boldsymbol{\varepsilon}_n$ 下的矩阵，利用酉变换可以对角化，以及利用线性变换的矩阵表示，找到了一个斜 Hermite 矩阵 $\mathrm{i}H_2$，使得 $\mathrm{e}^{\mathrm{i}H_2} = B$。由此体会到灵活运用线性变换与矩阵的关系是很重要的。

参 考 文 献

1. 丘维声. 高等代数(下册)[M]. 北京：高等教育出版社, 1996.
2. 丘维声. 高等代数(下册)[M]. 2 版. 北京：高等教育出版社, 2003.
3. 丘维声. 高等代数学习指导书(上册)[M]. 北京：清华大学出版社, 2005.
4. 丘维声. 高等代数学习指导书(下册)[M]. 北京：清华大学出版社, 2006.
5. GREUB W. Linear Algebra[M]. Fourth Edition. New York: Springer-Verlag, 1981.
6. KOSTRIKIN A I, MANIN Y I. Linear Algebra and Geometry[M]. New York: Gordon and Breach Science Publishers, 1986.
7. 万哲先. 代数导引[M]. 北京：科学出版社, 2004.
8. 聂灵沼, 丁石孙. 代数学导引[M]. 2 版. 北京：高等教育出版社, 2000.
9. 许甫华, 张贤科. 高等代数解题方法[M]. 北京：清华大学出版社, 2001.
10. 姚慕生. 高等代数[M]. 上海：复旦大学出版社, 2002.
11. 曾谨言. 量子力学导论[M]. 2 版. 北京：北京大学出版社, 1998.
12. 曾谨言, 裴寿镛. 量子力学新进展(第 1 辑)[M]. 北京：北京大学出版社, 2000.
13. 陆果. 基础物理学(下卷)[M]. 北京：高等教育出版社, 1997.
14. 丘维声. 解析几何[M]. 2 版. 北京：北京大学出版社, 1996.
15. 丘维声. 抽象代数基础[M]. 北京：高等教育出版社, 2003.
16. 丘维声. 有限群和紧群的表示论[M]. 北京：北京大学出版社, 1997.
17. 阿·伊·柯斯特利金. 代数学引论(下册)[M]. 蓝以中, 丘维声, 张顺燕, 译. 北京：高等教育出版社, 1998.
18. 丘维声. 近世代数[M]. 北京：北京大学出版社, 2015.
19. 丘维声. 高等代数学习指导书(下册)[M]. 2 版. 北京：清华大学出版社, 2016.
20. 丘维声. 解析几何[M]. 3 版. 北京：北京大学出版社, 2015.

作者主要著译作品

◎ 普通高等教育"九五"国家级重点教材《高等代数(上册、下册)》,高等教育出版社,
  1996年、1996年

◎ 普通高等教育"十五"国家级规划教材《高等代数(第二版)上册、下册》,高等教育
  出版社,2002年、2003年

◎ 普通高等教育"十一五"国家级规划教材,北京市高等教育精品教材《简明线性代
  数》,北京大学出版社,2002年

◎ 《高等代数讲义(上)》,北京大学出版社,1983年。此书1994年被评为全国优秀畅
  销图书(数学类)

◎ 合译《代数学引论(上册、下册)》,高等教育出版社,1988年

◎ 《解析几何(第二版)》,北京大学出版社,1996年

◎ 《有限群与紧群的表示论》,北京大学出版社,1997年

◎ 主编教育部规划教材《数学第一、二、三册》,高等教育出版社,1997年、1998年、1999年

◎ 主译《用MAPLE V学习线性代数》,高等教育出版社,施普林格出版社,2001年

◎ 主编国家规划教材《数学(基础版)第一、二、三册》,高等教育出版社,2001年、
  2002年、2003年

◎ 《抽象代数基础》,高等教育出版社,2003年

◎ 主编国家规划教材《数学(基础版)修订版,第一、二册》,高等教育出版社,2005
  年、2006年

◎ 《高等代数学习指导书(上册、下册)》,清华大学出版社,2005年、2009年

◎ 普通高等教育"十二五"国家级规划教材,北京市高等教育精品教材立项重大项目,《高
  等代数(上册、下册)——大学高等代数课程创新教材》,清华大学出版社,2010年

◎ 《数学的思维方式与创新》,北京大学出版社,2011年

◎ 《群表示论》,高等教育出版社,2011年

◎ 《高等代数》,科学出版社,2013年

◎ 《近世代数》,北京大学出版社,2015年

◎ 《高等代数(第三版)上册、下册》,高等教育出版社,2015年

◎ 《解析几何(第三版)》,北京大学出版社,2015年

◎ 《抽象代数基础(第二版)》,高等教育出版社,2015年

◎ 《高等代数学习指导书(第二版)下册》,清华大学出版社,2016年

◎ 《高等代数学习指导书(第二版)上册》,清华大学出版社,2017年

◎ 《高等代数(第二版:上册)——大学高等代数课程创新教材》,清华大学出版社,2019年